SI EDITION

SEVENTH EDITION

The Science and Engineering of Materials

DONALD R. ASKELAND · WENDELIN J. WRIGHT

재료과학과 공학 7판

권오양 · 강태준 · 김범근 · 김윤기 · 김주현 · 김태희 공역
박덕용 · 박준식 · 손근용 · 송용원 · 오태환 · 윤석영
이종우 · 이재영 · 이재현 · 조계현 · 조민행 · 조선욱

북스힐
Cengage
Australia • Brazil • Canada • Mexico • Singapore • United Kingdom • United States

Cengage

Science and Engineering of Materials, SI Edition, 7th Edition

Donald R. Askeland
Wendelin J. Wright

Original edition © 2016 Brooks Cole, a part of Cengage Learning.
Science and Engineering of Materials, SI Edition, 7th Edition
by Donald R. Askeland and Wendelin J. Wright
ISBN: 9781305077102

This edition is translated by license from Cengage Engineering, a part of Cengage Learning, for sale in Korea only.

ISBN-13: 979-11-5971-032-2

Cengage Learning Korea Ltd.
14F YTN Newsquare 76 Sangamsan-ro
Mapo-gu Seoul 03926 Korea
Tel: (82) 1533 7053
Fax: (82) 2 330 7001

Printed in Korea
Print Number: 02 Print Year: 2024

CONVERSIONS BETWEEN U.S. CUSTOMARY UNITS AND SI UNITS (Continued)

U.S. Customary unit		Times conversion factor		Equals SI unit	
		Accurate	Practical		
Moment of inertia (area)					
inch to fourth power	in.^{4}	416,231	416,000	millimeter to fourth power	mm^4
inch to fourth power	in.^{4}	0.416231×10^{-6}	0.416×10^{-6}	meter to fourth power	m^4
Moment of inertia (mass)					
slug foot squared	slug-ft^2	1.35582	1.36	kilogram meter squared	kg·m^2
Power					
foot-pound per second	ft-lb/s	1.35582	1.36	watt (J/s or N·m/s)	W
foot-pound per minute	ft-lb/min	0.0225970	0.0226	watt	W
horsepower (550 ft-lb/s)	hp	745.701	746	watt	W
Pressure; stress					
pound per square foot	psf	47.8803	47.9	pascal (N/m^2)	Pa
pound per square inch	psi	6894.76	6890	pascal	Pa
kip per square foot	ksf	47.8803	47.9	kilopascal	kPa
kip per square inch	ksi	6.89476	6.89	megapascal	MPa
Section modulus					
inch to third power	in.^{3}	16,387.1	16,400	millimeter to third power	mm^3
inch to third power	in.^{3}	16.3871×10^{-6}	16.4×10^{-6}	meter to third power	m^3
Velocity (linear)					
foot per second	ft/s	0.3048*	0.305	meter per second	m/s
inch per second	in./s	0.0254*	0.0254	meter per second	m/s
mile per hour	mph	0.44704*	0.447	meter per second	m/s
mile per hour	mph	1.609344*	1.61	kilometer per hour	km/h
Volume					
cubic foot	ft^3	0.0283168	0.0283	cubic meter	m^3
cubic inch	in.^{3}	16.3871×10^{-6}	16.4×10^{-6}	cubic meter	m^3
cubic inch	in.^{3}	16.3871	16.4	cubic centimeter (cc)	cm^3
gallon (231 in.^{3})	gal.	3.78541	3.79	liter	L
gallon (231 in.^{3})	gal.	0.00378541	0.00379	cubic meter	m^3

*An asterisk denotes an *exact* conversion factor

***Note:* To convert from SI units to USCS units, *divide* by the conversion factor**

Temperature Conversion Formulas

$$T(°C) = \frac{5}{9}[T(°F) - 32] = T(K) - 273.15$$

$$T(K) = \frac{5}{9}[T(°F) - 32] + 273.15 = T(°C) + 273.15$$

$$T(°F) = \frac{9}{5}T(°C) + 32 = \frac{9}{5}T(K) - 459.67$$

머리말

청동기 시대, 철기 시대, 실리콘 시대 등의 이름은 자연에서 발견된 재료에 의해 명명되었지만, 당대의 엔지니어에 의해 조종되었다. 오랜 세월에 걸쳐 우리의 이해는 진보하였고 새로운 아이디어가 늘어났지만, 구조, 결함, 속도론, 공정과 같은 기본적인 원리들은 모든 재료에 일반적으로 적용될 수 있다. 그 결과로서, 기계적 강도 및 인성, 전기전도도, 굴절률, 내식성과 같이 관찰가능한 거시적인 재료거동이 더욱 깊이 이해되었을 뿐만 아니라 근저를 이루는 원자수준 현상에 보다 직접적으로 연결되었다.

재료를 평가하고 다루기 위해 우리가 사용할 수 있는 도구도 막대하게 늘어나고 더욱 정교해져서, 재료의 구조와 현상에 대하여 더 깊은 지식을 가질 수 있게 되었다. 혁신의 가장자리에서 우리는 완전히 새로운 재료를 발견하고, 심지어 창조에 가까운 것을 찾아내기도 한다. 이는 종종 새로운 공정기술에 의해 또는 재료가 준안정상태로 존재하도록 평형상태를 우회함에 따라, 그리고 나노스케일로 재료를 조립하고 형성하고 연구할 수 있는 도구를 개발함에 따라 가능해졌다. 예를 들면, 이제 고분해능 투과전자현미경(HR-TEM)과 경사각입사 엑스선회절(GI-XRD) 그리고 전자에너지손실 분광법(EELS)과 같은 기술을 사용하여 거의 원자 수준에서 재료의 구조와 조성을 모두 조사하는 것이 일상적이게 되었다. 그와 동시에 재료공정 기술도 많은 경우에 불과 원자 몇 층 두께의 박막을 성장 혹은 증착시킬 수 있는 수준까지 진보하였고, 한편으론 수십 나노미터 이하의 치수를 갖는 3차원구조 또한 제조될 수 있다. 예컨대, 전체 전자산업계가 이러한 진보에 기반을 두고 있다. 평판스크린 텔레비전, 고속 무선 데이터시스템, 휴대용 컴퓨터 및 통신기기, 자동차 및 기타 교통기관 등과 다른 수많은 기술들은 오늘날 재료에 대한 우리들의 지식에 모두 의존하고 있다.

재료과학을 공부하는 모든 학생들이 재료공학 엔지니어로서 실무에 종사할 것은 아니지만, 사실 대부분의 엔지니어는 금속, 세라믹, 고분자, 복합재료, 반도체로 구성되는 다양한 재료의 집합과 함께 일할 것이며, 나노스케일부터 매크로스케일에 이르는 길이스케일에 걸쳐 모두 무수히 많고 다양한 용도가 존재하는 상황에 맞추어 사용할 것이다. 재료는 엔지니어가 상상하고, 설계하고, 제작하는 것을 가능하게 하는 요소이다. 재료를 혁신하고 설계에 재료를 안전하게 포함시키는 능력은 재료구조의 제어와 공정기술을 통하여 재료의 성질과 기능성을 어떻게 조종하는지에 대한 이해에 뿌리를 두고 있다. 그리하여 이 교재의 목표는 공과대학 학부생들에게 재료과학의 기초와 응용에 대해 구조-공정-성질 패러다임에 따라 예측되는 바대로 설명하는 것이다.

모든 교재가 직면하는 어려움은 제시된 주제에 대하여 폭과 깊이 사이의 적절한 균형을 제공하는 것, 적절한 수준의 엄격함을 제공하는 것, 의미 있는 사례와 최신의 내용을 제공하는 것, 독자의 지적인 열광을 촉진하는 것 등이다. 여기서 우리의 목표는 독자들이 기본적인 재료 현상들을 이해하도록 충분한 과학을 제공하는 것과 광범위한 학생들이 경쟁력 있는 전문가적 실무를 준비하도록 충분한 공학을 제공하는 것이다.

독자 및 선수과목

이 책은 대학교 2~3학년 학생들이 배우는 재료과학 입문 과목을 염두에 두고 집필되었다. 수강생들이 대학 수준의 일반화학을 이수하였다고 가정하였으며, 일반물리에서 배우는 내용 일부도 이수한 것으로 가정하였다. 미적분학을 이수한 것 역시 도움이 되지만 선수과목으로 요구되는 것은 아니다. 정역학, 동역학, 재료역학과 같은 공학의 다른 입문과목들은 선수과목으로서 필요하지 않다.

제7판의 새로운 내용

각 장의 도입부에는 학생들이 공부하는 데 길잡이를 제공할 학습목표들이 포함되어 있다. 각 장의 마지막에 나오는 연습문제에는 약 15%에 이르는 새로운 문제들이 추가되었다. 제15장의 세라믹 재료에 대한 취급범위는 이 중요한 클래스의 공업재료에 관해 보다 포괄적인 안목을 제공하기 위하여 결정질 세라믹, 실리카와 규산염 화합물, 기타 관심 있는 주제까지 포함하도록 확장되었다. 그 장의 다른 부분은 의미를 보다 분명하게 하도록 수정되었다. 제14장의 상용 공업재료의 가격은 업데이트되었다. 늘 그렇듯이, 우리는 가급적 오류가 없는 교재를 만들기 위하여 최선의 노력을 다하였다.

KNOVEL™ 연습문제

각 장의 연습문제가 끝나는 부분에는 Knovel(www.knovel.com)을 사용해야만 풀 수 있는 특별한 문제들을 두었다. Knovel은 대표적인 기술서적 출판사들과 미국기계학회(ASME)나 미국화학공학회(AIChE)와 같은 학회들이 발행한 핸드북, 백과사전, 사전, 교재, 데이터베이스를 포함하는 공학 참고문헌의 온라인정보 제공 웹사이트이다.

Knovel 문제는 교재에서 찾아볼 수 있는 내용을 중심으로 구성되었으며, 온라인 정보검색에 익숙해야 할 필요가 있다. 이 문제들은 www.cengage.com/engineering에서도 찾아볼 수 있다. 아울러, 등록된 교수자는 해답을 찾아볼 수 있다. 당신이 속한 교육기관이 Knovel을 구독하고 있지 않거나, Knovel에 대하여 어떤 질문이라도 있다면 다음 주소로 연락하기 바란다.

support@knovel.com

(210) 340-1944

(866) 324-5163

Knovel 문제들은 Knovel의 공동창시자이며 수석부사장인 Sasha Gurke가 이끄는 엔지니어 팀에 의해 만들어졌다.

교수자를 위한 보충자료

이 책의 보충자료로는 선별된 문제들에 대해 완전한 해답을 제공하는 교수자용 해답집과 주석이 달린 파워포인트 슬라이드가 있다.

Donald R. Askeland

University of Missouri—Rolla, Emeritus

Windelin J. Wright

Bucknell University

SI 개정판에 대하여

이 책의 제7판은 책 전체가 국제단위계(Le Systeme International d'Unites or SI)를 채택하여 개정되었다.

LE SYSTEME INTERNATIONAL D'UNITES

미국관습단위계(United States Customary System, USCS)는 FPS(foot-pound-second) 단위를 사용한다. 이는 English or Imperial 단위로도 불린다. SI 단위계는 기본적으로 MKS(meter-kilogram-second) 단위계이지만, CGS(centimeter-gram-second) 단위도 SI 단위로 인정되며 특히 교재에서는 더욱 그러하다.

이 책의 SI 단위 사용

이 책에서 우리는 MKS 및 CGS 단위를 모두 사용하였다. 미국판에 사용된 USCS 단위나 FPS 단위는 본문과 문제들에서 모두 SI 단위로 변환되었다. 다만, 핸드북과 국가표준, 그리고 제품 매뉴얼로부터 얻어진 데이터의 경우에는 모든 값을 SI 단위로 변환하는 것이 지극히 어려울 뿐만 아니라 자칫하면 원작의 지적재산권을 침해할 수도 있어, 그림과 표, 참고문헌의 일부 데이터는 FPS 단위로 남겨두었다. FPS 단위계와 SI 단위계의 관계에 익숙하지 못한 독자들을 위하여, 앞표지 안쪽에 변환표를 두었다.

출처로부터 얻어진 데이터를 사용하여 풀어야 하는 문제의 경우에는, 데이터 수치들이 계산에 사용되기 직전에 FPS 단위로부터 SI 단위로 변환될 수 있다. SI 단위로 표준화된 값이나 생산자 데이터를 얻고자 한다면 독자들은 적절한 정부기관 또는 자신의 국가/지역 당국에 문의하면 될 것이다.

교수자를 위한 자료들

SI 단위를 사용한 교수자용 해답집을 지역의 판매 대리점 또는 온라인을 통해 www.login.cengage.com에서 구할 수 있다. 이 웹사이트에 등록한 교수자에게는 디지털 버전의 해답집과 파워포인트 슬라이드로 된 그림과 표, SI 개정판 본문의 예제와 수식들이 제공된다.

SI 개정판 사용자들이 보내주는 피드백 의견은 언제나 감사할 일이며, 추후에 개정판을 증보하는 데 큰 도움이 되리라 생각한다.

Cengage Learning

역자 머리말

재료과학은 국내외적으로 공과대학의 대부분 학과에서 2~3학년 학생들을 대상으로 개설되는 전공기초 교과목이다. 그러한 만큼 엔지니어라면 누구나 재료에 대한 최소한의 이해를 갖추어야 한다는 필요성에 공감대가 형성되어 있을 것이다. 최신 공학교육 트렌드에서 설계가 강조되는 것만큼이나 설계를 제품으로 구현하는 데에는 재료가 필수적이다. 그러므로 공대생이라면 누구나 한 과목 정도는 재료에 관해 공부할 필요가 있으며, 이 책의 원저자도 그런 맥락에서 집필하였음을 밝히고 있다.

이 책은 미국 University of Missouri—Rolla의 Donald R. Askeland 교수와 Bucknell University의 Wendlin J. Wright 교수가 저술한 《The Science and Engineering of Materials》 제7판을 번역한 것이다. 국내에서는 제5판까지 번역서가 나온 바 있으나, 제6판부터 'SI Edition'으로 바뀐 후에는 처음으로 번역되었다. 전체적으로 책의 구성은 크게 달라지지 않았으며, 제1장에서 12장까지의 전반부에서는 결정구조, 미세조직, 결함, 확산, 전위, 강화기구, 응고, 평형상태도, 상변태 등 재료과학/공학에 적용되는 보편적인 원리를 먼저 살펴보고 제13장부터 23장까지의 후반부에서는 강철을 비롯하여 재료의 종류와 특성을 다양하게 다루고 있다. 대학의 교재로 사용하는 것을 전제로 둔다면 이러한 접근방법은 매우 합리적인 것으로 보이며, 전반부는 학과나 전공에 관계없이 배우고 후반부는 전공분야에 따라 선택적으로 다루면 될 것이다. 제7판에서는 SI Edition으로 출간된 제6판에서도 많이 남아 있던 영미 관습단위의 흔적이 대부분 해소되었으며, 재료과학/공학 분야의 새로운 트렌드인 나노스케일, 저차원구조 등에 대해서도 적절하게 소개하고 있다. 저자는 책 전반에서 조성-미세구조-공정-특성의 상관관계에 대하여 강조하고 있으며, 투과전자현미경, X선회절 분석, 전자에너지손실 분광법과 같은 최신의 기술로 얻어진 사진과 데이터를 통해 독자의 이해를 돕고 있다.

번역판 교재를 준비하면서, 어떻게 원서의 내용을 굴절 없이 정확하게 우리말로 바꾸어 독자들에게 전달할 수 있을지 고민이 많았다. 이 문제에는 전문성의 확보와 정확한 용어의 사용이라는 현실적인 조건이 필요하였다. 전자를 위해서 각 전문분야로부터 충분한 인원의 교수들이 참여하였고, 후자를 위해서는 기존에 출판된 여러 교재에서 공통적으로 사용된 용어들을 채택하였다. 특히 과총에서 발행한 과학기술대사전을 비롯해 관련 전문학회의 용어집들을 바탕으로 하였다. 원저자가 그러하였듯이 역자들 또한 오류가 없는 교재를 위해 최선의 노력을 기울였지만, 번역이 잘못되었거나 원서에 없는 새로운 오류가 발생하였을 수도 있다. SI Edition으로 처음 번역된 제7판이니만큼, 차후에 발견되는 문제점들은 향후에 개선하여 더욱 알차게 사용할 수 있는 교재로 만들어 나갈 것을 약속드린다.

저자 소개

Donald R. Askeland는 University of Missouri—Rolla(UMR)의 금속공학과 명예교수이며 Distinguished Teaching Professor이다. 1970년에 UMR의 교수가 되기에 앞서 그는 Dartmouth College의 Thayer School of Engineering을 졸업하고 University of Michigan에서 학위를 받았다. 그는 다양한 공학 및 과학 커리큘럼 안에서 학생들에게 재료와 제조공학의 여러 과목들을 가르쳤으며, UMR에서 뛰어난 교육 및 학생상담에 대한 공로를 인정받아 여러 차례 우수상을 수상하였다. 그뿐만 아니라 주조공학 교육재단의 Key Professor로 활동하였으며, 그 재단에 기여한 바에 대하여 여러 차례 표창받았다. 그의 교육 및 연구는 주로 금속의 주조 및 결합에 초점이 맞추어졌고 특히 lost-foam 주조에 집중된 결과로 50편 이상의 논문을 발표하였으며, 미국주조공학회(AFS)로부터 여러 차례의 표창과 우수논문상을 수상하였다.

Windelin J. Wright는 Bucknell University의 부교수이며, 기계공학과와 화학공학과에 겸직하고 있다. 그녀는 Stanford University의 재료공학과에서 학사, 석사, 박사를 받았다. 졸업 후에는 Lawrence Livermore National Laboratory의 Manufacturing and Materials Engineering Division에서 박사후연구원으로 일한 다음, 2005년 Stanford에 조교수 대우로 돌아왔다. 그녀는 2006년에 Santa Clara University에 정년트랙 조교수로 채용되었으며, 2010년 가을 Bucknell에서 현재의 직책을 시작하였다.

Wright 교수의 연구는 재료 중에서 특히 금속유리의 기계적 거동에 초점이 맞추어져 있다. 그녀는 2003 Walter J. Gores Award(스탠포드의 최우수 교육상), 2005 Presidential Early Career Award for Scientists and Engineers, 2010 NSF CAREER Award의 수상자이다. Wright 교수는 캘리포니아 주 등록 금속기술사 자격증을 취득하였다. John Bravman과 결혼하였고 슬하에 두 아들 Cole과 Cooper를 두고 있다.

차 례

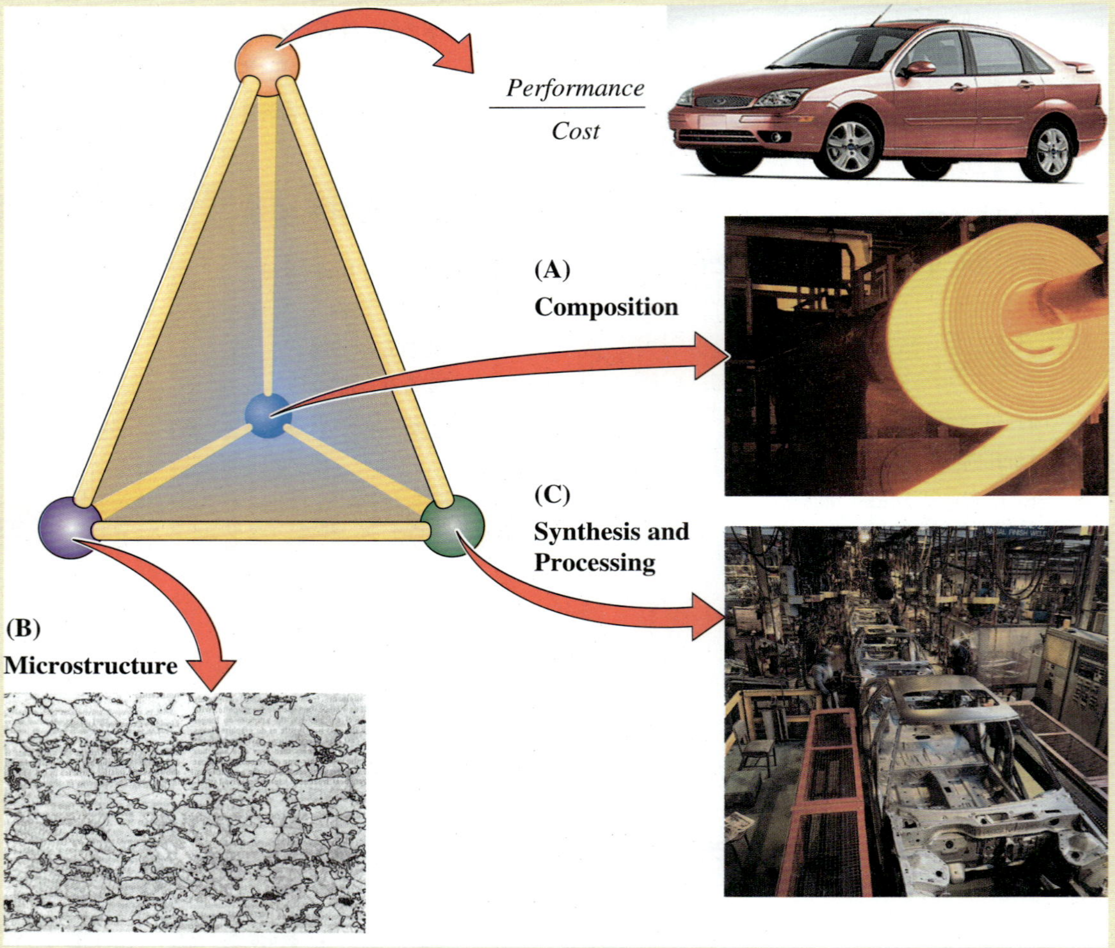

재료과학자/공학자의 주요 목표는 (1) 이미 존재하는 재료를 개선하는 것과 (2) 새로운 현상, 재료, 장치, 용도를 발명하거나 발견하는 것이다. 재료과학/공학 분야에서 돌파구를 찾으면 이는 생명의료공학, 물리, 화학, 환경공학, 정보기술과 같은 수많은 다른 연구 분야에 적용된다. 그림에 보이는 재료과학/공학 사면체는 이 분야의 심장과 영혼을 보여주며, 자동차 차체를 만드는 데 쓰이는 강철의 생산에 그것이 사용됨을 보여준다. 그림에서 보듯이, 재료과학자/공학자의 주된 목표는 특정한 용도에 최고의 성능을 발휘할 수 있는 재료나 장치를 개발하는 것이다. 대부분의 경우에, 단지 성능 자체보다는 성능-대-가격 비가 극도로 중요하다. 이 개념은 사면체의 정점에 나타내고 다른 세 꼭지점은 각각 재료의 조성(A), 미세구조(B), 합성 및 공정(C)을 나타낸다. 이들은 모두 서로 연결되어 있고 궁극적으로 재료와 장치의 성능-대-가격 비에 영향을 미친다. 그림에 포함된 사진은 복합조직강(dual-phase steel)의 미세조직이다. 복합조직강의 미세조직은 자동차가 충돌하였을 때 에너지를 흡수하도록 만들어졌다. 마르텐사이트라 불리는 단단한 상의(어두운 구역) 입자들이 비교적 무르고 연성인 페라이트(밝은 구역) 기지에 분산된 구조이다.

재료과학자/공학자에게 재료는 마치 예술가에게 있어서 색채의 팔레트와 같다. 예술가가 여러 색상을 사용하여 다양한 그림을 창조하듯이, 재료과학자는 주기율표의 여러 원소들을 사용하고 또한 다양한 방식의 합성 및 공정을 통해 다양한 재료를 만들어 내거나 개량한다. (출처: *Michael Shake/Shutterstock.com/Digital Vision/Getty Images/Metals Handbook, Desk Edition (1988), ASM International, Materials Park, OH 44073-0002. Reprinted with permission of ASM International. All rights reserved. www.asminternational.org.*)

CHAPTER 1

재료과학/공학에 대한 소개

다음과 같이 궁금해 해본 적이 있는가?

- 재료과학자/공학자는 무엇을 연구하는가?
- 재료의 관점에서, 어떻게 하면 민간항공기의 연료효율을 획기적으로 향상시킬 수 있는가?
- 플라스틱을 사용하여 유연하고 가벼운 전자회로를 만들 수 있을까?
- 보석세공인들은 왜 금에 구리를 첨가하는가?
- '스마트 재료'란 무엇인가?

제1장의 주요 학습목표

- 재료과학/공학을 정의하는 주요 개념을 이해하는 것.
- 설계과정에 있어서 재료과학의 역할을 이해하는 것.
- 성질에 따라 재료를 분류하는 것.
- 기능에 따라 재료를 분류하는 것.

이 장에서, 우리는 먼저 실제 세상의 서로 다른 예들을 사용하여 당신에게 재료과학/공학의 세계를 소개하고자 한다. 그 다음에는 재료의 분류에 대해 소개할 것이다. 비록 공학 프로그램들은 대부분 학생들에게 재료과학을 필수로 이수하도록 요구하지만, 당신은 재료과학에 대한 공부를 단순한 필수과목 이상으로 접근하는 것이 좋다. 재료과학/공학에 대해 완벽하게 이해하면 당신은 더 나은 엔지니어, 설계자가 될 것이다. 재료과학은 모든 기술적 진보의 밑거름이 되고 있으며, 재료의 근본원리들에 대한 이해와 그 응용은 당신이 더 훌륭한 엔지니어가 되게 해주는 것은 물론 설계과정에서도 당신에게 도움이 될 것이다. 훌륭한 설계자가 되기 위해서는 당신은 다양한 용도에 알맞게 재료를 사용하는 방법을 배워야 한다. 당신은 용도에 적합한 재료를 그 재료의 성질에 근거하여 선택할 수 있는 능력을 가져야 할 필요가 있고, 그 성질들이 시간이 지남에 따라 그리고 공정에 따라 어떻게 그리고 왜 변하는지 인지할 수 있어야 한다. 엔지니어라면 누구나 설계 요구조건을 만족하는 재료에 대하여 책이나 데이터베이스에서 특성치를 찾아볼 수 있지만, 혁신적인 방식으로 재료를 설계에 맞추어 안전하게 사용할 수 있는 능력은 어떻게 재료의 성질과 기능을 재료 미세구조의 제어와 공정기술을 통해 조종할 수 있는가에 대한 이해를 근간으로 한다.

재료의 가장 중요한 면모는 무엇인가를 가능하게 한다는 점이다. 재료는 물건이 만들어질 수 있게 해준다. 예를 들어, 문명의 역사에서 돌과 철, 그리고 청동은 인류문명의 발전에 핵심적인 역할을 하였다. 또한 오늘날의 숨 가쁘게 돌아가는 세상에서, 실리콘 단결정의 발견과 그것의 성질에 대한 이해는 정보기술의 시대를 가능하게 하였다.

이 책에서는, 공업적으로 제조된 재료가 실제 세상에 어떻게 적용되고 있는가를 보여주는 흥미진진한 예들을 보여줄 것이다. 재료들의 다양한 응용과 독특한 적용사례들을 통해, 훌륭한 엔지니어가 되려면 왜 재료과학/공학의 원리들을 이해하고 적용하는 방법을 알아야 하는지에 대해 보여줄 것이다.

1-1 재료과학/공학이란?

재료과학/공학(MSE)은 합성과 공정을 통해 재료의 성질을 제어하기 위해 재료의 조성과 구조를 연구하고 조종하는 학제간 학문분야의 하나이다. 조성이라 함은 하나의 재료를 만들어낸 화학적 구성을 뜻한다. 구조라 함은 원자들의 배열을 세세한 내역을 볼 수 있는 다양한 수준으로 관찰한 것이다. 재료 과학자들과 공학자들은 재료의 개발뿐만 아니라 재료의 합성과 공정, 그리고 부품들의 생산에 관련된 제조공정까지도 다룬다. '합성'이란 용어는 재료가 천연적인 또는 인공적인 화학물질로부터 어떻게 만들어지는가에 관한 것이며, '공정'이란 용어는 재료가 어떻게 다양한 재료의 성질에 변화를 일으키면서 쓸모 있는 부품으로 형상화되는가를 의미한다. 재료과학자/공학자들의 가장 중요한 역할 중의 하나는 어떤 재료나 장치의 성질이나 성능과 재료의 미세구조, 조성, 그리고 그 재료나 장치가 합성되고 가공된 방법 사이의 상관관계를 확립하는 일이다. 재료과학에서는 합성과 공정, 구조, 성질 사이에 존재하는 상관관계에 초점이 맞추어져 있으며, 재료공학에서는 재료를 어떻게 쓸모 있는 장치나 구조로 바꿀 수 있는가에 초점이 맞추어져 있다.

재료과학의 가장 매력적인 측면 중 하나는 재료의 미세구조에 관한 연구이다. 재료의 구조는 설령 전체적인 조성이 변하지 않는다고 하더라도 그 재료의 여러 성질에 지대한 영향을 미친다. 예를 들면, 당신이 순 구리선을 잡고 반복하여 구부리면 그것은 단단해질 뿐만 아니라 동시에 점점 더 취성이 된다. 반복하여 구부리면서 구리선의 전기저항도 증가한다. 이 간단한 사례에서 우리는 재료의 화학조성을 바꾸지 않았다. 재료의 성질에 변화가 생긴 것은 그것의 내부구조가 변하였기 때문이다. 구리선을 여러 번 구부린 다음 살펴보면 이는 전과 다름없어 보이겠지만, 미시적 스케일에서는 구조가 변하였다. 미시적 스케일에서의 구조를 미세구조 또는 미세조직이라 부른다. 미시적으로 무엇이 변하였는지를 알 수 있다면, 우리는 재료의 성질을 제어할 수 있는 방법을 찾아

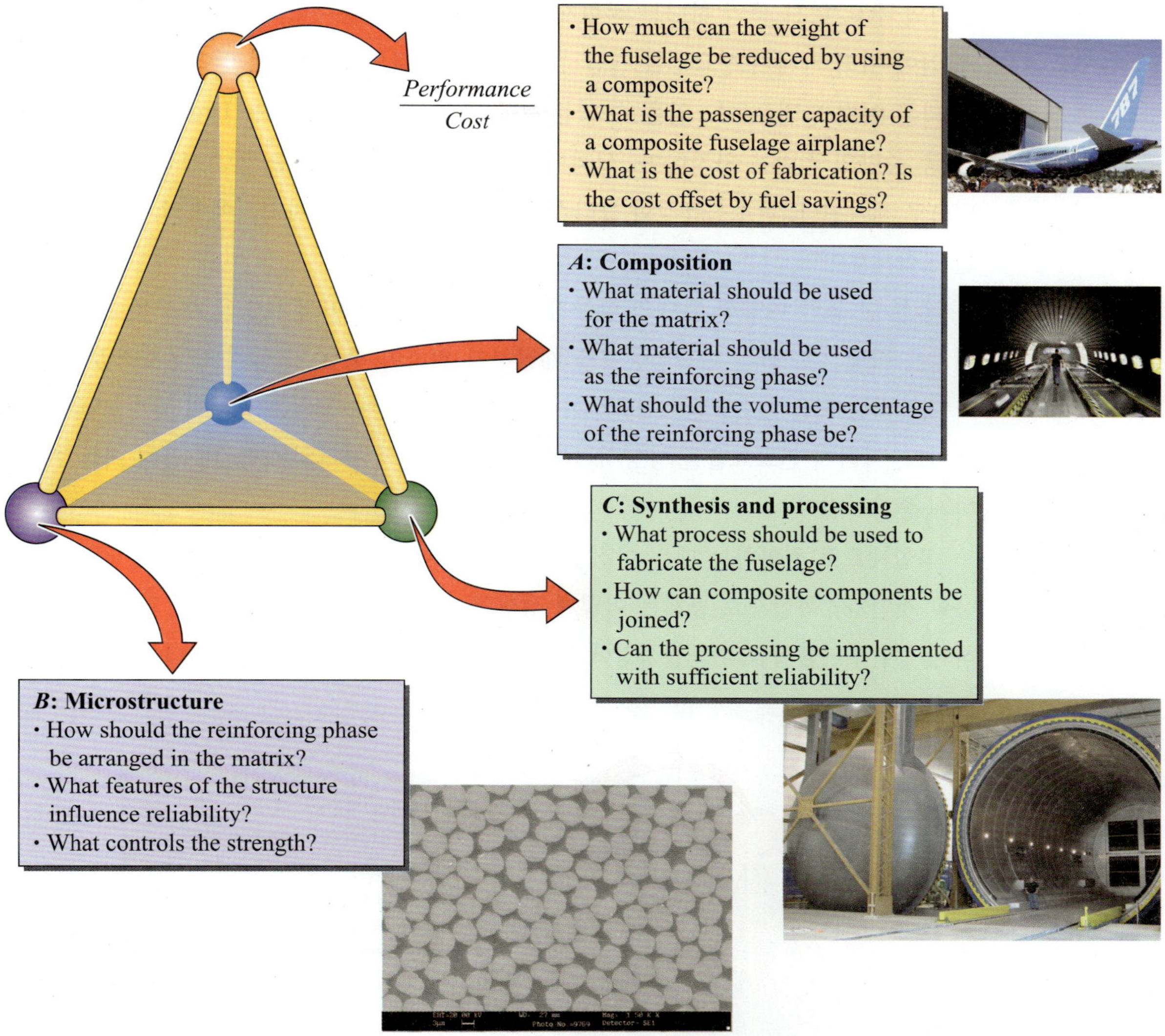

그림 1-1 항공기 동체 제작에 사용된 탄소섬유강화 플라스틱에 재료과학/공학 사면체를 적용하기. 조성, 미세구조, 합성 및 공정은 모두 서로 연결되고, 성능-대-가격 비에 영향을 미친다. 상단 오른쪽으로부터 시계방향으로, 보잉 787, 보잉 787 동체 내부의 텅 빈 공간, 탄소섬유강화 플라스틱 동체부를 경화시키는 데 사용된 대형 오토클레이브, 에폭시기지에 매몰된 탄소섬유. (출처: *Bloomberg via Getty Images / Srinivasa, Vinod, Shivakumar, Vinay, Nayaka, Vinay, Jagadeeshaiaih, Sunil, Seethram, Murali, Shenoy, Raghavendra, & Nafidi, Abdelhakim. (2010). Fracture morphology of carbon fiber reinforced plastic composite laminates.* Materials Research, *13(3), 417-424. Retrieved January 06, 2014, from http://www.scielo.br/scielo.php?script=sci_arttext&pid=S1516-14392010000300022&lng=en&tlng=en. 10.1590/S1516-14392010000300022./ AFP/Getty Images / ASC Process Systems*)

낼 단초를 얻은 것이다.

그림 1-1에 나타낸 재료과학/공학 사면체를 사용하여 한 가지 예를 생각해보자. (다른 하나의 예는 이 장을 시작하는 페이지에 나와 있다.) 대부분의 민간항공 역사를 통하여 항공기 동체는 알루미늄합금을 사용하여 만들어졌다. 동체재료는 충분한 강도를 가져야 함은 물론 가벼워야 하고 공기역학적인 윤곽으로 성형될 수 있어야 한다. 2011년에는 보잉항공사의 787 Dreamliner 항공기가 여객서비스를 시작하였다. 보잉 787 항

공기의 주요 혁신 중의 하나는 복합재료의 대폭적인 사용이다. 복합재료는 하나의 재료 안에 여러 가지 구성요소를 결합시켜 만들어진 것으로, 그렇게 얻어진 재료의 성질은 다른 어떤 방법으로도 얻을 수 없는 독특한 것이다. 복합재료는 Dreamliner 항공기의 총 중량의 절반을 차지하며, 실제로 보잉 787 항공기 동체는 탄소섬유강화 플라스틱으로 제작된다. 탄소섬유강화 플라스틱은 에폭시수지 고분자기지에 탄소섬유가 매몰된 복합재료이다.

수십 년 동안 다양한 모델의 항공기와 함께한 성공에 이어 보잉은 새로운 클래스의 재료를 바탕으로 하는 민간항공기를 개발하기 위하여 수십 억 달러를 투자하였다. 왜 보잉은 이런 일을 할까? 탄소섬유강화 플라스틱을 향한 구동력은 동체의 무게를 줄이는 것이고, 따라서 연료효율을 향상시키는 것이다. 이는 항공기의 성능-대-가격 비를 현저하게 증가시킨다.

복합재료로 전환하는 데는 여러 가지 기술적 어려움이 따른다. 어떤 복합재료를 사용할 것인가? 복합재료 동체는 어떻게 성형될 수 있는가? 주기적인 이륙 및 착륙 하중 하에서 알루미늄합금의 균열성장에 관해서는 수십 년 동안 축적된 데이터를 활용할 수

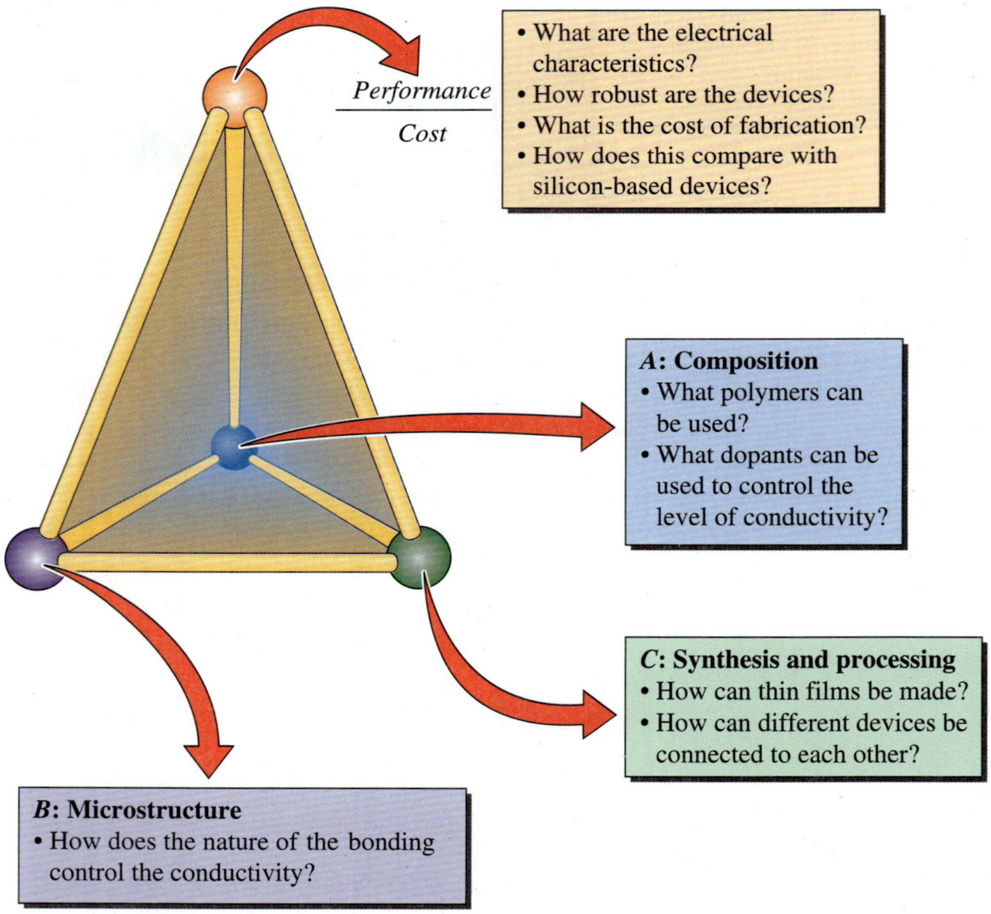

그림 1-2 반도성 고분자를 미세전자회로에 사용하는 데 있어서 재료과학/공학 사면체의 활용.

있다. 복합재료 동체도 같은 수준으로 신뢰할 만한가? 탄소섬유강화 플라스틱도 알루미늄과 대등한 내식성을 갖는가? 또는 섬유와 플라스틱 사이에 박리가 일어날 우려는 없는가? 알루미늄 항공기는 리벳팅으로 결합된 구조용 패널로 만들어진다. 복합재료로 만들어진 다양한 구조용 부품들이 어떻게 결합될 수 있는가? 이러한 논의를 통하여 당신은 하나의 제품을 위한 설계와 재료선택에 수많은 문제점들이 고려되어야 함을 알게 될 것이다. 또한 성능 대비 가격, 조성, 미세구조, 합성 및 공정의 비가 모두 중요한 요인이 됨을 이해할 수 있을 것이다.

반도성 고분자로 알려진 재료클래스를 미세전자회로에 사용하는 것을 목표로 하여 재료과학/공학 사면체를 활용하는 사례를 하나 더 살펴보자(그림 1-2). 자명종이나 손목시계 등에 사용되는 여러 형식의 디스플레이에는 갈륨비소(GaAs) 등의 무기화합물로부터 만들어진 발광다이오드(LED)를 활용하고 있으나, 최근에는 반도성 고분자도 사용되고 있다. 미세전자회로에 플라스틱을 사용할 경우 두드러진 장점은 재료의 유연성과 공정의 용이함이다. 재료과학자/공학자들은 반도성 고분자의 응용에 대하여 다음과 같은 물음에 답해야 한다.

- 고분자의 구조와 전기적 성질 사이에는 어떤 상관관계가 있는가?
- 이 플라스틱들을 사용하여 어떻게 회로가 만들어질 수 있는가?
- 이 회로 장치들은 기존의 실리콘칩 기술과 호환될 수 있는가?
- 이 회로 장치들은 얼마나 강건한가?
- 이 회로 장치들의 가격과 성능은 기존의 장치들과 어떻게 비교되는가?

이것들은 재료과학자/공학자들이 반도성 고분자 회로의 개발, 설계, 제조에 있어서 반드시 고려해야 할 요인들 중 몇 가지이다.

1-2 재료의 분류

재료를 분류하는 데는 다양한 방식들이 있다. 한 가지 방법은 다섯 그룹으로 나누는 것이다(표 1-1).

1. 금속과 합금
2. 세라믹, 유리 및 유리-세라믹
3. 고분자 [플라스틱]
4. 반도체
5. 복합재료

각 그룹에 속한 재료들은 서로 다른 구조와 성질을 가진다. 그림 1-3에 비교된 강도의 차이는 엔지니어가 선택할 수 있는 특성치의 넓은 범위를 보여준다. 금속재료는 하

표 1-1 각 그룹에 속한 재료들의 대표적인 예와 용도 및 성질

	대표적인 용도	성질
금속과 합금		
구리	전선	높은 전기전도도, 우수한 성형성
회주철	자동차 엔진블록	주조성, 절삭가공성, 진동감쇠
합금강	렌치(공구), 자동차 차체	열처리에 의한 현저한 강화
세라믹과 유리		
SiO_2-Na_2O-CaO	창문유리	광학적 투명, 단열
Al_2O_3, MgO, SiO_2	용융금속을 담는 내화물(용광로의 내열성 라이닝)	단열, 고온내열성, 용융금속에 대한 비활성
티타늄산바륨($BaTiO_3$)	미세전자회로용 커패시터	높은 전기저장 능력
실리카	정보통신용 광섬유	낮은 광손실
고분자		
폴리에틸렌(PE)	식품포장	얇고 유연하며 기밀성인 필름으로 쉽게 성형됨
에폭시	집적회로의 봉합	전기절연성, 내습성
페놀릭	합판의 적층접착제	우수한 강도, 내습성
반도체		
실리콘	트랜지스터, 집적회로	독특한 전기적 거동
갈륨비소	광전자 장치	전기신호를 빛으로 변환, 레이저나 레이저다이오드 등
복합재료		
탄소-에폭시	항공기 구조용 부품	높은 강도-대-무게 비
탄화텅스텐-코발트(WC-Co)	카바이드 절삭공구	높은 경도이면서 내충격성
티타늄피복 강철	원자로 압력용기	티타늄의 내식성을 갖춘 저비용, 고강도의 강철

중지탱 용도에 널리 사용되므로, 그들의 기계적 성질은 실용적으로 대단한 관심사이다. 이에 대하여 간략하게 살펴보기로 하자. '응력(stress)'이라는 용어는 단위면적당 하중 또는 힘을 의미한다. '변형도(strain)'라는 용어는 연신율 또는 치수의 변화를 원래의 치수로 나눈 것을 의미한다*. '응력'이 작용하면 '변형도'가 유발된다. 하중이나 응력이 제거된 후에 변형도가 사라지면 그것은 '탄성'이라 불리며, 응력이 제거된 후에도 변형도가 남으면 그것은 '소성'이라 불린다. 변형이 탄성이면 응력과 변형도는 선형적으로 비례하며, 응력-변형도 곡선의 기울기는 탄성계수 또는 Young의 계수로 알려져 있다. 소성변형을 일으키는 데 필요한 수준의 응력을 '항복강도'라 부른다. 얻어질 수 있는 최대 소성변형 퍼센트는 금속재료의 연성의 척도이다. 이러한 개념에 관해서는 제6장과 제7장에서 더 자세히 다룰 것이다.

---

* 역자 주: 국내 대부분의 책에서 'strain'을 '변형률'이라 번역하고 있으나, 그 용어의 의미가 다소 부적절한 측면이 있으므로, 이 책에서는 '변형도'로 부르기로 하였다. 아울러 'strain rate'는 '변형속도'로 부르고, 같은 맥락에서 'shear strain'은 '전단변형도'로, 'shear strain rate'는 '전단변형속도'로 부르기로 한다.

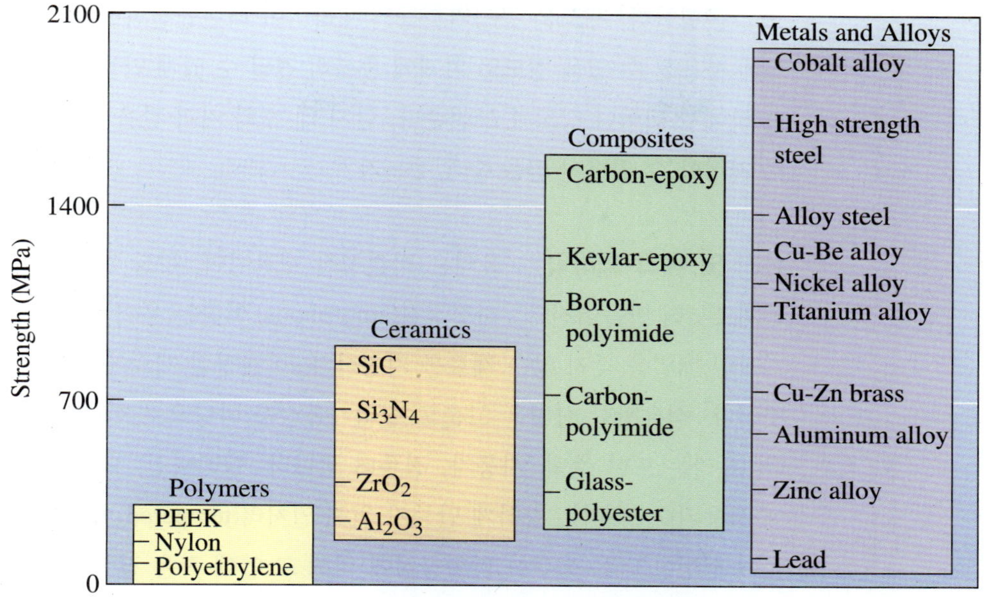

그림 1-3 다양한 범주에 속한 재료들의 대표적인 강도. 세라믹에 대해서는 압축강도로 나타내었다.

금속과 합금 금속에는 알루미늄, 마그네슘, 아연, 철, 티타늄, 구리, 니켈 등이 있다. 합금이란 하나 이상의 금속 또는 비금속이 첨가된 금속을 말하며, 예를 들면, 강철은 철에 탄소가 첨가된 합금이다. 일반적으로 금속과 합금은 높은 전기전도도 및 열전도도를 가졌다. 금속과 합금은 상대적으로 높은 강도와 강성을 가졌고, 연성 또는 성형성이 우수하며, 내충격성이 크다. 이들은 특히 구조용 또는 하중지탱 용도에 효율적으로 사용된다. 순금속으로도 더러 사용되지만, 합금으로 만들면 특별히 요구되는 성질을 개선할 수 있거나 또는 여러 성질들을 함께 갖추는 데 더욱 유리하다. 예를 들면, 금은 연성의 순금속이므로 보석세공인들은 소량의 구리를 첨가함으로써 강도를 향상시켜 금붙이들이 쉽게 손상되지 않도록 만든다.

세라믹 세라믹은 무기질 비금속 재료라고 정의할 수 있다. 바닷가 모래나 암석은 자연적으로 만들어진 세라믹의 예이다. 첨단세라믹은 자연발생적 세라믹을 정제하거나 다른 특수한 공정을 거쳐 만들어진 재료이다. 첨단세라믹은 컴퓨터칩이 장착될 기판, 센서와 액추에이터, 커패시터, 무선통신 기기, 스파크플러그, 인덕터, 전기절연체 등에 사용된다. 어떤 세라믹들은 터빈엔진의 금속 바탕을 보호하기 위한 단열코팅으로 사용된다. 세라믹은 또한 페인트, 플라스틱, 타이어와 같은 소비자용품에도 사용되고, 자동차 엔진의 산소센서와 같은 산업용으로도 사용된다. 전통세라믹은 벽돌, 식기류, 욕실 붙박이, 내열재, 연마재 등으로 사용된다. 일반적으로 세라믹은 열을 잘 전달하지 않으며, 그것들을 녹이려면 매우 높은 온도로 가열하여야 한다. 세라믹은 강하고 단단하지만, 동시에 매우 취성이다. 우리는 보통 세라믹을 고운 분말로 준비한 다음 다양한 형상으로 몰딩한다. 새로운 공정기술들은 세라믹이 터빈엔진의 임펠러와 같은 하중지탱 용도에 사용될 수 있을 정도로 파괴에 충분히 견딜 수 있게 만들어 준다. 세라믹은 압축응력 하에서 뛰어난 강도를 보여준다. 단지 네 개의 커피 잔을 사용하여 불자동차를 통째로 지탱할 수 있다면 믿을 수 있겠는가?

유리 및 유리-세라믹 유리는 비결정질 재료이며, 항상 그렇지는 않지만 종종 녹은 액체로부터 만들어진다. '비결정질(amorphous)'이라는 용어는 원자들이 규칙적이고 주기적인 배열을 갖지 않은 재료를 지칭한다. 비결정질 재료에 대해서는 제3장에서 다룰 것이다. 섬유광학 산업은 고순도 실리카유리를 바탕으로 한 광섬유에 기초를 두고 있다. 유리는 또한 주택, 자동차, 컴퓨터 모니터, 텔레비전, 휴대전화, 기타 수많은 용도에 사용된다. 유리는 강하게 만들기 위해 열처리(tempered)할 수 있다. 또한 유리를 만들어 성형한 다음 특수한 가열공정에 의해 그 안에 작은 결정들을 만들어주면 유리-세라믹으로 알려진 재료가 탄생한다. 하나의 예로 Zerodur™는 대형망원경용(Chandra 및 Hubble) 거울의 기판을 만드는 데 사용된 유리-세라믹 재료이다. 유리와 유리-세라믹은 보통 용해 및 주조 공정에 의해 만들어진다.

고분자 고분자는 전형적인 유기질 재료이다. 그것들은 중합(polymerization)이라 알려진 반응으로 생성된다. 고분자재료에는 고무(탄성중합체)와 다양한 종류의 접착제가 포함된다. 고분자는 더러 예외가 있기는 하지만 일반적으로 전기와 열의 우수한 절연재이다. 고분자는 비록 금속이나 세라믹에 비하여 강도가 낮지만, 강도-대-무게 비가 매우 우수하다. 그것들은 일반적으로 고온용으로는 적합하지 않다. 많은 고분자들이 부식성 화학물질에 대하여 우수한 저항성을 갖는다. 오늘날 고분자는 방탄조끼, 컴팩디스크(CD), 로프, 액정디스플레이(LCD)에서부터 옷감이나 커피컵에 이르기까지 수많은 용도를 가지고 있다. 열가소성(thermoplastic) 고분자는 긴 분자사슬들이 견고하게 연결되

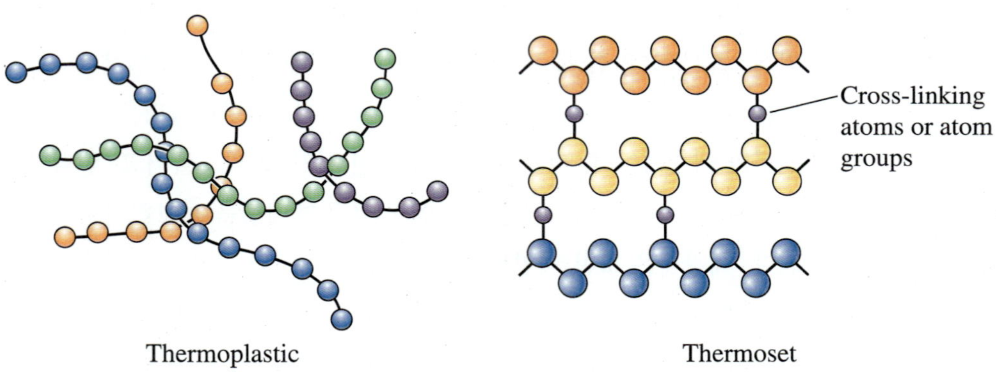

그림 1-4 중합은 동그라미로 나타낸 작은 분자들이 결합하여 더 큰 분자(고분자)를 만들어내는 반응이다. 고분자의 구조는 서로 뒤엉켜 있으되 연결되지는 않은 여러 개의 사슬들로 구성되거나(열가소성) 또는 사슬 사이에 가교결합을 형성한 3차원 네트워크로 구성된다(열경화성).

어 있지 않으므로 연성과 성형성이 우수하다. 열경화성(thermosetting) 고분자는 분자사슬들이 단단히 연결되어 있기 때문에 더 강하지만 동시에 더욱 취성이다(그림 1-4). 고분자는 전자회로 장치를 비롯하여 다양한 용도에 사용되고 있다. 열가소성 고분자는 녹은 상태에서 성형하지만, 열경화성 고분자는 보통 몰드 속으로 주입하여 성형한다. 플라스틱은 고분자의 특성을 개선하기 위해 첨가제를 포함시킨 재료의 총칭이다.

반도체 컴퓨터나 전자제품에 사용되는 실리콘(Si), 게르마늄(Ge), 갈륨-비소(GaAs) 반도체는 전자재료로 알려진 광범위한 재료클래스의 일부이다. 반도성 재료의 전기전도도는 세라믹 절연체의 전기전도도와 금속 도체의 전기전도도 사이에 해당한다. 반도체는 정보시대를 가능하게 하였다. 일부 반도체에서는 전기전도도의 수준을 제어함으로써 트랜지스터나 다이오드와 같은 전자회로를 만들 수 있고, 그것들을 가지고 IC칩을 구축한다. 여러 응용분야에서 우리는 반도체 재료의 대형 단결정이 필요하며, 이는 용융된 재료로부터 특수한 공정으로 성장시킨다. 또한, 반도체 재료의 박막도 다른 특수한 공정에 의해 만들어진다.

복합재료 복합재료 개발의 주요 개념은 서로 다른 재료의 성질들을 혼합하는 것이다. 복합재료는 두 가지 이상의 재료가 결합되어 만들어지며, 어느 하나의 재료만으로는 얻어질 수 없는 특성을 구현한다. 복합재료의 예로는 콘크리트, 합판, 파이버글래스(fiberglass)가 있다. 파이버글래스는 유리섬유를 고분자기지에 매몰시켜 만들어진다. 유리섬유는 밀도를 현저히 증가시키지 않으면서 고분자에 강성을 더해준다. 복합재료를 사용하면, 우리는 가벼운 무게에 강하면서 연성이고 온도변화에 견디는 재료를 만들거나 또는 단단하면서도 깨지지 않고 충격에 견디는 절삭공구를 만들 수 있다. 최신의 항공기나 우주선들은 복합재료를 대폭적으로 사용하고 있다. 앞에서 이미 소개하였듯이 보잉 787 항공기는 많은 구조용 부품에 알루미늄 대신 탄소섬유강화 플라스틱을 사용함으로써 높은 연료효율을 달성할 수 있었다. 자전거, 골프채, 테니스라켓 등과 같은 스포츠 장비에서도 가볍고 강성이 높은 다양한 종류의 복합재료를 활용하고 있다.

1-3 기능에 따른 재료의 분류

우리는 그것들의 가장 중요한 기능이 기계적(구조적)인 것인지, 생물학적인 것인지, 전기적인 것인지, 자기적인 것인지, 광학적인 것인지에 따라 재료를 분류할 수 있다. 이런 재료의 분류방법을 그림 1-5에 나타내었다. 각 그룹에 속한 재료들의 예를 찾아볼 수 있으며, 이러한 그룹들은 각각 여러 개의 하위그룹으로 다시 나누어질 수 있다.

그림 1-5 기능에 따른 재료의 분류. 금속, 플라스틱, 세라믹 재료들이 다른 그룹들에 나누어져 있음을 주목하라. 각 그룹에 속한 몇몇 재료들을 선별하여 나타내었다.

항공우주 나무와 알루미늄합금과 같은 가벼운 재료들이 라이트 형제의 역사적인 비행에 사용되었다. 그중 알루미늄합금은 우연하게도 주조용 금형으로부터 구리 성분을 픽업함으로써 엔진을 더욱 강화시켰다. NASA의 우주왕복선은 1단 추진로켓에 알루미늄 분말을, 왕복선 선체에는 실리카 타일을 활용하였다. 보잉 787의 동체와 날개에는 탄소섬유강화 플라스틱이 대폭적으로 사용되었다.

생명의료 우리들의 뼈와 치아의 일부는 자연적으로 형성된 세라믹인 수산화인회석(hydroxyapatite)으로 만들어져 있다. 수많은 인공장기, 뼈 대체부품, 심혈관계 스텐트,

치열교정 장치, 기타 부품들이 각종 플라스틱, 티타늄합금, 비자성 스테인리스강을 사용하여 만들어진다. 초음파 영상장치에는 지르코늄티타늄산납(PZT)으로 알려진 세라믹을 변환자로 사용한다.

전자재료 이미 언급한 바와 같이 실리콘으로 만들어진 것과 같은 반도체는 컴퓨터칩의 집적회로를 만드는 데 필수적이다. 티타늄산바륨($BaTiO_3$), 산화탄탈륨(Ta_2O_5), 기타 유전재료는 세라믹 커패시터나 기타 회로들을 만드는 데 사용된다. 구리, 알루미늄 등의 금속은 송전선이나 미세전자회로의 도체로 사용된다.

에너지기술 및 환경기술 원자력발전은 이산화우라늄이나 플루토늄을 연료로 사용하지만, 유리나 스테인리스강과 같은 수많은 다른 재료들이 핵물질을 취급하고 방사성 폐기물을 관리하는 데 사용된다. 배터리나 연료전지에 관련된 기술은 지르코니아(ZrO_2)와 같은 여러 가지 세라믹과 고분자재료들을 활용한다. 배터리 기술은 수많은 전자제품에서 오래 지속되고 휴대가 가능한 전력에 대한 요구 때문에 그 중요성이 현저하게 높아졌다. 연료전지는 일부 전기자동차에 사용된다. 석유화학산업은 촉매기판으로 제올라이트, 알루미나, 기타 재료들을 광범위하게 사용한다. 그들은 백금, 백금/로듐, 기타 금속들을 촉매로 사용한다. 액체와 기체의 정화를 위한 여러 가지 멤브레인 기술에서는 세라믹과 플라스틱을 활용한다. 태양광발전은 비결정질 실리콘(a:Si:H)으로 알려진 재료를 사용하여 이루어진다.

자성재료 컴퓨터 하드디스크는 다양한 세라믹, 금속, 고분자재료들을 활용한다. 하드디스크는 코발트-백금-탄탈륨-크롬(Co-Pt-Ta-Cr) 합금을 사용하여 만든다. 여러 가지 자성 페라이트는 무선통신용 인덕터와 부품들을 만드는 데 사용된다. 철과 규소(Si)를 바탕으로 한 규소강철은 변압기 코어로 사용된다.

광학재료 실리카는 광섬유를 만드는 데 널리 사용된다. 세계적으로 천만 킬로미터 이상의 광섬유가 설치되었다. 광학재료(또는 광재료)는 반도체 탐지기나 광통신 및 기타용도 레이저를 만드는 데 사용된다. 이와 비슷하게 알루미나(Al_2O_3)와 이트륨알루미늄가닛(YAG)은 레이저를 만드는 데 사용된다. 비결정질 실리콘은 태양전지와 광전모듈을 만드는 데 사용된다. 고분자는 액정디스플레이(LCD)를 만드는 데 사용된다.

스마트재료 스마트재료는 온도의 변화, 응력의 적용, 습도나 화학적 환경의 변화와 같은 외부 자극을 탐지하고 반응할 수 있다. 일반적으로 스마트재료기반 시스템은 센서와 액추에이터로 구성되며, 변화를 읽고 반응을 일으킨다. 수동적인 의미의 스마트재료의 예로는 지르코늄티타늄산납(PZT)과 형상기억합금이 있다. 적절하게 가공되면 PZT

는 응력을 받았을 때 전압을 발생시킬 수 있다. 이 압전효과는 가스 그릴의 점화기나 물고기나 잠수함과 같은 수중 물체를 탐지할 수 있는 센서와 같은 장치를 만드는 데 활용된다. 스마트재료의 다른 예로는 자기유변(MR) 유체를 들 수 있는데, 이들은 자장에 반응하는 자성 페인트이다. 이러한 재료들은 GM, Ferrari, Audi를 비롯한 자동차의 서스펜션 시스템에 사용되고 있다. 그밖에 스마트재료 및 시스템의 예를 들자면 광변색 유리나 자동흐려짐 거울 등이 있다.

구조용 재료 이들 재료는 어떤 형태로든 응력을 지탱하도록 설계된다. 강철과 콘크리트, 그리고 복합재료는 빌딩과 다리를 건설하는 데 사용된다. 강철, 유리, 플라스틱, 복합재료는 또한 자동차를 만드는 데에도 널리 사용된다. 이러한 용도에는 종종 다양한 온도와 하중 조건하에서 강도와 강성, 그리고 인성의 조합이 필요하다.

1-4 구조에 따른 재료의 분류

이미 언급한 바와 같이, '구조'라는 용어는 원자들의 배열을 의미하며, 미시적 스케일에서의 구조는 '미세구조'로 알려져 있다. 우리는 이러한 배열을 수 옹스트롬에서부터 밀리미터까지의 다양한 스케일로 관찰할 수 있다. 우리는 제3장에서 어떤 재료들은 결정질(crystalline)이거나(원자배열이 규칙적임) 또는 비결정질일 수도 있음(원자배열이 장범위규칙을 갖지 못함)을 배울 것이다. 어떤 결정질 재료는 하나의 결정 형태일 수 있으며, 단결정으로 불린다. 다른 것들은 여러 개의 결정 또는 결정립(grain)으로 구성되며, 다결정으로 불린다. 결정 또는 결정립의 특성(크기, 형상 등)과 결정립계(grain boundary)로 알려진 그것들 사이 영역의 특성 또한 재료의 성질에 영향을 미친다. 이러한 개념에 대해서는 나중의 장들에서 더 자세히 다룰 것이다. 복합조직강의 미세구조가 이 장을 시작하는 페이지에 나타나 있다.

1-5 환경 및 기타 영향

부품으로 제작되는 재료의 구조-성질 상관관계는 종종 사용 중에 그 재료가 처하게 되는 주위환경의 영향을 받는다. 여기에는 고온 또는 저온에 노출, 반복적인 응력, 갑작스런 충격, 부식 또는 산화 등이 포함된다. 부품이 예상치 않게 파손되는 일이 없도록 이러한 영향을 설계에 반영하여야 한다.

온도 온도의 변화는 재료의 성질을 극적으로 바꾼다(그림 1-6). 어떤 열처리나 가공기술에 의해 강화된 금속과 합금은 가열되었을 때 그 강도를 갑자기 잃어버릴 수 있다.

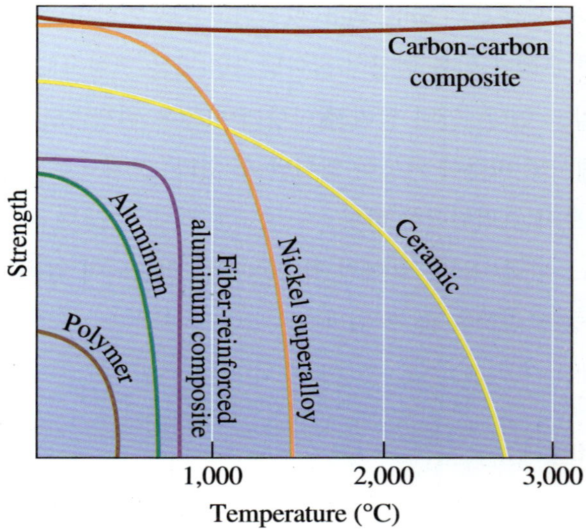

그림 1-6 온도의 상승은 일반적으로 재료의 강도를 감소시킨다. 고분자는 저온에서만 적합하다. 탄소-탄소 복합재료와 같은 일부 복합재료와 특수 합금, 그리고 세라믹은 고온에서도 우수한 특성을 갖는다.

이와 관련된 비극적인 기억 하나는 2001년 9월 11일 세계무역센터 빌딩의 붕괴이다. 그 빌딩은 비록 충돌에 의한 최초의 충격은 견뎌냈지만, 강철 구조물들이 화재에 따른 고온에 의해 약해지면서 마침내 붕괴되었던 것이다.

고온은 세라믹의 미세구조를 바꾸고 고분자를 녹이거나 숯검정으로 만든다. 다른 극단으로, 아주 저온이 되면 금속이나 고분자가 매우 낮은 하중만 걸리더라도 취성파괴를 일으킨다. 이러한 저온취성은 타이타닉을 파괴시키고 침몰시킨 하나의 요인이었다. 이와 비슷하게, 1986년 우주왕복선 챌린저호 사고도 부분적으로는 고무 오링(O-ring)의 취성에 기인하였다. 일부 고분자 및 금속재료가 취성으로 바뀌는 이유는 서로 다르다. 이러한 개념에 관해서는 이후에 다시 다룰 것이다.

부식 대부분의 금속 및 고분자는 산소나 기타 기체들과 반응하며, 특히 고온일수록 더욱 그렇다. 금속 및 세라믹은 분해될 수 있고, 고분자 및 비산화물 세라믹은 산화될 수 있다. 재료는 또한 부식성 액체에 의해 공격받으며, 때 이르게 파손될 수 있다. 엔지니어는 이러한 반응들을 예방하고 극한환경에서도 가동할 수 있도록 재료나 코팅을 선택해야 할 과제에 직면하게 된다. 또한 우주용에서는 방사선의 영향을 고려해야만 한다.

피로 수많은 용도에서 부품들은 가해진 하중이 재료에 영구변형을 일으키지 않는 범위 내에서 설계되어야 한다. 비록 매우 낮은 하중일지라도 재료에 하중이 가해지고 제거되는 과정이 수없이 반복되면 작은 균열이 발생할 수 있고, 균열들이 성장하면서 재료가 파손된다. 이는 피로파괴로 알려져 있으며, 우리는 하중지탱 요소를 설계함에 있어서 피로의 가능성을 반드시 고려해야 한다.

변형속도 여러분들은 대부분 Silly Putty®(실리콘고무 기반의 플라스틱, 규소 실리콘이 아님)에 대하여 우리가 이를 천천히 잡아당기면(낮은 변형속도) 매우 많이 늘어날 수 있다는 사실을 알고 있다. 만일 빨리 잡아당기면(높은 변형속도) 그것은 뚝 끊어진다. 많은 금속재료에서도 비슷한 거동이 일어날 수 있다. 그러므로 많은 용도에서 변형도와 변형속도는 반드시 고려되어야 한다.

많은 경우에 온도, 피로, 응력, 부식의 영향은 서로 연관되어 있을 수 있고, 다른 외부요인도 재료의 성능에 영향을 줄 수 있다.

1-6 재료의 설계 및 선택

어떤 특정한 용도를 위한 재료를 설계할 때에는 여러 가지 요인들을 고려해야만 한다. 그 재료는 요구되는 물리적 및 기계적 특성을 갖추어야 하고, 바람직한 형상으로 공정 또는 제조될 수 있어야 하며, 설계 문제에 경제적인 해결책을 제공할 수 있어야 한다. 이러한 요구조건을 만족하되 (아마도 재료의 재활용을 통하여) 환경을 보호하는 방식으로 행하는 것 또한 중요하다. 이러한 설계 요구조건을 만족시키는 범위 내에서 엔지니어는 쓸모 있으면서 시장성이 있는 제품을 만들어내기 위해 아마 여러 단계의 절충을 거쳐야만 할 것이다.

하나의 예로 재료비는 보통 단위무게당 비용으로 산출된다. 우리는 설계와 재료선택에 있어서 그 재료의 밀도 또는 단위부피당 무게를 고려해야 한다(표 1-2). 알루미늄은 무게 기준으로 강철보다 더 비싸지만, 그것의 밀도는 강철에 비해 1/3에 불과하다. 비록 부품을 알루미늄으로 만들면 더 두꺼워지더라도 알루미늄 부품이 강철로 만든 것보다 무게 차이 때문에 더 저렴할 수 있다.

표 1-2 다양한 재료들의 강도-대-무게 비

재료	강도(kg/m²)	밀도(g/cm³)	강도-대-무게 비(cm)
폴리에틸렌	70×10^4	0.83	0.08×10^6
순 알루미늄	455×10^4	2.17	0.17×10^6
알루미나(Al_2O_3)	21×10^6	3.16	0.66×10^6
에폭시	105×10^5	1.38	0.76×10^6
열처리된 합금강	17×10^7	7.75	2.20×10^6
열처리된 알루미늄합금	60×10^6	2.71	2.21×10^6
탄소-탄소 복합재료	42×10^6	1.80	2.33×10^6
열처리된 티타늄합금	12×10^7	4.43	2.70×10^6
케블라섬유-에폭시 복합재료	46×10^6	1.47	3.13×10^6
탄소섬유-에폭시 복합재료	56×10^6	1.38	4.06×10^6

어떤 경우에는 (특히 항공우주 용도에서는) 비행체의 무게가 늘어나면 연료소비가 증가하므로 무게가 중요하다. 가벼우면서 매우 강한 재료를 사용함으로써 항공우주 비행체나 자동차의 연비가 향상되도록 설계할 수 있다. 많은 최신 항공우주 비행체에 알루미늄 대신 복합재료가 사용되었다. 탄소섬유-에폭시와 같은 이들 복합재료는 전통적인 알루미늄합금보다 비싸지만, 복합재료의 높은 강도-대-무게 비에 의해(표 1-2) 얻어지는 연료절감 효과는 그 항공기의 더 높은 초기비용을 상쇄할 수 있다. 보잉 787의 경우도 이에 해당된다. 비슷한 논리가 적용되는 용도가 그야말로 수천 가지나 있다. 일반적으로 재료선택에는 다양한 특성들 사이에 절충이 따른다.

지금까지의 논의에 의해 여러분들은 재료의 성질이 조성뿐만 아니라 재료가 어떻게 만들어지는가(합성 및 공정)와 가장 중요하게 재료의 내부 구조에 따라 달라진다는 사실을 이해할 수 있었기를 바란다. 바로 이러한 이유 때문에 엔지니어에게 단순히 핸드북을 참고하여 특정한 용도에 맞는 재료를 선택하도록 하는 것은 좋지 않다. 핸드북은 좋은 출발점일 수 있으나, 훌륭한 엔지니어는 그 재료가 어떻게 만들어졌는지, 용도에 적합한 후보재료의 정확한 조성, 그 재료를 성형하기 위해 또는 부품으로 제작하기 위해 반드시 거쳐야 하는 공정, 그 재료가 사용될 환경, 그리고 가격-대-성능 비 등의 영향을 고려할 것이다.

이 장을 시작하면서 여러분이 재료과학/공학의 원리를 알아야 할 필요성에 대해 언급하였다. 엔지니어로서 어떤 부품을 만드는 데 어느 재료를 선택할지 결정을 내려야 할 필요가 있다면, 재료과학/공학의 원리에 대한 지식은 여러분에게 기본개념을 부여할 것이다. 이러한 것들이 여러분으로 하여금 공업용 재료를 사용하여 설계를 수행함에 있어서 기술적으로 올바른 결정을 내릴 수 있게 해줄 것이다.

요약

- 재료과학/공학(MSE)은 미세구조-조성-합성-공정 상관관계에 대한 심층적인 이해를 계발함으로써 새로운 재료 및 장치를 발명하고 기존의 재료를 개선하는 데 관여하는 학제간 학문분야이다.
- 공업용 재료는 MSE의 원리를 바탕으로 설계되고 제조된 재료들이다.
- 공업용 재료의 성질은 그것들의 조성, 구조, 합성, 공정에 의존한다. 재료 또는 장치에 대한 중요한 하나의 성능지표는 성능-대-가격 비이다.
- 재료의 구조는 재료 내부의 원자 또는 이온들의 배열을 의미한다.
- 미시적 수준에서의 구조는 미세구조로 알려져 있다.
- 재료의 여러 가지 성질들은 비록 조성이 일정하게 유지되더라도 구조에 따라 크게 달라진다. 이것이 재료에서 구조-성질 또는 미세구조-성질 상관관계가 극도로 중요한 이유이다.

- 재료는 금속과 합금, 세라믹과 유리 및 유리-세라믹, 고분자, 반도체, 복합재료로 분류된다.
- 금속과 합금은 강도, 연성, 성형성이 우수하다. 금속은 우수한 전기전도도와 열전도도를 가진다. 금속과 합금은 자동차, 건축물, 교량, 항공우주 등과 같이 수많은 용도에 필수적인 역할을 한다.
- 세라믹은 무기질 결정질 재료이다. 이들은 강하고, 훌륭한 전기 및 열 절연체로 사용되며, 종종 고온이나 부식성 환경에 의한 손상에 잘 견디지만, 역학적으로 취성이다. 현대적인 세라믹들은 수많은 미세전자회로 및 광기술의 토대를 제공한다.
- 유리는 보통 녹은 액체로부터 만들어지는 비결정성 무기질 고체이다. 유리는 강도를 증가시키기 위하여 열처리될 수 있다. 유리-세라믹은 유리를 어닐링하여 작은 결정들을 생성함으로써 만들어지는데, 그 결과로 파괴와 열충격에 대한 저항성이 개선된다.
- 고분자는 강도가 비교적 낮지만, 강도-대-무게 비는 매우 양호하다. 고분자는 고온에서 사용하기에 적합하지 않다. 그것들은 부식저항이 매우 우수하고, 세라믹과 마찬가지로 훌륭한 전기 및 열 절연체이다. 고분자는 구조, 온도, 변형속도에 따라 연성일수도 있고 취성일 수도 있다.
- 반도체는 독특한 전기적 및 광학적 성질을 가졌으며 그 때문에 전자제품 및 통신장비의 부품을 제조하는 데 필수적인 것이 되었다.
- 복합재료는 두 가지 이상의 다른 종류의 재료로부터 만들어진다. 그것들은 기계적 및 물리적 성질들의 독특한 조합을 제공하는데, 이는 어떠한 단일 재료에서도 찾아볼 수 없는 것들이다.
- 기능에 따른 재료의 분류에는 항공우주, 생명의료, 전자재료, 에너지 및 환경, 자성재료, 광학재료, 구조용 재료가 포함된다.
- 재료는 또한 결정질과 비결정질로 분류할 수 있으며, 결정질 재료는 단결정이거나 다결정일 수 있다.
- 재료의 성질은 온도, 가해지는 응력의 수준 및 종류, 변형속도, 산화 및 부식, 기타 환경요인에 따라 달라진다.
- 필요한 특성을 가졌을 뿐만 아니라 경제적이고 안전하게 쓸모 있는 제품으로 제조될 수 있는 가능성이 있는 재료를 선택하는 것은 재료의 구조-성질-공정-조성의 상관관계에 대한 지식을 필요로 하는 복잡한 과정이다.

용어해설

강도-대-무게 비 strength-to-weight ratio 재료의 강도를 밀도로 나눈 것. 강도-대-무게 비가 높은 재료는 강하지만 가볍다.

결정립 grains 다결정 재료 내부의 결정들.

결정립계 grain boundary 다결정 재료에서 결정립 사이의 영역.

결정질 재료 crystalline material 하나 또는 그 이상의 결정으로 구성된 재료. 각 결정 내에서 원자나 이온들은 장범위에 걸친 규칙적인 배열을 보여준다.

고분자 polymers 보통 유기질 분자가 결합되어 거대한 분자사슬 또는 망상구조를 이룸으로써 얻어지는 한 그룹의 재료들.

공정 processing 재료를 쓸모 있는 부품으로 성형하거나 재료의 성질들을 바꾸는 다양한 방법들.

구조 structure 재료 내부의 원자 또는 이온들의 배열. 비록 전체적인 조성이 변하지 않더라도 재료의 구조는 여러 가지 성질에 지대한 영향을 미친다.

금속 metals 금속결합을 갖는 원소로 이루어진 재료. 일반적으로 우수한 연성, 강도, 전기전도도를 보인다.

기계적 성질 mechanical properties 가해진 힘을 재료가 얼마나 잘 견디는가를 나타내는 강도와 같은 재료의 성질. 힘에는 인장, 압축, 충격, 주기적인 또는 피로에 의한 힘과 고온에서의 힘도 포함된다.

다결정 재료 polycrystalline material 다수의 결정으로 구성된 재료(하나의 결정으로 구성된 단결정 재료의 반대).

단결정 single crystal 오직 하나의 결정으로 구성된 재료(결정입계가 없음).

물리적 성질 physical properties 색상, 탄성계수, 전기전도도, 열전도도, 자성, 광학적 거동과 같은 특성들로서, 일반적으로 재료에 가해지는 힘에 의해서는 별로 영향을 받지 않는다.

미세구조 microstructure 미시적인 스케일에서의 재료의 내부구조. '미세조직'으로도 불린다.

밀도 density 단위부피당 질량. 통상적으로 g/cm^3의 단위로 표시된다.

반도체 semiconductors 금속과 전형적인 세라믹의 사이에 해당하는 전기전도도를 갖는 한 그룹의 재료들(예: 실리콘, 갈륨-비소).

복합재료 composites 여러 성질들의 비범한 조합을 얻을 수 있도록 금속, 세라믹, 고분자의 혼합으로부터 만들어진 한 그룹의 재료들.

세라믹 ceramics 압축응력과 고온에서 특히 우수한 강도를 보여주는 한 그룹의 무기질 결정질 재료들.

스마트재료 smart material 온도의 변화, 응력의 적용, 습도나 화학적 환경의 변화와 같은 외부 자극을 탐지하고 반응할 수 있는 재료.

열가소성 고분자 thermoplastics 분자사슬이 뒤엉켜 있기는 하지만 서로 연결되어 있지 않은 특별한 한 그룹의 고분자들.

열경화성 고분자 thermosets 가열하였을 때 녹지 않고 분해되는 특별한 한 그룹의 고분자들. 그것들은 비교적 강직하고, 3차원 네트워크 때문에 보통 매우 취성이다(예: 폴리우레탄).

유리 glass 항상 그렇지는 않지만 보통 실리카를 기반으로 하고, 녹은 상태로부터 만들어지는 비결정질 재료들.

유리-세라믹 glass-ceramics 유리를 만든 다음 그것을 열처리하여 내부에 작은 결정을 형성시킴에 의해 얻어지는 특별한 클래스의 재료들.

재료공학 materials engineering 재료를 어떻게 쓸모 있는 장치나 구조로 바꿀 수 있을지에 초점을 두는 공학지향의 학문분야.

재료과학 materials science 재료의 미세구조, 합성, 공정, 성질 사이의 상관관계에 대한 연구에 치중하는 과학의 한 분야.

재료과학/공학 사면체 materials science and engineering tetrahedron 재료의 성능-대-가격 비가 그것들의 조성, 미세구조, 합성, 공정에 따라 어떻게 달라지는가를 보여주는 사면체 다이어그램.

재료과학/공학 materials science and engineering 다양한 재료들 사이에 구조-성질-공정-조성 상관관계에 대한 심층적인 이해를 계발함으로써 새로운 재료 및 장치를 발명하고 기존의 재료를 개선하는 데 관여하는 학제간 학문분야.

조성 composition 하나의 재료를 이루는 화학적 구성.

중합 polymerization 유기질 분자가 결합되어 거대한 분자 또는 고분자를 이루는 공정.

플라스틱 plastics 다른 첨가제를 함유한 고분자.

피로파손 fatigue failure 반복되는 하중과 제하에 기인하는 재료의 파손.

합금 alloy 서로 다른 원소들의 화학적 조합에 의해 얻어지는 금속재료(예: 강철은 철과 탄소로 만들어짐).

합성 synthesis 자연발생적인 또는 인공적인 화학물질로부터 재료가 만들어지는 과정.

연습문제

1-1절 재료과학/공학이란?

1-1 재료과학/공학(MSE)이란 무엇인지 정의하라.

1-2 재료공학자에게 공학 사면체의 중요성은 무엇인가?

1-3 다음의 용어를 정의하라.
(a) 조성 (b) 구조
(c) 합성 (d) 공정
(e) 미세구조

1-4 재료과학과 재료공학이라는 용어의 차이점을 설명하라.

1-2절 재료의 분류

1-5 세상에 무수히 많은 재료들은 1차적으로 네 가지 기본그룹으로 나누어진다. 그것들은 무엇인가? 하나 또는 그 이상의 다른 종류의 재료가 결합되어 일체화된 재료는 무엇이라 불리는가? 그런 예를 하나만 들어보라.

1-6 금속과 합금의 몇 가지 예를 들고, 금속과 합금의 기계적 성질은 무엇인지 설명하라.

1-7 세라믹은 무엇이며, 세라믹으로부터 당신이 기대하는 성질들의 예는 무엇인가?

1-8 열가소성 고분자와 열경화성 고분자를 (a) 가열되었을 때 기계적 성질을 기준으로, (b) 가능한 분자구조에 따라, 비교하라.

1-9 제조될 수 있는 복합재료의 예를 세 가지만 들어보라.

1-10 다음 각각의 재료 클래스에 대하여 우리 일상생활의 일부로 사용되는 특별한 사례를 두 개씩 들어보라.
(a) 금속 (b) 세라믹
(c) 고분자 (d) 반도체
각 재료를 발견할 수 있는 물건을 하나씩 들고 왜 그 재료가 각각의 특정한 용도에 사용되었는지 설명하라. [힌트] (a)에 대한 해답의 예를 들면 알루미늄은 열의 균일한 분포를 위하여 취사용 냄비와 팬에 사용되는 금속이다. 그것은 또한 가벼운 금속이므로 주방용 취사도구를 편리하게 만들 수 있다. 이와 같이 (a)에 대한 해답의 예로부터 특정한 금속이 특정한 용도에 맞추어 설명되었음을 참고하라.

1-11 다음 각각의 경우에 재료의 어떤 성질이 적용되었는지 말하고, 왜 그런지 이유를 설명하라.
(a) 초고층빌딩의 I-빔에 사용된 강철
(b) 고관절 임플랜트에 사용된 코발트-크롬-몰리브덴 합금
(c) 안경렌즈에 사용된 폴리카보네이트(PC)
(d) 미술품 주물에 사용된 청동

1-12 다음 각각의 경우에 재료의 어떤 성질이 적용되었는지 말하고, 왜 그런지 이유를 설명하라.
(a) 비행기 동체에 사용된 알루미늄
(b) 치열교정 띠(보이지 않는 띠)에 사용된 폴리우레탄
(c) 자전거 바퀴 허브의 볼베어링에 사용된 강철
(d) 물병으로 사용된 폴리에틸렌 테레프탈레이트(PET)
(e) 포도주 병에 사용된 유리

1-13 퇴행된 무릎관절을 인공관절로 대체하는 인공슬관절 전치환술에 대하여 이 용도에 필요한 재료를 선택할 때 엔지니어가 고려해야 할 성

질은 무엇인가?

1-14 단결정 실리콘이 왜 지금의 미세전자회로 용도에 선택된 재료인지에 관해 한 문단으로 서술하라. 태양전지용 단결정 실리콘을 대체할 수 있는 후보재료에 관해 두 번째 문단을 작성하라. 사용한 참고문헌이나 웹사이트의 목록을 붙이라. 최소한 세 개의 참고문헌을 사용해야 한다.

1-15 코일스프링은 매우 강하고 강성도 높아야 한다. 질화규소(Si_3N_4)는 강하고, 강성이 큰 재료이다. 이 재료를 스프링용으로 선택하겠는가? 이유를 들어보라.

1-16 때때로 온도지시장치는 온도가 증가하면 일정한 양만큼 펴지는 코일형태의 금속 띠로 제작된다. 이것은 어떻게 작동하는가? 지시장치는 어떤 재료로 만들어지는가? 지시장치에 들어간 재료가 가져야 하는 중요한 성질들은 무엇인가?

1-3절 기능에 따른 재료의 분류

1-17 기능에 따른 재료분류의 목적은 무엇인가?

1-4절 구조에 따른 재료의 분류

1-18 결정질 재료와 비결정질 재료의 차이점을 설명하라. 일상생활에서 사용하는 물건 중 각각에 대한 예를 들어보라.

1-19 임의의 재료 하나를 주고 그것이 결정질인지 비결정질인지 알아내라고 한다면 당신은 어떻게 감별할 것인가?

1-5절 환경 및 기타 영향

1-20 부품의 파손을 초래할 수도 있는 재료의 성능 문제 여섯 가지를 들어보라.

1-21 강철은 야외용으로 사용될 경우 종종 얇은 아연층으로 코팅된다. 코팅 또는 도금된 강철에 아연이 제공하는 특성은 무엇이라고 생각하는가? 이런 제품을 생산할 때에는 어떤 점에 미리 주의해야 하는가? 제품의 재활용 가능성에 미치는 도금의 영향은 무엇인가?

1-22 재료의 구조와 성질 사이의 상관관계는 사용조건(환경조건)에 의해 영향을 받을 수 있다. 비극적인 결과를 가져왔던 공학적 참사의 예를 두 가지만 들고, 왜 그런 일이 일어났는지 설명하라.

1-6절 재료의 설계 및 선택

1-23 물리적 성질과 기계적 성질의 차이점은 무엇인가? 각각에 대한 예를 세 개씩 들어보라.

1-24 대부분의 대형 민간항공기에 사용되는 제트엔진은 그것의 앞쪽에 대형 로터가 있어 엔진의 뒤쪽으로 공기를 밀어주는 형상이기 때문에 터보팬 제트엔진이라 불린다. 이 공기의 대부분은 엔진을 우회하여 지나가지만, 이렇게 지나가는 공기가 엔진의 추진력과 효율을 현저히 높여준다. 일부 엔진 제작사들은 요즘 전통적인 알루미늄합금 블레이드 대신 탄소섬유-에폭시 복합재료를 블레이드에 사용한다.

(a) 이 용도에 알맞은 재료를 선택할 때 엔지니어는 재료의 어떤 성질을 반드시 고려해야 한다고 생각하는가? 가급적 구체적으로 답하라.

(b) 알루미늄합금을 사용하는 경우에 비해 탄소섬유-에폭시 복합재료를 사용하면 어떤 이점이 있을까? 탄소섬유-에폭시 복합재료를 사용하는 경우 제한사항 또는 가능성이 있는 불리한 점은 어떤 것들인가?

1-25 당신이 지상기반 가스터빈 제작사의 엔지니어라고 가정하자. 이러한 터빈들은 제트엔진과 유사하지만, 그것들은 지상에서 작동하여 발전기나 압축가스배관 용도에 동력을 제공한다. 당신은 제1단 터빈의 블레이드에 세라믹기반의 단열코팅을 적용하여 터빈의 작동온도와 효율을 향상시키고자 한다.

(a) 내열초합금(superalloy) 블레이드에 적용될 세라믹 코팅을 설계함에 있어서 엔지니어가 겪을 수 있는 어려움은 어떤 것들인가?

(b) 이 코팅에 알맞은 세라믹 재료를 선택할 때

엔지니어가 반드시 고려해야 할 재료의 성질에는 어떤 것들이 있는가? 가급적 빠짐없이 답하라.

1-26 우리는 항공기 조종석에 투명한 차양(canopy)을 만들고자 한다. 만일 우리가 전통적인 창문유리를 차양에 사용한다면, 돌멩이나 새들이 부딪히면 깨질 수 있다. 그러한 손상을 최소화하거나 적어도 차양이 여러 조각으로 깨지지 않도록 해줄 수 있는 재료를 설계하라.

1-27 당신은 인력구동으로 한번에 30 km를 비행할 수 있는 비행기를 설계하고자 한다. 재료의 어떤 성질들을 권장하겠는가? 어떤 재료들이 적합하리라고 생각하는가?

1-28 당신은 지름 3피트(91.44 cm)의 소형 인공위성을 우주궤도에 올리고자 한다. 위성은 지구와 전파를 주고받을 섬세한 전자장비를 포함한다. 전자장비가 장착될 구조의 외각(outer shell)을 설계하라. 재료의 어떤 성질들이 요구되겠는가? 어떤 종류의 재료들이 후보로 고려될 수 있는가?

1-29 목수의 망치 머리쇠가 반드시 가져야 할 재료의 성질은 어떤 것들인가? 망치 머리쇠는 어떻게 제작할 수 있는가?

1-30 당신은 자주 그리고 힘주어 열고 닫는 전기스위칭 장치의 전기접점에 사용할 재료를 선택하고자 한다. 전기접점 재료가 반드시 가져야 할 성질은 어떤 것들인가? 어떤 종류의 재료들이 후보로 고려될 수 있는가? 알루미나(Al_2O_3)는 좋은 선택일까? 설명하라.

1-31 알루미늄은 밀도가 2.7 g/cm^{3}이다. 밀도가 1.5 g/cm^{3}인 복합재료를 알루미늄을 바탕으로 제작하려고 한다고 가정하자. 이런 밀도를 갖는 재료를 설계하라. 밀도가 0.95 g/cm^{3}인 폴리에틸렌 구슬들을 알루미늄에 도입하는 것이 가능할까? 설명하라.

1-32 당신은 화학분석이나 시간이 오래 걸리는 시험절차에 의존하지 않고 서로 다른 재료들을 구별하고자 한다. 물리적 성질을 바탕으로 하는 시험 및 분류 방법들 중 가능성이 있는 몇몇 방법을 들고 설명하라.

1-33 당신은 자투리 재활용 공장에서 서로 다른 재료들을 물리적으로 분류하고자 한다. 고분자, 알루미늄합금, 강철과 같은 재료를 서로 분리하는 데 사용할 수 있을 것으로 보이는 몇몇 방법을 들고 설명하라.

1-34 자동차 엔진용 피스톤 중 어떤 것들은 알루미늄합금에 작고 단단한 탄화규소 입자가 포함된 복합재료로 만들어진다. 각각의 재료가 부품 전체에 어떤 이점을 제공할 수 있을지 설명하라. 부품을 만드는 데 있어서 두 재료의 서로 다른 성질들 때문에 발생할 수 있는 문제는 무엇인가?

1-35 당신이 태어난 이후에 발명되거나 발견된 재료의 유래와 용도를 조사해보라. 또는 당신이 태어난 이후에 새로운 재료를 사용함으로써 가능해진 제품이나 기술의 개발과정을 조사해보라. 그러한 재료 또는 제품에 관해 한 문단으로 서술하라. 사용한 참고문헌이나 웹사이트의 목록을 붙이라. 최소한 세 개의 참고문헌을 사용해야 한다.

Knovel® 활용 문제

각 장의 마지막 절에 주어진 문제들을 풀기 위해서는 모두 Knovel 웹사이트(http://www.knovel.com/web/portal/browse)를 사용할 필요가 있다. 아래에 주어진 세 문제는 Knovel과 웹사이트, 그리고 거기서 사용가능한 인터랙티브 도구들에 대한 소개를 제공할 목적으로 만들어졌다. Knovel의 사용에 대한 더 자세한 소개는 교재 웹사이트(http://www.cengage.com/engineering/askeland)에서 Student Companion 페이지를 방문하면 찾아볼 수 있다.

K1-1
- 단위환산표를 사용하여 7,750 kg/m^{3}을 g/l로 환산하라.
- 주기율표를 사용하여 마그네슘의 원자량을 구하라.
- *Perry's Chemical Engineers' Handbook* (제7판)의 제4절 제목은 무엇인가?
- 화학의 기본지식은 물론 화학 데이터의 인터랙티브 테이블까지 포함하는 책의 제목은

무엇인지 찾아보라.

K1-2
- Knovel의 '기본탐색(Basic Search)' 옵션을 사용하여, 질산암모늄(NH_4NO_3)의 물리적 및 열역학적 데이터를 가급적 많이 찾아라. 이 화학물질의 용도는 무엇인가?
- '기본탐색' 옵션을 사용하여, 구와 원기둥의 부피를 구하는 공식을 찾아라.
- '데이터탐색(Data Search)' 옵션을 사용하여, 끓는점이 300 K와 400 K 사이인 화학물질 다섯 가지를 찾아라.

K1-3
- '방정식 작성기(Equation Plotter)' 옵션을 사용하여, 360 K에서 순수 아세트산의 증발엔탈피를 구하라.
- 200 ℉(93.3 ℃)에서 10^{-2} (kg water)/(kg air)의 수분함량을 가진 공기의 압력은 (기압 단위로) 얼마인가?
- 녹는점이 325 ℃ 이상인 고분자 세 종류를 찾아라.

다이아몬드와 흑연은 모두 순수 탄소로만 구성되지만 그들의 재료특성은 상당히 다르다. 이러한 차이는 두 고체의 내부 원자배열과 원자들 사이의 결합의 차이에 기인한다. 다이아몬드에서 탄소원자의 공유결합은 다이아몬드가 높은 강도와 강성, 우수한 열전도도, 낮은 전기전도도를 갖도록 해준다. (출처: *Özer Öner/Shutterstock.com*). 흑연에서 탄소원자는 판상으로 배열하고 있다. 판 내부에서 탄소원자들 사이의 결합은 공유결합이지만, 판과 판 사이의 결합은 덜 강하다. 그러므로 연필로 글씨를 쓸 때 흑연은 판들이 쉽게 떨어져 나갈 수 있다. (출처: *Ronald van der Beek/Shutterstock.com*) 흑연은 다이아몬드보다 열전도도는 훨씬 낮고 전기전도도는 훨씬 높다.

CHAPTER 2

원자구조

다음과 같이 궁금해 해본 적이 있는가?

- 나노테크놀로지란 무엇인가?
- 같은 탄소로 구성되어 있는데 왜 다이아몬드는 우리가 아는 가장 단단한 재료이고 흑연은 매우 부드러워서 고체윤활제로 사용될 수 있을까?
- 바닷가 모래의 주요 화학성분인 실리카는 어떻게 초고순도 형태로 광섬유에 사용되는가?

제2장의 주요 학습목표

- 전자의 네 가지 양자수를 정의하고 각각의 의미를 설명하는 것.
- 주기율표에서 원자들의 배치를 설명하는 것.
- 원소들의 전자구조를 나타내는 것.
- 결합에서 전기음성도의 역할을 설명하는 것.
- 재료에서 네 가지 서로 다른 결합 메커니즘을 정의하는 것.
- 원자들 또는 이온들 사이의 상호작용이 어떻게 재료특성에 영향을 주는지 이해하는 것.
- 동소체들이 비록 동일한 원소로 구성되었을지라도 그들은(예: 탄소의 동소체) 구조에 기인하는 매우 다른 재료특성을 나타낸다는 사실을 인식하는 것.

재료과학/공학자는 다양한 길이스케일에서 재료의 구조를 평가하기 위해 일련의 측정기기를 개발해왔다. 재료의 구조를 다섯 가지 수준에서 조사하고 묘사할 수 있다.

1. 원자구조
2. 단범위 및 장범위 원자배열
3. 나노구조

4. 마이크로조직

5. 매크로조직

각 수준에서의 구조적 특징들은 재료특성과 재료거동에 뚜렷하고 지대한 영향을 미칠 수 있다.

이 장의 목표는 원자구조(양성자와 중성자로 구성된 핵과 그 핵을 둘러싼 전자들)가 공업재료의 특성과 거동 그리고 최종용도에 어떻게 영향을 미치는지를 이해하기 위한 기초를 다질 수 있도록 원자구조를 살펴보는 것이다. 여러분은 원자구조가 물질을 서로 뭉쳐주는 결합의 형태에 영향을 준다는 사실을 알게 될 것이다. 이러한 서로 다른 종류의 결합은 실제 공학적인 용도에 대한 재료의 적합성에 직접적으로 영향을 미친다. 원자의 직경은 보통 옹스트롬(angstrom, Å $= 10^{-10}$ m) 단위를 사용하여 측정된다.

원자구조와 결합이 어떻게 재료에서 원자 및 이온의 서로 다른 배열을 만들어내는지를 이해하는 것 또한 중요하다. 원자배열에 대한 세밀한 이해를 통해 우리는 비결정질(원자 또는 이온의 장범위규칙이 없음) 또는 결정질(원자 또는 이온이 주기적인 기하학적 배열을 보임) 재료들을 구분할 수 있다. 비결정질 재료는 단범위 원자배열만을 가지지만, 결정질 재료는 단범위 및 장범위 원자배열을 모두 가진다. 단범위 원자배열에서는 원자 및 이온들이 상대적으로 짧은 거리에 걸쳐서만 특정한 규칙성을 보인다(1~10 Å). 결정질 재료에서는 원자 및 이온들이 훨씬 더 긴 거리(약 10 nm~1 cm)에 걸쳐 반복되는 3차원 양식으로 배열된다.

재료과학/공학은 나노과학과 나노기술의 가장 중요한 위치에 있다. 나노과학은 나노미터 길이스케일에서의 재료에 대한 연구이고, 나노기술은 나노미터 길이스케일에서의 소자의 조작과 개발이다. 나노구조는 1~100 nm의 길이스케일에서 재료의 구조이다. 나노구조를 제어하는 것은 첨단소재의 공학적 응용을 위해 점점 더 중요해지고 있다.

마이크로조직은 100~100,000 nm(나노미터), 즉 0.1~100 μm(마이크로미터) 길이스케일에서 재료의 구조이다. 마이크로조직은 일반적으로 결정질 재료의 결정립크기나 재료에 존재하는 결함과 관련된 것들을 지칭한다. 여기서 결정립(grain)은 다수의 결정으로 구성된 재료에 들어 있는 하나의 단결정을 의미한다.

매크로조직은 길이스케일이 100 μm를 초과하는 거시적인 수준에서의 재료의 구조이다. 매크로조직을 나타내는 특징적인 것들에는 기공(porosity), 표면코팅, 내외부의 미세균열(microcrack) 등이 포함된다.

탄소의 몇 가지 동소체(allotrope)를 생각해봄으로써 이 장을 마무리할 것이다. 다이아몬드와 흑연은 모두 순수한 탄소로 만들어졌음에도 그 재료특성이 다르다는 것을 알게 될 것이다. 이러한 차이를 이해하기 위한 핵심은 각 동소체에서 원자들이 어떻게 배열되어 있는지를 이해하는 것이다.

2-1 재료의 구조: 기술적 관련성

오늘날 정보기술, 생명기술, 에너지기술, 환경기술, 그 밖의 수많은 분야에서 더 작고, 더 가볍고, 더 빠르고, 휴대할 수 있으며, 더 효율적이고, 신뢰할 수 있고, 내구성이 있고, 저렴한 기기를 필요로 하고 있다. 우리는 더 작고, 더 가벼우면서 오래가는 배터리를 원한다. 우리는 비교적 합리적인 가격에, 가볍고, 안전하고, 연비가 우수하며, 위성

표 2-1 구조의 수준

<table>
<tr><th>구조의 수준</th><th>기술적인 예</th></tr>
<tr><td>원자구조
(약 10^{-10} nm = 1 Å)</td><td>다이아몬드는 탄소-탄소 공유결합을 기반으로 한다. 이 형태의 결합을 가진 재료들은 상대적으로 단단하다. 다이아몬드 박막은 절삭공구의 마모방지 날에 사용된다.

그림 2-1 다이아몬드로 코팅된 절삭공구. (출처: NCD Technology)</td></tr>
<tr><td>원자배열:
장범위규칙(LRO)
(약 10 nm~1 cm)</td><td>PZT(lead-zirconium-titanate)[$Pb(Zr_xTi_{1-x})O_3$]의 이온들이 정방정 혹은 삼방정 결정구조로 배열되어 있을 경우(제3장 참조), 압전성(압력이나 응력을 받으면 전압을 발생) 재료가 된다. PZT 세라믹은 가스 점화장치, 초음파발생기, 진동제어장치를 포함한 광범위한 용도에 사용된다.

그림 2-2 압전 PZT기반 가스점화장치. 압전재료가 응력을 받으면(압력에 의해) 전압이 발생하여 전극 사이에 불꽃을 생성한다. (출처: Morgan Technical Ceramics Ltd UK)</td></tr>
<tr><td>원자배열:
단범위규칙(SRO)
(1~10 Å)</td><td>실리카(SiO_2) 유리의 이온들은 특정한 방법으로 배열된(각 Si^{4+}이온은 사면체 배위에 있는 4개의 O^{2-} 이온과 결합되어 있고, 각 O^{2-}이온은 두 개의 사면체에 의해 공유된 형태) 단범위규칙만을 보인다. 이 규칙은 장범위로 유지되지 않으므로 실리카유리를 비결정질로 만든다. 실리카와 어떤 다른 산화물을 기반으로 한 비결정질 유리는 광통신 산업의 전반적인 토대를 이룬다.

그림 2-3 비결정질 실리카로 만든 광섬유. (출처: Nick Rowe/Photodisc Green/Getty Images)</td></tr>
</table>

구조의 수준	기술적인 예
나노구조 (약 1~100 nm)	산화철의 나노크기 입자들(약 5~10 nm)은 자성유체 또는 액체자석으로 사용된다. 이 액체자석의 용도는 스피커의 열전달용 냉각매체이다. 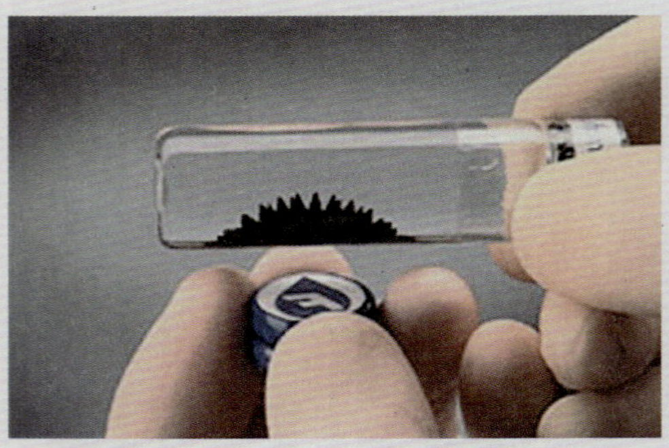 그림 2-4 자성유체. (출처: *Ferrotec USA Corporation*)
미세조직 (약 0.1~100 μm)	다수의 금속과 합금의 기계적 강도는 결정립 크기에 매우 강한 영향을 받는다. 여기에 보인 강철의 현미경사진은 이러한 결정질 재료의 미세조직 특징을 보여주는 일부분이다. 일반적으로, 상온에서는 결정립의 크기가 더 미세할수록 더 높은 강도를 나타낸다. 재료의 수많은 중요한 특성들이 미세조직과 밀접하게 연관되어 있다. 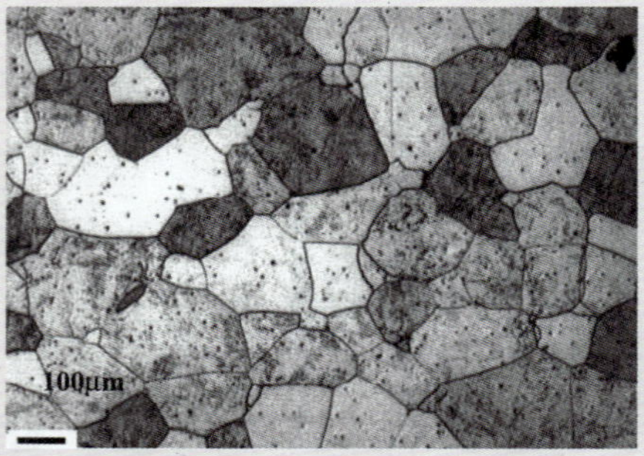 그림 2-5 결정립과 결정립계를 보여주는 스테인리스강의 현미경사진. (출처: *A. J. Deardo, M. Hua and J. Garcia*)
매크로조직 (약 100 μm~0.1 mm)	자동차나 기타 용도의 페인트처럼 비교적 두꺼운 코팅은 미학적인 목적은 물론이고 부식방지의 기능도 제공한다.  그림 2-6 다수의 유기질 및 무기질 코팅은 자동차의 부식을 방지하고 만족스러운 외관을 제공한다. (출처: *George Dolgikh/Shutterstock.com*)

항법장치(GPS)에서부터 에어백 작동을 위한 고성능 센서에 이르기까지의 첨단 장치들이 장착된 자동차를 원한다.

이러한 요구사항 중 일부는 나노기술과 미세전자기계시스템(MEMS) 기술에 큰 관심을 불러 일으켰다. MEMS 기술이 실생활에 적용된 사례로는 실리콘을 미세 절삭가공하여 얻어지는 소형 가속도계가 있다. 이 센서는 자동차의 가속도를 측정하는 데 사용된다. 측정된 정보는 컴퓨터 칩에 전달되고 처리되어 에어백 작동을 제어하는 데 사용된다. 이러한 '마이크로' 또는 '미세' 영역에서 재료의 특성과 거동은 '매크로' 영역 혹은 거시적인 상태일 때에 비하여 상대적으로 크게 변화할 수 있다. 그에 따라 나노구조와 미세조직에 대한 이해는 커다란 관심을 불러일으키는 영역이 되었다.

표 2-1의 응용사례와 첨부된 사진들은 각각 다른 수준의 구조들이 재료의 거동에 있어 얼마나 중요한지를 보여준다. 응용사례들은 구조의 수준과 길이스케일(특정한 용도에 적합한 중요한 요소인 대략적인 대표적 길이)에 의해 구분되었다.

우리는 이제 원자의 구조, 원자들 사이의 결합, 그리고 이것들이 어떻게 재료특성의 근본을 형성하는지에 관한 세부사항에 관심을 돌려보자. 원자구조는 원자들끼리 서로 결합하는 방법에 영향을 준다. 이에 대한 이해는 금속, 반도체, 세라믹, 고분자와 같이 재료를 분류하는 데 도움을 준다. 또한 이 네 가지 재료클래스의 기계적 성질과 물리적 거동에 관한 일반적인 결론을 도출할 수 있게 해준다.

2-2 원자의 구조

다음에 언급할 개념들은 전형적인 기초화학 교과에서 다루어지는 것이므로, 여기서는 간략하게 복습하기로 하자. 하나의 원자는 핵과 그 주변을 둘러싸고 있는 전자들로 구성된다. 핵은 중성자와 양성자로 구성되며, 양성자가 양전하를 가지므로 결과적으로 양전하를 가진다. 음전하를 갖는 전자들은 정전기적 인력에 의해 핵 주변에 잡혀 있다. 전자나 양성자 하나가 가진 전하량 q는 1.60×10^{-19} 쿨롱(C)이다.

어떤 원소의 원자번호는 각 원자에 포함된 양성자의 수와 같다. 그러므로 26개의 양성자를 가진 철원자의 원자번호는 26이다. 원자에 포함된 전자와 양성자의 수는 같기 때문에 원자는 전체로서 전기적으로 중성이다.

원자의 질량 대부분은 핵에 포함되어 있다. 양성자나 중성자 하나의 질량은 1.67×10^{-24} g인 반면에 전자 하나의 질량은 9.11×10^{-28} g에 불과하다. 원자질량단위(amu)는 탄소12[핵자(nucleon) 12개(양성자 여섯 개와 중성자 여섯 개)로 된 탄소원자] 질량의 1/12이다. 원자질량 M은 원자에 포함된 양성자 수와 중성자 수 평균의 총 질량을 원자질량단위로 나타낸 것과 동일하고, 또한 아보가드로수(N_A)만큼의 원자들의 총질량을 그램으로 나타낸 것과도 같다. 아보가드로수($N_A = 6.022 \times 10^{23}$ atoms/mol)는 1몰에 포함된 원자 또는 분자의 개수이다. 따라서 원자질량은 g/mol의 단위를 가진다. 예를 들어, 1몰의 철은 6.022×10^{23}개의 원자를 포함하고 있고 질량은 55.847 g이다. 재료의 원자질량과 아보가드로수를 포함하는 계산은 재료의 구조를 더욱 잘 이해하는 데 쓸모가 있다. 예제 2-1은 금속이면서 우수한 전기전도체인 은에 대하여 원자수를 계산하는 방법을 보여준다.

예제 2-1 은의 원자수 계산

은 100 g의 원자수를 구하시오.

풀이

원자수는 원자질량과 아보가드로수로부터 계산할 수 있다. 부록 A로부터 은의 원자질량 또는 원자무게는 107.868 g/mol이다. 원자수는 다음과 같다.

$$\text{은의 원자수} = \frac{(100\ \text{g})(6.022 \times 10^{23}\ \text{atoms/mol})}{107.868\ \text{g/mol}}$$
$$= 5.58 \times 10^{23}$$

2-3 원자의 전자구조

전자들은 원자 내에서 불연속적인 에너지준위를 점유한다. 각 전자는 특정한 에너지를 가지며, 하나의 원자 내에서 같은 에너지를 가지는 전자의 수는 최대 2개이다. 각 원소들은 서로 다른 일련의 에너지준위를 갖고 있기 때문에 에너지준위 간의 차이 또한 고유한 값을 가진다. 각 원소에 대하여 에너지준위와 에너지준위 간의 차이는 매우 정확하게 알려져 있어서 다양한 분광학의 토대가 되었다. 분광학적 방법을 사용하면 시료에 무슨 원소들이 포함되었는지 알아낼 수 있다.

양자수 각 전자가 속한 에너지준위는 네 개의 양자수(quantum number)에 의해 결정된다. 네 개의 양자수는 주양자수(n), 방위양자수 또는 부양자수(l), 자기양자수(m_l), 스핀양자수(m_s)이다.

주양자수는 껍질(shell)로 알려진 일련의 에너지준위로 전자들을 분류한다. 방위양자수는 각 껍질 내에서의 에너지준위를 나타내고 비슷한 에너지준위에 따라 궤도(orbital)라 불리는 그룹으로 더 세분한다. 자기양자수는 각 껍질에서 특정한 방위양자수와 관련된 궤도를 구체적으로 명시한다. 마지막으로, 스핀양자수는 하나의 전자에 가능한 두 가지 '스핀' 값인 +1/2과 −1/2 중에서 할당된다.

파울리 배타원리에 따르면, 하나의 원자 내에 네 개의 양자수가 동일한 전자는 없다. 즉, 각 전자는 고유한 네 개의 양자수 조합을 갖는다. 가능한 에너지준위의 수는 처음 세 개의 양자수에 의해 결정된다.

1. 주양자수(n)는 정수 값 1, 2, 3, 4, 5, …로 나타내며, 그 전자가 속한 양자껍질(quantum shell)을 가리킨다. 양자껍질은 전자들이 속한 일련의 고정된 에너지준위이다. 양자껍질은 다음과 같이 문자로도 표시된다. $n = 1$인 껍질은 K로, $n = 2$

인 껍질은 L로, $n = 3$인 껍질은 M으로 등이다. 이렇게 표기하게 된 것은 광분광학에서 사용되는 명명법을 따르는 것으로, 일련의 광분광학 기술들이 양자화된 전자준위에 대한 이해보다 시대적으로 앞섰기 때문이다.

2. 각 양자껍질에서 에너지준위의 수는 방위양자수(l)와 자기양자수(m_l)로 결정된다. 방위양자수는 $l = 0, 1, 2, \cdots, n-1$로 표시된다. 예를 들어 $n = 2$이면 $l = 0$과 $l = 1$의 두 개의 방위양자수가 있다. $n = 3$이면 방위양자수는 $l = 0$, $l = 1$, $l = 2$이다. 방위양자수는 소문자로 표시되는데, d궤도의 경우 다음과 같이 문자로 표시된다.

$$l = 0\text{이면 } s \qquad l = 2\text{이면 } d$$
$$l = 1\text{이면 } p \qquad l = 3\text{이면 } f$$

3. 자기양자수(m_l)는 각각의 방위양자수에 대하여 에너지준위 또는 궤도의 수를 제공한다. 각각의 l에 대한 총 자기양자수는 $2l + 1$이다. ml의 값은 -1과 $+1$ 사이의 모든 수로 주어진다. $l = 2$인 경우 $2(2) + 1 = 5$이고, 자기양자수 값은 -2, -1, 0, $+1$, $+2$이다. l과 m_l의 조합에 의해 껍질에 포함된 특정한 궤도를 구체적으로 지정한다.

4. 각 궤도에는 전자스핀이 서로 반대인($m_s = +1/2$ & $-1/2$) 두 개의 전자보다 더 많은 전자가 존재할 수 없다.

양자수 n, l, m_l의 값으로 가능한 숫자들을 신중하게 고려해보면 가능한 양자수의 범위가 정해질 수 있을 것이다. 예를 들어 K각(즉, $n = 1$)에는 하나의 s궤도만이 있다(허용되는 l 값이 0뿐이고 m_l도 0이다). 결과적으로 K각은 2개보다 더 많은 전자를 가질 수 없다. 다른 예로 M각을 생각해보자. 이 경우에는 $n = 3$이고, 따라서 l은 0, 1, 2 값을 가질 수 있다(s, p, d 궤도가 존재). 이 l 값은 한 개의 s궤도($m_l = 0$, 단일 값), 세 개의 p궤도($m_l = -1, 0, +1$, 세 가지 값), 그리고 다섯 개의 d궤도($m_l = -2, -1, 0, 1, 2$, 다섯 가지 값)를 나타낸다.

원자의 전자구조를 표시하기 위해 자주 사용되는 약식표기법은 주양자수는 숫자로, 방위양자수는 소문자로, 그리고 각 궤도에 있는 전자의 수는 위첨자로 나타내어 함께 결합시킨 것이다. 원자번호 10인 네온의 약식표기법은 다음과 같다.

$$1s^2 2s^2 2p^6$$

예상 전자구조로부터 벗어남 양자껍질의 에너지준위는 엄밀하게 수치적인 순서대로 채워지지 않는다. 아우프바우 원리(Aufbau principle)는 에너지준위가 예상되는 순서로부터 벗어남을 예측하는 도식적인 도구이다. 아우프바우 원리를 그림 2-7에 나타내었다. 아우프바우 원리를 사용하기 위해서는 우선 각 양자껍질에 대한 주양자수와 방위

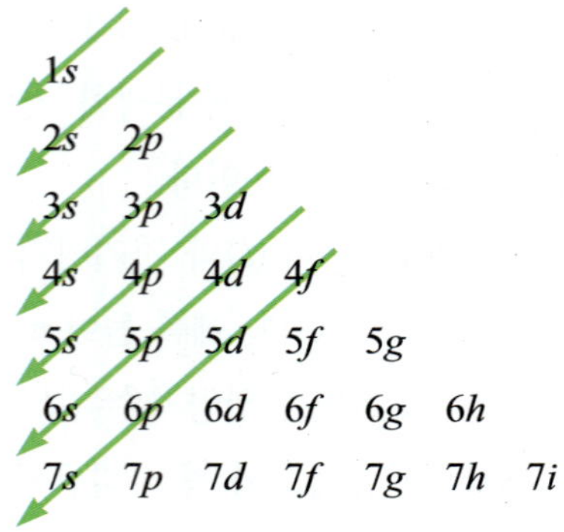

그림 2-7 아우프바우 원리. 화살표를 따라감으로써 각 양자껍질의 에너지준위가 채워지는 순서를 예측할 수 있다. $1s$, $2s$, $2p$, $3s$, $3p$ 등. $l = 4, 5, 6$에 대한 소문자 표기는 g, h, i이다.

양자수의 가능한 조합을 작성한다. 각 양자껍질에 대한 조합은 동일한 열에 기록한다. 주양자수가 하나씩 증가함에 따라 각 양자껍질에 포함된 조합의 수도 하나씩 증가한다. 즉, 각 열은 이전 열에 비해 하나씩 길어진다. 그림 2-7에 나타낸 것처럼 열들을 통과하면서 오른쪽 위에서 왼쪽 아래로 대각선을 그린다. 화살표를 따라감으로써 각 양자껍질의 에너지준위가 채워지는 순서를 예측할 수 있다.

예를 들어, 아우프바우 원리에 의하면, 원자번호 26인 철의 전자구조는 다음과 같다.

$$1s^2 2s^2 2p^6 3s^2 3p^6 4s^2 3d^6$$

관습적으로 전자구조를 기술할 때 주양자수가 작은 값에서 큰 값의 순서로 배열한다. 그러므로 철의 전자구조는 다음과 같이 기술된다.

$$1s^2 2s^2 2p^6 3s^2 3p^6 \quad \boxed{3d^6 4s^2}$$

덜 채워진 $3d$ 준위(다섯 개의 d궤도가 있으므로, 약식표기로 d^1, d^2, …, d^{10}이 가능함)는 철의 자기적 거동을 유발한다.

모든 원소가 아우프바우 원리를 따르지는 않는다. 구리를 비롯한 몇몇 원소들에서 예외가 나타난다. 아우프바우 원리에 따르면 구리는 $1s^2 2s^2 2p^6 3s^2 3p^6 3d^9 4s^2$ 전자구조를 가져야 한다. 그러나 실제 구리의 전자구조는 다음과 같다.

$$1s^2 2s^2 2p^6 3s^2 3p^6 3d^{10} \quad \boxed{4s^1}$$

일반적으로 전자는 일정한 에너지준위를 갖는 각 궤도에 쌍으로 채워지기 전에 먼저 하나씩 채워진다. 예를 들어, 질소의 전자구조는 다음과 같다.

$$1s^2 \quad \boxed{2s^2 2p^3}$$

L각에 있는 세 개의 p궤도는 한 궤도에 두 개의 전자가 채워지고, 다른 한 궤도에는 한 개의 전자가 채워지고, 나머지 한 궤도는 비어 있는 상태보다는 각각의 궤도에 전자가 하나씩 채워지는 경향을 보인다.

원자가 원자가(valence)는 하나의 원자에서 결합이나 화학반응에 참여할 수 있는 전자의 수이다. 통상적으로, 원자가는 최외각 *s*, *p* 에너지준위에 있는 전자의 수이다. 원자의 원자가는 다른 원소들과 화학적 결합에 참여할 수 있는 능력에 관련된다. 원자가의 예는 다음과 같다.

Mg: $1s^22s^22p^6$ $3s^2$ 원자가 = 2

Al: $1s^22s^22p^6$ $3s^23p^1$ 원자가 = 3

Si: $1s^22s^22p^6$ $3s^23p^2$ 원자가 = 4

원자가는 또한 원자를 둘러싼 직접적인 주위환경 또는 결합이 가능한 인접원자들에 따라 달라진다. 인(P)은 산소(O)와 결합할 때는 원자가가 5이지만 수소(H)와 반응할 때는 원자가가 3에 불과(3*p* 준위에 있는 전자들의 수)하다. 망간의 원자가는 2, 3, 4, 6, 7 중의 하나일 수 있다.

원자의 안정성과 전기음성도 만일 어떤 원자의 원자가가 0이면 그 원소는 불활성이다. 하나의 예는 아르곤으로, 그 전자구조는 다음과 같다.

$1s^22s^22p^6$ $3s^23p^6$

불활성원소 외의 다른 원자들은 마치 최외각의 *s*와 *p* 준위가 여덟 개의 전자로 완전히 채워졌거나 또는 완전히 빈 것처럼 행동하려고 한다. 알루미늄은 최외각 *s*와 *p* 준위에 세 개의 전자를 가지고 있다. 알루미늄 원자는 최외각의 전자 세 개를 쉽게 포기하여

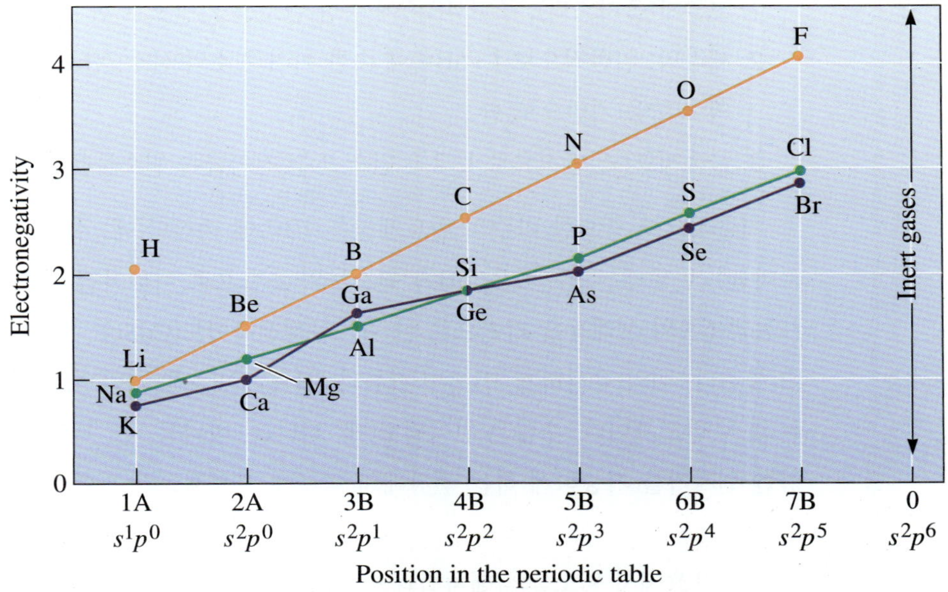

그림 2-8 주기율표 상 원소의 위치에 따른 일부 원소들의 전기음성도.

$3s$와 $3p$ 준위를 비워버린다. 알루미늄의 원자결합과 화학적 거동은 이들 세 개의 전자가 주위의 원자들과 어떻게 상호작용하는지에 따라 정해진다.

반면에, 염소는 최외각 $3s$와 $3p$ 준위에 일곱 개의 전자를 가지고 있다. 염소의 반응성은 전자 한 개를 받아들여 최외각 에너지준위를 채우고자 하는 바람에 의해 생겨난다.

전기음성도(electronegativity)는 원자가 전자를 받아들이는 경향을 나타낸다. 염소처럼 최외각 에너지준위가 거의 채워진 원자는 강한 전기음성이며 쉽게 전자를 받아들인다. 나트륨처럼 최외각 에너지준위가 거의 비어 있는 원자들은 쉽게 전자를 잃어버리며 낮은 전기음성도를 가진다. 높은 원자번호의 원소 또한 낮은 전기음성도를 가진다. 왜냐하면 최외각의 전자들은 양전하의 원자핵으로부터 멀리 떨어져 있기 때문에 원자에 강하게 끌리지 않는다. 몇몇 원소들의 전기음성도를 그림 2-8에 나타내었다. 전기음성도가 낮은(< 2.0) 원소들은 때때로 전기양성(electropositive)이라 불리기도 한다.

2-4 주기율표

주기율표는 특정 원소들에 관한 값진 정보를 가지고 있으며, 또한 원자크기, 녹는점, 화학반응성, 기타 성질들에 관한 경향을 파악하는 데 도움을 줄 수 있다. 흔히 볼 수 있는 주기율표(그림 2-9)는 원소의 전자구조에 의해 만들어진 것이다. 주기율표의 가로줄은 양자껍질 혹은 주양자수에 해당한다. 세로줄은 최외각 s와 p 에너지준위를 채운 전자 수를 나타내며, 가장 흔한 원자가에 해당한다. 공학에서는 다음의 재료들에 가장 관심이 많다.

1. 고분자(플라스틱): 주로 4B족에 속한 탄소를 기반으로 함
2. 세라믹: 일반적으로 1~5B족에 속한 여러 원소와 산소, 탄소, 질소와 같은 원소들의 결합을 기반으로 함
3. 금속재료: 일반적으로 1, 2족 원소 또는 천이금속 원소들을 기반으로 함

기술적으로 중요한 다수의 반도체들은 4B족에 속한다(예: 실리콘, 다이아몬드, 게르마늄). 반도체는 또한 2B, 6B족 원소들의 조합으로 이루어질 수 있다[예: 2족의 카드뮴과 6족의 셀레늄을 기반으로 한 카드뮴셀레나이드(CdSe)]. 이것은 II-VI 반도체라고 불린다. 이와 유사하게 3B족의 갈륨과 5B족의 비소를 기반으로 한 갈륨비소(GaAs)는 III-V 반도체이다. 수많은 천이원소(예: 티타늄, 바나듐, 철, 니켈, 코발트 등)들은 다양한 원자가를 가능하게 하는 전자배치 덕분에 자성재료와 광학재료로 특별히 쓸모가 있다.

주기율표에서 원소들의 배치법과 아우프바우 원리의 기원은 그림 2-10에 나타낸 바

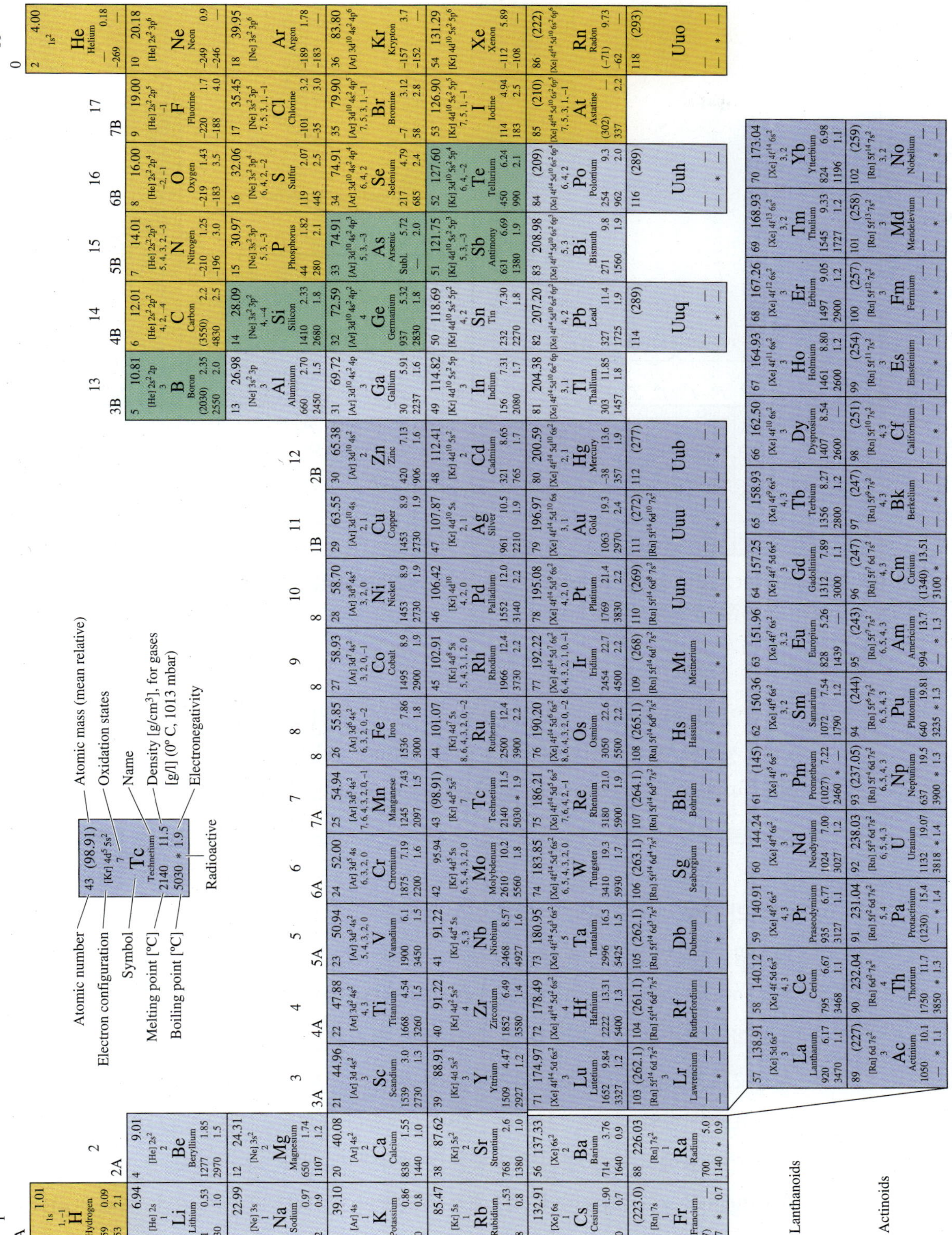

그림 2-9 원소의 주기율표.

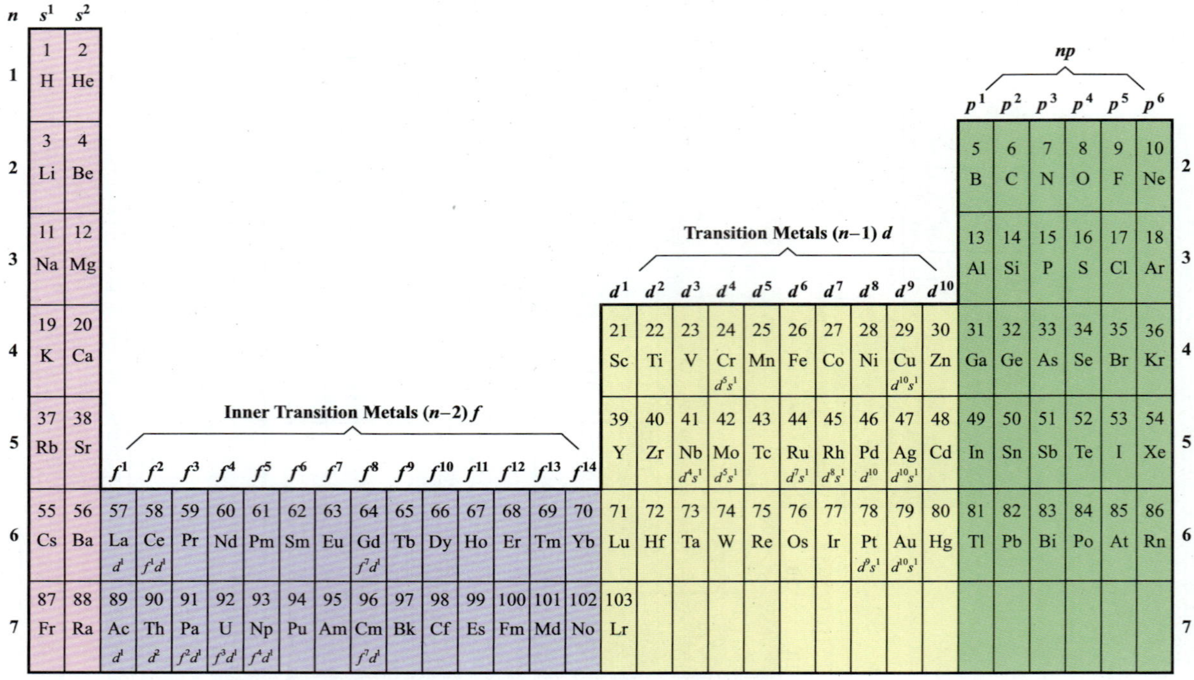

그림 2-10 란타늄족과 악티늄족이 정확한 위치에 삽입된 주기율표. 세로열의 제목은 원자번호가 증가함에 따라 하나씩 추가되는 전자에 의해 채워지는 특정한 궤도를 나타낸다.

와 같이 란타늄족과 악티늄족이 공간을 절약하기 위해 주기율표 하단에 위치되는 것보다는 정확한 위치에 삽입될 때 더 명확해진다. 그림 2-10은 원자번호가 증가함에 따라 하나씩 추가되는 전자에 의해 특정한 궤도가 채워지는 것을 보여준다. 아우프바우 원리를 따르지 않는 원소들에 대해서는 예외적인 사항들이 표시되어 있음에 주목하라!

성질의 경향 주기율표는 쓸모 있는 정보를 많이 포함하고 있다(예: 여러 원소들의 원자질량, 원자번호 등). 또한 원자의 크기, 녹는점 및 화학반응성의 경향을 보여준다. 예를 들어, 탄소(다이아몬드 형태)의 녹는점(3,550 ℃)은 가장 높다. 탄소 아래에 놓인 원소들의 녹는점은 점차적으로 감소한다(즉, 실리콘은 1,410 ℃, 게르마늄은 937 ℃, 주석은 232 ℃, 납은 327 ℃). 여기서 주석보다 납의 녹는점이 높다는 것에 주목하라. 주기율표는 성질의 경향을 나타내는 것이지 정확한 변화를 나타내지 않는다.

주기율표에서 다른 성질의 경향들을 알아낼 수 있다. 다이아몬드는 매우 큰 밴드갭(bandgap)을 가진 재료이다. 즉, 매우 효과적인 전기전도체는 아니다. 이것은 4B족 원소들 중에서 다이아몬드 형태의 탄소가 녹는점이 가장 높다는 사실(즉, 원자간 결합력이 강하다는 의미)과 일관성이 있다(2-6절 참조). 세로줄을 따라 내려갈수록 밴드갭은 감소한다. (Si와 Ge의 밴드갭은 각각 1.11 eV와 0.67 eV이다.) 더욱 내려가면 주석의 한 형태는 반도체이다. 주석의 또 다른 형태는 금속이다. 1A족을 관찰해보면, 리튬의 전기양성이 매우 강함을 확인할 수 있다(즉, 이 원소의 원자들은 전자를 제공하여 화학작용에 참여하기를 원하며, 따라서 매우 높은 반응성을 지님). 앞에서와 마찬가지로 1A족을 따라 내려가면, 원소들의 화학반응성이 감소됨을 알 수 있다.

그러므로 주기율표는 원소들의 화학식, 원자번호, 원자질량에 관한 쓸모 있는 정보를 제공한다. 또한 원소나 화합물의 성질의 경향을 예측하거나 논리적으로 해석하는 데 도움을 준다. 이것이 바로 주기율표가 과학자/공학자들에게 매우 쓸모 있는 이유이다.

2-5 원자결합

공학재료에서 원자가 결합되는 방식에는 네 가지의 중요한 메커니즘이 있다.

1. 금속결합(metallic bond)
2. 공유결합(covalent bond)
3. 이온결합(ionic bond)
4. 반데르발스 결합(van der Waals bond)

처음 세 가지 결합은 상대적으로 강하며 1차결합(외각궤도의 전자들을 주고받거나 공유함에 의해 인접한 원자들 간에 형성되는 비교적 강한 결합)이라 알려져 있다. 반데르발스 결합은 2차결합이며 앞의 세 가지와는 다른 메커니즘에 의해 형성되며 상대적으로 약한 결합이다. 각각의 결합을 하나씩 살펴보자.

금속결합 금속 원소들은 전기양성인 원자들을 가지며, 원자들은 원자가전자(valence electron)를 내어놓기 때문에 원자를 둘러싼 전자들의 바다(sea of electrons)를 형성한다(그림 2-11). 예를 들어, 알루미늄은 세 개의 원자가전자를 내어놓고 원자핵과 내부궤도 전자들로 구성된 코어(core)를 남긴다. 이 코어는 음전하를 띤 세 개의 전자를 잃어버렸기 때문에 +3의 양전하를 가진다. 원자가전자들은 전자들의 바다에서 자유롭게 움직이며, 동시에 여러 개의 원자 코어들에 속하게 된다. 양전하를 띤 이온코어(ion core)들은 전자들과 상호인력에 의해 서로 결합되어 강한 금속결합을 형성한다.

금속 원자의 원자가전자들은 어느 한 위치에 고정되어 있지 않기 때문에 대부분의 순금속은 상대적으로 낮은 온도(약 300 K 이하)에서 좋은 전기전도체이다. 인가된 전압의 영향으로 원자가전자들은 이동하고, 만약 회로가 완전하다면 전류가 흐르게 할 것이다.

금속결합은 방향성이 없기 때문에 금속은 연성이 우수하다. 금속이 왜 금속결합으로부터 예상할 수 있는 것보다 실제로는 더 낮은 강도와 더 높은 연성을 보이는지를 설명할 수 있는 것은 미세조직(microstructure)과 관련된 다른 중요한 이유들 때문이다. 연성

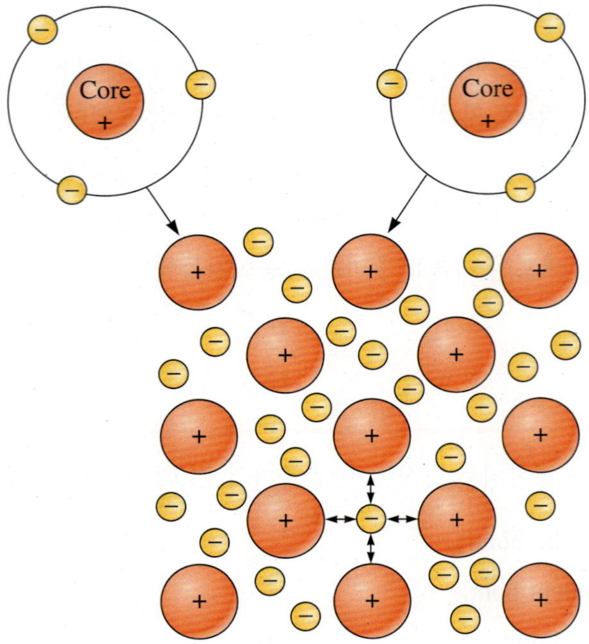

그림 2-11 원자가 원자가전자를 내어놓음으로써 전자들의 바다를 형성할 때 금속결합이 형성된다. 양전하를 띈 원자 코어들은 음전하를 띈 전자들과 상호인력에 의해 결합된다.

(ductility)은 재료가 파단되지 않고 영구적으로 늘어나거나 굽혀질 수 있는 능력을 말한다. 여기에 관해서는 제6장에서 매우 자세히 다룰 것이다. 일반적으로 금속의 녹는점은 비교적 높다. 광학적 성질의 관점에서 본다면 금속은 가시광선을 잘 반사시킨다. 전기양성인 성질로 인해 철을 비롯한 많은 금속들은 부식 및 산화가 일어나기 쉽다. 다수의 순금속들은 우수한 열전도체이며 많은 열전달 용도에 효과적으로 사용된다. 여기서 우리는 금속결합이 금속재료의 성질에 관해 관찰되는 경향을 합리적으로 해석하고자 하는 노력에 있어서 여러 인자 중의 하나일 뿐이라는 점을 강조한다. 이후의 다른 장에서 살펴보겠지만 금속재료의 성질을 결정하는 데 결정적인 역할을 하는 미세조직과 관련된 다른 인자들이 있다.

공유결합 공유결합 재료는 둘 또는 그 이상의 원자들이 원자가전자를 공유하여 형성되는 결합으로 특징지어진다. 예를 들면, 그림 2-12(a)와 (b)에 보이는 바와 같이 네 개의 원자가전자를 가진 실리콘원자는 주위의 실리콘원자 네 개와 원자가전자를 공유하여 여덟 개의 전자로 완전히 채워진 외각 에너지껍질(energy shell)을 얻는다. 공유가 일어날 때마다 하나의 공유결합이 생성된다. 따라서 각 실리콘원자는 네 개의 공유결합에 의해 네 개의 이웃 원자들과 결합한다. 공유결합이 형성되기 위해서는 결합들이 서로 고정된 방향성 관계(directional relationship)를 갖도록 실리콘원자들이 배열되어야만 한다. 실리콘의 경우에 이 배열은 공유결합들 사이의 각이 109.5°인 정사면체를 만든다[그림 2-12(c)].

공유결합은 매우 강하다. 그 결과로 공유결합 재료들은 매우 강하고 단단하다. 예를

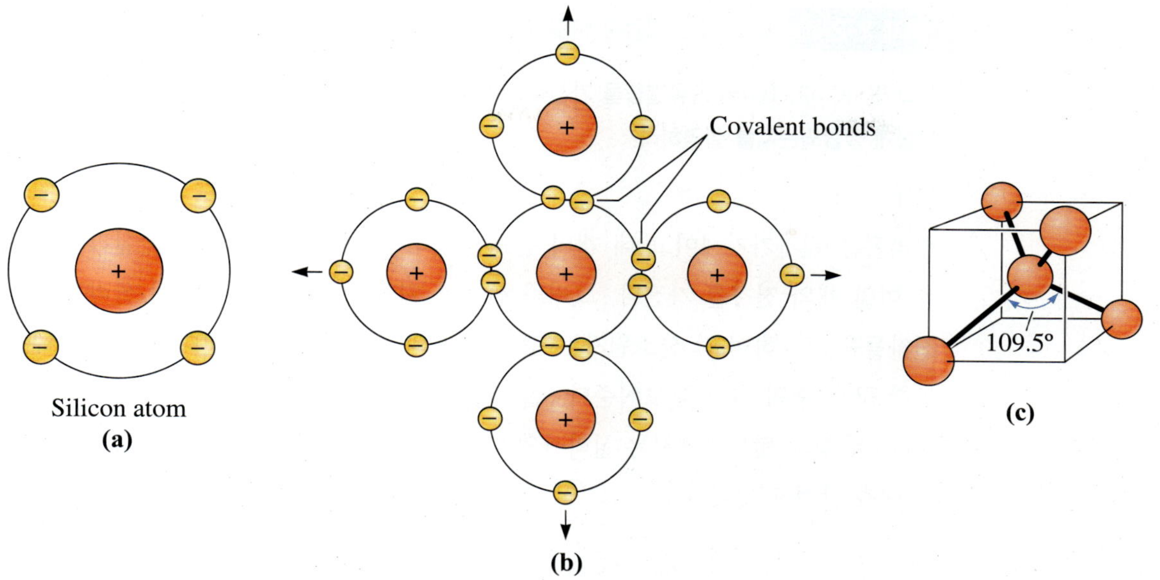

그림 2-12 (a) 공유결합에서는 전자들이 원자들 사이에 공유되어 각 원자의 외각 s, p 궤도들이 완전히 채워져야 한다. (b) 원자가가 4인 실리콘에서는 반드시 네 개의 공유결합이 형성되어야 한다. (c) 공유결합에는 방향성이 있다. 실리콘의 경우 공유결합들 사이의 각이 109.5°인 정사면체가 만들어진다.

들어 다이아몬드, 탄화규소(SiC), 질화규소(Si_3N_4), 질화붕소(BN)는 모두 공유결합을 갖는다. 이 재료들은 또한 녹는점이 매우 높으므로 고온 용도에 쓸모가 있다. 반면에 제조공정에 고온이 필요하다는 점은 극복해야 할 문제점이다. 공유결합 재료는 결합이 방향성을 갖기 때문에 일반적으로 낮은 연성을 가진다. 많은 공유결합 재료(예: 실리콘, 다이아몬드, 다수의 세라믹)에서 원자가전자는 원자들 사이의 결합에 고정되어 있고 쉽게 전도에 이용될 수 없어서 전기전도도는 높지 않다. 실리콘을 비롯한 일부 공유결합 재료들의 경우 도펀트(dopant)로 알려진 다른 원소들을 일부러 소량 첨가함으로써 전기전도도를 적절한 수준으로 잘 조절할 수 있다. 전도성 고분자도 또한 반도체 재료가 될 수 있는 공유결합 재료의 좋은 예이다. 가벼운 전도성 고분자의 개발은 휘어지는 전자부품을 개발하려는 과학자/공학자들에게 주목 받고 있다.

단순히 결합의 특성에 근거하여 그 재료의 강도가 높고 낮다든지, 연성 혹은 취성일 것이라고 간단하게 예측할 수는 없다! 재료의 원자구조, 미세구조, 매크로구조에 대한 추가적인 정보가 필요하다. 그러나 결합의 특성은 특정한 결합의 종류와 화학조성을 가진 재료들의 어떤 경향을 말해 줄 수는 있다. 예제 2-2에서는 산소와 실리콘의 그런 결합이 어떻게 실리카를 형성하게 되는지에 대해 알아보기로 하자.

예제 2-2 산소와 실리콘은 어떻게 결합하여 실리카를 형성하는가?

실리카(SiO_2)가 100% 공유결합을 가진다고 가정하고, 실리카에 포함된 산소 및 실리콘원자들이 어떻게 결합되는지를 설명하라.

풀이

실리콘은 원자가가 4이고 네 개의 산소원자와 전자들을 공유하여 각 실리콘원자는 총 여덟 개의 전자를 가진다. 그러나 산소는 원자가가 6이고 두 개의 실리콘원자와 전자들을 공유하여 각 산소원자는 총 여덟 개의 전자를 가지게 된다. 그림 2-13은 가능한 구조 중의 하나를 보여준다. 실리콘의 경우와 유사하게 사면체 구조가 만들어진다. 이 장의 뒷부분에서는 실리카의 이온결합 및 공유결합 특성을 어떻게 설명할지에 대해 살펴볼 것이다.

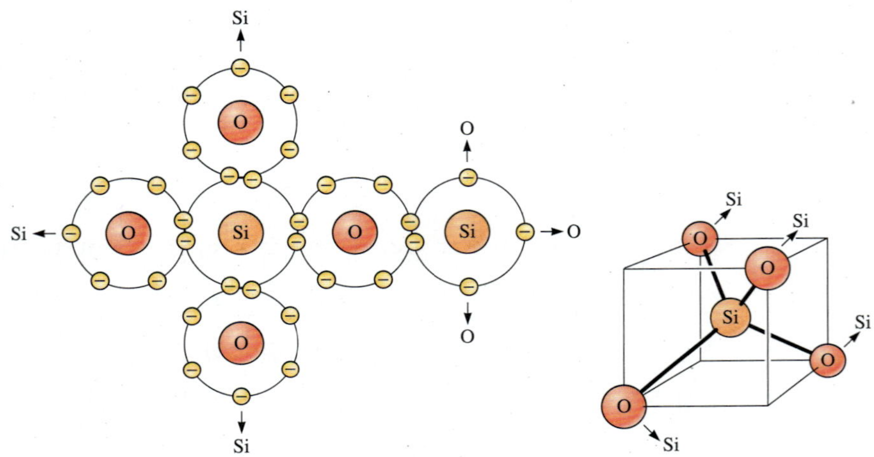

그림 2-13 실리콘 및 산소원자들 사이에 공유결합을 가진 실리카의 사면체 구조.

이온결합 재료에 한 가지 이상의 원자들이 존재할 때 한 원자가 자기의 원자가전자들을 다른 원자에 넘겨주어 그 원자의 외곽 에너지껍질을 채우도록 할 수 있다. 이제 두 원자 모두 외곽 에너지껍질을 채웠지만 (또는 완전히 비웠지만), 양쪽 모두 전기적

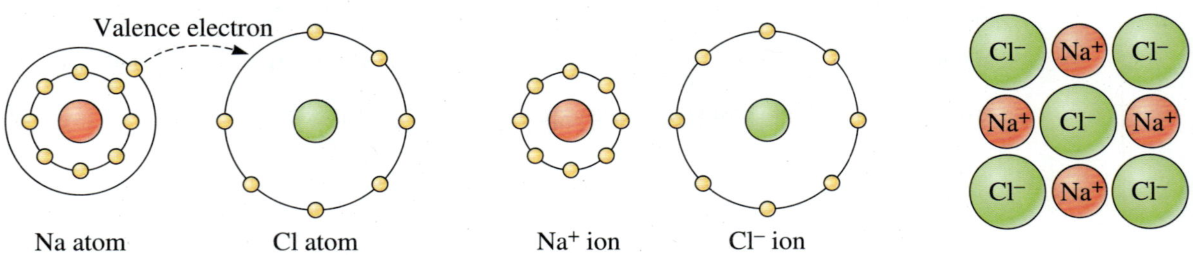

그림 2-14 이온결합은 전기음성도가 차이 나는 서로 닮지 않은 두 원자 사이에서 만들어진다. 나트륨이 원자가전자를 염소에 주면 각각은 이온이 되어 둘 사이에 인력이 발생하며 이온결합이 형성된다.

전하를 가지고 이온으로서 행동한다. 전자들을 제공한 원자는 최종적으로 양전하로 되어 양이온(cation)이 되고, 반면에 전자를 받은 원자는 최종적으로 음전하로 되어 음이온(anion)이 된다. 반대로 대전된 이온들 사이에는 이제 서로 인력이 작용하여 이온결합이 생성된다. 예를 들어, 나트륨이온과 염소이온 사이의 인력(그림 2-14)은 염화나트륨(NaCl), 즉 소금을 만든다.

반데르발스 결합 원자와 분자들 사이의 반데르발스 힘의 기원은 양자역학으로부터 유래되는 것이며, 더 깊은 이해는 이 책에서 다룰 범위를 넘어선다. 여기서는 단순화된 그림을 제시하고자 한다. 두 전하 $+q$와 $-q$가 거리 d만큼 떨어져 있다면 쌍극자모멘트는 q와 d의 곱으로 정의된다. 원자들은 전기적으로 중성이다. 또한 양전하의 중심(핵)과 음전하의 중심(전자구름)은 일치한다. 따라서 중성 원자는 쌍극자모멘트를 가지지 않는다. 중성 원자가 내부 또는 외부의 전기장에 노출되면 원자는 분극될 수 있다(양전하와 음전하의 중심이 분리됨). 이는 쌍극자모멘트를 발생시키거나 유도한다(그림 2-15). 어떤 분자들의 경우 쌍극자모멘트가 유도될 필요도 없이, 결합의 방향성과 원자의 본성에 의해 쌍극자모멘트가 존재한다. 이러한 분자들은 극성분자(polarized molecules)라고 알려져 있다. 영구적인 쌍극자모멘트가 만들어져 있는 그러한 분자의 예로서 물이 있다(그림 2-16).

유도쌍극자 또는 영구쌍극자 어느 쪽이든지 존재하는 분자 혹은 원자들은 서로 끌어당긴다. 이 힘을 반데르발스 힘이라고 부른다. 원자들과 분자들 사이의 반데르발스 힘은 유도된 쌍극자들 사이의 상호작용 또는 극성분자들에 존재하는 영구쌍극자들 사이의 상호작용으로부터 유래된다. 이러한 힘은 어느 재료에나 존재한다.

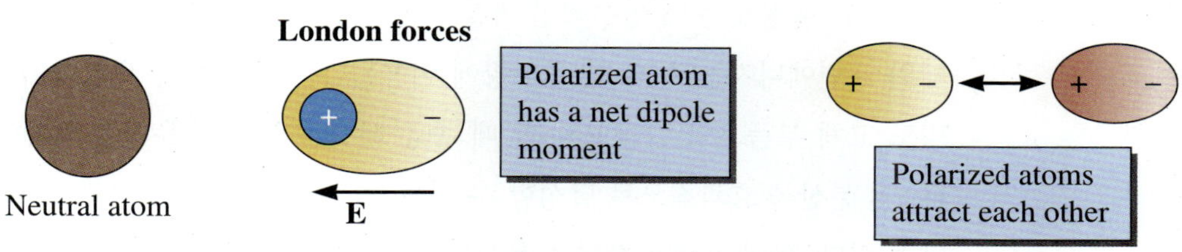

그림 2-15 원자들 사이에 작용하는 반데르발스 힘의 일종인 런던힘의 개략도.

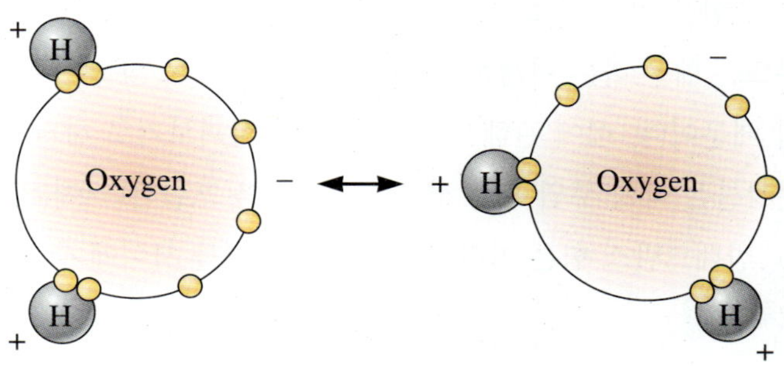

그림 2-16 분자들 혹은 원자집단들의 분극(polarization)의 결과로 형성된 키솜 상호작용. 물에서 산소의 전자들은 수소로부터 멀리 떨어져 모이는 경향을 보인다. 결과적으로 생기는 전하의 차이가 물 분자들이 서로 약하게 결합할 수 있게 해준다.

반데르발스 상호작용에는 세 가지 형태, 즉 런던힘, 키솜힘, 디바이힘이 있다. 원자나 분자에서 유도된 두 쌍극자 사이에 상호작용이 발생하면 그것을 런던힘(London force, 예: 사염화탄소)이라고 한다. 유도쌍극자(원래 비극성인 원자 또는 분자에서 유발된 쌍극자)가 영구쌍극자를 가진 분자와 상호작용하면 그것을 디바이 상호작용(Debye interaction)이라고 한다. 디바이 상호작용의 예로서 물 분자와 사염화탄소(그림 2-15) 사이의 힘을 들 수 있다.

영구적으로 분극된 분자들 사이의 상호작용(예: 물 분자는 다른 물 분자나 다른 극성분자를 끌어당김)은 키솜 상호작용(Keesom interaction)이라고 한다. 물 분자의 양극 부위와 다른 물 분자의 음극 부위 사이에 작용하는 인력은 두 분자를 서로 끌어당겨 결합시킨다(그림 2-16).

키솜힘으로 알려진 영구쌍극자 모멘트를 가진 분자들 사이의 결합은 종종 수소결합(hydrogen bond)이라 불린다. 여기서 수소원자는 분극된 부위 중 하나에 해당한다. 그러므로 수소결합은 기본적으로 키솜힘이고 반데르발스 힘의 한 형태이다. 물 분자들 사이의 상대적으로 강한 키솜힘 때문에 물의 표면장력(상온에서 72 mJ/m^2 또는 dyne/cm)과 끓는점(100 ℃)은 비슷한 분자량의 여러 유기질 액체들에 비하여(표면장력 약 20~25 dyne/cm, 끓는점 최고 80 ℃) 상당히 높다.

반데르발스 결합은 2차결합(secondary bond)이라는 점을 주목해야 하지만 분자 내부의 원자들 또는 원자집단들은 강한 공유결합이나 이온결합으로 결합되어 있다. 물을 끓는점까지 가열하면 반데르발스 결합이 끊어지고 물은 수증기가 되지만 산소원자와 수소원자 사이의 공유결합을 깨뜨리기 위해서는 훨씬 더 높은 온도가 필요하다.

결합에너지를 기준으로 '2차'라고 부르지만 반데르발스 힘은 공학의 많은 영역에서 매우 중요한 역할을 한다. 원자들과 분자들 사이의 반데르발스 힘은 액체의 표면장력과 끓는점을 결정짓는 데 필수적인 역할을 한다. 재료과학/공학에서 액체의 표면장력과 고체의 표면에너지는 각기 다른 상황에 이용된다. 예를 들어, 세라믹이나 금속분말을 고밀도 고체 부품으로 만들고자 할 때 종종 분말을 물이나 유기질 액체에 분산시켜야 한다. 이 분산을 효과적으로 달성할 수 있는지는 액체의 표면장력과 고체의 표면에너지에 달려 있다. 액체의 표면장력은 용융된 금속합금의 공정(예: 주조)이나 유리의 제조공정에서도 중요하게 작용한다.

반데르발스 결합은 어떤 재료의 성질을 획기적으로 변화시킬 수 있다. 예를 들어, 흑연과 다이아몬드는 매우 다른 기계적 성질을 가졌는데 어느 정도는 흑연에 존재하는 반데르발스 결합 때문이다. 이에 관해서는 2-7절에서 살펴보기로 하자. 수많은 플라스틱 재료들에서 분자들은 극성 부위 혹은 사이드 그룹들을 포함한다(예: 면화, 셀룰로오스, PVC, 테플론). 반데르발스 힘은 이러한 고분자의 체인들 사이에 추가적인 결합력을 제공한다(그림 2-17).

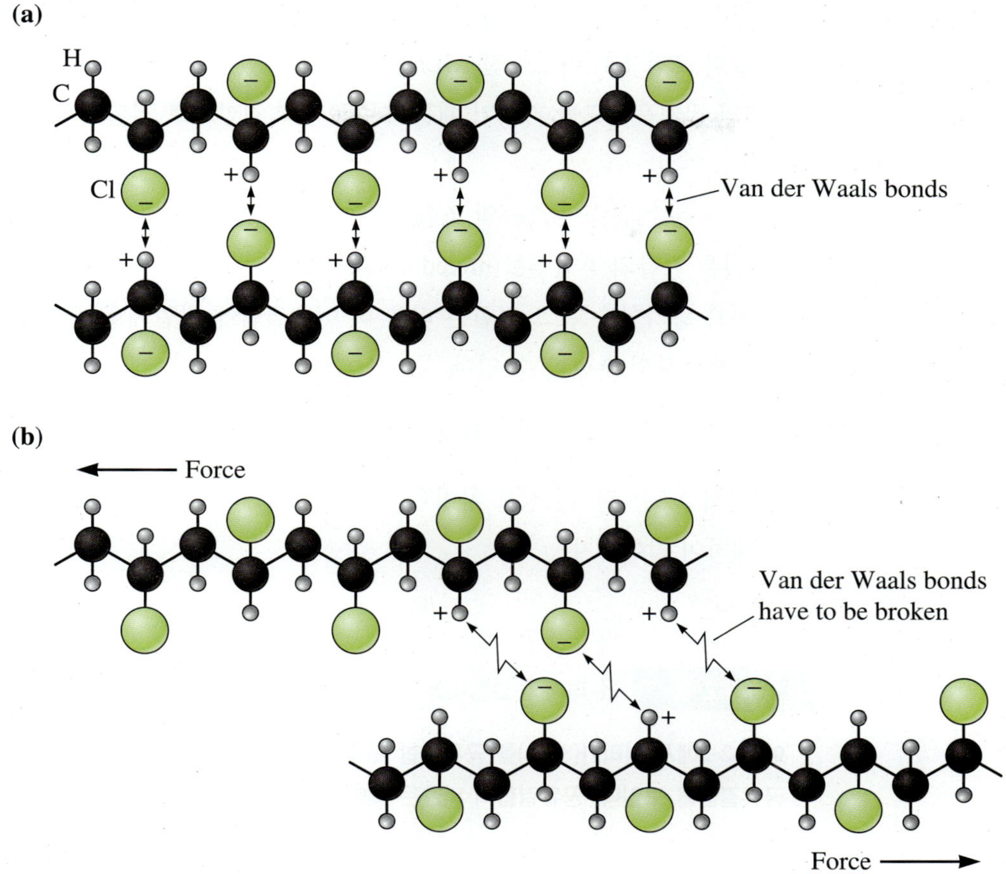

그림 2-17 (a) 폴리염화비닐(PVC)에서 고분자 체인에 붙어 있는 염소원자들은 음전하를 띠고 수소원자들은 양전하를 띤다. 체인들은 반데르발스 결합으로 약하게 결합되어 있다. 이 추가적인 결합이 PVC의 강성을 더 높인다. (b) 고분자에 힘이 가해지면, 반데르발스 결합은 끊어지고 체인들은 서로 미끄러져 움직인다.

반데르발스 힘이 더 강한 고분자들은 상대적으로 강성이 더 크고 유리천이온도(T_g)도 더 높은 경향을 보인다. 유리천이온도(glass-transition temperature)는 많은 고분자들이 그 온도 이하에서는 취성재료처럼 거동하는(연성이 나쁨) 온도이다. 결과적으로 반데르발스 결합을 (체인과 사이드 그룹 안에서의 공유결합에 더하여) 가진 고분자는 상온에서 비교적 취성이다(예: PVC). 그러한 고분자의 제조공정에서는 긴 고분자 체인의 극성 부분과 상호작용하는 더 작은 다른 극성 분자들을 첨가하여 '가소화'할 필요가 있으며, 그렇게 함으로써 T_g를 낮추고 유연성을 높인다.

혼합결합 대부분의 재료에서 원자들 사이의 결합에는 두 가지 이상의 결합 형태가 혼합되어 있다. 예를 들어, 철은 금속결합과 공유결합의 조합으로 결합되는데, 그 때문에 기대하는 것만큼 원자들이 효율적으로 충진되기 어렵다.

두 가지 이상의 금속들로 형성된 금속간화합물(intermetallic compound)은 특히 원소들 간의 전기음성도의 차이가 클 때, 금속결합과 이온결합의 혼합으로 결합된다. 리튬은 전기음성도가 1.0이고 알루미늄은 1.5의 전기음성도를 가지기 때문에 금속 및 이온 결합의 조합으로 이루어진 AlLi를 예상할 수 있다. 반면에 알루미늄과 바나듐은 둘 다 1.5의 전기음성도를 가지기 때문에 주로 금속결합으로 결합된 Al_3V를 예상할 수 있다.

금속 또는 비금속 원소들의 조합으로 이루어진 많은 세라믹과 반도체 화합물들은 공유 및 이온 결합의 혼합결합(mixed bonding)으로 이루어진다. 원자들 사이에 전기음성도 차이가 증가할수록 그 결합은 더욱 더 이온결합에 가깝게 된다. 공유결합의 분율은 다음 식으로부터 추산할 수 있다.

$$\text{공유결합 분율} = \exp(-0.25\Delta E^2) \tag{2-1}$$

여기서 ΔE는 전기음성도 차이이다. 예제 2-3에서 실리카에서 볼 수 있는 결합의 속성에 대하여 알아보자.

예제 2-3 실리카의 결합비율 구하기

예제 2-2에서 실리카(SiO_2)를 공유결합 재료의 사례로 활용하였다. 실제로 실리카는 이온결합과 공유결합을 보인다. 공유결합의 비율은 얼마인가? 실리카가 사용된 응용사례를 몇 가지 들어보자.

풀이

그림 2-9로부터 실리콘의 전기음성도는 1.8이고, 산소의 전기음성도는 3.5임을 알 수 있다. 공유결합 비율은 다음과 같다.

$$\text{공유결합 비율} = \exp[-0.25(3.5-1.8)^2] = 0.486$$

공유결합이 전체 결합의 약 절반밖에 안되지만, 이 결합의 방향성 속성은 SiO_2의 최종 구조에 중요한 역할을 한다.

실리카는 여러 가지 용도에 쓰인다. 유리와 광섬유를 만드는 데 사용된다. 실리카 나노입자를 타이어에 첨가하여 고무의 강성을 높인다. 고순도 실리콘 결정은 실리카를 실리콘으로 환원하여 만들어진다.

2-6 결합에너지와 원자간거리

원자간거리 원자들 사이의 평형거리는 척력과 인력 사이의 균형에 의해 정해진다. 예를 들어, 금속결합에서 전자들과 이온코어(ion core) 사이의 인력은 이온코어들 사이

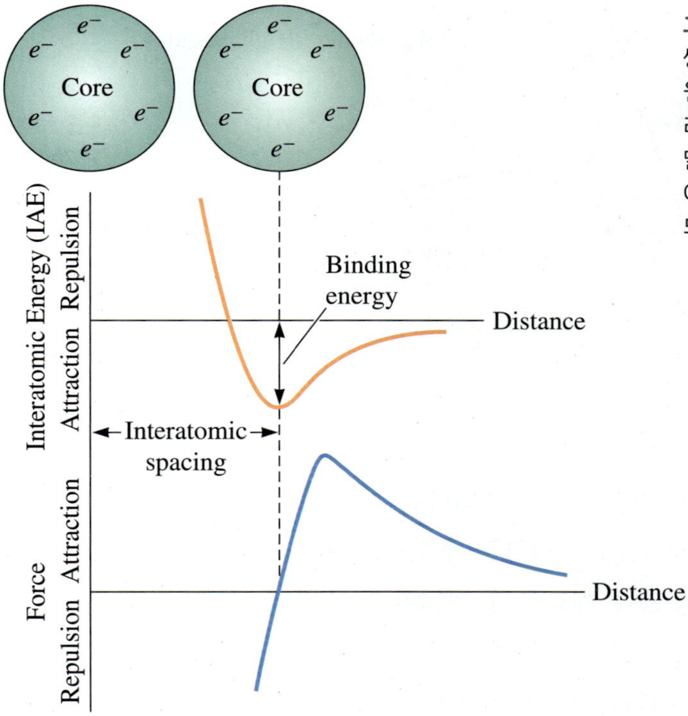

그림 2-18 원자나 이온들은 한 쌍의 원자 또는 이온에 대해 최소 원자간에너지에 해당하는 평형거리만큼 떨어져 있다. 평형거리는 달리 표현하면 원자나 이온을 밀어내거나 당기는 힘이 영(zero)이 되는 때에 해당한다.

의 척력에 의해 균형이 맞춰진다. 평형거리는 원자쌍의 총 원자간에너지(interatomic energy, IAE)가 최소일 때 또는 결과적으로 원자를 당기거나 밀어내는 힘이 작용하지 않을 때이다(그림 2-18).

고체 금속에서 원자간거리(interatomic spacing)는 대략 원자의 지름과 같거나 또는 반지름 r의 두 배와 같다. 그러나 이온결합 재료에 대해서는 이런 접근방법을 사용할 수 없는데, 원자간거리는 서로 다른 두 개의 이온반경의 합이기 때문이다. 원소들에 대한 원자반경과 이온반경은 부록 B에 수록되어 있으며 다음 장에서 이용될 것이다.

그림 2-18에서 최소에너지가 결합에너지(binding energy) 또는 결합을 형성하거나 분리시키는 데 필요한 에너지이다. 결론적으로 높은 결합에너지를 갖는 재료는 또한 높은 강도와 높은 용융점을 가진다. 이온결합 재료는 이온간 전기음성도의 큰 차이 때문에 특히 큰 결합에너지를 가진다(표 2-2). 금속은 원자들의 전기음성도가 비슷하기 때문

표 2-2 네 가지 결합 메커니즘에 대한 결합에너지

결합	결합에너지(kcal/mol)
이온결합	150~370
공유결합	125~300
금속결합	25~200
반데르발스 결합	< 10

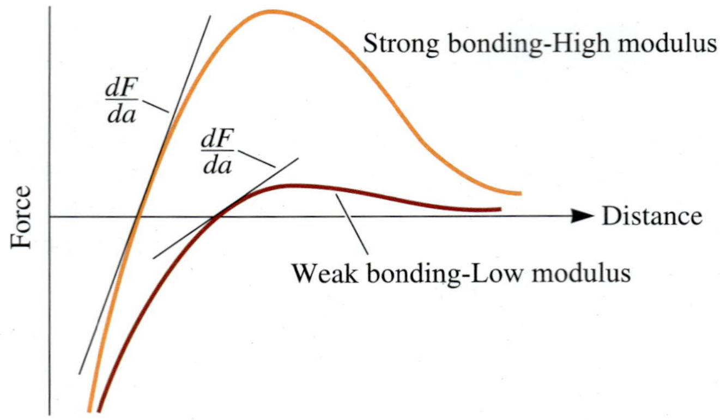

그림 2-19 두 가지 재료에 대한 힘-거리($F-a$) 곡선으로 원자결합과 탄성계수 사이의 상관관계를 보여준다. dF/da의 기울기가 가파르면 높은 탄성계수를 가진다.

에 더 낮은 결합에너지를 가진다.

다른 성질들도 그림 2-19에 나타낸 힘-거리 및 에너지-거리 곡선으로 관련시킬 수 있다. 예를 들어, 재료의 탄성계수(modulus of elasticity)[응력-변형도 곡선의 탄성영역에서의 기울기(E), 영의 계수라고도 불림]는 힘-거리 곡선의 기울기와 관련이 있다(그림 2-19). 가파른 기울기는 높은 결합에너지 및 높은 용융점과 연관성이 있으며, 결합을 잡아 늘리는 데 더 큰 힘이 필요하다는 것을 의미한다. 이런 재료는 탄성계수가 높다.

한 가지 꼭 지적하고 넘어갈 필요가 있는 흥미로운 점은 공학재료의 모든 성질들이 미세조직에 민감한 것은 아니라는 점이다. 탄성계수가 그러한 성질 중 하나이다. 근본적으로 같은 화학조성을 가지지만 결정립크기가 다른 두 가지 알루미늄 시료가 있을 때 두 가지의 탄성계수는 대략 같을 것임을 예측할 수 있다. 그러나 재료가 영구변형하기 시작하는 응력수준인 항복강도(yield strength)의 경우에는 두 시료에서 매우 다르다. 그러므로 항복강도는 미세조직에 민감한 성질이다. 항복강도 및 인장강도와 같은 다른 기계적 성질과는 달리 탄성계수는 미세조직에 별로 영향을 받지 않는다는 사실에 대하여 이후의 장들에서 배울 것이다. 탄성계수는 원자들 사이의 결합강성에 직접적으로 연결시킬 수 있다(제15장 참조). 따라서 탄성계수는 재료를 구성하는 원자의 종류에 주로 의존한다.

결합에너지 혹은 원자간 힘-거리 곡선과 연관된 또 다른 하나의 성질은 열팽창계수(coefficient of thermal expansion, CTE)이다. 열팽창계수(α)는 온도가 1도 변할 때 발생하는 길이의 변화율이다. 그것은 $\alpha = (1/L)(dL/dT)$로 나타낼 수 있으며, L은 길이, T는 온도이다. CTE는 에너지-거리 곡선의 비대칭성과 관련이 있다(그림 2-20). 원자간 평형거리가 늘어나기 위해서는 재료에 에너지가 공급되어야 한다. 에너지-거리 곡선이 대칭인 경우 에너지가 공급될 때 원자들 사이의 평균 평형거리는 거의 같게 유지되며 그러한 재료들은 낮은 열팽창계수를 가진다. 낮은 열팽창계수를 가진 재료는 온도차가 발생해도 치수변화가 작다. 열팽창계수가 큰 재료는 비대칭의 에너지-거리 곡선을 보여

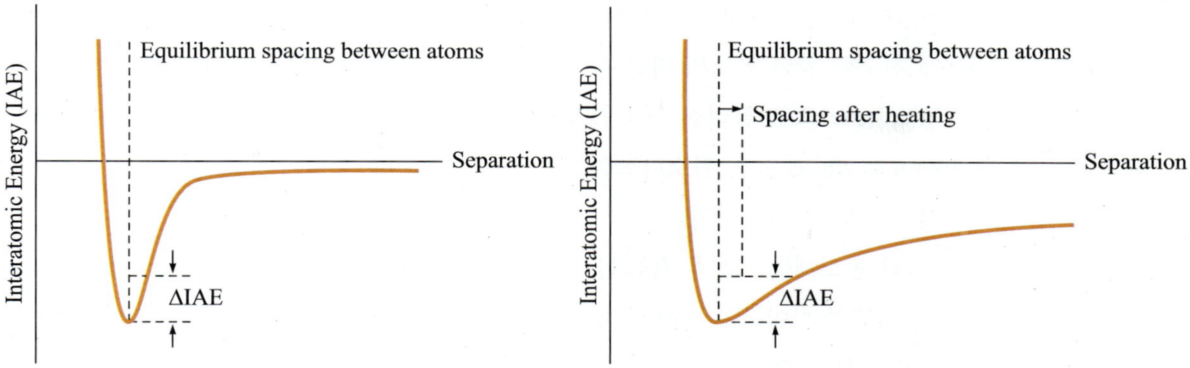

그림 2-20 열팽창계수(CTE)는 두 원자 사이의 원자간에너지-거리 곡선의 형상과 관련이 있다. (a) 대칭 곡선은 낮은 (나타낸 것처럼 거의 0에 가까운) 열팽창계수를 가진다. (b) 비대칭 곡선은 비교적 높은 열팽창계수를 가진다. 대칭/비대칭을 강조하기 위해 이 곡선들의 최소값을 같은 에너지 값으로 맞추어 보여주었지만, 낮은 열팽창계수를 갖는 재료는 전형적으로 더 높은 결합에너지, 즉 더 높은 용융점과 깊은 에너지우물을 갖는다.

준다. 에너지가 공급되면 원자들 사이의 평균 평형거리가 증가한다. 아울러 공학재료의 전체적인 열팽창계수에 뚜렷한 영향을 끼칠 수 있는 미세구조적 특징들[예를 들어 열팽창의 이방성(anisotropy) 또는 결정학적 방향에 따른 성질의 변화]도 있다는 사실 또한 인지하는 것이 중요하다.

열팽창이 매우 낮은 재료들은 부품들이 비교적 빠른 가열 및 냉각에 반복적으로 노출되는 여러 가지 용도에 쓸모가 있다. 예를 들어, 근청석(cordierite) 세라믹(자동차의 촉매변환장치에서 촉매 지지용으로 사용), 초저팽창(ultra-low expansion, ULE) 유리(Visionware™), 그밖에 코닝이 개발한 유리-세라믹은 매우 낮은 열팽창계수를 가진다. 기판 위의 박막이나 코팅의 경우, 단순히 열팽창계수 자체만 고려하는 것이 아니라 기판과 막 또는 코팅의 열팽창계수 차이까지 고려한다. 열팽창계수 차이가 너무 크면 응력을 유발하여 박리되거나 막 또는 코팅이 휘게 된다.

2-7 탄소의 여러 형태: 원자배열과 재료특성의 상관관계

탄소는 지구상에 가장 풍부한 원소 중 하나이다. 탄소는 살아 있는 모든 유기체의 필수 구성요소이고, 광범위한 용도에 막대한 기술적 중요성을 갖는다. 예를 들어, 탄소연대 측정은 과학자들이 화석의 나이를 결정하기 위해 화석에 존재하는 탄소 동위원소의 양을 측정하는 과정이고, 현재의 최첨단기술 중 하나는 세상에서 가장 강한 재료의 하나인 탄소나노튜브를 연구하는 것이다. 그리고 물론 소량의 탄소(예: 0.5wt%)가 철을 강으로 변환시킨다.

순수한 탄소는 여러 동소체(allotrope)로 존재한다. 이것은 순수한 탄소가 온도와 압력에 따라 다른 형태(또는 다른 원자배열)로 존재함을 의미한다. 동소체에 대해서는 제3장에서 더 배우게 될 것이다. 탄소의 두 가지 동소체인 다이아몬드와 흑연은 우리에게 친숙한 반면 탄소의 다른 세 가지 형태는 최근에 발견되었다. 그 세 가지는 그래핀(graphene)으로 알려진 탄소원자의 단일층, 벅키볼(buckyball)로 알려진 풀러린(buckminsterfullerene), 탄소나노튜브이다. 사실은 탄소의 다른 동소체들이 더 있지만, 여기서는 다루지 않을 것이다.

탄소의 동소체들은 모두 동일한 조성인 순수한 탄소이지만, 매우 다른 재료특성을 보인다. 이러한 차이를 이해하기 위한 핵심은 각 동소체에서 탄소원자가 어떻게 배열하는지를 이해하는 것이다.

이 장에서는 탄소가 원자번호 6인 것을 배웠으며, 이는 양성자 여섯 개를 가진 것을 의미한다. 따라서 중성인 탄소원자는 여섯 개의 전자를 가졌다. 이 여섯 개 중 두 개는 가장 안쪽의 양자껍질을 차지하여 완벽하게 채우고, 나머지 네 개는 주양자수 $n = 2$의 양자껍질을 차지한다. 각 탄소원자는 네 개의 원자가전자를 가지며 최대 네 개까지 다른 원자들과 이 전자들을 공유할 수 있다. 그러므로 탄소원자는 다른 탄소원자들은 물론 다른 원소들과도 결합할 수 있다. 이 때문에 탄소는 순수한 탄소의 몇 가지 동소체뿐만 아니라 다양한 구조의 많은 다른 화합물을 형성하는 것이 가능하다.

문화적으로 사람들은 유일한 탄소 동소체인 다이아몬드에 다른 모든 동소체보다 높은 가치를 부여한다. 그림 2-21(a)는 다이아몬드 구조의 반복단위를 보여주는 그림이다. 각각의 구는 하나의 탄소원자이고, 각각의 두꺼운 선은 탄소원자들 사이의 공유결합을 나타낸다. 이와 같은 그림을 만드는 것은 제3장에서 배우기로 하자. 다이아몬드는 결정이므로 원자들이 규칙적으로 반복되는 배열을 이룰 것이다. 그림 2-21(a)에서 보는 바와 같이 각 탄소원자는 네 개의 다른 탄소원자와 결합되어 있다. 이 결합들은 공유결합으로 각 탄소원자들은 최외각전자 중 하나를 이웃한 탄소원자와 공유하고 있음을 의미하며, 결과적으로 완전히 채워진 최외각 양자껍질을 갖는다. 2-5절에서 공유결합은

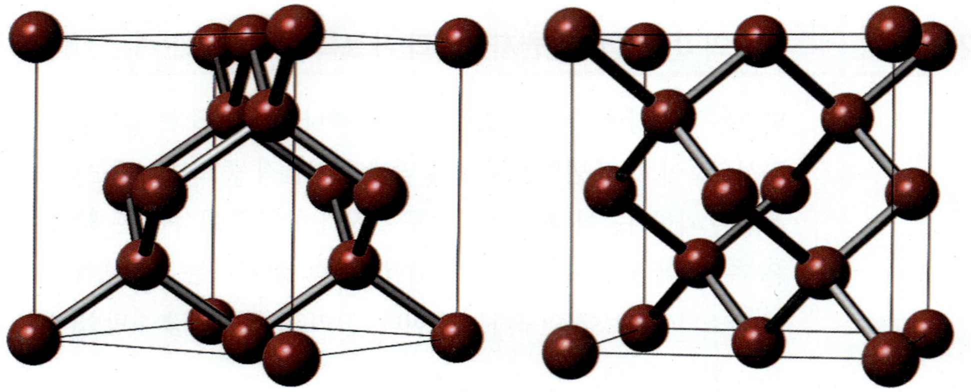

(a) (b)

그림 2-21 다이아몬드의 구조. (a) 다이아몬드 단위정으로 알려진 다이아몬드 결정의 반복단위. (b) 그림 (a)를 수직축을 중심으로 45도 회전시킨 동일한 그림.

강한 결합이라고 한 것을 상기하라. 그림 2-21(b)도 역시 다이아몬드 구조이지만 그림 2-21(a)를 수직축을 중심으로 45도 회전하여 보인 것이다. 이 방향에서 보면 다이아몬드 구조에 육각형모양의 통로(channel)가 보인다.

다이아몬드의 뚜렷한 공유결합은 거시적인 특성에 깊은 영향을 준다. 다이아몬드는 가장 높은 녹는점을 가진 재료로 녹는점이 3,550 ℃(6,420 ℉)로 알려져 있다. 이것은 원자들 사이의 강한 공유결합 때문이다. 다이아몬드는 또한 가장 높은 열전도도 [2,000 W/(m-K)]를 가진 재료들 중 하나이다. 비교해보면, 아주 뛰어난 열전도체인 알루미늄이 단지 238 W/(m-K)의 열전도도를 가진다. 다이아몬드의 높은 열전도도는 공유결합 구조의 강직성에 기인한다. 다이아몬드는 탄성계수 1,100 GPa의 가장 높은 강성(stiffness)을 가진 재료이다. (제6장에서 탄성계수에 대하여 더 자세히 배울 것이다. 지금은 그저 다이아몬드는 티타늄보다 약 10배, 알루미늄보다 15배 이상 더 강성이 높다는 것만 말하고자 한다.) 재료가 가열되면 원자들은 더 큰 에너지를 가지고 진동한다. 결합이 강성일 때 진동은 원자들 사이에 효과적으로 전달되고, 그렇게 함으로써 열을 전달한다. 반면에 다이아몬드는 전기절연체이다. 각 탄소원자의 원자가전자들 전체는 이웃 원자들과 공유되어 있어 전기를 전도하기 위한 자유전자(free electron)는 남아 있지 않다. (일반적으로 자유전자가 부족하기 때문에 전기절연체는 또한 나쁜 열전도체이지만, 비범한 강성으로 인하여 다이아몬드는 예외이다.) 다이아몬드는 가장 경도가 높다고 알려진 물질 중 하나로 산업적인 용도에서 종종 절삭공구로 사용된다(자르는 면은 잘려지는 재료보다 경도가 더 높아야 함).

다이아몬드보다 덜 각광받고 광택이 낮은 친척으로 흑연이 있다. 순수 다이아몬드와 같이 흑연은 탄소원자만을 포함하고 있지만, 연필로 글을 써본 경험으로부터 흑연의 성질이 다이아몬드와 현저하게 다르다는 것을 알고 있다. 흑연에서 탄소원자들은 층상으로 배열되어 있다. 각 층에서 탄소원자들은 그림 2-22(a)에 나타낸 것처럼 육각형 패턴으로 배열되어 있다. 다이아몬드에서의 원자결합을 상기하면 각 탄소원자는 네 개의 다른 탄소원자와 공유결합하고 있지만, 흑연에서는 단지 세 개의 다른 탄소원자와 공유결합하고 있다. 층과 층 사이에 네 번째 결합이 있지만, 이것은 매우 약한 반데르발스 결합이다. 또한, 흑연 층과 층 사이의 거리는 같은 층에 있는 원자간거리보다 2.5배 크다.

그림 2-22(b)는 원자힘현미경(atomic force microscope, AFM)을 사용하여 얻은 영상이다. AFM은 날카로운 팁(tip)으로 시료 표면을 스캔한다. 외팔보(cantilever) 팁의 휨은 레이저와 위치민감 광검출기로 추적된다. 접촉모드 AFM에서는 일정한 휨을 유지하기 위하여 팁을 고정하고 구동기(actuator)가 시료를 움직인다. 그렇게 함으로써, 시료의 표면이 높이의 함수로서 매핑된다. 그림 2-22(b)는 하나의 흑연층에 놓인 탄소원자들을 보여주고 있다. 개개의 탄소원자들이 보인다. 비록 결정에 대한 공과 막대 모델(ball and stick model)이 다소 대충인 것처럼 보이지만 사실은 그것이 재료에서 원자배

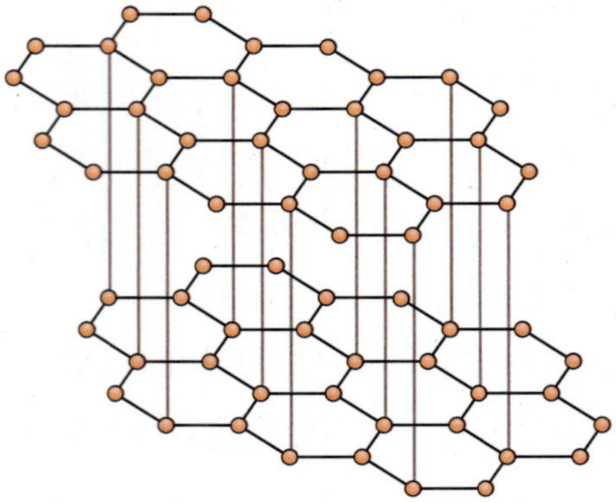

(a)

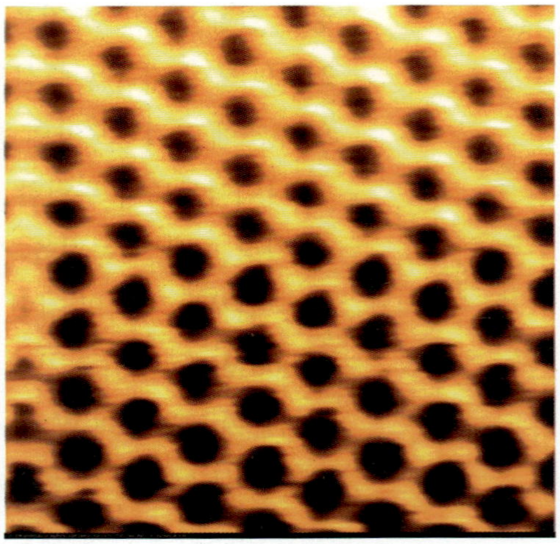

(b)

그림 2-22 흑연의 구조. (a) 탄소원자들이 층으로 배열되어 있고 각 층에서 탄소원자들은 육각형으로 배열되어 있다. (b) 흑연의 원자힘현미경(AFM) 사진. (출처: *University of Augsburg*)

열을 정확하게 묘사하고 있다.

다이아몬드처럼 흑연도 높은 용융점을 가진다. 어떤 고체를 액체로 바뀌는 온도까지 가열하면 원자들 사이의 거리는 증가해야 한다. 흑연에서는 각 층간의 결합이 약하기 때문에 개개의 층을 분리하는 것은 어렵지 않다. (사실, 이것은 여러분이 연필로 글씨를 쓸 때 일어나는 일이며 그로 인해 층들이 분리되고 종이에 묻어 남는다.) 그러나 각 탄소원자들은 층 내에서 세 개의 강한 공유결합을 가지며 이 때문에 흑연이 높은 용융점을 갖게 된다. 흑연은 원자들이 서로 조밀하게 충진되지 않은 층상구조 때문에 다이아몬드보다 밀도가 낮다. 다이아몬드와 달리 흑연은 전기적으로 전도성이다. 이것은 면내에서 공유결합되지 않은 각 탄소원자의 네 번째 전자가 전기를 전도하는 역할을 하기 때문이다.

흑연의 단일층은 그래핀(graphene)으로 알려져 있으며 별개의 탄소 동소체의 하나이다. 그래핀은 뛰어난 열전도체이고 흑연처럼 전기전도성이며 강하며, 특히 한 층으로 되어 있기 때문에 투명하다. 그래핀에서 전자들은 빛의 속도에 근접하는 속도로 이동할 수 있기 때문에 그래핀이 트랜지스터에 사용될 수 있는 잠재적인 가능성에 대하여 우리는 크게 열광하고 있다. 그래핀은 또한 액정표시장치(liquid crystal display, LCD) 화면에도 사용될 수 있다. 그림 2-22(b)는 흑연의 표면을 보여주기 때문에 그 모습이 그래핀과 거의 동일하다.

탄소의 동소체 중 하나인 풀러린(buckminsterfullerene)은 1985년에 발견되었다. 풀러린 또는 '벅키볼(buckyball)' 분자는 60개의 탄소를 포함하고 있으며 C60으로 알려져 있다. 그림 2-23(a)처럼 벅키볼은 12개의 정오각형과 20개의 정육각형으로 배열된 2차원 패턴으로 고려하여 가시화될 수 있다. 이 패턴이 중심열을 원형으로 감싸고 양 끝으

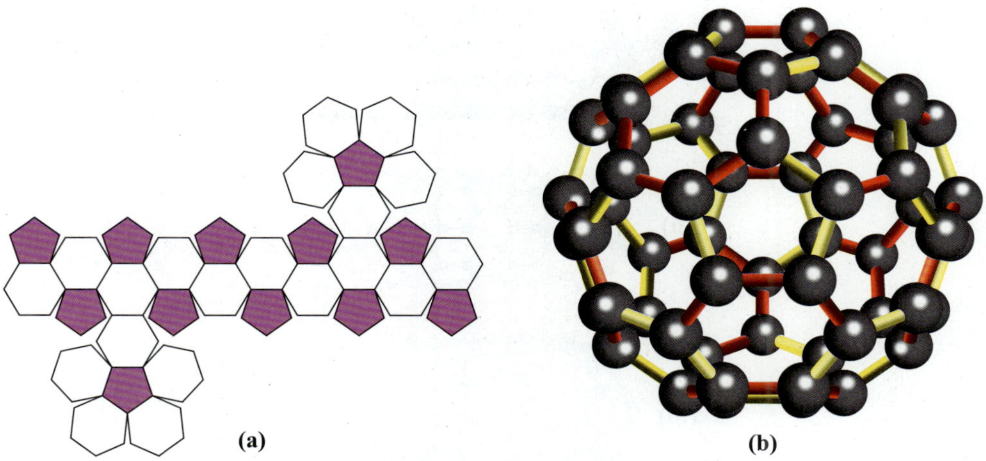

그림 2-23 버키볼의 구조. (a) 12개의 정오각형과 20개의 정육각형으로부터 풀러린 형성, (b) C60 분자의 '공과 막대' 모델. (출처: *lculig/Shutterstock.com*)

로 뚜껑을 형성하도록 접어서 3차원 구조로 만들면, 다각형들은 마치 축구공처럼 완벽하게 서로 이가 맞게 된다. 이것은 60개의 꼭지점으로 된 높은 대칭성 구조이고 탄소원자가 각 꼭지점에 위치하면 이것이 C60분자 모델이다.

풀러린은 미국의 수학자이자 건축가로서 측지선 돔(geodesic dome)의 설계에 특허를 등록한 R. Buckminster Fuller의 이름을 따서 명명되었다. 탄소막대를 통해 약 150암페어의 큰 전류를 흘려 벅키볼을 만든다. 벅키볼은 양초를 태울 때 만들어지는 잔류탄소와 같이 자연적으로 만들어진 그을음뿐만 아니라 이런 방법으로 만들어진 그을음에서도 발견된다.

그림 2-23(b)는 단일 벅키볼의 모델이다. 60개 탄소원자 각각은 두 개의 단일결합과 하나의 이중결합을 가진다. 사실 C60이 아닌 다른 형태들도 있는데(예: C70), 그것이 모여 일반적으로 풀러린으로 알려진 탄소재료의 한 클래스를 형성한다. 벅키볼은 다른 원자들을 내부에 두고 둘러쌀 수 있고, 매우 강한 것으로 알려져 있으며, 흥미로운 자기적 및 전기적 특성을 가졌다.

탄소의 네 번째 동소체인 탄소나노튜브(carbon nanotube, CNT)는 흑연 층들을 말아서 튜브로 만들고 양 끝을 반구의 풀러린으로 막은 것으로 가시화될 수 있다. 그림 2-24(a)에 나타낸 바와 같이 흑연의 단일층, 즉 그래핀은 다른 방향들로 말려질 수 있어서 다른 배열형태를 갖는 나노튜브를 만든다. 탄소나노튜브는 단일벽(single-walled) 또는 다중벽(multi-walled)일 수 있다. 다중벽 탄소나노튜브는 다수의 동심원 나노튜브로 구성된다. 탄소나노튜브는 보통 지름이 1~25 nm이고 길이는 마이크로미터 수준이다. 다른 배열형태의 탄소나노튜브들은 다른 재료특성을 보인다. 예를 들어, 나노튜브의 전기적 특성은 나노튜브의 둘둘 말린 정도(helicity)와 지름에 따라 달라진다. 탄소나노튜브는 현재 고분자의 강도 및 강성을 높여주는 강화재로 사용되고 있으며, 원자

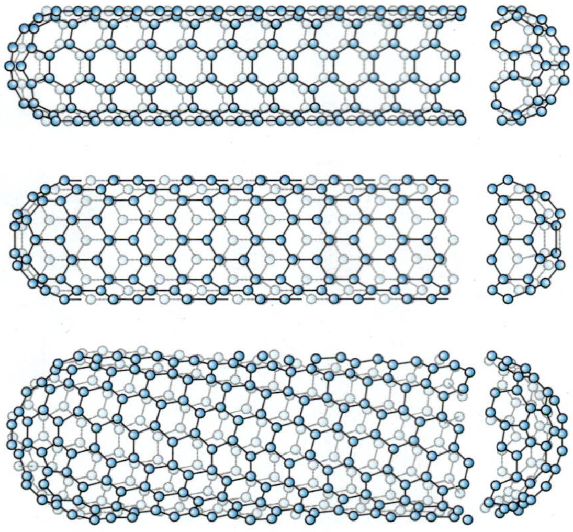

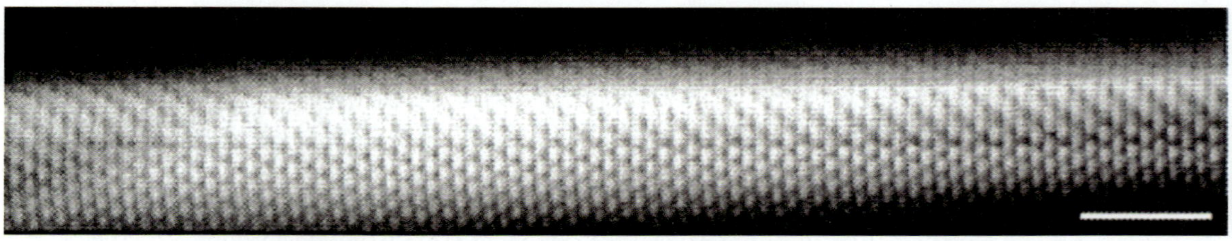

그림 2-24 (a) 단일벽 탄소나노튜브의 가능한 배열형태의 개략도. (i) 암체어(armchair) 나노튜브, (ii) 지그재그(zigzag) 나노튜브, (iii) 암체어 나노튜브도 지그재그 나노튜브도 아닌 카이럴(chiral) 나노튜브로 알려진 것. (출처: *Figure 6 from* Carbon Nanomaterials *by Andrew R. Barron*) (b) 탄소나노튜브의 주사형터널링현미경 사진. [출처: Nature, *2004 Nov 18*; *432*(*7015*), "*Electrical generation and absorption of phonons in carbon nanotubes,*" *LeRoy et al, copyright 2004, Macmillan Publishers Ltd.*]

힘현미경의 팁으로도 사용되고 있다. 또한 탄소나노튜브는 첨단 나노전자소자에서 사용가능한 전기전도체로 고려되고 있다. 그림 2-24(b)는 주사형터널링현미경(scanning tunneling microscope, STM)을 사용하여 획득한 단일벽 탄소나노튜브의 영상이다. STM은 날카로운 팁(tip)으로 시료의 표면 위를 스캔한다. 팁에 전압이 걸리면, 팁이 시료의 원자들에 근접되어 있을 때 전자가 팁으로부터 시료로 터널링 또는 '누출(leak)'된다. 그 결과로 생겨난 전류는 팁에서 시료까지의 거리의 함수이고, 이 전류를 측정하면 시료 표면을 매핑하는 데 사용될 수 있다.

요약

- 조성과 마찬가지로 재료의 구조 또한 재료의 성질에 큰 영향을 미친다.
- 재료의 구조는 원자구조, 단범위 및 장범위 원자배열, 나노구조, 마이크로조직, 매크로조직 등 여러 수준에서 이해할 수 있다. 실제 응용을 고려하는 공학자들은 마이크로 및 매크

로적인 구조를 모두 이해해야 한다. 원자와 원자배열은 첨단재료의 기본 구성단위로 작용하기 때문에 원자 수준에서의 구조를 이해해야 한다. 미세전자기계시스템(MEMS)과 나노기술에 초점을 맞춘 떠오르는 참신한 장치들이 많이 있다. 그 결과 일부 응용들에 있어 나노 수준의 재료를 이해하는 것이 매우 중요하게 되었다.

- 네 개의 양자수로 표현되는 원자의 전자구조는 원자결합, 그리고 더 나아가 재료의 물리적 및 기계적 성질을 결정짓는다.
- 원자결합은 각 원자들의 원자가전가들이 어떻게 상호 작용하는가에 따라 부분적으로 결정된다. 결합의 종류도 금속결합, 공유결합, 이온결합, 반데르발스 결합이 있다. 대부분의 공학재료들은 이것들이 혼합된 결합을 가진다.
- 금속결합은 낮은 전기음성도를 가지는 금속 원소들이 원자가전자들을 내어놓아 원자를 둘러싼 전자들의 바다를 형성함으로써 형성된다. 금속결합은 방향성이 없고 상대적으로 강하다. 그 결과, 대부분의 순금속들은 높은 영의 계수와 연성을 보인다. 열 및 전기 전도도가 우수하고 가시광선을 잘 반사한다.
- 공유결합은 두 원자 사이에서 전자들이 공유될 때 형성된다. 공유결합은 대부분의 고분자와 세라믹 재료에서 발견된다. 이 결합은 강하기 때문에 공유결합된 대부분의 무기재료들은 높은 강도 및 경도, 그리고 한정된 연성을 보인다. 탄소-탄소(C-C) 결합이다. 탄소-수소(C-H) 결합으로 된 대부분의 플라스틱 재료들은 상대적으로 낮은 강도와 높은 연성을 보인다. 대부분의 공유결합 재료들은 상대적으로 좋은 전기절연체이다. Si와 Ge 같은 일부 공유결합 재료는 반도체이다.
- 많은 세라믹에서 발견되는 이온결합은 전기양성을 띠는 원자에서 전기음성도를 띤 원자로 전자가 제공되어, 양극의 양이온과 음극의 음이온이 생성될 때 형성된다. 공유결합 재료들과 마찬가지로 이온결합 재료들도 강하고 단단하지만 취성이 강한 기계적 성질을 지닌다. 이온결합 재료의 녹는점은 상대적으로 높다. 이 재료들은 전형적으로 전기절연체이다. 하지만 일부 경우에 이 재료들은 미세조직의 조작이 가능하여 상당한 이온전도도(ionic conductivity)를 얻을 수 있다.
- 반데르발스 결합은 원자들 또는 원자들의 집단이 비대칭의 전하를 갖게 되어 정전기 인력에 의해 결합될 때 형성된다. 전하의 비대칭은 유도쌍극자나 영구쌍극자에 의한다.
- 결합에너지는 결합의 강도와 관련되며 이온결합 및 공유결합에서 특히 높다. 높은 결합에너지를 가진 재료들은 흔히 높은 녹는점, 높은 탄성계수, 낮은 열팽창계수를 가진다.
- 재료의 모든 성질이 미세조직과 연관된 것은 아니며 탄성계수는 그러한 성질 중 하나이다.
- 탄소는 다이아몬드, 흑연, 그래핀, 풀러린, 탄소나노튜브를 포함한 다양한 동소체로 존재한다. 모두 순수한 탄소로 구성되어 있지만 이 재료들의 구조에서 원자배열의 차이로 인해 각각의 특성은 매우 다르다.

용어해설

결정질 재료 crystalline material 장범위규칙을 가지면서 원자들이 주기적으로 배열된 재료.

결합에너지 binding energy 두 개의 원자를 그들의 평형거리로부터 무한히 떨어진 거리로 분리시키는 데 필요한 에너지. 결합에너지는 두 원자간 결합강도의 척도이다.

공유결합 covalent bond 원자들이 그들의 원자가전자를 공유할 때 두 원자 사이에 형성되는 결합.

구조 structure 재료 내에서 원자나 이온들의 공간적 배열에 대한 묘사.

금속간화합물 intermetallic compound 둘 또는 그 이상의 금속원자들에 의해 형성된 Al_3V와 같은 화합물.

금속결합 metallic bond 원자가전자들과 양전하로 대전된 이온코어(ion core) 사이에 생기는 정전기적 인력.

길이스케일 length scale 재료관련 구조, 성질, 또는 형상을 묘사하는 데 사용되는 상대적 거리 혹은 거리의 범위.

나노스케일 nanoscale 1∼100 nm의 길이스케일.

단범위 원자배열 shortrange atomic arrangement 수 nm 거리까지의 원자배열.

동소체 allotropy 온도와 압력에 따라 하나의 원소가 두 가지 이상의 결정구조로 존재할 수 있는 특성.

디바이 상호작용 Debye interaction 단지 하나의 분자만 영구적인 쌍극자모멘트를 가진 두 분자 사이에 발생하는 반데르발스 힘.

런던힘 London force 영구적인 쌍극자모멘트를 가지지 않은 분자들 사이에서 발생하는 반데르발스 힘.

매크로조직 macrostructure 거시적인 수준에서 재료의 구조. 길이스케일은 약 100,000 nm 이상이며 전형적인 특징으로는 기공, 내부 및 외부 미세균열이 있다.

미세전자기계시스템 microelectromechanical system 마이크로 가공을 통하여 만들어진 전형적인 초소형 장치. 흔히 줄여서 MEMS로 표기한다.

미세조직 microstructure 약 100∼100,000 nm에 걸친 길이스케일에서 재료의 구조.

반데르발스 결합 van der Waals bond 유도된 쌍극자 또는 영구적인 쌍극자 사이의 상호작용 결과로 원자들 또는 분자들 사이에 만들어지는 2차결합.

방위양자수 azimuthal quantum number 주양자껍질에서 다른 에너지준위를 지정하는 양자수. 부양자수라고 부르기도 한다.

방향성 관계 directional relationship 공유결합 재료에서 원자들 사이의 결합은 특정한 각을 형성하며, 그 각도는 재료에 따라 다르다.

분광학 spectroscopy 전자기파의 방출 또는 흡수를 분석하는 과학.

분극된 분자 polarized molecules 내부 또는 외부 전기장에 의해 만들어진 쌍극자모멘트를 가진 분자들.

비결정질 재료 amorphous materials 원자배열에 장범위 규칙을 갖지 않은 재료(예: 실리카유리). 무정형 재료라고 부르기도 한다.

수소결합 hydrogen bond 수소원자가 포함된 분자들 사이의 키솜(Keesom) 상호작용으로 반데르발스 결합의 일종이다(예: 물 분자들 사이의 결합).

스핀양자수 spin quantum number 한 전자의 스핀을 나타내는 양자수.

아보가드로수 Avogadro number 1몰의 원자 또는 분자의 수. 아보가드로수는 1몰당 6.022×10^{23}이다.

아우프바우 원리 Aufbau principle 전자들로 채워지는 양자껍질의 에너지준위의 순서를 결정하는 데 사용하는 도시법.

양이온 cation 일반적으로 금속에서 원자가 자신의 원자가전자를 잃었을 때 생성되는 양전하로 대전된 이온.

양자껍질 quantum shell 전자들이 속해 있는 고정된 에너지준위 세트.

양자수 quantum numbers 하나의 원자에 있는 전자를 여러 불연속적인 에너지준위에 배치하는 숫자들. 네 개의 양자수는 주양자수 n, 방위양자수 l, 자기양자수 m_l, 스핀양자수 m_s이다.

연성 ductility 재료에서 파단이 일어나지 않고 영구적으로 늘어나거나 굽혀질 수 있는 능력.

열팽창계수 coefficient of thermal expansion, CTE 온도에 따른 재료의 길이 변화율.

원자가 valance 원자에서 결합 또는 화학적 반응에 참여하는 전자들의 수. 보통 원자가는 외각 s와 p 에너지준위에 있는 전자들의 수이다.

원자간거리 interatomic spacing 두 원자들의 중심에서 중심까지의 평형 거리.

원자질량 atomic mass 아보가드로수만큼의 원자들의 질량(g/mol). 보통 원자에서 양성자수와 중성자수의 합의 평균이다. 원자무게(atomic weight)라고 부르기도 한다.

원자질량단위 atomic mass unit: amu 12개의 핵자(양성자 + 중성자)를 갖는 탄소원자 질량의 1/12로 표현된 원자의 질량.

유리천이온도 glass-transition temperature 그 온도 이상에서는 여러 고분자와 무기질 유리가 더 이상 취성재료로 거동하지 않는 온도.

음이온 anion 보통 비금속에서 원자가 하나 또는 그 이상의 전자를 받아서 형성되는 음전하로 대전된 이온.

이온결합 ionic bond 한 원자(양이온)가 원자가전자를 두 번째 원자(음이온)에게 제공했을 때 두 가지의 다른 원자종 사이에 형성되는 결합. 정전기적 인력이 두 이온을 묶어 놓는다.

자기양자수 magnetic quantum number 각 방위양자수에 해당하는 궤도(orbital)들을 나타내는 양자수.

장범위 원자배열 longrange atomic arrangement 원자와 이온들이 결정질 재료에 배열된 것과 같은 반복적인 3차원 패턴.

전기양성 electropositive 원자가 전자를 제공하는 경향, 그러므로 강한 반응 상태.

전기음성도 electronegativity 원자가 전자를 받아서 음이온이 되려는 상대적인 경향. 강하게 전기음성을 띤 원자는 쉽게 전자들을 받아들인다.

조성 composition 재료의 화학적 구성.

천이원소 transition elements d와 f 궤도에 전자들이 부분적으로 채워진 원소. 이 원소들은 보통 다중 원자가를 가지고 있어서 전자적, 자기적, 광학적 응용에 쓸모가 있다.

키솜 상호작용 Keesom interaction 영구적인 쌍극자모멘트를 가진 분자들 사이에서 발생하는 반데르발스 힘.

탄성계수 modulus of elasticity 탄성영역에서 응력변형도 곡선의 기울기(E), 영의 계수라고도 한다.

파울리 배타원리 Pauli exclusion principle 한 재료 안에서 둘 이상의 전자들이 같은 에너지를 가질 수 없다는 원리.

항복강도 yield strength 재료가 영구변형을 일으키기 시작하는 응력.

핵자 nucleon 양성자 또는 중성자를 아우르는 말.

1차결합 primary bond 바깥 궤도의 전자들을 공유하거나 교환함으로써 인접 원자들 사이에 생기는 강한 결합.

2차결합 secondary bond 반데르발스 결합처럼 전형적으로 분자들이 서로 결합하는 비교적 약한 결합.

II-VI 반도체 II-VI semiconductor 2B족 원소와 6B족 원소의 결합에 기반을 둔 반도체(예: CdSe).

III-V 반도체 III-V semiconductor 3B족 원소와 5B족 원소의 결합에 기반을 둔 반도체(예: GaAs).

연습문제

2-1절 재료의 구조: 기술적 관련성

2-1 재료의 조성(composition)은 무엇을 말하는가?

2-2 재료의 구조(structure)는 무엇을 말하는가?

2-3 재료의 구조에서 여러 가지 수준은 무엇인가?

2-4 공학부품을 설계하고 제작할 때 재료의 구조를 고려하는 것이 왜 중요한가?

2-5 재료의 미세조직과 매크로조직의 차이는 무엇인가?

2-2절 원자의 구조

2-6 (a) 음식물 포장에 쓰이는 알루미늄 포일(foil)은 in^2당 약 0.3 g의 무게를 가진다. 포일의 1 in^2에는 몇 개의 알루미늄 원자가 들어 있는가?

(b) 부록 A에 주어진 밀도와 원자량을 이용하여 (i) 납(lead)과 (ii) 리튬(lithium)의 cm^3당 원자수를 계산하여 비교하라.

2-7 (a) 부록 A의 자료를 이용하여 1톤(1,000 kg)의 철에 포함된 원자수를 계산하라.

(b) 부록 A의 자료를 이용하여 붕소(boron) 1몰이 차지하는 부피를 cm^3 단위로 계산하라.

2-8 표면적 1,250 cm^2의 철판에 0.005 cm의 두께로 니켈을 도금하려고 한다. 이때 (a) 몇 개의 니켈원자가 필요한가? (b) 니켈 몇 몰이 필요한가?

2-3절 원자의 전자구조

2-9 전기음성도(electronegativity)를 정의하라.

2-10 다음 원소들의 전자배치를 말하라. (a) 텅스텐(tungsten), (b) 코발트(cobalt), (c) 지르코늄(zirconium), (d) 우라늄(uranium), (e) 알루미늄(aluminum)

2-11 원소 Tc의 전자배치를 말하라.

2-12 아우프바우 원리를 따른다고 가정하면, 원자번호 Z = 116인 원소의 예상되는 전자배치는 무엇인가?

2-13 아우프바우 원리를 사용하면, 원자번호 Z = 123인 가상의 원소의 예상되는 전자배치는 무엇인가?

2-14 어떤 원소의 원자가가 2이고 원자번호가 27이라고 가정하자. 양자수만 근거로 할 때 3*d* 에너지준위에 몇 개의 전자가 존재해야 하는가?

2-4절 주기율표

2-15 원소의 주기율표는 원소와 원소로 이루어진 화합물의 성질과 경향을 이론적으로 더욱 명확히 설명하는 데 도움을 준다. 여러 문헌을 조사하여 4B족 원소들의 열팽창계수를 찾아보라. 이들의 경향을 알아내고, 그것이 이 원소들의 녹는점이나 다른 성질들(예: 밴드갭)과 상관관계가 있는지 알아보라.

2-16 금속간화합물 Ni_3Al의 결합은 주로 금속결합으로 이루어져 있다. 결합 중에 이온결합의 요소가 거의 없는 이유를 설명하라. 니켈의 전기음성도는 약 1.8이다.

2-17 주기율표의 4A열부터 8~10열 사이 원소들의 녹는점을 원자번호의 함수로 그래프로 나타내라. (즉, Ti부터 Ni까지, Zr부터 Pd까지, Hf부터 Pt까지의 녹는점을 그래프로 나타내라.) 원자결합 형태와 결합에너지를 근거로 이들 관계를 설명하라. (a) 주기율표의 각 행(row)에서 원자번호가 증가함에 따라서, (b) 주기율표의 각 열(column)에서 원자번호가 증가함에 따라서.

2-18 주기율표의 1A열 원소들의 녹는점을 원자번호에 따른 그래프로 나타내라(즉, Li에서 Cs까지의 녹는점을 그래프로). 원자결합 형태와 결합에너지를 근거로 이들 관계를 설명하라.

2-5절 원자결합

2-19 금속결합과 공유결합을 다음의 관점에서 비교하고 대조하라. (a) 결합의 특성, (b) 관련된 원자의 원자가, (c) 이 방식으로 결합한 재료의 연성

2-20 고체에서의 세 가지 주요 결합 메커니즘을 구별하라. 반데르발스 결합은 무엇인가? 다른 메커니즘들의 상대적인 결합에너지는 무엇인가?

2-21 KCl은 무슨 형태의 결합인가? 각 원소의 전자구조와 전기적 성질을 참조하여 충분히 설명하라.

2-22 인화알루미늄(AlP)은 이온결합과 공유결합이 혼합된 결합을 가지고 있는 화합물반도체이다. 결합의 이온결합 분율을 계산하라.

2-23 마그네시아(MgO)의 이온결합 분율을 계산하라.

2-24 실리카(SiO_2)의 공유결합 분율을 계산하라.

2-25 지르코니아(ZrO_2)에 대한 이온결합특성의 분율을 계산하라.

2-26 다이아몬드의 결합 형태는 무엇인가? 다이아몬드의 성질이 결합 특성과 상응하는가?

2-27 열가소성 고분자의 결합 메커니즘은 무엇인가?

2-28 공유결합 재료는 왜 일반적으로 이온결합 또는 금속결합 재료보다 밀도가 낮은가?

2-29 탄화규소(SiC)와 질화규소(Si_3N_4) 같은 재료들은 연삭과 연마용으로 사용되고 있다. 이런 용도에 이러한 재료들의 선택을 정당화하라.

2-30 PVC 플라스틱의 특성을 결정하는 데 있어서 반데르발스 힘의 역할을 설명하라.

2-31 탄화규소(SiC)와 질화규소(Si_3N_4)에서 이온결합 분율을 계산하라.

2-32 질화붕소(boron nitride)의 한 형태인 입방정 질화붕소(cubic BN)는 경도가 매우 높은 재료이고 연마제 용도로 사용되고 있다. 이 재료의 공유결합 분율을 계산하라.

2-33 질화붕소의 한 형태인 육방정 질화붕소(hexagonal BN)는 고체 윤활제로 사용되고 있다. 이것이 어떻게 가능한지를 탄소의 두 가지 형태인 다이아몬드와 흑연의 경우에 나타나는 상황과 비교하여 설명하라.

2-34 결합을 형성한 이온들과 원자들의 최외각 에너지껍질에 있는 전자들의 수에는 어떤 경향이 존재하는가?

2-6절 결합에너지와 원자간거리

2-7절 탄소의 여러 형태: 원자배열과 재료특성의 상관관계

2-35 엔진의 작동온도를 증가시키기 위해서 세라믹으로 일부 알루미늄 부품을 코팅하는 것이 제안되었다. 여기에는 어떤 종류의 문제들이 따라오는가? 이러한 문제들을 어떻게 극복할 수 있는가?

2-36 알루미늄과 실리콘은 주기율표에서 이웃하고 있다. 이 두 원소의 녹는점을 비교하고 원자결합으로 그 차이를 설명하라.

2-37 티타늄은 알루미늄보다 강성이 더 크고, 열팽창계수가 더 낮으며, 더 높은 녹는점을 가진다. 하나의 그래프에 두 재료의 개략적인 에너지우물(potential well) 곡선을 조심스럽게 그려보라. 이 곡선들에서 그러한 물리적 성질들이 분명하게 드러나도록 주의를 기울이라.

2-38 철 또는 질화규소(Si_3N_4)가 높은 탄성계수를 가질 것으로 예상할 수 있는가? 그 이유는?

2-39 베릴륨과 마그네슘은 모두 주기율표 2A열에 속해 있으며 가벼운 금속들이다. 두 가지 중 어느 것이 더 높은 탄성계수를 가질 것으로 예상하는가? 결합에너지와 원자반경을 고려하고, 원자간거리의 함수로 나타낸 힘의 그래프를 활용하여 설명하라.

2-40 붕소와 알루미늄은 모두 주기율표 3B열에 있지만 붕소의 열팽창계수는 알루미늄보다 훨씬 낮다. 결합에너지, 원자크기, 에너지우물(energy well)에 기초하여 왜 이런 차이가 예상되는지 설명하라.

2-41 마그네시아(MgO)와 마그네슘 중 어느 것이 더 높은 탄성계수를 가질 것으로 예상하는가? 설명하라.

2-42 알루미나(Al_2O_3)와 알루미늄 중 어느 것이 더 높은 열팽창계수를 가질 것으로 예상하는가? 설명하라.

2-43 알루미늄과 실리콘은 주기율표에서 서로 이웃하고 있다. 어느 것이 더 높은 탄성계수를 가질 것으로 예상하는가? 설명하라.

2-44 폴리에틸렌이나 폴리스티렌과 같은 단순한 열가소성 고분자의 탄성계수가 금속과 세라믹에 비하여 매우 낮게 예상되는 이유를 설명하라.

2-45 철은 부식을 방지하기 위하여 세라믹 박막으로 코팅된다. 철의 온도가 현저히 높아지면 코팅 부위에 어떤 일이 발생할 것으로 예측하는가? 설명하라.

2-46 탄성계수는 왜 비교적 미세조직에 민감하지 않은 성질로 간주되는가?

2-47 상온(300 K)에서 길이 2 m인 알루미늄합금 ($\alpha = 23 \times 10^{-6}\ K^{-1}$) 막대가 100 ℃에 노출되었다. 100 ℃에서 이 막대의 길이는 얼마인가?

2-48 최소한 네 가지의 탄소의 동소체를 말해보라. 흑연과 다이아몬드는 모두 탄소의 순수한 형태인데 왜 흑연은 전기전도성이고 다이아몬드는 전기전도성이 아닌가?

2-49 탄소의 혼성결합(bond hybridization)에 의해 매우 여러 가지 결정질 형태가 얻어진다. 단지 6개의 전자들로 어떻게 이것이 가능한가? 설명하라.

2-50 이 절에서 살펴본 각 탄소의 동소체의 기술적 중요성을 서술하라. 각 동소체의 부여된 재료 특성은 무엇인가?

설계문제

2-51 세라믹 섬유를 금속 기지에 매몰하여 큰 힘과 큰 온도변화에서 견디는 복합재료를 만들고자 한다. 섬유가 원래 형태를 유지하면서 기지의 강도를 높이도록하려면 어떤 설계변수를 고려해야 하는가? 또한 이 과정에서 어떤 문제가 발생할 것인가?

2-52 제트엔진에 사용되는 터빈블레이드는 니켈기반 초합금과 같은 재료로 만들어진다. 이론상 지르코니아와 같은 세라믹 재료 혹은 철 계통의 합금을 이용할 수도 있다. 어떤 경우에는, 터빈블레이드 재료가 고온에 노출되는 것을 최소화하기 위하여 표면에 열차단코팅(thermal barrier coating)을 해야 할 때도 있다. 터빈엔진이 원활히 작동하도록 터빈블레이드와 코팅에 필요한 재료를 선택하는 데 있어서 어떤 설계변수를 고려해야 하는가? 엔진 부위에 따라 각각 다른 온도에 노출된다는 것과 모든 터빈 블레이드가 비교적 높은 작동온도에 노출되는 것은 아니라는 점을 주목하라. 이때 어떤 문제가 발생할 것인가? 터빈블레이드가 정상적으로 구동되는 환경에서의 온도와 습도 같은 요인들을 고려하라.

2-53 우주에 설치할 망원경용 거울을 만들기 위하여 재료를 설계하고자 한다. 우주에서 온도는 많이 변할 수 있다는 것을 전제로 한다면, 어떤 재료의 사용을 고려할 것인가? 이 재료는 가능하면 전혀 팽창하거나 수축하지 않아야 한다는 것을 기억하라. 또한 될수록 강하고 밀도는 낮아야 하며, 거울로 사용할 수 있도록 코팅이 가능해야 한다.

2-54 촉매변환장치 기판을 만드는 데 사용될 수 있는 재료를 원한다. 이 재료의 역할은 실질적 촉매인 금속(백금과 팔라듐 같은) 나노입자들의 운반체로서 작용하는 것이다. 주된 고려사항은 이 촉매지지 재료는 그것이 노출될 환경인 주기적인 가열과 냉각에 변함없이 견딜 수 있어야 한다는 것이다. (주: 자동차 배기가스의 온도는 500 ℃까지 도달하며, 재료는 고온으로 가열되었다가 나중에 자동차를 사용하지 않을 때는 냉각된다.) 이 용도에 어떤 종류의 재료를 사용할 수 있을까?

Knovel® 활용 문제

K2-1
- 직경 200 cm이고 두께 5 cm인 강철 원반이 0.00225 cm의 아연 층으로 도금되어 있다.
- 도금 면적은 cm^2로 얼마인가?
- 필요한 아연의 무게는 몇 kg인가? 또는 몇 g인가?
- 몇 몰의 아연이 필요한가?
- 강철 기판에 아연을 입히는 몇 가지 다른 방법의 이름을 말해보라.
- 이 경우에 어떤 방법이 선택되어야 하는가?

화학식이 SiO_2이고 실리카로도 알려진 석영(quartz)은 모래에서 발견되는 광물이다. 이는 지구상에서 가장 풍부한 재료 중 하나이다. 무게 기준으로, 모래의 가격은 아주 저렴하지만 실리카는 정련하여 전자제품용 등급의 실리콘을 만드는 재료이고, 세상에서 가장 순수하고 거의 완벽한 재료 중 하나이다. 실리콘웨이퍼는 우리가 사용하는 컴퓨터의 프로세서와 같은 마이크로칩의 기판으로 사용된다. 모래 1톤의 가격은 수십 달러에 불과하지만, 실리콘 마이크로칩 1톤은 수십억 달러의 가치가 있다.

위 사진은 석영 결정을 보여준다. 결정질 재료는 원자들이 규칙적, 반복적으로 배열된 재료를 의미한다. 사진에서 결정의 각이 진 옆면은 원자배열의 장범위규칙을 나타내는 것이다. (출처: *Galyna Andrushko/Shutterstock.com*)

CHAPTER 3

원자 및 이온의 배열

다음과 같이 궁금해 해본 적이 있는가?

- 비결정질 실리콘은 무엇이며, 컴퓨터 칩을 만드는 데 사용되는 실리콘과는 어떻게 다른가?
- 액정이란 무엇인가?
- 동일한 크기의 구로 정육면체 상자를 채운다면, 가능한 최대 충진율은 얼마인가?
- 서로 다른 재료들의 밀도는 각각 어떻게 계산할 수 있는가?

제3장의 주요 학습목표

- 체심입방(**body-centered cubic**), 면심입방(**face-centered cubic**), 조밀육방(**hexagonal close-packed**) 결정구조에서 원자들이 어떻게 배열되는지를 가시화하고, 이러한 구조에서 원자들간의 공간적인 관계를 정의하는 것. 또한 앞에 열거한 것 이외의 결정구조에 대해 주어진 파라미터를 사용하여 원자배열을 가시화하는 것.
- 결정구조에 근거하여 결정질 재료의 특성을 계산하는 것(예: 질량밀도 및 침입형자리의 상대적 크기).
- 특정 결정구조에서 조밀충진면과 조밀충진방향을 식별하는 것.
- 결정 좌표계에서 방향과 면에 대한 밀러지수(**Miller indices**)를 찾아내고 사용하는 것.

원자와 이온의 배열은 재료의 미세구조와 성질을 결정하는 데 있어서 중요한 역할을 한다. 이 장의 주요 학습목표는 다음과 같다.

(a) 원자/이온 배열을 근거로 재료를 분류하는 방법을 배우는 것.

(b) 격자(lattice), 단위체(basis), 결정구조(crystal structure)의 개념에 따라 결정질 고체에서의 배열을 설명하는 것.

기술적으로 중요한 여러 재료들에서 원자나 이온의 배열을 살펴봄으로써 결정질 고체의 브라베격자(Bravais lattice), 단위정(unit cell), 결정학적 방향 및 면의 개념을 설명해보자. 이러한 재료에는 금속(예: 구리, 알루미늄, 철, 텅스텐, 마그네슘), 반도체(예: 실리콘, 게르마늄, 갈륨비소), 첨단 세라믹[예: 지르코니아(ZrO_2), 알루미나(Al_2O_3), 티타늄산바륨($BaTiO_3$)], 다이아몬드, 기타 재료들이 있다. 결정질 재료의 원자배열 또는 이온배열을 평가하는 데 사용되는 명명법을 전개하고 X선회절(X-ray diffraction, XRD), 투과전자현미경(transmission electron microscopy, TEM), 전자회절(electron diffraction)의 사용에 대해 살펴볼 것이다. 이러한 기술을 사용하면 다양한 재료에서 원자/이온들이 어떻게 배열되어 있는지 조사할 수 있다. 또한 비결정질 실리콘, 금속유리, 고분자, 무기질유리 등과 같은 여러 종류의 비결정질 재료에 대해 개략적으로 설명할 것이다.

제2장에서는 원자간 결합이 재료의 어떤 성질에 영향을 미치는지 강조하여 설명하였다. 이 장에서는 원자와 이온의 배열이 공학재료의 성질에 미치는 영향을 중점적으로 살펴볼 것이다. 특히, 결정질 고체에서 원자나 이온의 '완벽한' 배열에 대해 집중적으로 알아보기로 하자.

이 장에서 다룰 개념들을 통해 결정질 재료가 이러한 완벽한 원자배열로부터 벗어남(deviation)이 소위 원자수준 결함으로 일컬어지는 것들을 어떻게 만들어내는지에 대한 여러분의 이해를 도울 것이다. 이러한 맥락에서 결함(defect)이라는 용어는 결정 내 원자 또는 이온의 배열에 있어서 완전함이 결여되어 있다는 의미이며, 공학재료의 어떤 결점을 의미하는 것은 아니다. 제4장에서는 이러한 원자수준 결함들이 실제로 어떻게 자동차나 건물에 사용되는 성형성을 가진 강한 강철, 항공기용 알루미늄합금, 인공위성용 태양전지와 광전모듈, 기타 수많은 기술의 개발을 가능하게 하는지에 대해 설명하기로 한다.

3-1 단범위규칙 대 장범위규칙

물질의 각각 다른 상태에서, 원자나 이온의 배열에는 네 가지 형태를 찾아볼 수 있다(그림 3-1).

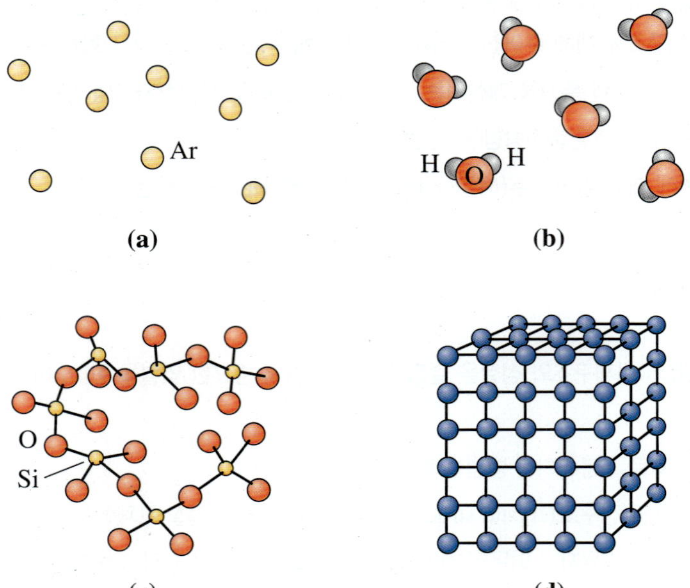

그림 3-1 재료에서 원자배열의 수준. (a) 불활성 단원자기체는 규칙적인 원자배열을 갖지 않는다. (b) 수증기나 (c) 규산염유리 등 일부 재료는 단범위규칙을 가진다. (d) 금속, 합금, 수많은 세라믹, 일부 고분자는 재료 전체를 통해 규칙적인 원자/이온 배열을 가진다.

무규칙 아르곤이나 형광등에서 생성된 플라즈마와 같은 단원자기체에서는 원자나 이온들이 아무런 규칙적인 배열도 갖지 않는다.

단범위규칙 원자들의 특정한 배열이 단지 가장 인접한 원자들의 범위로만 제한된다면 이 재료는 단범위규칙(short-range order, SRO)을 보인다. 수증기에서 각 물 분자는 수소원자와 산소원자 사이의 공유결합으로 인해 단범위규칙을 갖는다. 즉, 산소원자는 두 개의 수소원자와 결합되어 있으며, 두 결합 사이의 각은 104.5°이다. 그러나, 수증기의 물 분자들은 각 분자들 사이에 특별한 배열을 가지고 있지 않기 때문에 장범위규칙은 없다.

무기질 유리(inorganic glass)로 알려진 재료에서도 유사한 상황이 존재한다. 2-5절에서, 각 실리콘원자마다 네 개의 산소원자가 결합되어야 하는 조건을 만족시키는 실리카의 사면체구조를 설명하였다. 나중에 살펴보겠지만, 유리에서는 각 사면체단위(tetrahedral unit)가 무작위적인 방식으로 서로 결합한다. 이들 사면체는 꼭지점(corner), 변(edge), 면(face)을 공유할 수 있다. 따라서, $(SiO_4)^{4-}$ 사면체의 기본단위를 넘어서는 배열의 주기성은 없다. 반면에, 석영이나 다른 형태의 결정질 실리카에서는 $(SiO_4)^{4-}$ 사면체들이 실제로 다른 주기적인 배열로 연결되어 있다.

수많은 고분자 또한 규산염유리(무기질 유리)의 구조와 매우 유사한 단범위 원자배열을 갖는다. 고분자에 대해서는 제16장에서 살펴볼 것이다.

장범위규칙 대부분의 금속과 합금, 반도체, 세라믹, 일부 고분자는 원자나 이온이 장범위규칙(long-range order, LRO)을 보이는 결정질 구조를 가졌으며, 특정한 원자배열은 10 nm 이상의 길이스케일로 확장된다. 이러한 재료에서 원자 또는 이온들은 3차원적으로 주기적으로 반복되는, 격자 같은 패턴을 형성한다. 이러한 재료를 결정질 재료(crystalline material)라고 부른다. 만약 결정질 재료가 단지 한 개의 커다란 결정으로 구성되었다면, 이를 단결정(single crystal)이라 부른다. 단결정은 다양한 전자 및 광학 응용분야에서 쓸모가 있다. 예를 들어, 컴퓨터 칩은 커다란(최대 직경 12인치) 단결정 형태의 실리콘으로부터 만들어진다[그림 3-2(a)]. 이와 유사하게, 다수의 쓸모 있는 광전자(optoelectronic) 소자들이 니오븀산리튬($LiNbO_3$) 결정으로부터 만들어진다. 단결정은 또한 박막(thin film)으로도 만들어지며 많은 전자공학, 기타 용도에 사용될 수 있다. 어떤 종류의 터빈블레이드는 니켈기반 초합금(superalloys)의 단결정으로 제작된다. 다결정(polycrystalline) 재료는 그 내부에 다양한 방위를 갖는 수많은 작은 결정들로 구성된다. 이 작은 결정을 결정립(grain)이라 부르며, 방위가 서로 어긋나 있는 결정들 사이의 경계는 결정립계(grain boundary)라 한다. 그림 3-2(b)는 다결정 스테인리스강의 미세조직을 보여준다.

(a)

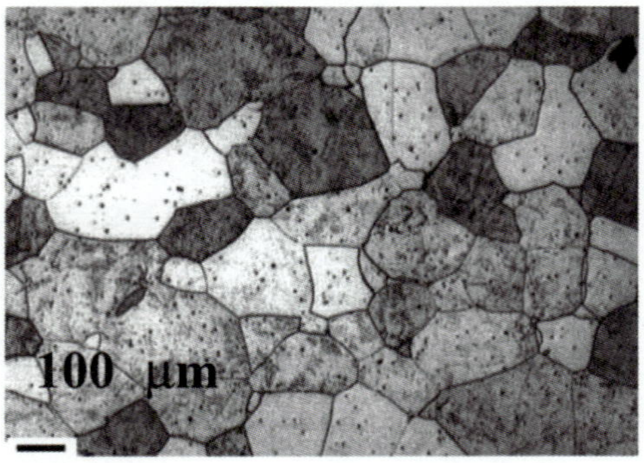

(b)

그림 3-2 (a) 실리콘 단결정 사진. (출처: *Petr Sobolev/iStock/Thinkstock*) (b) 결정립과 결정립계를 보여주는 다결정 스테인리스강의 현미경 사진. (출처: *A. J. Deardo, M. Hua, and J. Garcia*)

공학적 응용분야에서 우리가 다루는 많은 결정질 재료는 다결정이다(예: 건설에 사용하는 강철, 항공기용 알루미늄합금 등). 다결정 재료의 많은 성질은 결정립과 결정립계의 물리적 및 화학적 특성에 의존한다는 것을 이후의 장들에서 배울 것이다. 단결정 재료의 성질은 화학조성 및 결정 내의 특정 방향(결정학적 방향으로 알려짐)에 의존한다. 결정질 재료의 장범위규칙은 X선회절이나 전자회절과 같은 기술을 사용하여 탐지되고 측정될 수 있다(3-9절 참조).

액정(liquid crystals, LCs)은 특별한 배열 형태를 갖는 고분자재료이다. 액정 고분자는 하나의 상태에서는 비결정질 재료(액체와 같은)로 거동한다. 외부 자극(전기장 또는 온도변화와 같은)이 가해지면, 고분자 내의 일부 분자들이 정렬하여 결정질의 작은 영역을 형성하며, 따라서 '액정'이라 부른다. 이러한 재료는 액정 디스플레이(LCD) 기술에서 다양한 상업적인 응용분야를 갖는다.

3-2 비결정질 재료

원자나 이온의 배열에서 단범위규칙(SRO)만 나타내는 고체는 무정형(amorphous), 즉 비결정질(noncrystalline) 재료이다. 주기적인 원자배열은 열역학적 안정성을 최대화하므로, 대부분의 재료는 일반적으로 주기적인 원자배열 형성을 선호한다. 어떤 이유에서든, 그 재료가 만들어지는 공정의 속도에 의해 주기적인 배열을 허용하지 않을 때 비결정질 재료가 형성되는 경향이 있다. 세라믹 및 고분자 계통에서 일반적으로 형성되는 유리가 비결정질 재료이다. 이와 유사하게, 어떤 형태의 고분자나 콜로이드 젤(gel), 또는 젤과 유사한 재료는 비결정질 재료로 간주된다. 비결정질 재료는 원자나 이온들이 '규칙적이고' 주기적인 배열로 결합되어 있지 않기 때문에 독특한 특성의 혼합을 제공한다. '비결정질'로 분류된 많은 공학재료들은 종종 결정질을 일부 포함할 수도 있음에 주목하라.

무기질 유리와 비슷하게 수많은 플라스틱 또한 비결정질이다. 제조공정에서 비교적 많은 고분자 사슬들이 마치 스파게티처럼 서로 얽히게 된다. 엉킨 고분자 사슬들은 스스로 조직화되어 결정질 재료로 바뀌지 않는다. 고분자 재질의 음료수 병 제조공정에서 기계적인 응력이 병의 예비 성형품에 인가된다[예: 테레프탈산 폴리에틸렌(polyethylene terephthalate, PET)으로 표준 2리터 음료수 병을 제조]. 이러한 공정을 블로-스트레치(blow-stretch) 성형이라고 한다. 병을 제작하는 동안 방사상의 블로응력과 길이 방향의 연신응력은 고분자 사슬의 일부를 풀어내어 응력유발 결정화(stress-induced crystallization)를 일으킨다. 이러한 결정질의 형성은 PET 병의 강도를 증가시킨다.

플라스틱 및 무기질 유리와 비교해서, 금속과 합금은 훨씬 쉽게 결정질 재료로 만들어지는 경향이 있다. 결과적으로 결정화를 방지하기 위해서는 금속과 합금을 빠르게 급냉시키는 특별한 노력이 필요하며, 어떤 합금의 경우에는 금속유리(metallic glass)로 만들기 위해 10^6 °C/s 이상의 냉각속도가 요구된다. 이렇게 금속과 합금을 매우 빠르게 냉각시키는 기술을 급속응고(rapid solidification)라 한다. 다른 특수한 합금조성에는 단지 초당 수십도 또는 그 이하의 냉각속도가 요구된다. 많은 금속유리는 유용하고 독특한 성질을 갖는다. 금속유리의 기계적 특성에 대해서는 제6장에서 다룰 것이다.

3-3 격자, 단위체, 단위정, 결정구조

일반적인 고체에는 cm^3당 10^{23}개 정도의 원자가 있다. 결정에서 원자들의 공간배열을 밝히기 위해 각각의 원자들의 자리를 명시하는 것은 분명 필요하지도 않고 또한 실용적이지도 못하다. 결정에서 원자들의 3차원적 배열을 간단하게 기술하기 위해 두 가지 보완적인 방법을 살펴볼 것이다. 우리는 이러한 방법을 격자(lattice)와 단위체(basis) 개념 및 단위정(unit cell) 개념이라 부른다. 이러한 개념들은 결정학적 원리에 따른 것이다. 제2장에서는 원자구조에 대해 살펴보았다. 원자는 양성자와 중성자로 구성된 핵과 그 주위를 둘러싼 전자로 구성되어 있지만, 고체에서의 원자배열을 설명할 목적으로 우리는 원자를 탁구공과 같이 딱딱한 구로 간주할 것이다. 먼저 격자와 단위체 개념부터 살펴보기로 하자.

격자란 격자점(lattice point)이라는 점들의 집합이며, 이 격자점들은 주기적인 패턴으로 정렬되어 있어 격자 내의 각 점의 주위는 동일하다. 격자는 순전히 수학적으로 구성된 것이고 크기에 있어 무한하다. 격자는 1차원, 2차원, 3차원일 수 있다. 1차원에서 격자는 단지 한 개만 존재하는데, 그림 3-3(a)에 나타낸 것처럼, 등거리로 서로 떨어진 점들로 구성된 선이다. 서로에 대해 특별한 방식으로 위치하고 각 격자점에 연관되어 있는 하나 또는 그 이상의 원자로 구성된 무리를 단위체 또는 모티프(motif)라고 부른

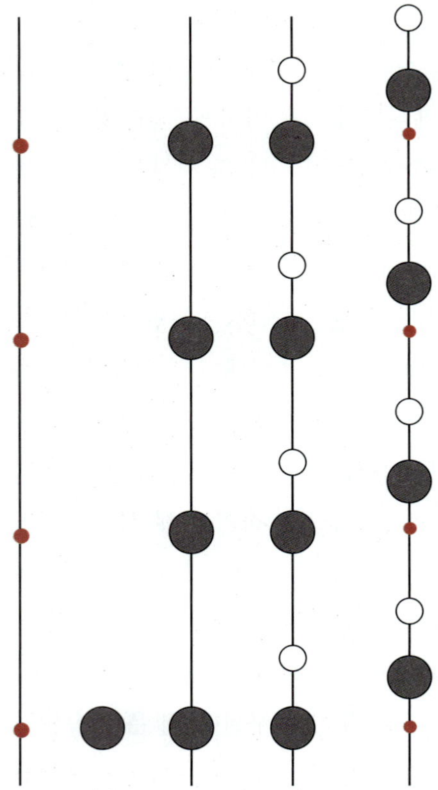

그림 3-3 격자와 단위체. (a) 1차원 격자. 격자점들이 등거리로 떨어져 있다. (b) 한 종류 원자의 단위체. (c) 그림 (a)의 모든 격자점에 (b)의 단위체를 위치시킴으로써 형성된 결정구조. (d) 그림 (a)의 격자에 두 종류의 서로 다른 원자들로 구성된 단위체를 위치시킴으로써 형성된 결정구조. (e) 그림 (d)에 나타낸 것과 동일한 결정. 다만, 단위체가 각 격자점에 대하여 이동되었다.

다. 단위체는 최소한 한 개의 원자를 반드시 포함해야 하지만, 복수의 한 종류 원자 또는 서로 다른 종류의 복수의 원자들을 포함할 수도 있다. 원자 하나로 된 단위체를 그림 3-3(b)에 나타내었다. 그림 3-3(c)에서 보듯이, 모든 격자점에 단위체인 원자를 위치시킴으로써 결정구조가 얻어지게 된다(즉, 결정구조 = 격자 + 단위체). 그림 3-3(d)에는 두 종류의 서로 다른 원자들로 구성된 단위체를 갖는 가상적인 1차원 결정을 나타내었다. 큰 원자가 각 격자점에 놓여 있고 작은 원자는 각 격자점으로부터 일정한 거리만큼 떨어진 위치에 놓여 있다. 그림 3-3(e)에 나타낸 것처럼, 단위체 원자들 중 하나가 반드시 각 격자점에 놓일 필요는 없다는 점에 유의하라. 그림 3-3(d)와 (e)는 동일한 1차원의 결정을 보여주며, 원자들은 단순히 격자점에 대하여 이동된 것이다. 그러한 이동은 결정에서 원자의 배열을 변화시키지는 않는다.

1차원에서는 각 점이 동일한 주위환경(앞에서 언급한 것처럼 등거리로 떨어진 점들의 배열)을 갖도록 점들을 배열하는 데 오직 한 가지 방법만 존재한다. 2차원에서 각 점이 동일한 주위환경을 갖도록 배열하기 위해서는 다섯 가지 방법이 존재하며, 따라서 다섯 개의 2차원 격자가 존재한다. 3차원에서는 점들을 배열하기 위한 14개의 고유한 방식이 있다. 이러한 격자점의 고유한 3차원 배열은 프랑스의 결정학자인 오귀스트 브라베(Auguste Bravais, 1811~1863)의 이름을 따서 명명되었으며, 브라베격자라고 한

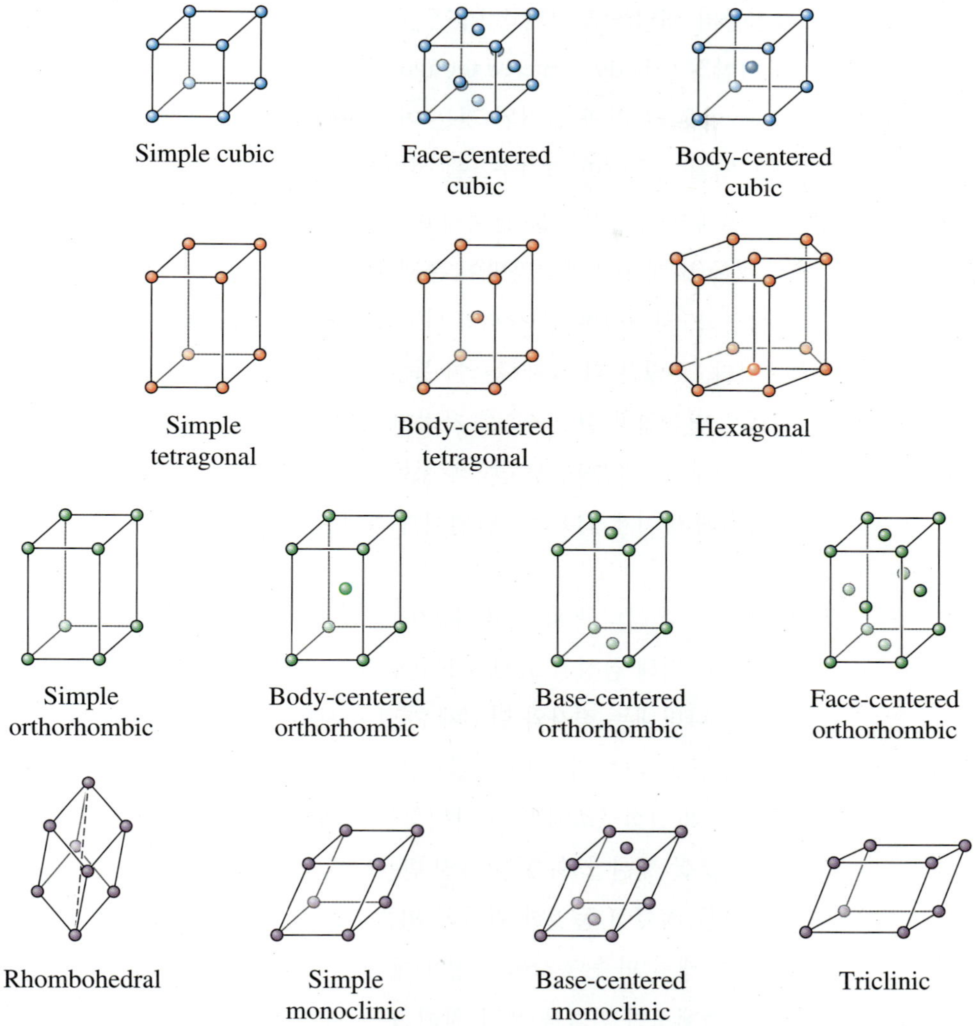

그림 3-4 7개 결정계로 그룹화되어 분류된 14개 브라베격자. 육방정계의 실제 단위정은 그림 3-6 및 3-11에 다시 나타내었다.

다. 그림 3-4는 14개 브라베격자(Bravais lattice)를 보여준다. 앞에서 언급한 것처럼 격자는 크기에 있어서 무한하며, 그림 3-4는 각각의 격자에 대한 단일 단위정을 보여주는 것이다. 단위정은 전체 격자 중 한 부분이면서 전체 격자의 모든 특성들을 여전히 지니고 있는 격자이다. 격자점은 단위정의 꼭지점에 위치하며, 어떤 경우에는 면의 중심이나 단위정의 중심에 위치하기도 한다.

14개 브라베격자는 7개 결정계(crystal system)로 구분된다. 7개 결정계는 입방정(cubic), 정방정(tetragonal), 육방정(hexagonal), 사방정(orthorhombic), 삼방정(rhombohedral, or trigonal), 단사정(monoclinic), 삼사정(triclinic)이다. 입방정계에는 단순입방(simple cubic, SC), 면심입방(face-centred cubic, FCC), 체심입방(body-centered cubic, BCC)의 브라베격자가 있다. 이러한 이름들은 단위정에서 격

자점들의 배열을 묘사한 것이다. 유사하게 정방정계에는 단순정방(simple tetragonal)과 체심정방(body-centered tetragonal) 격자가 있다. 격자의 개념은 수학적인 것이므로 원자, 이온, 분자와 관련된 것은 아니라는 점을 다시 기억하기 바란다. 격자에 단위체가 도입될 경우에만 결정구조를 설명할 수 있는 것이다. 예를 들어, 면심입방 격자의 각 격자점에 하나의 원자를 단위체로 위치시키면 면심입방 결정구조가 얻어지는 것이다.

비록 14개 브라베격자만이 존재하지만, 무수히 많은 단위체가 있을 수 있다는 점에 주목하라. 사실상 수백 가지의 서로 다른 결정구조들이 자연에서 관찰되고 또한 합성될 수 있다. 수많은 다른 재료들이 동일한 결정구조를 가질 수도 있다. 예를 들어, 구리와 니켈은 면심입방 결정구조를 가지며 각 격자점에 단지 한 종류의 원자만을 위치시킨다. 특히 고분자, 세라믹, 생물학적 재료와 같은 더욱 복잡한 구조에서는, 여러 원자들이 각 격자점에 놓이게 되어(즉, 단위체가 하나 이상의 원자) 아주 복잡한 단위정을 형성한다.

단위정 우리의 목표는 원자들이 공간에서 어떻게 배열되는지를 간단하고 완벽하게 표현하기 위해 결정질 고체를 모델링하는 표기법을 만드는 것이다. 단위정 개념은 결정구조를 나타내는 격자와 단위체 개념을 보완한다. 격자와 단위체 개념 및 단위정 개념의 방법론은 다소 다르지만, 결정을 기술한다는 최종 결과는 동일하다.

하나의 결정구조에 대한 단위정을 선택할 때, 이 단위정이 복사되고 옮겨질 때 전체 결정구조를 재현할 수 있는 단일 반복단위를 찾아내는 것을 목표로 한다. 예를 들어, 결정구조를 정확히 동일한 각각의 퍼즐 조각으로 구성된 3차원 퍼즐이라고 상상해보자. 만약 한 개의 퍼즐 조각이 어떻게 생겼는지 안다면 전체 퍼즐이 어떻게 생겼을지 알 것이고, 전체적인 퍼즐을 풀기 위해 모든 퍼즐 조각을 함께 맞추어 볼 필요도 없다. 단지 퍼즐 한 조각만 있으면 된다! 단위정 개념을 이해하기 위해서는 결정에서부터 출발하자. 그림 3-5(a)는 모두 동일한 종류의 원자들로 이루어진 가상적인 2차원 결정을 묘사한 것이다.

다음으로, 원자배열의 대칭성을 모방한 격자무늬(grid)를 추가해보자. 격자무늬에

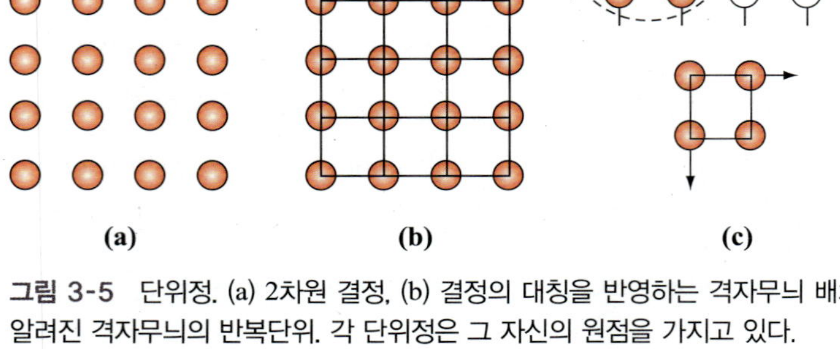

그림 3-5 단위정. (a) 2차원 결정, (b) 결정의 대칭을 반영하는 격자무늬 배치를 갖는 결정, (c) 단위정으로 알려진 격자무늬의 반복단위. 각 단위정은 그 자신의 원점을 가지고 있다.

는 무한한 숫자가 가능하지만 관례상 가장 간단한 것을 선택한다. 그림 3-5(a)에 나타낸 원자들의 사각형 배열에 대해 그림 3-5(b)에 나타낸 것과 같은 사각형의 격자무늬를 선택한다. 다음으로, 단위정으로도 알려진 격자무늬의 반복단위(repeat unit)를 선택한다. 이것이 단위정의 축방향 길이의 정수배로 복사되어 옮겨질 때 전체 결정을 재현하는 단위정이다. 그림 3-5(c)에 단위정을 보여주고 있고, 2차원에서 각 단위정의 각 꼭지점(corner)에는 단지 1/4개의 원자만이 속한다는 점에 주목하라. 원자를 표현하기 위해 항상 완전한 원을 그리지만, 그러한 완전한 원자 중에서 단위정 내에 포함된 일부분(fraction)만이 단위정당 원자수(총 원자수/단위정)에 기여한다는 사실을 알 수 있다. 따라서, 그림 3-5(c)에서 보는 것처럼 단위정당 한 개의 원자가 존재한다[(1/4 원자)/꼭지점 * 4 꼭지점 = 1 원자/단위정]. 단위정의 한 꼭지점에 한 개의 원자가 있다면 병진대칭(translational symmetry)을 유지하기 위해 단위정의 각 꼭지점마다 반드시 한 개의 원자가 있어야 한다는 점을 알아채는 것 또한 중요하다. 각 단위정은 그림 3-5(c)에 나타낸 것처럼 그 자신의 원점을 가지고 있다.

격자상수 및 축간 각 격자상수(lattice parameter)는 단위정의 축 길이 또는 치수이고 관례상 a, b, c로 표시한다. 축과 축 사이의 각은 축간 각(interaxial angle)이라 부르며 그리스 문자 α, β, γ로 표기한다. 관례상 그림 3-6에 보이는 것과 같이 α는 축 길이 b와 c 사이의 각도, β는 축 길이 a와 c 사이의 각도, γ는 축 길이 a와 b 사이의 각도이다.

입방정계에서는 입방체의 변들 중 어느 한 변의 길이만 명시하면 된다(흔히 a_0로 표시함). 길이는 종종 나노미터(nm) 또는 옹스트롬(angstrom, Å) 단위로 나타낸다.

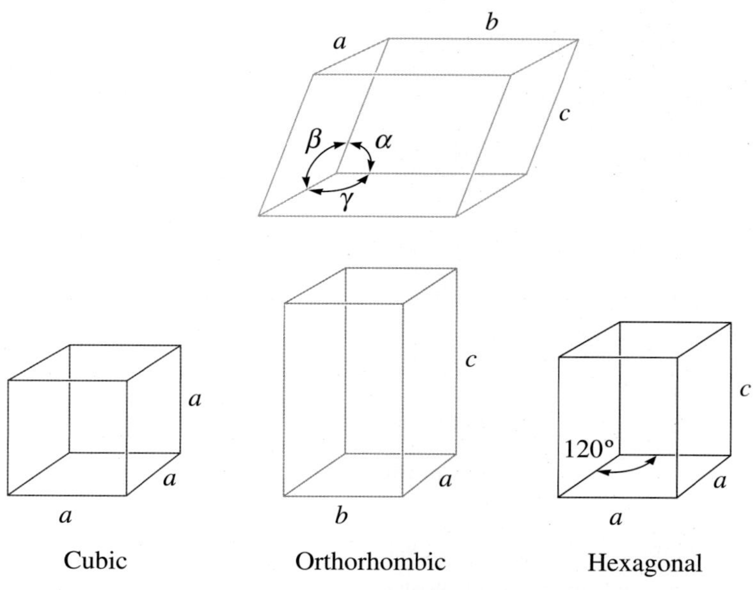

그림 3-6 입방정, 사방정, 육방정 결정계에서 격자상수의 정의와 사용.

표 3-1 7개 결정계의 특징

구조	축	축간 각	단위정의 부피
입방정	$a = b = c$	모든 각이 90°	a^3
정방정	$a = b \neq c$	모든 각이 90°	a^2c
사방정	$a \neq b \neq c$	모든 각이 90°	abc
육방정	$a = b \neq c$	두 각은 90°, 한 각은 120°	$0.866a^2c$
삼방정	$a = b = c$	모든 각이 같지만, 90°는 아님	$a^2\sqrt{1-3\cos^2\alpha+2\cos^3\alpha}$
단사정	$a \neq b \neq c$	두 각은 90°, 한 각은 90° 아님	$abc\sin\beta$
삼사정	$a \neq b \neq c$	세 각이 모두 다르고, 모두 90° 아님	$abc\sqrt{1-\cos^2\alpha-\cos^2\beta-\cos^2\gamma+2\cos\alpha\cos\beta\cos\gamma}$

$$1\ \text{나노미터(nm)} = 10^{-9}\ \text{m} = 10^{-7}\ \text{cm} = 10\ \text{Å}$$
$$1\ \text{옹스트롬(Å)} = 0.1\ \text{nm} = 10^{-10}\ \text{m} = 10^{-8}\ \text{cm}$$

7개 결정계의 단위정에 대한 격자상수와 축간 각을 표 3-1에 나타내었다.

단위정을 완전히 정의하기 위해서는 격자상수 또는 축 길이 사이의 비율, 축간 각, 원자좌표가 명시되어야 한다. 원자좌표를 명시하기 위해서는 모든 원자들이 단위정에 놓여 있어야 한다. 좌표는 축 길이의 분율로 명시된다. 따라서, 그림 3-5(c)에 나타낸 2차원 단위정은 다음의 정보에 의해 완벽하게 정의될 수 있다.

축 길이(axial length): $a = b$
축간 각(interaxial angle): $\gamma = 90°$
원자좌표(atomic coordinate): (0, 0)

다시 정리하면, 각 원점 (0, 0)에서 원자의 1/4만이 단위정당 원자수에 기여하나, 단위정의 각 꼭지점은 모두 원점으로서 작용하므로 각 꼭지점에 있는 1/4개의 원자가 기여하여 단위정당 총 한 개의 원자수를 갖는다. [각 단위정 (0, 0)에 위치한 원자에 대해 어떻게 (1, 0), (0, 1), (1, 1)의 좌표를 반복적으로 부여할 수 있는지 그 이유를 이해할 수 있는가?]

이와 유사하게, 각 꼭지점에 한 개의 원자를 갖는 입방 단위정은 다음의 정보에 의해 완벽하게 정의된다.

축 길이(axial length): $a = b = c$
축간 각(interaxial angle): $\alpha = \beta = \gamma = 90°$
원자좌표(atomic coordinate): (0, 0, 0)

이제 3차원에서 살펴보면, 각 꼭지점에 있는 1/8개의 원자가 기여하고, 여덟 개의 꼭지점이 있으므로 단위정당 총 한 개의 원자수를 갖는다는 것을 알 수 있다. 필요한 원자좌표의 수는 단위정당 원자수와 동일해야 한다는 점에 주목하라. 예를 들어, 단위정당 두 개의 원자가 존재한다고 가정하면 꼭지점에 원자 하나, 그리고 면심에 원자 하나가 위치하도록 두 개의 원자좌표가 필요하다[(0, 0, 0) 및 (1/2, 1/2, 1/2)].

단위정당 원자수 각 단위정은 특정한 수의 격자점을 갖는다. 각 단위정에 속하는 격자점의 수를 셀 때, 원자들과 마찬가지로 각 격자점은 하나 이상의 단위정에 의해 공유될 수도 있다는 것을 명심하자. 어떤 단위정의 꼭지점에 있는 하나의 격자점은 여덟 개의 인접한 단위정에 의해 공유되며, 각 꼭지점의 1/8만이 하나의 특정 단위정에 속하게 되는 것이다. 따라서 하나의 단위정 내의 모든 꼭지점 위치에서 격자점의 수는 다음과 같다.

$$\left(\frac{1/8\ \text{격자점}}{\text{꼭지점}}\right)\left(\frac{8\ \text{꼭지점}}{\text{단위정}}\right) = \frac{1\ \text{격자점}}{\text{단위정}}$$

꼭지점(corner)은 한 점의 1/8로 기여하고, 면심(face-centered) 위치는 한 점의 1/2로 기여하며, 체심(body-centered) 위치는 통째로 한 점으로 기여한다[그림 3-7(a)].

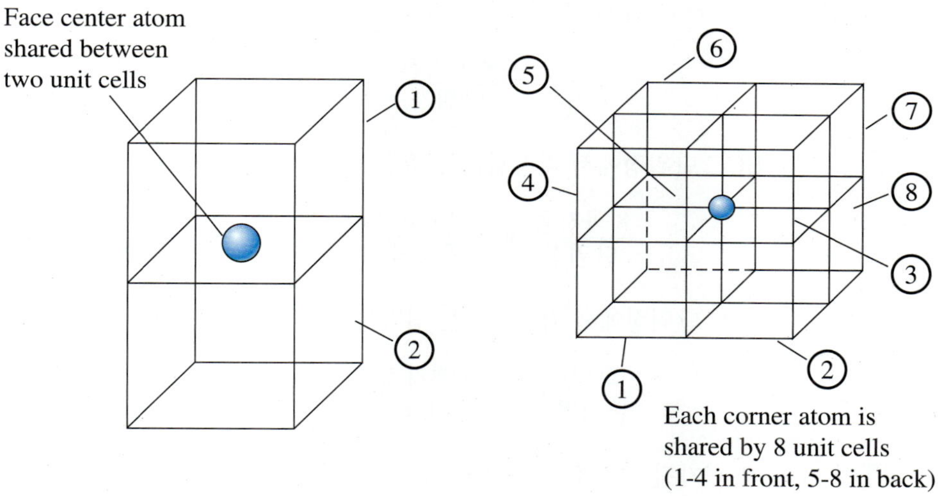

(a)

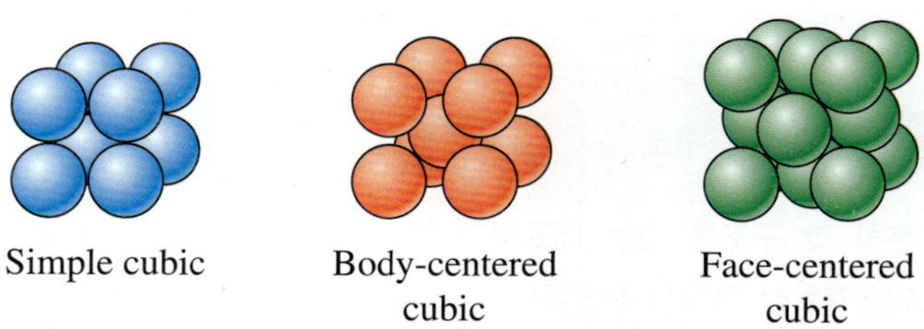

(b)

그림 3-7 (a) 면과 꼭지점에 위치한 원자의 공유를 보여주는 그림, (b) 격자점당 한 개의 원자만 존재한다고 가정할 때 단순입방(SC), 체심입방(BCC), 면심입방(FCC) 단위정의 모형.

단위정당 원자수는 격자점당 원자수와 단위정당 격자점 수의 곱으로 나타낼 수 있다. 단순입방(SC)과 체심입방(BCC) 및 면심입방(FCC) 단위정의 구조를 그림 3-7(b)에 나타내었다.

원자반경 대 격자상수 단위정 내에서 원자들이 연속적으로 접촉하며 나열된 방향이 조밀충진방향(close-packed direction)이다. 단순한 구조, 특히 격자점당 하나의 원자만을 갖는 구조에서 이러한 조밀충진방향을 사용하여 원자의 겉보기 크기와 단위정의 크기 사이의 관계를 이끌어낼 수 있다. 그 방향의 길이를 격자상수에 대한 값으로 기하학적으로 계산하고, 그 방향으로 나열된 원자반경(atomic radius)의 수의 합을 구함으로써, 원하는 관계식을 얻을 수 있다.

예제 3-1 입방정계의 격자점 수 결정

입방정계에서 단위정당 격자점의 수를 결정하라. 각 격자점마다 원자가 하나씩 위치한다면 단위정당 원자수를 계산하라.

풀이

SC 단위정에서 격자점들은 입방정의 꼭지점에만 위치해 있다.

$$\frac{8\text{ 꼭지점}}{\text{단위정}} * \frac{1/8\text{ 격자점}}{\text{꼭지점}} = \frac{1\text{ 격자점}}{\text{단위정}}$$

BCC 단위정에서 격자점들은 입방정의 꼭지점과 체심에 위치해 있다.

$$\frac{8\text{ 꼭지점}}{\text{단위정}} * \frac{1/8\text{ 격자점}}{\text{꼭지점}} + \frac{1\text{ 체심}}{\text{단위정}} * \frac{1\text{ 격자점}}{\text{체심}} = \frac{2\text{ 격자점}}{\text{단위정}}$$

FCC 단위정에서 격자점들은 입방정의 꼭지점과 면심에 위치해 있다.

$$\frac{8\text{ 꼭지점}}{\text{단위정}} * \frac{1/8\text{ 격자점}}{\text{꼭지점}} + \frac{6\text{ 면심}}{\text{단위정}} * \frac{1/2\text{ 격자점}}{\text{면심}} = \frac{4\text{ 격자점}}{\text{단위정}}$$

각 격자점마다 오직 하나의 원자만 위치한다고 가정했으므로, SC, BCC, FCC 단위정당 원자수는 각각 1, 2, 4이다.

예제 3-2 염화세슘 구조

결정구조는 흔히 그 구조를 갖는 대표적인 원소 또는 화합물의 이름으로 정해진다. 염화세슘(CsCl)은 이온결합성 결정질 화합물이다. 그림 3-8에 염화세슘 결정구조의 단위정을 나타내었다. 단위정은 입방정이며, 단위정의 꼭지점에는 염소 음이온이, 그리고 체심 위치에는 세슘 양이온이 위치하고 있다. 이 구조를 격자와 단위체로서 설명하고 또한 염화세슘의 단위정을 완전하게 정의하라.

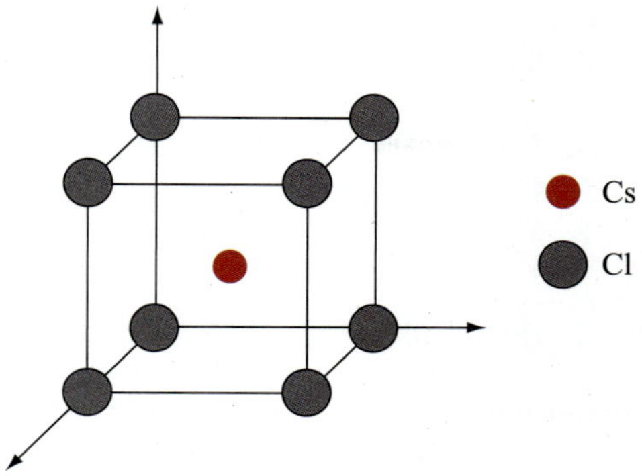

그림 3-8 염화세슘의 결정구조. (주: 이온의 크기는 실제 비율로 그린 것이 아님)

풀이

단위정은 입방정이라 했으므로 격자는 SC, FCC, BCC 중 하나이다. 면심 위치에는 이온이 없으므로 격자는 SC 또는 FCC이다. 각 염소 음이온은 인접한 단위정들의 체심 위치에 있는 8개의 세슘 양이온으로 둘러싸여 있으며, 각 세슘 양이온은 단위정의 꼭지점에 위치한 8개의 염소 음이온으로 둘러싸여 있다. 따라서, 꼭지점과 체심 위치는 동일한 주위환경을 갖지 못하므로 꼭지점과 체심 모두는 격자점이 될 수 없다. 결국 격자는 단순입방이다.

단순입방 격자는 단위정의 꼭지점에만 격자점을 갖는다. 염화세슘 결정구조는 염소(0, 0, 0)와 세슘(1/2, 1/2, 1/2) 두 종류 이온을 단위체로 갖는 단순입방 격자로서 묘사될 수 있다. 입방정 결정구조에서 좌표는 동일한 축 길이의 비율로 기술된다는 점에 주목하라. 염화세슘 구조에서, 모든 격자점(즉, 단위정의 각 꼭지점)에 놓인 염소(0, 0, 0) 단위체 이온은 구조 내의 모든 염소이온에 해당한다. 각 격자점을 기준으로 할 때 체심 위치에 놓인 세슘(1/2, 1/2, 1/2) 단위체 이온은 구조 내의 모든 세슘이온에 해당한다.

따라서, 염화세슘에는 단위정당 2개의 이온이 존재한다.

$$\frac{1\text{ 격자점}}{\text{단위정}} * \frac{2\text{ 이온}}{\text{격자점}} = \frac{2\text{ 이온}}{\text{단위정}}$$

단위정을 완전하게 정의하기 위해서는 격자상수(또는 축 길이 사이의 비), 축간 각, 원자좌표가 명시되어야만 한다. 염화세슘 단위정은 입방정이다. 그러므로,

축 길이(axial length): $a = b = c$

축간 각(interaxial angle): $\alpha = \beta = \gamma = 90°$

염소 음이온은 단위정의 꼭지점에 놓이고, 세슘 양이온은 체심 위치에 놓인다. 따라서, 원자좌표는 다음과 같다.

원자좌표: 염소(0, 0, 0) 및 세슘(1/2, 1/2, 1/2)

단위정당 이온의 수를 세어보면,

$$\frac{8\text{ 꼭지점}}{\text{단위정}} * \frac{1/8\text{ 염소이온}}{\text{꼭지점}} + \frac{1\text{ 체심}}{\text{단위정}} * \frac{1\text{ 세슘이온}}{\text{체심}} = \frac{2\text{ 이온}}{\text{단위정}}$$

예상대로, 단위정당 원자수는 원자를 세는 데 사용된 방법과는 무관하게 동일하다.

예제 3-3 **원자반경과 격자상수 사이의 관계식 구하기**

SC, BCC, FCC **구조에서 원자반경과 격자상수 사이의 관계식을 구하라.**

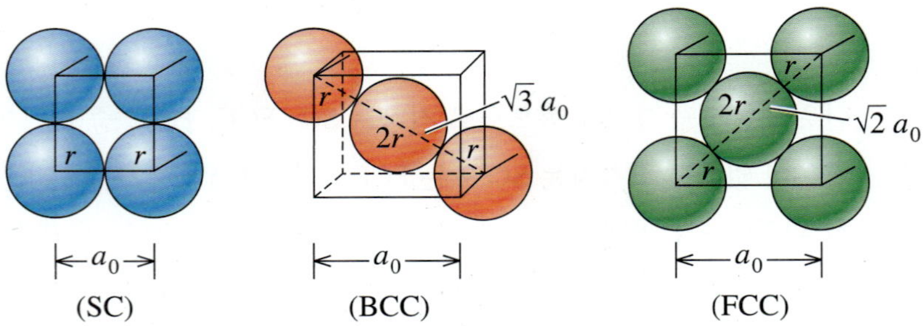

그림 3-9 입방정계에서 원자반경과 격자상수 사이의 관계.

풀이

그림 3-9를 참고하면, SC 구조에서 원자들은 입방체의 변을 따라 서로 접하고 있음을 알 수 있다. 꼭지점의 원자들은 입방체의 꼭지점에 중심이 놓여 있고, 따라서

$$a_0 = 2r \tag{3-1}$$

BCC 구조에서 원자들은 길이가 $\sqrt{3}a_0$인 체심대각선(body diagonal)을 따라 서로 접하고 있다. 체심대각선에는 중심에 위치한 원자에 원자반경 두 개가 존재하고, 각 꼭지점 원자에 각각 한 개씩의 원자반경이 존재하므로,

$$a_0 = \frac{4r}{\sqrt{3}} \tag{3-2}$$

FCC 구조에서, 원자들은 길이가 $\sqrt{2}a_0$인 입방체의 면대각선(face diagonal)을 따라 서로 접하고 있다. 이 면대각선의 길이를 따라 네 개의 원자반경이 존재하므로(면심에 위치한 원자에 두 개 그리고 각 꼭지점 원자에 한 개씩), 다음과 같다.

$$a_0 = \frac{4r}{\sqrt{2}} \tag{3-3}$$

육방격자와 단위정 그림 3-4에서 나타낸 육방격자는 격자의 근본적인 대칭성을 반영하지만, 그림 3-4의 다른 이미지들과는 다르게, 격자의 단위정을 나타내지는 않는다. 그림 3-6에 육방격자의 단위정을 나타내었다. 그림 3-4에 나타낸 육방격자의 이미지

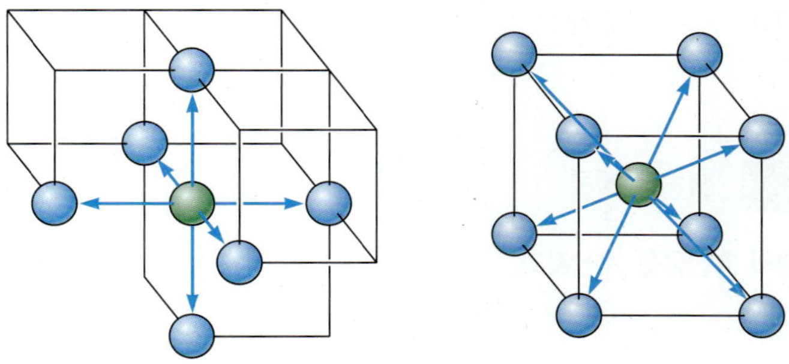

그림 3-10 (a) SC 단위정과 (b) BCC 단위정의 배위수에 대한 그림 설명. BCC 단위정에서는 여덟 개의 원자들이 각 원자와 접하는 반면, SC 단위정에서는 여섯 개의 원자들이 각 원자와 접한다.

를 잘 살펴보면, 육방격자의 단위정을 찾을 수 있다. 육방 단위정의 격자상수는 다음과 같다.

축 길이(axial length): $a = b \neq c$

축간 각(interaxial angle): $\alpha = \beta = 90^\circ$, $\gamma = 120^\circ$

단위정의 원자들이 격자의 각 꼭지점에만 놓인 경우, 원자좌표는 (0, 0, 0)이다.

배위수 하나의 특정 원자에 접하고 있는 원자들의 수, 또는 그 특정 원자에 가장 근접하게 위치한 원자들의 수를 배위수(coordination number, CN)라 한다. 배위수는 원자들이 얼마나 빽빽하게 효율적으로 충진되어 있는가를 나타내는 지표 중 하나이다. 이온결합 고체의 경우, 양이온의 배위수는 가장 근접하게 위치한 음이온의 수로 정의되고, 역으로 음이온의 배위수는 가장 근접하게 위치한 양이온의 수로 정의된다. 여러 가지 이온결합 고체와 기타 재료들의 결정구조에 대해 3-7절에서 살펴보기로 하자.

격자점당 오직 하나의 원자만을 포함하는 입방정 구조에서, 원자들은 격자구조와 관련된 배위수를 갖는다. 그림 3-10의 단위정을 살펴보면, BCC 구조의 각 원자는 여덟 개의 가장 근접한 원자를 갖는 반면, SC 구조의 각 원자는 여섯 개의 가장 근접한 원자를 가지므로 배위수 6을 갖는다. 3-5절에서 FCC 구조의 각 원자는 배위수의 최대값인 12를 갖는다는 것을 알게 될 것이다.

충진율 충진율(packing factor) 또는 원자충진분율(atomic packing fraction)은 원자들을 단단한 구로 가정할 경우, 원자들에 의해 점유된 공간의 분율로 정의된다. 충진율에 대한 일반적인 표현은 다음과 같다.

$$\text{충진율} = \frac{(\text{단위정당 원자수})(\text{각 원자의 부피})}{(\text{단위정의 부피})} \tag{3-4}$$

예제 3-4는 FCC 단위정에 대한 충진율 계산을 보여준다.

예제 3-4 충진율 계산

FCC **단위정의 충진율을 계산하라.**

풀이

FCC 단위정에는 단위정당 네 개의 격자점이 있다. 만일 격자점당 하나의 원자가 있다면, 단위정당 네 개의 원자가 있다. 원자 하나의 부피는 $4\pi r^3/3$이고, 단위정의 부피는 a_0^3이다. 여기서, r은 원자반경이고, a_0는 격자상수이다.

$$\text{충진율} = \frac{(4\ \text{원자/단위정})\left(\frac{4}{3}\pi r^3\right)}{a_0^3}$$

FCC 단위정에서 $a_0 = 4r/\sqrt{2}$이므로,

$$\text{충진율} = \frac{(4)\left(\frac{4}{3}\pi r^3\right)}{(4r/\sqrt{2})^3} = \frac{\pi}{\sqrt{18}} \cong 0.74$$

FCC 단위정의 충진율 $\pi/\sqrt{18} \cong 0.74$는 가능한 가장 효율적인 충진상태이다. BCC 단위정은 0.68의 충진율을, 그리고 SC 단위정은 0.52의 충진율을 갖는다. 충진율은 모든 원자들이 동일한 반경을 갖는다고 가정하는 한 원자들의 반경과는 무관하다는 것을 명심하라. 이것이 의미하는 바는 단위정에 원자들을 채워 넣든 혹은 정육면체 상자에 농구공이나 탁구공을 채워 넣든 달라지지 않는다는 것이다. 최대한 얻을 수 있는 충진율은 $\pi/\sqrt{18}$이다! 이 불연속적인 기하학 개념은 케플러의 가설(Kepler's conjecture)이라 알려져 있다. 케플러(Johannes Kepler)가 1611년에 이 가설을 제안했으나, 1998년에 와서야 헤일스(Thomas C. Hales)가 이 가설이 사실임을 증명하였다.

FCC 배열은 조밀충진구조(close-packed structure, CP)를 나타낸다. 즉, 이 충진율은 한 가지 크기의 원자들로 채울 때 얻을 수 있는 최고 충진율이다. SC 및 BCC 구조들은 상대적으로 열려 있다. 다음 절에서 육방구조가 FCC 구조와 동일한 충진효율을 가질 수 있다는 것을 알게 될 것이다. 이 구조는 조밀육방(hexagonal close-packed, HCP) 구조로 잘 알려져 있다. 금속결합만을 갖는 금속들은 가능한 효율적으로 충진된다. 철과 같이 혼합결합을 갖는 금속들은 최대충진율보다 낮은 충진율을 갖는 단위정을 가질 것이다. 일반적으로 흔히 접하는 공학재료 금속/합금은 SC 구조를 갖는 경우가 거의 없다.

밀도 재료의 이론밀도(theoretical density)는 결정구조의 특성을 사용하여 계산할 수 있다. 일반적인 공식은 다음과 같다.

$$\text{밀도}(\rho) = \frac{(\text{단위정당 원자수})(\text{원자량})}{(\text{단위정의 부피})(\text{아보가드로 수})} \tag{3-5}$$

만약 어떤 재료가 다른 종류의 원자나 이온들로 이루어졌다면, 그러한 차이를 반영하여 이 식은 수정되어야 한다. 예제 3-5는 BCC 구조를 갖는 철의 밀도를 구하는 예를 보여준다.

예제 3-5 BCC 철의 밀도 계산

0.2866 nm의 **격자상수(a_0)를 가지는** BCC **철의 밀도를 구하라.**

풀이

BCC 철의 단위정당 원자수는 두 개이다.

$$\text{단위정의 부피} = (2.866 \times 10^{-8}\ \text{cm})^3 = 2.354 \times 10^{-23}\ \text{cm}^3$$

$$\rho = \frac{(2\ \text{atoms/cell})(55.847\ \text{g/mol})}{(2.354 \times 10^{-23}\ \text{cm}^3\text{/cell})(6.02 \times 10^{23}\ \text{atoms/mol})} = 7.879\ \text{g/cm}^3$$

측정된 밀도는 7.870 g/cm^{3}이다. 이론밀도와 측정밀도 사이의 근소한 차이는 격자 내에 존재하는 결함(defects)에 기인하는 것이다. 앞에서도 언급했듯이, 이 문맥에서 '결함'이라는 용어는 원자배열의 불완전성을 의미한다.

조밀육방구조 조밀육방(HCP) 구조를 그림 3-11에 나타내었다. 격자는 같은 종류의 원자 두 개로 구성된 단위체를 갖는 육방정이고, 한 원자는 (0, 0, 0)에 위치하고 다른 한 원자는 (2/3, 1/3, 1/2)에 위치한다. (이들 좌표는 축 길이가 동일하지 않더라도 항

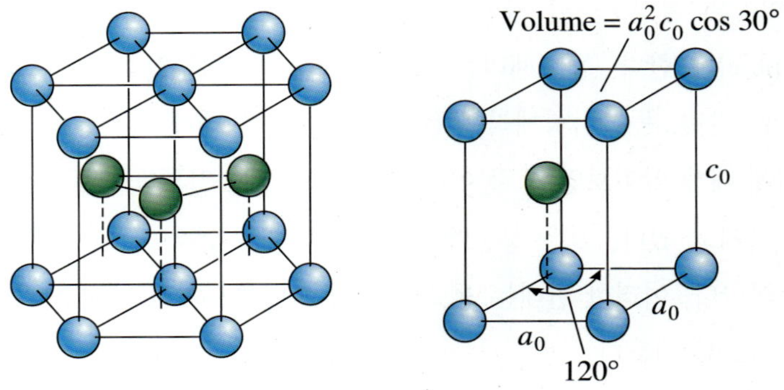

그림 3-11 조밀육방(HCP) 구조(왼쪽)와 그 단위정(오른쪽).

표 3-2 상온에서 여러 가지 금속들의 결정구조 특성

구조	a_0-r 관계	단위정당 원자수	배위수	충진율	예
단순입방(SC)	$a_0 = 2r$	1	6	0.52	폴로늄(Po), α-Mn
체심입방(BCC)	$a_0 = 4r/\sqrt{3}$	2	8	0.68	Fe, W, Mo, Nb, Ta, K, Na, V, Zr, Cr
면심입방(FCC)	$a_0 = 4r/\sqrt{2}$	4	12	0.74	Cu, Au, Pt, Ag, Pb, Ni
조밀육방(HCP)	$a_0 = 2r$ $c \approx 1.633a_0$	2	12	0.74	Ti, Mg, Zn, Be, Co, Zr, Cd

상 축 길이 a, b, c의 분율이다.) 육방격자는 단위정당 하나의 격자점을 가지며, 격자점은 단위정의 꼭지점에 위치한다. HCP 구조에서는, 각 격자점마다 두 개의 원자가 배당되어 있고, 따라서 단위정당 두 개의 원자를 갖는다.

HCP 결정구조에 대한 동등하게 타당한 표현은 같은 종류의 두 개의 원자로 된 단위체를 갖는 육방정이고, 한 원자는 (0, 0, 0)에 위치하고, 다른 한 원자는 (1/3, 2/3, 1/2)에 위치하는 것이다. 좌표 (2/3, 1/3, 1/2)과 (1/3, 2/3, 1/2)는 동등하며, 이는 서로 구별될 수 없음을 의미한다.

이상적인 HCP 구조를 갖는 금속에서 a_0와 c축은 $c/a_0 = \sqrt{8/3} = 1.633$ 비율로 연관된다. 그러나, 대부분의 HCP 금속들은 혼합결합을 갖기 때문에 이상적인 값과 약간 다른 c/a_0의 값을 갖는다. FCC 구조와 마찬가지로 HCP 구조는 0.74의 가장 효율적인 충진율과 배위수 12를 갖기 때문에, 많은 금속들이 이 구조를 갖는다. 표 3-2에 여러 금속들의 결정구조 특징을 요약하였다.

이온결합 재료의 구조는 음이온의 충진(입방 또는 육방)에 의해 형성되는 것으로 볼 수 있다. 양이온은 음이온의 충진 후 남은 침입형자리 또는 구멍으로 들어간다. 이에 관해서는 3-7절에서 좀 더 자세히 살펴보기로 하자.

3-4 동소변태 또는 동질이형변태

한 가지 이상의 결정구조를 가질 수 있는 재료를 동소체(allotropic) 또는 동질이형체(polymorphic)라 한다. 동소체라는 용어는 보통 순수한 원소들의 그러한 상변태 거동을 가리키는 반면, 동질이형체라는 용어는 화합물에 대해 사용된다. 제2장에서는 탄소의 동소체에 대해 살펴보았다. 철이나 티타늄과 같은 일부 금속들은 한 가지 이상의 결정구조를 가지고 있다. 철은 상온에서 BCC 구조를 갖지만, 더 높은 온도에서는 FCC 구조로 변태한다. 이러한 변태는 재료의 성질을 변화시키고 강철과 기타 많은 합금들의 열처리의 기초를 이룬다.

실리카(SiO_2)나 지르코니아(ZrO_2)와 같은 많은 세라믹 재료들 또한 동질이형체이다. 가열 또는 냉각 중에 변태에 수반된 부피변화가 나타날 수 있으며, 만일 적절히 제어되지 않는다면, 취성의 세라믹 재료에는 이러한 부피변화로 인해 균열과 파괴가 발생한다. 예를 들어, 지르코니아는 상온(약 25 ℃)에서 안정된 구조가 단사정 구조이다. 온도를 증가시키면 보다 대칭적인 결정구조가 안정적인 구조가 된다. 1,170 ℃에서 단사정 지르코니아는 정방정 구조로 변태된다. 2,370 ℃까지는 정방정의 구조가 안정적인 구조이고, 그 온도에서 지르코니아는 입방정 구조로 변태된다. 입방정 구조는 2,370 ℃에서 녹는점인 2,680 ℃까지 안정된 상이다. 지르코니아는 높은 압력이 가해질 경우 사방정 구조도 가질 수 있다.

순수한 지르코니아로 만들어진 세라믹 부품들은 온도가 낮아짐에 따라 정방정에서 단사정으로 변태하며 발생하는 부피팽창 때문에 파괴가 일어난다. 입방정에서 정방정으로 변태할 때에는 큰 부피변화를 야기하지 않는다. 결과적으로 순수한 단사정 또는 정방정의 지르코니아 동질이형체는 사용되지 않는다. 그 대신, 재료과학자/공학자들은 이트리아(Y_2O_3)와 같은 불순물을 첨가하여 상온에서도 지르코니아의 입방정 상을 안정되게 하는 기술을 개발하였다. 이러한 이트리아안정화 지르코니아(yttria stabilized zirconia, YSZ)는 최대 8mol%의 이트리아를 함유한다. 안정화 지르코니아 조성은 터빈블레이드의 단열코팅과 산소센서 및 고체산화물 연료전지의 전해질을 포함한 많은 용도에 활용된다. 오늘날 생산되는 거의 모든 자동차들은 안정화 지르코니아 조성을 활용하여 제조된 산소센서를 사용한다. 안정화 지르코니아는 외관상으로 다이아몬드와 유사하지만 보석용 다이아몬드의 경제적 대체재료이다. 예제 3-6은 지르코니아 동질이형체의 부피변화를 계산하는 방법을 보여준다.

예제 3-6 지르코니아 동질이형체의 부피변화 계산

지르코니아가 정방정에서 단사정 구조로 변태될 때 부피변화 백분율을 계산하라. 단사정 단위정의 격자상수는 각각 a = 5.156 Å, b = 5.191 Å, c = 5.304 Å이다. 단사정 단위정의 β각은 98.9°이다. 정방정 단위정의 격자상수는 a = 5.094 Å 및 c = 5.304 Å이다. 지르코니아는 이러한 상변태 중에 팽창하는가 아니면 수축하는가? 이 변태가 지르코니아 세라믹의 기계적 특성에 미치는 영향은 무엇인가?

풀이

표 3-1로부터, 정방정 단위정의 부피는 다음과 같이 계산된다.

$$V = a^2c = (5.094)^2(5.304) = 137.63\ \text{Å}^3$$

또한 단사정 단위정의 부피는 다음과 같이 계산된다.

$$V = abc\sin\beta = (5.156)(5.191)(5.304)\sin(98.9°) = 140.25\ \text{Å}^3$$

따라서, 정방정에서 단사정 구조로 변태할 때 지르코니아 단위정의 부피팽창이 발생한다.

$$\text{부피변화 백분율} = (\text{변태 후 부피} - \text{변태 전 부피})/(\text{변태 전 부피}) * 100$$
$$= (140.25 - 137.63 \text{ Å}^3)/(137.63 \text{ Å}^3) * 100 = 1.9\%$$

세라믹은 대부분 취성이 매우 크고 0.1% 이상의 부피변화를 견딜 수 없다. (재료의 기계적 거동은 제6장, 제7장, 제8장에서 다룰 것이다.) 여기서의 결론은 지르코니아가 단사정 구조로 변태할 때 틀림없이 파괴될 것이므로 단사정 구조의 지르코니아 세라믹은 사용될 수 없다는 것이다. 따라서, 지르코니아는 종종 CaO, MgO, Y_2O_3와 같은 다른 첨가제를 사용하여 입방정 형태로 안정화된다.

3-5 단위정 내의 점, 방향, 면

점의 좌표 그림 3-12와 같은 오른손 좌표계를 사용하여 격자나 단위정 내에서의 원자 위치와 같은 어떤 점들의 좌표를 지정할 수 있다. 거리는 격자상수의 배수로서 원점에서부터 알고자 하는 점까지 x, y, z 각각의 좌표를 움직여 측정한다. 좌표는 각 방향의 거리를 쉼표로 연결된 세 개의 숫자로 나타내어 표기한다.

단위정 내의 방향 단위정 내에서 어떤 특정 방향들은 특히 중요하다. 방향에 대한 밀러지수(Miller indices)는 이러한 방향을 기술하는 데 사용되는 간략한 표기법이다. 방향에 대한 밀러지수를 알아내는 절차는 다음과 같다.

1. 오른손 좌표계를 사용하여 그 방향에 놓인 두 점의 좌표점을 결정한다.
2. 좌표계의 각 축 방향으로 이동한 격자상수의 배수를 얻기 위해 '머리' 점의 좌표에서 '꼬리' 점의 좌표를 뺀다.

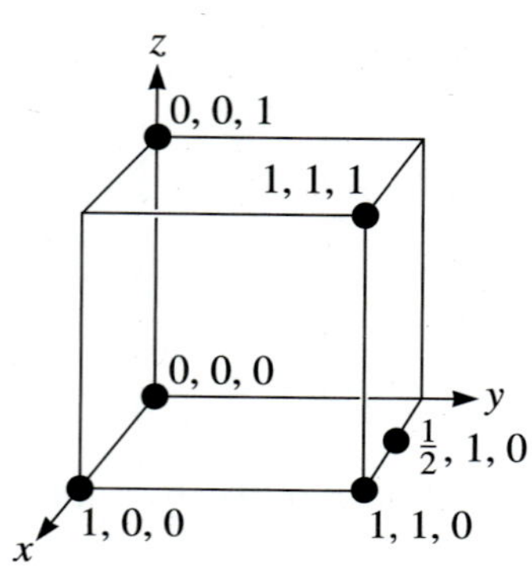

그림 3-12 단위정 내의 특정 점들의 좌표. 숫자는 원점으로부터의 거리를 격자상수의 배수로서 나타낸 것이다.

3. 뺄셈에서 얻어진 결과에 (최소공배수를 곱하여) 분수를 없애고 가장 작은 정수비로 나타낸다.

4. 숫자들을 (쉼표 없이 붙여 쓰고) 사각 괄호 [ ]로 묶는다. 만일 음의 정수가 생긴다면 그 숫자 위에 막대를 붙여 음의 부호를 나타낸다.

예제 3-7은 방향에 대한 밀러지수를 결정하는 방법을 보여준다.

예제 3-7 방향에 대한 밀러지수 결정

그림 3-13에서 A, B, C 방향의 밀러지수를 결정하라.

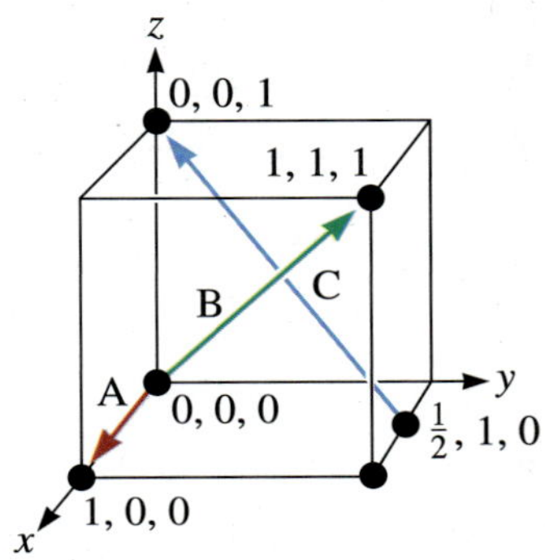

그림 3-13 결정학적 방향과 좌표.

풀이

방향 *A*

1. 두 점은 1, 0, 0과 0, 0, 0
2. 1, 0, 0 − 0, 0, 0 = 1, 0, 0
3. 없애야 할 분수 또는 약분할 정수 없음.
4. [100]

방향 *B*

1. 두 점은 1, 1, 1과 0, 0, 0
2. 1, 1, 1 − 0, 0, 0 = 1, 1, 1
3. 없애야 할 분수 또는 약분할 정수 없음.
4. [111]

방향 *C*

1. 두 점은 0, 0, 1과 $\frac{1}{2}$, 1, 0
2. $0, 0, 1 - \frac{1}{2}, 1, 0 = -\frac{1}{2}, -1, 1$
3. $2\left(-\frac{1}{2}, -1, 1\right) = -1, -2, 2$

4. $[\bar{1}\bar{2}2]$

방향에 대한 밀러지수 사용에서 몇 가지 유의해야 할 것들이 있다.

1. 방향은 벡터이기 때문에, 어떤 방향과 그 방향의 음의 값은 동일하지 않다. 즉 [100]과 $[\bar{1}00]$은 같지 않다. 같은 선을 나타내지만 반대방향을 나타낸다.
2. 어떤 방향과 그것의 배수는 동일하다. 즉, [100]은 [200]과 동일한 방향이다.
3. 어떤 방향 집단은 동등하다. 단지, 좌표를 구성하는 방식 때문에 특정한 지수를 갖는다. 예를 들어, 입방정계에서, 그림 3-14에 보이는 것처럼 좌표계를 새로 정의한다면, [100] 방향은 [010] 방향이 된다. 동등한 방향들의 집단을 방향족(directions of a form or family)이라 한다. 특별한 괄호 ⟨ ⟩를 이 방향족을 나타내기 위해 사용한다. ⟨110⟩ 방향족의 모든 방향이 표 3-3에 나열되어 있다. ⟨110⟩ 방향족의 12개 방향에 대해 입방정 재료는 동일한 특성을 가질 것으로 기대할 수 있다.

결정학적 방향의 중요성 결정학적 방향은 단결정이나 방향성을 가진 다결정 재료의 특정 방향을 나타내는 데 사용된다. 이러한 것들을 어떻게 설명할 수 있을지 안다면 다양한 응용분야에서 쓸모가 있을 것이다. 예를 들어, 금속들은 원자들이 가장 밀접하게

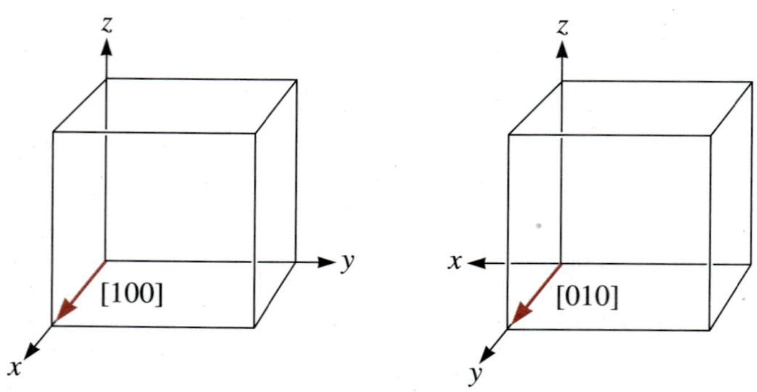

그림 3-14 입방정계에서 결정학적 방향족의 동등성.

표 3-3 입방정계에서 ⟨110⟩ 방향족

⟨110⟩	$= [110]\,[\bar{1}\bar{1}0]$
	$= [101]\,[\bar{1}0\bar{1}]$
	$= [011]\,[0\bar{1}\bar{1}]$
	$= [1\bar{1}0]\,[\bar{1}10]$
	$= [10\bar{1}]\,[\bar{1}01]$
	$= [01\bar{1}]\,[0\bar{1}1]$

접촉하고 있는 방향을 따라 더욱 쉽게 소성변형한다. 다른 실제적인 예로는 철이나 다른 자성재료들의 자기적 특성의 결정학적 방향에 대한 의존성이다. [111] 또는 [110] 방향에 비하여 [100] 방향으로 철을 자화시키는 것이 훨씬 쉽다. 이는 자기적 용도에(예: 변압기 코어) 사용되는 Fe-Si 강철의 결정립들이 [100] 또는 그에 동등한 방향으로 배열되어 있는 이유이다.

반복거리, 선밀도, 충진분율 방향을 기술하는 또 다른 방법으로는 반복거리(repeat distance) 또는 격자점 사이의 거리에 의해 기술하는 것이다. 예를 들어, FCC 단위정(그림 3-15)에서 [110] 방향을 살펴보자. 만일 (0, 0, 0) 위치에서 시작한다면, 그 다음 격자점은 면의 중심, 즉 (1/2, 1/2, 0) 위치이다. 따라서 격자점 사이의 거리는 면대각선의 절반, 즉 $\frac{1}{2}\sqrt{2}a_0$이다. 구리의 경우 0.3615 nm의 격자상수를 가지므로 반복거리는 0.2556 nm이다.

선밀도(linear density)는 어떤 방향의 단위길이당 격자점의 개수이다. 구리에서는 각 단위정 내의 [110] 방향을 따라 2개 반복거리가 존재한다. 이 거리는 $\sqrt{2}a_0 = 0.5112$ nm이므로,

$$\text{선밀도} = \frac{\text{2개 반복거리}}{0.51125 \text{ nm}} = 3.91\text{격자점/nm}$$

선밀도는 반복거리의 역수임에 주목하라.

마지막으로 특정 방향의 충진분율(packing fraction) 또는 실제로 원자에 의해 점유된 분율을 계산할 수 있다. 각 격자점에 하나의 원자가 위치한 구리에 대해서, 이 분율은 선밀도와 원자반경의 2배의 곱과 같다. FCC 구리의 [110] 방향에 대하여, 원자반경은 $r = \sqrt{2}a_0/4 = 0.1278$ nm이다. 따라서, 충진분율은 다음과 같다.

$$\begin{aligned}\text{충진분율} &= (\text{선밀도})(2r)\\ &= (3.91)(2)(0.1278)\\ &= 1.0\end{aligned}$$

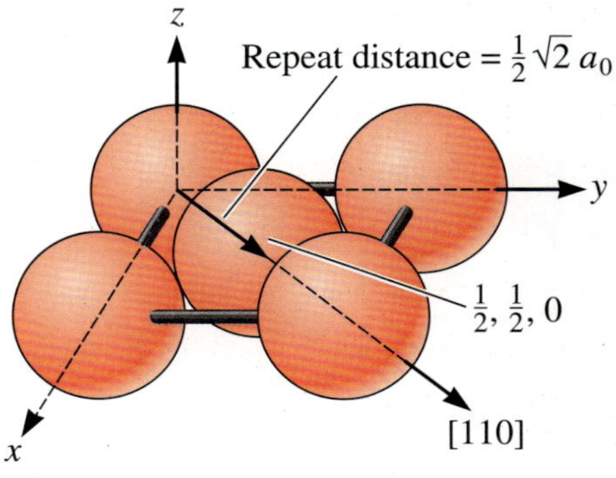

그림 3-15 FCC 구리에서 [110] 방향에 대한 반복거리, 선밀도, 충진분율 결정하기.

충진분율이 1.0이라는 것은 [110] 방향이 FCC구조의 조밀충진방향이라는 사실과 일치한다.

단위정 내의 면 결정 내에서 원자들의 특정한 면 또한 특별한 중요성을 갖는다. 예를 들어, 금속은 원자들이 가장 조밀하게 충진된 면을 따라 변형한다. 한 결정의 서로 다른 면들의 표면에너지(surface energy)는 특정한 결정학적 면에 따라 달라진다. 이는 결정 성장에 있어서 중요성을 갖는다. 전자재료(예: Si 또는 GaAs)의 박막성장에서는 어떤 특정한 결정학적 면 위에서 박막이 성장하도록 기판의 배향을 조절해야 한다.

밀러지수는 이러한 중요한 면들을 나타내는 간략한 표기법으로 사용되고 있으며, 다음의 절차를 따라 기술된다.

1. 면이 x, y, z 좌표축과 교차하는 절편을 격자상수의 배수로 표기한다. 만약 면이 원점을 지난다면 그 좌표계의 원점을 인접한 단위정의 원점으로 이동시켜야 한다.
2. 이 절편들의 역수를 취한다.
3. 분수를 없애되 가장 작은 정수비로 줄이지는 않는다.
4. 숫자들을 (쉼표 없이 붙여 쓰고) 둥근 괄호 ( )로 묶는다. 역시, 음수는 그 숫자 위에 막대를 붙여 음의 부호를 나타낸다.

다음 예제는 면에 대한 밀러지수를 결정하는 방법을 보여준다.

예제 3-8 면의 밀러지수 결정

그림 3-16에서 A, B, C 면의 밀러지수를 결정하라.

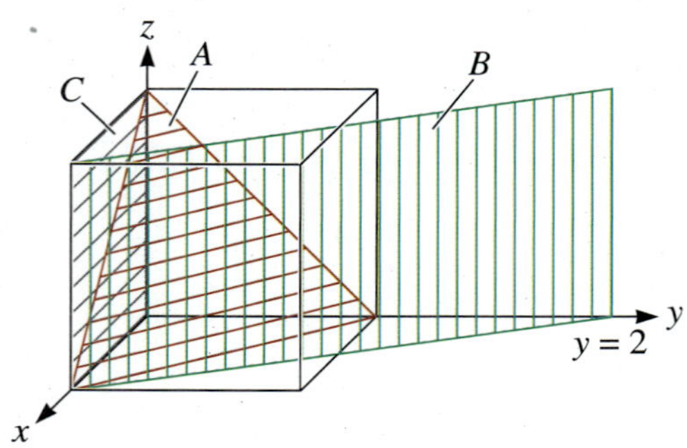

그림 3-16 결정학적 면과 절편.

풀이

***A* 면**

1. 절편: $x = 1$, $y = 1$, $z = 1$
2. 역수를 취하면: 1, 1, 1
3. 없애야 할 분수 없음
4. (111)

B 면

1. 이 면은 z축과 결코 만나지 않는다. 따라서 $x = 1$, $y = 2$, $z = \infty$
2. 역수를 취하면: 1, 1/2, 0
3. 분수를 없애면: 2, 1, 0
4. (210)

C 면

1. 이 면은 (0, 0, 0) 점을 지나기 때문에 원점을 옮겨야만 한다. 원점을 y방향으로 격자상수 하나만큼 옮기면 $x = \infty$, $y = -1$, $z = \infty$
2. 역수를 취하면: 0, −1, 0
3. 없애야 할 분수 없음
4. $(0\bar{1}0)$

면에 대한 밀러지수에 대해서도 몇 가지 중요한 점에 주목해야 한다.

1. 어떤 면들과 그들의 음의 부호를 갖는 면들은 평행하기 때문에 동일하다(방향의 경우와는 다르다). 따라서 $(020) = (0\bar{2}0)$이다.
2. 면들과 그 면들의 배수는 동일하지 않다(이것도 역시 방향에 대해 알고 있는 것과는 반대이다). 면밀도와 면충진분율을 정의함으로써 이를 알 수 있다. 면밀도(planar density)는 단위면적당 그 면 위에 중심이 놓여 있는 원자들의 개수이다. 또한 충진분율은 그 면에서 이러한 원자들에 의해 실질적으로 덮여 있는 면적의 분율이다. 예제 3-9는 이것들을 어떻게 계산하는지 보여준다.
3. 각 단위정에서 면족(planes of a form or family)은 동등한 면들의 그룹이다. 이러한 면들은 유사한 지수를 가지며, 이렇게 비슷한 면들의 집단을 나타내기 위해 { } 괄호를 사용한다. 입방정계의 {110} 면족을 표 3-4에 나타내었다.
4. 입방정계에서는, 어떤 면의 지수와 동일한 지수를 갖는 방향은 그 면에 수직이다.

표 3-4 입방정계의 {110} 면족

$$\langle 110\rangle \begin{cases} = (110) \\ = (101) \\ = (011) \\ = (1\bar{1}0) \\ = (10\bar{1}) \\ = (01\bar{1}) \end{cases}$$

(주: 이 면들에 대한 음의 지수를 갖는 면들은 별도의 면들이 아니다.)

예제 3-9 면밀도와 면충진분율 계산

0.334 nm의 격자상수를 갖는 단순입방정 폴로늄(polonium)의 (010) 및 (020) 면의 면밀도와 면충진분율을 계산하라.

풀이

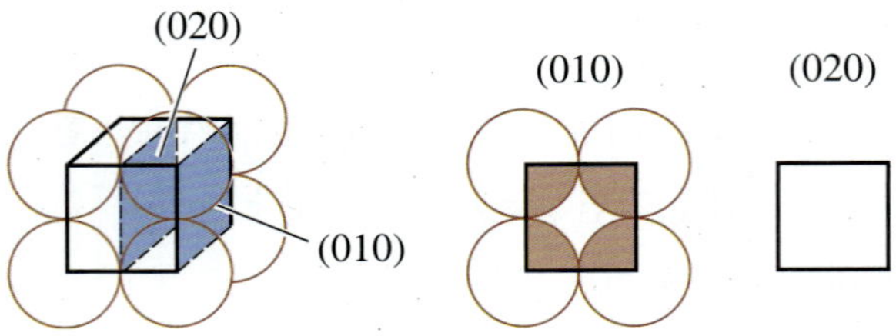

그림 3-17 SC 단위정의 (010) 및 (020) 면의 면밀도는 동일하지 않다.

두 면을 그림 3-17에 나타내었다. (010) 면에서 원자들은 중심이 입방정 면의 각 꼭지점에 위치하며, 단위정 면에 실질적으로 각각 1/4 원자가 놓여 있다. 따라서 각 면의 총 원자수는 한 개이다. 면밀도는 다음과 같다.

$$\text{면밀도}(010) = \frac{\text{면당 원자수}}{\text{면의 면적}} = \frac{\text{면당 원자 한 개}}{(0.334\ \text{nm})^2}$$
$$= 8.96\ \text{원자}/\text{nm}^2 = 8.96 \times 10^{14}\ \text{원자}/\text{cm}^2$$

면충진분율은 다음과 같이 주어진다.

$$\text{면충진분율}(010) = \frac{\text{면당 원자들의 총 면적}}{\text{면의 면적}} = \frac{(\text{원자 한 개})(\pi r^2)}{(a_0)^2}$$
$$= \frac{\pi r^2}{(2r)^2} = 0.79$$

(020) 면에는 어떤 원자도 중심이 놓여 있지 않다. 그러므로 면밀도와 면충진분율은 모두 0이다. (010) 면과 (020) 면은 동일하지 않다!

방향과 면의 구축 단위정에서 어떤 방향이나 면을 구축하기 위해서는 단지 지금까지의 역순으로 거슬러 가면 된다. 예제 3-10은 어떻게 해야 할지를 보여준다.

예제 3-10 방향과 면 그리기

입방 단위정에서 (a) $[1\bar{2}1]$ 방향과 (b) $(\bar{2}10)$ 면을 그려보라.

풀이

(a) 음의 y방향으로 움직일 필요가 있는 것을 알기 때문에, 원점을 (0, +1, 0)에 잡도록 하자. 그 방향의 '꼬리'는 새로운 원점에 놓이게 될 것이다. 그 방향의 두 번째

점은 x방향으로 $+1$, y방향으로 -2, z방향으로 $+1$만큼 움직여서 정할 수 있다[그림 3-18(a)].

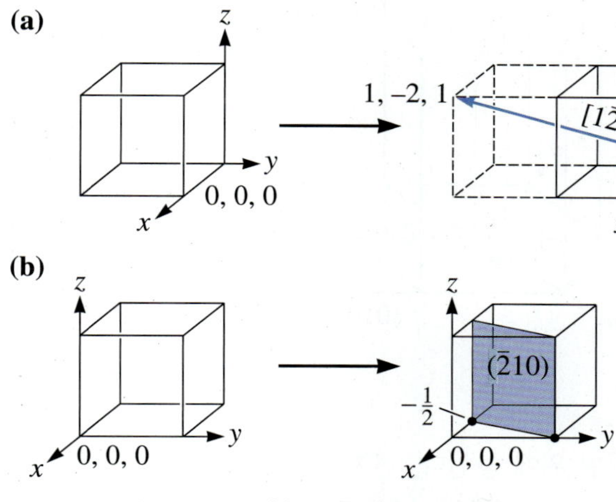

그림 3-18 단위정 내의 (a) 방향과 (b) 면의 구축.

(b) ($\bar{2}$10) 면을 그리기 위해서는, 먼저 각 좌표축과의 절편을 얻기 위해 그 지수의 역수를 취하라.

$$x = \frac{1}{-2} = -\frac{1}{-2},\ y = \frac{1}{1} = 1,\ z = \frac{1}{0} = \infty$$

x-절편은 음의 방향이므로 단위정 내에 그 면을 그리기 위해서는 x방향으로 $+1$ 움직여 원점을 (1, 0, 0)으로 옮기자. 그 다음에 $-\frac{1}{2}$에 x-절편, $+1$에 y-절편을 놓을 수 있다. 그 면은 z축에 평행하게 될 것이다[그림 3-18(b)].

육방 단위정의 밀러지수 밀러-브라베 지수(Miller-Bravais indices)의 특별한 구성이 계의 독특한 대칭성을 갖는 육방 단위정을 위해 고안되었다(그림 3-19). 좌표계는 3축 대신에 또 다른 하나의 축을 갖는 4축을 사용한다. a_1, a_2, a_3 축은 네 번째 축에 수

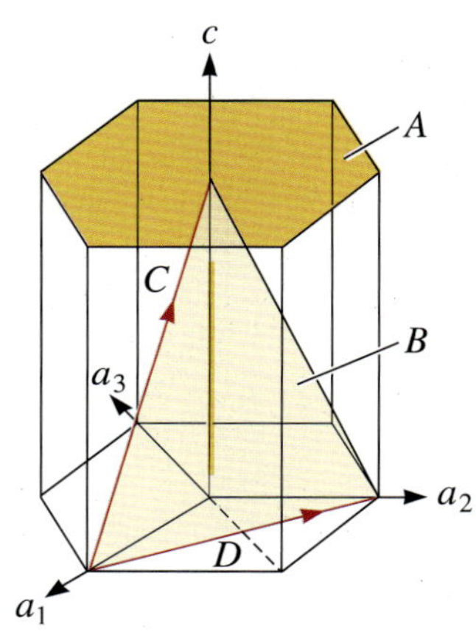

그림 3-19 4축 좌표계 시스템을 사용하여 육방 단위정의 결정학적 면에 대한 밀러-브라베 지수가 얻어진다. A와 B로 표기된 면과 C와 D로 표기된 방향은 예제 3-11에서 다루는 것들이다.

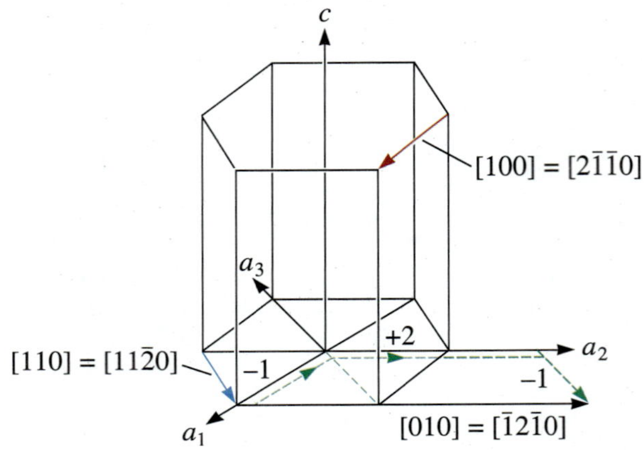

그림 3-20 3축 좌표계와 4축 좌표계를 모두 사용하여 나타낸 HCP 단위정의 대표적인 방향들. 점선은 [$\bar{1}$2$\bar{1}$0] 방향이 [010] 방향과 같음을 보여준다.

직한 하나의 평면 위에 놓인다. 면지수를 구하기 위한 작업은 이전 방법과 정확히 같으나, (*hkil*) 형태의 지수를 얻기 위해서는 4개의 절편이 필요하다. a_3축의 중복성과 이 계의 특별한 기하학적 관계 때문에, a_1, a_2, a_3 절편에 해당하는 처음 세 개의 정수 사이에는 $h + k = -i$의 관계가 있다.

HCP 단위정에서 방향은 3축계 또는 4축계로 표기한다. 3축계로 표기할 경우에, 그 절차는 일반적인 밀러지수의 결정 과정과 동일하며, 이러한 절차의 예를 예제 3-11에 보여준다. 4축계에는 방향을 4개의 벡터로 나누어 표기하는 더 복잡한 작업이 요구된다. $h + k = -i$라는 일관성을 유지하며, '꼬리'로부터 '머리'로 향하는 방향을 얻기 위해서는 각 방향으로 이동시켜 격자상수의 배수를 결정해야 한다. 이 과정이 그림 3-20에 설명되어 있고, [010] 방향이 [$\bar{1}$2$\bar{1}$0] 방향과 같음을 알 수 있다.

예제 3-11 면과 방향에 대한 밀러-브라베 지수 결정

그림 3-19의 *A*와 *B* 면 그리고 *C*와 *D* 방향의 밀러-브라베 지수를 결정하라.

풀이

***A* 면**

1. 절편: $a_1 = a_2 = a_3 = \infty$, $c = 1$
2. 역수를 취하면: 0, 0, 0, 1
3. 없애야 할 분수 없음
4. (0001)

***B* 면**

1. 절편: $a_1 = 1$, $a_2 = 1$, $a_3 = -\frac{1}{2}$, $c = 1$
2. 역수를 취하면: 1, 1, −2, 1
3. 없애야 할 분수 없음

4. $(11\bar{2}1)$

***C* 방향**

1. 두 점은 (0, 0, 1)과 (1, 0, 0)
2. 0, 0, 1−1, 0, 0 = −1, 0, 1
3. 없애야 할 분수나 약분할 정수 없음
4. $[\bar{1}01]$ 또는 $[\bar{2}113]$

***D* 방향**

1. 두 점은 (0, 1, 0)과 (1, 0, 0)
2. 0, 1, 0−1, 0, 0 = −1, 1, 0
3. 없애야 할 분수나 약분할 정수 없음
4. $[\bar{1}10]$ 또는 $[\bar{1}100]$

또한 다음의 관계에 의해 방향에 대한 3축계 표기를 4축계 표기로 변환할 수 있다. 여기서, h', k', l'은 3축 좌표계의 지수이다.

$$\begin{bmatrix} h = \frac{1}{3}(2h'-k') \\ k = \frac{1}{3}(2k'-h') \\ i = -\frac{1}{3}(h'+k') \\ l = l' \end{bmatrix} \tag{3-6}$$

변환 후에 h, k, i, l의 값은 분수를 없애거나 가장 낮은 정수비로 약분해야 한다.

조밀충진면과 방향 원자반경과 격자상수 사이의 관계를 살펴봄으로써 원자들이 연속적으로 접촉하고 있는 조밀충진방향을 알아보았다. 이러한 조밀충진방향에 표 3-5와 같이 밀러지수를 부여할 수 있다.

더 면밀하게 FCC와 HCP의 단위정을 살펴보면 각각에 조밀충진면들의 집합이 최소한 하나 있는 것을 발견할 수 있다. 그림 3-21에 조밀충진면을 나타내었다. 원자들의 육각형 배열이 2차원에서 만들어진 점에 주목하라. 조밀충진면은 HCP 단위정에서 쉽게 찾을 수 있으며, 이것들은 HCP 구조의 (0001) 및 (0002) 면이고, 기저면(basal plane)이라는 특별한 이름으로 부른다. 실제로 조밀충진면을 …*ABABAB*…의 적층순서로 함께 적층하여 HCP 단위정을 만들 수 있다(그림 3-21). (0002) 면인 B면 위의 원자들은 (0001) 면인 *A*면 위의 원자들 사이의 움푹 파인 골짜기에 맞추어 들어가 쌓인다. 만일 *A*면과 동일한 배향을 갖는 또 다른 면이 *A*면 바로 위에 있는 *B*면의 움푹 파인 골짜기에

표 3-5 조밀충진 방향과 면

구조	방향	면
단순입방정(SC)	⟨100⟩	없음
체심입방정(BCC)	⟨111⟩	없음
면심입방정(FCC)	⟨110⟩	{111}
조밀육방정(HCP)*	[100], [010], [110]	(001), (002)

* 4축 표기법에서, 조밀충진 방향과 면은 ⟨11$\bar{2}$0⟩과 (0001)이다.

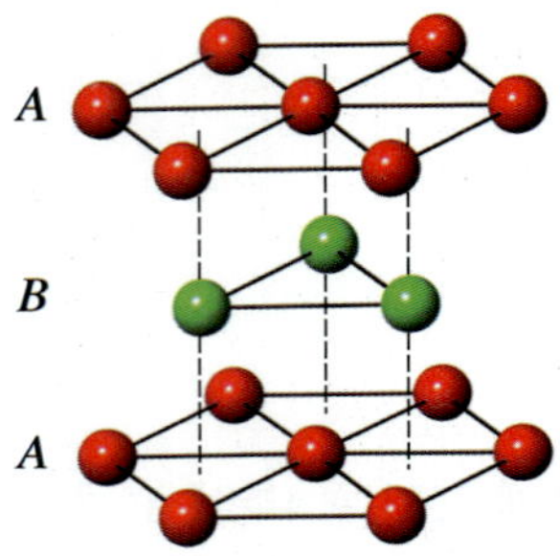

그림 3-21 조밀충진면의 *ABABAB* 적층순서가 HCP 구조를 만든다.

맞추어 놓여도 HCP 구조가 만들어진다. 모든 가능한 조밀충진면들은 서로 평행하다는 것을 명심하라. 오직 기저면[(0001) 및 (0002) 면]만이 조밀충진면이다.

그림 3-21로부터, HCP 구조에서 원자들의 배위수를 알 수 있다. 기저면의 중심에 있는 원자는 동일한 면의 다른 여섯 개 원자들과 접촉해 있다. 아래쪽 면의 세 개 원자와 위쪽 면의 세 개 원자도 기저면의 중심에 있는 원자와 접촉해 있으므로 배위수는 12이다.

FCC 구조에서 조밀충진면들은 {111} 면족에 속한다(그림 3-22). 평행한 (111) 면이 적층될 때, *B*면의 원자들은 *A*면의 골짜기 위에 맞추어 들어가 쌓이고, *C*면의 원자들은 *A*면과 *B*면의 골짜기에 맞추어 들어가 쌓인다. 네 번째 면은 *A*면의 원자들 위에 그대로

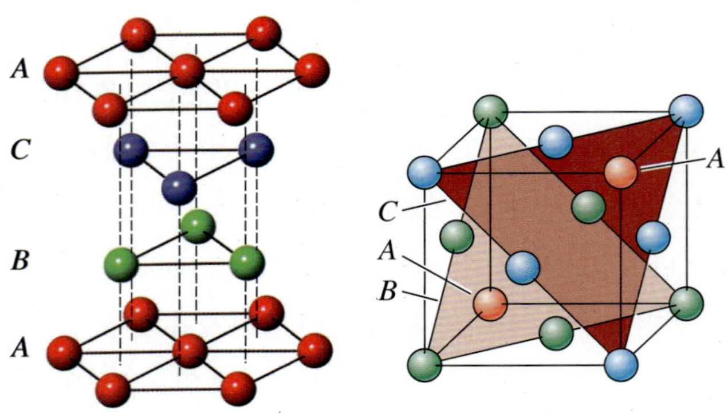

그림 3-22
조밀충진면의 *ABCABCABC* 적층순서가 FCC 구조를 만든다.

놓이게 된다. 결과적으로 적층순서 ···*ABCABCABC*···는 (111) 면을 사용하여 만들어진다. 각 원자는 12의 배위수를 갖는다.

HCP 단위정과는 달리, FCC 단위정에는 평행하지 않고 서로 교차하는 (111), $(11\bar{1})$, $(1\bar{1}1)$, $(\bar{1}11)$의 네 개의 조밀충진면 집합이 있다. FCC와 HCP 단위정의 이러한 차이(교차하는 조밀충진면의 유무)는 이러한 구조를 갖는 금속들의 기계적 거동에 영향을 미친다.

등방성과 이방성 거동 결정 내에서 면과 방향에 따라 원자배열의 차이가 나기 때문에, 어떤 특성들 역시 방향에 따라 변한다. 어떤 재료의 특성이 측정하는 결정방위에 따라 달라진다면, 이 재료는 결정학적으로 이방성(anisotropic)이다. 예를 들어, 알루미늄의 탄성계수는 ⟨111⟩ 방향에서 75.9 GPa이지만 ⟨100⟩ 방향에서는 단지 63.4 GPa이다. 만일 특성이 모든 방향에서 동일하다면, 그 재료는 결정학적으로 등방성(isotropic)이다. 결정학적으로 이방성인 알루미늄과 같은 재료가 만일 다결정 형태라면 등방성 재료처럼 거동할 수 있다는 점에 주목하라. 이는 다결정 재료 내에 존재하는 결정들의 임의 배향이 결정구조의 이방성 효과를 거의 상쇄하기 때문이다. 일반적으로 대다수의 다결정 재료들은 등방성 특성을 보인다. 단결정이거나 많은 결정립들이 어떤 특정한 방향을 따라 배향된(자연적이거나 공정제어에 의해 의도적으로 만들어진) 재료들은 보통 이방성의 기계적, 광학적, 자기적, 유전 특성을 갖는다.

면간거리 같은 밀러지수를 갖는 인접한 두 평행 원자면 사이의 거리를 면간거리(interplanar spacing) d_{hkl}이라고 한다. 입방정 재료에서 면간거리는 다음과 같은 일반식에 의해 계산된다.

$$d_{hkl} = \frac{a^0}{\sqrt{h^2 + k^2 + l^2}} \tag{3-7}$$

여기서, a_0는 격자상수이고 h, k, l은 고려의 대상인 서로 인접한 면의 밀러지수를 나타낸다. 입방정이 아닌 재료의 면간거리는 더욱 복잡한 식으로 계산된다.

3-6 침입형자리

모든 결정구조에는 원자들 사이에 더 작은 원자들이 들어갈 수 있는 작은 빈 공간들이 존재한다. 이러한 위치를 침입형자리(interstitial site)라고 한다.

어떤 원자가 침입형자리로 들어가면 그 격자에 속한 두 개 이상의 원자들과 접촉하게 된다. 이 침입형원자(interstitial atom)는 접촉하는 원자들의 수와 같은 배위수를 갖는다. 그림 3-23은 SC, BCC, FCC 구조의 침입형자리를 보여준다. 배위수 8인 입방

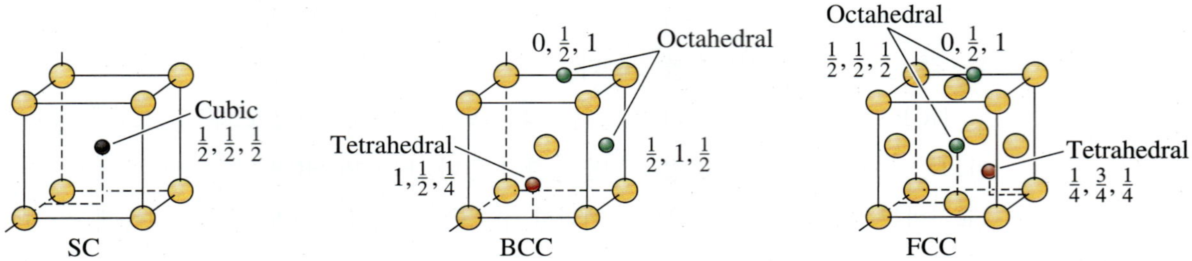

그림 3-23 입방 단위정에서 침입형자리의 위치. 대표적인 자리만 보여준다.

표 3-6 배위수와 반경비. 명확하게 표현하기 위해 원자/이온은 실제 숫자보다 적게 줄여서 그려졌다.

배위수	침입형자리의 위치	반경비	표현
2	선형	0～0.155	
3	삼각형의 중심	0.155～0.225	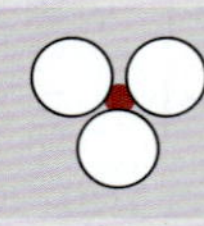
4	사면체의 중심	0.225～0.414	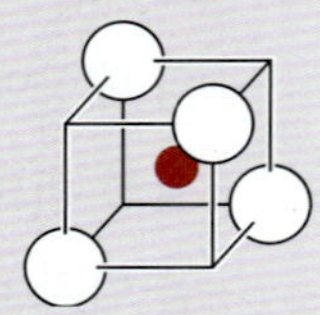
6	팔면체의 중심	0.414～0.732	
8	입방체의 중심	0.732～1.000	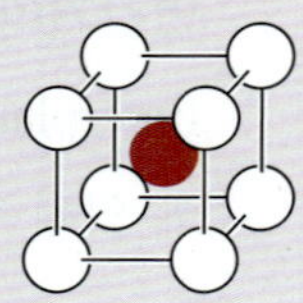

체자리(cubic site)는 SC 구조에서 체심 위치에 존재한다. 팔면체자리(octahedral site)는 배위수 6을 갖는다(8이 아님). 침입형원자와 접촉하고 있는 원자들이 팔면체를 이루기 때문에 침입형원자가 위치하는 자리는 팔면체자리로 알려져 있다. 사면체자리(tetrahedral site)는 배위수 4를 갖는다. 예를 들어, BCC 단위정에서 팔면체자리는 입방정의 면심과 변의 중심에 위치하고 있다. 면심 팔면체자리에 놓인 작은 원자는 면의 꼭지점에 있는 네 개의 원자, 단위정의 중심에 있는 한 개의 체심 원자 그리고 인접 단위정의 중심에 있는 다른 한 개의 체심 원자와 접촉하게 되므로 배위수 6을 갖는다. FCC 단위정에서 팔면체자리는 단위정의 체심은 물론 각 변의 중심에도 위치한다.

단위정에서 원자들의 수를 세는 것과 동일한 방식으로 계산하면, 단위정당 BCC 구조에는 여섯 개의 팔면체자리, FCC 구조에는 네 개의 팔면체자리가 있다.

침입형자리의 반경보다 조금 더 큰 반경을 갖는 침입형원자나 이온들은 주위 원자들을 밀어서 약간 벌어지게 하여 침입형자리로 끼어들어 간다. 침입형자리의 반경보다 더 작은 반경을 갖는 원자들은 침입형자리에서 '달가닥'거리기 때문에 침입형자리에 꼭 맞게 들어가는 것이 허용되지 않는다. 만약 침입형원자가 너무 크다면 더 큰 배위수를 갖는 자리에 들어가는 것을 선호할 것이다(표 3-6). 그러므로 0.225와 0.414 사이의 반경비를 갖는 원자는 사면체자리에 들어가고, 반경비가 0.414보다 다소 크다면 사면체자리 대신 팔면체자리에 들어간다.

많은 이온결정(3-7절 참조)은 더 큰 음이온들의 조밀충진에 의해 생성되는 것으로 설명될 수 있다. 그러면 양이온은 조밀충진 음이온들의 침입형자리로 끼어들어 가는 더 작은 이온으로 볼 수 있다. 따라서, 표 3-6에 표시된 반경비는 음이온의 반경에 대한 양이온의 반경의 비에 해당된다. 이온결정의 충진은 FCC 또는 HCP 구조의 금속만큼 빽빽하지는 않다.

예제 3-12 팔면체자리 계산

하나의 FCC 단위정에 독점적으로 속하는 팔면체자리의 수는 네 개임을 증명하라.

풀이

FCC 구조의 팔면체자리에는 다음과 같은 좌표들을 갖는 단위정의 12개 변의 중점과 체심 위치(1/2, 1/2, 1/2)가 있다.

$$\frac{1}{2}, 0, 0 \qquad \frac{1}{2}, 1, 0 \qquad \frac{1}{2}, 0, 1 \qquad \frac{1}{2}, 1, 1$$

$$0, \frac{1}{2}, 0 \qquad 1, \frac{1}{2}, 0 \qquad 1, \frac{1}{2}, 1 \qquad 0, \frac{1}{2}, 1$$

$$0, 0, \frac{1}{2} \qquad 1, 0, \frac{1}{2} \qquad 1, 1, \frac{1}{2} \qquad 0, 1, \frac{1}{2}$$

단위정의 각 변의 중점 자리는 인접하는 네 개의 단위정에 의해 공유되므로, 각 자리의 1/4만이 각 단위정에 독점적으로 속한다. 따라서, 각 단위정에 독점적으로 속하는 팔면체자리의 수는 다음과 같다.

$$\frac{12\text{개 변}}{\text{단위정}} \cdot \frac{1/4\text{ 자리}}{\text{변}} + \frac{1\text{개 체심}}{\text{단위정}} \cdot \frac{1\text{ 자리}}{\text{체심}} = 4\text{ 팔면체자리/단위정}$$

3-7 이온결합 재료의 결정구조

이온결합 재료들은 반드시 전기적 중성을 유지하면서 또한 서로 다른 크기의 이온들이 효율적으로 충진될 수 있는 결정구조를 가져야 한다. 앞에서 이미 언급했듯이, 이온결합 결정구조는 음이온들의 조밀충진 구조로 볼 수 있다. 음이온들은 양이온이 적절한 침입형자리에 맞추어 들어갈 수 있도록 사면체나 팔면체를 형성한다. 경우에 따라서는 양이온들의 배위다면체(coordination polyhedra)에 음이온이 침입형자리로 들어간 것으로 시각화하는 것이 더 쉬울 수도 있다. 제2장 내용을 상기해 볼 때, 공학적 용도로 사용되는 실제 재료의 경우 100% 이온결합성인 경우는 없다. 하지만 대부분의 세라믹 재료의 결정구조를 파악하기 위해 결정구조에 대한 이러한 설명을 여전히 사용하고 있다. 이온결합 고체들의 결정구조를 이해하기 위해서는 다음의 요인들을 고려해야 한다.

이온반경 이온결합 화합물의 결정구조는 종종 음이온들을 단위정의 정상적인 격자점에 놓고 양이온을 3-6절에서 언급되었던 하나 이상의 침입형자리에 놓음으로써 설명될 수 있다(또는 그 반대로). 음이온과 양이온의 이온반경(ionic radii) 크기의 비는 충진방식과 배위수에 영향을 준다(표 3-6). 원자반경과 이온반경은 다르다는 점에 유의하라. 예를 들어, 산소원자의 반경은 0.6 Å이지만 산소 음이온(O^{2-})의 반경은 1.32 Å이다. 이것은 산소 음이온이 두 개의 전자를 추가로 얻어 더 커졌기 때문이다. 음이온들이 양이온들보다 더 큰 것이 일반적인 규칙이다. 전자를 잃어 양전하를 갖는 양이온들은 더 작아질 것으로 예상된다. 엄밀하게 말하자면, 양이온과 음이온의 반경은 배위수에도 영향을 받는다. 예를 들어 Al^{3+}이온의 반경은 배위수가 4일 때에는(사면체 배위) 0.39 Å이지만, 배위수가 6일 때에는(팔면체 배위) 0.53 Å이다. 또한, 양이온의 배위수는 가장 인접한 음이온들의 수이고 그 역도 또한 같다는 점에 유의하라. 어떤 원자의 반경 또한 배위수에 따라 결정된다. 예를 들어, FCC와 BCC 동소체에서의 철원자의 반경은 다르다! 이것은 원자와 이온들이 고정된 원자반경을 갖는 '단단한 구'가 아니라는 것을 말해준다. 이 책의 부록 B에는 여러 원소들의 원자반경과 이온반경이 수록되어 있다.

전기적 중성 전반적으로 재료는 전기적 중성(electrical neutrality)이어야 한다. 만약 음이온과 양이온의 전하가 동일하고 전하의 적절한 균형을 유지하기 위해 각 이온의 배위수가 동일하다면, 그 화합물은 화학식 AX를 가질 것이다(A: 양이온, X: 음이온). 예를 들어, 각 양이온은 여섯 개의 음이온으로 둘러싸이는 반면에, 반대로 각 음이온은 여섯 개의 양이온으로 둘러싸일 것이다. 그러나 만약 양이온의 원자가가 +2이고 음이온의 원자가가 −1이라고 한다면, 두 배나 많은 음이온이 존재해야 하고, 화학식은 AX_2가 된다. AX_2 화합물의 구조는 양이온의 배위수가 음이온의 배위수의 두 배가 되도록 보장할 수 있어야 한다. 예를 들어, 각 양이온은 여덟 개의 최인접 음이온을 가질 수 있는 반면에 단지 네 개의 양이온만이 각 음이온과 접촉한다.

음이온 다면체 사이의 연결 일반적으로, 배위다면체(음이온의 조밀충진에 의해 형성)는 면이나 변이 아닌 꼭지점을 공유한다. 이는 꼭지점을 공유하는 다면체에서 양이온 간의 정전기적 반발작용이 현저하게 감소하므로 더욱 안정한 결정구조를 형성하기 때문이다. 세라믹 재료에서 여러 가지의 공통적인 구조들이 아래에 설명되어 있다. 금속과 비교하면 세라믹 구조는 더 복잡하다. 각 이온들 사이의 정전기적 반발작용이 음이온과 양이온의 조밀충진을 방해하기 때문에 세라믹 재료의 격자상수는 금속재료의 격자상수보다 더 커지게 된다.

예제 3-13 요오드화세슘의 반경비

요오드화세슘(cesium iodide, CsI)은 단파장의 복사에너지를 받을 때 빛을 방출한다. 요오드화세슘은 여러 용도에 광학결정(optical crystal)으로 사용된다. 요오드화세슘에 대하여, (a) 그 화합물이 염화세슘(CsCl) 구조를 갖는다는 것을 증명하고 (b) 그 화합물의 충진율을 계산하라.

풀이

(a) 부록 B로부터 $r_{Cs^+} = 0.167$ nm이고 $r_{I^-} = 0.220$ nm이므로

$$\frac{r_{Cs^+}}{r_{I^-}} = \frac{0.167 \text{ nm}}{0.220 \text{ nm}} = 0.759$$

즉 $0.732 < 0.759 < 1.000$, 따라서 각 종류의 이온에 대한 배위수는 8이고, CsCl 구조일 가능성이 높다.

(b) 이온들은 단위정의 체심대각선을 따라 접촉해 있다. 따라서

$$\sqrt{3}a_0 = 2r_{Cs^+} + 2r_{I^-} = 2(0.167) + 2(0.220) = 0.774$$

$$a_0 = 0.447 \text{ nm}$$

$$\text{충진율} = \frac{\frac{4}{3}\pi r^3{}_{Cs^+}(1\ \text{Cs이온}) + \frac{4}{3}\pi r^3{}_{I^-}(1\ \text{I이온})}{a_0^3}$$

$$= \frac{\frac{4}{3}\pi(0.167\ \text{nm})^3(1\ \text{Cs이온}) + \frac{4}{3}\pi(0.220\ \text{nm})^3(1\ \text{I이온})}{(0.447\ \text{nm})^3}$$

NaCl 구조 Na이온과 Cl이온의 반경비는 $r_{Na^+}/r_{Cl^-} = 0.097$ nm$/0.181$ nm $= 0.536$이고, Na이온은 +1의 전하, Cl이온은 −1의 전하를 갖는다. 따라서 전하균형과 반경비

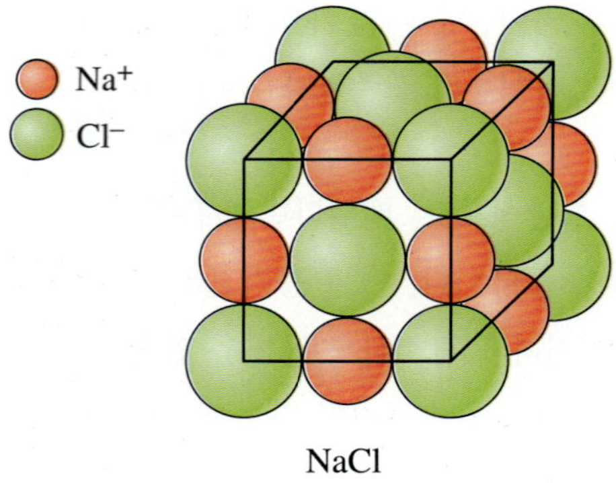

그림 3-24 NaCl 구조. 격자점당 두 개의 이온(Na^+와 Cl^-)을 갖는 FCC 단위정.

에 근거하여, 양이온과 음이온은 각각 배위수 6을 갖는다. FCC 격자점에 Cl^-를, 네 개의 팔면체자리에 Na^+를 갖는 FCC 구조는 이러한 요구조건을 만족한다(그림 3-24). 각 격자점에 두 개의 이온(Na^+ 한 개와 Cl^- 한 개)을 갖는 FCC 구조라고 생각할 수도 있다. 산화마그네슘(MgO), 산화칼슘(CaO), 산화철(FeO)을 비롯한 많은 세라믹들이 이 구조를 갖는다.

섬아연광 구조 섬아연광(zincblende)은 황화아연(ZnS)에 의해 채택된 결정구조 이름이다. 비록 Zn이온이 +2의 전하, S이온이 −2의 전하를 갖고 있지만 섬아연광은 $r_{Zn^{2+}}/r_{S^{2-}} = 0.074\ \text{nm}/0.184\ \text{nm} = 0.402$이기 때문에 NaCl 구조를 가질 수 없다. 이 반경비는 배위수 4를 요구하며, 바꾸어 말하면 Zn이온들이 단위정 내의 사면체자리에 들어간다는 것을 의미한다(그림 3-25). 정상적인 격자점에 황 음이온이 놓이고 사면체자리의 절반에 아연 양이온이 놓인 FCC 구조라면 전하균형과 배위수의 제한을 모두 수용할 수 있다. 갈륨비소(GaAs) 반도체와 많은 다른 Ⅲ-Ⅴ 반도체들(제2장)을 포함한 다양한 재료들이 이 구조를 갖는다.

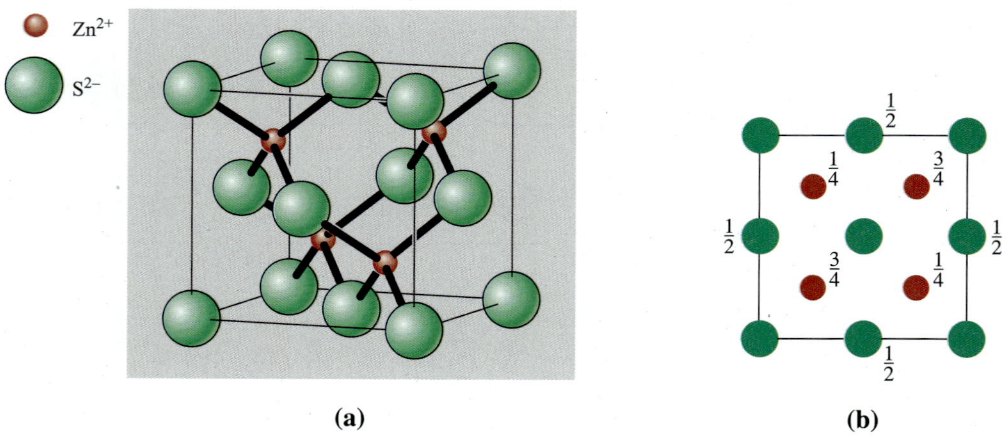

그림 3-25 (a) 섬아연광 단위정, (b) 평면도. 분수는 원자들이 종이 지면으로부터 단위정의 높이방향으로 떨어진 거리, 즉 수직위치를 나타낸다.

예제 3-14 **결정구조의 설명과 밀도 계산**

산화마그네슘(MgO)이 NaCl 구조를 가짐을 보이고 MgO의 밀도를 계산하라.

풀이

부록 B로부터 $r_{Mg^{2+}} = 0.066$ nm이고 $r_{O^{2-}} = 0.132$ nm이므로,

$$\frac{r_{Mg^{2+}}}{r_{O^{2-}}} = \frac{0.066\ \text{nm}}{0.132\ \text{nm}} = 0.50$$

$0.414 < 0.50 < 0.732$이기 때문에 각 이온의 배위수는 6이고, NaCl 구조가 가능하다.

마그네슘과 산소의 원자량은 각각 24.312 g/mol과 16.00 g/mol이다. 이온들은 입방체의 변을 따라 접촉하고 있으며, 따라서 다음과 같다.

$$a_0 = 2r_{Mg^{2+}} + 2r_{O^{2-}} = 2(0.066) + 2(0.132) = 0.396\ \text{nm} = 3.96 \times 10^{-8}\ \text{cm}$$

$$\rho = \frac{(4\ Mg^{2+})(24.312\ \text{g/mol}) + (4\ O^{2-})(16.00\ \text{g/mol})}{(3.96 \times 10^{-8}\ \text{cm})^3(6.022 \times 10^{23}/\text{mol})} = 4.31\ \text{g/cm}^3$$

예제 3-15 **갈륨비소의 이론밀도 계산**

갈륨비소(GaAs)의 격자상수는 5.65 Å이다. 갈륨비소의 이론밀도가 5.33 g/cm³임을 보여라.

풀이

섬아연광 구조의 갈륨비소 단위정에는 단위정당 네 개의 Ga 원자와 네 개의 As 원자가 있다. Ga 1몰의 질량은 69.72 g이다. 그러므로, Ga 원자 4개의 질량은 4 원자 $*$ (69.72 g/mol)/(6.023×10^{23} 원자/mol)이다. As 1몰의 질량은 74.92 g이다. 그러므로, As 원자 4개의 질량은 4 원자 $*$ (74.92 g/mol)/(6.023×10^{23} 원자/mol)이다. 이들 원자는 $(5.65 \times 10^{-8})^3$ cm³의 부피를 차지한다.

$$\text{밀도} = \frac{\text{질량}}{\text{부피}} = \frac{4(69.72 + 74.92)/(6.023 \times 10^{23})}{(5.65 \times 10^{-8})^3} = 5.33\ \text{g/cm}^3$$

형석 구조 형석(fluorite) 구조는 여덟 개의 모든 사면체자리에 음이온이 위치하는 FCC 구조이다(그림 3-26). 따라서 단위정당 네 개의 양이온과 여덟 개의 음이온이 존재하고, 세라믹 화합물은 불화칼슘(calcium fluorite, CaF_2)의 경우처럼 AX_2의 화학식을 가져야 한다. AX_2의 표기에서, A는 양이온이고 X는 음이온이다. Ca이온의 배위수는 8이지만 F이온의 배위수는 4이므로 전하균형을 이루게 된다. 입방정 지르코니아로 알려진 ZrO_2의 동질이형체 중 하나는 이 결정구조를 하고 있다. 이 구조를 가진 다른 화합물에는 UO_2, ThO_2, CeO_2가 있다.

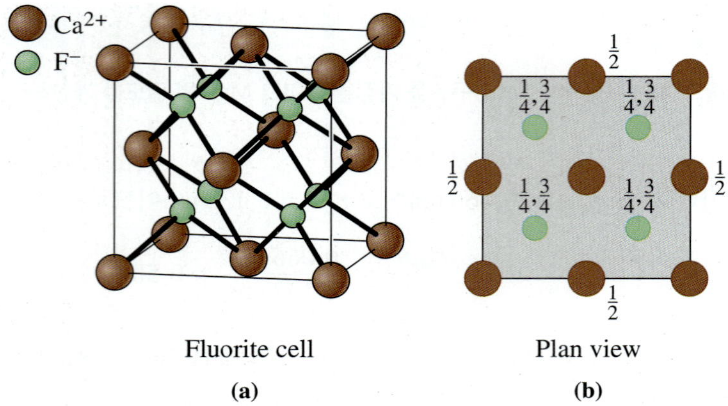

그림 3-26 (a) 형석 단위정, (b) 평면도. 분수는 원자들이 종이 지면으로부터 단위정의 높이방향으로 떨어진 거리, 즉 수직위치를 나타낸다.

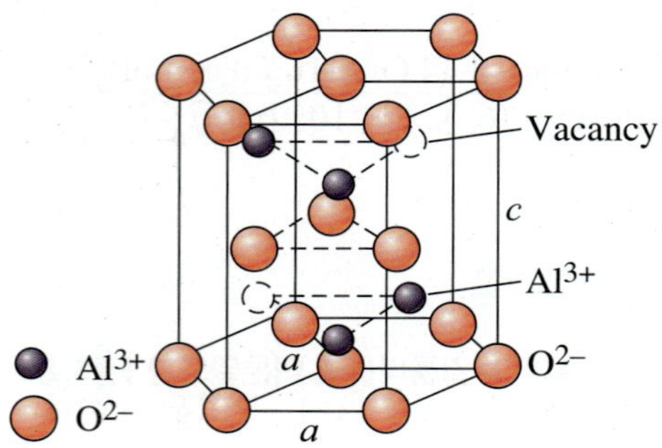

그림 3-27 알파 알루미나(α-Al_2O_3)의 강옥 구조.

강옥 구조 강옥(corundum) 구조는 알파 알루미나(α-Al_2O_3)라고 알려진 알루미나의 결정구조 중 하나이다. 알루미나에서 산소 음이온은 육각형 배열로 충진되고, 알루미늄 양이온은 가능한 일부 팔면체자리를 점유한다(그림 3-27). 알루미나는 아마 가장 폭 넓게 사용되는 세라믹 재료이다. 용도로는 점화플러그, 내화재료, 전자패키징 기판, 연마재 등이 있다.

예제 3-16 퍼로브스카이트 결정구조

퍼로브스카이트(Perovskite)는 칼슘, 티타늄, 산소를 포함하는 광물이다. 단위정은 입방정이고 각 꼭지점에 한 개씩의 칼슘이온, 각 면의 중심에 한 개씩의 산소이온, 체심 위치에 한 개의 티타늄 이온을 가지고 있다. 이온들은 통상적인 방법으로 단위정에 기여한다(꼭지점의 각 이온은 1/8개로 기여하는 것 등).

(a) 이 구조를 격자와 단위체로 표현하라.

(b) 단위정에는 각 종류의 이온들이 몇 개나 존재하는가?

(c) 퍼로브스카이트 단위정을 표현하는 또 다른 방법은 각 입방 단위정의 체심 위치에 칼슘이온이

놓이도록 하는 것이다. 퍼로브스카이트 단위정을 이 방식으로 표현한다면 티타늄과 산소 이온들은 어디에 위치해야 하는가?

(d) 단위정당 각 종류의 이온 수를 계산함으로써 퍼로브스카이트 화학식이 두 가지 단위정 표현방식에서 동일함을 보여라.

풀이

(a) 격자는 분명 입방정 결정계에 속한다. 서로 다른 종류의 이온들이 꼭지점, 면심, 체심 위치에 놓여 있으므로, 격자는 단순입방일 것이다. 구조는 단위체로 Ca (0, 0, 0), Ti (1/2, 1/2, 1/2), O (0, 1/2, 1/2), (1/2, 0, 1/2), (1/2, 1/2, 0)를 갖는 단순입방격자로 표현될 수 있다. 단위정을 그림 3-28에 나타내었다.

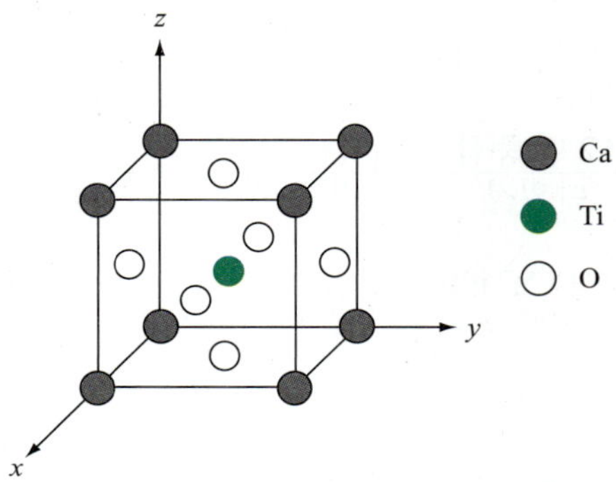

그림 3-28 퍼로브스카이트 단위정.

(b) 단위정당 이온 수를 계산하는 두 가지 방법이 있다. 격자와 단위체 개념을 사용하면,

$$\frac{1\ \text{격자점}}{\text{단위정}} \cdot \frac{5\ \text{이온}}{\text{격자점}} = \frac{5\ \text{이온}}{\text{단위정}}$$

단위정 개념을 사용하면,

$$\frac{8\ \text{꼭지점}}{\text{단위정}} \cdot \frac{1/8\ \text{Ca 이온}}{\text{꼭지점}} + \frac{1\ \text{체심}}{\text{단위정}} \cdot \frac{1\ \text{Ti 이온}}{\text{체심}}$$
$$+ \frac{6\ \text{면심}}{\text{단위정}} \cdot \frac{1/2\ \text{O 이온}}{\text{면심}} = \frac{5\ \text{이온}}{\text{단위정}}$$

예상한 바와 같이, 단위정당 이온 수는 계산방법에 관계없이 동일하다. 퍼로브스카이트의 화학식은 $CaTiO_3$(calcium titanate)이다. 일반식 ABO_3를 갖는 화합물들과 이 구조는 퍼로브스카이트 결정구조를 갖는다고 한다. 전자공학 용도로 커패시터를 만드는 데 사용되는 티타늄산바륨의 동질이형체 중 한 가지, 그리고 지르코늄산납의 한 형태가 이 구조를 보인다.

(c) 칼슘이 단위정의 꼭지점보다는 차라리 체심 위치에 놓인다면, 그림 3-29에 나타낸 바와 같이, 티타늄이온은 단위정의 각 꼭지점에, 산소이온은 단위정 변의 중심에 위치해야만 한다. 이것은 앞의 (a)에서 주어진 단위체의 각 이온을 벡터[1/2 1/2 1/2]에 의해 이동시킨 것과 동등하다는 점에 주목하라. 칼슘이온은 (0, 0, 0)

에서 (1/2, 1/2, 1/2)로 이동되고, 티타늄이온은 (1/2, 1/2, 1/2)에서 (1, 1, 1)로 이동되었는데, 이는 인접한 단위정의 원점에 해당한다. 결정은 변하지 않고 단지 단위체 이온들의 좌표만이 달라졌다는 점에 주목하라. 따라서 퍼로브스카이트의 또 다른 격자와 단위체 표현은 Ca (1/2, 1/2, 1/2), Ti (0, 0, 0), O (1/2, 0, 0), (0, 1/2, 0), (0, 0, 1/2) 좌표에 단위체를 갖는 단순입방격자이다.

(d) 단위정당 원자수를 계산하기 위해 격자와 단위체 개념을 사용하면,

$$\frac{1\ 격자점}{단위정} \cdot \frac{5\ 이온}{격자점} = \frac{5\ 이온}{단위정}$$

단위정 개념을 사용하면,

$$\frac{1\ 체심}{단위정} \cdot \frac{1\ \text{Ca}\ 이온}{체심} + \frac{8\ 꼭지점}{단위정} \cdot \frac{1/8\ \text{Ti}\ 이온}{꼭지점}$$
$$+ \frac{12\ 변\ 중심}{단위정} \cdot \frac{1/4\ \text{O}\ 이온}{변\ 중심} = \frac{5\ 이온}{단위정}$$

따라서 화학식은 역시 $CaTiO_3$임을 알 수 있다.

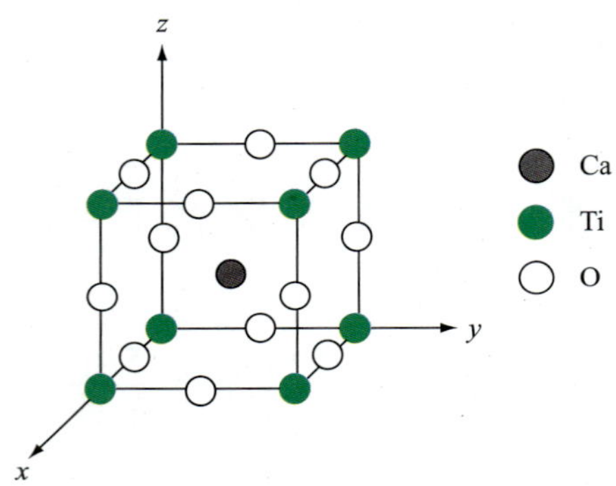

그림 3-29
퍼로브스카이트 단위정의 다른 표현.

3-8 공유결합 구조

공유결합 재료는 흔히 결합에 의한 방향성 제한조건을 만족하기 위해 복잡한 구조를 갖는다.

다이아몬드입방 구조 실리콘, 게르마늄, 알파 주석(α-Sn), 탄소(다이아몬드 형태로)와 같은 원소들은 4개의 공유결합에 의해 결합되어 있고, 사면체 구조를 형성한다[그림 3-30(a)]. 이러한 사면체 그룹들이 결합함으로써, 큰 입방체가 만들어진다[그림 3-30(b)]. 이 큰 입방체는 사면입방체(tetrahedral cube)의 크기를 갖는 여덟 개의 더 작은 입방체를 포함한다. 큰 입방체는 다이아몬드입방(diamond cubic, DC) 단위정이다.

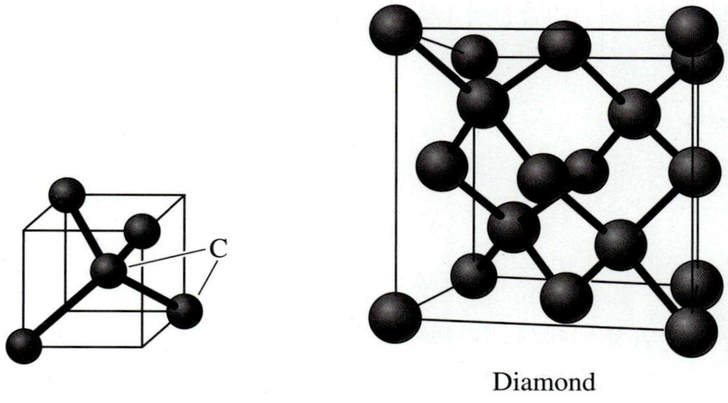

그림 3-30 (a) 사면체, (b) 다이아몬드입방(DC) 단위정. 이러한 개방구조는 공유결합의 요구조건 때문에 생긴다.

사면입방체의 꼭지점에 위치한 원자들은 정상적인 FCC 격자점에 놓인 원자들이다. DC 단위정 내에는 사면입방체 중심에 있는 원자들로 네 개의 원자가 추가적으로 존재하게 된다. DC 입방정은 각 격자점에 두 개의 원자를 갖는(즉, 격자점당 두 개의 단위체) FCC 격자로 설명될 수 있다. 따라서, 단위정당 여덟 개의 원자가 있다.

예제 3-17 다이아몬드입방 구조의 충진율 결정

다이아몬드입방 구조를 격자와 단위체 개념으로 설명하고 충진율을 구하라.

풀이

다이아몬드입방 구조는 (0, 0, 0)과 (1/4, 1/4, 1/4) 위치에 같은 종류의 원자 두 개를 단위체로 갖는 면심입방 격자이다. (0, 0, 0)에 위치한 단위체 원자는 FCC 격자점에 놓인 것이며, (0, 0, 0), (0, 1/2, 1/2), (1/2, 0, 1/2), (1/2, 1/2, 0) 좌표에 위치한 원자들이 모두 해당된다. 이러한 격자점들에 벡터 [1/4, 1/4, 1/4]을 더함으로써, 단위정 내부에 추가적으로 포함된 네 개의 원자좌표들은 (1/4, 1/4, 1/4), (3/4, 3/4, 1/4), (1/4, 3/4, 3/4), (3/4, 1/4, 3/4)으로 결정된다. 다이아몬드입방 구조에는 단위정당 여덟 개의 원자가 있다.

$$\frac{4\text{ 격자점}}{\text{단위정}} \cdot \frac{2\text{ 원자}}{\text{격자점}} = \frac{8\text{ 원자}}{\text{단위정}}$$

(1/4, 1/4, 1/4) 형태의 위치에 놓인 원자들은 FCC 격자점에 위치한 원자들에 의해 형성된 사면체의 중심에 위치한다. (1/4, 1/4, 1/4) 형태의 위치에 놓인 원자들은 4개의 주변 원자들과 직접 접촉하고 있다. (0, 0, 0)에 위치한 원자의 중심과 (1/4, 1/4, 1/4)에 위치한 원자의 중심 사이의 거리를 생각해보라. 이 거리는 그림 3-31에

나타낸 것처럼 체심대각선의 1/4 또는 두 원자반경과 같다. 따라서,

$$\frac{a_0\sqrt{3}}{4} = 2r$$

또는

$$a_0 = \frac{8r}{\sqrt{3}}$$

충진율은 단위정 내에서 원자들에 의해 점유된 부피의 단위정의 부피에 대한 분율이다.

$$\text{충진율} = \frac{(8\ \text{원자/단위정})\left(\frac{4}{3}\pi r^3\right)}{a_0^3}$$

$$= \frac{(8\ \text{원자/단위정})\left(\frac{4}{3}\pi r^3\right)}{(8r/\sqrt{3})^3}$$

$$= 0.34$$

이는 조밀충진구조와 비교하면 상대적으로 열려 있는 구조이다. 제5장에서는, 결정구조의 열린 정도가 서로 다른 원자들이 일정한 재료 내에서 확산할 수 있는 속도에 영향을 주는 요인들 중의 하나라는 것을 배울 것이다.

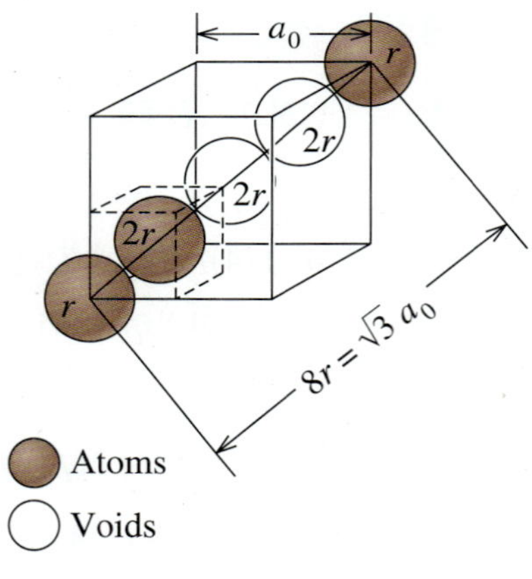

그림 3-31 다이아몬드입방 격자에서 격자상수와 원자반경 사이의 관계 결정.

예제 3-18 실리콘의 원자반경, 밀도, 원자량 계산

Si의 격자상수는 5.4307 Å이다. 실리콘의 원자반경 및 이론밀도를 계산하라. Si의 원자량은 28.09 g/mol이다.

풀이

실리콘은 다이아몬드입방 구조를 갖는다. 다이아몬드입방 구조에 대한 예제 3-17에서 보았듯이,

$$r = \frac{a_0\sqrt{3}}{8}$$

따라서, $a_0 = 5.4307$ Å를 대입하면 실리콘의 원자반경은 1.176 Å이다. 이는 부록 B에 나와 있는 반경과 동일하다. 밀도에 대해서는, 예제 3-15와 동일한 방법을 사용한다. 단위정당 여덟 개의 실리콘 원자들이 존재함을 알고 있으므로,

$$\text{밀도} = \frac{\text{질량}}{\text{부피}} = \frac{8(28.08)/(6.023 \times 10^{23})}{(5.4307 \times 10^{-8}\text{ cm})^3} = 2.33\text{ g/cm}^3$$

이는 부록 A에 수록된 밀도 값과 동일하다.

결정질 실리카 실리카(SiO_2)는 다양한 형태 중 결정질 세라믹 구조로서 부분적으로 공유결합과 부분적으로 이온결합을 갖는다. 그림 3-32는 결정질 실리카 형태 중 하나인 베타 크리스토발라이트(β-cristobalite)의 결정구조를 보여주며, 이는 FCC 격자를 바탕으로 하는 복잡한 구조이다. 실리콘과 산소의 이온반경은 각각 0.042 nm와 0.132 nm이므로, 그 반경비는 $r_{Si^{4+}}/r_{O^{2-}} = 0.318$이고 배위수는 4이다.

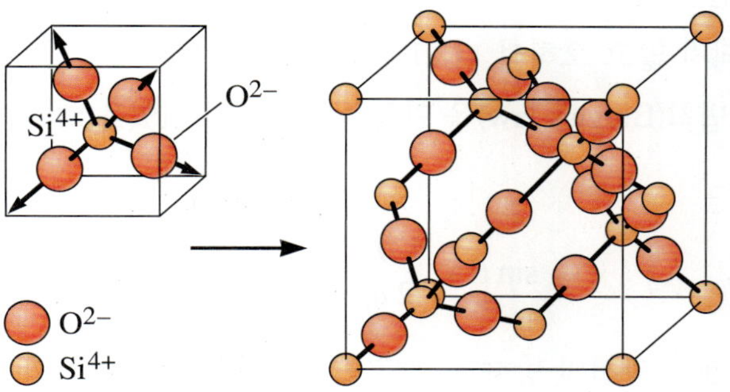

그림 3-32 실리콘-산소 사면체와 그들의 조합에 의해 형성된 베타 크리스토발라이트(β-cristobalite) 형태의 실리카.

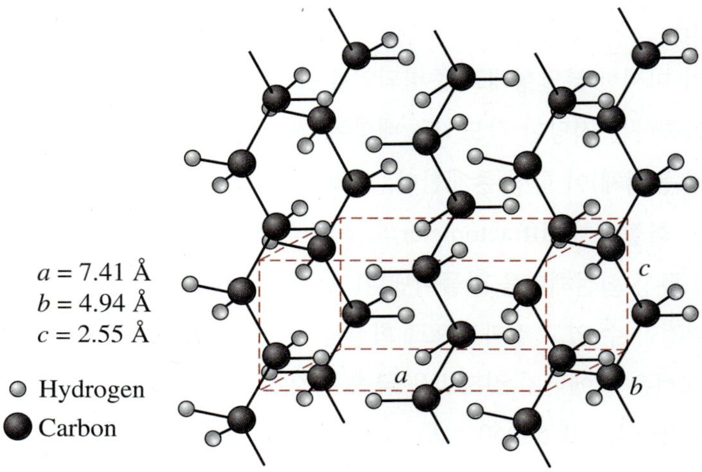

그림 3-33 결정질 폴리에틸렌의 단위정. (주: 실제 비율은 아님)

결정질 고분자 다수의 고분자들은 결정질 구조를 형성할 수 있다. 그림 3-33에서의 점선들은 폴리에틸렌(polyethylene) 격자의 단위정 윤곽을 나타내고 있다. 폴리에틸렌은 C_2H_4 분자들을 결합함으로써 사방(orthorhombic) 단위정을 형성하는 긴 고분자 사슬을 만들어낸다. 나일론을 포함한 일부 고분자들은 여러 가지 동질이형체를 갖는다. 대부분의 공학플라스틱은 부분적으로 비결정질이며, 공정 중에 결정화가 일어날 수 있다. 고분자 단결정을 성장시키는 것도 역시 가능하다.

3-9 결정구조 해석을 위한 회절기법

결정질 재료의 결정구조는 X선회절(x-ray diffraction, XRD)이나 전자회절을 사용하여 해석할 수 있다. 막스 폰 라우에(Max von Laue, 1879~1960)는 결정에 의한 X선회절에 관련된 발견으로 1914년에 노벨상을 수상했다. 윌리엄 헨리 브래그(William Henry Bragg, 1862~1942)와 그의 아들 윌리엄 로렌스 브래그(William Lawrence Bragg, 1890~1971)는 XRD에 대한 그들의 공헌으로 1915년에 노벨상을 수상했다.

재료의 원자간거리(atomic spacing)와 비슷한 길이의 특정파장를 갖는 X선이 재료에 조사되면, X선은 모든 방향으로 산란된다. 한 원자로부터 산란된 X선은 대부분 다른 원자로부터 산란된 X선에 의해 상쇄되지만, 특정한 각도로 놓인 어떤 결정면을 때리는 X선은 소멸되지 않고 오히려 더 크게 보강된다. 이러한 현상을 회절(diffraction)이라 한다. 브래그법칙(Bragg's law)을 만족하는 조건이 되었을 때 X선은 회절되고, 그 광선은 보강된다.

$$\sin\theta = \frac{\lambda}{2\,d_{hkl}} \tag{3-8}$$

여기서, 각 θ는 회절된 광선의 방향과 초기 입사광선의 방향 사이의 각도의 반각이고, λ는 X선의 파장, d_{hkl}는 광선의 보강간섭을 유발하는 면 사이의 면간거리이다(그림 3-34 참조).

재료가 미세한 분말형태로 준비되었을 때, 미세한 분말형태의 입자들 중에는 브래그법칙을 만족하는 적당한 각도 θ로 배향된 (hkl) 면을 갖는 약간의 분말 입자들(결정 또는 결정의 응집체)이 항상 존재한다. 그러므로, 입사광선과 2θ 각을 이루는 회절광선이 생성된다. 회절장치(diffractometer)의 이동식 X선 검출기는 광선이 회절되는 2θ 각을 기록하여 특성 회절패턴을 만들어낸다[그림 3-35(b)]. X선의 파장을 알고 있다면, 면간거리를 결정할 수 있고 결과적으로 회절을 일으키는 면을 알아낼 수 있다. XRD 분석기기에서, X선은 고에너지 전자빔을 금속 타깃에 충돌시켜 발생된다. 구리 타깃으로부터 방출된 파장이 $\lambda \cong 1.54060$ Å($K\alpha_1$선)인 X선이 대표적으로 사용된다.

일반적으로 XRD 분석은 대단한 시료 준비 없이, 벌크 또는 분말 형태의 시료를 사

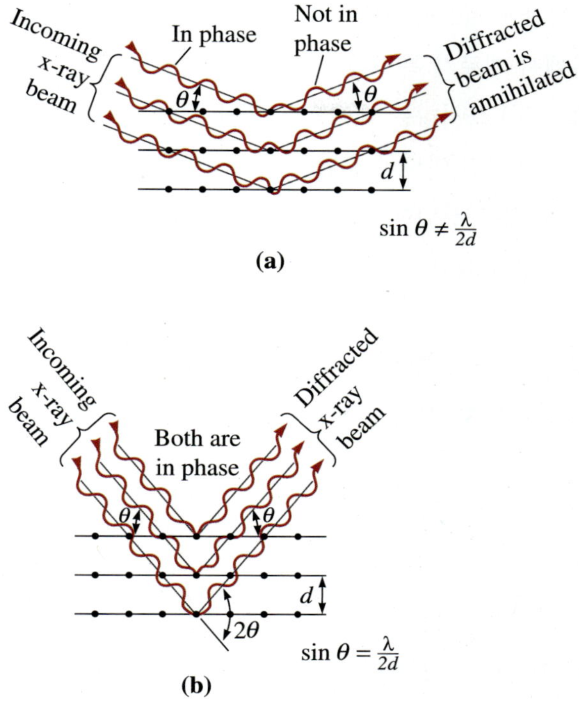

그림 3-34 X선과 결정질 재료 사이의 (a) 소멸간섭, (b) 보강간섭. 보강간섭은 브래그법칙을 만족하는 각도에서 발생한다.

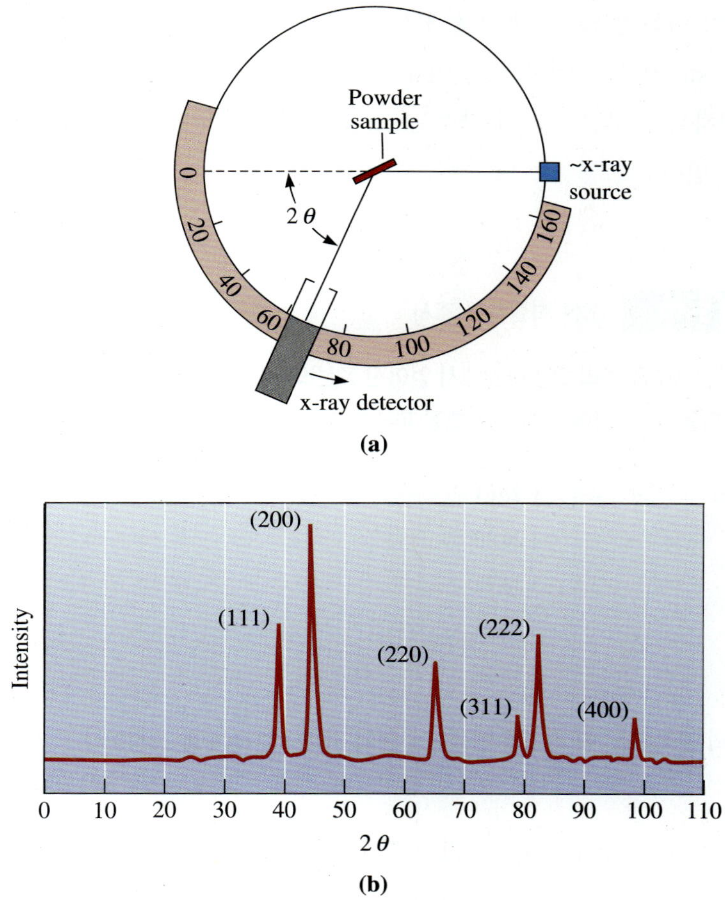

그림 3-35 (a) 분말시료와 입사광선 및 회절광선을 보여주는 회절장치의 그림, (b) 금 분말 시료로부터 얻어진 회절 패턴.

용하여 비교적 빠른 시간에(시료당 30분에서 1시간 정도) 수행될 수 있다. 이 기술은 벌크 재료 그리고 박막에서 재료가 특정한 결정학적 방향으로 배향된 다수의 결정립으로 구성되었는지를(집합조직) 조사하는 데에도 사용될 수 있다. 일반적으로 잘 훈련된 기능사는 분석을 잘 수행할 뿐만 아니라 분말회절 자료에 대한 해석도 쉽게 수행할 수 있다. 그 결과로, XRD는 많은 산업에서 제품의 품질관리 목적을 위한 하나의 도구로서 사용된다. 단결정과 다수의 상을 포함하는 재료의 분석은 더욱 복잡하고 시간 소모가 더욱 클 수 있다.

입방정 재료의 결정구조를 확인하기 위해, 일반적으로 $\sin^2\theta$ 값의 표를 만들어서 회절선의 패턴을 확인한다. 식 3-8을 면간거리에 대한 식 3-7에 결합하면, 다음과 같은 식을 얻을 수 있다.

$$\sin^2\theta = \frac{\lambda^2}{4a^2}(h^2 + k^2 + l^2) \tag{3-9}$$

단순입방정 금속에서, 회절이 가능한 모든 면은 $h^2 + k^2 + l^2$에 의해 1, 2, 3, 4, 5, 6, 8, 9, …의 값을 갖는다. [$(h^2 + k^2 + l^2)$이 7의 값을 갖는 (hkl) 조합은 없기 때문에 7은 포함되지 않는다는 것에 주목하라.] 체심입방정 금속에서, 회절은 $h^2 + k^2 + l^2$ 값이 짝수인 2, 4, 6, 8, 10, 12, 14, 16, …을 갖는 면에서만 발생한다. 면심입방정 금속에서는, 소멸간섭이 더욱 발생하여 $h^2 + k^2 + l^2$ 값이 3, 4, 8, 11, 12, 16, …을 갖는 면에서만 회절된다. $\sin^2\theta$ 값을 계산하고, 이에 상응하는 적당한 패턴을 찾음으로써, 예제 3-19에서 설명하는 것처럼 이러한 단순 구조 중 하나를 갖는 금속들에 대하여 결정구조를 결정할 수 있다.

예제 3-19 X선 회절자료 조사

λ = 0.7107 Å(몰리브덴 타깃에서 얻어진 X선)의 파장을 갖는 X선을 사용한 X선회절 시험의 결과로 다음의 2θ 각에서 발생한 회절 피크를 측정하였다.

피크	2θ(°)	피크	2θ(°)
1	20.20	5	46.19
2	28.72	6	50.90
3	35.36	7	55.28
4	41.07	8	59.42

재료의 결정구조, 각 피크를 만들어낸 면의 지수, 격자상수를 결정하라.

풀이

먼저 각 피크에 대한 $\sin^2\theta$ 값을 결정하고, 가장 낮은 값 0.0308을 분모로 각각을 나눈다.

피크	2θ(°)	$\sin^2\theta$	$\sin^2\theta/0.0308$	$h^2+k^2+l^2$	(hkl)
1	20.20	0.0308	1	2	(110)
2	28.72	0.0615	2	4	(200)
3	35.36	0.0922	3	6	(211)
4	41.07	0.1230	4	8	(220)
5	46.19	0.1539	5	10	(310)
6	50.90	0.1847	6	12	(222)
7	55.28	0.2152	7	14	(321)
8	59.42	0.2456	8	16	(400)

이를 수행하면, $\sin^2\theta/0.0308$ 값이 1, 2, 3, 4, 5, 6, 7, 8이 되는 것을 알 수 있다. 만일 재료가 단순입방정이라면 $h^2+k^2+l^2$의 값이 7을 갖는 면이 없기 때문에 7은 나타나면 안 된다. 따라서, 패턴은 실제로 2, 4, 6, 8, 10, 12, 14, 16, …이 되어야만 하고 그 재료는 체심입방정일 것이다. 표에서 얻어진 (hkl) 값은 이러한 $h^2+k^2+l^2$ 값을 만족한다.

면간거리를 계산하기 위해 임의의 피크에 대한 2θ 값을 사용할 수 있고 따라서 격자상수 값도 계산할 수 있다. 피크 8을 선택하여,

$$2\theta = 59.42^\circ \text{ 또는 } \theta = 29.71^\circ$$

$$d_{400} = \frac{\lambda}{2\sin\theta} = \frac{0.7107}{2\sin(29.71^\circ)} = 0.71699\ \text{Å}$$

$$a_0 = d_{400}\sqrt{h^2+k^2+l^2} = (0.71699\ \text{Å})(4) = 2.868\ \text{Å}$$

이것은 BCC 철의 격자상수이다.

전자회절과 현미경 루이 드 브로이(Louis de Broglie)는 전자가 파동처럼 거동한다는 이론을 제시했다. 전자회절(electron diffraction)에서는 고에너지(약 100,000~400,000 eV) 전자를 사용한다. 이 전자들은 전자투과성을 갖는 시료에서 회절된다. 시료로부터 나온 전자선은 시료의 이미지를 형성하기 위해 사용된다. 따라서, 투과전자현미경(transmission electron microscopy, TEM)과 전자회절은 미세구조적 특징을 영상화하고 결정구조를 알아내는 데 사용된다.

100,000 eV 전자는 약 0.004 nm의 파장을 갖는다. 이러한 고에너지 전자의 초단파장에 의해 매우 작은 스케일의 미세구조를 투과전자현미경을 사용하여 영상화한다. 만약 시료가 너무 두꺼우면 전자는 시료를 통과할 수 없고, 영상이나 회절패턴도 얻어질 수 없다. 그러므로 투과전자현미경과 전자회절에서는 시료의 최소한 일부가 전자투과

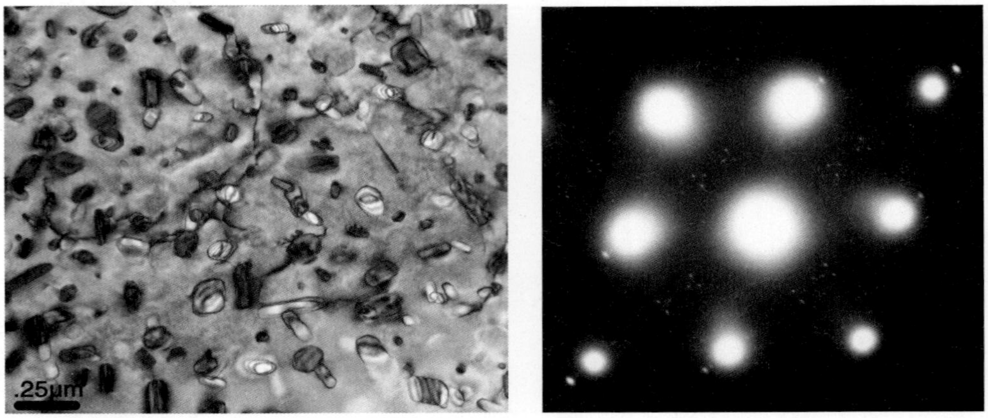

그림 3-36 알루미늄합금(Al-7055)의 TEM 사진. 우측에 보이는 회절패턴에서 크고 밝은 점들은 알루미늄 기지의 결정립으로부터 회절을 나타낸다. 더 작은 점들은 알루미늄합금에 존재하는 나노크기의 다른 화합물 결정들로부터 회절에 의해 유래된 것이다. (출처: *Dr. Jörg M.K. Wiezorek, University of Pittsburgh*)

성을 갖도록 만들어져야 한다. 그림 3-36은 알루미늄합금 시료의 선별된 일부 영역에서 얻어진 투과전자현미경 영상과 전자회절 패턴을 보여준다. 크고 밝은 점은 기지금속의 결정립에 해당한다. 더 작은 점은 다른 상의 작은 결정들로부터 나온 것들이다.

투과전자현미경을 사용하는 또 다른 장점은 높은 공간 분해능이다. 투과전자현미경을 사용함으로써 서로 다른 결정질 영역 간의 차이, 비결정질 영역과 결정질 영역 간의 차이를 아주 작은 길이스케일에서(약 1~10 nm) 알아내는 것이 가능하다. 이런 해석적인 기법과 그것의 변형[예: 고해상도 전자현미경(high-resolution electron microscopy, HREM), 주사투과전자현미경(scanning transmission electron microscopy, STEM) 등]은 이후의 장에서 다룰 서로 다른 결정립들의 배향과 미세구조적 특징을 알아내는 데에도 사용된다. 또한, 투과전자현미경과 관련된 첨단의 특화된 기능들은 어떤 주어진 시료의 화학적 조성(구성원소)의 영상화 또한 가능하게 해준다. 투과전자현미경과 관련된 일부 단점들로는 다음과 같은 것들이 있다.

(a) 전자빔에 투과성을 갖는 시료를 준비하는 데 필요한 시간소모적인 준비과정.
(b) 2차원 영상과 회절패턴으로 나타난 매우 얇은 3차원 시료에서 얻어지는 데이터를 분석할 때 요구되는 매우 많은 시간과 기술.
(c) 단지 매우 작은 양의 시료만이 조사됨.
(d) 장비가 비교적 고가이고 사용상 주의가 많이 필요함.

전반적으로 말하자면, 투과전자현미경은 마이크로 또는 나노 길이스케일의 미세구조적 특징을 분석하는 데 널리 사용되는 연구방법이 되었다.

요약

- 원자나 이온들은 고체재료 내에서 단범위규칙이나 장범위규칙을 가지고 배열될 수 있다.
- 규산염유리, 금속유리, 비결정질 실리콘, 수많은 고분자와 같은 비결정질 재료는 단지 단범위규칙만을 갖는다. 비결정질 재료는 제조공정에 사용된 공정속도에 의해 원자 또는 이온들이 평형위치에 놓이는 것이 허용되지 않을 때 형성된다. 이들 재료들은 종종 참신한 특성을 제공한다.
- 금속과 많은 세라믹을 포함한 결정질 재료는 장범위규칙과 단범위규칙을 함께 가진다. 이러한 재료의 장범위 주기성은 결정구조에 의해 표현된다.
- 결정질 재료의 원자나 이온의 배열은 14개 특정 브라베격자를 포함하는 일반적인 7개 결정계에 의해 표현된다. 그 예로서 단순입방, 체심입방, 면심입방, 육방격자들이 있다.
- 격자는 유일한 방식으로 구성된 점들의 집합이다. 단위체 또는 모티프는 각 격자점과 결부된 한 개 또는 그 이상의 원자들을 의미한다. 결정구조는 격자와 단위체의 조합에 의해 정의된다. 비록 14개 브라베격자뿐이지만 결정구조는 수백 가지가 존재한다.
- 결정구조는 여전히 격자의 특성을 보유하는 결정구조의 가장 최소단위인 단위정의 격자상수에 의해 특성화된다. 관습적으로, 가능한 가장 작은 한부분이 선택된다. 다른 특성으로는 단위정당 원자수 또는 이온의 수, 단위정에서 원자나 이온의 배위수(최인접 원자수 또는 이온의 수), 단위정에서 원자나 이온의 충진율이 있다.
- 동소체 또는 동질이형체 재료들은 하나 이상의 결정구조를 갖는다. 재료의 성질은 특정한 동소체나 동질이형체에 의해 크게 달라질 수 있다.
- 면심입방과 조밀육방 결정구조를 갖는 금속의 원자들은 공간의 가장 큰 분율을 차지하는 방식으로 배열되어 있다. FCC와 HCP 구조는 조밀충진면의 서로 다른 적층순서에 의해 가장 조밀한 원자충진을 갖는다.
- 한 가지 크기의 강구로 얻을 수 있는 가장 큰 충진율은 0.74이고, 이는 구의 반지름과 무관하다. 즉 일정한 원자반경과 고정된 크기의 농구공을 가정하는 한 원자와 농구공은 동일한 효율로 충진된다.
- 결정구조 내에서 점, 방향, 면은 좌표와 밀러지수를 부여하는 정형화된 방법으로 식별될 수 있다.
- 여러 가지 재료의 성질은 결정 내의 다른 방향과 면을 따라서 측정되었을 때 다르게 나타날 수 있고, 이러한 경우에, 결정은 이방성이라고 한다. 만일 그 특성들이 모든 방향에서 동일하다면, 그 재료는 등방성이다. 결정학적 이방성의 효과는 다결정 재료에서는 결정립의 무작위적인 배향으로 사라질 수 있다.
- 결정구조 내에서 원자나 이온 사이의 침입형자리나 구멍은 다른 원자나 이온으로 채워질 수 있다. 여러 세라믹 재료들의 결정구조들은 이러한 자리가 어떻게 점유되는지를 고려함으로써 이해될 수 있다. 침입형자리에 위치한 원자나 이온들은 재료를 강화시키고, 재료의 물리적 특성에 영향을 미치며, 재료의 공정을 제어하는 데 있어 중요한 역할을 한다.

- 많은 이온결합 재료들의 결정구조는 음이온(예: 산소이온 O^{2-})들을 충진함으로써 형성된다. 양이온들은 음이온에 의해 형성된 배위다면체에 끼어들어 간다. 이 다면체들은 일반적으로 꼭지점을 공유한다. 반드시 전하 중립성과 화학양론적(stoichiometry) 조건이 만족되어야 한다. 여러 세라믹 재료들(예: Al_2O_3, ZrO_2)의 결정구조는 이런 고찰로부터 합리적으로 설명될 수 있다.
- 공유결합 재료의 결정구조는 열린 구조를 갖게 된다. 다이아몬드입방 결정구조를 예로 들 수 있다(예: Si, Ge).
- XRD와 전자회절은 결정질 재료의 결정구조를 조사하는 데 사용된다. 또한 투과전자현미경은 더 작은 길이스케일에서 재료의 미세구조적 특징을 영상화하는 데 사용될 수 있다.

용어해설

격자 lattice 공간을 더 작은 균일한 크기의 부분으로 나누는 점들의 집합.

격자상수 lattice parameter 단위정에서 각 축의 변의 길이와 이 변들 사이의 각들.

격자점 lattice point 격자를 구성하는 점들. 각 격자점의 주위환경은 동일하다.

결정계 crystal systems 14개 브라베격자와 수백 개의 결정을 이루는 입방정, 정방정, 사방정, 육방정, 단사정, 삼방정, 삼사정과 같은 공간상에서의 점들의 배열.

결정구조 crystal structure 재료에서 규칙적이고, 반복적인 격자로의 원자배열. 결정구조는 격자와 단위체로 완벽하게 묘사될 수 있다.

결정립 grain 다결정 재료에서 하나의 작은 결정.

결정립계 grain boundaries 다결정 재료에서 결정립 사이의 경계영역.

결정질 재료 crystalline materials 하나 또는 다수의 작은 결정이나 결정립을 포함하는 재료.

결정학 crystallography 고체 내의 원자배열에 관한 정형화된 학문.

결함 defect 결정질 재료에서 원자/이온의 완벽한 주기적 배열의 붕괴를 의미하는 미세구조적 특징.

금속유리 metallic glass 급속응고를 통해 얻어진 비결정질 금속 또는 합금.

급속응고 rapid solidification 금속과 합금을 매우 빠르게 냉각시키기 위해 사용되는 기술.

기저면 basal plane 조밀육방 단위정에서 조밀충진면에 주어지는 특별한 이름.

다결정 재료 polycrystalline material 많은 결정립으로 이루어진 재료.

다이아몬드입방 diamond cubic 탄소, 실리콘, 기타 공유결합 재료들의 결정구조.

단범위규칙 short-range order 보통 한 원자 또는 두 원자 거리의 짧은 거리에 걸쳐 나타나는 규칙적이고 예측할 수 있는 원자배열.

단위정 unit cell 전체 격자의 모든 특성을 여전히 유지하는 격자의 작은 한 부분.

단위체 basis 격자점에 배당된 원자들의 집단(모티프와 동일).

동소체 allotropy 온도와 압력에 따라 하나 이상의 결정구조로 존재할 수 있는 원소의 특성.

동질이형체 polymorphism 온도와 압력에 따라 한 가지 이상의 결정구조를 보이는 화합물.

등방성 isotropy 모든 방향에서 동일한 특성을 갖는 성질.

면간거리 interplanar spacing 동일한 밀러지수를 갖는 인접한 두 평행한 면 사이의 거리.

면밀도 planar density 면의 단위면적당 그 면에 중심이 놓인 원자수.

면족 planes of a form or a family 비록 그들의 방향이 다르다 할지라도 모두 동일한 특성을 갖는 결정학적인 면들. 괄호 { }로 표기한다.

모티프 motif 격자점과 관련된 원자들의 집단(단위체와 동일).

밀도 density 재료의 단위체적당 질량. 보통 g/cm^3 단위를 사용한다.

밀러-브라베 지수 Miller-Bravais indices 조밀육방 단위정에서 결정학적 면이나 방향을 표현하기 위한 간략한 별도의 표기법.

밀러지수 Miller indices 단위정의 어떤 결정학적 방향이나 면을 표현하기 위한 간략한 표기법.

반복거리 repeat distance 어떤 방향을 따라 한 격자점에서 인접한 다른 격자점까지의 거리.

방향족 directions of a form or a family 모두 동일한 특성을 갖는 결정학적 방향들. 괄호 ⟨ ⟩로 표기한다.

배위수 coordination number 원자의 배열에서 어떤 원자에 대한 최인접 원자수.

브라베격자 Bravais lattice 격자점을 사용하여 3차원에서 만들어질 수 있는 14개의 격자.

브래그법칙 Bragg's law 특정 파장의 X선 빔이 특정 면간거리를 갖는 결정면에서 회절하는 각도를 기술하는 관계식.

블로-스트레치 성형 blow-stretch forming 플라스틱 병을 성형하는 공정.

비결정질 재료 amorphous materials 장범위규칙이나 결정구조를 갖지 않는 유리 등의 재료.

사면체자리 tetrahedral site 배위수 4를 갖는 침입형자리.

선밀도 linear density 어떤 방향의 단위길이당 격자점의 수.

액정 liquid crystals 전형적으로 비결정질이지만 외부 전기장이 인가되면 부분적으로 결정화되는 고분자재료. 전기장의 효과는 가역적이다.

원자반경 atomic radius 조밀충진방향을 사용하여 일반적으로 단위정의 치수로부터 계산된 원자의 겉보기 반경. 배위수에 따라서도 달라진다.

유리 glasses 단범위규칙만을 갖는 비결정질 고체 재료. 전형적으로 용융상태에서 얻어진다.

응력유발 결정화 stress-induced crystallization 외부응력에 의해 결정질이 만들어지는 과정.

이방성 anisotropy 방향에 따라 재료 특성이 달라지는 성질.

입방체자리 cubic site 배위수 8을 갖는 침입형자리.

장범위규칙 long-range order 하나의 고체에서 약 10 nm 이상의 길이에 걸친 규칙적이고 반복적인 원자들의 배열.

적층순서 stacking sequence 조밀충진면들이 적층되는 순서. 만일 적층순서가 *ABABAB*이면 조밀육방 단위정이 만들어지고, 적층순서가 *ABCABCABC*이면 면심입방 구조가 만들어진다.

전자회절 electron diffraction 상대적으로 작은 길이스케일에서 결정성의 수준을 알아내는 기법. 보통 투과전자현미경에서 수행한다.

조밀충진구조 close-packed structure 충진율 0.74를 나타내는 구조(FCC 및 HCP).

조밀충진방향 close-packed directions 원자들이 서로 접촉하고 있는 결정 내 방향.

충진율 packing factor 단위정에서 원자들에 의해 점유된 공간의 분율.

침입형자리 interstitial site 결정 내의 주된 원자나 이온들 사이에 다른 원자나 이온이 자리할 수 있는 위치. 일반적으로 이 침입형자리의 크기는 끼어들어 갈 원자나 이온의 크기보다 더 작다.

케플러의 가설 Kepler's conjecture 균일한 특정 크기의 구가 갖는 최대 충진율은 $\pi/\sqrt{18}$을 초과할 수 없다고 한 요하네스 케플러에 의해 1611년에 만들어진 가설.

투과전자현미경 transmission electron microscopy 고에너지 전자빔을 사용하여 미세구조를 분석하고 영상화하는 기술.

팔면체자리 octahedral site 배위수 6을 갖는 침입형자리.

회절 diffraction 재료와 상호작용하는 X선이나 전자빔의 보강간섭 또는 강화.

X선회절 X-ray diffraction X선을 사용하여 결정질 재료를 분석하는 기술.

연습문제

3-1절 단범위규칙 대 장범위규칙

3-2절 비결정질 재료

3-1 결정질 재료란 무엇인가?

3-2 단결정 재료란 무엇인가?

3-3 단결정 재료가 사용되는 두 가지 응용분야를 설명하라.

3-4 다결정 재료란 무엇인가?

3-5 액정 재료란 무엇인가?

3-6 비결정질 재료란 무엇인가?

3-7 일부 재료들이 비결정질 구조를 갖는 이유는 무엇인가?

3-8 재료가 장범위규칙이 아닌 단범위규칙을 나타내는 것이 어떻게 가능한지 설명하라.

3-9 어떤 합금이 결정질 형태뿐만 아니라 비결정질 형태로도 존재할 수 있는가?

3-10 그림 3-2(b)에는 대략 몇 개의 결정립이 있는가?

3-3절 격자, 단위체, 단위정, 결정구조

3-11 격자, 단위체, 단위정, 결정구조를 정의하라.

3-12 서로 다른 7개 결정계와 그들 결정계와 관련된 브라베격자의 종류를 열거하라.

3-13 면심정방 브라베격자가 없는 이유를 설명하라.

3-14 다음의 경우에 대하여 원자반경을 cm 단위로 계산하라.

(a) $a_0 = 0.3294$ nm를 갖는 BCC 금속

(b) $a_0 = 4.0862$ Å를 갖는 FCC 금속

3-15 원자반경을 사용하여 아래 각 원소들의 격자상수를 계산하라.

(a) 철 (b) 알루미늄

(c) 구리 (d) 마그네슘

3-16 다음에 대하여 결정구조를 찾아라.

(a) $a_0 = 4.9489$ Å, $r = 1.75$ Å이고 격자점당 하나의 원자를 갖는 금속.

(b) $a_0 = 4.42906$ nm, $r = 0.1858$ nm이고 격자점당 하나의 원자를 갖는 금속.

3-17 BCC 구조를 갖는 포타슘(K)의 밀도는 0.855 g/cm^{3}이고, 포타슘의 원자량은 39.09 g/mol이다. 다음을 계산하라.

(a) 격자상수

(b) 포타슘의 원자반경

3-18 FCC 구조를 갖는 토륨(Th)의 밀도는 11.72 g/cm^{3}이고, 토륨의 원자량은 232 g/mol이다. 다음을 계산하라.

(a) 격자상수

(b) 토륨의 원자반경

3-19 입방정 구조를 갖는 어떤 금속은 2.6 g/cm^{3}의 밀도, 87.62 g/mol의 원자량, 6.0849 Å의 격자상수를 갖는다. 각 격자점에는 하나의 원자가 놓인다. 이 금속의 결정구조를 찾아내라.

3-20 입방정 구조를 갖는 어떤 금속은 1.892 g/cm^{3}의 밀도, 132.91 g/mol의 원자량, 6.13 Å의 격자상수를 갖는다. 각 격자점에는 하나의 원자가 놓인다. 이 금속의 결정구조를 찾아내라.

3-21 인듐(In)은 $a_0 = 0.32517$ nm, $c_0 = 0.49459$ nm인 정방정 구조를 갖는다. 밀도는 7.286 g/cm^3, 원자량은 114.82 g/mol이다. 인듐은 단순정방 또는 체심정방 구조 중 어느 것을 갖는가?

3-22 비스무트(Bi)는 $a_0 = 0.4546$ nm, $c_0 = 1.186$ nm인 육방정 구조를 갖는다. 밀도는 9.808 g/cm^3, 원자량은 208.98 g/mol이다. 다음을 결정하라.

(a) 단위정의 부피

(b) 단위정당 원자수

3-23 갈륨(Ga)은 $a_0 = 0.45258$ nm, $b_0 = 0.45186$ nm, $c_0 = 0.76570$ nm인 사방정 구조를 갖는다. 원자반경은 0.1218 nm, 밀도는 5.904 g/cm^3, 원자량은 69.72 g/mol이다. 다음을 결정하라.

(a) 단위정당 원자수

(b) 단위정의 충진율

3-24 베릴륨(Be)은 $a_0 = 0.22858$ nm, $c_0 = 0.35842$ nm인 육방정 구조를 갖는다. 원자반경은 0.1143 nm, 밀도는 1.848 g/cm^3, 원자량은 9.01 g/mol이다. 다음을 결정하라.

(a) 단위정당 원자수

(b) 단위정의 충진율

3-25 일반적인 종이 클립(clip)의 무게는 0.59 g이고 BCC 철로 만들어져 있다. 다음을 계산하라.

(a) 단위정의 수

(b) 종이 클립에 포함된 철원자의 수(필요한 데이터는 부록 A 참고)

3-26 음식물 포장에 사용하는 알루미늄 포일(foil)은 대략 0.0025 cm 두께이다. a_0가 포일 표면과 수직인 상태로 알루미늄의 모든 단위정들이 배열되었다고 가정하라. 10 cm × 10 cm 크기의 사각 포일에 대하여 다음을 계산하라.

(a) 포일에 포함된 단위정의 총 수

(b) 단위정의 수로 나타낸 포일의 두께(부록 A 참고)

3-27 소듐(Na)은 체심입방 결정구조를 갖고, 격자상수(축 길이)는 4.2906×10^{-8} cm이다.

(a) 소듐의 질량밀도(g/cm^3)를 계산하라.

(b) BCC 결정구조의 강구모델에 따라 소듐원자의 원자반경을 계산하라.

3-28 (c/a)비 $= 1.856$, $r = 0.332$ Å인 HCP 아연(Zn)의 밀도를 계산하라.

3-29 이산화토륨(ThO_2)은 Th(0, 0, 0)와 O(1/4, 1/4, 1/4) 및 O(1/4, 1/4, 3/4)를 단위체로 갖는 FCC 격자로 설명될 수 있다. 토륨과 이산화토륨은 방사능 재료이다. 이산화토륨은 일반적으로 아크용접용 텅스텐(W) 전극의 첨가재로 사용된다. 이산화토륨은 전극의 고온특성을 향상시키고 전극 팁(electrode tip)에서 전자방출을 촉진한다.

(a) 이산화토륨의 전통적인 단위정에는 몇 개의 토륨원자와 산소원자가 들어 있는가?

(b) 이 계산의 결과는 산화토륨의 화학식과 일치하는가?

(c) 각 토륨원자의 배위수는 얼마인가?

(d) 각 산소원자의 배위수는 얼마인가?

(e) 산소원자는 어떤 종류의 침입형자리를 점유하는가?

3-30 아연(Zn)은 조밀육방 결정구조를 갖는다. 격자상수는 $a = 0.26648$ nm, $c = 0.49470$ nm이고, 원자반경은 0.1332 nm이다. 아연은 이상적인 원자충진율을 갖지 않는다는 사실에 주목하기 바란다.

(a) 조밀육방 구조에서 단위정당 원자수는 몇 개인가?

(b) Zn 단위정의 원자충진율을 계산하라.

(c) 아연의 c/a비는 이상적인 HCP에 대한 c/a비보다 더 큰가 아니면 더 작은가? 슬립(slip)은 이상적인 HCP에 비하여 아연에서 더 쉽게 일어나는지 아니면 더 어렵게 일어나는지에 대하여 풀이를 충분히 설명하라.

3-31 루타일(rutile)은 일반적으로 AB_2 형태의 화합물에 의해 채택된 결정구조로 명명되었다. AB_2 형태의 화합물에서 A는 금속원자, B는 산소원자를 각각 나타낸다. 루타일의 한 형태는 단위정의 (0, 0, 0) 및 (1/2, 1/2, 1/2) 좌표에 원소 A의 원자를, 단위정의 (1/4, 1/4, 0), (3/4, 3/4, 0), (3/4, 1/4, 1/2), (1/4, 3/4, 1/2) 좌표에 원소 B의 원자를 갖는다. 단위정 상수는 $a = b \neq c$ 및 $\alpha = \beta = \gamma = 90°$이다. 루타일 구조에서 격자상수 c는 격자상수 a 및 b 보다 일반적으로 더 작다는 점에 주목하라.

(a) 원소 A의 원자는 단위정당 몇 개가 있는가?

(b) 원소 B의 원자는 단위정당 몇 개가 있는가?

(c) 앞의 (b)에 대한 여러분의 해답은 AB_2 화합물의 화학량론과 일치하는지 설명하라.

(d) 루타일의 단위정을 그려보라. 다른 종류의 원자에 대하여 서로 다른 기호를 사용하고, 어느 기호가 어떤 원자의 종류를 나타내는지를 가리키는 기호 설명표를 마련하라.

(e) 단순정방 격자에서는 $a = b \neq c$ 및 $\alpha = \beta = \gamma = 90°$이다. 단위정당 한 개의 격자점이 단순정방 격자의 꼭지점에 위치한다. 단순정방 '격자와 단위체'로서 루타일 구조를 설명하라.

3-32 CuAu 결정구조를 생각해보자. Cu 단위체를 (0, 0, 0) 및 (1/2, 1/2, 0) 좌표에, Au 단위체를 (1/2, 0, 1/2) 및 (0, 1/2, 1/2) 좌표에 갖는 단순입방 격자로 설명될 수 있다.

(a) 각 종류의 원자는 단위정당 몇 개가 있는가?

(b) CuAu의 단위정을 그려보라. 각 원자의 종류별로 서로 다른 기호를 사용하고, 어느 기호가 어떤 원자의 종류를 나타내는지를 가리키는 기호의 설명표를 마련하라.

(c) CuAu에 대하여 단위체의 한 원자가 Au (0, 0, 0)인 또 다른 '격자와 단위체' 표현을 그려보라.

(d) 관련된 결정구조는 Cu_3Au의 결정구조이다. 이 단위정은 단위정의 꼭지점에 Au 원자를 가지고 모든 면심 위치에 Cu 원자를 갖는 FCC 단위정과 비슷하다. 이 구조를 격자와 단위체로 설명하라.

(e) Cu_3Au 결정구조는 FCC 결정구조와 비슷하지만, Cu_3Au는 면심입방 격자를 갖지는 않는다. 왜 그런지 이유를 간략하게 설명하라.

3-33 나노선(nanowire)은 1~100 nm 정도의 직경과 일반적으로 1~100 μm의 길이를 갖는 높은 형상비(high aspect-ratio)의 금속 또는 반도체 선이다. 나노선은 미래에 고집적도의 전자회로를 만드는 데 사용될 가능성이 아주 높다.

나노선은 산화아연(ZnO)으로 제조될 수 있고, ZnO는 섬유아연석(wurtzite) 구조를 갖는다. 섬유아연석 구조는 격자점당 4개의 원자를 (0, 0, 0) 및 (2/3, 1/3, 1/2) 좌표에 Zn, 그리고 (0, 0, 3/8) 및 (2/3, 1/3, 7/8) 좌표에 O로 갖는 육방정 격자이다.

(a) 정상적인 단위정에 몇 개의 원자가 있는가?

(b) 만일 원자들이 (0, 0, 0) 및 (1/3, 2/3, 1/2) 좌표에 Zn, 그리고 (0, 0, 3/8) 및 (1/3, 2/3, 7/8) 좌표에 O가 대신 위치한다면, 구조가 달라지는지 설명하라.

(c) ZnO에 대하여, 단위정 상수는 $a = 3.24$ Å 및 $c = 5.19$ Å이다. (주: 이것은 이상적인 HCP의 c/a비는 아님) 일반적인 ZnO 나노선은 직경 20 nm에 길이 5 mm이다. 나노선을 원통형이라고 가정할 경우, 단일 ZnO 나노선에는 대략 몇 개의 원자들이 있는가?

3-34 $c = \sqrt{8/3}a$인 조밀육방 결정구조에 대하여 원자충진율을 계산하라. 단위정의 기저(base)는 평행사변형임을 기억하라.

3-35 마그네슘(Mg)은 조밀육방 결정구조를 갖는다. 마그네슘의 격자상수는 $a = 0.32087$ nm 및 $c = 0.5209$ nm, 원자반경은 $r = 0.7604$ nm이다. 마그네슘은 이상적인 원자충진율을 갖지 못한다는 것에 주목하라.

(a) 조밀육방 구조에서 단위정당 원자의 수는 몇 개인가?

(b) 마그네슘 단위정의 원자충진율을 계산하라.

(c) 마그네슘의 c/a비는 이상적인 HCP의 c/a비보다 큰가 아니면 작은가? 슬립(slip)은 이상적인 HCP에 비하여 마그네슘에서 더 쉽게 일어나는지 아니면 더 어렵게 일어나는지에 대하여 여러분의 해답을 충분히 설명하라.

3-4절 동소변태 또는 동질이형변태

3-36 동소체와 동질이형체의 차이점은 무엇인가?

3-37 지르코니아의 서로 다른 동질이형체에는 무엇이 있는가?

3-38 다수의 금속들은 특정 온도에서 어떤 결정구조에서 다른 결정구조로 동소변태한다. 일반적으로 상변태에는 부피변화가 수반된다. 그러한 변화의 실용적인 중요성은 무엇인가?

3-39 티타늄은 882 ℃ 이상에서 $a = 0.332$ nm인 BCC 결정구조를 갖는다. 이 온도 아래에서, 티타늄은 $a = 0.29503$ nm 및 $c = 0.46831$ nm인 HCP 구조를 가진다. BCC 티타늄이 HCP 티타늄으로 변태할 때, 부피변화 백분율(%)을 계산하라. 이것은 수축인가 아니면 팽창인가?

3-40 알파망간(α-Mn)은 $a_0 = 0.8931$ nm 및 밀도 7.47 g/cm^{3}인 입방정 구조이다. 베타망간(β-Mn)은 $a_0 = 0.6326$ nm 및 밀도 7.26 g/cm^{3}인 다른 입방정 구조를 갖는다. 망간의 원자량은 54.938 g/mol, 원자반경은 0.112 nm이다. α-Mn이 β-Mn으로 변태할 때 발생하는 부피변화 백분율(%)을 계산하라.

3-41 지르코니아의 세 가지 동질이형체의 이론밀도를 계산하라. 단사정 구조의 격자상수는 각각 $a = 5.156$ Å, $b = 5.191$ Å, $c = 5.304$ Å이다. 단사(monoclinic) 단위정의 β-각은 98.9°이다. 정방(tetragonal) 단위정의 격자상수는 각각 $a = 5.094$ Å, $c = 5.304$ Å이다. 입방(cubic) 지르코니아는 5.124 Å의 격자상수를 갖는다. 각각의 단위정은 네 개의 ZrO_2 단위를 포함한다.

3-42 이 장의 정보로부터, 입방정 구조의 지르코니아에서 정방정 구조의 지르코니아로 변태할 때 발생하는 부피변화를 계산하라.

3-43 단사정 지르코니아는 산소센서나 다른 장치를 제조하는 데 효과적으로 사용될 수 없다. 그 이유를 설명하라.

3-44 안정화 지르코니아라는 용어는 무엇을 의미하는가?

3-45 안정화 지르코니아 세라믹의 두 가지 응용분야를 기술하라.

3-5절 단위정 내의 점, 방향, 면

3-46 응용사례를 사용하여 결정학적 방향의 중요성을 설명하라.

3-47 왜 '배향된 결정립'의 Fe-Si 합금이 자성재료 용도로 사용되는가?

3-48 결정학적 방향이 기록매체용 자성재료에 사용된 자기적 성질에 미치는 영향은 무엇인가?

3-49 다음과 같은 점들을 갖는 방향에 대하여 밀러지수를 결정하라.

(a) (1, 0, 2)에서 (2, 4, 1) 방향
(b) (2, 1, 3)에서 (5, 4, 2) 방향
(c) (3, 1, 3)에서 (9, 1, 5) 방향

3-50 단위정 내에 (a) [111], (b) [025], (c) [414] 방향을 표시하라.

3-51 그림 3-37의 입방 단위정에 나타낸 각 방향에 대한 밀러지수를 결정하라.

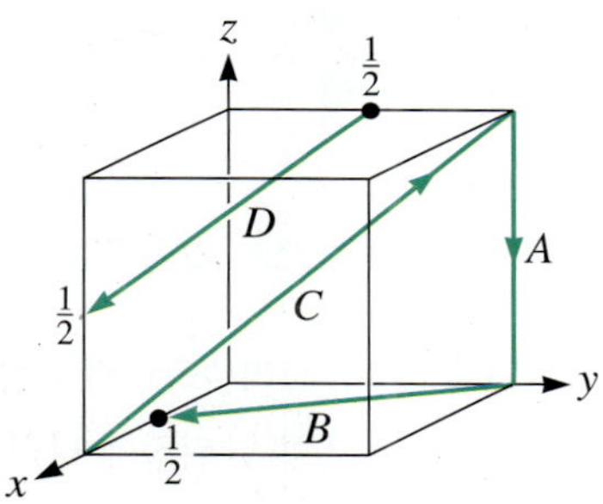

그림 3-37 입방 단위정에서 방향들. (문제 3-51에 사용)

3-52 그림 3-38의 입방 단위정에 나타낸 각 방향에 대한 방향지수를 결정하라.

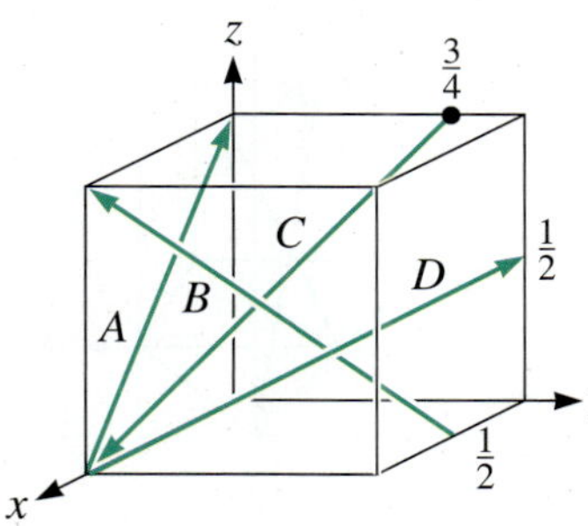

그림 3-38 입방 단위정에서 방향들. (문제 3-52에 사용)

3-53 단위정 내에 (a) (100), (b) (134), (c) (101) 면을 표시하라.

3-54 그림 3-39의 입방 단위정에 나타낸 각 면에 대

한 면지수를 결정하라.

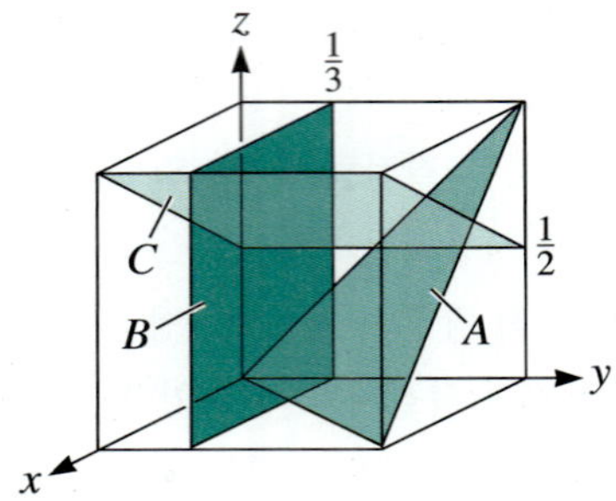

그림 3-39 입방 단위정에서 면들. (문제 3-54에 사용)

3-55 그림 3-40의 입방 단위정에 나타낸 각 면에 대한 면지수를 결정하라.

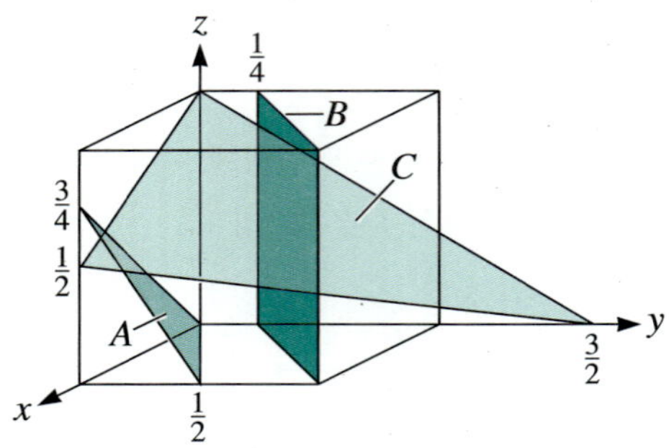

그림 3-40 입방 단위정에서 면들. (문제 3-55에 사용)

3-56 3-자리(3축)와 4-자리(4축) 좌표계를 사용하여 그림 3-41의 육방 단위정에 나타낸 각 방향에 대한 방향지수를 결정하라.

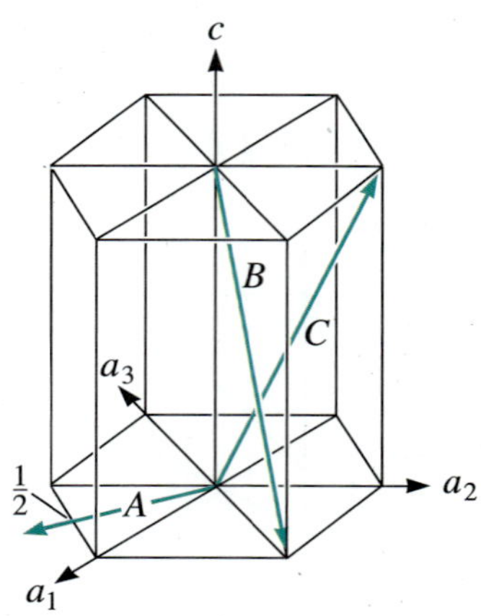

그림 3-41 육방 단위정에서 방향들. (문제 3-56에 사용)

3-57 3-자리(3축)와 4-자리(4축) 좌표계를 사용하여 그림 3-42의 육방 단위정에 나타낸 각 방향에 대한 방향지수를 결정하라.

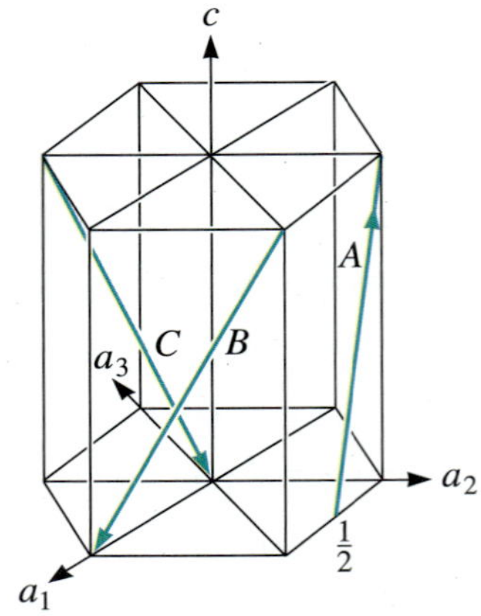

그림 3-42 육방 단위정에서 방향들. (문제 3-57에 사용)

3-58 그림 3-43의 육방 단위정에 나타낸 각 면에 대한 면지수를 결정하라.

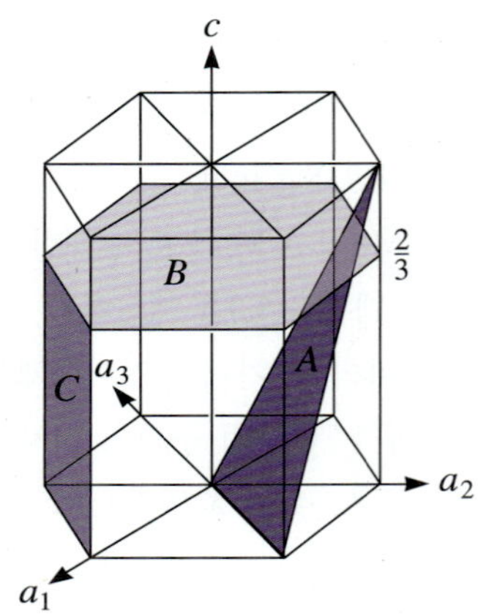

그림 3-43 육방 단위정에서 면들. (문제 3-58에 사용)

3-59 그림 3-44의 육방 단위정에 나타낸 각 면에 대한 면지수를 결정하라.

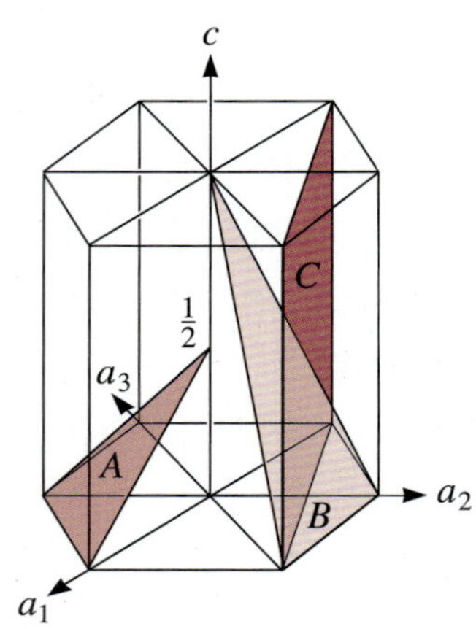

그림 3-44 육방 단위정에서 면들. (문제 3-59에 사용)

3-60 입방 단위정 내에 다음 면과 방향을 그려보라.

(a) $[101]$ (b) $[0\bar{1}0]$ (c) $[12\bar{2}]$ (d) $[301]$

(e) $[\bar{2}01]$ (f) $[2\bar{1}3]$ (g) $(0\bar{1}\bar{1})$ (h) (102)

(i) (002) (j) $(1\bar{3}0)$ (k) $(\bar{2}12)$ (l) $(3\bar{1}\bar{2})$

3-61 입방 단위정 내에 다음 면과 방향을 그려보라.

(a) $[1\bar{1}0]$ (b) $[\bar{2}\bar{2}1]$ (c) $[410]$ (d) $[0\bar{1}2]$

(e) $[\bar{3}\bar{2}1]$ (f) $[1\bar{1}1]$ (g) $(11\bar{1})$ (h) $(01\bar{1})$

(i) (030) (j) $(\bar{1}21)$ (k) $(11\bar{3})$ (l) $(0\bar{4}1)$

3-62 육방 단위정 내에 다음 면과 방향을 그려보라.

(a) $[01\bar{1}0]$ (b) $[11\bar{2}0]$ (c) $[\bar{1}011]$

(d) (0003) (e) $(\bar{1}010)$ (f) $(01\bar{1}1)$

3-63 육방 단위정 내에 다음 면과 방향을 그려보라.

(a) $[\bar{2}110]$ (b) $[11\bar{2}1]$ (c) $[10\bar{1}0]$

(d) $(1\bar{2}10)$ (e) $(\bar{1}\bar{1}22)$ (f) $(12\bar{3}0)$

3-64 입방정의 $(11\bar{1})$ 면에 놓여 있는 $\langle 110 \rangle$ 방향족의 여섯 개 방향지수는 무엇인가?

3-65 입방정의 $(\bar{1}01)$ 면에 놓여 있는 $\langle 111 \rangle$ 방향족의 네 개 방향지수는 무엇인가?

3-66 정방 단위정에서 $\langle 110 \rangle$ 방향족의 숫자를 결정하고 사방 단위정에서 $\langle 110 \rangle$ 방향족의 숫자와 비교하라.

3-67 정방 단위정에서 $[110]$ 방향과 (110) 면 사이의 각을 결정한 다음, 정방 단위정에서 $[011]$ 방향과 (011) 면 사이의 각을 결정하라. 격자상수는 $a_0 = 4.0$ Å 및 $c_0 = 5.0$ Å이다. 차이의 원인은 무엇인가?

3-68 다음의 좌표를 가지는 세 점을 통과하는 면의 밀러지수를 결정하라.

(a) (0, 0, 1), (1, 0, 0), (1/2, 1/2, 0)

(b) (1/2, 0, 1), (1/2, 0, 0), (0, 1, 0)

(c) (1, 0, 0), (0, 1, 1/2), (1, 1/2, 1/4)

(d) (1, 0, 0), (0, 0, 1/4), (1/2, 1, 0)

3-69 BCC 단위정에서 $\langle 100 \rangle$, $\langle 110 \rangle$, $\langle 111 \rangle$ 방향에 대하여 선밀도를 계산하고 비교하라. 어느 방향이 가장 조밀충진되어 있는가?

3-70 FCC 단위정에서 $\langle 100 \rangle$, $\langle 110 \rangle$, $\langle 111 \rangle$ 방향에 대하여 선밀도를 계산하고 비교하라. 어느 방향이 가장 조밀충진되어 있는가?

3-71 BCC 단위정에서 $\{100\}$, $\{110\}$, $\{111\}$ 면에 대하여 면밀도를 계산하고 비교하라. 어느 면이 가장 조밀충진되어 있는가?

3-72 FCC 단위정에서 $\{100\}$, $\{110\}$, $\{111\}$ 면에 대하여 면밀도를 계산하고 비교하라. 어느 면이 가장 조밀충진되어 있는가?

3-73 격자상수 0.35167 nm인 FCC 니켈에 대하여 $[100]$, $[110]$, $[111]$ 방향에서 반복거리, 선밀도, 충진율을 결정하라. 이들 중 어느 방향이 조밀충진되어 있는가?

3-74 격자상수 0.35089 nm인 BCC 리튬에 대하여 $[100]$, $[110]$, $[111]$ 방향에서 반복거리, 선밀도, 충진율을 결정하라. 이들 중 어느 방향이 조밀충진되어 있는가?

3-75 HCP 마그네슘에 대하여 $[\bar{2}110]$ 방향과 $[11\bar{2}0]$ 방향에서 반복거리, 선밀도, 충진율을 결정하라. HCP 마그네슘의 격자상수는 부록 A에 나와 있다.

3-76 FCC 니켈에 대하여 (100), (110), (111) 면에서 면밀도와 충진율을 결정하라. 만일 있다면 어느 면이 조밀충진면인가?

3-77 BCC 리튬에 대하여 (100), (110), (111) 면에서 면밀도와 충진율을 결정하라. 만일 있다면 어느 면이 조밀충진면인가?

3-78 FCC 로듐(Rh)이 판의 표면과 평행한 (111) 면을 갖는 1 mm 두께의 판재(sheet)로 생산된다고 가정하자. 판재의 두께 1 mm를 (111) 면에서의 면간거리 d_{111}의 배수로 나타내면 얼마인가? 필요한 데이터는 부록을 참고하라.

3-79 FCC 단위정에서 (0, 0, 0) 점과 (1, 1, 1) 점 사이의 거리는 면간거리 d_{111}의 배수로 나타내면 얼마인가?

3-80 FCC 구조와 HCP 구조에서 적층순서는 무엇인가?

3-6절 침입형자리

3-81 다음 (a) 및 (b)에 딱 알맞게 끼어들어 갈 원자의 최소반경을 결정하라.

(a) FCC 니켈에서 침입형 사면체자리

(b) BCC 리튬에서 침입형 팔면체자리

3-82 팔면체자리와 사면체자리의 배위수는 얼마인가?

3-83 FCC 결정구조의 원자충진율은 0.74이다. 이 0.74의 원자충진율은 모든 원자들이 동일한 원자반경 R을 가질 때 3차원에서 달성될 수 있는 가장 조밀한 원자배열이다. 강구모델(hard-sphere model)에서 원자들이 단위정 부피의 74%를 차지한다면, 나머지 26%는 빈 공간이다.

FCC 단위정의 각 변의 중심과 단위정의 체심 위치에 위치한 빈 공간들이 반경 $r = 0.414R$을 갖는 더 작은 구들로 채워진다고 생각하자. 더 작은 원자들은 반경 R의 원자들 사이에 완벽하게 맞추어 들어간다.

(a) 통상적인 방식으로 계산할 경우, FCC 단위정당 반경 r의 원자들은 몇 개 있는가?

(b) 이들 반경 r의 원자들의 좌표는 무엇인가? 원자들을 중복하여 헤아리지 마라. 단위정당 반경 r의 원자수와 동일한 숫자의 좌표를 제시하라.

(c) 이 구조의 원자충진율은 얼마인가?

3-7절 이온결합 재료의 결정구조

3-84 FCC 구리의 결정구조를 흩트리지 않고 팔면체 자리에 딱 알맞게 끼어들어갈 원자의 반경은 얼마인가?

3-85 부록 B에 주어진 이온반경을 사용하여 다음 화합물에 예상되는 배위수를 결정하라.

(a) Y_2O_3 (b) UO_2 (c) BaO (d) Si_3N_4
(e) GeO_2 (f) MnO (g) MgS (h) KBr

3-86 어떤 특정한 단위정은 단위정의 각 꼭지점과 면심에 위치한 A이온과 입방정의 각 변의 중점과 체심위치에 위치한 B이온으로 된 입방체이다. 이온들은 통상적인 방식으로 단위정에 기여한다(꼭지점에 위치한 각 이온은 1/8이온으로 기여함 등).

(a) 단위정에는 A이온 및 B이온이 각각 몇 개 있는가?

(b) 이 구조를 격자와 단위체로 설명하라. 여러분이 격자와 단위체로 표현한 구조에 의해 주어진 단위정당 이온의 수가 (a)에서의 답과 일치하는지 반드시 확인하라.

(c) 각각의 이온의 배위수는 얼마인가?

(d) 이 결정구조에 대한 명칭은 일반적으로 무엇인가?

3-87 NiO가 CsCl, NaCl, 섬아연광(zinc blende) 구조 중 어느 구조를 갖는다고 예상하는가? 여러분의 답을 바탕으로 다음을 결정하라.

(a) 격자상수

(b) 밀도

(c) 충진율

3-88 UO_2가 NaCl, 섬아연광, 형석(fluorite) 구조 중 어느 구조를 갖는다고 예상하는가? 여러분의 답을 바탕으로 다음을 결정하라.

(a) 격자상수

(b) 밀도

(c) 충진율

3-89 BeO가 NaCl, 섬아연광, 형석 구조 중 어느 구조를 갖는다고 예상하는가? 여러분의 답을 바탕으로 다음을 결정하라.

(a) 격자상수

(b) 밀도

(c) 충진율

3-90 CsBr이 NaCl, 섬아연광, 형석, CsCl 구조 중 어느 구조를 갖는다고 예상하는가? 여러분의 답을 바탕으로 다음을 결정하라.

(a) 격자상수

(b) 밀도

(c) 충진율

3-91 ZnS(섬아연광 구조)의 (110) 면의 이온배열을 스케치하고 이 이온배열을 CaF_2(형석 구조)의 (110) 면의 이온배열과 비교하라. 이 두 재료에 대하여 (110)면의 면충진분율을 비교하라.

3-92 NaCl 구조를 갖는 MgO는 0.396 nm의 격자상수를 갖는다. MgO의 (111) 및 (222) 면의 면밀도와 면충진분율을 계산하라. 각 면에는 어떤 이온이 존재하는가?

3-93 PZT[$Pb(Zr_xTi_{1-x})$, 여기서 x는 Zr^{4+}의 몰분율]

의 퍼로브스카이트 동질이형체의 결정구조를 그려보라. 두 개의 B-자리 양이온들이 B-자리 위치를 무작위로 차지한다고 가정한다.

3-8절 공유결합 구조

3-94 α-Sn의 이론밀도를 계산하라. α-Sn은 다이아몬드입방 구조를 갖는다고 가정하고, 원자반경 정보는 부록 B를 참조하라.

3-95 Ge의 이론밀도를 계산하라. Ge은 다이아몬드입방 구조를 갖는다고 가정하고 원자반경 정보는 부록 B를 참조하라.

3-9절 결정구조 해석을 위한 회절기법

3-96 파장 0.15418 nm의 X선이 사용될 때, 철의 (220) 면에서 회절된 X선 빔은 $2\theta = 99.1°$의 각도에서 관찰된다. 철의 격자상수를 계산하라.

3-97 파장 0.15418 nm의 X선이 사용될 때, 알루미늄의 (311) 면에서 회절된 X선 빔은 $2\theta = 78.3°$의 각도에서 관찰된다. 알루미늄의 격자상수를 계산하라.

3-98 그림 3-45는 회절 피크의 세기(intensity) 대 2θ 회절각으로 나타낸 X선회절 실험의 결과이다. 파장 0.15418nm의 X선이 사용되었다면 다음을 결정하라.

(a) 금속의 결정구조

(b) 각각의 피크에 해당하는 면지수

(c) 금속의 격자상수

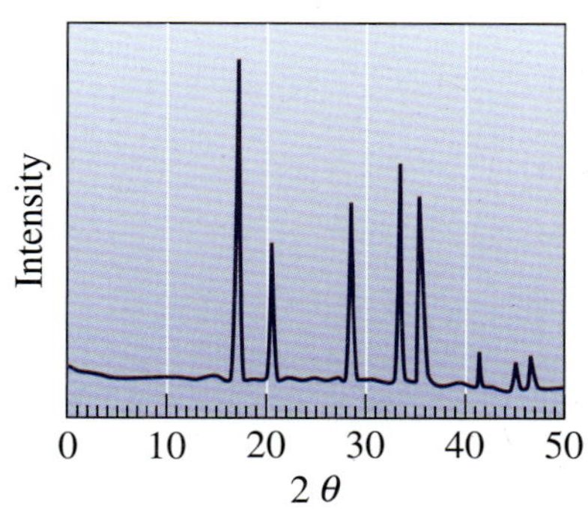

그림 3-45 XRD 패턴. (문제 3-98에 사용)

3-99 그림 3-46은 회절 피크의 세기(intensity) 대 2θ 회절각으로 나타낸 X선회절 실험의 결과이다. 파장 0.07107 nm의 X선이 사용되었다면 다음을 결정하라.

(a) 금속의 결정구조

(b) 각각의 피크에 해당하는 면지수

(c) 금속의 격자상수

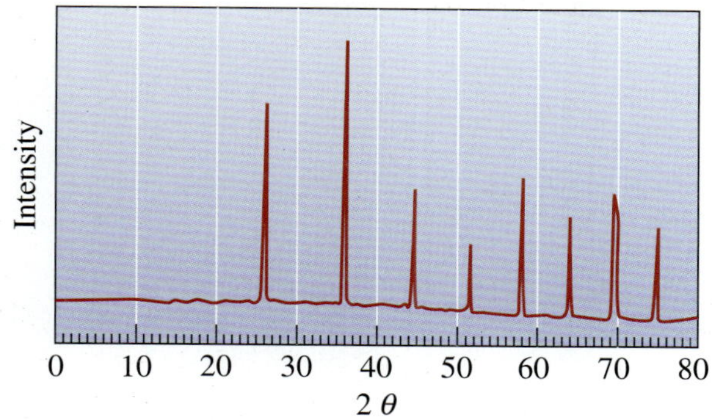

그림 3-46 XRD 패턴. (문제 3-99에 사용)

3-100 어떤 지르코니아 시료는 입방정과 단사정 동질이형체를 포함한다. 이러한 2개의 서로 다른 동질이형체의 존재를 찾아내는 데 적합한 분석 기술은 무엇인가?

설계문제

3-101 일부는 FCC이고 일부는 BCC로 혼합된 철 시료를 가려내고자 한다. 이 작업을 수행하는 데 사용될 수 있는 X선회절 방법을 설계하라.

3-102 요리에 사용할 주방기구를 만드는 데 필요한 재료를 설계하고자 한다. 그 재료는 투명하면서 반복되는 가열과 냉각에 견뎌야 한다. 그렇게 투명하고 내구성 있는 주방기구를 설계하기 위해 어떤 종류의 재료가 사용될 수 있을까?

컴퓨터문제

3-103 표 3-1은 서로 다른 종류의 단위정의 부피를 계산하는 식을 포함한다. 단위정의 부피를 Å^{3}과 nm^{3}의 단위로 계산하기 위한 컴퓨터 프로그램을 작성하라. 프로그램은 사용자들이 (a) 단위정의 종류, (b) 필요한 격자상수, (c) 각도를 입력할 수 있도록 해야 한다. 그러면 프로그

램은 입력을 인식하고, 단위정의 부피를 계산하는 데 적절한 식을 사용해야 한다.

3-104 사용자들로 하여금 어떤 원소에 대한 원자량, 원자반경, 입방정 결정구조를 입력하도록 요청하는 컴퓨터 프로그램을 작성하라. 프로그램의 출력은 원자충진율 및 이론밀도여야 한다.

Knovel® 활용 문제

K3-1 반도체 GaN, GaP, GaAs, GaSb, InN, InP, InAs, InSb에 대하여 결정 격자상수를 구하라. 격자상수에 대하여 계산으로 얻은 결과를 최소한 두 개의 서로 다른 출처에서 얻은 자료와 비교하라.

무엇이 루비를 빨갛게 만드는가? 약 1%의 산화크롬을 알루미나에 첨가하여 결함을 만든다. 이러한 결함 수준 사이의 전자 천이가 빨강색 루비 결정을 만든다. 이와 유사하게, Fe^{2+}와 Ti^{4+}를 첨가하면 푸른 사파이어가 만들어진다. (출처: *Lawrence Lawry/Photodisc/Getty Images*)

CHAPTER 4

원자 및 이온의 배열에서 결함

다음과 같이 궁금해 해본 적이 있는가?

- 반도체 웨이퍼로 사용되는 실리콘 단결정은 왜 인 또는 보론과 같은 미량의 불순물을 포함하는가?
- 무엇이 강(steel)을 순철보다 강하고 단단하게 만드는가?
- 왜 고순도 구리를 전기적 용도에 전도체로 사용하는가?
- FCC 금속(예: 구리 및 알루미늄)은 왜 BCC나 HCP 금속보다 더 연성이 좋은 경향이 있는가?
- 금속은 어떻게 강화되는가?

제4장의 주요 학습목표

- 결정질 재료 내의 다양한 점결함(공공, 치환형 결함, 침입형 결함)을 묘사하는 것.
- 칼날전위와 나선전위의 개념과 형태, 그리고 전위가 결정질 재료를 어떻게 강화하는가를 설명하는 것.
- 주어진 결정구조에서 가능한 슬립계를 알아보는 것.
- 결정입계가 어떻게 다결정 재료를 강화하는지 설명하는 것.
- 다결정 재료의 강화에 결정립크기의 역할을 설명하는 것.
- 가공경화의 과정과 이것이 어떻게 결정질 재료의 강도에 영향을 미치는지 설명하는 것.

공학재료에서 원자 또는 이온의 배열은 불완전하거나 결함을 가지고 있다. 이러한 결함들은 흔히 재료의 성질에 지대한 영향을 미친다. 이 장에서는 세 가지의 기본 결함형태를 소개하는데, 이는 점결함(point defect), 선결함(line defect)[또는 전위(dislocation)], 표면결함(surface defect)이다. 이러한 결함은 단지 주어진 결정구조에서 기대할 수 있는 원자 또는 이온의 이상적인 배열에서 벗어남을 의미한다. 이러한 재료는 기술적 관점에서 볼 때 결점이 있는 것으로 간주되지는 않는다. 많은 응용분야에서 그러한 결함의 존재는 오히려 쓸모가 있다. 재료에서 요구되는 전기적, 자기적, 광학적, 기계적 성질의 조합을 얻기 위해 종종 결함들이 의도적으로 만들어진다. 예를 들어, 순철은 비교적 연하지만, 소량의 탄소를 첨가하면 철의 결정구조에 결함을 생성하게 되고, 훨씬 더 높은 강도를 갖는 보통탄소강(plain carbon steel)으로 변화된다. 이와 유사하게, 순수한 알루미나 결정은 투명하고 무색이지만 소량의 크롬을 첨가하여 특별한 결함을 발생시키면 아름다운 빨강색 루비 결정이 된다. 그러나 점결함의 효과가 항상 바람직한 것만은 아니다. 구리를 미세전자회로의 도체로서 사용하고자 한다면, 순도가 가장 높은 것을 골라야 한다. 매우 적은 양의 불순물에 의해서도 구리의 전기비저항이 수십 배 커지기 때문이다.

4-1 점결함

점결함은 결정구조에서 완벽한 원자배열 또는 이온배열이 국부적으로 흐트러진 것을 의미한다. 비록 그것을 점결함이라 부르지만 이 국부적인 와해는 몇 개의 원자 또는 이온을 포함한 영역에 영향을 미친다. 그림 4-1에 나타낸 것처럼 이러한 결함은 재료공정 중 가열에 의해 에너지를 공급받아 이동하거나, 의도적인 또는 비의도적인 불순물 도입에 의해 발생된다. 보통 불순물은 원재료나 공정에서 도입된 원소나 화합물이다. 예를 들어, 석영 도가니에서 성장된 실리콘 결정은 불순물로서 산소를 포함하고 있다. 반면에, 도펀트(dopant)는 미세구조의 특정 위치에 의도적으로 조절된 농도로 첨가된 원소 또는 화합물이며, 특성 및 공정에 유익한 영향을 미친다. 일반적으로 불순물의 효과는 유해한 반면, 재료특성에 대한 도펀트의 영향은 유용하다. 인과 보론은 순수한 실리콘의 전기적 특성을 향상시키기 위해 실리콘에 첨가되는 도펀트의 예이다.

점결함은 보통 한 개의 원자나 이온 또는 한 쌍의 원자나 이온을 포함하고, 따라서 전위나 결정립계와 같은 광범위 결함(extended defect)과는 구별된다. 점결함에 관한

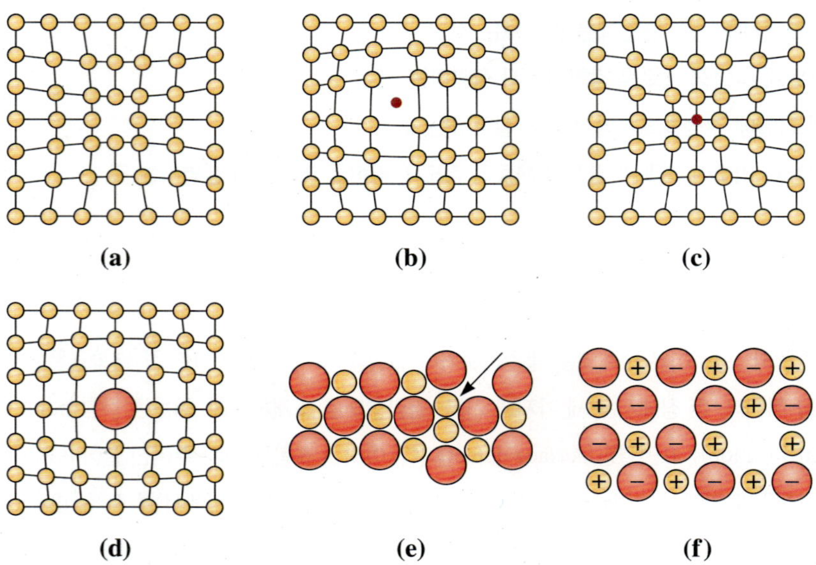

그림 4-1 점결함. (a) 공공, (b) 침입형원자, (c) 작은 치환형원자, (d) 큰 치환형원자, (e) 프렌켈 결함, (f) 쇼트키 결함. 이러한 모든 결함은 주변의 원자들의 완벽한 배열을 와해시킨다.

중요한 점은 비록 점결함이 한 개 또는 두 개의 지점에서 발생하더라도, 이러한 점결함의 존재는 결정질 재료 내 상당히 먼 거리까지 영향을 미친다는 사실이다.

공공 공공(vacancy)은 그림 4-1(a)에 나타낸 것처럼 원자나 이온이 결정구조의 정상적인 자리에서 누락되었을 때 발생한다. 원자나 이온이 정상위치에서 누락될 때(즉, 공공이 생성될 때), 재료의 전체적인 무질서도 또는 엔트로피는 증가하고, 이는 결정질 재료의 열역학적 안정성을 증가시킨다. 모든 결정질 재료는 공공 결함을 가지고 있다. 공공은 응고되는 과정에서, 또는 고온에서, 또는 방사선 손상의 결과로 금속과 합금에 도입된다. 공공은 고체 재료(특히 순금속) 내에서 원자 또는 이온이 이동하거나 확산하는 속도를 결정하는 데 매우 중요한 역할을 한다. 이에 대해서는 제5장에서 자세히 다룰 것이다.

상온(약 298 K)에서 공공의 농도는 작지만, 다음과 같은 Arrhenius 형태의 거동으로 나타낼 수 있는 것처럼, 온도가 증가함에 따라 공공의 농도는 지수함수적으로 증가한다.

$$n_v = n \exp\left(\frac{-Q_v}{RT}\right) \tag{4-1}$$

여기서,

n_v는 단위부피(m^3)당 공공의 수
n은 단위부피(m^3)당 원자의 수
Q_v는 1몰의 공공을 생성하는 데 필요한 에너지(cal/mol 또는 J/mol)
R은 기체상수$\left(1.987 \dfrac{\text{cal}}{\text{mol} \cdot \text{K}}\ \text{또는}\ 8.314 \dfrac{\text{J}}{\text{mol} \cdot \text{K}}\right)$
T는 절대온도

용융점 부근의 높은 열에너지에 의해 원자 1,000개당 하나의 공공이 존재할 수 있다. 이 식은 주어진 온도에서 공공의 평형농도를 나타내고 있음에 유의하라. 또한 재료를 빠르게 담금질함으로써 어떤 고온에서 생긴 공공의 농도를 그대로 유지시키는 것도 가능하다. 따라서 많은 경우에 있어 상온에서 관찰된 공공의 농도는 식 4-1에 의해 예측되는 평형농도가 아니다.

예제 4-1 공공농도에 대한 온도의 영향

상온(25 ℃)에서 구리의 공공농도를 계산하라. 상온에서의 공공의 평형농도보다 1,000배 높은 공공농도를 생성하려면 구리를 몇 도에서 열처리해야 하는가? 구리에서 1몰의 공공을 발생시키기 위해서는 83,680 J이 필요하다고 가정한다.

풀이

FCC 구리의 격자상수는 0.36151 nm이다. 단위정당 4개의 원자가 존재하고, 따라서 단위부피(m^3)당 구리원자의 수는

$$n = \frac{4\text{ 원자/단위정}}{(3.6151 \times 10^{-10}\text{ m})^3} = 8.466 \times 10^{28}\text{ 구리원자/m}^3$$

상온에서, $T = 25 + 273 = 298$ K:

$$n_v = n \exp\left(\frac{-Q_v}{RT}\right)$$

$$= (8.466 \times 10^{28}\text{ 원자/m}^3) \exp\left[\frac{-83,680 \dfrac{\text{cal}}{\text{mol}}}{\left(8.314 \dfrac{\text{J}}{\text{mol} \cdot \text{K}}\right)(298\text{ K})}\right]$$

$$= 1.814 \times 10^{14}\text{ 공공/m}^3$$

이 농도보다 1,000배 높은 공공농도, 즉 $n_v = 1.814 \times 10^{17}$ 공공/m^3가 얻어지는 열처리 온도를 알고자 한다.

이러한 공공의 수가 얻어지는 구리의 열처리 온도는 다음과 같이 구할 수 있다.

$$n_v = 1.814 \times 10^{17} = n \exp\left(\frac{-Q_v}{RT}\right)$$

$$= (8.466 \times 10^{28}) \exp(-83,680/8.314\,T)$$

$$\exp\left(\frac{-83,680}{8.314\,T}\right) = \frac{1.814 \times 10^{17}}{8.446 \times 10^{28}} = 2.14 \times 10^{-12}$$

$$\frac{-83,680}{8.314\,T} = \ln(2.14 \times 10^{-12}) = -26.87$$

$$T = \frac{83,680}{(8.314)(26.87)} = 375\text{ K} = 102\text{ °C}$$

구리를 100 °C보다 약간 높은 온도로 가열하고 평형상태가 될 때까지 기다린 후, 상온까지 급속히 냉각하면, 결정구조 속의 공공농도는 아마 상온에서의 평형 공공농도보다 1,000배 높은 값을 얻을 것이다. 따라서 재료에서 나타나는 공공농도는 종종 열역학적 요인과 속도론적 요인 모두에 의해 결정된다.

예제 4-2 철의 공공농도

철의 이론밀도를 계산하고, BCC **철 결정이** 7,874 kg/m^3**의 밀도를 갖기 위해 필요한 공공의 수를 결정하라. 철의 격자상수는** 2.866×10^{-10} m**이다.**

풀이

철의 이론밀도는 격자상수와 원자질량을 사용하여 계산할 수 있다. BCC 구조의 철

은 각 단위정 내에 2개의 철원자가 존재한다.

$$\rho = \frac{(2\ \text{원자/단위정})(0.055847\ \text{kg/mol})}{(2.866 \times 10^{-10}\ \text{m})^3\,(6.022 \times 10^{23}\ \text{원자/몰})} = 7{,}879\ \text{kg/m}^3$$

이 계산은 결정 내부에 결함이 전혀 없는 상태를 가정한 것이다. 밀도 7,874 kg/m^{3}에 대해 철원자 그리고 각 단위정에 존재할 수 있는 공공의 수를 계산해보자.

$$\rho = \frac{(\text{X 원자/단위정})(0.055847\ \text{kg/mol})}{(2.866 \times 10^{-10}\ \text{m})^3(6.022 \times 10^{23}\ \text{원자/몰})} = 7{,}874\ \text{kg/m}^3$$

$$\text{X 원자/단위정} = \frac{(7{,}874\ \text{kg/m}^3)(2.866 \times 10^{-10}\ \text{m})^3(6.022 \times 10^{23}\ \text{원자/몰})}{0.055847\ \text{kg/mol}}$$

$$= 1.99878$$

단위정당 공공의 수는 2.00 − 1.9978 = 0.00122이어야 한다. 단위부피(m^3)당 공공의 수는,

$$\text{공공/m}^3 = \frac{0.00122\ \text{공공/단위정}}{(2.866 \times 10^{-10}\ \text{m})^3} = 5.18 \times 10^{25}$$

다결정 재료의 결정입계와 같은 다른 결함들도 이론밀도 값보다 낮은 밀도에 기여할 수 있다는 점에 유의하라.

침입형 결함 침입형 결함(interstitial defect)은 그림 4-1(b)에 나타낸 것처럼 여분의 원자 또는 이온이 결정구조 내 정상적으로는 점유되지 않는 위치에 삽입될 때 형성된다. 표 3-6에 침입형자리를 나타내었다. 침입형원자나 이온은 비록 격자점에 위치한 원자나 이온보다는 매우 작지만 그것들이 점유한 침입형자리보다는 여전히 더 크다. 결과적으로, 그 주변의 결정영역은 압축되고 왜곡된다. 수소와 같은 침입형원자들은 종종 불순물로 존재하는 반면에 탄소원자들은 강철을 만들기 위해 의도적으로 철에 첨가된다. 탄소원자는 매우 적은 양으로서 철 결정구조 내 침입형자리를 점유하게 되고 그 위치 부근 결정의 국부적인 영역에 응력을 발생시킨다. 이처럼 침입형원자의 도입은 금속재료의 강도를 증가시키는 중요한 방법 중 하나임을 배울 것이다. 공공과는 달리 침입형원자나 이온은 한번 구조에 도입되면 심지어 온도가 변하더라도 거의 일정한 상태로 남아 있게 된다.

예제 4-3 **철에서 탄소의 자리**

FCC 철에서 탄소원자는 팔면체자리에 위치하는데, 이 팔면체자리는 (0, 0, 1/2)과 같은 단위정 각 변의 중심 그리고 (1/2, 1/2, 1/2)과 같은 단위정의 중심이다. BCC 철에서 탄소원자는

(0, 1/2, 1/4)과 같은 사면체자리로 들어간다. FCC, BCC 철의 격자상수는 각각 0.3571 nm와 0.2866 nm이다. 탄소원자의 반경은 0.071 nm로 가정하라. (a) FCC와 BCC 철 중 침입형 탄소원자에 의한 결정구조 왜곡이 어느 쪽이 더 클 것으로 예상하는가? (b) 만약 모든 침입형자리가 탄소에 의해 채워진다면 각 종류의 철에서 탄소의 원자백분율은 얼마인가?

풀이

(a) 그림 4-2(a)를 참고하여 (0, 1/2, 1/4) 위치에 있는 BCC 철의 침입형자리의 크기를 계산할 수 있다. 철원자의 반경 R_{BCC}는,

$$R_{BCC} = \frac{\sqrt{3}a_0}{4} = \frac{(\sqrt{3})(0.2866 \text{ nm})}{4} = 0.1241 \text{ nm}$$

그림 4-2(a)로부터

$$\left(\frac{1}{2}a_0\right)^2 + \left(\frac{1}{4}a_0\right)^2 = (r_{\text{interstitial}} + R_{BCC})^2$$

$$(r_{\text{interstitial}} + R_{BCC})^2 = 0.3125\, a_0^2 = (0.3125)(0.2866 \text{ nm})^2 = 0.02567 \text{ nm}^2$$

$$r_{\text{interstitial}} = \sqrt{0.02567 \text{ nm}^2} - 0.1241 \text{ nm} = 0.0361 \text{ nm}$$

FCC 철에서 (0, 0, 1/2)과 같은 침입형자리는 ⟨001⟩ 방향을 따라 놓여 있다. 따라서, 철원자의 반경과 침입형자리의 반경은[그림 4-2(b)],

$$R_{FCC} = \frac{\sqrt{2}a_0}{4} = \frac{(\sqrt{2})(0.3751 \text{ nm})}{4} = 0.1263 \text{ nm}$$

$$2r_{\text{interstitial}} + 2R_{FCC} = a_0$$

$$r_{\text{interstitial}} = \frac{0.3751 \text{ nm} - (2)(0.1263) \text{ nm}}{2} = 0.0523 \text{ nm}$$

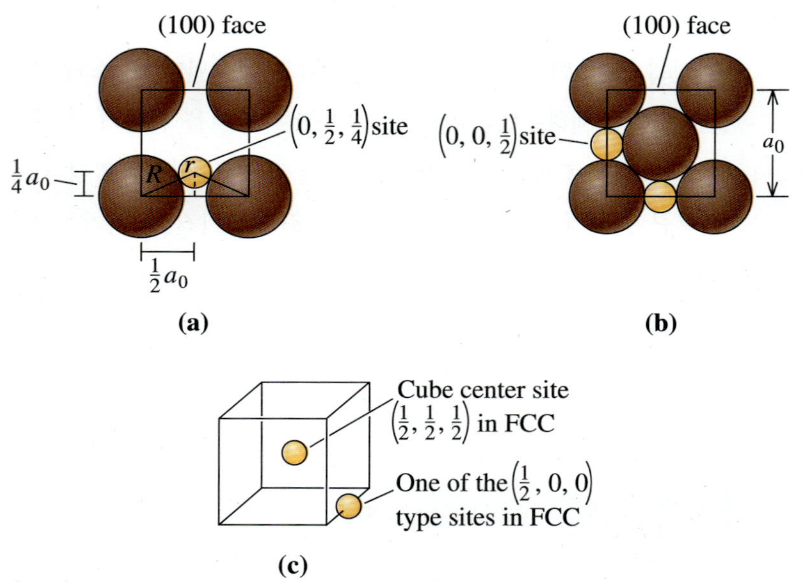

그림 4-2 (a) BCC 금속에서 (0, 1/2, 1/4) 침입형자리의 위치, (b) FCC 금속에서 (0, 0, 1/2) 자리, (c) FCC 구조에서 변의 중심과 육면체의 중심이 침입형자리이다.

BCC 철의 침입형자리가 FCC 철의 침입형자리보다 더 작다. 비록 두 자리 모두 탄소원자보다 더 작지만, 탄소는 FCC 결정구조보다 BCC 결정구조를 더욱 왜곡시킨다. 결과적으로, BCC 철의 침입형자리에는 FCC 철보다 더 적은 숫자의 탄소원자들이 들어갈 것으로 예상된다.

(b) BCC 철에서는 각 단위정당 두 개의 철원자가 존재한다. (0, 1/2, 1/4) 형태 침입형자리는 총 24개가 있음을 알 수 있으나, 단위정의 면에 존재하는 각 자리는 하나의 단위정에 대해 각 자리의 절반이 독점적으로 단위정에 포함된다. 따라서,

$$(24\ \text{자리})\left(\frac{1}{2}\right) = 12\ \text{침입형자리/단위정}$$

만약 모든 침입형자리가 완전히 채워졌다면, 철에 포함된 탄소의 원자백분율은 다음과 같다.

$$\text{at\% C} = \frac{12\text{개 C 원자}}{12\text{개 C 원자} + 2\text{개 Fe 원자}} \times 100 = 86\%$$

FCC 철에서는 각 단위정당 네 개의 철원자가 존재하고, 팔면체자리의 수는,

$$(12\ \text{변})\left(\frac{1}{4}\right) + 1\ \text{면심} = 4\ \text{침입형자리/단위정[그림 4-2(c)]}$$

마찬가지로, 모든 팔면체자리가 완전히 채워졌다면, FCC 철에 포함된 탄소의 원자백분율은 다음과 같다.

$$\text{at\% C} = \frac{4\text{개 C 원자}}{4\text{개 C 원자} + 4\text{개 Fe 원자}} \times 100 = 50\%$$

이후의 장에서 공부하겠지만, 평형조건에서 두 가지 형태의 철에 존재하는 탄소의 최대 원자백분율은 다음과 같다.

BCC: 0.1%

FCC: 9.1%

침입형원자에 의해 철 결정구조에 발생하는 변형도 때문에, 특히 BCC 철에서는, 점유될 수 있는 침입형자리의 분율은 매우 작다.

치환형 결함 치환형 결함(substitutional defect)은 그림 4-1(c)와 (d)에서 나타낸 것처럼 하나의 원자 또는 이온이 다른 원자나 이온으로 대체되었을 때 형성된다. 대체된 원자나 이온들은 원래의 정상적인 격자점에 위치한다. 치환된 원자나 이온들이 결정구조 내 보통의 원자나 이온보다 큰 경우에는 주변의 원자들 사이의 거리가 줄어들고, 또는 작은 경우에는 주변의 원자들이 더 큰 원자간거리를 갖게 된다. 어느 경우이든 치환

형 결함은 주변 결정을 왜곡한다. 침입형과 마찬가지로, 치환형 결함은 불순물로서 또는 의도적인 합금원소로서 도입될 수 있으며, 일단 도입되고 나면 결함의 수는 온도와는 비교적 무관하다.

치환형 결함의 예로는, 실리콘에 첨가된 인 또는 보론과 같은 도펀트가 있다. 그와 유사하게, 니켈에 구리를 첨가하면 구리원자는 니켈원자들이 정상적으로 존재하는 결정학적 위치를 점유하게 된다. 치환형원자는 종종 금속재료의 강도를 증가시킨다. 치환형 결함들은 세라믹 재료에서도 찾아볼 수 있다. 예를 들어, 산화니켈(NiO)에 산화마그네슘(MgO)을 첨가하면 마그네슘이온(Mg^{2+})은 니켈이온(Ni^{2+})의 위치를 차지하고, 그리고 MgO의 산소이온(O^{2-})은 NiO의 산소이온(O^{2-}) 위치를 차지한다. 원자나 이온이 침입형자리로 들어갈지 또는 치환형자리로 들어갈지는 주(host) 원자나 이온의 크기 및 원자가와 비교한 객(guest) 원자나 이온의 크기 및 원자가에 따라 결정된다. 제3장 6절에서 살펴본 것처럼 가용한 자리의 크기 또한 중요한 역할을 한다.

4-2 다른 점결함

침입형(interstitialcy)은 격자점에 있는 원자와 동일한 원자가 침입형자리에 위치할 때 형성된다. 이런 결함은 대부분 낮은 충진율을 갖는 결정구조에서 발견된다.

프렌켈(Frenkel) 결함은 그림 4-1(e)에 나타낸 것처럼 이온이 원래의 격자점에서 침입형자리로 이동하여 형성된 공공-침입형 쌍(vacancy-interstitial pair)으로, 이동 후 공공을 남기게 된다. 프렌켈 결함은 보통 이온결합 재료에서 발생하지만, 이 결함은 금속이나 공유결합 재료에서도 나타날 수 있다. 그림 4-1(f)에 나타낸 것처럼, 쇼트키(Schottky) 결함은 이온결합 재료에서 나타나며 많은 세라믹 재료에서 종종 발견된다. 이온결합 재료에서 공공이 발생할 때, 전기적으로 중성인 상태가 유지되려면 정상적인 원자위치로부터 화학양론적(stoichiometric) 수의 양이온과 음이온이 없어져야 한다. 예를 들어, MgO에서 한 개의 Mg^{2+}이온과 O^{2-}이온의 공공이 쇼트키 쌍을 이룬다. ZrO_2에서는 하나의 Zr^{4+}이온공공에 대해 두 개의 O^{2-}이온공공이 있어야 한다.

중요한 치환형 점결함은 하나의 전하를 갖는 이온이 다른 전하를 갖는 이온으로 대체될 때 일어난다. 이는 +1의 원자가를 갖는 이온이 +2의 원자가를 갖는 이온으로 대체될 때에 일어날 수 있다(그림 4-3). 이 경우에 추가적인 하나의 양전하가 결정구조 내부로 도입된다. 전하균형을 유지하기 위해 원래 +1의 원자가를 갖는 양이온이 위치하는 자리에 공공이 생성될 수 있다. 마찬가지로 이 결함은 이온결합성이 지배적인 재료에서 발견된다.

따라서, 이온결합 고체에서 점결함이 생성될 때, 다음과 같은 규칙들이 준수되어야 한다.

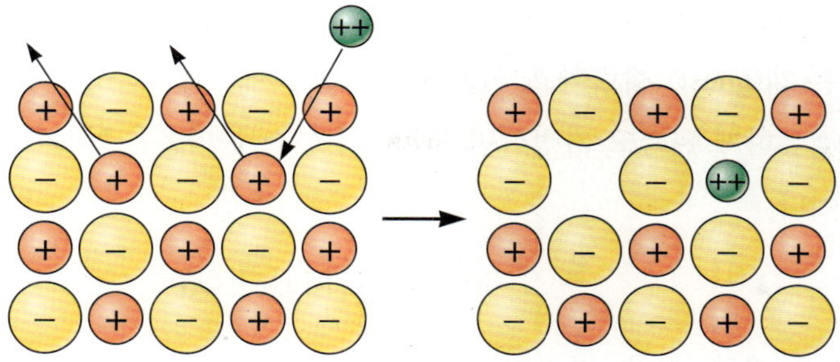

그림 4-3 1가의 양이온이 2가의 양이온으로 치환될 때 다른 1가의 양이온이 반드시 제거되고 공공이 생성되어야 한다.

(a) 전하균형이 반드시 유지되어야 하며, 이를 통해 그 결정질 재료는 전체적으로 전기적으로 중성이다.

(b) 질량균형이 반드시 유지되어야 하며,

(c) 결정학적 자리의 수는 반드시 보존되어야 한다.

예를 들어, 산화니켈(NiO)에서 하나의 산소이온이 없어지면 산소이온공공을 생성한다($V_O^{\cdot\cdot}$로 표기). 위 첨자로 표기된 각 점(·)은 +1의 유효 양전하를 나타낸다. 화학양론적 조성, 질량 및 전하의 균형을 유지하기 위해 니켈이온공공도 생성해야 한다(V_{Ni}''로 표기). 위첨자로 표기된 각 강조점(′)은 −1의 유효 음전하를 나타낸다.

결함화학방정식을 기술하기 위해 Kröger-Vink 표기법을 사용한다. 이 표기법의 주요 글자들은 공공 또는 원소의 이름을 나타낸다. 점(·)은 +1의 유효전하를 나타내고, 강조점(′)은 −1의 유효전하를 의미한다. 때때로 순 전하가 없는 경우를 나타내기 위해 *x*가 사용되며, 자유전자나 정공(hole)은 각각 *e*와 *h*로 나타낸다. (정공에 대해서는 제19장에서 다룰 것이다.) 결함의 무리 또는 연결된 결함들은 괄호로 나타낸다. 재료 내 물질전달에 영향을 주는 연결된 결함들은 때때로 중성이고 실험적으로 검출하기 어렵다. 결함의 농도는 사각괄호로 표시한다.

다음 예제들은 결함화학반응(defect chemical reaction)을 기술하기 위한 Kröger-Vink 표기법의 사용을 설명한다. 가능한 결함화학반응식을 기술하기 위해 다수의 확인된 결함화학반응식을 사용하는 것이 가능하다. 이 경우에는 다른 결함을 형성하기 위해 필요한 에너지에 대해 고려해야 하며, 실험적인 검증이 필요하다. 이 표기법은 반도체에서, 그리고 센서, 유전체, 기타 용도로 사용되는 많은 세라믹 재료에 있어서 결함화학반응을 기술하는 데 유용하다.

예제 4-4 Kröger-Vink 표기법의 적용

(a) 산화니켈(NiO)에 산화마그네슘(MgO)을 첨가하는 경우, (b) 알루미나(Al_2O_3)에 쇼트키 결함이 형성되는 경우에 대한 알맞은 결함반응을 기술하라.

풀이

(a) MgO는 객(guest) 재료이고, NiO는 주(host) 재료이다. Mg^{2+}이온이 Ni^{2+}이온 자리를 점유하게 된다고 가정하면, MgO의 산소 음이온은 NiO의 O^{2-} 자리를 점유할 것이다.

$$MgO \xrightarrow{NiO} Mg_{Ni}^{x} + O_{O}^{x}$$

반응식은 전하, 질량, 자리의 균형을 갖도록 해야 한다. 반응식 좌변에는 하나의 Mg, 하나의 산소 그리고 순 전하량은 없다. 반응식 우변도 동일하다. 자리균형은 약간 까다로울 수 있는데, 하나의 Mg^{2+}가 하나의 Ni^{2+} 위치를 점유한다. NiO에 MgO를 도입하고 있으므로, 하나의 Ni^{2+} 위치를 사용하고, 따라서 하나의 O^{2-} 자리를 사용해야 한다. 반응식 우변을 확인해보면 이것이 사실임을 알 수 있다.

(b) 알루미나의 쇼트키 결함은 두 개의 알루미늄이온과 세 개의 산소이온을 포함한다. 알루미늄 자리에 공공이 있다면 +3의 양전하 손실이 발생하고, 그 자리는 −3의 유효전하를 갖는다. 따라서, V'''_{Al}은 한 개의 Al^{3+} 공공을 나타낸다. 유사하게, $V_{O}^{\cdot\cdot}$는 산소이온공공을 나타낸다. 알루미나의 자리균형을 이루기 위해서는, 두 개의 알루미늄이온 자리가 사용될 때마다 세 개의 산소이온 자리를 사용해야 한다. 공공들만이 존재하므로, 우변의 질량은 영(zero)이고, 따라서 좌변을 공(null)으로 기술한다. 그러므로 결함반응은 다음과 같다.

$$null \xrightarrow{Al_2O_3} 2V'''_{Al} + 3V_{O}^{\cdot\cdot}$$

예제 4-5 고체 전해질로 사용되는 안정화 지르코니아의 점결함

Kröger-Vink 표기법을 사용하여 지르코니아(ZrO_2)에 산화칼슘(CaO)을 첨가하는 경우의 적절한 결함반응을 기술하라.

풀이

Ca^{2+}가 Zr^{4+} 위치를 점유한다고 가정한다. 한 개의 Ca^{2+}을 Zr^{4+}로 보내면 그 자리는 −2의 유효전하를 갖는다(+4의 전하 대신 +2의 전하를 가짐). 한 개의 Zr^{4+} 자리를 사용했고, 결정학적 자리의 수 보전을 위해서는 두 개의 산소 자리가 필요하다. CaO의 O^{2-} 한 개를 ZrO_2의 O^{2-} 자리 중 하나로 보낼 수 있다. 또 다른 산소 자리도 사용되어야 하고 또한 질량균형이 유지되어야 하므로, 이 자리를 공공 상태로 두어야 한다(즉, 산소이온공공이 생성되어야 한다).

$$CaO \xrightarrow{ZrO_2} Ca''_{Zr} + O_{O}^{x} + V_{O}^{\cdot\cdot}$$

ZrO_2의 산소이온공공의 농도(즉, $[V_{O}^{\cdot\cdot}]$)는 CaO 농도가 증가함에 따라 증가할 것이

다. 이 산소이온공공은 CaO-안정화 ZrO_2를 이온전도체로 만든다. 이에 따라 이 형태의 ZrO_2는 자동차에 사용되는 산소센서와 고체산화물 연료전지에 활용된다.

4-3 전위

전위는 그것이 없다면 완벽했을 결정구조에 존재하는 선결함이다. 전위는 일반적으로 재료가 응고하는 동안 또는 재료가 영구적으로 변형될 때 결정에 생겨난다. 비록 전위는 세라믹과 고분자를 포함한 모든 재료에 존재하지만, 특히 금속재료의 소성변형과 강화기구를 설명하는 데 쓸모가 있다. 전위는 일반적으로 나선전위(screw dislocation), 칼날전위(edge dislocation), 혼합전위(mixed dislocation)로 구분할 수 있다.

나선전위 그림 4-4처럼 나선전위(screw dislocation)는 완전한 결정을 부분적으로 자른 후 원자간격 한 개만큼 결정을 왜곡시킨 것으로 묘사될 수 있다. 결정이 왜곡된 축 주위로 결정학적 면을 따라 일회전한다면, x위치에서 시작하고 시계방향으로 각 방향으로 동일한 수의 원자간격만큼 이동하면, 시작점에서 원자간격 한 개만큼 아래에 있는 y위치에 도달하게 된다. 만일 나선전위가 없다면 그 회로(loop)는 닫힐 것이다. 회로를 완성하기 위해 필요한 벡터가 버거스벡터(Burgers vector, **b**)이다. 만약 회전을 계속한다면 나선형 경로를 따라가게 된다. 그 축, 또는 그러한 경로를 따라가는 선이 나선전위이다. 버거스벡터는 나선전위와 평행하다.

칼날전위 그림 4-5처럼 칼날전위(edge dislocation)는 완전한 결정을 부분적으로 잘라 결정을 벌리고, 원자들의 잉여반평면(extra-half plane)을 그 틈새로 끼워 넣은 것으로 묘사될 수 있다. 삽입된 평면의 바닥 가장자리 선이 칼날전위이다. 칼날전위 주위로

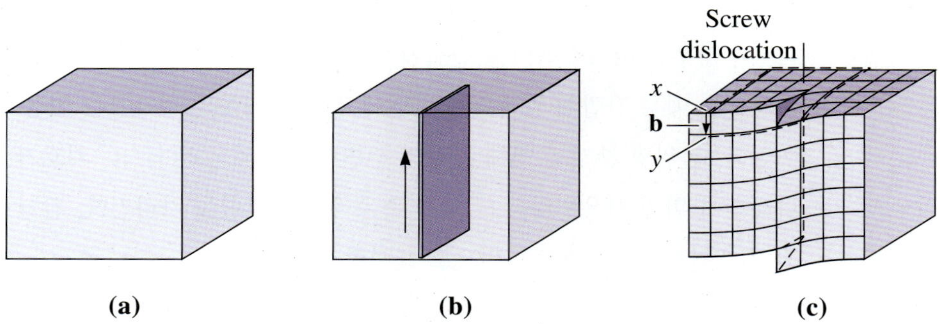

그림 4-4 완전한 결정 (a)가 (b)와 (c)처럼 잘라지고 원자간격 한 개만큼 전단된다. 전단이 발생하는 축 또는 선이 나선전위이다. 버거스벡터 **b**는 나선전위 주위를 따라 회로를 닫기 위해 원자간격 한 개만큼의 크기가 필요하다.

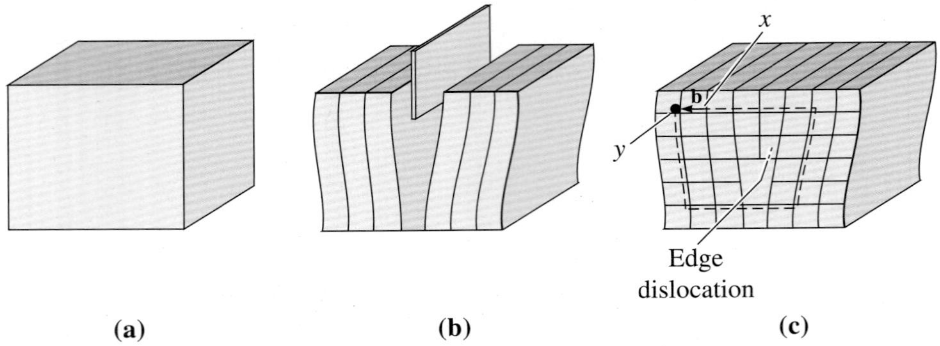

그림 4-5 완전한 결정 (a)가 절단되고 (b)처럼 틈새로 원자들의 잉여반평면이 삽입된다. (c)에 보이는 잉여반평면의 바닥 가장자리 선이 칼날전위이다. 버거스벡터 **b**는 칼날전위 주위를 따라 회로를 닫기 위해 원자간격 한 개만큼의 크기가 필요하다. (출처: Fundamentals of Physical Metallurgy, *J. D. Verhoeven, John Wiley & Sons, Inc., 1975.*)

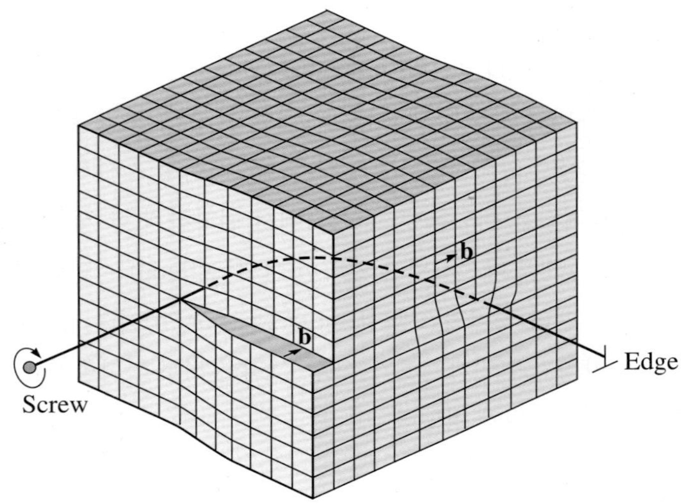

그림 4-6
혼합전위. 결정 앞면의 나선전위는 점차적으로 결정 옆면의 칼날전위로 변화한다. (출처: *W. T. Read,* Dislocations in Crystals, *McGraw-Hill, 1953.*)

시계방향 회로를 그리면, x위치에서 시작하고 각 방향으로 동일한 수의 원자간격만큼 이동하면, 시작점에서 원자간격 한 개만큼 떨어진 점 y에 도달하게 된다. 만일 칼날전위가 없다면 그 회로는 닫힐 것이다. 회로를 완성하기 위해 필요한 벡터가 버거스벡터이다. 이 경우에 버거스벡터는 전위에 수직이다. 이 전위를 도입함으로써, 전위선 위쪽의 원자들은 매우 가깝게 압축되는 반면에 전위 아래쪽의 원자들은 인장되어 매우 멀리 떨어진다. 전위의 존재로 인해 결정의 주변영역은 왜곡된다. '⊥' 기호가 흔히 칼날전위를 나타내기 위해 사용된다. '⊥'의 긴 축은 잉여반평면을 가리킨다. 칼날전위와 달리 나선전위는 원자들의 잉여반평면으로 표시할 수 없다.

혼합전위 그림 4-6에 보이는 것과 같이, 혼합전위(mixed dislocation)는 칼날전위와 나선전위의 성분을 모두 가졌고, 두 전위 사이에 천이영역이 있다. 다만, 버거스벡터는 혼합전위의 모든 부분에서 동일하게 유지된다.

응력 전위의 이동을 논하려면, 나중에 제6장에서 자세히 다루겠지만, 응력(stress)의 개념을 도입할 필요가 있다. 지금으로서는, 응력이란 단위면적당 힘이라 말하는 것으로 충분하다. 응력의 단위로는 pascal(Pa)로 알려진 N/m^2 또는 psi(pound per square inch)로 알려진 lb/in^2를 사용한다. 수직응력(normal stress) σ는 인가된 힘이 관심 면에 수직으로 작용할 때 발생한다. 전단응력(shear stress) τ는 인가된 힘이 관심 면에 평행하게 작용할 때 발생한다.

전위이동 그림 4-7(a)에 보이는 칼날전위를 생각해보자. 전위선과 버거스벡터를 모두 포함하는 평면을 슬립면(slip plane)이라 한다. 버거스벡터와 평행하게 작용하는 충분히 큰 전단응력이 전위를 포함하는 결정에 인가될 때, 전위는 슬립(slip)이라 알려진 과정을 통해 이동할 수 있다. 전위의 오른쪽에 보이는 기둥에 있는 원자들 사이에서 슬립면을 가로지르는 결합이 끊어진다. 슬립면 아래 전위의 오른쪽 열의 원자들은 약간 이동하여 칼날전위의 원자들과 결합을 형성한다. 이러한 방법으로 전위는 오른

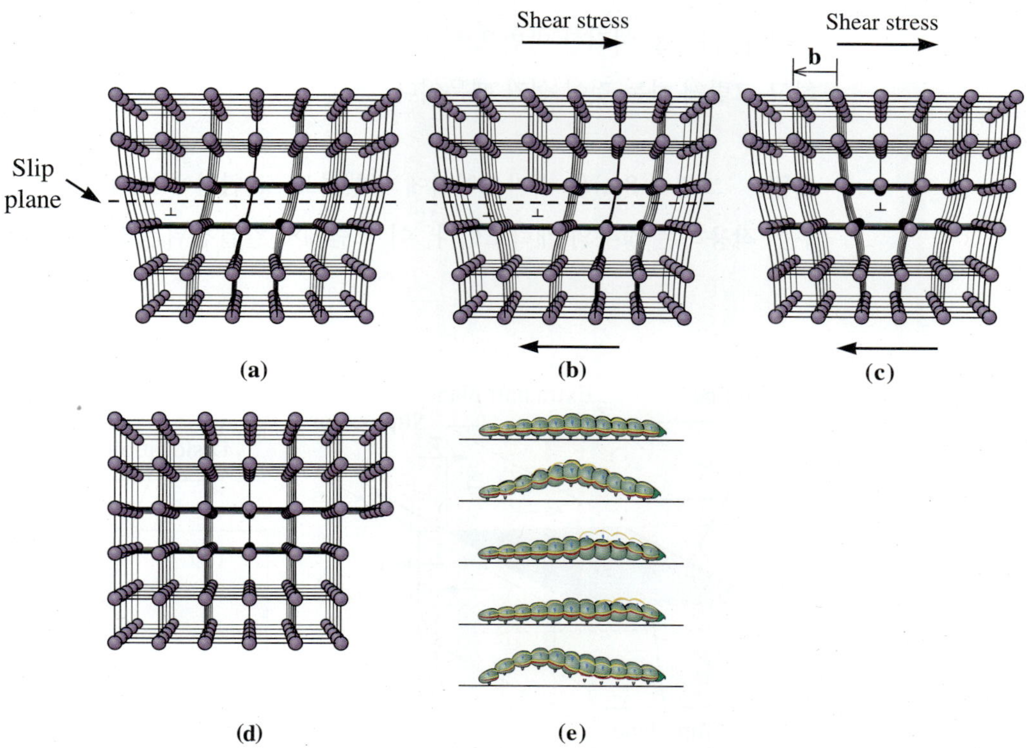

그림 4-7 (a) 전단응력이 (a)의 전위에 인가되면 원자들은 위치가 변하고, (b)처럼 전위가 슬립방향을 따라 버거스벡터 하나만큼 이동한다. (c) 계속되는 전위의 이동은 결국 (d)와 같이 층(step)을 형성하고, 결정은 변형된다. (e) 애벌레의 이동이 전위의 이동과 유사하다. (출처: *A. G. Guy*, Essentials of Materials Science, *McGraw-Hill, 1976.*)

쪽 방향으로 이동한다[그림 4-7(b)]. 이러한 과정이 계속되면, 전위는 결정 외각에 층(step)을 형성할 때까지[그림 4-7(d)] 결정을 통해 버거스벡터와 평행하게 슬립방향(slip direction)으로 이동한다[그림 4-7(c)]. (슬립면과 슬립방향의 조합이 슬립계를 구성한다는 점에 유의하라). 결정의 위쪽 반은 아래쪽 반에 대해 버거스벡터 하나만큼 이동되었고, 그 결정은 소성변형(또는 영구변형)되었다. 이것은 손가락으로 종이 클립을 매우 여러 번 구부릴 때 일어나는 근본적인 과정이다. 금속의 이러한 소성변형은 주로 전위이동(dislocation motion)의 결과이다.

점진적으로 원자결합을 끊고 재결합하는 이러한 과정은 슬립면을 가로지르는 결합의 모든 결합을 일시에 끊는 데 필요한 에너지보다 훨씬 작은 에너지를 필요로 한다. 에너지 관점에서 유리한 과정이므로 결정은 전위의 전파를 통해 변형된다. 애벌레가 이동하는 움직임을 생각해보자[그림 4-7(e)]. 애벌레는 앞으로 이동하기 위해 한 번에 모든 다리를 들어올리기보다 주어진 시간에 일부 다리를 들어올린다. 왜 그럴까? 왜냐하면 일부 다리를 들어 올리는 것이 낮은 에너지를 요구하기 때문에 그렇게 하는 것이 애벌레에게는 더 쉽다. 또 다른 예로 방에 있는 카펫의 위치가 잘못 놓였을 때 어떻게 움직이면 되는지 생각해보자. 만일 카펫 위치를 재조정하고 싶은 경우, 카펫을 완전히 마루에서 들어올려 한 번에 이동하는 대신에, 카펫의 일부에 주름을 만들고 카펫을 이동시키고자 하는 방향으로 그 주름을 밀어내는 방법이 있다. 주름의 너비가 버거스벡터와 유사하다. 카펫을 이러한 방법으로 이동시킬 수 있는 것은 역시 더 작은 에너지를 필요로 하고 그렇게 하는 것이 쉽기 때문이다.

슬립 그림 4-8(a)은 버거스벡터에 평행하고, 전위선에 수직한 전단응력 τ가 칼날전위에 작용하는 경우의 개략도이다. 이 그림에서 칼날전위는 그림 4-7에 나타낸 전위이

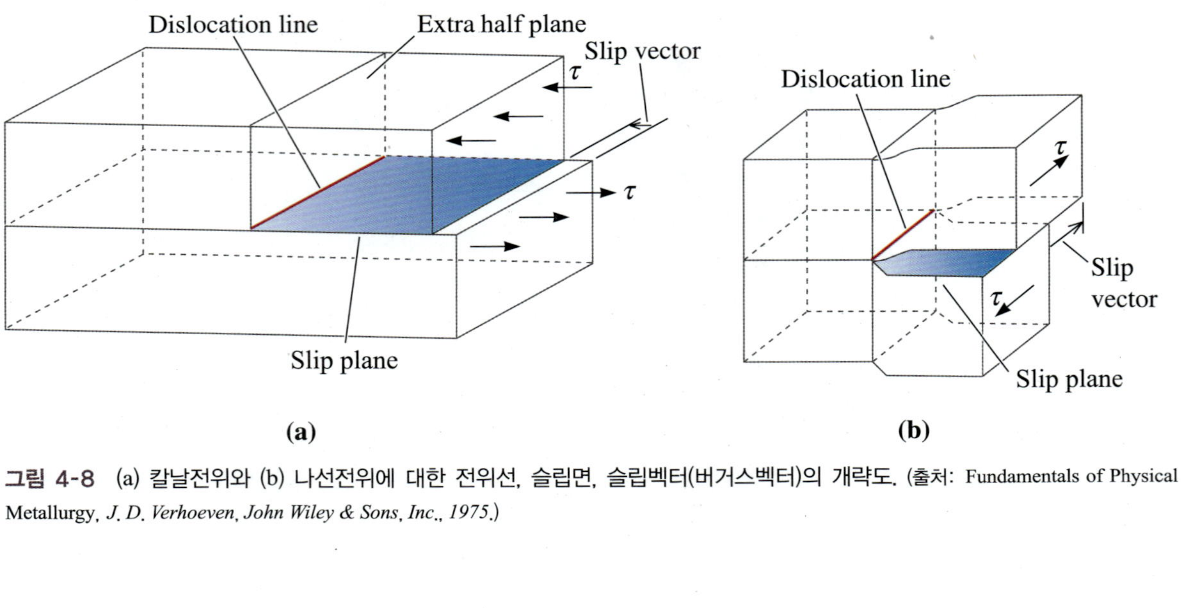

그림 4-8 (a) 칼날전위와 (b) 나선전위에 대한 전위선, 슬립면, 슬립벡터(버거스벡터)의 개략도. (출처: Fundamentals of Physical Metallurgy, *J. D. Verhoeven, John Wiley & Sons, Inc., 1975.*)

동 방향과는 반대방향으로 전파하고 있다. 칼날전위가 이동하기 위해 전단응력 성분이 버거스벡터에 평행하게, 그리고 전위선에 수직하게 작용해야 한다. 전위선은 버거스벡터에 평행한 방향으로 이동한다. 그림 4-8(b)는 나선전위를 보여준다. 나선전위의 경우 전위가 이동하기 위해서는 전단응력의 성분이 버거스벡터와 평행하게 작용해야 한다. 전위는 버거스벡터에 수직인 방향으로 이동하고, 슬립에 의한 층은 버거스벡터에 평행하게 생성된다. 나선전위의 버거스벡터는 전위선에 평행하기 때문에 나선전위의 경우 버거스벡터와 전위선의 조합으로 슬립면을 정의하지 못한다.

슬립이 일어나는 동안 전위는 어떤 일련의 주변환경으로부터 이와 동일한 일련의 주변환경으로 이동한다. 식 4-2로 나타낸 Peierls-Nabarro 응력은 한 평형위치에서 또 다른 평형위치로 전위가 이동하는 데 필요한 응력이다.

$$\tau = c \exp\left(-\frac{kd}{b}\right) \tag{4-2}$$

여기서, τ는 전위가 이동하는 데 필요한 전단응력, d는 인접한 슬립면 사이의 면간거리, b는 버거스벡터의 크기, c와 k는 재료에 따라 결정되는 상수이다. 전위는 최소한의 에너지가 소모되는 슬립계에서 이동한다. 가장 활성화될 가능성이 큰 슬립계는 몇 가지 중요한 인자에 의해 결정된다.

1. 전위를 움직이는 데 요구되는 응력은 버거스벡터의 길이가 길어지면 지수함수적으로 증가한다. 따라서 슬립방향은 작은 반복거리 또는 높은 선밀도를 가져야 한다. 금속과 합금에서 조밀충진방향은 이러한 조건을 만족하며 일반적으로 슬립방향이 된다.
2. 전위를 움직이는 데 요구되는 응력은 슬립면의 면간거리에 따라 지수함수적으로 감소한다. 슬립은 매끄러운(표면에 더 작은 '언덕과 계곡'이 있음) 원자면 사이에서 그리고 멀리 떨어진(상대적으로 면간거리가 큰) 원자면 사이에서 쉽게 일어난다. 높은 면밀도를 갖는 면이 이러한 요구조건을 충족한다. 그러므로 슬립면은 일반적으로 조밀충진면 또는 가능한 최대로 조밀하게 충진된 면이다. 몇몇 재료에 대하여 흔히 나타나는 슬립계를 표 4-1에 요약하였다.
3. 전위는 공유결합을 가진 실리콘과 같은 재료 내부에서는 쉽게 이동하지 못한다. 결합의 강도와 방향성 때문에 재료는 일반적으로 슬립을 발생시키는 데 충분한 힘이 가해지기 전에 취성파괴를 일으킨다. 전위는 대부분의 고분자 변형에서도 비교적 작은 역할만을 담당한다. 대부분의 고분자는 상당한 부피분율의 비결정질을 포함하고 있어서 전위가 존재하지 않는다. 고분자의 영구변형은 주로 긴 사슬 분자의 연신, 회전, 엉킴을 풀어줌으로써 일어난다.
4. 산화마그네슘(MgO)과 같은 많은 세라믹을 포함한 이온결합성 재료들은 슬립에 대한 저항성을 갖는다. 전위의 이동은 음이온과 양이온 사이의 결합을 끊어 주위

표 4-1 금속구조에서 슬립면과 슬립방향

결정구조	슬립면	슬립방향
BCC 금속	{110} {112} {123}	⟨111⟩
FCC 금속	{111}	⟨110⟩
HCP 금속	(001), (002)* $\{11\bar{2}0\}$ $\{10\bar{1}0\}$ ** $\{10\bar{1}1\}$	[100], [010], [110] ⟨110⟩ 또는 $\langle 11\bar{2}0\rangle$
MgO, NaCl(이온결합)	{110}	⟨110⟩
실리콘(공유결합)	{111}	⟨110⟩

* 4축계 표기법으로는 슬립면과 슬립방향은 (0001)과 $\langle 11\bar{2}0\rangle$이다.
** 이 슬립면들은 일부 금속과 합금에서 또는 고온에서 활성화된다.

의 전하균형을 흩트린다. 슬립이 일어나는 동안 같은 종류의 전하를 가진 이온이 서로 가까이 통과해야 하므로 척력을 발생시킨다. 마지막으로, 슬립방향에 평행한 반복거리 또는 버거스벡터는 금속이나 합금의 것보다 더 크다. 다시 말하면, 세라믹 재료의 취성파괴는 인가된 응력의 수준이 전위의 이동을 유발할 수 있는 정도에 도달하기 전에 작은 기공과 같은 결함(flaw)의 존재에 의해 일반적으로 발생된다. 세라믹 재료의 연성은 다음과 같은 현상에 의해 얻어질 수 있다.

(a) 상변태(변태소성으로 알려져 있으며, 예로는 완전안정화 지르코니아)
(b) 기계적 쌍정(mechanical twinning)
(c) 전위이동
(d) 결정립계 미끄러짐

이들 중 일부에 대해서는 이 장의 후반부에서 다룰 것이다. 일반적으로, 고온과 압축응력이 높은 연성으로 연결된다. 최근에는 티타늄산스트론튬(strontium titanate, $SrTiO_3$)과 같은 어떤 세라믹들은 상당한 연성을 갖는다는 것으로 알려졌다. 어떤 특정한 조건하에서 세라믹은 매우 큰 변형을 보일 수 있다. 이것은 초소성(superplastic)으로 알려진 거동이다.

예제 4-6 버거스벡터 계산

구리의 버거스벡터 길이를 계산하라.

풀이

구리는 FCC 결정구조를 갖는다. 구리의 격자상수는 0.36151 nm이다. 조밀충진방향 또는 버거스벡터의 방향은 ⟨110⟩이다. ⟨110⟩ 방향의 반복거리는 격자점이 꼭지점과 면의 중심에 위치하기 때문에 면대각선 길이의 절반이다.

$$\text{면대각선} = \sqrt{2}a_0 = \sqrt{2}(0.36151\ \text{nm}) = 0.51125\ \text{nm}$$

버거스벡터의 길이 또는 반복거리는

$$b = \frac{1}{2}(0.51125\ \text{nm}) = 0.25563\ \text{nm}$$

예제 4-7 우선슬립면의 식별

BCC 철 (112) 면의 면밀도는 9.94×10^{18} 원자/m^2이다. (a) (110) 면의 면밀도와 (b) (112) 면과 (110) 면의 면간거리를 각각 계산하라. 어느 면에서 일반적으로 슬립이 발생하겠는가?

풀이

BCC 철의 격자상수는 0.2866 nm 또는 2.866×10^{-10} m이다. BCC 구조에서 (110) 면에 대해 각 꼭지점의 1/4 원자 더하기 중심에 원자 하나가 면적 $a_0 \times \sqrt{2}a_0$ 내에 놓여 있다.

(a) 면밀도는

$$(110)\ \text{면의 면밀도} = \frac{\text{원자수}}{\text{면적}} = \frac{2}{\sqrt{2}\,(2.886 \times 10^{-10}\ \text{m})^2}$$
$$= 1.72 \times 10^{19}\ \text{원자}/\text{m}^2$$
$$(112)\ \text{면의 면밀도} = 0.994 \times 10^{19}\ \text{원자}/\text{m}^2(\text{문제에서 언급})$$

(b) 면간거리는

$$d_{110} = \frac{2.866 \times 10^{-10}}{\sqrt{1^2 + 1^2 + 0}} = 2.027 \times 10^{-10}\ \text{m}$$
$$d_{112} = \frac{2.866 \times 10^{-10}}{\sqrt{1^2 + 1^2 + 2^2}} = 1.170 \times 10^{-10}\ \text{m}$$

(112) 면보다 (110) 면의 면밀도가 높고 면간거리가 크므로, (110) 면이 우선슬립면(preferred slip plane)이다.

금속재료가 식각 또는 '에칭(etching, 산과 염기에 노출하는 것을 포함한 화학적 반응처리)' 될 때 결정 표면에서 전위가 교차하는 구역은 주변보다 더욱 쉽게 반응한다. 이러한 영역이 미세구조에서 에치피트(etch pit)로 나타난다. 그림 4-9는 소금(NaCl) 결정 표면의 에치피트 분포를 보여준다.

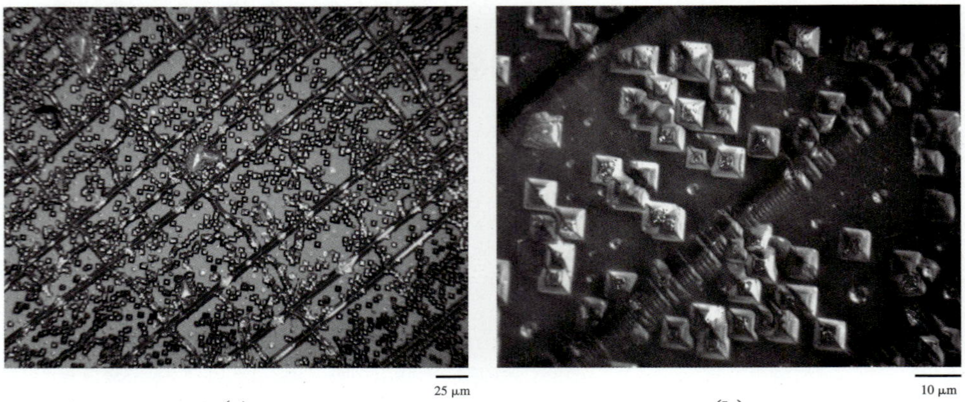

그림 4-9 변형되고 450 °C에서 2시간 어닐링된 소금 결정의 에치피트 광학현미경 사진. 에치피트는 {001} 표면을 갖는 전위의 교차점에 해당한다. 전위의 직선은 ⟨110⟩ 방향이다. (a) 저배율, (b) 고배율. (출처: *Professor Greg Rohrer, Carnegie Mellon University*)

4-4 전위의 중요성

전위는 소성변형의 기구(mechanism)를 제공하므로 금속과 합금에 있어 매우 중요하다. 소성변형은 비가역적인 변형이며 인가된 응력을 제거한 후 발생된 형상의 변화이다. 인가된 응력은 전위의 이동을 유발하고, 수많은 전위의 슬립이 누적된 효과가 소성변형이다. 그러나 소성변형을 유발하는 다른 기구도 있다. 이들에 대해서는 나중의 장에서 다룰 것이다. 소성변형은 힘이나 응력이 재료에 가해지는 동안에만 발생하는 일시적인 형상변화에 해당하는 탄성변형과 구별된다. 탄성변형에서 형상변화는 원자간 또는 이온간 결합이 늘어난 결과로 나타나지만 전위의 이동은 없다. 슬립은 일부 세라믹과 고분자에서도 일어날 수 있으나 다른 요소들(예: 세라믹의 기공, 고분자 사슬의 얽힘 등)이 상온에서의 고분자와 세라믹의 기계적 거동에 더 중요하다. 규산염유리와 같은 비결정질 재료는 이온의 주기적인 배열을 갖지 않고 따라서 전위를 포함하지 않는다.

슬립과정은 금속의 기계적 거동을 이해하는 데 특히 중요하다. 첫째, 슬립은 금속의 강도가 왜 금속결합으로부터 예측되는 값보다 훨씬 더 낮은지를 설명한다. 슬립이 일어나면, 경계를 가로지르는 모든 금속결합의 아주 작은 일부분만이 동시에 끊어져야 할 필요가 있으며, 따라서 금속을 변형시키는 데 요구되는 힘이 작다. 실제 금속의 강도는 금속결합에 의해 예측되는 강도보다 10^3~10^4배 정도 낮다.

둘째, 슬립은 금속의 연성을 제공한다. 전위가 존재하지 않는다면 철 막대는 취성을 나타낼 것이고, 단조와 같은 금속가공 공정에 의해 쓸모 있는 형태로 성형될 수 없을 것이다.

셋째, 전위의 이동을 방해함으로써 금속이나 합금의 기계적 성질을 제어할 수 있다. 결정 내에 도입된 장애물은 아주 높은 힘을 가하지 않으면 전위가 활주하는 것을 방해한다. 따라서 전위의 존재는 금속재료를 강화시키는 데 도움이 된다.

엄청나게 많은 전위가 재료에서 발견된다. 전위밀도(dislocation density)는 단위부피당 전위의 전체 길이로 나타내며, 흔히 전위의 양을 나타내기 위해 사용된다. 가장 연한 금속의 전형적인 전위밀도는 10^6 cm/cm^{3}이며, 재료를 변형함으로써 전위밀도를 10^{12} cm/cm^{3}까지 증가시킬 수 있다.

전위는 또한 재료의 전자적 및 광학적 성질에 영향을 미친다. 예를 들어, 순 구리의 저항은 전위밀도가 증가함에 따라 증가한다. 앞에서 언급한 바와 같이 순 구리의 비저항은 매우 적은 양의 불순물에 의해서도 크게 영향을 받는다. 유사하게, 전자와 같은 전하운반자가 더욱 자유롭게 고체 내부를 이동할 수 있기 때문에 전위가 없는 실리콘 결정이 선호된다. 일반적으로, 전위의 존재는 광검출기(photo detector), 발광다이오드(LED), 레이저, 태양전지의 성능에 해로운 영향을 끼친다. 이러한 소자들은 흔히 갈륨비소-알루미늄비소(GaAs-AlAs)와 같은 화합물반도체로 만들어지며 이러한 재료에서 전위는 결정이 성장하는 용탕 내부의 농도불균형 또는 결정성장 온도로부터 냉각되는 동안에 결정이 겪는 온도구배에 의해 유발된 응력 때문에 만들어진다.

4-5 Schmid의 법칙

슬립과정이 개시되기 위해 요구되는 힘을 조사함으로써 서로 다른 결정구조의 금속들이 보이는 거동의 차이를 이해할 수 있다. 원통형의 단결정 금속에 일방향 힘 F를 가한다고 하자(그림 4-10). 각 λ와 ϕ를 정의함으로써 가해진 힘에 대한 슬립면과 슬립방향의 방위를 나타낼 수 있다. λ는 슬립방향과 가해진 힘 사이의 각도이고, ϕ는 슬립면의 법선과 가해진 힘 사이의 각도이다. λ와 ϕ의 합이 반드시 90°일 필요는 없다는 점에 주목하라.

슬립계에서 전위가 이동하기 위해서는 가해진 힘에 의해 슬립방향으로 작용하는 전단력이 유발되어야 한다. 이 분해전단력(resolved shear force, F_r)은 다음과 같다.

$$F_r = F\cos\lambda$$

이 식을 슬립면의 면적 A로 나누면($A = A_0/\cos\phi$), Schmid의 법칙으로 알려진 다음 식을 얻는다.

$$\tau_r = \sigma\cos\phi\cos\lambda \tag{4-3}$$

여기서,

$$\tau_r = \frac{F_r}{A} = \text{슬립방향의 분해전단응력}$$

$$\sigma = \frac{F_r}{A_0} = \text{원통에 가해진 수직응력}$$

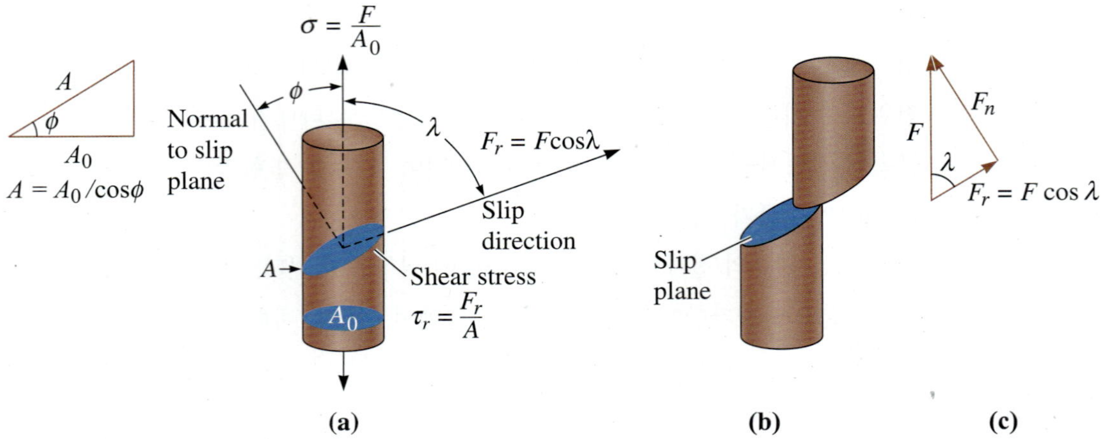

그림 4-10 (a) 분해전단응력 τ가 슬립계에서 생성된다. [주: $(\phi + \lambda)$가 반드시 90°일 필요는 없다.] (b) 슬립계에서 전위의 이동이 재료를 변형시킨다. (c) 힘의 분해.

예제 4-8 분해전단응력 계산

슬립면이 인가된 인장응력에 수직하게 놓여 있는 단결정에 Schmid의 법칙을 적용하라.

풀이

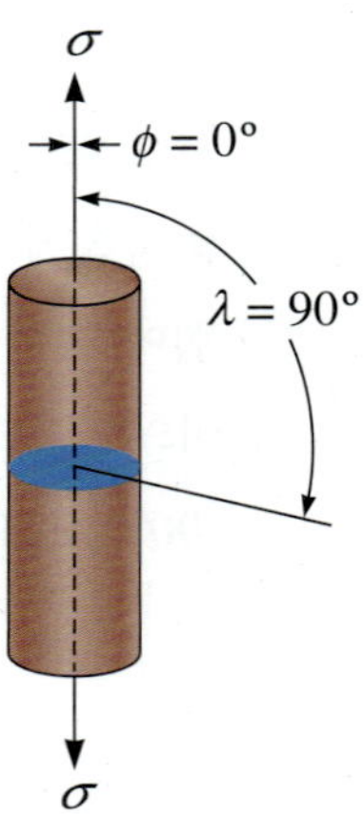

그림 4-11 슬립면이 인가된 응력에 대해 수직이면, 각 λ는 90°이고, 분해전단응력은 발생하지 않는다.

그림 4-11에 나타낸 것처럼, 슬립면이 인가된 응력 σ에 수직이라 가정하자. 그러면 $\phi = 0°$, $\lambda = 90°$, $\cos\lambda = 0$이고, 따라서 $\tau_r = 0$이다. 앞에서 언급한 바와 같이 ϕ와 λ의 합은 90°가 될 수도 있지만 반드시 그런 것은 아니다. 비록 인가된 응력 σ가 매우 크더라도 슬립방향을 따라 분해전단응력이 발생하지 않으므로 전위는 움직이지 못한다. (카드 한 벌을 사용하여 이것을 간단한 실험으로 보일 수 있다. 만약 어떤 각도로 카드 팩을 누르면, 카드는 슬립과정처럼 서로 서로 미끄러질 것이다. 그러나 만약 카드 팩을 수직으로 누른다면 카드는 미끄러지지 않는다.) 슬립은 λ 또는 ϕ가 90°를 이루는 슬립계에서 일어날 수 없다.

임계 분해전단응력(critical resolved shear stress) τ_{crss}는 슬립이 일어나기 위해 요구되는 전단응력이다. 따라서 금속을 소성변형시키는 슬립은 인가된 응력(σ)이 임계 분해전단응력과 같은 분해전단응력(τ_r)을 생성할 때 일어난다.

$$\tau_r = \tau_{crss} \tag{4-4}$$

예제 4-9 단결정 주조공정의 설계

임계 분해전단응력이 148 psi인 순수한 알루미늄 단결정으로 구성된 막대를 생산하고자 한다. 축응력을 500 psi로 인가할 때, 막대는 축방향에 45° 기울어진 방향으로 슬립에 의해 변형되고, 초과하중을 감지할 수 있는 센서를 작동시켜 이를 검출하도록 막대를 배향하고자 한다. 이 막대를 설계하라.

풀이

전위는 분해전단응력 τ_r이 임계 분해전단응력 1,020 kPa과 같아질 때 움직이기 시작한다. Schmid의 법칙으로부터

$$\tau_r = \sigma \cos\phi \cos\lambda$$
$$1{,}020 \text{ kPa} = (3{,}447.4 \text{ kPa}) \cos\phi \cos\lambda$$

막대의 축에 45° 방향으로 슬립이 일어나기를 원하므로 $\lambda = 45°$이며,

$$\cos\phi = \frac{1{,}020}{3{,}447.4 \cos 45°} = 0.4186$$
$$\phi = 65.3°$$

그러므로 $\lambda = 45°$와 $\phi = 65.3°$의 배향을 갖는 막대를 생산해야 한다. 여기서 ϕ와 λ의 합은 90°가 아닌 점에 주목하라.

이는 응고공정(solidification process)에 의해 얻을 수 있을 것이다. 주형의 바닥에 고체 알루미늄의 씨앗결정(seed crystal)을 배향시킬 수 있다. 액체 알루미늄이 씨앗결정에서 응고되고, 적절한 배향을 갖는 단결정 막대가 생산된다.

4-6 결정구조의 영향

Schmid의 법칙을 사용하여 BCC, FCC, HCP 결정구조를 갖는 금속의 특성을 비교할 수 있다. 표 4-2에 세 가지 중요한 인자를 나열하고 있다. 다만, 이러한 논의는 거의 완벽한 단결정의 거동을 설명한다는 점에 유의할 필요가 있다. 실제 공업재료는 단결정이

거의 없으며, 항상 수많은 결함을 포함한다. 대부분 다결정을 사용하는 경향이다. 다양한 결정 또는 결정립들이 무작위적인 방향으로 배향되어 있기 때문에, 다결정 재료의 기계적 거동을 예측하는 데 Schmid의 법칙을 적용할 수 없다.

임계 분해전단응력 만일 어떤 금속의 임계 분해전단응력이 매우 높다면, τ_r가 τ_{crss}와 같아지기 위해서는 인가된 응력(σ) 또한 높아야 한다. 높은 τ_{crss}는 금속을 소성변형시키기 위해 높은 응력이 필요하다는 것을 암시하며, 이는 금속이 높은 강도를 갖는다는 것을 의미한다. 조밀충진면 {111}을 갖는 FCC 금속에서, 거의 완벽한 결정인 경우 임계 분해전단응력은 약 50~100 psi 정도로 낮다. 반면, BCC 결정구조는 조밀충진면을 갖지 않으므로, 거의 완벽한 결정에서 10,000 psi 정도의 임계 분해전단응력보다 더 큰 응력을 가해야만 슬립을 일으킬 수 있다. 그러므로, BCC 금속은 FCC 금속과 비교하여 높은 강도를 가지는 경향이 있으나 연성이 더 나쁘다.

HCP 금속은 조밀충진면(기저면)을 갖기 때문에 낮은 임계 분해전단응력을 가질 것으로 예상할 수 있다. 실제로 아연과 같은 HCP 금속은 (c/a)비가 이론적인 1.633보다 크거나 같은 값을 가지며, 임계 분해전단응력이 FCC 금속처럼 100 psi 미만이다. 그러나 같은 HCP 티타늄은 (c/a)비가 1.633보다 작고 조밀충진면이 매우 근접한 거리를 유지한다. 이제 슬립은 프리즘면(prism plane) 또는 육방정의 옆면에서 일어나고, 이때 임계 분해전단응력은 BCC 금속의 경우와 비슷하거나 큰 값을 갖는다.

슬립계의 수 만일 적어도 하나의 슬립계가 λ와 ϕ가 거의 45°인 방향으로 배향이 된다면, 인가된 응력이 작더라도 τ_r가 τ_{crss}와 같아진다. 이상적인 HCP 금속은 단지 하나의 평행한 조밀충진면 (001) 구성을 갖고, 이 면들은 (002) 면에 평행하다[4축 표기법으로는 두 면 모두 (0001) 면]. 세 개의 조밀충진방향을 갖는 조밀충진면 한 구성은 세 개의 슬립계를 갖는다. 따라서 조밀충진면과 조밀충진방향이 λ와 ϕ가 모두 약 45°로 배향될 가능성은 매우 낮다. HCP 결정은 충분한 슬립이 없이 취성파괴로 파손될 수 있다.

표 4-2 금속 결정구조에서 슬립에 영향을 미치는 인자들

인자	FCC	BCC	HCP$\left(\frac{c}{a} \geq 1.633\right)$
임계 분해전단응력(kPa)	345~690	34,500~69,000	345~690[a]
슬립계의 수	12	48	3[b]
교차슬립(cross-slip)	일어날 수 있음	일어날 수 있음	일어날 수 없음[b]
특성요약	연성	강함	상대적으로 취성

[a] 기저면 슬립에 대한 값.

[b] 합금화에 의해 또는 고온으로 가열함으로써 HCP 금속에서 추가적인 슬립계가 활성화되고, 교차슬립이 일어날 수 있게 해주며, 따라서 연성을 향상시킨다.

다만, 낮은 (c/a)비를 갖는 HCP 금속에서, 또는 HCP 금속이 적절히 합금된 경우에, 또는 온도가 상승하면, 다른 슬립계가 활성화되어 이러한 금속들은 예상보다 낮은 취성을 갖게 된다.

반면에 FCC 금속은 네 개의 평행하지 않은 {111} 면족의 조밀충진면과, 각 면에 세 개의 ⟨111⟩ 조밀충진방향을 가지므로, 총 12개의 슬립계를 갖는다. 적어도 하나의 슬립계는 항상 낮은 응력 하에서도 슬립이 발생할 수 있는 방향으로 배향되므로, FCC 금속은 높은 연성을 갖는다.

마지막으로, BCC 금속은 거의 조밀충진된 48개의 슬립계를 갖는다. 다수의 슬립계가 항상 슬립이 일어날 수 있게 배향되므로, BCC 금속은 연성을 갖는다.

교차슬립 어떤 나선전위가 슬립면 위를 움직이다가 장애물을 만나 더 이상 이동이 안 되는 상황을 고려해보자. 이 전위는 교차하는 슬립계 중 적절하게 배향된 슬립계로 넘어갈 수 있고 계속 이동한다. 이것을 교차슬립(cross-slip)이라 한다. 많은 HCP 금속에서는 슬립면이 평행하기 때문에(교차하지 않음) 교차슬립이 일어날 수 없고, 따라서 다결정 HCP 금속은 취성인 경향이 있다.

다행스럽게도, HCP 금속이 합금화되거나 또는 가열될 때 추가적인 슬립계가 활성화되며, 따라서 연성이 향상된다. 교차슬립은 FCC와 BCC 금속에서 모두 교차하는 슬립계가 많이 존재하기 때문에 발생할 수 있다. 결론적으로 교차슬립은 이러한 금속들이 연성을 유지하도록 도와준다.

예제 4-10 HCP 금속 단결정과 다결정 재료의 연성

HCP 구조를 갖는 마그네슘 단결정은 끈과 같은(ribbon-like) 형상으로 원래 길이의 네 배에서 여섯 배까지 연신될 수 있다. 그러나 다결정 마그네슘과 HCP 구조를 갖는 다른 금속들은 연성이 제한된다. 이렇게 드러난 결과를 설명하기 위해 서로 다른 결정구조를 갖는 금속들의 임계 분해전단응력 값과 다결정 재료의 변형특성을 사용하라.

풀이

표 4-2로부터, 마그네슘과 같은 HCP 금속은 임계 분해전단응력이 낮다(50~100 psi)는 것을 알 수 있다. 또한 HCP 금속의 슬립은 주요 슬립면인 기저면에서 쉽게 일어난다는 점에 주목하자. 기저면이 인가된 응력과 적절한 방향으로 배향되어 있다고 가정하면, 단결정이 변형될 때 매우 큰 변형이 일어날 수 있다. 이것은 단결정 마그네슘이 어떻게 원래 크기의 4~6배까지 리본 형상으로 연신될 수 있는지를 설명한다. 다결정 마그네슘의 경우 변형이 그리 단순하지 않다. 어떤 하나의 결정에서 발생한 변형도를 이웃한 결정들이 감당하는 방식으로 각각의 결정이 변형되어야 한다.

HCP 금속에는 서로 교차하는 슬립계가 없다. 따라서 전위는 어떤 결정(결정립)의 슬립면에서 이웃한 결정의 다른 결정면으로 이동할 수 없다. 결과적으로 마그네슘과 같은 다결정 HCP 금속은 제한적인 연성을 갖는다.

4-7 표면결함

표면결함(surface defect)은 재료를 어떤 영역들로 나누는 경계 또는 면이다. 예를 들어, 각 영역은 같은 결정구조를 가지지만 다른 배향을 가질 수 있다.

재료표면 재료의 외부 영역은 결정이 갑자기 끝나는 표면을 나타낸다. 표면의 각 원자들은 더 이상 제대로 배위수를 갖지 않으며 원자결합은 왜곡되어 있다. 외부 표면은 상당히 거칠고 작은 노치(notch)들이 있으며, 재료 내부에 비해 훨씬 더 높은 반응성을 가질 수 있다.

나노구조 재료에서는 내부에 포함된 이온이나 원자에 대한 표면에 있는 원자나 이온의 비율이 매우 높다. 결과적으로 이러한 재료들은 단위질량당 큰 표면적을 갖는다. 나노크기 재료와 유사하게, 다공성 재료, 젤(gel), 초미세 입자도 매우 큰 표면적-대-부피비를 갖는다. 석유정제 및 다른 많은 기술분야에서 화학반응의 반응속도를 증가시키기 위해 넓은 표면적을 갖는 촉매를 사용한다. 표면적을 줄이는 것은 세라믹과 금속 분말의 소결을 위한 열역학적 구동력이 된다.

결정립계 많은 공학 세라믹과 금속재료의 미세구조는 다수의 결정립으로 구성되어 있다. 결정립은 그 안에서 원자의 배열이 거의 동일한 재료의 일부분이지만, 원자배열 또는 결정구조의 배향은 인접한 각 결정립에서 서로 다르다. 세 개의 결정립이 그림 4-12(a)에 개략적으로 나타나 있다. 각 결정립 내의 원자배열은 동일하지만 결정립들의 배향은 각각 다르다. 결정립계(grain boundary)는 각 결정립을 분리하는 표면으로 원자들이 제대로 놓여 있지 않은 좁은 영역이다. 즉, 결정립계의 어떤 영역에서는 원자들이 너무 가까이 배열되어 압축상태에 놓이기도 하고, 또 다른 영역에서는 원자들이 너무 멀리 떨어져 배열되어 인장응력이 발생하기도 한다. 그림 4-12(b)는 스테인리스강 시편의 결정립 현미경사진을 보여준다. 그림 4-12(c)는 금 결정립계의 고해상도 주사투과전자현미경(STEM) 사진을 보여준다. 그림 4-12(c)는 그림 4-12(a)의 개략도가 결정립계의 원자들 사이의 거리를 상당히 과장하여 그려졌음을 보여준다.

재료의 성질을 제어하기 위한 방법 중 하나는 결정립크기를 조절하는 것이다. 결정립크기를 감소시켜 결정립의 수를 증가시킬 수 있고, 따라서 결정립계 면적을 증가시

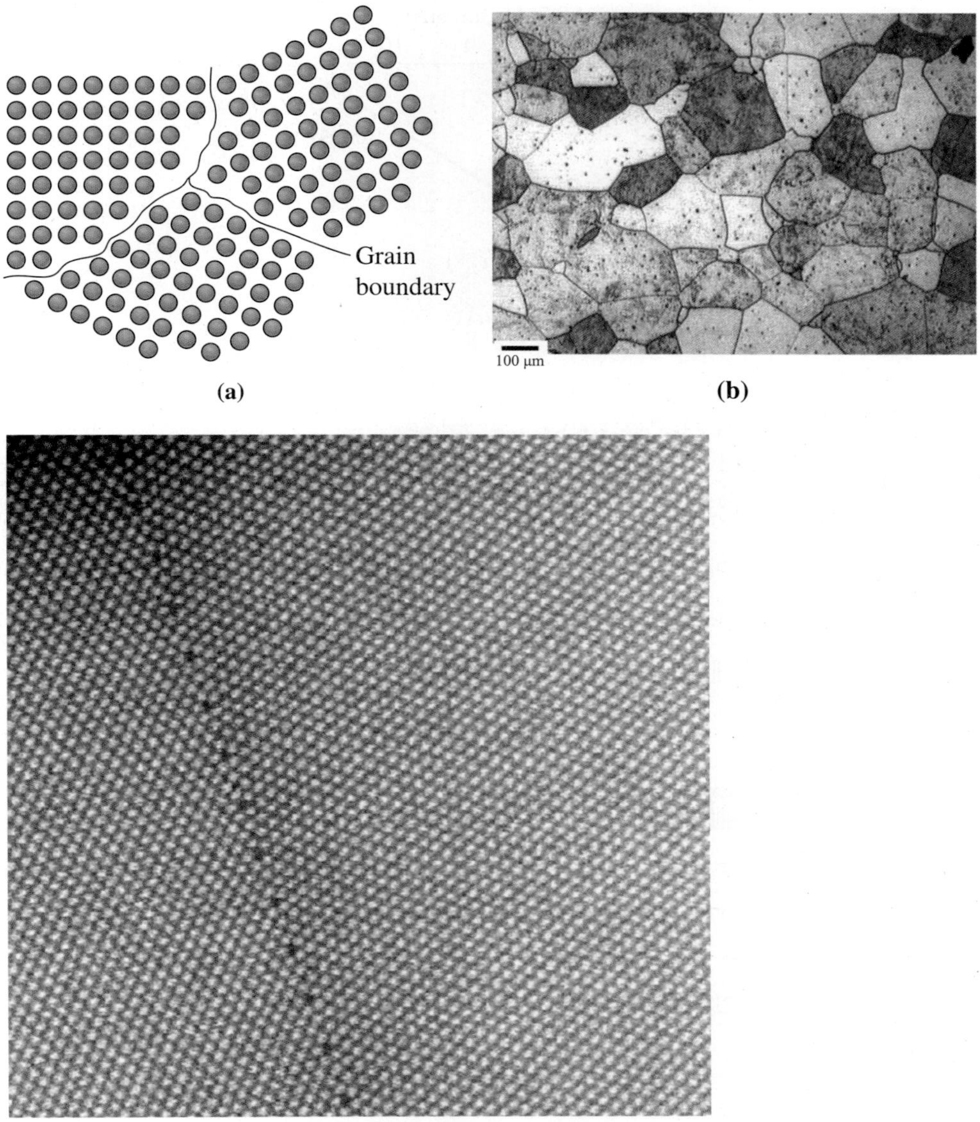

그림 4-12 (a) 이 개략도에 보이는 것처럼, 세 개 결정립의 입계 부근의 원자들은 평형거리 또는 원자배열을 갖지 않는다. (b) 스테인리스강 샘플의 결정립과 결정립계. (출처: *Dr. A. J. Deardo, Dr. M. Hua, and Dr. J. Garcia.*) (c) 금 결정립계의 고해상도 주사투과전자현미경(STEM) 사진. (출처: *FEI taken on an FEI Titan STEM 80-300*)

킬 수 있다. 어떤 전위라도 결정립계를 만나기 전까지 아주 짧은 거리만을 이동하며, 따라서 금속재료의 강도는 증가한다. Hall-Petch 식은 결정립크기를 항복강도(yield strength)와 연관시킨 것이다.

$$\sigma_y = \sigma_0 + Kd^{-1/2} \tag{4-5}$$

여기서, σ_y는 항복강도이고, d는 결정립의 평균직경이며, σ_0와 K는 특정 금속에 대한 상수이다. 제1장을 상기해보면, 금속재료의 항복강도는 소성변형(영구변형)을 시

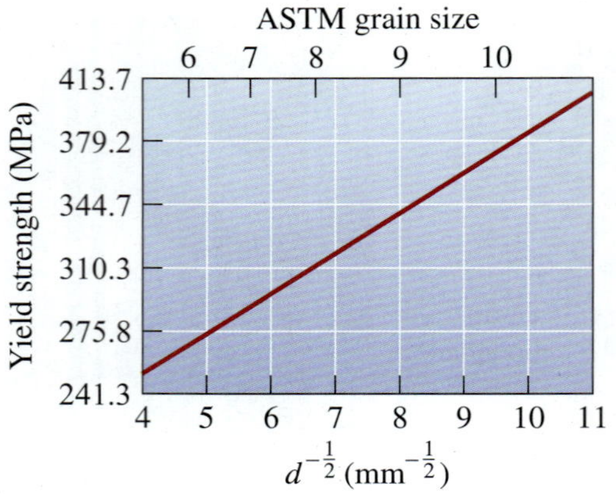

그림 4-13 상온에서 강철의 항복강도에 미치는 결정립크기의 영향.

작하는 데 필요한 최저 수준의 응력이다. 그림 4-13은 강철에서 이 관계를 보여준다. Hall-Petch 식은 유난히 조대하거나 매우 미세한 결정립을 갖는 재료에서는 잘 맞지 않는다. 나중의 장들에서는 금속과 합금의 결정립크기가 응고, 합금화, 열처리를 통해 어떻게 제어될 수 있는지에 관해 설명할 것이다.

예제 4-11 연강의 설계

평균 결정립크기가 0.05 mm인 연강(mild steel)의 항복강도는 137.9 MPa이다. 결정립크기가 0.007 mm인 같은 연강의 항복강도는 275.8 MPa이다. 같은 강의 항복강도가 206.9 MPa이 되는 평균 결정립크기는 얼마인가? Hall-Petch 식이 유효하며 관찰된 항복강도의 변화는 결정립크기의 변화 때문이라고 가정하라.

풀이

$$\sigma_y = \sigma_0 + Kd^{-1/2}$$

Hall-Petch 식을 사용하면

$$137.9 = \sigma_0 + \frac{K}{\sqrt{0.05}}$$

결정립크기가 0.007 mm일 때, 항복강도는 275.8 MPa이다. 그러므로, 다시 Hall-Petch 식을 사용하면

$$275.8 = \sigma_0 + \frac{K}{\sqrt{0.007}}$$

두 식을 풀면, $K = 18.43$ MPa · mm$^{1/2}$이고 $\sigma_0 = 55.5$ MPa이다.

이제 Hall-Petch 식은 다음과 같다.

$$\sigma_y = 55.5 + 18.44\, d^{-1/2}$$

206.9 MPa의 항복강도를 갖기 위해서는 결정립크기는 0.0148 mm이어야 한다.

광학현미경(optical microscopy)은 약 2,000배 이하의 배율에서 관찰할 수 있는 결정립계와 같은 미세구조 특징을 관찰하는 데 사용되는 한 가지 기법이다. 금속 시편을 준비하고 미세구조를 관찰하거나 기록하는 것을 금속조직학(metallograghy)이라 한다. 재료의 시편은 거울처럼 매끈한 면이 될 때까지 연마된다. 이후 표면을 화학침식 또는 에칭시키는데, 결정립계는 결정의 나머지 부분보다 더 급격히 침식된다. 광학현미경의 빛은 표면이 얼마나 에칭되었는가에 따라 반사 또는 산란이 일어난다. 결정립계와 같이 깊게 에칭된 부분에서 더 많은 빛의 산란이 일어나며, 따라서 어둡게 보인다(그림 4-14). 세라믹 시편에서는 열적 홈파기(thermal grooving)로 알려진 기술이 결정립계를 관찰하기 위해 종종 사용된다. 이것은 세라믹 시편을 연마한 다음 소결온도(1,300 ℃) 이하의 온도에서 짧은 시간 가열하는 것이다. 소결이란 압축된 분말재료에 열을 가함으로써 고밀도의 물체를 형성하는 공정이다.

결정립크기를 특정화하는 한 가지 방법은 ASTM(American Society for Testing and Materials) 결정립도 번호를 사용하는 것이다. 배율 100배의 금속조직 사진에서 제곱인치당 결정립 수를 구한다. ASTM의 결정립도 번호 n은 다음 식으로 결정된다.

$$N = 2^{n-1} \tag{4-6}$$

여기서, N은 제곱인치당 결정립 수이다.

ASTM 결정립도 번호가 크다는 것은 많은 결정립 또는 미세한 결정립크기를 의미하며, 금속의 높은 강도와 연관된다.

미세구조를 설명할 때에는 가능하다면 언제나 그림 4-14에서 사용한 것처럼 배율을 ×로 나타내는 대신에, 현미경사진에 마이크로미터 표시나 다른 스케일 표시를 사용하

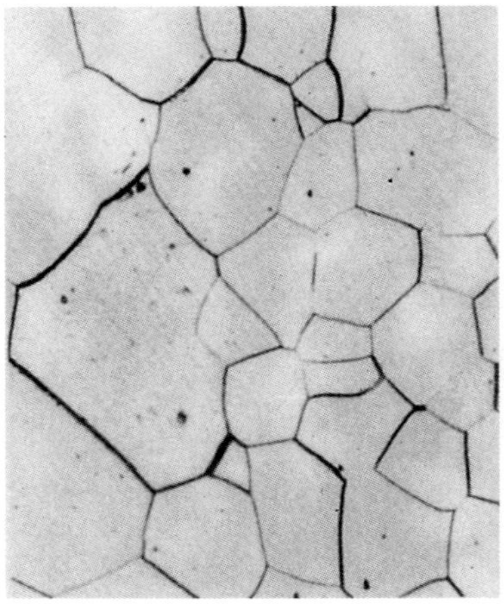

그림 4-14 팔라듐의 미세구조(× 100). [출처: ASM Handbook, Vol. 9, Metallography and Microstructure (1985), *ASM International, Materials Park, OH 44073. Reprinted with permission of ASM International. All rights reserved. www.asminternational.org.*]

는 것이 바람직하다. 크기 표시를 현미경사진 내부에 넣는 방법을 사용하면, 만일 현미경사진을 확대하거나 축소하더라도 원본 현미경사진의 배율 변화를 걱정할 필요가 없기 때문이다. 다수의 정교한 이미지분석 프로그램을 활용할 수 있다. 그러한 프로그램을 사용하여 평균 결정립크기, 결정립크기 분포, 기공율, 2차상(second phase, 제11장 참조) 등에 대한 정량적인 정보를 얻을 수 있다. 이미지분석 기능이 포함된 많은 광학현미경 및 주사전자현미경(SEM)을 구입할 수 있다. 다음 예제는 ASTM 결정립도 번호의 계산을 보여준다.

예제 4-12 ASTM 결정립도 번호 계산

배율 250배로 촬영된 광학현미경 사진에서 2.48×10^4 결정립/m^2의 결정립 수를 측정하였다고 가정하자. ASTM 결정립도 번호는 얼마인가?

풀이

배율 250배로 촬영된 광학현미경 사진에서 제곱인치 면적을 고려하자. 250배 사진의 1 m^2는 배율 100배에서 다음과 같다.

$$1\ m^2\left(\frac{100}{250}\right)^2 = 0.16\ m^2$$

따라서,

$$\frac{2.48 \times 10^4}{0.16\ m^2} = 1.55 \times 10^5 \text{ 결정립}/m^2$$
$$= 100 \text{ 결정립}/in^2$$

식 4-6에 대입하면,

$$N = 100 \text{ 결정립}/in^2 = 2^{n-1}$$
$$\log 100 = (n-1)\log 2$$
$$2 = (n-1)(0.301)$$
$$n = 7.64$$

소각결정립계 소각결정립계(small angle grain boundary)는 인접한 결정립계 사이에 작은 배향불일치(misorientation)를 갖게 하는 전위의 배열이다(그림 4-15). 표면의 에너지는 정규 결정립계 에너지보다 다소 낮기 때문에 소각결정립계는 전위의 슬립을 방해하는 데 있어 효과적이지는 않다. 칼날전위에 의해 형성된 소각결정립계를 소경각경계(tilt boundary)라 하며, 나선전위에 의해 형성된 결정립계를 소각비틀림입계(twist

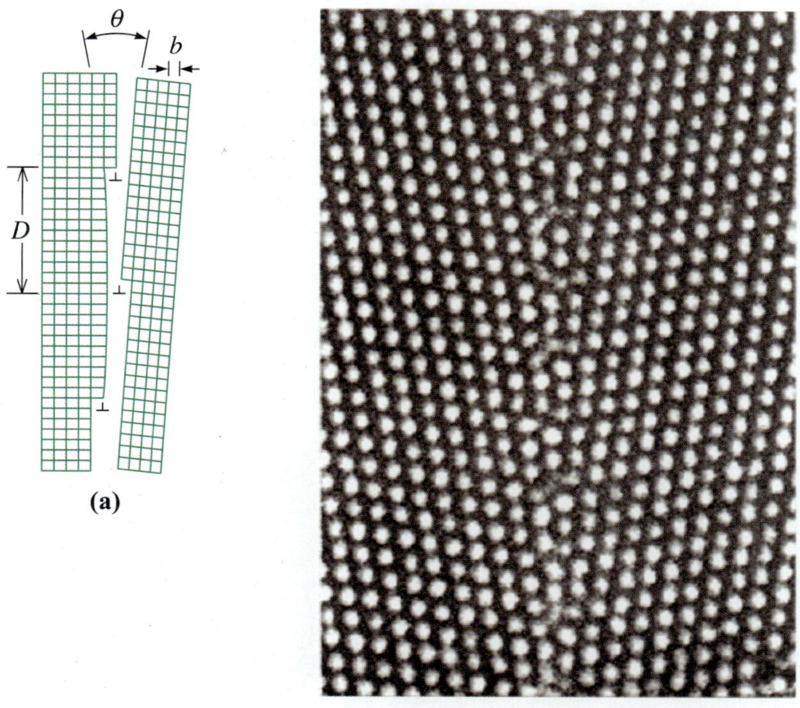

그림 4-15 (a) 소각결정립계는 경계 양쪽 격자 사이의 불일치 각 θ를 유발하는 전위의 배열에 의해 형성된다. (b) 알루미늄 소각결정립계의 투과전자현미경 사진. (출처: *Ron Gronsky*)

boundary)라 한다.

적층결함 적층결함(stacking fault)은 FCC 금속에서 발생하는 조밀충진면의 적층순서에 있어서 오류가 발생한 것이다. 완벽한 FCC 결정에서 정상적으로는 *ABCABCABC*의 적층순서가 만들어진다. 대신에 다음과 같은 순서가 만들어졌다고 가정하자.

$$ABC\ \underline{ABAB}\ ABC$$

적층순서 일부분에 나타나듯, *A*형의 면이 *C*형의 면을 대체하였다. FCC 적층순서 대신에 HCP 적층순서를 갖는 이러한 작은 영역이 적층결함을 나타낸다. 적층결함은 슬립과정에 방해가 된다.

쌍정경계 쌍정경계(twin boundary)는 결정구조의 특별한 거울상 배향불일치(mirror image misorientation)가 발생하는 면이다(그림 4-16). 쌍정은 쌍정경계를 따라 작용하는 전단응력이 원자들을 원래 위치에서 벗어나게 할 때 발생될 수 있다. 쌍정은 일부 금속에서 변형이나 열처리하는 동안 발생된다. 쌍정경계는 슬립과정을 방해하고 금속의 강도를 증가시킨다. 쌍정은 또한 단사정 지르코니아나 규산염칼슘 같은 세라믹 재료에서도 발생한다.

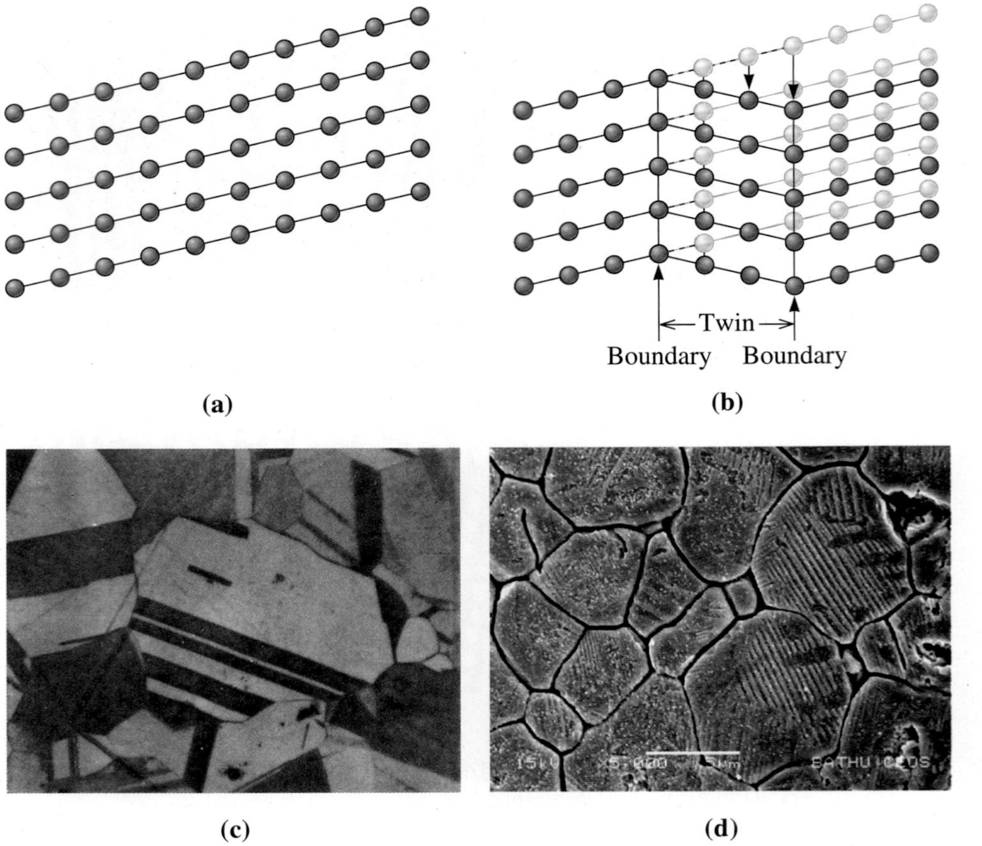

그림 4-16 완전한 결정 (a)에 응력이 인가되면 원자의 이동을 일으킬 수 있고, (b) 쌍정이 형성된다. 쌍정에 의해 결정이 변형되었음에 주목하라. (c) 황동 결정립 내 쌍정의 현미경사진(× 250). (출처: *Don Askeland*) (d) 강유전체 티타늄산바륨(barium titanate)의 도메인. (출처: *Professor Chris Bowen*) 유사한 도메인 구조가 자성 재료에서도 발생한다.

표 4-3 선별된 재료에서의 표면결함 에너지(J/m²)

표면결함	알루미늄	구리	백금	철
적층결함	0.2	0.075	0.095	–
쌍정경계	0.12	0.045	0.198	0.19
결정립계	0.625	0.645	1.000	0.78

슬립과정을 방해하는 표면결함의 효율성은 표면에너지로부터 판단할 수 있다(표 4-3). 높은 에너지를 갖는 결정립계는 적층결함이나 쌍정경계보다 전위의 이동을 방해하는 데 훨씬 더 효과적이다.

도메인 경계 강유전체(ferroelectric)는 자발적이고 가역적인 유전분극을 일으키는 재료이다(예: PZT 또는 $BaTiO_3$, 제19장 참조). 자성재료 또한 비슷한 형태로 자화된다(예: 철, 코발트, 니켈, 산화철 등, 제20장 참조). 이러한 전자재료 및 자성재료들은 도메인(domain)을 포함하고 있다. 도메인은 자화의 방향이나 유전분극이 동일한 재료의 작은 영역이다. 이러한 재료에서는 수많은 작은 도메인들이 재료의 총 자유에너지를 최소화하기 위해 형성된다. 그림 4-16(d)는 정방정계 강유전체인 티타늄산바륨($BaTiO_3$)의 도메인 예를 보여준다. 도메인의 존재는 많은 전자재료 및 자성재료의 유전특성과 자기적 성질에 영향을 미친다. 이러한 재료들에 관해서는 이후의 장에서 살펴볼 것이다.

4-8 결함의 중요성

광범위결함(extended defect)과 점결함은 공학재료의 기계적, 전기적, 광학적, 자기적 성질에 매우 큰 영향을 미친다. 이 절에서는 재료의 성질에 미치는 결함의 중요성을 개괄한다. 전위의 영향이 금속재료에서 가장 중요한 것임을 강조하고자 한다.

슬립과정 제어를 통한 기계적 성질에 미치는 영향 결정에 결함이 존재하면 그 결함의 위치에서 내부에너지를 증가시킨다. 결함 부근에서는 원자가 매우 조밀하게 모여 눌려지거나(압축) 더 멀리 떨어지기(인장) 때문에 국부에너지(local energy)가 증가한다.

분해전단응력이 임계 분해전단응력과 같아지면 전위만 빼고는 거의 완벽한 금속결정에서 전위는 결정을 통해 쉽게 이동할 수 있다. 그러나 만일 전위가 보통의 위치에서 벗어난 원자들의 영역을 만나면 그 전위는 높은 국부에너지 영역을 통과하기 위해 더 높은 응력이 필요하게 되고, 따라서 재료는 더 강해진다. 전위, 점결함, 결정립계와 같은 재료의 결함은 전위에 대해 '정지' 신호의 역할을 한다. 이것들은 전위이동에 저항을 제공하며, 전위이동을 방해하는 어떠한 기구도 금속을 강하게 만든다. 그러므로 금속재료의 강도는 결함의 수와 종류를 제어함으로써 조절할 수 있다. 일반적인 세 가지의 강화기구는 결정에서 세 가지로 분류되는 결함들에 기인한다. 전위이동이 금속 및 합금에서 상대적으로 더 쉽게 일어나기 때문에 이 기구들은 일반적으로 금속재료에서 효과적이다. 인장하중 하에서 그리고 저온에서 세라믹의 강도는 기공율(작은 구멍의 존재)에 의해 결정된다는 점을 명심해야 한다. 나중의 장에서 다루겠지만, 고분자의 경우 흔히 비결정질이고 따라서 전위는 기계적 거동에 거의 영향을 미치지 못한다. 무기질 유리[예: 규산염 판유리(silicate float glass)]의 강도는 표면의 결함분포에 따라 결정된다.

변형경화 전위는 완전한 결정구조를 흩트린다. 그림 4-17에서처럼, *B*점의 전위선 아래의 원자들은 압축된 반면, *B*점 위의 원자들은 너무 멀리 떨어져 있다. 만약 전위 *A*가 오른쪽으로 이동하여 전위 *B* 근처를 지나면 전위 *A*는 원자들이 제대로 배열되지 않은 영역을 만나게 된다. 그 두 번째 전위가 계속 이동하기 위해서는 더 큰 응력이 필요하며,

결과적으로 금속은 더 강해져야 한다. 전위밀도를 증가시키는 것은 전위이동에 대한 '정지' 신호를 더욱 유발하기 때문에 전위의 수를 증가시키는 것은 재료강도를 증가시킨다. 전위밀도는 재료를 변형시킬 때 급격히 증가할 수 있다. 소성변형에 의해 재료의 강도를 높이는 이러한 기구는 변형경화(strain hardening)로 알려져 있으며, 제8장에서 다룰 것이다. 금속재료를 비교적 높은 온도(용융점 이하)로 가열하거나 그 온도에 장시간 유지할 때 전위밀도는 현저히 낮아질 수 있다. 이 열처리는 풀림(annealing)으로 알려져 있고 금속재료의 연성을 회복하기 위해 사용된다. 따라서, 전위밀도를 조절하는 것은 금속 및 합금의 강도와 연성을 제어하는 중요한 수단 중의 하나이다.

고용체강화 어떠한 점결함이라도 결정구조의 완벽함을 흩트린다. 고용체는 객(guest) 원소 또는 화합물의 원자나 이온이 주(host) 재료의 결정구조 속으로 완전히 동화될 때 형성된다. 이것은 적은 양의 소금이나 설탕이 물속으로 완전히 용해되는 것과 비슷하다. 만일 전위 *A*가 왼쪽으로 움직이면 점결함에 의해 왜곡된 결정을 만나게 되고(그림 4-17), 전위의 슬립을 계속하기 위해서는 더 높은 응력이 필요하다. 치환형 또는 침입형원자를 의도적으로 도입함으로써, 제10장에서 다룰 고용체강화(solid-solution strengthening)를 유도할 수 있다. 이 기구는 보통탄소강이 순철보다 왜 더 강한지와 낮은 농도의 베릴륨을 포함하는 구리합금이 순 구리보다 왜 더 강한지를 설명해준다. 여러 개의 활성화된 슬립계를 갖는 FCC 구조의 순금이나 순은은 기계적으로 매우 연하다.

결정립크기강화 결정립계와 같은 표면결함은 결정질 재료의 원자배열을 흩트린다. 만일 전위 B가 오른쪽으로 이동하면(그림 4-17), 전위는 결정립계와 만나게 되고 이동이 차단된다. 결정립 수의 증가 또는 결정립크기 감소에 의해, 금속재료에서 결정립크기강화(grain-size strengthening) 효과를 얻는다. 결정립크기 제어는 나중에 여러 장에서 다루어질 것이다.

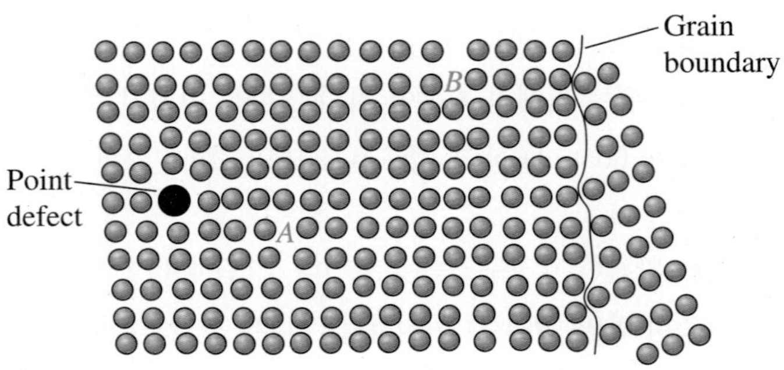

그림 4-17 만일 *A*점에 있는 전위가 왼쪽으로 이동하면 점결함에 의해 이동이 방해받는다. 만일 전위가 오른쪽으로 이동하면 *B*점에 있는 다른 전위 부근의 왜곡된 격자와 상호작용을 한다. 만일 전위가 더 오른쪽으로 이동하면, 그 이동은 결정립계에 의해 방해받게 된다.

금속과 합금을 강화시키는 두 가지 메커니즘으로는 2차상강화(second-phase strengthening)와 석출강화(precipitation strengthening)가 있다. 이에 관해서도 이후의 장에서 다룰 것이다.

예제 4-13 안정한 구조를 위한 디자인/재료선택

열처리로 내부의 세라믹 벽돌을 지지하기 위한 받침대를 만들려고 한다. 받침대는 강해야 하고, 약간의 연성을 가지고 있어서 과도한 하중을 받았을 때 파괴되기보다 휘어져야 하고, 온도 600 °C까지 강도를 유지할 수 있어야 한다. 다양한 결정결함을 강화기구로 고려하여 이 받침대에 사용할 재료를 설계하라.

풀이

온도 600 °C까지 사용하기 위해서는 받침대를 고분자로 제작해서는 안 된다. 대신 금속이나 세라믹이 고려되어야 한다.

약간의 연성을 갖기 위해서는, 전위가 반드시 이동하여 슬립이 발생해야 한다. 세라믹에서 슬립은 일어나기 어렵기 때문에 받침대는 금속재료로 만들어져야 할 것이다. 그 금속은 600 °C보다 훨씬 높은 용융온도를 가져야 한다. 따라서, 용융점이 660 °C인 알루미늄은 적당하지 않으나, 철은 합리적인 선택이 될 수 있다.

강도를 증가시키기 위해 철에 점결함, 선결함, 표면결함을 도입할 수 있으나, 운전온도 증가에 따라 이러한 결함들이 안정해야 한다. 제8장에서 다루겠지만, 결정립들은 온도가 올라가면 크기가 성장하고 결정입계 수는 감소하며, 강도의 저하를 가져온다. 전위는 온도가 올라가면 소멸될 수 있고, 따라서 강도가 감소한다. 또한 공공의 수는 온도에 의존하므로, 이러한 결정결함들을 제어한다고 해도 안정한 성질을 얻지는 못할 것이다.

그러나 결정 내에 존재하는 침입형 또는 치환형원자의 수는 온도에 따라 변하지 않는다. 철에 탄소를 침입형원자로 첨가하거나 바나듐 원자를 첨가하여 정상적인 격자점에 있는 철원자를 치환할 수 있다. 이러한 점결함들은 전위의 이동을 지속적으로 방해하고 강도를 안정적으로 유지하는 데 도움이 된다.

물론, 다른 설계 요구조건들도 역시 중요할 수 있다. 예를 들어, 철 받침대는 산화에 의해 열화되거나 세라믹 벽돌과 반응할 수 있다.

전기적, 광학적, 자기적 성질에 미치는 영향 앞의 절에서 점결함이 반도체의 전기적 특성에 얼마나 극적인 영향을 주는지 살펴보았다. 전체 미세전자공학 산업에서 인, 비소, 보론, 알루미늄과 같은 치환형 도펀트를 실리콘이나 다른 반도체에 성공적으로 첨가하는 것은 매우 중요하다. 이러한 도펀트 원자들은 반도체의 전기적 특성을 현저하게 조절할 수 있게 해준다. 실리콘, 갈륨비소, 비결정질 실리콘(a : Si : H) 등을 사용하여 제작된 회로들은 도펀트 원자의 존재에 따라 심각하게 영향을 받는다. 실리콘에 인(P) 원자를 첨가함으로써 n-형 실리콘을 만들 수 있고, 보론(B)을 첨가하여 p-형 실리콘을 만들 수 있다. 비슷한 방법으로, 비결정질 실리콘에서는 결합되지 않은 수많은 결합을 수소원자를 도입하여 결합을 완성할 수 있다.

반도체의 특성에 미치는 전위와 같은 결함의 영향은 일반적으로 해롭다. 전위나 다른 결함(점결함 포함)들은 반도체 내에서 전하운반자의 이동을 방해한다. 이것은 전기적 및 광학적 용도에 사용되는 반도체의 단결정 실리콘 또는 다른 재료들이 최소의 전위밀도를 갖도록 해야 하는 이유이다. 점결함은 또한 금속재료의 비저항을 증가시킨다.

어떤 경우에는, 결함이 어떤 특성을 향상시킬 수도 있다. 예를 들어, 산화칼슘을 지르코니아에 첨가하면 산소이온공공의 농도를 증가시킨다. 이것이 지르코니아의 전도도를 증가시키는 이로운 효과가 있고, 이러한 조성을 활용하여 산소가스센서와 고체산화물 연료전지에 사용할 수 있다. 결함은 또한 그것이 없다면 절연성 유전재료인 다수의 재료들을 쓸모 있는 반도체로 바꾸어줄 수 있다! 이러한 것들은 다양한 센서 응용분야에 사용되고 있다(예: 온도, 습도, 가스센서 등).

알루미나에 1%의 산화크롬을 첨가하면 결함이 발생하여, 붉은 알루미나 루비가 만들어진다. 비슷하게, 알루미나에 Fe^{2+}와 Ti^{4+}를 첨가하면 청색 사파이어가 만들어진다. 무기질 유리에 황화카드뮴(CdS)과 같은 재료의 나노결정을 첨가하면 오색찬란한 색유리를 만들 수 있다.

할로겐화은(silver halide)의 나노결정이나 다른 결정들을 첨가하여 역시 광변색(photochromic) 및 감광성(photosensitive) 유리를 만들 수 있다.

많은 자성재료들은 결정립계나 다른 결함들을 도입하여 역자화가 일어나기 어렵도록 가공될 수 있다. 스피커나 무선통신 네트워크 장치에 사용되는 자석인 상업용 페라이트(ferrite)의 자기적 성질은 결정구조 내의 다양한 결정학적 위치에 있는 다양한 이온의 분포에 크게 영향을 받는다. 앞에서도 언급했던 것처럼, 도메인의 존재는 강유전체(ferroelectric)와 강자성(ferromagnetic) 및 상자성(ferrimagnetic) 재료의 특성에 영향을 미친다(제19장과 제20장).

요약

- 결정질 재료에서 결함(imperfection or defect)은 일반적으로 점결함, 선결함(또는 전위), 표면결함의 세 가지로 나눌 수 있다.
- 공공의 수는 재료의 온도에 의존한다. 침입형원자(정상위치 사이의 침입형자리에 위치한

원자)와 치환형원자(정상 격자점에 위치한 주 원자를 대체한 원자)는 종종 의도적으로 도입하기도 하고, 일반적으로 온도변화에 영향을 받지 않는다.

- 전위는 금속재료에 힘이 가해질 때 이동하고 금속재료에 변형을 일으키는 선결함이다.
- 임계 분해전단응력은 전위가 이동하는 데 요구되는 응력이다.
- 전위는 슬립면과 슬립방향으로 구성된 슬립계에서 이동한다. 슬립방향은 일반적으로 조밀충진방향이다. 슬립면은 일반적으로 조밀충진면 또는 거의 조밀충진된 면이다.
- 금속결정에서 슬립방향과 슬립면의 숫자와 종류는 금속의 성질에 영향을 미친다. FCC 금속은 임계 분해전단응력이 낮고, 최적의 슬립면 개수가 가용하여, 결과적으로 FCC 금속은 연성이 있다. BCC 금속에는 가용한 조밀충진면이 없어서 임계 분해전단응력이 높고, 따라서 BCC 금속은 강도가 높다. HCP 금속은 슬립계의 개수가 제한되며, 그 때문에 이러한 금속들은 일반적으로 취성거동을 보인다.
- 공공, 침입형원자, 치환형원자를 포함한 점결함은 압축 또는 인장 변형장(strain field)을 유발하며 그것이 주위 결정의 원자배열을 왜곡한다. 결과적으로, 전위는 점결함 부근에서 쉽게 이동할 수 없고, 금속재료의 강도는 높아진다.
- 표면결함 중에는 결정립계가 있다. 매우 작은 결정립크기를 만들면 결정립계 영역의 양을 증가시킨다. 전위는 결정립계를 쉽게 통과할 수 없으므로 재료는 강화된다(Hall-Petch 관계식).
- 결정결함의 숫자와 종류는 전위이동의 용이성을 조절하고, 따라서 재료의 기계적 성질에 직접적으로 영향을 미친다.
- 재료에서 결함은 전기적, 광학적, 자기적 성질에 지대한 영향을 미친다.

용어해설

강유전체 ferroelectric　자발적이고 가역적인 전기분극을 나타내는 유전재료(예: PZT, $BaTiO_3$).

결정립 grain　다결정 재료에 존재하는 다수의 결정들 중 하나.

결정립계 grain boundary　두 결정립 사이의 경계를 나타내는 표면결함. 결정립계 양쪽의 서로 다른 결정은 각각 서로 다른 결정학적 배향을 가진다.

결정립크기강화 grain-size strengthening　결정립크기의 감소에 의해, 따라서 결정립계 면적의 증가에 의해 재료를 강화하는 것.

결함화학반응 defect chemical reaction　결함화학을 설명하기 위해 Kröger-Vink 표기법을 사용하여 작성한 반응. 반응식은 반드시 질량과 전기적 전하가 균형을 이루고, 위치의 화학량론이 유지되도록 기술되어야 한다.

공공 vacancy　정규 결정학적 격자자리에서 원자나 이온이 손실된 자리.

광범위 결함 extended defects　다수의 원자/이온을 포함하는 결함. 따라서, 결정질 재료의 유한한 부피에 걸쳐 발생된다(예: 전위, 적층결함 등).

교차슬립 cross-slip　전위 슬립계의 변화.

금속조직학 metallography　현미경을 사용하여 미세조직을 관찰할 수 있도록 연마와 에칭에 의해 금속재료의 시편을 준비하는 분야.

나선전위 screw dislocation 결정을 원자 하나의 간격만큼 비틀어 형성되는 결정 내의 나선형 경사로로 나타낼 수 있는 선결함.

도메인 domain 강유전, 강자성, 상자성 재료 내에 그 안의 유전분극의 방향이(강유전체인 경우) 또는 자화의 방향이(강자성체인 경우) 동일한 작은 영역.

도펀트 dopant 재료의 공정이나 특성을 향상시키기 위해 일반적으로 잘 알려진 농도로 추가되는 원소 또는 화합물로서, 미세구조의 특정 위치에서 관찰된다.

버거스벡터 Burgers vector 전위가 각 층에서 이동한 방향과 거리이며, 슬립벡터로 알려졌다.

변형경화 strain hardening 변형 또는 냉간가공에 의해 전위밀도를 증가시켜 재료를 강화하는 것. '가공경화'로도 알려졌다.

불순물 impurities 재료 내부에 존재하는 원소 또는 화합물로 종종 공정 중에 도입되거나 원재료에 존재하며, 일반적으로 재료의 공정 또는 성질에 해로운 영향을 미친다.

비틀림입계 twist boundary 나선전위에 의해 형성된 소각결정립계.

석출강화 precipitation strengthening 결정립 내에 석출물을 형성함으로써 금속 또는 합금을 강화시키는 것. 작은 석출물들이 전위의 이동을 방해한다.

소각결정립계 small angle grain boundary 결함의 표면을 가로질러 작은 배향불일치를 유발하는 전위의 배열.

소결 sintering 밀착된 분말을 가열하여 고밀도 재료를 형성하는 과정.

소경각경계 tilt boundary 칼날전위들에 의해 형성된 소각결정립계.

소성변형 plastic deformation 재료에 하중이 가해진 후 하중이 제거되었을 때 재료에 남은 영구변형.

슬립 slip 결정을 관통하는 전위의 이동에 의한 금속재료의 변형.

슬립계 slip system 슬립면과 슬립방향의 조합.

슬립면 slip plane 슬립과정 동안 전위선이 이동하는 평면. 만약 결정구조 내에 슬립면이 존재한다면, 슬립면은 일반적으로 조밀충진면이다.

슬립방향 slip direction 결정에서 전위가 이동하는 방향. 슬립방향은 버거스벡터 방향과 일치한다.

쌍정경계 twin boundary 그 면을 가로질러 결정구조의 거울상 배향불일치를 나타내는 표면결함.

어닐링 또는 풀림 annealing 일반적으로 금속재료에 전위밀도를 감소시키고 연성을 부여하기 위하여 높은 온도에서 긴 시간 동안 열을 가하는 열처리.

에치피트 etch pit 전위가 표면과 만나는 위치에 생성된 홈.

열적 홈파기 thermal grooving 세라믹 재료에서 미세구조를 관찰하기 위해 사용되는 기술로 연마된 재료를 짧은 시간 동안 소결온도 이하의 온도로 가열하는 기법.

이미지분석 image analysis 미세조직에서 결정립크기, 모양, 결정립크기 분포와 같은 정량적인 정보를 얻기 위해 미세조직 이미지를 분석하는 기술.

임계 분해전단응력 critical resolved shear stress 전위를 이동시키거나 슬립을 발생시키는 데 요구되는 전단응력.

적층결함 stacking fault 조밀중진면의 부적절한 적층순서에 의해 발생된 금속의 표면결함.

전위 dislocation 결정질 재료의 선결함.

전위밀도 dislocation density 재료 내 단위부피(cm^3)당 총 전위선의 길이.

점결함 point defect 결정에서 하나의(어떤 경우에는 몇몇) 격자자리에 위치하는 공공과 같은 결함.

치환형 결함 substitutional defect 원자가 정규 격자점으로부터 제거되고 흔히 다른 크기를 갖는 이종 원자로 치환될 때 발생되는 점결함.

침입형 결함 interstitial defect 원자가 정상적인 격자점 위치가 아닌 자리에 위치하여 생성된 점결함.

침입형 interstitialcy 결정 내에서 '정상' 원자가 침입형자리를 점유하여 생성된 점결함.

칼날전위 edge dislocation 결정 내부로 '원자들의 잉여반평면'을 삽입함으로써 발생되는 것으로 나타낼 수 있는 선결함.

탄성변형 elastic deformation 응력이 제거되었을 때 원래 상태로 회복되는 변형.

표면결함 surface defect 결정 내에 2차원 면을 형성하는 결정립계와 같은 결함.

항복강도 yield strength 어떤 재료가 영구변형을 보이기 시작하는 최소 응력수준.

혼합전위 mixed dislocation 부분적으로 칼날전위 성분과 부분적으로 나선전위 성분을 포함하는 전위.

2차상강화 second-phase strengthening 다결정 재료에서 추가적인 화합물의 결정립 또는 상을 생성하여 재료를 강화하는 메커니즘. 2차상의 결정은 전위이동을 방해하여 금속재료의 강도를 증가시킨다.

ASTM American Society for Testing and Materials 미국재료시험학회.

ASTM 결정립도 번호 ASTM grain size number [*n*] 결정질 재료에서 결정립크기의 척도로 배율 100배에서 단위면적(제곱인치)당 결정립의 개수를 세어 계산한다.

Frenkel 결함 Frenkel defect 이온이 정규 위치를 떠나 침입형자리로 이동하고 그 자리에 공공을 남길 때 생기는 한 쌍의 점결함.

Hall-Petch 식 Hall-Petch equation 금속재료에서 결정립크기와 항복강도 사이의 상관관계식. $\sigma_y = \sigma_0 + Kd^{-1/2}$.

Kröger-Vink 표기법 Kröger-Vink notation 재료 내의 점결함을 나타낼 때 사용하는 체계로, 표기의 몸체 부분은 결함의 종류 또는 관련된 원소를 나타낸다. 아래첨자는 점결함의 위치를 나타내고 위첨자는 유효 양전하(·) 또는 음전하(′)를 나타낸다.

Peierls-Nabarro 응력 Peierls-Nabarro stress 전위의 이동을 유발하는 데 요구되는 전단응력으로 버거스벡터와 면간거리에 의존한다. $\tau = c \exp(-kd/b)$.

Schmid의 법칙 Schmid's law 전단응력, 인가된 응력, 슬립계의 배향 사이의 상관관계. $\tau = \sigma \cos\phi \cos\lambda$.

Schottky 결함 Schottky defect 이온결합 재료의 점결함. 전기적 중성을 유지하기 위해 화학양론적 수의 양이온과 음이온이 반드시 형성되어야 한다.

연습문제

4-1절 점결함

4-1 금은 300 K 평형상태에서 5.82×10^8 공공/cm^3의 공공농도를 가지고 있다. 600 K에서 빈 격자자리의 분율은 얼마인가?

4-2 온도 900 ℃에서 금 단위부피(cm^3)당 공공의 수를 계산하라. 공공형성 에너지는 0.86 eV/atom이다.

4-3 온도 1,080 ℃(용융점 바로 아래 온도)에서 구리 단위부피(cm^3)당 공공의 수를 계산하라. 공공형성 에너지는 83,680 J/mol이다.

4-4 고체 알루미늄에서 공공에 의해 점유된 격자점의 분율은 온도 660 ℃에서 10^{-3}이다. 알루미늄에서 공공을 형성하는 데 요구되는 에너지를 계산하라.

4-5 FCC 팔라듐(Pd) 시료의 밀도는 1,980 kg/m^3이고, 격자상수는 0.38902 nm이다. 다음을 계산하라.

(a) 공공에 의해 점유된 격자점의 분율

(b) 팔라듐 단위부피(cm^3)당 총 공공의 수

4-6 HCP 베릴륨(Be) 시료의 밀도는 1,844 kg/m^3, 격자상수는 $a_0 = 0.22858$ nm, $c_0 = 0.35842$ nm이다. 다음을 계산하라.

(a) 공공에 의해 점유된 격자점의 분율

(b) 베릴륨 단위부피(cm^3)당 총 공공의 수

4-7 BCC 리튬(Li)의 격자상수는 0.3508 nm이고, 단위정 200개당 한 개의 공공을 포함하고 있다. 다음을 계산하라.

(a) 리튬 단위부피(cm^3)당 총 공공의 수

(b) 리튬의 밀도

4-8 FCC 납(Pb)의 격자상수는 0.4949 nm이고, 납 원자 500개당 한 개의 공공을 포함하고 있다. 다음을 계산하라.

(a) 납의 밀도

(b) 납 단위무게(g)당 공공의 수

4-9 구리와 니켈은 치환형고용체를 형성한다. 이는 Cu-Ni합금의 결정구조가 FCC 결정구조에서 정상적인 자리의 Cu원자를 Ni원자로 대체한 것으로 구성됨을 의미한다. Cu-30wt%Ni 합금에서 Ni이 차지할 수 있는 원자자리의 분율을 계산하라.

4-10 Au와 Ag는 치환형고용체를 형성한다. 이는 Au-Ag합금의 결정구조가 FCC 결정구조에서 정상적인 자리의 Au원자를 Ag원자로 대체한 것으로 구성됨을 의미한다. Au-50at%Ag 합금에서 Ag의 wt%를 계산하라.

4-11 어떤 니오븀합금이 BCC 구조에서 텅스텐원자가 도입되어 치환되면서 형성된다. 결과적으로 생성된 합금은 격자상수가 0.32554 nm이고, 밀도가 11,950 kg/m^{3}이다. 이 합금에서 텅스텐원자의 분율을 계산하라.

4-12 주석원자가 FCC 구리 결정에 도입되어 격자상수가 0.37589 nm이고, 밀도가 8,772 kg/m^{3}인 합금을 형성한다. 합금에 존재하는 주석의 원자백분율(at%)을 계산하라.

4-13 BCC 결정인 크롬의 7.5at%를 BCC인 탄탈륨으로 치환하였다. X선회절 실험에 의해 격자상수가 0.29158 nm으로 측정되었다. 합금의 밀도를 계산하라.

4-14 BCC 철의 결정 내부 침입형자리에 철 원자 100개당 한 개의 탄소원자를 첨가시키면 0.2867 nm의 격자상수를 갖게 된다. Fe-C합금에서 밀도와 충진율을 계산하라.

4-15 BCC 철의 밀도는 7,882 kg/m^{3}이고, 수소원자가 침입형자리에 첨가되었을 때 격자상수가 0.2866 nm이다. 다음을 계산하라.

(a) 수소원자의 원자분율

(b) 수소원자를 포함하는 단위정의 평균 숫자

4-2절 다른 점결함

4-16 모든 산화마그네슘(MgO)에는 단위정당 한 개의 쇼트키 결함이 존재한다고 가정한다. MgO는 NaCl 결정구조를 가지고, 0.396 nm의 격자상수를 갖는다. 다음을 계산하라.

(a) 단위면적(cm^3)당 양이온공공의 수

(b) 세라믹의 밀도

4-17 황화아연(ZnS)은 섬아연광(zinc blende) 구조를 갖는다. 만일 밀도가 3,020 kg/m^3, 격자상수가 0.59583 nm이라면, 쇼트키 결함의 수를 계산하라.

(a) 단위정당 결함의 수

(b) 단위부피(cm^3)당 결함의 수

4-18 다음과 같은 점결함들을 도입하였다고 가정하자.

(a) Y_2O_3에서 이트륨이온을 마그네슘이온(Mg^{2+})으로 치환한다.

(b) MgO에서 마그네슘이온을 철이온(Fe^{3+})으로 치환한다.

(c) MgO에서 마그네슘이온을 리튬이온(Li^{1+})으로 치환한다.

(d) NaCl에서 소듐이온을 철이온(Fe^{2+})으로 치환한다.

각 구조에 대하여 전하균형을 유지하려면 어떤 변화들이 필요한지 설명하라.

4-19 $BaTiO_3$에 $SrTiO_3$를 도입하였을 경우에 Kröger-Vink 표기법을 사용하여 결함화학반응식을 기술하라.

4-3절 전위

4-20 비결정질 재료와 결정질 재료는 같은 메커니즘에 의해 소성변형이 일어나는가? 설명하라.

4-21 칼날전위와 나선전위에서 버거스벡터의 방향과 전위의 축의 상호관계는 무엇인가?

4-22 슬립계란 무엇이며, 소성변형에서 무슨 역할을 하는가?

4-23 그림 4-18에 주어진 그림에서 전위 주위에 Burgers 회로를 그리고 버거스벡터를 찾아서 표기하라. 만일 전위에 전단응력 τ가 그림과

같이 인가되면 전위는 어느 방향으로 움직일까? 좌표축의 이름으로 답하라.

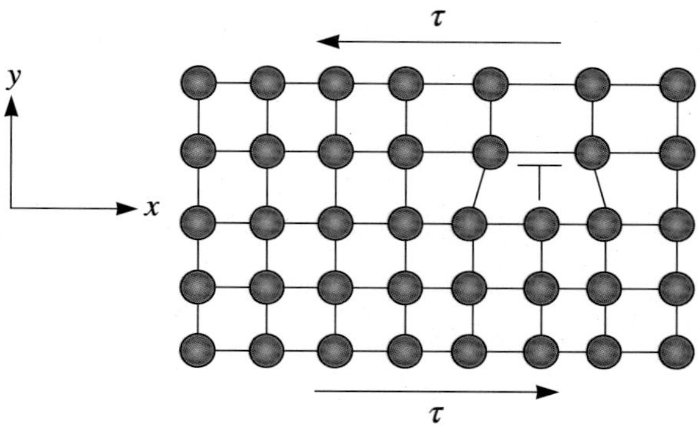

그림 4-18 전위의 개념도. (문제 4-23에 사용)

4-24 다음의 경우에 슬립방향의 밀러지수는 무엇인가?

(a) FCC 단위정의 (111) 면에서

(b) BCC 단위정의 (011) 면에서

4-25 FCC 단위정에서 [101] 슬립방향을 포함하는 슬립면의 밀러지수는 무엇인가?

4-26 BCC 단위정에서 [111] 슬립방향을 포함하는 면의 밀러지수는 {110} 면족에서 무엇인가?

4-27 다음 재료들에서 버거스벡터의 길이를 구하라.

(a) BCC 니오븀

(b) FCC 은

(c) 다이아몬드입방 실리콘

4-28 FCC 알루미늄(Al)에서 예상되는 슬립계에서 슬립이 일어나는 방향의 면간거리 및 버거스벡터의 길이를 계산하라. 동일한 결정구조에서 슬립계가 (110) 면과 $[1\bar{1}1]$ 방향이라고 가정하고 같은 계산을 반복하라. 두 시스템에서 각각 슬립이 일어나는 데 필요한 전단응력의 비율은 얼마인가? 식 4-2에서 $k = 2$로 가정하라.

4-29 BCC 탄탈륨(Ta)의 $(110)/[1\bar{1}1]$ 슬립계에서 면간거리 및 슬립이 일어나는 방향의 버거스벡터의 길이를 계산하라. 동일한 결정구조에서 슬립계가 $(111)/[1\bar{1}0]$이라고 가정하고 같은 계산을 반복하라. 두 시스템에서 각각 슬립이 일어나는 데 필요한 전단응력의 비율은 얼마인가? 식 4-2에서 $k = 2$로 가정하라.

4-30 그림 4-19에 나타낸 결정구조는 두 개의 전위 *A*와 *B*를 포함하고 있다. 만일 그림과 같이 전단응력이 결정에 인가된다면, 두 전위 *A*와 *B*에는 무슨 일이 일어나겠는가?

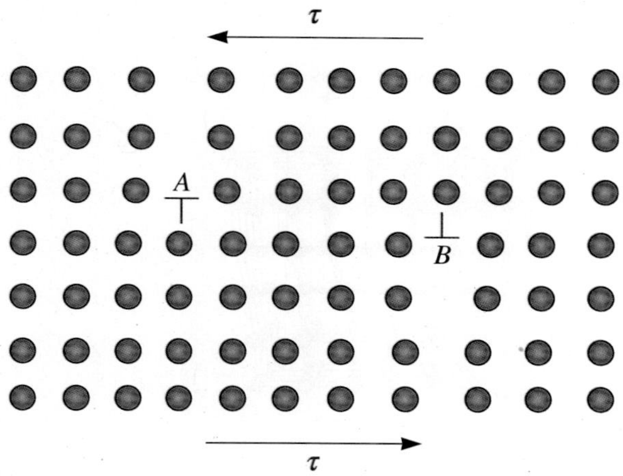

그림 4-19 두 전위의 개념도. (문제 4-30에 사용)

4-31 세라믹과 고분자재료는 전위를 포함할 수 있는지 설명하라.

4-32 세라믹 재료는 왜 취성인지 설명하라.

4-4절 전위의 중요성

4-33 소성변형 및 탄성변형이란 용어의 의미는 무엇인가?

4-34 금속의 이론강도가 실험적으로 관찰된 강도에 비해 훨씬 더 높은 이유는 무엇인가?

4-35 전위의 총 길이가 뉴욕에서 로스엔젤레스의 거리(4,828 km)와 맞먹으려면 전위밀도가 10^{14} m/m^{3}인 알루미늄 몇 g이 필요한가?

4-36 지구에서 달까지의 거리는 386,242 km이다. 이것이 만약 1 cm^{3}의 부피에 들어 있는 전위의 총 길이라고 한다면, 전위밀도를 계산하라. 구한 값을 금속에서의 전형적인 전위밀도 값과 비교하라.

4-37 전위가 없는 금속은 왜 취성재료처럼 거동하는가?

4-38 전위가 금속재료의 기계적 특성을 제어하는 데 중요한 역할을 하는 반면, 유리의 기계적 특성

을 결정하는 데에는 역할을 하지 못하는 이유는 무엇인가?

4-39 침입형원자나 큰 치환형원자를 전위 부근의 결정 내로 도입하려 한다. 그림 4-7(c)처럼 나타낸 그림에서 원자가 전위선의 위쪽 또는 아래쪽 어디에 들어가기 쉬울까? 이유를 설명하라.

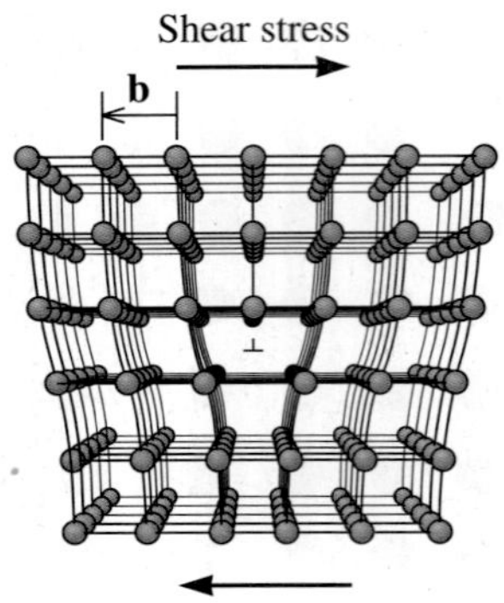

그림 4-7(c) (문제 4-39를 위해 반복됨)

4-40 아래의 HCP 금속에 대하여 (c/a)비를 비교하라. 각각에서 슬립이 일어나기 쉬운 정도를 결정하고, 대략적인 임계 분해전단응력을 추산하라. 이유를 설명하라.

(a) 아연(zinc)
(b) 마그네슘(magnesium)
(c) 티타늄(titanium)
(d) 지르코늄(zirconium)
(e) 레늄(rhenium)
(f) 베릴륨(beryllium)

4-5절 Schmid의 법칙

4-41 슬립면/방향에 작용하는 분해전단응력은, 슈미트의 법칙을 사용하여, $\tau_r = \sigma \cos\varphi \cos\lambda$와 같이 주어진다. 만일 이 각도 중의 하나가 90°라면 전위와 관련하여 무슨 일이 일어나겠는가?

4-42 FCC 금속의 단결정이 [001] 방향과 인가된 응력 34.47 MPa이 평행하도록 배향되었다. (111) 슬립면 위에서 $[\bar{1}10]$, $[10\bar{1}]$ 슬립방향으로 작용하는 분해전단응력을 계산하라. 어떤 슬립계가 가장 먼저 발생하겠는가?

4-43 BCC 금속의 단결정이 [001] 방향과 인가된 응력이 평행하도록 배향되었다. 만일 슬립에 필요한 임계 분해전단응력이 82.74 MPa라면, 각 슬립면 (110), (011), $(10\bar{1})$에서 $[1\bar{1}1]$ 방향으로 슬립을 일으키는 데 외부에서 가해주어야 할 응력을 계산하라.

4-44 은의 단결정은 (111) 슬립면이 50 MPa로 인가된 응력과 수직으로 배향되었다. 인가된 응력에 의해 활성화되는 조밀충진면과 조밀충진방향으로 구성되는 슬립계를 모두 적어보라.

4-6절 결정구조의 영향

4-45 구리의 단결정과 다결정은 연성을 갖는 반면 아연은 단결정만이 꽤 큰 연성을 보이는 이유를 설명하라.

4-46 조밀육방구조 금속은 왜 제한적인 변형경화만이 가능한지 설명하라.

4-47 교차슬립은 왜 HCP 금속에서보다 FCC와 BCC 금속에서 더 쉽게 일어나는가? 이것이 어떻게 FCC, BCC, HCP 금속의 연성에 영향을 미치는가?

4-48 구리, 티타늄, 철 중 연성이 점점 높아지는 순서로 나열하고 설명하라.

4-7절 표면결함

4-49 원자배열에서 결함이 재료의 거동에 미치는 주요한 영향이 무엇인가? 각각의 예를 들어보라.

4-50 결정립크기가 17.02 μm일 때 티타늄의 강도는 448.16 MPa이고, 결정립크기가 0.8 μm일 때 강도는 565.4 MPa이다.

(a) Hall-Petch 식의 상수를 구하라.
(b) 결정립크기가 0.203 μm일 때 티타늄의 강도를 구하라.

4-51 어떤 구리-아연 합금이 아래 표와 같은 특성을 갖는다.

(a) Hall-Petch 식의 상수를 구하라.
(b) 200MPa의 강도를 얻는 데 필요한 결정립 크기를 구하라.

결정립 직경(mm)	강도(MPa)
0.015	170
0.025	158
0.035	151
0.050	145

4-52 배율 100배로 찍은 사진에 77,500 결정립/inch^{2}의 결정립이 존재한다면, ASTM 결정립도 번호를 구하라.

4-53 배율 250배의 사진에서 면적이 5,040 mm^{2}일 때 23개의 결정립이 관찰되었다면 결정립도 번호를 구하라.

4-54 ASTM 결정립도 번호 5나 8을 갖는 구리의 합금을 선택하여 구매할 수 있다고 하자. 두 가지 사이에 얼마나 큰 차이가 있는지 결정하기 쉽지 않다. 배율 100배의 사진에서 각각 얼마나 많은 결정립이 grains/m^2 단위로 관찰될까? 이것이 매우 뚜렷한 차이라고 생각되지 않는가?

4-55 혼잡한 선로 위로 보행자용 다리를 제작하는데 사용하고자 하는 구조용강의 MTR(mill test report)는 ASTM 결정립도 번호 1.5를 보고하고 있다. 이 프로젝트에 이 강철을 사용하도록 승인할 것인가? 설명하라.

4-56 ASTM 결정립도 번호가 8일 경우에 제곱인치당 결정립의 수를 구하라.
(a) 배율 100배에서
(b) 배율이 없을 경우에

4-57 배율 400배에서 단위면적(inch^2)당 31,000개의 결정립이 관찰되었다면, ASTM 결정립도 번호를 구하라.

4-58 배율 50배에서 38,750 결정립/m^{2}으로 관찰되었다면, ASTM 결정립도 번호를 구하라.

4-59 그림 4-14와 그림 4-20에 나타낸 재료들의 ASTM 결정립도 번호를 구하라.

4-60 특별한 유전특성을 갖는 어떤 세라믹들은 무선통신시스템에 적용된다. 마그네슘탄탈륨산바륨(BMT)과 아연탄탈륨산바륨(BZT)은 이러한 재료의 적용 사례이다. 그림 4-21에 나타낸 BMT의 ASTM 결정립도 번호를 구하라.

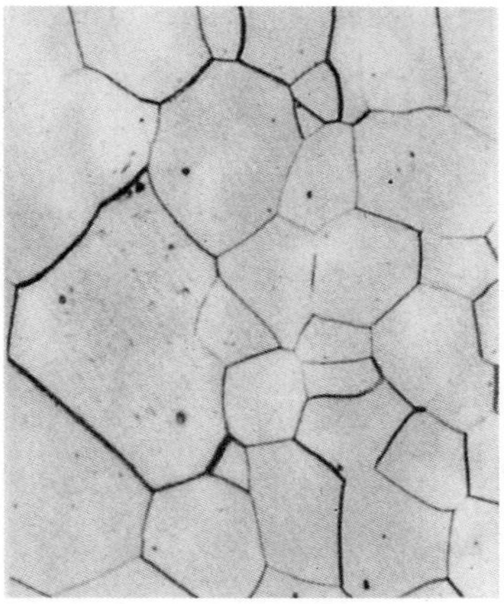

그림 4-14 팔라듐의 미세구조(× 100). (출처: ASM Handbook, Vol. 9, Metallography and Microstructure (1985), *ASM International, Materials Park, OH 44073. Reprinted with permission of ASM International. All rights reserved. www.asminternational.org.*) (문제 4-59를 위해 반복됨)

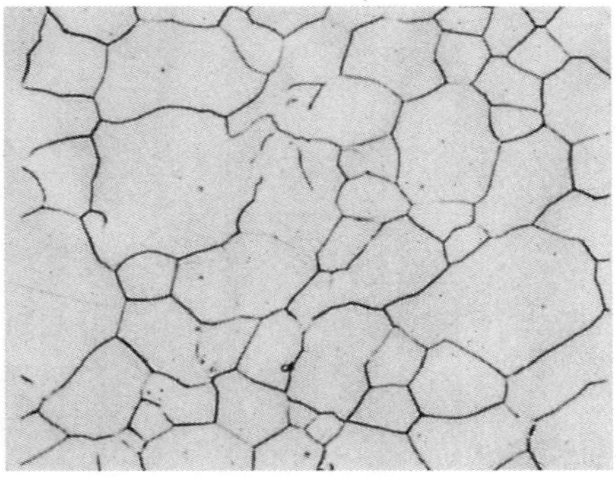

그림 4-20 철의 미세구조. (출처: ASM Handbook, Vol. 9, Metallography and Microstructure (1985), *ASM International, Materials Park, OH 44073. Reprinted with permission of ASM International. All rights reserved. www.asminternational.org.*) (문제 4-59를 위해 반복됨)

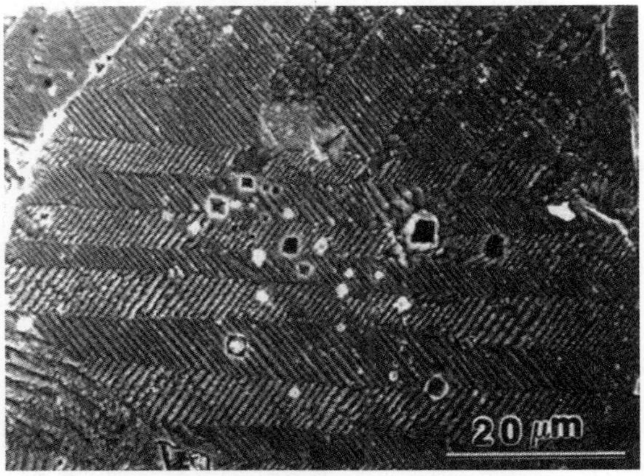

그림 4-21 BMT(barium magnesium tantalate) 세라믹의 미세구조. (*Reprinted Courtesy of Don Askeland*) (문제 4-60에 사용)

4-61 소경각경계의 각 θ는 $\sin(\theta/2) = b/(2D)$로 나타낸다[그림 4-15(a) 참조]. 이 식이 올바른지 확인하라.

4-62 FCC 알루미늄에서 전위들이 서로 5,000 Å로 떨어져 있을 때, 소경각경계의 각 θ를 계산하라. [그림 4-15(a)와 문제 4-61의 식 참조]

4-63 BCC 철에서 0.50° 기울어진 소각결정립계에서 전위들 사이의 평균거리를 계산하라. [그림 4-15(a) 참조]

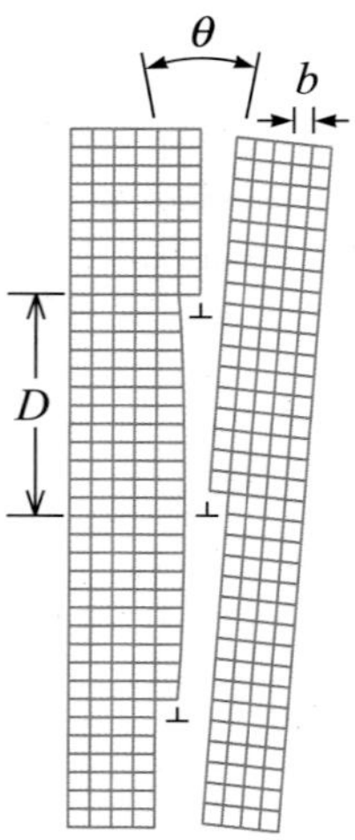

그림 4-15(a) 소각결정립계는 경계 양쪽 격자 사이의 불일치 각 θ를 유발하는 전위의 배열에 의해 형성된다. (문제 4-61, 4-62, 4-63을 위해 반복됨)

4-8절 결함의 중요성

4-64 금속을 합금할 때마다, 합금은 강해진다. 이것이 사실인지 아닌지를 설명하라.

4-65 변형경화, 합금, 결정립크기와 같은 강화기구가 어떻게 재료의 강도를 증가시키는지 설명하라. 이 모든 것들 사이에 공통점은 무엇인가? 한 가지 이상의 메커니즘이 하나의 합금에 함께 적용될 수 있는가? 설명하라.

4-66 무엇이 보통탄소강을 순철보다 강하게 만드는가?

4-67 보석류가 왜 구리로 합금한 금이나 은으로 구성되어 있는지 이유를 설명하라.

4-68 반도체 결정은 왜 가급적 적은 수의 전위가 포함된 상태로 사용하고자 하는가?

4-69 구조용으로는(예: 교량과 건물의 강철, 항공기용 알루미늄합금) 순금속보다 합금을 사용하는 이유를 설명하라.

4-70 알루미늄에 각각 1%를 첨가하여 고용체를 만든다고 가정할 때 다음 중 어떤 원소가 가장 큰 강화효과를 가져다줄 것으로 기대되는가? Mg, Mn, Cu, Zn 중에서 선택하고, 그 이유를 설명하라.

4-71 전위가 규산염유리의 강도를 조절하는 데 활용될 수 있는가? 설명하라.

4-72 변형경화라는 용어는 무엇을 의미하는가?

4-73 Hall-Petch 식은 어떤 강화기구와 관련되어 있는가?

4-74 순 구리는 작은 농도의 베릴륨(Be)을 첨가함으로써 강화시킬 수 있다. 이것은 무슨 강화기구와 관련되어 있는가?

설계문제

4-75 결정학적 데이터로부터 계산된 순 알루미늄의 밀도는 2,699.55 kg/m³으로 예상된다.

(a) 밀도가 2,645 kg/m³인 알루미늄합금을 설계하라.

(b) 밀도가 2,745 kg/m³인 알루미늄합금을 설계하라.

4-76 용접성이 좋은 금속판을 제작하려 한다. 용접공정 중에 용접부 바로 옆의 금속은 거의 용융점까지 가열되며, 용접공정 인자에 따라서는 이러한 고온상태가 일정시간 동안 유지될 것이다. 용접공정 동안에 이 '열영향부'에서 강도의 손실을 최소화할 수 있는 합금을 설계하라.

4-77 광학적으로 투명하면서 또한 전기적으로 전도성이 있는 재료가 필요하다. 이러한 재료들은 터치스크린 디스플레이에 사용된다. 어떤 종류의 재료가 이러한 용도에 사용할 수 있는 것일까? [힌트] 전자전도 또는 이온전도를 제공하는 재료의 코팅을 고려하라. 이러한 용도에는 기판재료도 투명해야 한다.

컴퓨터문제

4-78 **공공농도의 온도의존성** 금속원소에 대하여 공공의 평형농도를 온도의 함수로 제공하는 컴퓨터 프로그램을 작성하라. 사용자는 의미 있고 타당한 범위의 온도를 지정하여야 한다(예: 구리는 100~1,200 K). 본래 설정된 결정구조는 온도범위에서 유효하다고 가정한다. 컴퓨터 프로그램은 사용자에게 1몰의 공공을 형성하기 위한 활성화에너지(Q_v)를 입력하도록 요청해야 한다. 또한 원소의 밀도와 결정구조(FCC, BCC, 등)를 입력하도록 요청한다. 결정구조를 식별하기 위해 문자 변수들이 사용될 수 있다(예: FCC는 'F' 또는 'f', BCC는 'B' 또는 'b'). 온도나 농도에 대해 올바른 단위를 사용하도록 확실하게 주의하라. 또한 프로그램은 사용자에게 온도범위가 ℃, ℉, K 단위 중 어느 것으로 표현되는지 묻고, 계산을 수행하기 전에 반드시 K 단위로 변환한 다음 계산을 시작해야 한다. 프로그램은 이러한 정보를 사용하여 단위면적당 원자수를 계산하고, 이 값을 출력하여야 한다. 프로그램은 여러 온도에서 평형상태 공공의 농도를 계산할 수 있어야 한다. 첫 번째 온도는 최소온도로 설정될 것이고, 온도를 100 K 단위 또는 다른 편리한 증가량으로 증가시키면서 계산하도록 한다. 온도의 함수로 공공의 평형농도를 보여주는 그래프를 그리기 위해 임의의 소프트웨어를 사용할 수 있다. 어떤 스케일을 사용하면 결과를 최선으로 보여줄 수 있을지 생각하라.

4-79 **Hall-Petch 식** 금속재료에서 재료의 항복강도 σ_y와 결정립크기 d에 대해 두 세트의 값을 사용자가 입력할 수 있는 프로그램을 작성하라. 프로그램은 그 데이터를 Hall-Petch 식에 사용하여 계산하고 그 결과를 출력할 수 있어야 한다. 프로그램을 작성할 때, 사용자가 다른 결정립 크기 값을 입력하게 하여 항복강도를 계산하거나, 그 반대로 항복강도를 입력하면 결정립크기를 계산할 수 있도록 해야 한다.

4-80 **ASTM 결정립도 번호 계산** 사용자에게 ASTM 결정립도 번호가 계산되는 시료의 현미경사진 배율을 입력하도록 요청하는 컴퓨터 프로그램을 작성하라. 프로그램은 사용자로 하여금 관찰한 결정립의 숫자와 함께 관찰한 면적을 제곱인치(inch^2) 단위로 입력하도록 요청해야 한다. 그런 다음에 프로그램은 현미경사진의 배율이 100배가 아니고, 면적이 1 inch^{2}가 아닌 것을 감안하면서 ASTM 결정립도 번호를 계산할 수 있어야 한다.

Knovel® 활용 문제

K4-1 실리콘 회로 내 금속 불순물에 관련된 문제점을 기술하라.

K4-2 게터링(gettering)에 의해 실리콘 회로로부터 금속 불순물을 제거하는 데 관련된 공정은 어떤 것들인가?

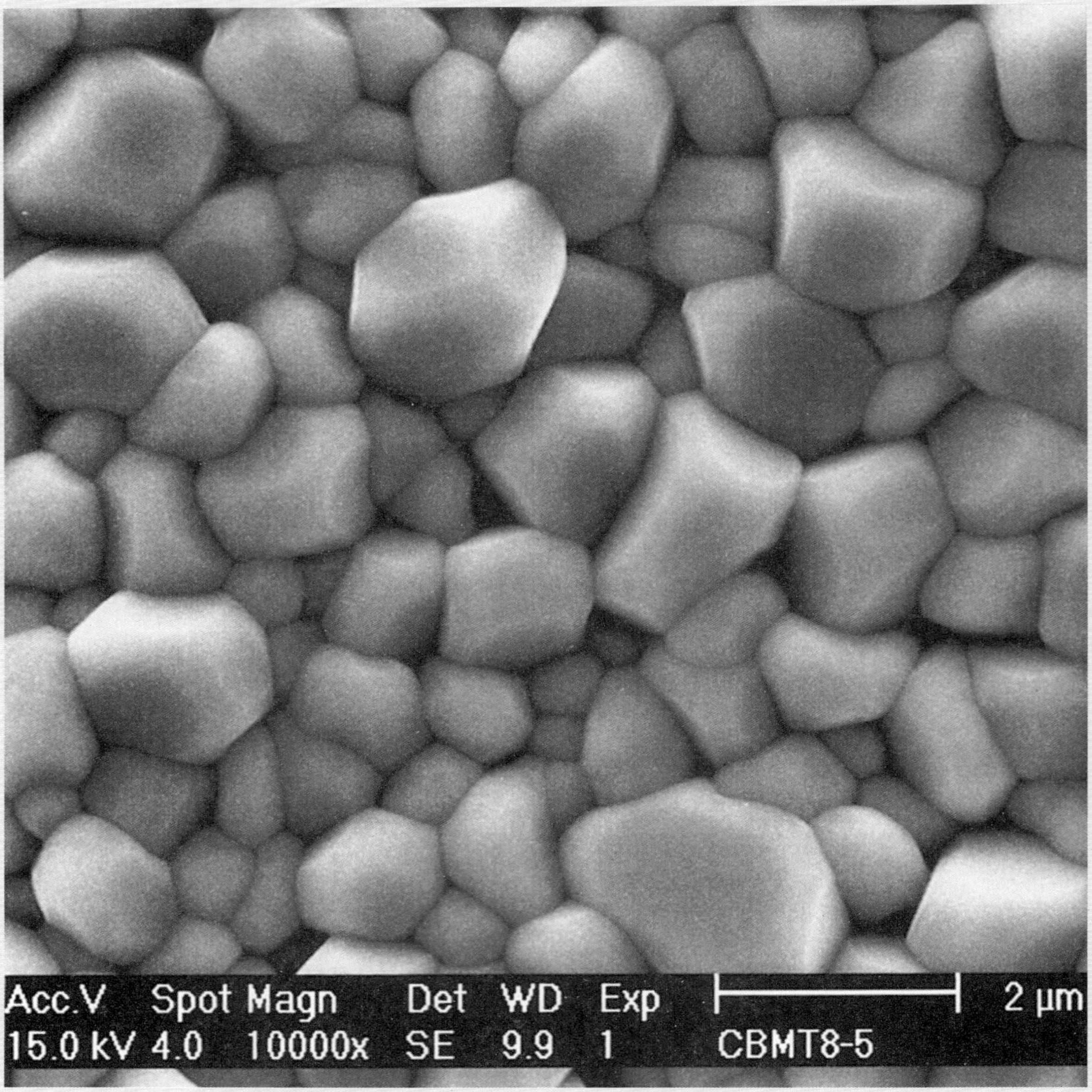

소결된 BMT(barium magnesium tantalate)의 미세구조. 이 세라믹재료는 무선통신용 전자부품을 만드는 데 쓸모가 있다. 소결공정은 원자나 이온의 확산에 의한 것이다. (출처: *H. Shirey*)

CHAPTER 5

재료에서 원자 및 이온의 이동

다음과 같이 궁금해 해본 적이 있는가?

- 알루미늄은 철보다 쉽게 산화한다. 그렇다면 왜 알루미늄은 보통 '녹슬지 않는다'고 말하는가?
- 특정한 강의 표면은 어떻게 경화되는가?
- 누가 처음으로 콘택트렌즈를 발명했는가?
- 전구의 텅스텐필라멘트는 어떻게 끊어지는가?

제5장의 주요 학습목표

- 고체 내의 확산의 구동력을 이해하는 것.
- **Arrhenius** 관계식을 이용하여 고체재료 안에 들어 있는 공공(**vacancy**)의 수와 확산계수를 계산하는 것.
- 고체 내의 확산기구를 설명하는 것.
- **Fick**의 제**1**법칙을 이용하여 농도구배에 따른 원자들의 순 유속(**net flux**)을 계산하는 것.
- 온도, 확산계수, 시간, 농도, 결정구조와 같은 확산에 영향을 미치는 인자들을 설명하는 것.
- **Fick**의 제**2**법칙을 이용하여 확산 프로파일과 열처리를 설계하는 것.
- 소결과 결정성장이 확산에 따라 어떻게 달라지는지 설명하는 것.

제4장에서 재료 내의 원자나 이온의 배열이 결코 완전할 수 없다는 것을 배웠다. 또한, 대부분의 재료는 순수한 원소로만 구성된 것이 아니라는 것도 알았다. 재료는 여러 가지 원소나 화합물의 합금이거나 혼합물이다. 다른 종류의 원자나 이온이 재료 내부에서 보통 '확산'하거나 이동하여 이들의 농도 차이가 최소화된다. 확산(diffusion)이란 원자나 다른 확산종(species)들의 관찰가능한 순 유속을 의미한다. 확산은 농도구배와 온도에 의존한다. 물이 중력에 의한 위치에너지를 최소화하기 위해 산에서 바다로 흐르듯이, 원자나 이온은 농도 차이를 줄이고 재료를 열역학적으로 더욱 안정하게 해주는 균질한 화학조성을 이루기 위해 예측가능한 방식으로 이동하려는 경향이 있다.

이 장에서는 온도가 확산의 속도에 미치는 영향과 농도 차이가 확산종의 전체적인 순 유속에 기여한다는 사실을 배우게 될 것이다. 이 장의 목표는 재료 내에서 일어나는 확산의 원리와 응용을 검토하는 것이다. 원자, 이온, 분자의 확산과 관련된 몇 가지 실용기술에 대한 예제를 통해 확산의 개념을 알아볼 것이다.

확산과정을 정량적으로 설명하는 Fick의 법칙을 전체적으로 적용할 것이다. 또한 서로 다른 결정구조의 열린 정도, 원자나 이온의 크기, 온도, 그리고 확산종의 농도가 어떻게 확산속도에 영향을 미치는지에 대해 알아본다. 첨단소재를 사용한 부품의 제작뿐만 아니라 첨단소재의 합성과 제조에서 확산이 어떻게 이용되는지에 대해 특정한 예를 들어 살펴보기로 하자.

5-1 확산의 응용

확산 확산이란 이온, 원자, 전자, 정공(제19장 참조), 분자와 같은 모든 확산종의 순 유속을 의미한다. 이 유속의 크기는 농도구배와 온도에 따라 다르다. 확산의 과정은 오늘날의 많은 중요한 기술의 핵심이다. 재료공정 기술에서는 원자, 이온, 분자, 기타 확산종의 확산을 제어하는 것이 핵심이다. 확산을 촉진하거나 또는 제한하는 방식으로 수많은 응용사례와 기술이 개발되고 있다. 다음은 일부 사례에 불과하다.

강의 표면경화를 위한 침탄처리 예를 들어, 기어의 전체가 아니라 표면만을 단단하게 만들고자 한다. 침탄처리가 표면경도를 높이기 위해 사용될 수 있다. 침탄처리에서는 흑연분말이나 탄소를 함유한 기체를 탄소공급원으로 하여 기어와 같은 강철 부품에 확산해 들어가게 한다(그림 5-1). 강철 표면의 탄소농도 증가는 강철의 경도를 높여주는데, 그 이유는 침입형자리(interstitial site)에 놓인 탄소원자가 전위의 움직임을 방해하기 때문이다. 침탄과 유사하게 질화처리(nitriding)로 알려진 방법도 사용할 수 있는

그림 5-1 침탄공정으로 강을 열처리할 수 있는 노(furnace). (출처: *Arrow Gear Company*)

데, 여기서는 금속재료 표면에 질소를 침투시킨다. 확산은 또한, 금속이나 합금의 열처리에 필요한 상변태, 세라믹의 제조, 재료의 응고와 접합을 제어하는 데 중요한 역할을 한다(5-9절 참조).

반도체 회로를 위한 도펀트 확산 여러 가지의 원자가 실리콘이나 기타 반도체로 확산하는 현상을 확실하게 이해하지 못했다면 오늘날 우리가 알고 있는 미세전자공학 산업의 어떤 것도 존재하지 못했을 것이다. *p-n* 접합점(제19장)을 제조하려면 인(P), 비소(As), 안티모니(Sb), 보론(B), 알루미늄(Al) 등의 도펀트(dopant) 원자를 실리콘웨이퍼상의 정밀하게 지정된 영역으로 확산시켜야 한다. 이 영역 중 일부는 너무 작아서 나노미터 크기로 측정한다. *p-n* 접합점이란 반도체의 국부적인 영역으로서, 한 면은 *n*형 도펀트(예: Si 내의 As)로, 다른 면은 *p*형 도펀트(예: Si 내의 B)로 도핑된 것이다.

전도성 세라믹 일반적으로 다결정 세라믹은 훌륭한 전기절연체이다. 부분안정화 지르코니아(ZrO_2), 완전안정화 지르코니아, 인듐주석산화물(흔히 ITO로 알려짐)과 같은 다수의 전도성 세라믹에서 이온, 전자나 정공(hole)의 확산은 전도성 세라믹의 전기전도도에 중요한 역할을 한다. 리튬코발트산화물(lithium cobalt oxide, $LiCoO_2$)은 리튬이온 배터리에 사용되는 이온전도 재료의 한 예이다. 이들 이온전도 재료는 자동차의 산소센서, 터치스크린 디스플레이, 연료전지와 배터리 부품에 사용된다. 이온이 확산할 수 있는 능력과 함께 전기전도를 위한 통로를 제공하는 것은 이러한 응용을 가능하게 하는 데 중요한 역할을 한다.

플라스틱 음료수병의 제조 확산이 일어나는 것이 항상 이로운 것만은 아니다. 용도에 따라서는, 특정 확산종의 확산을 제한할 필요가 있다. 예를 들어, 플라스틱 탄산음료 병에서는 이산화탄소(CO_2)의 확산이 최소화되어야 한다. 이것은 탄산음료가 상당 기간 동안 음료의 거품을 잃지 않도록 하기 위해 PET병을 용기로 사용하는 주요한 이유 중 하나이다.

알루미늄의 산화 알루미늄은 '녹슬지' 않는다고 들었거나 그렇게 알고 있을 것이다. 실제로는 알루미늄이 철보다 더 쉽게 산화된다(녹이 슨다). 다만, 산화알루미늄(Al_2O_3)은 산소의 추가적인 확산을 방지하는 얇은 보호 코팅을 알루미늄 표면에 형성하여 내부의 알루미늄이 계속 산화되는 것을 막아준다. 산화물 코팅은 무색이며 얇아서 육안으로는 보이지 않는다. 이것이 알루미늄은 녹슬지 않는다고 생각하는 이유이다.

터빈블레이드 열차단코팅 항공기 엔진에서 일부 니켈기반 초합금(superalloy) 터빈블레이드는 이트리아안정화 지르코니아(yttria stabilized zirconia, YSZ)와 같은 산화

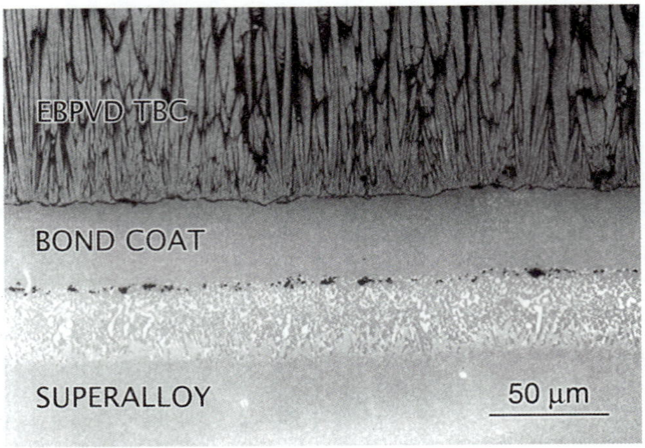

그림 5-2 니켈 초합금 표면의 열차단코팅. (출처: *Dr. F. S. Pettit and Dr. G. H. Meier, University of Pittsburgh*)

물 세라믹으로 코팅된다. 이러한 세라믹 코팅은 내부의 합금을 고온으로부터 보호하는 역할을 하므로 열차단코팅(thermal barrier coating, TBC)이라 부른다(그림 5-2). 세라믹 코팅을 통과하여 산소가 확산되면 그 결과 내부의 합금이 산화되어 터빈블레이드의 수명과 내구성에 중대한 영향을 끼친다. 그림 5-2에서 EBPVD는 전자빔 물리증착법(electron beam physical vapor deposition)을 의미한다. 접합코팅재(bond coat)는 백금 또는 몰리브덴합금이며, 이는 TBC와 기판 사이의 접착을 향상시킨다.

광섬유와 미세전자공학 부품 실리카(SiO_2)로 만들어진 광섬유는 물 분자의 확산을 방지하기 위해 고분자로 코팅하여 광섬유의 광학적 및 기계적 성질을 향상시킨다.

예제 5-1 Ar/He과 Cu/Ni 확산

불침투성 칸막이에 의해 동일한 체적으로 양분되어 있는 상자를 생각해보자(그림 5-3). 한쪽에는 순수한 아르곤(Ar) 가스가, 다른 쪽에는 순수한 헬륨(He) 가스가 들어 있다. 칸막이를 열었을 때 무슨 현상이 일어나겠는가? 또 한쪽을 단결정 구리(Cu)로, 다른 쪽을 단결정 니켈(Ni)로 바꾸어 놓으면 어떻게 되겠는가?

풀이

칸막이를 열기 전에는 한쪽에는 아르곤이 전혀 없고 다른 쪽에는 헬륨이 없다(즉, Ar과 He의 농도구배가 존재한다). 칸막이를 열면 Ar은 He쪽으로 확산할 것이고, He은 Ar쪽으로 확산할 것이다. 이러한 확산은 상자 전체에서 두 가지 가스의 농도가 균일해질 때까지 계속될 것이다. 밀도 차이에 의한 대류 유동도 어느 정도 존재할 것이다. 몇 시간 경과 후 임의의 위치에서 샘플을 채취하면, 통계적으로 균일한 Ar과 He 농도를 얻을 수 있을 것이다. 기체 원자들의 열에너지로 인해, Ar원자와 He원자는 상자 내에서 이동을 계속하겠지만 농도구배는 없을 것이다.

상온에서 Ni과 Cu 단결정 사이에 있는 가상적인 칸막이를 열면, Ar/He의 경우와 유사하게, 농도의 차이는 존재할지라도 온도가 너무 낮기 때문에 Cu원자가 Ni 단결정으로 또는 그 반대로의 확산은 크게 일어나지 않는다. 이러한 현상은 농도구배가 있을지라도 낮은 온도 때문에 활발한 확산은 일어나지 않는다는 보여주는 한 예이다. 가열하고(예: 600 ℃ 정도) 비교적 긴 시간(예: 24시간 정도) 기다리면 Cu원자가 Ni 단결정으로 또는 그 역방향으로 확산이 일어나는 것을 관찰할 수 있다. 매우 오랜 시간 후에 전체 고체는 균일한 Ni원자와 Cu원자의 농도를 갖게 될 것이다. Cu원자와 Ni원자는 서로 완전히 용해되어 새로 형성된 재료를 '고용체(solid solution)'라 하며, 이는 제10장에서 더욱 자세하게 공부할 개념이다.

이러한 예는 여러분들이 직관에 의해 알 수 있는 내용도 설명해준다. 원자나 분자의 확산은 고체보다는 기체나 액체 상태에서 더욱 빠르게 진행된다. 제9장이나 기타 장에서 다루겠지만, 확산은 합금의 응고과정에서 미세구조의 형성, 금속과 합금의 열처리, 세라믹 재료의 공정 등에 커다란 영향을 준다.

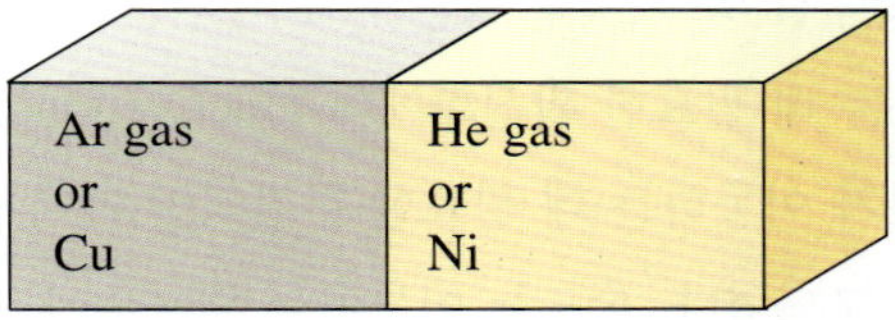

그림 5-3 Ar/He 및 Cu/Ni의 확산을 그림으로 나타내었다.

5-2 원자와 이온의 안정성

제4장에서 재료에는 결함(imperfection)이 존재하거나 의도적으로 재료 내에 결함을 도입할 수 있음을 보였다. 그러나 이러한 결함들이나, 심지어 정상적인 격자점 위치에 존재하는 원자나 이온들조차 안정적이거나 고정되어 있지 않다. 대신, 원자나 이온은 열에너지(thermal energy)를 가지고 이동할 것이다. 예를 들어, 한 원자는 정상 격자점으로부터 근처의 공공을 차지하여 이동하기도 하고, 어떤 원자는 한 침입형자리로부터 다른 자리로 이동하기도 한다. 또한, 원자나 이온은 결정립계(grain boundary)를 가로지르고 뛰어넘어 결정립계가 움직이게 할 수도 있다.

원자나 이온이 확산하는 능력은 온도나 그들이 가지고 있는 열에너지의 증가에 따라 증가한다. 원자나 이온의 이동속도(rate)는 Arrhenius 식에 의해 온도나 열에너지와 연관시킬 수 있으며 그 관계는 다음과 같다.

$$\text{Rate} = c_0 \exp\left(\frac{-Q}{RT}\right) \tag{5-1}$$

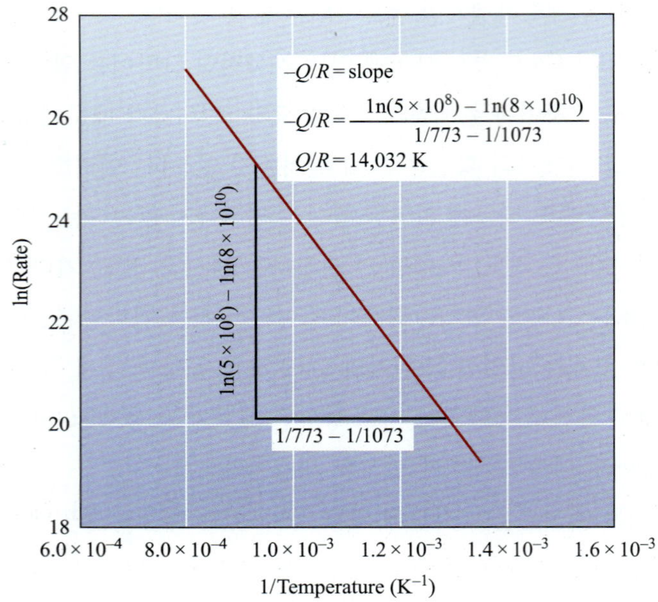

그림 5-4 ln(Rate) 대 $1/T$로 그리는 Arrhenius 곡선은 반응에 필요한 활성화에너지를 결정하는 데 사용될 수 있다. 이 그림에는 예제 5-2의 데이터를 사용하였다.

여기서, c_0는 상수, R은 기체상수(1.987 $\frac{\text{cal}}{\text{mol}\cdot\text{K}}$ 또는 8.314 $\frac{\text{J}}{\text{mol}\cdot\text{K}}$), T는 절대온도(K), Q는 1몰의 원자나 이온이 이동하는 데 필요한 활성화에너지(activation energy, cal/mol 또는 J/mol)이다. 이 식은 원자가 이동하는 데 필요한 추가적인 에너지 Q를 가질 확률에 대한 통계적 분석으로부터 유도되었다. 속도는 이동하는 원자수에 관련된다.

양변에 자연대수를 취하여 식을 다시 쓸 수 있다.

$$\ln(\text{Rate}) = \ln(c_0) - \frac{Q}{RT} \tag{5-2}$$

어떤 반응에 대하여 ln(Rate) 대 $1/T$로 곡선을 그리면(그림 5-4), 곡선의 기울기는 $-Q/R$이 될 것이고, 이것으로부터 Q를 계산할 수 있다. $1/T$이 0일 때의 절편 $\ln(c_0)$로부터 상수 c_0를 구할 수 있다.

스웨덴의 화학자인 Arrhenius(1859~1927)는 이 아이디어를 수용액에서의 화학반응속도에 응용하여 전해질 분해에 대한 이론으로 1903년 노벨화학상을 수상하였다. 그 이후로 활성화에너지와 반응속도를 온도의 함수로 나타낸 그의 기초적인 아이디어는 확산을 포함하는 많은 반응속도 과정에 활용되었다.

예제 5-2 침입형원자의 활성화에너지

침입형원자가 500 °C에서는 5×10^8 jumps/s, 800 °C에서는 8×10^{10} jumps/s의 속도로 한 자리에서 다른 자리로 이동하는 것이 발견되었다고 하자. 이 과정에 대한 활성화에너지(Q)를 계산하라.

풀이

그림 5-4는 ln(Rate) 대 $1/T$ 곡선에 대한 데이터를 보여준다. 그림으로부터 계산된 곡선의 기울기는 $Q/R = 14{,}032$ K, 즉 $Q = 1.167 \times 10^5$ J/mol이다.

다른 방법으로는 다음과 같은 연립방정식으로 나타낼 수 있다.

$$\text{Rate} = c_0 \exp\left(\frac{-Q}{RT}\right)$$

$$5 \times 10^8 \ \frac{\text{jump}}{\text{s}} = c_0 \exp\left[\frac{Q}{(8.314 \ \frac{\text{J}}{\text{mol}\cdot\text{K}})(500 + 273)\text{K}}\right]$$

$$= c_0 \exp(-0.0001556\, Q)$$

$$8 \times 10^{10} \ \frac{\text{jump}}{\text{s}} = c_0 \exp\left[\frac{Q}{(8.314 \ \frac{\text{J}}{\text{mol}\cdot\text{K}})(800 + 273)\text{K}}\right]$$

$$= c_0 \exp(-0.0001121\, Q)$$

온도의 단위는 K로 환산하였다. c_0는 다음과 같다.

$$c_0 = \frac{5 \times 10^8}{\exp(-0.0001556\, Q)} \left(\frac{\text{jump}}{\text{s}}\right)$$

따라서 다음을 얻는다.

$$8 \times 10^{10} = \frac{(5 \times 10^8)\exp(-0.0001121\, Q)}{\exp(-0.0001556\, Q)}$$

$$160 = \exp[(0.0001556 - 0.0001121)\, Q] = \exp(0.0000435\, Q)$$

$$\ln(160) = 5.075 = 0.0000435\, Q$$

$$Q = \frac{5.075}{0.0000435} = 1.167 \times 10^5 \text{ J/mol}$$

5-3 확산의 메커니즘

제4장에서 살펴본 것처럼, 재료 내에는 공공(vacancy)으로 알려진 결함이 존재한다. 이러한 공공이 만들어내는 무질서(즉, 엔트로피의 증가)는 자유에너지의 최소화에 도움이 되며, 따라서 결정질 재료의 열역학적 안정성을 증가시킨다. 결정질 재료에는 다른 형태의 결함도 존재한다. 공공을 가진 재료에서 원자는 한 격자점에서 다른 격자점으로 이동한다. 자기확산(self-diffusion)으로 알려진 이 과정은 방사능추적자(radioactive tracer)를 사용하여 탐지할 수 있다. 예를 들어, 보통의 금(Au^{197}) 표면에 금의 방사성동위원소(Au^{198})를 도입한다고 가정하자. 어느 정도 시간이 지난 후 방사성 원자는 보통의 금 안으로 이동하여 결국 방사성 원소가 전체 금 시편에 걸쳐 골고루 분포하게 될 것

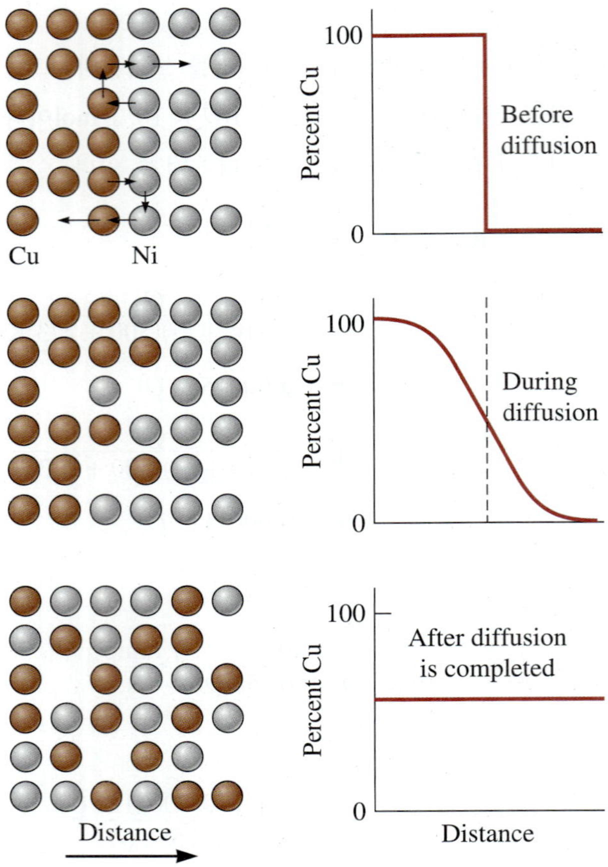

그림 5-5 니켈 속으로 구리원자의 확산. 결국 구리원자는 니켈 전체에 무작위로 분포한다.

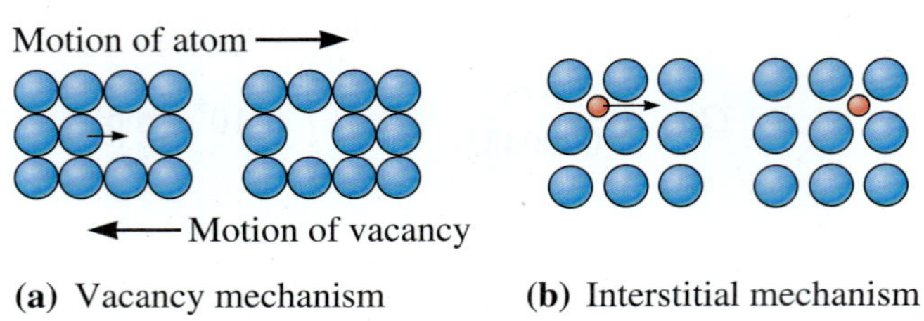

그림 5-6 재료에서의 확산기구(diffusion mechanism). (a) 공공확산, (b) 침입형 확산.

이다. 비록 자기확산이 모든 재료에서 끊임없이 일어나기는 하지만, 일반적으로 재료의 특성에 미치는 영향은 그리 크지 않다.

상호확산 재료 내에서는 서로 다른 원자의 확산도 발생한다(그림 5-5). 니켈박판이 구리박판에 접합되어 있는 경우를 생각해보자. 고온에서 니켈원자는 점진적으로 구리 안으로 확산되며 구리원자 또한 니켈 안으로 확산한다. 따라서 결국에는 니켈원자와 구리원자는 균일하게 분포하게 된다. 서로 다른 종류의 원자들이 다른 방향으로 확산하는 것을 상호확산(interdiffusion)이라 한다. 원자나 이온의 확산에는 두 가지의 중요한 메커니즘이 있는데(그림 5-6), 공공확산과 침입형 확산이다.

공공확산 자기확산과 치환형원자가 관련된 확산에서는 원자 하나가 부근의 공공을 채우기 위해 자신의 원래 격자점을 벗어난다(따라서 원래의 격자점에 새로운 공공이 생성됨). 확산이 계속됨에 따라 공공확산(vacancy diffusion)이라고 부르는 원자와 공공의 역류(counterflow)가 발생한다. 공공의 수는 온도가 증가함에 따라 증가하며, 이는 자기확산과 치환형원자 확산의 정도에 영향을 미친다.

침입형 확산 작은 침입형원자나 이온이 결정구조 내에 존재할 때 원자나 이온은 하나의 침입형자리로부터 다른 자리로 이동한다. 이 확산기구에는 어떠한 공공도 필요하지 않다. 부분적인 이유로는 공공보다 더 많은 침입형자리가 있기 때문에 침입형 확산(interstitial diffusion)은 공공확산보다 더 용이하게 일어나며, 상대적으로 크기가 작은 침입형원자는 더욱 빠르게 확산할 수 있다. 제3장에서 이온결합성인 다수의 세라믹은 조밀충진된 음이온의 구조에 침입형자리를 양이온으로 채운 것으로 생각할 수 있음을 보았다. 이러한 재료에서는 작은 양이온이 큰 음이온보다 더 빠르게 확산한다.

5-4 확산을 위한 활성화에너지

확산하는 원자는 새로운 자리에 도달하기 위해 주위 원자들을 비집고 나아가야 한다. 그러기 위해서는 공공과 침입형 확산에 대해 그림 5-7에 개략적으로 나타낸 것처럼 한 원자가 새로운 자리까지 갈 수 있도록 원자에 에너지가 공급되어야 한다. 원자는 원래 낮은 에너지의 비교적 안정된 위치에 있다. 새로운 자리까지 이동하기 위해 원자는 에너지장벽을 극복해야 한다. 이 에너지장벽이 활성화에너지(activation energy) Q이다. 열적에너지는 원자나 이온이 이 장벽을 극복하기 위해 필요한 에너지를 공급한다. 기호

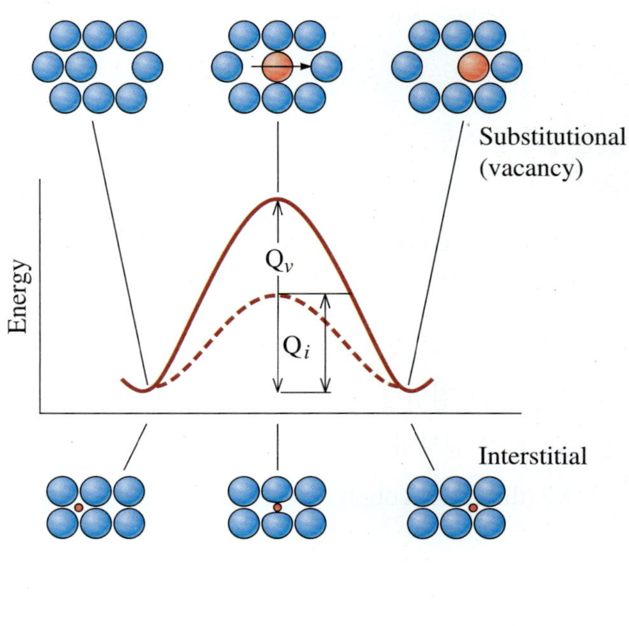

그림 5-7 확산 중에 원자가 서로 밀치며 지나가는 데는 활성화에너지 Q가 필요하다. 일반적으로 침입형원자보다 치환형원자에 대하여 더 높은 에너지가 필요하다.

표 5-1 선별된 재료들에 대한 확산 정보

확산쌍	Q(kJ/mol)	$D_0(m^2/s) \times 10^4$
침입형 확산		
C in FCC iron	137.7	0.23
C in BCC iron	87.45	0.011
N in FCC iron	144.7	0.0034
N in BCC iron	76.6	0.0047
H in FCC iron	43.1	0.0063
H in BCC iron	15.1	0.0012
자기확산(공공확산)		
Pb in FCC Pb	108.4	1.27
Al in FCC Al	134.7	0.10
Cu in FCC Cu	206.3	0.36
Fe in FCC Fe	279.1	0.65
Zn in HCP Zn	91.2	0.1
Mg in HCP Mg	134.7	1.0
Fe in BXX Fe	246.4	4.1
W in BCC W	600	1.88
Si in Si(공유결합)	460.3	1,800.0
C in C(공유결합)	682.0	5.0
불순물확산(공공확산)		
Ni in Cu	242.3	2.3
Cu in Ni	257.3	0.65
Zn in Cu	183.7	0.78
Ni in FCC iron	267.8	4.1
Au in Ag	190.4	0.26
Ag in Au	168.2	0.072
Al in Cu	165.3	0.045
Al in Al_2O_3	477	28.0
O in Al_2O_3	636	1,900.0
Mg in MgO	330.5	0.249
O in MgO	343.5	0.000043

(출처: *Adda, Y. and Philibert, J., La Diffusion dans les Solides, Vol. 2(1966)*를 포함한 다양한 자료)

Q는 다양한 과정(원자의 점프속도, 화학반응, 공공형성에 요구되는 에너지 등)의 활성화에너지를 표시하는 데 자주 사용되며, 특정한 과정이나 현상에 일반적인 활성화에너지 Q를 적용하는 데는 주의를 요한다. 왜냐하면 Q가 특정한 현상에 따라 다른 값을 가지기 때문이다.

일반적으로 침입형원자가 주위 원자들을 비집고 지나가는 데 더 작은 에너지가 필요하다. 따라서 공공확산보다 침입형 확산이 더 낮은 활성화에너지를 갖는다. 다양한 대상 재료에 대한 여러 가지 원자의 확산에 대한 대표적인 활성화에너지 값을 표 5-1에 나타내었다. 확산쌍(diffusion couple)이라는 용어는 특정 원소의 원자(예: 탄소)

가 대상 재료(예: BCC 철)에서 확산하는 조합을 나타내는 데 사용된다. 작은 활성화 에너지는 확산이 더 쉽다는 것을 의미한다. 자기확산에서 활성화에너지는 공공을 생성하고 원자의 이동을 일으키는 데 필요한 에너지와 같다. 표 5-1는 또한 지수함수앞 상수(pre-exponential term)인 D_0의 값도 보여주는데, 이는 식 5-1의 반응속도가 확산과정에 대한 것이라면 상수 c_0에 해당한다. D_0는 $1/T = 0$일 때의 확산계수임을 알게 될 것이다.

5-5 확산속도: Fick의 제1법칙

Fick(1829~1901)는 확산과정을 정량적으로 표현한 최초의 과학자였다. 그는 흥미롭게도 콘택트렌즈를 처음으로 동물실험에 적용했으며, 1887~1888년에는 처음으로 인간의 눈에 콘택트렌즈를 시술하기도 했다.

재료 내에서 원자, 이온, 입자, 기타 확산종들이 확산하는 속도는 유속(flux) J로 나타낼 수 있다. 여기서는 주로 이온이나 원자의 확산에 대해서만 생각하기로 한다. 유속 J는 단위시간당 단위면적의 면을 통과하는 원자수로서 정의된다(그림 5-8). Fick의 제1법칙(Fick's first law)은 원자의 순 유속에 대해 설명한다.

$$J = -D\frac{dc}{dx} \tag{5-3}$$

여기서, J는 유속(flux), D는 확산도(diffusivity), 즉 확산계수(diffusion coefficient, m^2/s)이고, dc/dx는 농도구배[concentration gradient, atoms/($m^3 \cdot m$)]이다. 상황에 따라 농도는 원자백분율(at%), 중량백분율(wt%), 몰백분율(mol%), 원자분율(atom fraction), 몰분율(mole fraction) 중 어느 것으로 나타낼 수 있다. 그에 따라 농도구배와 유속의 단위는 각각 상응하도록 달리 나타낸다.

여러 인자가 확산 중의 원자 유속에 영향을 준다. 이온, 전자, 정공 등의 확산을 다룬다면, J, D, dc/dx의 단위는 고려의 대상인 해당 확산종의 종류에 따라 결정될 것이다. 확산종의 유속이 고농도에서 저농도로 진행하여 dc/dx항의 부호가 음이 되기 때문

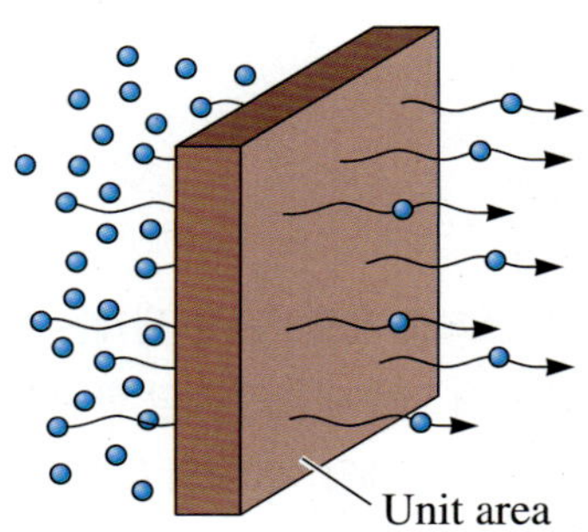

그림 5-8 확산 중의 유속은 단위시간당 단위면적의 면을 통과하는 원자수로 정의된다.

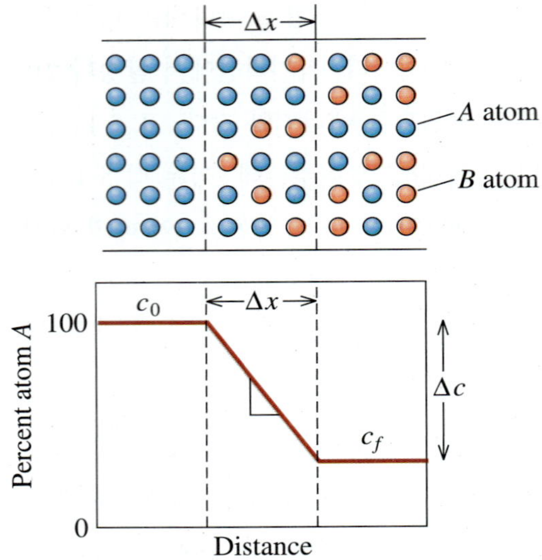

그림 5-9 농도구배에 대한 설명.

에 식 5-3에서 음의 부호를 붙여주면 J가 양이 된다. 원자나 이온 등과 관련된 열에너지는 원자에 임의의 운동을 유발한다. 미시적 스케일에서 확산에 대한 열역학적 구동력(thermodynamic driving force)은 농도구배이다. 온도와 농도구배에 따라 순 유속 또는 관찰가능한 유속이 발생한다.

농도구배 농도구배(concentration gradient)는 거리에 따른 재료 조성의 변화, 즉 거리 Δx에 걸친 농도의 변화 Δc를 의미한다(그림 5-9). 농도구배는 조성이 다른 두 재료가 접촉하고 있을 때, 기체나 액체가 고체재료와 접촉하고 있을 때, 제조공정 탓으로 그리고 다른 소스(source)를 받아들임으로써 비평형구조가 생성될 때 발생한다.

특정 온도에서 유속은 농도구배가 일정한 경우에만 일정하다. 즉, 그림 5-8에서 면의 양쪽 농도가 변하지 않고 유지되는 경우이다. 그러나 실제로 많은 경우에는 원자가 재분포됨에 따라 조성이 변하며, 따라서 유속 또한 변한다. 초기에는 유속이 높고 나중에는 확산에 의해 농도구배가 감소하여 유속이 점차 줄어드는 것을 종종 볼 수 있다. 다음의 예제에서 반도체와 세라믹의 도펀트 확산에 대해 유속과 농도구배를 어떻게 계산하는지 설명하겠지만, 이는 단지 농도구배가 일정한 경우에만 해당한다. 이 장에서는 Fick의 제2법칙을 이용한 비정상상태의 확산 또한 다룰 것이다.

예제 5-3 반도체의 도핑

집적회로에서 전자적 스위치 역할을 하는 트랜지스터를 제조하는 한 단계는 실리콘(Si)과 같은 반도체 재료에 원자불순물을 확산시키는 것이다. 원래 Si원자 천만 개당 한 개의 인(P) 원자를 함유하는 두께 0.1 cm의 실리콘웨이퍼 표면에 Si원자 천만 개당 400개의 P원자를 함유하도록 처리하

고자 한다(그림 5-10). 농도구배를 (a) at%/cm (b) $\frac{\text{atoms}}{\text{m}^3 \cdot \text{m}}$ 단위로 각각 계산하라. 실리콘의 격자상수는 0.54307 nm이다.

풀이

(a) 우선 초기조성과 표면조성을 원자백분율로 계산하자.

$$c_i = \frac{1 \text{ P atom}}{10^7 \text{ atoms}} \times 100 = 0.00001 \text{ at\% P}$$

$$c_s = \frac{400 \text{ P atoms}}{10^7 \text{ atoms}} \times 100 = 0.004 \text{ at\% P}$$

$$\frac{\Delta c}{\Delta x} = \frac{(0.00001 - 0.004) \text{ at\% P}}{1 \text{ mm}} = -0.00399 \frac{\text{at\% P}}{\text{mm}}$$

(b) $\frac{\text{atoms}}{\text{m}^3 \cdot \text{m}}$ 단위로 기울기를 구하기 위해서는 단위격자의 체적을 구해야 한다. Si의 결정구조는 다이아몬드입방(DC) 구조이고, 한 변의 길이는 5.4307×10^{-10} m이다. 따라서,

$$V_{\text{cell}} = (5.4307 \times 10^{-10} \text{ m})^3 = 1.6 \times 10^{-28} \frac{\text{m}^3}{\text{cell}}$$

단위정당 8개의 원자를 갖는 DC 결정구조로 배열된 10^7개의 Si 원자가 차지하는 부피는 다음과 같다.

$$V = \left[\frac{10^7 \text{ atoms}}{8 \frac{\text{atoms}}{\text{cell}}}\right]\left[1.6 \times 10^{-28} \left(\frac{\text{mm}^3}{\text{cell}}\right)\right] = 2 \times 10^{-22} \text{ m}^3$$

조성을 atoms/m^{3}로 표현하면 다음과 같다.

$$c_i = \frac{1 \text{ P atom}}{2 \times 10^{-22} \text{ m}^3} = 0.005 \times 10^{24} \frac{\text{P atoms}}{\text{m}^3}$$

$$c_s = \frac{400 \text{ P atom}}{2 \times 10^{-22} \text{ m}^3} = 2 \times 10^{24} \frac{\text{P atoms}}{\text{m}^3}$$

따라서 농도구배는

$$\frac{\Delta c}{\Delta x} = \frac{(0.005 - 2) \times 10^{24} \frac{\text{P atoms}}{\text{m}^3}}{1 \times 10^{-3} \text{ m}}$$

$$= -1.995 \times 10^{27} \frac{\text{P atoms}}{\text{m}^3 \cdot \text{m}}$$

이다.

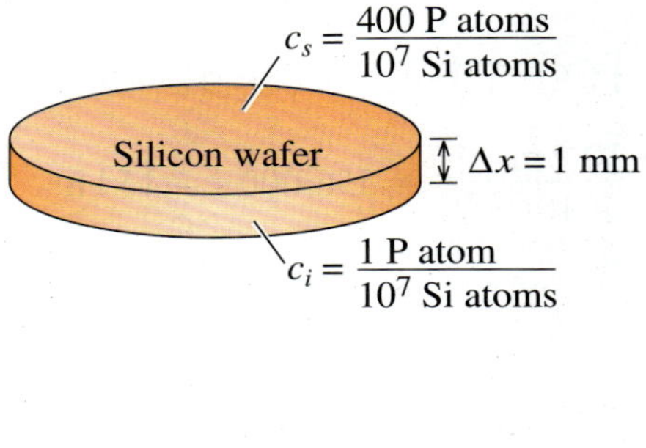

그림 5-10 P원자의 농도변화를 보여주는 실리콘웨이퍼.

예제 5-4 산화마그네슘(MgO) 내에서 니켈의 확산

0.5 mm의 MgO를 니켈(Ni) 층과 탄탈륨(Ta) 층 사이에 증착하여 두 금속 사이의 반응을 억제하는 확산장벽을 만들었다(그림 5-11). 1,400 ℃에서 니켈이온은 MgO 세라믹을 통해 탄탈륨 쪽으로 확산된다. 초당 MgO를 통과하는 니켈이온의 수를 구하라. 1,400 ℃에서 MgO 내의 니켈이온의 확산계수는 9×10^{-16} m^2/s이고 1,400 ℃에서 니켈의 격자상수는 0.36 nm이다.

풀이

Ni/MgO 계면에서 니켈의 조성은 100%Ni이며, 다음과 같이 쓸 수 있다.

$$c_{\text{Ni/MgO}} = \frac{4 \text{ Ni atoms}}{(3.6 \times 10^{-10}\text{ m})^3} = 8.573 \times 10^{28} \frac{\text{Ni atoms}}{\text{m}^3}$$

Ta/MgO 계면에서 니켈의 조성은 0%Ni이다. 따라서 농도구배는 다음과 같다.

$$\frac{\Delta c}{\Delta x} = \frac{0 - 8.573 \times 10^{28} \frac{\text{Ni atoms}}{\text{m}^3}}{0.5 \times 10^{-3}\text{ m}} = -1.715 \times 10^{32} \frac{\text{Ni atoms}}{\text{m}^3 \cdot \text{m}}$$

MgO층을 통과하는 니켈원자의 유속은 다음과 같다.

$$J = -D\frac{\Delta c}{\Delta x} = -(9 \times 10^{-16}\text{ m}^2/\text{s})(-1.715 \times 10^{32} \frac{\text{Ni atoms}}{\text{m}^3 \cdot \text{m}})$$

$$J = 1.543 \times 10^{17} \frac{\text{Ni atoms}}{\text{m}^2 \cdot \text{s}}$$

초당 20 mm × 20 mm 계면을 통과하는 니켈원자의 총수는 다음과 같다.

$$\text{초당 니켈원자의 총수} = (J)(\text{Area})$$
$$= (1.543 \times 10^{17} \frac{\text{Ni atoms}}{\text{m}^2 \cdot \text{s}})(20 \times 10^{-3}\text{ m})(20 \times 10^{-3}\text{ m})$$
$$= 6.17 \times 10^{13} \text{ Ni atoms/s}$$

이 결과는 비록 매우 빠른 듯하지만, Ni/MgO 계면으로부터 1초 동안에 제거되는 니켈원자의 부피는 다음과 같다.

$$\frac{6.17 \times 10^{13} \frac{\text{Ni atoms}}{\text{Ns}}}{8.573 \times 10^{28} \frac{\text{Ni atoms}}{\text{m}^3}} = 7.2 \times 10^{-19} \frac{\text{m}^3}{\text{s}}$$

또는 초당 감소하는 니켈층의 두께는 다음과 같다.

$$\frac{7.2 \times 10^{-19} \frac{\text{m}^3}{\text{s}}}{(0.02\text{ m})(0.02\text{ m})} = 1.8 \times 10^{-12} \frac{\text{m}}{\text{s}}$$

1마이크로미터(10^{-6} m)의 니켈이 제거되는 데 요구되는 처리시간은 다음과 같다.

$$\frac{10^{-6}\text{ m}}{1.8 \times 10^{-12} \frac{\text{m}}{\text{s}}} = 556{,}000\text{ s} = 154\text{ h}$$

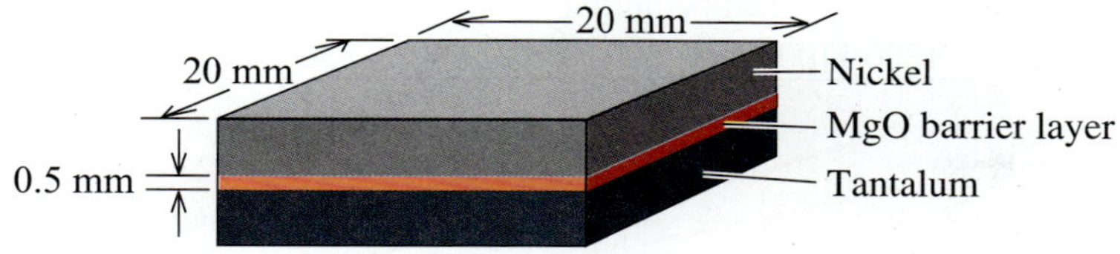

그림 5-11 확산쌍(diffusion couple).

5-6 확산에 영향을 미치는 요인

온도와 확산계수 확산속도는 온도에 상당히 강하게 영향을 받는다. 확산계수 D는 Arrhenius 형태식에 의해 온도와 관련된다.

$$D = D_0 \exp\left(\frac{-Q}{RT}\right) \tag{5-4}$$

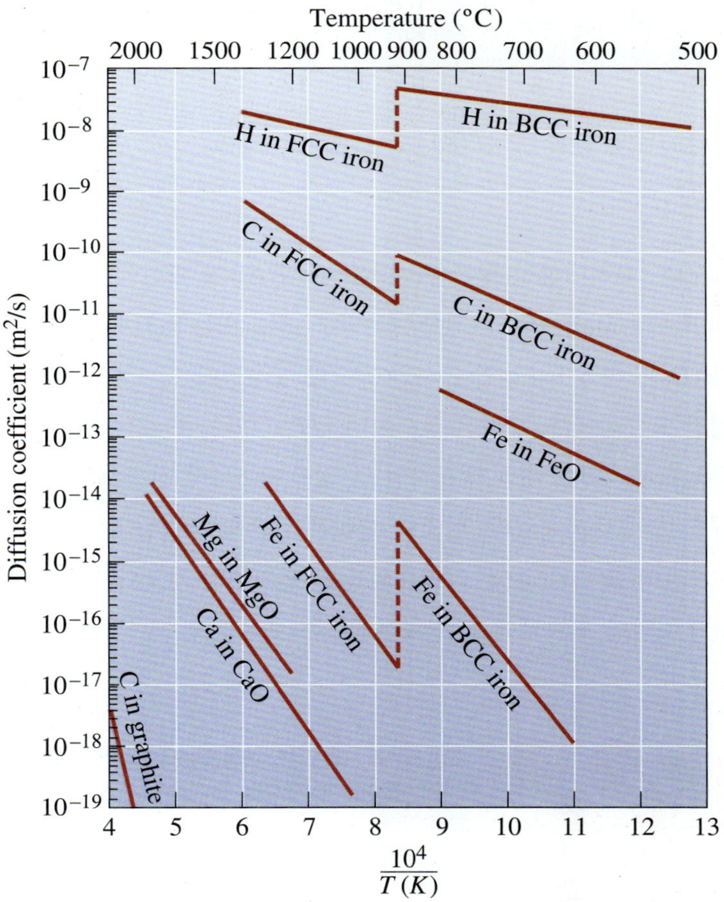

그림 5-12 여러 금속과 세라믹에 대하여 $1/T$의 함수로 나타낸 확산계수 D. 이러한 Arrhenius 그래프에서 D는 확산과정의 속도를 나타내며, 가파른 기울기는 높은 활성화에너지를 의미한다.

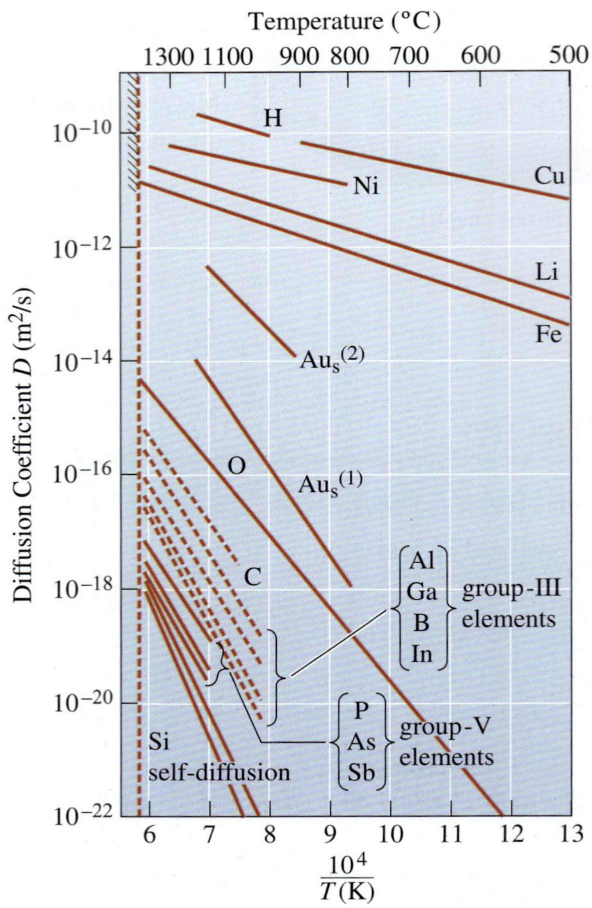

그림 5-13 실리콘 내에서 다양한 도펀트의 확산계수. (출처: *"Diffusion and Diffusion Induced Defects in Silicon," by U. Gosele In R. Bloor, M. Flemings, and S. Mahajan (Eds.),* Encyclopedia of Advanced Materials, *Vol 1, 1994, Pergamon Press.*)

여기서, Q는 고려대상인 확산종(예: Si 내의 Al)의 확산에 대한 활성화에너지(단위: cal/mol 또는 J/mol), R은 기체상수[1.987 $\frac{cal}{mol \cdot K}$ 또는 8.314 $\frac{J}{mol \cdot K}$]이며, T는 절대온도(K)이다. D_0는 식 5-1의 c_0와 유사한 지수앞 상수이다.

특정한 확산계에서 D_0 값은 상수이며 $1/T = 0$(즉, $T = \infty$)에서 확산계수 값과 같다. 일부 금속과 세라믹에 대한 대표적인 D_0 값을 표 5-1에 수록하였고, D 값의 온도의존성을 그림 5-12에 나타내었다. 탄소와 실리콘 같은 공유결합 재료는 특히 높은 활성화에너지를 가지며(표 5-1), 이는 그것들의 높은 원자결합 강도와 일치한다. 그림 5-13은 실리콘 내의 다양한 도펀트에 대한 확산계수를 보여준다.

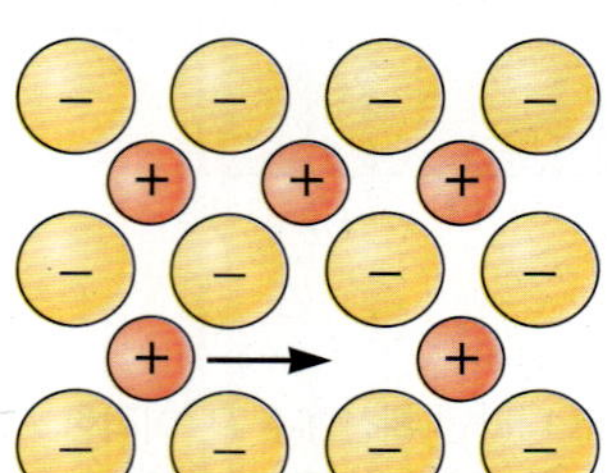

그림 5-14 이온결합 화합물에서의 확산. 음이온은 오직 다른 음이온자리로만 들어갈 수 있으며, 크기가 작은 양이온은 더 빠르게 확산하는 경향이 있다.

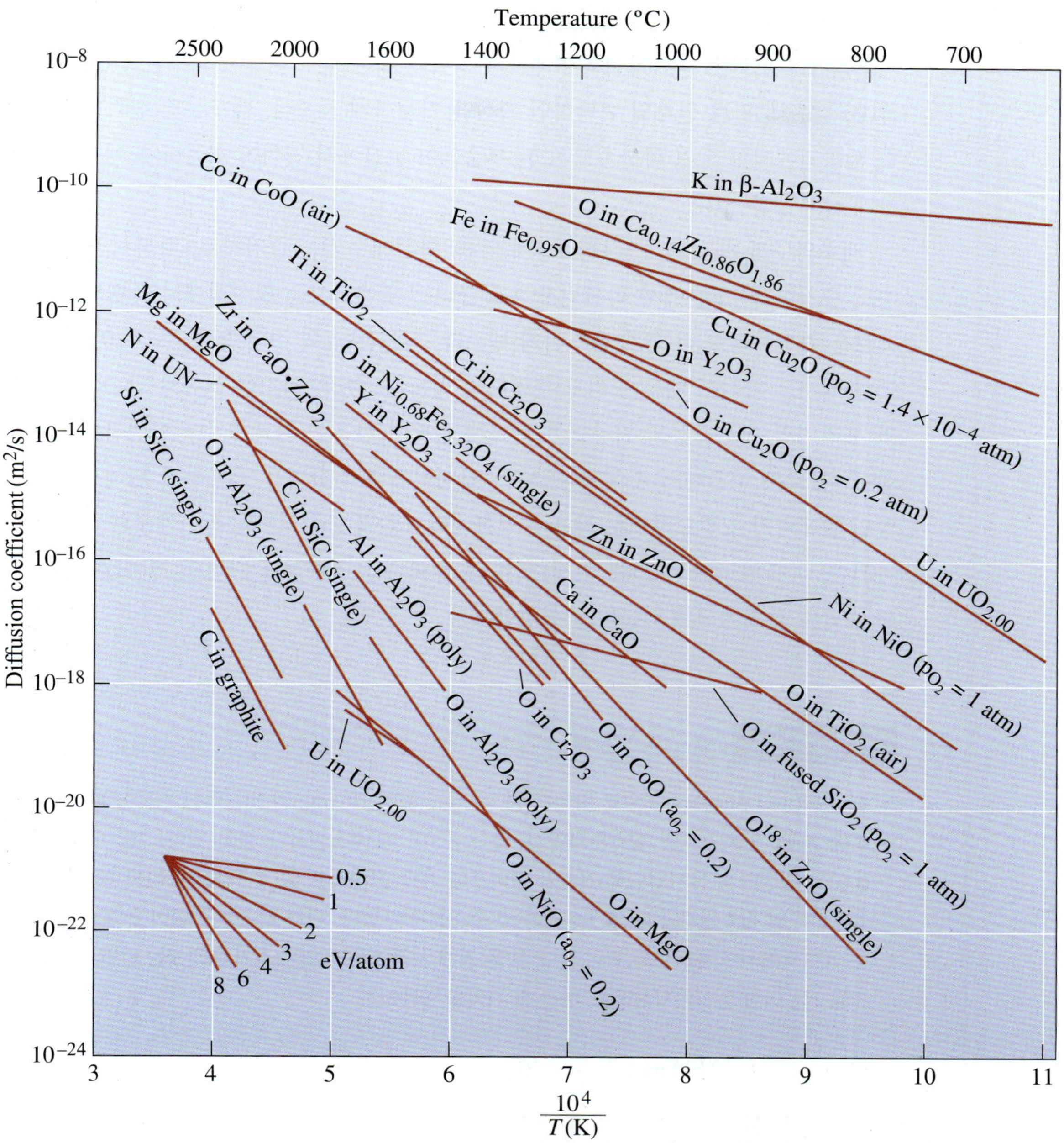

그림 5-15 다양한 산화물에서 이온들의 확산계수. (출처: Physical Ceramics: Principles for Ceramic Science and Engineering, *by Y. M. Chiang, D. Birnie, and W. D. Kingery, John Wiley & Sons, 1997.*)

일부 산화물 세라믹과 같은 이온결합 재료에서는 확산하는 이온은 동일한 전하를 갖는 격자자리로만 들어간다. 이러한 격자자리에 도달하기 위해 확산하는 이온은 이웃하는 이온을 물리적으로 밀어내고, 반대전하 영역을 통과해야 하며, 상대적으로 긴 거리를 움직인다(그림 5-14). 결과적으로, 이온결합의 경우 금속결합에 비하여 활성화에너지는 높고 확산속도는 느리다(그림 5-15). 많은 경우에 이러한 상황을 장점으로 활용할 수 있다. 예를 들어, 실리콘 제조공정에서 실리콘웨이퍼 표면에 얇은 실리카(SiO_2)층을 형성하고(제19장 참조), 실리카 층의 일부를 제거하여 윈도우를 형성한다. 실리카 층은 기본적으로 도펀트 원자에 대하여 불침투성이기 때문에, 이러한 윈도우는 인(P)이나 보론(B) 같은 도펀트 원자의 선택적인 확산을 가능하게 해준다. 대부분의 산화물이나 기타 세라믹에서의 느린 확산속도 또한 부품들이 고온에서 견뎌야 하는 용도에서는 유리하게 작용할 수 있다.

재료의 온도가 증가하면 (식 5-4에 의해) 확산계수 D는 증가하고, 따라서 원자의 유속도 증가한다. 고온에서 확산원자에 공급되는 열에너지는 활성화에너지 장벽을 넘어 새로운 격자자리로 더 쉽게 움직이게 해준다. 저온(재료의 절대 용융온도의 0.4배 정도 이하)에서는 확산이 매우 느리고 뚜렷하지 않을 수 있다. 이러한 이유로 금속의 열처리와 세라믹의 제조공정은 원자들이 빠르게 움직여 반응을 완료하거나 평형상태에 도달할 수 있도록 고온에서 수행된다. 낮은 활성화에너지 장벽을 극복하기 위해서는 적은 양의 열에너지가 필요하므로 작은 활성화에너지 Q가 공급되어도 확산계수와 유속은 증가한다. 다음의 예제는 Fick의 제1법칙 및 D의 온도의존성과 관련된 개념들이 어떻게 철 격막의 설계에 적용되는지를 설명한다.

예제 5-5 철 격막의 설계

철 격막(iron membrane)으로 막힌 직경 30 mm, 길이 100 mm인 비침투성 원통형 파이프의 한 쪽에 m^3당 5×10^{25}의 질소원자와 m^3당 5×10^{25}의 수소원자가 들어 있다(그림 5-16). 가스 농도가 일정하게 유지되도록 가스가 파이프에 계속 공급되고 있다. 막의 또 다른 쪽에는 m^3당 1×10^{25}의 질소원자와 m^3당 1×10^{25}의 수소원자가 있다. 전체 시스템은 철이 BCC 구조를 갖는 700 ℃에서 작동하도록 되어 있다. 막을 통해 시간당 90%의 수소가 통과하는 반면, 질소는 시간당 1% 이상 손실되지 않도록 하는 철 격막을 설계하라.

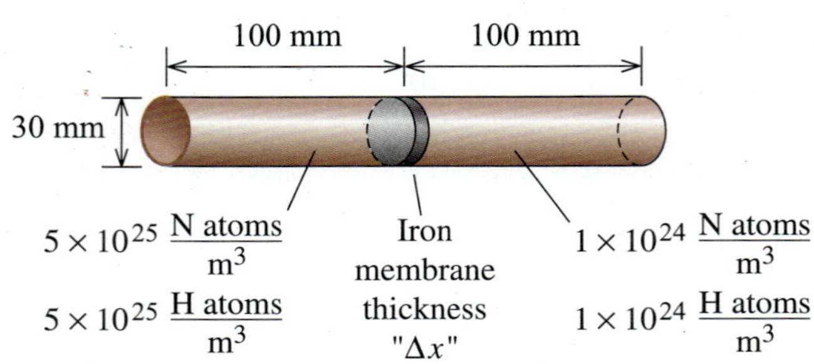

그림 5-16 철 격막의 설계.

풀이

용기 내의 질소원자 총수는 다음과 같다.

$$(5 \times 10^{25}\ \text{N atoms/m}^3)(\pi/4)(0.03\ \text{m})^2(0.1\ \text{m}) = 3.534 \times 10^{21}\ \text{N atoms}$$

손실되는 최대 질소원자 수는 전체의 1%이다.

$$\text{시간당 손실되는 질소원자의 수} = (0.01)(3.534 \times 10^{21}) = 3.534 \times 10^{19}\ \text{N atoms/h}$$

$$\text{초당 손실되는 질소원자의 수} = (3.534 \times 10^{19}\ \text{N atoms/h})/(3{,}600\ \text{s/h}) = 9.817 \times 10^{15}\ \text{N atoms/s}$$

이때의 유속은 다음과 같다.

$$J = \frac{9.817 \times 10^{15}\ \text{N atoms/s}}{\left(\frac{\pi}{4}\right)(0.03\ \text{m})^2} = 1.389 \times 10^{19}\ \frac{\text{N atoms}}{\text{m}^2 \cdot \text{s}}$$

식 5-4와 표 5-1을 사용해보자. 700 ℃ 또는 973 K에서 BCC 철에서의 질소의 확산계수는 다음과 같다.

$$D = D_0 \exp\left(\frac{-Q}{RT}\right)$$

$$D_N = \left(4.7 \times 10^{-7}\ \frac{\text{m}^2}{\text{s}}\right) \exp\left[\frac{-76{,}567.2\ \frac{\text{cal}}{\text{mol}}}{(8.3145\ \frac{\text{J}}{\text{mol} \cdot \text{K}}\ (973\ \text{K})}\right]$$

$$= (4.7 \times 10^{-7}\ \tfrac{\text{m}^2}{\text{s}})\ (7.748 \times 10^{-5})$$

$$= 3.642 \times 10^{-11}\ \tfrac{\text{m}^2}{\text{s}}$$

식 5-3으로부터 다음을 얻는다.

$$J = -D\left(\frac{\Delta c}{\Delta x}\right) = 1.389 \times 10^{19}\ \frac{\text{N atoms}}{\text{m}^2 \cdot \text{s}}$$

$$\Delta x = -\frac{D\,\Delta c}{J}\ \frac{(-3.642 \times 10^{-11}\ \text{m}^2/\text{s})(1 \times 10^{24} - 5 \times 10^{25})\ \frac{\text{N atoms}}{\text{m}^3}}{1.389 \times 10^{19}\ \frac{\text{N atoms}}{\text{m}^2 \cdot \text{s}}}$$

$$\Delta x = 0.13\ \text{mm} = \text{철 격막의 최소 두께}$$

유사한 방법으로, 수소 90%가 통과할 수 있는 막의 최대두께를 계산할 수 있다.

$$\text{시간당 통과하는 수소원자의 수} = (0.90)(3.534 \times 10^{21}) = 3.180 \times 10^{21}\ \text{H atoms/h}$$

$$\text{초당 통과하는 수소원자의 수} = 8.836 \times 10^{17}\ \text{H atoms/s}$$

$$J = 1.250 \times 10^{21}\ \frac{\text{H atoms}}{\text{m}^2 \cdot \text{s}}$$

식 5-4와 표 5-1을 이용하여 다음을 얻는다.

$$D_H = 1.2 \times 10^{-7}\ \tfrac{\text{m}^2}{\text{s}} \exp\left[\frac{-15{,}062.4\ \frac{\text{J}}{\text{mol}}}{(8.3145\ \frac{\text{J}}{\text{mol} \cdot \text{K}})\ (973\ \text{K})}\right] = 1.864 \times 10^{-8}\ \text{m}^2/\text{s}$$

여기서 다음을 얻을 수 있다.

$$\Delta x = -D\,\frac{\Delta c}{J}$$

$$\Delta x = \frac{(-1.864 \times 10^{-8}\ \frac{\text{m}^2}{\text{s}})(1 \times 10^{24} - 5 \times 10^{25}\ \frac{\text{H atoms}}{\text{m}^3}}{1.250 \times 10^{21}\ \frac{\text{H atoms}}{\text{m}^2 \cdot \text{s}}}$$

$$= 0.73\ \text{mm} = \text{철 격막의 최대두께}$$

따라서 철 격막은 0.013 mm에서 0.73 mm 사이의 두께를 가지면 된다.

확산의 형태 체적확산(volume diffusion)에서, 원자들은 한 정규 격자자리(regular lattice site) 또는 침입형자리(interstitial site)로부터 다른 자리로 결정을 통하여 움직인다. 주위의 원자들 때문에 활성화에너지는 크며 확산속도는 비교적 느리다.

원자들은 또한 재료 내의 결정립계, 계면, 표면을 통해서도 확산할 수 있다. 결정립계는 원자충진이 무질서하고 덜 빽빽하기 때문에 원자들은 입계확산(grain boundary diffusion)에 의해 더 쉽게 확산한다. 원자들은 결정립계를 통해 더 쉽게 밀치며 나아갈 수 있어서 활성화에너지는 낮다(표 5-2). 표면에서는 확산하는 원자들에 대한 방해가 더욱 작기 때문에 표면확산(surface diffusion)은 훨씬 쉽게 일어난다.

시간 확산하는 데는 시간이 필요하다. 유속(flux)의 단위는 atoms/($m^2 \cdot s$)이며, 다수의 원자들이 확산하여 균일한 구조를 만들기 위해서는 고온에서조차도 긴 시간이 필요할 수 있다. 열처리 시간은 고온에서 처리하거나 확산거리(diffusion distance, Δx)를 가능한 한 짧게 함으로써 단축시킬 수 있다.

확산을 방지하면 오히려 우수한 구조와 성질을 얻을 수도 있다. 강을 고온에서 신속하게 담금질처리하면 확산을 억제하여 비평형구조가 형성되며, 이는 정교한 열처리의 기본원리를 제공한다. 유사하게, 금속유리의 형성과정에서는 빠른 냉각속도로 액체금속을 담금질한다. 이것은 열에너지를 감소시켜 원자의 확산을 방지하고 비평형 무정형 배열의 상태로 원자를 결집시키기 위함이다. 반면에, 규산염유리 용융체는 점성이 있어 이를 통한 이온확산은 느리다. 따라서 이러한 용융체는 비결정질 구조를 얻기 위해 급

표 5-2 텅스텐 내의 토륨(Th)의 확산과 은(Ag)의 자기확산에 미치는 확산형태의 영향

확산의 형태	확산계수(D) 텅스텐 내의 토륨		확산계수(D) 은 중의 은	
	D_0(m²/s) × 10^4	Q(MJ/mol)	D_0(m²/s) × 10^4	Q(MJ/mol)
표면확산	0.47	277.8	0.068	37.2
입계확산	0.74	376.6	0.24	95.2
체적확산	1.00	502.1	0.99	191.2

속하게 냉각할 필요가 없다. 오래된 건물에서 창유리는 장시간에 걸쳐 아래쪽으로 흘러 내려 아래쪽은 위쪽보다 두껍다는 이야기가 전해진다. 확산속도에 따르면 상온에 가까운 온도에서 유리의 그러한 유동을 유발하기에는 수백 수천 년의 시간이라도 충분하지 않을 것이다. 다음의 예제에서는 확산의 다른 메커니즘을 공부한다.

예제 5-6 텅스텐-토륨 확산쌍

순 텅스텐(W)과 W-1 at%Th합금으로 구성된 확산쌍을 생각해보자. 2,000 ℃에 몇 분 동안 노출하고 나면 두께 0.1 mm의 천이영역(transition zone)이 형성된다. 만약 확산이 (a) 체적확산, (b) 입계확산, (c) 표면확산에 의한 것이라면, 토륨원자들의 유속은 얼마인가? (표 5-2 참조)

풀이

BCC 텅스텐의 격자상수는 3.165 Å이므로 m^3당 텅스텐 원자수 atoms/m^3는 다음과 같다.

$$\frac{\text{W atoms}}{\text{m}^3} = \frac{2 \text{ atoms/cell}}{(3.165 \times 10^{-10})^3 \text{ m}^3\text{/cell}} = 6.3 \times 10^{28}$$

W-1 at%Th합금 m^3당 들어 있는 토륨원자의 수는 다음과 같다.

$$c_{\text{Th}} = (0.01)(6.3 \times 10^{28}) = 6.3 \times 10^{26} \ \frac{\text{Th atoms}}{\text{m}^3}$$

순 텅스텐에는 토륨원자의 수가 0이므로 농도구배는 다음과 같다.

$$\frac{\Delta c}{\Delta x} = \frac{0 - 6.3 \times 10^{26} \ \frac{\text{Th atoms}}{\text{cm}^3}}{0.1 \times 10^{-3} \text{ m}} = -6.3 \times 10^{30} \ \frac{\text{Th atoms}}{\text{m}^3 \cdot \text{m}}$$

(a) 체적확산

$$D = 1.0 \times 10^{-4} \ \frac{\text{m}^2}{\text{s}} \exp\left[\frac{-5.021 \times 10^5 \ \frac{\text{J}}{\text{mol}}}{(8.3145 \ \frac{\text{J}}{\text{mol} \cdot \text{K}})(2,273 \text{ K})}\right]$$

$$= 2.89 \times 10^{-16} \text{ m}^2\text{/s}$$

$$J = -D\frac{\Delta c}{\Delta x} = -(2.89 \times 10^{-16} \ \frac{\text{m}^2}{\text{s}})(-6.3 \times 10^{30} \ \frac{\text{Th atoms}}{\text{m}^3 \cdot \text{m}})$$

$$= 1.82 \times 10^{15} \ \frac{\text{Th atoms}}{\text{m}^2 \cdot \text{s}}$$

(b) 입계확산

$$D = 7.4 \times 10^{-5} \ \frac{\text{m}^2}{\text{s}} \exp\left[\frac{-3.766 \times 10^5 \ \frac{\text{J}}{\text{mol}}}{(8.3145 \ \frac{\text{J}}{\text{mol} \cdot \text{K}})(2,273 \text{ K})}\right] = 1.64 \times 10^{-13} \text{ m}^2\text{/s}$$

$$J = -(1.64 \times 10^{-13} \ \frac{\text{m}^2}{\text{s}})(-6.3 \times 10^{30} \ \frac{\text{Th atoms}}{\text{m}^3 \cdot \text{m}}) = 1.03 \times 10^{18} \ \frac{\text{Th atoms}}{\text{m}^2 \cdot \text{s}}$$

(c) 표면확산

$$D = 4.7 \times 10^{-5}\ \tfrac{\text{m}^2}{\text{s}} \exp\left[\frac{-2.778 \times 10^5\ \tfrac{\text{J}}{\text{mol}}}{(8.3145\ \tfrac{\text{J}}{\text{mol}\cdot\text{K}})(2{,}273\ \text{K})}\right] = 1.94 \times 10^{-11}\ \text{m}^2/\text{s}$$

$$J = -(1.94 \times 10^{-11}\ \tfrac{\text{m}^2}{\text{s}})(-6.3 \times 10^{30}\ \tfrac{\text{Th atoms}}{\text{m}^3\cdot\text{m}}) = 1.22 \times 10^{20}\ \tfrac{\text{Th atoms}}{\text{m}^2\cdot\text{s}}$$

원자결합 및 결정구조에 대한 의존성 다수의 요인들이 확산에 대한 활성화에너지에 영향을 미쳐 결과적으로 확산속도를 좌우한다. 낮은 활성화에너지를 갖는 침입형 확산(interstitial diffusion)은 보통 공공확산이나 치환형 확산(substitutional diffusion)보다 훨씬 빠르게 일어난다. 일반적으로 조밀한 결정구조보다 개방된 결정구조를 통해 확산하는 원자들의 활성화에너지가 더 낮다. 활성화에너지는 원자의 결합강도에 의존하기 때문에, 높은 용융점을 가진 재료는 원자들이 확산에 대한 활성화에너지가 높다(그림 5-17).

(양전하를 가진) 양이온은 크기가 작기 때문에 종종 (음전하를 가진) 음이온의 경우보다 확산계수가 높다는 것을 알 수 있다. 예를 들어 소금(NaCl)의 경우, 염소이온(Cl^-)의 확산에 대한 활성화에너지는 소듐이온(Na^+)의 확산에 대한 활성화에너지의 두 배 가량이다.

이온들의 확산은 또한 전기적 전하의 이동을 유발한다. 실제로, 이온결합 세라믹 재료의 전기전도도는 Arrhenius 식에 의해 온도와 관련된다. 온도가 증가함에 따라 이온들은 더욱 빠르게 확산하고, 전기 전하가 더욱 빠르게 이동되므로, 따라서 전기전도도가 증가한다. 앞에서 설명한 것처럼 일부 세라믹은 우수한 전기 전도체이다.

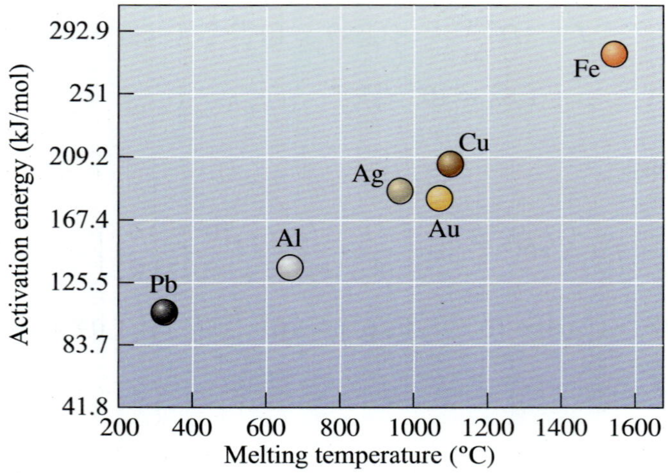

그림 5-17 자기확산의 활성화에너지는 금속의 용융점이 증가함에 따라 증가한다.

확산종의 농도 및 모재의 조성에 대한 의존성 확산계수 D는 식 5-4에 나타낸 것처럼 온도뿐만 아니라 확산종(diffusing species)의 농도와 모재(matrix)의 조성에 따라서도 변한다. 더욱 상세한 것은 심화 내용을 다루는 자료를 참고하기 바란다.

5-7 고분자의 투과도

고분자의 경우 가장 큰 관심사는 긴 고분자 사슬들 사이의 원자나 작은 분자들의 확산이다. 우리는 엔지니어로서 고분자나 기타 재료들에 대해 확산계수 대신 투과도(permeability)란 용어를 사용한다. 극성(polar) 그룹을 가진 고분자는(예: 에틸렌비닐알코올) 산소가스보다는 수증기에 더욱 높은 투과도를 갖는다. 반면 폴리에틸렌은 수증기보다는 산소에 대하여 훨씬 높은 투과도를 보인다. 일반적으로, 고분자의 구조가 조밀할수록 투과도는 낮다. 예를 들어, 저밀도 폴리에틸렌은 고밀도 폴리에틸렌보다 투과도가 높다. 음식 용기나 기타 용도로 사용되는 고분자는 투과에 대해 적절한 저항이 있어야 한다. 예를 들어, 고분자필름은 일반적으로 음식을 저장하기 위한 포장으로 사용된다. 공기가 필름을 통해 확산되면 음식이 상할 것이기 때문이다. 유사하게, 대기 중의 수증기, 질소, 산소, 이산화탄소에 민감한 세라믹이나 금속분말을 저장할 경우에는 주의를 요한다. 예를 들어, 고무나 페인트 및 세라믹의 원료로 사용되는 산화아연 분말은 대기 중의 수증기와 반응하지 않도록 폴리에틸렌 백에 저장해야 한다.

어떤 분자들이 고분자 내부로 확산하면 팽윤(swelling)의 문제점을 유발할 수 있다. 예를 들어, 자동차 부품에서 오링(O-rings)으로 사용되는 고분자는 상당량의 오일을 흡수하여 고분자가 부풀어 오르게 된다. 반면, 염료가 여러 가지 합성 고분자섬유에 균일하게 들어가도록 하는 데는 확산이 필요하다. 고분자 격막(polymer membrane)을 통한 선택적 확산은 물의 염분을 제거하는 데 이용되기도 한다. 즉, 물 분자들이 고분자 막을 통과하는 동안 염분 내의 이온들이 걸러지게 된다.

이러한 각각의 예에서 확산하는 원자, 이온, 분자들은 사슬구조 내의 한 위치에서 다른 곳으로 움직이기보다는 고분자 사슬들 사이로 침투하게 된다. 확산종들의 크기가 작을수록 또는 사슬 사이에 큰 기공(void)이 존재할 때, 확산은 이런 구조를 통해 보다 빠르게 일어날 것이다. 또한 비결정질 고분자는 장범위규칙을 갖지 않으므로 밀도가 낮기 때문에 결정질 고분자를 통한 확산에 비해 비결정질 고분자를 통한 확산이 더 빠른 경향이 있다.

5-8 조성 프로파일: Fick의 제2법칙

Fick의 제2법칙(Fick's second law)은 동적인 또는 비정상상태의 원자확산을 기술하는 것으로 다음과 같은 미분방정식 형태이다.

$$\frac{\partial c}{\partial t} = \frac{\partial}{\partial x}\left(D\,\frac{\partial c}{\partial x}\right) \tag{5-5}$$

확산계수 D가 위치 x와 확산종의 농도 c의 함수가 아니라고 가정하면, Fick의 제2법칙은 단순화하여 다음과 같이 쓸 수 있다.

$$\frac{\partial c}{\partial t} = D\left(\frac{\partial^2 c}{\partial x^2}\right) \tag{5-6}$$

이 방정식에 대한 해는 특정 상황에서의 경계조건들에 의존한다. 하나의 해는 다음과 같다.

$$\frac{c_s - c_x}{c_s - c_0} = \text{erf}\left(\frac{x}{2\sqrt{Dt}}\right) \tag{5-7}$$

여기서, c_s는 재료표면에서 확산원자의 일정한 농도이며, c_0는 재료 내 확산원자의 균일한 초기농도, c_x는 시간 t 경과 후 재료표면 아래 x위치에서 확산원자의 농도이다. 이러한 농도들은 그림 5-18에 나타나 있다. 이러한 식들은 기본적으로 1차원 모델로 가정한 경우이다(즉, 원자나 기타 확산종이 x방향으로만 움직이는 것으로 가정한다). 함수 'erf'는 오차함수(error function)이며 표 5-3이나 그림 5-19를 이용하여 값을 구할 수 있다. 대부분의 표준 스프레드시트나 개인용 컴퓨터의 소프트웨어 프로그램(예: Excel™ 또는 MATLAB®)도 오차함수 값을 제공한다.

오차함수에 대한 수학적 정의는 다음과 같다.

$$\text{erf}(x) = \frac{2}{\sqrt{\pi}}\int_0^x \exp\left(-y^2\right)dy \tag{5-8}$$

식 5-8에서 y는 오차함수의 독립변수이다. 오차여함수(complementary error function)를 다음과 같이 정의한다.

$$\text{erfc}(x) = 1 - \text{erf}(x) \tag{5-9}$$

이 함수는 Fick의 제2법칙에서 특정해의 형태로 사용된다.

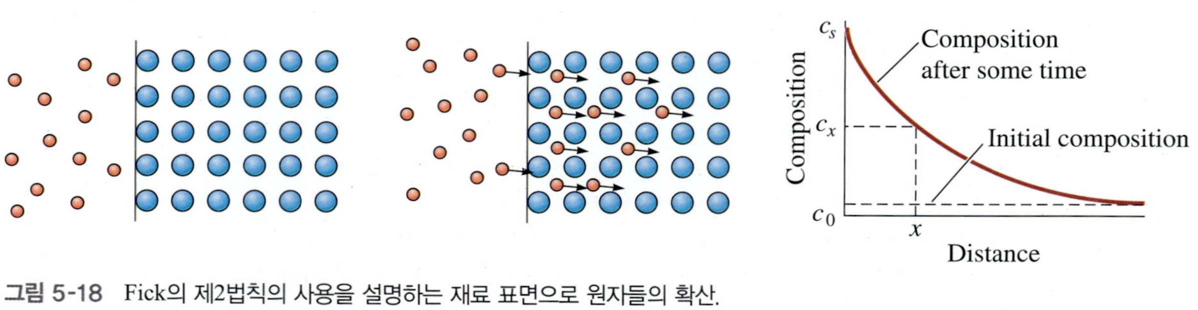

그림 5-18 Fick의 제2법칙의 사용을 설명하는 재료 표면으로 원자들의 확산.

표 5-3 Fick의 제2법칙을 위한 오차함수 값

오차함수의 독립변수$\left(\frac{x}{2\sqrt{Dt}}\right)$	오차함수 $\text{erf}\left(\frac{x}{2\sqrt{Dt}}\right)$의 값
0	0
0.10	0.1125
0.20	0.2227
0.30	0.3286
0.40	0.4284
0.50	0.5205
0.60	0.6039
0.70	0.6778
0.80	0.7421
0.90	0.7969
1.00	0.8427
1.50	0.9661
2.00	0.9953

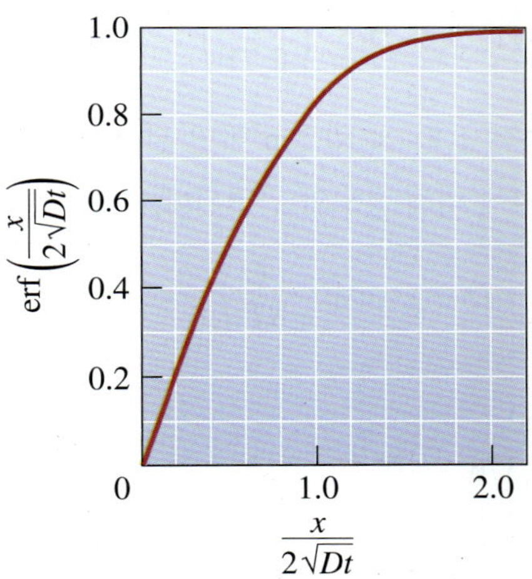

그림 5-19 Fick의 제2법칙에 등장하는 독립변수와 오차함수 값을 보여주는 그래프.

앞에서 언급한 것처럼, 경계조건에 따라서는 Fick의 제2법칙에 대한 해가 다양한 해(즉, 상이한 식)로 나타난다. 우리는 이러한 Fick의 제2법칙에 대한 해를 이용하여 어떤 확산종의 농도를 시간(t)과 위치(x)의 함수로서 계산할 수 있다. 식 5-7은 확산계수 D가 상수이고 표면의 확산종 농도(c_s)와 재료내부의 멀리 떨어진 거리(x)에서 확산종 농도(c_0)가 불변인 경우에 대하여, 재료표면 부근에서 확산종의 농도변화를 시간과 거리의 함수로서 나타내는 Fick의 제2법칙에 대한 가능한 하나의 해이다. Fick의 제2법칙은 또한 다음 예제에서 설명하는 침탄처리(carburizing treatment)를 포함하여 다양한 재료공정 기술을 설계하는 데 도움을 줄 수 있다.

예제 5-7 침탄처리의 설계

침탄에 의해 0.1%C의 탄소강 기어 표면이 경화될 수 있다. 기체침탄법에서 강철 기어를 고온에서 강의 표면에 1.2% 탄소를 공급하는 분위기에 설치한다(그림 5-1). 그러면 탄소는 표면에서 강 내부로 확산된다. 최적의 성질을 얻기 위해 강은 표면 아래 2 mm 깊이에서 0.45% 탄소를 함유해야 한다. 이렇게 최적의 성질을 얻을 수 있는 침탄열처리를 설계하라. 철이 FCC 구조를 가질 수 있도록 온도는 충분히 고온(적어도 900 ℃)이라고 가정한다.

풀이

식 5-7을 유도한 경계조건이 유효한 것으로 가정하고 이 식을 사용한다.

$$\frac{c_s - c_x}{c_s - c_0} = \text{erf}\left(\frac{x}{2\sqrt{Dt}}\right)$$

여기서, $c_s = 1.2\%$ C, $c_0 = 0.1\%$ C, $c_x = 0.45\%$ C, $x = 2$ mm이므로, Fick의 제2 법칙에 의해 다음을 얻는다.

$$\frac{c_s - c_x}{c_s - c_0} = \frac{1.2\%\,\text{C} - 0.45\%\,\text{C}}{1.2\%\,\text{C} - 0.1\%\,\text{C}} = 0.68 = \text{erf}\left(\frac{2 \times 10^{-3}\,\text{m}}{2\sqrt{Dt}}\right) = \text{erf}\left(\frac{1 \times 10^{-3}\,\text{m}}{\sqrt{Dt}}\right)$$

표 5-3으로부터 다음을 얻는다.

$$\frac{1 \times 10^{-3}\,\text{m}}{\sqrt{Dt}} = 0.71, \text{ 또는 } Dt = \left(\frac{0.1}{0.71}\right)^2 = 1.98 \times 10^{-6}\,\text{m}^2$$

D와 t의 조합으로 이들을 곱하여 $1.98 \times 10^{-6}\,\text{m}^2$이면 된다. FCC 철 내에서 탄소의 확산에 대한 확산계수는 식 5-4에 의해 온도와 관련된다.

$$D = D_0 \exp\left(\frac{-Q}{RT}\right)$$

표 5-1에서 다음을 얻는다.

$$D = 2.3 \times 10^{-5} \exp\left[\frac{-1.376 \times 10^5\,\text{J/mol}}{T \times 8.314\,\text{J/(mol}\cdot\text{K)}}\right] = 2.3 \times 10^{-5} \exp\left(\frac{-16{,}558}{T}\right)$$

따라서, 열처리 온도와 시간의 관계는 다음과 같다.

$$t = \frac{1.98 \times 10^{-6}\,\text{m}^2}{D} = \frac{1.98 \times 10^{-6}\,\text{m}^2}{2.3 \times 10^{-5} \exp(-16{,}558/T)} = \frac{0.0861}{\exp(-16{,}558/T)}$$

온도와 시간 사이의 몇 개의 대표적인 조합은 다음과 같다

온도 $T = 900$ ℃ $= 1{,}173$ K인 경우, 시간 $t = 116{,}273$ s $= 32.3$ h

온도 $T = 1{,}000$ ℃ $= 1{,}273$ K인 경우, 시간 $t = 38{,}362$ s $= 10.7$ h

온도 $T = 1{,}100$ ℃ $= 1{,}373$ K인 경우, 시간 $t = 14{,}876$ s $= 4.13$ h

온도 $T = 1{,}200$ ℃ $= 1{,}473$ K인 경우, 시간 $t = 6{,}560$ s $= 1.82$ h

온도와 시간에 대한 정확한 조합은 열처리로가 사용가능한 최고온도와 부품의 처리

속도, 가열온도의 고저 및 처리시간의 장단에 따른 경제성에 달려 있다. 고려해야 할 또 다른 요인은 재료의 나머지 부분에서 발생하는 미세조직의 변화를 고려해야 한다는 것이다. 예를 들어, 탄소가 표면에서 내부로 확산할 때 다른 부분의 미세조직에서는 결정립이 성장하거나 또 다른 변화를 초래할 수 있다.

예제 5-8은 Fick의 제2법칙의 한 결과를 보여주며, Dt가 일정하기만 하면 다른 공정조건에서도 동일한 조성 프로파일을 얻을 수 있다는 것을 보여준다. 이 사실을 이용하면 특정한 열처리를 행하는 데 요구되는 시간에 대한 온도의 영향을 결정할 수 있다.

예제 5-8 더욱 경제적인 열처리의 설계

강철 기어 500개를 침탄처리하는 데 FCC 구조를 갖는 온도 900 °C에서 10시간이 필요하다는 것을 알았다. 침탄로를 900 °C에서 가동하기 위해서는 시간당 1,000달러, 1,000 °C에서는 시간당 1,500달러의 비용이 소요될 경우, 침탄온도를 1,000 °C까지 증가시키는 것이 경제적인가? 고려해야 할 다른 요인들은 무엇인가?

풀이

식 5-7에 주어진 Fick의 제2법칙에 대한 해를 사용한다.

$$\frac{c_s - c_x}{c_s - c_0} = \text{erf}\left(\frac{x}{2\sqrt{Dt}}\right)$$

해당 온도를 절대온도로 환산하면 900 °C = 1,173 K, 1,000 °C = 1,273 K이며, 처리 온도 900 °C에서와 동일한 침탄처리 효과를 1,000 °C에서도 얻기 위해서는 다음을 고려한다.

$$D_{1273}t_{1273} = D_{1173}t_{1173}$$

FCC 철에서 탄소의 확산에 대한 활성화에너지는 1.376×10^5 J/mol이다. 처리시간의 비만 알고자 하므로 단위는 시간이든 초든 상관이 없다. 그러나 항상 일관된 단위를 사용하는 것이 좋으므로 시간은 초 단위를 사용한다. 온도는 켈빈으로 환산하여 사용해야 한다.

$$D_{1273}t_{1273} = D_{1173}t_{1173}$$

$$D = D_0 \exp\left(\frac{-Q}{RT}\right)$$

$$t_{1273} = \frac{D_{1173}t_{1173}}{D_{1273}}$$

$$D_0 = \frac{D_0 \exp\left[-\dfrac{1.376 \times 10^5 \frac{\text{J}}{\text{mol}}}{8.3145 \frac{\text{J}}{\text{mol}\cdot\text{K}}(1,173\text{ K})}\right](10\text{ h})(3,600\text{ s/h})}{D_0 \exp\left[\dfrac{1.376 \times 10^5 \frac{\text{J}}{\text{mol}}}{8.3145 \frac{\text{J}}{\text{mol}\cdot\text{K}}(1,273\text{ K})}\right]}$$

$$t_{1273} = \frac{(10)(3,600)\exp(-14.1156)}{\exp(-13.0068)}$$

$$= 11,878\text{ s}$$

$$t_{1273} = 3.299\text{ h} = 3\text{ h and }18\text{ min.}$$

지수앞 상수 D_0 값은 서로 상쇄되므로 필요하지 않다.

침탄온도 900 ℃에서 부품 한 개당 처리비용은 ($1,000/h)(10 h)/500개 = $20/개, 1,000 ℃에서 부품 한 개당 처리비용은 ($1,500/h)(3.299 h)/500개 = $9.90/개이다.

가열로의 가동비용만을 고려한다면 온도를 증가시키는 경우 기어의 열처리비용을 줄이고 생산속도를 증가시킬 수 있다. 고려해야 할 다른 요인은 1,000 ℃에서 열처리하는 경우 다른 미세조직이나 다른 변화가 일어나는지에 대한 것이다. 예를 들어, 온도증가에 의해 결정립이 심각하게 성장하는가? 이런 경우라면 재료 전체가 약화될 것이다. 처리온도가 증가할 때 가열로 자체 및 부속품과 같은 다른 장비의 수명에 어떤 영향을 주는가? 냉각시간은 얼마나 길어질 것인가? 고온에서 냉각하면 잔류응력이 발생할 것인가? 생산품이 다른 요구사항을 만족하는가? 여러 의문사항들을 고려해야 한다. 엔지니어로서 우리는 제안된 문제 해결책들이 기술적으로 온전하고 경제적으로 의미가 있을 뿐만 아니라 전체 시스템(즉, 큰 그림)에 대해 인식하고 앞뒤가 맞도록 보장할 필요가 있다. 좋은 해결책은 종종 단순한 것이고, 시스템의 문제를 해결하며, 새로운 문제를 만들어내지 않는 것이다.

예제 5-9 실리콘 회로의 제조

트랜지스터와 같은 회로는 반도체를 다양하게 도핑하여 제조한다. Si에서 인(P)의 확산계수는 1,100 ℃에서 $D = 6.5 \times 10^{-17}$ m²/s이다. 확산종의 공급원은 표면농도 10^{29} atoms/m³을 제공하고, 확산시간은 1시간이다. 초기에 실리콘웨이퍼에는 인(P)이 없다고 가정한다.

인의 농도가 10^{24} atoms/m³가 되는 깊이를 계산하라. 문제풀이 중에 가정한 사항이 있다면 기술하라.

풀이

Fick의 제2법칙(식 5-7)에 의한 해를 사용한다.

$$\frac{c_s - c_x}{c_s - c_0} = \text{erf}\left(\frac{x}{2\sqrt{Dt}}\right)$$

농도의 단위로 atoms/m³을, 시간은 초를, D는 m²/s를 사용한다. 식의 좌변은 무차원이므로, 농도 c_s, c_x, c_0에 대해 동일한 단위를 쓰는 한 단위가 무엇이든 상관없다.

$$\frac{c_s - c_x}{c_s - c_0} = \frac{10^{26}\ \frac{\text{atoms}}{\text{m}^3} - 10^{24}\ \frac{\text{atoms}}{\text{m}^3}}{10^{26}\ \frac{\text{atoms}}{\text{m}^3} - 0^{26}\ \frac{\text{atoms}}{\text{m}^3}} = 0.99$$

$$= \text{erf}\left[\frac{x}{2\sqrt{(6.5 \times 10^{-17}\ \text{m}^2/\text{s})\,(3{,}600\ s)}}\right]$$

$$= \text{erf}\left(\frac{x}{9.67 \times 10^{-7}}\right)$$

표 5-3의 오차함수 값을 이용하여(또는 계산기나 컴퓨터를 이용하여), $\text{erf}(z) = 0.99$일 때, $z = 1.82$이므로, 다음과 같이 쓸 수 있다.

$$1.82 = \frac{x}{9.67 \times 10^{-7}}$$

즉 다음과 같다.

$$x = 1.76 \times 10^{-6}\ \text{m} = 1.76\ \mu\text{m}$$

최종 결과를 마이크로미터 단위로 표시하였는데, 이는 이러한 문제에서는 이 단위가 적절하기 때문이라는 점에 주목하라. 주요한 가정으로는 (1) 실리콘웨이퍼 내로 인(P)이 침투할 때 D값은 일정하다. (2) 인의 확산은 1차원이다(즉, 횡방향 확산은 무시한다).

식 5-7로 주어지는 오차함수 해를 적용함에 있어서 제한사항 Fick의 제2법칙을 표시하는 식 5-7은 다음과 같은 가정 하에 사용되어야 한다.

(a) D는 확산종의 농도와 무관하다고 가정한다.

(b) 확산종의 표면농도(c_s)는 항상 일정하다.

실제로는 이러한 조건을 만족시키지 못하는 경우가 있으므로, 식 5-7에 보인 오차함수의 해로는 농도 프로파일의 변화를 예측할 수 없을 것이다. 또한 경계조건이 가정한 것과 다를 경우 Fick의 제2법칙의 다른 해를 사용해야 한다.

5-9 확산과 재료공정

5-1절에서는 재료가공에서 확산의 응용에 대해 간략하게 살펴보았다. 응고, 상변태, 열처리 등과 관련된 다수의 중요한 예를 이후의 장들에서 다루게 될 것이다. 이 절에서는 공학재료의 제조공정에서 확산의 중요성을 강조하기 위하여 추가적인 내용을 알아본

다. 확산과정은 재료가 고온에서 사용되거나 제조될 때 아주 중요해진다.

용융과 주조 금속, 합금, 다수의 플라스틱, 유리를 제조하는 데 있어서 가장 널리 사용되는 방법 중의 하나는 재료를 용융(melting)하여 원하는 형상으로 주조(casting)하는 방법이다. 확산은 금속과 합금이 응고되는 과정에서 특히 중요한 역할을 한다. 예를 들어, 반도체 단결정의 성장과정에서 용융상태와 고체상태 모두에서 발생하는 도펀트의 확산에 대한 차이를 확실히 알아야 한다. 이러한 사항은 합금의 주조과정에서 원소의 확산에도 마찬가지로 적용된다. 이와 유사하게, 확산은 유리의 제조에서도 결정적인 역할을 한다. 무기물 유리를 예로 들면, 확산이 느리게 진행되므로 무기물 유리는 쉽게 결정화하지 않는다는 사실에 의존한다. 이에 대해서는 제9장에서 더욱 상세하게 다루기로 하자.

소결 주조와 용융방법이 다수의 부품제조에 널리 이용되지만, 다수의 세라믹과 일부 금속의 용융점은 너무 높아 용융과 주조 공정을 이용하기에 부적절하다. 이러한 내열재료(refractory materials)는 작은 분말입자를 고체덩어리로 압축하는 공정을 이용하여 쓸모 있는 형태로 제작한다(제15장). 소결(sintering)은 입자들 사이의 기공의 부피를 점진적으로 줄임으로써 분말입자를 결합시키는 고온처리방법이다. 소결은 금속분말을 압축하여 고밀도로 단일체 부품으로 소결하는 방법인 분말야금(powder metallurgy)으로 금속부품을 제조하는 것은 물론, 세라믹(예: 알루미나, 티타늄산바륨 등) 부품의 제조공정에서 자주 이용되는 단계이다. 코발트를 결합제로 사용한 텅스텐카바이드(WC-Co) 절삭공구와 같은 여러 가지 복합재료가 이러한 기술로 제조된다. 미세한 입자일수록 원자결합이나 이온결합이 완전하지 않은 수많은 원자와 이온이 표면에 위치하게 된다. 그 결과 일정 질량의 미세입자 덩어리는 동일한 질량의 고체 덩어리보다 높은 에너지를 갖게 된다. 따라서 분말금속과 세라믹의 고체상태 소결에 대한 구동력은 분말입자의 총 표면적 감소이다. 분말재료가 일정 형상으로 압축되면 분말입자는 서로 간에 상당량의 기공을 유지한 채 수많은 곳에서 서로 접촉하게 된다. 재료의 총 에너지를 감소시키기

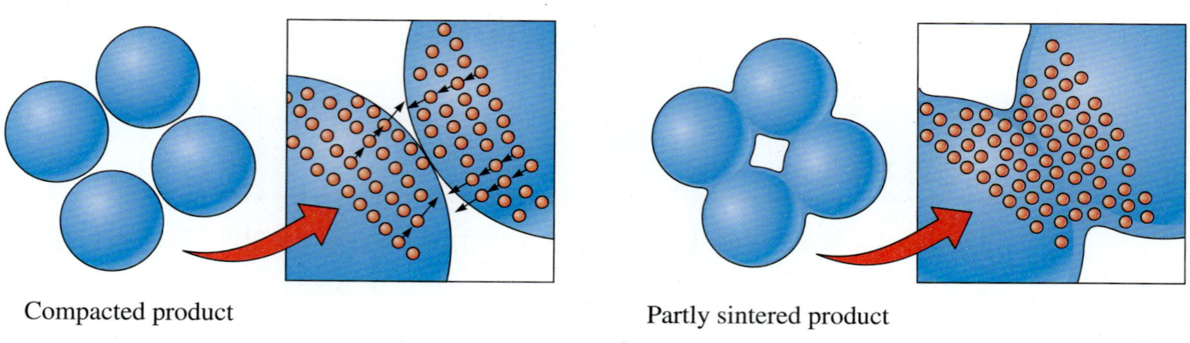

그림 5-20 소결과 분말야금 중의 확산공정. 원자는 접촉점으로 확산하여 브리지(bridge)를 만들고 기공을 줄인다.

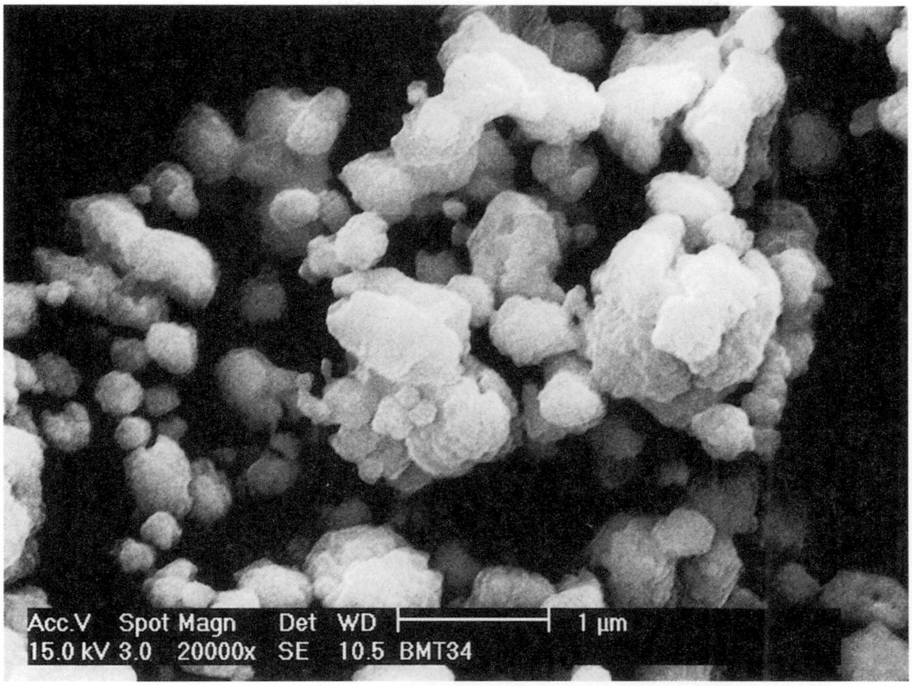

그림 5-21 마그네슘탄탈륨산바륨(BMT, [Ba($Mg_{1/3}Ta_{2/3}$)O_3]) 입자들. 이 세라믹은 무선통신에 사용되는 유전체 공진자(dielectric resonator)로 알려진 전자부품을 만드는 데 유용하다. (출처: *H. Shirey*)

그림 5-22 BMT 분말을 압축하고 소결하여 만든 BMT 세라믹의 미세구조. (출처: *H. Shirey*)

위해 원자들은 접촉점으로 확산되고, 분말입자가 서로 접합되도록 하며, 결국 기공이 수축하게 한다.

입자 덩어리로부터 목 부분(역자 주: 입자와 입자의 접촉에 의해 형성되는 목 형상의 접촉점 구역)으로 격자확산(lattice diffusion)이 일어나면 치밀화가 일어난다. 표면확산, 기상(가스나 증기상태) 확산, 곡면으로부터 입자 사이의 목 부분으로의 격자확산에 의해서는 치밀화가 일어나지 않는다(제15장). 장시간 동안 소결을 계속하면 기공은 제거될 수 있고 재료의 밀도는 치밀해진다(그림 5-20). 그림 5-21은 마그네슘탄탈륨산바륨[$Ba(Mg_{1/3}Ta_{2/3})O_3$ 또는 BMT]으로 알려진 세라믹의 분말입자를 보여준다. 이 세라믹은 무선통신시스템의 유전체 공진자(dielectric resonator)로 알려진 전자부품을 만드는 데 유용한 재료이다. 이 장 도입부의 사진이기도 한 BMT 세라믹의 미세구조를 그림 5-22에 나타내었다. 이러한 세라믹은 분말을 프레스로 압축한 다음 고온(약 1,500 ℃)에서 소결하여 생산한다.

소결의 정도와 속도는 (a) 생형(compact)의 초기밀도, (b) 온도, (c) 시간, (d) 소결 메커니즘, (e) 분말입자의 평균크기, (f) 분말입자 크기분포의 영향을 받는다. 어떤 경우에는 소결이 진행되는 중에 재료의 국부영역에 액상이 형성되기도 한다. 원자와 이온 같은 확산종의 확산은 고상보다 액상에서 더 빠르므로, 액상의 존재는 다수의 내열금속과 세라믹의 소결을 가속화할 수 있는 편리한 방법이 된다. 소량의 액상이 형성되어 치밀화를 도와주는 이러한 공정을 액상소결(liquid phase sintering)이라 한다. 소결을 촉진하는 데 효과적인 액상이 되려면 물이 유리표면을 적시는 것처럼 입자를 '젖게' 할 수 있는 액체의 존재가 중요하다. 수은이 유리를 젖게 할 수 없는 것과 마찬가지로 액체가 입자를 젖게 할 수 없으면 액상은 소결을 촉진하는 데 도움이 되지 않는다. 어떤 경우는 재료에 화합물을 첨가하여 소결온도에서 액상이 형성되도록 한다. 또 다른 상황에서는 불순물이 재료와 반응하여 액상을 형성하기도 한다. 대부분의 응용에서는 액상이 일시적으로 발생하거나 냉각 중에 결정질로 바뀌는 것이 바람직하다. 이렇게 함으로써 유리질이나 취성을 가진 비결정질 상이 결정립계에 남지 않게 된다.

특별히 높은 밀도가 필요한 경우, 재료의 소결 시 압력(단축 또는 등방압축)을 가한다. 이 기술은 압력이 단축인 경우 열간가압소결(hot pressing), 압력이 등방압축(즉, 모든 방향으로 작용)인 경우 열간등압성형(hot isostatic pressing, HIP)이라 부른다. 다수의 초합금과 란타늄지르코늄티타늄산납(lead lanthanum zirconium titanate, PLZT)과 같은 세라믹들이 이러한 기술로 제조된다. 열간등압성형으로 등방성의 고밀도 부품을 만들 수 있다(제15장).

결정립성장 다결정재료는 많은 수의 결정립계를 갖고 있으며, 결정립계는 원자의 비효율적인 충진 때문에 높은 에너지 영역이 된다. 만약 결정립성장(grain growth)에 의

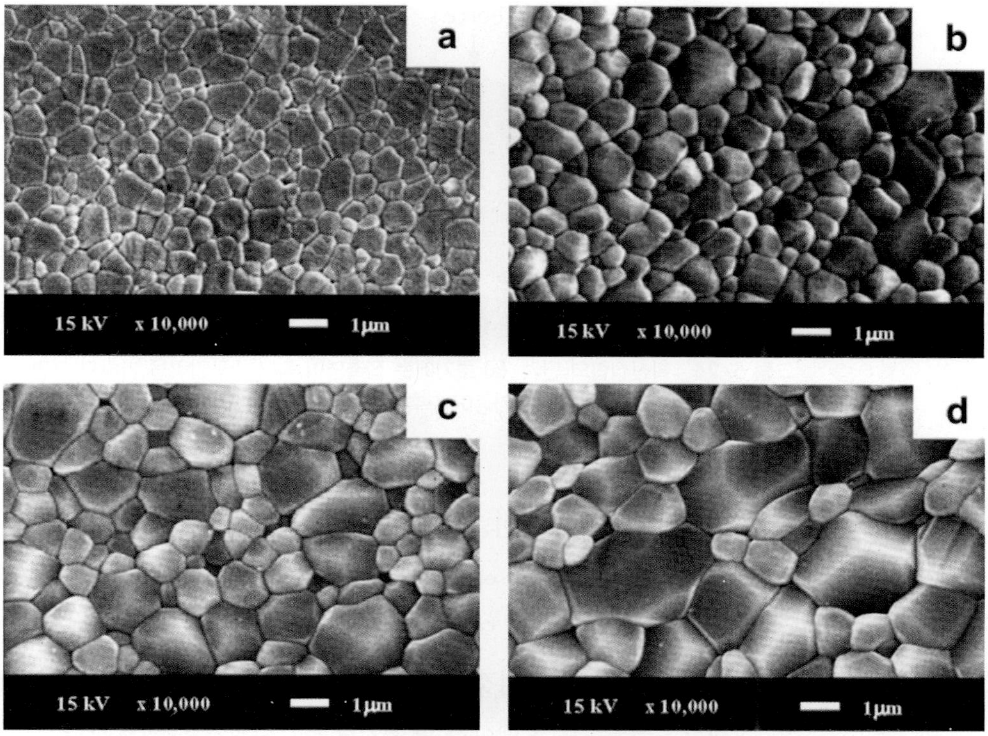

그림 5-23 알루미나 생형(compact)을 1,350 °C의 대기 중에서 소결시킨 세라믹의 결정성장을 SEM 현미경사진으로 관찰하였다. 최적의 가열속도인 분당 10 °C와 유지시간(soaking time)을 (a) 0.5 h, (b) 1.0 h, (c) 2.0 h, (d) 5.0 h로 소결한 사진이다. (출처: Current Applied Physics, *Volume 9, Issue 5, Chutinan Promdej, Varong Pavarajarn, Shigetaka Wada, Thanakorn Wasanapiarnpong, Tawatchai Charinpanitkul,* "Effect of hot isostatically pressed sintering on microstructure of translucent alumina compact," *Pages 960-966, Copyright 2009, with permission from Elsevier.*)

해서 결정립계의 양이 줄어든다면 재료의 전체적인 에너지가 낮아지게 된다. 결정립성장은 작은 입자가 합해져서 보다 큰 입자로 성장함으로써 결정립계의 이동을 수반한다(그림 5-23). 거품을 관찰하면 결정립성장의 원리를 알 수 있다. 결정립성장은 거품의 작은 기포가 합해져서 더 큰 입자가 만들어지는 방식과 유사하다. 재료 내에서 결정립이 성장하기 위해서는 결정립계를 가로질러 원자가 확산해야 하며 결과적으로 결정립성장은 원자들이 경계를 가로질러 이동하는 데 필요한 활성화에너지와 관련이 있다. 그림 5-23에 보인 알루미나 세라믹에 대한 일련의 현미경사진에서 결정입자가 커진 것을 알 수 있다. 결정립성장이 중요한 역할을 하는 또 다른 예는 전구의 텅스텐(W) 필라멘트이다. 텅스텐 필라멘트가 가열될수록 결정립이 성장하여 약화된다. 이러한 결정립의 성장, 텅스텐의 증발, 잔류산소와의 반응에 의한 산화에 의해 전구의 텅스텐 필라멘트는 끊어지게 된다.

결정립성장을 위한 구동력(driving force)은 결정립계 면적의 감소이다. 결정립계는 결함이며 이들이 존재하면 재료의 자유에너지가 증가한다. 따라서 다결정질 재료는 결

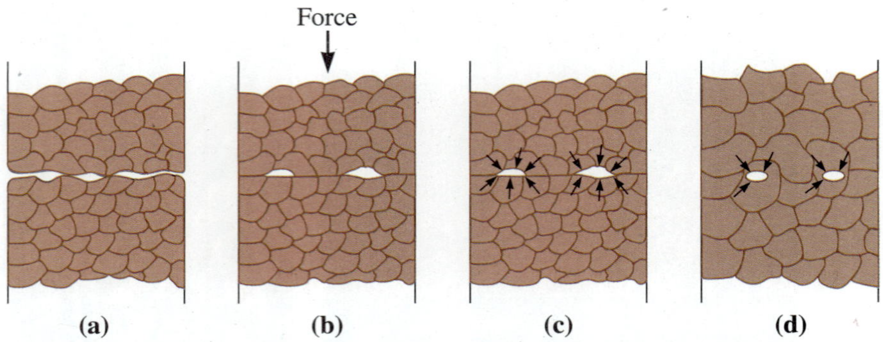

그림 5-24 확산접합의 단계. (a) 초기에는 접촉면이 작다. (b) 압력을 가하면 표면을 변형시켜 접합면적이 증가한다. (c) 입계확산에 의해 기공이 수축된다. (d) 최종적인 기공의 소멸에는 체적확산이 필요하다.

정입자의 평균크기가 증가하는 방향으로 재료를 변화시키려는 열역학적인 경향이 있다. 온도가 높거나 활성화에너지가 낮으면 입자크기는 증가한다. 금속을 고온에서 유지해야 하는 다수의 금속 열처리에서는 결정립의 과도한 성장을 피할 수 있도록 조심스럽게 제어해야 한다. 이것은 결정립의 평균 크기가 클수록 결정립계 면적이 감소하여 전위의 운동을 덜 방해하기 때문이다. 그 결과 결정립크기가 증가할수록 금속재료의 강도는 감소할 것이다. 이러한 개념을 앞에서는 Hall-Petch 식으로 살펴보았다(제4장). 정상 결정립성장(normal grain growth)에서 결정립의 평균 크기는 안정적으로 꾸준히 증가하여 입자크기 분포의 폭이 심각하게 변화하지는 않는다. 비정상 결정립성장(abnormal grain growth)에서는 입자크기 분포가 쌍봉(bimodal) 분포로 되는 경향이 있다(즉, 아주 큰 몇 개의 결정립과 비교적 작은 크기로 남아 있는 몇 개의 결정립). 재료의 어떤 전기적, 자기적, 광학적 성질 또한 결정립크기의 영향을 받는다. 따라서 이러한 재료를 제조할 때는 확산속도와 결정립성장에 영향을 주는 요인들에 주의해야 한다.

확산접합 재료를 결합시키는 데 이용되는 확산접합(diffusion bonding)은 세 단계로 진행된다(그림 5-24). 첫 단계는 높은 온도와 압력 하에서 두 표면이 합해지고, 표면이 평탄해지며, 불순물들이 조각나서, 원자 대 원자의 접촉면적이 증가한다. 표면이 고온에서 서로 압착된 상태이므로 원자들은 결정립계를 따라 재료 내에 잔류하는 기공 쪽으로 확산된다. 이때 원자들은 고밀도로 밀착되고 계면에 있는 기공들은 크기가 감소하게 된다. 입계확산은 신속하게 일어나므로 이러한 두 번째 단계는 매우 빨리 진행된다. 그러나 결정립성장으로 인해 잔류기공은 결국 결정립계로부터 고립된다. 기공의 최종 제거단계인 세 번째 단계에서는 비교적 느린 체적확산이 일어난다. 확산접합 공정은 티타늄과 같은 반응성이 좋은 금속을 접합할 때, 서로 상이한 이종금속이나 이종재료를 접합할 때, 그리고 세라믹을 접합할 때 종종 사용된다.

요약

- 확산에 의한 원자나 이온 등의 순 유속은 초기 농도구배에 따라 달라진다.
- 확산속도는 온도에 크게 의존한다. 일반적으로, 확산은 열적 활성화 과정이며 확산계수의 온도의존성은 Arrhenius 식에 의해 주어진다.
- 확산의 정도는 온도, 시간, 확산종의 성질과 농도, 결정구조, 모상의 화학조성, 화학양론(stoichiometry), 점결함에 따라 달라진다.
- 확산을 조장하거나 제한하는 것은 다수의 중요한 기술의 토대를 이룬다. 예로는 반도체 제조공정, 금속재료의 열처리, 세라믹과 분말금속의 소결, 비결정질 재료의 생성, 주조공정 중 용융재료의 응고, 확산접합, 차폐용 플라스틱과 필름 및 코팅 등이 있다.
- Fick의 법칙들은 확산공정을 정량적으로 나타낸다. Fick의 제1법칙은 농도구배와 확산종의 유속간의 관계를 규정하며, Fick의 제2법칙은 비정상상태 확산조건에서 확산종의 농도 변화를 설명한다.
- 특정 시스템에서 확산량은 Dt 항과 관련이 있다. 이 항을 사용하여 확산제어 공정에서 온도의 변화가 소요시간에 미치는 영향을 결정할 수 있다.
- 결정질 재료에서 원자의 이동에 관한 두 가지 주요 메커니즘은 공공확산(vacancy diffusion)과 침입형 확산(interstitial diffusion)이다.
- 확산속도는 Arrhenius 관계식에 의해 결정된다. 즉 확산속도는 온도의 증가에 따라 지수함수 형태로 증가한다. 확산은 재료의 절대(Kelvin 온도) 용융온도의 약 0.4배 이상의 온도에서 현저하게 활발해진다.
- 활성화에너지 Q는 원자확산의 용이성을 나타내며, 낮은 활성화에너지의 경우 빠른 확산이 일어난다. 낮은 활성화에너지와 빠른 확산속도는 (1) 공공확산보다 침입형 확산에서, (2) 낮은 충진율을 갖는 결정구조에서, (3) 낮은 용융온도나 약한 원자결합 재료에서, (4) 결정립계나 표면을 따라 일어나는 확산에서 얻어진다.
- 원자들의 총 이동량 또는 유속은 농도구배와 온도가 증가함에 따라 증가한다.
- 세라믹에서 이온들의 확산은 보통 금속재에서 원자들의 확산보다 느리다. 세라믹에서의 확산은 또한 비화학량론(non-stoichiometry), 도펀트(dopants) 및 소결 중 존재할 수 있는 액상의 유무에 의해 크게 영향을 받는다.
- 원자확산은 매우 중요하며 이는 소결, 분말야금, 확산접합 등 다수의 재료공정 기술이 확산을 필요로 하기 때문이다. 또한 재료의 구조와 성질을 조절하는 데 사용되는 다수의 열처리와 강화기구는 확산제어 공정이다. 고온에서 사용되는 재료의 구조 및 성질의 안정성은 확산에 의해 좌우된다.

용어해설

결정립성장 grain growth　결정립계 면적을 줄이기 위해 확산에 의해 일어나는 결정립계의 움직임. 결과적으로 작은 입자는 작아지며 사라지고 다른 입자는 커진다. 비누거품의 작은 기포들이 합해져 커지는 현상과 유사하다. 대부분 결정립성장은 바람직하지 않다.

공공확산 vacancy diffusion 결정 내의 공공을 채우기 위해 원자가 정상적인 격자자리를 벗어나 이동하는 원자의 확산. 이러한 과정을 통해 새로운 공공이 생성되고 공정은 계속된다.

구동력 driving force 효과를 유발하는 원인. 예를 들어, 화학적 퍼텐셜의 변화가 증가하면 확산이 촉진되고, 유사하게, 분말의 표면적 감소는 소결에 대한 구동력이 된다.

농도구배 concentration gradient 불균일 재료에서 거리에 따른 농도의 변화율로서, 보통 atoms/($m^3 \cdot m$) 또는 at%/m의 단위로 표시한다.

분말야금 powder metallurgy 금속재 단일부품을 만드는 한 방법. 금속분말을 원하는 형상의 틀에 꽉 채워 압축한 후, 확산과 소결이 일어나도록 가열하여 분말을 고체덩이로 뭉쳐 결합한다.

비정상 결정립성장 abnormal grain growth 금속과 세라믹에서 나타나는 결정립성장의 한 형태. 이 결정립성장 모드에서는 보다 작은 결정립들을 희생시켜 일부 결정립들이 커지는 이중 쌍봉모드(bimodal)의 결정립크기분포가 나타난다. '결정립성장'과 '정상 결정립성장'을 참조하라.

상호확산 interdiffusion 서로 다른 원자들의 반대방향으로의 확산. 내부확산은 결국 재료 내에서 원자농도의 평형상태를 이룬다.

소결 sintering 작은 입자를 결합하는 고온처리. 접합점의 원자확산은 입자 사이에 브리지가 만들어지도록 한다. 추가적인 확산은 결국 남은 공공을 모두 채우게 된다. 소결을 위한 구동력은 분말입자의 표면에너지 감소이다.

액상소결 liquid phase sintering 액상이 개입되는 소결공정. 액상에서는 확산속도가 빠르므로 액체가 결정입자를 젖게 하면 소결공정을 가속화할 수 있다.

열간가압소결 hot pressing 일축압력 하에서 수행되는 소결공정으로 고밀도를 얻기 위해 사용된다.

열간등방성형 hot isostatic pressing 소결 중 모든 방향에서 동일한 압력이 작용하는 소결공정. 이러한 공정으로 고밀도와 등방성 재질을 얻을 수 있다.

열차단코팅 thermal barrier coatings, TBC 열로부터 부품을 보호할 목적으로 사용하는 코팅. 예로서 항공기 엔진용 터빈날개는 니켈기반 초합금으로 제작한 후에 이트리아안정화 지르코니아(YSZ)로 코팅하여 사용한다.

유속 flux 단위시간당 단위면적을 통과하는 원자나 기타 확산종의 수. 이것은 고체 내의 확산에 의한 질량의 이동속도와 관련된다.

입계확산 grain boundary diffusion 결정립계를 따라 진행되는 원자의 확산. 결정립계는 원자가 덜 조밀하게 충진되어 있으므로 체적확산보다 빠르다.

자기확산 self-diffusion 고순도 재료 내부에서 일어나는 원자의 무작위적인 움직임. 전체적인 조성의 변화는 없다.

전도성 세라믹 conductive ceramics 이온이나 전자와 같은 전하운반자(전자, 정공, 이온)의 작용으로 전기전도성이 양호한 세라믹 재료. 예로써 안정화 지르코니아, 인듐주석산화물(ITO) 등이 있다.

정상 결정립성장 normal grain growth 결정립계의 면적을 감소하는 작용에 의해 발생하는 결정립성장. 이러한 유형의 결정립성장은 평균크기는 점진적으로 성장하나 입자크기의 분포가 균일하여 한 가지 모드라는 점에서 비정상 결정립성장과 구분된다.

질화 nitriding 강과 같은 재료 표면의 내부로 질소가 확산하는 공정으로 경도와 내마모성을 증가시킨다.

체적확산 volume diffusion 결정립의 내부를 통해서 일어나는 원자의 확산.

침입형확산 interstitial diffusion 결정구조의 한 침입형자리에서 다른 자리로 진행하는 상대적으로 크기가 작은 원자의 확산.

침탄 carburization 가스나 고체 형태의 탄소를 이용하여 강의 표면경화를 목적으로 하는 열처리의 한 유형. 표면으로 확산해 들어가는 탄소가 표면을 경화시켜 내마모성을 개선한다.

투과도 permeabillity 재료 내의 확산속도를 나타내는 상대적인 척도로서 플라스틱과 코팅재료에 자주 적용된다. 이는 확산방지 역할을 하는 특정 재료의 효율성을 나타내는 공학설계 변수로 종종 사용된다.

표면확산 surface diffusion 균열이나 입자 표면과 같은 표면을 따라 일어나는 원자의 확산.

확산 diffusion 재료 내에서 온도나 농도의 차이에 의한 원자, 이온, 기타 확산종의 순 유속.

확산거리 diffusion distance 최대 또는 요구되는 원자의 이동거리. 종종 확산원자의 최대와 최소 농도의 위치 간 거리.

확산계수 diffusion coefficient 원자, 이온, 기타 확산종의 확산속도와 관련이 있는, 온도에 의존하는 계수. 확산계수는 온도, 조성, 주(host) 재료의 미세조직, 확산종의 농도에 의존한다.

확산도 diffusivity 확산계수(D)를 달리 부르는 용어.

확산쌍 diffusion couple 확산에 관련된 원소들의 조합. Si 내에서 Al의 확산을 예로 들면 Al-Si가 확산쌍이 된다.

확산접합 diffusion bonding 두 표면을 고온, 고압에서 함께 눌러 결합하는 기술. 계면으로의 원자확산은 기공을 채우고 두 표면 사이에 강한 결합을 형성한다.

활성화에너지 activation energy 특정반응이 일어나는 데 필요한 에너지. 확산에서 활성화에너지는 한 원자가 한 격자자리에서 다른 격자자리로 이동하는 데 필요한 에너지와 관련된다.

Fick의 제1법칙 Fick's first law 확산계수 및 농도구배와 원자의 확산유속 간의 관계.

Fick의 제2법칙 Fick's second law 확산에 의해 재료 내에서 원자의 재배치가 일어나는 속도를 기술한 편미분방정식. Fick의 제2법칙에 대한 풀이는 다양하며 식 (5-7)은 가능한 하나의 해.

연습문제

5-1절 확산의 응용

5-1 확산의 구동력은 무엇인가?

5-2 고체 내의 확산을 재료공정에 이용하는 세 가지 예를 들어보라. 그 중 한 가지 공정에서 확산이 얼마나 중요한 역할을 하는지 설명하라.

5-3 강의 침탄처리에서 확산종은 무엇인가?

5-4 탄산음료 병을 제작하는 데 PET 플라스틱을 사용하는 이유는 무엇인가?

5-5 알루미늄은 철보다 더 쉽게 산화하지만 알루미늄이 녹슬지 않는 금속이라고 믿는 이유는 무엇인가?

5-6 열차단코팅이란 무엇이며, 어디에 이러한 코팅을 사용하는가?

5-7 질화열처리는 무엇인가?

5-8 어떤 기계부품은 침탄법을 사용하여 열처리한다. 일반적인 공학적 문제로서 부품의 일부분에 대해 기계가공을 해야 하고 이 부분에 대해서는 경화(hardening)를 원치 않는 경우가 있다. 이러한 목적을 어떻게 달성할 수 있는지 설명하라.

5-2절 원자와 이온의 안정성

5-9 Arrhenius 식을 쓰고 각 항에 대해 설명하라.

5-10 확산에 대한 활성화에너지가 1.255×10^5 J/mol일 때 원자는 한 격자점으로부터 다른 격자점으로 400 ℃에서 5×10^5 jumps/s의 속도로 이동한다고 한다. 750 ℃ 에서 원자의 이동속도를 계산하라.

5-11 재료 내의 공공의 수는 Arrhenius 식에 의해 온도와 연관된다. 600 ℃에서 공공을 가진 격자점의 분율이 8×10^{-5}일 때 1,000 ℃에서 공공을 가진 격자점의 분율을 구하라.

5-12 Arrhenius 식은 원래 화학반응의 속도를 비교할 목적으로 개발되었다. 화학반응 속도의 비

를 계산하여 20 ℃와 100 ℃에서의 화학반응속도를 비교하라. 화학반응이 진행되는 액체의 활성화에너지는 10 kJ/mol이고, 화학반응은 확산에 의해 제한을 받는다고 가정하라.

5-3절 확산의 메커니즘

5-13 확산의 메커니즘에는 어떤 것들이 있는가?

5-14 (a) 침입형 확산과 공공확산의 메커니즘을 비교하라.
(b) 보통 침입형 확산이 공공확산보다 빠른 이유 두 가지를 말하라.

5-15 금속에서 원자의 자기확산은 실험적으로 어떻게 검증할 수 있는가?

5-4절 확산을 위한 활성화에너지

5-16 침입형 메커니즘(interstitial mechanism)에 의한 확산의 활성화에너지는 왜 다른 메커니즘에 의한 것보다 작은지 설명하라.

5-17 동소변태 온도인 912 ℃에서 BCC 철과 FCC 철 내에서 확산하는 탄소의 확산계수를 비교하고, 이 값이 왜 차이가 나는지 설명하라.

5-18 1,000 ℃에서 FCC 철 내에서 확산하는 수소와 질소의 확산계수를 비교하고, 이 값이 왜 차이가 나는지 설명하라.

5-19 활성화에너지는 때때로 eV/atom의 단위로 나타낸다(예: 여러 가지 산화물에서 이온의 확산계수를 나타낸 그림 5-15). eV/atom을 J/mole로 환산하라.

5-20 반도체를 제조하기 위해 게르마늄(Ge)에 인(P)을 도핑한다. $D_0 = 2 \times 10^{-4}$ m²/s이고 활성화에너지가 240.6 J/mol이라면, 800 ℃에서 Ge 내로 확산하는 P의 확산계수를 계산하라.

5-21 은(Ag) 속으로 확산하는 구리(Cu)의 활성화에너지가 193,000 J/mol이다. 1,000 K에서 D 값이 1.0×10^{-14} m²/s라면, 1,200 K에서 확산계수 D를 구하라.

5-22 온도 800 ℃에서 FCC 철 내에서 확산하는 수소의 확산계수 D를 구하라.

5-23 Cr_2O_3 내에서 Cr^{3+}의 확산계수는 727 ℃에서 6×10^{-19} m²/s이고, 1,400 ℃에서 1×10^{-13} m²/s이다.
(a) 활성화에너지 및 (b) 상수 D_0를 각각 계산하라.

5-24 Cr_2O_3 내에서 O^{2-}의 확산계수는 1,150 ℃에서 4×10^{-19} m²/s이고, 1,715 ℃에서 6×10^{-15} m²/s이다.
(a) 활성화에너지 및 (b) 상수 D_0를 각각 계산하라.

5-25 실제 데이터를 사용하지 않고도 FCC 철에서 탄소의 확산에 대한 활성화에너지가 BCC 철에서의 그것보다 높거나 낮은지를 예측할 수 있는가? 설명하라.

5-5절 확산속도: Fick의 제1법칙

5-26 확산에 대한 Fick의 제1법칙을 쓰고, 각각의 항이 무엇을 의미하는지 명확하게 설명하라.

5-27 확산도와 확산계수의 차이는 무엇인가?

5-28 농도구배가 -5×10^{20} atoms/(m³ · m)일 때 BCC 철 박편(foil)을 통해 2×10^{7} H atoms/(m² · s) 이하의 유속을 얻을 수 있는 최고 허용 온도를 구하라.

5-29 상온(25 ℃)에서 BCC 철과 FCC 알루미늄 속으로 확산하는 수소의 확산계수를 계산하라. Al 속으로 확산하는 H의 경우 $D_0 = 1.1 \times 10^{-5}$ m²/s이고 $Q = 40.92$ J/mol이다. 계산 결과를 바탕으로 고압 수소저장탱크 재료로 어느 것이 더 적합할지 설명하라.

5-30 저장탱크 내부의 수소 압력이 확산속도에 어떤 영향을 미치는지 설명하라.

5-31 두께 1 mm의 BCC 철 박편(foil)이 650 ℃에서 질소 0.1at%인 고농도 영역과 저농도 영역 사이를 갈라놓도록 설치되었다. 박편을 투과하는 질소의 유량이 10^{16} atoms/(m² · s)라면 저농도 영역의 질소 농도는 얼마인가?

5-32 두께 0.2 mm의 실리콘웨이퍼가 균일한 안티모니(Sb) 농도구배를 갖도록 처리되었다. 한쪽 표면은 10^8개의 Si원자당 1개의 Sb원자가 들어 있고, 다른 면은 10^8개의 Si원자당 500

개의 Sb원자가 들어 있다. 실리콘의 격자상수가 0.54307 nm(부록 A)일 때 농도구배를 (a) m당 Sb의 원자백분율(at%), (b) Sb atoms/($m^3 \cdot m$)의 단위로 계산하라.

5-33 Cu-Zn 합금이 응고할 때 구조의 일부분은 25at%의 아연이 들어 있다. 0.025 mm 떨어진 다른 부분에서는 20at%의 아연이 들어 있다. FCC 합금의 격자상수가 대략 0.363 nm일 때, 다음의 단위로 농도구배를 계산하라.

(a) m당 아연의 원자백분율(at%)

(b) m당 아연의 중량백분율(wt%)

(c) Zn atoms/($m^3 \cdot m$)

5-34 두께 0.001 inch의 BCC 철 박편(foil)이 650 ℃에서 고농도의 수소가스를 저농도의 수소가스와 격리시키고 있다. 박편의 한쪽은 5×10^{14} H atoms/m^3에서, 다른 한쪽은 2×10^9 H atoms/m^3에서 각각 평형상태를 이루고 있을 때, 다음을 계산하라.

(a) 수소의 농도구배

(b) 박편을 통과하는 수소의 유속

5-35 온도 500 ℃에서 두께 5 mm에 넓이 0.20 m^2인 팔라듐(Pd) 판을 시간당 통과하는 수소의 양을 킬로그램 단위로 계산하라. 확산계수는 1.0×10^{-8} m^2/s이고 고압과 저압 영역에서의 농도는 각각 팔라듐 m^3당 2.4 kg과 0.6 kg이다. 정상상태 확산으로 가정하라.

5-36 열교환기에서 두께 1 mm의 FCC 철판이 1,200 ℃에서 질소(N)를 담고 있다. 한 면의 질소농도는 0.04at%이고, 다른 면의 농도는 0.005at%일 때, 철판을 통한 질소의 유속을 N atoms/($m^2 \cdot s$) 단위로 계산하라.

5-37 BCC 철로 만들어진 직경 40 mm, 두께 0.5 mm의 구형 용기가 700 ℃에서 질소를 담고 있다. 내면의 농도는 0.05at%, 외면은 0.002at%일 때, 용기에서 시간당 손실되는 질소의 양을 그램으로 계산하라.

5-38 온도 400 ℃에서 1년에 cm^2당 50 g 이하로 수소의 손실을 허용하는 BCC 철 구조물을 제작하고자 한다. 한 면의 수소농도가 0.05 H atom/unit cell이고, 다른 면은 0.001 H atom/unit cell일 때, 철판의 최소두께를 결정하라.

5-39 농도구배가 -5×10^{24} atoms/($m^3 \cdot m$)일 때, BCC 철 박편(foil)을 통해 2×10^7 H atoms/($m^2 \cdot s$) 이하의 유속을 일으킬 최고 허용온도를 결정하라.

5-6절 확산에 영향을 미치는 요인

5-40 확산계수 D의 온도에 대한 의존성을 나타내는 식을 쓰라.

5-41 고체 내에서 원자나 이온의 확산과정에는 시간이 소요된다. 이러한 점을 금속유리를 형성하는 데 어떻게 잘 활용할 수 있는지 설명하라.

5-42 금속유리를 형성하려면 급속응고가 필요한 반면, 무기질 유리는 용융체를 비교적 천천히 냉각해도 형성되는 이유는 무엇인가?

5-43 이온결합 재료에서 양이온이 음이온보다 더 빠른 속도로 확산하는가? 설명하라.

5-44 철에서의 원자들의 확산에 대한 아래 표의 데이터를 사용하여 다음 질문에 답하라. 준안정 평형상태이며 Fe 속에 미량의 C가 들어 있다고 가정하자. 기체상수는 SI단위로 8.314 J/(mol · K)이다.

확산쌍	확산기구	Q(J/mol)	D_0(m^2/s)
C in FCC iron	침입형 확산	1.38×10^5	2.3×10^{-5}
C in BCC iron	침입형 확산	8.74×10^4	1.1×10^{-6}
Fe in FCC iron	공공확산	2.79×10^5	6.5×10^{-5}
Fe in BCC iron	공공확산	2.46×10^5	4.1×10^{-4}

(a) 네 개의 확산쌍의 확산계수를 온도의 역수 ($1/T$)의 함수로 그래프를 그려보라.

(b) 철의 상변태 온도를 기억하고, 그래프 상에 확산이 유효한 온도범위를 표시하라.

(c) Fe 확산의 활성화에너지가 철 속에서 확산하는 C의 활성화에너지보다 높은 이유는 무엇인가?

(d) FCC 철에서 확산하는 데 필요한 활성화에너지가 BCC 철에서 확산하는 경우에 비해 높은 이유는 무엇인가?

표 5-4 오차함수(erf) 값

z	erf(z)	z	erf(z)	z	erf(z)
0	0	0.55	0.5633	1.3	0.9340
0.025	0.0282	0.60	0.6039	1.4	0.9523
0.05	0.0564	0.65	0.6420	1.5	0.9661
0.10	0.1125	0.70	0.6778	1.6	0.9763
0.15	0.1680	0.75	0.7112	1.7	0.9838
0.20	0.2227	0.80	0.7421	1.8	0.9891
0.25	0.2763	0.85	0.7707	1.9	0.9928
0.30	0.3286	0.90	0.7969	2.0	0.9953
0.35	0.3794	0.95	0.8209	2.2	0.9981
0.40	0.4284	1.0	0.8427	2.4	0.9993
0.45	0.4755	1.1	0.8802	2.6	0.9998
0.50	0.5205	1.2	0.9103	2.8	0.9999

(e) C가 BCC 철보다 FCC 철에서 더 빠르게 확산하는가? 당신이 계산한 결과가 맞는지 확인하고, 사용한 가정은 무엇이었는지 말해보라.

5-45 아래 그림의 세 곡선은 각각 금속 내에서 입계, 표면, 부피 자기확산(self diffusion)을 나타낸다. 곡선 A, B, C와 확산의 종류를 매치해보라. 각각의 경우에 해당하는 활성화에너지를 계산하여 당신의 답이 맞았음을 입증하라.

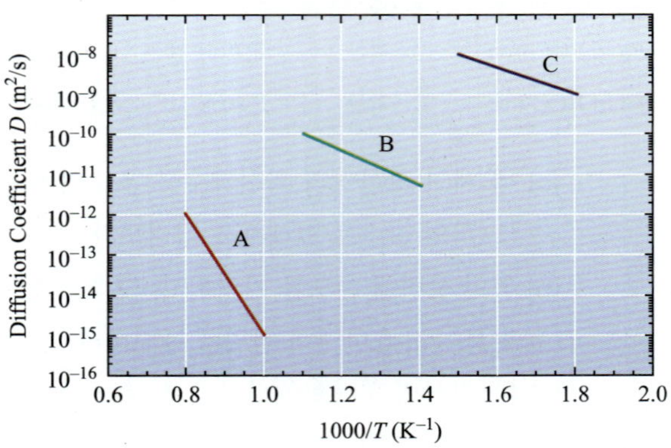

그림 5-25 문제 5-45를 위한 그래프.

5-7절 고분자의 투과도

5-46 차단 고분자(barrier polymer)란 무엇인가?

5-47 플라스틱 용기 제작에서 고분자를 선정할 때 투과도 외에 어떤 요인들이 중요한가?

5-48 비결정질 PET는 미세결정을 포함하는 PET보다 CO_2를 더 잘 투과시킨다. 그 이유를 설명하라.

5-8절 조성 프로파일: Fick의 제2법칙

5-49 온도 450 ℃에서 용융된 아연(Zn)에 구리를 담가서 순 아연을 구리에 확산시키고자 한다. 구리 표면으로부터 0.5 mm 깊이에서 10wt%Zn가 되게 하려면 몇 시간 동안 처리해야 할까? 이것이 상업적으로 타당성이 있는가? 온도를 1,000 ℃로 올리면 어떤 문제가 발생할까? 필요하면 표 5-4의 오차함수 값을 이용하라. 450 ℃에서 확산계수는 $D = 6.3 \times 10^{-17}$ m^2/s이다.

5-50 질화처리(nitriding)는 부품의 표면경도를 높이기 위해 질소를 강철 표면에 확산시키는 공정이다. BCC 철은 700 ℃에서 한 시간 동안 처리하면 만족스러운 표면경화층을 얻는다고 알

려졌다. 600 ℃에서 처리한다면 만족스러운 표면경화층을 얻는 데 몇 시간이 소요될까?

5-51 초기에 0.10wt%C의 농도를 가진 강철이 4 mm 깊이에서 0.30wt%C 농도가 되게 하려면 침탄시간이 얼마나 필요한가? 표면에서는 0.90wt%C 농도가 유지되고 1,100 ℃에서 처리한다고 가정하자. FCC 철의 확산 데이터와 표 5-4의 오차함수 값을 이용하라.

5-52 복잡한 항공기 부품을 제작하는 방법 중에 확산접합(diffusion bonding)이 있다. 중요한 부위로부터 낙뢰 데이터를 재빨리 전달할 목적으로, FCC 철판(스테인리스강) 위에 니켈 판을 입히려 한다. 두 금속판이 800 ℃에서 8시간 동안 붙어 있게 만들면 좋은 결합이 만들어진다는 것이 알려졌다. 600 ℃에서 처리한다면 같은 정도의 좋은 결합을 만들어내기 위해 몇 시간이 필요한가? (결합의 질은 FCC 철 속으로의 확산속도가 결정한다고 가정하라.)

5-53 원래 0.2wt%C의 농도를 가졌던 강철이 깊이 2 mm에서 0.45wt%C의 농도를 갖도록 침탄하는 데 걸리는 시간을 계산하라. 1,000 ℃에서 표면농도는 1.30wt%C를 유지한다. 필요하면 표 5-4의 오차함수 값을 사용하라.

5-54 순철(BCC) 속으로 700 ℃에서 질소 기체를 확산시킨다. 표면농도를 0.10wt%N으로 유지한다면 10시간 후 표면으로부터 1 mm 깊이에서의 농도는 얼마가 될까? 필요하면 표 5-4의 오차함수 값을 사용하라.

5-55 탄소농도 0.10wt%의 탄소강 표면을 침탄으로 강화시킨다. 고온에서 1.2wt%C의 표면농도를 공급할 수 있는 분위기에 강을 놓아두었다. 탄소는 표면으로부터 2 mm 깊이로 확산되고, 그 위치에서 0.45wt%C의 농도가 되었다. 확산계수가 2×10^{-11} m^2/s라면 침탄공정은 몇 시간 걸릴까? 필요하면 표 5-4의 오차함수 값을 사용하라.

5-56 트랜지스터는 *n*형 및 *p*형 구역을 만들기 위해 실리콘 단결정을 다양한 불순물로 도핑하여 제작한다. 일반적으로 인과 보론이 각각 *n*형 및 *p*형을 위한 도펀트이다. 열처리가 1,100 ℃에서 1시간 동안 이루어진다고 가정하고, *n*형 및 *p*형 구역에 대해 표면으로부터 0.1 mm 깊이에서 각각 10^{18} atoms/cm^{3}의 농도를 얻는 데 필요한 P와 B 도펀트의 표면농도를 계산하라. 1,100 ℃에서 실리콘 단결정으로 확산하는 P와 B의 확산계수는 각각 6.5×10^{-17} m^2/s와 6.1×10^{-17} m^2/s이다.

5-57 두께 2 mm의 실리콘웨이퍼를 안티모니(Sb)로 도핑하고자 한다. 공급원(염화안티모니와 기타 기체의 혼합가스)에 의해 도펀트의 농도는 10^{22} atoms/m^{3}로 일정하게 유지된다고 가정한다. 도펀트 프로파일이 1마이크로미터 깊이에서 Sb 농도가 5×10^{21} atoms/m^{3}가 되도록 하고자 한다. 확산 열처리에 필요한 시간은 얼마인가? 초기에 실리콘웨이퍼에는 불순물이나 도펀트가 없다고 가정한다. 실리콘 내에서 Sb의 확산에 필요한 활성화에너지는 380 kJ/mol이고, D_0는 1.3×10^{-3} m^2/s이며, $T = 1{,}250$ ℃로 가정하라.

5-58 실리콘(Si)에 갈륨(Ga)을 도핑하고자 한다. 온도 1,100 ℃에서 Si 내로 확산하는 Ga의 확산계수가 7×10^{-17} m^2/s라 가정하고, Ga의 표면농도가 10^{29} atoms/m^{3}일 때 2.0마이크로미터 깊이에서 Ga의 농도를 계산하라. 확산시간은 각각 1, 2, 3시간이다.

5-59 온도 1,500 ℃에서 알루미나(Al_2O_3) 내부에서 산소이온의 확산속도와 Al_2O_3 내부에서 알루미늄 이온의 확산속도를 비교하고 그 차이를 설명하라.

5-60 온도 980 ℃에서 FCC인 0.10%C 탄소강 표면에 1.0% 탄소를 주입하여 침탄처리 하고자 한다. 한 시간 경과 후 표면 아래 깊이 0.1 mm, 0.5 mm, 1 mm에서의 탄소농도를 계산하라.

5-61 탄소농도 0.05%의 철을 912 ℃로 가열하여 표면에 1.20%C 탄소농도를 만들어주는 분위기 중에 두고 24시간 동안 유지하였다. 표면 아래 깊이 0.5 mm에서 (a) 철이 BCC인 경우, (b) 철이 FCC인 경우에 대해 탄소농도를 계산하

고 그 차이를 설명하라.

5-62 탄소농도 0.20%의 강철 표면 아래 0.5 mm 깊이에서 2시간 열처리로 탄소농도 0.50%C를 얻기 위한 온도는 얼마인가? 표면에서 탄소농도는 1.10%이고, 철은 FCC로 가정한다.

5-63 탄소농도 0.15%의 강철을 1,100 ℃에서 침탄처리하여 표면 아래 깊이 1 mm에서 0.35% 탄소함량을 얻고자 한다. 표면의 탄소농도가 0.90%로 유지된다면 소요되는 시간은 얼마인가?

5-64 탄소농도 0.02% 탄소강을 1,200 ℃에서 4시간 동안 침탄처리하여 표면 아래 깊이 0.6 mm에서 0.45%의 탄소농도를 얻고자 한다. 강 표면에 필요한 탄소의 농도를 계산하라.

5-65 탄소함량 1.2%의 공구강을 1,150 ℃에서 48시간 동안 산소에 노출시켰다. 강 표면의 탄소함량이 0이라면 탄소함량이 0.20% 이하까지 탈탄되는 강 표면 아래 깊이는 얼마인가?

5-66 탄소함량 0.80%의 탄소강이 표면 탄소함량이 0이고 온도가 950 ℃인 산화성 분위기에서 작동해야 한다. 탄소강의 표피 0.2 mm까지만 탄소함량 0.75% 이하로 떨어질 수 있다. 탄소강 부품이 작동할 수 있는 최대 시간은 얼마인가?

5-67 질소 0.001%를 함유한 BCC 결정구조의 강을 550 ℃에서 5시간 동안 질화처리 하고자 한다. 강 표면의 질소함량이 0.08%일 때 표면 아래 깊이 0.25 mm에서의 질소함량을 계산하라.

5-68 질소함량 0.002%의 강을 625 ℃에서 질화처리하여 표면 아래 깊이 0.0508 mm에서 질소함량 0.12%를 얻기 위해 필요한 시간은 얼마인가? 표면의 질소함량은 0.15%이다.

5-69 온도 1,200 ℃에서 1시간에 침탄 열처리를 성공적으로 수행할 수 있다고 하자. 노(furnace) 내의 내화벽돌 비용을 줄이기 위해 침탄온도를 950 ℃로 낮춘다면, 유사한 침탄처리에 필요한 시간은 얼마인가?

5-70 Cu-Zn 합금의 응고과정에서 불균일한 조성이 발견되곤 한다. 합금을 600 ℃로 3시간 동안 가열하면 아연이 확산하여 조성을 훨씬 더 균일하게 하는 데 도움이 된다. 이러한 균질화 처리(homogenization treatment)를 1,800초에 하고자 한다면 요구되는 온도는 몇 도인가?

5-71 트랜지스터 접합(junction)의 깊이를 조절하기 위해, 정확한 양의 불순물이 이온주입에 의해 비교적 얕은 깊이로 주입되고 이어서 열처리에 의해 실리콘 기판 속으로 확산되었다. 이것은 대략적으로 유한한 공급원의 확산 문제로 볼 수 있다. 경계조건을 적용하면 Fick의 제2법칙 해는 다음과 같다.

$$c(x,\ t) = \frac{Q}{\sqrt{\pi D t}} \exp\left(\frac{-x^2}{4\,Dt}\right)$$

여기서, Q는 atoms/m^2 단위를 갖는 초기 표면농도이다. 기본적으로 보론 농도가 10^{24} atoms/m^{3}인 실리콘웨이퍼의 표면에 인 10^{18} atoms/m^{2}을 주입하고 이어서 1,100 ℃에서 열처리했다고 가정하자. 1,100 ℃에서 실리콘에 대한 인의 확산계수는 6.5×10^{-17} m^2/s이다.

(a) 농도 c(atoms/m^3) 대 깊이 x(m)의 그래프를 열처리 시간 300 s, 600 s, 900 s에 대하여 그려보라.

(b) 깊이 1 μm에서 인 농도가 보론 농도와 같아지려면 열처리 시간을 얼마로 해야 하는가?

5-9절 확산과 재료공정

5-72 아르곤가스, 물, 단결정 알루미늄, 700 ℃의 용융 알루미늄을 자기확산계수가 증가하는 순서로 다시 나열하라.

5-73 대부분의 금속과 합금은 용융 및 주조 공정으로 제작할 수 있으나, 일부 특정 금속(예: W) 및 대부분의 세라믹 제조공정에서는 이러한 방법의 적용을 고려하지 않는다. 그 이유를 설명하라.

5-74 소결이란 무엇인가? 소결에 대한 구동력은 무엇인가?

5-75 결정은 왜 성장하는가? 정상 결정립성장과 비정상 결정립성장이란 용어의 의미는 무엇인

가?

5-76 다수의 금속재료에서 결정립크기가 증가할수록 강도가 감소하리라 예상되는 이유는 무엇인가?

5-77 MgO로 만들어진 세라믹 부품을 1,700 ℃에서 1.5시간 동안에 성공적으로 소결하였다. 소결에 의한 열응력을 최소화하기 위해 온도를 1,500 ℃로 낮추었다. 마그네슘 이온의 확산과 산소이온의 확산 중 어느 것이 소결을 완료하는 속도를 제한하겠는가? 낮은 온도에서 소요되는 시간은 얼마인가?

5-78 Cu-Zn 합금에서 초기의 결정립 직경은 0.01 mm이었다. 이 합금을 여러 온도까지 가열하여 결정립이 성장하도록 하였다. 결정립 직경이 0.30 mm까지 성장하는 데 경과한 시간은 아래 표와 같다. 결정립성장에 대한 활성화에너지를 구하라. 이것은 구리 내에서 아연의 확산과 관련이 있는가? [힌트] 속도는 시간의 역수이다.

온도(℃)	시간(분)
500	80,000
600	3,000
700	120
800	10
850	3

5-79 일반적인 소결과 비교하여 열간가압소결 및 열간등압성형을 사용하는 장점은 무엇인가?

5-80 금으로 된 박판을 은 박판에 700 ℃에서 1시간 동안 확산접합하였다. 동일한 정도의 접합을 위해 500 ℃에서는 440시간, 300 ℃에서는 1,530년이 걸린다. 확산접합 공정의 활성화에너지는 얼마인가? 금의 확산이나 은의 확산이 접합속도를 제어하는 효과가 나타나는가? [힌트] 속도는 시간의 역수이다.

설계문제

5-81 강철 축(shaft)의 표면을 단단하게 함으로써 내마모성을 증가시킨다. 질소를 표면으로부터 확산시켜 강 내에 질소함량을 늘여 목적을 이룬다. 강의 초기 질소함량은 0.002wt%이나, 표면의 질소함량은 0.45wt%로 유지된다. 목적을 달성하기 위해서는 표면 아래 0.45 mm 깊이에서 0.12wt%의 질소함량을 얻어야 한다. 온도 475 ℃와 625 ℃ 사이에서 적절한 시간 동안 열처리하도록 설계하라. $D_0 = 3.0 \times 10^{-7}$ m^2/s와 $Q = 76{,}150$ J/mol을 사용하라.

5-82 연간 50 kg 이상의 수소를 손실하지 않도록 두께 20 mm인 구형탱크를 설계하라. 탱크는 500 ℃에서 작동하며 니켈, 알루미늄, 구리 또는 철로 제작할 수 있다. 수소의 확산계수와 각각의 재료에 대한 킬로그램당 비용은 아래 표에 나와 있다.

재료	D_0(m²/s)	Q(kJ/mol)	가격($/kg)
니켈(Ni)	5.5×10^{-7}	37.24	9.04
알루미늄(Al)	1.6×10^{-5}	43.26	1.32
구리(Cu)	1.1×10^{-6}	39.25	2.43
철 (BCC)	1.2×10^{-7}	15.06	0.33

5-83 초기에 탄소농도 0.10%C인 강 기어(steel gear)를 깊이 0.05 in에서 탄소함량 0.50%C가 되도록 침탄처리 하고자 한다. 기어 표면의 탄소농도가 0.95~1.25%인 어떤 농도에서 침탄가스를 공급할 수 있을 때 적절한 침탄열처리를 설계하라.

5-84 구리와 니켈을 함유한 밸브 주물이 비평형조건에서 응고할 때, 합금의 조성이 0.005 cm에 걸쳐 크게 변하는 것을 알았다. 보통 이러한 농도차는 합금을 1,200 ℃에서 8시간 동안 가열하면 없앨 수 있지만, 이러한 열처리 과정에서 때때로 합금이 용융하기 시작하여 부품을 망가뜨린다. 용융의 위험 없이 불균질성을 제거할 수 있는 열처리 방법을 설계하라. 노의 시간당 운전비용은 온도가 100 ℃씩 증가함에 따라 두 배가 된다고 가정하라.

5-85 Si 내에서 확산될 인(P)의 표면농도가 10^{27} atoms/m³라고 가정한다. 깊이 0.25 마이크로미터에서 P의 농도(1단계의 c_1)가

10^{19} atoms/m^{3}이 되도록 하는 방법으로 전증착 단계(pre-deposition step)라고 알려진 공정을 설계하고자 한다. 이 공정은 1,000 ℃에서 수행되고, 이 온도에서 Si에 대한 P의 확산계수는 2.5×10^{-18} m^2/s이며, 총 8분 동안 공정을 완료한다고 가정한다. 농도 프로파일(즉, 이 경우 아래 식에 주어진 깊이의 함수로서의 c_1)을 계산하라. 여오차함수(complementary error function)를 사용한 점에 유의하라.

$$c_1(x, t_1) = c_s\left[1 - \text{erf}\left(\frac{x}{4\,Dt}\right)\right]$$

전증착 단계에서 x에 대해 여러 값을 사용하여 P의 프로파일을 계산하고 그래프를 그려보라.

컴퓨터문제

5-86 **확산계수의 계산** 활성화에너지 Q와 D_0 값에 대한 데이터를 제공할 수 있는 컴퓨터 프로그램을 작성하라. 프로그램은 사용자에게 유효한 온도범위를 입력하게 하여 실행 후, 사용자가 선정한 온도 증분의 함수로서 D 값을 산출해야 한다. 프로그램은 Q, D_0 온도의 단위를 적절한 단위로 변환할 수 있어야 한다. 예를 들어, 사용자가 온도를 ℃로 입력하면 프로그램은 이것을 확인하여 인식하고 온도를 K로 환산해야 한다. 또한 프로그램에 설정된 표준적인 가정사항에 대한 주의문을 출력해야 한다. 예를 들어, 프로그램은 규정된 온도범위에서 어떤 가능한 결정구조의 변화 결과가 고려되지 않았다는 점에 대해 사용자에게 주의를 환기시킬 수 있어야 한다. 예제 및 계산기를 사용하여 풀어본 다른 문제를 이용하여 프로그램의 타당성을 확인하라.

5-87 **반응속도의 비교** 사용자로 하여금 화학반응에 대한 활성화에너지를 입력하게 하는 컴퓨터 프로그램을 작성하라. 그 후 프로그램은 사용자에게 반응속도의 비교가 필요한 두 개의 온도를 입력하도록 요구한다. 프로그램에서는 기체상수와 활성화에너지를 사용하여 반응속도의 비를 계산하며, 활성화에너지에 대한 상이한 단위를 고려할 수 있어야 한다.

5-88 **침탄 열처리** 프로그램은 사용자에게 표면 탄소농도(c_s)와 덩어리(bulk) 재료 내의 탄소농도(c_0)를 입력하도록 해야 한다. 또한 온도와 D 값(또는 D를 계산할 수 있는 D_0 및 Q 값)을 요구하여 농도 프로파일을 표의 형식으로 출력해야 한다. 탄소농도가 출력될 거리는 사용자나 프로그램 작성자가 제공할 수 있다. 만약 사용자가 특정 깊이에서 필요한 농도를 입력하면 프로그램은 열처리 시간도 계산할 수 있어야 한다. 프로그램에서는 오차함수를 계산할 필요가 있다. 사용하는 프로그램 언어나 스프레드시트는 오차함수를 계산할 수 있는 내장함수가 있는 경우 그 기능을 사용하라. 오차함수는 다음의 급수전개로도 계산할 수 있다.

$$\text{erf}(z) = 1 - \frac{e^{-z^2}}{\sqrt{\pi z}}\left(1 - \frac{1}{2z^2} - \frac{1 \times 3}{(2z^2)^2} + \frac{1 \times 3 \times 5}{(2z^2)^3} + \cdots\right)$$

또는 다음의 근사식을 사용하라.

$$\text{erf}(z) = 1 - \left[\left(\frac{1}{\sqrt{\pi}}\right)\frac{e^{-z^2}}{z}\right]$$

위의 식에서 z는 오차함수의 독립변수이다. 어떤 경우에는 오차함수의 값을 알 수 있으며(모든 농도가 주어진 경우), 이때 오차함수의 독립변수를 알아내야 한다. 이것은 프로그램의 일부를 수행하여 오차함수의 독립변수에 대한 값들을 비교하거나 필요한 오차함수 값과 오차함수의 근사값의 차이를 최소화하여 처리할 수 있다.

Knovel® 활용 문제

K5-1 저밀도 폴리에틸렌(LDPE), 폴리프로필렌, 폴리에틸렌 테레프탈레이트(PET) 필름에 대하여 상온에서 이산화탄소의 투과도를 비교하라.

어떤 재료들은 온도가 낮거나 또는 변형속도가 높을 경우 취성으로 바뀔 수 있다. 타이타닉호에 사용된 강철의 독특한 화학조성과 제작과정에서 유발된 응력, 그리고 이 강철이 저온에 놓였을 때 나타난 취성이 이 배의 선체 파손에 기여한 원인들로 규명되었다. (출처: *John Parrot/Stocktrek Images/Stocktrek Images/Getty Images*)

CHAPTER 6

기계적 성질: 제1부

다음과 같이 궁금해 해본 적이 있는가?

- Silly Putty®는 왜 천천히 잡아당기면 상당히 많이 늘어날 수 있는 데 반해, 빠르게 잡아당기면 툭 끊어지는가?
- 세라믹 커피 잔은 바닥에 떨어뜨렸을 때 쉽게 깨지는 경향이 있으면서도 네 개의 잔 위에 소방차 한 대의 무게를 어떻게 올려놓을 수 있는가?
- 재료와 관련된 어떤 요인들이 타이타닉호 침몰에 중요한 원인으로 작용하였는가?
- 1986년의 우주왕복선 챌린저호 사고의 주요 원인으로는 어떤 것들이 있는가?

제6장의 주요 학습목표

- 일축인장 응력-변형도 곡선의 중요한 특징들(탄성계수, 항복응력, 인장강도, 넥킹, 파손응력, 파괴변형도, 탄성영역, 소성영역, 인성)을 찾아내는 것.
- 하중과 변위 데이터가 주어졌을 때 응력-변형도 곡선을 작성하는 것과 시편의 연성을 구하는 것.
- 공칭응력-공칭변형도 및 진응력-진변형도를 계산하고 왜 두 가지 응력-변형도 시스템이 존재하는지 설명하는 것.
- 온도와 변형속도가 달라졌을 때 재료의 기계적 성질이 어떻게 변화할지 예측하는 것.
- 굽힘시험 하중을 받는 재료에 대하여 굽힘강도와 굽힘탄성계수를 계산하는 것.
- 경도라는 재료특성을 정의하는 것과 다양한 길이스케일에서 그것이 어떻게 측정되는지 설명하는 것.
- 금속유리(metallic glass)가 놀라울 정도로 강한 반면에 취성인 이유를 설명하는 것.

재료의 기계적 성질은 재료의 조성과 미세구조에 의존한다. 제2장, 제3장, 제4장에서는 재료의 화학조성, 결합특성, 결정구조, 결함들이 금속재료의 강도 및 연성에 엄청난 영향을 준다는 것을 배웠다. 이 장에서는 재료의 성질에 영향을 미치는 다른 요인들, 예를 들면 낮은 온도가 어떻게 다수의 금속과 플라스틱이 취성을 갖도록 하는지와 같은 것에 대해 검토해나갈 것이다. 저온은 고체연료 부스터로켓의 오링(O-rings)에 사용된 플라스틱의 취성의 원인이었으며, 이는 1986년의 우주왕복선 챌린저호 폭발사고를 유발하였다. 2003년에는 우주왕복선 콜럼비아호의 얼음파편이 세라믹 타일에 충격을 주었고 결국 탄소-탄소 복합재의 파손 때문에 추락하였다. 유사하게, 타이타닉호에 사용된 강철의 독특한 화학조성과 제작과정에서 유발된 응력, 그리고 이 강철이 저온에 놓였을 때 나타난 취성이 선체의 파손에 기여한 원인들로 규명되었다. 일부 연구자들은 약한 리벳들과 설계결함 또한 파손의 원인이었음을 밝혀냈다.

이 장의 주요 목표는 기계적 성질에 관련된 기본적인 개념을 소개하는 것이다. 이 장에서 경도, 응력, 변형도, 탄성변형 및 소성변형, 점탄성, 변형속도와 같은 용어들을 배울 것이다. 또한, 엔지니어들이 이러한 여러 특성들을 평가하기 위해 사용하는 실험적인 절차에 대해서도 살펴볼 것이다. 이러한 개념들은 현장에서 사용되는 실제 사례를 활용하여 다루어질 것이다.

6-1 기술적 중요성

오늘날 새롭게 등장하는 다수의 기술들에서 가장 강조하는 것은 사용된 재료의 기계적 성질이다. 예를 들어, 항공기 제작에 있어서는, 항공기 부품에 사용되는 알루미늄합금이나 탄소섬유강화 복합재료는 반드시 가볍고 강해야 하며, 예측가능한 장시간 동안 가해지는 기계적 반복하중을 견딜 수 있어야 한다. 건물이나 교량과 같은 건설구조용 철강재는 반드시 안전에 손해 보지 않고 건설될 수 있도록 적절한 강도를 가져야 한다. 파이프, 밸브, 마루 등을 만드는 데 사용되는 플라스틱 또한 적절한 강도를 가져야만 한다. 인공심장 밸브에 사용되는 열분해성 흑연(pyrolytic graphite) 또는 코발트-크롬 합금과 같은 재료는 절대로 파손되어서는 안 된다. 유사하게, 야구공, 크리켓 배트, 테니스 라켓, 골프채, 스키, 기타 스포츠 용품의 성능은 사용된 재료의 강도와 무게뿐만 아니라 '충격'하중에 견디는 능력에도 좌우된다. 기계적 성질의 중요성은 다수의 이러한 '하중지탱'용도에서 쉽게 이해할 수 있다.

수많은 용도에서, 비록 주요 기능이 전기적, 자기적, 광학적 또는 생물학적인 것이라 하더라도 재료의 기계적 성질은 중요한 역할을 한다. 예를 들어, 광섬유는 사용 중에 발생하는 응력을 견딜 수 있도록 어느 정도 수준의 강도를 가져야만 한다. 뼈 이식에 사용되는 생체적합성 티타늄합금은 다년간 인체 내에서 사용되는 동안 파손되지 않고 견딜 수 있도록 충분한 강도와 인성을 가져야만 한다. 광학렌즈 표면의 긁힘방지 코팅(scratch-resistant coating)은 기계적 마멸에 저항할 수 있어야 한다. 자기 하드디스크 제작에 사용되는 알루미늄합금 또는 유리-세라믹 기판은 고속회전이 요구되는 작동 중에 깨지거나 금이 가지 않도록 충분한 기계적 강도를 가져야 한다. 유사하게, 반도체 칩들을 장착한 전자부품 패키지나 반도체 칩 표면에 생성된 박막구조는 반드시 전자장비의 가열과 냉각 과정에서 발생하는 응력은 물론이고 다양한 용도에서 직면하게 되는 응력에도 견딜 수 있어야 한다. 나노기술을 사용하여 제작된 소형 부품들의 기계적 강건함 또한 중요하다. 자동차나 건축용 판유리(float glass)는 충분한 강도와 파쇄저항성

(shatter resistance)이 있어야 한다. 플라스틱, 금속, 세라믹으로 설계된 많은 부품들은 상온에서뿐만 아니라 비교적 고온이나 저온에서도 적절한 인성과 강도를 가져야 한다.

하중지탱 용도의 경우, 공학재료는 그 기계적 성질이 부품의 설계 스펙과 요구되는 사용조건에 부합하도록 선택되어야 한다. 재료선택의 첫 번째 단계는 재료의 가장 중요한 특성을 결정하기 위한 재료의 용도분석을 필요로 한다. 강해야 하는지, 강성이어야 하는지, 또는 연성이어야 하는지 알아야 한다. 부품이 사용 중에 높은 응력 또는 갑작스런 높은 하중, 고온에서 높은 응력, 반복응력, 그리고/또는 부식이나 마모가 발생하는 조건에 놓여 있는가? 일단 요구되는 특성들을 알고 나면 다양한 데이터베이스를 활용하여 일차적으로 적절한 재료를 선택할 수 있다. 그러나 핸드북 상에 제시된 특성들이 어떻게 얻어졌으며, 그 특성들이 무엇을 의미하는지 알아야 한다. 또한 수록된 특성들이 실제 공학적 응용에 정확히 부합하지 않을 수도 있는 이상적인 실험조건으로부터 얻어졌다는 사실도 인지해야 한다. 명목상으로 동일한 화학조성과 기타 특성을 갖는 재료도 미세조직에 따라 매우 다른 기계적 성질을 나타낼 수 있다. 더욱이 온도 변화, 작용 응력의 반복성, 산화 그리고 부식 또는 침식에 의한 화학적 변화, 온도에 다른 미세조직의 변화, 절삭가공(연마, 용접, 절단 등) 중 발생할 수 있는 결함의 영향, 기타의 요인들도 재료의 기계적 거동에 큰 영향을 미칠 수 있다.

소성변형 공정을 이용하여 재료를 쓸모 있는 형상으로 가공할 수 있도록 하기 위해서도 재료의 기계적 성질은 반드시 이해해야 한다. 소성변형 공정에서는 상이한 온도와 하중조건에 놓인 재료의 기계적 성질에 대한 상세한 이해가 필요하다. 또한 소성변형 공정이 재료특성을 어떻게 변화시킬 수 있는지에 대해서도 이해할 필요가 있는데, 예를 들어, 소성가공 전에 비하여 어떤 금속을 더 강하게 또는 더 약하게 만들 수 있음에 대한 이해 같은 것이다.

다음 절에서는 공학재료의 기계적 성질을 설명하기 위한 용어들을 정의할 것이며, 재료의 기계적 특성을 결정하기 위해 사용되는 다양한 시험방법들에 대하여 살펴보기로 하자.

6-2 기계적 성질에 대한 용어정의

재료의 기계적 성질을 다루는 데 접하게 되는 서로 다른 유형의 하중 또는 '응력'들이 있다. 일반적으로, 응력이란 힘이 작용하는 단위면적당의 하중으로서 정의된다. 인장, 압축, 전단응력을 그림 6-1(a)에 나타내었다. 변형도란 단위길이당 길이의 변화로 정의한다. 응력은 보통 파스칼(pascals: Pa, newtons per square meter) 또는 제곱인치당 파운드(pounds per square inch, psi)로 나타낸다. 변형도는 단위가 없으며 종종 mm/mm 또는 in./in.로 표시하기도 한다. (역자 주: '변형도'의 정의는 제6장 '용어해설' 참조)

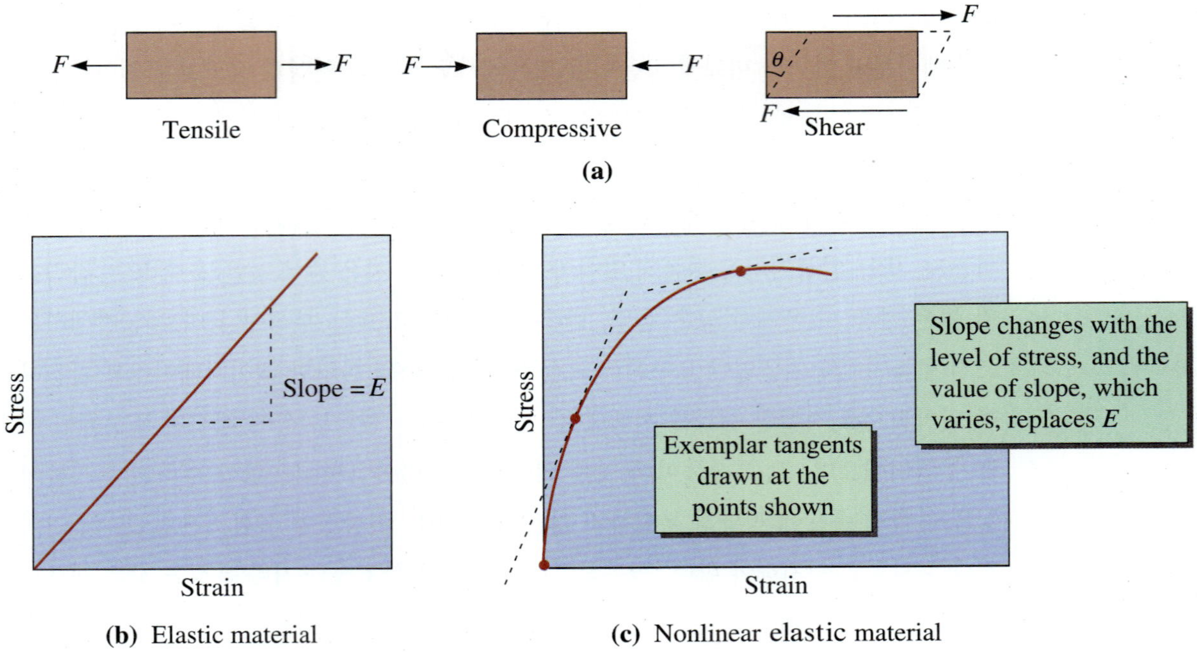

그림 6-1 (a) 인장, 압축, 전단 응력이다. F는 가해진 하중이다. (b) 탄성재료에서 영의 계수가 어떻게 정의되는지를 설명한다. (c) 비선형 탄성재료의 경우, 영의 계수를 대체하는 변화량으로서 접선의 기울기를 사용한다.

인장 및 압축응력은 수직응력이다. 수직응력은 관심 면적에 수직 방향으로 작용력이 가해질 때 발생한다. 인장은 작용력 방향으로 연신을 유발하는 반면 압축은 수축을 유발한다. 전단응력은 작용력이 관심 면적에 평행하게 작용할 때 발생한다. 많은 하중 지탱 용도에는 인장 또는 압축응력이 관련된다. 전단응력은 고분자 압출과 같은 기술을 사용하는 재료공정에서 흔히 접할 수 있다. 전단응력은 또한 구조물에서도 종종 찾아볼 수 있다. 한 방향으로 작용하는 단순 인장응력일지라도 다른 방향으로는 전단응력을 유발할 수 있음에 주목하라(예: 제4장 Schmid의 법칙 참조).

탄성변형도는 가해진 응력에 의해 발생하고 완전히 회복될 수 있는 변형도로 정의된다. 만일 변형도가 순간적으로 발생하고(즉, 힘을 가하자마자 변형도가 발생) 응력이 걸려 있는 동안 계속 남아 있으며, 힘이 제거되면 회복되는 경우 '탄성'으로 정의된다. 탄성변형도에 놓인 재료에는 어떠한 영구변형도 나타나지 않는다. (즉, 힘 또는 응력이 제거된 후 원래의 형상으로 돌아간다.) 강성이 큰 금속 스프링을 약간 잡아당겨 늘렸다가 놓을 경우를 생각해보자. 만일 스프링이 즉각 원래의 길이로 돌아가면 스프링에 발생한 변형도는 탄성이다.

많은 재료에서 탄성응력과 탄성변형도는 선형적인 관계이다. 선형 구간에서 인장 응력-변형도 곡선의 기울기가 영의 계수(Young's modulus) 또는 탄성계수(modulus of elasticity) E를 정의한다[그림 6-1(b)]. E의 단위는 파스칼(Pa) 또는 제곱인치당 파운드(psi)이다(응력과 동일한 단위). 큰 탄성변형은 탄성중합체에서 관찰되며(예: 천연고무, 실리콘고무), 이 경우 탄성변형도와 응력의 관계는 비선형적이다. 탄성중합체에서 큰 탄성변형도는 스프링처럼 생긴 분자들의 꼬임 및 풀림 현상과 관련되어 있다(제16장 참조). 그러한 재료를 다룰 때에는, 영의 계수를 대체하기 위해 변화하는 변수로서 어느 특정 응력 또는 변형도에서의 접선의 기울기를 사용한다 [그림 6-1(c)]. 한편, 전단계수(shear modulus, G)는 전단응력-전단변형도 곡선에서 선형구간의 기울기로서 정의된다.

재료의 영구변형 또는 소성변형은 소성변형도로 알려져 있다. 이 경우에는 응력이 제거되었을 때, 소재가 원래의 형상으로 돌아가지 않는다. 자동차의 움푹 들어간 자국은 소성변형이다. 여기서 '플라스틱(plastic)'은 고분자 플라스틱 재료의 변형도와는 상관이 없고, 일반적으로 재료의 영구적인 변형도를 의미한다.

재료에서 변형도가 생성되는 속도를 변형속도(strain rate)로 정의한다. 변형속도의 단위는 s^{-1}이다. 이 장의 후반에서 기계적 성질의 관점에서 재료가 변형되는 속도는 매우 중요함을 배우게 될 것이다. 많은 연성재료들이 변형속도가 높을 때 취성 고체와 같은 거동을 한다. Silly Putty®(실리콘 고분자)는 이러한 재료의 예이다. 변형속도가 낮을 때 Silly Putty®는 상당한 연성을 나타낸다. 빠르게 잡아당기면(높은 변형속도에서) 고분자의 대형 분자들은 꼬임의 풀림과 늘어나는 것이 허용되지 않으며 그 결과 재료는 끊어진다. 재료가 높은 변형속도에 놓였을 때 이러한 하중을 충격하중(impact loading)이라 부른다.

점성재료(viscous material)에서는 변형도가 일정한 시간에 걸쳐 생성되고 응력이 제거된 후에도 원래의 형상으로 돌아오지 않는다. 변형도 생성에는 시간이 소요되며 작용 응력과 동시에 발생하지 않는다. 또한, 응력이 제거된 후에도 소재는 변형된 그대로 남아 있다(즉, 변형도는 소성). 점탄성(viscoelastic) 또는 비탄성(anelastic) 재료는 점성재료와 탄성재료의 중간적인 거동을 나타내는 재료로 생각할 수 있다. '비탄성'이라는 용어는 흔히 금속에 사용되는 반면 점탄성이라는 용어는 일반적으로 고분자와 관련된 것이다. 점탄성 재료의 일반적인 예는 Silly Putty®이다.

점탄성 재료의 경우 영구변형도의 생성은 점성재료의 경우와 유사하다. 점성재료와 달리 부가된 응력이 제거될 때, 점탄성 재료의 변형도는 일부가 장시간에 걸쳐 회복된다. 변형도 회복이란 변형을 유발한 응력이 제거된 후 소재 형상의 변화를 일컫는다. 탄성, 점성, 점탄성 재료의 경우에 작용 응력 하에서 변형도 생성을 시간의 함수로서 정성적으로 나타낸 것을 그림 6-2에 보여주고 있다. 일정한 변형도에 놓인 점탄성 재료에서 응력의 수준은 시간이 경과함에 따라 감소하며 이는 응력이완(stress relaxation)으로 알려져 있다. 변형도 회복과 응력이완은 서로 다르며 혼동되어서는 안 된다. 응력이완의 일반적인 예는 테니스라켓의 나일론 줄을 통해 알 수 있다. 테니스 선수들이 지칭하는 나일론 줄에 걸린 응력 또는 '장력(tension)'의 수준은 시간이 경과함에 따라 감소한다.

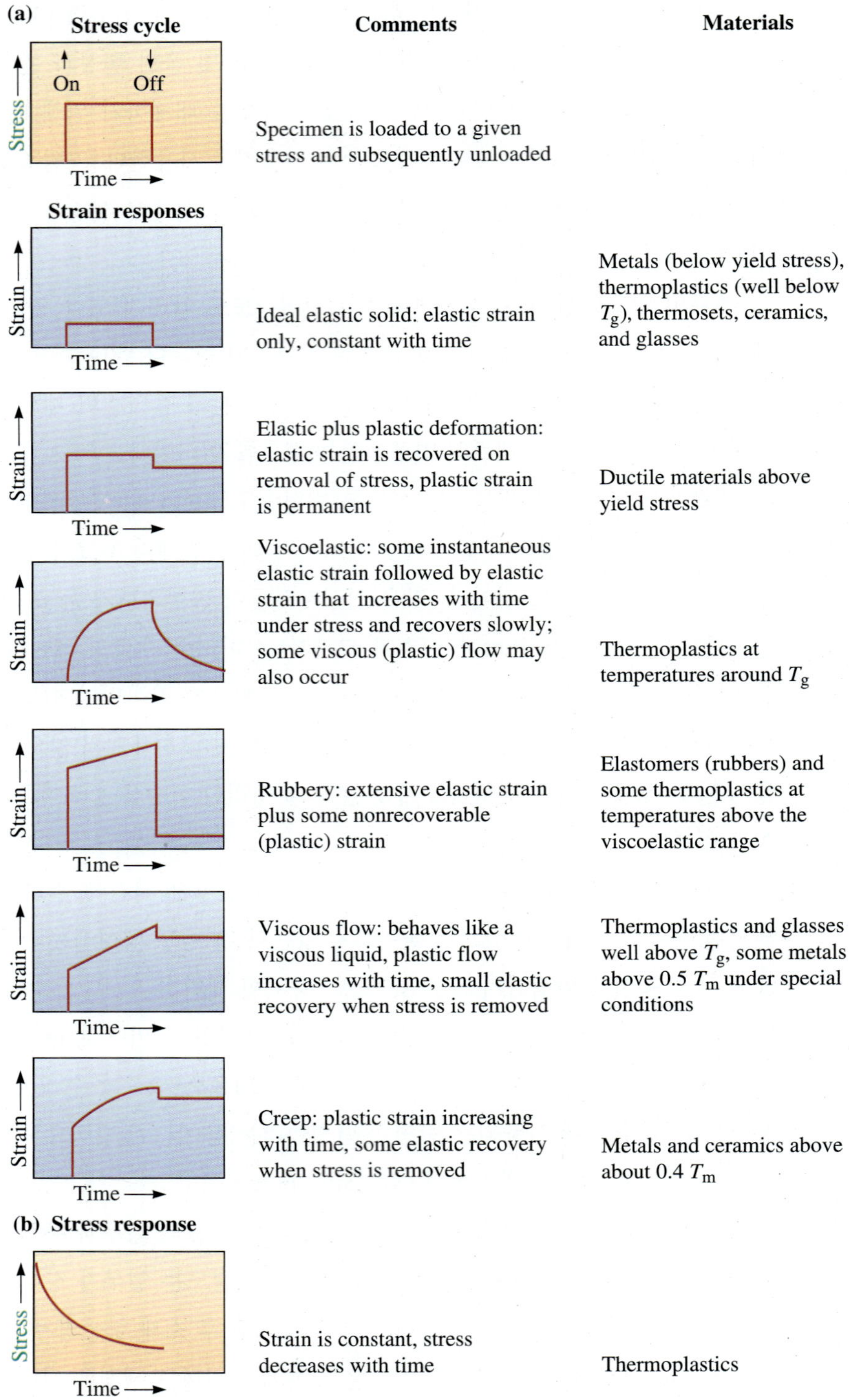

그림 6-2 (a) 가해진 응력에 대한 변형도 반응의 다양한 형태. 여기서, T_g는 유리천이온도, T_m는 용융점. [출처: Materials Principles and Practice, *by C. Newey and G. Weaver (Eds.), Elsevier, 1991.*] (b) 점탄성 재료의 응력이완. 수직축이 응력임에 주목하라. 변형도는 일정하다.

다음 절에서는 고체 재료의 서로 다른 기계적 성질과 이들 특성을 평가하기 위한 일부 시험방법에 대하여 살펴보기로 하자.

6-3 인장시험: 응력-변형도 곡선의 활용

인장시험을 통해 얻은 특성을 다양한 요소의 설계에 적용할 수 있기 때문에 인장시험은 매우 유용하다. 인장시험은 정적인 힘 또는 느리게 가해지는 힘에 대한 재료의 저항을 측정한다. 인장시험에서 변형속도는 일반적으로 작다(10^{-4}~10^{-2} s^{-1}). 시험 개요는 그림 6-3과 같으며 전형적인 시편의 직경은 12.83 mm이고 표점거리(gage length)는 50.8 mm이다. 시편은 시험기에 설치되고 하중(load)이라 불리는 힘 F가 가해진다. 흔히 인장 및 압축 시험이 가능한 만능시험기(universal testing machine)가 사용된다. 힘이 가해졌을 때 표점거리가 늘어나는 양을 측정하기 위해 스트레인게이지(strain gage) 또는 연신계(extensometer)가 사용된다. 따라서 시편의 길이 변화(Δl)는 원래 길이(l_0)를 기준으로 측정된다. 재료의 강도, 영의 계수, 연성에 관한 정보는 이러한 인장시험으로부터 얻을 수 있다. 일반적으로 인장시험은 금속, 합금, 플라스틱에 대해 적용된다. 인장시험은 세라믹 재료에도 적용될 수 있지만, 시편의 축 정렬 시 파괴될 수 있기 때문에 세라믹 재료에는 널리 사용되지 않는다. 앞으로의 설명은 주로 금속과 합금의 인장시험에 해당한다. 고분자의 응력-변형도 거동에 대해서도 역시 간략하게 논의할 것이다.

그림 6-4는 비교적 작은 변형속도 하에서 전형적인 (a) 금속, (b) 열가소성 고분자, (c) 탄성중합체, (d) 세라믹(또는 유리)의 응력-변형도 곡선을 정성적으로 나타내고 있다. 이 그림에서 스케일은 정성적이며 각 재료에 따라 상이하다. 실제로는 응력과 변형도의 진짜 크기는 매우 다를 것이다. 플라스틱 재료에 대해서는 온도가 유리천이온

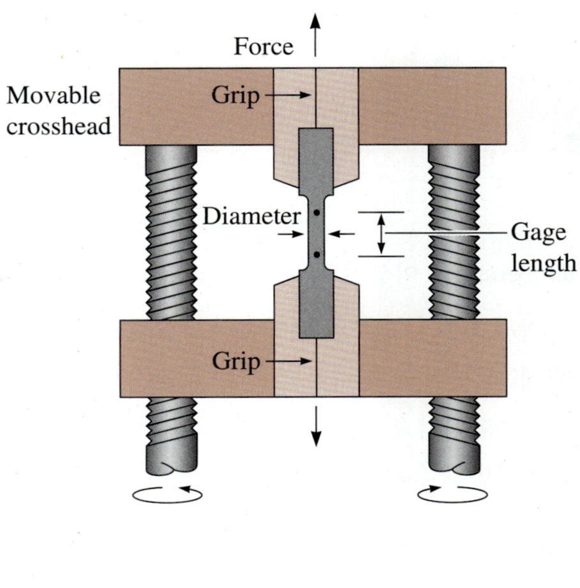

그림 6-3 인장시험 중 크로스헤드(crosshead)의 움직임에 의해 일방향 하중이 시편에 가해진다. 크로스헤드의 이동은 나사 또는 유압기구에 의해 얻어질 수 있다.

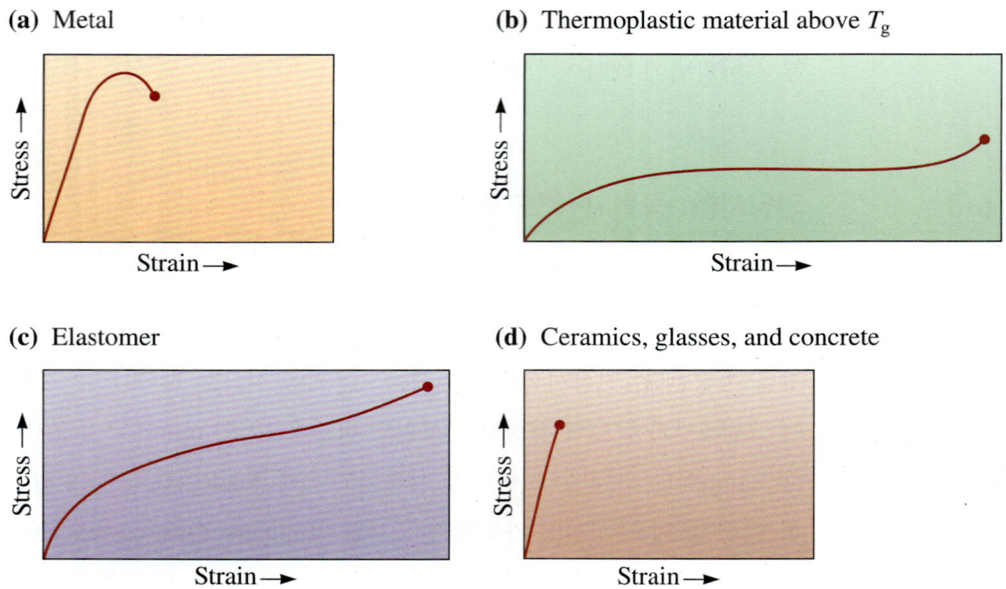

그림 6-4 여러 가지 재료에 대한 인장 응력-변형도 곡선. 이들 곡선은 정성적인 것임에 주목하라. 곡선들의 응력 및 변형도의 크기는 비교될 수 없다. 원점으로 표시된 부분에서 파손이 발생한다. (a) 금속, (b) T_g 이상에서의 열가소성 고분자, (c) 탄성중합체, (d) 세라믹과 유리 및 콘크리트.

표 6-1 초기 길이(l_0) 50.8 mm, 직경 12.83 mm인 알루미늄합금 시편의 인장시험 결과

		계산 결과	
하중(kN)	**길이변화(mm)**	**응력(kPa)**	**변형도(mm/mm)**
0	0.000	0	0
4.448	0.0254	34.43	0.0005
13.344	0.0762	103.3	0.0015
22.24	0.127	172.1	0.0025
31.136	0.178	241.0	0.0035
33.36	0.762	258.2	0.0150
35.14	2.032	272	0.0400
35.584(최대하중)	3.05	275.4	0.0600
35.36	4.06	273.7	0.0800
33.805(파괴)	5.21	261.6	0.1025

도(glass-transition temperature) 이상인 것으로, 그리고 금속에 대해서는 상온에서의 데이터로 간주된다. 금속과 열가소성 고분자는 초기 탄성영역 이후 비선형 소성영역을 나타낸다. 탄성중합체(예: 고무 또는 실리콘)는 다른 고분자재료와 다른 거동을 보이기 때문에 별도의 곡선으로 포함되어 있다. 탄성중합체의 경우 변형의 대부분은 탄성이고 비선형적이다. 반면에 세라믹과 유리는 오직 선형 탄성영역만을 보이며 상온에서 소성

변형이 거의 나타나지 않는다.

인장시험을 행하였을 때 기록된 데이터는 알루미늄합금 시험편에 대하여 표 6-1에 주어진 바와 같이 길이변화(Δl)의 함수로서 하중 또는 힘을 포함한다. 이러한 데이터는 나중에 응력과 변형도로 변환된다. 응력-변형도 곡선은 재료의 특성(예: 영의 계수, 항복강도 등)을 추출하기 위해 추가로 분석이 이루어진다.

공칭응력-공칭변형도 만약 힘을 응력으로, 표점거리를 변형도로 환산한다면 단일 시험의 결과를 모든 크기와 단면을 가진 동일 재료의 시편에 적용할 수 있다. 만일 힘과 변위를 사용한다면, 그 결과는 시편의 기하학적 형상에 따라 달라진다(즉, 동일한 재료에서 큰 시편일수록 작은 시편에 비하여 큰 힘을 필요로 하고 높은 연신을 수반한다). 응력과 변형도로 나타낸 결과는 시편의 크기와 관계없이 동일 재료에 대해서는 같은 값을 나타낸다. 공칭응력(engineering stress)과 공칭변형도(engineering strain)는 다음과 같은 식으로 정의된다.

$$\text{공칭응력} = S = \frac{F}{A_0} \tag{6-1}$$

$$\text{공칭변형도} = e = \frac{\Delta l}{l_0} \tag{6-2}$$

여기서, A_0는 시험 전 시편의 원래 단면적, l_0는 원래 표점거리, Δl은 힘 F가 가해진 후 길이의 변화이다. 하중과 시편길이로부터 응력과 변형도로 변환되는 과정을 표 6-1에 보여준다. 응력-변형도 곡선(그림 6-5)은 인장시험 결과를 기록하기 위해 사용된다.

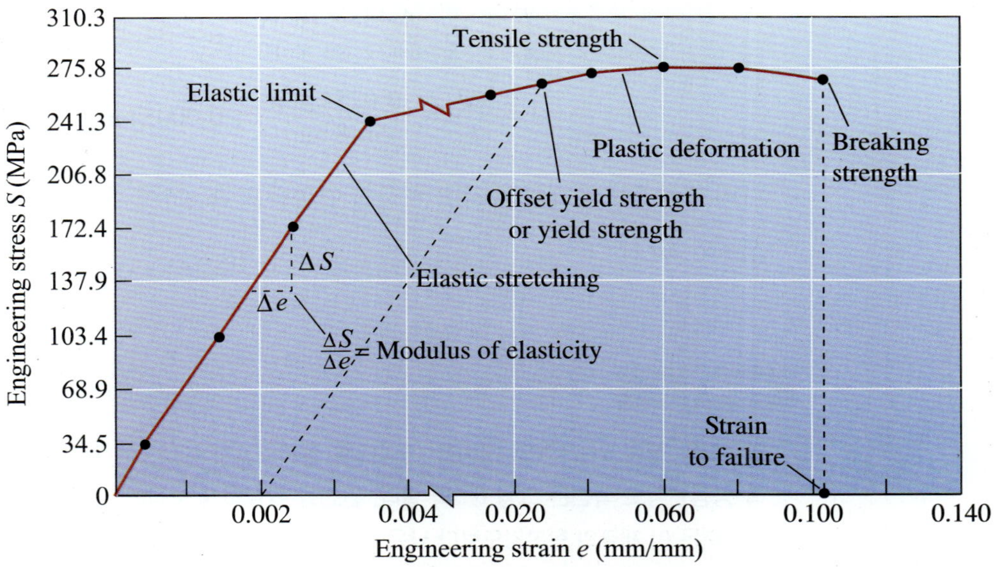

그림 6-5 표 6-1의 데이터에 의한 알루미늄합금의 공칭응력-공칭변형도 곡선.

표 6-2 단위와 환산인자

1 lb	4.448 N	
1 psi	lb/in^2	pounds per square inch
1 MPa	MN/m^2 (10^6 Pa)	meganewtons per square meter
1 GPa	1,000 MPa	gigapascal
1 ksi	1,000 psi	6.895 MPa
1 psi	0.006895 MPa	
1 MPa	0.145 ksi	145 psi

단위 여러 가지로 다른 단위들이 인장시험 결과를 나타내기 위해 사용된다. 가장 대표적인 응력의 단위는 메가파스칼(MPa) 또는 제곱인치당 파운드(psi)이다. 변형도의 단위는 mm/mm, in./in., m/m 등이 있으며, 따라서 흔히 무차원으로 나타낸다. 응력에 대한 단위계 환산인자는 표 6-2에 정리되어 있다. 변형도는 무차원이기 때문에 단위계를 바꾸기 위한 환산인자가 필요하지 않다.

예제 6-1 알루미늄합금의 인장시험

표 6-1의 하중-표점거리변화 데이터를 공칭응력과 공칭변형도로 변환하고 응력-변형도 곡선을 그려보라.

풀이

1,000 파운드 하중에 대하여,

$$S = \frac{F}{A_0} = \frac{4.448 \times 10^3\ \text{N}}{(\pi/4)(12.83 \times 10^{-3})^2} = 34.425 \times 10^6\ \text{Pa}$$

$$e = \frac{\Delta l}{l_0} = \frac{0.0254\ \text{mm}}{50.8\ \text{mm}} = 0.0005\ \text{mm/mm}$$

나머지 하중들에 대한 유사한 계산의 결과들은 표 6-1에 나타나 있고, 그림 6-5에 도시되어 있다.

예제 6-2 서스펜션 봉의 설계

알루미늄 봉이 200 kN의 하중을 견디도록 설계하고자 한다. 이 알루미늄합금에 대한 공칭응력-공칭변형도 곡선은 그림 6-5와 같다. 안전을 확실하게 보장하기 위해 봉에 작용하는 최대 허용응력은 이 재료의 항복강도보다 낮은 172.37 MPa로 제한된다. 이 봉의 길이는 최소 3.81 m 이상이어야 하고 하중이 가해질 때 6.35 mm 이내에서 탄성적으로만 변형해야 한다. 조건을 만족하는 적절한 봉을 설계하라.

풀이

공칭변형도의 정의로부터,

$$e = \frac{\Delta l}{l_0}$$

길이가 3.81 m인 봉에 대하여 6.35 mm 연신에 해당하는 변형도는 다음과 같다.

$$e = \frac{6.35\ \text{mm}}{3.81 \times 10^3\ \text{mm}} = 0.00167$$

그림 6-5에 따르면, 이 변형도는 완전히 탄성이며 이에 상응하는 응력값은 172.37 MPa보다 낮은 약 117.2 MPa(17,000 psi)이다. 봉에 필요한 단면적을 계산하기 위하여 공칭응력의 정의를 이용한다.

$$S = \frac{F}{A_0}$$

응력은 절대로 117.2 MPa을 초과해서는 안 되고, 그 결과로서 변위가 6.35 mm보다 커서도 안 된다. 식을 다시 정리하면 다음과 같다.

$$A_0 = \frac{F}{S} = \frac{200 \times 10^3\ \text{N}}{117.2 \times 10^6\ \text{Pa}} = 1.71 \times 10^{-3}\ \text{m}^2$$

봉은 다양한 형상으로 제작될 수 있지만 단면적이 1,710 mm^{2}이어야 한다. 원형 단면의 경우, 응력이 과도하게 높지 않도록 하기 위한 최소 직경은 다음 식과 같다.

$$A_0 = \frac{\pi d^2}{4} = 1.71 \times 10^{-3}\ \text{m}^2 \quad \text{또는} \quad d = 0.0466\ \text{m}(= 46.6\ \text{mm})$$

따라서, 지정된 모든 요구조건을 만족하는 가능한 설계의 하나는 길이가 3.81 m이고 직경이 46.6 mm인 서스펜션 봉이다.

6-4 인장시험으로 얻어지는 특성

항복강도 재료에 응력을 가하면 재료는 초기에 탄성변형을 나타낸다. 이때 발생했던 변형도는 응력이 제거되면 완벽하게 복원된다. 응력을 계속하여 증가시키면 재료는 마침내 이 응력에 '항복'하게 되고 탄성변형과 소성변형을 동시에 나타내게 된다. 소성변형을 일으키기 위한 임계응력 값은 재료의 탄성한계로 정의된다. 금속재료의 경우 이 응력은 일반적으로 전위의 이동이나 슬립의 개시를 위한 응력에 해당한다. 고분자재료의 경우 고분자 사슬의 꼬임의 풀림 또는 사슬간의 미끄러짐을 일으키는 응력에 해당할 것이다. 비례한계는 그 이상의 응력수준에서 응력과 변형도가 더 이상 선형적 관계가

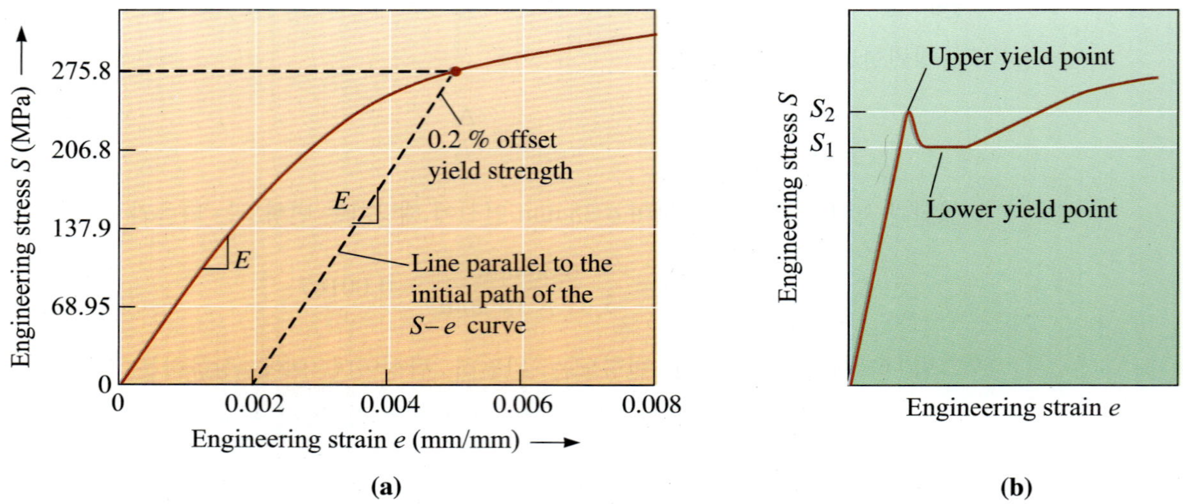

그림 6-6 (a) 0.2% 오프셋 항복강도 결정, (b) 저탄소강의 상부(upper) 및 하부(lower) 항복점(yield point) 거동.

아닌 응력의 한계로 정의된다.

대부분의 재료에서 탄성한계와 비례한계는 서로 매우 비슷한 값이나 이 둘은 어느 것도 정확하게 결정될 수 없다. 측정값은 사용된 시험기의 민감도에 의존한다. 그러므로 이들은 오프셋 변형도 값(offset strain value, 항상 그렇지는 않으나 일반적으로 0.002 또는 0.2%)에서 규정한다. 이 오프셋 변형도 값에서 시작하여 공칭응력-공칭변형도 곡선의 선형구간과 평행한 직선을 긋는다. 이 직선과 공칭응력-공칭변형도 곡선의 교차점에 해당하는 응력을 오프셋 항복강도(offset yield strength)로 정의하며 흔히 항복강도(yield strength)로 부른다. 회주철의 0.2% 오프셋 항복강도는 그림 6-6(a)에 보이는 바와 같이 약 275.8 MPa(40,000 psi)이다. 오프셋 항복강도는 신뢰도를 가지고 결정된 값이므로 엔지니어가 설계 목적에 사용하곤 한다.

어떤 재료들의 경우 탄성변형으로부터 소성유동으로의 변화가 급작스러우며 이러한 변화는 항복점현상(yield point phenomenon)으로 알려져 있다. 이러한 재료에서는 소성변형이 시작되면서 처음에 응력이 상부항복점(S_2)[그림 6-6(b)]으로부터 하락한다. 이후 응력은 하부항복점(S_1)으로 정의된 평균값을 중심으로 오르내린다. 이와 같은 재료에서 항복강도는 보통 변형도의 0.2% 오프셋으로 정의된다.

일부 저탄소강의 응력-변형도 곡선은 항복점현상을 나타낸다[그림 6-6(b)]. 재료는 응력 S_1에서 소성변형할 것으로 기대되나 전위 근처에 집결된 작은 침입형원자들이 슬립을 방해하여 항복점을 S_2로 상승시킨다. 더 높은 응력 S_2를 가한 후에 비로소 전위들의 슬립이 발생한다. 응력 S_2에서 슬립이 시작한 후 전위들은 작은 원자들의 군집으로부터 멀어지고 더 낮은 응력 S_1에서 매우 빠르게 이동을 계속한다.

하중지탱용 부품을 설계할 때 일반적으로 누구나 소성변형이 거의 또는 전혀 없는 것을 선호한다. 그 결과 재료가 사용되는 온도에서 설계응력이 항복강도보다 현저히 낮도록 재료를 선택하여야 한다. 또한 요소의 단면적을 늘림으로써 작용 하중에 의해 발생되는 응력이 항복강도보다 훨씬 낮도록 만들 수도 있다. 반면에 재료를 성형하여 부품으로 만들고자 한다면(예를 들어, 강판으로 자동차 차체를 성형) 항복강도보다 훨씬 높은 응력을 가해야 할 필요가 있다.

인장강도 가해진 하중이 최대일 때 얻은 응력을 인장강도(S_{UTS})라 하며, 이는 공칭응력-공칭변형도 곡선에서 최대응력에 해당한다. 이 값은 또한 흔히 극한인장강도(ultimate tensile strength)로 알려져 있다. 많은 연성재료의 경우 변형은 계속하여 균일하게 발생하지 않는다. 어느 시점에는 한 영역이 다른 영역보다 더 많이 변형하며 단면적이 국부적으로 크게 감소한다(그림 6-7). 이렇게 국부적으로 변형된 영역을 '넥'이라 하며, 이러한 현상은 넥킹(necking)이라 알려져 있다. 이 시점에서는 단면적이 더 작아지므로 변형을 계속하는 데 필요한 하중은 낮아지며, 결과적으로 원래의 단면적 A_0로부터 계산된 공칭응력은 감소한다. 인장강도는 연성재료에서 넥킹이 시작되는 응력이다. 압축시험에서는 소재가 불룩해질(bulge) 것이며 따라서 넥킹은 오직 인장시험에서만 나타난다.

그림 6-8은 다양한 공업용 재료의 대표적인 항복강도를 나타낸다. 순도 높은 순금속은 약 1~10 MPa의 항복강도를 가지는 반면에 합금은 이보다 더 높다. 합금의 강화는 다양한 방법들(예: 결정립크기, 고용체 형성, 변형경화 등)에 의해 가능하다. 특정한 금속 또는 합금의 항복강도는 보통 인장 및 압축에서 동일하다. 플라스틱과 탄성중합체는 금속 및 합금보다 일반적으로 항복강도가 낮으며 약 10~100 MPa의 범위를 가진다. 세라믹에 대한 값(그림 6-8)은 보통 (경도시험을 통해 얻은) 압축강도에 해당한다. 세라믹

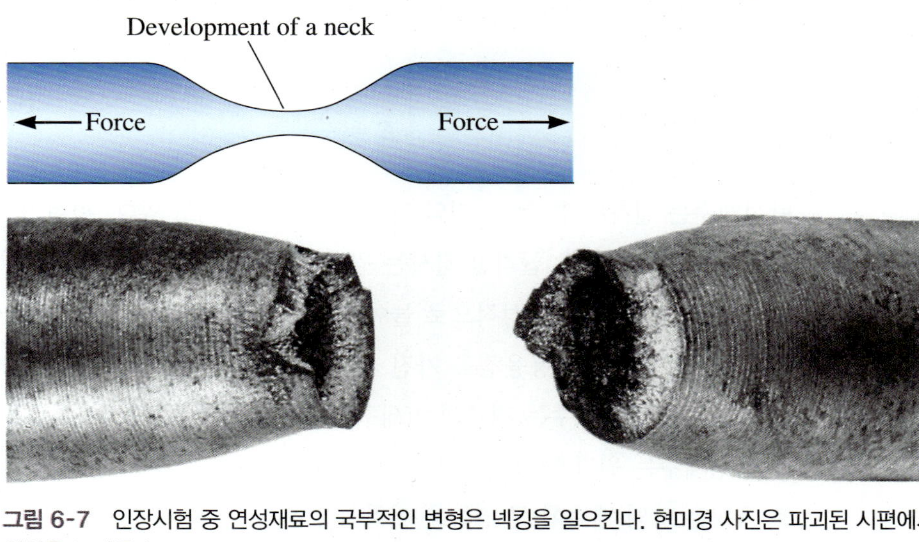

그림 6-7 인장시험 중 연성재료의 국부적인 변형은 넥킹을 일으킨다. 현미경 사진은 파괴된 시편에서 넥킹 영역을 보여준다. (출처: *Don Askeland*)

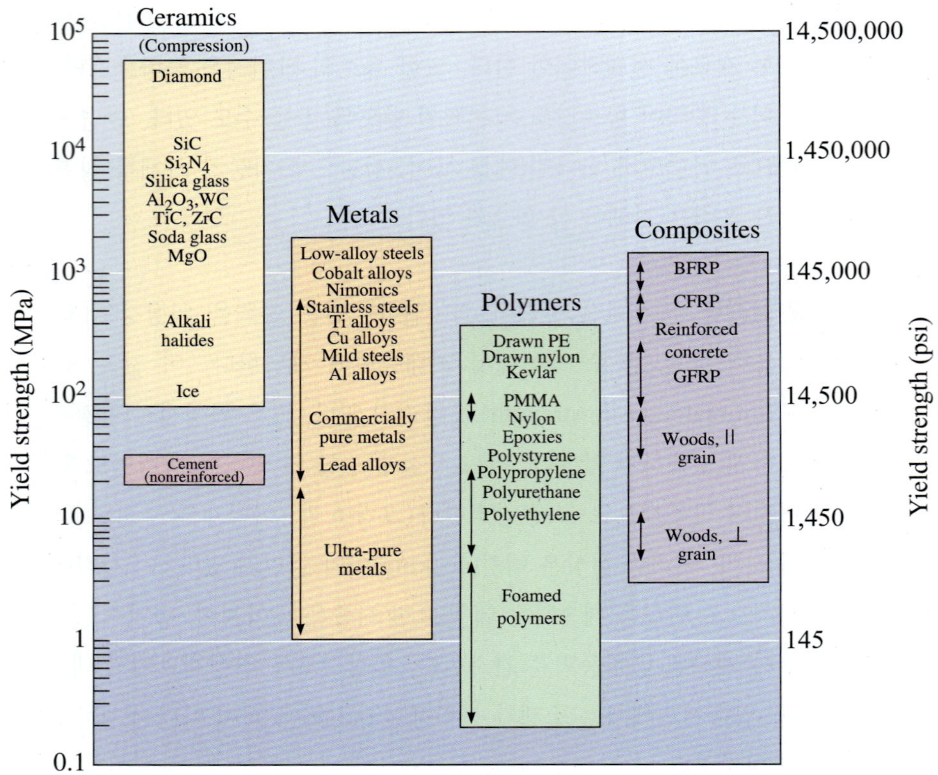

그림 6-8 여러 가지 공업용 재료에 대한 대표적인 항복강도 값. 강도의 단위가 MPa 및 psi임에 주목하라. (출처: Engineering Materials I, *Second Edition, M. F. Ashby and D. R. H. Jones, Elsevier, 1996.*)

은 대부분 인장강도가 매우 낮다(약 100~200 MPa). 유리의 인장강도는 약 70 MPa이고 표면결함에 따라 달라진다.

탄성특성 탄성계수, 즉 영의 계수(E)는 탄성구간에서 응력-변형도 곡선의 기울기이다. 탄성구간에서 응력과 변형도의 관계는 후크의 법칙(Hooke's law)으로 잘 알려져 있다.

$$E = \frac{S}{e} \tag{6-3}$$

탄성계수는 원자의 결합에너지와 밀접한 관계를 가지고 있다. 평형거리에서 힘-거리 곡선(그림 2-19)의 매우 급격한 경사는 원자들을 분리하기 위해 큰 힘이 필요함을 나타내며 힘에 의해 재료는 탄성적으로 늘어난다. 따라서 재료는 높은 탄성계수를 가지게 된다. 일반적으로 높은 용융점을 가진 재료는 결합력, 즉 탄성계수가 높다(표 6-3). 금속재료의 경우 탄성계수는 재료의 미세구조에 민감하지 않은 특성으로 여겨진다. 그 까닭은 탄성계수는 원자결합의 강성에 의해 지배되기 때문이다. 결정립크기나 기타 미세구조 특징은 영의 계수에 큰 영향을 미치지 않는다. 반면에 영의 계수는 단결정 소재의 방

표 6-3 선별된 재료들의 탄성특성과 용융점(T_m)

재료	T_m(℃)	E(MPa)	푸아송 비(ν)
Pb	327	13.8×10^3	0.45
Mg	650	44.8×10^3	0.29
Al	660	68.95×10^3	0.33
Cu	1,085	1.25×10^5	0.36
Fe	1,538	2.07×10^5	0.27
W	3,410	4.08×10^5	0.28
Al_2O_3	2,020	3.79×10^5	0.26
Si_3N_4		3.03×10^5	0.24

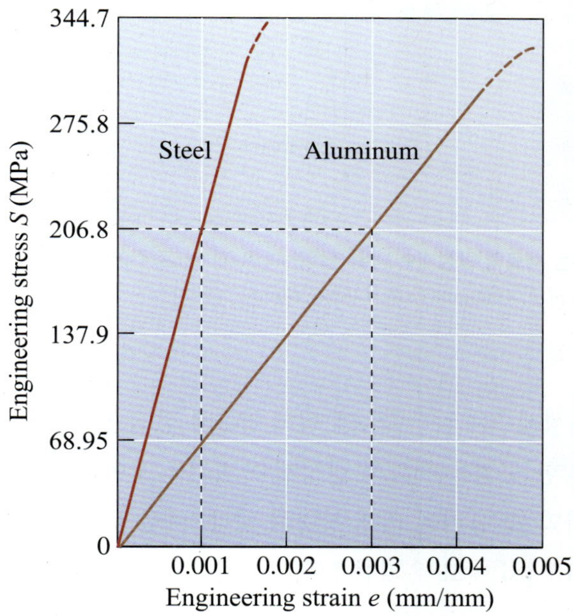

그림 6-9 강철과 알루미늄의 탄성거동 비교. 주어진 응력에서 알루미늄은 강철보다 3배 이상 탄성변형한다. (즉, 알루미늄의 탄성계수는 강철의 탄성계수보다 약 3배 정도 낮다.)

향성과 같은 요인에 크게 의존함에 주목하라(즉, 영의 계수는 결정학적 방향에 의존함). 세라믹의 경우에 영의 계수는 재료의 기공률(porosity) 수준에 의존한다. 복합재료의 영의 계수는 각 구성요소의 강성과 체적분율에 따라 달라진다.

어떤 요소의 강성(stiffness)은 그 재료의 영의 계수에 비례한다(강성은 또한 요소의 치수에도 의존한다). 작용 응력이 오직 탄성변형만을 유발한다고 가정하면, 높은 탄성계수를 가진 요소는 낮은 탄성계수를 가진 요소에 비해 매우 작은 치수의 변화를 보일 것이다. 그림 6-9는 강철과 알루미늄의 탄성거동을 비교하여 나타내고 있다. 만일 약 206.8 MPa(30,000 psi)의 응력이 각각의 재료에 가해진다면 강철은 0.001 mm/mm만큼 탄성적으로 변형하고, 동일한 응력에서 알루미늄은 0.003 mm/mm만큼 탄성적으로

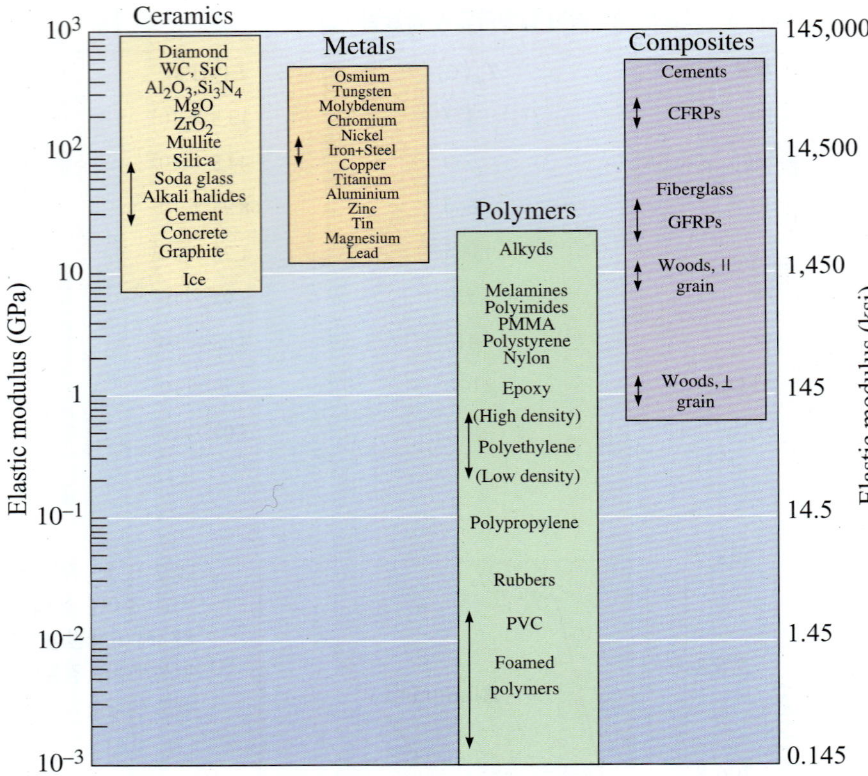

그림 6-10 다양한 공업용 재료의 탄성계수 범위. 단위는 GPa과 ksi로 주어짐에 주목하라. (출처: Engineering Materials I, *Second Edition, M. F. Ashby and D. R. H. Jones, Elsevier, 1996.*)

변형한다. 강철의 탄성계수는 알루미늄에 비해 약 3배 정도 높다.

그림 6-10은 다양한 공업용 재료의 탄성계수 범위를 보여준다. 플라스틱의 탄성계수는 금속 또는 세라믹 및 유리에 비해 상당히 낮다. 예를 들어, 나일론의 탄성계수는 2.7 GPa (약 0.4×10^6 psi)이고 유리섬유의 탄성계수는 72 GPa (약 10.5×10^6 psi)이다. 유리섬유강화 플라스틱(glass fiber-reinforced plastics, GFRP) 또는 탄소섬유강화 플라스틱(carbon fiber-reinforced plastics, CFRP)과 같은 복합재료의 영의 계수는 고분자 기지와 섬유(탄소섬유 또는 유리섬유)의 영의 계수 사이의 값을 나타내며, 그 값은 기지와 섬유의 상대적인 양에 따라 달라진다. 많은 합금과 세라믹의 영의 계수는 더 높으며 일반적으로 400 GPa (약 60×10^6 psi)까지의 범위를 가진다. 세라믹은 이온결합과 공유결합의 강도로 인해 일반적으로 가장 높은 탄성계수를 가진다.

푸아송 비(Poisson's ratio) ν는 단순 인장응력 또는 압축응력에 의해 생성된 길이방향 탄성변형과 이와 동시에 발생하는 횡방향 변형의 관계로부터 얻어진다.

$$\nu = -\frac{e_{\text{lateral}}}{e_{\text{longitudinal}}} \tag{6-4}$$

탄성구간에서 많은 금속의 푸아송 비는 일반적으로 약 0.3이다(표 6-3). 인장시험 중 푸아송 비는 항복을 지나면서 약 0.5까지 증가하며, 그 이유는 소성변형하는 동안 체적이 일정하게 보존되기 때문이다. 하니컴(honeycomb)구조나 발포재(foam)와 같은 흥미로운 구조들은 음의 푸아송 비를 나타내기도 한다.

탄력계수(modulus of resilience) E_r는 응력-변형도 곡선의 탄성구간 아래의 면적에 해당하며 재료가 항복 이전에 흡수하는 탄성에너지로, 이후 하중이 제거되면 다시 방출된다. 선형 탄성거동에 대하여 다음과 같이 쓸 수 있다.

$$E_r = \left(\frac{1}{2}\right)(\text{항복강도})(\text{항복점에서의 변형도}) \tag{6-5}$$

스프링이나 골프공이 만족할 만큼 성능을 발휘하기 위해서는 높은 탄력계수가 필요하다.

인장인성 파괴되기 전에 재료에 흡수된 에너지는 인장인성(tensile toughness)으로 알려져 있으며(또는 '파괴일'로도 알려짐) 때때로 진응력-진변형도 곡선 아래의 면적으로 측정된다. 진응력과 진변형도는 6.5절에서 정의될 것이다. 공칭응력 및 공칭변형도 측정이 보다 단순하기 때문에 엔지니어들은 종종 공칭응력-공칭변형도 곡선 아래의 면적을 인장인성과 동일시하곤 한다.

예제 6-3 알루미늄합금의 영의 계수

공칭응력-공칭변형도 곡선이 그림 6-5처럼 주어진 알루미늄합금의 탄성계수를 계산하라. 초기 길이 1.27 m인 막대에 206.8 MPa의 인장응력이 가해졌을 때 길이를 계산하라.

풀이

응력 240.96 MPa이 가해질 때, 변형도 0.0035 mm/mm가 발생한다. 따라서

$$\text{탄성계수} = E = \frac{S}{e} = \frac{240.96\ \text{MPa}}{0.0035} = 68.8\ \text{GPa}$$

탄성영역에서 어떠한 응력-변형도 조합도 이 결과를 가져올 것임을 주목하라. 후크의 법칙으로부터,

$$e = \frac{S}{E} = \frac{206.8 \times 10^6\ \text{MPa}}{68.8 \times 10^9\ \text{Pa}} = 0.003\ \text{mm/mm}$$

공칭변형도의 정의로부터,

$$e = \frac{\Delta l}{l_0}$$

따라서

$$\Delta l = e(l_0) = (0.003)(1.27 \times 10^3) = 3.81 \text{ mm}$$

봉이 응력 206.8 MPa을 받을 때, 총 길이는 다음과 같이 주어진다.

$$l = \Delta l + l_0 = 3.81 \times 10^{-3} + 1.27 = 1.274 \text{ mm}$$

연성 연성(ductility)은 힘이 가해질 때 파단 없이 영구변형될 수 있는 재료의 능력이다. 연성의 척도로는 흔히 두 가지가 사용된다. 퍼센트 연신율(percent elongation)은 시험 전후로 시편의 표점거리를 측정함으로써 파손되었을 때(즉, 파괴 후 회복되는 탄성변형은 포함되지 않음) 영구 소성변형을 측정한다. 파손 후 변형도는 파단 시점에서의 변형도보다 작음에 주목하라. 이는 하중이 제거되면 탄성변형도가 회복되기 때문이다. 퍼센트 연신율은 다음과 같이 표시된다.

$$\text{퍼센트 연신율} = \frac{l_f - l_0}{l_0} \times 100 \tag{6-6}$$

여기서, l_f는 시편의 파단 후 표점거리이다.

두 번째 접근방법은 시험 전후로 시편의 단면적의 변화를 백분율로 측정하는 것이다. 퍼센트 단면감소율은 시험 중 시편이 얼마나 얇아졌는지 그 양을 나타낸다.

$$\text{퍼센트 단면감소율} = \frac{A_0 - A_f}{A_0} \times 100 \tag{6-7}$$

여기서, A_f는 시편이 파괴된 후 파단면에서의 최종 단면적을 나타낸다.

연성은 하중지탱 요소의 설계자 및 소성가공을 이용하는 요소들(막대, 봉재, 선재, 판재, I-빔, 섬유 등)의 생산자에게 중요하다.

예제 6-4 알루미늄합금의 연성

예제 6-1의 알루미늄합금은 파단 후 55.753 mm의 최종 길이와 파단면에서 최종 직경 10.11 mm를 갖는다. 이 합금의 연성을 계산하라.

풀이

$$\text{퍼센트 연신율} = \frac{l_f - l_0}{l_0} \times 100 = \frac{55.753 - 50.8}{50.8} \times 100 = 9.75\%$$

$$\text{퍼센트 단면감소율} = \frac{A_0 - A_f}{A_0} \times 100$$

$$= \frac{(\pi/4)(12.83 \times 10^{-3})^2 - (\pi/4)(10.11 \times 10^{-3})^2}{(\pi/4)(12.83 \times 10^{-3})^2} \times 100$$

$$= 37.9\%$$

최종 길이는 56.01 mm보다 작다(표 6-1 참조). 왜냐하면 파괴 후 탄성변형도가 회복되기 때문이다.

온도의 영향 재료의 기계적 성질은 온도에 따라 달라진다(그림 6-11). 고온에서 항복강도, 인장강도, 탄성계수는 감소하는 반면 연성은 흔히 증가한다. 재료 제작자는 높은 연성과 낮은 요구응력의 이점을 활용하고자 고온에서 재료를 변형하려고(열간가공으로 알려짐) 할 것이다.

여기서 '고온'이라는 용어의 사용에 주의할 필요가 있다. 고온은 재료의 용융점을 기준으로 상대적으로 정의된다. 따라서 500 ℃는 알루미늄합금에는 고온이지만 강철의 공정에는 비교적 낮은 온도에 해당한다. 금속의 경우 항복강도는 고온에서 전위밀도의 감소 및 결정립성장 또는 재결정으로 알려진 관련 과정에 의한(두 과정에 대해서는 제8장 참조) 결정립크기의 증가로 인해 빠르게 감소한다. 유사하게, 초미세 석출물의 생성에 의한 어떠한 강화효과도 석출물들이 성장하거나 또는 기지조직 내부로 녹아들어감에 따라 역시 감소할 것이다. 이러한 효과에 대해서는 이후의 장들에서 보다 자세하게 다룰 것이다. 온도가 감소할 경우, 모두 그러한 것은 아니지만, 많은 금속과 합금은 취성으로 변한다.

온도의 증가는 고분자재료와 무기질 유리의 성형에도 역시 중요한 역할을 한다. 압출 또는 블로몰딩(blow-stretch)과 같은 다수의 고분자 공정 중 고온에서 고분자의 연성 증가는 공정에 유리하다(제16장 참조). 마찬가지로 '고온'이라는 용어의 사용에 주의해야 한다. 고분자의 경우 고온은 일반적으로 유리천이온도(T_g) 이상의 온도를 일컫는다.

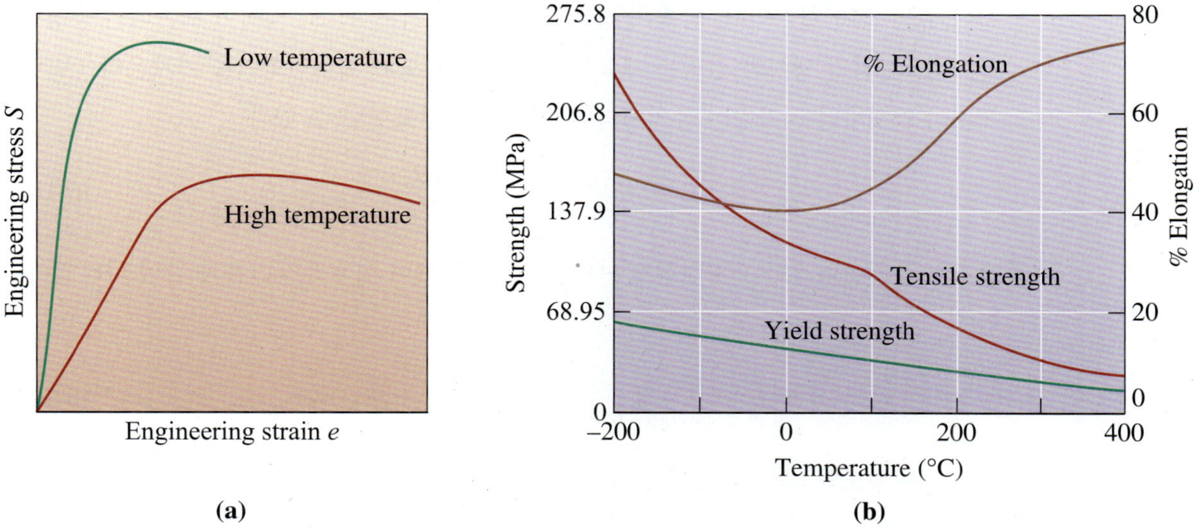

그림 6-11 (a) 응력-변형도 곡선에 미치는 온도의 영향, (b) 알루미늄합금의 인장특성에 미치는 온도의 영향.

여기서 어느 온도 이하에서 취성재료처럼 거동하는 그 온도를 유리천이온도라 한다. 유리천이온도 이상에서 플라스틱은 연성으로 변한다. 유리천이온도는 고정된 온도가 아니며, 고분자의 분자량 분포는 물론 냉각속도에 따라서도 달라진다. 많은 플라스틱은 상온에서 연성이며 그 이유는 이들의 유리천이온도가 상온 이하이기 때문이다. 정리하자면, 많은 고분자재료들은 각자의 유리천이온도 이하에 노출되면 더 단단해지고 더욱 취성이 될 것이다. 고분자재료와 금속재료가 저온에서 연성을 잃는 이유는 서로 다르다. 하지만 연성의 상실은 1912년 타이타닉호의 침몰(금속의 파손)과 1986년 챌린저호의 폭발(고분자의 파손)의 원인을 제공한 하나의 요인이다.

세라믹과 유리질 재료는 일반적으로 상온에서 취성으로 간주된다. 온도가 상승함에 따라 유리는 더 연성으로 바뀔 수 있다. 그러므로 유리 제조공정(예: 섬유 뽑기 또는 병 제조)은 고온에서 이루어진다.

6-5 진응력과 진변형도

공칭응력-공칭변형도 곡선 상에서 인장강도를 지난 후 공칭응력이 감소하는 것은 공칭응력의 정의와 관련이 있다. 응력을 계산할 때 원래의 단면적 A_0를 이용하였으나 이는 면적이 계속해서 변하기 때문에 정확하지 않다. 다음과 같이 진응력과 진변형도를 정의할 수 있다.

$$\text{진응력} = \sigma = \frac{A}{F} \tag{6-8}$$

$$\text{진변형도} = \varepsilon = \int_0^x \frac{dl}{l} = \ln\left(\frac{l}{l_0}\right) \tag{6-9}$$

여기서, A는 그 위에 힘이 가해지고 있는 시편의 순간 단면적, l은 그에 해당하는 순간 길이, l_0는 초기 길이이다. 금속의 경우 소성변형은 기본적으로 체적이 보존되는 공정이다. (즉, 전위의 생성과 전파는 재료에서 무시할 정도의 체적변화만을 가져온다.) 만일 체적이 일정하다는 가정이 유지된다면 다음과 같이 표현할 수 있다.

$$A_0 l_0 = Al \quad \text{또는} \quad A = \frac{A_0 l_0}{l} \tag{6-10}$$

그리고 공칭응력 S와 공칭변형도 e의 정의를 이용하여 식 6-8은 다음과 같이 나타낼 수 있다.

$$\sigma = \frac{F}{A} = \left(\frac{F}{A_0}\right)\left(\frac{l}{l_0}\right) = S\left(\frac{l_0 + \Delta l}{l_0}\right) = S(1 + e) \tag{6-11}$$

또한 진변형도와 공칭변형도의 관계는 다음과 같이 나타낼 수 있다.

$$\varepsilon = \ln(1 + e) \tag{6-12}$$

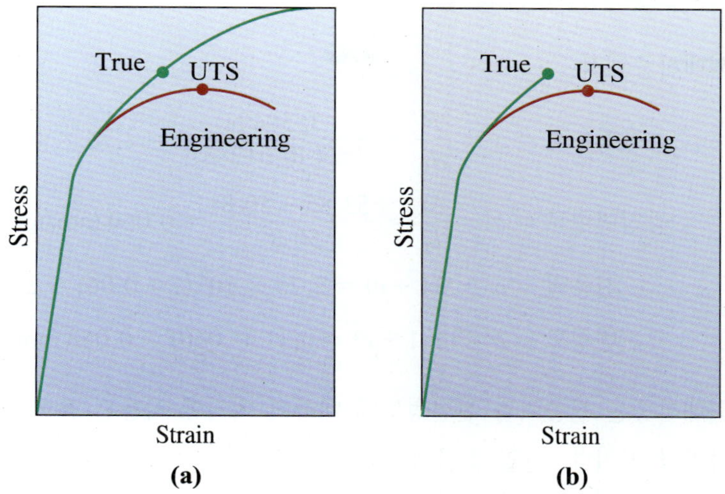

그림 6-12 (a) 진응력-진변형도 곡선과 공칭응력-공칭변형도 곡선 사이의 관계. 두 곡선은 항복점까지는 사실상 동일하다. 극한인장강도(UTS)에 해당하는 진응력은 원으로 표시되었다. (b) 일반적으로 진응력-진변형도 곡선은 극한인장강도에 해당하는 진응력까지만 사용되어야 한다. 왜냐하면 넥킹 부위에서의 단면적을 알 수 없기 때문이다.

따라서 공칭응력-공칭변형도를 진응력-진변형도 관계로 변환하는 것은 단순한 작업이다. 식 6-11과 6-12에 나타난 관계는 넥킹이 시작된 후에는 유효하지 않으며, 그 이유는 넥킹이 시작된 후에는 표점거리를 따라 변형도의 분포가 균일하지 않기 때문이다. 넥킹이 시작된 후 진응력을 계산하기 위해서는 식 6-8이 반드시 사용되어야 하고, 진변형도를 계산하기 위해서는 다음 식이 사용되어야 한다.

$$\varepsilon = \ln\left(\frac{A_0}{A}\right) \tag{6-13}$$

이 식은 식 6-9와 6-10으로부터 유도된다. 넥킹 이후의 순간단면적 A는 넥킹 발생지점에서의 단면적 A_{neck}이다.

그림 6-12(a)에 진응력-진변형도 곡선과 공칭응력-공칭변형도 곡선이 비교되어 있다. 진응력-진변형도 곡선에는 최대값이 나타나지 않는다.

넥에서 순간단면적을 측정하는 것은 매우 어렵다는 점에 주목해야 한다. 따라서 진응력-진변형도 곡선은 일반적으로 그림 6-12(b)에 나타난 것처럼 극한인장강도에 해당하는 진응력까지만 사용된다.

예제 6-5 진응력과 진변형도

예제 6-1의 알루미늄합금에 대한 진응력-진변형도와 공칭응력-공칭변형도를 (a) 최대하중과 (b) 파단에서 비교하라. 최대하중에서 직경은 12.46 mm이고 파단에서는 10.11 mm이다.

풀이

(a) 최대하중에서

$$\text{공칭응력} = S = \frac{F}{A_0} = \frac{35584\ \text{N}}{(\pi/4)(0.01283)^2} = 2.75 \times 10^8\ \text{Pa}$$

$$\text{공칭변형도} = e = \frac{\Delta l}{l_0} = \frac{53.85 - 50.8}{50.8} = 0.060\ \text{mm/mm}$$

$$\text{진응력} = \sigma = S(1+e) = 2.75 \times 10^8\,(1+0.06) = 2.92 \times 10^8\ \text{Pa}$$

$$\text{진변형도} = \varepsilon = \ln(1+e) = \ln(1+.060) = 0.058\ \text{mm/mm}$$

최대하중은 진응력과 진변형도에 대하여 여기에 사용된 표현을 적용할 수 있는 마지막 점이다. 만일 순간적인 치수들이 사용된다면 진응력-진변형도에 대하여 동일한 해답이 얻어짐에 주목하라.

$$\sigma = \frac{F}{A} = \frac{35584\ \text{N}}{(\pi/4)(0.01246)^2} = 2.92 \times 10^8\ \text{Pa}$$

$$\varepsilon = \ln\left(\frac{A_0}{A}\right) = \ln\left[\frac{(\pi/4)(0.01283)^2}{(\pi/4)(0.01246)^2}\right] = 0.058\ \text{mm/mm}$$

인장시험에서 넥킹점까지의 공칭응력은 이에 상응하는 진응력보다 작고, 공칭변형도는 이에 상응하는 진변형도보다 크다.

(b) 파괴 시에는

$$S = \frac{F}{A_0} = \frac{35584\ \text{N}}{(\pi/4)(0.01283)^2} = 2.62 \times 10^8\ \text{Pa}$$

$$e = \frac{\Delta l}{l_0} = \frac{56.01 - 50.8}{50.8} = 0.103\ \text{mm/mm}$$

$$\sigma = \frac{F}{A_f} = \frac{33805\ \text{N}}{(\pi/4)(0.01011)^2} = 4.21 \times 10^8\ \text{Pa}$$

$$\varepsilon = \ln\left(\frac{A_0}{A_f}\right) = \ln\left[\frac{(\pi/4)(0.01283\ \text{m})^2}{(\pi/4)(0.01011)^2}\right] = 0.476\ \text{mm/mm}$$

진응력과 진변형도를 계산하기 위해 순간적인 치수를 이용할 필요가 있다. 왜냐하면 파괴는 넥킹점을 지나서 발생하기 때문이다. 넥킹 이후, 진변형도는 이에 상응하는 공칭변형도보다 크다.

6-6 취성재료의 굽힘시험

연성 금속재료에서 공칭응력-공칭변형도 곡선은 일반적으로 응력의 최대값을 지나며 이 값이 재료의 인장강도이다. 파괴는 넥킹에 의해 하중을 지탱하는 단면적이 감소

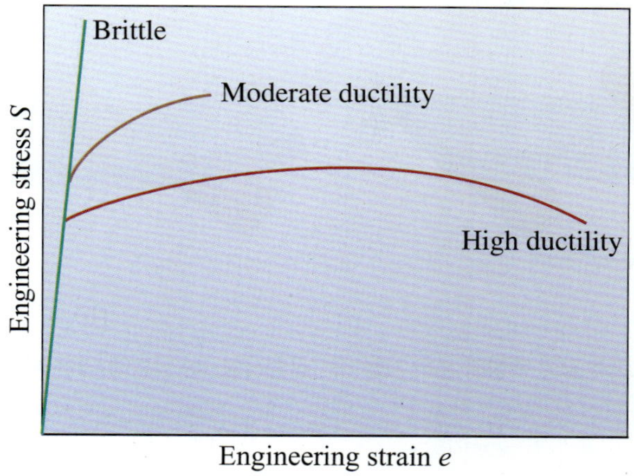

그림 6-13 연성재료의 공칭응력-공칭변형도 거동과 취성재료의 공칭응력-공칭변형도 거동 비교.

된 후 더 낮은 공칭응력에서 발생한다. 더 취성인 재료에서 파괴는 최대하중에서 발생하며 인장강도와 파단강도는 동일하다(그림 6-13).

다수의 취성재료에서는 표면에 존재하는 결함으로 인해 일반적인 인장시험을 쉽게 수행할 수 없다. 단순히 취성재료를 인장시험기의 그립에 장착하는 것만으로도 흔히 균열을 유발한다. 이러한 취성재료는 그림 6-14와 같은 굽힘시험(bend test)을 이용하여 시험될 수 있다. 세 점에 하중을 가하여 굽힘을 유발함으로써 중앙점 반대편 재료에 인장력이 작용하게 한다. 파괴는 바로 이 지점에서 시작한다. 굽힘강도(flexural strength) 또는 파단계수(modulus of rupture)로서 재료의 강도를 나타낸다.

$$\text{3점굽힘시험 굽힘강도} \quad \sigma_{\text{bend}} = \frac{3FL}{2wh^2} \tag{6-14}$$

여기서, F는 파괴하중, L은 아래쪽 두 점 사이의 거리, w는 시편의 폭, h는 시편의 높이이다. 굽힘강도는 응력의 단위로 표현된다. 굽힘시험의 결과는 응력-변형도 곡선과 유사하지만, 변형도가 아니라 처짐에 대한 응력의 관계로 도시한다. 이에 상응하는 굽힘 모멘트 다이어그램을 그림 6-16(a)에 나타내었다.

굽힘의 탄성계수 또는 굽힘계수(flexural modulus, E_{bend})는 다음과 같이 계산된다.

$$\text{굽힘계수} \quad E_{\text{bend}} = \frac{L^3F}{4wh^3\delta} \tag{6-15}$$

여기서, δ는 힘 F가 가해질 때 빔의 처짐이다.

이 시험은 4점굽힘시험으로 알려진 방법으로도 수행될 수 있다[그림 6-16(b)]. 4점굽힘시험에 의한 최대응력 또는 굽힘응력은 다음 식으로 주어진다.

$$\sigma_{\text{bend}} = \frac{3FL}{4wh^2} \tag{6-16}$$

이 식은 그림 6-16(b)에서와 같이 $L_1 = L/4$인 특별한 경우에 적용된다.

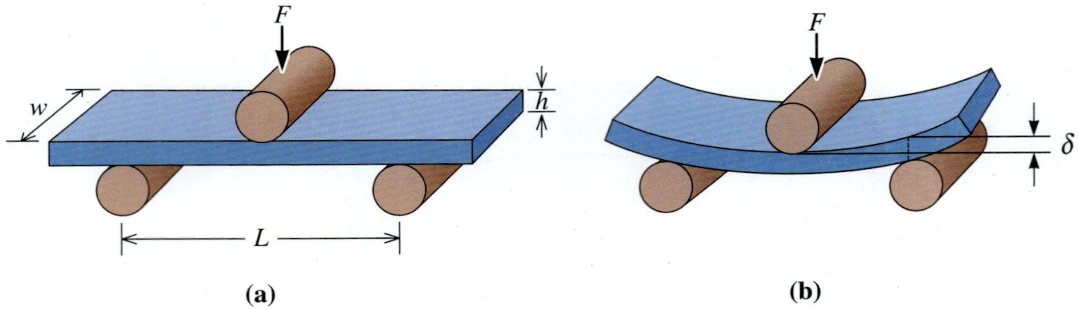

그림 6-14 (a) 취성재료의 강도 측정에 흔히 사용되는 굽힘시험, (b) 굽힘에 의한 처짐 δ.

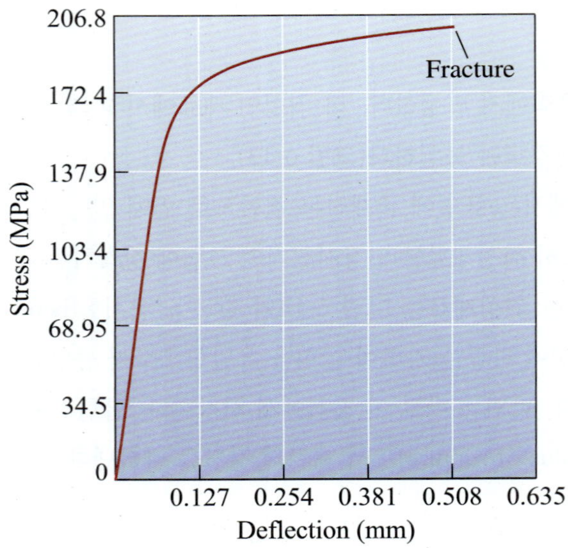

그림 6-15 굽힘시험으로 얻어진 MgO 세라믹의 응력-처짐 곡선.

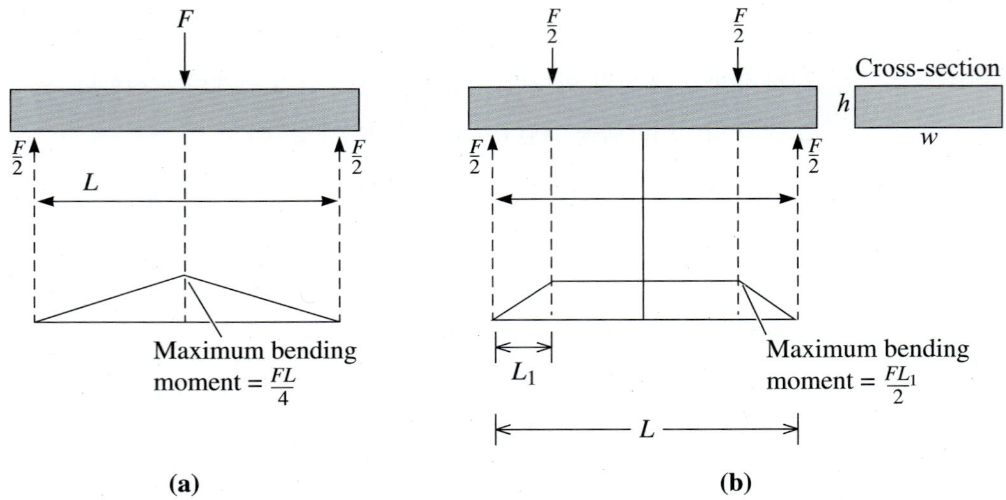

그림 6-16 (a) 3점굽힘시험과 (b) 4점굽힘시험의 설정.

표 6-4 선별된 세라믹 및 복합재료의 인장, 압축, 굽힘강도의 비교

재료	인장강도(MPa)	압축강도(MPa)	굽힘강도(MPa)
폴리에스터-50% 유리섬유 *	158.6	221	310
폴리에스터-50% 유리섬유직조 *	255	186	317
Al_2O_3(순도 99%)	207	2,586	345
탄화규소(SiC)(무가압소결)	172.4	3,860	552

* 많은 복합재료는 압축에 매우 취약함.

식 6-14부터 식 6-16까지 식의 유도과정에서는 선형적인 응력-변형도 관계를(따라서 많은 고분자에 대해서는 올바르게 적용될 수 없음) 가정하였음에 주목하라. 4점굽힘시험은 결함을 포함한 재료의 시험에 보다 적당하며 그 까닭은 안쪽 하중점 사이 영역에서 굽힘모멘트가 일정하기 때문이다[그림 6-16(b)].

균열과 결함은 압축응력 하에서는 닫힌 상태로 남아 있기 때문에 콘크리트와 같은 취성재료는 흔히 오로지 압축응력만이 구조요소에 작용하는 설계에 접목된다. 흔히 취성재료는 인장응력보다 매우 높은 압축응력에서 파단됨을 알 수 있다(표 6-4). 이것이 네 개의 커피 컵 위에 소방차 한 대의 하중을 지지할 수 있는 이유에 해당하지만, 세라믹은 매우 제한적인 기계적 인성을 가지고 있다. 그러한 이유로 세라믹 커피 컵을 떨어뜨렸을 때 컵은 쉽게 깨진다.

예제 6-6 복합재료의 굽힘강도

3점굽힘시험을 통해 측정된 유리섬유강화 복합재료의 굽힘강도는 310 MPa이고 굽힘계수는 124 GPa이다. 폭 12.7 mm, 높이 9.525 mm, 길이 203 mm인 시편이 127 mm만큼 떨어진 두 지지대 위에 놓여 있다. 이 재료를 파괴시키기 위해 필요한 힘과 파괴 시 시편의 처짐을 결정하라. 소성변형은 발생하지 않는다고 가정한다.

풀이

시편에 대한 설명으로부터 $w = 12.7$ mm, $h = 9.525$ mm, $L = 127$ mm이고, 식 6-14로부터

$$310 \times 10^6 = \frac{3FL}{2wh^2} = \frac{(3)(F)(127 \times 10^{-3})}{(2)(12.7 \times 10^{-3})(9.525 \times 10^{-3})^2} = 1.653 \times 10^5$$

$$F = \frac{310 \times 10^6}{1.653 \times 10^5} = 1{,}875 \text{ N}$$

그러므로 식 6-15로부터 처짐은 다음과 같다.

$$124 \times 10^9 = \frac{L^3F}{4wh^3\delta} = \frac{(0.127)^3(1{,}875 \text{ N})}{(4)(12.7 \times 10^{-3})(9.525 \times 10^{-3})^3\delta}$$

$$\delta = 0.706 \text{ mm}$$

이 계산에서는, 응력과 변형도의 관계는 선형적이고, 또한 점탄성거동은 없다고 가정하였다.

6-7 재료의 경도

경도시험은 단단한 물체가 재료의 표면을 침투하는 것에 대한 재료의 저항을 측정하는 것이다. 경도란 용어는 정확하게 정의되지 않아서, 문맥에 따라 긁힘 또는 압입에 대한 저항, 그리고 재료의 강도에 대한 정성적인 척도로서 나타낼 수 있다. 일반적으로 거시경도(macrohardness) 측정의 경우 약 2 N의 하중이 가해진다. 다양한 경도측정 방법이 고안되었으나 가장 일반적으로 사용되는 방법은 로크웰(Rockwell) 시험과 브리넬(Brinell) 시험이다. 그림 6-17은 이들 시험에 사용되는 여러 압입자(indenter)를 보여준다.

브리넬 경도시험의 경우 단단한 강철구(일반적으로 직경 10 mm)가 재료의 표면에 아래로 힘을 가한다. 측정된 압입자국의 직경은 보통 2~6 mm이고 브리넬 경도번호(약자로 HB 또는 BHN)는 다음 식을 이용하여 계산한다.

$$\text{HB} = \frac{2F}{\pi D\left[D - \sqrt{D^2 - D_i^2}\right]} \tag{6-17}$$

여기서, F는 가해진 하중(단위: 킬로그램)이고, D는 압입자의 직경(단위: 밀리미터), D_i는 압입자국의 직경(단위: 밀리미터)이다. 브리넬 경도는 kg/mm^{2}의 단위를 갖는다.

로크웰 경도시험은 연한 재료에 대해서는 작은 직경의 강구(steel ball)를, 더 단단한 재료에 대해서는 다이아몬드 콘(또는 Brale)을 사용한다. 압입자의 침투깊이는 시험기에 의해 자동으로 측정되며 로크웰 경도번호(HR)로 변환된다. 광학현미경을 통한 압입자국 치수의 측정이 필요하지 않기 때문에 로크웰 시험은 브리넬 시험에 비해 더 인기 있는 편이다. 표 6-5에 서술한 방법들을 포함하여 로크웰의 여러 가지 변형 시험이 사용된다. 로크웰 C스케일(HRC)은 단단한 강철에 사용되는 반면 로크웰 F스케일(HRF)

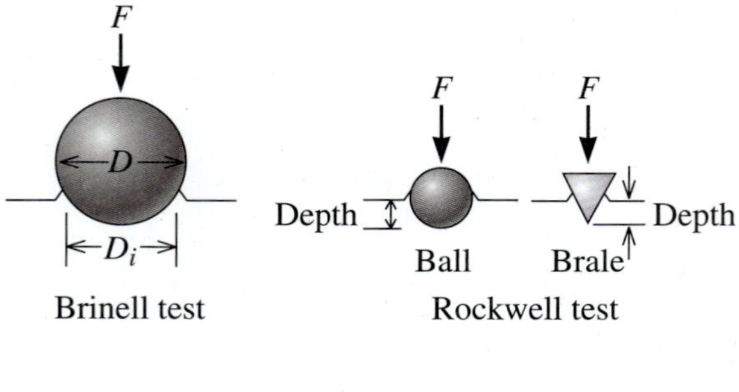

그림 6-17
브리넬 및 로크웰 경도시험 압입자.

표 6-5 대표적인 경도시험법의 비교

경도시험	압입자	하중(kg)	용도
브리넬	10-mm 강구	3,000	주철, 강철
브리넬	10-mm 강구	500	비철금속
로크웰 *A*	다이아몬드 콘	60	매우 단단한 재료
로크웰 *B*	1/16인치 강구	100	황동, 저강도 강철
로크웰 *C*	다이아몬드 콘	150	고강도 강철
로크웰 *D*	다이아몬드 콘	100	고강도 강철
로크웰 *E*	1/8인치 강구	100	매우 연한 재료
로크웰 *F*	1/16인치 강구	60	알루미늄, 연한 재료
비커스	다이아몬드 사각 피라미드	10	모든 재료
누프	다이아몬드 긴 피라미드	0.5	모든 재료

은 알루미늄에 사용될 수 있을 것이다. 로크웰 경도는 단위가 없는 경도번호만을 제공한다.

경도번호는 주로 재료간의 비교, 제조공정이나 열처리에 대한 스펙, 품질관리, 재료의 다른 특성과의 상관관계를 위한 정성적인 근거로 사용된다. 예를 들어, 브리넬 경도는 다음과 같은 근사식에 의해 강철의 인장강도와 연관된다.

$$\text{인장강도(psi)} = 500\ \text{HB} \tag{6-18}$$

여기서, HB는 kg/mm^2의 단위를 갖는다.

경도는 마모저항과도 좋은 상관성을 갖는다. 내마모성 측정을 위해서는 사용가능한 별도의 시험방법이 있다. 광석을 분쇄하거나 연삭하기 위한 재료는 단단한 광물들에 의해 침식되거나 마멸되지 않기 위해 충분히 강해야 할 필요가 있다. 유사하게 변속기 또는 자동차의 구동계에서 기어의 이빨은 마모되어 닳아 없어지지 않도록 충분히 단단해야 한다. 일반적으로 고분자재료는 지극히 연하고, 금속 및 합금은 중간 정도의 경도를 가지며, 세라믹은 경도가 매우 높다. '카바이드'로 알려진 탄화텅스텐-코발트 복합재료(WC-Co)는 절삭공구에 사용된다. 또한 미세결정 다이아몬드 또는 다이아몬드유사 탄소(diamond-like carbon, DLC)는 절삭공구와 기타 용도에 사용된다.

누프 경도시험(Knoop hardness, HK)은 미세경도 시험의 일종으로 매우 작은 압입자국을 형성하기 때문에 측정을 위해 현미경이 필요하다. 이들 시험에서 가해지는 하중은 2 N 이하이다. 다이아몬드 피라미드 압입자를 사용하는 비커스(Vickers) 시험은 거시경도 또는 미세경도 시험으로 실행될 수 있다. 미세경도 시험은 내부보다 표면에서 높은 경도를 가지는 재료, 위치에 따라 경도 수준이 달라지는 재료, 거시적으로 편평하지 않은 시편의 경도 측정에 적합하다.

6-8 나노압입시험

앞 절에서 살펴본 경도시험 방법들은 거시경도 또는 미세경도 시험으로 알려져 있다. 왜냐하면 압입자국이 밀리미터 또는 마이크로미터 단위의 치수를 가졌기 때문이다. 이러한 시험들의 장점은 그것들이 비교적 빠르고, 쉬우며, 저비용이라는 점이다. 단점으로는 그 시험들이 큰 시편에만 사용될 수 있고 직접적으로 측정가능한 재료특성은 경도뿐이라는 점이다. 나노압입시험(nanoindentation)은 나노미터 길이스케일에서 이루어지는 경도시험이다. 측정하고자 하는 재료를 압입하기 위해 작은 다이아몬드 팁이 사용된다. 가해진 하중과 변위는 각각 마이크로뉴턴과 나노미터 이하의 해상도에서 연속적으로 측정된다. 하중과 변위 모두 압입과정 전체에 걸쳐 측정된다. 나노압입 기술은 기판 위에 생성된 박막(미세전자회로와 같은 용도) 그리고 나노 상 재료의 기계적 성질 측정하는데, 그리고 자립형 마이크로 및 나노 구조물의 변형에 매우 중요하다. 나노압입은 재료의 선택된 결정립들 내에서 압입할 수 있을 정도로 매우 정교한 위치제어에 의해 실행된다. 나노압입자(nanoindenter)는 광학현미경과 때로는 주사탐침현미경(scanning probe microscope)의 역할까지도 갖추고 있다. 경도와 탄성계수 모두 나노압입시험으로 측정된다.

나노압입자 팁(tip)은 다양한 형상을 가지고 있다. 흔히 사용되는 형상 한 가지는 Berkovich 압입자로 알려진 3면의 피라미드 형상이다. Berkovich 압입자에 의해 생성된 압입자국 하나를 그림 6-18에 보여준다. 그림에서 압입자국은 세 변의 길이가 각각 12.5 μm이고 깊이는 약 1.6 μm이다.

나노압입시험의 첫 번째 단계는 보정용 표준시편에 압입을 행하는 것이다. 용융실리카(fused silica)가 일반적인 보정용 표준시편 재료인데, 그것은 기계적 성질이 균질하고

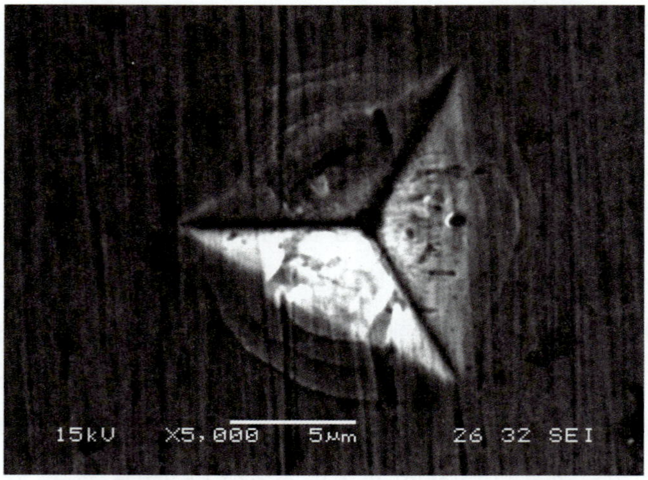

그림 6-18 Berkovich 팁을 나노압입자로 사용하여 $Zr_{41.2}Ti_{13.8}Cu_{12.5}Ni_{10.0}Be_{22.5}$ 벌크금속유리에 생성된 압입자국. (출처: Gang Feng, Villanova University)

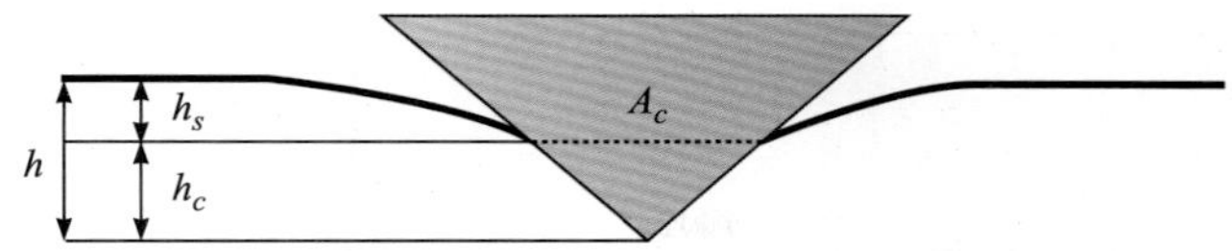

그림 6-19 총 압입깊이 h, 접촉깊이 h_c, 압입자국 둘레의 표면변위 h_s 사이의 관계. 깊이 h_c에서의 접촉면적 A_c는 이 그림에서 가장자리로 보인다. (출처: W. C. Oliver and G. M. Pharr, "An improved technique for determining hardness and elastic modulus using load and displacement," *Journal of Materials Research, Volume 07, Issue 06, pp. 1564-1583, Materials Research Society, 1992.*)

잘 알려져 있기 때문이다(탄성계수 $E = 72$ GPa, 푸아송 비 $\nu = 0.17$). 보정용 표준시편에 압입을 시행하는 목적은 압입자 팁의 투영된 접촉면적 A_c를 압입 깊이의 함수로서 결정하기 위함이다. 완벽한 Berkovich 팁에 대해 다음과 같다.

$$A_c = 24.5\,h_c^2 \tag{6-19}$$

이 식은 압입자의 단면적과 압입되고 있는 재료와 접촉하고 있는 팁으로부터의 거리 h_c를 연관시켜 준다. 완벽하게 날카로운 팁은 존재하지 않으며 사용할 때마다 팁의 마모와 형상의 변화가 발생한다. 따라서 아래에서 설명하는 바와 같이 매번 사용할 때마다 팁에 대한 보정이 이루어져야 한다.

총 압입깊이 h는(팁의 이동거리로 측정) 접촉깊이 h_c와 압입자국 둘레에서 압입자가 재료표면과 접촉하지 않은 깊이 h_s의 합이다. 그림 6-19에 나타낸 바와 같다.

$$h = h_c + h_s \tag{6-20}$$

표면변위 항인 h_s는 다음 식에 따라 계산된다.

$$h_s = \varepsilon\,\frac{P_{\max}}{S} \tag{6-21}$$

여기서 $P_{\max}$는 최대하중 그리고 ε는 형상계수로서 Berkovich 압입자의 경우 0.75이다. S는 하중제거 강성이다.

나노압입시험에서 가해진 하중은 그림 6-20에 나타낸 바와 같이 압입깊이 h의 함수로서 측정된다. 하중이 가해지면, 탄성 및 소성 변형이 발생한다. 재료로부터 압입자가 제거됨에 따라 탄성회복이 나타난다. 하중제거(unloading) 강성은 압입자국의 깊이가 최대인 점에서 하중제거 곡선에 대한 멱함수법칙 곡선맞춤(power-law curve fit)의 기울기로 측정된다. 하중감소(reduced) 탄성계수 E_r은 다음 식처럼 하중제거 강성 S와 연관된다.

$$E_r = \frac{\sqrt{\pi}}{2\beta}\,\frac{S}{\sqrt{A_c}} \tag{6-22}$$

여기서, β는 사용된 압입자의 형상에 따른 상수이다(Berkovich 압입자의 경우

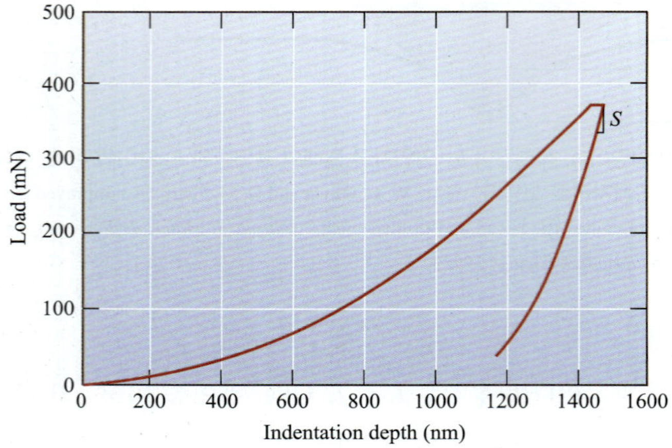

그림 6-20 MgO의 나노압입시험에서 압입깊이의 함수로서 하중. 최대하중에서의 하중제거 강성 S가 표시되어 있다.

$\beta = 1.034$). 하중감소 탄성계수 E_r은 아래와 같다.

$$\frac{1}{E_r} = \frac{1-\nu^2}{E} + \frac{1-\nu_i^2}{E_i} \tag{6-23}$$

여기서, E와 ν는 각각 압입대상 재료의 탄성계수와 푸아송 비이고, E_i와 ν_i는 각각 압입자의 탄성계수와 푸아송 비이다(다이아몬드의 경우 $E_i = 1.141$ TPa, $\nu_i = 0.07$). 표준시편에 대한 탄성특성은 알고 있기 때문에 보정용 압입의 경우 식 6-22에서 유일한 미지수는 A_c이다.

식 6-22를 이용하여 투영 접촉면적이 특정 접촉깊이에 대해 계산된다. 이어서 측정대상 재료에 대하여 실험이 진행될 때 동일한 팁 형상함수가 동일한 접촉깊이에 대한 투영 접촉면적을 계산하는 데 사용된다. 식 6-22는 관심대상인 재료의 탄성계수에 대한 정량적인 값을 모르는 경우에도 사용된다. (대상 재료의 푸아송 비는 반드시 가정되어야 한다. 표 6-3에서 보듯이, 전형적인 값은 0.2~0.4 범위에 속하고 대부분 금속의 푸아송 비는 약 0.3이다. 이렇게 가정했을 때의 오차는 탄성계수 측정에 있어서 상대적으로 작은 오차만을 유발한다.)

어떤 재료의 경도는 나노압입시험에 의해 측정되고 다음 식에 의해 계산된다.

$$H = \frac{P_{\max}}{A_c} \tag{6-24}$$

나노압입시험으로 결정된 경도는 일반적으로 GPa 단위로 보고되고, 반복압입에 의한 결과들은 정확도 향상을 위해 평균값이 사용된다.

예제 6-7 MgO의 나노압입시험

그림 6-20은 다이아몬드 Berkovich 압입자를 사용한 MgO 단결정(001)의 압입 결과를 보여주고 있다. 최대 압입깊이 1.45 μm에서 하중제거 강성은 1.8×10^6 N/m이다. 용융실리카를 이용

한 보정에 의하면 상응하는 압입깊이에서의 투영 접촉면적은 41 μm^2이다. MgO의 푸아송 비는 0.17이다. MgO의 탄성계수와 경도를 계산하라.

풀이

$$\text{투영 접촉면적} \quad A_c = 41\,\mu\text{m}^2 \times \frac{(1\text{ m})^2}{(10^6\,\mu\text{m})^2} = 4.1 \times 10^{-11}\text{ m}^2$$

감소 탄성계수는 다음과 같이 계산된다.

$$E_r = \frac{\sqrt{\pi}}{2\beta}\frac{S}{\sqrt{A_c}} = \frac{\sqrt{\pi}(1.8 \times 10^6\text{ N/m})}{2(1.034)\sqrt{(4.1 \times 10^{-11}\text{ m}^2)}} = 241 \times 10^9\text{ N/m}^2 = 241\text{ GPa}$$

MgO의 푸아송 비와 다이아몬드의 탄성상수들을 대입하고 E에 대하여 풀면 다음과 같다.

$$\frac{1}{E_r} = \frac{1-0.17^2}{E} + \frac{1-0.07^2}{1.141 \times 10^{12}\text{ Pa}} = \frac{1}{241 \times 10^9\text{ Pa}}$$

$$\frac{0.9711}{E} = \frac{1}{241 \times 10^9\text{ Pa}} + \frac{1-0.07^2}{1.141 \times 10^{12}\text{ Pa}}$$

$$E = 296\text{ GPa}$$

그림 6-20으로부터 압입깊이 1.45 μm에서 하중은 380 mN(380×10^{-3} N)이다. 따라서 경도는 다음과 같다.

$$H = \frac{P_{\max}}{A_c} + \frac{380 \times 10^{-3}\text{ N}}{4.1 \times 10^{-11}\text{ m}^2} = 9.3 \times 10^9\text{ Pa} = 9.3\text{ GPa}$$

이와 같은 분석을 통해 최대하중에서 탄성계수와 경도의 계산이 가능하지만, 지금은 통상적으로 동적 나노압입시험(dynamic nanoindentation)으로 알려진 실험적 방법이 사용된다. 동적 나노압입시험 중에는 시편에 가해진 전체하중에 더하여 작은 요동치는 하중이 중첩된다. 이렇게 함으로써, 천체하중은 증가하면서 시편으로부터 연속적으로 탄성적인 하중이 제거된다. 이에 따라 압입깊이의 함수로서 탄성계수와 경도를 연속적으로 측정하는 것이 가능해진다.

이러한 나노압입시험 분석은 Warren C. Oliver와 George M. Pharr의 이름을 따서 Oliver and Pharr 방법으로 1992년 *Journal of Materials Research*에 발표되었다.

6-9 변형속도 효과와 충격거동

재료가 갑작스럽고 강렬한 타격을 받을 때, 변형속도는 매우 빠르며, 재료는 인장시험에서 관찰되는 것보다 훨씬 더 취성으로 거동한다. 예를 들자면, 이러한 현상은 많은 플

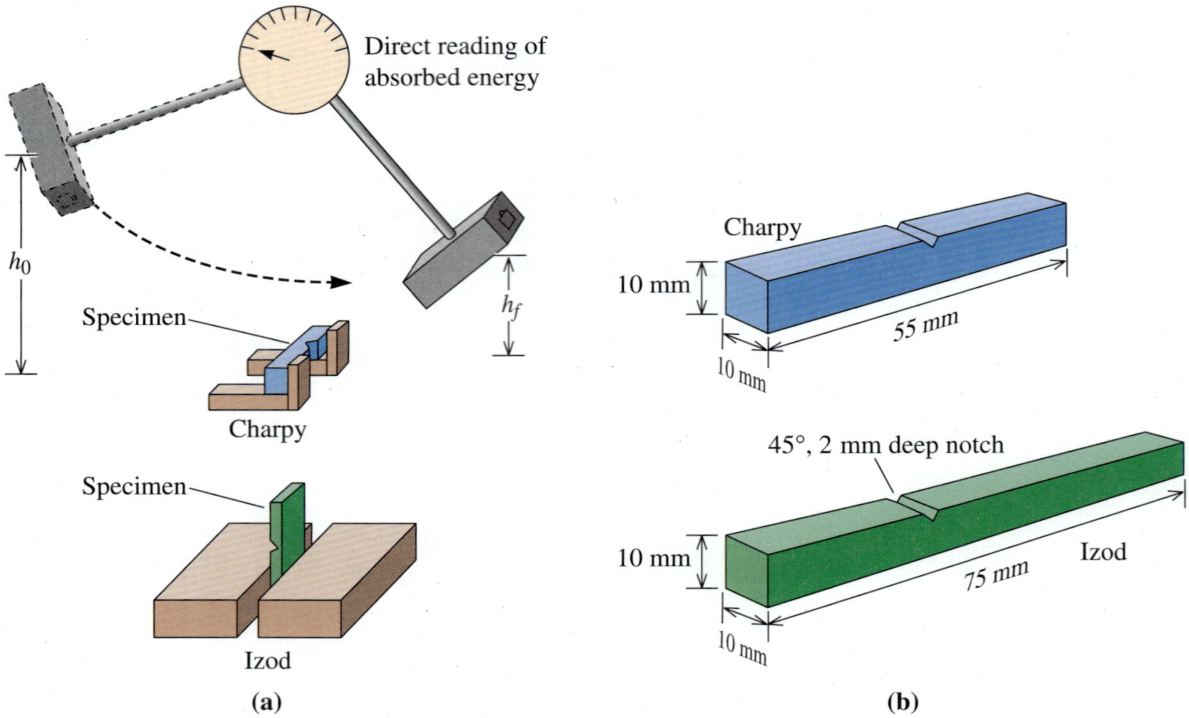

그림 6-21 충격시험. (a) 샬피 및 아이조드 시험, (b) 대표적인 시편의 치수.

라스틱과 Silly Putty®와 같은 재료에서 찾아볼 수 있다. 폴리에틸렌이나 Silly Putty®와 같은 재료를 매우 천천히 잡아당길 경우 고분자의 헝클어진 분자들이 풀릴 충분한 시간을 갖거나 사슬들이 서로 미끄러져 큰 소성변형을 일으킨다. 하지만 만일 충격하중이 가해진다면 이러한 메커니즘이 작용할 충분한 시간이 부족하여 재료는 취성 방식으로 파괴된다. 이러한 조건 하에서 재료의 취성을 평가하기 위해 충격시험이 자주 사용된다. 인장시험과는 달리 충격시험에서의 변형속도는 훨씬 높다($\dot{\varepsilon} \simeq 10^3\ s^{-1}$).

샬피(Charpy)시험과 아이조드(Izod)시험을 포함하여 많은 시험절차들이 고안되었다(그림 6-21). 아이조드시험은 흔히 플라스틱 재료에 이용된다. 시험편은 노치가 있거나 또는 노치가 없다. V-노치 시편들은 균열성장에 대한 재료의 저항을 측정하는 데 알맞다.

이러한 충격시험에서는 무거운 추가 초기높이 h_0에서 출발하여 원호를 따라 움직여 시편을 때리고, 파괴한 후에 출발점의 높이보다 낮은 최종높이 h_f에 도달한다. 추의 초기 및 최종 높이를 안다면 위치에너지의 차이를 계산할 수 있다. 이 위치에너지의 차이가 파손 중 시편에 의해 흡수된 충격에너지이다. 샬피시험의 경우 충격에너지는 일반적으로 joules(J) 또는 foot-pounds (ft · lb)로 표시되며 1ft · lb = 1.356 J이다. 아이조드시험의 결과는 J/m 또는 ft · lb/in.의 단위로 표시된다. 충격 타격을 견디는 재료의 능력을 흔히 재료의 충격인성(impact toughness)이라 부른다. 이전에서 살펴보았듯이 어떤 상황에서는 진응력-진변형도 또는 공칭응력-공칭변형도 곡선 아래의 면적을 인장인성(tensile toughness)의 척도라고 생각하였다. 두 가지 모두 재료를 파괴하는 데 필요한 에너지를 측정하는 점에서 동일하다. 차이점은 인장시험에서는 충격시험에 비해 변형속도가 매우 낮다는 것이다. 또 다른 차이점은 충격시험에서는 일반적으로 노치가 있는 소재를 다룬다는 점이다. 재료의 파괴인성(fracture toughness)은 결함을 가진 재료가 가해지는 하중을 지탱하는 능력으로서 정의되며, 이에 관해서는 제7장에서 살펴보기로 하자.

6-10 충격시험으로 얻어지는 특성

다양한 온도에서 나일론을 대상으로 이루어진 일련의 충격시험 결과의 경향을 보여주는 곡선을 그림 6-22에 나타내었다. 실제로는 시험은 제한된 수의 온도들에서 이루어진다.

연성-취성 천이온도 연성-취성 천이온도(DBTT)는 재료의 파손모드가 연성파괴에서 취성파괴로 변화하는 온도이다. 이 온도는 연성영역과 취성영역 사이의 평균에너지가 어떤 특정 흡수에너지 값으로 또는 어떤 특별한 파면 양상에 의해 정의될 수 있다. 사용 중 충격 하중을 받은 재료는 반드시 주위 온도보다 낮은 천이온도를 가져야 한다.

모든 재료가 뚜렷한 천이온도를 가지는 것은 아니다(그림 6-23). BCC 금속들은 천이온도를 갖지만 대부분의 FCC 금속들은 그렇지 않다. FCC 금속들은 높은 충격흡수에너지를 가지며, 온도가 감소함에 따라 충격흡수 에너지가 점진적으로 줄어들고 때로

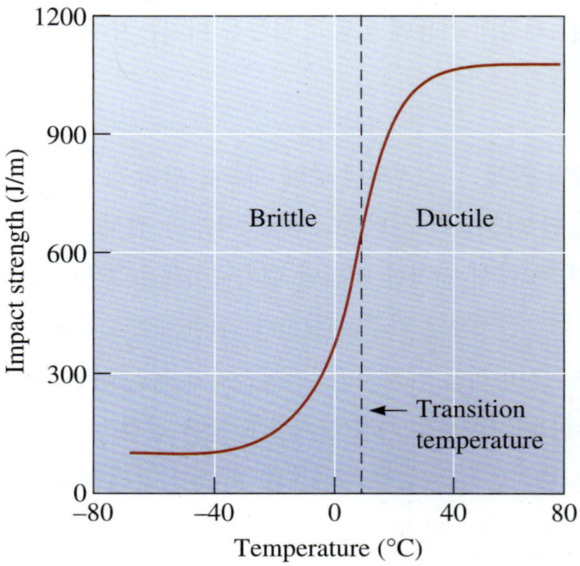

그림 6-22 강인한 나일론 열가소성 고분자에 대한 일련의 아이조드 충격시험으로부터 얻어진 결과.

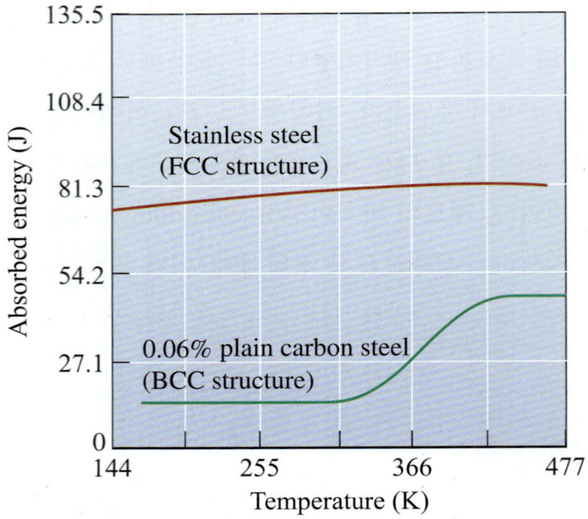

그림 6-23 BCC 탄소강 및 FCC 스테인리스강의 샬피 V-노치 특성. FCC 결정구조는 일반적으로 높은 충격흡수 에너지를 보이며 천이온도가 나타나지 않는다.

는 오히려 증가하기도 한다. 이전에도 언급하였듯이 강철에서 이러한 천이온도의 효과는 타이타닉호의 침몰에 원인을 제공했을 수도 있다.

고분자재료의 경우 연성-취성 천이온도는 유리천이온도와 밀접하게 연관되어 있으며, 실용적인 목적으로는 두 값은 동일하게 취급된다. 이전에도 언급되었던 것처럼 우주왕복선 고체추진로켓의 오링에 사용된 고분자의 천이온도와 기타 요인들이 챌린저호 사고로 이어졌다.

노치민감도 불량한 절삭가공, 제작, 설계에 의해 생성된 노치들은 응력을 집중시키고 재료의 인성을 감소시킨다. 재료의 노치민감도(notch sensitivity)는 노치가 있는 경우와 없는 경우의 충격흡수 에너지를 비교해 봄으로써 평가될 수 있다. 만일 재료가 노치에 민감하다면 노치가 있는 시편의 충격흡수 에너지는 매우 낮을 것이다. 노치의 존재가 반복응력을 받는 재료의 거동에 어떻게 영향을 미치는지에 대해서는 7-7절에서 살펴보기로 하자.

응력-변형도 곡선과의 관계 충격시험 중에 재료를 파괴시키는 데 필요한 에너지(충격인성)는 항상 인장인성[진응력-진변형도 곡선 아래의 면적(그림 6-24)]과 연관시킬 수 있는 것은 아니다. 앞에서 지적한 것처럼 엔지니어들은 흔히 공칭응력-공칭변형도 곡선 아래의 면적을 인장인성으로 간주하곤 한다. 일반적으로 높은 강도와 높은 연성을 가진 금속은 우수한 인장인성을 가지지만, 변형속도가 높을 때는 항상 그런 것은 아니다. 예를 들어, 우수한 인장인성을 가진 금속들도 높은 변형속도에서는 취성거동을 보일 수 있다(즉, 낮은 충격인성을 보일 수 있다). 따라서 가해진 변형속도는 연성-취성 천이를 변화시킬 수 있다. 세라믹과 여러 가지 복합재료들은 비록 높은 강도를 가졌더

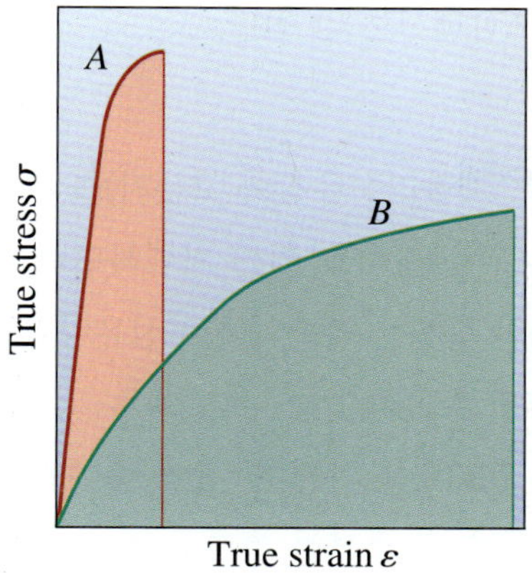

그림 6-24 진응력-진변형도 곡선 아래의 면적은 인장인성과 연관된다. 재료 B는 비록 낮은 항복강도를 가졌지만 재료 A보다 더 많은 에너지를 흡수한다. 이들 곡선으로부터의 에너지는 충격 시험 데이터로부터 얻는 에너지와 같지 않을 수 있다.

라도 실제로 연성이 거의 없기 때문에 일반적으로 낮은 인성을 가진다. 이러한 재료들은 낮은 인장인성과 함께 낮은 충격인성을 보여준다.

충격특성의 활용 충격흡수 에너지 및 천이온도(DBTT)는 하중조건에 매우 민감하다. 예를 들어, 시편에 높은 속도로 에너지를 가하면 충격흡수 에너지는 감소하고 DBTT는 증가한다. 시편의 크기 역시 결과에 영향을 미친다. 두꺼운 재료는 변형되기 더 어렵기 때문에 두꺼운 재료를 파괴하기 위해서는 (단위두께당) 더 작은 에너지가 소요된다. 마지막으로, 노치의 형상도 거동에 영향을 미친다. 날카롭고, 뾰족한 표면균열은 V-노치에 비해 더 낮은 충격흡수 에너지에서 파괴를 일으킨다. 흔히 이러한 모든 조건들을 예측하거나 제어할 수 없기 때문에 충격시험은 서로 다른 재료를 비교하기 위해 신속하고, 편리하며, 경제적인 방법으로 이용된다.

예제 6-8 대형 망치의 설계

철책 기둥을 땅에 박는 데 사용할 8 파운드(또는 3.63 kg)의 대형 망치(sledgehammer)를 설계하라.

풀이

우선 대형 망치가 갖추어야 할 설계 요구조건들을 고려해야 한다. 일부 조건들은 다음과 같다.

1. 손잡이는 가벼우면서도 갑자기 파괴되지 않도록 충분한 인성을 가져야 한다.
2. 헤드는 심지어 영하의 온도에서라도 사용 중 파괴되거나 파편이 발생해서는 안 된다.
3. 헤드는 계속된 사용에도 변형되어서는 안 된다.
4. 헤드는 사용자가 기둥을 박을 때 빗맞지 않도록 충분히 커야 하며, 파편을 유발

할 수 있는 날카로운 노치를 포함해서는 안 된다.

5. 대형 망치는 저렴해야 한다.

비록 가볍고 인성이 큰 복합재료(예: 케블라섬유강화 고분자)를 손잡이로 사용할 수도 있으나, 길이가 약 762 mm인 나무 손잡이도 훨씬 저렴하면서 충분한 인성을 제공할 수 있다. 제17장에서 다루겠지만 목재는 일종의 천연섬유강화 복합재료(natural fiber-reinforced composite)로 분류될 수 있다.

헤드를 제작하기 위해서는 낮은 DBTT를 가지며, 충격 중에 비교적 높은 에너지를 흡수할 수 있으면서도 변형되지 않도록 충분한 경도를 가진 재료가 선호된다. 인성 요구사항 때문에 대부분의 세라믹 재료는 제외된다. FCC 스테인리스강이나 구리 같은 면심입방정 금속은 낮은 온도에서도 매우 우수한 인성을 가질 것으로 보이지만, 이와 같은 재료는 상대적으로 연하고 고가이다. 다른 적절한 선택은 BCC 강철일 것이다. 일반적인 강철들은 저렴하고, 우수한 경도와 강도를 가졌으며, 어떤 것들은 낮은 온도에서도 충분한 인성을 가진다.

부록 A에서 철의 밀도가 7,870 kg/m^3임을 알며, 강철의 밀도는 대략 철의 밀도와 같다고 가정할 수 있다. 요구되는 헤드의 체적은 $V = (3.63/7,870) = 4.61 \times 10^{-4}$ m^3이다. 목표물을 정확히 타격할 수 있도록 헤드는 직경 63.5 mm의 원통형이면 적절할 것이다. 그러면 헤드의 길이는 147.3 mm가 된다.

6-11 벌크금속유리와 그 기계적 거동

자연에서 발견되는 금속들은 결정질이지만, 특정한 다중 성분의 합금들은 빠르게 냉각되었을 때 비결정질(amorphous) 금속이 생성될 수도 있다. 일부 합금들은 비결정질(또는 유리질) 구조를 형성하기 위해 10^6 K/s 정도의 높은 냉각속도를 필요로 하지만, 최근에는 비결정질 구조 생성을 위해 단지 초당 몇 도 정도의 냉각속도만을 필요로 하는 새로운 조성의 합금들이 발견되었다. 이로 인해 두께 또는 지름이 5 cm(2 in.)에 이르는 소위 '벌크금속유리(BMG)'의 생산이 가능해졌다.

벌크금속유리가 개발되기 전에는 비결정질 금속은 용융방사(melt spinning)로 알려진 방법을 포함한 다양한 급속응고 기술에 의해 만들어졌다. 용융방사에서는 액체 금속이 회전하는 냉각 롤에 부어지면서 두께 10 μm 정도의 얇은 리본으로 방사된다. 이러한 리본에 대한 기계적 시험은 매우 어려우며, 따라서 벌크금속유리의 개발로 인해 이전에 가능하지 않았던 기계적 시험들이 가능하게 되었다. 벌크금속유리는 몇 가지 방법에 의해 만들어질 수 있다. 한 가지 방법으로는 고순도의 원소들을 녹이기 위해 전기방전을

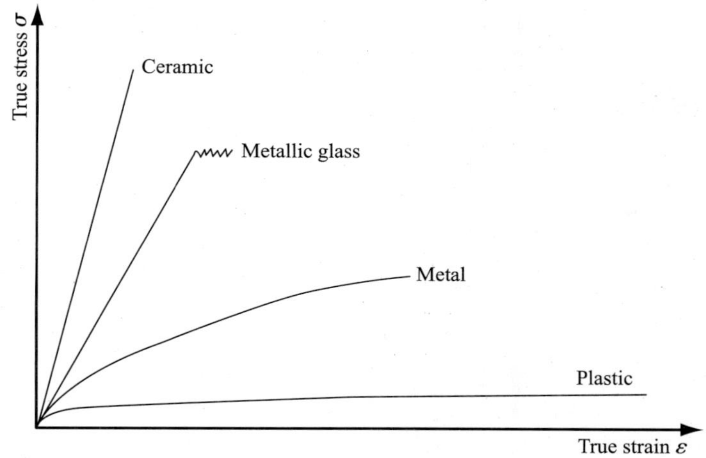

그림 6-25 금속유리를 포함한 여러 가지 공업용 재료의 압축 응력-변형도 거동의 개략도. 톱니 모양의 변형이 소성구간에서 관찰된다.

사용하고 이어서 흡입주조(suction casting) 또는 주입주조(pouring casting)에 의해 냉각된 구리 몰드 내부로 용융금속을 주입한다.

그림 6-25와 같이 금속유리는 다른 재료 클래스와는 근본적으로 다른 응력-변형도 거동을 보인다. 가장 눈에 띄는 것은 금속유리의 강도가 상당히 높다는 점이다. 일반적으로 2 GPa(290 ksi) 정도의 항복강도를 가지는데, 이는 가장 높은 강도의 강철과 비슷하며, 심지어 철을 기반으로 한 비결정질 합금에서는 5 GPa(725 ksi) 이상의 항복강도가 보고되었다. 금속유리는 결정질이 아니므로 전위를 포함하고 있지 않다. 제4장에서 공부한 바와 같이 일반적으로는 전위로 인해 완전무결함의 결정질 재료에서 예측할 수 있는 이론적 강도에 비해 낮은 항복강도가 얻어진다. 금속유리의 높은 강도는 비결정질 구조에는 전위가 존재하지 않는 데 기인한다.

높은 강도에 불구하고 전형적인 벌크금속유리는 취성이다. 대부분의 금속유리는 인장에서는 소성변형도가 거의 없으며 압축에서는 단지 몇 퍼센트의 소성변형도만을 보인다(결정질 금속의 경우 수십 퍼센트의 소성변형도와 비교). 이러한 연성의 부재는 전위의 부재와 관련이 있다. 금속유리는 전위를 포함하고 있지 않으므로 가공경화가 발생하지 않는다[그림 6-25에 보인 바와 같이 소성변형이 시작된 후 변형도 증가에 따른 응력의 증가가 없다. 변형경화(strain hardening)로도 알려진 가공경화(work hardening)에 대해서는 제8장에서 보다 자세히 살펴볼 것이다]. 따라서 변형이 국부적으로 발생할 때 한 곳에 집중되고 그 결과 빠르게 파손에 이르게 된다.

상온에서 금속유리는 두께 약 10~100 nm의 좁은 밴드에서의 극심한 전단을 통하여 영구변형된다. 이는 그림 6-26에 나타낸 것처럼 재료의 가장자리에 전단 편차(offset)를 발생시킨다. 압축의 경우라면 이는 하중 축 방향으로 길이의 감소를 가져온다. 소성

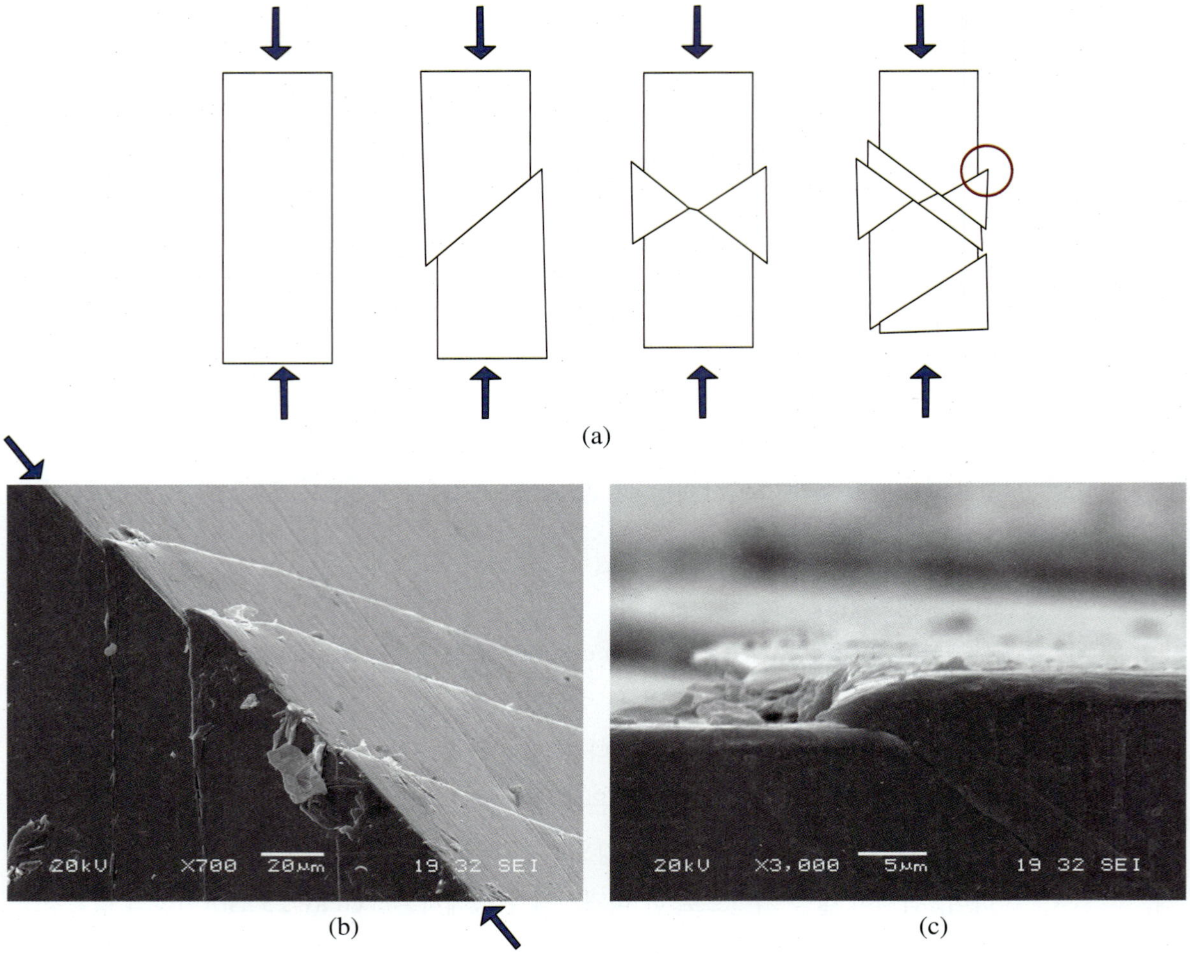

그림 6-26 (a) 금속유리에서 압축시험의 연속적인 단계들에 따른 전단밴드 형성을 나타낸 개략도, (b) $Zr_{41.2}Ti_{13.8}Cu_{12.5}Ni_{10.0}Be_{22}$ 벌크금속유리에서 세 개의 전단밴드를 보여주는 주사전자현미경 사진. 화살표는 하중이 가해진 방향을 나타낸다. (출처: Wendelin Wright) (c) $Zr_{41.2}Ti_{13.8}Cu_{12.5}Ni_{10.0}Be_{22}$ 벌크금속유리에서 전단밴드 편차를 보여주는 주사전자현미경 사진. 편차가 발생하는 지점은 그림 (a)에 동그라미로 표시하였다. (출처: Wendelin Wright)

변형이 진행됨이 따라 더 많은 전단밴드(shear band)가 형성되고 전파된다. 최종적으로 이러한 전단밴드 중 하나가 시편을 파손시킬 때까지 더 많은 전단밴드가 소성변형도를 수용하기 위해 형성된다. 전단밴드 형성의 효과는 그림 6-25에서 찾아볼 수 있다. 금속유리 압축시편이 일정한 변위속도로 변형될 때 하중(또는 응력)은 전단밴드가 진전함에 따라 감소한다. 이로 인해 그림에서처럼 톱니 모양의 응력-변형도 거동이 나타난다. 일부 결정질 재료들도 톱니 모양의 거동을 보이기는 하지만, 비결정질 금속에서는 이러한 현상의 기원이 매우 다르다. 최근의 연구들은 금속유리의 전단밴드 형성 과정을 이해하는 것과 전단밴드가 파손을 유발하지 않도록 하는 데 초점이 맞추어져 있다.

금속유리는 스포츠 용품, 전자제품 케이스, 방위산업 부품, 구조용 재료 등에 사용된다. 금속유리는 또한 높은 경도와 우수한 내부식성으로 인해 산업용 코팅제로서 적합하다(두 가지 특성 모두 구조적으로 전위의 부재에 기인함). 모든 잠재적인 용도에 대하여 금속유리는 유리천이온도보다 훨씬 낮은 온도에서 활용되어야 한다. 그 이유는 그들이 높은 온도에서는 결정화될 것이고 독특한 기계적 거동을 잃게 될 것이기 때문이다.

6-12 작은 길이스케일에서의 기계적 거동

미세전자회로 용도로 기판에 박막을 입히는 기술의 개발 그리고 나노미터 스케일을 갖는 구조의 합성과 더불어 재료과학자들은 재료가 시험되는 길이스케일에 따라 기계적 성질이 다르게 나타날 수 있음을 알게 되었다. 작은 길이스케일에서의 기계적 거동을 측정하기 위한 몇몇 실험적인 기술들이 개발되었다. 8절에서 살펴본 나노압입시험이 이러한 목적에 사용된다. 또 다른 기술로는 웨이퍼 곡률분석으로 알려진 것이 있다.

웨이퍼 곡률분석에서는 기판 위의 박막에 주기적으로 변화하는 온도를 적용하며 일반적으로 온도의 범위는 상온부터 섭씨(Celsius) 몇 백도까지 이른다. 박막과 기판은 서

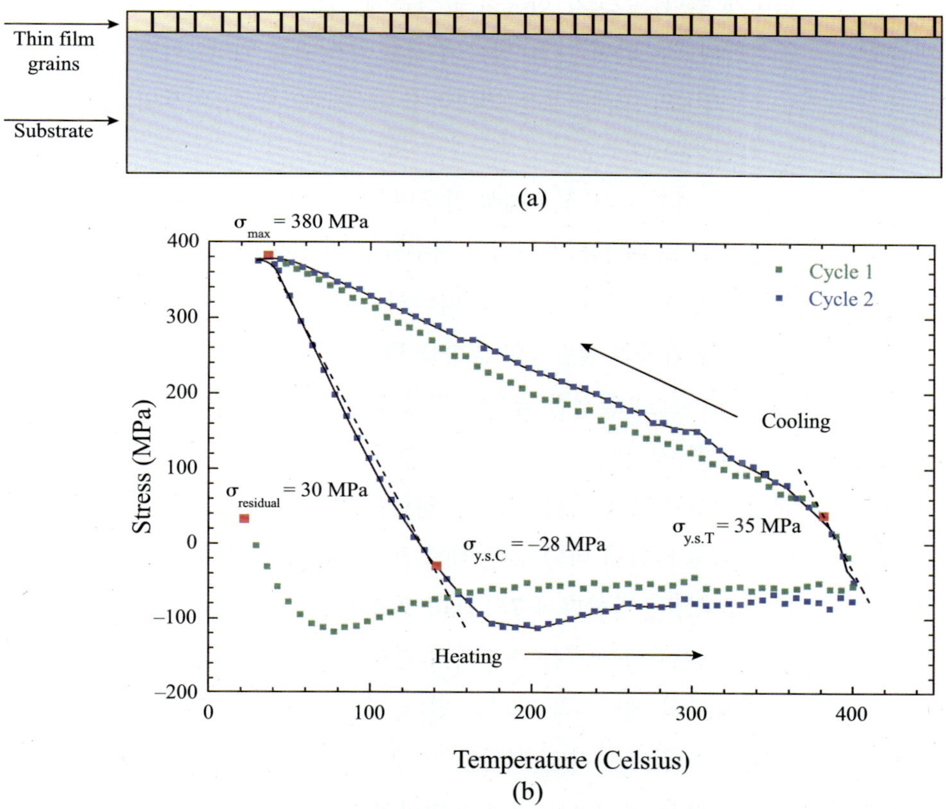

그림 6-27 (a) 기판 위에 생성된 박막의 개략도. 결정립 직경은 박막의 두께 정도이다. 박막의 두께는 기판 두께의 약 1/500 정도이고(일부는 더 얇음), 이 그림은 축적에 맞추어 그린 것이 아님에 주목하라. (b) 산화된 실리콘 기판 위에 생성된 0.5 μm 두께의 다결정 알루미늄 박막에 대한 웨이퍼 곡률분석 실험 중에 가열-냉각 주기에 따른 응력-대-온도 곡선.

로 다른 열팽창계수를 가지고 있으므로 이들은 서로 다른 비율로 팽창(또는 수축)하면서 박막에 응력을 유발한다. 이러한 박막의 응력은 온도가 주기적으로 변화함에 따라 박막-기판 시스템의 곡률 변화에 직접적으로 비례한다. 산화된 실리콘 기판 위에 생성된 0.5 μm 두께의 다결정 알루미늄 박막에 대한 웨이퍼 곡률분석의 예를 그림 6-27(a)에 나타내었다. 알루미늄은 실리콘보다 열팽창계수가 더 크다.

그림 6-27(b)는 2주기 동안 실시된 실험결과를 보여준다. 실험은 박막-기판 시스템이 상온에서부터 시작된다. 공정온도로부터 냉각되는 과정에서 알루미늄에는 상온에서 30 MPa의 잔류응력이 걸려 있다. 첫 주기에서 온도가 상승하면서 박막의 결정립은 성장한다(제8장 참조). 결정립이 성장함에 따라 결정입계 면적은 감소하며 박막의 밀도는 증가한다. 그와 동시에 알루미늄은 실리콘보다 더 빨리 팽창하나 그것이 접착되어 있는 실리콘에 의해 팽창이 제한된다. 따라서 알루미늄은 압축상태에 놓이게 된다. 온도가 상승함에 따라 알루미늄은 소성적으로 변형한다. 온도의 상승이 강도 저하를 유발하기 때문에 응력이 크게 증가하지는 않는다.

시스템이 냉각되면서 온도 하강과 함께 알루미늄은 실리콘보다 더 많이 수축한다. 알루미늄은 수축하면서 처음에는 탄성적으로 응력이 제거되고 나중에는 소성적으로 변형하게 된다. 온도가 하강하여 상온에 이르러 주기가 완성될 때까지 응력은 계속하여 증가한다. 두 번째 가열-냉각 주기를 보여주고 있다. 이전 주기의 최고온도를 넘지 않은 한 박막의 미세구조는 변화하지 않을 것이므로, 이후의 온도 주기들은 유사한 형태를 가질 것이다.

주기 시험 이후 상온에서 알루미늄에 남아 있는 응력이 380 MPa임을 주목하라. 순수한 벌크 알루미늄(거시적인 치수를 가진 알루미늄)은 이 응력의 단지 몇 분의 일 정도만 파손 없이 지탱할 수 있다. 따라서 우리는 결정질 금속에서라면 더 작은 것이 더 강하다는 재료과학의 일반적인 경향을 확인할 수 있다.

일반적으로 결정질 금속의 강도에 결정적인 역할을 하는 것이 전위이다. 전위의 이동에 대한 저항이 증가할수록 금속의 강도 또한 증가한다. 마이크로 및 나노스케일의 결정질 금속에서 강화기구 중 하나는 결정립크기이다. 박막에서 결정립크기는 그림 6-27(a)에 나타낸 바와 같이 대략 박막의 두께 정도이다. 결정립크기가 감소함에 따라 항복강도는 증가한다(4-7의 Hall-Petch 식에 대한 설명 참조).

전위는 주위 결정을 변형시켜 원자결합의 변형에너지를 증가시킨다. 따라서 전위는 그 자체로서 에너지를 가지고 있다. 모든 금속의 경우 전위밀도(결정 내에서 단위체적당 전위의 길이로 나타내는 양)가 증가할수록 이 에너지는 증가한다.

박막에서 전위들은 박막과 박막이 결합되어 있는 기판 사이의 계면에 고착되어 움직임을 방해받을 수도 있다. 그러므로 전위가 진전하기 위해서는 계면을 따라 전위 길이가 증가하고 박막은 소성적으로 변형해야 할 필요가 있다. 전위의 길이를 증가시키기 위해서는 에너지가 필요하고, 전위가 진전하기 위해 필요한 응력은 계면에 의해 구속되지 않은 전위가 진전하는 데 필요한 응력보다 더 높다. 이 응력은 박막의 두께에 반비례한다. 즉, 박막의 두께가 감소할수록 강도는 증가한다. 부동태 층(박막의 표면을 산화나 부식으로부터 보호하는 막)이 박막 위에 증착된 경우처럼 두 개의 표면이 전위를 구속할 때 그 효과는 더욱 두드러진다. 박막의 강도와 두께 사이의 반비례 관계는 앞에서 언급되었던 결정립크기 효과와는 독립적이다. 전위의 움직임을 방해하는 그 어떤 메커니즘도 금속을 강하게 만든다는 점을 기억하기 바란다.

막대를 굽히거나 재료에 자국을 내는 것과 같이 재료에 불균일한 형상의 변화를 유발하기 위해서는 결정구조에 전위가 반드시 생성되어야 한다. 이러한 전위들을 기하학적으로 요구되는 전위(geometrically necessary dislocations)라 일컫는다. 이러한 전위들은 균일한 변형도에 의해 생성된 전위 또는 통계적으로 축적된 전위(statistically stored dislocations)에 추가하여 존재하며, 따라서 전위밀도는 증가하게 된다. 작은 길이스케일에서(나노압입자를 사용하여 생성된 작은 압입자국과 같은) 기하학적으로 요구되는 전위의 밀도는 매우 높으나 더 큰 길이스케일에서 이 효과는 사라진다. 그러므로 동일한 재료에서 만들어진 얕은 자국의 경도는 깊은 자국의 경도에 비해 높다. 제8장에서 배우겠지만 전위의 밀도가 증가함에 따라 금속의 강도도 증가한다. 이는 전위가 다른 전위들의 이동에 방해물로서 작용하기 때문이고, 재차 강조하지만 전위의 움직임을 방해하는 그 어떤 메커니즘도 금속을 강하게 만든다.

점점 더 보편화되는 기계적 시험의 실험을 위해서는 집속이온빔(focused ion beam)으로 알려진 방법을 이용하여 직경 1마이크로미터 정도의 압축시편을 제작해야 할 필요가 있다. 기본적으로 갈륨(Ga) 이온들로 구성된 빔이 재료의 표면으로부터 원자들을 제거하기 위해 사용되며, 그러므로 마이크로미터 또는 그 이하의 스케일에서 가공을 수행하는 것이 된다. 그런 다음에 이 시편들은 편평한 펀치 팁을 사용한 나노압입자로 압축을 가해 변형된다. 그러한 시편의 체적은 대략 2.5 μm^3 정도이다. 이와 같이 금속으로 제작된 단결정 기둥에서 예외적으로 매우 높은 강도가 발견되었다. 이는 재료 분야에서 매우 활발하게 연구가 이루어지고 있는 주제이다.

6-13 액체의 유변학

우리가 이 장에서 지금까지 전개한 응력과 변형도에 대한 설명은 일반적으로 고체에 적용된다. 유변학(rheology)은 특히 액체의 변형과 유동에 대한 연구이다. 만일 가해진 전단응력 τ와 전단변형속도(shear strain rate) $\dot{\gamma}$ 사이의 관계가 선형적이라면, 재료는 뉴턴성(Newtonian)이라고 한다. 그 재료의 점도(viscosity) η는 전단응력-대-정상상태(steady-state) 전단변형속도 곡선의 기울기로 정의된다. 물은 뉴턴성 재료의 한 예이다.

점도는 다음 관계식에 의해 정의된다.

$$\tau = \eta\dot{\gamma} \tag{6-25}$$

점도 η의 단위는 Pa · s(SI 단위계) 또는 Poise(P) 또는 cgs 단위계에서 g/(cm · s)로 표시된다. 때로는 centipoise(cP)라는 용어가 사용되며 1 cP = 10^{-2} P의 관계를 가지고 있다. 이들 단위 간의 변환은 1 Pa · s = 10 P = 1000 cP로 주어진다.

동점도(kinematic viscosity) ν는 다음과 같이 정의된다.

$$\nu = \eta/\rho \tag{6-26}$$

여기서, 점도(η)는 Pa · s 단위를, 밀도(ρ)는 kg/m^3 단위를 가지고 있다. 동점도의 단위는 m^2/s이다. 이 장에서 ν는 관례에 따라 푸아송 비와 동점도 부호로서 동시에 사용되고 있음에 주목하라. 서로 다른 양을 나타내는 데 동일한 부호를 사용하는 것은 비록 혼동이 되긴 하지만 과학적 표기법에서는 흔한 일이다.

많은 재료에서 전단응력과 전단변형속도의 관계는 비선형적이며, 이러한 재료는 비뉴턴성(non-Newtonian)이라고 한다. 이러한 재료의 응력-대-정상상태 전단변형속도 관계는 다음과 같이 나타낼 수 있다.

$$\tau = \eta\dot{\gamma}^m \tag{6-27}$$

여기서, 지수 m은 1이 아니다.

비뉴턴성 재료들은 전단박화(shear thinning) 또는 의사소성(pseudoplastic)과 전단후화(shear thickening) 또는 팽창성(dilatant)으로 분류된다. 여러 가지 유형의 재료에 대한 전단응력-대-전단변형속도 사이의 관계를 그림 6-28에 나타내었다. 원점에서 곡선 상의 어느 한 점을 연결하는 직선의 기울기를 취하면 그것이 겉보기 점도(apparent viscosity, η_{app})이다. 정상상태 전단변형속도의 함수로서 겉보기 점도는 그림 6-19(a)에 주어져 있다. 뉴턴성 재료의 겉보기 점도는 전단변형속도가 변화하더라도 일정하게 유지될 것이다. 전단박화 재료의 겉보기 점도는 전단변형속도의 증가에 따라 감소할 것이며, 반면에 전단후화 재료의 겉보기 점도는 전단변형속도의 증가에 따라 증가할 것이다. 예를 들어, 저장소에 보관된 페인트 통 안의 페인트는 전단변형속도가 매우 낮아서 마치 높은 점성을 가진 것처럼 거동한다. 브러시를 이용하여 페인트칠을 하면, 페인트는 매우 높은 전단변형속도에 놓이게 되며 이제 페인트는 마치 매우 묽거나 점성이 낮은 것처럼 거동한다(즉, 작은 겉보기 점도를 나타낸다). 이러한 거동을 전단박화라고 한다. 어떤 재료들은 이상적인 소성거동을 보인다. 이상적인 소성거동 재료의 경우 전단응력은 전단변형속도에 의해 변화하지 않는다.

많은 쓸모 있는 재료들을 Bingham 플라스틱으로 모델링할 수 있으며 다음과 같은 식에 의해 정의된다.

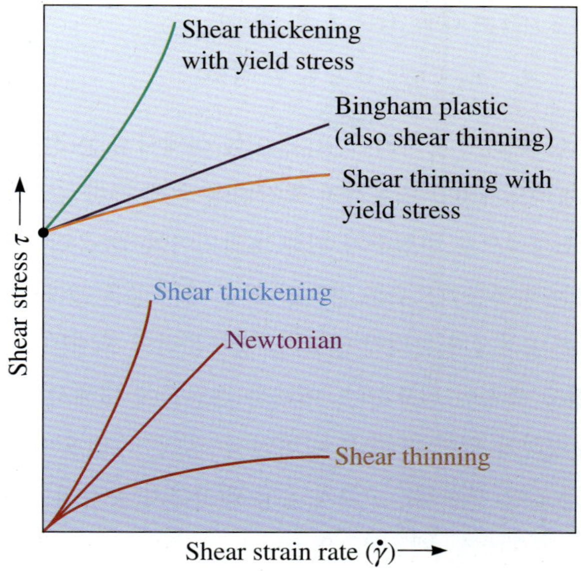

그림 6-28 뉴턴성 및 비뉴턴성 재료에 대한 전단응력-전단변형속도 관계.

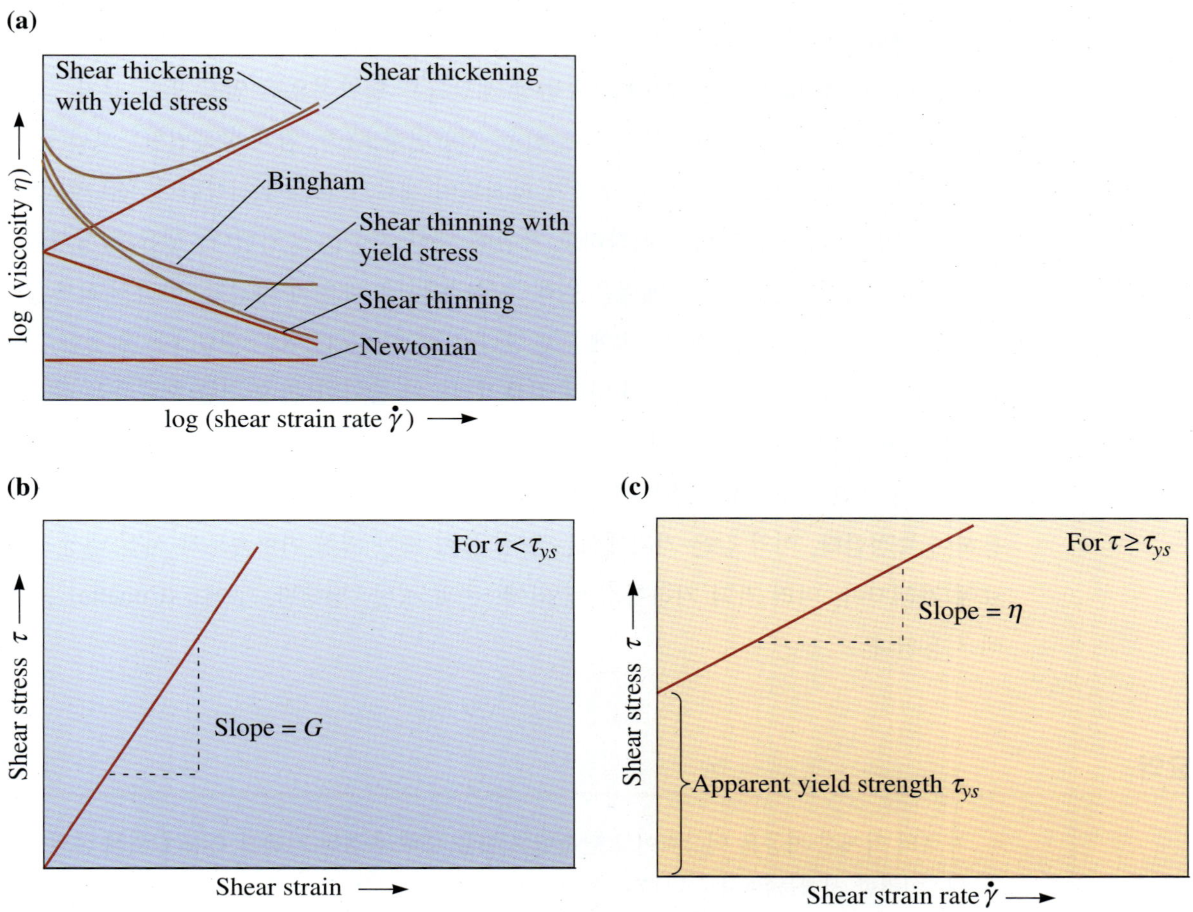

그림 6-29 (a) 전단변형속도($\dot{\gamma}$)의 함수로서 겉보기 점도. (b)와 (c) Bingham 플라스틱(식 6-28 및 6-29)에 대한 그림 설명. 그림 (b)의 수평축은 전단변형도임에 주목하라.

$$\tau = G \cdot \gamma \quad (\tau < \tau_{ys} \text{인 경우}) \tag{6-28}$$

$$\tau = \tau_{ys} + \eta\dot{\gamma} \quad (\tau \geq \tau_{ys} \text{인 경우}) \tag{6-29}$$

이는 그림 6-29(b)와 6-29(c)에 도시되어 있다. 이들 식에서 τ_{ys}는 전단응력-전단변형속도 데이터를 전단변형속도가 0인 경우까지 보간법에 의해 구한 겉보기 항복강도이다. 항복강도는 재료가 소성적으로 변형하기 위해 초과되어야 할 응력의 수준으로 정의한다. 진항복강도(때로는 항복응력으로도 알려짐)의 존재는 많은 플라스틱과 페인트와 같은 분산체에 대하여 분명하게 입증되지 않았다. 항복응력의 존재를 증명하기 위해서는 별도의 응력-대-변형도 측정이 필요하다. 이러한 재료들에 대해서는 임계 항복변형도가 기계적 거동을 설명하기 위한 더 좋은 방법일 수 있다. 수많은 세라믹 반죽(세라믹 공정에 사용되는 것과 같은 분산체), 고분자 용융체(고분자 공정에 사용), 페인트와 젤, 식품 제품(요구르트, 마요네즈, 케첩 등)은 Bingham 플라스틱과 유사한 거동을 보인다. Bingham 플라스틱은 전단박화(즉, 전단변형속도의 증가에 따라 겉보기 점도가 감소함) 거동을 보인다는 사실에 주목하라.

전단박화 재료들(페인트, 세라믹 반죽, 고분자 용융체, 젤 등)은 또한 요변성 거동(thixotropic behavior)을 보인다. 요변성 재료들은 일반적으로 입자 또는 분자들의 어떤 그물망 형태를 포함하고 있다. 충분히 큰 전단변형도(즉, 임계 항복변형도보다 큰)가 가해지면, 요변성 그물망 또는 구조가 파괴되어 재료가 흐르기 시작한다. 전단이 멈추면 그물망이 다시 형성되기 시작하고 유동에 대한 저항은 증가한다. 새롭게 형성된 그물망에서 입자 또는 분자의 배열은 원래 그물망에서의 배열과 다르다. 따라서 요변성 재료들의 거동은 시간 및 변형이력에 의존한다고 할 수 있다. 어떤 재료들은 일정한 전단변형속도 하에서 시간이 지남에 따라 겉보기점도가 증가한다. 이러한 재료들은 유동펙틴(rheopectic)으로 알려져 있다.

재료의 유변학적 특성은 점도계(viscometer) 또는 유동계(rheometer)라는 기기를 이용하여 측정한다. 이와 같은 기기에서는 일정 응력 또는 일정 변형속도가 시험 대상 재료에 가해지며, 여러 가지 기하학적 배열[예: 콘과 평판, 평행판, 쿠에트(Couette) 등]이 사용된다.

요약

- 재료의 기계적 거동은 이상적이고 단순한 시험을 통해 측정된 기계적 특성에 의해 설명된다. 이러한 시험들은 서로 다른 유형의 하중조건을 반영할 수 있도록 고안되었다. 다양한 여러 핸드북에 보고된 재료의 특성들은 이러한 시험들의 결과이다. 결론적으로, 핸드북에 주어진 값들은 이상화된 시험으로부터 얻은 결과의 평균치임을 항상 기억해야 하며, 따라서 주의하여 사용해야 한다.

- 인장시험은 느린 속도로 가해지는 인장응력에 대한 재료의 저항을 나타낸다. 중요한 특성으로는 항복강도(재료가 영구변형을 시작하는 응력), 인장강도(최대 부가하중에 해당하는 응력), 탄성계수(응력-변형도 곡선에서 탄성구간의 기울기), 그리고 퍼센트 연신율과 퍼센트 단면감소율(두 가지 모두 재료의 연성의 척도)을 포함한다.
- 굽힘시험은 취성재료의 인장특성을 결정하기 위하여 사용된다. 탄성계수와 굽힘강도(인장강도와 유사)를 얻을 수 있다.
- 경도시험은 압입자의 침투에 대한 재료의 저항이고 재료의 마모와 마멸에 대한 저항의 척도를 제공한다. 로크웰 시험과 브리넬 시험을 포함한 여러 가지 경도시험법이 일반적으로 사용된다. 종종 경도는 다른 기계적 특성들, 특히 인장강도와 상관관계를 갖는다.
- 나노압입시험은 가해진 하중과 변위를 각각 마이크로뉴턴과 나노미터 이하의 해상도로 연속적으로 측정하는 경도시험 방법이다. 나노압입시험 기법은 기판 위에 생성된 박막과 나노상 재료의 기계적 성질 그리고 자립형 마이크로 및 나노 크기 구조물의 변형에 중요하다. 경도와 탄성계수 모두 나노압입시험을 이용하여 측정된다.
- 충격시험은 빠르게 가해지는 하중에 대한 재료의 반응을 나타낸다. 샬피 및 아이조드 시험이 대표적이다. 시편을 파괴하기 위하여 필요한 에너지가 측정이 되고, 이는 동일한 조건에서 측정된 다양한 재료들과 비교를 위한 근거로 사용될 수 있다. 아울러, 어느 온도 이상에서는 취성파괴 보다 연성파괴를 일으키는 천이온도를 결정할 수 있다.
- 금속유리는 비결정질 금속이다. 그것들은 전위를 포함하지 않으며 전위의 부재로 인해 이러한 재료들은 강도는 높고 연성은 낮다.
- 결정질 금속은 치수가 마이크로 및 나노 크기로 제한될 때 더 높은 강도를 보인다. 크기에 의존하는 기계적 거동은 나노기술 용도에서의 설계와 재료의 신뢰도에 매우 중요한 영향을 미친다.
- 유변학은 재료 중 특히 액체의 변형과 유동에 대한 연구이다. 액체의 흐름은 뉴턴성(전단응력과 전단변형속도가 선형적인 관계일 때) 또는 비뉴턴성으로 분류할 수 있다.

용어해설

강성 stiffness　탄성변형에 대한 재료의 저항의 척도. 강성은 하중-변위 곡선의 기울기이며 탄성계수에 비례한다. 강성은 고려의 대상인 구조요소의 기하학적 형상에 의존하는 반면, 탄성계수(또는 영의 계수)는 순전히 재료특성이다.

거시경도 macrohardness　부피가 큰 재료에 2 N 이상의 하중을 가하여 측정된 경도.

겉보기 점도 apparent viscosity　전단응력을 그 응력에 해당하는 전단변형속도로 나눈 점도.

경도시험 hardness test　뾰족한 물체의 압입에 대한 재료의 저항을 측정한다. 대표적인 경도시험에는 브리넬(Brinell)시험, 로크웰(Rockwell)시험, 누프(Knoop)시험, 비커스(Vickers)시험이 있다.

공칭변형도 engineering strain　초기 치수를 사용하여 계산된 단위길이당 연신. 변형도를 참조하라.

공칭응력 engineering stress　가해진 하중 또는 힘을 하중이 작용하는 초기 면적으로 나눈 값.

굽힘강도(파단계수) flexural strength(modulus of rupture)　굽힘시험에서 시편을 파괴하는 데 필요한 응력.

굽힘계수 flextural modulus 굽힘시험의 결과로부터 계산된 탄성계수로, 응력-처짐 곡선의 기울기에 비례한다.

굽힘시험 bend test 양 끝이 지지된 봉의 중앙부에 하중을 가해 정적인 또는 느리게 가해지는 하중에 대한 재료의 저항을 측정하는 시험방법으로 흔히 취성재료에 사용된다.

나노압입시험 nanoindentation 나노미터 길이스케일에서 측정된 경도시험. 가해진 하중과 변위가 각각 마이크로뉴턴과 나노미터 이하의 해상도에서 측정된다.

넥킹 necking 인장시편의 단면적 감소를 일으키는 국부적인 변형. 많은 연성재료가 넥킹 거동을 보이며, 넥킹이 시작되면서 공칭응력은 감소하기 시작한다.

노치민감도 notch sensitivity 인성이나 피로수명과 같은 재료특성에 대한 노치, 긁힘 자국, 기타 결함의 영향을 측정한다.

뉴턴성 Newtonian 전단응력과 전단변형속도가 선형관계인 재료(예: 경유 또는 물).

동점도 kinematic viscosity 점도와 밀도의 비, 흔히 centiStokes로 표시된다.

미세경도 microhardness 누프경도와 같이 일반적으로 2 N 이하의 하중을 재료에 가하여 측정된 경도.

소성가공 deformation processing 재료를 성형하기 위해 사용되는 생산 또는 제조 공법(예: 압출, 단조).

변형도 strain 단위길이당 연신. (역자 주: 대부분의 책에서 'strain'을 '변형률'이라 번역하고 있으나 그 용어의 의미가 다소 부적절한 측면이 있으므로, 이 책에서는 '변형도'로 부르기로 한다. 아울러 'strain rate'는 '변형속도'로, 같은 맥락에서 'shear strain'은 '전단변형도'로, 'shear strain rate'는 '전단변형속도'로, 'true strain'은 '진변형도'로, 'engineering strain'은 '공칭변형도'로 부르기로 한다.)

변형속도 strain rate 재료에 변형도가 발생하거나 변형도를 가하는 속도이며, 인장 및 전단 변형속도를 각각 $\dot{\varepsilon}$ 또는 $\dot{\gamma}$로 나타낸다. 변형속도는 재료가 연성 또는 취성 거동을 나타낼지에 영향을 미친다.

비뉴턴성 non-Newtonian 전단응력과 전단변형속도가 선형관계가 아닌 재료로 이들 재료는 전단박화 또는 전단후화한다(예: 고분자 용해체, 반죽, 페인트 등).

비례한계 proportional limit 응력과 변형도가 선형관계를 유지하는 최대 응력수준.

비탄성(점탄성) 재료 anelastic(viscoelastic) material 발생한 총 변형도가 탄성 및 점성 성분을 모두 가진 재료. 총 변형도의 일부는 가해진 하중이 제거됨과 동시에 회복되지만, 일부는 시간이 경과되어야 회복된다. 점탄성 재료의 예는 고분자 용융체와 Silly Putty®를 포함한 많은 고분자를 포함한다. 일반적으로 비탄성이라는 용어는 금속재료에 사용된다.

소성변형 또는 변형도 plastic deformation or strain 하중이 가해진 다음 제거되었을 때 재료에 남은 영구변형.

스트레인게이지 strain gage 변형도 측정을 위한 장치. 스트레인게이지는 보통 고분자 기지에 매립된 미세한 금속선으로 구성된다. 스트레인게이지는 시험편에 부착되어 시편이 변형되면 함께 변형한다. 스트레인게이지의 금속선이 변형함에 따라 그것의 저항도 따라서 변한다. 저항의 변화는 변형도의 변화와 직접 비례한다.

연신계 extensometer 인장시편의 길이 변화를 측정하기 위한 장치로 변형도 계산을 가능하게 해준다. 연신계는 흔히 시편에 부착하는 클립 형상이며 탄성적으로 변형하여 시편의 길이 변화를 측정한다.

연성 ductility 재료에 하중이 가해질 때 파괴되지 않으면서 영구변형할 수 있는 능력.

연성-취성 천이온도 ductile-to-brittle transition temperature 충격시험에서 재료가 그 온도 이하에서는 취성거동을 보이는 온도. 이는 역시 변형속도에 의존한다.

영의 계수 Young's modulus 탄성영역에서 응력-변형도 곡선의 선형구간의 기울기로 탄성계수와 동일하다.

오프셋 변형도 값 offset strain value 오프셋 항복응력을 구하기 위해 사용되는 변형도 값(예: 0.002).

오프셋 항복강도 offset yield strength 지정된 소성변형도를 초과하지 않는 응력을 작도법에 의해 구한 응력 값으로, 종종 간단히 항복강도라 부른다.

요변성 거동 thixotropic behavior 전단박화를 보이는 재료. 일정한 전단속도에서 시간의 경과에 따라 겉보기 점도가 감소한다.

유동펙틴 거동 rheopectic behavior 전단후화를 보이는 재료. 일정한 전단속도에서 시간의 경과에 따라 겉보기 점도가 증가한다.

유리천이온도 glass-transition temperature 연성이었던 재료가 그 온도 이하에서 마치 취성재료처럼 거동하는 경계가 되는 온도. 이 온도는 보통 고정된 것이 아니라 재료공정에 따라 달라진다.

응력 stress 힘이 작용하고 있는 면적의 단위면적당 힘.

응력이완 stress relaxation 점탄성 재료에서 관찰되는 것과 같이 일정한 변형도 조건 하에 놓인 재료에서 시간이 경과함에 따라 재료에 걸린 응력이 감소하는 현상. 응력이완은 시간의존 변형도회복과는 다르다.

의사소성(전단박화) pseudoplastics(shear thinning) 전단속도의 증가에 따라 겉보기 점도가 감소하는 재료.

인장강도 tensile strength 인장시험에서 최대하중에 해당하는 응력.

인장시험 tensile test 천천히 가해지는 일축 인장력에 대한 재료의 반응을 측정한다. 항복강도, 인장강도, 탄성계수, 연성을 구할 수 있다.

인장인성 tensile toughness 인장시험에서 진응력-진변형도 곡선 아래의 면적. 인장시험 조건 하에서 파괴에 소요되는 에너지의 척도이다.

전단변형속도 shear strain rate 전단변형도의 시간에 대한 미분값. '변형속도'를 참조하라.

전단박화(의사소성) shear thinning(pseudoplastics) 전단속도의 증가에 따라 겉보기 점도가 감소하는 재료.

전단계수 shear modulus 전단응력-전단변형도 곡선의 선형 구간의 기울기.

전단후화(팽창성) shear thickening(dilatant) 전단속도의 증가에 따라 겉보기 점도가 증가하는 재료.

점도 viscosity 재료의 유동에 대한 저항의 척도. 전단응력과 전단변형속도의 비로 정의되며, 단위는 Pa · s 또는 Poise이다.

점성재료 viscous material 점성재료란 변형도가 일정 시간에 걸쳐 발생하며, 응력이 제거된 후에도 원래의 형상으로 돌아오지 않는 재료이다.

점탄성(비탄성) 재료 viscoelastic(anelastic) material '비탄성 재료'를 참조하라.

진변형도 true strain 해당 순간의 치수를 사용하여 계산된 단위길이당 연신. '변형도'를 참조하라.

진응력 true stress 하중이 작용하고 있는 순간의 면적으로 하중을 나누어 구한 응력.

충격시험 impact test 빠른 속도로 작용하는 하중을 재료가 파괴되지 않고 흡수하는 능력을 측정한다. 샬피 및 아이조드 시험이 일반적으로 사용되는 충격시험이다.

충격에너지 impact energy 하중이 빠른 속도로 가해질 때 표준시편을 파괴하는 데 필요한 에너지.

충격인성 impact toughness 충격시험 조건 하에서 일반적으로 노치를 가진 재료의 시편이 파괴되면서 재료가 흡수하는 에너지.

충격하중 impact loading 높은 변형속도(약 $> 100\ s^{-1}$)로 가해지는 하중.

탄력계수 modulus of resilience 하중이 가해질 때 재료에 흡수된 최대 탄성에너지.

탄성계수 modulus of elasticity 영의 계수, 탄성영역에서 응력-변형도 곡선의 선형구간의 기울기. 탄성계수는 어떤 재료의 결합강성의 척도이며, 재료의 미세조직에는 크게 의존하지 않는다.

탄성변형 elastic deformation 가해진 하중이 제거되면 순간적으로 회복되는 재료의 변형.

탄성변형도 elastic strain 재료에서 완전히 그리고 순간적으로 회복될 수 있는 변형도.

탄성중합체 elastomer 스프링처럼 생긴 코일을 가진 분자들로 구성되어 큰 탄성변형을 일으킬 수 있는 천연 또는 합성 고분자(예: 천연고무, 실리콘).

탄성한계 elastic limit 소성변형이 시작되는 응력의 수준.

파괴인성 fracture toughness 결함이 존재하는 경우에 파손에 대한 재료의 저항.

파괴일 work of fracture 응력-변형도 곡선 아래의 면적으로 인장인성의 척도로 간주된다.

팽창성(전단후화) dilatant(shear thickening) 전단변형속도가 증가함에 따라 겉보기 점도가 증가하는 재료.

퍼센트 연신율 percent elongation 인장시험에 의한 시편의 영구적인 길이 증가를 백분율로 나타낸 것.

퍼센트 단면감소율 percent reduction in area 인장시험에 의한 시편의 영구적인 단면적 감소를 백분율로 나타낸 것.

푸아송 비 Poisson's ratio 탄성구간에서 횡방향 변형도와 축방향 변형도의 비.

하중 load 시험 중에 재료에 가해지는 힘.

항복강도 yield strength 특정 변형량(일반적으로 0.002)을 초과하지 않는 변형량에 대하여 작도법에 의해 구한 응력 값. 오프셋 항복강도로도 알려졌다.

항복점현상 yield point phenomenon 탄성변형에서 소성변형으로 갑작스런 천이를 나타내는 현상. 일부 재료에서 나타난다.

후크의 법칙 Hooke's law 응력-변형도 곡선의 탄성구간에서 응력과 변형도 사이의 선형관계.

Bingham 플라스틱 Bingham plastic 힘에 대한 기계적 반응을 $\tau < \tau_{ys}$일 때 $\tau = G \cdot \gamma$ 그리고 $\tau \geq \tau_{ys}$일 때 $\tau = \tau_{ys} + \eta\dot{\gamma}$로 나타낼 수 있는 재료.

연습문제

6-1절 기술적 중요성

6-1 실제 현장의 사례를 들어 하중지탱용 재료에서 기계적 성질의 역할을 설명하라.

6-2 실제 현장의 사례를 들어 기능적인 용도(광학적, 자기적, 전자적 등)에서 기계적 성질의 중요성을 설명하라.

6-3 재료 공정에서 기계적 성질에 대한 이해가 중요함을 설명하라.

6-2절 기계적 성질에 대한 용어정의

6-4 '공칭응력'과 '공칭변형도'를 정의하라.

6-5 '탄성계수'를 정의하라.

6-6 '소성변형'을 정의하고 이를 '탄성변형'과 비교해보라.

6-7 변형속도란 무언인가? 그것은 고분자재료와 금속재료의 기계적 거동에 어떤 영향을 미치는가?

6-8 Silly Putty®를 매우 빠르게 잡아당길 때 왜 파단되는가?

6-9 점탄성 재료는 무엇인가? 예를 들어보라.

6-10 탄성중합체란 무엇인가? 예를 들어보라.

6-11 응력이완이란 용어의 의미는 무엇인가?

6-12 탄성 및 점탄성 재료의 변형도 발생을 보여주는 개략도를 그려보라. 하중은 $t = 0$에 가해지고 어느 특정 시간 t에 제거된다고 가정하라.

6-3절 인장시험: 응력-변형도 곡선의 활용

6-13 연성 고분자, 연성 금속, 세라믹, 유리, 천연고무에 대한 공칭응력-공칭변형도 곡선을 정성적으로 그려보라. 각 곡선에 표지를 조심스럽게 달고, 각 재료에 대한 곡선의 형태를 논리적으로 설명하라.

6-14 항복강도가 241 MPa인 직경 5.08 mm의 Al_2O_3 봉재가 소성변형 없이 지지할 수 있는 최대하중을 계산하라. 답을 뉴턴(N)과 파운드(lbs) 두 가지로 나타내라.

6-15 탄성계수 107 GPa, 초기 직경 3.8 mm인 원통형 티타늄합금 시편에 인장하중 2,000 N이 가해질 때 탄성변형만 발생한다. 최대 허용 연신이 0.42 mm라면 시편의 최대 길이를 계산하라.

6-16 직경 8 mm인 재료를 2,500 N의 하중으로 당길 때 응력을 계산하라. 만일 초기 길이가 50 mm라면 재료가 50.15 mm로 연신되었을 때 이 하중에서 변형도는 얼마인가?

6-17 두께 5 mm의 알루미늄 판재가 영구변형 없이

50,000 N의 하중을 견디고 있다. 알루미늄의 항복강도가 125 MPa라면 이 판재의 최소 폭은 얼마인가?

6-4절 인장시험으로 얻어지는 특성

6-5절 진응력과 진변형도

6-18 3,870 N의 힘이 항복강도 310 MPa와 인장강도 379.2 MPa를 가진 직경 3.81 mm의 니켈 선재에 가해질 때 다음을 결정하라.

(a) 선재가 소성적으로 변형할지 여부

(b) 선재에 넥킹이 발생할지 여부

6-19 단면적 10 mm × 20 mm, 항복강도 400 MPa, 인장강도 480 MPa인 철 막대에 100,000 N의 힘이 가해질 때 다음을 결정하라.

(a) 막대가 소성적으로 변형할지 여부

(b) 막대가 넥킹을 일으킬지 여부

6-20 '진응력'과 '진변형도'를 정의하라. 그리고 공칭응력과 공칭변형도와 비교해보라.

6-21 인장시험 중 일반적으로 어느 시점에 넥킹이 시작되는가?

6-22 인장시험에서 시편에 걸린 응력과 발생한 변형도를 계산하기 위한 공식을 적어라. 시편에 넥킹이 발생한다고 가정하라.

6-23 식 $\varepsilon = \ln(1 + e)$을 유도하라. 여기서, ε는 진변형도, e는 공칭변형도를 의미한다. 이 식은 넥킹이 발생한 후 적용할 수 없음에 유의하라.

6-24 넥킹이란 무엇인가? 진응력은 증가하는데 공칭응력은 어떻게 감소하는가?

6-25 단결정 형태의 순수 주석봉 두 개가 서로 매우 다른 0.2% 오프셋 항복강도를 나타낸다. 이런 현상에 대한 가능한 원인을 제시하라.

6-26 넥킹 이전의 인장상태에 놓인 막대의 축방향 공칭변형도에 대한 식을 유도하라. 이 식은 단지 막대의 초기직경과 순간직경의 함수로만 표현되어야 한다. 체적은 일정하다고 가정하라.

6-27 승강기 케이블의 단면적이 80 mm²이다. 이 승강기는 500 kg의 화물을 들어올리기 위해 사용된다. 케이블의 원래 길이는 30 m이고, 모든 변형은 탄성적이라고 가정한다.

(a) 케이블에 걸리는 응력은?

(b) 만일 케이블이 강철(E = 200 GPa)로 만들어졌다면 얼마나 늘어나는가?

(c) 만일 케이블이 폴리프로필렌 (E = 1.2 GPa)으로 만들어졌다면 얼마나 늘어나는가?

6-28 1 cm × 1 cm 단면적의 마그네슘 막대가 20,000 N의 하중에 의해 10 cm에서 10.045 cm로 늘어날 것이다. 탄성계수를 GPa와 psi 단위로 계산하라.

6-29 고분자의 탄성계수가 4.14 GPa이라면 크기 25.4 mm × 50.8 mm × 381 mm의 막대가 381 mm에서 387.4 mm로 탄성적으로 연신하는 데 필요한 힘을 결정하라.

6-30 직경이 31.75 mm이고 길이가 15.24 m인 강철 케이블이 영구변형 없이 20,000 kg의 하중을 들어 올리고자 한다. 들어 올리는 중에 케이블의 길이는 얼마인가? 강철의 탄성계수는 207 GPa이다.

6-31 (a) 카본나노튜브는 과학자와 공학자들에게 알려진 가장 강성이 크고 강도가 높은 재료 중의 하나이다. 카본나노튜브의 탄성계수는 1.1 TPa(1 TPa = 10^{12} Pa)이다. 만일 카본나노튜브의 직경이 15 nm라면 튜브의 길이방향을 따라 4 μN(1 μN = 10^{-6} N)의 인장하중을 받았을 때 나노튜브에 걸리는 공칭응력을 계산하라. 나노튜브의 전체 단면적이 하중을 지탱하는 것으로 가정하라.

(b) 카본나노튜브는 4 μN의 하중에서 오직 탄성적으로만(소성 아님) 변형된다고 가정하라. 카본나노튜브의 길이는 10 μm(1 μm = 10^{-6} m)이다. 카본나노튜브의 인장 연신율(변위)은 나노미터(1 nm = 10^{-9} m) 단위로 얼마인가?

6-32 직경이 12.83 mm인 원통형의 금속 막대에 17.8 kN의 힘이 가해지고 있다. 이 하중으로 인해 직경이 7.62 μm만큼 감소한다. 변형은 순수 탄성변형이다. 탄성계수가 103.4 GPa이라면 이 재료의 푸아송 비는 얼마인가?

6-33 직경이 10 mm인 원통형 막대의 축방향으로 힘이 작용하며(축하중) 탄성적으로 변형하고 있다. 직경을 0.003 mm만큼 탄성적으로 감소시킬 수 있는 힘을 계산하라. 탄소강의 경우 푸아송 비는 0.30이고 탄성계수는 207 GPa이다.

6-34 (a) 직경 10.2 mm, 길이 305 mm인 티타늄 막대의 항복강도, 탄성계수, 푸아송 비는 각각 345 MPa, 110 GPa, 0.30이다. 2,224 N의 힘이 가해질 때 막대의 길이와 직경을 계산하라.

(b) 직경 15 mm의 구리 막대에 인장하중이 가해지면 직경은 14.98 mm로 감소한다. 표 6-3의 데이터를 참조하여 가해진 하중을 구하라.

6-35 직경 12.83 mm의 구리-니켈 합금 표준 인장시편을 표점거리 50.8 mm가 되도록 가공하였고, 다음과 같은 데이터가 얻어졌다.

하중(kN)	표점거리(mm)
0	50.8
4.448	50.81
8.90	50.823
13.34	50.835
17.86	50.851
26.68	51.308
35.60	52.1208
44.48	53.645
48.93	57.912(최고하중)
40.03	69.85(파괴)

파괴된 후 표점거리는 69.85 mm, 직경은 9.271 mm이었다. 공칭응력-공칭변형도 곡선을 작성하고 다음을 계산하라.

(a) 0.2% 오프셋 항복강도
(b) 인장강도
(c) 탄성계수
(d) 퍼센트 연신율
(e) 퍼센트 단면감소율
(f) 파괴 시의 공칭응력
(g) 넥킹에서의 진응력
(h) 탄력계수

6-36 직경 12.83 mm의 AISI-SAE 416 스테인리스강 시편이 표점거리 50.8 mm로 가공되었고, 다음과 같은 데이터가 얻어졌다.

하중(kN)	표점거리(mm)
0	50.8
12.68	50.825
25.40	50.851
38.08	50.876
50.71	50.908
76.03	50.952
89.00	51.003
92.52	51.054
102.3	51.181
107.8	51.308
119.2	51.562
128.1	51.816
149.7	52.832
159.1	53.848
160.1	54.356(최고하중)
159.5	54.864
151.5	55.88
124.5	56.642(파괴)

파괴된 후 표점거리는 56.642 mm가 되었고 직경은 8.255 mm이었다. 공칭응력-공칭변형도 곡선을 작성하고 다음을 계산하라.

(a) 0.2% 오프셋 항복강도
(b) 인장강도
(c) 탄성계수
(d) 퍼센트 연신율
(e) 퍼센트 단면감소율
(f) 파괴 시의 공칭응력
(g) 넥킹에서의 진응력
(h) 탄력계수
(i) 파괴에 이르기까지 탄성변형도 및 소성변형도
(j) 시편에 50.7 kN의 하중이 작용할 때 측정된 직경이 12.80 mm이었다. 이 하중에서

의 횡변형도 및 축변형도를 계산하라. 이로부터 푸아송 비를 계산하라.

(k) 퀜칭(담금질) 후 템퍼링한 416 스테인리스강의 인장특성을 입수하여, 이 문제에서 구한 답과 비교해보라. 유사점과 차이점을 설명하라.

6-37 냉간압연 및 어닐링(풀림) 처리된 황동 시험편으로부터 다음과 같은 데이터를 얻었다. 시편은 초기 표점거리(l_0) 35 mm와 초기 단면적(A_0) 10.5 mm²를 가지고 있었다.

하중(N)	Δ*l*(mm)
0	0.0000
66	0.0112
177	0.0157
327	0.0199
462	0.0240
797	1.72
1,350	5.55
1,720	8.15
2,220	13.07
2,690	22.77(최고하중)
2,410	25.25(파괴)

(a) 공칭응력-공칭변형도 곡선 및 진응력-진변형도 곡선을 작도하라. 넥킹 이후에는 시편의 순간단면적을 알 수 없기 때문에 진응력-진변형도 데이터는 극한 인장강도에 해당하는 점까지만 사용한다. 그래픽 프로그램의 사용을 권장한다.

(b) 탄성하중 동안과 넥킹 이전 동안 진응력-진변형도와 공칭응력-공칭변형도의 상대적인 값들에 대해 말해보라.

(c) 만일 넥킹 이후의 진응력-진변형도 데이터를 안다면 응력-변형도 곡선은 어떤 모습인가?

(d) 0.2% 오프셋 항복강도를 계산하라.

(e) 인장강도를 계산하라.

(f) 주어진 데이터에 합당한 선형곡선맞춤(linear fit)을 사용하여 탄성계수를 구하라.

6-38 직경이 12.83 mm인 구리합금 표준시험편(l_0 = 50.8 mm)으로부터 다음과 같은 데이터를 얻었다.

하중(kN)	Δl(in.)
0	0.00000
13.34	0.04242
26.68	0.08458
33.36	0.10592
40.03	0.2286
46.71	1.0616
53.38	6.604
55.16	12.7(최고하중)
50.71	25.908(파괴)

파괴된 후 총 길이는 76.556 mm, 직경은 9.5 mm이었다. 공칭응력-공칭변형도 곡선을 작성하고 다음을 계산하라.

(a) 0.2% 오프셋 항복강도

(b) 인장강도

(c) 탄성계수

(d) 퍼센트 연신율

(e) 퍼센트 단면감소율

(f) 파괴 시의 공칭응력

(g) 넥킹에서의 진응력

(h) 탄력계수

6-39 직경이 10.16 mm인 PVC(polyvinyl chloride) 시험편(l_0 = 50.8 mm)으로부터 다음과 같은 데이터를 얻었다.

하중(kN)	Δ*l*(mm)
0	0.00000
1.334	0.1895
2.668	0.38
4.003	0.603
5.34	0.813
6.67	1.168
7.38	1.778(최고하중)
7.12	2.388
6.316	3.048(파괴)

파괴된 후 총 길이는 53.086 mm, 직경은 9.982 mm이었다. 공칭응력-공칭변형도 곡선을 작성하고 다음을 계산하라.

(a) 0.2% 오프셋 항복강도
(b) 인장강도
(c) 탄성계수
(d) 퍼센트 연신율
(e) 퍼센트 단면감소율
(f) 파괴 시의 공칭응력
(g) 탄력계수

6-40 직경이 12 mm인 마그네슘 시험편(l_0 = 30.00 mm)으로부터 다음과 같은 데이터를 얻었다.

하중(N)	Δl(mm)
0	0.0000
5,000	0.0296
10,000	0.0592
15,000	0.0888
20,000	0.15
25,000	0.51
26,500	0.90
27,000	1.50(최고하중)
26,500	2.10
25,000	2.79(파괴)

파괴된 후 총 길이는 32.61 mm, 직경은 11.74 mm이었다. 공칭응력-공칭변형도 곡선을 작성하고 다음을 계산하라.

(a) 0.2% 오프셋 항복강도
(b) 인장강도
(c) 탄성계수
(d) 퍼센트 연신율
(e) 퍼센트 단면감소율
(f) 파괴 시의 공칭응력
(g) 넥킹에서의 진응력
(h) 탄력계수

6-41 직경이 20 mm인 구상흑연주철 시험편(l_0 = 40.00 mm)으로부터 다음과 같은 데이터를 얻었다.

하중(N)	Δl(mm)
0	0.0000
25,000	0.0185
50,000	0.0370
75,000	0.0555
90,000	0.20
105,000	0.60
120,000	1.56
131,000	4.00(최고하중)
125,000	7.52(파괴)

파괴된 후 총 길이는 47.42 mm, 직경은 18.35 mm이었다. 공칭응력-공칭변형도 곡선을 작성하고 다음을 계산하라.

(a) 0.2% 오프셋 항복강도
(b) 인장강도
(c) 탄성계수[주어진 데이터에 합당한 선형곡선맞춤(linear fit)을 사용]
(d) 퍼센트 연신율
(e) 퍼센트 단면감소율
(f) 파괴 시의 공칭응력
(g) 넥킹에서의 진응력
(h) 탄력계수

6-42 그림 6-30에서 1과 2로 표시된 진응력-진변형도 곡선을 고려해보자. 이러한 곡선은 금속에서 전형적으로 관찰된다. 다음 질문에 답하라. 각 질문은 독립적으로 고려해야 하고 이전의 질문과 관계가 없다.

(a) 시편 1과 2는 결정립크기를 제외하면 동일하다. 어느 시편의 결정립크기가 더 작으며, 어떻게 알 수 있는가?
(b) 서로 다른 온도에서 시험되었다는 점 외에는 두 시편은 동일하다. 어느 시편이 더 낮은 온도에서 시험되었으며, 어떻게 알 수 있는가?
(c) 시편 1과 2는 서로 다른 재료이다. 어느 것의 인성이 더 높은가? 그 이유를 설명하라.
(d) 한 시편은 순금속이고 다른 하나는 미량의 합금원소를 포함한다는 점 외에는 두 샘플

은 동일하다. 어느 시편이 합금원소를 포함하고 있으며, 어떻게 알 수 있는가?

(e) 재료 1과 2에 대해 주어진 응력-변형도 곡선을 바탕으로 어느 재료의 경도가 더 낮으며(브리넬 경도 기준), 어떻게 알 수 있는가?

(f) 그림에 나타난 곡선은 진응력-진변형도 곡선 또는 공칭응력-공칭변형도 곡선 중 어느 것이며, 어떻게 알 수 있는가?

(g) 시편 1과 2로 대표되는 두 재료 중 어느 것이 더 높은 전단항복강도를 나타내는가? 어떻게 알 수 있는가?

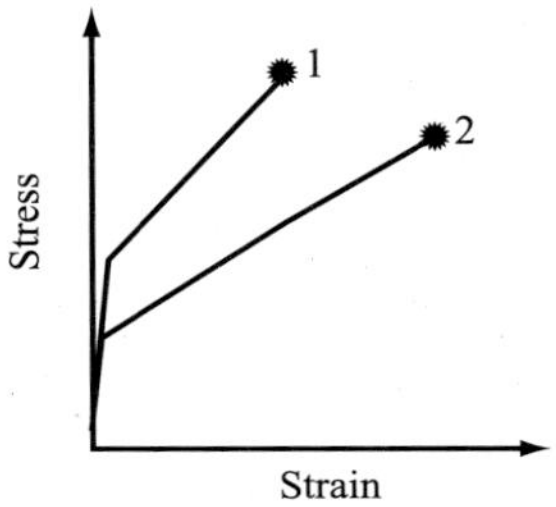

그림 6-30 응력-변형도 곡선. (문제 6-42에 사용)

6-6절 취성재료의 굽힘시험

6-43 '굽힘강도'와 '굽힘계수'를 정의하라.

6-44 취성재료에 대해서는 왜 흔히 굽힘시험을 실시하는가?

6-45 3점굽힘시험으로 정사각형 단면의 MgO 시편에 하중을 가하고 있다. 가해진 하중이 422.6 N, 굽힘강도가 103.4 MPa, 하중 지지점 사이의 거리가 50.8 mm라면 파괴가 발생하지 않고 견딜 수 있는 시편의 최소 두께를 계산하라

6-46 두께 6.35 mm, 폭 12.7 mm, 길이 228.6 mm의 Al_2O_3 막대를 지지점 사이의 거리 152.4 mm에 두고 3점굽힘시험을 실시하였다. 막대 중앙에서의 처짐이 가해진 하중의 함수로서 측정되었고, 데이터는 표와 같다. 굽힘강도와 굽힘계수를 결정하라.

하중(N)	처짐(mm)
64.5	0.0635
128.6	0.127
193.1	0.191
257.6	0.254
382.6	0.378(파괴)

6-47 길이 203.2 mm, 폭 12.7 mm, 두께 6.35 mm인 ZrO_2 블록을 지지점 사이의 거리 101.6 mm에 두고 3점굽힘시험을 실시하였다. 1,780 N이 가해졌을 때, 시편은 0.94 mm 변형하고(처짐) 파괴되었다. 다음을 계산하라.

(a) 굽힘강도

(b) 굽힘계수(소성변형이 발생하지 않는다고 가정하라.)

6-48 길이 100 mm, 폭 15 mm, 두께 6 mm의 탄화규소(silicon carbide, SiC) 블록을 지지점 사이의 거리 75 mm에 두고 3점굽힘시험을 실시한다. 처짐이 0.09 mm일 때 샘플은 파괴되었다. 이 재료의 굽힘계수는 480 GPa이다. 소성변형이 발생하지 않는다고 가정하고, 다음을 계산하라.

(a) 파괴를 일으키는 힘

(b) 굽힘강도

6-49 (a) 유리 구슬들을 포함한 열경화성 고분자가 500 N이 가해질 때 0.5 mm의 처짐이 발생해야 한다. 이 고분자 시편은 폭 20 mm, 두께 5 mm, 길이 100 mm이다. 만일 굽힘계수가 6.9 GPa라면, 시편을 지지하는 두 지지점 사이의 거리를 구하라. 만일 이 고분자의 굽힘강도가 85 MPa라면, 시편은 파괴될 것인가? 소성변형이 발생하지 않는다고 가정하라.

(b) 알루미나의 굽힘계수는 310 GPa이고 굽힘강도는 317.2 MPa이다. 두께 7.62 mm, 폭 25.4 mm, 길이 254 mm인 알루미나 막대가 177.8 mm 떨어진 두 지지점 사이에 걸쳐 있다. 소성변형이 발생하지 않는다고 가정하고, 막대가 파단되는 순간에 처짐의 양을 결정하라.

6-50 세라믹은 인장에서보다 압축에서 더욱 강하다. 그 이유를 설명하라.

6-51 전위는 금속의 소성변형에 큰 영향을 미치지만, 세라믹의 기계적 거동에는 큰 역할을 하지 않는다. 그 이유는 무엇인가?

6-52 세라믹과 유리의 강도를 지배하는 것은 무엇인가?

6-7절 재료의 경도

6-8절 나노압입시험

6-53 '재료의 경도'는 무엇을 의미하는가?

6-54 재료의 경도 데이터는 왜 정량적인 방식으로 기계적 성질과 직접 연관시키기 어려운가?

6-55 가장 단단한 재료(천연 또는 합성)는 무엇인가? 다이아몬드인가?

6-56 '거시경도'와 '미세경도'를 설명하라.

6-57 직경 10 mm의 압입자와 500 kg 하중을 사용하는 브리넬 경도 측정에서 강판에 2.5 mm의 압입자국이 생성된다.

(a) 이 강판의 브리넬 경도(HB)를 결정하라.

(b) 인장강도를 추정하라.

6-58 직경 10 mm의 압입자와 500 kg 하중을 사용하는 브리넬 경도 측정에서 알루미늄 판에 4.5 mm의 압입자국이 생성된다. 이 금속의 브리넬 경도(HB)를 결정하라.

6-59 강철에 대한 브리넬 경도시험에서 3,000 kg의 하중이 직경 10 mm 볼에 가해질 때, 직경 3.1 mm의 압입자국이 생성된다. 강철의 인장강도를 추정하라.

6-60 나노압입시험을 실행하기 전에 왜 표준시편에 대한 보정작업이 필요한가?

6-61 다이아몬드 Berkovich 팁을 이용한 나노압입시험에 의해 금속유리의 탄성계수는 95 GPa로 측정되었다. 금속유리의 푸아송 비는 0.36이다. 하중-변위 데이터로부터 결정된 하중제거강성(unloading stiffness)은 5.4×10^5 N/m이며, 최대하중은 120 mN이다. 이 압입자국의 깊이에서 금속유리의 경도는 얼마인가?

6-62 다이아몬드 팁을 장착한 나노압입시험에 의해 측정된 MgO의 탄성계수와 경도는 각각 306 GPa과 9.2 GPa로 알려져 있다. MgO의 푸아송 비는 0.17이고 이 특정한 압입자국의 깊이에서 최대하중은 150 mN이다. $\beta = 1$일 때, 접촉강성 S를 결정하라.

6-9절 변형속도 효과와 충격거동

6-10절 충격시험으로 얻어지는 특성

6-63 아래의 상용 강철에 대한 V-노치 샬피 데이터를 그래프로 그려보라. 그래프의 상부 및 하부 언덕에서 에너지 변화가 미미한 편평한 부분을 표시하라. 사용조건이 온도 10 ℃ 이하라면 이 재료의 사용을 추천할 것인지 설명하라.

온도(℃)	충격에너지(J)
50	75
40	75
30	70
20	58
10	37
0	24
−10	15
−20	10
−30	4
−40	1

6-64 다음 데이터는 서로 다른 망간(Mn) 함량을 가진 4개의 강철 샘플에 대한 일련의 샬피 충격시험으로부터 얻은 결과이다. 데이터를 그래

	충격에너지(J)			
시험온도 (℃)	0.30% Mn	0.39% Mn	1.01% Mn	1.55% Mn
−100	2	5	5	15
−75	2	5	7	25
−50	2	12	20	45
−25	10	25	40	70
0	30	55	75	110
25	60	100	110	135
50	105	125	130	140
75	130	135	135	140
100	130	135	135	140

프로 나타내고 다음을 결정하라.

(a) 각각의(연성-취성 영역에서 흡수에너지의 평균으로 정의된) 천이온도

(b) 각각의(흡수에너지 50 J에 해당하는 온도로서 정의된) 천이온도

6-65 문제 6-64의 데이터를 이용하여 천이온도-대-망간함량의 그래프를 그려보라. 또한 강철의 인성에 대한 망간의 영향에 대하여 말해보라. 만일 어느 부품이 0 ℃에서 사용된다면 강철에서 망간의 요구되는 최소함량은 얼마인가?

6-66 다음 데이터는 서로 다른 규소(Si) 함량을 가진 네 가지 구상흑연주철 샘플에 대한 일련의 샬피 충격시험으로부터 얻은 결과이다. 데이터를 그래프로 나타내고 다음을 결정하라.

(a) 각 샘플의(연성-취성 영역에서 흡수에너지의 평균으로 정의된) 천이온도

(b) 각각의(흡수에너지 10 J에 해당하는 온도로서 정의된) 천이온도

(c) 천이온도-대-규소함량의 관계를 도식하고 주철의 인성에 대한 규소의 영향에 대하여 말해보라. 만일 어느 부품을 25 ℃에서 사용하고자 한다면 주철에서 규소의 최대함량은 얼마인가?

	충격에너지(J)			
시험온도 (℃)	**2.55% Si**	**2.85% Si**	**3.25% Si**	**3.63% Si**
−50	2.5	2.5	2	2
−5	3	2.5	2	2
0	6	5	3	2.5
25	13	10	7	4
50	17	14	12	8
75	19	16	16	13
100	19	16	16	16
125	19	16	16	16

6-67 FCC 금속은 종종 저온에서 특히 부품에 급작스런 하중이 걸릴 수 있을 것으로 예상될 때 사용이 추천된다. 그 이유를 설명하라.

6-68 강철 부품은 분말야금(powder metallurgy, 철분말을 압축하고 소결하여 고체를 형성함)에 의해 또는 고체 강철블록을 절삭가공하여 제작될 수 있다. 두 가지 중 어느 것이 더 높은 인성을 가질 것으로 예상되는지 그 이유를 설명하라.

6-69 '노치민감도'는 무엇을 의미하는가?

6-70 인장시험과 충격시험의 차이점은 무엇인가? 왜 충격시험에 의해 측정된 충격인성이 인장시험에 의해 측정된 인장인성과 항상 상관성을 갖지 않는지 그 이유를 설명하라.

6-71 다수의 알루미늄-규소 합금들은 날카로운 모서리를 가진 취성의 규소가 부드럽고 더 연성인 알루미늄 기지 안에 존재하는 구조를 가진다. 충격시험에서 이러한 합금들이 노치에 더 민감할 것으로 예상되는가? 이 합금들이 인성이 더 좋을 것으로 예상하는가? 그 이유를 설명하라.

6-72 연성-취성 천이온도(DBTT)란 무엇인가?

6-73 진응력-진변형도와 관련하여 인장인성은 어떻게 정의되는가? 인장인성은 충격인성과 어떻게 연관시킬 수 있는가?

6-74 무엇이 1986년의 NASA 우주왕복선 챌린저호 사고를 유발하였는가?

6-75 NASA 우주왕복선 콜럼비아호 사고(2003)를 유발한 요인들은 무엇인가?

6-11절 벌크금속유리와 그 기계적 거동

6-76 금속유리에 대한 하중-대-변위 곡선이 그림 6-31에 주어져 있다. 금속유리는 비결정질(무정형) 금속이다. 시편은 압축 조건에서 시험되었다. 그러므로 비록 하중-변위 값들이 양의 값으로 나타나있더라도 시편의 길이는 시험 중 줄어들었다. 시편은 하중방향으로 6 mm이고 단면적은 4 mm²이다. 하중과 변위 값들은 원과 X로 표시된 점에 해당한다. 첫 번째 데이터 점은 (0, 0)이고 시편의 파손점은 X로 나타나 있다. 다음 질문에 답하라.

(a) 탄성계수를 계산하라.

(b) 여기서의 탄성계수를 강철의 탄성계수와 비교하라.

(c) 비례한계에서 공칭응력을 계산하라.

(d) 앞의 (c)의 결과를 재료의 항복강도로 간주하라. 이는 높은 항복응력인가 혹은 낮은 항복응력인가? 일반적인 다결정 금속에 대하여 10배수 단위로 비교하여 정답이 맞는지 구체적인 이유를 들어라.

(e) 비례한계에서 진변형도를 계산하라. 시편의 길이는 압축시험에서 축소됨을 기억하라.

(f) 파괴 시 총 진변형도를 계산하라.

(g) 공칭응력-공칭변형도에 기초하여 이 금속유리에 대한 파괴일(work of fracture)을 계산하라.

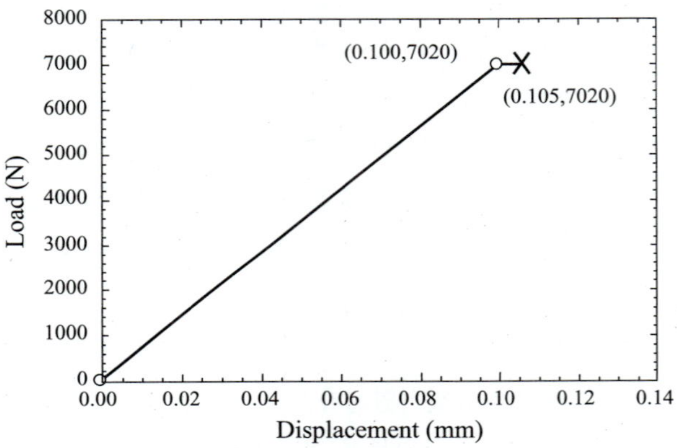

그림 6-31 압축하중에서 시험된 금속유리의 하중-대-변위 곡선. (문제 6-76)

6-12절 작은 길이스케일에서의 기계적 거동

6-77 크기에 의존하는 기계적 거동에 대한 이해가 설계과정에서 중요할 수도 있는 특별한 적용 사례를 들어보라.

6-13절 액체의 유변학

6-78 '점도(viscosity)', '겉보기 점도(apparent viscosity)', '동점도(kinematic viscosity)'를 정의하라.

6-79 Bingham 플라스틱과 같은 거동을 묘사하기 위해 어떠한 두 식이 사용되는가?

6-80 뉴턴성 재료란 무엇인가? 예를 들어보라.

6-81 '전단박화'재료와 '전단후화'재료의 의미는 무엇인가?

6-82 많은 페인트와 분산체들은 전단박화뿐만 아니라 요변성이다. '요변성'이라는 용어는 무엇을 의미하는가?

Knovel® 활용 문제

K6-1 길이 3.048 m, 단면적 555 mm^2인 어닐링 열처리된 알루미늄합금 5083-O 봉이 축하중을 받으며 압출되었다. 하중이 걸렸을 때 길이가 3.0518 m로 증가하였으며 소성변형은 발생하지 않았다.

(a) 이 재료의 탄성계수와 허용 인장응력을 계산하라. 단, 허용 인장응력은 인장 항복응력의 50%라고 가정하라.

(b) 봉에 가해진 인장응력과 축하중을 계산하라.

(c) 계산된 인장응력을 허용 인장응력과 비교하라. 또한, 이 허용응력에 대한 봉의 절대 연신율을 구하라.

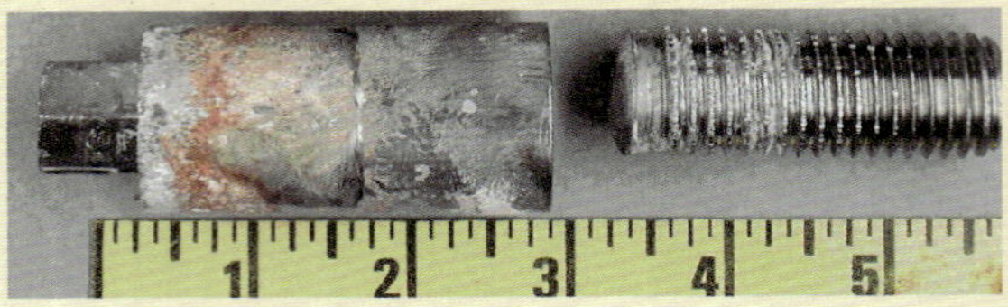

(*a*)

(*b*)

(*c*)

그림에 보이는 316 스테인리스강 볼트의 파괴는 기계적 피로때문에 일어난 것이다. 이 경우에, 볼트는 볼트머리와 자루가 연결되는 곡률부에서 파괴되었다[그림 (a)]. 파면 중 하나의 광학현미경 사진은 파괴가 한 지점에서 시작되었고[그림 (b)], 볼트가 부러질 때까지 자루를 관통하여 진전되었음을 보여주고 있다. 피로파괴의 전형적인 특징인 비치마크(beach mark)와 줄무늬(striation)가 파면 전체에 나타나 있다[그림 (c)]. 나사를 가진 잠금장치의 피로파괴는 대부분 잠금장치(fastener)의 불충분한 조임과 관련이 있으며, 결국 굽힘이 발생되고 파괴로 이어지게 된다. (출처: Corrosion Testing Laboratories, *Bradley Krantz, Richard Corbett, Albert Olszewski, and Robert R. Odle*)

CHAPTER 7

기계적 성질: 제2부

다음과 같이 궁금해 해본 적이 있는가?

- 유리섬유의 길이가 달라지면 왜 다른 강도를 가지는가?
- 전체적으로는 응력이 항복강도를 초과하지 않더라도 재료 또는 부품이 결국은 파괴될 수 있을까?
- 항공기는 왜 유한한 사용수명을 가졌을까?
- 재료는 왜 결국에는 파손될까?

제7장의 주요 학습목표

- 에너지방출 논리에 입각하여 왜 재료 내의 결함이 때 이른 파괴를 일으키는지 설명하는 것.
- 파괴인성을 정의하고 어떤 재료에 대하여 파괴인성과 임계 결함크기를 계산하는 것.
- 재료특성, 인가된 응력, 결함크기 사이의 파괴역학적 상관관계를 정의하는 것.
- 연성파괴가 일어났는지 취성파괴가 일어났는지 알려주는 파면의 특징을 식별하는 것.
- 피로의 과정을 설명하는 것.
- 피로가 왜 발생하는지 설명하고, 피로거동을 정량적으로 계산하는 것.
- 크리프의 과정을 설명하는 것.

이 장의 목표 중 하나는 재료의 파괴인성과 관련된 기본개념을 도입하는 것이다. 이러한 관점에서, 우리는 어떤 인자들이 유리 및 세라믹의 강도에 영향을 주는지와 Weibull 분포가 이 재료들의 강도의 변동성을 정량적으로 나타낼 수 있는지 알아볼 것이다. 다른 하나의 목표는 피로, 크리프, 응력부식과 같이 시간에 의존하는 현상에 대해 공부하는 것이다. 이 장에서는 엔지니어들이 재료의 이러한 특성과 파손을 평가할 때 사용하는 기본적인 시험절차들을 살펴볼 것이다.

7-1 파괴역학

파괴역학은 균열이나 기타 작은 결함을 가진 재료의 거동에 관해 다루는 학문분야이다. 여기서 '결함(flaw)'이란 작은 기공(구멍), 불순물, 미세균열과 같은 특징적인 것들을 말한다. 즉, 여기서 결함은 공공이나 전위 같은 원자크기 수준의 결함(defect)을 의미하지는 않는다. 우리가 알고 싶은 것은 재료가 어떤 크기 및 형상의 결함을 가지고 있을 때 그것이 버틸 수 있는 최대응력이다. 파괴인성은 결함이 있는 재료에 하중이 작용되었을 때 그것이 버틸 수 있는 능력을 측정한다. 이에는 높은 변형속도(충격)가 필요하지는 않다는 점에 주목하라.

전형적인 파괴인성 시험은 크기 및 형상을 알고 있는 균열이 존재하는 시편에 인장응력을 가하여 수행한다(그림 7-1). 재료에 걸린 응력은 응력을 증가시키는 요인으로 작용하는 균열 부위에서 증폭된다. 간단한 경우에 응력확대계수(stress intensity factor) K는 다음과 같다.

$$K = f\sigma\sqrt{\pi a} \tag{7-1}$$

여기서, f는 시편 및 균열에 따른 기하학적 형상인자이고, σ는 인가된 응력, a는 그림 7-1에서처럼 정의되는 균열의 크기이다. 하나의 작은 가장자리 균열이라면 $f = 1.12$가 된다[그림 7-1(a)]. 만일 시편이 '무한'한 폭을 가졌다고 볼 수 있다면, $f \cong 1.0$이 된다.

결함의 크기를 알고 있는 시편을 가지고 시험을 행함으로써, 우리는 결함이 성장하고 파괴되도록 유발하는 K값을 정할 수 있다. 이때의 임계 응력확대계수를 파괴인성(fracture toughness) K_c로 정의한다.

$$K_c = \text{균열이 진전하는 데 필요한 } K \tag{7-2}$$

파괴인성은 시편의 두께에 따라 변하는데, 두께가 증가할수록 파괴인성은 감소하여 일

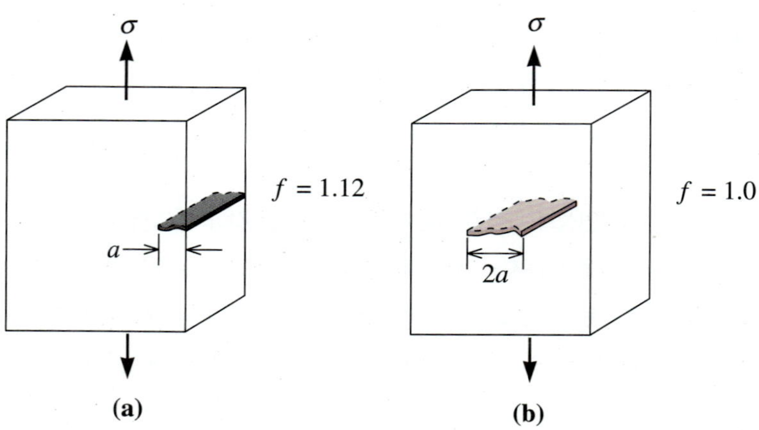

그림 7-1 (a) 가장자리 균열과 (b) 내부 균열을 가진 파괴인성시험 시편의 개략도. 두 가지 경우에 균열의 크기는 다르게 정의된다.

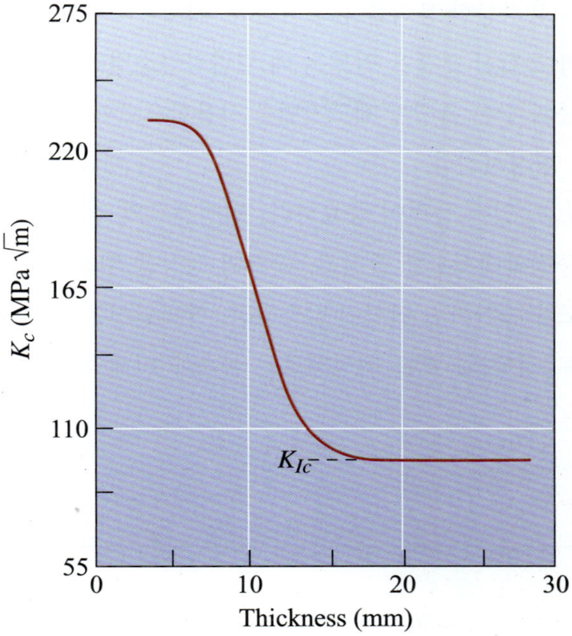

그림 7-2 항복강도 2,273 MPa인 강철의 파괴인성 K_c는 시편의 두께가 두꺼워짐에 따라 감소하여 결국 평면변형도 파괴인성 K_{Ic}에 수렴하게 된다.

정한 값으로 수렴한다(그림 7-2). 이 상수를 평면변형도(plane-strain) 파괴인성 K_{Ic}라 부른다. 일반적으로 재료의 특성으로 보고되는 것이 바로 K_{Ic}이며, 더 이상 시편의 두께에 따라 변하지 않는다. 표 7-1은 몇몇 재료에 대해 알려진 K_{Ic}값과 항복강도를 보여준다. 파괴인성의 단위는 MPa$\sqrt{m}$이다. (1 MPa$\sqrt{m}$ = 0.91 ksi$\sqrt{in.}$)

재료가 균열의 성장에 저항하는 능력은 많은 요인에 따라 달라진다.

표 7-1 선별된 재료들의 평면변형도 파괴인성 K_{Ic}

재료	파괴인성 K_{Ic}(MPa$\sqrt{m}$)	항복강도 또는 극한강도(취성재료)(MPa)
Al-Cu 합금	24.18	455
	36.26	324
Ti-6%Al-4%V 합금	54.95	896
	98.9	862
Ni-Cr 강철	50.33	1,641
	87.91	1,420
Al_2O_3	1.758	207
Si_3N_4	4.945	552
상변태강인화 ZrO_2	10.99	414
Si_3N_4-SiC 복합재료	56.04	827
폴리메틸메타크릴레이트(PMMA)	0.989	27.6
폴리카보네이트(PC)	3.297	57.9

1. 더 큰 균열은 허용가능한 응력을 감소시킨다. 액체금속으로부터 불순물을 걸러내거나, 세라믹과 초합금 부품을 만드는 데 열간가압소결(hot pressing)이나 열간등압소결(HIP) 등과 같은 특별한 제조기법을 사용함으로써 균열의 크기를 감소시키고 파괴인성을 향상시킨다.
2. 재료가 변형될 수 있는 능력이 중요하다. 연성재료의 경우, 균열의 끝단 부분을 무디게 하여 응력확대계수를 줄이고, 균열의 성장을 억제시킨다. 일반적으로 어떤 금속의 강도가 증가하면 연성이 감소하고, 파괴인성은 낮아진다(표 7-1 참조). 세라믹과 일부 고분자와 같은 취성재료는 금속에 비해 훨씬 더 낮은 파괴인성을 갖는다.

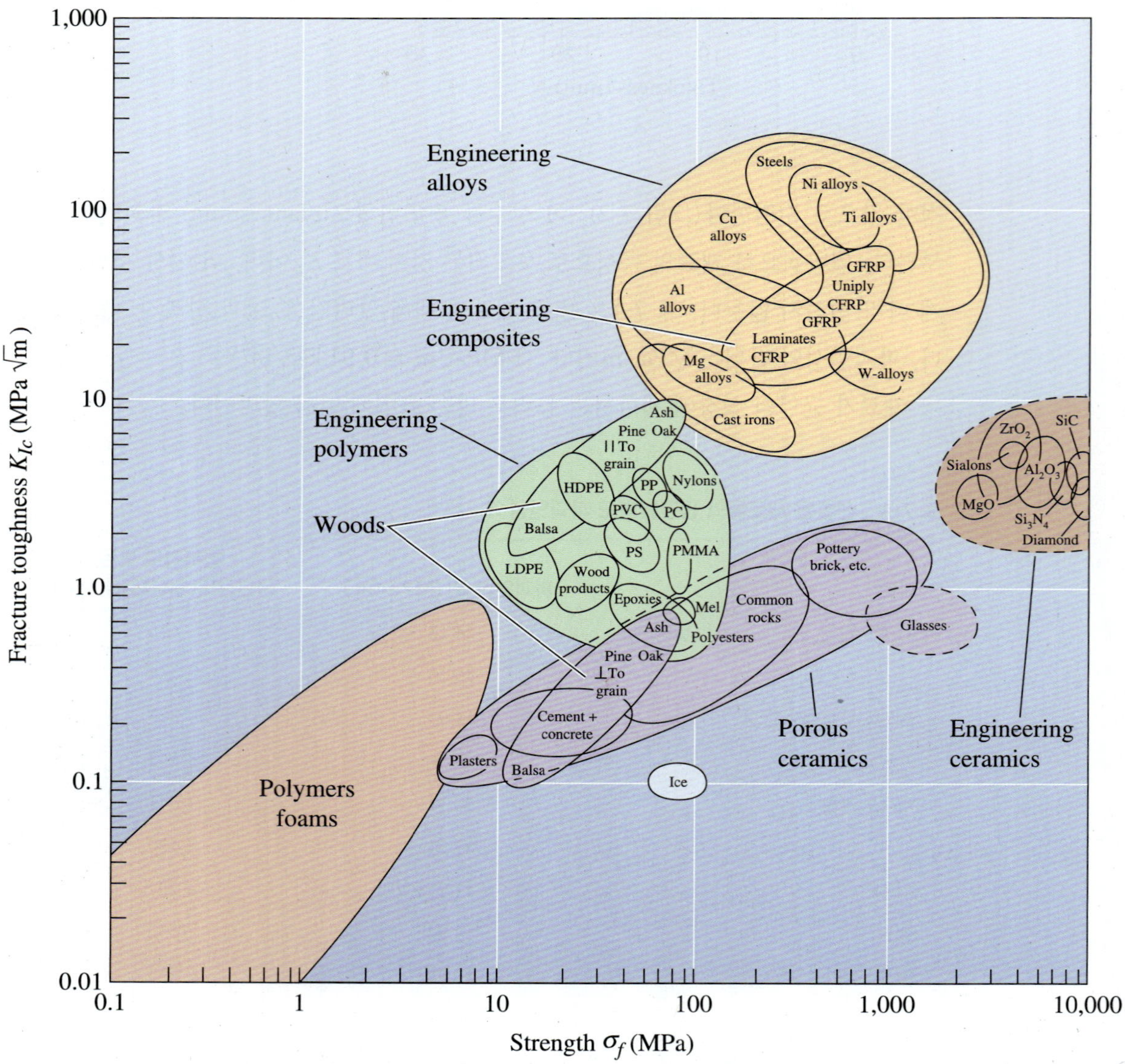

그림 7-3 다양한 공학재료에 대한 파괴인성-대-강도 차트. (출처: *Courtney, T. H.,* Mechanical Behavior of Materials, *2/e, Long Grove, IL; Waveland Press, Inc., 2000.*)

3. 재료가 두꺼워서 강성이 더 커지면 얇은 재료에 비해 낮은 파괴인성을 갖는다.
4. 충격시험에서와 같이 하중이 가해지는 속도가 증가하면 재료의 파괴인성은 일반적으로 감소된다.
5. 충격시험의 결과와 마찬가지로 온도를 증가시키면 보통 파괴인성이 증가된다.
6. 점결함이나 전위가 많은 경우 파괴인성은 감소하는 반면 결정립크기가 작아지면 파괴인성은 보통 증가한다. 따라서 미세한 결정립크기의 세라믹 재료는 균열성장에 대한 저항을 향상시킬 수 있다.
7. 어떤 세라믹 재료에 대해서는 응력유발변태(stress-induced transformation)를 일으켜 압축응력을 발생시킴으로써 파괴인성을 증가시키는 방법을 활용할 수 있다.

날카로운 노치를 사용한 세라믹의 파괴시험은 노치 부위가 쉽게 부러질 수 있기 때문에 수행하기가 쉽지 않다. 여러 세라믹의 파괴인성을 측정하기 위해서는 경도시험을 사용할 수 있다. 세라믹 재료가 압입되면 압입자국 주위에 인장응력이 형성되어 2차균열을 유발하게 되고, 2차균열의 길이를 측정하여 세라믹 재료의 파괴인성의 척도로 삼는다. 어떤 경우에는 경도시험기에 의해 만들어진 압입자국이 굽힘시험을 위한 균열의 시작점으로 사용되기도 한다. 일반적으로 이러한 균열 직접측정 방법이 파괴인성의 절대측정보다 비교 목적으로는 더 적합하다. 다양한 공학재료에 대한 파괴인성과 강도의 관계를 그림 7-3에 보여준다.

7-2 파괴역학의 중요성

파괴역학적 접근법은 재료 내부에 불가피하게 존재하는 결함을 고려하여 재료를 설계하고 선택할 수 있게 해준다. 여기에는 세 가지 고려해야 할 변수들이 있다. 재료의 특성(K_c 또는 K_{Ic}), 재료가 견디어야 하는 응력 σ, 결함의 크기 a이다. 만일 이 변수들 중 두 개를 안다면, 나머지 하나를 정할 수 있다.

재료의 선택 재료 내의 결함의 최대크기 a와 인가된 응력의 크기를 안다면, 결함이 더 성장하지 못하도록 충분히 큰 파괴인성 K_c 또는 K_{Ic}를 가진 재료를 선택할 수 있다.

부품의 설계 만일 결함의 최대크기와 재료의 특성(K_c 또는 K_{Ic}가 이미 정해짐)을 아는 경우, 부품이 버틸 수 있는 최대응력을 계산할 수 있다. 그러면 최대응력을 초과하지 않도록 부품의 크기를 적절하게 정할 수 있다.

제조공정 또는 시험방법의 설계 재료가 선택되었고, 작용응력을 알고 있으며, 부품의 크기가 정해진다면, 허용가능한 균열의 최대크기를 계산할 수 있다. 이러한 임계크

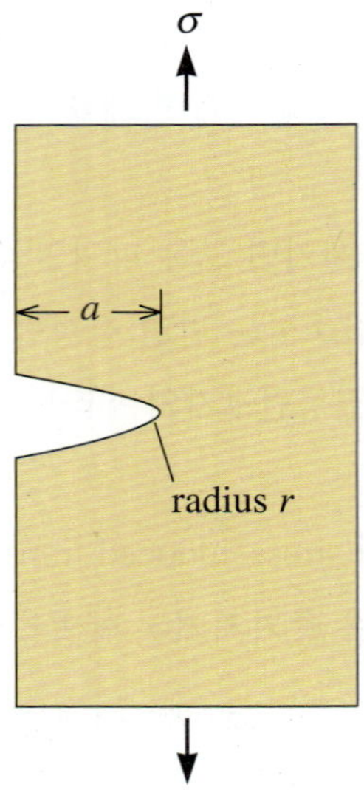

그림 7-4 세라믹에서 Griffith 결함의 개략도.

기보다 더 큰 결함을 모두 탐지할 수 있는 비파괴시험 기술은 그 부품이 안전하게 작동할 것임을 보장해줄 것이다. 아울러, 올바른 제조공정을 선정함으로써 모든 결함이 이 임계크기보다 작아지도록 만들 수 있을 것이다.

취성파괴 어떤 균열이나 결함도 세라믹이 인장응력을 견딜 수 있는 능력을 제한한다. 이는 균열(때때로 Griffith 결함이라고 불림)이 인가된 응력을 집중시키고 확대시키기 때문이다. 그림 7-4는 취성재료의 표면에 있는 균열길이 a, 균열선단 반경 r인 균열을 나타낸다. 인장응력 σ가 인가되면, 균열선단에서의 실제 응력은 다음과 같다.

$$\sigma_{\text{actual}} = 2\sigma\sqrt{a/r} \tag{7-3}$$

매우 얇은 균열(r) 또는 긴 균열 (a)의 경우, $\sigma_{\text{actual}}/\sigma$의 비는 커지고, 응력은 증폭된다. 만일 응력 σ_{actual}이 항복응력보다 커지면, 인가된 명목응력(nominal stress) σ는 작더라도 균열은 성장하여 결국 파괴를 일으킬 것이다.

예제 7-1 비파괴시험의 설계

원자로에 사용되는 대형 강판의 평면변형도 파괴인성이 $87.91 \text{ MPa}\sqrt{\text{m}}$이고, 사용 중에는 310.3 MPa의 응력에 노출된다고 한다. 균열이 급속하게 성장하여 대형사고로 이어지기 전에 강판의 가장자리에서 균열을 탐지할 수 있는 시험 또는 검사 방법을 설계하라.

풀이

위와 같은 조건에서 강재 내에서 진전하게 될 최소 균열크기를 결정해야 한다. 식 7-1로부터 가장자리 노치 균열에 대해서 $f = 1.12$라고 가정할 수 있으므로 다음과 같이 구할 수 있다.

$$K_{Ic} = f\sigma\sqrt{\pi a}$$

$$87.91 \times 10^6 \text{ Pa}\sqrt{\text{m}} = (1.12)(310.3 \times 10^6 \text{ Pa})\sqrt{\pi a}$$

$$a = 20.3 \text{ mm}$$

가장자리에서 20.3 mm 깊이의 균열은 상대적으로 탐지하기가 쉽다. 종종, 이 정도 크기의 균열은 육안으로도 식별이 가능하다. 염료침투검사(dye penetrant inspection), 자분탐상검사(magnetic particle inspection), 와전류검사(eddy current inspection)와 같은 다양한 시험을 통해 이보다 훨씬 더 작은 균열도 탐지할 수 있다. 만일 균열의 성장속도가 느리고 검사가 주기적으로 이루어진다면, 이 임계크기에 도달하기 훨씬 전에 균열을 찾아낼 수 있을 것이다.

다른 방법으로 생각해본다면, 우리는 응력이 작용하면 재료는 탄성계수 E에 따라 탄성변형을 일으키게 됨을 안다. 균열이 진전함에 따라, 이 변형에너지가 방출되고 전체적인 에너지 값이 낮아지게 된다. 그러나 동시에 균열이 확장되면서 두 개의 새로운 표면이 생성된다. 이는 표면과 관련된 에너지를 증가시키게 된다. 이 변형에너지와 표면에너지가 서로 같다고 하면, 균열이 진전하는 데 필요한 임계응력은 Griffith 식에 의해 주어진다.

$$\sigma_{\text{critical}} \cong \sqrt{\frac{2E\gamma}{\pi a}} \tag{7-4}$$

여기서, a는 표면균열의 길이(또는 내부균열 길이의 반)이고, γ는 단위면적당 표면에너지이다. 이 식도 역시 아주 작은 균열이라도 세라믹의 강도를 심하게 저하시키는 것을 보여준다.

응력확대계수에 대하여 식 7-1을 다시 정리하면 다음과 같다.

$$\sigma = \frac{K}{f\sqrt{\pi a}} \tag{7-5}$$

이 식은 식 7-4와 유사한 형태이다. 이 식들은 모두 기계적 특성이 세라믹에 존재하는 균열의 크기와 어떻게 연관되는지를 보여준다. 균열의 크기를 최소화할 수 있는 제조공정의 개발이 세라믹의 강도를 개선하는 데 있어서 가장 결정적인 것이 된다(제15장 참조).

재료에 인장응력이 작용할 때 균열이 가장 중요해진다. 압축응력은 균열을 더 벌리기보다는 닫히게 한다. 따라서 세라믹은 매우 좋은 압축강도를 보여주곤 한다.

예제 7-2 SiAlON 세라믹의 특성

첨단세라믹 SiAlON(silicon aluminum oxynitride)의 인장강도는 413.7 MPa이다. 이 값은 무결함 세라믹에 대한 것이라고 가정하자. (실제로는 무결함 세라믹을 생산하는 것은 거의 불가능하다.) SiAlON 부품이 시험되기 전에 0.254 mm 깊이의 얇은 균열이 관찰되었다. 이 부품이 균열의 진전에 의해 3.48 MPa의 응력에서 예상치 못하게 파손되었다면, 균열선단의 곡률반경을 구하라.

풀이

파손은 3.48 MPa의 인가된 응력이 균열선단에서 응력집중에 의해 확대되어 실제로는 인장강도와 맞먹는 응력을 발생시킴으로서 일어났다. 식 7-3으로부터

$$\sigma_{\text{actual}} = 2\sigma\sqrt{a/r}$$

$$413.7 \times 10^6 \text{ Pa} = (2)(3.48 \times 10^6)\sqrt{0.254 \text{ mm}/r}$$

$$\sqrt{0.254/r} = 60 \quad \text{or} \quad 0.254/r = 3600$$

$$r = 7.1 \times 10^{-5} \text{ mm} = 710 \text{ Å}$$

비파괴시험 방법으로 이 크기의 곡률반경을 측정하는 것은 사실상 불가능하다. 그러므로 비록 식 7-3이 취성재료에서 균열진전에 영향을 주는 요인을 이해하는 데는 도움이 될지라도 실제 세라믹 부품의 강도를 예측하는 데는 도움이 되지 못한다.

예제 7-3 세라믹 지지대의 설계

SiAlON으로 만들어진 76.2 mm 폭의 판이 9.89 MPa$\sqrt{\text{m}}$의 파괴인성을 가질 때, 최소허용두께를 구하라. 판은 178 kN의 인장하중을 견딜 수 있어야 한다. 이 지지대에 대해 파손을 일으킬 만한 균열이 없음을 보장하기 위해 비파괴적인 방법으로 시험을 실시할 것이다. 최소허용두께는 가능한 시험방법에 의해 탐지될 수 있는 최소균열크기에 의해 결정된다. 세 가지의 비파괴시험 방법이 가능하다고 가정하자. 엑스선 촬영법은 0.508 mm 이상의 결함을 탐지할 수 있고, 감마선 촬영법은 0.203 mm 이상의 결함을, 초음파검사는 0.127 mm 이상의 균열을 측정할 수 있다. 모든 결함에 대해 형상인자는 $f = 1.0$이라 가정한다.

풀이

주어진 균열크기에 대하여 균열이 더 이상 진전되지 않다는 것을 보장할 수 있는 판의 최소두께를 계산해야 한다. 식 7-5로부터 $f = 1.0$이므로 다음과 같이 계산할 수 있다.

$$\sigma_{\max} = \frac{K_{Ic}}{\sqrt{\pi a}} = \frac{F}{A_{\min}}$$

$$A_{\min} = \frac{F\sqrt{\pi a}}{K_{Ic}} = \frac{(178 \times 10^3 \text{ N})(\sqrt{\pi})(\sqrt{a})}{9.89 \times 10^6 \text{ Pa}\sqrt{\text{m}}}$$

$$A_{\min} = 3.19 \times 10^{-2} \sqrt{a}\ \mathrm{m}^2$$

$$\text{두께} = [0.2\ \mathrm{m}^2/(0.0762\ \mathrm{m})]\sqrt{a} = 0.525\sqrt{a}$$

비파괴시험 방법	탐지가능한 최소균열크기	최소면적 (mm^2)	최소두께 (mm)	최대응력 (MPa)
엑스선촬영법	0.508	716	9.4	160
감마선촬영법	0.203	452	5.84	254
초음파검사법	0.127	361	4.83	320

균열을 탐지할 수 있는 능력은, 탐지한계보다 작은 결함을 가진 세라믹을 생산할 수 있는 능력과 더불어, 감당할 수 있는 최대응력에 중대한 영향을 준다. 그러므로 부품의 크기에도 영향을 준다. 이 예제에서 지지대의 크기는 초음파검사법이 가능하다면 더 작아질 수 있다.

파괴인성 또한 중요하다. SiAlON 대신에 파괴인성이 3.3 MPa$\sqrt{\mathrm{m}}$인 Si_3N_4를 사용했다면, 계산을 반복해보면 같은 초음파검사를 실시하였을 때 최소두께가 14.2 mm이고 최대응력이 165.5 MPa에 불과함을 알 수 있다.

7-3 금속재료 파괴의 미세구조적 특징

연성파괴 연성파괴는 연성과 인성이 좋은 금속에서 일반적으로 입내파괴로 (결정립을 통과하여) 일어난다. 파괴된 부품에서는 넥킹을 포함하여 상당한 양의 변형이 종종 관찰되며 이 변형은 최종 파괴 이전에 일어난다. 연성파괴는 보통 단순 과하중 또는 재료에 너무 높은 응력을 가함으로써 발생한다.

단순 인장시험에서 연성파괴는 시편의 중앙 부위에 미세기공의 핵이 생성되고, 성장하여 합체되는 현상으로 시작된다(그림 7-5). 미세기공은 높은 응력이 결정립계의 금속면을 분리시키거나 또는 금속과 작은 불순물 입자(개재물) 사이의 계면을 분리시킬 때 형성된다. 국부적인 응력이 증가함에 따라 미세기공은 성장하고 합쳐져서 더 큰 공극으로 만들어진다. 마침내 하중을 버티기에는 금속과 금속간의 접촉면적이 너무 작아지므로 파괴가 일어난다.

슬립에 의한 변형 또한 금속의 연성파괴에 기여한다. 우리는 분해전단응력이 임계분해전단응력에 도달하면 슬립이 일어난다는 사실과 인가된 인장응력과 45°를 이루는 면에서 전단응력이 최대라는 것을 안다(제4장 Schmid의 법칙).

연성파괴의 이러한 두 가지 양상은 파면에 뚜렷한 특징을 남기게 된다. 두꺼운 금속

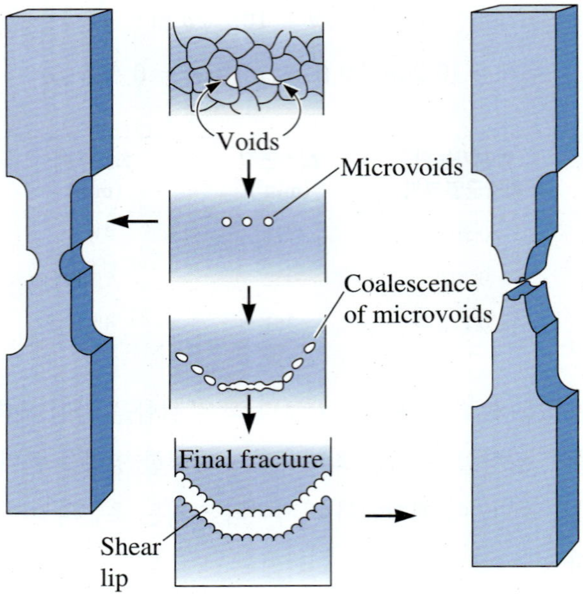

그림 7-5 연성재료가 인장시험에서 잡아당겨지면 결정립계나 개재물(inclusion)에서 미세기공의 핵생성에 의해 시편의 중앙부 부근에서 넥킹이 시작되고 기공이 형성된다. 변형이 계속되면서 45° 방향으로 전단입술(shear lip)이 형성될 수 있고, 최종적인 컵과 콘 파괴(cup-and-cone fracture)를 일으킨다.

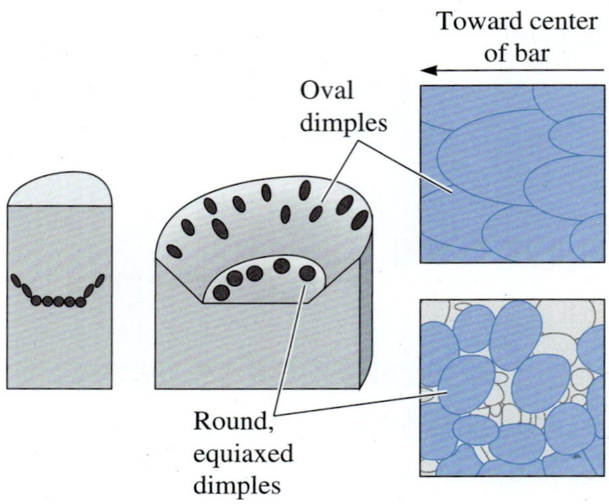

그림 7-6 딤플은 연성파괴 중에 형성된다. 등축 딤플은 미세기공이 생성되기 시작하는 중앙부에서 형성된다. 파괴의 시발점을 향하여 길게 늘어진 딤플은 전단입술 표면에 형성된다.

단면에서는 파면의 상당부분이 미세기공들이 생성되고 합쳐져서 형성된 편평한 부분으로 되어 있고, 하중의 작용방향과 45°를 이루는 파면을 갖는 작은 전단입술(shear lip)이 형성됨으로써, 넥킹의 증거를 찾아낼 수 있을 것으로 예상된다(그림 6-7 및 7-6). 이러한 경우 단순한 거시적 관찰로도 연성파괴 모드를 충분히 확인할 수 있다.

주사전자현미경 등을 사용하여 높은 배율로 파면을 조사해보면 딤플(dimple)이 많은 표면이 나타난다(그림 7-7). 딤플은 파괴 중에 형성된 미세기공들의 흔적이다. 이러한 미세기공은 수직 인장응력이 파손을 일으키는 경우, 보통 둥글거나 등축이지만[그림 7-7(a)], 전단입술 표면에서 딤플의 형상은 타원형이거나 길게 늘어져 있으며, 타원형이 파괴의 시발점을 향하여 늘어나 있다[그림 7-7(b)].

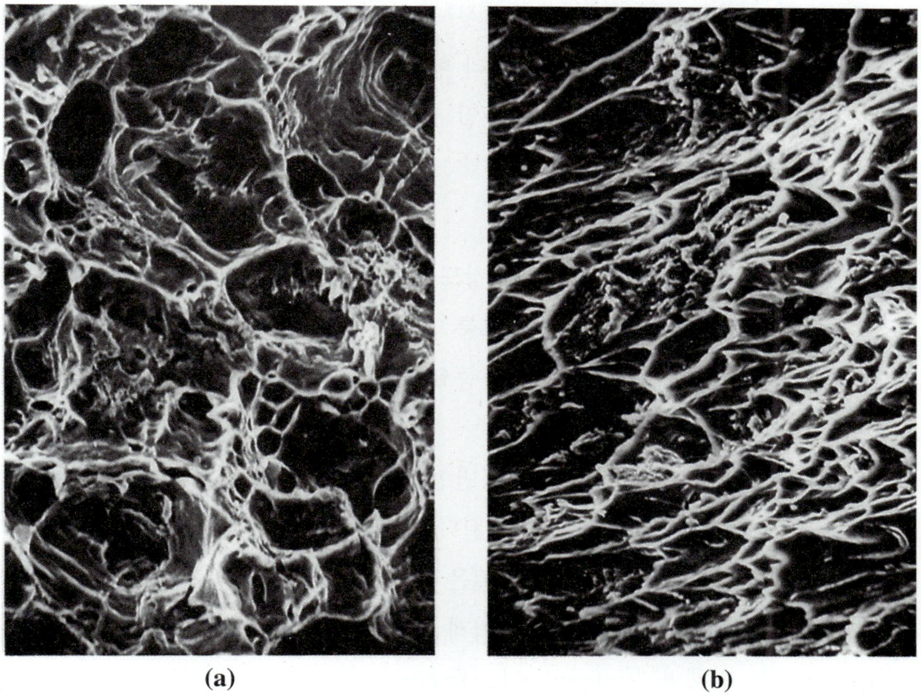

그림 7-7 인장시험에서 연성파괴를 보여주는 어닐링된 1018강의 주사전자현미경 사진(×1,250). (a) 컵과 콘 파괴의 편평한 중앙부에 형성된 등축 딤플, (b) 전단입술 표면에 형성된 길게 늘어진 딤플. (출처: *Don Askeland*)

얇은 판에서는 넥킹이 덜 나타나며, 전체 파면이 전단면이 되기도 한다. 파면을 현미경으로 조사해보면 딤플의 형상이 등축보다는 길게 늘어난 형태여서 두꺼운 금속에서보다 45° 슬립이 일어난 비율이 더 많은 것을 보여준다.

예제 7-4 승강기 체인의 파손분석

무거운 물건을 들어 올리는 데 사용되는 호이스트 체인이 파손되었다. 조사해본 결과, 파손된 연결부에는 파손 전에 상당한 변형과 넥킹이 있었음이 확인되었다. 가능성이 있는 파손의 원인을 몇 가지 들어보라.

풀이

위의 설명은 체인이 단순한 인장 과하중에 의해 연성파괴로 파손되었음을 암시한다. 이 파손의 원인으로는 두 가지 요인이 있을 수 있다.

1. 하중이 체인의 승강 용량을 초과하였다. 따라서 이 정도 크기의 하중이 체인의 최대 인장강도를 넘는 응력을 발생시켜 파손을 일으켰다. 하중을 제조사의 스펙과 비교해보면 체인은 그렇게 큰 하중을 위해 만들어지지 않았다는 것을 알 수 있을 것이다. 이는 사용자의 잘못이다!

2. 체인 재질의 조성이 잘못되었거나 적절하지 못하게 열처리되었다. 결과적으로 제조사가 의도했던 것보다 항복강도가 낮아졌으며 이 하중을 지탱할 수 없었다. 이는 아마 제조사의 잘못일 것이다!

취성파괴 취성파괴는 고강도 금속과 합금 또는 연성과 인성이 좋지 않은 금속과 합금에서 발생된다. 더욱이 보통 연성인 금속도 저온에서, 두꺼운 단면에서, 충격과 같이 높은 변형속도에서, 결함이 중요한 역할을 하는 경우에는 취성파괴와 비슷한 방식으로 파괴된다.

취성파괴에는 거의 소성변형이 수반되지 않는다. 균열은 보통 응력집중을 일으키는 작은 결함으로부터 시작된다. 금속 내에서 균열은 거의 음속에 가까운 속도로 진전할 수 있다. 일반적으로 균열은 특정한 결정학적 면, 종종 {100} 면을 따라 발생하는 벽개(cleavage)에 의해 가장 쉽게 전파한다. 그러나 때로는 균열의 경로가 결정립계를 따르는 입계파괴(intergranular fracture)일 수도 있는데, 특히 서로 다른 원자들끼리 모여 분리되는 편석(segregation)이나 개재물이 결정립계를 약화시킬 때에 더욱 그러하다.

취성파괴는 파면의 특징들을 관찰함으로써 알아낼 수 있다. 보통 파면은 편평하고 인장시험에서 인가된 응력의 방향에 수직이다. 만일 파괴가 벽개에 의해 일어났다면, 각각의 파괴된 결정립은 편평하면서도 서로 다른 방향을 향하고 있어 파면이 '얼음사

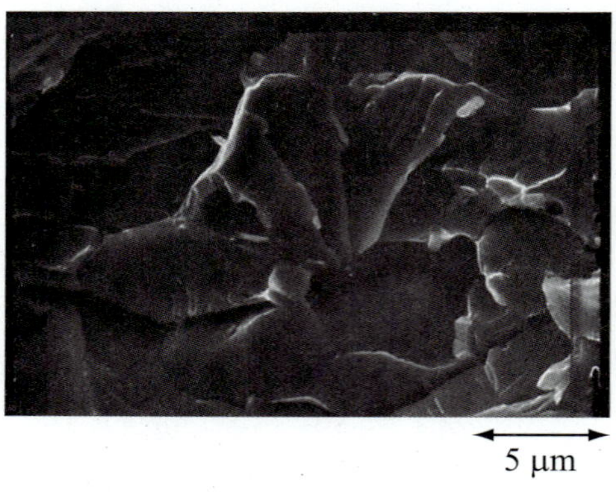

그림 7-8 담금질한 1010강의 취성파괴 단면의 주사전자현미경 사진. (출처: *C. W. Ramsay*)

그림 7-9 직경 0.5 in의 담금질된 4340강의 셰브런 패턴. 강철은 충격하중에 의해 취성파괴로 파손되었다. (출처: *Don Askeland*)

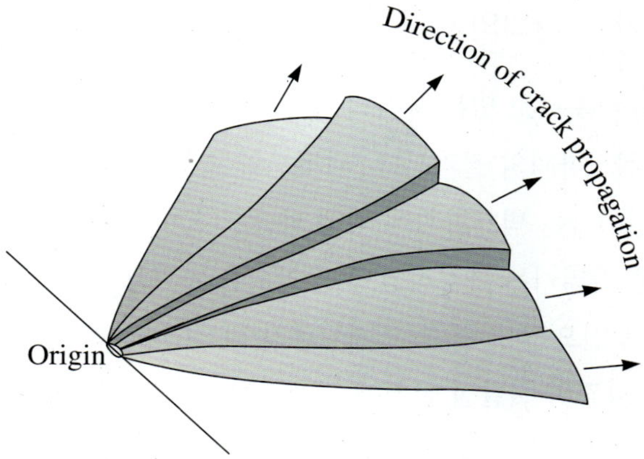

그림 7-10 균열선단이 시작점으로부터 서로 다른 높이로 진전되며 셰브런 패턴이 형성된다. 이 패턴을 거슬러 올라가면 시작점을 알 수 있다.

탕(rock candy)'과 같은 모습으로 나타난다(그림 7-8). 종종 비전문가들은 금속이 결정체로 되었기 때문에 파괴되었다고 주장한다. 물론 우리는 금속이 첫째 결정질이며, 파면의 형상은 벽개면 때문에 그렇게 보인다는 것을 안다.

흔히 볼 수 있는 또 다른 파괴의 특징은 재료 내에서 각각의 다른 균열선단이 서로 다른 높이로 진전되어 발생되는 셰브런(chevron) 패턴이다(그림 7-9). 표면의 방사상 패턴, 산등성이처럼 길게 솟은 부분은 균열의 시작점에서부터 부채꼴로 퍼져나간다(그림 7-10). 셰브런 패턴은 육안이나 확대경으로도 관찰할 수 있으며, 파손의 시작점은 물론 파손과정의 취성 거동도 알아볼 수 있게 해준다.

예제 7-5 차축의 파손분석

자동차 사고의 원인을 조사하던 엔지니어가 오른쪽 뒷바퀴 축이 부러진 것을 발견하였고 축이 구부러져 있었다. 파면은 축의 표면을 향하는 셰브런 패턴을 나타내었다. 가능성 있는 파괴의 원인을 제시하라.

풀이

증거는 사고 이전에는 부러지지 않았음을 시사한다. 변형된 차축은 하중이 가해졌을 때 바퀴가 아직 붙어 있었음을 의미한다. 셰브런 패턴은 바퀴에 강한 충격이 가해져 차축까지 전해졌음을 보여준다. 따라서 1차적인 증거는 운전자가 조종성을 잃고 충돌하였으며, 충돌 시에 가해진 힘에 의해 축이 부러졌다는 것을 암시한다. 파면, 미세구조, 조성, 특성에 대한 추가적인 조사의 결과로 차축이 제대로 제작된 것을 입증할 수 있을 것이다.

7-4 세라믹, 유리, 복합재료 파괴의 미세구조적 특징

이온결합 또는 공유결합을 하고 있는 세라믹 재료에서는 슬립이 거의 없다. 그러므로 세라믹 재료의 파손은 취성파괴의 결과이다. 대부분의 결정질 세라믹은 면간거리가 넓은 조밀충진면을 따라 일어나는 벽개파괴에 의해 파손된다. 파면은 일반적으로 매끄럽고, 흔히 파괴의 시발점을 가리키는 특징적인 표면 양상을 가지고 있지 않다[그림 7-11(a)].

유리도 취성파괴를 일으킨다. 종종 조개껍데기 파괴(conchoidal fracture)의 파면이 관찰된다. 이 파면은 파괴의 시발점 근처에 거울처럼 매끄러운 면을 가지고, 나머지 파면은 파열선으로 구성되어 있다[그림 7-11(b)]. 파열선은 금속에서의 셰브런 패턴과 매우 유사하게 균열의 시발점인 거울처럼 매끄러운 구역을 향하고 있다.

고분자는 연성 또는 취성 메커니즘으로 파괴된다. 유리천이온도(T_g) 이하에서는 열가소성 고분자가 마치 유리처럼 취성파괴를 일으킨다. 마찬가지로, 경도가 높고 강직한 3차원의 가교결합 구조를 가진(제6장 참조) 열경화성 고분자도 취성파괴를 일으킨다. 뒤엉켜 있으나 화학적으로 가교결합 되지는 않은 사슬을 가진 일부 플라스틱들은 유리천이온도 이상에서는 연성파괴를 일으키는데, 파단 전에 큰 변형과 심지어 넥킹의 증거까지 보여주기도 한다. 연성거동은 고분자 사슬의 미끄러짐의 결과이고, 이는 열경화성 고분자에서는 불가능하다.

섬유강화 복합재료의 파괴는 더 복합적이다. 일반적으로 이러한 복합재료는 보론섬유강화알루미늄과 같이 강하고 취성인 섬유가 부드럽고 연성인 기지로 둘러싸인 구조이다. 인장응력이 섬유를 따라 인가되면 부드러운 알루미늄은 연성으로 변형되어 기공이 형성되고 합체되어 결국 작은 딤플이 있는 파면을 생성한다. 알루미늄이 변형하면서 하중은 더 이상 섬유와 기지 사이에서 효과적으로 전달되지 못하고, 섬유는 최종 하중을 지탱하기에는 너무 적은 수의 섬유만 남을 때까지 계속하여 취성파괴를 일으킨다.

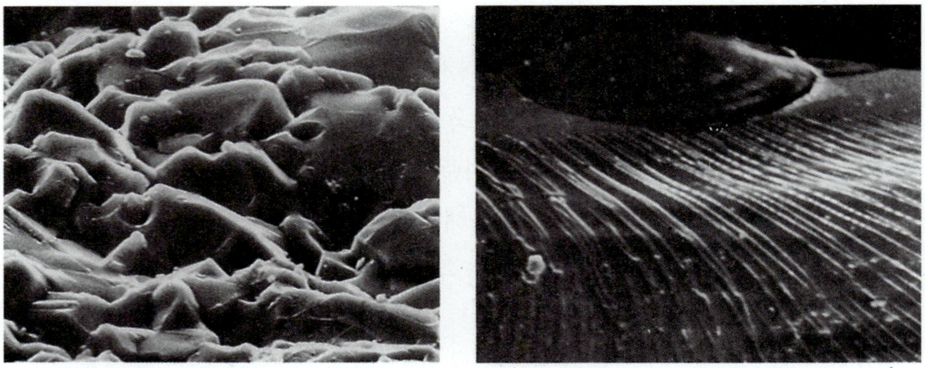

(a) (b)

그림 7-11 세라믹 파면의 주사전자현미경 사진. (a) Al_2O_3의 파면은 벽개파괴 표면을 보여준다(× 1,250). (출처: *Don Askeland*) (b) 유리의 파면은 거울면구역(상부)과 조개껍데기 파괴의 특징인 파열선들을 보여준다.(× 300). (출처: *Don Askeland*)

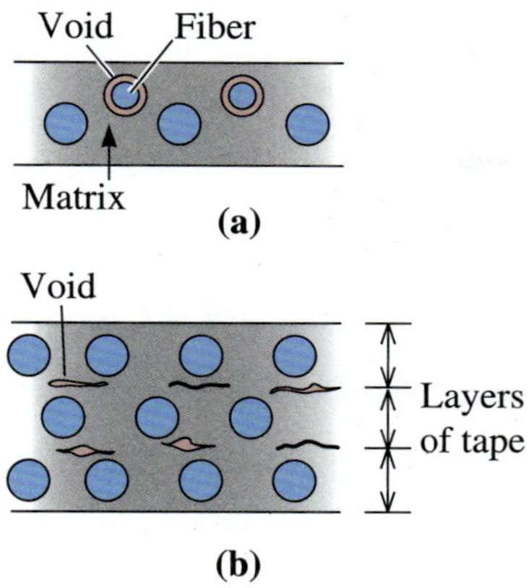

그림 7-12 섬유강화 복합재료는 여러 메커니즘으로 파손될 수 있다. (a) 섬유와 기지 사이의 약한 결합 때문에 기공이 형성되고 섬유뽑힘 현상이 발생한다. (b) 기지의 각 층들이 제대로 결합되지 못하면, 기지에는 기공이 발생하고 층간분리를 일으킨다.

섬유와 기지 사이의 결합이 좋지 않으면 파괴는 더 흔하게 일어난다. 그러면 섬유와 기지 사이에 기공이 형성되어 섬유뽑힘(fiber pull-out) 현상이 발생할 것이다. 만일 복합재료 테이프나 판이 적절하게 접합되지 못한 경우에는 기지층 사이에도 기공이 형성될 수 있어 층간분리(delamination)를 일으킨다(그림 7-12). 층간분리는 복합재료 내의 다른 층이 서로 벌어지는 현상을 의미한다.

예제 7-6 **복합재료의 파괴**

보론섬유강화알루미늄 복합재료와 유리섬유강화에폭시 복합재료의 파괴 메커니즘의 차이를 설명하라.

풀이

보론강화알루미늄에서 알루미늄기지는 부드럽고 연성이어서 기지는 연성파괴를 일으킬 것으로 예상할 수 있다. 반면에 보론섬유는 취성파괴를 일으킬 것이다. 유리섬유와 에폭시는 모두 취성이다. 그러므로 그 복합재료는 전체적으로 연성파괴의 흔적을 거의 보여주지 못한다.

7-5 파괴강도 해석을 위한 Weibull 통계학

세라믹 재료의 강도를 평가할 때에는 통계적인 접근이 필요하다. 세라믹 및 유리의 강도는 결함의 크기와 분포의 영향을 받는다. 이 재료에서 결함은 세라믹의 제조공정 중에 발생된다. 예를 들어, 결함은 절삭가공이나 그라인딩 작업 중 형성될 수 있다. 유리는 공기 중의 수증기와 작용하여 미세균열을 만들 수도 있다. 만일 알루미나 또는 다른 세라믹의 다른 크기와 형상의 부품을 시험하면, 그것들의 공칭 조성이 같을지라도 측정

값의 분포가 넓게 분산되어 있음을 발견할 수 있다. 이와 유사하게 일정한 조성을 가진 유리섬유의 강도를 시험하면, 보통 짧은 섬유들이 긴 섬유보다 강한 것을 알 수 있다. 세라믹 및 유리의 강도는 어떤 임계크기를 초과하는 크기의 균열을 발견할 확률에 의해 정해진다. 이 확률은 부품의 크기나 섬유의 길이가 증가할수록 증가한다. 따라서 큰 부품이나 긴 섬유는 작은 부품이나 짧은 섬유보다 강도가 낮아지기 쉽다. 비교적 큰 소성변형을 보여주는 금속 또는 고분자재료에서는 결함과 결함크기 분포의 영향이 세라믹 및 유리에서와 같은 정도로 느껴지지 않는다. 이들 재료에서는 결함으로부터 시작된 균열이 소성변형에 의해 무뎌지게 된다. 그리하여 연성재료에서는 강도의 분포가 좁고 가우스분포에 가깝다. 그러나 세라믹 및 유리의 강도는 상당히 변동이 크다. 실리카유리나 알루미나 세라믹의 샘플을 대량으로 시험해보면 결함크기 분포의 변화에 따라 넓은 분산을 보일 것이다. 세라믹 및 유리와 같은 취성재료의 강도분포는 가우스분포가 아니고 Weibull 분포를 따른다. Weibull 분포는 결함크기의 분포에 기인하는 재료강도의 변동성의 척도이다. 이 거동은 결함크기가 다양하게 분포된 재료에서 임계크기 결함으로부터 기인한다(즉, 체인의 가장 약한 연결고리에 의한 파손).

그림 7-13의 Weibull 분포는 다양하게 인가된 응력에서 파손된 샘플의 분율을 나타낸다. 낮은 응력에서는 파손을 일으키기에 충분히 큰 결함을 가진 샘플의 분율이 작다. 대부분의 파손은 중간 정도의 인가된 응력에서 발생되고, 일부 샘플은 작은 결함만을 가지고 있어서 아주 큰 응력이 작용될 때까지 파손되지 않는다. 예측가능성을 확보하기 위해 우리는 분포의 폭이 아주 좁은 것을 선호한다.

부피가 V이고 결함크기의 분포를 가지고 있는 물체가 응력 σ를 받는다고 하자. 이 물체의 부피 V가 부피 V_0인 n개의 요소로 구성되어 있고, 각 요소는 같은 결함크기의 분포를 가졌다고 가정하면, 파손되지 않고 생존할 확률 $P(V_0)$(인가된 응력 σ 하에서 취성재료가 파손되지 않을 확률)은 다음과 같다.

$$P(V_0) = \exp\left[-\left(\frac{\sigma - \sigma_{\min}}{\sigma_0}\right)^m\right] \tag{7-6}$$

따라서 파손될 확률 $F(V_0)$은 다음과 같다.

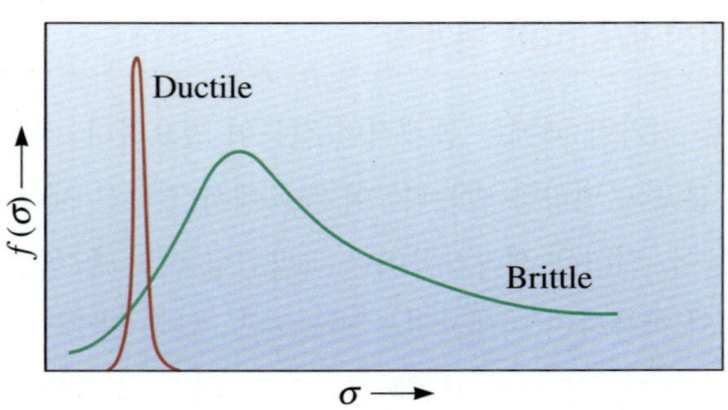

그림 7-13 Weibull 분포는 다양한 수준으로 인가된 응력에서 파손된 시편의 분율을 나타낸다.

$$F(V_0) = 1 - P(V_0) = 1 - \exp\left[-\left(\frac{\sigma - \sigma_{\min}}{\sigma_0}\right)^m\right] \tag{7-7}$$

식 7-6과 7-7에서 σ는 인가된 응력이고, σ_0는 시편의 크기와 형상에 관련된 비례상수이며, $\sigma_{\min}$는 그 이하에서는 파손확률이 0인 응력값(즉, 생존확률이 1.0)이고, m은 Weibull 계수이다. 이론적으로 Weibull 계수는 0부터 ∞의 값을 갖는다. Weibull 계수는 재료강도의 변동성을 가늠하는 척도가 된다.

Weibull 계수 m은 강도의 변동성을 나타내며, 금속과 합금의 경우 Weibull 계수가 약 100 정도이다. 전통적인 세라믹(예: 벽돌, 도자기 등)은 Weibull 계수가 3 이하이다. 가공공정이 잘 제어되어 결함의 수가 적을 것으로 예상되는 공학 세라믹은 Weibull 계수가 5~10 정도이다.

세라믹과 기타 취성고체에 대해서는 $\sigma_{\min} = 0$이라 가정할 수 있다. 이것은 취성재료가 절대 깨지지 않는다고 말할 수 있는 응력값이 없기 때문이다. 취성재료에 대해서는 식 7-6과 7-7을 다음과 같이 다시 나타낼 수 있다.

$$P(V_0) = \exp\left[-\left(\frac{\sigma}{\sigma_0}\right)^m\right] \tag{7-8}$$

$$F(V_0) = 1 - P(V_0) = 1 - \exp\left[-\left(\frac{\sigma}{\sigma_0}\right)^m\right] \tag{7-9}$$

식 7-8로부터 인가된 응력 σ가 0일 때는 생존확률이 1임을 알 수 있다. 인가된 응력이 증가함에 따라 $P(V_0)$는 감소하고, 응력이 아주 큰 경우에는 0에 접근한다. 또한 변수 σ_0에는 또 다른 의미가 있다. 식 7-8에서 $\sigma = \sigma_0$이면 파손되지 않을 확률은 $1/e \cong 0.37$이다. 그러므로 σ_0는 생존확률이 약 0.37, 즉 37%인 응력수준이다. 다르게 설명하면, σ_0는 파손확률이 약 0.63, 즉 63%인 응력수준이다.

식 7-8과 7-9를 수정하면 다른 부피를 가지고 있는 시편에 대해서도 설명할 수 있다. 생존확률이 같은 경우에는 큰 부피를 가진 시편의 강도가 낮다. 이것은 앞에서 이미 언급한 바와 같다. 예를 들어, 긴 유리섬유가 짧은 유리섬유보다 약하다.

다음의 예제들은 Weibull 곡선이 재료의 기계적 특성 분석과 부품의 설계에 어떻게 사용될 수 있는지를 보여준다.

예제 7-7 세라믹의 강도와 파손확률

어떤 첨단 공학세라믹의 Weibull 계수가 $m = 9$이다. 파손확률 $F = 0.4$일 때 굽힘강도가 250 MPa이라면 파손확률이 0.1일 때의 굽힘강도는 얼마인가?

풀이

모든 시편이 같은 부피를 가지고 있다고 가정한다. 그러면 이 경우에 시편의 크기는 고려할 필요가 없다. 시편의 부피를 나타내는 문자로 V_0 대신 V를 사용할 수 있다. 취성재료를 다루고 있으므로 식 7-9를 사용한다.

$$F(V) = 1 - P(V) = 1 - \exp\left[-\left(\frac{\sigma}{\sigma_0}\right)^m\right]$$

즉,

$$1 - F(V) = \exp\left[-\left(\frac{\sigma}{\sigma_0}\right)^m\right]$$

양변에 자연로그를 취하면,

$$\ln[1 - F(V)] = -\left(\frac{\sigma}{\sigma_0}\right)^m$$

이 된다. 다시 자연로그를 취하면,

$$\ln\{-\ln[1 - F(V)]\} = m(\ln\sigma - \ln\sigma_0) \tag{7-10}$$

왼편의 마이너스(−) 부호를 없애고 다음과 같이 쓸 수 있다.

$$\ln\left\{\ln\left[\frac{1}{1 - F(V)}\right]\right\} = m(\ln\sigma - \ln\sigma_0) \tag{7-11}$$

식 7-11에서 $F = 0.4$, $\sigma = 250$ MPa, $m = 9$이면 다음과 같다.

$$\ln\left[\ln\left(\frac{1}{1 - 0.4}\right)\right] = 9(\ln 250 - \ln\sigma_0) \tag{7-12}$$

정리하면 다음과 같다.

$$\ln[\ln(1/0.6)] = -0.67173 = 9(5.52146 - \ln\sigma_0)$$

그러므로 $\ln\sigma_0 = 5.52146 + 0.07464 = 5.5961$가 된다. 따라서 $\sigma_0 = 269.4$ MPa이다. 이것이 세라믹의 고유강도이며, 269.4 MPa 수준의 응력에 대해서 생존확률은 0.37이다(파손확률은 0.63).

우리가 구하려는 것은 $F = 0.1$이 될 응력값 σ이다. 파손확률(F)이 감소할수록 그에 상응하는 세라믹이 받을 수 있는 응력수준도 감소한다. $m = 9$이고 $\sigma_0 = 269.4$ MPa이므로 식 7-11에 대입하면 다음과 같다.

$$\ln\left[\ln\left(\frac{1}{1 - 0.1}\right)\right] = 9 - (\ln\sigma - \ln 269.4)$$

$$-2.25037 = 9 - (\ln\sigma - 5.5961)$$

$$\therefore -2.25004 = \ln\sigma - 5.5961$$

$$\ln\sigma = 5.3461$$

즉, $\sigma = 209.8$ MPa이다. 예상했던 바와 같이, 파손확률을 0.1로 낮추면 견딜 수 있는 응력수준도 낮아지는 것을 알 수 있다.

예제 7-8 Weibull 계수의 결정

일곱 개의 탄화규소 시편을 시험하여 23, 49, 34, 30, 55, 43, 40 MPa의 파괴강도를 구하였다. 데이터를 식 7-11에 맞추어 Weibull 계수를 결정하고, 세라믹의 신뢰도에 대해 논하라.

풀이

우선, 어떤 형태의 통계적 분석이든 많은 수의 시편이 필요하다. 시편 일곱 개는 충분하지 않은 숫자이다. 이 예제의 목적은 계산을 설명하기 위함임을 밝힌다.

세라믹의 거동을 결정하는 데 완전히 정확하지는 않으나 간단한 방법은 시편 중 가장 낮은 파괴강도를 나타낸 시편에 1의 값을 매기는 방법으로 1~7까지의 등급을 매기는 방법이다. 시편의 총 수는 n이다(이 문제의 경우 7). 파손확률 F는 앞에서 매긴 등급을 $n+1$(이 문제의 경우 8)로 나눈 값이다. $\ln\{\ln 1/[1-F(V_0)]\}$를 $\ln \sigma$에 대하여 그릴 수 있다. 다음 표와 그림 7-14는 이러한 계산의 결과를 보여준다. σ가 로그 스케일로 그려졌음에 유의하라.

i번째 시편	σ(MPa)	$F(V_0)$	$\ln\{\ln 1/[1-F(V_0)]\}$
1	23	1/8 = 0.125	−2.013
2	30	2/8 = 0.250	−1.246
3	34	3/8 = 0.375	−0.755
4	40	4/8 = 0.500	−0.367
5	43	5/8 = 0.625	−0.019
6	49	6/8 = 0.750	+0.327
7	55	7/8 = 0.875	+0.732

맞춤선의 기울기, 즉 Weibull 계수 m은 (맞춤선 상의 두 점을 사용하여) 다음과 같이 구할 수 있다.

$$m = \frac{0.5-(-2.0)}{\ln(52)-\ln(23.5)} = \frac{2.5}{3.951-3.157} = 3.15$$

이렇게 낮은 Weibull 계수 3.15는 세라믹이 매우 변동성이 심한 파괴강도를 가지고 있어, 하중지탱 용도에는 사용하기 어렵다는 것을 보여준다.

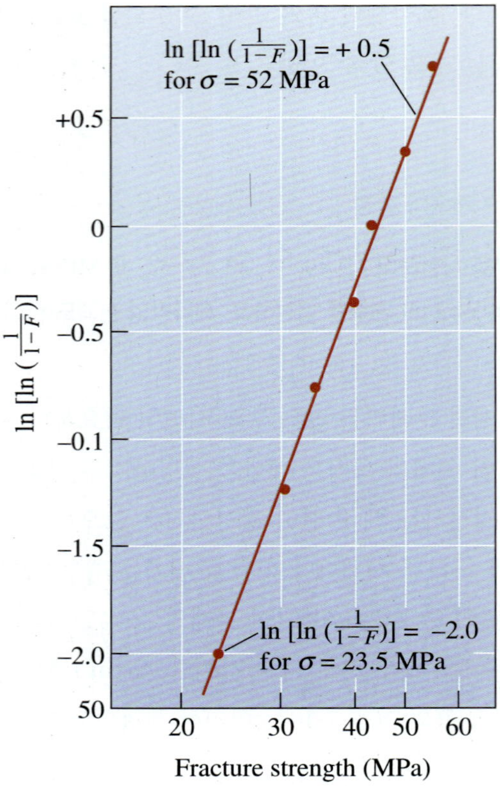

그림 7-14 누적 파손확률 대 파괴응력의 도표. 파괴강도가 로그스케일로 그려졌음에 유의하라.

7-6 피로

피로는 항복강도보다 높거나 낮은 반복응력에 의해 재료의 강도가 낮아지거나 파손되는 현상이다. 그것은 인장, 압축, 굽힘, 진동, 열팽창과 수축 등의 형태로 반복응력을 지속적으로 받게 되는 자동차와 비행기의 하중지탱 부품, 터빈블레이드, 스프링, 크랭크샤프트, 기타 기계부품, 의생명공학적 임플랜트, 신발과 같은 소모품 등에서 흔히 일어나는 현상이다. 그러한 응력들은 종종 재료의 항복강도보다 낮지만, 응력이 충분히 많은 횟수로 반복하여 작용되면 피로에 의한 파손을 일으키게 된다! 자동차 폐차장에서 찾아볼 수 있는 부품들의 큰 비율이 피로파괴에 의해 파손된 것들이다. 피로파괴의 가능성은 항공기 부품이 유한한 수명을 갖는 주된 이유이다.

피로파괴는 일반적으로 3단계로 일어난다. 우선, 하중이 작용하기 시작한 후 한참 후에 아주 작은 균열이 개시되거나 생성된다. 보통, 균열의 생성은 응력이 최대인 표면 또는 표면 부근, 설계나 생산이 잘못되어 스크래치나 움푹 파인 곳 또는 날카로운 코너, 개재물(inclusion), 결정립계, 전위밀도가 매우 높은 구역과 같은 표면결함에서 형성된다. 다음으로, 균열은 하중이 반복됨에 따라 점차 진전한다. 마지막으로, 재료의 파손되지 않고 남은 단면이 인가된 하중을 버티기에 너무 작게 되면 갑작스런 파괴가 일어난다. 전반적인 응력은 항복응력보다 낮게 유지되더라도 국부적으로는 응력의 세기가 인장강도를 초과하여 부품이 피로에 의해 파손된다. 피로가 발생하려면 반드시 인장응력의 요소가 포함되어야 한다. 일반적으로 금속 또는 고분자재료의 피로가 관심의 대상이 된다.

세라믹은 주로 낮은 파괴인성 때문에 파손되므로 세라믹의 경우에는 보통 피로를 고려하지는 않는다. 일단 피로에 의해 균열이 형성되면 파괴인성을 낮출 것이기 때문에 세라믹의 사용수명을 낮출 것이다. 일반적으로 세라믹을 사용하는 경우에는 반복하중이 아닌 정적 하중에 대해 설계하고 Weibull 계수를 고려한다.

고분자재료 또한 피로파괴를 보인다. 고분자에서의 피로 메커니즘은 금속의 경우와는 다르다. 고분자에서는, 재료가 반복응력을 받으면 균열 끝부분에서 상당한 열이 발생되고 피로와 크리프(7-9절 참조) 현상 사이에 상호작용을 일으켜 전반적인 거동에 영향을 미치게 된다.

피로파괴는 종종 식별하기 쉬운 편이다. 파면(특히 시작점 부근)은 일반적으로 매끄럽다. 원래의 균열 크기가 커짐에 따라 파면은 거칠어지고 마지막 균열전파 중에는 섬유상으로 될 수도 있다. 미시적 및 거시적 관찰을 통해 비치마크(beach mark) 패턴 또는 줄무늬(striation)를 확인할 수 있다(그림 7-15). 비치마크 또는 조개껍질마크는 보통 사용 중에 하중이 변하거나 하중이 간헐적으로 가해져서 어쩌면 균열 내부에 산화가 일어나기에 충분한 시간이 주어졌을 때 형성된다. 훨씬 더 미세한 크기인 줄무늬는 각 사이클 후에 균열선단의 위치를 보여준다. 비치마크는 항상 피로파괴를 의미하지만, 아쉽게도 비치마크가 없다고 해서 반드시 피로파괴가 아니라고는 할 수 없다.

예제 7-9 크랭크샤프트의 피로파괴 분석

디젤엔진의 크랭크샤프트가 파손되었다. 조사에 의하면 크랭크샤프트에는 소성변형의 흔적이 없고 파면은 매끄럽다. 또한, 그 크랭크샤프트의 다른 위치에서 몇몇의 다른 균열들이 관찰되었다. 어떤 형태의 파손 메커니즘이 발생하였을까?

풀이

크랭크샤프트는 회전하는 부품이므로 표면은 반복하중을 받게 된다. 따라서 즉시 피로파괴의 가능성을 의심해보아야 한다. 소성변형의 부재는 이러한 의심을 뒷받침해준다. 더구나 다른 균열들이 존재함도 역시 피로의 가능성과 일치한다. 다른 균열들은 돌발적인 파괴를 일으킬 만한 크기로 성장하는 데 필요한 시간이 부족했던 것이다. 파면을 관찰해보면 아마 틀림없이 비치마크나 줄무늬가 나타날 것이다.

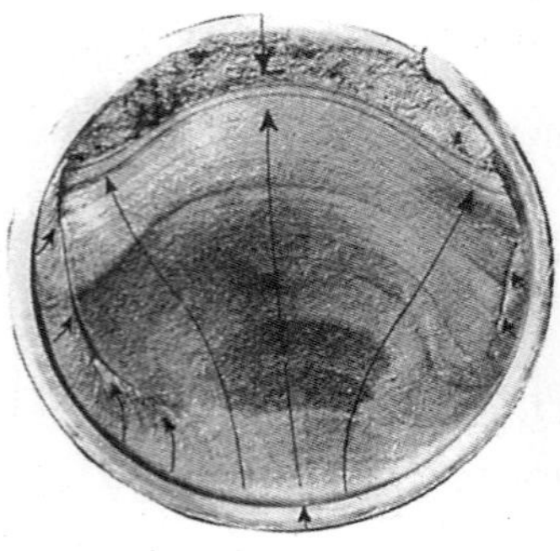

(a)

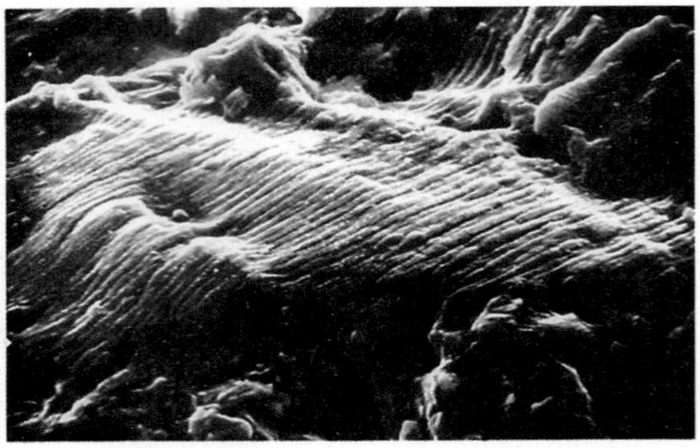

(b)

그림 7-15 피로파괴 표면. (a) 저배율에서 비치마크(beach mark) 패턴이 피로가 파괴의 메커니즘이었음을 말해준다. 화살표는 하단 중앙에서 시발된 균열선단의 성장방향을 보여준다. (출처: *C. C. Cottell, "Fatigue Failures, with Special Reference to Fracture Characteristics,"* Failure Analysis: The British Engine Technical Reports, *American Society of Metals, 1981, p. 318. Reprinted with permission of ASM International. All rights reserved. www.asminternational.org.*) (b) 아주 고배율에서는, 피로 중에 형성된 촘촘한 간격으로 나열된 줄무늬(striation)가 관찰된다(× 1,000). (*Reprinted Courtesy of Don Askeland*)

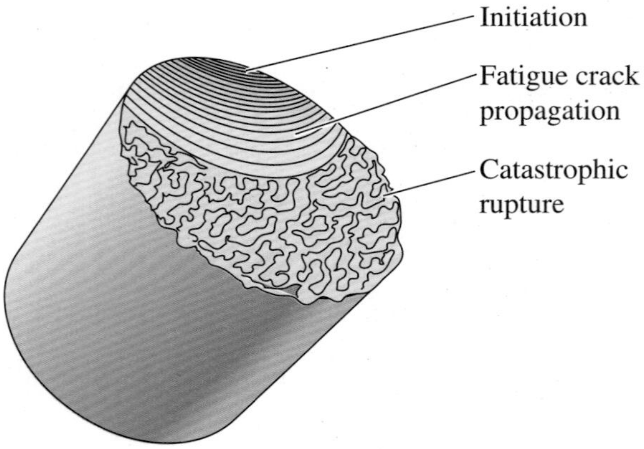

그림 7-16 강철 차축의 피로파괴 표면에 대한 개략적인 설명도. 피로가 개시된 구역, 피로균열의 전파(비치마크), 균열길이가 인가된 응력에서 임계길이를 초과하였을 때 돌발적인 파단을 보여준다.

재료의 피로에 대한 저항성을 측정하는 데 전통적이고 오래된 방법은 회전캔틸레버빔(rotating cantilever beam) 피로시험이다(그림 7-17). 절삭가공된 원통형 시편의 한쪽 끝이 모터로 작동되는 손잡이 척(chuck)에 물려 있고, 다른 한쪽 끝에는 무거운 추가 매달려 있다. 초기에 시편의 아랫면은 압축되어 있지만, 윗면에는 인장력이 작용하고 있다. 시편이 90° 회전하면 원래 인장과 압축을 받고 있던 부분들은 더 이상 아무런 응력도 받지 않는다. 180° 반 바퀴를 돌게 되면 처음에 인장을 받던 부분은 압축이 되고, 압축을 받던 부분은 인장을 받게 된다. 그리하여 어떠한 부분에서도 응력은 최대 인장응력에서부터 최대 압축응력까지 완전한 사인주기를 거치게 된다. 이러한 형태의 시편에 작용하는 최대응력은 다음과 같이 주어진다.

$$\pm\sigma = \frac{32\,FL}{\pi d^3} \tag{7-13}$$

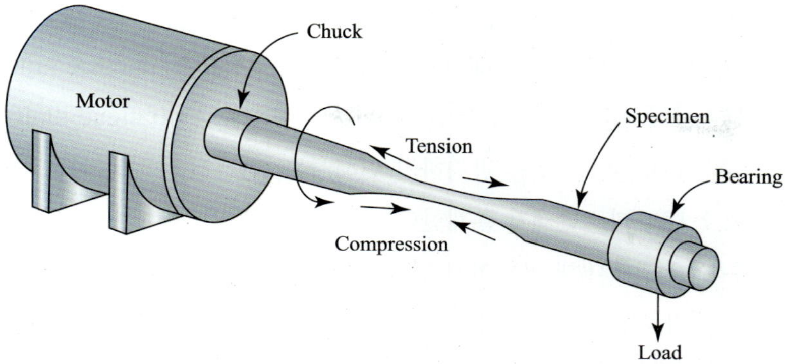

그림 7-17 회전캔틸레버빔 피로시험.

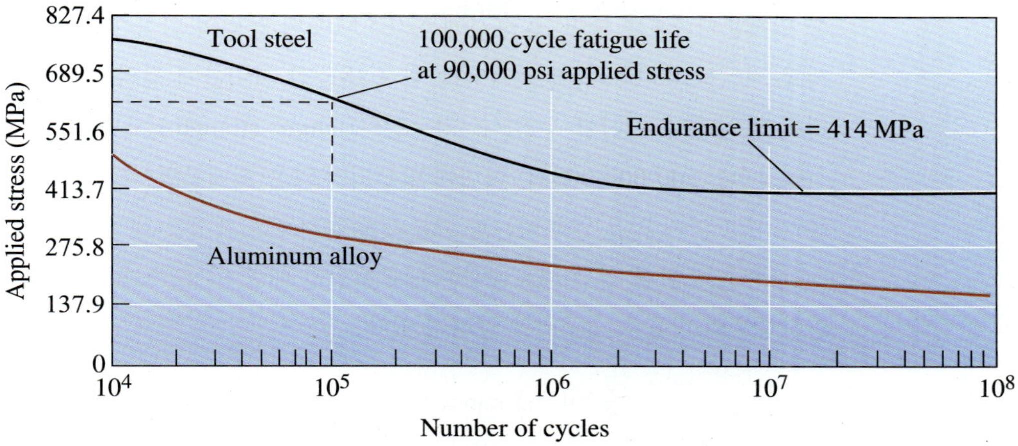

그림 7-18 공구강 및 알루미늄합금에 대한 응력-파괴사이클 수(S-N) 곡선.

여기서, L은 굽힘하중의 작용점과 지지점 사이의 거리이고, F는 하중, d는 직경이다. 식 7-13은 시편이 균일한 단면을 가진 것으로 가정하고 있음에 유의하라.

최신의 피로시험기는 직접하중 기계로 알려져 있다. 이러한 시험기에서는 컴퓨터에 의해 작동되는 서보유압시스템, 액추에이터, 제어장치에 의해 원하는 하중, 처짐, 변위, 변형도를 가할 수 있다. 그 중 어떤 장비에서는 온도와 대기조건(예: 습도)까지도 제어될 수 있다.

피로시험에서 충분한 수의 사이클이 지나면 시편은 파손된다. 일반적으로 일련의 시편들이 다양하게 인가된 응력조건에서 시험된다. 결과는 파괴에 이르는 사이클 수(N)에 대한 응력(S)으로 그린 S-N 곡선(일명 Wöhler 곡선)으로 표현된다(그림 7-18).

7-7 피로시험의 결과

피로시험은 부품이 얼마나 오랫동안 파손되지 않고 견딜지를 알려주거나 파손을 일으키지 않고 가할 수 있는 최대 허용하중을 말해줄 수 있다. 피로에 의한 파손이 절대 일어나지 않을 확률이 50%에 해당하는 응력인 내구한도(endurance limit)는 우리가 가장 선호하는 설계기준이다. [역자 주: 내구한도는 피로한계(fatigue limit)로도 불린다] 공구강 부품이 파손되는 것을 방지하기 위해서는, 인가된 응력이 413.7 MPa 이하여야 한다(그림 7-18). 피로한계가 존재한다는 가정은 약간은 시대에 뒤떨어진 개념이다. 최근에 다수의 금속에 대해 이루어진 연구의 결과 피로한계는 아마 존재하지 않는다는 것을 보여준다. 피로한계 이하에서도 재료를 파손시킬 수 있는 부식과 때로는 과하중 그리고 다른 메커니즘들이 있다는 것 또한 고려할 필요가 있다. 따라서 내구한도 값은 주의 깊게 다루어져야 한다.

피로수명은 특정한 응력 하에서 부품이 얼마나 오래 파손되지 않고 견딜 수 있는가를 말해준다. 예를 들어, 공구강에 620.5 MPa의 응력이 반복적으로 작용되고 있으면, 피로수명은 100,000회일 것이다(그림 7-18). 한 사이클에 걸리는 시간을 알면, 피로수명이 몇 년인지 계산할 수 있다. 피로강도(fatigue strength)는 피로파괴가 특정한 수의 사이클(예: 500,000,000회) 이내에 발생되지 않을 최대응력이다. 피로강도는 내구한도를 가지고 있지 않은 알루미늄과 고분자를 가지고 설계하는 데 필요하다.

강철을 포함한 일부 재료에서는 내구한도가 대략 인장강도의 절반이다. 내구한도와 인장강도의 비율은 내구비로 알려져 있다.

$$\text{내구비(Endurance ratio)} = \frac{\text{내구한도}}{\text{인장강도}} \approx 0.5 \tag{7-14}$$

내구비는 우리가 인장시험으로부터 피로특성을 추정할 수 있게 해준다. 저강도와 중간강도를 가진 강을 제외한 금속재료에 대한 내구비 값은 약 0.3~0.4 정도이다. 연구결과에 의하면 다수의 재료에 대해 내구한도는 존재하지 않는다는 것을 조심스럽게 다시 상기해보라.

대부분의 재료는 피로특성이 표면에서의 결함에 특히 민감하므로 노치에 민감하다. 설계상의 오류나 제조결함은 응력을 집중시키고 피로한계, 피로강도, 피로수명을 감소시킨다. 때로는 피로파괴의 가능성을 최소화하기 위해 아주 매끄러운 표면을 만들기도 한다. 쇼트피닝(shot peening)은 작은 금속 구를 부품에 발사시키는 공정으로, 재료의 피로수명을 연장하는 데 매우 효율적으로 사용된다. 이 방법은 무기질 유리의 템퍼링과 유사하게 표면에 압축잔류응력을 형성시킨다.

예제 7-10 회전축의 설계

그림 7-18의 공구강으로 만들어진 시멘트 가마용 회전축은 길이가 2.438 m이어야 하고, 55.6 kN의 하중이 인가될 때 1년간의 연속적인 가동에 견딜 수 있어야 한다. 축은 가동 중에 1분당 1회전

한다. 이러한 요구조건을 만족시킬 축을 설계하라.

풀이

설계를 위한 피로수명은 축이 1년간 겪어야 할 회전수 N과 같다.

$$N = (1\ \text{cycle/min})(60\ \text{min/h})(24\ \text{h/day})(365\ \text{days/yr})$$

$$N = 5.256 \times 10^5\ \text{cycles/yr}$$

그림 7-18로부터 인가된 응력은 약 496.4 MPa 이하여야 한다. 식 7-13을 사용하면, 축의 직경은 다음과 같다.

$$\pm\sigma = \frac{32\,FL}{\pi d^3}$$

$$496.4 \times 10^6\ \text{Pa} = \frac{(32)(55.6 \times 10^3\ \text{N})(2.438\ \text{m})}{\pi d^3}$$

$$d = 0.141\ \text{m}$$

직경이 141 mm인 축은 이러한 조건에서 1년간 작동할 것이다. 그러나 설계에는 충분한 여유의 안전계수가 고려되어야 한다. 또한 절대로 파손되지 않을 축의 생산을 고려해야 할 수도 있다.

안전계수가 2라고 가정하면(즉 최대 허용응력이 496.4/2 MPa = 248.2 MPa), 파손을 방지하기 위해 필요한 축의 최소 직경은 아래와 같다.

$$248.2 \times 10^6\ \text{Pa} = \frac{32(55.6 \times 10^3\ \text{N})(2.438\ \text{m})}{\pi d^3}$$

$$d = 0.177\ \text{m}$$

큰 축을 선택하면 응력수준은 낮아지고 피로가 일어나지 않거나 파손이 지연되게 할 수 있다. 물론 다른 점도 고려해야 한다. 고온과 부식성 조건은 시멘트 생산과정에 잠재되어 있는 조건이다. 만일 축이 가열되거나 부식성 환경에 노출되면 피로파괴는 빨라질 것이다. 따라서 부품의 피로 가능성이 있는 용도에 대해서는 돌발적인 파괴를 방지하기 위해 부품의 주기적인 검사가 이루어져야 한다.

7-8 피로시험의 응용

부품들은 종종 인장응력과 압축응력이 똑같지 않은 하중조건에 처하게 되곤 한다(그림 7-19). 예를 들어, 최대 압축응력이 최대 인장응력보다 작을 수 있다. 다른 경우에는 하중이 최대 인장응력과 최소 인장응력 사이에 놓이기도 한다. 여기서 S-N 곡선은 응력진폭을 파손에 이르는 사이클 수에 대해 그려서 나타낸다. 응력진폭(σ_a)은 최대응력과

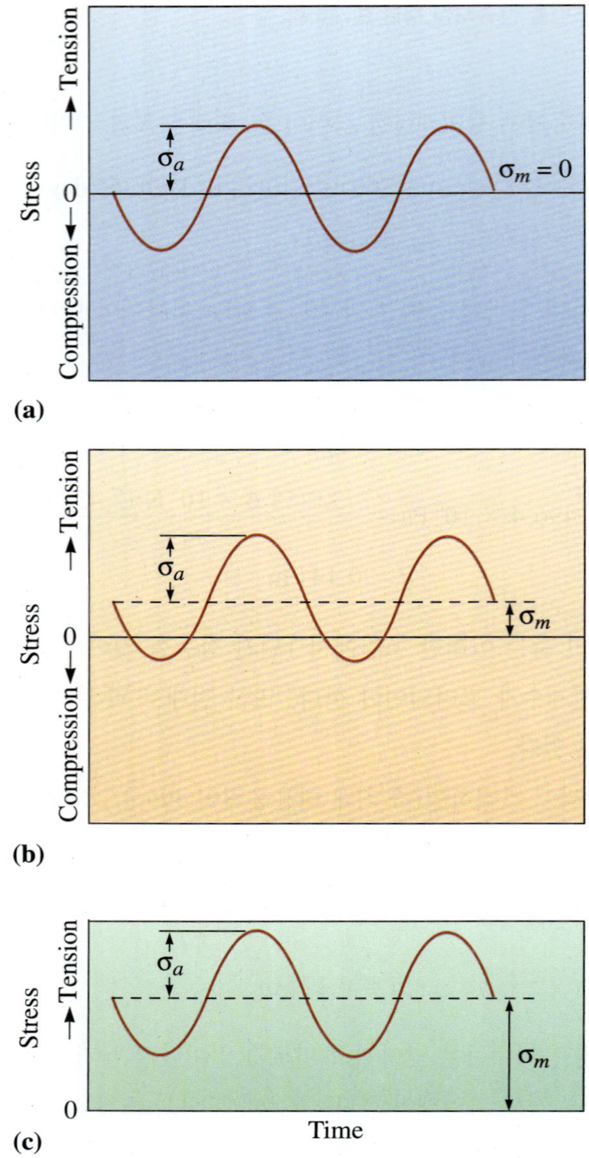

그림 7-19 응력 사이클의 예. (a) 인장과 압축에서 동일한 응력, (b) 압축응력보다 큰 인장응력, (c) 응력이 모두 인장응력.

최소응력 차이의 절반으로 정의되고, 평균응력(σ_m)은 최대응력과 최소응력의 평균으로 정의된다.

$$\sigma_a = \frac{\sigma_{\max} - \sigma_{\min}}{2} \tag{7-15}$$

$$\sigma_m = \frac{\sigma_{\max} + \sigma_{\min}}{2} \tag{7-16}$$

압축응력은 '음'의 응력이므로 최대 인장응력이 345 MPa이고 최소응력이 압축응력으로 68.95 MPa인 경우에는 식 7-15와 7-16을 사용하여 응력진폭은 206.8 MPa이 되고, 평균응력은 137.9 MPa이다.

평균응력이 증가하면 재료가 인가된 응력을 견디기 위해 응력진폭은 감소해야 한다. 이 조건은 Goodman 관계식으로 요약될 수 있다.

$$\sigma_a = \sigma_{fs}\left[1 - \left(\frac{\sigma_m}{\sigma_{UTS}}\right)\right] \tag{7-17}$$

여기서, σ_{fs}은 평균응력이 영(0)일 때의 피로강도이고 σ_{UTS}는 재료의 인장강도이다. 그러므로 평균응력이 영(0)인 회전캔틸레버빔 피로시험에서 제법 큰 응력진폭에도 피로현상 없이 견딜 수 있다. 그렇지만 비행기 날개에 항복강도에 가까운 하중이 가해지면, 작은 응력진폭이라도 피로균열을 발생시키고 성장시킬 수 있다.

균열성장속도 많은 경우에 균열이 존재할지라도 부품은 파손의 위험이 없을 수도 있다. 파손이 일어날 때를 예측하기 위해서는 균열의 전파속도가 중요하다. 그림 7-20은 균열성장속도 대 응력확대계수범위 ΔK를 나타낸다. ΔK는 균열의 형상과 응력진폭을 특징짓는 변수이다. ΔK 문턱값(threshold) 이하에서는 균열은 성장하지 않고, 조금 더 높은 응력확대계수에서는 균열이 서서히 자라며, 한층 더 높은 응력확대계수 값에서는 균열은 다음의 성장속도로 급격히 성장한다.

$$\frac{da}{dN} = C(\Delta K)^n \tag{7-18}$$

이 식에서, C와 n은 재료에 의존하는 실험적인 상수이다. 마지막으로, ΔK가 매우 커지면 균열은 파괴가 일어날 때까지 빠르고 불안정하게 성장한다.

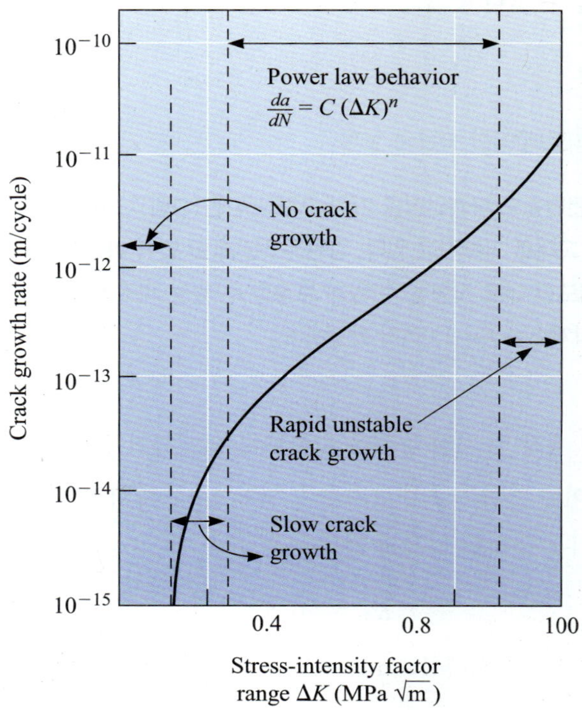

그림 7-20 고강도 강의 균열성장속도-대-응력확대계수범위 곡선. 이 강철에 대해 $C = 1.62 \times 10^{-12}$이고, $n = 3.2$이다.

응력확대계수로부터 예측할 수 있는 바와 같이, 균열성장속도는 균열의 크기가 커짐에 따라 증가한다(식 7-1).

$$\Delta K = K_{\max} - K_{\min} = f\sigma_{\max}\sqrt{\pi a} - f\sigma_{\min}\sqrt{\pi a} = f\Delta\sigma\sqrt{\pi a} \tag{7-19}$$

만일 반복응력 $\Delta\sigma$, 즉 $(\sigma_{\max} - \sigma_{\min})$이 변하지 않으면, 균열길이 a가 증가함에 따라 ΔK와 균열성장속도 da/dN도 증가한다. 이 표현을 쓸 때에는 압축조건 동안에는 균열이 전파하지 않는다는 것을 알아야 한다. 그러므로 만일 $\sigma_{\min}$이 압축, 즉 영(0)보다 작으면, $\sigma_{\min}$은 영(0)으로 조정해야 한다.

균열성장속도에 대한 지식은 부품을 설계하거나 균열이 구조물에 곧 위험을 가져올지를 비파괴적인 방법으로 평가하는 데 도움이 된다. 이 문제에 대한 한 가지 접근방법은 파손이 일어나기까지 필요한 사이클 수를 추정하는 것이다. 식 7-18을 정리하고 ΔK에 대입하면 다음을 얻을 수 있다.

$$dN = \frac{da}{Cf^n\Delta\sigma^n\pi^{n/2}a^{n/2}}$$

이 식을 초기 균열크기에서부터 파괴가 일어나는 데 필요한 균열크기까지의 범위에 대해 적분하면 다음을 얻을 수 있다.

$$N = \frac{2[(a_c)^{(2-n)/2} - (a_i)^{(2-n)/2}]}{(2-n)Cf^n\Delta\sigma^n\pi^{n/2}} \tag{7-20}$$

여기서, a_i는 초기 결함크기이고 a_c는 파괴가 일어나는 데 필요한 결함크기이다. 식 7-18에서 재료상수 n과 C를 알면 주어진 반복응력 하에서 파괴가 일어나는 데 필요한 사이클 수를 예측할 수 있다.

예제 7-11 피로에 강한 평판의 설계

80 MPa$\sqrt{\text{m}}$의 평면변형도 파괴인성을 가진 고강도 강판(그림 7-20)에 인장응력 500 MPa과 압축응력 60 MPa이 교대로 가해지고 있다. 강판은 5분에 한 번씩 가해지는 응력에 10년간 견뎌야 한다. 이 부품이 의도한 대로 작동될 수 있게 보장할 수 있는 제조 및 시험절차를 설계하라. 모든 결함에 대하여 형상계수는 $f = 1.0$이라 가정하라.

풀이

문제에서 주어진 제작 및 시험 능력을 갖추도록 설계하기 위해서는 10년 내에 파손을 일으킬 수 있는 어떤 결함의 최대크기를 구해야 한다. 파괴인성과 최대응력을 사용하여 임계 균열크기를 구하면 다음과 같다.

$$K_{Ic} = f\sigma\sqrt{\pi a_c}$$

$$80 \text{ MPa}\sqrt{\text{m}} = (1.0)(500 \text{ MPa})\sqrt{\pi a_c}$$

$$a_c = 0.0081 \text{ m} = 8.1 \text{ mm}$$

최대응력은 500 MPa이다. 압축조건에서는 균열이 전파되지 않으므로 최소응력은 60 MPa 압축이 아니라 영(0)이다. 따라서 다음과 같이 $\Delta\sigma$를 구할 수 있다.

$$\Delta\sigma = \sigma_{\max} - \sigma_{\min} = 500 - 0 = 500 \text{ MPa}$$

여기서 평판이 견뎌야 하는 최소 사이클 수를 구하면,

$$N = [1 \text{ cycle}/(5 \text{ min})](60 \text{ min/h})(24 \text{ h/day})(365 \text{ day/yr})(10 \text{ yr})$$

$$N = 1{,}051{,}200 \text{ cycles}$$

이다. 모든 균열길이에 대해 $f = 1.0$이라고 가정하면, 식 7-20과 그림 7-20으로부터 $C = 1.62 \times 10^{-12}$이고 $n = 3.2$이므로 다음을 구할 수 있다.

$$1{,}051{,}200 = \frac{2[(0.0081)^{(2-3.2)/2} - (a_i)^{(2-3.2)/2}]}{(2-3.2)(1.62 \times 10^{-12})(1)^{3.2}(500)^{3.2}\pi^{3.2/2}}$$

$$1{,}051{,}200 = \frac{2[18 - a_i^{-0.6}]}{(-1.2)(1.62 \times 10^{-12})(1)(4.332 \times 10^8)(6.244)}$$

$$a_i = 1.82 \times 10^{-6} \text{ m} = 0.00182 \text{ mm (표면결함에 대하여)}$$

$$2a_i = 0.00364 \text{ mm (내부결함에 대하여)}$$

제조공정에서는 표면결함의 길이가 0.00182 mm 이하가 되도록 해야 한다. 또한, 이 크기에 접근하는 균열이 존재하지 않는다는 것을 보장할 수 있는 비파괴검사가 가능해야 한다.

온도의 영향 재료의 온도가 증가함에 따라 피로수명과 피로한계는 감소한다. 더욱이 주기적인 온도 변화는 열피로에 의한 파손을 조장할 수 있다. 재료의 온도가 균일하지 않게 상승하면 구조물의 일부는 다른 부위보다 더 많이 팽창할 수 있다. 이러한 불균일한 열팽창은 재료 내에 응력을 유발하고 구조물이 나중에 식어서 수축하게 되면 반대 부호의 응력이 형성된다. 열에 의해 유발된 응력과 변형도의 결과로 결국에는 피로가 발생할 수 있다. 응력의 작용주기도 피로거동에 영향을 준다. 특히, 고주기 응력은 고분자 재료에 열을 발생시키는데, 고온에서 고분자는 더욱 빨리 파손된다. 온도의 화학적 효과(예: 산화)도 반드시 고려해야 한다.

7-9 크리프, 응력파단, 응력부식

만일 고온의 환경에서 재료에 응력을 가하면 인가된 응력이 그 온도에서의 항복강도보

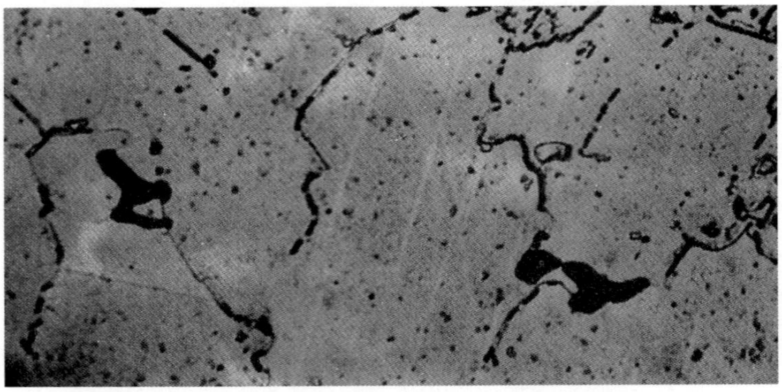

그림 7-21 오스테나이트 스테인리스강의 결정립계에 형성된 크리프 기공(× 500). [출처: ASM Handbook, *Vol. 7, Metallography and Microstructure (1972), ASM International, Materials Park, OH 44073. Reprinted with permission of ASM International. All rights reserved. www.asminternational.org.*]

다 낮더라도 그 재료는 늘어나고 마침내 파손된다. 고온에서 일정한 하중 또는 일정한 응력 하에서 시간에 의존하는 영구변형을 크리프(creep)라 한다. 고온에서 사용되는 부품에 발생되는 다수의 파손은 크리프 또는 크리프와 피로의 조합이 원인일 수 있다. 확산, 전위의 활주 또는 상승, 결정립계 미끄러짐(grain boundary sliding) 등이 금속재료의 크리프에 기여할 수 있다. 크리프 현상이 발생한 연성 금속 및 합금의 경우 넥킹, 기공의 생성과 합체, 결정립계 미끄러짐이 수반되면서 파괴가 일어난다. 고분자 재료도 크리프 현상을 보인다.

재료가 실제로 파괴되지 않았어도 크리프에 의해 파손된 것으로 간주될 수 있다. 재료에 크리프 현상이 발생하고 마침내 파괴를 일으키면, 그 파괴는 응력파단(stress rupture)이라 정의한다. 보통 연성 응력파단은 넥킹을 수반하고 최종 파괴를 일으킬 기회를 가지지 못했던 많은 균열의 흔적을 가지고 있다. 더욱이 파면 부근의 결정립들은 길게 늘어난 경향을 볼 수 있다. 연성 응력파단은 일반적으로 크리프속도가 빠르고, 상대적으로 낮은 온도에 노출되고, 파단시간이 짧을 때 일어난다. 취성 응력파단은 넥킹을 거의 보이지 않으며, 크리프속도가 느리고 높은 온도에서 종종 발생한다. 그리고 등축 결정립이 파면 부근에서 관찰된다. 취성파괴는 전형적으로 세 결정립계 교점에서의 기공 형성에 의해, 그리고 확산에 의해 결정립계를 따라 추가적으로 기공이 형성됨으로써 발생한다(그림 7-21).

응력부식 응력부식은 재료가 주위환경의 부식성 화학물질과 반응하는 현상을 말한다. 이것은 균열을 형성시키고 강도를 떨어뜨린다. 응력부식은 부식성 물질이 침습하여 금속, 세라믹, 유리 재료의 항복강도보다 훨씬 낮은 응력에서도 발생될 수 있다. 금속재료에서는 전체적으로는 균일한 침습이 거의 없는 경우에도 깊고 미세한 부식균열이 생성된다. 응력은 외부에서 인가된 응력이거나 내부에 저장된 잔류응력일 수 있다. 응력

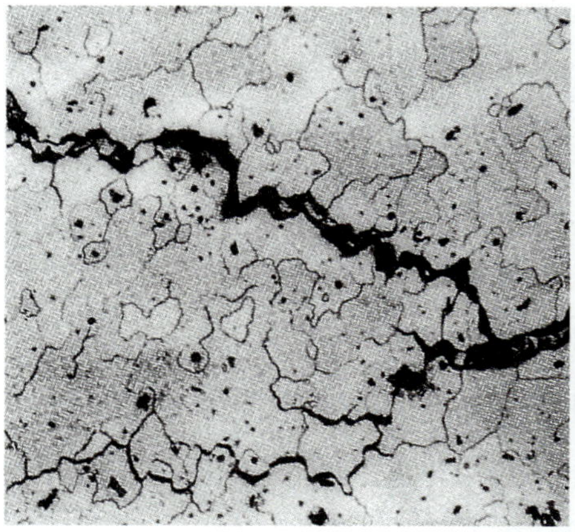

그림 7-22 부식의 결과로 형성된 다수의 입계균열을 보여주는 금속의 응력부식파괴 부위의 현미경사진 (× 200). [출처: ASM Handbook, *Vol. 7, Metallography and Microstructure (1972), ASM International, Materials Park, OH 44073. Reprinted with permission of ASM International. All rights reserved. www.asminternational.org.*]

부식파괴는 종종 주변의 금속에 대한 미세조직 검사를 통해 발견된다. 대개는 결정립계를 따라 균열의 광범위한 가지치기 형태를 보여준다(그림 7-22). 균열이 개시되는 위치는 부식의 부산물이 존재하는 곳을 찾으면 알아낼 수 있다.

예제 7-12 파이프의 파손분석

400 ℃의 부식성 물질을 전달하는 데 사용되는 티타늄 파이프가 수개월 동안 사용 후 파괴되었다. 파손의 원인이 무엇이라고 결론지을 수 있겠는가?

풀이

파손이 일어나기 전에 높은 온도에서 어느 정도의 시간이 경과되었으므로, 크리프나 응력부식 메커니즘을 파손의 원인으로 우선 의심해볼 수 있을 것이다. 파면 부근에 대한 재료의 미시적 검사를 권장할 만하다. 다수의 작고 가지 친 균열들이 파면으로부터 멀어지면서 형성된 것을 확인하면, 응력부식일 가능성이 가장 높다. 파면 부근의 결정립들이 길게 늘어나 있고, 결정립들 사이에 많은 기공이 있으면, 크리프가 가장 유력한 주범이다.

무기질 실리카유리는 특별히 수증기와 반응하여 파손되기 쉽다. 실리카섬유 또는 실리카유리 제품의 강도는 수증기로부터 차단되면 매우 높아진다는 것이 잘 알려져 있다. 섬유나 실리카유리 부품이 수증기에 노출되면, 응력부식이 시작되고 표면결함의 형성으로 이어져, 응력이 작용되었을 때 결국 균열을 성장시키는 원인이 된다. 두꺼운 유리는 수증기와 반응하는 것을 방지하기 위해 템퍼링과 같은 특별한 열처리를 사용한다. 템퍼링은 유리의 표면에 압축응력을 형성한다. 그리하여 유리표면이 수증기와 반응하더라도 표면의 전반적인 응력이 압축상태이므로 균열이 성장하지 않는다. 만일 압축응력을 받고 있는 표면층을 침투해 들어가는 결함이 생성되면 템퍼링된 유리도 박살이 날 것이다. 템퍼링한 유리는 빌딩과 자동차 용도에 널리 사용되고 있다.

7-10 크리프거동의 평가

재료의 크리프 특성을 확인하기 위해 크리프시험에서는 가열된 시편에 일정한 응력을 가한다. 응력이 작용되자마자 시편은 인가된 응력과 그 재료의 고온 탄성계수에 따라 작은 양 ε_0만큼 탄성적으로 늘어난다. 크리프시험은 일정한 하중 하에서도 이루어질 수 있으며, 공학설계 관점에서 중요하다.

전위상승 고온에서는 금속 내의 전위가 상승(dislocation climb)할 수 있다. 상승할 때, 원자는 전위선 쪽으로 또는 전위선으로부터 확산에 의해 움직여 전위가 슬립면에 평행하지 않고 수직으로 움직이게 한다(그림 7-24). 전위는 격자결함으로부터 벗어나서 슬립을 계속하고 낮은 응력에서도 시편에 추가적인 변형을 일으킨다.

크리프속도와 파단시간 크리프시험 중에는 변형도 또는 연신율이 시간의 함수로 측

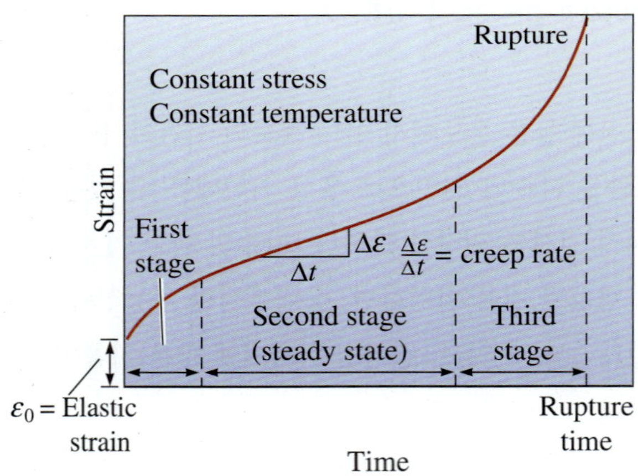

그림 7-23 일정한 응력 및 온도에서 시간의 함수로 나타낸 변형도를 보여주는 전형적인 크리프곡선.

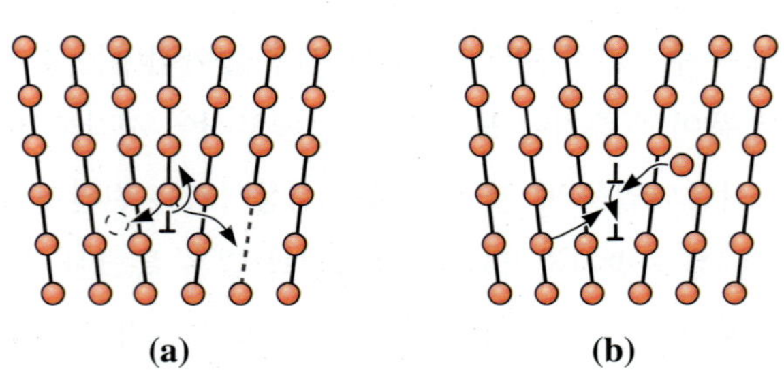

그림 7-24 전위는 (a) 원자가 전위선을 떠나 침입형원자(interstitial)를 생성하거나 공공을 채울 때 또는 (b) 공공(vacancy)을 생성하거나 침입형원자를 소멸하면서 원자가 전위선에 달라붙을 때 상승할 수 있다.

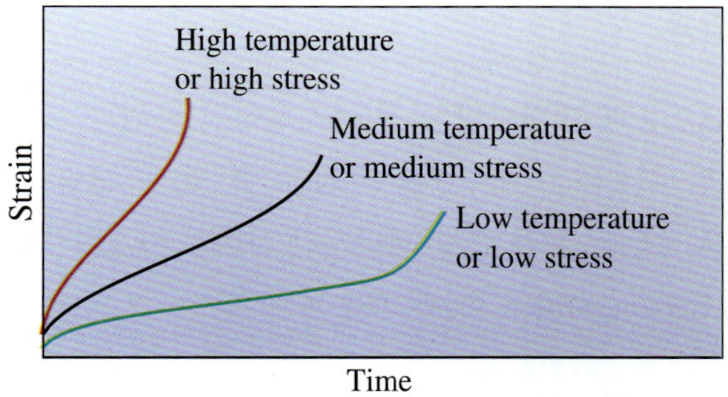

그림 7-25 온도 또는 인가된 응력이 크리프곡선에 미치는 영향.

정되고 크리프곡선으로 그려진다(그림 7-23). 금속의 크리프 제1단계에서는 많은 전위들이 장애물로부터 벗어나 상승하여 슬립을 일으키고 변형에 기여한다. 마침내 장애물로부터 전위가 벗어나 상승하는 속도와 전위가 다른 결함에 의해 구속되는 속도가 같아진다. 이것이 제2단계인 정상상태 크리프로 이어진다. 크리프곡선의 정상상태 부분의 기울기가 크리프속도이다.

$$\text{크리프속도} = \frac{\Delta\, strain}{\Delta\, time} \tag{7-21}$$

마침내, 크리프 제3단계에서 넥킹이 시작되고 시편은 파괴가 일어날 때까지 가속된 속도로 변형을 일으킨다. 파괴가 일어날 때까지 소요된 시간을 파단시간이라고 한다. 높은 응력 또는 높은 온도 두 가지 모두 파단시간을 감소시키고 크리프속도는 증가시킨다(그림 7-25).

크리프속도와 파단시간(t_r)은 인가된 응력과 온도의 복합적인 영향을 반영한 다음의 관계식을 따른다.

$$\text{크리프속도} = C\sigma^n \exp\left(-\frac{Q_c}{RT}\right) \tag{7-22}$$

$$t_r = K\sigma^m \exp\left(\frac{Q_r}{RT}\right) \tag{7-23}$$

여기서, R은 기체상수이고, T는 절대온도, C, K, n, m은 재료에 따른 상수이다. Q_c는 크리프 활성화에너지, Q_r은 응력파단 활성화에너지이다. 특히 Q_c는 전위상승이 중요한 경우 자기확산 활성화에너지와 연관된다.

결정질 세라믹의 경우 결정립계 미끄러짐과 미세균열의 생성을 포함한 다른 요인들이 특별히 중요하다. 결정립계에는 종종 비결정질 또는 유리와 같은 재료들이 존재하는데, 유리가 변형하는 데 필요한 활성화에너지가 낮으므로 완벽하게 결정질인 세라믹과 비교하면 매우 높은 크리프속도를 갖게 된다. 같은 이유로, 세라믹 유리와 비결정질 고분자 내에서 크리프가 빠른 속도로 일어난다.

7-11 크리프 데이터의 활용

그림 7-26(a)에 나타낸 응력-파단수명 곡선을 사용하면 응력과 온도의 조합으로 나타낸 특정조건에 대한 부품의 기대수명을 추정할 수 있다. 그림 7-26(b)에 나타낸 Larson-Miller 지수($L.\ M.$)는 응력-온도-파단시간 사이의 관계를 하나의 곡선으로 통합하는 데 사용된다. Larson-Miller 지수는 다음과 같다.

$$L.M. = \left(\frac{T}{1{,}000}\right)(\mathrm{A} + \mathrm{B} \ln t) \tag{7-24}$$

여기서, T는 절대온도이고, t는 시간(hour로 표시)이며, A와 B는 재료에 따른 상수이다.

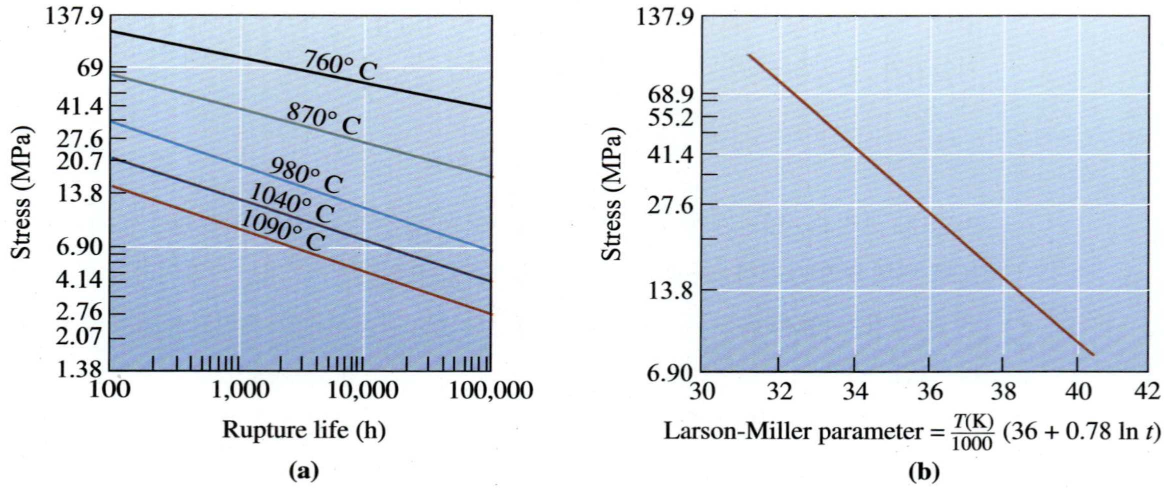

그림 7-26 일련의 크리프시험으로부터 얻은 결과. (a) 철-크롬-니켈 합금의 응력-파단수명 곡선, (b) 구상흑연주철의 Larson-Miller 지수.

예제 7-13 체인용 연결고리의 설계

세라믹 벽돌을 굽는 노(furnace) 안에서 사용될 구상흑연주철 체인(그림 7-27)을 설계하라. 그 체인은 22.44 kN의 하중 하에 600 °C에서 5년간 사용될 것이다.

풀이

그림 7-26(b)로부터 구상흑연주철의 Larson-Miller 지수는 다음과 같다.

$$L.M. = \left(\frac{T}{1{,}000}\right)(\mathrm{A} + \mathrm{B} \ln t)$$

체인은 5년간 견디어야 한다. 즉,

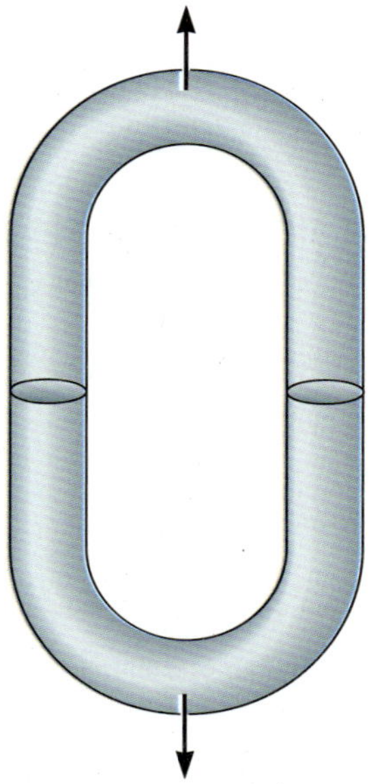

그림 7-27 체인 연결고리의 스케치 그림.

$$t = (24\text{ h/day})(365\text{ days/yr})(5\text{ yr}) = 43{,}800\text{ h}$$

$$L.M. = \frac{(600 + 273)[(36 + 0.78\ln(43{,}800)]}{1{,}000} = 38.7$$

이며, 그림 7-26(b)로부터 인가된 응력은 12.4 MPa(1,800 psi) 이하여야 한다.

안전계수 2를 가정하면, 이는 인가된 응력이 12.4/2 = 6.2 MPa(900 psi) 이하여야 한다는 것을 의미한다.

22.24 kN의 하중을 지탱하는 데 필요한 체인의 총 단면적은 다음과 같다.

$$A = F/S = \frac{22.24 \times 10^3\text{ N}}{6.2 \times 10^6\text{ Pa}} = 3.587 \times 10^{-3}\text{ m}^2$$

그러면 연결고리의 '절반'의 단면적은 $1.794 \times 10^{-3}\text{ m}^2$이고, 둥근 단면이라 가정하면, 다음과 같다.

$$d^2 = (4/\pi)A = (4/\pi)(1.794 \times 10^{-3}) = 2.284 \times 10^{-3}\text{ m}^2$$

$$d = 47.8\text{ mm}$$

요약

- 인성이란 재료가 파손되기 전까지 에너지를 흡수할 수 있는 능력을 의미한다. 인장인성은 진응력-진변형도 곡선 아래의 면적과 같다. 충격인성은 충격시험을 통하여 측정된다. 파괴인성은 재료에서 균열이나 결함이 얼마나 쉽게 전파하는지를 말해준다.
- Weibull 통계학은 취성재료의 강도의 변동성을 보여주고 특징짓는 데 사용된다. Weibull

계수는 재료강도의 변동성의 척도이다.

- 피로시험을 통해 반복응력이 가해졌을 때 재료의 거동을 이해할 수 있다. 균열성장속도를 알면 피로수명을 결정하는 데 도움이 된다.
- 파면에 대한 미세구조 분석을 실시하면 파괴의 시발점과 원인을 이해할 수 있다. 피로파괴는 물론 연성파괴와 취성파괴도 각각 다른 미세구조적 특징과 연관시킬 수 있다.
- 크리프시험은 고온에서 재료의 하중지탱 능력에 관한 정보를 제공한다. 크리프속도와 파단시간은 이 시험을 통하여 얻을 수 있는 중요한 특성이다.

용어해설

내구비 endurance ratio 내구한도를 재료의 인장강도로 나눈 값. 다수의 철합금에서 내구비는 대략 0.5이다. 내구한도에 대한 설명을 참조하라.

내구한도 endurance limit 피로시험에서 그 수준 이하에서는 재료의 파손이 일어나지 않는다고 정의된 응력값으로 약간은 오래된 개념이다. 내구한도 이하의 응력에서도 부식 또는 어쩌다 걸린 과하중이 파손을 일으킨다.

노치민감도 notch sensitivity 노치, 스크래치, 기타 결함이 인성 또는 피로수명과 같은 재료의 특성에 미치는 영향.

미세기공 microvoids 재료 내의 작은 공극의 형성. 이것은 높은 응력이 금속과 결정립계의 금속면을 분리시키거나 또는 금속과 개재물 사이의 계면을 분리시킬 때 형성된다.

비치마크 또는 조개껍질마크 beach or clamshell marks 피로하중을 받는 부품에서 종종 나타나는 패턴. 보통 부품을 사용하는 중에 하중이 변하거나 하중이 간헐적으로 작용될 때 균열 내에 산화가 발생되어 생성된다.

셰브런 패턴 chevron pattern 재료 안에서 서로 다른 높이로 전파되는 균열에 의해 형성된 흔한 파면의 특징. 강철의 경우 고온의 전단파괴(shear fracture)와 저온의 벽개파괴(cleavage fracture)의 중간 온도에서 흔히 나타난다.

쇼트피닝 shot peening 부품에 여러 개의 작은 금속 구를 발사시켜 충격을 가하는 공정. 이 공정은 부품의 표면에 압축응력을 형성하여 피로수명을 늘려준다.

안전계수 factor of safety 부품의 설계목표로 설정한 응력값을 부품에 실제 작용될 응력값으로 나눈 비율.

응력부식 stress corrosion 재료가 일정한 응력 하에서 주위의 부식성 화학물질과 반응하여 균열이 형성되고 강도가 낮아지게 되는 현상.

응력-파단수명 곡선 stress-rupture curve 응력-대-파단시간의 곡선을 그려 일련의 크리프시험 결과를 보고하는 방법.

인성 toughness 재료의 파괴를 일으키는 데 필요한 에너지에 대한 정성적인 척도.

입간 intergranular 결정립 사이로 또는 결정립계를 따라간다는 의미.

입내 transgranular 결정립을 통과한다는 의미. 입내파괴는 균열이 결정립을 통과하는 파괴를 의미한다.

전위상승 dislocation climb 전위선 쪽으로 또는 전위선으로부터 원자들이 확산되어 전위가 슬립면에 수직으로 움직이는 현상.

조개껍데기 파괴 conchoidal fracture 파괴의 원점에는 거울과 같이 매끄러운 면을 가지고 나머지 면에는 파열선 형태를 가지는 파면. 이것은 비결정질 재료에서 전형적으로 나타난다.

줄무늬 striations 피로파괴가 일어난 파면에서 보이는 패턴. 비치마크보다 훨씬 미세한 스케일에서 확인할 수 있고 각 사이클 뒤의 균열선단의 위치를 보여준다.

층간분리 delamination 층상복합재료에서 층들이 서로 떨어지는 현상.

크리프 creep 일정한 하중 또는 일정한 응력 하에 고온에서 발생하는, 시간에 의존하는 영구적인 변형.

크리프속도 creep rate 응력이 고온에서 작용될 때 재료가 변형하는 속도.

크리프시험 creep test 고온에서 항복강도보다 낮은 정적 하중을 받았을 때 재료가 변형이나 파손에 저항하는 정도를 측정하는 시험.

템퍼링 tempering 유리 표면에 압축응력 층을 형성시키는 열처리 방법으로, 균열의 성장을 방해하여 유리를 더욱 안전하게 만든다.

파괴역학 fracture mechanics 결함이 존재할 때 재료가 응력을 견디는 능력을 연구하는 학문.

파괴인성 fracture toughness 결함이 존재할 때 재료의 파괴에 대한 저항성.

파단시간 rupture time 특정한 온도와 응력에서 크리프 현상에 의해 시편에 파손이 일어나는 데 걸리는 시간.

피로강도 fatigue strength 특정한 사이클 수(예: 5억 사이클)에 피로파괴가 발생되기 위해 필요한 응력 값.

피로수명 fatigue life 특정한 응력 하에서 재료가 피로에 의해 파괴되기까지 작동하는 사이클 수.

피로시험 fatigue test 항복강도 이하의 응력이 반복적으로 가해질 때 재료가 파괴에 저항하는 정도를 측정하는 시험.

회전캔틸레버빔 피로시험 rotating cantilever beam test 완전역전 반복하중을 걸어줄 수 있는 피로시험 방법.

Griffith 결함 Griffith flaw 인가된 응력을 집중시키고 증폭시키는 재료 내의 균열이나 결함.

Larson-Miller 지수 Larson-Miller parameter 크리프 현상에서 응력, 온도, 파단시간을 연관시키는 계수.

S-N 곡선 Wöhler curve 피로에서 인가된 응력과 파괴에 이르는 사이클 수 사이의 관계를 보여주는 곡선.

Weibull 계수 Weibull modulus Weibull 분포에 관계된 계수. 결함크기의 분포 결과로 인한 재료강도의 변동성을 나타내는 지표.

Weibull 분포 Weibull distribution 재료가 파손될 또는 파손되지 않을 확률을 응력의 함수로 나타낸 수학적 분포.

Wöhler 곡선 Wöhler curve S-N 곡선을 참조하라.

연습문제

7-1절 파괴역학

7-2절 파괴역학의 중요성

7-1 알루미나(Al_2O_3)는 인성이 낮은 취성 세라믹이다. 또 다른 취성 세라믹인 탄화규소 SiC의 섬유를 알루미나에 함침(embedded)시킬 수 있다. 이것이 세라믹기지 복합재료의 인성에 영향을 미치겠는가? 설명하라.

7-2 응력확대계수(K_I)와 평면변형도 파괴인성(K_{Ic})의 차이는 무엇인가? 설명하라.

7-3 항공기의 날개 부품이 평면변형도 파괴인성이 26 MPa$\sqrt{\text{m}}$인 알루미늄합금으로 제작된다. 최대 내부균열의 길이가 8.6 mm일 때 112 MPa의 응력에서 파괴가 일어났다고 한다. 같은 부품과 합금에 대해 내부균열이 6.0 mm일 때 파괴가 일어날 응력수준을 계산하라.

7-4 항복강도의 절반에 해당하는 응력이 작용되는 티타늄합금 부품에 대하여 허용되는 최대 내부균열의 길이를 계산하라. 형상인자는 1.5라 가정한다. 이 합금의 항복강도는 910 MPa이고 파괴인성은 54.95 MPa$\sqrt{\text{m}}$이다.

7-5 평면변형도 파괴인성이 55 MPa$\sqrt{\text{m}}$인 강철에 1,020 MPa의 응력이 작용되었다. 최대 표면균열의 길이가 0.5 mm이라면 이 부품은 파괴되겠는가? 형상인자는 1.0이라 가정한다.

7-6 세라믹기지 복합재료가 최대 0.01 mm 길이의 내부결함을 가지고 있다. 복합재료의 평면변형도 파괴인성이 45 MPa$\sqrt{\text{m}}$이고 인장강도는 550 MPa이다. 인장강도에 도달하기 전에 복

합재료는 응력에 의해 파괴되겠는가? $f = 1$이라 가정한다.

7-7 평면변형도 파괴인성이 27.47 MPa$\sqrt{m}$인 알루미늄합금이 289.6 MPa의 응력을 받았을 때 파괴되었다. 파면을 관찰하니 부품의 표면에서 파괴가 시작되었다. 파괴를 시발시킨 결함의 크기를 추정하라. $f = 1.1$이라 가정한다.

7-8 1 mm의 내부결함을 가진 고분자가 25 MPa의 응력에 파괴되었다. 고분자의 평면변형도 파괴인성을 구하라. $f = 1$이라 가정한다.

7-9 제트엔진에 사용되는 세라믹 부품이 항복강도 517 MPa와 평면변형도 파괴인성 5.5 MPa$\sqrt{m}$를 가졌다. 부품이 파손되지 않도록 최대 작용응력이 항복강도의 1/3이 되도록 설계하고 있다. 길이 1.27 mm 이상의 내부결함은 모두 탐지할 수 있는 비파괴시험을 사용할 것이다. $f = 1.4$라고 가정할 때, 현재 사용하려는 비파괴시험은 충분한 민감도를 가지고 있는가? 설명하라.

7-10 부품의 표면에 의도하지 않은 균열을 형성하는 제조공정을 하중지탱용 부품을 제작하는 데 사용하였다. 설계 요구조건은 부품이 450 MPa의 응력을 견뎌야 하는 것이다. 그 부품이 사용 중 돌발적인 파괴를 일으켰다.

파손분석 엔지니어인 당신은 그 부품이 사용 중 과하중에 의해 파괴된 것인지 아니면 제작공정 중 발생된 결함에 의해 파손된 것인지를 결정해야 한다. 제조사는 부품의 균열을 제거하기 위해 표면을 매끄럽게 연마했으며 표면에 길이 0.5 mm 이상의 균열이 없는 것을 확인했다고 한다. 제조자는 작동상의 실수에 의해 부품이 파괴되었다고 믿는다.

그와는 별도로 직경 5 cm의 부품이 1 MN (10^6 N)의 인장력을 지탱하고 있음을 확인하였다. 부품의 재료는 75 MPa$\sqrt{m}$의 파괴인성과 600 MPa의 인장강도를 가지고 있다. 외부 균열에 대하여 $f = 1.12$라 가정한다.

(a) 제작사와 사용자 중 누가 이 부품의 파손원인 제공자인가? 두 경우에 대한 분석결과를 제시하라.

(b) (a)에서 제시한 분석결과에 추가하여 결론을 뒷받침하려면 파면에서 어떤 특징을 찾아야 하는가?

7-11 경도시험을 통해 어떻게 세라믹의 파괴인성을 구할 수 있는지 설명하라. 이러한 방법으로는 왜 정성적인 측정만이 가능한지 설명하라.

7-3절 금속재료 파괴의 미세구조적 특징

7-4절 세라믹, 유리, 복합재료 파괴의 미세구조적 특징

7-12 입계(intergranular)파괴와 입내(transgranular)파괴라는 용어를 설명하라. 재료 내에서 전형적인 입계파괴와 입내파괴를 보여주는 결정립, 결정립계, 균열의 경로를 개략적으로 그려보라.

7-13 연성파괴와 관련된 미세구조적 특징들은 무엇인가?

7-14 금속재료에서 취성파괴와 관련된 미세구조적 특징들은 무엇인가?

7-15 어떤 재료들이 조개껍데기 파괴를 보이는가?

7-16 섬유강화 복합재료는 어떻게 파손을 일으키는지 간단히 설명하라.

7-17 콘크리트는 압축에 매우 높은 강도를 가지고 있다. 그러나 인장하중에는 다소 쉽게 파괴된다. 이유를 설명하라.

7-18 유리의 강도를 조절하는 것은 무엇인가? 규산염유리의 강도를 증가시키려면 어떻게 해야 하는가?

7-5절 파괴강도 해석을 위한 Weibull 통계학

7-19 세라믹의 강도와 금속과 합금의 강도를 파손확률의 함수로 나타내는 그림을 그려보라.

7-20 세라믹의 강도는 왜 세라믹 부품의 크기에 따라 상당히 많이 달라지는가?

7-21 세라믹 및 유리의 강도의 변동성에 대해 알려주는 것은 무슨 계수인가?

7-22 길이가 다른 유리섬유는 왜 다른 강도를 가지는가?

7-23 Weibull 분포의 중요성을 설명하라.

7-24* 'Turbochargers Are Us'라는 신생기업이 새로운 터보차저 설계를 위해 당신을 고용하였다. 이 기업에서는 현재 사용하고 있는 금속 초합금 터보차저를 훨씬 가벼운 첨단 세라믹 재질로 바꾸고자 한다. 질화규소가 좋은 재질이라 판단하여 'Ceramic Turbochargers'라는 회사에 특정 등급의 Si_3N_4 막대시편을 제공해줄 것을 요청하였다. 그들이 보내준 25개의 막대시편을 3점굽힘시험(3-point bending)으로, 외부 지지거리 40 mm와 내부 하중작용점 20 mm로 하여 시험하여 다음 표와 같이 데이터를 얻었다.

막대시편	폭(mm)	두께(mm)	하중(N)
1	6.02	3.99	2,510
2	6.00	4.00	2,615
3	5.98	3.99	2,375
4	5.99	4.04	2,865
5	6.00	4.05	2,575
6	6.01	4.00	2,605
7	6.01	4.01	2,810
8	5.95	4.02	2,595
9	5.99	3.97	2,490
10	5.98	3.96	2,650
11	6.05	3.97	2,705
12	6.00	4.05	2,765
13	6.02	4.00	2,680
14	5.98	4.01	2,725
15	6.03	3.99	2,830
16	5.95	3.98	2,730
17	6.04	4.03	2,565
18	5.96	4.01	2,650
19	5.97	4.05	2,650
20	6.02	4.00	2,745
21	6.01	4.00	2,895
22	6.00	3.99	2,525
23	6.00	3.98	2,660
24	6.04	3.95	2,680
25	6.02	4.05	2,640

(a) 식 $\sigma_f = (1.5\,FS)/(t^2w)$를 사용하여 굽힘강도를 계산하라. F는 하중이고, S는 지지거리(이 경우에는 $a = 40$ mm, $b = 20$ mm), t는 두께, w는 폭이다. 평균강도(50% 파손확률에서)와 표준편차(standard deviation)를 구하라.

(b) 강도 데이터를 가장 낮은 값부터 가장 높은 값까지 순서를 매기어 Weibull 곡선을 그려라. 가장 낮은 강도가 $n = 1$이 되고, 그 다음은 $n = 2$ 등으로 $n = N = 25$까지 매긴다. $F = (n - 0.5)/N$을 사용하라. 여기서, n은 강도의 순서대로 $n = 1$이 가장 낮은 강도이고 $n = 25$가 가장 높은 강도이며, $N = 25$이다. 그리고 F는 파손확률임에 주목하라. $\ln \sigma_f$의 함수로 $\ln[1/(1 - F)]$의 곡선을 그리고 선의 기울기 m(Weibull 계수)을 구하기 위해 선형회귀분석을 사용하라. 고유강도(σ_0)를 구하라(파손확률 63.2%). 힌트 고유강도는 곡선의 방정식을 안다면 $\ln[1/(1 - F)] = 0$이라 놓으면 쉽게 구할 수 있다. Excel®과 같은 스프레드시트 프로그램을 사용하면 아주 쉽게 계산할 수 있을 것이다.

7-25* 회사의 상사가 고온의 환경에서 인장응력을 받고 사용될 취성 니켈-알루미나이드 원통형 막대의 설계응력을 계산해줄 것을 요청하였다. 유효면적(이 경우에는 유효부피)에 대한 보정을 피하기 위해 인장을 받도록 설계되어 있는 똑같은 길이와 직경의 막대를 시험하기로 결정하였다. 니켈-알루미나이드 막대의 평균응력은 673 MPa이었으며 Weibull 계수(m)는 14.7이었다. 만일 설계된 부품의 99.999%가 파손 없이 그 응력을 감당할 수 있어야 한다면 설계응력은 MPa로 얼마인가? (주의: 설계응력이란 부품이 바라는 대로 작동하도록 설계자가 지정하는 응력을 의미한다.)

*: Ceramatek, Inc.의 Dr. Raymond Cutler가 기여한 문제들.

7-6절 피로

7-7절 피로시험의 결과

7-8절 피로시험의 응용

7-26 인터넷검색 자료를 사용하여 1988년 발생한 Aloha Airline 243편 항공사고를 조사하고, 항공기 동체의 파열과 파단으로 이끈 요인들을 설명하라.

7-27 금속합금의 피로저항성을 높일 수 있는 네 가지 대책을 들어보라.

7-28 평균응력이 70 MPa이고 응력진폭이 210 MPa인 조건으로 피로시험을 실시하였다. 최대응력과 최소응력을 계산하라.

7-29 외팔보(cantilever beam) 형태로 돌고 있는 길이 152.4 mm, 직경 6.35 mm인 원통형 공구강 시편은 절대로 파손이 발생되지 않도록 설계되어야 한다. 최대 인장응력과 압축응력의 크기가 같다면, 외팔보의 끝단에 인가될 수 있는 최대하중은 얼마인지 결정하라(그림 7-18 참조).

7-30 직경이 20 mm이고, 길이가 200 mm인 아세탈 고분자의 한쪽 끝에 하중이 가해지고 있다(그림 7-28). 최대 인장응력과 압축응력이 같으며, 사용수명이 백만 사이클이 되어야 한다. 인가될 수 있는 최대 허용하중은 얼마인가?

7-31 어닐링된 니켈기반 합금(Inconel® 801)으로 만들어진 보(beam)에 최대응력과 최소응력이 같은 조건으로 100 N의 반복하중이 가해지고 있다(그림 7-29). 보의 직경은 5 mm이고 길이는 50 mm이다. 파손될 때까지의 보의 기대수명(사이클)은 얼마인가? 만일 반복주파수가 10 Hz라면 기대수명을 시간으로 나타내면 얼마인가?

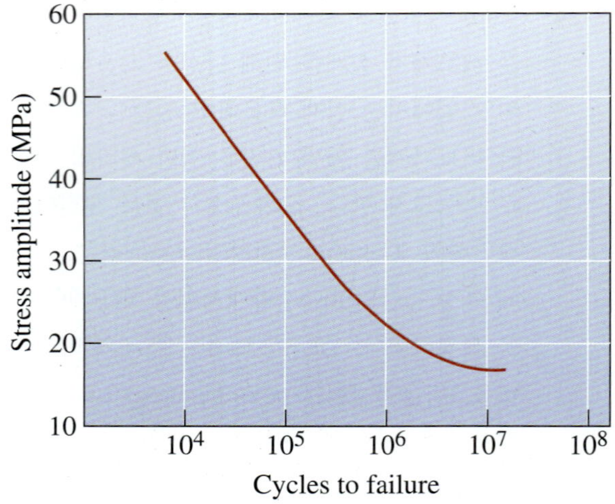

그림 7-28 아세탈 고분자의 피로 S-N 곡선. (문제 7-30, 7-33, 7-34에 사용)

7-32 길이 254 mm의 알루미늄 보의 한쪽 끝에 6.67 kN의 반복하중이 가해지고 있다(그림 7-18). 이 보는 적어도 10^6 사이클을 견뎌야 한다. 보의 최소 직경은 얼마인가?

7-33 아세탈 고분자로 만들어진 길이 200 mm, 직경 15 mm의 봉의 한쪽 끝에 분당 500회의 진동으로 50 N의 하중이 가해지고 있다. 파괴되

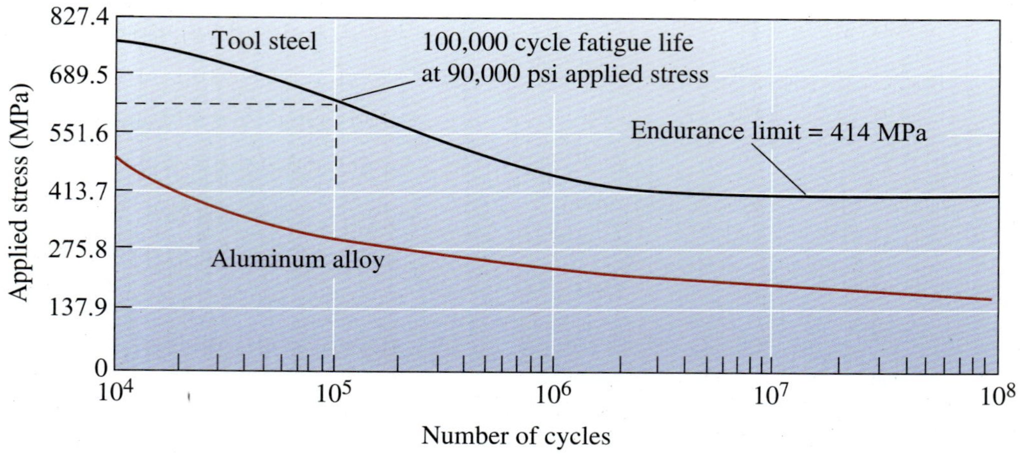

그림 7-18 공구강 및 알루미늄합금에 대한 응력-파괴사이클 수(S-N) 곡선. (문제 7-29를 위해 반복됨)

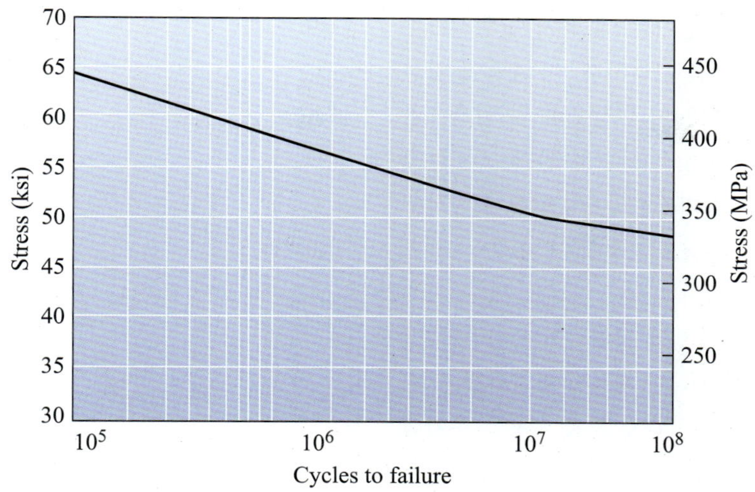

그림 7-29 어닐링된 Inconel 801 합금의 응력-파괴사이클 수(S-N) 곡선. (문제 7-31에 사용)

기 전에 얼마나 오랜 시간을 견딜 수 있겠는가? (그림 7-28 참조)

7-34 그림 7-28에 나타낸 바와 같은 아세탈 고분자로 된 부품이 인장과 압축이 같은 하중조건에서 10^6 사이클을 견딜 수 있도록 만들고자 한다. 요구되는 피로강도, 즉 최대 응력진폭은 얼마인가? 사용 중에 부품에 걸리는 최대응력, 최소응력, 평균응력은 얼마인가? 이들 값에 응력의 주파수가 미치는 영향은 무엇인지 설명하라.

7-35 그림 7-20의 고강도 강에 분당 200회의 최소 200 MPa과 최대 600 MPa(모두 인장)의 반복응력이 작용하고 있다. 표면균열의 길이가 0.2 mm가 될 때 그 균열의 성장속도를 m/cycle과 m/s로 계산하라. $f = 1.0$이라 가정한다.

7-36 파괴인성이 80 MPa$\sqrt{m}$인 그림 7-20의 고강도 강에 −900 MPa(압축)부터 900 MPa(인장)의 반복응력이 작용하고 있다. 파괴되기 전에 10^5 사이클을 견뎌야 한다. $f = 1$이라 가정하고 다음을 계산하라.

(a) 파괴가 일어나는 데 필요한 표면균열의 크기

(b) 파괴가 일어나도록 하는 최대 초기 표면균열의 크기

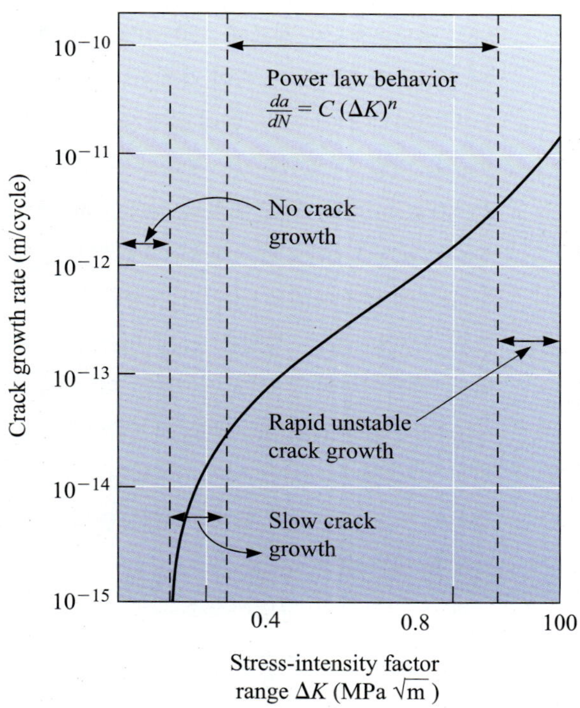

그림 7-20 고강도 강의 균열성장속도-대-응력확대계수범위 곡선. 이 강철에 대해 $C = 1.62 \times 10^{-12}$이고, $n = 3.20$이다. (문제 7-35, 7-36을 위해 반복됨)

7-37 반복하중이 가해지는 제품의 생산자가 그 제품에 어떤 균열도 파손을 일으키는 데 필요한 임계 균열길이의 15%에 도달하면 사용할 수 없도록 해야 한다고 명시하였다. 파괴인

성이 55 MPa$\sqrt{m}$인 재료에 초기 균열길이가 0.02 mm인 경우를 고려하자. 이 제품이 일정한 주기로 300 MPa의 인장응력 및 압축응력을 연속하여 반복적으로 받고 있다. $f = 1.12$인 외부균열이라 가정한다. 이 단위계를 사용할 때 재료상수는 $n = 3.4$이고 $C = 2 \times 10^{-11}$이다.

(a) 파괴를 일으킬 임계 균열길이는 얼마인가?

(b) 몇 사이클이 지나면 제품이 파괴되겠는가?

(c) 제조사가 명시한 대로 부품 사용을 중지했다면, 제품의 남은 사용수명은 얼마나 되는가?

7-38 초기 균열길이 0.010 mm를 가지고 있는 재료에 최소 25 MPa 및 최대 125 MPa로 교번하는 인장응력이 350,000사이클 동안 가해졌다. 그 다음에 이 재료에 250 MPa로 교번하는 인장응력 및 압축응력이 가해졌다. 이 재료는 파손되기 전에 이 두 번째 응력진폭의 몇 사이클을 버틸 수 있겠는가? 재료는 파괴인성이 25 MPa$\sqrt{m}$이고, 이 단위계를 사용할 때 재료상수는 $n = 3.1$이고 $C = 1.8 \times 10^{-10}$이다. 모든 균열에 대하여 $f = 1.0$이라 가정한다.

7-39 그림 7-30과 같은 특성을 갖는 아크릴 고분자의 파괴인성이 2 MPa$\sqrt{m}$이다. 이 재료에 −10 MPa과 +10 MPa 사이에서 반복되는 응력이 가해졌다. 만일 $f = 1.0$이라면, 균열의 길이가 5×10^{-6} m가 될 때 표면균열의 성장속도를 계산하라.

7-40 아크릴 고분자의 균열성장속도에 대하여 식 7-18의 상수 C와 n을 계산하라(그림 7-30 참조).

7-41 그림 7-30과 같은 특성을 갖는 아크릴 고분자에 15 MPa과 0 MPa 사이에서 교번하는 인장응력이 가해졌다. 비파괴시험에 의해 초기에 탐지한 가장 큰 균열의 길이가 0.001 mm이었다. 만일 이 고분자의 파괴인성이 2 MPa$\sqrt{m}$라면 파괴되기까지 걸리는 사이클 수를 구하라. $f = 1.0$으로 가정한다. 힌트 문제 7-40의 결과를 사용하라.

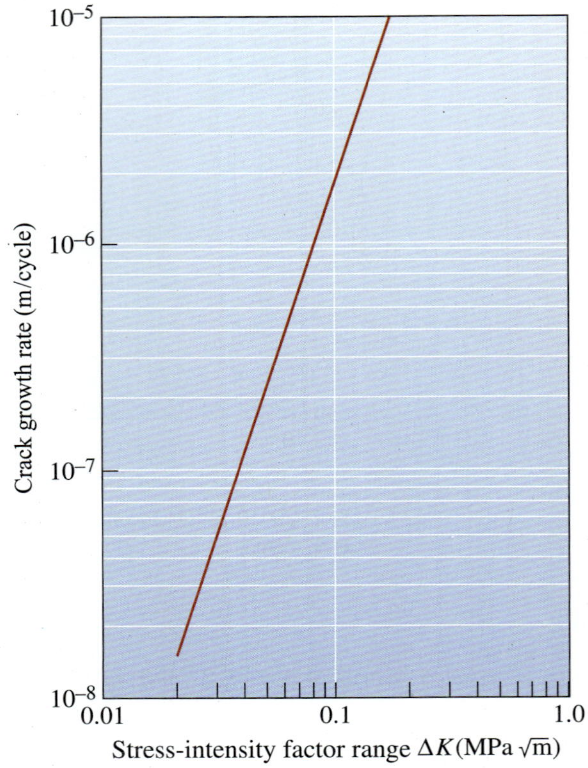

그림 7-30 아크릴 고분자의 균열성장속도. (문제 7-39, 7-40, 7-41에 사용)

7-42 재료에 가해지는 평균적인 응력이 항복강도보다 높지 않더라도 어떻게 피로파손이 일어날 수 있는지를 설명하라.

7-43 식 $da/dN = C(\Delta K)^n$을 적분하면 식 7-20이 됨을 증명하라.

7-44 쇼트피닝(shot peening)이란 무엇인가? 이 공정의 목적은 무엇인가?

7-9절 크리프, 응력파단, 응력부식

7-10절 크리프거동의 평가

7-11절 크리프 데이터의 활용

7-45 크리프 현상은 왜 열에 의해 가속되는가?

7-46 수영장 바닥에 어린아이 장난감이 여러 주 동안 놓여 있었다. 장난감을 건져 하중을 가했다가 하중을 제거했다가를 반복하였더니, 원래는 수천 사이클을 버틸 수 있어야 하지만 수백 사이클 만에 파괴되었다. 왜 장난감이 예상보다 일찍 파괴되었는지 고찰해보라.

7-47 '크리프(creep)'라는 용어를 정의하고 응력이완과 차별되는 점을 설명하라.

7-48 '응력파단(stress rupture)'과 '응력부식(stress corrosion)'이란 용어는 무엇을 말하는가?

7-49 크리프에 의한 재료의 파괴와 응력파단에 의한 파괴의 차이를 설명하라.

7-50 주석, 몰리브데늄, 철, 금, 아연, 크롬에 대하여 크리프변형이 중요하게 고려해야 할 인자가 되는 온도를 추정하라.

7-51 구리의 자기확산 활성화에너지는 206.3 kJ/mol이다. 600 ℃에서 103.4 MPa의 응력이 작용할 때, 구리시편은 0.002 $\frac{\text{mm/mm}}{\text{h}}$로 크리프를 일으킨다. 만일 구리의 크리프속도가 자기확산에 달려 있다면, 온도가 800 ℃일 때 크리프속도를 구하라.

7-52 900 ℃까지 가열된 재료에 137.9 MPa의 응력을 가하였더니 25,000시간 만에 파단되었다. 만일 파단 활성화에너지가 146.4 kJ/mol이라면 온도가 800 ℃로 낮아졌을 때 파단시간을 구하라.

7-53 표점거리(gage length)가 50.8 mm이고 초기 직경이 15.24 mm인 시편에 대하여 크리프시험을 실시하여 다음의 데이터를 얻었다. 재료에 가해진 초기 응력은 68.95 MPa이고, 파괴되었을 때 시편의 직경은 13.208 mm이었다.

표점 사이의 거리(mm)	시간(h)
50.902	0
51.054	100
51.308	200
51.562	400
51.943	1,000
52.705	2,000
54.229	4,000
55.702	6,000
56.642	7,000
58.42	8,000(파괴)

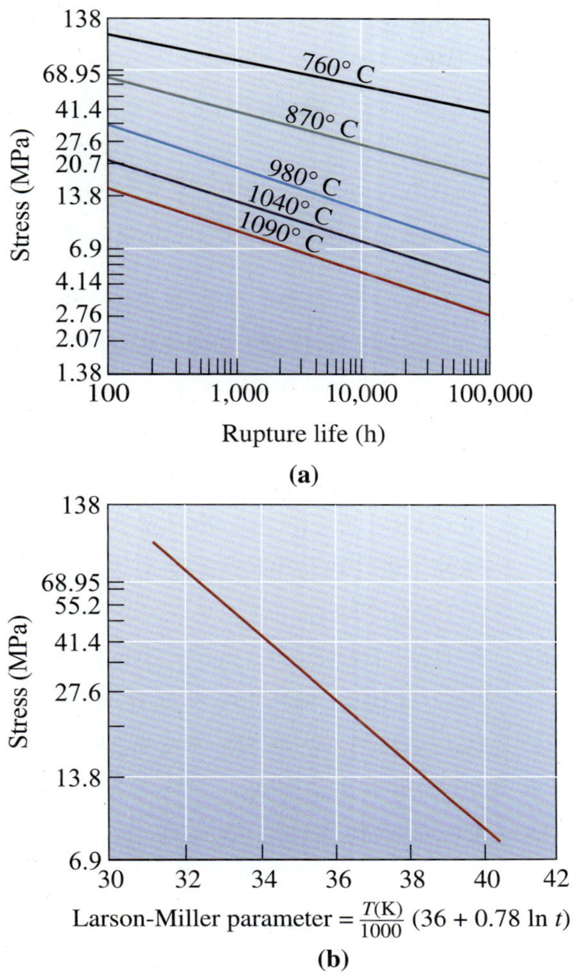

그림 7-26 일련의 크리프시험 결과. (a) 철-크롬-니켈 합금의 응력-파단수명 곡선, (b) 구상흑연주철의 Larson-Miller 지수. (문제 7-55~7-59를 위해 반복됨)

(a) 시험 중 시편에 인가된 하중을 구하라.

(b) 선형크리프가 일어나는 데 걸리는 시간을 대략적으로 구하라.

(c) 크리프속도를 $\frac{\text{mm/mm}}{\text{h}}$ 단위와 %/h 단위로 구하라.

(d) 파단이 일어나는 시점에 시편에 걸린 진응력을 구하라.

7-54 스테인리스강에 705 ℃에서 여러 가지 하중을 가하여 다음의 데이터를 얻었다. 크리프속도와 파단시간이 인가된 응력에 의존하는 바를 나타내는 식 7-22와 7-23에서 지수 n과 m을 구하라.

인가된 응력 (MPa)	파단시간 (h)	크리프속도 (%/h)
106.9	1,200	0.022
128.2	710	0.068
147.5	300	0.201
160.0	110	0.332

7-55 철-크롬-니켈 합금에 대한 그림 7-26의 데이터를 사용하여 활성화에너지 Q_r와 980~1,090 ℃의 온도범위에서 파단에 대한 상수 m을 구하라.

7-56 직경 25.4 mm의 철-크롬-니켈 합금 봉이 11.12 kN의 하중을 받고 있다. 봉은 980 ℃에서 파단 없이 며칠이나 견딜 수 있겠는가? [그림 7-26(a) 참조]

7-57 철-크롬-니켈 합금의 5 mm × 20 mm 단면의 막대가 1,040 ℃에서 10년간 파단 없이 작동되고 있다. 인가할 수 있는 최대하중은 얼마인가? [그림 7-26(a) 참조]

7-58 철-크롬-니켈 합금이 760 ℃에서 6.67 kN의 하중을 6년간 견디고 있다. 봉의 최소 직경을 계산하라[그림 7-26(a) 참조].

7-59 직경 30.5 mm의 철-크롬-니켈 합금 봉이 17.8 kN의 하중에서 5년간 작동되고 있다. 작동가능한 최고온도는 얼마인가? [그림 7-26(a) 참조]

7-60 니켈기반 합금(Inconel 601 합금)의 부품이 925 ℃에서 27.58 MPa의 응력을 견디도록 설계되었다. 만일 인가된 응력이 계속 같게 유지된다면 부품의 사용수명을 2배로 늘리기 위해서는 어느 온도에서 작동해야 하는지 구하라. (그림 7-31 참조)

7-61 온도 300 ℃에서 수명 3년일 때, 그림 7-31과 같은 니켈기반 부품이 견딜 수 있는 최대응력은 얼마인가?

7-62 구상흑연주철로 만들어진 25 mm × 50 mm 단면의 봉이 650 ℃에서 9년간 작동되어야 한다. 인가될 수 있는 최대하중은 얼마인가? [그림 7-26(b) 참조]

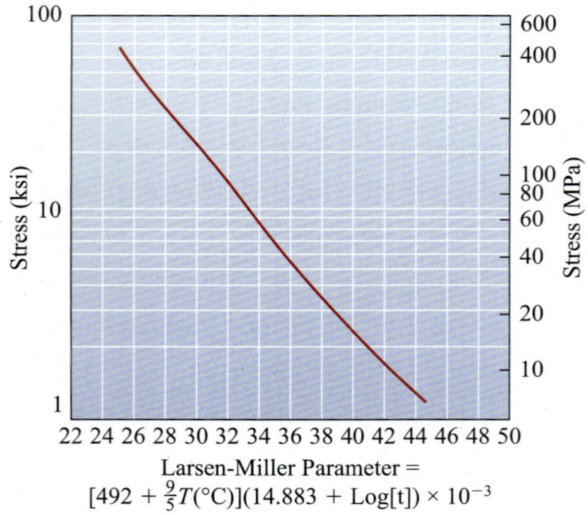

그림 7-31 Inconel 601 합금에 대한 Larsen-Miller 지수. 온도 T의 단위는 ℃이고, 시간 t의 단위는 hour이다. (문제 7-60과 7-61에 사용)

7-63 구상흑연주철 봉이 41.4 MPa의 응력 하에서 1년간 작동되어야 한다. 최대 허용온도는 얼마인가? [그림 7-26(b) 참조]

설계문제

7-64 광산에서 물건을 들어 올리는 데 사용되는 갈고리를 비철금속으로 설계하고자 한다. (비철금속이 사용되는 이유는 철 또는 강은 스파크를 만들어 광산의 폭발성 가스를 점화시킬 수 있기 때문이다.) 갈고리는 111.2 kN의 하중을 지탱할 수 있어야 하고 안전계수 2를 사용한다. 기구의 나머지 부분은 충분히 안전하게 설

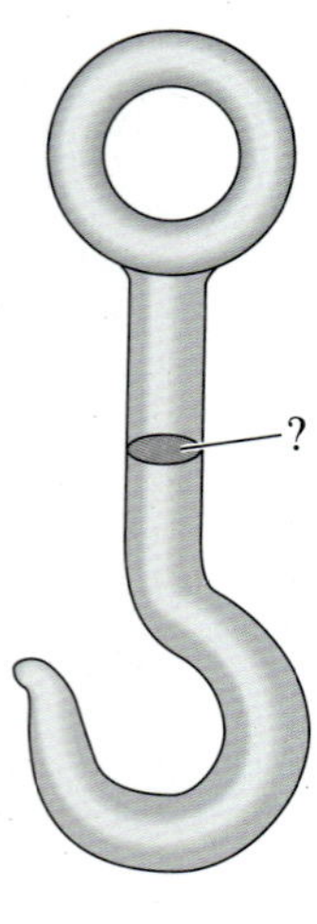

그림 7-32 갈고리의 개략도. (문제 7-64에 사용)

계되었으나 '?'로 표시된 단면이 취약한 부분인 것을 알아내었다. 이 장치에 대한 설계요건을 정하고, 제14장과 제15장에서 주어진 기계적 성질과 여러분의 지역신문 또는 런던금속거래소(London Metal Exchange)의 인터넷사이트 또는 *Wall Street Journal* 등으로부터 조사한 금속/합금 가격을 바탕으로 갈고리를 설계하고, 갈고리를 만들 때 사용할 가장 경제적인 재료를 선택하라.

7-65 개인용 항공기의 랜딩기어에 사용되는 지지대는 착륙 중에 인장하중을 받는다. 이때의 하중은 178 kN에 달하는 것으로 예측되었다. 이 지지대는 매우 중요하고 파손은 인명피해로 이어질 수 있기 때문에 지지대의 안전계수는 4로 설계된다. (즉, 지지대가 예상되는 하중의 4배에 달하는 하중을 지탱할 수 있도록 설계되어야 한다). 시스템의 가동 또한 하중을 발생시키며, 그것은 지지대에 균열을 유발한다. 비파괴시험 장치로는 0.51 mm 깊이 이상의 균열은 모두 탐지할 수 있다. 7-1절에 주어진 재료들을 바탕으로 지지대와 재료를 설계하고, 결과의 타당성을 검증하라.

7-66 비행기용 펌프에 사용되는 경량 회전축은 사용 중에 66.7 kN의 반복하중을 지탱하도록 설계되어야 한다. 인장하중일 때와 압축하중일 때의 최대응력이 같다. 몇몇 후보재료들의 내구한도 또는 피로강도 값이 다음 표에 주어져 있다. 적절한 재료를 포함하여 회전축을 설계하고 결과의 타당성을 검증하라.

재료	내구한도/피로강도(MPa)
Al-Mn 합금	110
Al-Mg-Zn 합금	225
Cu-Be 합금	295
Mg-Mn 합금	80
베릴륨합금	180
텅스텐합금	320

7-67 가단주철을 만드는 데 사용될 열처리 노(furnace) 내에서 구상흑연주철 봉이 178 kN의 하중을 지탱하고 있다. 봉은 500 ℃의 환경 속에 계속 노출되어 있다. 이 봉이 적어도 10년간 파괴되지 않고 작동될 수 있도록 설계하라.

Knovel® 활용 문제

K7-1 AISI 4340강으로 만든 중공 샤프트의 외경 D_o은 102 mm이고 내경 D_i는 63.5 mm이다. 이 축은 46 rpm의 속도로 매일 한 시간씩 회전한다. 이 축은 두 개의 베어링으로 지지되고, 24.47 kN의 하중 W가 가운데에 작용하고 있다. 베어링 사이의 거리는 1.98 m이다. 이러한 타입의 반복하중에서 발생되는 굽힘에 의한 최대 인장응력은 다음 식을 사용하여 계산할 수 있다.

$$\sigma_m = \frac{8\,WLD_o}{\pi(D_o^4 - D_i^4)}$$

이러한 타입의 반복하중에 대한 응력비는 얼마인가? 안전계수 2를 가정하면 이 축은 1년 동안 견디겠는가?

자동차 차체 형성과 같은 용도에서 금속과 합금은 변형된다. 이 과정에서의 변형경화 때문에 재료의 기계적 특성은 변한다. 차체 제작에 사용된 강철의 변형경화 거동은 강철이 유선형으로 성형되기 위한 능력에 영향을 미친다. 또한 변형경화 거동은 자동차의 충돌안전성을 향상시키는 데 있어 중요하다. (출처: *Digital Vision/Getty Images*)

CHAPTER 8

변형경화와 어닐링

다음과 같이 궁금해 해본 적이 있는가?

- 구리선을 구부리면 왜 강해질까?
- 알루미늄 음료수 캔은 어떻게 만들까?
- 열가소성 고분자가 변형되면 왜 강해질까?
- 서냉유리, 강화유리, 접합안전유리 사이의 차이점은 무엇인가?
- 용접부 부근의 금속재료는 모재보다 강도가 낮을 수 있는데 왜 그러한가?

제8장의 주요 학습목표

- 금속의 변형경화를 정량화하고, 변형경화가 왜 금속을 변형하는 데 요구되는 힘을 증가시키는지 설명하는 것.
- 금속의 변형속도민감도를 정량화하고, 변형속도민감도가 왜 재료를 변형하는 데 요구되는 힘에 영향을 줄 수 있는지 설명하는 것.
- 냉간가공된 다결정 재료의 특성이 어닐링(회복, 재결정, 결정립성장)과 변형으로 인해 어떻게 변화하는지 그리고 이것이 기계적 거동에 어떻게 영향을 미치는지 예측하는 것.
- 가공과 어닐링의 조합을 사용하여 원하는 치수와 기계적 특성을 갖는 금속박판을 생산하기 위한 공정을 디자인하는 것.

이 장에서 우리는 재료의 강도가 제조공정 및 열처리조건에 의해 어떻게 영향을 받는지에 대해 살펴보고자 한다. 제4장에서 금속과 합금의 강도를 향상시키는 방법(예: 전위밀도의 증가, 결정립크기의 감소, 합금화)에 대해 배웠다. 이 장에서는 금속재료가 변형되고 동시에 강화되는 공정인 냉간가공(cold working)을 활용하여 금속과 합금의 강도를 어떻게 향상시킬 수 있는지 배울 것이다. 또한 고온에서 재료의 강화 없이 변형에 의해 금속과 합금을 성형하기 위해 어떻게 열간가공(hot working)이 활용되는지 살펴볼 것이다. 재료의 연성을 향상시키기 위해 그리고 냉간가공을 통해 유발된 경도의 증가에 대응하기 위해 어닐링 열처리가 어떻게 사용되는지 배울 것이다.

그렇다면 고분자, 유리, 세라믹의 경우는 어떨까? 이 재료들도 변형경화를 보일까? 열경화성 고분자의 변형은 종종 강화효과를 유발한다. 그러나 고분자재료에 있어 변형강화의 기구는 금속재료의 경우와 비교할 때 전혀 다르다. 세라믹, 유리 등과 같은 대부분의 취성재료의 강도는 균열의 크기 및 분포에 크게 의존한다(제7장). 따라서 무기질 유리와 세라믹은 변형경화가 잘 일어나지 않는다. 그러므로 이들 재료를 강화시키기 위해서는 다른 전략을 고려해야 한다. 이와 관련하여 유리의 템퍼링(tempering)과 어닐링에 대한 원리들을 배울 것이다.

우선 응력-변형도 곡선을 중심으로 금속재료의 변형경화를 살펴보자.

8-1 냉간가공과 응력-변형도 곡선의 관계

연성을 갖는 금속재료에 대한 응력-변형도 곡선을 그림 8-1(a)에 나타내었다. 항복강도 S_y보다 큰 응력 S_1을 인가한다면, 영구변형 또는 변형도를 유발한다. 응력이 제거되면 변형도 e_1이 남는다. 만일 S_1의 응력을 받았던 금속재료로부터 인장시편을 만들고 다시 시험한다면, 그림 8-1(b)와 같은 응력-변형도 곡선을 얻게 된다. 새 시편은 S_1의 응력수준에서 소성변형 또는 유동하기 시작한다. 유동응력(flow stress)이란 이전에 변형된 재료에서 소성유동(plastic flow)이 시작되는 데 필요한 응력으로 정의한다. 따라서 S_1은 이 재료의 유동응력이 된다. 만일 S_2까지 응력을 계속 가한 후 응력을 제거하고 그리고 이 금속재료를 다시 시험한다면, 새로운 유동응력은 S_2가 된다. 더 큰 응력을 가할 때마다 유동응력과 인장강도는 증가하고 연성은 감소한다. 이 금속 시료는 강도가 계속 증가하여 결국 유동응력, 인장강도, 파괴강도가 동일해지고 연성이 없어지게 된다[그림 8-1(c)]. 이 상태에서 이 금속재료는 더 이상 소성변형될 수 없다. 그림 8-1(d)와 8-1(e)는 스프링백(springback)에 관한 것이며, 그 개념은 이 절의 후반부에서 살펴보기로 하자.

금속재료에 원래의 항복강도를 초과하는 응력을 인가하여 이 재료를 변형함과 동시에, 변형경화된 또는 냉간가공된 재료를 얻을 수 있다. 이것은 선재인발(wire drawing)과 같은 많은 제조기술의 기본이 된다. 그림 8-2에 냉간가공과 열간가공 공정을 이용하는 다양한 제작공정을 도시하였다. 냉간가공과 열간가공의 차이에 대해서는 이 장의 후반부에서 다루기로 한다. 냉간가공에 의해 재료를 성형하고 동시에 강화하기 위해 많은 변형공정들이 사용된다(그림 8-2). 예를 들어, 압연(rolling)은 금속 판, 박판, 포일을 제조하는 데 사용된다. 단조(forging)는 금속을 금형 공동에 맞게 성형하는 공정으로 자동차의 크랭크축이나 커넥팅롯드와 같이 비교적 복잡한 형상의 부품을 제조하는 데 사용된다. 인발(drawing)은 금속 봉재를 일정한 직경의 구멍이 있는 금형을 통해 잡아당김으로써 선재나 섬유를 만드는 데 사용되는 공정이다. 압출(extrusion)은 금형을 통해 금속을 밀어내어 균일한 단면을 갖는 제품을 제조하는 공정으로서, 봉, 관, 문틀이나 창틀

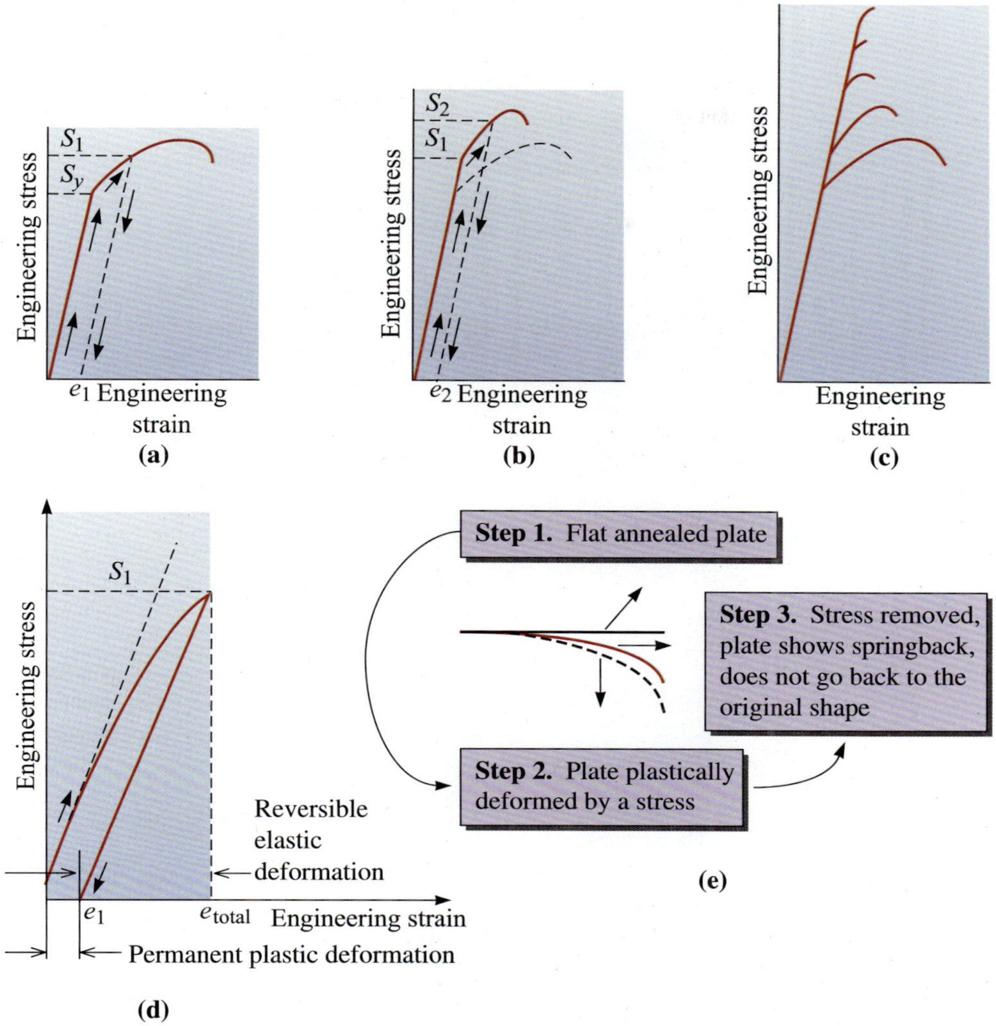

그림 8-1 공칭응력-공칭변형도 곡선으로 보여주는 변형경화의 발달. (a) 응력이 제거되기 전에 시편에는 항복응력 S_y 이상의 응력이 인가되었다. (b) 이제 시편은 더 높은 항복강도와 인장강도를 갖지만 연성은 낮다. (c) 이 과정을 반복함으로써 합금이 매우 취성으로 변할 때까지 강도는 계속 증가하고 연성은 계속 감소한다. (d) 총 변형도는 탄성과 소성 성분의 합이다. 응력이 제거되면 탄성변형도는 회복되지만, 소성변형도는 회복되지 않는다. (e) 스프링백의 도해. (출처: Engineering Materials 1, *Second Edition, M. F. Ashby and D. R. H. Jones, Elsevier, 1996.*)

에 사용되는 알루미늄 형재 등의 제조에 사용된다. 딥드로잉(deep drawing)은 알루미늄 음료수 캔을 성형하는 데 사용되는 공정이다. 스트레치성형(stretch forming) 및 굽힘가공(bending)은 박판을 성형하는 데 사용된다. 이와 같이 냉간가공은 금속의 강도를 향상시키면서 동시에 성형할 수 있는 효과적인 방법이다. 냉간가공의 단점은 연성을 감소시킨다는 것이다. 만일 철사를 반복해서 구부리면 변형경화 때문에 그 철사의 강도는 증가하고, 결국 끊어지게 된다. 변형경화 공정은 매우 고온에서 사용되는 부품을 제외한 많은 금속 제품을 제조하는 데 사용된다. 예를 들어, 알루미늄 음료수 캔은 전체 강

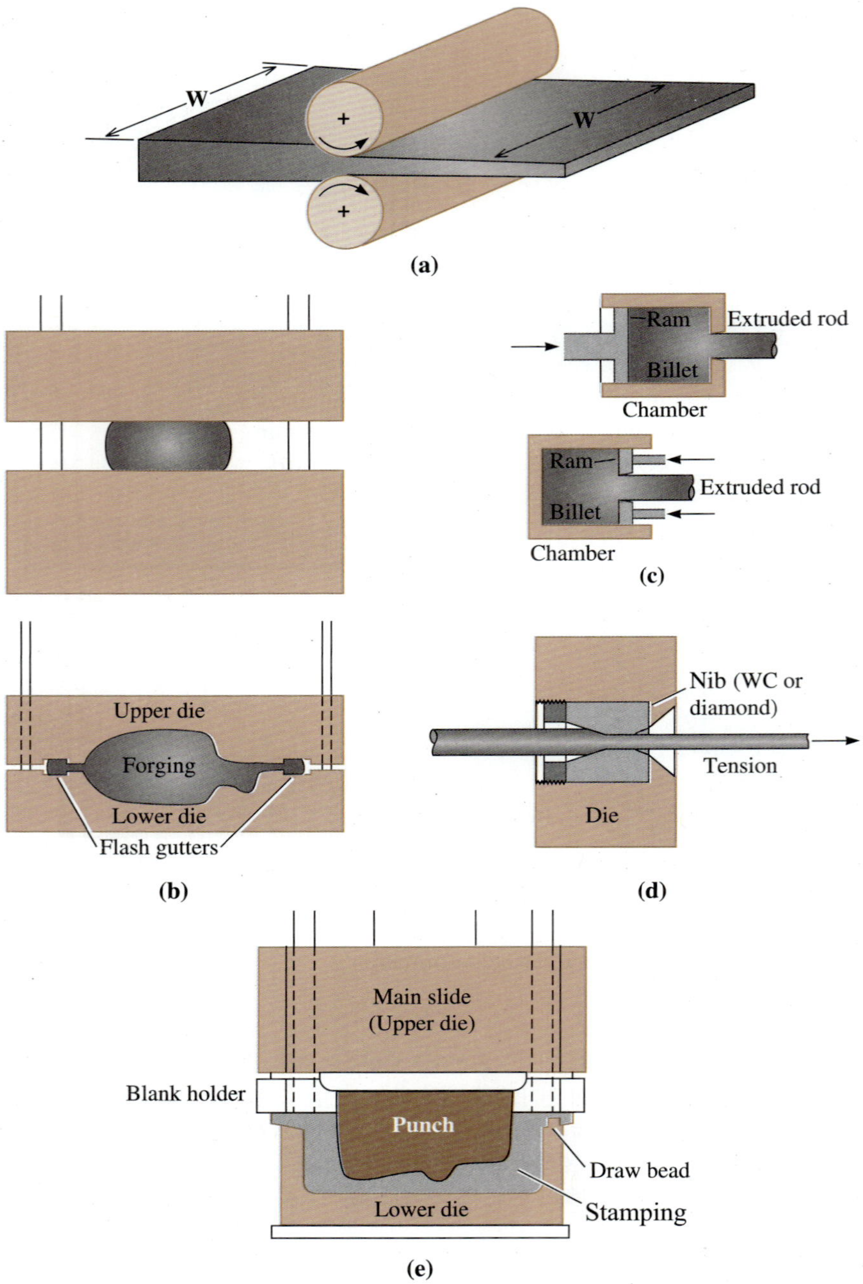

그림 8-2 냉간가공과 열간가공을 이용하는 제조공정. 일반적인 금속의 가공방법. (a) 압연, (b) 단조(개방 금형 및 밀폐금형), (c) 압출(직접 및 간접), (d) 선재인발, (e) 스탬핑(stamping). (출처: Mechanical Behavior of Materials, *by M. A. Meyers and K. K. Chawla, Cambridge University Press.*)

도의 70%를 제조공정 중에 발생하는 변형경화로부터 얻는다. 알루미늄캔 강도의 일부는 합금원소의(예: 마그네슘) 첨가에 의해서도 얻는다. 압연과 같은 많은 공정들은 냉간가공 및 열간가공으로 모두 활용될 수 있음에 주목하라. 각각의 장단점은 이 장의 후반부에서 살펴보기로 하자.

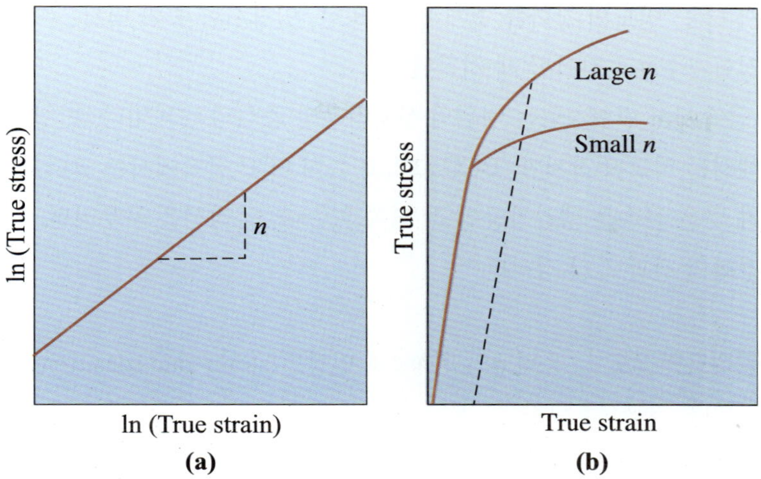

그림 8-3 (a) 금속의 진응력-진변형도 곡선의 소성 구간. 응력과 변형도의 자연로그 값으로 그려졌으며, 변형경화지수 n은 이 곡선의 기울기이다. (b) 큰 n값과 작은 n값을 갖는 금속의 진응력-진변형도 곡선. 큰 n을 갖는 금속에서는 주어진 변형도에서 더 높은 정도의 강화를 나타낸다.

변형경화지수 *n* 냉간가공에 대한 금속의 반응은 변형경화지수(strain-hardening exponent) n으로 정량화될 수 있다. 진응력 σ와 진변형도 ε 그리고 변형경화지수 n과의 관계는 소위 거듭제곱법칙(power law)이라 불리는 다음 식에 의해 결정된다.

$$\sigma = K\varepsilon^n \tag{8-1}$$

상수 K(강도계수)는 $\varepsilon = 1$일 때의 응력과 같다. 식 8-1의 양변에 자연로그를 취하면 다음과 같다.

$$\ln \sigma = \ln K + n \ln \varepsilon \tag{8-2}$$

진응력과 진변형도의 관계를 자연로그로 그림 8-3(a)에 나타내었고, 변형경화지수는 소성변형 구간의 기울기이다. 그림 8-3(b)에 나타낸 것처럼 n이 증가하면 일정한 변형도

표 8-1 일반적인 금속과 합금의 변형경화지수와 강도계수

금속	결정구조	*n*	K(MPa)
티타늄	HCP	0.05	1,206.6
열처리된 합금강	BCC	0.15	641.2
퀜칭 + 템퍼링 처리된 중탄소강	BCC	0.10	1,572
몰리브덴	BCC	0.13	724
구리	FCC	0.54	3,172
Cu-30%Zn	FCC	0.50	896.3
오스테나이트계 스테인리스강	FCC	0.52	1,517

G. Dieter, Mechanical Metallurgy, *McGraw-Hill, 1961*과 다른 자료를 참고함.

에서 더 큰 정도의 강화를 얻게 된다. 또한, 인장시험 중의 넥킹은 대략 진변형도 ε이 변형경화지수 n과 같아질 때 시작된다.

금속에서 변형경화는 전위의 상호작용과 증식의 결과이다. 변형경화지수는 HCP 금속에서는 비교적 작지만, BCC 그리고 특히 FCC 금속에서는 크다(표 8-1). 변형경화지수가 낮은 금속은 냉간가공이 잘 되지 않는다. 구리선을 구부리면, 구부려진 선재는 변형경화의 결과로 더 강하다.

변형속도민감도 응력 σ의 변형속도민감도(strain-rate sensitivity, m)는 다음과 같이 정의된다.

$$m = \left[\frac{\partial(\ln \sigma)}{\partial(\ln \dot{\varepsilon})}\right] \tag{8-3}$$

이 식은 유동응력이 변형속도에 따라 어떻게 변화하는지를 나타낸다. 결정질 금속의 변형속도민감도는 일반적으로 0.1 이하지만, 온도에 따라 증가한다. 이미 언급한 바와 같이, 높은 변형속도에서 강철 박판의 기계적 거동은 성형뿐만 아니라 높은 충격하중에 얼마나 잘 견디는지 또한 중요하다. 박판 강철의 충돌안전성은 자동차산업에서는 매우 중요한 고려사항이다. 충격하중을 받을 때 급격히 경화되는 강철은 기계적 에너지를 흡수하는 데 있어 효과적이다. m값이 양이라면 재료가 넥킹에 저항할 것이다(제6장).

스프링백 다른 한 가지 중요한 사항은 금속재료가 항복강도 이상의 응력[그림 8-1(d)의 S_1]으로 변형될 때이며, S_1에 해당하는 변형도는 수평축에 수직으로 선을 그어 얻어진다(점 e_{total}). ($e_{total} - e_1$)의 변형도는 탄성적인 특성을 가졌으므로 응력이 제거되면 회복된다. 재료가 소성적으로 변형된 후 회복되는 탄성변형도는 스프링백(springback)이라 알려져 있다[그림 8-1(e)]. 스프링백이 발생하는 것은 다른 여러 가지 용도와 함께 박판 강철로부터 자동차 차체 패널을 성형하는 데 있어 매우 중요하다. 이 현상은, 예를 들어, 압출에 의한 고분자재료의 가공에서도 관찰된다.

바우싱거 효과 인장력에 의해 소성변형된 재료를 고려해보자. 여기서는, 두 개의 다른 시편(A와 B)을 고려하자. 시편 A는 인장응력, 시편 B는 압축응력 하에 있다. 시편 A의 인장 유동응력($\sigma_{\text{flow, tension}}$)이 압축 항복강도($\sigma_{\text{flow, compression}}$)에 비해 높게 나타난다. 이와 같이, 이전에 인장응력을 받은 시료의 압축강도가 감소하는 효과를 바우싱거 효과(Bauchinger effect)라고 한다. 여기서 비교한 것은 인장응력에 의해 소성변형된 시료를 다시 인장 및 압축하여 얻은 항복강도라는 사실을 기억해야 한다. 바우싱거 효과는 응력의 방향을 서로 바꾸었을 때에도 관찰된다. 압축에 의해 변형된 시편을 고려하자. 이후 두 개의 시편 C와 D를 평가해볼 수 있다. 압축응력을 받은 시편(C)은 인장응력을 받은 시편(D)에 비해 높은 유동응력을 나타낸다. 이러한 바우싱거 효과는 강철과 기타 합금의 성형공정에서 중요한 역할을 한다.

8-2 변형경화 메커니즘

금속재료의 변형 중에는 전위의 수를 증가시킴으로써 재료의 강화를 얻는다. 변형 전에 금속의 전위밀도는 약 10^6 cm/cm^{3}의 전위선이 존재하므로 비교적 낮다.

항복강도보다 큰 응력을 인가하면 전위는 슬립하기 시작한다(제4장 Schmid의 법칙). 슬립면 상에서 이동하는 전위는 결국 전위선의 끝부분을 고정시키는 장애물을 만나게 되고, 계속해서 응력이 인가되면 전위의 중심 부분은 휘어진다. 휘어진 전위는 루프(loop)를 형성하게 되며(그림 8-4), 전위 루프가 자신과 서로 맞닿으면 새로운 전위가 만들어진다. 원래의 전위는 여전히 고정되어 있으며 응력이 계속 인가되면 전위 루프를 추가로 생성하게 된다. 이와 같이 전위를 만드는 기구를 Frank-Read 원천(Frank-Read source)이라 하며, Frank-Read 원천의 전자현미경 사진을 그림 8-4(e)에 나타내었다.

변형경화 동안에 금속의 전위밀도는 약 10^{10} cm/cm^3 정도까지 증가한다. 제4장에서 논의한 바와 같이 전위의 이동은 금속에서 소성유동의 요인이지만, 전위가 너무 많으면 전위의 이동을 서로 방해한다. 이와 비슷한 상황은 방에 사람들이 너무 많으면 서로 움직이기 어려운 것과 같은 이치이다. 가공경화가 일어난 금속재료는 결과적으로 강도는 증가하고 연성은 감소한다.

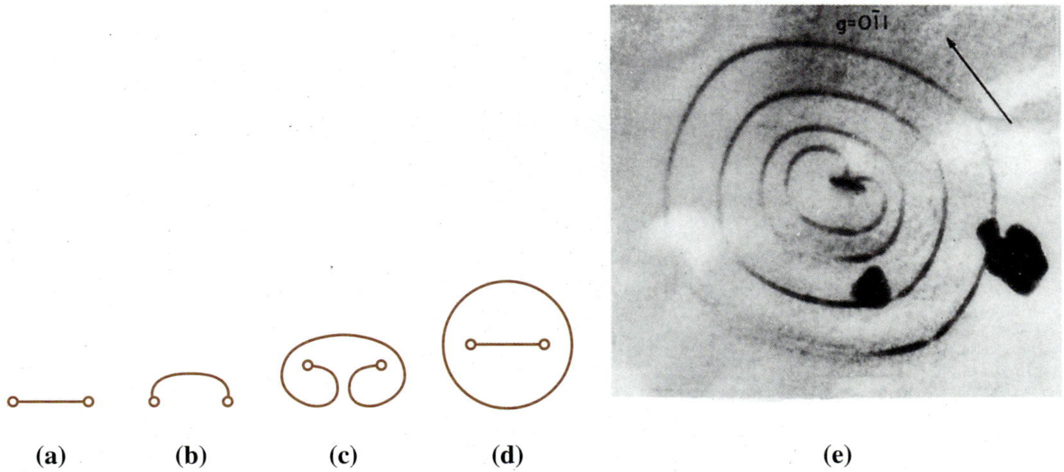

그림 8-4 Frank-Read 원천은 전위를 생성할 수 있다. (a) 전위의 양끝이 격자결함에 의해 고정된다. (b) 전위가 계속해서 이동함에 따라 활처럼 휘어지고, (c) 결국 원래의 전위선으로 휘어져 돌아온다. (d) 마지막으로, 전위 루프가 형성되며 새로운 전위가 생성된다. (e) Frank-Read 원천의 전자현미경 사진(× 330,000). (출처: *Springer*, Metallurgical Transactions A, *April 1975, Volume 6, Issue 4, pp. 921-926, "Climb sources in β'-NiAl," G. W. Marshall, J. O. Brittain, Copyright © 1975, American Society for Metals, The Metallurgical Society of AIME, With kind permission from Springer Science and Business Media.*)

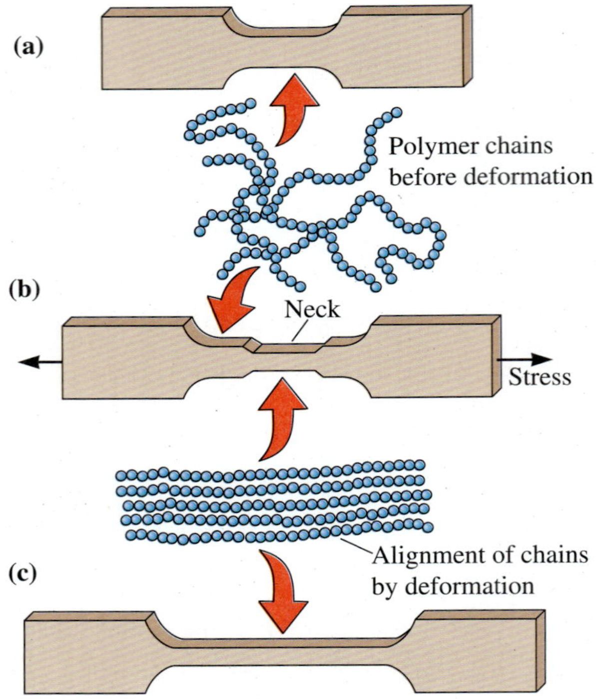

그림 8-5 변형되지 않은 열가소성 고분자 인장시험 바에서 (a) 고분자 사슬이 무작위로 배열되어 있다. (b) 응력이 인가되면 사슬이 국부적으로 정렬되면서 가늘어진 부분(neck)이 형성된다. (c) 표점거리 내에 있는 사슬들이 모두 정렬될 때까지 이 가늘어진 부분이 성장한다. 고분자의 강도는 증가된다.

세라믹에도 전위가 있으며 약간의 변형경화도 가능하나, 세라믹 내 전위는 일반적으로 이동성이 거의 없다. 다결정 세라믹에는 기공도 포함되어 있다. 결과적으로, 세라믹은 취성재료로 거동하며 냉간가공에 의해 뚜렷한 변형이나 강화는 가능하지 않다. 마찬가지로, 실리콘과 같이 공유결합으로 이루어진 재료도 취성이 높아 눈에 띌 만한 가공경화는 일어나지 않는다. 유리는 비결정질이므로 전위를 포함하고 있지 않으며 따라서 변형경화되지 않는다.

열가소성 플라스틱은 폴리에틸렌, 폴리스타이렌, 나일론과 같은 고분자이다. 이러한 재료는 스파게티와 같은 긴 사슬들로 구성된다. 열가소성 플라스틱은 변형되면 강화된다. 이것은 전위의 증식에 기인한 것이 아니고, 대신 긴 사슬형 분자들의 정렬과 국부적인 결정화에 의해 발생하는 것이다. 항복강도 이상의 응력이 폴리에틸렌과 같은 열가소성 고분자에 가해지면 서로 다른 사슬 사이의 반데르발스 결합이 끊어진다(제2장). 이때 사슬들은 곧게 펴지면서 응력방향으로 정렬된다(그림 8-5). 고분자의 강도는 특히 인가된 응력방향으로 고분자 사슬이 정렬되는 결과로 증가된다. 이러한 강도의 증가는 전형적인 열가소성 고분자의 응력-변형도 곡선에서 관찰되며, 고분자 공정에 사용되는 많은 기술들이 금속제조에 사용되는 기술과 매우 유사하다. 예를 들어, 압출은 가장 폭넓게 사용되고 있는 고분자 공정기술 중의 하나이다. 이러한 많은 기술들이 개념적으로 유사성이 있더라도, 고분자가 공정 중에 강화되는 메커니즘에 있어서는 중요한 차이점이 있다.

8-3 특성 대 냉간가공백분율

변형경화는 소성변형의 양을 조절함으로써 제어된다. 일반적으로 다음과 같이 정의되는 냉간가공백분율을 통해 변형량을 측정한다.

$$\text{냉간가공백분율} = \left[\frac{A_0 - A_f}{A_0}\right] \times 100 \tag{8-4}$$

여기서, A_0는 금속의 초기 단면적이고 A_f는 변형 후의 최종 단면적이다. 냉간압연의 경우, 두께감소백분율은 냉간가공의 척도로서 사용되며 다음과 같다.

$$\text{두께감소백분율} = \left[\frac{t_0 - t_f}{t_0}\right] \times 100 \tag{8-5}$$

여기서, t_0는 박판의 초기 두께이고 t_f는 최종 두께이다.

상업용 순 구리의 기계적 특성에 대한 냉간가공의 영향을 그림 8-6에 나타내었다. 냉간가공이 증가함에 따라 항복강도와 인장강도는 증가하는 반면, 연성은 점차 감소하여 영(0)에 가까워진다. 냉간가공을 계속하려고 하면 금속은 파괴되며, 따라서 금속재료가 취화되어 파괴되기 전까지 인가할 수 있는 냉간가공 또는 변형의 최대값이 존재한다.

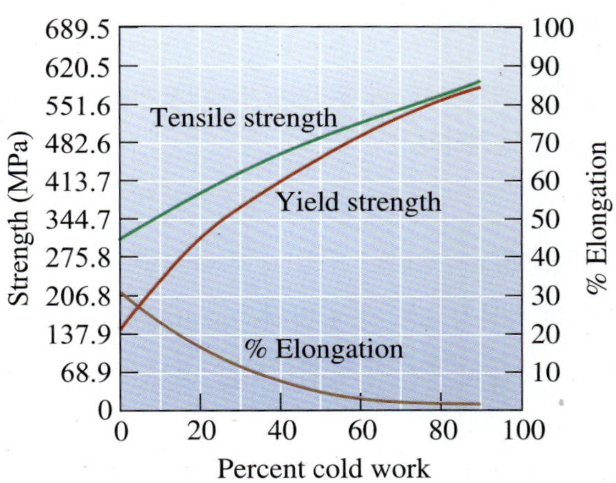

그림 8-6 구리의 기계적 특성에 미치는 냉간가공의 영향.

예제 8-1 구리판의 냉간가공

두께 10 mm의 구리판을 5 mm까지 냉간가공하고, 이후 두께를 1.6 mm까지 더욱 감소시켰다. 총 냉간가공백분율과 1.6 mm 구리판의 인장강도를 계산하라(그림 8-6 및 8-7 참조).

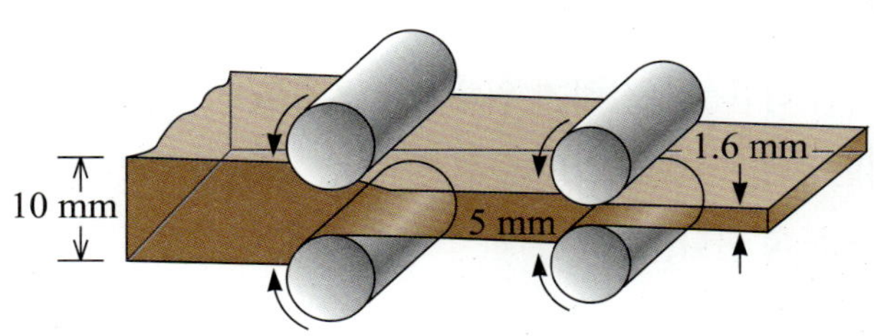

그림 8-7 두께 10 mm 판재를 1.6 mm 판재로 압연하는 개략도.

풀이

구리판을 압연하는 동안 판재의 폭은 변하지 않기 때문에, 냉간가공백분율은 두께 t로 표현할 수 있다.

냉간가공의 정의는 초기 그리고 최종 단면적의 변화율로 정의되므로, 중간에 아무리 여러 단계를 거치더라도 달라지지 않는다. 따라서 총 냉간가공백분율(% CW)은 다음과 같이 계산할 수 있다.

$$\%\,\mathrm{CW} = \left[\frac{t_0 - t_f}{t_0}\right] \times 100 = \left[\frac{10 - 1.6}{10}\right] \times 100 = 84\%$$

그림 8-6으로부터 인장강도는 약 586 MPa(또는 85,000 psi)이다.

공정 중 냉간가공의 양을 안다면 금속 또는 합금의 특성을 예측할 수 있고, 부품이 특정한 위치에서 적절한 강도를 가졌는지 결정할 수 있다.

어떤 최소한의 기계적 특성이 요구되는 부품의 재료를 선정하고자 할 때, 이를 위한 변형공정을 설계할 수 있다. 우선 필요한 냉간가공백분율을 결정한 다음, 원하는 최종 치수를 냉간가공의 식에 대입하여 가공할 금속의 초기 치수를 계산한다.

예제 8-2 냉간가공 공정 설계

최소 448.2 MPa의 인장강도, 413.7 MPa의 항복강도, 5%의 연신율을 갖는 두께 1 mm의 구리판을 생산하기 위한 제조공정을 설계하라.

풀이

그림 8-6으로부터 448.2 MPa의 인장강도를 갖게 하려면 최소한 35%의 냉간가공이 필요하고, 413.7 MPa의 항복강도를 갖기 위해서는 40%의 냉간가공이 필요하다. 그러나 연신율 5%라는 요건을 만족시키기 위해서는 냉간가공이 45% 이하여야 한다. 따라서 40%와 45% 사이의 냉간가공으로 필요한 기계적 특성을 얻을 수 있다.

이 판재를 생산하는 데에는 냉간압연 공정이 적합하다. 판재의 폭은 변하지 않는다고 가정하면, 식 8-5를 이용하여 압연 전의 구리판의 두께를 계산할 수 있다. 40~45%의 냉간가공이 허용되므로, 판재의 초기두께도 일정 범위 안에 들면 된다.

$$\%\,\mathrm{CW}_{\min} = 40 = \left[\frac{t_{\min} - 1\ \mathrm{mm}}{t_{\min}}\right] \times 100, \quad \therefore\ t_{\min} = 1.67\ \mathrm{mm}$$

$$\%\,\mathrm{CW}_{\max} = 45 = \left[\frac{t_{\max} - 1\ \mathrm{mm}}{t_{\max}}\right] \times 100, \quad \therefore\ t_{\max} = 1.82\ \mathrm{mm}$$

두께 1 mm의 구리판을 생산하기 위해서는 초기두께 1.67 mm와 1.82 mm 사이의 구리판을 최대한 높은 연성을 갖도록 만든 다음, 40%와 45% 사이로 냉간압연하여 두께 1 mm가 되도록 한다.

8-4 미세구조, 집합조직강화, 잔류응력

냉간가공 또는 열간가공에 의해 소성변형하는 동안에는 금속 내의 결정립들이 인가된 응력방향으로 늘어난 미세조직이 종종 만들어진다(그림 8-8).

이방성 거동 변형 중 결정립은 늘어나는 동시에 회전하며 응력이 인가되는 방향으로 특정한 결정학적 방향이나 면이 정렬하게 된다. 그 결과, 우선방위(preferred orientation) 또는 집합조직(texture)이 발달하게 되고 이방성 거동을 유발한다.

선재인발 및 압출과 같은 공정 중에는 섬유집합조직(fiber texture)이 생성된다. 여기서 '섬유'라는 용어는 금속재료의 결정립이 선재 또는 압출재의 길이방향 또는 축방향과 평행하게 늘어나 있는 상태를 말한다. BCC 금속의 경우 ⟨110⟩ 방향이 선재의 축방향으로 정렬된다. FCC 금속의 경우에는 ⟨111⟩ 또는 ⟨100⟩ 방향이 정렬된다. 이렇게 되면, 선재 또는 압출재(튜브와 같이 압출된 제품)의 축방향으로 최대강도가 나타나며, 이

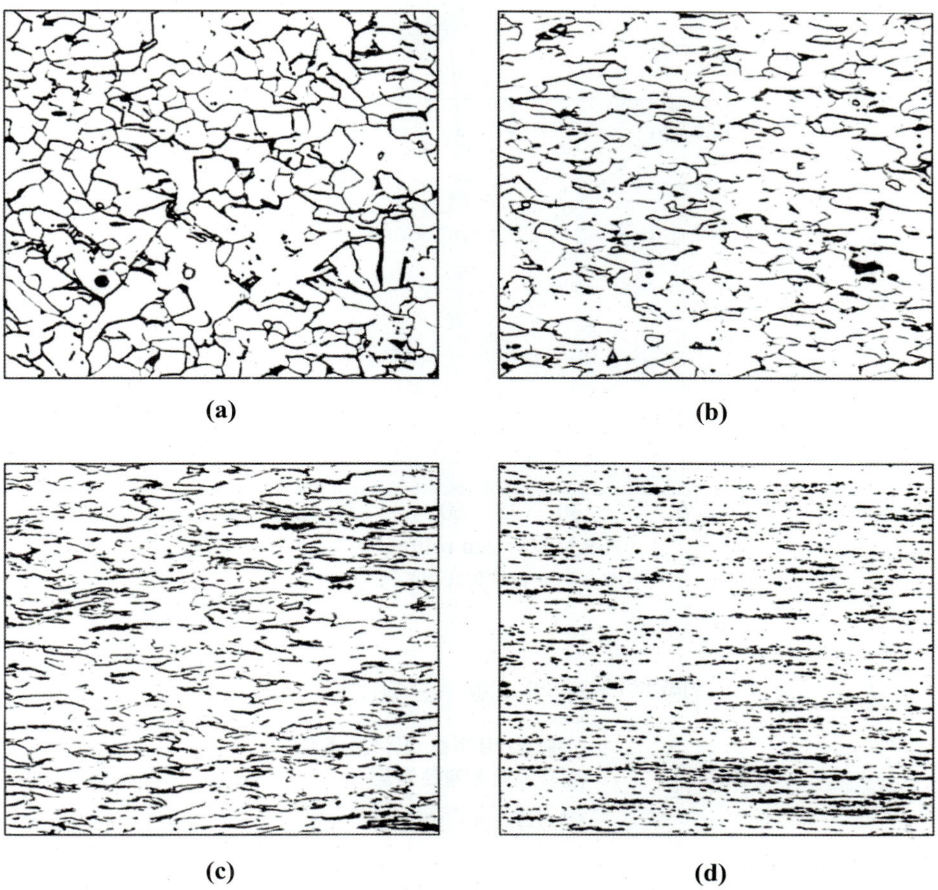

(a) (b) (c) (d)

그림 8-8 냉간가공에 의해 생성된 저탄소강의 섬유상 결정립 구조. (a) 10% 냉간가공, (b) 30% 냉간가공, (c) 60% 냉간가공, (d) 90% 냉간가공(× 250). [출처: ASM Handbook, Vol. 9, Metallography and Microstructure, *(1985), ASM International, Materials Park, OH 44073-0002. Reprinted with permission of ASM International. All rights reserved. www.asminternational.org.*]

것이 우리가 원하는 것이다.

앞에서 언급한 바와 같이 열가소성 고분자를 섬유나 다른 형상으로 뽑을 때에도 이와 비슷한 현상이 일어나는데, 그 이유는 고분자 사슬들이 섬유의 길이방향과 평행하게 정렬하기 때문이다. 강도는 섬유의 축방향이 가장 높다. 이러한 형태의 강화는 블로-스트레치 공정(blow-stretch process)을 사용하여 만든 PET(polyethylene terephthalate) 플라스틱 병이다. 이 공정을 사용하면 고분자 사슬이 반경방향과 길이 방향을 따라 정렬하게 되어 PET 병의 그 방향 강도가 향상된다.

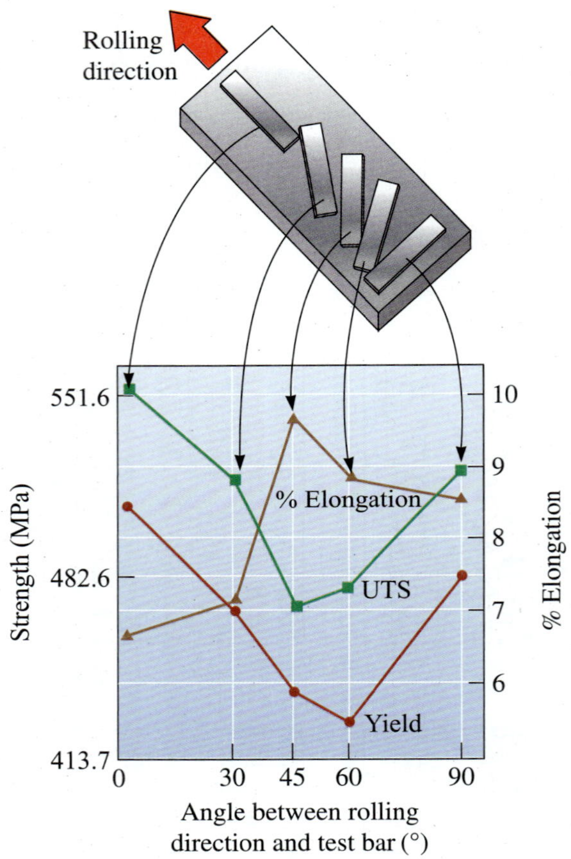

그림 8-9 항공우주 분야에 사용되는 알루미늄-리튬 압연박판의 이방성 거동. 개략도는 인장시편의 위치와 그 방향에서 얻어진 기계적 특성을 연관시켜 보여준다.

표 8-2 일반적인 선재인발, 압출, 박판 집합조직

결정구조	선재인발 및 압출 섬유집합조직 (선재 축에 평행한 방향)	박판 또는 압연 집합조직
FCC	⟨111⟩과 ⟨100⟩	압연면에 평행한 {110} 면 압연방향에 평행한 ⟨112⟩ 방향
BCC	⟨110⟩	압연면에 평행한 {001} 면 압연방향에 평행한 ⟨110⟩ 방향
HCP	⟨10$\bar{1}$0⟩	압연면에 평행한 {0001} 면 압연방향에 평행한 ⟨11$\bar{2}$0⟩ 방향

압연과 같은 공정에서는 결정립이 우선방위와 우선면을 따라 정렬됨으로써 박판집합조직(sheet texture)이 발달된다. 압연된 박판 또는 후판의 기계적 특성은 측정하는 방향에 따라 달라진다. 그림 8-9에 냉간가공된 알루미늄-리튬 합금의 인장특성을 요약하여 나타내었다. 이 합금의 경우, 강도는 압연방향에 평행일 때 최대인 반면 연성은 압연방향에 대해 45°에서 최대이다. 이방성 또는 집합조직의 발달에 따른 강화를 집합조직강화(texture strengthening)라고 한다. 제6장에서 언급한 바와 같이, 재료의 영의 계수(Young's modulus)도 결정학적 방향에 따라 다르다. 예를 들어, 철의 [111] 및 [110] 방향 영의 계수는 각각 약 260 GPa 및 140 GPa이다. 집합조직에 따른 항복강도의 의존성은 훨씬 더 크다. 집합조직은 재료의 기계적 특성뿐만 아니라 자성 및 기타 재료물성에도 영향을 준다. 예를 들어, 변압기 코어에 사용되는 97% Fe와 3% Si로 만들어진, 결정립이 배향된 자성재료 강철은 가공열처리 공정(thermo-mechanical processing)을 통해 집합조직이 형성되고 이를 통해 전기적 및 자기적 특성을 최적화시킨다. 서로 다른 결정구조의 섬유(선재인발) 및 판재(압연) 집합조직을 표 8-2에 나타내었다.

박막의 집합조직 발달 우선방위나 결정학적 집합조직은 박막에서도 생긴다. 박막의 경우 집합조직은 외부에서 인가한 응력이 아닌 박막성장 기구에 의해 흔히 발달한다. 경우에 따라서는 내부에서 발생한 열응력이 박막의 결정학적 집합조직 발달에 중요한 역할을 한다. 우선방위가 있는 박막은 보다 우수한 전기적, 광학적, 자기적 특성을 나타낸다. 다양한 공학재료(박막, 박판, 단결정 등)에서 집합조직을 식별하기 위해 X선회절(제3장)에 기초한 극점도분석(pole figure analysis) 또는 방위현미경(orientation microscopy)으로 알려진 특수한 주사전자현미경 기술이 사용된다.

잔류응력 인가된 응력 중 작은 일부는 잔류응력(residual stress)의 형태로 복잡하게 얽힌 전위 네트워크로 된 조직에 저장된다. 이러한 전위의 존재는 총 내부에너지를 증가시킨다. 냉간가공의 정도가 증가할수록 그 재료의 총 내부에너지는 높아진다. 냉간가공에 의해 발생한 잔류응력은 항상 바람직한 것은 아니며, 응력제거어닐링(stress-relief annealing, 8-6절)이라 알려진 열처리에 의해 제거할 수 있다. 이후에 곧 다시 살펴보겠지만, 경우에 따라서는 기계적 특성을 향상시키기 위해 재료 표면에 압축 잔류응력을 의도적으로 만들어 주기도 한다.

잔류응력은 변형된 금속 전체에 균일하게 분포하지는 않는다. 예를 들어, 압연된 판재 표면에는 높은 압축 잔류응력이 있는가 하면, 중심부에는 인장 잔류응력이 존재할 수 있다. 만일 냉간가공된 제품의 표면을 일부 기계가공하게 되면, 압축 잔류응력만을 가진 금속을 제거하게 된다. 이 판재는 균형을 맞추기 위해 뒤틀린다. 만일 부품의 양쪽 표면 모두에 압축 잔류응력이 존재하면, 표면에 존재하는 균열이 쉽게 성장하지 않

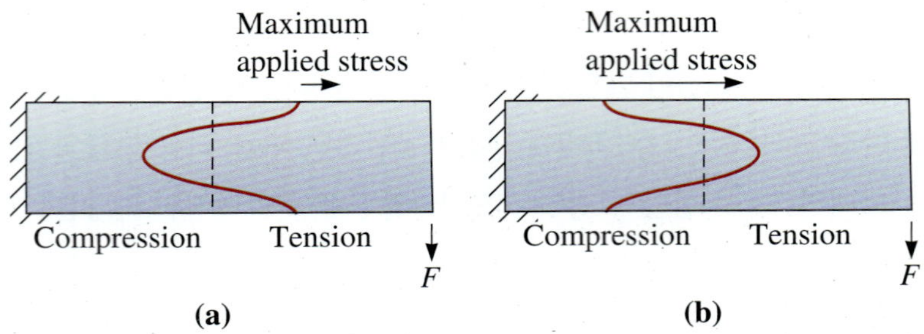

그림 8-10 잔류응력은 해로울 수도 이로울 수도 있다. (a) 굽힘하중이 외팔보 윗면에 인장응력을 인가한다. 보의 윗부분에 인장 잔류응력이 이미 존재하기 때문에 하중지탱 특성이 나쁘다. (b) 윗부분에 압축 잔류응력이 존재한다. 이제는 하중지탱 특성이 매우 우수하다.

기 때문에 기계적 특성을 향상시킨 효과를 얻을 수 있다. 이와 같은 이유로 냉간가공이나 또는 다른 요인에 의해 생긴 잔류응력은 특정 부품의 하중지탱 능력에 영향을 미친다(그림 8-10). 이미 인장 잔류응력을 갖고 있는 재료에 인장응력을 가하면, 부품에 작용하는 총 응력은 인가된 응력과 잔류응력의 합으로 나타난다. 그러나 만약 압축응력이 금속부품의 표면에 저장되어 있다면, 인가된 인장응력은 먼저 압축 잔류응력을 상쇄시켜야 하기 때문에 이 부품은 정상 하중보다 더 큰 하중에 견딜 수 있다. 제7장에서 하중지탱 부품에서 흔히 발생하는 파손기구 중의 하나로 피로(fatigue)에 대해 배운 바 있다. 피로파괴가 발생하기 쉬운 부품은 때때로 쇼트피닝(shot peening)으로 강화될 수 있다. 쇼트피닝은 고속으로 가속된 작은 강구로 표면을 때림으로써 표면에 압축 잔류응력을 유발시켜 피로파괴에 대한 금속표면의 저항을 증가시키는 방법이다(제7장). 예제 8-3은 쇼트피닝의 사용에 대해 설명한다.

예제 8-3 피로저항성을 갖는 회전축의 설계

당신의 회사에서 137.9 MPa 피로강도를 갖는 축을 수천 개 생산하였다. 그 축은 회전 중에 높은 굽힘하중을 받게 된다. 회사의 기술영업 직원이 처음 판매한 몇 개의 축이 작동 초기에 피로에 의해 파괴되었다고 보고하였다. 피로특성을 개선하여 남아 있는 축들을 구제할 수 있는 공정을 설계하라.

풀이

피로파괴는 일반적으로 회전하는 부품의 표면에서 시작된다. 따라서 표면의 강도를 증가시킴으로써 축의 피로수명을 개선할 수 있다. 이를 달성하기 위해 여러 가지 방법이 사용될 수 있다.

축이 강철로 만들어진 경우 부품의 표면을 침탄시킬 수 있다(제5장). 침탄처리에서는 탄소가 축의 표면으로 확산되어 들어간다. 적절한 열처리 후, 표면에 있는 고농도의 탄소는 표면의 강도를 증가시키고, 더욱 중요하게는, 표면에 압축 잔류응력을 유발시킨다.

축을 냉간가공하는 것도 고려해볼 수 있다. 냉간가공은 금속의 항복강도를 증가시키므로 적절한 냉간가공을 통해 압축 잔류응력을 인가할 수 있다. 그러나 냉간가공은 축의 직경을 감소시키며, 이러한 치수변화로 인해 축이 그 기능을 제대로 수행할 수 없을 수 있다.

또 다른 대안은 표면을 쇼트피닝하는 것이다. 쇼트피닝은 부품의 치수를 변화시키지 않으면서 국부적인 압축 잔류응력을 표면에 인가한다. 공정비용도 낮은 이 공정은 남아 있는 축들을 구제하는 데 충분할 수 있다.

유리의 템퍼링과 어닐링 유리의 냉각과정 중 발생하는 잔류응력은 중요한 고려사항이다. 유리에서 잔류응력은 두 가지의 관점에서 다루어질 수 있다. 첫째, 유리를 어닐링온도(annealing point, 규산염유리의 경우 약 450 ℃이고 이때의 점도는 약 10^{12} Pa · s)로 알려진 고온으로 재가열한 후, 내부와 외부가 거의 같은 속도로 냉각되도록 천천히 냉각시킨다. 이렇게 제작된 유리는 잔류응력이 거의 혹은 전혀 없을 것이다. 이 공정을 어닐링(annealing)이라 하며, 잔류응력이 거의 없는 이 유리를 서냉유리(annealed glass)라 한다. 유리를 어닐링하는 것과 금속재료에 대한 응력제거어닐링 공정의 목적은 동일하다(즉, 잔류응력을 제거하거나 상당히 낮은 수준으로 낮추는 것). 그럼에도 불구하고 이들 재료에 대한 잔류응력의 근원은 다르다. 유리 제조공정에서 활용하는 다른 선택사항은 유리의 표면에 압축응력을 만들어주는 열처리를 수행하는 것이며, 이는 템퍼링(tempering)으로 알려져 있다. 이렇게 만든 유리를 강화유리(tempered glass)라 한다. 강화유리는 유리를 어닐링온도 바로 아래까지 가열한 후 표면이 중심보다 빠르게 냉각되도록 하여 제작된다. 이러한 공정에 의해 유리의 표면에는 균일한 압축응력이 발생하고, 중심부에는 인장응력이 유지되도록 한다. 유리의 미세구조에서 이온을 치환하여 압축응력을 만들어낼 수도 있는데, 이를 화학적 템퍼링(chemical tempering)이라 한다.

제7장에서 유리의 강도는 표면에 존재하는 결함에 의해 영향을 받는다고 배웠다. 만일 유리의 표면에는 압축응력을 그리고 중심에는 인장응력을 갖게 한다면(전체적인 응력은 0이 되는 조건), 유리의 강도는 현저히 증가한다. 유리 표면의 순 압축응력으로 인해 미세균열은 쉽게 전파되지 않는다. 그러나 강한 충격을 받으면 균열이 압축응력이 있는 영역을 통과하게 되어 유리가 산산조각이 난다.

강화유리는 많은 사용처를 갖는다. 예를 들어, 자동차 측면과 후방에 사용되는 유리는 강화유리로 만들어진다. 벽난로, 오븐, 선반, 가구, 냉장고에도 강화유리가 사용된다. 자동차 전면유리의 경우, 접합안전유리(laminated safety glass)를 사용한다. 전면유리는 두 장의 서냉유리를 폴리비닐부티럴(polyvinyl butyral, PVB)이라는 플라스틱을 사용해 접합하여 만들어진다. 만약 전면유리가 깨진다면, 적층된 유리 조각들은 PVB 플라스틱에 의해 서로 붙어 있게 된다. 이를 통해 운전자나 동승자의 부상을 최소화할 수 있다. 또한, 접합안전유리를 사용하면 깨진 유리조각이 순간적으로 작동된 에어백의 천을 찢을 가능성을 줄이게 된다.

8-5 냉간가공의 특징

냉간가공이나 변형경화에 의해 금속재료를 강화시키는 경우 다음과 같은 여러 가지 장점과 제한사항이 있다.

- 금속을 강화시키면서 동시에 원하는 최종형상을 만들 수 있다.
- 냉간가공을 통해 우수한 치수 공차와 표면마감(surface finish)을 달성할 수 있다.
- 냉간가공 공정은 다수의 작은 부품을 생산하는 데 경제적인 방법일 수 있다.
- HCP 마그네슘과 같은 일부 금속은 제한된 수의 슬립계를 가지므로 상온에서 취성일 수 있다. 따라서 약간의 냉간가공만이 수행될 수 있다.
- 연성, 전기전도도, 내식성은 냉간가공에 의해 저하될 수 있다. 냉간가공에 의해 전기전도도가 감소되는 정도는 합금원소의 첨가와 같은 다른 강화공정에 비해 작기 때문에(그림 8-11) 냉간가공은 전력공급에 사용되는 구리선과 같은 전도체를 효과적으로 강화시킬 수 있는 적절한 방법이다.
- 적절히 제어된 잔류응력이나 이방성 거동은 쓸모가 있을 수 있으나, 만일 잔류응력을 적절히 제어하지 못하면 그 재료의 특성은 현저히 저하된다.

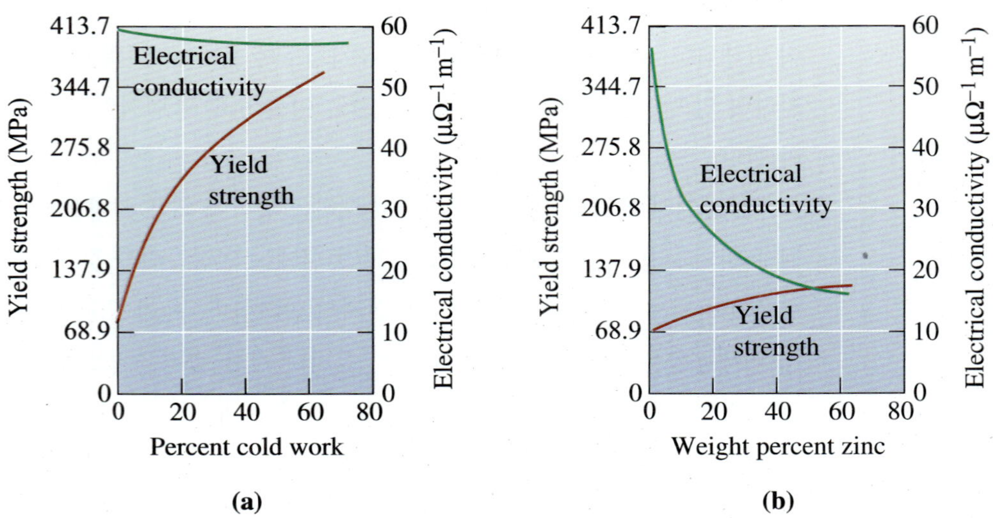

그림 8-11 (a) 냉간가공과 (b) 아연의 합금을 통해 강화된 구리의 강화효과 비교. 냉간가공은 전기전도도에는 거의 영향을 미치지 않으면서도 강화효과는 더 크다는 점에 주목하라.

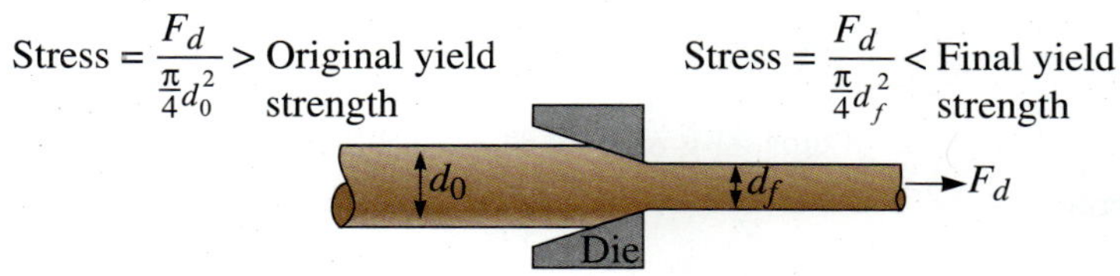

그림 8-12 선재인발 공정. 힘 F_d는 최초 직경과 최종 직경의 선재 모두에 인가된다. 따라서 최종 선재에 인가된 응력은 최초 선재에 인가된 응력보다 더 크다. 만일 선재인발 중에 변형경화되지 않으면, 최종 선재는 최초 선재가 금형를 통해 인발되기 전에 끊어질 것이다.

- 8-6절에서 알게 되겠지만, 냉간가공 효과는 고온에서 감소하거나 없어질 수 있으므로 냉간가공은 고온에서 사용되는 부품의 강화 메커니즘으로는 사용할 수 없다.
- 일부 변형공정 기술은 냉간가공이 되어야만 가능한 것이 있다. 예를 들어, 선재인발 공정에서는 작은 단면적으로 만들기 위해 봉재를 금형의 구멍을 통해 인발한다(그림 8-12 참조). 주어진 인발력 F_d에 대해 최초의 선재와 최종 선재 사이에 응력의 차이가 생긴다. 최초 선재에 걸린 응력은 변형이 일어날 수 있도록 금속의 항복강도보다 높아야 하며, 최종 선재에 걸린 응력은 파손이 일어나서는 안 되므로 항복강도보다 낮아야 한다. 이는 선재인발 중에 선재가 변형경화될 때에만 가능하다.

예제 8-4 선재인발 공정의 설계

직경 5.08 mm의 구리선을 생산하는 공정을 설계하라. 구리의 기계적 특성은 그림 8-6에 나타낸 값을 참고하면 된다.

풀이

선재인발 공정은 이 용도에 자명한 제조기술이다. 구리선을 효율적으로 생산하기 위해서는 선재의 단면감소율을 최대한 크게 해야 하며, 선재인발 중에 선재가 끊어지지 않도록 충분히 변형경화되도록 해야 한다.

계산의 예로, 구리선의 최초 직경이 10.16 mm이고 가능한 최대의 연성을 갖는다고 가정하자. 냉간가공은 다음과 같다.

$$\%\,\mathrm{CW} = \left[\frac{A_0 - A_f}{A_0}\right] \times 100 = \left[\frac{(\pi/4)d_0^2 - (\pi/4)d_f^2}{(\pi/4)d_0^2}\right] \times 100$$
$$= \left[\frac{(10.16)^2 - (5.08)^2}{(10.16)^2}\right] \times 100 = 75\,\%$$

그림 8-6으로부터 냉간가공이 0%일 때의 최초 항복강도는 151.68 MPa이다. 냉간가공이 75%일 때의 최종 항복강도는 약 551.6 MPa이다(연성이 거의 없음). 초기 선재의 변형을 시작하는 데 필요한 인발력은 다음과 같다.

$$F = S_y A_0 = (151.68 \times 10^6)(\pi/4)(0.01016)^2 = 12.3 \text{ kN}$$

금형을 통과한 후 선재에 작용하는 응력은 다음과 같다.

$$S = \frac{F_d}{A_f} = \frac{12.3 \times 10^3 \text{ N}}{(\pi/4)(0.00508 \text{ m})^2} = 606.7 \text{ MPa}$$

인가된 응력 606.7 MPa은 인발된 선재의 항복강도 551.6 MPa보다 크다. 그러므로 이 선재의 연신율이 거의 영(0)이기 때문에 선재는 끊어진다.

최초 직경이 다른 시료들에 대해 일련의 계산을 동일하게 수행할 수 있으며, 그 결과를 표 8-3과 그림 8-13에 나타내었다.

그림에서 구리선의 최초 직경이 약 9.4 mm일 때 인발응력이 인발된 선재의 항복강도보다 크다는 것을 알 수 있다. 따라서 최대한 효과적으로 선재를 생산하기 위해서는 원래의 직경이 9.4 mm보다 작아야 한다.

표 8-3 구리선의 기계적 특성

d_0(mm)	% CW	인발된 선재의 항복강도(MPa)	힘(kN)	인발된 선재의 인발응력(MPa)
6.35	36	400	4.804	237
7.62	56	482.6	6.92	341.3
8.89	67	510.2	9.42	464.6
10.16	75	551.6	12.3	607

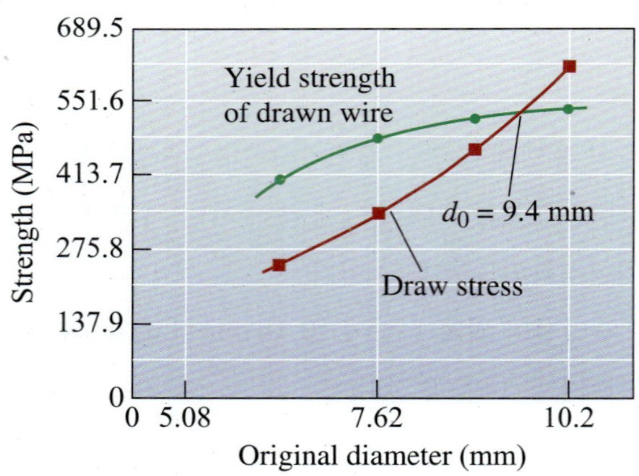

그림 8-13
선재의 항복강도와 인발응력.

8-6 어닐링의 세 단계

냉간가공은 주요한 강화기구로서 선재인발, 압연, 압출 등의 공정을 통해 재료를 성형하는 데 사용되는 매우 효과적인 방법이다. 냉간가공은 종종 바람직하지 않은 효과를 초래하기도 한다. 예를 들어, 연성의 상실 또는 잔류응력의 발생은 어떤 용도에 대해서는 바람직하지 않을 수 있다. 냉간가공이나 변형경화는 전위밀도의 증가가 원인이기 때문에, 전위를 재배열하거나 소멸시키는 어떤 처리도 냉간가공의 효과를 역전시킬 것으로 기대할 수 있다.

어닐링은 냉간가공 효과의 일부 또는 전부를 제거하기 위해 사용하는 열처리이다. 저온 어닐링은 최종 부품의 기계적 특성에 영향을 주지 않고 냉간가공 중 발생한 잔류응력을 제거하는 데 사용될 수 있으며, 또는 어닐링은 냉간가공 중에 얻어진 변형경화를 완전히 제거하는 데 사용될 수도 있다. 이 경우에는, 최종 부품은 부드럽고 연성이 높으나, 여전히 우수한 표면마감 및 치수정확도를 갖는다. (역자 주: 어닐링은 '풀림'으로 불리기도 한다.) 풀림 열처리 후 연성이 회복되므로 추가적인 냉간가공이 가능하며, 냉간가공과 풀림을 반복함으로써 커다란 총 변형량을 얻을 수 있다. 어닐링 과정에는 세 단계가 있으며, 그림 8-14에 황동의 특성에 미치는 이들 각 단계의 영향을 나타내었다.

'어닐링'이라는 단어는 또한 다른 열처리를 지칭하는 데 사용됨에 유의하라. 예를 들어, 유리는 잔류응력을 제거하기 위해 어닐링 또는 열처리될 수 있다. 주철과 강철은 그

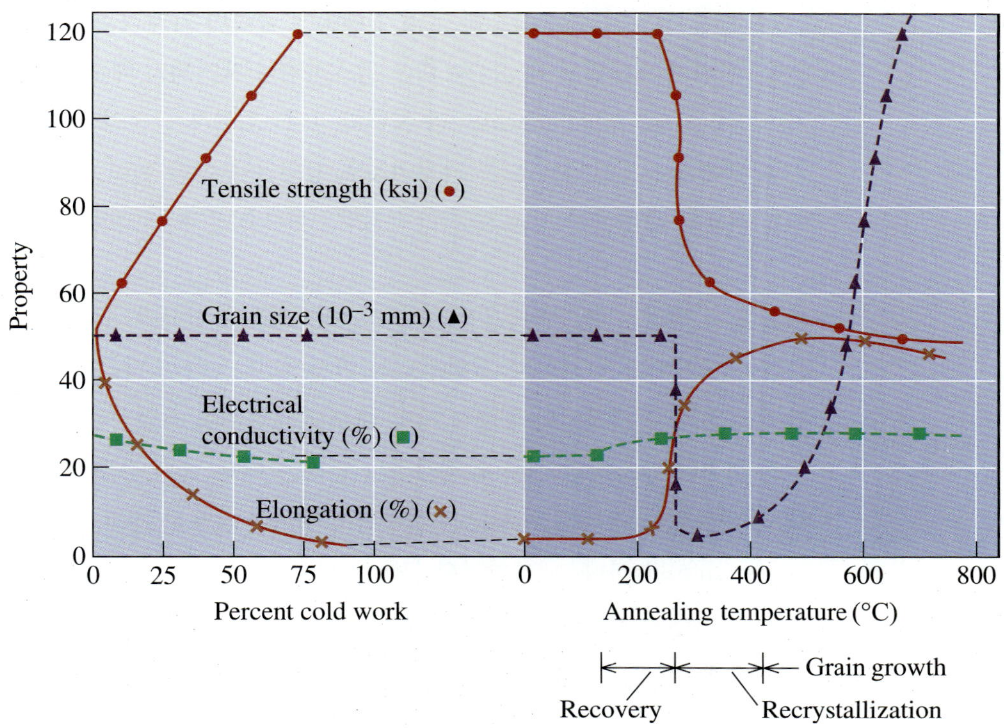

그림 8-14 Cu-35%Zn 합금의 특성에 미치는 냉간가공의 영향과 75% 냉간가공된 Cu-35%Zn 합금의 특성에 미치는 어닐링 온도의 영향. 전기전도도는 어닐링된 구리의 국제표준(International Annealed Copper Standard, IACS)에 대한 상대적인 값으로 정의하며, 100% 값이 5.80×10^7 S/m(5.80×10^5 ohm^{-1} · cm^{-1})에 해당한다.

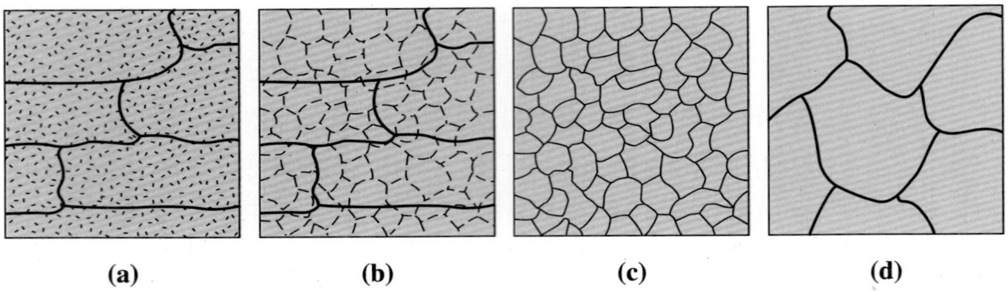

그림 8-15 냉간가공된 금속의 미세조직에 미치는 어닐링 온도의 영향. (a) 냉간가공된, (b) 회복 후, (c) 재결정 후, (d) 결정립성장 후.

재료가 이전에 냉간가공된 적이 없더라도 최대 연성을 얻기 위해 풀림처리될 수 있다. 이러한 풀림 열처리는 이후의 장에서 다룰 것이다.

회복 냉간가공된 재료의 미세조직은 다수의 서로 얽혀 있는 전위를 포함하는 변형된 결정립으로 구성되어 있다. 이 금속을 가열하면 추가적인 열에너지에 의해 전위가 이동하여 다각화된 아결정립 조직(polygonised subgrain structure)의 입계를 형성한다(그림 8-15). 그러나 전위밀도는 사실상 변화하지 않는다. 이 저온 열처리는 전위밀도의 변화 없이 냉간가공에 의해 생긴 잔류응력을 제거하며, 회복(recovery)이라 불린다.

회복 중 전위의 수는 감소하지 않기 때문에 금속의 기계적 특성은 비교적 변하지 않는다. 전위가 재배열될 때 잔류응력은 감소하거나 제거되기 때문에 회복은 종종 응력제거어닐링(stress-relief anneal)이라 불린다. 또한 회복은 금속의 전기전도도를 회복시키기 때문에 높은 전기전도도를 가지면서도 강도가 우수한 전력공급용 구리선이나 알루미늄 선재를 제조할 수 있도록 한다. 그리고 회복은 종종 재료의 내식성을 향상시킨다.

재결정 냉간가공된 금속을 특정 온도 이상으로 가열하면, 급격한 회복에 의해 잔류응력이 제거되고 다각화된 전위구조가 만들어진다. 이후 다각화된 구조의 셀 경계에서 새로운 작은 결정립이 핵생성되며, 대부분의 전위를 소멸시킨다(그림 8-15). 전위의 수가 현저히 감소하기 때문에 재결정된 금속은 매우 낮은 강도를 보이지만 연성은 높다. 전위밀도가 매우 낮은 새로운 결정립이 생기는 온도를 재결정온도(recrystallization temperature)라 한다. 냉간가공된 금속의 열처리를 통해 새로운 결정립이 생기는 과정을 재결정(recrystallization)이라 한다. 8-7절에서 알게 되겠지만, 재결정온도는 여러 변수에 의해 영향을 받으며 어떤 고정된 온도가 아니다.

결정립성장 더 높은 열처리 온도에서는 회복 및 재결정이 빠르게 일어나 미세한 결정립을 갖는 미세조직을 이룬다. 만약 온도가 충분히 높다면 우세한 결정립이 더욱 작

(a) (b) (c)

그림 8-16 열처리 온도가 황동 결정립크기에 미치는 영향을 보여주는 광학현미경 사진. 구조에서 쌍정경계 또한 관찰된다. (a) 400 ℃ 어닐링, (b) 650 ℃ 어닐링, (c) 800 ℃ 어닐링 (× 75) (출처: *Brick, R. and Phillips, A.*, The Structure and Properties of Alloys, *1949: McGraw-Hill.* © *The McGraw-Hill Companies, Inc.*)

은 결정립을 잠식하면서 결정립은 성장하기 시작한다(그림 8-16). 이 현상을 결정립성장(grain growth)이라 하며, 결정립계의 면적을 감소시킴으로써 구동력을 얻는다. 그림 8-16에 나타낸 구리-아연 합금의 예에서와 같이 결정립성장은 대부분 바람직하지 못하다. 결정립성장은 온도만 충분히 높으면 거의 모든 재료에서 일어나며, 보통은 냉간가공과 상관없다. 따라서 재결정이나 회복은 결정립성장이 일어나는 데 필요한 조건이 아니다.

백열전구가 텅스텐으로 만든 필라멘트를 가지고 있다는 것을 알 것이다. 필라멘트의 높은 작동온도는 결정립성장을 유발하고, 결국 끊어지게 되는 여러 요인 중 하나이다.

일반적으로 현저한 변형경화를 나타내지 않는 세라믹 재료도 상당량의 결정립성장을 보인다. 또한, 일부 재료에서는 소결하는 동안에 액상을 형성함으로써 비정상 결정립성장(abnormal grain growth)이 발생할 수 있다. 결정립성장이 유익하게 사용되는 것의 한 예로 조명용 광학재료를 만드는 데 사용되는 알루미나를 들 수 있다. 이 경우에는, 결정립계에서 발생하는 빛의 산란을 최소화시켜야 하므로 매우 큰 결정립이 바람직하다. 일부 연구자들은 결정립성장을 이용하여 세라믹 단결정을 성장시키는 기술을 개발하기도 하였다.

8-7 어닐링의 제어

많은 금속재료 응용분야에서 강도와 인성의 적절한 조합이 필요하다. 그러므로 냉간가공을 통한 성형을 포함하는 공정을 설계할 필요가 있다. 그러기 위해서는 원하는 연성을 얻기 위한 어닐링 공정의 제어가 필요하다. 적절한 어닐링 열처리를 설계하기 위해 재결정온도와 재결정된 결정립크기를 알아야 한다.

재결정온도 이것은 냉간가공된 시료의 미세조직 내 결정립들이 등축정이면서 전위가 없는 새로운 결정립으로 바뀌기 시작하는 온도이다. 재결정의 구동력은 냉간가공된 재료와 재결정된 재료간의 내부에너지 차이이다. 재결정온도(recrystallization temperature)는 순금속의 융점처럼 고정된 온도가 아니며, 다양한 공정변수의 영향을 받는다는 점을 알아야 한다.

- 냉간가공량이 증가하면 재결정온도는 낮아진다. 냉간가공량이 커지면 금속을 불안정하게 만들어 재결정되는 결정립의 핵생성을 촉진한다. 재결정이 일어나기 위해서는 최소한 약 30~40%의 냉간가공이 필요하며, 냉간가공이 이보다 낮으면 재결정은 일어나지 않는다.
- 냉간가공된 결정립의 초기 크기가 작으면 새로운 결정립이 핵생성될 수 있는 자리(이전의 결정립계)가 많아지므로 재결정온도가 낮아진다.
- 순금속은 합금에 비해 낮은 온도에서 재결정이 일어난다.
- 어닐링 시간을 증가시키면 재결정온도를 낮출 수 있는데(그림 8-17), 이는 재결정된 새로운 결정립의 핵생성과 성장에 필요한 시간이 더 충분하기 때문이다.
- 용융점이 더 높은 합금은 더 높은 재결정온도를 갖는다. 재결정은 확산지배반응이므로 재결정온도는 약 0.4 T_m(절대온도)에 비례하며, 여기서 T_m은 용융점이다. 선별된 금속의 대표적인 재결정온도를 표 8-4에 나타내었다.

재결정온도의 개념은 금속재료의 냉간가공과 열간가공 사이의 경계를 정의한다는 점에서도 매우 중요하다. 재결정온도 이상에서 금속을 변형(성형)시키면 열간가공이라 하고, 그 온도 이하에서 수행하면 냉간가공이라 한다. 표 8-4에서 볼 수 있는 바와 같이

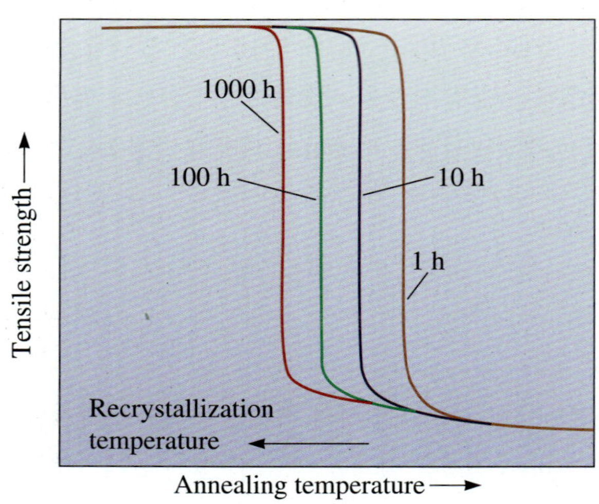

그림 8-17 긴 어닐링 시간은 재결정온도를 낮춘다. 재결정온도는 고정되어 있는 온도가 아니라는 점에 유의하라.

표 8-4 선별된 금속의 대표적인 재결정온도

금속	용융점(℃)	재결정온도(℃)
주석(Sn)	232	–4
납(Pb)	327	–4
아연(Zn)	420	10
알루미늄(Al)	660	150
마그네슘(Mg)	650	200
은(Ag)	962	200
구리(Cu)	1,085	200
철(Fe)	1,538	450
니켈(Ni)	1,453	600
몰리브덴(Mo)	2,610	900
텅스텐(W)	3,410	1,200

(출처: Structure and Properties of Engineering Materials *by Brick, R. M.; et al, McGraw-Hill, 1977.*)

납이나 주석은 25 ℃에서 변형가공해도 열간가공을 한 것이 된다! 철은 상온에서 냉간가공이 되지만, 납은 냉간가공이 되지 않는 이유이다. 텅스텐은 1,000 ℃에서 가공되는 경우, 냉간가공을 한 것이다! 경우에 따라서는 절대온도로 나타낸 금속 용융점의 0.6배 이상에서 수행하는 변형공정을 열간가공이라 하고, 0.3배 이하에서 수행하는 공정을 냉간가공이라 하며, 0.3~0.6배 사이에서 수행하는 공정은 온간가공(warm working)이라 하기도 한다. 그러나 이와 같은 열간, 냉간, 온간 가공의 범위에 대한 구분은 대략적인 것이며 주의하여 사용해야 한다.

재결정된 결정립크기 재결정된 결정립크기에 영향을 미치는 요소는 여러 가지가 있다. 어닐링 온도를 낮추거나, 어닐링 온도까지 가열하는 시간을 줄이거나, 어닐링 시간을 짧게 하면 결정립이 성장할 시간적 여유가 줄어들어 결과적으로 결정립크기가 작아진다. 또한 초기 냉간가공량을 증가시키는 것도 새로운 결정립이 핵생성될 수 있는 자리를 더 많이 제공하기 때문에 최종 결정립크기를 작게 한다. 마지막으로 미세조직에 2차상(second phase)이 존재하는 경우 그것의 배열과 크기에 따라 재결정과 결정립성장을 촉진하기도 하고 방해하기도 한다.

8-8 어닐링과 재료공정

회복, 재결정, 결정립성장의 효과는 어떤 금속 또는 합금의 공정과 궁극적인 사용에 중요하다.

변형공정 어닐링 열처리의 장점을 이용하면 얻을 수 있는 총 변형량을 증가시킬 수 있다. 만일 두께 127 mm의 판재를 두께 1.27 mm의 박판으로 감소시켜야 한다면, 허용되는 최대한의 냉간가공을 하고 어닐링을 통해 금속이 다시 연성을 되찾게 한 뒤, 다시 냉간가공한다. 적절한 두께가 될 때까지 냉간가공-어닐링 사이클을 반복한다. 최종 냉간가공 단계는 다음의 예제에서처럼, 요구되는 최종 치수와 특성을 얻을 수 있도록 설계한다.

예제 8-5 구리 스트립의 생산공정 설계

최소한 413.7 MPa의 항복강도와 5%의 연신율을 갖는 두께 1 mm, 폭 60 mm의 구리 스트립(strip)을 생산하고자 한다. 폭은 60 mm이지만 두께는 50 mm인 스트립을 구입할 수 있다. 필요한 제품을 생산하기 위한 공정을 설계하라. 필요에 따라 그림 8-6을 참고하라.

풀이

예제 8-2에서, 냉간가공률 40~45%에서 요구되는 특성을 얻을 수 있음을 알았다. 따라서 스트립의 초기 두께는 1.67 mm와 1.82 mm 사이여야 하며, 가능한 최대의 연성(어닐링된 상태)을 가져야 한다. 두께 50 mm의 제품만 구매할 수 있기 때문에 이 50 mm 두께의 스트립을 1.67~1.82 mm의 두께를 갖도록 줄여야 하고, 이후 최종 냉간가공 전에 이 스트립을 어닐링해야 한다. 그런데 5 cm에서 0.182 cm까지 냉간가공하는 것이 가능할까?

$$\% \text{ CW} = \left[\frac{t_0 - t_f}{t_0}\right] \times 100 = \left[\frac{50 - 1.82}{50}\right] \times 100 = 96.4\%$$

그림 8-6에 의하면 최대 약 90%의 냉간가공이 가능하다. 따라서 일련의 냉간가공과 어닐링 사이클을 거쳐야 한다. 여러 가지 방법이 가능하지만, 그 중 하나는 다음과 같다.

1. 두께 50 mm의 스트립을 80% 냉간가공하여 두께 10 mm로 만든다.

$$80 = \left[\frac{t_0 - t_f}{t_0}\right] \times 100 = \left[\frac{50 - t_f}{50}\right] \times 100 \quad \text{or} \quad t_f = 10 \text{ mm}$$

2. 연성을 회복시키기 위해 두께 10 mm의 스트립을 어닐링한다. 만일 재결정온도를 모른다면 추정치를 얻기 위해 0.4 T_m의 관계를 이용할 수 있다. 구리의 융점은 1,085 ℃이므로 재결정온도는 다음과 같다.

$$T_r \cong (0.4)(1{,}085 + 273) = 543 \text{ K} = 272 \text{ ℃}$$

3. 두께 10 mm의 스트립을 1.82 mm까지 냉간가공한다.

$$\% \text{ CW} = \left[\frac{10 - 1.82}{10}\right] \times 100 = 81.8\%$$

4. 연성을 회복시키기 위해 구리 스트립을 다시 270 ℃에서 어닐링한다.
5. 마지막으로 45% 냉간가공하여 두께 1.82 mm에서 최종 치수 1 mm로 만든다. 이 공정을 통해 정확한 최종 치수와 원하는 특성을 얻을 수 있다.

고온 사용 앞에서 언급한 바와 같이, 변형경화나 결정립크기강화(제4장 Hall-Petch 식)는 어느 것도 크리프저항이 필요한 고온용 합금에는 적합하지 않다. 냉간가공된 금속이 고온에서 사용되면 재결정에 의해 강도가 급격히 저하된다. 더욱이 온도가 충분히 높은 경우에는 새로이 재결정된 결정립의 성장 때문에 강도는 계속해서 감소한다.

접합공정 금속재료는 용접과 같은 공정을 이용하여 접합시킬 수 있다. 냉간가공된 금속을 용접공정을 통해 접합시킬 때, 용접부에 인접한 부위는 재결정온도 또는 결정립성장 온도 이상으로 가열된 다음 천천히 식는다. 이 부위를 열영향부(heat-affected zone, HAZ)라 부른다. 용접 열영향부의 조직과 특성을 그림 8-18에 나타내었다. 열영향부의 기계적 특성은 용접공정 중에 가해지는 열에 의해 급격히 저하된다.

전자빔용접(electron-beam welding)이나 레이저용접(laser welding)과 같이 짧은 시

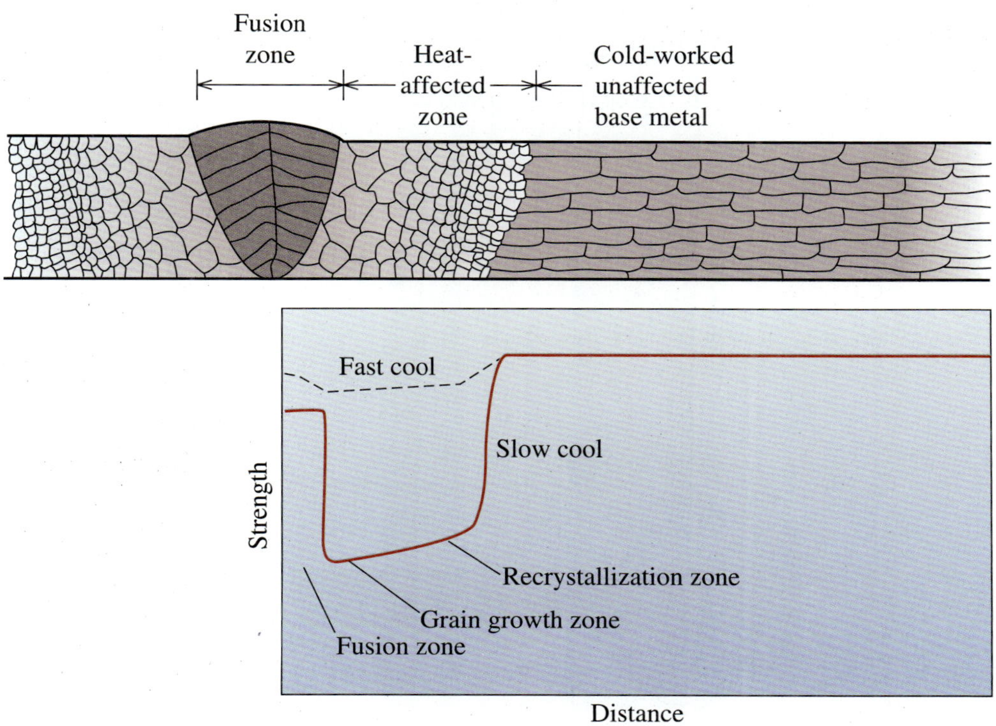

그림 8-18 냉간가공된 금속에서 용융용접부 주위의 미세조직과 특성. 개략도에는 열영향부의 우측부분만 표시하였다. 열영향부에서 재결정과 결정립성장에 의해 강도의 손실이 발생함에 유의하라.

간동안 높은 속도로 열을 공급하고 빨리 냉각되는 용접공정은 금속이 재결정온도 이상에 노출되는 것을 최소화시킴으로써 이러한 특성 저하를 최소화시킬 수 있다. 마찬가지로, 마찰교반용접(friction-stir welding)으로도 알려진 공정은 HAZ가 거의 없으며, 알루미늄합금의 용접에 공업적으로 사용되고 있다.

8-9 열간가공

금속은 냉간가공보다는 열간가공을 통해 쓸모 있는 형태로 변형시킬 수 있다. 앞에서 설명한 바와 같이, 열간가공(hot working)이란 금속을 재결정온도 이상의 온도에서 소성변형시키는 것으로 정의한다. 열간가공 중 금속에는 재결정이 지속적으로 발생한다(그림 8-19). 앞에서 언급한 것처럼, 상온에서 납은 재결정온도인 −4 ℃보다 훨씬 높은 상태에 있기 때문에 변형경화가 일어나지 않으며, 상온에서 부드럽고 연성인 상태로 유지된다.

강화효과 결여 열간가공에 의한 변형 중에는 강화가 일어나지 않기 때문에 결과적으로 소성변형량은 거의 제한을 받지 않는다. 매우 두꺼운 판도 계속되는 일련의 작업에 의해 얇은 판으로 만들 수 있다. 이 공정의 첫째 단계는 금속이 낮은 강도를 가지는 이점을 살리기 위해 재결정온도보다 충분히 높은 온도에서 변형가공을 하는 것이다. 마지막 단계는 결정립크기를 최대한 작게 만들기 위해 재결정온도 바로 위에서 큰 변형량을 사용하여 수행한다.

금속은 고온에서 낮은 항복강도와 높은 연성을 갖기 때문에 대형 부품을 성형하려면 열간가공이 아주 적합하다. 더욱이 마그네슘과 같은 HCP 금속은 열간가공 온도에서 더 많은 슬립계가 작동하기 때문에 냉간가공의 경우보다 훨씬 큰 소성변형이 가능하다. 예제 8-6은 열간가공 공정의 설계를 보여준다.

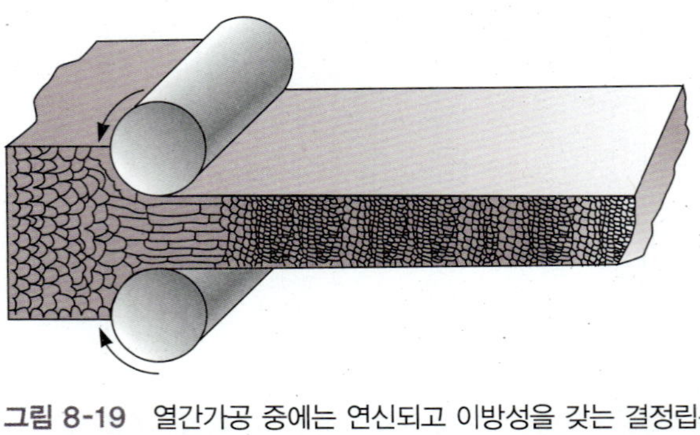

그림 8-19 열간가공 중에는 연신되고 이방성을 갖는 결정립은 즉시 재결정된다. 만일 열간가공 온도를 적절히 제어하면 최종 열간가공된 결정립크기는 매우 미세할 수 있다.

결함의 제거 열간가공 중에는 원래 금속에 내재하는 일부 결함들이 제거되거나 이들의 효과를 최소화시킬 수 있다. 기공은 열간가공 중 닫히면서 서로 접합된다. 기공이 닫힐 때 생성된 내부의 겹침 부위는 성형 및 냉각과정 중에 확산에 의해 소멸된다. 금속 내부의 조성 차이는 열간가공에 의해 판재의 표면과 중앙이 가까워지고, 따라서 확산거리가 줄어들게 되므로 감소될 수 있다.

이방성 거동 열간가공된 부품의 최종 특성은 등방성이 아니다. 압연롤이나 금형의 온도는 일반적으로 성형금속보다 낮으므로 제품의 표면이 내부보다 빨리 냉각된다. 그 결과로 표면이 중심부보다 더 미세한 결정립을 갖는다. 더욱이, 개재물 및 2차상 입자들이 가공방향으로 늘어남으로써 섬유상 조직이 형성된다.

예제 8-6 구리 스트립의 생산공정 설계

최소한 413.7 MPa의 항복강도와 5%의 연신율을 갖는 두께 1 mm, 폭 60 mm의 구리 스트립(strip)을 생산하고자 한다. 폭은 60 mm이지만 두께는 50 mm인 스트립만 구매할 수 있다고 할 때, 필요한 생산품을 생산하는 공정을 설계하되, 예제 8-5에서 구한 것에 비해 더 적은 공정단계를 갖도록 하라.

풀이

예제 8-5에서는 원하는 두께를 얻기 위해 일련의 냉간가공-어닐링 사이클을 이용하였다. 요구되는 중간두께까지의 단계를 열간압연을 이용하여 줄일 수 있다.

$$\% \text{HW} = \left[\frac{t_0 - t_f}{t_0}\right] \times 100 = \left[\frac{50 - 1.82}{50}\right] \times 100 = 96.4\%$$

$$\% \text{HW} = \left[\frac{t_0 - t_f}{t_0}\right] \times 100 = \left[\frac{50 - 1.67}{50}\right] \times 100 = 96.7\%$$

열간 및 냉간가공의 계산에 사용되는 식은 같음에 주목하라.

재결정이 열간가공과 동시에 일어나기 때문에, 이렇게 큰 변형이 가능하고 별도의 어닐링 열처리는 필요하지 않다. 따라서 공정은 다음과 같이 설계할 수 있다.

1. 두께 50 mm의 스트립을 96.4% 열간가공하여 1.82 mm의 중간두께로 만든다.
2. 두께 1.82 mm로부터 최종 치수 1 mm까지 45% 냉간가공을 수행한다. 이렇게 하면 정확한 치수와 원하는 특성을 얻을 수 있다.

표면마감과 치수정확도 열간가공의 경우 표면마감(surface finish) 상태는 일반적으로 냉간가공의 경우보다 좋지 않다. 그 이유는 공기 중의 산소가 종종 표면에서 금속과 반응하여 산화물을 형성하는데, 이 산화물들이 금속의 표면에 박혀 있기 때문이다. 열간가공된 강을 비롯한 여러 금속에 대해 종종 '산세척(pickling)' 처리를 하는데, 이는 산화된 껍질을 산으로 제거하는 공정이다. 텅스텐이나 베릴륨과 같은 일부 금속의 경우, 열간가공은 반드시 산화를 방지하기 위한 보호분위기에서 수행되어야 한다. 베릴륨을 포함하는 재료에 대한 성형공정에 방호조치가 필요한 것은 베릴륨을 포함하는 재료의 흡입은 건강에 해롭기 때문이다.

치수정확도(dimensional accuracy) 또한 열간가공 중에는 제어하기 더 어렵다. 열간가공 온도에서는 탄성계수가 작기 때문에 더욱 큰 탄성변형도를 고려해야 한다. 더욱이, 금속은 열간가공 온도로부터 냉각됨에 따라 수축한다. 탄성변형도와 열수축 때문에 성형 중에는 부품의 크기를 약간 크게 만들 필요가 있다. 정확한 치수를 얻기 위해서는 금형을 주의하여 설계하고 온도를 정확하게 제어해야 한다.

요약

- 금속의 특성은 소성변형과 열처리를 적절히 조합함으로써 조절할 수 있다.
- 금속이 냉간가공에 의해 변형되면 구조에 추가적인 전위가 도입됨으로써 변형경화가 발생된다. 이러한 방법을 통해 강도를 크게 증가시킬 수 있다. 변형경화된 금속의 연성은 감소된다.
- 변형경화는 강도 및 경도를 향상시킬 뿐만 아니라, 잔류응력을 증가시키고 이방성 거동을 갖게 하며 연성, 전기전도도, 내식성을 감소시킨다.
- 변형경화의 양은 연성의 감소가 함께 발생하기 때문에 제한된다. 일반적으로 FCC 금속이 냉간가공에 의한 강화에 가장 잘 반응한다.
- 금속재료를 성형하는 대표적인 제조공정에는 선재인발, 스탬핑, 압연, 압출 등이 있다. 이들 공정에 적용되는 일부 중요한 원리는 고분자재료를 제조하는 데에도 사용될 수 있다.
- 변형경화 메커니즘은 고온에서는 유효하지 않는데, 이는 냉간가공 효과가 재결정에 의해 제거되기 때문이다.
- 금속재료의 어닐링은 변형경화 효과의 일부 또는 전부를 제거하려는 열처리이다. 어닐링 과정은 세 단계까지 포함할 수 있다.
- 회복은 저온에서 일어나며, 강도를 감소시키지 않으면서 잔류응력을 제거하고 전기전도도를 회복시킨다. '응력제거어닐링'이 회복을 의미한다.
- 재결정은 고온에서 일어나고 변형경화의 효과를 거의 대부분 제거한다. 재결정에 의해 새로운 결정립이 핵생성되고 성장함에 따라 재결정 중에 전위밀도는 급격히 감소한다.
- 결정립성장은 일반적으로 피해야 하며, 더 고온에서 일어난다. 냉간가공된 금속에서 결정립성장은 회복 및 재결정이 일어난 다음에 발생한다. 세라믹에서는 고온에서 장시간 노출되거나, 소결 시 액상이 존재하는 경우 일어날 수 있다.

- 열간가공은 소성변형과 어닐링을 한 단계로 결합함으로써, 재료에 취성이 생기지 않도록 하면서 많은 양의 소성변형이 일어날 수 있게 하는 공정이다.
- 유리를 어닐링하면 냉각 중 발생한 응력을 제거할 수 있다. 유리의 열적 템퍼링은 유리 표면을 의도적으로 급랭시켜 표면에 압축응력이 생기도록 하는 열처리 방법이다. 안전이 중요한 용도에는 강화유리 또는 접합유리를 사용한다.
- 금속재료에서 압축 잔류응력은 쇼트피닝을 통해 도입될 수 있다. 이 처리는 피로수명의 향상을 가져다준다.

용어해설

가공열처리 thermomechanical processing 금속 제품의 제조공정에서 기계적 소성변형과 다양한 열처리를 함께 병행하는 공정.

강화유리 tempered glass 안전이 특히 중요한 용도에 적용되는 유리로서 열처리 및 급랭공정을 이용하거나 이온의 화학적 치환을 통해 얻어진다. 템퍼링은 유리의 표면에 순 압축 잔류응력을 유발한다.

극점도분석법 pole figure analysis 박막, 박판, 단결정의 우선방위를 결정하는 데 사용되는 X선회절에 기반을 둔 전문화된 기법.

냉간가공 cold working 재결정온도 이하에서 금속을 소성변형하는 것. 냉간가공 중에는 전위의 수가 증가하므로 금속이 강해지며, 형상이 변한다.

다각형화된 아결정립조직 polygonized subgrain structure 재결정 과정의 새로운 결정립계 형성을 준비하기 위해 어닐링의 회복 단계에서 형성되는 전위의 특이한 배열.

바우싱거 효과 bauschinger effect 이전에 인장에 의해 이미 소성변형된 재료는 압축 하에서 낮은 유동응력을 보인다.

방위현미경분석법 orientation microscopy 다결정 시료 내에 있는 서로 다른 결정립의 결정학적 방향을 결정하는 데 사용되는, 종종 전자주사현미경에 기반을 둔 전문화된 기법.

변형경화 strain hardening 소성변형 또는 냉간가공에 의해 전위의 수를 증가시킴으로써 재료를 강화하는 것. '가공경화(work hardening)'라고도 한다.

변형경화지수 strain-hardening coefficient 변형도가 재료강도에 미치는 영향을 설명하는 변수. 변형경화지수가 높은 재료는 변형량이나 변형도가 작아도 높은 강도를 갖는다.

변형공정 deformation processing 압연, 압출, 인발 등과 같은 공정을 이용하여 금속 및 기타 재료를 제조하는 기술.

변형속도 strain rate 재료가 변형되는 속도.

변형속도민감도 strain rate sensitivity 변형속도에 따른 응력의 변화 속도. 재료가 충격에 의해 특정 모양으로 빠르게 성형될 때와 천천히 압력을 가하여 변형될 때의 거동은 매우 다를 수 있다.

서냉유리 annealed glass 어닐링온도(유리의 점도 10^{12} Pa · s) 이상의 온도로 가열한 뒤 천천히 냉각시켜 잔류응력을 최소화하거나 제거한 유리.

섬유집합조직 fiber texture 선재인발 공정을 통해 생긴 결정립들의 우선방위. 연신된 각각의 결정립 내에 있는 특정한 결정학적 방향이 인발방향으로 정렬하여 이방성 거동을 유발한다.

쇼트피닝 shot peening 재료의 전반적인 성능을 향상시키기 위해 작은 강구를 부품의 표면에 충돌시켜 표면에 압축 잔류응력을 유발시키는 것.

압출 extrusion 재료를 금형의 구멍을 통해 밀어내어 성형하는 변형공정 기술. 금속 및 고분자재료에 사용된다.

어닐링 annealing 금속의 경우, 어닐링이란 냉간가공 효과의 일부 또는 전부를 제거하기 위해 사용하는 열처리. 유리의 경우, 어닐링은 열에 의해 유발된 응력을 최소화하거나 제거하는 열처리. (역자 주: 어닐링은 '풀림'으로 불리기도 한다.)

열가소성 고분자 thermoplastics 크고 긴 스파게티처럼 생긴 분자들이 서로 얽혀져 있는 고분자의 한 종류(예: 폴리에틸렌, 나일론, PET 등).

열간가공 hot working 재결정온도 이상에서 금속을 소성변형하는 것. 열간가공 중에는 금속의 형상만 변한다. 변형경화가 일어나지 않으므로 강도는 비교적 변화되지 않고 유지된다.

열영향부 heat-affected zone, HAZ 용접부에 인접한 부분으로, 용접공정 중 결정립성장이나 재결정과 같이 미세조직에 변화가 생기는 임계온도 이상으로 가열되었다.

온간가공 warm working 냉간가공과 열간가공을 정의하는 온도 범위 사이의 온도 (보통 절대온도로 나타낸 용융점의 0.3~0.6배 사이의 온도)에서 금속재료를 가공할 때 사용하는 용어.

응력제거어닐링 stress-relief anneal 재료의 강도 및 연성의 변화 없이 잔류응력이 제거되는 어닐링 열처리의 회복(recovery) 단계.

인발 drawing 재료를 구멍이 있는 금형를 통해 잡아당겨 성형하는 변형공정 기술 (예: 선재인발).

잔류응력 residual stress 제조공정 중에 재료에 생긴 응력. 이것은 냉간가공의 결과 또는 열팽창 및 수축의 차이에서 유래될 수 있다.

재결정 recrystallization 냉간가공 중에 생긴 모든 변형경화 효과를 제거하기 위해 중간온도에서 실시하는 어닐링.

재결정온도 recrystallization temperature 냉간가공된 재료를 가열할 때, 변형경화된 시료 내에 전위가 거의 없는 새로운 결정립이 나타나기 시작하는 온도. 재결정온도는 냉간가공의 정도, 열처리시간 등에 의존하며 고정된 온도가 아니다.

접합안전유리 laminated safety glass 폴리비닐부티럴(PVB)과 같은 플라스틱에 의해 서로 부착된 두 장의 서냉유리. 자동차의 전면유리로 사용한다.

집합조직강화 texture strengthening 결정학적 우선방위 또는 집합조직을 만들어 재료의 항복강도를 향상시키는 것.

템퍼링 tempering 유리 제조분야에서 템퍼링이란 유리의 표면에 압축 잔류응력이 생기도록 하는 열처리를 의미한다. 이 압축응력 층이 강화유리를 보다 안전하게 한다. 금속 제조공정에서의 템퍼링은 재료를 연화시킴으로써 인성을 증가시키는 열처리를 의미한다.

판재집합조직 sheet texture 압연공정 중에 생긴 결정립들의 우선방위. 특정한 결정학적 방향이 압연방향으로 정렬되고, 특정 결정면이 판재표면에 평행하게 된다.

회복 recovery 냉간가공된 재료의 강도를 감소시키지 않으면서 소성변형 중에 생긴 잔류응력을 제거하기 위해 실시하는 낮은 온도의 어닐링 열처리. 응력제거어닐링과 같다.

Frank-Read 원천 Frank-Read source 인가된 응력 하에 고정된 전위가 추가적인 전위를 생성한다. 이 기구는 최소한 부분적으로 변형경화를 설명해준다.

연습문제

8-1절 냉간가공과 응력-변형도 곡선의 관계

8-1 응력-변형도 곡선을 이용하여 '변형경화'가 무엇을 의미하는지 설명하라.

8-2 '스프링백'이란 무엇을 말하는가? 제품생산의 측면에서 이 용어의 중요성은 무엇인가?

8-3 '바우싱거 효과'란 무엇을 말하는가?

8-4 냉간가공 공정을 이용하는 제조기술은 무엇인가?

8-5 압출과 인발의 차이는 무엇인가?

8-6 그림 8-20에 1과 2로 나타낸 인장 응력-변형도 곡선을 보고 다음의 질문에 답하라. 이 곡선들은 전형적인 금속의 곡선이다. 각 질문은 이전의 질문들과 무관한 별개의 질문으로 생각하라.

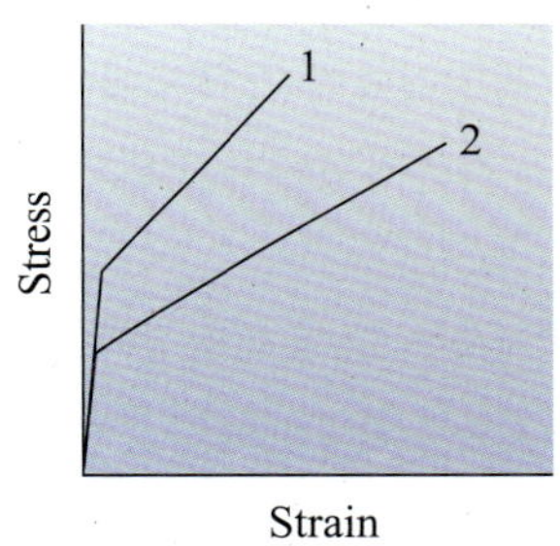

그림 8-20 응력-변형도 곡선. (문제 8-6에 사용)

(a) 어느 재료가 더 큰 변형경화지수를 나타내는가? 어떻게 알 수 있는가?

(b) 시편 1과 2는 다른 변형속도에서 시험된 것을 제외하고는 동일한 시험편이다. 어느 시험편이 더 높은 변형속도에서 실험되었는가? 어떻게 아는가?

(c) 두 개의 곡선이 동일한 시험편에 대해 연달아 반복된 실험의 결과라고 가정하라. 즉, 시편에 응력을 가하고, 넥킹이 시작되기 전에 응력을 제거한 다음 시편에 다시 응력을 가하였다. 1과 2 중 어느 것이 첫 번째 실험한 것인가? 어떻게 아는가?

8-7 그림 8-21은 금속의 진응력-대-진변형도 곡선이다. 발생된 총 변형도 $\varepsilon = 0.1, 0.2, 0.3, 0.4$에 대하여, 변형도의 탄성성분과 소성성분을 구분하라. 금속의 탄성계수는 100 GPa이다.

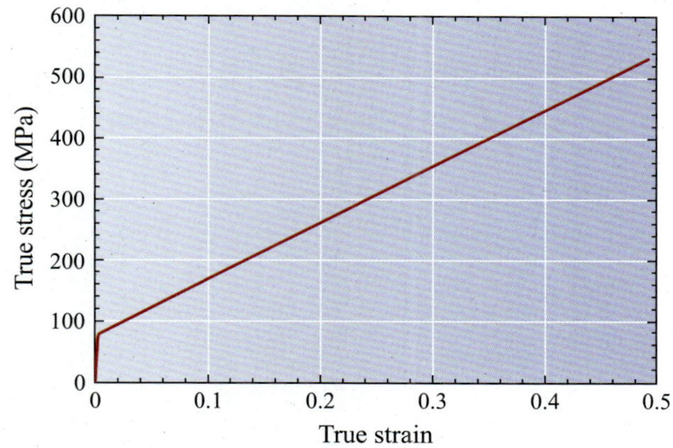

그림 8-21 금속의 진응력-대-진변형도 곡선. (문제 8-7에 사용)

8-8 변형경화지수(n)와 변형속도민감도(m)를 정의하라. 적절한 식을 사용하라.

8-9 어닐링된 구리는 진응력 164 MPa에 의해 0.07의 진변형도를 나타낸다. 만약 이것이 소성변형 영역에 있고 변형경화지수가 0.44라면 강도계수는 얼마인가?

8-10 지름 12.83 mm, 표점거리(l_0) 50.8 mm인 금속봉을 인장시험하였다. 다음 측정치는 소성변형 구간에서 얻었다. 금속의 변형경화지수를 구하라. 이 금속은 FCC, BCC, HCP 중 어느 것일 가능성이 가장 높은가? 설명하라.

하중 (kN)	표점거리 변화량 (Δl, mm)	지름 (mm)
122.3	5.342	12.19
120.1	11.25	11.60
114.3	17.77	11.03

8-11 지름 13.3 mm, 표점거리(l_0) 30 mm인 금속봉을 인장시험하였다. 다음 측정치는 소성변형 구간에서 얻었다. 금속의 변형경화지수를 구하라. 이 금속은 FCC, BCC, HCP 중 어느 것일 가능성이 가장 높은가? 설명하라.

하중 (N)	표점거리 변화량 (Δl, mm)	지름 (mm)
16,240	6.642	12.028
19,066	14.754	10.884
19,273	24.663	9.848

8-12 진응력-진변형도 곡선을 그림 8-22에 나타내었다. 이 금속의 변형경화지수를 구하라.

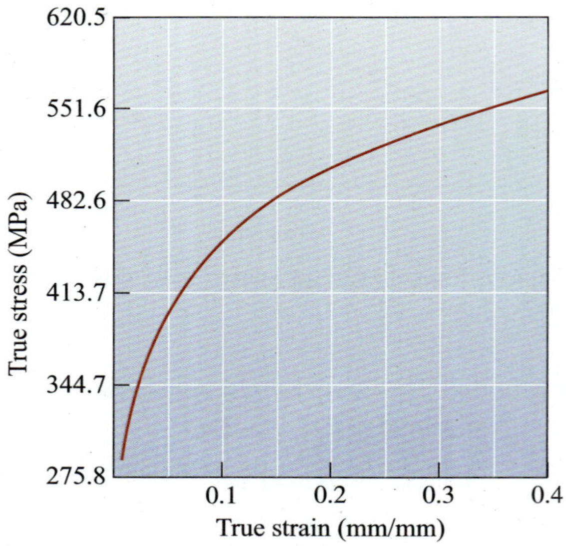

그림 8-22 진응력-진변형도 곡선. (문제 8-12에 사용)

8-13 그림 8-23은 인장시험된 Cu-30%Zn 합금의 진응력(자연로그)-대-진변형도(자연로그) 곡선을 보여주는 것으로 소성변형 부분만 나타내었다. 강도계수(K)와 변형경화지수(n)를 구하라.

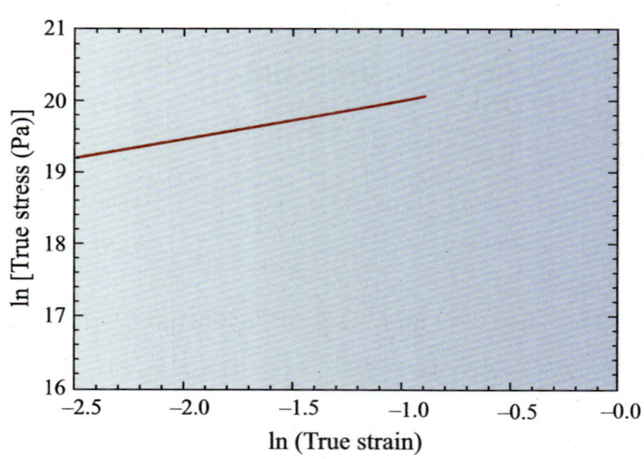

그림 8-23 인장시험된 Cu-30%Zn 합금의 진응력-대-진변형도 곡선. 양 축 모두 자연로그로 표시되었으며 소성변형 부분만 나타내었다.

8-14 Cu-30%Zn 합금의 인장시편이 변형경화지수 0.5를 가졌다. 초기 직경이 10 mm이고 초기 표점거리가 30 mm인 그 시편은 공칭응력 120 MPa에서 파괴되었다. 파괴 당시의 표점거리는 35 mm, 지름은 9.26 mm이었으며, 넥킹은 발생하지 않았다. 진변형도가 0.05 m/m일 경우, 진응력을 계산하라.

8-15 변형경화지수가 영(0)이라는 것은 수학적으로 그리고 실용적으로 무엇을 의미하는지 설명하라.

8-2절 변형경화 메커니즘

8-16 많은 금속재료가 왜 변형경화를 일으키는지 설명하라.

8-17 변형경화 메커니즘은 결정립크기에 의존하는가? 그것은 전위밀도에 의존하는가?

8-18 변형경화를 결정립크기강화와 대비시켜 비교하라. 각각의 강화기구에서 전위의 이동을 방해하는 것은 무엇인가?

8-19 세라믹 재료에서는 대개 변형경화를 고려하지 않는다. 왜 그런지 설명하라.

8-20 폴리에틸렌과 같은 열가소성 고분자는 응력을 받으면 강도가 증가한다. 이러한 강화현상이 어떻게 발생하는지 설명하라.

8-21 탄산음료의 병은 PET 고분자로 만들어진다. 응력유발 결정화가 블로-스트레치 공정으로 만든 PET병의 강도를 어떻게 증가시키는지 설명하라(제3장 및 제5장 참조).

8-3절 특성 대 냉간가공백분율

8-22 냉간가공백분율(%CW)을 정의하는 식을 쓰고, 각 항의 의미를 설명하라.

8-23 두께 6.35 mm의 구리판을 63% 냉간가공하고자 한다. 최종 두께는 얼마여야 하는가?

8-24 직경 6.35 mm의 구리 봉재를 인장 하에서 63% 냉간가공하고자 한다. 최종 직경은 얼마여야 하는가?

8-25 직경 50.8 mm의 구리 봉재를 직경 38.1 mm로 감소시킨 다음, 다시 최종 직경 25.4 mm로

감소시켰다. 두 번째의 경우에는, 봉재를 한 번에 50.8 mm에서 25.4 mm로 감소시켰다. 두 가지 경우에 대해 냉간가공백분율(%CW)을 계산하라.

8-26 강철 봉재를 냉간압출하여 1차로 직경 25 mm에서 22 mm로, 최종적으로 20 mm로 감소시켰다. (a) 각 단계별 냉간가공량을 구하고, (b) 그 냉간가공량의 합을 한 번에 직접 25 mm에서 20 mm로 냉간가공한 경우와 비교하라(답을 완전히 이해하기 위해서는 다음 문제를 참조하라).

8-27 만약 앞의 문제에서 압출의 양을 진변형도로 나타낸다면, (a) 압출의 각 단계별로 진변형도를 구하고, (b) 그 진변형도의 합을 한 번에 직접 25 mm에서 20 mm로 압출한 경우의 진변형도와 비교하라.

8-28 직경 2 mm인 순 구리선을 직경 1.75 mm로 냉간가공하였다. 인장강도는 얼마인가? (그림 8-6 참조)

8-29 알루미늄 3105 판재가 두께 44.45 mm에서 29.2 mm로 감소되었다. 판재의 최종 특성을 구하라. 3105는 특별한 알루미늄합금을 나타내는 것임에 유의하라. (그림 8-24 참조)

8-30 Cu-30%Zn 황동 봉이 직경 25.4 mm에서 11.43 mm로 감소되었다. 최종 특성을 구하라. (그림 8-25 참조)

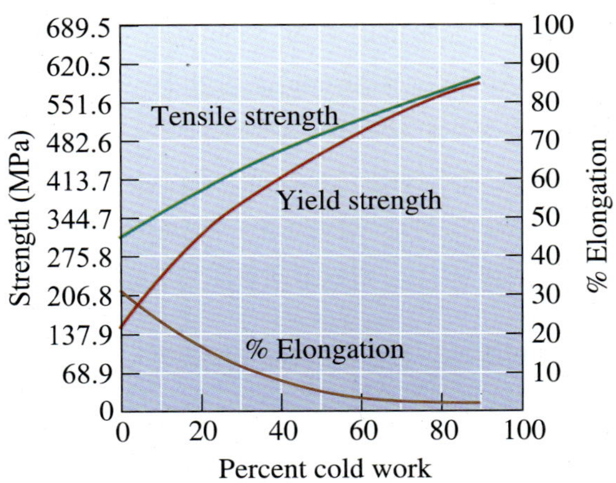

그림 8-6 구리의 기계적 특성에 미치는 냉간가공의 영향. (문제 8-28에 사용)

8-31 알루미늄 3105 봉재가 직경 25.4 mm에서 20.32 mm로, 다시 15.24 mm로, 최종적으로 10.16 mm로 감소되었다. 각 단계에서의 냉간가공백분율(%CW)과 특성을 구하라. 총 냉간가공백분율을 계산하라. 3105는 특별한 알루미늄합금을 나타내는 것임에 유의하라. (그림 8-24 참조)

8-32 최소 483 MPa의 인장강도를 갖고 최종직경 9.525 mm의 구리 봉재를 만들고자 한다. 초기 봉재의 최소 직경은 얼마인가? (그림 8-6 참조)

8-33 초기 두께가 30.5 mm인 Cu-30%Zn 황동 판재를 항복강도가 345 MPa 이상이고 연신율이 최소 10%가 되게 냉간가공하려면, 최종 판재의 두께는 어떤 범위를 가져야 하는가? (그림 8-25 참조)

8-34 압연된 두께 12.7 mm에 연신율이 2%인 Cu-30%Zn 황동 판을 공급자로부터 받았다. 최종 박판의 목표치는 두께 3.175 mm이고, 인장강도 483 MPa 이상이며 연신율은 최소 7%이다. 압연을 진행한다고 가정하므로 박판의 폭은 변하지 않는다. 열처리를 포함한 모든 단계를 설명하라. (그림 8-25 참조)

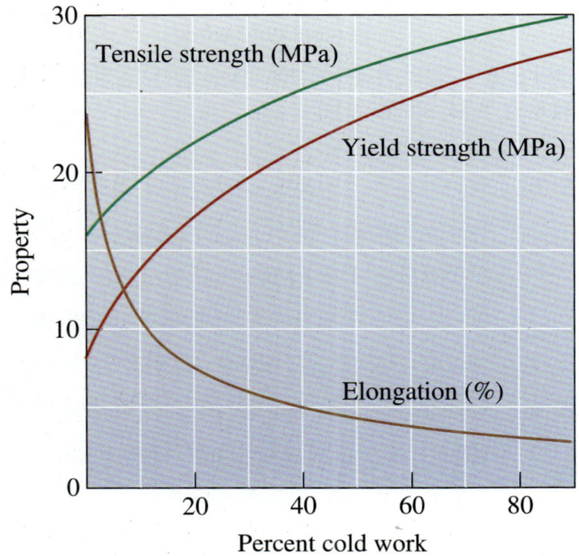

그림 8-24 알루미늄 3105 합금의 특성에 미치는 냉간가공백분율의 영향. (문제 8-29, 8-31, 8-37, 8-54에 사용)

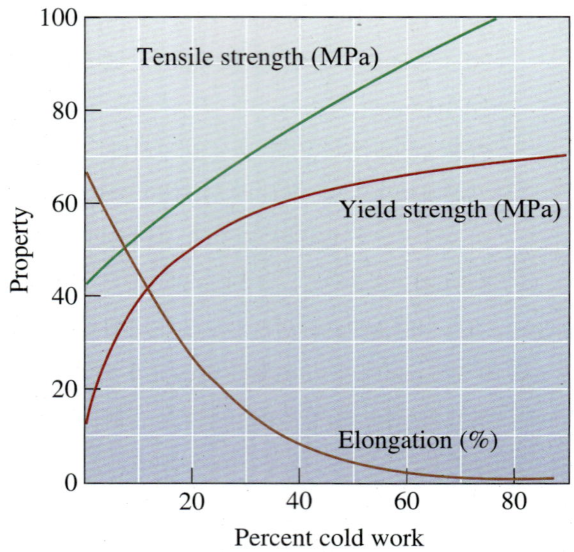

그림 8-25 Cu-30%Zn 황동의 특성에 미치는 냉간가공백분율의 영향. (문제 8-30, 8-33, 8-34, 8-35에 사용)

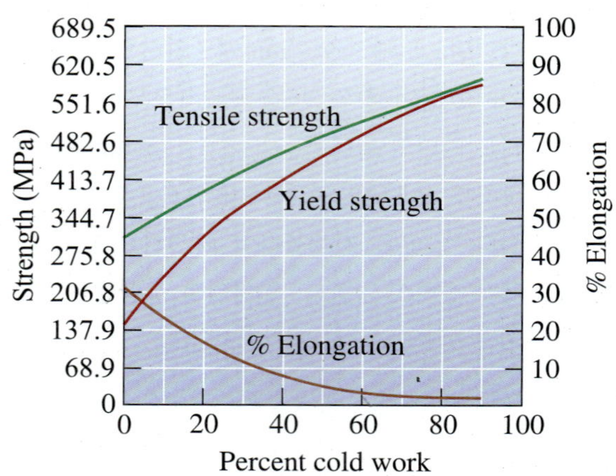

그림 8-6 구리의 기계적 특성에 미치는 냉간가공의 영향. (문제 8-32, 8-56, 8-82에 사용)

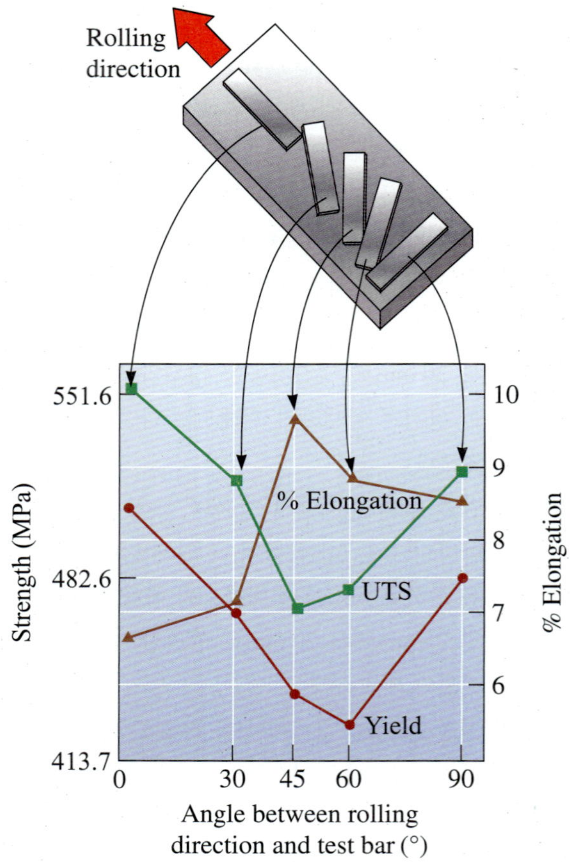

그림 8-9 항공우주 분야에 사용되는 알루미늄-리튬 압연박판의 이방성 거동. 개략도는 인장시편의 위치와 그 방향에서 얻어진 기계적 특성을 연관시켜 보여준다. (문제 8-38에 사용)

8-35 냉간가공된 것이지만 냉간가공의 정도는 모르는 Cu-30%Zn 황동이 있다. 인장시험 결과, 인장강도는 413.7 MPa이고 연신율은 30%이다. 그 황동의 냉간가공 정도와 어닐링된 조건에서의 인장강도를 구하라. (그림 8-25 참조)

8-36 항복강도가 최소 345 MPa이고 연신율이 최소 10%인 최종 두께 3.05 mm의 구리 박판을 만들고자 한다. 초기 두께는 어떤 범위를 가져야 하는가? (그림 8-6 참조)

8-37 이전에 20% 냉간가공되어 두께 50.8 mm인 알루미늄 3105 판재가 있다. 이를 33.02 mm까지 더 냉간가공하였다. 이 판재의 총 냉간가공백분율과 최종 기계적 특성을 구하라. 3105는 특별한 알루미늄합금을 나타내는 것임에 유의하라. (그림 8-24 참조)

8-38 두께 5.08 mm, 폭 50.8 mm인 알루미늄-리튬(Al-Li) 스트랩(strap)을 압연박판으로부터 그림 8-9에 설명한 것처럼 잘라내고자 한다. 그 스트랩은 155.7 kN의 하중에도 변형되지 않고 견뎌야 한다. 압연박판으로부터 스트랩을 잘라낼 수 있는 방위의 범위를 결정하라.

8-4절 미세구조, 집합조직강화, 잔류응력

8-39 금속재료의 항복강도가 냉간가공 중에 생긴 결정학적 집합조직에 의존하는가? 설명하라.

8-40 결정질재료의 영의 계수(Young's modulus)가 재료의 결정학적 방향에 의존하는가? 설명하라.

8-41 '섬유집합조직'과 '박판집합조직'은 무엇을 말하는가?

8-42 냉간가공의 단점 중의 하나는 잔류응력을 발생시킨다는 것이다. 냉간가공된 금속재료에서 잔류응력을 어떻게 제거할 수 있는가?

8-43 '쇼트피닝(shot peening)'은 무엇인가?

8-44 유리의 템퍼링과 어닐링 사이의 차이점은 무엇인가?

8-45 접합안전유리는 강화유리(tempered glass)와 어떻게 다른가? 접합안전유리는 어디에 사용되는가?

8-46 '열적 템퍼링'은 무엇을 말하는가? 이는 '화학적 템퍼링'과는 어떻게 다른가? 강화유리의 용도를 기술하라.

8-47 유리의 강도에 가장 큰 영향을 주는 요인은 무엇인지 설명하라. 열적 템퍼링이 어떻게 유리의 강도를 향상시키는지 설명하라.

8-48 잔류응력이 항상 바람직하지 못한 것은 아니다. 이 말은 참인가 아니면 거짓인가? 답변에 대한 근거를 제시하라.

8-5절 냉간가공의 특징

8-49 냉간가공은 무엇인가? 냉간가공된 후에 재료는 어떤 특징을 갖는가?

8-50 냉간가공은 고온에서 사용되는 재료에 대한 강화기구로는 사용할 수 없다. 왜 그런지 설명하라.

8-51 딥드로잉으로 만든 알루미늄 캔은 제조과정 중에 강도가 크게 증가한다. 왜 그런지 설명하라.

8-52 마그네슘과 같은 금속들은 냉간가공을 사용하여 효과적으로 강화시키지 못한다. 왜 그런지 설명하라.

8-53 항복강도가 138 MPa인 직경 7.62 mm의 구리선을 직경 6.35 mm로 인발하고자 한다.

(a) 인발력을 계산하라. 마찰은 없다고 가정한다.

(b) 인발된 선재는 인발공정 중에 끊어질 것인가? 왜 그런지 보여라. (그림 8-6 참조)

8-54 알루미늄 3105 합금 선재를 인발하여 항복강도가 138 MPa인 직경 1 mm의 선재를 만들고자 한다. 3105는 특별한 알루미늄합금을 나타내는 것임에 유의하라.

(a) 이 선재의 초기 직경을 구하라.

(b) 필요한 인발력을 계산하라.

(c) 인발되는 선재가 인발공정 중에 끊어질지의 여부를 결정하라. (그림 8-24 참조)

8-55 Cu-40%Zn 황동의 전기전도도가 측정되었다. 60% 냉간가공된 순 구리선보다 얼마나 전기전도도가 낮은가? (그림 8-11 참조)

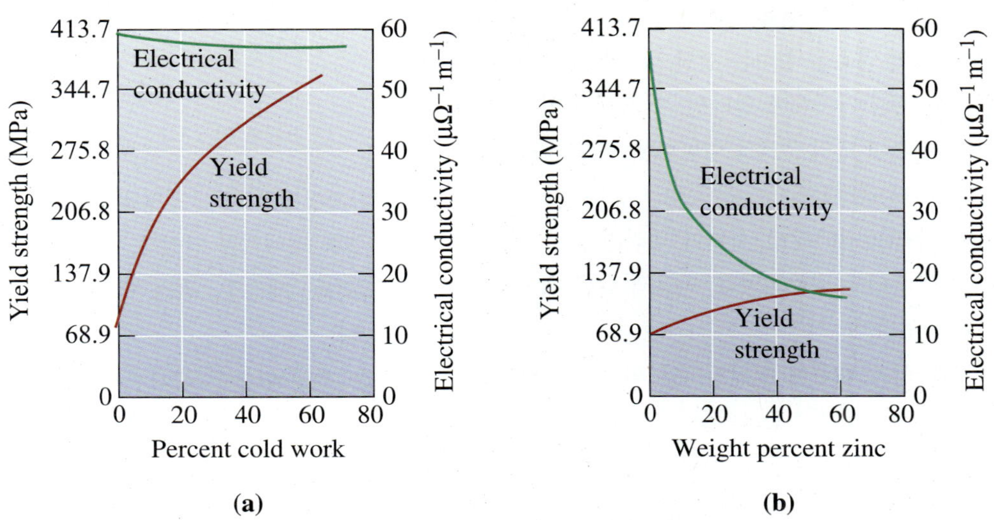

그림 8-11 (a) 냉간가공과 (b) 아연의 합금을 통해 강화된 구리의 강화효과 비교. 냉간가공은 전기전도도에는 거의 영향을 미치지 않으면서도 강화효과는 더 크다는 점에 주목하라. (문제 8-55에 사용)

8-6절 어닐링의 세 단계

8-56 금속재료 어닐링의 세 단계를 설명하라.

8-57 재결정의 구동력은 무엇인가?

8-58 회복 시 잔류응력은 감소되지만 금속의 강도는 변하지 않는다. 왜 그런지 설명하라.

8-59 결정립성장의 구동력은 무엇인가?

8-60 결정립성장을 어닐링의 제3단계로 다룰 때, 이것이 금속재료의 강도에 미치는 영향에 대해 설명하라.

8-61 결정립성장은 왜 보통 바람직하지 못한가?

8-62 세라믹에서 결정립성장을 일으킬 수 있는 경로에는 어떠한 것들이 있는가?

8-63 어닐링과 회복은 항상 결정립성장을 일으키기 위한 선행조건인가? 설명하라.

8-64 매우 미세한 Er_2O_3입자가 분산된 티타늄합금이 있다. 이 입자들이 결정립성장 온도와 특정 어닐링온도에서의 결정립크기에 미치는 영향은 무엇인가? 설명하라.

8-65 백열전구에 사용되는 텅스텐필라멘트가 왜 결국 끊어지게 되는지 설명하라.

8-66 초기에 다결정인 재료로부터 냉간가공, 재결정, 결정립성장을 통하여 단결정으로 얻을 수 있는가? '예' 또는 '아니오'로 답하고, 답에 대한 이유를 설명하라.

8-67 Cu-35%Zn 황동에 대하여, 인장강도는 483 MPa 이상, 연신율은 최소 25%가 되어야 한다. 만약 금속을 원하는 형상으로 만들기 위해 75% 냉간가공해야 한다면, 이러한 특성을 얻기 위해 몇 도의 온도로 어닐링해야 하는가? (그림 8-14 참조)

8-68 탄피황동(Cu-30%Zn) 시편이 냉간가공된 후 한 시간 동안 어닐링되었다. 다음과 같은 데이터를 얻었다.

어닐링 온도 (℃)	결정립크기 (μm)	항복강도 (MPa)
400	15	159
500	23	138
600	53	124
700	140	62
800	505	48

(a) 하나의 그래프에 어닐링 온도의 함수로서 항복강도와 결정립크기를 그려라. 세로축 하나에는 항복강도를, 다른 하나에는 결정립크기를 표시하라.

(b) 각 온도에 대하여 어닐링의 세 단계 중 어느 단계에 해당하는지 서술하라. 그래프의 특징을 살펴서 대답의 근거를 제시하라.

8-69 냉간가공된 어떤 금속을 어닐링하여 다음과 같은 데이터를 얻었다.

(a) 회복, 재결정, 결정립성장 온도를 추정하라.

(b) 응력제거 열처리를 위한 적정 온도를 추천하라.

(c) 열간가공 공정을 위한 적정 온도를 추천하라.

(d) 이 합금의 용융온도를 추정하라.

어닐링 온도 (℃)	전기전도도 ($ohm^{-1} \cdot m^{-1}$)	항복강도 (MPa)	결정립크기 (mm)
400	3.04×10^7	86	0.100
500	3.05×10^7	85	0.100
600	3.36×10^7	84	0.100
700	3.45×10^7	83	0.098
800	3.46×10^7	52	0.030
900	3.46×10^7	47	0.031
1,000	3.47×10^7	44	0.070
1,100	3.47×10^7	42	0.120

8-70 냉간가공된 어떤 금속재료를 어닐링하여 다음과 같은 데이터를 얻었다.

(a) 회복, 재결정, 결정립성장 온도를 추정하라.

(b) 고강도에 높은 전기전도도의 선재를 얻을 수 있는 적정 온도를 추천하라.

(c) 열간가공 공정을 위한 적정 온도를 추천하라.

(d) 이 합금의 용융온도를 추정하라.

어닐링 온도 (℃)	잔류응력 (MPa)	인장강도 (MPa)	결정립크기 (mm)
250	145	386	0.0762
275	145	386	0.0762
300	34.5	386	0.0762
325	0	386	0.0762
350	0	234	0.0254
375	0	207	0.0254
400	0	186	0.0889
425	0	172	0.1829

8-71 '재결정'이란 무엇을 말하는가? 금속재료의 항복강도는 어닐링의 이 단계 중에 왜 감소하는지 설명하라.

8-7절 어닐링의 제어

8-72 금속재료의 냉간가공과 열간가공을 어떻게 구분하는가?

8-73 주어진 재료에 대해 재결정온도는 왜 고정된 온도가 아닌가?

8-74 열처리시간을 증가시키는 것은 왜 재결정이 낮은 온도에서 일어날 것임을 의미하는가?

8-75 각각 20% 및 80% 냉간가공된 강철 박판이 있다. 어느 것이 더 낮은 재결정온도를 가질 것으로 예측되는가? 그 이유는 무엇인가?

8-76 상온에서의 변형이 곧 '열간가공'이 되는 금속재료의 예를 두 가지 들어보라.

8-77 900 ℃에서의 변형이 곧 '냉간가공'이 되는 금속재료의 예를 두 가지 들어보라.

8-78 표 8-4의 데이터를 사용하여 각 금속의 용융온도의 함수로 재결정온도를 그려라. 그 두 온도는 서로 비례하는가? 만일 그렇다면, 비례상수는 얼마인가? 먼저 온도를 절대온도로 환산하여 시작해야 함에 유의하라.

8-79 표 8-4에 온간가공의 온도범위(℃)를 나타내는 열을 하나 더 만들어라. 계산 시에는 절대온도 K를 사용해야 한다.

표 8-4 선별된 금속의 대표적인 재결정온도

금속	용융온도 (℃)	재결정온도 (℃)
주석(Sn)	232	−4
납(Pb)	327	−4
아연(Zn)	420	10
알루미늄(Al)	660	150
마그네슘(Mg)	650	200
은(Ag)	962	200
구리(Cu)	1,085	200
철(Fe)	1,538	450
니켈(Ni)	1,453	600
몰리브덴(Mo)	2,610	900
텅스텐(W)	3,410	1,200

(출처: Structure and Properties of Engineering Materials *by Brick, R. M.; et al, McGraw-Hill, 1977.*)

8-80 그림 8-20에 1과 2로 나타낸 인장 응력-변형도 곡선을 보고 다음의 질문에 답하라. 이 곡선들은 전형적인 금속의 곡선이다. 각 질문은 이전의 질문들과 무관한 별개의 질문으로 생각하라.

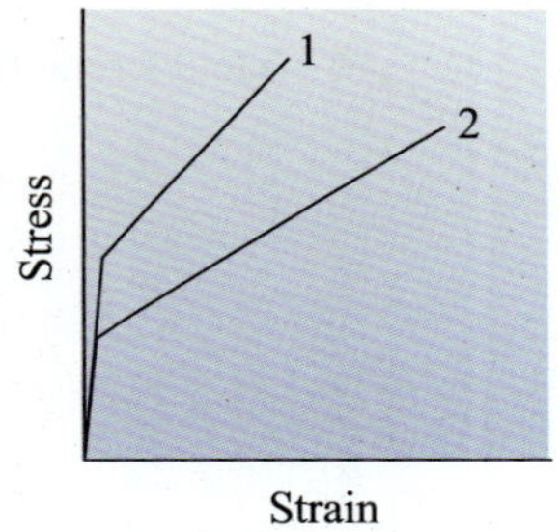

그림 8-20 응력-변형도 곡선. (문제 8-80에 사용)

(a) 시료 1과 2 중에서 어느 쪽이 더 많이 냉간압연될 수 있는가? 어떻게 아는가?

(b) 시료 1과 2는 동일한 조성을 가졌고 동일하게 제조되었지만, 하나의 시료가 다른 것보다 더 많이 냉간가공되었다. 응력-변형도 곡선은 냉간가공 이후에 얻었다. 어느 시료가 더욱 낮은 재결정온도를 가질 것인가? 어떻게 아는가?

(c) 시료 1과 2는 다른 모든 조건이 동일하고

다만 서로 다른 온도에서 동일한 시간 동안 어닐링되었다. 어느 시료가 더 높은 온도에서 어닐링되었는가? 어떻게 아는가?

(d) 시료 1과 2는 다른 모든 조건이 동일하고 다만 서로 다른 시간 동안 동일한 온도에서 어닐링되었다. 어느 시료가 더 짧은 시간 동안 어닐링되었는가? 어떻게 아는가?

8-8절 어닐링과 재료공정

8-81 인장강도가 172.4 MPa 이상이고 연신율이 최소 5%인 두께 7.62 mm의 알루미늄 3105 판재를 제조하고자 한다. 이 판재의 초기 두께는 76.2 mm이고, 각 단계별 최대 냉간가공량은 80%이다. 이 제품을 생산하는 데 필요한 냉간가공 및 어닐링 단계를 설명하라. 이 공정을 만일 초기 변형을 열간가공으로 할 수 있을 경우에 권장되는 공정과 비교해보라. (그림 8-24 참조)

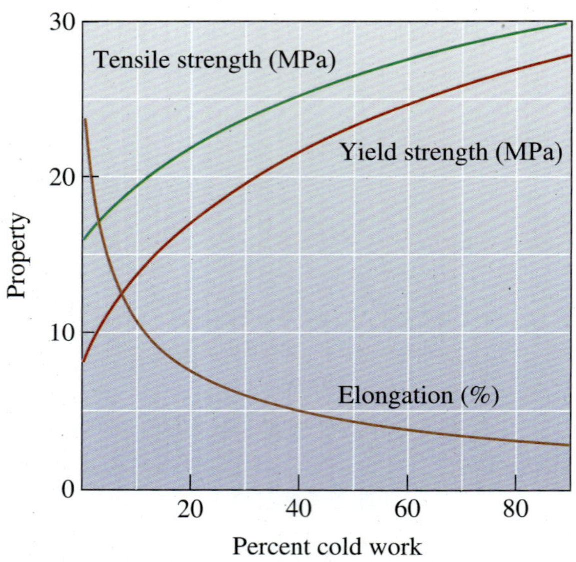

그림 8-24 알루미늄 3105 합금의 특성에 미치는 냉간가공백분율의 영향. (문제 8-81에 사용)

8-82 항복강도가 414 MPa 이상이고 연신율이 최소 5%인 직경 5.08 mm의 구리선을 제조하고자 한다. 이를 위한 봉재의 초기 직경은 50.8 mm이고, 각 단계별 최대 냉간가공량은 80%이다. 이 제품을 생산하는 데 필요한 냉간가공 및 어닐링 단계를 설명하라. 이 공정을 만일 초기 변형을 열간가공으로 할 수 있을 경우에 권장되는 공정과 비교해보라. (그림 8-6 참조)

8-83 열영향부(HAZ)란 무엇인가? 일부 용접공정의 경우, 열영향부가 모재금속에 비해 취약해지는 접합부가 만들어지는 이유는 무엇인가?

8-84 어떤 용접기술을 이용하면 열영향부에서 강도의 손실을 피할 수 있을까? 이러한 기술들이 왜 효과적인지 설명하라.

8-9절 열간가공

8-85 열간가공 중에 수행할 수 있는 소성변형량은 거의 무제한이다. 이 서술의 근거를 말하라.

8-86 열간가공과 냉간가공을 대비시켜 비교하라.

설계문제

8-87 제8장에서 다룬 공정 중의 하나를 사용하여 다음 각 제품을 생산하기 위한 방법을 설계하라. 그 공정은 열간가공, 냉간가공, 어닐링 또는 이들 공정의 조합을 포함해야 하는가? 결정한 답을 설명하라.

(a) 종이 클립

(b) 용접되어 교량의 일부를 구성하게 될 아이(I) 빔

(c) 수도꼭지와 구리배관의 본체를 연결할 구리 튜브

(d) 줄자에 사용되는 강철 테이프

(e) 둥근 봉재로부터 성형된 목수용 망치의 헤드(head)

8-88 냉간가공된 두 장의 구리 박판을 납땜으로 접합시키고자 한다. 납땜은 충전재가 녹아 결합 부위로 흡수될 수 있을 만큼의 고온으로 모재를 가열하는 공정을 포함하고 있다(제9장 참조). 구리 모재를 연화시키지 않을 납땜공정을 설계하고 설명하라. 만일 박판재가 Cu-30%Zn 합금이라면, 납땜온도를 더 높일 수 있는가? 설명하라.

8-89 항복강도가 414 MPa 이상이고 연신율이 최소 5%인 직경 1 mm의 구리선을 제조하고자 한

다. 사용할 봉재의 초기 직경은 20 mm이다. 이 선재를 인발할 수 있는 공정을 설계하라. 모든 주요 세부사항을 포함하고 설명하라.

컴퓨터문제

8-90 **선재인발 공정의 설계** 예제 8-4에 대한 해답을 효과적으로 전산화시킬 프로그램을 작성하라. 이 프로그램은 사용자에게 선재의 최종 직경(예: 2 mm)을 입력하도록 요청해야 한다. 이 프로그램은 초기 직경(d_0)으로 적절한 값(예: 4 mm)을 가정한 다음, 알맞은 공식을 사용하여 냉간가공량을 계산한다. 사용자는 냉간가공량(%)에 따른 항복강도의 데이터를 검색할 수 있어야 하고, 냉간가공량이 0%일 때의 항복강도를 입력하도록 요청받는다. 인발에 필요한 힘과 선재가 금형을 통과해나올 때 선재에 작용하는 응력을 계산하는 데 이 값을 사용하라. 그 다음, 프로그램은 사용자로 하여금 가정한 초기직경과 요구되는 최종직경에 따라 계산된 냉간가공량에 부합하는 항복강도를 입력하도록 요청한다. 예제 8-4처럼, 프로그램은 적절한 d_0값을 얻을 때까지 이 계산을 반복하여야 한다.

Knovel® 활용 문제

K8-1 AISI 1025 강판으로부터 냉간성형하여 제작된 축하중 압축을 받는 부품이 있다. 이 부품의 단면은 그림 K8-1과 같다. 이 부품의 모서리(corner) 금속은 냉간가공에 의해 강화되었다. 성형되기 전 재료의 인장강도와 항복강도, 냉간성형 후 모서리 재료의 항복강도, 단면의 평균(편평한 부분과 강화된 모서리 부분을 고려함) 항복강도를 구하라. 감소율 $\rho = 1.0$으로 가정한다. (그림 K8-1 참조)

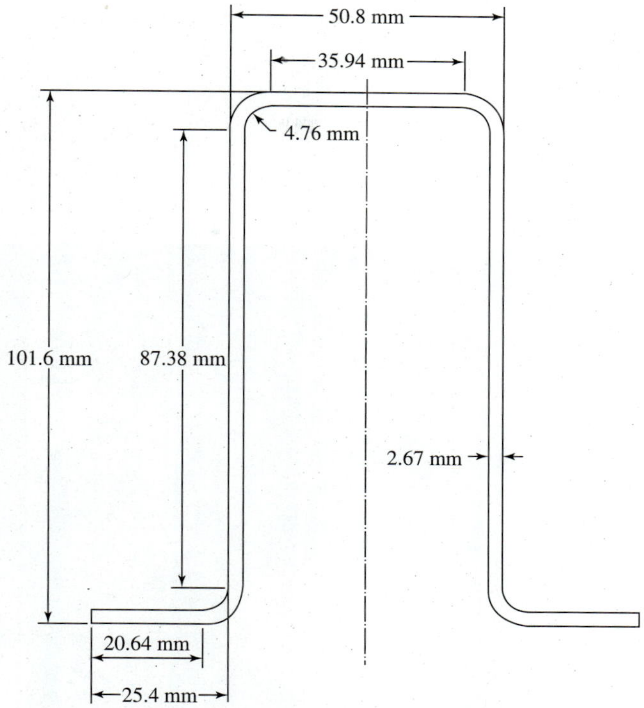

그림 K8-1 압축을 받는 부품의 단면도. (문제 K8-1에 사용)

좌측의 사진은 생사형주조(green sand casting)로 알려져 있는 주조공정을 보여준다. (출처: © *Peter Bowater/Alamy*) 두 부분으로 분리할 수 있는 주형(mold) 내에 모형(pattern)을 설치하고, 점결제(binder)와 혼합된 모래로 모형 주위를 충전시킨다. 모형을 제거하면 공동이 남게 되고, 이 공동에 용융금속을 붓는다. 금속이 응고된 후 제품을 흔들어 모래로부터 꺼낸다. 우측의 사진은 정밀주조(investment casting)로 알려져 있는 주조공정을 보여준다. (출처: © *Jim Powell/Alamy*) 이 공정에서는 왁스와 같이 쉽게 녹는 물질을 사용하여 모형을 만든다. 이 모형을 세라믹 슬러리로 '피복'시키면, 모형 주위에 입자들로 구성된 구조물이 생성된다. 열을 가하여 모형을 제거한 다음, 생성된 공동에 용융금속을 부어 제품을 만든다. 사형주조와 달리 정밀주조에서는 모형은 재사용할 수 없다. 사형주조와 정밀주조는 수많은 주조공정 중 가장 널리 사용되는 두 가지 주조방법이다.

CHAPTER 9

응고의 원리

다음과 같이 궁금해 해본 적이 있는가?

- 물이 실제로 0 ˚C에서 얼고, 100 ˚C에서 끓는가?
- 합금 또는 열가소성 고분자가 특정한 용융온도를 갖는가?
- 주조제품의 강도를 결정하는 인자는 무엇인가?
- 왜 대부분의 유리 및 유리-세라믹은 용해 및 주조 공정에 의해 제조되는가?

제9장의 주요 학습목표

- 응고(solidification) 중에 발생하는 총 자유에너지의 변화를 나타내는 수식을 도출하고, 액상으로부터 고상의 균일핵생성이 일어나는 데 필요한 임계반경의 크기를 계산하는 것.
- 액상이 대체로 불균일핵생성을 통해 응고되는 이유를 설명하는 것.
- 액상으로부터 고상이 성장하는 과정에서 평면성장 방식 및 수지상성장 방식에 영향을 주는 요소들을 서술하는 것.
- Chvorinov의 법칙에 따라 주물의 응고시간을 계산하는 것.
- 순금속에서 충분히 접종된 경우와 그렇지 않은 경우에 대해 냉각곡선을 그리는 것.
- 주물의 미세조직 및 주물에서 발생하는 결함에 대해 서술하는 것.
- 응고를 이용하는 가장 보편적인 주조공정에 대해 서술하는 것.

재료를 제조하는 데 사용되는 모든 공정기술 중에서 응고가 가장 중요하다고 할 수 있다. 다수의 세라믹, 무기질 유리, 열가소성 고분자는 물론 모든 금속들은 제조공정 중의 어느 시점에서 액상이 되거나 녹는다. 물이 응고되어 얼음이 되듯이 용융된 재료는 응고온도 이하로 냉각되면 고체가 된다. 제3장에서 재료를 원자, 이온, 분자의 규칙도에 따라 분류한 바 있다. 결정질 재료가 응고하는 동안, 원자배열은 단범위규칙(SRO)으로부터 장범위규칙(LRO)으로 변한다. 결정질 재료의 응고는 두 단계로 일어난다. 첫 단계는 고상의 핵으로 알려진 매우 미세한 결정들이 액상 내에 생기는 과정이다. 둘째 단계는 첫 단계와 중복될 수 있는데, 이러한 초미세 결정들이 성장하기 시작하는 단계로, 액상의 원자들은 액체가 모두 없어질 때까지 고상 핵에 계속 달라붙는다. 무기질 규산염유리와 같은 재료는 장범위규칙이 없는 비결정질 상태로 응고된다. 많은 고분자재료는 응고 또는 제조공정 중에 부분적인 결정화를 이룬다.

금속, 고분자, 세라믹 재료의 응고는 그 재료의 특성에 미치는 영향이 크기 때문에 매우 중요하게 다루어야 할 분야이다. 이 장에서는 순금속의 응고의 원리에 대해 살펴볼 것이다. 합금 및 그보다 더 복잡한 재료의 응고에 대해서는 다음의 장들에서 살펴볼 것이다. 여기서는 먼저 응고에 대한 기술적 중요성을 설명한 다음, 응고가 발생하는 메커니즘에 대해 설명하고, 그 다음 주조된 금속의 미세조직과 이것이 기계적 특성에 미치는 영향에 대해 기술하고자 한다. 또한, 재료의 성형공정으로서 주조의 역할에 대해 알아볼 것이다. 아울러 용접(welding), 경납땜(brazing), 납땜(soldering)과 같은 기술이 금속의 결합에 어떻게 사용되는지 알아보고자 한다. 단결정성장에 응용되는 응고공정과, 유리 및 고분자의 응고에 대해서도 함께 살펴보기로 하자.

9-1 기술적 중요성

구리, 청동, 강철과 같은 금속을 생산하고, 용해 및 주조하는 데 불을 사용하는 능력은 인류의 발전에 매우 중요한 특징이라 할 수 있다. 불을 사용하게 됨으로써 천연 광석을 순금속이나 합금으로 환원시킬 수 있었을 뿐 아니라, 인류에게 쓸모 있는 도구 및 물품들을 생산할 수 있게 되었다. 수천 년이 지난 오늘날에도 응고는 여전히 가장 중요한 제조공정 중의 하나이다. 미국의 경우, 매달 수백만 파운드의 강철, 알루미늄합금, 구리, 아연 등을 주조공정을 통해 생산하고 있다. 응고공정은 자동차용 알루미늄휠과 같은 특정 부품을 생산하는 데에도 사용된다. 산업체에서는 응고공정을 금속 슬래브(slab)나 주괴(ingot)를 생산하기 위한 1차공정(primary processing) 단계에 사용하기도 한다. 주괴나 슬래브는 통상 형상이 단순하고 대형인 주물로서, 2차공정(secondary processing) 단계를 통해 열간 및 냉간가공되어 박판, 선재, 봉재, 판재 등과 같은 실용적인 형상으로 바뀐다. 응고는 용접, 경납땜, 납땜과 같은 기술을 사용하여 금속을 결합하는 데에도 적용된다.

응고는 규산염유리와 같은 무기질 유리의 제조에도 사용되는데, 예를 들어, 규산염유리는 판유리공정(float-glass process)을 통해 제조된다. 고품위 광섬유 및 유리섬유와 같은 재료 또한 용융된 유리의 응고를 통해 제조한다. 무기질 유리의 응고 중에는 결정질이 아니라 비결정질 재료가 생성된다. 유리-세라믹을 제조할 때는 먼저, 비결정질 유리를 주조하여 형상을 만들고, 그 다음에 열처리하여 결정화시킴으로써 강도를 향상시킨다. 폴리에틸렌, 폴리비닐클로라이드(PVC), 폴리프로필렌 등을 비롯한 많은 열가소성 고분자는 용해 및 응고과정을 수반하는 제조공정을 통해 섬유, 튜브, 병, 장난감, 주방용품 등의 실용적인 형상으로 제조된다. 따라서 응고는 현대적인 공학재료를 제조하는 데 사용되는 도구일 뿐만 아니라 다양한 용탕유도제품(melt-derived products)의 특성을 제어하는 데 사용되는 대단히 중요한 기술이다. 이어지는 절에서는 먼저 핵생성과 성장과정에 대해 살펴보고자 한다.

9-2 핵생성

응고의 관점에서, 핵생성(nucleation)이란 용융된 재료로부터 최초의 나노크기 결정체가 형성되는 것을 말한다. 예를 들어, 물이 얼기 시작할 때, 핵(nuclei)이라고 하는 나노크기의 결정이 먼저 생성된다. 보다 넓은 의미에서 핵생성이라 함은 하나의 상이 또 다른 상으로부터 형성되는 초기 단계를 말한다. 증기가 액체로 응축될 때에는, 응축이 시작되는 시점에 나타나는 나노크기의 액체 물방울을 핵이라고 한다. 나중에 살펴보겠지만, 재료에 따라서는 고체(β)의 핵이 또 다른 고체(α)로부터 생성되는 경우도 많이 있으며, 이를 α로부터 β로의 상변태(phase transformation)라고 한다. 이러한 상변태와 관련된 흥미로운 사실은 대부분의 공학재료에서 상변태가 용융과 관련 없이 고체상태에서 발생한다는 점이다. 따라서 비록 핵생성을 응고의 관점에서 설명한다 하더라도, 핵생성 현상은 일반적인 것이며 상변태와 관련된다는 점에 주목할 필요가 있다.

액체가 응고(또는 용융)온도 바로 아래로 냉각되면, 결정구조를 가진 고체의 에너지가 액체의 에너지보다 작기 때문에 응고가 일어난다. 이들 액체와 고체 사이의 에너지 차이는 단위부피당의 자유에너지 ΔG_v이며, 이것이 응고의 구동력이 된다.

그러나 고체가 형성될 때 고체와 액체 사이에는 계면이 생긴다[그림 9-1(a)]. 표면자

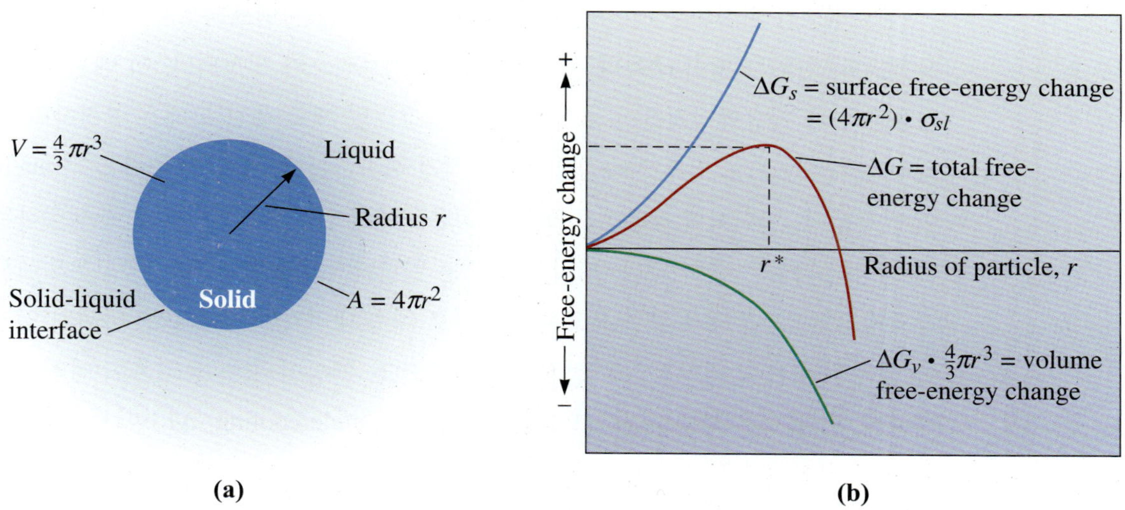

그림 9-1 (a) 액상으로부터 고상이 형성될 때 계면이 생긴다. (b) 고상의 크기에 따라 고상-액상계의 총 자유에너지가 변한다. 고상의 반경이 임계반경보다 작으면 엠브리오(embryo)라 하며, 임계반경보다 크면 핵(nucleus)이라고 한다.

유에너지 σ_{sl}은 이 계면의 생성에 필요한 에너지이다. 따라서 그림 9-1(b)에 보이는 것처럼, 에너지의 총 변화량 ΔG는 다음과 같다.

$$\Delta G = \frac{4}{3}\pi r^3 \Delta G_v + 4\pi r^2 \sigma_{sl} \tag{9-1}$$

여기서, $\frac{4}{3}\pi r^3$은 반경 r을 가진 구형 고체의 부피이고, $4\pi r^2$은 구형 고체의 표면적이며, σ_{sl}은 고체-액체 계면의 표면자유에너지이다. ΔG_v는 단위부피당 자유에너지로서, 상변태가 열역학적으로 발생가능한 조건이므로 음의 값을 갖는다. σ_{sl}은 r에 크게 영향을 받지 않으며, 일정한 값으로 가정한다. 이것의 단위는 단위면적당의 에너지이다. ΔG_v 또한 r에 의존하지 않는다.

엠브리오(embryo)란 액체 내에서 원자들이 서로 응집하여 생기는 매우 작은 고체 입자를 말한다. 엠브리오는 불안정하며, 안정한 핵으로 성장할 수도 있고 재용해될 수도 있다.

그림 9-1(b)에서 맨 위의 곡선은 총 표면에너지($4\pi r^2\sigma_{sl}$)의 포물선 형태 변화를 나타내는 것이며, 맨 아래의 곡선은 총 부피자유에너지의 변화$\left(\frac{4}{3}\pi r^3\Delta G_v\right)$를 나타내는 것이다. 중간의 곡선은 ΔG의 변화량을 나타내는 것이며, 이는 식 9-1과 같이 다른 두 곡선의 합으로 표현된다.

응고온도와 같이 고상과 액상이 열역학적 평형에 있는 온도에서, 고상의 자유에너지와 액상의 자유에너지는 서로 같으며($\Delta G_v = 0$), 따라서 총 자유에너지의 변화량(ΔG)은 양이 된다. 생성된 고체가 핵생성에 필요한 임계반경(r^*)보다 작을 경우[그림 9-1(b)], 고체가 계속 성장할수록 총 자유에너지가 증가한다. 임계반경(r^*)이란 응고 시 액상 내에서 발생하는 원자들의 응집체 중에서, 안정하게 되어 지속적으로 성장할 수 있는 결정의 최소크기를 말한다.

엠브리오가 형성되는 것은 통계적인 과정이다. 수많은 엠브리오가 생성되었다가 재용해된다. 만일 우연히 r^*보다 큰 반경을 가진 엠브리오가 생성되면, 이 엠브리오는 성장할수록 총 자유에너지를 감소시키게 된다. 그러면 새로 생긴 고체는 안정하며, 핵생성이 된 상태이므로 이후 지속적으로 성장하기 시작하는데, 이 고체 입자를 핵(nucleus)이라 부른다. 열역학적 용융온도 또는 응고온도에서 안정되고 지속적으로 성장하는 핵이 형성될 확률은 극히 낮다. 따라서 응고는 열역학적 용융온도 또는 응고온도에서 시작되지 않는다. 온도가 평형 응고온도 이하로 계속 내려가면, 고상으로 바뀌지 않고 남아 있는 액상은 열역학적으로 점점 불안정해진다. 액상이 평형 응고온도 이하에 있기 때문에, 이 액상은 과냉되었다고 할 수 있다. 과냉(undercooling, ΔT)이란 평형 응고온도와 액체의 실제 온도의 차이를 말한다. 과냉의 정도가 커질수록, 액상에서 고상이 형성되는 데 필요한 열역학적 구동력 효과가, 고액계면 형성에 따른 저항효과를 압도하게 되어 핵생성이 용이해진다.

이 현상은 많은 다른 상변태 과정에서도 관찰할 수 있다. 하나의 고상(α)이 또 다른 고상(β)으로 변화하려면, 이 계는 α상과 β상의 자유에너지가 같아지는 온도인 열역학적 상변태온도 이하로 냉각되어야 한다. 끓는 물과 같이 액상이 기상으로 변화할 때는 수증기 기포가 액상 내부에서 생성된다. 이 경우에도 상변태가 일어나려면, 액상을 기화온도 이상으로 과열(superheat)시켜야 한다! 그러므로 액상은 실제로는 응고온도에서 응고하지 않으며, 비등점에서 기화되지도 않는다는 것을 알 수 있다. 액상을 응고시키기 위해서는 과냉이 필요하고, 기화시키기 위해서는 과열이 필요하다!

균일핵생성 액체가 평형 응고온도 아래로 냉각되면, 두 가지 요소가 결합하여 핵생성을 촉진시킨다. 첫째는 원자들이 열에너지를 잃게 되므로 서로 뭉쳐 더 큰 엠브리오를 형성할 확률이 증가하는 것이며, 둘째는 액상과 고상 사이의 부피자유에너지 차이가 커져서 핵의 임계크기(r^*)가 감소하는 것이다. 균일핵생성(homogeneous nucleation)은 안정한 핵을 생성시킬 수 있을 정도로 충분히 과냉되었을 때 발생한다.

임계반경 r^*의 크기는 다음과 같이 주어진다.

$$r^* = \frac{2\sigma_{sl}T_m}{\Delta H_f \Delta T} \tag{9-2}$$

여기서, ΔH_f는 단위부피당 용융잠열, T_m은 평형 응고온도(K), $\Delta T = (T_m - T)$는 액상 온도가 T일 때의 과냉이다. 용융잠열이란 액상이 고상으로 상변태를 일으킬 때 방출한 열량을 말한다. 과냉이 증가할수록 핵생성에 필요한 임계반경은 감소한다. 표 9-1

표 9-1 선별된 재료들에 대한 응고온도, 용융잠열, 표면에너지, 최대 과냉도

재료	응고온도(T_m) (°C)	용융잠열(ΔH_f) (MJ/m³)	계면에너지(σ_{sl}) (J/m²)	균일핵생성의 대표적 과냉도(ΔT) (°C)
Ga	30	488	56×10^{-3}	76
Bi	271	543	54×10^{-3}	90
Pb	327	237	33×10^{-3}	80
Ag	962	965	126×10^{-3}	250
Cu	1,085	1,628	177×10^{-3}	236
Ni	1,453	2,756	255×10^{-3}	480
Fe	1,538	1,737	204×10^{-3}	420
NaCl	801			169
CsCl	645			152
H_2O	0			40

은 σ_{sl}, ΔH_f와 균일핵생성에 대하여 실험적으로 관찰된 대표적인 과냉도를 보여준다.

다음 예제는 구리의 응고에 대해 생성되는 핵의 임계반경을 계산하는 방법을 보여준다.

예제 9-1 구리의 응고에 대한 임계반경 계산

고체 구리가 균일핵생성으로 형성될 때, 임계반경의 크기와 임계 핵에 포함되어 있는 원자수를 계산하라. 핵의 크기와 핵의 반경에 대한 식을 유도할 때 사용한 가정에 대해 주석을 달아보라.

풀이

표 9-1로부터 구리의 경우,

$$\Delta T = 236\ ^\circ\text{C} \qquad T_m = 1{,}085 + 273 = 1{,}358\ \text{K}$$

$$\Delta H_f = 1{,}628\ \text{MJ/m}^3$$

$$\sigma_{sl} = 177 \times 10^{-3}\ \text{J/m}^2$$

따라서 r^*는 다음과 같이 주어진다.

$$r^* = \frac{2\sigma_{sl}T_m}{\Delta H_f \Delta T} = \frac{(2)(177 \times 10^{-3}\ \text{J/m}^2)(1{,}358\ \text{K})}{(1{,}628 \times 10^6\ \text{J/m}^3)(236\ \text{K})} = 1.2512 \times 10^{-9}\ \text{m} = 125\ \text{nm}$$

섭씨 1 ℃의 온도차는 절대온도 1 K의 온도차와 같으므로, $\Delta T = 236\ ^\circ\text{C} = 236\ \text{K}$이다.

FCC 구리의 격자상수는 $a_0 = 0.3615\ \text{nm} = 3.615 \times 10^{-10}\ \text{m}$이다. 따라서 단위정의 부피는 다음과 같다.

$$V_{\text{unit cell}} = (a_0)^3 = (3.615 \times 10^{-10}\ \text{m})^3 = 4.7242 \times 10^{-29}\ \text{m}^3$$

임계반경을 갖는 핵 하나의 부피는

$$V_{r^*} = \frac{4}{3}\pi(r^*)^3 = \left(\frac{4}{3}\pi\right)(1.2512 \times 10^{-9}\ \text{m})^3 = 8.2054 \times 10^{-27}\ \text{m}^3$$

이며, 임계핵 내에 있는 단위정의 수는

$$\frac{V_{r^*}}{V_{\text{unit cell}}} = \frac{8.2054 \times 10^{-27}\ \text{m}^3}{4.7242 \times 10^{-29}\ \text{m}^3} = 174\ \text{단위정}$$

이다. FCC 단위정에는 네 개의 원자가 있으므로, 임계핵에 들어 있는 원자수는 다음과 같다.

$$(4\ \text{원자/단위정})(174\ \text{단위정/핵}) = 696\ \text{원자/핵}$$

이와 같은 계산에서, 수백 개의 원자로 이루어진 하나의 핵의 특성은 벌크재료의 경우에 나타나는 특성과 유사하다고 가정한다. 그러나 이 가정은 반드시 옳지는 않으며, 고전 핵생성 이론의 단점이라 할 수 있다.

불균일핵생성 표 9-1로부터 물은 그 온도가 −40 ℃에 이르기 전까지는, 즉 과냉도가 40 ℃에 이르지 않으면 균일핵생성을 통해 얼음으로 응고되지 않는다는 것을 알 수 있다. 따라서 정밀하게 제어된 실험실에서 실험하지 않으면, 균일핵생성은 액체에서 절대 일어나지 않는다. 반면에, 액상에 떠 있거나 액체를 담은 그릇의 벽에서 액체와 접촉하고 있는 불순물은 그곳에서 고체가 형성될 수 있는 표면을 제공한다(그림 9-2). 이제는, 액체와 고체 사이의 전체 표면적이 아주 작으면서 임계반경 이상의 곡률반경을 가진 고체를 얻을 수 있다. 즉, 단지 몇 개의 원자만 응집되더라도 핵생성에 필요한 곡률반경을 갖는 고체 입자가 만들어질 수 있다. 임계크기에 도달하기 위해 필요한 과냉도가 훨씬 작으므로 핵생성이 더 쉽게 일어난다. 이와 같이, 이미 존재하는 표면에서 발생하는 핵생성을 불균일핵생성(heterogeneous nucleation)이라 한다. 불균일핵생성 과정은 핵생성되는 상과 핵생성이 일어나는 표면 사이의 접촉각(θ)에 의존하며, 고상에서의 상변태 과정에서도 같은 현상이 발생한다.

핵생성속도 단위시간당 생성되는 핵의 수를 나타내는 핵생성속도는 온도의 함수이다. 물론, 응고가 시작되기 전에는 핵생성이 발생하지 않으며, 응고온도 이상의 온도에서 핵생성속도는 영(0)이다. 온도가 감소하면, 핵생성을 위한 구동력이 증가한다. 그러나 동시에 온도가 감소할수록 원자의 확산이 느려지므로 핵생성속도가 감소한다. 따라서 핵생성속도는 대개 평형 상변태온도(응고점) 이하의 특정 온도에서 최대값을 갖게 된다. 불균일핵생성에서 핵생성속도는 첨가된 핵생성제의 농도에 좌우된다. 핵생성 및 성장속도를 고려하면 전체 상변태 속도를 예측할 수 있다.

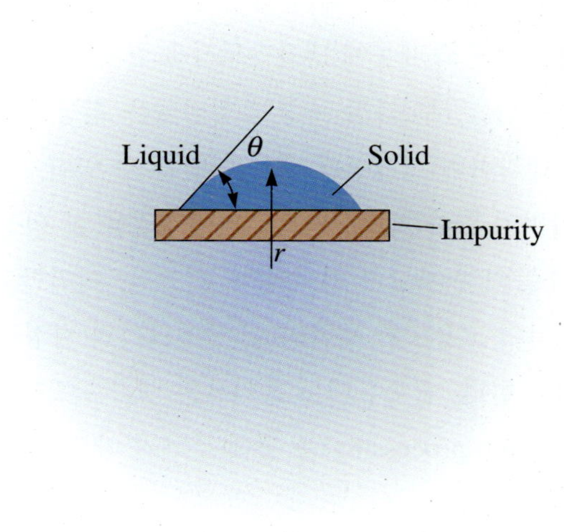

그림 9-2 불순물 위에서 고상이 형성되면 표면에너지를 상대적으로 적게 증가시키면서도 임계반경에 도달할 수 있다. 따라서 불균일핵생성은 비교적 낮은 과냉도를 가지고도 일어날 수 있다.

9-3 제어된 핵생성의 응용

결정립크기강화 금속 주물이 응고할 때, 용탕 내의 불순물과 응고가 시작되는 주형벽이 불균일핵생성 위치로 작용한다. 필요한 경우, 의도적으로 용탕에 핵생성 입자를 첨가하기도 한다. 이러한 작업을 결정립미세화(grain refinement) 또는 접종(inoculation)이라 부른다. 핵생성을 촉진시켜 미세한 결정립을 만들기 위해 금속 용탕에 첨가하는 화학물질은 결정립미세화제 또는 접종제(inoculant)로 알려져 있다. 예를 들어, 티타늄(Ti) 0.03%와 붕소(B) 0.01%가 함께 들어 있는 물질을 다양한 알루미늄합금 액상에 첨가하면, 알루미늄-티타늄 화합물(Al_3Ti)의 미세한 입자 또는 붕화티타늄(TiB_2)이 형성되어 불균일핵생성을 위한 위치로서 작용한다. 결정립미세화나 접종을 실시하면 많은 수의 결정립이 생성되어 결정립계가 증가하는데, 결정립계 면적이 커질수록 금속재료의 결정립크기강화가 커진다. 이에 대해서는 제4장에서 Hall-Petch 식을 사용하여 살펴본 바 있다.

2차상강화 초미세 석출물을 이용하여 재료를 강화시키는 것을 분산강화(dispersion strengthening) 또는 2차상강화(second-phase strengthening)라고 한다. 이 방법은 다수의 합금의 기계적 특성을 향상시키는 데 널리 사용된다. 이 과정에는 하나의 고상이 또 다른 고상으로 변태하는 고상변태(solid-state phase transformation)가 일어난다. 모상(α)의 결정립 내에 있는 원자크기 결함뿐만 아니라 결정립계도 새로운 상(β)의 불균일핵생성에 유리한 위치로 작용한다. 이 핵생성 현상은 강화기구(strengthening mechanism)에서 매우 중요한 역할을 한다. 이에 대해서는 제10장과 제11장에서 살펴보기로 하자.

유리 냉각속도가 빠르거나 용융체의 점도가 높을 경우에는 핵이 생성되고 성장하는 데 시간이 충분하지 못할 수 있다. 이러한 경우, 액체의 구조가 그대로 고착되어 비결정질(amorphous) 또는 유리질(glassy)의 고체가 형성된다. 많은 세라믹과 고분자재료는 이들이 갖고 있는 복잡한 결정구조 때문에 냉각속도가 느린 경우에도 고체 결정의 핵생성이 쉽게 이루어지지 않는다. 일부 특정 조성의 합금들은 결정구조가 충분히 복잡하여 용융상태로부터 빨리 냉각하면 비결정질 재료를 얻을 수 있다. 이러한 재료는 금속유리(metallic glass)로 알려져 있다(제6장 참조). 비결정질을 잘 형성하는 합금은 다성분계이며, 대개 구성 원소들의 원자크기 차이가 매우 크다. 이러한 복잡성 때문에, 결정상 내에 존재하는 원소들의 고용도가 제한되며, 임계크기의 결정질 핵이 형성되려면 높은 화학적 변동이 있어야 한다. 금속유리는 초기에는 냉각속도가 10^6 °C/s 이상인 급냉응고공정(rapid solidification processing)을 통해 두께가 약 38 μm인 얇은 리본의 형태로 제조되었다. (높은 표면적/부피의 비를 가지는 리본으로부터 열을 빠르게 제거시킬 수 있다.)

지금은 냉각속도가 초당 수십도 정도만 되어도 비결정질을 얻을 수 있는 조성의 합금에 대해 다양한 공정을 사용하여 직경 12.7 mm 정도의 벌크금속유리(BMG)를 제조할 수 있다. $Pd_{40}Ni_{40}P_{20}$ 및 $Zr_{41.2}Ti_{13.8}Cu_{12.5}Ni_{10.0}Be_{22.5}$를 비롯하여 다양한 벌크금속유리 조성이 개발되어 있다. 많은 금속유리가 11 MPa$\sqrt{m}$ 이상의 파괴인성을 유지하면서도 1,724 MPa 이상의 강도를 갖는다. 금속유리가 갖고 있는 뛰어난 내식성, 자기적 특성, 기타 물리적 특성들로 인해 이들 재료에는 다양한 분야에의 응용을 위해 관심이 모아지고 있다.

잘 제어된 핵생성에 의해 얻을 수 있는 재료의 다른 예로 색유리(colored glass)와 광변색 유리(photochromic glass)가 있다. 광변색 유리는 햇볕을 쬐면 색깔이 변하는 유리를 말한다. 이들 재료는 기본적으로 비결정질이지만, 그 내부에 서로 다른 원소로 구성된 나노크기의 결정체가 핵생성되도록 만든 것이다. 이 결정들은 매우 작기 때문에 유리를 불투명하게 하지는 않으며, 독특한 광학적 특성이 있어 유리가 밝은 색을 갖도록 하거나, 빛을 쬐었을 때 변색되도록 한다.

증기상태로부터 형성되는 많은 재료들도 결정화되지 않을 정도로 빨리 냉각시킬 수 있기 때문에 비결정질이 될 수 있다(예: 비결정질 실리콘). 즉, 비결정질 재료는 항상 액상으로부터만 형성되어야 할 필요는 없다.

유리-세라믹 유리-세라믹(glass-ceramic)이란 비결정질 유리로부터 초미세 결정립 크기를 갖는 결정질 세라믹으로 변화시킨 공학재료를 말한다. 이러한 재료는 거의 기공이 없고, 기계적 강도가 높으며, 종종 열충격에도 훨씬 더 잘 견딘다. 규산염유리에서는 핵생성이 쉽게 일어나지 않는다. 그러나 산화티타늄(TiO_2) 및 지르코니아(ZrO_2)와 같은 접종제를 첨가함으로써 핵생성을 촉진시킬 수 있다. 공업용 유리-세라믹은 유리는 녹여서 성형하기 쉽다는 장점을 이용한다. 일단 유리를 만들고, 그 다음에 그것을 초미세 결정립을 얻을 수 있도록 주의 깊게 열처리함으로써 우수한 기계적 인성과 열충격 저항성을 갖는 재료를 얻는다. 유리-세라믹의 결정화는 모든 재료가 결정화(즉, 99.9% 이상의 결정성)될 때까지 계속된다. 결정립크기가 약 50~100 nm로 매우 작게 유지될 경우, 유리-세라믹은 종종 투명해질 수 있다. 모든 유리는 고온에 장시간 노출시키면 궁극적으로 결정화되지만, 유리-세라믹을 제조하려면 주의 깊게 결정화공정을 제어해야 한다.

9-4 핵성장 메커니즘

액상이나 또 다른 고상의 내부에서 고상의 핵이 일단 생성되면, 원자들이 점점 그 고체 표면에 달라붙으면서 성장하게 된다. 여기서는 액상에서 결정의 핵생성 및 성장에 대해 논점을 집중하도록 한다. 고체 핵의 성장의 본질은 용융재료로부터 열이 어떤 방식으로 제거되느냐에 달려 있다. 예를 들어, 용융금속을 주형에 부어 주조한다고 생각해보자. 합금의 응고는 순금속과는 달리 대부분 일정한 온도범위에 걸쳐 발생하기 때문에, 여기서는 합금이 아닌 거의 순수한 금속의 응고만을 고려하자. 응고과정에서는 두 가지 종류의 열, 즉 액상의 비열과 용융잠열이 제거되어야 한다. 비열(specific heat)은 단위질량(1 g)의 재료 온도를 1 ℃만큼 변화시키는 데 필요한 열량을 말한다. 먼저 액상이 응고온도로 냉각될 때까지 주변 공기 속으로의 복사나 용탕을 싸고 있는 주형으로의 전도에 의해 비열이 제거되어야 한다. 이것은 특정 온도로부터 고상의 핵생성이 시작되는 온도까지 액체의 단순한 냉각이다.

고체를 용융시키려면 열을 공급해주어야 한다는 것은 잘 알려진 사실이다. 따라서 액상으로부터 고체 결정이 생성될 때에는 열이 방출된다! 이와 같은 형태의 열을 용융잠열(latent heat of fusion, ΔH_f)이라고 한다. 용융잠열은 응고가 완료될 때까지 고체-액체 계면에서 제거되는데, 용융잠열을 제거하는 방식이 그 재료의 성장 메커니즘과 주물의 최종 미세조직을 결정한다.

평면성장 잘 접종된 액상(즉, 핵생성제가 포함된 액체)을 평형조건을 유지하면서 냉각하면 불균일핵생성이 발생하기 때문에 과냉이 필요하지 않다. 이 경우, 응고계면(solidification front), 즉 고체-액체 계면의 전방에 있는 액상의 온도는 응고온도보다 높으며, 고상의 온도는 응고온도와 같거나 그 이하이다. 응고가 진행되는 동안, 용융잠열은 열전도에 의해 고체-액체 계면으로부터 제거된다. 고체-액체 계면에서 성장하기 시작하는 임의의 작은 돌출부가 있을 경우, 이 돌출부는 응고온도 이상의 온도에 놓여 있는 액상에 의해 둘러싸이게 된다(그림 9-3). 따라서 이 돌출부는 나머지 계면이 성장하여 따라올 때까지 성장을 멈춘다. 평면성장(planar growth)으로 알려져 있는 이 메커니즘은 매끈한 고체-액체 계면이 액상 쪽으로 진행함으로써 발생한다.

수지상성장 액상이 접종되어 있지 않아 핵생성이 잘 일어나지 않을 경우, 고상이 생성되려면 액상이 먼저 과냉되어야 한다(그림 9-4). 이러한 조건 하에서, 고체-액체 계면에 형성된 수지상정이라 불리는 작은 고상의 돌출부는 응고계면 전방에 있는 액상이 과냉되어 있는 관계로 성장이 더욱 촉진된다. '수지상정(dendrite)'이라는 단어는 나무를 의미하는 그리스어 덴드론(dendron)으로부터 비롯되었다. 고상의 수지상정이 성장함에 따라 용융잠열은 과냉된 액상 속으로 전도되어 액상의 온도를 응고온도까지 증가

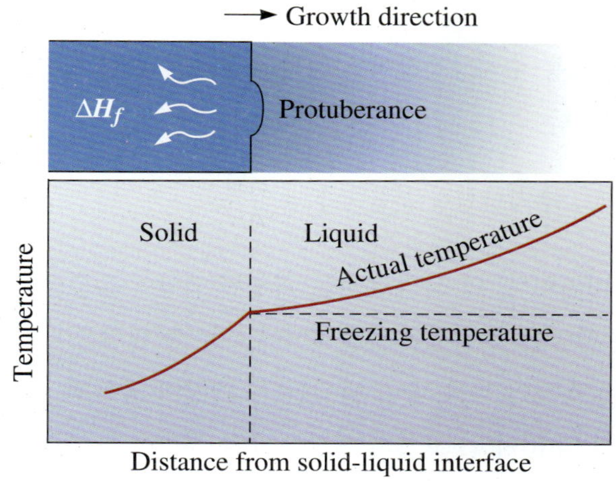

그림 9-3 액상의 온도가 응고온도 이상일 경우, 고체-액체 계면의 돌출부는 성장하지 않으며, 평면상태의 계면을 유지하게 된다. 잠열은 고상을 통해 계면으로부터 제거된다.

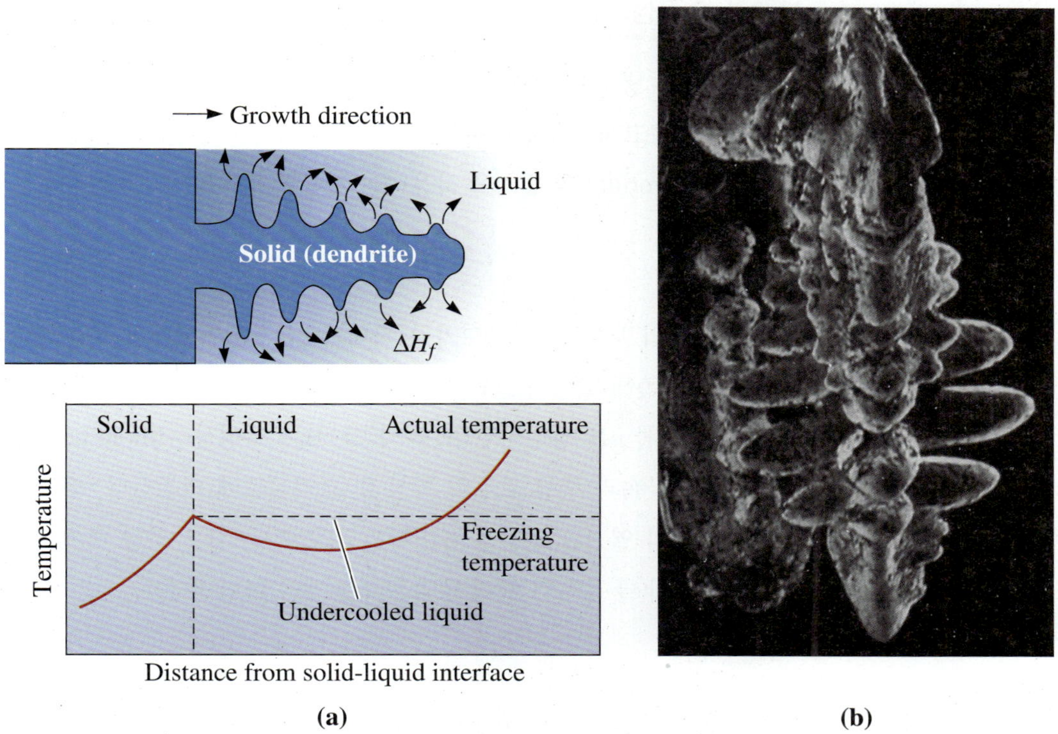

그림 9-4 (a) 액상이 과냉되었을 경우, 고체-액체 계면의 돌출부는 빠르게 수지상정으로 성장한다. 용융잠열은 액상의 온도를 응고온도까지 다시 상승시키면서 제거된다. (b) 강철 수지상정의 주사전자현미경사진(× 15). (출처: *Don Askeland*)

시킨다. 2차 및 3차수지상가지도 같은 방식으로 1차 줄기에서 형성되며, 잠열의 방출을 더욱 빠르게 한다. 수지상성장(dendritic growth)은 과냉된 액상이 가열되어 응고온도에 도달할 때까지 계속된다. 그 후에 남아 있던 모든 액체는 평면성장에 의해 응고된다. 평면성장과 수지상성장의 차이는 용융잠열을 흡수하는 방식의 차이에 기인한다. 즉, 평면성장에서는 용기나 주형이 잠열을 흡수해야 하지만, 수지상성장에서는 과냉된 액체가 잠열을 흡수한다.

순수한 금속에서, 보통 수지상성장이 차지하는 분율은 전체 성장에 비해 매우 작으며, 다음과 같이 주어진다.

$$\text{수지상성장 분율} = f = \frac{c\Delta T}{\Delta H_f} \tag{9-3}$$

여기서, c는 액체의 비열이다. 이 식의 분자는 과냉된 액상이 흡수할 수 있는 열량을 나타내고, 분모에 있는 잠열은 응고 중에 방출되어야 하는 총 열량을 나타낸다. 과냉도 ΔT가 증가할수록 수지상성장이 더욱 많이 발생한다. 액상이 충분히 잘 접종되어 있으면 필요한 과냉도는 거의 영(0)이고, 고상의 성장은 주로 평면응고 기구에 의해 일어난다.

9-5 응고시간과 수지상정의 크기

고상의 성장속도는 냉각속도나 열의 방출속도에 의존한다. 더 빠른 냉각속도는 급속응고를 일으키거나 응고시간을 단축한다. 단순 형상의 주물이 완전히 응고하는 데 소요되는 시간인 t_s는 Chvorinov의 법칙을 사용하여 계산할 수 있다.

$$t_s = \mathrm{B}\left(\frac{V}{A}\right)^n \tag{9-4}$$

여기서, V는 주물의 부피이고, 응고가 시작되기 전에 제거되어야 하는 열량을 나타낸다. A는 주형과 접촉해 있는 주물의 표면적이며, 주물로부터 밖으로 열이 전달될 수 있는 표면적을 말한다. n은 상수이고(보통 약 2), B는 주형상수(mold constant)이다. 주형상수는 주조할 금속과 주형 모두의 특성 및 초기온도에 의존한다. 이 법칙은 기본적으로 주물의 형상과 열전달 조건을 설명하는 것으로서, 같은 조건 하에서는 주물의 부피가 작고 표면적이 클수록 더 빨리 냉각된다는 것을 나타낸다.

예제 9-2 강도를 향상시키기 위한 주물의 재설계

회사는 현재 두께 50.8 mm, 직경 457 mm인 디스크 형상의 황동(brass) 주물을 생산하고 있다. 당신은 이 주물을 25% 더 빠르게 응고시키면 주물의 인장특성이 향상되어 무게를 더 줄일 수 있다고 믿고 있다. 이것이 가능하도록 주물을 설계하라. 이 공정에서 주형상수는 2.046×10^6 s/m^{2}이고, $n = 2$라고 가정한다.

풀이

한 가지 접근방법은 같은 주조공정을 사용하지만, 주물의 두께를 줄이는 방법이다. 얇은 주물일수록 더 빨리 응고될 것이고, 빠른 냉각으로 인해 기계적 성질이 향상될 것이다. Chvorinov의 법칙을 사용하면 요구되는 두께를 계산할 수 있다. d를 주물의 지름, x를 주물의 두께라 하면, 두께 50.8 mm인 주물의 부피, 표면적, 응고시간은 다음과 같다.

$$V = (\pi/4)d^2x = (\pi/4)(0.457\ \text{m})^2(0.0508\ \text{m}) = 8.34 \times 10^{-3}\ \text{m}^3$$

$$A = 2(\pi/4)d^2 + \pi dx = 2(\pi/4)(0.457\ \text{m})^2 + \pi(0.457\ \text{m})(0.0508\ \text{m}) = 0.4013\ \text{m}^2$$

$$t = \text{B}\left(\frac{V}{A}\right)^2 = (2.046 \times 10^6\ \text{s/m}^2)\left(\frac{8.34 \times 10^{-3}\ \text{m}^3}{0.4013\ \text{m}^2}\right) = 884\ \text{s}$$

재설계된 주물의 응고시간 t_r은 원래의 시간(t)보다 25% 더 짧아야 한다.

$$t_r = 0.75\,t = (0.75)(884\ \text{s}) = 663\ \text{s}$$

주조조건은 변하지 않았으므로 주형상수 B는 그대로이다. 새 주물의 V/A 비율은 다음과 같다.

$$t_r = \text{B}\left(\frac{V_r}{A_r}\right)^2 = (2.046 \times 10^6\ \text{s/m}^2)\left(\frac{V_r}{A_r}\right)^2 = 663\ \text{s}$$

$$\left(\frac{V_r}{A_r}\right)^2 = 3.24 \times 10^{-4}\ \text{m}^2, \quad \text{즉} \quad \frac{V_r}{A_r} = 0.018\ \text{m}$$

x를 재설계된 주물에 요구되는 두께라 하면 다음과 같다.

$$\frac{V_r}{A_r} = \frac{(\pi/4)d^2x}{2(\pi/4)d^2 + \pi dx} = \frac{(\pi/4)(0.457\ \text{m})^2(x)}{2(\pi/4)(0.457\ \text{m})^2 + \pi(0.457\ \text{m})(x)} = 0.018\ \text{m}$$

따라서 $x = 42.7$ mm이다.

이 두께는 주물의 전체 무게를 15% 이상 줄이는 동시에 요구되는 응고시간을 만족시킨다.

응고는 표면에서 시작되는데, 표면을 둘러싼 주형 속으로 열이 빠져나간다. 주물의 응고속도는 응고된 표층의 두께 d가 성장하는 속도로 설명할 수 있다.

$$d = k_{\text{solidification}}\sqrt{t} - c_1 \tag{9-5}$$

여기서, t는 주입 후의 시간이고, $k_{\text{solidification}}$는 주어진 주물재료 및 주형에 대한 상수이며, c_1은 주입온도에 관련된 상수이다.

미세조직과 특성에 미치는 영향 응고시간은 수지상정의 크기에 영향을 미친다. 보통 수지상정의 크기는 2차수지상정가지 사이의 거리를 측정하여 평가한다(그림 9-5). 2차수지상정가지간격(secondary dendrite arm spacing, SDAS)은 주물이 빠르게 응고할수록 감소한다. 수지상정이 더 미세하고 광범위한 네트워크를 형성할수록 더 효과적으로 잠열을 과냉된 액상으로 전달한다. 이 SDAS는 응고시간과 다음과 같이 관련된다.

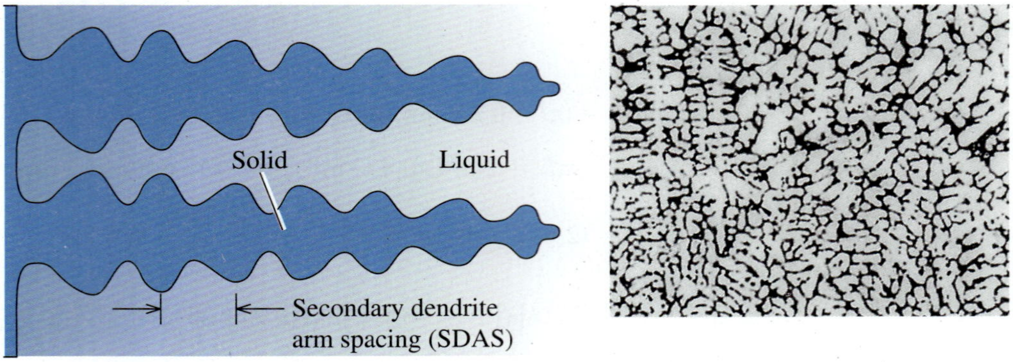

(a) (b)

그림 9-5 (a) 2차수지상정가지간격(SDAS), (b) 알루미늄합금의 수지상정(× 50). (출처: ASM Handbook, *Vol. 9, Metallography and Microstructure(1985), ASM International, Metals Park, OH 44073-0002. Reprinted with permission of ASM International. All rights reserved. www.asminternational.org.*)

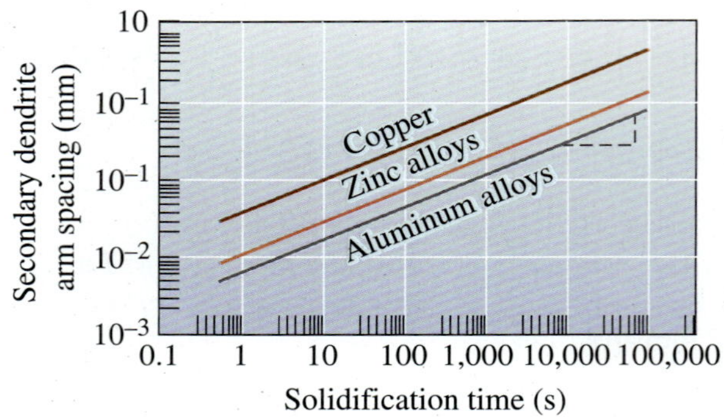

그림 9-6 구리, 아연, 알루미늄의 2차수지상정가지간격에 미치는 응고시간의 영향.

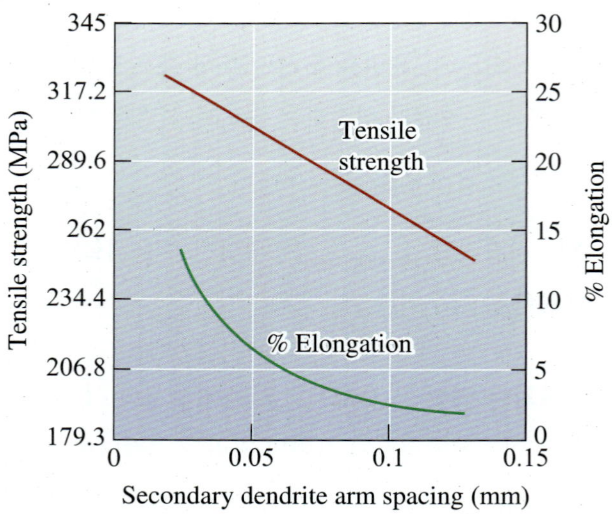

그림 9-7 알루미늄합금 주물의 기계적 성질에 미치는 2차수지상정가지간격의 영향.

$$\text{SDAS} = \text{k}t_s^{\text{m}} \tag{9-6}$$

여기서, m과 k는 용융금속의 조성에 따른 상수이다. 이 관계를 그림 9-6에 일부 합금에 대해 나타내었다. 2차수지상정가지간격이 작으면, 강도가 높아지고 연성도 향상된다(그림 9-7).

급속응고법은 극도로 미세한 2차수지상정가지간격을 생성시키는 데 사용된다. 흔히 사용하는 방법은 매우 미세한 액체 방울을 만들어 고체 입자로 응고시키는 것인데, 이 공정을 분무미립화(spray atomization)라고 한다. 작은 액체 방울은 약 10^4 °C/s의 속도로 응고되어 약 5~100 μm 범위의 직경을 갖는 분말 입자를 만든다. 이 냉각속도는 금속유리를 형성하기에 충분할 정도로 빠르지는 않지만, 미세한 수지상정 조직을 생성시킨다. 분말야금 공정에 따라 고체 입자들을 조심스럽게 압축, 소결시킴으로써 이 재료의 특성을 향상시킬 수 있다. 용탕으로부터 분말입자들이 얻어지기 때문에, 복잡한 조성을 갖는 다양한 합금의 경우에도 화학적으로 조성이 균일한 분말을 제조할 수 있다.

다음의 세 예제를 통해 Chvorinov의 법칙, SDAS와 응고시간의 관계, SDAS와 기계적 특성의 관계를 주조공정의 설계에 사용할 수 있는지 살펴보자.

예제 9-3 알루미늄합금의 2차수지상정가지간격

알루미늄합금의 2차수지상정가지간격(SDAS)과 응고시간 사이의 관계를 표현하는 식에서 상수들을 결정하라(그림 9-6).

풀이

그래프로부터 2개의 SDAS 값을 얻은 다음, 연립방정식을 풀어 k와 m을 구할 수 있다. 그러나 그림 9-6에 나타낸 바와 같이 세로축과 가로축의 눈금을 모두 10의 거듭제곱으로 표시하면, log-log 그래프로부터 기울기를 직접 측정함으로써 기울기 m을 얻을 수 있다. 그림 9-6에서 세로축에는 5개 등가단위를, 가로축에는 12개 등가단위를 표기할 수 있다. 따라서 기울기는 다음과 같다.

$$\text{m} = \frac{5}{12} = 0.42$$

또한

$$\log \text{SDAS} = \log k + \text{m} \log t_s$$

이므로 상수 k는 $t_s = 1$ s일 때의 SDAS의 값이다. $t_s = 1$ s이면, $(\text{m} \log t_s) = 0$이고, SDAS = k가 된다. 그림 9-6으로부터 다음과 같다.

$$\text{k} = 7 \times 10^{-3} \frac{\text{mm}}{\text{s}}$$

예제 9-4 응고시간

지름 101.6 mm의 알루미늄 봉이 300초 동안에 표면 아래 12.7 mm 깊이까지 응고된다. 1,200초 후에는 38.1 mm 깊이까지 응고된다고 할 때, 이 봉이 완전히 응고되는 데 걸리는 시간은 얼마인가?

풀이

주어진 측정치로부터, 식 9-5의 상수 $k_{solidification}$과 c_1을 결정할 수 있다.

$$12.7\text{ mm} = k_{solidification}\sqrt{300\text{ s}} - c_1 \quad \text{or} \quad c_1 = k\sqrt{300} - 12.7$$

$$38.1\text{ mm} = k_{solidification}\sqrt{1{,}200} - c_1 = k\sqrt{1{,}200} - (k\sqrt{300} - 12.7)$$

$$38.1 = k_{solidification}(\sqrt{1{,}200} - \sqrt{300}) + 12.7$$

$$k_{solidification} = \frac{38.1 - 12.7}{34.64 - 17.32} = 1.467\frac{\text{mm}}{\sqrt{\text{s}}}$$

$$c_1 = (1.467)\sqrt{300} - 12.7 = 12.7\text{ mm}$$

응고는 $d = 50.8$ mm일 때(응고가 모든 표면으로부터 진행되므로 지름의 절반) 종료된다.

$$50.8 = 1.467\sqrt{t} - 12.7\text{ mm}$$

$$\sqrt{t} = \frac{50.8 + 12.7}{1.467} = 43.28\sqrt{\text{s}}$$

$$t = 1{,}874\text{ s}$$

실제상황에서는, 총 응고시간이 1,874초보다 다소 길어짐을 알게 될 것이다. 응고가 계속되면서, 주형이 점점 더 뜨거워져 주물로부터 열을 제거하는 데 덜 효과적이기 때문이다.

예제 9-5 알루미늄합금 주물의 설계

길이가 304.8 mm이고 폭이 203.2 mm에, 290 MPa의 인장강도를 얻을 수 있는 알루미늄합금 주물의 두께를 설계하라. 사형주조의 경우, 알루미늄합금에 대한 Chvorinov 법칙의 주형상수는 4.185×10^6 s/mm^{2}이다. 그림 9-6 및 9-7에 나타낸 데이터를 사용할 수 있다고 가정한다.

풀이

인장강도 290 MPa를 얻기 위해서는 2차수지상정가지간격이 약 0.07 mm가 되어야 한다(그림 9-7 참조). 그림 9-6으로부터, 이 간격을 얻기 위해 필요한 응고시간은 약 300초, 즉 5분이라는 것을 알 수 있다.

Chvorinov의 법칙으로부터,

$$t_s = \mathrm{B}\left(\frac{V}{A}\right)^2$$

여기서, B = 4.185 × 10^6 s/mm^{2}이다. 주물의 두께를 x라고 하면, 길이가 304.8 mm 이고 폭이 203.2 mm이므로, 다음과 같다.

$$V = (0.2032\ \mathrm{m})(0.3048\ \mathrm{m})(x) = 0.06194x$$

$$A = (2)(0.2032\ \mathrm{m})(0.3048\ \mathrm{m}) + (2)(x)(0.2032\ \mathrm{m}) + (2)(x)(0.3048\ \mathrm{m})$$
$$= 1.016x + 0.1239$$

$$300\ \mathrm{s} = (4.185 \times 10^6\ \mathrm{s/m^2})\left(\frac{0.06194x}{1.016x + 0.1239}\right)^2$$

$$\frac{0.06194x}{1.016x + 0.1239} = \sqrt{300/(4.185 \times 10^6)} = 0.00847$$

$$0.06194x = 0.008602x + 1.05 \times 10^{-3}$$

$$x = 0.0196\ \mathrm{m}$$

9-6 냉각곡선

지금까지 살펴본 바를 냉각곡선을 검토함으로써 요약할 수 있다. 냉각곡선이란 재료(여기서는 순금속)의 온도가 시간에 따라 어떻게 변하는지를 나타내는 곡선이다[그림 9-8(a) 및 (b)]. 액상을 주입온도인 점 A에서 주형에 주입하면, 점차 냉각되어 응고온도(점 B)에 이르게 된다. 주입온도와 응고온도의 차이를 과열(superheat)이라고 한다. 비열은 용탕이 응고온도(점 B)에 도달할 때까지 주형을 통해 방출된다. 액상이 충분히 접종이 되어 있지 않으면, 응고가 진행되기 전에 과냉되어야 한다(점 B에서 C로). 응고가 시작되기 전의 냉각곡선의 기울기는 냉각속도인 $\Delta T/\Delta t$이다. 핵생성이 시작되면(점 C) 용융잠열이 방출되어 액상의 온도가 상승한다. 핵생성에 의해 과냉된 액상의 온도가 상승하는 것(점 C에서 D로)을 재휘현상(recalescence)이라고 한다. 응고는 용융점에서 온도의 변화 없이 진행되는데(점 D에서 E로), 그 이유는 응고가 진행되면서 방출된 잠열이 냉각에 따른 열손실과 균형을 이루기 때문이다. 이와 같이 온도가 일정하게 나타나는 점 D와 E 사이의 구간을 온도정지구간(thermal arrest)이라고 한다. 온도정지구간 또는 정체기(plateau)는 용융잠열의 방출량이 냉각에 따른 열손실량과 같기 때문에 발생한다. 점 E에서 응고는 완료되고, 고체 주물은 점 E로부터 상온까지 냉각된다.

액체금속이 잘 접종되면, 과냉과 재휘현상의 크기가 보통 매우 작기 때문에 아주 조심스럽게 측정하지 않으면 냉각곡선에서 관찰할 수 없다. 액상 내에 효과적으로 작용하는 불균일 핵이 존재하면, 응고온도에서 응고가 시작된다[그림 9-8(b)]. 모든 액상이

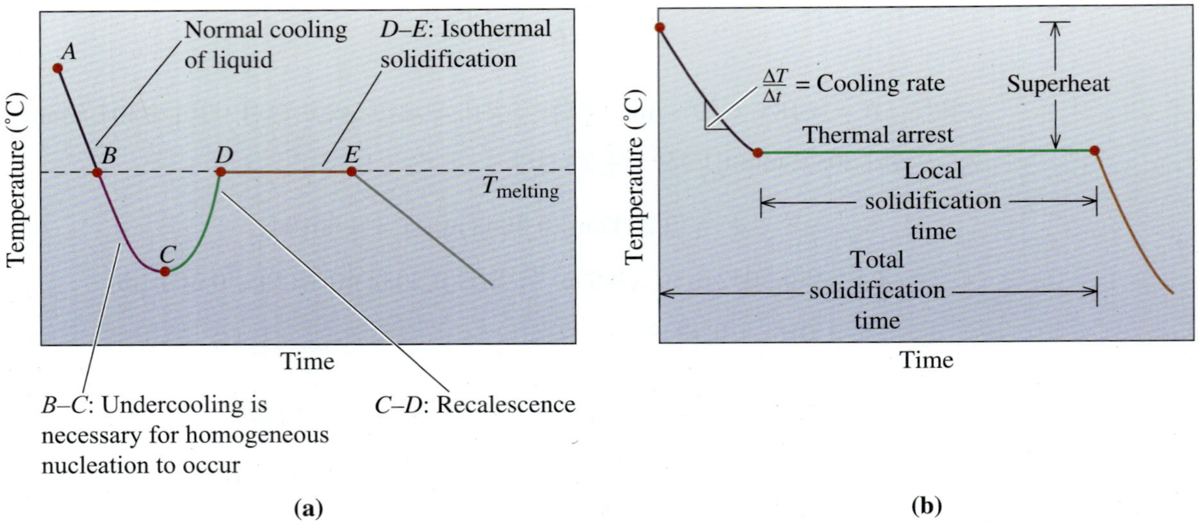

그림 9-8 (a) 충분한 접종이 이루어지지 않은 순금속의 냉각곡선. 액상은 비열이 제거됨으로써 냉각된다(점 A와 B 사이). 과냉이 있어야 하며(점 B와 C 사이), 핵생성이 시작되면(점 C) 용융잠열이 방출되어 액상의 온도가 상승한다. 이 과정을 재휘현상(점 C에서 점 D까지)이라고 한다. 금속은 일정한 온도(T_{melting})를 유지하며 응고하다가, 점 E에서 응고가 종료된다. 고상이 된 주물은 이 점부터 계속 냉각된다. (b) 접종이 잘 이루어진 순금속의 냉각곡선. 과냉은 필요하지 않으며 재휘현상도 관찰되지 않는다. 응고는 용융온도에서 시작된다.

응고되어 더 이상 잠열이 방출되지 않을 때까지 잔존 액상의 온도는 응고온도에 유지된다. 이러한 조건에서의 성장은 평면성장(planar growth)이다. 주물의 총 응고시간(total solidification time)은 액상의 비열과 용융잠열 두 가지 모두를 제거하는 데 필요한 시간을 말한다. 주입에서부터 완전히 응고할 때까지 측정되는 이 시간은 Chvorinov의 법칙에 따라 주어진다. 국부응고시간(local solidification time)은 주물의 특정 위치에서 오직 잠열만을 제거하는 데 걸리는 시간이다. 즉, 이것은 응고가 시작될 때부터 응고가 완결될 때까지 측정된 시간을 말한다. 과냉되어 응고하는 액체와 접종된 액체에 대한 국부응고시간 및 총 응고시간은 약간 달라진다.

응고에 대해 논의할 때에 흔히 '용융온도'와 '응고온도'라는 용어를 사용한다. 고체가 완전히 액체로 바뀔 때에는 '용융온도'라는 용어를 사용하는 것이 더 정확하다. 순금속과 화합물의 경우, 일정압력 조건을 가정하면 용융은 일정한 온도에서 과열이 없이 발생한다. '응고온도' 또는 '응고점'은 재료의 응고가 완전히 완료되는 온도로 정의할 수 있다.

9-7 주조조직

주조에 의해 부품을 제조하는 경우, 종종 용융된 금속을 주형에 주입하여 응고시킨다. 주형은 주물이라 부르는 최종형상 제품을 만들어 내며, 경우에 따라 주괴(ingot)라 부르는 단순형상 제품을 만들기도 한다. 주괴는 대개 많은 양의 소성변형을 거친 후에 최종

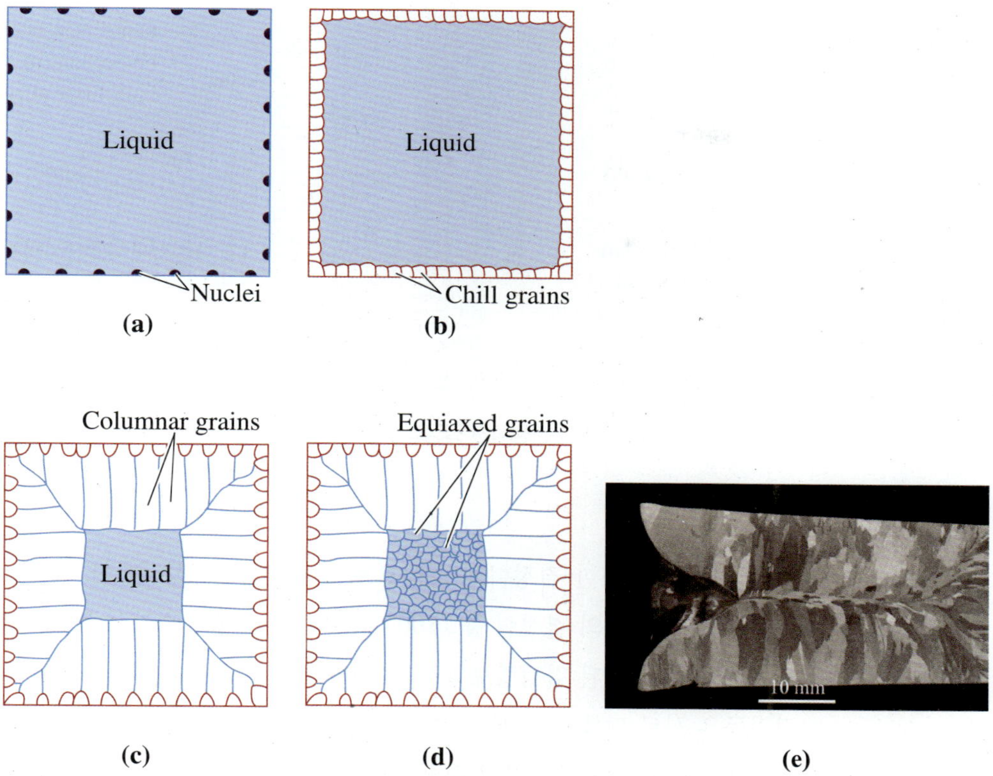

그림 9-9 주물의 응고과정에서 주괴조직의 형성. (a) 핵생성 시작, (b) 냉경구역 형성, (c) 선택적 성장에 의해 주상정구역 생성, (d) 추가적인 핵생성으로 등축정구역 발생, (e) 공업용 순알루미늄의 주괴조직. (출처: *Bill Clyne*)

제품으로 만들어진다. 거시조직(macrostructure)은 때때로 주괴조직(ingot structure)이라고도 불리는데, 보통 세 구역으로 이루어져 있다(그림 9-9). (제2장에서 거시적 스케일에서 재료의 구조를 묘사할 때 '매크로조직'이라는 용어를 사용한 바 있으나, 여기서는 '주괴조직'이란 용어가 더 적절할 수 있다.)

냉경구역 냉경구역(chill zone)은 주물의 표층에 무작위로 배열된 결정립으로 구성되어 있는 좁은 띠의 영역이다. 응고 시 주형벽에 접한 액상이 맨 먼저 응고온도로 냉각된다. 주형벽은 또한 불균일핵생성이 일어날 수 있는 다량의 표면을 제공한다.

주상정구역 주상정구역(columnar zone)은 특정한 결정학적 방향으로 배열된 길게 늘어난 결정립을 포함하는 영역이다. 주형에 의해 주물로부터 열이 제거됨에 따라 냉경구역의 결정립들은 열흐름의 반대방향, 즉 주물의 차가운 쪽에서 뜨거운 쪽으로 성장한다. 이러한 경향은 보통 결정립이 주형벽에 수직한 방향으로 성장한다는 것을 의미한다.

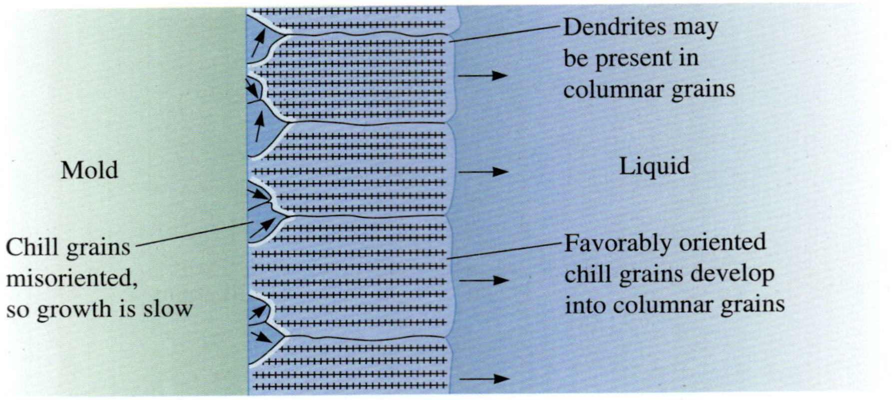

그림 9-10 냉경구역에서 경쟁적인 결정립성장으로 유리하게 배향된 결정립들만 주상정으로 성장한다.

결정립은 특정한 결정학적 방향으로 특히 빠르게 성장한다. 입방 결정구조의 금속에서는, 냉경구역의 결정립 중 〈100〉 방향이 주형벽에 수직하게 놓여 있는 결정립이 다른 방향으로 배열된 결정립보다 더 빠르게 성장한다(그림 9-10). 결국 주상정구역의 결정립들은 서로 평행한 〈100〉 방향으로 배열하게 되며, 주상정구역이 이방성을 갖게 한다. 이렇게 형성되는 주상정구역은 핵생성보다는 핵성장 현상에 주로 영향을 받는다. 만일 액체가 초기에 과냉되었다면, 그 결정립들은 많은 수지상정으로 이루어질 수 있다. 과냉이 없을 경우에는 주상정 결정립의 평면성장에 의해 응고가 진행될 수도 있다.

등축정구역 모든 액상이 응고할 때까지 고상이 주상정의 형태로 성장을 계속하더라도, 주물이나 주괴의 중심부에는 자주 등축정구역(equiaxed zone)이 형성된다. 등축정구역은 새로이 무작위로 배향된 결정립이 존재하는 영역으로서, 주입온도가 낮거나 합금원소의 양 또는 결정립미세화제나 접종제의 함량이 낮을 때 종종 생성된다. 냉경구역에 있던 작은 결정립이나 수지상정들이 응고가 시작되면서 발생한 강한 대류에 의해 떨어져 나올 수도 있다. 이렇게 떨어져 나온 입자들이 불균일핵생성 위치로 작용하여 결국 등축정을 만들기도 한다. 이러한 결정립들은 비교적 둥글거나 등축으로 성장하고, 무작위한 방위를 가지며, 주상정 결정립의 성장을 멈추게 한다. 등축정구역의 형성은 핵생성에 의해 제어되는 과정이며, 주물의 일부가 등방성 거동을 나타내는 요인이 된다.

서로 다른 영역에서 응고에 영향을 주는 요인들을 이해하면, '표층'의 냉경구역을 먼저 형성시킨 다음 수지상정을 이루는 주물을 제조할 수 있다. 이러한 주괴조직을 나타내는 금속과 합금을 표층형성합금(skin-forming alloys)이라 한다. 표층이 전혀 없거나 결정립이 수지상정이 자라나는 형태로 나타나도록 응고를 제어할 수도 있다. 즉, 주상정에서 등축정으로의 전환이 주형에 거의 인접한 부분에서 발생하도록 하는 것이다. 그렇게 되면, 대부분 등축정의 결정립으로 이루어진 주괴조직을 갖는 주물을 얻을 수 있다. 이와 같은 방식으로 응고하는 금속과 합금은, 주물재료가 액체 용탕에 떠 있는 고체 결정립으로 이루어진 죽처럼 되어 있기 때문에 머시형성합금(mushy-forming alloys)으로 알려져 있다. 다수의 알루미늄 및 마그네슘 합금이 이와 같은 응고방식을 나타낸다. 일반적으로는 효율적인 결정립미세화제나 접종제를 사용하여 전체가 등축정 조직이 되도록 함으로써 이방성이 없는 주물을 만드는 것을 선호한다. 나중의 절에서, 응고조건의 제어를 통해 완벽한 주상정 결정립을 생성함으로써 이방성을 갖도록 한 터빈블레이드의 사례를 검토할 것이다.

주물의 주괴조직과 미세구조는 주조하여 바로 최종형상 제품으로 사용되는 경우에 특히 중요하다. 그러나 9-1절에서 언급한 바와 같이, 많은 경우에 금속과 합금은 먼저 주괴로 주조한 다음, 이를 압연, 단조 등과 같은 가공열처리를 거쳐 사용하게 된다. 이러한 단계를 거치는 동안 주괴조직은 깨지고 새로운 미세구조가 나타나는데, 이 미세조직은 사용된 가공열처리 공정에 따라 달라진다(제8장 참조).

9-8 응고결함

응고 시에 발생할 수 있는 많은 결함이 있지만, 특별히 언급할 만한 것으로는 수축 및 기공이 있다. 주물이 기공(작은 구멍)을 가지고 있을 때, 주조된 부품이 하중지탱용으로(예: 터빈블레이드) 사용되었을 경우에 돌발적으로 파괴될 수 있다.

수축 거의 모든 재료는 액상보다 고상에서 밀도가 더 높다. 응고되면서, 재료는 최대 7%까지 수축된다(표 9-2).

부피 수축(shrinkage)에 따라, 응고가 주물의 전체 표면에서 발생할 경우에는 주조기공(cavity)이 생기고, 한 표면이 다른 곳보다 더 천천히 응고할 경우에는 파이프(pipe)

표 9-2 선별된 재료에 대한 응고 중의 수축

재료	수축(%)	재료	수축(%)
Al	7.0	Ga	+3.2(팽창)
Cu	5.1	물(H_2O)	+8.3(팽창)
Mg	4.0	저탄소강	2.5~3.0
Zn	3.7	고탄소강	4.0
Fe	3.4	백주철	4.0~5.5
Pb	2.7	회주철	+1.9(팽창)

(출처: 부분적으로 *DeGarmo, E. P., Black, J. T., and Koshe, R. A.* Materials and Processes in Manufacturing, *Prentice Hall, 1997.*)

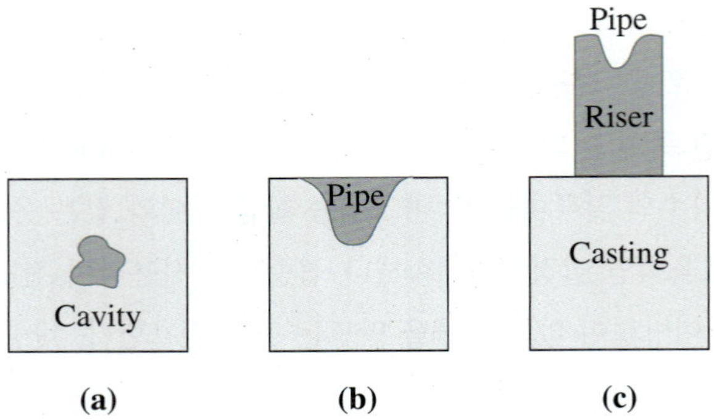

그림 9-11 육안으로 관찰되는 여러 가지 형태의 수축이 발생할 수 있다. (a) 수축공, (b) 파이프, (c) 수축을 보정하는 데 압탕을 사용할 수 있다.

가 발생한다(그림 9-11). 그러한 파이프가 존재할 경우 문제를 야기할 수 있다. 예를 들어, 아연 주괴를 생산하는 중에 수축 파이프가 남아 있으면, 그 내부에 수증기가 응축될 수 있다. 이 주괴를 용융아연도금(hot-dip galvanizing)을 목적으로 재용해하기 위해 용해로에 넣으면, 수분 때문에 폭발을 일으킬 수 있다.

주조기공과 파이프수축을 제어하기 위한 일반적인 기술은 주물에 접하거나 연결시킨 압탕(riser)이나 여분의 용탕저장소(reservoir)를 설치하는 것이다. 주물이 응고하여 수축하는 동안 액체금속은 수축공(shrinkage void)을 채우기 위해 압탕으로부터 주물로 흘러들어간다. 중요한 것은, 주물이 응고한 다음에 압탕이 응고하도록 해야 한다는 것이며, 주물이 응고될 때 최종적으로 소모되는 용탕이 압탕으로부터 공급될 수 있도록 내부 액체이동 통로가 남아 있게 하는 것이다. 압탕의 크기를 설계할 때 Chvorinov의 법칙을 사용할 수 있다. 다음의 예제는 수축을 보정하기 위해 압탕을 설계하는 방법을 보여준다.

예제 9-6 주물을 위한 압탕의 설계

크기가 20 mm × 80 mm × 160 mm인 주물의 수축결함을 보정할, 높이가 지름의 2배인 원통형 압탕을 설계하라(그림 9-12).

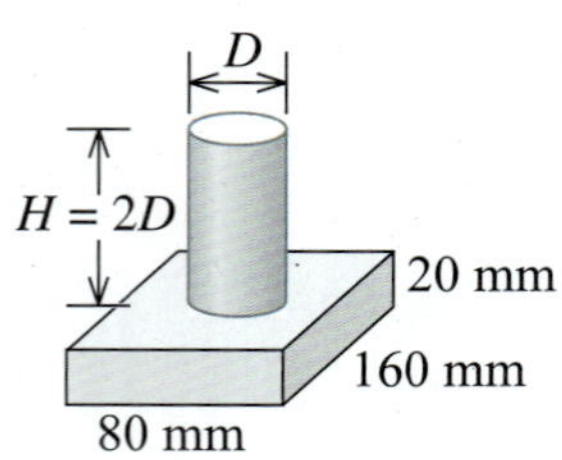

그림 9-12 주물과 압탕의 기하학적 형상.

풀이

압탕은 반드시 주물이 응고한 후에 응고해야 한다. 그러나 압탕이 충분히 효과를 나타내기 위해서는, 일반적으로 압탕이 주물보다 25% 더 오래 응고되도록 한다. 그러므로 다음과 같다.

$$t_r = 1.25\, t_c \text{ 또는 } \left(\frac{V}{A}\right)_r^2 = 1.25\,\mathrm{B}\left(\frac{V}{A}\right)_c^2$$

아래첨자 r과 c는 각각 압탕(riser)과 주물(casting)을 나타낸다. 주물과 압탕에서 주형상수 B는 모두 같으므로

$$\left(\frac{V}{A}\right)_r = \sqrt{1.25}\left(\frac{V}{A}\right)_c$$

이며, 주물의 부피는

$$V_c = (20\text{ mm})(80\text{ mm})(160\text{ mm}) = 2.56 \times 10^5\text{ mm}^3 = 2.56 \times 10^{-4}\text{ m}^3$$

이다. 주형과 접촉하는 주물의 표면적을 계산하기 위해 주물의 총 표면적에서 주물에 접촉해 있는 압탕의 면적을 빼야 한다.

$$\begin{aligned} A_c &= (2)(0.02\text{ m})(0.08\text{ m}) + (2)(0.02\text{ m})(0.16\text{ m}) + (2)(0.08\text{ m})(0.16\text{ m}) - \frac{\pi D^2}{4} \\ &= 0.0352\text{ m}^2 - \frac{\pi D^2}{4} \end{aligned}$$

여기서, D는 원통형 압탕의 직경이다. 원통형 압탕의 부피와 면적에 대한 식을 쓰면, $H = 2D$이므로 다음과 같다.

$$V_r = \frac{\pi D^2}{4}H = \frac{\pi D^2}{4}(2D) = \frac{\pi D^3}{2}$$

$$A_r = \frac{\pi D^2}{4} + \pi DH = \frac{\pi D^2}{4} + \pi D(2D) = \frac{9}{4}\pi D^2$$

이 면적 계산식에는 주물에 접촉해 있는 압탕의 면적이 포함되어 있지 않다. 압탕의 면적에 대한 부피의 비는

$$\left(\frac{V}{A}\right)_r = \frac{(\pi D^3/2)}{(9\pi D^2/4)} = \frac{2}{9}D$$

이다. 이것은 반드시 주물의 면적에 대한 부피의 비보다 커야 하므로

$$\left(\frac{V}{A}\right)_r = \frac{2}{9}D > 1.25\left(\frac{V}{A}\right)_c$$

이며, 해당하는 데이터를 대입하면

$$\frac{2}{9}D > \sqrt{1.25}\left(\frac{2.56 \times 10^{-4}\text{ m}^3}{0.0352\text{ m}^2 - \pi D^2/4}\right)$$

이다. 압탕의 최소직경에 대해 풀면,

$$D = 0.0378\text{ m} \quad \text{또는} \quad 37.8\text{ mm}$$

압탕의 부피가 주물의 부피보다 작지만, 컴팩트한 형상 때문에 압탕이 더 늦게 응고한다.

수지상정간 수축 이 결함은 수지상정 사이의 작은 수축기공으로 구성되어 있다(그림 9-13). 미세수축(microshrinkage) 또는 수축기공(shrinkage porosity)이라고도 한다. 빠른 냉각속도에 의해 수지상정간 수축(interdendritic shrinkage)의 문제를 해결할 수 있는데, 냉각속도가 크면 수지상정이 더 짧아져서 액상이 수지상정 네트워크를 거쳐 응고하는 고체-액체 계면으로 흐를 수 있기 때문이다. 또한, 수축결함이 남아 있다 하더라도 더 미세하고 균일하게 분포될 수 있다.

기체기공 대부분의 금속은 액체상태일 때 더 많은 양의 기체를 용해시킨다. 예를 들어, 알루미늄은 수소를 용해시킨다. 그러나 알루미늄이 응고할 때, 고상의 수소 용해도는 액상의 용해도에 비해 현저히 낮기 때문에, 고상은 작은 분율의 수소만을 결정구조에 함유할 수 있다(그림 9-14). 고상 금속이나 합금의 결정구조에 함유되지 못하는 잉여의 수소는 기포(bubble)를 형성하고 고체 금속 안에 갇혀 기체기공(gas porosity)을 형성할 수 있다. 용융금속에 용해될 수 있는 기체의 양은 다음과 같이 Sievert의 법칙에 따라 주어진다.

$$기체의\ 백분율 = K\sqrt{p_{gas}} \tag{9-7}$$

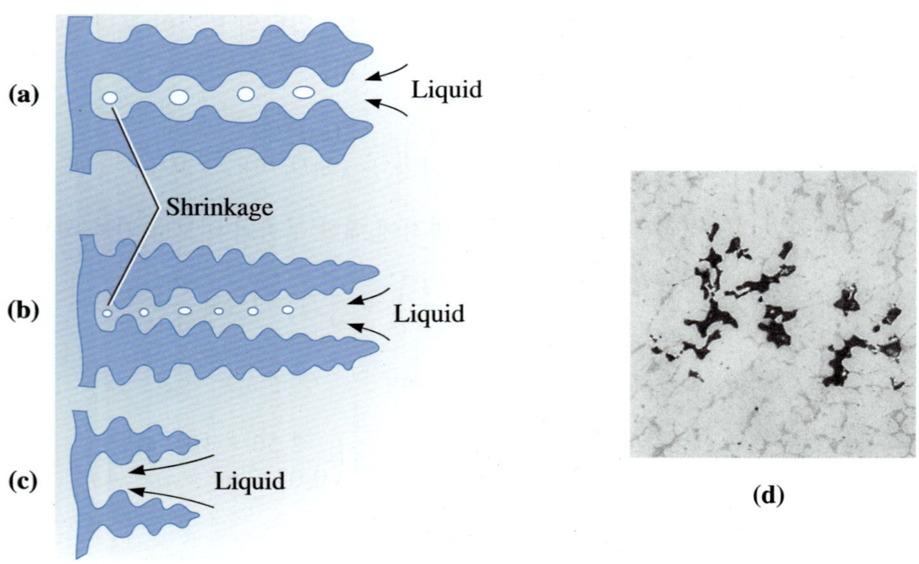

그림 9-13 (a) 수축은 수지상정가지 사이에서 일어날 수 있다. (b) 2차수지상정가지간격이 작으면, 수축기공이 더 작고 더 균일하게 분포된다. (c) 1차가지가 짧으면, 수축기공을 피할 수도 있다. (d) 알루미늄합금 내에 발생된 수지상정간 수축기공(× 80). (출처: *Don Askeland*)

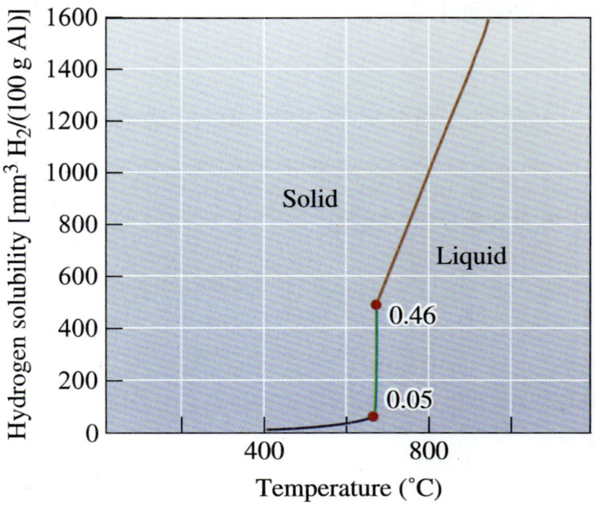

그림 9-14 H_2의 분압이 1 atm일 때 알루미늄 내 수소가스의 용해도.

여기서, p_{gas}는 용탕과 접해 있는 기체의 분압이며, K는 특정 금속-기체 계에 따른 상수로, 온도가 증가함에 따라 증가한다. 액체온도를 낮게 유지하거나, 기체와 결합하여 고체를 형성하는 재료를 용탕에 첨가하는 방법, 또는 남아 있는 기체의 분압을 낮게 유지시킴으로써 주물 내에 존재하는 기체기공을 최소화할 수 있다. 후자의 방법을 위해서는 용융된 금속을 진공실에 놓거나 용탕에 불활성기체를 불어 넣어 주는 방법을 사용한다. 진공상태에서는 p_{gas}가 낮기 때문에, 기체는 금속에서 빠져나와 진공으로 유입되어 용탕을 빠져나간다. 가스플러싱(gas flushing) 방법은 불활성 또는 반응성 기체의 기포를 용탕 내부로 불어넣어줌으로써 용탕 내에 존재하는 바람직하지 못한 원소들을 제거하는 공정이다. 예를 들어, 알루미늄 내의 수소는 질소나 염소를 사용하여 제거할 수 있다. 다음의 예제는 탈가스(degassing) 공정을 설계하는 방법을 보여준다.

스테인리스강을 제조할 때, 크롬이나 니켈을 산화시키지 않고 용탕 내에 존재하는 탄소의 함량을 낮추기 위해 아르곤산소탈탄법(argon oxygen decarburization, AOD)이라는 공정을 사용한다. 이 공정에서는 아르곤 또는 질소와 산소의 혼합가스를 스테인리스강 용탕에 불어넣어준다. 용탕 내에 용해되어 있는 탄소는 산소가스와 반응하여 일산화탄소(CO)를 형성하여 산화되고, 생성된 CO는 불활성 아르곤 또는 질소 가스의 기포를 통해 밖으로 배출된다. 이러한 공정은 일부 공정(예: 탄소가 CO로 산화되는 과정)이 열을 발생하는 발열반응이기 때문에 매우 조심스럽게 제어할 필요가 있다.

예제 9-7 구리의 탈가스공정 설계

대기압 하에서 용융된 구리가 0.01wt%의 산소를 포함하고 있다. 주물 내에 기체기공이 전혀 생기지 않도록 하기 위해, 용탕을 주형에 주입하기 전에 산소의 함량을 0.00001wt% 이하로 줄이고

자 한다. 이 구리의 탈가스공정을 설계하라.

풀이

이 문제는 몇 가지 방법으로 해결할 수 있다. 하나의 방법은 액상의 구리를 진공실에 놓는 것이다. 그러면 산소가 용탕으로부터 진공 속으로 빠져나가게 된다. 필요한 진공도는 Sievert의 법칙으로부터 계산할 수 있다.

$$\frac{\%\,O_{initial}}{\%\,O_{vacuum}} = \frac{K\sqrt{p_{initial}}}{K\sqrt{p_{vacuum}}} = \sqrt{\left(\frac{1\text{ atm}}{p_{vacuum}}\right)}$$

$$\frac{0.01\%}{0.00001\%} = \sqrt{\left(\frac{1\text{ atm}}{p_{vacuum}}\right)}$$

$$\frac{1\text{ atm}}{p_{vacuum}} = (1{,}000)^2 \quad \text{또는} \quad p_{vacuum} = 10^{-6}\text{ atm} = 0.103\text{ Pa}$$

다른 하나의 방법은 Cu-15% P 합금을 첨가하는 것이다. 인은 다음과 같이 산소와 반응하여 P_2O_5를 생성시키고, 이 화합물은 용탕 상부로 부유한다.

$$5O + 2P \rightarrow P_2O_5$$

일반적으로, 산소를 제거하기 위해 약 0.01~0.02%의 P를 첨가해야 한다.

9-9 부품제조를 위한 주조공정

그림 9-15는 다양한 공업적 주조공정 중에서 네 가지를 요약하여 나타낸 것이다. 사용하는 공정에 따라 같은 주형을 재사용하기도 하고, 소모성 주형도 있다. 사형주조(sand casting) 공정은 생형조형(green sand molding) 과정을 거치게 되는데, 이것은 젖은 진흙으로 결합된 실리카(SiO_2) 모래 결정립을 나중에 제거할 모형(pattern) 주위에 채워 넣는 공정이다. 세라믹주조 공정에서는 미세한 결정립의 세라믹 재료를 주형으로 쓴다. 이 공정은 제거가능한 모형 주위에 세라믹을 함유하고 있는 슬러리(slurry)를 주입하고, 세라믹이 굳은 후에 모형을 제거하는 방법이다. 인베스트먼트주조(investment casting)에서는, 먼저 왁스로 만든 모형에 실리카 콜로이드와 같은 재료의 세라믹 슬러리(나노크기의 세라믹 입자로 구성)를 입힌다. 세라믹이 굳은 후(즉, 실리카 콜로이드가 분산된 젤), 이 세라믹 껍질로부터 왁스를 녹여내고 나면, 빈 공간에 용융된 금속을 채운다. 금속이 응고되면 주형을 부수어 부품을 꺼낸다. 인베스트먼트주조는 로스트왁스법(lost-wax process)이라고도 하며, 매우 복잡한 형상의 부품을 주조하는 데 가장 적합한 공정이다. 원래는 치과의사 및 보석세공인들이 이와 같이 정밀한 인베스트먼트주조를 사용했으나, 지금은 터빈블레이드, 골프채의 티타늄헤드, 무릎과 고관절의 보철물과 같은 부품을 제조하는 데 사용한다. 다른 공정으로 로스트폼법(lost-foam process)이 있는

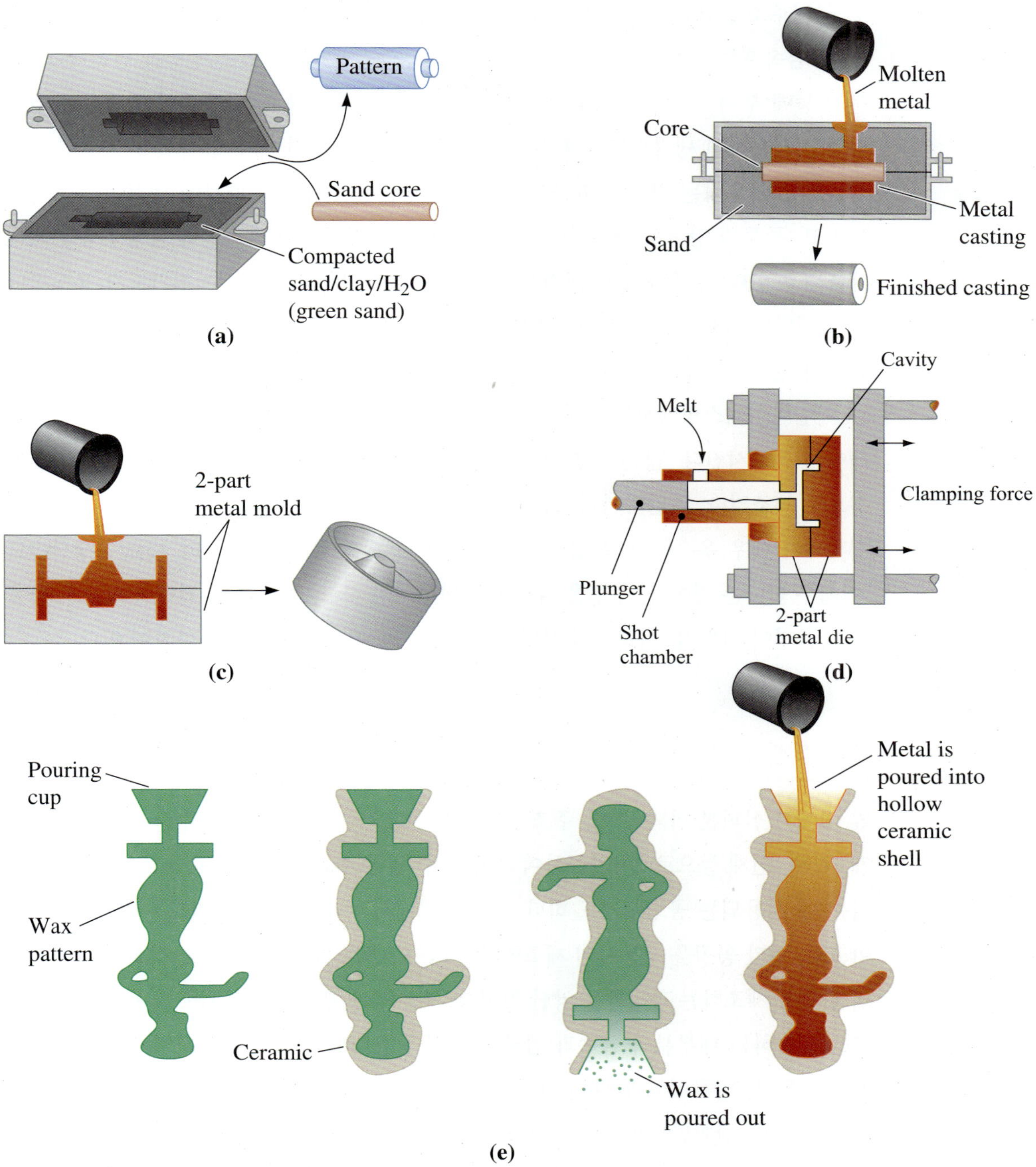

그림 9-15 네 가지 대표적인 주조법. (a)와 (b) 생형 사형주조. 이 공정에서는 진흙으로 결합된 모래로 모형 주변을 다진다. 모래 중자(core)를 사용하면 주물에 내부 공동을 만들 수 있다. (c) 금형주조. 철(iron) 또는 강(steel)으로 만든 주형에 용탕을 주입한다. (d) 다이캐스팅. 용탕을 강철로 만든 금형 속으로 고압 하에서 주입한다. (e) 인베스트먼트주조. 왁스 모형을 세라믹으로 코팅한다. 왁스를 녹여낸 후, 용탕을 주형 속으로 주입한다.

데, 이 공정에서는 커피 컵이나 포장용 충전재를 만드는 데 사용되는 것과 유사한 폴리스타이렌 구슬을 사용하여 폼 모형(foam pattern)을 만든다. 용탕을 주형에 부으면 고분자 폼 모형은 녹아 분해되고, 그 자리에 금속 용탕이 채워진다.

금형주조(permanent mold casting) 및 가압다이캐스팅(pressure die casting) 공정에서는, 금속재료를 절삭가공하여 제품 형상의 공동(cavity)이 있는 주형을 만든다. 용탕을 공동에 부어 응고시킨 다음 주형을 열어 주물을 제거하고, 금속주형은 재사용한다. 금형을 사용하면 냉각속도가 빠르기 때문에 주물의 강도가 매우 높아진다. 인베스트먼트주조에 사용되는 것을 포함하여 세라믹 주형은 단열재이기 때문에 냉각속도가 가장 느리고, 주물의 강도도 가장 낮다. 수많은 트럭과 자동차의 피스톤이 금형주조에 의해 제조되고 있다. 금형주조의 장점은 주물의 표면이 미려하고, 치수 정확도가 우수하다는 점이다. 그러나 주형 가격이 비싸고, 아주 복잡한 형상의 주물을 제조하기 어렵다는 단점이 있다.

가압다이캐스팅에서는 용탕을 고압으로 주형 내부로 주입시킨 다음, 압력을 가한 상태에서 응고시킨다. 많은 아연, 알루미늄, 마그네슘 계열 합금들이 가압다이캐스팅 공정으로 제조된다. 가압다이캐스팅 공정의 장점은 제품의 표면이 대단히 미려하고, 치수 정확도가 매우 우수하며, 복잡한 형상을 제조할 수 있을 뿐만 아니라 제품의 생산속도가 매우 높다는 것이다. 주형을 금속으로 만들어야 하고, 또 고압에 견뎌야 하므로 사용하는 금형이 비싸며, 비교적 소형의 부품에만 사용이 가능하다는 제한점이 있다.

9-10 연속주조 및 주괴주조

앞 절에서 살펴본 바와 같이, 주조는 부품을 제조하는 데 사용하는 수단이다. 또한, 봉재, 각재, 선재 등으로 2차가공하여 사용할 수 있는 주괴(ingot) 및 슬래브(slab)를 제조하는 데 사용되는 공정이기도 하다. 철강산업에서는 수백만 톤의 철강을 용광로, 전기아크로, 기타 공정을 사용하여 제조한다. 그림 9-16은 철광석, 코크스, 석회석을 사용하여 철강을 제조하는 과정을 요약한 것이다. 세부적인 공정은 다소 다르지만, 구리 및 아연을 포함하는 대부분의 금속과 합금들은 이와 유사한 공정을 사용하여 원광석으로부터 추출된다. 알루미늄과 같은 일부 금속은 전기분해 공정을 사용하여 생산한다. 알루미늄의 경우, 산화알루미늄이 대단히 안정하기 때문에 코크스나 다른 환원제를 사용하여 알루미늄 금속으로 쉽게 환원시킬 수 없기 때문이다.

많은 경우에 금속 스크랩 및 재활용이 가능한 합금으로 부품을 제조한다. 이 경우에, 스크랩 금속을 용해하고 불순물을 제거한 다음 조성을 맞추게 된다. 매년 상당량의 강철, 알루미늄, 아연, 스테인리스강, 티타늄, 기타 많은 재료를 재활용하고 있다.

주괴주조(ingot casting)에서는 용해로에서 용융된 강철 및 합금을 대형 주형에 부어 주조한다. 이렇게 얻어진 주물을 주괴(ingot)라 하며, 대개 다른 장소로 옮겨진 다음 가공열처리 공정을 통해 다양한 실용적인 형상으로 변환된다. 연속주조(continuous casting) 공정에서는, 기본 개념이 용융금속을 판재, 슬래브 등과 같이 '준최종(semi-finished)'

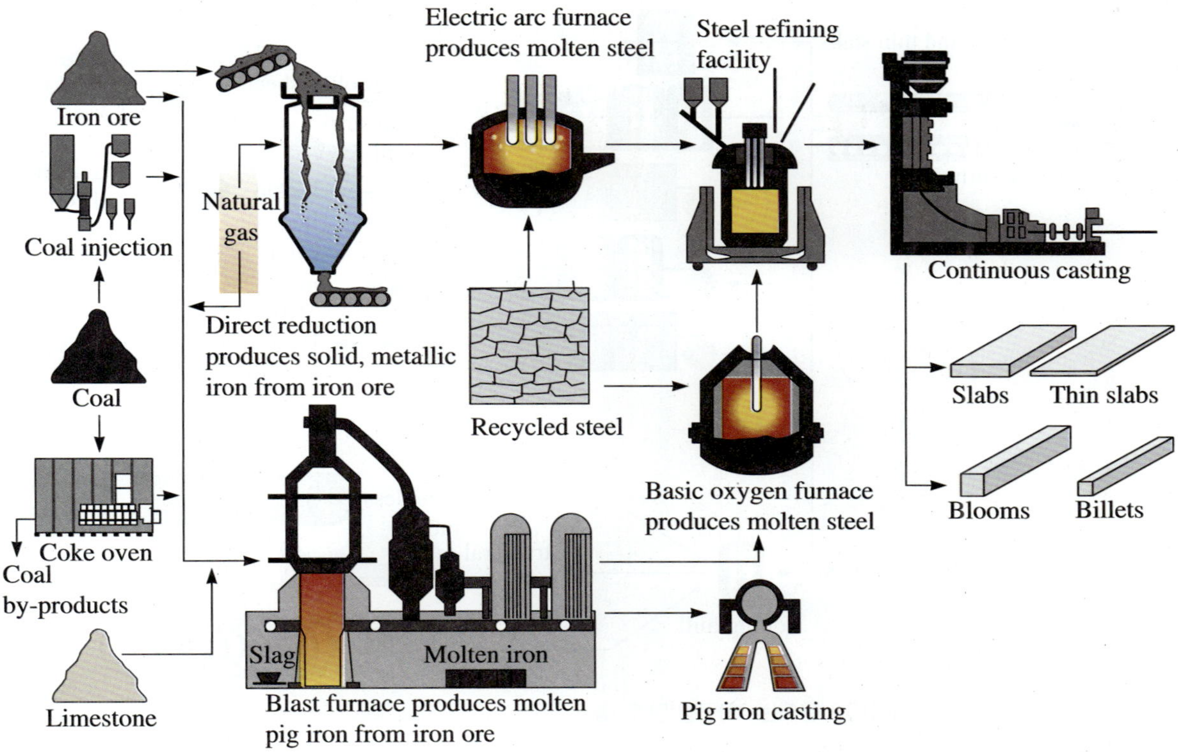

그림 9-16 철광석, 코크스, 석회석을 사용하여 철강을 추출하는 여러 단계의 요약. (출처: *www.steel.org. Used with permission of the American Iron and Steel Institute.*)

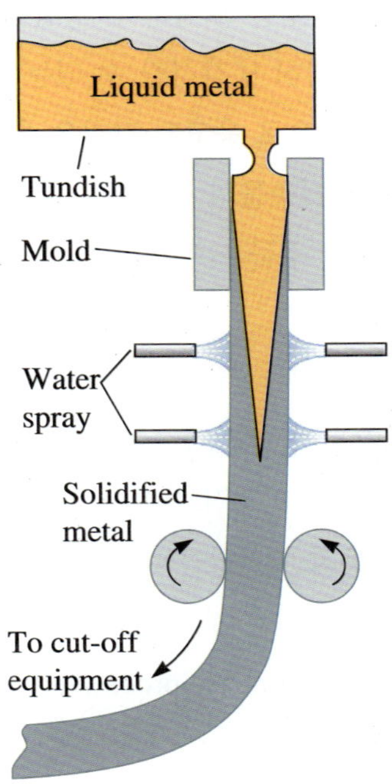

그림 9-17 여러 가지 강철제품을 만드는 데 사용되는 수직형 연속주조법. 턴디시(tundish)에 담겨 있는 액상의 금속은 주형에서 부분적으로 응고된다.

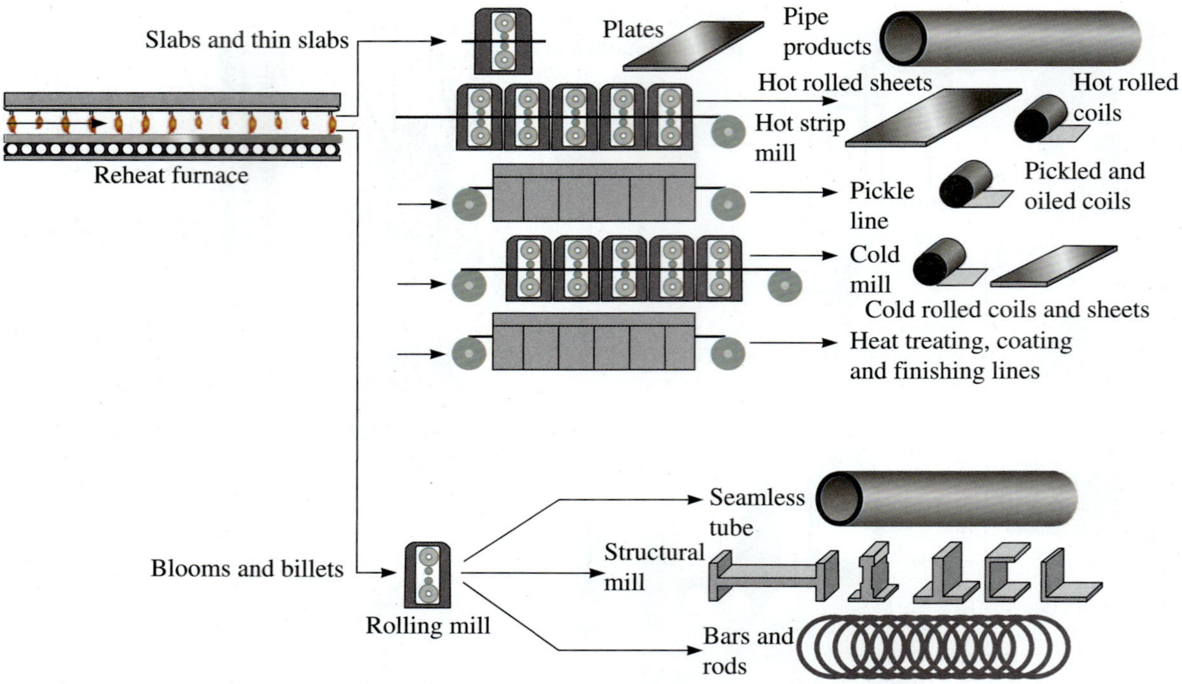

그림 9-18 강철과 합금의 제조에 사용되는 2차공정 단계. (출처: *www.steel.org. Used with permission of the American Iron and Steel Institute.*)

형상을 갖는 좀 더 쓸모 있는 제품으로 제조하는 것이다. 그림 9-17은 강철 판재(plate) 및 봉재(bar)를 제조하는 일반적인 연속주조 공정을 보여준다. 용융금속은 보존용기인 턴디시(tundish)로부터 강철주물의 표면을 급격히 냉각시킬 수 있는 수냉식 진동형 구리주형(copper mold) 속으로 공급된다. 부분적으로 응고된 강철은 용탕이 공급되는 양과 같은 속도로 주형으로부터 빠져나오며, 강철주물의 중심부는 주물이 주형으로부터 나온 뒤 한참 후에 응고하게 된다. 연속주조된 주물은 이후에 전용 절단기를 사용하여 적당한 길이로 잘라진다.

연속주조는 많은 강철, 스테인리스강, 알루미늄합금을 제조하는 데 있어 매우 경제적인 공정이다. 주괴주조도 경제적인 공정으로서, 연속주조가 어렵거나 용량이 제한되어 있는 많은 강철의 제조에 사용되며, 생산량이 비교적 작아서 연속주조기를 설치하는 자본비용의 투입이 비경제적인 아연, 구리 등의 비철합금 제조에도 사용된다. 또한, 모든 합금을 연속주조 공정을 사용하여 제조할 수 있는 것도 아니다.

강철 및 기타 합금을 제조할 때의 2차공정(secondary processing) 단계를 그림 9-18에 나타내었다.

예제 9-8 연속주조기의 설계

그림 9-19는 주조 후 압연하여 알루미늄 박판(foil)으로 만들고자 하는, 두께 6.35 mm, 폭 1.22 m의 알루미늄 판재를 연속주조하는 방법을 보여주고 있다. 액상의 알루미늄은 천천히 회전하는 두 개의 대형 강철 롤 사이로 주입된다. 이때, 유입되는 알루미늄 용탕은 판재가 압연되어 나오는 것처럼 될 수 있도록 롤에 의해 완전히 응고되어야 한다. 이 롤은 알루미늄 용탕이 적당히 과열된 상태에서 유입될 때, 주형상수 B가 약 4.65×10^5 s/m^{2}인 금형(permanent mold)의 역할을 한다. 이 공정에 필요한 롤을 설계하라.

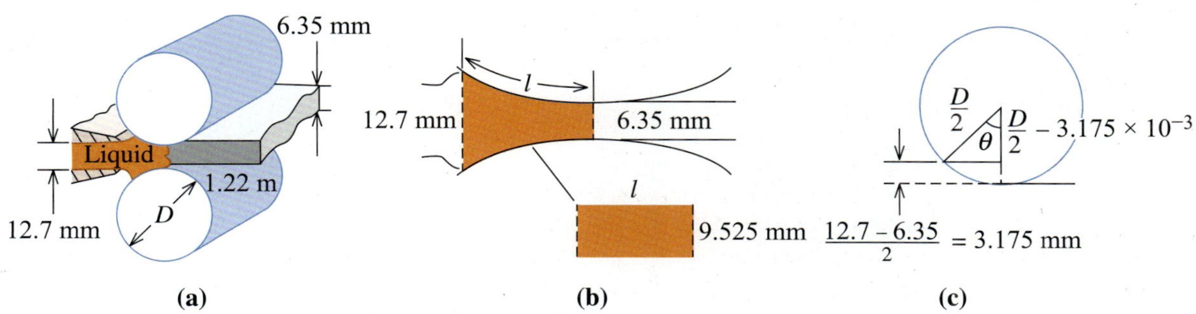

그림 9-19 알루미늄의 수평형 연속주조법.

풀이

우선, 주물의 응고시간을 결정할 수 있도록 형상을 단순화시키는 것이 좋다. 그림 9-19(b)에 표시한 음영부분은 주물을 나타내며, 부피는 개략적으로 평균두께에 길이와 폭을 곱하여 얻을 수 있다고 가정하자.

여기서 평균두께는 (12.7 mm + 6.35 mm)/2 = 9.525 mm이다. 그러면,

$$V = (\text{thickness})(\text{length})(\text{width}) = 9.525 \times 10^{-3}\, lw$$

$$A = 2(\text{length})(\text{width}) = 2\, lw$$

$$\frac{V}{A} = \frac{9.525 \times 10^{-3}\, lw}{2\, lw} = 4.763 \times 10^{-3}\ \text{m} \quad \text{또는} \quad 4.763\ \text{mm}$$

이고, 롤과 접촉하지 않는 다른 표면으로는 열이 아주 적게 전달되거나 전혀 전달되지 않으므로, 롤과 직접 접촉해 있는 면적만이 Chvorinov의 법칙에 적용된다. 따라서 응고시간은 다음과 같아야 한다.

$$t_s = B\left(\frac{V}{A}\right)^2 = (4.65 \times 10^5)(4.763 \times 10^{-3})^2 = 10.55\ \text{s}$$

판재가 위의 시간 동안 롤과 접촉하여 있을 수 있도록, 롤의 직경과 회전속도를 설계해야 한다. 그림 9-19(c)는 액상이 들어오는 점과 롤을 빠져나가는 점 사이의 각 θ를 나타내며 다음과 같이 표현한다.

$$\cos\theta = \frac{(D/2) - 3.175 \times 10^{-3}}{(D/2)} = \frac{D - 6.35 \times 10^{-3}}{D}$$

롤의 표면속도는 롤의 원주와 회전속도의 곱으로서, $v = \pi DR$로 나타낼 수 있다. 여기서, R은 분당 회전수이다. 속도 v는 알루미늄 판재를 생산해낼 수 있는 속도이기도 하다. 롤이 거리 l만큼 이동하는 데 필요한 시간은 응고에 필요한 시간과 같아야 한다.

$$t = \frac{l}{v} = 10.55 \text{ s}$$

길이 l은 응고하는 동안 알루미늄과 접촉하고 있는 롤 원주의 분율이며, 다음과 같이 주어진다.

$$l = \frac{\pi D\theta}{360}$$

여기서, θ의 단위는 도(degree)이다. 따라서 l과 v를 시간을 나타내는 식에 대입하면,

$$t = \frac{l}{v} = \frac{\pi D\theta}{360\pi DR} = \frac{\theta}{360\,R} = 10.55 \text{ s}$$

$$R = \frac{\theta}{(360)(10.55)} = 2.633 \times 10^{-4}\,\theta \text{ rev/s}$$

필요한 응고속도를 만족하는 D와 R의 조합은 매우 많다. 여러 직경에 대해 θ를 계산한 다음, 요구되는 R을 찾아보자.

D(m)	θ(°)	l(mm)	$R = 2.633 \times 10^{-4}\,\theta$(rev/s)	$v = \pi DR$(mm/s)
0.61	8.28	43.94	3.45×10^{-5}	4.174
0.914	6.76	53.85	2.82×10^{-5}	5.122
1.22	5.85	62.23	2.42×10^{-5}	5.884
1.524	5.23	69.60	2.19×10^{-5}	6.604

롤의 직경이 커질수록, 롤과 금속 사이의 접촉면적(l)이 증가한다. 이는 롤의 표면속도(v)가 더 커질 수 있다는 것을 의미하며, 판재의 생산속도를 증가시킬 수 있다. 더 큰 직경의 롤일수록 이런 높은 속도를 얻기 위해 빠르게 회전할 필요가 없다는 점에 주목하라.

최종 설계를 선택하는 데 있어, 생산속도를 높이기 위해 가급적 큰 직경의 롤을 쓰는 것이 좋다. 그러나 롤의 크기가 커질수록 부대장비들이 더욱 비싸진다.

이러한 연속주조기를 실제로 작동시킬 때는, 판재가 롤로부터 나오는 시점에 완전히 응고되어야 할 필요는 없으므로, 이보다 더 빠른 속도를 사용할 수 있다.

9-11 일방향응고, 단결정성장, 원자층성장

어떤 용도에서는 주조품이 미세한 등축정 조직을 가지는 것이 바람직하지 않은 경우가 있다. 터빈엔진의 블레이드(blade) 및 베인(vane)으로 사용되는 주물이 바로 그 예이다(그림 9-20). 이들 주물은 대개 정밀한 인베스트먼트주조를 사용하여 티타늄, 코발트, 니켈기반 초합금으로 만들어진다.

보편적인 방법으로 주조한 부품에는 대개 등축정 조직이 만들어진다. 그러나 터빈 및 제트 엔진용 블레이드 및 베인은 부품의 길이에 대해 횡방향으로 배열된 결정립계를 따라 파괴가 발생한다. 일방향응고(directional solidification, DS) 성장기술을 사용하면, 더 우수한 크리프 및 파괴 저항성을 얻을 수 있다. DS 공정에서는 주형을 한쪽 끝에서 가열하고 다른 쪽 끝에서 냉각(chill)시킴으로써 주상정 조직을 만들어, 모든 결정립계가 부품의 길이방향으로 배열되도록 만들 수 있다. 횡방향으로는 결정립계가 존재하지 않는다[그림 9-20(b)].

단결정(single crystal, SC) 성장기술을 사용하면, 더욱 우수한 특성을 얻을 수 있다. 이 경우에도 마찬가지로 주상정 결정립이 냉각 표면에서 성장하기 시작하지만, 그림 9-20(c)에 나타낸 바와 같이 주형의 주 공동(main cavity)과 열흡수체(chill) 사이에 나선형의 연결부를 만듦으로써 최종적으로 오직 하나의 주상정 결정립만 주 공동 쪽으로 자라게 할 수 있다. 단결정 주물에는 결정립계가 없기 때문에 결정학적인 면과 방향이 최적의 방향으로 놓이도록 성장시킬 수 있다.

단결정성장 응고의 중요한 응용분야 중의 하나는 단결정성장이다. 다결정 재료는

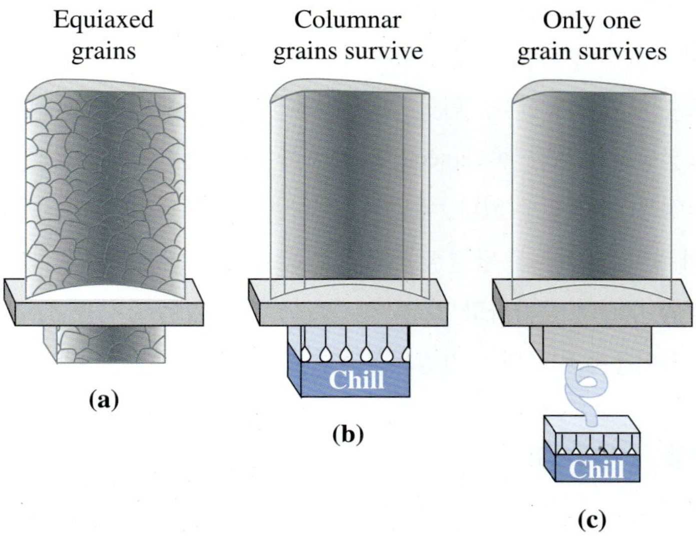

그림 9-20 터빈블레이드의 결정립조직 제어. (a) 일반적인 등축정 결정립, (b) 일방향응고된 주상정 결정립, (c) 단결정.

(a)

(b)

그림 9-21 (a) 실리콘 단결정, (출처: *Peter Sobolev/Shutterstock.com*) (b) 실리콘웨이퍼. (출처: *Steve McAlister/Stockbyte/Getty Images*)

많은 전자 및 광학 분야에 적용하는 데 있어 효과적이지 못하다. 그 이유는 결정립계 및 기타 결함들이 전기적 또는 광학적 기능을 발휘하도록 하는 여러 가지 발생 기구(mechanism)를 저해하기 때문이다. 예를 들어, 도핑된 실리콘의 반도체 거동을 이용하기 위해서는 고순도 단결정을 사용해야 한다. 실리콘을 사용하는 현재의 반도체 기술은 직경 12인치까지의 대형 단결정을 사용한다. 일반적으로, 대형 단결정을 성장시켜[그림 9-21(a)], 수 밀리미터 두께의 실리콘웨이퍼로 절단하여 사용한다[그림 9-21(b)]. Bridgman 공정 및 Czochralski 공정이 실리콘, 갈륨비소(GaAs), 리튬니오븀산화물($LiNbO_3$), 기타 많은 재료의 단결정을 성장시키는 데 널리 사용되는 방법들이다.

용융된 재료를 포함하고 있는 결정성장로(crystal growth furnace)는 정밀하고 안정된 온도로 유지되어야 한다. 종종, 미리 정해진 결정학적 방위로 배열되어 있는 작은 결정을 단결정성장을 위한 '종자(seed)'로 사용하는데, 열전달 조건을 잘 조절하면 전체 액상을 단결정으로 만들 수 있다. 일반적으로, 단결정은 특성이 매우 우수하고, 제어하기 쉬우며, 예측이 가능하다. 단결정 재료의 비용은 다결정 재료에 비해 비싸다. 그러나 최근 단결정의 수요가 증가하고 있고, 참신하고 쓸모 있는 소자를 제조하는 데 소요되는 나머지 공정비용에 비하면 단결정의 비용은 그리 중요하게 고려해야 할 요소는 아니다.

원자층성장 박막재료를 증착하는 공정에는 아마 수백 가지가 있을 것이다. 이들 중 일부 공정에서는 증착되는 다결정 재료의 우선방위나 결정학적 방향을 제어해야 할 필요가 있다. 어떤 공정에서는 특정 방향으로 배열된 단결정 박막을 필요로 하기도 하는 데, 이러한 경우 결정학적 방향을 알고 있는 기판(substrate)을 사용할 수 있다. 에피택시(epitaxy)란 성장시킬 재료와 결정학적으로 정합(matching)이 되는 기판을 사용하여, 하나의 재료를 일정한 방위를 갖도록 성장시키는 공정을 말한다. 만일 기판과 성장하는 박막 사이의 격자매칭이 수 % 이하로 매우 좋으면, 방향성이 높은 결정 또는 단결정 박막을 성장시킬 수 있다. 이것을 원자층성장(epitaxial growth)이라 한다.

9-12 고분자 및 무기질 유리의 응고

많은 고분자들은 냉각되면 결정화되지는 않지만 응고된다. 이러한 재료에도 결정화를 위한 열역학적 구동력이 있을 수 있다. 그러나 고상의 핵생성 속도가 너무 느리거나, 고분자 사슬이 너무 복잡하여 결정질 고체가 생기지 않을 수도 있다. 고분자의 결정화는 대부분 완전하게 이루어지지 않으며, 긴 고분자 사슬이 비교적 원거리에 걸쳐 밀접하게 배열되어야 한다는 측면에서 금속재료의 결정화와는 판이하게 다르다. 이와 같이 배열됨으로써, 고분자는 층상(lamellar) 또는 판상과 유사한 형태의 결정으로 성장한다(그림 9-22). 층상구조를 이루는 판과 판 사이에는 비결정성으로 배열된 고분자 사슬이 존재한다. 게다가, 층상구조를 이루는 판의 다발은 공통의 핵으로부터 성장하지만, 한 층상다발 내에 있는 판의 결정학적 방향은 다른 층상다발의 판과는 다르다. 다발이 성장함에 따라, 구정(spherulite)이라 부르는 회전타원체(spheroid)를 형성할 수 있다. 구정은 서로 방향이 다른 판을 갖는 많은 개별 다발로 구성되어 있다. 개별 판들, 판의 다발들, 구정들 사이에는 비결정질 영역이 존재한다.

상업적으로 쓰이는 많은 고분자들은 제조공정 중에 결정성(crystallinity)이 증가된다. 결정성은 앞에서 언급한 것처럼 냉각에 의하거나 또는 인가된 응력에 의한 것일 수 있다. 예를 들어, 제3장에서 블로-스트레치(blow-stretch) 공정을 사용하여 PET 병을 제조하는 방법과 이들 플라스틱 병이 성형 중에 어떻게 결정성이 상당히 증가되는지에 대해 배웠다. 이러한 결정화는 응력의 인가에 의해 발생한다. 따라서 순금속 및 합금의 응고 시 발생하는 결정화와는 다르다. 일반적으로, 나일론 및 폴리에틸렌과 같은 고분

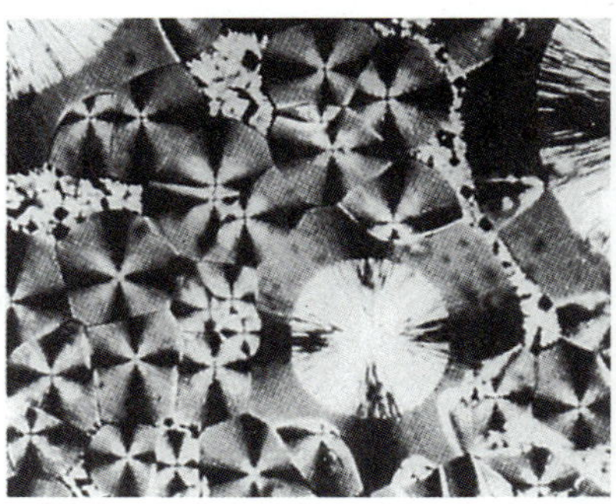

그림 9-22 나일론의 비결정질 기지에 있는 구정들(× 200). (출처: Structure and Properties of Engineering Materials *by Brick, R. M., et al. Copyright 1977. Reproduced with permission of McGraw-Hill Companies, Inc.*)

자는 다른 많은 열가소성 고분자에 비해 훨씬 쉽게 결정화를 일으킨다.

규산염유리와 같은 무기질 유리도 속도론적인 이유로 쉽게 결정화되지 않는다. 순금속 및 합금의 응고와 유사하게 열역학적인 구동력이 존재하지만, 종종 용융체의 점도가 너무 높고 확산이 너무 느리기 때문에 응고 중에는 결정화가 일어나지 않는다. 대형의 평판유리를 제조하는 방법으로서 판유리공정(float-glass process)을 사용한다. 이 공정에서는 용융시킨 유리를 용융된 주석(tin) 위에 띄운다. 제7장에서 살펴본 것처럼, 무기질 유리의 강도는 표면결함에 의해 결정적인 영향을 받는데, 이들 표면결함은 제조공정에 의해 발생하거나, 대기 중에 있는 수분과의 반응에 의해 발생한다. 무기질 유리의 강도는 대부분 템퍼링을 통해 강화시키지만, 안전을 최우선적으로 고려해야 하는 곳이 아니라면, 응력을 감소시키기 위해 어닐링을 실시한다. 앞에서 언급한 바와 같이, 유리에서 핵생성을 조심스럽게 제어하면 유리-세라믹, 색유리, 광변색유리(햇볕을 쬐면 색깔이 변하는 유리)를 제조할 수 있다.

9-13 금속재료의 접합

경납땜(brazing) 공정에서는 하나의 금속을 그 자체 또는 다른 금속과 접합시키기 위해 충전재(filler)로 알려진 합금을 사용한다. 경납땜 충전재는 약 450 ℃ 이상의 용융온도를 가지고 있다. 납땜(soldering)은 용융온도가 450 ℃ 이하인 충전재를 사용하는 접합공정이다. 납-주석 및 안티몬-주석 합금은 납땜에 사용되는 가장 보편적인 충전재라 할 수 있다. 최근에는, 납이 갖고 있는 독성 때문에 주석-구리-은 합금과 같이 납을 함유하지 않는 땜납재료가 개발되어 있다. 경납땜 및 납땜 공정에서는 접합시키고자 하는 금속은 용융되지 않으며, 단지 충전재만 용융된다. 두 공정 모두 사용되는 충전재의 조성은 접합시킬 모재의 조성과 다르다. 다양한 종류의 알루미늄-실리콘, 구리, 마그네슘, 귀금속들이 경납땜에 사용된다.

응고는 용융용접(fusion welding)에 의한 금속의 접합에도 매우 중요하다. 용접공정에서는 접합시키고자 하는 금속의 일부가 용융된 다음, 많은 경우에 용융된 충전재를 첨가한다. 용융된 금속의 웅덩이를 용융대(fusion zone)라 부른다(그림 9-23 및 9-24). 용융대가 응고되면, 원래 금속 부품들이 서로 접합된다. 용융대에서 응고가 일어나는 동안, 핵생성은 필요하지 않다. 이미 존재하는 결정립으로부터 고상이 흔히 주상정의 형태로 성장하기 때문이다.

용융대의 미세조직과 특성은 금속주조와 마찬가지로 많은 변수에 의존한다. 용융대에 접종제를 첨가하면 결정립크기가 감소한다. 냉각속도가 크거나 응고시간이 짧으면, 조직이 미세해지고 기계적 성질이 개선된다. 냉각속도를 증가시키는 요인으로서, 모재의 두께를 증가시키는 것, 용융대의 크기를 작게 하는 것, 모재의 초기온도를 낮추는

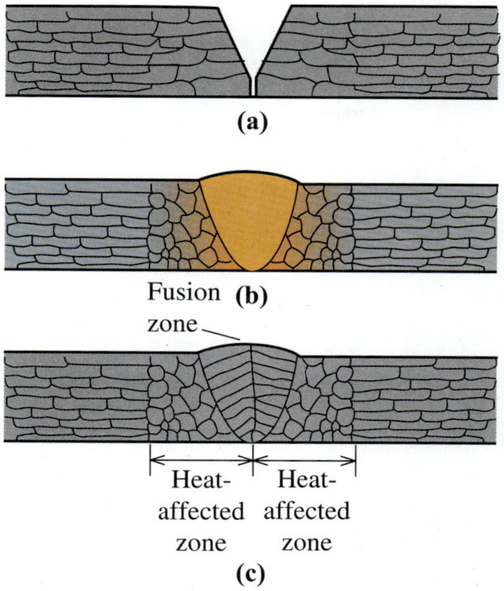

그림 9-23 용융용접 시 용접부의 응고를 나타내는 개략도. (a) 초기에 준비한 접합부, (b) 충전재로 채워지고 최고온도에 있는 용접부, (c) 응고 후의 용접부.

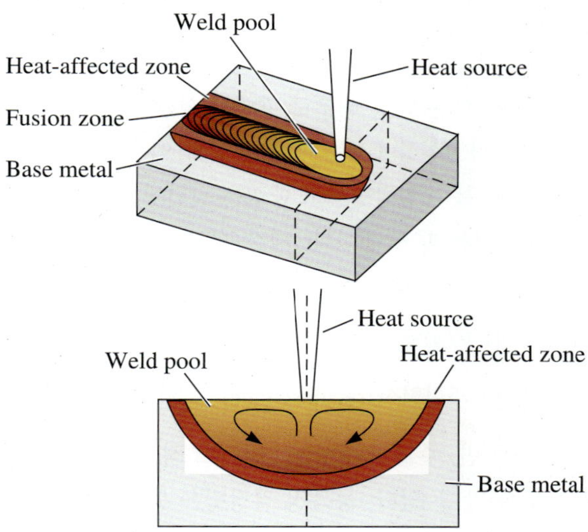

그림 9-24 열원과 모재금속 사이의 상호작용을 나타내는 개략도. 용접부에서 세 가지 명확하게 구분할 수 있는 영역은 용융대, 열영향부, 모재금속이다. (출처: "*Current Issues and Problems in Welding Science*," *by S. A. David and T. DebRoy, Science 24 July 1992, Vol. 257 no. 5069 pp. 497-502.*)

것, 특정 방식의 용접공정을 사용하는 것 등이 있다. 예를 들어, 산소-아세틸렌 용접은 열원의 세기가 비교적 약하기 때문에 용접시간이 길어지고, 주변의 고체금속이 매우 뜨거워져서 열을 효과적으로 제거하지 못한다. 아크용접 공정은 열원의 강도가 세기 때문에 주변 금속의 가열을 최소화시켜 냉각속도를 빠르게 한다. 레이저용접 및 전자빔용접은 열원의 강도가 대단히 강하여 냉각속도를 매우 빠르게 함으로써 용접부의 강도를 향상시킬 수 있다. 마찰교반용접(friction stir welding) 공정은 항공우주 분야에 적용되는 Al 및 Al-Li 합금을 용접하기 위해 개발되었다.

요약

- 액상에서 고상으로의 변태는 아마 재료과학/공학을 응용하는 데 있어 가장 중요한 상변태일 것이다.
- 응고는 금속, 합금, 열가소성 고분자, 무기질 유리를 제조하는 공정에서 결정적인 역할을 한다. 또한 금속재료의 접합에 사용되는 기술에도 매우 중요하다.
- 핵생성이란 용융된 액체로부터 임계크기의 고체 입자가 만들어지는 것이다. 핵의 형성은 응고를 위한 열역학적 구동력에 의해 결정되며, 고체-액체 계면이 새로 생겨남에 따라 억제된다. 결과적으로, 응고는 응고온도에서 발생하지 않을 수도 있다.
- 균일핵생성에는 액상의 과냉이 크게 필요하며, 보통의 응고과정에서는 관찰되지 않는다. 이종의 입자를 액상에 투입함으로써 불균일핵생성을 위한 핵생성 위치를 제공할 수 있다. 실제로는 접종이나 결정립미세화에 의해 실행되며, 이를 통해 주물의 결정립크기를 조절한다.
- 액상을 급랭시키면 핵생성 및 성장을 억제시켜 독특한 기계적, 물리적 특성을 갖는 비결정질 고체나 유리를 만들 수 있다. 고분자, 금속, 무기재료들은 모두 비결정질 유리의 형태로 만들 수 있다.
- 액상에서 응고가 일어날 때, 핵은 액상 내부로 향하여 성장한다. 이때, 평면성장 또는 수지상성장이 관찰될 수 있다. 평면성장에서는 매끈한 고체-액체 계면이 과냉이 거의 또는 전혀 없는 상태에서 성장한다. 특수 일방향응고 공정은 평면성장의 장점을 이용한 것이다. 수지상성장은 액상이 과냉되었을 때 발생한다. 냉각속도가 빠르거나 응고시간이 짧으면, 미세한 수지상 조직을 얻음으로써 금속 주물의 기계적 특성을 개선시킨다.
- Chvorinov의 법칙인 $t_s = B(V/A)^n$은 주물의 응고시간을 추정하는 데 사용할 수 있다.
- 냉각곡선은 주입온도, 과냉, 재휘현상(recalescence), 응고시간을 보여준다.
- 핵생성 및 성장을 잘 제어하면, 주물에 주상정 결정립조직, 등축정 결정립조직, 또는 두 가지의 혼합조직이 생기도록 할 수 있다. 등축정 결정립은 등방성 거동을 나타내는 반면, 주상정 결정립은 이방성 거동을 나타낸다.
- 주조제품에서 관찰할 수 있는 주요 결함은 기공과 수축공이다. 그것들이 존재할 경우, 주조제품은 돌발적으로 파괴될 수 있다.
- 상용화된 응고공정에서, 응고수축이나 기체기공과 같은 주조결함들은 주물과 압탕 시스템을 적절히 설계하거나, 주조하기 전에 용탕을 적절히 처리함으로써 제어할 수 있다.
- 사형주조, 인베스트먼트주조, 가압다이캐스팅은 주조 부품을 제조하기 위한 대표적인 공정들이다. 주괴주조 및 연속주조는 금속과 합금을 생산하거나 재활용할 때 사용된다.
- 응고공정을 조심스럽게 제어하면, 단결정뿐만 아니라 일방향응고 부품도 생산할 수 있다. 원자층성장 공정은 기판과 성장시키고자 하는 재료 사이에 결정구조의 격자정합을 활용하는 것이며, 전자회로 및 기타 소자를 제조하는 데 유효하다.

용어해설

가스플러싱 gas flushing 응고 시 기공의 원인이 되는 용존 기체를 제거하기 위해 불활성 또는 반응성 기체의 기포를 용탕 내부로 주입시키는 공정.

가압다이캐스팅 pressure die casting 용탕을 고압으로 금형 속으로 주입시켜 응고시키는 주조공정.

결정립미세화 grain refinement 주물 내의 결정립 수를 증가시키기 위해 잘 제어된 방식으로 불균일핵생성을 위한 핵생성제를 첨가하는 것.

경납땜 brazing 충전재(filler)로 알려진 합금을 사용하여 두 재료를 서로 접합시키는 공정. 용융온도가 450 ℃ 이상인 충전재의 조성은 접합시키고자 하는 모재의 조성과는 매우 다르다.

고상변태 solidstate phase transformation 고체상태에서 발생하는 상의 변화.

과냉 undercooling 용융금속에서 핵생성이 시작되기 전까지 평형 응고온도 이하로 냉각되어야 하는 온도.

과열 superheat 주입온도로부터 응고온도를 뺀 값.

광변색유리 photochromic glass 햇볕을 쬐면 색깔이 변하는 유리.

구정 spherulite 특정 고분자가 응고할 때 생성되는 회전타원체의 결정.

국부응고시간 local solidification time 일단 핵생성이 시작되고 나서, 주물의 특정부분이 응고되는 데 필요한 시간.

균일핵생성 homogeneous nucleation 불순물 표면이 없을 경우, 높은 과냉도에서 다수의 원자가 서로 응집함으로써 액상 내에 임계크기의 고상이 형성되는 것.

금형주조 permanent mold casting 주형을 여러 번 반복 사용할 수 있는 금속으로 만들어 사용하는 주조공정.

급속응고법 rapid solidification processing 응고 시에 냉각속도를 대단히 크게 함으로써 독특한 미세조직을 갖는 재료를 제조하는 공정.

기체기공 gas porosity 응고 시 형성되어 주물 내부에 갇힌 기포로서, 액상에 비해 고상의 기체용해도가 더 낮기 때문에 발생한다.

납땜 soldering 납땜은 용융온도가 450 ℃ 이하인 충전재를 사용하여 모재를 용융시키지 않고 접합하는 공정을 말한다.

냉경구역 chill zone 불균일핵생성의 결과로 주물의 표면에 형성되는 작고 무작위로 배열된 결정립 영역.

등축정구역 equiaxed zone 광범위한 핵생성의 결과로 생성된 것으로서, 주물의 중심에 결정립이 무작위로 배향된 영역.

로스트왁스법 lost-wax process 주물을 제조하기 위해 왁스(wax) 모형을 사용하는 주조공정.

로스트폼법 lost-foam process 주물을 제조하기 위해 고분자 폼(foam) 모형을 사용하는 주조공정.

머시형성합금 mushy-forming alloy 주물을 만들 경우, 주로 등축정으로 이루어진 주괴조직을 형성하는 합금. 이는 주조재료가 액상의 용탕에 떠 있는 고상의 결정립으로 이루어진 죽처럼 되어 있기 때문에 붙여진 이름이다.

미세수축 microshrinkage 응고에 수반되는 수축에 의해 수지상정 가지 사이에 생긴 작고, 흔히 고립되어 있는 기공.

분산강화 dispersion strengthening 2차상의 작은 응집체를 생성시켜 전위의 이동을 방해함으로써 금속재료의 강도를 향상시키는 것. 2차상강화(secondphase strengthening)라고도 한다.

불균일핵생성 heterogeneous nucleation 불순물 표면 위에서 임계크기를 가지는 고체가 액상으로부터 형성되는 것.

비열 specific heat 단위질량의 재료의 온도를 1 ℃ 변화시키는 데 필요한 열량.

사형주조 sand casting 모래 주형을 사용하는 주조공정.

성장 growth 새로운 상의 크기가 증가하는 물리적 과정. 응고의 경우, 액상이 응고될 때 안정된 고상이 형성되어 자라는 것을 말한다.

수지상정 dendrite 과냉된 액상이 응고할 때 성장하는 나무 모양의 고상 조직.

수지상정간 수축 interdendritic shrinkage 응고에 따른 수축에 의해 형성된 수지상정 가지 사이에 존재하는 작은 기공. 미세수축(microshrinkage) 또는 수축기공(shrinkage porosity)이라고도 한다.

수축 shrinkage 응고 중에 발생하는 주물의 크기 감소.

수축공 cavity shrinkage 응고 시 부피수축에 의해 발생되는 주물 내의 큰 구멍.

수축기공 shrinkage porosity 응고에 수반되는 수축에 의해 수지상정가지 사이에 생긴 작은 기공. 미세수축 또는 수지상정간 기공이라고도 한다.

스테인리스강 stainless steel 최소 11% 이상의 Cr을 함유하고 있는 철계 합금으로서 대단히 우수한 내식성을 나타내는 합금.

아르곤산소탈탄법 argon oxygen decarburization, AOD 스테인리스강을 정련하는 공정. 용융 스테인리스강에 용해되어 있는 탄소는 아르곤과 산소의 혼합가스를 불어넣어줌으로써 감소된다.

압탕 riser 주물과 연결되어 있는 여분의 용탕 저장소. 주물이 응고한 후에 압탕이 응고되도록 설계하면, 압탕에서 주물로 용탕을 공급하여 수축을 보정할 수 있다.

엠브리오 embryo 원자가 서로 응집될 때, 액상으로부터 형성되는 작은 고체입자. 엠브리오는 안정한 핵으로 성장할 수도 있고, 재용해될 수도 있다.

연속주조 continuous casting 용융된 금속이나 합금을 슬래브와 같은 준최종품(semi-finished product)으로 제조하는 주조 공정.

온도정지구간 thermal arrest 응고 시 방출되는 용융잠열에 의해 응고하는 동안 냉각곡선에 생기는 평탄부. 발생된 열량은 냉각에 따른 열손실량과 같다.

용융대 fusion zone 용접과정 중에 가열되어 완전히 액상으로 되는 용접부위. 용융대가 응고되면서 모재가 접합된다.

용융용접 fusion welding 강한 결합을 위해 재료의 일부를 녹여 진행하는 접합공정.

용융잠열 latent heat of fusion 액상이 응고할 때 방출되는 열. 용융잠열은 액상과 고상 사이의 에너지 차이와 연관이 있다.

원자층성장 epitaxial growth 단결정 기판 위에 기판과 결정학적으로 정합(matching)이 되도록 단결정 박막을 성장시키는 것.

유리-세라믹 glass-ceramics 비결정질 유리의 결정화를 잘 제어함으로써 얻을 수 있는, 다결정의 초미세 결정립을 갖는 세라믹 재료.

응고계면 solidification front 고상과 액상 사이의 계면.

응고공정 solidification process 단결정성장, 연속주조 등과 같이 응고를 거치는 재료의 제조공정.

인베스트먼트주조 investment casting 터빈블레이드와 같이 복잡한 형상의 부품을 제조하는 데 사용되는 주조공정. 로스트왁스법(lostwax process)이라고도 한다.

일방향응고 directional solidification, DS 주어진 방향으로 냉각시킴으로써 결정립이 반대방향으로 우선 성장을 일으키게 하여 미세조직이 이방성을 갖도록 하는 응고 기술.

임계반경 critical radius 고체 입자가 안정적으로 성장이 시작될 수 있도록 액상 내에서 원자들이 서로 뭉쳐 생성되어야 하는 최소 크기.

재휘현상 recalescence 핵생성 시 잠열의 방출에 의해 과냉된 액상의 온도가 상승하는 것.

접종 inoculation 주물 내의 결정립 수를 증가시키기 위해 제어된 방법으로 불균일핵생성을 일으키기 위한 물질을 첨가하는 것.

접종제 inoculant 재료가 응고하는 동안 불균일핵생성 위치를 제공하는 재료.

주괴 ingot 흔히 다른 사용자에 의해 재용해되거나 재가공되어 보다 실용적인 형상으로 전환되는 데 사용될 수 있는 단순한 형태의 주물.

주괴조직 ingot structure 냉경구역, 주상정구역, 등축정 구역을 포함하는 주물의 거시조직.

주괴주조 ingot casting 단순한 형상의 주형에 용융금속을 부어 주조하는 공정. 응고된 주괴는 최종 제품으로 제조되는 과정에서 상당량의 소성변형을 거치게 된다.

주상정구역 columnar zone 주물이 응고하는 동안 경쟁적 성장의 결과로 생성된, 우선 방위를 나타내는 긴 결정립이 존재하는 영역.

주조기공 cavities 주물에 존재하는 작은 구멍.

주형상수 mold constant Chvorinov의 법칙에 포함된 특성 상수.

총 응고시간 total solidification time 주물이 주형에 주입된 후 완전히 응고되는 데 걸리는 시간.

층상 lamellar 재료 내에 결정들이 판상으로 배열한 것.

파이프수축 pipe shrinkage 응고 시 발생하는 부피수축에 의해 주물 표면에 생성되는 큰 원뿔 모양의 공동.

평면성장 planar growth 액상 내에 과냉이 존재하지 않는 조건에서, 응고 중 고체액체 계면이 평면으로 매끈하게 성장하는 것.

표층형성합금 skin-forming alloy 응고된 미세조직에서, 바깥쪽 표면에는 냉경구역에서 생기는 작은 결정립으로 이루어져 있고, 그 다음 수지상정으로 나타나는 합금.

핵 nucleus 액상으로부터 원자들이 서로 응집되어 생기는 임계크기 이상의 미세한 고체 입자. 이 입자들은 충분히 커서 안정하므로, 핵생성이 발생하고 고상의 성장이 시작된다.

핵생성 nucleation 재료 내에서 새로운 상이 생성되는 물리적 과정. 응고의 경우, 액상 내에서 미세하고 안정한 고체 입자가 형성되는 것을 말한다.

1차공정 primary processing 용융금속을 주괴 또는 슬래브와 같은 준최종품으로 주조하는 공정.

2차공정 secondary processing 주괴 또는 슬래브, 기타 준최종품을 가공하기 위한 압연, 압출 등과 같은 제조공정.

2차상강화 second-phase strengthening 분산강화를 참조하라.

2차수지상정가지간격 secondary dendrite arm spacing, SDAS 두 개의 인접한 2차수지상정가지의 중심부 사이의 거리.

Chvorinov의 법칙 Chvorinov's rule 주물의 응고시간은 주물의 부피-대-표면적 비의 제곱에 직접적으로 비례한다는 법칙.

Sievert의 법칙 Sievert's law 금속에 용해되는 기체의 양은 주위 기체 분압의 제곱근에 비례한다는 법칙.

연습문제

9-1절 기술적 중요성

9-1 응고에 의해 만들어진 무기질 유리를 기반으로 한 재료의 예를 들어보라.

9-2 1차공정 및 2차공정이란 용어는 무엇을 의미하는가?

9-3 왜 세라믹 재료는 용해 및 주조를 통해 만들지 않는가?

9-2절 핵생성

9-4 핵생성, 엠브리오, 불균일핵생성, 균일핵생성을 정의하라.

9-5 균일핵생성과 불균일핵생성의 차이는 무엇인가?

9-6 열역학적 관점에서, 액체에서 고체로 응고가 진행되기 위해 발생하여야 하는 것 두 가지는 무엇인가?

9-7 물은 0 °C에서 얼고, 100 °C에서 끓는가? 설명하라.

9-8 얼음은 0 °C에서 녹는가? 설명하라.

9-9 고상 핵의 반경 r의 함수로 표현되는 총 에너지 변화에서, 에너지의 변화율(즉, ΔG의 r에 관한 도함수)에 대한 식을 유도하라. 식 9-1로부터 시작하라. 수치적으로, 응고가 진행될 수 있는 임계점은 어떻게 정의되는가?

9-10 식 9-2를 사용하여 계면에너지(σ_{sl})가 SI 단위로 J/m^{2}의 단위를 가진다는 것을 보여라.

9-11 각각 임계반경 r^*를 갖는 구형의 구리 입자가 10^{16}개 있을 때, 총 계면에너지를 계산하라.

9-12 철의 주요 합금원소로 사용되는 원소 중에서, 균일핵생성을 일으키는 데 필요한 과냉이 가장 낮은 원소는 무엇인가? 이것이 어떤 실제적인 의미를 가지는가?

9-13 어떤 용융금속에서 최초의 안정한 고상 핵이 맨 먼저 생성될 때의 총 자유에너지변화가 5.34×10^{-17} J이고, 단위부피당 자유에너지가 -17.7 MJ/m^{3}이라면, 최초로 생기는 안정된 구형 고체의 반경을 대략 계산해보라. 고체-액체 계면의 자유에너지는 100×10^{-3} J/m^{2}이다.

9-14 부록 A에 있는 밀도를 사용하여, 표 9-1에 나타낸 용융잠열의 단위를 J/cm^{3}에서 kJ/kg으로 바꾸어 구하라.

9-15 구형의 핵 대신에 한 변의 길이가 x인 정육면체 형태의 핵이 있다고 가정하자. 이 입방체의 임계크기 x^*를 계산하라. 이 입방체 핵에 대해 식 9-1과 유사한 방정식을 쓴 다음, 식 9-2와 같은 형태의 x^*에 대한 표현식을 유도하라.

9-16 응고 시 왜 과냉이 필요한가? 핵생성되는 고체가 임계반경 r^*일 때, 총 자유에너지의 변화량을 과냉도의 함수로 나타내는 식을 유도하라.

9-17 실험적으로 나타나는 핵은 왜 결정소면(facet)이 나타나지 않고 대부분 구의 형태인가? 즉, 왜 이들은 입방체나 다른 형상으로 나타나지 않고 구의 형태로 나타나는가?

9-18 식 9-2에서 각 항의 의미를 설명하라.

9-19 액체 니켈이 균일핵생성이 발생할 때까지 과냉된다고 가정하자. 다음을 계산하라. 고체 FCC 니켈의 격자상수는 0.356 nm라 가정한다.

(a) 요구되는 핵의 임계반경

(b) 핵에 포함된 니켈원자의 수

9-20 액체 철이 균일핵생성이 발생할 때까지 과냉된다고 가정하자. 다음을 계산하라. 고체 BCC 철의 격자상수는 2.92 Å이라 가정한다.

(a) 요구되는 핵의 임계반경

(b) 핵에 포함된 철원자의 수

9-21 고체 니켈은 22 °C의 과냉만으로도 균일핵생성을 일으킬 수 있었다고 가정하자. 이렇게 균일핵생성을 일으키기 위해서는 몇 개의 원자들이 자발적으로 뭉쳐져야 하는가? 고체 FCC 니켈의 격자상수는 0.356 nm라 가정한다.

9-22 고체 철은 15 °C의 과냉만으로도 균일핵생성을 일으킬 수 있다고 가정하자. 이렇게 균일핵생성을 일으키기 위해서는 몇 개의 원자들이 자발적으로 뭉쳐져야 하는가? 고체 BCC 철의

격자상수는 2.92 Å이라 가정한다.

9-3절 제어된 핵생성의 응용

9-23 접종에 대해 설명하라.

9-24 소량의 티타늄과 붕소를 사용하여 알루미늄합금을 어떻게 강화시킬 수 있는지 설명하라.

9-25 결정립크기강화와 가공경화 기구를 비교하고 대조하여 설명하라.

9-26 2차상강화란 무엇인가?

9-27 많은 무기질 용융체가 금속재료에 비해 더 쉽게 비결정질 재료로 응고되는 이유는 무엇인가?

9-28 유리-세라믹이란 무엇인가? 유리-세라믹은 어떻게 만들어지는가?

9-29 광변색유리란 무엇인가?

9-30 금속유리(metallic glass)란 무엇인가?

9-31 스키리조트에 있는 제설기는 어떻게 눈을 만드는가?

9-4절 핵성장 메커니즘

9-32 용융금속의 응고에서 거치게 되는 두 단계는 무엇인가? 그것들은 시간의 함수로 볼 때 서로 겹칠 수 있는가?

9-33 응고가 일어나는 동안 해당 재료의 비열과 용융잠열이 제거되어야 한다. 이들 용어를 각각 정의하라.

9-34 어떤 조건에서 용융금속이 수지상 응고를 일으킬 것으로 예상되는지 설명하라.

9-35 수지상정이란 무엇이며, 응고 중에 수지상정이 왜 생성되는가?

9-36 표 9-1의 데이터와 아래 주어진 비열 데이터를 사용하여, 각각의 금속에서 수지상정의 분율을 0.5로 유지하는 데 필요한 과냉도를 계산하라.

금속	비열[MJ/(m³ · K)]
Bi	1.27
Pb	1.47
Cu	3.48
Ni	4.75

9-37 은이 다음의 조건에서 핵생성을 일으킬 때, 수지상정의 분율을 계산하라.
(a) 10 ℃의 과냉
(b) 100 ℃의 과냉
(c) 균일핵생성
은의 비열은 3.25 MJ/(m³ · ℃)이다.

9-38 철이 다음의 조건에서 핵생성을 일으킬 때, 수지상정의 분율을 계산하라.
(a) 10 ℃의 과냉
(b) 100 ℃의 과냉
(c) 균일핵생성
철의 비열은 5.78 MJ/(m³ · ℃)이다.

9-39 니켈 주물을 분석해본 결과 응고의 28%가 수지상 방식으로 발생했다는 것이 확인되었다. 핵생성이 발생한 온도를 계산하라. 니켈의 비열은 4.1 MJ/(m³ · ℃) 이다.

9-40 수지상정의 분율을 0.012에서 0.025로 증가시키는 것이 바람직하다. 응고되는 금속의 비열이 일정하다고 가정할 때, 요구되는 과냉의 크기의 증가량을 계산하라.

9-5절 응고시간과 수지상정의 크기

9-41 Chvorinov의 법칙을 쓰고, 각 항의 의미를 설명하라.

9-42 다음에 주어진 데이터와 로그-로그 그래프를 사용하여 Chvorinov의 법칙의 주형상수 B와 지수 n의 값을 구하라.

형상	치수(mm)	응고시간(s)
원통형	반경 = 100, 길이 = 300	5,000
구	반경 = 90	1,800
정육면체	길이 = 60	200
판	길이 = 300, 폭 = 200, 높이 = 10	40

9-43 한 변의 길이가 50.8 mm인 정육면체가 276초 만에 응고한다. $n = 2$라 가정하고, 다음을 계산하라.
(a) Chvorinov의 법칙에서 주형상수

(b) 같은 조건에서 주조된 12.7 mm × 12.7 mm × 152.4 mm 봉재의 응고시간

9-44 직경 5 cm의 구가 1,050초 만에 응고한다. 같은 조건에서 주조된 3 mm × 100 mm × 200 mm 판재의 응고시간을 계산하라. $n = 2$라 가정한다.

9-45 다음의 데이터를 로그-로그 그래프로 나타냄으로써 Chvorinov의 법칙의 상수 B와 n을 구하라.

주물의 치수(mm)	응고시간(s)
12.7 × 203.2 × 305	208.8
50.8 × 76.2 × 254	946.8
63.5 정육면체	610.2
25.4 × 101.2 × 228.6	487.8

9-46 다음의 데이터를 로그-로그 그래프로 나타냄으로써 Chvorinov의 법칙의 상수 B와 n을 구하라.

주물의 치수(mm)	응고시간(s)
10 × 10 × 60	28.58
20 × 40 × 40	98.30
40 × 40 × 40	155.89
80 × 60 × 50	306.15

9-47 직경 3인치의 주물을 제조하였다. 고체-액체 계면이 주물 표면 아래의 서로 다른 거리에 도달하는 데 소요되는 시간을 측정하여 다음 표에 나타내었다. 다음을 결정하라.

표면으로부터의 거리(mm)	시간(s)
2.54	32.6
7.62	73.5
12.70	130.6
19.05	225.0
25.4	334.9

(a) 표면에서 응고가 시작되는 시간

(b) 전체 주물이 고체가 되는 시간

(c) 이 주물의 중심부가 실제로 720초 만에 응고했다고 가정하자. 이 시간이 (b)에서 계산한 시간과 왜 다르게 나타나는지 설명하라.

9-48 부피가 $9.5 \times 10^{-6}\ m^3$이고, 주형과의 접촉면적이 $1 \times 10^{-3}\ m^2$인 주물이 응고하는 데 소요되는 시간은 얼마인가? 주형상수는 $8.38 \times 10^6\ s/m^2$이다.

9-49 크기가 200 mm × 100 mm × 20 mm인 알루미늄합금 판재의 2차수지상정가지간격이 0.1 mm가 되도록 주조하고자 한다(그림 9-6 참조). 주형상수 B는 얼마가 되어야 하는가? ($n = 2$로 가정)

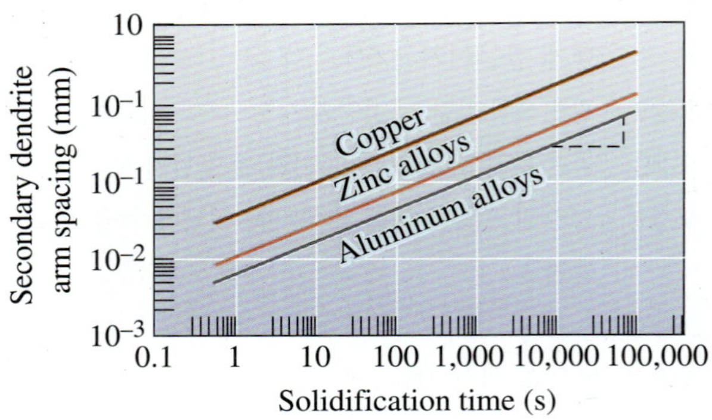

그림 9-6 구리, 아연, 알루미늄의 2차수지상정가지간격에 미치는 응고시간의 영향. (문제 9-49를 위해 반복됨)

9-50 그림 9-5(b)는 어떤 알루미늄합금의 미세조직 사진을 나타낸다. 다음을 추정하라.

(a) 2차수지상정가지간격

(b) 주물의 이 부위에 대한 국부응고시간

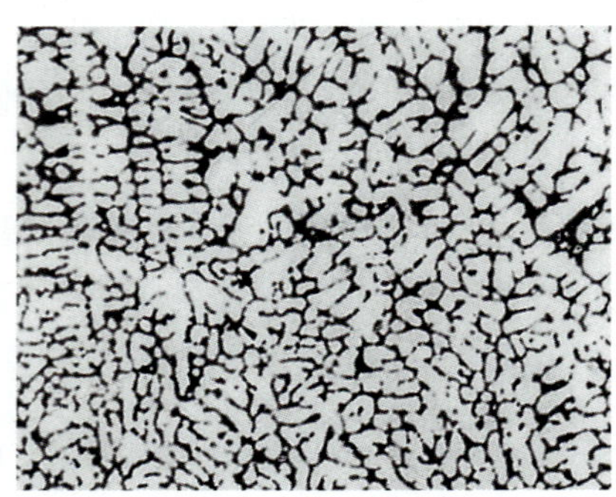

그림 9-5 (b) 알루미늄 합금의 수지상정(× 50). (출처: ASM Handbook, *Vol. 9, Metallography and Microstructure(1985), ASM International, Metals Park, OH 44073-0002*) (문제 9-50을 위해 반복됨)

9-51 다음 표의 데이터를 로그-로그 그래프로 나타냄으로써 2차수지상정가지간격(SDAS)과 국부응고시간을 연관시키는 상수 k와 m을 구하라.

응고시간(s)	SDAS(mm)
156	0.176
282	0.216
606	0.282
1,356	0.374

9-52 그림 9-25는 급속응고시킨 티타늄 분말입자 내의 수지상정을 나타낸다. 티타늄 수지상정의 크기가 알루미늄의 경우와 동일한 관계식으로 응고시간에 관계된다고 할 때, 이 분말입자의 응고시간을 산출하라.

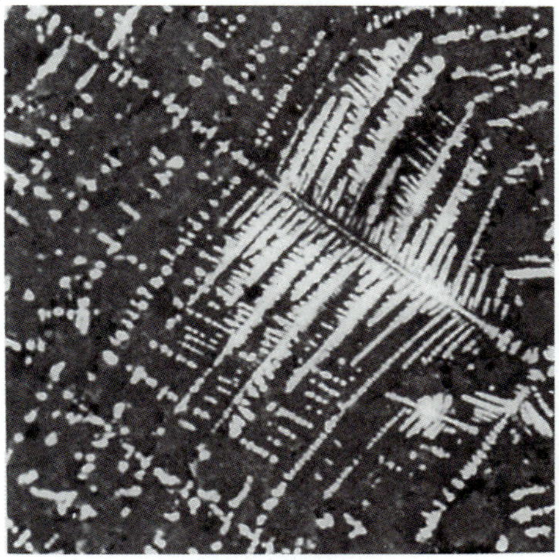

그림 9-25 급속응고법에 의해 티타늄 분말입자 내에 생긴 미세한 수지상정(× 2,200). (연습문제 9-52에 사용) (출처: *J. D. Ayers and K. Moore, "Formation of Metal Carbide Powder by Spark Machining of Reactive Metals"*, in Metallurgical Transactions, *Vol. 15A, June 1984, pp. 1117-1127.*)

9-53 구리의 전자빔용접부에 있는 2차수지상정가지간격은 9.5×10^{-3} mm이다. 이 용접부의 응고시간을 산출하라.

9-54 어떤 아연합금의 SDAS가 0.1 mm이고, m = 0.40이다. 응고시간은 얼마인가?

9-55 그림 9-7에서 인장강도를 나타내는 선의 방정식(기울기, 절편 형태)은 무엇인가? 그리고 이 선을 외삽하였을 때, 인장강도가 영(0)이 되는 SDAS는 얼마가 되겠는가? 이와 같이 추세선을 외삽하는 것이 의미가 있는가?

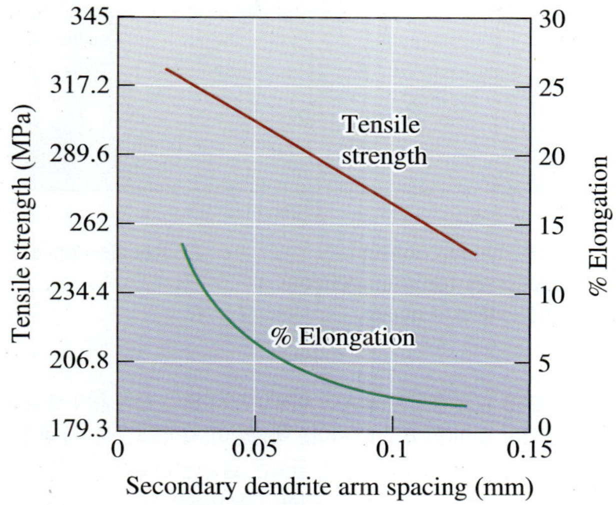

그림 9-7 알루미늄합금 주물의 기계적 특성에 미치는 2차수지상정가지간격의 영향. (문제 9-55를 위해 반복됨)

9-6절 냉각곡선

9-56 순금속의 냉각곡선을 그리고, 각 구간별 명칭을 주의 깊게 표시하라.

9-57 재휘현상(recoalescence)은 무엇을 의미하는가?

9-58 온도정지구간(thermal arrest)은 무엇인가?

9-59 국부응고시간과 총 응고시간이란 용어는 각각 무엇을 말하는가?

9-60 그림 9-8에서 선 *A*-*B* 및 *E* 이후 선의 기울기는 각각 무엇을 나타내는가? 이 값들은 물리적 특성을 나타내는가?

9-61 그림 9-26에 냉각곡선을 나타내었다. 다음을 결정하라.

(a) 주입온도
(b) 응고온도
(c) 과열
(d) 응고가 시작되기 직전의 냉각속도
(e) 총 응고시간
(f) 국부응고시간
(g) 추정할 수 있는 금속의 정체

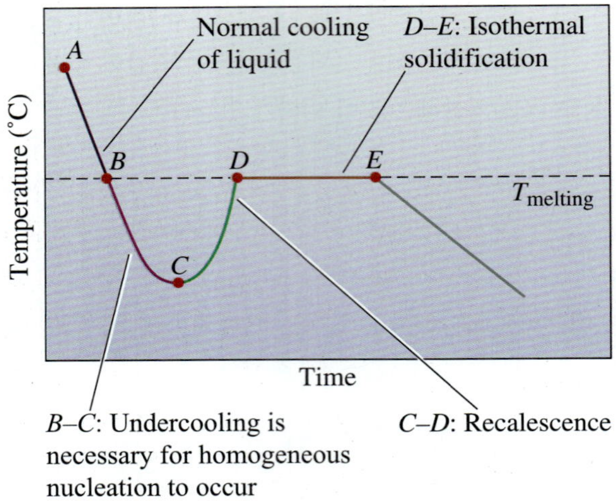

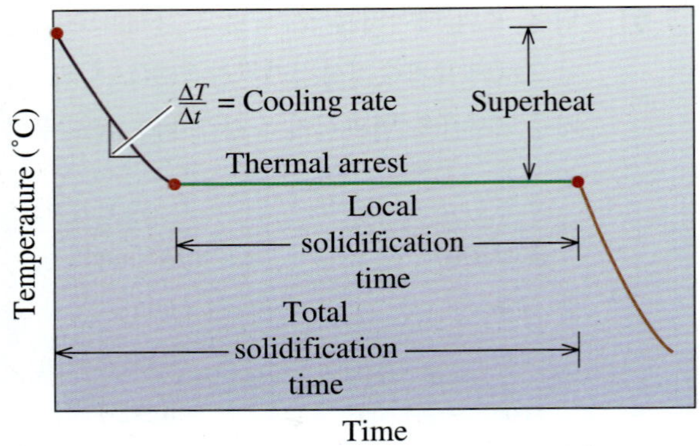

그림 9-8 (a) 충분한 접종이 이루어지지 않은 순금속의 냉각곡선. 액상은 비열이 제거됨으로써 냉각된다(점 A와 B 사이). 과냉이 있어야 하며(점 B와 C 사이), 핵생성이 시작되면(점 C) 용융잠열이 방출되어 액상의 온도가 상승한다. 이 과정을 재휘현상(점 C에서 점 D까지)이라고 한다. 금속은 일정한 온도($T_{melting}$)를 유지하며 응고하다가, 점 E에서 응고가 종료된다. 고상이 된 주물은 이 점부터 계속 냉각된다. (b) 접종이 잘 이루어진 순금속의 냉각곡선. 과냉은 필요하지 않으며 재휘현상도 관찰되지 않는다. 응고는 용융온도에서 시작된다. (문제 9-60을 위해 반복됨)

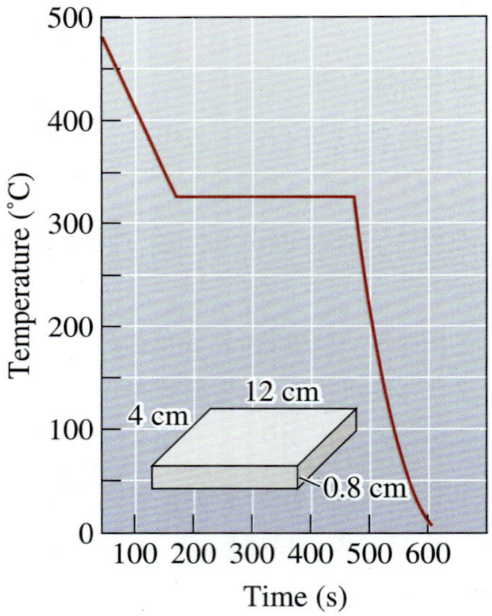

그림 9-26 냉각곡선. (문제 9-61에 사용)

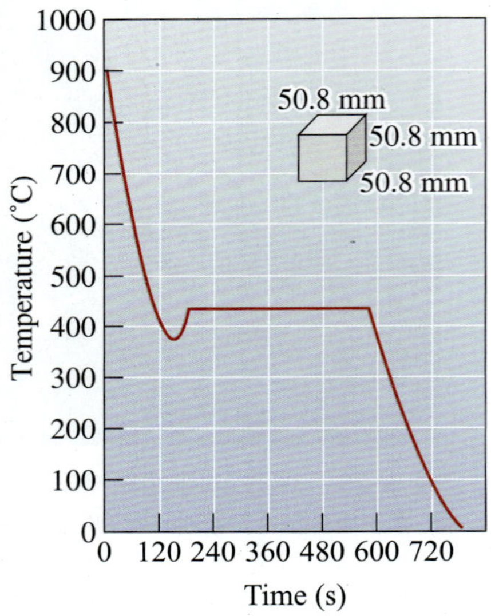

그림 9-27 냉각곡선. (문제 9-62에 사용)

(h) 주어진 냉각곡선이 그림에 표시한 주물의 중심으로부터 얻은 것이라고 할 때, $n = 2$이라고 가정하고 주형상수를 구하라.

9-62 그림 9-27에 냉각곡선을 나타내었다. 다음을 결정하라.

(a) 주입온도

(b) 응고온도

(c) 과열

(d) 응고가 시작되기 직전의 냉각속도

(e) 총 응고시간

(f) 국부응고시간

(g) 과냉도

(h) 추정할 수 있는 금속의 정체

(i) 주어진 냉각곡선이 그림에 표시한 주물의 중심으로부터 얻은 것이라고 할 때, $n = 2$이라고 가정하고 주형상수를 구하라.

9-63 그림 9-28은 원통형 알루미늄 주물 내의 여러 위치에서 얻은 냉각곡선을 나타낸다. 각각의 위치별로 국부응고시간과 2차수지상정가지간격(SDAS)을 결정한 다음, 주물 표면으로부터의 거리에 따른 인장강도의 변화를 그려보라. 이 주물의 경우, 최종 마감작업(finishing) 시 주물의 표면으로부터 다량 혹은 소량의 재료를 절삭가공하여 제거하도록 설계하는 것이 바람직하다고 생각되는가? 설명해보라.

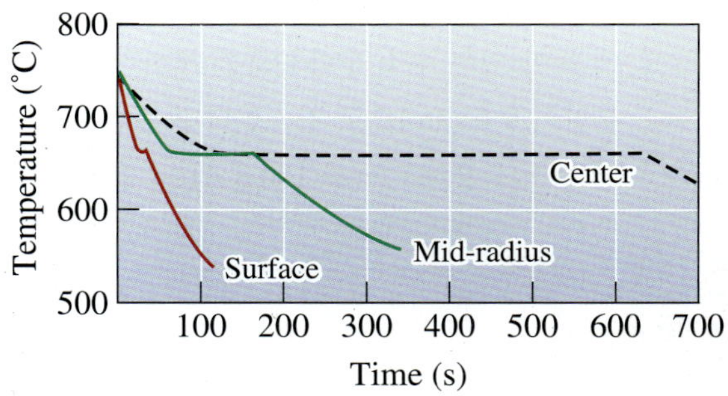

그림 9-28 냉각곡선. (문제 9-63에 사용)

9-7절 주조조직

9-64 주조 부품의 거시조직에서 예측되는 특징은 무엇인가? 스케치를 사용하여 설명하라.

9-65 주조된 재료에서 응고는 왜 항상 주형벽에서 시작되는가?

9-66 단조된 부품에서는 왜 주조된 주괴조직이 보이지 않는가?

9-8절 응고결함

9-67 어떤 주물 결함이 터빈블레이드와 같은 주조 부품의 돌발적인 파괴를 일으키는 요인이 되는가? 주물에서 기공을 방지하기 위해 어떤 주의를 해야 하는가?

9-68 일반적으로 주조제품은 단조, 압연, 압출 등의 공정을 통해 제조한 부품에 비해 파괴인성이 낮은 경향이 있다. 왜 그런지 설명하라.

9-69 압탕이란 무엇인가? 압탕은 왜 주물이 완전히 응고한 뒤에 응고되도록 설계해야 하는가?

9-70 압탕의 H/D 비가 1.0일 경우, 25.4 mm × 152.4 mm × 152.4 mm의 주물에 수축결함이 생기지 않도록 하는 데 필요한 원통형 압탕의 부피, 직경, 높이를 계산하라.

9-71 압탕의 H/D 비가 1.5일 경우, 101.6 mm × 254 mm × 508 mm의 주물에 수축결함이 생기지 않도록 하는 데 필요한 원통형 압탕의 부피, 직경, 높이를 계산하라.

9-72 그림 9-29는 주물에 붙인 원통형 압탕을 나타낸다. 주물의 각 단면과 압탕에 대해 응고시간을 비교하고, 이 압탕이 효과적일지 여부를 결정하라.

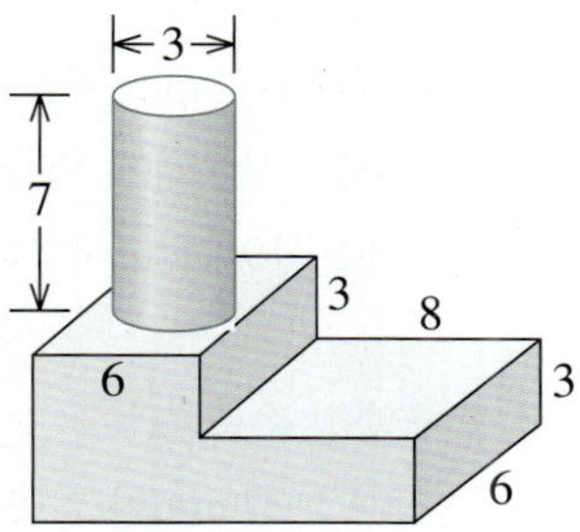

그림 9-29 계단형 블록 주물. (문제 9-72에 사용)

9-73 그림 9-30은 주물에 붙인 원통형 압탕을 나타낸다. 주물의 각 단면과 압탕에 대해 응고시간을 비교하고, 이 압탕이 효과적일지 여부를 결정하라.

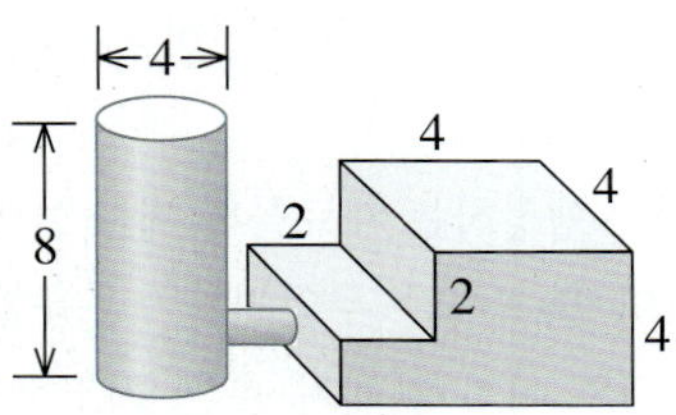

그림 9-30 계단형 블록 주물. (문제 9-73에 사용)

9-74 내경 300 mm, 높이가 2 m인 속이 빈 실린더 형상의 알루미늄 주괴용 주형이 있다. 이 주형을 935 K의 알루미늄 용탕으로 채운다고 할 때, 주괴 내에 생성될 수 있는 구형 수축공의 최대 크기는 얼마인가?

9-75 직경 101.6 mm인 구형의 액체 구리를 응고시켜, 주물의 중심에 구형의 수축공을 만든다고 생각하자. 이 구리 주물 내에 생성되는 수축공의 부피와 직경을, 같은 형상의 액체 철을 응고

시켜 얻게 되는 수축공의 경우와 비교해보라.

9-76 액체금속을 한 변이 101.6 mm인 정육면체로 응고시킨다고 하자. 응고된 주물에서 직경 37.85 mm인 구형의 수축공이 관찰되었다. 응고과정 중에 발생한 부피변화율(%)을 구하라.

9-77 크기가 20 mm × 40 mm × 60 mm인 마그네슘 주물을 제조한 다음, 상온까지 냉각시킨 뒤 측정한 주물의 무게는 80 g이었다. 다음을 구하라.

(a) 이 주물의 중심에 생긴 수축공의 부피

(b) 응고과정 중에 발생한 수축률(%)

9-78 크기가 50.8 mm × 203.2 mm × 254 mm인 철 주물을 제조한 다음, 상온까지 냉각시킨 뒤 측정한 주물의 무게는 19.91 kg이었다. 다음을 구하라.

(a) 응고과정 중에 생긴 수축률(%)

(b) 수축이 모두 직경 1.27 mm인 기공의 형태로 나타난다고 가정할 때, 주물에 존재하는 기공의 수

9-79 액체갈륨이 들어 있는 위가 열린 용기를 얇은 고체의 '케이크'가 생길 때까지 냉각시킨다고 하자. 이 케이크는 상부에 생길 것인가 아니면, 하부에 생길 것인가? 액체갈륨 상부의 공기는 흐름이 없고, 표면을 전혀 냉각시키지 못한다고 가정한다.

9-80 응고 중에 팽창하는 재료들의 예를 들어보라.

9-81 Sievert의 법칙이란 무엇인가? 용융합금에서 기체기공을 어떻게 제거 또는 최소화시킬 수 있는가?

9-82 스테인리스강의 제조에서 사용되는 아르곤산소탈탄법이란 무엇인가?

9-83 액체 마그네슘을 20 mm × 20 mm × 240 mm의 주형에 부어 일방향응고시킨 결과 모든 응고수축이 주물의 240 mm 길이방향을 따라 발생하였다. 완전히 응고가 끝난 직후 주물의 길이를 구하라.

9-84 어떤 액체 주철의 밀도는 7,650 kg/m^{3}이다. 응고가 끝난 직후, 고체 주철의 밀도는 7,710 kg/m^{3}로 확인되었다. 응고과정 중에 발생한 부피변화율(%)을 구하라. 이 주철은 응고 중에 팽창하는가? 아니면 수축하는가?

9-85 구리 용탕은 대기압에서 0.01wt%의 산소를 함유한다. 이 구리 용탕을 주형에 붓기 전에 산소를 제거하기 위해 진공실에 넣고 1 Pa까지 감압시킨다고 하자. 이와 같은 탈가스처리를 한 후 구리에 함유되어 있는 산소의 양을 계산하라.

9-86 그림 9-14를 사용하여, 수소의 분압이 1 atm일 때, 응고가 시작되기 바로 직전 액체 알루미늄에 녹아 있는 수소의 용해도를 구하라. 수소의 분압이 0.01 atm으로 감소한다면 같은 온도에서 수소의 용해도(cm^3/100 g Al)는 얼마인가?

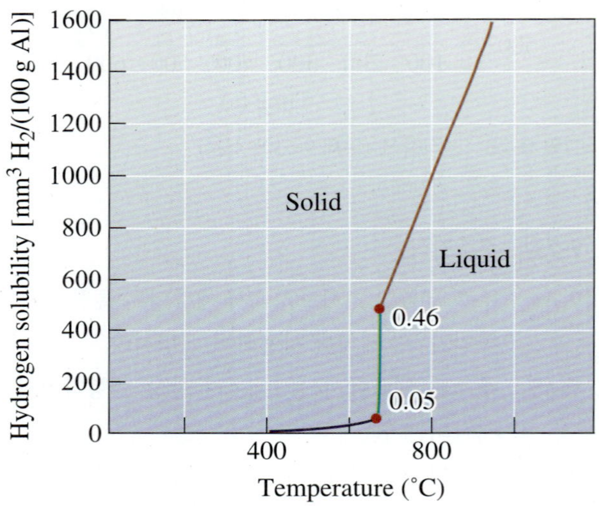

그림 9-14 H_2의 분압이 1 atm일 때 알루미늄 내 수소가스의 용해도. (문제 9-86을 위해 반복됨)

9-87 액체알루미늄 내의 수소 용해도는 715 °C에서 1 cm^3/100 g Al이다. 만일 이 수소 모두가 응고 중에 기체 방울로 석출되어 주물 내에 갇혀 있다고 할 때, 고체 알루미늄 내의 기체의 부피분율(%)을 계산하라.

9-88 예제 9-7을 복습하라. 미국의 진공펌프 산업계에서 진공을 표시하는 데 보통 사용하는 방법은 수은주의 높이를 인치(inch)로 나타내는 것이다. 예를 들어, 대기압은 높이 760 mm의 수은주(760 mmHg)이다. 예제에서 구한 압력을 in. Hg로 변환하라.

9-9절 부품제조를 위한 주조공정

9-89 생형조형 공정을 설명하라.

9-90 가압다이캐스팅으로 만든 주물이 사형주조법으로 제조한 주물에 비해 더 강도가 높은 이유는 무엇인가?

9-91 어떤 합금이 사형과 금형을 사용하여 어떤 형상으로 주조되었다. 어느 주물이 더 강도가 높겠는가? 그 이유는 무엇인가?

9-92 인베스트먼트주조(investment casting)란 무엇인가? 인베스트먼트주조의 이점은 무엇인가? 왜 이 주조법이 터빈블레이드를 주조할 때 종종 사용되는지 설명하라.

9-93 가압다이캐스팅 공정에서는 압력이 왜 핵심요소인가?

9-10절 연속주조 및 주괴주조

9-94 원광석(ore)이란 무엇인가?

9-95 철광석, 코크스, 석회석부터 시작하여 강철이 어떻게 만들어지는지 간략히 설명하라.

9-96 합금을 제조하는 데 스크랩(scrap)이 어떻게 사용되는지 설명하라.

9-97 주괴(ingot)란 무엇인가?

9-98 강철 및 기타 합금에 대한 연속주조의 중요성이 부각되고 있는 이유는 무엇인가?

9-99 연속주조 공정에 이어지는 후속 단계로 어떤 것들이 있는가?

9-11절 일방향응고, 단결정성장, 원자층성장

9-100 일방향응고를 정의하라.

9-101 단결정을 성장시키는 데 있어서 핵생성과 성장의 역할을 설명하라.

9-12절 고분자 및 무기질 유리의 응고

9-102 왜 대부분의 플라스틱은 비결정질 및 결정질 영역을 포함하고 있는가?

9-103 구정(spherulite)이란 무엇인가?

9-104 제조공정이 고분자의 결정성에 어떤 영향을 줄 수 있는가?

9-105 왜 규산염유리는 비결정질 유리를 형성하려는 경향을 가지는 반면, 금속 용탕은 일반적으로 쉽게 결정화되는지 설명하라.

9-13절 금속재료의 접합

9-106 경납땜(brazing)과 납땜(soldering)을 정의하라.

9-107 용융용접, 경납땜, 납땜 사이의 차이점은 무엇인가?

9-108 열영향부(heat-affected zone)란 무엇인가?

9-109 낮은 세기의 열원을 사용할 때 용접부에서 소재의 강도가 왜 감소하는지 설명하라.

9-110 레이저용접과 전자빔용접 공정을 사용하면 왜 더 높은 용접부 강도를 얻을 수 있는가?

설계문제

9-111 수소농도가 6×10^{-8} m^3 H$_2$/100 g Al인 조건에서 알루미늄을 녹였다. 응고 중에 수소기체 기포가 생기지 않도록 하려면 수소농도를 2×10^{-9} m^3 H$_2$/100 g Al 이하로 유지해야 한다는 것을 알게 되었다. 수소기체 기포가 발생하지 않도록 보장하기 위한 알루미늄 용탕 처리공정을 설계하라.

9-112 두께가 12.7 mm인 두 개의 구리 판재를 아크용접 공정으로 접합시키는 경우, 용융대는 SDAS가 0.06 mm인 수지상정을 함유하게 된다. 그러나 이 공정은 용접부에 큰 잔류응력을 발생시킨다. 이 잔류응력은 0.2 mm 이상의 SDAS를 생성시키는 용접조건에서는 낮게 나타난다는 것을 알게 되었다. 낮은 잔류응력을 나타내는 공정을 설계하고, 그렇게 설계한 이유를 설명하라.

9-113 그림 9-31에 나타낸 형상의 주물에 대해 효과적인 압탕시스템을 설계하라. 압탕시스템을 그림으로 나타내고, 대략적인 치수를 표시하라.

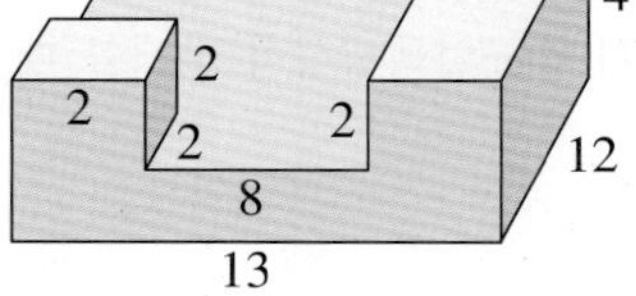

그림 9-31
압탕을 붙여야 할 주물.
(문제 9-113에 사용)

림으로 나타내고, 대략적인 치수를 표시하라.

9-114 균일한 특성과 고강도를 나타내는 강철 주물을 제조하는 공정을 설계하라. 여러분이 제어하기를 원하는 미세조직 특징을 포함시키고, 어떻게 그렇게 할 것인지 설명하라.

9-115 강철 주형 속으로 알루미늄 용탕을 가압하여 주입시킴으로써(다이캐스팅) 주물을 제조하고자 한다. 주물은 길이가 305 mm, 직경이 50.8 mm인 원통형으로서 균일한 벽 두께를 가지고 있고, 최소 276 MPa의 인장강도를 가져야 한다. 그림 9-7에 나타낸 기계적 특성을 사용하여 주물과 제조공정을 설계하라.

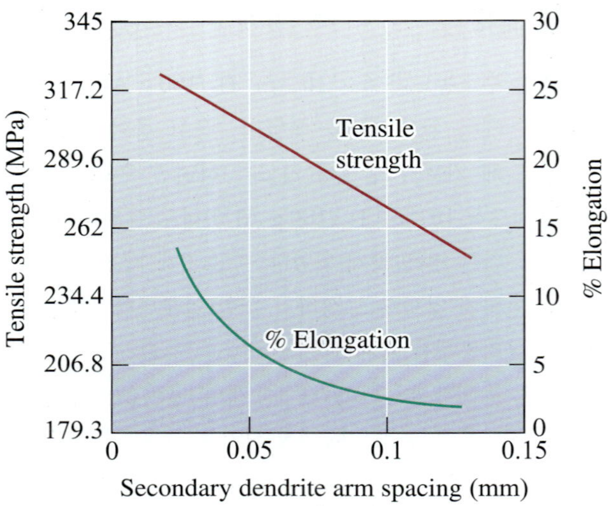

그림 9-7 알루미늄합금 주물의 기계적 특성에 미치는 2차수지상정가지간격의 영향. (문제 9-115를 위해 반복됨)

컴퓨터문제

9-116 **균일핵생성을 위한 임계반경** 핵생성을 위한 임계반경(r^*)을 계산하는 컴퓨터 프로그램을 작성하라. 이 프로그램은 사용자에게 σ_{sl}, T_m, 과냉도(ΔT), 용융잠열(ΔH_f)을 입력하도록 요청해야 한다. 프로그램에서 각각의 값이 올바른 단위로 입력되도록 지시 메시지를 확인하라.

9-117 **불균일핵생성으로 임계크기의 핵이 생성되는 데 필요한 자유에너지** 불균일핵생성이 발생할 때 임계크기의 핵이 생성되는 데 필요한 자유에너지($\Delta G^*_{\text{hetero}}$)는 다음과 같이 주어진다.

$$\Delta G^*_{\text{hetero}} = \Delta G^*_{\text{homo}} f(\theta)$$

여기서, $f(\theta) = (2 + \cos\theta)(1 - \cos\theta)^2/4$이고, ΔG^*_{homo}는 $\dfrac{16\pi\sigma^3_{sl}}{3\Delta G^2_v}$로 주어지며, 이는 균일핵생성에 의해 임계크기의 핵이 생성되는 데 필요한 자유에너지이다. 만일 기존 표면에서 핵생성되는 상의 접촉각(θ)이 180°이면, 이 상은 표면을 적시지 못하고(no wetting) $f(\theta)$는 1이 되며, 임계반경을 갖는 핵이 생성되는 데 필요한 자유에너지는 균일핵생성에 대한 것과 같아진다. 만일 핵생성되는 상이 고체표면을 완전히 적시면(즉, $\theta = 0$), $f(\theta)$는 0이 되고, 핵생성에 대한 장벽이 전혀 없어진다. 사용자에게 균일핵생성으로 핵을 형성하는 데 필요한 자유에너지를 계산하기 위해 필요한 각 매개변수의 값을 입력하도록 요청하는 컴퓨터 프로그램을 작성하라. 그러고 나서 이 프로그램으로 0~180°에 걸쳐 접촉각의 함수로 $\Delta G^*_{\text{hetero}}$의 값을 계산해야 한다. 접촉각의 함수로 자유에너지 값의 변화를 조사하라.

9-118 **Chvorinov의 법칙** 주물의 응고시간을 계산하는 컴퓨터 프로그램을 작성하라. 이 프로그램은 사용자에게 주물의 부피, 열전달이 발생하게 될 표면적, 주형상수를 입력하도록 요청해야 한다. 그러고 나서 이 프로그램은 Chvorinov의 법칙을 사용하여 응고시간을 계산해야 한다.

Knovel® 활용 문제

K9-1 냉경백주철(chilled white iron)이란 무엇이며, 이것은 어디에 사용되는가?

K9-2 냉경백주철에 존재하는 결함에는 어떤 것들이 있는가?

깁스(Josiah Willard Gibbs, 1839~1903)는 미국의 뛰어난 물리학자이자 수학자로서 열역학적 평형에 관한 분야에서 대단히 중요한 선구자적 역할을 했다. (*Frontpiece* of The Scientific Papers of J. Willard Gibbs, *in two volumes, eds. H. A. Bumstead and R. G. Van Name, (London and New York*: *Longmans, Green, and Co., 1906.*)

CHAPTER 10

고용체와 상평형

다음과 같이 궁금해 해본 적이 있는가?

- 한 재료의 고체, 액체, 기체 형태가 서로 공존하는 것이 가능한가?
- 적색 발광다이오드(LED)를 만들기 위해 어떤 재료가 사용되는가?
- 황동과 같은 합금이 응고할 때, 어떤 원소가 먼저 응고할까? 구리일까 아니면 아연일까?

제10장의 주요 학습목표

- **Gibbs**의 상률(**phase rule**)을 서술하고 적용하는 것.
- 고용체(**solid solution**)가 형성될 수 있는 조건을 서술하는 것.
- 금속재료에서 고용체가 형성됨으로써 기계적 성질에 어떤 영향을 미치는지 설명하는 것.
- 순수한 원소 각각의 융점과 각 영역별 존재하는 상을 나타내는 전율고용 상태도를 그리는 것.
- 전율고용 상태도의 임의의 점에 대해 존재하는 각 상의 양과 조성을 계산하는 것.

금속재료의 강도가 다음과 같은 방법으로 향상될 수 있음을 알아보았다.

(a) 결정립크기강화(Hall-Petch 식)

(b) 냉간가공 또는 변형경화

(c) 미세한 2차상입자의 생성

(d) 소량의 합금원소 첨가

소량의 원소들을 첨가하면, 고용체로 알려진 고체재료가 형성된다. 고용체(solid solution)란 재료 전체에 걸쳐 균일하게 분포되어 있는 두 가지 이상의 원자나 이온으로 구성되어 있는 고체를 말한다. 불순물 또는 용질(solute)원자는 결정 내의 정상격자점이나 침입형자리(interstitial site)에 놓일 수 있다. 조성을 조절하여 이들 점결함의 양을 제어함으로써 고용체의 기계적 성질 및 기타 특성을 조종할 수 있다. 예를 들어, 금속재료에서 불순물이나 용질원자에 의해 생성된 점결함은 결정재료의 원자배열을 흩트려서, 전위의 이동을 방해하므로 고용체강화를 일으킨다.

제조공정 중에 합금원소를 첨가하거나 불순물이 유입되면, 재료의 조성이 바뀌어 응고 거동에 영향을 준다. 이 장에서는 평형상태도의 개념을 도입함으로써 이러한 효과에 대해 공부하고자 한다. 우선 지금은 '상(phase)'을 재료가 갖는 독특한 형태로 생각하자. 나중에 이 장에서 '상'에 대해 좀 더 정확하게 정의할 것이다. 상태도는 한 세트의 원소들(예: Al과 Si)에 대한 서로 다른 상의 안정성을 그림으로 나타낸 것이다. 상태도로부터 재료가 평형조건에서 어떻게 응고하는지를 예측할 수 있다. 또한 어떤 상들이 열역학적으로 안정할 것으로 기대되는지, 얼마의 농도에서 그런 상들이 존재할 것인지 예측할 수 있다.

10-1 상평형과 상태도

순수한 금속원소를 공학적으로 사용하는 예가 있다. 예를 들어, 초고순도 구리나 알루미늄은 미세전자회로를 만드는 데 사용된다. 그러나 대부분의 용도에는 합금(alloy)을 사용한다. '합금'이란 금속재료의 특성을 나타내는 재료로서 다수의 원소로 구성된 재료로 정의한다. '보통탄소강(plain carbon steel)'이란 철(Fe)과 탄소(C)로 이루어진 합금을 말한다. 내식성이 강한 스테인리스강(stainless steel)은 철, 탄소, 크롬(Cr), 니켈(Ni)과 약간의 기타원소들로 이루어진 합금이다. 합금에는 단상합금(single-phase alloy)과 다상합금(multiple-phase alloy)의 두 가지 형태가 있다. 이 장에서는 단상합금의 거동에 대해 공부하고자 한다. 그 첫 단계로서 '상(phase)'을 정의하고, 상률(phase rule)이 고상, 액상, 기상과 같은 순금속의 상태를 결정하는 데 어떻게 도움이 되는지 알아보자.

상(相)이란 물리적으로 균질한 영역으로서, 다른 부분과 분리될 수 있는 표면으로 구분되어 있는 어떤 시스템의 일부 또는 전체 영역이라고 정의할 수 있다. 예를 들어, 물은 액체의 물, 고체의 얼음, 그리고 수증기의 세 가지 상을 가지고 있다. 상은 다음과 같은 특징을 가진다.

1. 전체적으로 같은 결정구조 또는 원자배열
2. 전체적으로 대략 같은 조성과 특성
3. 상과 주위 또는 인접한 상 사이에 존재하는 분명한 계면

예를 들어, 얼음 덩어리를 진공실 안에 넣으면[그림 10-1(a)], 얼음은 녹기 시작하고 물의 일부는 기화된다. 이러한 조건에서는 세 가지 상, 즉 고체 H_2O, 액체 H_2O, 기체 H_2O가 공존한다. 이들 H_2O의 각 형태는 별개의 상이다. 각각 고유한 원자배열, 독특한 특성, 그리고 각 형태 사이에 분명한 경계를 가지고 있다. 이 경우 각 상은 동일한 조성을 가지고 있다.

상률 Gibbs는 미국의 뛰어난 물리학자이자 수학자로서 열역학적 평형에 관한 분야에서 대단히 중요한 선구자적 역할을 했다.

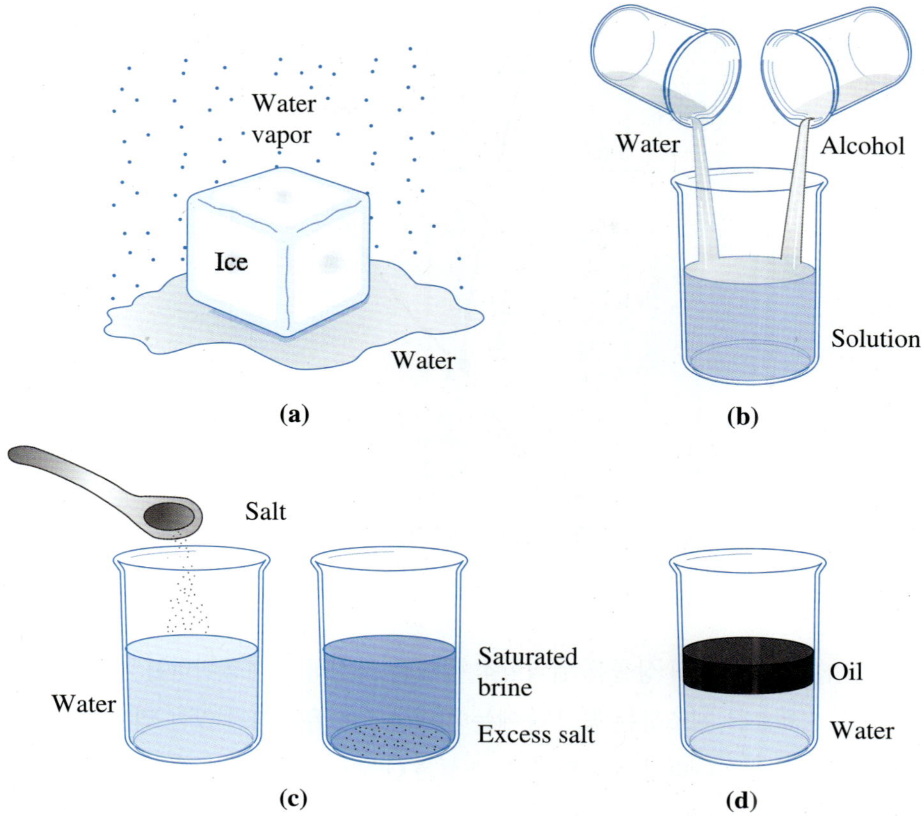

그림 10-1 상과 용해도에 대한 그림 설명. (a) 물의 세 가지 형태인 기체, 액체, 고체는 각각 하나의 상이다. (b) 물과 알코올은 무한용해도를 가진다. (c) 소금과 물은 제한된 용해도를 가진다. (d) 물과 기름은 사실상 서로 용해도를 갖지 않는다.

그는 1875~1876년에 상률(phase rule)을 발전시켰다. 상률이란 주어진 시스템을 이루는 성분의 수와 상의 수 그리고 온도, 압력 등과 같이 변화될 수 있는 조건들 사이의 관계를 설명하는 법칙으로서, 일반적으로 다음과 같이 나타낸다.

$$2 + C = F + P \text{ (온도와 압력이 모두 변할 수 있는 경우)} \tag{10-1}$$

Gibbs의 상률을 쉽게 기억하려면 다음과 같이 하면 된다. 먼저 숫자로부터 시작하여, C, F, P와 같이 알파벳순으로 배열되고 모두 양의 부호를 갖는다는 사실을 기억하는 것이다. 여기서, C는 화학적으로 독립적인 성분(component)으로서 보통 원소 또는 화합물이다. F는 자유도의 수, 또는 평형상태에 있는 상의 수를 변화시키지 않으면서 독립적으로 변화될 수 있는 온도, 압력, 조성과 같은 변수의 수이다. 그리고 P는 존재하는 상의 수이다(P를 '압력'과 혼동하지 말 것). 식 10-1에 있는 상수 '2'는 온도 및 압력 모두를 변화시킬 수 있다는 것을 의미한다. '화학적으로 독립적인' 것은 시스템을 정의하는 데 필요한 서로 다른 원소 또는 화합물의 수를 말한다. 예를 들어, 물(H_2O)은 H_2O에 들어 있는 H와 O의 농도를 독립적으로 변화시킬 수 없으므로 1성분계로 간주한다.

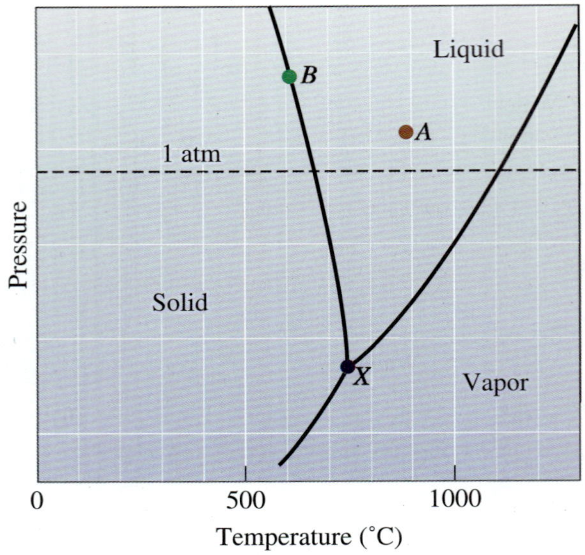

그림 10-2 마그네슘에 대한 1원계상태도. 1기압에서의 용융온도와 기화온도를 나타낸다. 여기서, 점 X는 삼중점이다.

Gibbs의 상률은 열역학적 평형을 가정하고 적용된다는 사실을 염두에 두어야 한다. 재료를 제조하는 공정 중에는 평형조건이 유지되지 않는 경우가 흔히 발생하기 때문에, 실제로 나타나는 상의 수와 조성은 Gibbs의 상률에 따라 예측할 수 있는 것보다 크게 다를 수 있다.

그밖에 염두에 두어야 할 것으로서, 상은 항상 고체, 액체, 기체의 형태로만 나타나는 것은 아니라는 점이다. 철(Fe)과 같은 원소는 FCC와 BCC 결정구조로 존재할 수 있다. 이 두 가지 형태의 고체 철은, 철이 가질 수 있는 두 개의 다른 상으로서, 각기 다른 온도 및 압력 조건에서 안정하다. 마찬가지로, 얼음도 여러 개의 결정구조를 가질 수 있다. 탄소는 흑연이나 다이아몬드와 같은 형태로 존재할 수 있는데, 이들은 탄소가 가질 수 있는 여러 가지 상들 중 두 가지 예에 불과하다.

상률을 적용하는 한 예로서, 순 마그네슘(Mg)을 생각해보자. 그림 10-2는 성분이 하나인(C = 1) 1원계상태도(unary phase diagram)를 나타낸 것으로서 각 선은 액상, 고상, 기상을 구분한다. 1원계상태도는 압력-온도 또는 P-T 상태도(P-T diagram)라고도 한다. 1원계상태도에는 오직 하나의 성분만 있는데, 이 경우에는 마그네슘만 존재한다. 그러나 온도 및 압력에 따라 하나, 둘 또는 세 개의 상이 공존할 수 있다. 즉 고체 마그네슘, 액체 마그네슘, 기체 마그네슘이 공존할 수 있는 것이다. 점선으로 표시한 대기압(1기압) 조건에서는, 점선이 상태도의 각 선과 만나는 교차점이 일반적인 마그네슘의 용융온도 및 기화온도이다. 압력이 매우 낮으면, 가열 시 고체 마그네슘이 승화(sublime)되므로, 녹는 과정 없이 바로 기체가 될 수 있다.

이 상태도(그림 10-2)에서 마그네슘이 점 A로 표시한 온도 및 압력 조건에 있다고 가정해보자. 이 점에서 마그네슘은 전체가 액상이다. 상의 수는 1(액체)이다. 상률을 적용하면, 자유도가 2라는 것을 알 수 있다. 식 10-1로부터 자유도를 계산하면 다음과 같다.

$$2 + C = F + P, \quad \text{따라서} \quad 2 + 1 = F + 1 (\text{즉 } F = 2)$$

이 값은 무엇을 의미할까? 그림 10-2에 나타낸 바와 같이, 상태도 상에 액체로 표시된 범위 내에서는 압력, 온도 또는 이 두 가지 모두를 변화시킬 수 있다는 것을 의미한다. 달리 말해, 이 상태도의 액상영역의 어느 위치에 있는지를 정확히 알기 위해서는 온도 및 압력 모두를 고정시켜야 한다는 것이다.

이 상태도의 고상과 액상 사이의 경계에 있는 점 B를 생각해보자. 성분의 수, C는 여전히 1이다. 그러나 점 B에서는 고체와 액체가 공존하며, 상의 수 P는 2이다. 상률의 식 10-1로부터,

$$2 + C = F + P, \quad \text{따라서} \quad 2 + 1 = F + 2 (\text{즉 } F = 1)$$

그러므로 하나의 자유도만 있다는 것을 알 수 있다. 이는, 예를 들어 온도를 변화시키면, 고체와 액체가 공존하는 구역에 있기 위해서는 압력 또한 변해야 한다는 것을 나타낸다. 반대로 압력을 고정시키면, 고액공존 구역에 있기 위해 그에 해당하는 온도가 이 상태도로부터 정해진다는 것을 말해준다.

마지막으로, 점 X에서는 고체, 액체, 기체가 공존한다. 성분의 수는 여전히 1이지만 상은 세 개가 있다. 자유도의 수는

$$2 + C = F + P, \quad \text{따라서} \quad 2 + 1 = F + 3 (\text{즉 } F = 0)$$

과 같이 되어 0이 된다. 즉, 온도 및 압력 모두가 고정될 경우에만 세 개의 상이 함께 공존하게 된다. 고상, 액상, 기상이 평형상태에서 공존하게 되는 위 상태도 상의 점을 삼중점(triple point)이라고 한다(그림 10-2).

예제 10-1 항공우주 부품의 설계

마그네슘(Mg)은 밀도가 낮은 재료(ρ_{Mg} = 1.738 g/cm^3)이기 때문에 외계 우주환경에 진입하는 우주선의 용도로 제안되어 왔다. 이것은 적절한 설계인가?

풀이

우주에서는 압력이 매우 낮다. 따라서 고체 마그네슘은 비교적 낮은 온도에서도 증기로 변하기 시작하기 때문에 금속의 손실을 유발함으로써 우주선을 손상시킬 수 있다. 또한 태양광선은 우주선에 열을 가해 마그네슘의 손실 속도를 증가시킬 수 있다.

밀도가 낮으면서 높은 비등점을 가지는 재료, 즉 임의의 주어진 온도에서 더 낮은 기체 분압을 가지는 재료가 보다 나은 선택이 될 것이다. 대기압에서 마그네슘의 비

등점이 1,107 ℃인 반면, 알루미늄은 2,494 ℃에서 기화되고, 베릴륨(Be)은 2,770 ℃에서 기화된다. 알루미늄과 베릴륨이 마그네슘에 비해 다소 밀도가 높기는 하지만 둘 다 더 나은 선택이 될 것이다. 그러나 베릴륨 및 다수의 베릴륨 화합물이 갖는 독성 때문에 알루미늄을 우선적으로 선택하는 것이 좋다.

그밖에도 고려해야 할 다른 요인들이 있다. 하중을 전달하는 부품의 경우에는 밀도만 고려할 것이 아니라 상대적인 강도도 고려해야 한다. 따라서 밀도에 대한 영의 계수(Young's modulus)의 비 또는 밀도에 대한 항복강도의 비가 서로 다른 재료들을 비교하는 데 있어서 더 좋은 기준이 될 수 있다. 이러한 방식으로 비교하는 경우에 염두에 두어야 할 것은, 예를 들어, 항복강도는 미세조직에 크게 영향을 받을 수 있고 알루미늄은 알루미늄합금의 형태가 되면 밀도 차이가 거의 없으면서도 강도가 크게 향상될 수 있다는 것이다. 이 밖에, 대기권에 재진입할 때 발생하는 산화와 같은 요인들도 고려해야 한다.

10-2 용해도와 고용체

새로운 상을 생성하지 않으면서, 각 재료나 성분을 얼마나 많이 서로 섞을 수 있는지를 알면 매우 유리하다. 서로 다른 성분이나 재료를 혼합하기 시작하면, 금속에 합금원소를 첨가할 때와 같이 고용체(solid solution)나 용액(liquid solution)이 생성될 수 있다. 예를 들어, 물에 설탕을 첨가하면 설탕물 용액이 생긴다. 즉 바꾸어 말하자면, 물에 대한 설탕의 용해도, 니켈에 대한 구리의 용해도, 실리콘에 대한 인의 용해도 등과 같이, 한 재료의 다른 재료에 대한 용해도(solubility)를 알아보자.

무한용해도 한 잔의 물과 한 잔의 알코올이 있다고 하자. 물이 하나의 상이고 알코올은 또 하나의 상이다. 만약 물을 알코올에 붓고 저어주면, 오직 하나의 상만이 생성된다[그림 10-1(b)]. 이 잔은 특유의 특성과 조성을 갖는 물과 알코올로 된 용액을 담고 있다. 물과 알코올은 서로 용해가 가능하다. 더욱이 이들은 무한용해도(unlimited solubility)를 나타낸다. 즉, 물과 알코올의 비에 관계없이 서로 섞으면 오직 하나의 상만이 생성된다.

마찬가지로 액체 구리와 액체 니켈을 임의의 비율로 섞으면, 오직 하나의 액상이 생성된다. 니켈과 구리는 액체상태에서 서로 무한한 용해도를 나타내기 때문에, 생성된 액체합금은 내부 어디에서나 같은 조성과 특성을 갖는다[그림 10-3(a)].

액체 구리-니켈 합금을 열적 평형을 유지하면서 응고시킨 다음 상온까지 냉각시키면 오직 한 개의 고상이 생성된다. 응고 후에 구리와 니켈 원자는 서로 분리되는 것이 아

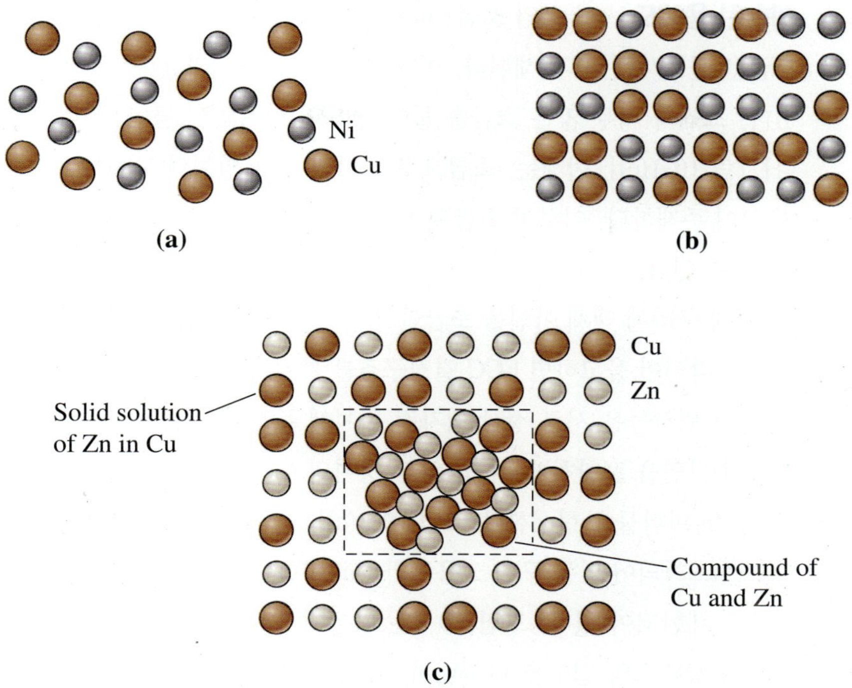

그림 10-3 (a) 액체구리와 액체니켈은 서로 완전히 용해될 수 있다. (b) 고체 구리-니켈 합금은 서로 완전한 고용도를 나타내며, 구리와 니켈 원자들은 임의의 격자자리를 무작위로 차지하고 있다. (c) 30% 이상의 아연을 함유하는 구리-아연 합금에서는 구리에 대한 아연의 제한된 고용도 때문에 2차상이 형성된다.

니라, FCC 결정구조의 임의의 위치에 무작위로 자리하게 된다. 고상 내부에서는 구조, 특성, 조성이 균일하며, 구리 원자와 니켈 원자 사이에는 계면이 존재하지 않는다. 따라서 구리와 니켈은 고체상태에서도 서로 무한고용도를 나타낸다. 이 고상을 구리와 니켈의 고용체라 한다[그림 10-3(b)].

고용체는 혼합물(mixture)이 아니다. 혼합물은 두 가지 이상의 상을 포함하고 있으며 각각의 상은 혼합물 내에서 고유의 특성을 유지한다. 반면, 고용체의 경우에는 구성하고 있는 성분들이 서로 완전히 용해되어 각각의 특성을 유지하지 않는다.

고용체를 이루는 시스템의 또 다른 예로서 티타늄산바륨($BaTiO_3$)과 티타늄산스트론튬($SrTiO_3$)으로 이루어진 시스템이 있는데, 이들은 $BaO-TiO_2-SrO$ 3원계에서 관찰되는 화합물들이다. $BaTiO_3$와 $SrTiO_3$의 고용체 및 기타 산화물들은 커패시터와 같은 전자부품을 만드는 데 사용되고 있으며, 매년 수백만 개의 다층커패시터(MLC)들이 이들 재료를 사용하여 생산되고 있다(제19장 참조).

동일한 결정구조를 갖는 많은 화합물반도체들이 100%의 고용도를 갖는 고용체를 형성한다. 예를 들어, 갈륨비소(GaAs)와 알루미늄비소(AlAs)의 고용체를 만들 수 있다. 디스플레이에 폭 넓게 사용되는 적색 LED는 GaAs-GaP계에 기반을 둔 고용체를 사용하여 만든다. 고용체는 둘 이상의 화합물 또는 원소를 사용하여 만들 수 있다.

제한된 용해도 소량의 소금(하나의 상)을 한 잔의 물(두 번째 상)에 넣고 저어주면, 소금은 물에 완전히 용해된다. 이 경우에, 소금물이라는 단 한 가지의 상만 관찰할 수 있다. 그러나 너무 많은 소금을 물에 넣으면 잉여의 소금이 유리잔의 바닥에 가라앉는다[그림 10-1(c)]. 이제는, 소금으로 포화된 물과 잉여의 고체 소금으로 나타나는 두 가지 상이 존재한다. 이로써 소금은 물에 제한된 용해도(limited solubility)를 갖는다는 것을 알 수 있다.

액체 구리에 액체 아연을 조금만 첨가하면 단일 액체용액이 생성된다. 구리-아연 용액이 냉각되어 응고하면 FCC 결정구조를 가지는 단상의 고용체가 형성된다. 이때 구리와 아연 원자들은 서로 정상 격자점 위치에 무작위로 놓인다. 그러나 액체용액이 30% 이상의 아연을 포함하게 되면, 일부 잉여의 아연 원자는 몇몇의 구리 원자들과 결합하여 CuZn 화합물을 형성한다[그림 10-3(c)]. 이 경우에는 두 가지 상, 즉 30% 정도의 아연으로 포화되어 있는 구리 고용체와 CuZn 화합물이 공존한다. 구리에 대한 아연의 고용도는 제한되어 있다. 그림 10-4는 저온에서 구리에 대한 아연의 고용도를 나타내는 Cu-Zn 상태도의 일부를 나타내며, 온도가 증가할수록 고용도는 증가하는 것을 알 수 있다. 이는 온도를 높임으로써 물에 설탕과 소금을 더 많이 용해시킬 수 있다는 사실과 유사하다. 고용체는 치환형 또는 침입형 메커니즘의 어느 방식으로도 형성될 수 있다. 객 원자(guest)인 용질원자나 이온은 주 원자(host atom)인 용매원자가 놓이는 정상 격자점 또는 침입형자리에 위치할 수 있다.

제5장에서 실리콘(Si)이 어떻게 인(P), 붕소(B), 비소(As)로 도핑될 수 있는지를 살펴본 바 있다. 이들 도핑원소는 모두 Si에 제한된 고용도를 가지고 있다. 즉 이들 원소는 농도가 낮을 경우에만 Si와 고용체를 이룬다. 이들 도핑원소가 실리콘의 전기전도도

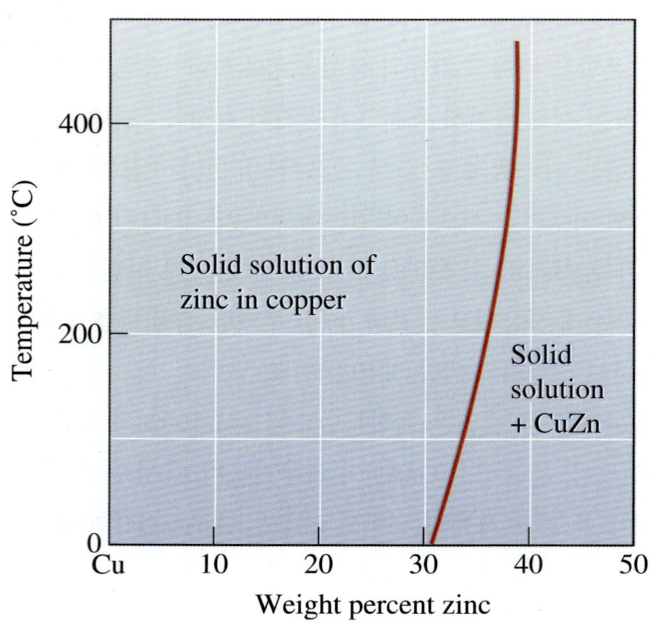

그림 10-4 구리에 대한 아연의 고용도. 그림의 실선은 고용한계를 나타낸다. 즉, 아연이 과도하게 첨가되면 고용한계를 초과하여 두 상이 공존하게 된다.

를 효과적으로 변화시키려면, 제19장에서 배우게 되는 것처럼 이들이 실리콘과 치환형 고용체를 이루어야 한다. 고용체는 제한된 고용도를 가질 경우에도 형성된다는 점에 유의하라. 제한된 조성범위 내에서 고용체를 형성하는 것이 가능한 조성마다 반드시 고용체가 존재해야 할 필요는 없다.

극단적인 경우에는, 한 재료가 다른 재료에 대한 용해도가 거의 없을 수도 있다. 기름과 물[그림 10-1(d)] 또는 구리-납(Cu-Pb) 합금의 경우가 그러하다. 그러나 재료가 서로 용해되지 않더라도 이들 각각은 서로 분산되어 분포할 수는 있다. 예를 들어, 기름 유사 상들과 수용성 액체들은 비누와 유사한 분자들로 이루어진 계면활성제(surfactant)를 사용하면 서로 섞여 에멀션(emulsion)이 된다. 불혼화성(immiscibility) 또는 용해도의 결핍은 용융되거나 고체상태인 세라믹과 금속재료에서 흔히 나타난다.

고분자 시스템 금속 및 세라믹에서 고용체가 형성되는 것과 유사한 개념을 사용하여 고분자재료의 특성이 개선되도록 가공처리할 수 있다. 서로 다른 단량체(monomer)로 이루어진 공중합체(copolymer)로 알려진 재료를 제조할 수 있다. 예를 들어, 아크릴로니트릴(acrylonitrile, A), 부타디엔(butadiene, B), 스타이렌(styrene, S) 단량체들은 서로 반응하여 ABS로 알려진 공중합체를 형성한다. 이렇게 하여 얻어진 공중합체는 이를 구성하는 각 단량체의 기능 특성을 가지고 있다는 점에서 고용체와 유사하다. Cu-Ni 또는 $BaTiO_3$-$SrTiO_3$ 고용체와 마찬가지로, ABS 플라스틱으로부터 아크릴로니트릴, 부타디엔, 스타이렌을 분리할 수는 없다. ABS를 사용하여 전화기, 헬멧, 자동차 핸들, 소형 가전제품 케이스를 만들기 위해서는 사출성형(injection molding) 방법을 사용한다. Dylark™은 공중합체의 또 다른 예이다. 이것은 말레산무수물(maleic anhydride)과 스타이렌 단량체를 사용하여 만든다. Dylark™ 공중합체는 UV차단을 위해 카본블랙(carbon black)을 함유하고 있으며 유리섬유로 강화되어 있고 고무를 첨가하여 인성을 향상시킨 것으로서, 많은 자동차의 계기반(instrument panel)에 사용되고 있다(제16장 참조).

10-3 무한고용도의 조건

특정 합금계가 구리-니켈과 같이 무한고용도를 갖기 위해서는 어떤 조건들이 반드시 만족되어야 한다. Hume-Rothery 규칙이라 불리는 이 조건들은 다음과 같다.

1. 크기요인: 원자간거리의 변화에 따른 격자변형을 최소화하기 위해 원자들은 원자반경의 차이가 15% 이하로 크기가 비슷해야 한다.
2. 결정구조: 성분 재료들은 동일한 결정구조를 가져야 한다. 그렇지 않으면 하나의 상으로부터 다른 결정구조를 가진 2차상으로의 천이가 일어나는 지점이 생기

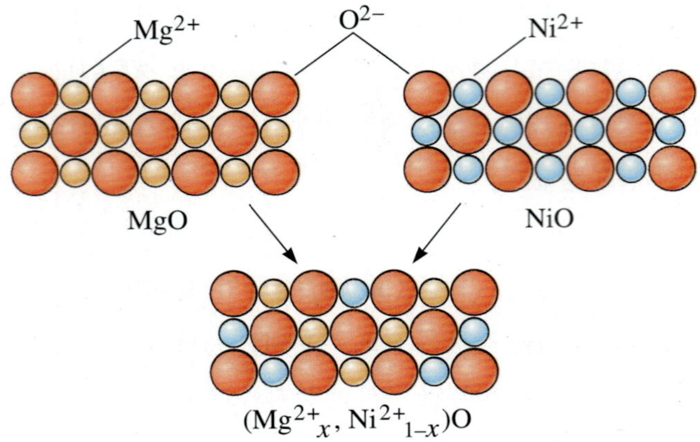

그림 10-5 MgO와 NiO는 비슷한 결정구조, 이온반경, 원자가를 갖는다. 따라서 두 세라믹재료는 고용체를 형성할 수 있다.

게 된다.

3. 원자가: 이온들은 동일한 원자가를 가져야 한다. 그렇지 않으면 최외각전자수의 차이에 의해 고용체보다는 화합물이 형성된다.
4. 전기음성도: 원자들은 거의 같은 전기음성도를 가져야 한다. 전기음성도는 전자에 대한 친화력이다(제2장 참조). 만일 전기음성도가 현저히 다르면 소듐과 염소가 결합하여 소금(NaCl)을 형성하는 것처럼 화합물을 형성한다.

두 가지 금속 또는 화합물이 무한고용도를 갖기 위해서는 Hume-Rothery의 조건이 만족되어야 하지만, 그것들이 충분조건은 아니다.

그림 10-5는 MgO와 NiO의 2차원 구조를 개략적으로 보여준다. Mg^{2+}이온과 Ni^{2+} 이온은 크기와 원자가가 비슷해서 NaCl 결정구조 내에서 서로 대체될 수 있으며, $(Mg_x^{2+}Ni_{1-x}^{2+})O$형태의 완전한 고용체를 형성한다. 여기서 x는 Mg^{2+} 또는 MgO의 몰분율이다.

침입형원자의 고용도는 항상 제한되어 있다. 이는 침입형원자의 크기는 기지원소의 원자에 비해 훨씬 작아서 Hume-Rothery 규칙의 제1조건에 맞지 않기 때문이다.

예제 10-2 MgO 세라믹 고용체

MgO에 NiO를 첨가하여 고용체를 만들 수 있다. MgO와 100%의 고용도를 가질 만한 다른 세라믹계로서 어떤 것들이 있겠는가?

풀이

이 경우에, 마그네슘 양이온과 원자가 및 이온반경이 같은 금속양이온으로 이루어져 있는 산화물 첨가제를 고려해야 한다. 마그네슘이온의 원자가는 +2이고 그 이온반경은 0.66 Å이다. 부록 B를 이용하여 양이온이 +2의 원자가를 가질 가능성이 있는 것들을 다음 표에 나타내었다.

	원자반경(Å)	$\left[\frac{r_{ion} - r_{Mg^{2+}}}{r_{Mg^{2+}}}\right] \times 100\%$	결정구조
CdO 중 Cd^{2+}	$r_{Cd^{2+}} = 0.97$	47	NaCl
CaO 중 Ca^{2+}	$r_{Ca^{2+}} = 0.99$	50	NaCl
CoO 중 Co^{2+}	$r_{Co^{2+}} = 0.72$	9	NaCl
FeO 중 Fe^{2+}	$r_{Fe^{2+}} = 0.74$	12	NaCl
SrO 중 Sr^{2+}	$r_{Sr^{2+}} = 1.12$	70	NaCl
ZnO 중 Zn^{2+}	$r_{Zn^{2+}} = 0.74$	12	NaCl

백분율로 나타낸 이온반경의 차이와 결정구조도 함께 나타내었는데 이로부터 FeO-MgO계가 무한고용도를 보일 가능성이 높다는 것을 알 수 있다. CoO와 ZnO 또한 무한고용도를 나타낼 수 있는 적절한 반경비와 결정구조를 가지고 있다.

10-4 고용체강화

금속재료에서 고용체를 형성함으로써 얻을 수 있는 중요한 효과 중의 하나는 고용체강화(그림 10-6)이다. 이 강화현상은 전위의 이동에 대한 저항이 증가함으로써 발생한다. 이것이 바로 황동(Cu-Zn 합금)이 순구리보다 더 강하게 되는 중요한 이유 중의 하나이다. 귀금속 장신구는 순금이나 순은을 사용해서 만들 수 있다. 그러나 순금 및 순은은 매우 무르고 전성이 높기 때문에, 보석세공인들은 장신구가 쉽게 변형되지 않도록 금이나 은에 구리를 첨가한다.

구리-니켈(Cu-Ni)계에서, 원래의 결정구조인 구리에 고체 치환형원자로서 니켈을 의도적으로 도입한다. 이렇게 얻은 구리-니켈 합금은 순구리에 비해 더 강하다. 마찬가지로 구리에 30% 이하의 아연을 첨가하면, 아연은 치환형원자로 작용하여 순구리에 비해 구리-아연 합금의 강도를 증가시킨다.

제7장에서 세라믹의 강도는 주로 균열의 분포에 의존하며 전위의 이동이나 상호작용에 영향을 받지 않는다고 배운 바 있다. 따라서 고용체가 형성되더라도 세라믹의 기계적 특성에는 크게 영향을 미치지 못한다. 이는 변형경화가 세라믹의 강도를 향상시키는 데 별로 영향을 주지 못하는 것과 유사하다(제8장 참조). 기계적 특성에 관한 다음의 논의는 주로 금속재료에 적용된다.

고용체강화의 정도 고용체강화의 정도는 두 가지 요인에 달려 있다. 첫째, 원래의 원자(용매원자)와 첨가된 원자(용질원자) 사이의 크기차가 클수록 강화효과가 증대된다. 원자크기의 차이가 크면, 초기 결정구조의 흐트러짐이 커져서 슬립이 더욱 더 어려워진

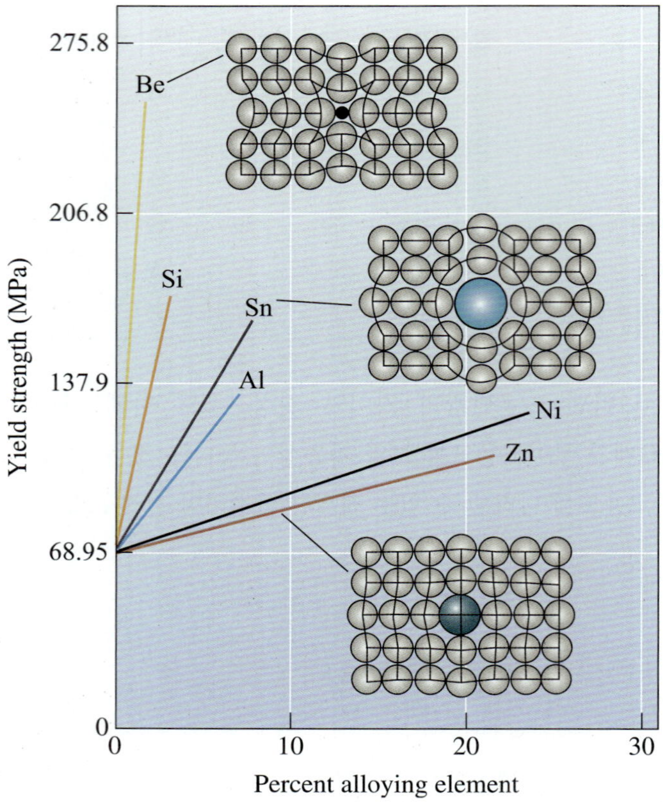

그림 10-6 구리의 항복강도에 미치는 몇몇 합금원소의 영향. 니켈원자와 아연원자는 구리원자와 거의 같은 크기를 가졌지만, 베릴륨이나 주석의 원자들은 구리원자와 크기가 많이 다르다. 원자크기의 차이가 클수록, 합금원소의 양이 증가할수록 고용체 강화 효과가 증대된다.

다(그림 10-6).

둘째, 첨가되는 합금원소의 양이 많을수록 강화효과는 더욱 커진다(그림 10-6). Cu-20% Ni 합금은 Cu-10% Ni 합금보다 더 강하다. 물론, 크거나 작은 원자들이 너무 많이 첨가되면, 고용한계를 초과하게 되어 분산강화(dispersion strengthening)라는 다른 종류의 강화기구가 발생한다. 분산강화에서는 기지상(host phase)과 석출상(guest phase) 사이의 계면이 전위의 이동을 방해하여 강화를 일으킨다. 이 강화기구는 제11장에서 더 자세히 살펴보기로 하자.

특성에 미치는 고용체강화의 영향 금속재료의 특성에 미치는 고용체강화의 영향은 다음과 같다(그림 10-7).

1. 합금은 순금속보다 항복강도, 인장강도, 경도가 더 크다. 이와 같은 이유로 거의 모든 경우에 순금속보다 합금을 사용하는 것이다. 예를 들어, 알루미늄에 소량의 마그네슘을 첨가하면 순금속에 비해 더 높은 강도를 갖는 알루미늄합금이 만들어지며, 이 합금을 사용하여 음료용 알루미늄캔을 만든다.
2. 거의 대부분 합금의 연성은 순수한 금속보다 더 낮다. 드물게 구리-아연 합금의 경우에만 고용체강화에 의해 강도와 연성이 모두 증가한다.
3. 합금의 전기전도도는 순수한 금속보다 훨씬 낮다. 이는 전자들이 합금원소 원자

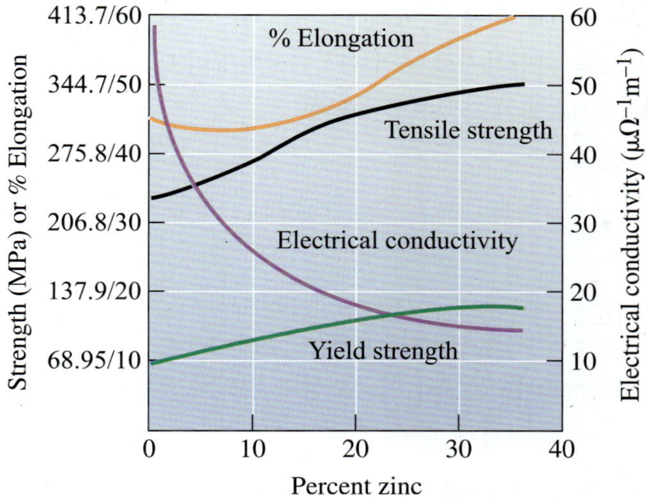

그림 10-7 고용체강화 합금인 구리-아연 합금의 특성에 미치는 아연 첨가량의 영향. 아연의 함량이 증가함에 따라 연신율이 증가하는 것은 고용체강화에서 나타나는 일반적인 현상은 아니다.

들에 의해 더 많이 산란되기 때문이다. 따라서 전력 송전을 위해 구리나 알루미늄으로 만든 선재를 고용체강화하는 것은 바람직하지 않다. 많은 합금의 전기전도도는 순금속에 비해 낮기는 하지만 종종 온도가 증가함에 따라 상대적으로 더 안정한 특성을 나타낸다.

4. 크리프에 대한 저항성과 고온강도는 고용체강화에 의해 개선된다. 제트엔진에 쓰이는 것을 비롯한 많은 고온용 합금은 부분적으로 고용체강화 효과를 지대하게 이용한다.

예제 10-3 고용체강화

원자반경을 사용하여 구리 원자와 합금원소 원자 사이의 크기차로 그림 10-6에 나타낸 강도의 증가량을 정확히 예측할 수 있을지 그 여부를 보여라.

풀이

원자반경과 백분율로 나타낸 크기차를 아래 표에 나타내었다.

금속	원자반경(Å)	$\left[\frac{r_{atom} - r_{Cu}}{r_{Cu}}\right] \times 100\%$
구리(Cu)	1.278	0
아연(Zn)	1.332	+4.2
주석(Sn)	1.405	+9.9
알루미늄(Al)	1.432	+12.1
니켈(Ni)	1.243	−2.7
실리콘(Si)	1.176	−8.0
베릴륨(Be)	1.143	−10.6

아연, 주석, 알루미늄 등과 같이 원자반경이 구리보다 큰 원소들은 크기차가 클수록 강화효과가 크다. 마찬가지로 구리보다 원자반경이 더 작은 원자들의 경우에도 크기차가 클수록 강화효과가 증가한다.

10-5 전율고용 상태도

상태도(phase diagram)는 온도와 합금조성의 임의의 조합에서의 평형상과 그 상들의 조성을 알려준다. 어떤 재료에 오직 두 가지 원소 혹은 두 가지 화합물만 존재하면 2원계상태도(binary phase diagram)를 만들 수 있다. 전율고용 상태도(isomorphous phase diagram)는 다수의 금속 및 세라믹계에서 관찰할 수 있다. 구리-니켈계와 NiO-MgO계를 포함한 전율고용계[그림 10-8(a) 및 (b)]에서는 오직 하나의 고상만 형성된다. 즉, 계의 두 성분은 서로 완전한 고용도를 보여준다. CaO · SiO_2 · SrO 및 탈륨-납(Tl-Pb) 상태도에 나타낸 바와 같이, 상태도는 최소점 또는 최대점을 나타낼 수 있다[그림 10-8(c) 및 (d)]. 수평축은 한 성분의 몰% 또는 wt%로 나타낼 수 있으며 at% 또는 몰분율로도 그릴 수 있다. 그뿐만 아니라, CaO · SiO_2 및 SrO · SiO_2 상태도는 3원계상태도(ternary phase diagram)로도 나타낼 수 있다는 점을 알아두길 바란다. 3원계상태도란 세 가지 성분으로 이루어진 계의 상태도를 말한다. 여기서는 위의 산화물계를 의사2원계상태도(pseudo-binary diagram)로 나타내었다. 즉, 이것을 두 성분물질 CaO · SiO_2와 SrO · SiO_2 사이의 상평형을 나타내는 것으로 가정하여 표시한 것이다. 의사2원계상태도는 세 가지 또는 그 이상의 성분으로 이루어진 계의 상평형이지만, 두 가지 화합물 사이의 2원계상태도처럼 나타낸 것을 말한다. 3원계상태도는 세라믹이나 금속계에서 흔히 나타난다.

더욱 최근에는 서로 다른 원소 및 화합물의 열역학적 특성에 대한 컴퓨터 데이터베이스를 사용함으로써 상태도 분야에 상당한 발전이 있었다. 주어진 상태도로부터 다음과 같은 여러 가지 중요한 정보를 얻을 수 있다.

액상선온도 및 고상선온도 액상선온도란 그 이상의 온도가 되면 재료가 완전히 액상으로 되는 온도로 정의한다. 그림 10-8(a)에서 위쪽의 곡선이 액상선(liquidus)으로서, 서로 다른 조성을 갖는 구리-니켈 합금들에 대한 액상선온도를 나타낸다. 어떤 구리-니켈 합금을 주조하여 실용의 부품을 만들기 위해서는 이 합금을 액상선온도 이상으로 가열하여 완전히 액상이 되도록 해야 한다. 이렇게 얻은 액상의 합금은 온도가 액상선온도까지 냉각되었을 때 응고하기 시작한다. 그림 10-8(a)에서 Cu-40% Ni 합금의 액상선온도는 1,280 ℃이다.

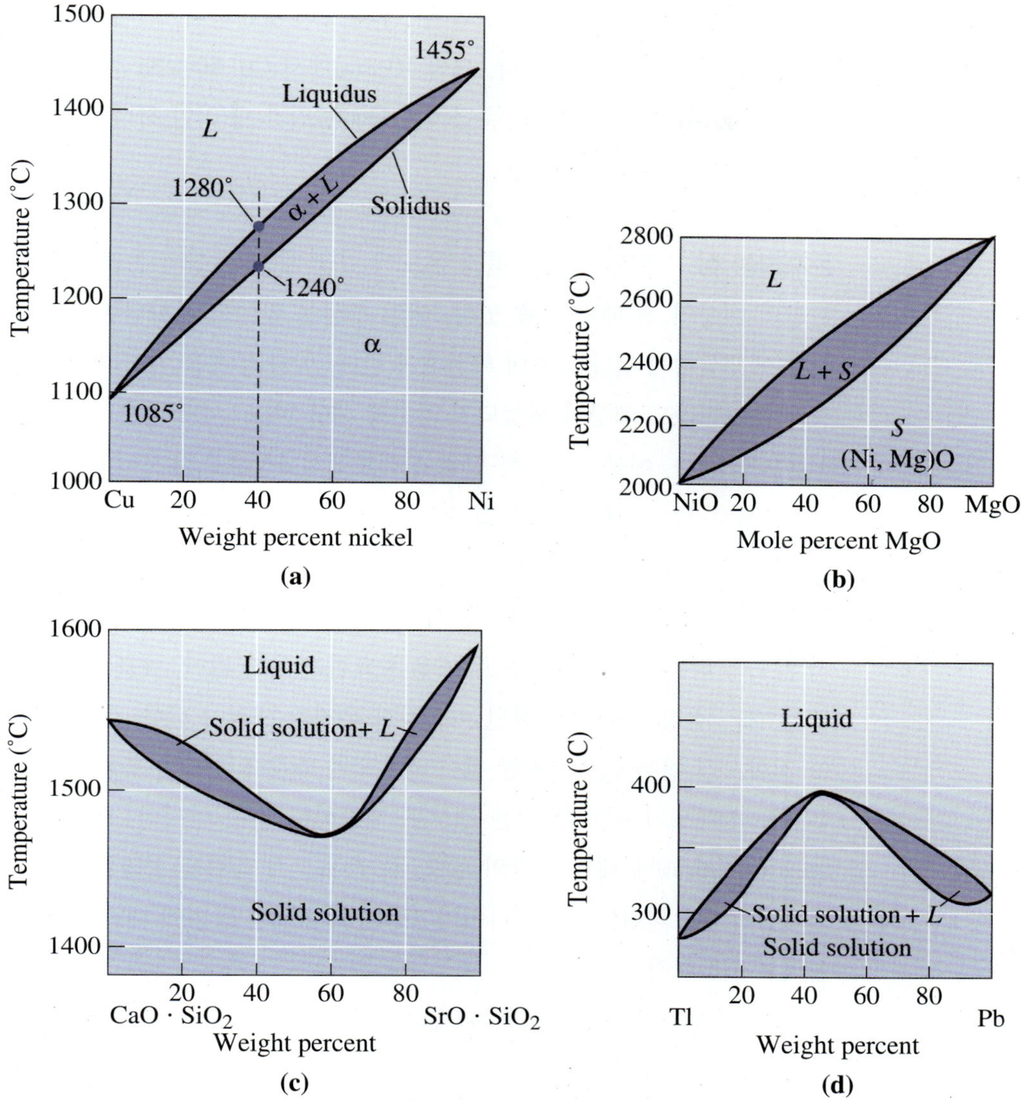

그림 10-8 (a)와 (b) 구리-니켈계와 NiO-MgO계의 평형상태도. 액상선온도와 고상선온도는 Cu-40% Ni 합금에 대해 나타내었다. (c)와 (d) 고용체 최소점 및 최대점을 나타내는 계. (출처: Introduction to Phase Equilibria, *by C. G. Bergeron and S. H. Risbud, American Ceramic Society, 1984.*)

고상선온도란 그 이하의 온도가 되면 합금이 100% 고체가 되는 온도를 말한다. 그림 10-8(a)에서 아래쪽의 곡선이 고상선(solidus)으로서, 서로 다른 조성을 갖는 구리-니켈 합금들에 대한 고상선온도를 나타낸다. 어떤 구리-니켈 합금은 고상선온도 이하로 냉각될 때까지는 완전한 고체가 아니다. 구리-니켈 합금을 고온에서 사용할 경우, 사용온도는 용융이 일어나지 않도록 고상선온도 아래에 있어야 한다는 점에 유의해야 한다. 그림 10-8(a)에서 Cu-40% Ni 합금의 고상선온도는 1,240 ℃이다.

구리-니켈 합금은 액상선과 고상선 사이에 있는 온도범위에 걸쳐 녹거나 응고된다. 액상선온도와 고상선온도 사이의 온도차가 그 합금의 응고범위(freezing range)이다.

응고범위 내에서는 액상과 고상의 두 가지 상이 공존한다. 이때 고상은 구리와 니켈의 고용체이며 α상으로 표시한다. 그림 10-8(a)에서 Cu-40% Ni 합금의 경우 응고범위는 1,280 − 1,240 = 40 ℃이다. 순금속은 응고범위가 영(0)인 하나의 고정된 온도에서 응고된다는 점에 주목하라.

존재하는 상 어떤 합금이 특정 온도에 있을 때 어떤 상이 존재하는가에 대한 문제가 관심의 대상이 될 때가 종종 있다. 어떤 주물을 만들고자 한다면, 우선 금속이 처음에 모두 액체상태에 있다는 것이 확실해야 한다. 합금 부품을 열처리하고자 한다면 열처리 중에 조금이라도 액상이 생성되지 않도록 해야 한다. 서로 다른 고상들은 각기 다른 특성을 나타낸다. 예를 들어, 철-탄소 상태도에서 α상으로 표시된 BCC Fe는 강자성체이나 γ상으로 표시된 FCC Fe는 그렇지 않다.

상태도는 지도처럼 생각할 수 있다. 온도나 합금조성 등의 좌표를 안다면 열역학적 평형에 있다고 가정했을 때 존재하는 상을 결정할 수 있다. 한편, 평형상이 생성되지 않도록 하는 것이 기술적으로 매우 중요한 경우가 많다. 예를 들어, 규산염유리를 제조할 때는 결정질 SiO_2가 아닌 비결정질 유리가 생겨야 한다. 고온에서 철강을 퀜칭하여 경화시킬 경우에는 비평형 상이 생성되기 때문에 강도가 증가하는 것이다. 그런 경우에는 상태도가 필요한 모든 정보를 제공하는 것은 아니다. 이때에는 상변태(phase transformation)에 대한 시간의 영향, 즉 속도론적 측면을 설명할 수 있는 특별한 다이어그램이 필요하다. 그러한 다이어그램을 사용하는 방법에 대해서는 이후의 장들에서 살펴보기로 하자.

다음의 두 예제는 이들 개념의 일부를 적용하여 나타낸 것이다.

예제 10-4 NiO-MgO 전율고용계

NiO-MgO 2원계상태도[그림 10-8(b)]를 사용하여, 2,600 ℃에서는 용융이 가능하지만, 2,300 ℃의 사용온도에서는 용융되지 않는 조성에 대해 설명하라.

풀이

이 재료는 액상선온도가 2,600 ℃ 이하이고 고상선온도는 2,300 ℃ 이상이어야 한다. 그림 10-8(b)에 나타낸 NiO-MgO 상태도를 사용하면 적절한 조성을 설계할 수 있다.

액상선온도가 2,600 ℃ 이하로 되기 위해서는 내화물에 65mol% 미만의 MgO가 포함되어야 한다. 고상선온도가 2,300 ℃ 이상이 되기 위해서는 적어도 50mol%의 MgO가 포함되어야 한다. 따라서 50~65mol% MgO 범위의 어떤 조성도 사용이 가능하다.

예제 10-5 **복합재료의 설계**

세라믹의 파괴인성을 향상시킬 수 있는 한 가지 방법은 세라믹 섬유(fiber)로 세라믹 기지(matrix)를 강화시키는 것이다(제7장 참조). 어느 재료설계자가 Cr_2O_3 섬유 25% 로 Al_2O_3를 강화시키면 알루미나에 존재하는 균열의 전파를 효과적으로 억제할 수 있다고 제안했다. 만들어진 복합재료는 2,000 °C에서 하중이 가해진 상태로 수개월 동안 사용할 수 있을 것으로 기대된다. 그림 10-9를 사용하여, 이 설계의 적합성에 대해 논의하라.

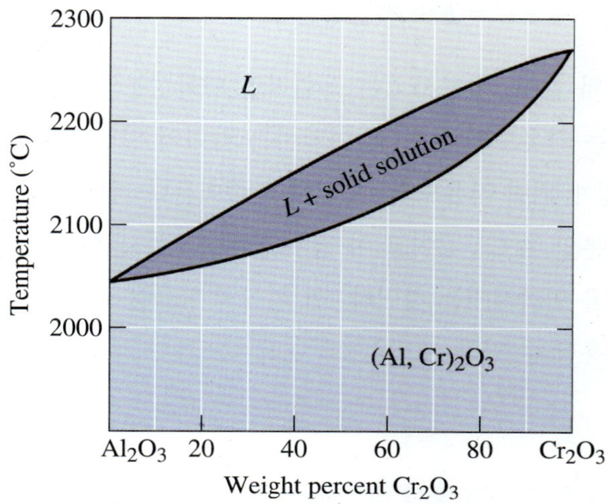

그림 10-9 Al_2O_3-Cr_2O_3 상태도.

풀이

이 복합재료는 고온에서 상당히 오랫동안 사용할 수 있어야 하므로, 두 가지 상(Cr_2O_3 섬유와 Al_2O_3 기지)은 서로 반응하지 않아야 한다. 게다가 복합재료는 적어도 2,000 °C까지는 고체로 남아 있어야 한다. 그림 10-9의 상태도를 보면, 이 조성의 복합재료를 만드는 것을 충분히 고려해볼 수 있다.

순수한 Cr_2O_3, 순수한 Al_2O_3, 그리고 Al_2O_3-25% Cr_2O_3는 2,000 °C 이상의 고상선온도를 갖고 있다. 따라서 어떤 성분도 녹을 염려가 없다. 그러나 Cr_2O_3와 Al_2O_3는 무한고용도를 나타낸다. 2,000 °C의 높은 사용온도에서, Al^{3+}이온은 기지로부터 섬유로 확산하여 섬유에 있는 Cr^{3+}이온을 치환하고, 동시에 Cr^{3+}이온은 기지에 있는 Al^{3+}이온을 치환할 것이다. 수개월도 안 되어 섬유는 확산으로 인해 기지에 모두 용해될 것이며 섬유가 남아 있지 않으면 파괴인성은 다시 나빠지게 된다.

각 상의 조성 상에 존재하는 원소들의 백분율로 각각의 상에 대한 조성을 표시할 수 있다. 일반적으로 조성은 중량백분율(wt%)로 표시한다. 합금이나 세라믹 고용체에 오직 하나의 상만 존재할 경우, 그 상의 조성은 합금의 전체 조성과 같다. 단상 합금(또는 세라믹)의 원래 조성이 변하면 그 상의 조성도 역시 변해야 한다.

그러나 고상과 액상처럼 두 상이 공존하면, 이들 각각의 조성은 서로 다르고 또한 원래의 전체 조성과도 다르다. 이때 원래의 조성이 약간 변하면 온도가 일정하게 유지될 경우 두 상의 조성은 영향을 받지 않는다.

이 차이는 Gibbs의 상률로 설명할 수 있다. 앞에서 설명한 순수한 마그네슘의 예와는 달리, 이 경우에는 압력을 보통 2원계상태도에 적용되는 1기압에 고정시킨다. 식 (10-1)에 나타낸 상률은 다음과 같이 다시 쓸 수 있다.

$$1 + C = F + P \text{(일정한 압력 하에서)} \tag{10-2}$$

앞에서 언급한 바와 같이, 여기서 C는 독립적인 화학성분의 수이며, P는 상의 수이고 (압력이 아님), F는 자유도의 수이다. 여기서는 압력이 일정하다고 했기 때문에, 2 대신 1을 쓴다. 이렇게 되면 자유도의 수가 하나 줄어든다. 압력은 대개 1기압을 사용한다. 2원계에서 성분의 수 C는 2이고 이 경우의 자유도는 온도를 변화시키는 것과 존재하는 상들의 조성을 변화시키는 것이다. 이 형식의 상률을 예제 10-6에 나타낸 바와 같이 Cu-Ni계에 적용할 수 있다.

예제 10-6 전율고용 상태도에 대한 Gibbs의 상률

Cu-40% Ni 합금이 (a) 1,300 ℃, (b) 1,250 ℃, (c) 1,200 ℃에 있을 경우, 자유도를 결정하라. 그림 10-8(a)를 사용하라.

풀이

이것은 2원계이므로 $C = 2$이며, 두 성분은 Cu와 Ni이다. 여기서는 일정 압력조건이라고 가정하면 식 10-2를 다음과 같이 적용할 수 있다.

(a) 1,300 ℃에서는 오직 액상 한 가지만 존재하므로 $P = 1$이며, 구리 원자와 니켈 원자가 둘 다 존재하므로 $C = 2$이다. 따라서 자유도는

$$1 + C = F + P \qquad \therefore 1 + 2 = F + 1 \quad \text{또는} \quad F = 2$$

액상영역에서 구리-니켈 합금의 상태를 완전히 표현하기 위해서는 액상의 조성과 온도를 지정해야 한다.

(b) 1,250 ℃에서는 액상 및 고상의 두 상이 존재하므로 $P = 2$이며, 구리 원자와 니켈 원자가 둘 다 존재하므로 $C = 2$이다. 따라서

$$1 + C = F + P \qquad \therefore 1 + 2 = F + 2 \quad \text{또는} \quad F = 1$$

2상영역에서 온도를 지정하면 두 상의 조성은 고정된다. 혹은 하나의 상의 조성이 고정되면 두 번째 상의 조성과 온도는 자동적으로 고정된다.

(c) 1,200 ℃에서는 오직 고상 한 가지만 존재하므로 $P = 1$이며, 구리 원자와 니켈

원자가 둘 다 존재하므로 $C = 2$이다. 따라서

$$1 + C = F + P \qquad \therefore 1 + 2 = F + 1 \quad \text{또는} \quad F = 2$$

고체의 상태를 완전히 표현하기 위해서는 온도와 조성이 둘 다 고정되어야 한다.

2원계상태도의 2상영역에서는 오직 하나의 자유도만 있으므로 온도를 지정하면 두 상의 조성은 언제나 고정된다. 이것은 합금의 전체 조성이 바뀐다고 해도 마찬가지이다. 따라서 연결선을 사용하여 두 상의 조성을 결정할 수 있다. 연결선(tie line)이란 주어진 온도에 대해 2상영역 내에 그려진 수평선을 말한다(그림 10-10). 전율고용계에서 연결선은 특정 온도에서 액상선 상의 점과 고상선 상의 점을 연결한다. 연결선의 끝부분은 평형상태에 있는 두 상의 조성을 나타낸다. 이 선은 단상영역에서는 사용되지 않는데 '연결할' 두 상이 없기 때문이다.

전체조성이 c_L과 c_S 사이에 있는 합금은 어떤 것이든 모두 액상의 조성은 c_L, 고상 α의 조성은 c_S이다.

다음 예제는 연결선을 사용하여 평형상태에 있는 서로 다른 상의 조성을 결정하는 방법을 나타낸 것이다.

예제 10-7에서 고상 α가 합금의 전체 조성보다 더 많은 니켈을 가지고 있으며 액상 L은 합금의 전체 조성보다 더 많은 구리를 가지고 있다는 것을 알 수 있다. 일반적으로 먼저 생기는 고상에 높은 융점의 원소(여기서는 니켈)의 농도가 더 높게 나타난다.

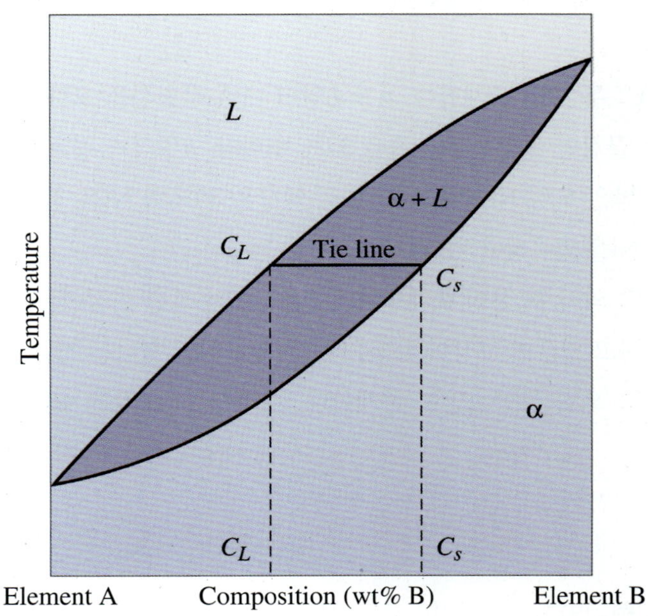

그림 10-10 두 원소 A와 B 사이의 가상적인 2원계상태도. 특정 합금이 2상영역에 존재할 경우, 각 상의 조성은 주어진 온도에서 그려진 연결선에 의해 정해진다. 이는 Gibbs상률에 의한 결과로서 2상영역에서는 오직 하나의 자유도만 남기 때문이다.

예제 10-7 Cu-Ni 상태도에서 각 상의 조성

그림 10-11**을 사용하여** 1,300 ℃, 1,270 ℃, 1,250 ℃, 1,200 ℃**에서** Cu-40% Ni **합금의 각 상의 조성을 구하라.**

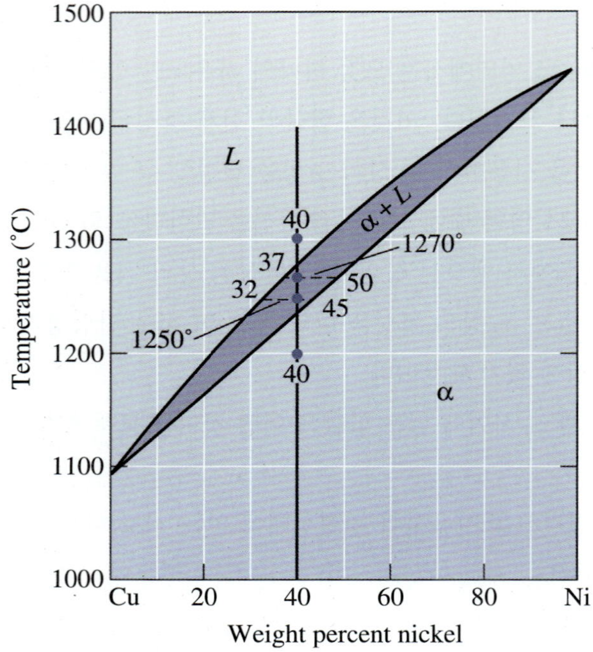

그림 10-11 Cu-40% Ni 합금에 대한 몇몇 온도에서의 연결선과 각 상의 조성.

풀이

40% Ni에 있는 수직선은 합금의 전체 조성을 나타낸다.

- 1,300 ℃: 오직 액상만이 존재한다. 액상은 합금의 전체 조성인 40% Ni을 포함해야 한다.
- 1,270 ℃: 두 상이 존재한다. $\alpha + L$영역 내에 수평선을 그린다. 액상영역과 접촉해 있는 끝점인 액상선상의 점은 37% Ni이다. α영역과 접촉해 있는 끝점인 고상선상의 점은 50% Ni이다. 그러므로 액상은 37%의 Ni을 함유하고 있고 고상은 50%의 Ni을 함유하고 있다.
- 1,250 ℃: 역시 두 상이 존재한다. 이 온도에서 그린 연결선은, 액상이 32%의 Ni을 함유하고 있으며 고상이 45%의 Ni을 함유하고 있다는 것을 나타낸다.
- 1,200 ℃: 오직 고상 α만이 존재한다. 따라서 이 고상은 40%의 Ni을 함유해야 한다.

각 상의 양(지렛대법칙) 마지막으로 합금에 존재하는 각 상의 상대적인 양에 대해 알아보자. 이 양은 보통 중량백분율(wt%)로 나타낸다. 서로 다른 상의 절대량은 질량 또는 무게의 단위(그램, 킬로그램, 파운드 등)로 표시한다. 다음의 예는 지렛대법칙(lever rule)에 대한 타당성을 보여준다.

액상과 고상의 양을 계산하기 위해서는, 이 합금의 원래 조성을 지렛대의 받침점으로 하는 지렛대를 연결선 상에 그린다. 양을 계산하고자 하는 상의 조성 반대쪽에 있는 지렛대의 길이를 전체 지렛대의 길이로 나눔으로써 그 상의 양을 구한다. 예제 10-8에서 보여주듯이, 분모는 연결선의 전체 길이를 나타내며 분자는 계산하고자 하는 고상의 반대편 지렛대의 길이이다.

일반적으로 지렛대법칙은 다음과 같이 나타낸다.

$$\text{상 백분율} = \left(\frac{\text{지렛대의 반대쪽 길이}}{\text{연결선의 총 길이}}\right) \times 100 \tag{10-3}$$

지렛대법칙은 2원계상태도의 2상영역 어디에서나 사용할 수 있다. 지렛대법칙을 사용한 계산은 단일상 영역에서는 그 값이 별 의미가 없으므로 쓰이지 않는다(그 상이 100% 존재함). 지렛대법칙은 두 상이 혼합되어 있을 때 한 가지 상의 상대적 분율이나 %를 계산할 때 사용한다. 사용하는 연결선의 양 끝점은 각 상의 조성, 즉 서로 다른 성분의 화학적 농도를 나타낸다.

다음의 예제는 어떤 합금이 서로 다른 온도에 있을 때, 각 상의 양을 계산하기 위해 지렛대법칙을 적용한 예를 나타낸 것이다. 이 방법을 사용하여 제9장에서 살펴보지 못했던 것으로 합금의 응고거동을 추적할 수 있다.

때로는 조성을 중량백분율(wt%)보다 원자백분율(at%)로 나타내야 할 필요가 있다. Cu-Ni 합금의 경우, M_{Cu}와 M_{Ni}는 각각의 원자량이며 다음 식은 두 가지 사이에 변환하는 예를 보여준다.

$$\text{at\% Ni} = \left(\frac{\dfrac{\text{wt\% Ni}}{M_{Ni}}}{\dfrac{\text{wt\% Ni}}{M_{Ni}} + \dfrac{\text{wt\% Cu}}{M_{Cu}}}\right) \times 100 \tag{10-4}$$

$$\text{wt\% Ni} = \left(\frac{\text{at\% Ni} \times M_{Ni}}{\text{at\% Ni} \times M_{Ni} + \text{at\% Cu} \times M_{Cu}}\right) \times 100 \tag{10-5}$$

예제 10-8 지렛대법칙의 적용

그림 10-12에 나타낸 Cu-40% Ni 합금에 대하여 1,250 °C에서 α와 L의 양을 계산하라.

풀이

x = 합금 중에 있는 고상 α의 질량분율이라 하자. 오직 두 가지 상만 존재하므로 이 합금의 나머지는 액상(L)에 있어야 한다. 따라서 액상의 질량분율은 $(1 - x)$가 된다.

이 합금 100 g이 있다고 하자. 그러면 이 합금은 모든 온도에서 니켈을 40 g 함유하고 있을 것이다. 1,250 ℃에서 니켈의 질량균형을 나타내는 방정식을 써보자. 1,250 ℃에서는, $100x$ g의 α상과 $100(1-x)$ g의 액상이 있게 된다.

$$\text{합금 100 g에 포함된 니켈의 총 질량} = \text{액상의 니켈 질량} + \alpha\text{상의 니켈 질량}$$

$$\therefore 100 \times (\text{합금의 \%Ni}) = [(100)(1-x)](L\text{의 \%Ni}) + (100)(x)(\alpha\text{상의 \%Ni})$$

$$\therefore (\text{합금의 \%Ni}) = (L\text{의 \%Ni})(1-x) + (\alpha\text{상의 \%Ni})(x)$$

x에 대하여 재배열하면 다음과 같다.

$$x = \frac{(\text{합금의 \%Ni}) - (L\text{의 \%Ni})}{(\alpha\text{상의 \%Ni}) - (L\text{의 \%Ni})}$$

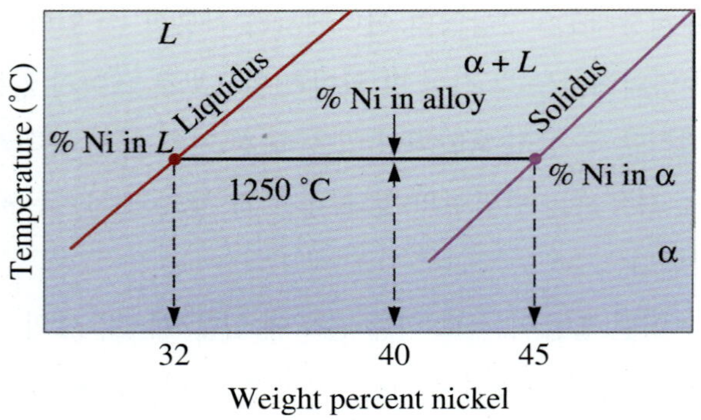

그림 10-12 구리-니켈 합금계의 1,250 ℃에서의 연결선. 예제 10-8에서 각 상의 양을 알아내기 위해 사용하였다.

1,250 ℃의 상태도로부터,

$$x = \frac{40-32}{45-32} = \frac{8}{13} = 0.62$$

질량분율을 질량백분율로 환산하면, 1,250 ℃에서 이 합금은 62% α상과 38% 액상(L)을 포함하고 있다. 여기서 α상의 니켈 농도는 45%이며, 액상의 니켈 농도는 32%라는 점에 유의해야 한다.

예제 10-9 Cu-40% Ni 합금의 응고

그림 10-11에 나타낸 바와 같이 1,300 ℃, 1,270 ℃, 1,250 ℃, 1,200 ℃에서 Cu-40% Ni 합금에 존재하는 각 상의 양을 구하라.

풀이

- 1,300 ℃: 오직 하나의 상만이 존재하므로 100% L
- 1,270 ℃: $\%L = \dfrac{50-40}{50-37} \times 100 = 77\%$

$$\%\alpha = \frac{40-37}{50-37} \times 100 = 23\%$$

- 1,250 ℃: $\%L = \dfrac{45-40}{45-32} \times 100 = 38\%$

$$\%\alpha = \frac{40-32}{45-32} \times 100 = 62\%$$

- 1,200 ℃: 오직 하나의 상만이 존재하므로 100% α

각 온도에서 주어진 연결선의 양 끝점을 사용하여 평형상태에 있는 각 상의 조성을 결정할 수 있다.

이는 처음에는 다소 이상하게 보일 수도 있다. 어떻게 α상의 조성이 변화될까? 액상의 조성도 변화되며 각 상의 양은 이 합금이 액상선으로부터 고상선까지 냉각되어 온도가 변함에 따라 변하게 된다.

10-6 특성과 상태도의 상관관계

앞에서 언급한 바와 같이, 구리-니켈 합금은 고용체강화 때문에 순수한 구리나 순수한 니켈보다 강하다. 일련의 구리-니켈 합금들의 기계적 성질은 그림 10-13에 나타낸 상

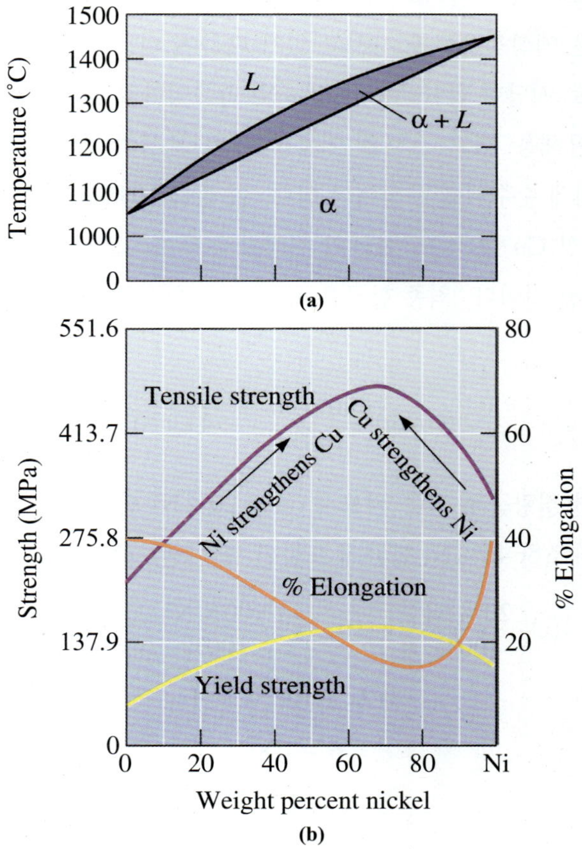

그림 10-13 (a) Cu-Ni계 평형상태도. 수평축의 눈금은 (b)와 동일하다. (b) 구리-니켈 합금의 기계적 성질. 구리는 67% Ni이 첨가될 때까지 강화되며 니켈은 33% Cu가 첨가될 때까지 강화된다.

태도와 연관되어 있다.

구리의 강도는 67%의 Ni이 첨가될 때까지 고용체강화에 의해 증가한다. 순수한 니켈은 33%의 Cu가 첨가될 때까지 구리의 함량이 증가함에 따라 고용체강화를 일으킨다. 최대강도는 Cu-67% Ni 조성의 '모넬(Monel)'이라는 합금에서 얻을 수 있다. 최대강도는 상태도에서 순수 니켈 쪽에 가까운데 이는 순니켈이 순구리보다 강하기 때문이다.

예제 10-10 주조품의 용해공정 설계

항복강도가 최소 138 MPa이고, 인장강도가 최소 414 MPa이며, 연신율이 최소 20%인 Cu-Ni 합금을 제조하려고 한다. 재고목록에 Cu-20% Ni 합금과 순니켈이 있다. 요구되는 특성을 나타내는 주물을 생산하기 위한 방법을 설계하라.

풀이

그림 10-13으로부터 필요로 하는 합금조성을 결정할 수 있다. 요구되는 항복강도를 만족시키기 위해, 합금은 40~90% 사이의 Ni을 함유해야 한다. 인장강도를 만족시키려면, 40~88% 사이의 Ni 함량이 요구된다. 요구되는 연신율은 Ni 함량이 60% 이하이거나 90% 이상인 합금에서 얻을 수 있다. 이러한 조건들을 모두 만족시키기 위해서는 Cu-(40~60)% Ni 조성을 사용할 수 있다.

니켈이 구리보다 더 비싸므로 니켈의 함량이 적은 편이 좋다. 게다가 니켈함량이 적은 합금은 낮은 액상선온도를 가지고 있기 때문에 더 적은 에너지로 주물을 만들 수 있다. 그러므로 적당한 합금은 Cu-40% Ni 합금이라고 볼 수 있다.

사용가능한 용해용 재고 소재를 이용하여 이 조성의 합금을 만들기 위해서는 Cu-20% Ni 주괴에 순수니켈을 섞어야 한다. 이 합금 10 kg을 생산하고자 한다고 가정하고 x를 필요한 Cu-20% Ni 합금의 질량으로 두자. 그러면 필요한 순니켈의 질량은 $(10 - x)$가 될 것이다. 최종 합금은 40% Ni을 함유하므로 필요한 Ni의 총 질량은 다음과 같다.

$$(10\text{ kg})\left(\frac{40\%\text{ Ni}}{100\%}\right) = 4\text{ kg Ni}$$

이제 니켈에 대한 질량균형 식을 써보자. (Cu-20% Ni 합금에 포함된 니켈) + (첨가한 순 니켈) = (제조한 40% Ni 합금에 포함된 총 니켈). 즉,

$$(x)\left(\frac{20\%\text{ Ni}}{100\%}\right) + (10 - x)\left(\frac{100\%\text{ Ni}}{100\%}\right) = 4\text{ kg Ni}$$

$$0.2x + 10 - x = 4$$

$$6 = 0.8x$$

$$x = 7.5\text{ kg}$$

따라서 원하는 합금을 생산하기 위해, 7.5 kg의 Cu-20% Ni과 2.5 kg의 순수한 니켈을 녹여야 한다. 이 합금을 액상선온도(Cu-40% Ni 합금의 경우 1,250 ℃) 이상으로 가열한 다음, 용융금속을 적절한 주형에 부어 주물을 만든다.

실제로 많은 합금을 제조하는 과정에서 재료를 만들 경우 새 재료와 재생재료를 함께 사용하기 때문에 위와 같은 계산을 많이 수행해야 할 필요가 있다.

10-7 고용체 합금의 응고

Cu-40% Ni과 같은 합금을 녹인 다음 냉각시킬 때 발생하는 응고는 모두 핵생성과 성장에 의해 이루어진다. 불균일핵생성(제9장 참조)은 과냉이 거의 또는 전혀 없을 때 발생하므로 응고는 액상이 액상선온도에 도달했을 때 시작된다. 이 액상선온도에서 연결선을 그린 그림 10-14의 상태도를 보면, 가장 먼저 생기는 고체는 Cu-52% Ni의 조성을 가진다는 것을 알 수 있다.

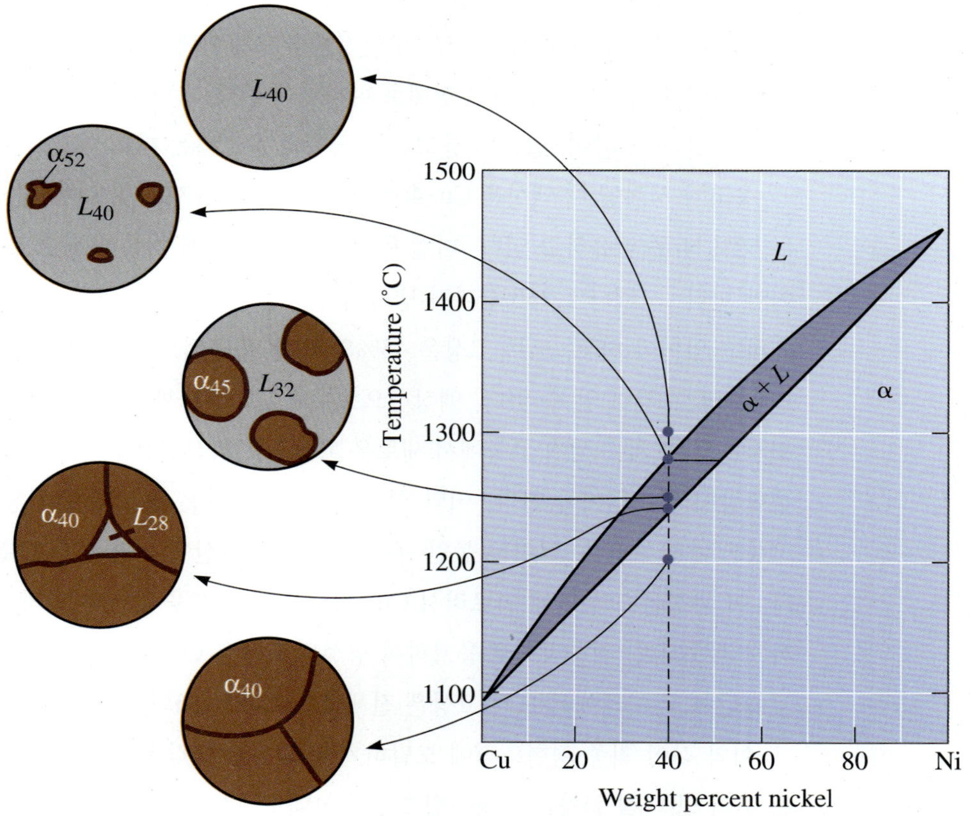

그림 10-14 평형응고 중에 Cu-40% Ni 합금의 미세조직 변화. 구리 원자와 니켈 원자들은 상태도를 만족시키고 균일한 평형 미세조직이 생성될 수 있도록 냉각 중에 충분히 확산되어야 한다.

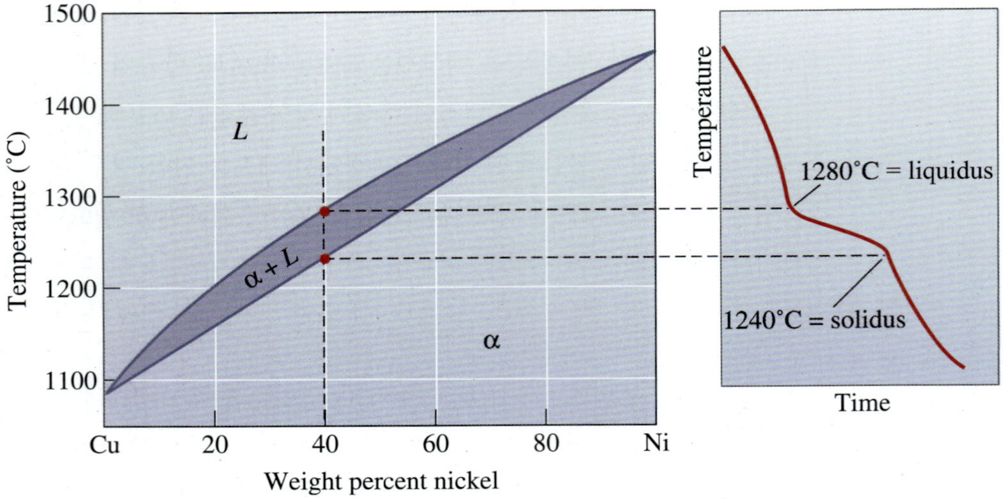

그림 10-15 응고 중에 발생하는 전율고용합금의 냉각곡선. 냉각속도는 각 온도에서 열적 평형을 유지할 수 있을 만큼 충분히 느리다고 가정한다. 냉각곡선에서 기울기가 변화되는 점은 Cu-40% Ni 합금의 액상선온도와 고상선온도를 나타낸다.

고상 α가 성장하기 위해서는 두 가지 조건이 필요하다. 첫째, 액상이 응고할 때 방출되는 용융잠열(ΔH_f)이 고체-액체 계면에서 제거되어야 한다. 둘째, 순수한 금속의 경우와 달리 냉각 도중에 확산이 일어나서 고상과 액상의 조성이 고상선과 액상선을 따라가야 한다는 점이다. 용융잠열(ΔH_f)이 일정한 온도범위에 걸쳐 제거되므로 냉각곡선은 평탄한 형태가 아니라 기울어진 형태로 나타나게 된다(그림 10-15 참조). 따라서 제9장에서 언급한 바와 같이, 합금의 응고는 순금속의 응고와는 다소 다르다.

응고가 시작될 때 액상은 Cu-40% Ni의 조성을 가지고 있으며, 맨 먼저 생성된 고체는 52% Ni을 함유하고 있다. 니켈 원자는 생성되는 맨 처음 고상으로 확산되어 농축되어야 한다. 그러나 1,250 ℃까지 냉각되어 응고가 진행되면 모든 액상은 32% Ni을 함유하고 있어야 하고, 모든 고상은 45%의 Ni을 평균적으로 함유하고 있어야 한다는 것을 상태도로부터 알 수 있다. 액상선으로부터 1,250 ℃까지 냉각하는 동안 일부의 니켈 원자들은 맨 처음 생긴 고상에서 새로운 고상으로 확산함으로써 맨 처음 생긴 고상의 니켈함량이 감소되어야 한다. 이와 함께, 니켈 원자들은 응고되는 액상으로부터 새로운 고상으로 확산된다. 그러는 동안 구리 원자들은 확산에 의해 남아 있는 액상에 농축된다. 이 과정은 고상선에 이르러서 Cu-28% Ni의 조성을 갖는 마지막 액상이 응고될 때까지 계속되며, 최종적으로 응고하여 형성된 고상은 Cu-40% Ni의 평균조성을 가진다. 고상선 바로 아래에서 모든 고상은 전체적으로 40% Ni의 균일한 조성을 가져야 한다.

이와 같이 최종 평형조직에 도달하기 위해서는 냉각속도가 대단히 느려야 한다. 이는 구리 및 니켈 원자들이 확산함으로써 상태도에서 주어진 조성을 이루기 위해서는 충분한 시간이 필요하기 때문이다. 그러나 대부분의 실제 주조환경에서는 냉각속도가 너무 빠르기 때문에 평형상태가 되지 않는다. 따라서 합금으로 제조한 대부분의 주물에는 편석(segregation)으로 알려진 현상인 국부적 조성의 차이가 발생한다.

10-8 비평형응고와 편석

제5장에서 확산에 대한 열역학적 구동력과 속도론적 구동력에 대해 공부하였다. 확산은 기체에서 가장 빨리 일어나고, 그 다음은 액체 그리고 고체 순서라는 것은 잘 알려진 사실이다. 또한 온도가 증가할수록 확산속도가 증가한다는 것을 배웠다. 냉각속도가 너무 빨라서 원자들이 확산하여 평형조건을 만족시킬 수 없으면 주물에는 비평형조직이 생긴다. 냉각속도가 빠르면 Cu-40% Ni 합금에서 어떤 일이 생기는지 살펴보도록 하자.

다시 반복하면 용탕이 액상선온도에 도달하면 52% Ni을 함유하는 최초의 고상이 생성된다(그림 10-16). 1,260 ℃까지 냉각하면 이제 액상은 34% Ni을 함유하고 있고, 그 온도에서 생성된 고상은 46%의 Ni을 함유하고 있다는 것을 연결선으로부터 읽을 수 있다. 액상 내에서는 확산이 빨리 일어나기 때문에 액상의 조성은 연결선에 의해 예측되

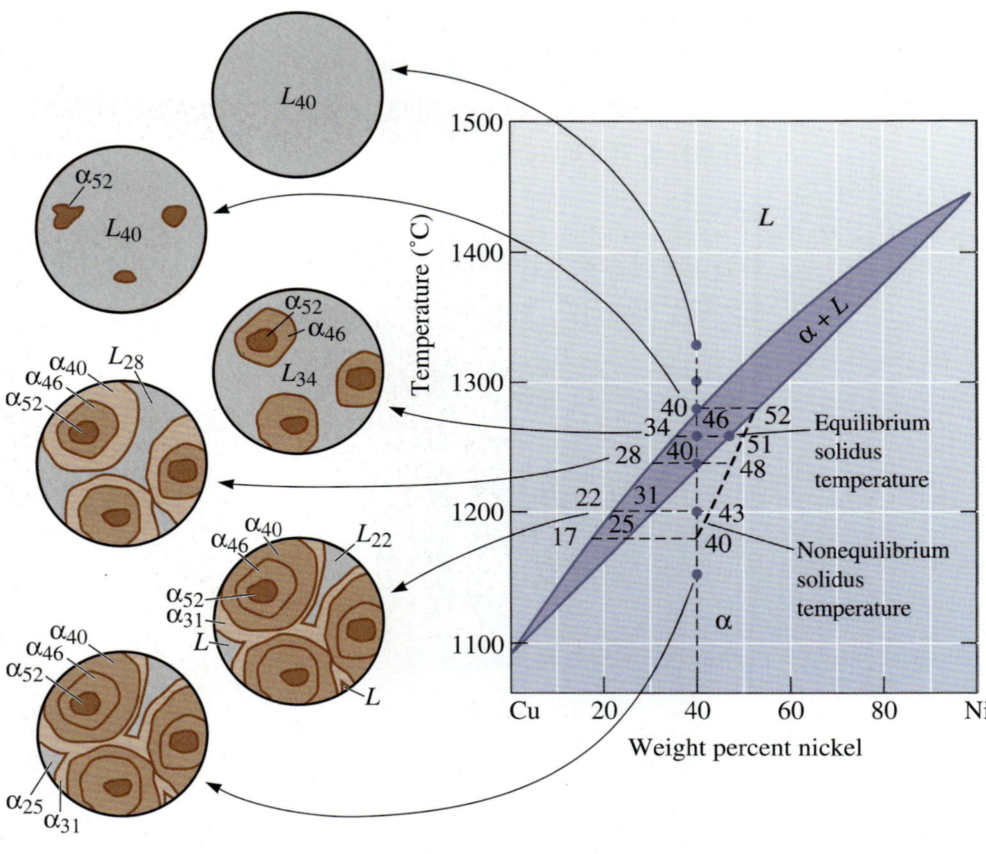

그림 10-16 비평형응고 중에 Cu-40% Ni 합금에서 일어나는 미세조직 변화. 고상에서의 확산에 필요한 시간이 충분하지 않으므로 편석조직이 생성된다. 비평형고상선(점선)에 주목하라.

는 조성과 거의 같다고 볼 수 있다. 그러나 고상 내의 확산은 비교적 느리다. 맨 처음 생성된 고상은 여전히 약 52% Ni을 유지하고 새로 생긴 고상은 46%의 Ni만을 함유하고 있다. 따라서 고상의 평균조성은 51% Ni 쯤 될 것이다. 이렇게 되면 상태도에서 주어진 것과는 다른 비평형고상선이 생기게 된다. 응고가 계속됨에 따라 비평형고상선은 평형고상선으로부터 계속 멀어진다.

온도가 평형 고상선온도인 1,240 ℃에 다다랐을 때 아직 꽤 많은 액상이 남아 있다. 이 액상은 비평형고상선이 원래의 조성인 40% Ni과 교차하는 1,180 ℃가 되어야 완전히 응고하게 된다. 그 온도에서는 17% Ni을 함유하는 액상이 응고하게 되는데 이때 응고된 고상은 25%의 Ni을 함유하게 된다. 따라서 마지막에 응고되는 액상은 17%의 Ni을 함유하고 있고 최종적으로 생성된 고상은 25%의 Ni을 함유하고 있다. 고상의 평균조성은 40% Ni이지만 전체적으로 조성은 불균일하다.

비평형고상선과 최종 비평형 고상선온도의 실제 위치는 냉각속도에 달려 있다. 냉각속도가 클수록 평형상태로부터 더 많이 벗어나게 된다. 다음의 예는 비평형조건 하에서 발생하는 조성의 변화를 어떻게 설명할 수 있는지를 보여준다.

예제 10-11 Cu-Ni 합금의 비평형응고

그림 10-16에 나타낸 비평형 조건 하에 있는 Cu-40% Ni 합금에 대해 각 상의 조성 및 양을 1,300 ℃, 1,280 ℃, 1,260 ℃, 1,240 ℃, 1,200 ℃, 1,150 ℃에서 계산하라. 그리고 각 상에 대해 평형 조성 및 양과 비교하라.

풀이

평형 고상선온도 곡선에 대한 연결선을 사용하여 지렛대법칙에 따라 각 상의 조성과 백분율을 계산한다. 마찬가지로 비평형 고상선온도 곡선을 사용하여 비평형조건 하

온도	평형	비평형
1,300 ℃	L: 40% Ni 100% L	L: 40% Ni 100% L
1,280 ℃	L: 40% Ni 100% L	L: 40% Ni 100% L
1,260 ℃	L: 34% Ni $\frac{46-40}{46-34}=50\%\ L$ α: 46% Ni $\frac{40-34}{46-34}=50\%\ \alpha$	L: 34% Ni $\frac{51-40}{51-34}=65\%\ L$ α: 51% Ni $\frac{40-34}{51-34}=35\%\ \alpha$
1,240 ℃	L: 28% Ni 약 0% L α: 40% Ni 100% α	L: 28% Ni $\frac{48-40}{48-28}=40\%\ L$ α: 48% Ni $\frac{40-28}{48-28}=60\%\ \alpha$
1,200 ℃	α: 40% Ni 100% α	L: 22% Ni $\frac{43-40}{43-22}=14\%\ L$ α: 43% Ni $\frac{40-22}{43-22}=86\%\ \alpha$
1,150 ℃	α: 40% Ni 100% α	α: 40% Ni 100% α

에서 생긴 서로 다른 상들에 대한 백분율과 농도를 계산하면 된다.

미세편석 비평형응고에 의해 생긴 불균일 조성을 편석(segregation)이라 한다. 미세편석(microsegregation)은 수지상정간편석(interdendritic segregation) 또는 유핵편석(coring)이라고도 하는데, 대개 작은 수지상정 가지 사이처럼 짧은 거리에 걸쳐 생성된다. 초기에 응고된 고체에 해당하는 수지상정의 중심은 합금에서 높은 융점을 가진 원소가 많이 포함되어 있다. 수지상정 사이의 구역은 제일 마지막에 응고한 액상이 있던 구역이기 때문에 융점이 낮은 원소가 많이 몰려 있다. Cu-Ni 합금의 경우, α상의 조성과 특성은 구역에 따라 다르고 결과적으로 이 주물의 특성은 좋지 않을 것으로 예상된다.

미세편석은 고온취성(hot shortness)을 일으키거나 낮은 융점을 가지는 수지상정간 구역이 평형고상선 아래의 온도에서 용융되는 현상을 유발할 수 있다. 즉, Cu-40% Ni 합금을 평형고상선 아래이자 비평형고상선 위인 1,225 ℃까지 가열하면 수지상정 사이의 니켈함량이 낮은 구역은 녹게 된다.

균질화 수지상정간편석과 고온취성 관련 문제들은 균질화(homogenization) 열처리를 통해 감소시킬 수 있다. 주물을 비평형 고상선온도 이하의 온도로 가열하면, 수지상정 중심에 있는 니켈원자들은 수지상정 사이의 영역으로 확산해가며, 구리원자들은 반대 방향으로 확산한다[그림 10-17(a)]. 확산거리가 비교적 짧기 때문에 몇 시간이면 대부분의 조성차이가 소멸된다. 균질화처리 시간은 다음과 같이 나타낼 수 있다.

$$t = c\frac{(\mathrm{SDAS})^2}{D_s} \tag{10-6}$$

여기서 SDAS는 이차수지상정가지간격이고, D_s는 기지에서 용질원자의 확산속도이며, c는 상수이다. SDAS가 작으면 확산거리를 감소시켜 균질화처리 시간이 짧아진다.

거시편석 거시편석(macrosegregation)이라고 하는 또 다른 형태의 편석이 있다. 거시편석은 주물의 표면과 중심 사이의 긴 거리에 걸쳐 발생하는 것으로, 먼저 응고하게 되는 표면부가 높은 융점을 갖는 금속을 평균치보다 약간 더 많이 함유함으로써 발생한다. 거시편석은 확산거리가 너무 커서 균질화처리에 의해 제거할 수 없다. 거시편석은 제8장에서 다루었던 열간가공을 통해 감소시킬 수 있다. 그 이유는 열간가공이란 기본적으로 주괴조직을 깨뜨려 분산시키는 작업이기 때문이다.

급속응고 분말 기공, 미세편석, 거시편석이 최소화되어야 하는 부품의 경우에는 복합조성의 합금 분말을 분무미립화법을 사용하여 제조한다[그림 10-17(b)]. 분무미립화

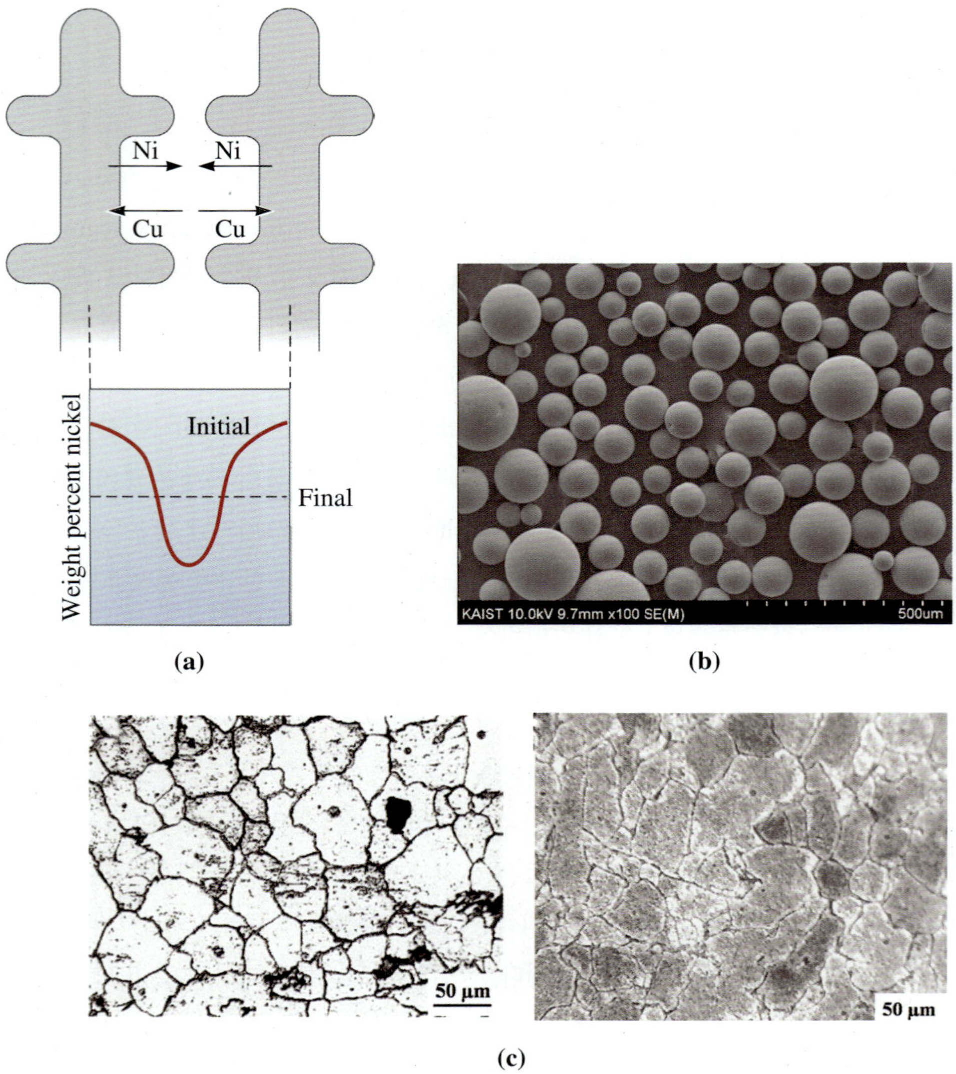

그림 10-17 (a) 수지상정 사이의 미세편석은 균질화 열처리를 통해 감소시킬 수 있다. 니켈 원자와 구리 원자들이 서로 반대방향으로 확산됨으로써 결국엔 농도차이를 감소시켜 균일한 조성을 만든다. (b) 분무미립화법으로 제조한 초합금 분말. (출처: Journal of Alloys and Compounds, *Volume 603, Youngmoo Kim, Eun-Pyo Kim, Young-Beom Song, Sung Ho Lee, Young-Sam Kwon, "Microstructure and mechanical properties of hot isostatically pressed Ti–Al–V alloy," Pages 207–212, Copyright 2014, with permission from Elsevier.*) (c) 분무미립화법으로 제조한 Al-4.5wt% Cu 합금의 HIP처리 전후의 미세조직. HIP처리 전에는 기공률이 8%이었고 HIP처리 후에는 1% 미만으로 감소하였다. (출처: *S. Devaraj, S. Sankaran, R. Kumar, G. Appa Rao, "Influence of Hot Isostatic Pressing on the Microstructure and Mechanical Properties,"* Journal of Materials Engineering and Performance, *April 2014, Volume 23, Issue 4, pp 1440–1450, © 2014, ASM International.*)

법(spray atomization)에서는 복합조성의 균질한 용탕을 준비한 뒤, 세라믹 노즐을 통해 분사시킨다. 분사된 용탕은 미세한 액적(droplet)으로 바뀌어 아르곤이나 질소가스를 사용하는 기체분무법(gas atomization)이나 물을 사용하는 물분무법(water atomization)을 통해 급랭된다. 이때 용융된 액적은 급속히 응고되어 약 10~100 μm 크기의 분말입자가 만들어진다. 액적의 응고는 대단히 빨리 일어나므로 확산될 시간이 거의 없다. 따라서 화학적 편석은 일어나지 않는다. 많은 복합조성의 니켈기반 및 코발트기반 초합금과 스테인리스강 분말들은 이와 같은 방식으로 제조되는 대표적인 예라 할 수 있다. 분무미립화법으로 제조된 분말들은 잘 섞은 후 원하는 형상으로 성형시킨다. 이러한 분말 성형 공정에 사용되는 기술에는 소결(제5장 참조), 열간가압소결(hot pressing, HP) 및 열간등압성형(hot isostatic pressing, HIP) 등이 있다. HIP 공정에서는 아르곤가스 등을 사용한 등압(약 173 MPa) 조건 하에서 소결을 실시한다. 최대 직경 600 mm에 길이가 수미터인 대형부품과 이보다 작은 부품들도 HIP를 사용하여 제조할 수 있다. 터빈블레이드(turbine blade)를 잡고 있는 디스크와 같이 작은 부품들은 이러한 것으로부터 절삭가공할 수 있다. 분무미립화법으로 제조한 분말을 성형하여 만든 저탄소 Astroalloy 시료의 치밀화 과정을 그림 10-17(c)에 나타내었다.

열간가압소결은 1축압력 하에서 실시하는 소결로서, 다른 방식으로는 소결하기 어려운 재료로 소형부품을 제조할 때 사용한다. HIP와 열간가압소결 기술은 금속과 세라믹 분말재료에 모두 사용되고 있다.

요약

- 상(相)이란 물리적으로 균질한 영역으로서, 다른 부분과 분리될 수 있도록 표면으로 구분되어 있는 어떤 시스템의 일부 또는 전체 영역이다.
- 상태도는 일반적으로 열역학적 평형조건에 있는 계에 존재하는 상들을 나타내며 경우에 따라서는 준안정상도 나타낼 수 있다.
- 금속 또는 세라믹 재료에서 고용체는 서로 유사한 결정구조를 갖는 원소들이나 화합물들이 화학적으로 균질한 상을 형성하는 경우에 만들어진다.
- 고용체강화는 금속재료에서 고용체를 형성함으로써 이루어진다. 생성된 점결함은 전위의 이동을 제한함으로써 강도를 증가시킨다.
- 고용체강화의 정도는 (1) 합금원소의 양이 증가할수록, (2) 용매재료와 합금원소 사이의 원자크기 차이가 클수록 증가한다.
- 고용체강화를 일으키기 위해 첨가되는 합금원소(또는 화합물)의 양은, 용매재료에 대한 합금원소 또는 화합물의 고용도에 의해 제한된다. 이러한 고용도는 (1) 원자크기 차이가 15% 이상일 때, (2) 합금원소(또는 화합물)가 용매원소(또는 화합물)와 다른 결정구조를 가질 때, (3) 합금원소나 구성성분 이온의 원자가 및 전기음성도가 용매원소(또는 화합물)의 원자가 및 전기음성도와 다를 때 제한된다.
- 고용체강화는 금속재료의 강도와 경도를 증가시키는 반면에, 일반적으로 연성과 전기전도도를 감소시킨다. 고용체강화의 중요한 기능은 합금의 고온특성을 증가시키는 것이다.
- 구성성분이 서로 완전한 고용도를 나타내는 상태도를 전율고용 상태도라고 한다.
- 고용체가 형성됨으로써 응고는 액상선온도에서 시작되어 고상선온도에서 완결된다. 응고

가 일정한 범위에 걸쳐 발생하는 경우의 온도 차이를 응고범위(freezing range)라고 한다.

- 상태도의 2상영역에서 연결선의 양 끝단은 각 상의 고정된 조성을 나타내며 지렛대법칙을 사용하여 각 상의 양을 계산할 수 있다.
- 미세편석 및 거시편석은 응고 중에 발생한다. 미세편석이나 유핵편석은 수지상정간 영역과 같이 짧은 거리에 걸쳐 발생하는 편석이다. 수지상정의 중심은 고융점 원소가 농축되어 있는 반면, 마지막에 응고하는 수지상정간 영역은 저융점 원소의 농도가 더 높다.
- 균질화는 미세편석을 감소시킬 수 있다.
- 거시편석이란 주물의 표면과 중심 사이와 같이 장범위에 걸쳐 있는 조성의 차이를 말한다. 열간가공에 의해 거시편석을 줄일 수 있다.

용어해설

거시편석 macrosegregation 비평형응고에 따라 재료 내에서 먼 거리에 걸쳐서 조성의 차이가 존재하는 것. 이와 같은 형태의 편석을 제거하는 유일한 방법은 열간가공에 의해 주조조직을 깨뜨리는 것이다.

고상선 solidus 주어진 합금계에서 가능한 모든 합금의 고상선온도의 궤적을 나타내는 상태도 상의 곡선.

고상선온도 solidus temperature 그 이하의 온도가 되면 모든 액상이 완전히 응고하는 온도.

고온취성 hot shortness 평형 고상선온도 이하의 온도에서 편석 때문에 생긴 저융점의 비평형재료가 용해되는 것.

고용체 solid solution 여러 개의 원소나 화합물이 결합하여 형성된 고상으로서, 이를 구성하는 각각의 원소나 화합물과는 조성이나 특성이 다르고, 전체 상이 균일한 조성과 특성을 나타낸다.

고용체강화 solid solution strengthening 고용체를 형성함으로써 금속재료의 강도를 향상시키는 것.

공중합체 copolymer 둘 또는 그 이상의 서로 다른 단량체(monomer)를 결합시켜 만든 고분자. 통상 개개의 고분자가 갖는 특성을 섞는다는 개념으로 만든 것.

균질화 열처리 homogenization heat treatment 비평형응고 중에 생성된 미세편석을 제거하기 위해 쓰이는 열처리. 이 열처리로는 거시편석을 제거할 수 없다.

다상합금 multiple-phase alloy 둘 또는 그 이상의 상으로 이루어진 합금.

단상합금 single-phase alloy 하나의 상으로 이루어진 합금.

무한고용도 unlimited solubility 하나의 재료가 2차상을 형성하지 않고 두 번째 재료에 고용될 수 있는 양이 무한한 경우.

미세편석 microsegregation '유핵편석(coring)'을 보라.

분산강화 dispersion strengthening 일반적으로 금속재료에서 사용되는 것으로서, 매우 미세한 2차상을 분산시킴으로써 강도를 향상시키는 것. 새로이 생긴 상과 모상 사이의 계면은 전위의 이동을 억제하며, 이에 따라 금속재료의 강도가 향상된다(제11장 참조).

상 phase 물리적으로 균질한 영역으로서 다른 부분과 분리될 수 있도록 표면으로 구분되어 있는 어떤 시스템의 일부 또는 전체 영역.

상률 phase rule 'Gibbs의 상률'을 보라.

상태도 phase diagram 온도 및 전체적인 조성으로 이루어지는 임의의 조합에 대해, 평형상태에 존재하는 상들과 그 상의 조성을 나타내는 다이어그램. 상태도는 경우에 따라 준안정상을 나타내기도 한다.

수지상정간편석 interdendritic segregation '유핵편석(coring)'을 보라.

액상선 liquidus 모든 가능한 합금의 액상선온도를 보여주는 상태도 상의 곡선.

액상선온도 liquidus temperature 응고 중에 처음으로 고체가 생기기 시작하는 온도.

연결선 tie line 두 상의 조성을 결정할 수 있도록 상태도의 2상영역에 그려진 수평선.

열간가압소결 hot pressing, HP 1축압축 하에서 실시하는 금속 또는 세라믹 분말의 소결법으로서, 다른 방식으로는 소결하기 어려운 재료를 사용하여 소형부품을 제조할 때 사용한다.

열간등압성형 hot isostatic pressing, HIP 등압 하에서 수행되는 금속 또는 세라믹 분말의 소결.

용해도 solubility 하나의 재료가 2차상을 생성하지 않고 다른 재료에 완전히 용해될 수 있는 최대량.

유핵편석 coring 주조품에서의 화학적 편석. 미세편석 또는 수지상정간편석이라고도 한다. 수지상정의 중심에는 고융점 원소가 농축되어 있는 반면, 마지막에 응고된 수지상정간 영역에는 저융점 원소의 농도가 더 높다.

응고범위 freezing range 액상선온도와 고상선온도의 차이.

전율고용 상태도 isomorphous phase diagram 각 성분들이 서로 무한고용도를 나타내는 상태도.

제한된 용해도 limited solubility 일정한 양의 용질만이 용매에 용해되는 경우의 용해도.

지렛대법칙 lever rule 2상영역에서 각 상의 양을 계산하는 방법.

편석 segregation 응고 중에 확산시간이 충분하지 못하여 재료 내에 조성의 차이가 존재하는 것.

합금 alloy 여러 원소로 만들어진 재료로서 금속의 특성을 나타내는 재료.

1원계상태도 unary phase diagram 단지 하나의 성분만 존재하는 상태도.

2원계상태도 binary phase diagram 오직 두 개의 성분만이 있는 상태도.

3중점 triple point 1성분계에서 세 개의 상이 평형상태를 유지하고 있을 때의 온도와 압력을 나타내는 점.

Gibbs의 상률 Gibbs phase rule 자유도의 수 또는 특정한 상의 온도와 조성을 지정하기 위해 고정되어야 하는 변수의 수를 나타낸다. $2 + C = F + P$인 경우 압력과 온도를 모두 변화시킬 수 있다. $1 + C = F + P$인 경우에는 압력 또는 온도 중 하나가 일정해야 한다.

Hume-Rothery 규칙 Hume-Rothery rules 계가 무한고용도를 나타내기 위해 특정 합금계 또는 세라믹계가 가져야 하는 조건. Hume-Rothery 규칙은 무한고용도를 나타내는 데 있어 필요조건이기는 하지만 충분조건은 아니다.

P-T 상태도 P-T diagram 서로 다른 온도와 압력 조건에서 상들의 열역학적인 안정성을 나타내는 다이어그램. 1원계상태도라고도 한다.

연습문제

10-1 결정립크기강화의 원리를 설명하라. 이 강화기구는 고온에서도 작동하는가? 설명하라.

10-2 가공경화의 원리를 설명하라. 이 강화기구는 고온에서도 작동하는가? 설명하라.

10-3 고용체강화의 원리는 무엇인가? 이 강화기구는 고온에서도 작동하는가? 설명하라.

10-4 분산강화의 원리는 무엇인가?

10-1절 상평형과 상태도

10-5 '상(phase, 相)'이란 무엇을 의미하는가?

10-6 물의 경우 서로 다른 상으로는 어떤 것들이 있는가?

10-7 얼음은 여러 가지의 동질이형체를 갖고 있는 것으로 알려져 있다. 이것들은 물이 나타내는 서로 다른 상인가?

10-8 온도와 압력이 변할 수 있다고 가정하고 Gibbs의 상률을 적어보라. 각 항의 의미를 명확히 설명하라.

10-9 상태도란 무엇인가?

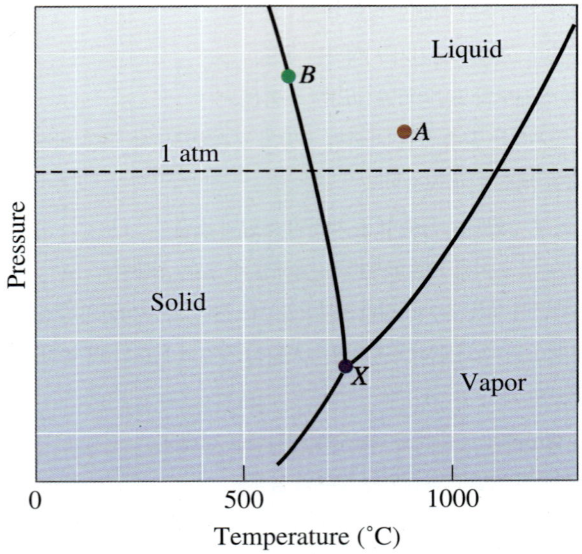

그림 10-2　마그네슘에 대한 1원계상태도. 1기압 하에서 용융온도와 기화온도를 나타낸다. 여기서 점 X는 삼중점이다. (문제 10-10을 위해 반복됨)

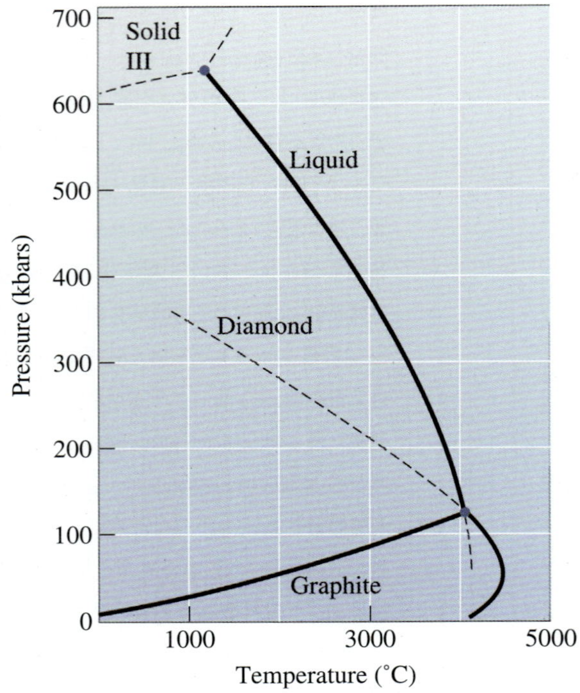

그림 10-19　탄소의 1원계상태도. 다이아몬드가 형성되는 구역을 점선으로 나타내었다. (출처: Introduction to Phase Equilibria, *by C. G. Bergeron, S. H. Risbud, American Ceramic Society, 1984.*) (문제 10-12 및 10-13에 사용)

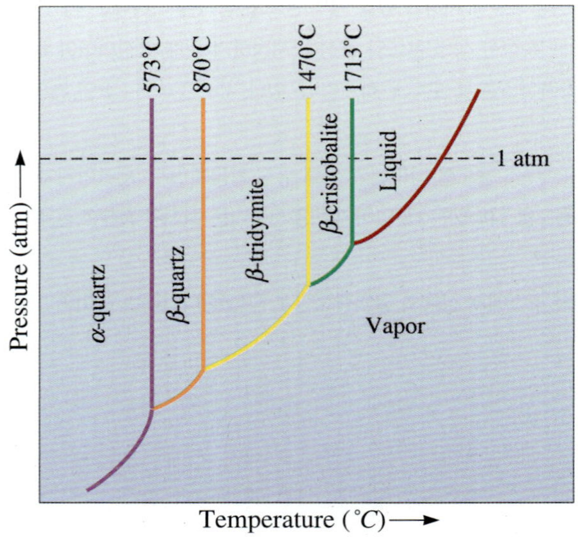

그림 10-18　SiO_2의 압력-온도 상태도. 점선은 1기압을 나타낸다. (문제 10-11에 사용)

10-10　액상의 마그네슘을 1기압에서 고체-액체 평형으로부터 기체-액체 평형으로 되게 하는 데 필요한 온도변화는 얼마인가? (그림 10-2 참조)

10-11　SiO_2의 1원계상태도를 그림 10-18에 나타내었다. 고체, 액체, 기체가 공존하는 삼중점을 표시하고 이때의 온도와 존재하는 고상의 종류를 나타내라. 다른 '삼중점'들은 무엇을 나타내는가?

10-12　그림 10-19는 탄소의 1원계상태도를 나타낸다. 이 상태도로 볼 때, 어떤 조건에서 흑연이 다이아몬드로 변환될 수 있는가?

10-13　천연 다이아몬드는 지표면으로부터 약 120~200 km 아래의 고온 및 고압 조건에서 생성된다. 지구의 평균밀도는 5,500 kg/m^{3}라 가정한다. 이 정보와 그림 10-19에 나타낸 탄소에 대한 1원계상태도를 사용하여 지구의 지열구배(깊이에 따른 온도의 증가율)를 계산하라. 지표면 아래의 압력은 ρgh로 나타낸다. 여기서 ρ는 밀도, g는 중력가속도, h는 깊이이다. 10 kbar = 10^9 Pa임에 유의하라.

10-2절　용해도와 고용체

10-14　고용체란 무엇인가?

10-15　세라믹 계에서 고용체가 어떻게 만들어지는가?

10-16　고용체가 만들어지기 위해서는 하나의 재료의 또 다른 재료에 대한 고용도가 100%이어야 하는가?

10-17 소량의 지르코늄산납($PbZrO_3$)이 티타늄산납($PbTiO_3$)에 첨가되었다. 이 결과 생성될 것으로 예측되는 고용체의 결정구조를 그려보라. 흔히 PZT로 알려져 있는 지르코늄티타늄산납(lead zirconium titanate)이라고 하는 이 재료는 방전 점화장치로부터 초음파영상 장비에 이르기까지 폭 넓게 사용되고 있다. (퍼로브스카이트(perovskite) 결정구조에 대해서는 제3장을 참조하라.)

10-18 세 개의 원소나 화합물 사이에 고용체가 생길 수 있는가?

10-19 공중합체(copolymer)란 무엇인가? 공중합체를 형성할 경우 장점은 무엇인가?

10-20 공중합체가 만들어지는 과정은 고용체가 형성되는 것과 유사한가?

10-21 ABS 공중합체란 무엇인가? 이 재료의 응용분야를 서술하라.

10-22 15 kg의 구리에 아연을 200 ℃에서의 고용한계까지 합금시키고자 한다. 얼마의 아연이 필요한가? (그림 10-4 참조)

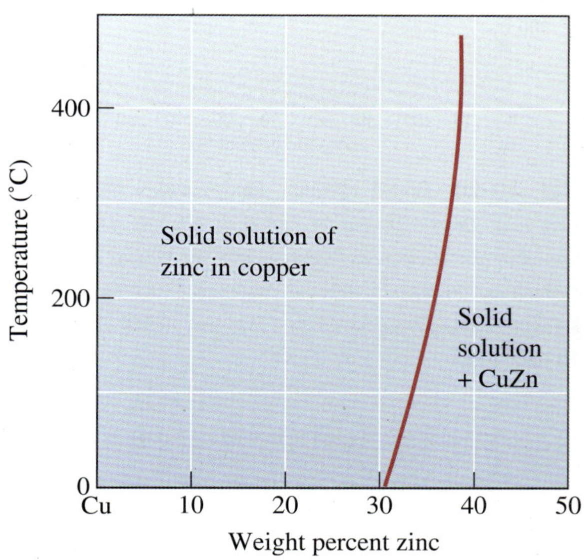

그림 10-4 구리에 대한 아연의 고용도. 그림의 실선은 고용한계를 나타낸다. 즉, 아연이 과도하게 첨가되면 고용한계를 초과하여 두 상이 공존하게 된다. (문제 10-22 및 10-23에 사용)

10-23 총 무게 115 kg의 구리 및 아연을 400 ℃에서 혼합하였다(구리와 아연의 무게비는 6 : 4). 고용한계를 초과한 아연의 양은 얼마인가? (그림 10-4 참조)

10-3절 무한고용도의 조건

10-24 Hume-Rothery 규칙을 간략히 서술하고 그 당위성을 설명하라.

10-25 Hume-Rothery 규칙은 세라믹 계에 적용할 수 있는가? 설명하라.

10-26 제한된 용해도와 무한용해도의 차이점은 무엇인가?

10-27 구리와 니켈은 서로 무한고용도를 나타내는 반면, 납과 철은 서로 전혀 고용되지 않는다. Hume-Rothery 규칙을 사용하여 이들 조건의 타당성을 검증하고 그 과정을 나타내라.

10-28 (a) Ag, (b) Al, (c) Fe 중 어느 원소가 금(gold)에 대하여 무한고용도를 가지겠는가?

10-29 Hume-Rothery의 조건들에 비추어볼 때, (a) Au-Ag, (b) Al-Cu, (c) Al-Au, (d) U-W, (e) Mo-Ta, (f) Nb-W, (g) Mg-Zn, (h) Mg-Cd 중 어느 계가 무한고용도를 나타낼 것으로 예측되는가? 설명하라.

10-30 (a) $SrTiO_3$, (b) $CaTiO_3$, (c) $ZnTiO_3$, (d) $BaZrO_3$ 중 $BaTiO_3$에 첨가하였을 경우 100% 고용도를 나타낼 수 있는 산화물은 어느 것인가? 설명하라. 이 산화물 모두는 퍼로브스카이트(perovskite) 결정구조를 갖는다.

10-4절 고용체강화

10-31 고용한계 내에서 다음 각 원소를 1at%씩 구리에 첨가하여 각기 별도의 합금을 만든다고 하자. 어느 것이 더 높은 강도를 나타내는 합금을 이룰 것으로 판단되는가? (a) Au, (b) Mn, (c) Sr, (d) Si, (e) Co 중 어느 합금원소가 구리에 무한고용도를 나타낼 것으로 예측되는가?

10-32 고용한계 내에서 다음 각 원소를 1at%씩 알루미늄에 첨가하여 각기 별도의 합금을 만든다고 하자. (a) Mn, (b) Mg, (c) Cu, (d) Zn 중 어느 것이 더 높은 강도를 나타내는 합금을 이룰 것으로 예측되는가? 그 이유는 무엇인가?

10-33 고용한계 내에서 다음 각 원소를 1at%씩 알루미늄에 첨가하여 각기 별도의 합금을 만든다고 하자. 어느 것이 전기전도도의 감소를 최소화시킬 수 있을 것으로 판단되는가? (a) Li, (b) Ba, (c) Be, (d) Cd, (e) Ga 중 어느 합금원소가 알루미늄에 무한고용도를 가질 것으로 예측되는가?

10-34 (a) Y_2O_3, (b) Cr_2O_3, (c) Fe_2O_3 중 어느 산화물이 Al_2O_3에 가장 큰 고용도를 가질 것으로 판단되는가?

10-35 음료용 캔을 만드는 데 있어 알루미늄합금에 들어 있는 소량의 Mg의 역할은 무엇인가?

10-36 보석세공인들이 금 및 은에 소량의 구리를 첨가하는 이유는 무엇인가?

10-37 전기용 부품으로 사용되는 구리의 강도를 향상시키기 위해 고용체강화를 이용하는 것은 왜 바람직하지 못한가?

10-5절 전율고용 상태도

10-38 2원계상태도란 무엇이며 이로부터 어떤 정보를 얻을 수 있는가? 열역학적인 용어로서 '평형상태도'의 의미는 무엇인가?

10-39 액상선의 중요성은 무엇인가? 고상선은 어떠한가?

10-40 합금이란 무엇인가? 일반적으로 용융거동에 있어서 합금과 순수성분 재료와의 차이점은 무엇인가?

10-41 다음 각각의 조건에 대해 자유도를 결정하라.
(a) 325 ℃ 및 400 ℃에서 Tl-20wt% Pb
(b) 325 ℃ 및 400 ℃에서 Tl-40wt% Pb
(c) 325 ℃ 및 400 ℃에서 Tl-90wt% Pb
그림 10-8(d)의 상태도를 참조하라.

10-42 Bi-Sb 상태도에 다음 조성들을 표시하라. 또한 존재하는 상 및 각 상의 상대적인 양을 표시하라. (a) 250 ℃에서 60at% Bi, (b) 500 ℃에서 30at% Bi, (c) 600 ℃에서 50at% Bi.
(그림 10-20 참조)

10-43 350 ℃에 놓여 있는 Tl-Pb 합금이 (a) 모두 액상일 때, (b) 모두 고상일 때, (c) 부분적으로 액상과 고상이 있을 때, 합금의 조성 범위를 결정하라. 그림 10-8(d)에 나타낸 Tl-Pb 상태도를 참조하라. 또한 Tl-25wt% Pb 및 Tl-75wt% Pb 합금이 350 ℃에 놓여 있을 때 액상과 고상의 양을 결정하고 각각의 상에 포함된 Pb의 wt%를 결정하라.

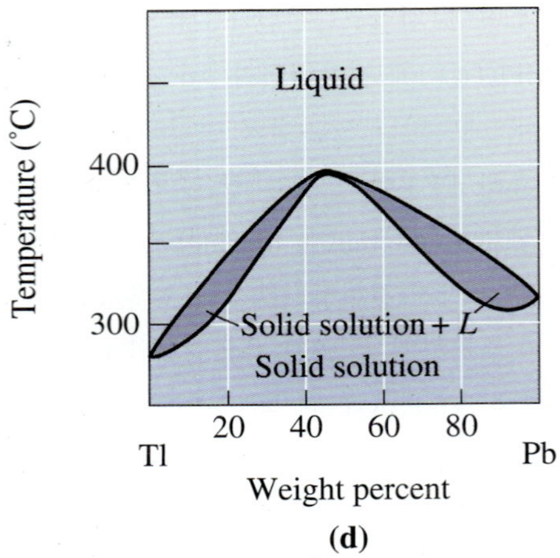

그림 10-8(d) 고용체 최대점 및 최소점(solid-solution maxima and minima)을 나타내는 계. (출처: Introduction to Phase Equilibria, *by C. G. Bergeron and S. H. Risbud, American Ceramic Society, 1984.*)

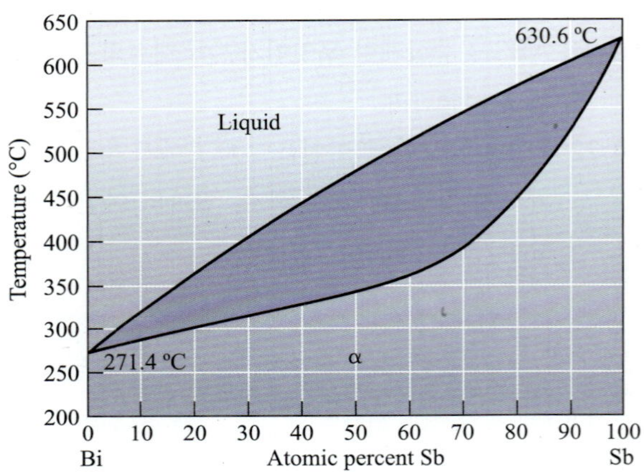

그림 10-20 Bi-Sb 상태도. (출처: *Alberto Torres, Luis Hernandez, Octavio Dominguez, "Effect of Antimony Additions on Corrosion and Mechanical Properties of Sn-Bi Eutectic Lead-Free Solder Alloy,"* Materials Sciences and Applications, *Vol.3 No.6(2012), http://file.scirp.org/Html/3-7700734_19815.htm*) (문제 10-42 및 10-68에 사용)

10-44 NiO-MgO 세라믹 조성
(a) NiO-30mol% MgO,
(b) NiO-45mol% MgO,

(c) NiO-60mol% MgO,

(d) NiO-85mol% MgO에 대해 액상선온도, 고상선온도, 응고범위를 구하라. [그림 10-8(b) 참조]

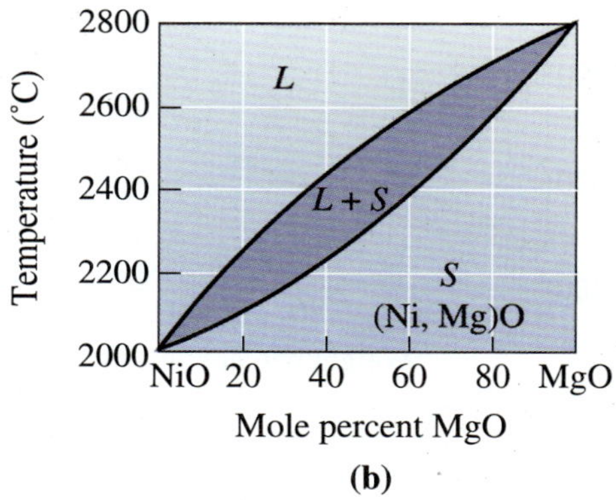

그림 10-8(b) NiO-MgO 평형상태도. (문제 10-44, 10-50, 10-53, 10-57, 10-71을 위해 반복됨)

10-45 Al_2O_3-Cr_2O_3 세라믹 조성

(a) Al_2O3-30wt% Cr_2O_3,

(b) Al_2O_3-50wt% Cr_2O_3,

(c) Al_2O_3-75wt% Cr_2O_3에 대해 액상선온도, 고상선온도, 응고범위를 구하라. (그림 10-9 참조)

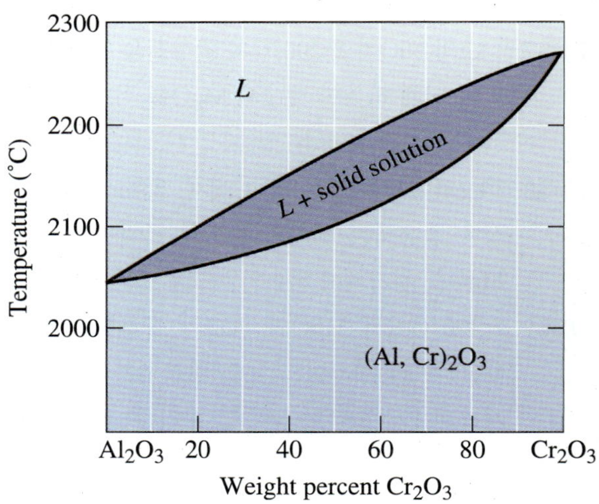

그림 10-9 Al_2O_3-Cr_2O_3 평형상태도. (문제 10-45 및 10-46을 위해 반복됨)

10-46 Al_2O_3-Cr_2O_3 세라믹 조성

(a) Al_2O_3-30wt% Cr_2O_3,

(b) Al_2O_3-50wt% Cr_2O_3,

(c) Al_2O_3-75wt% Cr_2O_3에 대해, 2,150 ℃에서 존재하는 상, 각 상의 조성 및 양을 wt%의 단위로 구하라. (그림 10-9 참조)

10-47 Ag-60wt% Pd 합금에 대해 (a) 액상선온도, (b) 고상선온도, (c) 응고범위를 구하라. (그림 10-21 참조)

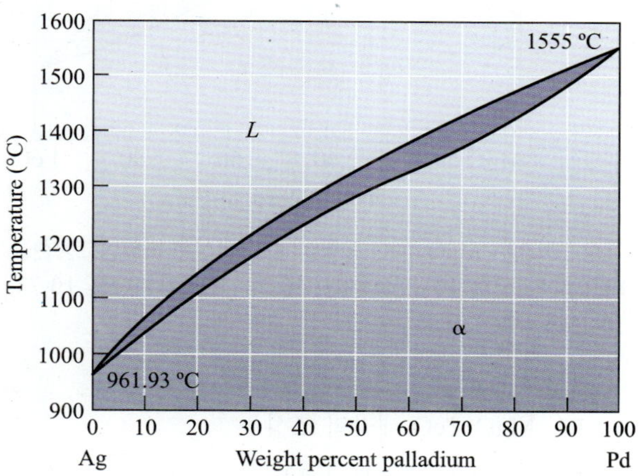

그림 10-21 Ag-Pd의 상태도. (출처: *Karakaya and Thompson, Bulletin of Alloy Phase Diagrams, June 1988, Volume 9, Issue 3, pp 237–243, Springer.*) (문제 10-47 및 10-48에 사용)

10-48 Ag-Pb 상태도에 다음 조성들을 표시하라. 또한 존재하는 상 및 각 상의 상대적인 양을 나타내라. (a) 1,300 ℃에서 50wt% Pd, (b) 1,425 ℃에서 80wt% Pd, (c) 1,100 ℃에서 90wt% Ag. (그림 10-21 참조)

10-49 MgO-FeO 세라믹 조성

(a) MgO-25wt% FeO,

(b) MgO-45wt% FeO,

(c) MgO-65wt% FeO,

(d) MgO-80wt% FeO에 대해 액상선온도, 고상선온도, 응고범위를 구하라. (그림 10-22 참조)

10-50 NiO-MgO 세라믹 조성

(a) NiO-30mol% MgO,

(b) NiO-45mol% MgO,

(c) NiO-60mol% MgO,

(d) NiO-85mol% MgO에 대해, 2,400 ℃에서 존재하는 상, 각 상의 조성 및 양을 mol%의 단위로 구하라. [그림 10-9(b) 참조]

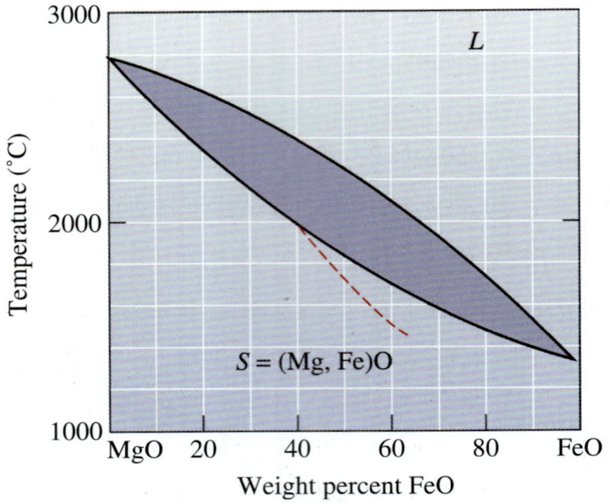

그림 10-22 MgO-FeO 평형상태도. 점선은 비평형고상선을 나타낸다. (문제 10-49, 10-51, 10-59, 10-60, 10-69, 10-73, 10-79에 사용)

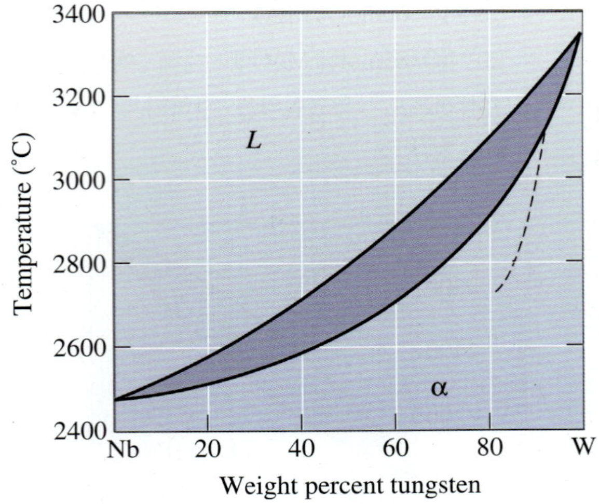

그림 10-23 Nb-W 평형상태도. 점선은 비평형고상선을 나타낸다. (연습문제 10-54, 10-61, 10-62, 10-63, 10-64, 10-70, 10-72, 10-75 및 10-80을 위해 반복됨)

10-51 MgO-FeO 세라믹 조성
(a) MgO-25wt% FeO,
(b) MgO-45wt% FeO,
(c) MgO-60wt% FeO,
(d) MgO-80wt% FeO에 대해, 2,000 ℃에서 존재하는 상, 각 상의 조성 및 각 상의 양을 wt%의 단위로 구하라. (그림 10-22 참조)

10-52 30mol% MgO와 70mol% FeO로 이루어져 있는 세라믹을 고려하자. 이 세라믹의 조성을 wt%로 나타내라.

10-53 NiO-20mol% MgO 세라믹을 2,200 ℃까지 가열하였다. 다음을 구하라.
(a) 고상과 액상의 조성(mol% 및 wt% 모두로 나타낼 것), (b) 각 상의 양(mol% 및 wt% 각각의 경우), (c) 고상의 밀도가 6,320 kg/m^{3}이고 액상의 밀도가 7,140 kg/m^{3}이라고 가정할 때, vol%의 단위로 각 상의 양을 구하라. [그림 10-8(b) 참조]

10-54 Nb-60wt% W 합금을 2,800 ℃까지 가열하였다. 다음을 구하라. (a) 고상과 액상의 조성(wt% 및 at% 모두로 나타낼 것), (b) 각 상의 양(각각 wt% 및 at%의 경우), (c) 고상의 밀도가 16,050 kg/m^{3}이고 액상의 밀도가 13,910 kg/m^{3}이라고 가정할 때 vol%의 단위로 각 상의 양을 구하라. (그림 10-23 참조)

10-55 500 g의 구리가 1,350 ℃의 액상선을 갖는 합금이 되게 하려면 몇 g의 니켈을 첨가해야 하는가? 이 합금에서 니켈원자의 수와 구리원자의 수의 비는 얼마인가? [그림 10-8(a) 참조]

10-56 500 g의 구리가 1,350 ℃에서 50wt% α상을 함유하는 합금이 되게 하려면 몇 g의 니켈을 첨가해야 하는가? [그림 10-8(a) 참조]

10-57 1 kg의 NiO가 2,200 ℃의 고상선을 갖는 세라믹이 되게 하려면 몇 g의 MgO를 첨가해야 하는가? [그림 10-8(b) 참조]

10-58 1 kg의 NiO가 2,400 ℃에서 25mol%의 고상을 함유하는 세라믹이 되게 하려면 몇 g의 MgO를 첨가해야 하는가? [그림 10-8(b) 참조]

10-59 1,200 ℃에서 MgO와 FeO의 몰분율이 같은 MgO-FeO 세라믹 고체를 만들고자 한다. 이 세라믹에서 FeO의 wt%를 구하라. (그림 10-22 참조)

10-60 2,000 ℃에서 고상이 30wt%인 MgO-FeO세라믹을 제조하고자 한다. 이 세라믹의 조성은 wt%로 얼마인가? (그림 10-22 참조)

10-61 2,800 ℃에 있는 임의의 Nb-W 합금이 일부는 액상이고 일부는 고상이다. (a) 가능하다면 이 합금에 있는 각 상의 조성을 구하라. (b) 가능

하다면 이 합금에 있는 각 상의 양을 구하라. (그림 10-23 참조)

10-62 임의의 Nb-W 합금이 2,600 ℃에서 55%의 α 상을 함유하고 있다. (a) 각 상의 조성, (b) 이 합금의 조성을 구하라. (그림 10-23 참조)

10-63 Nb-40wt% 합금을 1,200 lb 함유하고 있는 염욕조가 2,800 ℃를 유지하고 있다. 고상의 생성이 시작되기까지 몇 lb의 텅스텐을 첨가할 수 있는가? 합금 전체가 고상이 되게 하려면, 몇 lb의 텅스텐을 첨가해야 하는가? (그림 10-23 참조)

10-64 Nb기지에 텅스텐섬유를 함유하고 있는 섬유강화 복합재료를 제조하였다. 이 복합재료는 70vol%의 텅스텐으로 구성되어 있다. (a) 이 복합재료에서 텅스텐섬유의 wt%를 계산하라. (b) 이 복합재료를 2,600 ℃로 가열하여 수년 동안 유지했다고 가정하자. 섬유에 어떤 일이 발생하겠는가? (그림 10-23 참조)

10-65 순수한 니켈로 만든 도가니에 500 g의 구리를 녹여 1,150 ℃로 유지하고 있다고 하자. 이 온도에서 수 시간 동안 유지시키면 어떤 일이 발생하겠는가? 설명하라. [그림 10-8(a) 참조]

10-6절 특성과 상태도의 상관관계

10-66 황동이란 무엇인가? 이 합금에서 어느 원소가 용매(matrix)를 강화시키는가?

10-67 모넬(Monel) 합금의 조성은 무엇인가?

10-7절 고용체 합금의 응고

10-68 Bi-60at% Sb 합금을 액체상태로부터 평형조건을 유지하면서 응고시켰다. 다음을 구하라. (a) 고체 핵이 최초로 발생하는 온도 및 그 고체 핵의 조성, (b) 450 ℃에서 상들의 조성 및 상대적인 양, (c) 마지막 액상이 존재하는 온도 및 그 액상의 조성. (그림 10-20 참조)

10-69 같은 몰(mole) 수의 MgO와 FeO를 섞어 용해시켰다. 다음을 구하라. (a) 이 세라믹의 액상선, 고상선, 응고범위, (b) 1,800 ℃에서 존재하는 상(들), 이 상(들)의 조성 및 양. (그림 10-22 참조)

10-70 75 cm^3의 Nb와 45 cm^3의 W을 섞어 녹였다고 하자. 다음을 구하라. (a) 이 합금의 액상선온도, 고상선온도, 응고범위, (b) 2,800 ℃에서 존재하는 상(들), 이 상(들)의 조성 및 양. (그림 10-23 참조)

10-71 NiO-60mol% MgO 세라믹을 응고시켰다. 다음을 구하라. (a) 제일 먼저 생기는 고상의 조성, (b) 평형조건에서 제일 나중에 응고하는 액상의 조성. [그림 10-8(b) 참조]

10-72 Nb-35% W 합금을 응고시켰다. 다음을 구하라. (a) 제일 먼저 생기는 고상의 조성, (b) 평형조건에서 제일 나중에 응고하는 액상의 조성. (그림 10-23 참조)

10-73 MgO-65wt% FeO 세라믹에 대해 평형조건에서 (a) 액상선온도, (b) 고상선온도, (c) 응고범위, (d) 응고 중 제일 먼저 생기는 고상의 조성, (e) 제일 마지막에 응고하는 액상의 조성, (f) 1,800 ℃에서 존재하는 상(들), 이 상(들)의 조성 및 양, (g) 1,600 ℃에서 존재하는 상(들), 이 상(들)의 조성 및 양을 구하라. (그림 10-22 참조)

10-74 그림 10-24는 어떤 NiO-MgO 세라믹의 냉각곡선을 나타낸다. (a) 액상선온도, (b) 고상선온도, (c) 응고범위, (d) 주입온도, (e) 과열, (f)

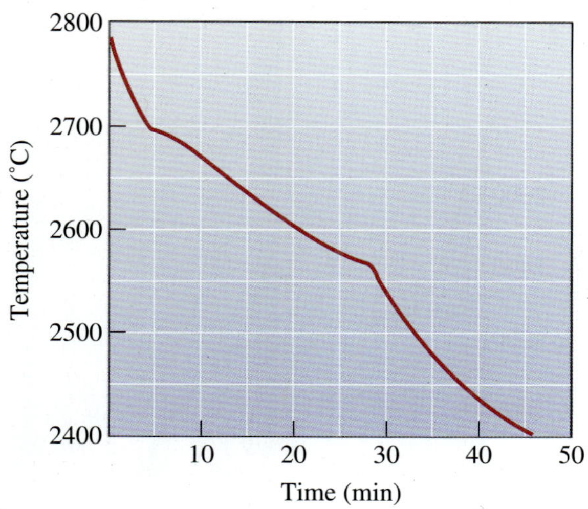

그림 10-24 어떤 NiO-MgO 세라믹의 냉각곡선. (문제 10-74에 사용)

국부응고시간, (g) 총 응고시간, (h) 이 세라믹의 조성을 구하라.

10-75 Nb-80wt% W 합금에 대해 평형조건에서 (a) 액상선온도, (b) 고상선온도, (c) 응고범위, (d) 응고 중 제일 먼저 생기는 고상의 조성, (e) 제일 마지막에 응고하는 액상의 조성, (f) 3,000 ℃에서 존재하는 상(들), 이 상(들)의 조성 및 양, (g) 2,800 ℃에서 존재하는 상(들), 이 상(들)의 조성 및 양을 구하라. (그림 10-23 참조)

10-76 그림 10-25는 어떤 Nb-W 합금의 냉각곡선을 나타낸다. (a) 액상선온도, (b) 고상선온도, (c) 응고범위, (d) 주입온도, (e) 과열, (f) 국부응고시간, (g) 총 응고시간, (h) 이 합금의 조성을 구하라.

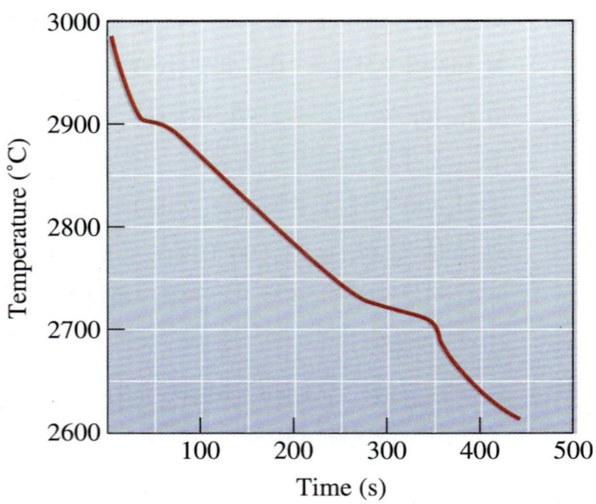

그림 10-25 어떤 Nb-W 합금의 냉각곡선. (문제 10-76에 사용)

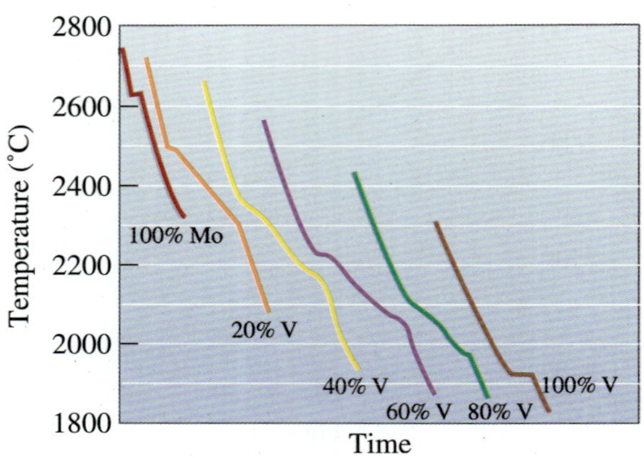

그림 10-26 일련의 Mo-V 합금들에 대한 냉각곡선. (문제 10-77에 사용)

10-77 여러 Mo-V 합금들에 대한 냉각곡선을 그림 10-26에 나타내었다. 이 곡선들을 사용하여 Mo-V 상태도를 그려라.

10-8절 비평형응고와 편석

10-78 주조제품에 발생하는 화학적 편석의 근원은 무엇인가?

10-79 MgO-65wt% FeO 세라믹에 대해 비평형조건에서 다음을 구하라. (a) 액상선온도, (b) 비평형 고상선온도, (c) 응고범위, (d) 응고 중 제일 먼저 생기는 고상의 조성, (e) 제일 나중에 응고하는 액상의 조성, (f) 1,800 ℃에서 존재하는 상(들), 이 상(들)의 조성 및 양, (g) 1,600 ℃에서 존재하는 상(들), 이 상(들)의 조성 및 양을 구하라. (그림 10-22 참조)

10-80 Nb-80wt% W 합금에 대해 비평형조건에서 (a) 액상선온도, (b) 비평형 고상선온도, (c) 응고범위, (d) 응고 중 제일 먼저 생기는 고상의 조성, (e) 제일 나중에 응고하는 액상의 조성, (f) 3,000 ℃에서 존재하는 상(들), 이 상(들)의 조성 및 양, (g) 2,800 ℃에서 존재하는 상(들), 이 상(들)의 조성 및 양을 구하라. (그림 10-23 참조)

10-81 미세편석은 어떻게 제거할 수 있는가?

10-82 거시편석이란 무엇인가? 주조조직을 깨지 않고, 이것을 제거하는 방법이 있는가?

10-83 균질화(homogenization)란 무엇인가? 이를 통해 어떤 종류의 편석을 제거할 수 있는가?

10-84 이차수지상정가지간격(SDAS)이 10 μm인 어떤 Cu-Ni 합금을 균질화시키기 위해서는 1,100 ℃에서 15시간 유지하여야 한다. SDAS가 100 μm 및 1 μm인 같은 합금을 균질화시키기 위해서는 몇 시간 걸리겠는가? 1,100 ℃에서 구리 내 니켈의 확산계수가 3×10^{-14} m²/s라고 할 때, 균질화시간 식에 있는 상수 c의 값을 계산하라. 이 계산에는 어떤 가정이 들어 있는가?

10-85 분무미립화법(spray atomization)이란 무엇인가? 세라믹 분말을 제조할 때 이 공정을 사용할 수 있는가?

10-86 여러분이 니켈기반 초합금을 사용하여 핵심부품을 제조하도록 요청받았다고 하자. 이 부품은 기공이 없어야 하며, 화학적으로 조성이 균일해야 한다. 이를 제조하기 위해 어떤 제조공정을 사용하겠는가? 그 이유는 무엇인가?

10-87 열간가압소결(hot pressing)이란 무엇인가? 이 공정은 열간등압성형(hot isostatic pressing)과 어떻게 다른가?

설계문제

10-88 이차수지상정가지간격(SDAS)이 250 μm인 임의의 서냉된 Cu-Ni 합금을 균질화시키기 위해서는 1,000 ℃에서 8시간 유지하여야 한다. SDAS가 50 μm인 더 빠르게 응고시킨 임의의 Cu-Ni 합금의 미세조직을 균질화시키기 위한 공정을 설계하라.

10-89 상온에서 40%의 비결정질 상을 갖는 NiO-60% MgO 내화재를 제조하기 위한 공정을 설계하라. 관련된 모든 온도를 포함하여 나타내라.

10-90 밀도가 2,300 kg/m^{3}인 유리구슬을 밀도가 8,910 kg/m^{3}인 Cu-Ni 합금과 섞어 이 합금 내에 균일하게 분포시킬 수 있는 방법을 설계하라.

10-91 NiO를 5mol% 함유하고 있는 MgO가 있다고 하자. 이 NiO를 MgO 내에서 1mol% 미만으로 감소시킬 수 있는 응고정제 방법을 설계하라.

컴퓨터문제

10-92 **Gibbs의 상률** Gibbs의 상률을 자동적으로 계산하는 컴퓨터 프로그램을 작성하라. 이 프로그램은 사용자에게 압력 및 온도 모두, 또는 압력만을 일정하게 유지시킬지의 여부를 묻도록 해야 한다. 그런 다음, 적절한 식을 사용하여 사용자가 알기를 원하는 해당 변수를 계산해야 한다. 사용자는 성분의 수를 입력해야 할 것이다. 그러고 나서 사용자가 존재하는 상의 수를 입력하고자 하면, 프로그램은 자유도를 계산할 수 있도록 하여야 하며 그 역도 마찬가지이다.

10-93 **임의의 2원계에서 wt%를 at%로 변환** wt%를 at%로 변환시키는 컴퓨터 프로그램을 작성하라. 이 프로그램은 사용자에게 원소 또는 화합물에 해당하는 화학식 무게를 입력하도록 요청해야 한다. (식 10-4 및 10-5 참조)

10-94 **Hume-Rothery 규칙** 두 원소 사이에서 100%의 고용도가 존재할지의 여부를 예측할 수 있는 컴퓨터 프로그램을 작성하라. 이 프로그램은 사용자에게 관련 원소나 화합물에 대한 결정구조, 서로 다른 원자나 이온의 반경, 원자가 및 전기음성도 값에 대한 정보를 입력하도록 요청해야 한다. 여러분은 전기음성도의 차이가 얼마일 때 허용가능하다는 가정을 만들어야 할 것이다. 그 다음, 이 프로그램은 Hume-Rothery 규칙을 사용하여 100% 고용도를 나타내는 시스템을 형성하는지의 여부를 사용자에게 제공하여야 한다.

Knovel 활용 문제

K10-1 30wt%Si을 함유하고 있는 실리콘-게르마늄계의 고상선온도는 얼마인가?

납땜은 인쇄회로기판과 미세전자회로 소자의 공정에서 중요한 역할을 한다. 이 공정에는 흔히 납과 주석을 기반으로 한 합금을 사용한다. 이 합금의 특정한 조성은 공정조성으로 알려져 있는데, 순수 원소처럼 일정한 온도에서 녹는다. 이러한 조성은 그것들의 미세조직이 별개의 두 상이 밀접하게 혼합되어 구성되므로 기계적으로도 강하다. 공정의 형성을 통해 하나의 상을 다른 상에 분산시킴으로써 기계적 성질을 향상시키고자 하는 것이 이 장의 중심 주제이다.

CHAPTER 11

분산강화와 공정상태도

다음과 같이 궁금해 해본 적이 있는가?

- 어떤 합금이 납땜에 가장 널리 사용되는가?
- 유리섬유복합체(**fiberglass**)는 무엇인가?
- 일정한 온도에서 응고하는 합금이 있는가?
- **Pyrex**®유리란 무엇인가?

제11장의 주요 학습목표

- 금속재료의 기계적 성질에 미치는 분산강화의 효과를 설명하는 것.
- 각 순수원소의 용융점, 공정온도, 각 구역에 존재하는 상들을 표시한 공정상태도를 그리는 것.
- 공정상태도 상의 어떤 점에 존재하는 각 상의 양과 조성을 계산하는 것.
- 조성과 냉각이력이 주어졌을 때 공정계에 존재할 미세구조를 스케치하는 것.
- 냉각곡선에 의거하여 합금조성을 결정하는 것.
- 기체-액체-고체(VLS) 나노와이어 성장의 메커니즘을 묘사하는 것.

합금원소나 화합물이 너무 많이 첨가되어 한 재료의 고용도가 초과되면 2차상이 형성되어 2상재료가 된다. 두 상 사이의 경계인 상간계면(interphase interface)은 원자배열이 불완전한 면이다. 금속재료에서 이 계면은 슬립이나 전위의 이동을 방해하므로 재료를 강화한다. 이렇게 2차상의 도입에 의한 강화를 일반적인 용어로 분산강화(dispersion strengthening)라 한다. 이 장에서는 만들고자 하는 미세구조를 결정하기 위해 먼저 분산강화의 기본원리를 주제로 논한다. 다음으로, 다상합금을 생성하는 여러 유형의 반응을 검토한다. 마지막으로, 응고과정의 제어를 통해 분산강화를 이룰 수 있는 방법들을 검토한다. 이러한 맥락에서, 다상을 포함하는 상태도를 공부하되 공정상태도를 집중적으로 살펴볼 것이다.

공정상태도를 생각하면 이해할 수 있는 나노와이어 성장의 기체-액체-고체(VLS) 방법을 고찰함으로써 이 장을 마치려고 한다.

11-1 분산강화의 원리와 사례

대부분의 공학재료는 하나 이상의 상으로 구성되며, 이들 중에는 향상된 강도를 갖도록 설계되는 것이 많다. 단순한 분산강화(dispersion-strengthened) 합금에서는 보통 강도와 경도가 매우 높은 하나의 상의 작은 입자가 더 약하고 연성인 2차상에 도입된다. 보통 연속적이고 많은 양으로 존재하는 연한 상을 기지(matrix)라고 한다. 단단하고 강화하는 상은 분산상(dispersed phase) 또는 석출물(precipitate)이라고 하는데 합금이 어떻게 형성되느냐에 의존한다. 어떤 경우에는 하나의 상 또는 상의 혼합물이 매우 독특한 모양을 가지기도 하는데, 이때의 상 또는 상의 혼합물을 미세구성물(microconstituent)

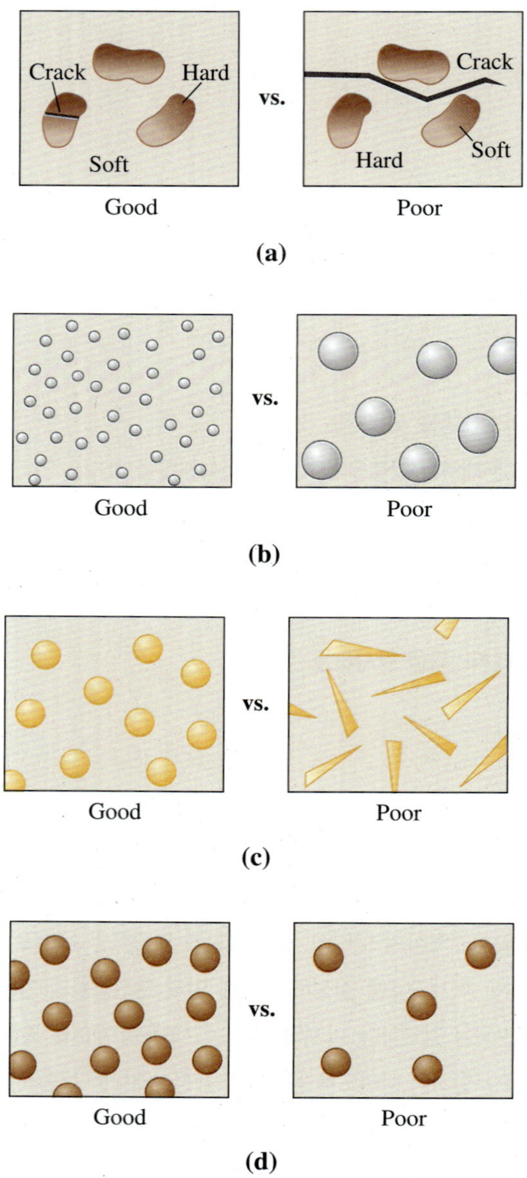

그림 11-1 효과적인 분산강화를 위해 고려할 사항. (a) 석출상은 단단하고 불연속적이어야 하는 반면, 기지는 연속적이고 연성이어야 한다. (b) 분산상 입자는 작고 수가 많아야 한다. (c) 분산상 입자는 침상보다는 둥근 형상이어야 한다. (d) 분산상의 양이 많으면 강화효과가 증가한다.

이라고 한다. 분산강화가 일어나기 위해서는 전위이동을 효과적으로 방해하여 강화기구를 제공할 수 있을 만큼 분산상이나 석출물이 충분히 작아야 한다.

대부분의 합금에서 분산강화는 상변태에 의해 일어난다. 이 장에서는 하나의 액상이 응고하여 두 개의 고상을 동시에 형성하는 응고변태를 집중적으로 다룰 것이다. 이것을 공정(eutectic) 반응이라 하며 주철과 다수의 알루미늄합금에서 특히 중요하다. 다음 장에서는 하나의 고상이 반응하여 두 가지의 다른 고상을 동시에 형성하는 공석(eutectoid) 반응을 살펴볼 것이며, 이 반응은 강의 성질을 조절하는 열쇠이다. 제12장에서는 복잡한 열처리에 의해 석출물을 생성하는 석출경화(precipitation hardening) 또는 시효경화(age hardening)에 대해서도 살펴볼 것이다.

분산상을 만드는 목적이 강도와 인성을 증대시키는 것이라면 다음의 지침을 따라야 한다(그림 11-1).

1. 기지는 연하고 연성이 있는 반면, 분산상은 단단하고 강해야 한다. 분산상 입자는 슬립을 방해해야 하는 반면, 기지는 전체 합금에 최소한의 연성을 부여해야 한다.
2. 단단한 분산상은 불연속적인 반면, 연하고 연성인 기지는 연속적이어야 한다. 단단하고 취성인 분산상이 연속적이면 균열이 구조 전체를 가로질러 전파될 수 있다.
3. 분산상 입자는 작고 수가 많아야 한다. 그렇게 되면 상간계면의 면적이 상당히 증가하기 때문에 슬립을 방해할 가능성이 증가하게 된다.
4. 둥근 형태가 균열이 시작되거나 노치로 작용할 가능성이 더 적기 때문에 분산상 입자는 바늘모양이나 가장자리가 날카로운 모양보다는 구형이 좋다.
5. 분산상의 농도가 높아지면 합금의 강도가 증가한다.

11-2 금속간화합물

금속간화합물(intermetallic compound)은 둘 이상의 금속원소를 포함하며, 고유의 조성, 결정구조, 성질을 가지는 새로운 상을 형성한다. 금속간화합물은 거의 항상 매우 단단하고 취성이다. 금속간화합물은 기계적 성질의 관점에서 보면 세라믹 재료와 유사하다.

금속간화합물에 대한 관심은 두 가지이다. 첫째, 종종 분산강화 합금은 분산상으로서 금속간화합물을 포함한다. 둘째, 많은 금속간화합물이 (2차상으로서가 아니라) 그 자체로서 연구되고 고온용도를 위해 개발되고 있다. 이 절에서는 독립적으로 사용되는 재료로서 금속간화합물의 성질에 대해 살펴볼 것이다. 다음 절에서는 금속간화합물 상이 금속재료의 강화에 어떻게 기여하는지 살펴볼 것이다. 표 11-1에 일부 금속간화합물의 특성을 요약하였다.

표 11-1 몇몇 금속간화합물의 특성

금속간화합물	결정구조	용융온도(℃)	밀도(kg/m³)	영의 계수(GPa)
FeAl	규칙화 BCC	1,250~1,400	5,600	263
NiAl	규칙화 FCC(*B2)	1,640	5,900	206
Ni_3Al	규칙화 FCC(*$L1_2$)	1,390	7,500	337
TiAl	규칙화정방정(*$L1_0$)	1,460	3,800	94
Ti_3Al	규칙화 HCP	1,600	4,200	210
$MoSi_2$	정방정	2,020	6,310	430

*출처: *Meyers, M. A. and Chawla, K. K.*, Mechanical Behavior of Materials, *2nd Edition, Cambridge University Press, 2009.*

화학양론적 금속간화합물(stoichiometric intermetallic compound)은 고정된 조성을 가진다. 강철은 흔히 세 개의 철 원자 대 하나의 탄소 원자의 비로 고정된 화학양론적 화합물인 Fe_3C에 의해 강화된다. Fe_3C는 둘 이상의 금속 원소를 포함하지 않으므로, 금속간화합물의 정확한 정의를 충족하지 않지만 일반적으로 이 부류에 포함된다는 것에 주목하라. 화학양론적 금속간화합물은 상태도에서 수직선으로 나타난다[그림 11-2(a)]. 쓸모 있는 금속간화합물의 예로 $MoSi_2$가 있다. 이 물질은 고온로의 발열체를 제조하는 데 사용된다. 고온(약 1,000~1,600 ℃)에서 $MoSi_2$는 탁월한 내산화성을 보인다. 저온(약 500 ℃ 이하)에서 $MoSi_2$는 취성이며 페스팅(pesting)으로 알려진 격렬한 산화를 일으킨다.

비화학양론적 금속간화합물(nonstoichiometric intermetallic compounds)은 조성

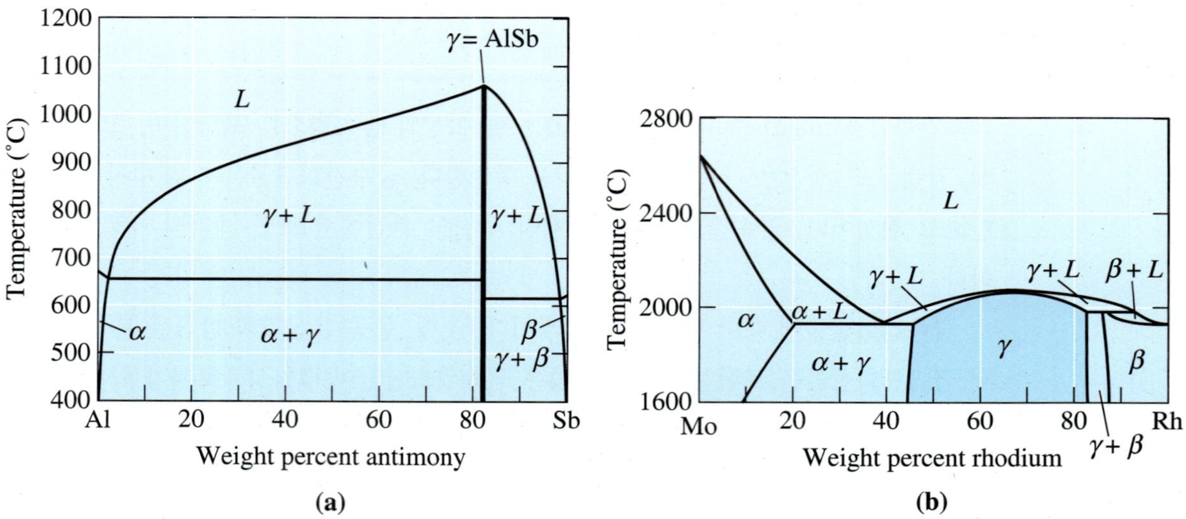

그림 11-2 (a) 화학양론적 금속간화합물 γ를 포함하는 Al-Sb 상태도, (b) 비화학양론적 금속간화합물 γ를 포함하는 Mo-Rh 상태도.

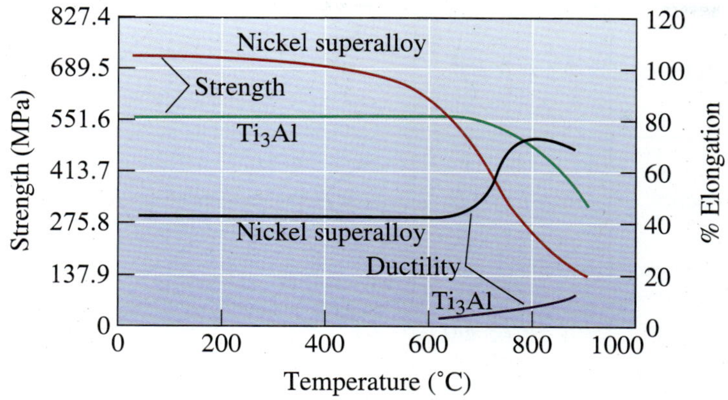

그림 11-3 기존의 니켈기반 초합금과 금속간화합물 Ti_3Al의 강도와 연성 비교. Ti_3Al이 니켈기반 초합금보다 더 높은 온도에서 강도를 유지한다.

의 범위를 가지며 때때로 중간고용체(intermediate solid solution)라고 불리기도 한다. Mo-Rh 계에서 γ상은 비화학양론적 금속간화합물이다[그림 11-2(b)]. Mo 대 Rh 원자비가 고정되어 있지 않으므로 γ상은 1,600 °C에서 로듐을 45%에서 83%까지 포함할 수 있다. 비화학양론적 금속간화합물인 $CuAl_2$의 석출은 중요한 여러 알루미늄합금의 강화를 일으킨다.

금속간화합물의 특성과 응용 Ti_3Al, Ni_3Al과 같은 금속간화합물은 고온에서도 강도를 유지하고 심지어 쓸 만한 연성을 갖는다(그림 11-3). 그렇지만 역시 낮은 연성 때문에 이들 재료가 더 이상 발전하는 데 방해가 되어 왔다. 붕소를 약간(0.2%까지) 첨가하면 다결정 Ni_3Al의 연성을 향상시킬 수 있다는 것이 밝혀졌다. 연성이 증가하면 금속간화합물을 많은 고온 및 하중지탱 용도에 사용할 수 있다. 규칙화구조의 NiAl 및 Ni_3Al 화합물은 초음속 항공기, 제트엔진, 고속 민간항공기에 사용될 후보재료이다. 금속간화합물이 모두 구조용으로 사용되는 것은 아니다. 실리콘기반 금속간화합물(예: PtSi)은 미세전자회로 소자에 유효하게 사용되고 Nb_3Sn과 같은 특정 금속간화합물은 초전도체로서 쓸모가 있다.

11-3 3상반응을 포함하는 상태도

많은 2원계는 제10장에서 살펴본 전율고용(isomorphous) 상태도보다 복잡한 상태도를 만든다. 여기서 설명하려는 계는 세 개의 분리된 상을 포함한다. 그림 11-4에 그러한 다섯 가지 반응의 정의를 나타내었다. 이러한 각각의 반응은 상태도에서 다음과 같은 과정에 의해 확인할 수 있다.

1. 상태도 상에서 수평선을 찾는다. 수평선은 3상반응의 존재를 보여주며 평형상태

Eutectic	$L \rightarrow \alpha + \beta$	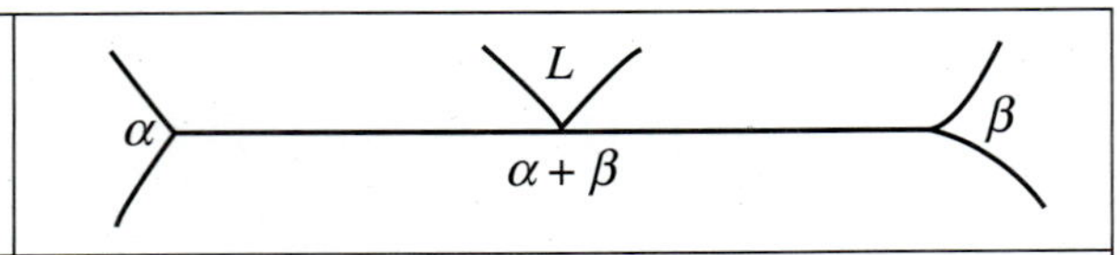
Peritectic	$\alpha + L \rightarrow \beta$	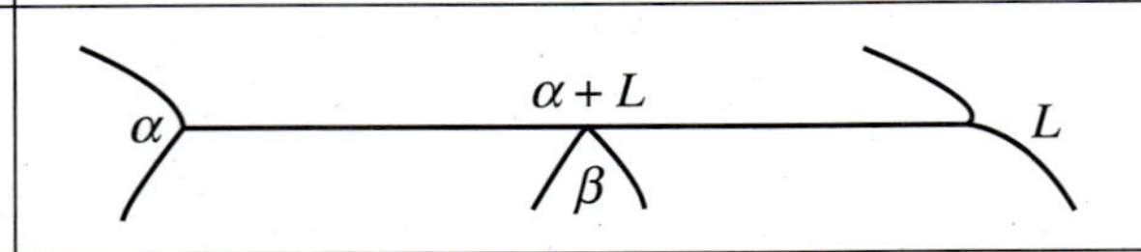
Monotectic	$L_1 \rightarrow L_2 + \alpha$	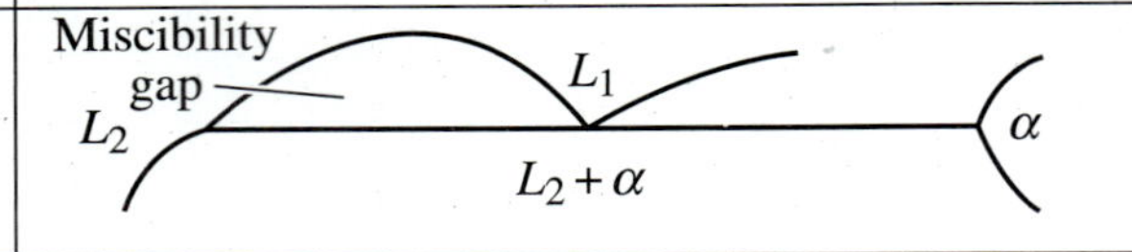
Eutectoid	$\gamma \rightarrow \alpha + \beta$	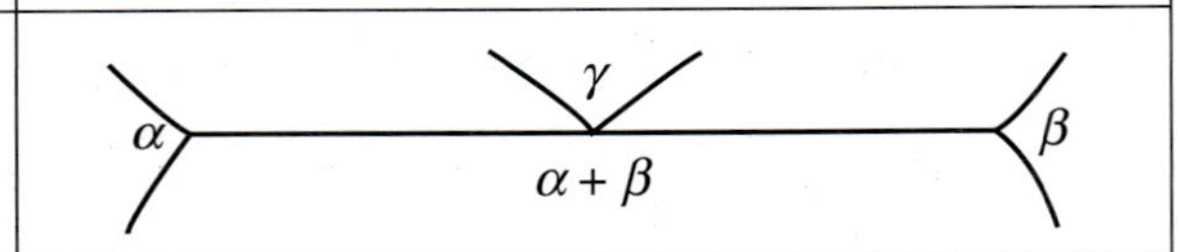
Peritectoid	$\alpha + \beta \rightarrow \gamma$	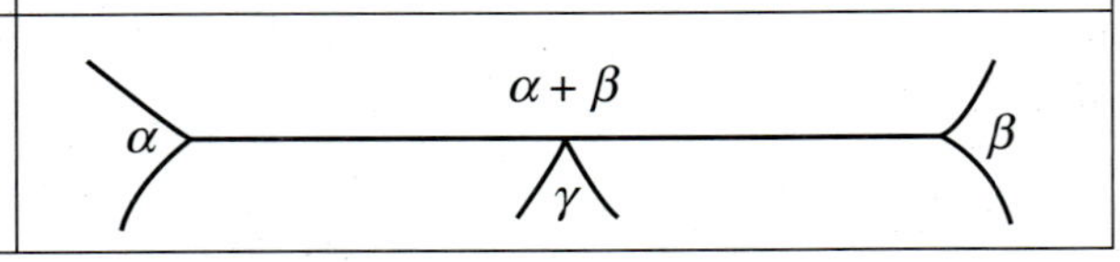

그림 11-4 2원계상태도에서 가장 중요한 다섯 가지 3상반응.

에서 반응이 일어나는 온도를 나타낸다.

2. 수평선에서 세 개의 구별된 점을 찾는다. 세 점은 수평선의 두 끝점과 그 사이 중간에 있는 세 번째 점이다. 이 세 번째 점은 3상반응이 일어나는 조성을 나타낸다. 그림 11-4에서는 세 번째 점을 중앙에 표시하였지만 실제 상태도에서 반드시 중앙에 있다는 것은 아니다.
3. 가운데 점 바로 위를 살펴서 존재하는 상 또는 상들을 찾아낸다. 가운데 점 바로 아래를 조사하여 존재하는 상 또는 상들을 찾아낸다. 가운데 점 위의 상(또는 상들)으로부터 아래의 상(또는 상들)으로 변태하는 반응을 기술한다. 이 반응을 그림 11-4의 반응들과 비교하여 확인한다.

예제 11-1 3상반응 식별

그림 11-5의 2원계상태도에서 일어나는 3상반응을 찾아 식별하라.

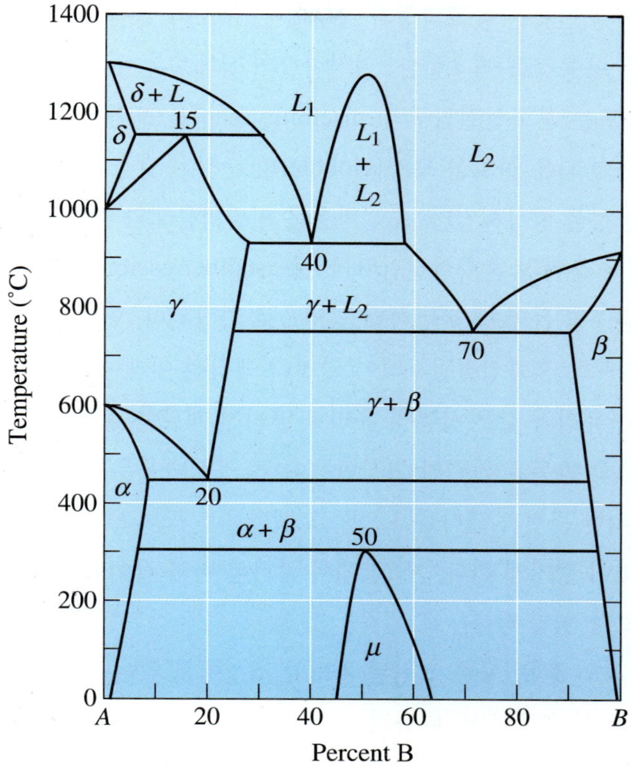

그림 11-5 가상의 상태도.

풀이

상태도로부터 1,150 ℃, 920 ℃, 750 ℃, 450 ℃, 300 ℃에서 수평선을 찾아볼 수 있다.

1,150 ℃: 이 반응은 15% B에서 일어난다(즉, 가운데 점이 15% B에 있음). 이 점 위에서는 $\delta + L$이 존재하고 아래에서는 γ가 존재한다. 반응은 다음과 같다.

$$\delta + L \rightarrow \gamma, \quad \text{포정(peritectic)}$$

920 ℃: 이 반응은 40% B에서 일어난다.

$$L_1 \rightarrow \gamma + L_2, \quad \text{편정(monotectic)}$$

750 ℃: 이 반응은 70% B에서 일어난다.

$$L \rightarrow \gamma + \beta, \quad \text{공정(eutectic)}$$

450 ℃: 이 반응은 20% B에서 일어난다.

$$\gamma \rightarrow \alpha + \beta, \quad \text{공석(eutectoid)}$$

300 ℃: 이 반응은 50% B에서 일어난다.

$$\alpha + \beta \rightarrow \mu, \quad \text{포석(peritectoid)}$$

공정, 포정, 편정 반응은 응고과정의 일부이다. 주조나 납땜에 사용되는 합금은 종종 공정반응의 낮은 용융점을 이용한다. 편정합금의 상태도는 두 개의 액상이 공존하는 영역인 돔(dome) 또는 혼화성결핍구역(miscibility gap)을 포함한다. 구리-납 계에서 편정반응이 일어나면 작은 물방울 모양(globule)의 분산된 납을 생성하는데, 이것이 구리합금의 절삭가공성을 향상시킨다. 포정반응은 비평형응고와 편석을 일으킨다.

많은 계에서 준안정 혼화성결핍구역(metastable miscibility gap)이 존재한다. 이 경우 혼화성결핍구역 돔이 액상선 아래 영역으로 확장된다. 어떤 경우는 전체 불혼화구역이 준안정이다(즉, 혼화성결핍구역이 완전히 액상선 아래에 있음). 이들 계는 Vycor™ 유리나 Pyrex®유리와 같은 상분리 유리로 알려진 재료를 형성한다.

공석 및 포석 반응은 완전히 고상반응이다. 공석반응은 강을 포함하여 몇몇 합금계의 열처리를 위한 근거가 된다(제12장). 포석반응은 극히 느리고 종종 합금에 원하지 않는 비평형조직이 생기게 한다. 제5장에서 살펴본 바와 같이 고체 내의 원자 확산속도는 액체 내에서보다 훨씬 작다.

이러한 각각의 3상반응은 고정된 온도와 조성에서 일어난다. 3상반응에 대한 Gibbs의 상률은 (일정한 압력에서) 다음과 같다.

$$1 + C = F + P$$

$$F = 1 + C - P = 1 + 2 - 3 = 0 \tag{11-1}$$

이는 반응에 2원계상태도의 두 성분(C)과 세 개의 상(P)이 포함되기 때문이다. 반응이 일어나는 동안 3개의 상이 평형상태에 있으면 자유도는 영(0)이다. 결과적으로 이 반응들은 불변이다. 3상반응에 포함되는 각 상의 온도와 조성은 정해진다. 여기에서 언급한 다섯 가지 반응 중 공정반응과 공석반응만이 분산강화를 일으킬 수 있다는 점에 주목하라.

11-4 공정상태도

Pb-Sn계는 오직 하나의 단순 공정반응만을 포함한다(그림 11-6). 이 합금계는 납땜에 사용되는 가장 일반적인 합금의 성분이다. 제9장에서 언급한 바와 같이 납의 독성 때문에 Pb-Sn 땜납에서 납을 대체하기 위해 열심히 노력 중이다. 그렇더라도 공정상태도를 설명하기 위해서 Pb-Sn계는 계속 이용할 것이다. 이 계에서 네 종류의 합금을 살펴보자.

2원계상태도는 일반적으로 다른 상을 표시하기 위해 다른 색상을 함께 사용하지 않는다는 점을 알아두는 것이 중요하다. 그러나 이 장에서는 납-주석 상태도에 대해서 응고 중에 형성되는 다양한 미세조직들을 가시화하는 데 도움을 주기 위해 다른 색상을 사

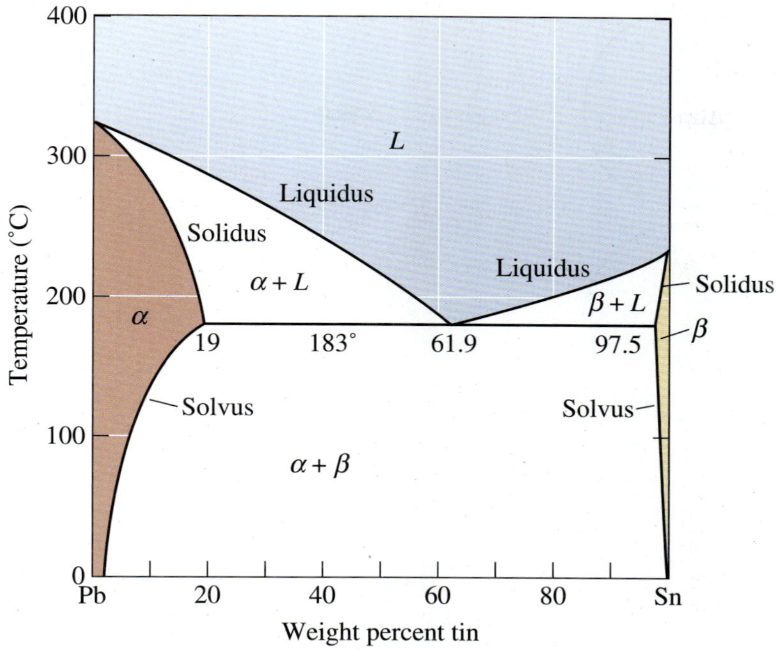

그림 11-6 납-주석 평형상태도.

용하기로 하였다. 납-주석 상태도에서 단상영역은 채색을 하고 2상영역은 흰색으로 하였다. 다른 모든 상태도는 단색으로 나타내어 더 전통적인 표현에 가깝게 하였다.

고용체합금 주석을 0~2% 포함하는 합금은 정확하게 구리-니켈 합금과 같이 거동하며 응고 중에 단상고용체 α를 형성한다(그림 11-7). 이들 합금은 고용강화, 변형경화, 응고과정의 제어를 통한 결정립구조 미세화에 의해 강화된다.

고용한계를 초과한 합금 주석을 2~19% 포함하는 합금 역시 응고하여 단일 고용체 α를 형성하지만, 합금이 계속 냉각되면 원래의 α상으로부터 2차 고상(β)의 석출을 허용하는 고상반응이 일어난다.

이 상태도에서 α는 납에 주석이 고용되지만 α고용체의 주석 고용도에는 한계가 있다. 0 ℃에서 단 2%만 α에 고용될 수 있다. 온도가 올라가면 주석이 납에 더 많이 고용되고, 183 ℃에 이르면 납의 주석 고용도가 19% Sn이 될 때까지 증가한다. 이것이 납에 대한 주석의 최대 고용도이다. 어떤 온도에서 고체 납의 주석 고용도는 솔버스(solvus) 곡선으로 주어진다(그림 11-6). 2~19%의 주석을 포함하는 어떤 합금도 솔버스 아래로 냉각되면 고용한계를 초과하게 되므로 소량의 β를 생성한다. 따라서 솔버스 곡선은 종종 고용한계선이라 불린다.

이런 형태의 합금은 조직 내의 α 부분의 고용체강화, 응고 중에 형성되는 미세조직의 제어, β상의 양과 특성 제어 등 일부 기술들에 의해 그 성질을 조절한다. 이러한 조성

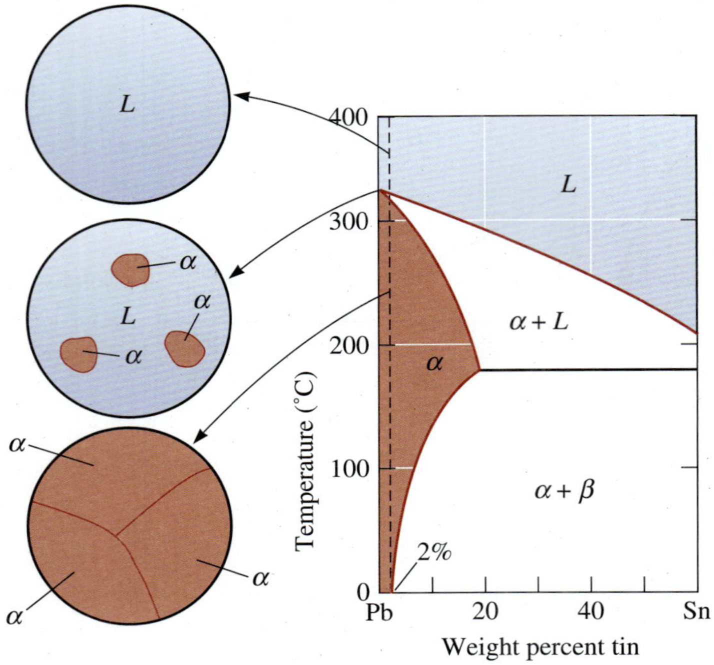

그림 11-7 Pb-2% Sn 합금의 응고와 미세구조. 이 합금은 단상고용체이다.

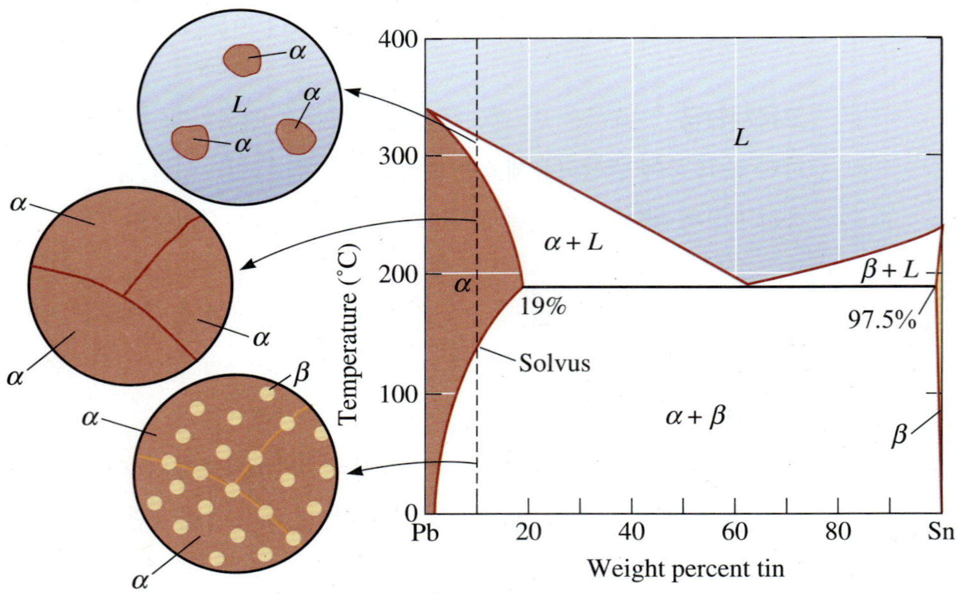

그림 11-8 Pb-10% Sn 합금의 응고, 석출, 미세구조. β상이 석출하면서 약간의 분산강화가 일어난다.

은 고온에서는 단일 고상을, 저온에서는 두 고상을 형성하며 시효경화 또는 석출경화에 적합하다. 제12장에서 비평형 공정이 석출경화 합금을 만드는 데 어떻게 필요한지 배울 것이다. 상태도에서 특정 조성을 보이는 수직선(예: 그림 11-8)을 등치선(isopleth)이라 하며, 특정 조성의 냉각 시에 일어나는 반응을 결정하는 것을 등치선연구(isoplethal study)라 한다. 다음 예제는 상의 조성과 상대적 농도에 관한 계산을 보여준다.

예제 11-2 납-주석 상태도의 상들

다음을 구하라. (a) 100 °C에서 고체 납의 주석 고용도, (b) 고체 주석의 최대 납 고용도. Pb-10% Sn 합금이 0 °C까지 냉각될 때 (c) 형성되는 β의 양, (d) α상과 β상에 포함된 주석의 질량, (e) α상과 β상에 포함된 납의 질량을 구하라. Pb-10% Sn 합금의 총량을 100 g으로 가정한다.

풀이

필요한 상태도는 그림 11-8에 나타나 있다. 모든 백분율은 무게기준(wt%)이다.

(a) 온도 100 °C는 6% Sn에서 솔버스 곡선과 만난다. 따라서 100 °C에서 납의 주석에 대한 고용도는 6%이다.

(b) 주석의 최대 납 고용도는 상태도에서 주석의 농도가 높은 쪽(우측)에서 찾을 수 있는데, 183 °C의 공정온도에서 얻어지며 97.5% Sn, 즉 2.5% Pb이다.

(c) 0 °C에서 10% Sn 합금은 상태도의 $\alpha + \beta$ 영역에 있다. 0 °C에서 연결선을 긋고 지렛대법칙을 적용하면, 다음과 같이 β의 양을 알 수 있다.

$$\%\beta = \frac{10 - 2}{100 - 2} \times 100 = 8.2\%$$

연결선이 주석의 납 고용도를 나타내는 고용한계선과 납의 농도가 0이 아닌 곳에서 만나는 것을 주목하라. 그러나 상태도에서 이것을 정확하게 읽을 수 없으므로 연결선의 우측 끝을 100% Sn으로 가정한다. α의 비율은 $(100 - \%\beta) = 91.8\%$가 된다. 이것은 100 g의 10% Sn 합금이 있다면 8.2 g의 β상과 91.8 g의 α상으로 구성된다는 것을 의미한다.

(d) 100 g의 합금이 10 g의 주석과 90 g의 납으로 구성된다는 것을 기억하라. 납과 주석은 두 상(α와 β)에 나뉘어 분포한다. α상 내의 주석의 양은 (2% Sn)(91.8 g의 α상) = (0.02)(91.8 g) = 1.839 g이다. 주석은 α상과 β상 모두에서 나타나므로 β상 내의 주석의 양은 (10 − 1.836) g = 8.164 g이 될 것이다. 이 경우에, 0 °C에서 β상은 거의 순수한 주석이 될 것임에 주목하라.

(e) 이제 두 상(α와 β) 내의 납의 질량을 계산하자. α상 내의 납의 질량은 α상의 양에서 α상 내의 주석의 질량을 뺀 값인 (91.8 g − 1,836 g) = 89.964 g과 같을 것이다. 이것은 다음과 같이 계산할 수도 있다.

$$\alpha\text{상 내의 납의 질량} = (98\%\ \text{Pb})(91.8\ \text{g의}\ \alpha\text{상}) = (0.98)(91.8\ \text{g}) = 89.964\ \text{g}$$

납의 총량(90 g)을 알고 α상 내의 납의 질량도 알고 있다. 따라서 β상 내의 납의 질량은 (90 − 89.964) = 0.036 g이다. 이는 앞에서 언급한 바와 일치한다(즉, 이 경우에, 0 ℃에서 β상은 거의 순수한 주석임).

공정합금 61.9%의 주석을 함유하는 합금은 공정조성을 갖는다(그림 11-9). 공정(eutectic)이란 용어는 녹기 쉽다는 의미의 그리스어 '*eutectos*'를 어원으로 한다. 실제로 하나의 공정반응을 보이는 2원계에서는 공정조성의 합금이 가장 낮은 용융점을 갖는다. 이것은 응고범위가 없는 조성이다(즉, 이 합금의 응고는 납-주석 계에서 183 ℃ 고정온도에서만 일어남). 그러므로 183 ℃ 이상에서 이 합금은 모두 액상이며 61.9% Sn을 함유한다. 액상이 183 ℃까지 냉각되면 다음과 같이 공정반응이 시작된다.

$$L_{61.9\%\ Sn} = \alpha_{19\%\ Sn} + \beta_{97.5\%\ Sn} \tag{11-2}$$

공정반응이 진행되는 동안 두 고용체 α와 β가 형성된다. 두 고용체의 조성은 공정선의

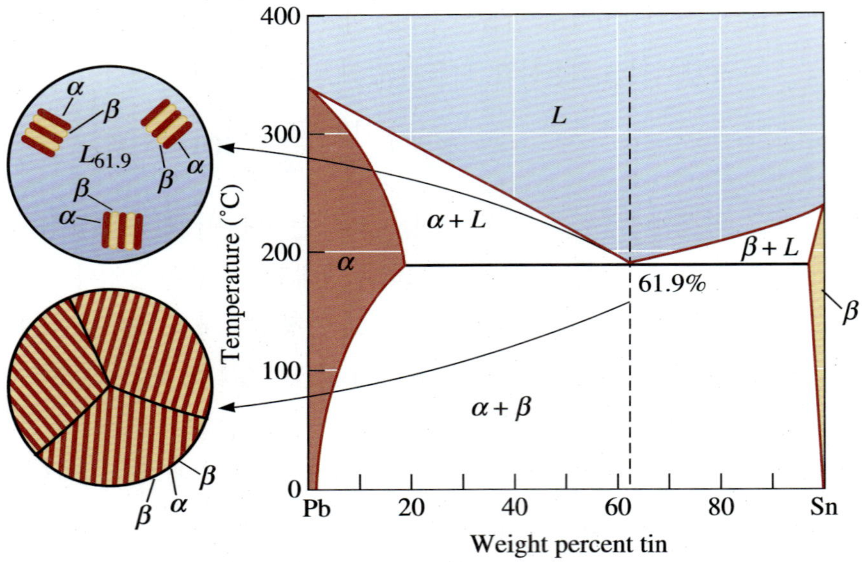

그림 11-9 Pb-61.9% Sn 공정합금의 응고와 미세구조.

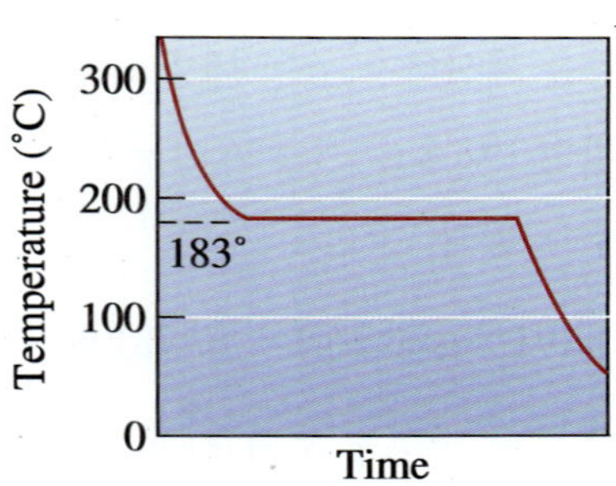

그림 11-10 공정은 일정 온도에서 응고하거나 용융하기 때문에 공정합금의 냉각곡선은 단순한 온도정지(thermal arrest)가 있다.

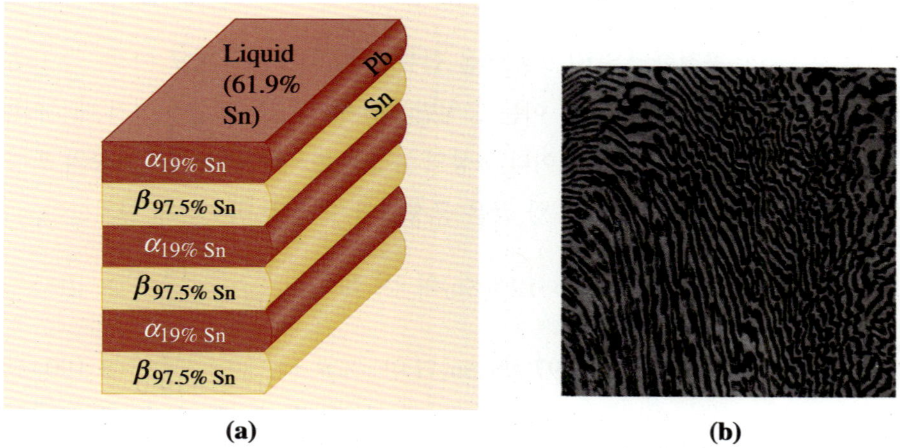

그림 11-11 (a) 납-주석 공정의 층상구조 성장 중 원자들의 재분포. 주석 원자는 액상으로부터 β층으로 우선적으로 확산하고 납 원자는 α층으로 확산한다. (b) 납-주석 공정을 이루는 미세구성물의 현미경사진 (× 400). (출처: *Don Askeland*)

양 끝점으로 주어진다.

응고하는 동안 공정의 성장에는 용융잠열의 제거와 확산에 의한 서로 다른 두 원자의 재분배가 필요하다. 응고가 183 ℃에서 완결되기 때문에 냉각곡선(그림 11-10)은 순수한 금속의 냉각곡선과 유사하다. 즉 공정온도에서 온도정지(thermal arrest) 또는 평탄구역(plateau)이 나타난다. 제9장에서 합금은 응고범위라고 알려진 어떤 온도범위(액상선과 고상선 사이)에 걸쳐서 응고한다고 설명하였다. 공정조성은 일정 온도(즉, 공정온도)에서 액체로부터 고체로 변태하기 때문에 이 규칙으로부터 예외이다.

공정응고가 진행되는 동안 원자들은 재분포되고 특징적인 미세구조가 만들어진다. 납-주석 계에서는 액상으로부터 고상 α와 β가 층상(lamellar) 또는 판상(plate-like) 배열로 성장한다(그림 11-11). 층상구조는 납과 주석 원자들이 멀리 이동할 필요 없이 확산이 빠른 액상을 통해 이동할 수 있게 해준다. 이 층상구조는 무수히 많은 다른 공정계의 특징이다.

공정반응의 생성물은 공정미세구성물(eutectic microconstituent)이라 불리는 두 고상의 특징적인 배열을 갖는다. Pb-61.9% Sn 합금에서는 모든 액상이 반응에 참여하기 때문에 100% 공정미세구성물이 형성된다. 다음 예제는 공정합금에 존재하는 상의 양과 조성을 어떻게 계산하는지 보여준다.

예제 11-3 공정합금에 존재하는 상의 양

(a) 공정반응이 완결된 직후, 공정조성을 갖는 납-주석 합금 200 g에 존재하는 각 상의 양과 조성을 구하라. (b) 존재하는 상의 질량을 계산하라. (c) 각 상에서 납과 주석의 질량을 계산하라.

풀이

(a) 공정합금은 61.9% Sn을 함유한다. 공정온도 바로 아래, 즉 182 ℃에서 지렛대법칙을 적용한다. 이는 공정반응이 막 완결되는 온도이기 때문이다. 지렛대의 받침점은 61.9% Sn이다. α상의 조성은 Pb-19% Sn이고, β상의 조성은 Pb-97.5% Sn이다. 연결선의 양 끝은 공정선의 양 끝과 비슷하게 일치한다.

$$\alpha(\text{Pb-19\% Sn})\text{의 양: } \%\alpha = \frac{97.5 - 61.9}{97.5 - 19.0} \times 100 = 45.35\%$$

$$\beta(\text{Pb-97.5\% Sn})\text{의 양: } \%\beta = \frac{61.9 - 19.0}{97.5 - 19.0} \times 100 = 54.65\%$$

다른 표현으로는 α상의 무게분율은 0.4535이고 β상의 무게분율은 0.5465이라고 할 수도 있다.

200 g의 합금은 200 × 0.6190 = 123.8 g의 Sn과 76.2 g의 Pb를 함유한다. 질량보존 때문에 납과 주석의 총량은 변할 수 없다. 변하는 것은 각기 다른 상에 포함된 납과 주석의 양이다.

(b) 공정온도 바로 아래에서,

$$\begin{aligned}\text{합금 200 g 중 }\alpha\text{상의 질량} &= \text{합금질량} \times \alpha\text{상의 분율}\\ &= 200\text{ g} \times 0.4535 = 90.7\text{ g}\end{aligned}$$

$$\begin{aligned}\text{합금 200 g 중 }\beta\text{상의 질량} &= (\text{합금질량} - \alpha\text{상의 질량})\\ &= 200\text{ g} - 90.7\text{ g} = 109.3\text{ g}\end{aligned}$$

이것을 다음과 같이 쓸 수도 있다.

$$\begin{aligned}\text{합금 200 g 중 }\beta\text{상의 질량} &= \text{합금질량} \times \beta\text{상의 분율}\\ &= 200\text{ g} \times 0.5465 = 109.3\text{ g}\end{aligned}$$

그러므로 공정온도 바로 아래에서(즉, 182 ℃에서), 이 합금은 109.3 g의 β상과 90.7 g의 α상을 함유한다.

(c) 이제, α상과 β상 내의 납과 주석의 질량을 계산하자.

$$\begin{aligned}\alpha\text{상의 Pb 질량} &= \text{200 g 내의 }\alpha\text{상 질량} \times (\alpha\text{상에서 Pb의 무게분율})\\ &= 90.7\text{ g} \times (1 - 0.19) = 73.5\text{ g}\\ \alpha\text{상의 Sn 질량} &= \alpha\text{상의 질량} - \alpha\text{상 내의 Pb 질량}\\ &= (90.7\text{ g} - 73.5\text{ g}) = 17.2\text{ g}\\ \beta\text{상의 Pb 질량} &= \text{200 g 내의 }\beta\text{상 질량} \times (\beta\text{상에서 Pb의 무게분율})\\ &= (109.3\text{ g}) \times (1 - 0.975) = 2.7\text{ g}\\ \beta\text{상의 Sn 질량} &= \text{Sn의 총 질량} - \alpha\text{상 내의 Sn 질량}\\ &= 123.8\text{ g} - 17.2\text{ g} = 106.6\text{ g}\end{aligned}$$

다음과 같이 Pb의 총 질량균형을 고려하여 계산해도 같은 결과를 얻을 수 있음에 주목하라.

$$\text{합금 중 Pb의 총 질량} = \alpha\text{상의 Pb 질량} + \beta\text{상의 Pb 질량}$$
$$76.2\text{ g} = 73.5\text{ g} + \beta\text{상의 Pb 질량}$$
$$\beta\text{상의 Pb 질량} = 76.2\text{ g} - 73.5\text{ g} = 2.7\text{ g}$$

그림 11-12에 여러 가지 농도와 질량을 요약하였다. 이 분석은 공정합금에서 대부분의 납은 α상에 농축된다는 것을 보여준다. 대부분의 주석은 β상에 농축된다.

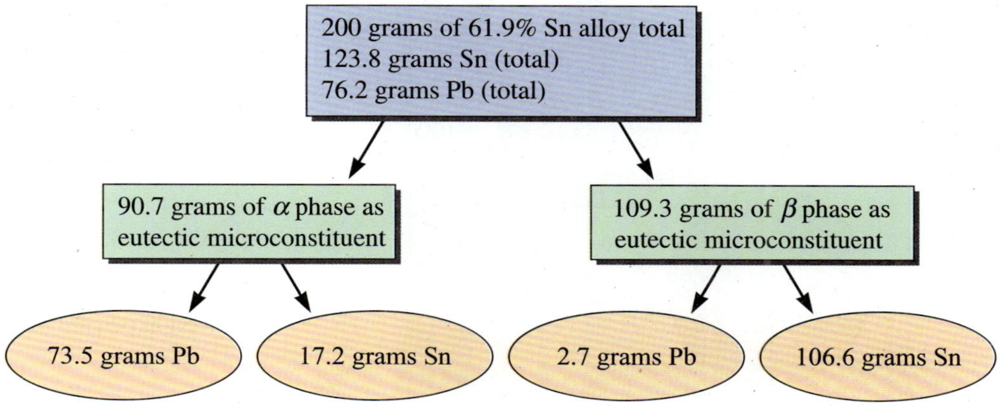

그림 11-12 계산 결과의 요약.

아공정합금과 과공정합금 아공정합금(hypoeutectic alloy)은 공정반응을 정의하는 공정선의 왼쪽 끝 조성과 공정조성 사이의 조성을 갖는 합금이다. 19~61.9% 사이의 Sn을 함유하는 아공정합금이 냉각되면, 액상선온도에서 액상이 응고하기 시작하여 고상 α를 생성한다. 그러나 응고는 공정반응을 다 지나가서야 완료된다(그림 11-13). 이러한 순차적 응고는 합금의 원래 조성에 해당하는 수직선이 액상선과 공정선 모두를 지나는 조성에서 일어난다.

공정반응을 정의하는 공정선의 오른쪽 끝 조성과 공정조성 사이의 조성을 갖는 합금을 과공정합금(hypereutectic alloy)이라고 한다. Pb-Sn 계에서 61.9~97.5% 사이의 Sn을 함유하는 조성이 과공정합금이다.

Pb-30% Sn을 함유하는 아공정합금에 대하여 응고과정 중에 일어나는 미세조직의 변화를 고찰해보자(그림 11-13). 260 ℃의 액상선에 도달하면 약 12%의 Sn을 함유하는 α상의 결정핵이 생성된다. 합금이 공정온도 바로 위까지 냉각되는 동안 고상 α가 성장한다. 184 ℃에서, 연결선을 그어보면, 고상 α는 19% Sn을 함유하고 나머지 액상은 61.9% Sn을 함유하고 있는 것을 알게 된다. 184 ℃에서는 액상이 공정조성이라는 것

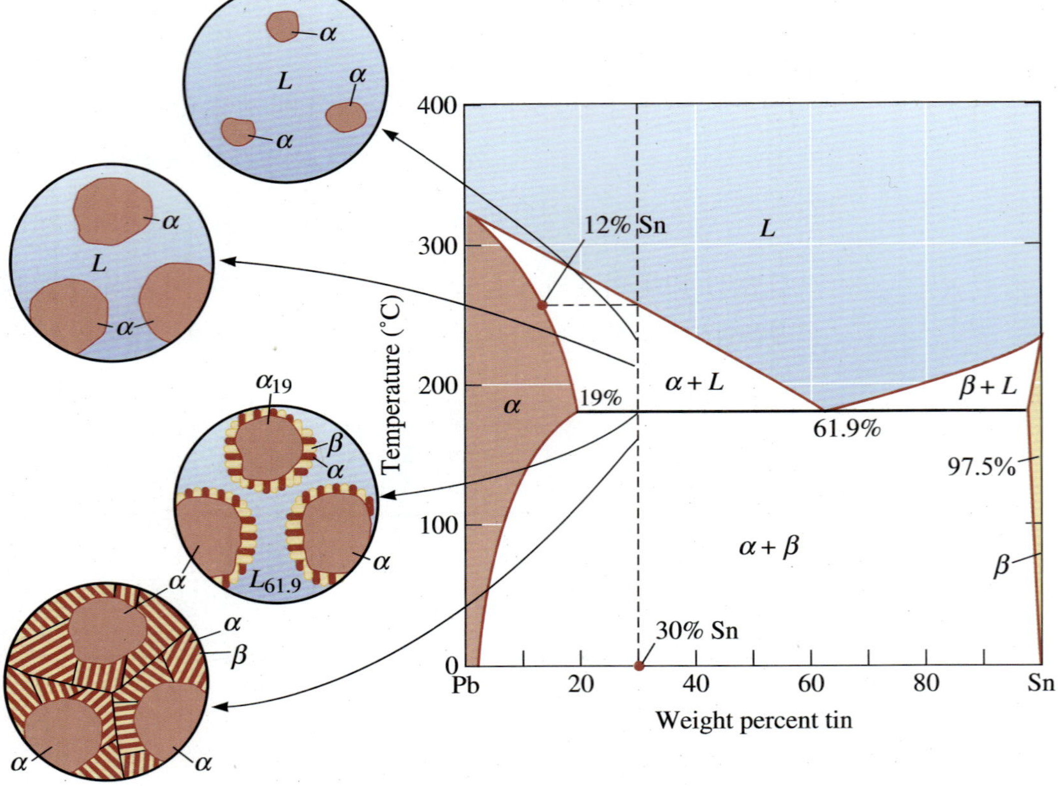

그림 11-13 어떤 아공정합금(Pb-30% Sn)의 응고와 미세조직.

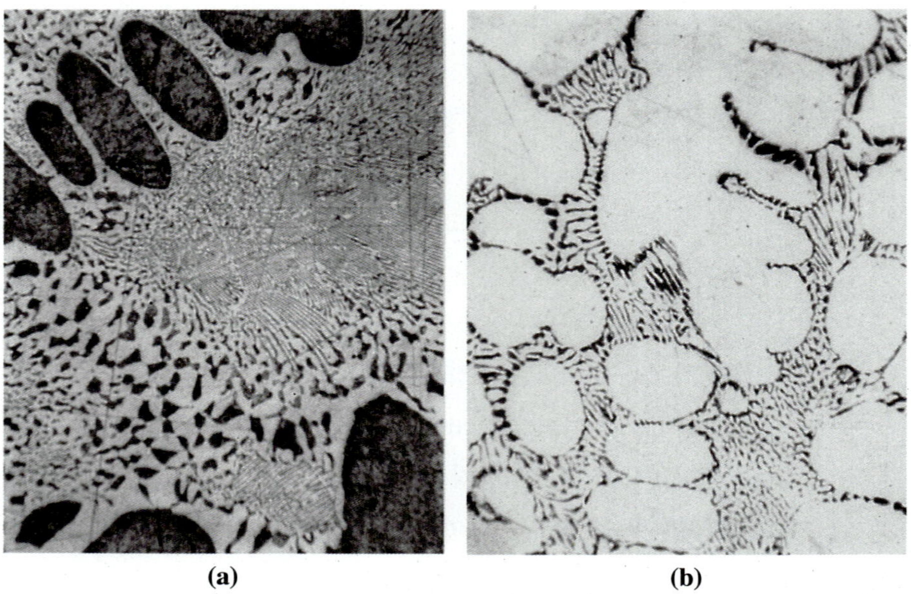

그림 11-14 (a) 아공정 납-주석 합금, (b) 과공정 납-주석 합금. 어두운 구성물은 납이 많은 고상 α, 밝은 구성물은 주석이 많은 고상 β, 그리고 미세한 판상 조직은 공정이다(× 400). (출처: *Don Askeland*)

에 주목하자! 합금이 183 ℃ 아래로 냉각되면 남아 있는 모든 액상이 공정반응을 일으켜 ($\alpha+\beta$)의 층상 혼합물로 바뀐다. 그 결과, 그림 11-14(a)에 나타낸 것과 같은 미세조직이 된다. 공정미세구성물이 액상온도와 공정온도 사이에서 형성되는 고상 α(초정)를 둘러싸고 있음에 주목하라. 공정미세구성물은 연속상이고 초정상(primary phase)은 공정미세구성물 사이에 분산되어 있다.

액상이 액상선온도에서 공정온도까지 냉각될 때 형성되는 고상 α를 초정(primary) 또는 선공정(proeutectic) 미세구성물(microconstituent)이라 한다. 이 고상 α는 공정반응에 참여하지 않는다. 따라서 이 α상은 공정미세구성물에서 나타나는 α상과 조직이나 외형에서 뚜렷하게 구별된다. 종종 미세구성물의 양과 조성이 상들의 양이나 조성보다 더 쓸모가 있다는 것을 알게 된다.

예제 11-4 Pb-30% Sn 아공정합금의 상의 종류와 양 구하기

Pb-30% Sn 합금에 대하여, 300 ℃, 200 ℃, 184 ℃, 182 ℃, 0 ℃에서 존재하는 상의 종류와 각 상의 양 및 조성을 구하라.

풀이

온도(℃)	상	조성	양
300	L	L: 30% Sn	$L = 100\%$
200	$\alpha+L$	L: 55% Sn	$L = \frac{30-18}{55-18} \times 100 = 32\%$
		α: 18% Sn	$\alpha = \frac{55-30}{55-18} \times 100 = 68\%$
184	$\alpha+L$	L: 61.9% Sn	$L = \frac{30-19}{61.9-19} \times 100 = 26\%$
		α: 19% Sn	$\alpha = \frac{61.9-30}{61.9-19} \times 100 = 74\%$
182	$\alpha+\beta$	α: 19% Sn	$\alpha = \frac{97.5-30}{97.5-19} \times 100 = 86\%$
		β: 97.5% Sn	$\beta = \frac{30-19}{97.5-19} \times 100 = 14\%$
0	$\alpha+\beta$	α: 2% Sn	$\alpha = \frac{100-30}{100-2} \times 100 = 71\%$
		β: 100% Sn	$\beta = \frac{30-2}{100-2} \times 100 = 29\%$

이 계산에서, 분율은 %에 가장 가깝게 반올림하였음에 유의하라. 이는 만일 서로 다른 상의 질량을 계산하는 경우 질량균형을 유지하지 못하는 문제를 야기할 수 있다. 각 상의 양이나 각 상에 포함된 원소들의 질량을 계산하려고 한다면 이들 백분율을 반올림하지 않는 것이 좋다.

예제 11-5 아공정합금의 미세구성물 양과 조성

Pb-30% Sn 합금에서 공정반응이 완결된 직후에 각 미세구성물의 양과 조성을 구하라.

풀이

이는 아공정조성이므로 예상되는 미세구성물은 초정 α와 공정이다. 여전히 두 가지 상(α와 β)이 존재함에 유의하라.

미세구성물이 어떻게 형성되는지 살펴보면 그 양과 조성을 결정할 수 있다. 초정 α 미세구성물은 합금이 공정온도까지 냉각되기 전에 형성되는 고상 α이다. 공정미세구성물은 공정반응을 겪는 모든 액상으로부터 유래된다. 공정온도 바로 위, 즉 184 ℃에서 두 가지 상(α와 L)의 조성과 양은 다음과 같다.

$$\alpha(19\%\ \text{Sn})\text{의 양: } \%\alpha = \frac{61.9 - 30}{61.9 - 19} \times 100 = 74\% = \%\ \text{초정}\ \alpha$$

$$L(61.9\%\ \text{Sn})\text{의 양: } \%L = \frac{30 - 19}{61.9 - 19} \times 100 = 26\% = \%\ \text{공정}\ (182\ ^\circ\text{C에서})$$

따라서 초정 α 미세구성물은 공정온도 바로 위의 온도에 존재하는 α의 양을 구하여 얻는다. 공정온도 바로 아래의 온도(즉, 182 ℃)에서 공정미세구성물의 양은 공정온도 바로 위의 온도(즉, 184 ℃)에 존재하는 액상의 양을 계산하여 결정한다. 이는 이 공정조성의 액상이 모두 공정미세구성물로 바뀌기 때문이다. 공정온도(183 ℃)에서는 공정반응이 진행 중에 있다(초정 α의 형성은 완료). 그러므로 183 ℃에서 공정미세구성물의 양은 시간에 따라 변화할 것이다(이 경우에는 0%에서 시작하여 26%의 공정조직으로 끝난다). 많은 학생들이 어떻게 계산하는지 잊어버리기 쉽기 때문에 이 예제를 확실히 이해하기 바란다.

공정온도 아래인 182 ℃까지 냉각되면, 184 ℃에서의 모든 액상은 공정조직으로 바뀌며 공정미세구성물의 조성은 61.9% Sn이다. 184 ℃에 존재하는 고상 α는 182 ℃로 냉각된 후에도 변하지 않고 남아 있으며 이는 초정미세구성물이다.

아공정합금의 냉각곡선은 고용체합금과 공정합금의 냉각곡선이 복합된 것이다(그림 11-15). 초정 α의 형성이 시작되면 액상선에서 기울기 변화가 일어난다. 고상 α가 성장하면서 용융잠열이 방출되어 냉각속도가 감소하기 때문이다. 합금이 공정온도까지 냉각되면 183 ℃에서 공정반응이 진행되면서 온도정지가 일어난다. 응고과정은 과공정합금에서도 유사하며 그림 11-14(b)가 그 미세조직을 보여준다.

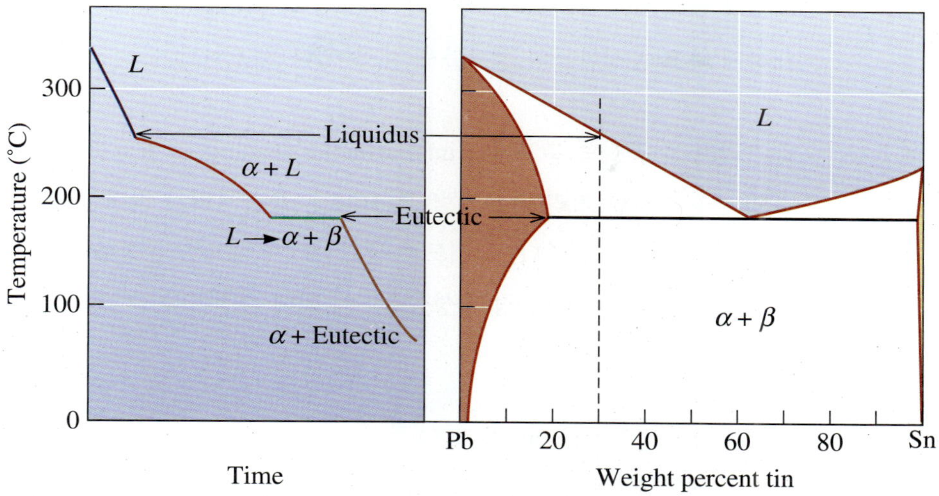

그림 11-15 아공정 Pb-30% Sn 합금의 냉각곡선.

11-5 공정합금의 강도

공정합금 내의 각 상은 어느 정도까지는 고용체강화가 된다. 납-주석 계에서 납에 주석이 고용된 α는 순수한 납보다 더 강하다(제10장). 일부 공정합금들은 냉간가공에 의해 강화될 수 있다. 또 응고 중에 적절한 접종제(inoculant) 또는 결정립미세화제를 첨가하여 결정립크기를 조절할 수 있다. 마지막으로 공정의 양과 미세조직을 제어하여 특성을 변화시킬 수 있다.

공정 콜로니크기 공정 콜로니(eutectic colony)는 각각 핵을 생성하고 독립적으로 성장한다. 각 콜로니 내에서 공정미세구성물의 층상 방위는 동일하다. 그 방향은 콜로니

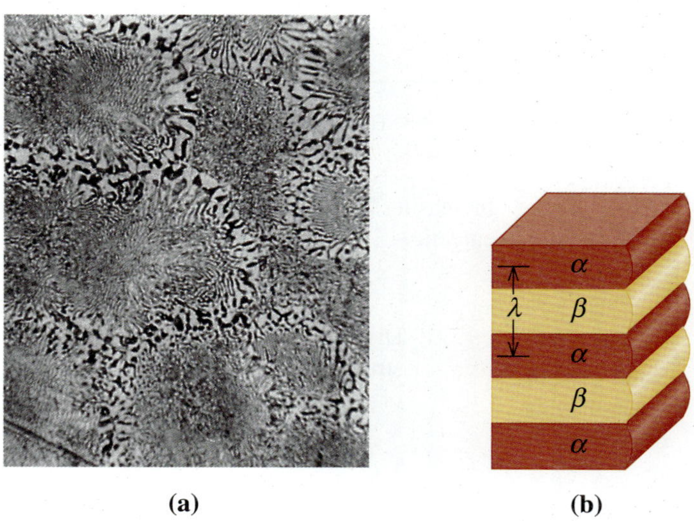

그림 11-16 (a) 납-주석 공정에서의 콜로니(× 300). (출처: *Don Askeland*) (b) 공정 미세구조에서 층간거리.

경계를 넘어가면 달라진다[그림 11-16(a)]. 접종(inoculation)에 의해 공정 콜로니를 미세하게 하고 공정합금의 강도를 높일 수 있다(제9장).

층간거리 공정의 층간거리(interlarmellar spacing)는 한 α층의 중심에서부터 다음 α층의 중심까지의 거리이다[그림 11-16(b)]. 층간거리가 작다는 것은 α-β계면의 면적이 크다는 것을 알려준다. 그러므로 층간거리가 작으면 공정조직의 강도가 증가한다.

층간거리 λ는 주로 공정의 성장속도에 의해 결정된다.

$$\lambda = cR^{-1/2} \tag{11-3}$$

여기서 R은 성장속도(cm/s)이고 c는 상수이다. 그림 11-17에 납-주석 공정의 층간거리를 나타내었다. 냉각속도를 증가시키거나 응고시간을 감소시킴으로써 성장속도를 증가시킬 수 있으며 그 결과로 층간거리를 줄일 수 있다.

공정의 양 초정미세구성물과 공정의 상대적인 양에 의해 또한 특성을 조절할 수 있

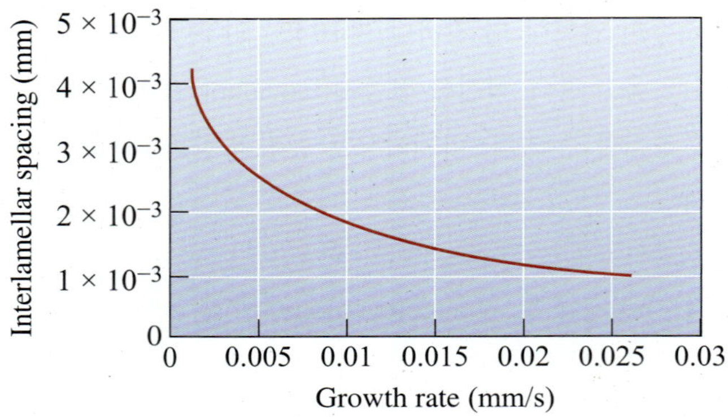

그림 11-17 납-주석 공정에서 층간거리에 대한 성장속도의 영향.

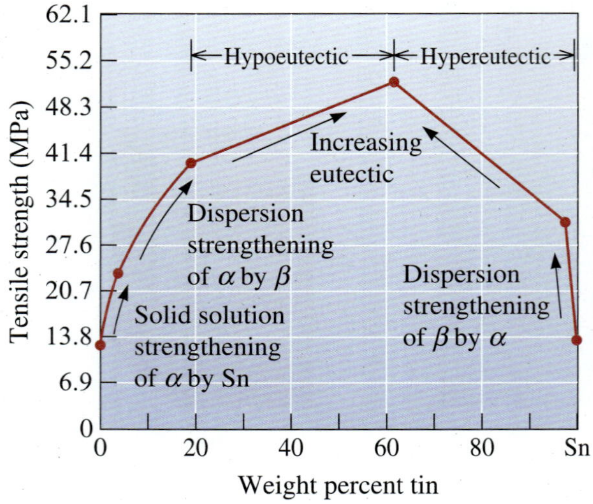

그림 11-18 납-주석 합금의 인장강도에 미치는 조성과 강화기구의 영향.

다. 납-주석 계에서 주석의 함량이 19%에서 61.9%까지 증가할 때 공정미세구성물의 양은 0%에서부터 100%까지 변화한다. 더 강한 공정미세구성물의 양이 증가하면 합금의 강도는 증가한다(그림 11-18). 마찬가지로 주석에 첨가한 납의 양을 2.5%에서부터 38.1%로 증가시키면 과공석합금의 초정 β의 양이 감소하므로 강한 공정의 양이 증가하고 강도 또한 증가한다. 두 가지 상이 각각 거의 같은 강도이면, 공정합금은 효과적인 분산강화에 기인하여 최고의 강도를 가질 것으로 예상된다.

공정 미세조직 모든 공정이 층상구조를 가지는 것은 아니다. 미세구성물에서 두 가지 상의 형상은 냉각속도, 불순물 원소의 존재, 합금의 본성에 영향을 받는다.

알루미늄-실리콘 공정상태도(그림 11-19)는 다수의 중요한 공업용합금 제조의 기초가 된다. 공정의 실리콘 부분은 현미경 사진에서 침상(needle-like)으로 보이는 가늘고 평평한 판상으로 성장한다[그림 11-20(a)]. 취성의 실리콘 판상은 응력을 집중시켜서 연성과 인성을 감소시킨다.

알루미늄-실리콘 합금에서 공정 미세조직은 합금원소의 첨가에 의해 변하며 이 과정을 개량처리(modification)라고 한다. 개량처리는 실리콘 상을 알루미늄 수지상 사이에 얇고 서로 연결된 막대로 성장하게 하여[그림 11-20(b)], 인장강도와 퍼센트 연신율을 함께 증가시킨다. 2차원적으로는 개량처리된 실리콘이 작고 둥근 입자들로 구성된 것처럼 보인다. 다이캐스팅에 사용되는 것과 같은 급랭합금은 응고 중에 자연적으로 개량처리된다. 그러나 보다 느린 냉각속도에서는 개량처리를 위해 0.01% Sr 또는 0.02% Na을 첨가해야 한다.

초정상의 형상도 중요하다. 종종 초정상이 수지상 방식으로 성장하는데 초정상의 2차수지상가지간격(SDAS)이 감소하면 합금의 특성을 개선할 수 있다. 과공정 알루미

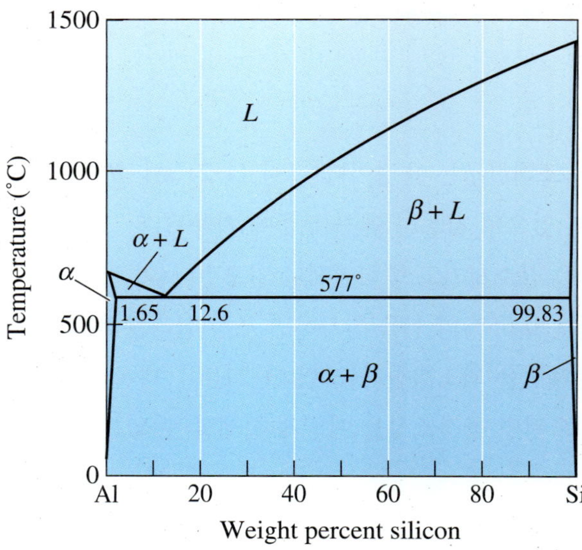

그림 11-19 알루미늄-실리콘 상태도.

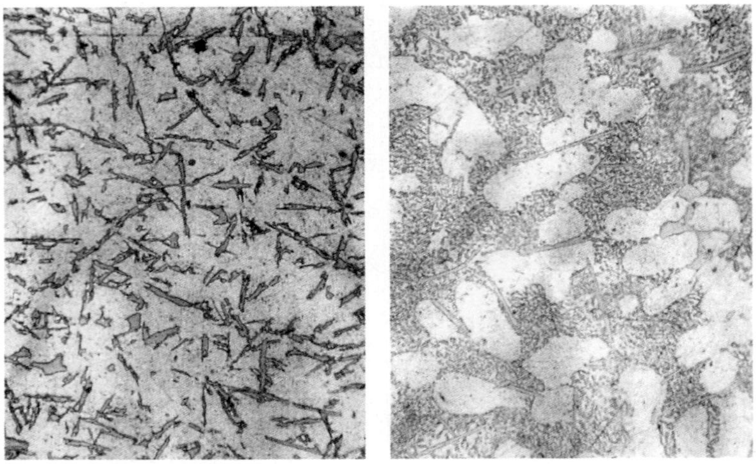

(a) (b)

그림 11-20 전형적인 공정 미세조직. (a) 알루미늄-실리콘 공정 내의 침상 실리콘 판(× 100), (b) 개량처리된 알루미늄-실리콘 공정 내의 둥근 실리콘 막대(× 100). (출처: *Don Askeland*)

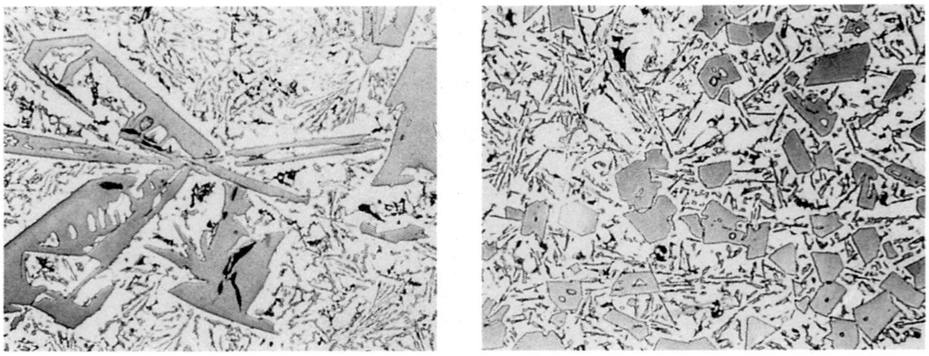

(a) (b)

그림 11-21 과공정 알루미늄-실리콘 합금의 미세조직에 미치는 인의 경화효과. (a) 조대한 초정 실리콘, (b) 인의 첨가에 의해 미세화된 초정 실리콘(× 75). [출처: ASM Handbook, *Vol. 7, (1972), ASM International, Materials Park, OH 44073. Reprinted with permission of ASM International. All rights reserved. www.asminternational.org.*]

늄-실리콘 합금에서 조대한 β는 초정이다[그림 11-21(a)]. β가 단단하기 때문에 과공정합금은 내마모성이 있으며 자동차 엔진 부품에 사용된다. 그러나 조대한 β는 절삭가공성(machinability)을 감소시키고 중력편석을 일으킨다(이 경우에는 초정 β가 응고 중 주물표면으로 떠오름). 0.05%의 인을 첨가하면 초정 실리콘의 핵생성을 촉진하고 크기를 미세하게 하여 유해성을 최소화한다[그림 11-21(b)]. 다음의 두 예제는 일정한 수준의 기계적 성질을 얻으려면 공정조성을 어떻게 설계할 수 있는지 보여준다.

예제 11-6 눌린 자국 수리용재료 설계

금속의 눌린 자국을 복원하는 한 가지 방법은 일부는 액상이고 일부는 고상인 물질을 눌린 자국에 문질러 바르고 이 충전재를 응고시키는 것이다. 이를 위해서 수리용재료(wiping solder)는 다음과 같은 특성이 있어야 한다. (1) 융점은 230 ℃ 이하일 것, (2) 인장강도는 42 MPa 이상일 것, (3) 적용 시 60~70%가 액상일 것, (4) 최대한 저렴할 것. 이러한 조건을 만족할 수 있는 합금과 복원공정을 설계하라. 납-주석 합금을 고려할 수 있다.

풀이

Pb-Sn 합금 중 하나가 이런 조건을 만족한다고 하자. 첫째, 합금은 230 ℃ 이하의 융점을 갖기 위해 주석 40% Sn 이상을 함유해야 한다(그림 11-6). 이렇게 낮은 융점은 수리작업자가 충전재를 적용하기 쉽게 해줄 것이다.

둘째, 그림 11-8은 요구하는 42 MPa의 인장강도를 얻기 위해 주석함량이 23%에서 80% 사이여야 한다는 것을 보여준다. 첫 번째 조건과 조합하면 40%에서 80%의 주석을 함유하는 합금은 조건을 만족할 것이다.

셋째, 주석의 가격은 kg당 약 5.50달러인 반면 납은 0.55달러이다. 따라서 Pb-40% Sn 합금이 가장 경제적인 선택이 될 것이다. 그뿐만 아니라, 기하학적 형태는 어떠한지와 같은 다른 고려할 사항들이 있다. 주어진 형상에서 합금이 잘 흐를 수 있는가? 즉, 용융금속의 점도는 적절한가?

마지막으로, 60~70%가 액상으로 존재하기 위해서 충전재는 정확한 온도에 있어야 한다. 아래의 계산으로부터 그 온도는 200 ℃에서 210 ℃ 사이에 있어야 함을 보여준다.

$$\% L_{200} = \frac{40 - 18}{55 - 18} \times 100 = 60\%$$

$$\% L_{210} = \frac{40 - 17}{50 - 17} \times 100 = 70\%$$

그러므로 Pb-40% Sn 합금을 사용하고 65%의 액상과 35%의 초정이 존재하는 온도인 205 ℃에서 작업할 것을 추천한다. 앞서 언급한 바와 같이 납의 독성과 그런 재료를 사용함으로써 야기되는 법적인 책임에도 주의를 기울여야 한다. 다수의 무연 땜납(lead-free)들이 개발되었다.

예제 11-7 내마모 부품의 설계

내벽의 내마모성이 뛰어나면서 전체적으로는 적당한 연성과 인성을 가지는 경량 실린더 부품을 설계하라. 그런 제품은 자동차 엔진의 실린더라이너로 사용될 수 있다.

풀이

많은 내마모 부품들은 비교적 밀도가 높은 강으로 만든다. 하지만 초정 β를 함유하는 과공정 Al-Si 합금은 강의 1/3 무게로도 원하는 내마모성을 제공할 수 있을 것이다.

생산할 부품의 형상이 원통형이므로 원심주조(그림 11-22)로 만드는 것이 이상적인 방법일 것이다. 원심주조에서는 액상 금속을 회전하는 금형에 부어 넣고 원심력에 의해 속이 빈 형상을 만든다. 게다가 고밀도 물질은 주조품의 외벽으로 가고 액상보다 저밀도인 물질은 내벽으로 이동한다.

과공정 Al-Si 합금을 원심주조할 때 초정 β의 핵생성 및 성장이 일어난다. 부록 A에 의하면 알루미늄의 밀도가 2,700 kg/m^{3}인 것에 비해, β상의 밀도(순수한 Si의 밀도와 같다고 가정)는 2,330 kg/m^{3}이다. 액상으로부터 초정 β의 입자가 석출되면서 회전하여 내면으로 이동한다. 그 결과 외벽은 공정미세구성물(적당한 연성을 가짐)로 구성되고 내벽은 많은 양의 초정 β를 함유하는 과공정 조성으로 구성되는 주물이 된다.

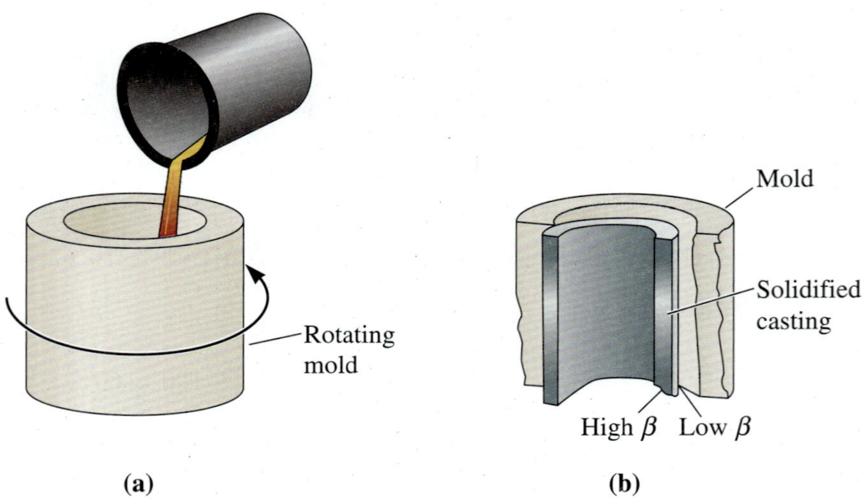

그림 11-22 과공정 Al-Si 합금의 원심주조. (a) 액체합금을 회전하는 금형에 부어넣는다. (b) 응고된 주조품의 내벽은 과공정이고 외벽은 공정이다.

알루미늄 엔진부품을 제조하는 데 사용되는 전형적인 합금은 Al-17% Si이다. 그림 11-19로부터, 형성될 수 있는 초정 β의 총량은 공정온도 바로 위인 578 ℃에서 계산된다.

$$\% \text{ 초정 } \beta = \frac{17 - 12.6}{99.83 - 12.6} \times 100 = 5.0\%$$

비록 5%의 초정 β가 형성될 것으로 예상되지만 원심작용으로 주물 내벽에서의 β상의 양을 두 배 또는 세 배가 되도록 할 수 있다.

11-6 공정합금과 재료공정

제조공정에서는 공정반응과 관련된 저융점을 활용한다. Pb-Sn 합금은 납땜용 충전재 제조에 사용되는 합금 계열의 주성분이다. 예를 들어 동관을 연결하고 싶다면, 접합부에 저융점의 Pb-Sn 공정합금을 넣음으로써 각 부분을 접합할 수 있다[그림 11-23(a)]. 구리를 공정온도 바로 위까지 가열한다. 가열된 구리가 Pb-Sn 합금을 녹이고, 녹은 합금은 모세관현상에 의해 좁은 틈으로 끌려 들어간다. Pb-Sn 합금이 냉각되어 응고하면 구리의 접합이 이루어진다. 이러한 관의 부식이 일어나거나 납이 물에 용출될 가능성도 고려해야 한다.

많은 주물합금도 역시 공정합금에 근거한다. 저온에서 액상을 용융하고 금형에 부어 넣음으로써 이는 용융을 위한 에너지비용을 낮추고, 기공과 같은 주조결함을 최소화하고, 액체금속과 금형 간의 반응도 방지한다. 주철(제13장)과 많은 알루미늄합금(제14장)은 공정합금이다.

비록 대부분의 설명을 금속재료를 중심으로 전개하였지만 공정은 많은 세라믹 계에서도 매우 중요하다는 것을 인식해야 한다(제15장). 실리카와 알루미나는 가장 널리 사용되는 세라믹 재료이다. 그림 11-23(b)는 Al_2O_3-SiO_2 계의 상태도를 보여준다. 공정온도가 약 1,587 ℃인 것을 주목하라. 이 상태도에서 점선은 액상선의 준안정 연장선과 준안정 혼화성결핍구역(miscibility gap)을 나타낸다. 앞에서 언급한 바와 같이 이러한

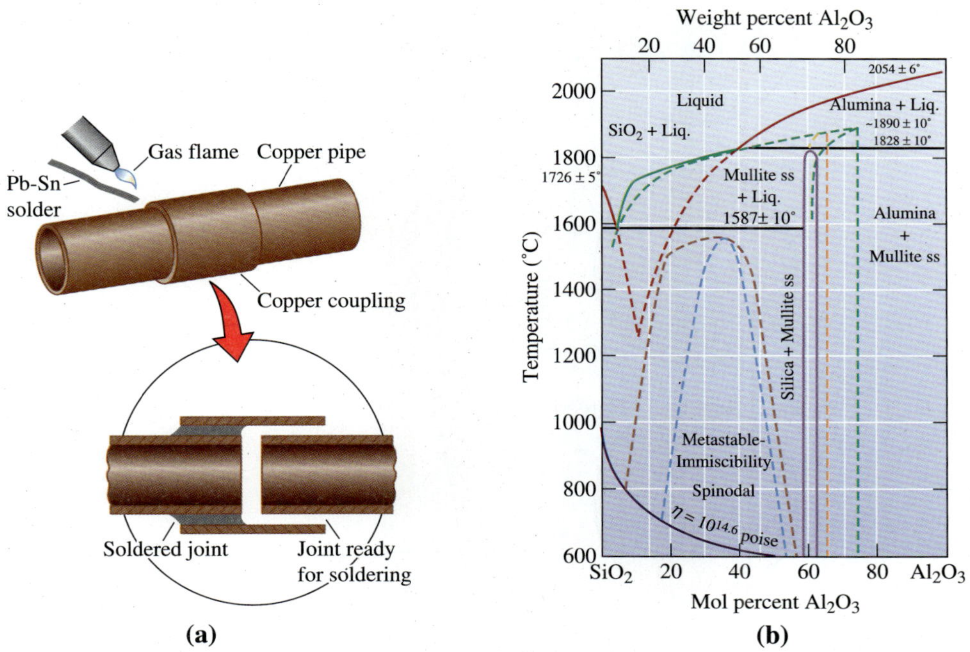

그림 11-23 (a) Pb-Sn 합금은 부품조립을 위한 납땜에 자주 사용된다. 가스불꽃과 같은 열원으로 부품과 충전재를 모두 가열한다. 충전재가 접합부에 흘러들어가서 응고된다. (b) Al_2O_3-SiO_2 계의 상태도. (출처: Introduction to Phase Equilibria, *by C. G. Bergeron and S. H. Risbud, American Ceramic Society, 1984.*)

결핍구역(gap)의 존재가 Vycor™유리 및 Pyrex®유리와 같은 기술적으로 유용한 제품의 제조를 가능하게 한다. Vycor™유리는 우선 실리카(63%), 산화붕소(27%), 산화소듐(7%), 알루미나(3%)를 약 1,500 ℃에서 용융한 다음, 원하는 형태로 성형한다. 유리가 형성되는 동안 유리상은 산화붕소의 농도가 높은 영역과 실리카의 농도가 높은 영역으로 분리된다(준안정 혼화성결핍구역 때문임). 산화붕소의 농도가 높은 영역을 산을 이용하여 용해시킨다. 그 다공성 물체를 소결하여 95wt%의 실리카, 4%의 산화붕소, 1%의 산화소듐을 함유하는 Vycor™유리를 만든다. 이처럼 실리카 함량이 높은 유리를 위에 설명한 기술에 의하지 않고 만드는 것은 매우 어렵다. Pyrex®유리는 약 80wt%의 실리카, 13%의 산화붕소, 4%의 산화소듐, 2%의 알루미나를 함유한다. 이들은 비커와 같은 실험실 용품과 가정용품에 널리 사용된다.

11-7 공정계의 비평형응고

일반적으로 고용체합금으로 응고하는 Pb-15% Sn과 같은 합금이 있다고 가정하자. 마지막 액상은 공정온도보다 한참 높은 230 ℃ 근처에서 응고할 것이다. 그러나 합금이 너무 빨리 냉각되면 비평형고상선이 생기게 된다(그림 11-24). 초정 α는 183 ℃ 바로 위

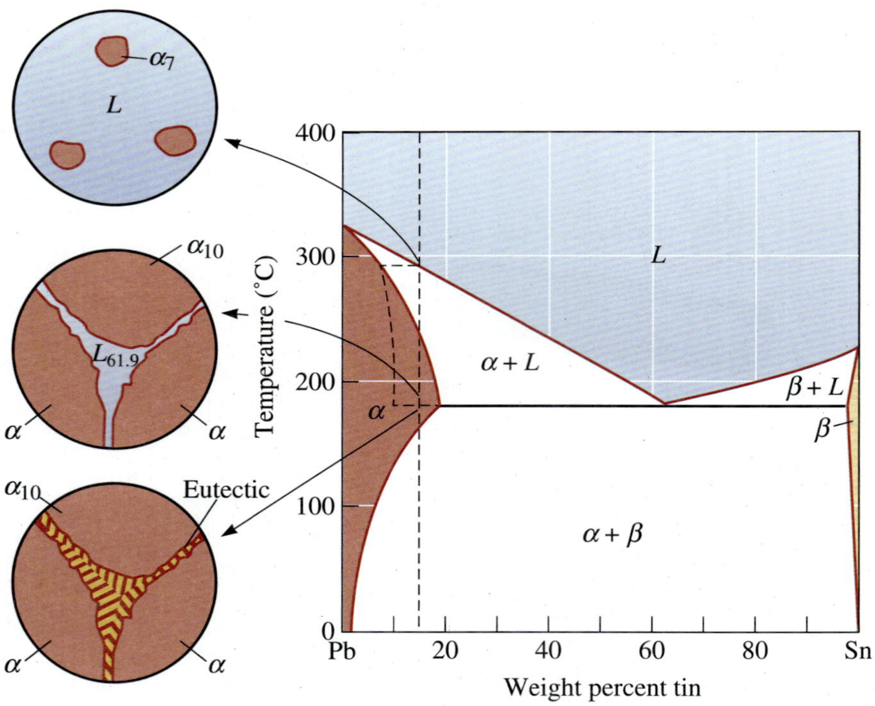

그림 11-24 Pb-15% Sn 합금의 비평형응고와 미세구조. 응고가 너무 빠르면 비평형 공정미세구성물이 형성될 수 있다.

까지, 남아 있는 액상이 61.9% Sn을 함유할 때까지 계속 성장한다. 그 다음에 이 액상은 공정미세구성물로 바뀌어 초정 α를 둘러싼다. 그림 11-24에 보인 조건에서 비평형공정의 양은 다음과 같다.

$$\%\,\text{공정} = \frac{15 - 10}{61.9 - 10} \times 100 = 9.6\%$$

Pb-15% Sn과 같은 합금을 열처리할 때에는 고온취성(hot shortness)이나 부분적인 용융을 방지하기 위해 최고온도가 공정온도인 183 ℃를 넘지 않도록 유지해야 한다. 이 개념은 Al-Cu 계와 같은 합금의 석출경화 또는 시효경화에서 매우 중요하다.

11-8 나노와이어와 공정상태도

나노와이어는 10∼100 nm의 지름을 갖는 원통형 또는 '와이어' 형태의 재료이다. 나노와이어는 그것들의 전기적, 기계적, 화학적, 광학적 특성 때문에 지대한 기술적 관심을 불러일으키고 있다. 잠재적인 응용분야는 생체 및 화학 센서, 나노전자소자의 전도체, 배터리의 전극 등이다. 나노와이어를 제조하는 공업적인 방법은 기체-액체-고체(VLS) 성장법이라는 기술이다. 실리콘 나노와이어의 성장은 그림 11-25(a)의 금-실리콘 2원계상태도를 고찰함으로써 이해할 수 있다. 금과 실리콘 사이에는 상호 고용도가 없음에 유의하라.

VLS 실리콘나노와이어 성장의 한 예로서, 첫째 단계는 기판 위에 순수한 금의 얇은 층을 증착하는 것이다. 기판이 가열되면 금은 적시고 있던 기판으로부터 분리되어 그림 11-25(b)와 같이 '둥근 형태'를 만들고, 기판 표면에 일련의 금 나노입자를 형성한다. 이 나노입자들은 나노와이어 촉매라고 하며 나노와이어 성장을 위해 본뜨는 역할을 한다. 다음으로 실리콘나노와이어 성장을 위한 VLS 공정의 '기체'인 실란가스(SiH_4)를 금 나노입자가 형성된 기판을 장입한 챔버로 흘려 넣는다. 기판을 금-실리콘 공정온도인 363 ℃ 이상, 금의 용융점인 1,064 ℃ 이하의 온도로 가열한다. 실란가스는 $SiH_4 \rightarrow Si + 2H_2$의 반응에 따라 분해한다. 실란가스의 분해로 생성된 실리콘이 금 나노입자에 흡착되고 그 속으로 확산하여 금 나노입자의 용융이 일어나게 한다(그리하여 VLS 성장의 '액체'를 형성함). 금 나노입자는 일정한 온도를 유지하고 실리콘 함량은 증가하며, 금-실리콘 합금은 금-실리콘 상태도의 2상영역($\alpha + L$)으로 들어간다. 나노입자가 완전히 녹을 때까지 실리콘은 금 나노입자 속으로 확산을 계속한다. 나노입자와 기판 사이의 표면에너지 상황 때문에 나노입자들은 대략 반구형의 형상을 유지한다(Teflon® 팬의 기름방울을 그려볼 것). 실리콘이 나노입자로 확산하여 실리콘 함량이 증가함에 따라 고상이 형성되기 시작한다. 형성되는 고상이 실리콘 나노와이어이다. 그것은 순수한 실리콘이다. 나노와이어는 금 나노입자와 동일한 지름을 갖는다. 존재하는

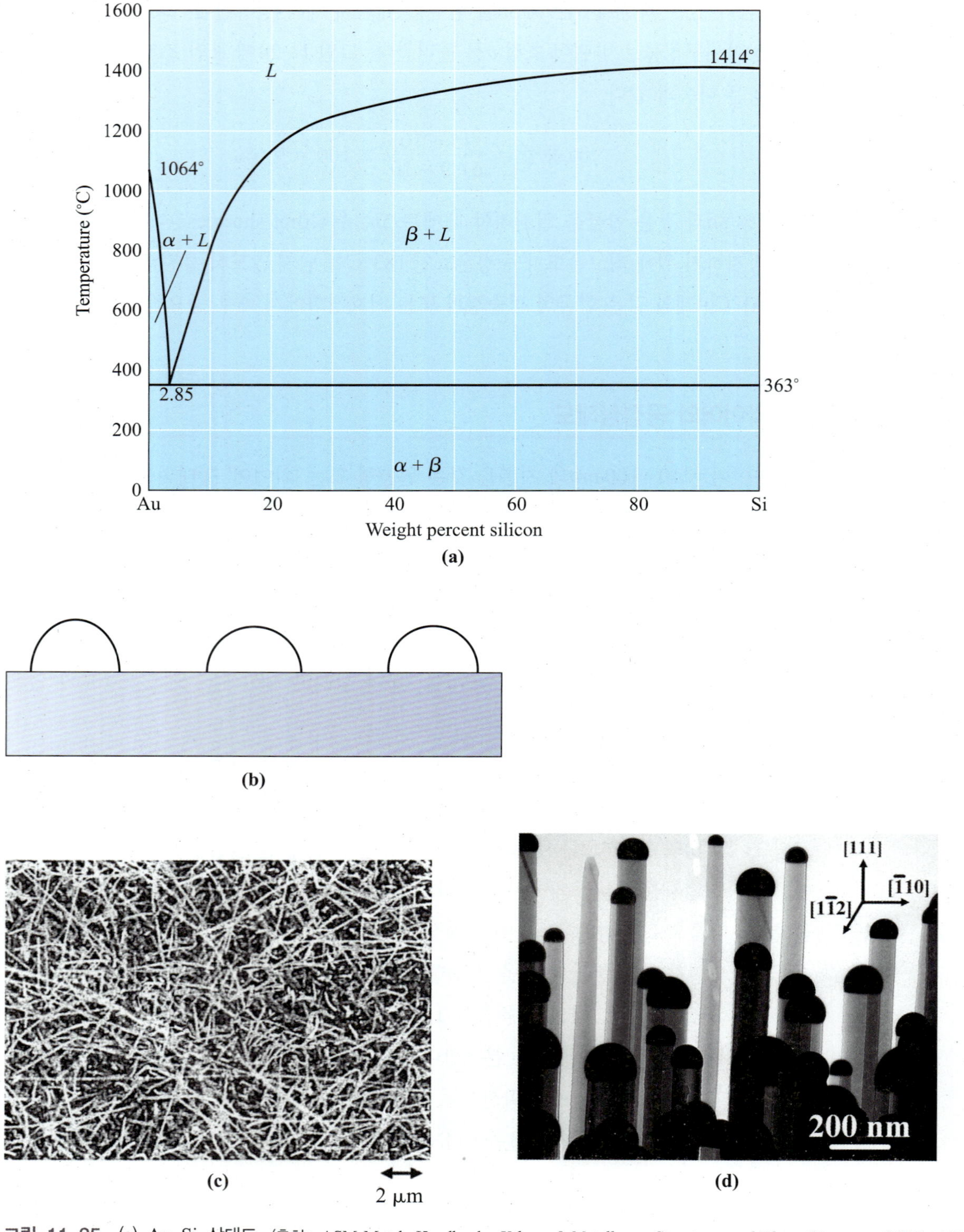

그림 11-25 (a) Au-Si 상태도. (출처: ASM Metals Handbook, *Volume 8 Metallurgy, Structures and Phase Diagrams (1973), ASM International, Materials Park, OH 44073-0002.*) (b) 기판 위의 금 나노촉매 개략도. (c) 실리콘나노와이어의 주사전자현미경 사진. (출처: Wendelin Wright) (d) 실리콘나노와이어 정상의 금 촉매가 고배율 사진에서 보인다. (출처: *S. Kodambaka, J. Tersoff, M. C. Reuter, and F. M. Ross,* Physical Review Letters *96, p. 096105-2 (2006). Copyright 2006 by the American Physical Society.*)

액상은 실리콘 나노와이어가 기판으로부터 위로 성장함에 따라 실리콘 나노와이어 정상에 떠오른다. 나노와이어의 길이는 실란가스가 기판에 공급되는 동안 계속 성장한다. 나노와이어의 성장이 완료되면 온도를 내리고 실리콘 나노와이어 정상의 액상은 공정온도를 지나 냉각되면서 응고한다. 그림 11-25(c)에 실리콘나노와이어를 나타내었고, 그림 11-25(d)에는 실리콘 나노와이어 정상의 금 촉매를 보여준다.

예제 11-8 실리콘 나노와이어의 성장

실란가스가 흐르면서 600 °C의 온도로 유지되고 있는 실리콘 기판 위의 금 나노입자를 생각하라. (a) 나노입자가 1wt% Si로 구성될 때, 나노입자에 존재하는 상에 대하여 각 상의 상대적인 양과 조성을 설명하라. 그림 11-25(a)의 상태도로부터 조성에 필요한 근사치를 택하라. (b) 실리콘이 몇 %일 때 나노입자가 완전히 녹겠는가? (c) 실리콘이 몇 %일 때 녹은 나노입자가 다시 응고하기 시작하겠는가? (d) 온도가 내려가기 전의 나노와이어와 촉매의 조성은 얼마인가?

풀이

(a) 600 °C와 1wt% Si의 조성에서 나노입자는 하나의 고상과 하나의 액상으로 구성된다. 고상은 100% Au이다. 그림 11-25(a)에 의하면, 액상은 근사적으로 2.4% Si과 97.6% Au를 함유한다. (상태도의 공정점에 의하면 실리콘의 wt%는 2.85% 미만이어야 한다.)

각 상의 양을 구하기 위해 지렛대법칙을 적용하면 다음과 같다.

$$\% \text{ 고상} = \frac{2.4 - 1.0}{2.4 - 0} \times 100 = 58\%, \quad \% \text{ 액상} = \frac{1.0 - 0}{2.4 - 0} \times 100 = 42\%$$

따라서 나노입자는 58%의 고상(100% Au)과 42%의 액상(2.4% Si과 97.6% Au)으로 구성된다.

(b) 실리콘 함량이 근사적으로 2.4%에 도달할 때 나노입자 섬은 완전히 녹는다.

(c) 실리콘 함량이 근사적으로 7%에 도달할 때 나노입자 섬은 다시 응고한다.

(d) 고상은 100% Si이다. 액상은 근사적으로 7% Si와 93% Au이다.

요약

- 두 가지 이상의 상을 포함하는 재료를 만들어 분산강화를 얻는다. 금속재료에서는 상들 간의 경계가 전위의 이동을 방해하여 강도를 증진한다. 다상을 형성하면 세라믹이나 고분자의 파괴인성을 증가시키는 등의 다른 이점들을 얻을 수 있다.
- 최적의 분산강화를 얻기 위해 특히 금속재료에서는 가장 효과적인 전위이동 장애물을 제

공하기 위해 부드럽고 연성인 기지 속에 작고 단단하고 불연속적으로 분산된 입자들이 많이 형성되어야 한다.

- 일반적으로 강하지만 취성을 갖는 금속간화합물은 흔히 분산상으로 쓰인다.
- 다상을 포함하는 재료의 상태도는 보통 하나 또는 그 이상의 3상반응을 포함한다.
- 공정반응은 액상이 두 가지 고상의 혼합물로 응고하게 한다. 응고과정을 제어하여 폭넓은 성질을 얻을 수 있다. 제어가 가능한 요소들로는 초정미세구성물의 결정립크기와 2차수지상정가지간격, 공정미세구성물의 콜로니크기, 공정미세구성물 내의 층간거리, 공정미세구성물 내 상들의 미세구조 또는 형상, 생성되는 공정미세구성물의 양이 있다.
- 공석반응은 하나의 고상이 두 가지 고상의 혼합물로 바뀌게 한다. 다음 장에서 다루겠지만 공석반응을 조절하기 위한 열처리는 분산강화에 응용될 훌륭한 기본원리를 제공한다.
- 나노와이어는 공정계에서 기체-액체-고체(VLS) 성장법을 통해 성장시킬 수 있다. VLS 실리콘나노와이어 성장의 한 가지 예로 실란가스를 금 촉매 위로 흘러가게 하는 방법이 있다. 실리콘이 금 위에 증착되고 2원계를 형성한다. 실리콘 농도가 증가함에 따라 촉매가 용융하고, 실리콘 농도가 더욱 증가하면 실리콘나노와이어인 고상이 형성된다. 나노와이어의 지름은 촉매지름에 의해, 나노와이어의 길이는 성장시간에 의해 조절된다.

용어해설

개량처리 **modification** 공정합금에서 공정미세구성물의 미세조직을 변화시키는 합금원소를 첨가하는 것.

고온취성 **hot shortness** 비록 온도가 평형 고상선보다 아래에 있더라도 편석에 기인하여 형성된 저융점 비평형 재료가 용융되어 발생한다.

공석 **eutectoid** 하나의 고상이 다른 두 개의 고상으로 바뀌는 3상 불변반응.

공정 **eutectic** 하나의 액상이 응고하여 두 가지 고상을 형성하는 3상 불변반응.

공정미세구성물 **eutectic microconstituent** 공정반응의 결과로 형성되는 두 가지 상의 특징적인 혼합물.

과 **hyper** 합금의 조성이 연결선의 오른쪽 끝 조성과 3상반응이 일어나는 조성과의 사이에 있다는 것을 가리키는 접두사.

과공정합금 **hypereutectic alloy** 공정반응을 정의하는 연결선의 오른쪽 끝 조성과 공정조성 사이의 조성을 갖는 합금.

금속간화합물 **intermetallic compound** 두 가지 또는 그 이상의 금속으로부터 형성되는 화합물로서 유일한 조성, 구조, 성질을 갖는다.

기지 **matrix** 복합 미세조직에서 연속되어 있는 고상.

나노와이어 **nanowire** 지름이 10~100 nm 정도인 원통형 또는 '와이어' 형태의 재료.

등치선 **isopleth** 상태도에서 일정한 화학조성을 나타내는 수직선.

등치선연구 **isoplethal study** 계의 특정한 화학조성을 연구하는 동안 예상되는 반응과 미세구조 변화를 결정하는 것.

미세구성물 **microconstituent** 독특한 형상을 가지는 합금 내의 상이나 상의 혼합물. 종종 미세구조를 실제의 상보다는 미세구성물의 용어로 설명한다.

분산강화 **dispersion strengthening** 두 가지 이상의 상을 형성함으로써 재료의 강도를 증진하는 것. 각 상들의 크기, 형상, 양, 성질을 적절하게 제어하여 성질들의 탁월한 조합을 얻을 수 있다.

분산상 dispersed phase 고용한계를 초과할 때 원래의 기지로부터 형성되는 고상.

비화학양론적 금속간화합물 nonstoichiometric intermetallic compound 어느 한쪽과 구조와 성질이 다른 두 성분을 하나의 화합물로 결합함으로써 형성된 상. 비화학양론적 금속간화합물은 다양한 성분비를 갖는다(중간고용체 참조).

상간계면 interphase interface 미세구조에서 두 상 사이의 경계면.

석출경화 precipitation hardening 2차상 초미세 석출물의 분산을 일으키는 일련의 고상변태에 의존하는 강화기구(제12장). 분산강화의 한 형태이며 시효경화라고도 한다.

석출물 precipitate 고용한계가 초과될 때 원래의 기지 상으로부터 형성되는 고상. 석출물이라는 용어는 흔히 석출경화 또는 시효경화에 의해 형성되는 분산상 입자와 대비시켜 사용한다. 대부분의 경우에 최적의 분산강화 또는 시효경화를 얻기 위해 2차상 석출입자의 형성을 제어하려고 노력한다.

솔버스 solvus 상태도에서 단일고상 영역과 두 가지 고상영역을 구분하는 고용도 곡선. 솔버스 곡선은 고용한계선이라고도 한다.

시효경화 age hardening 초미세입자의 2차상 분산을 일으키는 고상변태에 의거하는 강화기구. 시효경화는 분산강화의 한 형태이다. 석출경화라고도 한다(제12장).

아 hypo 합금의 조성이 연결선의 왼쪽 끝 조성과 3상반응이 일어나는 조성과의 사이에 있다는 것을 가리키는 접두사.

아공정합금 hypoeutectic alloy 공정반응을 정의하는 연결선의 왼쪽 끝 조성과 공정조성 사이의 조성을 갖는 합금.

준안정 혼화성결핍구역 metastable miscibility gap 액상선 아래로 확장되거나 완전히 액상선 아래에 존재하는 결핍구역. 혼화되지 않는 두 액체가 액체로 계속 존재하면서 섞이지 않은 채 공존한다. 이러한 계는 Vycor™유리 및 Pyrex®유리 제조의 기본 원리가 된다.

중간고용체 intermediate solid solution 조성이 일정한 범위를 보이는 비화학양론적 금속간화합물.

초정미세구성물 primary microconstituent 3상반응이 시작되기 전에 형성되는 미세구성물. 선공정(proeutectic) 미세구성물이라고도 한다.

층간거리 interlamellar spacing 어떤 상의 층이나 판의 중심과 인접한 동일한 상의 층이나 판의 중심 사이의 거리.

층상 lamellar 공정 또는 공석과 같은 특정한 3상반응이 일어나는 동안 형성되는 상의 얇은 판들이 평행으로 배열된 형상.

편정 monotectic 하나의 액상이 냉각될 때 하나의 고상과 하나의 다른 액상으로 바뀌는 3상반응.

포석 peritectoid 냉각할 때 두 고상이 결합하여 하나의 다른 고상을 형성하는 3상반응.

포정 peritectic 냉각할 때 하나의 고상과 하나의 액상이 결합하여 하나의 다른 고상을 형성하는 3상반응.

혼화성결핍구역 miscibility gap 상태도에서 본질적으로 같은 구조를 갖는 두 상이 섞이지 않거나 상호 고용도가 없이 공존하는 구역.

화학양론적 금속간화합물 stoichiometric intermetallic compound 어느 한쪽과 구조와 성질이 다른 두 성분을 하나의 화합물로 결합함으로써 형성된 상. 화학양론적 금속간화합물은 화합물의 성분비가 고정되어 있다.

연습문제

11-1절 분산강화의 원리와 사례

11-1 효과적인 분산강화를 위해 기지와 석출물에 요구되는 것은 무엇인가?

11-2절 금속간화합물

11-2 금속간화합물이란 무엇인가? 다른 화합물과 어떻게 구별되는가? 예를 들어, 조성이 명백히 다른 것 외에 TiAl은 Al_2O_3와 어떻게 다른가?

11-3 금속간화합물이 사용될 수 있는 두 가지 다른 방법을 명확하게 설명하라.

11-4 금속간화합물을 고온에 사용할 때 주된 문제점들은 무엇인가?

11-5 그림 11-2에서 최고온도의 순수 γ상에 해당하는 로듐의 무게백분율은 얼마인가?

11-3절 3상반응을 포함하는 상태도

11-6 공정반응, 공석반응, 포정반응, 포석반응, 편정반응을 정의하라.

11-7 불변반응이란 무엇인가? 2원계에 대해 불변반응의 자유도가 0이 됨을 보여라.

11-8 많은 2원계상태도가 가로좌표(수평축)에 두 눈금을 가진다. 하나는 무게백분율(wt%)이고 다른 하나는 원자백분율(at%)이다. 두 가지 눈금에 모두 관심을 두는 이유는?

11-9 어떤 상황에서 전체 조성과 상의 조성이 같은가? 또 어떤 상황에서 다른가?

11-10 2원계상태도에서 왜 일반적으로 단상 영역에만 명칭을 붙이는가?

11-11 그림 11-26은 가상의 상태도이다.

(a) 금속간화합물이 존재하는가? 존재한다면 어느 것인지 밝히고 화학양론적인지 비화학양론적인지 결정하라.

(b) 이 계에 존재하는 고용체를 확인하라. *A*와 *B*는 동소체인가? 설명하라.

(c) 3상반응을 찾아서 온도, 반응식, 각 상의 조성, 반응의 명칭을 쓰라.

11-12 그림 11-5를 참조하라. *A*와 *B* 함량이 같은 합

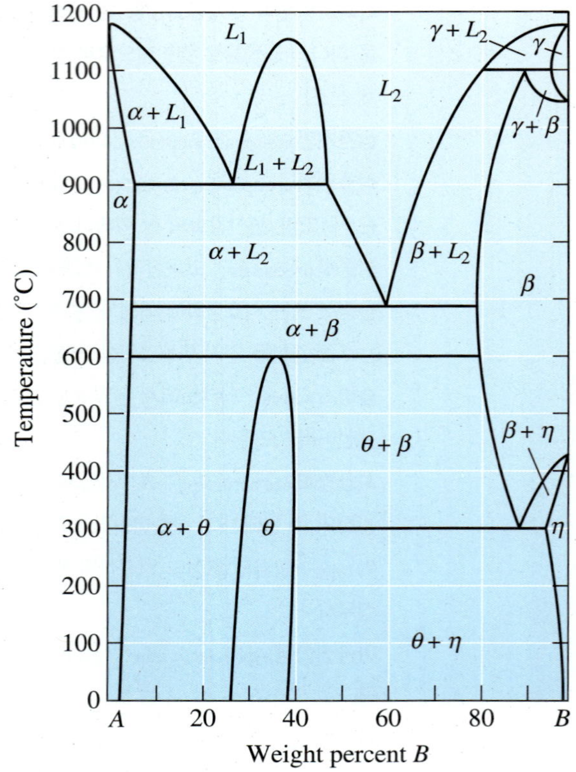

그림 11-26 가상의 상태도. (문제 11-11에 사용)

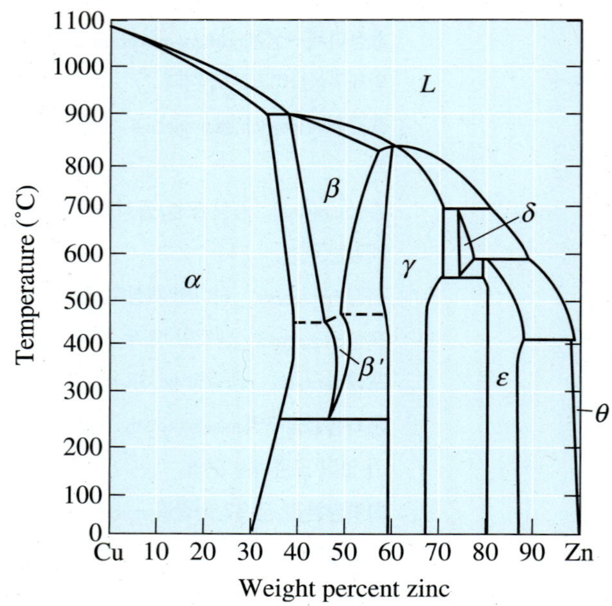

그림 11-27 구리-아연 상태도. (문제 11-13에 사용)

금에 대해 1,400 ℃에서 시작하여 도가니가 상온(25 ℃)까지 냉각되면서 일어나는 각 반응을 기술하라.

11-13 구리-아연 상태도를 그림 11-27에 나타내었다.

(a) 금속간화합물이 존재하는가? 존재한다면 어느 것인지 밝히고 화학양론적인지 비화학양론적인지 결정하라.

(b) 이 계에 존재하는 고용체를 확인하라.

(c) 3상반응을 찾아서 온도, 반응식, 반응의 명칭을 쓰라.

11-14 Al-Li 상태도를 그림 11-28에 나타내었다.

(a) 금속간화합물이 존재하는가? 존재한다면 어느 것인지 밝히고 화학양론적인지 비화학양론적인지 결정하라. 각 화합물에 대해 화학식을 결정하라.

(b) 3상반응을 찾아서 온도, 반응식, 각 상의 조성, 반응의 명칭을 쓰라.

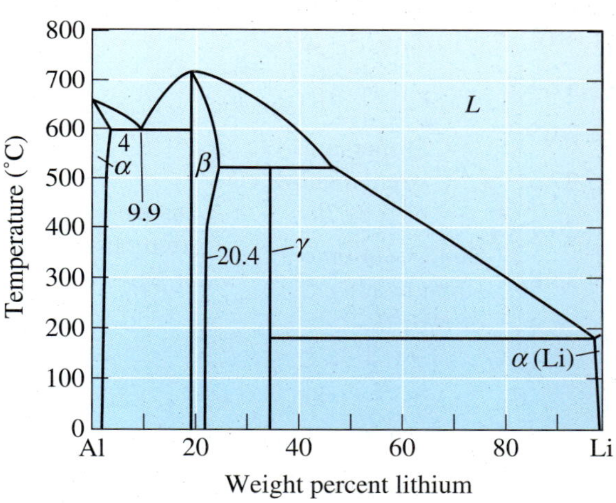

그림 11-28 알루미늄-리튬 상태도. (문제 11-14 및 11-36에 사용)

11-15 Cu-Sn 상태도의 38wt% Sn에서 금속간화합물이 발견된다. 이 화합물의 화학식을 결정하라.

11-16 Cu-Si 상태도의 10wt% Si에서 금속간화합물이 발견된다. 이 화합물의 화학식을 결정하라.

11-4절 공정상태도

11-17 Gibbs의 상률을 이용하여 그림 11-6의 상태도의 각 영역에서 자유도를 결정하라.

11-18 Pb-15% Sn 합금을 고려하자. 응고과정에 대하여 다음을 결정하라.

(a) 처음으로 형성되는 고상의 조성

(b) 합금의 액상선온도, 고상선온도, 솔버스온도, 응고범위

(c) 260 ℃에서 각 상의 양과 조성

(d) 183 ℃에서 각 상의 양과 조성

(e) 25 ℃에서 각 상의 양과 조성

11-19 Al-12% Mg 합금을 고려하자(그림 11-29). 응고과정에 대하여 다음을 결정하라.

(a) 처음으로 형성되는 고상의 조성

(b) 합금의 액상선온도, 고상선온도, 솔버스온도, 응고범위

(c) 525 ℃에서 각 상의 양과 조성

(d) 450 ℃에서 각 상의 양과 조성

(e) 25 ℃에서 각 상의 양과 조성

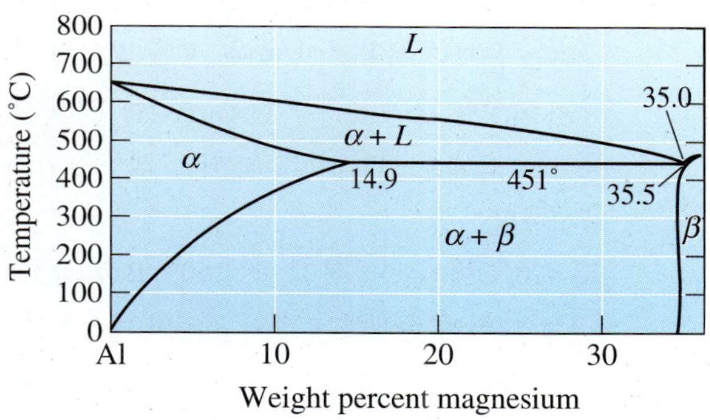

그림 11-29 알루미늄-마그네슘 상태도의 일부. (문제 11-19 및 11-37에 사용)

11-20 Pb-35% Sn 합금을 고려하자. 다음을 결정하라.

(a) 합금은 아공정인가 또는 과공정인가?

(b) 응고하는 동안 처음으로 형성되는 고상의 조성

(c) 184 ℃에서 각 상의 양과 조성

(d) 182 ℃에서 각 상의 양과 조성

(e) 182 ℃에서 각 미세구성물의 양과 조성

(f) 25 ℃에서 각 상의 양과 조성

11-21 Pb-70% Sn 합금을 고려하자. 다음을 결정하라.

(a) 합금은 아공정인가 또는 과공정인가?
(b) 응고하는 동안 처음으로 형성되는 고상의 조성
(c) 184 ℃에서 각 상의 양과 조성
(d) 182 ℃에서 각 상의 양과 조성
(e) 182 ℃에서 각 미세구성물의 양과 조성
(f) 25 ℃에서 각 상의 양과 조성

11-22 (a) 비슷한 용융점을 가지는 성분 A와 B를 가지는 전형적인 공정상태도를 그려라. A가 B에 고용되는 것(최대 5%)보다 B가 A에 더 많이 고용된다(최대 15%). 그리고 공정조성은 약 40% B에서 나타난다. 공정온도는 용융점의 2/3이다. 그림의 축을 표시하라. 모든 상을 표시하라. α와 β를 사용하여 고상을 표시하라. (b) 평균적인 조성 60% B에 대하여 액상이 상온까지 천천히 식는 동안 나타나는 상을 순서대로 열거하라.

11-23 그림 11-30에 구리-은 상태도를 나타내었다. 구리는 은보다 용융점이 높다. 은을 많이 함유하는 고상을 감마(γ)라고 하고 구리를 많이 함유하는 고상을 델타(δ)라고 하라. 액상은 L로 표시하라.

(a) 800 ℃에서 평균적인 조성 60% B(40% A)에 대하여 존재하는 상의 조성과 양은?
(b) 1,000 ℃에서 평균적인 조성 30% B (70% A)에 대하여 존재하는 상의 조성과 양은?

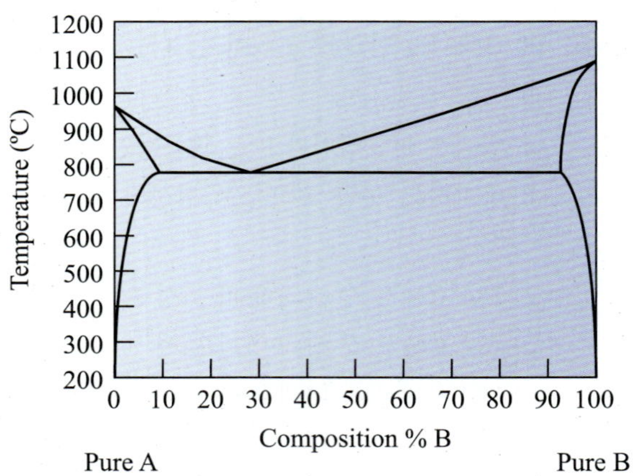

그림 11-30 원소 A와 B의 상태도. (문제 11-23에 사용)

(c) 50% B(50% A) 조성 재료에 대하여, 액체 상태로부터 200 ℃까지 냉각된 마지막 미세조직을 보여주는 개략적인 그림을 그려보라. 존재하는 각 상의 명칭을 표시하라.

11-24 600 ℃에서 Cu-55wt% Ag에 존재하는 상들과 각 상의 조성을 결정하라. (문제 11-23과 그림 11-30 참조)

11-25 800 ℃에서 Cu-85wt% Ag에 존재하는 상들과 각 상의 조성을 결정하라. (문제 11-23과 그림 11-30 참조)

11-26 납-주석 합금 (a) 10% Sn, (b) 20% Sn, (c) 50% Sn, (d) 60% Sn, (e) 80% Sn, (f) 95% Sn에 대하여 상온에서 총 %β와 %공정미세구성물을 계산하라. 그림 11-18을 사용하여 합금의 강도 대 %β와 %공정의 관계를 그리고 설명하라.

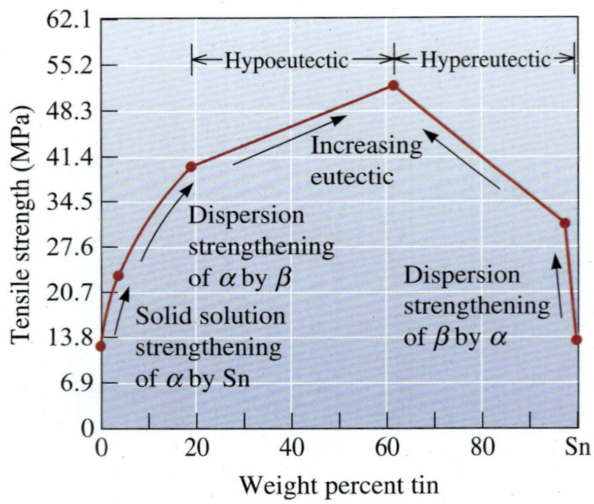

그림 11-18 납-주석 합금의 인장강도에 미치는 조성과 강화 기구의 영향. (문제 11-26을 위해 반복됨)

11-27 Al-Si 상태도를 고려하자. Al-5wt% Si 합금에 대하여 620 ℃, 600 ℃, 578 ℃에서 α상과 액상의 백분율은 얼마인가? 이 합금에 대하여 576 ℃와 550 ℃에서 α상과 β상의 백분율은 얼마인가? (그림 11-19 참조)

11-28 Al-Si 상태도의 공정점에서 어떤 상(들)이 존재하는가? 그 상(들)의 화학조성을 제시하라. (그림 11-19 참조)

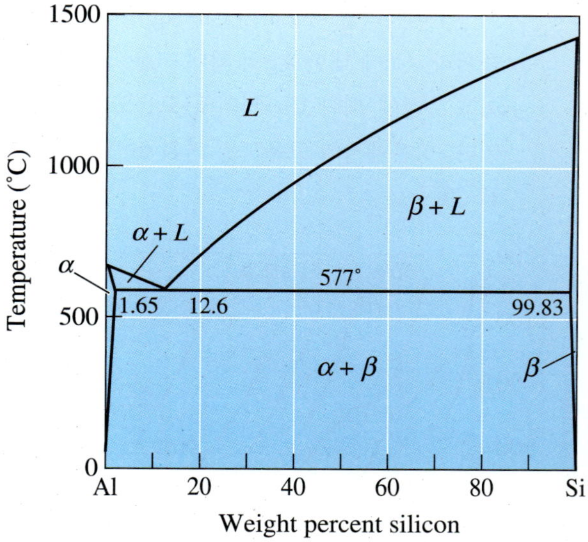

그림 11-19 알루미늄-실리콘 상태도. (문제 11-27, 11-28, 11-30, 11-31, 11-33, 11-35, 11-40을 위해 반복됨)

11-29 이 장에서 초정 또는 초정구성물에 관하여 검토하였다. Al-Si 합금계에서 초정상의 백분율에 관심을 두는 이유가 무엇인가?

11-30 Al-4% Si 합금을 고려하여 다음을 결정하라. (그림 11-19)

(a) 이 합금은 아공정인가 또는 과공정인가?

(b) 응고하는 동안 형성되는 첫 고상의 조성

(c) 578 ℃에서 각 상의 양과 조성

(d) 576 ℃에서 각 상의 양과 조성, 그리고 같은 온도에서 각 미세구성물의 양과 조성

(e) 25 ℃에서 각 상의 양과 조성

11-31 Al-25% Si 합금을 고려하여 다음을 결정하라. (그림 11-19)

(a) 이 합금은 아공정인가 또는 과공정인가?

(b) 응고하는 동안 형성되는 첫 고상의 조성

(c) 578 ℃에서 각 상의 양과 조성

(d) 576 ℃에서 각 상의 양과 조성

(e) 576 ℃에서 각 미세구성물의 양과 조성

(f) 25 ℃에서 각 상의 양과 조성

11-32 어떤 Pb-Sn 합금이 100 ℃에서 45% α와 55% β를 함유한다. 이 합금의 조성을 결정하라. 이 합금은 아공정인가 또는 과공정인가?

11-33 어떤 Al-Si 합금이 500 ℃에서 85% α와 15% β를 함유한다. 이 합금의 조성을 결정하라. 이 합금은 아공정인가 또는 과공정인가? (그림 11-19 참조)

11-34 어떤 Pb-Sn 합금이 공정반응이 완료된 직후에 23%의 초정 α와 77%의 공정미세구성물을 가진다. 이 합금의 조성을 결정하라.

11-35 어떤 Al-Si 합금이 공정반응이 완료된 직후에 15%의 초정 β와 85%의 공정미세구성물을 함유한다. 이 합금의 조성을 결정하라. (그림 11-19 참조)

11-36 어떤 Al-Li 합금의 미세조직을 관찰한 결과, 28%의 공정과 72%의 초정 β가 있음을 알았다. 이 합금의 조성을 구하고 아공정인지 과공정인지 말하라. (그림 11-28)

11-37 Mg-Al 계에서 세 가지 상이 평형상태에 있는 조성들을 포함하는 공정반응을 기술하라. 그리고 공정미세구성물에서 α와 β의 양을 계산하라. (그림 11-29)

11-38 182 ℃에서 Pb-50% Sn 합금의 α와 β의 총량과 각 미세구성물의 조성을 계산하라. 공정미세구성물에 포함되는 이 합금의 총 α의 분율은 얼마인가?

11-39 그림 11-31은 Pb-Sn 합금의 냉각곡선이다. 다음을 결정하라.

(a) 주입온도

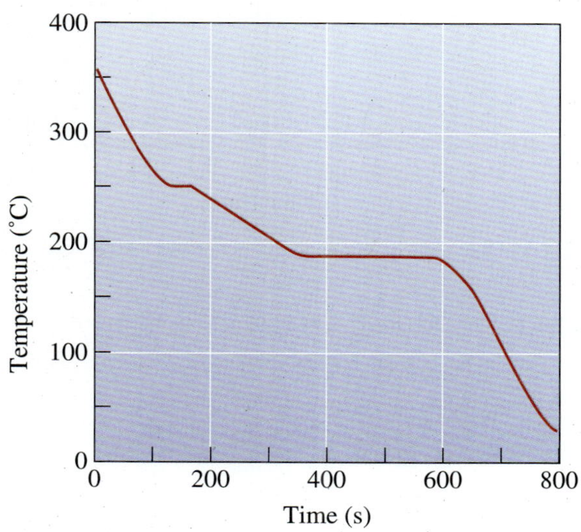

그림 11-31 Pb-Sn 합금의 냉각곡선. (문제 11-39에 사용)

(b) 과열
(c) 액상선온도
(d) 공정온도
(e) 응고범위
(f) 국부응고시간
(g) 총 응고시간
(h) 합금의 조성

11-40 그림 11-32는 어떤 Al-Si 합금의 냉각곡선을 보여준다. 그리고 그림 11-19는 이 계의 2원상태도이다. 다음을 결정하라.

(a) 주입온도
(b) 과열
(c) 액상선온도
(d) 공정온도
(e) 응고범위
(f) 국부응고시간
(g) 총 응고시간
(h) 합금의 조성

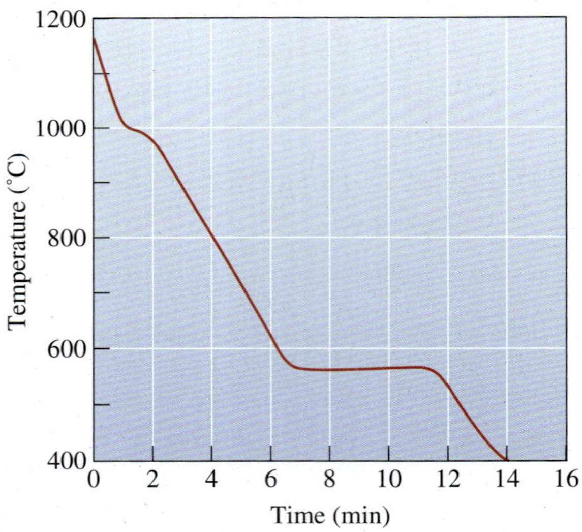

그림 11-32 Al-Si 합금의 냉각곡선. (문제 11-40에 사용)

11-41 다음 Al-Si 합금에서 예상되는 냉각곡선을 적절한 온도를 포함하여 그려라.

(a) Al-4% Si
(b) Al-12.6% Si
(c) Al-25% Si
(d) Al-65% Si

11-42 일련의 Cu-Ag 합금에 대한 냉각곡선을 얻었다. 이 데이터를 이용하여 Cu-Ag 상태도를 만들어라. Cu에 대한 Ag의 최대 고용도는 7.9%이고, Ag에 대한 Cu의 최대 고용도는 8.8%이다. 상온에서의 고용도는 거의 0이다. (그림 11-33)

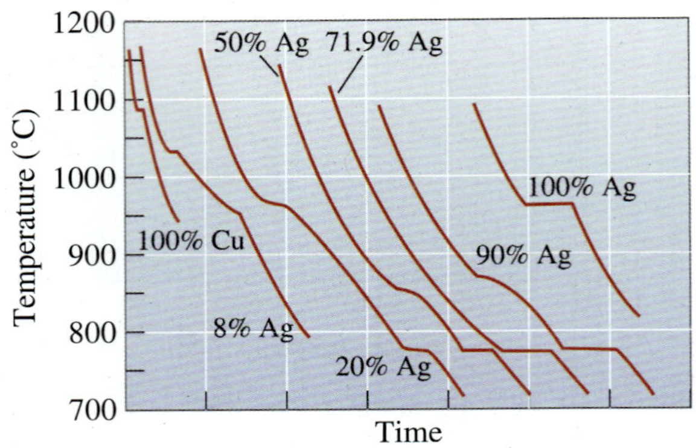

그림 11-33 일련의 Cu-Ag 합금에 대한 냉각곡선. (문제 11-42에 사용)

11-5절 공정합금의 강도

11-43 공정합금에 대하여 개량처리(modification)라는 용어의 의미는 무엇인가? 이것은 합금의 특성에 어떻게 도움이 되는가?

11-44 Pb-Sn 계에 대하여 공정조성에서 인장강도가 최대가 되는 이유는 무엇인가?

11-45 초정상의 모양이 공정합금의 강도에 영향을 미치는가? 설명하라.

11-46 Ag-Ge 계에 대한 2원계상태도를 그림 11-34에 나타내었다.

(a) 상태도를 개략적으로 그리고 각 영역에 존재하는 상을 표시하라. α는 Ag가 풍부한 고상, β는 Ge가 풍부한 고상으로 표시하라. 액상은 L로 표시하라.
(b) 온도 700 K에서 평균적인 조성 80% Ge (20% Ag)에 대하여 존재하는 상의 조성과 양은 무엇인가?
(c) 동그라미로 표시한 점에서 액상으로부터 응고가 일어난다면 어떤 상변태가 수반되는가? 이 상변태의 특별한 이름은 무엇인가?
(d) 액상으로부터 300 K까지 천천히 냉각한

15% Ge(85% Ag)의 최종 미세조직를 보여주는 개략도를 그려보라.

(e) 상온에 두 개의 인장시편이 있다고 하자. 하나는 순은이고 하나는 게르마늄을 2% 포함하는 은이다. 어느 시편의 강도가 더 클 것으로 예상하는가?

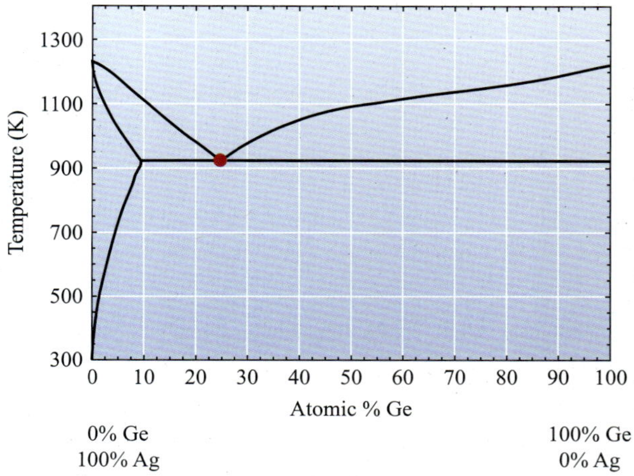

그림 11-34 Ag-Ge 상태도. (문제 11-46에 사용)

11-47 그림 11-30에 구리-은 상태도를 나타내었다. 구리의 융점은 은의 융점보다 높다.

(a) 구리는 상태도에 표시된 A원소인가 또는 B원소인가?

(b) 상태도를 개략적으로 그리고 각 영역에 존재하는 모든 상(단일상과 2상)을 그림에 직접 기록하여 표시하라. 은이 풍부한 고상은 감마(γ)로 표시하고 구리가 풍부한 고상은 델타(δ)로 표시하라. 액상은 L로 표시하라.

(c) 600 ℃에서 성분 B에 성분 A가 고용된 고용체는 성분 A에 성분 B가 고용된 고용체보다 강하다. 90% A와 10% B의 조성을 갖는 재료가 액상으로부터 600 ℃까지 냉각되면 공정조성을 갖는 재료보다 강할 것 같은가 또는 약할 것 같은가? 상세하게 설명하라.

(d) 기계적 시험을 수행하였더니 그 결과가 (c)와 유사한 공정조건에 대한 가정이 틀렸으며 더 강할 것이라고 생각한 재료가 실제는 더 약했다는 것을 보여준다. 이렇게 어긋난 결과를 초래할 수 있는 공정조건과 수반되는 미세구조의 종류를 예시하라.

11-6절 공정합금과 재료공정

11-48 Pb-Sn 합금이 납땜에 이용되는 이유를 설명하라.

11-49 제강용 내화물에는 매우 적은 양의 알루미나(Al_2O_3)를 함유하는 실리카 벽돌이 있다. 이 계에서 공정온도는 약 1,587 ℃이다. 실리카는 약 1,725 ℃에서 녹는다. 실리카 벽돌에 소량의 알루미나가 혼입되면 벽돌의 하중을 견디는 능력에 어떤 일이 일어나는지 설명하라.

11-50 Fe-Fe_3C 상태도는 주철에 사용되는 조성 근처에서 공정을 보인다. 주조용 철합금이 공정온도를 가지는 것이 유리한 이유를 설명하라.

11-7절 공정계의 비평형응고

11-51 고온취성이란 무엇인가? 공정합금이 사용될 수 있는 온도에 어떤 영향을 미치는가?

11-8절 나노와이어와 공정상태도

11-52 나노와이어 성장의 기체-액체-고체(VLS) 메커니즘을 설명하라.

설계문제

11-53 비평형 조건에서 응고된 Pb-15% Sn 합금의 열간가공을 가능하게 해주는 공정방법을 설계하라.

11-54 알루미늄과 실리콘을 접합하기 위한 공정확산 접합 공정을 설계하라. 접합공정이 진행되는 동안 계면에서 일어나는 미세구조의 변화를 기술하라.

11-55 액상선온도가 659 ℃이고 고상선온도가 656 ℃인 Al-Mn 합금을 성공적으로 접합하기 위한 Al-Si 브레이징 합금과 공정을 설계하라. 브레이징은 납땜과 마찬가지로 접합하려는 금속은 녹이지 않고 접합부에 액상의 금속을 충전시키는 것을 필요로 한다.

컴퓨터문제

11-56 예제 11-2 또는 11-3과 같은 문제를 푸는 데 도움을 주는 컴퓨터 프로그램을 작성하라. 예를 들면 입력사항은 합금의 전체 조성, 합금의 질량, 2원계를 형성하는 원소(또는 화합물)의 원자량 등이 될 것이다. 프로그램은 사용자가 온도, 상의 수, 상의 조성을 입력하도록 요청해야 한다. 프로그램은 사용자에게 각 상 내의 원소의 질량뿐 아니라 존재하는 상들의 분율과 상들의 총량에 대한 결과를 제공해야 한다. 예제 11-3의 풀이를 제공할 프로그램부터 착수하고 예제 11-4까지 확장하라.

Knovel® 활용 문제

K11-1 철-티타늄 상태도를 찾아서 모든 공정반응에 대한 3상점들의 온도와 2원합금 조성을 식별하라.

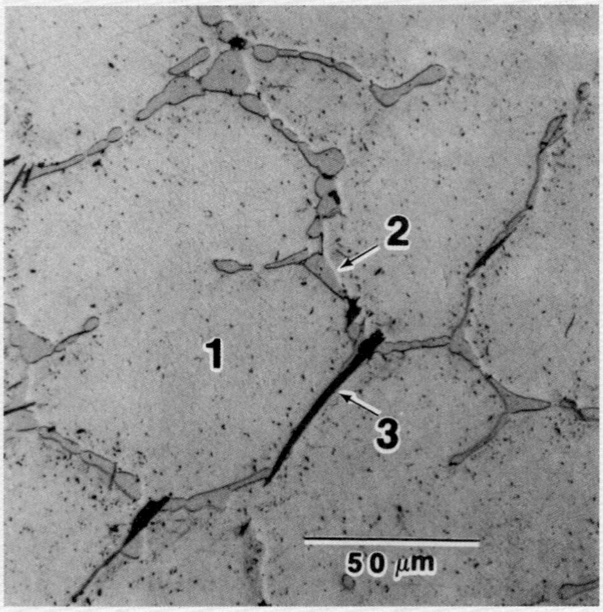

1903년 12월 17일 라이트(Wright)형제는 인류 최초로 조종가능한 비행기로 하늘을 날았다. 이 역사적인 비행은 단 12초 동안 36.5 m를 난 것에 불과했지만 영원히 세상을 바꾸어 놓았다. (출처: *Topical Press Agency/Hulton Archive/Getty Images.*) 라이트형제의 비행기에 사용된 합금의 현미경 사진을 보여준다. (출처: *Dr. Frank Gayle, NIST.*) 그 당시에는 알지 못했으나 비행기 엔진에 사용된 알루미늄합금은 석출경화에 의해 부주의하게 강화되었다!

CHAPTER 12

상변태 및 열처리에 의한 분산강화

다음과 같이 궁금해 해본 적이 있는가?

- 처음으로 조종가능한 비행기를 발명하고 비행한 사람은 누구인가?
- 엔지니어들은 어떻게 비행기에 사용되는 알루미늄합금을 강화하는가?
- 합금은 형상을 기억할 수 있는가?
- 높은 온도로부터 급랭하면 어떤 강들이 매우 단단하게 되는 이유는 무엇인가?
- 어떤 합금들이 치열교정띠에 사용되는가?
- 자동차 차체가 만들어진 후에 강판의 강도 향상이 가능한가? 그리하여 자국저항성(dent resistance)을 향상할 수 있는가?
- 스마트재료란 무엇인가?

제12장의 주요 학습목표

- 고상변태 과정의 총 자유에너지 변화를 표현하는 식을 유도하고 이 과정 동안의 핵생성과 성장에 대한 속도론을 기술하는 것.
- 적절한 합금을 얻기 위한 시효경화를 설계하는 것.
- 순철과 시멘타이트(Fe_3C) 사이의 저탄소강의 상태도를 그리는 것.
- 아공석강, 공석강, 과공석강의 기계적 성질을 예측하는 것.
- 마르텐사이트가 어떻게 만들어지는지 설명하고, 그것의 구조와 성질을 서술하는 것.
- 재료의 미세구조를 제어하기 위해 공정, 조성, 퀜칭속도, 어닐링의 관계를 설명하는 것.

제11장에서 2차상 입자들이 어떻게 금속재료의 강도를 증가시킬 수 있는지 자세히 살펴보았다. 또한 어떻게 분산강화 재료가 만들어지고, 합금(특히 공정합금)의 응고과정에서 어떤 경로로 2차상을 형성할 수 있는지에 대해 알아보았다. 이 장에서는 석출경화(시효경화)와 공석반응(eutectoid reaction)을 포함한 여러 종류의 고상변태 과정에 대해 서술하면

서, 분산강화에 대해 좀 더 살펴보고자 한다. 또한 비평형 상변태(특히 마르텐사이트 반응)가 어떻게 강화기구가 되는지에 대해 알아볼 것이다.

이러한 강화기구들을 고찰할 때에는 제11장에서 살펴본 것처럼, 가장 바람직한 분산강화를 이끌어 내는 특성을 염두에 두어야 한다.

- 기지는 비교적 무르고 연성이어야 하고 석출물이나 2차상은 강해야 한다.
- 석출물은 구형이고 불연속적이어야 한다.
- 2차상 입자는 작고 많아야 한다.
- 일반적으로 석출물이 많을수록 합금은 더 강해진다.

제11장에서처럼 이런 반응들이 재료의 강도에 어떻게 영향을 미치고 열처리가 다른 성질들에 어떻게 영향을 미치는지 주의 깊게 살펴볼 것이다. 고체상태의 상변태에서 2차상 입자의 핵생성과 성장부터 먼저 다루기로 하자.

12-1 고상반응에서 핵생성과 성장

용융금속으로부터 고체 핵의 생성을 제9장에서 다루었다. 또한 과냉, 균일 및 불균일 핵생성의 개념을 살펴보았다. 이제는 이런 개념들이 공석반응과 같은 고상변태에 어떻게 적용되는지를 살펴본다. 고체 기지상 α로부터 석출물상 β가 형성되기 위해서는 핵생성과 성장이 일어나야 한다. 기지로부터 반경 r인 구형 고체 석출물이 핵생성되기 위해 필요한 총 자유에너지의 변화는 다음 식과 같다.

$$\Delta G = \frac{4}{3}\pi r^3 \Delta G_{v(\alpha \rightarrow \beta)} + 4\pi r^2 \sigma_{\alpha\beta} + \frac{4}{3}\pi r^3 \varepsilon \tag{12-1}$$

우변의 처음 두 항은 응고에서처럼(식 9-1) 단위부피당 자유에너지변화(ΔG_v)와 계면(α-β)의 단위면적에 필요한 에너지변화($\sigma_{\alpha\beta}$)에 해당한다. 세 번째 항은 석출물의 핵생성과 성장과정에서 석출물이 주위의 고체기지와 맞추어가면서 형성되는 데 필요한 단위부피당 변형에너지(strain energy)(ε)를 고려한 것이다. 기지에서 생성된 석출물은 치환되는 것처럼 같은 부피로 공간을 채우는 것이 아니다. 따라서 기지가 석출물을 수용하기 위해서는 추가적인 에너지가 필요하다.

핵생성 응고에서처럼 핵생성(nucleation)은 조직에 이미 존재하고 있는 표면에서 가장 쉽게 일어나며, 그렇게 함으로써 표면에너지 항을 최소화한다. 따라서 석출물은 결정립계나 다른 격자결함에서 가장 쉽게 불균일하게 생성된다.

성장 석출물의 성장(growth)은 일반적으로 원자의 장범위 확산과 재분포에 의해 일어난다. 확산하는 원자는 초기위치(아마 고용체의 격자점)에서 분리되고, 주위 재료를 통해 핵까지 이동하며 석출물의 결정구조 속으로 들어가야 한다. 때로는 확산하는 원자가 존재하고 있던 상에 매우 단단히 묶여 있어 분리과정이 성장속도를 늦춘다. 또는 확산원자가 석출물에 접속되는 과정이(아마도 격자변형을 유발하므로) 성장을 제한한다. 이 결과는 때때로 변형을 최소화하려는 기지구조와 특별한 관계를 갖는 석출물의 형성을 초래한다. 다만, 대부분의 경우에 제어요인은 확산단계이다.

속도론 상변태과정의 전반적인 속도, 즉 속도론(kinetics)은 핵생성과 성장에 의존한다. 만일 좀 더 많은 핵이 특정한 온도에서 존재한다면, 성장은 더 많은 위치에서 일어나고 상변태는 좀 더 짧은 시간 내에 이루어질 것이다. 온도가 더 높아지면 확산계수는 더 커지며, 성장속도도 더욱 빨라진다. 따라서 핵의 수가 같다고 가정할 때, 온도가 높아지면 더 짧은 시간 내에 상변태가 완결될 것을 예상할 수 있다.

상변태속도는 Avrami 식(식 12-2)에 의해 시간 t에 관한 상변태분율 f로 주어진다.

$$f = 1 - \exp(-ct^{n}) \tag{12-2}$$

여기서 c와 n은 특정 온도에서 상수이다. 그림 12-1에서 나타낸 Avrami 관계(Avrami relationship)는 S자형(sigmoidal) 곡선을 형성한다. 이 식은 대부분의 고상변태를 표현한다. 관찰 가능한 상변태가 전혀 발생되지 않는 시간, 즉 잠복기 t_0는 핵생성이 일어나는 데 필요한 시간이다. 초기에는 핵이 생성됨에 따라 상변태가 천천히 일어난다.

잠복기 이후에는 원자가 확산하여 석출물을 성장시키면서 급격하게 성장한다. 상변태과정이 끝나감에 따라 성장하는 석출물 쪽으로 확산이 가능한 원자의 수가 줄어들기 때문에 속도는 다시 감소한다. 상변태는 시간 τ에서 50%가 완결되고, 상변태속도는 종종 τ의 역수로 주어진다.

$$\text{속도} = 1/\tau \tag{12-3}$$

온도의 영향 많은 상변태에서는 평형상태일 때 상변태가 일어나는 온도 이하로 재료가 과냉된다. 핵생성과 성장은 온도에 의존하기 때문에 상변태속도는 과냉(ΔT)에 의존

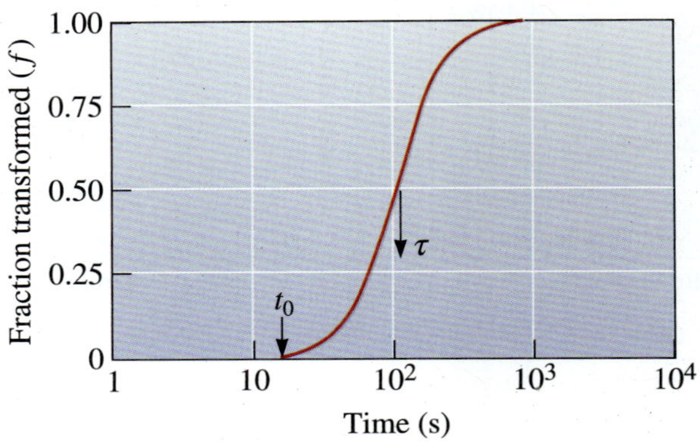

그림 12-1 일정한 온도에서 FCC 철의 상변태속도를 보여주는 S자형 곡선. 잠복기 t_0와 50% 변태시간 τ도 나타나 있다.

한다. 과냉이 작을 때는 열역학적 구동력이 작기 때문에 핵생성속도는 낮아지고, 과냉이 커지면 열역학적 구동력이 커지므로 적어도 어떤 점까지는 증가한다. 온도가 감소함에 따라 확산이 느려지기 때문이다. 그와 동시에, 과냉이 커짐에 따라 새로운 상의 성장속도는 느린 확산으로 인해 연속적으로 감소한다. 성장속도는 Arrhenius 관계를 따른다(식 5-1 참조).

$$\text{성장속도} = \mathrm{A} \exp\left(\frac{-Q}{RT}\right) \tag{12-4}$$

여기서 Q는 활성화에너지이며(여기서는 상변태 활성화에너지), R은 기체상수, T는 온도, 그리고 A는 상수이다.

그림 12-2는 구리의 재결정에 대한 여러 온도에서의 S자형 곡선을 보여준다. 온도가 증가함에 따라 구리의 재결정속도는 증가한다.

어떤 특정한 온도에서 전체적인 상변태속도는 핵생성속도와 성장속도의 곱으로 나타낼 수 있다. 그림 12-3(a)는 핵생성 및 성장속도의 복합적인 효과를 나타낸다. 최대 상변태속도는 임계과냉일 때 나타난다. 상변태에 필요한 시간은 상변태속도와 역수관계에 있으며 그림 12-3(b)는 상변태에 필요한 시간을 보여주고 있다. 이 C자형 곡선은 금

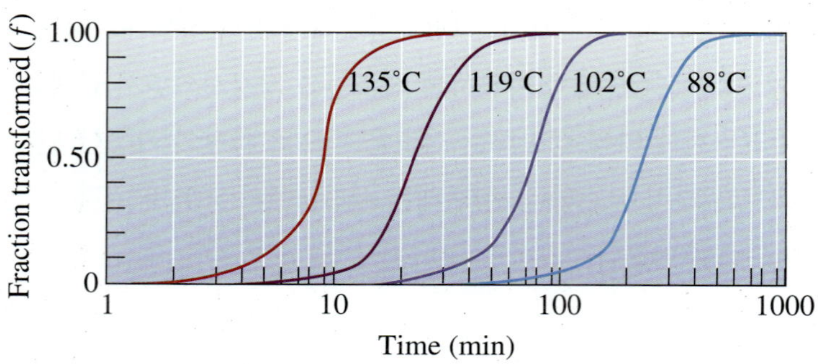

그림 12-2 냉간가공된 구리의 재결정에 미치는 온도의 영향.

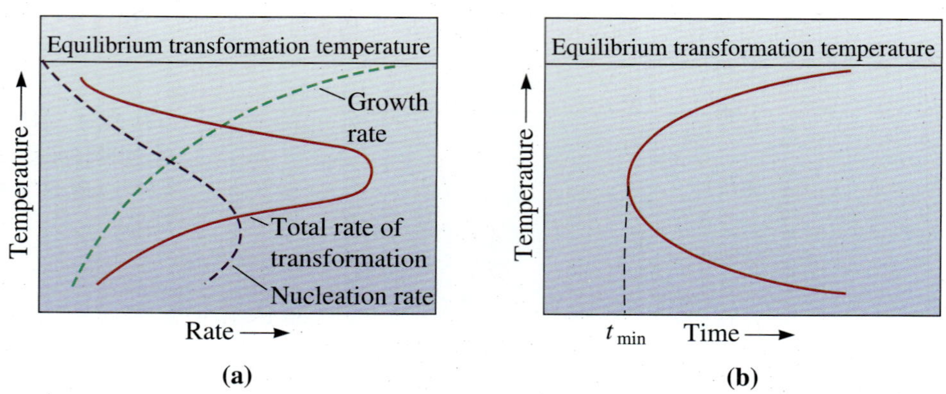

그림 12-3 (a) 상변태속도에 미치는 온도의 영향은 핵생성속도와 성장속도의 곱이며 어떤 임계온도에서 최대 상변태속도를 보인다. (b) 결과적으로 상변태에 필요한 최소시간이 존재하며 'C-커브'에 의해 주어진다.

속, 세라믹, 유리, 고분자 등 다수의 상변태에서 흔히 나타난다. 평형 상변태에 해당하는 온도에서 필요한 시간은 무한대인 것에 주목하라. 즉, 상변태가 일어나지 않을 것이다. 이는 과냉이 없기 때문이고, 따라서 균일핵생성 속도는 영(0)이다.

냉간가공된 금속의 재결정과 같은 몇몇 과정에서 상변태속도는 온도가 감소함에 따라 지속적으로 감소된다는 것을 알 수 있다. 이런 경우에는 핵생성은 쉽게 일어나며 확산 또는 성장이 지배적이다. 즉, 성장이 상변태의 속도지배 단계이다. 다음 예제는 재결정과 같은 고상변태의 활성화에너지를 공정의 속도와 관련된 데이터로부터 어떻게 구할 수 있는지 보여준다.

예제 12-1 구리의 재결정에 대한 활성화에너지

그림 12-2의 S자형곡선으로부터 구리의 재결정에 필요한 활성화에너지를 결정하라.

풀이

상변태속도는 상변태가 절반가량 일어나는 데 필요한 시간 τ의 역수이다. 그림 12-2로부터 몇몇 다른 온도에서 50% 상변태에 요구되는 시간을 계산할 수 있다.

T(°C)	T(K)	τ(s)	속도(s^{-1})
135	408	540	0.00185
119	392	1,320	0.00075
102	375	1,600	2.083×10^{-4}
88	361	1.5×10^{4}	6.667×10^{-4}

상변태속도는 Arrhenius 식을 따른다. 따라서 ln(성장속도) 대 $1/T$의 그림(그림 12-4와 식 12-4)으로부터 식에 포함된 상수를 계산할 수 있다. 식 12-4에 자연로그를 취하면,

$$\ln(\text{성장속도}) = \ln \mathrm{A} - \frac{Q}{RT}$$

그러므로 ln(성장속도)를 $1/T$의 함수로 그리면 $-Q/R$의 기울기를 갖는 직선을 얻는다. 그림 12-4에서 $-Q/R$의 기울기는 $-10{,}494$ K를 나타낸다. 따라서,

$$Q = (10{,}494\ \mathrm{K})[8.3145\ \mathrm{J/(mol \cdot K)}] = 87{,}252\ \mathrm{J/mol}$$

상수 A는 다음과 같이 계산된다.

$$\ln(\mathrm{A}) = 19.497$$

$$\mathrm{A} = \exp(19.497) = 2.93 \times 10^{8}\ \mathrm{s}^{-1}$$

이 예제에서 반응속도는 온도가 증가함에 따라 증가하며, 이것은 반응이 확산에 의

해 지배됨을 암시한다.

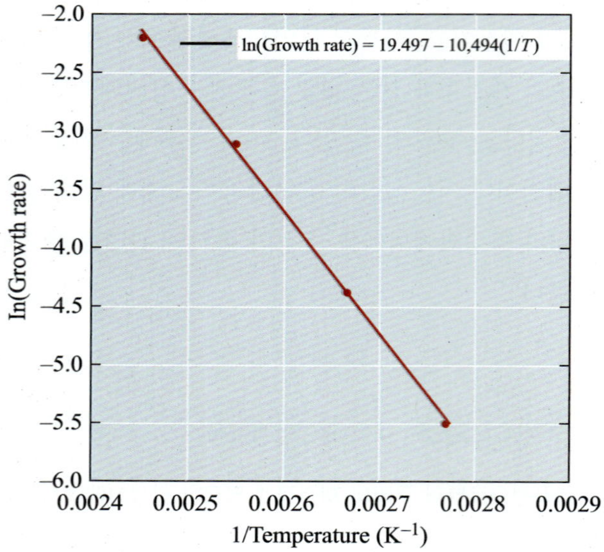

그림 12-4 구리의 재결정에 대한 상변태속도-대-$(1/T)$의 Arrhenius 그래프.

12-2 고용한계 초과에 의해 강화된 합금

제11장에서, 약 2~19%의 주석을 함유한 납-주석 합금의 경우 납에 대한 주석의 고용도 초과로 인해 분산강화될 수 있다는 것을 보았다.

비슷한 상황이 알루미늄-구리 합금에서 나타난다. 예컨대, 그림 12-5에서 보듯이 Al-4% Cu 합금은 500℃ 이상에서 완전 α상이다. α상은 최대 5.65wt%의 구리를 함유하는 알루미늄 고용체이다. 솔버스온도 이하로 냉각하면 2차상인 θ가 석출된다. 이 θ상은 단단하고 취성인 금속간화합물 $CuAl_2$이며 분산강화를 일으킨다. 그림 12-5의 상태도에 지렛대법칙을 적용하면, 200℃ 이하에서 Al-4% Cu 합금에는 최종 조직의 7.5%만이 θ상이라는 것을 알 수 있다. 양호한 분산강화를 이루기 위해서는 2차상의 석출을 제어해야만 한다.

Widmanstatten 조직 2차상은 자라서 석출물의 특정 면과 방향이 기지의 우선적인 면과 방향과 평행하게 되면서 Widmanstatten 조직으로 알려진 사자직(basket weave) 패턴을 만들어낸다. 이 성장기구는 변형에너지와 표면에너지를 최소화시켜 성장속도를 높인다. Widmanstatten 성장으로 인해 석출물이 특징적인 형태를 갖게 된다. 그림 12-6(a)에서처럼 침상형이 만들어질 때, Widmanstatten 석출물은 균열의 생성을 촉진할 수 있고, 따라서 재료의 연성이 감소하게 된다. 거꾸로 일부 조직은 이미 형성된 균열이 전파되는 것을 더욱 어렵게 만들어, 그 결과로 좋은 파괴인성을 갖게 하기도 한다. 특정 티

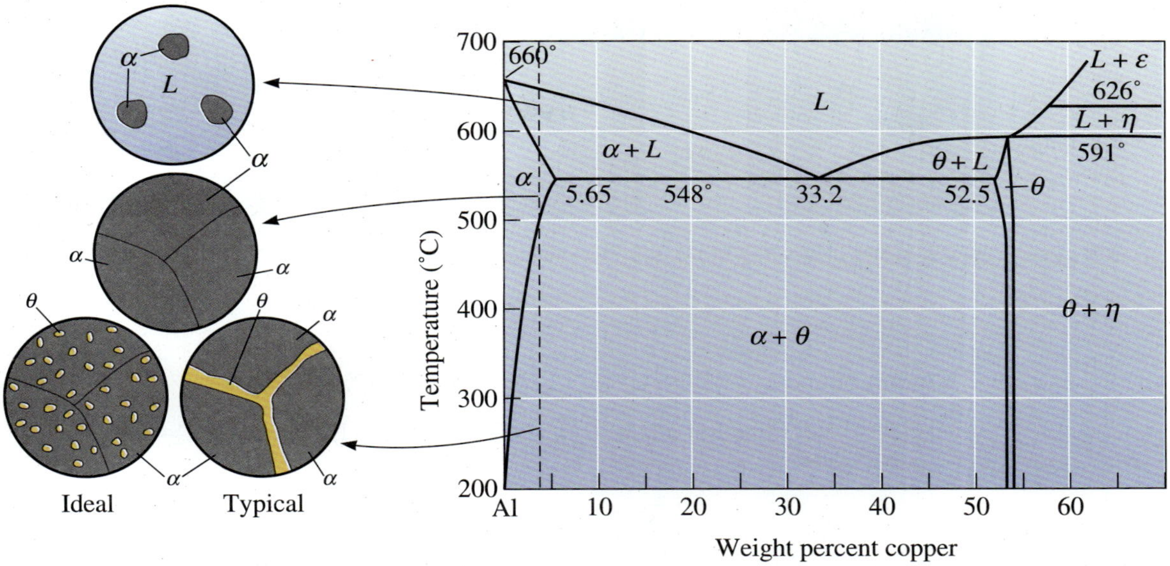

그림 12-5 알루미늄-구리 상태도의 일부 및 Al-4% Cu 합금의 냉각 중에 나타날 수 있는 미세구조.

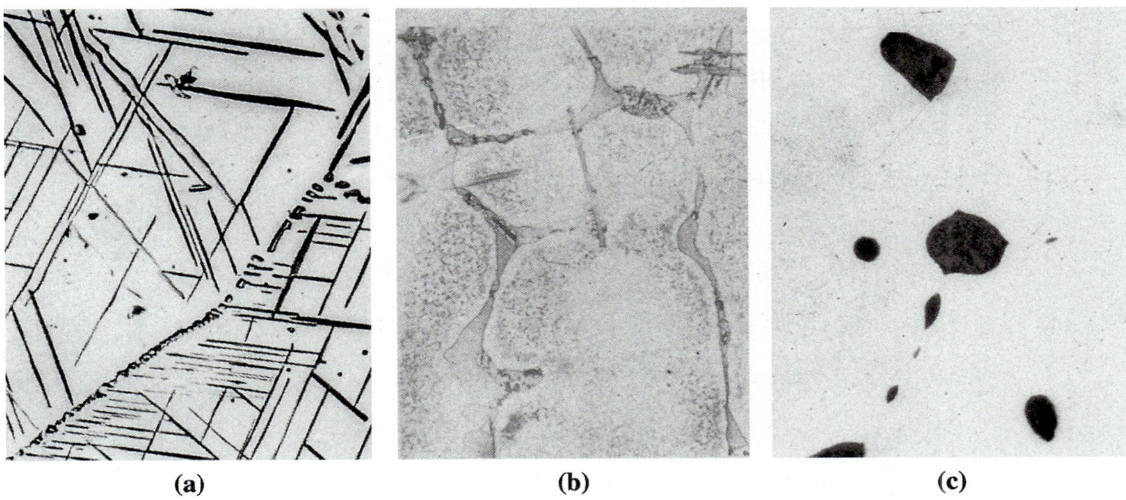

그림 12-6 (a) Cu-Ti 합금의 Widmanstatten 침상조직(× 420). [출처: ASM Handbook, *Vol. 9, Metallography and Microstructure (1985), ASM International, Materials Park, OH 44073-0002. Reprinted with permission of ASM International. All rights reserved. www.asminternational.org.*] (b) Al-4% Cu 합금에서 느린 냉각에 의해 생성된 연속형 θ 석출물(× 500). (c) 구리의 결정립계에 석출된 납. [(b)와 (c)의 출처: *Don Askeland.*]

타늄합금과 세라믹들이 이 방법으로 인성을 얻는다.

계면에너지 관계 표면에너지를 최소화하기 위해 석출물을 구형으로 기대할 수 있다. 그러나 석출물이 계면에서 형성될 때, 석출물의 형태는 기지결정립과 석출물 사이의 경계가 가지는 계면에너지에 의해서도 영향을 받는다. 2차상이 결정립계에서 생성된다고 가정하면, 기지(matrix)-석출물(precipitate) 경계의 계면에너지(γ_{mp})와 기지의 결정

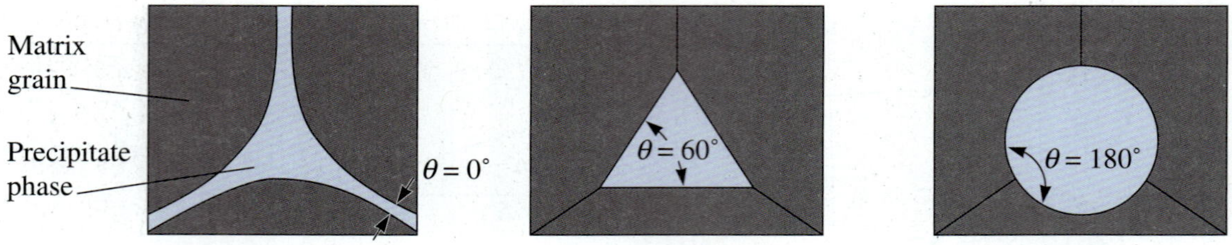

그림 12-7 석출물의 형상에 미치는 계면에너지 및 이면각(dihedral angle)의 영향.

립계(grain boundary) 계면에너지($\gamma_{m,gb}$)가 석출물의 형상을 결정하는 기지-석출물 계면 사이의 이면각(dihedral angle) θ를 고정시킨다(그림 12-7). 그 관계는 다음과 같다.

$$\gamma_{m,gb} = 2\gamma_{mp}\cos\left(\frac{\theta}{2}\right) \tag{12-5}$$

이 식은 이면각이 0° 또는 180°일 경우에는 사용될 수 없다는 점에 유의해야 한다.

석출상이 결정립을 완전히 적신다면(마치 물이 유리를 적시는 것처럼), 이면각은 0이 되고 2차상은 기지상의 결정립계를 따라 연속층으로 자란다. 이면각이 작다면, 석출물은 아마 연속적일 것이다. 또한 석출물이 단단하고 취성이라면, 기지결정립을 둘러싼 얇은 석출물 막에 의해 합금은 취성을 갖게 될 것이다[그림 12-6(b)].

반면에 불연속적이고 균일한 구형의 석출물은 이면각이 클 때 형성된다[그림 12-6(c)]. 이런 현상은 석출상이 기지를 적시지 못할 때 일어난다.

정합 석출물 불연속적인 석출물이 균일하게 분포되더라도 석출물은 주위의 기지구조를 많이 흩트리지는 않는다. 결과적으로 석출물은 전위가 지나가는 경로에 놓여 있을 때에만 슬립을 방해한다[그림 12-8(a)].

정합 석출물(coherent precipitate)이 형성될 때, 석출물 결정구조에 있는 원자들의

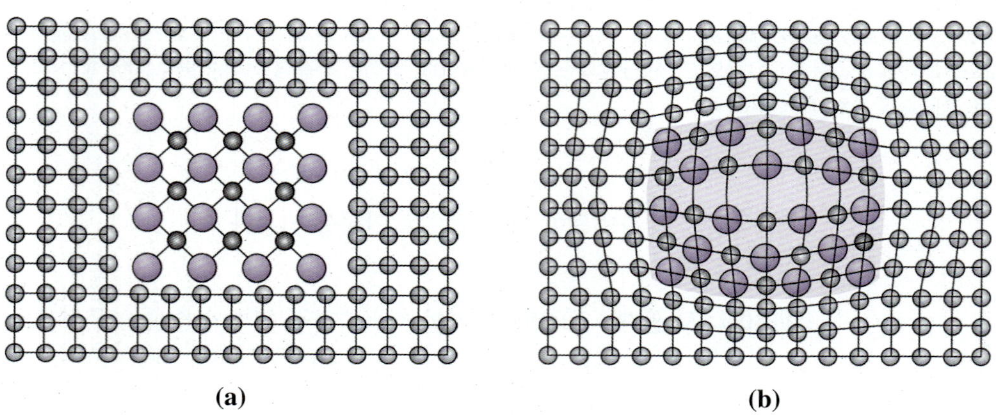

그림 12-8 (a) 부정합 석출물은 주위 기지상의 결정구조와 아무 관련이 없다. (b) 정합 석출물이 형성되면 석출물과 기지의 결정구조 사이에 직접적인 관계가 있다.

면은 기지의 결정구조의 면에 관련되거나 심지어 연속적이 된다[그림 12-8(b)]. 그렇게 되면 기지 결정구조에 광범위한 혼란이 생기게 되어 단순히 전위가 정합석출물 근처를 지나간다고 해도 전위의 이동은 방해를 받는다. 시효경화와 같은 특수한 열처리를 통해 정합석출물을 만들 수 있다.

12-3 시효 또는 석출경화와 그 응용

시효경화(age hardening) 또는 석출경화(precipitation hardening)는 연하고 연성이 있는 기지 내에 아주 미세한 정합 석출물의 균일한 분산을 일으키는 일련의 상변태에 의해 생긴다. 우연하게 일어났던 이 공정이 1903년 12월 17일에 라이트형제의 세상을 온통 뒤바꾼 세계 최초의 조종비행을 도왔을 수도 있다. 최근에 F. Gayle과 동료 연구자들이 라이트형제가 비행한 첫 번째 비행기의 엔진을 만들기 위해 사용했던 알루미늄합금에 주형으로부터 구리가 들어갔다는 것을 알아냈다. 주조과정에서 주형의 온도가 높게 유지됨에 따라 시효경화가 우연히 일어났다. 시효경화는 라이트형제의 역사적인 비행으로 시작되었고 오늘날까지도 항공용으로 사용되는 알루미늄합금은 이 기술을 적용하여 강화된다. 시효경화(석출경화)는 아마도 광범위한 용도를 가진 나노구조물 재료의 초창기 사례의 하나가 될 것이다.

시효경화가 일어나기 위해 필요한 상변태기구에 대하여 자세히 알아보기 전에 이 기술의 적용에 대하여 몇 가지 알아본다. 석출경화의 주된 이점은 비교적 간단한 열처리를 통하여 심각한 밀도의 변화 없이 많은 금속재료의 항복강도를 증가시킬 수 있다는 것이다. 그러므로 시효경화를 통해 합금의 강도-대-밀도 비가 상당히 개선될 수 있다. 예를 들면, 시효경화로 알루미늄합금의 항복강도가 약 140 MPa에서 415 MPa로 증가될 수 있다.

니켈기반 초합금(Ni, Cr, Al, Ti, Mo, C에 기반을 둔 합금)은 Ni_3Al과 유사하면서 Al과 Ti의 농도가 높은 γ'상을 석출하여 석출경화된다. 유사하게 티타늄합금(예: Ti-6Al-4V), 스테인리스강, Be-Cu, 다수의 강들이 석출경화되어 다양한 분야에 사용된다.

새로운 강판 제조법은 표면의 페인트가 건조되고(baked) 경화되는(cured) 동안(약 100 °C에서) 석출경화가 일어나도록 설계한다. 이와 같은 건조경화강(bake-hardenable steel)은 시효경화 메커니즘에 의한 강화효과를 활용하는 강철의 한 예이다.

이 강화기구의 단점은 시효경화합금은 한정된 온도범위에서만 사용될 수 있다는 점이다. 고온에서는 처음에 형성된 석출물이 자라기 시작하고 온도가 충분히 높다면 결국 고용된다(12-8절). 이러한 용도에는 불용성의 2차상을 사용하여 분산강화를 얻는 합금이 시효경화 합금보다 더 효과적인 영역이다.

12-4 시효 또는 석출경화에서 미세구조의 발현

석출경화에서 석출물이 어떻게 형성되고 어떻게 성장하는가? 석출물이 너무 성장해서 과시효되면 최대한의 분산강화 효과를 제공할 수 없는가? 이 질문들에 대한 해답은 시효경화에 필요한 상변태 과정의 미세구조 발현에서 찾을 수 있을 것이다.

이 개념을 설명하기 위해 Al-Cu를 대표적인 계로 사용한다. Al-4% Cu 합금은 시효경화합금의 대표적인 예이다. 시효경화 열처리에는 세 가지 단계가 있다(그림 12-9).

1단계 용체화처리 용체화처리(solution treatment)에서는 먼저 합금을 솔버스온도 이상으로 가열하여 균일한 고용체 α가 형성될 때까지 유지시킨다. 이 과정은 θ상 석출물을 용해시키고 원래의 합금에 존재하는 미세화학편석을 감소시킨다.

고상선온도 바로 아래까지 합금을 가열하여 균질화 속도를 증가시킬 수도 있지만 비평형 공정미세구성물의 발생으로 용융을 초래할 수 있다(제10장 열간취성). 그러므로 Al-4% Cu 합금은 500 ℃와 548 ℃ 사이, 즉 솔버스와 공정온도 사이에서 용체화처리한다.

2단계 급랭 용체화처리 후에 조직 중에 α만을 함유하고 있는 합금을 빠르게 냉각하거나 퀜칭한다. 원자가 핵생성이 가능한 위치로 확산될 시간이 없게 되어 θ는 형성되지 않는다. 급랭한 후의 조직은 여전히 α만을 함유하게 되며, 이 α는 상온에서 과잉의 구리를 함유하고 있는 과포화고용체(supersaturated solid solution) α_{ss}이다. 이는 평형상

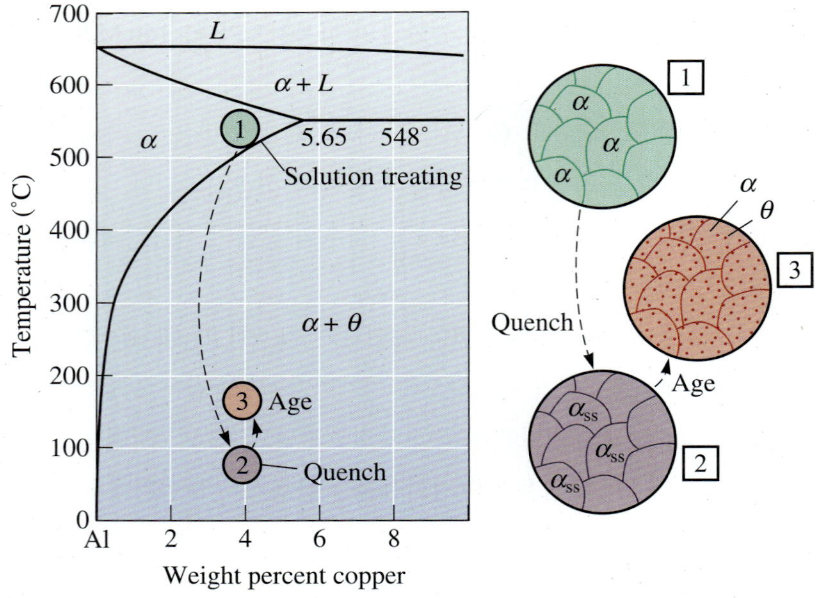

그림 12-9 시효강화 열처리의 3단계와 이때 생성되는 미세구조를 보여주는 알루미늄-구리 상태도의 알루미늄 농도가 높은 끝단.

이 아니며 준안정조직이다. 이 상황은 물, 용융금속, 규산염유리의 과냉과 유사하다(제9장). 유일한 차이점은 여기서는 고체상태에서 재료를 다룬다는 점뿐이다.

3단계 시효 마지막으로 과포화된 α를 솔버스온도 이하에서 열처리한다. 이 시효온도에서 원자는 단지 짧은 거리를 확산한다. 과포화된 α는 준안정이기 때문에 여분의 구리 원자는 수많은 핵생성자리로 확산하여 석출물로서 성장하게 된다. 결국 시효온도에서 충분한 시간 동안 합금을 유지시킨다면 평형 $\alpha + \theta$ 조직이 형성된다. 형성된 조직이 두 개의 평형상(예: $\alpha + \theta$)을 갖고 있지만 상의 형태는 이 합금을 서냉하였을 때 얻어지는 구조와 다른 것이다(그림 12-5). 앞의 세 단계를 거치면 매우 미세하고 균일하게 분포된 2차상 석출물 입자 θ를 얻을 수 있다. 이것이 효과적인 석출경화를 위해 필요한 것이다.

다음 두 개의 예제는 급랭이 상의 조성에 미치는 영향과 시효경화 열처리방법의 설계를 보여준다.

예제 12-2 Al-4% Cu 합금 상의 조성

상온에서 Al-4% Cu 합금 내 α고용체의 조성을 합금이 평형상태로 냉각될 때와 급랭될 때에 대하여 비교하라.

풀이

그림 12-9로부터 연결선은 상온에서 그려질 수 있다. 연결선으로부터 결정된 α의 조성은 약 0.02% Cu이다. 그러나 급랭 후의 α의 조성은 여전히 4% Cu이다. 급랭시킨 α는 평형상태일 때보다 구리를 더 많이 함유하므로 급랭한 α는 구리로 과포화되어 있다.

예제 12-3 시효경화 열처리방법

마그네슘-알루미늄 상태도를 그림 12-10에 나타내었다. Mg-8% Al 합금의 시효경화 열처리가 가능하다고 가정할 때, 이 합금에 대한 열처리 방법을 결정하라.

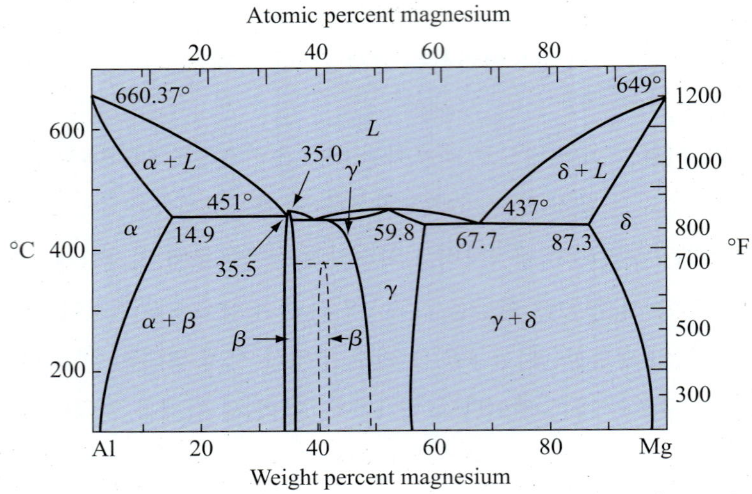

그림 12-10 알루미늄-마그네슘 상태도.

풀이

1단계: 열간취성을 피하기 위해 솔버스온도와 공정온도 사이의 온도에서 용체화처리한다. 따라서 340 ℃와 451 ℃ 사이에서 열처리한다.

2단계: 석출물 β상이 형성되지 못하도록 충분히 빠르게 상온까지 급랭시킨다.

3단계: 미세한 β상 분포를 얻기 위하여 솔버스 이하의 온도, 즉 340 ℃ 이하에서 시효처리한다.

시효 중의 비평형 석출물 알루미늄-구리 합금의 시효처리 중에, 평형상 θ가 형성되기 전에 연속적인 일련의 석출물 상들이 형성된다. 이는 석출경화합금에서 매우 흔한 현상이다. 그림 12-9의 단순화된 상태도는 이 중간상들을 보여주지 않는다. 시효의 초기에 구리 원자는 α기지 내에서 {100}면에 모이고, GP존(Guinier-Preston zone)이라 불리는 매우 얇은 석출물을 만든다. 시효가 지속됨에 따라 더 많은 구리 원자가 석출물로 확산되고 GP-I 존은 두꺼워지면서 얇은 디스크, 즉 GP-II 존을 형성한다. 계속적인 확산으로 석출물은 더 큰 규칙성을 갖게 되고 이것을 θ'이라 한다. 그리고 마침내 안정된 석출물 θ가 형성된다.

비평형 석출물인 GP-I, GP-II, θ'는 정합 석출물이다. 초기 열처리 단계에서 시효시간이 증가함에 따라 정합상의 크기가 증가하면서 합금의 강도가 증가한다. 이러한 정합 석출물이 존재할 때, 합금은 시효처리된 상태에 있게 된다. 그림 12-11은 시효처리된 Al-Ag합금의 조직이다. 석출경화합금의 미세구조 발현에서 이 중요한 전개는 시효에 있어서 열처리시간이 매우 중요한 이유이다.

안정된 부정합 θ상이 석출될 때 합금의 강도는 감소하기 시작한다. 이제 합금은 과

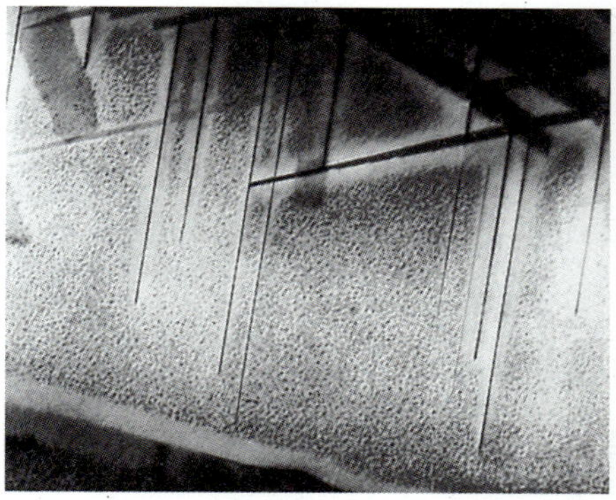

그림 12-11 정합 γ'판과 둥근 GP존을 보여주는 시효처리된 Al-15% Ag 합금의 전자현미경 사진(× 40,000). [출처: ASM Handbook, Volume 8 (1973), ASM International, *Materials Park, OH 44073-0002. Reprinted with permission of ASM International. All rights reserved. www.asminternational.org.*]

시효 상태에 놓이게 된다. θ는 여전히 어느 정도의 분산강화를 제공하지만 시간이 지날수록 θ는 더 커지고, 결국에는 최소한의 분산강화 효과도 사라진다.

12-5 시효온도 및 시효시간의 영향

시효경화가 가능한 합금의 특성은 시효온도와 시효시간에 의해 결정된다(그림 12-12). 260 ℃에서 Al-4%Cu 합금의 확산은 빠르며 석출물은 급격히 형성된다. 강도는 시효시간이 0.1시간도 채 안 되어 최대가 된다. 따라서 합금을 이 온도에서 0.1시간(6분) 이상 유지할 경우 과시효가 발생한다.

많은 알루미늄합금의 전형적인 시효온도인 190 ℃에서 최적의 강도를 얻으려면 오랜 시간이 걸린다. 하지만 낮은 온도에서 열처리하는 것은 여러 가지 이점을 가진다. 첫째, 최대 강도는 시효온도가 감소함에 따라 증가한다. 둘째, 합금은 오랜 시간 동안 최대 강도를 유지한다. 셋째, 합금의 성질들이 보다 균일해진다. 만일 합금이 260 ℃에서 단 10분 동안만 시효된다면, 합금의 표면은 적당한 온도와 강도에 이르게 되겠지만, 그 중심은 차가운 채로 남겨져 단지 약간의 시효가 일어날 뿐이다. 다음의 예제는 시효 열처리시간이 알루미늄합금의 강도에 미치는 영향을 보여준다.

190 ℃나 260 ℃에서의 시효를 인공시효(artificial aging)라 한다. 왜냐하면 합금이 석출물을 갖도록 열처리되기 때문이다. 용체화처리 후 급랭된 일부 합금은 상온에서 시효된다. 이것은 자연시효(natural aging)라고 한다. 자연시효는 최대 강도에 도달하는 데 오랜 시간이 걸리며 종종 며칠이 걸릴 수도 있다. 그러나 최대 강도는 인공시효에서 얻어진 것보다 좀 더 높게 얻어지며 과시효도 일어나지 않는다.

예제 12-4 시효 열처리시간이 알루미늄합금의 강도에 미치는 영향

노(furnace) 작동자가 점심시간 동안 Al-4% Cu 합금을 시효처리를 위한 노에서 꺼내지 않고 그

대로 두었다. 이 추가된 한 시간이 190 ℃와 260 ℃의 시효온도에서 항복강도에 미치는 영향을 비교하라.

풀이

190 ℃에서는 두 시간 만에 최대 항복강도 400 MPa에 도달하며(그림 12-12), 세 시간 후의 강도는 사실상 동일하다.

260 ℃에서는 340 MPa의 최대 항복강도가 0.06시간 만에 얻어지지만, 한 시간 후에는 그 강도가 250 MPa로 감소한다.

그러므로 시효온도가 높아지면 최대 항복강도는 낮아지게 되고 강도는 시효시간에 더욱 민감해진다.

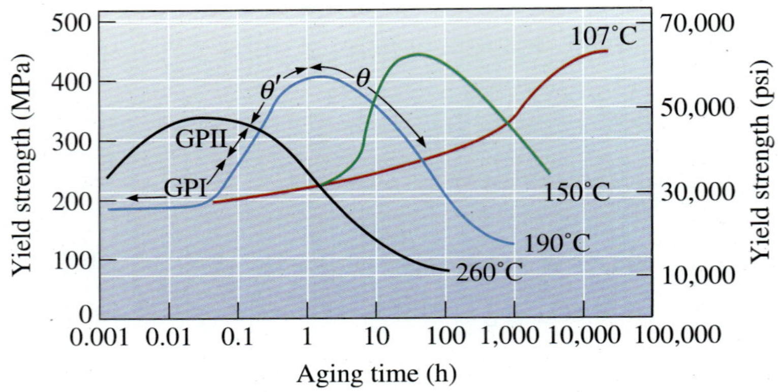

그림 12-12 Al-4% Cu 합금의 항복강도에 미치는 시효처리 온도 및 시간의 영향.

미국 NIST의 F. Gayle과 동료 연구자들이 얻은 흥미로운 발견은 자연시효와 인공시효의 차이점에 대한 두드러진 예이다. 그들은 라이트형제의 비행기에 사용된 알루미늄합금 엔진을 분석하여 두 가지 흥미로운 점을 알아냈다. 첫째, 원래의 합금이 석출경화에 필요한 충분한 시간과 온도로 금형 내에 유지된 결과로 인해 석출경화가 일어났다는 것이다. 둘째, 그 재료가 1903년에 주조되었기 때문에 연구가 수행된 1993년경까지 거의 90년 동안 그 합금에는 자연시효가 계속되었다는 것이다. 이 같은 사실은 투과전자현미경을 사용하여 석출물 입자들의 두 가지 다른 크기의 분포로부터 알 수 있었다. 테이퍼진 막대나 잠금장치에 사용되는 일부 알루미늄합금은 상온에서 자연시효되는 것을 막기 위해 합금을 성형하기 전까지 냉장시키는 것이 필요하다. 그렇지 않으면 합금은 상온에서 시효되어 단단해지기 때문에 소성변형시켜 사용하는 것이 불가능해진다.

12-6 시효경화의 조건

모든 합금이 시효경화될 수 있는 것은 아니다. 합금이 열처리하는 동안에 시효경화되기 위해서는 다음의 네 가지 조건이 충족되어야 한다.

1. 상태도에서 온도가 내려갈수록 고용도(solid solubility)가 감소되어야 한다. 다시 말하면, 합금은 솔버스온도 이상으로 가열할 때 단일상을 형성해야 하고 냉각 시에는 2상영역으로 들어가야 한다.
2. 기지는 비교적 무르고 연하고 연성이 있어야 하며 석출물은 단단하고 취성이어야 한다. 대부분의 시효경화 합금의 경우, 석출물은 단단하고 취성인 금속간화합물이다.
3. 합금은 급랭(quenching)이 가능해야 한다. 일부 합금은 석출물의 형성을 억제할 수 있을 만큼 충분히 빠르게 냉각될 수 없다. 그러나 급랭은 부품의 뒤틀림을 일으킬 만큼의 잔류응력을 야기할 수 있다(제8장). 잔류응력을 최소화하기 위해 알루미늄합금은 약 80 ℃의 물에 급랭된다.
4. 정합 석출물이 반드시 형성되어야 한다.

12-3절에서 언급한 바와 같이 스테인리스강을 비롯하여 알루미늄, 마그네슘, 티타늄, 니켈, 크롬, 철, 구리를 기반으로 한 합금을 포함한 다수의 중요한 합금들이 이러한 조건을 만족하며 시효경화가 가능하다.

12-7 시효경화합금의 고온사용

앞에서 논의한 내용을 기초로 한다면, 시효경화된 Al-4% Cu 합금을 고온용으로 사용하기에는 적합하지 않을 것이다. 100~500 ℃의 사용온도 범위에서 합금은 과시효되어 강도를 잃게 되고 500 ℃ 이상에서는 2차상이 기지에 재용해되어 분산강화 효과조차 얻을 수 없게 된다. 일반적으로 시효경화 알루미늄합금은 상온 근처에서 사용하는 데 가장 적합하다. 그러나 몇몇 마그네슘합금은 약 250 ℃까지도 강도를 유지하며 특정한 니켈초합금은 1,000 ℃에서도 과시효가 발생하지 않는다.

시효경화합금을 용접할 때에도 또한 문제가 발생한다(그림 12-13). 용접하는 동안 용접부에 인접한 금속은 가열된다. 열영향부(heat affected zone, HAZ)는 두 가지의 중요한 구역으로 나누어진다. 영향을 받지 않는 부분에 인접한 낮은 온도 구역은 솔버스온도의 바로 아래에 놓이게 되어 과시효될 가능성이 있다. 이보다 높은 온도 구역은 용체화처리되어 시효경화의 효과는 제거된다. 만일 용체화처리된 영역이 서서히 냉각된다면 안정된 θ가 결정립계에 형성되어 접합부가 취약해지게 될 것이다. 전자빔용접과 같은 매우 빠른 용접공정이나, 용접이 끝난 후 용접부를 완벽하게 재열처리함으로써, 또는 용체화처리 조건 하에서 합금을 용접함으로써 용접의 질을 향상시킨다(제9장). 석출경화로 강화된 니켈초합금의 용접은 이와 같은 문제가 없는데 석출과정이 느리고 용

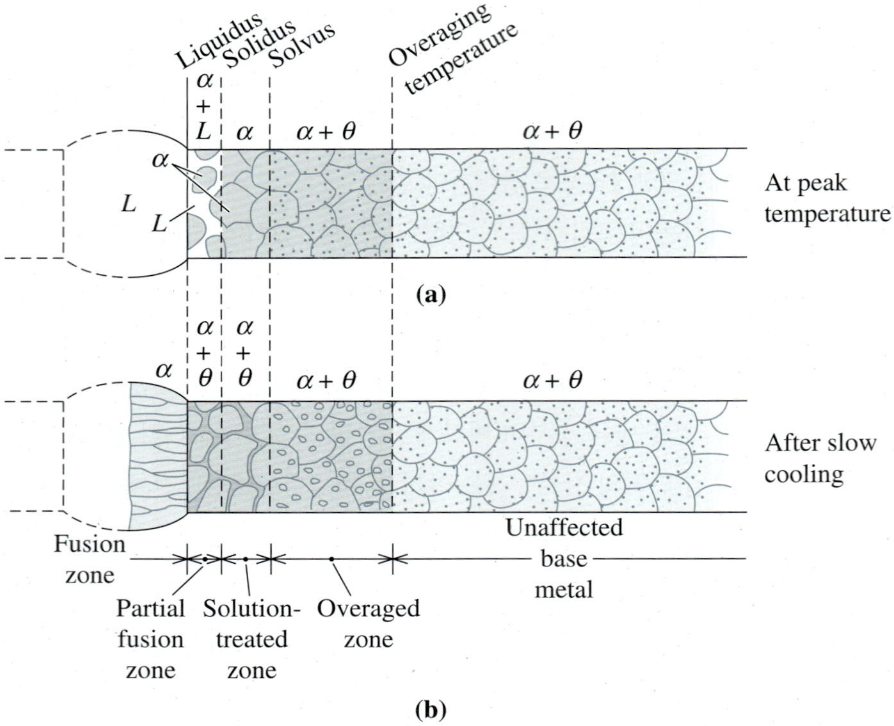

그림 12-13 용융용접 중에 시효경화합금에서 일어나는 미세조직 변화. (a) 최고온도에서 용접부의 미세조직, (b) 상온까지 서냉된 후의 용접부 미세조직.

접이 단순히 용체화처리와 급랭으로 작용하기 때문이다.

12-8 공석반응

제11장에서 공석을 하나의 고상이 두 개의 다른 고상으로 변태하는 고상반응으로 정의하였다.

$$S_1 \rightarrow S_2 + S_3 \qquad (12\text{-}6)$$

한 합금의 미세구조와 성질을 조절하기 위해 공석반응을 어떻게 사용할 수 있을지의 예로서, Fe-Fe_3C 상태도의 기술적으로 중요한 부분(그림 12-14)을 검토해보자. 이는 강과 주철의 기초가 되는 것이다. 두 고상(α와 Fe_3C)의 형성으로 분산강화가 얻어진다. 공석반응이 일어나는 것을 제어할(발생시키고, 느리게 하고, 차단하는) 수 있는 능력은 아마 강의 가공열처리에 있어서 가장 중요한 단계일 것이다. Fe-Fe_3C 상태도에서 공석온도는 A_1온도로 알려져 있다. 오스테나이트(γ)와 페라이트(α) + 오스테나이트로 구성된 2상영역 사이의 경계는 A_3로 알려져 있다. 오스테나이트와 시멘타이트(Fe_3C) + 오스테나이트로 구성된 2상영역 사이의 경계는 A_{cm}으로 알려져 있다.

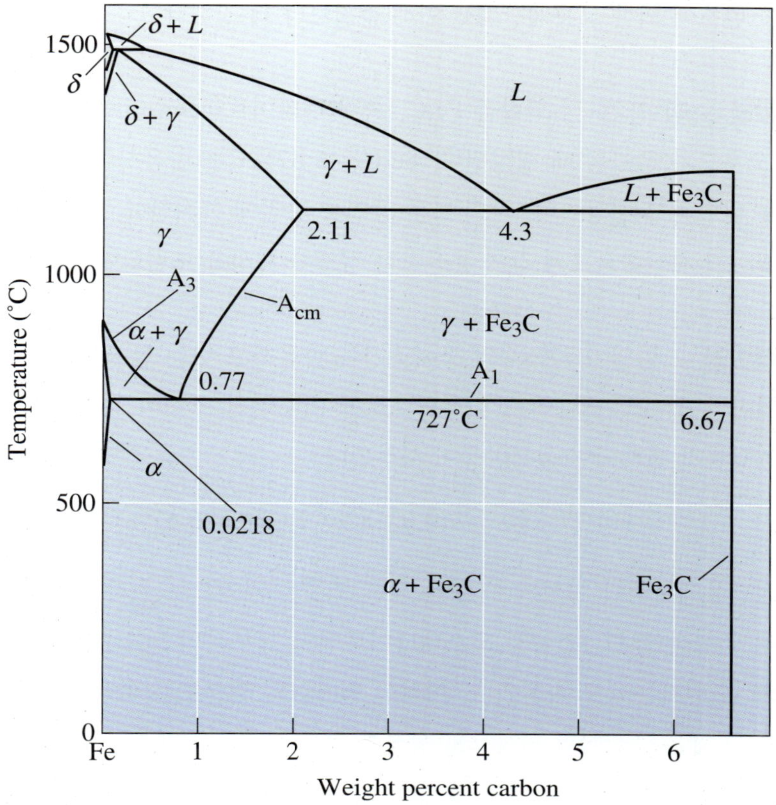

그림 12-14 Fe-Fe_3C 상태도(Fe-C 상태도의 일부) 6.7% C의 수직선은 화학양론적 화합물 Fe_3C를 나타낸다.

일반적으로 Fe-C 상태도에서 탄소농도가 높은 오른쪽 끝 부분은 관심이 없으므로 Fe-C 2원계상태도의 일부로서 Fe-Fe_3C 상태도를 주로 검토하게 된다.

고용체 철은 가열하거나 냉각하는 동안 두 번의 동소변태를 거친다(제3장). 응고 직후 철은 δ-페라이트라고 하는 BCC 구조를 형성한다. 계속 냉각하면 철은 γ 또는 오스테나이트라고 하는 FCC 구조로 상변태한다. 마지막으로 더 낮은 온도에서 철은 원래의 BCC 구조로 돌아간다. 이 구조를 α상 또는 페라이트라고 한다. 두 종류의 페라이트(α와 δ)와 오스테나이트는 모두 철에 침입형 탄소원자가 포함된 고용체이다. 보통 특별한 언급이 없이 페라이트라고 하면 α 페라이트를 지칭한다. 이는 강의 열처리에서 더 자주 만나는 상이기 때문이다. 자석용으로 쓰이는 어떤 세라믹 재료 또한 페라이트라고 알려져 있지만(제15장), Fe-Fe_3C의 페라이트 상과는 관계가 없다.

FCC 결정구조에서 침입형자리는 BCC 결정구조의 빈자리보다 크기 때문에 더 많은 수의 탄소원자가 FCC 철에 들어갈 수 있다. 그러므로 오스테나이트에서 탄소의 최대 고용도는 2.11% C인 반면에, BCC 철에서 탄소의 최대 고용도는 훨씬 작다(α는 0.0218% C이고, δ는 0.09% C). 철에 탄소가 고용된 고용체는 비교적 무르고 연성이지만 탄소에 의한 고용체강화로 인해 순철보다 더 강하다.

화합물 화학양론적 화합물 Fe_3C, 즉 시멘타이트(cementite)는 고상 철에 대한 탄소의 고용도가 초과될 때 형성된다. Fe_3C는 6.67% C를 함유하고 있고, 세라믹 재료처럼 매우 단단하고 취성이며, 거의 모든 공업용 강철에 존재한다. Fe_3C의 양, 크기, 형상을 적절하게 제어함으로써 강의 분산강화 정도와 특성을 조절할 수 있다.

공석반응 만일 0.77% C의 공석조성을 함유하고 있는 합금을 727 ℃ 이상의 온도로 가열한다면, 오스테나이트 결정립으로만 이루어진 조직이 형성된다. 오스테나이트가 727 ℃까지 냉각되면 공석반응이 시작된다.

$$\gamma(0.77\%\ C) \rightarrow \alpha(0.0218\%\ C) + Fe_3C(6.67\%\ C) \tag{12-7}$$

공정반응에서처럼 형성된 두 상은 다른 조성을 가지므로 원자들은 반응하는 동안 확산되어야 한다(그림 12-15). 오스테나이트에서 대부분의 탄소는 Fe_3C로 확산하며 대부분의 철 원자는 α로 확산된다. 이러한 원자들의 재분포는 확산거리가 짧을 때, 즉 α와 Fe_3C가 얇은 층상이나 판상으로 성장할 경우에 매우 쉽게 일어난다.

펄라이트 철-탄소 계에서 나타나는 α와 Fe_3C의 층상구조를 펄라이트(pearlite)라고 하며 강의 미세구성물이다. 이는 광택이 있고 에칭이 된 펄라이트가 진주조개 속 진주층(mother-of-pearl)의 오색찬란함을 나타내기 때문에 그처럼 명명되었다. 펄라이트 내의 층상은 납-주석 공정의 층상보다 훨씬 얇다. 철 원자와 탄소 원자는 액상이 아닌 고상의 오스테나이트를 통해서 확산해야 하기 때문이다. 펄라이트를 기억하는 한 가지

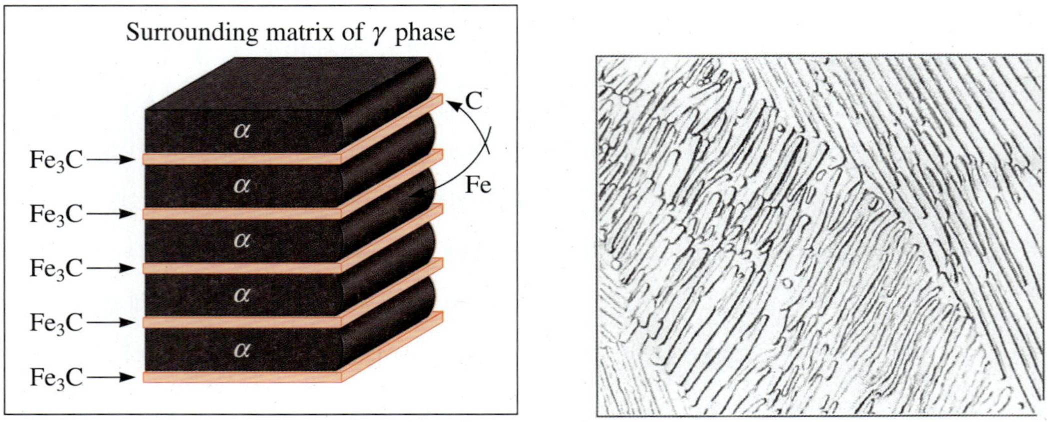

(a) (b)

그림 12-15 펄라이트의 성장과 미세조직. (a) 탄소와 철의 재분포, (b) 펄라이트 층상구조의 현미경사진(× 2,000).
[출처: ASM Handbook, *Vol. 7, Metallography and Microstructure (1972), ASM International, Materials Park, OH 44073-0002. Reprinted with permission of ASM International. All rights reserved. www.asminternational.org.*]

방법은 이를 금속-세라믹 나노복합재료로 간주하는 것이다. 다음 예제는 펄라이트 미세구성물 내의 상들의 양에 대한 계산을 보여준다.

예제 12-5 펄라이트의 상과 조성

펄라이트에 존재하는 페라이트와 시멘타이트의 양을 계산하라.

풀이

펄라이트는 0.77% C를 함유하고 있으므로, 지렛대법칙을 이용하면 다음과 같다.

$$\% \alpha = \left(\frac{6.67 - 0.77}{6.67 - 0.0218}\right) \times 100 = 88.7\%$$

$$\% \, Fe_3C = \left(\frac{0.77 - 0.0218}{6.67 - 0.0218}\right) \times 100 = 11.3\%$$

예제 12-5에서 대부분의 펄라이트가 페라이트로 구성되어 있음을 알았다. 사실 펄라이트를 자세히 관찰하면, Fe_3C 층이 α에 의해 둘러싸여 있음을 알 수 있다. 따라서 펄라이트 조직은 분산강화를 제공한다. 연속적인 페라이트 상은 비교적 무르고 연성이며, 분산되어 있는 시멘타이트는 단단하고 취성이다.

초석미세구성물 아공석강은 0.77% 이하의 탄소를 함유하고 있고 과공석강은 0.77% 이상의 탄소를 함유하고 있다. 페라이트는 아공석합금의 초석미세구성물이고 시멘타이트는 과공석합금의 초석미세구성물이다. 0.60% C를 함유하고 있는 아공석강을 750 ℃ 이상으로 가열하면 오스테나이트만이 미세조직으로 남게 된다. 그림 12-16은 오스테나이트가 냉각될 때 어떤 현상이 일어나는지 보여준다. 750 ℃ 바로 아래에서 페라이트는 보통 오스테나이트 결정립계에서 핵을 생성하고 성장한다. 초석 페라이트는 온도가 727 ℃로 떨어질 때까지 계속하여 성장한다. 그 온도에서 남아 있는 오스테나이트는 페라이트에 의해 둘러싸여 있고 조성은 0.60% C에서 0.77% C로 바뀐다. 727 ℃ 이하로 계속 냉각시키면 남아 있던 모든 오스테나이트는 공석반응에 의해서 펄라이트로 변하게 된다. 조직은 초석 페라이트와 펄라이트가 두 종류의 미세구성물로서 섞여 배열된 페라이트와 시멘타이트의 두 가지 상으로 이루어진다. 최종 미세구조는 초석 페라이트로 둘러싸인 펄라이트 섬으로 이루어져 있다[그림 12-17(a)]. 이 구조는 분산강화된 펄라이트에 의해서 합금을 강하게 하고 연속적인 초석 페라이트에 의해서 연성을 갖게 한다.

과공석합금의 초석상은 Fe_3C이고 오스테나이트 결정립계에서 형성된다. 오스테나이트가 공석반응을 통해서 냉각된 후에, 강은 펄라이트를 둘러싸고 있는 단단하고 취성

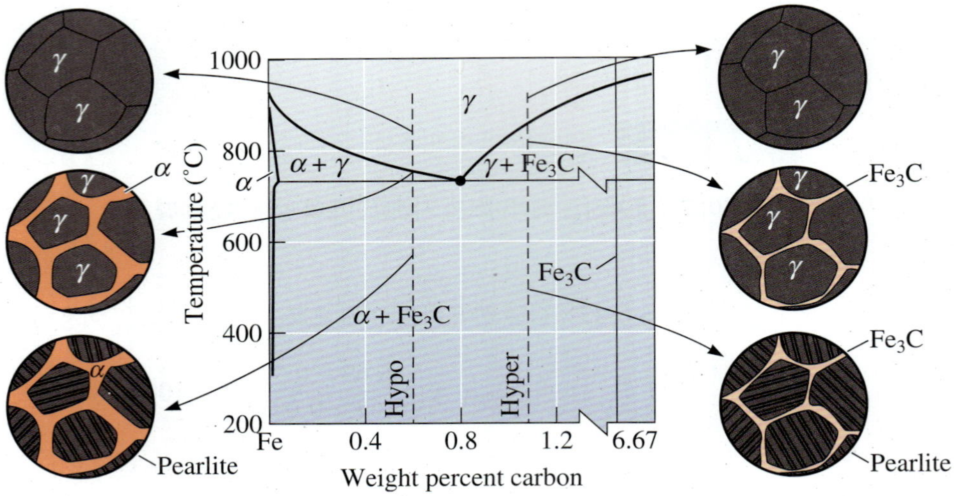

그림 12-16 아공석강과 과공석강의 미세구조 발현과 Fe-Fe_3C 상태도와의 관계.

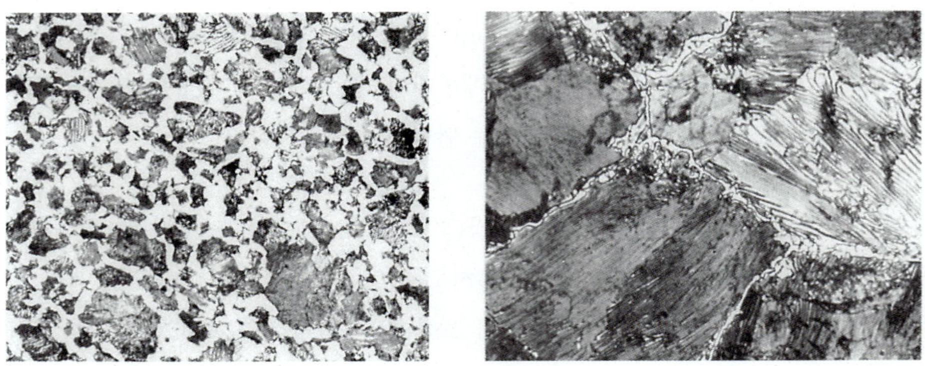

그림 12-17 (a) 초석 α(흰색)와 펄라이트를 보여주는 아공석강(× 400), (b) 펄라이트를 둘러싼 Fe_3C를 보여주는 과공석강(× 800). [출처: ASM Handbook, *Vol. 7, (1972), ASM International, Materials Park, OH 44073-0002. Reprinted with permission of ASM International. All rights reserved. www.asminternational.org.*]

인 시멘타이트를 함유한다[그림 12-7(b)]. 단단하고 취성인 미세구성물이 연속되어 있기 때문에 강 또한 취성을 갖게 된다. 다행스럽게도 열처리에 의해 과공석강의 미세구조와 성질을 향상시킬 수 있다. 다음 예제는 탄소강의 상과 미세구성물의 조성 계산을 보여준다.

예제 12-6 아공석강의 상

726 °C에서 Fe-0.60% C 합금의 상 및 미세구성물의 양과 조성을 계산하라.

풀이

존재하는 상은 페라이트와 시멘타이트이다. 726 ℃에서 연결선을 이용하여 지렛대법칙을 적용하면, 다음을 구할 수 있다.

$$\alpha(0.0218\%\ \mathrm{C})\ \%\ \alpha = \left(\frac{6.67 - 0.60}{6.67 - 0.0218}\right) \times 100 = 91.3\%$$

$$\mathrm{Fe_3C}(6.67\%\ \mathrm{C})\ \%\ \mathrm{Fe_3C} = \left(\frac{0.60 - 0.0218}{6.67 - 0.0218}\right) \times 100 = 8.7\%$$

미세구성물은 초석 페라이트와 펄라이트이다. 만일 727 ℃ 바로 위에 연결선을 그린다면 공석반응이 시작되기 직전의 페라이트 및 오스테나이트의 양과 조성을 계산할 수 있다. 이 온도에서 모든 오스테나이트는 공석조성(0.77% C)을 가지며 펄라이트로 상변태되고 모든 페라이트는 초석 페라이트로 남게 된다.

$$\text{초석}\ \alpha\ (0.0218\%\ \mathrm{C})\ \%\ \text{초석}\ \alpha = \left(\frac{0.77 - 0.60}{0.77 - 0.0218}\right) \times 100 = 22.7\%$$

$$727\ ℃\ \text{바로 위의 오스테나이트} = \text{펄라이트: } 0.77\%\ \mathrm{C}$$

$$\%\ \text{펄라이트} = \left(\frac{0.60 - 0.0218}{0.77 - 0.0218}\right) \times 100 = 77.3\%$$

12-9 공석반응의 제어

공정합금에서와 같은 방법으로(제11장) 공석합금의 분산강화를 조절한다.

공석상의 양 조절 합금의 조성을 변화시킴으로써, 단단한 2차상의 양을 변화시킬 수 있다. 철의 탄소함량이 0.77% C의 공석조성까지 증가하면 Fe_3C와 펄라이트의 양은 증가하고 그에 따라 강도도 증가한다. 이러한 강화효과는 결국 최고점에 이르고, 탄소함

표 12-1 강철의 강도에 미치는 탄소의 영향

탄소 %	서냉(조대한 펄라이트)			급랭(미세한 펄라이트)		
	항복강도 (MPa)	인장강도 (MPa)	% 연신율	항복강도 (MPa)	인장강도 (MPa)	% 연신율
0.20	295	395	36.5	346	442	36.0
0.40	355	520	30.0	374	590	28.0
0.60	372	625	23.0	420	776	18.0
0.80	375	615	25.0	525	1,010	11.0
0.95	379	660	13.0	500	1,015	9.5

(출처: *Metals Progress Materials and Processing Databook, 1981.*)

량이 너무 높아지면 이러한 성질은 평평하게 되거나 심지어는 감소하게 된다(표 12-1).

오스테나이트 결정립크기 제어 펄라이트는 결정립 또는 콜로니로 성장한다. 각각의 콜로니 내에서 층상의 방향은 동일하다. 콜로니들은 원래의 오스테나이트 결정립계에서 가장 쉽게 핵생성된다. 그러므로 오스테나이트를 형성시킬 때 일반적으로 온도를 낮게 유지함으로써 원래의 오스테나이트 결정립크기를 줄일 수 있고, 따라서 펄라이트 콜로니의 수를 증가시킬 수 있게 된다. 펄라이트 콜로니의 수를 증가시키고 크기를 감소시키면, 콜로니들의 경계면이 많이 생겨서 전위이동을 방해하게 되어 합금의 강도를 증가시킬 수 있다.

냉각속도 제어 공석반응 동안에 냉각속도를 증가시키면 원자가 확산할 수 있는 거리는 줄어든다. 결과적으로 반응하는 동안 형성된 층상은 더 미세해지고 간격이 더 좁아진다. 미세한 펄라이트를 생성함으로써 합금의 강도를 증가시킬 수 있다(표 12-1과 그림 12-18).

변태온도 제어 고상 공석반응은 느린 편이어서 상변태가 시작되기 전에 강이 평형 공석온도 이하로 냉각될 수 있다(즉, 오스테나이트 상이 과냉될 수 있다). 변태온도가 더 낮을수록 더 미세하고 강한 조직을 얻을 수 있고(그림 12-19), 그뿐만 아니라 상변태에 필요한 시간에 영향을 미치며, 심지어는 두 상의 배열을 변화시키기도 한다. 이 정보는 시간-온도-변태도[time-temperature-transformation(TTT) diagram]에 들어 있다(그림 12-20). 이 다이어그램은 등온변태도[isothermal transformation(IT) diagram] 또는 C곡선(C-curve)이라고도 하며, 강의 구조와 성질, 필요한 열처리를 예측할 수 있게

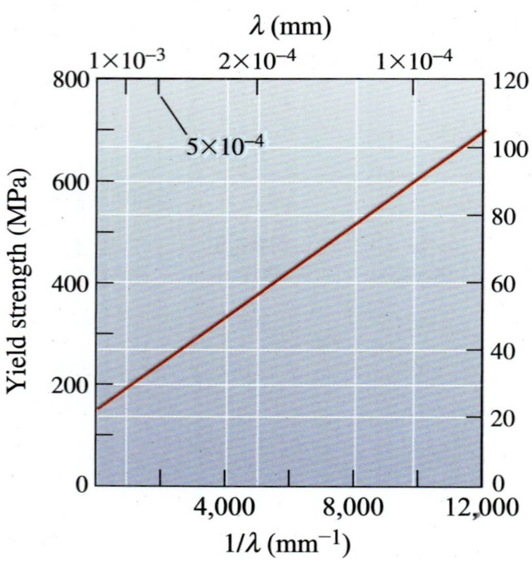

그림 12-18 펄라이트의 항복강도에 미치는 층간거리(λ)의 영향.

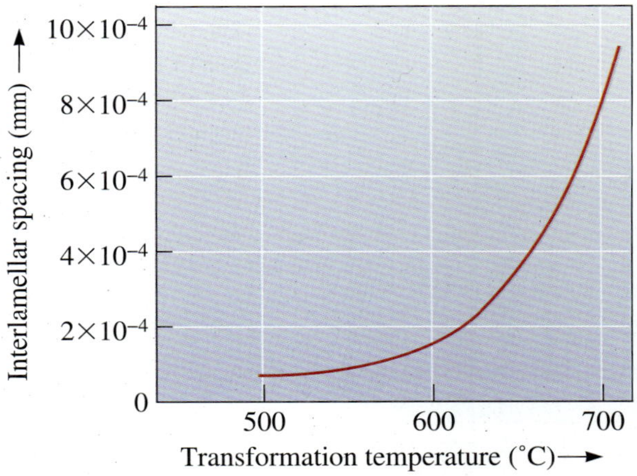

그림 12-19 펄라이트의 층간거리에 미치는 오스테나이트 변태온도의 영향.

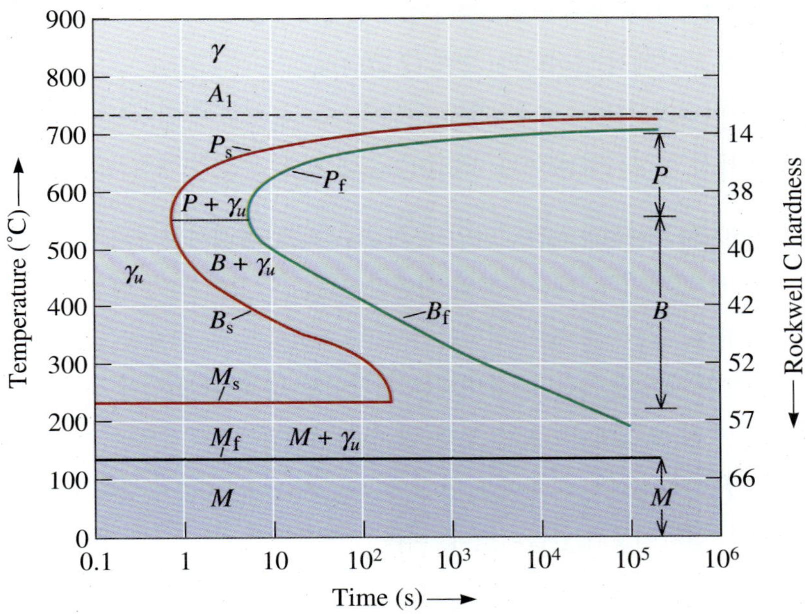

그림 12-20 공석강의 시간-온도-변태도(TTT diagram). P는 펄라이트, B는 베이나이트, M은 마르텐사이트이다. 아래첨자 's'와 'f'는 상변태의 시작과 종료를 나타내며 γ_u는 불안정 오스테나이트를 뜻한다.

한다.

TTT 변태도의 모양은 공석반응 속도론의 결과이고 Avrami 관계의 그림과 유사하다(그림 12-3). 어떤 특정온도에서, S자형(sigmoidal) 곡선은 오스테나이트가 페라이트와 시멘타이트의 혼합물로 상변태되는 속도를 나타낸다(그림 12-21). 잠복기는 핵생성을 위해 필요하며, P_s(펄라이트 시작)는 오스테나이트가 공석변태를 거쳐 페라이트와 시멘타이트로 상변태를 시작하는 시간을 나타낸다. S자형 곡선은 또한 상변태가 완결되는 시간도 나타낸다. 이 시간은 P_f(펄라이트 종료)로 주어진다. 온도가 727 ℃로부터 낮아질 때 핵생성속도는 증가하는 반면, 미세구성물의 성장속도는 감소한다. 그림 12-3

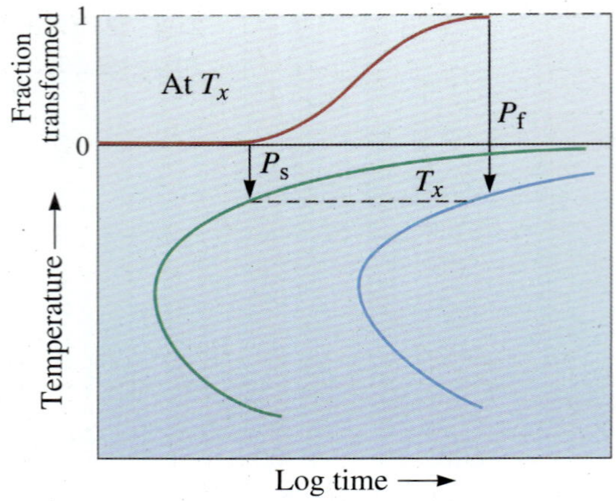

그림 12-21 S자형 곡선(sigmoidal curve)은 강의 TTT 변태도의 시작 및 종료 시간과 연관된다. 이 경우에는 오스테나이트가 펄라이트로 변태한다.

에서처럼, 최대 변태속도 또는 최소 변태시간을 보여준다. 공석강의 최대 변태속도는 550 ℃ 부근에서 일어난다(그림 12-20).

상변태의 결과로서 두 가지 형태의 미세구성물이 형성된다. 펄라이트(P)는 550 ℃ 이상에서 형성되며 베이나이트(B)는 그보다 낮은 온도에서 형성된다.

펄라이트의 핵생성과 성장 만일 공석온도 바로 아래까지 급랭하면, 오스테나이트는 단지 약간 과냉되고, 페라이트와 시멘타이트의 안정한 핵이 형성되기까지는 오랜 시간이 필요하다. 펄라이트를 구성하는 상들이 핵생성된 후 원자들은 빠르게 확산하여 조대한 펄라이트가 만들어진다. 상변태는 펄라이트 종료시간(P_f)에 완결된다. 더 낮은 온도까지 급랭된 오스테나이트는 보다 많이 과냉된다. 결과적으로 핵생성은 더 빠르게 일어나고 P_s는 더 짧다. 그러나 확산 또한 느려져 원자는 단지 짧은 거리로만 확산하게 되어 미세한 펄라이트가 만들어진다. 비록 성장속도가 더 느리긴 하지만,잠복기가 짧기 때문에 상변태에 필요한 전체적인 시간은 줄어든다. 등온변태 온도를 약 550 ℃까지 낮춘다면, 미세한 펄라이트가 더 짧은 시간 내에 형성된다. 이것이 TTT 곡선의 코(nose)이다(그림 12-20).

베이나이트의 핵생성과 성장 TTT 곡선의 코 바로 아래 온도에서는 확산이 매우 느리게 진행되어 전체 변태시간은 증가하며, 미세구조 또한 달라진다. 낮은 변태온도에서 펄라이트 내의 층상은 극히 얇아지고, 결과적으로 페라이트와 Fe_3C 층상 사이의 계면 면적은 매우 커지게 된다. 페라이트-시멘타이트 계면과 관련된 에너지 때문에 강철의 전체적인 에너지는 매우 높아질 것이다. 강의 내부에너지는 시멘타이트가 페라이트 기지에 불연속적이고 둥근 입자로 석출됨으로써 감소될 수 있다. 이러한 새로운 미세구성물, 즉 페라이트와 시멘타이트의 배열을 베이나이트(bainite)라고 한다. 상변태는 베이나이트 시작시간(B_s)에서 시작하여 베이나이트 종료시간(B_f)에 끝난다.

변태온도가 계속 감소함에 따라 오스테나이트가 베이나이트로 상변태를 시작하

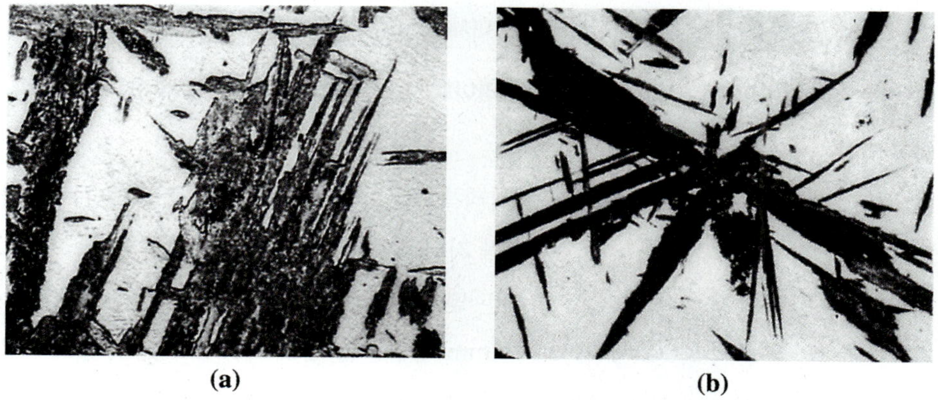

그림 12-22 (a) 상부 베이나이트(회색, 깃털상; × 600), (b) 하부 베이나이트(어두운 침상; × 400). [출처: ASM Handbook, *Vol. 8, (1973), ASM International, Materials Park, OH 44073-0002. Reprinted with permission of ASM International. All rights reserved. www.asminternational.org.*]

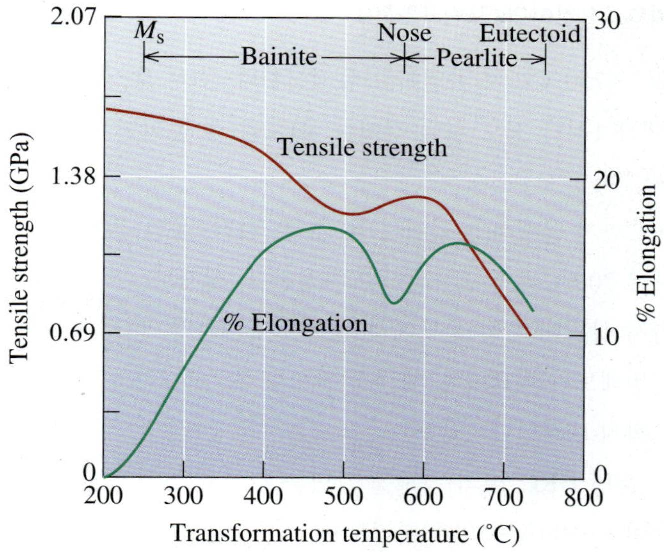

그림 12-23
공석강의 특성에 미치는 상변태 온도의 영향.

고 종료하는 데 필요한 시간은 증가하고 베이나이트는 미세해진다. TTT 곡선의 코 바로 아래에서 형성되는 베이나이트는 조대 베이나이트, 상부 베이나이트 또는 깃털상(feathery) 베이나이트라고 한다. 더욱 낮은 온도에서 형성되는 베이나이트는 미세 베이나이트, 하부 베이나이트 또는 침상(acicular) 베이나이트라고 한다. 그림 12-22는 베이나이트의 전형적인 미세구조를 보여준다. 베이나이트의 형상이 사용된 열처리에 따라 달라진다는 점에 유의하라.

그림 12-23은 변태온도가 공석강(0.77% C)의 성질에 미치는 영향을 보여주고 있다. 온도가 감소할수록 더 미세한 미세구조가 형성되어 더 높은 강도와 낮은 연성을 갖는다. 다음 두 예제를 통해 원하는 미세구조와 성질을 얻기 위해 강을 어떻게 열처리해야 하는지 알 수 있다.

예제 12-7 펄라이트 미세구조 형성을 위한 열처리

그림 12-15(b)에 나타낸 펄라이트 구조를 형성하기 위한 열처리를 서술하라.

풀이

먼저 펄라이트의 층간거리를 결정할 필요가 있다. 층간거리는 하나의 α 판상으로부터 그 다음 α 판상까지의 거리로 측정된다는 것을 기억하여 그림 12-15(b)의 우측상단에 있는 층의 수를 센다면, 20 mm 거리에서 14개의 층간거리를 찾을 수 있다. 배율이 2,000배이므로 20 mm 거리는 실제로 0.01 mm이다.

$$\lambda = \frac{0.01 \text{ mm}}{14 \text{ spacings}} = 7.14 \times 10^{-4} \text{ mm}$$

등온변태에 의해 펄라이트가 형성된다고 가정하면 그림 12-19로부터 변태온도는 대략 700 ℃가 된다는 것을 알 수 있다. TTT 변태도로부터, 열처리는 다음과 같은 과정을 거치면 될 것이다(그림 12-20).

1. 강을 약 750 ℃까지 가열하고 유지시킨다. 전부 오스테나이트를 형성하기 위해서는 대략 1시간 정도 걸릴 것이다. 온도를 더 높이면 오스테나이트 입자가 지나치게 커진다.
2. 700 ℃까지 급랭하고 적어도 10^5초(P_f 시간) 동안 유지시킨다. 여기서, 강이 순간적으로 700 ℃까지 냉각된다고 가정한다. 실제로는 이 같은 현상은 일어나지 않고 따라서 상변태가 한 온도에서 일어나지 않는다. 더 정확하게 하기 위해서는 연속냉각변태도가 필요하다(제13장 참조).
3. 상온까지 냉각한다.
4. 강은 분명 HRC 14의 경도를 가졌을 것이고(그림 12-20), 그림 12-18에서 알 수 있듯이 약 200 MPa의 항복강도를 가졌을 것이다.

예제 12-8 베이나이트 미세구조 형성을 위한 열처리

베이나이트는 경도, 강도, 인성이 매우 잘 조합된 재료이다. 열처리를 통해 공석강을 750 ℃에서 오스테나이트화하고, 급랭하여 250 ℃에서 900초 동안 유지시킨 후 마지막으로 강을 상온까지 냉각하였다. 과연 원하는 베이나이트 구조가 얻어졌을까?

풀이

그림 12-20을 사용하여 열처리를 고찰해보자. 750 ℃에서 가열하면 100%의 미세구조가 얻어진다. 250 ℃까지 급랭한 후 미세한 베이나이트가 성장하기까지 불안정한 오스테나이트는 약 100초 이상 지속된다. 900초 후에, 강에는 약 50%의 미세 베이나이트가 형성되고 나머지는 여전히 불안정한 오스테나이트 상태로 남아 있다. 나중

에 알게 되겠지만 불안정한 오스테나이트는 강이 상온으로 냉각될 때 마르텐사이트로 상변태되며, 최종 미세조직은 베이나이트와 단단하고 취성인 마르텐사이트의 혼합물이다. 열처리는 성공적이지 못한 셈이다. 그러므로 열처리를 통하여 강을 250 ℃에서 적어도 10^4초, 즉 세 시간 정도 유지해야 한다.

12-10 마르텐사이트 변태와 템퍼링

마르텐사이트(martensite)는 무확산 고상변태의 결과로 형성되는 상이다. 이 상변태는 확산에 의존하지 않기 때문에 Avrami 상변태 속도론을 따르지 않는다. 마르텐사이트 변태(위치변환변태, 비열적변태)의 성장속도는 워낙 높아서 핵생성이 속도지배 단계가 된다.

예를 들면, 코발트는 원자의 위치가 약간 이동됨으로써 조밀적층면들의 적층순서를 바꾸게 되어 FCC에서 HCP 결정구조로 상변태한다. 반응이 확산에 의존하지 않기 때문에 마르텐사이트 반응은 비열적변태(athermal transformation)이다. 즉, 이 반응은 온도에만 의존하며 시간에는 의존하지 않는다. 마르텐사이트 반응은 대부분 재료 내에서 음속에 가까운 속도로 급격히 진행된다.

많은 다른 합금들(예: Cu-Zn-Al, Cu-Al-Ni, Ni-Ti)과 세라믹 재료들이 마르텐사이트 상변태를 나타낸다. 이 상변태는 또한 기계적 응력의 작용으로 수행될 수도 있다. 일부 강에서 형성되는 마르텐사이트 외에, 니티놀(nitinol)이라고 알려진 Ni-Ti 합금이 마르텐사이트 상변태를 활용하는 가장 잘 알려진 합금의 사례이다. 이 재료들은 형상을 기억할 수 있어서 형상기억합금(shape-memory alloy, SMA)으로 알려져 있다(12-12절 참조).

강의 마르텐사이트 0.2% C 이하의 탄소를 함유하는 강에서 FCC 오스테나이트는 과포화된 BCC 마르텐사이트 구조로 상변태한다. 고탄소강에서는 FCC 오스테나이트가 BCT(체심정방) 마르텐사이트로 상변태함에 따라 마르텐사이트 반응이 일어난다. FCC 오스테나이트와 BCT 마르텐사이트 사이의 관계는[그림 12-24(a)] FCC 격자 내의 (1/2, 0, 0) 침입형자리에 있는 탄소원자가 체심구조로 상변태하는 동안 갇히게 되어 정방정구조가 생성된다는 것을 보여준다. 강의 탄소함량이 증가할수록 더 많은 수의 탄소원자들이 이러한 자리에 갇히게 되므로 마르텐사이트의 a축과 c축 사이의 길이 차이는 증가하게 된다[그림 12-24(b)].

강은 펄라이트, 베이나이트, 초석미세구성물의 형성을 막기 위해 안정한 오스테나이트 구역에서부터 퀜칭 또는 급랭해야 한다. 마르텐사이트 반응은 공석강에서 오스테

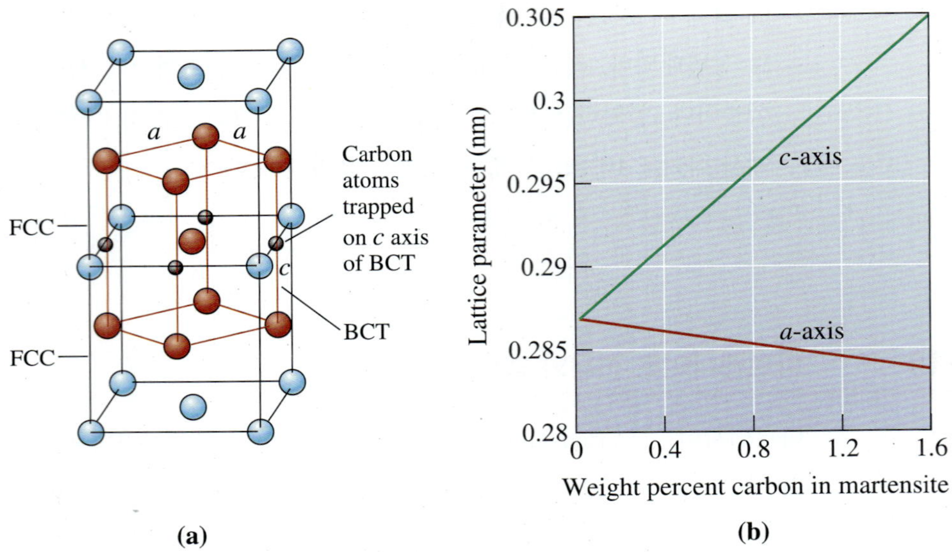

그림 12-24 (a) BCT 마르텐사이트 단위정은 FCC 오스테나이트 단위정과 연관된다. (b) 탄소함량이 증가하면 더 많은 침입형자리가 탄소 원자로 채워지고 마르텐사이트의 정방정 구조가 더욱 두드러진다.

나이트가 220℃, 즉 마르텐사이트 시작온도(M_s) 이하로 냉각될 때 시작된다(그림 12-20). 마르텐사이트의 양은 온도가 감소함에 따라 증가한다. 온도가 마르텐사이트 종료온도(M_f) 이하일 때 강은 100% 마르텐사이트를 포함하게 된다. 어떤 중간온도에서 마르텐사이트의 양은 그 온도에서 시간의 경과에 따라 변화하지 않는다.

질량은 보존되기 때문에 마르텐사이트의 조성은 마르텐사이트를 형성시킨 오스테나이트의 조성과 같아야 한다. 상변태 동안에는 조성을 변화시킬 수 있는 장범위 확산은 없다. 그러므로 철-탄소 합금에 있어서 초기 오스테나이트의 조성과 최종 마르텐사이트의 조성은 같다. 다음 예제는 복합조직강을 얻기 위하여 열처리가 어떻게 수행되는지 보여준다.

예제 12-9 복합조직강의 열처리

미세구조가 50% 페라이트와 50% 마르텐사이트를 가진 강을 제조함으로써 특이한 성질이 조합된 강을 얻을 수 있다. 마르텐사이트는 강도를, 페라이트는 연성과 인성을 제공한다. 마르텐사이트의 조성이 0.60% C인 복합조직강을 만들기 위한 열처리를 설계하라.

풀이

페라이트와 마르텐사이트가 혼합된 강을 얻기 위해서는 아공석강을 상태도의 $\alpha + \gamma$ 영역으로 열처리할 필요가 있다. 그 다음에 강을 퀜칭하면 이 구조의 γ 부분이 마르텐사이트로 상변태된다.

마르텐사이트가 0.60% C를 함유해야 한다는 요구조건에 의해 열처리 온도가 결정된다. γ와 $\alpha + \gamma$ 구역 사이의 고용도 선으로부터, 온도가 약 750 ℃일 때 0.60% C가 오스테나이트 구역인 것을 알 수 있다. 50% 마르텐사이트를 생성하기 위해서는 강이 750 ℃에서 유지될 때, 50% 오스테나이트를 형성하는 강을 선택할 필요가 있다. 만일 강의 탄소함량이 x이면 γ의 양은 다음과 같다.

$$\% \gamma = \left(\frac{x - 0.02}{0.60 - 0.02}\right) \times 100 = 50 \quad \text{or} \quad x = 0.31\%\ \text{C}$$

최종적으로 설계해보면 다음과 같다.

1. 0.31% C를 함유하는 아공석강을 선택한다.
2. 50% 페라이트와 50% 오스테나이트(탄소함량 0.60% C)를 포함하는 조직을 만들기 위해 강을 750 ℃까지 가열하고 그 온도에 유지한다(부품의 두께에 따라 다르지만 1시간으로 예상됨).
3. 강을 상온까지 퀜칭한다. 오스테나이트는 마르텐사이트(마찬가지로 0.60% C 함유)로 변태한다.

강철 마르텐사이트의 성질 강의 마르텐사이트는 세라믹처럼 매우 단단하고 취성이다. BCT 결정구조는 전위가 쉽게 움직일 수 있는 조밀충진 슬립면을 갖고 있지 않다. 마르텐사이트는 탄소로 많이 과포화되어 있는데, 이는 철이 일반적으로 상온에서 0.0218% C 이하를 함유하는 데 반해 마르텐사이트는 강에 존재하는 탄소의 양만큼을 함유하고 있기 때문이다. 결국 마르텐사이트는 미세한 결정립을 갖고 심지어는 결정립 내에 더욱 미세한 하부구조를 갖는다.

강철 마르텐사이트의 구조와 특성은 합금의 탄소함량에 의해 결정된다(그림 12-25). 탄소함량이 낮을 때, 마르텐사이트는 침상형(lath)으로 성장하며 이것은 나란히 성장하는 편평하고 좁은 판상 묶음으로 구성된다[그림 12-26(a)]. 이 마르텐사이트는 별

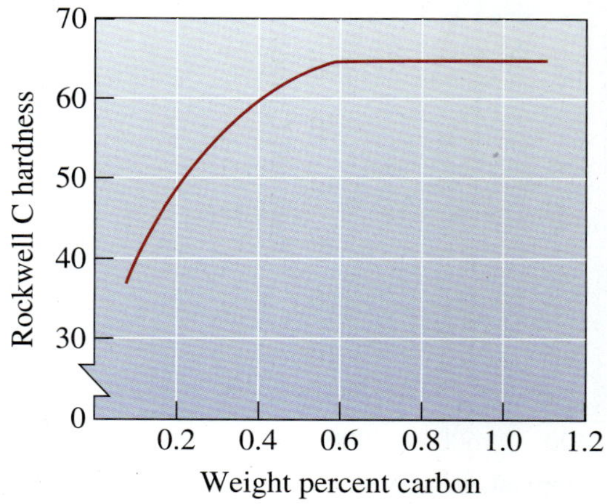

그림 12-25 강철 마르텐사이트의 경도에 미치는 탄소함량의 영향.

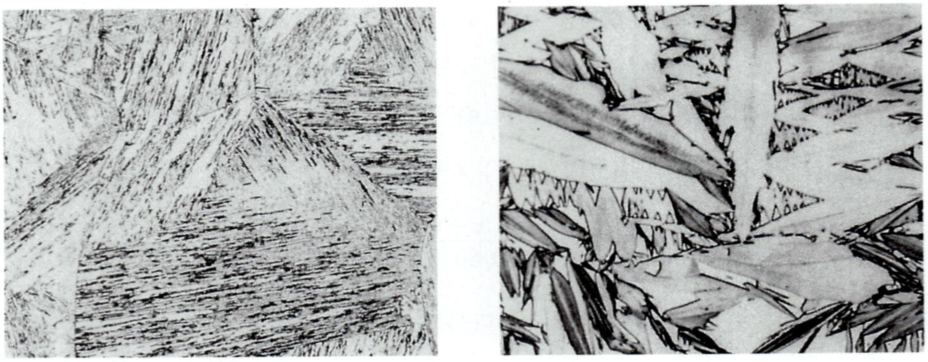

그림 12-26 (a) 저탄소강의 침상형(lath) 마르텐사이트(× 80). (b) 고탄소강의 판상형(plate) 마르텐사이트(× 400). [출처: ASM Handbook, *Vol. 8, (1973), ASM International, Materials Park, OH 44073-0002. Reprinted with permission of ASM International. All rights reserved. www.asminternational.org.*]

로 단단하지 않다. 탄소함량이 더 높아지면, 편평하고 좁은 판상이 묶음으로가 아니라 개별적으로 성장하는 판상 마르텐사이트가 성장한다[그림 12-26(b)]. 고탄소 판상 마르텐사이트 구조의 경도는 부분적으로 결정구조의 더 큰 비틀림이나 더 큰 (c/a) 비 때문에 훨씬 더 높다.

강철 마르텐사이트의 템퍼링 마르텐사이트는 평형상이 아니다. 그래서 $Fe\text{-}Fe_3C$ 상태도(그림 12-14)에 나타나지 않는다. 강 내의 마르텐사이트가 공석온도 이하로 가열될 때, 열역학적으로 안정한 α와 Fe_3C가 석출된다. 이 과정을 템퍼링(tempering)이라고 한다. 강에서 마르텐사이트의 분해는 강의 강도와 경도를 감소시키는 반면, 연성과

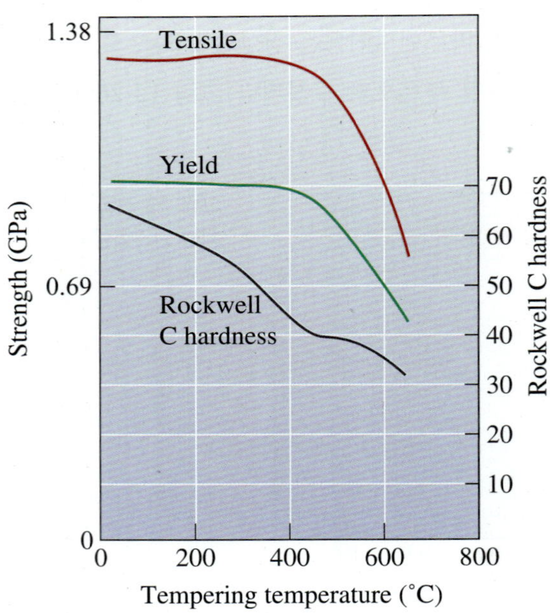

그림 12-27 공석강의 특성에 미치는 템퍼링온도의 영향.

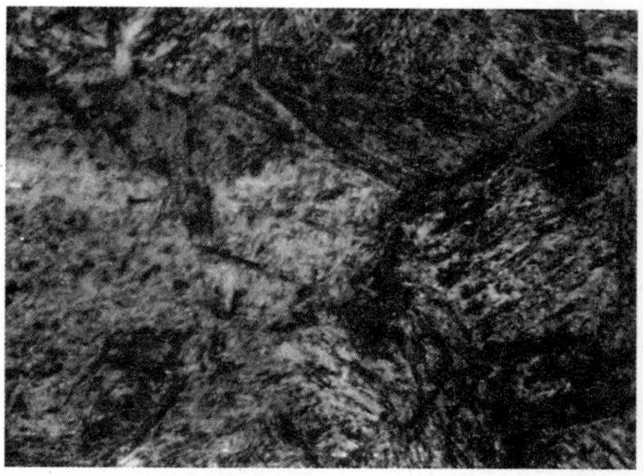

그림 12-28 강의 템퍼드 마르텐사이트(× 500). [출처: ASM Handbook, *Vol. 9, (1985), ASM International, Materials Park, OH 44073-0002. Reprinted with permission of ASM International. All rights reserved. www.asminternational.org.*]

충격특성을 개선시킨다(그림 12-27). 여기서의 템퍼링이라는 용어는 규산염유리의 템퍼링에 사용된 용어와는 다르다. 그러나 유리의 템퍼링과 강의 템퍼링 모두 결정적으로 재료의 인성을 증가시키는 결과를 낳는다.

낮은 템퍼링온도에서 마르텐사이트는 두 개의 천이상(transition phase)을 만든다. 하나는 더 낮은 탄소함량의 마르텐사이트이고 다른 하나는 매우 미세한 비평형 ε-카바이드, 즉 $Fe_{2.4}C$이다. 강은 여전히 강하며 취성이고 심지어는 템퍼링하기 전보다 더욱 단단하다. 이보다 높은 온도에서는 안정된 α와 Fe_3C가 형성되며 강은 더 무르고 더 연성이 된다. 만일 강이 공석온도 바로 아래에서 템퍼링되면 Fe_3C는 매우 조대해지고 분산강화 효과는 크게 감소한다. 적절한 템퍼링온도를 선택함으로써 광범위한 성질을 얻을 수 있다. 템퍼링 과정으로 얻을 수 있는 것은 템퍼드 마르텐사이트라고 불리는 미세구성물이다(그림 12-28).

다른 합금계의 마르텐사이트 다른 합금계에서는 마르텐사이트 반응의 특성이 다르다. 예를 들면, 마르텐사이트는 탄소가 거의 없는 철합금에서 FCC 결정구조가 BCC 결정구조로 상변태되는 것에 의해 형성된다. 어떤 고망간강과 스테인리스강에서 마르텐사이트 변태 동안에 FCC 구조가 HCP 결정구조로 변한다. 더욱이 마르텐사이트 반응은 ZrO_2를 포함한 많은 동질이형 세라믹 재료에서의 상변태 중에, 심지어 일부 결정성 고분자에서 발생하기도 한다. 그러므로 마르텐사이트 반응과 마르텐사이트라는 용어는 꽤 포괄적이다. 강의 특성, 미세구조, 열처리와 관련된 맥락에서 '마르텐사이트'는 강을 급랭하여 얻을 수 있는 단단하고 취성인 BCT 상을 말한다.

다른 합금에서 마르텐사이트의 성질은 강의 마르텐사이트와는 다르다. 티타늄합금에서는 급랭하는 동안 BCC 티타늄이 HCP 마르텐사이트 구조로 변태한다. 그러나 티타늄 마르텐사이트는 원래 구조보다 연하고 약하다. 다른 합금에서 형성되는 마르텐사이트 또한 템퍼링될 수 있다. 티타늄합금에서 만들어진 마르텐사이트는 2차상의 석출물을 형성하기 위해 재가열될 수 있다. 그러나 템퍼링 과정은 강의 경우와는 달리, 티타늄합금의 강도를 감소시키기 보다는 오히려 증가시킨다.

12-11 형상기억합금(SMA)

형상기억효과(shape-memory effect)는 마르텐사이트 반응을 겪은 일부 합금들이 갖는 독특한 성질이다. 이 합금들은 마르텐사이트 조직을 만들기 위해 정교한 가공열처리를 필요로 한다. 처리가 끝나면 금속은 미리 결정된 모양으로 변형된다. 이때 금속은 두 번째 형태로 변형될 수 있으나 온도가 증가하면 그 금속은 원래의 형태로 돌아간다. 이것의 응용분야로는 치열교정, 혈전필터, 엔진, 휴대폰 안테나, 안경테, 지능형 액추에이터 등이 있다. 온도에 따라 기류의 방향을 바꾸는 플랩(flap)이 개발되어 에어컨에 사용되고 있다.

최근에는 또한 강자성 형상기억합금으로 알려진 재료들이 개발되었다. 예를 들어, 일부 강자성 형상기억합금은 Ni_2MnGa, Fe-Pd, Fe_3Pt를 함유하고 있다. Ni-Ti과 달리, 이 재료들은 자기장에 반응하여 형상기억효과를 나타낸다. Ni-Ti을 포함한 대부분의 공업용 형상기억합금은 자성을 띠고 있지 않다. 제6장에서 많은 고분자가 점탄성이고 점성요소는 시간에 따라 회복됨을 배운 것처럼, 많은 고분자는 형상을 기억한다. 최근에는 새로운 형상기억 플라스틱이 개발되고 있다.

형상기억합금은 응력이나 온도 변화에 반응하는 기억을 갖고 있다. 스마트재료는 외부자극(응력, 온도변화, 자기장 등)을 감지해서 어떤 변화를 보이는 재료이다. 능동적인 스마트재료는 반응을 개시할 수도 있다. 즉, 센서와 액추에이터의 작용을 할 수 있다. 형상기억합금은 단순히 응력이나 온도의 변화를 감지만 한다는 점에서 수동적인 스마트재료이다.

형상기억합금은 또한 초탄성(superelastic) 거동을 나타낸다. 10%까지의 변형도가 회복가능하다. 이런 이유로 인하여 형상기억합금은 치열교정용 와이어, 안경테, 브래지어 와이어, 휴대폰 안테나에 성공적으로 사용되고 있다. 이러한 응용분야에서는 형상기억효과가 아니라 초탄성효과를 활용한다.

예제 12-10 튜브 결합방법

현장에서 티타늄 튜브를 신속하게 결합할 방법을 고안하라.

풀이

티타늄은 반응성이 매우 크기 때문에 만일 특별한 용접공정이 사용되지 않는다면 오염될 것이고, 현장에서는 그러한 특별한 공정의 사용이 어려울 수도 있다. 따라서 고온공정에 의존하지 않고도 접합할 수 있어야 한다.

이러한 용도에 형상기억효과의 장점을 활용할 수 있다(그림 12-29). 먼저 Ni-Ti 커플링을 작은 직경으로 만들고 마르텐사이트 상태에서 그것을 좀 더 큰 직경으로 변형한다. 현장에서 마르텐사이트 상태의 커플링을 튜브 위에 끼우고 가열한다. 티타늄 튜브가 반응을 일으켜 오염되지 않을 만큼 충분히 낮은 온도여야 한다. 형상기억 효과로 인하여 커플링은 수축해서 이전 형태로 되돌아가 튜브를 연결할 수 있는 강력한 기계적 결합을 만든다.

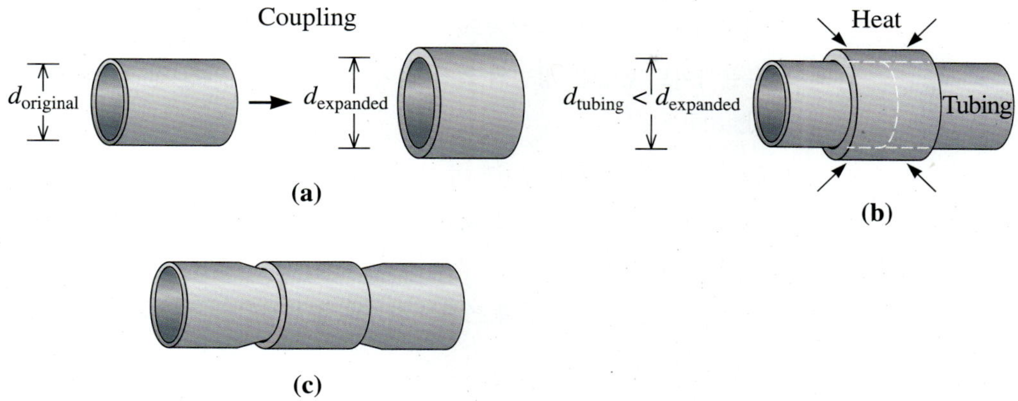

그림 12-29 튜브결합에 사용된 형상기억합금. 기억합금 커플링을 팽창시켜 (a) 튜브 위에 끼운다. (b) 커플링을 재가열하면 수축하여 원래의 지름으로 돌아간다. (c) 튜브를 꽉 잡아 단단하게 조인다.

요약

- 고상변태는 재료의 구조와 성질에 상당한 영향을 미치며, 적절하게 열처리함으로써 조절될 수 있다. 이러한 열처리는 미세구조 상에서 두 개 또는 그 이상의 상에 대해서 최적의 분포를 제공하기 위해 설계된다. 분산강화는 다양한 구조와 성질을 얻을 수 있게 한다.
- 이러한 상변태는 전형적으로 원래 조직으로부터 새로운 상의 핵생성과 성장을 필요로 한다. 상변태에 대한 속도론은 반응을 조절하는 기구와 그 반응이 일어나는 속도를 이해하도록 돕고, 그뿐만 아니라 원하는 미세구조를 만드는 데 적절한 열처리를 설계할 수 있도록 한다. 또한 적절한 상태도는 필요한 조성과 온도를 선택하는 데 도움이 된다.
- 시효경화(석출경화)는 많은 금속합금에서 최적의 분산강화를 제어하는 효과적인 방법 중 하나이다. 시효경화에서는 매우 미세하면서도 넓게 분산된 정합 석출물이 열처리에 의해서 석출되는데, 이 열처리는 (a) 단상의 고용체를 만드는 용체화처리, (b) 그러한 단상을 유지하기 위한 급랭, (c) 석출물을 형성하는 시효의 과정으로 이루어진다. 시효경화가 일어나기 위해서는 상태도에서 온도가 감소함에 따라 용매에 대한 용질의 고용도가 감소해야 한다.
- 공석반응으로 한 형태의 고체가 두 개의 다른 형태의 고체로 상변태되도록 조절할 수 있다. 반응의 속도는 새로운 고상의 핵생성과 성장을 가능하게 하는 재료 내의 다른 원자들의 확산에 의존한다.
- 가장 널리 사용되는 공석반응은 철-탄소 합금으로부터 강을 형성할 때 일어난다. 펄라이트나 베이나이트는 강의 공석반응 결과로 생성될 수 있다. 그리고 합금의 탄소함량에 따라 초석 페라이트 또는 초석 시멘타이트가 존재하게 된다. 중요한 것은 인성이 있는 금속 같은

상과 단단하고 취성인 세라믹 같은 상이 적절하게 혼합된 미세구조를 얻는 것이다.

- 공석반응에 의해 형성된 미세구성물의 기계적인 특성에 영향을 주는 인자들은 다음과 같다. (a) 합금의 조성(공석미세구성물의 양), (b) 원래 있던 고상, 공석미세구성물, 초석미세구성물의 결정립크기, (c) 공석미세구성물 내부에 있는 구조의 미세한 정도(층간거리), (d) 상이 변태하는 동안의 냉각속도, (e) 상변태가 일어나는 온도(과냉의 정도).
- 마르텐사이트 반응은 장범위 확산 없이 일어나는데, 가장 잘 알려진 변태는 강에서 일어난다.
    - 형성되는 마르텐사이트의 양은 변태온도에 의존한다(비열적반응).
    - 강의 마르텐사이트는 매우 단단하고 취성이며, 그 경도는 주로 탄소함량에 의해 결정된다.
    - 마르텐사이트의 양과 조성은 그것을 발생시킨 오스테나이트의 것과 같다.
- 마르텐사이트는 템퍼링될 수 있으며 템퍼링되는 동안 분산강화 구조가 형성된다. 템퍼링은 강의 강도와 경도를 감소시키지만 연성과 인성은 개선된다.
- 최적의 특성은 열처리를 통해 얻어지므로 재료가 고온에서 사용되거나 고온에 노출될 때 구조와 성질이 변화될 수 있다는 것을 기억해야 한다. 과시효나 과템퍼링은 재료를 사용할 때 이러한 상변태를 지배하는 현상의 범위 내에 있게 되면 일어날 수 있다.
- 형상기억합금(Ni-Ti 등)은 형상을 기억하는 스마트재료의 한 종류이다. 그것들은 초탄성 거동을 나타내기도 한다.

용어해설

건조경화강 bake-hardenable steels 차체 위의 페인트가 건조되는 정도로 상당히 낮은 온도(약 100 ℃)에서 일어날 수 있는 석출경화의 결과로 항복강도가 증가될 수 있는 강이다. 이 추가적인 증가는 흠집에 대한 저항성을 개선시킨다.

계면에너지 interfacial energy 두 상 사이의 경계면과 관련된 에너지.

과포화고용체 supersaturated solid solution 재료가 고온 단상영역에서 저온 2상영역까지 2차상의 석출없이 빠르게 냉각될 때 형성되는 고용체. 급랭된 상은 고용한계보다 더 많은 합금원소를 포함하기 때문에 그 원소에 관해 과포화되어 있다.

니티놀 nitinol 니켈-티타늄 형상기억합금.

등온변태 isothermal transformation 특정 온도에서 상변태의 양이 상변태가 일어나도록 주어진 시간에 의존한다.

등온변태도 TTT diagram 어떤 온도에서 상변태가 시작되고 끝나는 데 필요한 시간을 나타내는 시간-온도-변태 곡선. TTT 곡선은 상변태되는 동안 온도가 일정하다는 것을 가정한다.

마르텐사이트 변태 martensitic transformation 확산 없이 일어나는 상변태. 비열적변태나 위치변환변태와 같은 뜻이다. 강, NiTi, 많은 세라믹 재료에서 일어난다.

마르텐사이트 martensite 무확산변태, 비열적변태에 의해 강과 그 외의 재료 내에서 형성되는 준안정상.

베이나이트 bainite 페라이트와 시멘타이트를 포함하는 2상 미세구성물로 비교적 낮은 온도에서 등온변태되는 강에서 형성된다.

변형에너지 strain energy 석출물이 핵을 생성하고 성장하는 동안에 주위 기지와 조화되기 위해 필요한 에너지.

비열적변태 athermal transformation 변태량이 단지 온도에만 의존하고 시간에는 의존하지 않는 것(마르텐사이트 변태, 위치변환변태).

석출경화 precipitation hardening 시효경화(age hardening)를 참조하라.

스마트재료 smart material 외부 자극(예를 들면 응력, 압력, 온도변화, 자기장 등)을 감지하고 반응을 개시할 수 있는 재료. 수동적인 스마트재료는 외부자극을 감지할 수 있으며, 능동적인 스마트재료는 감지하고 반응할 수 있는 능력을 가진다.

시멘타이트 cementite 단단하고 취성인 세라믹 같은 화합물 Fe_3C로 적당하게 분산될 때 강에 강도를 제공한다.

시효경화 age hardening 특별한 분산강화 열처리법. 용체화처리, 급랭, 시효에 의해 정합 석출물을 형성하는데, 이것은 상당한 강화효과를 준다. '석출경화'로도 알려져 있다.

오스테나이트 austenite 철과 철-탄소 합금의 FCC 결정구조의 명칭.

용체화처리 solution treatment 시효경화 열처리에서의 첫 단계. 합금은 임의의 2차상을 고용시켜 균일한 단상구조를 생성하기 위해 솔버스온도 이상에서 가열된다.

위치변환변태 displacive transformation 원자나 이온의 작은 변위로 인하여 확산 없이 일어나는 상변태. 비열적 변태나 마르텐사이트 변태와 같은 뜻이다.

이면각 dihedral angle 기지 내 석출입자의 모양을 정의하는 각. 이면각은 기지상 결정립계 에너지와 기지-석출물 계면에너지의 상대적인 표면에너지에 의해 결정된다.

인공시효 artificial aging 용체화처리를 하고 급랭시킨 합금에 석출물을 형성하는 데 필요한 열에너지를 부여하기 위해 솔버스온도 이하에서 재가열하는 것.

자연시효 natural aging 용체화처리를 하고 급랭한 후, 상온에서 시효경화될 수 있는 합금에서 정합 석출물이 생성되어 최적의 강도를 제공하는 것.

정합 석출물 coherent precipitate 결정구조와 원자배열이 석출물이 형성되는 기지와 연속적인 관계를 가질 때의 석출물. 정합 석출물은 기지 내 원자배열을 효과적으로 왜곡하여 우수한 강도를 부여한다.

초탄성 거동 superelastic behavior 특정 온도 이상에서 변형된 형상기억합금은 회복 가능성이 큰 탄성변형을 나타내는데, 이는 응력유발 마르텐사이트 변태의 결과이다.

템퍼링 tempering 마르텐사이트가 평형상태로 분해되기 시작하도록 함으로써 마르텐사이트의 강도를 감소시키는 데 사용되는 저온 열처리. 인성이 증가한다.

펄라이트 pearlite 페라이트와 시멘타이트로 이루어진 두 상의 층상 미세구성물로 보통 방식으로 냉각되거나 상대적으로 고온에서 등온변태되는 강에서 형성된다.

페라이트 ferrite α 또는 δ로 나타날 수 있는 철의 BCC 결정구조의 명칭. 자성재료인 세라믹 페라이트와 혼동해서는 안 된다.

형상기억효과 shape-memory effect 변형된 후 가열되었을 때 재료가 미세구조를 변화하면서 초기형상으로 되돌아올 수 있는 능력(예를 들면 Ni-Ti 합금).

Avrami 관계 Avrami relationship 상변태 분율이 시간의 함수로 일어나는 것을 나타내는 관계. 확산을 포함하는 대부분의 고상변태를 나타내지만, 마르텐사이트 변태를 나타내지는 않는다.

Guinier-Preston 존 Guinier-Preston zone 시효경화 과정의 초기에 기지로부터 석출되는 얇은 용질원자 집합체. GP존은 기지와 정합이기는 하지만 최적의 경화를 제공하기에는 너무 작다.

Widmanstatten 조직 Widmanstatten structure 석출물과 기지 결정구조 사이의 결정학적 관계가 정해져 있을 때 기지로부터 생성된 2차상 석출물을 말한다. 종종 침상형이나 판상형 구조가 Widmanstatten 조직 내에 형성된다.

연습문제

12-1절 고상반응에서 핵생성과 성장

12-1 (a) 기지상 α에서 석출상 β의 균일핵생성을 위한 임계핵반경 r^*을 결정하라. 임계핵반경은 식 12-1에서 $\Delta G(r)$가 최대일 때 발생한다는 사실을 이용하라. (b) 석출물 반경의 함수로 총 자유에너지 변화 ΔG를 그려라. (c) 액상에서 고상으로의 상변태와 비교하여 고상 석출의 균일핵생성을 위한 r^*값에 대하여 고찰하라.

12-2 고상에서의 상의 핵생성에 관한 식과 액상으로부터 고상으로의 상변태에 관한 식은 어떻게 다른가?

12-3 140 ℃에서 폴리프로필렌의 결정화 속도를 나타내는 식 12-2에서 상수 c와 n을 결정하라(그림 12-30 참조).

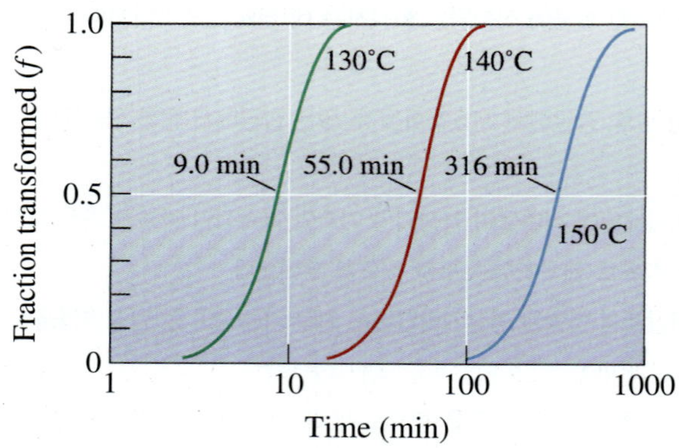

그림 12-30 온도가 폴리프로필렌의 결정화에 미치는 영향. (문제 12-3, 12-5에 사용)

12-4 135 ℃에서 구리의 결정화 속도를 나타내는 식 12-2에서 상수 c와 n을 결정하라(그림 12-2 참조).

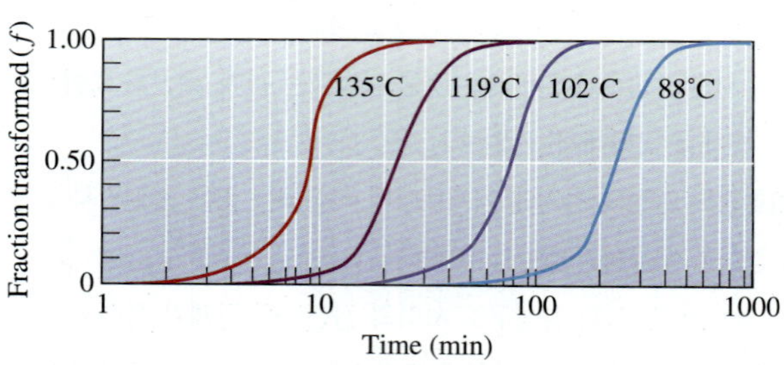

그림 12-2 냉간가공된 구리의 재결정에 대한 온도의 영향. (문제 12-4를 위해 반복됨)

12-5 150 ℃에서 폴리프로필렌의 결정화 속도를 나타내는 식 12-2에서 상수 c와 n을 결정하라(그림 12-30 참조).

12-6 FCC 시편의 잠복기가 10초이고 3.5 × 10^4초에 완전히 상변태된다면 식 12-2에서 상수 c와 n을 결정하라.

12-7 냉간가공된 구리에 대하여 50% 재결정 시간을 어닐링(풀림) 온도의 함수로 그림으로 나타내라(그림 12-2 참조).

12-8 대부분의 고상변태는 Avrami 관계식을 따르는가? 간단히 설명하라.

12-9 냉간가공된 금속의 재결정 속도를 지배하는 단계는 무엇인가?

12-2절 고용한계 초과에 의해 강화된 합금

12-10 두 개의 상이 있는 미세구조에서 2차상이 석출되는 방법에는 어떤 것들이 있는가?

12-11 서서히 냉각될 때, Al-4% Cu 합금 내의 2차상은 결정립계를 따라 생성되고 성장하는 이유를 설명하라. 이것은 보통 바람직한가?

12-12 정합 석출물의 의미는 무엇인가?

12-13 석출경화를 위해서는 석출상의 어떤 성질이 필요한가? 이유는 무엇인가?

12-14 Electromigration은 많은 반도체 공정에서 알루미늄 배선(interconnect)의 기공을 초래하여 신뢰성에 영향을 미친다. 이 문제를 완화하기 위하여 알루미늄에 첨가할 물질을 제안하라.

12-15 기지-석출물 계면에너지와 기지상 결정립계 계면에너지가 같아지는 이면각을 구하라.

12-16 석출물이 사면체를 형성할 때 기지-석출물 경계와 결정립계 표면에너지의 관계는 어떠한가?

12-17 45.7 kg의 알루미늄이 어떤 구리-알루미늄 합금의 35wt%에 해당한다. 이 조성에서 온도는 $L + \eta$ 상 구역의 상부와 하부 중간이다. 공정점에 도달하기 위해 추가되어야 할 알루미늄의 양과 온도를 구하라(그림 12-5 참조).

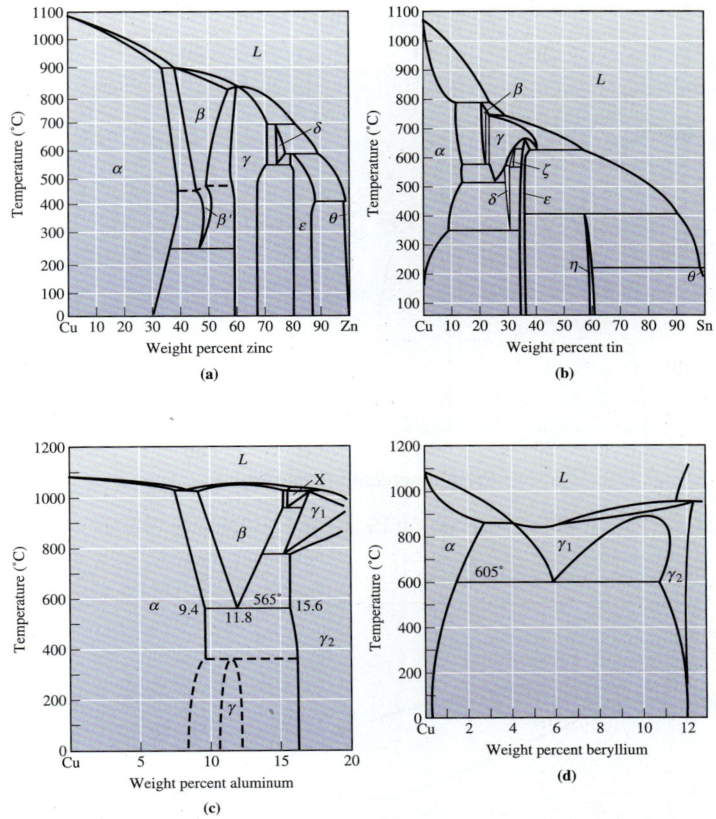

그림 12-31 (a) 구리-아연 상태도, (b) 구리-주석 상태도, (c) 구리-알루미늄 상태도, (d) 구리-베릴륨 상태도. (문제 12-29, 12-74에 사용)

12-3절 시효 또는 석출경화와 그 응용

12-18 석출경화의 원리는 무엇인가?

12-19 석출경화와 분산경화의 차이점은 무엇인가?

12-20 과포화고용체는 무엇인가? 석출경화 동안에 어떻게 과포화고용체를 얻을 수 있는가? 과포화고용체의 형성이 왜 필요한가?

12-21 석출경화 동안에 석출물이 결정립계가 아닌 미세조직에 생기는 이유는 무엇인가?

12-22 시효경화가 진행됨에 따라 2차상 석출물이 생기는 이유와 이를 유발하는 원동력은 무엇인가? 결정립성장과 소결과정에서의 구동력을 비교하라.

12-23 항공기 재료의 강화기구로 석출경화가 널리 활용되는 이유는 무엇인가?

12-24 대부분의 석출경화 합금이 오직 저온에서만 사용되는 이유는 무엇인가?

12-25 온도에 따라 감소하는 고용도를 보이고 시효경화될 수 있는 일부 합금이 상업적으로 쓰이지 않는 이유는 무엇인가?

12-4절 시효 또는 석출경화에서 미세구조의 발현

12-26 석출경화 동안에 일어나는 세 가지 기본단계를 설명하라.

12-27 석출경화 합금에서 고온취성(hot shortness)이 일어나는 이유를 설명하라.

12-28 석출경화에서는 강화를 제공하는 상이 과포화 기지상으로부터 직접 형성되는가? 설명하라.

12-29 (a) Cu-1.2% Be 합금에 대한 인공시효경화 열처리를 추천하라(그림 12-31 참조).

(b) 400 ℃에서 인공시효로 얻어지는 γ_2석출물의 양을 자연시효로 얻어지는 양과 비교하라.

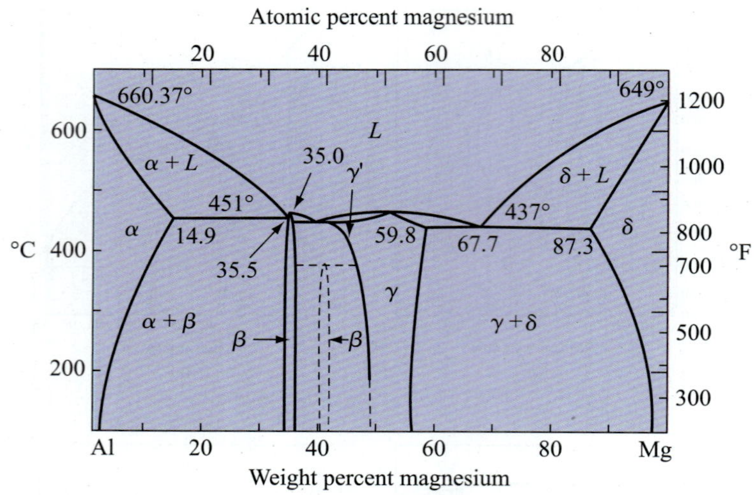

그림 12-10 알루미늄-마그네슘 상태도. (문제 12-30을 위해 반복됨)

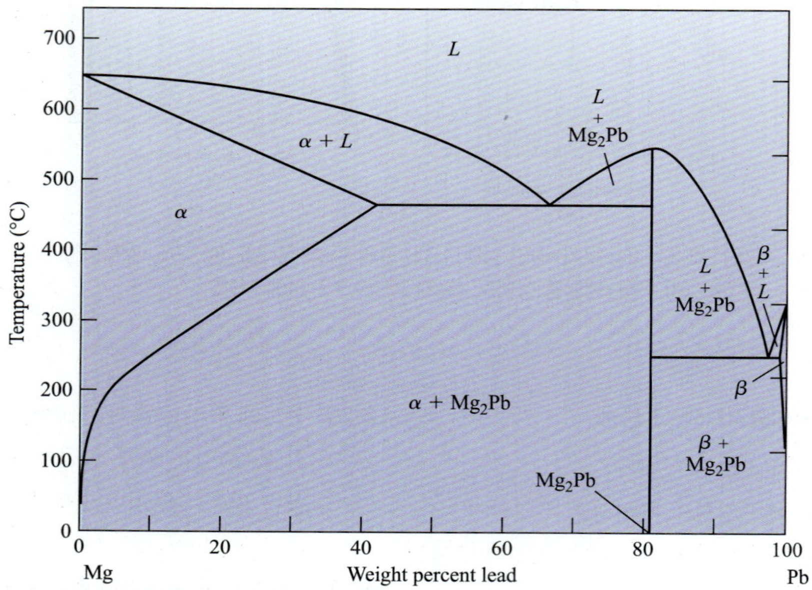

그림 12-32 마그네슘-납 상태도. (문제 12-33에 사용)

12-30 Al-Mg계에서 시효경화가 가능하다고 가정한다(그림 12-10 참조).

(a) 다음 합금 각각에 대하여 인공시효경화 열처리를 추천하라.

(b) 합금 (i) Al-4% Mg (ii) Al-6% Mg (iii) Al-12% Mg의 열처리로부터 형성되는 β 석출물의 양을 비교하라.

(c) 열처리 후에 합금을 시험해보니 강화효과가 거의 일어나지 않았다. 시효경화의 어떤 요구조건이 충족되지 않았는가?

12-31 Al-2.5% Cu 합금이 용체화처리되고, 급랭되고, 안정된 미세구조를 얻기 위하여 230 ℃에서 과시효되었다. θ가 9,000 Å의 지름과 4,260 kg/cm^{3}의 밀도를 가진 구형으로 석출된다면 cm^{3}당 석출물 입자들의 수를 결정하라(그림 12-5 참조).

12-32 그림 12-10을 참조하여 다음 공정을 따를 때 각 단계에서 존재하는 상을 언급하라.

(500 °C, 20wt% Mg) to (500 °C, 80wt% Mg) to (200 °C, 80wt% Mg).

12-33 Mg-20wt% Pb 합금이 시효경화에 적합한지 설명하라(그림 12-32 참조).

12-5절 시효온도 및 시효시간의 영향

12-34 시효란 무엇인가? 이것이 석출경화에서 왜 필요한가?

12-35 과시효란 무엇인가?

12-36 자연시효와 인공시효가 의미하는 것이 무엇인가?

12-37 라이트형제의 비행기에 사용된 합금이 어떻게 석출경화가 되었는가?

12-38 F. Gayle과 동료 연구자들이 라이트형제의 비행기에 사용된 합금에서 2가지 종류의 석출물을 발견한 경위를 설명하라.

12-39 낮은 시효온도에서 최대 경도를 얻기 위해서는 더 긴 시간이 필요한 이유를 설명하라.

12-40 최대 경도는 높은 시효온도보다는 낮은 시효온도일 때 얻어지는 이유를 설명하라.

12-41 Al-Cu 합금의 시효경화 원리에 입각해 Al-Cu 합금 Al-2wt% Cu, Al-3wt% Cu, Al-4wt% Cu를, 시효경화로 얻을 수 있는 항복강도가 가장 큰 합금부터 순서대로 나열하고, 최대 항복강도를 얻기 위해 190 °C에서 요구되는 시간이 가장 긴 합금부터 순서대로 나열하라. 그림 12-9의 상태도를 참조하라.

12-42 합금의 나노단위의 석출물을 분석하기 위하여 사용할 수 있는 해석적인 방법은 무엇인가?

12-43 일부 알루미늄합금을 성형하기 전에 낮은 온도로 유지하는 이유는 무엇인가?

12-6절 시효경화의 조건

12-44 모든 합금조성이 석출경화를 통하여 강화될 수 있는가? 이 강화기구를 세라믹, 유리, 고분자의 강화에 사용할 수 있는가?

12-45 전도성 구리선을 강화하기 위해 석출경화를 사용할 수 있는지 설명하라.

12-46 그림 12-33은 가상의 상태도를 나타내고 있다. 다음의 합금들이 시효경화가 가능한가? 시효경화가 가능한 합금에 대하여 온도를 포함하여 요구되는 열처리를 기술하라.

(a) *A*-10% *B*

(b) *A*-20% *B*

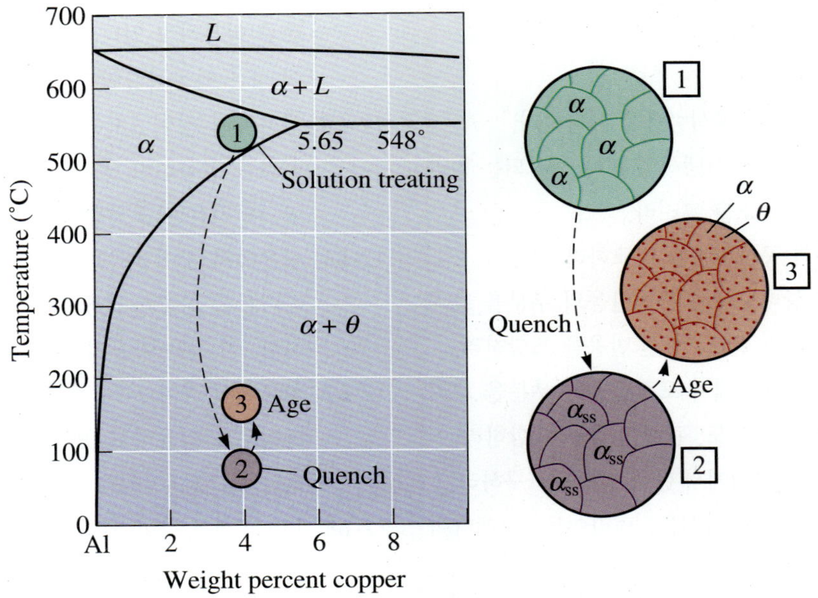

그림 12-9 시효경화 열처리의 3단계와 이때 생성되는 미세구조를 보여주는 알루미늄-구리 상태도의 알루미늄이 많은 부분. (문제 12-41을 위해 반복됨)

(c) A-55% B

(d) A-87% B

(e) A-95% B

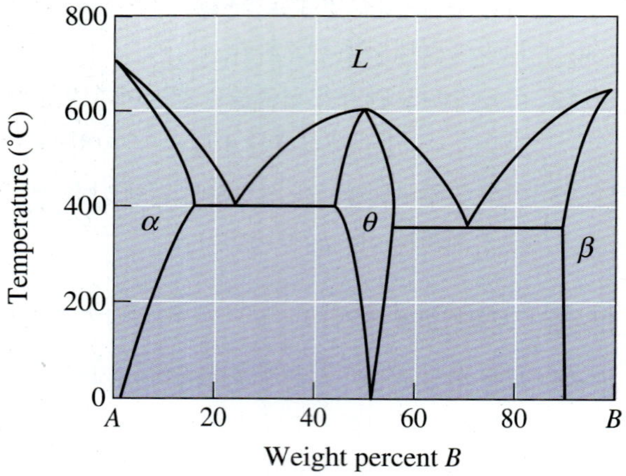

그림 12-33 가상의 상태도. (문제 12-46에 사용)

12-7절 시효경화합금의 고온사용

12-47 석출경화합금을 사용할 때의 주된 한계점은?

12-48 시효경화된 어떤 알루미늄합금(니켈기반 아님)이 용접 시에 강도를 잃는 이유는 무엇인가?

12-49 알루미늄합금 야구배트를 만들기 위하여 석출경화합금을 선택할 수 있는가?

12-50 어떤 종류의 분산강화합금이 1,000 ℃에서도 강도를 유지할 수 있는가?

12-8절 공석반응

12-51 Fe-Fe_3C계에서 공석반응을 기술하라.

12-52 공석조성의 강을 서냉하였을 때 생성되는 펄라이트의 미세구조를 그려라.

12-53 공정반응과 공석반응을 비교하라.

12-54 Fe-Fe_3C 상태도에서 공석반응의 부분을 그려라. 모든 조성, 온도, 관련 반응을 포함하라.

12-55 Fe-Fe_3C 상태도에서 포정반응의 부분을 그려라. 모든 조성, 온도, 관련 반응을 포함하라.

12-56 철의 α, δ, γ 형태에서 탄소고용도를 구하라.

12-57 페라이트, 오스테나이트, 펄라이트, 시멘타이트를 각각 정의하라.

12-58 펄라이트의 미세구조가 세라믹-금속 나노복합재료와 유사한지 규명하라.

12-59 아공석강과 과공석강이 의미하는 것은 무엇인가?

12-60 미세구성물과 상의 차이점은 무엇인가?

12-61 오스테나이트와 Fe_3C가 1,000 ℃와 3wt% C에서 평형상태이다. 이 합금에서 철 탄화물의 질량백분율은 얼마인가?

12-62 Fe-0.35% C 합금에 대하여 다음을 결정하라.

(a) 냉각 중에 오스테나이트가 처음으로 상변태하기 시작하는 온도

(b) 생성되는 초석미세구성물

(c) 728 ℃에서 존재하는 각 상의 조성과 양

(d) 726 ℃에서 존재하는 각 상의 조성과 양

(e) 726 ℃에서 존재하는 각 미세구성물의 조성과 양

12-63 Fe-1.15% C 합금에 대하여 다음을 결정하라.

(a) 냉각 중에 오스테나이트가 처음으로 상변태하기 시작하는 온도

(b) 생성되는 초석미세구성물

(c) 728 ℃에서 존재하는 각 상의 조성과 양

(d) 726 ℃에서 존재하는 각 상의 조성과 양

(e) 726 ℃에서 존재하는 각 미세구성물의 조성과 양

12-64 상온에서 강이 8% 시멘타이트와 92% 페라이트를 함유하고 있다. 강의 탄소량을 산출하라. 이 강은 아공석강인가 과공석강인가?

12-65 상온에서 강이 18% 시멘타이트와 82% 페라이트를 함유하고 있다. 강의 탄소량을 산출하라. 이 강은 아공석강인가 과공석강인가?

12-66 상온에서 강이 18% 펄라이트와 82% 초석 페라이트를 함유하고 있다. 강의 탄소량을 산출하라. 이 강은 아공석강인가 과공석강인가?

12-67 상온에서 강이 94% 펄라이트와 6% 초석 시멘타이트를 함유하고 있다. 강의 탄소량을 산출하라. 이 강은 아공석강인가 과공석강인가?

12-68 750 ℃에서 강이 55% α와 45% γ를 함유하고 있다. 강의 탄소량을 산출하라.

12-69 800 ℃에서 강이 96% γ와 4% Fe_3C를 함유하

고 있다. 강의 탄소량을 산출하라.

12-70 강이 0.5% 탄소함량을 갖는 40% 오스테나이트가 될 때까지 가열된다. 온도와 전체 탄소량을 구하라.

12-71 강이 1.05% 탄소함량을 갖는 85% 오스테나이트가 될 때까지 가열된다. 온도와 전체 탄소량을 구하라.

12-72 오스테나이트를 얻기 위해 아래 표의 탄소강을 1,000 ℃에서 1시간 동안 유지한 다음에 평형조건으로 상온까지 서냉하였다. Fe-Fe_3C 상태도를 참조하여 아래 표의 각 탄소 조성에 대하여 (a) 존재하는 상의 양, (b) 각 상의 탄소함량을 구하라. (c) 펄라이트, α, Fe_3C의 탄소량에 대한 항복강도의 그래프를 그리고 탄소량이 1% 미만인 강의 항복강도에 영향을 미치는 요인들을 설명하라.

탄소 %	항복강도(MPa)
0.2	295
0.4	353
0.6	372
0.8	376
0.95	379

12-73 침탄열처리로에서 잘못된 열전대는 신뢰성 없는 온도 측정을 초래한다. 초기에 0.2% 탄소를 함유한 침탄강의 미세조직을 분석해보면, 표면은 93%의 펄라이트, 7%의 초석 Fe_3C인 반면에 0.5 cm 깊이에서는 99% 펄라이트, 1%의 초석 Fe_3C인 것으로 나타난다. 침탄열처리가 4시간 동안 수행될 때 열처리 온도를 산정하라. FCC 철의 격자간 탄소확산에 대하여 확산계수 $D_0 = 2.3 \times 10^{-5}\ m^2/s$, 활성화에너지 $Q = 1.38 \times 10^5$ J/mol이다. 5-6절과 5-8절을 참조하라.

12-74 다음에 대하여 공석온도, 공석반응에서 각 상의 조성, 공석 미세조직에서 존재하는 각 상의 양을 구하라. 금속에서는 공석 미세조직이 연성인지 취성인지 언급하라.

(a) ZrO_2-CaO(그림 12-34 참조)

(b) 11.8% Al에서 Cu-Al[그림 12-31(c) 참조]

(c) 47% Zn에서 Cu-Zn[그림 12-31(a) 참조]

(d) Cu-Be[그림 12-31(d) 참조]

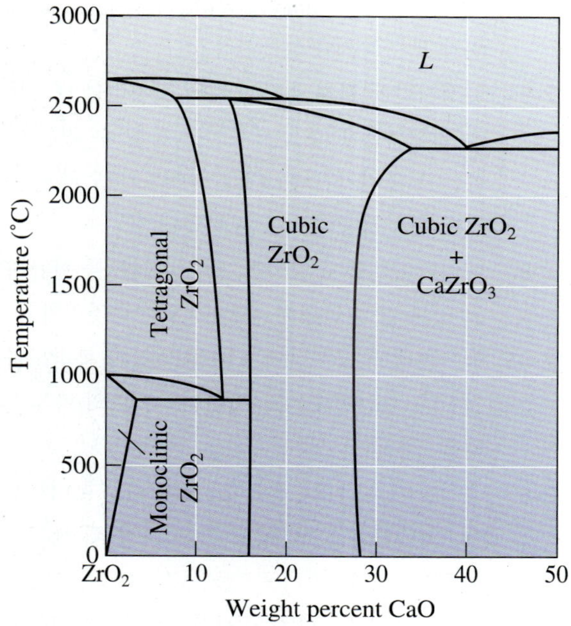

그림 12-34 ZrO_2-CaO 상태도의 일부분. (문제 12-74에 사용)

12-9절 공석반응의 제어

12-75 공석반응의 층간거리가 공정반응의 층간거리보다 작은 이유는 무엇인가?

12-76 공석강이 (a) 700 ℃, (b) 600 ℃에서 펄라이트로 등온변태할 때의 층간거리와 항복강도를 비교하라.

12-77 냉각속도에 따라서 공석강의 항복강도와 연신율이 달라지는 이유는 무엇인가?

12-78 표 12-1에 따라 탄소 조성의 함수로 조대 펄라이트와 미세 펄라이트 비율에 따른 항복강도와 인장강도를 그려라.

12-79 아공석강에서 공석과 초석 페라이트가 존재한다. 차이점을 설명하라. 각각에서 탄소의 농도는 어떠한가?

12-80 TTT 변태도를 설명하라.

12-81 0.77%의 탄소를 함유하고 있는 보통탄소강의 TTT 변태도를 그리고, 각 부의 명칭을 명기하라.

12-82 TTT 변태도에서 γ상과 γ_u상의 차이점은 무엇인가?

12-83 $Fe-Fe_3C$ 상태도에 베이나이트와 펄라이트가 나타나지 않는 이유는 무엇인가? 이것들은 상인가 또는 미세구성물인가?

12-84 일정시간에 걸쳐 냉각될 때의 열처리를 나타내기 위해서는 TTT 변태도를 사용할 수 없는 이유는 무엇인가? 즉, TTT 변태도가 오직 등온변태에만 적당한 이유는 무엇인가?

12-85 베이나이트를 설명하라. 베이나이트를 함유하고 있는 강이 인성이 좋은 이유는 무엇인가?

12-86 등온변태된 공석강이 410 MPa의 항복강도를 가진다. (a) 변태온도, (b) 펄라이트의 층간거리를 구하라.

12-87 공석강이 (a) HRC 38, (b) HRC 42, (c) HRC 48, (d) HRC 52의 경도 값을 가질 때 요구되는 변태온도와 미세구성물을 결정하라.

12-88 공석강을 800 ℃로 1시간 동안 가열하고 350 ℃로 급랭하여 750초 동안 유지하고, 마지막으로 상온으로 급랭하였을 때 경도와 미세구조를 구하라.

12-89 공석강을 800 ℃로 가열하고 650 ℃로 급랭하여 500초 동안 유지하고, 마지막으로 상온으로 급랭하였을 때 경도와 미세구조를 구하라.

12-90 공석강을 800 ℃로 가열하고 300 ℃로 급랭하여 10초 동안 유지하고, 마지막으로 상온으로 급랭하였을 때 경도와 미세구조를 구하라.

12-91 공석강을 800 ℃로 가열하고 300 ℃로 급랭하여 10초 동안 유지하고, 상온으로 급랭하고 400 ℃로 재가열하여 마지막으로 상온으로 다시 냉각하였을 때 경도와 미세구조를 구하라.

12-92 1080강을 550 ℃에서 등온변태할 때까지 775 ℃에서 1시간 동안 오스테나이트화하고 550 ℃로 급랭하였다. 완전한 상변태가 되기까지 550 ℃에서 오스테나이트가 얼마나 유지되어야 하는가? 미세구조와 경도를 구하라.

12-10절 마르텐사이트 변태와 템퍼링

12-93 강의 열처리 동안에 경화(강화) 반응의 주요 근원은 무엇인가?

12-94 시효경화합금과 강의 공정에서 유사성과 차이점은 무엇인가?

12-95 공석반응과 같은 고상변태와 마르텐사이트 변태의 차이점은 무엇인가?

12-96 등온변태와 비열적변태의 차이점은 무엇인가?

12-97 어떤 단계가 마르텐사이트 상변태 속도를 지배하는가?

12-98 마르텐사이트가 $Fe-Fe_3C$ 상태도에 나타나지 않는 이유는 무엇인가?

12-99 강의 마르텐사이트는 고정된 조성을 가지는가? 마르텐사이트 성질에 영향을 미치는 것은 무엇인가?

12-100 마르텐사이트 상변태가 다른 합금과 세라믹에서 일어날 수 있는가?

12-101 공석강 조성으로 생성된 마르텐사이트, 펄라이트, 베이나이트의 기계적 성질을 비교하라.

12-102 0.3% C를 함유하는 강을 공석온도 이상의 온도로 가열하여 1시간 동안 유지하고 상온으로 급랭하였다. 그림 12-35를 이용하여 가열온도가 (a) 728 ℃, (b) 750 ℃, (c) 790 ℃, (d) 850 ℃일 때 생성되는 마르텐사이트의 양, 조성, 경도를 구하라.

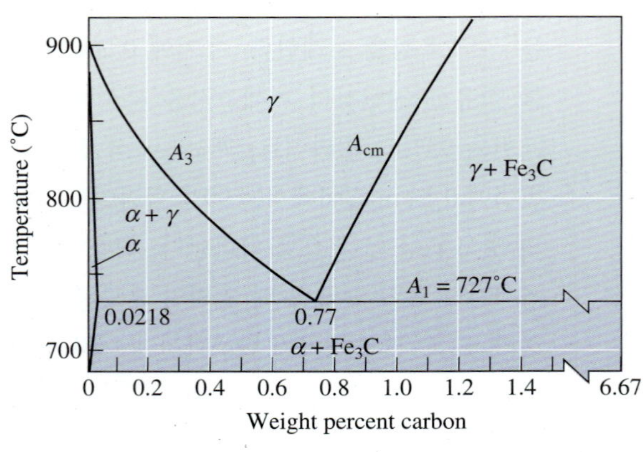

그림 12-35 $Fe-Fe_3C$ 상태도의 공석반응 부분. (문제 12-102, 12-103, 12-104, 12-105에 사용)

12-103 0.95% C를 함유하는 강을 공석온도 이상의 온도로 가열하여 1시간 동안 유지하고 상온으로 급랭하였다. 그림 12-35를 이용하여 가열온도가 (a) 728 ℃, (b) 750 ℃, (c) 780 ℃, (d)

850 ℃일 때 생성되는 마르텐사이트의 양과 조성을 구하라.

12-104 어떤 강의 미세구조가 75% 마르텐사이트와 25% 페라이트를 함유하고 있고, 마르텐사이트의 조성은 0.6% C이다. 그림 12-35를 이용하여 (a) 급랭 시작 온도, (b) 강의 탄소량을 구하라.

12-105 어떤 강의 미세구조가 92% 마르텐사이트와 8% Fe_3C를 함유하고 있고, 마르텐사이트의 조성은 1.1% C이다. 그림 12-35를 이용하여 (a) 급랭 시작 온도, (b) 강의 탄소량을 구하라.

12-106 0.8% C를 함유하고 있는 강이 급랭되어 마르텐사이트로 모두 상변태되었다. 오스테나이트의 격자상수를 3.6 Å로 가정할 때 부피변화를 구하라. 강이 급랭되는 동안 팽창하였는가 또는 수축하였는가?

12-107 급랭하고 템퍼링한 공석강이 최소한 125,000 psi의 인장강도를 가지기 위해 요구되는 모든 열처리 과정을 적절한 온도를 포함하여 기술하라.

12-108 급랭하고 템퍼링한 공석강이 HRC 50 이하의 경도를 가지기 위해 요구되는 모든 열처리 과정을 적절한 온도를 포함하여 기술하라.

12-109 공정합금에서 공정미세구성물이 일반적으로 연속이지만, 공석구조에서는 초석미세구성물이 보통 연속적이다. 각 반응에서 온도가 감소함에 따라 나타나는 변화를 기술하면서 이 차이점을 설명하라.

12-110 강의 템퍼링이란 무엇인가? 템퍼링이 왜 필요한가?

12-111 마르텐사이트의 분해로 생성되는 상은 무엇인가?

12-112 템퍼드 마르텐사이트란 무엇인가?

12-113 템퍼링이 마르텐사이트의 분해를 초래한다면, 첫 단계에서 마르텐사이트를 생성시키는 이유는 무엇인가?

12-114 공석강의 템퍼링으로 발생되는 성질의 변화를 기술하라.

12-11절 형상기억합금(SMA)

12-115 형상기억합금이 기억효과를 나타내는 원리는 무엇인가?

12-116 형상기억효과를 나타내는 재료의 예를 몇 가지 기술하라.

12-117 형상기억합금이 적용되는 예를 몇 가지 기술하라.

설계문제

12-118 알루미늄 판을 고층건물의 24층 구조물에 부착하려고 한다. 시효경화 알루미늄으로 된 리벳을 사용하려고 하지만 사용하기 위해서는 리벳이 무르고 연성이어야 한다. 판이 부착된 후에는 리벳이 매우 강해야 한다. 리벳을 생산하여 사용하고 강하게 할 수 있는 방법을 설계하라.

12-119 75%가 결정질인 구조를 갖고 있는 폴리프로필렌 고분자를 제조하는 공정을 설계하라(그림 12-30 참조).

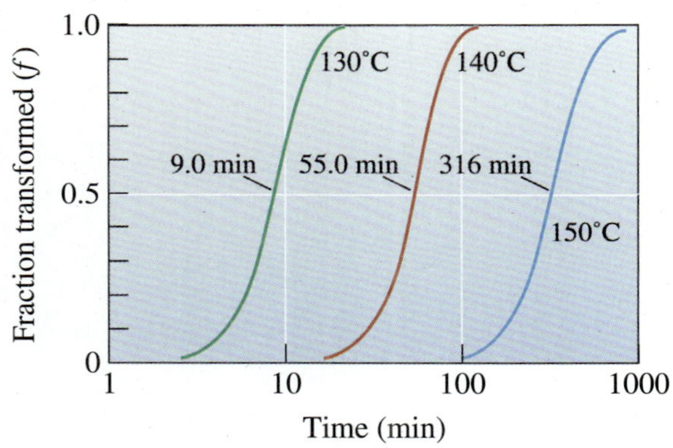

그림 12-30 폴리프로필렌의 결정화에 미치는 온도의 영향. (문제 12-119를 위해 반복됨)

12-120 시효경화된 Al-Cu 브래킷이 제강로의 외벽 위에서 무거운 전기적 감지장치를 지탱하기 위해 사용된다. 온도가 200 ℃를 초과할 수도 있다. 설계가 잘 되었는지를 설명하고 그렇지 않다면 적당한 브래킷을 설계하여 그 이유를 설명하라.

12-121 공석강을 접합하기 위해 아크용접이 사용된다. 접합공정 후에 냉각속도가 매우 높을 수 있

다. 열영향부에서 발생되는 현상과 야기되는 문제점들을 설명하라. 이런 문제점들을 최소화할 수 있는 접합공정을 설계하라.

컴퓨터문제

12-122 보통탄소강의 상 및 미세구성물의 계산

0~1.5% C의 조성인 보통탄소강에 대한 상의 양을 계산할 수 있는 컴퓨터 프로그램을 작성하라. 모든 계산에서 상온을 가정하라. 프로그램은 사용자가 탄소농도 값을 입력하도록 요구해야 한다. 프로그램은 이 입력을 활용하여 지렛대법칙을 사용하여 강에서 상(페라이트, Fe_3C)의 양을 계산해야 한다(예제 12-6과 유사함). 또한 프로그램은 강이 공석강인지, 아공석강인지, 과공석강인지를 알려주어야 한다. 그뿐만 아니라 프로그램은 조성에 따라, 존재하는 미세구성물의 양을 계산할 수 있어야 한다. 프로그램은 또한 서냉을 가정할 때 예상할 수 있는 미세구조를 나타내는 적절한 내용을 출력할 수 있어야 한다. 예를 들면, 조성이 아공석강이라면, 프로그램은 미세구조가 주로 α결정립과 펄라이트로 구성되어 있다는 내용을 출력할 수 있어야 한다.

Knovel® 활용 문제

K12-1 NiTi 형상기억합금의 열사이클링 효과는 무엇인가?

K12-2 고온용으로 사용되는 석출경화 철기반 초합금이 있다. 이 강에 필요한 열처리 과정을 설명하라.

강철은 구조용으로, 하중지탱 용도에 가장 널리 사용되는 재료의 집합이다. 대부분의 건물, 다리, 공구, 자동차, 기타 수많은 용도에 철합금을 사용하고 있다. 넓은 범위의 미세조직과 특성을 가져다줄 수 있는 일련의 열처리에 의해, 강철은 아마 가장 다목적으로 사용되는 공업재료일 것이다.

캘리포니아의 금문교(Golden Gate Bridge)는 강철로 만들었다. 그 강철은 부식저항을 높이기 위하여 페인트로 칠해졌다. 붉은색은 International Orange로 잘 알려져 있다. 샌프란시스코 만을 가로질러 다리의 상판을 지탱해주는 주탑의 현수케이블은 27,527개의 와이어로 구성되어 있고 총 길이는 약 129,000 km에 이른다. (출처: *Henrik Lehnerer/Shutterstock.com*)

CHAPTER 13

강과 주철의 열처리

다음과 같이 궁금해본 적이 있는가?

- 가장 널리 사용되는 공학재료는 무엇인가?
- 무엇이 스테인리스강을 'stain-less'로 만드는가?
- 주철과 강의 차이점은 무엇인가?
- 스테인리스강은 강자성인가?

제13장의 주요 학습목표

- 여러 클래스의 강에 대한 다양한 명칭표기를 인식하고 설명하는 것.
- 등온변태도와 연속냉각변태도를 사용하여 강의 특정한 미세조직과 성질을 얻기 위해 다양한 열처리를 설계하는 것.
- 보통탄소강, 합금강, 스테인리스강, 공구강, 특수강과 이들 각각의 세부 분류에 따라 강의 종류를 구분하는 것.
- 강의 일반적인 합금원소들을 열거하고 각각의 목적을 설명하는 것.
- 서로 다른 주철에 대한 다양한 명칭표기를 인식하고 설명하는 것.

철-탄소 합금을 기반으로 하는 철합금(ferrous alloy)에는 보통탄소강, 합금강, 공구강, 스테인리스강, 주철이 있다. 이들은 가장 널리 사용되는 재료이다. 문명의 역사에서 이러한 재료들은 '철기시대'를 정의한다. 강은 일반적으로 철광석의 정련에 의해서 혹은 고철의 재활용에 의해서 제조된다.

1차적인 강의 생산은 철광석(50～70% 산화철, Fe_2O_3 또는 Fe_3O_4)을 코크스(coke, 일종의 탄소)와 산소가 공급되는 용광로(blast furnace)에서 가열한다. 코크스는 산화철을 선철(pig iron) 또는 무쇠(hot metal)로 알려진 용융된 철로 환원시킨다. 약 1,600 ℃에서 이 재료는 약 95%의 철, 4%의 탄소, 0.3～0.9%의 규소, 0.5%의 망간과 0.025～0.05%의 황, 인, 티타늄을 함유하고 있다. 슬래그(slag)는 고로(용광로) 공정의 부산물로서 실리카, CaO, 규산염 용융체 형태인 다른 불순물들을 포함하고 있다. 강은 무게기준으로 최대 약 2%까지 탄소함량을 갖는다. 액체 선철은 많은 양의 탄소를 포함하고 있기 때문에 염기성산소로(BOF)에서 산소를 불어넣어 과잉의 탄소를 제거해주면 액체강(liquid steel)이 만들어진다.

두 번째 방법에서는, 아크의 열로 고철을 녹이는 전기아크로에서 종종 고철을 녹인다. 스테인리스강과 같은 많은 합금강과 특수강이 전기로(electric furnace) 용해를 통해 생산된다. 일반적으로 스테인리스강을 포함한 액체강은 종종 추가로 정련된다. 그 목적은 인과 황 같은 불순물의 수준을 낮추고 탄소함량을 원하는 수준으로 맞추는 것이다. 액체강을 주형에 주입하여 최종 주강품을 생산한다. 또한 일정한 형상으로 응고시킨 후 압연이나 단조와 같은 금속 성형공정을 통해 가공한다.

이전 장에서 기술된 모든 강화기구들이 적어도 일부 철합금들에 적용된다. 이 장에서는 열처리와 합금을 통해 강철의 미세조직과 성질을 제어하기 위하여 공석반응을 어떻게 사용하는지 살펴볼 것이다. 또한 두 가지의 특수한 철합금인 스테인리스강과 주철에 대해서도 검토할 것이다.

13-1 강의 명칭과 분류

강과 주철을 나누는 기준점은 공정반응이 가능해지는 2.11% C이다. 강에 대해서는 상태도(그림 13-1)의 공석반응 부분에 초점을 맞출 것이며, 특별히 고용도 선들과 공석반응 등온선을 식별할 것이다. A_3는 냉각 시 페라이트가 생성되기 시작하는 온도를 나타내고, A_{cm}은 시멘타이트가 생성되기 시작하는 온도를 나타내며, A_1은 공석온도를 나타낸다.

거의 대부분 강의 열처리는 적절한 특성의 조합을 보이는 페라이트와 시멘타이트의 혼합물을 형성하는 방향으로 수행된다. 그림 13-2는 보통 추구하게 되는 세 가지의 중요한 미세구성물 또는 페라이트와 시멘타이트의 배열을 보여준다. 펄라이트는 페라이트와 시멘타이트의 층상 혼합물이다. 시멘타이트는 펄라이트에서보다 오스테나이트가 심한 과냉 하에서 상변태할 때 얻어지는 베이나이트에서 더욱 구상의 형태를 띤다. 템퍼드 마르텐사이트(tempered martensite)는 아주 미세하고 둥근 시멘타이트가 페라이트에 혼합된 것으로, 마르텐사이트가 만들어진 후 그것을 다시 가열할 때 형성된다.

명칭표기법 AISI(American Iron and Steel Institute)와 SAE(Society of Automotive Engineers)에서 4자리 또는 5자리의 숫자를 사용하여 각 강철합금을 식별하는 명칭표기 시스템을 제공한다(표 13-1). 처음 2자리의 숫자는 주요 합금원소를 나타내며, 뒤의 2자리 또는 3자리의 숫자는 탄소함량을 백분율로 나타낸다. AISI 1040강은 0.40% C를 함유한 보통탄소강이고 SAE 10120강은 1.20% C를 함유한 보통탄소강이다. AISI 4340강은 0.40% C를 함유한 합금강을 나타낸다. ASTM(American Society for Testing of Materials)은 강을 분류하는 다른 방법을 가지고 있다. ASTM은 용도에 따라 적절한 강의 스펙을 보여주는 목록을 가지고 있다.

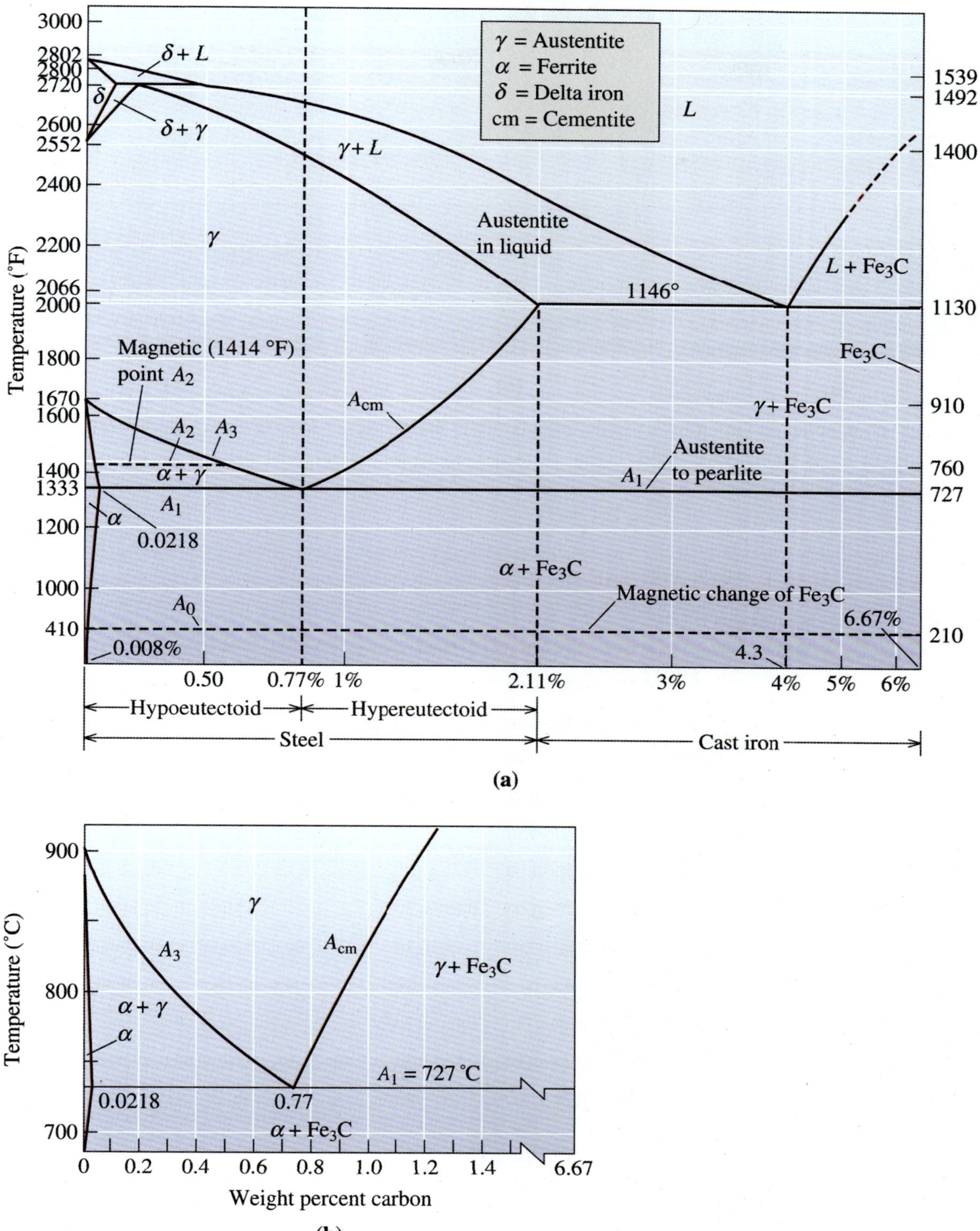

그림 13-1 (a) Fe-Fe_3C 상태도, (b) Fe-Fe_3C 상태도의 공석점 부근을 확대한 상태도. 몇몇 출처로부터 채택되었다.

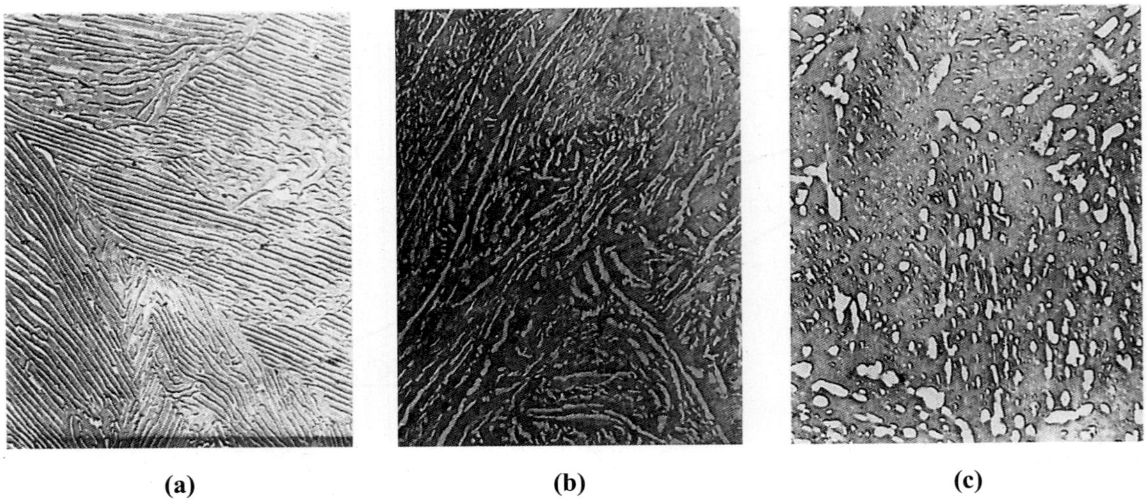

그림 13-2 (a) 펄라이트, (b) 베이나이트, (c) 템퍼드 마르텐사이트의 현미경사진(× 7,500). 세 가지 미세조직 구성요소에 포함된 시멘타이트의 크기와 형상의 차이를 보여준다. (출처: The Making, Shaping and Treating of Steel, *10th Ed. Courtesy of the Association for Iron & Steel Technology.*)

표 13-1 선별된 AISI-SAE 강의 조성

AISI-SAE 번호	% C	% Mn	% Si	% Ni	% Cr	기타
1020	0.18~0.23	0.30~0.60				
1040	0.37~0.44	0.60~0.90				
1060	0.55~0.65	0.60~0.90				
1080	0.75~0.88	0.60~0.90				
1095	0.90~1.03	0.30~0.50				
1140	0.37~0.44	0.70~1.00				0.08~0.13% S
4140	0.38~0.43	0.75~1.00	0.15~0.30		0.80~1.10	0.15~0.25% Mo
4340	0.38~0.43	0.60~0.80	0.15~0.30	1.65~2.00	0.70~0.90	0.20~0.30% Mo
4620	0.17~0.22	0.45~0.65	0.15~0.30	1.65~2.00		0.20~0.30% Mo
52100	0.98~1.10	0.25~0.45	0.15~0.30		1.30~1.60	
8620	0.18~0.23	0.70~0.90	0.15~0.30	0.40~0.70	0.40~0.60	0.15~0.25% Y
9260	0.56~0.64	0.75~1.00	1.80~2.20			

분류 강은 조성 또는 가공처리된 방법을 근거로 분류할 수 있다. 탄소강은 최대 약 2%의 탄소를 함유한다. 이 강들은 규소(최대 0.6%), 구리(최대 0.6%), 망간(최대 1.65%)과 같은 다른 원소들도 함유할 수 있다. 탈탄강(decarburized steel)은 0.005% 이하의 탄소를 함유한다. 초저탄소강(ultra-low carbon steel)은 최대 0.03%의 탄소를 함유한다. 이들은 또한 매우 적은 양의 다른 원소(예: 규소, 망간)를 함유한다. 저탄소강

(low-carbon steel)은 0.04 ~ 0.15%의 탄소를 함유한다. 이들 저탄소강은 자동차 차체와 수많은 다른 용도에 사용된다.

예제 13-1 **AISI 번호를 결정하는 방법의 설계**

자동차용 알루미늄휠을 가공하는 데 쓰이는 합금되지 않은 강철 공구가 잘 작동되고 있는데, 이 공구의 구매기록을 잃어버려 강의 조성을 모른다. 이 강의 미세조직은 템퍼드 마르텐사이트이고 이 미세조직으로부터 조성을 추정할 수 없다고 가정한다. 이 강의 탄소함량을 구하는 데 도움을 줄 수 있는 방법을 설계하라.

풀이

화학조성을 직접적으로 분석할 수 있는 장비는 이용할 수 없다고 가정하자. 강은 전체 조직이 매우 미세한 템퍼드 마르텐사이트로 되어 있으므로 쉽게 분석할 수 있는 구조를 만들 수 있는 간단한 열처리를 시행할 수 있다. 이는 두 가지 방법에 의해 가능하다.

첫 번째 방법은 강을 A_1 온도 바로 아래까지 가열하고 장시간 유지한다. 강이 과잉 템퍼링되며 페라이트 기지 내에 큰 구형의 Fe_3C가 형성된다. 그러고 나서 페라이트와 시멘타이트의 양을 계산하고 지렛대법칙을 이용하여 탄소의 함량을 계산한다. 만약 이 방법을 이용하여 Fe_3C가 16%임을 얻었다면 탄소함량은 다음과 같다.

$$\%\ \text{시멘타이트} = \left(\frac{x - 0.0218}{6.67 - 0.0218}\right) \times 100 = 16 \quad \text{or} \quad x = 1.086\%\ \text{C}$$

그러나 더 나은 방법은 강을 A_{cm} 이상으로 가열하여 전체 조직을 오스테나이트화한다. 이 강을 서서히 냉각시키면 펄라이트와 초석미세구성물로 변태된다. 이렇게 하여 조직이 95% 펄라이트와 5% 초석 Fe_3C로 된다면, 탄소함량은 다음과 같다.

$$\%\ \text{펄라이트} = \left(\frac{6.67 - x}{6.67 - 0.77}\right) \times 100 = 95 \quad \text{or} \quad x = 1.065\%\ \text{C}$$

탄소함량은 1.065~1.086% 정도이고, 이것은 10110강과 일치한다. 이 방법에서 미세구성물의 무게백분율과 체적백분율이 같다고 가정하였는데, 강의 경우 실제로 거의 그러하다.

연강(mild steel)은 0.15~0.3%의 탄소를 함유한다. 이 강은 배관과 건물이나 다리와 같은 구조물에 사용된다. 중탄소강은 0.3~0.6%의 탄소를 함유한다. 이들은 기계장치, 트랙터, 광산장비 등을 만드는 데 사용된다. 고탄소강은 0.6% 이상의 탄소를 함유한다. 이들은 스프링, 철도차량 바퀴 등에 사용된다. 주철은 2~4%의 탄소를 함유하는 Fe-C 합금이다.

합금강은 뚜렷하게 드러날 수준의 합금원소를 함유하는 조성이다. 나중에 이 장에서 합금원소의 영향에 대해 살펴볼 것이다. 그것들은 강의 경화능(hardenability)을 향상시킨다. AISI는 합금강을 Mn 1.65%, Si 0.6%, Cu 0.6%를 기준으로 한 가지 이상 초과하는 합금으로 정의한다. 전체 탄소함량은 최대 1%이고 전체 합금원소의 함량은 5% 이하이다. 또한 정해진 농도의 합금원소(흔히 Ni, Cr, Mo, Ti)를 함유하는 재료도 합금강이라 할 수 있다. 이러한 강은 공구(해머, 끌 등)를 만들거나 차축, 샤프트, 기어 등의 기계부품을 만드는 데 사용된다.

어떤 특수강은 절삭성을 향상시키기 위하여 비교적 많은 양의 황(0.1% 이상)이나 납(약 0.15~0.35%)을 함유한다. 그러나 이들은 용접이 쉽지 않다. 최근에 개발된 '환경친화강(green steel)'에서는 환경적으로 독성이 있는 납이 주석(Sn)이나 안티모니(Sb)로 대체되었다. 강은 또한 가공처리된 방법에 따라 분류될 수 있다. 예를 들면, 연속주조강(concast steel)과 아연도금강(galvanized steel)이 있다. 전자는 연속주조로 생산된 것이고, 후자는 내부식성을 위해 아연도금을 입힌 것이다(제18장). 유사하게 주석도금강(tin-plated steel)은 내부식성 캔 등의 제품에 사용된다. 주석은 전기 도금(continuous web electrodeposition)에 의해 증착된다. 'E-steel'은 전기로를 사용하여 용해한 강이고, 'B-steel'은 매우 적은 양(0.0005~0.003%)이지만 의미 있는 붕소(B)를 함유한다. 최근에는 코팅된 스테인리스강 'germ-resistant'라는 것도 있다.

13-2 단순 열처리

네 가지의 단순 열처리(공정어닐링, 어닐링, 노멀라이징, 구상화어닐링)가 일반적으로 강의 열처리에 사용된다(그림 13-3). 이러한 열처리들은 (1) 냉간가공 영향의 제거, (2) 분산강화의 조절, (3) 절삭성의 향상 중 한 가지를 만족시키기 위해 사용된다.

공정어닐링: 냉간가공 영향의 제거 약 0.25% C 이하의 강에서 냉간가공의 영향을 제거하기 위해 사용하는 재결정 열처리를 공정어닐링(process annealing)이라고 한다. 공정어닐링은 A_1 이하 80~170 ℃ 온도범위에서 수행된다. 강에 대한 공정어닐링의 효과는 잔류응력을 상당히 감소시키거나 제거한다는 면에서 무기질 유리의 어닐링과 유사하다.

어닐링 및 노멀라이징: 분산강화의 조절 펄라이트 조직의 미세화를 조절하여 강을 분산강화할 수 있다. 처음에 강을 가열하여 완전한 오스테나이트(FCC γ상)를 만드는데, 이 단계를 오스테나이트화(austenitizing)라고 한다. 어닐링(annealing) 또는 완전어닐링은 노 내에서 강을 서서히 냉각시켜 조대한 펄라이트를 형성시킨다. 노멀라이징

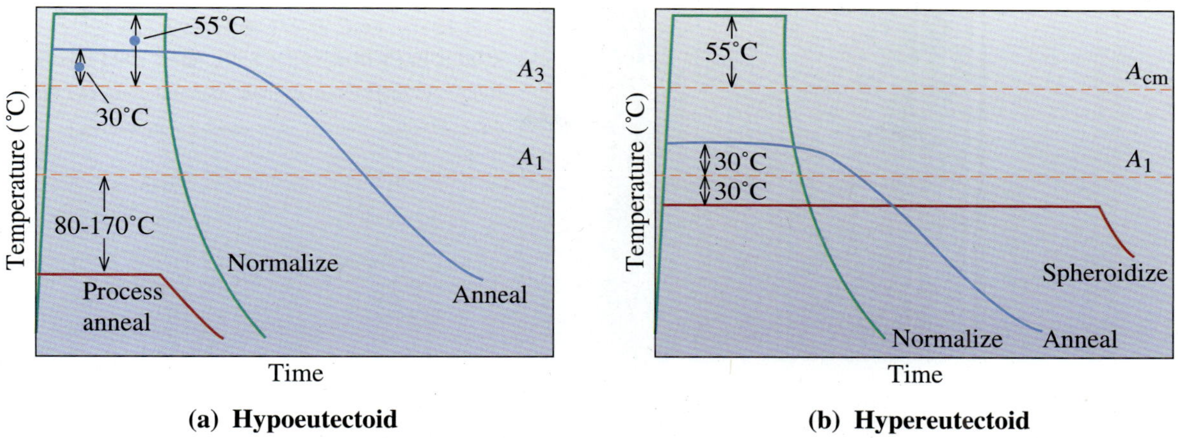

그림 13-3 (a) 아공석강, (b) 과공석강에 대한 단순 열처리의 요약.

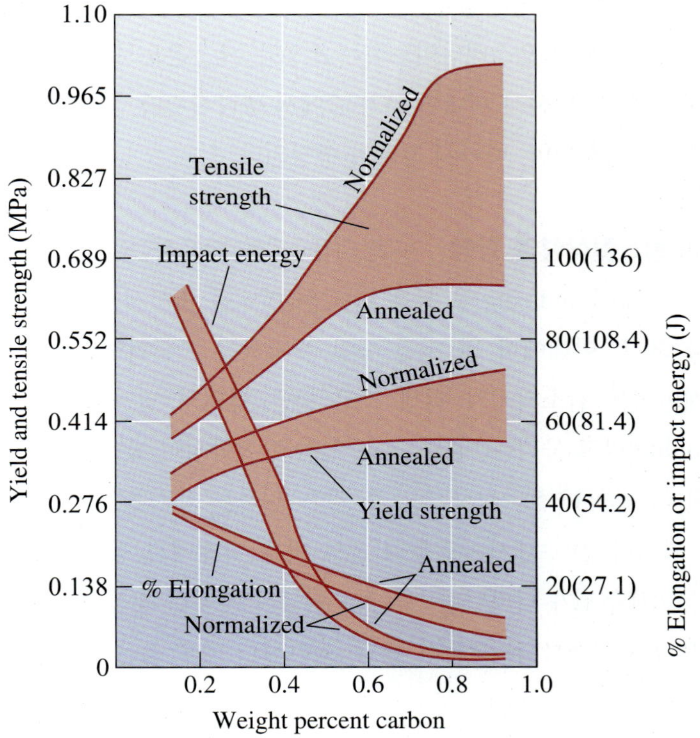

그림 13-4
보통탄소강의 특성에 미치는 탄소함량과 열처리의 영향.

(normalizing)은 강을 공기 중에서 좀 더 빠르게 냉각시켜 미세한 펄라이트를 형성시킨다. 그림 13-4는 보통탄소강의 어닐링과 노멀라이징에 의해 얻어지는 대표적인 특성을 보여준다.

어닐링에서 아공석강의 오스테나이트화는 A_3 온도보다 약 30 ℃ 위에서 이루어지며 100% γ상이 생기게 된다. 그러나 과공석강의 오스테나이트화는 A_1 온도보다 약 30 ℃ 위에서 이루어지며 오스테나이트와 Fe_3C가 생성된다. 이 공정은 100% γ구역으로부터

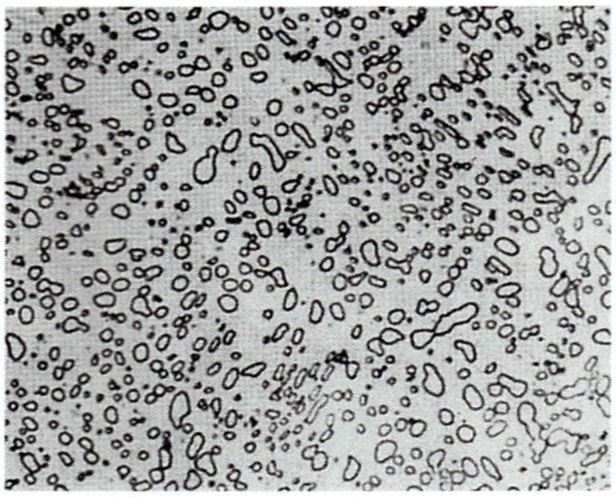

그림 13-5 Fe_3C 입자가 페라이트 기지에 분산된 슈페로이다이트의 미세조직(× 850). [출처: ASM Handbook, *Vol. 7, (1972), ASM International, Materials Park, OH 44073-0002. All rights reserved. www.asminternational.org.*]

서냉할 때 취성의 연속적인 Fe_3C막이 입계에 형성되는 것을 방지한다. 두 가지 경우 모두 노 내에서의 서냉과 조대한 펄라이트의 형성함으로써 비교적 낮은 강도와 좋은 연성을 보인다.

노멀라이징을 위한 오스테나이트화는 A_3 또는 A_{cm} 온도보다 약 55 ℃ 위에서 수행된다. 그 다음에 강을 노에서 꺼내어 공기 중에서 냉각시킨다. 더 빠르게 냉각되므로 미세한 펄라이트가 형성되며, 따라서 강도가 향상된다.

구상화어닐링: 절삭성의 향상 다량의 Fe_3C를 함유하는 강은 절삭성이 좋지 않다. 구상화어닐링(spheroidizing)을 통해 Fe_3C의 형태를 변형시키는 것이 가능하다. A_1 온도보다 약 30 ℃ 아래에서 몇 시간 동안 유지하는 구상화어닐링 동안에, Fe_3C의 형태는 경계면적을 감소시키기 위해 크고 둥근 형태의 입자로 변한다. 슈페로이다이트(spheroidite)라고 불리는 미세구조는 연하고 절삭성이 좋은 페라이트의 연속적인 기지를 가진다(그림 13-5). 절삭가공 후 강은 원하는 특성을 얻기 위하여 더욱 정교한 열처리를 거친다. 마르텐사이트를 A_1온도 바로 아래에서 장시간 동안 템퍼링할 때에도 비슷한 미세구조가 나타난다. 앞에서 언급한 것처럼 절삭성을 향상시키기 위해 납과 황 같은 합금원소를 첨가할 수 있고, 최근에는 매우 좋은 절삭성을 갖는 납이 없는 강(green steel)이 개발되었다.

다음 예제는 일정한 조성의 강에 대하여 서로 다른 열처리 조건들이 어떻게 적용될 수 있는지 보여준다.

예제 13-2 열처리에 적절한 구하기

1020, 1077, 10120강의 공정어닐링, 어닐링, 노멀라이징, 구상화어닐링에 대한 적절한 온도를 결정하라.

풀이

그림 13-1로부터 각각의 강의 A_1, A_3, A_{cm} 온도를 알 수 있다. 이러한 온도에 근거하여 열처리를 지정할 수 있다.

강의 종류	1020	1077	10120
임계온도	$A_1 = 727$ ℃ $A_3 = 830$ ℃	$A_1 = 727$ ℃	$A_1 = 727$ ℃ $A_{cm} = 895$ ℃
공정어닐링	727 − (80∼170) = 557∼647 ℃	하지 않음	하지 않음
어닐링	830 + 30 = 860 ℃	727 + 30 = 757 ℃	727 + 30 = 757 ℃
노멀라이징	830 + 55 = 885 ℃	727 + 55 = 782 ℃	895 + 55 = 950 ℃
구상화어닐링	하지 않음	727 − 30 = 697 ℃	727 − 30 = 697 ℃

13-3 등온 열처리

변태온도가 1080강(공석강)의 성질에 미치는 영향은 제12장에서 논의하였다. 등온변태 온도가 감소함에 따라 베이나이트가 생기기 시작하기 전에 대신 펄라이트가 점진적으로 더욱 미세해진다. 매우 낮은 온도에서는 마르텐사이트가 얻어진다.

오스템퍼링과 등온어닐링 베이나이트를 생성하는 데 사용되는 등온변태 열처리, 즉 오스템퍼링(austempering)은 강을 오스테나이트화한 후 TTT 곡선의 코(nose)보다 낮은 온도까지 급랭시켜 오스테나이트가 베이나이트로 완전히 변태할 때까지 온도를 유지시키는 것이다(그림 13-6).

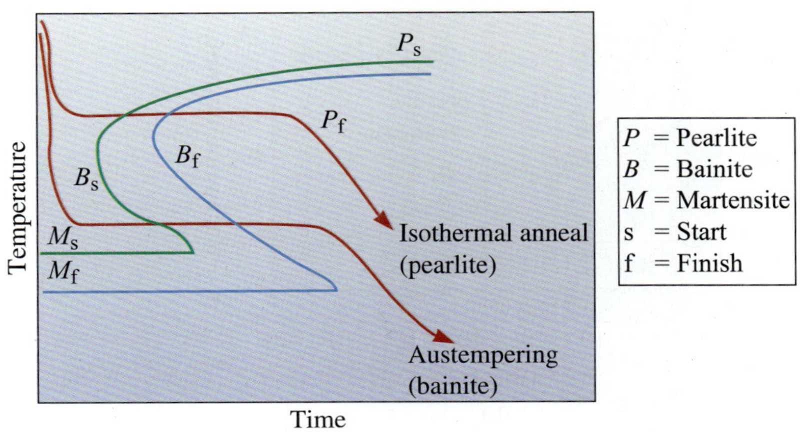

그림 13-6 1080강의 오스템퍼링 및 등온어닐링 열처리.

어닐링과 노멀라이징은 보통 펄라이트의 미세함을 조절하기 위해 사용된다. 그러나 등온어닐링(isothermal annealing)에 의해서 생성된 펄라이트는 더욱 균일한 성질을 가지는데(그림 13-6), 그 이유는 어닐링 및 노멀라이징으로 얻어진 미세조직과 냉각속도가 강의 단면을 따라 다르게 나타나기 때문이다. TTT 변태도는 오직 등온열처리만을 나타낸다. 즉, 일정한 온도에서 열처리가 시작되고 종료된다고 가정하는 것이다. 그러므로 그림 13-6에서 보인 것처럼 TTT 변태도에 냉각곡선을 겹치는 방법으로 열처리를 정확하게 묘사할 수는 없다.

탄소가 TTT곡선에 미치는 영향 과공석강이든 아공석강이든 TTT 변태도는 초석상의 생성가능성을 반영하여야 한다. 1050강과 10110강의 등온변태도를 그림 13-7에 나타내었다. 가장 눈에 띄는 변화는 '날개(wing)'가 있다는 것인데, 이는 곡선의 코에서 시작하여 A_3 또는 A_{cm} 온도에 점근선으로 다가간다. 날개는 아공석강에서 페라이트

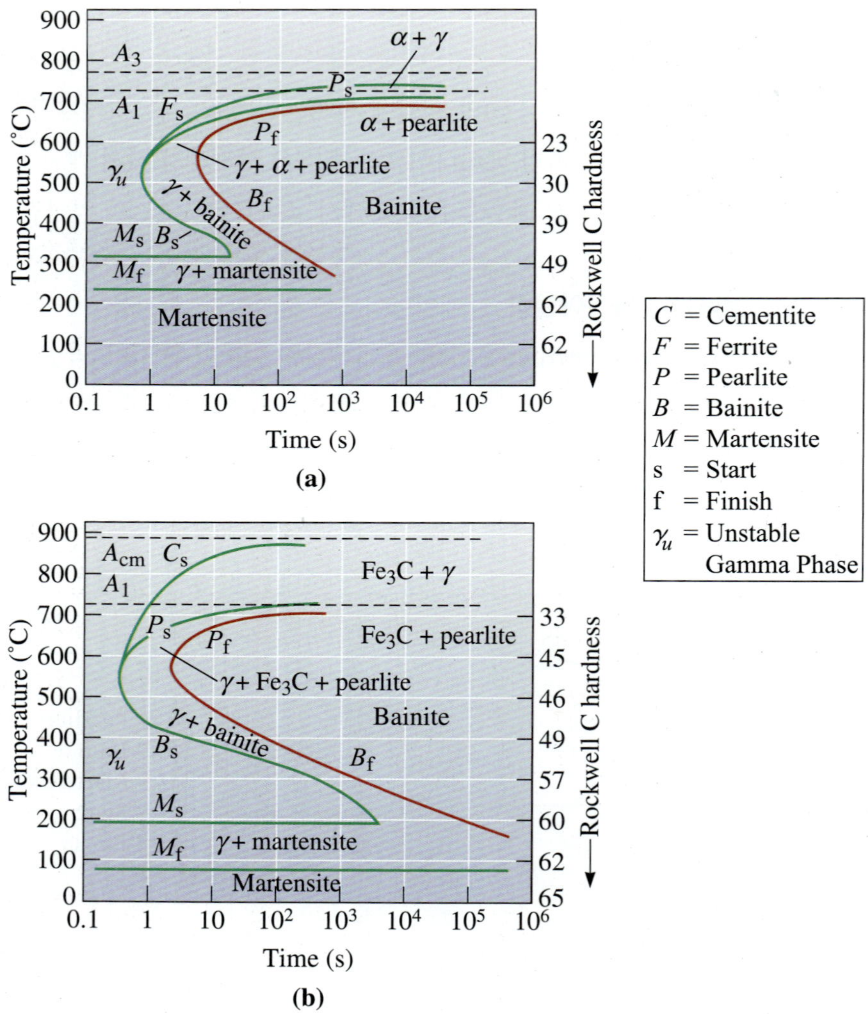

그림 13-7 (a) 1050강, (b) 10110강에 대한 TTT 곡선.

가 생기기 시작하는 시간(F_s)이나 또는 과공석강에서 시멘타이트가 생기기 시작하는 시간(C_s)을 나타낸다.

1050강을 오스테나이트화한 다음 급랭시켜 A_1과 A_3 사이의 온도로 유지하면 초석 페라이트의 핵생성이 일어나 성장한다. 결국 평형량의 페라이트와 오스테나이트가 얻어진다. 마찬가지로 10110강을 A_{cm}과 A_1 사이의 온도로 유지하면 초석 시멘타이트가 핵생성되어 평형량만큼 성장한다.

오스테나이트화된 1050강을 TTT 곡선의 코 온도와 A_1 온도 사이까지 급랭시키면 초석 페라이트가 다시 핵생성되고 평형량에 도달할 때까지 성장한다. 잔류 오스테나이트는 펄라이트로 변태된다. 초석 시멘타이트와 펄라이트가 생성되는 비슷한 현상이 과공석강에서도 나타난다.

강을 TTT 곡선의 코 아래까지 급랭시키면 강의 탄소함량에 관계없이 베이나이트만 생성된다. 강을 M_s 온도 아래까지 급랭시키면 마르텐사이트가 형성될 것이다. 예제 13-3은 상태도와 TTT 변태도가 강의 열처리에 어떻게 활용되는지 보여준다.

등온변태의 중단 등온열처리를 훼방하면 복잡한 조직이 얻어진다. 예를 들어 1050강을 800 ℃에서 오스테나이트화한 후 650 ℃까지 급랭하여 10초 동안 유지했다가(약간의 페라이트와 펄라이트가 생성), 다시 350 ℃까지 급랭하여 1시간(3,600초) 동안 유지한다(그림 13-8). 350 ℃로 급랭하기 전에 남아 있던 불안정한 오스테나이트는 베이나이트로 변태한다. 최종 조직은 페라이트, 펄라이트, 베이나이트이다. 350 ℃의 열처리를 1분(60초) 후에 중단하고 급랭하면 열처리를 더욱 복잡하게 할 수 있다. 350 ℃에서 1분을 유지한 후에 남아 있는 오스테나이트는 마르텐사이트로 변한다. 최종 조직은 페라이트, 펄라이트, 베이나이트, 마르텐사이트이다. 온도를 변화시킬 때마다 시간을 0부터 다시 시작했음에 유의하라. 실제로는 온도를 순간적으로 변화시킬 수는 없다. 즉 순

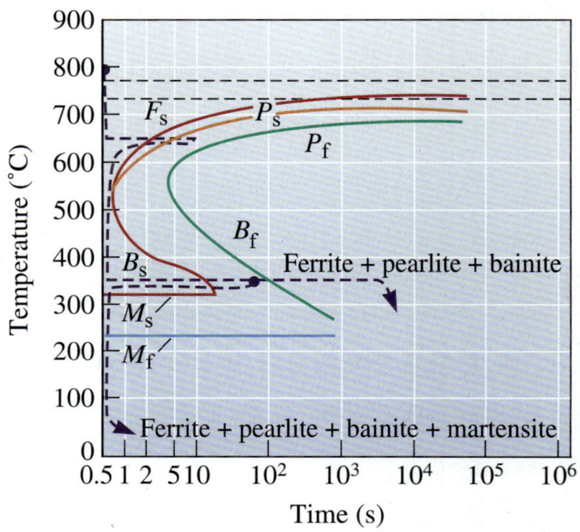

그림 13-8 1050강의 등온열처리를 도중에 중단함으로써 복잡한 조직을 생성한다.

간적으로 800 ℃에서 650 ℃ 또는 650 ℃에서 350 ℃까지 변화시킬 수 없다. 이것이 연속냉각변태도(CCT diagram)를 사용하는 이유이다.

예제 13-3 차축에 대한 열처리의 설계

1050강 차축에서 균일한 미세조직과 HRC 23의 경도를 얻기 위한 열처리를 제안하라.

풀이

이 문제는 여러 가지 방법으로 시도해볼 수 있다. 강을 오스테나이트화하고 어닐링 또는 노멀라이징에 해당하는 적절한 속도로 냉각시켜 정확한 경도를 얻는다. 그러나 그렇게 하면 차축의 미세조직과 경도가 표면에서부터 중심부까지 변할 수 있음을 알았다.

더 좋은 방법은 등온열처리를 이용하는 것이다. 그림 13-7에서 보면 오스테나이트를 600 ℃에서 페라이트와 펄라이트의 혼합물로 변태시키면 HRC 23의 경도가 얻어진다. 그림 13-1로부터 A_3 온도는 770 ℃이다. 따라서 열처리는 다음과 같다.

1. 강을 770 + (30~55) = 805~825 ℃ 온도범위에서 1시간 동안 유지하고 오스테나이트화하여 100% γ상을 얻는다.
2. 강을 660 ℃까지 급랭시키고 최소 10초 동안 유지시킨다. 약 1.0초 후에 초석 페라이트가 불안정한 오스테나이트로부터 석출되기 시작한다. 1.5초 후에는 펄라이트가 성장하고 10초 후에는 오스테나이트가 완전히 페라이트와 펄라이트로 변태된다. 이 과정을 거친 후 존재하는 미세구성물은 다음과 같다.

$$\text{초석 } \alpha = \left(\frac{0.77 - 0.50}{0.77 - 0.0218}\right) \times 100 = 36\%$$

$$\text{펄라이트} = \left(\frac{0.50 - 0.0218}{0.77 - 0.0218}\right) \times 100 = 64\%$$

3. 초석 페라이트와 펄라이트의 평형량을 유지하면서 공기 중에서 상온까지 냉각한다. 등온어닐링이기 때문에 미세조직과 경도는 균일하다.

13-4 퀜칭 + 템퍼링 열처리

급랭하면 대부분의 강이 단단해지고 템퍼링하면 인성이 향상된다. 이러한 사실은 아마도 수천 년 동안 알려져 왔다. 예를 들어, 이와 같은 일련의 열처리들이 다마스커스(Damascus)강과 일본 사무라이 검을 만들기 위해 사용되었다. 마르텐사이트를 생성시키기 위해 오스테나이트를 퀜칭한 다음 템퍼링하면 Fe_3C와 페라이트의 극히 미세한

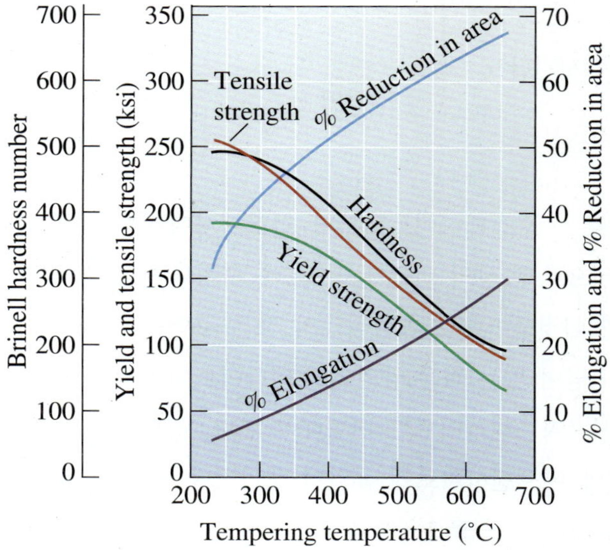

그림 13-9 1050강의 기계적 성질에 미치는 템퍼링 온도의 영향.

분산인 템퍼드 마르텐사이트(tempered martensite)를 얻을 수 있다. 템퍼링 동안에는 제12장에서 살펴본 것처럼 마르텐사이트로부터 페라이트와 시멘타이트의 혼합물이 얻어진다. 템퍼링 열처리는 강의 최종 성질을 조절한다(그림 13-9). 이것은 구상화어닐링 열처리와는 다르다(그림 13-5). 다음 예제는 열처리를 조합하여 원하는 성질의 강을 어떻게 얻을 수 있는지 보여준다.

예제 13-4 퀜칭 + 템퍼링 열처리 설계

전기모터의 힘을 전달하는 회전축은 1050강으로 만들어진다. 이 재료는 적어도 1,000 MPa의 항복강도를 가져야 하고 인성을 갖기 위해 적어도 15%의 연신율을 가져야 한다. 이 부품을 제조하기 위한 열처리를 설계하라.

풀이

이러한 특성들의 조합은 어닐링 또는 노멀라이징으로 얻을 수 없다(그림 13-4). 그러나 퀜칭 + 템퍼링 열처리로 강도와 인성을 함께 가지는 미세조직을 얻을 수 있다. 그림 13-9는 460 ℃ 이하에서 템퍼링된 강의 항복강도가 1,000 MPa 이상인 반면, 425 ℃ 이상에서 템퍼링된 강은 15% 이상의 연신율을 가지고 있음을 보여준다. 1050강의 A_3 온도는 770 ℃이다. 가능한 열처리는 다음과 같다.

1. A_3 온도(770 ℃) 이상에서 1시간 동안 오스테나이트화 처리한다. 적절한 온도는 770 + 55 = 825 ℃이다.
2. 상온으로 급랭한다. M_f가 약 250 ℃이므로 마르텐사이트가 생성될 것이다.
3. 강을 440 ℃로 가열하여 템퍼링한다. 강이 두껍지 않다면 보통 1시간 정도면 충분

할 것이다.

4. 상온까지 냉각시킨다.

잔류 오스테나이트 오스테나이트로부터 마르텐사이트가 형성될 때 큰 부피팽창이 일어난다. 급랭으로 판상의 마르텐사이트가 생성되면 낮은 밀도의 마르텐사이트를 수용하기 위해 이것들이 오스테나이트의 작은 구역들을 에워싸며 고립시킨다(그림 13-10). 그러나 남아 있는 적은 양의 오스테나이트에 변태가 일어나기 위해서는 주위를 둘러싸고 있는 마르텐사이트가 변형해야 한다. 강한 마르텐사이트는 변태에 대해 저항하기 때문에 마르텐사이트에 균열이 생기거나 오스테나이트는 잔류 오스테나이트(retained austenite)로 구조 내에 남아 있게 된다. 잔류 오스테나이트는 심각한 문제가 될 수 있다. 템퍼링 동안에 마르텐사이트는 연화되고 더욱 연성이 된다. 템퍼링 후

그림 13-10 검은색으로 나타나는 침상 마르텐사이트 사이에 갇힌 하얀색의 잔류 오스테나이트(× 1,000). [출처: ASM Handbook, *Vol. 8, (1973), ASM International, Materials Park, OH 44073-0002. All rights reserved. www.asminternational.org.*]

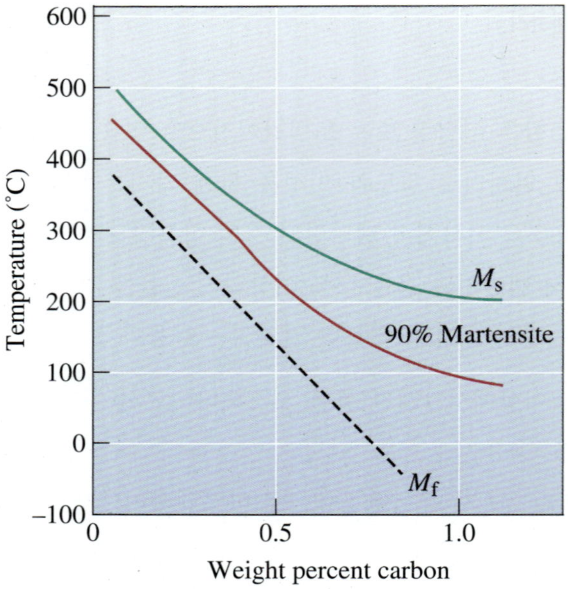

그림 13-11 보통탄소강의 탄소함량 증가는 M_s와 M_f 온도를 낮춘다.

에 잔류 오스테나이트는 M_s와 M_f 온도 이하로 냉각되고, 주위의 템퍼드 마르텐사이트는 변형될 수 있으므로, 마르텐사이트로 변태한다. 이제 강은 더 단단하고 취성인 마르텐사이트를 가지고 있다! 잔류 오스테나이트로부터 형성되는 이와 같은 마르텐사이트를 제거하기 위해 두 번째 단계의 템퍼링이 필요할 수도 있다. 잔류 오스테나이트는 고탄소강에서 더욱 문제가 된다. 탄소함량이 증가함에 따라 마르텐사이트 변태의 시작 및 종료온도가 낮아진다(그림 13-11). 따라서 전체를 마르텐사이트로 만들기 위해서는 고탄소강을 충분히 낮은 온도까지 냉각해야 한다.

잔류응력과 균열 잔류응력은 체적변화 또는 냉간가공으로 인해 발생된다. 냉간가공으로 발생한 잔류응력을 제거하거나 최소화하기 위해 응력제거어닐링(stress-relief anneal)이 사용될 수 있다. 열적 팽창과 수축으로 응력이 발생할 수 있으며, 강에는 또

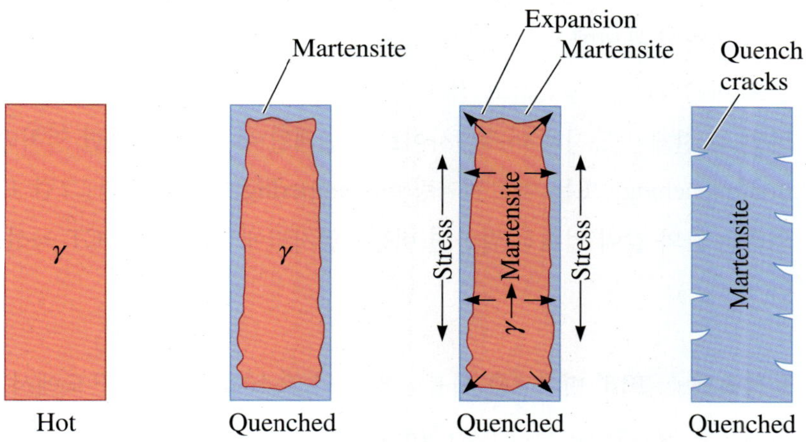

그림 13-12 퀜칭 중에 발생한 잔류응력에 의해 유발되는 담금질균열의 형성. 그림은 오스테나이트가 마르텐사이트로 변태되면서 응력이 발생하는 것을 보여준다.

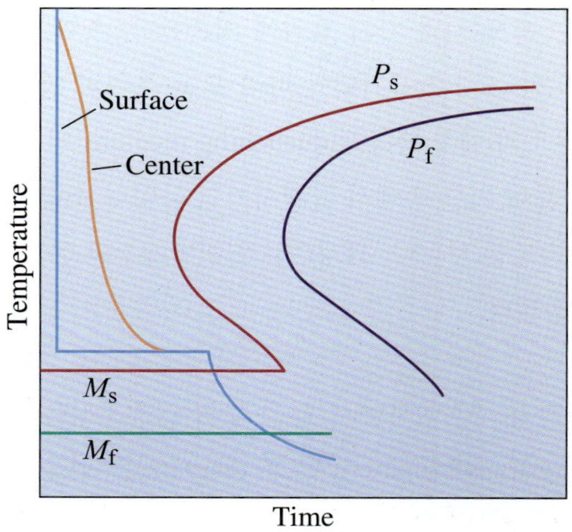

그림 13-13 잔류응력과 담금질균열을 감소하기 위한 마르퀜칭 열처리.

표 13-2 몇몇 퀜칭 냉각재의 H계수 또는 퀜칭의 심각도

냉각재	H계수	지름 25.4 mm 막대 중심부의 냉각속도(°C/s)
기름(교반없음)	0.25	18
기름(교반)	1.0	45
물(교반없음)	1.0	45
물(교반)	4.0	190
소금물(교반없음)	2.0	90
소금물(교반)	5.0	230

다른 방법으로 응력이 발생하기도 한다. 강이 급랭될 때 급랭된 강의 표면은 더 빨리 냉각되어 마르텐사이트로 변태된다. 중앙부의 오스테나이트가 나중에 변태되어 단단한 표면은 인장응력을 받는 반면 중앙부는 압축응력을 받는다. 만약 잔류응력이 항복강도를 초과하면 표면에 담금질균열(quench crack)이 생긴다(그림 13-12). 그러나 일단 M_s 온도 바로 위까지 냉각하고 전체 강의 온도가 같아질 때까지 유지한 후 계속해서 급랭하면 강 전체가 동시에 마르텐사이트로 변태될 수 있다. 이러한 열처리방법을 마르퀜칭(marquenching) 또는 마르템퍼링(martempering)이라고 한다(그림 13-13). 다음에 논의하는 바와 같이 엄격히 말하면 비등온열처리에 대해서는 CCT 곡선을 사용하여야 한다.

퀜칭속도 TTT 변태도를 사용함에 있어 오스테나이트화 온도에서 변태온도까지 순간적으로 냉각할 수 있다고 가정하였다. 그러나 이것은 실제로 일어나지 않기 때문에 급랭하는 동안 원하지 않는 미세구성물이 형성된다. 예를 들어 강을 TTT 곡선의 코를 거쳐 냉각시키면 펄라이트가 생길 수도 있는데, 특별히 그러한 이유는 보통탄소강에서는 코 시간(nose time)이 1초 미만이기 때문이다.

급랭 시 강이 냉각되는 속도는 몇 가지 요인에 의존한다. 첫째, 표면이 중앙부보다 항상 더 빨리 냉각된다. 또한 크기가 증가함에 따라 모든 부위의 냉각속도는 늦어진다. 마지막으로 냉각속도는 온도와 퀜칭 냉각재(quenching medium)의 열전달 특성에 따라 달라진다(표 13-2). 예를 들어 기름 속에서 급랭시키면 물이나 소금물에서보다 더 작은 H계수 또는 더 느린 냉각속도를 갖는다. H계수는 열전달계수와 등가이다. 교반하면 전체적인 열전달 속도가 향상된다.

연속냉각변태도 여러 가지 냉각속도에서 얻은 강의 미세조직을 관찰하면 연속냉각변태도(continuous cooling transformation, CCT diagram)를 얻을 수 있다. 1080강의 CCT 곡선을 그림 13-14에 나타내었다. 변태가 시작되는 데 더 긴 시간이 걸리고 베이

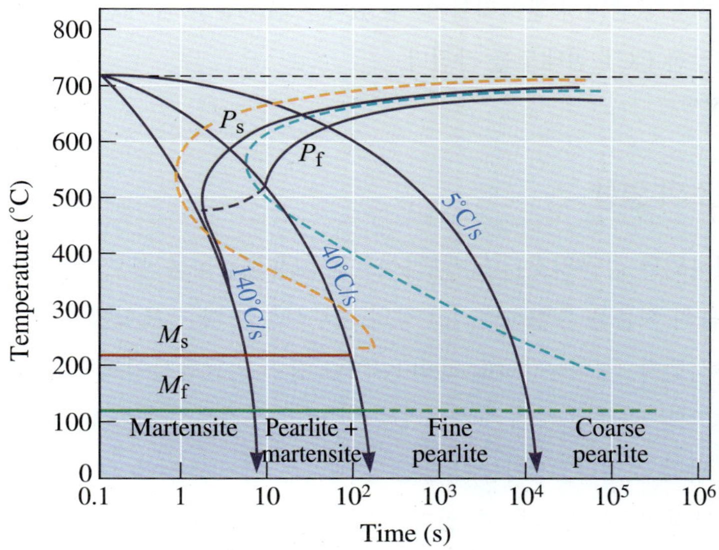

그림 13-14 1080강에 대하여 TTT 곡선(점선)과 비교한 CCT 곡선(실선).

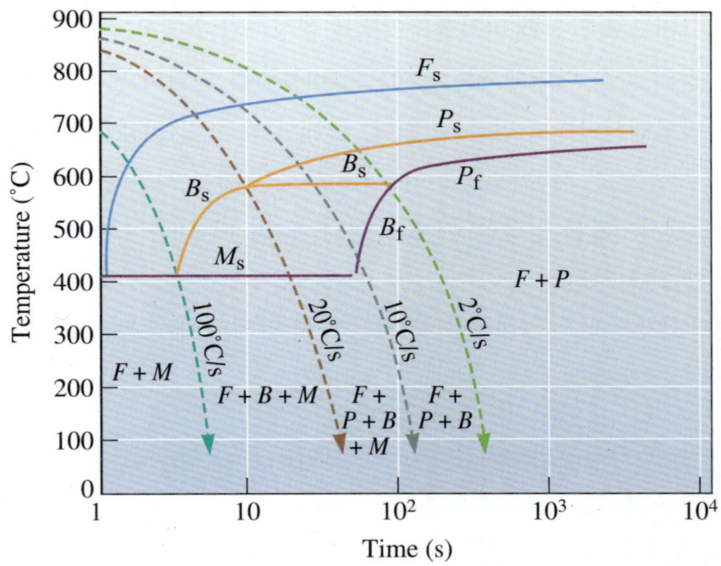

그림 13-15 탄소함량 0.2%의 저합금강 CCT 곡선.

나이트 구역이 관찰되지 않는다는 점에서 CCT 변태도는 TTT 변태도와 다르다.

1080강을 5 ℃/s의 속도로 냉각시키면 CCT 변태도에 의해 조대한 펄라이트를 얻을 수 있음을 알 수 있다. 즉, 강을 어닐링 열처리한 것이다. 35 ℃/s의 속도로 냉각시키면 미세한 펄라이트를 얻으며 이것은 노멀라이징 열처리한 것이다. 100 ℃/s의 속도로 냉각시키면 펄라이트의 생성이 시작되지만 반응은 불완전하며 잔류 오스테나이트는 마르텐사이트로 변한다. 140 ℃/s 이상의 속도로 냉각시켜야만 100% 마르텐사이트를 얻고 따라서 퀜칭 + 템퍼링 열처리를 할 수 있다. 그림 13-15의 저탄소강과 같은 다른 강들은 더욱 복잡한 CCT 변태도를 가진다.

13-5 합금원소의 영향

강에 첨가되는 합금원소는 (a) 페라이트의 고용체강화를 일으키고, (b) Fe_3C 대신에 합금탄화물의 석출을 유발하며, (c) 강의 내부식성과 다른 특성을 향상시키고, (d) 경화능을 향상시킨다. 경화능(hardenability)이란 강이 마르텐사이트로 변태되기 쉬운 정도를 말한다. 이는 급랭된 강의 두꺼운 단면이 얼마나 깊은 곳까지 마르텐사이트가 될 수 있는지에 관한 것이다. 경화능이 좋은 강에서는 비교적 낮은 냉각속도를 가지고도 여전히 마르텐사이트를 형성할 수 있다. 경화능을 향상시키는 것은 합금강과 공구강에서 가장 중요하다.

경화능 보통탄소강에서 TTT 곡선과 CCT 곡선의 코(nose)는 매우 짧은 시간에 일어난다. 그러므로 완전한 마르텐사이트를 형성하기 위해서는 매우 빠른 냉각속도가 필요하다. 강의 얇은 단면에서는 급랭으로 비틀림과 균열이 발생한다. 두꺼운 단면에서는 모두 마르텐사이트로 만들 수 없다. 강에서 모든 일반적인 합금원소들은 TTT 곡선과 CCT 곡선을 긴 시간 쪽으로 이동시키므로 두꺼운 시편에서도 낮은 냉각속도로 완전한 마르텐사이트를 형성할 수 있게 한다. 그림 13-16은 4340강에 대한 TTT 곡선과 CCT 곡선을 나타낸다.

보통탄소강은 낮은 경화능을 갖는다. 다시 말해서 매우 높은 냉각속도에서만 완전한

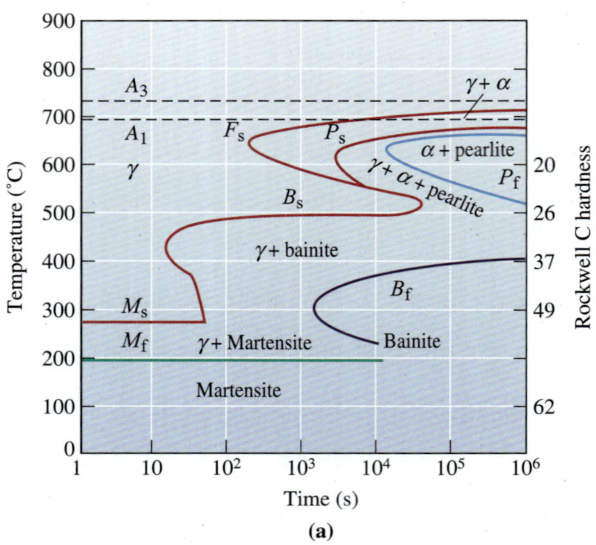

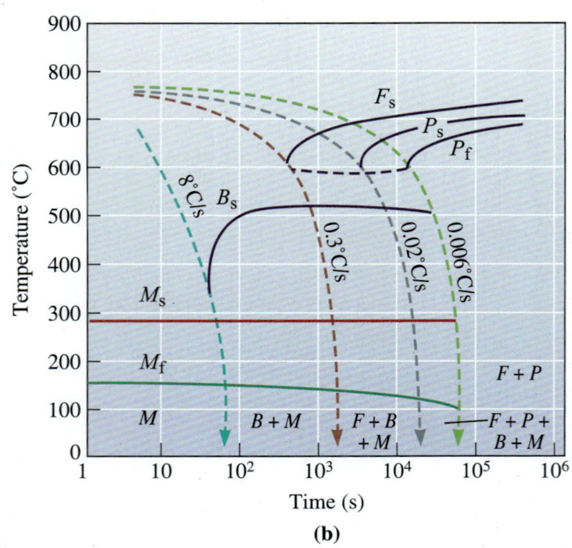

그림 13-16 4340강에 대한 (a) TTT 변태도, (b) CCT 변태도.

마르텐사이트를 형성한다. 합금강은 높은 경화능을 갖는다. 즉, 공기 중에서 냉각하더라도 마르텐사이트를 형성할 수 있다. 경화능은 강의 경도(hardness)를 의미하는 것이 아니다. 저탄소 고합금강은 쉽게 마르텐사이트를 형성하지만 낮은 탄소함량 때문에 마르텐사이트가 단단하지 않다.

상의 안정성에 미치는 영향 강에 합금원소가 첨가되면 2원계 Fe-Fe_3C 상태도가 변하게 된다(그림 13-17). 합금원소는 공석반응이 일어나는 탄소량을 감소시키고 A_1, A_3, A_{cm} 온도를 변화시킨다. 0.6% C만을 함유한 강은 아공석이고 700 ℃에서 오스테나이트가 형성되지 않는다. 동일한 강이 6% Mn을 추가로 함유하면 강은 과공석이고 700 ℃에서 오스테나이트가 형성된다.

TTT 곡선의 형상 합금원소들은 4340강의 경우처럼(그림 13-16), TTT 곡선에 만(bay) 구역을 만들 수 있다. 만 구역은 오스포밍(ausforming)으로 알려진 가공열처리

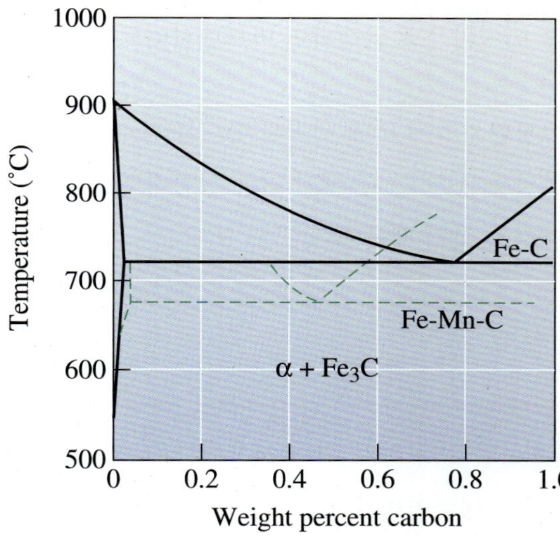

그림 13-17 Fe-Fe_3C 상태도의 공석점 부근 상들의 안정성에 미치는 6% Mn의 영향.

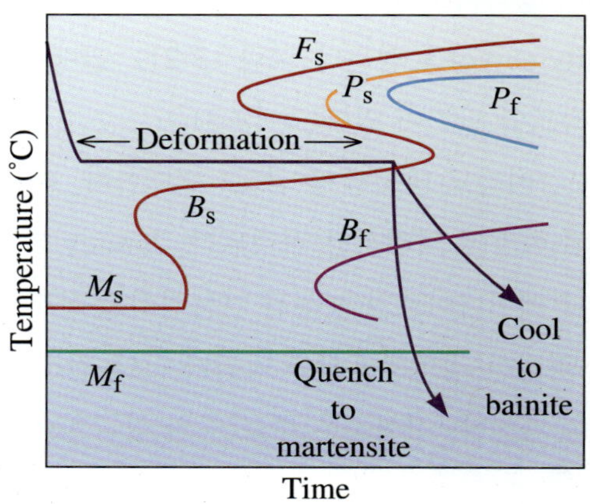

그림 13-18 합금원소에 의해 TTT 변태도에 만(bay) 구역이 나타나면 강은 오스포밍될 수 있다.

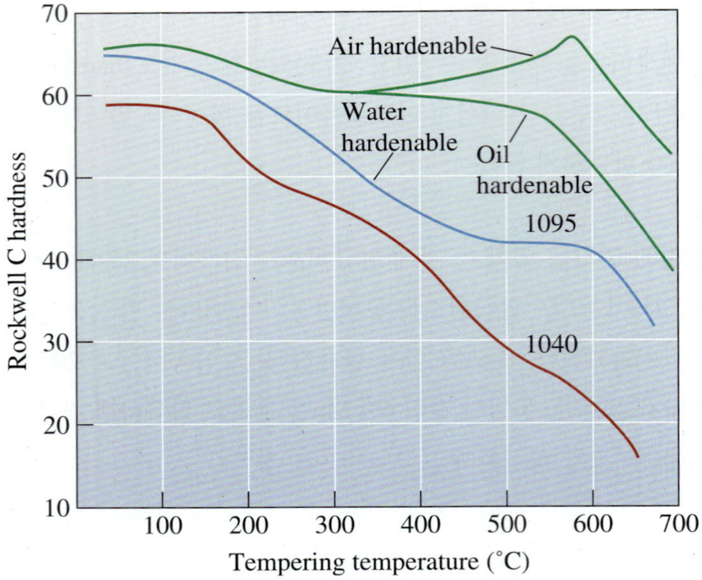

그림 13-19 강의 템퍼링 중에 형성되는 상들에 미치는 합금원소의 영향. 공냉경화강(air-hardenable steel)은 2차 경화 피크를 보여준다.

의 기초로서 이용된다. 강을 오스테나이트화한 다음 만 구역까지 급랭하여, 그 온도에서 소성변형을 일으킨 후 마지막으로 급랭하면 마르텐사이트가 얻어진다(그림 13-18).

템퍼링 합금원소는 보통탄소강에 비해 템퍼링 속도를 감소시킨다(그림 13-19). 이러한 효과는 합금강이 보통탄소강보다 고온에서 더욱 성공적으로 사용될 수 있게 하는데, 사용 중에 템퍼링이 일어나지 않기 때문이다.

13-6 경화능의 응용

Jominy 시험이 강의 경화능을 비교하기 위해 사용된다(그림 13-20). 길이 10.16 cm, 직경 2.54 cm의 강봉을 오스테나이트화하여 고정대에 놓고 한쪽 끝에서 물을 분사한다. 이 과정은 다양한 냉각속도를 제공한다. 급랭된 끝은 냉각속도가 매우 빠르고 반대쪽 끝은 대부분 공랭하게 되어 냉각속도가 느리다. 그런 다음 시편을 따라 경도를 측정하여 경화능곡선(hardenability curve)을 얻는다(그림 13-21). 급랭된 끝으로부터의 거리가 Jominy 거리이고 냉각속도와 관련이 있다(표 13-3).

급랭된 끝은 사실상 어떤 강이라도 마르텐사이트로 변태한다. 따라서 Jominy 거리가 0인 곳의 경도는 강의 탄소함량에 의해서만 결정된다. Jominy 거리가 증가할 수록 마르텐사이트보다 펄라이트나 베이나이트가 생성될 가능성이 높아진다. 높은 경화능의 합금강(예: 4340)은 비교적 평평한 경화능곡선을 가진다. 보통탄소강(예: 1050)은 급격한 감소를 나타내는 곡선을 가진다. 경화능은 주로 강의 합금원소의 양에 의해 결정된다.

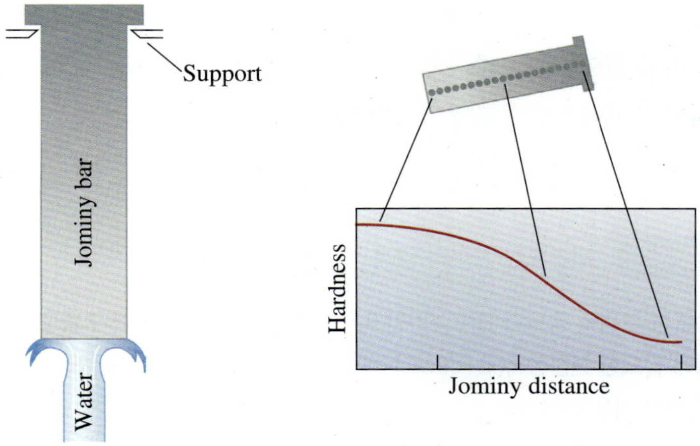

그림 13-20
강의 경화능을 구하는 데 사용하는 Jominy 시험장치.

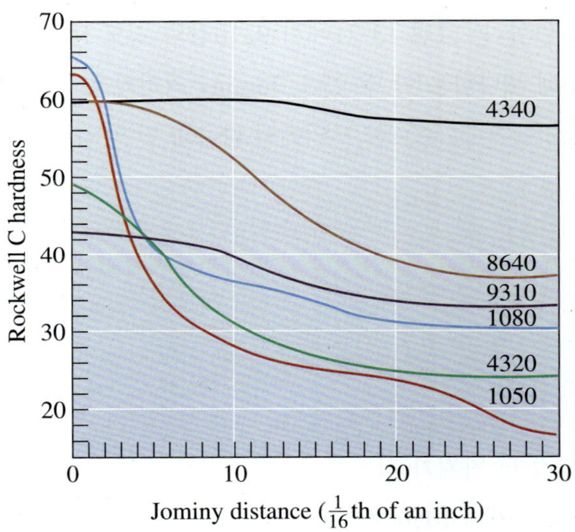

그림 13-21 일부 강의 경화능곡선.

표 13-3 냉각속도와 Jominy 거리의 관계

Jominy 거리			Jominy 거리		
mm	**in.**	**냉각속도(°C/s)**	**mm**	**in.**	**냉각속도(°C/s)**
1.59	1/16	315	15.88	10/16	10
3.18	2/16	110	19.05	12/16	8
4.76	3/16	50	25.4	16/16	5
6.35	4/16	36	31.75	20/16	3
7.938	5/16	28	38.1	24/16	2.8
9.525	6/16	22	44.45	28/16	2.5
11.113	7/16	17	57.15	36/16	2.2
12.7	8/16	15			

경화능곡선은 실제적인 용도에 강을 선택하거나 대체할 때 사용된다. 다음 예제에서 보여주는 바와 같이, 같은 조건으로 급랭시키면 두 개의 다른 강이 동일한 속도로 냉각된다는 사실은 재료선택에 많은 도움을 준다.

예제 13-5 내마모성 기어의 설계

급랭된 특정 부위의 경도가 HRC 40인 9310강으로 만들어진 기어가 과도하게 마모된다. 이 중요한 부위에 필요한 퀜칭상태(as-quenched) 경도는 적어도 HRC 50은 되어야 함을 실험을 통해 알았다. 적절한 강을 설계하라.

풀이

같은 크기의 다른 강을 같은 조건 하에서 급랭하면 이들의 냉각속도나 Jominy 거리가 같다는 것을 알았다. 그림 13-21에서 9310강의 경도 HRC 40은 Jominy 거리 15.6 mm(10 ℃/s)에 해당함을 알 수 있다. Jominy 거리가 같다고 가정하면 그림 13-21에 나타낸 다른 강들은 그 중요한 부위에서 다음과 같은 경도를 가진다.

1050 HRC 28

1080 HRC 36

4320 HRC 31

8640 HRC 52

4340 HRC 60

8640강과 4340강 두 가지가 적절하다. 4320강은 경도가 HRC 50이 되기에는 너무 낮은 탄소함량을 가지며 1050강과 1080강은 충분한 탄소함량을 갖지만 경화능이 너무 낮다. 표 13-1에서 86xx강은 43xx강보다 적은 합금원소를 가지므로 아마 8640강이 4340강보다 저렴할 것이고 최선의 선택이 될 수 있다.

다른 하나의 간단한 방법으로는 둥근 봉 중앙부의 경도를 결정하기 위해 퀜칭의 심각도(severity of the quench)와 Grossman 도표(그림 13-22)를 사용하는 것이다. 표 13-2에 나타낸 봉의 직경과 H계수(퀜칭의 심각도)로 중앙부의 Jominy 거리를 알 수 있다. 그러면 강의 경화능곡선으로부터 경도를 구할 수 있다(예제 13-6 참조).

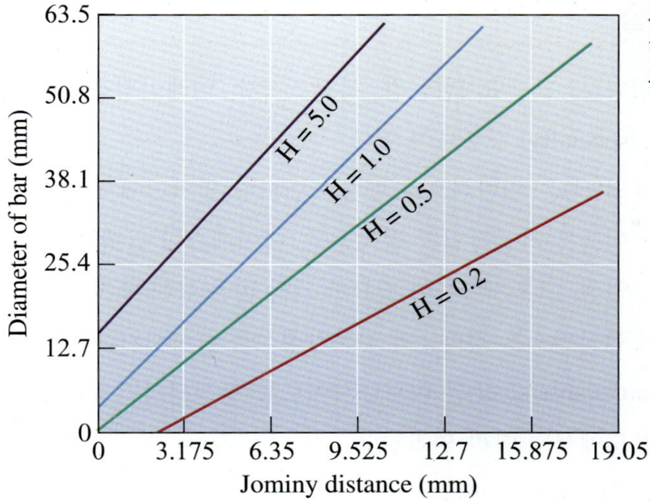

그림 13-22 여러 가지 냉각재에 대하여 강봉의 중심에서 경화능을 구하는 데 사용되는 Grossman 도표.

예제 13-6 퀜칭공정의 설계

직경 38.1 mm의 4320강 봉의 중심부 경도가 최소 HRC 40이 되게 퀜칭공정을 설계하라.

풀이

표 13-2에 여러 퀜칭 냉각재가 나열되어 있다. 각 퀜칭 냉각재에 대하여 대략적인 H 계수를 알 수 있고, 그림 13-22를 사용하여 각 퀜칭 냉각재에 대하여 직경 38.1 mm 봉의 Jominy 거리를 추정할 수 있다. 끝으로 경화능곡선(그림 13-21)을 사용하여 4320강의 경도를 알아낼 수 있다. 결과는 다음과 같다.

냉각재	H계수	Jominy 거리	HRC
기름(교반없음)	0.25	12/16	28
기름(교반)	1.0	6/16	39
물(교반없음)	1.0	6/16	39
물(교반)	4.0	4/16	44
소금물(교반없음)	2.0	5/16	42
소금물(교반)	5.0	3/16	46

소금물(brine)이나 교반(agitation)한 물을 사용한 마지막 세 가지 방법이 만족스럽다. 교반하지 않은 소금물을 퀜칭 냉각재로 사용하는 것이 교반에 필요한 추가 장치가 필요하지 않으므로 아마 가장 적은 비용이 들 것이다. 그러나 물은 소금물 냉각재보다 덜 부식성이다.

13-7 특수용도 강철

공구강, 무침입형강, 고강도저합금강, 복합조직강, 머레이징강 등을 포함하는 많은 종류의 특수용도(specialty) 강철들이 있다.

공구강(tool steel)은 일반적으로 퀜칭 + 템퍼링 열처리에 의해서 높은 경도를 얻는 고탄소강이다. 이들은 가공작업의 절삭공구, 다이캐스팅 금형, 성형용 금형 그리고 높은 강도, 경도, 인성, 고온저항성이 필요한 기타 많은 용도에 사용된다.

공구강에서 합금원소는 경화능과 고온안정성을 향상시킨다. 1095강과 같은 수냉경화강(water-hardenable steel)은 마르텐사이트를 형성시키기 위해 급랭해야 하고 또한 비교적 낮은 온도에서도 빨리 연화된다. 유냉경화강(oil-hardenable steel)은 마르텐사이트가 더 쉽게 형성되고 템퍼링이 더 느리지만 고온에서는 역시 연화된다. 공냉경화강(air-hardenable steel)과 특수 공구강은 공기 중에서 냉각하더라도 마르텐사이트로 경화될 수 있다. 또한 이러한 강들은 A_1 온도 근처까지 연화되지 않는다. 사실인즉, 고합금공구강은 500 ℃ 부근에서 시멘타이트가 분해되고 단단한 합금탄화물(alloy carbide)이 석출됨에 따라 2차경화 피크(secondary hardening peak)가 나타날 수 있다(그림 13-19). 합금탄화물은 특별히 안정적이고 입자의 성장 또는 구상화어닐링에 저항하므로 이 강들의 고온저항성을 확보하는 데 중요하게 기여한다.

고강도저합금강(high-strength-low-alloy, HSLA steel)은 소량의 합금원소를 포함하는 저탄소강이다. HSLA강은 최고 552 MPa에 이르기까지 항복강도를 기준으로 등급을 매기며 최소량의 합금원소를 포함하면서도 열처리 없이 적절한 항복강도를 갖는다. 제조공정을 조심스럽게 제어함으로써 Nb, V, Ti, Zr의 탄화물과 질화물이 석출하도록 만드는데, 이 석출물들이 분산강화와 미세한 결정립크기를 이끌어낸다.

복합조직강(dual-phase steel)은 균일하게 분포된 페라이트와 마르텐사이트를 함유하고 분포된 마르텐사이트가 415~1,000 MPa의 항복강도를 제공한다. 이러한 저탄소강들은 보통의 급랭공정으로 충분한 경화능을 가질 수 있을 만큼 충분한 합금원소들을 함유하고 있지 않다. 그러나 강을 상태도에서 페라이트와 오스테나이트가 공존하는 구역으로 가열하면 오스테나이트 상에는 탄소량이 증가하여 그것이 필요한 경화능을 제공한다. 급랭하는 동안 오직 오스테나이트 부분만이 마르텐사이트로 변태된다[그림 13-23(a)].

소성유기변태강(transformation induced plasticity, TRIP steel)은 소성변형이 준안정 잔류 오스테나이트를 마르텐사이트 또는 베이나이트로 상변태하도록 유발하여 만들어지는 강이다. 결과적으로 미세구조는 연한 페라이트 기지(연속상)에 더 단단한 2차분산상(마르텐사이트, 베이나이트, 그리고 남아 있을 수 있는 잔류 오스테나이트)으로 구성되어 있다[그림 13-23(b)]. TRIP강은 높은 강도(인장 및 항복)와 높은 연성(높은 가공경화지수에 기인함)의 조합으로 두각을 나타낸다. TRIP강은 종종 자동차용으로 사용

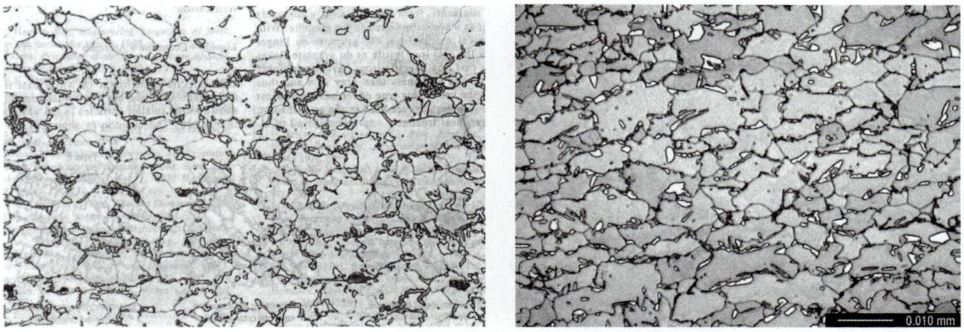

(a) (b)

그림 13-23 (a) 옅은 회색의 페라이트 기지에 흰색의 마르텐사이트 섬들이 분산된 복합조직강의 미세구조. (b) TRIP강의 미세구조는 페라이트(연한 회색) + 베이나이트(입계를 따라 검은색) + 잔류 오스테나이트(흰색). (출처: *D. P. Hoydick, D. M. Haezebrouck, and E. A. Silva, United States Steel Corporation Research and Technology Center, 2005.*) [Metals Handbook, *Desk Edition (1998), ASM International, Materials Park, OH 44073-0002, Reprinted with permission of ASM International. All rights reserved. www.asminternational.org.*]

된다. 그 미세조직을 그림 13-23(b)에 나타내었다.

머레이징강(maraging steel)은 저탄소 고합금강이다. 0.3% C 미만의 탄소를 함유한 연한 마르텐사이트를 생성하기 위해 강을 오스테나이트화하고 퀜칭한다. 마르텐사이트를 500 ℃에서 시효하면, Ni_3Ti, Fe_2Mo, Ni_3Mo와 같은 금속간화합물들이 석출됨으로써 강도가 본격적으로 증가한다.

무침입형강(interstitial-free steel)은 Nb와 Ti를 함유하는 강이다. 이들이 C 및 S와 반응하여 탄화물과 황화물의 석출물을 형성한다. 그러므로 사실상 페라이트에 탄소가 남아 있지 않다. 이들 강은 성형성이 매우 좋아서 자동차산업에서 인기를 끌고 있다.

규소를 함유하는 결정립배향강(grain-oriented steel)은 연자성 재료와 변압기 코어로 사용된다. $Fe(CO)_5$(iron pentacarbonyl)의 분해와 때때로 환원성 열처리로 얻어진 거의 순수한 철(carbonyl iron) 분말이 자성재료를 만드는 데 사용된다. 순철 분말은 또한 아침식사용 시리얼의 식품 첨가제나 기타 철분강화 식품에 환원철의 이름으로 사용되기도 한다.

앞에서 언급한 바와 같이, 많은 강들이 좋은 내부식성을 갖기 위해 코팅된다. 아연도금강은 얇은 아연층으로 코팅된 것이고(제23장), 턴강(terne steel)은 납으로 코팅된 것이며 알루미늄이나 주석으로 코팅된 다른 강들도 있다.

13-8 표면처리

적절한 열처리를 통해 표면부는 단단하고 강한 미세조직을 형성하여 뛰어난 마모 및 피로 저항성을 얻을 수 있는 동시에, 중심부는 연하고 연성과 인성이 있어 충격파괴에 대한 저항성이 좋은 미세조직을 갖도록 만들 수 있다. 제5장에서 확산에 대하여 살펴볼 때 침탄처리의 원리를 알아보았다. 이 절에서는 이것과 함께 다른 유사한 공정들을 검토해보자.

표면의 선택적 가열 우선 중탄소강의 표면을 A_3 온도 이상으로 빠르게 가열한다(중심부는 A_1 온도 이하로 남아 있음). 강을 급랭하고 나면 중심부는 페라이트와 펄라이트의 연한 혼합물인 반면 표면은 마르텐사이트가 된다(그림 13-24). 마르텐사이트 층의 깊이를 경화층깊이(case depth)라 한다. 템퍼링으로 표면에 원하는 경도를 가지게 할 수 있으며, 표면층의 선택적 가열은 가스화염, 유도코일, 레이저빔, 전자빔을 사용하여 가능하다. 필요하다면 피로나 마모에 의해 파손이 가장 쉽게 일어나는 표면의 특정부위만을 경화시킬 수도 있다.

침탄 및 질화 이 기술들은 각각 탄소와 질소의 제어된 확산에 의한 것이다(제5장). 최고의 인성을 갖기 위해서는 저탄소강으로 시작한다. 침탄법(carburizing)에서는 탄소가 A_3 온도 이상에서 강의 표면으로 확산된다(그림 13-25). 빠른 확산과 오스테나이트

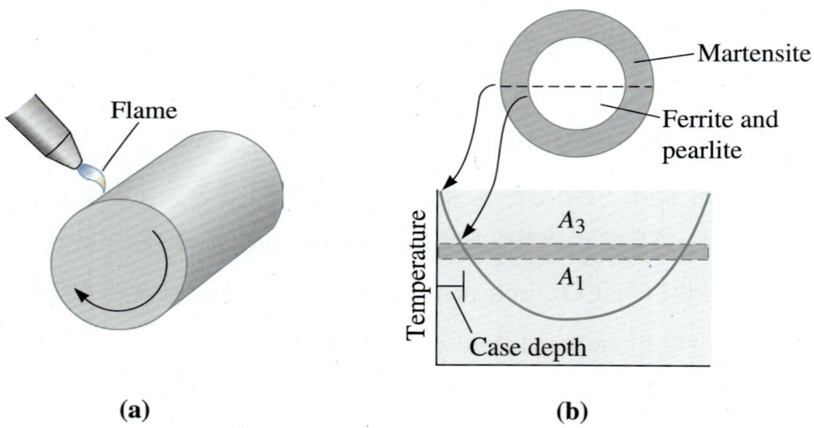

그림 13-24 (a) 국부적 가열에 의한 표면경화, (b) 단지 표면만이 A_1 온도 이상으로 가열되고 퀜칭되어 마르텐사이트를 형성한다.

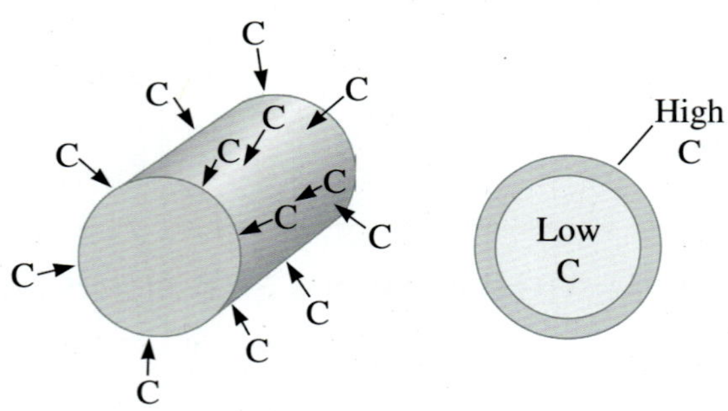

그림 13-25 고탄소의 내마모성 표면을 생성하기 위한 저탄소강의 침탄처리.

의 높은 탄소 고용도에 의해 표면의 탄소함량이 높아진다. 그러고 나서 강을 급랭하여 템퍼링하면, 표면은 고탄소의 템퍼드 마르텐사이트인 반면, 중앙부는 연하고 연성인 페라이트로 남아 있다. 침탄된 강에서 경화된 표면의 두께, 즉 경화층깊이는 화염경화된(flame-hardened) 또는 유도경화된(induction-hardened) 강에서보다 훨씬 작다.

질소도 탄소와 비슷한 경화효과를 가져다준다. 청화법(cyaniding)은 탄소와 질소가 함께 강으로 확산되어 들어갈 수 있는 액체 시아나이드 욕조에 강을 담근다. 침탄질화법(carbonitriding)에서 일산화탄소와 암모니아를 함유한 가스를 발생시키고 탄소와 질소가 함께 강으로 확산되어 들어간다. 마지막으로 질화법(nitriding)에서는 가스로부터 질소만이 강의 표면으로 확산되어 들어간다. 질화법은 A_1 온도 이하에서 수행된다.

이들 각 공정에서 압축잔류응력이 표면에 발생하여 높은 경도, 강도, 인성과 함께 뛰어난 피로저항성(제7장)이 생긴다. 다음 예제에서 퀜칭, 템퍼링, 표면경화와 같은 열처리에 대해 고려해야 할 사항을 다룬다.

예제 13-7 **구동장치에 대한 표면경화처리의 설계**

자동차용 차축과 구동기어를 만드는 데 필요한 재료와 열처리를 설계하라.

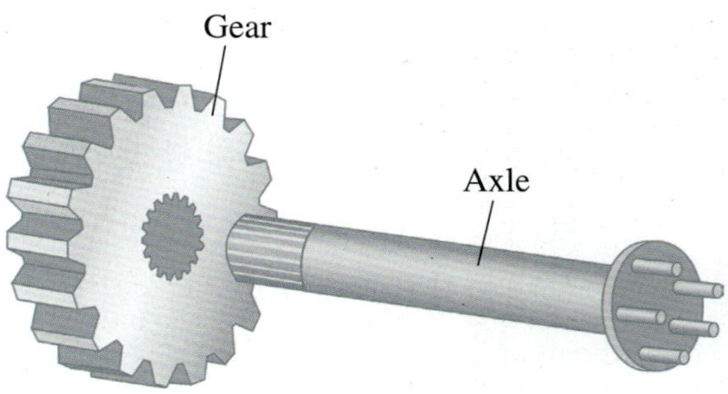

그림 13-26
차축과 기어 조립체의 스케치.

풀이

두 부품 모두 좋은 피로저항성이 필요하다. 기어는 마모를 피하기 위해 높은 경도가 필요하고, 차축은 굽힘과 비틀림을 견디기 위해 전체적인 강도가 우수해야 한다. 두 부품 모두 높은 인성을 가져야 한다. 마지막으로 이 부품들은 수백만 개씩 제작되기 때문에 비용이 저렴해야 한다.

퀜칭 + 템퍼링 열처리된 합금강은 요구되는 강도와 인성의 조합을 제공하겠지만 합금강은 비싸다. 각 부품을 제조하기 위한 다른 접근방법은 다음과 같다.

차축은 페라이트와 펄라이트 기지를 함유하는 1050강 단조품으로 만들어질 수 있다. 차축은 유도코일 속으로 통과시켜 표면을 A_3 온도(약 770 ℃) 이상 선택적으로 가열할 수 있다. 차축의 어떤 특정 부위가 코일을 통과하고 나면 차가운 내부에 의해 표면이 급랭되어 마르텐사이트로 변태한다. 그 이후에 템퍼링하면 마르텐사이트가 연화되면서 연성이 향상된다. 이렇게 탄소함량과 열처리의 조합으로 요구되는 특성을 얻을 수 있다. 보통탄소강은 저렴하고, 페라이트와 펄라이트의 중심부는 우수한 인성과 강도를 제공하며, 경화된 표면은 높은 피로 및 마모 저항성을 갖는다.

기어는 더욱 심한 하중조건에 사용되기 때문에 1050강으로는 충분한 인성, 경도, 마모저항을 제공하지 못한다. 대신에, 기어용으로 1010강을 침탄시켜 사용할 수 있다. 초기 강은 대부분 페라이트로 되어 있어서 높은 연성과 인성을 가진다. A_3 온도(약 860 ℃) 이상에서 가스침탄법에 의해 기어톱니 표면에 매우 얇은 경화층깊이로 1.0% C를 침투시킬 수 있다. 급랭 시에 마르텐사이트로 변한 고탄소 경화층을 템퍼링하여 경도를 조절할 수 있다. 이렇게 하면 인성은 저탄소 페라이트 중앙부에 의해, 마모저항은 고탄소 표면에 의해, 피로저항은 침탄 시 유도된 압축잔류응력을 가진 높은 강도의 표면부에 의해 얻을 수 있다. 더욱이 1010 보통탄소강은 열처리에 앞서 최종형상에 가깝게 단조하기 쉬운 저렴한 재료이다.

13-9 강의 용접성

제9장에서 용접과 기타 접합공정을 살펴보았다. 강은 가장 널리 사용되는 구조용 재료이다. 다리, 건물, 기타 수많은 응용사례를 보면 강은 용접되어야 한다. 강 구조물의 구조건전성은 강의 강도에 의존할 뿐만 아니라 용접부의 강도에도 의존한다. 따라서 강의 용접성은 항상 중요하게 고려된다.

많은 저탄소강은 쉽게 용접된다. 중탄소강 및 고탄소강의 용접은 상대적으로 더 어렵다. 왜냐하면 열영향부(heat-affected zone)에 너무 쉽게 마르텐사이트가 형성되어 낮은 인성을 갖는 용접부를 초래하기 때문이다. 이 문제를 피하기 위해 재료를 예열하거나 수소의 혼입을 최소화하는 등의 방법들이 발전해왔다. 수소가 혼입되면 강이 취성을 갖게 된다. 저탄소강에서 용접부의 강도가 모재보다 강하다. 이는 열영향부가 냉각되는 동안에 형성되는 좀 더 미세한 펄라이트 미세조직 때문이다. 페라이트 입계를 따라 잔류된 오스테나이트 또한 결정화를 억제하고 결정립크기를 미세하게 유지시키는데 도움이 되며, 그것이 용접부의 강도에 기여한다. 용접 중에 용접부에 가장 가까운 부분은 A_1 온도 이상으로 올라가 오스테나이트가 된다(그림 13-27). 냉각 중에는 이 열영향부의 오스테나이트가 냉각속도와 강의 CCT 곡선에 따라 새로운 구조로 변태한다. 보통탄소강은 낮은 경화능을 갖기 때문에 정상적인 냉각속도로는 마르텐사이트를 생성하는 일이 거의 없지만, 합금강은 냉각속도를 낮추기 위해 반드시 예열하거나, 형성된 마르텐사이트를 템퍼링하기 위해 후열처리해야 할 수도 있다.

처음부터 퀜칭 + 템퍼링 열처리된 강을 용접할 경우에는 두 가지 문제가 있다. 첫째,

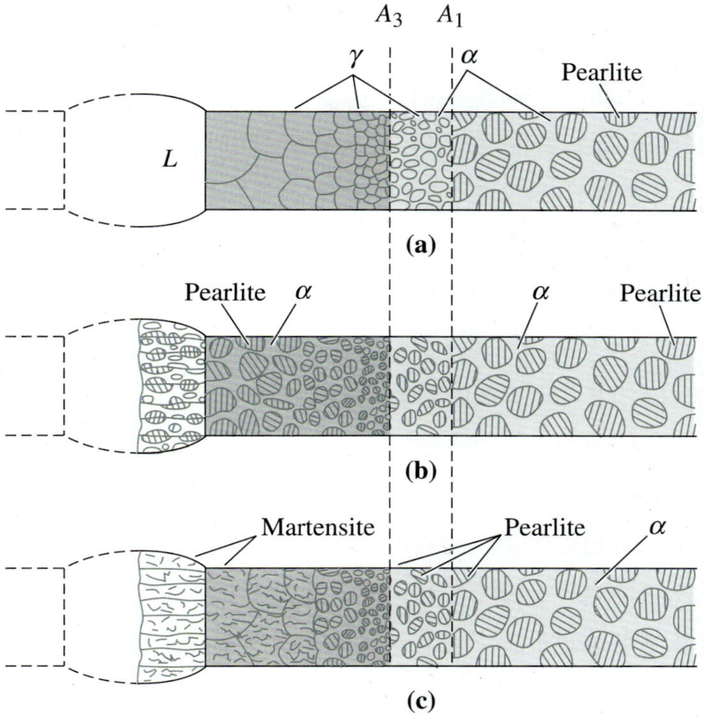

그림 13-27 용접부의 열영향부(HAZ) 형성. (a) 최고온도에서의 미세구조, (b) 낮은 경화능의 강에서 냉각 후 미세구조, (c) 높은 경화능의 강에서 냉각 후 미세구조.

A_1 온도 이상으로 가열된 열영향부는 냉각 후 마르텐사이트가 될 수 있다. 둘째로, A_1 온도 이하로 가열된 열영향부는 과잉템퍼링된다. 일반적으로 퀜칭 + 템퍼링 열처리 상태의 강은 용접해서는 안 된다. 다음 예제는 열영향부의 미세구조가 CCT 변태도를 사용하여 어떻게 설명될 수 있는지를 보여준다.

예제 13-8 열영향부의 구조

열영향부의 냉각속도가 5 ˚C/s라면 1080강과 4340강 용접부 열영향부의 미세구조를 비교하라.

풀이

그림 13-14와 13-16의 CCT 곡선으로부터 용접부에서의 냉각속도로 다음의 미세구조가 생성된다.

1080: 100% 펄라이트

4340: 베이나이트와 마르텐사이트

합금강의 높은 경화능 때문에 마르텐사이트를 생성하여 용접부가 취성이 되므로 용접성을 저하시킨다.

13-10 스테인리스강

스테인리스강(stainless steel)은 뛰어난 내부식성을 갖고 있다. 모든 스테인리스강은 적어도 약 11%의 Cr을 함유하고 있어 산소에 노출되면 얇은 산화크롬의 표면보호막이 생긴다. 크롬이 스테인리스강을 녹슬지 않게 한다. 크롬은 또한 페라이트 안정화원소이다. 그림 13-28(a)에서 크롬이 철-탄소 상태도에 미치는 영향을 보였다. 크롬은 오스테나이트 구역을 축소시키는 반면 페라이트 구역을 확대시킨다. 크롬함량이 높고 탄소함량이 낮은 조성에서 페라이트는 고상선온도까지 단일상으로 존재한다.

스테인리스강은 결정구조와 강화기구에 따라 몇 가지로 분류된다. 대표적인 특성을 표 13-4에 나타내었다.

페라이트계 스테인리스강 페라이트계 스테인리스강은 최대 30%까지의 Cr을 함유하고 0.12% 이하의 C를 함유한다. BCC 구조이기 때문에 페라이트계 스테인리스강은 고용강화와 변형경화에 의한 높은 강도와 적당한 연성을 갖는다. 페라이트계 스테인리스강은 강자성이다. 그것들은 열처리가 되지 않는다. 뛰어난 내부식성과 적당한 성형성을 가지며 비교적 저렴하다.

마르텐사이트계 스테인리스강 그림 13-28(a)을 보면, 17% Cr-0.5% C 합금을 1,200 ℃까지 가열하면 100% 오스테나이트가 되고, 이를 기름 속에 급랭하면 마르텐사

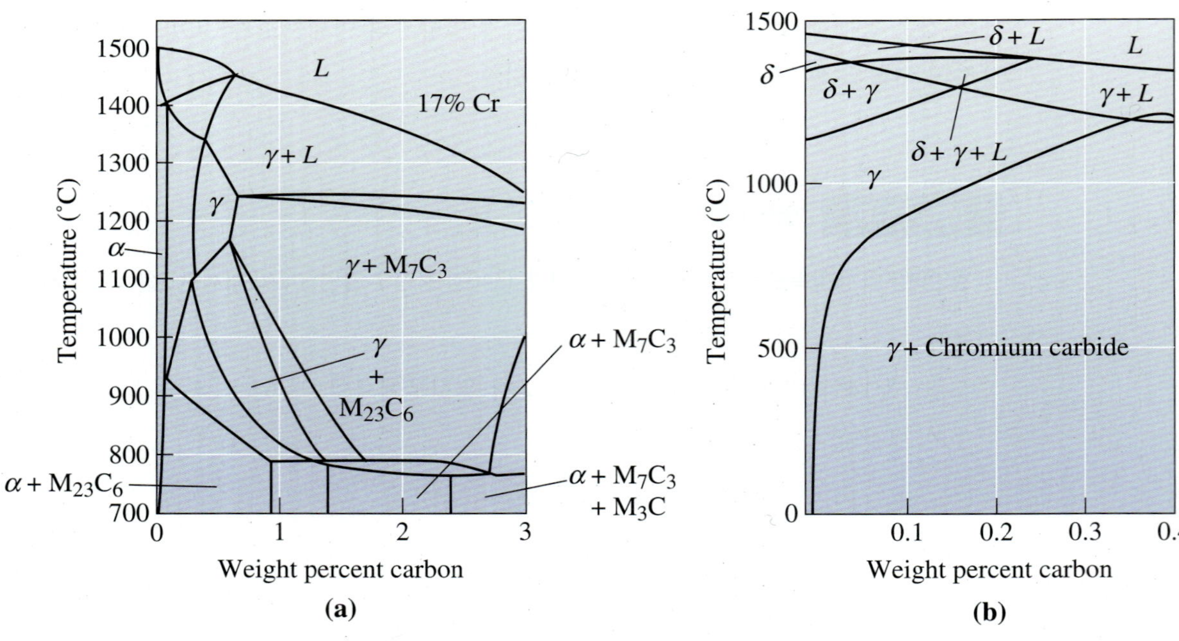

그림 13-28 (a) 철-탄소 상태도에 미치는 17% Cr의 영향. 낮은 탄소함량에서는 모든 온도에서 페라이트가 안정하다. '*M*'은 Cr, Fe, 기타 합금원소와 같은 '금속'을 나타낸다. (b) 18% Cr-8% Ni로 고정된 조성에서 철-크롬-니켈-탄소 상태도의 단면. 탄소함량이 낮으면 상온에서 오스테나이트가 안정하다.

표 13-4 스테인리스강의 대표적인 조성과 특성

강종	% C	% Cr	% Ni	기타	인장강도 (MPa)	항복강도 (MPa)	% 연신율	열처리상태
오스테나이트 계열								
201	0.15	17	5	6.5% Mn	655	310	40	어닐링
304	0.08	19	10		517	207	30	어닐링
					1,275	965	9	냉간가공
304 L	0.03	19	10		517	207	30	어닐링
316	0.08	17	12	2.5% Mo	517	207	30	어닐링
321	0.08	18	10	0.4% Ti	586	241	55	어닐링
347	0.08	18	11	0.8% Nb	620	241	50	어닐링
페라이트 계열								
430	0.12	17			448	207	22	어닐링
442	0.12	20			517	275	20	어닐링
마르텐사이트 계열								
416	0.15	13		0.6% Mo	1,240	965	18	퀜칭 + 템퍼링
431	0.20	16	2		1,380	1,035	16	퀜칭 + 템퍼링
440 C	1.10	17		0.7% Mo	1,965	1,895	2	퀜칭 + 템퍼링
석출경화형								
17-4	0.07	17	4	0.4% Nb	1,310	1,170	10	시효경화
17-7	0.09	17	7	1.0% Al	1,655	1,585	6	시효경화

이트로 변태한다. 그 다음 마르텐사이트를 템퍼링하면 높은 강도와 경도를 가지게 된다[그림 13-29(a)]. 크롬함량은 보통 17% Cr 이하이다. 그렇지 않으면 오스테나이트 구역이 너무 작아져 오스테나이트화 온도와 탄소함량의 엄밀한 조절이 필요하다. 낮은 크롬함량에서는 탄소함량이 0.1%에서 1.0%까지 변할 수 있으므로 각기 다른 경도값을 갖는 마르텐사이트가 형성될 수 있다. 경도, 강도, 내부식성의 조합에 따라 합금은 고품질의 칼, 볼베어링, 밸브 등의 용도에 매력적인 재료가 된다.

오스테나이트계 스테인리스강 Ni은 오스테나이트 안정화원소로서 Fe-Cr-C 합금 상태도에서 페라이트 구역을 거의 소멸시키는 반면 오스테나이트 구역을 확대한다[그림 13-28(b)]. 탄소함량이 약 0.03% 이하이면 탄화물은 생성되지 않고 강은 상온에서 사실상 전체가 오스테나이트이다[그림 13-29(b)].

오스테나이트계 FCC 스테인리스강은 뛰어난 연성, 성형성, 내부식성을 가진다. 강도는 대폭적인 고용체강화에 의해 얻어지고 오스테나이트계 스테인리스강은 페라이트계 스테인리스강보다 더 높은 강도로 냉간가공될 수 있다. 이 강은 자성이 없기 때문에 많은 용도에 적용하는 데 유리하다. 예를 들어, 심장혈관용 스텐트는 보통 316 스테인리스강으로 만들어진다. 또한 천이온도(DBTT)가 없기 때문에 뛰어난 저온 충격특성

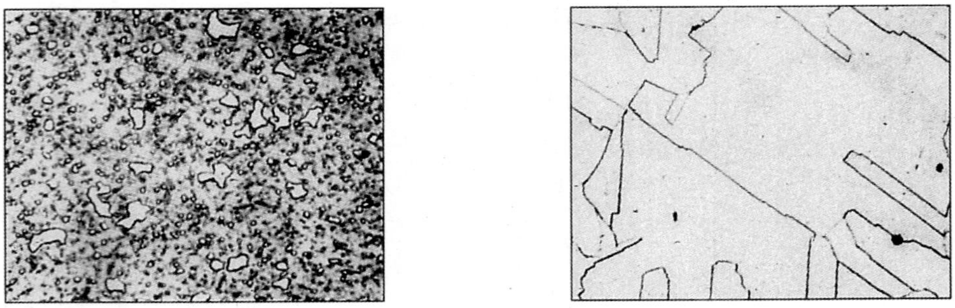

(a) (b)

그림 13-29 (a) 굵은 초석 시멘타이트와 템퍼링 중에 형성된 작은 탄화물을 함유한 마르텐사이트계 스테인리스강(× 350). (b) 오스테나이트계 스테인리스강(× 500). [출처: ASM Handbook, *Vols. 7 and 8, (1972, 1973), ASM International, Materials Park, OH 44073-0002. Reprinted with permission of ASM International. All rights reserved. www.asminternational.org.*]

을 갖는다. 불행하게도 높은 니켈과 크롬함량 때문에 합금의 가격이 비싸다. 18% Cr과 8% Ni을 함유한 304 합금(18-8 스테인리스강으로 알려짐)이 가장 널리 사용되는 스테인리스강이다. 이를 스테인리스(stainless)라고 부르기는 하지만 예민화(sensitization)가 일어날 수 있다. 약 480~860 ℃ 온도로 가열하면 크롬탄화물이 결정립 내부보다는 결정립계를 따라 석출된다. 이는 결정립 내부의 크롬을 고갈시켜 스테인리스강이 쉽게 부식되게 한다.

석출경화형 스테인리스강 석출경화형(PH) 스테인리스강은 Al, Nb, Ta을 함유하고 그것들의 특성을 고용강화, 변형경화, 시효경화, 마르텐사이트 반응에 의해 얻는다. 먼저 강을 가열하고 퀜칭하여 오스테나이트를 마르텐사이트로 변태시킨다. 재가열하면 마르텐사이트로부터 Ni_3Al과 같은 석출물이 생성된다. 낮은 탄소함량에서도 높은 강도가 얻어진다.

2상계 스테인리스강 어떤 경우에는 의도적으로 스테인리스강 미세구조에 상들을 혼합시킨다. 적절한 조성과 열처리를 통해 대략 50%의 페라이트와 50%의 오스테나이트를 함유하는 2상계 스테인리스강(duplex stainless steel)을 얻을 수 있다. 이렇게 하면 보통의 스테인리스강에서는 나타나지 않는 기계적 성질, 내부식성, 성형성, 용접성을 얻을 수 있다.

대부분의 스테인리스강은 재활용이 가능하며 다음 예제는 특성의 차이를 이용하여 어떻게 서로 다른 종류의 스테인리스강을 분류할 수 있는지를 보여준다.

예제 13-9 스테인리스강의 분류를 위한 시험의 설계

스테인리스강 고철의 효율적인 재활용을 위해 저니켈 스테인리스강과 고니켈 스테인리스강을 분리하고 싶다. 이를 수행할 수 있는 방법을 설계하라.

풀이

각 고철 조각들을 화학적으로 분석하는 것은 지루할 뿐 아니라 비용도 많이 든다. 경도에 따라 분류하는 것은 비용은 저렴하지만 어닐링, 냉간가공, 퀜칭 + 템퍼링과 같은 처리조건이 다르기 때문에 경도는 강의 조성과는 관계가 없을 수도 있다.

고니켈 스테인리스강은 보통 오스테나이트계이고 저니켈 스테인리스강은 페라이트계 또는 마르텐사이트계이다. 보통 자석은 저니켈 페라이트계 또는 마르텐사이트계 강을 끌어당기지만 많은 니켈함량의 오스테나이트계 스테인리스강은 끌어당기지 않는다. 이런 간단하고 저렴한 자기적 시험을 분리과정에 사용할 수 있다.

13-11 주철

주철(cast iron)은 Fe-C-Si 합금으로 일반적으로 2~4% C와 0.5~3% Si를 함유하고 응고 중에는 공정반응을 거친다. 다섯 가지 중요한 주철의 미세구조를 그림 13-30에 개략적으로 나타내었다.

주철에서의 공정반응 Fe-Fe_3C 상태도(그림 13-31의 점선)에 근거하여, 1,140 ℃에서 Fe-C 합금에 일어나는 공정반응은 다음과 같다.

$$L \rightarrow \gamma + Fe_3C \tag{13-1}$$

이 반응으로 Fe_3C와 펄라이트로 구성된 미세구조를 갖는 백주철이 생긴다. 그러나 실제로 Fe-Fe_3C 계는 준안정 상태도이다. 진정한 평형조건 하에서의 공정반응은 다음과 같다.

$$L \rightarrow \gamma + \text{흑연(C)} \tag{13-2}$$

Fe-C 상태도는 그림 13-31에 실선으로 나타나 있다. 1,146 ℃에서 안정된 $L \rightarrow \gamma$ + 흑연(C) 공정반응이 일어나면, 회주철, 구상흑연주철 또는 컴팩트흑연주철이 형성된다.

Fe-C 합금에서 액체에는 6 ℃(안정 및 준안정 공정온도의 차이)의 과냉이 쉽게 일어날 수 있으므로 백주철이 생성된다. 철에 약 2%의 Si를 첨가하면 두 시스템 간의 공정온도 차이가 증가하여 더 큰 과냉이 가능해지고 안정한 공정흑연이 핵생성하여 성장할 시간이 주어진다. 따라서 규소는 흑연안정화 원소이다. Cr이나 Bi와 같은 원소들은 이와 반대의 효과를 가지고 있으며 백주철의 형성을 촉진한다. 또한 흑연의 핵생성을 촉진하기 위해 규소(ferrosilicon, Fe-Si)와 같은 접종제를 첨가할 수 있고 또는 흑연이 성장하는 데 시간을 더 주기 위해 주물의 냉각속도를 감소시킬 수도 있다.

규소는 또한 공정에 함유된 탄소의 양을 감소시킨다. 탄소당량(carbon equivalent, CE)을 정의함으로써 이러한 영향을 반영할 수 있다.

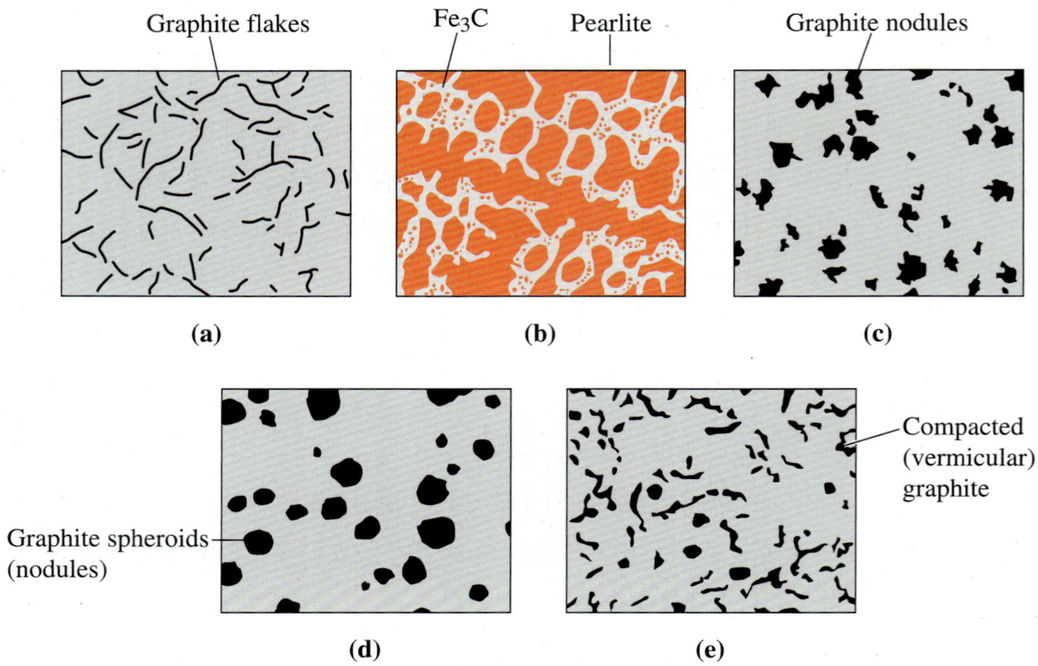

그림 13-30 다섯 가지 형태의 주철에 대한 개략적인 스케치. (a) 회주철, (b) 백주철, (c) 가단주철, (d) 구상흑연주철, (e) 컴팩트흑연주철.

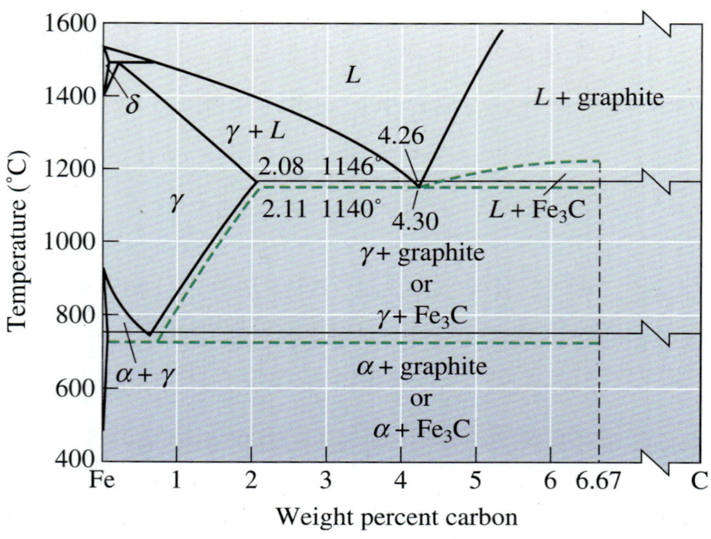

그림 13-31 안정된 철-탄소 평형(실선)과 준안정 철-시멘타이트 반응(점선)을 보여주는 철-탄소 상태도.

$$CE = \% C + \left(\frac{1}{3}\right)\% Si \tag{13-3}$$

공정조성은 항상 4.3% CE 부근이다. 높은 탄소당량은 공정흑연의 성장을 촉진한다.

주철에서의 공석반응 주철의 기지 구조와 성질은 공석반응에서 오스테나이트가 어떻게 변태하는지에 따라 결정된다. 강에 사용된 $Fe-Fe_3C$ 상태도에서 오스테나이트는 페라이트와 시멘타이트로 변태하거나 때로는 펄라이트로 변태한다. 그러나 실리콘 또한 안정한 공석반응을 촉진한다.

$$\gamma \rightarrow \alpha + \text{흑연(C)} \tag{13-4}$$

평형조건에서 탄소원자는 오스테나이트로부터 이미 존재하는 흑연 입자로 확산하고 낮은 탄소함량의 페라이트를 남긴다. 변태도(그림 13-32)는 열처리를 할 때 오스테나이트가 어떻게 변태하는지를 보여준다. 주철을 어닐링(annealing) 또는 노냉하면 연한 페라이트 기지를 가진다(강에서처럼 조대 펄라이트가 아님). 노멀라이징 또는 공랭하면 펄라이트 기지를 갖게 된다. 주철을 오스템퍼링하여 베이나이트를 형성시키거나 혹은 급랭하여 마르텐사이트를 형성시키고 템퍼링할 수도 있다. 1,380 MPa까지의 강도를 갖는 오스템퍼링된 구상흑연주철은 고성능 기어에 사용된다.

회주철(gray cast iron)은 가장 널리 사용되는 주철이고 파단면의 흐린 회색 때문에 그 이름을 가지게 되었다. 회주철은 서로 연결된 흑연 박편의 덩어리인 공정셀(eutectic cell)을 많이 포함하고 있다(그림 13-33). 박편들이 연결된 지점은 처음에 흑연의 핵이 생성되었던 지점이다. 접종제를 첨가하면 공정셀이 미세하게 되어 강도가 증가한

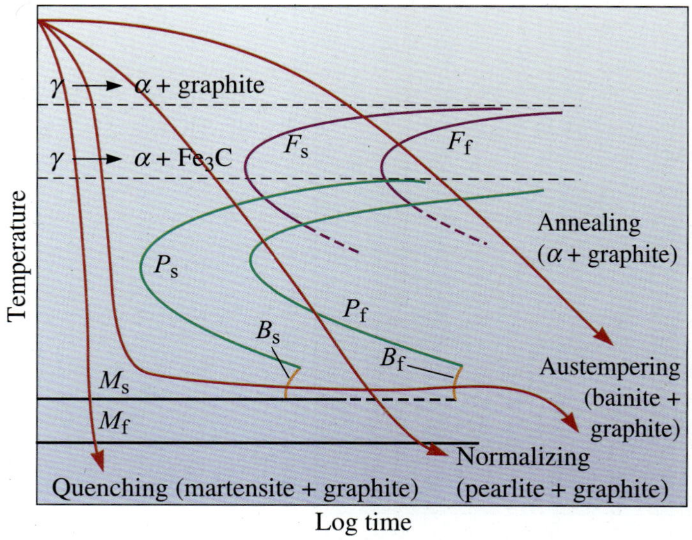

그림 13-32 주철 내의 오스테나이트의 변태도.

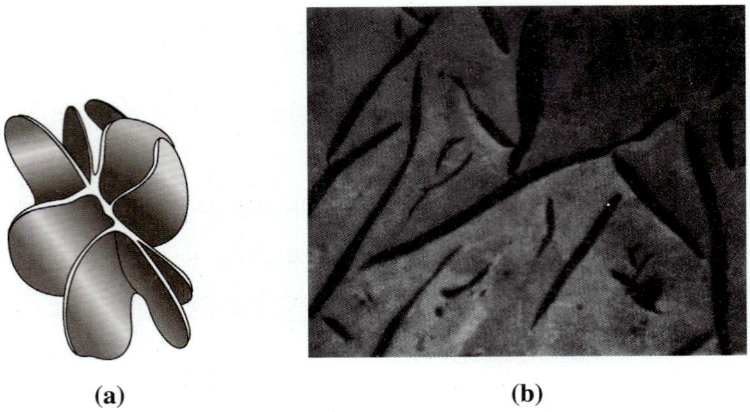

그림 13-33 회주철의 흑연 덩어리. (a) 스케치, (b) 사진(× 100). (출처: *Don Askeland*)

다. 회주철은 20에서 80까지의 등급(class number)으로 분류된다. 등급 20의 회주철은 138 MPa의 공칭 인장강도를 갖는다. 그러나 두꺼운 주물에서는 조대한 흑연 박편과 페라이트 기지로 인하여 인장강도가 최저 83 MPa로 낮은 반면, 얇은 주물에서는 미세한 흑연과 펄라이트가 생성되어 약 275 MPa의 인장강도를 갖는다(그림 13-34). 더 높은 강도를 얻기 위해서는 탄소당량을 감소시키거나 합금을 하거나 열처리를 한다. 흑연 박편들은 응력집중을 유발하여 낮은 강도와 연성을 초래하지만 회주철은 다수의 매력적인 특성을 가졌는데, 높은 압축강도와 절삭성, 내마모성, 열피로저항성, 열전도도, 진동 감쇠 능력이 우수하다.

백주철(white cast iron)은 대량의 Fe_3C를 함유한 단단하고 취성이 있는 합금이다. 이 재료의 파단면이 백색으로 보여 이렇게 불리게 되었다. 고합금 백주철이 경도가 높고 내마모성이 필요한 용도로 사용된다. Cr, Ni, Mo 등이 첨가되면 응고 중에 생성되는 합금탄화물 외에도 후속 열처리에 의해 마르텐사이트가 생성된다.

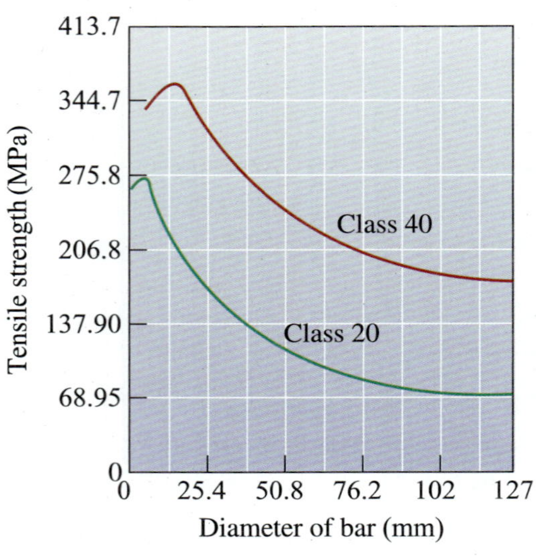

그림 13-34 두 종류 회주철의 인장특성에 미치는 냉각속도 또는 주물크기의 영향.

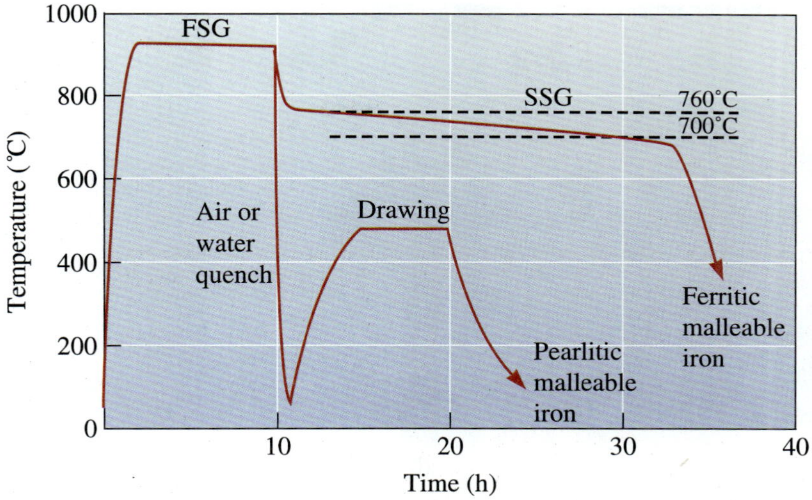

그림 13-35 페라이트 및 펄라이트 가단주철의 열처리.

가단주철(malleable cast iron)은 백주철을 열처리하여 만드는데, 둥근 흑연 덩어리가 생성된다. 이는 회주철이나 백주철보다 더 좋은 연성을 가지며 절삭성도 매우 좋다. 가단주철은 합금화되지 않은 탄소당량 3%(2.5% C, 1.5% Si)의 백주철을 열처리하여 만든다. 가단 열처리 동안 응고 중에 생성된 시멘타이트는 분해되어 흑연 덩어리, 즉 구상흑연이 생성되는데 팝콘처럼 보이기도 한다. 가단주철의 생산에는 몇 가지 단계가 있다(그림 13-35). 백주철을 천천히 가열함에 따라 구상흑연이 생성된다. 1단계 흑연화(first stage graphitization, FSG)에서 Fe_3C 내의 탄소가 흑연 핵으로 확산함에 따라 시멘타이트는 안정한 오스테나이트와 흑연으로 분해된다. FSG 단계에 뒤이어서 오스테나이트가 냉각되는 동안 변태한다. 그림 13-36에 초기의 백주철과 생산될 수 있는 두 가지 가단주철의 미세구조를 나타내었다. 페라이트 가단주철을 만들기 위해서는 주물을 공석온도 구간을 통과하여 서서히 냉각시켜 2단계 흑연화(second stage graphitization, SSG)를 야기시킨다. 페라이트 가단주철은 낮은 탄소당량으로 인해 천이온도가 상온보다 낮아지기 때문에 다른 철에 비해 높은 인성을 가진다. 펄라이트 가단주철은 오스테나이트를 공기나 기름 속에서 냉각시켜 펄라이트나 마르텐사이트를 형성시켰을 때 얻어진다. 어느 경우이든 기지는 단단하고 취약하다. 그런 다음 주철을 공석온도 이하에서 드로잉한다. 드로잉(drawing)은 마르텐사이트를 템퍼링하거나 펄라이트를 구상화하는 열처리이다. 드로잉 온도가 높을수록 강도는 감소하고 연성과 인성은 증가한다.

구상흑연주철(ductile or nodular cast iron)은 구상흑연 입자들을 포함하고 있다[그림 13-36(d), (e), (f)]. 구상흑연주철은 장시간의 열처리보다는 응고 중에 구상흑연(nodule)의 성장을 유발하는 Mg을 함유한 대략 4.3% 탄소당량의 액체 주철을 처리하

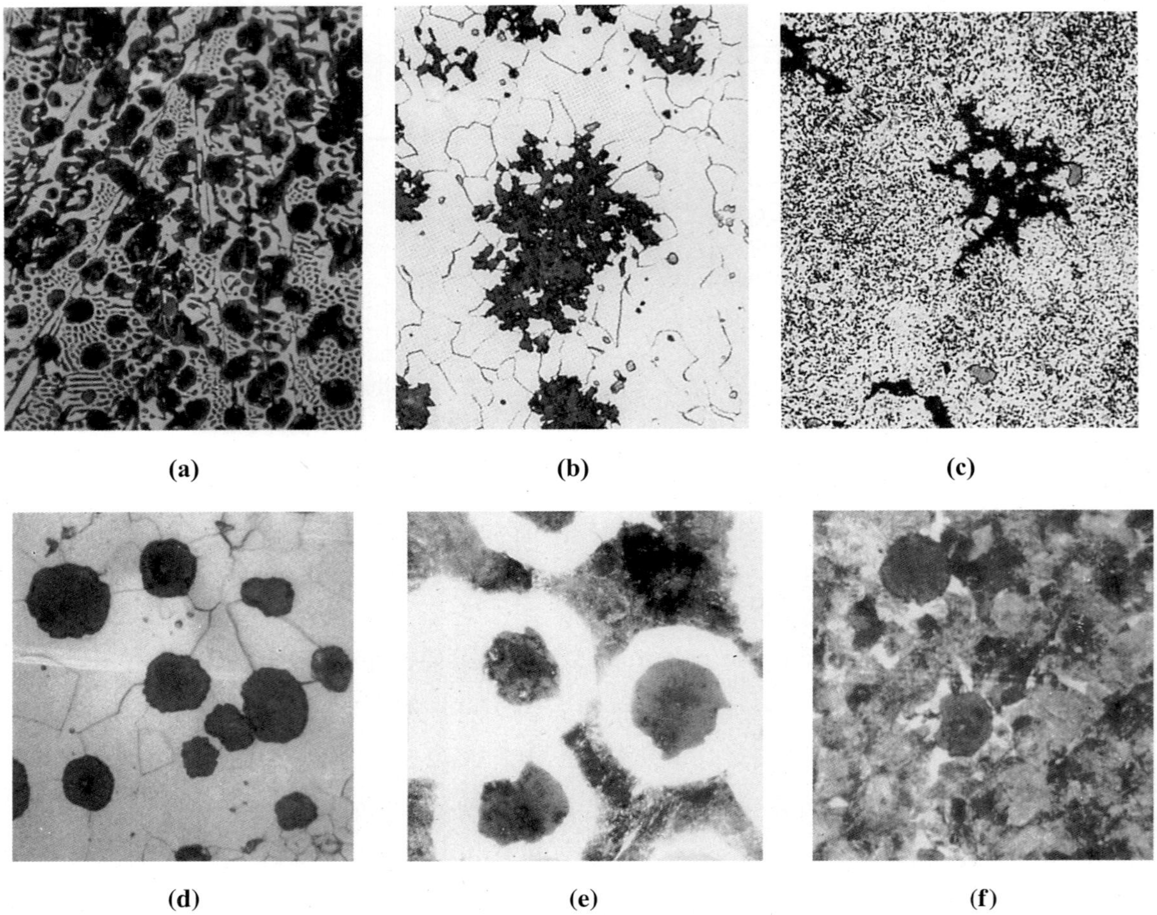

그림 13-36 (a) 열처리하기 전의 백주철(× 100), (b) 흑연 노듈과 작은 MnS 개재물이 페라이트 기지에 박힌 페라이트 가단주철(× 200), (c) 템퍼드 마르텐사이트를 생성하기 위해 재가열된 펄라이트 가단주철(× 500), [(b), (c) 출처: ASM Handbook, *Vols. 7 and 8, (1972, 1973), ASM International, Materials Park, OH 44073-0002. Reprinted with permission of ASM International. All rights reserved. www.asminternational.org.*] (d) 페라이트 기지의 어닐링된 구상흑연주철(× 250), (e) 페라이트(흰색)와 펄라이트 기지의 주조상태 구상흑연주철(× 250), (f) 펄라이트 기지의 노멀라이징된 구상흑연주철(× 250). [(a), (d), (e), (f) 출처: *Don Askeland*]

여 얻는다. 이 주철을 생산하기 위해서는 몇 가지 단계를 거쳐야 한다. 즉, 탈황, 구상화, 접종의 과정이 필요하다. 탈황(desulfurization) 단계에서는 액체 주철의 황과 산소는 CaO와 같은 탈황제를 첨가하여 제거한다. 구상화(nodulizing) 단계에서는 Mg은 보통 MgFeSi 합금과 같은 희석된 형태로 첨가된다. 순수 Mg이 첨가되면 Mg의 비등점이 액체 주철보다 훨씬 낮기 때문에 구상화 반응이 매우 격렬해져서 대부분의 Mg이 없어진다. 구상화된 흑연이 성장하기 위해서는 처리 후에 약 0.03% Mg이 액체 주철에 잔류하여야 한다. 마지막으로 접종(inoculation) 단계에서는, FeSi 화합물을 사용하여 흑연의 불균일핵생성을 유발시키는 것이 중요하다. 접종이 효과적이지 못하면 구상흑연주철 대신에 백주철이 형성된다. 구상화되고 접종된 철은 페이딩(fading)을 피하기 위하여 수분 내에 주형에 주입하여야 한다. 페이딩은 기화와 산화에 의해 Mg의 점진적인 감

표 13-5 주철의 대표적 특성

	인장강도 (MPa)	항복강도 (MPa)	%연신율	비고
회주철				
20종	83~276	–	–	
40종	190~370	–	–	
60종	305~455	–	–	
가단주철				
32510	345	225	10	페라이트
35018	365	242	18	페라이트
50005	483	345	5	펄라이트
70003	585	485	3	펄라이트
90001	725	620	1	펄라이트
구상흑연주철				
60-40-18	415	276	18	어닐링 상태
65-45-12	450	310	12	주조상태 페라이트
80-55-06	552	380	6	주조상태 펄라이트
100-70-03	690	483	3	노멀라이징 상태
120-90-02	830	620	2	퀜칭 + 템퍼링 상태
컴팩트흑연주철				
저강도	276	193	5	90% 페라이트
고강도	448	379	1	80% 펄라이트

소로 일어나며, 구상형 흑연 대신에 박편형 또는 컴팩트형 흑연을 초래한다. 또한 접종 효과도 감소되어 백주철이 된다.

회주철과 비교하여 구상흑연주철은 뛰어난 강도와 연성을 가진다. 가단주철의 1.5% Si에 비해 구상흑연주철의 높은 Si함량(약 2.4%)으로 인해, 구상흑연주철은 가단주철보다 강도는 높으나 인성은 뒤떨어진다.

컴팩트흑연주철(compacted graphite cast iron)은 구상이고 서로 연결된 흑연을 함유하고 또한 응고 중에 형성된다. 컴팩트흑연주철에서 흑연의 형태는 공정조직의 핵과 연결된 둥근 막대기형의 흑연으로 박편과 구상의 중간 형태이다. 이 흑연은 때로는 버미큘러흑연(vermicular graphite)이라 불리기도 하며 구상흑연주철이 페이딩될 때에도 형성된다. 컴팩트흑연주철은 회주철보다 더 큰 강도와 연성을 가지면서도 우수한 열전도도와 진동감쇠 특성을 유지할 수 있도록 한다. 컴팩트흑연주철의 처리는 구상흑연주철의 경우와 비슷하다. 그러나 구상화에서 약 0.015% Mg만이 첨가된다. 컴팩트흑연의 형성을 확실하게 하기 위하여 적은 양의 Ti가 첨가된다. 주철의 대표적인 특성들이 표 13-5에 나타나 있다.

요약

- 분산강화에 의해 결정되는 강의 성질은 시멘타이트의 양, 크기, 형태, 분포에 의존한다. 이러한 인자들은 합금과 열처리에 의해 조절된다.
- 공정어닐링은 냉간가공된 강을 재결정시킨다.
- 구상화어닐링은 고탄소강에서 구상의 큰 Fe_3C를 형성시키고 절삭성을 향상시킨다.
- 강을 오스테나이트화 처리 후 노 내에서 서서히 냉각시키는 작업인 어닐링은 조대한 펄라이트를 형성시킨다.
- 강을 오스테나이트로 만든 후 공기 중에서 냉각시키는 작업인 노멀라이징은 미세한 펄라이트 구조를 형성하고 어닐링에 비해 높은 강도를 얻는다.
- 등온어닐링에서는 일정한 온도에서 오스테나이트를 변태시켜 균일한 층간거리를 가진 펄라이트를 얻는다.
- 오스템퍼링은 등온변태에 의해 둥근 Fe_3C를 가진 베이나이트를 형성시킨다.
- 퀜칭 + 템퍼링(quench and temper) 열처리는 마르텐사이트의 형성과 분해의 과정으로 이루어지며 극히 미세한 구상의 Fe_3C를 고르게 분포시킨다.
- 열처리 기구는 TTT 변태도, CCT 변태도, 경화능곡선으로 더 잘 이해할 수 있다.
- TTT 변태도는 일정한 온도에서 오스테나이트가 어떻게 펄라이트와 베이나이트로 변태되는지를 보여준다.
- CCT 변태도는 연속적인 냉각에서 오스테나이트가 어떻게 변태되는지를 보여준다. 이러한 곡선은 퀜칭 + 템퍼링 열처리 과정에서 마르텐사이트를 얻기 위한 냉각속도를 알 수 있게 한다.
- 경화능곡선으로 여러 종류의 강들이 마르텐사이트로 얼마나 쉽게 변태가 되는지 비교할 수 있다.
- 합금원소는 TTT 변태도에서 변태에 필요한 시간을 증가시키고, CCT 변태도에서 마르텐사이트를 얻기 위한 냉각속도를 감소시키며, 강의 경화능을 증가시킨다.
- 특수강과 열처리는 독특한 성질이나 성질들의 조합을 가져온다. 피로저항성과 충격저항성의 우수한 조합을 갖게 하는 침탄과 같은 표면경화 처리는 특히 중요하다. 최소 11% Cr을 함유하는 스테인리스강은 뛰어난 내부식성을 가진다.
- 주철의 정의는 응고 중에 공정반응을 갖는 것이다. 조성과 처리에 따라서 냉각 중에 γ와 Fe_3C 또는 γ와 흑연이 형성된다.

용어해설

가단주철 malleable cast iron 시멘타이트가 분해되어 둥근 흑연 덩어리를 형성하게 하는 오래 걸리는 열처리로 얻어진 주철. 이렇게 얻어진 조직들에 의해 우수한 강도, 연성, 인성을 가진다.

경화능 hardenability 강이 급랭되어 마르텐사이트로 변하기 쉬운 정도. 큰 경화능을 가진 강은 서서히 냉각하더라도 마르텐사이트가 형성된다.

경화능곡선 hardenability curve 냉각속도가 급랭된 강의 경도에 미치는 영향을 보여주는 그래프.

경화층깊이 case depth 강 표면에 침탄이나 표면경화 처리를 함으로써 얻어지는 경화층의 두께.

공구강 tool steel 높은 경도와 인성 그리고 고온저항성의 조합된 성질을 가지는 일단의 고탄소강.

공정쎌 eutectic cell 회주철의 응고 중에 생성된 박판 흑연덩어리로 공통의 핵에 연결되어 있는 조직.

공정어닐링 process anneal 강에서 전체 또는 부분적으로 냉간가공의 영향을 제거하기 위한 저온 열처리.

구상화 nodulizing 액상의 주철에 Mg을 첨가하여 응고 중에 흑연을 박편이 아니라 구상의 형태로 석출하도록 하는 것.

구상흑연주철 ductile cast iron Mg으로 처리하여 응고 중에 흑연을 구상으로 석출하고 뛰어난 강도와 연성을 가지게 한 주철. 구상흑연주철(nodular cast iron)이라고도 한다.

노멀라이징 normalizing 미세한 펄라이트 구조를 얻기 위해 오스테나이트화하고 공랭하는 간단한 열처리. 강과 주철에 대하여 할 수 있다.

담금질균열 quench crack 급랭 시 오스테나이트에서 마르텐사이트로 변태함에 따른 체적변화 때문에 발생하는 인장잔류응력에 의해 강의 표면에 생기는 균열.

드로잉 drawing 펄라이트를 구상화하거나, 마르텐사이트를 템퍼링하거나, 또는 둘 다 흑연화시킴으로써 시멘타이트의 형태로 존재하는 탄소의 양을 감소시키기 위하여 가단주철을 재가열하는 것.

등온어닐링 isothermal annealing 오스테나이트화한 후 A_1과 TTT 변태도의 선단부(nose) 사이의 온도로 급랭하여 오스테나이트가 펄라이트로 변할 때까지 유지하는 강의 열처리.

마르퀜칭 marquenching Ms 바로 위까지 오스테나이트를 급랭한 다음 마르텐사이트를 형성시키기 위해 다시 급랭하기 전에 강 전체의 온도가 일정해질 때까지 유지하는 것. 이 처리에 의해 잔류응력과 급랭에 의한 균열이 감소한다. 마르템퍼링(martempering)으로 불리기도 한다.

머레이징강 maraging steel 마르텐사이트와 시효경화의 조합에 의해 높은 강도를 가지는 특수합금강.

무쇠 hot metal 고로(용광로)에서 만들어지는 용해된 철로 선철(pig iron)이라고도 한다. 이 재료는 95% 철, 4% 탄소, 0.3~0.9% 규소, 0.5% 망간, 0.025~0.05%의 황, 인, 티타늄을 함유하고 있다.

무침입형강 interstitial-free steel Nb와 Ti를 함유하는 강으로, 그들이 탄화물과 황화물의 석출물을 형성하기 위해 C 및 S와 반응하여, 페라이트에 침입형원자가 남아 있지 않다.

백주철 white cast iron 응고 중에 흑연 대신 시멘타이트를 형성시킨 주철. 단단하고 깨지기 쉽다.

버미큘러흑연 vermicular graphite 주철의 응고 시에 형성되는 둥글고 서로 연결되어 있는 흑연. 컴팩트흑연주철에서는 의도적으로 형성시키는 형상이지만 구상흑연주철에서는 결함 형상이다.

복합조직강 dual-phase steel 마르텐사이트가 페라이트 기지에 분산되도록 처리한 특수강.

슈페로이다이트 spheroidite 페라이트 기지에 조대한 구형의 시멘타이트 입자를 가진 미세구성물로 고탄소강에서 뛰어난 가공성을 가지게 한다.

스테인리스강 stainless steel 크롬 11% 이상을 함유하는 뛰어난 내식성을 가진 철합금.

어닐링 annealing [steel] 강을 오스테나이트화한 후 노에서 냉각시켜 강에 연하고 조대한 펄라이트를 형성시키는 열처리.

어닐링 annealing [cast iron] 주철을 오스테나이트화한 노에서 냉각시켜 페라이트 기지를 형성시키는 열처리.

예민화 sensitization 480~860 ℃ 온도로 가열하면 크롬탄화물이 결정립 내부보다는 결정립계를 따라 석출된다. 이는 결정립 내부의 크롬을 고갈시켜 스테인리스강이 쉽게 부식되게 한다.

오스테나이트화 austenitizing 강 또는 주철을 균일한 오스테나이트가 형성되는 온도까지 가열하는 것. 오스테나이트화는 강이나 주철을 위한 열처리의 첫 번째 단계이다.

오스템퍼링 austempering 오스테나이트가 베이나이트로 변태하게 하는 등온열처리.

오스포밍 ausforming A_1 온도 이하에서 소성변형된 오스테나이트를 베이나이트나 마르텐사이트로 변태하게 하는 가공열처리.

잔류 오스테나이트 retained austenite 급랭 시에 반응에 관계된 체적팽창 때문에 마르텐사이트로 변하지 못한 오스테나이트.

전기아크로 electric arc furnace 전기를 사용하여 강 고철을 녹이는 노. 종종 특수용도 강은 전기로를 사용하여 만들어진다.

접종 inoculation 용융 주철에 첨가제를 넣어 응고 중에 흑연이 석출하는 핵생성 장소를 제공해 주는 것.

주철 cast iron 충분한 탄소를 함유하며 응고 시에 공정반응이 일어나는 철합금.

질화 nitriding 특수 가스 분위기에서 얻은 질소로 강의 표면을 경화시키는 것.

청화 cyaniding 액체 시아나이드 용액으로부터 탄소와 질소를 얻어 강의 표면을 경화시키는 것.

침탄 carburizing 강에 탄소를 확산시키는 표면경화 기술의 한 종류.

침탄질화 carbonitriding 특수 가스 분위기에서 얻은 탄소와 질소로 강의 표면을 경화시키는 것.

컴팩트흑연주철 compacted graphite cast iron 적은 양의 Mg과 Ti을 첨가하여 응고 시에 흑연을 서로 연결된 산호 모양의 석출물로 성장하게 하여 회주철과 구상흑연주철의 중간 성질을 가지도록 처리한 주철.

탄소당량 carbon equivalent 주철에서 함유된 탄소의 양에 Si 양의 1/3을 더한 것.

템퍼드 마르텐사이트 tempered martensite 마르텐사이트를 템퍼링했을 때 형성되는 페라이트와 시멘타이트의 미세구성물.

페이딩 fading 주철에서 시간에 따라 구상화나 접종의 효과가 감소하는 현상으로 미세구조와 성질에 원하지 않는 변화가 일어나게 한다.

회주철 gray cast iron 응고 중에 박판 흑연을 함유하고 낮은 강도와 불충분한 연성을 가지는 주철. 가장 널리 사용되는 주철이다.

Jominy 거리 Jominy distance Jominy 막대의 급랭된 끝에서부터의 거리. Jominy 거리는 냉각속도와 관계가 있다.

Jominy 시험 Jominy test 경화능을 산출하기 위한 시험. 오스테나이트화된 강 막대의 한쪽 끝을 급랭시켜 막대 내에 냉각속도의 차이를 만든다.

TRIP강 TRIP steel 연속된 페라이트 기지, 더 단단한 2차분산상(마르텐사이트, 베이나이트)과 남아 있을 수 있는 잔류 오스테나이트로 구성된 미세조직을 갖는 강이다. TRIP은 'transformation induced plasticity'의 머리글자를 딴 것이다.

1단계 흑연화 first stage graphitization 응고 중에 형성된 많은 탄화물이 흑연과 오스테나이트로 분해되는 가단주철의 첫 번째 단계.

2단계 흑연화 second-stage graphitization 페라이트 기지를 갖게 하는 가단주철의 두 번째 단계 열처리. 오스테나이트가 펄라이트 대신에 페라이트와 흑연으로 변할 수 있게 1단계 흑연화 온도로부터 주철을 서서히 냉각시키는 것.

2상 스테인리스강 duplex stainless steel 페라이트와 오스테나이트의 미세구조를 가지는 특수 스테인리스강.

2차경화 피크 secondary hardening peak 고온에서 템퍼링한 강에서 합금탄화물의 석출에 의해 유발된 특별히 높은 경도.

연습문제

13-1절 강의 명칭과 분류

13-1 주철과 강의 차이점은 무엇인가?

13-2 A_1, A_3, A_{cm} 온도가 의미하는 것은 무엇인가? 이들 온도는 일정한 것인가?

13-3 최종제품 하나에 AISI 8620강 15 lb가 요구된다. 하루에 700단위(3교대)를, 1주일에 6일, 1년에 50주 생산한다고 한다. 폐기되는 것이 없다고 가정할 때 이 공장이 필요로 하는 이트륨의 양은 얼마인가?

13-4 (a) 1015강, (b) 1035강, (c) 1095강, (d) 10130강 각각에서 페라이트, 시멘타이트, 초석미세구성물, 펄라이트의 양을 계산하라.

13-5 다음 미세구조를 갖는 강에 대한 AISI-SAE 번호를 결정하라.

(a) 38% 펄라이트 + 62% 초석 페라이트
(b) 93% 펄라이트 + 7% 초석 시멘타이트
(c) 97% 페라이트 + 3% 시멘타이트
(d) 86% 페라이트 + 14% 시멘타이트

13-6 저탄소강, 중탄소강, 고탄소강이 의미하는 것은 무엇인가?

13-7 두 가지 강이 93%의 펄라이트를 함유하고 있다. 하나는 아공석강이고 다른 하나는 과공석강일 때 각각의 탄소함량을 결정하라.

13-2절 단순 열처리

13-3절 등온 열처리

13-8 다음 열처리를 설명하라.

(a) 공정어닐링
(b) 오스테나이트화(austenitizing)
(c) 어닐링(풀림)
(d) 노멀라이징(불림)
(e) 퀜칭(담금)

13-9 오스템퍼링을 정의하고 목적을 설명하라.

13-10 다음 표를 완성하라.

	1035강	10115강
A_1 온도		
A_3 온도 또는 A_{cm} 온도		
완전어닐링 온도		
노멀라이징 온도		
공정어닐링 온도		
구상화어닐링 온도		

13-11 엄격하게 말하여 TTT 변태도가 등온열처리에만 사용될 수 있는 이유를 설명하라.

13-12 1050강에 대하여 오스테나이트가 펄라이트로 변태하는 과정에서 Avrami 관계(식 12-2)의 상수 c와 n을 구하라. 600 ℃에서 등온열처리를 가정하고 다음을 이용하여 f와 t의 로그-로그 그래프를 그려라.

$t = 2$ s일 때 $f = 0.2$
$t = 4$ s일 때 $f = 0.5$
$t = 7$ s일 때 $f = 0.8$

13-13 펄라이트 1080강에서, 판상 시멘타이트의 두께는 0.4 μm이고, 판상 페라이트의 두께는 1.4 μm이다. 구상화열처리된 1080강에서, 시멘타이트 입자는 직경이 40 μm이다. 각 강의 cm^3당 페라이트와 시멘타이트 사이 전체 경계면의 면적을 구하라. 펄라이트강이 구상화열처리될 때 표면적 감소 %를 구하라. 페라이트의 밀도는 7,870 kg/m^3이고, 시멘타이트의 밀도는 7,660 kg/m^3이다.

13-14 다음 열처리의 각 단계 후에 1050강에 존재하는 미세구조를 기술하라.

(a) 820 ℃에서 가열, 650 ℃로 급랭, 90초 동안 유지한 후 25 ℃로 급랭
(b) 820 ℃에서 가열, 450 ℃로 급랭, 90초 동안 유지한 후 25 ℃로 급랭
(c) 820 ℃에서 가열한 후 25 ℃로 급랭
(d) 820 ℃에서 가열, 720 ℃로 급랭, 100초 동안 유지한 후 25 ℃로 급랭
(e) 820 ℃에서 가열, 720 ℃로 급랭, 100초 동

안 유지한 후 다시 400 ℃로 급랭, 500초 동안 유지한 후 25 ℃로 급랭

(f) 820 ℃에서 가열, 720 ℃로 급랭, 100초 동안 유지한 후 다시 400 ℃로 급랭, 10초 동안 유지한 후 25 ℃로 급랭

(g) 820 ℃에서 가열, 25 ℃로 급랭, 다시 500 ℃로 가열, 10^3초 동안 유지한 후 25 ℃로 공랭

13-15 다음 열처리의 각 단계 후에 10110강에 존재하는 미세구조를 기술하라.

(a) 900 ℃에서 가열, 400 ℃로 급랭, 10^3초 동안 유지한 후 25 ℃로 급랭

(b) 900 ℃에서 가열, 600 ℃로 급랭, 50초 동안 유지한 후 25 ℃로 급랭

(c) 900 ℃에서 가열한 후 25 ℃로 급랭

(d) 900 ℃에서 가열, 300 ℃로 급랭, 200초 동안 유지한 후 25 ℃로 급랭

(e) 900 ℃에서 가열, 675 ℃로 급랭, 1초 동안 유지한 후 25 ℃로 급랭

(f) 900 ℃에서 가열, 675 ℃로 급랭, 1초 동안 유지한 후 다시 400 ℃로 급랭, 900초 동안 유지한 후 25 ℃로 서서히 냉각

(g) 900 ℃에서 가열, 675 ℃로 급랭, 1초 동안 유지한 후 다시 300 ℃로 급랭, 10^3초 동안 유지한 후 25 ℃로 서서히 냉각

(h) 900 ℃에서 가열, 300 ℃로 급랭, 100초 동안 유지한 후 25 ℃로 급랭, 다시 450 ℃로 가열, 3,600초 동안 유지한 후 25 ℃로 냉각

13-16 다음을 얻기 위한 적절한 등온열처리를, 적절한 온도와 시간을 포함하여 결정하라.

(a) HRC 23을 가진 등온어닐링된 1050강

(b) HRC 40을 가진 등온어닐링된 10110강

(c) HRC 38을 가진 등온어닐링된 1080강

(d) HRC 40을 가진 오스템퍼링된 1050강

(e) HRC 55를 가진 오스템퍼링된 10110강

(f) HRC 50을 가진 오스템퍼링된 1080강

13-17 600 ℃에서 (a) 1050강, (b) 1080강, (c) 10110강을 등온어닐링하는 데 요구되는 최소한의 시간을 비교하라. 강의 탄소함량이 열처리 과정의 핵생성 및 성장속도에 미치는 영향을 검토하라.

13-4절 퀜칭 + 템퍼링 열처리

13-18 (a) 퀜칭, (b) 템퍼링, (c) 잔류 오스테나이트, (d) 마르퀜칭/마르템퍼링을 설명하라.

13-19 퀜칭을 위한 냉각재로는 공기, 소금물(10% 소금), 물, 오일이 있다.

(a) 냉각속도가 빠른 냉각재부터 나열하라.

(b) 공기 중에서의 퀜칭이 바람직하지 않은 상황에 대하여 설명하라.

(c) 액체 냉각재로 퀜칭할 때 흔히 재료를 냉각하거나 용액을 교반하는 이유를 설명하라.

13-20 브리넬 경도가 최소 330이고 연신율이 최소 15%인 1050강을 만들고자 한다.

(a) 이것이 가능하도록, 적당한 온도를 포함하여 열처리를 결정하라. 이 열처리로 얻을 수 있는 항복강도와 인장강도를 구하라(그림 13-9 참조).

(b) 같은 열처리로 1080강에서 얻을 수 있는 항복강도와 인장강도를 구하라(그림 12-27 참조).

(c) 1050강을 노멀라이징한다면 얻을 수 있는 항복강도, 인장강도, 연신율을 구하라(그림 13-4 참조).

13-21 인장강도가 최소 1,210 MPa이고 단면감소율이 최소 50%인 1050강을 만들고자 한다.

(a) 이것이 가능하도록, 적당한 온도를 포함하여 열처리를 결정하라. 이 열처리로 얻을 수 있는 브리넬 경도, 연신율, 항복강도를 구하라(그림 13-9 참조).

(b) 같은 열처리로 1080강에서 얻을 수 있는 항복강도와 인장강도를 구하라(그림 12-27 참조).

(c) 1050강을 노멀라이징한다면 얻을 수 있는 항복강도, 인장강도, 연신율을 구하라(그림 13-4 참조).

13-22 1030강이 부적절하게 퀜칭 + 템퍼링 열처리되

어 60% 마르텐사이트와 40% 페라이트로 구성된 최종 미세구조를 얻었다. 마르텐사이트의 탄소함량과 처리된 오스테나이트화 온도를 추정하라. 적절한 오스테나이트화 온도를 결정하라.

13-23 1050강이 820 ℃에서 오스테나이트화되고, 기름에서 25 ℃로 급랭되고, 400 ℃에서 적절한 시간 동안 템퍼링되었다.

(a) 이 열처리로부터 얻을 수 있는 항복강도, 경도, 연신율을 구하라(그림 13-9 참조).

(b) 강의 실제 항복강도가 862 MPa라고 가정한다. 열처리 과정에서 어떤 잘못이 이와 같이 낮은 강도를 초래하였는가?

(c) 강의 실제 경도가 HB 525라고 가정한다. 열처리 과정에서 어떤 잘못이 이와 같은 낮은 경도를 초래하였는가?

13-24 저합금 0.2% C 강으로 만든 부품이 급랭 후 페라이트, 펄라이트, 베이나이트, 마르텐사이트를 함유하는 미세구조를 갖는다. 1080강을 사용하면 어떤 미세구조를 얻을까? 4340강을 사용하면 어떤 미세구조를 얻을까? [그림 13-14, 13-15, 13-16(b) 참조]

13-25 급랭된 1080강에서 미세 펄라이트와 적은 양의 마르텐사이트가 발견되었다. 저합금 0.2% C 강을 사용하면 어떤 미세구조를 얻을까? 4340강을 사용하면 어떤 미세구조를 얻을까? [그림 13-14, 13-15, 13-16(b) 참조]

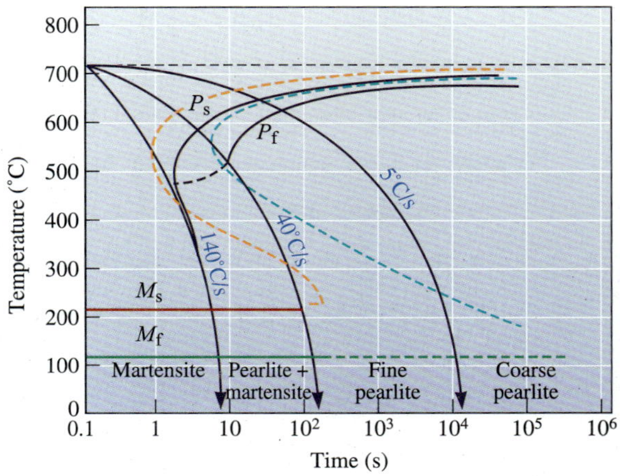

그림 13-14 1080강에 대한 CCC 변태도(실선)와 TTT 변태도(점선)의 비교. (문제 13-26을 위해 반복됨)

13-26 1080강 막대가 다음 조건 하에서 공석온도보다 조금 높은 온도로부터 급랭될 때 얻어지는 상을 예측하라.

(a) 기름(무교반)

(b) 기름(교반)

(c) 물(교반)

(d) 소금물(무교반)

조대한 펄라이트를 얻기 위한 냉각재를 추천하라(그림 13-14, 표 13-2 참조).

13-5절 합금원소의 영향

13-6절 경화능의 응용

13-27 오스포밍을 정의하고 목적을 설명하라.

13-28 경화능과 경도의 차이점을 설명하라. 강의 경화능이 어떻게 측정되는지 그림을 그려 설명하라.

13-29 1070강을 750 ℃에서 오스테나이트화하면 적절한 강도와 연성을 주는 펄라이트와 적은 양의 입계 페라이트를 함유하는 구조를 얻을 수 있다는 것을 알았다. 1070강이 Mo 또는 Cr 같은 합금원소를 함유하면 어떤 미세구조 변화가 발생하는가? 설명하라.

13-30 TTT 변태도를 사용하여, 650 ℃에서 일어나는 페라이트와 펄라이트의 등온변태에서 요구되는 시간(F_s, P_s, P_f)을 결정하여 4340강과 1050강의 경화능을 비교하라[그림 13-8, 13-16(a) 참조].

13-31 수냉경화되는 1095강이 500 ℃에서 템퍼링되어야 하지만 작업자가 부주의하게 자동온도조절장치를 점검하지 않아 450 ℃에서 템퍼링되었다. 요구되는 강과 생산된 강의 경도를 비교하라.

13-32 동일한 경도를 갖도록 AISI 9310, 4320, 1080 강의 냉각속도를 결정하라(그림 13-21 참조).

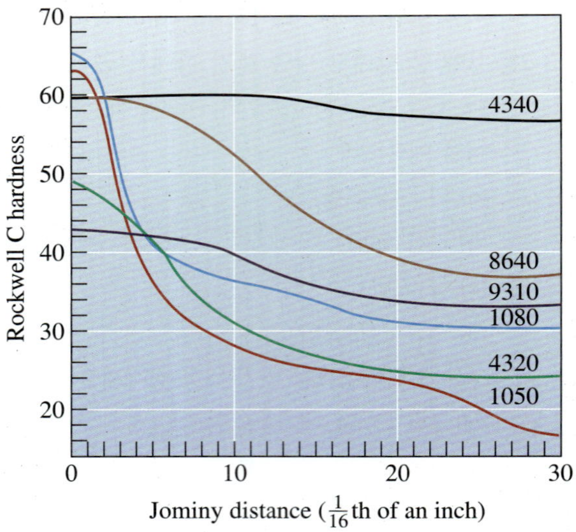

그림 13-21 여러 강에 대한 경화능 곡선. (문제 13-32, 13-59를 위해 반복됨)

13-33 어떤 강 부품이 급랭된 상태(as-quenched)에서 HRC 38~40의 경도를 얻어야 한다. (a) 4340강, (b) 8640강, (c) 9310강, (d) 4320강, (e) 1050강, (f) 1080강에 대하여 어떤 범위의 냉각속도가 필요한가? 이러한 수준의 경도를 얻는 데 부적절한 강이 있는가? (그림 13-21와 표 13-3 참조)

13-34 어떤 강 부품이 내마모성을 갖기 위해 급랭된 상태(as-quenched)에서 HRC 35의 경도를 가져야 한다. 이 부품을 4320강으로 만들면 경도가 겨우 HRC 32에 불과하다. 이 부품을 같은 조건에서 (a) 4340강, (b) 8640강, (c) 9310강, (d) 1050강, (e) 1080강으로 만들었을 때의 경도를 구하라. 어떤 강들이 4320보다 더 좋은 선택이 될 것인가?

13-35 4320강으로 만든 부품이 급랭 후에 중요한 부위에서 HRC 35의 경도를 갖을 때 (a) 그 위치에서의 냉각속도, (b) 부품을 1080강으로 만들었다면 얻을 수 있는 미세구조와 경도를 결정하라.

13-36 1080강을 최대한 빠른 속도로 냉각하되 여전히 모두 펄라이트로 만들어야 한다. 이 냉각속도를 구하고 이 냉각속도에 대한 Jominy 거리와 경도를 구하라.

13-37 직경 38.1 mm의 1080강 봉을 (a) 교반하지 않는 오일, (b) 교반하지 않는 물, (c) 교반하는 소금물에 급랭하였을 때 중심부의 경도와 미세구조를 각각 구하라.

13-38 4320강으로 된 직경 50.8 mm의 봉이 최소한 HRC 35의 경도를 가져야 한다. 최소 급랭도(H계수)를 구하라. 담금질균열이 거의 발생하지 않고 원하는 경도를 얻기 위해 어떤 냉각재를 추천할 수 있는가?

13-39 강철 막대가 교반하는 물에 급랭되었다. (a) 1050강, (b) 1080강, (c) 4320강, (d) 8640강, (e) 4340강일 때 HRC 40의 최소 경도를 얻기 위한 봉의 최대 직경을 각각 구하라.

13-40 4320강으로 된 직경 25.4 mm의 봉 중심부가 HRC 40의 경도를 갖는다. 같은 냉각재에 급랭된 직경 50.8 mm의 1050강의 봉 중심부의 경도와 미세구조를 구하라.

13-41 12.7 mm의 Jominy 거리와 직경 38.1 mm의 봉에 대한 H계수를 구하라.

13-7절 특수용도 강철

13-8절 표면처리

13-9절 강의 용접성

13-42 공구강은 무엇인가?

13-43 침탄법과 질화법을 사용하여 강을 표면경화하는 원리를 설명하라.

13-44 1010강이 강의 표면에 1.0% C를 형성하는 가스 분위기에서 침탄된다. 경화층깊이(case depth)를 최소한 0.5% C를 함유하는 표면으로부터의 거리로 정의한다. 1,000 ℃에서 침탄된다면 0.01 in의 경화층깊이를 얻기 위한 시간을 구하라(제5장 참조).

13-45 1015강이 1,050 ℃에서 2시간 동안 강의 표면에서 1.2% C를 형성하는 가스 분위기에서 침탄된다. 탄소함량과 강 표면으로부터의 거리 사이의 관계를 나타내는 그래프를 그려라. 강이 침탄된 후에 서냉한다면 표면으로부터 50.8 μm 간격으로 각 상과 미세구성물의 양을 구하라(제5장 참조).

13-46 저탄소강에 있어서 열영향부의 강도가 더 큰 이유는 무엇인가? 이 경우에 잔류 오스테나이트의 역할은 무엇인가?

13-47 저탄소강은 용접하기 쉽지만 고탄소강은 어려운 이유는 무엇인가?

13-48 1050강이 용접된다. 냉각 후에 열영향부의 경도를 용융구역 경계로부터 여러 위치에서 얻었다. 같은 조건에서 1080강이 용접이 된다면 각 위치에서 예상되는 경도를 구하라. 용접된 상태(as-welded)에서 1080강 각 위치에서의 미세구조를 구하라.

용융구역 경계로부터의 거리	용접부의 경도
0.05 mm	HRC 50
0.10 mm	HRC 40
0.15 mm	HRC 32
0.20 mm	HRC 28

13-10절 스테인리스강

13-49 스테인리스강이란 무엇인가? 스테인리스강이라고 불리는 이유를 설명하라.

13-50 15톤의 304, 5.2톤의 304 L, 1톤의 316, 4.7톤의 440 C 스테인리스강이 있다. 각각에서 몰리브덴의 양을 구하고 총 무게를 구하라.

13-51 316 스테인리스강 5.75톤을 사용하는 식품가공 공장이 실제로는 설계 스펙의 115%를 사용한다. 이를 위하여 제련되어야 할 크롬의 양은 얼마인가? 제련 손실을 5%로 가정하라.

13-52 17% Cr을 함유하는 마르텐사이트계 스테인리스강을 만들려고 한다. 급랭으로 100% 마르텐사이트를 얻을 수 있는 탄소함량과 오스테나이트화 온도를 선정하라. 그러고 나서 마르텐사이트가 평형상이 형성될 때까지 템퍼링된다면 생성되는 미세구조는 무엇인가?

13-53 오스테나이트계 스테인리스강을 용접하면 때때로 용접물이 약간의 자성을 갖기도 한다. Fe-Cr-Ni-C 상태도[그림 13-28(b)]를 참조할 때, 어떤 상이 자성을 유발하는가? 왜 이 상이 형성되는가? 비자성 거동을 회복하려면 어떻게 해야 할까?

13-11절 주철

13-54 Fe-Fe_3C 상태도를 사용하여 주철을 정의하라.

13-55 Fe-4.3% C 주철과 Fe-3.6% C-2.1% Si 합금의 공정온도를 비교하라. 어떤 금속이 더 절삭성이 좋은가? 이유를 설명하라.

13-56 주철의 서로 다른 종류들을 그림을 그려 설명하라.

13-57 등급 40의 회주철로 된 시편이 345 MPa의 인장강도를 갖는다. 등급번호로 주어진 것보다 인장강도가 큰 이유는 무엇인가? 시편의 직경을 추정하라.

13-58 초정 오스테나이트 또는 흑연이 생기지 않고 냉각하여 회주철을 생산하고자 한다. 철의 탄소함량이 3.5%라고 하면 첨가해야 할 규소의 %를 구하라.

설계문제

13-59 바위 분쇄장비에서 50.8 mm 두께의 마모강판을 만들려고 한다. 마모판의 잦은 교체를 피하기 위하여 강 표면의 6.35 mm 이내에서 HRC 38 이상의 경도가 필요하다. 그러나 어느 정도의 인성을 확보하기 위해 판의 중심부는 HRC 32 이하의 경도를 가져야 한다. 물로 급랭할 수 있는 장비만 갖추고 있으며, 그림 13-21에서 주어진 강들만 갖고 있다고 가정하고 판을 설계하라.

13-60 퀜칭 + 템퍼링된 10110강의 부품이 표면균열을 가지고 있어서 고객이 거절하였다. 왜 균열이 생성되었는가? 이 문제를 최소화할 수 있는 열처리를 적당한 온도와 시간을 포함하여 설계하라.

13-61 초전도자석에서 온도 4 K에서 액체 헬륨을 전송하는 펌프에 사용되는 내부식성강을 설계하라.

13-62 급랭 후에 페라이트, 베이나이트, 마르텐사이트의 혼합물을 함유하는 미세구조를 갖는 직경 25.4 mm의 강 봉으로 된 갈고리에 대한 열처

리를 설계하라. 갈고리에 대한 기계적 성질을 산정하라.

13-63 1050강에 대한 어닐링 열처리를 설계하라. 세부적인 온도, 냉각속도, 미세구조, 성질들을 포함시켜야 한다.

13-64 매우 좋은 마모 및 피로 저항성은 물론 탁월한 인성을 갖는 직경 5 mm의 강철 축을 생산하는 공정을 설계하라. 표면경도는 최소한 HRC 60이고, 표면에서 100 μm 아래의 경도는 약 HRC 50이어야 한다. 세부적인 열처리 분위기, 강의 조성, 온도, 시간을 포함하여 공정을 서술하라.

컴퓨터문제

13-65 **강의 변태에 관한 실험적 관계** 강의 열처리에서 A_1, A_3, A_{cm}, M_s, M_f 온도를 아는 것이 매우 중요하다. 강철 생산자는 이 온도들을 합금원소 농도의 함수로 정의하는 실험식으로 고객에게 제공하는 경우가 많다. 예를 들면, 다음과 같다.

$$M_s(^\circ\mathrm{C}) = 561 - 474(\%\ \mathrm{C}) - 33(\%\ \mathrm{Mn}) - 17(\%\ \mathrm{Ni}) - 17(\%\ \mathrm{Cr}) - 21(\%\ \mathrm{Mo})$$

사용자에게 서로 다른 합금원소의 농도에 대한 정보를 요청하여 M_s와 M_f 온도를 제공하는 컴퓨터 프로그램을 작성하라. M_f 온도는 M_s 온도보다 215 ℃ 아래라고 가정한다.

Knovel® 활용 문제

K13-1 1340강의 등온변태도(TTT 변태도)를 구하라. 강이 720 ℃에서 1시간 동안 유지된 후 425 ℃로 급랭되어 이 온도에서 1,000초 유지된 다음에 공기 중에서 냉각된다고 가정한다.

(a) 열처리 후의 미세조직과 경도는?

(b) 얻어진 강의 명칭표기, 경화능, 용도는?

(c) 열간압연, 노멀라이징, 어닐링 상태로 공급되었다면 오일퀜칭하고 425 ℃에서 템퍼링했을 때의 기계적 성질은?

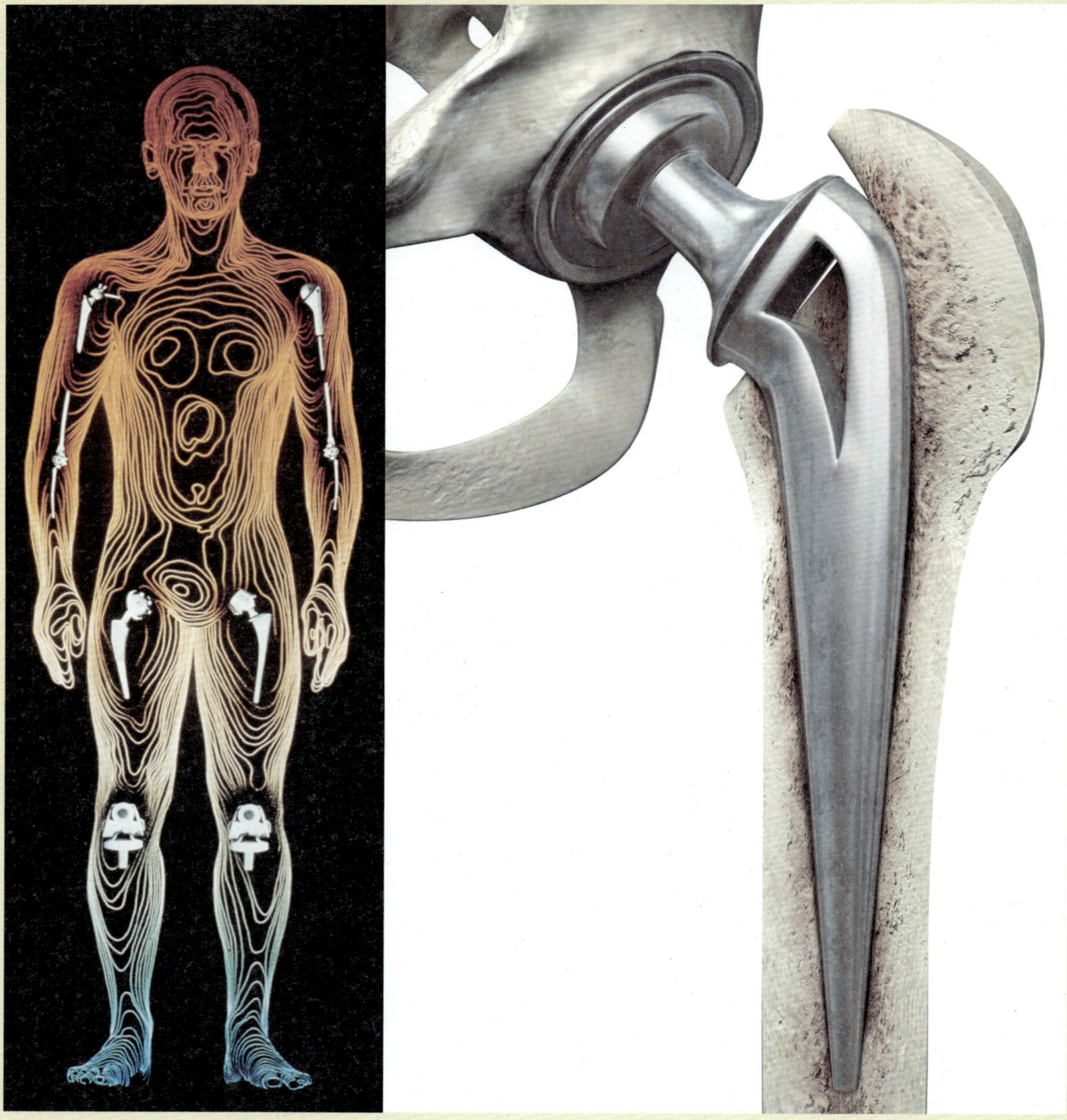

인체 내에 삽입되는 인공 장기 및 관절이 점차 증가하고 있다. 흔히 인공관절로 대체되는 몇 가지 예를 왼쪽 그림에 나타내었다. (출처: *PhotoLink/Photodisc Green/Getty Images*) 매년 약 50만 명의 사람들이 오른쪽 사진에 보이는 것과 같은 인공 고관절 이식수술을 받는다. (출처: ©*MedicalRF.com/Alamy*) 인공관절은 우수한 파괴인성과 뛰어난 피로수명을 가지고 생체에 적합한 재료로 만들어져야 할 뿐만 아니라 부식저항성과 함께 사람의 뼈와 비슷한 수준의 강성을 가져야 한다. 티타늄을 바탕으로 한 비철금속이 이러한 용도에 사용되며 코발트-크롬 합금도 사용된다.

CHAPTER 14

비철합금

다음과 같이 궁금해 해본 적이 있는가?

- 인류역사상 어느 재료가 먼저 나타났을까? 구리인가 또는 강철인가?
- 자유의 여인상에는 왜 초록색의 녹청이 생겼을까?
- 인공 고관절 이식재는 어떤 재료로 만들어지나?
- 어떤 금속들이 유독성일까?
- 자동차의 촉매 변환장치에 사용되는 촉매는 어떤 재료로 만들어지나? 이 촉매는 무엇을 변환시킬까?

제14장의 주요 학습목표

- 각 비철금속 합금의 다양한 명칭표기를 알아보고 설명하는 것.
- 일반적인 비철금속 및 비철합금의 용도를 찾아내는 것.
- 일반적인 비철금속 및 비철합금의 재료특성을 식별하는 것.

비철합금(철 이외의 원소로 구성된 합금)은 알루미늄, 구리, 니켈, 코발트, 아연, 귀금속(백금, 금, 은, 팔라듐), 기타 금속(예: 니오븀, 탄탈륨, 텅스텐)을 바탕으로 한 합금을 의미한다. 물론 비철합금이 이들 원소에만 국한된 것은 아니다. 이 장에서는 하중지탱 용도에 사용되는 구리, 알루미늄, 티타늄 합금들의 특성과 용도에 대해 간략히 살펴보자. 비철합금의 전자적, 자기적, 기타 용도에 대해서는 다루지 않을 것이다.

많은 용도에 있어 무게는 결정적인 인자이다. 재료의 강도를 그 무게와 연계시키기 위해 비강도(specific strength, 比强度) 또는 강도-대-무게의 비를 정의한다.

$$\text{비강도} = \frac{\text{강도}}{\text{밀도}} \tag{14-1}$$

표 14-1에서는 강철, 몇몇 고강도 비철합금, 고분자기지 복합재료의 비강도를 비교한다. 비철합금으로 설계할 때 고려할

표 14-1 비철합금, 강철, 고분자 복합재료의 비강도와 가격

금속	밀도 (kg/m³)	밀도 (lb/in³)	인장강도 (MPa)	비강도 (m)	kg당 가격($)
알루미늄	2,700	(0.098)	573	2.2×10^4	1.76
베릴륨	1,850	(0.067)	379	2.08×10^4	937
구리	8,930	(0.322)	1,030	1.2×10^4	7.05
납	11,360	(0.410)	69	508	2.20
마그네슘	1,740	(0.063)	379	2.2×10^4	6.06
니켈	8,900	(0.321)	1,241	1.4×10^4	17.65
티타늄	4,510	(0.163)	1,103	2.5×10^4	17.65
텅스텐	19,250	(0.695)	1,030	5.6×10^4	52.90
아연	7,130	(0.257)	517	7.4×10^4	2.10
강철	약 7,870	(0.284)	1,380	1.8×10^4	0.65
아라미드/에폭시 (Kevlar, 부피분율 0.6, 길이방향 인장)	1,400	(0.05)	1,380	1.02×10^4	—
아라미드/에폭시 (Kevlar, 부피분율 0.6, 횡방향 인장)[a]	1,400	(0.05)	30	220	—
유리섬유/에폭시 (유리섬유 부피분율 0.6, 길이방향 인장)	2,100	(0.075)	1,030	5.1×10^4	—
유리섬유/에폭시 (유리섬유 부피분율 0.6, 횡방향 인장)	2,100	(0.075)	48	2,360	—

[a] 복합재료 데이터의 출처: *Harper, C. A.*, Handbook of Materials Product Design, *3rd ed., McGraw-Hill, 2001.*

또 다른 인자는 상당히 차이가 많이 나는 비용이다. 표 14-1에는 여러 가지 재료들의 대략적인 가격이 제시되어 있다. 그러나 재료가격은 세계 경제상황에 따라 변동이 심하고, 제품가격의 작은 부분에 지나지 않는다는 점에 주목해야 한다. 마케팅과 유통은 말할 것도 없고 제작과 마감질이 전체적인 제품가격에 훨씬 더 큰 몫을 차지하는 경우가 자주 있다. 탄소나 기타 섬유를 바탕으로 한 복합재료는 또한 비강도 측면에서 월등한 장점을 갖고 있다. 그러나 복합재료의 특성은 보통 이방성을 보이고, 사용가능한 온도가 제한된다. 실용적으로는 이방성을 극복하기 위해 복합재료는 흔히 여러 층으로 구성되어 있다. 특성의 이방성을 최소화하기 위해 여러 층에서 섬유의 방향이 서로 다르게 되어 있다. 복합재료에 대해서는 제17장에서 자세히 살펴볼 것이다.

14-1 알루미늄합금

알루미늄은 지구상에 산소와 규소에 이어 세 번째로 풍부한 원소이지만, 1880년대 후반까지는 비싸고 생산하기 어려운 재료였다. 1884년에 워싱턴 기념탑의 꼭대기에 씌운 무게 3 kg의 덮개가 그 당시 가장 큰 알루미늄 제품 중 하나였다.

알루미늄의 일반적인 특성과 용도 알루미늄의 밀도는 2,700 kg/m³으로 강철의 1/3이며, 탄성계수는 70 GPa이다. 알루미늄합금의 인장강도는 강철과 비교하여 낮지만, 비강도(또는 강도-대-무게의 비)는 뛰어나다. 라이트형제는 바로 이런 이유 때문에 자신들의 엔진에 알루미늄-구리(Al-Cu) 합금을 사용하였다(제12장 참조). 알루미늄은 쉽게 성형되고, 열 및 전기 전도도가 높으며, 낮은 온도에서 연성-취성 천이현상을 나타내지 않는다. 알루미늄은 무독성이며, 산화알루미늄(alumina)으로부터 알루미늄을 만드는 데 필요한 에너지의 약 5%만으로 재활용할 수 있다. 바로 이것이 알루미늄의 재활용이 그렇게 성공적인 이유이다. 알루미늄의 유리한 물리적 특성으로는 비자성 거동과 산화 및 부식에 대한 저항성을 들 수 있다. 그러나 알루미늄은 진정한 피로한계(내구한도)를 나타내지 않으며, 따라서 언젠가는 피로파괴가 갑자기 발생할 수 있는데 이는 매우 낮은 응력에서도 나타날 수 있다. 알루미늄은 용융점이 낮으므로 고온에서는 성능을 제대로 발휘하지 못한다. 마지막으로 알루미늄은 경도가 낮으며, 따라서 내마모성이 나쁘다. 알루미늄은 강화기구(strengthening mechanism)에 신속하게 반응한다. 표 14-2에서는 풀림(annealing)처리된 순 알루미늄과 다양한 방법으로 강화처리된 알루미늄합금의 강도를 비교하고 있다. 합금이 순 알루미늄보다 30배나 더 강할 수 있음을 보여준다.

오늘날 생산되는 알루미늄의 약 25%는 수송산업에 사용되고, 다른 25%는 음료수 캔과 기타 포장에, 약 15%는 건설에, 15%는 전기적인 용도에, 20%는 기타 용도에 사용된다. 2010년 미국에서 생산된 보통 승용차 한 대에는 약 90 kg의 알루미늄이 사용되었다. 알루미늄은 상온에서도 산소와 반응하여 매우 얇은 산화알루미늄 층을 표면에 형성하고, 여러 부식성 환경에서 아래층의 금속을 보호하는 역할을 한다(제23장 참조). 이 현상은 '녹슬지 않는다'는 일반적인 상식과는 상반되는 것이다. 녹슬기는 하지만 그 결과로 생성된 산화알루미늄 층이 표면을 밀봉하여 추가적인 부식을 막아주는 역할을 하게 된다. 그러나 이러한 거동을 일반화하여 사용하지 않도록 주의해야 한다. 예를 들어, 체적에 비해 표면적의 비율이 상당히 큰 알루미늄 분말은 산화제와 촉매를 함

표 14-2 알루미늄과 그 합금의 강화기구에 의한 효과

재료	인장강도 (MPa)	항복강도 (MPa)	연신율 (%)	합금-대-금속 항복강도의 비
순 알루미늄	44.8	17.3	60	1
상용 순 알루미늄(순도 99% 이상)	89.6	34.5	45	2.0
고용체강화 알루미늄합금	110	41.4	35	2.4
냉간가공 알루미늄	165	152	15	8.8
분산강화 알루미늄합금	290	152	35	8.8
시효경화 알루미늄합금	573	503	11	29.2

표 14-3 알루미늄합금의 명칭 체계

단련합금		
1xxx[a]	상용 순 알루미늄(> 99%Al)	시효경화 불가능
2xxx	Al-Cu 및 Al-Cu-Li	시효경화 가능
3xxx	Al-Mn	시효경화 불가능
4xxx	Al-Si 및 Al-Mg-Si	마그네슘 포함이면 시효경화 가능
5xxx	Al-Mg	시효경화 불가능
6xxx	Al-Mg-Si	시효경화 가능
7xxx	Al-Mg-Zn	시효경화 가능
8xxx	Al-Li, Sn, Zr 또는 B	시효경화 가능
9xxx	현재 사용하지 않음	
주조합금		
1xx.x.[b]	상용 순 알루미늄	시효경화 불가능
2xx.x.	Al-Cu	시효경화 가능
3xx.x.	Al-Si-Cu 또는 Al-Mg-Si	일부는 시효경화 가능
4xx.x.	Al-Si	시효경화 불가능
5xx.x.	Al-Mg	시효경화 불가능
7xx.x.	Al-Mg-Zn	시효경화 가능
8xx.x.	Al-Sn	시효경화 가능
9xx.x.	현재 사용하지 않음	

[a] 첫 번째 숫자는 주 합금원소, 두 번째 숫자는 개량처리, 마지막 두 자리 숫자는 알루미늄 농도의 소수점 아래 퍼센트(예: 1060은 99.6%Al 함량의 합금)를 나타냄.

[b] 마지막 숫자는 제품의 형태, 즉 1 또는 2는 잉곳(순도에 따라), 0은 주물을 나타냄.

표 14-4 알루미늄합금의 강화특성 명칭

F	제조된 상태(열간가공, 단조, 주조 등) 그대로
O	풀림처리(가능한 가장 연한 상태)
H	냉간가공
	H1x: 냉간가공(x는 냉간가공량과 강화의 정도를 나타냄)
	H12: 강화특성 O와 H14 사이의 인장강도의 중간값을 나타내는 냉간가공
	H14: 강화특성 O와 H18 사이의 인장강도의 중간값을 나타내는 냉간가공
	H16: 강화특성 H14와 H18 사이의 인장강도의 중간값을 나타내는 냉간가공
	H18: 약 75% 단면수축율을 나타내는 냉간가공
	H19: 강화특성 H18에 의한 값보다 2,000 psi 더 큰 인장강도를 나타내는 냉간가공
	H2x: 냉간가공 및 부분풀림처리
	H3x: 냉간가공 및 구조의 시효경화를 막기 위한 저온 안정화처리
W	용체화처리
T	시효경화
	T1: 제조온도로부터 냉각 후 자연시효 처리
	T2: 제조온도로부터 냉각하여 냉간가공 후 자연시효 처리
	T3: 용체화처리 후 냉간가공하고 자연시효 처리
	T4: 용체화처리 후 자연시효 처리
	T5: 제조온도로부터 냉각 후 인공시효 처리
	T6: 용체화처리 후 인공시효 처리
	T7: 용체화처리 후 과시효에 의한 안정화처리
	T8: 용체화처리 후 냉간가공하고 인공시효 처리
	T9: 용체화처리 후 인공시효 처리하고 냉간가공
	T10: 제조온도로부터 냉각하여 냉간가공 후 인공시효 처리

표 14-5 대표적인 알루미늄합금의 특성

합금		인장강도 (MPa)	항복강도 (MPa)	연신율 (%)	용도
열처리불가능 단련합금					
1100-O	> 99%Al	89.6	34.5	40	전기부품, 포일(foil),
1100-H18		165.5	152	10	음식물 가공처리,
3004-O	1.2%Mn-1.0%Mg	179.3	69	25	음료수 캔 몸체와 뚜껑,
3004-H18		283	248	9	건축용 용접충전재,
4043-O	5.2%Si	145	69	22	선박해양 부품
4043-H18		283	269	1	
5182-O	4.5%Mg	290	131	25	
5182-H19		420	393	4	
열처리가능 단련합금					
2024-T4	4.4%Cu	469	324	20	트럭 휠,
2090-T6	2.4%Li-2.7%Cu	552	517	6	항공기 외피, 피스톤,
4032-T6	12%Si-1%Mg	379	317	9	카누, 철도차량,
6061-T6	1%Mg-0.6%Si	310	276	15	비행기 프레임
7075-T6	5.6%Zn-2.5%Mg	572	503	11	
주조합금					
201-T6	4.5%Cu	483	434	7	변속기 하우징,
319-F	6%Si-3.5%Cu	186	124	2	일반적 용도의 주물,
356-T6	7%Si-0.3%Mg	228	165	3	항공기 부속품,
380-F	8.5%Si-3.5%Cu	317	159	3	모터 하우징,
380-F	17%Si-4.5%Cu	283	241	1	자동차 엔진,
443-F	5.2%Si (사형주조)	131	55	8	음식물취급 장비,
	(금형주조)	159	62	10	선박해양 부속품
	(다이캐스팅)	228	110	9	

께 사용하면 고체추진로켓(SRB)의 연료로 사용할 수 있다. 이 고체추진로켓은 우주왕복선이 이륙하여 시속 4,800 km의 속도에 도달할 수 있는 충분한 힘을 만들기 위해 매번 약 90톤의 알루미늄 분말을 사용한다. 알루미늄과 관련된 새로운 발전으로는 자동차 생산에 사용하기 위해 더 높은 농도의 마그네슘(Mg)을 함유하는 알루미늄합금의 개발을 들 수 있다.

명칭표기 알루미늄합금은 제조방법에 따라 단련합금(wrought alloys)과 주조합금(casting alloys)으로 크게 나눌 수 있다. 소성변형에 의해 성형 또는 가공되는 단련합금은 제조공정의 요구사항이 서로 다름을 반영하듯이, 주조합금과는 매우 다른 조성과 미세구조를 갖고 있다. 각각의 주요 그룹은 다시 열처리가능 합금과 열처리불가능 합금의 두 하위그룹으로 나누어질 수 있다.

알루미늄합금은 표 14-3의 번호체계에 의해 명명된다. 첫 번째 번호는 주 합금원소를 나타내고, 나머지 번호들은 합금의 특별한 조성을 나타낸다.

강화의 정도는 합금이 열처리되었는지 또는 변형경화되었는지에 따라 강화특성 명칭(temper designation)인 T 또는 H로 나타낸다(표 14-4). 다른 명칭들은 합금이 풀림처리(O)되었는지, 용체화처리(W)되었는지, 제조된 상태 그대로(F) 사용되는지를 나타낸다. T 또는 H 뒤에 오는 숫자들은 변형경화의 정도, 열처리의 정확한 종류, 기타 합금을 처리한 특수한 속성을 나타낸다. 대표적인 합금과 그 특성을 표 14-5에 나타내었다.

단련합금 단련합금 1xxx, 3xxx, 5xxx 및 대부분의 4xxx는 시효경화(age hardening)가 불가능하다. 1xxx 및 3xxx 합금은 소량의 개재물이나 금속간화합물이 존재한다는 것을 제외하고는 단상합금이다[그림 14-1(a)].

단련합금의 특성은 변형경화, 고용체강화 및 결정립크기 조절에 의해 제어할 수 있다. 상온에서 알루미늄에 대한 합금원소의 고용도는 제한적이므로, 고용체강화의 정도가 제한되기 때문이다. 5xxx 합금은 상온에서 두 개의 상, 즉 알루미늄에 마그네슘이 고용된 고용체와 단단하고 취성인 금속간화합물 Mg_2Al_3로 구성된다(그림 14-2). 알루미늄-마그네슘 합금은 주로 Mg_2Si의 미세한 분산에 의해 강화되는데, 그밖에도 변형경화, 고용체강화, 결정립크기 조절에 의해서도 강화된다. 그러나 Mg_2Al_3는 정합을 이루지 않기 때문에 시효경화처리는 가능하지 않다. 4xxx 계열 합금 또한 두 개의 상을 포함하고 있는데, α상과 거의 순수한 규소인 β상이다(제11장). 규소와 마그네슘을 동시에 포함하는 합금은 Mg_2Si가 석출될 수 있으므로 시효경화가 가능하다[그림 14-1(b)]. 2xxx, 6xxx, 7xxx 합금들은 시효경화가 가능한 합금이다. 이러한 합금들에서는 탁월한 비강도를 얻을 수 있으나 형성될 수 있는 석출물의 양은 제한된다. 더구나 이 합금들은 시효경화된 상태로는 대략 175°C 이상의 온도에서는 사용할 수 없다. 합금 2024

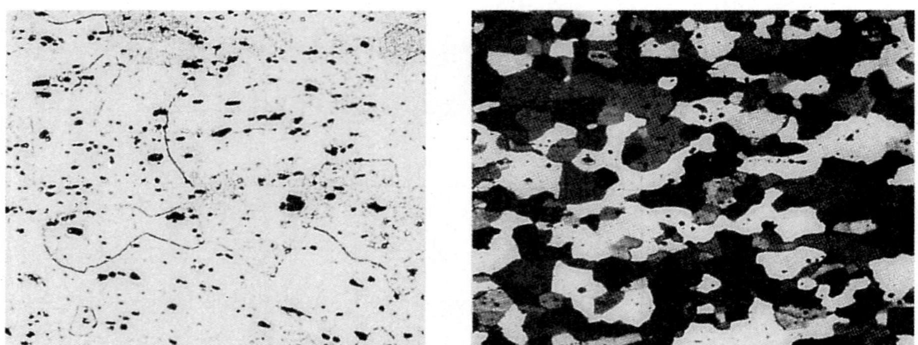

(a) (b)

그림 14-1 (a) 풀림처리된 1100 알루미늄의 $FeAl_3$ 개재물(× 350), (b) 풀림처리된 5457 알루미늄합금의 Mg_2Si 석출물(× 75). [출처: ASM Handbook, *Vol. 7, (1972), ASM International, Materials Park, OH 44073-0002. All rights reserved. www.asminternational.org.*]

는 가장 널리 사용되는 항공기용 합금이다. 석출경화된 Al-Li 합금은 그것이 가진 높은 탄성계수와 낮은 밀도로 인해, 그 합금의 개발에 대한 관심이 재조명되고 있다. 그러나 생산비가 높고, 특성들이 이방성이며, 파괴인성이 낮은 것이 걸림돌일 수 있다는 사실이 밝혀졌다. Al-Li 합금(2195)은 제2세대 우주왕복선의 연료탱크 제작에 사용되었으며, NASA가 계획 중인 달과 화성탐사에서 오리온 다목적차량(Orion Multi-purpose Crew Vehicle)에도 사용될 예정이다. 또한 Al-Sc 및 Al-Ti 합금들은 고강도 용도에서 많은 관심을 끌고 있다.

주조합금 표 14-5에 나타낸 다수의 일반적인 알루미늄 주조합금은 충분한 양의 규소를 포함하고 있어서 공정반응을 일으키며, 이로 인해 합금은 낮은 용융점, 양호한 유동성 및 주조성을 갖게 된다. 유동성(fluidity)은 용탕이 조기 응고를 일으키지 않고 주형 속으로 흘러 들어갈 수 있는 능력을 의미하고, 주조성(castability)은 합금으로부터 양호한 주물이 만들어질 수 있는 용이성을 의미한다.

알루미늄-규소 합금의 특성은 알루미늄 기지(matrix)인 상의 고용체강화, 상에 의한 분산강화, 초정 결정립크기와 형상을 조절함은 물론 공정 미세구조의 성질까지도 제어하는 응고에 의해 제어된다. 다이캐스팅이나 금형주조(제9장)에 의해 냉각속도가 빨라지면 결정립크기가 미세화되고 공정 미세구조가 형성되므로(그림 14-3) 강도가 향상된다. 보론(B)이나 티타늄(Ti)을 첨가하여 결정립을 미세화시키고, 공정조직을 바꾸기 위해 나트륨(Na)이나 스트론튬(Sr)을 사용하여 개량처리하고, 초정 규소(제9장)를 미세화하기 위해 인(P)을 사용하는 것은 모두 미세구조를 향상하고 결국 분산강화의 정도를 향상시키기 위해 특정 합금들에서 행해진다. 다수의 합금들은 구리, 마그네슘, 아연도

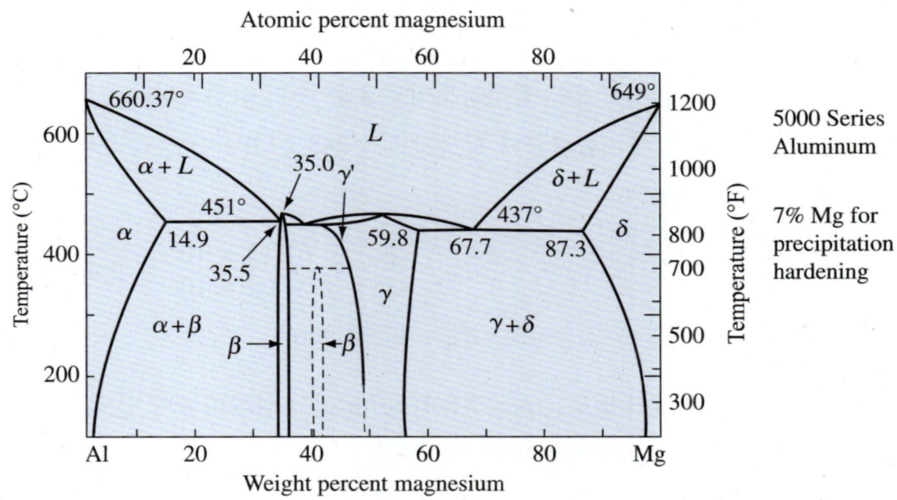

그림 14-2 알루미늄-마그네슘 상태도. 점선은 미확정 고용도 경계를 표시한다. (출처: ASM Metals Handbook, *8th ed., Vol. 8, Metallography, Structures and Phase Diagrams, ASM International, 1973.*)

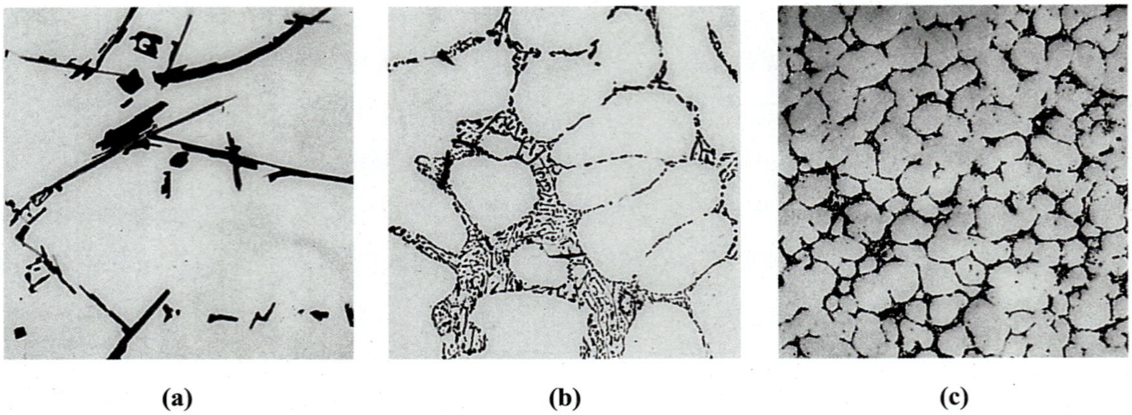

그림 14-3 (a) 조대한 규소와 개재물을 포함하는 사형주조된 알루미늄 443 합금(× 350), (b) 더 빠른 냉각에 의해 미세한 수지상정 셀과 미세한 규소를 포함하는 금형주조된 443 합금(× 350), (c) 더욱 미세한 미세조직을 가진 다이캐스팅된 443 합금(× 350).
[출처: ASM Handbook, *Vol. 7, (1972), ASM International, Materials Park, OH 44073-0002. All rights reserved. www.asminternational.org.*]

포함하므로 시효경화가 가능하다. 다음 예제는 알루미늄합금의 응용사례를 보여준다.

예제 14-1 설계에서 강도-대-무게 비

지름 12.7 mm인 강철 케이블의 항복강도는 982.6 MPa이다. 강의 밀도는 약 7,870 kg/m³이다. 표 14-5의 데이터에 기초하여 다음을 결정하라. (a) 강철 케이블이 항복 없이 지탱할 수 있는 최대하중, (b) 강과 동일한 부하를 견딜 수 있는 냉간가공된 알루미늄-망간 합금(3004-H18)의 지름, (c) 강철 케이블과 알루미늄합금 케이블의 단위길이(m)당 무게.

풀이

(a) 강철 케이블이 항복 없이 지탱할 수 있는 최대하중은

$$F_{steel} = (S_y^{steel} A_0^{steel}) = 482.6 \times 10^6 \left[\frac{\pi}{4}(12.7 \times 10^{-3}\ \text{m})^2\right] = 61.13\ \text{kN}$$

여기서 S_y는 항복강도이고 A_0는 초기 단면적이다.

(b) 알루미늄합금의 항복강도는 248.2 MPa이다. 따라서 알루미늄합금 케이블의 지름은

$$\frac{\pi}{4} d_{Al}^2 = \frac{F_{Al}}{S_y^{Al}} \times \frac{61.13 \times 10^3}{248.2 \times 10^6} = 2.463 \times 10^{-4}\ \text{m}^2$$

$$d_{Al} = 17.71\ \text{mm}$$

(c) 강의 밀도는 $\rho = 7,870\ \text{kg/m}^3$이고 알루미늄의 밀도는 $\rho = 2,700\ \text{kg/m}^3$

강철 케이블의 미터당 무게는

$$W_{steel} = A_0^{steel}(1\ \text{m})\rho_{steel} = \frac{\pi}{4}(0.0127)^2(1)(7,870) = 1\ \text{kg}$$

알루미늄 케이블의 미터당 무게는

$$W_{Al} = A_0^{Al}(1\ \mathrm{m})\rho_{Al} = \frac{\pi}{4}(0.01771)^2(1)(2,700) = 0.665\ \mathrm{kg}$$

비록 알루미늄은 강철보다 항복강도가 낮아서 케이블의 지름이 더 커야 하지만, 알루미늄 케이블의 무게는 강철 케이블의 2/3 정도밖에 되지 않는다. 재료를 비교할 때에는 적절한 안전계수가 설계에 반드시 포함되어야 한다.

14-2 마그네슘 및 베릴륨 합금

마그네슘은 흔히 바닷물 속에 농축된 염화마그네슘으로부터 전기분해를 통해 추출되는데, 그 밀도는 1,740 kg/m^{3}으로 알루미늄보다 더 가볍고, 알루미늄보다 약간 낮은 온도에서 녹는다. 여러 환경조건에서 마그네슘의 내부식성은 알루미늄에 근접하지만, 바닷가와 같이 소금에 노출되면 급격하게 저하된다. 마그네슘합금은 알루미늄합금만큼 강하지 않지만, 비강도는 알루미늄합금에 필적한다. 따라서 마그네슘합금은 항공용, 고속기계류, 교통기관, 자재취급 장비에 사용된다. 마그네슘의 단점으로는 탄성계수(45 GPa)가 낮으며, 피로, 크리프, 마모에 대한 저항성이 나쁜 점을 들 수 있다. 마그네슘은 산소와 쉽게 결합하여 연소하기 때문에 주조나 절삭가공시 위험할 수 있다. 마그네슘 조각은 실험실에서 쉽게 점화될 수 있으며, 분말은 특히 더 위험하다. 마지막으로, 강화기구에 대한 마그네슘의 반응은 비교적 불량하다.

구조와 특성 마그네슘은 조밀육방(HCP) 결정구조를 가지므로 알루미늄보다 연성이 작다. 그러나 마그네슘합금은 어느 정도 연성을 가지고 있는데, 합금이 되면 활성 슬립면의 숫자가 증가하기 때문이다. 어느 정도의 변형과 변형경화는 상온에서도 얻어질 수 있으며, 고온에서의 변형은 쉽게 이루어진다. 변형경화는 순수한 마그네슘에 비교적 적게 영향을 주는데, 이는 변형경화지수가 작기 때문이다(제8장).

알루미늄합금과 마찬가지로, 상온에서 마그네슘에 대한 합금원소의 고용도는 제한적이어서 낮은 수준의 고용체강화만이 얻어진다. 그러나 여러 합금원소의 고용도는 Mg-Al 상태도(그림 14-4)에 나타낸 바와 같이 온도에 따라 증가한다. 그러므로 합금들은 분산강화나 시효경화에 의해 강화될 수 있다. Zr, Th, Ag, Ce를 포함하는 합금과 같이 일부 시효경화된 마그네슘합금들은 300 ℃까지도 과시효(overaging)에 대한 저항성이 양호하다. 리튬(Li)을 9%까지 포함하는 합금은 특별히 무게가 가볍다. 대표적인 마그네슘합금의 특성이 표 14-6에 나타나 있다.

첨단 마그네슘합금에는 매우 낮은 수준의 불순물을 함유한 합금도 있고, 많은 양

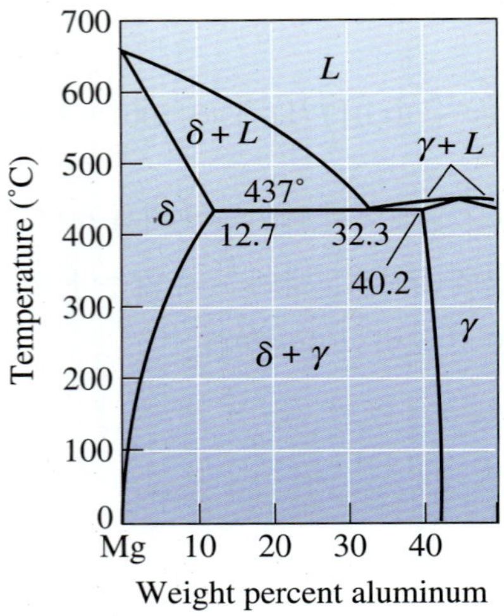

그림 14-4 마그네슘-알루미늄 상태도의 일부분. (출처: ASM Metals Handbook, *8th ed., Vol. 8, Metallography, Structures and Phase Diagrams*, *ASM International, 1973.*)

표 14-6 대표적인 마그네슘합금의 특성

합금	조성	인장강도(MPa)	항복강도(MPa)	연신율(%)
순 마그네슘				
풀림처리		159	90	3~15
냉간가공		179	117.2	2~10
주조합금				
AM 100-T6	10%Al-0.1%Mn	276	152	1
AZ81A-T4	7.6%Al-0.7%Zn	276	83	15
ZK61A-T6	6%Zn-0.7%Zr	310	193	10
단련합금				
AZ80A-T5	8.5%Al-0.5%Zn	379	276	7
ZK40A-T5	4%Zn-0.45%Zr	276	255	4
HK31A-H24	3%Th-0.6%Zr	262	207	8

(> 5%)의 세륨(Ce)과 기타 희토류를 포함한 합금도 있다. 이러한 합금들에서는 부식저항을 향상시키는 MgO 보호막을 형성한다. 급속응고 공정을 사용하면 더 많은 양의 합금원소를 마그네슘에 고용시킬 수 있어서 부식저항을 더욱 향상시킬 수 있다. 강도 향상, 특히 고온강도의 향상을 위해서는 탄화규소(SiC)와 같은 세라믹 입자나 섬유를 첨가한다.

베릴륨은 밀도가 1,848 kg/m^{3}로 알루미늄보다 가볍지만, 강철보다 강성이 더 크다(탄성계수: 290 GPa). 항복강도가 200~350 MPa인 베릴륨합금은 높은 비강도를 가지며, 높은 온도까지 강도와 강성을 유지한다. 계측기기 등급의 베릴륨은 탄성변형이 최소화되어야 하는 관성항법장치(inertial guidance system)에 사용되며, 구조용 등급의 베릴륨은 항공기분야에 사용된다. 다른 용도로는 베릴륨이 전자기파에 대하여 투명한 점을 활용하는 것이 있다. 그러나 베릴륨은 가격이 비싸고(표 14-1) 취성이며, 분말형태로서 반응성 및 유독성을 갖고 있다. 또한 생산이 매우 복잡하므로 베릴륨합금의 활용은 매우 제한적이다. 산화베릴륨(BeO) 또한 분말형태인 경우 유독성이지만, 높은 열전도도를 가진 세라믹을 만드는 데 사용된다.

14-3 구리합금

구리는 천연상태에서 구리 원소로 존재하며, 광물로부터 추출에 필요한 온도가 비교적 낮아 철이 추출되기 오래 전부터 성공적으로 추출되었다. 광산에서 채굴된 구리 광석에는 구리뿐만 아니라 다른 여러 가지 미네랄과 원소들이 함유되어 있다. 아주 흔한 함유성분으로는 황을 꼽을 수 있다. 구리는 분쇄와 선별과정을 통해 동정광(copper concentrate)으로 알려진 중간산물을 준비하는 과정을 거쳐 추출된다. 준비된 동정광은 용련기(flash smelter)에서 액상으로 녹고, 이 용융체에 포함된 철은 용제(flux)와 결합되어 광재(slag)를 형성함으로써 격납용기 상층부로 떠오르며, 황은 공급되는 산소에 의해 이산화황(SO_2) 가스로 변환되어 배출된다. 용련공정 후 격납용기 하부에 남은 액상의 물질을 동매트(copper matte)라 한다. 이 동매트에는 여전히 황과 황화철이 포함되어 있다. 구리변환기로도 알려진 별도의 반응기에서, 동매트에 산소를 공급하여 황을 이산화황 가스로 변환하고 황화구리를 조동(blister copper)이라 부르는 불순물이 섞인 구리로 변환한다. 그 다음에 조동을 전기분해로 정련한다. 구리를 추출하는 다른 방법으로는 약산을 이용해 황 함유량이 낮은 광석에서 구리를 침출시킨 후, 그 용액에서 전기분해를 통해 구리를 추출하는 것을 들 수 있다.

구리기반의 합금은 강철보다 높은 밀도를 가진다. 일부 구리합금의 항복강도는 높지만, 비강도는 알루미늄 또는 마그네슘합금보다 일반적으로 낮다. 구리합금의 피로, 크리프, 마모에 대한 저항성은 경량금속인 알루미늄 또는 마그네슘합금보다 더 양호하다. 많은 구리합금들이 우수한 연성, 내부식성, 전기 및 열 전도도를 보이며, 원하는 형상으로 쉽게 성형되거나 제작될 수 있다. 구리합금의 응용분야로는 이러한 특성의 이점을 살릴 수 있는 전기부품(전선 등), 펌프, 밸브, 배관부품 등이 있다.

또한 구리합금은 특별한 경우에 적절한 장식용 색채를 만들기 위해 사용될 수 있다. 순수한 구리는 붉은색이며, 아연을 추가하면 노란색이 만들어지고, 니켈을 추가하면 은색이 만들어진다. 구리는 쉽게 부식되어 염기성 황산구리[$CuSO_4 \cdot 3Cu(OH)_2$]를 형성한다. 이것은 산에는 녹지만, 물에는 녹지 않는 녹색 화합물이다. 이러한 녹청은 많은 용도에서 매력적인 표면마감을 제공한다. 자유의 여신상은 산화된 구리 표피의 녹청이 강철 구조물을 덮고 있기 때문에 녹색을 띤다.

다양한 구리합금에서 지금까지 우리가 살펴본 모든 강화기구의 이점들이 활용되고 있다. 기계적 특성에 미치는 이러한 강화기구의 영향을 표 14-7에 요약하였다.

표 14-7 다양한 강화기구를 통해 얻어진 대표적인 구리합금의 특성

재료	인장강도(MPa)	항복강도(MPa)	연신율(%)	강화기구
순 구리[풀림(annealing)처리]	209	33	60	없음
상용 순 구리(조대한 결정립크기로 풀림처리)	220	70	55	고용체강화
상용 순 구리(미세한 결정립크기로 풀림처리)	234	76	55	결정립크기
상용 순 구리(냉간가공 70%)	393	365	4	변형경화
풀림처리된 Cu-35%Zn	324	103	62	고용체강화
풀림처리된 Cu-10%Sn	455	193	68	고용체강화
냉간가공된 Cu-35%Zn	676	434	3	고용체강화 + 변형경화
시효경화된 Cu-2%Be	1,310	1,210	4	시효경화
퀜칭 후 템퍼링된 Cu-Al	760	414	5	마르텐사이트반응
주조 망간청동	490	193	30	공석반응

0.1% 이하의 불순물을 함유한 구리는 전기 및 전자 용도에 사용된다. 적은 양의 카드뮴, 은, 알루미나 불순물은 전기전도도의 심각한 저하 없이 경도를 향상시킨다. 단상의 구리합금은 냉간가공에 의해 강화된다. 이러한 효과의 사례를 표 14-7에 보여준다. 구리는 면심입방(FCC) 구조이므로 탁월한 연성과 높은 변형경화지수를 갖고 있다.

고용체강화 합금 많은 구리합금이 상당한 양의 합금원소를 포함하면서도 단상으로 유지된다. 중요한 이원계 상태도들을 그림 14-5에 보여주고 있다. 40% 이하의 아연을 함유하는 구리-아연 합금, 즉 황동은 구리의 단상 아연고용체를 형성한다. 기계적 특성(연신율 포함)은 아연 함량이 증가함에 따라 증가한다. 이 합금은 냉간가공되어 다소 복잡하면서도 내부식성을 가진 부품으로 활용될 수 있다. 청동은 일반적으로 주석을 함유한 합금으로 알려져 있는데, 다른 원소도 포함할 수 있다. 망간청동(manganese bronze)은 특별히 높은 강도를 나타내는 합금이며, 고용체강화 효과를 가져다주는 아연과 망간을 함유하는 합금이다.

주석청동(tin bronze)은 주석을 10%까지 함유할 수 있으며 단상을 유지한다. 상태도를 보면 이 합금이 $Cu_3Sn(\varepsilon)$ 화합물을 함유할 것이라 예측할 수 있지만, 이 반응은 속도가 매우 느려 석출물이 거의 형성되지 않는다.

9% 정도의 알루미늄이나 3% 이하의 실리콘을 함유하는 합금 또한 단상이다. 이러한 알루미늄청동(aluminum bronze)이나 규소청동(silicon bronze)은 성형특성이 우수하고, 우수한 강도와 탁월한 인성으로 인해 종종 활용된다.

시효경화 합금 지르코늄-구리, 크롬-구리, 베릴륨-구리와 같은 수많은 구리합금이

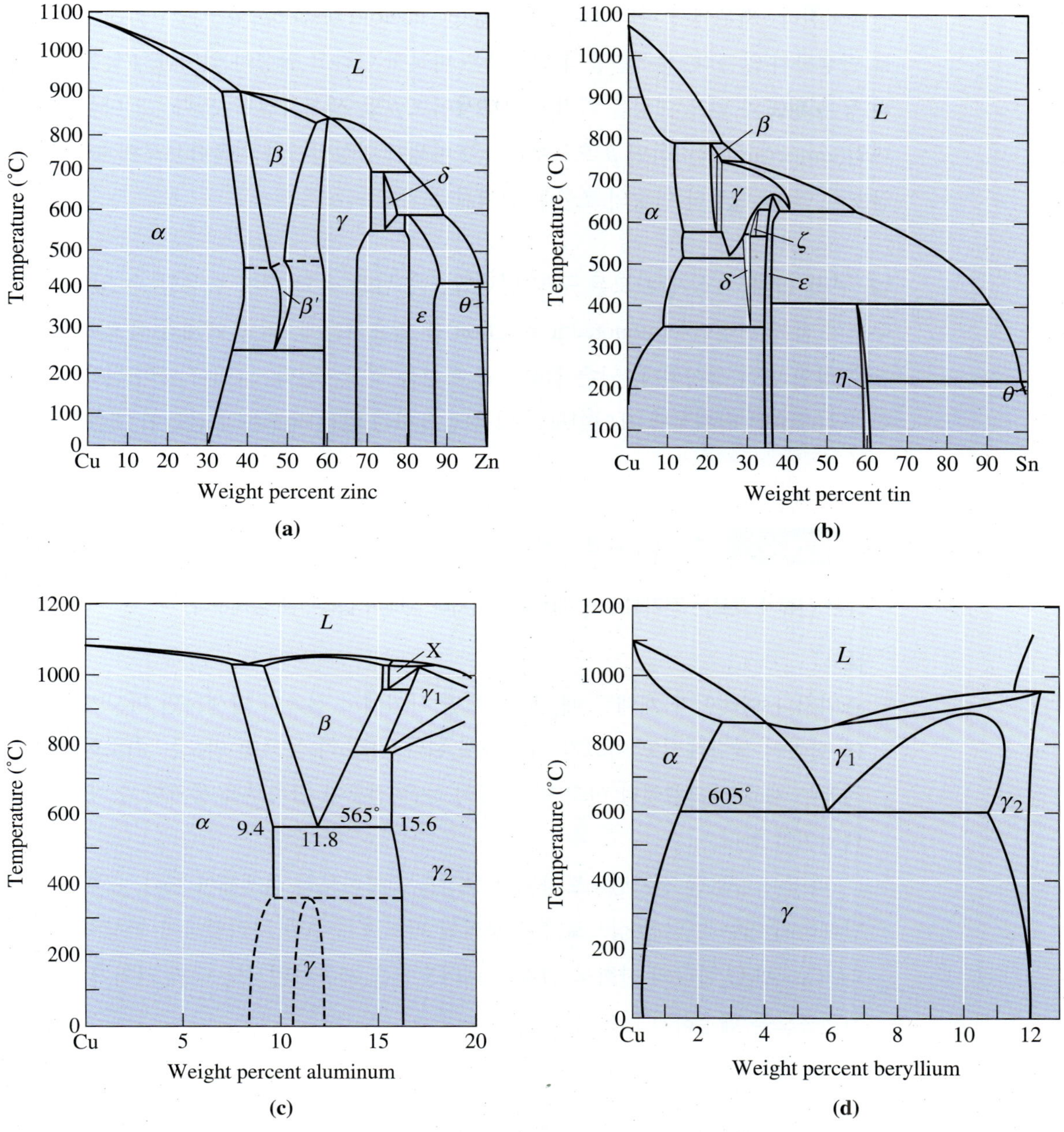

그림 14-5 2원계 시스템의 상태도 (a) 구리-아연, (b) 구리-주석, (c) 구리-알루미늄, (d) 구리-베릴륨.

시효경화 반응을 나타낸다. 구리-베릴륨 합금은 높은 강도와 높은 강성을 활용한 용도에(스프링, 가는 와이어), 그리고 불꽃이 발생하지 않는 특성이 필요한 곳에(가연성 기체나 액체 근처에서 사용되는 공구) 사용된다.

상변태 9% 이상의 알루미늄을 함유하는 알루미늄청동은 공석온도인 565 ℃ 이상으로 가열하면 β상을 형성할 수 있다[그림 14-5(c)]. 이어진 냉각과정에서 공석반응(eutectoid reaction)에 의해 취성의 γ_2 화합물을 함유하는 층상구조(펄라이트와 같은)가 만들어진다. 저온에서 나타나는 포석반응(peritectoid reaction; $\alpha + \gamma_2 \rightarrow \gamma$)은 일반적으로 발생하지 않는다. 공석반응의 생성물은 비교적 약하고 취성이 있지만, β상을 급냉시켜 높은 강도와 낮은 연성을 가진 마르텐사이트 β'을 생성시킬 수 있다. 그 다음에 β'을 뜨임(tempering) 처리하면 β'으로부터 α의 미세한 판상입자가 석출함으로써 높은 강도, 양호한 연성, 탁월한 인성의 조합이 얻어진다.

납-구리 합금 실제로 모든 구리 단련합금은 납을 4.5%까지 함유할 수 있다. 납은 구리와 함께 편정반응(monotectic reaction)을 일으키는데, 최종 액체가 응고되면서 작은 구형의 납이 생성된다. 납은 절삭가공 특성을 향상시킨다. 그러나 납이 함유된 구리합금은 주요한 환경부담 요인이므로 납을 함유하지 않는 새로운 합금들이 개발되었다.

예제 14-2 전기스위치의 설계/재료선택

높은 전류가 흐르는 전기회로의 개폐용 스위치나 릴레이 접촉부를 설계하라.

풀이

스위치나 릴레이가 개폐될 때, 도체 표면 사이에서 접촉이 발생하면 마모가 발생하여 접촉이 불량해지고 아크가 발생하게 된다. 경도가 높으면 마모는 최소화되지만, 접촉부 재료는 과열이나 아크 발생 없이 높은 전류가 접촉부를 통과할 수 있도록 선택되어야 한다.

따라서 양호한 전기전도도와 내마모성을 제공하도록 설계해야 한다. 구리 격자를 방해하지 않는 단단한 상으로 분산강화된 비교적 순수한 구리합금이 이상적일 것이다. Cu-Al_2O_3합금의 산화물 입자는 내마모성을 제공하면서도 구리 기지가 갖는 전기전도도를 훼손하지 않는다.

14-4 니켈 및 코발트 합금

니켈 및 코발트 합금은 용융점과 강도가 높아 부식이나 고온을 견뎌야 하는 용도에 활용된다. 니켈은 면심입방(FCC) 구조를 가지며 성형성이 좋다. 코발트는 동소체 금속으로서, 417 ℃ 이상에서는 FCC구조이고, 그 이하 온도에서는 조밀육방(HCP) 구조이다. 특별한 코발트합금은 유별난 내마모성 용도로 사용되는데, 인체 체액에 대한 저항성이 양호하여 보철기구에도 활용된다. 대표적인 합금과 응용사례를 표 14-8에 나타내었다.

급속응고된 니켈기반 및 코발트기반 초합금은 항공기 엔진의 터빈블레이드와 터빈블레이드 고정용 링을 만드는 데 사용된다. 제12장에서 Ni-Ti를 기반으로 한 형상기억

표 14-8 주요 니켈 및 코발트 합금의 조성, 특성, 응용사례

재료	인장강도 (MPa)	항복강도 (MPa)	연신율 (%)	강화기구	응용사례
순 니켈 (99.9%Ni)	345	110	45	풀림처리	내부식성
	655	620	4	냉간가공	내부식성
Ni-Cu 합금					
Monel 400 (Ni-31.5%Cu)	538	270	37	풀림처리	밸브,펌프,열교환기
Monel K-500 (Ni-29.5%Cu-2.7%Al-0.6%Ti)	1,035	760	30	시효	축, 스프링, 임펠러
Ni 초합금					
Inconel 600 (Ni-15.5%Cr-8%Fe)	620	200	49	탄화물	열처리장비
Hastelloy B-2 (Ni-28%Mo)	896	415	61	탄화물	내부식성
DS-Ni (Ni-2%ThO_2)	490	330	14	분산	가스터빈
Fe-Ni 초합금					
Incoloy 800 (Ni-46%Fe-21%Cr)	615	283	37	탄화물	열교환기
Co 초합금					
Stellite 6B (60%Co-30%Cr-4.5%W)	1,220	710	4	탄화물	연삭마모저항성

합금의 응용에 대하여 살펴보았다. 철, 니켈, 코발트는 강자성(ferromagnetic)이다. 특정한 Fe-Ni기반 합금과 Fe-Co기반 합금은 매우 우수한 자성재료이다. Ni-36%Fe 합금(Invar)은 가열 중에 열팽창이 거의 없으며, 이런 효과는 바이메탈 복합재료를 만드는데 활용된다. 코발트는 WC-Co 절삭공구에 사용된다.

니켈과 모넬 니켈과 그 합금은 탁월한 내부식성과 성형성을 가졌다. 니켈에 구리를 첨가하면, 니켈 함량 약 60%에서 최대 강도를 얻는다. 대략 이러한 조성을 가진 다수의 많은 합금들을 모넬(Monel)이라 부르며, 소금물에서 그리고 고온에서 기계적 강도와 내부식성이 요구되는 용도에 활용된다. 몇몇 모넬합금은 적은 양의 알루미늄과 티타늄을 함유하고 있다. 이러한 합금은 γ'의 석출에 의한 시효경화 효과를 보여주는데, γ'은 정합 Ni_3Al 또는 Ni_3Ti 석출물로서 인장강도를 거의 두 배로 증가시킨다. 이 석출물들은 최고 425 ℃까지 과시효에 대한 저항성을 보인다(그림 14-6).

초합금 초합금(superalloys)은 고온에서의 높은 강도와 1,000 ℃까지의 고온에서의 크리프저항성, 그리고 내부식성을 모두 갖춘 재료를 구현하기 위해 다량의 합금원소를 함유시킨 니켈합금, 철-니켈 합금, 코발트합금이다. 이렇게 탁월한 고온특성은 이들 합금의 용융온도가 대략 강철의 용융온도와 같음에도 불구하고 얻어진다. 대표적인 용도로는 터빈이나 제트엔진의 날개판 및 회전날개, 열교환기, 화학반응용기 부품, 열처리 장비를 들 수 있다.

높은 강도와 크리프저항성을 얻기 위해, 합금원소는 고온에서 강하고 안정된 미세조

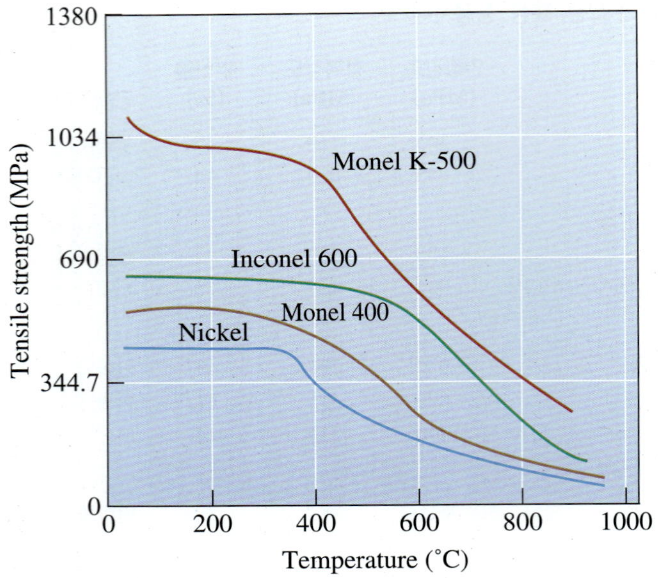

그림 14-6
주요 니켈기반 합금의 인장강도에 미치는 온도의 영향.

직을 만들어야 한다. 고용체강화, 분산강화, 석출경화 등이 일반적으로 사용된다. 일례로, 인코넬(Inconel™) 713C는 터보차저에 사용되는 전형적인 초합금의 예로 니켈, 니오븀, 크롬, 몰리브덴, 티타늄, 알루미늄과 미량의 탄소, 붕소, 지르코늄으로 구성된다.

크롬, 몰리브덴 및 텅스텐을 다량 첨가하고, 탄탈륨, 지르코늄, 니오븀, 붕소는 소량 첨가하면 초합금에 고용체강화가 얻어진다. 고용체강화의 영향은 안정적이므로, 특히 몰리브덴과 텅스텐(이들은 확산속도가 느림) 같은 큰 원소를 사용하면 합금이 크리프저항성을 갖도록 만들 수 있다.

모든 초합금은 적은 양의 탄소를 함유하는데, 이것이 다른 합금원소와 결합하여 미세하고 안정화된 탄화물 입자의 그물망(network)을 형성한다. 탄화물 그물망은 전위의 이동을 방해하고, 결정립계의 슬라이딩을 저지한다. 탄화물은 TiC, BC, ZrC, TaC, Cr_7C_3, $Cr_{23}C_6$, Mo_6C, W_6C 등이며, 종종 더욱 복잡하고 몇몇 합금원소를 더 포함하기도 한다. 스텔라이트 6B(코발트기반 초합금)는 이러한 탄화물 덕분에 비범하게 우수한 고온 내마모성을 갖는다.

알루미늄과 티타늄을 함유하는 많은 니켈 초합금과 니켈-철 초합금은 시효 중에 정합석출물 γ'(Ni_3Al 또는 Ni_3Ti)을 형성한다. γ'입자(그림 14-7)는 니켈 기지와 유사한 결정구조와 격자상수를 가지고 있다. 이러한 유사성은 낮은 표면에너지로 연결되며, 합금의 과시효를 최소화하므로 고온에서조차도 우수한 강도와 크리프저항성을 유지하게 해준다.

시효온도를 변화시키면 다양한 크기의 석출물이 생성될 수 있다. 낮은 시효온도에서 형성된 작은 석출물은 높은 온도에서 만들어진 큰 석출물 사이에서 성장할 수 있으며, 결과적으로 γ'입자의 부피분율을 증가시키고 더 나아가 강도도 증가시킨다

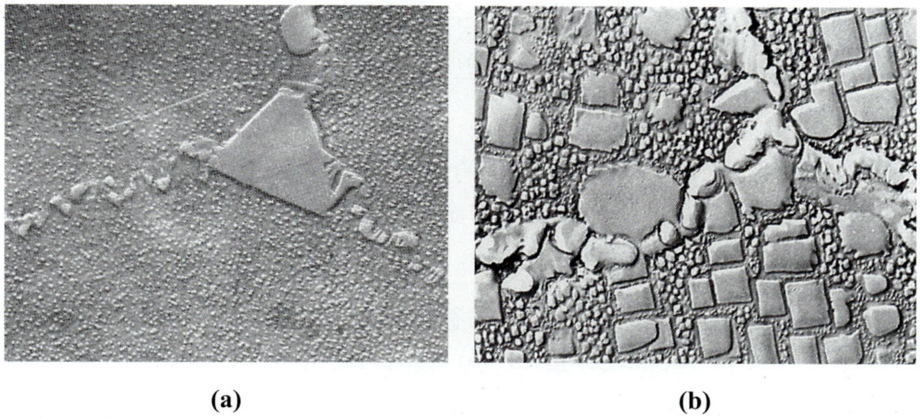

그림 14-7 (a) 결정립계에는 탄화물이 그리고 기지에는 γ' 석출물이 형성된 초합금의 미세구조(× 15,000), (b) 두 가지 온도에서 시효되어, 크고 작은 입방체 모양의 γ' 석출물이 형성된 초합금의 미세구조(× 10,000). [출처: ASM Handbook, *Vol. 9, Metallography and Microstructure (1985), ASM International, Materials Park, OH 44073-0002. All rights reserved. www.asminternational.org.*]

[그림 14-7(b)].

초합금을 고온에서 사용할 때에는 세라믹코팅을 통해 향상할 수 있다. 한 가지 방법은 먼저 초합금에 복합 NiCoCrAlY 합금으로 구성된 금속결합층을 코팅하고, 그 위에 안정화된 지르코니아(ZrO_2) 세라믹으로 열차단 코팅을 하는 것이다(제5장 참조). 이러한 코팅은 초합금의 산화를 감소시키며 제트엔진이 더 고온에서 더 높은 효율로 작동할 수 있게 해준다.

예제 14-3 고성능 제트엔진 터빈블레이드의 설계 및 재료선택

1,100 ℃에 근접하는 온도에서 특별히 긴 크리프-파단 시간(creep-rupture time)을 갖는 항공기 가스터빈 엔진의 터빈블레이드를 생산하기 위한 니켈기반 초합금을 설계하라.

풀이

우선 매우 안정된 미세조직이 필요하다. 알루미늄이나 티타늄을 첨가하면 열처리하는 동안 γ'상의 석출이 60vol%까지 가능하고, 절대 용융온도의 85%에 근접하는 온도에서도 작동이 가능하다. 탄소와 함께 탄탈륨, 하프늄과 같은 합금원소를 첨가하면, 고온에서 결정립계의 슬라이딩을 저지하는 합금탄화물의 석출이 가능하다. 몰리브덴이나 텅스텐을 포함하는 기타 합금원소들은 고용체강화를 가능하게 한다.

두 번째로는 터빈블레이드를 방향성응고시키거나, 심지어 단결정으로 만드는 방법을 들 수 있다(제9장 참조). 방향성응고에서는 응고되는 동안 주상정 결정립(columnar grain)만이 형성되고, 균열을 발생할 수 있는 횡방향 결정립계가 생기지 않는다. 단결정이라면 결정립계가 존재하지 않는다. 이를 위해 정밀주조(investment casting) 공정을 사용할 수 있는데, 액상 초합금이 세라믹 정밀주형(investment mold)으로 주입되기 전에 어떤 사소한 불순물이라도 걸러내기 위한 필터를 통과하여야 한다.

그런 다음에 탄화물과 γ'석출물이 정확한 크기와 분포를 가지도록 주물을 열처리한다. 가능한 최대의 부피백분율을 갖는 γ'가 형성될 수 있도록 다단계 시효온도를 사용할 수 있다.

끝으로, 블레이드의 길이방향을 따라 작은 냉각관들을 만들어 준다. 엔진의 연소에 필요한 공기는 연소실에서 연료와 반응하기 전에 이 냉각관을 통과하면서 블레이드에 능동적 냉각효과를 제공할 수 있다.

14-5 티타늄합금

티타늄은 크롤법(Kroll process)에 의해 TiO_2로부터 만들어진다. TiO_2는 $TiCl_4$(사염화티타늄, 약식으로 부르는 명칭은 tickle!)로 변환되며, 이어서 나트륨 또는 마그네슘에 의해 환원되어 티타늄 금속이 된다. 이렇게 만들어진 티타늄 '스폰지'는 덩어리로 통합되고, 필요하면 합금되며, 진공아크용해를 사용해 가공된다. 티타늄은 뛰어난 내식성, 높은 비강도, 우수한 고온 특성을 가졌다. 강도는 최대 1,400 MPa에 밀도는 4,505 kg/m^{3}이므로 뛰어난 기계적 특성을 제공한다. 부착용 TiO_2 보호 필름은 535 ℃ 이하에서 부식과 오염에 대한 뛰어난 저항성을 보인다. 535 ℃ 이상에서는 산화막이 파괴되고, 탄소, 산소, 질소, 수소와 같은 작은 원자들이 티타늄을 취화시킨다.

티타늄의 뛰어난 내식성은 화학공정장비와 해양부품, 그리고 인공 고관절 이식재와 같은 의공학 분야에 활용되고 있다. 티타늄은 항공우주 분야에서 중요한 재료로, 항공기 골조와 제트엔진 부품에 응용되고 있다. 티타늄이 니오븀와 결합하면 초전도성의 금속간화합물이 형성되고, 니켈과 결합하면 형상기억효과(shape-memory effect)를 보이는 합금이 만들어진다. 또한 알루미늄과 결합하면 새로운 클래스의 금속간화합물이 형성된다. 티타늄합금은 골프클럽의 헤드와 같은 스포츠 장비에도 사용된다.

티타늄은 동소변태(allotropic transformation)하는 금속으로, 저온에서는 조밀육방(HCP) 결정구조(α), 882 ℃ 이상에서 체심입방(BCC) 결정구조(β)를 갖는다. 합금원소들은 고용체강화 효과를 제공하고, 동소변태온도를 변화시킨다. 이 합금원소들은 네 그룹으로 나눌 수 있다(그림 14-8). 주석이나 지르코늄을 첨가하면 변태온도에 영향을 주지 않으면서 고용체강화를 일으킨다. 알루미늄, 산소, 수소 및 그 밖의 α-안정화 원소들은 α에서 β로 변태하는 온도를 상승시킨다. 바나듐, 탄탈륨, 몰리브덴, 니오븀 같은 β-안정화 원소들은 β상이 상온에서도 안정되도록 변태온도를 낮춘다. 또한 망간, 크

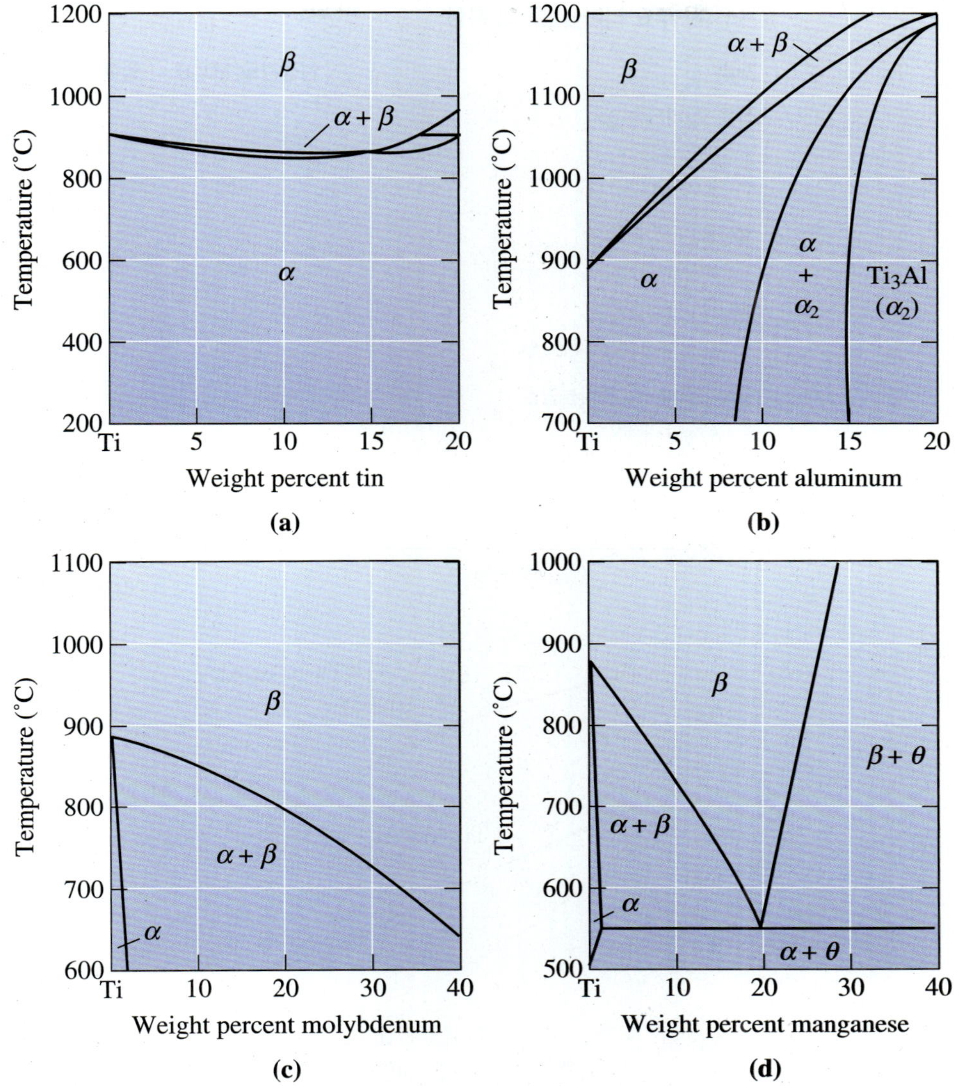

그림 14-8 몇 가지 티타늄합금 상태도의 일부. (a) 티타늄-주석, (b) 티타늄-알루미늄, (c) 티타늄-몰리브덴, (d) 티타늄-망간.

롬, 철은 공석반응을 일으키고, α-β상변태가 일어나는 온도를 저하시키며, 상온에서 2상구조를 갖게 한다. 몇 가지 부류의 티타늄과 그 합금들이 표 14-9에 열거되어 있다.

상용 순 티타늄 합금되지 않은 티타늄은 탁월한 내부식성 재료로 사용된다. 산소와 같은 불순물은 티타늄의 강도를 높이지만(그림 14-9) 내부식성은 감소시킨다. 용도로는 화학 및 석유화학 산업에 쓰이는 열교환기, 배관, 반응기, 펌프, 밸브 등이 있다.

알파 티타늄합금 가장 보편적인 α단상합금은 HCP 구조의 상에 고용체강화를 제공하는 알루미늄 5%와 주석 2.5%를 함유한다. 이 α합금들은 β영역의 높은 온도에

표 14-9 주요 티타늄합금의 특성

재료	인장강도(MPa)	항복강도(MPa)	연신율(%)
상용 순 티타늄			
99.5%Ti	241	172	24
99.0%Ti	552	483	15
알파(α) 티타늄합금			
5%Al-2.5%Sn	862	780	15
베타(β) 티타늄합금			
13%V-11%Cr-3%Al	1,290	1,215	5
알파-베타(α-β) 티타늄합금			
6%Al-4%V	1,035	965	8

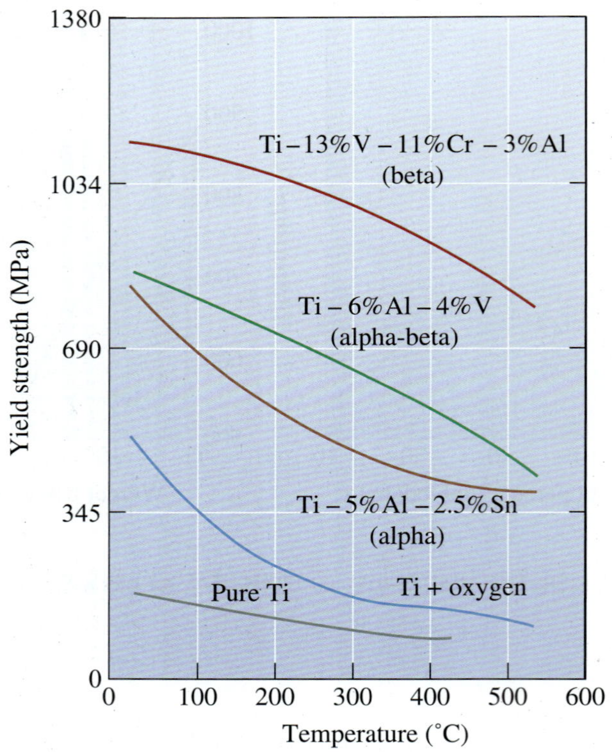

그림 14-9 주요 티타늄합금의 항복강도에 미치는 온도의 영향.

서 풀림처리(annealing)된다. 급냉하면 우수한 피로저항성을 갖는 침상(acicular)의 결정립 조직인 비드만스테텐(Widmanstätten)조직(그림 14-10)이 생겨난다. 노냉(furnace cooling)하면 크리프저항성을 향상시키는 판상의 α조직이 만들어진다.

베타 티타늄합금 바나듐이나 몰리브덴을 다량 첨가하면 상온에서 완전한 β조직이 형성될 수 있지만, 실제로는 합금의 그 어느 것도 그러한 정도까지 합금되지는 않는다. 대신 β-안정화 원소들을 충분히 함유하고 있어서 급냉하면 전부 β로 구성된 준안정조

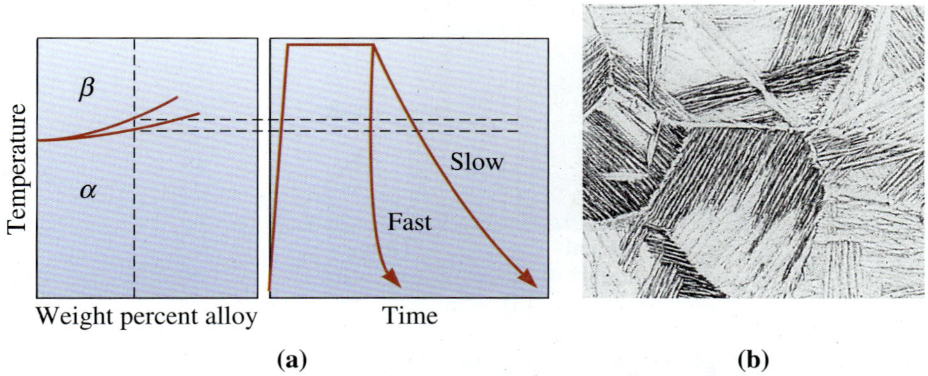

그림 14-10 (a) 풀림처리, (b) 급냉한 α-티타늄의 미세구조(× 100). 결정립계 석출물과 비드만스테텐 판상은 모두 α상. [출처: ASM Handbook, *Vol. 7, (1972), ASM International, Materials Park, OH 44073-0002, All rights reserved. www.asminternational.org.*]

직이 만들어진다. 이 합금의 강화에는 많은 양의 고용체강화 합금원소를 이용해서 얻거나 α가 석출될 수 있도록 준안정 β조직을 시효처리함으로써 얻는 두 가지 방법이 모두 사용된다. 용도로는 고강도 잠금장치(fastener), 빔(beam), 항공기용 이음쇠(fitting) 등이 있다.

알파-베타 티타늄합금 α-안정화 원소와 β-안정화 원소들의 적절한 균형을 통해, 상온에서 α상과 β상의 혼합조직이 만들어진다. 이렇게 얻어지는 합금의 일례가 Ti-6%Al-4%V이며, 가장 대표적인 티타늄합금이다. 이 합금은 2상을 포함하기 때문에, 열처리에 의해 미세구조와 특성을 조절할 수 있다.

풀림처리하면 높은 연성, 균일한 성질, 우수한 강도의 조합을 얻을 수 있다. 합금을 β-변태온도 바로 아래까지 가열하면, 적은 양의 α가 잔류하고, 결정립성장이 일어나지 않는다[그림 14-11(a)]. 이것을 천천히 냉각하면 등축 α결정립이 형성된다[그림 14-11(b)]. 이 등축조직(equiaxed structure)은 피로균열이 시작되는 것을 어렵게 하면서도, 동시에 우수한 연성과 성형성을 제공한다. 특히 α-β상변태온도 이상으로부터 빠르게 냉각하면, 침상조직[또는 '바구니체크무늬(basketweave)']의 α상이 생성된다[그림 14-11(c)]. 이 조직에서는 피로균열이 더 쉽게 시작될 수도 있지만, 균열은 α상과 β상 사이의 경계를 따라 비틀린 경로를 따라 전파되어야 한다. 이러한 조건은 낮은 피로균열 성장속도, 양호한 파괴인성, 양호한 크리프저항성을 가져다준다.

β상이 고온으로부터 급냉되면 두 가지의 미세구조가 발생할 수 있다. 그림 14-12의 상태도에는 점선으로 된 마르텐사이트 시작선이 나타나 있는데, 이것이 퀜칭 후 템퍼링(quench and temper) 열처리를 위한 기초가 된다. 합금의 냉각 시 M_s선을 넘으면 β상이 티타늄 마르텐사이트(α')로 변태한다. 티타늄 마르텐사이트는 비교적 연한 과포화상이다. α'상이 재가열되면, 과포화된 α'상으로부터 β상이 석출되면서 템퍼링된다.

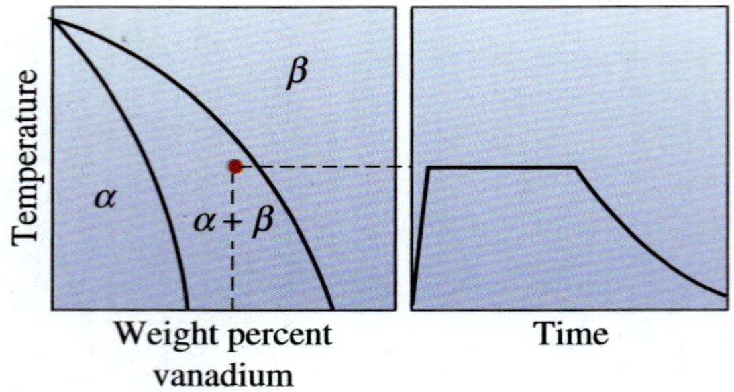

(a)

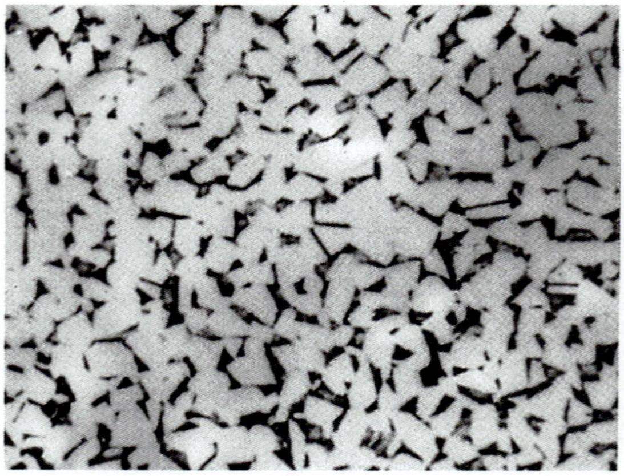

(b)

(c)

그림 14-11 α-β 티타늄합금의 풀림처리. (a) 풀림처리는 α-β 상변태 온도 바로 아래에서 수행된다. (b) 천천히 냉각하면 등축 α 결정립이 생성된다(× 250). (c) 빠르게 냉각하면 침상 α 결정립이 생성된다(× 2,500). [출처: ASM Handbook, *Vol. 7, (1972), ASM International, Materials Park, OH 44073-0002. All rights reserved. www.asminternational.org.*]

$$\alpha' \rightarrow \alpha + \beta \text{ 석출물} \tag{14-2}$$

미세한 β석출물은 처음에는 α'상에 비해 강도를 증가시키는데, 이것은 강철 마르텐사이트가 템퍼링될 때 나타나는 현상과는 반대이다. 그러나 너무 높은 온도에서 템퍼링하면 연화된다.

합금원소의 농도가 더욱 높은 α-β합금은 시효경화된다. 이러한 합금의 β상이 급냉되면, 티타늄으로 과포화된 β_{ss}가 남아 있다. α상을 시효처리하면, 상이 비드만스테텐 조직으로 석출된다(그림 14-12).

$$\beta_{ss} \rightarrow \beta + \alpha \text{ 석출물} \tag{14-3}$$

이러한 조직이 형성되면 강도와 파괴인성이 향상된다. 항공기 구조, 로켓, 제트엔진, 랜딩기어의 부품들이 열처리된 α-β합금의 대표적인 응용사례이다. Ti-6%Al-4%V 합금을 포함한 일부 합금들은 초소성(superplasticity)을 나타내며 1,000%까지 변형될 수 있다. 이 합금은 또한 인체 이식물(implant)을 만드는 데 사용된다. 티타늄합금은 생체

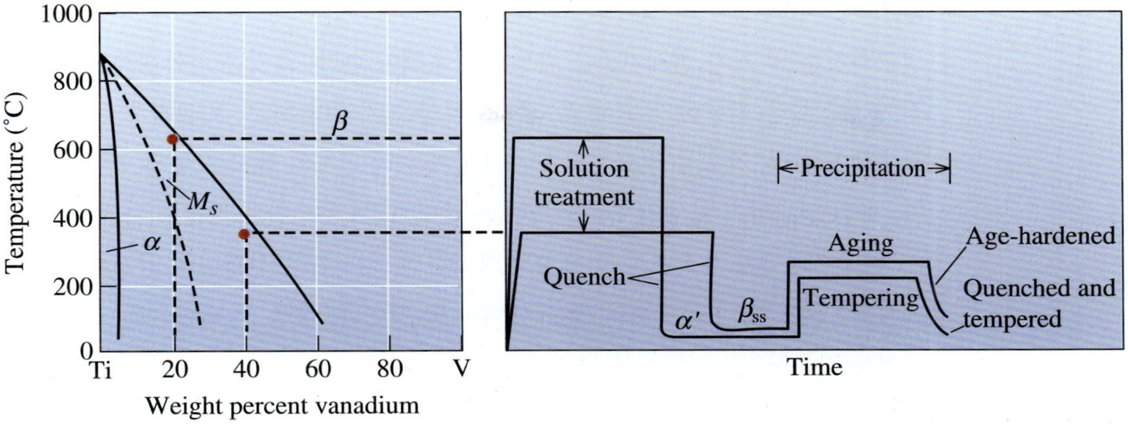

(a)

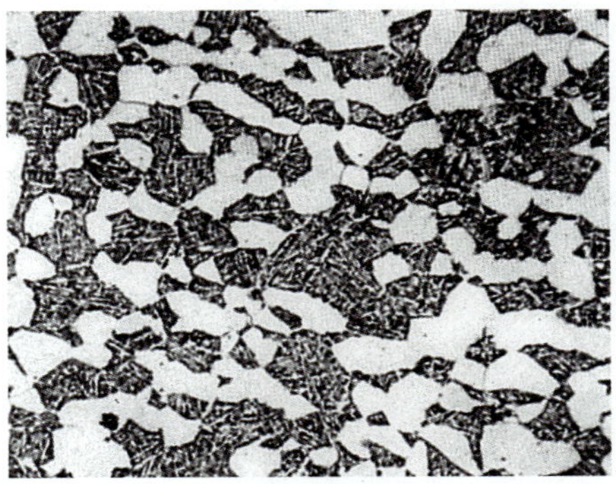

(b)

그림 14-12 α-β 티타늄합금의 (a) 열처리, (b) 미세구조. 이 조직은 주로 α상(흰색의 큰 결정립)과 시효 중에 형성된 침상 α가 포함된 어두운 색의 β기지로 구성되어 있다(× 250). [출처: ASM Handbook, *Vol. 7, (1972), ASM International, Materials Park, OH 44073-0002. All rights reserved. www.asminternational.org.*]

적합성(biocompatible)으로 알려져 있다(즉, 인체가 거부하지 않는다). 뼈와 유사한 조성의 세라믹인 수산화인회석(hydroxyapatite)의 다공질 코팅을 개발하여 티타늄 이식물을 생체활성(bioactive)으로 만드는 것이 가능해졌다(즉, 원래의 뼈가 수산화인회석 코팅 속으로 성장할 수 있다). 다음 세 가지 사례가 티타늄합금의 응용사례를 보여준다.

예제 14-4 열교환기의 설계

석유화학산업에 쓰이는 지름 1.5 m, 길이 9.15 m의 열교환기를 설계하라.

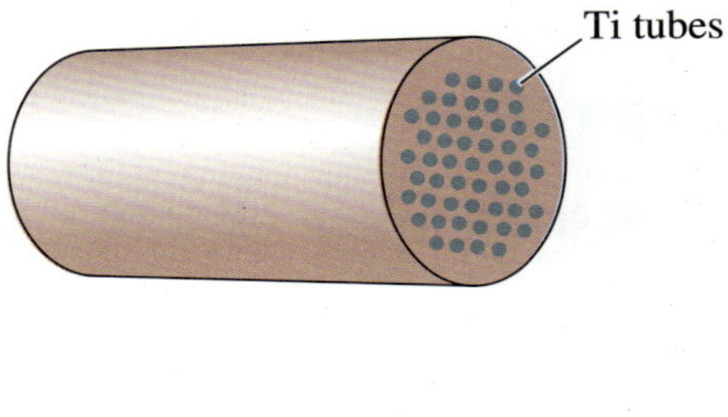

그림 14-13 티타늄 튜브를 사용한 열교환기의 개략도.

풀이

열교환기는 몇 가지 설계기준을 반드시 만족해야 한다. 그것은 화학정제공정의 공격적인 생성물을 취급하기 위해 우수한 내식성을 가져야 하고, 비교적 높은 온도에서 작동해야 한다. 재료는 열교환기를 제작하기 위해 판재와 튜브로 쉽게 성형되어야 한다. 또한 열교환기 몸체에 튜브를 연결할 수 있도록 우수한 용접성을 가져야 한다.

최대 작동온도가 535 ℃ 이하라고 가정하면, 티타늄은 산화막이 안정하므로 고온에서의 내부식성이 우수하여 좋은 선택이 될 것이다. 상용 순 티타늄은 최고의 내부식성을 갖는다. 순 티타늄은 또한 최고의 성형성과 용접성을 가지므로, 매우 합리적인 선택이 될 것이다. 만약 순 티타늄이 충분한 강도를 갖지 못하면, 대안으로 알파(α) 티타늄합금을 선택하면 된다. 이 합금은 여전히 우수한 내식성, 성형특성, 용접성을 가지면서도 약간 향상된 강도를 보인다.

예제 14-5 커넥팅롯드의 설계

경주용 자동차 엔진에 사용되는 고성능 커넥팅롯드를 설계하라.

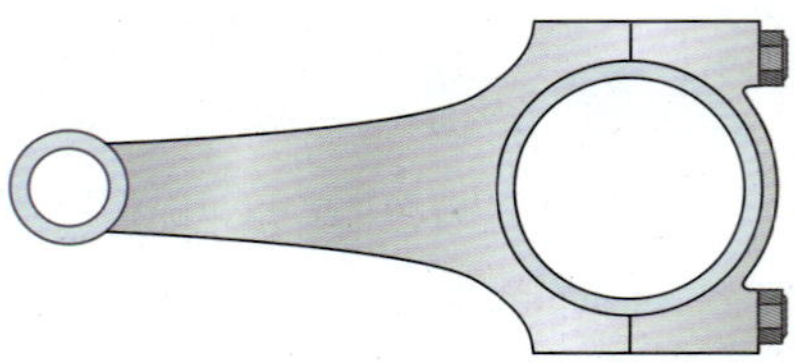

그림 14-14 커넥팅롯드의 개략도.

풀이

고성능 경주용 엔진에는 엔진 무게를 최소화하면서 높은 온도와 응력 하에서 작동할 수 있는 재료가 필요하다. 일반 자동차의 커넥팅롯드는 대개 단조강이나 가단주철로 만들어진다. 이러한 부품을 티타늄으로 대체하면 무게를 상당히 감소시킬 수 있다.

고강도를 얻기 위해서는 α-β 티타늄합금을 고려할 수 있다. 구하기 쉬운 Ti-6%Al-4%V 합금이 좋은 선택일 것이다. 이 합금을 상태도 α상에서 β단상이 되는 온도인 1,065 ℃ 부근까지 가열한다. 급냉(quenching)하면 티타늄 마르텐사이트가 형성되고, 이어서 템퍼링에 의해 α상 기지에 β석출물을 함유한 미세조직이 얻어진다.

열처리를 β단상인 구역에서 진행하면 템퍼링된 마르텐사이트는 침상구조를 가지며, 이것은 혹시 발생할지도 모르는 피로균열의 성장속도를 감소시킨다.

예제 14-6 고관절 보철을 위한 재료

인공고관절 전치환술에 사용될 이식물(implant)을 위한 재료를 선택하라.

풀이

고관절 보철은 마모 또는 손상된 대퇴골(넓적다리 뼈)의 일부를 대체하는 것이다. 이 이식물은 금속제 머리부와 대퇴부 빈 공간에 들어맞는 하부로 되어 있다. 생체적합성, 내식성, 높은 파괴인성, 탁월한 피로수명(환자가 나이가 들면 수술이 어려워지므로 인공장기는 다년간 유지되어야 함), 내마모성 등과 같은 인자뿐만 아니라 강성 또한 고려해야 한다. 선택한 합금의 강성이 뼈에 비해 너무 강하면, 대부분의 하중이 이식물에 가해지게 된다. 이로 인해 남아 있는 뼈가 약해지며, 결국 이식물은 느슨하게 된다. 따라서 높은 인장강도, 내식성, 생체적합성, 파괴인성을 가진 재료가 필요하다. 이러한 요구사항을 고려할 때 316 스테인리스강이나 Ti-6%Al-4%V를 고려할 수 있다. 이들 재료는 어느 것도 강자성이 아니며, X선이 투과하지 못한다. 이러한 특성은 자기공명(magnetic resonance)이나 X선 촬영에 적합하다. 티타늄합금은 아주 단단한 것이 아니고 마모될 수 있다. 스테인리스강이 더 단단하지만 뼈보다 강성이 훨씬 더 크다. 티타늄이 생체적합성이고 더 나은 선택이 될 것이다. 어쩌면 인공 이식물의 줄기는 Ti-6%Al-4%V 합금으로 만들고, 머리부는 내마모성, 내식성, 파괴인성이 큰 알루미나(alumina)와 같은 세라믹으로 만들어진 복합재료가 대안이 될 수도 있다. 이식물이 끼워지는 소켓 내부는 매우 낮은 마찰계수를 가진 초고밀도(초고분자량)의 폴리에틸렌으로 만들 수 있다. 인공 이식물의 표면은 다공질로 만들어 뼈가 쉽게 부착하여 성장할 수 있게 한다. 또 다른 선택사항으로는 다공질 수산화인회석과 같은 재료로 인공 이식물을 코팅하여 뼈가 성장할 수 있도록 하는 것이 있다.

14-6 내화금속 및 귀금속

텅스텐, 몰리브덴, 탄탈륨, 니오븀(또는 컬럼븀) 등의 내화금속(refractory metal)은 아주 높은 용융점(1,925 ℃ 이상)을 가지며, 따라서 고온에서의 응용 가능성이 높다. 용도로는 백열전구의 필라멘트, 로켓 노즐, 원자력 발전설비, 탄탈륨기반 및 니오븀기반 전자 커패시터(capacitor), 화학공정 장비 등이 있다. 그러나 이러한 금속들은 밀도가 높아 비강도는 낮다(표 14-10).

산화 내화금속은 200~425 ℃ 온도구역에서 산화가 시작되고 급격히 오염되거나 취화된다. 따라서 주조, 열간가공, 용접, 분말야금 공정에서는 특별한 예방책이 필요하다. 이 금속들은 또한 높은 온도에서 사용 시 잘 보호되어야 한다. 예를 들어, 텅스텐 필라멘트는 전구 내부를 진공으로 만들어 보호한다.

용도에 따라 이 금속들을 규소화합물(silicide)이나 알루미늄화합물(aluminide)로 코

표 14-10 몇 가지 내화금속의 특성

금속	용융온도(°C)	밀도(kg/m^3)	T = 1,000 °C 인장강도 (MPa)	T = 1,000 °C 항복강도 (MPa)	천이온도(°C)
니오븀(Nb)	2,468	8,570	117	55	−140
몰리브덴(Mo)	2,610	10,220	345	207	30
탄탈륨(Ta)	2,996	16,600	186	165	−270
텅스텐(W)	3,410	19,250	455	103	300

팅할 수 있다. 이러한 코팅재는 (a) 높은 용융온도와 (b) 내화금속과의 적합성을 가져야 하고, (c) 기지금속에 오염물이 도달하는 것을 막기 위한 확산장벽을 제공해야 하며, (d) 내화금속과 열팽창계수가 비슷해야 한다. 약 1,650 °C까지 금속을 보호할 수 있는 코팅들이 존재한다. 휴대전화의 커패시터와 같은 몇몇 용도에서는 산화물을 비전도성 재료로 사용하고자 하기 때문에 산화물을 형성하는 것이 바람직하다.

성형특성 내화금속은 BCC 결정구조를 가지며, 연성-취성 천이온도를 보인다. 니오븀과 탄탈륨은 천이온도가 상온 이하이므로 이 두 금속은 쉽게 성형할 수 있다. 그러나 풀림처리된 몰리브덴과 텅스텐은 일반적으로 천이온도가 상온 이상이므로 취성이다. 다행히 이들 금속을 열간가공하면 성형특성이 개선된다.

합금 합금으로 만들면 상온 및 고온의 기계적 성질을 크게 향상시킬 수 있다. 하프늄(Hf), 레늄(Re), 탄소(C)를 함유한 텅스텐합금은 2,100 °C까지 사용할 수 있다. 이러한 합금들은 일반적으로 고용체강화된다. 실제로 텅스텐과 몰리브덴은 구리와 니켈처럼 전범위에 걸쳐 고용체를 형성한다. W-2%ThO_2와 같은 일부 합금들은 분말야금에 의한 제조공정 중 산화물입자에 의해 분산강화된다. 용접 팁(welding tip)은 흔히 W-2%ThO_2로 만든다. 텅스텐섬유로 강화된 니오븀과 같은 복합재료도 고온특성을 향상시킬 수 있다.

귀금속 금(Au), 은(Ag), 팔라듐(Pd), 백금(Pt), 로듐(Rh) 등이 귀금속(precious metal)에 속한다. 그 이름이 나타내는 바와 같이 고가이며, 모두 보석으로 사용된다. 공학적 관점에서 보면 이러한 재료들은 내식성이 있으며, 매우 양호한 전기전도체이다. 결과적으로 이 재료들의 합금은 장치의 전극재료로 자주 사용된다. 이러한 전극들은 박막증착(스퍼터링 또는 전기도금)이나 금속분말 분산체/반죽의 스크린프린팅 방법으로 제작된다. 백금/로듐/팔라듐 나노입자(세라믹 지지대 위에 도포됨)는 자동차 촉매로 사용된다. 이러한 금속은 일산화탄소를 이산화탄소로, 질소산화물(NO_x)을 질소와 산소로 산화되도록 만든다. 이 나노입자들은 석유정제에서 촉매로 사용되기도 한다.

요약

- '경금속(light metals)'은 알루미늄, 마그네슘, 베릴륨을 기반으로 한 저밀도 합금을 포함한다. 알루미늄합금은 낮은 밀도 덕분에 비강도가 크기 때문에 항공우주 용도에 널리 응용된다. 알루미늄의 뛰어난 내식성과 전기전도도 또한 대단히 많은 용도에 적합하게 해준다. 알루미늄과 마그네슘은 고온에서 과시효 또는 재결정의 결과로 기계적 특성이 떨어지기 때문에 낮은 온도에서만 사용이 가능하다. 구리합금(황동 및 청동)은 수많은 구조용 및 기타 용도에 사용된다. 티타늄합금은 뛰어난 내식성과 함께 중간 정도의 밀도와 온도저항성을 가지고 있어서, 우주항공과 화학공정 그리고 의생명공학 장치에 활용된다.
- 초합금을 포함한 니켈합금과 코발트합금은 고온에서도 우수한 성질을 갖는다. 우수한 내식성과 함께 이들 합금은 항공기 엔진과 화학공정 장치에 널리 활용된다.

용어해설

강화특성 명칭 temper designation 합금의 가공공정을 나타내는 문자와 숫자로 된 간편한 표기법. H-템퍼는 냉간가공을, T-템퍼는 시효경화처리를 의미한다.

내화금속 refractory metals 1,925 ℃ 이상의 용융온도를 가진 금속.

단련합금 wrought alloy 소성가공 공정을 거쳐 성형된 합금.

모넬 Monel 2원계 합금에서 최대강도를 제공하는 조성(니켈이 약 60%)을 갖는 구리-니켈 합금.

비강도 specific strength 밀도에 대한 강도의 비. 강도-대-중량 비(strength-to-weight ratio)로도 나타낸다.

비철합금 nonferrous alloy 철 이외의 몇 가지 금속을 기반으로 한 합금.

생체적합성 biocompatible 인체에 거부반응이 없는 재료.

생체활성 bioactive 인체에 거부반응이 없는 재료로, 궁극적으로 인체의 일부분이 되는 재료(예: 수산화인회석).

유동성 fluidity 때 이르게 응고되지 않고 주형을 채울 수 있는 액체금속의 능력.

조동 blister copper 구리 정련 시 얻어지는 불순물이 많은 구리의 한 형태.

주조성 castability 결함의 발생 없이 또는 주조에서 발생하는 문제를 방지하기 위한 특별하고 비싼 기술이 필요 없이 액체금속이 주형에 주입되어 주물을 만들 수 있는 용이성.

황동 brass 구리를 기반으로 한 합금으로 보통 아연을 주요 합금원소로 함유한다.

청동 bronze 일반적으로 주석을 함유한 구리합금을 뜻하나, 기타 원소도 함유할 수 있다.

초합금 superalloys 뛰어난 내열성, 크리프저항성, 내식성을 갖는 니켈기반, 철-니켈기반, 코발트기반의 합금 그룹.

연습문제

14-1 어떤 경우에는 단위무게당 가격보다는 단위부피당 가격이 더 중요할 때도 있다. 표 14-1을 $/cm³의 단위로 다시 작성하라. 이로 인해 서로 다른 재료들 사이의 관계가 달라지는가?

14-2 다음 금속 및 합금들의 비강도를 결정하라. 단, 합금의 밀도가 필요하면 가장 함량이 높은 주요 구성성분 금속의 밀도를 사용하라.

합금/금속	인장강도(MPa)
1100-H18	165
5182-O	290
2024-T4	469
2090-T6	552
201-T6	483
ZK40A-T5	276
시효경화 Cu-2%Be	1,310
알파 티타늄합금	862
텅스텐(W)	455
탄탈륨(Ta)	186

14-1절 알루미늄합금

14-3 가상적인 5074-O 합금 50 kg의 가격을 표 14-1의 원자재 가격을 참고하여 추정하라.

14-4 조선산업에는 전통적으로 구조용 강이 사용되고 있다. 그러나 연료비의 상승으로 더 가벼운 대안재료가 바람직하다. 조선용 재료에서 요구되는 중요한 특성으로는 높은 항복강도, 높은 내식성, 저렴한 비용 등이 있다. 선박에 사용되는 구조용 강을 알루미늄합금으로 대체할 경우 유리한 점과 불리한 점에 대해 설명하라.

14-5 밀도는 동일하다고 가정하고, 알루미늄합금 2090-T6와 알루미늄합금 443-F 다이캐스팅의 비강도를 비교하라. 실제 밀도를 고려한다면 비강도의 차이는 증가할 것인지 또는 감소할 것인지를 설명하라.

14-6 약 15% 이상의 마그네슘을 포함하는 알루미늄합금은 왜 사용되지 않는지 설명하라.

14-7 알루미늄합금 중에서 2024-T9 합금이 2024-T6 합금보다 강할 것인지 또는 약할 것인지 설명하라.

14-8 다음 알루미늄합금의 인장강도를 예측해보라.
(a) 1100-H14
(b) 5182-H12
(c) 3004-H16

14-9 전체적인 무게를 감소시키기 위해 지름 10 mm, 항복강도 480 MPa인 강철 케이블을 다른 재

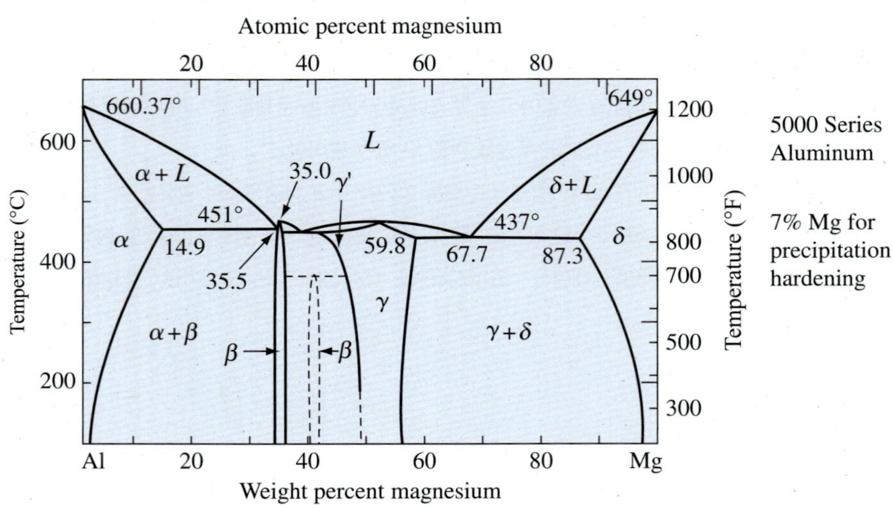

그림 14-2 알루미늄-마그네슘 상태도. (문제 14-11과 14-12에 사용)

료로 대체하려고 한다. 다음의 알루미늄합금 중 어떤 재료로 대체할 수 있을까? 단, 강철의 밀도는 7,870 kg/m^{3}이며, 모든 알루미늄합금의 밀도는 2,700 kg/m^{3}으로 가정한다.

(a) 3004-H18 (S_y = 248 MPa)

(b) 1100-H18 (S_y = 151 MPa)

(c) 4043-H18 (S_y = 269 MPa)

(d) 5182-O (S_y = 131 MPa)

14-10 액체상태로부터 급속응고를 통해 과포화 Al-7%Li 합금이 만들어지고 이어서 시효처리되었다. 이 합금에서 형성되는 β의 양과 2090 합금으로부터 형성되는 β의 양을 비교하라.

14-11 알루미늄합금 5182-O에서 생성될 것으로 예상되는 $Mg_2Al_3(\beta)$의 양을 결정하라(그림 14-2 참조).

14-12 바닷물에 노출된 알루미늄합금 5182-O 부품에 결정립계를 따라 심각한 부식이 발생하였다. 이러한 현상을 상온에서 이 합금에 존재할 것으로 예측되는 상을 기초로 설명하라(그림 14-2 참조).

14-2절 마그네슘 및 베릴륨 합금

14-13 표 14-6의 데이터를 활용하여, 합금 및 열처리에 의해 증가할 수 있는 마그네슘 항복강도의 비를 계산하고, 알루미늄합금에 대한 동일한 값과 비교하라.

14-14 길이 0.6 m의 둥근 막대가 영구변형의 발생 없이 1.78 kN의 하중을 지지하고 있다고 가정하자. 다음의 재료로 만들어질 경우 막대의 최소 지름을 결정하라.

(a) AZ80A-T5 마그네슘합금

(b) 6061-T6 알루미늄합금

각각의 경우에 막대의 무게와 대략적인 가격을 (순수한 알루미늄과 마그네슘에 근거하여) 계산하라.

14-15 길이 10 m, 지름 5 mm인 봉에 하중이 작용할 때 2 mm 이상 늘어나면 안 된다. 막대가 다음의 재료로 만들어질 경우 작용할 수 있는 최대 하중을 결정하라.

(a) 알루미늄

(b) 마그네슘

(c) 베릴륨

14-16 Mg-Al 합금을 경화시키는 새로운 공정이 제안되고 있다. 일부 특허에서 35wt%Al 합금은 250℃에서 응고된다고 한다. 이것이 과연 사실일까? 또는 물리적으로 불가능하기 때문에 무시해야 할까?

14-3절 구리합금

14-17 (a) 순 구리의 제조방법을 설명하라. (b) 구리의 중요한 특성 몇 가지를 들어보라. (c) 황동(brass)이란 무엇인가? (d) 청동(bronze)이란 무엇인가? (e) 자유의 여신상은 왜 녹색을 띠는가?

14-18 구리는 최대 40%의 아연 또는 최대 9%의 알루미늄을 고용할 수 있으며, 여전히 단상으로 존재할 수 있다. 이러한 상황을 그림 14-5(a)의 상태도의 관점에서 설명하라.

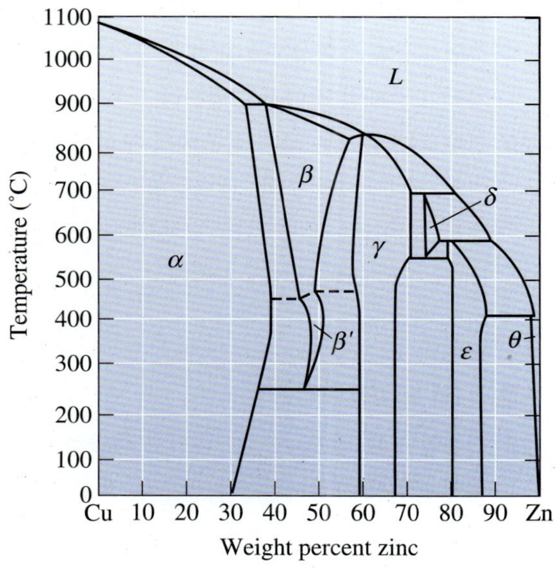

(a)

그림 14-5 (a) 구리-아연 2원계상태도. (문제 14-18에 사용)

14-19 풀림처리(annealed)된 상용 순 알루미늄, 순 마그네슘, 순 구리를 변형경화시킬 때 항복강도의 증가를 퍼센트로 나타내고, 관찰되는 차이를 비교하여 설명하라.

14-20 다음의 Cu-Sn 합금들의 각 상들에 해당하는 온도 범위는?

(a) η상 (60wt%Sn)

(b) ζ상 (34wt%Sn)

(c) γ상 (30wt%Sn)

(d) α상 (0wt%Sn)

14-21 알루미늄 13%를 포함하는 알루미늄청동(aluminum bronze)을 퀜칭 후 템퍼링한(quenched and tempered) 상태로 생산하려고 한다. 적절한 온도를 포함하여 열처리방법을 추천하라. 각 열처리 단계 후 나타나는 각 상의 양을 계산하라.

14-22 많은 주조합금에는 다량의 납이 포함되어 있으나, 단련합금의 납 함량은 상대적으로 낮다. 단련합금에 더 많은 양의 납을 첨가하지 않은 이유는 무엇인가? 납이 첨가된 단련합금을 열간가공 또는 열처리할 때 주의해야 할 점은 무엇인가?

14-23 퀜칭 후 템퍼링한 알루미늄청동의 파괴인성은 높을 것인지 낮을 것인지 어떻게 예상하는가? 균열생성과 균열성장에 대한 합금의 저항성에 차이가 존재할 것인지 설명하라.

14-24 상태도를 근거로 하여 상온에서 구리에 니켈, 아연, 알루미늄, 주석, 베릴륨의 고용도를 추정하라. 이러한 고용도는 고체용해도에 관한 Hume-Rothery 조건의 관점에서 예측되는 것인지 설명하라.

14-4절 니켈 및 코발트 합금

14-25 니켈합금 Hastelloy는 값 비싸고 대단히 부식성인 물질을 포함하는 화학반응로, 파이프, 용기 등에 사용된다. 대부분의 성분은 니켈이다. Hastelloy B-2 합금은 냉간가공된 순 니켈과 비교할 때 얼마나 더 큰 하중을 견딜 수 있는가?

14-26 γ'석출물과 탄화물 중 어느 것이 저온에서 초합금에 더 큰 강화효과를 제공할 것으로 예상되는가? 그림 14-7(a)의 현미경사진에 근거하여 그 이유를 설명하라.

14-27 Ni_3Al의 밀도는 7,500 kg/m^{3}이다. Ni-5wt%Al 합금을 열처리하여 모든 알루미늄이 니켈과 반응하여 Ni_3Al을 생성한다고 가정하자. 니켈 기지에 포함된 Ni_3Al 석출물의 부피백분율를 계산하라.

(a)

그림 14-7 (a) 결정립계에는 탄화물을 그리고 기지에는 γ' 석출물을 가진 초합금의 미세구조(× 15,000). [출처: ASM Handbook, *Vol, 9, Metallography and Microstructure (1985), ASM International, Materials Park, OH 44073-0002. All rights reserved. www.asminternational.org.*] (문제 14-27에 사용)

14-5절 티타늄합금

14-28 강철을 아크용접으로 접합할 때에는 용융부위만을 가스나 용제로 보호하면 된다. 그러나 티타늄을 용접할 때에는 용접금속의 앞뒷면을 모두 보호하여야 한다. 티타늄을 접합할 때 이렇게 특별히 주의해야 하는 이유는 무엇인가?

14-29 Ti-15%V 합금 및 Ti-35%V 합금 두 가지를 β 단상으로 형성되는 가장 낮은 온도까지 가열한다. 그리고 급냉 후 다시 300 ℃까지 재가열한다. 각각의 합금을 열처리하는 동안 미세구조의 변화를 설명하고 각 상의 양을 계산하라. 각각의 경우에 기지는 무엇이며, 석출물은 무엇인가? 어느 것이 시효경화 공정인가? 어느 것이 퀜칭 후 템퍼링(quench and temper) 공정인가? [그림 14-12(a) 참조]

14-30 어떤 Ti-Mn 합금이 20wt%Mn을 포함하며, 550 ℃에 유지되고 있다. 그림 14-8(d)를 참고하여 현재 어떤 상들이 존재할지 설명하라.

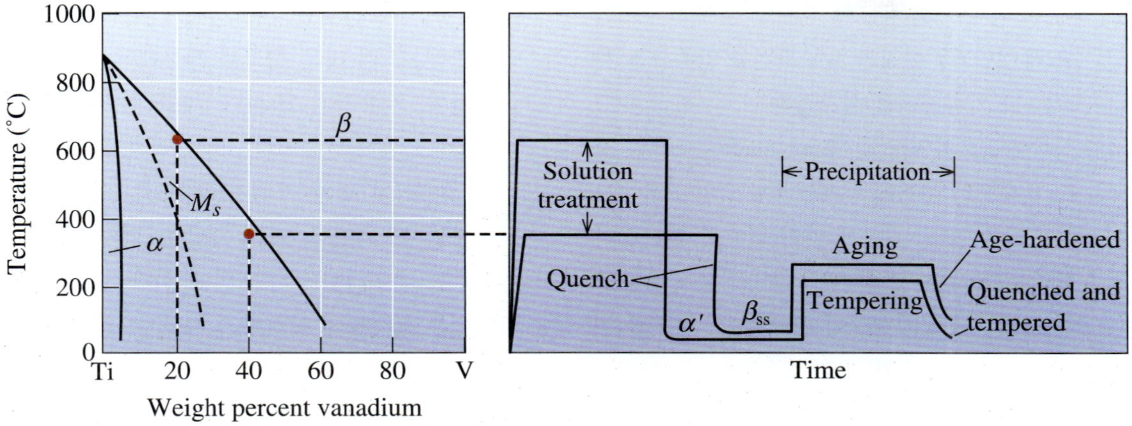

그림 14-12 α-β 티타늄합금의 열처리. (문제 14-29에 사용)

14-31 가장 강한 알루미늄, 마그네슘, 구리, 티타늄, 니켈 합금의 비강도(항복강도 기준)를 결정하라. 비강도 계산에는 순수한 금속의 밀도(kg/m^3)를 사용하라. 이들의 순위에 대하여 설명하라.

14-6절 내화금속 및 귀금속

14-32 내화금속 또는 내화합금이란 무엇인가? 귀금속이란 무엇인가?

14-33 코팅된 텅스텐 부품의 온도가 상승하고 있다. 텅스텐 부품의 보호 코팅이 텅스텐보다 더 팽창한다면 어떤 일이 발생하는가? 텅스텐 부품의 보호 코팅이 텅스텐보다 덜 팽창한다면 어떤 일이 발생하는가?

14-34 백금(Pt), 로듐(Rh), 팔라듐(Pd), 은(Ag)은 어떤 용도에 사용되는가?

14-35 극저온용으로 적합한 내화금속들을 들어보라.

14-36 자동차의 촉매변환장치에는 산화반응이 가능하도록 총 중량 1 mg의 백금 나노입자(지름 3 nm)가 사용된다. 백금은 고가이므로 촉매금속의 가격을 낮추기 위해 백금과 철의 나노입자를 섞어 함께 코팅하는 방법이 연구되고 있다. 동일한 유효면적에 3 nm의 철 나노입자와 1 nm의 백금 나노입자를 섞어서 코팅할 경우, 촉매의 가격과 중량에서 발생할 차이를 계산하라. 단, 백금의 가격은 $40/g이고, 철의 가격은 $0.005/g로 가정하라. 철의 밀도는 7,870 kg/m^3, 백금의 밀도는 21,450 kg/m^3이다.

설계문제

14-37 개인 항공기용 엔진마운트의 어떤 부품은 최소두께 5 mm, 최소폭 40 mm이면서 부피는 6×10^{-5} m^3을 차지해야 한다. 운항 중 부품에 작용하는 하중은 75,000 N이다. 부품은 작동 중 100 ℃ 미만으로 유지된다고 예상된다. 이러한 용도에 적합한 재료와 처리방법을 설계하라.

14-38 사다리의 가로막대를 설계하고자 한다. 사다리의 무게는 쉽게 운반하여 사용할 수 있도록 가벼워야 한다. 사다리 가로막대의 단면은 6.35 mm × 25.4 mm이며, 길이는 305 mm이다. 가로막대의 재료와 그 가공공정을 설계하라.

14-39 2,300 ± 50 kg/m^3의 밀도를 가지며, 강하면서도 어느 정도 연성을 갖는 합금을 사용하기로 결정하였다. 이러한 요구조건을 만족하는 재료와 그 가공공정을 설계하라.

14-40 복합재료를 정밀하게 절단하기 위한 레이저를 장착할 장치를 설계하려고 한다. 설계 요구조건으로는 어떤 사항들이 중요할까? 이러한 요구조건을 만족하는 재료와 그 가공공정을 설계하라.

14-41 순 니켈 기지에 60vol%Ni_3Ti 석출물을 생성하는 니켈-티타늄 합금을 설계하라.

14-42 전기장치의 작동 레버는 거의 순간적으로 열리고 닫혀야 하며, 닫히면 높은 전류를 전달하여

야 한다. 이러한 용도에 중요한 설계 요구조건은 무엇인가? 이러한 요구조건을 만족하는 재료와 그 가공공정을 설계하라.

14-43 화학플랜트의 바람날개(fan blade)는 어느 정도 부식성인 조건에 높게는 400 ℃의 고온에서 작동해야 한다. 경우에 따라 단단한 이물질이 빨려 들어와 팬에 충격을 가한다. 설계 요구조건으로는 어떤 사항들이 중요할까? 이러한 용도에 적합한 재료와 그 가공공정을 설계하라.

컴퓨터문제

14-44 **합금 데이터베이스 식별시스템** 사용자에게 알루미늄합금(표 14-3)의 세 자리 또는 네 자리 코드를 입력하도록 요구하는 컴퓨터 프로그램을 작성하라. 사용자에게 한 번에 한 자리를 입력하도록 요구하거나, 한 줄에 있는 다른 위치의 코드들을 비교하는 방법을 알아내도록 요구해야 한다. 그 다음에는 문자 또는 숫자(예: T와 4)가 뒤따를 것이다.

이 프로그램은 사용자에게 합금의 종류에 관해 좀 더 많은 정보를 제공해야 한다. 예를 들어, 사용자가 2024와 T4를 입력하면, "(a) 합금은 단련합금이다. (b) 구리가 주된 합금원소이다(첫 번째 자리가 2이므로). (c) 그것은 자연시효되었다."라는 내용을 명확하게 알려주는 출력물을 제공하여야 한다. 프로그램을 너무 복잡하게 작성하지 마라. 주된 아이디어는 여러분이 합금 데이터베이스가 어떻게 설계되어 있는가를 이해하는 것이다.

Knovel® 활용 문제

K14-1 모든 알루미늄합금이 쉽게 용접되지는 않는다. 용접이 잘 되는 것으로 알려진 몇 가지 알루미늄합금의 명칭을 들고, 용접방법을 추천해보라.

K14-2 인장강도가 70～105 MPa인 단련 알루미늄합금 몇 가지를 들어보라.

세라믹에는 매우 많고 다양한 클래스의 재료들이 속해 있다. 다채로운 색상에 복잡한 형상을 가진 유리세공 미술품부터 우주왕복선에 사용되는 첨단 세라믹 타일까지 그 용도는 셀 수 없이 많다. 세라믹은 전자, 자기, 광학, 에너지 관련기술 분야에서 예를 들면 커패시터, 메모리장치 부품, 망원경 렌즈, 촉매지지체 등으로 매우 중요한 역할을 한다. 전통적인 세라믹은 금속 제조공정을 위한 내화재(내열재료)로 사용되거나 우리에게 친숙한 용도인 욕조, 싱크대, 식기류 등에 쓰인다. (출처: *NASA/kaca kaca/Shutterstock.com*)

CHAPTER 15

세라믹

다음과 같이 궁금해 해본 적이 있는가?

- 뼈나 치아에 포함된 세라믹 재료는 무엇인가?
- 무엇이 일부 다이아몬드를 노란색으로 만드는가?
- 우주왕복선이 지구로 재진입할 때 발생하는 고온을 견디기 위해 어떤 재료를 사용하였는가?
- 신용카드 자기띠(magnetic strip)는 어떤 재료로 만들어지는가?

제15장의 주요 학습목표

- 세라믹 재료를 정의하고, 결정질과 비결정질을 포함하는 비금속 무기질 고체(nonmetallic inorganic solids) 재료에 대하여 알아보는 것.
- 다양한 세라믹 재료의 용도를 알아내는 것.
- 결정질 세라믹 재료의 가장 일반적인 결정구조를 알아내는 것.
- 결정질 세라믹 재료의 가장 일반적인 결함에 대해 알아보는 것.
- 세라믹 부품 생산에 적합한 공정과 공정변수들에 대해 알아보는 것.
- 실리카(silica)와 규산염 화합물의 구조를 이해하는 것.
- 산화물 첨가가 실리카와 규산염의 재료특성에 미치는 영향을 이해하는 것.

세라믹, 금속, 고분자는 제1장에서 소개되었던 재료들 중에서도 가장 중요한 재료이다. 금속은 그들의 전자구조에 의해 정의된다. 금속은 보통 한 개나 두 개의 원자가전자를 갖는데, 이 전자구조에 의해 높은 강도 및 연성, 높은 전기전도도 및 열전도도와 같은 금속 고유의 성질이 결정된다. 고분자는 제16장에서 살펴보겠지만 유기질 분자(organic molecules)의 긴 사슬로 형성되어 있다. 반도체도 금속처럼 고유한 전자구조를 갖고 있기 때문에(제19장) 전기전도도를 정밀하게 제어할 수 있다. 따라서 트랜지스터(전기스위치)와 같은 전자공학 용도에 효율적으로 사용된다. 그러면 세라믹은 과

표 15-1 대표적인 일부 세라믹의 기능과 용도

기능	응용 분야	세라믹 재료의 예
전기적	커패시터 유전체	$BaTiO_3$, $SrTiO_3$, Ta_2O_5
	마이크로웨이브 유전체	$Ba(Mg_{1/3}Ta_{2/3})O_3$, $Ba(Zn_{1/3}Ta_{2/3})O_3$
	전도성 산화물	인듐 도핑된 SnO_2 (ITO)
	초전도체	$YBa_2Cu_3O_{7-x}$(YBCO)
	전자패키징	Al_2O_3
	절연체	법낭(porcelain)
	고체산화물 연료전지	ZrO_2, $LaCrO_3$
	압전체	$Pb(Zr_xTi_{1-x})O_3$ (PZT), $Pb(Mg_{1/3}Nb_{2/3})O_3$
	전자광학	란타늄 도핑된 PZT (PLZT), $LiNbO_3$
자기적	저장매체	γ-Fe_2O_3
	액체자석, 신용카드	Fe_3O_4
	순환기, 아이솔레이터	니켈징크 페라이트
	인덕터, 자석	망간징크 페라이트
광학적	섬유광학	도핑된 SiO_2
	유리	SiO_2기반
	레이저	Al_2O_3, YAG(yttrium aluminum garnet)
	조명	Al_2O_3, 유리
자동차	산소센서, 연료전지	ZrO_2
	촉매 지지체	근청석(cordierite)
	점화플러그	Al_2O_3
	타이어	SiO_2
	전면유리/창유리	SiO_2기반 유리
기계적/구조적	절삭공구	WC-Co 써멧(cermets)
	복합재료	SiAlON(Sialon), Al_2O_3
	연마재	SiC, Al_2O_3, 유리섬유
		SiC, Al_2O_3, 다이아몬드, BN, $ZrSiO_4$
의생명공학	이식용 재료	수산화인회석(hydroxyapatite)
	치과	법낭(porcelain), Al_2O_3
	초음파 영상진단	PZT
건설	건물	콘크리트
	욕실집기	유리
기타	방산용 장갑재료	PZT, B_4C
	센서	SnO_2
	핵	UO_2, 폐기물 처리용 유리
	금속가공	알루미나 및 실리카 기반 내화물, 산소센서, 주형 등
화학적	촉매	다양한 산화물(Al_2O_3, ZrO_2 ZnO, TiO_2)
	공기 및 액체 정화	
	센서	
	페인트, 고무	
가사	타일, 욕실집기, 백색자기, 주방용품, 도자기, 예술품, 보석류	점토, 알루미나, 실리카기반 세라믹, 유리-세라믹, 다이아몬드, 루비, 큐빅 지르코니아, 기타 결정체

연 무엇인가? 세라믹은 우리들의 일상생활과 밀접하게 연관되어 있다. 예를 들어, 변기, 싱크대, 식기, 유리창, 점화플러그의 절연재를 비롯하여 미세전자공학(microelectronics)과 광전자공학 등 첨단공학 부품에 이르기까지 다양한 분야에 사용된다. 인간의 몸은 뼈나 치아에 포함되어 있는 세라믹인 수산화인회석(hydroxyapatite)을 만드는 놀라운 능력을 지니고 있다. 자연에서 발견되는 세라믹으로는 다이아몬드와 사파이어, 에머랄드 등과 같은 보석이 있다. 세라믹 재료는 일반적으로 취성이며, 전기전도도가 낮고, 좋은 단열재인가 하면, 투명할 수도 있다. 세라믹은 항상 무기질 재료이지만, 결정질이거나 반결정질 또는 비결정질일 수 있다. 또한 세라믹 재료는 금속과 비금속의 조합(예: 산화물, 탄화물, 질화물, 황화물, 불화물)일 수도 있으며, 전기적 성질이 현저하게 달라질 수도 있다. 세라믹 재료는 박막(예: 레이저용 질화갈륨) 또는 나노튜브(예: 질화붕소 또는 탄소)에서처럼 단결정으로 만들어질 수도 있고, 절삭공구용 탄화텅스텐(tungsten carbide)을 제조할 때와 같이 분말을 소결(sintering)하여 제조할 수도 있다. 유리는 열과 성형도구를 사용하여 복잡한 형상으로 제조될 수 있다. 어떻게 하면, 우리가 흔히 세라믹으로 생각하는 재료들을 배제하지 않고, 앞에서 언급한 모든 특징을 단 하나의 정의로 아우를 수 있을까? 그것에는 아마도 세라믹 관련 주요 저서를 저술하였고 '현대 세라믹의 아버지'로 불리는 W. D. Kingery 교수가 기술한 대로 세라믹은 '비금속 무기질 고체(a nonmetallic inorganic solid)'라는 표현이 가장 적절할 것이다. 이는 세라믹에 대한 광범위하고 포괄적인 정의이며, 탄소의 동소체(allotropes)를 무기질로 분류할 수 있으므로 다이아몬드와 흑연도 이에 포함된다. 이러한 범위 내에서도 엄청난 차이가 있을 수 있으며, 세라믹은 아주 다양한 목적에 사용될 수 있음을 알 수 있다. 세라믹에는 결정질과 유리(비결정질), 그리고 유리-세라믹(glass-ceramics)이 포함되며, 이들 각각에 대해 이 장에서 살펴볼 것이다. 표 15-1에는 일부 대표적인 세라믹의 기능과 용도를 나타내었다.

세라믹을 공부하는 데 있어서, 여러분은 앞에서 배웠던 결합(제2장), 결정구조(제3장), 결함(제4장), 확산(제5장), 기계적 성질(제6장), 파괴(제7장) 등의 기본적인 지식들을 활용하게 될 것이다. 또한 세라믹 재료의 합성, 공정, 용도 등에 대해서도 조사해볼 것이다. 세라믹 재료의 전기적 성질과 일부 세라믹 재료에서 나타나는 압전효과(piezoelectric effect)는 제19장에서 다루며, 세라믹의 광학적 성질은 제21장에서 다루기로 한다.

15-1 세라믹의 결합

세라믹은 강한 일차결합을 하고 있다. 이 결합은 이온결합 또는 공유결합이 대부분이고 약간의 금속결합을 비롯한 혼합결합이 포함된다. 제2장에서 배운 바와 같이, 깊은 퍼텐셜우물(potential well)이 높은 용융점의 원인이 되며(그림 2-20 참조), 원자나 이온의 원자간(interatomic) 거리 또는 이온간(interionic) 거리를 증가시켜서 재료를 용융시키기 위해서는 상당한 양의 열에너지가 공급되어야 한다. 높은 용융점을 갖는 재료는 또한 높은 탄성계수를 갖는 경향이 있는데(표 15-2 및 15-3), 이는 결합의 강성이 아주 크다는 것을 의미한다. 이온결합 또는 공유결합이 지배적인 재료에서는 전자를 주고받거나 공유하여 완전한 s^2p^6 전자배열구조(electronic configuration)를 이루기 때문에, 전기가 흐르기 위한 자유전자(free electron)가 없다. 자유전자가 존재하지 않기 때문에 세라

표 15-2 흔히 접하는 다결정 세라믹의 특성

재료	용융점(°C)	열팽창계수($\times 10^{-6}$ cm/cm)/°C	Knoop 경도(HK)(100 g)
Al_2O_3	2,000	약 6.8	2,100
BN	2,732	0.57[a], −0.46[b]	5,000
SiC	2,700	약 3.7	2,500
Diamond	3,550	1.02	7,000
Mullite	1,810	4.5	–
TiO_2	1,840	8.8	–
Cubic ZrO_2	2,700	10.5	–

[a]압축방향에 수직
[b]압축방향에 평행

표 15-3 선별된 첨단 세라믹의 기계적 특성

재료	밀도 (g/cm³)	인장강도 (MPa)	굽힘강도 (MPa)	압축강도 (MPa)	탄성계수 (MPa)	파괴인성 (MPa$\sqrt{m}$)
Al_2O_3	3.98	207	552	3,025	386×10^3	5.5
SiC(소결)	3.1	172	552	3,860	414×10^3	4.4
Si_3N_4(반응결합)	2.5	138	241	1,030	207×10^3	3.3
Si_3N_4(고온가압)	3.2	552	896	3,450	310×10^3	5.5
Sialon	3.24	414	965	3,450	310×10^3	9.9
ZrO_2(부분안정화)	5.8	448	690	1,860	207×10^3	11.0
ZrO_2(변태강인화)	5.8	345	793	1,725	200×10^3	12.1

믹 재료는, 일부 예외도 있으나, 일반적으로 훌륭한 단열재이다. 그러한 예외로 다이아몬드를 들 수 있는데, 다이아몬드는 특이하게 높은 결합강성을 가졌기에 효과적으로 열을 전달한다(2-7절 및 22-3절). 15-3절에서 다루겠지만, 이 결합은 세라믹 재료가 일반적으로 취성은 물론 높은 강도와 경도를 갖는 원인이 된다.

예제 15-1 결합강성과 탄성계수

단순입방(SC) 단위정에 일축하중이 작용할 때, 재료의 탄성계수(elastic modulus, E)는 결합강성(bond stiffness)에 직접 비례함을 보이라.

풀이

원자 사이의 평형거리는 격자상수 a로 가정한다. 하중 P가 단면적 a^2에 작용할 때 발생하는 공칭응력(engineering stress) S는

$$S = \frac{P}{a^2}$$

이다. 선형탄성 영역에서는 후크의 법칙(Hooke's law)이 적용되므로

$$S = \frac{P}{a^2} = Ee$$

여기서, e는 공칭변형도이다. 변형량이 Δa인 경우 공칭변형도 e는 다음과 같다.

$$e = \frac{\Delta a}{a}$$

한편, 하중 P는 다음과 같이 나타낼 수 있으며

$$P = k\Delta a$$

여기서, k는 결합강성이고 그림 15-1처럼 선형 스프링으로 모델링할 수 있다. 위 식을 탄성계수에 대하여 정리하면 다음과 같다.

$$E = \frac{P}{a^2 e} = \frac{k\Delta a}{a^2}\frac{a}{\Delta a} = \frac{k}{a}$$

이 식은 대략적인 근사식이며 엄밀하게는 정확한 것이 아니지만, 탄성계수가 고체 내의 원자 또는 이온 간의 강성에 직접 비례함을 보여준다. 결합강성이 증가하면 탄성계수도 증가한다.

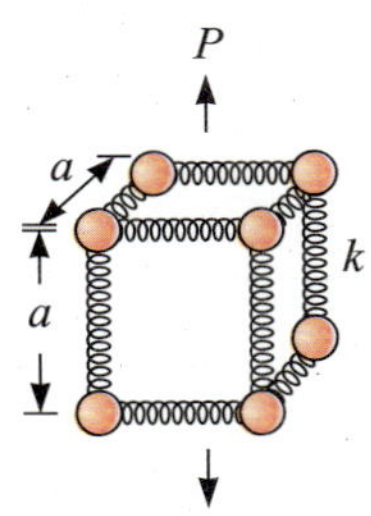

그림 15-1 원자 간의 결합은 이 단순화된 근사식에서 스프링상수 k인 스프링으로 모델링할 수 있다. 단순입방(SC) 단위정의 격자상수는 a이다.

15-2 결정질 세라믹의 구조

세라믹은 결정질, 반결정질 또는 비결정질이다. 무기질 유리는 15-7절에서 다룰 것이며, 부분적으로 결정질인 세라믹은 15-8절에서 다루기로 한다. 결정질 세라믹은 수없이 다양한 결정구조를 갖고 있다. 이중 상당수의 결정구조를 3-7절과 3-8절에서 다루었는데, 여기에는 염화소듐(NaCl), 섬아연광(zincblende), 형석(fluorite), 강옥(corundum), 퍼로브스카이트(perovskite), 다이아몬드입방(diamond cubic) 구조 등이 포함된다. 세라믹에서 흔히 나타나는 몇몇 대표적인 결정구조와 그들의 격자(lattice) 및 단위체

표 15-4 일부 세라믹의 결정구조, 격자와 단위체 및 세라믹 재료의 예(이 리스트가 전부가 아님에 유의하라)

	구조	명칭/격자와 단위체	몇 가지 예
1	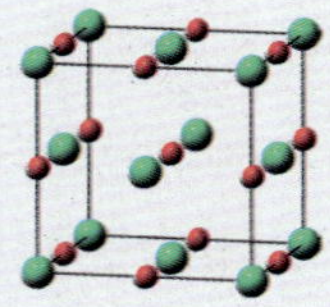	NaCl 구조 단위체 Cl(0,0,0)과 Na(1/2,0,0)를 갖는 FCC 격자	BaO, CaO, MgO, SrO, TiC, TiO
2	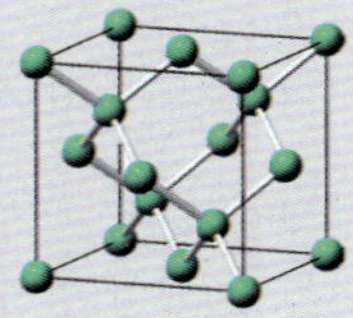	다이아몬드입방 구조 단위체 C(0,0,0)와 C(1/4,1/4,1/4)를 갖는 FCC 격자	다이아몬드
3	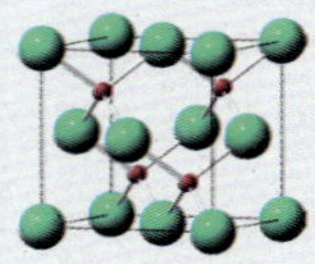	입방 섬아연광(ZnS) 구조 [섬아연석(sphalerite) 구조] 단위체 S(0,0,0)와 Zn(1/4,1/4,1/4)를 갖는 FCC 격자	β-SiC
4	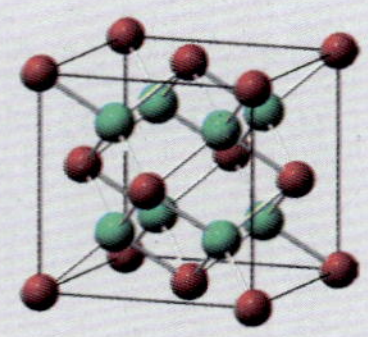	형석(CaF_2) 구조 단위체 Ca(0,0,0)와 F(1/4,1/4,1/4) 및 F(1/4,1/4,3/4)를 갖는 FCC 격자	BaF_2, CaF_2, CeO_2, ThO_2, UO_2, ZrO_2
5	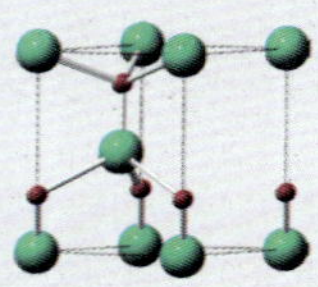	육방 섬아연광(ZnS) 구조 [섬유아연석(wurtzite) 구조] 단위체 S(0,0,0), S(2/3,1/3,1/2), Zn(0,0,3/8), Zn(2/3,1/3,7/8)를 갖는 육방정 격자	α-SiC, BeO, ZnO
6	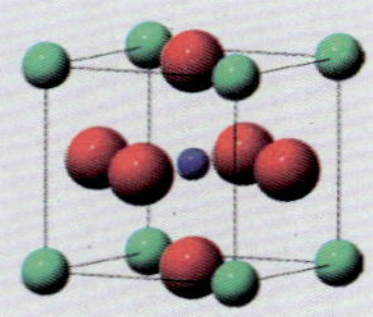	퍼로브스카이트($CaTiO_3$) 구조 단위체 Ca(0,0,0), Ti(1/2,1/2,1/2), O(0,1/2,1/2), O(1/2,0,1/2), O(1/2,1/2,0)를 갖는 SC 격자	$BaTiO_3$, $CaTiO_3$, $PbZrO_3$, $SrTiO_3$
7	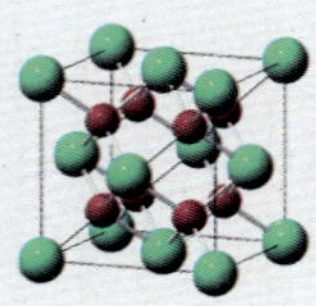	역형석(Na_2O) 구조 단위체 O(0,0,0)와 Na(1/4,1/4,1/4) 및 Na(1/4,1/4,3/4)를 갖는 FCC 격자	K_2O, Li_2O, Na_2O

(basis)에 대한 설명, 해당 결정구조를 갖는 세라믹 재료의 예를 표 15-4에서 찾아볼 수 있다.

앞의 3-7절에서 살펴보았듯이, 대다수의 이온결합 세라믹의 구조는 음이온(anion)을 기준으로 그 사이의 침입형자리(interstitial sites)에 작은 양이온(cation)이 채워져 있는 모습이다. 예를 들어, NaCl 구조는 Cl 음이온이 면심입방구조(FCC)를 형성하고 모든 팔면체자리(octahedral sites)에 Na 양이온이 채워진 구조이다. 3-7절에서 언급하였듯이, 세라믹 화합물에 채택된 결정구조는 화합물 내의 원자 또는 이온 반지름의 상대적인 크기와 전기적중성(electric neutrality) 유지라는 요인들에 의해 결정된다. 일부 경우에는, 세라믹의 결정구조를 가장 간단명료하게 설명하고자 할 때, 양이온을 침입형자리에 둔 음이온의 조밀충진(close-packing) 구조라는 표현이 적절하지 않을 수도 있다. 또 한 가지 중요한 것은 양이온이 침입형자리를 채웠다 하더라도 그 이유로 세라믹의 원자충진율(atomic packing factor)이 조밀충진금속의 충진율보다 크다고 볼 수 없다는 사실이다.

알루미나 가장 널리 사용되는 결정질 세라믹 중의 하나가 산화알루미늄 혹은 알루미나이다. 알루미나는 몇몇 결정질 동소체(crystalline polymorph, 3-4절)로 존재하며, 일부는 아주 복잡한 결정구조를 갖고 있다. 이 상황은 나중에 15-6절에서 살펴볼 실리카(silicon dioxide)의 경우와 매우 유사하다. 3-7절에서 취급되었던 강옥의 주성분인 알파알루미나(α-Al_2O_3)는 세라믹의 전형적인 특성들을 많이 나타낸다. 예를 들면, 알파알루미나의 경도는 아주 크기 때문에 강옥 분말은 종종 연마재로 사용된다. 알루미나의 다른 형태들은 루비나 사파이어 같은 보석 원석의 주성분이다. 알루미나 기반 보석 원석에 함유된 티타늄, 철, 크롬, 구리 등의 금속원소들이 보석의 특정한 색을 나타낸다. 알루미나는 다양한 전자장치에 사용되며, 또한 시계나 과학기기 등의 긁힘방지용 투명 커버 및 창유리로 사용되기도 한다. 알루미나는 용융금속을 담거나, 고온에서 높은 강도를 유지하며 작동해야 하는 장치에 포함되는 내화물(고온에서도 강도를 유지하는 재료)로 사용되기도 하는데, 알루미나의 가장 고전적인 용도는 점화플러그의 애자(insulator)이다.

3-6절에서 세 가지 기본적인 입방정 구조에서의 사면체 및 팔면체 침입형자리에 대하여 설명한 바 있는데, 마찬가지로 육방정계 결정에 대해서도 자리의 위치를 알아낼 수 있다. 결정질 알루미나는 알루미늄 원자가 특유의 질서 있는 패턴으로 팔면체자리의 2/3를 차지하고 있는 가운데 산소 이온이 조밀육방(HCP) 구조를 이룬다고 생각할 수 있다. HCP 구조 내의 격자자리의 수와 팔면체자리의 수가 같기 때문에(FCC 구조에도 동일하게 적용됨), 알루미나의 원자조성비에 의해 팔면체자리의 2/3는 알루미늄으로 채워져 있고, 1/3은 비어 있어야 한다. 알루미나의 전형적인 단위정은 30개의 원자 또는 6개의 Al_2O_3 조성단위(formula unit)를 포함하고 있다.

예제 15-2 탄화규소

탄화규소(silicon carbide, SiC)**는 강철의 용융점보다 높은 온도에서도 탁월한 내산화성**(oxidation resistance)**을 제공한다. 탄화규소는 극한온도에서 금속이나 탄소-탄소 복합재료 및 다른 세라믹**

의 보호를 위한 코팅재로 자주 사용된다. 또한 탄화규소는 연삭숫돌의 연마재로 사용되며, 금속기지 및 세라믹기지 복합재료의 입자 또는 섬유 강화재로도 사용된다. 또한 노(furnace)의 발열체(heating element)를 만드는 데 사용된다. 탄화규소는 두 가지 동소체로 존재한다. 하나는 육방정계 섬아연광(wurtzite) 결정구조를 갖는 α-SiC이고, 다른 하나는 입방정계 섬아연광(sphalerite)의 결정구조를 갖는 β-SiC이다.

α-SiC 내의 단위정당 각 종류별 원자 수는 몇 개인가? 어떤 형태의 결합이 지배적이며 그 이유는 무엇인가?

풀이

α-SiC의 결정구조는 단위체가 Si(0,0,0), Si(2/3,1/3,2/3), C(0,0,3/8), C(2/3,1/3,7/8)인 육방정 격자로 볼 수 있다. 육방정 격자의 단위정당 하나의 격자점이 존재하고 단위체 내에 두 개의 Si 원자가 존재하므로, 단위정당 두 개의 Si 원자가 존재한다.

육방정 격자의 단위정당 하나의 격자점이 존재하고 단위체 내에 두 개의 C 원자가 존재하므로, 단위정당 두 개의 C 원자가 존재한다. 그림 15-2는 탄화규소의 단위정을 보여주고 있다.

Si와 C는 모두 Ⅳ족에 속한 원소들이다. 규소의 전자구조는 [Ne] $3s^2 3p^2$이며, 탄소의 전자구조는 [He] $2s^2 2p^2$이다. (실제로는, 고체형태에서 Si 원자와 C 원자는 각각 하나의 전자를 포함하는 네 개의 sp^3 혼성궤도(hybrid orbital)를 형성한다. 그리고 sp^3 궤도를 차지하는 이 전자들은 각 원자가 네 개의 완전한 궤도를 갖도록 Si 원자와 C 원자 사이에 서로 공유된다.) 2-6절의 식 2-1에 의해 공유결합의 비율(fraction of covalent bond)을 계산할 수 있다. 이 식은 두 원소들 간의 전기음성도 차이를 나타내는 항을 포함하고 있다. 규소의 전기음성도는 1.8이며, 탄소의 전기음성도는 2.5이다.

$$\text{공유결합비율} = \exp(-0.25\Delta E^2)$$
$$\text{공유결합비율} = \exp[-0.25(2.5-1.8)^2] = 0.88$$

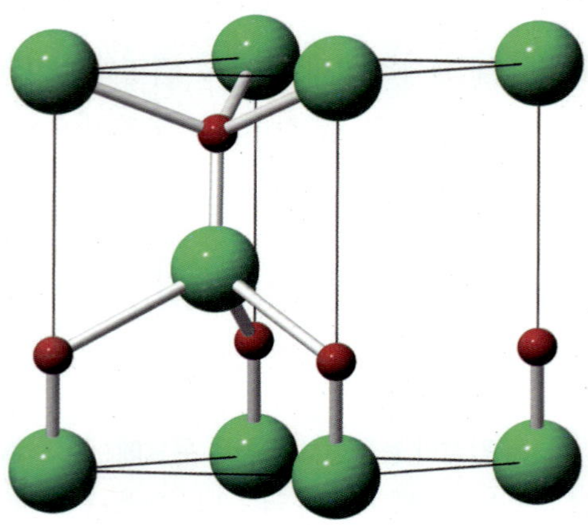

그림 15-2 SiC 단위정 구조. Si 원자는 녹색, C 원자는 적색으로 나타내었다.

따라서 이 결합은 공유결합이 우세함을 알 수 있다.

여기서 육방정 구조의 어느 특정한 침입형자리를 고려하지는 않았지만, 섬유아연석(wurtzite) 구조는 사면체자리의 절반이 탄소원자로 채워진 규소원자의 HCP 구조로 볼 수 있다. 예를 들어, 사면체자리는 HCP 구조의 A층에 존재하는 세 개의 서로 이웃하는 원자와, B층에 존재하는 네 번째 원자로 형성된다. 그러므로 그림 15-2에 나타낸 바와 같이 각 탄소원자는 네 개의 규소원자에 의해 둘러싸여 결합되어 있고, 각 규소원자는 네 개의 탄소원자에 의해 둘러싸여 결합되어 있다.

예제 15-3 큐빅 지르코니아

큐빅 지르코니아(cubic zirconia, ZrO_2)는 다이아몬드의 저렴한 대용 보석이다. 이는 자동차 엔진에 사용되는 산소가스 센서를 만드는 데 사용되며, 높은 이온전도도(ionic conductivity)를 갖고 있기 때문에 용융금속 내의 용존산소를 측정하는 데 사용된다. 지르코니아는 전자세라믹 재료의 첨가제의 하나이며, 내화재료이기도 하다. 지르코니아는 온도와 압력에 따라 여러 가지 동소체로 존재한다. 큐빅 지르코니아는 상온에서 불안정하기 때문에 Y_2O_3(yttria)를 첨가하여 안정화시킨다. (참고로, yttria와 zirconia의 끝 글자 'ia'는 산소가 함유되었음을 나타낸다. 즉 각각 산화이트륨과 산화지르코늄이다.) 큐빅 지르코니아 단위정은 모든 사면체자리가 산소로 채워진 지르코늄의 FCC 격자로 생각될 수 있다.

큐빅 지르코니아의 결정구조는 무엇인가? 어떻게 ZrO_2의 원자조성비가 이 결정구조와 어떻게 일치하는지 설명하라.

풀이

큐빅 지르코니아는 표 15-4에서와 같이 CaF_2 결정구조이다. ZrO_2의 한 단위정 안에 네 개의 지르코늄과 여덟 개의 산소가 있다. Zr^{4+}이온과 O^{2-}이온의 비는 4 : 8 또는 1 : 2이며, 이는 ZrO_2의 원자조성비와 일치한다. 이 결정구조는 음이온이 조밀충진 형태로 배열된 것으로 볼 수 없음에 주목하기 바란다. 실제로, 음이온은 크기가 더 크지만 상대적으로 작은 사면체자리를 차지하고 있다. 표 15-4에 예시된 역형석(antifluorite) 구조는 양이온이 모든 사면체자리를 차지하고 있는 가운데 음이온이 FCC 형태로 조밀충진되어 있는 것으로 그려질 수 있다.

예제 15-4 산화스트론튬

산화스트론튬(strontium oxide, SrO), 일명 스트론티아(strontia)는 NaCl 결정구조를 갖는다. SrO의 격자와 단위체에 대해 기술하라.

풀이

산화스트론튬은 $O^{2-}(0,0,0)$와 $Sr^{2+}(1/2,0,0)$의 단위체를 갖는 FCC 격자이다.

산화스트론튬의 이온반경 비율은 1.12 Å/1.32 Å = 0.85인데, 이 반경비율은 SrO가 CsCl 결정구조를 가져야 함을 나타낸다. 즉, 반경비율이 재료의 결정구조를 알기 위한 일반적인 가이드라인을 제공해주지만, 이 가이드라인이 모든 재료에 엄격히 적용되는 것은 아님을 보여준다.

15-3 결정질 세라믹의 결함

결정질 세라믹의 다양한 점결함에 대하여 4-2절에서 알아보았다. 길잡이가 되는 여러 원리 중의 하나는 결함이 존재하는 경우에도 전하는 반드시 균형을 이루어야 한다는 것이다. 4-2절에서 살펴본 모든 점결함들이 세라믹 재료에서 발생하지만, Schottky 결함은 오직 이온결합성 재료에서만 발생한다. 결정질 세라믹은 그림 15-3의 알루미나의 예에서 볼 수 있듯이 전위(dislocation)를 포함하고 있다. 그러나 세라믹 재료는 금속에 비해 높은 원자결합의 강성과 더불어 큰 버거스벡터(Burgers vector)로 인해 전위가 전파되기 힘들다. 또한 공유결합의 높은 방향성과 이온결합성 재료에 존재하는 반대전하 이온들의 주기적인 배치가 전위의 전파를 방해한다. 이러한 성질로 인해 결정질 세라믹은 표 15-2와 15-3에서처럼 높은 경도와 압축강도 및 탄성계수를 갖는다. 균열(crack), 기공(pore), 공극(void)과 같은 세라믹 재료의 결함에 대해서는 다음 절에서 알아보자.

(a) (b)

그림 15-3 (a) Al_2O_3의 칼날전위에 대한 고분해능 투과전자현미경 사진. (출처: Y. Ikuhara) (b) Al_2O_3의 전위에 대한 회절 콘트라스트 이미지. (출처: Ceramic materials: science and engineering *by Norton, M. G.; Carter, C.* Barry. *Reproduced with permission of Springer in the format Book via Copyright Clearance* Center).

예제 15-5 다이아몬드의 불순물

카나리아(또는 팬시) 황색 다이아몬드는 Ia형으로 불리며 농도 100ppm 미만의 질소 불순물을 함유하고 있다. 질소의 존재는 다이아몬드의 전자구조 내에 흡수준위(absorption level)를 형성시켜 전자에 의한 빛의 흡수가 가능하도록 하며, 다이아몬드가 색을 갖도록 한다(제19장 참조). 질소가 100 ppm 미만으로 적게 함유되면 다이아몬드는 노란색을 띠게 된다. 다이아몬드 내의 질소 농도가 100 ppm이면 단위정당 및 cm^3당 질소원자의 농도는 얼마인가? 다이아몬드의 격자상수는 3.5668×10^{-8} cm이다.

풀이

다이아몬드입방 결정구조는 단위정당 여덟 개의 원자를 포함하고 있다. 100 ppm이면 10^6개의 탄소원자당 100개의 질소원자가 존재하는 것이므로,

$$\left(\frac{100\ \text{N 원자}}{10^6\ \text{C 원자}}\right)\left(\frac{8\ \text{C 원자}}{\text{단위정}}\right) = 8 \times 10^{-4}\ \text{N 원자/단위정 또는 1,250 단위정/N 원자}$$

질소가 존재하더라도 다이아몬드 격자상수는 변하지 않는다고 가정하면,

$$\left(\frac{8 \times 10^{-4}\ \text{N 원자}}{\text{단위정}}\right)\left(\frac{\text{단위정}}{(3.5668 \times 10^{-8}\ \text{cm})^3}\right) = 1.76 \times 10^{19}\ \text{N 원자/cm}^3$$

다이아몬드는 천연재료 중에서 경도가 가장 높기 때문에 공업용으로도 많이 사용된다. 공업용 다이아몬드는 연삭과 광택을 위한 연마재 또는 절삭공구 등 다양한 용도에 내마모성 코팅으로 사용된다. 합성 다이아몬드와 다이아몬드유사 코팅은 화학기상증착(chemical vapor deposition, CVD) 공정(제19장)이나 고온고압 공정을 통해 이루어진다.

예제 15-6 산화마그네슘의 전위

NaCl 결정구조를 갖고 격자상수가 0.396 nm인 산화마그네슘(MgO)에서의 전위를 그림 15-4에 나타내었다. 슬립계(slip system)가 $\{\bar{1}10\}\langle 110\rangle$일 때, 버거스벡터의 길이를 구하라.

풀이

그림 15-4에서 볼 수 있듯이 점 x에서 시작하여 전위 주위로 두 수평방향과 두 수직방향으로 각각 같은 양의 원자거리만큼 이동시킨 시계방향의 루프를 형성하면 점 y에서 끝나게 된다. 여기서 루프의 두 수평성분의 길이와 두 수직성분의 길이는 각각 같아야 하지만 수평성분과 수직성분의 길이가 서로 같을 필요는 없다. 완벽한 결정구조에서는 이러한 루프가 폐쇄형이어야 한다. 이때 루프를 완성시키기 위한 벡터 **b**가 버거스벡터이다. **b**가 [110] 방향과 평행이기 때문에 **b**는 (110) 면에 수직해야 한다. **b**의 길이는 두 인접한 (110)면 사이의 거리이다. 식 3-7로부터 구한다.

$$d_{110} = \frac{a_0}{\sqrt{h^2 + k^2 + l^2}} = \frac{0.396\text{ nm}}{\sqrt{1^2 + 1^2 + 0^2}} = 0.280\text{ nm}$$

버거스벡터는 [110] 방향이며 길이는 0.280 nm이다. 원자들의 두 잉여반면(extra half plane)이 전위를 만드는데, 하나는 마그네슘 이온으로 구성되고, 다른 하나는 산소 이온으로 구성된다(그림 15-4). 버거스벡터의 크기를 구하는 이 식은 입방정계가 아니면 아주 복잡하게 된다. 버거스벡터의 크기는 슬립방향의 반복거리(repeat distance)와 같다고 생각하는 것이 더 편리하다.

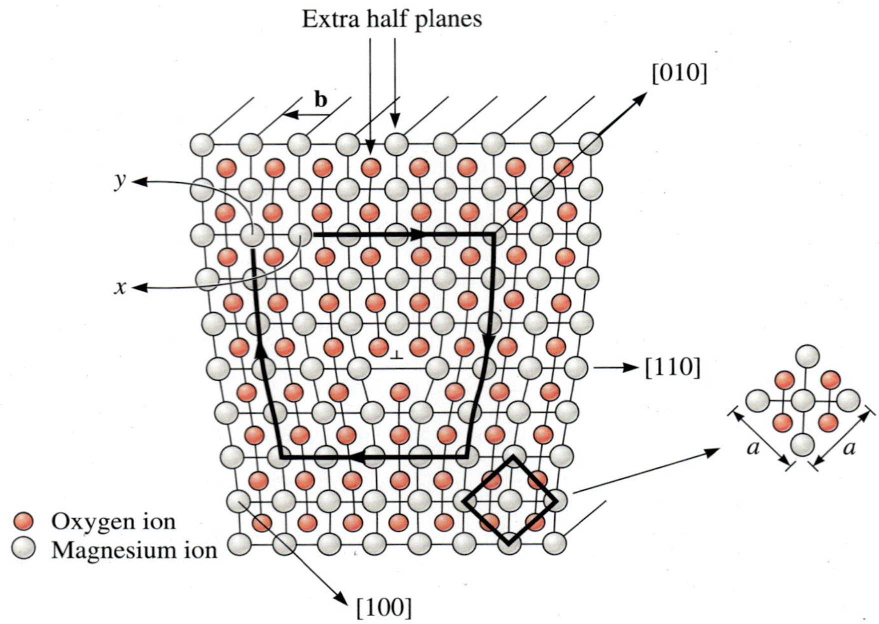

그림 15-4 슬립방향과 버거스벡터를 보여주는 MgO 내의 칼날전위(예제 15-6). (001) 면 위의 이온들의 배열을 보여주며, 따라서 [001] 방향은 종이 면에 수직이다. 삽입그림은 MgO의 단위정 개요를 보여준다. (출처: *W.D. Kingery, H.K. Bowen, and D.R. Uhlmann*, Introduction to Ceramics, *John Wiley, 1976.*)

예제 15-7 MgO와 Mg에서의 슬립

MgO와 Mg의 결합 원리와 Peierls-Nabarro 응력을 근거로 하여, Mg보다 MgO 내에서의 슬립이 훨씬 더 어려운 이유를 설명하라. Mg의 슬립계는 {0001}<100>이다.

풀이

예제 15-6의 결과로부터, MgO의 슬립면 사이의 간격이나 **b**는 둘 다 0.280 nm이다. Mg의 슬립계 {0001}<100>에서, 면간거리(interplanar spacing)는 HCP 단위정 높이의 절반 또는 0.5209 nm/2 = 0.260 nm이며, 버거스벡터는 조밀충진 방향의 원자간거리 또는 $a/2 = 0.32087\text{ nm}/2 = 0.160\text{ nm}$이다. 식 4-2에 주어진 Peierls-Nabarro 응력은 다음과 같다.

$$\tau = c \exp\left(\frac{-kd}{b}\right)$$

여기서, τ는 전위가 움직이는 데 필요한 전단응력이며, d는 슬립면 사이의 면간거리이고, b는 버거스벡터의 크기이며, c와 k는 재료에 따른 상수이다. c와 k에 의한 변화를 무시하면, 전위가 전파되는 데 필요한 응력은 d/b의 비가 감소할수록 증가한다. 그러므로 d/b의 비가 1.0인 MgO에서 전위를 전파시키기 위해서는 d/b의 비가 1.62인 Mg에서보다 더 큰 응력이 필요하기 때문에 MgO 내에서 슬립이 더 어렵게 된다. 이에 더하여, 4-3절에서 논의된 바와 같이, 이온결합 재료에서 전위가 전파되기 위해서는 양이온이 다른 양이온을 지나가고 음이온이 다른 음이온을 지나가야 하므로 전자반발력(electronic repulsion)을 만들어내기 때문에 전위의 이동을 방해한다.

15-4 세라믹의 결함

세라믹에서는 전위가 전파하는 데 필요한 임계 분해전단응력(critical resolved shear stress)이 매우 높기 때문에 노치, 균열, 기공과 같은 결함에 취약할 수 있다. 세라믹은 압축 시에는 균열의 전파가 억제되어 강한 반면, 인장 시에는 균열의 전파가 촉진되어 약한 경향이 있다. 파괴인성은 결함이 있는 재료가 가해진 하중에 견디는 능력을 말한다. 응력확대계수(stress-intensity factor)가 재료의 파괴인성을 초과하게 되면 균열이 불안정하게 성장하여 파괴에 이르게 된다(7-1절). 결함에 민감한 재료는 7-5절에서 설명된 Weibull 통계분포에 의한 강도분포를 나타낸다. 취성재료에서는 실제로 파괴가 일어나는 응력이 아니라 특정 응력에서 파괴가 일어날 가능성을 예측할 수 있을 뿐이다. 그러므로 결함 크기의 분포의 폭을 줄여서 재료의 기계적 신뢰성을 확보할 수 있도록 공정과 품질관리가 중요하다.

취성재료의 인장시험을 행하려면 시편에 파괴가 발생하지 않도록 그립에 고정시키기가 쉽지 않기 때문에, 흔히 3점 또는 4점굽힘시험이 취성재료의 기계적 특성을 얻기 위한 대안으로 사용된다. 취성 세라믹의 파괴인성을 구하기 위해 가장 널리 사용되는 시험법은 압입시험(indentation test)이다. 압입시험에서는 여러 번의 압입을 빠르게 수행할 수 있으므로 시편 전체를 통하여 특성과 구조의 변화를 확인할 수 있다. 압입시험은 하중이 가해지는 동안 압입자(indenter) 아래의 표면부근(subsurface) 반경방향 균열(radial crack)을 만들어내고, 하중이 제거되는 동안 잔류응력의 증가로 인해 이 균열이 압입표면으로 성장한다. 균열선단(crack tip)에서의 응력확대계수 K_R은 다음의 식과 같다.

$$K_R = \beta_r \frac{P}{c^{3/2}} \tag{15-1}$$

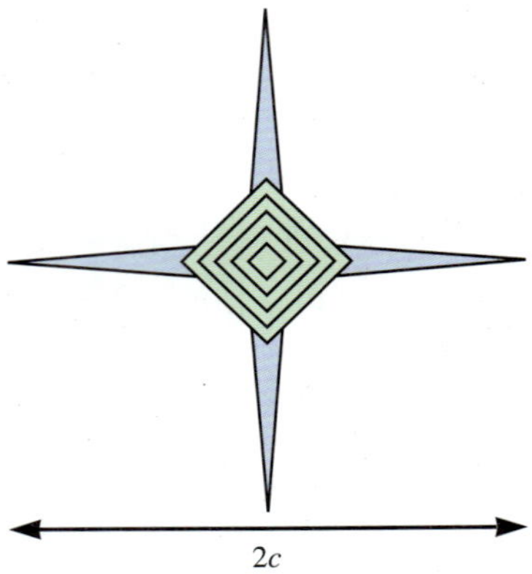

그림 15-5 균열길이 $2c$의 정의와 함께 취성재료에서 반경방향 균열의 형성을 보여주는 Vickers 압입자국.

여기서, β_r는 상수로서 $0.016\left(\frac{E}{H}\right)^{\frac{1}{2}}$과 같고 E는 탄성계수, H는 경도이다. P는 가해진 하중이며, $2c$는 그림 15-5에서와 같이 반경방향 균열의 길이이다. K_R값이 점점 감소하여 재료의 파괴인성 K_{Ic}에 도달하면 균열정지(crack arrest) 현상이 발생한다. 일부 첨단 세라믹 재료들의 파괴인성이 표 15-3에 수록되어 있다.

기공률 기공(pore)은 다결정 세라믹에서 가장 중요한 결함이다. 기공은 균열이 성장할 수 있는 공간을 만들기 때문에 일반적으로 세라믹 재료의 기계적 성질에 좋지 않은 영향을 끼친다. 기공률(porosity)이 증가하면 탄성계수와 강도가 감소한다. 그림 15-6은 시멘트에서 기공률이 증가함에 따라 강도가 어떻게 저하되는지를 보여준다(시멘트는 콘크리트를 결합시켜주는 세라믹이며 15-11절과 제18장에서 다룰 것이다). 기공의 존재는 세라믹 재료에 인장하중이 작용할 때 취성거동을 보이는 이유 중의 하나이다. 기공크기에도 분포가 있고 기공률의 전체적인 수준도 변하므로 세라믹의 기계적 특성도 변하는데, 이런 가변성은 제7장에서 다루었던 Weibull 통계분포를 이용하여 측정한다. 반면에, 세라믹에 존재하는 기공은 재료의 열충격(thermal shock)에 대한 저항성을 향상시키는 데 효과적일 수 있다(제22장). 또한 고온의 금속이나 액체 또는 기체에 사용되는 필터 등 특정한 용도에는 서로 연결된 기공(interconnected pore)이 필요하다.

재료에 기공이 없으면 재료의 밀도는 진밀도(true density) ρ이며, 기공을 함유하는 재료의 밀도는 진밀도보다 작은 값을 갖는다. 세라믹 내의 기공은 서로 연결되어 있거나 닫혀 있다. 겉보기 기공률(apparent porosity)은 세라믹의 전체 체적 중에서 연결된 기공이 차지하고 있는 체적의 백분율이다. 연결된 기공은 가스나 유체가 흐를 수 있는 통로를 제공한다. 또한 투과성(permeability)의 척도가 되거나 세라믹 성분을 통과해 가스나 유체가 잘 스며들도록 하며, 다공성 세라믹(porous ceramic)의 중요한 특성이 된다. 건조한 세라믹의 무게를 W_d, 이 세라믹을 물속에서 측정한 무게를 W_s(수조 안에 세라믹을 매단 철사의 무게는 제외), 세라믹의 수조 밖 무게를 W_w라고 하면 겉보기 기공

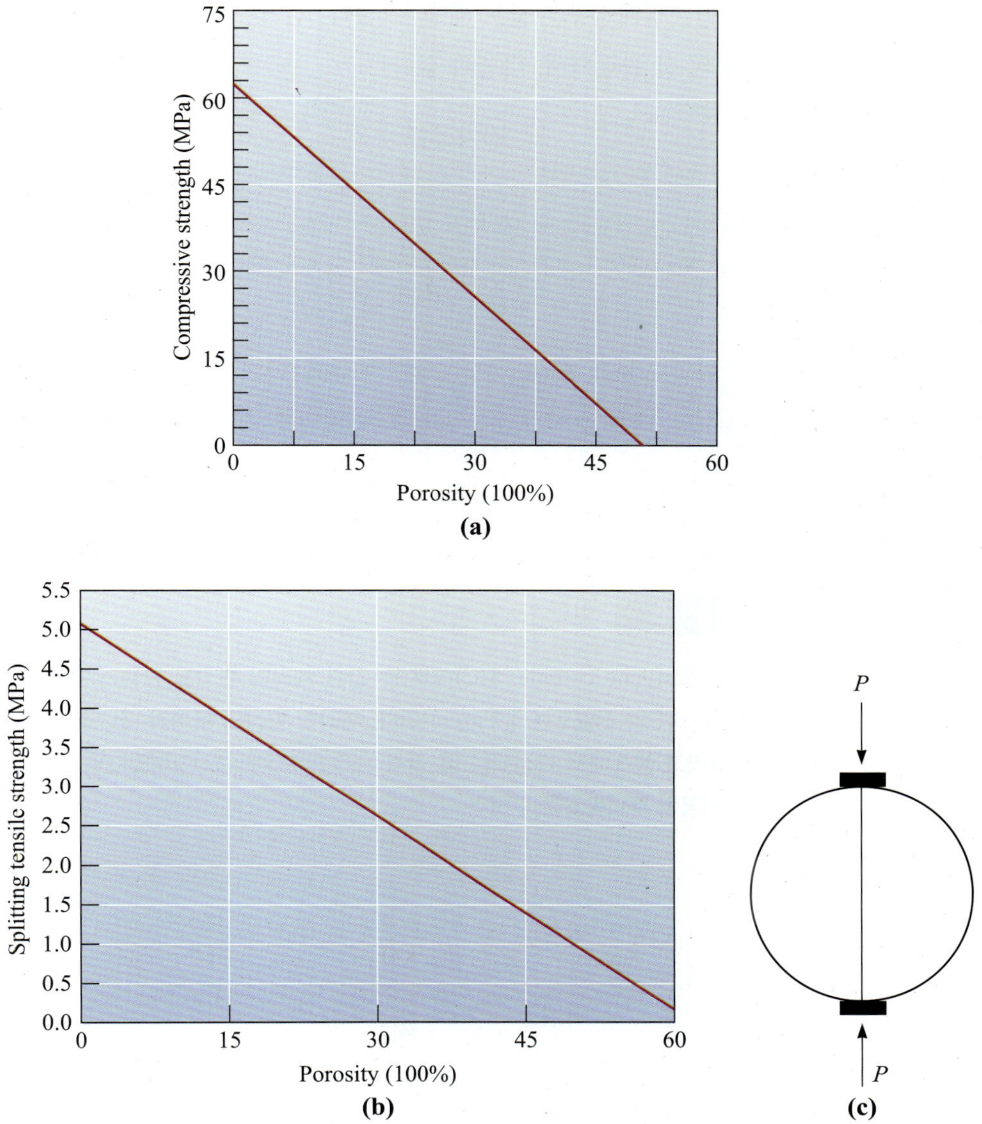

그림 15-6 (a) 기공률에 따른 시멘트의 압축강도의 변화, (b) 그림 (c)에 보인 방법으로 측정한 기공률에 따른 시멘트의 분열인장강도(splitting tensile strength), (c) 시멘트 실린더에 실린더 길이를 따라 지름 방향으로 하중 P를 가하는 모습. 분열인장강도는 실린더가 반으로 쪼개질 때의 응력이다.

률은 다음의 식으로 구하며 여기서 무게의 단위는 그램이다.

$$\text{겉보기 기공률} = \frac{W_w - W_d}{W_w - W_s} \times 100 \tag{15-2}$$

분자는 연결된 기공의 부피와 수치적으로 같으며, 분모는 기공을 포함한 세라믹의 외형적 부피와 수치적으로 같다. 이러한 수치적인 등가성은 물의 밀도가 1 g/cm^{3}이기 때문에 가능하다.

기공률에 대한 다른 척도는 진기공률(true porosity)이며, 이 값은 연결된 기공과 닫힌 기공을 모두 포함한다[즉, 진기공률 = 겉보기 기공률 + 밀폐기공률(closed-pore porosity)]. 밀폐기공은 물로 채울 수 없다. 진기공률은 겉보기 기공률보다 세라믹의 특성들과 더 잘 관련되며, 다음과 같다.

$$진기공률 = \frac{\rho - B}{\rho} \times 100 \tag{15-3}$$

여기서

$$B = \frac{W_d}{W_w - W_s} \tag{15-4}$$

B는 부피밀도(bulk density)로서 건조한 세라믹의 무게를 기공을 포함하는 세라믹의 외형적 부피로 나눈 값이고, ρ는 세라믹의 진밀도이다. 다음의 예제는 세라믹의 기공률 수준을 구하는 방법을 보여준다.

예제 15-8 탄화규소 세라믹

탄화규소(silicon carbide, SiC) 입자는 강한 세라믹 형상을 만들기 위해 고온에서 압축하고 소결된다. SiC의 진밀도는 3.2 g/cm^{3}이다. 세라믹 형상의 무게가, 건조한 때와 물에 담갔다 꺼냈을 때, 그리고 물속에서 측정했을 때 각각 360 g, 385 g, 224 g이었다면, 겉보기 기공률, 진기공률, 밀폐기공의 부피분율을 구하라.

풀이

$$겉보기\ 기공률 = \frac{W_w - W_d}{W_w - W_s} \times 100 = \frac{385 - 360}{385 - 224} \times 100 = 15.5\%$$

$$부피밀도 = B = \frac{W_d}{W_w - W_s} = \frac{360}{385 - 224} = 2.24\ g/cm^3$$

$$진기공률 = \frac{\rho - B}{\rho} \times 100 = \frac{3.2 - 2.24}{3.2} \times 100 = 30\%$$

밀폐기공의 비율은 진기공률에서 겉보기 기공률을 뺀 30 − 15.5 = 14.5%이다. 따라서 다음과 같다.

$$밀폐기공의\ 분율 = \frac{14.5}{30} = 0.48$$

15-5 결정질 세라믹의 합성 및 공정

결정질 세라믹의 일반적인 합성과 제조공정이 그림 15-7에 예시되어 있으며, 크게 다음의 세 단계를 포함한다. (1) 세라믹 분말의 준비, (2) 압축(compaction) 등의 방법을 통한 성형(shaping), (3) 소결(sintering) 또는 굽기(firing)를 통한 압밀(consolidation)이

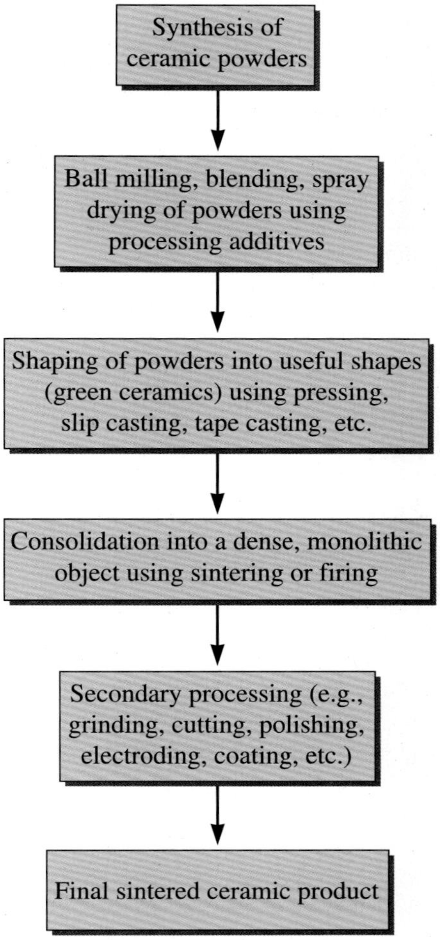

그림 15-7 전형적인 세라믹 공정의 단계.

며, 각 단계에 대하여 자세히 살펴보기로 하자.

이 장에서 앞서 살펴보았지만, 결정질 세라믹은 용융온도가 높으며 인장 하에서는 취성이 크다. 따라서 금속과 합금, 그리고 열가소성 고분자에 사용되는 주조(casting) 및 열가공 처리공정을 세라믹의 공정에는 적용할 수 없기 때문에, 세라믹으로 만들어지는 부품은 일반적으로 세라믹 분말을 사용한다. 분말은 미세한 입자들의 집합이다. 세라믹 분말은 세라믹 성분들을 분쇄하고 연마해서 합성된다. 다시 불순물들은 제거되고 다양한 분말들이 혼합되어 원하는 조성을 얻게 된다. 분말의 반죽(slurry)은 액체 속에 분말이 현탁된 것이며, 노즐을 통해 고온의 공기가 채워진 챔버 속으로 분사되어 부드러운 덩어리(agglomerate)로 만들어지는 분무건조(spray drying) 공정을 거친다. 이 덩어리로 다양한 공정을 거쳐서 쉽게 생형세라믹(green ceramic)을 만들 수 있다. 생형세라믹은 형상은 갖고 있지만, 소결이나 굽기 등의 고온 열처리 과정을 통해 밀도를 높여야 한다. 이 과정은 젖은 점토를 꽃병이나 그릇 등의 도자기 형태로 만드는 데에도 사용된다(15-9절 참조). 세라믹은 최종적인 용도에 필요한 연삭, 연마, 절삭가공 등의 추가적인 가공공정을 거칠 수 있다.

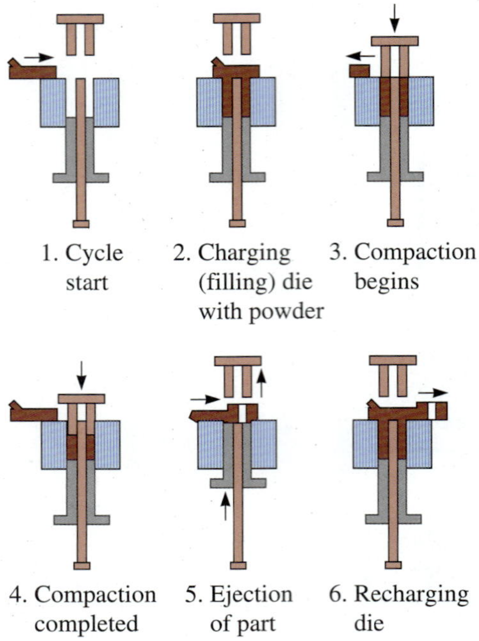

그림 15-8 각 단계에서의 다이-펀치 조립체를 보여주는 일축 분말압축. 작은 부품의 경우 이 단계들은 1분 이내에 완성된다. (출처: Materials and Processes in Manufacturing, *8th edition, E.P. DeGarmo, J.T. Black, R.A. Koshe, John Wiley & Sons, Inc., 1997.*)

세라믹 분말을 원하는 형상으로 만들기 위한 다양한 공정들이 있는데, 그중 일부를 소개하고자 한다.

압축 압축(compaction)은 힘을 가해서 부드러운 덩어리의 기공을 제거하는 공정이다. 압축력이 한 방향으로만 가해질 때의 단계들이 그림 15-8에 예시되었다. 작은 부품의 경우에는 압축공정이 1분 내에 완료될 수 있으므로, 일축(uniaxial) 압축은 15 cm 미만의 작고 단순한 형상을 대량으로 제작하는 데 적합하다. 수많은 전자 및 자성 세라믹 재료, 절삭공구용 써멧(cermet, WC-Co) 및 기타 재료들도 이 공정을 사용하여 제작된다. 복잡하거나 큰 부품은 유압을 사용하여 압축하는 공정인 냉간등압성형(cold isostatic pressing, CIP)을 사용하여 제작한다.

테이프주조 테이프주조(tape casting)는 아주 얇은 세라믹 테이프(약 3~100 μm)를 생산하는 데 사용되며 공정의 각 단계가 그림 15-9에 나타나 있다. 슬러리를 일명 닥터 블레이드(doctor blade)의 도움을 받아서 플라스틱 기판 위에 흘려보내 주조하며, 만들어진 생형 세라믹 테이프는 소결을 거친다. 상업적으로 중요한 수많은 알루미나 기반의 전자패키지 및 수백만의 티타늄산바륨 커패시터(barium titanate capacitor)는 테이프주조법으로 생산된다.

슬립주조 슬립주조(slip casting)는 세라믹 분말의 수성(aqueous) 슬러리를 사용하며 공정의 각 단계가 그림 15-10에 나타나 있다. 수성 슬러리를 슬립이라 부르며, 파리석

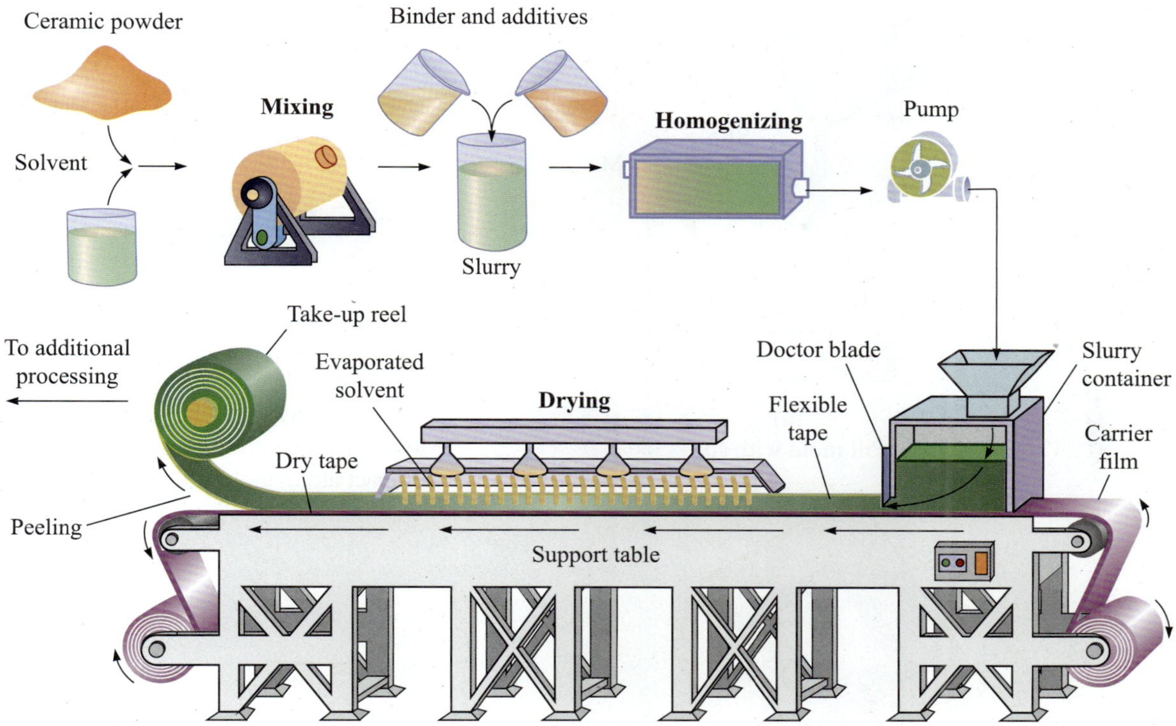

그림 15-9 테이프주조의 공정의 여러 단계. (출처: *Encyclopedia Britannica, Inc.*)

고(plaster of Paris, $CaSO_4 \cdot 2H_2O$) 주형에 붓는다. 모세관현상에 의해 슬러리로부터 수분이 빠져나오므로 주형 벽을 따라 두꺼운 고체 층이 형성된다. 충분한 두께의 제품이 형성되면 나머지 슬러리는 쏟아낸다(drain casting). 속이 찬 제품을 만들기 위해 지속적으로 슬러리를 부어 넣는 것도 가능하다(solid casting). 슬러리를 고분자 주형에 주입하기 위해 압력을 가할 수도 있다. 생형세라믹은 건조되고 고온에서 소결된다. 슬립캐스팅은 세라믹 예술품(작은 인형과 조각상)과 변기 등의 욕실집기를 제작하는 데 광범위하게 사용된다.

압출 및 사출성형 압출과 사출성형(extrusion and injection molding)은 용광로의 튜브, 벽돌, 타일, 애자를 만드는 일반적인 방법이다. 압출공정[그림 15-11(a)]은 결합제와 기타 첨가제가 함유된 점성이 있는 밀가루반죽 모양의 세라믹 입자 혼합물을 사용한다. 이 혼합물은 점토 정도의 반죽질기를 지니고 있으며, 압출기로 보내진 후 반죽기계(pug mill) 안에서 잘 섞여서 절단되고 공기가 제거된 후 금형 속으로 주입되며, 압출기에 의해 연속적으로 생형세라믹의 형상으로 만들어진다. 이 재료는 알맞은 길이로 절단된 후 건조되고 소결된다. 촉매 하니컴(catalyst honeycomb) 구조를 만드는 데 사용되는 근청석(cordierite) 세라믹(마그네슘, 철, 알루미늄, 규소, 산소로 구성됨)도 압출공정을 통해 만들어진다. 그림 15-11(b)에 보인 세라믹의 사출성형은 제16장의 고분자 사출

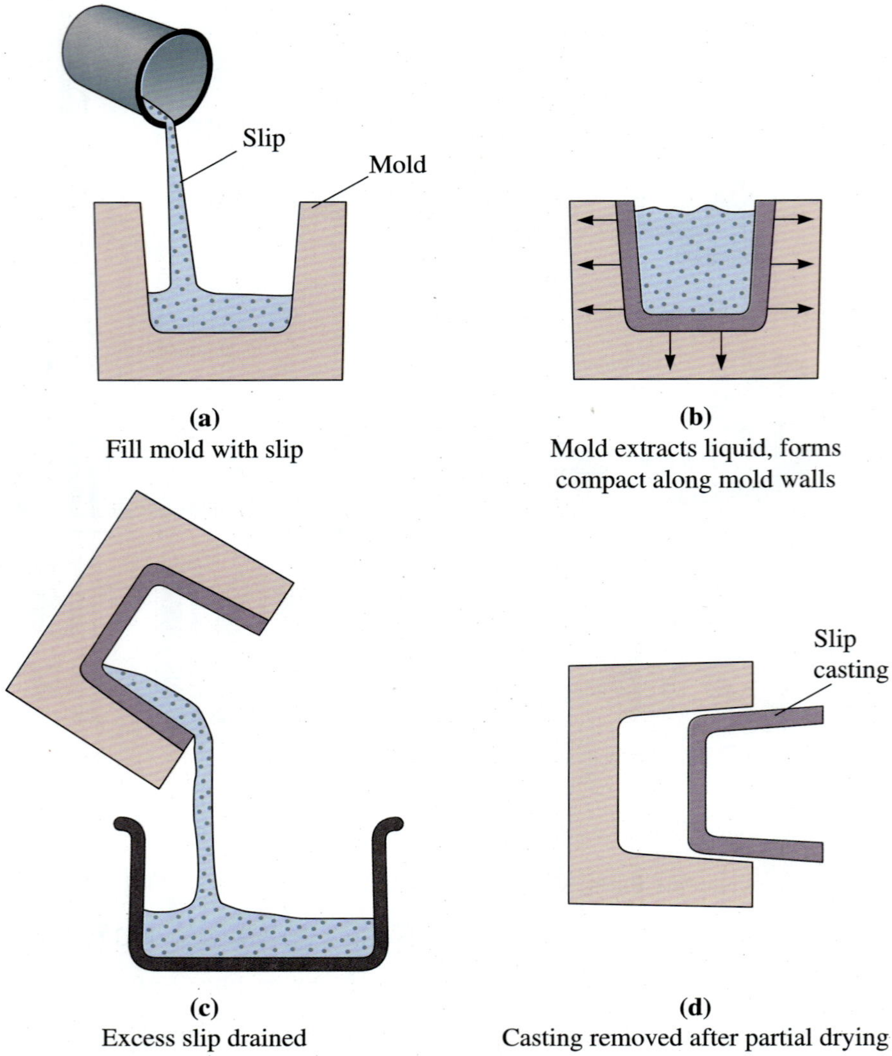

그림 15-10 세라믹 슬립주조의 여러 단계. (출처: Modern Ceramic Engineering: properties, processing, and use in design *by Richerson, David W., Taylor & Francis, 1992.*)

성형과 유사하다. 압출은 일정한 단면을 갖는 단순한 형상의 제작에 사용되며, 복잡한 형상의 제작에는 사출성형이 더 적합하다. 사출성형 공정에서 세라믹 분말은 열가소성 가소제 및 다른 첨가제와 혼합된다. 이 혼합물이 압출기를 통과한 후 금형 안으로 주입되어 생형세라믹이 만들어진다. 사출성형 세라믹에 포함된 고분자는 태워서 날아가고 나머지 세라믹은 고온에서 소결된다.

소결 생형세라믹이 생성된 후, 세라믹 분말의 입자들은 서로 접촉하고는 있으나 결합되어 있지는 않다. 이 입자들은 소결이라 부르는 고온 열처리 공정 중에 접촉점에서 서로 결합된다. 이 열처리 과정의 구동력은 분말의 표면적 감소인데, 그 이유는 재료에서 표면은 불포화결합(dangling bond)과 더불어 고에너지 영역이기 때문이다. 원자와

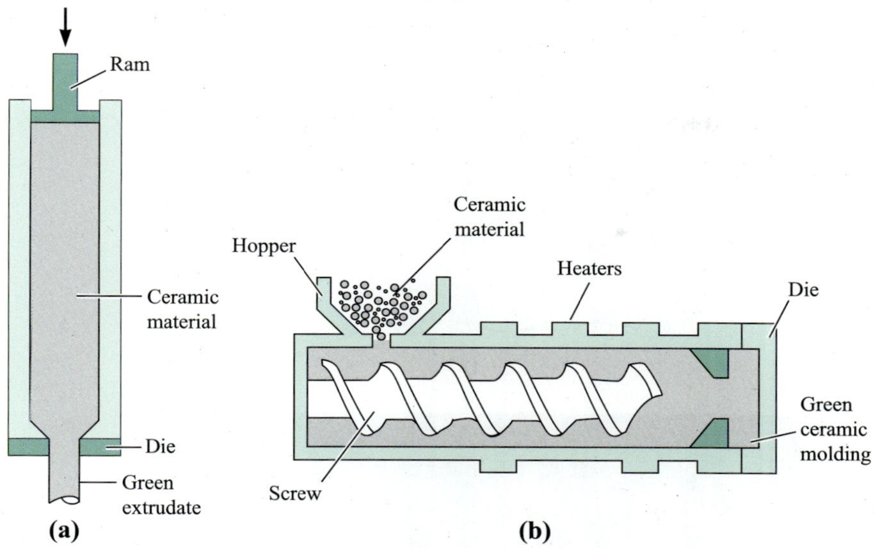

그림 15-11 (a) 압출, (b) 사출성형.

이온은 결정립계를 따라서 확산되고, 입자 내부로부터 입자간의 접촉구역(neck)으로 확산된다(체적확산). 이를 통해 분말입자 사이의 기공의 크기가 줄어들게 되어 재료의 고밀화(densification)가 이루어진다. 원자나 이온은 기공의 표면을 통해 증발될 수도 있고 같은 표면에 응결될 수도 있으며, 기공의 표면을 따라 확산되기도 한다. 이러한 표면을 통한 증발이나 확산은 기공의 수축이나 재료의 고밀화에 영향을 끼치지는 않는다[그림 15-12(a)]. 소결은 5-9절에서도 살펴본 바 있다.

소결은 압력을 가하지 않고도 수행될 수 있다. 그러나 세라믹은 가끔 가압하여 소결하기도 하는데, 이 기술을 열간가압소결(hot pressing)이라 하며 내화재료나 공유결합 세라믹과 같이 상압소결(pressureless sintering) 거동이 좋지 않은 재료에 적용된다. 이와 비슷하게 냉간등압성형(CIP)에 의해 압축된 금속이나 합금의 대형 제품들은 열간등압성형(hot isostatic pressure, HIP) 공정을 통해 정수압(hydrostatic pressure) 하에서 소결할 수 있다. 열간가압소결이나 HIP는 가해지는 압력이 내부 기공의 압력에 반하여 작용하여 결정립성장이 없이 재료를 고밀화시킨다. 또한, 열간가압소결이나 HIP는 기공이 거의 존재하지 않는 세라믹이나 금속 부품을 만들 수 있다. 세라믹 재료의 건조나 소결을 위해 마이크로웨이브를 사용하는(전자레인지에서 음식을 가열하는 방법과 유사) 일부 혁신적인 공정들도 개발되었다.

세라믹 입자의 소결을 통해 얻어지는 평균 결정립크기는 1차 입자크기(primary particle size)와 밀접한 관계가 있다. 예외적인 경우는 긴 시간의 소결에 의한 결정립성장, 과장된(exaggerated) 또는 비정상(abnormal) 결정립성장에 의한 경우이다. 일반적으로 세라믹은 결정립크기가 작을수록 강하다. 결정립크기가 작아지면 이방성

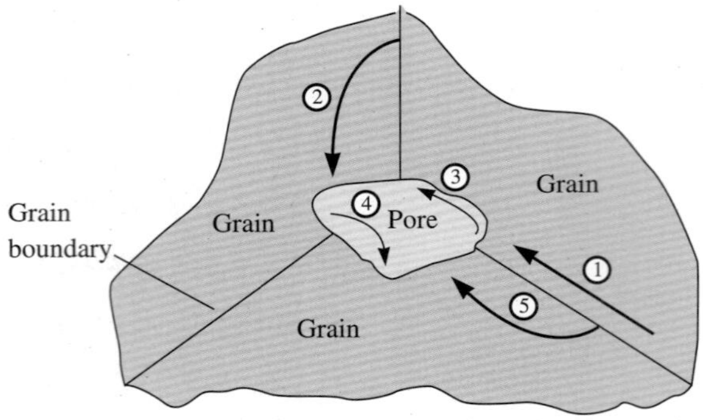

(a)

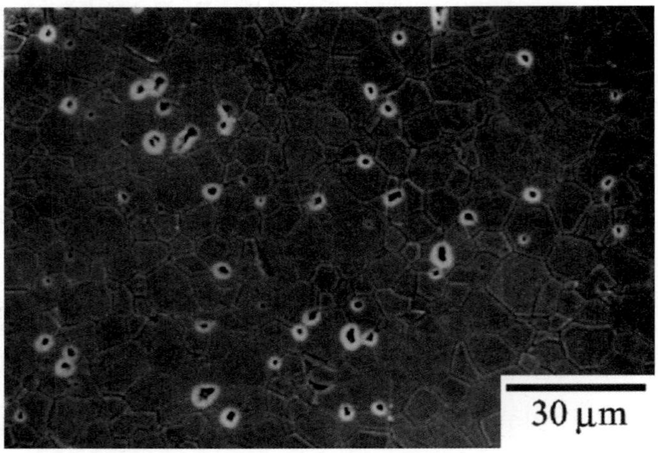

(b)

그림 15-12 (a) 소결에 관여하는 서로 다른 확산 메커니즘. 접촉구역(neck)으로의 결정립계 확산과 체적확산(1, 2, 5)이 고밀화에 기여한다. 기화응축(4)과 표면확산(3)은 밀도의 증가에 기여하지 못한다. (출처: Physical Ceramics: Principles for Ceramic Science and Engineering, *Y.M. Chiang, D. Birnie, W.D. Kingery, John Wiley & Sons, Inc., 1997.*) (b) 부분적으로 소결된 Al_2O_3의 분말압축체. 고립된 기공을 볼 수 있다. (출처: Sintering: Densification, Grain Growth, and Microstructure, *Suk-Joong L. Kang, Chapter 1: Sintering Processes, Pages 3-8, Copyright (2005), with permission from Elsevier.*)

(anisotropic) 팽창과 수축에 의해 결정립계에서 발생하는 응력을 최소화시킬 수 있다. 보통은 세라믹 원재료가 미세하면 미세한 결정립 입자가 만들어진다. 세라믹 재료의 자기적, 유전(dielectric), 광학적 특성은 평균 결정립크기에 따라 달라지므로, 이러한 분야에 응용하기 위해서는 결정립크기를 적절하게 제어하여야 한다. 비록 여기서는 자세히 다루지 않지만, 어떤 용도에는 다결정 세라믹에 존재하는 해로운 결정립계를 피하기 위해 단결정 세라믹 재료를 사용하는 것이 중요하다.

15-6 실리카 및 규산염 화합물

이산화규소(일명 실리카)는 석영(quartz)으로 더 잘 알려져 있다. 이 결정질 광물은 자연에서 풍부하고, 지각(earth crust)의 상당부분을 차지하며, 모래의 주성분이기도 하다. 실리카는 또한 비결정질로도 존재하며 그 상태로 건축용 유리의 주요 성분이다. 그러나 이러한 친숙함과 SiO_2라는 간단한 분자식에도 불구하고, 실리카와 실리카기반 화합물, 즉 '실리케이트(silicate, 규산염)'는 무수히 많은 형태로 존재하며, 구조적으로도 또는 거동으로도 복잡성을 보일 수 있다. 이 재료의 광범위한 유형 중 일부는 대규모의 상업성이 있는 반면, 일부는 다양한 준보석 원석(semi-precious gemstone)이다. 더구나 일부는 상당히 귀하고, 극한적인 압력이나 온도 조건 하에서만 만들어질 수 있다.

실리카와 규산염 화합물은 동소체(3-4절)로 알려진 다수의 구조적 형태로 존재한다. 일부 예외도 있지만, 이 재료의 공통적인 빌딩블록(building block)은 SiO_4 분자단위체(molecular unit)로써, 그림 15-3(a)에서와 같이 산소원자로 이루어진 사면체의 중앙에 규소원자가 위치해 있다. 각 단위체는 −4가의 전하를 갖는 음이온이다. 그러나 실제 실리카나 규산염 화합물은 결정질과 비결정질 모두 양이온의 포함 여부에 무관하게 전기적으로 중성인 이 사면체 단위의 확장된 네트워크를 구성한다.

가장 단순한 형태인 순수 실리카는 각 사면체의 모든 꼭지점(corner)에 산소가 위치해 있고 이 산소는 인접한 두 사면체에 의해 공유되어 있으므로 SiO_2로 표현된다. 각 산소가 꼭지점에서 두 사면체를 연결하며 꼭지점을 공유하는 배열이지만, 구조적으로 구별되는 여러 동소체가 발견되는데, 이들은 결정질 광물인 트리미다이트(tridymite), 크리스토발라이트(cristobalite), 석영 등이며, 각각은 일정한 온도 범위에서 안정하다. 결국 이러한 광물들은 여러 결정학적 구조를 보인다. 예를 들어, 트리미다이트에는 최소

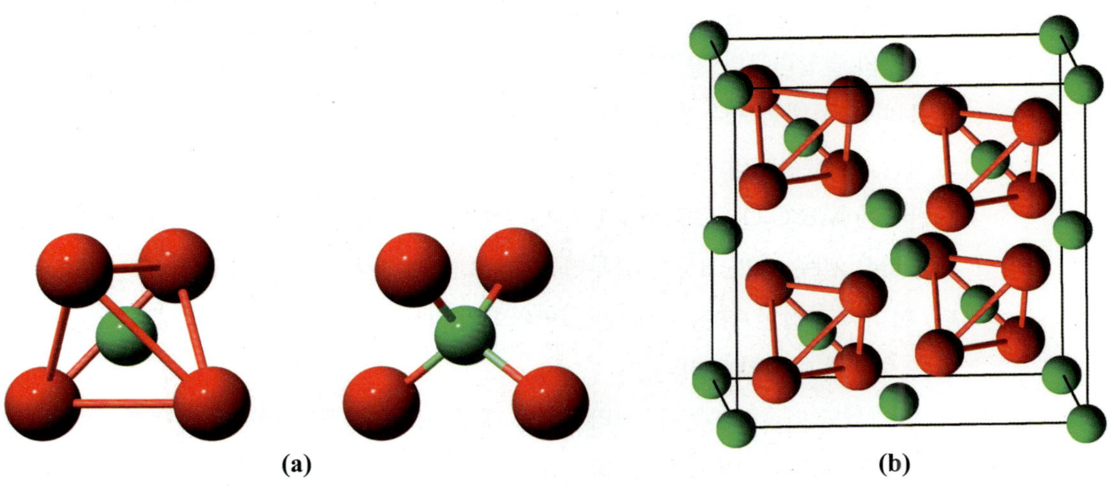

그림 15-13 (a) SiO_4^{4-} 사면체 단위의 두 가지 모양. Si 원자(녹색)를 둘러싼 O 원자(적색)의 사면체 우리(왼쪽)와 실제의 Si-O 결합의 모습(오른쪽). (b) 내부에 네 개의 SiO_4 사면체 단위를 갖는 β-크리스토발라이트 단위정.

한 일곱 가지의 서로 다른 결정질 종류가 발견된다.

$(SiO_4)^{4-}$ 사면체 단위가 매우 안정하므로, 규산염에서 자주 나타나는 복잡한 결정구조를 고려할 때 이 사면체 단위를 마치 하나의 원자처럼 취급하는 것이 도움이 될 때도 있다. 원자 하나보다는 사면체 단위로 어떤 반복되는 방식에 따라 적층되거나 배열되어 결정을 형성한다고 생각할 수 있다. 일례로 크리스토발라이트의 한 형태인 β-크리스토발라이트는 다이아몬드입방 구조 내의 각 탄소원자와 동일한 위치를 $(SiO_4)^{4-}$ 사면체가 차지한 형태로 모델링할 수 있다. 그 때문에 β-크리스토발라이트는 결정질 규소 내의 정상적인 위치를 차지하고 있는 규소원자가 다이아몬드입방 구조를 이루고 있으며, 각 쌍의 규소원자 사이의 중간지점에 한 개의 산소원자가 존재하는 형태로 생각할 수 있다. 예를 들어, 규소원자가 FCC 격자의 (0,0,0), (1/4,1/4,1/4) 단위체 위치에 존재하는 경우에 산소원자는 (1/8,1/8,1/8) 및 이와 등가인 위치(equivalent position)에 존재함을 상기하라. 이 구조는 그림 15-13(b)에 예시하고 있다.

SiO_4 사면체는 꼭지점(corner)을 공유하는 것 외에도 변(edge)이나 면(face)을 공유할 수도 있어서 새로운 빌딩블록을 만들 수 있는데 그것들도 결국 반복적으로 배열된다. 예를 들어, 한 변을 공유하는 두 사면체 구조는, 공유하는 변 주위로 두 사면체가 회전함에 따라서 여러 형상으로 존재하는 SiO_3 단위를 형성한다. 더 나아가 이 빌딩블록들은, 추가적인 원자들과 결합할 때 수천 가지의 규산염 재료 중 하나를 구성하는 긴 사슬, 고리, 박판을 형성할 수 있다. 예를 들어, 흔히 단일재료로 잘못 알고 있는 석류석(garnet)은 일반식이 $A_3B_2(SiO_4)_3$인 규산염의 한 종류이다. 여기서 A종(species)은 전형적으로 칼슘, 마그네슘, 철, 망간과 같은 2가(divalent)의 양이온이며, B종은 알루미늄, 철, 크롬과 같은 3가(trivalent)의 양이온이다.

많은 박판구조 중에서 대표적인 것은 흔한 규산염 유리인 운모(mica)로서, '구조와 성질이 서로 밀접한 관계를 갖는다'는 재료과학의 근본원리 중 하나를 잘 보여준다. 운모 또는 운모상 규산염(micaceous silicate)은 각 박판 내의 다양한 구성원의 결합력이 박판간의 결합력보다 훨씬 강한 구조를 보여준다. 따라서 많은 운모상 규산염은 특정한 면을 따라 선택적으로 쪼개지는 특성을 갖는다. 운모가 훨씬 더 복잡한 구조를 지니고 있지만, 흑연 형태의 순수 탄소에서 균열이 쉽게 발생하는 것과 유사하다. 운모 계열의 일반식은 $A_3B_4C_8O_{20}(OH, F)_4$이며, 여기서 A종은 전형적으로 포타슘(potassium), 소듐(sodium), 칼슘이고, B종은 알루미늄, 마그네슘, 철이며, C종은 규소 또는 알루미늄이다. 이러한 복잡한 원자 조성 및 구조 변화의 가능성 때문에 규산염의 종류가 매우 다양함은 충분히 이해할 만하다.

앞에서도 언급하였듯이, 실리카기반 재료들은 결정질과 비결정질 형태로 존재한다. 비결정질 재료를 나타내는 '유리(glass)' 또는 '유리질(glassy)'이라는 용어를 사용하는 것도 창유리나 유리병 등 기존의 유리들이 모두 비결정질이라는 사실에 기인한다. 규산염 유리가 오랫동안 건축과 예술의 재료로 사용되어 온 것은 이 재료가 갖는 투명성 때문임은 물론이다. 구조용 유리의 대부분은 '소다-석회(soda-lime)' 유리이다. 여기서 '소다'는 유리를 만드는 시발재료 중의 하나인 탄산소듐(sodium carbonate)에 기인하며, 다양한 비율의 규소, 산소, 나트륨, 칼슘, 알루미늄과 소량의 다른 원소들이 첨가되어 유리를 만드는 데 사용된다.

유리의 조성과 공정을 변화시켜서 다양한 광학적 및 기계적 성질을 갖도록 할 수 있다. 예를 들어, 녹색 유리병에는 산화철이 함유되어 있다. 강화유리(tempered glass)는 전통적으로 창문이나 병에 사용되는 일반적인 판유리의 인성을 증가시키기 위해 열처리 또는 화학적 처리과정을 거친 것이다. 파이렉스(Pyrex®)는 붕소(boron)가 함유된 유리의 상표명으로, 열팽창계수가 작기 때문에 주로 주방기구에 사용되지만 망원경 렌즈를 만드는 데에도 사용되었다. 실리카기반 재료들은 단열재, 내화물, 연마재로 사용되며, 섬유강화 복합재료의 섬유와 실험실 용기로도 사용된다. 우주왕복선에는 대기권으로 재진입할 때 발생하는 열로부터 알루미늄 프레임을 보호하기 위해, 약 25,000개의 가벼운 다공성 세라믹 타일이 사용된다. 이 타일들은 순도가 높은 실리카 유리섬유와 붕규산염 유리(borosilicate glass)로 코팅된 콜로이드 실리카로 만든다. 미세한 실리카 입자로 만든 분말은 타이어, 페인트를 비롯한 여러 다양한 용도에도 사용된다.

실리카는 또한 여러 가지 형태로 첨단기술 제품들의 핵심이 된다. 광통신시스템은 실리카 유리의 가는 섬유에 기반을 두고 있으며, 기존의 구리선 케이블에 비해 거의 무한대에 가까운 데이터 전송속도를 제공한다. 스마트폰과 같은 많은 터치스크린 표면에는 파괴저항성이 특별히 큰 강화유리가 사용된다. 모든 실리콘기반 미세전자공학(집적회로 또는 칩)은 비결정질 이산화규소의 초박막층(일부의 경우 현재 원자 몇 층의 두께에 불과함)의 아주 특별한 전기적 성질에 기반을 두고 있다.

15-7 무기질 유리

이 절에서는 무기질 유리에 중점을 두고 설명하고자 한다. 황화물, 불화물, 그리고 여러 합금을 기반으로 하는 많은 유리들이 있지만, 바로 앞에서 다루었던 실리카기반 유리가 가장 광범위하게 사용된다. 유리는 결정화되지 않고 단단하게 굳어진 준안정상태(metastable)의 재료이다. 유리를 얻기 위해서는 결정화를 가능하게 하는 많은 요인들을 우회해야 하지만, 그 중에서도 원자나 이온의 제한된 확산과 충분히 빠른 냉각속도의 조합이 가장 중요하다. 높은 점성은 유리를 형성하는 액체의 느린 동특성(sluggish kinetics)을 잘 보여준다.

그림 15-14는 결정질과 비결정질 두 가지 형태를 모두 갖는 재료의 밀도를 온도의 함수로서 보여준다. 용융점 T_m에서 액체로부터 결정질 상이 형성되며(제9장 참조), 밀

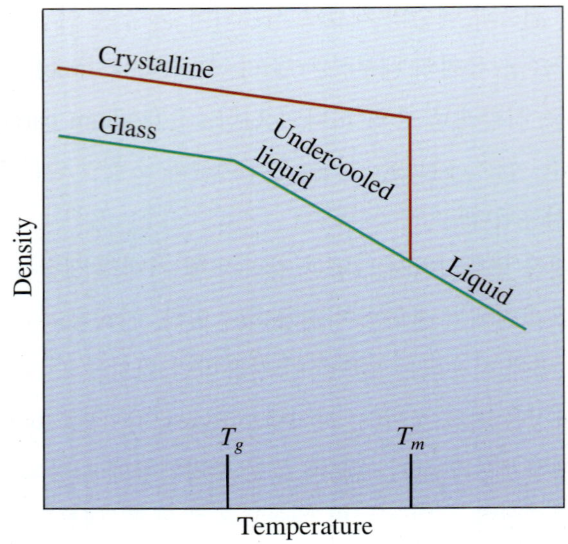

그림 15-14 실리카가 냉각되면서 결정화될 때 급격한 밀도의 변화가 발생한다. 그러나 유리질 실리카의 경우, 유리천이온도에서의 기울기 변화는 과냉액체로부터 유리가 형성되었음을 나타낸다. 유리는 고정된 T_m 또는 T_g를 갖지 않는다. 결정질 재료는 고정된 T_m을 가지나 T_g는 없다.

도의 급격한 변화가 일어난다. 그러나 같은 용융액으로부터 형성된 유리는 용융점 부근에서 밀도곡선의 기울기가 변하지 않는다. 유리가 형성되는 임계온도를 유리천이온도(glass-transition temperature, T_g)라 부른다. 재료가 냉각되는 동안 유리천이온도에 도달하기 전까지는 그 재료는 과냉액체(undercooled liquid)로 간주되며, 이후 유리천이온도에 도달하면 그 재료는 유리로 간주된다. 이 천이온도에서 밀도곡선의 기울기에 변화가 관찰되지만 그것이 불연속이지는 않다. 유리천이온도는 고정된 온도가 아니라 조성과 냉각속도 등에 따라 달라진다.

그림 15-15는 온도의 변화에 따른 순수 실리카의 세 가지 동소체에 대한 선형 열팽창계수의 변화를 보여준다. 두 결정질 형태는 α-석영과 β-석영이며, 다른 하나는 용융실리카 또는 실리카유리로 알려진 유리질 형태이다. 고온으로부터 서서히 냉각시키면 용융액체는 제일 먼저 β-석영으로 결정화된다. 온도 573 °C에서 β-석영은 α-석영으로 변태된다. 열팽창계수의 불연속적인 변화는 α-석영과 β-석영의 결정구조가 서로 다름을 나타낸다. 이와는 대조적으로, 용융액이 임계 냉각속도보다 빠른 속도로 냉각되면

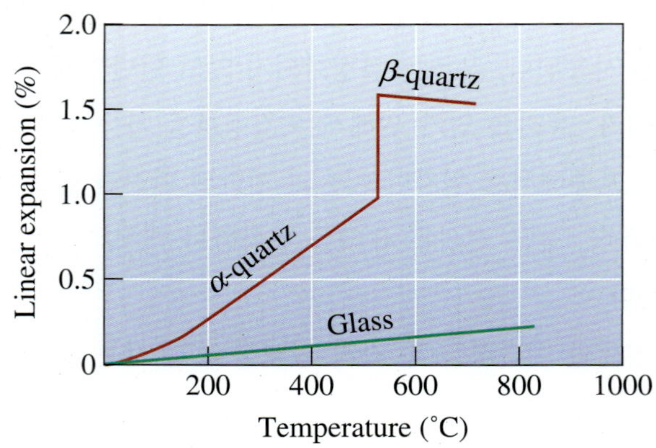

그림 15-15 용융실리카(실리카유리)의 열팽창계수는 결정질 석영보다 낮다. 결정질 석영의 열팽창계수 곡선의 급격한 변화는 α에서 β로의 상변태에 기인한다.

표 15-5 유리형성재, 중간재, 유리변조재로 산화물의 분류

유리형성재	중간재	유리변조재
B_2O_3	TiO_2	Y_2O_3
SiO_2	ZnO	MgO
GeO_2	PbO_2	CaO
P_2O_5	Al_2O_3	PbO
V_2O_3	BeO	Na_2O

유리질 고체가 형성된다. 결정구조에 큰 변화가 없기 때문에 열팽창계수 곡선도 급격한 변화를 보이지 않는다. 유리질 실리카(glassy silica)의 열팽창계수는 β-석영이나 α-석영의 열팽창계수보다 낮은데, 그 이유는 상대적으로 개방된 구조로 인해, 결합길이를 증가시키는 것보다는 사면체 단위를 회전함으로써 열에너지를 수용하기 때문이다.

실리카는 공정 중에 쉽게 비결정질 상을 만들기 때문에 유리형성재(glass former)로 알려져 있다. 다른 유리형성재로는 B_2O_3, GeO_2, P_2O_5 등이 있다. 일반적으로 규산염 유리는 추가적인 산화물들을 포함하고 있다(표 15-5). 추가된 산화물들은 중간재(intermediate oxide)와 유리변조재(modifier)로 분류된다. 알루미나와 같은 중간재 산화물은 스스로 유리를 형성하지는 않지만 유리형성재와 일체가 되며, 그리하여 재료는 중간재가 첨가되더라도 냉각되는 동안 계속 비결정질을 유지한다. 중간재는 원자 사이의 자유부피(free volume) 또는 네트워크 내의 빈 공간을 증가시켜 유리의 열충격저항을 향상시키며, 빠르게 발생하는 치수변화에 대해 결합이 보다 쉽게 수용할 수 있도록 한다. 유리변조재로 알려진 산화물들은 첨가되면 유리형성재의 네트워크를 파괴시키고 마침내는 유리가 결정화(devitrify or crystallize)되도록 한다. 따라서 변조재는 유리의 용융점과 점도를 감소시켜서 유리의 가공공정이 용이하도록 한다. 변조(modification)

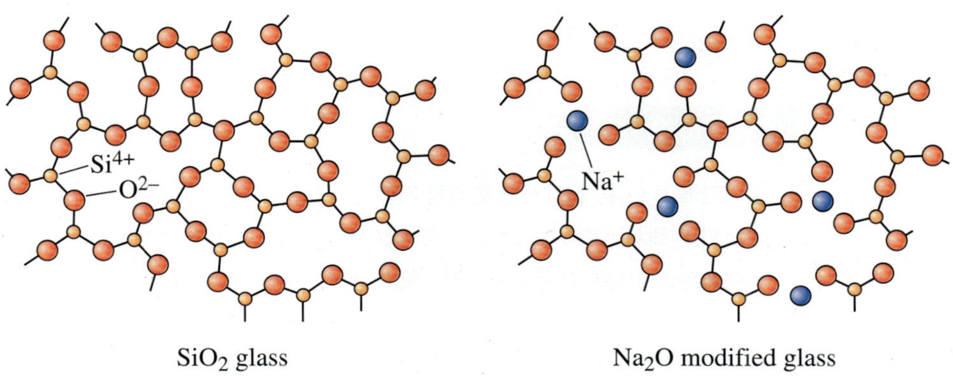

그림 15-16 Na_2O가 실리카유리 네트워크에 미치는 영향. 산화소듐은 유리변조재이며, 유리의 네트워크를 무너뜨리고 유리형성 능력을 감소시킨다.

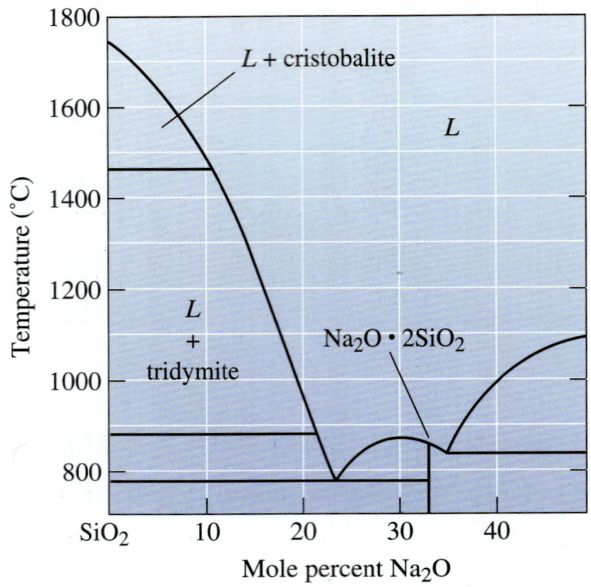

그림 15-17
SiO_2-Na_2O 상태도. 실리카에 산화소듐을 첨가하면 공정(eutectic)을 형성하여 실리카의 용융온도가 급격히 감소한다.

는 O : Si 비를 고려함으로써 쉽게 이해할 수 있다. 순수 실리카에서 O : Si 비는 2 : 1이다. Na_2O가 변조재로서 실리카에 첨가되면 소듐이온은 네트워크의 일부분이 되는 것이 아니라 네트워크 내의 구멍으로 들어간다. 그러나 Na_2O로 들어온 산소이온은 네트워크의 일부분이 된다(그림 15-16). 이렇게 되면 초과된 산소이온과 결합하여 네트워크가 손상되지 않고 유지되게 할 규소이온이 부족하게 된다. 결국 높은 O : Si 비 때문에 잉여의 실리카 사면체는 사슬, 고리, 화합물을 형성하고, 실리카는 더 이상 유리로 변태되지 못한다. O : Si 비가 2.5 이상인 경우에는 실리카유리가 만들어지기 어렵고, 비가 3.0 이상이면 냉각속도를 빠르게 하는 등의 특별한 대책을 취해야만 유리가 만들어진다. 그림 15-17에서 볼 수 있는 바와 같이, Na_2O가 첨가되면 용융온도가 매우 낮은 공정(eutectic)이 만들어진다. 물에 대한 유리의 용해도를 감소시켜 화학적 안정성을 증가시키는 성분인 CaO를 첨가하면 이들 유리를 더 많이 변조시킬 수 있다. 다음 예제는 유리를 설계하는 방법을 보여준다.

예제 15-9 유리의 설계

실리카에 B_2O_3를 첨가하면 화학적 저항성이 좋은 유리를 얻을 수 있다. 좋은 유리형성 경향을 확보하기 위해서는 O : Si 비가 2.5를 넘지 않아야 하지만, 유리성형 공정이 보다 쉽고 경제적이기 위해서는 유리제품의 용융온도가 낮아야 한다. 그러한 유리를 설계하라.

풀이

B_2O_3는 실리카의 용융온도를 낮추기 때문에 가능한 한 많이 첨가하는 게 좋지만, O:Si 비가 2.5를 넘지 않아야 하기 때문에 첨가할 수 있는 B_2O_3의 양은 제한된다. 하

나의 예로, O:Si 비가 정확히 2.5가 되도록 첨가할 수 있는 B_2O_3의 양을 결정해보자. f_B가 유리에 첨가되는 B_2O_3의 몰분율이고, $(1-f_B)$가 SiO_2의 몰분율이라면,

$$\frac{\text{O}}{\text{Si}} = \frac{\left(3\dfrac{\text{O ions}}{\text{B}_2\text{O}_3}\right)(f_B) + \left(2\dfrac{\text{O ions}}{\text{SiO}_2}\right)(1-f_B)}{\left(1\dfrac{\text{Si ion}}{\text{SiO}_2}\right)(1-f_B)} = 2.5$$

$$3f_B + 2 - 2f_B = 2.5 - 2.5f_B \quad \text{or} \quad f_B = 0.143$$

이므로, 몰분율이 14.3 mol% 이하인 B_2O_3가 포함된 유리를 만들어야 한다. 중량백분율(wt%)은 다음과 같다.

$$\text{wt\% B}_2\text{O}_3 = \frac{(f_B)(69.62\text{ g/mol})}{(f_B)(69.62\text{ g/mol}) + (1-f_B)(60.08\text{ g/mol})} \times 100$$

$$\text{wt\% B}_2\text{O}_3 = \frac{(0.143)(69.62\text{ g/mol})}{(0.143)(69.62\text{ g/mol}) + (0.857)(60.08\text{ g/mol})} \times 100 = 16.2$$

유리의 점도를 적절히 조절함으로써 고온에서 부서지지 않고 유리를 필요한 형상으로 만들 수 있다. 그림 15-18은 점도 범위에 따른 유리의 공정을 이해하는 데 길잡이가 된다.

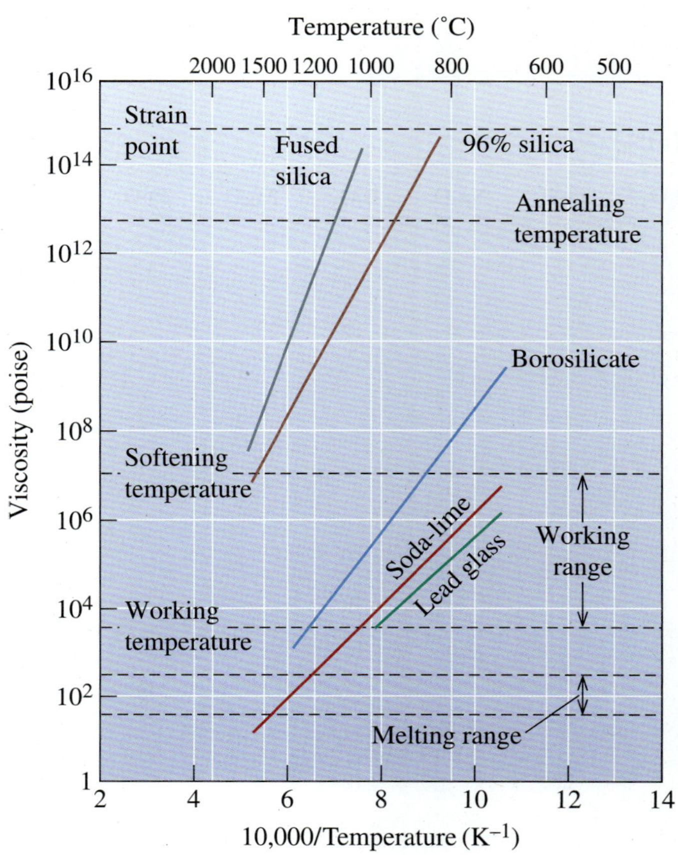

그림 15-18 온도와 조성이 유리의 점도에 미치는 영향.

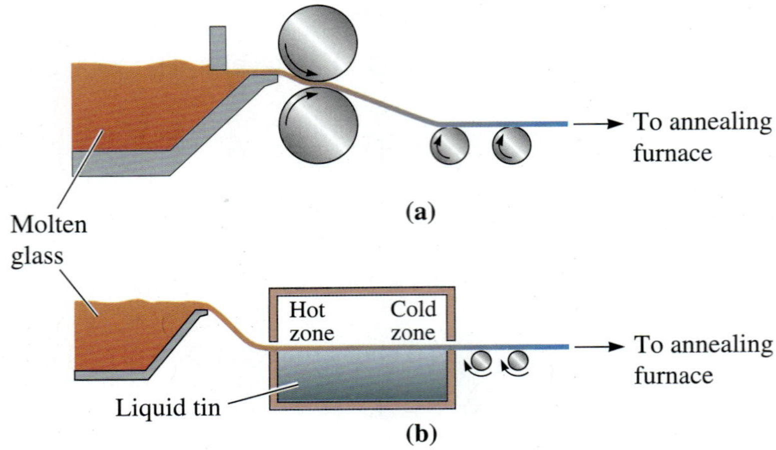

그림 15-19 박판과 판유리 제조기술. (a) 압연, (b) 용융주석조를 사용하는 부유공법.

1. 액체 온도구역(liquid range): 박판이나 판유리는 녹은 유리를 사용하여 만든다. 만드는 기술은 그림 15-19에 보이는 바와 같이 녹은 유리를 수냉롤(water-cooled rolls)을 사용하여 압연하거나 용융주석조(liquid-tin bath) 위로 녹은 유리를 흘려보내는 방법 등이 있다. 용융주석 공정은 표면이 아주 매끄러운 유리를 만들어준다. 이 부유공법(float-glass process)의 개발은 유리 제조공정에서 획기적인 전환점이 되었다. 부유공법 유리의 기본적인 조성은 오랫동안 근본적으로 변하지 않았다(표 15-6).

표 15-6 전형적인 유리의 조성(wt%)

유리	SiO_2	Al_2O_3	CaO	Na_2O	B_2O_3	MgO	PbO	기타
용융실리카	99							
Vycor™	96				4			
Pyrex™	81	2		4	12			
유리병	74	1	5	15		4		
창유리	72	1	10	14		2		
판유리	73	1	13	13				
전구	74	1	5	16		4		
유리섬유	54	14	16		10	4		
온도계	73	6		10	10			
납유리	67			6			17	10%K_2O
광학플린트	50			1			19	13%BaO, 8%K_2O, ZnO
광학크라운	70			8		10		2%BaO, 8%K_2O
E-glass 섬유	55	15	20		10			
S-glass 섬유	65	25				10		

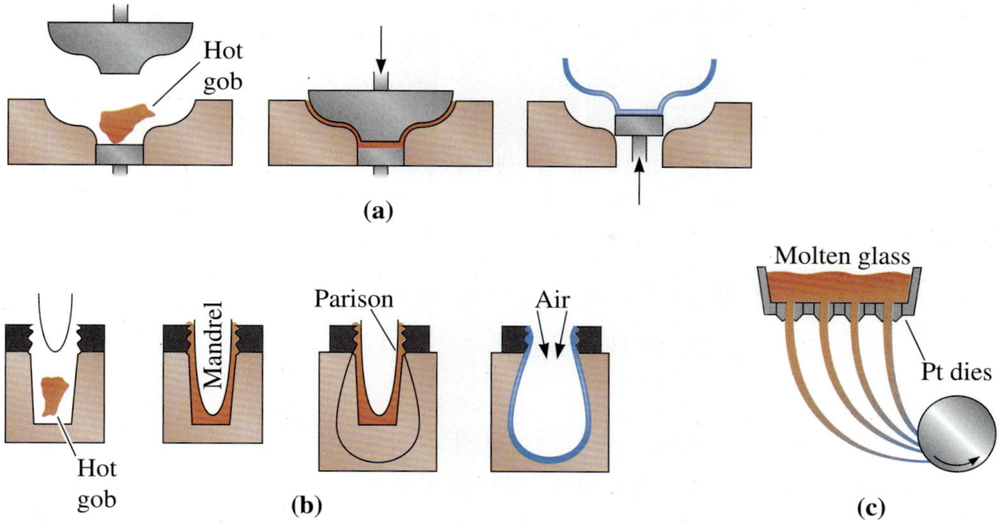

그림 15-20 유리제품 성형 기술. (a) 프레싱, (b) 프레스-취입 공정, (c) 유리섬유의 인발.

대형 광학거울을 포함한 일부 유리제품은 녹은 유리를 주형에 주입하여 만드는데, 이때 잔류응력을 최소화하고 균열의 발생을 방지하기 위하여 가능한 한 천천히 냉각시켜야 한다. 유리섬유는 그림 15-20과 같이 백금 금형(spinnerett)의 아주 작은 구멍을 통해 액체유리를 인발시켜 만들며, 하나의 금형에서 다수의 섬유가 동시에 만들어진다(제16장 참조).

2. 작업 온도구역(working range): 용기나 전구유리와 같은 형상은 그림 15-20과 같이 유리를 주형에 프레싱(pressing), 인발(drawing) 또는 취입(blowing)하여 만들 수 있다. 뜨거운 액체유리 덩어리로 대략적인 패리슨(parison, 예비성형체)을 먼저 만든 후, 이를 가열된 다이 속으로 압입하거나 취입하여 최종적인 형상을 만든다. 유리가 성형성을 갖되 흐르지는 않도록 작업 온도구역까지만 가열한다.
3. 풀림 온도구역(annealing range): 일부 세라믹 부품은 성형공정 중에 생긴 잔류응력을 감소시키기 위해 풀림처리를 하기도 한다. 예를 들어, 대형 유리주물은 균열을 방지하기 위해 풀림처리를 하고 서서히 냉각시킨다. 어떤 유리는 비유리질화(devitrification) 또는 결정질 상의 석출을 위해 열처리하기도 한다.

강화유리(tempered glass)는 유리의 표면층이 냉각되고 수축되도록 판유리의 표면을 공기로 급냉(quenching)하여 만든다. 중심부가 냉각될 때, 이미 굳어진 표면에 의해 중심부의 수축이 억제되면서 그 표면은 압축상태에 놓인다(그림 15-21). 강화유리는 일반 유리에 비해 훨씬 높은 인장응력과 충격을 견딜 수 있다. 또한 강화유리가 깨질 때에는 파편이 일반 유리가 깨질 때처럼 날카롭지 않고 작고 둥글게 형성된다. 따라서 강화유리는 자동차나 주택의 창유리, 냉장고, 오븐, 가구의 선반 및 기타 안전이 중요시되는 다양한 분야에 사용된다. 적층판유리(laminated glass)는 두 장의 열처리(annealed) 유

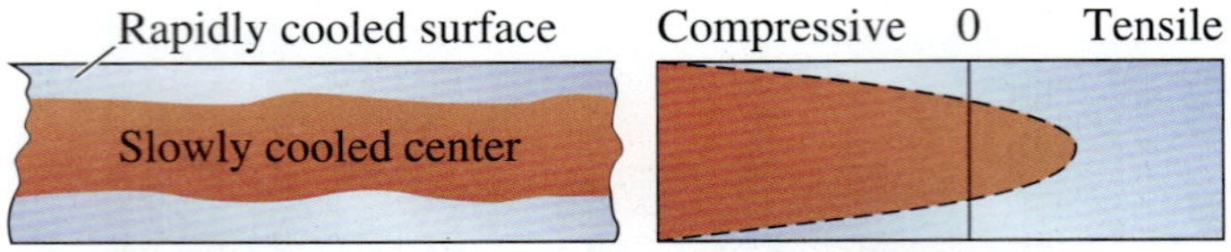

그림 15-21 강화유리는 급속냉각에 의해 표면에 압축 잔류응력을 발생시킨 것이다.

리 사이에 PVB(polyvinyl butyral)와 같은 고분자가 삽입된 것으로 주로 자동차의 전면 유리를 만드는 데 사용된다.

유리의 조성 순수한 SiO_2가 경제적으로 성형이 가능한 점도를 가지려면 아주 높은 온도로 가열해야 한다. 대부분의 상업용 유리는 실리카를 기반으로 하고, 네트워크를 무너뜨려 낮은 용융온도의 공정(eutectic)을 형성시키는 소다(Na_2O)와 같은 유리변조재(modifier)를 첨가하며, 물에 대한 유리의 용해도를 감소시키기 위해 석회(CaO)를 첨가한다. 가장 보편적인 상업용 유리는 대략 75%의 SiO_2, 15%의 Na_2O, 10%의 CaO를 함유한 소다석회유리(soda-lime glass)이다.

B_2O_3가 약 15% 함유된 붕규산염(borosilicate) 유리는 우수한 화학적 및 치수 안정성을 갖고 있다. 이 유리는 실험실 용기(Pyrex®)와 유리-세라믹 및 방사성 핵폐기물 용기 등으로 사용된다. 칼슘알루미노붕규산염(calcium aluminoborosilicate) 유리 또는 E-glass는 유리섬유강화 복합재료의 범용 섬유로 사용된다. Al_2O_3 20%와 MgO 12%를 함유한 알루미노규산염(aluminosilicate) 유리와 B_2O_3 3%를 함유한 고실리카(high-silica) 유리는 고온 저항성 및 열충격 보호성이 아주 우수하다. 마그네슘알루미노규산염(magnesium aluminosilicate)인 S-glass는 복합재료용 고강도 섬유를 만드는 데 사용된다. 용융실리카(사실상 순 SiO_2)는 고온, 열충격, 화학침식(chemical attack)에 대해 가장 우수한 저항성을 가졌지만, 상당히 고가이다.

유리는 빛 민감성 등과 같은 특수한 광학적 성질을 얻을 수도 있다. 태양광의 자외선 영역에서 검게 변하는 변색(photochromic) 유리는 선글라스에 사용된다. 감광성(photosensitive) 유리는 자외선에 노출되면 영구적으로 검게 변색된다. 만약 유리의 선택된 부분만 노출시킨 후 불화수소산에 담그면 노출된 부분만 에칭(etching)된다. 다색(polychromatic) 유리는 자외선뿐만 아니라 모든 빛에 민감하다. 이와 유사하게 스트라이킹(striking)이라는 공정에서는 황화카드뮴(cadmium sulfide, CdS)과 같은 반도체의 나노크기 결정이 규산염 유리에서 핵생성된다. 이러한 유리들은 생생한 색채를 나타내고 쓸모 있는 광학적 성질을 갖는다.

15-8 유리-세라믹

유리-세라믹(glass-ceramics)은 비결정질 유리로부터 얻어지는 결정질 재료이다. 보통 유리-세라믹은 70~99%의 높은 결정화도(crystallinity)를 갖고 있다. 유리-세라믹을 통해 유리의 성형성과 밀도의 장점을 활용할 수 있다. 또한 프레싱이나 취입 같은 전통적인 유리성형기술을 사용하여 아주 낮은 기공률을 갖는 유리를 만들 수 있다.

유리-세라믹을 만드는 첫 단계는 성형온도로부터 냉각하는 동안에 결정화가 일어나지 않도록 해야 한다. 실리카기반 유리에 대해서도 강철의 CCT 및 TTT 곡선과 유사한 연속냉각변태(continuous cooling transformation, CCT) 곡선과 등온냉각변태(isothermal cooling transformation, TTT) 곡선을 그릴 수 있다. 그림 15-22(a)는 유리에 대한 TTT 곡선을 보여준다. 유리를 서서히 냉각시키면 변태곡선을 지나게 되고, 결정질의 핵생성과 성장이 시작되지만 이들을 제어할 수는 없다. 강철에 합금원소를 첨가

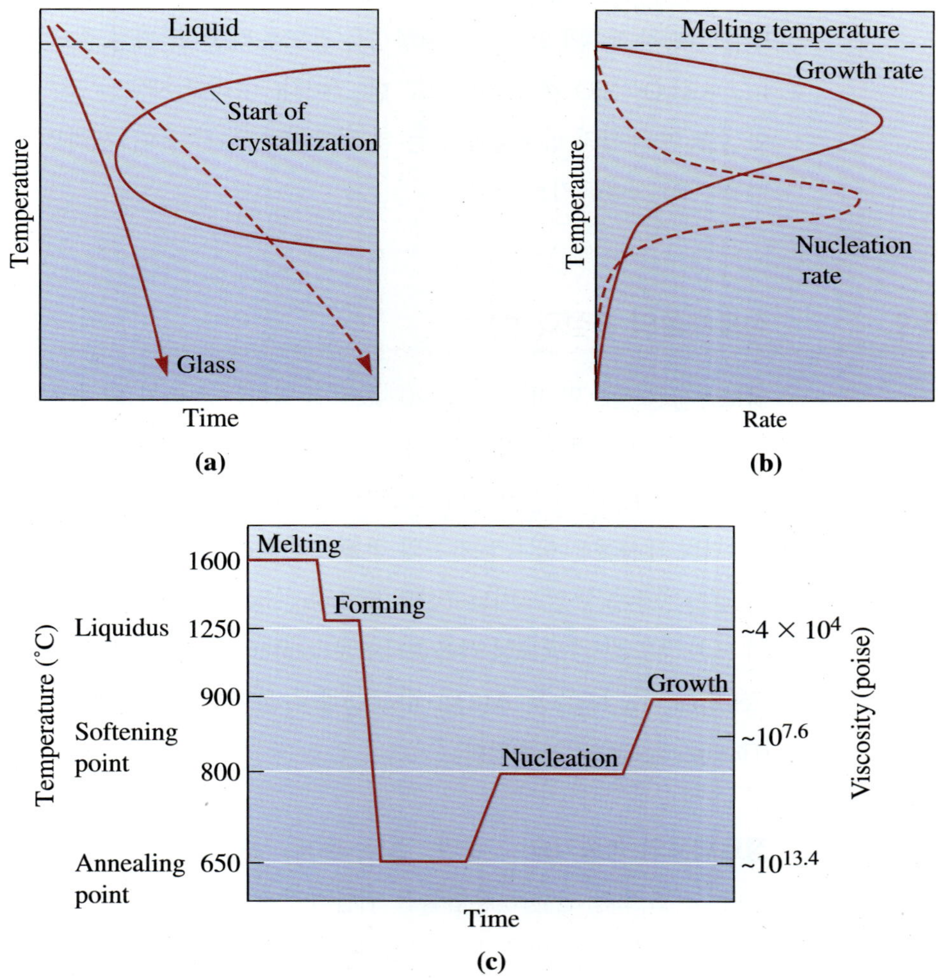

그림 15-22 유리-세라믹 만들기. (a) 결정화를 피하려면 급속냉각하여야 한다. (b) 석출물의 핵생성속도는 저온에서 높은 반면, 석출물의 성장속도는 고온에서 높다. (c) 유리-세라믹 제조를 위한 전형적인 열처리 곡선(예: Li_2O-Al_2O_3-SiO_2 유리).

하는 것과 같이 유리에 산화물을 첨가하면, 변태곡선은 긴 시간 쪽으로 이동해서 낮은 냉각속도에서도 유리의 비유리질화(devitrification)를 방지할 수 있다. 이전의 장에서 지적했듯이, 이러한 문제에는 TTT가 아닌 CCT 곡선을 사용해야 한다.

결정질 상의 핵생성은 다음 두 가지 방법으로 제어할 수 있다. 첫째는 다른 산화물과 반응할 뿐 아니라 핵생성 자리를 제공하는 상을 형성하는 TiO_2와 같은 촉매제를 유리가 포함하도록 하는 것이다. 둘째는 적당량의 핵이 만들어지도록 열처리를 설계하는 것인데, 이때 핵생성 속도를 최대화시키려면 온도는 비교적 낮추어야 한다[그림 15-22(b)]. 그러나 일단 핵이 생성되면 전체적인 결정화속도는 결정의 성장속도에 의존하며, 성장속도를 최대화시키려면 높은 온도가 요구된다. 결과적으로 그림 15-22(c)에 나타낸 Li_2O-Al_2O_3-SiO_2 유리-세라믹(Pyroceram™)의 경우와 유사한 열처리계획이 사용될 수 있다. 낮은 온도 단계는 핵생성 자리를 제공하도록 하고, 높은 온도 단계는 결정의 성장속도를 빠르게 함으로써 최대 99%까지 결정화시킬 수 있다.

이와 같이 특별한 유리-세라믹의 구조는 좋은 기계적 강도와 인성을 제공하며, 종종 낮은 열팽창계수와 고온부식 저항성을 갖도록 해준다. 가장 중요한 아마 유리-세라믹은 Li_2O-Al_2O_3-SiO_2계를 기반으로 한 것이다. 이러한 재료는 조리기구(Corningware™)와 오븐의 세라믹 상판을 만드는 데 사용된다. 다른 유리-세라믹들은 통신, 컴퓨터, 광학 분야에 사용되기도 한다.

15-9 점토제품의 공정과 용도

점토제품은 점토와 세라믹 입자(대표적인 입자는 실리카)의 결합제로 물을 사용한 것이다. 점토제품은 예로부터 도자기나 벽돌을 만드는 데 사용되어 왔기 때문에, 오늘날 점토제품은 이른바 전통세라믹으로 간주된다. 점토제품은 지금도 하수관, 조리기구, 식기, 기타 제품들은 물론 도자기와 벽돌을 만드는 데 사용되고 있다. 점토는 결정질 구조를 갖는 함수층상 알루미노규산염(hydrous sheet aluminosilicate)이며, $Al_2Si_2O_5(OH)_4$의 분자식을 갖는 광물인 카올리나이트(kaolinite)가 가장 보편적인 점토재료이다. 장석[feldspar, $(K,Na)_2O \cdot Al_2O_3 \cdot 6SiO_2$]과 같은 기타 재료들은 이후의 열처리에서 용제(fluxing agent)로 사용된다.

점토제품의 성형기술 분말, 점토, 용제, 그리고 물을 혼합하여 원하는 형상으로 만든다. 건조 또는 반건조 혼합물은 취급하기에 충분한 강도를 갖는 (굽지 않은) '생형'이 되도록 기계적으로 압축한다. 복잡한 형상을 균일하게 압축하기 위해서는, 분말을 고무주형에 채운 후 가스나 액체를 사용하여 모든 방향에서 고압을 작용시키는 방법인, 등압성형(isostatic pressing)을 사용한다. 높은 습도에 의해 분말들은 형태를 바꾸기 쉽거나 성형이 가능해진다. 압출, 물레성형(jiggering, 형상공구를 사용해서 점토를 회전하는 주형에서 안쪽 면을 성형), 수작업과 같은 수소성 성형(hydroplastic forming) 공정은 이같이 부드러운 소성 혼합물에 적용할 수 있다. 물이 아니라 많은 양의 유기질 가소제(plasticizer, 유연성을 주는 물질)를 포함하는 세라믹 슬러리는 주형 속으로 사출될 수 있다.

수분이 더 많이 함유되면, 미세한 세라믹 분말이 포함된 슬립(slip) 또는 부을 수 있는 슬러리가 형성된다. 슬립을 다공성 주형에 부어서 슬립주조 작업을 수행하며(그림 15-10), 슬립주조는 세면대와 기타 상용 제품들을 만드는 데 사용된다. 성형 후의 세라믹 몸체(greenware)는 아직 약하고 많은 기공이 포함되어 있기 때문에 건조와 굽기(firing) 공정을 거쳐야 한다.

점토제품의 건조와 굽기 건조시키면 과도한 수분이 제거되면서 제품에 큰 치수의 변화가 발생한다. 우선, 점토판 사이의 수분(입자간 수분)이 증발됨에 따라 대부분의 수축이 발생한다. 이후, 기공 내의 나머지 수분이 증발되면서 상대적으로 적은 양의 치수 변화가 일어난다. 균일한 건조를 통해 응력과 뒤틀림 및 균열이 최소화될 수 있도록 온도와 습도를 주의 깊게 조절해야 한다.

세라믹 부품의 강성과 강도는 굽기를 통해 얻어진다. 가열하는 동안 점토는 탈수되고, 카올리나이트 결정구조(그림 15-23)의 일부분인 수화수(hydrated water)가 제거되어 건조된다. 불순물과 용제는 세라믹 입자(SiO_2) 및 점토와 반응하여 저융점 액상을 결정립계에 생성한다. 액체는 기공의 제거를 도와주고, 냉각 후에는 강직한 유리로 변하여 세라믹 입자들을 결합시킨다. 이 유리질 상은 세라믹 결합을 만들지만, 전체 세라믹 제품의 추가적인 수축을 야기한다.

최종 부품의 결정립크기는 1차적으로 원래 분말입자의 크기에 의해 결정된다. 그리고 용제의 양이 증가하면 용융온도가 감소하여 더 많은 유리가 형성되고 기공은 더 둥글고 작아진다. 초기 결정립크기가 작으면 유리화(vitrification)가 발생할 수 있는 표면적이 증가되어 이 과정은 더욱 가속화된다.

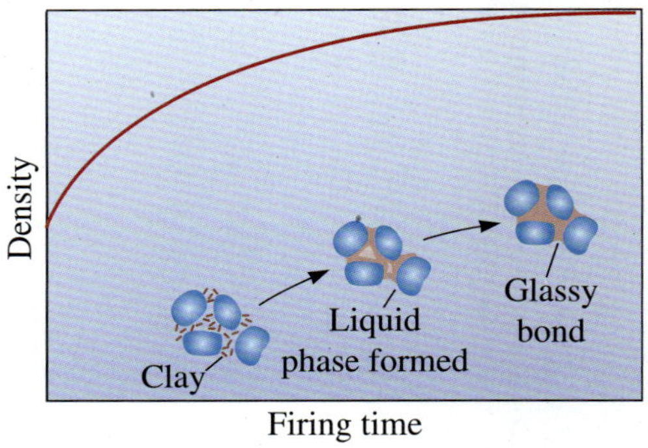

그림 15-23 굽기 동안에 점토와 기타 용제가 더 거친 입자와 반응하여 유리질 결합을 형성하고 기공율을 감소시킨다.

점토제품의 응용 많은 구조용 점토제품과 백색자기들은 다음과 같은 공정을 거쳐서 생산된다. 건축용 벽돌과 타일은 가압과 압출에 의해 성형된 후, 세라믹 결합을 이루도록 건조와 굽기 공정을 거친다. 굽기 온도가 높거나 원래의 입자크기가 작을수록 유리화는 높아지고, 기공률은 더 낮아지며, 밀도는 더 높아진다. 밀도가 높으면 제품의 기계적 성질은 향상되지만 벽돌과 타일의 단열성을 저하시킨다.

질그릇(earthenware)은 상대적으로 낮은 온도에서 구워진 다공성 점토제품이다. 유리화가 거의 발생하지 않아 기공률이 아주 높고 기공이 서로 연결되어 있기 때문에 질그릇은 물이 샐 수 있다. 따라서 질그릇 제품들은 불투수성 유약으로 덧칠을 해주어야 한다.

굽기 온도가 더 높으면 유리화가 높아지고 기공률이 낮아지므로 석기(stoneware)가 만들어진다. 배수나 하수관에 사용되는 석기는 기공률이 2~4%에 불과하다. 자기(china)나 법낭(porcelain) 세라믹을 만들기 위해서는 완전한 유리화와 더불어 사실상 기공이 없어야 하므로 더 높은 굽기 온도가 요구된다.

15-10 세라믹 내화물

내화물(refractory)은 금속과 유리의 생산, 정련, 취급에 사용되는 장비에, 열처리로 건설에, 기타 고온공정 장비에 중요한 부품이다. 내화물은 주위환경에 의한 부식이나 약화가 일어나지 않고 고온상태를 견딜 수 있어야 한다. 전형적인 내화물은 미세한 내화재에 의해 결합된 거친 산화물 입자로 구성되어 있다. 미세한 내화재는 굽는 도중에 녹아서 결합을 돕는다. 어떤 경우에는 내화벽돌은 단열성능을 향상시키기 위해 겉보기 기공률이 20~25%에 이른다.

표 15-7 전형적인 내화물의 조성(wt%)

내화물	SiO_2	Al_2O_3	MgO	Fe_2O_3	Cr_2O_3
산성(acidic)					
실리카	94~97				
초내화벽돌(superduty)	51~53	43~44			
고알루미나 내화벽돌	10~45	50~80			
염기성(basic)					
마그네사이트			83~93	2~7	
감람석	43		57		
중성(neutral)					
크로마이트	3~13	12~30	10~20	12~25	30~50
크로마이트-마그네사이트	2~8	20~24	30~39	9~12	30~50

(출처: *Ceramic Data Book, Cahners Publishing Co., 1982.*)

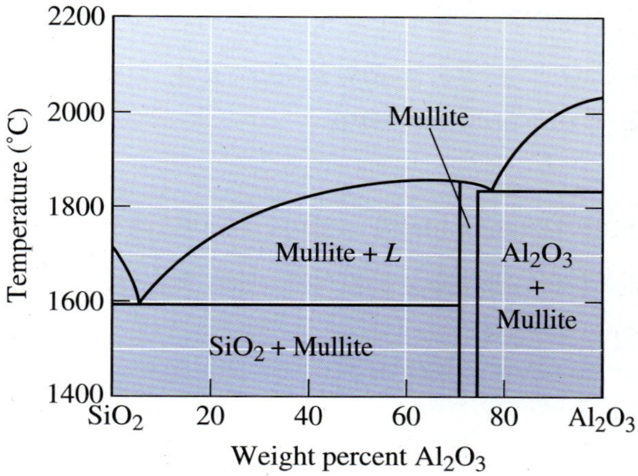

그림 15-24 알루미나 규산염 내화물의 기초가 되는 SiO_2-Al_2O_3의 단순화된 상태도.

내화물은 화학적 거동에 따라 산성, 염기성, 중성의 세 그룹으로 분류하기도 한다(표 15-7). 산성 내화물은 천연적으로 산성이다(즉, 수성환경에서 수소이온을 형성한다). 산성 내화물은 산성환경에서 사용되어야 하며, 염기성환경에서는 이들이 부식되고 분해되기 때문에 사용될 수 없다. 이와 유사하게, 염기성 내화물도 염기성환경에서 사용되어야 하고, 중성 내화물은 내화물이 산성 및 염기성 환경에 동시에 처하는 용도에 사용된다. 각 그룹별 내화물과 그 용도에 대하여 자세히 알아보고자 한다.

산성 내화물 보통의 산성 내화물로는 실리카, 알루미나, 내화점토(약간의 불순물을 포함한 카올리나이트) 등이 있다. 순수한 실리카는 용융금속을 담는 용기로 사용되기도 한다. 어떤 용도에서는 실리카는 소량의 산화붕소와 결합하기도 하는데, 이것이 녹아서 세라믹 결합을 형성한다. 소량의 알루미나가 실리카에 첨가되면 내화물은 아주 낮은 용융점을 갖는 공정 미세구성요소(eutectic microconstituent)를 함유하게 되는데(그림 15-24), 이러한 내화물은 일반적인 제강온도인 약 1,600 ℃ 이상의 온도에서의 내화물 용도에는 적합하지 않다. 더 많은 양의 알루미나가 첨가되면 미세구조에 함유되는 높은 용융온도를 갖는 성분인 멀라이트(mullite, $3Al_2O_3 \cdot 2SiO_2$)의 양이 증가한다. 이러한 내화물은 일반적으로 약하지만 가격이 저렴하다. 알루미나 농도가 약 50% 이상이면 고알루미나 내화물이 된다.

염기성 내화물 다수의 내화물이 마그네시아(MgO, magnesia 또는 periclase)를 기반으로 한다. 순수한 MgO는 용융점이 높을 뿐 아니라 내화성이 우수하며, 종종 제강공정에서 나타나는 염기성환경에 의한 침식에 대한 저항성이 우수하다. 감람석(olivine)은 Mg_2SiO_4와 Fe_2SiO_4의 고용체인 광물이다. 순수한 Mg_2SiO_4는 고토감람석(forsterite)으로 알려졌으며, 거의 1,900 ℃에 이르는 매우 높은 용융온도를 갖고 있다. 감람석은 때때로 금속광석 제련공정의 부산물인 슬래그를 형성하기 위해 노에 첨가되기도 하며, 감람석 모래는 때때로 사형주조 공정에서 용융금속을 담는 데 사용되기도 한다. 다른 마그네시아 내화물은 CaO 또는 탄소를 포함할 수도 있다. 일반적으로 염기성 내화물은 산성 내화물에 비해 가격이 비싸다.

중성 내화물 크로마이트(chromite)와 크로마이트-마그네사이트를 함유한 중성 내화물은 산성 내화물과 염기성 내화물을 분리시켜, 서로 훼손하는 것을 방지하기 위한 목적으로 사용될 수 있다.

특수 내화물 탄소(흑연)는 많은 내화물 용도에 사용되지만 특히 산소가 존재하지 않는 분야에 사용된다. 다른 내화물로는 지르코니아(ZrO_2), 지르콘($ZrO_2 \cdot SrO_2$), 그리고 다양한 질화물, 탄화물, 붕화물이 있다. TiC와 ZrC 같은 대부분의 탄화물은 산화에 잘 견디지 못하기 때문에, 이들이 고온용도에 사용될 때는 환원성(reducing or non-oxydizing) 조건에서 가장 적합하다. 그러나 탄화규소는 예외인데, SiC가 고온에서 산화되면 표면에 SiO_2의 얇은 층이 형성되고 약 1,500 ℃까지 SiC가 더 이상 산화되지 않도록 막는다. 질화물과 붕화물 또한 높은 용융온도를 가지며 산화에 덜 취약하다. 한편, 일부 산화물과 질화물은 제트엔진에 사용될 후보재료이다.

15-11 기타 세라믹 재료

세라믹은 건설용 재료, 가전제품, 구조용 재료, 내화물 외에도 다음과 같은 다양한 분야에 응용된다.

시멘트 세라믹 원재료는 교결작용(cementation)이라 불리는 공정에서 굽기나 소결을 필요로 하지 않는 결합제를 사용하여 결합된다. 화학반응을 통해 액체수지(liquid resin)가 고체로 변환되면서 입자를 결합시킨다. 규산소듐(sodium silicate)의 경우, 주입된 CO_2 가스가 규산소듐 용액을 탈수하여 유리질로 바꾸는 촉매역할을 한다.

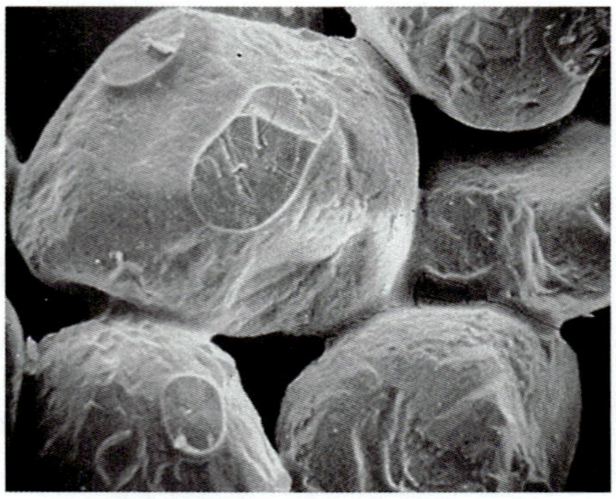

그림 15-25 교결작용을 통해 규산소듐과 결합된 실리카 모래 입자의 현미경사진(× 60).
(출처: *Don Askeland*)

$$xNa_2O \cdot ySiO_2 \cdot H_2O + CO_2 \rightarrow \text{glass(not balanced)}$$

그림 15-25는 금속주조용 주형을 만드는 데 사용되는 실리카 모래 입자를 보여준다. 액상 규산소듐은 모래 입자를 코팅할 뿐 아니라 모래 입자 사이의 다리 역할을 한다. CO_2를 주입하면 이 다리가 고체로 변환되어 모래 입자를 결합시킨다.

미세한 알루미나 분말 분산체는 인산을 촉매로 하여 인산알루미늄(aluminum phosphate) 시멘트로 만들어진다.

$$Al_2O_3 + 2H_3PO_4 \rightarrow 2AlPO_4 + 3H_2O$$

알루미나 입자가 인산알루미늄 시멘트와 결합하면, 이 내화물은 1,650 ℃의 고온에서도 사용이 가능하다.

석고(plaster of Paris, or gypsum)는 교결반응에 의해 경화되는 또 다른 재료이다.

$$CaSO_4 \cdot \frac{1}{2}H_2O + \frac{3}{2}H_2O \rightarrow CaSO_4 \cdot 2H_2O$$

액상의 슬러리가 반응하면 서로 뒤얽힌 석고($CaSO_4 \cdot 2H_2O$)의 고체 결정은 결정 사이에 아주 미세한 기공을 형성하며 성장한다. 최초의 슬러리에 물이 많이 함유될수록 기공률이 증가하게 되고 최종적인 석고의 강도는 감소한다. 이 재료의 가장 중요한 용도 중의 하나는 건물 벽의 시공에 사용되는 것이다.

가장 일반적이고 중요한 교결반응은 콘크리트를 만드는 데 사용되는 포틀랜드 시멘트에서 일어난다.

코팅 세라믹은 다른 재료를 보호하기 위한 코팅에 자주 사용된다. 보편적인 상업용 코팅으로는 유약(glaze)과 에나멜(enamel)이 있다. 유약은 투수성이 있는 점토제품의 표면에 칠해져서 보호와 장식 또는 특수한 목적으로 사용된다. 에나멜은 금속의 겉면에 적용된다. 에나멜과 유약은 구울 때 쉽게 유리화되는 점토제품이며, 일반적인 조성은 $CaO \cdot Al_2O_3 \cdot 2SiO_2$이다.

유약이나 에나멜에 다른 광물들을 첨가하면 특별한 색을 얻을 수 있다. 규산지르코늄(zirconium silicate)은 흰색 유약을, 산화코발트는 청색 유약을, 산화크롬은 녹색 유약을, 산화납은 노란색 유약을 만들며, 적색 유약은 황화셀레늄과 황화카드뮴의 혼합물에 의해 만들어질 수 있다.

유약이나 에나멜의 코팅 시 자주 발생하는 문제 중 하나는 코팅되는 재료와 유약의 열팽창계수가 서로 다를 때 발생하는 표면 균열 또는 잔금이다. 흔히 이 문제가 코팅의 조성을 결정하는 데 가장 중요한 인자가 된다.

첨단세라믹과 고온용 금속에는 특수한 코팅이 사용된다. SiC 코팅은 탄소-탄소 복합재료의 내산화성을 향상시키기 위해 사용된다. 지르코니아 코팅은 니켈기반 초합금에 용융이나 불리한 반응으로부터 금속을 보호하기 위한 열차폐성을 제공하기 위해 사용된다.

박막과 단결정 많은 복잡하고 다성분인 세라믹의 박막(thin film)이 스퍼터링(sputtering), 졸-겔(sol-gel), 화학기상증착(CVD) 공정과 같은 다양한 기술을 사용하여 만들어진다. 일반적으로 박막의 두께는 0.05～10 μm이지만 대부분 2 μm 이상이다. 많은 기능성 전자세라믹 박막이 만들어지고, 실리콘웨이퍼, 유리, 기타 기판 위에 집적된다. 예를 들어, 신용카드의 자기스트립은 정보저장을 위해 산화철(γ-Fe_2O_3 또는 Fe_3O_4) 박막을 사용한다. 전도성 투명재료인 인듐주석 산화물(indium-tin oxide, ITO)은 유리 위에 코팅되어 터치스크린 등의 용도에 사용된다(표 15-1). 유리의 에너지효율을 위해 유리 위에 다양한 코팅들이 사용된다. 자정유리(self-cleaning glass)에는 TiO_2 코팅이 사용된다. 지르코늄티타늄산납(lead zirconium titanate, PZT), 란타늄이 첨가된 PZT(PLZT), $BaTiO_3$-$SrTiO_3$ 고용체와 같은 세라믹 박막도 만들어지고 사용된다. 종종 박막에는 특정 방향이나 집합조직이 생기는데, 이는 어떤 용도에는 이로울 수도 있다. 세라믹 단결정[예: 석영, 니오븀산리튬($LiNbO_3$), 사파이어, 이트륨알루미늄가닛(YAG)]은 수많은 전기 및 전자 광학 분야에 사용된다. 이러한 결정들은 제9장에서 다루었던 것과 유사한 기술을 사용하여 용융액으로부터 성장된다.

섬유 섬유(fiber)는 세라믹 재료로부터 만들어지며, 몇 가지 용도가 있다. 복합재료의 강화재로, 직물의 직조를 위한, 섬유광학시스템 등의 분야들이다. 가장 일반적으로 생산되는 섬유인 붕규산염 유리섬유는 유리섬유 복합재료(fiberglass)에 강도와 강성을 부여한다. 섬유는 알루미나, 탄화규소, 실리카, 탄화붕소를 비롯한 다양한 세라믹으로부터 만들어진다. 솔-젤 공정도 많은 용도에 사용되는 상업용 섬유를 만드는 데 사용된다.

섬유상 재료의 특수한 종류 중 하나는 NASA 우주왕복선의 내열시스템에 사용되는 실리카 타일이다. 실리카 섬유는 콜로이드 실리카와 결합되어 밀도가 0.144 g/cm^{3}에 불과할 정도의 초경량인 타일을 만든다. 타일에는 1,300 ℃의 고온까지 보호될 수 있도록 고방사율(high emissivity) 유약이 코팅되었다.

세라믹 부품의 결합과 조립 세라믹은 많은 부품이 조립되는 것보다는 일체화된 부품으로 만들어지는 경우가 대부분이다. 두 세라믹 부품이 하중에 의해 서로 접촉하게 되면 취성 표면에 응력집중 현상이 발생하여 파손가능성이 커진다. 또한, 세라믹 부품을 결합하여 더 큰 조립품으로 만드는 방법도 제한되어 있다. 취성인 세라믹은 용접(fusion welding)이나 소성변형에 의한 접합공정으로 결합시킬 수 없다. 저온에서는 고분자재료를 사용한 접착제 결합이 가능하며, 보다 고온에서는 세라믹 시멘트를 사용한 접착이 가능하다. 확산접합(diffusion bonding)이나 경납땜(brazing)은 세라믹과 세라믹 또는 세라믹과 금속을 접합할 때 사용된다. 확산접합은 고온고압 상태에서 두 면을 압착시켜 결합시키는 기술이다. 접합면의 공극에 원자가 확산되어 채워짐으로써 접합면 사이에 강한 결합을 형성한다.

요약

- 세라믹은 높은 경도와 용융점을 갖는 비금속 무기질 재료로서, 단결정 및 다결정 세라믹, 유리, 유리-세라믹이 있다. 전형적인 세라믹은 우수한 화학적 안정성 및 압축강도를 가지며, 전기와 열에 대한 절연재이다.
- 세라믹은 전자, 자기, 광학, 에너지와 연관된 기술의 폭넓은 분야에서 결정적인 역할을 담당한다. 많은 첨단세라믹은 단열 및 고온 특성을 제공하는 중요한 역할을 한다. 첨단세라믹의 용도는 신용카드, 실리콘 칩의 하우징, 통신용 광섬유, 안전하고 에너지효율적인 유리 등이다. 전통세라믹은 금속공정과 소비재 분야의 용도를 위한 내화물로 사용된다.
- 결정질 세라믹은 전위(dislocation)를 포함하고 있지만, 대부분의 다결정질 세라믹은 소성변형 거동을 보이지 않는다. 균열이나 기공 등의 결함이 세라믹 재료의 기계적 성질을 결정하며, 기공률과 균열로 인해 재료가 인장하중을 견디는 능력이 제한된다.
- 세라믹 공정에는 일반적으로 압축과 소결이 사용된다. 특수한 용도, 즉 특별히 높은 밀도를 얻기 위해 등방향가압(isostatic compaction), 열간가압소결(hot pressing), 열간등압소결(HIP) 등이 사용된다.
- 테이프주조, 슬립주조, 압출, 사출성형은 다른 형상으로 생형세라믹(green ceramics)을 만드는 기법 중의 일부이다. 이러한 공정 후에는 결합제와 가소제를 태워서 날려 보내고 결과적인 세라믹이 소결되도록 한다.
- 실리카로 알려진 이산화규소와 실리카기반 화합물인 규산염은 결정질과 비결정질 형태 모두 산업적으로 중요한 용도가 있다. 이러한 재료들의 구조적인 빌딩블록(building block)은 SiO_4 분자단위체로 산소원자로 이루어진 사면체의 중심에 규소원자가 위치해 있다.
- 많은 규산염과 다른 세라믹들은 결정화 속도가 느리기 때문에 보다 쉽게 유리를 형성한다. 유리는 부유공법(float-glass)에 의해 박판으로 만들어지거나 또는 섬유 및 다른 형상으로 만들어진다. 규산염유리는 창문유리, 자동차 전면유리, 광섬유, 유리섬유 등 수많은 응용분야에 사용된다.
- 유리-세라믹은 바람직한 강도와 인성의 조합을 갖도록 무기질 유리의 제어된 결정화를 통해 만들어진다. 이러한 재료들은 주방기구를 비롯하여 기타 다양한 용도에 사용된다.
- 점토제품은 결정질 구조를 갖는 수화 층상 알루미늄 규산염으로, 물을 세라믹 분말의 결합제로 사용한다. 점토제품에는 도자기, 자기, 법낭 등이 있다.
- 내화물은 고온의 용도에 사용되는 재료이며, 주변환경에 의해 반응하거나 분해되지 않도록 조성을 고려하여 선택해야 한다.

용어해설

강화유리 tempered glass 냉각되는 동안 열적으로 유도되거나 이온의 화학적 확산에 의해 표면층에 압축응력을 갖는 고강도 유리.

겉보기 기공률 apparent porosity 세라믹 몸체의 전체 체적 중에서 연결된 기공이 차지하는 체적의 백분율.

교결작용 cementation 고온에서 굽지 않고도 유리나 젤을 형성하는 결합제를 사용하여 세라믹 원재료를 결합시키는 것.

굽기 firing 세라믹결합이 형성되도록 고온에서 세라믹 몸체에 열을 가하는 공정.

내화물 refractories 고온에서 오랜 시간 견딜 수 있는 한 무리의 세라믹 재료.

냉간등압성형 cold isostatic pressing 분말에 정수압을 가하여 압축시켜 형상을 제작하는 기술. 고밀도 생형세라믹이나 복잡한 형상을 압축할 때 사용한다.

부피밀도 bulk density 세라믹 몸체의 질량을 닫힌 기공과 연결된 기공을 포함하는 세라믹의 부피로 나눈 값.

분말 powder 미세한 입자의 집합.

분무건조 spray drying 세라믹 분말의 슬러리가 고온의 공기가 채워진 공간으로 노즐을 통해 분사된다. 이 공정을 통해 분말압축을 위한 금형 안으로 잘 흘러 들어갈 수 있는 부드러운 덩어리(agglomerate)가 형성된다.

비유리질화 devitrification 유리의 결정화.

비정상 결정립성장 abnormal grain growth 금속과 세라믹에서 나타나는 결정립성장의 한 형태. 이 결정립성장 모드에서는 더 작은 결정립들을 희생시켜 일부 결정립들이 매우 커지므로 결정립크기 분포에 이중 모드(bimodal)가 나타난다.

사출성형 injection molding 세라믹 분말로 충전된 열가소성 고분자재료가 압출기 모양의 장치 안에서 혼합된 후, 복잡한 형상을 만들기 위하여 금형 안으로 사출된다. 세라믹의 경우 열가소성 고분자는 타버린다. 또한 열가소성 고분자의 성형에도 폭넓게 사용된다(제16장).

생형세라믹 green ceramic 원하는 형상으로 만들어졌으나 소결되기 이전의 상태인 세라믹.

세라믹 결합 ceramic bond 높은 굽기 온도에서 유리질 요소를 형성시켜 세라믹재료를 결합시키는 것.

세라믹 ceramic 비금속 무기질 고체. 보통 단단하고 취성이 크다.

소결 sintering 입자 형태의 재료를 고온으로 가열하여 단단한 결합체로 만드는 것.

수소성 성형 hydroplastic forming 수분이 많고 유연한 점토로 요구되는 형상을 만드는 공정들의 총칭.

슬러리 slurry 액체 내에 있는 입자들의 현탁액.

슬립 slip 주형에 부어지는 액상 슬러리. 주형 표면에서 슬립이 굳기 시작하면 남은 액상 슬러리는 쏟아내고 속이 빈 굳은 세라믹 주물이 남게 된다.

슬립주조 slip casting 주형에 슬러리를 부어서 속이 빈 세라믹 부품을 만드는 기법. 슬러리에 함유된 물은 다공성 주형에 의해 빠져나오고 겉면이 굳어지면 잔여 슬러리는 쏟아낸다.

써멧 cermet 경도와 더불어 인성 같은 다른 성질들이 잘 조합되도록 만든 세라믹금속 복합재료(예: WCCo).

압축 compaction 금형(die) 안의 세라믹 분말에 힘을 가해 원하는 형상을 만들고 생형세라믹의 기공을 제거하는 것.

압출 extrusion 결합제와 혼합된 세라믹 분말을 밀어서 단면이 일정한 금형(die)을 통과하게끔 하는 공정 기술.

에나멜 enamel 금속 위에 적용되는 세라믹 코팅제.

열간가압소결 hot pressing 일축방향 압력의 작용 하에서 소결시키는 공정 기술.

열간등압성형 hot isostatic pressing 가스에 의해 생성된 정수압의 작용 하에서 분말을 소결시켜 금속, 합금, 세라믹의 대형제품을 만드는 공정 기술.

용제 flux 용융을 촉진할 목적으로 재료에 첨가하는 물질.

유리 glass 비결정질 고체. 속된 말로 유리는 창문유리와 같은 실리카기반 재료를 의미한다.

유리변조재 modifier 유리에 첨가되면 네트워크를 무너뜨려서 유리가 형성되는 것을 억제하는 산화물.

유리세라믹 glassceramics 세라믹 형상을 유리질 상태로 성형하고, 이후 열처리 과정 중에 결정화되도록 하여 향상된 강도와 인성을 얻는다.

유리천이온도 glass transition temperature 그 온도 이하에서는 과냉액체가 유리로 변하는 온도.

유리형성재 glass former 공정 동안 유리가 쉽게 만들어지도록 하는 높은 결합강도를 가진 산화물.

유리화 vitrification 유리의 형성.

유약 glaze 세라믹 위에 적용되는 코팅제. 유약은 유리질과 결정질의 세라믹 상을 포함한다.

적층판유리 laminated glass 두 장의 풀림처리된 유리 사이에 PVB(polyvinyl butyral) 와 같은 고분자가 삽입된 것으로 자동차의 전면유리를 만드는 데 사용된다.

중간재 intermediate 스스로 유리를 형성하지는 못하지만, 유리에 첨가될 때 유리질 네트워크가 확장되는 것을 돕는 산화물.

진기공률 true porosity 세라믹 몸체의 전체 체적 중에서 연결된 기공과 밀폐기공 모두를 포함하는 체적의 백분율.

테이프주조 tape casting 결합제와 가소제 등으로 이루어진 슬러리를 사용하여 박막을 만드는 공정. 슬러리는 닥터블레이드의 도움을 받아서 플라스틱 기판 위에 흘려보내 주조된다. 만들어진 생형 테이프는 건조시킨 후 절단하고 가공하여 전자세라믹이나 기타 장치를 제작한다.

패리슨 parison 생산 공정의 중간단계로 사용되는 유리의 예비 성형체. 이는 후에 최종적인 제품으로 만들어짐.

확산접합 diffusion bonding 고온고압 상태에서 두 표면을 압착시켜 결합시키는 기술. 접합면의 공극에 원자가 확산되어 채워짐으로써 접합면 사이에 강한 결합을 형성한다.

연습문제

15-1절 세라믹의 결합

15-1 세라믹에서 주된 원자결합은 어떤 것들인가?

15-2 세라믹 재료의 전형적인 특성들은 무엇인가?

15-3 다음 세라믹의 응용사례를 하나씩 들어라.

(a) 알루미나 (b) 실리카
(c) 티타늄산바륨 (d) 지르코니아
(e) 탄화붕소 (f) 다이아몬드

15-4 일정 시간 동안 온도가 상승할 때 지르코니아(큐빅)와 다이아몬드의 팽창을 측정하려 한다. 두 재료 모두 순수하다고 가정하고 ZrO_2가 다이아몬드에 비해 얼마나 더 팽창하는가? 이것이 두 재료를 구별할 수 있는 어떤 단서를 제공해주는가?

15-5 표 15-3에서 Al_2O_3의 특성을 SI 단위계로 변환하라.

15-2절 결정질 세라믹의 구조

15-6 표 15-4에서 설명된 NaCl 구조는 Cl(0,0,0)과 Na(1/2,0,0)의 단위체를 갖는 FCC격자이다. Cl(0,0,0)이 단위체의 한 이온일 때, Na 이온의 세 가지 등가 위치를 설명하라.

15-7 표 15-4에서 설명된 NaCl 구조는 Cl(0,0,0)과 Na(1/2,0,0)의 단위체를 갖는 FCC격자이다. Na(0,0,0)이 단위체의 한 이온일 때, Cl 이온의 세 가지 등가 위치를 설명하라.

15-8 표 15-4에서 설명된 입방정계 섬아연광의 구조는 S(0,0,0)와 Zn(1/4,1/4,1/4)의 단위체를 갖는 FCC격자이다. S가 단위체의 한 이온일 때, Zn 이온의 세 가지 등가 위치를 설명하라.

15-9 FCC 결정구조의 각 사면체자리가 각 자리와 완전히 일치하는 원자로 채워졌다면, 원자충

진율은 얼마인가?

15-10 FCC 결정구조의 각 팔면체자리가 각 자리와 완전히 일치하는 원자로 채워졌다면, 원자충진율은 얼마인가?

15-11 HCP 결정구조의 각 사면체자리가 각 자리와 완전히 일치하는 원자로 채워졌다면, 원자충진율은 얼마인가? 여기서 각 HCP 단위정은 FCC 구조의 사면체자리에서와 같은 반경비율을 갖는 네 개의 사면체자리를 갖고 있다.

15-3절 결정질 세라믹의 결합

15-4절 세라믹의 결합

15-12 금속에서는 전위의 운동에 의한 소성변형이 중요하지만, 세라믹과 유리의 성질과 관련해서는 별로 중요한 고려사항이 아니다. 그 이유는 무엇인가?

15-13 세라믹 재료에서 인장강도가 압축강도에 비해 낮은 이유는 무엇인가?

15-14 세라믹 재료의 기계적 성질이 넓게 분산되어 있는 이유를 설명하라.

15-15 겉보기 기공률과 진기공률의 정의를 설명하라. 이 기공률을 '겉보기'와 '진'이라고 부르는 이유는 무엇인가?

15-16 어떤 세라믹 부품을 알루미나 분말을 소결시켜 만든다. Al_2O_3의 밀도는 3.96 g/cm^{3}이다. 이를 건조할 때, 물에 적셨을 때, 물속에서 측정했을 때의 무게가 각각 80 g, 92 g, 58 g이었다면, 겉보기 기공률, 진기공률, 밀폐기공률을 각각 구하라.

15-17 탄화규소(SiC)의 밀도는 3.1 g/cm^{3}이다. 소결시켜 만든 SiC 부품의 부피는 500 m^{3}이고 무게는 1,200 g이다. 물에 적셨을 때의 무게가 1,250 g이라면, 부피밀도, 진기공률, 밀폐기공률로 이루어진 전체 기공률의 부피분율을 각각 구하라.

15-18 소결된 지르코니아 세라믹(ZrO_2)의 진기공률은 28%이고 밀폐기공의 분율은 0.5이다. 물에 적셨을 때의 무게가 760 g이라면, 건조 상태에서 세라믹의 무게는 얼마인가? ZrO_2의 밀도는 5.68 g/cm^{3}이다.

15-19 세라믹 제조공정 시설의 품질관리팀이 생산라인에서 채취한 많은 샘플에 대한 무게를 잰 결과, 건조할 때, 물에 담갔을 때, 그리고 물에서 꺼낸 직후의 무게가 각각 0.721 kg, 0.714 kg, 0.741 kg이었다면, 겉보기 기공률과 서로 연결된 기공의 체적을 각각 구하라.

15-20 어느 샘플의 무게(W_w)는 50.0 g, 밀도(ρ)는 2.170 g/cm^3, 진기공률이 39.0%일 때, 부피밀도를 구하라.

15-5절 결정질 세라믹의 합성 및 공정

15-21 세라믹의 공정은 분말로 처리하는 이유는 무엇인가? 금속의 공정과 비교할 때, 유사점과 차이점은 각각 무엇인가?

15-22 소결공정에서 구동력(driving force)은 무엇인가?

15-23 세라믹의 고상소결(solid-state sintering)에서 가장 중요한 역할을 하는 확산기구는 무엇인가?

15-24 다음의 공정들을 설명하라(필요하면 스케치를 사용하라).

(a) 일축방향 압축 및 소결

(b) 열간가압소결

(c) HIP

(d) 테이프주조

15-25 소결된 세라믹의 중요한 특성들은 무엇인가?

15-6절 실리카 및 규산염 화합물

15-26 규산염 계열에서 유리의 형성이 용이한 주원인은 무엇인가?

15-27 NASA 우주왕복선을 열로부터 보호하기 위한 타일을 제조하는 데 사용되는 재료는 무엇인가?

15-28 β-크리스토발라이트의 단위정에는 몇 개의 원자가 있는가?

15-29 [100] 방향과 [110] 방향에서 바라본 β-크리스토발라이트의 단위정을 각각 그려라.

15-30 두 SiO_4 사면체의 구별되는 형상을 몇 개나 그릴 수 있는가? 하나의 꼭지점(corner)을 공유하는 세 사면체의 경우는 어떠한가?

15-31 'Gorilla Glass™'라는 상표로 알려진 유리에 관한 보고서를 작성하고, 인용한 참고문헌과 웹사이트의 목록을 첨부하라.

15-7절 무기질 유리

15-32 유리천이온도의 의미를 설명하라. 이 온도는 주어진 유리의 조성에 따라 고정된 값을 갖는가?

15-33 길이가 27.500 cm인 석영 봉이 상온으로부터 600 ℃까지 느린 속도로 균일하게 가열된다. 충분한 시간이 경과한 후 열적 평형상태에 도달했을 때, 봉의 길이는 얼마인가?

15-34 유리형성재(glass former), 중간재(intermediate), 유리변조재(modifier)를 각각 정의하라.

15-35 실리카 공정의 일부 단계는 다음과 같다.

1. 15 mol%의 소다 + 85 mol%의 실리카를 1,800 ℃까지 가열한다.
2. 1,200 ℃까지 냉각한다.
3. 온도를 일정하게 유지하면서 소다의 함량을 25 mol%로 증가시킨다.
4. 다시 1,000 ℃까지 냉각한다.
5. 온도를 일정하게 유지하면서 소다의 함량을 35 mol%로 증가시킨다.

이 공정 동안 어떤 고체가 형성되는가? (그림 15-17 참조)

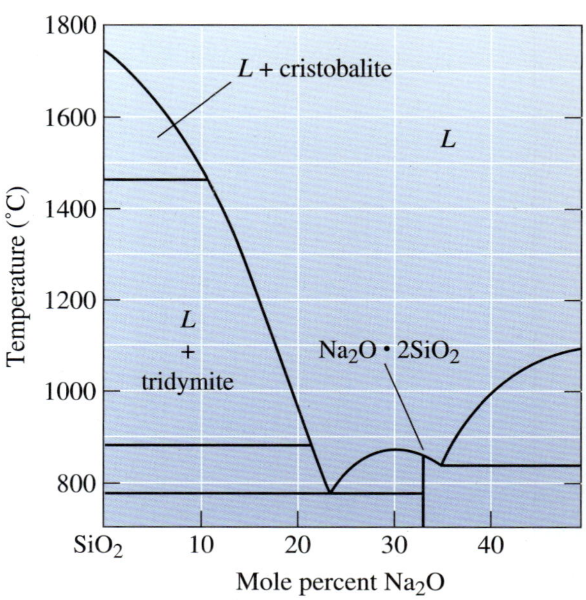

그림 15-17 SiO_2-Na_2O 상태도. 실리카에 산화나트륨을 첨가하면 공정(eutectic)을 형성하여 실리카의 용융온도가 급격히 감소한다.

15-36 그림 15-18에서 온도가 1,200 ℃일 때, 유리들의 점도를 센티푸아즈(cP) 단위로 나타내라.

15-37 O : Si 비가 2.5를 초과하지 않으면서 유리형성 경향을 저하시키지 않으려면, 1 kg의 SiO_2에 몇 g의 BaO를 첨가할 수 있는가? 이것을 SiO_2에 Li_2O가 첨가되는 경우와 비교하라.

15-38 30wt%의 Y_2O_3가 SiO_2에 첨가될 때 O : Si 비를 계산하라. 이 재료는 유리형성 경향이 우수한가?

15-39 규산염 유리에 10 mol%의 Na_2O와 5 mol%의 CaO가 함유되어 있다. O : Si 비를 계산하고 이 유리의 조성을 wt%로 나타내라.

15-40 붕규산염 유리(82% SiO_2, 2% Al_2O_3, 4% Na_2O, 12% B_2O_3)의 밀도는 2.23 g/cm^{3}이며, 용융실리카(100% SiO^2) 유리의 밀도는 2.2 g/cm^{3}이다. 붕규산염 유리의 밀도가 각 조성물들의 밀도의 가중평균과 다른 이유는 무엇인가? 여기서, Al_2O_3, Na_2O, B_2O_3의 밀도는 각각 3.98 g/cm^3, 2.27 g/cm^3, 2.5 g/cm^{3}이다.

15-41 연화온도(softening temperature)가 높은 것에서 낮은 순으로 다음의 유리들을 배열하라.

(a) Pyrex™ (81% SiO_2, 2% Al_2O_3, 4% Na_2O, 12% B_2O_3)

(b) 석회유리 (72% SiO_2, 1% Al_2O_3, 10% CaO, 14% Na_2O)

(c) Vycor™ (96% SiO_2, 4% B_2O_3)

15-42 붕규산염 유리의 박판을 만들기 위해서는 용융주석 공정을 사용한다. 순수한 주석의 응고온도는 몇 도인가? 이것이 유리의 작업 온도구역을 감소시킬 수 있는가?

15-8절 유리-세라믹

15-43 유리-세라믹이 유리 및 세라믹과 다른 점은 무

엇인가?

15-44 유리나 세라믹과 비교해볼 때 유리-세라믹을 사용하는 장점은 무엇인가?

15-45 유리-세라믹의 생산공정에서 사용되는 전형적인 열처리 곡선을 그려라.

15-46 유리-세라믹의 중요한 용도는 어떤 것들이 있는가?

15-9절 점토제품의 공정과 용도

15-10절 세라믹 내화물

15-11절 기타 세라믹 재료

15-47 각각 10 kg의 크로마이트 내화물과 크로마이트-마그네사이트 내화물을 만드는 데 요구되는 MgO의 질량의 최대 차이를 구하라.

15-48 SiO_2-Al_2O_3 혼합물이 여전히 완전한 액체상

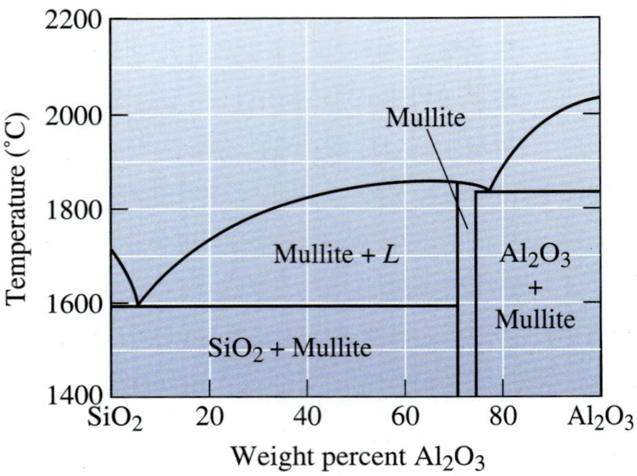

그림 15-24
알루미나 규산염 내화물의 기초가 되는 SiO_2-Al_2O_3의 단순화된 상태도.

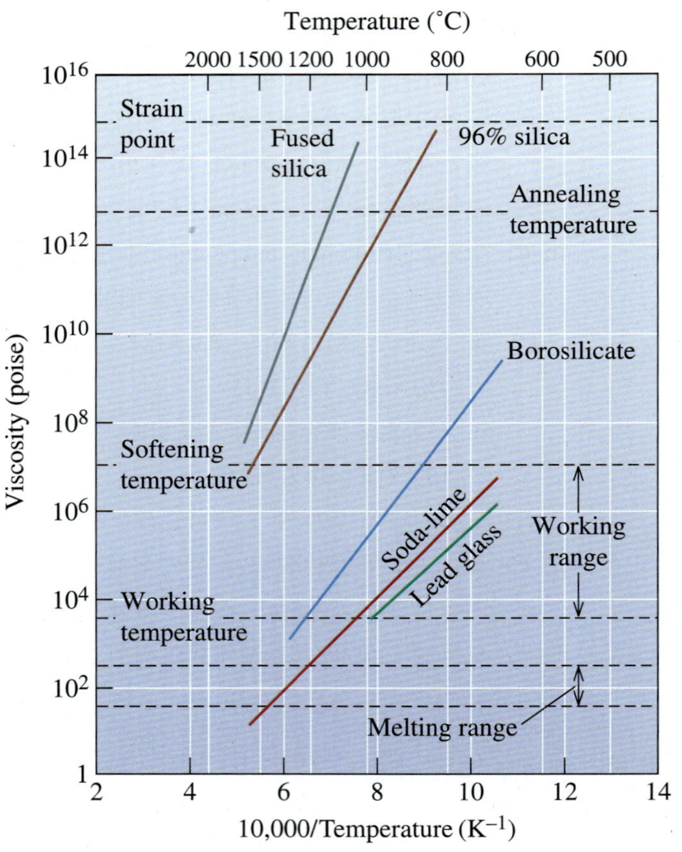

그림 15-18
온도와 조성이 유리의 점도에 미치는 영향.

태로 존재할 수 있는 최저온도는 얼마인가? (그림 15-24 참조)

15-49 유약(glaze)과 에나멜(enamel)이라는 용어의 의미는 무엇인가?

설계문제

15-50 1,300 ℃ 온도에서 주조가 가능하고, 유리형성 경향이 우수하도록 O:Si 비가 2:3 미만인 소다석회유리를 설계하라. 적절한 점도를 갖기 위해서는 주조온도가 액상선온도보다 최소한 100 ℃ 이상 높아야한다.

Knovel® 활용 문제

K15-1 나노세라믹을 위한 전형적인 결정립크기와 소결 파라미터는 무엇인가?

K15-2 다른 세라믹 코팅에 비해 솔-젤 코팅의 장점은 무엇인가?

K15-3 내화물의 선형 열팽창은 전형적으로 몇 퍼센트가 되는가? 1,200 ℃의 온도에서 지르코니아와 알루미나 중 어느 내화물의 열팽창이 더 클 것인지 도표를 사용하여 결정하라.

고분자들은 다양한 제조기술을 이용하여 여러 가지 형태로 가공될 수 있다. 이 사진은 용융상태의 열가소성 플라스틱 튜브의 압출성형을 보여준다. 고분자가 완전히 응고되기 전, 뜨거운 공기를 튜브를 통해 수직 위쪽 방향으로 불어 넣어 튜브의 지름을 몇 배로 팽창시킨다. 평평해진 튜브는 한쪽은 열을 가하여 밀봉하고 다른 한쪽은 잘라서 비닐봉지를 만들거나 또는 길이 방향으로 단순히 잘라내어 플라스틱 시트를 제작한다. (출처: © *Bob Masini/Phototake*)

CHAPTER 16

고분자

다음과 같이 궁금해 해본 적이 있는가?

- **DVD**는 무엇으로 만들어지는가?
- **Silly Putty®**는 무엇으로 만들어지는가?
- 씹는 껌은 어떤 고분자로 만들어지는가?
- 처음으로 만들어진 합성섬유는 무엇인가?
- 어떤 플라스틱은 식기세척기에서 씻어도 안전하고, 어떤 플라스틱은 그렇지 못한가?
- 방탄조끼는 무엇으로 만들어지는가?
- 눌어붙지 않는 취사도구는 어떤 고분자로 만들어지는가?

제16장의 주요 학습목표

- 세 가지 클래스의 고분자(열가소성, 열경화성, 탄성중합체)의 구조, 특성, 공정을 기술하는 것.
- 축합중합(**condensation polymerization**)과 부가중합(**addition polymerization**)의 공정을 기술하는 것.
- 가교결합(**cross-linking**) 공정과 가교결합이 열경화성 고분자에 미치는 영향을 설명하는 것.
- 유리천이온도(**glass-transition temperature**)를 정의하는 것.
- 중합도(**degree of polymerization**)와 분자량을 계산하고, 그것들이 고분자의 기계적 거동에 미치는 중요성을 설명하는 것.
- 고분자의 물리적 및 기계적 특성을 금속의 경우와 비교, 대조하는 것.

이 장에서는 고분자(polymer)의 구조, 특성, 그리고 공정에 대해 살펴볼 것이다. 접미사 'mer'는 '단위체'를 의미한다. 따라서 고분자라는 단어는 '다수의 단위체'를 의미하고, 이 장에서 단위체라는 단어는 고분자를 구성하기 위해 특정한 배열을 정의하는 원자 또는 분자들의 단위그룹을 의미한다. 고분자는 분자들의 사슬(chain)로 구성되어 있다. 이 사슬은 거대분자(macromolecules)로 알려진 매우 큰 분자를 형성하기 위해 단위체의 화학적 결합을 통해 연결되며 10,000 g/mol부터 1,000,000 g/mol 이상의 평균분자량을 갖는다. 분자량은 각 분자에 속한 원자 질량의 합으로 정의된다. 중합(polymerization)은 하나의 단위체(monomer, 단량체) 또는 몇 개의 단위체(oligomers, 저중합체)들이 화학적으로 결합하여 이러한 거대고분자를 만드는 과정이다. 중합은 일반적으로 원자들이 강한 공유결합에 의해 긴 사슬을 만드는 것으로부터 시작된다. 대부분의 고분자는 유기물이며, 이는 탄소를 기반으로 함을 의미한다. 하지만 무기물일 수도 있다(예: Si-O 네트워크 기반의 실리콘 고무).

플라스틱은 기본적으로 천연상태로 얻어진 후 변형되었거나 인공적으로 만들어진 고분자 물질이며, 흔히 특성을 더욱 향상시킬 수 있는 섬유, 충전제, 색소 등의 첨가물을 포함한다. 플라스틱에는 열경화성, 열가소성, 탄성중합체(천연 또는 합성)가 포함된다. 이 책에서는 플라스틱과 고분자라는 단어를 같은 의미로 사용한다.

플라스틱은 옷, 장난감, 가정용품, 구조용 및 장식용 물건, 코팅제, 페인트, 접착제, 자동차 타이어, 생명의공학 재료, 자동차 범퍼 및 내장재, 발포재, 포장재 등 놀라울 정도로 다양한 용도에 사용된다. 고분자는 종종 섬유 또는 기지재로 복합재료에 사용된다. 액정디스플레이(liquid crystal display, LCD)는 고분자를 기반으로 한다. 우리는 고분자를 광변색(photochromic) 렌즈에도 사용한다. 플라스틱은 절연성과 낮은 유전상수 때문에 전자부품을 만드는 데 종종 사용된다. 더욱 최근에는 몇몇 고분자에서 나타나는 압전성(piezoelectric), 반도성, 광학특성, 전기-광학적 특성과 같은 유용한 특성을 기반으로 유연전자소자 영역에서도 큰 발전이 이루어졌다. 폴리비닐아세테이트(polyvinyl acetate, PVA)와 같은 고분자는 수용성이다. 그러한 고분자는 물 또는 유기용매에 녹을 수 있으므로 결합제, 계면활성제, 세라믹과 반도체 공정에서 가소제(plasticizer), 다양한 소비자 제품에서 첨가제로 활용된다. 폴리비닐부티럴(polyvinyl butyral, PVB)과 같은 고분자는 자동차 전면유리창에 사용되는 적층판유리의 일부를 구성한다(제15장). 고분자는 아마 다른 어떤 클래스의 재료보다 더욱 다양한 기술분야에 사용되고 있다.

상용(또는 표준 원자재) 고분자는 가볍고, 강도와 강성이 낮으면서 내식성이 강한 재료이지만, 고온에서 사용하기에는 적합하지 않다. 그러나 이들 고분자는 상대적으로 저렴하며, 플라스틱 봉투로부터 기계장치 기어 그리고 욕조에 이르기까지 다양한 형태로 쉽게 가공된다. 공업용 고분자는 개선된 강도와 고온에서의 성능을 갖도록 설계된다. 이러한 재료들은 상대적으로 소량생산되며 따라서 흔히 비싸다. 몇몇 공업용 고분자들은 350 °C까지의 높은 온도에서도 성능이 보장되고, 다른 것들은(보통 섬유 형태로) 강철보다 더 높은 강도를 갖는다.

고분자는 또한 여러 가지 쓸모 있는 물리적 특성들을 가졌다. Plexigals™나 Lucite™ 같은 아크릴 고분자는 완전투명하며 유리를 대체할 수 있다. 비록 대부분의 고분자는 전기적으로 절연체이지만, 특별한 고분자(예: 아세탈)와 고분자기반의 복합재료는 쓸모 있는 전기전도도를 갖는다. 테플론(Teflon)은 낮은 마찰계수를 가지며 눌어붙지 않는 주방용품의 코팅으로 사용된다. 고분자는 또한 부식과 화학공격에 대한 저항성을 갖는다.

16-1 고분자의 분류

고분자는 여러 가지 방식으로 분류된다. 분자를 합성하는 방법, 분자구조, 화학적 그룹(family)에 의해 구분될 수 있다. 고분자를 분류하는 한 가지 방법은 선형 고분자인지 혹은 분기된 고분자인지 기술하는 것이다(그림 16-1). 선형 고분자는 스파게티 같은 분자 사슬들로 구성되어 있다. 분기된 고분자에서는 1차적인 주 사슬과 거기에서 분기된 2차적인 작은 사슬이 있다. 사슬은 '선형'이라고는 하지만 실제로 직선 형태는 아니다. 고분자를 설명하는 더 좋은 방법은 고분자의 기계적 및 열적 거동을 이용하는 것이다. 표 16-1은 세 가지 주요 고분자 클래스를 비교한 것이다.

열가소성 고분자는 단량체들을 결합하여 생성된 긴 사슬로 구성된다. 그들은 일반적

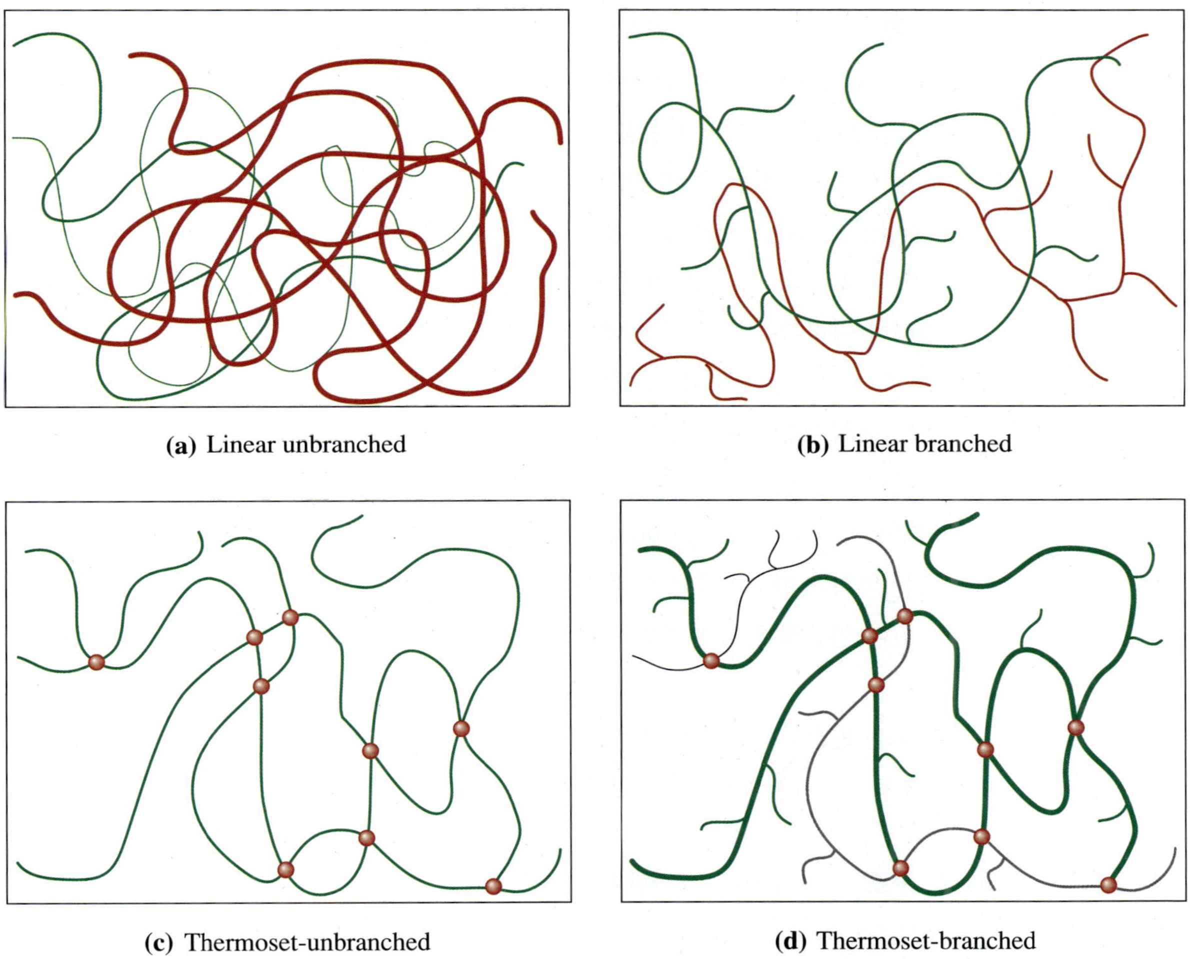

그림 16-1 선형 및 분기된 고분자를 개략적으로 보여주는 그림. 분기는 어떤 종류의 고분자(열가소성, 열경화성, 탄성중합체)에서도 발생할 수 있는 점을 주목하라. (a) 분기되지 않은 선형 고분자: 사슬은 직선이 아니고 연결되어 있지도 않음을 주목하라. 각 체인이 연결되어 있지 않음을 명확하게 표시하기 위해 다른 고분자 사슬은 다른 음영을 사용하여 나타냈다. (b) 분기된 선형 고분자: 사슬은 연결되지 않으나 가지를 갖는다. (c) 분기되지 않은 열경화성 고분자: 사슬은 공유결합에 의해 서로 연결되어 있으나 가지가 없다. 연결점은 채워진 원으로 표시하였다. (d) 분기되고 공유결합으로 서로 연결된 사슬을 갖는 열경화성 고분자: 다른 사슬과 가지의 대비를 위해 다른 음영으로 표시되었다. 사슬이 실제로 화학적으로 결합된 위치는 채워진 원으로 표시하였다.

표 16-1 고분자의 세 클래스 비교

거동	일반적인 구조	예
열가소성	유연한 선형 사슬(선형 또는 분기된 사슬)	폴리에틸렌
열경화성	강직한 3차원 네트워크(선형 또는 분기된 사슬)	폴리우레탄
탄성중합체	스프링을 닮은 분자들로 구성된 열가소성 또는 약하게 가교결합된 열경화성 고분자	천연고무

으로 소성, 연성의 거동을 나타낸다. 사슬들은 분기가 있을 수도, 없을 수도 있으며, 개별 사슬들은 서로 얽혀 있다. 이것은 서로 다른 사슬에 위치한 원자들 사이에 생겨나는 상대적으로 약한 반데르발스 결합에 의한 것이다. 이는 몇 그루의 나무들이 서로 얽혀 있는 것과 사뭇 유사하다. 각 나무는 가지가 있을 수도 없을 수도 있고, 그들은 서로 얽혀 있을 뿐 물리적으로 서로 연결되지는 않기 때문이다. 열가소성 고분자의 얽힌 사슬은 인장응력에 의해 풀릴 수 있으며, 이들은 비결정질 또는 결정질일 수 있다. 가열하면 열가소성 고분자는 연화되고 용융된다. 그러므로 고온으로 가열하여 원하는 형상으로 가공될 수 있으며, 쉽게 재활용된다.

열경화성 고분자는 서로 강하게 가교결합된 긴(선형 또는 분기된) 분자사슬로 구성되어 3차원 네트워크 구조를 형성한다. 네트워크 또는 열경화성 고분자는 단순히 얽힌 것이 아니라 여러 위치에서 서로 매듭지어진 실타래와 같다. 각각의 실은 다른 실에 서로 붙어 있는 것처럼 보인다. 열경화성 고분자는 일반적으로 열가소성 고분자보다 더 강하지만, 취성이 더 크다. 열경화성 고분자는 가열해도 녹지 않으며, 분해되기 시작한다. 가교결합 반응이 일어난 후에는 쉽게 재처리될 수 없고, 따라서 재활용이 어렵다.

탄성중합체(elastomer)는 200% 이상의 큰 탄성변형을 지탱할 수 있다. 그것은 열가소성 또는 약하게 가교결합된 열경화성이다. 이 고분자 사슬은 코일을 닮은 분자로 구성되어 있어 인장력에 의해 가역적으로 늘어날 수 있다. 탄성중합체는 흔히 고무로 불린다.

열가소성 탄성중합체는 특별한 그룹의 고분자이다. 이들은 열가소성 고분자의 가공용이성과 탄성중합체의 탄성거동을 모두 갖추고 있다.

대표적 구조 그림 16-2는 간단한 열가소성 고분자인 폴리에틸렌의 세그먼트를 나타낼 수 있는 세 가지 방법을 보여준다. 고분자 사슬은 탄소원자의 기본 골격으로 이루어져 있고 두 개의 수소원자가 각 탄소원자에 결합되어 있다. 탄소원자와 연결된 두 개의 수소원자의 결합각은 109.5°이고, 분자사슬은 비틀어져 공간을 빙빙 돌아나가는 형태이다. 그림에 보이는 바와 같이 폴리에틸렌은 분기가 없으므로 선형 열가소성 고분자이다. 그림 16-2(c)의 단순한 2차원 모델은 고분자 구조의 필수 요소를 포함하고 있어 다

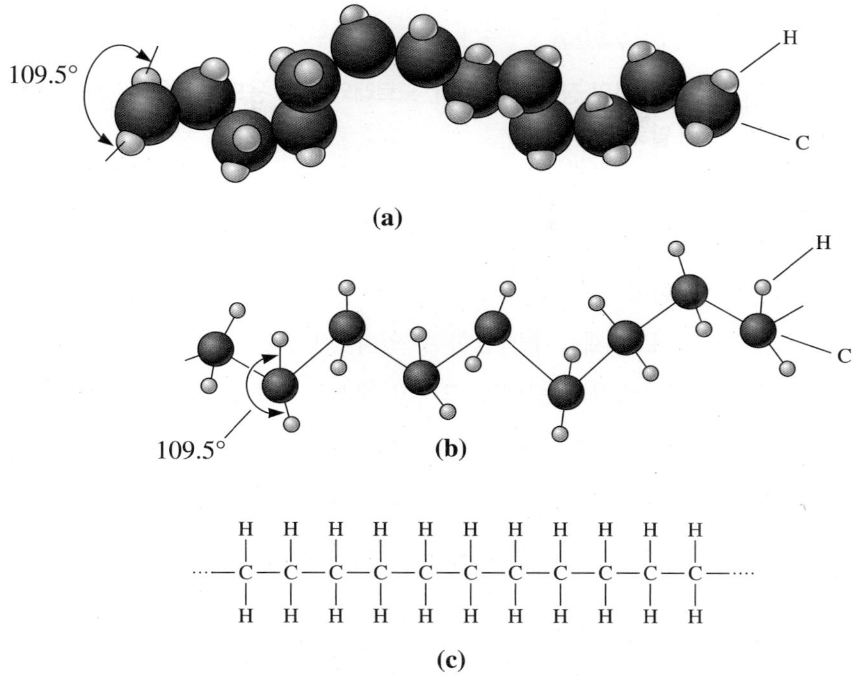

그림 16-2 폴리에틸렌의 구조를 표현하는 세 가지 방법. (a) 고체 3차원 모델, (b) 3차원 '공간' 모델, (c) 간단한 2차원 모델.

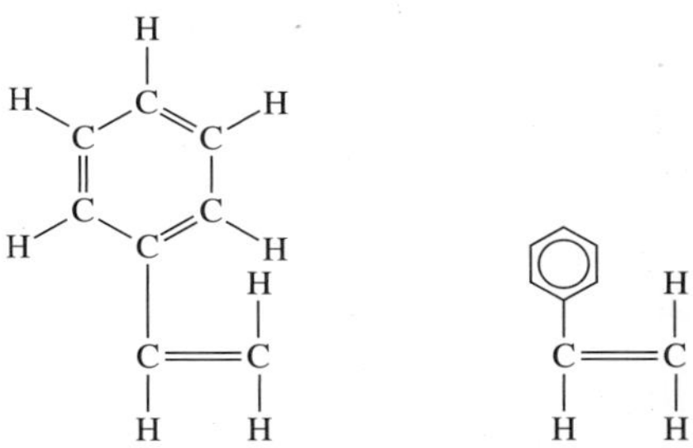

그림 16-3 벤젠고리를 표현하는 두 가지 방법. 이 경우 벤젠고리는 한 쌍의 탄소원자에 부착되어 스타이렌을 생성한다.

양한 고분자를 설명하는 데 사용될 것이다. 탄소 원자 사이와 탄소 및 수소 원자 사이의 단일 선(—)은 단일 공유결합을 나타낸다. 원자 사이의 두 평행선(=)은 이중 공유결합을 나타낸다. 많은 고분자들은 폴리스타이렌이나 다른 고분자들에서 발견되는 벤젠고리와 같은 고리구조를 가지고 있다. 6개 탄소 링의 벤젠고리를 포함하는 분자는 방향족 화합물로 알려져 있다.

그림 16-2(c)의 구조에서 C_2H_4의 수소원자 중 하나를 CH_3, 벤젠고리나 염소로 교체하면 폴리프로필렌(PP), 폴리스타이렌(PS), 폴리비닐클로라이드(PVC)를 얻을 수 있다. C_2H_4 그룹의 모든 수소원자를 불소로 교체한 경우 폴리테트라플루오로에틸렌(PTFE 또는 Teflon)의 구조를 얻을 수 있다. 많은 고분자의 구조는 폴리에틸렌(PE) 구조로부터 유도될 수 있다. 다음 예제는 다른 종류의 고분자를 사용하는 방법을 보여준다.

예제 16-1 고분자 부품용 재료선택

외과의사의 장갑, 음료용기, 도르래와 같은 용도에 적합할 것으로 생각되는 고분자의 종류에 대해 말해보라.

풀이

장갑은 외과의사의 손이 들어가도록 크게 늘어날 수 있어야 하며 수술 중 촉감을 최대화하기 위해 손에 밀착되어야 한다. 큰 탄성변형을 보이는(특히 비교적 작은 응력에서도) 재료가 적합할 수 있다. 탄성중합체가 이 요구조건을 충족한다.

음료용기는 쉽게 그리고 경제적으로 생산되어야 한다. 용기는 약간의 연성과 인성을 가져서 뜻하지 않게 부서지더라도 내용물이 새지 않아야 한다. 탄산음료의 경우 CO_2의 확산이 중요한 관심사이다(제5장). 폴리에틸렌테레프탈레이트(PET)와 같은 열가소성 고분자가 이 용도에 필요한 성형성과 강도를 갖는다. 그것은 또한 쉽게 재활용된다.

도르래는 벨트가 걸쳐 통과하면서 약간의 응력을 받으며 마모된다. 비교적 강하고, 강직하고, 단단한 재료가 마모를 방지하기 위해 필요하므로 아마 열경화성 고분자가 가장 적합할 것이다.

16-2 부가중합 및 축합중합

부가와 축합에 의한 중합은 고분자를 만들어내는 두 가지 방법이다. 이 두 공정을 통해 제조된 고분자는 각각 부가중합 및 축합중합 고분자로 알려져 있다. 에틸렌 분자들로부터 폴리에틸렌(PE) 형성과 같은 가장 일반적인 고분자의 형성은 부가 또는 사슬성장(chain-growth) 중합반응의 예이다. 에틸렌 가스는 화학식 C_2H_4인 단량체이다. 두 개의 탄소 원자는 이중 공유결합으로 결합되어 있다. 각 탄소 원자는 두 번째 탄소 원자와 두 개의 전자를 공유하고, 각각에는 두 개의 수소 원자가 공유결합되어 있다(그림 16-4).

열, 압력, 촉매의 적절한 조합에 의해 탄소 원자들 사이의 이중결합은 깨어지고 단일

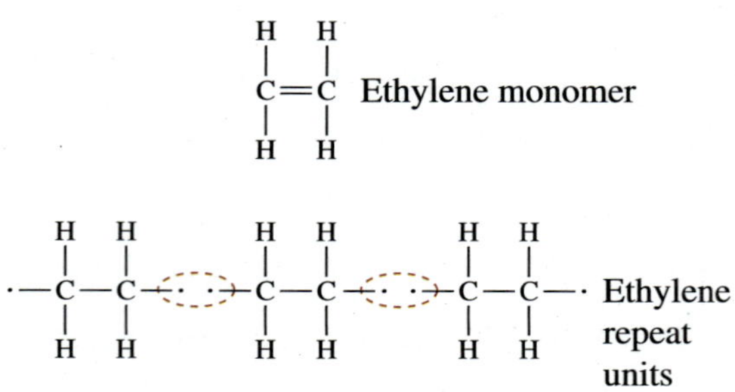

그림 16-4 에틸렌 분자로부터 폴리에틸렌을 제조하는 첨가반응. 단량체의 불포화 이중결합이 파괴되어 활성화 부위를 생성한다. 그 다음에 사슬을 생성하기 위해 양 끝에서 추가 반복단위를 끌어당긴다.

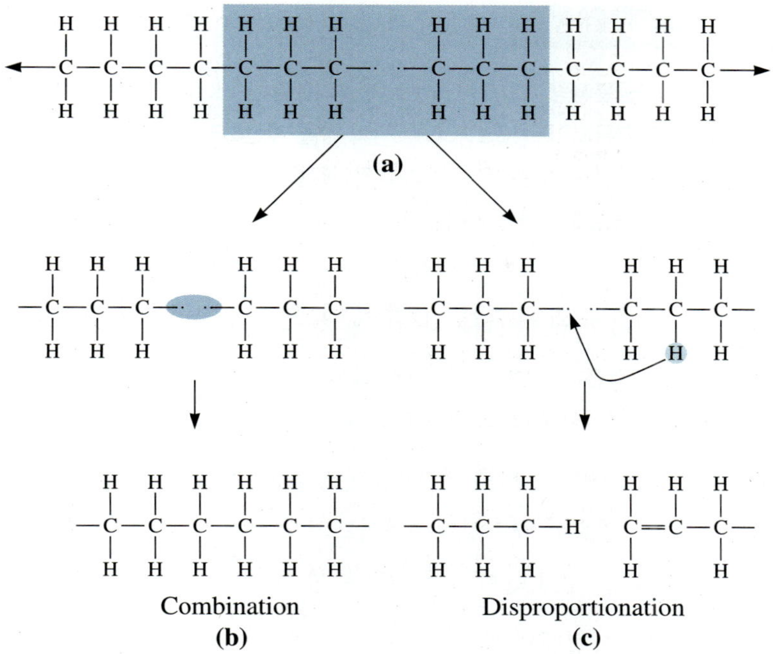

그림 16-5 폴리에틸렌 사슬성장의 종결. (a) 두 개의 사슬의 활성화된 끝단이 가까이 접근한다. (b) 두 개의 사슬은 결합을 통해 한 개의 더 큰 사슬이 된다. (c) 수소 원자의 재배열과 불균등화에 의한 이중 공유결합의 생성이 두 개의 사슬을 종결시킨다.

공유결합으로 대체된다. 이제 단량체의 끝은 자유라디칼(free radical)이며, 각 탄소 원자는 다른 자유라디칼과 공유할 수 있는 짝이 없는 전자를 갖는다. 부가중합은 원래의 단량체가 탄소 원자 사이에 이중 공유결합을 가지고 있기 때문에 발생한다. 이중결합은 불포화 결합이다. 단일결합으로 바뀐 후에도 탄소 원자는 여전히 연결되어 있지만 활성화되어 있다. 다른 반복단위(mer)가 분자사슬을 제조하기 위해 부가될 수 있다.

부가중합의 종결 누구나 잘 제어된 평균분자량 및 분자량 분포를 가진 고분자를 원한다. 따라서 필요한 시점에 고분자의 중합반응을 멈출 스위치도 가지고 있어야 한다. 사슬은 두 가지 메커니즘(그림 16-5)에 의해 끝날 수 있다. 첫째, 두 개의 성장하는 사슬의 끝단부는 결합될 수 있다. 이 과정은 '조합(combination)'이라 불리며 두 개의 작은 사슬로부터 하나의 더 큰 사슬을 만든다. 둘째, 한 사슬의 끝단부가 활성화 상태라면 '불균등화(disproportionation)'로 알려져 있는 공정에 의해 두 번째 사슬로부터 수소 원자를 제거할 수 있다. 이 반응은 두 개의 사슬로 하나의 긴 사슬을 만드는 것이 아니라, 두 개의 사슬을 그대로 종결시킨다. 때때로, 종결제(terminator)로 알려진 화합물이 중합반응을 끝내기 위해 추가된다. 일반적으로 열가소성 고분자에서 평균분자량이 높은 고분자는 높은 용융온도와 높은 영의 계수를 나타낸다. 다음 예제는 부가중합 반응을 나타낸 것이다(그림 16-5).

예제 16-2 필요한 개시제의 계산

평균분자량 200,000 g/mol의 폴리에틸렌 1 kg을 제조하는 데 필요한 개시제(initiator)로서 벤조일퍼록사이드[$(C_6H_5CO)_2O_2$]의 양을 계산하라. 각 벤조일퍼록사이드 분자는 폴리에틸렌 사슬을 개시할 수 있는 두 개의 자유라디칼을 생성한다. 개시제의 20%가 유효하고, 모든 종결은 조합에 의해 일어난다고 가정한다.

풀이

하나의 벤조일퍼록사이드 분자는 두 개의 자유라디칼을 생성하고, 그것들이 두 개의 사슬을 개시한 다음 조합되어 하나의 폴리에틸렌 사슬을 형성한다. 그러므로 벤조일퍼록사이드와 폴리에틸렌 사슬은 1 : 1 비율이다. 만약 개시제가 100% 유효한 경우 폴리에틸렌 사슬 한 개당 벤조일퍼록사이드 한 분자가 요구된다.

필요한 벤조일퍼록사이드의 양을 결정하기 위해 평균분자량 200,000 g/mol의 폴리에틸렌 1 kg에서 사슬의 수를 계산해야 한다.

$$\text{에틸렌의 분자량} = (2\text{ C 원자})(12\text{ g/mol}) + (4\text{ H 원자})(1\text{ g/mol}) = 28\text{ g/mol}$$

사슬당 분자의 수('중합도'로 알려짐)는 다음과 같이 구해진다.

$$\frac{200{,}000\text{ g/mol}}{28\text{ g/mol}} = 7{,}143\text{ ethylene molecules/chain}$$

폴리에틸렌 1 kg을 형성하기 위해 필요한 단량체의 총 수는

$$\frac{(1000\text{ g})(6.022 \times 10^{23}\text{ monomers/mol})}{28\text{ g/mol}} = 2.15 \times 10^{25}\text{ monomers}$$

따라서 1 kg의 폴리에틸렌의 사슬의 수는

$$\frac{2.15 \times 10^{25}\text{ ethylene molecules}}{7{,}143\text{ ethylene molecules/chain}} = 3.0 \times 10^{21}\text{ chain}$$

벤조일퍼록사이드 개시제는 20%만 유효하므로 $5(3.0 \times 10^{21}) = 1.5 \times 10^{22}$개의 벤조일퍼록사이드 분자가 3.0×10^{21}개의 사슬을 개시하기 위해 필요하다. 벤조일퍼록사이드의 분자량은 (14 C 원자)(12 g/mol) + (10 H 원자)(1 g/mol) + (4 O 원자)(16 g/mol) = 242 g/mol이다. 그러므로 필요한 개시제의 양은 다음과 같다.

$$\frac{1.5 \times 10^{22}\text{ molecules}(242\text{ g/mol})}{6.022 \times 10^{23}\text{ molecules/mol}} = 6.0\text{ g}$$

축합중합 고분자 사슬은 축합 또는 단계성장(step-growth) 중합에 의해 만들어질 수 있는데 구조나 성질은 부가중합 고분자와 유사하다. 축합중합에서는 비교적 작은 분자(예: 물, 에탄올, 메탄올 등)가 중합의 결과물로 형성된다. 이 메커니즘은 종종 출발물질

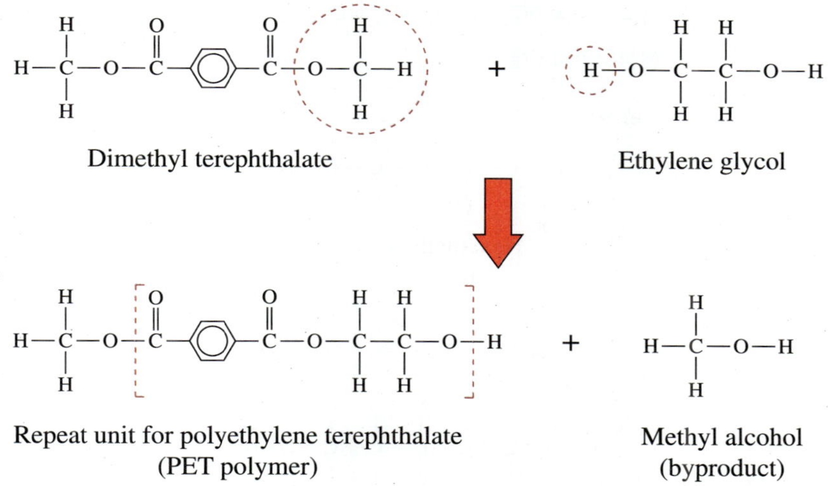

그림 16-6 흔한 폴리에스터인 폴리에틸렌테레프탈레이트(PET)의 축합반응. $-OCH_3$기와 수소원자가 단량체로부터 제거됨으로써 두 단량체가 결합할 수 있고 부산물로 메틸알코올이 만들어진다.

또는 전구체로 서로 다른 단량체를 포함한다. 디메틸테레프탈레이트와 에틸렌글리콜(라디에이터 냉각수로 사용되기도 하는)이 중합하여 폴리에스터를 만들어내는 것은 중요한 하나의 예이다(그림 16-6). 중합반응 동안 에틸렌글리콜 단량체 끝단의 수소원자는 디메틸테레프탈레이트의 $-OCH_3$(메톡시)기와 결합한다. 부산물로 메탄올(CH_3OH)이 '축합'되어 나오고, 두 단량체가 결합하여 큰 분자를 만든다. 이 예에서 각 단량체는 이중기능성을 가지는데, 이는 단량체의 양쪽 단말이 모두 반응할 수 있으며, 동일 반응에 의해 축합중합이 계속될 수 있음을 의미한다. 마침내, 하나의 긴 고분자 사슬(폴리에스터)이 만들어진다. 고분자 사슬의 길이는 단량체가 사슬 끝단으로 확산하고 축합반응에 참여할 수 있는 용이함의 정도에 의존한다. 사슬성장은 반응을 계속할 수 있도록 사슬의 끝에 도달할 수 있는 단량체가 더 이상 없을 때 종결된다. 축합중합 반응은 세라믹 재료의 솔-젤 공정에서도 발생한다.

다음의 예제는 나일론의 발명에 대하여 설명하고, 축합중합에 관련된 계산을 보여준다.

예제 16-3 나일론-6,6의 축합중합

나일론은 1934년경 듀퐁(Du Pont™)의 Wallace Hume Carothers에 의해 처음으로 보고되었다. 1939년 듀퐁의 Charles Stein은 뉴욕 세계박람회에 모인 3,000명의 여성들 앞에서 이 최초의 합성섬유 발명을 보고하였다. 첫 응용 제품은 나일론스타킹이었다. 오늘날 나일론은 수백 가지 용도에 사용된다. 나일론에 앞서서 Carothers는 네오프렌(탄성중합체)을 발견한 바 있다.

선형고분자 나일론-6,6은 1,000 g의 헥사메틸렌디아민과 아디프산의 조합을 통해 만들어진다. 그 다음에는 축합반응으로 고분자를 형성한다. 단량체의 분자구조는 아래와 같다. 선형 나일

론 사슬은 헥사메틸렌디아민으로부터 수소 원자와 아디프산으로부터 -OH기가 결합하여 물 분자를 형성하면서 만들어진다.

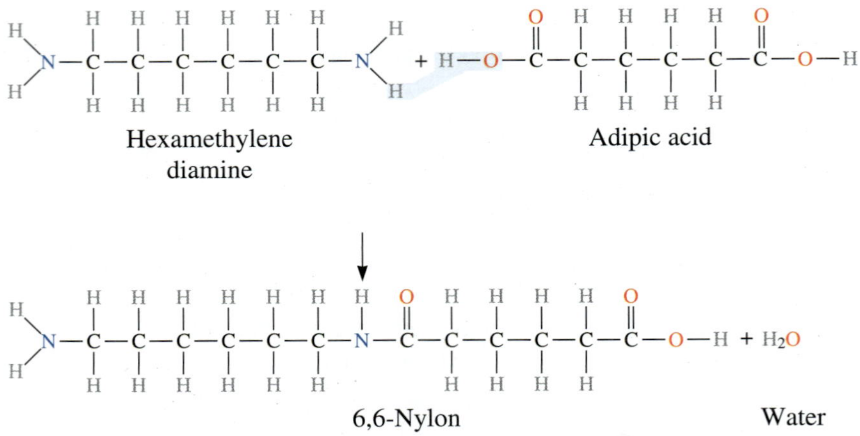

반응은 새로운 분자의 양쪽 끝단에서 계속될 수 있음에 주목하라. 결과적으로 긴 사슬이 형성될 수 있다. 두 단량체가 각각 여섯 개의 탄소 원자를 함유하기 때문에 이 고분자는 나일론-6,6으로 불린다.

아디프산이 몇 g이 필요하고, 100% 효율을 가정할 때 얼마의 나일론-6,6이 만들어지는가?

풀이

헥사메틸렌디아민의 분자량은 116 g/mol, 아디프산의 분자량은 146 g/mol, 물의 분자량은 18 g/mol이다. 헥사메틸렌디아민의 몰수는 아디프산의 몰수와 같다. 아디프산의 몰수는

$$\frac{1,000\ \text{g}}{116\ \text{g/mol}} = 8.62\ \text{moles} = \frac{x\ \text{g}}{146\ \text{g/mol}}$$

$$x = 1,259\ \text{g}\ (\text{필요한 아디프산})$$

헥사메틸렌디아민과 아디프산이 반응할 때 하나의 물 분자가 손실된다. 단량체 하나가 사슬에 추가될 때마다 물 분자 하나가 손실된다. 따라서 긴 사슬이 형성될 때 사슬의 반복단위(각 반복단위는 두 단량체로부터 형성됨) 하나당 평균적으로 두 개의 물 분자가 방출된다. 그러므로 방출된 물의 몰 수는

$$17.24\ \text{moles}\ H_2O(18\ \text{g/mol}) = 310\ \text{g}\ H_2O$$

생성되는 나일론의 총량은

$$1,000\ \text{g} + 1,259\ \text{g} - 310\ \text{g} = 1,949\ \text{g} = 1.95\ \text{kg}$$

16-3 중합도

유기 또는 무기 화합물과는 달리 고분자는 고정된 분자량을 갖지 않는다. 예를 들어, 폴리에틸렌은 약 25,000~6,000,000 g/mol 범위의 분자량을 가질 수 있다. 선형고분자의 평균길이는 중합도(사슬 내의 반복단위의 수)에 의해 표시된다. 중합도(degree of polymerization)의 정의는 다음과 같다.

$$\text{중합도} = \frac{\text{고분자의 평균분자량}}{\text{반복단위의 분자량}} \tag{16-1}$$

고분자가 오직 한 종류의 단량체를 포함한다면 반복단위의 분자량은 단량체의 분자량이다. 고분자가 하나 이상의 단량체 종류를 포함한다면 반복단위의 분자량은 단량체들의 분자량의 합에서 부산물의 분자량을 뺀 것이다.

선형고분자 사슬의 길이는 상당히 차이가 난다. 어떤 것들은 조기 종결로 인해 길이가 짧으며 다른 것들은 매우 길 수도 있다. 두 가지 방법으로 평균분자량을 정의할 수 있다.

중량평균(weight average) 분자량은 사슬을 무게 범위에 따라 나누고, 해당 범위에 속하는 분자량을 갖는 사슬의 분율을 결정하여 얻어진다. 중량평균 분자량 $\overline{M}_w$는

$$\overline{M}_w = \sum f_i M_i \tag{16-2}$$

여기서, M_i는 각 범위의 평균분자량이고, f_i는 해당 범위에 속하는 사슬을 갖는 고분자의 무게분율이다.

갯수평균(number average) 분자량 $\overline{M}_n$은 각 크기 범위에 속하는 사슬들의 갯수분율(무게분율이 아님)에 근거한 분자량이다. 그것은 중량평균 분자량보다 항상 작으며 다음과 같이 나타낼 수 있다.

$$\overline{M}_n = \sum x_i M_i \tag{16-3}$$

여기서, M_i는 각 크기 범위의 평균분자량이지만, x_i는 각 범위에 속한 사슬의 전체 숫자에 대한 분율이다. $\overline{M}_w$ 또는 $\overline{M}_n$은 중합도를 계산하는 데 사용될 수 있다.

다음 두 예제는 이러한 개념을 잘 보여준다.

예제 16-4 나일론-6,6의 중합도

나일론-6,6의 분자량이 120,000 g/mol인 경우 중합도를 계산하라.

풀이

나일론-6,6이 만들어지는 반응을 예제 16-3에서 설명하였다. 헥사메틸렌디아민과 아디프산이 조합하면서 물 분자 하나를 방출한다. 긴 사슬이 형성될 때 평균적으로

각각의 조합반응에서 하나의 물 분자가 방출된다. 각각의 분자량은 헥사메틸렌디아민 116 g/mol, 아디프산 146 g/mol, 물 18 g/mol이다. 나일론-6,6의 반복단위는 아래와 같다. 반복단위의 분자량은 두 단량체의 분자량의 합에서 물 분자 두 개의 분자량을 뺀 것이다.

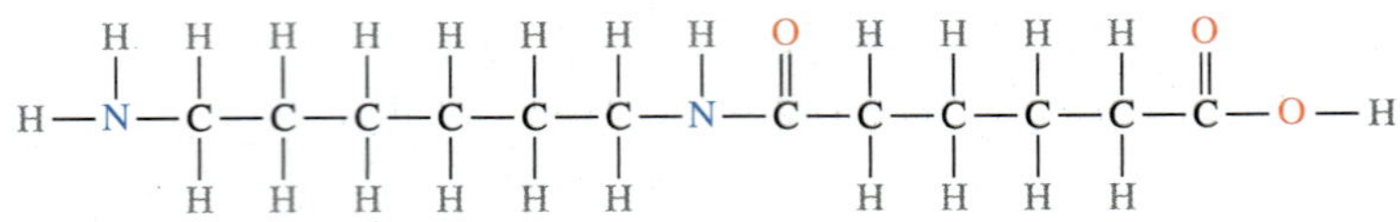

$$M_{\text{repeat unit}} = 116 + 146 - 2(18) = 226 \text{ g/mol}$$

$$\text{중합도} = \frac{120,000 \text{ g/mol}}{226 \text{ g/mol}} = 531$$

중합도는 사슬 내의 반복단위의 총 수를 나타낸다.

예제 16-5 갯수평균 분자량과 중량평균 분자량

분자량 0~5,000 g/mol**에** 4,000**개의 사슬을 가진 것, 분자량** 5,000~10,000 g/mol**에** 8,000**개의 사슬을 가진 것, 분자량** 10,000~15,000 g/mol**에** 7,000**개의 사슬을 가진 것, 분자량** 15,000~20,000 g/mol**에** 2,000**개의 사슬을 가진 것, 총 네 가지 폴리에틸렌 샘플이 있다. 이 폴리에틸렌의 갯수평균 분자량과 중량평균 분자량을 구하라.**

풀이

먼저 네 가지 범위에 대하여 각각 갯수분율 및 중량분율을 결정해야 한다. x_i는 간단하게 각 범위의 개수를 사슬의 총 수인 21,000으로 나누면 된다. f_i를 구하려면 먼저 평균 분자량에 사슬의 수를 곱하여 각 그룹의 '무게'를 구한 후 총 무게인 1.925×10^8 g/mol로 나누면 구할 수 있다. 분자량을 구하기 위해 식 (16-2)와 (16-3)을 사용할 수 있다.

사슬의 수	사슬당 평균 M(g/mol)	x_i	x_iM_i (g/mol)	무게(g/mol)	f_i	f_iM_i (g/mol)
4,000	2,500	0.191	477.5	1.0×10^7	0.0519	129.75
8,000	7,500	0.381	2,857.5	6.0×10^7	0.3118	2,338.50
7,000	12,500	0.333	4,162.5	8.75×10^7	0.4545	5,681.25
2,000	17,500	0.095	1,662.5	3.5×10^7	0.1818	3,181.50
$\Sigma = 21,000$		$\Sigma = 1$	$\Sigma = 9,160$	$\Sigma = 1.925 \times 10^8$	$\Sigma = 1$	$\Sigma = 11,331$

$$\overline{M}_n = \sum x_i M_i = 9,160 \text{ g/mol}$$

$$\overline{M}_w = \sum f_i M_i = 11,331 \text{ g/mol}$$

중량평균 분자량은 갯수평균 분자량보다 더 크다.

16-4 일반적인 열가소성 고분자

전형적인 열가소성 고분자의 기계적 성질의 일부를 표 16-2에 나타내었다. 표 16-3은 부가중합에 의해 만들어진 몇몇 중요한 열가소성 고분자의 반복단위 및 용도를 보여준다.

복잡한 구조를 갖는 열가소성 고분자 복잡한 단량체로부터 흔히 축합반응에 의해 형성되는 고분자가 많이 있다. 예를 들어, 산소, 질소, 황, 벤젠고리(방향족 기)가 사슬에 도입될 수 있다. 이러한 고분자는 일반적으로 특수용도에 비교적 소량으로 사용된다. 표 16-4는 복잡한 형태의 고분자의 반복단위 및 용도를 보여준다. 폴리옥시메틸렌(아세탈)이 간단한 예로 고분자 주 사슬에 탄소 원자와 산소 원자를 교대로 갖고 있다. 폴리이미드와 폴리에테르에테르케톤(PEEK)을 포함한 이들 고분자는 중요한 항공우주재료이다. 더 간단한 부가중합 고분자에 비하여 사슬 내의 결합이 강하기 때문에 사슬의 회전과 미끄러짐이 더 어려워 높은 강도, 높은 강성, 높은 용융점을 갖는다. 때로는

표 16-2 선별된 열가소성 고분자의 특성

고분자	인장강도 (MPa)	연신율 (%)	탄성계수 (MPa)	밀도 (g/cm^3)	아이조드 충격치 (J/cm)
폴리에틸렌(PE)					
저밀도(LD)	21	800	276	0.92	4.9
고밀도(HD)	38	130	1,241	0.96	2.2
초고분자량(UHMW)	48	350	690	0.934	16.2
폴리비닐클로라이드(PVC)	62	100	4,140	1.40	0.5
폴리프로필렌(PP)	41	700	1,517	0.90	
폴리스타이렌(PS)	55	60	3,103	1.06	0.2
폴리아크릴로니트릴(PAN)	62	4	4,000	1.15	2.6
폴리메틸메타크릴레이트(PMMA)	83	5	3,100	1.22	0.3
폴리클로로트리플루오르에틸렌	41	250	2,070	2.15	1.4
폴리테트라플루오르에틸렌(PTFE)	48	400	550	2.17	1.6
폴리옥시메틸렌(POM)	83	75	3,590	1.42	1.2
폴리아미드(PA)	83	300	3,450	1.14	1.1
폴리에스터(PET)	72	300	4,140	1.36	0.3
폴리카보네이트(PC)	76	130	2,760	1.20	8.6
폴리이미드(PI)	117	10	2,070	1.39	0.8
폴리에텔에텔케톤(PEEK)	70	150	3,790	1.31	0.9
폴리페닐린설파이드(PPS)	66	2	3,310	1.30	0.3
펄리에텔술폰(PES)	84	80	2,410	1.37	0.9
폴리아미드-이미드(PAI)	186	15	5,030	1.39	2.2

표 16-3 부가중합 열가소성 고분자의 반복단위 및 용도

고분자	반복단위	용도	고분자	반복단위	용도
폴리에틸렌 (PE)	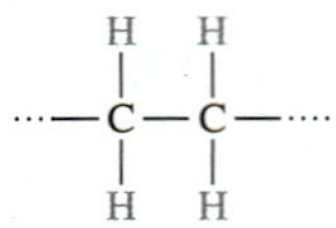	포장필름, 전선 절연체, 플라스틱 병, 튜브, 가정용품	폴리아크릴로니트릴 (PAN)	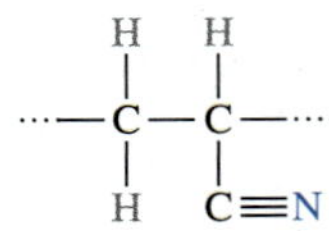	직물 섬유, 탄소섬유의 전구체, 식품용기
폴리비닐 클로라이드 (PVC)	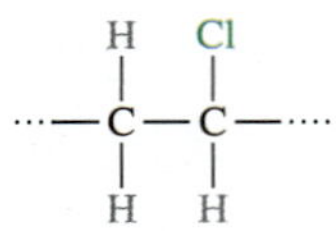	파이프, 밸브, 이음쇠, 바닥 타일, 전선 절연체, 비닐 자동차 지붕	폴리메틸 메타크릴레이트 (아크릴-플렉시 글라스)(PMMA)	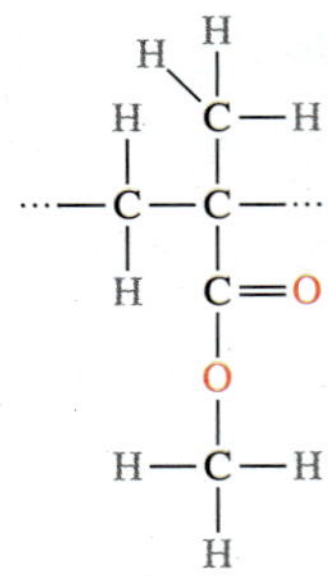	창문, 자동차 전면유리, 코팅, 콘택트렌즈, 조명 간판
폴리프로필렌 (PP)	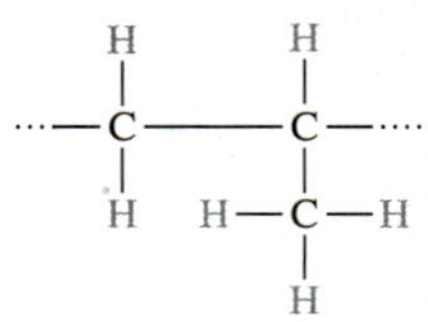	탱크, 카펫 섬유, 로프, 포장	폴리클로로 트리플루오로 에틸렌	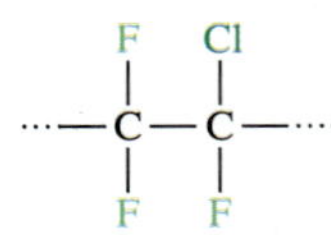	밸브 부품, 개스킷, 튜브, 절연체
폴리스타이렌 (PS)	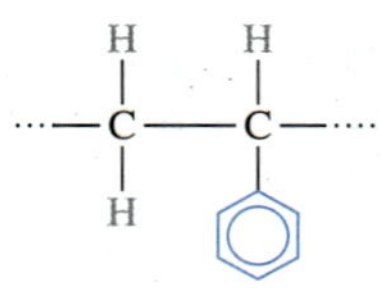	포장용, 절연품, 조명 패널, 가전 부품, 달걀 곽	폴리테트라 플루오로에틸렌 (테플론)(PTFE)	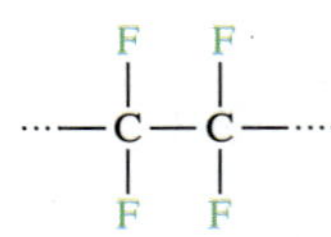	씰, 밸브, 붙지 않는 코팅

이러한 복잡한 사슬을 이용하여 좋은 충격특성이 얻어지기도 하는데 폴리카보네이트가 대표적인 예이다. 폴리카보네이트(Lexan™, Merlon™, Sparlux™)는 방탄유리, 데이터저장용 CD, DVD, 기타 많은 다른 제품에 사용된다.

16-5 열가소성 고분자의 구조-특성 상관관계

중합도 일반적으로 열가소성 고분자에서(예: 폴리에틸렌) 인장강도, 크리프저항, 충격인성, 내마모성, 용융온도 등은 모두 평균분자량 또는 중합도의 증가에 따라 증가한다. 이러한 특성들이 증가하는 것이 선형적이지는 않다. 평균분자량이 증가함에 따라 용융온도가 증가하고, 이는 가공이 더 어려워지게 한다. 실제로, 분자량의 양봉(bimodal) 분포를 고분자 가공에 활용할 수 있다. 한 성분은 낮은 분자량을 갖게 하여 용융되기 쉽게 만들고, 따라서 가공이 용이해진다.

표 16-4 복잡한 열가소성 고분자의 반복단위와 용도

고분자	반복단위	용도
폴리옥시메틸렌(아세탈) (POM)	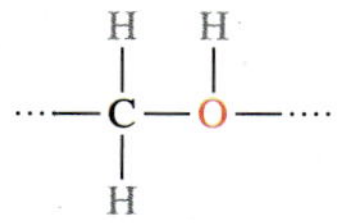	배관 고정장치, 펜, 베어링, 기어, 바람날개
폴리아미드(나일론) (PA)	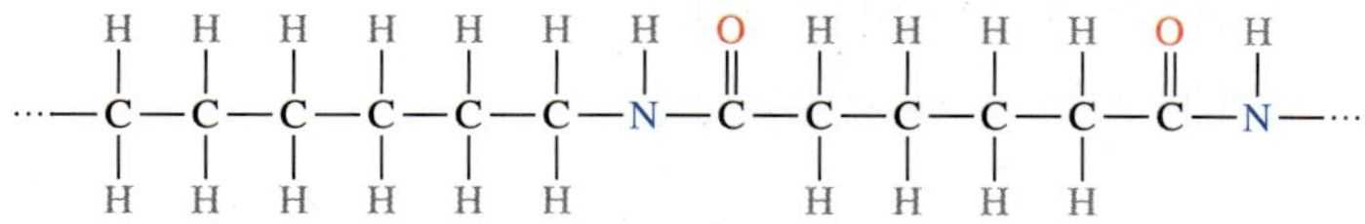	베어링, 기어, 섬유, 로프, 자동차부품, 전기부품
폴리에스터 (PET)	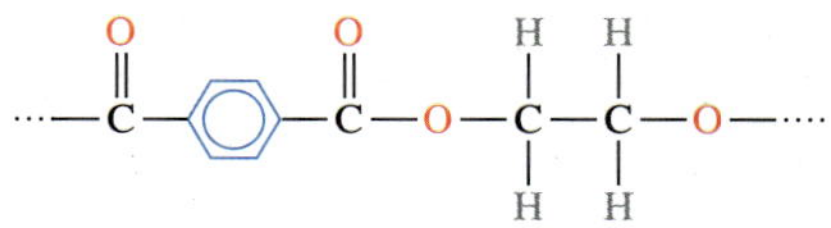	섬유, 사진필름, 녹음테이프, 포장 째 끓이는 파우치, 음료용기
폴리카보네이트 (PC)	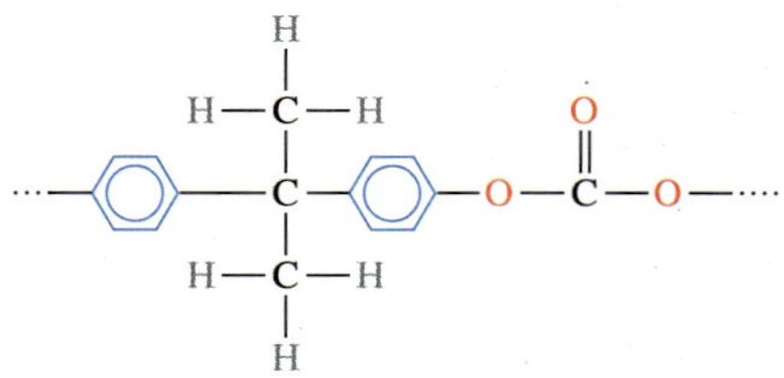	전기용 하우징, 자동차부품, 미식축구 헬멧, 병, CD, DVD
폴리이미드 (PI)	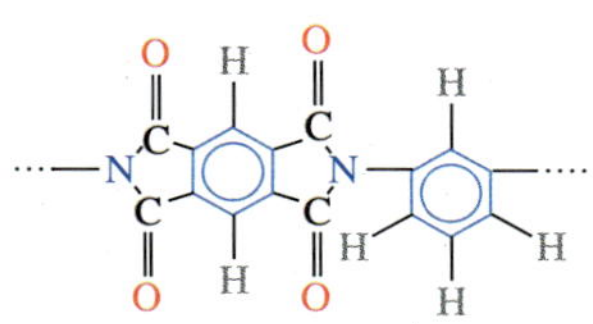	접착제, 회로기판, 유연 케이블
폴리에테르에테르케톤 (PEEK)	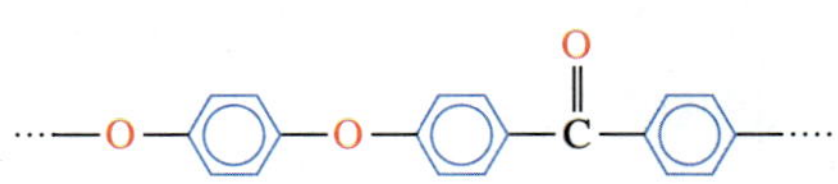	고온의 전기절연체 및 코팅
폴리페닐린설파이드 (PPS)	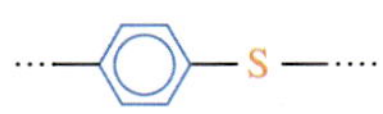	코팅, 전자부품, 유체 취급용 부품, 헤어드라이어 부품
폴리에테르술폰 (PES)	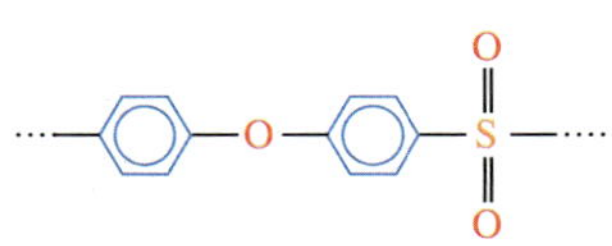	전기부품, 커피머신, 헤어드라이어, 전자레인지 부품
폴리아미드-이미드 (PAI)	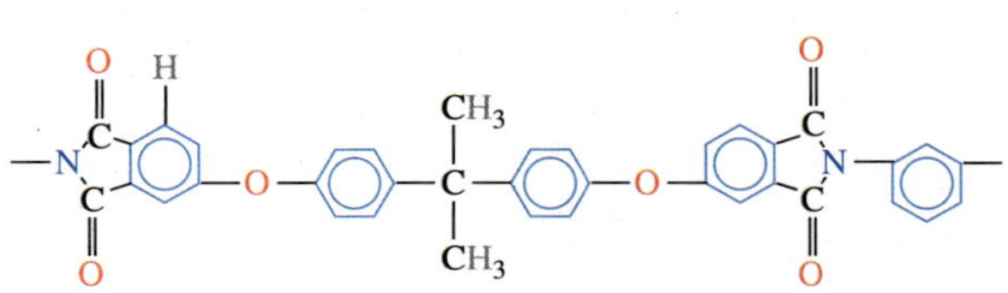	전자부품, 항공우주 및 자동차 부품

측면사슬의 효과 폴리에틸렌에 응력이 작용하면 선형의 사슬은 쉽게 회전하고 미끄러지며, 사슬과 사슬 사이에 강한 극성 결합이 없으므로 낮은 강도를 갖는다.

비닐화합물(vinyl compound)은 수소 원자들 중 하나가 다른 원자 또는 원자그룹으로 치환된 것이다. 측면사슬(side group) R이 염소인 경우, 폴리비닐클로라이드(PVC)가 만들어진다. 측면사슬이 CH_3인 경우 폴리프로필렌(PP)을 만들며, 측면사슬로 벤젠고리가 첨가되면 폴리스타이렌(PS)이 된다. 또한, 측면사슬이 CN인 경우 폴리아크릴로니트릴(PAN)이 된다(표 16-3 참조).

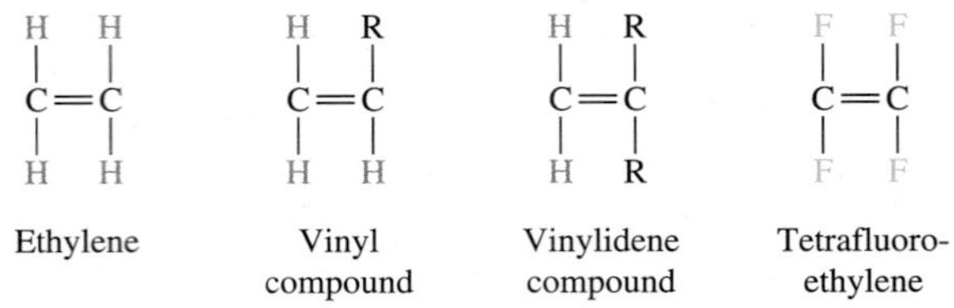

두 개의 수소 원자가 대체되는 경우 단량체는 비닐리딘화합물(vinylidene compound)인데, 중요한 예로는 폴리비닐리딘클로라이드(Saran Wrap™의 기초)와 폴리메틸메타크릴레이트(예: Lucite™ 및 Plexiglas™와 같은 아크릴) 등이 있다. 일반적으로 고분자의 반복단위에서는 머리-꼬리 배열(그림 16-7)이 나타나지만, 머리-머리 배열 또한 관찰된다.

탄소 골격에 붙은 수소 원자를 다른 원자나 원자그룹으로 치환한 효과는 표 16-2에 소개된 일반적인 특성에 의해 잘 나타난다. 염소와 같은 큰 원자 또는 메틸(-CH_3)과 벤젠 같은 원자그룹들은 응력이 걸리거나 온도가 상승하였을 때 사슬의 회전, 코일 풀림, 뒤엉킴 풀림, 점성변형을 어렵게 한다. 이러한 조건은 폴리에틸렌보다 더 높은 강도, 강성, 용융점을 갖도록 해준다. PVC의 염소원자와 PAN의 탄소-질소 그룹은 인접한 사슬의 수소 원자와의 사이에 수소결합에 의해 강한 인력이 작용한다. 이것이 PVC가 많은 다른 고분자보다 더 강직한 이유다. PVC의 강직함을 낮추기 위해 가소제로 알려진 프탈산에스터와 같은 저분자량 화합물을 첨가하기도 한다. PVC가 이들 화합물을 함유하면, 유리천이온도는 낮아진다. 이것이 PVC를 보다 부드럽게 하고, 사용성을 높여준다. 그러한 PVC는 비닐로 알려져 있다(여기 또는 다른 곳에서 언급된 vinyl group과 혼동하지 말 것). PVC는 3링 바인더, 파이프, 타일, 투명 Tygon™ 튜브를 만드는 데 사용된다.

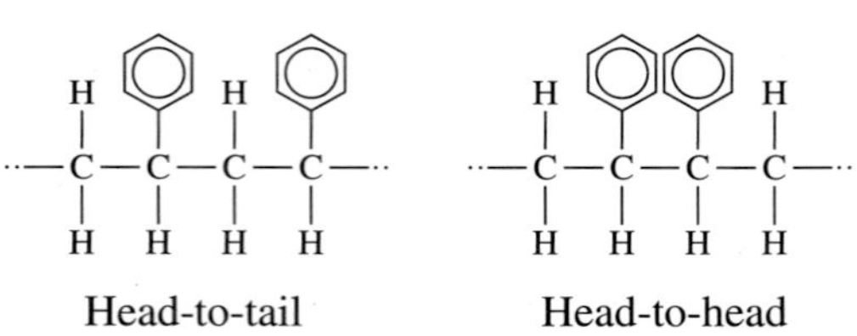

그림 16-7 반복단위의 머리-꼬리 대 머리-머리 배열. 머리-꼬리 배열이 가장 일반적이다.

폴리테트라플루오로에틸렌(PTFE, 테플론)에서는 네 개의 수소 원자 모두가 불소로 대체되었다. 단량체는 대칭이고 고분자의 강도는 폴리에틸렌보다 별로 크게 높지 않다. PTFE의 C-F 결합은 높은 용융점 외에도 낮은 마찰과 눌어붙지 않는 특성을 갖게 해주므로 베어링 및 조리기구에 쓸모 있는 고분자로 만들어준다. 테플론은 테트라플루오로에틸렌 기체를 연구했던 Roy Plunkett에 의해 우연히 발명되었다. 그는 테트라플루오로에틸렌 가스 실린더가 압력이 없음에도(그래서 빈 것처럼 보임에도) 보통 때보다 무겁다는 것을 발견했다. 안에 있는 가스로 고체 테플론을 중합하였다.

분기는 사슬의 조밀한 충진을 방해하여 고분자의 밀도, 강성, 강도 등을 감소시킨다. 가지가 많은 저밀도 폴리에틸렌(LPDE)은 가지가 없는 고밀도 폴리에틸렌(HDPE)보다 약하다(표 16-2).

결정화와 소성변형 결정화도(crystallinity)는 기계적 및 광학적 특성에 영향을 주기 때문에 고분자에서 중요하다. 결정화도는 고분자 공정(예: 이전의 장들에서 살펴본 PET병의 성형) 중에 온도 변화와 가해진 응력의 결과로서 나타난 것이다. 결정질 영역이 너무 커지면 빛을 산란시켜 플라스틱은 반투명하게 된다. 어떤 특수한 고분자에서는 국부 영역이 가해진 전기장에 반응하여 결정화하는데, 이것이 액정디스플레이(LCD)가 작동하는 원리이다. 이에 관해서는 다음 절에서 살펴보기로 하자. 고분자의 결정화는 또한 사슬과 사슬 사이의 강한 결합으로 밀도, 내화학성, 기계적 특성(심지어 높은 온도에서도)을 증가시키는 데 도움을 준다. 또한 사슬을 직선화하고 정렬시키는 변형은 결정화를 가져올 뿐만 아니라 우선방위(preferred orientation)를 유발한다. 고분자의 소성변형은 종종 섬유를 만드는 데 사용되는데, 이들은 섬유의 길이방향으로 금속과 세라믹의 기계적 특성을 능가하는 특성을 보인다. 사실 이러한 집합조직(texture)강화가 나일론 섬유의 발견에 결정적인 역할을 했다. 이전의 장들에서 PET병이 어떻게 2축 집합조직을 갖게 되는지와 반지름 방향과 길이방향으로 강화되는지를 살펴보았다.

입체규칙성 고분자가 비대칭 반복단위로부터 형성될 때 구조와 성질은 비대칭 원자 또는 원자그룹의 위치에 의해 결정된다. 이 조건을 입체규칙성(tacticity) 또는 입체이성질(stereoisomerism)이라고 한다. 규칙배열(syndiotactic)에서 원자 또는 원자그룹은 선형사슬의 서로 반대쪽에 교대로 위치한다. 동일배열(isotactic) 고분자의 경우 원자들은 모두 사슬의 한 쪽에만 위치하는 반면에 임의배열(atactic) 고분자의 경우 원자들이 무작위로 배열되어 있다(그림 16-8).

가장 덜 규칙적이고 예측하기 힘든 임의배열 구조는 열악한 충진율, 낮은 밀도, 낮은 강도 및 강성, 낮은 내열성 및 내화학성을 보인다. 임의배열 고분자는 흔히 무정형(비결정질) 구조를 갖기 쉽다. 임의배열 폴리프로필렌은 불량한 기계적 특성을 가진 왁스 같

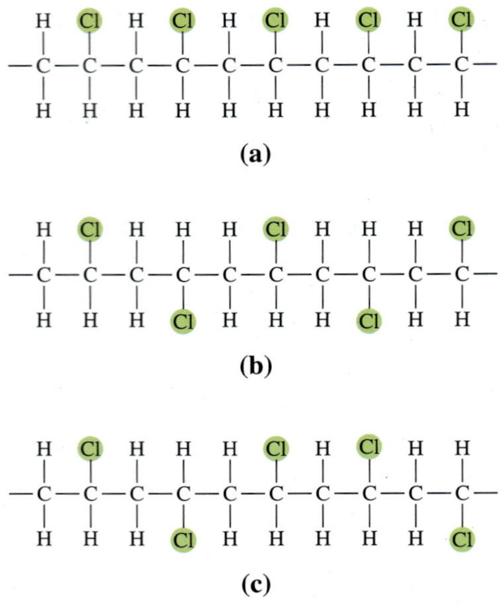

그림 16-8 비대칭형 단량체에 가능한 세 가지 배열. (a) 동일배열, (b) 규칙배열, (c) 임의배열.

은 무정형 고분자인 반면에 동일배열 폴리프로필렌은 결정화될 수 있고 가장 널리 사용되는 상업용 고분자의 하나이다.

공중합체 고용체의 개념 또는 복합재료의 아이디어와 유사하게 두 종류 이상의 분자로 이루어진 선형-부가 사슬이 배열되어 공중합을 형성할 수 있다. 이것은 서로 다른 고분자의 특성을 혼합할 수 있는 강력한 방법이다. 공중합체(copolymer)에서 단량체의 배열은 여러 형태를 가질 수 있다(그림 16-9). 이것들은 교대, 랜덤, 블록, 접목된 공중합체를 포함한다. 아크릴로니트릴, 부타디엔(합성 탄성중합체), 스타이렌으로 구성된 ABS가 가장 대표적인 공중합 고분자 중 하나이다(그림 16-10). 그것은 두 개의 공중합체를 포함한다. 스타이렌과 아크릴로니트릴은 기지(matrix) 역할을 하는 선형공중합체(SAN)를 형성한다. 스타이렌과 부타디엔도 선형공중합체(BS고무)를 형성하는데, 이는 충전재의 역할을 한다. 이 두 공중합체의 조합으로 강도, 강성, 인성이 우수한 ABS를 만든다. 또 다른 일반적인 공중합체는 에틸렌과 프로필렌의 반복단위를 포함한다. 폴리에틸렌과 폴리프로필렌이 모두 쉽게 결정화하는 반면 공중합체는 무정형이다. 이 공중합체가 가교결합되면 탄성중합체 거동을 한다. Dylark™은 말레산 무수물(anhydride)과 스타이렌의 공중합체에 기초한 것이다. 말레산 무수물이 고온 특성을 부여하는 반면에 스타이렌은 인성을 제공한다. 카본블랙(자외선으로부터 보호 및 강성 향상), 고무(인성 향상), 유리섬유(강성 향상)들이 Dylark 공중합체에 첨가된다. 이것은 자동차 대시보드의 계기판 제조에 사용된다. 최종적으로 Dylark 플라스틱은 매끄럽고 부드러운 마무리를 제공하는 비닐로 코팅된다.

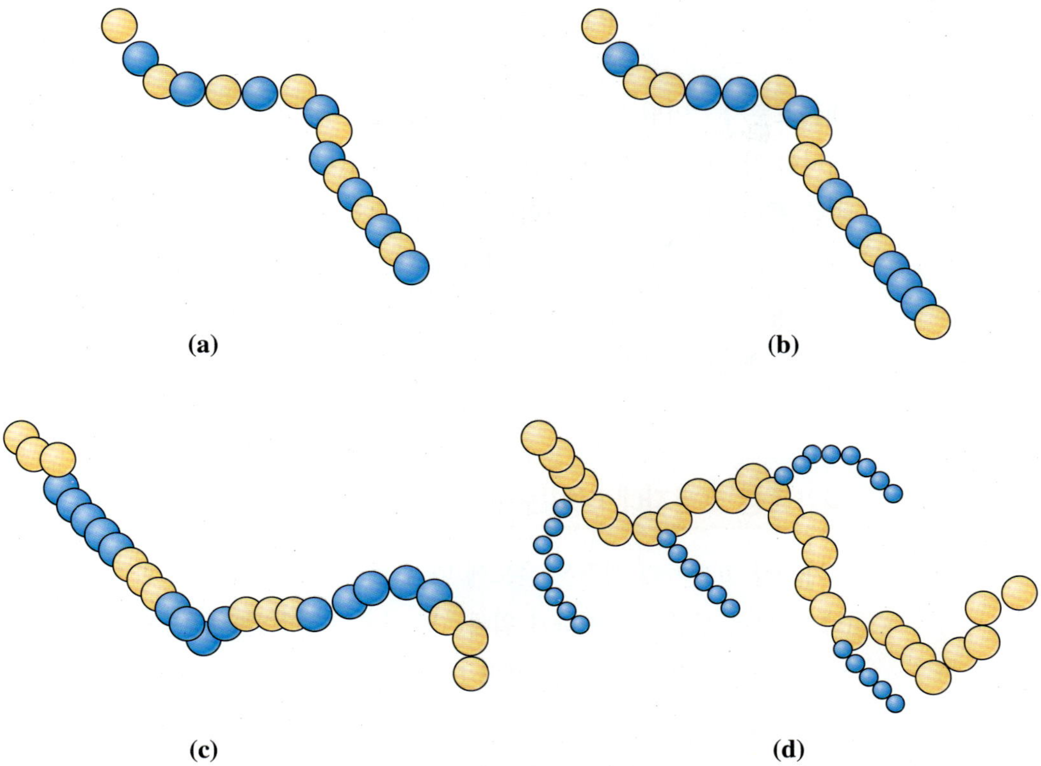

그림 16-9 네 가지 유형의 공중합체. (a) 교대 단량체, (b) 무작위 단량체, (c) 블록 공중합체, (d) 접목된 공중합체. 다른 색상 또는 크기의 원은 다른 단량체를 나타낸다.

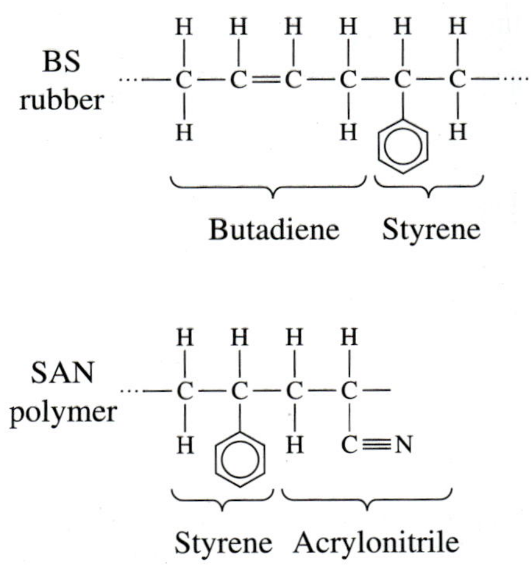

그림 16-10 공중합은 BS와 SAN 두 공중합체가 접목된 ABS 고분자를 만들어낸다.

혼합과 합금 혼합(blending)과 합금을 통해 열가소성 플라스틱의 기계적 특성을 향상시킬 수 있다. 열가소성 고분자와 섞이지 않는 탄성중합체를 혼합하여 ABS에서 발견되는 것과 같은 2상 고분자를 만들 수 있다. 탄성중합체는 공중합체로 구조에 참여하는 것은 아니지만, 대신에 에너지를 흡수하고 인성을 향상시키는 데 도움을 준다. 투명한 항공기 캐노피를 생산하는 데 사용되는 폴리카보네이트는 이러한 방식으로 탄성중합체에 의해 강인화된다.

액정고분자 어떤 복잡한 열가소성 사슬은 너무 강성이 커서 고온에서조차 뻣뻣한 막대처럼 작용한다. 이러한 재료가 액정고분자(LCP)이다. 일부 방향족 폴리에스터와 방향족 폴리아미드(줄여서 아라미드)는 LCP의 예이며, 고강도 섬유로 사용된다(제17장 참조). 방향족 폴리아미드인 케블라(Kevlar™)가 가장 익숙한 LCP이고, 항공우주 용도와 방탄조끼 분야에서 강화재 섬유로 사용된다. 액정고분자는 액정표시장치(LCD)를 만드는 데에도 사용된다.

16-6 열가소성 고분자에 미치는 온도의 영향

열가소성 고분자의 성질은 온도에 따라 변화한다. 이러한 변화가 어떻게 일어나는지, (a) 더 나은 부품을 설계하기 위해, (b) 사용되어야 할 가공기술의 종류를 알아내기 위해, 알아야 할 필요가 있다. 그림 16-11과 16-12에 요약된 몇몇 중요한 온도와 구조들을 살펴보기로 하자.

열가소성 고분자는 용융온도(그림 16-11) 이하로 냉각되면 무정형(비결정질) 또는 결정질일 수 있다. 대부분의 공업용 열가소성 고분자는 흔히 무정형과 결정질 영역을 모두 갖는다. 열가소성 고분자에서 결정화는 온도(느린 냉각) 또는 얽힌 사슬을 풀어주는 응력의 작용에 의해(stress-induced crystallization) 발생할 수 있다. 금속재료의 분산강화와 유사하게 무정형 기지에서 결정질 구역이 형성되면 열가소성 고분자의 강도가 증가한다. 전형적인 열가소성 고분자에서 사슬 내의 결합은 공유결합이지만 길고 꼬인 사슬들은 약한 반데르발스결합과 얽힘에 의해 서로 묶여 있다. 인장응력이 열가소성 고분자에 가해지면 사슬 사이의 약한 결합은 쉽게 넘어설 수 있으며 사슬들은 서로 회전하고 미끄러진다. 사슬이 미끄러지는 정도의 용이성은 온도와 고분자의 구조 모두에 의존한다.

분해온도 매우 고온에서는 선형사슬에 포함된 원자들 사이의 공유결합이 파괴될 수 있고, 고분자는 연소되거나 숯검정이 될 수 있다. 열가소성 고분자에서 분해는 액체상태에서 발생한다. 열경화성 고분자에서 분해는 고체상태에서 발생한다. 이 온도 T_d(그림 16-12에 보이지 않음)가 분해(degradation or decomposition) 온도이다. 플라스틱이 탈 때 나는 연기는 위험하다. 어떤 물질(예: 석회석, 활석, 알루미나 등)은 열안정제로 혼합된다. 열안정제는 열을 흡수하여 고분자 기지를 보호한다. 난연성 첨가제로는 수화 알루미나, 안티모니 화합물, 할로겐 화합물(예: MgBr, PCL_5)이 사용된다. 일부 첨가제는 산소를 제거하여 화재를 지연시키지만 유독성 가스를 생성하므로 어떤 용도에

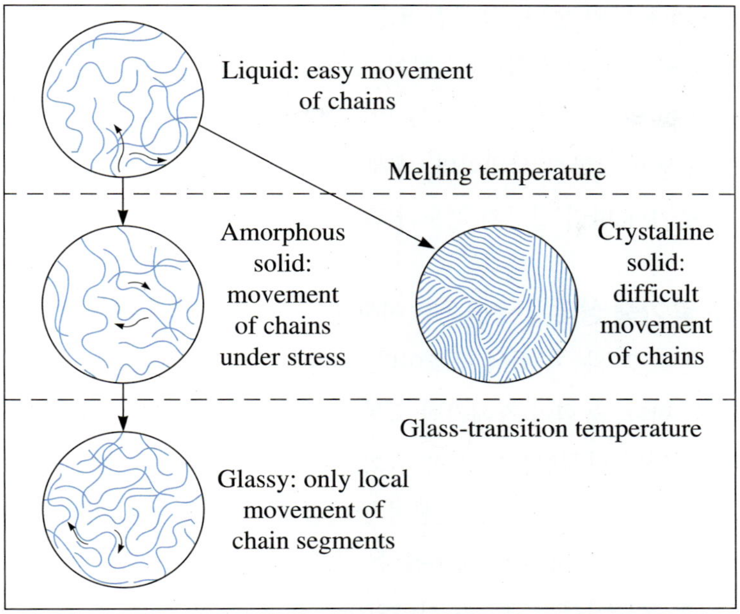

그림 16-11 열가소성 고분자의 구조 및 거동에 미치는 온도의 영향.

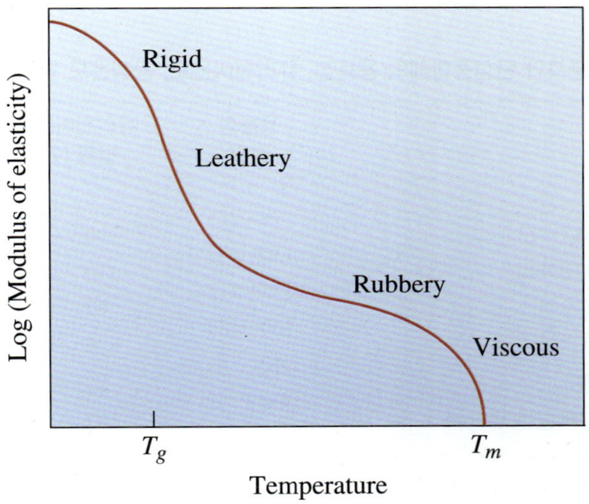

그림 16-12 온도가 무정형 열가소성 고분자의 탄성계수에 미치는 효과. T_g 및 T_m은 고정된 온도가 아님에 주목하라.

는 적합하지 않다.

다른 형태의 화학물질 또는 에너지(예: 산소, 자외선, 박테리아 공격)에 노출되면 고분자는 낮은 온도에서도 천천히 분해 또는 노화가 일어난다. 카본블랙은 일반적으로 사용되는 첨가제 중 하나로서(약 3%까지) 자외선에 의한 분해에 대한 플라스틱의 저항을 향상시켜준다.

액체 고분자 열가소성 고분자는 일반적으로 고정된 온도에서 용융되지 않는다. 대신 용융이 발생하는 온도범위가 있다. 일반적인 고분자의 대략적인 용융온도 범위가

표 16-5에 나와 있다. 용융점 또는 용융점 이상의 온도에서, 비틀리고 서로 뒤얽힌 사슬들 사이의 결합은 약하다. 힘이 가해지면 사슬들은 서로 미끄러지고 고분자는 사실상 탄성변형 없이 흐른다. 강도 및 탄성계수가 거의 0이고, 고분자는 주조를 비롯한 여러 성형공정에 적합한 상태이다. 대부분의 열가소성 용융체는 전단박화(정상상태 전단속도의 증가에 따라 겉보기 점도가 감소) 거동을 보인다.

고무 및 가죽 상태 용융온도 이하에서 고분자 사슬은 여전히 비틀리거나 뒤얽혀 있다. 이러한 고분자는 무정형 구조이다. 용융온도 바로 아래에서 고분자는 고무상(rubbery) 거동을 한다. 응력이 가해지면 고분자에는 탄성변형과 소성변형이 모두 일어난다. 응력이 제거되면 탄성변형은 신속히 회복되지만 고분자는 사슬의 이동으로 인해 영구적으로 변형된다. 큰 영구적인 연신이 얻어질 수 있으며, 이에 따라 고분자는 몰딩과 압출에 의해 효율적인 형상으로 성형될 수 있다.

낮은 온도에서는 사슬들 사이의 결합이 강하여 고분자는 기계적으로 강성이 높고 강한 가죽상(leathery) 거동을 보인다. 폴리에틸렌을 포함한 많은 상업용 고분자들이 이러

표 16-5 열가소성 고분자와 탄성중합체의 용융점, 유리천이온도, 공정온도 범위(°C)

고분자	용융점 범위	유리천이온도 범위 (T_g)	공정온도 범위
부가중합 고분자			
저밀도 폴리에틸렌(LDPE)	98~115	−90~−25	149~232
고밀도 폴리에틸렌(HDPE)	130~137	−110	177~260
폴리비닐클로라이드	175~212	87	
폴리프로필렌	160~180	−25~−20	190~288
폴리아크릴로니트릴	240	85~125	
폴리테트라플루오로에틸렌(Teflon)	320	107	
폴리클로로트리플루오로에틸렌	327		
폴리메틸메타크릴레이트(아크릴)	220	90~105	
아크릴로니트릴-부타디엔-스타이렌(ABS)	110~125	100	177~260
축합중합 고분자			
아세탈	181	−85	
나일론-6,6	243~260	49	260~327
셀룰로오스아세테이트	230	149	
폴리카보네이트	230	75	271~300
폴리에스터	255	66~80	
폴리에틸렌테레프탈레이트(PET)	212~265		227~349
탄성중합체			
실리콘		−123	
폴리부타디엔	120	−90	
폴리클로로프렌	80	−50	
폴리이소프렌	30	−73	

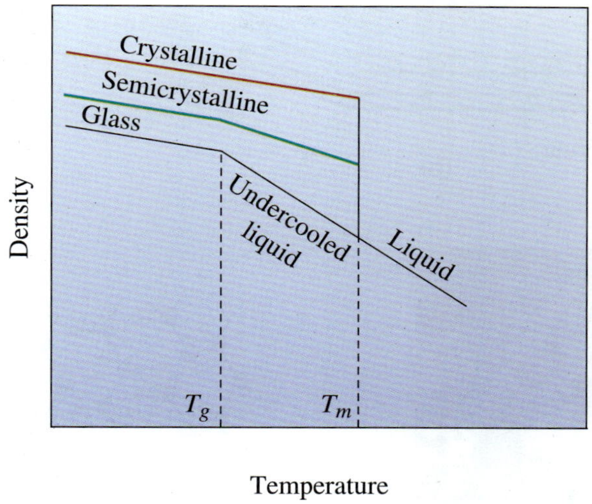

그림 16-13 고분자의 밀도와 온도 사이의 관계가 용융점 및 유리천이온도를 보여준다. T_g 및 T_m은 고정적이지 않고 오히려 일정한 온도범위이다.

한 조건에서 쓸모 있는 강도를 갖는다.

유리질 상태 유리천이온도 T_g 이하에서, 무정형 선형고분자는 단단하고, 취성이며, 마치 유리와 같다. 유리천이온도는 고정된 것이 아니며 일정한 온도범위이다. 고분자가 유리천이온도 이하로 냉각되면 특정한 성질들(밀도, 탄성계수)은 서로 다른 속도로 변한다(그림 16-13). 온도의 함수로 나타낸 밀도 그래프에서 기울기의 변화가 유리천이온도에서 발생한다. 기울기의 변화는 반결정질 고분자에서 무정형 부분이 액체로 변함(또는 그 역반응)에 따라서도 관찰된다.

유리질(glassy) 고분자는 연성과 성형성이 부족하지만, 우수한 강도, 강성, 크리프저항성을 가진다. 폴리스타이렌(PS) 및 폴리염화비닐(PVC)을 포함하는 여러 중요 고분자들이 상온 이상의 유리천이온도를 보인다(표 16-5).

유리천이온도는 일반적으로 절대 용융온도의 약 0.5~0.75배이다. 탄소 골격에 부착된 복잡한 측면사슬이 없는 폴리에틸렌과 같은 고분자는 폴리스타이렌과 같이 복잡한 측면사슬를 갖는 고분자보다 낮은 유리천이온도를 갖는다(상온 이하).

제6장에서 지적한 바와 같이 많은 열가소성 고분자는 저온에서 취성이 된다. 일부 O-링에 사용된 고분자의 취성이 결과적으로 1986년 챌린저호 사고를 유발했다. 우주왕복선 발사시간 동안의 낮은 온도가 고체추진로켓에 사용된 고무 O-링의 취화를 초래하였다.

고분자의 결정화도 관찰과 측정 많은 열가소성 고분자는 용융점 이하로 냉각되면 사슬들이 충분한 거리에 걸쳐 서로 밀접하게 정렬함으로써 부분적으로 결정화한다. 액체 상태에서 꼬이고 뒤얽혔던 사슬들은 더 질서 있고 조밀충진된 구조로 재배열하여 밀도가 급격히 증가한다(그림 16-13).

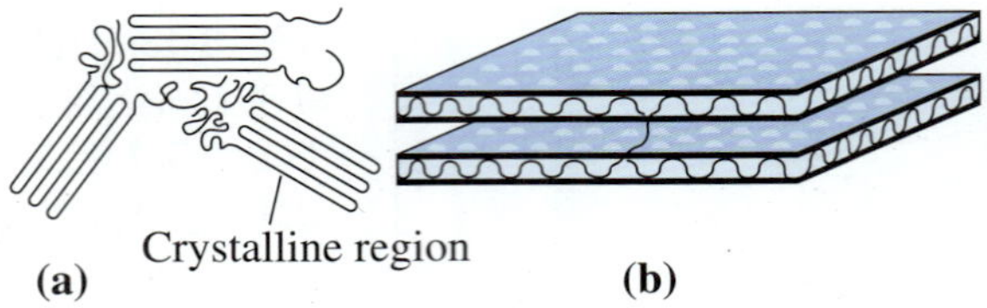

그림 16-14 결정질 고분자의 접힌사슬 모형. (a) 2차원, (b) 3차원.

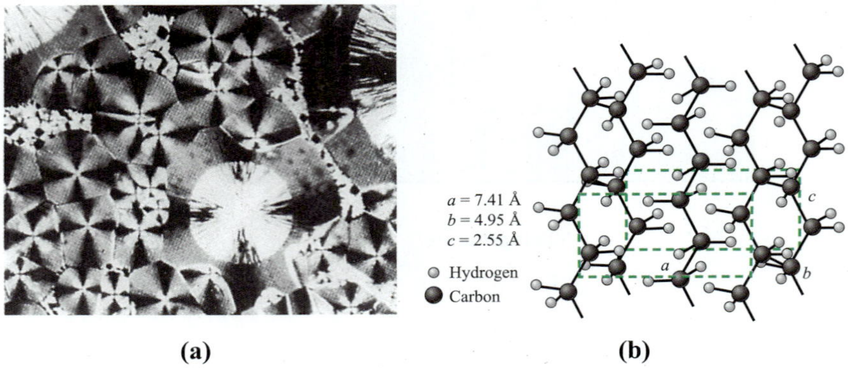

그림 16-15 (a) 무정형 나일론 기지의 구정(× 200). (출처: Structure and Properties of Engineering Materials by *Brick, R. M., et al. Copyright 1977.*) (b) 결정질 폴리에틸렌 단위정.

결정질 고분자에서 사슬의 정렬을 설명하는 모형이 그림 16-14에 나타나 있다. 접힌사슬 모델에서 사슬은 그 자체로서 루프를 형성하고 각 루프는 약 100개의 탄소원자 길이를 갖는다. 접힌사슬은 3차원으로 확대되어 박판 또는 라멜라(lamellae)를 만든다. 결정은 다양한 형태를 취하는데 그림 16-15(a)에 나타낸 구정(spherulite) 형상이 특히 일반적이다. 결정은 사슬의 규칙적인 충진을 설명해주는 단위정을 갖는다. 그림 16-15(b)에 나타낸 폴리에틸렌의 결정구조는 그러한 단위정을 보여준다. 몇몇 고분자의 결정구조가 표 16-6에 나열되어 있다. 일부 고분자는 한 가지 이상의 결정구조를 갖는 동소체를 보이기도 한다.

결정질 고분자조차도, 구정 사이에는 물론 라멜라 사이에 얇은 무정형 천이영역이 항상 존재한다. 결정질 구조의 중량백분율은 고분자의 밀도로부터 계산될 수 있다.

$$\text{결정질 분율(\%)} = \frac{\rho_c(\rho - \rho_a)}{\rho(\rho_c - \rho_a)} \times 100 \qquad (16\text{-}4)$$

표 16-6 고분자의 결정구조

고분자	결정구조	격자상수(nm)
폴리에틸렌	사방정계	$a_0 = 0.741,\ b_0 = 0.495,\ c_0 = 0.255$
폴리프로필렌	사방정계	$a_0 = 1.450,\ b_0 = 0.569,\ c_0 = 0.740$
폴리염화비닐	사방정계	$a_0 = 1.040,\ b_0 = 0.530,\ c_0 = 0.510$
폴리이소프렌(cis)	사방정계	$a_0 = 1.246,\ b_0 = 0.886,\ c_0 = 0.810$

여기서, ρ는 측정된 고분자의 밀도, ρ_a는 무정형 고분자의 밀도, ρ_c는 완전 결정질 고분자의 밀도이다. 이와 유사하게, X-선회절(XRD)은 결정화도를 측정하는 것과 단결정 고분자의 격자상수를 결정하는 데 사용된다.

측면사슬 그룹이 복잡해질수록 열가소성 고분자는 결정화되기 더 어렵다. 예를 들어, 폴리에틸렌(수소가 측면사슬 그룹)은 폴리스타이렌(벤젠고리가 측면사슬 그룹)보다 쉽게 결정화된다. 고밀도폴리에틸렌(HDPE)이 저밀도폴리에틸렌(LDPE)보다 결정화도가 더 높으므로 밀도(0.97 g/cm^3)가 더 크다. LDPE의 밀도는 0.92 g/cm^{3}이다. LDPE는 가지가 있어 결정화도와 밀도가 낮다. 완전 결정질 고분자는 유리천이온도를 보이지 않는다. 그러나 반결정질 고분자의 무정형 영역은 유리천이온도 이하에서 유리질로 변한다(그림 16-13). 아세탈, 나일론, HDPE, 폴리프로필렌과 같은 고분자는 결정화도가 중간 정도일지라도 결정질이라 부른다. 다음 예제는 플라스틱의 특성이 어떻게 다양한 용도에 알맞게 적용될 수 있는지를 보여준다.

예제 16-6 고분자 단열재의 설계

액체수소 저장탱크는 금속으로 만들어지지만, 금속층과 추가 단열층 사이의 중간층으로 3 mm 두께의 고분자를 코팅하려고 한다. 중간층의 온도가 −80 °C까지 떨어질 수 있다. 이 중간층에 알맞은 재료를 선택하라.

풀이

이 재료는 적절한 연성을 가져야 한다. 탱크의 온도 변화에 따른 열팽창계수 차이로 코팅층에 응력이 걸리는데, 이러한 응력으로 인해 파손되지 않는 고분자여야 한다. 연성이 좋거나 큰 탄성변형을 견딜 수 있는 재료가 필요하다. 따라서 −80 °C 이하의 유리천이온도를 갖는 열가소성 고분자나 탄성중합체를 사용하는 것이 좋다. 표 16-5에 나열된 열가소성 고분자 중 폴리에틸렌, 폴리아세탈 등이 이 조건을 만족한다. 적합한 탄성중합체는 실리콘이나 폴리부타디엔 등이다.

탄성중합체가 더 적합할 수 있는데 그것들은 소성변형이 아닌 탄성변형으로 열응력을 수용할 수 있기 때문이다.

예제 16-7 충격저항성 폴리에틸렌

박막으로 사용할 수 있는 새로운 등급의 유연하고 내충격성을 가진 폴리에틸렌은 0.88~0.915 g/cm^{3}의 밀도가 필요하다. 이러한 특성을 만드는 데 필요한 폴리에틸렌을 설계하라. 무정형 폴리에틸렌의 밀도는 약 0.87 g/cm^{3}이다.

풀이

요구되는 특성 및 밀도를 만들어내기 위해서는 폴리에틸렌의 결정화도를 제어해야 한다. 필요한 밀도 범위에 부합하는 결정화도를 정하기 위해 식 16-4를 사용한다. 그러나 이를 위해서는 완전 결정질 폴리에틸렌의 밀도를 알아야 한다. 각 단위정에 두 개의 폴리에틸렌 반복단위가 있다는 것을 인지한다면, 이 밀도를 계산하기 위해 그림 16-15와 표 16-6의 데이터를 사용할 수 있다.

$$\rho_c = \frac{(4\text{ C atoms})(12\text{ g/mol}) + (8\text{ H atoms})(1\text{ g/mol})}{(7.41 \times 10^{-8}\text{ cm})(4.95 \times 10^{-8}\text{ cm})(2.55 \times 10^{-8})(6.022 \times 10^{23}\text{ atoms/mol})}$$
$$= 0.9942\text{ g/cm}^3$$

$\rho_a = 0.87\text{ g/cm}^3$이고 ρ는 $0.88 \sim 0.915\text{ g/cm}^3$ 범위에서 변한다는 것을 알고 있다. 요구되는 결정화도는 다음 범위에서 변한다.

$$\%\text{ crystalline} = \frac{(0.9942)(0.88 - 0.87)}{(0.88)(0.9942 - 0.87)} \times 100 = 9.1$$
$$\%\text{ crystalline} = \frac{(0.9942)(0.915 - 0.87)}{(0.915)(0.9942 - 0.87)} \times 100 = 39.4$$

그러므로, 9.1~39.4% 범위의 결정화도를 갖는 폴리에틸렌을 만들어낼 수 있다.

16-7 열가소성 고분자의 기계적 특성

대부분의 열가소성 고분자(용융체 및 고체)는 비뉴턴성 및 점탄성 거동을 나타낸다. 거동이 비뉴턴성이라 함은 응력-변형도 곡선의 대부분의 구간에서 응력과 변형속도 사이에 선형적인 관계가 없다는 것이다. 점탄성거동은 열가소성 고분자에 외력이 작용하면 탄성변형과 소성(또는 점성)변형이 모두 발생함을 의미한다. 기계적 거동은 하중 하에서 고분자 사슬이 서로 상대적으로 어떻게 이동하는지와 밀접한 관련이 있다. 변형과정은 시간과 하중이 가해지는 속도 모두에 의존한다. 그림 16-16은 나일론-6,6의 응력-변형도 곡선을 보여준다.

탄성거동 열가소성 고분자의 탄성변형은 두 메커니즘이 작용한 결과이다. 응력이 가해지면 사슬 내의 공유결합이 늘어나고 뒤틀려 사슬의 탄성 연신을 일으킨다. 응력이 제거되면 이 뒤틀림은 거의 순간적으로 회복된다. 이 거동은 금속결합, 이온결합 또는 공유결합의 연신에 의해 탄성변형이 발생하는 금속 및 세라믹의 거동과 유사하다. 추가적으로, 고분자 사슬의 전체 세그먼트가 뒤틀릴 수 있다. 응력이 제거되면 세그먼트 전체가 일정한 시간(수 시간 또는 수 개월)에 걸쳐 다시 원래의 위치로 돌아간다. 이러한

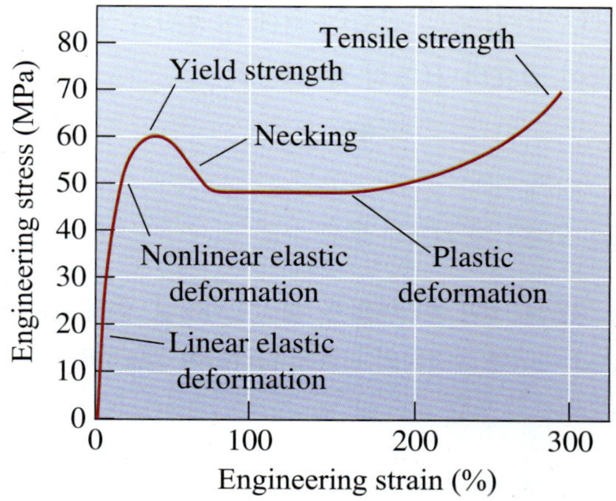

그림 16-16 전형적인 열가소성 고분자 나일론-6,6의 응력-변형도 곡선.

시간의존 또는 점탄성 거동은 일정 부분 비선형 탄성거동에 기여할 수도 있다.

무정형 열가소성 고분자의 소성거동 이들 고분자는 응력이 항복강도를 초과하면 소성변형이 일어난다. 그러나 금속에서의 변형과 달리 이 소성변형은 전위이동의 결과는 아니다. 대신에 하중을 받으면 사슬의 연신, 회전, 미끄러짐, 얽힘의 풀어짐으로 영구변형이 일어난다. 항복점을 넘었을 때 응력의 감소는 이 현상으로 설명될 수 있다. 처음에 사슬은 매우 헝클어지고 뒤얽혀 있을 수 있다. 응력이 충분히 높아지면 사슬들이 풀리고 직선화되기 시작한다. 넥킹(necking) 또한 일어나서 낮은 응력으로도 계속해서 사슬의 미끄러짐이 생긴다. 마침내 사슬들은 거의 평행이 되고 서로 가까워진다. 더 가깝게

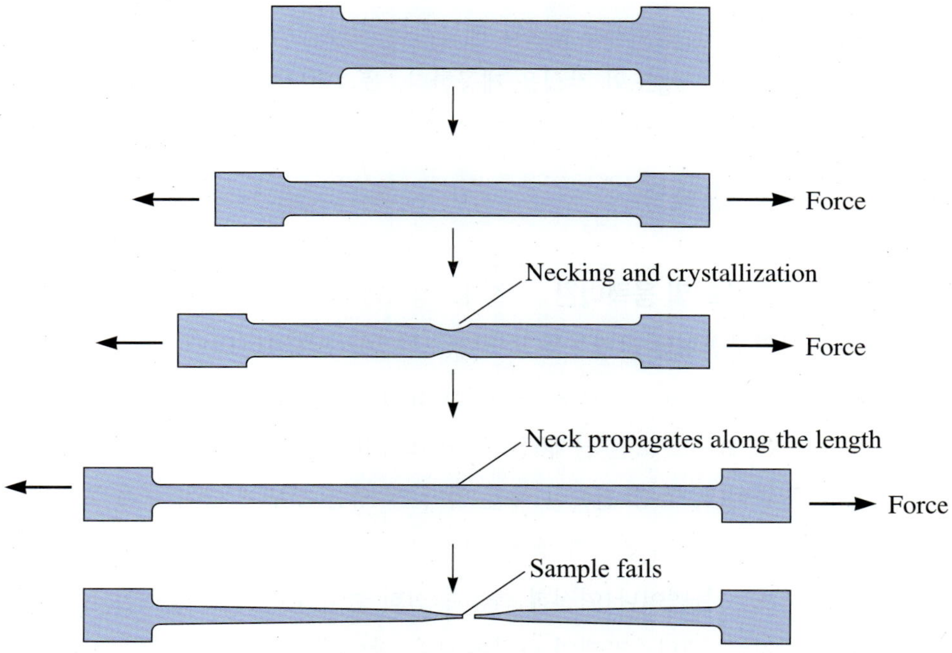

그림 16-17 무정형 고분자에서는 국부적 정렬이 넥킹영역을 강화시키므로 넥(neck)은 안정될 수 있다.

정렬된 사슬 사이의 더 강한 반데르발스결합에 의해 사슬의 변형 및 파괴 과정을 완료하기 위해서는 더 높은 응력이 필요하다(그림 16-17).

예제 16-8 열가소성 고분자의 기계적 특성 비교

저밀도(LD) 폴리에틸렌, 고밀도(HD) 폴리에틸렌, 폴리염화비닐, 폴리프로필렌, 폴리스타이렌의 기계적 특성을 비교하고, 그 차이를 그것들의 구조에 입각하여 설명하라.

풀이

각 고분자의 최대인장강도와 탄성계수를 살펴보자.

고분자	인장강도 (MPa)	탄성계수 (MPa)	구조
LD 폴리에틸렌	21	276	대칭 단량체로 만들어지고 심하게 분기된 무정형 구조
HD 폴리에틸렌	38	1,241	대칭 단량체로 만들어지고 분기가 거의 없는 무정형 구조
폴리프로필렌	41	1,517	작은 메틸을 측면사슬로 가진 무정형 구조
폴리스타이렌	55	3,103	벤젠 측면사슬을 가진 무정형 구조
폴리염화비닐	62	4,137	큰 염소원자를 측면사슬로 가진 무정형 구조

다음과 같은 결론을 내릴 수 있다.

1. 사슬의 밀도와 조밀충진을 감소시키는 분기는 폴리에틸렌의 강도와 탄성계수를 감소시킨다.
2. 수소 이외의 원자 또는 원자그룹을 사슬에 첨가하면 강도와 강성이 증가한다. 폴리프로필렌의 메틸기는 일부 향상시킨다. 스타이렌의 벤젠고리는 더 높은 강도와 강성을 제공한다. 폴리비닐클로라이드의 염소원자는 이러한 특성들을 크게 증가시킨다.

크리프 및 응력이완 열가소성 고분자는 일정한 응력 또는 하중에서 시간에 의존하는 영구변형인 크리프를 보인다(그림 16-18 및 16-19).

또한 응력이완(stress relaxation), 즉 일정한 변형도에서 시간에 따라 응력이 감소하는 현상도 보인다(제6장). 크리프와 마찬가지로 응력이완은 고분자의 점탄성 거동의 결과이다. 가장 친숙한 예는 아마 책 묶음 주위에 당겨 묶은 고무밴드(탄성중합체)이다. 처음에 고무밴드가 팽팽할 때에는 고무밴드의 장력이 높다. 몇 주 후, 고무밴드의 변형도는 불변이나(여전히 책을 완전히 둘러싸고 있음) 응력이 감소하였을 것이다. 마찬가지로, 테니스라켓의 나일론 줄은 장력(즉, 응력)이 시간에 따라 감소하므로 처음에 더

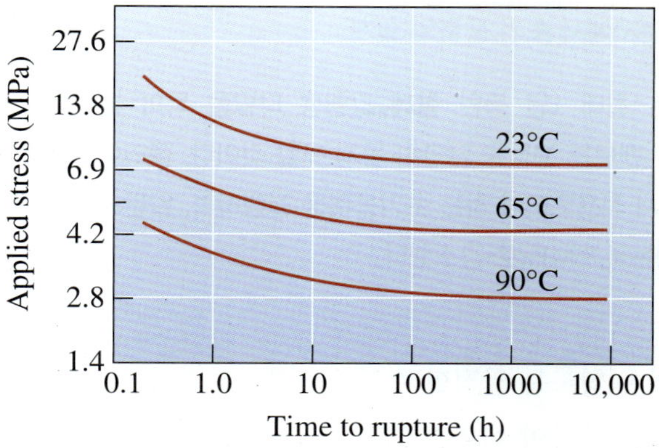

그림 16-18 고밀도 폴리에틸렌의 응력-파단 거동에 미치는 온도의 영향.

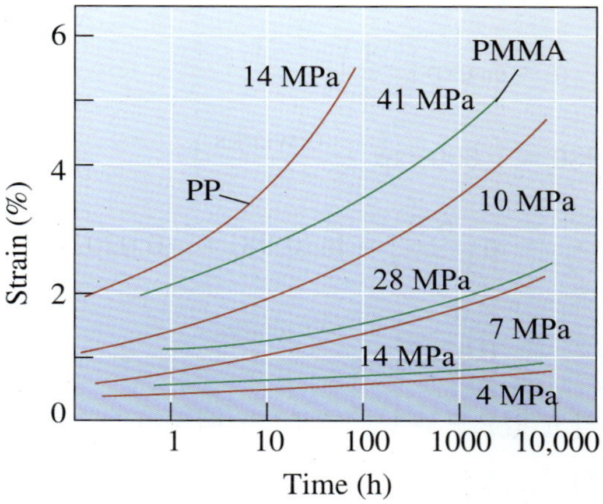

그림 16-19 20 ℃ 및 여러 응력수준에서 아크릴(PMMA)과 폴리프로필렌(PP)의 크리프곡선.

높은 장력으로 당겨 매준다.

단순한 모델에서, 응력이완이 발생하는 속도는 이완시간(relaxation time) λ와 관련이 있는데, 이는 고분자의 특성으로 간주된다(더 복잡한 모델은 이완시간의 분포를 고려함). 시간 t 후의 응력은 다음과 같이 주어진다.

$$\sigma = \sigma_0 \exp(-t/\lambda) \tag{16-5}$$

여기서, σ_0는 초기응력이다. 다음으로 이완시간은 점도에 의존하며, 따라서 온도에도 의존한다.

$$\lambda = \lambda_0 \exp\left(\frac{Q}{RT}\right) \tag{16-6}$$

여기서, λ_0는 상수이고, Q는 활성화에너지로 고분자 사슬이 서로 미끄러지기 쉬운 정도와 관련이 있다. 응력의 이완은 고온에서 그리고 낮은 점도를 갖는 고분자에서 더 빠르게 발생한다.

다음의 예는 응력이완이 어떻게 고분자를 사용하여 설계하는 데 활용될 수 있는지를 보여준다.

예제 16-9 고분자에서 초기 응력의 설계

폴리이소프렌 밴드로 최대 1년 동안 함께 강철봉 다발을 묶어 놓았다. 밴드에 걸린 응력이 10 MPa 미만의 경우 밴드는 봉들을 단단히 묶지 못할 것이다. 폴리이소프렌 밴드가 강철봉 다발 위에 걸쳐질 때 반드시 적용되어야 하는 초기응력을 결정하라. 일련의 테스트에 의하면 7 MPa의 초기응력이 6주 후에는 6.8 MPa로 감소했다.

풀이

탄성중합체 밴드의 변형도는 일정할 수도 있지만, 응력이완 때문에 응력은 시간에 따라 감소할 것이다. 고분자의 이완시간을 결정하기 위하여 식 16-5와 초기 테스트의 결과를 이용할 수 있다.

$$\sigma = \sigma_0 \exp\left(-\frac{t}{\lambda}\right)$$

$$980 = 1{,}000 \exp\left(-\frac{6 \text{ weeks}}{\lambda}\right)$$

$$-\frac{6}{\lambda} = \ln\left(\frac{6.8}{7}\right) = \ln(0.98) = -0.0202$$

$$\lambda = \frac{6}{0.0202} = 297 \text{ weeks}$$

이제 응력이완 시간을 알고 있으므로 1년(52주) 후 여전히 10 MPa의 응력을 갖기 위해 밴드에 걸어주어야 할 초기응력을 결정할 수 있다.

$$10 = \sigma_0 \exp(-52/297) = \sigma_0 \exp(-0.1751) = 0.8394\,\sigma_0$$

$$\sigma_0 = \frac{1{,}500}{0.8394} = 11.91 \text{ MPa}$$

재료의 둘레에 11.91 MPa의 인장응력으로 걸쳐 묶어두려면 폴리이소프렌 고무밴드는 매우 작게 만들어야 한다. 1년 후에 응력은 여전히 10 MPa를 유지할 것이다.

고분자의 고온특성과 크리프특성에 대한 또 다른 실용적인 척도는 열변형온도(heat deflection temperature)이다. 열변형온도는 어떤 표준 하중에서 빔에 일정한 변형이 발생하는 온도이다. 변형온도가 높으면 좋은 크리프저항을 나타내며, 다양한 고분자들을 비교할 수 있다. 몇몇 고분자의 변형온도는 표 16-7에 나타나 있는데 10 cm 떨어져서 양 끝에 지지된 막대의 중심에 1.8 MPa의 하중이 걸렸을 때 0.025 cm의 처짐이 일어나는 데 필요한 온도이다. 약 50 ℃ 이상의 열변형온도를 갖는 고분자는 '식기 세척기에 사용가능'하다.

충격거동 점탄성거동은 고분자의 충격특성을 이해하는 데 도움이 된다. 충격시험에서처럼 변형속도가 매우 큰 경우 사슬간에 미끄러짐이 발생하여 소성변형을 일으킬 수

표 16-7 1.8 MPa의 하중에 대한 선별된 고분자의 변형온도

고분자	변형온도(℃)
폴리에스터	40
폴리에틸렌(초고밀도)	40
폴리프로필렌	60
페놀릭	80
폴리아미드(나일론-6,6)	90
폴리스타이렌	100
폴리옥시메틸렌(아세탈)	130
폴리아미드이미드	280
에폭시	290

있는 시간이 부족하다. 이러한 조건에서 열가소성 고분자는 취성방식으로 거동하고 낮은 충격저항을 가진다. 고분자는 천이온도를 가질 수 있다. 저온에서의 충격시험에서는 취성거동이 나타나지만 사슬의 움직임이 쉬운 고온에서는 연성거동을 보인다. 온도와 변형속도의 이러한 영향은 연성-취성 천이온도를 나타내는 금속과 유사한 것처럼 보이나 그 메커니즘은 다르다.

결정질 고분자의 변형 다수의 고분자가 결정질 상태로 사용된다. 하지만 앞에서 살펴본 바와 같이, 고분자는 결코 완전 결정질일 수 없다. 대신에 결정질 라멜라 사이 및 구정 사이의 작은 영역에 비결정질 천이영역이 있다. 결정질 영역의 고분자 사슬은 연결사슬로서 비결정질 영역으로 확장되어 들어간다. 고분자에 인장 하중이 가해지면 연결사슬이 늘어남에 따라 구정 내의 결정질 라멜라가 서로 미끄러지고 분리되기 시작한다. 라멜라의 접힌 사슬이 기울어지고 인장하중 방향으로 정렬된다. 마침내 고분자가 연결사슬에 의해 결합된 작은 정렬된 결정으로 이루어지고 인장하중 방향으로 배향될 때까지 결정질 라멜라는 작은 단위로 깨지고 서로 미끄러진다. 구정 또한 형상이 바뀌고 걸린 응력 방향으로 늘어난다. 지속적인 응력의 증가에 따라 연결사슬의 헝클어짐이 풀리거나 끊어짐으로써 고분자의 파괴를 가져온다.

크레이징 열가소성 고분자에서 가해진 응력에 수직한 방향으로 국부적인 영역의 소성변형이 형성될 때 크레이징(crazing)이 발생한다. 일부 유리질 고분자와 같은 투명한 열가소성 고분자에서 크레이즈는 균열처럼 보이는 반투명 또는 불투명 영역을 만든다. 크레이즈는 고분자 부품의 단면 전체를 가로질러 확장될 때까지 성장할 수 있다. 그러나 크레이즈는 균열이 아니며, 실제로 가해진 응력을 계속 지탱할 수 있다. 과정은 고분자의 소성변형 과정과 유사하나 낮은 응력에서도 상당히 긴 시간 동안 진행될 수 있다.

크레이징은 고분자의 취성파괴로 이어질 수 있고 종종 용매의 존재에 의해 도움을 받는다(용매크레이징으로 알려짐).

블러싱 블러싱(blushing) 또는 백화(whitening)는 궁극적으로 기공을 형성하는 국부적인 결정화(예를 들어, 반복 굽힘에 의한) 때문에 일어나는 플라스틱의 파괴를 말한다.

16-8 탄성중합체(고무)

탄성중합체라고 부르는 많은 천연 및 합성 중합체는 하중이 작용하면 아주 큰(> 200%) 탄성변형을 한다. 이러한 재료는 고무밴드, 자동차 타이어, O-링, 호스, 전선의 절연체 등에 일반적으로 사용된다. 탄성중합체는 종종 '고무'라고 하는데 이는 원시적인 천연고무가 탄성중합체이기 때문이다.

기하이성질체 동일한 조성을 가졌다 하더라도 구조가 다른 몇몇 단량체들을 기하이성질체(geometric isomer)라고 한다. 이소프렌(천연고무)이 중요한 하나의 예이다(그림 16-20). 이 단량체는 탄소 원자 사이에 두 개의 이중결합을 갖고 있는데 이런 유형의 단량체를 디엔(diene)이라 부른다. 중합은 두 개의 이중결합이 깨지면서 분자의 중심에 새로운 이중결합이 생성되고 양 끝단에 활성부가 생기며 일어난다.

이소프렌의 트랜스(trans) 형태에서는 수소 원자와 반복단위 중심에 있는 메틸기가 새로이 생긴 이중결합의 반대편에 위치한다. 이런 배열은 비교적 직선에 가까운 사슬

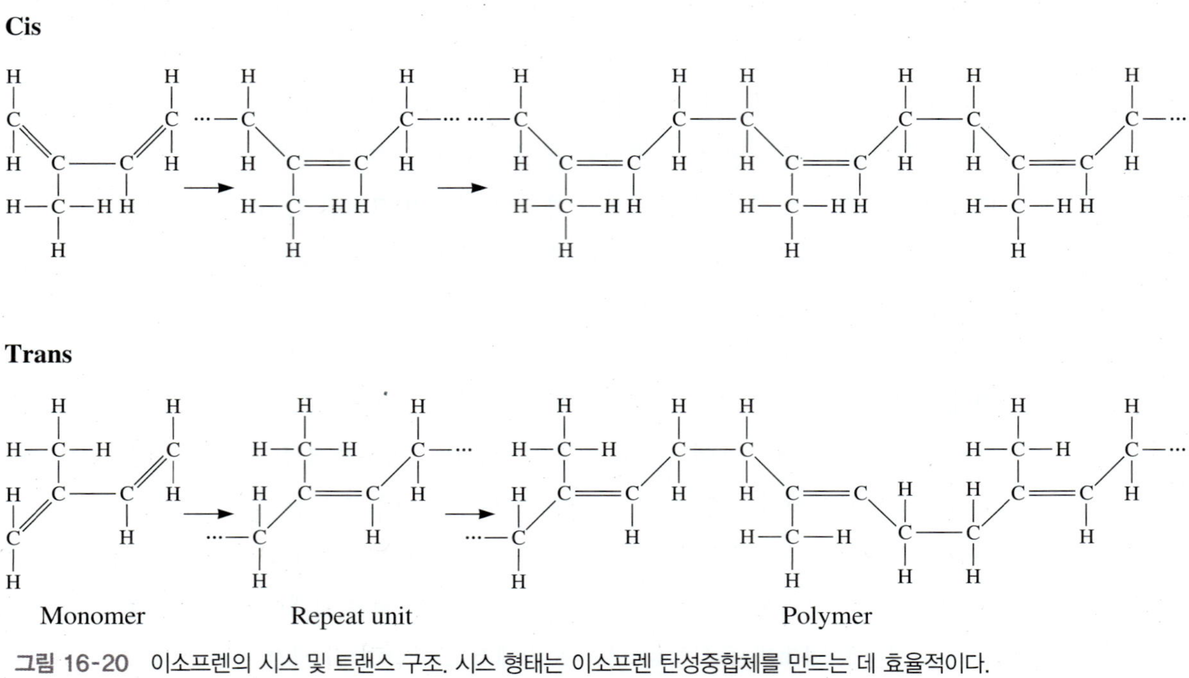

그림 16-20 이소프렌의 시스 및 트랜스 구조. 시스 형태는 이소프렌 탄성중합체를 만드는 데 효율적이다.

모양을 갖게 한다. 고분자는 결정화되어 구타페르카(gutta percha)라고 부르는 단단한 강직성 고분자를 형성한다. 이것은 골프공과 신발밑창을 만드는 데 사용된다.

시스(cis) 형태에서는 수소 원자와 메틸기가 이중결합의 같은 쪽에 위치한다. 기하학적으로 다른 이러한 형상은 고분자 사슬이 심하게 말린 코일구조를 갖게 하는 원인이며, 조밀충진을 방해하여 비결정질, 고무질의 고분자를 만든다. 시스-이소프렌에 응력이 가해지면 고분자는 점탄성으로 거동한다. 말려 있던 사슬이 풀리고 결합이 늘어나면서 탄성변형이 일어나지만, 동시에 사슬이 서로 미끄러져 회복이 안 되는 소성변형이 발생한다. 고분자는 탄성중합체보다는 열가소성 고분자로 거동한다.

가교결합 사슬의 가교결합에 의해 큰 탄성변형을 유지하면서 점소성(viscous plastic) 변형을 방지할 수 있다(그림 16-21). 유황원자를 사용하는 가황(vulcanization)은 가교결합의 일반적인 방법이다. 가황은 고분자가 약 120~180 °C 온도에서 성형될 때 유황원자의 배열이 고분자의 사슬과 사슬을 연결한다(그림 16-22). 가교결합의 단계는 수소원자를 재배열하고 한 개 또는 그 이상의 이중결합을 단일결합으로 바꾸는 것을 말한다. 가교결합 과정은 비가역적이다. 결과적으로 탄성중합체는 쉽게 재활용될 수 없다.

탄성중합체의 응력-변형도 곡선이 그림 16-23에 나와 있다. 사실상 모든 곡선이 탄성변형을 나타내므로, 탄성중합체는 비선형 탄성거동을 보여준다. 초기에는 말려 있던 사슬의 풀림 때문에 탄성계수가 감소한다. 그러나 사슬이 펴진 후 결합이 늘어나는 것에 의해 더 큰 탄성변형이 발생하고, 이는 높은 탄성계수로 연결된다. 가교결합의 수(또는 재료에 첨가된 황의 양)는 고무의 탄성을 결정한다. 적은 양의 황을 추가하면 신축성 밴드나 고무장갑 같은 부드럽고 유연한 고무를 만들 수 있다. 황의 첨가량을 늘리면 사슬의 풀림을 억제하여 모터 마운트에 사용되는 고무처럼 더 단단하고 강직하나 취

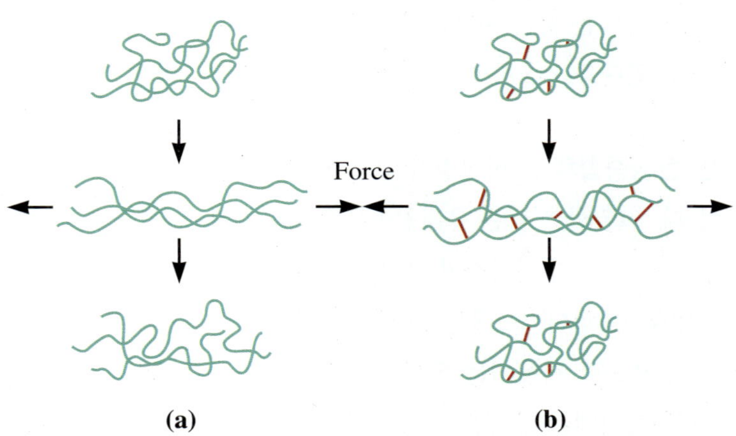

그림 16-21 (a) 탄성중합체에 가교결합이 없을 때 힘이 작용하면 탄성변형과 소성변형을 일으킨다. 하중이 제거된 후 탄성중합체는 영구적으로 변형되었다. (b) 가교결합이 생기면, 탄성중합체는 여전히 큰 탄성변형을 할 수 있지만 하중이 제거되었을 때 탄성중합체는 원래의 모양으로 돌아간다.

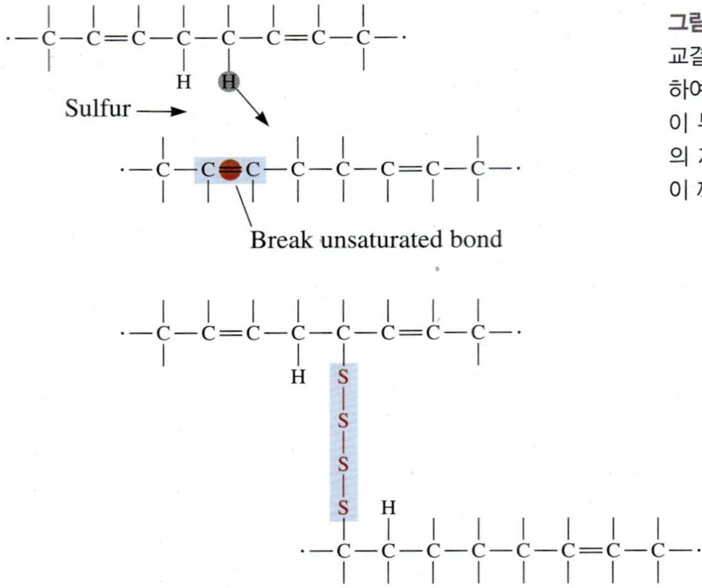

그림 16-22 폴리이소프렌의 가교결합은 유황원자의 배열을 도입하여 발생할 수 있다. 유황원자 배열이 부착하기 위한 위치는 수소원자의 재배열 또는 손실과 불포화결합이 깨짐으로써 만들어진다.

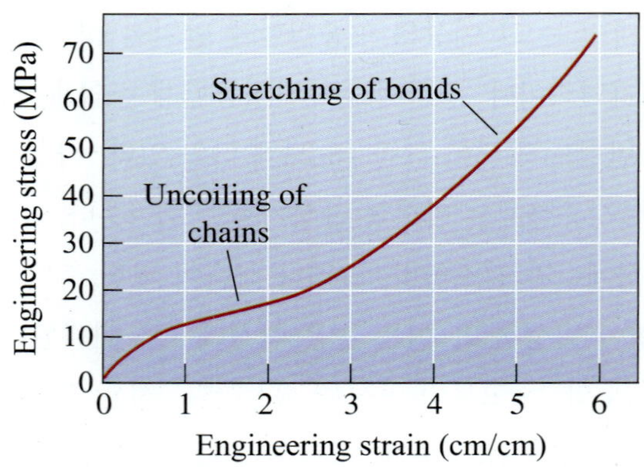

그림 16-23 탄성중합체의 응력-변형도 곡선. 사실상 모든 변형은 탄성적이다. 탄성계수는 변형도에 따라 달라진다.

성인 고무가 만들어진다. 일반적으로 0.5~5%의 황이 탄성중합체의 가교결합을 위해 첨가된다. 최근에는 황을 사용하지 않는 여러 가지 효율적 가황(EV) 시스템도 개발되어 사용되고 있다.

전형적인 탄성중합체 비결정질 고분자인 탄성중합체는 가공공정 중에 쉽게 결정화되지 않는다. 그것들은 낮은 유리천이온도를 가지며, 힘을 가하면 사슬은 쉽게 탄성 변형될 수 있다. 몇 가지 전형적인 탄성중합체의 반복단위, 용도, 특성이 표 16-8 및 16-9에 나와 있다. 폴리이소프렌은 천연고무이다. 폴리클로로프렌 또는 네오프렌은 호스 및 전기절연용으로 사용되는 일반적인 재료이다. 중요한 합성고무는 주로 공중합체이다. 폴리부타디엔(부타디엔고무 또는 부나-S)은 폴리이소프렌과 유사하나 반복단위는 하나의 이중결합으로 이루어진 네 개의 탄소원자를 갖는다. 이것은 비교적 저렴한 비용의 고무이지만 용매에 대한 저항이 좋지 않다. 그 결과로 이것은 다른 탄성중합체

표 16-8 선별된 탄성중합체의 반복단위와 용도

고분자	반복단위	용도
폴리이소프렌	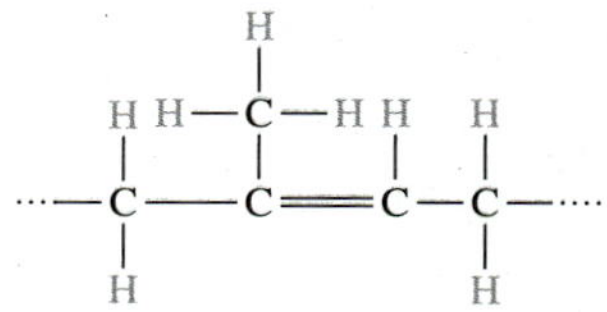	타이어, 골프공, 신발밑창
폴리부타디엔 (또는 부타디엔 고무 또는 부나-S)	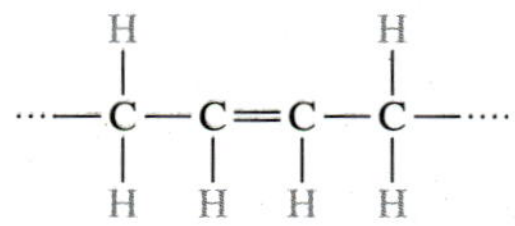	산업용 타이어, 탄성중합체 강화재, 타이어 내부튜브, 틈마개 재료, 증기도관
폴리이소부틸렌 (또는 부틸고무)	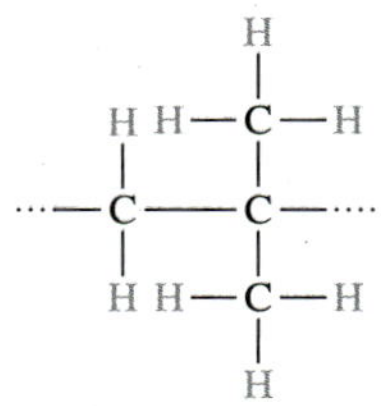	
폴리클로로프렌(네오프렌)	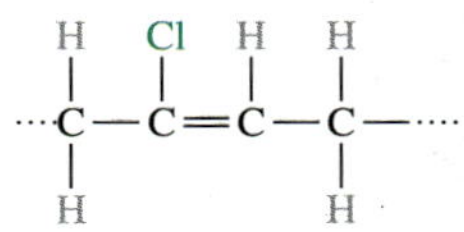	호스, 전선피복
부타디엔-스타이렌 (BS 또는 SBR 고무)	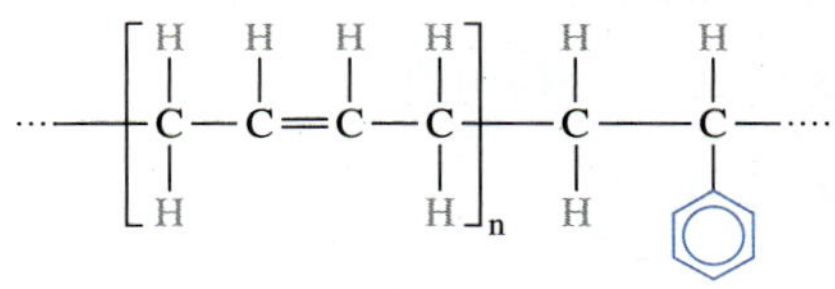	타이어
부타디엔-아크릴로니트릴 (부나-N)	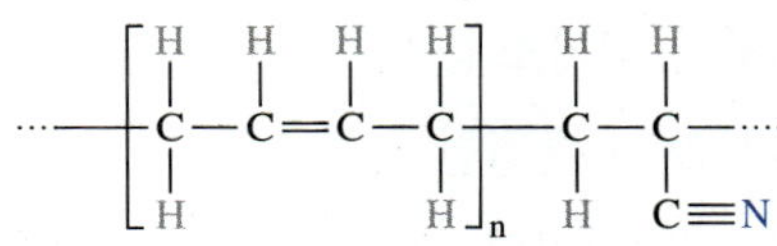	개스킷, 연료관
실리콘(silicone)	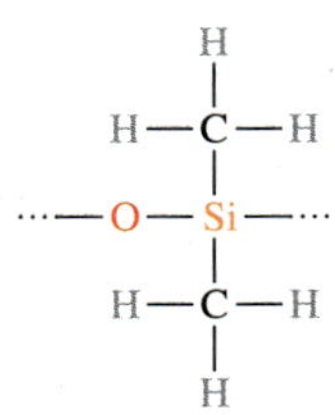	개스킷, 씰

를 만들 때 인성을 제공하는 재료로 사용된다. ABS의 구성요소 중 하나이기도 한(그림 16-10) 부타디엔-스타이렌 고무(BSR 또는 BS)는, 자동차 타이어에 사용된다. 부틸고무는 폴리부타디엔과 다르다. 부틸고무 또는 폴리이소부타디엔은 타이어 내부튜브, 진동 마운트, 틈마개재료에 사용된다. 실리콘은 또 다른 중요한 탄성중합체이며 규소 및 산소 원자로 구성된 사슬을 기반으로 한다. Silly Putty®는 제너럴일렉트릭(GE)의 James Wright에 의해 발명되었다. 그것은 끝단으로 수산기(hydroxyl)를 가지는 폴

표 16-9 선별된 탄성중합체의 특성

	인장강도(MPa)	연신율(%)	밀도(g/cm³)
폴리이소프렌	21	800	0.93
폴리부타디엔	24		0.94
폴리이소부틸렌	28	350	0.92
폴리클로로프렌	24	800	1.24
부타디엔-스타이렌	21	2,000	1.0
부타디엔-아크릴로니트릴	5	400	1.0
실리콘(silicone)	7	700	1.5
열가소성 탄성중합체	35	1,300	1.06

리디메틸실록세인과 산화붕소, 그리고 몇 가지 다른 첨가제를 사용하여 만든다. 느린 변형속도에서는 길이를 상당히 늘일 수 있는 반면 빨리 당기면 끊어진다. 실리콘고무(폴리실록세인이라고도 함)는 고온저항성이 있어 315 ℃까지의 고온에서도 사용이 가능한 탄성중합체이다. 낮은 분자량 형태의 액체 실리콘은 실리콘 오일로 알려져 있다. 또한 실리콘은 몰딩하고 경화시킬 수 있도록 두 부분으로 구성된 시스템으로 구입할 수 있다. 씹는 검은 천연고무, 스타이렌-부타디엔, 폴리비닐아세테이트(PVA)로 만들어진 베이스를 포함하고 있다.

열가소성 탄성중합체 열가소성 탄성중합체(TPE)는 큰 탄성변형을 일으키기 위해 가교결합에 의존하지 않는 특별한 그룹의 고분자이다. 그림 16-24는 스타이렌 반복단위가 사슬의 끝단에만 위치하도록 설계한 스타이렌-부타디엔 블록공중합체(block copolymer)의 구조를 보여준다. 사슬의 약 25%는 스타이렌으로 구성된다. 일부 스타이렌 사슬의 끝은 구형으로 된 도메인을 형성한다. 스타이렌은 높은 유리천이온도를 가지므로 도메인은 강하고 강직하며, 사슬들을 꽉 잡고 있다. 부타디엔 반복단위를 포함하는 고무 부분은 스타이렌 도메인 사이에 위치한다. 고분자에서 이 부분은 상온 이하의 유리천이온도를 가지므로 부드러운 고무와 같은 거동을 한다. 탄성변형은 회복이 가능한 사슬의 운동에 의해 발생한다. 상온에서 사슬의 미끄러짐은 스타이렌 도메인에 의해 억제된다.

스타이렌-부타디엔 블록공중합체는 앞에서 살펴본 BS고무와는 달리 부타디엔 단량체의 가교결합이 필요하지 않으며, 사실 바람직하지도 않다. 열가소성 탄성중합체가 가열될 때, 스타이렌은 유리천이온도 이상이 되면 도메인이 파괴되고, 고분자는 점성변형한다. 즉 다른 열가소성 고분자와 같이 거동하므로 성형이 매우 쉬워진다. 고분자가 냉각되면 도메인이 다시 생성되고 고분자는 고탄성 특성으로 복귀한다. 결과적으로 열가

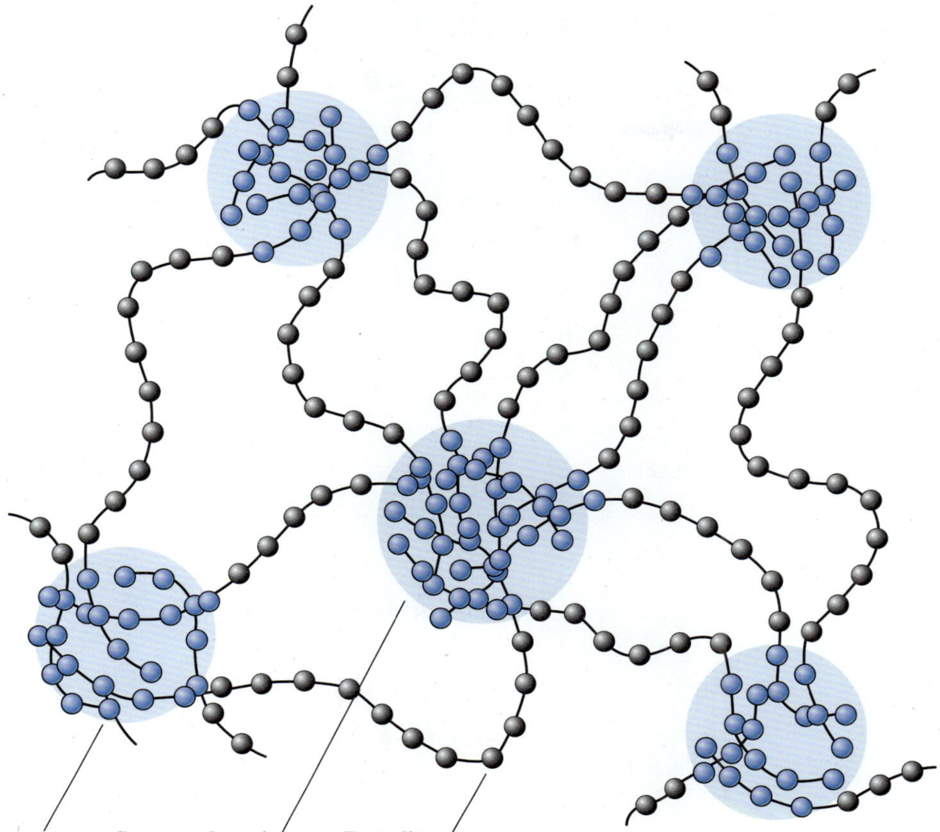

그림 16-24 열가소성 탄성중합체인 스타이렌-부타디엔 공중합체의 구조. 스타이렌 도메인의 유리질 특성에 의해 부타디엔의 가교결합 없이도 탄성거동을 보인다.

소성 탄성중합체는 고온에서 일반적인 열가소성 고분자와 같이 거동하고 낮은 온도에서는 탄성중합체처럼 거동한다. 이 거동으로 열가소성 탄성중합체는 전통적인 탄성중합체보다 더 쉽게 재활용될 수 있다.

16-9 열경화성 고분자

열경화성 고분자는 3차원 네트워크 구조를 형성하는 심하게 가교결합된 고분자 사슬이다. 사슬이 회전 또는 미끄러질 수 없기 때문에 이 고분자는 우수한 강도, 강성, 경도를 갖는다. 열경화성 고분자는 연성 및 충격특성이 나쁘고 높은 유리천이온도를 갖는다. 인장시험에서 열경화성 고분자는 취성 금속 또는 세라믹과 같은 거동을 보인다.

열경화성 고분자는 종종 선형 사슬로부터 시작한다. 반복단위의 종류 및 중합도에 따라 초기 중합체는 고체 또는 액체 수지일 수 있고, 어떤 경우에는 두 부분 또는 세 부분의 액상 수지가 사용되기도 한다(흔히 사용하는 에폭시 접착제의 두 개의 튜브). 열, 압력, 여러 수지의 혼합, 기타 방법들에 의해 가교결합 과정이 시작된다. 가교결합은

표 16-10 선별된 열경화성 고분자의 작용기와 용도

고분자	작용기	대표적인 용도
페놀릭	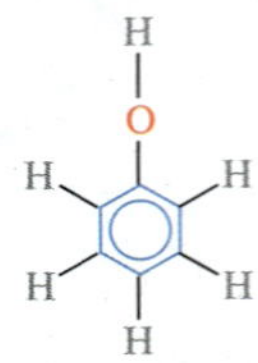	접착제, 코팅, 라미네이트
아민	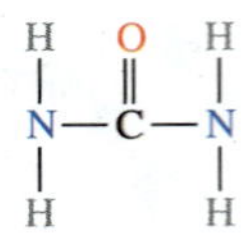	접착제, 주방용품, 전기 주형 틀
폴리에스터	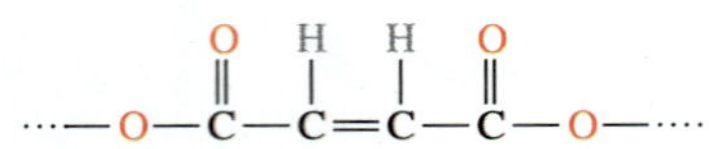	전기 몰딩, 장식용 라미네이트, 유리섬유 복합재료의 기지
에폭시	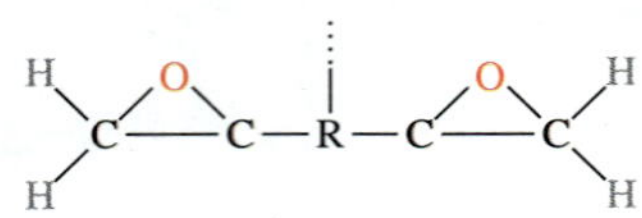	접착제, 전기 몰딩, 복합재료의 기지
우레탄	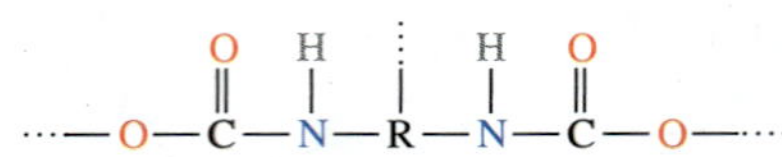	섬유, 코팅, 발포재, 절연체
실리콘	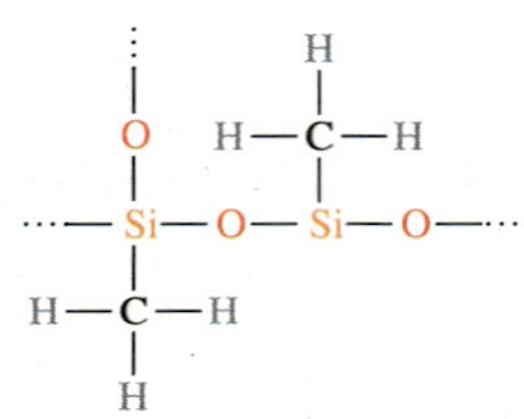	접착제, 개스킷, 밀폐재

표 16-11 대표적인 열경화성 고분자의 특성

	인장강도(MPa)	연신율(%)	탄성계수(MPa)	밀도(g/cm^3)
페놀릭	62	2	9	1.27
아민	69	1	11	1.50
폴리에스터	90	3	5	1.28
에폭시	103	6	4	1.25
우레탄	69	6		1.30
실리콘	28	0	8	1.55

비가역적이다. 일단 성형되면 열경화성 고분자는 쉽게 재사용 또는 재활용할 수 없다.

대표적인 열경화성 고분자의 작용기(functional group)가 표 16-10에 요약되어 있고, 대표적인 특성은 표 16-11에 나와 있다. 작용기는 특정한 속성을 갖는 원자들의 확정된 배열이다.

페놀릭 페놀릭은 가장 일반적으로 사용되는 열경화성 고분자이며 접착제나 코팅, 라미네이트, 전기나 모터 응용을 위한 몰딩부품에 사용된다.

베이클라이트™는 대표적인 페놀릭 열경화성 고분자 중 하나이다. 페놀과 포름알데히드 분자를 결합하는 축합반응은 초기의 선형 페놀수지를 만든다. 이 공정은 선형 페놀-포름알데히드 사슬이 형성될 때까지 계속되지만, 페놀은 작용기가 세 개이므로, 사슬이 형성된 후 각 페놀 고리마다 인접한 사슬과 가교결합할 위치를 제공할 세 번째 위치가 있다.

아민 아미노수지는 요소(urea) 또는 멜라민 단량체를 포름알데히드와 조합하여 만들어진다는 점에서 페놀과 유사하다. 단량체는 포름알데히드 고리에 연결되어 선형 사슬을 생성한다. 과량의 포름알데히드는 조리기구와 회로 차단기, 스위치, 콘센트, 벽 플레이트와 같은 전기용품 하드웨어에 사용되는 접착제, 라미네이트, 몰딩재료와 같은 강하고 강직한 고분자를 만드는 데 필요한 가교결합을 제공한다.

우레탄 가교결합의 정도에 따라 우레탄은 열경화성 고분자, 열가소성 고분자, 탄성중합체로 거동한다. 이 고분자는 가구, 매트리스, 단열재를 위한 섬유, 코팅, 발포재로 사용된다.

폴리에스터 폴리에스터는 산과 알코올 분자의 축합반응에 의해 반응부산물로 물을 방출하며 사슬을 형성한다. 이러한 사슬이 불포화결합을 포함하고 있으면 스타이렌 분자가 가교결합을 제공할 수 있다. 폴리에스터는 다양한 전기용품의 몰딩 재료, 장식용 라미네이트, 보트나 다른 해양장비, 유리섬유 복합재료의 기지재로 사용된다.

에폭시 에폭시는 단단하게 결합된 C—O—C 고리를 포함하는 분자로부터 형성된 열경화성 고분자이다. 중합 중에 C—O—C 고리가 개방되고 분자들과 연결되도록 결합이 재배열된다. 가장 일반적인 상업용 에폭시는 비스페놀 A를 바탕으로 두 개의 에폭사이드(epoxide) 단위체가 추가된 구조이다. 이들 분자는 중합반응을 일으켜 사슬을 형성하고 가교결합을 만들어주는 경화제와 반응한다. 에폭시는 접착제, 전기용품에 사용되는 강직 몰딩부품, 자동차부품, 회로기판, 스포츠 용품, 항공우주용 고성능 섬유강화 복합재료의 기지재로 사용된다.

폴리이미드 폴리이미드는 질소원자를 포함한 고리구조를 가지고 있다. 비스멀리이미드(BMI)와 같은 특별한 그룹은 항공기나 항공우주산업에서 중요하다. 그것들은 175 ℃에서 지속적으로 작동할 수 있고 460 ℃에 도달할 때까지 열분해되지 않는다.

상호침투 고분자 네트워크 몇몇 특별한 고분자재료는 선형 열가소성 고분자 사슬이 열경화성 고분자 구조와 뒤얽혀 상호침투 고분자 네트워크(IPN)를 형성함으로써 만들어질 수 있다. 예를 들어, 나일론, 아세탈, 폴리프로필렌 사슬은 가교결합된 실리콘 열경화성 고분자에 침투할 수 있다. 더 진보된 시스템에서는 두 개의 상호침투된 열경화성 골격구조가 만들어질 수 있다.

16-10 접착제

접착제는 서로 다른 고분자, 금속, 세라믹, 복합재료, 또는 이들 재료의 조합을 결합시키는 데 사용되는 고분자이다. 접착제는 다양한 용도에 사용된다. 그중 가장 중요한 용도는 '구조용 접착제'인데, 이는 자동차, 항공우주, 가전, 전자, 건설, 스포츠 장비 분야에서 사용된다.

화학반응 접착제 이 접착제에는 폴리우레탄 접착제를 포함한 에폭시, 실리콘, 페놀, 혐기성(anaerobic) 수지, 폴리이미드가 포함된다. 1성분 시스템은 수분, 열, 또는 산소 부족에(혐기성 수지의 경우) 노출됨으로써 경화되는 단일 고분자 수지로 구성되어 있다. 2성분 시스템은(예: 에폭시) 두 개의 수지가 조합될 때 경화된다.

증발 또는 확산 접착제 이 접착제는 유기용매 또는 물에 용해되며 접착할 표면에 적용되어 사용된다. 운반체가 증발하면 나머지 고분자가 접합을 제공한다. 수성접착제는 환경 및 안전을 고려할 때 바람직하다. 이 수성접착제는 고분자가 완전히 물에 용해되거나, 물에 안정적으로 분산된 상태, 즉 라텍스 상태이다. 여러 탄성중합체, 비닐, 아크릴 수지가 사용된다.

핫멜트 접착제 이러한 열가소성 고분자 및 열가소성 탄성중합체는 가열하면 녹는다. 냉각되면 고분자는 응고되면서 재료들을 결합시킨다. 상용 핫멜트 접착제(hot-melt)의 전형적인 용융온도는 약 80~110 ℃이므로 이러한 접착제의 고온 사용을 제한한다. 폴리아미드와 폴리에스터 같은 고성능 핫멜트 접착제는 200 ℃까지 사용할 수 있다.

압력민감 접착제 이 접착제는 주로 필름이나 코팅으로 만들어지는 탄성중합체 또는 공중합 탄성중합체이다. 고분자를 기판에 접합하기 위해 압력 필요하다. 전기 및 포장 테이프, 라벨, 바닥타일, 벽지, 나뭇결 질감 필름 등에 사용된다. 제거 가능한 압력민감(pressure-sensitive) 접착제는 반창고 및 경피약물전달과 같은 의료용으로 사용된다.

전도성 접착제 고분자 접착제는 전기전도도 및 열전도도를 증가시키기 위해 은, 구리, 알루미늄 박편 또는 분말을 충전제로 함유할 수 있다. 어떤 경우에는 열전도도가 요구되지만 전기전도도는 요구되지 않는다. 이러한 성질을 제공하기 위해서는 알루미나, 질화붕소, 실리카가 충전제로 사용될 수 있다.

16-11 고분자 공정 및 재활용

고분자를 성형하는 방법은 여러 가지가 있는데 몰딩, 압출, 필름 및 섬유의 제조 등이 포함된다. 고분자를 성형하는 데 사용하는 기법은 고분자의 성질, 특히 열가소성 고분자인지 혹은 열경화성 고분자인지에 따라 크게 달라진다. 매우 다양한 기술들이 열가소성 고분자를 성형하는 데 사용된다. 고분자는 용융점 근처 또는 그 이상으로 가열되면 고무질 또는 액상이 된다. 그렇게 되면 고분자는 몰드나 다이에서 성형되어 요구되는 형상으로 만들어진다. 열가소성 탄성중합체도 동일한 방식으로 성형될 수 있다. 이들 공정에서는 남은 자투리들은 쉽게 재활용될 수 있어 폐기물은 최소화된다. 열경화성 고분자를 성형하는 데 사용되는 방법은 상대적으로 적다. 이는 일단 가교결합이 생성되면 고분자는 더 이상 성형될 수 없기 때문이다.

다음은 주로 고분자 공정에 사용되는 기술의 일부이고, 이들의 대부분은 열가소성 플라스틱에만 적용된다는 사실을 알게 될 것이다(그림 16-25).

압출 이는 열가소성 고분자에 가장 널리 사용되는 기술이다. 압출은 두 가지 목적으로 사용한다. 첫째, 그것은 어떤 단순한 형상을 연속적으로 성형하는 방법을 제공한다[그림 16-25(a)와 16-26]. 둘째, 압출은 궁극적으로는 다른 방법의 공정을 이용해 가공될 수 있는 고분자를 가공할 때 매우 좋은 첨가제의 혼합을 제공한다. 한 쌍 또는 두 쌍의 스크루(twin screw)로 구성된 스크루 메커니즘은 가열된 열가소성 고분자 및 첨가제를 다이를 통해 밀어내 고체 형상, 필름, 시트, 튜브, 파이프 등을 만들어낸다(그림 16-26). 산업용 압출기는 길이 18~21 m, 직경 60 cm까지 가능하며, 다양한 가열 및 냉각 구역으로 구성되어 있다. 열가소성 고분자는 전단박화 및 점탄성 거동을 보이므로 고분자 압출에서 온도와 점도의 제어는 매우 중요하다. 필름을 제조하는 데 사용되는 특별한 하나의 압출공정이 그림 16-27에 나타나 있다. 압출은 또한 전선이나 케이블에 열가소성 고분자나 탄성중합체를 피복하는 데에도 사용될 수 있다.

블로몰딩 패리슨(parison)이라 불리는 속이 빈 열가소성 고분자 예비체가 가스 압력에 의해 다이로 들어오고 다이의 벽에 붙여 팽창된다[그림 16-25(b)]. 이 공정은 플라스틱 병, 용기, 자동차용 연료탱크, 기타 속이 빈 형상을 만드는 데 사용된다.

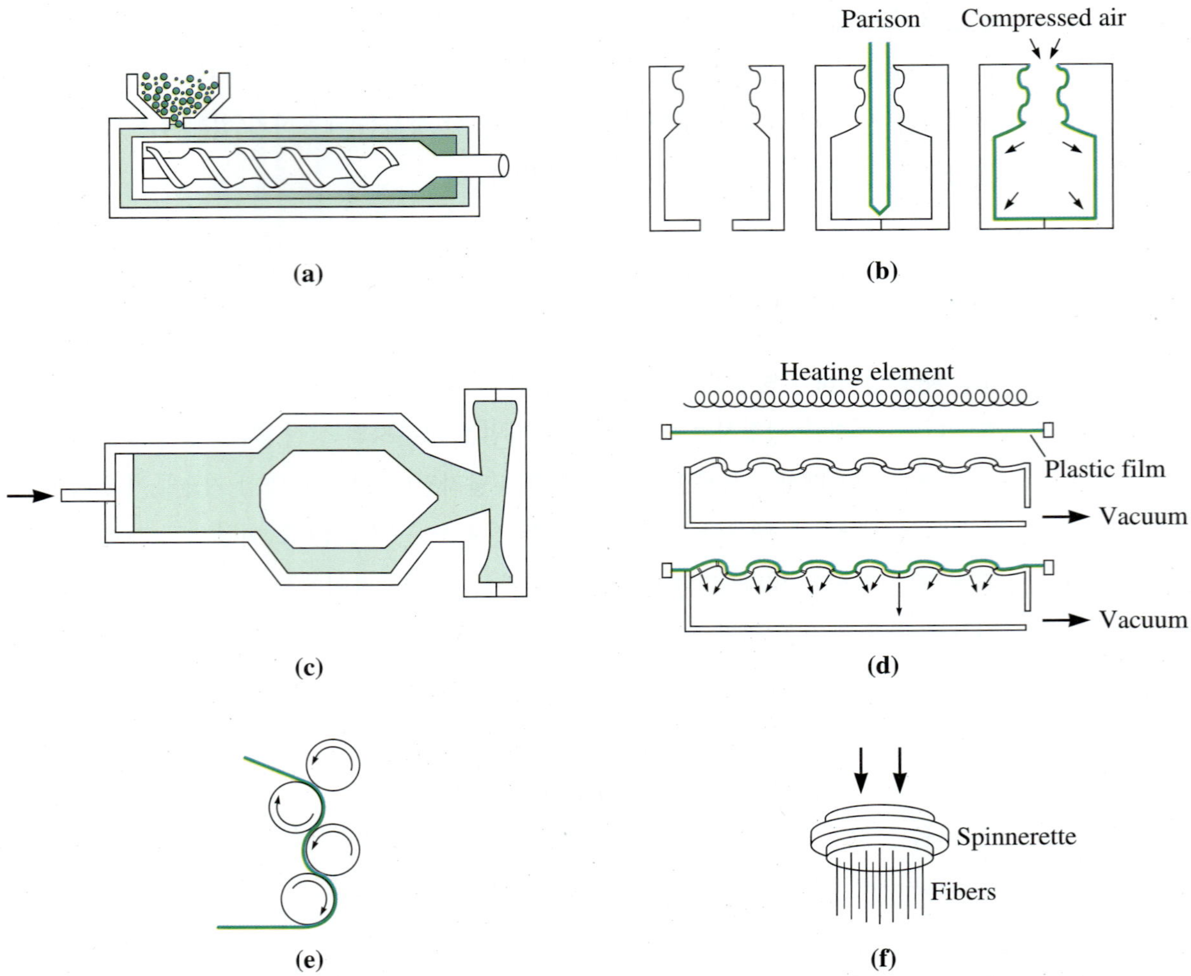

그림 16-25 전형적인 열가소성 고분자 성형공정. (a) 압출, (b) 블로몰딩, (c) 사출성형(압출배럴은 보이지 않음), (d) 열성형, (e) 캘린더링, (f) 방사.

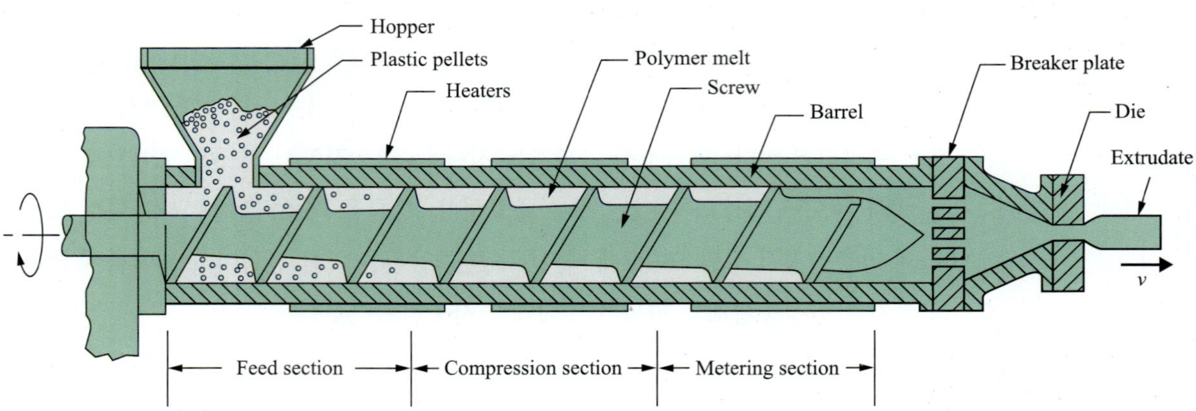

그림 16-26 고분자 공정에 사용되는 압출기의 개략도. (출처: Fundamentals of Modern Manufacturing: Materials, Processes, and Systems, *Third Edition, Mikell P. Groover, John Wiley & Sons, Inc., 2007.*)

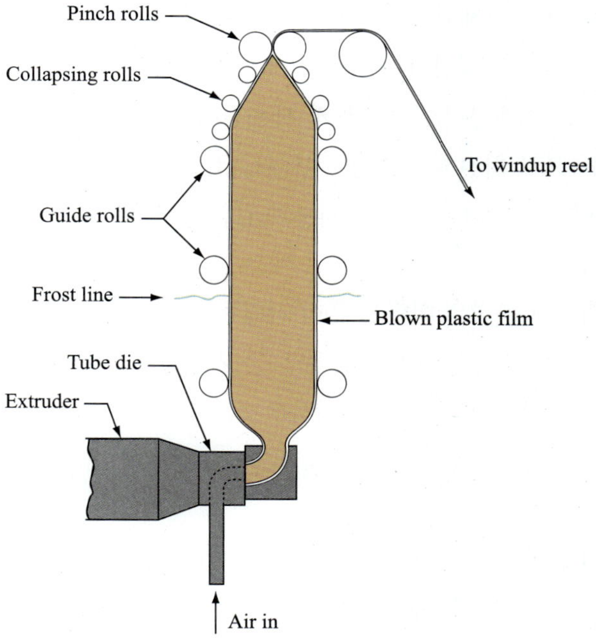

그림 16-27 블로운필름(blown-film) 압출공정. 열가소성 고분자가 튜브 형태로 위로 압출된다. 공기가 튜브 안으로 불어져 팽창과 냉각을 가져온다. 비닐봉지가 이 방식으로 생산된다. (출처: Fundamentals of Modern Manufacturing: Materials, Processes, and Systems, *Third Edition, Mikell P. Groover, John Wiley & Sons, Inc., 2007.*)

사출성형 열가소성 고분자를 가열된 압출기를 이용하여 용융온도 이상으로 가열하여 폐쇄금형에 밀어 넣어 성형한다[그림 16-25(c)]. 이 공정은 용융금속의 다이캐스팅과 유사하다. 플런저 또는 특수 스크루 메커니즘을 이용하여 압력을 가해 뜨거운 고분자를 다이에 밀어넣는다. 컵, 빗, 기어, 쓰레기통까지 넓은 범위의 제품을 이 방식으로 만들어낼 수 있다.

열성형 열가소성 고분자 시트를 소성거동 온도구역까지 가열한 후 다이 위에서 성형하는 기술로 달걀 상자, 장식용 패널 등 다양한 제품을 생산할 수 있다. 이 성형에는 매칭다이, 진공[그림 16-25(d)], 공기압이 사용된다.

캘린더링 캘린더링(calendaring) 공정에서는 용융된 플라스틱이 살짝 개방된 롤 세트 사이로 주입된다[그림 16-25(e)]. 표면에 엠보싱 패턴이 새겨진 롤이 얇은 고분자 시트(주로 PVC)를 밖으로 밀어낸다. 전형적인 제품으로는 비닐 바닥타일과 샤워커튼이 있다.

방사 필라멘트, 섬유, 실타래(yarn)는 방사(spinning)로 만들 수 있다[그림 16-25(f)]. 용융된 열가소성 고분자를 다수의 작은 구멍을 가진 다이를 통해 강제로 밀어낸다. 방사구(spinnerette)라 불리는 다이는 회전할 수 있고 실타래를 생산할 수 있다. 나일론을 포함한 일부 재료의 경우, 섬유는 추가 공정에서 사슬이 섬유의 축과 평행하게 정렬되도록 잡아당겨진다. 이 공정은 섬유의 강도를 증가시킨다.

주조 다수의 고분자는 고체화시키기 위해 몰드에서 주조될 수 있다. 몰드로는 낱개의 두꺼운 플라스틱 시트를 생산하는 데는 유리판이 사용되고, 더 얇은 판의 연속주조를 위해서는 움직이는 스테인리스강 벨트가 사용된다. 회전성형(rotational molding)은 용융된 고분자를 2축으로 회전하는 주형에 부어서 주조하는 특수한 주조법이다. 원심력이 고분자를 몰드 벽으로 밀어붙여 캠퍼 지붕과 같은 얇은 형상을 성형한다.

압축성형 열경화성 고분자의 성형은 흔히 가열된 다이에 가교결합 이전의 고체 재료를 놓고 압축하여 성형한다. 높은 압력과 온도를 가하므로 고분자는 용융되어 다이를 채우고 즉시 경화하기 시작한다. 소형 전기하우징은 물론 자동차 펜더, 후드, 사이드패널이 이 공정에 의해 생산된다[그림 16-28(a)].

이송성형 열경화성 고분자의 이송성형(transfer molding)에는 두 개의 챔버가 사용된다. 한 챔버에서 고분자가 가압 하에 가열되고 용융된 후 고분자는 인접한 다른 챔버의 다이 공간에 주입된다. 이 공정은 사출성형의 일부 장점을 열경화성 고분자에 적용할 수 있다[그림 16-28(b)].

반응사출성형 액체 수지 형태의 열경화성 고분자는 먼저 혼합기에 주입되고 곧바로 가열된 몰드에 주입되어 성형된다. 성형과 경화는 몰드에서 동시에 일어난다. 강화반응사출성형(reinforced RIM, RRIM)에서는 입자나 단섬유로 구성된 강화재를 몰드 공간에 주입하고 여기에 액체 수지를 침투시켜 복합재료를 만든다. 자동차 범퍼, 펜더와 가

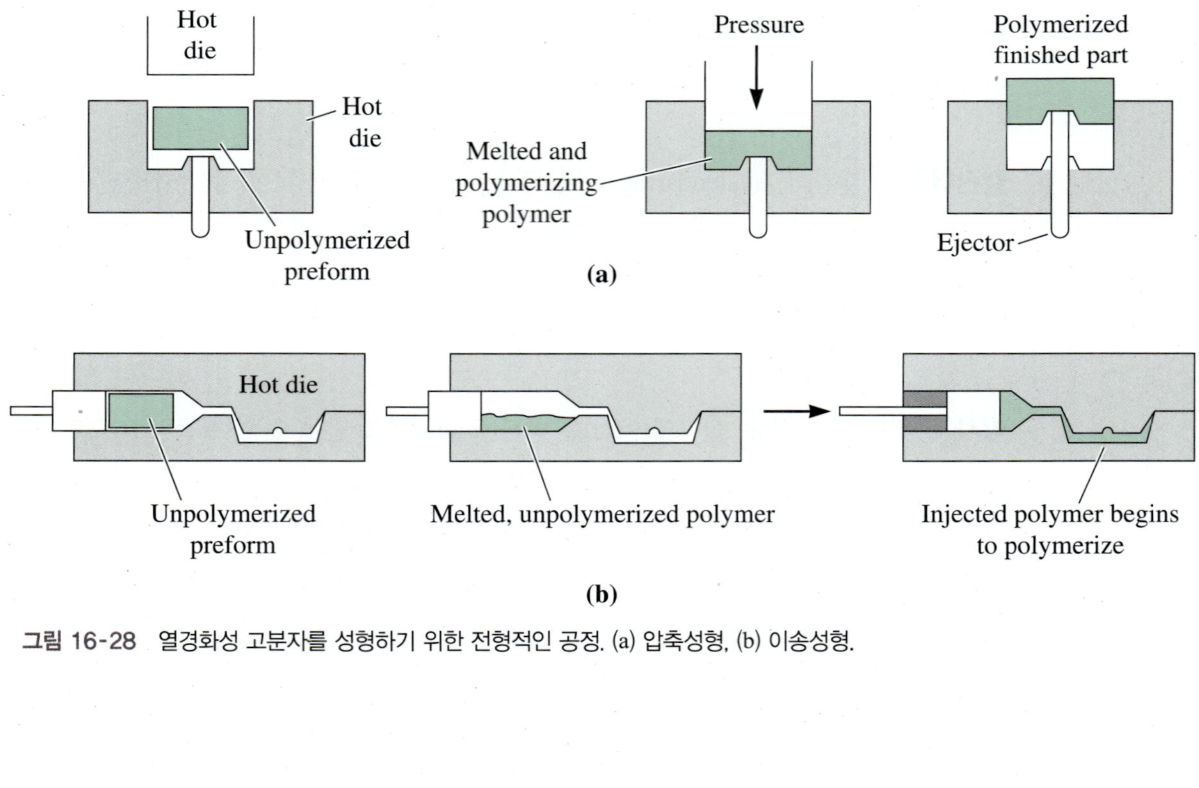

그림 16-28 열경화성 고분자를 성형하기 위한 전형적인 공정. (a) 압축성형, (b) 이송성형.

구 부품이 이 공정으로 만들어진다.

예제 16-10 주택용 단열판

폭 120 cm, 높이 240 cm의 단열판을 만들기 위해 사용될 수 있는 재료를 설계하고자 한다. 재료는 단열이 우수해야 한다. 어떤 재료를 선택할 것인가?

풀이

유리는 양호한 열 차단재이지만, 무겁고 비싸고 파괴되기 쉽다. 고분자는 가볍고 저렴하게 생산할 수 있으며 양호한 열 차단재가 될 수 있다. 따라서 발포된 폴리스타이렌을 사용할 수 있다. 알갱이에 포함된 공기는 열 차단재로서의 효과를 크게 증가시킨다. 더 나은 기계적 특성을 위해 비교적(커피 컵을 만드는 데 사용되는 발포재에 비해) 높은 밀도의 발포재를 만들 수 있다. 마지막으로 안전의 관점에서 몇 가지 화재 방지제 및 난연제를 발포재에 첨가할 수 있다. 그러한 패널은 펜탄(pentane)을 함유하는 발포폴리스타이렌(EPS) 입자를 사용하여 만들 수 있다. 발포재를 만드는 데에는 몰딩공정이 사용된다. 시트는 가열된 금속 와이어를 사용하여 필요한 크기로 절단할 수 있다.

발포재 발포제품은 폴리스타이렌, 우레탄, 폴리메틸메타크릴레이트, 기타 다수의 다른 고분자를 사용하여 제조할 수 있다. 고분자는 작은 구슬의 형태로 생산되며, 종종 펜탄과 같은 발포제(blowing agent)를 함유한다. 예비 팽창과정에서 구슬은 최대 50배까지 직경이 증가한다. 팽창된 입자를 금형에 주입하고 스팀을 사용하여 각 구슬이 녹아 붙게 하여 단지 0.02 g/cm^{3}의 밀도를 갖는 초경량 제품을 만든다. 발포폴리스타이렌(EPS) 컵, 포장재, 절연재는 고분자 발포재의 몇 가지 응용사례이다. 많은 자동차용 엔진블록은 인베스트먼트주조와 유사하게 발포폴리스타이렌(EPS) 입자로 만든 패턴을 사용하여 제작한다.

재활용 플라스틱 재활용은 매우 중요한 문제이며, 전체 과정에 대한 논의는 이 책의 범위를 벗어난다. 그러나 재활용이 우리의 일상생활에서 중요한 역할을 한다는 것은 반드시 기억해야 한다. 재료는 다양한 방식으로 재활용된다. 예를 들어, 제조공정에서 수집된 고분자의 자투리는(분쇄재생재료로 알려짐) 재활용 공장에서 사용된다. 열가소성 고분자의 재활용은 상대적으로 쉽고 널리 이루어진다. 일상생활에서 마주치는 다수의 플라스틱 제품(비닐봉지, 음료수 병, 요구르트 용기 등)에 숫자가 찍혀 있다. PET 제품(재활용 기호는 상표권 문제 때문에 'PETE')의 번호는 1이다. HDPE, 비닐(재활용 기호 V), LDPE, PP, PS는 각각 2, 3, 4, 5, 6이다. 그밖에 다른 플라스틱은 숫자 7로 표시된다.

열경화성 고분자 및 탄성중합체는 재활용하기가 더 어렵지만 여전히 사용된다. 예를 들어, 타이어는 파쇄하여 놀이터 바닥 또는 도로를 안전하게 만들기 위해 사용될 수 있다.

막대한 재활용 노력에도 불구하고, 오늘날 매립지에서 대부분의 재료들은 플라스틱이다(가장 큰 부분은 종이). 제한된 석유의 양을 감안할 때, 지구온난화의 위협과 깨끗하고 안전한 환경에 대한 요구가 있는 한, 신중한 사용과 재활용은 모든 재료에 대해 중요하다.

요약

- 고분자는 단량체라는 작은 분자들이 첨가 또는 축합 중합반응으로 결합에 의해 생성된 큰 거대분자로 만들어진다. 플라스틱은 고분자 화합물을 기반으로 하는 물질이며, 특성 향상을 위해 다른 여러 첨가제를 포함하고 있다. 대부분의 금속이나 세라믹과 비교해 플라스틱은 강도, 강성 및 용융온도가 낮다. 그러나 저밀도이고 내약품성은 우수하다.
- 열가소성 고분자는 서로 화학적으로 결합되지 않은 사슬을 가지므로 쓸모 있는 형상으로 쉽게 성형할 수 있고, 연성이 우수하고, 경제적으로 재활용될 수 있다. 열가소성 고분자는 무정형 구조를 가질 수 있고 주위 온도가 유리천이온도보다 높은 경우 낮은 강도와 우수한 연성을 제공한다. 온도가 유리천이온도 이하로 내려가면 고분자는 더 단단하고 부서지기 쉬워진다. 대부분의 열가소성 고분자는 냉각 또는 응력에 의해 부분적으로 결정화하며 이는 강도를 증가시킨다.
- 열가소성 고분자 사슬은 사슬의 결합강도를 증가시키고 응력이 작용할 때 사슬이 풀리지 않게 해주는 비대칭 단량체를 사용하여 더 단단하고 강하게 만들 수 있다. 또한, 탄소원자 이외의 원자나 작용기를 함유하는 많은 단량체가 더 강성인 사슬을 만들 수 있다. 이 구조는 고강도 열가소성 고분자를 생성한다.
- 탄성중합체는 200% 이상의 탄성변형을 나타내는 열가소성 고분자이거나 약하게 가교결합된 열경화성 고분자이다. 사슬은 가황공정을 사용하여 가교결합된다. 가교결합은 영구 소성변형 없이 매우 큰 탄성변형을 얻을 수 있게 한다. 가교결합의 수가 증가하면 탄성중합체의 강성은 증가되고 탄성변형의 양은 감소한다.
- 열가소성 탄성중합체는 열가소성 고분자와 탄성중합체 모두의 기능을 결합한 특성을 보인다. 이것은 높은 온도에서 열가소성 고분자로 거동하며, 소성변형에 의한 성형이 가능하다. 낮은 온도에서는 탄성중합체로 거동한다.
- 열경화성 고분자는 고도로 가교결합된 3차원 네트워크 구조를 형성하고 있는 재료이다. 전형적으로 높은 유리천이온도, 우수한 강도, 그리고 취성을 보인다. 일단 가교결합이 발생하면 이 고분자는 쉽게 재활용할 수 없다.

- 제조공정은 고분자의 거동에 따라 달라진다. 압출, 사출성형, 열성형, 주조, 방사 공정들은 열가소성 고분자의 점탄성 거동을 이용한 공정이다. 열경화성 고분자의 비가역적 결합 특성으로 인해 성형은 압축성형, 이송성형, 반응사출성형 같은 몇 가지로 제한된다.

용어해설

가교결합 cross-linking　3차원 네트워크 고분자를 만드는 영구적인 화학결합을 통해 고분자의 사슬과 사슬을 연결하는 것.

가황 vulcanization　황 또는 다른 화학물질을 도입하여 탄성중합체 사슬들을 가교결합시키는 것.

고분자 polymer　화학결합으로 많은 단위체나 반복단위가 연결되어 형성된 평균분자량 10,000~1,000,000 g/mol 이상의 거대한 사슬형 분자로 만들어진 재료(또는 거대분자). 고분자는 항상 그렇지는 않지만 일반적으로 탄소를 기반으로 한다.

공중합 copolymer　한 종류 이상의 단량체를 결합하여 만들어진 부가중합 고분자.

기하이성질체 geometric isomer　동일한 조성을 갖지만 두 번째 분자와 구조가 다른 분자.

노화 aging　낮은 수준의 열, 산소, 박테리아 또는 자외선에 대한 노출의 결과로 고분자가 천천히 분해되는 것.

단량체 monomer　그것으로부터 고분자가 만들어지는 분자.

단위체 mer　고분자의 특징적인 배열을 결정하는 원자들과 분자들의 단위 그룹.

디엔 diene　두 개의 이중 공유결합을 포함하는 단량체들의 그룹. 이러한 단량체는 종종 탄성중합체 생산에 사용된다.

반복단위 repeat unit　그것으로부터 고분자가 형성되는 구조 단위. 'mer'라고도 한다.

방사구 spinnerette　그것을 통해 뜨거운 또는 용융된 고분자가 빠져나오며 필라멘트를 생성하는 작은 구멍이 많이 뚫린 압출 다이. 방사구의 회전에 의해 필라멘트를 꼬아서 실타래(yarn)를 만든다.

변형온도 deflection(distortion) temperature　표준하중에서 고분자가 일정량 휘는 온도.

부가중합 addition polymerization　부산물을 생성하지 않고 계속하여 단량체를 첨가하여 고분자 사슬을 형성하는 공정.

분기된 고분자 branched polymer　주 사슬과 주 사슬에 연결된 2차 사슬부로 형성된 임의의 고분자.

분해온도 degradation temperature　그 이상에서는 고분자가 타거나, 숯검정이 되거나, 분해되는 온도.

불포화결합 unsaturated bond　유기질 분자에서 두 원자를 결합하는 이중 또는 심지어 삼중 공유결합. 단일 공유결합이 불포화결합을 대체하는 경우 중합반응이 일어날 수 있다.

블러싱 blushing　반복된 굽힘에 의해 열가소성 재료의 작은 체적에 결정화가 발생하는 것. 이는 궁극적으로 재료를 파괴시킬 수 있는 기공을 만든다.

상호침투 고분자 네트워크 interpenetrating polymer networks　두 개의 별도 고분자 구조나 네트워크가 서로 뒤얽혀 만들어지는 고분자 구조.

선형 고분자 linear polymer　분자가 스파게티와 같은 사슬의 형태로 되어 있는 임의의 고분자.

아라미드 aramid　선형 사슬에 방향족 기를 함유하는 폴리아미드 고분자.

액정고분자 liquid-crystalline polymer　고온에서조차도 강직한 봉처럼 거동하는 예외적으로 강성이 큰 고분자 사슬.

열가소성 고분자 thermoplastics　분자의 사슬들이 서로 연결되지 않은 선형 또는 분기된 고분자.

열가소성 탄성중합체 thermoplastic elastomer　높은 온도에서는 열가소성 고분자처럼 거동하고 낮은 온도에서는 탄성중합체의 특성을 나타내는 고분자.

열경화성 고분자 thermosetting polymer 사슬들이 심하게 가교결합되어 강한 3차원 네트워크 구조를 만드는 고분자.

올리고머 oligomer 분자량이 낮은 분자로 2량체(dimers) 또는 3량체(trimers)를 포함할 수 있다.

유리천이온도 glass-transition temperature 이보다 낮은 온도에서는 무정형(비결정질) 고분자가 강직한 유리구조를 갖는 온도범위.

응력유발 결정화 stress-induced crystallization 외부 응력을 가하여 결정질을 형성하는 과정. 흔히 다수의 무정형 플라스틱의 상당한 분율이 이런 방식으로 결정화될 수 있으며, 재료를 강화시킨다.

응력이완 stress relaxation 점탄성 변형에 의한 일정한 변형도하에서 일정시간 동안 재료에 작용하는 응력의 감소.

이완시간 relaxation time 응력이완이 일어나는 속도와 관련된 고분자 특성의 하나.

입체규칙성 tacticity 비대칭 단량체로 만들어진 고분자 사슬에서 원자 또는 원자그룹의 위치를 설명하는 것.

점탄성거동 viscoelastic behavior 응력이 가해졌을 때 탄성변형과 점성유동에 의한 재료의 변형.

중합도 degree of polymerization 고분자의 평균분자량을 단량체의 분자량으로 나눈 값.

축합중합 condensation polymerization 작은 분자(예: 물, 메탄올 등)가 부산물로 형성되어 방출되며 중합하는 방법.

크레이징 crazing 고분자에서의 국소적인 소성변형.

탄성중합체 elastomer 200% 이상의 탄성변형을 보이는 고분자(열가소성 또는 약하게 가교결합된 열경화성 고분자)

패리슨 parison 부드러운 또는 용융 고분자의 뜨거운 덩어리로 쓸모 있는 형상으로 부풀려지거나 성형된다.

플라스틱 plastic 다른 첨가제를 함유하지만 대부분이 고분자인 재료.

연습문제

16-1절 고분자의 분류

16-1 선형 및 분기된 고분자는 각각 무엇인가? 열가소성 고분자는 분기할 수 있는가?

16-2 다음 용어를 정의하라. (a) 열가소성 고분자, (b) 열경화성 고분자, (c) 탄성중합체, (d) 열가소성 탄성중합체.

16-3 고분자의 전기적 및 광학적 응용 분야는 무엇인가? 예를 들어 설명하라.

16-4 세라믹, 유리, 금속에 비해 플라스틱의 주요 장점은 무엇인가?

16-2절 부가중합 및 축합중합

16-5 축합중합, 부가중합, 개시제, 종결제라는 용어는 무엇을 의미하는가?

16-6 케블라($C_{14}H_{10}N_2O_2$)는 높은 강도-대-무게비로 인해 타이어부터 방탄복까지 다양한 용도로 사용된다. 이 고분자는 파라페닐린디아민($C_6H_8N_2$)과 테레프탈로일 클로라이드($C_8H_4Cl_2O_2$) 단량체로부터 다음 반응에 의해 만들어진다.

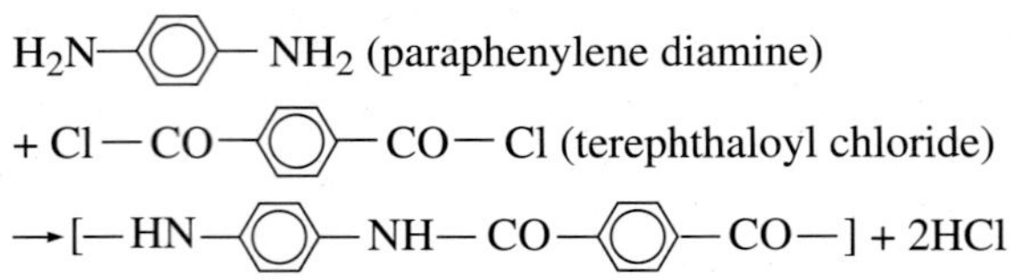

(a) 위의 반응은 어떤 유형의 중합반응인가?

(b) 100% 효율을 가정하고 1 kg의 파라페닐린디아민이 완전히 결합하는 데 필요한 테레프탈로일 클로라이드의 무게를 계산하라.

(c) 얼마나 많은 케블라가 만들어지는가?

16-7 그림 16-6을 살펴보라. 만약 각각 100 kg의 두 반응물을 조합하여 반응이 100% 완료되었다

면 얼마나 많은 메탄올이 생성될 것인가?

16-8 아래 고분자의 $n = 10^6$일 때 분자량은 얼마인가? (우라늄은 +4의 산화상태를 가질 수 있다)

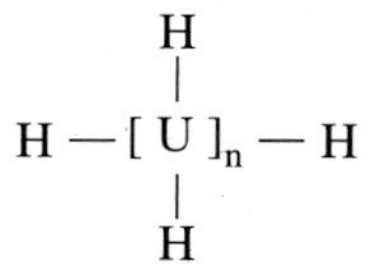

16-3절 중합도

16-4절 일반적인 열가소성 고분자

16-9 저밀도 폴리에틸렌은 식료품 비닐봉지를 만드는 데 좋은 재료이지만, 강도와 높은 내마모성이 필요한 용도에는 초고분자량 폴리에틸렌이 사용되어야만 하는 이유를 설명하라.

16-10 예제 16-5를 다시 살펴보라. 그 중량평균 분자량과 갯수평균 분자량에 해당하는 중합도는 얼마인가?

16-11 중합도가 1,000이라면 내경 5 cm, 두께 0.5 cm, 길이 5 m의 PVC 파이프에 포함된 사슬의 수를 계산하라. 사슬의 길이는 동일하다고 가정한다. PVC의 밀도는 1.4 g/cm^{3}이다. PVC의 반복단위는 표 16-3에서 찾을 수 있다.

16-12 폴리메틸메타크릴레이트(PMMA)의 분자량은 250,000 g/mol이다(표 16-3 참조). 고분자 사슬의 길이가 모두 같다면 다음을 계산하라.

(a) 중합도

(b) 고분자 1 g에 포함된 사슬의 수

16-13 폴리테트라플루오로에틸렌(PTFE)의 중합도는 7,500이다(표 16-3 참조). 고분자 사슬의 길이가 모두 같다면 다음을 계산하라.

(a) 분자사슬의 분자량

(b) 고분자 1,000 g 중의 총 사슬의 수

16-14 폴리에틸렌 밧줄의 무게는 cm당 15.12 g이다. 각 사슬에 7,000개의 반복단위가 포함되어 있다면 다음을 계산하라.

(a) 3 m 길이의 로프에 포함된 폴리에틸렌 사슬의 수

(b) 각 사슬의 탄소원자는 약 0.15 nm 떨어져 있고 반복단위 하나의 길이는 0.24495 nm라고 가정할 때 밧줄에 들어 있는 사슬의 총 길이

16-15 폴리아크릴로니트릴 시료를 분석하니(표 16-3 참조) 다음 표에 있는 길이가 다른 6종의 사슬들이 표에 보이는 숫자만큼 포함되어 있다. 다음을 결정하라.

(a) 중량평균 분자량 및 중합도

(b) 갯수평균 분자량 및 중합도

사슬의 수	사슬의 평균분자량(g/mol)
10,000	3,000
18,000	6,000
17,000	9,000
15,000	12,000
9,000	15,000
4,000	18,000

16-16 표 16-3에 보인 반복단위의 분자량을 계산하라. 완전하게 믿을 수 있도록 계산과정을 보여라.

16-17 표 16-2에 있는 고분자들의 인장강도를 단량체에 포함된 방향족(벤젠) 고리의 수의 함수로 그려보라.

16-5절 열가소성 고분자의 구조-특성 상관관계

16-6절 열가소성 고분자에 미치는 온도의 영향

16-7절 열가소성 고분자의 기계적 특성

16-18 분해온도, 열변형온도, 유리천이온도, 용융온도가 무엇을 의미하는지 설명하라.

왜 열가소성 고분자는 고정된 용융온도 또는 유리천이온도를 갖지 않는가?

16-19 표 16-5를 사용하여 부가중합 열가소성 고분자의 유리천이온도와 용융온도 사이의 관계를 그려보라. 이 두 가지 중요한 온도 사이의 대략적인 관계는 무엇인가? 축합중합 열가소성 고분자와 탄성중합체도 같은 관계를 따르는가?

16-20 자동차의 외부 측면거울을 지탱하는 브래킷을 만드는 데 좋은 후보가 될 수 있는 부가중합 열가소성 고분자를 표 16-5에서 찾아보라. 기온이 자주 영하로 떨어진다고 가정하라. 선택한

것에 대해 설명하라.

16-21 표 16-5에 근거하여 −78 ℃에서 액체이산화탄소 펌프용 개스킷에 사용하기에 적합한 탄성중합체는 어느 것인가? 설명하라.

16-22 폴리에틸렌, 폴리프로필렌, 폴리메틸메타크릴레이트의 유리천이온도를 비교하라. 차이를 각각의 단량체 구조에 근거하여 설명하라.

16-23 표 16-5 중에서 어떤 부가중합 고분자가 상온에서 가죽상태로 사용되는가? 이 상태가 그 고분자의 기계적 특성에 어떤 영향을 미치는가? 유리질 고분자의 기계적 특성과 비교하여 설명하라.

16-24 어떤 요인이 고분자의 결정화도에 영향을 미치는가? PET와 나일론에서 결정화도의 진전과 역할에 대해 설명하라.

16-25 다음 결정질 고분자의 상대적 경향을 기술하라. 답에 대해 설명하라.

(a) 분기된 폴리에틸렌 대 선형 폴리에틸렌

(b) 폴리에틸렌 대 폴리에틸렌-폴리프로필렌 공중합체

(c) 동일배열 폴리프로필렌 대 임의배열 폴리프로필렌

(d) 폴리메틸메타크릴레이트 대 아세탈(폴리옥시메틸렌)

16-26 폴리프로필렌의 결정질 밀도는 0.946 g/cm^3, 비결정질 밀도는 0.855 g/cm^{3}이다. 0.900 g/cm^{3}의 밀도를 갖는 폴리프로필렌에서 결정질 구조의 중량백분율은 얼마인가?

16-27 고분자의 변형속도를 다음과 같은 식으로 나타낼 수 있다고 하자.

$$d\varepsilon/dt = \sigma/\eta + (1/E)d\sigma/dt$$

여기서, ε는 변형도, σ는 응력, η는 점도, E는 탄성계수, t는 시간이다. 일정한 변형도(즉, $d\varepsilon = 0$)를 가정하고 식 16-5를 유도하라. 식 16-5에서 이완시간(λ)은 무엇의 함수인가?

16-28 HDPE에 2.8 MPa의 일정한 응력이 가해졌다. 얼마의 온도에서 100시간 동안 이 정하중이 가해져야 파단이 일어날 것인가? 그림 16-18을 참조하라.

16-29 조립체의 적절한 기능성을 위해 응력 수준을 10 MPa 이상으로 유지할 필요가 있는 고분자 부품은 예방정비를 위해 2년마다 교체해야 한다고 한다. 초기응력이 18 MPa이고 운전 1년 후 15 MPa로 떨어졌다면(일정한 변형도 가정), 이 부품의 정해진 교체 일정으로 파괴를 성공적으로 방지할 수 있는가?

16-30 크리프, 응력이완, 크레이징, 블러싱, 환경응력 균열, 고분자의 노화를 설명하라.

16-31 복잡한 조립체의 잠금장치(fastener)로 사용된 고분자에 17 MPa의 응력이 가해진다. 일정한 변형도에서 100시간 후 응력이 16.6 MPa로 떨어진다. 부품이 제대로 작동하기 위해서는 응력이 14.5 MPa보다 높은 수준을 유지해야 한다면 조립체의 수명을 결정하라.

16-32 일정한 변형도에서 7 MPa의 응력이 고분자에 적용된다. 6개월 후 응력은 5.9 MPa로 떨어진다. 특정한 용도를 위해, 동일한 고분자로 만든 부품이 12개월 후 6.2 MPa을 유지해야 한다. 이 용도에 사용될 고분자에 걸어주어야 할 초기응력은 얼마인가?

16-33 폴리에틸렌의 파단시간 데이터가 그림 16-18에 나타나 있다. 그림으로부터 4.8 MPa의 응력이 가해질 때, 90 ℃에서는 0.2시간이 지나면 고분자가 파괴되나, 65 ℃에서는 10,000시간 동안 견딜 수 있다. 파단시간이 점도와 관련

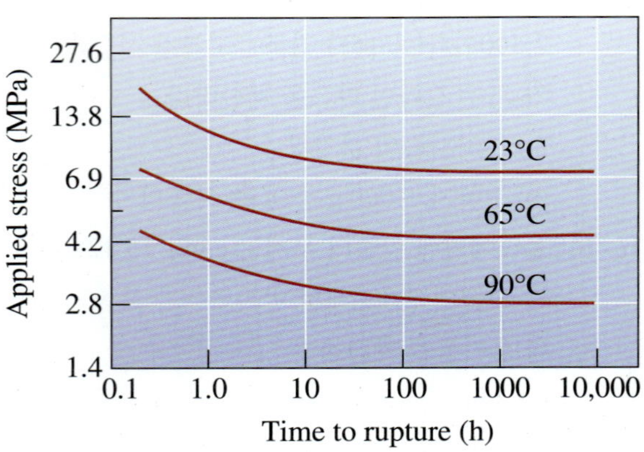

그림 16-18 고밀도 폴리에틸렌의 응력-파단 거동에 미치는 온도의 영향. (문제 16-28, 16-33을 위해 반복됨)

된다고 가정하면 폴리에틸렌의 점도에 대한 활성화에너지를 계산하고 23 ℃에서의 파단시간을 구하라.

16-8절 탄성중합체(고무)

16-34 ABS 고분자는 스타이렌, 부타디엔, 아크릴로니트릴 단량체의 양을 변화시켜 제조할 수 있다. 단량체들은 두 가지 형태의 공중합체(BS 고무 및 SAN)로 존재한다.

(a) 좋은 충격특성을 얻고자 한다면 ABS의 조성을 어떻게 조절할 것인가?

(b) 상온에서 좋은 연성을 얻고자 한다면 조성을 어떻게 조절할 것인가?

(c) 상온에서 좋은 강도를 얻고자 한다면 조성을 어떻게 조절할 것인가?

16-35 그림 16-23은 어떤 탄성중합체의 응력-변형도 곡선을 나타낸다. 곡선으로부터 탄성계수 대 변형도를 계산하여 도시하고, 결과를 설명하라.

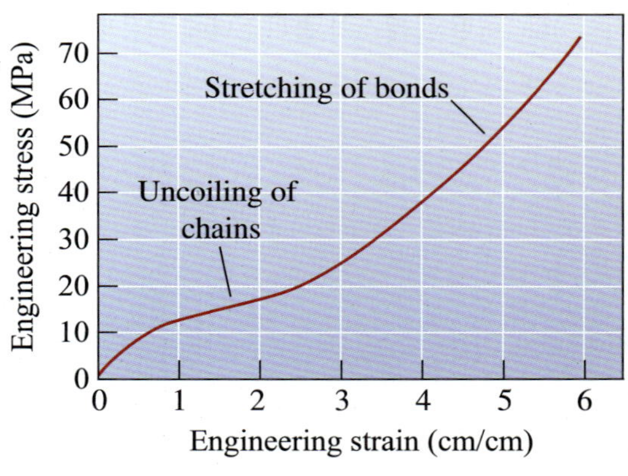

그림 16-23 탄성중합체의 응력-변형도 곡선. 사실상 모든 변형은 탄성적이다. 탄성계수는 변형도에 따라 달라진다.

16-9절 열경화성 고분자

16-36 열경화성 고분자라는 용어를 설명하라. 열경화성 고분자는 아디프산과 에틸렌글리콜만으로 제조할 수 없다. 이유를 설명하라.

16-37 열경화성 고분자의 특성을 평가하는 데에는 일반적으로 왜 중합도를 사용하지 않는지 이유를 설명하라.

16-38 조립된 부품이 충격하중을 받는 용도에 다음 재료를 핫멜트 접착제로 사용할 경우 각 재료를 선택한 것에 대해 방어 또는 반박하라.

(a) 폴리에틸렌

(b) 폴리스타이렌

(c) 스타이렌-부타디엔 열가소성 탄성중합체

(d) 폴리아크릴로니트릴

(e) 폴리부타디엔

16-39 열가소성 고분자, 열경화성 고분자, 탄성중합체의 특성을 비교하고 대조하라.

설계문제

16-40 그림 16-29는 두 온도에서 폴리프로필렌, 폴리에틸렌, 아세탈의 거동을 보여준다. 230 kg의 하중에서 6개월 동안 40 ℃에서 작동하는 길이 30 cm의 막대를 만들고자 한다. 크리프에 의해 5% 이상의 연신이 발생하지 않도록 막대의 재료와 크기를 설계하라.

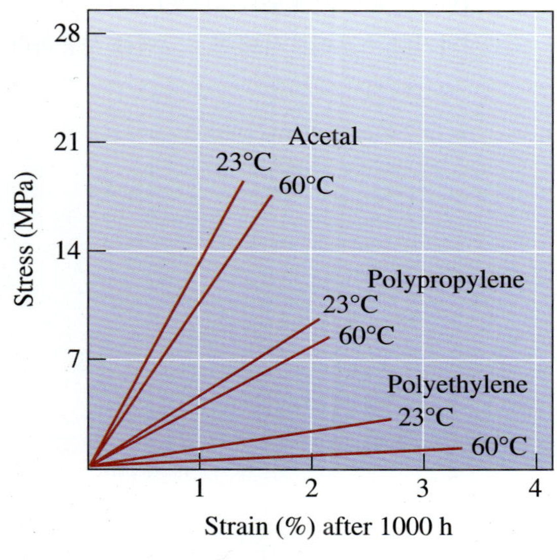

그림 16-29 세 고분자의 크리프 변형도에 대한 적용 응력의 영향. (문제 16-40에 사용)

16-41 낮은 동력의 전기모터로부터 에너지를 전달하는 데 사용되는 직경 7.5 cm의 기어를 제작하기 위해 사용할 수 있는 고분자재료를 설계하라. 설계 요구조건은 무엇인가? 어떤 클래스의 고분자(열가소성, 열경화성, 탄성중합체)가 가

장 적절한가? 어느 특정한 고분자를 먼저 고려할 것인가? 설계를 완성하기 위해 알아야 할 용도 및 고분자 특성과 관련된 추가정보는 무엇인가?

16-42 데스크톱 컴퓨터 케이스를 만드는 데 적합한 고분자 재료와 성형공정을 설계하라. 설계 및 성형 요구조건은 무엇인가? 어떤 클래스의 고분자가 가장 적절한가? 어느 특정한 고분자를 먼저 고려해 볼 수 있는가? 알아야 할 추가정보는 무엇인가?

16-43 어떤 종류의 고분자를 인공 고관절 보철물의 헤드 내벽의 안감으로 사용할 수 있는가? 이런 유형의 고분자에는 어떤 요구사항이 필요한지 말하라.

컴퓨터문제

16-44 **고분자 분자량 분포** 다음 데이터는 폴리에틸렌에 대한 것이다. 평균분자량과 중합도를 결정하라. 문제를 풀기 위해 컴퓨터 프로그램을 작성하거나 스프레드시트 프로그램을 사용하라.

분자량 범위(g/mol)	f_i	x_i
0~3,000	0.01	0.03
3,000~6,000	0.08	0.10
6,000~9,000	0.19	0.22
9,000~12,000	0.27	0.36
12,000~15,000	0.23	0.19
15,000~18,000	0.11	0.07
18,000~21,000	0.06	0.02
21,000~24,000	0.05	0.01

Knovel® 활용 문제

K16-1 상호침투 고분자 네트워크(IPN)를 기반으로 한 열가소성 탄성중합체(TPE)의 예를 제시하라. 그것은 어떻게 만들어지는가?

K16-2 사슬 길이가 고분자의 유리천이온도에 어떤 영향을 미치는가? 이 관계를 설명하는 식을 찾아보라.

K16-3 간섭 페놀릭은 일반적인 유기질 산화방지제이다. 어떤 클래스의 플라스틱에 사용되는가?

효율을 증가시켜 연료비용을 절감하기 위해 항공회사들은 더 가볍고 더 강한 재료를 비행기에 사용하고자 한다. 보잉 787의 가장 중요한 혁신 중의 하나는 복합재료를 광범위하게 사용한 점이다. 복합재료는 한 재료에 여러 상의 구성요소들을 결합시킴으로써 만들어지고, 그 결과로 얻어지는 재료의 특성은 특별하며 다른 방법으로는 구현이 불가능하다. 보잉 787 Dreamliner 기체의 총 무게의 절반이 복합재료로 구성된다. 예를 들어, 보잉 787의 동체는 탄소섬유강화 플라스틱으로 만들어진다. 탄소섬유강화 플라스틱은 에폭시기지에 탄소섬유가 매몰된 복합재료이다. 탄소섬유는 재료에 강도와 강성을 부여하고, 에폭시기지는 섬유를 서로 결합시킨다. (출처: *AFP/Getty Images*)

CHAPTER **17**

복합재료: 재료의 팀워크와 시너지

다음과 같이 궁금해 해본 적이 있는가?

- 자연적으로 생성된 복합재료는 무엇이 있는가?
- 대부분 탄산칼슘으로 이루어진 전복껍질이 완전히 탄산칼슘으로 만들어진 백묵보다 왜 훨씬 더 강한가?
- 복합재료를 사용하는 스포츠용품에는 어떠한 것들이 있는가?
- 복합재료는 왜 비행기나 자동차에 점점 더 많이 사용되는가?

제17장의 주요 학습목표

- 복합재료가 어떻게 구성요소 재료에 비해 향상된 강도, 피로저항성, 탄성특성, 비강도를 갖는지 설명하는 것.
- 입자, 섬유강화, 그리고 층상 복합재료의 형태를 기술하는 것.
- 복합재료의 다양한 특성을 계산하기 위해 혼합법칙을 사용하는 것.
- 섬유방향에 평행하거나 수직한 방향으로 섬유강화 복합재료의 탄성계수를 계산하는 것.
- 섬유와 섬유강화 복합재료를 제조하는 공정을 기술하는 것.
- 적층재와 층상 복합재료를 제조하는 공정을 기술하는 것.
- 다양한 종류의 복합재료의 응용분야를 알아보는 것.

복합재료는 두 가지 또는 그 이상의 재료나 상을 함께 사용하여 다른 방법으로는 얻을 수 없는 특성의 조합을 얻기 위해 만들어진다. 복합재료는 강성, 강도, 무게, 고온성능, 부식저항성, 경도, 전도도 등의 특별한 조합을 얻기 위해 선택될 수 있다. 전복껍질, 나무, 뼈, 이빨 등이 자연적으로 생성되는 복합재료의 예이다. 몇몇 복합재료의 미세조직을 그림 17-1에 보여준다. 매크로스케일에서 복합재료의 예로는 철근강화(steel-reinforced) 콘크리트를 들 수 있다. 마이크로스케일에서 복합재료에는 탄소섬유 및 유리섬유 강화 플라스틱(CFRP 및 GFRP)과 같은 재료가 있다. 이러한 복합재료는 비강도에 있어서 상당한 이득을 가져다주며, 항공기, 전자부품, 자동차, 스포츠장비 등에 그 활용도가 높아지고 있다.

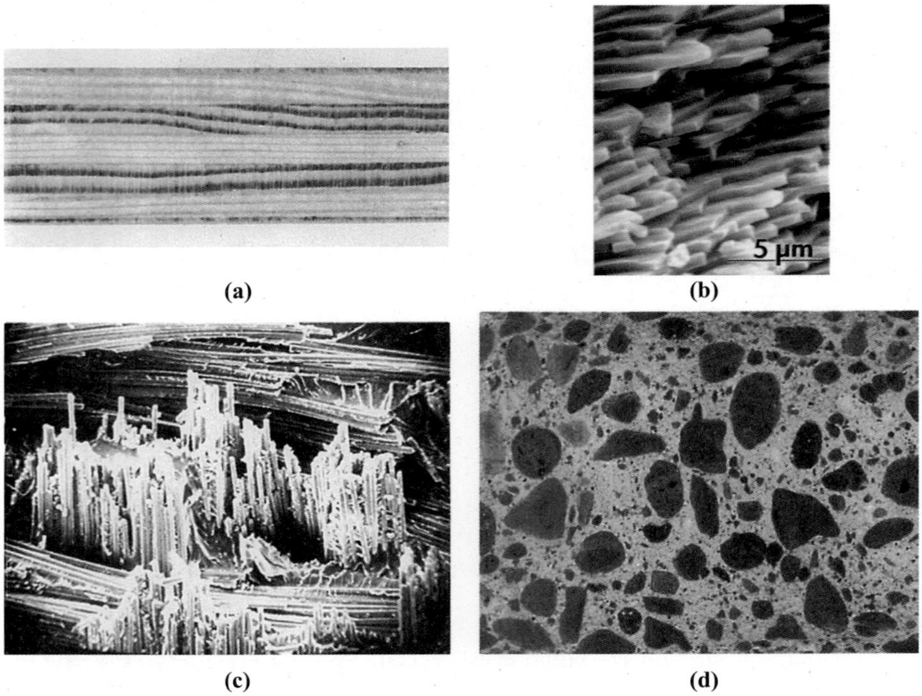

그림 17-1 몇몇 복합재료의 예. (a) 합판은 나무 베니어판의 층상 복합재료이고, (b) 전복 껍질은 10 nm 두께의 단백질성 유기물 기지에 의해 둘러싸인 선석(aragonitic, $CaCO_3$ 사방정) 판상체의 복합재료이다. (출처: *Professor Mehmet Sarikaya, University of Washington, Seattle*) (c) 유리섬유복합체는 더 연성인 고분자기지에 강성과 강도를 가진 유리섬유가 첨가된 섬유강화 복합재료이고(× 175), (d) 콘크리트는 시멘트기지에 조대한 모래나 자갈이 포함된 입자 복합재료이다(50% 축소). [(a), (c), (d) 출처: *Don Askeland*]

제12장과 제13장에서 언급했듯이, 분산강화 및 석출경화 합금들은 전통적인 재료이지만 나노복합재료라고 볼 수 있는 예이다. 나노복합재료에서, 분산상은 나노크기의 입자로 구성되며 기지에 분포되어 있다. 다수의 유리-세라믹은 다양한 세라믹 상으로 이루어진 나노크기 복합재료이다. 다수의 플라스틱 또한 복합재료로 간주될 수 있다. 예를 들어, Dylark™은 말레산 무수물과 스타이렌 혼성고분자(maleic anhydride-styrene copolymer)의 복합재료이다. 이 재료는 강성의 확보 및 자외선에 대한 보호를 위해 카본블랙(carbon black)을 포함한다. 그것은 또한 탄성계수의 증가를 위해 유리섬유를, 그리고 인성의 향상을 위해 고무를 포함한다. 에폭시는 열전도도를 증가시키기 위해 은으로 충전될 수 있다. 일부 유전물질은 전체적인 유전성질(예를 들어, 유전상수)이 어떤 온도 범위에서 너무 많이 변하지 않도록 여러 상을 조합하여 만들어진다. 어떤 복합재료 구조는 다른 재료들이 서로 다른 층에 정렬된 구조를 가질 수 있다. 이러한 개념은 소위 경사기능재료 및 구조(functionally graded materials and structure)의 발전을 가져왔다. 예를 들어, 터빈블레이드에 코팅하는 이트륨 안정화 지르코니아(yttria-stabilized zirconia, YSZ)는 터빈블레이드 재료와의 접합을 위해 그 사이에 다른 층들을 갖는다. YSZ 코팅 자체는 고온에 대한 보호를 위해 필수적으로 어느 정도의 다공성을 포함한다(제5장). 이와 유사하게, 유리에 적용하는 코팅 역시 복합재료 구조의 예이다. 따라서, 복합재료를 사용하는 개념은 일반적인 것이며 거시적, 미시적, 그리고 나노길이스케일까지 적용될 수 있다.

복합재료에서, 각각 상들의 특성과 부피분율(volume fraction)은 중요하다. 상의 연결성 또한 매우 중요하다. 보통 기지는 연속적인 상이고 나머지 상은 분산상으로 일컬어진다. 따라서 '금속기지'와 같은 용어는 연속상을 형성하기 위해 사용된 금속재료를 가리킨다.

연결성은 상들이 복합재료 내에서 어떻게 연결되는가를 설명한다. 복합재료는 종종 분산상의 형상이나(예: 입자강화, 위스커강화, 섬유강화 복합재료) 성질을 바탕으로 분류된다. 위스커(whisker)는 섬유와 비슷하지만 그 길이는 훨씬 짧다. 입자나 위스커 그리고 섬유와 기지 사이의 결합은 매우 중요하다. 구조용 복합재료에는 계면결착제(coupling agent)로 알려진 고분자 분자가 사용된다. 이 분자는 분산상과 결합을 형성하고, 연속적인 기지상과도 일체화된다.

이 장에서 우리는 우선 구조적 또는 기계적 용도에 사용되는 복합재료에 초점을 맞출 것이다. 복합재료는 입자, 섬유, 층상의 세 가지 범주로 구분할 수 있다(그림 17-1). 시멘트와 자갈의 혼합물인 콘크리트는 입자 복합재료(particulate composites)이고, 고분자 속에 매몰된 유리섬유로 구성된 유리섬유 복합체(fiberglass)는 섬유강화 복합재료(fiber-reinforced composites)이며, 나무 베니어를 교차로 적층한 구조를 갖는 합판은 층상 복합재료(laminar composites)이다. 만약 강화입자들이 균일하게 분산되어 있다면 입자 복합재료는 등방성의 특성을, 섬유강화 복합재료는 등방성 또는 이방성을, 층상 복합재료는 항상 이방성 거동을 보일 것이다.

17-1 분산강화 복합재료

직경이 10~250 nm인 입자를 포함하는 분산강화 나노복합재료의 특별한 그룹은 입자 복합재료로 분류된다. 보통 금속산화물인 분산질(dispersoid)은 전통적인 상변태를 통하지 않고 기지에 도입된다(제12장 및 제13장). 비록 작은 입자가 기지와 정합되지 않더라도, 전위의 움직임을 방해하므로 눈에 띄는 강화효과를 나타낸다.

상온에서는 분산강화 복합재료가 정합 석출물을 포함하는 전통적인 시효강화 합금보다 약할 수 있다. 그러나 복합재료는 과시효(overaging), 과잉열처리(overtempering), 결정성장, 분산상의 조대화 등에 의해 급격하게 연화되지 않으므로, 복합재료의 강도는 온도의 증가에 따라 단지 점진적으로 감소한다(그림 17-2). 또한 복합재료는 금속이나 합금에 비해 크리프 저항성이 우수하다.

분산질은 기지에 대한 용해도가 낮아야 하고 기지와 화학적인 반응을 하지 않아야 하지만, 약간의 용해도는 분산질과 기지 사이의 결합을 향상시킬 수도 있다. 산화구리(Cu_2O)는 고온에서 구리에 용해되기 때문에 Cu_2O-Cu계는 효과적이지 못하다. 반면에 Al_2O_3는 알루미늄에 용해되지 않기 때문에 Al_2O_3-Al계는 효과적인 분산강화 재료가 된다.

분산강화 복합재료의 예 표 17-1에는 관심 있는 몇몇 분산강화 복합재료를 나타내었다. 전형적인 예로 소결 알루미늄 분말(sintered aluminum powder, SAP) 복합재료를 들 수 있다. SAP는 최대 14%의 알루미나로 알루미늄기지를 강화시킨 것이다. 이 복합

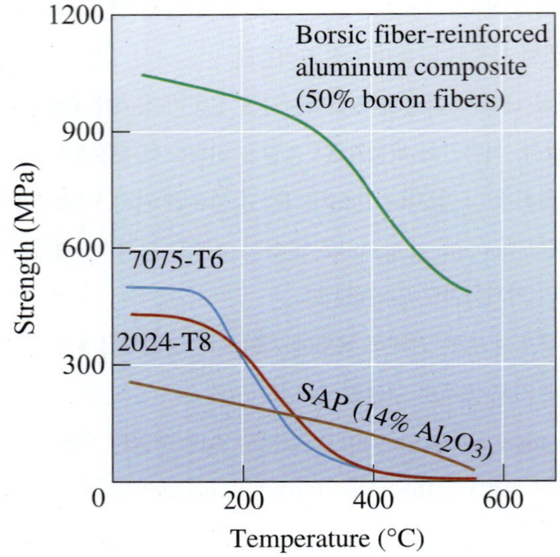

그림 17-2 분산강화된 소결 알루미늄 분말(sintered aluminum powder, SAP) 복합재료와 두 종류의 일반적인 2상 고강도 알루미늄합금의 항복강도 비교. 복합재료는 300 ℃ 이상에서 유리한 점이 있다. 섬유강화 알루미늄 복합재료도 비교를 위해 함께 나타내었다.

표 17-1 선별된 분산강화 복합재료의 응용

계	용도
Ag-CdO(은-산화카드뮴)	전기접점 재료
Al-Al_2O_3(알루미늄-알루미나)	원자로에 사용가능
Be-BeO(베릴륨-베릴리아)	항공우주 및 원자로
Co-(ThO_2, Y_2O_3)[코발트-(토리아, 이트리아)]	크리프 저항성 자성재료에 사용가능
Ni-20% Cr-ThO_2(니켈-20% 크롬-토리아)	터빈엔진 부품
Pb-PbO(납-산화납)	배터리 그리드
Pt-ThO_2(백금-토리아)	필라멘트, 전기부품
W-(ThO_2, ZrO_2)[텅스텐-(토리아, 지르코니아)]	필라멘트, 열선

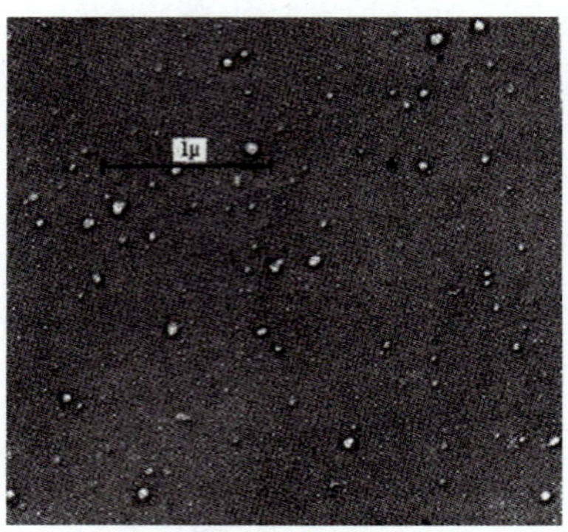

그림 17-3 TD-니켈의 전자현미경 사진. (출처: *Cremens, W. S.; Norris, L. F.; Weeton, J. W.*) "*Overlay copy technique to provide high-contrast electron micrographs for automatic metallographic analysis,*" NASA Technical Report, *Glenn Research Center, 1966.*)

재료는 분말야금에 의해 성형된다. 한 가지 방법으로, 알루미늄과 알루미나 분말을 혼합한 뒤 이를 고압으로 압축하여 소결시키는 방법이 있다. 두 번째 기술로는 알루미늄 분말의 개별 입자에 연속적인 산화막을 입히는 것이다. 이 파우더가 압축될 때, 산화막은 작은 조각으로 부서지고, 소결 중에 알루미늄 금속에 의해 둘러싸이게 된다.

분산강화 복합재료의 또 다른 중요한 그룹은 TD-니켈(그림 17-3)과 같은 토리아분산(thoria dispersed, TD) 금속이다. TD-니켈은 내부산화에 의해 제조될 수 있다. 토륨은 니켈 안에 합금원소로 존재한다. 분말성형체(powder compact)를 만든 후, 산소가 금속으로 확산되도록 하면 토륨과 반응하여 토리아(ThO_2)를 형성한다. 다음 예제는 분산강화 복합재료와 관련된 계산을 보여준다.

예제 17-1 TD-니켈 복합재료

2wt%의 ThO_2가 니켈에 첨가되었다고 가정하자. ThO_2의 밀도는 9.69 g/cm³이다. 각 ThO_2 입자의 직경은 1,000 Å이다. 얼마나 많은 입자가 1 cm³에 존재하는가?

풀이

재료 100 g 중 ThO_2가 2 g, 니켈이 98 g이라 가정하자. 니켈의 밀도는 8.90 g/cm³이다. ThO_2의 부피분율은 다음과 같이 나타낼 수 있다.

$$f_{ThO_2} = \frac{\dfrac{2}{9.69\ \text{g/cm}^3}}{\dfrac{2\ \text{g}}{9.69\ \text{g/cm}^3} + \dfrac{98\ \text{g}}{8.90\ \text{g/cm}^3}} = 0.0184$$

그러므로, 복합재료의 cm³당 0.0184 cm³의 ThO_2가 있다. 각 ThO_2 입자를 구형으로 보고 부피를 계산하면 다음과 같다.

$$V_{ThO_2} = \frac{4}{3}\pi r^3 = \frac{4}{3}(5 \times 10^{-6}\ \text{cm}^3) = 5.24 \times 10^{-16}\ \text{cm}^3$$

따라서, 다음과 같다.

$$ThO_2\ \text{입자의 농도} = \frac{0.0184}{5.24 \times 10^{-16}} = 3.51 \times 10^{13}\ \text{particles/cm}^3$$

17-2 입자강화 복합재료

입자강화 복합재료(particulate composites)는 강도를 향상시키는 것보다는 특이한 성질의 조합을 얻기 위해 설계된다. 입자강화 복합재료는 슬립을 효과적으로 방지하지 못하는 많은 양의 굵은 입자를 포함한다.

혼합법칙 입자강화 복합재료의 어떤 특성들은 각 구성요소의 상대적인 양과 각각의

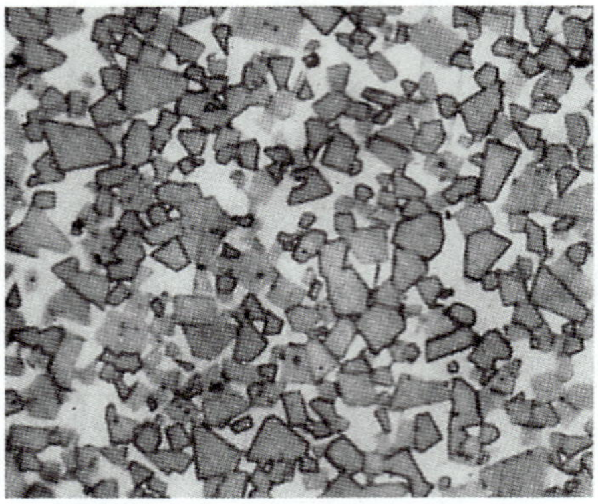

그림 17-4 탄화텅스텐-20%코발트 초경합금의 미세조직(× 1,300). [출처: ASM Handbook, *Vol. 7, (1972), ASM International, Materials Park, OH 44073-0002. Reprinted with permission of ASM International. All rights reserved. www.asminternational.org.*]

특성에만 의존한다. 혼합법칙(rule of mixtures)을 통해 이러한 특성들을 정확하게 예측할 수 있다. 예를 들어, 입자강화 복합재료의 밀도는 다음과 같이 나타낼 수 있다.

$$\rho_c = \Sigma(f_i\rho_i) = f_1\rho_1 + f_2\rho_2 + \cdots + f_n\rho_n \tag{17-1}$$

여기서, ρ_c는 복합재료의 밀도를 나타내고, ρ_1, ρ_2, ⋯, ρ_n은 복합재료 각 구성요소의 밀도를 나타내며, f_1, f_1, ⋯, f_n은 각 구성요소의 부피분율을 나타낸다. 서로 다른 상들의 연결성(즉 분산상이 연속상을 기준으로 어떻게 배열되어 있는가) 또한 여러 특성에 있어 매우 중요하다.

초경합금 초경합금(cemented carbide) 또는 써멧(cermet)은 금속기지에 분산된 단단한 세라믹 입자를 포함한다. 가공공정의 절삭공구로 사용되는 탄화텅스텐(tungsten carbide, WC) 인서트는 이 그룹의 전형적인 재료이다. 탄화텅스텐 또는 텅스텐카바이드는 단단하고, 강성이 크고, 고융점을 갖는 세라믹이다. 인성을 향상시키기 위해 WC 입자를 코발트 분말과 혼합한 다음 압축하여 분말성형체를 얻는다. 성형체를 코발트의 용융온도 이상으로 가열하면 코발트 액체가 개별 WC입자를 둘러싸게 된다(그림 17-4). 응고 후에 코발트는 텅스텐카바이드의 결합재(binder)로서 역할을 하고 충격저항성을 향상시킨다. TaC, TiC와 같은 다른 탄화물도 써멧에 포함될 수 있다. 다음의 예제에 초경합금의 밀도 계산을 설명하였다.

예제 17-2 초경합금

재료의 가공에 사용되는 초경합금 절삭공구는 75wt% WC, 15wt% TiC, 5wt% TaC, 5wt% Co **를 포함한다. 이 복합재료의 밀도를 계산하라.**

풀이

먼저 무게분율을 부피분율로 바꾸어야 한다. 복합재료 각 구성요소의 밀도는 다음과 같다.

$$\rho_{wc} = 15.77\ g/cm^3 \qquad \rho_{TiC} = 4.94\ g/cm^3$$

$$\rho_{TaC} = 14.5\ g/cm^3 \qquad \rho_{Co} = 8.83\ g/cm^3$$

$$f_{WC} = \frac{75/15.77}{75/15.77 + 15/4.94 + 5/14.5 + 5/8.83} = \frac{4.76}{8.70} = 0.546$$

$$f_{TiC} = \frac{15/4.94}{8.70} = 0.349$$

$$f_{TaC} = \frac{5/14.5}{8.70} = 0.040$$

$$f_{Co} = \frac{5/8.83}{8.70} = 0.065$$

혼합법칙에 의해 복합재료의 밀도는 다음과 같이 계산할 수 있다.

$$\rho_c = \sum(f_i\rho_i) = (0.546)(15.77) + (0.349)(4.94) + (0.040)(14.5) + (0.065)(8.83)$$
$$= 11.5\ g/cm^3$$

연마재 연마와 커팅 휠(wheel)은 알루미나(Al_2O_3), 탄화규소(SiC), 입방정 질화붕소(cubic boron nitride, CBN)로 만들어진다. 휠의 인성을 확보하기 위해 연마입자는 유리나 고분자기지와 결합시킨다. 다이아몬드 연마재는 대체로 금속기지와 결합한다. 단단한 입자가 마모될 때 입자는 파괴되거나 기지에서 떨어져 나오게 되고 따라서 새로운 절삭면이 노출된다.

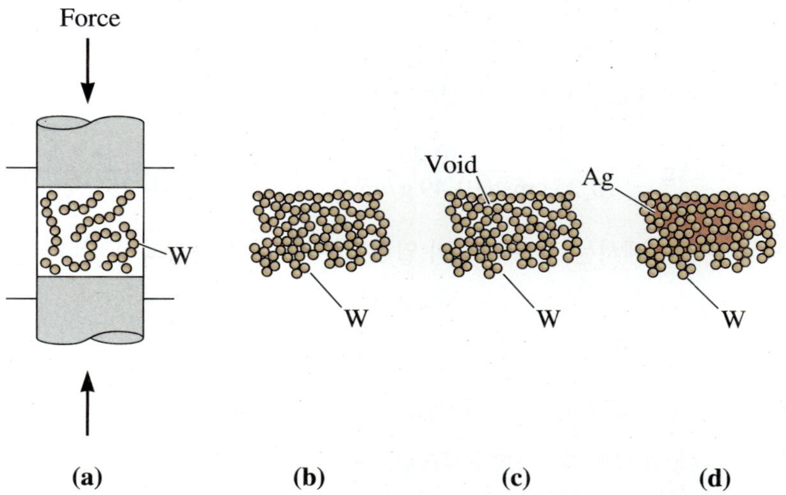

그림 17-5 전기접점용 은-텅스텐 복합재료의 제조과정. (a) 텅스텐분말이 압축되고, (b) 저밀도 성형체가 제조되며, (c) 텅스텐 분말들이 소결에 의해 결합되고, (d) 액체 은이 입자들 사이의 기공에 침투한다.

접점재료 스위치나 계전기(relay)의 전기접점(electrical contact)에 사용되는 재료들은 마모저항성과 전기전도도가 잘 조화되어야 한다. 그렇지 않으면 접점이 침식되어 접촉불량 및 아크(arc)의 원인이 된다. 텅스텐으로 강화된 은(Ag)이 이러한 복합적인 특성에 적합하다. 텅스텐분말 성형체는 서로 연결된 기공을 갖도록 일반적인 분말야금 공정(그림 17-5)에 의해 제조된다. 이후 액체상태의 은이 진공침투에 의해 연결된 기공을 채운다. 은과 텅스텐 모두가 연속상이다. 따라서, 순수한 은이 전류를 효과적으로 흐르게 하고 단단한 텅스텐은 마모저항성을 제공한다.

예제 17-3 은-텅스텐 복합재료

접점재료로 사용되는 은-텅스텐 복합재료의 제조과정에서 우선 분말야금성형에 의해 기공이 많은 텅스텐을 만든 후, 기공을 통하여 순수한 은을 침투시킨다. 텅스텐 성형체의 밀도는 침투시키기 전에 14.5 g/cm³이다. 기공의 부피분율과 침투시킨 후 성형체 속의 은의 무게비율(wt%)을 계산하라.

풀이

순수한 텅스텐과 순수한 은의 밀도는 각각 19.3 g/cm³과 10.49 g/cm³이다. 기공의 밀도를 0으로 가정한다면, 혼합법칙으로부터 다음과 같이 계산할 수 있다.

$$\rho_c = f\mathrm{w}\rho w + f_{\mathrm{pore}}\rho_{\mathrm{pore}}$$

$$14.5\ \mathrm{g/cm^3} = f\mathrm{w}(19.25\ \mathrm{g/cm^3}) + f_{\mathrm{pore}}(0)$$

$$f\mathrm{w} = 0.75$$

$$f_{\mathrm{pore}} = 1 - 0.75 = 0.25$$

침투시킨 후, 은의 부피분율은 기공의 부피분율과 같다.

$$f_{\mathrm{Ag}} = f_{\mathrm{pore}} = 0.25$$

재료가 1 cm³ 있다고 가정하면,

$$\mathrm{wt\%Ag} = \frac{(0.25\ \mathrm{cm^3})(10.49\ \mathrm{g/cm^3})}{(0.25\ \mathrm{cm^3})(10.49\ \mathrm{g/cm^3}) + (0.75\ \mathrm{cm^3})(19.25\ \mathrm{g/cm^3})} \times 100 = 15\%$$

이 풀이에서는 모든 기공이 열려 있거나 서로 연결되어 있다고 가정하였다.

고분자 충전제(filler)와 증량제(extender)를 포함하는 많은 엔지니어링 고분자는 입자강화 복합재료이다. 가황고무(vulcanized rubber)에 첨가된 카본블랙(carbon black)을 대표적인 예로 들 수 있다. 카본블랙은 직경 5~500 nm에 불과한 작은 탄소 구상체로 구성된다. 카본블랙은 고무의 강도, 강성, 경도, 마모저항성 및 자외선에 의한 불량

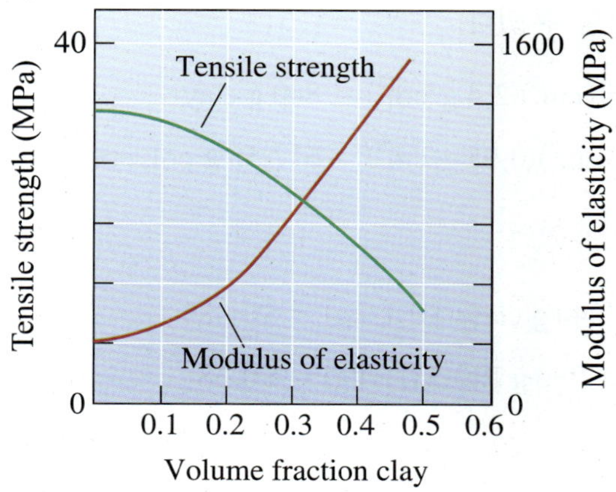

그림 17-6
폴리에틸렌의 특성에 미치는 점토의 영향.

화 저항성, 그리고 열저항성을 증가시킨다. 실리카 나노입자는 고무타이어의 강성을 개선하기 위해 첨가된다.

탄산칼슘(calcium carbonate, $CaCO_3$), 구형의 고체 유리구슬, 다양한 점토(clay)와 같은 증량제를 첨가하면 상대적으로 비싼 고분자는 소량만 필요하게 된다. 증량제는 고분자의 강성, 경도, 마모저항성을 증가시키고, 열전도도를 증가시킬 수 있으며, 크리프 저항성을 향상시킨다. 그러나 강도 및 연성은 대체로 감소한다(그림 17-6). 속이 빈 유리구슬을 사용하면 동일한 특성의 변화를 유도하면서, 동시에 복합재료의 무게를 상당히 줄일 수 있다. 다른 특별한 특성들도 얻을 수 있다. 탄성중합체 입자를 고분자에 첨가하여 인성을 향상시킬 수 있다. 원자력 용도에서 핵분열 부산물의 흡착을 향상시키기 위해 폴리에틸렌(PE)에 납과 같은 금속분말을 첨가할 수 있다. 고분자 복합재료의 설계 사례를 다음에 소개한다.

예제 17-4 입자강화 복합재료의 설계

압출성형에 적합한 점토로 충전된 저렴한 폴리에틸렌 복합재료를 설계하라. 이것의 최종산물은 인장강도는 최소한 21 MPa를, 탄성계수는 최소한 552 MPa를 가져야 한다. 폴리에틸렌의 가격은 대략 \$1.1/kg이고 점토의 가격은 \$0.1/kg이다. 폴리에틸렌의 밀도는 0.95 g/cm^{3}이고 점토의 밀도는 2.4 g/cm^{3}이다.

풀이

그림 17-6에서 알 수 있듯이 점토의 부피분율이 0.35보다 적을 때 인장강도를 21 MPa보다 크게 유지할 수 있으며, 반면 부피분율이 0.2보다 커야 필요한 최소한의 탄성계수를 가질 수 있다. 최소한의 비용을 위해서는 가능한 최대한의 점토를 사용해야 하며, 이때 점토의 부피분율이 0.35이다.

복합재료의 1,000 cm^{3}에 350 cm^{3}의 점토와 650 cm^{3}의 폴리에틸렌이 조합되어 있다면 다음과 같이 구할 수 있다.

$$(350\ \text{cm}^3)(2.4\ \text{g/cm}^3) = 840\ \text{g clay}$$
$$(650\ \text{cm}^3)(0.95\ \text{g/cm}^3) = 617.50\ \text{g polyethylene}$$

이 재료의 가격은 다음과 같다.

$$(840\ \text{g clay})(\$0.1/\text{kg}) = \$0.084$$
$$(617.50\ \text{g PE})(\$1.1/\text{kg}) = \$0.68$$
$$\text{total} = \$0.764\ \text{per}\ 1{,}000\ \text{cm}^3$$

무게가 가장 중요하다고 가정하자. 복합재료의 밀도는 다음과 같다.

$$\rho_c = (0.35)(2.4\ \text{g/cm}^3) + (0.65)(0.95\ \text{g/cm}^3) = 1.46\ \text{g/cm}^3$$

그러나 경량의 재료를 얻기 위해서 경제적인 절감을 희생할 수 있다. 만약 부피분율 0.2의 점토를 사용한다면 위와 같은 방법을 사용하여 계산하면 480 g의 점토와 760 g의 폴리에틸렌이 필요하다.

이 재료의 가격은 다음과 같다.

$$(480\ \text{g clay})(\$0.1\ /\text{kg}) = \$0.048$$
$$(760\ \text{g PE})(\$1.1\ /\text{kg}) = \$0.836$$
$$\text{total} = \$0.764\ \text{per}\ 1{,}000\ \text{cm}^3$$

복합재료의 밀도는 다음과 같다.

$$\rho_c = (0.2)(2.4\ \text{g/cm}^3) + (0.8)(0.95\ \text{g/cm}^3) = 1.24\ \text{g/cm}^3$$

재료의 가격은 15%가 증가하지만 무게는 15%를 줄일 수 있다.

주조 금속입자 복합재료 피스톤과 커넥팅롯드를 포함하여 자동차산업에 활용되는 탄화규소(SiC) 입자가 분산된 알루미늄 주조체는 입자강화 복합재료의 상업적 응용에서 매우 중요한 의미를 갖는다(그림 17-7). 특별한 공정에 의해 SiC 입자들이 액상에 젖게 함으로써, 응고되는 동안 세라믹 입자들이 가라앉는 것을 방지할 수 있다.

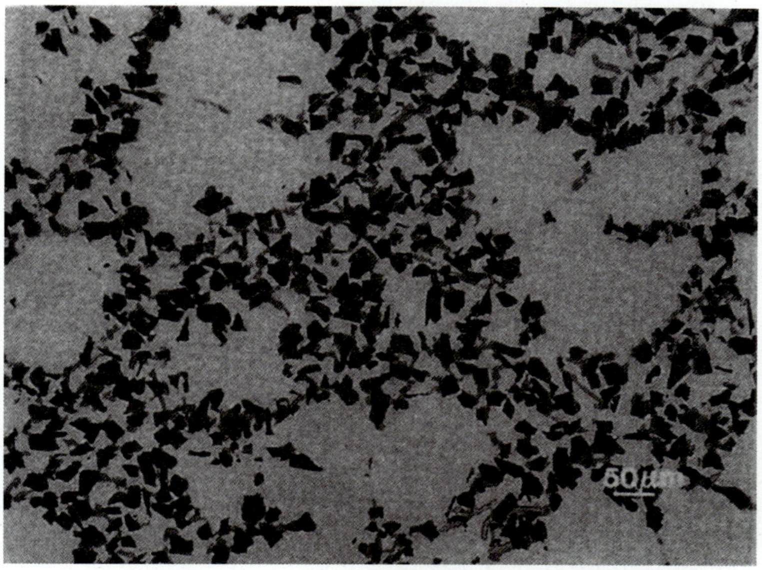

그림 17-7 20vol% 탄화규소(SiC) 입자로 강화된 알루미늄합금의 인베스트먼트주조 미세조직. (출처: High performance composite for the 1990's: *Proceeding of a TMS Northeast Regional Symposium sponsored by TMS-New Jersey Chapter geld at Morristown, New Jersey, June 6-8, 1990 by DAS, S, K.; et al. Copyright ©1991 by The Minerals, Metal & Materials Society: Reprinted with permission*)

17-3 섬유강화 복합재료

대부분의 섬유강화 복합재료는 강하고 강성이지만 취성인 섬유를 더 부드럽고 연성인 기지에 도입함으로써 강도, 피로저항성, 탄성계수, 강도-대-무게 비의 개선을 가져온다. 기지는 인가된 하중 대부분을 지탱하는 섬유에 이를 전달한다. 기지는 또한 섬유의 표면을 보호하고, 섬유의 기계적 특성을 저하시킬 수 있는 산소 또는 수분과 같은 물질의 확산을 최소화한다. 복합재료의 강도는 상온에서뿐만 아니라 고온에서도 높게 나타날 수 있다(그림 17-2).

다양한 종류의 강화재가 사용되고 있다. 짚은 진흙벽돌을 강화시키기 위해 수 세기 동안 사용되어 왔다. 철근은 콘크리트 구조에 활용된다. 수송 및 항공우주 용도를 위해 고분자기지에 유리섬유를 첨가하여 유리섬유복합체(fiberglass)를 만든다. 붕소, 탄소, 고분자[예: 아라미드(aramids), 제16장], 세라믹으로 만든 섬유는 고분자기지, 금속기지, 세라믹기지, 그리고 심지어는 금속간화합물기지 첨단 복합재료에서 특출한 강화재로 활용된다.

섬유강화 복합재료의 혼합법칙 입자 복합재료와 마찬가지로, 혼합법칙을 사용하여 섬유강화 복합재료의 밀도를 예측할 수 있다.

$$\rho_c = f_m\rho_m + f_f\rho_f \tag{17-2}$$

여기서, 아래 첨자 m과 f는 각각 기지와 섬유를 뜻한다. 그리고 $f_m = 1 - f_f$임에 주목하라.

또한 섬유가 연속적이며 일방향이라면 혼합법칙을 사용하여 섬유강화 복합재료의 섬유방향에 대한 전기전도도와 열전도도를 정확하게 예측할 수 있다.

$$k_c = f_m k_m + f_f k_f \tag{17-3}$$

$$\sigma_c = f_m \sigma_m + f_f \sigma_f \tag{17-4}$$

여기서, k는 열전도도, σ는 전기전도도이다. 열과 전기에너지는 어떤 속도로 복합재료를 통해 전달될 수 있고 이 속도는 전도성 재료의 부피분율에 비례한다. 금속기지와 세라믹섬유로 구성된 복합재료에서는 대부분의 에너지가 기지를 통하여 전달되고, 금속섬유를 포함하는 고분자기지로 구성된 복합재료에서는 에너지가 섬유를 통해 전달된다.

섬유가 연속적이지 않거나 또는 일방향이 아니라면 단순한 혼합법칙은 적용되지 않는다. 예를 들어, 금속섬유-고분자기지 복합재료에서는 전기전도도는 낮을 것이며 섬유의 길이, 섬유의 부피분율, 그리고 섬유가 얼마나 많이 상호 접촉하고 있는지에 따라 달라질 것이다. 이것은 상의 연결성 개념으로 표현된다.

탄성계수 섬유가 연속적이고 일방향일 때 혼합법칙은 탄성계수를 예측하는 데 사용된다. 섬유에 평행한 방향으로, 탄성계수는 다음과 같이 높게 나타날 것이다.

$$E_{c,\parallel} = f_m E_m + f_f E_f \tag{17-5}$$

가해진 하중이 매우 클 때, 기지는 변형하기 시작하고 응력-변형도 곡선이 더 이상 선형이 아니다(그림 17-8). 기지는 이제 복합재료의 강성에 거의 영향을 주지 못하므로, 탄성계수는 다음과 같이 근사된다.

$$E_{c,\parallel} = f_f E_f \tag{17-6}$$

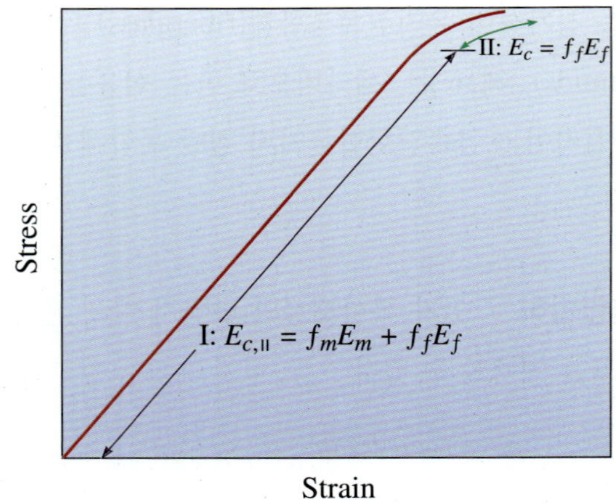

그림 17-8 섬유강화 복합재료의 응력-변형도 곡선. 낮은 응력 상태에서(구역 I), 탄성계수는 혼합법칙에 의해 구해진다. 높은 응력 상태에서(구역 II), 기지는 소성변형되고, 더 이상 혼합법칙을 따르지 않는다.

하중이 섬유에 수직으로 가해질 때, 복합재료 각 구성요소는 서로 독립적으로 거동한다. 이때 복합재료의 탄성계수는 다음과 같다.

$$\frac{1}{E_{c,\perp}} = \frac{f_m}{E_m} + \frac{f_f}{E_f} \tag{17-7}$$

다음 예제는 이러한 개념을 더욱 잘 보여준다.

예제 17-5 복합재료에 대한 혼합법칙: 응력이 섬유방향과 평행할 경우

응력이 섬유의 축을 따라서 가해질 때 섬유강화 복합재료의 탄성계수에 대한 혼합법칙(식 17-5)을 유도하라.

풀이

복합재료에 가해지는 전체 힘은 각각의 구성요소에 가해지는 힘의 합과 같다.

$$F_c = F_m + F_f$$

$F = \sigma A$(여기서 A는 단면적)이므로 다음과 같은 관계가 성립한다.

$$\sigma_c A_c = \sigma_m A_m + \sigma_f A_f$$

$$\sigma_c = \sigma_m\left(\frac{A_m}{A_c}\right) + \sigma_f\left(\frac{A_f}{A_c}\right)$$

만약 섬유가 일정한 단면을 가진다면, 면적분율은 부피분율 f와 같다.

$$\sigma_c = \sigma_m f_m + \sigma_f f_f$$

Hooke의 법칙으로부터 $\sigma = \varepsilon E$이므로, 다음과 같다.

$$E_{c,\parallel}\,\varepsilon_c = E_m \varepsilon_m f_m + E_f \varepsilon_f f_f$$

만약 섬유가 기지에 단단하게 결합하고 있다면 섬유와 기지 모두 같은 양만큼 늘어난다(등변형도조건).

$$\varepsilon_c = \varepsilon_m = \varepsilon_f$$

$$E_{c,\parallel} = f_m E_m + f_f E_f$$

예제 17-6 복합재료의 탄성계수: 응력이 섬유방향과 수직인 경우

응력이 섬유의 축에 대해 수직으로 가해질 때, 섬유강화 복합재료의 탄성계수식에 대한 표현(식 17-7)을 유도하라.

풀이

이 예제에서 변형도는 더 이상 같지 않고, 각 구성요소의 변형도의 합은 복합재료의 전체 변형도와 같다. 반면에 각 구성요소의 응력은 모두 같다(등응력조건).

$$\varepsilon_c = f_m \varepsilon_m + f_f \varepsilon_f$$

$$\frac{\sigma_c}{E_{c,\perp}} = f_m\left(\frac{\sigma_m}{E_m}\right) + f_f\left(\frac{\sigma_f}{E_f}\right)$$

$\sigma_c = \sigma_m = \sigma_f$이므로 다음과 같다.

$$\frac{1}{E_{c,\perp}} = \frac{f_m}{E_m} + \frac{f_f}{E_f}$$

예제 17-7 보론-알루미늄 복합재료

40vol%의 섬유를 포함하는 보르식강화 알루미늄은 고온경량 복합재료로 유명하다. 섬유축과 평행한 밀도, 탄성계수, 인장강도를 계산하라. 또한 섬유와 수직일 때의 탄성계수를 계산하라.

풀이

각 구성요소의 성질은 다음과 같다.

재료	밀도 ρ(g/cm³)	탄성계수 E(MPa)	인장강도 TS(MPa)
섬유	2.36	379×10^3	2,760
알루미늄	2.70	69×10^3	35

혼합법칙으로부터 다음을 유도할 수 있다.

$$\rho_c = (0.6)(2.70\ \text{g/cm}^3) + (0.4)(2.36\ \text{g/cm}^3) = 2.56\ \text{g/cm}^3$$

$$E_{c,\parallel} = (0.6)(69 \times 10^3) + (0.4)(379 \times 10^3) = 193 \times 10^3\ \text{MPa}$$

$$TS_c = (0.6)(35\ \text{MPa}) + (0.4)(2,760\ \text{MPa}) = 1,125\ \text{MPa}$$

인장강도의 계산은 단지 근사치에 불과함에 유의하라. 섬유와 수직이라면 다음이 성립한다.

$$\frac{1}{E_{c,\perp}} = \frac{0.6}{69 \times 10^3} + \frac{0.4}{379 \times 10^3} = 0.00976 \times 10^{-3}$$

$$E_{c,\perp} = 102.5 \times 10^3\ \text{MPa}$$

섬유와 평행일 때의 실제 탄성계수와 강도를 그림 17-9에 보여준다. 계산된 탄성계수(193×10^3 MPa)는 측정된 값과 정확하게 같다. 그러나 계산된 강도(1,125 MPa)는 실제 강도(896 MPa)보다 크다. 또한 탄성계수는 매우 큰 이방성을 가지며, 섬유와 수직일 때의 탄성계수가 섬유와 평행일 때 탄성계수의 반 정도밖에 되지 않는다.

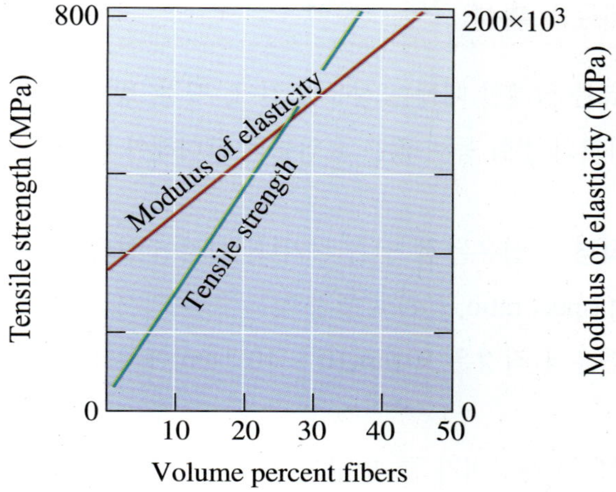

그림 17-9
보르식(borsic, boron-coated SiC) 섬유강화 알루미늄 복합재료의 섬유방향 특성에 미치는 보르식섬유의 부피백분율의 영향.

예제 17-8 나일론-유리섬유 복합재료

나일론 속의 연속적인 유리섬유가 강화효과를 나타낸다. 만약 나일론에 E-유리섬유가 30vol% 포함되어 있다면 유리섬유에 의해 지탱되는 하중의 분율은 얼마인가?

풀이

복합재료의 각 구성요소의 탄성계수는 다음과 같다.

$$E_{\text{glass}} = 72.4 \times 10^3 \text{ MPa} \qquad E_{\text{nylon}} = 2.8 \times 10^3 \text{ MPa}$$

만약 결합이 잘 되었다면 나일론과 유리-섬유 모두 같은 변형도를 가진다.

$$\varepsilon_c = \varepsilon_m = \varepsilon_f$$

$$\varepsilon_m = \frac{\sigma_m}{E_m} = \varepsilon_f = \frac{\sigma_f}{E_f}$$

$$\frac{\sigma_f}{\sigma_m} = \frac{E_f}{E_m} = \frac{72.4 \times 10^3 \text{ MPa}}{2.8 \times 10^3 \text{ MPa}} = 25.86$$

따라서 섬유가 분담하는 하중의 분율은 다음과 같다.

$$\text{하중의 분율} = \frac{F_f}{F_f + F_m} = \frac{\sigma_f A_f}{\sigma_f A_f + \sigma_m A_m} = \frac{\sigma_f(0.3)}{\sigma_f(0.3) + \sigma_m(0.7)}$$

$$= \frac{0.3}{0.3 + 0.7(\sigma_m/\sigma_f)} = \frac{0.3}{0.3 + 0.7(1/25.86)} = 0.92$$

여기서, F_f는 섬유에 의해 지탱되는 힘이고, F_m은 기지에 의해 지탱되는 힘이다. 거의 대부분의 하중이 유리섬유에 의해 지탱된다.

17-4 섬유강화 복합재료의 특성

섬유강화 복합재료를 설계할 때에는 섬유의 길이, 직경, 방향, 양, 특성, 그리고 기지의 특성 및 섬유와 기지의 결합 등 수많은 요인들을 고려해야 한다.

섬유의 길이 및 직경 섬유는 짧거나, 길거나, 심지어 연속적일 수도 있다. 섬유의 치수는 종종 형상비(aspect ratio, l/d)로 특정 짓는데, 여기서 l은 섬유의 길이 d는 직경이다. 일반적으로 섬유의 직경은 10 μm(10×10^{-4} cm)에서 150 μm(150×10^{-4} cm) 사이의 값을 갖는다.

복합재료의 강도는 형상비가 클 때 증가한다. 섬유는 종종 표면결함 때문에 파괴된다. 섬유의 직경을 최대한 줄이면 섬유의 표면적이 줄어들고, 결과적으로 공정 중이나 또는 하중이 걸렸을 때 전파할 수 있는 결함의 수가 적어진다. 또한 길이가 긴 섬유가 선호된다. 섬유의 양 끝단은 나머지 부분에 비해 하중을 적게 지탱하므로, 결과적으로 섬유의 끝부분이 더 적을수록 섬유의 하중지탱 능력은 더 커지게 된다(그림 17-10).

많은 섬유강화 복합재료 시스템에서는, 형상비가 어떤 임계값 이상인 불연속섬유가 공정의 용이성과 특성 사이의 허용가능한 타협을 위해 사용된다. 섬유의 직경이 d라면 임계 섬유길이(critical fiber length, l_c)는 다음과 같이 구할 수 있다.

$$l_c = \frac{TS_f d}{2\tau_i} \tag{17-8}$$

여기서, TS_f는 섬유의 강도이며, τ_i는 섬유와 기지 사이의 결합강도 또는 기지가 소성변형을 시작할 때의 응력과 관련이 있다. 만약 섬유길이 l이 l_c보다 작다면 강화효과는 거의 나타나지 않을 것이며, 만약 l이 15 l_c보다 크면 섬유는 마치 거의 연속적인 것처럼 거동한다. 복합재료의 강도는 다음 식에 의해 추산할 수 있다.

$$\sigma_c = f_f TS_f\left(1 - \frac{l_c}{2l}\right) + f_m\sigma_m \tag{17-9}$$

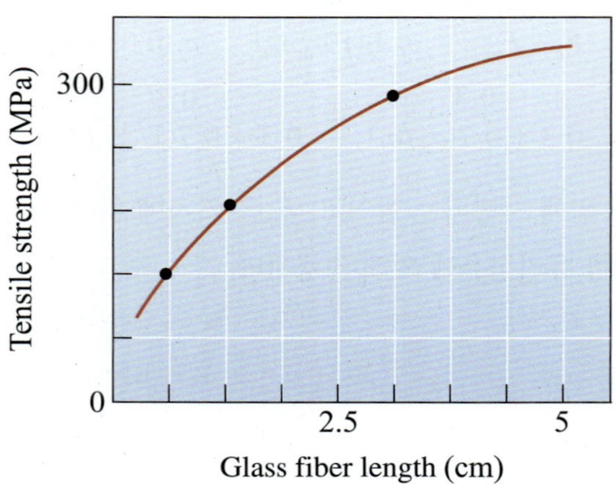

그림 17-10 짧게 토막 내서 에폭시기지에 첨가된 E-유리섬유(E-glass fiber)의 길이가 길어질수록 복합재료의 강도는 증가한다. 이 예제에서 유리섬유의 부피분율은 약 0.5이다.

여기서, σ_m은 섬유가 파괴될 때 기지에 걸린 응력이다.

섬유의 양 혼합법칙으로부터 예측할 수 있듯이 섬유의 부피분율이 클수록 복합재료의 강도 및 강성은 증가한다. 최대 부피분율은 대략 80%이며, 그 이상이면 섬유는 더 이상 기지에 의해 완전히 둘러싸일 수 없다.

섬유의 배향 강화섬유는 다양한 배향으로 기지에 도입될 수 있다. 작은 형상비를 가진 짧고, 임의 방향으로 배열된 섬유(일반적인 유리섬유복합체)는 기지에 쉽게 도입될 수 있고 제작된 복합재료는 비교적 등방성 거동을 보인다.

길거나, 또는 심지어 연속적이며, 일방향으로 배열된 섬유는 섬유와 평행한 방향으로 우수한 강도와 강성을 가지는 이방성 특성을 타나낸다. 이러한 섬유들은 종종 0°층으로 명명되고, 이는 모든 섬유들이 응력이 인가되는 방향으로 정렬되어 있다는 것을 의미한다. 일방향 섬유배향인 경우에 만약 하중이 섬유에 수직방향으로 작용한다면 열악한 특성을 나타낸다(그림 17-11).

섬유강화 복합재료의 독특한 특성 중 하나는 여러 가지 하중조건에 부합하도록 그들의 특성이 조절될 수 있다는 것이다. 길고 연속적인 섬유는 기지에 몇 가지 방향으로 배열하는 것이 가능한데(그림 17-12), 직교하게 배열되었을 때에는(0°/90° 적층) 두 수직

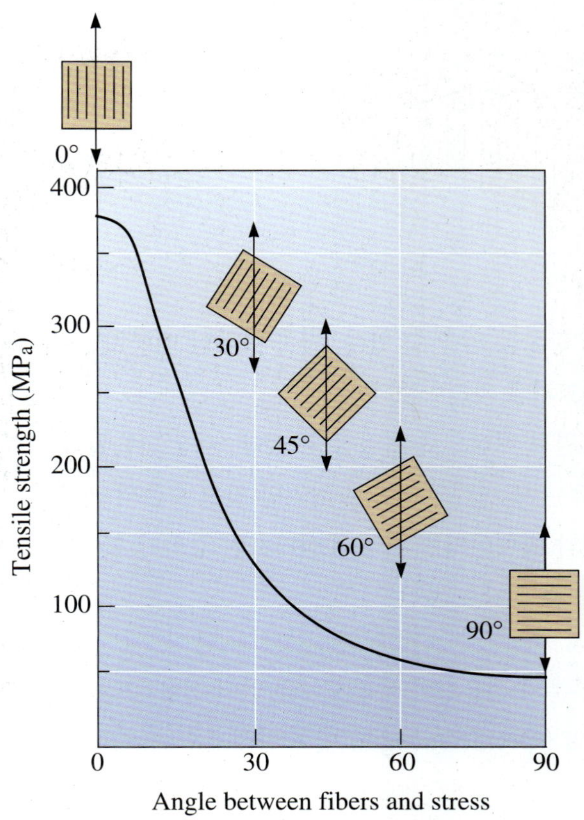

그림 17-11
E-유리섬유강화 에폭시 복합재료의 인장강도에 미치는 섬유배향의 영향.

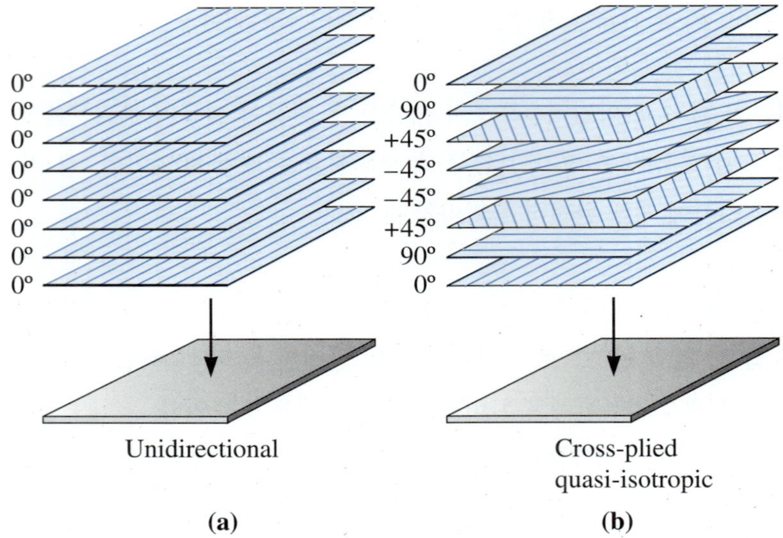

그림 17-12 (a) 정렬된 섬유를 포함하는 테이프를 사용하여 다층의 일방향 복합재료 구조를 만들 수 있다. (b) 정렬된 섬유를 포함하는 테이프를 서로 다른 방향으로 결합하여 준등방성 복합재료를 만들 수 있다. 이 경우에는 0°/±45°/90°복합재료가 형성된다.

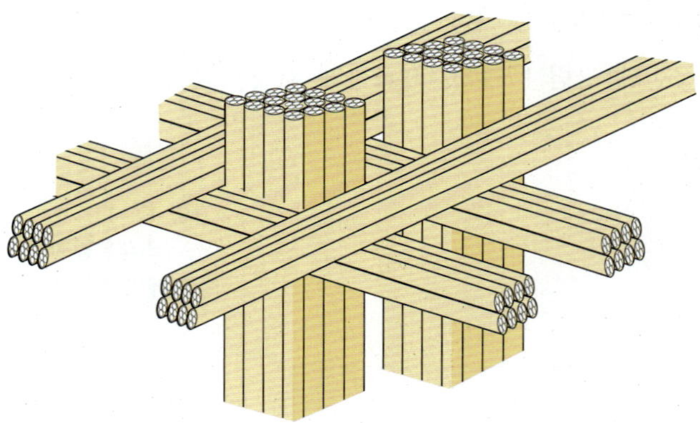

그림 17-13 섬유강화 복합재료를 위한 3차원 직조.

방향에 대해 우수한 강도를 얻을 수 있다. 더욱 복잡한 배향(0°/±5°/90°적층과 같은)은 여러 방향으로 강화효과를 가져다준다.

섬유는 또한 3차원적 패턴으로 배열될 수 있다. 가장 단순한 직물의 경우에도, 직물의 각 층에 놓인 섬유는 세 번째 방향으로 작지만 일정 수준의 배향을 갖는다. 직물의 층들이 서로 편물되거나 꿰매어지면 더 우수한 3차원 강화가 일어난다. 더욱 복잡한 3차원 직물 또한 사용될 수 있다(그림 17-13).

섬유의 성질 대부분의 섬유강화 복합재료에 있어 섬유는 강하고, 강성이며, 가볍다. 따라서 섬유의 비강도(specific strength) 및 비탄성계수(specific modulus)는 중요한 특성이 된다.

$$비강도 = \frac{TS}{\rho} \quad (17\text{-}10)$$

$$비탄성계수 = \frac{E}{\rho} \quad (17\text{-}11)$$

여기서, *TS*는 인장강도, ρ는 밀도, 그리고 *E*는 탄성계수이다. 만약 복합재료가 높은 온도에서 사용될 것이라면, 섬유는 높은 용융점을 가져야 한다.

전형적인 섬유들의 특성을 표 17-2와 그림 17-14에 보여준다. 표 17-2에서 밀도의 단위는 g/cm³이다. 또한 1 g/cm³ = 0.00361 lb/in³임에 유의하라. 가장 높은 비강성은 탄소나 붕소처럼 낮은 원자번호를 갖고 공유결합을 하는 재료에서 나타난다. 이 두 원소는 또한 높은 강도 및 용융온도를 가진다.

케블라(Kevlar™)로 가장 잘 알려진 아라미드(aramid)섬유는 벤젠고리가 포함된 골격에 의해 강화된 방향족 폴리아미드 고분자이고(그림 17-15), 이는 막대 같은 그리고

표 17-2 선별된 강화재의 특성

재료	밀도 ρ (g/cm³)	인장강도 *TS* (MPa)	탄성계수 *E* (× 10³ MPa)	용융온도 (℃)	비강성 (× 10⁷ cm)	비강도 (× 10⁶ cm)
고분자						
케블라™	1.44	4,480	12.4	500	86.8	31.3
나일론	1.14	83	3.5	249	2.5	7.3
폴리에틸렌	0.97	3,310	172	147	17.8	34.3
금속						
베릴륨	1.85	1,280	287	1,290	165	7.0
보론	2.36	3,450	379	2,076	161.8	11.8
텅스텐	19.25	4,000	407	3,410	21.3	2.0
유리						
E-유리	2.55	3,450	72.4	< 1,725	158.8	14.0
S-유리	2.50	4,480	86.9	< 1,725	280.0	18.0
탄소						
HS(고강도)	1.75	5,650	276	3,700	158.8	32.5
HM(고탄성)	1.90	1,860	531	3,700	280.0	9.8
세라믹						
알루미나	3.95	2,070	379	2,015	97.0	5.3
탄화붕소	2.36	2,280	483	2,450	206.0	9.8
탄화규소	3.00	3,930	483	2,700	118.3	13.3
지르코니아	4.84	2,070	345	2,677	71.5	4.3
위스커						
알루미나	3.96	20,700	428	1,982	108.5	52.5
크롬	7.20	8,900	241	1,890	33.5	12.3
흑연	1.66	20,700	703	3,700	425.0	125.5
탄화규소	3.18	20,700	483	2,700	152.0	65.5
질화규소	3.18	13,800	379		119.5	43.8

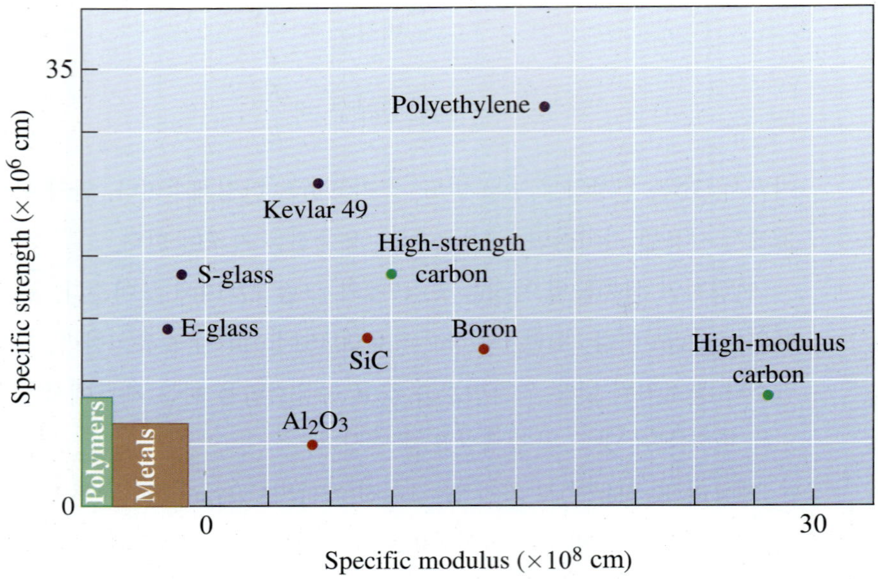

그림 17-14 일반 금속 및 고분자 대비 섬유의 비강도 및 비탄성계수의 비교.

매우 뻣뻣한 고분자 사슬로 구성된 액정 고분자의 예이다. 특별히 만들어진 폴리에틸렌 섬유 또한 활용가능하다. 아라미드 및 폴리에틸렌 섬유 모두 매우 뛰어난 우수한 강도 및 강성을 가졌으나 이들은 낮은 온도에서만 사용할 수 있다. 낮은 밀도 덕분에 폴리에틸렌 섬유는 탁월한 비강도 및 비강성을 가진다.

알루미나와 탄화규소를 포함한 세라믹섬유 및 위스커는 강하고 강성이다. 가장 널리 사용되는 유리섬유에는 순수한 실리카유리, S-유리(25% Al_2O_3, 10% MgO, 나머지는 SiO_2), E-유리(18% CaO, 15% Al_2O_3, 나머지는 SiO_2)가 있다. 그것들은 비록 고분자섬유보다 밀도가 상당히 높지만, 세라믹은 훨씬 더 높은 온도에서 사용할 수 있다. 베릴륨과 텅스텐은 비록 금속결합을 하고 있지만, 높은 탄성계수 때문에 특정 용도를 위한 섬유재료로 주목받는다. 다음 예제에서 복합재료를 사용한 설계와 관련된 쟁점을 살펴보자.

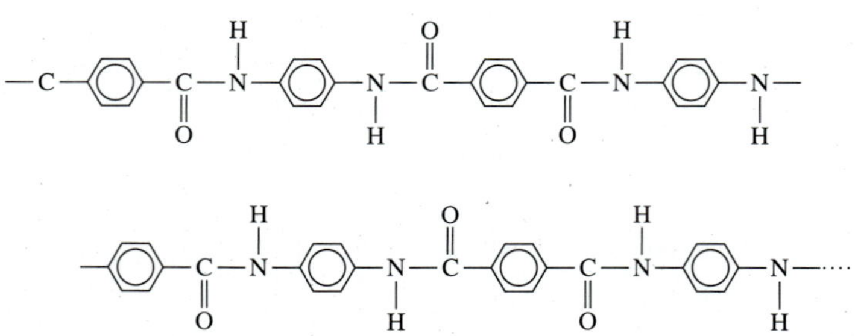

그림 17-15 케블라(Kevlar™)의 구조. 섬유는 인접한 사슬에서 산소 원자와 수소 원자 사이의 2차결합에 의해 결합된다.

예제 17-9 항공우주용 복합재료의 설계

상용항공기의 227-kg 패널(panel)을 만들기 위하여 7075-T6 알루미늄합금(탄성계수 69×10^3 MPa)을 사용하였다. 실험에 의하면 항공기의 무게를 1 kg 줄일 때마다 연료는 연간 4,200 L 줄어든다는 것을 알 수 있었다. 무게는 줄이나 비탄성계수는 같게 유지할 수 있는 재료를 선택하고 또한 항공기가 10년 이상의 수명을 가질 때 경제성은 어떠한지 살펴보라.

풀이

무게를 줄이기 위해 사용되는 많은 재료들이 있다. 예를 들어, 보론섬유강화 Al-Li 합금을 T6 조건 하에서 사용하였다고 가정하자. 보론섬유와 리튬합금 첨가제가 모두 탄성계수를 증가시키고 보론과 Al-Li 합금 모두 전형적인 알루미늄합금보다 낮은 밀도를 나타낸다.

현재의 7075-T6 합금의 비탄성계수는 다음과 같다.

$$\text{비탄성계수} = \frac{(69 \times 10^3\ \text{MPa})}{2.7\ \text{g/cm}^3} = 2.61 \times 10^8\ \text{cm}$$

보론섬유의 밀도를 대략 2.36 g/cm³로, 대표적인 Al-Li의 합금의 밀도를 대략 2.5 g/cm³으로 잡자. 만약 복합재료 속에 0.6 부피분율의 보론섬유가 사용되었다면 복합재료의 밀도, 탄성계수, 비탄성계수는 다음과 같이 나타낼 수 있다.

$$\rho_c = (0.6)(2.36) + (0.4)(2.5) = 2.416\ \text{g/cm}^3$$

$$E_{c,\parallel} = (0.6)(379 \times 10^3\ \text{MPa}) + (0.4)(76 \times 10^3\ \text{MPa}) = 258 \times 10^3\ \text{MPa}$$

$$\text{비탄성계수} = \frac{258 \times 10^3\ \text{MPa}}{2.416\ \text{g/cm}^3} = 10.90 \times 10^8\ \text{cm}$$

만약 비탄성계수가 그 부품의 설계에 영향을 주는 유일한 인자라면, 부품의 두께는 약 75% 감소시킬 수 있다. 또한 무게는 227 kg에서 56.8 kg으로 줄일 수 있다. 그러므로 무게는 170.2 kg을 감소시킬 수 있어 연료는 (4,200 L/kg)(170.2 kg) = 714,840 L/year를 줄일 수 있다. $0.50/L로 계산한다면 매년 $357,000의 원료를 절약할 수 있다. 그리고 항공기의 수명인 10년 동안에는 357만 달러를 절약할 수 있다.

강도나 제조인자는 제안된 만큼 얇게 부품이 만들어질 수 없도록 하기 때문에, 이것은 확실히 긍정적인 비교이다. 추가하여 높은 단가의 붕소섬유(대략 $660/kg)와 7075알루미늄에 비해 복합재료의 높은 제조비용 등은 비용절감을 삭감한다.

기지의 성질 기지는 섬유를 지탱하고 그것들이 적당한 자리를 유지하도록 해주며,

하중을 강한 섬유에 전달하고, 복합재료를 제조하는 과정이나 사용하는 중에 발생하는 손상으로부터 섬유를 보호하고, 또한 섬유의 균열이 복합재료 전체에 전파되는 것을 막아준다. 기지는 일반적으로 복합재료의 전기적 특성, 화학적 거동, 고온 사용 등에 주로 영향을 미친다.

고분자기지가 특히 널리 사용된다. 대부분의 고분자재료(열가소성 및 열경화성 모두)는 유리 단섬유강화 복합재료에 활용된다. 이들 복합재료는 제16장에서 다루었던 제조공정에 의해 쓸모 있는 형태로 성형된다. SMC(sheet-molding compound)와 BMC(bulk-molding compound)는 이러한 종류의 복합재료의 전형적인 예이다. 열경화성 방향족 폴리이미드는 보다 더 고온용으로 사용된다.

금속기지 복합재료(metal-matrix composites, MMC)에는 세라믹 및 금속섬유로 강화된 알루미늄, 마그네슘, 구리, 니켈 합금들과 금속간화합물이 있다. MMC는 항공우주와 자동차산업에서 다양하게 활용된다. 금속기지는 그 복합재료를 고온에서도 사용할 수 있게 하지만, 복합재료를 만드는 것이 고분자기지 복합재료에 비해 어렵고 비용이 많이 든다.

세라믹기지 복합재료(ceramic-matrix composites, CMC)는 고온용 금속기지 복합재료보다 고온에서의 특성이 더 좋으면서 더 가볍다. 다음 절에서 어떻게 하면 CMC의 인성을 향상시킬 수 있는지 살펴보기로 하자.

결합 및 파손 특히 고분자기지 및 금속기지 복합재료에서는 구성요소간에 양호한 결합이 얻어져야 한다. 하중이 기지에서 섬유로 적절하게 전달되려면 섬유는 기지와 확실하게 결합되어야 한다. 특히, 결합이 불량하면 하중이 가해질 때 섬유가 기지로부터 뽑혀 나오게 되며 복합재료의 강도 및 파괴저항성을 감소시킨다. 그림 17-16은 은-구리 합금 기지에 약하게 결합되어 있는 탄소섬유를 보여준다. 어떤 경우에는, 결합을 증대시키기 위해 특별한 코팅을 사용할 수 있다. 유리섬유복합체의 결합과 습기저항성을 개선하기 위해 유리섬유에 사일렌 결합제(silane coupling) 또는 'keying' 작용제[사이징(sizing)이라 불림]를 코팅한다. 탄소섬유는 유사하게 결합을 향상시키기 위해 유기물질로 코팅한다. 보론섬유는 알루미늄기지와 결합을 증가시키기 위해 탄화규소나 질화붕소로 코팅될 수 있는데, 실제로도, 이 섬유는 탄화규소(SiC)가 코팅되어 있다는 것을 나타내기 위해 '보르식(borsic)'섬유라고 부른다.

기지에 섬유를 결합시킬 때 고려해야 할 또 다른 특성은 두 재료의 열팽창계수 유사성이다. 만약 섬유가 기지와 크게 다른 비율로 팽창하고 수축한다면, 섬유가 부러지거나 또는 결합에 지장을 주어 때 이른 파괴(premature failure)를 유발한다.

다수의 복합재료에서는 각각의 층이나 직물의 층이 결합하게 된다. 층간결합은 양호해야 하며 그렇지 않으면 또 다른 문제인 층간분리(delamination)가 일어날 수 있다. 층

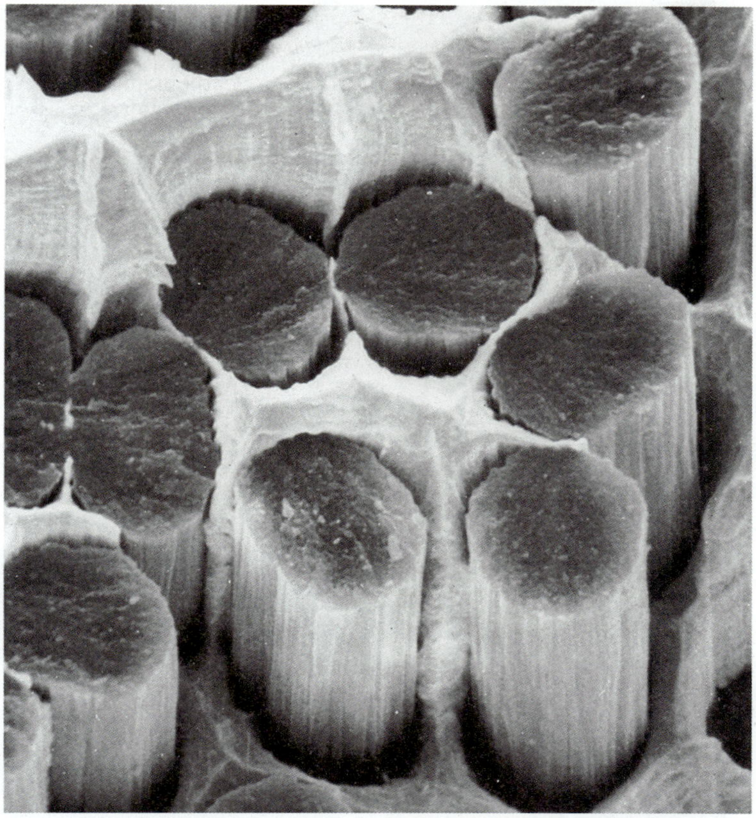

그림 17-16 탄소섬유로 강화된 은-구리합금의 파단면 주사현미경(SEM) 사진. 약한 결합은 대부분의 파괴표면이 금속기지와 탄소 사이의 계면을 따라 일어나게 한다(× 3,000). [출처: ASM Handbook, *Vol. 9, Metallography and Microstructure (1985), ASM International, Materials Park, OH 44073-0002. Reprinted with permission of ASM International. All rights reserved. www.asminational.org.*]

간분리는 복합재료 기반 구조물을 사용한 항공기에서 발생한 몇몇 사고의 원인으로 의심을 받고 있다. 층상구조는 하중을 받으면 층 사이가 떨어져 분리되고 파손을 유발할 수 있다. 3차원적으로 직조된 복합재료를 사용하면 이러한 층간분리를 방지할 수 있다.

17-5 섬유와 복합재료의 제조

섬유강화 복합재료를 만드는 과정에는 섬유의 생산, 섬유를 정렬하여 다발이나 직물 형태로 만드는 것, 섬유를 기지에 매몰하는 것 등의 몇 단계가 있다.

섬유의 제조 금속섬유, 유리섬유, 많은 고분자섬유(나일론, 아라미드, 폴리아크릴로니트릴 포함)는 제8장(금속의 선재인발)과 제16장(고분자섬유를 뽑아내는 방사구 사용)에서 설명하듯이 드로잉(drawing) 공정으로 제조될 수 있다.

보론섬유, 탄소섬유, 세라믹섬유는 일반적인 드로잉 공정으로 작업하기에는 너무 취

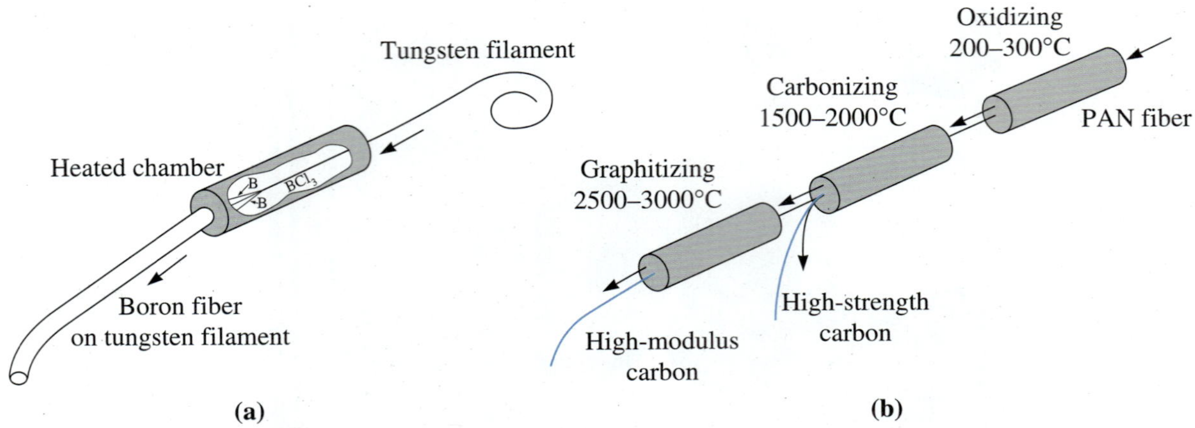

그림 17-17 (a) 보론섬유와 (b) 탄소섬유의 제조방법.

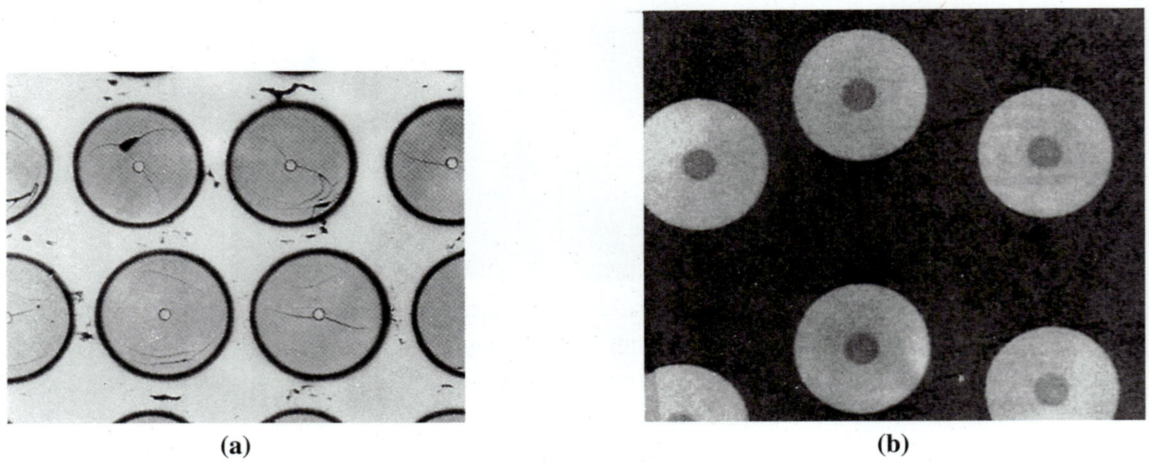

그림 17-18 두 가지 섬유강화 복합재료의 현미경사진. (a) 보르식 섬유강화 알루미늄에서 섬유는 작은 직경의 텅스텐필라멘트에 두꺼운 층으로 증착된 보론으로 구성되어 있다(× 1,000). [출처: ASM Handbook, *Vol. 9, Metallography and Microstructure (1985), ASM International, Materials Park, OH 44073-0002. Reprinted with permission of ASM International. All rights reserved. www.asminational.org.*] (b) 이 세라믹섬유-세라믹기지 복합 재료의 미세조직에서, 탄화규소섬유가 질화규소 기지를 강화하기 위해 사용되었다. SiC섬유가 작은 직경의 탄소 전구체 필라멘트 위에 기상증착 되었다(× 125). (출처: *Dr. R. T. Bhatt, NASA Lewis Research Center.*)

성이고 반응성이 크다. 보론섬유는 화학기상증착법(chemical vapor deposition, CVD)에 의해 제조된다[그림 17-17(a)]. 매우 가늘고 가열된 텅스텐 필라멘트가 기판으로 사용되고, 밀폐재 씰을 통해 가열된 챔버 안으로 지나간다. 염화보론(BCl_3)과 같이 기화된 붕소화합물이 챔버에 유입되어 분해되면 보론이 텅스텐 와이어 표면에 석출된다[그림 17-18(a)]. SiC섬유도 비슷한 방법으로 만들어지는데, 탄소섬유가 기판으로 사용되고 그 위에 탄화규소가 기상증착된다.

탄소섬유는 훨씬 쉽게 드로잉되거나 가늘고 연속적인 길이로 방사될 수 있는 유기질 필라멘트(filament)를 만든 다음 이를 탄화(carbonizing) 또는 열분해(pyrolyzing)하여 만들어진다[그림 17-17(b)]. 전구체(precursor)로 알려진 유기질 필라멘트는 주로 레

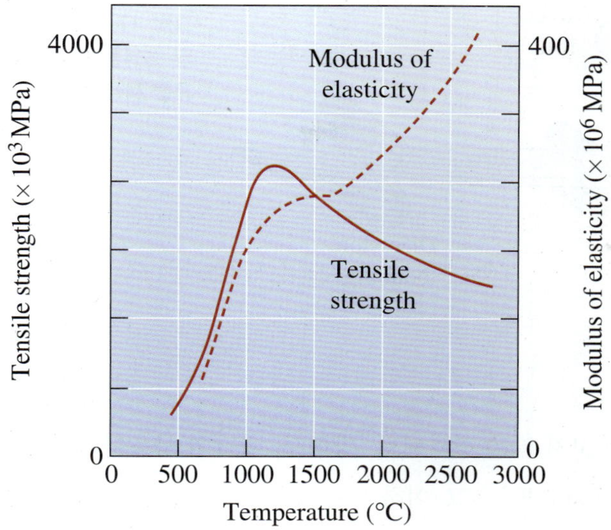

그림 17-19 열처리온도가 탄소섬유의 강도와 탄성계수에 미치는 영향.

이온(셀룰로오스 고분자), 폴리아크릴로니트릴(PAN), 피치(여러 가지 방향족 유기화합물) 중 하나이다. 고온에서 유기질 고분자가 분해되면 탄소를 제외한 다른 모든 원소들이 제거된다. 탄화온도가 1,000 ℃에서 3,000 ℃로 증가하면, 인장강도는 감소하는 반면 탄성계수는 증가한다(그림 17-19). 탄화과정에서 임계시간에 탄소 필라멘트를 연신하면 최종 탄소 필라멘트가 원하는 우선방위를 갖도록 만들 수 있다.

위스커(whisker)는 20~1,000의 종횡비를 갖는 단결정이다. 위스커에는 이동할 수 있는 전위가 포함되지 않고, 따라서 슬립이 일어나지 못하므로 예외적으로 높은 강도를 나타낸다. 위스커를 생산하기 위해서는 복잡한 공정이 필요하기 때문에 위스커의 가격은 매우 높을 수 있다.

섬유의 배열 매우 가는 필라멘트는 조방사(roving), 방적사(yarn), 가닥(tow)으로 묶여진다. 방적사는 많게는 10,000개 정도의 필라멘트를 함께 꼬아서 섬유로 만든 것이다. 가닥은 수백에서 많게는 100,000개 이상의 꼬지 않은 필라멘트들의 묶음이다(그림

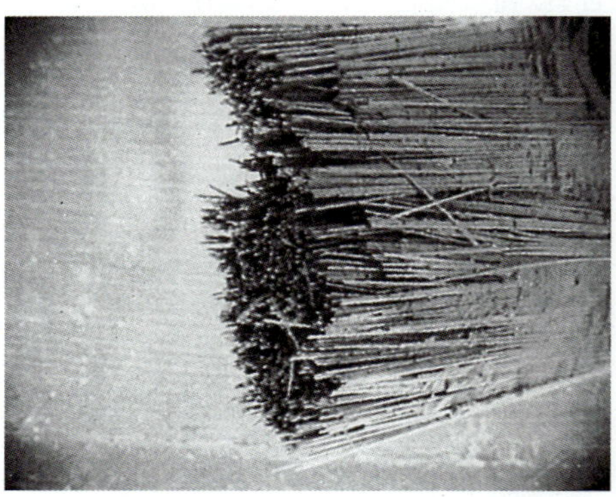

그림 17-20 수많은 개별 탄소 필라멘트로 구성된 탄소섬유 가닥(tow)의 주사전자현미경 사진(× 200). (출처: *Don Askeland*)

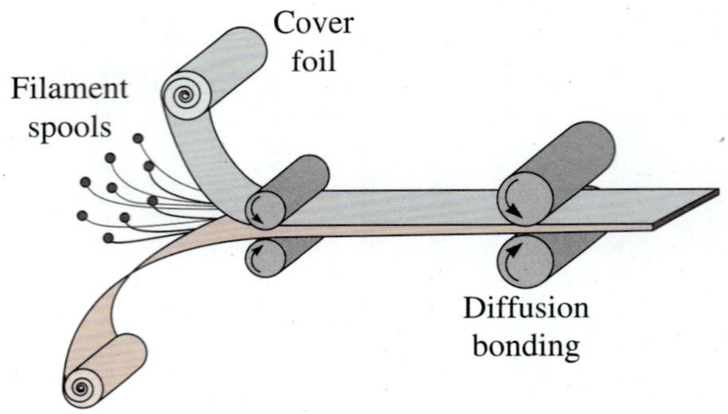

그림 17-21 금속 커버시트 사이에 놓인 섬유를 감싸고 확산접합을 통해 테이프를 제작한다.

17-20). 조방사는 꼬지 않은 필라멘트, 방적사, 가닥의 묶음이다.

종종 섬유는 1 cm 또는 그 이하의 길이로 짧게 잘려진다. 스테이플(staple)이라 불리는 이러한 단섬유는 기지에 쉽게 혼합되고, SMC(sheet-molding compound)와 BMC(bulkmolding compound)를 대표되는 고분자기지 복합재료의 전형이다. 이들 섬유는 복합재료 내에서 임의의 배향을 갖는다.

고분자기지 복합재료에 사용되는 길고 연속적인 섬유는 매트(mats)나 직물(fabrics)로 만들어질 수 있다. 매트는 직조되지 않은 임의의 배향을 가진 섬유가 고분자 수지에 의해 느슨하게 결합된 것이다. 또한 섬유는 2차원 또는 3차원 직물로 직조되거나, 꼬이거나, 또는 편물될 수 있다. 그 다음에 직물은 고분자 수지로 함침된다. 공정의 이 단계에서 수지는 아직 완전히 중합이 일어난 것이 아니며, 이러한 매트나 직물을 프리프레그(prepregs)라 부른다.

일방향으로 정렬된 섬유가 고분자기지로 도입되면 테이프(tape)가 생산될 수 있다. 개별 가닥의 섬유는 실패로부터 풀려서 맨드렐에 감겨지고, 거기서 섬유간의 간격이 결정되며, 고분자 수지로 함침시키면 프리프레그가 만들어진다. 이러한 테이프는 한 개의 섬유 직경 두께를 가지며, 폭은 120 cm까지 만들 수 있다. 그림 17-21은 상부와 하부를 금속 박판층으로 덮고, 사이에 넣은 섬유를 나중에 확산접합으로 결합시키면 테이프를 생산할 수 있음을 보여준다.

복합재료 제작 복합재료 부품을 제작하는 데는 용도나 재료에 따라 다양한 방법이 사용된다. 단섬유강화 복합재료는 일반적으로 섬유를 액체나 플라스틱 기지에 혼합한 후 고분자기지 복합재료의 경우에는 사출성형, 금속기지 복합재료의 경우에는 주조와 같은 비교적 상투적인 기술로 제조한다. 고분자기지 복합재료는 또한 스프레이업(spary-up) 방법으로도 제조할 수 있는데, 이는 수지와 혼합된 단섬유를 주형에 분사하고 경화시켜 제작한다.

그러나 일방향으로 정렬되거나 매트 또는 직물 형태를 한 연속형 섬유를 사용하여 복합재료를 제조하는 데는 특별한 방법들이 고안되었다(그림 17-22). 수작업 적

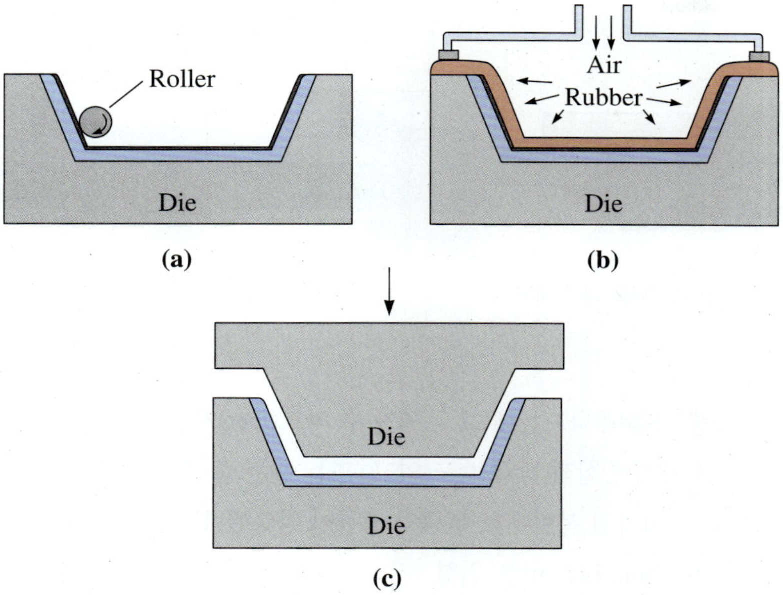

그림 17-22 (a) 수작업 적층(hand lay-up), (b) 압력 백 몰딩(pressure bag molding), (c) 밀폐금형 몰딩(matched die molding)에 의한 복합재료 형상 제작.

층(hand lay-up) 기술에서는, 테이프나 매트 또는 직물을 다이에 놓고 고분자 수지로 함침시키고, 롤링(rolling)으로 양호한 접촉과 기공의 제거를 확보한 다음 마침내 경화시킨다. 자동차나 트럭의 유리섬유복합체 차체가 이러한 방법으로 만들어질 수 있는데, 대체로 느리고 노동력이 많이 필요하다.

테이프나 직물은 또한 금형에 놓여 백 몰딩(bag molding)에 의해 성형될 수 있다. 경화 중에 양호한 결합을 얻기 위해서는 각 층들이 함께 힘을 받아야 하므로 고압가스나 진공을 활용한다. 군용항공기의 표피로 사용되는 대형 고분자기지 복합재료 부품들이 이 방법으로 만들어진다. 밀폐금형 몰딩(matched die molding)에서는 단섬유나 매트를 두 부분으로 분리된 금형에 놓고, 금형을 닫으면 복합재료의 형상이 형성된다.

필라멘트와인딩(filament winding)은 압력탱크나 로켓모터 케이스와 같은 제품을 제작하는 데 사용된다(그림 17-23). 섬유로 주형이나 맨드렐 주위를 감싸서 점차 속이

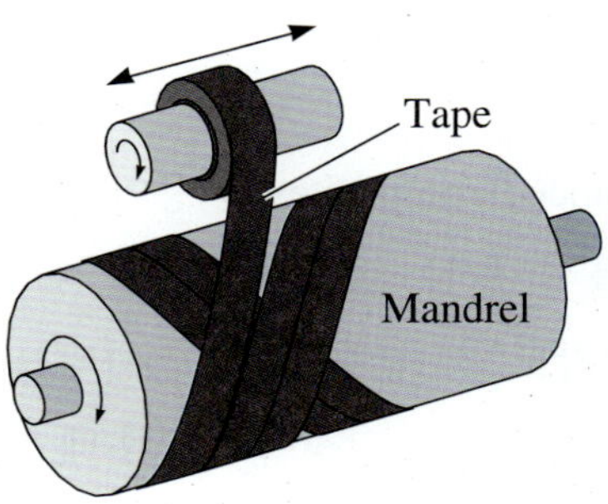

그림 17-23 필라멘트와인딩에 의한 복합재료 형상 제작.

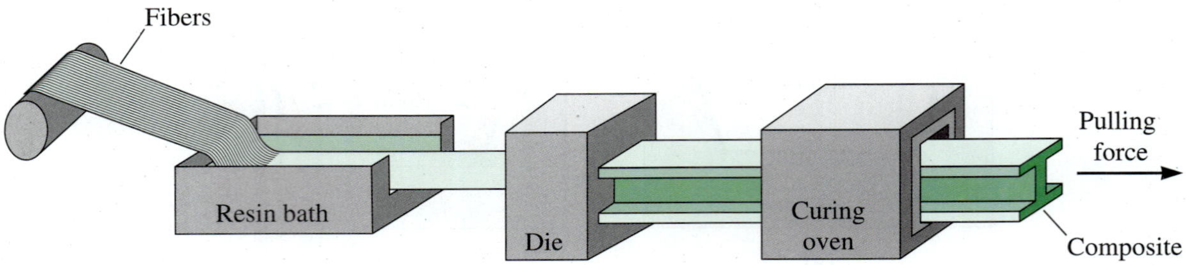

그림 17-24 펄트루전에 의한 복합재료 형상 제작.

빈 형태를 구축해 나가는데 그 두께가 수 피트(feet)가 되기도 한다. 필라멘트는 감기 전에 고분자기지에 살짝 담글 수도 있고, 또는 감는 중이나 감은 후에 수지를 함침시킬 수도 있다. 경화하면 복합재료 부품의 생산이 완료된다.

펄트루전(pultrusion)은 원형, 직사각형, 파이프, 후판, 박판과 같이 일정한 단면을 가진 단순한 형상의 제품을 만드는 데 사용된다(그림 17-24). 섬유나 매트는 실패로부터 풀어져 함침을 위해 고분자수지 욕조를 통과하고, 금형에서 한 군데로 모아져 경화를 위해 가열된 금형에 들어가기 전에 특정한 모양으로 성형된다. 수지의 경화는 거의 순간적으로 이루어지므로 연속적인 제품이 생산된다. 펄트루전된 중간제품은 나중에 낚싯대, 골프채 샤프트, 스키폴과 같은 다소 더 복잡한 모양으로 성형될 수 있다.

연속형 섬유로 강화된 금속기지 복합재료는 고분자기지 복합재료보다 제조하기 매우 어렵다. 섬유 주위로 금속 액체를 침투시키기 위해 모세관 상승, 가압주조, 진공침투, 연속주조가 사용된다. 그 밖에도 다양한 고상압밀(solid-state compaction) 공정 또한 사용될 수 있다.

17-6 섬유강화 복합재료 시스템과 용도

섬유강화 복합재료에 대한 설명을 마무리하기 전에 가장 보편적인 몇몇 섬유강화 복합재료의 거동과 용도에 대해 살펴보기로 하자. 그림 17-25는 여러 가지 복합재료의 비강탄성계수와 비강도를 금속, 고분자의 특성치와 비교한 것이다. 여기서 유의할 것은 단순히 섬유에 대해서가 아니라 이제는 복합재료에 대하여 찾아보고 있기 때문에 이 그림에 나타낸 수치가 그림 17-14에 나타낸 수치보다 낮다는 사실이다.

첨단 복합재료 첨단 복합재료(advanced composites)란 용어는 복합재료가 항공우주산업처럼 극한적인 용도에서 임무를 수행하는 용도에 적용될 때 종종 사용된다(표 17-3). 첨단 복합재료는 일반적으로 고강도의 고분자, 금속, 세라믹섬유로 강화된 고분자기지 복합재료이다. 탄소섬유는 특별히 우수한 강성이 요구될 때 집중적으로 사용되

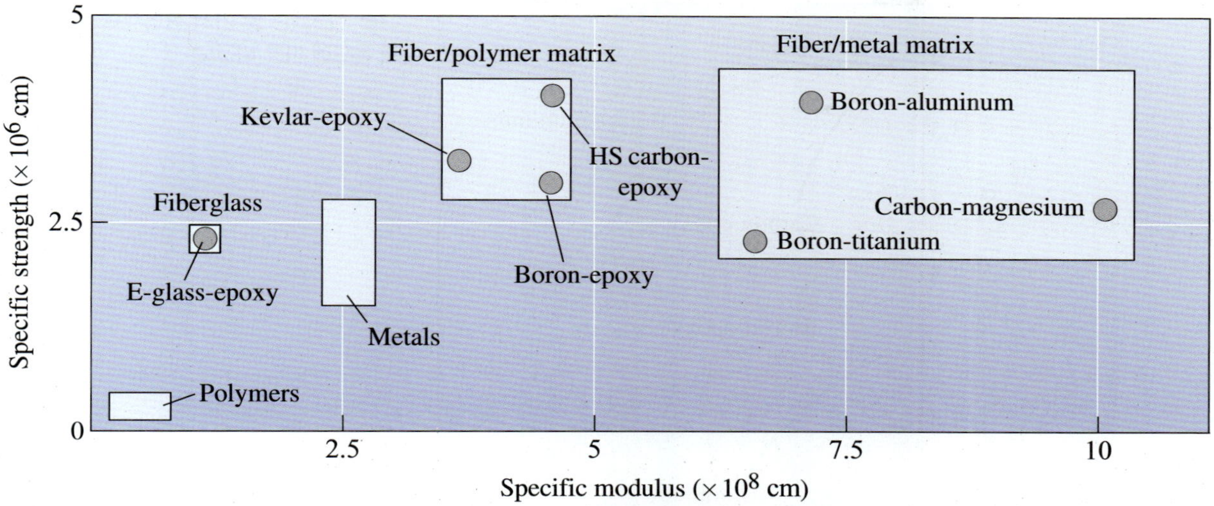

그림 17-25 여러 가지 복합재료의 비탄성계수와 비강도를 금속 및 고분자의 특성치와 비교.

표 17-3 섬유강화 복합재료의 예와 용도

재료	용도
보르식-알루미늄	엔진의 팬블레이드, 기타 항공기 및 항공우주용
케블라™-에폭시와 케블라™-폴리에스테르	항공기, 항공우주용, 보트선체, 스포츠용품(테니스 라켓, 골프채 샤프트, 낚싯대 포함), 방탄조끼
흑연-고분자	항공기, 항공우주, 자동차용, 스포츠용품
유리-고분자	경량자동차용, 수중 및 해양용품, 내부식용, 스포츠용품/장비, 항공기 및 항공우주 부품

고, 아라미드(더 광범위하게는 폴리에틸렌)섬유는 인성과 손상저항성이 더 중요한 고강도 용도에 더욱 적합하다. 불행하게도, 고분자섬유는 다른 모든 고분자기지와 마찬가지로 비교적 낮은 고온에서도 강도를 잃어버리게 된다(그림 17-26).

첨단 복합재료는 또한 스포츠 용품에도 자주 사용된다. 테니스라켓, 골프클럽, 스키, 스키폴, 낚싯대의 경우 더 높은 강성이 더 우수한 성능을 발휘하므로 탄소 또는 아라미드섬유가 종종 첨가된다. 골프클럽의 경우에는 탄소섬유를 첨가하여 샤프트의 무게를 감소시켜 헤드에 더 많은 무게를 줄 수 있도록 한다. 폴리에틸렌섬유로 강화된 직물은 경주용 요트를 위한 경량화된 돛에 사용된다.

아라미드섬유 복합재료의 특별한 용도로 방탄복이 있다. 강인한 케블라 복합재료는 다른 재료들보다 더 우수한 방탄특성을 보여, 가볍고 유연성 있는 방탄복 재료로 적합하다.

혼성 복합재료는 두 가지 이상의 섬유로 구성되어 있다. 예를 들어, 케블라섬유는 복합재료의 인성을 향상시키기 위해 탄소섬유에 혼합될 수 있고, 또는 강성을 향상시키기

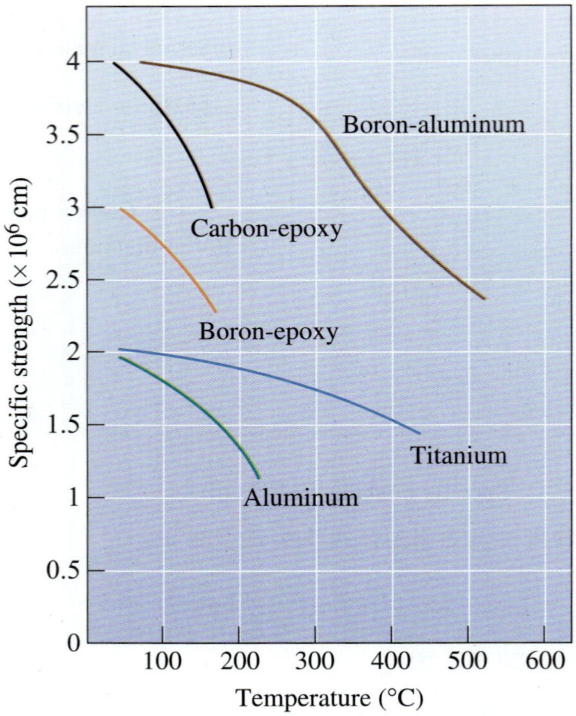

그림 17-26 몇 가지 복합재료 및 금속의 온도에 따른 비강도.

위해 유리섬유에 혼합될 수 있다. 각 섬유의 함량과 방향을 조절하여 특수한 용도에 맞도록 잘 설계된 복합재료를 만들어낼 수 있다.

재료 및 제조공정의 선택에 깊은 주의를 기울이면 강인한 복합재료를 제조할 수 있다. 비교적 취성인 복합재료에서라면 긴 섬유, 결정질이나 가교결합된 기지보다는 비결정질(PEEK로 알려진 폴리에테르에테르케톤 또는 PPS로 알려진 폴리페닐린설파이드와 같은), 열가소성 탄성중합체 기지, 상호침입네트워크(IPN) 고분자 기지를 사용함으로써 파괴인성은 향상될 수 있다.

금속기지 복합재료 금속 또는 세라믹섬유에 의해 강화된 금속기지 복합재료는 고온저항성을 가진다. 보르식섬유로 강화된 알루미늄은 항공우주용으로 광범위하게 활용되어 왔으며, 우주왕복선의 버팀목으로 사용되었다. 구리기반 합금은 SiC섬유로 강화되며, 선박의 고강도 프로펠러 생산에 활용된다.

알루미늄은 흔히 금속기지 복합재료에서 기지로 사용된다. Al_2O_3섬유는 일부 디젤엔진용 피스톤을 강화시키기 위해 사용되고, SiC섬유나 위스커는 항공우주용으로 보강재(stiffener)와 미사일 날개 등에 사용되며, 탄소섬유는 허블(Hubble) 망원경의 알루미늄 안테나 기둥을 강화하는 데 사용된다. 고분자섬유는 낮은 용융온도 또는 분해온도 때문에 일반적으로는 금속기지에 사용되지 않는다. 그러나, 폴리멧(Polymets)은 알루미늄 분말과 용융점이 높은 액정 고분자의 고온압출에 의해 만들어진다. 압출공정 동안에 약 1,000 대 1의 단면적 감소에 의해 고분자를 늘어뜨려 정렬된 필라멘트로 만들고, 알루미늄 분말 입자를 결합시켜 고체 기지로 만든다.

금속기지 복합재료는 로켓이나 항공기 엔진용 부품에 중요하게 사용될 수 있다. 텅스텐과 같은 금속섬유나 SiC 또는 B_4N과 같은 세라믹섬유로 강화된 초합금은 고온에서도 강도를 유지하여, 제트엔진이 더욱 효율적으로 작동하도록 한다. 유사하게, SiC섬유로 강화된 티타늄 및 티타늄알루미나이드(titanium aluminide)는 터빈블레이드와 디스크에 활용할 수 있는 후보재료 중 하나이다.

세라믹기지 복합재료 세라믹기지에 세라믹섬유를 포함하는 복합재료 또한 활용된다. 이러한 재료를 통해 얻을 수 있는 독특한 성질을 보여주는 두 가지 중요한 응용사례를 살펴보기로 하자.

탄소-탄소(C-C)복합재료는 아주 뛰어난 온도저항성으로 인해 항공우주용으로 사용된다. 탄소-탄소 복합재료는 3,000 ℃까지의 온도에서도 작동하며, 사실 저온보다는 고온에서 더 강한 특성을 나타낸다(그림 17-27). 탄소-탄소 복합재료는 폴리아크릴로니트릴(polyacrylonitrile)이나 탄소섬유 직물을 몰드에 넣어 성형하고 페놀릭과 같은 유기물 수지를 직물에 함침시켜 제작한다. 페놀릭 수지를 탄소로 변환시키기 위해 열분해를 거친다. 여전히 부드럽고 다공질인 이 복합재료는 몇 번 더 함침시키고 열분해하는 과정을 통해 점차 밀도, 강도, 강성이 향상된다. 마지막으로, 산화로부터 탄소-탄소 복합재료를 보호하기 위해 탄화규소로 코팅한다. 이를 통해 강도 2,070 MPa, 탄성계수 345×10^3 MPa의 값을 얻을 수 있다. 탄소-탄소 복합재료는 우주왕복선과 같은 고성능 우주비행체의 노즈콘(nose cone)과 날개 선단부(leading-edge)에 사용되었고, 경주용 자동차나 상업용 제트항공기의 브레이크 디스크에 사용된다.

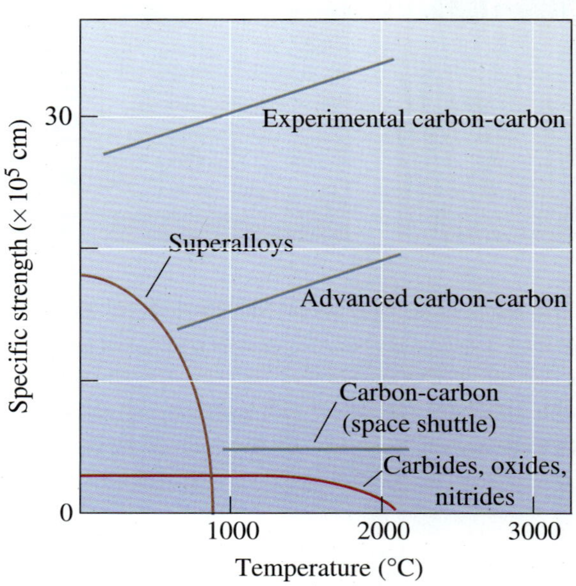

그림 17-27 다양한 탄소-탄소 복합재료와 다른 고온재료의 온도에 따른 비강도 비교.

표 17-4 선별된 세라믹재료의 특성에 미치는 SiC 강화섬유의 영향

재료	굽힘강도(MPa)	파괴인성($MPa\sqrt{m}$)
알루미나(Al_2O_3)	550	5.5
알루미나/탄화규소	790	8.8
탄화규소(SiC)	500	4.4
탄화규소/탄화규소	760	25.3
지르코니아(ZrO_2)	210	5.5
지르코니아/탄화규소	450	22.2
질화규소(Si_3N_4)	470	4.4
질화규소/탄화규소	790	56.0
유리	60	1.1
유리/탄화규소	830	18.7
유리-세라믹	210	2.2
유리-세라믹/탄화규소	830	17.6

(a)

(b)

그림 17-28 세라믹-세라믹 복합재료의 두 가지 파손모드. (a) 유리기지에서 SiC섬유가 충분히 뽑혀 나옴으로써 복합재료의 인성을 증가시킨다(× 20). [출처: ASM Handbook, *Vol. 9, Metallography and Microstructure (1985), ASM International, Materials Park, OH 44073-0002. Reprinted with permission of ASM International. All rights reserved. www.asminational.org.*] (b) 섬유강화된 마그네슘 알루미노실리케이트(magnesium aluminosilicate) 세라믹 기지균열에 걸쳐 섬유가 다리 놓음(bridging). 섬유가 균열에 걸쳐 다리를 놓으면 세라믹기지 복합재료의 인성이 향상된다. (출처: *Dr. Kevin M. Knowles/DoITPoMS Micrograph Library, www.doitpoms.ac.uk*)

세라믹섬유-세라믹기지 복합재료는 일반 세라믹과 비교하였을 때 향상된 강도와 파괴인성을 보인다(표 17-4). 섬유강화는 여러 가지 방식으로 세라믹기지의 인성을 증가시킨다. 우선, 기지를 통해 이동하는 균열이 섬유를 만났을 때, 기지와 섬유의 결합이 약하다면, 균열이 섬유 주위를 우회하여 전파되면서 파괴의 과정이 계속된다. 또한 결합이 약하면 섬유가 기지로부터 뽑혀나오기(pull-out) 시작한다[그림 17-28(a)]. 두 과정 모두 에너지를 소비하게 되고 이로 인해 파괴인성이 증가한다. 마지막으로, 기지 내에서 균열이 전파될 때, 끊어지지 않은 섬유는 균열 사이에 다리를 놓아, 균열이 벌어지는 것을 어렵게 한다[그림 17-28(b)].

고분자기지 및 금속기지 복합재료와는 달리, 강한 결합보다는 약한 결합이 요구된다! 결과적으로, 계면구조를 조절하는 것이 핵심이다. SiC섬유로 강화되고 Nb_2O_5가 첨가물로 함유된 유리-세라믹($Al_2O_3 \cdot SiO_2 \cdot LiO_2$ 기반) 복합재료에서, 탄소와 NbC가 포함된 계면층이 생성되고 이는 기지로부터 섬유가 쉽게 분리될 수 있도록 도와준다. 그러나 만약 복합재료가 고온으로 가열되면 계면이 산화되고, 산화물은 큰 부피를 차지하므로 섬유와 기지의 결합력을 강화시켜 섬유가 뽑혀 나오는 것을 막아준다. 이때 파괴인성은 감소하게 된다.

다음 예제는 복합재료를 활용하는 경우에 발생하는 가격과 특성 사이의 절충 문제를 보여준다.

예제 17-10 복합재료 버팀목의 설계

일방향 섬유강화 에폭시기지 복합재료 버팀목을 설계하자. 버팀목은 둥근 단면을 가졌고, 길이가 3 m이며, 2,224 N의 하중이 인가되었을 때 0.25 cm 이상 늘어나서는 안 된다. 그 버팀목에 가해지는 응력은 에폭시기지의 항복강도인 83 MPa를 초과하지 않도록 조심해야 한다. 만약 섬유가 파괴된다면 버팀목은 더 많은 양으로 늘어나겠지만 급격한 파괴는 일어나지 않는다. 에폭시의 가격은 대략 $1.8/kg이고, 탄성계수는 3,450 MPa이며 밀도는 1.25 g/cm³이다.

풀이

버팀목의 전체가 에폭시로 되어 있다면(섬유가 없음), 다음과 같다.

$$\varepsilon_{\max} = \frac{0.25\text{ cm}}{300\text{ cm}} = 0.00083\text{ cm/cm}$$

$$\sigma_{\max} = E\varepsilon_{\max} = (3{,}450)(0.00083) = 2.9\text{ MPa}$$

$$A_{\text{strut}} = \frac{F}{\sigma_{\max}} = \frac{2{,}224\text{ N}}{2.9\text{ MPa}} = 7.67\text{ cm}^2 \text{ or } d = 3.12\text{ cm}$$

$$\text{Weight}_{\text{strut}} = (1.25)(\pi)(3.12/2)^2(300) = 2.87\text{ kg}$$

$$\text{Cost}_{\text{strut}} = (2.87\text{ kg})(\$1.8/\text{kg}) = \$5.17$$

강화재가 없을 때 버팀목은 크고 무겁다. 또한 재료의 비용도 많은 양의 에폭시가 필요하기 때문에 많이 든다.

복합재료에 있어서, 최대변형도는 여전히 0.00083 cm/cm이다. 만약 버팀목을 가능한 한 작게 만든다면(이 버팀목은 83 MPa의 응력이 걸림) 복합재료의 탄성계수의 최소값(E_c)은 다음과 같이 나타낼 수 있다.

$$E_c > \frac{\sigma_{\max}}{\varepsilon_{\max}} = \frac{83}{0.00083} = 100 \times 10^3 \text{ MPa}$$

그러면 몇 가지 가능한 복합재료계를 살펴보자. 유리섬유의 탄성계수는 100×10^3 MPa보다 작기 때문에 유리강화재는 사용할 수 없다.

고탄성계수 탄소섬유($E = 531 \times 10^3$ MPa)는 밀도가 1.9 g/cm^3, 가격은 대략 $66/kg이다. 복합재료의 탄성계수가 100×10^3 MPa가 되기 위한 최소한의 탄소섬유 부피분율은 다음과 같다.

$$E_c = f_c(531 \times 10^3) + (1 - f_c)(3.45 \times 10^3) > 100 \times 10^3$$

$$f_c = 0.183$$

에폭시의 부피분율은 0.817로 남게 된다. 만약 모든 섬유가 파괴된다면 버팀목의 전체 단면적의 0.817배의 면적이 오직 83 MPa로 2,224 N의 하중을 지지해야 한다.

$$A_{\text{epoxy}} = 0.817\, A_{\text{total}} = \frac{F}{\sigma_{\max}} = \frac{2{,}224 \text{ N}}{83 \text{ MPa}} = 0.268 \text{ cm}^2$$

$$A_{\text{total}} = \frac{0.268}{0.817} = 0.328 \text{ cm}^2 \quad \text{or} \quad d = 0.646 \text{ cm}$$

$$\text{버팀목 부피} = A_{\text{strut}} = (0.328 \text{ cm}^2)(300 \text{ cm}) = 98.4 \text{ cm}^3$$

$$\text{버팀목 무게} = \rho V = [(1.9)(0.183) + (1.25)(0.817)] = 0.135 \text{ kg}$$

$$\text{탄소섬유의 무게분율} = \frac{(0.183)(1.9 \text{ g/cm}^3)}{(0.183)(1.9) + (0.817)(1.25)} = 0.254$$

$$\text{탄소섬유 무게} = (0.254)(0.135 \text{ kg}) = 0.034 \text{ kg}$$

$$\text{에폭시 무게분율} = \frac{(0.817)(1.25)}{(0.183)(1.9) + (0.817)(1.25)} = 0.746$$

$$\text{에폭시 무게} = (0.746)(0.135 \text{ kg}) = 0.101 \text{ kg}$$

$$\text{각 버팀목의 가격} = (0.034 \text{ kg})(\$66/\text{kg}) + (0.101 \text{ kg})(\$1.80/\text{kg}) = \$2.42$$

탄소섬유강화 버팀목은 전체 에폭시구조로 된 것보다 1/4 이하의 직경을 가지고 단지 5%의 무게와 절반의 비용이 든다.

또한 탄성계수 124×10^3 MPa, 밀도 1.44 g/cm^3, 가격 약 $44/kg인 케블라섬유를 이용하여 동일한 계산을 해볼 수 있다. 그렇게 계산함으로써 0.8의 부피분율을 가지는 섬유가 필요하다. 0.8 부피분율은 기지에 첨가될 수 있는 최대한의 섬유부피임을 주목해야 한다. 또한 버팀목에 요구되는 직경 1.288 cm, 무게 0.573 kg, 가격 $20.94가 됨을 고려할 때 케블라의 탄성계수는 높은 비용을 보상할 만한 충분한 값을 가지지 못함을 알 수 있다.

탄소섬유는 가장 비싸지만 가장 가볍고 가장 싼 버팀목을 만든다(다만, 여기에는 버팀목의 제조비용을 고려하지 않았다). 그러므로 이 설계에는 0.183 부피분율의 고탄성계수의 탄소섬유를 포함하는 직경 0.646 cm의 버팀목을 사용한다.

17-7 층상 복합재료

층상 복합재료(laminar composites)에는 매우 얇은 코팅, 더 두꺼운 보호코팅 표면, 피복(cladding), 바이메탈(bimetallics), 적층재(laminates), 기타 용도의 재료가 있다. 또한 테이프나 직물로부터 만들어진 섬유강화 복합재료도 일부 층상으로 간주될 수 있다. 많은 층상 복합재료는 낮은 가격, 고강도 또는 경량을 유지하면서 부식저항성을 향상시키기 위해 설계된다. 다른 중요한 특성으로는 뛰어난 마모 또는 마멸 저항성, 향상된 외관, 비범한 열팽창 특성 등을 들 수 있다.

혼합법칙 층(lamellae)과 평행한 층상 복합재료의 몇몇 특성은 혼합법칙에 의해 추산된다. 층에 평행한 밀도, 전기전도도, 열전도도, 탄성계수는 다음 식을 사용하여 거의 오차 없이 계산될 수 있다.

$$\text{밀도} = \rho_{c,\parallel} = \sum(f_i\rho_i) \tag{17-12}$$

$$\begin{aligned} \text{전기전도도} &= \sigma_{c,\parallel} = \sum(f_i\sigma_i) \\ \text{열전도도} &= k_{c,\parallel} = \sum(f_ik_i) \\ \text{탄성계수} &= E_{c,\parallel} = \sum(f_iE_i) \end{aligned} \tag{17-13}$$

층상 복합재료는 매우 심하게 이방성 특성을 보인다. 층에 수직한 방향의 특성은 다음과 같다.

$$\begin{aligned} \text{전기전도도} &= \frac{1}{\sigma_{c,\perp}} = \sum\left(\frac{f_i}{\sigma_i}\right) \\ \text{열전도도} &= \frac{1}{k_{c,\perp}} = \sum\left(\frac{f_i}{k_i}\right) \\ \text{탄성계수} &= \frac{1}{E_{c,\perp}} = \sum\left(\frac{f_i}{E_i}\right) \end{aligned} \tag{17-14}$$

부식 및 마모 저항성 같은 많은 다른 특성들은 복합재료의 구성요소 중 단지 하나에 의

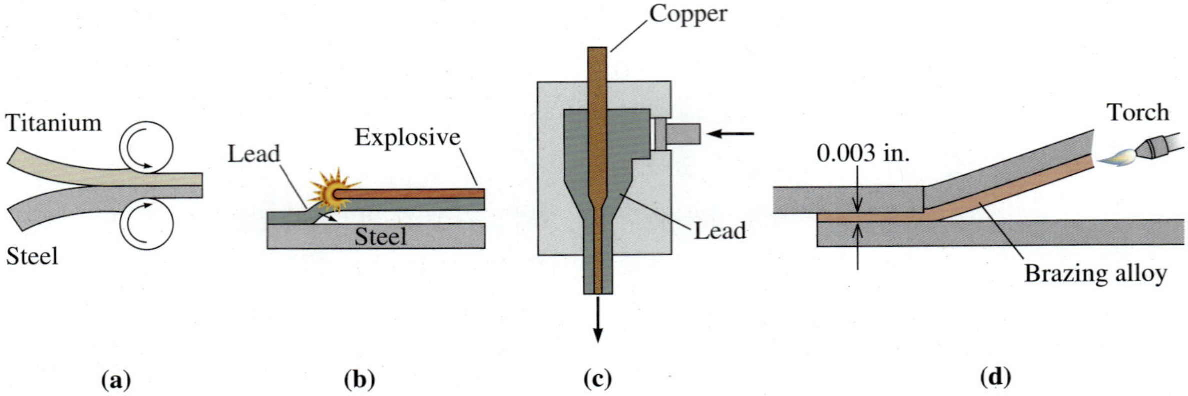

그림 17-29 층상 복합재료의 제조기술. (a) 압연접합, (b) 폭발접합, (c) 동시압출, (d) 경납땜.

해 주로 결정되므로, 혼합법칙은 적용되지 않는다.

층상 복합재료의 제조 층상 복합재료를 제조하는 데에는 주로 금속에 적용되는 다양한 변형 및 결합 기술이 포함하여 여러 가지 방법이 사용된다(그림 17-29).

개별 층(ply)들은 흔히 합판을 제조하는 경우처럼 접착접합(adhesive bonding)에 의해 결합된다. 여러 층의 직물 또는 테이프 프리프레그를 적층하여 만들어지는 고분자기지 복합재료 또한 접착접합을 통해 결합되며, 중합되지 않은 고분자재료 필름이 프리프레그 각 층 사이에 놓여 있다. 온도를 상승시키면서 적층물에 압력을 가하면 중합이 이루어지며, 프리프레그섬유가 접착되어 수십 층의 두께를 갖는 복합재료가 만들어진다.

피복, 바이메탈과 같은 대부분의 금속성 층상 복합재료는 열간 또는 냉간의 압연접합과 같은 변형접합(deformation bonding)에 의해 제조된다. 롤에 의해 인가되는 압력이 표면의 산화물 필름을 깨뜨려 표면에서 원자-원자 접촉이 이루어지며, 두 면이 결합되도록 한다. 폭발접합(explosive bonding) 또한 사용될 수 있다. 장약(explosive charge)은 금속의 접착에 필요한 압력을 제공한다. 이 공정은 압연기에 들어가지 않는 매우 큰 판을 접착할 때 특히 효과적으로 사용된다. 동축케이블(coaxial cable)과 같이 매우 단순한 층상 복합재료는 연한 재료가 단단한 재료를 둘러싸는 방법으로 압출기 다이(die)를 통해 동시압출(coextrusion)하여 제조한다. 이 방법으로 금속도체 와이어를 절연성의 열가소성 고분자로 코팅하는 것이 가능하다.

경납땜(brazing)도 복합재료 판을 결합시킬 수 있다. 금속 박판은 매우 작은 틈으로 분리되어 있고(가급적 대략 0.0075 cm), 브레이징합금의 용융온도 이상으로 가열한다. 용융된 브레이징합금은 모세관 작용에 의해 얇은 결합판 사이로 침투하여 판을 결합한다.

17-8 층상 복합재료의 사례와 용도

층상 복합재료의 종류는 매우 다양하고 우리가 그 복합재료의 거동을 일반화시킬 수 없을 만큼 수많은 용도가 있다. 대신에 우리는 흔히 사용되는 몇 가지 사례의 특성을 살펴보기로 하자.

적층재 적층재(laminates)는 유기질 접착제에 의해 결합된 층상의 재료이다. 적층안전유리에서는 폴리비닐부티랄(polyvinyl butyral, PVB)과 같은 플라스틱 접착제가 두 장의 유리를 결합한다. 이 접착제는 유리가 부서질 경우 유리 파편이 날아가는 것을 막아준다. 적층재는 모터의 절연체에, 기어에, 인쇄회로기판(PCB)에, Formica® 조리대와 가구 같은 장식용품에 사용된다.

미세적층재(microlaminate)에는 알루미늄 박판과 섬유강화 고분자가 번갈아가며 적층된 형태로 구성된 복합재료가 포함된다. Arall(아라미드-알루미늄 적층재)과 Glare(유리-알루미늄 적층재)가 두 가지 사례이다. Arall 내부는, 케블라™와 같은 아라미드 섬유가 직물 또는 일방향 테이프로 준비되고, 접착제로 함침된 후, 알루미늄합금층 사이에 적층된 구조이다(그림 17-30). 복합재료 적층재는 강도, 강성, 부식저항성 그리고 경량화의 비범한 조합을 갖는다. 층과 층 사이의 계면이 균열을 막아주기 때문에 피로저항성은 개선된다. Glare도 유사한 특성을 보이며, Airbus 380 항공기의 동체에 사용된다. 고분자기지 복합재료와 비교할 때, 미세적층재는 낙뢰에 의한 손상에 양호한 저항성을 갖고(항공우주용에 있어서 중요함), 성형될 수 있고 절삭가공이 가능하며, 쉽게 수리될 수 있다는 장점이 있다.

피복금속 피복재료는 금속-금속 복합재료이다. 피복의 일반적인 예로 미국의 은화 동전 주조가 있다. Cu-80%Ni 합금이 Cu-20%Ni 합금의 양면에 결합된다. 두께의 비는 약 1/6 : 2/3 : 1/6 정도이다. 대부분의 성분이 구리인 중심부는 가격을 낮추는 반면,

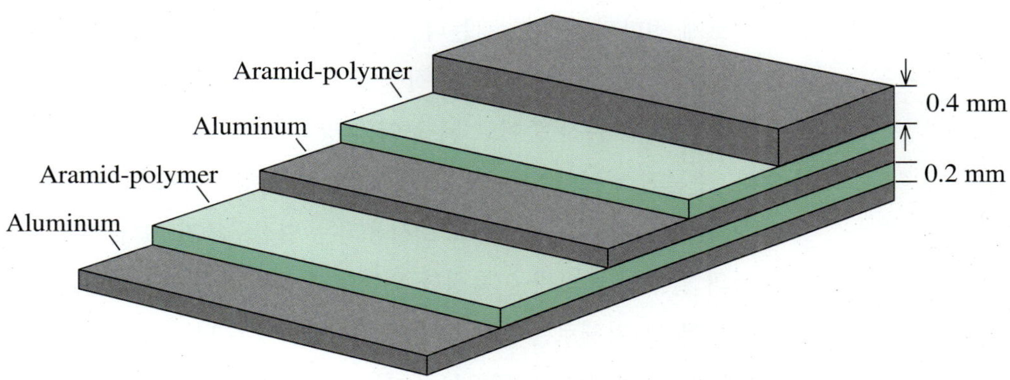

그림 17-30 아라미드-알루미늄 적층재, 애럴(Arall)의 개략도.

니켈 성분이 높은 합금인 표면은 은색을 띤다.

피복재료는 좋은 부식저항성과 높은 강도의 조합을 제공한다. 알클래드(alclad)는 고강도 알루미늄합금에 공업용 순 알루미늄이 결합된 피복 복합재료이다. 순 알루미늄이 고강도합금이 부식되는 것을 방지한다. 순 알루미늄 층의 두께는 전체 두께의 약 1%에서 15% 정도를 차지한다. 알클래드는 부식저항성, 강도, 경량화와 같은 특성의 조합이 요구되는 항공기용 구조물, 열교환기, 건축구조물, 저장탱크에 사용된다.

바이메탈 서로 다른 열팽창계수를 갖는 두 금속으로 만들어진 층상 복합재료는 온도계나 온도조절기로 사용된다. 두 가지 금속이 가열될 때 높은 열팽창계수를 갖는 금속이 더 길어진다. 만약 두 가지 금속이 서로 단단하게 결합하고 있다면, 열팽창계수의 차이가 이 적층재료의 가늘고 긴 조각을 굽게 만들고 곡면을 형성하게 된다. 변형되는 정도는 온도에 의존한다. 이때 곡률 또는 휨을 측정하여 온도를 결정할 수 있다. 같은 방법으로, 만약 고정되어 있지 않은 끝 부분이 릴레이(relay)를 작동시킨다면, 이 가늘고 긴 조각은 온도를 조절하기 위해 노(furnace)나 에어컨을 켜거나 끌 수 있다. 바이메탈을 제작하기 위해 선택된 금속재료는 바이메탈 장치가 작동하기 위해 반드시 (a) 열팽창계수의 차이가 크고, (b) 열팽창특성이 가역적이고 반복적이어야 하며, (c) 높은 탄성계수를 가져야 한다. 낮은 열팽창을 갖는 가늘고 긴 조각은 종종 철-니켈 합금인 인바(Invar)로 만들며, 높은 열팽창을 갖는 가늘고 긴 조각은 황동, 모넬(Monel), 순 니켈로 만든다.

바이메탈(bimetallics)은 온도조절기(thermostat)뿐만 아니라 회로차단기에도 사용된다. 이 바이메탈 긴 조각을 통해 전류가 너무 많이 흐르면, 가열되어 바이메탈을 휘게 만들고 회로를 차단하게 된다.

17-9 샌드위치 구조

샌드위치 재료는 얇은 표피재가 고분자 발포재와 같은 경량의 충전재를 중간에 두고 서로 마주보게 접합된 구조를 갖는다. 충전재나 표피재 모두 강하거나 강직하지 않지만, 이 복합재료는 그러한 두 가지 성질을 모두 갖는다. 잘 알려진 예로는 주름진 단면의 골판지가 있다. 주름진 종이로 된 코어의 양쪽 표면에 편평하고 두꺼운 종이가 접합되어 있다. 주름진 코어나 마주보는 종이 표피 모두 강직하지 않지만 결합체는 강직하다.

다른 중요한 예로 항공기용으로 사용되는 벌집구조가 있다. 벌집(honeycomb)은 일정한 폭의 알루미늄 박판을 특정한 위치에서 접착하여 제작한다. 그 다음에 벌집재료는 확장되어 그 자체로는 매우 불안정하지만, 매우 낮은 밀도의 셀룰러 패널(cellular panel)로 만들어진다(그림 17-31). 알루미늄 박판을 이 벌집구조의 양면에 마주보게 접

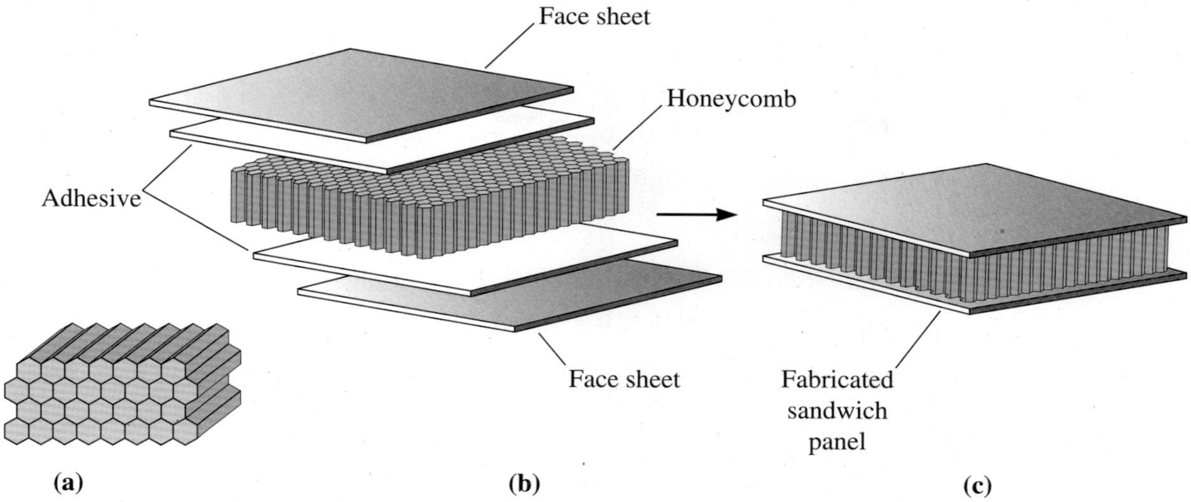

그림 17-31 (a) 육각형 셀의 벌집구조 코어의 (b) 양면에 표피를 접착제 필름을 사용하여 접합하여, (c) 특별히 가벼우면서도 강직하고 강한 하니컴 샌드위치 구조를 제조한다.

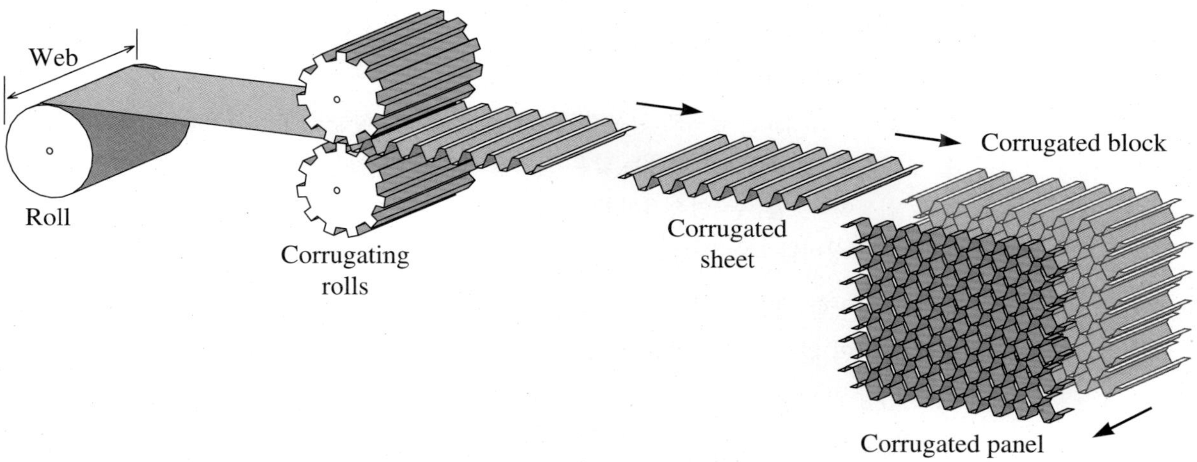

그림 17-32 벌집구조 코어를 제조하기 위한 주름잡는 방법에 있어, 재료(예: 알루미늄 박판)는 두 롤 사이에서 주름이 잡힌다. 주름이 잡힌 박판은 접착제로 서로 결합되며 이후 알맞은 두께로 잘라낸다.

착제로 접합하면, 매우 강성이 크고, 강하고, 그리고 약 0.04 g/cm^{3}의 밀도를 갖는 특별히 가벼운 샌드위치가 제작된다.

벌집구조의 셀(cell)은 육각형, 정사각형, 직사각형, 사인곡선 등 다양한 형상을 가질 수 있고, 알루미늄, 유리섬유복합체, 종이, 아라미드 고분자 등의 재료들로 만들어질 수 있다. 벌집 셀은 뛰어난 소리 및 진동 흡수특성을 갖도록 발포재나 유리섬유복합체로 채울 수 있다. 그림 17-32는 벌집구조를 제작할 수 있는 한 가지 방법을 보여준다.

요약

- 복합재료는 일반적으로는 얻을 수 없는 특성의 조합을 구현하기 위해 두 가지 이상의 재료 또는 상을 결합하거나 연결하여 만들어진다. 복합재료 내에서 상이나 재료의 부피분율과 연결성, 그리고 분산상과 기지 사이의 계면특성은 복합재료의 특성을 결정하는 데 매우 중요하다.
- 원칙적으로 금속, 고분자, 세라믹의 어떠한 조합도 가능하다. 많은 경우에, 혼합법칙은 복합재료의 특성을 결정하는 데 매우 중요하다.
- 복합재료는 건설, 항공우주, 자동차, 스포츠, 미세전자공학 등의 산업에서 다양한 용도에 사용된다.
- 분산강화 재료는 금속기지에 산화물 입자를 함유하고 있다. 작고 안정된 분산질은 슬립(slip)을 방해하여, 고온에서도 우수한 기계적 성질을 제공한다.
- 입자강화 복합재료에는 복합재료에 복합적인 특성을 제공해주는 입자가 포함되어 있다. 금속기지 복합재료는 세라믹 또는 금속 입자를 포함하므로 향상된 강도 및 마모저항성을 가지며, 전체적으로 우수한 전기전도도, 인성, 부식저항성을 갖는다. 고분자기지 복합재료는 경량, 제작의 용이성, 낮은 가격을 유지하면서 동시에, 강성, 열저항성, 전기전도도를 향상시키는 입자를 포함한다.
- 섬유강화 복합재료는 금속과 고분자의 강도, 강성, 고온성능을 향상시키고, 세라믹에 인성을 부여한다. 일반적으로 섬유는 낮은 밀도를 가지고 비강도 및 비강성을 제공하지만, 종종 매우 취성이다. 섬유는 연속적이거나 불연속적일 수 있다. 높은 형상비를 갖는 불연속섬유는 낮은 형상비를 갖는 섬유보다 우수한 강화효과를 제공한다.
- 섬유는 다양한 배향으로 기지에 도입된다. 무작위 배향과 등방성 거동은 불연속적인 섬유를 사용하여 얻어진다. 일축으로 정렬된 섬유는 섬유방향으로 크게 향상된 강도와 강성을 갖는 이방성(anisotropic) 거동을 갖는 복합재료를 만든다. 특성은 여러 방향으로 섬유들을 배향함으로써 가해진 하중을 지탱할 수 있도록 조절될 수 있다.
- 층상 복합재료는 서로 다른 재료의 층으로 구성된다. 이러한 층들은 한 금속은 강도를, 다른 금속은 경도나 부식저항성을 갖는 다른 박판으로 구성될 수 있다. 층들은 금속이나 고분자 박판에 섬유강화 복합재료의 박판이 접합된 것, 또는 심지어 다른 섬유배향을 갖는 섬유강화 복합재료 박판들이 접합된 것으로 구성될 수도 있다. 층상 복합재료는 항상 이방성이다.
- 벌집구조를 포함한 샌드위치 재료는 거의 비어 있는 코어에 마주보는 고체 표피가 접합된 구조를 가지며, 특별히 가벼운 층상 복합재료이다.

용어해설

가닥 tow 꼬이지 않은 필라멘트의 묶음.

경납땜 brazing 액체 충전금속을 모세관 작용에 의해 두 고체재료 사이로 침투시켜 결합시키는 공정. 브레이징

합금의 응고에 의해 결합이 이루어진다.

기지상 matrix phase 복합재료에서 연속적인 상. 복합재료의 명칭은 이 연속적인 상의 이름을 따서 짓는다(예: 고분자기지 복합재료).

나노복합재료 nanocomposite 나노크기의 치수를 가진 분산상이 연속적인 기지에 분포되어 있는 재료.

바이메탈 bimetallic 서로 다른 열팽창계수를 갖는 두 개의 가늘고 긴 금속 조각을 붙여 제작된 층상 복합재료로 온도 변화에 민감한 재료가 된다.

방적사 yarn 꼬인 필라멘트 뭉치로부터 만들어진 연속형 섬유.

벌집구조 honeycomb 샌드위치 구조의 코어로 사용하기 위해 일정한 폭의 알루미늄 박판을 접착하고 확장시켜서 만든 가볍지만 강성을 갖는 조립체.

분산상 dispersed phase 복합재료의 연속적인 모상에 전체적으로 분포하는 상.

분산질 dispersoids 금속기지 내에 형성된 산화물 입자이며, 전위의 이동을 방해하여 심지어 고온에서까지 강화효과를 제공한다.

비강도 specific strength 재료의 인장강도 또는 항복강도를 밀도로 나눈 값.

비탄성계수 specific modulus 재료의 탄성계수를 밀도로 나눈 값.

사이징 sizing 유리섬유의 결합과 습기저항성을 향상시키기 위해 유리섬유를 유기질 재료로 코팅하는 것.

샌드위치 sandwich 가볍고, 저밀도의 재료를 밀도가 큰 고체 층들로 둘러싸서 구성한 복합재료. 샌드위치는 전체적으로 경량에 아주 좋은 강성을 겸비한 것이다.

스테플 staple 섬유를 짧은 길이로 썰어놓은 것.

아라미드섬유 aramid fiber 폴리아미드로부터 만들어진 케블라와 같은 고분자섬유로 고분자 주사슬에 벤젠링을 포함하고 있다.

위스커 whisker 움직일 수 있는 전위가 없는 단결정을 만드는 방식으로 성장된 매우 가는 섬유이며, 따라서 거의 이론적인 강도를 가진다.

전구체 precursor 탄화되면 탄소섬유로 만들어질 시작 물질(예: 고분자섬유).

조방사 rovings 필라멘트, 방적사, 또는 가닥의 꼬이지 않은 묶음.

초경합금 cemented carbide 연한 금속기지로 결합된 단단한 세라믹 입자를 함유하는 입자강화 복합재료. 이 복합재료는 높은 경도와 절삭능력을 갖는 동시에 우수한 충격저항성을 가진다.

층간분리 delamination 섬유강화 복합재료의 각 층이 분리되는 것.

탄화 carbonizing 고분자섬유로부터 탄소 이외의 원자들을 배출시키고, 고강도의 탄소섬유를 만들어내는 공정. 열분해로도 알려져 있다.

테이프 tape 필라멘트 하나 두께의 프리프레그 조각. 필라멘트는 일방향이거나 직조된 것일 수 있으며, 복합재료구조를 만들기 위해 테이프 몇 층이 결합할 수 있다.

펄트루전 pultrusion 섬유나 매트가 고분자 수지로 함침되면서 다이를 통해 끌려나와서 일정한 단면을 갖는 형상을 만들어내는 연속적인 제조공정.

프리프레그 prepregs 아직 중합되지 않은 수지 속에 펼쳐진 섬유층. 프리프레그는 후에 알맞은 형태로 쌓이고, 중합에 의해 층들을 서로 결합시킨다.

피복 cladding 저렴하거나 더 강한 바탕재료 위에 부식저항성이 좋거나 높은 경도를 가지는 층을 덧붙이거나 형성하여 만들어진 층상 복합재료.

필라멘트와인딩 filament winding 연속적인 섬유를 형성체나 맨드렐 주위로 둘러서 감는 방법으로 섬유강화 복합재료를 제조하는 공정. 섬유를 프리프레그 상태로 하거나, 또는 필라멘트와인딩 후에 함침시켜서 완성된 제품을 얻을 수 있다.

형상비 aspect ratio 섬유의 길이를 직경으로 나눈 것.

혼합법칙 rule of mixtures 복합재료의 일부 특성은 복합재료를 구성하는 각 요소들의 특성에 각 요소들의 부피분율을 가중치로 곱하여 합하면 구할 수 있다.

화학증착법 chemical vapor deposition 기체로부터 재료를 고체기판에 응축시켜 재료를 제조하는 방법.

연습문제

17-1절 분산강화 복합재료

17-1 복합재료란 무엇인가?

17-2 복합재료의 특성은 무엇에 의존하는가?

17-3 어떤 복합재료가 하중을 지탱하는 용도로 사용되는지 예를 들어보라.

17-4 어떤 복합재료가 비구조용으로 사용되는지 두 가지 예를 들어보라.

17-5 분산강화 복합재료는 무엇인가? 입자강화 복합재료와는 어떻게 다른가?

17-6 나노복합재료는 무엇인가? 페라이트와 마르텐사이트를 함유하는 어떤 강철이 어떻게 복합재료로 표현될 수 있는가? 설명하라.

17-7 그림 17-2에서 보르식과 SAP 사이에 강도의 가장 큰 차이와 가장 작은 차이를 구하고 각각의 차이가 발생하는 온도를 구하라.

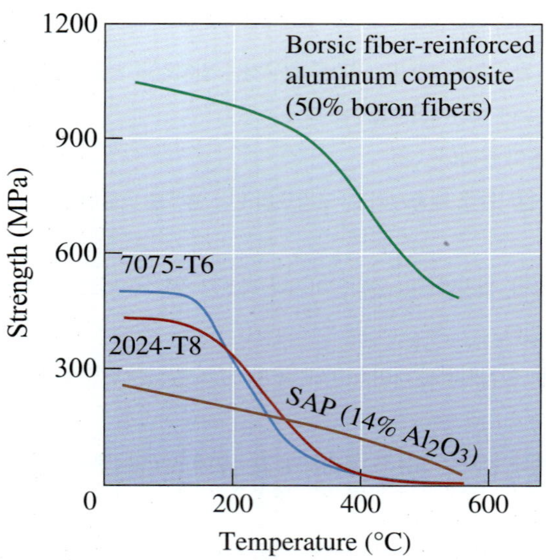

그림 17-2 분산강화된 소결 알루미늄 분말(SAP) 복합재료와 두 종류의 일반적인 2상 고강도 알루미늄합금의 항복강도 비교. 복합재료는 300 °C 이상에서 유리한 점이 있다. 섬유강화 알루미늄 복합재료도 비교를 위해 나타내었다. (문제 17-7을 위해 반복됨)

17-8 기공률 20%의 텅스텐기지에 은을 침투시켰다. 기공은 서로 연결되어 있다고 가정한다. 은이 첨가되기 전과 후의 복합재료의 밀도는 얼마인가? 순 텅스텐의 밀도는 19.25 g/cm^{3}이고, 순 은의 밀도는 10.49 g/cm^{3}이다.

17-9 토륨 2wt%를 함유하는 니켈이 분말형태로 만들어져 하나의 부품으로 성형되고 대기 중에서 소결된다. 이때 모든 토륨이 직경 80 nm 크기를 가지는 구형의 ThO_2로 변한다. cm^{3}당 구의 숫자를 계산하라. ThO_2의 밀도는 9.69 g/cm^{3}이다.

17-10 직경 0.002 mm의 구형 알루미늄 분말(SAP)이 분말 표면에 얇은 산화층을 형성하도록 제조되어 10vol% Al_2O_3를 함유하는 SAP 분산강화 복합재료를 만드는 데 사용된다. 그 분말들을 압축하여 소결하기 전에 산화층의 평균 두께를 계산하라.

17-11 직경 750 Å인 Y_2O_3 입자가 내부산화에 의해 텅스텐에 형성된다. 전자현미경을 사용한 측정에 의해 cm^{3}당 산화물 입자수가 5×10^{14}임을 보여라. 원래의 합금에서 Y의 wt%를 계산하라. Y_2O_3의 밀도는 5.01 g/cm^{3}이다.

17-12 특별한 처리 없이 알루미늄은 흔히 표면에 두께가 3 nm인 Al_2O_3층을 가지는 것으로 알려져 있다. 만약 총 직경이 0.01 mm인 구형의 알루미늄 분말이 SAP 분산강화 알루미늄을 만들기 위해 사용된다고 가정할 때, 그 재료에서 Al_2O_3 부피분율과 cm^{3}당 산화물 입자의 수를 계산하라. 산화물이 두께 3 nm, 직경 3×10^{-4}

mm인 디스크 형상의 조각으로 부서진다고 가정하라. cm^3당 산화물 입자의 수를, 알루미늄에 3at%의 합금원소가 첨가된 때의 cm^3당 고용된 원자의 수와 비교하라.

17-2절 입자강화 복합재료

17-13 입자강화 복합재료는 무엇인가?

17-14 써멧(cermet)이란 무엇인가? 써멧에서 WC와 Co의 역할은 무엇인가?

17-15 복합재료 내에서 각 구성요소의 부피분율이 모두 동일하지만($f_1 = f_2 = \cdots = f_n$), 각 요소의 밀도가 다른 경우, 혼합법칙은 대수적으로 어떻게 되겠는가?

17-16 만약 티타늄기지를 기반으로 한 초경합금 또는 써멧이 50wt% WC, 22wt% TaC, 14wt% TiC를 함유한다면 복합재료의 밀도를 계산하라 (예제 17-2의 탄화물의 밀도를 참고하라).

17-17 강성 향상을 위해 구형 실리카 입자(직경 100 nm)를 타이어의 가황고무에 첨가하였다. 만약 가황고무기지의 밀도는 1.1 g/cm^3, 실리카의 밀도는 2.5 g/cm^3이고, 타이어는 4.5%의 기공률을 가진다면, 타이어가 두께 0.4 mm만큼 마모될 때 손실되는 실리카 입자수를 계산하라. 타이어의 전체적인 직경은 63 cm이고, 폭은 10 cm이다.

17-18 전형적인 연마 휠은 직경 22.5 cm, 두께 2.5 cm, 무게 2.7 kg이다. 휠은 실리카유리(밀도 2.5 g/cm^3)로 결합된 SiC(밀도 3.2 g/cm^3) 입자를 함유하며, 휠은 5vol%의 기공율을 가졌다. SiC 입자는 한 변이 0.04 cm인 입방체이다.

(a) 휠에서 SiC의 부피분율을 계산하라.

(b) 휠이 직경 20 cm로 닳은 후에 휠로부터 손실된 SiC 입자수를 계산하라.

17-19 어떤 전기접점 재료가 다공성의 탄화텅스텐(WC) 분말성형체에 구리를 침투시켜 만들어진다. 최종 복합재료의 밀도는 12.31 g/cm^3이다. 모든 기공은 구리로 채워진다고 가정한다.

(a) 복합재료에서 구리의 부피분율을 계산하라.

(b) 침투되기 전 WC에 존재하는 기공의 부피분율을 계산하라.

(c) 침투되기 전 WC의 원래 밀도를 계산하라.

17-20 어떤 전기접점 재료는 먼저 무게 125 g의 다공성 텅스텐 분말성형체를 만들어 제조한다. 액체 은을 이 성형체로 침투시키며, 정밀한 측정 결과 105 g의 은이 침투되었다. 최종 복합재료의 밀도는 13.8 g/cm^3이다. 원래 분말성형체에서 기공으로 서로 연결된 부피분율과 닫힌 기공의(은이 침투하지 못한) 부피분율을 계산하라.

17-21 탄성계수 827 MPa 이상이고 인장강도 14 MPa 이상인 저비용 복합재료를 제조하기 위해서는 10 kg의 폴리에틸렌에 얼마나 많은 점토(clay)가 첨가되어야 하는가? 점토의 밀도는 2.4 g/cm^3이고, 폴리에틸렌의 밀도는 0.92 g/cm^3이다(그림 17-6 참조).

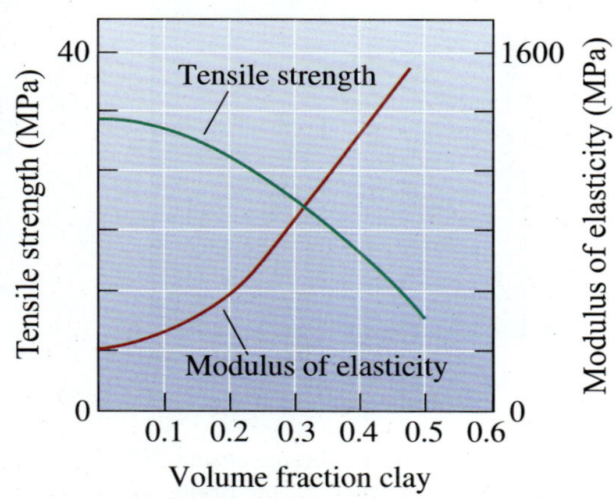

그림 17-6 폴리에틸렌의 특성에 미치는 점토의 영향. (문제 17-21을 위해 반복됨)

17-22 단열효과를 얻기 위해 경량의 에폭시를 만들고자 한다. 외경이 0.16 cm이고 벽두께는 0.0025 cm인 속이 빈 유리구슬이 사용가능하다. 밀도 0.65 g/cm^3인 복합재료 454 g을 만들기 위해 에폭시에 첨가되어야 유리구슬의 무게와 숫자를 결정하라. 유리의 밀도는 2.5 g/cm^3이고, 에폭시의 밀도는 1.25 g/cm^3이다.

17-3절 섬유강화 복합재료

17-4절 섬유강화 복합재료의 특성

17-23 섬유강화 복합재료는 무엇인가?

17-24 어떤 섬유강화 복합재료가 일반적으로 사용되는가?

17-25 섬유강화 복합재료에서 기지의 역할은 무엇인가?

17-26 CFRP 및 GFRP라는 용어는 무엇을 의미하는가?

17-27 섬유의 부피, 섬유 배향, 섬유 강도, 영의 계수가 어떻게 섬유강화 복합재료의 성질에 영향을 미치는지 간략하게 설명하라.

17-28 보르식(Borsic) 섬유강화 복합재료에서 섬유분율이 25vol%일 때, 섬유에 평행한 방향의 탄성계수와 인장강도를 결정하라(그림 17-9 참조).

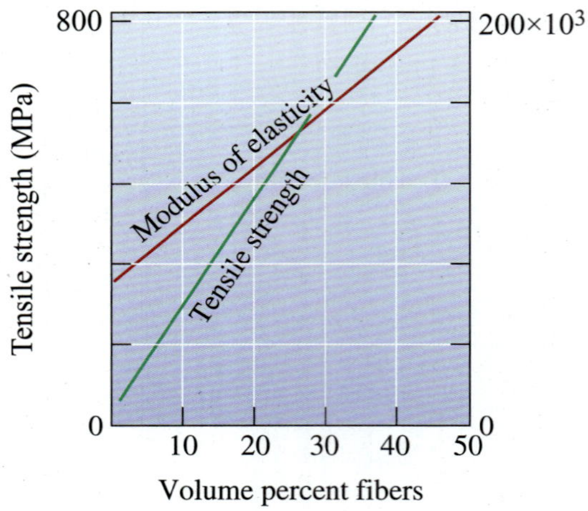

그림 17-9 보르식(borsic, boron-coated SiC) 섬유강화 알루미늄 복합재료의 섬유방향 특성에 미치는 보르식섬유의 부피백분율의 영향. (문제 17-28을 위해 반복됨)

17-29 5 kg의 연속형 보론(boron)섬유가 8 kg의 알루미늄기지에 일방향으로 도입되었다. 다음을 계산하라.

(a) 복합재료의 밀도

(b) 섬유에 평행한 방향 탄성계수

(c) 섬유에 수직한 방향 탄성계수

17-30 고강도 탄소섬유(HS carbon)로 강화된 폴리이미드기지의 연속형 일방향 섬유강화 복합재료가 섬유에 평행한 방향으로 최소한 172 × 10³ MPa 탄성계수를 갖도록 4.5 kg 제조하려고 한다. 몇 킬로그램의 섬유가 필요한가? 폴리이미드(polyimide)의 특성에 대해서는 제16장을 참조하라.

17-31 낮은 밀도(1.3 g/cm³)와 높은 인장강도(50 GPa) 그리고 높은 축방향 탄성계수(1 TPa)를 갖는 탄소나노튜브(CNT)는 지금까지 발견된 가장 강한 소재로서 일컬어진다. CNT의 비강도를 계산하라. 이 값은 표 17-2에 나타난 흑연 위스커와 어떻게 비교되는가? 만약 어떤 복합재료가 알루미나(Al_2O_3) 기지에 부피 1vol%의 CNT섬유로 만들어진다면, 하중의 얼마(분율)를 CNT 섬유가 지탱할 것인가? 실제로는, CNT강화 세라믹기지 복합재료의 기계적 성질은 기대한 것만큼 향상되지 않았다. 이러한 결과가 나타난 가능한 이유로는 무엇이 있겠는가?

17-32 에폭시기지를 40vol% E-유리(glass)섬유로 강화시켜 직경 2 cm의 복합재료를 만들었고, 섬유에 평행한 방향으로 25,000 N의 하중을 지탱한다. 각 섬유에 작용하는 응력을 계산하라.

17-33 탄성계수 110 × 10³ MPa의 티타늄합금이 유인우주선의 어떤 454 kg 부품을 만드는 데 사용된다. 만약 부품이 다음과 같은 재료로 만들어진다면, 섬유에 평행한 방향으로 동일한 탄성계수를 가지는 부품의 무게를 결정하라.

(a) 보론섬유로 강화된 알루미늄

(b) 고탄성계수 탄소섬유로 강화된 폴리에스터 (탄성계수: 4,482 MPa)

(c) 세 가지 재료의 비탄성계수를 비교하라.

17-34 직경이 20 μm인 짧지만 정렬된 Al_2O_3섬유가 나일론-6,6 기지에 도입되었다. 섬유와 기지의 결합강도는 7 MPa인 것으로 평가되었다. 임계 섬유길이를 계산하고, 1 μm 알루미나 위스커가 원래의 더 조대한 섬유 대신 사용되는 경우와 비교하라. 각각의 경우에 최소 형상비는 얼마인가?

17-35 다른 길이를 가진 직경 3 μm의 ZrO_2섬유를 사

용하여 여러 개의 에폭시기지 복합재료를 준비하여, 섬유길이 5 mm까지는 섬유가 길수록 복합재료의 강도가 증가한다는 것을 알아냈다. 더 긴 섬유에서는 복합재료의 강도는 사실상 변하지 않는다. 섬유와 기지의 결합강도를 추정하라.

17-36 직경 50 μm 유리섬유가 나일론-6,6 기지에 도입된다. 유리섬유가 마치 연속적인 것처럼 거동하는 임계 섬유길이를 결정하라. 기지와 섬유 사이의 결합강도는 10 MPa이다. 관련 재료의 특성은 다음과 같다.

$E_{glass} = 72$ GPa, $E_{nylon} = 2.75$ GPa,

$TS_{glass} = 3.4$ GPa, $TS_{nylon} = 827$ MPa

17-37 직경 1 cm의 구리-은 바이메탈 와이어가 구리를 코어(core)로 하고 은을 외부 층으로 한 동시압출(co-extrusion)에 의해 만들어진다. 바이메탈 와이어의 길이에 평행한 축을 따라 요구되는 특성은 다음과 같다.

(a) 열전도도 > 410 W/(m · K)

(b) 전기전도도 $> 60 \times 10^6\ \Omega^{-1}\text{m}^{-1}$

(c) 무게 < 750 g/m

구리 코어의 허용되는 직경의 범위를 결정하라.

	구리	은
밀도(g/cm^3)	8.96	10.49
전기전도도($\Omega^{-1}\text{m}^{-1}$)	59×10^6	63×10^6
열전도도[W/(m · K)]	401	429

17-38 표 17-2에서 다음 여섯 가지 특성 각각에 대해 가장 높은 수치를 갖는 재료를 찾아보라. (a) 밀도, (b) 인장강도, (c) 탄성계수, (d) 녹는점, (e) 비탄성계수, (f) 비강도. 예를 들어, 텅스텐은 가장 높은 밀도(19.25 g/cm^3)를 가진다.

17-39 섬유강화 복합재료가 두 개의 일방향 섬유의 분리된 영역을 포함할 때 아래 그림과 같이 시험을 진행하였다. 인장강도를 구하기 위해서 어떤 식을 적용해야 하는가?

17-40 그림 17-11 곡선에 일정한 간격으로 일곱 개의 점을 표시하고, R^2값이 0.900 이상인 선으로

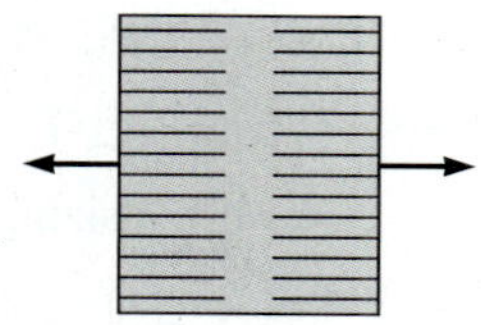

그림 17-33 기지 내의 섬유의 배향. (문제 17-39에 사용)

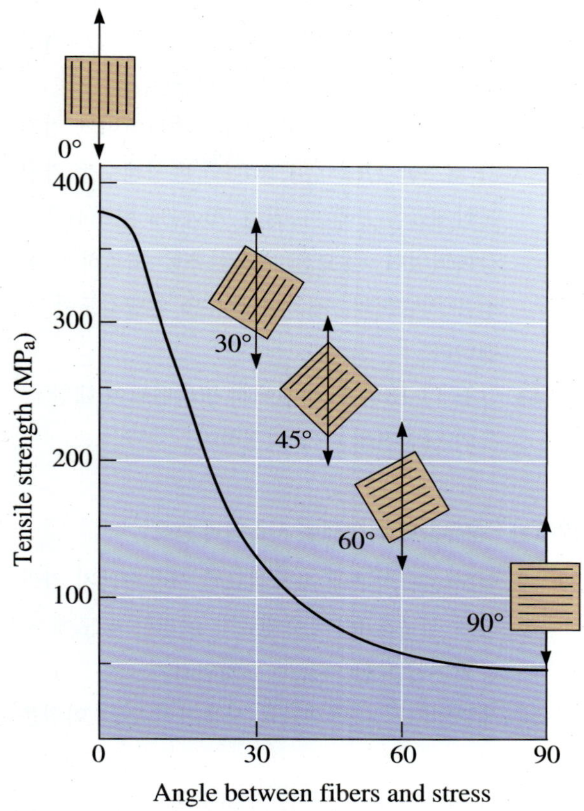

그림 17-11 E-유리섬유강화 에폭시 복합재료의 인장강도에 미치는 섬유배향의 영향. (문제 17-40을 위해 반복됨)

맞추기 위한 비다항식(non-polynomial)을 찾아라.

17-41 계면결착제(coupling agent)란 무엇인가? 유리섬유의 제조와 관련된 사이징(sizing)이란 무엇인가?

17-5절 섬유와 복합재료의 제조

17-42 보론섬유와 탄소섬유는 어떻게 만들어지는지 간략하게 설명하라.

17-43 연속형 유리섬유는 어떻게 만들어지는지 간략하게 설명하라.

17-44 섬유와 위스커의 차이점은 무엇인가?

17-45 첫 번째 고분자기지 복합재료에서 불연속 유리 섬유는 기지에 직접 도입된다. 두 번째의 경우에는 섬유는 먼저 사이징(sizing) 처리된다. 이 차이점이 복합재료의 임계 섬유길이와 강도에 미치는 영향에 대해 설명하라.

17-46 질화규소 섬유와 탄화규소 기지의 결합은 불량한 반면에 왜 탄소섬유와 에폭시기지 사이의 결합력은 매우 양호한지 설명하라.

17-47 탄성계수 2.07×10^3 MPa의 폴리이미드 기지가 최소한 276×10^3 MPa의 탄성계수를 가진 복합재료를 만들기 위해 70vol% 탄소섬유로 강화되었다. 필요한 탄소섬유를 제조하는 공정을 기술하라. 제조된 섬유의 인장강도를 추정하라.

17-48 그림 17-18의 두 사진에서 필라멘트에 대한 섬유의 단면적의 비를 결정하라.

17-6절 섬유강화 복합재료 시스템과 용도

17-49 어떤 운동기구에 복합재료가 사용되는지 간략하게 설명하라. 복합재료가 이러한 용도에 사용되는 주요한 이유는 무엇인가?

17-50 세라믹기지 복합재료를 사용하여 얻는 이점은 무엇인가?

17-51 그림 17-26에서 가장 가파른 기울기와 가장 덜 가파른 기울기를 계산하고 이에 해당하는 재료를 찾아라.

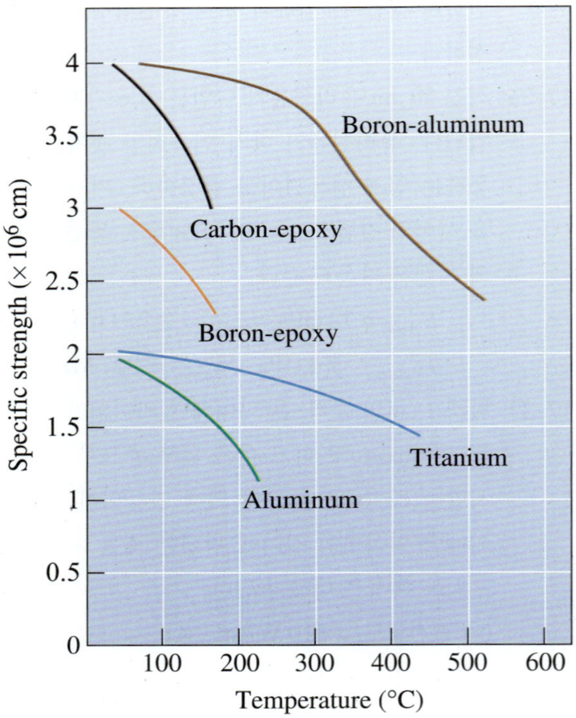

그림 17-26 몇 가지 복합재료 및 금속의 온도에 따른 비강도. (문제 17-51을 위해 반복됨)

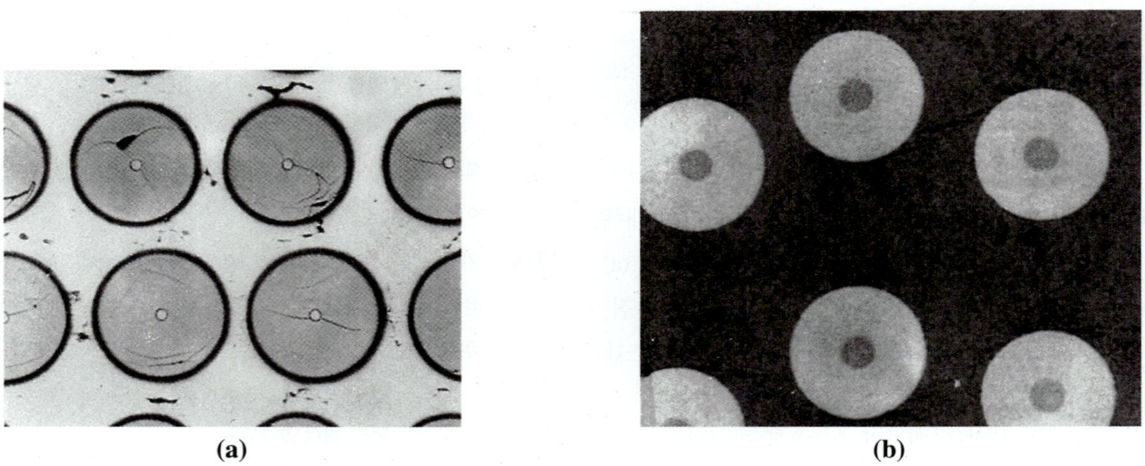

그림 17-18 두 가지 섬유강화 복합재료의 현미경사진. (a) 보르식 섬유강화 알루미늄에서 섬유는 작은 직경의 텅스텐필라멘트에 증착된 두꺼운 층의 보론으로 구성되어 있다(× 1,000). [출처: ASM Handbook, *Vol. 9, Metallography and Microstructure (1985), ASM International, Materials Park, OH 44073-0002. Reprinted with permission of ASM International. All rights reserved. www.asminational.org.*] (b) 이 세라믹섬유-세라믹기지 복합 재료의 미세조직에서, 탄화규소섬유가 질화규소 기지를 강화하기 위해 사용되었다. SiC섬유가 작은 직경의 탄소 전구체 필라멘트 위에 기상증착 되었다(× 125). (출처: *Dr. R. T. Bhatt, NASA Lewis Research Center.*) (문제 17-48을 위해 반복됨)

17-7절 층상 복합재료

17-8절 층상 복합재료의 사례와 용도

17-9절 샌드위치 구조

17-52 층상 복합재료는 무엇인가?

17-53 미세적층재인 애럴(Arall)은 두께 0.4 mm의 알루미늄 다섯 장과 일방향으로 정렬된 케블라섬유로 강화된 두께 0.2 mm의 에폭시 네 장을 사용하여 제조된다. 이 중간제품 박판에 포함된 케블라섬유의 부피분율은 55%이다. 에폭시의 탄성계수는 3,448 MPa이다. 미세적층재에서 일방향으로 배열된 케블라섬유에 평행한 방향과 수직인 방향의 탄성계수를 계산하라. 강화되지 않은 알루미늄과 비교하여 애럴 재료의 주된 이점은 무엇인가?

17-54 단열재로서 두께 2 mm의 폴리스타이렌 발포재(polystyrene foam) 층 양면에 두께 0.1 mm의 알루미늄 박판이 접합되어 샌드위치 구조가 만들어진다. 층에 평행한 방향과 수직한 방향으로 적층재의 열전도도를 계산하라. 알루미늄의 열전도도는 0.057 cal/(cm · s · K)이고, 발포재의 열전도도는 7.7×10^{-5} cal/(cm · s · K)이다.

17-55 두께 0.01 cm의 고분자(탄성계수: 4.8×10^3 MPa) 판이 두께 4 mm의 판유리(탄성계수: 83×10^3 MPa) 두 장 사이에 끼워져 있다. 판에 평행한 방향과 수직한 방향으로 복합재료의 탄성계수를 계산하라.

17-56 미국 25센트 동전은 직경이 2.3 cm이고 두께가 0.16 cm이다. 구리가 kg당 2.43달러이고 니켈이 kg당 약 9달러라고 가정하고, 복합재료(구리와 니켈)로 만들어진 25센트와 전부 니켈로 만들어진 25센트의 재료비를 비교하라.

17-57 다음 구성요소로 만들어진 하니컴 샌드위치 구조의 밀도를 계산하라. 두께 2 mm인 두 개의 표면 박판은 55vol% E-유리섬유를 함유하는 에폭시기지 프리프레그를 사용하여 제조된다. 알루미늄 하니컴은 두께가 2 cm이고, 셀은 가로와 세로가 0.5 cm이며, 셀의 벽두께는 0.1 mm이다. 에폭시의 밀도는 1.25 g/cm³이다. 벌집구조 패널(1 m × 2 m)의 무게를 같은 치수의 고체 알루미늄 패널의 무게와 비교하라.

설계문제

17-58 불연속이지만 정렬된 섬유로 강화된 유리섬유 복합재료를 사용하여 스포츠카의 후드(hood)를 만드는 데 요구되는 재료와 공정을 설계하라. 복합재료는 밀도가 1.6 g/cm³보다 낮아야 하고, 강도는 138 MPa 이상이어야 한다. 설계를 완성하는 데 필요한 모든 가정을 빠짐없이 열거하라.

17-59 전기접점 재료로서 밀도가 6 g/cm³ 이하이면서 재료의 최소 50vol%가 전도성을 가지는 재료를 만드는 데 필요한 재료와 방법을 설계하라.

17-60 알루미늄 프레임을 사용한 자전거와 C-C 복합재료로 만들어진 프레임을 사용한 자전거를 설계할 때 반드시 고려해야 할 요인은 어떤 것들인가?

컴퓨터문제

17-61 층상 복합재료의 특성을 계산하기 위한 컴퓨터 프로그램을 작성하거나 스프레드시트 소프트웨어를 사용하라. 예를 들어, 만약 사용자가 각 상의 열전도도 값과 이에 해당하는 분율을 입력하면, 그 프로그램은 유효 열전도도 값을 보여줄 수 있어야 한다. 적층에 평행하거나 수직인 방향의 특성이 모두 계산되어야 한다.

Knovel® 활용 문제

K17-1 혼합법칙을 사용하여 30vol% 활석 충전재를 함유하는 폴리프로필렌의 밀도를 계산하라. 계산된 밀도를 이 복합재료의 전형적인 밀도와 비교하고, 차이가 있다면 설명하라. 폴리프로필렌은 40~50%의 결정성을 가진다고 가정한다.

강철, 콘크리트, 목재, 유리, 그리고 유리섬유복합체(fiberglass)와 같은 복합재료를 포함한 건설재료는 국가 기반시설의 건설 및 유지에 주요한 역할을 한다. 비록 현재 사용되는 많은 건설재료는 이미 잘 개발되었고 그것들을 생산하는 기술도 성숙하였지만, 건설재료에서는 몇 가지 새로운 발전방향을 찾아볼 수 있다. 구조의 제어를 돕거나 또는 구조물의 건전성을 감시하는 지능형 센서 및 구동기의 사용이 그러한 분야 중 하나이다. 또한 복합재료와 고분자 접착제의 사용 또한 현저하게 증가하였다. 부식과 같은 현상뿐만 아니라 용접이나 전기도금과 같은 공정들이 구조물의 신뢰성과 내구성에 중요한 역할을 한다. (출처: *Martin Puddy/Stone/Getty Images*)

CHAPTER 18

건설재료

다음과 같이 궁금해 해본 적이 있는가?

- 가장 널리 사용되는 인공 건설재료는 무엇인가?
- 시멘트와 콘크리트의 차이점은 무엇인가?
- 건설재료 중 자연적으로 만들어진 복합재료는 무엇인가?
- 강화콘크리트는 무엇인가?

제18장의 주요 학습목표

- 목재의 구성요소와 구조를 설명하는 것.
- 목재의 밀도를 수분함량의 함수로 계산하는 것.
- 목재의 팽창 및 수축을 수분함량의 함수로 계산하는 것.
- 요구되는 특성을 얻기 위해 필요한 콘크리트 혼합물을 설계하는 것.
- 모르타르, 시멘트, 콘크리트, 아스팔트를 구분하는 것.

다수의 중요한 재료들이 건물, 고속도로, 교량 등 수많은 국가 기반시설을 건설하는 데 사용된다. 이 장에서는 그중 가장 중요한 세 가지 재료인 목재, 콘크리트, 아스팔트에 대하여 살펴보고자 한다. 건설재료 분야는 엔지니어, 특히 토목기사나 간선도로 기술자에게 실제로 매우 중요하다. 강화콘크리트에 사용되는 강철, 세라믹(예: 모래, 석회, 콘크리트), 플라스틱(예: 에폭시와 폴리스티렌 발포재), 유리, 복합재료(예: 유리섬유복합체)와 같은 재료들의 특성과 공정은 건설재료의 개발과 활용에 중요한 역할을 한다. 토목공학에서 점점 더 중요해지고 있는 분야로는 건물과 교량에 센서와 구동기(actuator)를 설치하여 사용하는 것이 있다. 미세전자공학 및 광학 용도를 위해 개발된 첨단재료들이 이 분야에서 중요한 역할을 담당하고 있다.

예를 들어, 광섬유 센서를 활용하는 지능형 교량과 건물을 개발 중이다. 이 센서는 지속적으로 구조물의 건전성을 감시할 수 있으므로 잠재적인 문제점을 미리 알려줄 수 있다. 이와 유사하게, 지능형 구조물 개발 분야의 연구자들은 얼음의 형성과 같은 것들을 감지할 수 있는 센서를 사용하여 많은 연구를 하고 있다. 센서가 얼음을 감지하면 이 시스템은 어는 것을 방지하거나 지연시키기 위해 소금물을 분사할 것이다. 이와 같은 센서는 또한 상업용 주차장의 가파른 진입로에 설치하여, 눈/얼음을 감지하면 발열체를 작동시켜 그 구역의 노면을 가열한다. 이와 유사하게, 유리로 방출되는 열의 흐름을 저지하여 건물의 에너지 효율을 향상시키는 여러 가지 지능형 코팅막이 있다.

자기세정(self-cleaning) 유리를 실현할 수 있는 새로운 코팅막도 있다. 친환경 건물(green building)을 개발하기 위한 새로운 기술들도 역시 구현되고 있다.

구조에 관련된 재료들에는 여러 가지 다른 측면들이 있다. 예를 들어, 교량의 부식과 그것이 교량의 기대수명을 제한하는 것은 어떤 나라에서나 주된 비용문제이다. 부식을 방지하기 위해 아연도금 강철 또는 적절한 도색을 사용하는 방법은 교량 설계에서 중요한 사항이다. 이와 유사하게, 용접을 포함한 다양한 재료 접합기술은 교량과 건물의 건설에서 매우 중요한 역할을 한다. 사용된 재료가 장기적으로 환경에 미치는 영향(예를 들어, 송수관, 단열재, 난연성재로 가장 적합한 재료는 무엇인가?) 또한 반드시 고려해야 한다. 이 장의 목표는 나무, 콘크리트, 아스팔트의 특성을 요약하여 정리하는 것이다.

18-1 목재의 구조

목재는 자연적으로 만들어지는 복합재료이며, 우리에게 가장 친숙한 재료 중 하나이다. 그것은 비록 '첨단기술' 재료는 아니지만, 가정에서 우리는 사실상 목재로 둘러싸여 있으며 그것의 가치를 아름다움과 내구성에 의해 평가한다. 또한 목재는 여전히 건설산업에서 경량, 고강도 재료의 큰 부분을 담당한다.

목재는 고분자(polymer) 기지에 일축으로 정렬된 긴 튜브형태의 고분자 세포로 구성된 복잡한 섬유강화 복합재료이다. 더욱이 고분자 튜브는 부분결정질인 셀룰로오스 섬유가 튜브의 축에 대해 다양한 각도로 정렬된 다발로 구성되어 있다. 이와 같은 배열은 길이방향으로 우수한 인장특성을 가져다준다.

목재는 네 가지 주요 구성요소로 이루어진다. 셀룰로오스(cellulose) 섬유는 목재의 약 40~50%를 차지한다. 셀룰로오스는 약 10,000의 중합도를 가진 자연적으로 만들어지는 열가소성 고분자이다. 그림 18-1은 셀룰로오스의 구조를 보여준다. 나무의 약

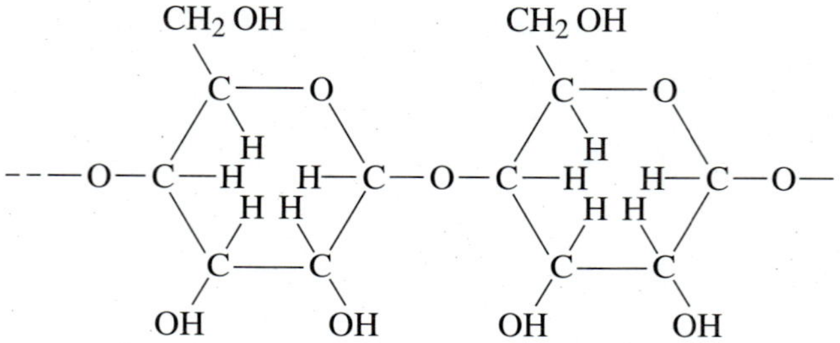

그림 18-1 목재에서 셀룰로오스 필라멘트의 구조.

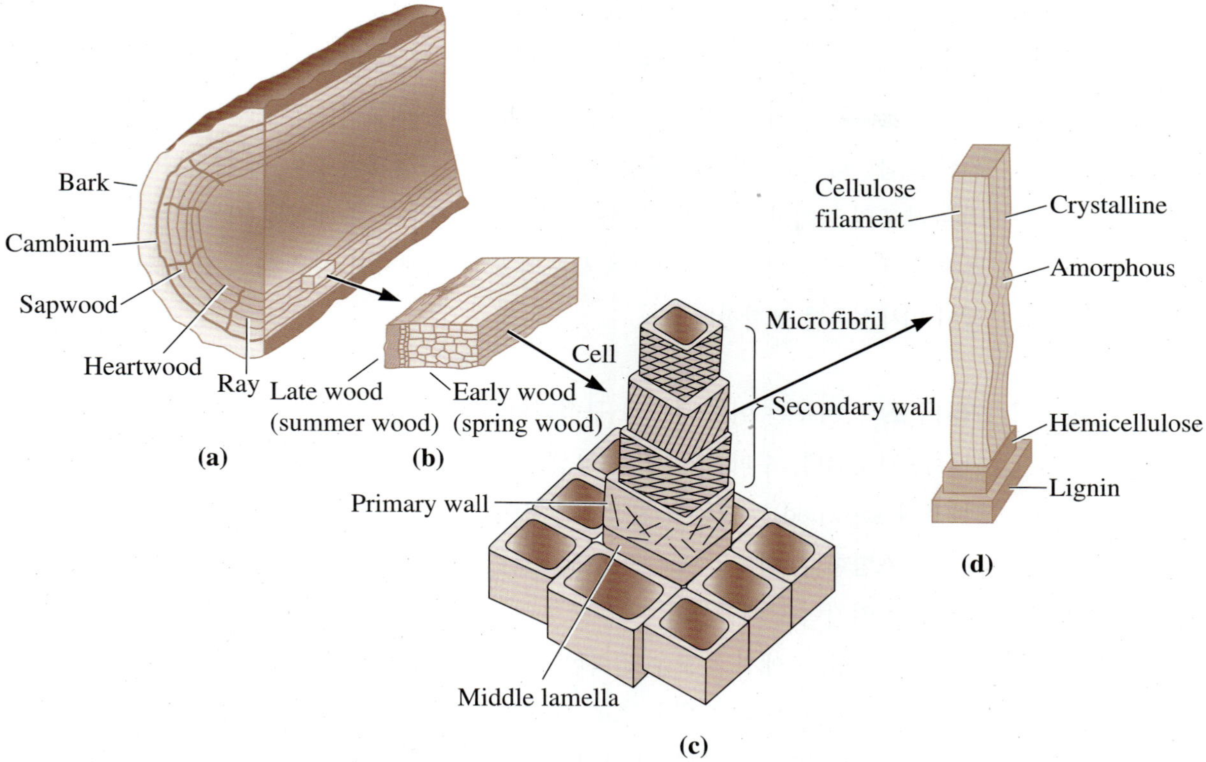

그림 18-2 목재의 구조. (a) 나이테에 의한 층상구조를 포함한 거시구조, (b) 하나의 나이테 속에 있는 세포구조의 세부 사항, (c) 셀룰로오스 섬유, 헤미셀룰로오스 섬유, 리그닌으로 이루어진 미세섬유로 구성된 여러 층을 포함하는 세포 하나의 구조, (d) 정렬된 미세섬유의 부분결정질 셀룰로오스 사슬.

25~35%는 약 200의 중합도를 가진 고분자인 헤미셀룰로오스(hemicellusose)이다. 또 다른 20~30%는 나무의 여러 구성요소를 결합해주는 낮은 분자량의 유기질 시멘트인 리그닌(lignin)이다. 마지막으로 추출물(extractives)은 나무의 색깔을 내게 하며 주위환경과 벌레들로부터 보호제 역할을 하는 기름과 같은 유기질 불순물들, 나무를 절단할 때 톱날을 무디게 만드는 실리카와 같은 무기질 광물들이다.

목재의 구조에는 세 가지의 중요한 수준이 있다. 섬유구조 수준과 세포구조 수준, 그리고 거시구조 수준이다(그림 18-2).

섬유구조 목재의 기본 성분인 셀룰로오스($C_6H_{10}O_5$)가 고분자 사슬구조로 연결되어 긴 섬유를 형성한다. 섬유 길이의 대부분은 결정질이며, 결정질 구간이 짧은 길이의 비결정질 셀룰로오스에 의해 분리된 형태로 존재한다. 셀룰로오스 사슬의 묶음이 무작위 방향을 가진 비결정질 헤미셀룰로오스 사슬 층으로 둘러싸이고, 헤미셀룰로오스는 리그닌에 의해서 둘러싸인다[그림 18-2(d)]. 셀룰로오스 사슬과 헤미셀룰로오스 사슬 그리고 리그닌으로 구성된 전체 묶음을 미세섬유(microfibril)라고 부르며, 이는 거의 무한대의 길이를 가질 수 있다.

세포구조 나무는 형상비가 종종 100 이상으로 길쭉한 세포로 구성되어 있으며, 그것이 목재에서 고체재료의 약 95%를 차지한다. 속이 빈 세포는 미세섬유로 만들어진 여러 층으로 구성되어 있다[그림 18-2(c)]. 일차적인 세포벽은 무질서하게 배열된 미세섬유를 포함한다. 세포벽이 두꺼워지면서 세 개의 구별되는 층이 더 형성된다. 외벽과 내벽은 세포의 길이방향과 서로 평행하지 않은 두 방향으로 배향된 미세섬유를 포함한다. 가장 두꺼운 중간벽은 일반적으로 세포의 축과 평행하지 않은 각도로 일축방향으로 정렬된 미세섬유를 포함한다.

거시구조 나무는 여러 층으로 구성되어 있다[그림 18-2(a)]. 외곽층인 수피(bark)는 나무를 보호한다. 수피 바로 밑인 형성층(cambium)은 새롭게 성장하는 세포를 포함한다. 변재(sapwood)는 양분을 저장하고 물이 지나가는 길을 제공하는 속이 빈 살아 있는 세포를 포함한다. 마지막으로 죽은 세포로만 이루어진 심재(heartwood)는 나무를 위한 기계적인 지지력을 제공한다.

나무는 형성층에서 새로운 길쭉한 세포가 만들어질 때 성장한다. 세포가 성장하는 계절 초기에는 세포의 크기가 크고, 그 후에는 반경이 작아지며 두꺼운 벽과 높은 밀도를 갖는다. 춘재와 추재 사이의 차이가 우리에게 나이테를 볼 수 있게 해준다[그림 18-2(b)]. 이에 더하여, 어떤 세포들은 반경방향으로 자라는데 이러한 세포들을 방사수전(ray)이라고 하며 양분의 저장과 이동의 통로 역할을 한다.

경목과 연목 경목(hardwood)은 참나무, 느릅나무, 밤나무, 자작나무, 호두나무, 단풍나무와 같은 활엽수이다. 이런 나무들은 길쭉한 세포의 반경이 0.1 mm 이하이고 그

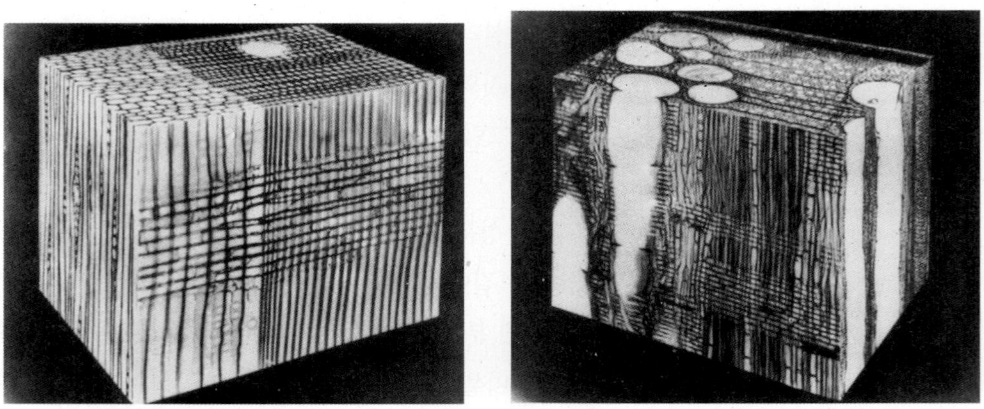

(a) (b)

그림 18-3 (a) 연목과 (b) 경목의 셀 구조. 연목이 경목보다 더 크고 긴 세포를 갖지만, 경목은 더 큰 직경의 도관을 갖는다. 물은 연목에서는 세포를 통해서, 경목에서는 도관을 통해서 이동한다. (출처: *J.M. Dinwoodie,* Wood: Nature's Cellular Polymeric Fiber-Composite, *The Institute of Metals. By permission from Manley Publishing.*)

길이는 1 mm 이하로 비교적 짧다. 목재 내부에 포함되어 있는 것들은 나무 전체를 통하여 물의 이동을 담당하는 길이방향 기공이나 도관들이 있다(그림 18-3).

연목(softwood)은 소나무, 전나무, 가문비나무, 삼나무와 같은 침엽수이며, 역시 비슷한 구조를 갖는다. 연목의 세포는 경목의 세포보다 다소 긴 경향이 있다. 세포들의 속이 빈 중심은 물을 이동시키는 역할을 한다. 일반적으로 연목의 밀도는 큰 빈 공간의 비율 때문에 경목의 밀도보다 낮은 경향이 있다.

18-2 목재의 수분함량과 밀도

목재의 개별적인 세포를 구성하는 물질은 약 1.45 g/cm^{3}의 동일한 밀도를 갖는다. 그러나 목재 내부의 빈 공간에 의해 실제 밀도는 훨씬 더 낮다. 목재의 밀도는 일차적으로 나무의 종류(나무의 특성에 따른 빈 공간의 양)와 목재 속의 수분함량(건조의 양과 목재가 사용 중에 노출된 상대습도에 의존함)에 따라 변화한다. 완전하게 건조된 목재의 경우 경목(딱딱한 나무)은 높은 밀도를, 연목(연한 나무)은 낮은 밀도를 가지며 약 0.3~0.8 g/cm^{3}의 값을 갖는다. 그러나 측정된 밀도는 나무에 함유된 수분 때문에 더 높은 값을 나타낸다. 수분의 백분율은 다음 식에 의해 얻어진다.

$$\text{수분함량\%} = \frac{\text{물의 무게}}{\text{건조된 목재의 무게}} \times 100 \qquad (18\text{-}1)$$

이와 같은 정의를 바탕으로 100% 이상의 수분을 함유하는 나무에 대한 설명이 가능하다. 단단하게 결합되어 있지 않은 속이 빈 세포나 도관 그리고 셀룰로오스 섬유에 단단하게 결합된 세포벽에 있는 셀룰로오스 구조에는 모두 수분이 포함되어 있다. 살아 있는 나무에는 많은 양의 수분이 저장되어 있으나, 나무가 절단된 후 목재에 저장되어 있는 수분의 양은 결국 목재가 노출되어 있는 환경의 습도에 따라 달라진다. 습도가 높으면 세포벽에 함유된 수분의 양이 증가한다. 일반적으로 나무의 밀도는 65%의 습도에 상응하는 수분함량 12%에서 구한다. 이러한 전형적인 수분함량에서 얻어진 밀도와 결

표 18-1 전형적인 목재의 특성

목재	용융온도(°C) 밀도(수분함량 12%)(g/cm^3)	천이온도(°C) 탄성계수(MPa)
삼나무(cedar)	0.32	7,600
소나무(pine)	0.35	8,300
전나무(fir)	0.48	13,800
단풍나무(maple)	0.48	10,350
자작나무(birch)	0.62	13,800
참나무(oak)	0.68	12,400

에 평행한 방향의 탄성계수를 몇몇 일반적인 목재에 대해 표 18-1에 나타내었다.

다음의 예제는 나무의 밀도 계산을 보여준다.

예제 18-1 건조된 목재와 젖은 목재의 밀도

생나무는 0.86 g/cm³의 밀도와 175%의 수분을 함유하고 있다. 목재가 완전하게 건조된 후의 목재의 밀도를 계산하라.

풀이

부피가 100 cm³인 나무의 무게는 86 g이다. 식 18-1로부터 마른 나무의 무게를 다음과 같이 계산할 수 있다.

$$\text{수분\%} = \frac{\text{물의 무게}}{\text{마른 나무의 무게}} \times 100 = 175$$

$$= \frac{\text{수분이 포함된 무게} \times \text{마른 무게}}{\text{마른 무게}} \times 100 = 175$$

$$\text{마른 나무의 무게} = \frac{(100)(\text{수분이 포함된 무게})}{275}$$

$$= \frac{(100)(86)}{275} = 31.3\ \text{g}$$

$$\text{마른 나무의 밀도} = \frac{31.3\ \text{g}}{100\ \text{cm}^3} = 0.313\ \text{g/cm}^3$$

18-3 목재의 기계적 성질

목재의 강도는 밀도에 의존하고, 밀도는 다시 수분함량과 목재의 종류에 따라 달라진다. 목재가 건조되면 처음에는 도관으로부터, 나중에는 세포벽으로부터 수분이 제거된다. 수분이 도관으로부터 제거되어도 목재의 강도나 강성에는 실질적인 변화가 없음이 알려졌다(그림 18-4). 계속 건조되어 수분함량이 약 30% 이하로 감소하면, 실제 셀룰로오스 섬유로부터 수분의 손실이 생긴다. 이러한 수분의 손실은 개별 섬유 사이의 거리를 감소시켜 섬유간의 결합력을 증대시키고 목재의 밀도를 증가시키며, 그 결과 목재의 강도와 강성이 증가된다.

목재의 종류 또한 밀도에 영향을 미친다. 연목류는 높은 밀도의 추재를 덜 포함하고 있기 때문에 경목류에 비해 밀도가 낮고 그에 따라 낮은 강도를 가진다. 또한 연목류의 세포는 경목류의 세포보다 더 크고 더 길고 더 열려 있어서 밀도가 더 낮아지게 된다.

목재의 기계적 성질은 심한 이방성을 보인다. 길이방향(그림 18-5)으로 가해진 인장

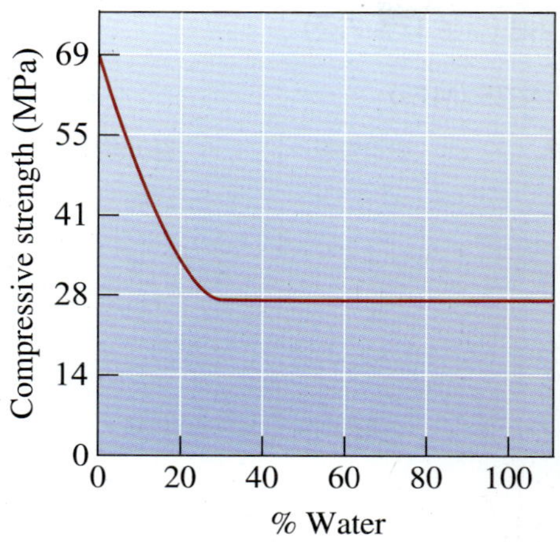

그림 18-4 전형적인 목재의 결에 평행한 방향 압축강도에 미치는 수분함량(%)의 영향.

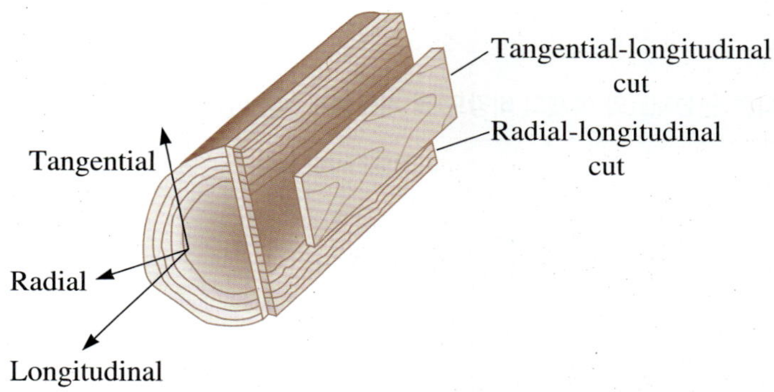

그림 18-5 통나무의 여러 방향. 세포 배향의 차이와 나뭇결로 인해 목재는 이방성 거동을 나타낸다.

하중은 미세섬유와 2차벽의 중간 부분에 있는 셀룰로오스 사슬에 평행으로 작용한다. 대부분 결정질인 이 사슬들은 강하며 비교적 높은 하중을 지지할 수 있다. 그러나 반경방향과 접선방향으로는 미세섬유와 셀룰로오스 섬유 사이의 더 약한 결합이 깨질 수 있으며, 이로 인해 매우 낮은 인장성질을 갖는다. 압축 및 굽힘 하중에서도 유사한 거동이 나타난다. 이방성 거동 때문에 대부분의 목재는 접선-길이 또는 반경-길이 방향으로 절단된다. 이러한 절단은 목재의 길이방향 거동을 극대화한다.

목재는 압축과 굽힘(압축력과 인장력의 조합이 발생함)에 약한 성질을 가진다. 압축에서는 세포 내의 섬유가 좌굴을 일으켜 나무가 낮은 응력에서 변형되고 부러지는 원인이 된다. 불행하게도, 목재의 용도는 대부분 압축 또는 굽힘 하에 놓이게 되어 이 재료의 공학적 특성의 장점을 충분히 살리지 못한다. 마찬가지로 탄성계수도 심한 이방성을 나타낸다. 결에 수직한 방향의 탄성계수는 결에 평행한 방향의 탄성계수(표 18-1)의 약 1/20이다. 표 18-2는 여러 가지 목재의 세포에 평행한 방향과 수직한 방향의 인장강도와 압축강도를 각각 비교하여 보여준다.

옹이와 같은 결함이 없는 목재는 다른 일반 건설재료와 비교할 만한 비강도와 비탄성계수를 가졌다(표 18-3). 목재는 주로 2차벽의 중간층에 있는 셀룰로오스 섬유의 정

표 18-2 여러 가지 목재의 이방성 거동(수분 12% 기준)

목재	인장강도(MPa)		압축강도(MPa)	
	길이방향	반경방향	길이방향	반경방향
너도밤나무(beech)	86	7	50	7
느릅나무(elm)	121	4.6	38	4.8
단풍나무(maple)	108	8	54	10
참나무(oak)	78	6.5	43	6
삼나무(cedar)	46	2.2	42	6.3
전나무(fir)	78	2.7	37.6	4.2
소나무(pine)	73	2.1	33	3
가문비나무(spruce)	59	2.6	39	4

표 18-3 다른 건설재료와 목재의 비강도 및 비탄성계수의 비교

재료	비강도($\times 10^5$ cm)	비탄성계수($\times 10^7$ cm)
목재	17.5	23.8
알루미늄	12.5	26.3
1020강	5.0	26.3
구리	3.8	13.8
콘크리트	1.5	8.8

(출처: *F.F. Wangaard*, Wood: Its Structure and Properties, *J. Educ. Models for Mat. Sci. and Engr., Vol. 3, No. 3, 1979.*)

렬 방향이 약간씩 틀어진 데 힘입어 우수한 인성을 가진다. 하중을 받으면 틀어진 섬유가 정렬되면서 어느 정도의 연성과 함께 에너지를 흡수한다. 결함이 없는 목재는 69~138 MPa의 길이방향 인장강도를 가진다. 결함을 많이 포함하는 저렴한 건설용 목재는 34 MPa 이하의 인장강도를 가진다. 옹이는 또한 그 주변의 나뭇결을 헝클어지게 하여 세포들이 인장하중에 수직으로 정렬되게 만든다.

18-4 목재의 팽창과 수축

다른 재료와 마찬가지로 가열 또는 냉각되면 목재의 치수가 변한다. 목재의 길이방향 치수변화는 금속, 폴리머, 세라믹의 경우에 비하여 매우 작다. 그러나 반경방향과 접선방향의 치수변화는 대부분의 다른 재료들에 비해 더 크다.

온도의 변동에 의해 유발되는 치수변화에 더하여 목재의 수분함량은 치수에 커다란 변화를 일으킨다. 여기서도 또한 반경방향과 접선방향에서 더 큰 변화가 나타나며, 이

표 18-4 여러 목재의 치수 계수 c[cm/(cm · %H_2O)]

목재	반경방향(radial)	접선방향(tangential)
너도밤나무(beech)	0.00190	0.00431
느릅나무(elm)	0.00144	0.00338
단풍나무(maple)	0.00165	0.00353
참나무(oak)	0.00183	0.00462
삼나무(cedar)	0.00111	0.00234
전나무(fir)	0.00155	0.00278
소나무(pine)	0.00141	0.00259
가문비나무(spruce)	0.00148	0.00263

방향에서 수분함량은 미세섬유에 포함된 셀룰로오스 사슬들 사이의 간격에 영향을 미친다. 목재의 반경방향과 접선방향의 치수변화 Δx는 대략 다음과 같이 주어진다.

$$\Delta x = x_0[c(M_f - M_i)] \tag{18-2}$$

여기서, x_0는 초기치수, M_i는 초기의 수분함량, M_f는 최종 수분함량이며, c는 치수변화를 나타내는 계수로서 반경방향 또는 접선방향에서 측정될 수 있다. 표 18-4는 여러 목재들의 치수계수를 보여준다. 길이방향으로는 0.1~0.2% 이하의 치수변화가 나타난다.

목재의 건조 초기에는 세포에 수직한 방향으로 큰 치수변화로 말미암아 휨과 심하면 균열까지도 발생할 수 있다. 그뿐만 아니라, 목재가 사용될 때 주위환경 중의 상대습도에 따라 수분함량이 변화될 수 있다. 목재가 사용 중에 수분을 얻거나 잃으면, 수축이나 팽창이 연속적으로 일어난다. 만일 목재구조물이 수분변동에 의한 이동을 허용하지 않는다면, 큰 방의 마루와 같은 목재에서 팽창, 휨이나 균열이 일어날 수 있다. 과도한 팽창은 마루에 돌출 부분을 형성할 수 있으며, 과도한 수축은 마루 판자 사이에 큰 틈을 만들 수 있다.

18-5 합판

합판을 제조함으로써 목재의 이방성 거동이 줄어들 수 있고 목재제품을 크게 만들 수 있다. 플라이(plies)라 불리는 목재의 얇은 판을 통나무(보통 연목)로부터 베어낸 후, 플라이를 서로 90° 각도로 인접하게 쌓는다. 보통은 홀수의 플라이가 사용된다. 재료의 수분함량이 변할 때 합판이 뒤틀리거나 꼬이는 것을 방지하려면 쌓는 각도를 가능한 한 정확하게 하는 것이 중요하다. 각 플라이는 일반적으로 열경화성 페놀릭 수지를 사용하여 서로 접착한다. 수지를 플라이 사이에 넣은 다음 수지가 중합반응을 일으키도록 열을 가하며 압축한다.

비슷한 목재제품이 적층 복합재료로 만들어진다. 겉으로 보이는 표피 플라이는 보다 비싼 경목일 수 있고 가운데 부분은 저렴한 연목으로 구성된다. 목재분말은 판으로 압축되고 두 개의 목재 표피 플라이 사이에 적층되어 파티클보드가 만들어진다. 목재 플라이는 벌집구조 재료의 표피에도 사용될 수 있다.

18-6 콘크리트 재료

골재(aggregate)는 자갈, 모래, 부서진 돌 또는 슬래그의 조합이다. 슬래그는 철광석 제련에 따른 부산물이다. 모르타르(mortar)는 시멘트, 물, 공기와 미세한 골재를 혼합하여 만들어진다. 콘크리트는 모르타르와 굵은 골재의 모든 요소를 포함한다. 시멘트는 물을 사용하여 반죽을 만든 뒤에 응결되고 경화되는 무기질 재료이다. 콘크리트는 입자와 기지가 모두 세라믹 재료인 입자강화 복합재료이다. 콘크리트는 모래와 굵은 골재가 포틀랜드시멘트(Portland cement) 기지에 결합된 것이다. 시멘트에서 물과 광물질 사이의 교결반응은 골재를 단단하게 붙잡을 수 있는 강한 기지를 제공하고 콘크리트가 높은 압축강도를 갖게 한다.

시멘트 시멘트는 물에서 굳는 것과 물에서 굳지 않는 것으로 분류된다. 수경성 시멘트(hydraulic cement)는 물속에서 응결되고 굳는다. 비수경성 시멘트(nonhydraulic cement)는 물속에서 굳지 않고 대기 중에서 굳는다(예: 석회, CaO). 포틀랜드시멘트는 가장 널리 사용되는 건설재료로, 1824년 Joseph Aspdin이 특허를 받았고 영국의 포틀랜드 섬의 석회석 절벽의 이름을 따서 명명되었다.

수경성 시멘트는 대략적인 조성으로 CaO(60~65%), SiO_2(20~25%), 산화철과 알루미나(7~12%)를 갖는 칼슘규산염(calcium silicate)으로 만들어진다. 매우 미세한 크기의 시멘트 결합제는 다양한 비율의 $3CaO \cdot Al_2O_3$, $2CaO \cdot SiO_2$, $3CaO \cdot SiO_2$, $4CaO \cdot Al_2O_3 \cdot Fe_2O_3$와 다른 광물질로 이루어진다. 시멘트 용어로 CaO, SiO_2, Al_2O_3, Fe_2O_3는 각각 C, S, A, F로 흔히 표시된다. 따라서 C_3S는 $3CaO \cdot SiO_2$이다. 시멘트에 물이 첨가되면, 수화반응(hydration reaction)이 일어나며 골재입자들을 결합하는 고체 젤이 생성된다. 가능한 반응은 다음과 같다.

$$3CaO \cdot Al_2O_3 + 6H_2O \rightarrow Ca_3Al_2(OH)_{12} + \text{heat}$$

$$3CaO + SiO_2 + (x+1)H_2O \rightarrow Ca_2SiO_4 \cdot xH_2O + Ca(OH)_2 + \text{heat}$$

수화 후에 시멘트는 골재입자 사이의 결합력을 제공한다. 결과적으로, 골재입자를 모두 코팅하기 위해서는 충분한 양의 시멘트가 첨가되어야 한다. 시멘트는 일반적으로 콘크

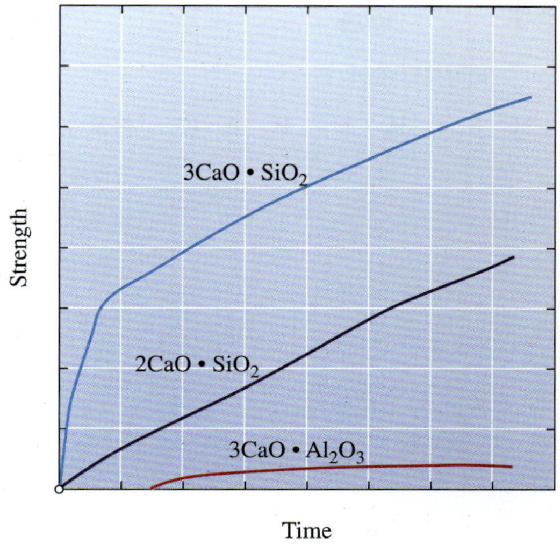

그림 18-6 포틀랜드시멘트에 포함된 광물질의 수화속도. (출처: *Lea*, Chemistry of Cement and Concrete, *Elsevier, 2003.*)

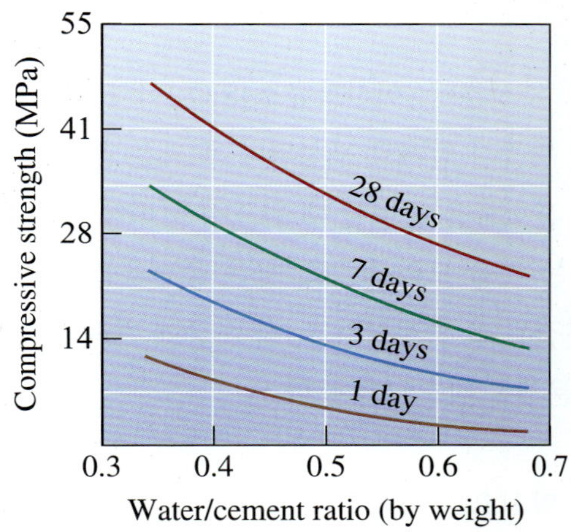

그림 18-7 콘크리트의 압축강도는 시간에 따라 증가한다. 28일 후에 콘크리트는 최대강도에 근접한다.

리트에서 15vol% 정도의 고상을 차지한다.

그림 18-6에 나타낸 바와 같이 시멘트의 조성은 콘크리트의 경화속도와 최종 특성을 결정하는 데 도움을 준다. 비록 추가적인 경화가 수년간 계속될 수 있지만, 콘크리트의 경화는 보통 28일 이내에 거의 완성된다(그림 18-7).

약 10가지 일반적인 종류의 시멘트가 사용되며, 그 중 일부를 표 18-5에 열거하였다. 댐과 같은 대형 구조물의 경우 수화반응에 의해 발생되는 과도한 열을 피하기 위해 경화는 천천히 일어나야 한다. 이러한 시멘트는 2종과 4종처럼 전형적으로 낮은 비율의 $3CaO \cdot SiO_2$를 포함한다. 그러나 어떤 건설 분야의 일에서는 콘크리트 형태가 가능하면 빨리 제거되고 재사용되도록 요구한다. 이러한 목적을 위한 시멘트는 3종과 같이 많은 양의 $3CaO \cdot SiO_2$를 포함할 수 있다.

시멘트의 조성은 외부환경에 대한 콘크리트의 저항성에도 영향을 미친다. 예를

표 18-5 포틀랜드시멘트의 종류

종류	대략적인 조성				특성
	3C · S	2C · S	3C · A	4C · A · F	
1종(Type I)	45	20	12	9	일반용
2종(Type II)	55	30	7	12	열 발생속도 느림, 황산염저항성
3종(Type III)	65	10	12	8	빠른 경화
4종(Type IV)	25	50	5	13	매우 느린 열 발생속도
5종(Type V)	40	35	3	14	우수한 황산염저항성

들어, 흙 속에 있는 황산염은 콘크리트를 침식할 수 있다. 5종과 같이 높은 비율의 $4CaO \cdot Al_2O_3 \cdot Fe_2O_3$와 $2CaO \cdot SiO_2$를 사용하면 황산염에 대한 저항성이 높은 콘크리트를 만들어낼 수 있다.

모래 화학적으로 모래는 주성분이 이산화규소(SiO_2)이다. 모래는 흔히 직경이 0.1~1.0 mm 정도의 미세한 광물질 입자로 구성된다. 모래는 흔히 최소한 약간의 수분을 흡수하며, 이는 콘크리트 혼합물을 준비할 때 반드시 고려해야 할 사항이다. 모래는 큰 골재 사이의 공간을 채우는 것을 도와주므로, 높은 충진율을 가져다주고, 콘크리트의 개방형 기공(또는 서로 연결된)을 감소시키고, 사용 중에 반복되는 결빙과 해빙 때문에 생기는 콘크리트의 파손 문제를 감소시켜 준다.

골재 굵은 골재는 자갈과 암석으로 구성된다. 골재는 깨끗하고 강하고 내구성이 있어야 한다. 구형에 비해 모난 골재입자가 입자 사이의 기계적인 맞물림을 통해 높은 강도를 제공하지만, 공동이나 균열이 발생할 수 있는 표면적도 역시 넓게 한다. 보통은 골재의 크기가 큰 것이 더 바람직하다. 이 조건은 또한 공동이나 균열이 형성될 수 있는 표면적을 최소화시킨다. 물론 골재의 크기는 제작하는 구조물의 크기와 서로 균형이 맞아야 한다. 골재입자의 크기는 구조물의 두께 대비 약 20% 이하여야 한다.

어떤 경우에는 특별한 골재가 사용될 수도 있다. 철강 제조공정에서 나오는 광물질 슬래그를 사용하여 우수한 단열성을 갖는 경량콘크리트를 만들 수 있다. 또한 고밀도 광물질이나 금속탄(metal shot)을 사용하여 중량콘크리트를 만들 수도 있으며, 이는 일반 콘크리트에 비해 방사선차폐 능력이 높으므로 원자로(nuclear reactor) 건설에 사용할 수 있다. 표 18-6은 여러 종류의 골재의 밀도를 보여준다.

표 18-6 콘크리트 재료의 특성

재료	진밀도(g/cm³)	비고
시멘트	3.0	1포대 = 42.6 kg
모래	2.6	
골재	2.7	보통
	1.3	가벼운 슬래그
	0.5	가벼운 질석(vermiculite)
	4.5	무거운 Fe_3O_4
	6.2	무거운 Fe_2P
물	1.0	1.05×10^{-3} liters/cm³

18-7 콘크리트의 성질

다수의 인자들이 콘크리트의 성질에 영향을 미친다. 가장 중요한 물-시멘트 비율, 공기가 들어간 양 그리고 골재의 종류이다.

물-시멘트 비율 물과 시멘트의 비율이 콘크리트의 거동에 여러 가지 방식으로 영향을 미친다.

1. 시멘트 전체가 수화반응을 일으킬 수 있을 정도의 물이 첨가되어야 한다. 물이 너무 적게 들어가면 강도를 낮게 만든다. 그러나 일반적으로 시공성(workability)과 같은 다른 요인들이 물-시멘트 비율의 최소한계를 결정한다.
2. 높은 물-시멘트 비율은 콘크리트의 시공성을 향상시킨다. 시공성이란 얼마나 쉽게 콘크리트 반죽을 거푸집의 모든 공간에 채울 수 있는가를 나타내는 것이다. 나쁜 시공성에 의해 생긴 에어포켓이나 서로 연결된 기공은 콘크리트구조의 강도와 내구성을 감소시킨다. 시공성은 슬럼프 시험(slump test)에 의해 측정될 수 있다. 예를 들어, 30 cm 높이의 젖은 콘크리트 형상이 만들어지고(그림 18-8), 자체 무게로 서 있도록 방치한다. 어느 정도의 시간이 지난 후 형상은 변형된다. 형태에서 높이의 감소가 슬럼프(slump)이다. 최소 약 0.4의 물-시멘트 비율(무게비)이 시공성을 위해 요구된다. 더 높은 물-시멘트 비율에 의한 더 큰 슬럼프는 더 좋은 시공성을 나타낸다. 슬럼프의 값은 2.5~15 cm가 일반적이다. 높은 슬럼

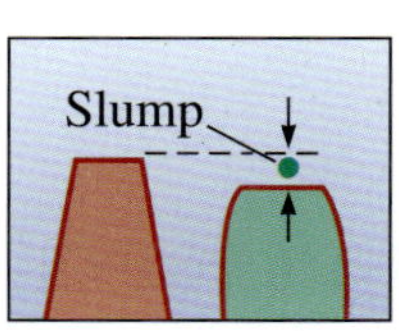

그림 18-8 자체 무게에 의한 콘크리트 형상의 변형을 측정하는 슬럼프 시험은 콘크리트 혼합물의 시공성을 나타내는 데 사용된다.

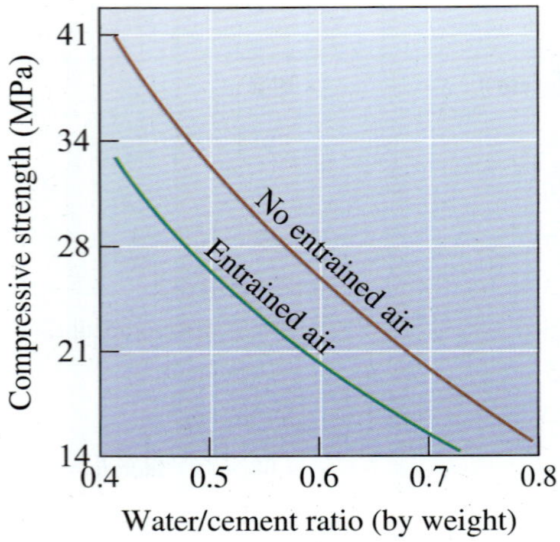

그림 18-9 콘크리트의 28일 압축강도에 미치는 물-시멘트 비와 연행공기(entrained air)의 효과.

프는 좁고 복잡한 형태에 부을 때 필요하고, 낮은 슬럼프는 댐과 같은 대형구조물에 적합하다.

3. 시공성을 위해 요구되는 최소값을 초과한 물-시멘트 비율은 콘크리트의 압축강도를 감소시킨다. 이 강도는 보통 직경 15 cm, 높이 30 cm의 콘크리트 원주기둥을 압축하여 파쇄하는 데 요구되는 응력을 결정하여 측정된다. 그림 18-9는 물-시멘트 비율이 콘크리트의 강도에 미치는 영향을 보여준다.
4. 높은 물-시멘트 비율은 경화하는 중에 수축을 증가시키며, 균열 발생의 위험을 야기한다.

물-시멘트 비율이 강도, 시공성, 수축에 미치는 영향이 다르므로 이들 사이에 절충이 필요하다. 일반적으로는 무게비로 0.45~0.55를 사용한다. 좋은 시공성을 유지하기 위해서는 강도에 영향을 미치지 않는 유기질 가소제(plasticizer)를 혼합물에 첨가할 수 있다.

AE 콘크리트 대부분의 경우, 소량의 공기가 콘크리트를 붓는 중에 콘크리트에 들어갈 수 있다. 직경 4 cm의 돌과 같이 굵은 골재의 경우에는 부피비로 콘크리트의 1%가 공기일 수 있다. 1.3 cm 자갈과 같이 작은 골재의 경우에는 2.5%의 공기가 갇힐 수 있다.

때로는 의도적으로 콘크리트에 공기가 들어가게 하는데, 작은 자갈의 경우에는 8%까지도 들어간다. 들어간 공기는 콘크리트의 시공성을 향상시키고 수축과 해빙에 의한 문제를 감소시키지만 이러한 AE 콘크리트(Air−Entrained Concrete)는 강도가 낮아진다(그림 18-9 참조).

골재의 종류와 양 골재의 크기는 콘크리트 혼합물에 영향을 미친다. 그림 18-10은

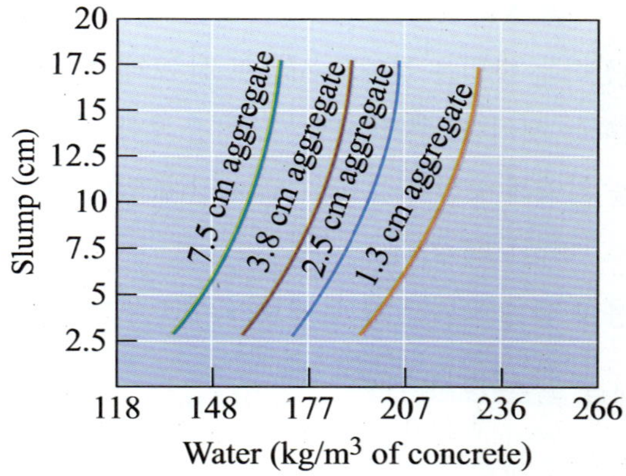

그림 18-10 바람직한 시공성(또는 슬럼프)을 얻기 위해 요구되는 콘크리트 m^3당 물의 양은 조대한 골재의 크기에 의존한다.

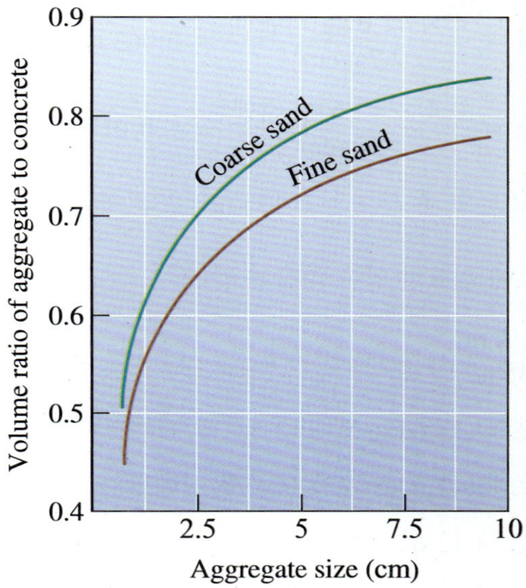

그림 18-11 콘크리트에서 골재의 부피비는 모래와 골재 크기에 의존한다. 부피비 계산에는 골재의 벌크밀도(진밀도의 약 60%)를 사용함에 유의하라.

바람직한 슬럼프나 시공성을 얻기 위해 요구되는 콘크리트 세제곱미터(m^3)당 물의 양을 보여준다. 그림 18-11은 콘크리트 혼합물에 요구되는 골재의 양을 보여준다. 콘크리트에서 골재의 부피비는 표 18-6에 나타낸 진밀도의 약 60%에 해당되는 골재의 벌크밀도를 기준으로 한다.

다음의 예제는 콘크리트 혼합물에서 내용물을 계산하는 방법을 보여준다.

예제 18-2 콘크리트의 조성

물-시멘트 비율이 무게비로 0.4이고 시멘트-모래-골재의 비가 1 : 2.5 : 4(무게비)가 되기를 원할 때 4 m^3의 콘크리트에 들어갈 물, 시멘트, 모래와 골재의 양을 결정하라. 콘크리트 안에는 공기가 포함되어 있지 않고, 수분함량 1%의 '보통' 골재와 수분함량 4%의 모래를 사용한다고 가정하라.

풀이

콘크리트 혼합량을 계산하는 방법은 첫째로 시멘트 한 포대(42.6 kg)를 기초로 각 구성요소의 부피를 결정하는 것이다. 콘크리트가 부어진 후에 각 구성요소 사이에서는 빈 공간이 없다는 것을 기억해야 한다. 그러므로 계산에 있어서 각 구성요소의 체적 밀도가 아닌 진밀도를 고려하도록 한다.

시멘트 한 포대를 사용할 때 요구되는 각 구성요소 재료 부피는 다음과 같다.

$$\text{시멘트} = \frac{42.6\ \text{kg/sack}}{3\ \text{g/cm}^3} = 0.014\ \text{m}^3$$

$$\text{모래} = \frac{2.5 \times 42.6\ \text{kg 시멘트}}{2.6\ \text{g/cm}^3} = 0.041\ \text{m}^3$$

$$\text{골재} = \frac{4 \times 42.6\ \text{kg 시멘트}}{2.7\ \text{g/cm}^3} = 0.063\ \text{m}^3$$

$$\text{물} = \frac{0.4 \times 42.6\ \text{kg 시멘트}}{1\ \text{g/cm}^3} = 0.017\text{m}^3$$

$$\text{콘크리트의 총 부피} = 0.135\ \text{m}^3/\text{포대(시멘트)}$$

그러므로, 4 m^3 콘크리트에 필요한 양은 다음과 같다.

$$\text{시멘트} = \frac{4\ \text{m}^3}{0.135\ \text{m}^3/\text{포대}} = 30\text{포대}$$

$$\text{모래} = (30\text{포대})(42.6\ \text{kg/포대})(2.5\text{모래/시멘트}) = 3,195\ \text{kg}$$

$$\text{골재} = (30\text{포대})(42.6\ \text{kg/포대})(4\text{골재/시멘트}) = 5,112\ \text{kg}$$

$$\text{물} = (30\text{포대})(42.6\ \text{kg/포대})(0.4\text{물/시멘트}) = 511\ \text{kg}$$

그러나 모래는 4%의 물을 함유하나 자갈은 1%의 물을 함유한다. 젖은 모래와 자갈의 무게를 구하기 위해서는 각 경우에 수분의 양을 조정해야 한다.

$$\text{모래} = (3,159\ \text{건조})/0.96 = 3,3223\ \text{kg 그리고 물} = 128\ \text{kg}$$

$$\text{골재} = (5,112\ \text{건조})/0.99 = 5,163\ \text{kg 그리고 물} = 51\ \text{kg}$$

그러므로 더 첨가되어야 하는 물의 양은 다음과 같다.

$$\text{물} = 511\ \text{kg} - 128\ \text{kg} - 51\ \text{kg} = 332\ \text{kg}$$

$$= \frac{332\ \text{kg}}{1\ \text{g/cm}^3} = 332\ \text{L}$$

따라서 시멘트 30포대, 모래 3,323 kg, 골재 5,163 kg을 물 332 L와 혼합할 것을 추천한다.

예제 18-3 옹벽을 위한 콘크리트혼합물의 설계

두께 13 cm의 옹벽을 높이 180 cm로 생산하기 위한 콘크리트에 28일 압축강도를 28 MPa로 만들 수 있는 콘크리트혼합물을 설계하라. 의도적인 것은 아니지만 콘크리트에 약 2%의 공기가 함유되어 있을 것으로 예상한다. 골재는 1%의 수분을 함유하고 있고, 사용가능한 모래는 5%의 수분을 포함하는 거친 모래뿐이다.

풀이

콘크리트의 시공성은 형상이 콘크리트로 적절하게 채워지는 것을 보증하기 위하여 필요하며 그러한 용도에는 8 cm의 슬럼프가 적절할 것이다. 벽의 두께는 13 cm이다. 가격을 최소화하기 위하여 큰 골재를 사용할 수 있고 직경 2.5 cm의 골재가 적절할 것이다(벽 두께의 약 1/5).

2.5 cm의 골재를 사용한 콘크리트의 바람직한 시공성을 얻기 위하여 m^3당 약 189 kg의 물이 사용되어야 한다(그림 18-10).

28일 후에 28 MPa의 압축강도를 얻기 위해서(의도적으로 집어넣은 공기는 없다고 가정) 0.57의 물-시멘트 비율이 필요하다(그림 18-9).

결과적으로 콘크리트 m^3당 요구되는 시멘트의 무게(189 kg 물/0.57 물-시멘트)는 332 kg이다. 골재의 크기는 2.5 cm이며 우리는 단지 거친 모래만 갖고 있기 때문에 골재 : 콘크리트의 부피비는 0.7이다(그림 18-11). 따라서 콘크리트 m^3당 요구되는 골재의 양은 0.7 m^3이다. 그러나 이 양은 골재의 벌크(bulk)밀도에 해당한다. 벌크밀도는 진밀도의 약 60%이기 때문에 콘크리트에서 골재에 의해 차지되는 실제 부피는 $0.7\ m^3 \times 0.6 = 0.42\ m^3$이 된다.

요구되는 모래의 양을 계산하기 위하여 콘크리트 m^3당 각 구성요소의 부피를 결정하여 보자.

$$\text{물} = 189\ \text{kg}/(1\ \text{g/cm}^3) = 0.19\ \text{m}^3$$

$$\text{시멘트} = 332\ \text{kg}/(3\ \text{g/cm}^3) = 0.11\ \text{m}^3$$

$$\text{골재} = 0.42\ \text{m}^3$$

$$\text{공기} = 0.02 \times 1\ \text{m}^3 = 0.02\ \text{m}^3$$

$$\text{모래} = 1 - 0.19 - 0.11 - 0.42 - 0.02 = 0.26\ \text{m}^3$$

이것들을 다른 단위로 변환하고 모래와 골재가 건조되었다는 것을 가정하면 다음을 얻을 수 있다.

$$\text{물} = 0.19\ \text{m}^3 \times 1\ \text{L}/1{,}000\ \text{cc} = 190\ \text{L}$$

$$\text{시멘트} = 332\ \text{kg}/(42.6\ \text{kg/포대}) = 8\text{포대}$$

$$\text{골재} = 0.42\ \text{m}^3 \times 2.7\ \text{g/cm}^3 = 1{,}134\ \text{kg}$$

$$\text{모래} = 0.26\ \text{m}^3 \times 2.6\ \text{g/cm}^3 = 676\ \text{kg}$$

그러나 골재와 모래는 습기를 갖고 있어서 실제로 필요한 양은 다음과 같다.

$$골재 = 1,134\ \text{kg}/0.99 = 1,145\ \text{kg}(11\ \text{kg 물})$$

$$모래 = 676\ \text{kg}/0.95 = 710\ \text{kg}(34\ \text{kg 물})$$

실제 필요한 물의 양은 다음과 같다.

$$물 = 190\ \text{L} - \frac{(11 + 34\ \text{kg})(1\ \text{L}/1,000\ \text{cc})}{1\ \text{g/cm}^3} = 145\ \text{L}$$

그러므로 각 m^3 콘트리트를 위해서는 시멘트 6포대, 골재 1,145 kg, 모래 710 kg, 물 145 L를 조합한다. 이 콘크리트는 8 cm의 슬럼프(바람직한 시공성)와 28일 후의 28 MPa의 압축강도를 갖게 될 것이다.

18-8 강화콘크리트와 프리스트레스트 콘크리트

다른 세라믹기반 재료들과 마찬가지로 콘크리트는 좋은 압축강도를 갖는다. 그러나 취성구조에 존재하는 기공과 계면 때문에 그것은 매우 나쁜 인장특성을 갖는다. 인장하중에서 콘크리트의 하중지탱 능력을 향상시키기 위해 여러 가지 방법들이 사용된다.

강화콘크리트 reinforced concrete 인장과 굽힘 하중에 대한 저항성을 향상시키기 위해 흔히 콘크리트에 강봉(rebar, 철근), 철사 또는 철망을 집어넣는다. 인장응력이 콘크리트로부터 인장특성이 우수한 강철로 전달된다. 부식이 일어날 가능성이 낮은 고분자 섬유 역시 강화재로 사용될 수 있다. 굽힘응력 하에서 철근은 인장력을 받는 부위를 지탱하고, 압축력을 받는 부위는 콘크리트에 의해 지지된다.

프리스트레스트 콘크리트 prestressed concrete 형상에 강화재 철근을 단순히 쌓는 것 대신에 앵커(anchor)와 잭(jack) 사이에 연결된 철근에 인장력을 가해 잡아당긴 후 콘크리트를 붓고 경화시키는 중에도 인장력을 유지한다. 콘크리트가 굳은 후에는 철근에 걸린 인장력을 풀어준다. 철근은 잡아당겨진 상태에서 이완되려고 힘쓰게 되고, 주위의 콘크리트는 그것을 억제하므로 결국 콘크리트에 압축력이 걸리게 된다. 그렇게 되면 미리 인장력이 걸린 철근에 의해 생긴 압축잔류응력 때문에, 콘크리트에는 더 높은 인장과 굽힘 응력을 가할 수 있다. 외부 인장력을 적절한 시기에 제거해주기 위해 이 용도에는 빠른 시간에 굳는 3종 시멘트가 흔히 사용된다.

포스트스트레스트 콘크리트 poststressed concrete 콘크리트를 압축력 하에 있게 만드는 또 다른 방법은 콘크리트를 붓기 전에 속이 빈 튜브들을 넣는 것이다. 콘크리트가 경화된 후에 철근을 튜브로 통과시키고 잡아당겨준다. 인장된 강철봉을 콘크리트의 양단에 고정하면, 인장된 철근에 의해 콘크리트는 항상 압축상태가 된다.

18-9 아스팔트

아스팔트는 골재와 역청(bitumen)의 복합재료이고, 역청은 석유로부터 가장 쉽게 얻을 수 있는 열가소성 고분자이다. 아스팔트는 도로를 포장하는 데 사용하는 중요한 재료이다. 아스팔트의 특성은 골재 및 결합제의 특성과 그것들의 상대적인 비율, 그리고 첨가제에 의해 결정된다.

콘크리트에서처럼, 골재는 깨끗하고 모서리가 있어야 하며, 높은 충진율과 골재입자 사이의 기계적인 결합을 제공하기 위해 다양한 입자크기를 가져야 한다(그림 18-12). 열가소성 사슬로 구성된 결합제는 골재입자들을 결합시킨다. 결합제는 비교적 좁은 사용온도 범위를 갖는데, 영하의 온도에서는 취성을 나타내고, 비교적 낮은 온도에서 녹기 시작한다. 휘발유나 등유와 같은 첨가제도 결합제를 개선하기 위해 사용할 수 있는데, 이는 혼합 시에 결합제가 더 쉽게 액화되도록 하고 아스팔트가 더 빠르게 경화되도록 한다.

결합제와 골재의 비율은 중요하다. 골재입자가 딱 맞닿을 만큼의 결합제가 첨가되어야 하지만, 기공은 최소화되어야 한다. 결합제가 과다하면 하중을 받았을 때 아스팔트가 점성변형된다. 일반적으로 아스팔트 내 역청의 비율은 대략 5~10%이다. 또한 약 2~5%의 기공공간도 필요하다. 아스팔트가 압축될 때 결합제가 아스팔트의 표면으로 빠져나가지 않고 기공 사이로 들어갈 수 있다. 그러나 너무 많은 기공공간은 구조에 물이 들어가게 하여 아스팔트의 열화속도를 증가시키고 결합제를 취성으로 만들 수 있다. 아스팔트의 골재는 보통 모래와 미세한 자갈이며, 재활용 유리제품 활용에 대한 관심도 증대되고 있다. 글라스팔트(glasphalt)는 부서진 유리를 효과적으로 활용할 수 있는 용도이다. 이와 유사하게, 아스팔트와 조각낸 고무타이어를 사용하여 개발된 재료에 대한 응용분야도 있다.

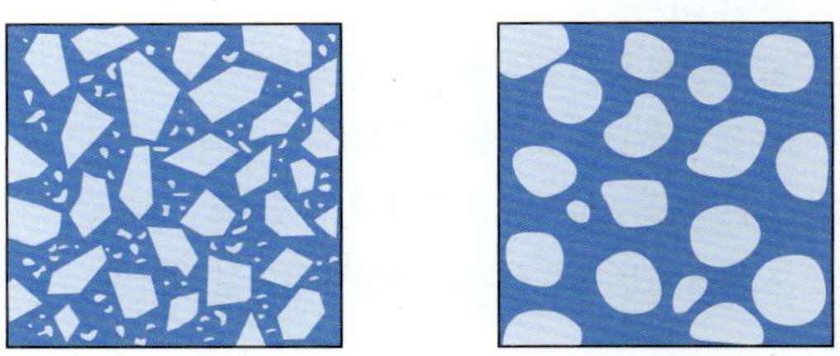

(a) (b)

그림 18-12 (a) 아스팔트의 이상적인 구조와 (b) 둥근 입자, 입자크기의 좁은 분포, 과도한 결합제 등 모두 최종재료의 강도를 감소시키는 바람직하지 않은 구조의 비교.

요약

- 건설재료는 한 나라의 국가기반시설 건설에 필수적인 역할을 한다. 콘크리트, 목재, 아스팔트, 유리, 복합재료, 강철은 가장 흔히 사용되는 건설재료이다.
- 센서와 구동기를 만드는 데 사용되는 첨단재료는 빌딩과 교량의 구조적인 건전성을 감시하는 데 매우 중요한 역할을 한다. 유리에 특수한 물질을 코팅하거나 필름을 시공하면 빌딩의 에너지 절감에 더욱 기여할 수 있다.
- 목재는 천연적인 섬유강화고분자 복합재료이다. 셀룰로오스 섬유는 정렬된 세포를 구성하여 목재의 길이방향으로 우수한 강화재가 되지만, 섬유나 세포의 방향에 수직한 방향으로 낮은 강도와 강성을 가져다준다. 따라서, 목재의 특성은 높은 이방성을 보이며 나무의 종류나 목재에 존재하는 수분의 양에 따라서도 달라진다. 목재는 우수한 인장강도를 갖지만 불량한 압축강도를 가진다.
- 콘크리트는 입자 복합재료이다. 콘크리트에는, 모래나 자갈과 같은 세라믹 입자가 세라믹 시멘트 기지의 충전재로 사용된다. 물-시멘트 비율은 콘크리트의 거동을 결정하는 특별히 중요한 인자이다. 콘크리트의 거동은 혼입된(연행된) 공기, 시멘트와 골재의 조성변화에 따라 달라질 수 있다. 콘크리트는 우수한 압축강도를 갖지만 불량한 인장강도를 가진다.
- 아스팔트는 콘크리트에 사용하는 것과 유사한 형태의 골재와 유기질 고분자 결합제를 사용하는 입자 복합재료이다.

용어해설

골재 aggregate 골재는 자갈, 모래, 부서진 돌, 슬래그의 조합이다.

글라스팔트 glasphalt 재활용 유리를 포함한 골재로 만든 아스팔트.

리그닌 lignin 목재 세포에서 셀룰로오스 섬유들을 결합하는 목재 내부의 고분자 결합제.

모르타르 mortar 모르타르는 시멘트, 물, 공기, 미세한 골재를 혼합하여 만든다. 콘크리트는 모르타르의 모든 성분과 굵은 골재를 포함한다.

미세섬유 microfibril 목재의 섬유 강화재 역할을 하는 셀룰로오스와 다른 고분자 사슬의 묶음.

변재 sapwood 나무에서 양분을 저장하고 물을 통과시키는 속이 빈 살아 있는 세포.

비수경성 시멘트 nonhydraulic cement 물속에서 경화되지 않으며, 경화를 위해 공기가 필요한 시멘트.

셀룰로오스 cellulose 자연적으로 생성되는 고분자섬유로, 목재의 주요 구성요소이다. 셀룰로오스는 높은 중합도를 가진다.

수경성 시멘트 hydraulic cements 물에서 응결되고 경화되는 시멘트.

슬럼프 slump 콘크리트가 굳으면서 표준형태의 높이가 자체무게에 의해 감소된 양.

시공성 workability 콘크리트 반죽으로 형상의 모든 공간을 채울 때의 용이성.

시멘트 cements 시멘트는 물을 사용하여 반죽으로 혼합한 후 응결되고 경화되는 무기질 재료이다.

심재 heartwood 죽은 세포로 구성된 나무의 중심부이며, 나무를 기계적으로 지탱하는 역할을 한다.

역청 bitumen 아스팔트에 사용되는 저융점 고분자와 석유로 구성된 유기질 결합제.

추출물 extractives 목재의 불순물.

콘크리트 concrete 골재 입자들이 결합제 속에 분산된 형태로 구성된 복합재료.

포틀랜드시멘트 Portland cement 칼슘규산염으로 만들어진 수경성 시멘트로, 대략적인 조성은 CaO(60~65%), SiO_2(20~25%), 산화철과 알루미나(7~12%)이다.

플라이 plies 합판 제작에 사용되는 목재 베니어의 개별적인 판.

헤미셀룰로오스 hemicellulose 자연적으로 생성되는 저중합도의 고분자섬유로, 목재의 중요한 구성요소이다.

형성층 cambium 나무에서 성장하는 세포의 층.

연습문제

18-1절 목재의 구조
18-2절 목재의 수분함량과 밀도
18-3절 목재의 기계적 성질
18-4절 목재의 팽창과 수축
18-5절 합판

18-1 표 18-1은 전형적인 목재의 밀도를 보여준다. 목재가 완전히 건조된 후와 수분함량 100%일 때의 목재의 밀도를 구하라.

18-2 표 18-1을 사용하여 나열된 목재의 밀도와 탄성계수의 상관관계를 결정하라.

18-3 8 cm × 10 cm × 30 cm의 치수를 가진 목재 샘플이 0.35 g/cm³의 건조밀도를 가진다.

(a) 샘플이 120% 수분을 함유하기 위해 흡수되어야 하는 물의 양(gallon)을 계산하라.

(b) 목재가 (a)에서 구한 양의 물을 흡수한 뒤의 밀도를 계산하라.

18-4 참나무 샘플의 밀도는 0.90 g/cm³이다.

(a) 완전히 건조된 참나무의 밀도를 계산하라.

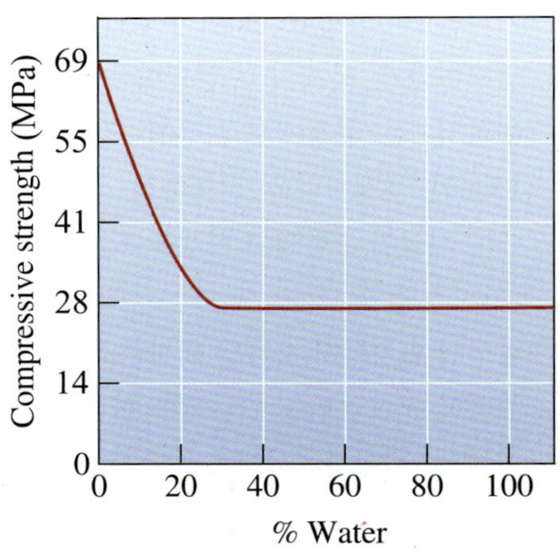

그림 18-4 전형적인 목재의 결에 평행한 방향 압축강도에 미치는 수분함량(%)의 영향. (문제 18-5를 위해 반복됨)

(b) 원래 샘플에서 수분함량(%)을 계산하라.

18-5 생나무의 밀도는 0.82 g/cm³이며 수분 150%를 포함하고 있다. 이 목재의 압축강도는 27 MPa이다. 며칠 동안 건조한 후, 압축강도는 41 MPa로 증가하였다. 건조된 목재의 수분율과 밀도는 얼마인가? (그림 18-4)

18-6 수분함량이 12%에서 27%로 변하였을 때 삼나무의 반경방향 팽창량을 구하라. 초기 직경은 30 cm이다.

18-7 두께 0.5 cm, 길이 1 m, 폭 0.25 m인 참나무 판자들이 10 m × 10 m 넓이의 바닥재로 사용된다. 바닥이 습도 25%에서 설치되었고 습도가 45%까지 상승할 수도 있다면, 판자의 길이에 수직 및 평행한 한 층의 치수변화를 결정하라. 판자는 통나무로부터 접선-길이 방향으로 절단되었다.

18-8 두께 3 cm, 폭 15 cm, 길이 40 cm인 단풍나무 판자들이 18 m × 18 m 홀의 바닥재로 사용된다. 판자는 통나무로부터 접선-길이 방향으로 잘려졌다. 습도 12%일 때 바닥이 설치되었고, 특히 습했던 며칠이 지난 후 판자의 수분함량이 45%로 증가하였다. 판자의 길이에 수직 및 평행한 한 층의 치수변화를 결정하라. 바닥에 어떤 일이 발생할 것이며 어떻게 이 문제를 해결할 수 있겠는가?

18-9 반경-길이 방향으로 절단된 폭 13 cm의 소나무 판자를 수직으로 배열하여 9 m 길이의 벽을 만들었다. 벽을 구축할 때의 수분함량은 55%였지만 실내의 습도는 나무의 수분함량이 45%가 되도록 유지한다. 판자의 치수변화를 결정

하고 이러한 변화의 결과로서 생성될 틈새의 크기를 추정하라.

18-6절 콘크리트 재료

18-7절 콘크리트의 성질

18-8절 강화콘크리트와 프리스트레스트 콘크리트

18-9절 아스팔트

18-10 최종 압축강도가 35 MPa 이상이어야 하는 구조의 허용되는 물-시멘트 비율의 최대량은 얼마인가? (그림 18-7)

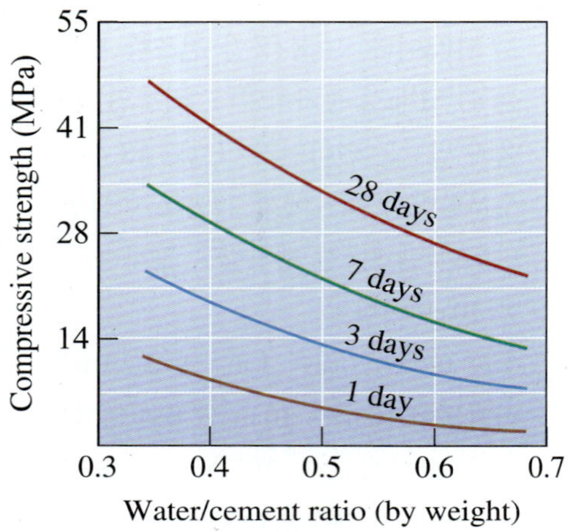

그림 18-7 콘크리트의 압축강도는 시간에 따라 증가한다. 28일 후에 콘크리트는 최대강도에 근접한다. (문제 18-10을 위해 반복됨)

18-11 만약 시멘트-모래-골재 비율이 1 : 2.5 : 4.5이고 물-시멘트 비율이 0.4라면, 콘크리트 10 m^3에 포함된 물, 시멘트, 모래의 양을 구하라. 시멘트에 혼입된 공기는 없다고 가정한다. 이 혼합물에 사용된 모래는 4wt%의 물을 함유하고, 골재는 2wt%의 물을 함유한다.

18-12 다음과 같이 주어진 조건에서 10 m × 10 m × 0.25 m 구조의 28일 압축강도가 34 MPa인 콘크리트 혼합물을 만들기 위해 필요한 시멘트, 모래, 골재, 물의 양을 계산하라. 허용되는 슬럼프는 10 cm이고, 사용가능한 재료는 수분함량 2%의 직경 3.8 cm 골재와 수분함량 2%의 굵은 모래뿐이다. 시멘트에 혼입된 공기는 없다고 가정한다.

18-13 시멘트-모래-조대한 골재의 부피비가 1 : 2 : 4인 혼합물을 사용하여 80 m^3의 보통 콘크리트를 준비하도록 부탁받았다. 물-시멘트 비율은 무게비로 0.5이다. 모래는 6wt%의 수분을 함유하고 조대한 골재는 3wt%의 수분을 함유한다. 혼입된 공기는 없다고 본다.

(a) 주문해야 할 시멘트의 양(단위는 포대)과 요구되는 모래와 골재의 양(단위는 톤), 필요한 물의 양을 계산하라.

(b) m^3당 콘크리트의 총 무게를 계산하라.

(c) 시멘트-모래-조대한 골재의 무게비는 얼마인가?

18-14 시멘트-모래-조대한 골재의 무게비가 1 : 2.5 : 4.5인 10 m^3의 콘크리트를 준비하고자 한다. 물-시멘트 비율은 무게비로 0.45이다. 모래는 3wt%의 수분을 함유하고 조대한 골재는 2wt%의 수분을 함유하며, 혼입된 공기는 5%이다. 필요한 시멘트의 양(단위는 포대), 모래와 조대한 골재의 양(단위는 킬로그램), 물의 양(단위는 리터)을 계산하라.

설계문제

18-15 어떤 목재구조는 습도 65%로 제어된 환경에서 제대로 기능한다. 90,000 N의 압축하중을 지탱해야 하는 목재 지지대를 설계하라. 하중이 적용될 때 지지대의 꼭대기에서 바닥까지 거리는 240 ± 0.63 cm이어야 한다.

18-16 습도변화가 목재의 수분함량을 최대 ± 5% 변화시키는 환경에서 사용될 크기가 15 m × 15 m인 목재바닥을 설계하라. 마룻바닥에서 어떤 좌굴이나 틈새의 형성을 최소화하고자 한다.

18-17 황산염 환경에서 사용될 대형구조물을 짓는 데 적당한 콘크리트를 만들고자 한다. 이러한 환경에서, 최대 물-시멘트 비율은 0.45(무게비)이어야 한다. 28일 후 콘크리트의 압축강도는 최소한 28 MPa이어야 한다. 사용가능한 재료는 다양한 크기를 가진 수분함량 2%의 조대한

골재와 수분함량 4%의 미세한 모래와 굵은 모래이다. 이 용도에 적합한 콘크리트를 설계하라.

18-18 콘크리트 조각상을 제작하고자 한다. 이 조각상의 어떤 부분들을 8 cm까지로 얇게 만들어 가능한 한 무게를 가볍게 하고자 하지만, 구조는 최소한 14 MPa의 압축강도를 가져야 한다. 사용가능한 골재는 1%의 수분을 함유하고, 모래는 5%의 수분을 함유한다. 이 용도에 적합한 콘크리트를 설계하라.

18-19 아스팔트를 만드는 데 사용된 결합제는 1.3 g/m^3의 밀도를 가진다. 각 구성요소의 무게와 부피를 포함하여, 도로포장에 사용하기에 적합한 아스팔트를 설계하라. 모래와 골재는 보통 콘크리트에 사용되는 것과 같다고 가정하라.

18-20 **콘크리트 카누(Concrete Canoe) 설계** 어떤 참신한 재료가 콘크리트 카누를 만드는 데 사용될 수 있을지 설명하라.

Knovel® 활용 문제

K18-1 경목류와 연목류의 리그닌(lignin) 함량 차이는 얼마인가? 리그닌(lignin)의 화학적 구조는 무엇인가?

K18-2 목재의 평형 수분함량은 목재가 수분을 얻지도 잃지도 않는 수분함량이다. 온도 70 °F, 상대습도 50%에서 목재의 수분함량은 얼마인가?

K18-3 강화 콘크리트의 균열발생을 제어하는 데 사용되는 대책은 무엇인가?

최초의 집적회로는 1958년 Texas Instruments사의 엔지니어였던 킬비(Jack Kilby)에 의해 제작되었다. 그것은 위상천이 발진기의 기능을 하며, 위쪽 그림과 같이 트랜지스터, 저항, 캐패시터 회로로 이루어져 있다. (출처: Texas Instruments) 세계 최초로 단일 기판 위에 복수의 전자소자가 통합되었던 것이다. 이 기술혁신으로 킬비는 2000년에 노벨물리학상을 수상하였다.

오늘날의 마이크로칩은 수백만 개의 트랜지스터를 포함할 수 있다. 디램(dynamic random access memory, DRAM)칩은 십억 개 트랜지스터 집적의 수준을 넘어섰다. 소자들의 통합은 정교한 제조장비와 기술에 의해 가능하게 되었다. 아래 사진은 트랜지스터와 기타 회로구성 소자 사이의 연결을 구현하기 위해 필요한 구리 배선의 복수 층상구조를 보여준다. 와이어 사이의 산화물 절연체는 제거되었다. 트랜지스터는 이 사진에 보이지 않는다. (출처: International Business Machines Corporation, © IBM Corporation)

CHAPTER 19

전자재료

다음과 같이 궁금해 해본 적이 있는가?

- 다이아몬드는 양호한 전도체인가?
- 하나의 마이크로칩에 얼마나 많은 소자가 집적되어 있는가?
- 어떻게 두께 1마이크로미터 미만의 박막을 기판에 증착할 수 있는가?
- 전자레인지는 어떻게 음식을 데우는가?

제19장의 주요 학습목표

- 금속, 반도체, 절연체의 전기전도도를 계산하는 것.
- 고체 내의 자유운반자의 수를 계산하는 것.
- 파울리의 배타원리가 어떻게 고체의 밴드구조를 야기하는지 설명하는 것.
- 금속, 반도체, 절연체의 전형적인 밴드구조를 나타내는 개략적인 그림을 작성하고, 이러한 그림들의 중요한 특징, 특히 밴드갭을 식별하고 설명하는 것.
- 고체의 밴드구조가 어떻게 금속, 반도체, 절연체의 전기적 특성을 야기하는지 설명하는 것.
- 전자재료의 맥락에서 정공(hole)이란 용어를 정의하는 것.
- 반도체에서 도핑(doping)의 목적과 함께 도핑이 어떻게 전기적 성질을 변화시키는지 설명하는 것.
- 집적회로를 제조하는 데 사용되는 프로세스를 설명하는 것.
- 재료 내에서 일어나는 분극(polarization)의 메커니즘을 설명하는 것.

실리콘기반 미세전자회로 부품은 현대생활의 아주 흔한 일부분이 되었다. 세탁기와 전자레인지에서부터 휴대전화, MP3플레이어에 이르기까지, PC에서부터 세상에서 가장 빠른 슈퍼컴퓨터에 이르기까지, 사용되는 마이크로칩과 함께 실리콘은 20세기 후반의 전자기술을 대표하는 재료였으며, 가까운 장래의 컴퓨터기반 및 정보 관련기술을 지배하는 재료가 될 것이다.

실리콘이 대부분 소자의 기판으로 사용되는 기본재료이지만, 미세전자회로 부품에 사용되는 재료에는 구리나 금과 같은 금속, 갈륨비소(GaAs)와 같은 다른 반도체, 실리카와 같은 절연체를 포함하여 거의 모든 종류의 재료가 망라된다. 심지어 반도성 고분자조차도 발광다이오드(LED)와 같은 소자에서 그 적용가능성에 대한 탐색이 이루어지고 있다.

이 장에서 우리는 금속, 반도체, 절연체, 이온결합 재료의 전기전도도에 관한 원리를 살펴볼 것이다. 또한 온도가 증가하면 금속은 저항이 증가하는 반면, 반도체는 저항이 감소한다는 정의의 차이점을 알게 될 것이다. 이 결정적인 차이점은 이 재료들의 밴드구조에서 발생한다. 전자가 점유할 수 있을지 불가능할지의 유무로 구분되는 에너지준위의 어레이로 구성되는 밴드구조는 고체의 전자적 거동을 도체, 절연체, 반도체로 나누어 정의한다.

불순물을 포함하지 않는 반도체의 전기전도도는 일반적으로 온도가 증가함에 따라 기하급수적으로 증가한다. 신뢰성의 관점에서, 온도에 대한 전도도의 기하급수적 의존도는 기기의 작동으로 열이 발생하는 전자기기에 바람직하지 않다. 그러므로 반도체에서는 전기전도도를 제어하기 위해 극도로 높은 정밀도로 도핑이 이루어진다(불순물이 의도적으로 첨가됨). 여러분은 특정 용도에 맞게 전기전도도가 조정될 수 있도록 불순물이 반도체의 밴드구조를 어떻게 변화시키는지 배울 것이다.

금속, 반도체, 절연체는 모두 집적회로의 중요한 구성요소들이다. 집적회로의 중요한 특징들은 이제 원자스케일 크기로 접근하고 있으며, 집적회로의 제작은 현존하는 가장 정교한 제조공정임에 틀림이 없다. 이는 하나의 마이크로칩 위에 수백만 심지어 수십억 개의 회로를 동시에 제작하는 것을 포함하며, 기존의 공정과는 근본적으로 다른 제조공정 패러다임을 나타낸다. 여러분은 박막을 증착하는 과정을 포함하여(두께 10 Å~1 μm의 박막), 집적회로를 제작하는 몇 가지 단계에 관해 배울 것이다.

우리는 절연체 재료의 속성 중 일부를 살펴볼 것이다. 절연체는 전기적으로 활성인 영역을 서로 분리할 필요가 있는 미세전자공학 소자에 사용된다. 절연체는 또한 유전특성 때문에 커패시터에도 사용된다. 마지막으로, 우리는 인가전압에 대한 반응으로 자신의 형상을 바꾸거나 또는 그 역으로 반응하는 압전재료에 대해 살펴볼 것이다. 그런 재료는 다양한 용도에서 액추에이터로서 사용된다.

초전도체는 전자재료의 특별한 한 클래스를 이룬다. 초전도체는 특정한 조건(일반적으로 135 K 이하 정도의 매우 저온) 하에서 전기저항이 0이 되는 재료이며, 자장을 완벽하게 없앨 수 있다. 다만 초천도체에 관한 더 이상의 논의는 이 책의 범위를 벗어나므로 생략한다.

19-1 Ohm의 법칙과 전기전도도

우리는 대부분 일반적인 형태의 Ohm의 법칙을 잘 알고 있다.

$$V = IR \tag{19-1}$$

여기서, V는 전압(V), I는 전류(A), R은 전류의 흐름에 대한 저항(Ω)이다. 이 법칙은 모든 재료는 아니지만 대부분의 재료에 적용된다. 저항체의 저항 R은 회로를 구성하는 재료의 크기, 형상, 성질에 따른 특성으로써, 다음과 같이 나타낸다.

$$R = \rho \frac{l}{A} = \frac{l}{\sigma A} \tag{19-2}$$

여기서, l은 저항체의 길이(cm), A는 저항체의 단면적(cm^2), ρ는 전기비저항(ohm · cm or Ω · cm), 그리고 σ는 전기전도도($ohm^{-1} \cdot cm^{-1}$)로서 ρ의 역수이다. 저항의 크기는 저항체의 치수에 따라 달라지지만, 비저항이나 전기전도도는 재료의 치수에 의존하지 않는다. 그러므로 비저항(또는 전기전도도)을 기준으로 우리는 서로 다른 재료를 비교할 수 있다. 예를 들어, 은이 구리보다 더 우수한 전도체이다. 비저항은 항복강도처럼 미세조직에 민감한 특성이다. 순 구리의 비저항은 상용 고순도 구리의 비저항보다 훨씬 작다. 그것은 상용 순 구리의 불순물이 전자를 산란시키고 비저항을 증가시키는 데 기여하기 때문이다. 마찬가지로 어닐링(annealing)된 순 구리의 비저항은 전위와 연관된 산란효과 때문에 냉간가공된 순 구리의 비저항보다 약간 낮다. 전기에너지를 전달하도록 설계된 장치에서는 전력손실을 최소화하는 것이 에너지보존은 물론 열발생을 줄이기 위해서도 중요하다. 전류가 저항체를 통해서 흐를 때 발생하는 전력, P(watt, W)의 손실은 다음과 같이 주어진다.

$$P = VI = I^2R \tag{19-3}$$

저항 R이 크면 전력손실도 크다. 이 전력손실은 주울(Joule) 가열손실로 알려져 있다.

식 19-1과 식 19-2를 결합하면 다음과 같이 두 번째 형태의 Ohm의 법칙이 얻어진다.

$$\frac{I}{A} = \sigma \frac{V}{l}$$

I/A를 전류밀도[current density, J(A/cm^2)], V/l을 전기장세기(electrical field strength) E(V/cm)로 정의하면, 다음과 같다.

$$J = \sigma E \tag{19-4}$$

전류밀도 J는 또한 다음과 같이 주어진다.

$$J = nq\bar{v}$$

여기서, n은 전하운반자의 수(carriers/cm^3), q는 각 운반자의 전하(전자 한 개의 전하는 1.6×10^{-19} C), 그리고 $\bar{v}$는 전하운반자가 움직이는[그림 19-1(a)] 평균 유동속도(drift velocity, cm/s)이다. 따라서 다음과 같다.

$$\sigma E = nq\bar{v} \quad \text{또는} \quad \sigma = nq\frac{\bar{v}}{E}$$

확산은 온도와 농도구배로 인해 발생하고, 유동은 적용된 전기장 또는 자기장으로 인해 발생한다. 전도는 확산, 유동, 또는 두 가지 모두로 인해 발생하지만, 유동이 전기전도

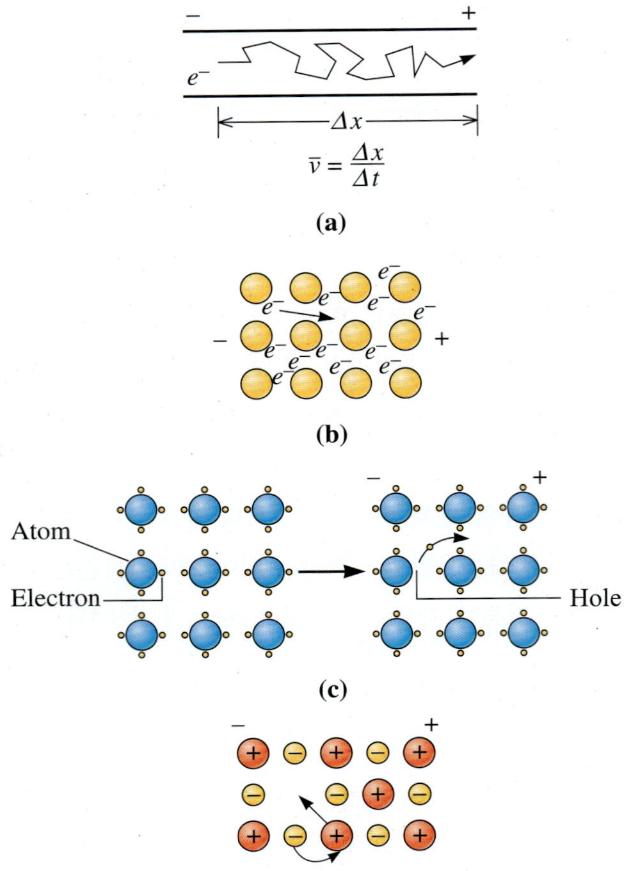

그림 19-1 (a) 전자와 같은 전하운반자는 원자 또는 결함에 의해 굴절되어 전도체 내에서 불규칙한 행로를 가지게 된다. 전하운반자가 이동하는 평균속도를 유동속도($\bar{v}$)라 한다. (b) 금속 내에서 원자가전자는 쉽게 이동한다. (c) 불순물을 포함하지 않는 반도체 및 절연체에서 전자가 이동하기 위해서는 공유결합이 반드시 깨져야 한다. (d) 많은 이온결합 재료에서 모든 이온은 전하를 운반하기 위해 공공 메커니즘을 통해 확산할 수 있다.

도에서 지배적인 메커니즘이다.

여기서 $\bar{v}/E$ 항은 전하의 이동도(mobility) μ라고 한다. 즉 다음과 같다.

$$\mu = \frac{\bar{v}}{E}$$

최종적으로는 다음과 같다.

$$\sigma = nq\mu \tag{19-5a}$$

전하 q는 상수이다. 식 19-5a의 관계로부터, 재료의 전기전도도는 (1) 전하운반자수의 조절 또는 (2) 전하운반자의 이동도(또는 이동의 용이성)의 조절에 의해 제어할 수 있음을 알 수 있다. 특히 금속에서는 이동도가 중요한 반면, 반도체나 절연체에서는 전하운반자의 수가 더 중요하다.

전자는 금속에서 전하운반자이다[그림 19-1(b)]. 전자는 물론 음전하를 띠고 있다. 반도체에서 전자는 물론 양전하를 띠는 운반자로 알려진 정공(hole)이 전하를 운반한다[그림 19-1(c)]. 정공에 관해서는 19-4절에서 더 자세히 배우게 될 것이다. 반도체에서 전자와 공공은 인가된 전기장에 응답하여 서로 반대방향으로 흐르지만, 그렇게 함으로써 그들은 모두 전류에 기여한다. 그러므로 식 19-5a는 반도체의 전기전도도를 표현하기 위해 다음과 같이 바꿀 수 있다.

$$\sigma = nq\mu_n + pq\mu_p \tag{19-5b}$$

이 식에서, μ_n과 μ_p는 각각 전자와 정공의 이동도이다. n과 p는 반도체에서 자유전자와 정공의 이동도를 나타낸다.

세라믹에서 전도가 발생하였다면, 전자가 하나의 결함에서 다른 결함으로 '점프(hop)'하였거나 또는 이온의 이동에 의한 결과일 수 있다[그림 19-1(d)]. 이동도는 원자 결합, 결함, 미세구조, 그리고 이온화합물의 경우, 확산속도에 따라 달라진다.

이들의 영향 때문에 재료의 전기전도도는 표 19-1에 나와 있는 것처럼 차이가 매우 크다. 이 값들은 온도 300 K에서 고순도의 재료에 대해 측정한 근사치이다. 금속 및 반도체 재료의 전기전도도 값은 온도에 매우 큰 영향을 받는다는 점에 주목하라. 표 19-2는 몇몇 쓸모 있는 단위들과 단위 사이의 관계를 보여준다.

표 19-1 절대온도 T = 300 K에서의 주요 금속들의 전기전도도

재료	전기전도도 ($ohm^{-1} \cdot cm^{-1}$)
초전도체	
Hg, Nb_3Sn	
$YBa_2Cu_3O_{7-x}$	
MgB_2	무한대(저온 등 특정조건 하에서)
금속	
알칼리금속	
Na	2.13×10^5
K	1.64×10^5
알칼리토류금속	
Mg	2.25×10^5
Ca	3.16×10^5
3B족 금속	
Al	3.77×10^5
Ga	0.66×10^5
천이금속	
Fe	1.00×10^5
Ni	1.46×10^5
1B족 금속	
Cu	5.98×10^5
Ag	6.80×10^5
Au	4.26×10^5
반도체	
4B족 원소	
Si	4×10^{-6}
Ge	0.02
화합물반도체	
GaAs	2.5×10^{-9}
AlAs	0.1
SiC	10^{-10}
이온도체	
인듐주석산화물(ITO)	약 10^4
이트리아안정화지르코니아(YSZ)	$< 10^{14}$
절연체, 선형비선형 유전체	
고분자	
폴리에틸렌	10^{-15}
폴리테트라플루오로에틸렌	10^{-18}
폴리스타이렌	$10^{-17} \sim 10^{-19}$
에폭시	$10^{-12} \sim 10^{-17}$
세라믹	
알루미나(Al_2O_3)	10^{-14}
규산염유리	10^{-17}
질화보론(BN)	10^{-13}
티타늄산바륨($BaTiO_3$)	10^{-14}
탄소(다이아몬드)	$< 10^{-18}$

표 19-2 쓸모 있는 상수, 단위들과 관계식

Electron volt = 1 eV = 1.6×10^{-19} J = 1.6×10^{-12} erg
1 amp = 1 coulomb/second
1 volt = 1 amp · ohm
$k_B T$(상온, 300 K) = 0.0259 eV
빛의 속도, $c = 2.998 \times 10^8$ m/s
진공의 유전율, $\varepsilon_0 = 8.85 \times 10^{-12}$ F/m
전자의 전하량, $q = 1.6 \times 10^{-19}$ C
아보가드로 수, $N_A = 6.022 \times 10^{23}$
볼츠만상수, $k_B = 8.617 \times 10^{-5}$ eV/K = 1.38×10^{-23} J/K
플랑크상수, h = 6.63×10^{-34} J · s = 4.14×10^{-15} eV · s

전자재료는 전기전도도의 수준에 따라 (a) 초전도체, (b) 전도체, (c) 반도체, (d) 유전체 또는 절연체로 분류할 수 있다. 전도도가 $10^{-12}\ \Omega^{-1} \cdot \text{cm}^{-1}$보다 낮거나 전기비저항이 $10^{12}\ \Omega \cdot \text{cm}^{-1}$보다 큰 재료는 절연체나 유전체로 간주한다. 전기전도도가 $10^3\ \Omega^{-1} \cdot \text{cm}^{-1}$ 미만이지만 $10^{-12}\ \Omega^{-1} \cdot \text{cm}^{-1}$ 이상인 재료는 반도체로 본다. 전기전도도가 $10^3\ \Omega^{-1} \cdot \text{cm}^{-1}$보다 크거나 전기비저항이 $10^{-3}\ \Omega^{-1} \cdot \text{cm}^{-1}$보다 작은 재료는 전도체로 본다. (이러한 분류는 대략적인 범위의 값을 기준으로 한다.)

우리는 유전상수가 재료특성을 결정짓는 중요한 요소일 때 '유전체'란 용어를 사용한다. 재료의 유전상수(dielectric constant, k)는 재료가 전하를 저장하는 성능과 관련되며, 미세구조에 민감한 특성 중 하나이다. '절연체'라는 용어는 전하를 저장하는 능력의 반대 개념으로서 DC 또는 AC 전류의 흐름을 정지시키는 재료의 성능을 나타낼 때 사용된다. 절연체의 효율의 척도는 절연파괴 없이 유지될 수 있는 최대 전기장이 얼마인지에 관한 것이다.

예제 19-1 송전선의 설계

전력손실을 5×10^5 W 이하로 하면서 50 A의 전류를 송전하기 위한 길이 1,500 m의 송전선으로 적합한 재료를 선택하라. 표 19-1에 몇 가지 재료들의 전기전도도를 나타내었다.

풀이

전력은 전압과 전류의 곱으로 주어진다.

$$P = VI = I^2R = (50)^2R = 5 \times 10^5 \text{ W}$$

$$R = 200 \text{ ohms}$$

식 19-2로부터 다음을 얻는다.

$$A = \frac{l}{R \cdot \sigma} = \frac{(1,500 \text{ m})(100 \text{ cm/m})}{(200 \text{ ohms})\sigma} = \frac{750}{\sigma}$$

전기전도도가 우수한 세 가지 금속(알루미늄, 구리, 은)을 생각해보자. 다음의 표는 각 금속으로 만들어진 송전선의 특징과 고유의 데이터를 나타내고 있다.

	$\sigma(\text{ohm}^{-1} \cdot \text{cm}^{-1})$	$A(\text{cm}^2)$	직경(cm)
알루미늄	3.77×10^5	0.00199	0.050
구리	5.98×10^5	0.00125	0.040
은	6.80×10^5	0.00110	0.037

세 가지 금속 중 어느 것을 사용하여도 좋으나 비용이 문제가 될 수 있다. 전선이 큰 직경이 되더라도 알루미늄이 가장 경제적인 선택(제14장)이 될 것으로 보인다. 그러나 최종선택에는 다른 인자들, 예를 들어 전선이 자체의 무게를 견디며 송전탑에 매달려 있을 수도 있는지 또한 고려해야 한다.

예제 19-2 구리에서 전자의 유동속도

모든 가전자(valence electron)들이 전기전도에 기여한다고 가정할 때, (a) 구리에서 전자 한 개의 이동도를 구하라. (b) 1 m의 구리선에 10 V가 가해졌을 때 전자들의 평균이동속도를 구하라.

풀이

(a) 구리의 원자가는 1이다. 그러므로 가전자 수는 구리 원자 수와 같다. 구리의 격자상수는 3.6151×10^{-8} cm이고 구리의 결정구조는 면심입방정(Face Centered Cubic, FCC)이므로 단위정당 네 개의 원자를 가진다. 표 19-1로부터 전기전도도 $\sigma = 5.98 \times 10^5/\Omega^{-1} \cdot \text{cm}^{-1}$이다.

$$n = \frac{(4 \text{ atoms/cell})(1 \text{ electron/atom})}{(3.6151 \times 10^{-8} \text{ cm})^3/\text{cell}} = 8.466 \times 10^{22} \text{ electrons/cm}^3$$

$$q = 1.6 \times 10^{-19} \text{ C}$$

$$\mu = \frac{\sigma}{nq} = \frac{5.98 \times 10^5 \ \Omega^{-1} \cdot \text{cm}^{-1}}{(8.466 \times 10^{22} \text{ electrons/cm}^3)(1.6 \times 10^{-19} \text{ C})}$$

$$= 44.1 \frac{\text{cm}^2}{\Omega \cdot \text{C}} = 44.1 \frac{\text{cm}^2}{\text{V} \cdot \text{s}}$$

(b) 전기장은 다음과 같다.

$$E = \frac{V}{l} = \frac{10 \text{ V}}{100 \text{ cm}} = 0.1 \text{ V/cm}$$

(c) 이동도는 $44.1 \text{ cm}^2/\text{V} \cdot \text{s}$이므로 다음과 같다.

$$v = \mu E = [44.1\ \mathrm{cm^2/(V \cdot s)}]\,(0.1\ \mathrm{V/cm}) = 4.41\ \mathrm{cm/s}$$

19-2 고체의 밴드구조

제2장에서 독립된 원자 내의 전자들은 서로 분리된 에너지준위(energy level)를 채우고 있음을 알았다. 파울리(Pauli)의 배타원리에 의해서 각 에너지준위는 두 개의 전자만을 수용할 수 있다. 대부분의 전자는 각 에너지 레벨 또는 궤도를 차지한다. *N*개의 원자가 모여 하나의 고체를 이룰 때, 파울리의 원리에서 전체 고체 내에서 여전히 오직 두 개의 전자만이 같은 에너지를 갖도록 요구되다. 원자간 결합을 하기 위해 두 개의 원자가 서로 접근할 때 전자의 에너지준위가 변경되지 않는다면 이는 파울리의 배타원리를 위배하는 것이다. 따라서 전자의 에너지준위는 새로운 에너지준위를 형성하기 위해 '분리(split)'된다.

그림 19-2는 이 개념을 개략적으로 도시하였다. 간략한 설명을 위하여 두 원자가 결합을 형성하기 위해 접근하는 것을 고려하자. 가전자를 포함하는 궤도는 '코어(core)' 또는 가장 안쪽 전자를 포함하는 궤도보다 핵으로부터 더 멀리 떨어져 있다. 그렇기 때문에 한 원자의 가전자를 포함하는 궤도는 다른 원자의 가전자를 포함하는 궤도와 먼저 상호작용한다. 따라서 이 전자들의 궤도는 같은 에너지를 가지며 원자가 독립되었을 때, 파울리의 배타원리를 충족시키기 위해 궤도는 이동하거나 '분리'된다. 그림 19-2에서 보

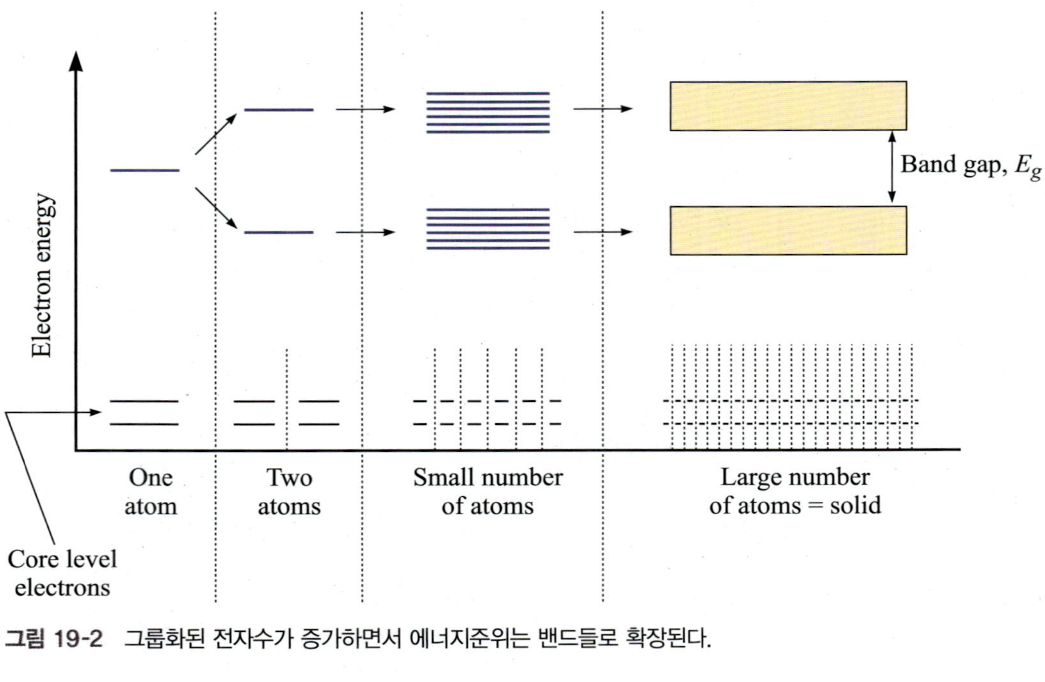

그림 19-2 그룹화된 전자수가 증가하면서 에너지준위는 밴드들로 확장된다.

는 바와 같이 2원자를 고려할 때, 하나의 궤도는 높은 에너지준위로 이동하는 반면 다른 궤도는 낮은 에너지준위로 이동한다. 원자의 전자들은 가장 낮은 에너지준위의 궤도부터 순차적으로 채우면서 높은 에너지준위의 새로운 궤도를 차지할 것이다. 원자의 수가 증가함에 따라, 에너지준위의 수도 증가한다. 고유의 에너지를 가진 새로운 궤도는 각 원자의 궤도를 위해 형성되며 고체에서 원자의 수가 증가함에 따라 에너지 내에서 궤도 사이의 분리는 구분하기 어려울 정도로 미세해지며 궁극적으로 에너지 밴드라고 불리는 것이 형성된다. 예를 들면, N개의 원자가 모여 하나의 고체를 이룰 때, $2s$ 에너지 밴드는 N개의 분리된 에너지준위를 가지며 고체에서 원자들을 각각 원자 궤도에 분배한다.

전도에서 전하의 운반을 수월하게 하기 위해, 전하운반자는 증가해야 하며 에너지도 증가해야 한다. 만약 전하운반자가 촉진될 수 있는 이용가능한 에너지 상태가 있다면 전하운반자의 에너지는 증가할 수 있다. 고체의 밴드구조에서 에너지 상태의 특별한 분배는 전기 및 광학적 특성에 대한 중요한 의미를 가진다.

금속, 반도체, 절연체를 포함하는 재료의 형태에 따라 낮은 에너지 상태로 이동했거나 높은 에너지 상태로 이동한 궤도의 에너지준위 사이에 상당한 에너지 갭이 있을 수도 혹은 없을 수도 있다. 만약 이것이 존재한다면, 이 에너지 갭은 밴드갭이라고 알려진 것이다. 우리는 차후 밴드갭에 대해 더 자세히 논의할 것이다.

소듐의 밴드구조 소듐(Na)은 금속이며 $1s^22s^22sp^63s^1$의 전자구조를 가진다. 그림 19-3은 소듐 원자들 사이에 분리된 밴드구조를 나타낸 것이다. (그림 19-2는 동일한 원자들 사이에 분리된 일반적인 밴드를 나타낸다.) 밴드 내의 에너지는 원자 간 거리에 좌우되며, 수직선(점선)은 고체소듐에서 원자간 평형거리를 표시한다.

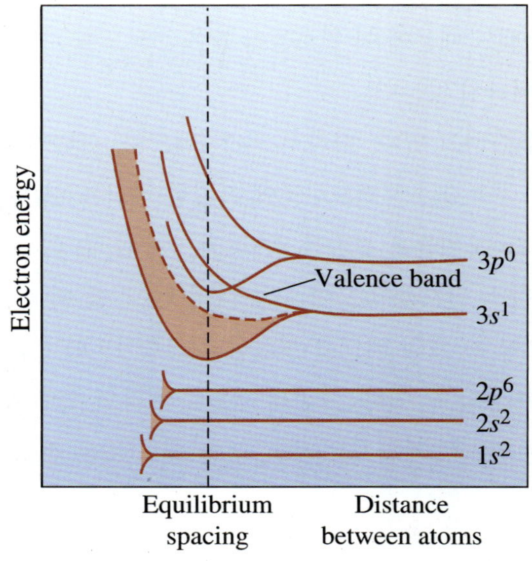

그림 19-3 단순화한 소듐의 밴드구조. 에너지준위가 밴드들로 확장되어 있다. 절반만 전자로 채워져 있는 $3s$ 밴드는 소듐의 전도에 역할을 한다. $1s$, $2s$, $2p$ 궤도의 에너지준위는 소듐의 평형거리에서 분리되지 않는다.

주기율표의 1A족에 속하는 소듐 및 다른 알칼리금속들은 최외각 *s* 준위에 한 개의 전자만을 갖는다. 소듐의 3*s* 가전자대는 반만 채워져 있으며, 절대영도(0 K)에서는 가장 낮은 에너지준위만 채워진다. 페르미에너지(E_f)는 밴드 내에서 에너지준위들의 절반이 전자에 의해 채워지는 에너지이다. 이것은 에너지준위에서 전자가 발견될 확률이 1/2이 되는 준위이다. 전자가 에너지를 얻으면, 그들은 비어 있는 높은 에너지준위로 여기(excited)된다. 높은 에너지준위로 여기된 전하운반자들의 증가는 전기전도를 가능하게 한다.

마그네슘과 다른 금속들의 밴드구조 주기율표의 2A족에 속하는 마그네슘과 다른 금속들은 최외각 *s*밴드에 한 개 이상의 전자를 가지고 있다. 이 금속들은 평형 원자간 거리에서 *p*밴드와 *s*밴드가 중첩되기 때문에 높은 전도도를 갖는다. 이러한 중첩은 결합된 3*s* 및 3*p* 밴드에 있는 많은 빈 에너지준위로 전자들이 여기될 수 있도록 한다. 3B족에 있는 알루미늄과 다른 금속들에서의 3*s* 및 3*p* 밴드의 중첩도 유사한 효과를 불러일으킨다.

스칸듐(Sc)에서 니켈(Ni)까지의 천이금속에서는 채워지지 않은 3*d* 밴드가 4*s* 밴드와 중첩된다. 이러한 중첩은 전자들이 여기될 수 있는 에너지준위를 제공하지만, 밴드 사이의 복잡한 상호작용 때문에 앞에서 언급한 좋은 도체들만큼 전도도가 높지 않다. 그러나 구리에서는 3*d* 밴드가 전자들로 완전히 채워져 있으며, 이 전자들은 원자핵에 의해 단단히 결속되어 있다. 따라서 4*s* 및 3*d* 밴드 전자들 사이의 상호작용이 거의 없게 되어, 구리는 높은 전도도를 가질 수 있다. 이와 유사한 상황이 은과 금에서도 발견된다.

반도체와 절연체의 밴드구조 탄소(다이아몬드), 규소, 게르마늄, 주석과 같은 4족의 원소들은 외부 *p*각에 두 개의 전자를 가지며, 원자가는 4이다. 앞에서 살펴본 바대로라면, 미처 채워지지 않은 *p*밴드 때문에 이 원소들이 높은 전도도를 가지리라고 기대할 수도 있지만, 그런 일은 일어나지 않는다!

이 원소들은 공유결합을 하고 있다. 따라서 외각 *s*밴드와 *p*밴드의 전자들은 원자와 단단하게 결합하고 있다. 공유결합은 밴드구조에 복잡한 변화를 일으킨다. 다이아몬드에서 탄소 원자의 2*s* 및 2*p* 준위들은 전자를 8개까지 수용할 수 있으나, 수용될 수 있는 전자는 네 개뿐이다. 탄소 원자들이 모여 고체 다이아몬드를 이룰 때 2*s* 및 2*p* 준위가 서로 상호작용을 일으켜 두 개의 밴드를 형성한다(그림 19-4). 각 혼성밴드(hybrid band)는 4*N*개의 전자를 수용할 수 있다. 그런데 채워질 전자의 수도 4*N*개뿐이므로, 낮은 밴드(또는 가전자대)는 완전히 채워지는 반면, 높은 밴드(또는 전도대)는 0 K에서 비어 있게 된다.

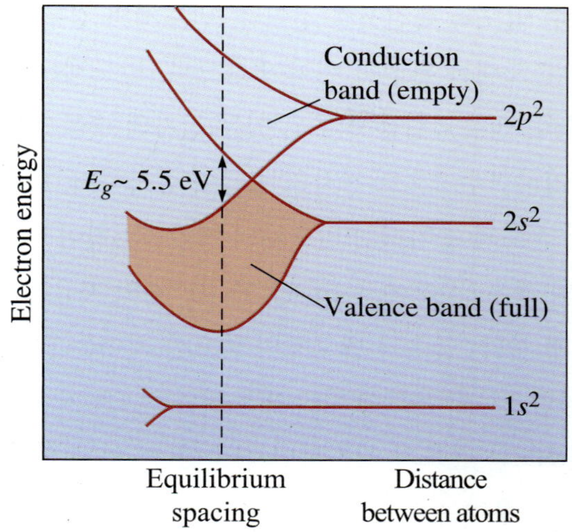

그림 19-4 다이아몬드 형태에서 탄소의 밴드구조. $2s$ 및 $2p$ 준위가 합쳐져 에너지갭, E_g에 의해 분리되는 두 개의 혼성밴드를 형성한다.

다이아몬드($E_g \approx 5.5$ eV)에서는 전자들이 큰 에너지 갭(energy gap) 또는 밴드갭(E_g)에 의해 전도대로부터 분리되어 있다. 그리고 금지된 구역을 뛰어넘어 전도대에 도달할 수 있도록 충분한 에너지를 갖는 전자는 극소수이다. 따라서 다이아몬드는 10^{-18} ohm^{-1} · cm^{-1} 이하의 전기전도도를 갖는다. 다른 공유결합 재료들도 유사한 밴드구조를 가지며, 다이아몬드와 같이 부도체이다. 온도가 증가하면 전자들이 에너지갭을 뛰어넘는 데 필요한 에너지가 공급된다. 예를 들어, 상온에서 질화보론의 전기전도도는 10^{-13} ohm^{-1} · cm^{-1}이지만 800 °C에서는 10^{-4} ohm^{-1} · cm^{-1}으로 증가한다.

그림 19-5는 일반적인 금속, 반도체, 절연체의 밴드구조를 대략적으로 보여준다. 다양한 온도에 따른 금속과 반도체의 전도도는 서로 다른 밴드구조의 결과이다. 어떤 온도에서든 금속의 경우 사용가능한 전자의 공급량이 월등히 많다(대략 10^{23}/cm^3 또는 1/atom). 극소량의 에너지만이 전자에 공급되어도 전자로 하여금 채워지지 않은 상태로

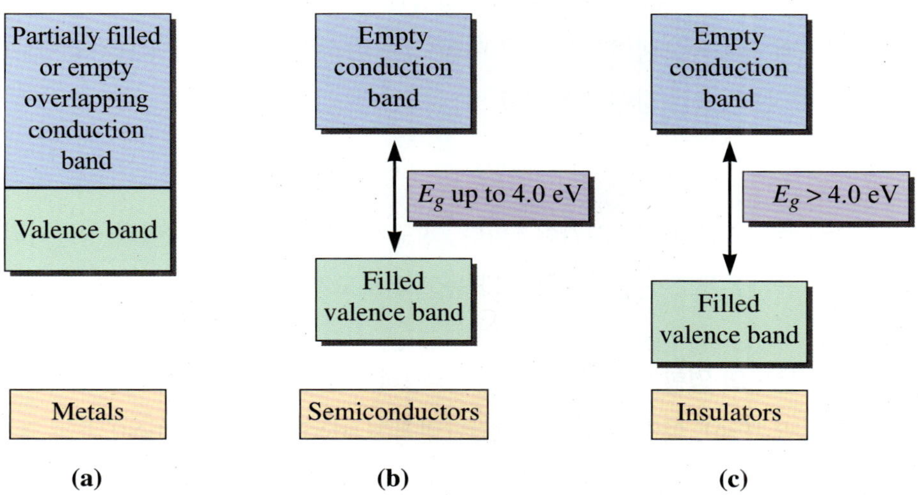

그림 19-5 밴드구조의 개략도 (a) 금속, (b) 반도체, (c) 유전체 또는 절연체. (온도는 0 K로 가정함)

되어 전기전도에 참여할 수 있도록 촉진시킬 것이다. 반도체의 경우 0 K에서 가전자대는 완전히 채워져 있으며 전도대는 완전히 비어 있으므로, 반도체는 전도성을 띠지 않는다. 온도가 증가함에 따라, 공유결합을 이루고 있는 전자의 수를 증가시키는 열적 자유에너지의 증가 때문에 기하급수적으로 전자의 공급이 증가하며, 공급된 전자는 전도도를 갖게 만든다. 따라서 온도가 증가하면 반도체의 전기비저항이 감소하는 것을 발견할 수 있다. 순수 실리콘의 경우, 상온에서 cm^3당 약 10^{10}개의 자유전자를 가지지만 이는 금속의 경우보다 10^{13}배 작다. 금속과 반도체의 중요한 차이는 더 많은 전자들이 가전자대에서 전도대로 이동함으로써 온도에 따라 반도체의 전도도가 증가한다는 점이다. 반면에 대부분 금속의 전도도는 온도가 증가하면 감소한다. 이는 산란될 수 있는 전자들의 수가 더 많기 때문이다. 우리는 이것에 관하여 이 장의 후반부에서 살펴볼 것이다.

게르마늄(Ge), 실리콘(Si), α-주석(Sn)은 다이아몬드와 같은 결정구조 및 밴드구조를 갖지만, 상대적으로 에너지갭이 작다. 실제로, 주석의 에너지갭은 아주 작아서($E_g = 0.1$ eV) 마치 금속과 같은 작용을 한다. 실리콘($E_g = 1.1$ eV)과 게르마늄($E_g = 0.67$ eV)의 에너지갭은 다소 크며 이 원소들은 반도체로서 작용한다. 일반적으로 4.0 eV 이상의 밴드갭을 가지는 재료를 절연체나 유전체 또는 부도체로, 4 eV보다 낮은 밴드갭을 갖는 재료를 반도체로 간주한다.

19-3 금속과 합금의 전도도

순수하고 결함이 없는 금속의 전기전도도는 원자의 전자구조에 의해 결정된다. 그러나 전자의 이동도, μ는 운반자에 영향을 줌으로써 전도도를 변화시킬 수 있다. 이동도는 평균 유동속도, $\bar{v}$에 비례함을 상기해보라. 평균 유동속도는 전하운반자가 인가된 전기장에 의해 지시된 방향으로 이동하는 속도이다. 전자의 경로는 고체 내의 원자와 격자 내의 결함에 의한 내부전기장의 영향을 받는다. 내부전기장이 전자의 경로에 영향을 미칠 때 유동속도(전하운반자의 이동도)는 감소한다. 전자의 평균자유행로(mean free path) λ_e는 다음과 같이 정의된다.

$$\lambda_e = \tau\bar{v} \tag{19-6}$$

충돌까지의 평균시간이 τ이다. 평균자유행로는 충돌 사이의 평균거리를 나타낸다. 평균자유행로가 길면 이동도가 높고 전도도가 높아진다.

온도의 영향 금속의 온도가 상승하면 열에너지에 의해 원자들의 진동이 증가한다(그림 19-6). 이것은 원자의 산란단면적(scattering cross section) 또는 격자 내 결함을 증가시킨다. 근본적으로 원자와 결함은 전자들의 상호작용에 대한 타깃으로 작용한다. 따라

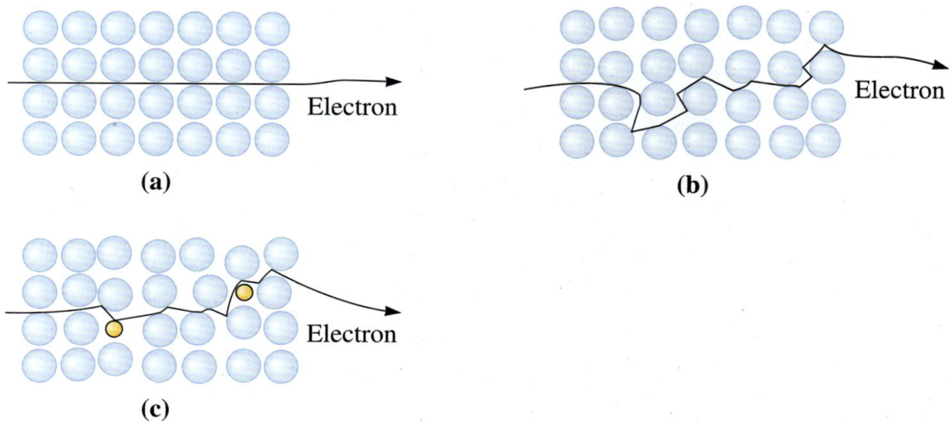

그림 19-6 내부에서의 전자 이동. (a) 완벽한 결정, (b) 고온으로 가열된 결정, (c) 원자 수준의 결함을 포함하는 결정. 전자들의 산란은 이동도와 전기전도도를 감소시킨다.

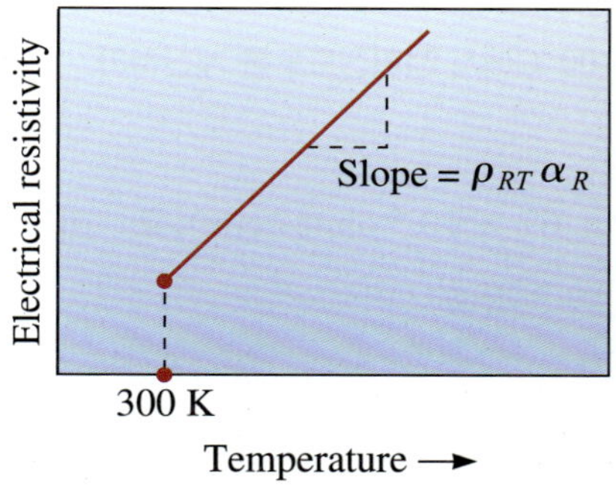

그림 19-7 완벽한 결정구조를 가진 어떤 금속의 전기비저항에 미치는 온도의 영향.

표 19-3 주요 금속들의 비저항의 온도계수(α_R)

금속	상온 비저항 (ohm · cm)	비저항의 온도계수(α_R) [ohm/(ohm · °C)]
Be	4.0×10^{-6}	0.0250
Mg	4.45×10^{-6}	0.0037
Ca	3.91×10^{-6}	0.0042
Al	2.65×10^{-6}	0.0043
Cr	12.90×10^{-6}(0 °C)	0.0030
Fe	9.71×10^{-6}	0.0065
Co	6.24×10^{-6}	0.0053
Ni	6.84×10^{-6}	0.0069
Cu	1.67×10^{-6}	0.0043
Ag	1.59×10^{-6}	0.0041
Au	2.35×10^{-6}	0.0035
Pd	10.8×10^{-6}	0.0037
W	5.3×10^{-6}(27 °C)	0.0045
Pt	9.85×10^{-6}	0.0039

(출처: Handbook of Electromagnetic Materials: Monolithic and Composite Versions and Their Applications *by P. S. Neelkanta, Taylor & Francis, 1995.*)

서 평균자유행로는 짧아지고, 전자의 이동도는 감소하며, 비저항이 증가한다. 순금속에서 온도에 따른 비저항의 변화는 다음 식으로 추산할 수 있다.

$$\rho = \rho_{RT}(1 + \alpha_R \Delta T) \tag{19-7}$$

여기서, ρ는 온도 T에서의 비저항, ρ_{RT}는 상온(25 ℃)에서의 비저항, $\Delta T(T - T_{RT})$는 상온과의 온도차이며, α_R는 비저항의 온도계수(temperature resistivity coefficient)이다. 비저항과 온도는 넓은 온도범위에서 직선적인 관계를 갖는다(그림 19-7). 다양한 금속에 대해 비저항의 온도계수를 표 19-3에 나타내었다.

다음 예제는 순 구리의 비저항이 어떻게 계산될 수 있는지 보여준다.

예제 19-3 순 구리의 전기전도도

순 구리에 대하여 (a) 400 ℃와 (b) −100 ℃에서 전기전도도를 계산하라.

풀이

상온에서 순 구리의 비저항은 1.67×10^{-6} ohm · cm이고, 비저항의 온도계수는 0.0043 ohm/(ohm · ℃)이다(표 19-3 참조).

(a) 400 ℃에서

$$\rho = \rho_{RT}(1 + \alpha_R \Delta T) = (1.67 \times 10^{-6})\,[1 + 0.0043\,(400 - 25)]$$

$$\rho = 4.363 \times 10^{-6}\ \text{ohm} \cdot \text{cm}$$

$$\sigma = 1/\rho = 2.29 \times 10^{5}\ \text{ohm}^{-1} \cdot \text{cm}^{-1}$$

(b) −100 ℃에서

$$\rho = (1.67 \times 10^{-6})\,[1 + 0.0043\,(-100 - 25)] = 7.724 \times 10^{-7}\ \text{ohm} \cdot \text{cm}$$

$$\sigma = 1.29 \times 10^{6}\ \text{ohm}^{-1} \cdot \text{cm}^{-1}$$

원자수준 결함의 영향 결정구조에서 결함은 전자를 산란시켜 이동도와 금속의 전도도를 감소시킨다[그림 19-6(c)]. 예를 들어, 묽은 고용체에서 고용된 원자에 의한 비저항의 증가는 다음과 같다.

$$\rho_d = b\,(1 - x)x \tag{19-8}$$

여기서, ρ_d는 결함에 의한 비저항의 증가, x는 존재하는 불순물이나 고용체 원자의 원자분율, b는 결함비저항계수(defect resistivity coefficient)이다. 비슷한 방식으로 공공, 전위, 결정립계 역시 금속의 전도도를 감소시킨다. 각 결함은 금속의 비저항의 증가에

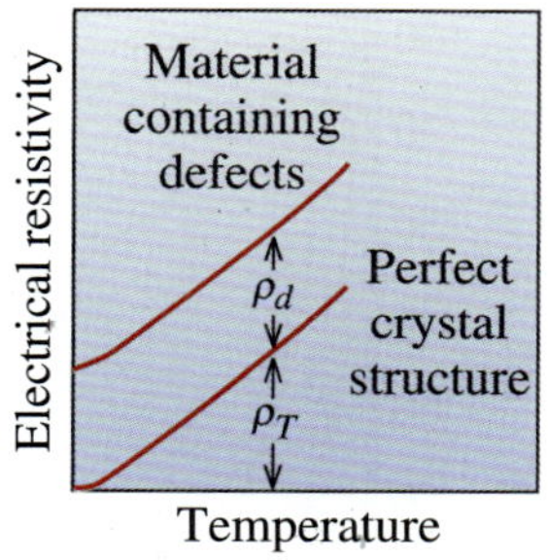

그림 19-8 어떤 금속의 전기비저항은 결함에 기인하는 일정한 요소, ρ_d와 온도에 기인하는 변동성 요소, ρ_T의 합으로 나타난다.

기여한다. 따라서 전체 비저항은 다음과 같이 주어진다.

$$\rho = \rho_T + \rho_d \tag{19-9}$$

여기서, ρ_d는 모든 결함에 의해 기여된 저항값과 같다. 식 19-9는 매티슨의 법칙(Matthiessen's rule)으로 알려져 있다. 결함의 영향은 온도와 무관하다(그림 19-8).

가공 및 강화의 영향 강화기구나 금속가공기술은 금속의 전기적 성질에 여러 가지 영향을 미친다(표 19-4). 고용체강화는 높은 전도도를 얻기에 좋은 강화방법이 아니다. 침입형 또는 치환형원자들의 무작위적인 분포 때문에 평균자유행로가 매우 짧아지게 된다. 그림 19-9에 아연과 다른 합금원소들이 구리의 전도도에 미치는 영향을 나타내었다. 합금원소의 양이 증가할수록 전도도는 크게 감소한다.

시효경화와 분산강화는 고용강화보다 전도도를 덜 감소시키는데, 이것은 석출물 사이의 평균자유행로가 점결함 사이의 평균자유행로보다 길기 때문이다. 가공경화나 결

표 19-4 구리와 구리합금의 전기전도도에 대한 합금원소, 강화, 공정의 효과

합금	$\frac{\sigma_{alloy}}{\sigma_{Cu}} \times 100$	비고
어닐링된 순 구리	100	전자를 산란시키는 결함이 거의 없다. 평균자유행로가 길다.
80% 변형된 순 구리	98	많은 전위, 그러나 전위가 서로 얽혀 네트워크를 형성하고 있어서 평균자유행로는 여전히 길다.
분산강화된 Cu-0.7%Al_2O_3	85	분산상은 고용된 원자들처럼 아주 가깝게 배치되지도 않고 시효경화에서처럼 정합계면을 이루지도 않는다. 따라서 전기전도도에 미치는 영향은 적다.
용체화처리된 Cu-2%Be	18	합금은 단상이지만, 과포화된 베릴륨에 의한 적은 양의 고용체강화는 전기전도도를 크게 감소시킨다.
시효처리된 Cu-2%Be	23	시효처리 중에 베릴륨은 구리 격자를 떠나 정합 석출물을 형성한다. 그 석출물은 고용된 원자들만큼 전기전도도를 방해하지 않는다.
Cu-35%Zn	28	이 합금은 원자반경이 구리와 거의 비슷한 아연에 의해 고용체강화된다. 전기전도도가 낮지만, 베릴륨이 고용된 경우만큼 낮지는 않다.

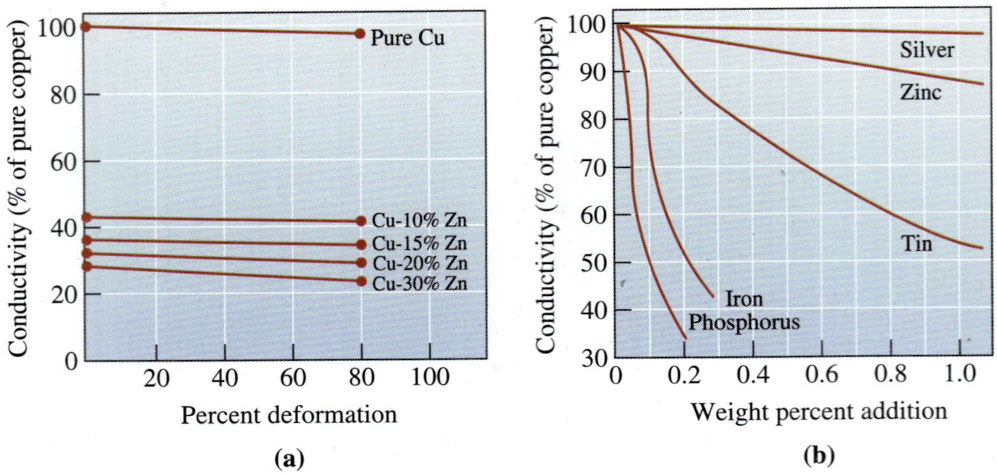

그림 19-9 (a) 구리의 전기전도도에 미치는 고용체강화와 냉간가공의 효과, (b) 구리의 전기전도도에 미치는 선별된 첨가원소들의 효과.

정립도 제어가 전도도에 미치는 영향은 더욱 적다(그림 19-9 및 표 19-4). 전위나 결정립계는 고용체 원자들보다 그 간격이 훨씬 크기 때문에, 긴 평균자유행로를 갖는 분율이 그만큼 커지게 된다. 따라서 냉간가공은 금속 전도체의 전기적 성질을 심하게 악화시키지 않으면서도 강도를 증가시킬 수 있는 효과적인 방법이다. 게다가 전도도에 미치는 냉간가공의 영향은 저온의 회복 열처리에 의해 제거할 수 있으므로, 강도를 유지하면서 높은 전도도를 되찾을 수 있다.

합금의 전기전도도 합금은 첨가된 합금성분에 의해 전자들이 산란되기 때문에 대체로 순금속에 비해 높은 비저항을 가진다. 예로 상온에서 순 구리의 비저항은 약 $1.67 \times 10^{-6}\,\Omega \cdot$ cm이고 순금의 경우 약 $2.35 \times 10^{-6}\,\Omega \cdot$ cm이다. 상온에서 35%Au-65%Cu 합금의 비저항은 훨씬 높아서 약 $12 \times 10^{-6}\,\Omega \cdot$ cm이다. 열처리에 따른 합금의 원자배열은 규칙화는 비저항을 감소시킨다. 순금속에 비해 합금의 비저항은 온도변화에 대해 안정적인 경향이 있다. 비저항이 비교적 높은 니크롬(약 80%Ni-20%Cr)과 같은 합금은 발열체로 사용될 수 있다. 어떤 Bi-Sn-Pb-Cd 합금은 낮은 용융온도 때문에 퓨즈를 만드는 데 사용된다.

19-4 반도체

원소반도체는 게르마늄이나 실리콘 등과 같이 주기율표의 4B족 원소들이다. 화합물반도체는 주기율표에서 2B족과 6B족에 속해 있는 원소로 구성되며(예: CdS, CdSe, CdTe, HgCdTe 등) Ⅱ-Ⅵ (two-six) 반도체로 알려져 있다. 화합물반도체는 또한 주기

표 19-5 상온에서 범용 반도체의 특성

반도체	밴드갭 (eV)	전자의 이동도(μ_n) $\frac{cm^2}{V \cdot s}$	정공의 이동도(μ_p) $\frac{cm^2}{V \cdot s}$	유전상수 (k)	비저항 (Ω · cm)	밀도 (g/cm^3)	용융점 (℃)
실리콘(Si)	1.11	1,350	480	11.8	2.5×10^5	2.33	1,415
비결정질 실리콘 (a:Si:H)	1.70	1	10^{-2}	약 11.8	10^{10}	약 2.30	–
게르마늄(Ge)	0.67	3,900	1,900	16.0	43	5.32	936
α-탄화규소	2.86	500		10.2	10^{10}	3.21	2,830
갈륨비소(GaAs)	1.43	8,500	400	13.2	4×10^8	5.31	1,238
다이아몬드(C)	약 5.50	1,800	1,500	5.7	$> 10^{18}$	3.52	약 3,550

율표의 3B족과 5B족의 원소들로 구성될 수도 있다. 이들은 Ⅲ-V(three-five) 반도체(예: GaN, GaAs, AlAs, AlP, InP 등)로 알려져 있다.

진성(intrinsic) 반도체는 그 특성이 불순물에 의해 조절되지 않는 것들이다. 외인성(extrinsic) 반도체(n-형 또는 p-형)는 그 특성이 온도에 대해 안정적이고 이온주입이나 도펀트(dopant)로 알려진 불순물의 확산에 의해 조절될 수 있어서 소자에 적용하는 데 선호된다. 실리콘과 게르마늄을 포함한 반도체 재료들은 많은 전자소자들의 기본 구성 단위를 제공한다. 이러한 재료들은 전기전도도의 조절이 용이하며, 적절히 조합하면 스위치, 증폭기, 정보저장소자로 사용할 수 있다. 일반적으로 널리 사용되는 반도체들 중 몇몇의 특성을 표 19-5에 나타내었다.

19-2절에서 본 것처럼, 반도체의 원자들은 고체를 형성하기 위해 모여 있으며, 두 개의 에너지 밴드가 형성된다[그림 19-5(b)]. 0 K에서 가전자대의 에너지준위는 그것이 전자에 대한 가장 낮은 에너지 상태이므로 완전히 채워져 있다. 가전자대는 밴드갭에 의해 전도대로부터 분리되어 있다. 0 K에서 전도대는 비어 있다.

반도체에서는 가전자대와 전도대 사이의 에너지갭(E_g)이 비교적 작다(그림 19-5). 그 결과로 온도가 증가하면 에너지갭을 뛰어넘을 수 있는 충분한 에너지를 갖게 된 일부 전자들이 가전자대로부터 전도대로 들어간다. 이와 같이 여기된 전자들에 의해서 가전대에는 빈 에너지준위, 혹은 정공이 남겨지게 된다. 하나의 전자가 정공을 채우기 위하여 움직이면, 그 전자의 자리에 다른 정공이 생긴다. 결과적으로, 정공은 마치 양성으로 하전된 전자처럼 행동하면서 역시 전하를 운반하게 된다. 반도체에 전압이 가해지면 가전자대의 정공들은 음극을 향하여 움직이는 반면 전도대의 전자들은 양극을 향하여 가속된다(그림 19-10). 그러므로 반도체에서 전류는 전자와 정공 모두의 이동에 의해 흐르게 된다.

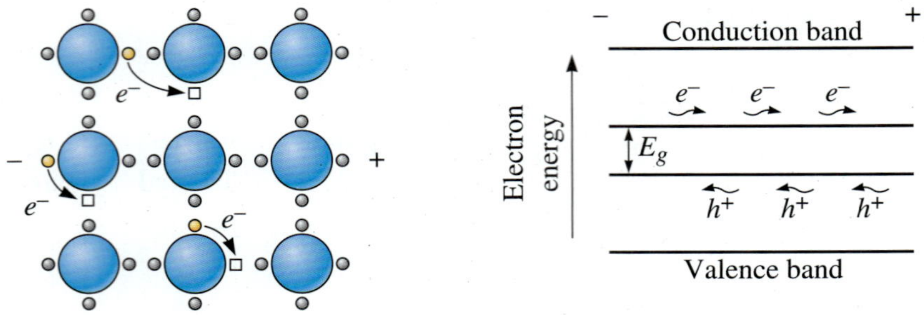

그림 19-10 반도체에 전압이 가해지면, 전자들은 전도대를 통해 이동하는 반면 정공은 가전자대를 통해 반대방향으로 이동한다.

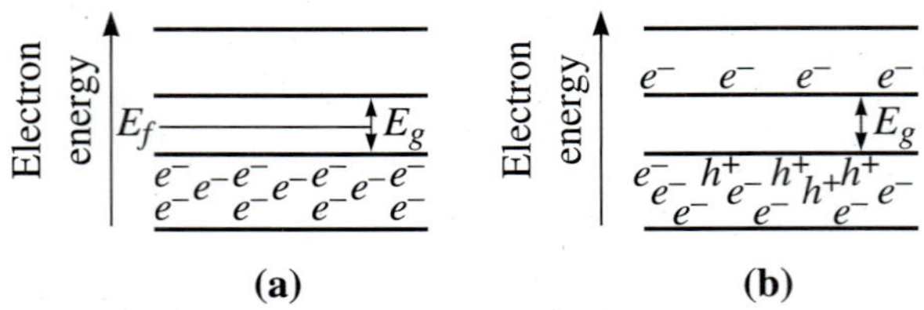

그림 19-11
가전자대와 전도대 내의 전자와 정공의 분포 (a) 절대영도, (b) 고온.

전도도는 전자와 정공의 수에 의해 다음과 같이 결정된다.

$$\sigma = nq\mu_n + pq\mu_p \tag{19-10}$$

여기서, n은 전도대의 전자의 농도, p는 가전자대의 정공의 농도이고, μ_n와 μ_p는 전자와 정공의 이동도이다(표 19-5). 이 식은 식 19-5b와 동일하다.

진성반도체에서는 전도대로 여기된 모든 전자에 대해 가전자대에 남겨진 정공이 있으므로 전자와 정공의 수는 다음과 같다.

$$n_i = p_i$$

여기서, n_i와 p_i는 각각 진성반도체에서 전자와 정공의 농도이다. 그러므로 진성반도체의 전도도는 다음과 같다.

$$\sigma = qn_i(\mu_n + \mu_p) \tag{19-11}$$

진성반도체에서는 온도조절을 통하여 전하운반자 수를 조절, 즉 전기전도도를 조절할 수 있다. 절대영도에서는 모든 전자들이 가전자대에 있는 반면, 전도대의 모든 에너지준위는 비어 있다[그림 19-11(a)]. 그러나 온도가 상승함에 따라, 전도대의 에너지준위가 채워질 확률이 대폭 증가한다(가전자대의 에너지준위가 비워질 또는 정공이 존재할 확률도 이것과 같다[그림 19-11(b)]). 가전자대의 정공의 수와 동일한 전도대의 전자의 수는 다음과 같이 주어진다.

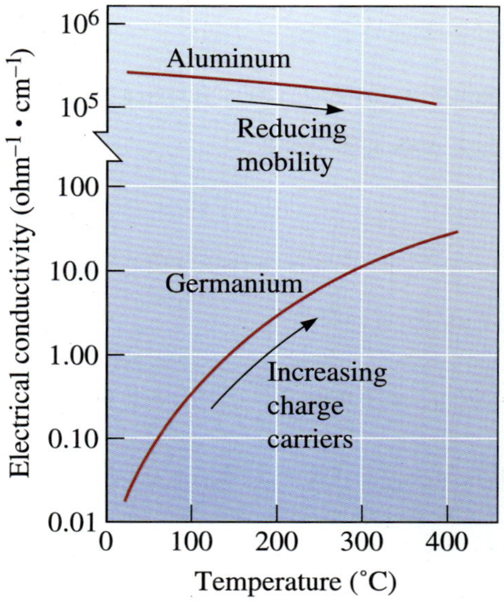

그림 19-12 금속과 비교한 진성반도체의 온도에 따른 전기전도도. 수직축 스케일 중 생략된 영역이 있음에 주목하라.

$$n = n_i = p_i = n_0 \exp\left(\frac{-E_g}{2\mathrm{k_B}T}\right) \tag{19-12a}$$

여기서, n_0는 다음과 같이 주어진다.

$$n_0 = 2\left(\frac{2\pi \mathrm{k_B}T}{\mathrm{h}^2}\right)^{3/2}(m_n^* m_p^*)^{3/4} \tag{19-12b}$$

이 식에서, $\mathrm{k_B}$와 h는 볼츠만(Boltzman) 상수와 플랑크(Planck) 상수이고, m_n^*, m_p^*는 각각 반도체에서 전자와 정공의 유효질량이다. Ge, Si, GaAs에 대한 n_i의 상온 값은 각각 2.5×10^{13}, 1.5×10^{10}, 2×10^6 전자/cm^{3}이고, $n_i p_i$의 값은 어떤 반도체에서 어떤 온도가 정해지면 일정하다. 이것을 이용하여 다른 온도에서의 n_i나 p_i 값을 계산할 수 있다.

온도가 더 상승하면 더 많은 전자들이 금지된 구역(forbidden zone)을 뛰어넘게 되며, 따라서 전도도는 다음 관계식에 따라 증가한다.

$$\sigma = n_0 q\,(\mu_n + \mu_p) \exp\left(\frac{-E_g}{2\mathrm{k_B}T}\right) \tag{19-13}$$

n_i와 σ는 Arrhenius 식, (속도) = $A \exp(-Q/RT)$에 의해 모두 온도와 연관되어 있는 점에 주목하라. 온도가 상승하면, 전하운반자 수의 증가에 의하여 반도체의 전도도는 증가한다. 금속의 경우 고온에서 전하운반자 이동도는 감소하지만 이것은 전하운반자 수의 급격한 증가에 비해 매우 미미한 수준이다. 반도체에서 온도의 증가에 따른 전도도의 증가는 온도가 증가함에 따라 전도도가 감소하는 금속과는 극히 대조적이다(그림 19-12). 그러나 고온에서도 금속의 전도도는 반도체의 전도도보다 훨씬 높다. 다음 예제는 진성반도체에서 전하운반자의 농도에 대한 계산을 보여준다.

예제 19-4 진성반도체 게르마늄에서 전하운반자 농도

25 ℃의 게르마늄(Ge)에서 (a) 전하운반자의 수, (b) 전체 가전자대 전자 수에 대한 전도대로 여기된 전자 수의 분율, (c) 식 19-12a의 상수 n_0을 구하라.

풀이

표 19-5로부터 $\rho = 43\ \Omega \cdot \text{cm}$이고 따라서 $\sigma = 0.023\ \Omega^{-1} \cdot \text{cm}^{-1}$이다.

또한 표 19-5에서 $E_g = 0.67$ eV를 얻는다.

$$E_g = 0.67\ \text{eV},\ \mu_n = 3{,}900\,\frac{\text{cm}^2}{\text{V}\cdot\text{s}},\ \mu_p = 1{,}900\,\frac{\text{cm}^2}{\text{V}\cdot\text{s}}$$

$$2\text{k}_\text{B}T = 2(8.617 \times 10^{-5}\ \text{eV/K})(273\ \text{K} + 25\ \text{K}) = 0.05136\ \text{eV at } T = 25\ ℃$$

(a) 식 19-10으로부터 다음을 얻는다.

$$n = \frac{\sigma}{q\,(\mu_n + \mu_p)} = \frac{0.0233}{(1.6 \times 10^{-19})(3{,}900 + 1{,}900)} = 2.51 \times 10^{13}\,\frac{\text{electrons}}{\text{cm}^3}$$

상온에서 cm^3당 2.51×10^{13}개의 전자와 2.51×10^{13}개의 정공이 게르마늄에서 전하를 운반한다.

(b) 다이아몬드입방 구조인 게르마늄의 격자상수는 5.6575×10^{-8} cm이다. 0 K에서 게르마늄 가전대의 총 전자 수는 다음과 같다.

$$\text{총 전자 수} = \frac{(8\ \text{atoms/cell})(4\ \text{electrons/atoms})}{(5.6575 \times 10^{-8}\ \text{cm})^3/\text{cell}} = 1.77 \times 10^{23}$$

$$\text{여기된 분율} = \frac{2.51 \times 10^{13}}{1.77 \times 10^{23}} = 1.42 \times 10^{-10}$$

(c) 식 19-12a로부터 다음을 얻는다.

$$n_0 = \frac{n}{\exp\,[-E_g/(2\text{k}_\text{B}T)]} = \frac{2.51 \times 10^{13}\ \text{carriers/cm}^3}{\exp\,(-0.67/0.05136)} = 1.16 \times 10^{19}\ \text{carriers/cm}^3$$

외인성반도체 진성반도체에서는 전기전도도의 온도의존성이 거의 지수함적이지만 이는 실용적으로는 별로 쓸모가 없다. 진성반도체에서는 미세한 온도변화에 의해서도 전도도가 변하기 때문에, 그 거동을 정확하게 제어할 수 없다. 그러나 소량의 불순물원자를 의도적으로 첨가[도핑(doping)]함으로써 외인성반도체를 만들 수 있다. 외인성반도체의 전기전도도는 주로 불순물원자 또는 도펀트(dopant) 원자 수에 의해 좌우되며, 일정한 온도범위에서는 온도에 무관할 수도 있다. 이렇게 조절이 가능하면서도 온도에 무관한 전도도를 갖는 능력이 바로 소자를 만드는 데 거의 대부분 외인성반도체를 사용하게 되는 이유이다.

***n*-형 반도체** 안티모니와 같이 다섯 개의 가전자를 갖는 불순물원자 한 개를 실리콘이나 게르마늄에 첨가했다고 하자. 그러면 네 개의 전자는 공유결합에 참여하고, 한 개의 잉여전자는 전도대 바로 아래의 에너지준위로 들어간다(그림 19-13). 잉여전자는 원자와 느슨하게 결합하고 있기 때문에, 작은 에너지 E_d의 증가만 있으면 전도대로 여기된다. 이 전도대 바로 아래의 에너지준위가 도너(donor) 상태이다. n-형 도펀트는 하나의 불순물 원자가 첨가될 때마다 하나의 자유전자를 기여(donate)한다. 이제 전기전도도를 제어하는 에너지갭은 E_g가 아닌 E_d이다(표 19-6). 그리고 도너 전자들이 전도대로 들어가는 과정에서는 정공이 생성되지 않는다. 열적 에너지에 의해 전자가 가전자대에서 전도대로 여기되는 경우에 전자-정공 쌍을 만드는 것은 여전히 유효하지만, 전자-정공 쌍의 수는 고온에서만 의미가 있다.

***p*-형 반도체** 갈륨이나 보론처럼 세 개의 가전자를 갖는 불순물을 Si나 Ge에 첨가하면, 공유결합에 참여할 전자가 부족하게 된다. 그러면 가전자대에 정공이 생기며, 이 정공은 가전자대의 다른 곳에 있는 전자에 의해 채워질 수 있다(그림 19-14). 즉, 가전자대에 생성된 정공은 전자를 받아들이는 억셉터(acceptor)로서 작용한다. 이러한 정공 자리는 정상적인 에너지보다 약간 높은 에너지를 가지며, 가전자대 바로 위에 억셉터준위를 형성한다(표 19-6). 전자는 E_a의 에너지만 얻으면 가전자대에 정공을 만들 수 있고, 이렇게 생성된 정공은 전하를 운반하게 된다. 이것은 p-형 반도체로 알려져 있다.

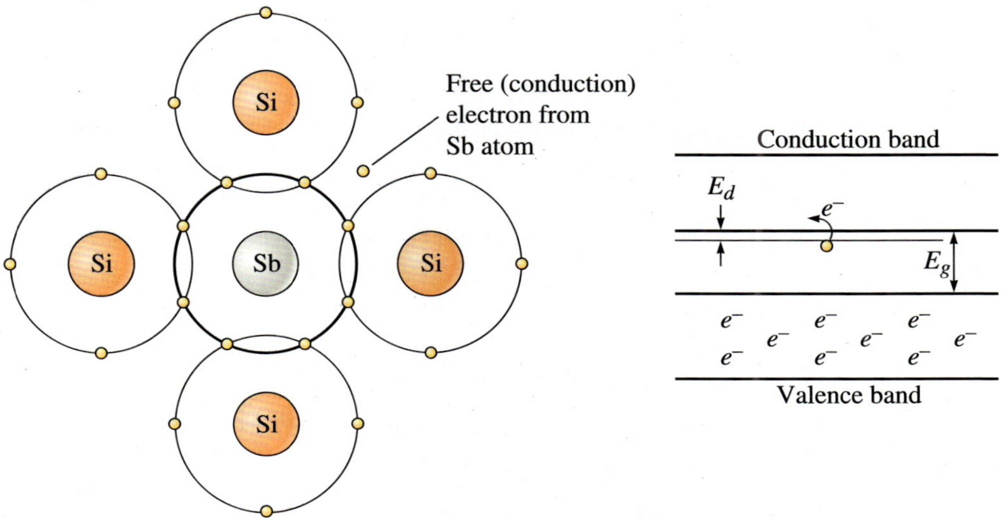

그림 19-13 4보다 큰 원자가를 가진 도펀트 원자가 실리콘에 첨가되면 여분의 전자가 도입되고 도너 에너지 상태가 형성된다. 그러면 전자들은 더욱 쉽게 전도대로 여기될 수 있다.

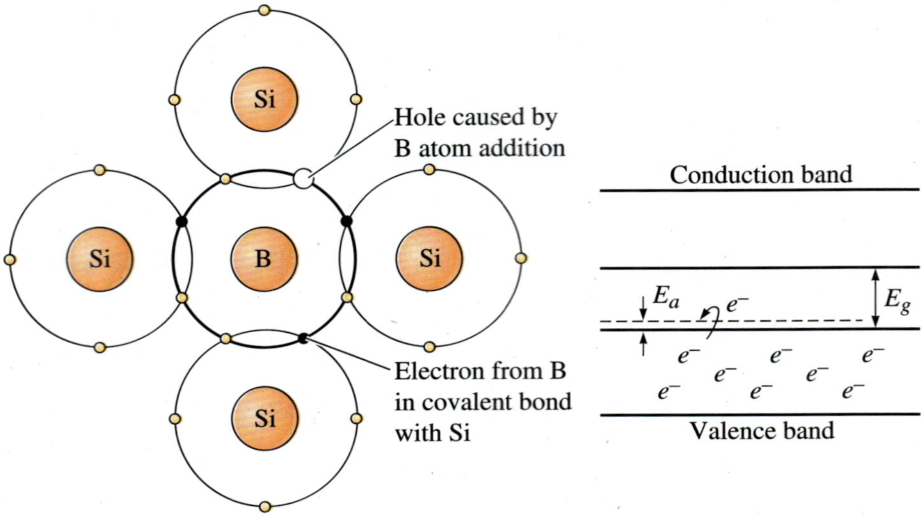

그림 19-14 4보다 작은 원자가를 가진 도펀트 원자가 실리콘 구조에 치환되어 들어오면, 구조에 정공이 생성되고 가전자대 바로 위에 억셉터 에너지준위가 형성된다.

표 19-6 실리콘 및 게르마늄 반도체가 도핑되었을 때 도너 및 억셉터 에너지준위(eV)

도펀트(dopant)	실리콘(Si)		게르마늄(Ge)	
	E_d	E_a	E_d	E_a
P	0.045		0.0120	
As	0.049		0.0127	
Sb	0.039		0.0096	
B		0.045		0.0104
Al		0.057		0.0102
Ga		0.065		0.0108
In		0.160		0.0112

전기적 중성 외인성반도체에서는 전체적으로 전기적중성이 유지되어야 한다. 그러므로 단위부피당 도너원자의 수(N_d)와 정공의 수(p_{ext})의 합은(둘 다 양극전하) 단위부피당 억셉터원자의 수(N_a)와 전자의 수(n_{ext})의 합과(둘 다 음극전하) 같아야 한다.

$$p_{ext} + N_d = n_{ext} + N_a$$

이 식에서, n_{ext}와 p_{ext}는 외인성반도체에서 전자와 정공의 농도이다.

만약 외인성반도체가 심하게 n-형으로 도핑되었다면($N_d \gg n_i$), $n_{ext} \approx N_d$이다. 마찬가지로 심하게 억셉터원자로(p-형으로) 도핑된 반도체가 있다면, $N_a \gg p_i$이므로 $p_0 \approx N_a$이다. 이것은 상당한 양의 도펀트(dopant)를 첨가할 수 있다는 뜻이고, 도펀트의 농도를 조절하여 반도체의 전도도를 조절할 수 있다는 중요한 의미를 가지고 있다.

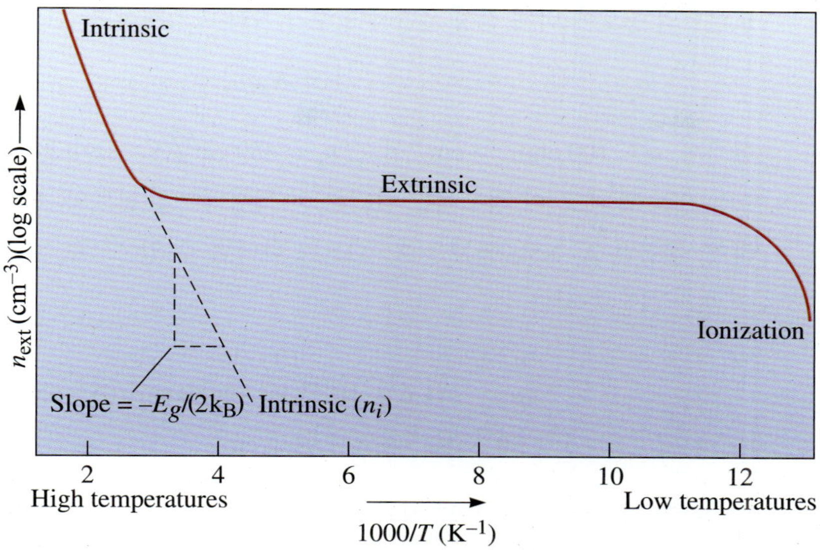

그림 19-15 n-형 반도체의 운반자 농도에 미치는 온도의 영향. 저온에서 도너 원자는 이온화하지 않는다. 온도가 상승하면 이온화 과정이 완성되고 운반자의 농도가 도핑에 의해 설정된 수준으로 증가한다. 그 이후에 온도가 너무 높아져 열적으로 생성되는 운반자가 지배적으로 될 때까지 전기전도도는 근본적으로 일정하게 유지된다. 매우 고온에서는 도펀트의 효과는 사라지고 반도체는 본질적으로 '진성' 거동을 보여준다.

온도에 따른 운반자의 농도변화를 그림 19-15에 나타내었다. 이로부터 외인성반도체의 대략적인 전도도 변화는 이해하기 쉽다. 온도가 너무 낮으면 도너 또는 억셉터원자는 이온화하지 않고, 따라서 전도도는 매우 낮다. 온도가 증가하기 시작함에 따라 도너(또는 억셉터)에 의해 공급된 전자(또는 정공)에 의해 전도가 가능해진다.

충분히 높은 온도에서, 전도도는 거의 온도와 무관하다('외인성'으로 표기된 영역). 일정한 영역에서의 전도도 값은 도핑의 수준에 따라 달라진다. 온도가 너무 높아지면 본질적으로 도펀트 효과가 사라지기 때문에 진성반도체에 가깝게 거동한다. 여기에서는 전자와 정공의 이동도에 미치는 도펀트 농도의 영향과 밴드갭의 온도의존성은 고려하지 않았다. 매우 높은 온도에서는(그림 19-15에 나타나지 않음) 운반자의 산란이 지배적이기 때문에 전도도가 다시 감소한다.

예제 19-5 반도체의 설계

일정한 온도 범위에서 100 $ohm^{-1} \cdot cm^{-1}$의 일정한 전기전도도를 갖는, 실리콘을 기반으로 하는 p-형 반도체를 설계하라. 요구되는 억셉터원자의 농도를 실리콘원자의 농도와 비교하라.

풀이

원하는 전도도를 얻기 위해서는 실리콘을 +3의 원자가를 가진 원자로 도핑해야 하며, 요구되는 전하운반자의 수를 확보할 수 있도록 충분한 도펀트를 첨가해야 한다.

도펀트의 농도에 비해 진성 운반자의 수가 작다고 가정하면, 전도도는 다음과 같다.

$$\sigma = N_a q \mu_p$$

여기서, $\sigma = 100\ \text{ohm}^{-1} \cdot \text{cm}^{-1}$이고, $\mu_p = 480\ \text{cm}^3/(\text{V} \cdot \text{s})$이다. 전자와 정공의 이동도는 반도체 재료(이 경우에는 실리콘)의 특성이고 도펀트의 종류에 무관함에 주목하라. 쿨롱은 A · s로, 볼트는 A · Ω으로 나타낼 수 있으므로, 요구되는 전하운반자의 수는 다음과 같다.

$$N_a = \frac{\sigma}{q\mu_p} = \frac{100\ \text{ohm}^{-1} \cdot \text{cm}^{-1}}{(1.6 \times 10^{-19}\ \text{A} \cdot \text{s})[480\ \text{cm}^2/(\text{A} \cdot \text{ohm} \cdot \text{s})]}$$
$$= 1.30 \times 10^{18}\ \text{억셉터 원자/cm}^3$$

실리콘의 격자상수는 도핑의 결과에 무관하게 일정하게 유지된다고 가정하면,

$$N_d = \frac{(1\ \text{정공/도펀트 원자})(x\ \text{도펀트 원자/Si 원자})(8\ \text{Si 원자/단위정})}{(5.4307 \times 10^{-8}\ \text{cm})^3/\text{단위정}}$$
$$x = (1.30 \times 10^{18})(5.4307 \times 10^{-8})^3/8 = 26 \times 10^{-6}\ \text{도펀트 원자/Si 원자}$$
$$\text{또는 } 26\ \text{도펀트 원자}/10^6\ \text{Si 원자}$$

가능한 도펀트로는 보론, 알루미늄, 갈륨, 인듐이 있다. 100만 개의 실리콘원자당 26개의 도펀트원자만이 필요하기 때문에 고순도 화학물질과 청정실 조건이 공정에 필수적이다.

보통 (밴드갭이 상당히 크기 때문에) 절연에 사용되는 많은 다른 재료들이 도핑에 의해 반도체로 만들어질 수 있다. 이런 예로 $BaTiO_3$, ZnO, TiO_2와 기타 많은 산화물들을 들 수 있다. 따라서 n-형 및 p-형 도펀트 개념은 Si, Ge, GaAs 등에 국한 되지 않는다. 예를 들어, $BaTiO_3$도 도핑하여 n-형 또는 p-형 $BaTiO_3$를 만들 수 있다. 이런 재료들은 서미스터(thermistor)와 같은 다양한 센서 용도에 유용하다.

직접 및 간접 밴드갭 반도체 직접밴드갭(direct bandgap) 반도체에서는 전자가 모멘텀의 변화 없이 전도대에서 가전자대로 여기될 수 있다. 직접밴드갭 반도체의 한 예가 GaAs이다. 여기된 전자들이 가전자대로 떨어질 때, 전자들과 정공들이 결합하여 빛을 방출한다. 이것을 발광성 재결합(radiative recombination)이라 한다. 따라서 GaAs와 그 고용체(GaAs-AlAs 등)와 같은 직접밴드갭 재료들은 다양한 색깔의 발광 다이오드(light-emitting diode, LED)를 만드는 데 사용된다. 반도체의 밴드갭은 고용체를 사용하여 조정할 수 있다. 밴드갭의 변화는 파장의 변화를 가져온다[예를 들어, $E_g = h\nu$이므로 색의 주파수(ν)는 밴드갭 E_g와 관계가 있다. 여기서, h는 플랑크상수]. 이렇게 전

자재료를 사용하여 광학적인 효과를 얻을 수 있기 때문에 직접밴드갭 재료는 종종 광전자재료로 알려지기도 한다(제21장). 다수의 레이저와 LED들은 이러한 재료들을 이용하여 발전되어 왔다. 적외선 영역에서 발광하는 LED는 광섬유 통신시스템에서 사용되어 빛을 전기신호로 변환한다. GaN을 사용한 청색 레이저와 같은 다양한 색상의 레이저가 직접밴드갭 반도체를 사용하여 개발되었다.

간접밴드갭(indirect bandgap) 반도체(예: Si, Ge, GaP 등)에서는 직접 밴드갭 반도체와는 달리 전자가 모멘텀의 변화 없이 가전자대로 여기될 수 없다. 결과적으로, 간접밴드갭을 가지는 재료(실리콘 등)에서는 발광이 일어나지 않는다. 대신에 전자와 정공의 결합은 재료 내에서 사라지는 열을 발생한다. 이는 비발광성 재결합(nonradiative recombination)으로 알려졌다. 직접 및 간접 밴드갭 재료 모두 도핑되어 n-형 또는 p-형 반도체가 될 수 있다는 점에 유의하라.

19-5 반도체의 응용

반도체를 이용하여 다이오드, 트랜지스터, 레이저, LED를 만든다. p-n접합은 트랜지스터와 같은 많은 소자들을 만드는 데 사용된다. p-형 반도체에서 n-형 영역을(또는 그 반대를) 생성함으로써 p-n접합을 형성한다[그림 19-16(a)]. n-형 영역은 비교적 많은 자유전자를 포함하고 있는 반면 p-형 영역은 상대적으로 많은 정공을 포함하고 있다. p-형 영역과 n-형 영역 사이의 농도구배는 n-형 재료로부터 p-형 재료로 전자의 확산과 p-형 재료로부터 n-형 재료로 정공의 확산을 야기한다. p-형과 n-형 영역이 만나는

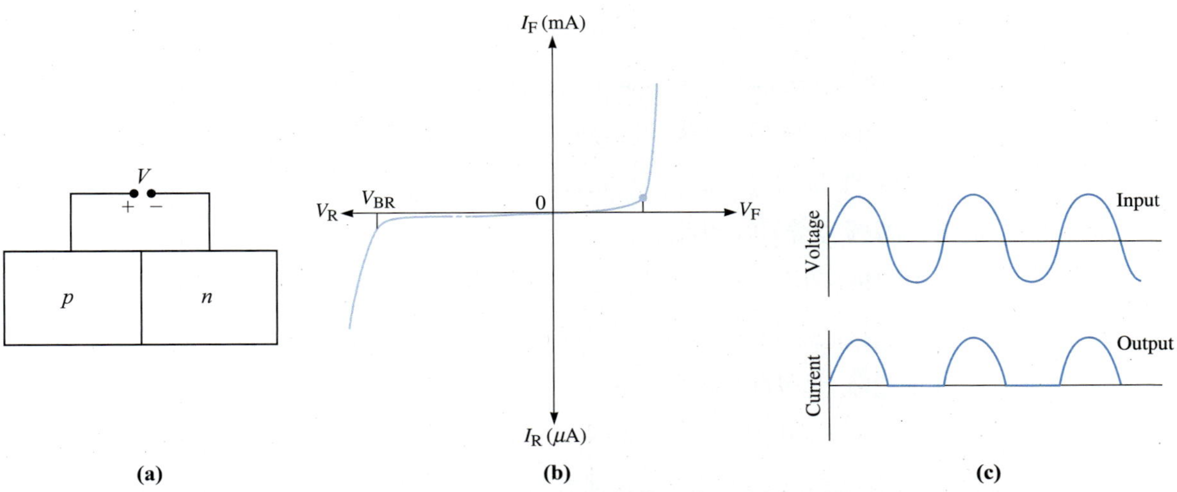

그림 19-16 (a) 순방향 바이어스 p-n접합, (b) p-n접합의 전류-전압 특성. 제1사분면과 제3사분면에서 다른 스케일에 주목하라. 충분히 높은 역방향 바이어스 전압에서 브레이크다운(breakdown)이 발생하며 고 전류가 흐를 수 있다. 이것은 흔히 소자를 파괴한다. (c) 만약 교류신호가 가해지면 정류가 생기고, 입력신호의 절반만이 정류기를 통과한다. (출처: *Thomas L. Floyd,* Electronic Devices *(Conventional Flow Version), 6th, Pearson Education, 2002.*)

접합부에서 n-형 재료의 자유전자는 p-형 재료의 정공과 재결합된다. 이는 접합부에 고갈영역(depleted region)을 생성하며 거기에서는 전하운반자의 수가 낮고 따라서 비저항이 높다. 결과적으로, 접합부의 n-측에서 노출된 양이온과 p-측에서의 노출된 음이온과 의해 전기장이 형성된다. 전기장이 더 이상의 확산을 막아준다.

전기적으로 p-n접합 반도체는 p-측이 양극에 연결되어 있을 때 작동한다. 이 순방향 바이어스 상태는 그림 19-16(a)에 나타내었다. 인가된 전압이 고갈영역의 전기장에 직접적으로 대응하면, 전자는 n-측으로부터 고갈영역을 거쳐 p-측으로 확산할 수 있으며 동시에 정공은 p-측으로부터 고갈영역을 거쳐 n-측으로 확산할 수 있다. 반면에 p-n접합 반도체의 p-측에 음극 바이어스가 가해지면(역방향 바이어스) p-n접합 반도체에는 전류가 거의 흐르지 않는다. 음극 바이어스에 의한 운반자의 부족으로 인하여 고갈영역은 쉽게 커진다. 바이어스가 인가되지 않을 경우 p-n접합 반도체를 통해 전기가 흐를 수 없다. 순방향 바이어스 전류는 수 mA까지 높을 수 있지만 역방향 바이어스 전류는 nA정도로 낮다.

p-n접합의 전압-전류(I-V) 특성을 그림 19-16(b)에 나타내었다. p-n접합은 오직 한 방향으로 전류가 흐르는 것을 허용하므로 교류전류의 절반만을 통과시켜 교류전류를 직류로 변환시킨다[그림 19-16(c)]. 이런 접합을 정류기 다이오드(rectifier diode)라고 한다.

바이폴라접합 트랜지스터 p-n접합을 기반으로 만들어진 두 가지 형태의 트랜지스터가 있다. 트랜지스터(transistor)라는 용어는 '이동(transfer)'과 '저항(resistance)'이라는 두 단어에서 비롯되었다. 트랜지스터는 스위치나 증폭기로 사용할 수 있다. 첫 번째 형태로서 바이폴라접합 트랜지스터(bipolar junction transistor, BJT)가 있다. 이것은 종종 대형 컴퓨터의 중앙연산장치(central processing unit, CPU)에 사용된다. 바이폴라접합 트랜지스터는 그림 19-17(a)에서 보듯이 n-p-n 또는 p-n-p 형태로 반도체 재료가 샌드위치 구조를 하고 있다. 이 트랜지스터에는 이미터(emitter), 베이스(base), 컬렉터(collector)의 세 영역이 있다. p-n접합에서처럼, 초기에 전자들은 n-형 재료에, 정공은 p-형 재료에 집중되어 있다.

그림 19-17(b)은 n-p-n 트랜지스터와 전기회로를 개략적으로 보여준다. 증폭하고자 하는 전기신호는 베이스와 이미터 사이에 연결되며, 이 두 영역 사이에는 낮은 전압이 걸린다. 트랜지스터의 출력 또는 증폭된 신호는 이미터와 컬렉터 사이에 연결되며, 높은 전압에서 작동한다. 회로는 이미터와 베이스 사이에는 순방향 바이어스가 걸리고(p-형 베이스 쪽에 양전압), 베이스와 컬렉터 사이에는 역방향 바이어스가 걸리도록(n-형 컬렉터 쪽에 양전압) 연결되어 있다. 순방향 바이어스는 전자들이 이미터를 떠나 베이스로 들어가도록 해준다.

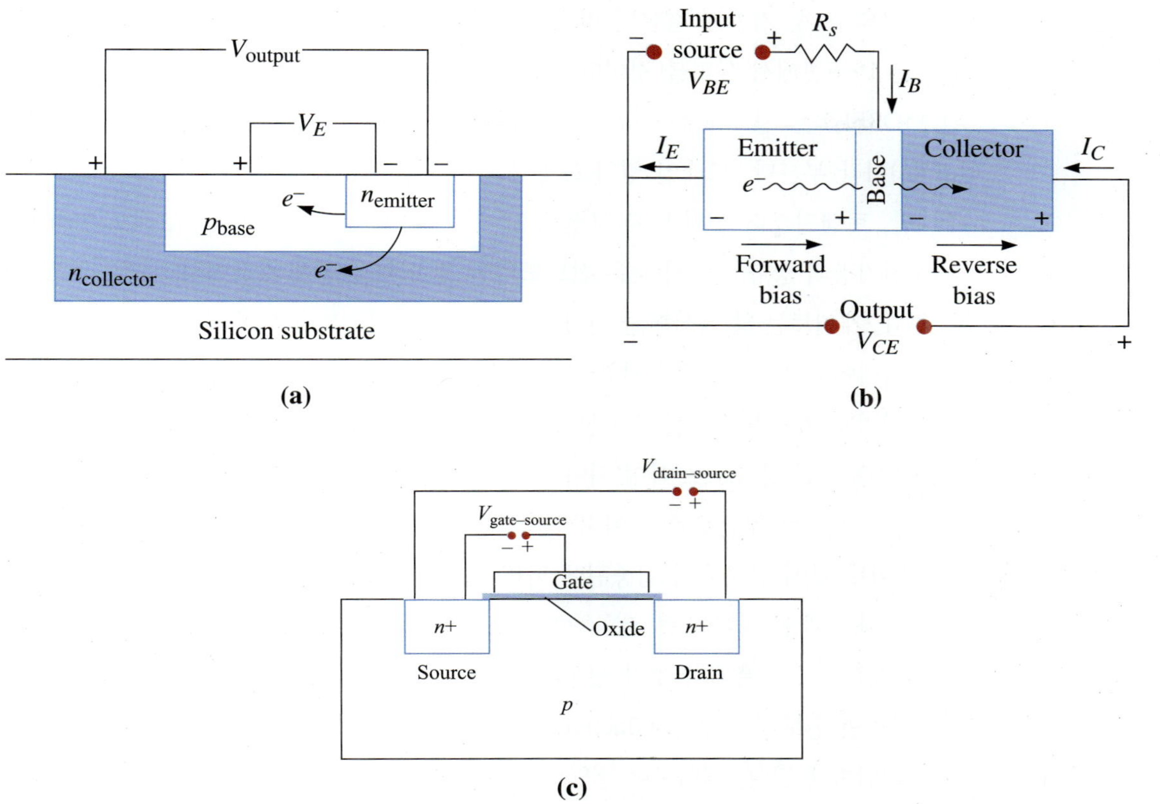

그림 19-17 (a) 트랜지스터의 단면 스케치. (b) n-p-n 바이폴라접합 트랜지스터 회로. 입력은 순방향과 역방향 바이어스를 생성시켜 전자를 이미터로부터 베이스를 통과하여 컬렉터로 움직이게 하면서 증폭된 출력을 만들어낸다. (c) 금속산화물반도체 전계효과 트랜지스터(MOSFET)의 단면 스케치.

전자와 정공들은 베이스에서 재결합하려고 한다. 그러나 베이스가 극히 얇고 살짝 도핑되어 있으면, 또는 재결합시간 τ가 길면, 거의 모든 전자들이 베이스를 통과하여 컬렉터로 들어간다. 베이스와 컬렉터 사이의 역방향 바이어스는 컬렉터를 통과하는 전자들을 가속시키고, 회로가 완성되면서 출력신호가 생성된다. 컬렉터를 통해 흐르는 전류(I_c)는 다음과 같이 주어진다.

$$I_c = I_0 \exp\left(\frac{V_E}{B}\right) \tag{19-14}$$

여기서, I_0와 B는 상수이고 V_E는 이미터와 베이스 사이의 전압이다. 입력전압 V_E가 증가하면 매우 큰 전류 I_c가 발생한다.

전계효과 트랜지스터 두 번째 형태의 트랜지스터는 오늘날 거의 모든 데이터 저장 및 처리 장치에 폭넓게 사용되는 전계효과 트랜지스터(field effect transistor, FET)이다. 금속산화물반도체(MOS) 전계효과 트랜지스터(또는 MOSFET)는 두 개의 심하게 도핑된 n-형 영역이 하나의 p-형 기판에 또는 두 개의 심하게 도핑된 p-형 영역이 하나의 n-형 기판에 결합된 형태로 구성되어 있다. (이러한 장치를 형성하는 제조 공정은 19-6절에서 살펴볼 것이다.) 두 개의 n-형 영역에 하나의 p-형 기판으로 구성된 MOSFET을 생각해보자. n-형 영역 중 하나는 소스(source), 다른 하나는 드레인(drain)이라 부른다. 드레인 영역을 양극으로 하여 소스와 드레인 사이에 전압을 걸어 주지만, 트랜지스터의 세 번째 구성요소(게이트라고 부르는 도체)의 부재로 인하여 전자는 전기장의 영향 아래서 낮은 전도도의 p-형 영역을 통해 소스에서 드레인으로 흐를 수 없다. 게이트는 얇은 산화물 절연층에 의해 반도체로부터 분리되며, 두 n-형 영역 사이의 거리에 걸쳐 있다. 진보된 소자 구조에서, 절연체는 몇 개 원자 층에 불과한 두께와 순수 실리카 이외의 재료를 포함한다.

게이트 쪽을 양극으로 하여 게이트와 소스 사이에 전압을 걸어 준다. 퍼텐셜에 의해 전자들이 게이트 부근으로 모이지만, 실리카 때문에 전자들은 게이트로 들어갈 수 없다. 게이트 밑에 전자들이 집중됨에 따라 이 영역은 더욱 전도성이 강해지며, 이로 인해 소스와 드레인 사이에 큰 전위차가 생겨 전자들이 소스로부터 드레인으로 흐르게 되고, 결과적으로 증폭된 신호가 생성된다('on' 상태). 게이트와 소스 사이의 입력전압을 변화시키면 전도성 경로(conductive path)에 있는 전자의 수가 변하며, 이에 따라 출력 신호도 변하게 된다. 게이트에 전압이 걸리지 않으면, 전자는 소스와 드레인 사이의 구역으로 모이지 않으므로, 소스로부터 드레인으로 전류가 흐리지 않게 된다('off' 상태).

19-6 집적회로 공정의 일반적인 개요

집적회로(ICs, 마이크로칩으로도 알려짐)는 두께 1 mm 이하, 직경 300 mm 원반형 웨이퍼 기판의 표면에 제작된 수많은 전자부품으로 구성되어 있다. 집적회로에서 관찰되는 두 개의 특별히 중요한 부품은 19-5절에서 언급하였던 전기스위치로 사용할 수 있는 트랜지스터와 디지털 포맷으로 데이터를 저장할 수 있는 커패시터이다. 각 웨이퍼는 수백 개의 칩을 포함할 수 있다. 인텔의 잘 알려진 Xeon™ 마이크로프로세서가 개별 칩의 좋은 예이다.

1960년대 초에 처음으로 개발되었을 때, 집적회로는 불과 몇 개의 전자부품으로 구성되어 있었지만, 현대적인 IC는 우표크기만 한 좁은 면적에 수십억 개의 부품을 포함할 수 있다. 오늘날 IC 부품(또는 소자)의 가장 작은 치수는 원자크기로 다가가고 있다. 부품당 가격의 급격한 감소와 동시에 이룩된 복잡성과 정교함의 증가에 힘입어 현재 우리가 살고 있는 정보기술 시대가 가능해졌다. 이런 성과가 없었다면, 현대 일상의 아이콘으로 존재하는 것들 중 단지 일부만 손꼽아 보더라도 휴대전화, 인터넷, 사무용 컴퓨터, 의료영상 장치와 휴대용음악 장치와 같은 것들은 아마 존재하지 않았을 것이다. 오늘날 인류는 매년 쌀알보다 더 많은 트랜지스터를 생산하는 것으로 추정된다.

현대적인 집적회로 제조의 초기부터, IC를 구성하는 개별 구성요소 크기의 축소는 이 분야에 종사하는 연구자 및 기술자들의 목표가 되어 왔다. 이러한 경향에 대한 일반적인 표현은 '무어의 법칙(Moore's law)'으로 알려져 있고, 1965년 출판된 논문의 저자인 고든 무어(Gordon Moore)의 이름을 따서 명명되었다. 인텔사의 공동설립자이기도 한 무어는 이 논문에서 칩을 구성하는 부품 수의 급속한 성장은 미래에도 같은 추세를 나타낼 것으로 예측하였다. 그가 옳았으며, 40년이 지난 후에도 그가 예측한 일반적인 추세가 여전히 입증되고 있다.

결과로서, 예를 들면, 우리는 마이크로프로세서 하나당 트랜지스터의 수가 수천에서 수억으로 성장하는 것을 보고 있으며, DRAM(dynamic random access memory) 칩은 수십억 개의 트랜지스터 단계를 지났음을 알고 있다. 이것은 특히 달러당 가격을 기준으로 할 때 전자시스템의 능력에 엄청난 발전을 가져왔다. 이 기간 동안 칩 위에 놓인 모든 부품들의 다양한 치수가 축소되었고, 이제 어떤 치수는 심지어 나노미터 단위로 측정될 정도로 작아졌다. 이러한 스케일의 축소는 무어의 법칙을 지속적으로 뒷받침하고 있으며, IC 설계 및 제조의 거의 모든 측면에서 중요한 역할을 하고 있다. 이러한 발전을 유지하기 위해 경제적으로나 인적으로 모두 엄청난 자원의 투입이 요구된다. IC공정 도구(그리고 그것들이 놓인 물리적 환경)는 더 작은 크기의 소자를 신뢰성 있게 제조해야 하는 요구를 만족시키기 위해 순차적으로 개발되었다.

집적회로의 제작은 수백 개의 개별 처리공정 단계를 포함하며 효과를 나타내기 위해 몇 주가 소요된다. 대부분의 경우, 같은 유형의 공정단계가 약간의 변화와 함께 계속해서 반복되며 가끔씩 다른 공정단계의 삽입을 통해서 집적회로를 만든다. 기판 위에 재료의 박막증착 방법을 포함한 이러한 '단위공정(unit processes)' 과정은, 재료의 층 내에 복잡한 패턴을 정의하고 생성하는 것을 의미하며, 정밀한 양의 도펀트를 재료의 층이나 혹은 웨이퍼의 표면에 주입하는 방법을 의미한다. 이러한 공정의 일부에서는 길이스케일이 원자크기까지 접근하고 있다.

이러한 단위공정에서 사용되는 장비들은 지금까지 고안된 것 중에서도 가장 정교하고 고가인 기기들이며, 그중 많은 것들은 수술실에서 측정되는 것보다 몇 배나 낮은 수준의 먼지와 오염 수준이 요구되는 청정실(clean room)에서 가동되어야 한다. 오늘날 IC제조 설비구축을 위해서는 수십억 달러가 요구될 수 있다.

실리콘웨이퍼는 Czochralski 성장기술을 이용하여 가장 흔히 성장된다[그림19-18(a)]. 작은 씨앗(seed) 결정이 매우 큰 실리콘 단결정을 성장시키기 위해 사용된다. 씨앗 단결정을 천천히 회전시키면서 용융 실리콘 욕조에 삽입하고 이어서 잡아당긴다. 씨앗 단결정이 후퇴함에 따라 실리콘 원자는 요구되는 성장 방향으로 씨앗 단결정에 달라붙는다. 부유대(float zone) 방법 및 액체피포성 Czochralski 방법 또한 사용된다. 균일하게 도핑되고 본질적으로 전위가 없는 단결정의 전기적 특성이 다결정 실리콘에 비해

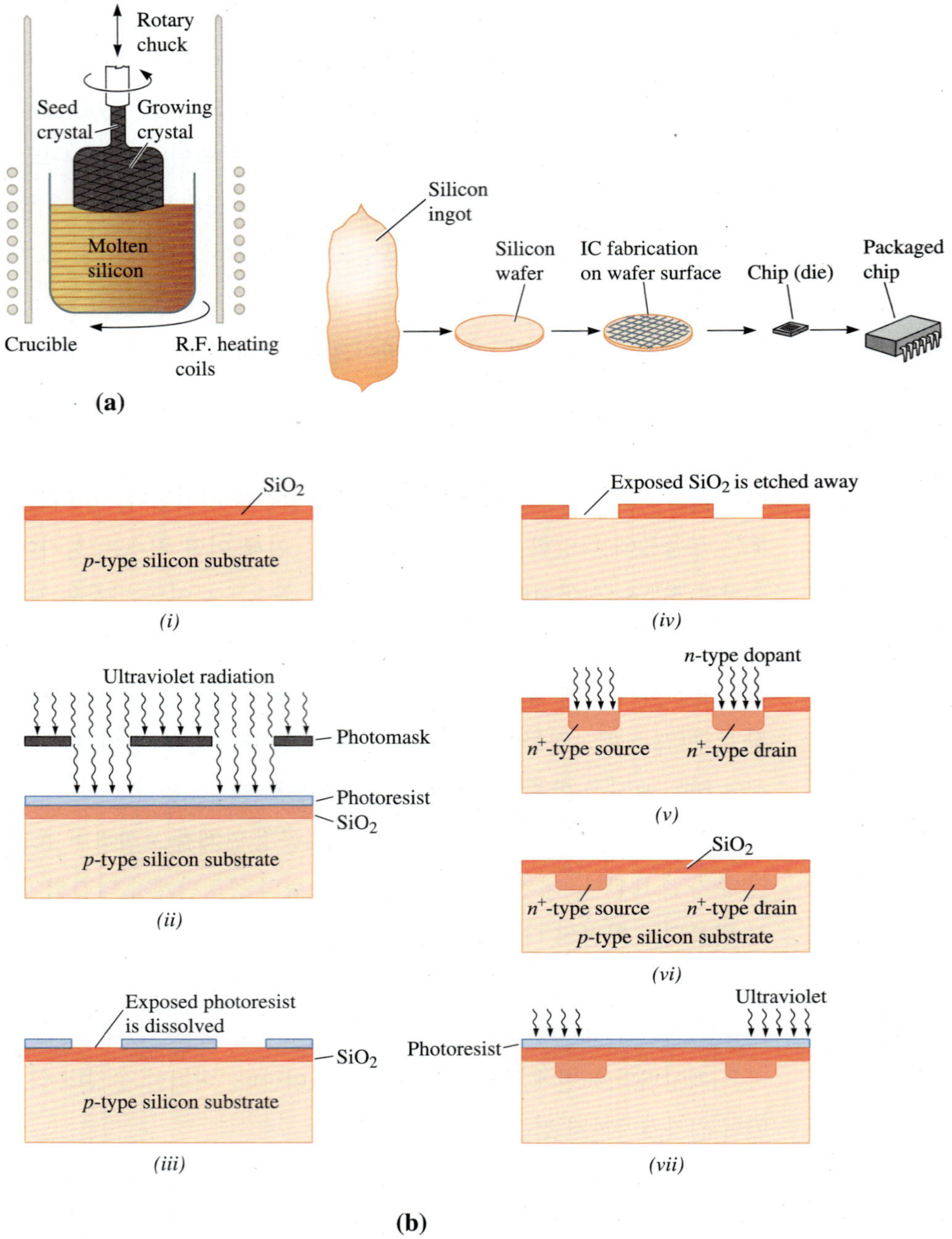

그림 19-18 (a) 실리콘 단결정을 성장시키기 위한 Czochralski 성장기술. (출처: Microchip Fabrication, *Third Edition, by P. VanZant, McGraw-Hill, 1997.*) (b) 반도체 제조공정에서 마주치는 전반적인 단계들. FET 반도체소자의 제조. (i) p-형 실리콘 기판을 산화시킨다. (ii) 포토리소그래피(photolithography)로 알려진 공정에서 자외선이 스텐실과 비슷한 포토마스크(photomask)를 통과하면서 표면에 이미 증착해 둔 감광성(photosensitive) 재료인 포토레지스트(photoresist)를 노출시킨다. (iii) 노출된 포토레지스트 층은 용해된다. (iv) 노출된 실리카(silica)는 에칭에 의해 제거된다. (v) n-형 도펀트가 도입되어 소스(source)와 드레인(drain)을 만든다. (vi) 실리콘을 다시 산화시킨다. (vii) 소자에 전기적 연결을 포함한 다른 구성요소들을 포함시키기 위해 포토리소그래피를 반복한다. (출처: Fundamentals of Modern Manufacturing, *by M. P. Groover, John Wiley & Sons, Inc., 1996.*)

더 잘 정의되기 때문에 단결정이 선호된다.

상당한 비용과 전문기술을 요구하는 실리콘웨이퍼의 제작 이후에도 IC 제작절차의 중요한 4단계가 있다. 첫째, 반도체 웨이퍼 가장 위쪽 표면에 전기소자(트랜지스터)를 만들어내는 단계로 이루어진 '프런트 엔드(front end)' 공정이다. 웨이퍼 두께 대부분은 단지 기계적 지지체로서 존재하고, 전기적으로 활성인 요소들은 표면에 형성되며, 통상 웨이퍼 표면의 천분의 몇 밀리미터 정도까지만 들어간다는 점에 주목하는 것이 중요하다. '프런트 엔드' 공정은 수백 혹은 그 이상의 단계를 포함할 수 있다. 전계효과 트랜지스터 제작을 위한 표본적인 프런트 엔드 공정단계를 그림 19-18(b)에 개략적으로 보여준다.

'백 엔드(back end)' 공정은 웨이퍼의 표면 또는 표면 바로 위에서 인터커넥션(interconnection)의 네트워크를 형성하는 과정이다. 인터커넥션은 정밀한 네트워크로 패턴된 웨이퍼 위에 증착된 박막재료에 만들어진다. 이것들은 IC가 동작하기 위해 또한 수학 및 논리 연산을 수행하거나 데이터를 저장하고 검색하기 위해 필요한 전기신호가 각각의 전자부품 사이를 통과할 수 있도록 3차원 전도성 경로를 제공한다. '백 엔드' 공정은 기계적, 환경적 손상으로부터 보호하기 위해 웨이퍼에 보호막을 적용함으로써 끝이 난다. IC 제작의 특징 중 하나는 수백만에서 수십억 개별 구성요소를 포함하는 각각 몇 백 개에서 몇 천 개 IC로 구성된 다수의 웨이퍼들이 동시에 만들어진다는 것이다.

일단 '백 엔드' 공정이 끝나면, 웨이퍼는 그 자체로서의 웨이퍼와 각각의 칩을 평가하기 위한 테스트 과정을 거치게 된다. 칩당 부품의 개수가 증가하고 부품의 크기가 감소함에 따라 테스트 과정은 자체적으로 더 복잡해지고 전문화된다. 제대로 작동하는 칩의 분율이 너무 작으면 해당 웨이퍼는 폐기한다.

작동하는 IC 제작의 마지막 단계는 통칭하여 '패키징(packaging)'이라 알려져 있으며, 이 과정에서 웨이퍼는 각각의 물리적으로 구분되는 개별 칩을 만들기 위해 절단되어 분리된다. 손상이나 부식 등으로부터 칩을 보호하기 위해, 또한 전기신호가 칩을 드나들 수 있도록 칩 자체보다 아주 조금 더 큰 특별한 밀폐용기에 넣고 봉한다. 하나의 마이크로프로세서에 의해 구동되는 컴퓨터는 다른 많은 기능을 위한 여러 종류의 칩을 포함한다.

19-7 박막의 증착

19-6절에서 언급했듯이, 집적회로 제작은 부분적으로 기판 위에 재료의 박막(thin films) 증착에 의존한다. 이것은 필름, 코팅, 또는 절삭공구의 내마모 코팅과 같은 재료들의 다른 박막층, 광학부품에서 반사방지 코팅, 데이터 저장용 알루미늄 디스크 위에 자성재료 층의 증착과 같은 많은 기술에서도 유사하게 적용된다. 박막은 그것에 대응되

는 벌크 재료에 비해 매우 다른 미세구조와 물리적 성질을 보이며, 이 특징들은 여러 방식으로 활용될 수 있다. 박막의 제작, 연구, 사용은 현대적인 기술에 엄청난 영향을 미치는 재료과학/공학에서 굉장히 넓은 분야를 대표한다.

이름에서 알 수 있듯이 박막은 다른 두 치수(dimension)에 비해 한 치수가 매우 작음을 뜻한다. '얇은(thin)'이라는 말의 상한선은 잘 정의되어있지 않지만, 일상적으로 현대적인 기술에서는 마이크로미터 아래에서 원자크기까지의 두께를 지칭하고 있다. 박막을 증착할 수 있는 무수히 많은 방법이 있지만, 일반적으로 어떤 방법이든지 증착될 재료의 소스(source)를 얻는 것과 소스로부터 증착할 대상체 표면으로 재료를 이동(transport)시키는 것 두 가지 모두 관계된다. 많은 증착기술에서 소스와 대상체는 진공시스템 안에 유지되어야 하는 반면, 어떤 것들에서는 대상체가 액체환경에 놓이도록 요구될 수도 있다.

물리증착(physical vapor deposition, PVD)은 박막성장 기술의 매우 중요한 부류 중 하나이다. PVD는 진공챔버에서 수행되며, 하나 또는 여러 가지 방법에 의해 증착될 재료의 저압 증기가 형성된다. 이 증기의 일부는 대상체 표면에서 응축될 것이며 그리하여 박막으로 증착이 시작된다. 단순하게는 재료를 진공에서 용해하면, 그 증기압에 따라, 때로는 쓸모 있는 박막이 만들어질 수 있다.

스퍼터링(sputtering)은 물리증착 방법의 대표적인 예이며, 집적회로 제작에 있어서 가장 중요한 PVD 방법이다. IC 칩에서 하나의 전자소자로부터 다른 소자로 전기신호를 운반하는 배선(interconnection)은 일반적으로 스퍼터링으로 증착되는 알루미늄합금으로 만들어진다. 스퍼터링은 도체와 절연체 재료 모두 증착할 수 있다.

그림 19-19에서 보듯이 스퍼터링챔버 내부에서 아르곤 또는 그 밖의 기체가 제일 먼저 이온화되고 이어서 전기장에 의해 가속되어 증착될 재료의 소스 쪽으로 향하게 되는데, 이를 '타깃(target)'이라 부른다. 이러한 이온들은 소스 재료의 표면으로부터 원자들을 끌어내어 배출시키며, 그중 일부가 진공을 가로질러 대상체 쪽으로 향한다. 이것들이 표면에 응축되면 증착되었다고 말한다. 스퍼터링 공정을 얼마나 오래 계속하느냐에 따라 수 마이크로미터 두께의 박막을 증착하는 것도 가능하다.

화학증착(chemical vapor deposition, CVD)은 IC 산업에서 널리 사용되는 또 다른 대표적인 기술이다. CVD의 경우 증착될 재료의 소스는 기체 형태로 존재한다. 소스 가스와 기타 가스들이 가열된 진공챔버 내부로 유입되고, 그 안에서 화학반응을 일으켜 생성물로서 원하는 재료를 만들게 된다. 이 생성물은 PVD 공정과 마찬가지로 대상체에 응축되며, 시간이 지남에 따라 재료의 층을 이룬다. 어떤 CVD 공정에서는 화학반응이 대상체의 특정 구역에서 우선적으로 일어날 수 있다. 다결정 실리콘, 텅스텐, 질화티타늄 박막은 일반적으로 IC 제조공정의 일환으로 CVD 방법에 의해 증착된다. 제11장에서 언급한 나노와이어 성장 또한 종종 CVD 공정을 통해 진행되곤 한다.

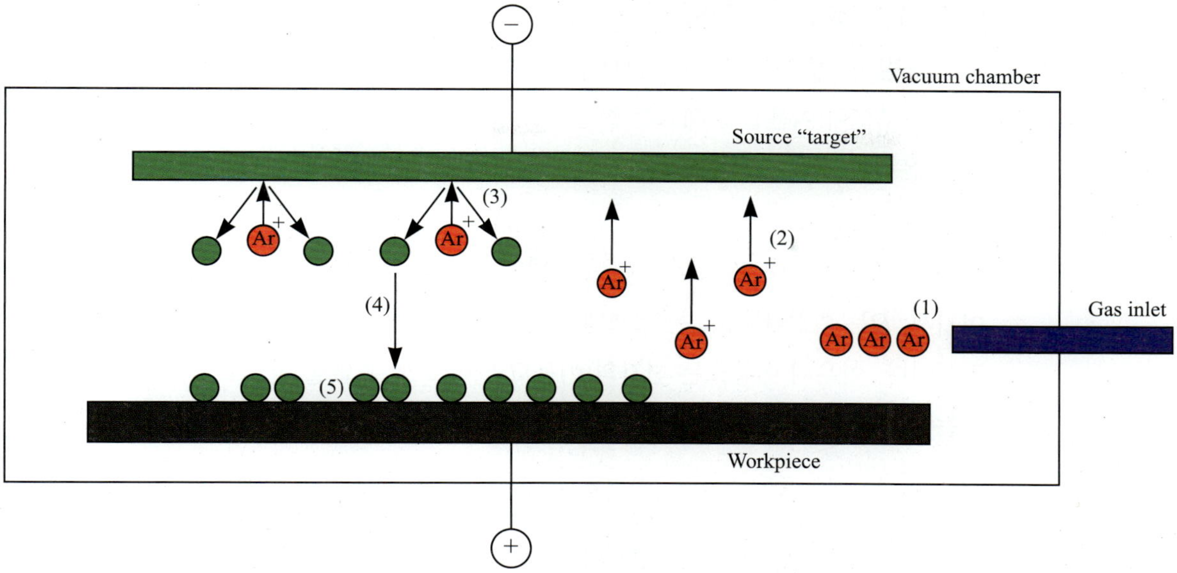

그림 19-19 스퍼터링의 개략도. 대상체와 스퍼터 타깃은 진공챔버 내에 놓인다. (1) 저압에서 아르곤과 같은 가스를 주입한다. 타깃과 대상체 사이에 전기장을 걸면 아르곤 원자의 일부는 이온화된다. (2) 그리고 타깃 쪽으로 가속된다. 모멘텀의 전달에 의해 타깃의 원자가 배출된다. (3) 원자는 갭을 가로질러 대상체 쪽으로 이동한다. (4) 대상체 표면에 응축된다. (5) 그리하여 타깃 원자는 증착되고 마침내 박막을 형성한다. (출처: *John Bravman*)

전해증착(electrodeposition)은 대상체에 박막을 만들어내는 세 번째 방법이다. 비록 매우 오래된 기술이지만 최근 IC 제조, 특히 알루미늄 박막을 대체하여 최신 집적회로에 적용된 구리 박막의 증착을 위해 채택되었다. 전해증착의 경우 소스와 대상체 둘 다 액체전해질에 담가야 하며 외부 전기회로에 의해 연결된다. 소스와 대상체 사이에 전압을 인가하면, 소스재료의 이온들이 전해질 속으로 용해되어 전기장의 영향 아래 대상체 쪽으로 이동하고, 대상체 표면에 화학적으로 결합된다. 시간이 지나면 박막이 증착된다. 어떤 상황에서는 외부 전기장이 요구되지 않을 수도 있다. 이것을 무전해증착이라 부른다. 전해증착과 무전해증착은 종종 '도금(plating)'이라 지칭되며, 증착된 박막은 종종 대상체에 '플레이트 아웃(plate out)'되었다고 말한다.

19-8 다른 재료의 전도도

세라믹과 고분자의 전기전도도는 대부분의 경우 매우 낮다. 그러나 특별한 재료들은 제한된 또는 심지어 좋은 전도도를 갖는다. 제4장에서 세라믹의 결함화학을 설명하는 데 Kröger-Vink 표기법이 어떻게 사용되는지 알아보았다. 도펀트를 사용하여 보통은 절연체인 다수의 세라믹(예: $BaTiO_3$, TiO_2, ZrO_2)을 전도성 산화물로 변환시키는 것이 가능하다. 이러한 재료들의 전기전도는 이온이나 전자, 정공의 이동에 의해 발생할 수 있다.

이온결합 재료의 전기전도 이온결합 재료는 에너지갭이 너무 커서 전자들이 전도대로 이동할 수 없기 때문에 전기전도가 종종 이온 전체의 이동에 의해서 일어난다. 그러므로 대부분의 이온결합 재료는 절연체가 된다.

이온결합 재료에서 전하운반자인 이온의 이동도는 다음과 같다.

$$\mu = \frac{ZqD}{\mathrm{k_B}T} \tag{19-15}$$

여기서, D는 확산계수, $\mathrm{k_B}$는 볼츠만상수, T는 절대온도, q는 전자의 전하, Z는 이온의 전하이다. 이온의 이동도는 전자의 이동도와 비교할 수 없을 정도로 낮다. 따라서 전도도는 아주 작으며, 다음과 같이 표현된다.

$$\sigma = nZq\mu \tag{19-16}$$

이온결합 재료에서, n은 전기전도에 기여하는 이온의 농도이다. 불순물과 공공의 존재는 전도도를 증가시킨다. 공공(vacancy)은 치환형 결정구조에서 확산에 꼭 필요하며, 불순물(impurity) 또한 확산하면서 전류의 흐름을 도울 수 있다. 고온에서는 확산속도가 증가하기 때문에 전도도도 증가한다. 다음의 예제는 MgO의 이동도와 전기전도도 계산을 보여준다.

예제 19-6 **MgO의 이온전도**

MgO의 전기전도도는 Mg^{2+}이온의 확산에 의해 주로 정해진다고 가정하여 Mg^{2+}이온의 이동도를 계산하고 1,800 ℃에서의 MgO 전기전도도를 구하라. 1,800 ℃에서 Mg^{2+}이온의 확산계수는 10^{-10} $\mathrm{cm^2}$이다.

풀이

MgO에 대한 $Z = 2/\mathrm{ion}$, $q = 1.6 \times 10^{-19}$ C, $\mathrm{k}_B = 1.38 \times 10^{-23}$ J/K, T = 2,073 K 이다.

$$\mu = \frac{ZqD}{\mathrm{k}_BT} = \frac{(2)(1.6 \times 10^{-19}\ \mathrm{C})(10^{-10}\ \mathrm{cm^2/s})}{(1.38 \times 10^{-23}\ \mathrm{J/K})(2{,}073\ \mathrm{K})} = 1.12 \times 10^{-9}\ \mathrm{C \cdot cm^2/(J \cdot s)}$$

쿨롱(Coulomb)은 A · sec와 같고 주울(Joule)은 A · sec · V와 같으므로 다음과 같다.

$$\mu = 1.12 \times 10^{-9}\ \mathrm{cm^2/(V \cdot s)}$$

MgO는 단위정당 네 개의 Mg^{2+}이온을 가지는 NaCl 구조를 하고 있다. 격자상수는 3.96×10^{-8} cm이기 때문에 $\mathrm{cm^3}$당 Mg^{2+}이온의 수는 다음과 같다.

$$n = \frac{(4\ \mathrm{Mg^2 + ions/cell})}{(3.96 \times 10^{-8}\ \mathrm{cm})^3/\mathrm{cell}} = 6.4 \times 10^{22}\ \mathrm{ions/cm^3}$$

$$\sigma = nZq\mu = (6.4 \times 10^{22})(2)(1.6 \times 10^{-9})(1.12 \times 10^{-9})$$

$$= 23 \times 10^{-6}\ \mathrm{C \cdot cm^2/(cm^3 \cdot V \cdot s)}$$

쿨롱은 A · sec와 같고 볼트는 A · Ω과 같으므로 다음과 같다.

$$\sigma = 2.3 \times 10^{-5}\ \mathrm{ohm^{-1} \cdot cm^{-1}}$$

이온전도성 산화물의 용도 가장 널리 사용되는 전도성 투명 산화물은 판유리 위에 투명 전도성 코팅을 할 때 사용되는 인듐주석 산화물(indium-tin oxide, ITO)이다. ITO는 컴퓨터나 자동현금입출금기와 같은 장치의 터치스크린 디스플레이에도 적용된다. 그 밖에 전도성 산화물로는 고체산화물 연료전지의 고체전해질로 사용되는 이트리아안정화 지르코니아(YSZ)가 있다. 리튬코발트 산화물은 리튬이온전지의 고체전해질로 사용된다. 비록 대부분의 세라믹 재료들이 전기절연체 거동을 보이지만, 세라믹 내의 결함들을 공학적으로 적절히 처리하면 많은 세라믹 재료들을 반도체로 변환시킬 수 있다는 것을 기억할 필요가 있다.

고분자의 전기전도 고분자는 원자가전자들이 공유결합에 참여하고 있으므로 넓은 에너지갭을 갖는 밴드구조를 가지며, 이 때문에 전기전도도가 낮다. 고분자는 합선이나 아크, 안전재해를 방지하기 위해 전기절연이 필요한 분야에 자주 사용된다. 표 19-1에 대표적인 네 가지 고분자의 전도도를 제시하였다. 그러나 어떤 경우에 있어서는 낮은 전도도가 장애가 된다. 예를 들어, 고분자기지 복합재료(polymer-matrix composite)로 만든 항공기의 날개가 낙뢰를 맞으면 심각한 손상을 입을 수 있다. 이러한 문제점들은 두 가지 방법으로 해결할 수 있다. (1) 전도도를 개선하기 위하여 고분자에 첨가물을 넣거나, (2) 본래 전도도가 좋은 고분자를 만드는 것이다.

도전성 첨가제를 도입하면 전도도를 향상시킬 수 있다. 예를 들어, 탄소를 함유하거나 또는 니켈도금한 탄소섬유를 함유한 고분자기지 복합재료는 개선된 전도도와 함께 강성도 높다. 또한 보통의 탄소섬유, 유리섬유, 아라미드섬유에 금속섬유를 첨가하여 제조한 혼성복합재료가 낙뢰방지용 항공기 외피재로 사용될 수 있다. 그림 19-20은 섬유와 섬유 사이의 접촉성을 좋게 하기 위하여 나일론에 충분한 양의 탄소섬유를 첨가하였을 때, 비저항이 대폭적으로 감소함을 보여준다. 전도성 충전재와 섬유는 전자파 차폐용 고분자의 제조에도 사용된다.

일부 고분자들은 도핑이나 가공기술에 의해서 본래부터 좋은 전도도를 갖는다. 아세탈 고분자를 오불화비소(arsenic pentafluoride)와 같은 물질로 도핑하면, 전자나 정공이 중추 사슬을 따라 원자에서 원자로 자유롭게 이동할 수 있어서, 금속의 전도도에 가깝게 전도도가 증가한다. 폴리프탈로시아닌(polyphthalocyanine)과 같은 일부 고분

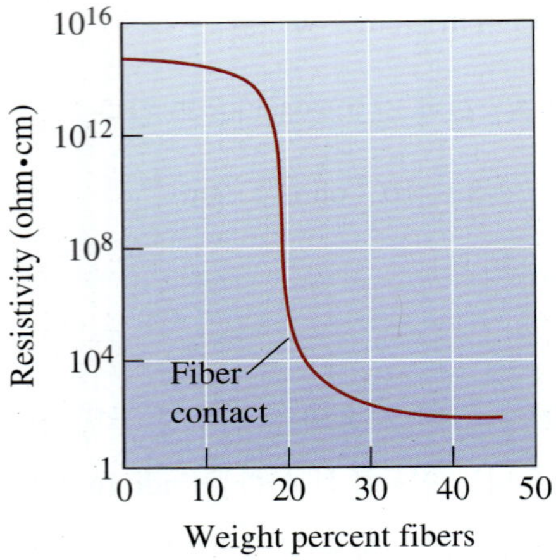

그림 19-20
탄소섬유가 나일론의 전기비저항에 미치는 효과.

자를 특수 경화처리하면, 가교(cross-link)가 생기면서 10^2 ohm^{-1} · cm^{-1} 정도로 전도도가 증가하며, 마치 반도체와 같은 고분자가 된다. 이것은 가교결합에 의해 전자들이 사슬과 사슬 사이를 좀 더 쉽게 이동할 수 있기 때문이다. 유기발광다이오드(Organic light-emitting diode, OLED)는 폴리아닐린(polyaniline)을 포함하는 반도성 고분자로 제작된다.

19-9 절연체와 유전특성

다수의 전기전자 용도에서 전기장을 그 주변과 절연시킬 수 있는 재료가 필요하다. 이러한 전기절연체는 전류의 흐름을 방지하기 위해 반드시 아주 낮은 전도도, 또는 높은 비저항을 가져야 한다. 절연체는 또한 강한 전기장을 견딜 수 있어야 한다. 이와 같은 절연체는 세라믹이나 고분자재료로 만들어지는데, 이들 재료는 가전자대와 전도대 사이의 에너지갭이 크다. 그러나 이 재료들이 갖는 높은 비저항이 언제나 충분한 것은 아니다. 고전압에서 절연체의 치명적인 파괴가 일어나 전류가 흐를 수 있다. 예를 들어, 전자들이 절연체의 원자들을 이온화하기에 충분한 운동에너지를 가지면 자유전자를 생성시키고 고전압에서 전류가 흐르게 된다. 적절한 절연재료를 선택하기 위해서는 그 재료가 어떻게 전하를 저장하고, 전도하는지를 이해해야 한다. 자기류, 알루미나, 근청석, 운모, 유리, 플라스틱 등이 절연체로 사용된다. 이들 대부분은 비저항이 10^{14} Ω · cm 이상이고 절연파괴 전기장(breakdown electric field)은 약 5~15 kV/mm이다.

19-10 유전체의 분극

재료에 응력을 가하면 약간의 변형도가 발생한다. 마찬가지로 재료에 전기장을 가하면 원자, 분자, 이온들이 인가된 전기장(E)에 반응한다. 이것을 재료가 분극되었다고 말한다. 쌍극자는 일정한 거리만큼 떨어져 있는 반대 전하의 쌍이다. 만약 $+q$의 한 전하가 $-q$의 다른 전하와 떨어져 있고(q는 전자의 전하량), 이 전하들 사이의 거리가 d라면 쌍극자모멘트는 $q \times d$이다. 분극의 크기는 $P = zqd$에 의해 주어진다. z는 m^3당 변위된 전하중심의 수이다.

어떤 형태의 전하의 분리나(예: 원자핵과 전자구름 사이) 이전에 이미 존재했던 전하분리(예: 이온결합 재료 내의 이온의 운동이나 진동)에 변화를 일으키는 어떤 메커니즘에 의해서도 분극이 일어난다. 분극을 유발하는 네 가지 주요 메커니즘이 있다. (1) 전자분극, (2) 이온분극, (3) 분자분극, (4) 공간 전하(그림 19-21)가 그것이다. 이들의 발

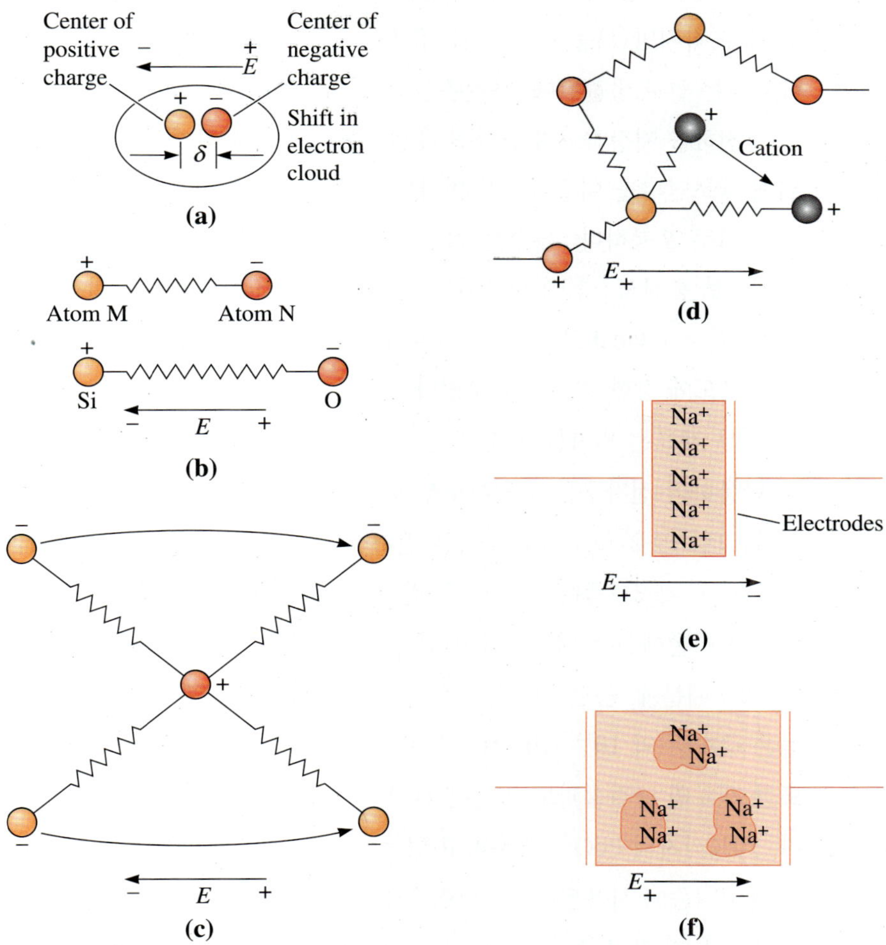

그림 19-21 재료에서의 분극화 메커니즘. (a) 전자분극, (b) 원자분극 또는 이온분극, (c) 고주파 분극 또는 방위변화(강유전체에서 나타남), (d) 저주파 분극(선형 유전체와 유리에서 나타남), (e) 전극 계면 사이 공간의 전하, (f) 결정립계(grain boundary)와 같은 이종 재료에서의 계면 사이 공간의 전하. (출처: Principle of Electronic Ceramics, *L. L. Hench and J. K. West, Wiley Inter science, John Wiley & Sons Inc., 1990.*)

생은 마치 재료의 기계적 거동이 변형속도에 따라 달라지듯이(제6장 및 제8장), 인가된 전기장의 전기주파수에 의존한다. 만약 매우 빠른 변형속도를 가한다면 어떤 소성변형 메커니즘은 활성화되지 못한다. 마찬가지로 빠르게 변하는 교류 전기장을 가하면 일부 분극 메커니즘은 재료 내에서 분극을 유발하지 못할 수도 있다.

분극 메커니즘은 두 가지의 중요한 역할을 한다. 첫째, 어떤 재료를 이용하여 커패시터(capacitor)를 만든다면 재료에서 만들어진 쌍극자(분극의 결과물)가 커패시터의 전극에 일정 비율의 전하를 묶어둘 수 있기 때문에 분극 메커니즘에 의해 전하가 저장될 수 있다. 따라서 유전분극이 높아지면 재료의 유전상수(k)도 높아진다. 유전상수(dielectric constant)는 재료가 전하를 저장하는 능력을 평가하는 척도이며, 유전체로 채워진 커패시터가 가지는 전기용량과 진공에서의 전기용량의 비율로 정의된다. 어떤 측면에서는 전하의 저장은 재료가 응력을 받았을 때 발생하는 탄성변형도와 비슷하다. 분극 메커니즘의 두 번째 중요한 역할은 분극이 시작될 때 전하가 이동(이온 혹은 전자구름이 변위)하는 것이다. 만약 전기장이 진동하면 전하는 앞뒤로 움직인다. 이런 변위는 매우 작지만(보통 1 Å 이하), 유전손실(dielectric loss)을 일으킬 수 있다. 이 손실된 에너지는 열로 방출된다. 유전손실은 재료의 점성변형과 비슷하다. 만약 우리가 커패시터에 전하를 저장하고자 한다면 유전손실은 좋지 못하다. 그러나 만약 음식을 가열하기 위해 극초단파를 이용하고자 한다면 음식에 함유되어 있는 수분에서 발생하는 유전손실은 아주 훌륭하다. 유전손실은 종종 $\tan\delta$라는 파라미터로 측정된다. 우리가 마이크로웨이브 통신시스템에 사용되는 것과 같은 극저손실 재료에 관심이 있다면, 유전 품질계수($Q_d \approx 1/\tan\delta$)로 알려진 파라미터를 참고한다. 유전상수와 유전손실은 전기주파수와 온도에 강한 의존도를 보인다.

모든 재료는 원자를 가지고 있기 때문에 전자분극은 어디에나 있다. 원자가 전기장에 반응하여 전자구름이 원자로부터 변위된다. 전하의 분리는 쌍극자모멘트를 생성시킨다[그림 19-21(a)]. 전자구름은 전기장이 스위치 될 때 앞뒤로 빠르게 변위될 수 있기 때문에 이 메커니즘은 가장 높은 전기주파수(약 10^{15} Hz)에서도 잔존할 수 있다. 더 큰 원자와 이온에서는 전자구름이 원자핵으로부터 더 멀리 떨어져 있고 느슨하게 결속되어 있기 때문에, 높은 전자분극성(분극이 일어나는 경향)을 가진다. 빛은 전기장이 매우 높은 주파수(약 10^{14}~10^{16} Hz)에서 진동하는 전자기파이기 때문에 이 분극 메커니즘은 또한 재료의 굴절률과도 밀접한 관련이 있다. 전자분극성이 높아지면 굴절률도 높아진다. 30%까지의 PbO를 함유하고 있는 비결정질 유리인 '납유리(lead crystal)'를 만들 때 이 메커니즘이 사용된다. 큰 납이온(Pb^{2+})은 전자분극 메커니즘 때문에 분극이 매우 잘 일어나고, 유리에 충분히 높은 농도의 산화납이 존재할 때 높은 굴절률을 보인다. 이렇게 높은 굴절률은 낮은 굴절률의 유리에 비하여 더 많은 빛이 반사되게 만들고, 그리하여 미학적인 목적에서 외관을 향상시켜 준다.

예제 19-7 구리에서의 전자분극

구리판 위에 전기장이 가해질 때 구리 원자의 원자핵과 관련된 전자의 평균변위가 1×10^{-8} Å**라고 가정하고 전자분극을 계산하라.**

풀이

구리의 원자번호는 29이므로 각 구리 원자에는 29개의 전자가 있다. 구리의 격자상수는 3.6151 Å이므로 다음과 같다.

$$z = \frac{(4\ \text{atoms/cell})(29\ \text{electrons/atom})}{(3.6151 \times 10^{-10}\ \text{m})^3/\text{cell}} = 2.455 \times 10^{30}\ \text{electrons/m}^3$$

$$P = zqd = \left(2.455 \times 10^{30}\frac{\text{electrons}}{\text{m}^3}\right)\left(1.6 \times 10^{-19}\frac{\text{C}}{\text{electron}}\right)(10^{-8}\ \text{Å})(10^{-10}\ \text{m/Å})$$
$$= 3.93 \times 10^{-7}\ \text{C/m}^2$$

유전상수와 유전손실의 주파수 및 온도 의존성 커패시터는 전하를 저장할 수 있는 장치이다. 이것은 일반적으로 두 개의 전극과 전극 사이에 위치하는 유전재료로 구성된다. 유전체는 고체일 수도 있고 아닐 수도 있다. 심지어 공극이나 진공도 유전체 역할을 할 수 있다. 두 개의 평행한 평판전극은 커패시터의 가장 간단한 구조이다.

전기용량, C는 다음과 같이 정의된다.

$$C = \frac{Q}{V} \tag{19-17}$$

여기서, Q는 커패시터 전극평판의 전하이고 V는 인가된 전압이다[그림 19-22(a)]. 전극에 전하를 생성하기 위해서는 전압이 반드시 인가되어야 함에 주목하라. 그러나 전하는 전압이 없이도 외부 회로에 의해 전하가 방출될 수 있을 때까지 '저장'된다. 이것이 미세전자회로 소자에서 디지털 데이터 저장의 기초이다. 만약 평행한 두 평판(표면적은

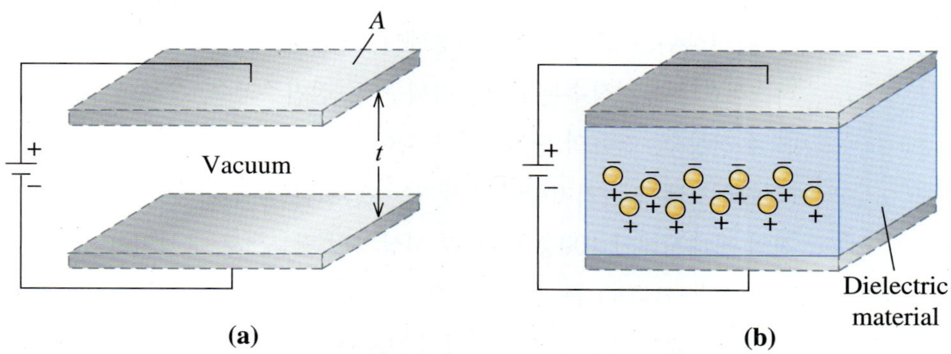

그림 19-22 (a) 진공에서 도체 평판에 전하가 저장될 수 있다. (b) 유전체가 평판 사이에 놓였을 때 유전체는 분극되고 추가적으로 전하가 저장된다.

표 19-7 주요 유전재료의 특성

재료	유전상수 (at 60 Hz)	유전상수 (at 10^6 Hz)	유전강도 (10^6 V/m)	tan δ (at 10^6 Hz)	비저항 (ohm · cm)
폴리에틸렌	2.3	2.3	20	0.00010	$> 10^{16}$
테플론	2.1	2.1	20	0.00007	10^{18}
폴리스타이렌	2.5	2.5	20	0.00020	10^{18}
PVC	3.5	3.2	40	0.05000	10^{12}
나일론	4.0	3.6	20	0.04000	10^{15}
고무	4.0	3.2	24		
페놀릭	7.0	4.9	12	0.05000	10^{12}
에폭시	4.0	3.6	18		10^{15}
파라핀왁스		2.3	10		10^{13}~10^{19}
용융실리카	3.8	3.8	10	0.00004	10^{11}~10^{12}
소다석회유리	7.0	7.0	10	0.00900	10^{15}
알루미나	9.0	6.5	6	0.00100	10^{11}~10^{13}
TiO_2		14~110	8	0.00020	10^{13}~10^{18}
운모		7.0	40		10^{13}
$BaTiO_3$		2,000~5,000	12	약 0.0001	10^8~10^{15}
물		78.3			10^{14}

A이고 떨어진 거리는 t) 사이의 공간에 재료가 채워진다면, 그 때 유전상수(k)나 상대유전율 ε_r은 다음 식에 의해 구해진다.

$$C = \frac{\mathrm{k}\,\varepsilon_0 A}{t} \tag{19-18}$$

상수 ε_0는 진공의 유전율(permittivity)로 8.85×10^{-12} F/m이다. 재료가 분극되면, 그것은 일정량의 전하를 전극에 묶어둘 수 있음을 그림 19-22(b)에서 살펴보았다. 분극이 커지면 유전상수는 증가하고, 그로 인해 전극에 구속되는 전하도 커진다.

유전상수는 인가되는 전기장에 대해 재료가 얼마나 민감한지를 측정하는 척도이다. 재료의 유전상수는 조성, 미세구조, 전기주파수, 온도에 따라 달라진다. 전기용량은 유전상수, 전극의 면적, 전극 사이의 분리된 거리에 따라 다르다. 병렬 커패시터는 (직렬회로에서 전기저항이 더해지는 것과 같이) 전기용량이 더해진다. 이것이 왜 일반적인 커패시터가 100층 또는 그 이상의 병렬층으로 구성되어 있는가의 이유이다. 이것들은 보통 $BaTiO_3$를 기본조성으로 하고 테이프캐스팅(tape casting) 공정으로 제조된다. 은-팔라듐이나 니켈이 전극 층으로 사용된다.

전기절연에는 유전강도(절연파괴가 일어나기 전까지 유지될 수 있는 전기장 값)가 중요하다. 주요 유전재료의 유전특성을 표 19-7에 나타내었다.

선형 및 비선형 유전체 유전상수는 예상대로 재료에서 얻을 수 있는 분극과 연관되어 있다. 재료에서 유발된 유전분극이 인가된 전기장(E)과 유전상수(k)에 의존한다는 것을 아래 식에서 볼 수 있다.

$$P = (\mathrm{k} - 1)\varepsilon_0 E \text{(선형유전체의 경우)} \tag{19-19}$$

여기서, E는 전기장의 세기(V/m)이다. 쉽게 분극되는 재료들은 유전상수와 전기용량이 크고 그에 따라 상당한 양의 전하가 저장될 수 있다. 또한 식 19-19에 따르면 전압(전기장의 강도로 나타냄)이 증가함에 따라 적어도 모든 쌍극자가 정렬될 때까지 분극이 증가한다는 것을 예상할 수 있다. (k−1)항은 유전화율(χ_e)로 알려져 있다. 진공의 유전상수는 1이거나 또는 유전화율이 0이다. 진공에는 어떠한 원자나 분자도 존재하지 않기 때문에 이것은 이치에 맞는다.

선형유전체(linear dielectrics)에서, P는 E와 선형적으로 비례하고 k는 일정하다. 이것은 응력과 변형도가 후크의 법칙에 의해 선형적으로 비례하는 것과 비슷하다. 선형유전체에서 k(또는 χ_e)는 E가 변하더라도 일정하다. $BaTiO_3$와 같은 재료에서는 유전상수가 E에 따라 변하므로 식 19-19가 적용되지 않는다. P와 E가 선형으로 비례하지 않는 이러한 재료들은 비선형유전체(nonlinear dielectrics) 또는 강유전체(ferroelectrics)로 알려져 있다. 이러한 재료들은 응력과 변형도가 직선적인 관계가 아니어서 영(Young)의 계수가 고유한 값으로 정의될 수 없는 탄성중합체(elastomer)와 비슷하다.

19-11 전왜, 압전성, 강유전성

어떤 재료든지 분극되면 그 이온과 전자구름은 변위되고 재료 내부에 기계적 변형도를 유발한다. 이 효과는 전기장의 영향을 받은 모든 재료에서 관찰되며, 이를 전왜(electrostriction)라고 한다.

총 32가지 결정 클래스 중 11종류는 대칭중심을 가진다. 이것은 재료에 응력이 가해졌을 때 이온의 운동이 대칭적이기 때문에 쌍극자모멘트가 발생되지 않는다는 것을 의미한다. 나머지 21개 클래스 중 대칭중심이 없는 20개 점그룹(point group)은 응력을 받으면 유전분극이 발생한다. 이런 재료들은 압전체라고 알려져 있다(piezo는 압력을 의미). 이러한 재료들이 응력을 받으면 전압을 발생시킨다. 응력의 인가에 의해 전압이 발생하는 것을 직접 또는 전동 압전효과(direct or motor piezoelectric effect)라 한다(그림 19-23). 이 효과를 이용하면 지르코늄-티타늄산 납(lead zirconium titanate, PZT)을 사용하여 만드는 스파크 점화장치와 같은 장치들을 만든다. 이 효과는 또한 수중의 잠

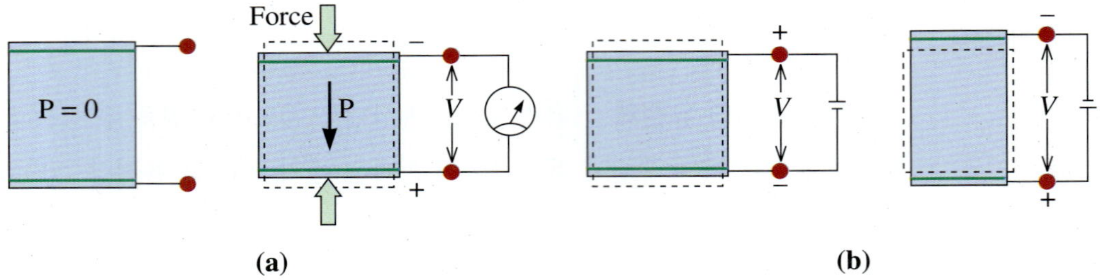

그림 19-23 (a) 직접압전효과, (b) 역압전효과. 직접압전효과에서 인가된 압력은 전압을 발생시킨다. 역압전효과에서 인가된 전압은 변형도를 초래한다.

수함이나 다른 물체를 탐지하는 데에도 활용된다.

반대로 전기전압이 가해지면 압전재료는 변형도를 발생한다. 이것을 역 또는 발전(converse or generator) 압전효과라 한다. 이 효과는 구동기(actuator)를 만들 때 사용된다. 예를 들어, 이런 운동은 초음파 세척기나 전동칫솔뿐만 아니라 의료용 촬영에 사용되는 초음파를 발생시키기 위해 사용될 수 있다. 대부분의 스피커에서 볼 수 있는 고성능 '고음용스피커(tweeter)'를 만들기 위해 압전체를 사용하여 음향에너지를 만들어 낼 수도 있다. PZT[$Pb(Zr_xTi_{1-x})O_3$] 말고도 그 밖의 압전체로는 SiO_2(석영결정진동자를 만들기 위해), ZnO, PVDF(polyvinylidene fluoride) 등이 있다. 뼈나 실크처럼 자연적으로 만들어진 많은 재료들 또한 압전체이다.

압전체의 'd' 상수는 전기장(E)에 대한 변형도(ε)의 비로 정의된다.

$$\varepsilon = d \cdot E \tag{19-20}$$

압전체의 'g' 상수는 인가된 응력(X)에 대한 발생된 전기장의 비로 정의된다.

$$E = g \cdot X \tag{19-21}$$

d 및 g 압전상수는 유전상수(k)에 의해 다음과 같이 관련시킬 수 있다.

$$g = \frac{d}{\mathrm{k}\varepsilon_0} \tag{19-22}$$

강유전체는 자발적이고 가역적인 유전분극(P_s)을 보이는 재료로 정의할 수 있다. 그 예로는 티타늄산바륨(barium titanate)의 정방정계 동질이형체(tetragonal polymorph)를 들 수 있다. PZT는 강유전체와 압전체 두 가지의 특성을 모두 가진다. 강유전체 재료들은 그림 19-24와 같은 이력곡선(hysteresis loop)을 보인다(유도된 분극은 인가된 전기장과 선형비례 관계가 아니다). 강유전체는 그 속에서 일정한 분극을 띠는 강유전성 도메인을 나타낸다[그림 19-25]. PZT와 같은 특정 강유전체는 강한 압전효과를 보이지만, 압전효과를 최대화시키기 위해서는(예컨대, 변형도나 전압의 생성) 모든 도메인들을 한 방향으로 정렬시킬 수 있도록 전기장을 사용하여 압전재료를 의도적으로 '분

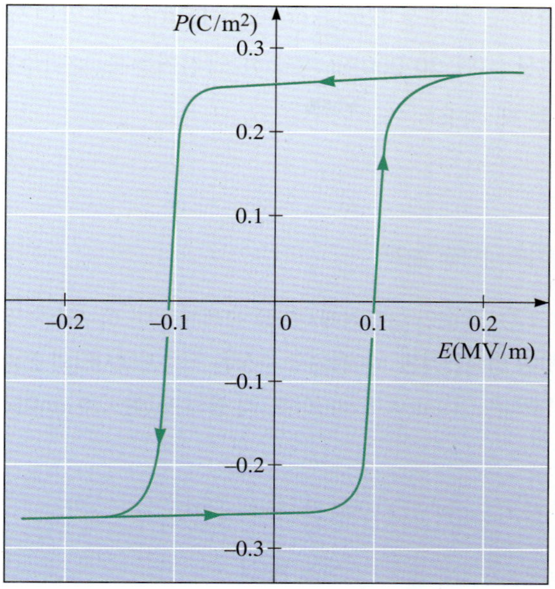

그림 19-24 $BaTiO_3$ 단일도메인, 단결정의 강유전성 이력곡선. (출처: Electroceramics: Material, Properties, Applications, *by A. J. Moulson and J. M. Herbert, Chapman and Hall, Kluwer Academic Publishers, 1990.*)

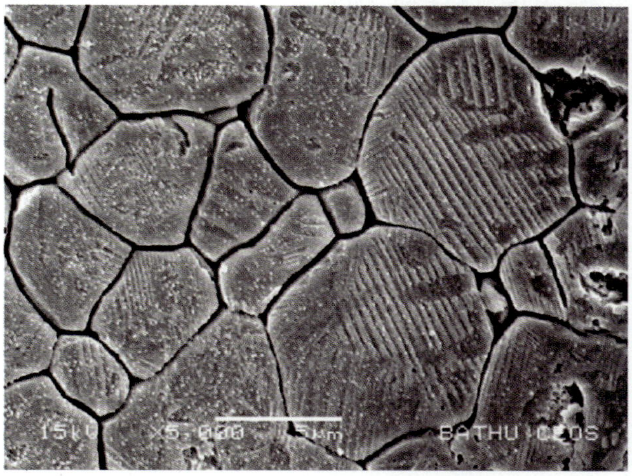

그림 19-25 강유전체 도메인은 다결정 $BaTiO_3$의 미세구조에서 확인할 수 있다. (출처: *Professor Chris Bowen*)

극(poling)'시켜야 한다. 고온에서 전기장을 인가하고 재료가 냉각되는 동안 유지하면 압전성능을 높일 수 있다.

강유전체의 유전상수는 퀴리온도로 알려진 온도 부근에서 최대값에 도달한다. 이 온도에서 결정구조는 대칭중심을 가지기 때문에 더 이상 압전체가 아니다. 그럼에도 불구하고 이런 높은 온도에서도 강유전체의 유전상수는 여전히 높다. $BaTiO_3$가 이런 거동을 보이며, 이것이 단층 및 다층 커패시터를 만들 때 $BaTiO_3$를 사용하는 이유이다. 이 상태에서 진동이나 충격은 압전효과에 의한 기생 전압을 발생시키지 못한다. 퀴리전이는 고온에서 일어나므로 $BaTiO_3$에 첨가제를 사용하면 퀴리전이 온도를 더 낮은 온도로 변화시킬 수 있다. 첨가제는 퀴리전이를 확장시키기 위해서도 사용된다. PMN[$Pb(Mg_{1/3}Nb_{2/3})O_3$]과 같은 재료들은 강유전체를 좀 더 빠르게 상유전체로 전이시킬 수 있으며 이들은 완화형 강유전체(relaxor ferroelectrics)라 알려져 있다. 이러한 재료들은 매우 높은 유전상수(약 20,000)와 우수한 압전거동을 보여주기 때문에 커패시터나 압전소자를 만드는 데 사용된다.

예제 19-8 적층커패시터의 설계

$SrTiO_3$를 포함하는 $BaTiO_3$ 조성의 다층커패시터를 설계해보자. 이 재료의 유전상수는 3,000이다. 니켈 전극을 사용하여 병렬연결된 100층으로 구성된 적층커패시터의 전기용량(capacitance)을 계산하라. 각 층의 면적은 10 mm × 5 mm이고, 각 층의 두께는 10 μm이다.

풀이

평행한 커패시터의 전기용량은 다음과 같이 주어진다.

$$C = \frac{k\varepsilon_0 A}{t}$$

따라서 한 층의 전기용량은 다음과 같다.

$$C_{\text{layer}} = \frac{(3{,}000)(8.85 \times 10^{-12}\ \text{F/m})(10 \times 10^{-3}\ \text{m})(5 \times 10^{-3}\ \text{m})}{10 \times 10^{-6}\ \text{m}}$$

$$C_{\text{layer}} = 13.28 \times 10^{-8}$$

100층이 병렬로 연결되어 있으므로, 이 배열에서 전기용량은 더해진다. 모든 층이 동일한 기하학적 치수를 가졌다고 가정한다.

$$C_{\text{total}} = (\text{층의 수}) \cdot (\text{층당 전기용량})$$

$$C_{\text{total}} = (100)(13.28 \times 10^{-8}\ \text{F}) = 13.28\ \mu\text{F}$$

요약

- 전자재료에는 절연체, 유전체, 전도체, 반도체, 초전도체가 있다. 이 재료들은 그들의 밴드구조에 따라 분류된다. 전자재료는 태양전지의 고전압 전선절연체에서부터 컴퓨터 칩, 여러 가지 센서들, 구동기(actuator)에 이르기까지 다양한 기술발전의 밑거름이 되고 있다.
- 전도체의 중요한 특성은 전도도와 전도도의 온도의존성을 들 수 있다. 순금속에서 비저항은 온도가 올라가면 증가한다. 비저항은 불순물이나 결정립계와 같은 미세구조적 결함에 민감하다. 합금의 비저항은 일반적으로 순금속에 비해 높은 편이다.
- 반도체는 절연체와 전도체 중간의 전도도를 가지며 금속보다는 훨씬 불량한 전도체이다. 반도체의 전도도는 소량의 특정 도펀트(dopant)에 의해 대폭적으로 바뀔 수 있다. 반도체는 원소(Si, Ge) 또는 화합물(GaN, InP, GaAs)로 분류된다. 두 가지 모두 진성반도체나

외인성반도체(n-형 또는 p-형)가 될 수 있다. 일부 반도체들은(예: GaAs) 직접밴드갭을 갖는 반면, 다른 것들은(예: Si) 간접밴드갭을 가진다.

- p-형 반도체에 n-형 영역을 만들게 되면 p-n접합을 형성하게 된다. p-n접합은 다이오드와 트랜지스터를 만드는 데 사용된다.
- 미세전자회로 부품의 제조를 위해 하나의 마이크로칩 위에 수억 심지어 수십억의 트랜지스터를 생성할 수 있는 수백 가지 정밀 프로세스가 필요하다.
- 박막은 미세전자회로 소자의 필수 구성요소이며, 또한 내마모성 및 반사방지 코팅에 사용된다. 박막은 물리증착, 화학증착, 전해증착을 포함한 다양한 기술을 사용하여 증착할 수 있다.
- 이온결합 재료는 이온 또는 전자 및 공공의 이동을 통해 전기를 전도한다.
- 유전체는 큰 밴드갭을 가지므로 전기를 통하지 않는다. 절연체에서는 절연파괴 전압 또는 전기장을 중요하게 고려한다. 유전체에서는 유전상수, 전기주파수, 온도의존성을 중요하게 여긴다. 재료의 분극 메커니즘이 이 의존성을 좌우한다.
- 압전체에서는 응력을 가하면 전압이 발생한다. 전압을 가하면 변형도가 발생한다.
- 강유전체는 가역적이고 자발적으로 분극이 일어나는 재료이다. $BaTiO_3$, PZT, PVDF는 강유전체의 예들이다. 강유전체는 큰 유전상수 값을 보이며, 종종 커패시터를 만드는 데 사용된다.

용어해설

가전자대 valence band 가장 낮은 에너지 상태의 전자에 의해 채워진 에너지준위.

강유전체 ferroelectric 자발적이고 가역적인 유전분극을 일으키는 재료.

도핑 doping 반도체의 전하운반자 수를 증가시키기 위해 잘 통제된 양의 다른 물질을 의도적으로 첨가하는 것.

매티슨의 법칙 Matthiessen's rule 금속의 비저항은 온도에 영향을 받지 않은 원자 수준의 결함에 의해 결정되는 항과 온도에 영향을 받는 항의 합으로 결정된다.

물리증착 physical vapor deposition 소스 재료의 저압증기를 통해 재료를 기판에 증착하는 박막성장 공정.

미세조직민감 특성 microstructure-sensitive property 재료의 미세조직에 좌우되는 특성(예: 전기전도도, 유전상수, 항복강도).

박막 thin film 하나의 치수가 작거나 얇은 코팅이나 층. 용도에 따라 10 Å에서 수 마이크로미터 범위의 두께.

발광성 재결합 radiative recombination 전자가 에너지를 잃고 정공을 차지하기 위해 전도대에서 가전자대로 떨어질 때 빛이 발생하고 GaAs와 같은 직접밴드갭(direct bandgap) 재료에서 발생한다.

밴드갭 bandgap 전자에게 허용되는 에너지준위가 없는 에너지 값의 범위(불순물의 존재에 의한 것은 예외). 가전자대의 상부와 전도대의 하부 사이의 값에 해당한다.

밴드구조 band structure 밴드구조는 전자가 채워질 수 있도록 허용되거나 채워지지 못하도록 금지되는 에너지준위의 어레이로 구성되며, 고체의 전기적 거동을 도체, 반도체, 절연체로 구분하여 결정짓는 기준이다.

분극 polarization 인가된 전기장에 반응하여 하전된 입자(전자구름, 이온, 쌍극자, 분자)가 이동하는 것.

비발광성 재결합 nonradiative recombination 전자가 에너지를 잃고 공공을 차지하기 위해 전도대에서 가전자대로 떨어질 때 열이 발생한다. 주로 Si와 같은 간접밴드갭(indirect bandgap) 재료에서 발생한다.

비선형유전체 nonlinear dielectrics 유전분극이 전기장과 선형관계에 있지 않는 재료(예: 강유전체). 이들은 전기장에 의존적인 유전상수를 가진다.

서미스터 thermistor 온도변화에 특별히 민감하게 반응하는 반도체 소자로서, 온도를 정확하게 측정하는 데 사용가능하다.

선형유전체 linear dielectric 유전분극이 전기장과 직선관계에 있는 재료. 유전상수는 전기장에 의존하지 않는다.

순방향 바이어스 forward bias p-측이 양극에 연결될 수 있도록 p-n접합 소자를 연결하여 전류가 흐르게 한다.

스퍼터링 sputtering 기체 원자가 이온화된 후 전기장에 의해 가속되어 소스 또는 '타깃'으로 이동되면서 재료를 증착하는 박막성장 공정. 이온들이 타깃 표면에서 원자를 적출하고, 그중 일부가 기판에 증착된다. 스퍼터링은 물리증착의 한 종류이다.

압전체 piezoelectrics 응력이 가해지면 전압을 발생하며 또한 전기장이 가해지면 변형도를 발생하는 재료.

에너지 갭 energy gap 전자에게 허용되는 에너지준위가 없는 에너지 값의 범위(불순물의 존재에 의한 것은 예외). 가전자대의 상부와 전도대의 하부 사이의 값에 해당한다.

역방향 바이어스 reverse bias p-측이 음극에 연결될 수 있도록 p-n접합 소자를 연결한 것. 역방향 바이어스 하에서는 p-n접합을 통해 매우 적은 전류만 흐른다.

외인성반도체 extrinsic semiconductor 전하운반자의 종류와 수를 결정하는 도펀트를 첨가하여 만들어진 반도체. 외인성 거동은 불순물에 의해서도 나타날 수 있다.

유동속도 drift velocity 전기장이나 자기장의 영향 하에 있는 재료를 통해 이동하는 전자나 다른 전하운반자의 평균 이동속도.

유전강도 dielectric strength 절연파괴 없이 두 도체판 사이에서 유지될 수 있는 최대전기장.

유전상수 dielectric constant 진공의 유전율에 대한 재료의 유전율의 비. 재료가 분극하거나 전하를 저장할 수 있는 상대적인 능력을 나타낸다. 상대유전율과 동일하다.

유전손실 dielectric loss 서로 다른 분극 메커니즘을 통해 전기장에 반응하는 전하들의 이동에 의해 발생하는 전기에너지 손실의 척도. 이 에너지는 열로서 손실된다.

유전율 permittivity 재료가 분극하고 내부에 전하를 저장할 수 있는 능력.

이동도 mobility 전하운반자가 재료 내에서 움직일 때 용이한 정도.

이력곡선 hysteresis loop 전기장을 반복적으로 인가할 때 강유전체 재료에서 비선형 분극에 의해 그려진 곡선. 비슷한 곡선이 특정한 자성재료에서도 나타난다.

전기장 electric field 전압구배 또는 단위길이당 전압(볼트).

전도대 conduction band 전도가 일어날 수 있도록 전자들이 여기되어 들어갈 수 있는 빈 에너지준위.

전류밀도 current density 단위면적을 통과하는 전류.

전왜 electrostriction 어떤 재료에 전기장이 가해질 때 발생되는 재료의 치수변화.

전해증착 electrodeposition 소스와 재료가 전해질 내부에서 전기적으로 연결되어 재료를 증착하는 방법. 전압은 소스와 재료 사이에 인가되고, 소스로부터 나온 이온은 전해질에 용해되며 재료 쪽으로 이동하여 표면에 증착된다.

정공 hole 가전자대의 빈 에너지준위. 전자들이 이 정공들을 채우기 위하여 움직이기 때문에, 정공은 전류를 발생시킨다.

정류기 rectifier 전자회로 내에서 한 방향으로만 전류가 흐르도록 하는 p-n접합 소자.

진성반도체 intrinsic semiconductor 도펀트나 불순물이 아니라 반도체를 만드는 원소나 화합물 자체에 의해 특성이 결정되는 반도체.

집적회로 integrated circuit 단일칩 상에 제조된 다수의 전자소자를 포함하는 전자 패키지.

초전도체 superconductor 특정조건 하에서 전기저항이 0이 되는 재료.

커패시터 capacitor 전하를 저장할 수 있는 전자소자. 일반적으로 두 개의 전극과 전극 사이의 유전체로 구성되며, 공극(air gap) 또한 유전체 역할을 할 수 있다. 커패시터는 단층 또는 다층 소자로 구성할 수 있다.

퀴리온도 Curie temperature 강유전체가 더 이상 압전체의 특성을 가지지 않게 되는 온도.

트랜지스터 transistor 전기신호를 증폭시키거나 전환할 수 있는 반도체 소자.

페르미에너지 Fermi energy 전자를 찾을 확률이 1/2인 에너지준위.

화학증착 chemical vapor deposition 가스가 가열된 진공 챔버 내에서 반응하여 기판 위에 원하는 생성물을 만드는 박막 성장과정.

***p*-*n*접합** *p*-*n* junction *p*-형 재료 내에 *n*-형 구역을 형성한 소자(또는 그 반대). 하나의 *p*-*n*접합은 다이오드로서 작용하고 다층 *p*-*n*접합은 트랜지스터 역할을 한다. *p*-*n*접합은 또한 발광다이오드(LED)와 태양전지의 기본이다.

연습문제

19-1절 Ohm의 법칙과 전기전도도

19-2절 고체의 밴드구조

19-3절 금속과 합금의 전도도

19-1 표 19-1에 열거된 금속 중에서 어떤 금속들이 가장 전도성이 높고 또한 가장 낮은가?

19-2 전압 225 V가 인가될 때 전류밀도는 1.25 A/cm^{2}라면, 길이 10 cm에 단면적 1.34 mm^{2}를 갖는 섬유의 저항을 구하라. 저항체는 재료와 특성에서 균일하다고 가정한다.

19-3 은 10 cm, 갈륨 0.1 cm, 은 10 cm의 끝과 끝을 연결하여 직경 2 μm의 와이어를 만들었다. 연결은 완벽하며 추가적인 저항은 없다고 가정한다. 와이어의 전체 저항은 얼마인가?

19-4 직경 1 mm, 길이 1,000 m인 와이어에 전류 10 A가 흐른다. 만약 와이어가 다음과 같은 재료로 만들어졌을 경우 전력손실을 계산하라.

(a) 알루미늄

(b) 실리콘(표 19-1 참조)

19-5 질화보론으로 만들어진 길이 1 cm, 직경 0.5 mm의 섬유가 120-Ω 회로에 연결되어 있다. 표 19-1을 이용하여 다음을 계산하라.

(a) 회로에 흐르는 전류

(b) 초당 질화보론 섬유를 통해 흐르는 전자의 수

(c) 만약 섬유가 질화보론 대신 마그네슘으로 만들어졌을 경우 전류와 전자의 수는 얼마가 되는가?

19-6 회로에 5 A의 전류가 흐를 때 직경 2 mm 구리 와이어에서 손실되는 전력은 250 W 미만이다. 와이어의 길이는 최대 얼마인가?

19-7 길이 50 m의 금(gold) 와이어에 흐르는 전류밀도는 100,000 A/cm^{2}이다. 와이어의 저항은 2 Ω으로 밝혀졌다. 와이어의 직경과 와이어에 가해진 전압을 계산하라.

19-8 직경 0.1 mm의 탄화보론 섬유를 이용하여 5,000 ohm의 저항을 만들고자 한다. 섬유의 길이는 얼마가 적당한가?

19-9 은은 $6.80 \times 10^5\ \Omega^{-1} \cdot \text{cm}^{-1}$, 금은 $4.26 \times 10^5\ \Omega^{-1} \cdot \text{cm}^{-1}$의 전기전도도를 가진다. 전기전도도 차이를 고려하여 각각의 전자이동도와 단위부피당 전하운반자의 수를 구하라. 결과에 대한 의견도 기술하라.

19-10 만약 전류밀도가 1.25 A/cm^{2}이고 유동속도가 10^7 cm/s이라면, 얼마나 많은 전하운반자가 존재하는가?

19-11 마그네슘 와이어를 통해 전류밀도 5,000 A/cm^{2}가 흐른다. 만약 원자가전자의 절반이 전하운반자가 된다면 전자의 평균 유동속도는 얼

마인가?

19-12 직경 2 mm, 길이 20 m의 알루미늄 와이어에 전압 10 V가 인가되었다. 만약 원자가전자의 10%가 전하를 운반할 경우 원자가전자의 평균 유동속도를 km/h, miles/h로 계산하라.

19-13 용접공정에서 전압이 35 V일 때 아크를 통해 400 A의 전류가 흐른다. 아크의 길이는 약 0.25 cm이고 평균직경은 0.45 cm이다. 용접 중 아크의 전류밀도, 아크를 가로지르는 전기장, 아크 내부 고온가스의 전기전도도를 계산하라.

19-14 절연체, 반도체, 금속의 밴드구조를 대략적으로 그려라. 그리고 이것을 이용하여 온도가 증가함에 따라 반도체와 절연체는 전기전도도가 증가하는 반면, 왜 순금속의 전기전도도는 감소하는지를 설명하라.

19-15 집적회로에서 전형적인 구리전도체(인터커넥트로 알려짐)의 두께는 250 nm이다. 전자의 평균자유행로는 어닐링된 순 구리의 경우 약 40 nm이다. 구리 인터커넥트의 두께가 평균자유행로에 접근할 때 인터커넥트에서 전도는 어떤 영향을 받을지 예상하고 설명하라.

19-16 505 K에서 코발트와 베릴륨의 비저항을 계산하라.

19-17 −200 ℃에서 백금의 전기전도도를 계산하라.

19-18 −50 ℃와 +500 ℃에서 니켈의 전기전도도를 계산하라.

19-19 순 크롬의 전기비저항은 18×10^{-6} ohm · cm이다. 비저항이 측정된 온도를 추정하라.

19-20 0℃에서 코발트의 전기전도도를 알면 그 전기전도도를 두 배가 되도록 할 수 있다. 몇 ℃로 코발트를 냉각해야 하는가?

19-21 그림 19-9(b)로부터 구리 내에서 주석에 대한 결함비저항계수를 계산하라.

19-22 결함의 기여도가 1.02×10^{-7} ohm · cm라면 443 ℃에서 팔라듐의 비저항을 구하라.

19-23 (a) 구리와 니켈은 완벽한 고용체를 형성한다. 니켈의 원자백분율의 함수로서 구리-니켈 합금의 비저항을 개략적으로 그려보라. 곡선의 모양이 왜 그런지 의견을 기술하라.

(b) 구리와 금은 완전한 고용체를 형성하지 않는다. 금의 원자백분율이 각각 25%, 50%일 때 Cu_3Au와 CuAu를 형성한다. 금의 원자백분율의 함수로서 구리-금 합금의 비저항을 개략적으로 그리면 곡선은 (a)에서 그린 구리-니켈 합금에 대한 곡선과 비슷한 모양일까? 설명하라.

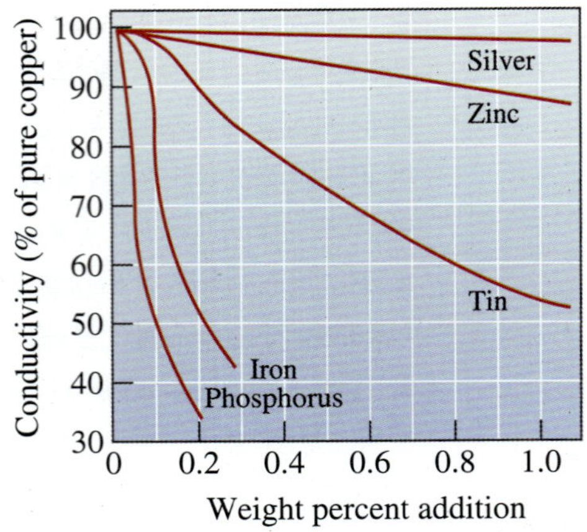

그림 19-9(b) 구리의 전기전도도에 미치는 선별된 원소들의 첨가 효과. (문제 19-21을 위해 반복됨)

19-24 5at%의 합금원소를 포함하는 베릴륨합금의 비저항은 400 ℃에서 50×10^{-6} ohm · cm라고 알려져 있다. 400 ℃에서 예상되는 순 베릴륨의 비저항, 불순물에 기인하는 비저항, 그리고 결함비저항계수를 알아냄으로써 비저항에 대한 온도의 기여도와 불순물의 기여도를 결정하라. 만약 베릴륨이 200 ℃에서 10at%의 합금원소를 함유한다면 전기저항은 어떻게 되겠는가?

19-4절 반도체

19-5절 반도체의 응용

19-6절 집적회로 공정의 일반적인 개요

19-7절 박막의 증착

19-25 반도체, 진성반도체, 외인성반도체, 원소반도체, 화합물반도체, 직접밴드갭 반도체, 간접밴드갭 반도체를 설명하라.

19-26 발광성 또는 비발광성 재결합이란 무엇인가?

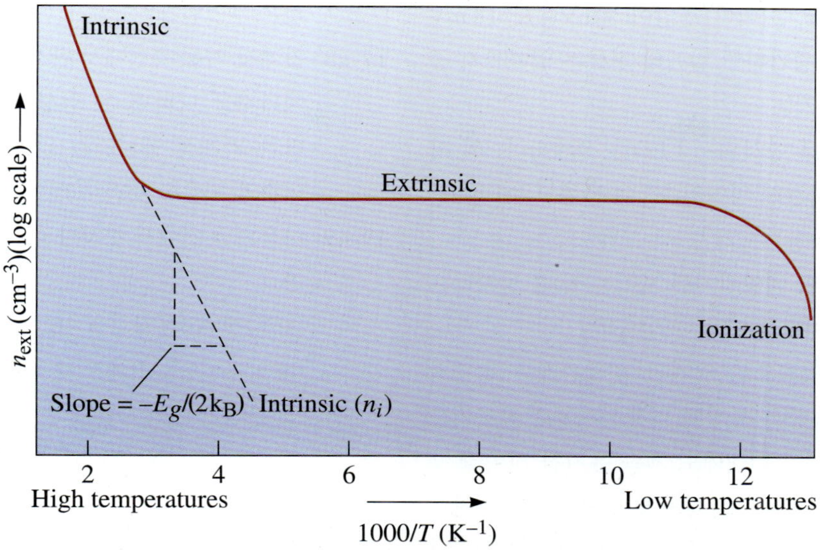

그림 19-15 n-형 반도체의 운반자 농도에 미치는 온도의 영향. 저온에서 도너 원자는 이온화하지 않는다. 온도가 상승하면 이온화 과정이 완성되고 운반자의 농도가 도핑에 의해 설정된 수준으로 증가한다. 그 이후에 온도가 너무 높아져 열적으로 생성되는 운반자가 지배적이 될 때까지 전기전도도는 근본적으로 일정하게 유지된다. 매우 고온에서는 도펀트의 효과는 사라지고 반도체는 본질적으로 '진성' 거동을 보여준다. (문제 19-27을 위해 반복됨)

어떤 유형의 재료가 LED를 만드는 데 사용되는가?

19-27 그림 19-15의 샘플이 외인성반도체 거동을 보이는 온도범위를 ℃로 말하라.

19-28 게르마늄, 실리콘, 주석에 대해 25 ℃에서 cm^3 당 전하운반자(charge carrier)의 수, 전도대로 여기된 전자의 분율, 그리고 상수 n_0를 비교하라.

19-29 게르마늄, 실리콘, 주석에 대해 상온에서의 전기전도도 값의 두 배가 되기 위해 필요한 온도를 비교하라.

19-30 도펀트로 안티모니 0.0001at%가 첨가되었을 때 실리콘의 전기전도도를 구하고, 인듐 0.0001at%가 첨가되었을 때의 전기전도도와 비교하라.

19-31 외인성 게르마늄 반도체가 2,000 ohm^{-1} · cm^{-1}의 전기전도도를 갖도록 만들고자 한다. 각각 n-형, p-형 반도체를 만드는 데 필요한 인(P)과 갈륨(Ga)의 양을 구하라.

19-32 전기전도도-온도 곡선에서 평탄영역 이상에 있는 600 ℃에서 0.0002at%의 비소가 도핑된 실리콘의 전기전도도를 구하라.

19-33 온도 25 ℃에서 전기전도도 500 ohm^{-1} · cm^{-1}을 가지는 p-형 반도체를 만들기 위해 갈륨 1 kg과 반드시 결합되어야 하는 비소의 양을 구하라. GaAs의 격자상수는 약 5.65 Å이고, 섬아연광(zinc blende) 구조를 하고 있다.

19-34 상온에서 GaAs의 진성 운반자 농도를 계산하라. GaAs에서 전자의 유효질량은 0.067 m_e으로 주어진다. 여기서, m_e는 전자의 질량이며, 정공(hole)의 유효질량을 계산하라.

19-35 상온에서 보론 10^{18} cm^{-3}이 도핑된 실리콘의 전기전도도를 계산하라. 진성 운반자의 농도와 도펀트(dopant) 농도를 비교하라.

19-36 상온에서 비소 10^{17} cm^{-3}이 도핑된 실리콘의 전기전도도는 인 10^{17} cm^{-3}이 도핑된 실리콘보다 더 크거나, 대략 같거나, 더 작겠는가?

19-37 트랜지스터의 이미터에 5 mV의 전압이 가해졌을 때 2 mA의 전류가 발생된다. 전압이 8 mV로 증가될 때 컬렉터로 지나가는 전류는

6 mA이다. 이미터 전압이 9 mV에서 18 mV로 두 배 증가하면 컬렉터 전류는 얼마까지 증가하겠는가?

19-38 1.12 μm로 방사되는 LED를 설계하라. 이 파장은 가시광선 영역인가? 이런 종류의 LED는 어디에 사용되는가?

19-39 백색광(예: 태양광처럼 보이는 빛)을 방사하는 LED는 어떻게 만들 수 있을까?

19-40 무어의 법칙으로 알려진 비례관계를 설명하라. 이 경향은 확립된 미세전자회로 제조기술을 사용하여 미래에도 계속 유지될 것이라 생각되는가? 만일 그렇지 않다면, 어떤 대안이 현재 고려되어야 하는가? 이용한 웹사이트나 참고문헌 목록을 기술하라.

19-41 실리콘은 집적회로의 기판으로 사용되는 재료이다. 게르마늄은 전자와 공공의 이동도가 실리콘에 비해 더 높고 밴드갭은 더 작음에도 불구하고 왜 집적회로에 실리콘이 게르마늄보다 더 선호되는 재료인지 설명하라. 이용한 웹사이트나 참고문헌 목록을 기술하라.

19-8절 다른 재료의 전도도

19-42 만약 우리가 나일론의 비저항이 10^4 ohm · cm가 되기를 원한다면, 얼마의 중량백분율로 탄소섬유를 첨가해야 하는가?

19-43 20vol%의 정렬된 연속형 니켈섬유에 의해 강화된 섬유강화 폴리에틸렌 부품의 전기전도도를 계산하라.

19-44 이온전도체는 무엇인가? 그것들의 용도는 무엇인가?

19-45 컴퓨터 작업 시 터치스크린 디스플레이는 어떻게 작동하는가?

19-46 고분자가 반도성이 될 수 있는가? 실리콘 대신 이러한 재료를 쓰는 경우 이점은 무엇인가?

19-9절 절연체와 유전특성

19-10절 유전체의 분극

19-47 기계적 거동 측면에서 응력은(원인) 변형도를(결과) 생성시킨다. 전기적으로 이것과 비슷한 것은 무엇인가?

19-48 기계적 거동 측면에서 탄성계수는 저장된 탄성에너지를 나타내고, 점성손실은 변형으로 사라진 기계적 에너지를 나타낸다. 전기적으로 이것과 비슷한 것은 무엇인가?

19-49 다음의 조건에서 전자나 이온의 변위를 계산하라.

(a) 니켈(Ni)에서 2×10^{-7} C/m^{2}의 전자분극

(b) 알루미늄(Al)에서 2×10^{-8} C/m^{2}의 전자분극

(c) 염화소듐(NaCl)에서 4.3×10^{-8} C/m^{2}의 이온분극

(d) 황화아연(ZnS)에서 5×10^{-8} C/m^{2}의 이온분극

19-50 60-Hz 전자회로에 2 mm 두께의 알루미나 유전체가 사용된다. 5×10^{-7} C/m^{2}의 분극을 생성하는 데 필요한 전압을 구하라.

19-51 티타늄산바륨(barium titanate) 입방체(한 변의 길이 5 mm)에서 5×10^{-8} C/m^{2}의 분극을 생성할 수 있다고 가정하자. 유전상수가 3,000이라면, 전압이 얼마나 생성되는가?

19-52 표 19-7은 14개 재료의 유전강도와 비저항을 보여준다. 비저항의 함수로서 유전강도를 그려보라. 비저항에 대해서는 로그평균값을 사용하라.

19-53 (a) 알루미나, (b) 구리, (c) 실리콘, (d) 티타늄산바륨에서 어떤 분극 메커니즘이 나타날 것인가?

19-11절 전왜, 압전성, 강유전성

19-54 전왜, 압전(직접 및 역 효과 모두 정의), 강유전성을 정의하라.

19-55 다섯 층의 운모(mica) 평판으로 이루어진 커패시터의 전기용량을 계산하라. 각각의 운모 판은 1 cm × 2 cm × 0.005 cm 크기이고, 층들은 병렬로 연결되었다.

19-56 다층커패시터는 PMN(lead magnesium niobate)을 기반으로 완화형 강유전체(relaxor ferroelectric) 조성을 사용하여 설계된다. 이

재료의 유전상수는 20,000이다. 니켈 전극을 이용하여 병렬로 연결된 10층의 다층커패시터의 전기용량을 계산하라. 커패시터의 면적은 10 mm × 10 mm이고 각 층의 두께는 20 μm이다.

19-57 0.5 cm × 0.5 cm × 0.1 cm 크기의 석영 결정면에 두께 방향으로 90 N의 힘이 가해진다. 이 힘에 의해 생성되는 전압을 구하라. 석영의 탄성계수는 72 × 10^3 MPa이다.

19-58 그림 19-24의 이력곡선 예에서 만약 전기장이 0.2 MV/m에서 시작하여 0으로 떨어진다면 분극(C/m^2)은 얼마인가?

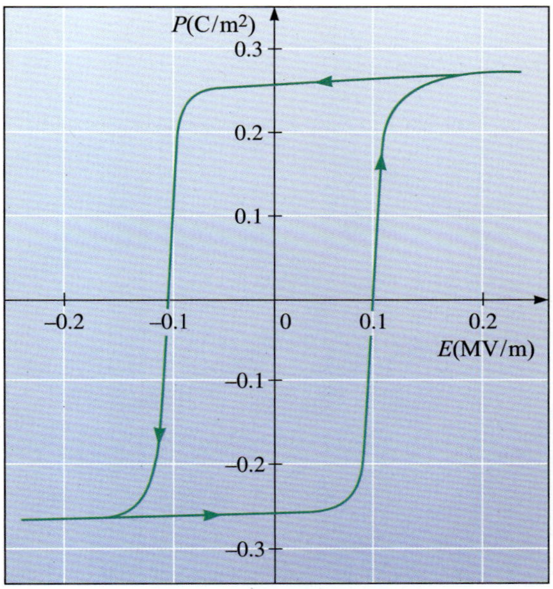

그림 19-24 $BaTiO_3$ 단일도메인, 단결정의 강유전성 이력곡선. (출처: Electroceramics: Material, Properties, Application, *by A. J. Moulson and J. M. Herbert, Chapman and Hall, Kluwer Academic Publishers, 1990.*) (문제 19-58을 위해 반복됨)

설계문제

19-59 어떤 재료의 가는 와이어를 이용하여 100-ohm 저항체를 만들고자 한다. 이 소자를 설계하라.

19-60 100 V가 가해질 때 1 μF를 저장할 수 있는 커패시터를 설계하라.

19-61 최소한 240 × 10^3 MPa의 탄성계수와 1 × 10^5 $ohm^{-1} \cdot cm^{-1}$ 전기전도도를 가지는 에폭시기지(epoxy-matrix) 복합재료를 설계하라.

컴퓨터문제

19-62 **다층커패시터 설계** 다층커패시터의 전기용량을 계산할 수 있는 컴퓨터 프로그램을 작성하라. 예를 들어 그 프로그램은 사용자에게 유전상수 값과 층의 치수를 요청해야 한다. 만약 사용자가 특정한 값의 전기용량과 다른 치수를 부여할 경우, 사용되는 형태에 따라 프로그램이 유전상수 값을 제공하는 등 융통성 있게 만들어야 한다.

Knovel® 활용 문제

K19-1 비저항의 온도계수를 이용하여 673 K에서 순이리듐의 비저항을 계산하라.

K19-2 전기전도도는 때때로 %IACS의 단위로 주어진다. IACS는 무엇을 지칭하는가? 발견한 정보를 사용하여 단위를 정의하라.

K19-3 고분자와 탄소나노튜브와 같은 유기재료는 반도체가 될 수 있는가? 만약 그렇다면 무엇이 그들의 반도체 특성을 결정하는가?

자기디스크기반 저장장치(하드디스크 드라이브)는 아마존이나 페이스북 같은 대용량 데이터를 운용하는 센터 및 모든 컴퓨터의 핵심부품이다. 디스크는 쉽게 정보를 쓸 수 있지만 쉽게 지워지지 않는 독특한 특징을 갖고 있는 자성재료를 사용한다. 하드디스크 드라이브 시스템은 나노구조와 나노스케일 박막 자성재료를 사용하여 정보를 저장한다.

CHAPTER 20

자성재료

다음과 같이 궁금해 해본 적이 있는가?

- 무엇이 '자석의 들어 올리는 능력(부양력)'에 영향을 미치는가?
- '연자성' 재료와 '경자성' 재료는 무엇인가?
- '비자성' 재료들이 존재하는가?
- 자기장을 가하면 기계적인 변형을 일으키는 재료들이 존재하는가?

제20장의 주요 학습목표

- 강자성, 준강자성, 상자성, 반자성, 반강자성, 초상자성과 같은 용어를 정의하는 것.
- 전자의 회전(spin)과 원자핵 주위를 도는 전자들의 궤도(orbital) 운동에 근거하여 원소들의 자기적 거동에 대한 물리적인 원리를 설명하는 것.
- 자기장과 자기유도를 계산하는 것.
- 진공의 투자율, 재료의 상대투자율, 자화율과 같은 용어를 정의하는 것.
- 자기장 내에서 자구(magnetic domain)의 이동과 인가된 자기장의 증가에 따른 자화의 변화에 대해 설명하는 것.
- 강자성 이력곡선에서 포화자화, 잔류자화, 보자력(coercive field)을 찾아내는 것.

세상의 모든 재료는 어느 것이나 자기장에 반응한다. 자성재료들은 전기모터, 발전기, 변압기와 같은 것들을 만드는 데 사용된다. 대부분의 데이터 저장기술(컴퓨터 하드디스크, 컴퓨터 디스켓, 비디오 및 오디오 카세트 등)은 자성입자에 기반을 둔다. 또한 자성재료들은 확성기, 마이크로폰, 전화기, 테이프로 된 비디오리코더에 사용된다. 산화철(Fe_3O_4) 입자와 같은 자성재료들은 특별한 조성의 액체자석이나 강자성유체를 만드는 데 사용된다. 같은 산화철 입자가 DNA 분자, 세포, 단백질을 결합하는 데에도 사용된다.

이 장에서는 자기장에 대한 재료들의 반응을 통해 기초적인 원리를 살피고, 여러 가지 자성재료들의 특성과 응용에 대해 살펴볼 것이다.

20-1 자성재료의 분류

엄밀히 말하면, 비자성재료와 같은 것은 없다. 모든 재료는 원자들로 구성되어 있으며, 원자들은 원자핵과 그 주위를 도는 전자들로(자기장을 일으키는 전류회로와 비슷한 구조) 구성되어 있다. 그러므로 모든 재료는 자기장에 반응한다. 재료 내 전자와 원자의 이러한 반응 정도에 따라 재료가 강하게 자성인지 또는 약하게 자성인지 결정하며, 또한 여러 가지 종류의 자기적 현상을 만든다. 강자성(ferromagnetic) 재료의 예는 Fe, Ni, Co와 그 합금의 일부와 같은 재료들이다. 준강자성(ferrimagnetic) 재료의 예는 니켈-아연 페라이트와 망간-아연 페라이트와 같은 여러 세라믹 재료들을 포함한다. 일반적으로 비자성이란 용어는 재료가 강자성도 아니고 준강자성도 아님을 의미한다. 비자성재료들은 초전도체와 같은 반자성(diamagnetic) 또는 상자성(paramagnetic)으로 세분화된다. 또한 어떤 경우에는 반강자성(antiferromagnetic) 또는 초상자성(superparamagnetic)인 재료들을 만날 수 있다. 이 장의 후반부에서 이렇게 다양한 여러 종류의 재료들과 그들의 응용에 대하여 살펴볼 것이다. 강자성과 준강자성 재료들은 일반적으로 연자성(soft-magnetic) 또는 경자성(hard-magnetic) 재료들로 더욱 세분화된다. 고순도 철 또는 보통탄소강은 쉽게 자화되므로 자기적으로 연한 재료의 대표적인 예이며, 자화시키는 원인이 제거되면, 이들 재료들은 그들의 자기적 성질을 잃는다.

영구자석 또는 경자성 재료들은 그들의 자화를 유지한다. 이들이 '영구자석'이다. 많은 세라믹 페라이트들이 저렴한 냉장고 자석을 만드는 데 사용된다. 경자성 재료는 자신들의 자기적 성질을 쉽게 잃지 않는다.

20-2 자기쌍극자와 자기모멘트

재료의 자기적 성질은 원자구조를 기준으로 추측할 수 있다. 핵 주위를 도는 전자의 궤도운동과 자체 회전축에 대한 전자의 스핀이 독립적인 자기모멘트를 일으킨다(그림 20-1). 이 두 가지(스핀과 궤도) 운동은 재료의 자기적 성질에 기여한다. 전자가 회전할 때 이

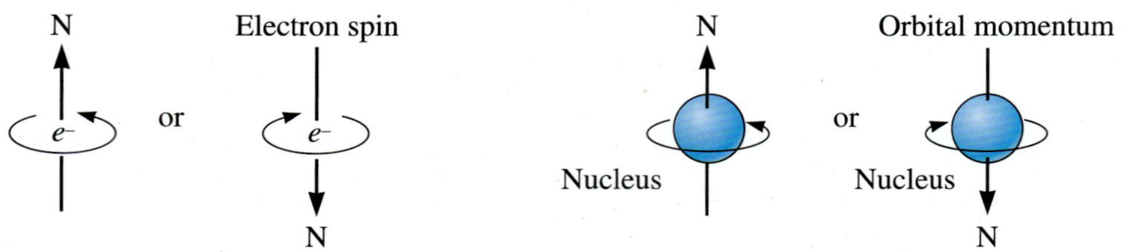

그림 20-1 자기쌍극자의 원인. (a) 전자의 스핀이 양자수 m에 따라 달라지는 방향을 갖는 자기장을 생성한다. (b) 핵 주위 궤도를 도는 전자들은 원자 주변에 자기장을 만들어낸다.

운동과 관련된 자기모멘트가 발생한다. 전자의 자기모멘트는 그것의 스핀에 기인하며, 보어자화(Bohr magneton, μ_B)로 알려져 있다. 보어자화는 근본적인 상수이고 다음과 같이 정의된다.

$$\mu_B = (\text{보어자화}) = \frac{q\text{h}}{4\pi m_e} = 9.274 \times 10^{-24}\ \text{A} \cdot \text{m}^2 \qquad (20\text{-}1)$$

여기서, q는 전자의 전하량, h는 플랑크 상수, m_e는 전자의 질량이다. 이 자기모멘트는 전자의 회전축 방향으로 향한다.

원자의 핵은 양성자와 중성자로 구성되어 있다. 이들도 역시 스핀을 가지고 있지만, 그들의 스핀에 의해 발생하는 전체 자기모멘트는 전자들에 의해 발생하는 전체 자기모멘트보다 훨씬 작다. 핵자기공명장치(NMR)와 같은 용도 외에는 핵의 자기모멘트 효과를 접할 일은 일반적으로 없다. 재료 내의 전자들은 작은 단위자석으로 생각할 수 있다. 만일 재료 내의 전자들에 기인한 자기모멘트들이 같은 방향으로 정렬될 수 있다면, 세상은 '자성의 세상'이 될 것이다! 그러나 여러분이 알다시피 그런 일은 없다. 그러므로 대부분의 재료에서 자기모멘트가 전자스핀과 연관되어 있고, 전자의 궤도운동이 상쇄되고, 그 결과 일부 재료들만 자성을 갖게 된다는 어떤 메커니즘이 있음에 틀림없다. 다행히도 세상에 있는 대부분의 재료들이 '자성'이 되지 않도록 하는 두 가지 효과들이 있다.

첫째로 원자들의 자기모멘트를 생각해야 한다. 파울리 배타원리(Pauli exclusion principle)에 따라 같은 궤도 내에 있는 두 개의 전자들은 반대방향의 스핀을 가져야 한다. 이는 자기모멘트를 일으키는 두 전자들의 전자스핀이 서로 다른 부호를 가지고[한 전자는 위쪽방향 스핀(↑)을, 다른 전자는 아래쪽방향 스핀(↓)을 갖는 것으로 볼 수 있음] 상쇄됨을 뜻한다. 두 번째 효과는 전자들의 궤도운동에 의한 모멘트들 또한 서로 상쇄를 일으킨다. 그러므로 완전히 채워진 껍질에서는 모든 전자스핀과 궤도운동에 의한 모멘트가 상쇄된다. 이것이 대부분 원소의 원자들이 순(net) 자기모멘트를 갖지 않는 이유이다. (3*d*, 4*d*, 5*d*가 부분적으로 채워진) 천이원소들(transition elements), (4*f*가 부분적으로 채워진) 란타늄족, (5*f*가 부분적으로 채워진) 악티늄족과 같은 일부 원소들은 쌍을 이루지 않은 전자로 인해 순 자기모멘트를 갖는다.

천이금속과 같은 어떤 원소들은 완전하게 채워지지 않은 내부 에너지준위를 갖고 있다. 스칸듐(Sc)부터 구리(Cu)까지의 원소들은 일반적으로 표 20-1에 나타낸 전자 구조를 하고 있다. 크롬(Cr)과 구리(Cu)를 제외하고 4*s* 준위의 최외각전자(valence electron)들은 쌍으로 되어 있다. 크롬과 구리에 있는 쌍을 이루지 않은 전자들은 다른 원자들과의 상호작용으로 인해 상쇄된다. 구리는 또한 완전히 채워진 3*d* 껍질(subshell)을 가지고 있고 순 자기모멘트를 나타내지 않는다.

나머지 천이금속들의 3*d* 준위의 전자들은 쌍으로 껍질에 들어가지 않는다. 그 대신

표 20-1 3*d* 에너지준위에서 천이금속의 전자스핀(화살표는 스핀의 방향을 나타냄)

금속			3*d*			4*s*
Sc	↑					↓↑
Ti	↑	↑				↓↑
V	↑	↑	↑			↓↑
Cr	↑	↑	↑	↑	↑	↑
Mn	↑	↑	↑	↑	↑	↓↑
Fe	↓↑	↑	↑	↑	↑	↓↑
Co	↓↑	↓↑	↑	↑	↑	↓↑
Ni	↓↑	↓↑	↓↑	↑	↑	↓↑
Cu	↓↑	↓↑	↓↑	↓↑	↓↑	

망간(Mn)에서처럼 전자들 중 첫 다섯 개는 같은 방향의 스핀을 갖는다. 3*d* 준위의 절반이 채워진 후에야 서로 반대방향 스핀을 가진 쌍을 이룬다. 그러므로 천이금속에 속하는 각 원자는 쌍을 이루고 있지 않은 전자들의 수에 관련된 영구 자기모멘트를 가진다. 각 원자는 하나의 자기쌍극자처럼 거동한다.

많은 원소들에서 이러한 자기모멘트는 자유로운 개별 원자들에 대하여 존재하지만, 원자들이 결정질 재료를 형성하면 자기모멘트는 움직이지 못하거나 상쇄되어 버린다. 그러므로 순 자기모멘트를 갖는 원자들로 구성된 많은 재료들이 자기적 거동을 나타내지 않는다. 예를 들면, Fe^{2+}이온은 $4\mu_B$(전자의 순 자기모멘트의 4배)의 순 자기모멘트를 가지지만, $FeCl_2$는 비자성이다.

인가된 자기장에 대한 원자의 반응은 각 원자의 자기쌍극자들이 어떻게 자기장에 반응하는지에 의존한다. 대부분의 천이금속(예: Cu, Ti)은 각 원자들의 자기모멘트 합이 영(0)이 되는 방식으로 반응한다. 그러나 니켈(Ni), 철(Fe), 코발트(Co)의 원자들은 한 원자에 있는 쌍극자의 방향이 주변 원자들에게 동일한 쌍극자 방향을 갖도록 영향을 미치는 '교환상호작용(exchange interaction)'을 겪으며, 자기장의 효과를 바람직하게 증폭시킨다. 철, 니켈, 코발트의 경우, 원자들의 자기모멘트가 동일한 방향으로 정렬하며, 이러한 재료들은 강자성 재료로 알려져 있다.

BCC 크롬(Cr)과 같은 어떤 재료들은 단위정의 중심에 있는 원자들의 자기모멘트가 단위정의 꼭지점에 있는 원자들의 자기모멘트와 반대방향으로 되어 있어서 순 자기모멘트가 영(0)이다. 원자들 또는 이온들의 자기모멘트가 완전히 상쇄되어 있는 재료들은 반강자성(anti-ferromagnetic) 재료로 알려져 있다.

서로 다른 원자들 또는 이온들의 자기모멘트가 완전히 상쇄되지 않는 재료들은 준강자성 재료로 알려져 있다. 이러한 재료들에 관해서는 이후의 절에서 살펴보자.

20-3 자화, 투자율, 자기장

자기장과 자화 사이의 관계에 대하여 알아보자. 그림 20-2는 n번 감은 코일을 나타낸다. 전류가 코일을 통해 흐르면 자기장 H가 생성되며 자기장의 강도는 다음과 같이 주어진다.

$$H = \frac{nI}{l} \tag{20-2}$$

여기서, n은 코일의 감은 횟수, l은 코일의 길이(m), I는 전류(A)이다. H의 단위는 ampere · turn/m 또는 간단히 A/m이다. 자기장의 다른 단위는 oersted(Oe)이며, A/m에 $4\pi \times 10^{-3}$을 곱하여 얻어진다(표 20-2 참조).

자기장이 진공에서 가해질 때 자기선속 또는 자속(magnetic flux)이 유도된다. 자속밀도(flux density) 또는 자기유도(inductance) B는 식 20-3에 의해 인가된 자기장과 연관된다.

$$B = \mu_0 H \tag{20-3}$$

여기서, B는 자기유도, H는 자기장이고, μ_0는 진공의 투자율(magnetic permeability)이라 불리는 상수이다. 만일 H가 oersted의 단위로 표현되면, B의 단위는 가우스(gauss)이고 μ_0는 1 gauss/oersted이다. 호환가능한 다른 단위로는 H에는 A/m, B에는 테슬라(tesla, weber/m^2), μ_0에는 $4\pi \times 10^{-7}$ weber/(A · m)가 있다.

자기장 내에 어떤 재료들이 놓일 때, 자속밀도는 유도된 자기쌍극자와 영구 자기쌍극자들이 자기장과 상호작용하는 방식에 의해 결정된다. 이제 자속밀도는 다음과 같이 표현할 수 있다.

$$B = \mu H \tag{20-4}$$

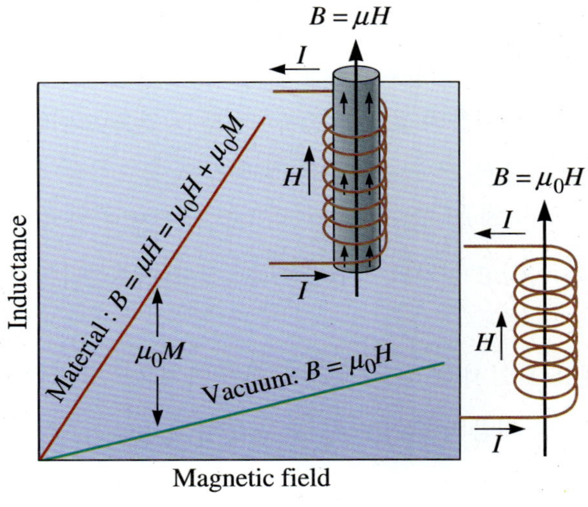

그림 20-2 코일을 통과하는 전류는 자속밀도 B를 갖는 자기장 H를 만든다. 자속밀도는 코일 내에 자성 코어가 놓이면 더 높아진다.

표 20-2 자성재료에 대한 단위 및 환산, 값들

	Gaussian/cgs emu (전자기단위계)	SI 단위계	환산
자기유도 또는 자속밀도(B)	gauss(G)	tesla(T)[= Wb/m^2]	1 T = 10^4 G, (Wb)/m^2
자기선속, 자속(ϕ)	maxwell(Mx), G · cm^2	Wb, 볼트 · 초(V · s)	1 Wb = 10^8 G · cm^2
자기퍼텐셜 차 또는 자기기전력(U, F)	gilbert(Gb)	암페어(A)	1 A = $4\pi \times 10^{-1}$ Gb
자기장 강도, 자화력(M)	oersted(Oe), Gb/cm	A/m	1 A/m = $4\pi \times 10^{-3}$ Oe
(부피) 자화(M)	emu/cm^3	A/m	1 A/m = 10^{-3} G
(부피) 자화($4\pi M$)	G	A/m	1 A/m = $4\pi \times 10^{-3}$ G
자기분극 또는 자화의 세기(J or I)	emu/cm^3	tesla(T), Wb/m^2	1 T = $(1/4\pi) \times 10^4$ emu/cm^3
(무게) 자화(σ, M)	emu/g	A · m^2/kg, Wb · m/kg	1 A · m^2/kg = 1 emu/g, 1 Wb · m/kg = $(1/4\pi) \times 10^7$ emu/g
자기모멘트(m)	emu, erg/G	A · m^2, J/T	1 J/T = 10^3 emu
자기쌍극자모멘트(j)	emu, erg/G	Wb · m	1 Wb · m = $(1/4\pi) \times 10^{10}$ emu
투자율(μ)	단위 없음	Wb/(A · m)[= henry(H)/m]	1 Wb/(A · m) = $(1/4\pi) \times 10^7$
진공의 투자율(μ_0)	1 gauss/oersted	$\mu_0 = 4 \times 10^{-7}$ H/m	
상대투자율(μ_r)	정의되지 않음	단위 없음	
(부피) 에너지밀도, 에너지 곱(W)	erg/cm^3	J/m^3	1 J/m^3 = 10 erg/cm^3

여기서, μ는 자기장 내에서 재료의 투자율이다. 만일 자기모멘트가 인가된 자기장과 강화효과를 보인다면 $\mu > \mu_0$이고, 일할 수 있는 보다 큰 자속이 생성되며, 자기장이 확대된다. 그러나 만일 자기모멘트가 자기장에 반하는 방향이면, $\mu < \mu_0$이다.

우리는 상대투자율 μ_r로 자성재료의 영향을 설명할 수 있다.

$$\mu_r = \frac{\mu}{\mu_0} \tag{20-5}$$

큰 상대투자율은 재료가 자기장의 효과를 증폭시킨다는 것을 의미한다. 그러므로 상대투자율은 유전체(절연체)에서 전도도가 갖는 것과 같은 중요성을 갖는다. 높은 투자율을 갖는 재료(예: 철)가 더 쉽게 자속을 가질 것이다. 여러분은 강자성체 또는 준강자성체의 투자율이 상수가 아니고 인가된 자기장(H)의 값에 의존한다는 것을 배우게 될 것이다.

자화 M은 코어재료(코일 내에 있는 재료)에 의한 자기유도의 증가를 나타내며, 따라서 자기유도에 대한 식을 다음과 같이 다시 쓸 수 있다.

$$B = \mu_0 H + \mu_0 M \tag{20-6}$$

이 식의 첫 번째 항은 단순히 인가된 자기장의 효과이다. 두 번째 항은 코일 안에 있는 자성재료(코어)의 효과이다. 이 식은 유전분극(dielectric polarization)과 재료들의 기계적인 거동에 대한 고찰과 유사하다. 재료에서 응력은 변형도를 일으키고, 전기장(E)은 유전분극(P)을 야기하며, 자기장(H)은 전체 자속밀도(total flux density) B에 기여하는 자화($\mu_0 M$)를 일으킨다.

자화와 인가된 자기장 사이의 비율인 자화율(magnetic susceptibility) χ_m은 재료에 의한 자기장의 증폭을 보여준다.

$$\chi_m = \frac{M}{H} \tag{20-7}$$

μ_r과 χ_m은 모두 재료가 자기장을 증가시키는 정도를 나타내며, 그러므로 다음과 같이 연관된다.

$$\mu_r = 1 + \chi_m \tag{20-8}$$

앞에서 언급한 바와 같이, 강자성 및 준강자성 재료들의 μ_r(상대투자율)과 χ_m(자화율) 값들은 인가된 자기장(H)에 따라 달라진다. 강자성 및 준강자성 재료들의 경우, $\mu_0 \mathrm{M} \gg \mu_0 H$이다. 따라서 이들 재료들에 대해서는 다음과 같은 관계가 성립한다.

$$B \cong \mu_0 M \tag{20-9}$$

때때로 자기유도(inductance)나 자화(magnetization)를 서로 혼용하기도 한다. 일반적으로 우리는 높은 자기유도 B 또는 자화 M을 만드는 데 관심이 있다. 이는 높은 상대투자율(relative permeability) 또는 자화율(magnetic susceptibility)을 갖는 재료를 선택함으로써 얻을 수 있다.

다음 예제는 순철(Fe)에서 실제 자화와 이론적인 자화를 비교하여 이러한 개념이 어떻게 적용될 수 있는지를 보여준다.

예제 20-1 Fe에서 이론적 포화자화 및 실제 포화자화

철에서 예상되는 최대 또는 포화자화를 계산하라. BCC **철**(Fe)**의 격자상수는** 2.866 Å**이다. 이 값을 순철에서 실험적으로 관찰된 포화자속밀도**(saturation flux density) **값인** 2.1 **테슬라**(tesla) **와 비교하라.**

풀이

쌍을 이루지 못한 전자스핀들을 고려하여, 각각의 철 원자는 자기쌍극자로 작용하는 4개의 전자들을 갖는다고 예측할 수 있다. BCC 철에서 m^3당 원자들의 수는

$$\text{Fe 원자들의 수/m}^3 = \frac{2\ \text{atoms/cell}}{(2.866 \times 10^{-10}\ \text{m})^3} = 8.496 \times 10^{28}$$

최대 부피자화(maximum volume magnetization, M_{sat})는 단위부피당 총 자기모멘트이다.

$$M_{sat} = \left(8.496 \times 10^{28}\ \frac{\text{atoms}}{\text{m}^3}\right)(9.274 \times 10^{-24}\ \text{A} \cdot \text{m}^2)\left(\frac{4\ \text{Bohr magnetons}}{\text{atoms}}\right)$$

$$M_{sat} = 3.15 \times 10^6 \frac{\text{A}}{\text{m}}$$

포화자화(saturation magnetization) M을 테슬라로 표현되는 포화 자속밀도(saturation flux density) B로 환산하기 위해 $\mu_0 M$ 값이 필요하다. 강자성체 재료에서 $\mu_0 M \gg \mu_0 H$이고, 따라서 $B \cong \mu_0 M$이다.

따라서 테슬라로 표현되는 포화 자기유도(saturation induction) 또는 포화 자속밀도(saturation flux density)는 $B_{sat} = \mu_0 M_{sat}$에 의해 얻어진다.

$$B_{sat} = \left(4\pi \times 10^{-7} \frac{\text{Wb}}{\text{A} \cdot \text{m}}\right)\left(3.15 \times 10^6 \frac{\text{A}}{\text{m}}\right)$$

$$B_{sat} = 3.96 \frac{\text{Wb}}{\text{m}^2} = 3.96\ \text{tesla}$$

이 값은 실험적으로 관찰된 값인 2.1 테슬라보다 거의 2배 크다. 우리의 계산을 유추해보면 각각의 철 원자는 4 보어자화가 아닌 단지 약 2.1 보어자화만큼 기여함을 알 수 있다. 이것은 개개의 자유로운 원자들의 거동과 결정고체 내에서 원자들의 거동 사이의 차이에서 비롯된다. 철의 경우 그 차이는 3*d* 전자궤도 모멘트가 결정고체에서 소멸되는 데 기인한다.

20-4 반자성, 상자성, 강자성, 준강자성, 초상자성 재료

앞에서 언급했듯이 '비자성' 재료와 같은 것은 없다. 모든 재료는 자기장에 반응한다. 자기장이 재료에 인가되면 여러 가지 형태의 거동이 관찰된다(그림 20-3).

반자성 어떤 원자에든 작용하는 자기장은 궤도운동을 하는 전자들에 의해 발생하는 자기모멘트에 영향을 주므로, 전체 원자에 대하여 자기쌍극자를 야기시킨다. 이러한 자기쌍극자들은 자기장에 반하는 방향이므로 자화를 0보다 작게 만든다. 이 거동을 반자성(diamagnetic)이라 하고, 약 0.99995의 상대투자율(또는 약 -10^{-6}의 자화율, 음의 부호에 주목할 것)을 갖는다. 구리(Cu), 은(Ag), 규소(Si), 금(Au), 알루미나(Al_2O_3)와 같은 재료들은 상온에서 반자성이다. 초전도체들은 완벽한 반자성체이다($\chi_m = -1$). 초

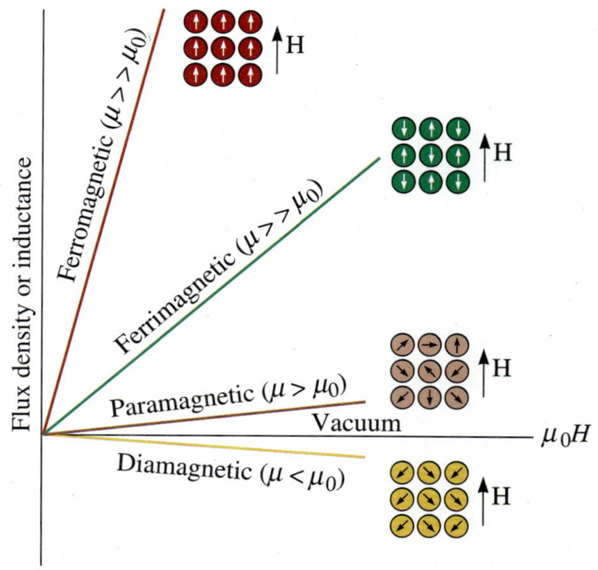

그림 20-3 자속밀도에 미치는 코어 재료의 영향. 반자성 재료에서는 자기모멘트가 자기장에 반대방향으로 형성된다. 동일한 자기장이 인가되었을 때, 상자성, 준강자성, 강자성 재료의 순서로 점점 더 강한 자기모멘트가 형성된다.

전도체들은 고온에서 또는 자기장이 있는 곳에서 그들의 초전도성을 잃는다. 반자성 재료에서 자화 M의 방향은 가해진 자기장 H의 방향과 반대이다.

상자성 재료가 쌍을 이루지 않는 전자들을 가질 때, 각 원자에는 전자스핀으로 인한 순 자기모멘트가 발생한다. 자기장이 인가되면, 쌍극자들은 자기장에 맞추어 정렬하여, 양의 값의 자화를 일으킨다. 쌍극자들은 상호작용을 하지 않기 때문에 모든 쌍극자들을 정렬시키려면 극단적으로 큰 자기장이 가해져야 한다. 또한 자기장이 제거되자마자 이러한 효과는 사라지게 된다. 상자성(paramagnetism)이라 불리는 이러한 효과는 알루미늄(Al), 티타늄(Ti), 구리합금들과 같은 금속에서 발견된다. 상자성 재료들의 자화율(χ_m)은 양의 값이고, 10^{-4}과 10^{-5} 사이에 있다. 또한 강자성 및 준강자성 재료들은 퀴리온도 이상에서 상자성 거동을 나타낸다.

강자성 강자성(ferromagnetism) 거동은 철(Fe), 니켈(Ni), 코발트(Co)의 3d 준위에 있는 채워지지 않은 에너지준위에 의해 발생된다. 유사한 거동이 가돌리늄(Gd)을 포함한 일부 다른 재료에서도 관찰된다. 강자성 재료들에서 영구적이고 쌍을 이루지 않은 쌍극자들은 교환상호작용(exchange interaction) 또는 쌍극자의 상호강화작용에 의해 인가된 자기장 방향으로 쉽게 정렬된다. 작은 자기장에서도 큰 자화가 얻어지며, 10^6에 이르는 큰 자화율(susceptibility)을 나타낸다. 강유전체(ferroelectrics)와 유사하게, 강자성 재료들의 자화율은 인가된 자기장의 세기에 의존한다. 이것은 탄성계수가 변형도의 수준에 의존하는 탄성중합체(elastomer)의 기계적 거동과 비슷하다. 퀴리온도 이상에서 강자성 재료들은 상자성 재료처럼 거동하며, 그들의 자화율은 Curie-Weiss 법칙으로 알려진 다음 식에 의해 주어진다.

$$\chi_m = \frac{C}{(T - T_c)} \tag{20-10}$$

이 식에서, C는 재료에 따른 상수, T_c는 퀴리온도, T는 T_c 이상의 온도이다. 근본적으로 동일한 방정식이 퀴리온도 이상에서 강유전체의 유전율(dielectric permittivity)의 변화를 설명하는 데 사용된다. 강유전체와 유사하게 강자성 재료들은 이력곡선 도메인(hysteresis loop domain)과 자구(magnetic domain)들을 형성한다. 이에 관해서는 다음 절에서 다룰 것이다.

반강자성 망간(Mn), 크롬(Cr), MnO, NiO와 같은 재료들은, 비록 각 쌍극자의 세기는 매우 높지만, 이웃하고 있는 쌍극자들에서 발생된 자기모멘트들이 자기장 하에서 서로 반대로 정렬한다. 그림 20-4에 MnO에 대한 이러한 효과가 설명되어 있다. 이들 재료들은 반강자성(anti-ferromagnetism)이고, 영(0)의 자화를 갖는다. 자화율은 양(+)의 값이고 작다. 또한 CoO와 $MnCl_2$도 반자성 재료들의 예이다.

준강자성 세라믹 재료에서 서로 다른 이온들은 서로 다른 자기모멘트들을 갖는다. 자기장 하에서 양이온 A의 쌍극자들은 자기장과 같은 방향으로 정렬하는 반면, 양이온 B의 쌍극자들은 반대방향으로 정렬할 수 있다. 쌍극자들의 강도나 숫자가 똑같지 않기 때문에 순(net) 자화가 발생하게 된다. 준강자성(ferrimagnetism) 재료들은 인가된 자기장을 상당히 크게 증폭시킬 수 있다. 나중의 절에서 이러한 거동을 나타내는 페라이트(ferrites)라고 불리는 일련의 세라믹을 살펴볼 것이다(20-7절). 이 재료들은 강자성 재료와 유사하게, 자기장에 의존하며 큰 자화율을 나타낸다. 그것들은 또한 퀴리온도 이상에서 Curie-Weiss 거동(강자성 재료들과 유사)을 나타낸다. 대부분의 준강자성 재료들은 세라믹이고, 훌륭한 전기절연체들이다. 따라서 이러한 재료들에서 전기적 손실(와전류 손실로 알려짐)은 금속인 강자성 재료들과 비교하여 매우 작다. 그러므로 페라이트가 여러 고주파 응용제품에 사용된다.

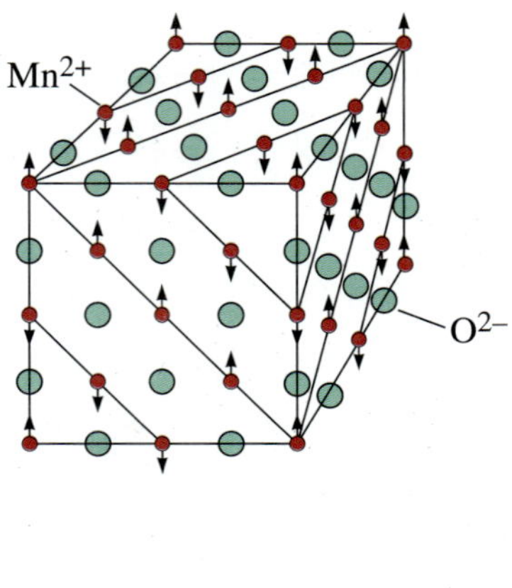

그림 20-4 MnO 결정구조는 {111} 형태의 산소이온층과 망간이온층이 번갈아 적층되어 구성된다. 인접하는 (111)면에서 망간이온의 자기모멘트는 반대로 정렬되어 있으므로, 결과적으로 MnO는 반강자성이다.

초상자성 강자성 및 준강자성 재료들은 결정립크기가 특정한 임계크기 이하로 작아지면, 마치 그들이 상자성인 것처럼 거동한다. 각 입자의 자기쌍극자 에너지는 열에너지와 비슷하게 된다. 이러한 작은 자기모멘트는 (열에너지의 결과로서) 자신의 방향을 무질서하게 바꾼다. 따라서 재료는 마치 순(net) 자기모멘트가 없는 것처럼 거동한다. 이것은 초상자성(superparamagnetism)으로 알려져 있다. 그러므로 만일 우리가 산화철(Fe_3O_4) 입자들을 3~5 nm 크기로 만들면, 그것들은 초상자성 재료처럼 거동한다. 그러한 산화철 초상자성 입자들은 액체 또는 유기물 운반자(carrier) 상에 분산체로 만들거나 또는 '액체자석' 또는 강유체(ferrofluids)들을 형성하는 데 사용된다. 유체에서 입자들은 자기장의 구배에 따라 반응하며 움직인다. 입자들이 안정된 솔(sol)을 형성하기 때문에 전체 분산체가 움직이며, 따라서 재료는 액체자석처럼 거동한다. 그러한 재료들은 컴퓨터 하드드라이브에서 밀봉재(seal)로 쓰이고, 스피커에서 열전달(냉각) 매체로 사용된다. 스피커에 사용되는 영구자석은 액체자석을 제자리에 머무르게 한다. 또한 산화철(Fe_3O_4)의 초상자성 입자들은 다른 화학물질로 코팅되어, 다른 분자들로부터 DNA 분자들, 단백질들, 세포들을 분리하는 데 사용될 수 있다.

다음 예제는 주어진 용도에 알맞은 재료를 어떻게 선택하는지를 보여준다.

예제 20-2 솔레노이드에 대한 설계/재료선택

전도체를 통해 10 mA의 전류가 흐를 때, 최소 2,000 gauss의 자기유도(inductance)를 발생시키는 솔레노이드(원통 코일) 코일을 만들고자 한다. 공간적인 제약으로 인해 코일은 1 cm 길이에 10번 감아야 한다. 코일에 사용할 코어재료를 선택하라. 표 20-4를 참고하라.

풀이

첫째, 코일에 의해 발생된 자기장 H를 결정할 수 있다. 식 20-2로부터,

$$H = \frac{nI}{l} = \frac{(10)(0.01\ \text{A})}{0.01\ \text{m}} = 10\ \text{A/m}$$

$$H = (10\ \text{A/m})[4\pi \times 10^{-3}\ \text{oersted/(A/m)}] = 0.12566\ \text{oersted}$$

만일 자기유도 B가 적어도 2,000 gauss이어야 한다면, 코어재료의 투자율은,

$$\mu = \frac{B}{H} = \frac{2{,}000}{0.12566} = 15{,}916\ \text{gauss/oersted}$$

이어야 하고, 코어재료의 상대투자율(relative permeability)은 적어도

$$\mu_r = \frac{\mu}{\mu_0} = \frac{15{,}916}{1} = 15{,}916$$

이어야 한다. 표 20-4에 실린 자성재료를 조사하면, 4750합금이 80,000의 최고 상대투자율 갖고 있음을 알 수 있고, 코어재료로서 훌륭한 선택이 될 것이다.

20-5 자구구조와 이력곡선

현상학적인 관점에서, 강자성 재료들은 강유전체와 비슷하다. 철(Fe)의 단결정 또는 저탄소강의 다결정 조각은 강자성이다. 그러나 이들 재료들은 일반적으로 순(net) 자화를 나타내지 않는다. 강자성 또는 준강자성 재료의 단결정 또는 다결정 구조 내에는 외부 자기장이 없는 경우에도 자구(magnetic domain)로 구성된 하부구조(sub structure)가 형성되어 있다. 이 하부구조는 순(net) 자화가 영(0)이 되도록, 정자기 에너지(magneto-static energy)를 최소화하도록 재료 내의 많은 자구들이 배열되어 있기 때문에 자연적으로 발생한다. 자구들은 재료에서 모든 쌍극자들이 어떤 한 방향으로 정렬되어 있는 영역들이다. 자기장에 한 번도 노출된 적이 없는 재료에서 각 자구들은 무질서한 방향을 가진다. 이 때문에 자기장에 노출된 적이 없는 순수한 강자성 또는 준강자성 재료에서 순 자화는 전체적으로 영(0)이다[그림 20-5(a)]. 강유전체(ferroelectrics)와 유사하게, 자기장을 적용함으로써 많은 자구들이 자기장 방향으로 정렬하도록 강제한다(poling, 극 만들기).

Bloch 벽이라 불리는 경계들이 개별 자구들을 분리시키고 있다. Bloch 벽은 한 개의 자구로부터 다음 자구로 자기모멘트의 방향이 점진적이고 연속적으로 변화하는 좁은 영역이다[그림 20-5(b)]. 자구들은 일반적으로 약 0.005 cm 이하로 매우 작은 반면, Bloch 벽의 두께는 약 100 nm이다.

자기장에서 자구들의 이동 자기장이 재료에 인가되면, 자기장과 거의 정렬되어 있는 자구들은 정렬되어 있지 않은 자구들을 소모하며 성장한다. 자구들이 성장하기 위해서는 Bloch 벽이 움직여야 한다. 즉 자기장이 이러한 움직임에 필요한 힘을 제공한다.

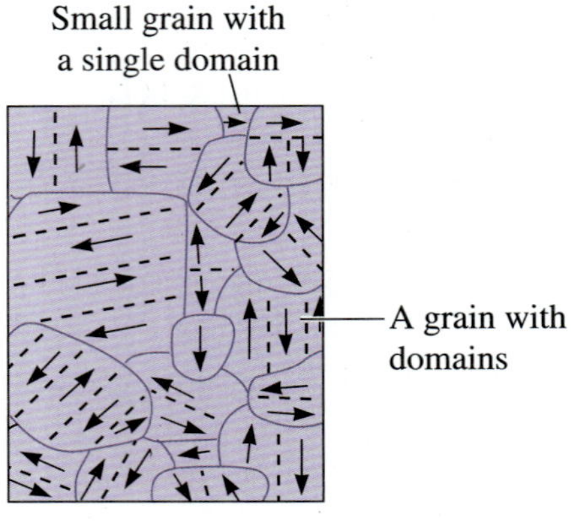

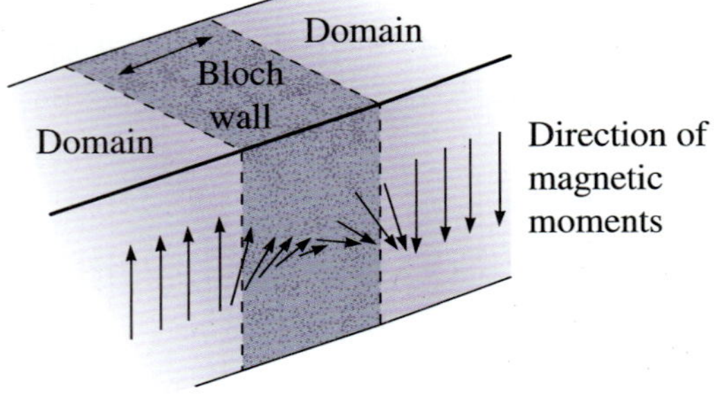

그림 20-5 (a) 다결정 재료에서 자구(magnetic domain)의 정성적인 스케치. 점선은 다른 자구들 사이의 경계선을 나타내고, 어두운 선(실선)은 결정립계를 나타낸다. (b) 자기모멘트들이 자구들 사이의 경계를 가로질러 연속적으로 방향을 바꾼다.

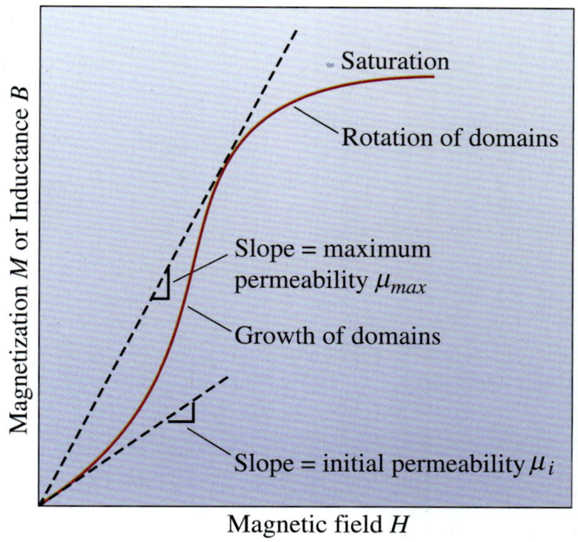

그림 20-6 자성재료에 처음으로 자기장이 인가되면, 자화는 초기에 서서히 증가하고, 자구들이 성장하기 시작함에 따라 더욱 급격히 증가한다. 나중에 자구들이 회전하여 포화자화에 다다르면 자화는 느려진다. 투자율 값은 H의 크기에 의존하는 점에 주목하라. 관례에 따라 최대 투자율은 원점으로부터 B-H 곡선에 그은 접선의 최대 기울기로 정한다.

초기에 자구들은 성장하기 어렵고, 매우 작은 자화를 일으키는 데 상대적으로 큰 자기장의 증가가 필요하다. 이러한 조건은 그림 20-6에 재료의 초기 투자율(permeability)인 완만한 기울기에 의해 나타난다. 자기장의 강도가 증가함에 따라 자기장에 유리한 방향으로 정렬된 자구들이 더욱 쉽게 성장하며 투자율도 함께 증가한다. 최대 투자율은 그림에 나타낸 것처럼 기울기로 정의될 수 있다. 최종적으로 자기장에 불리한 방향으로 정렬된 자구들은 사라지고, 자기모멘트의 회전은 자기장 방향으로 자구들의 정렬을 완성하게 된다. 모든 자구들이 자기장 방향을 따라 정렬할 때 얻어지는 포화자화(saturation magnetization)는 재료가 얻을 수 있는 자화의 가장 큰 값이 된다. 이러한 조건 하에서 이들 재료의 투자율은 매우 작아진다.

자기장 제거의 효과 자기장이 제거되면, 자구벽(domain wall)에 의해 만들어지는 저항이 자구들의 무질서한 방향으로 재성장을 방해한다. 결과적으로 많은 자구들이 거의 원래 자기장의 방향으로 유지되고, 잔류자화(remanence, M_r)로 알려진 자화가 재료에 남게 된다. B_r값은 보통 테슬라로 나타내며, 자성재료의 보자성(retentivity)으로 알려져 있다. 그러면 재료는 영구자석으로 작용한다. 그림 20-7(a)는 자화(M)-자기장(H) 곡선에서 이 효과를 보여준다. M-H 곡선은 포화현상을 나타내지만, M-H 곡선은 그렇지 않음에 주목하라. 유도된 자화를 영(0)으로 돌리기 위해서 필요한 자기장이 재료의 보자력(coercivity, H_c)이다. 보자력은 미세조직에 민감한 재료의 특성이다.

자기기록재료에는 Fe, γ-Fe_2O_3, Fe_3O_4, 침상형의 CrO_2 입자들이 사용된다. 길게 늘어진 형태의 자성재료 입자들이 더 높은 보자력(H_c)을 나타낸다. 입자 또는 결정립의 형상에 대한 보자력의 의존성은 자기이방성(magnetic shape anisotropy)으로 알려져 있다. 자기기록매체(magnetic data storage medium)에 쓴 데이터는 지울 수 있어야 하기

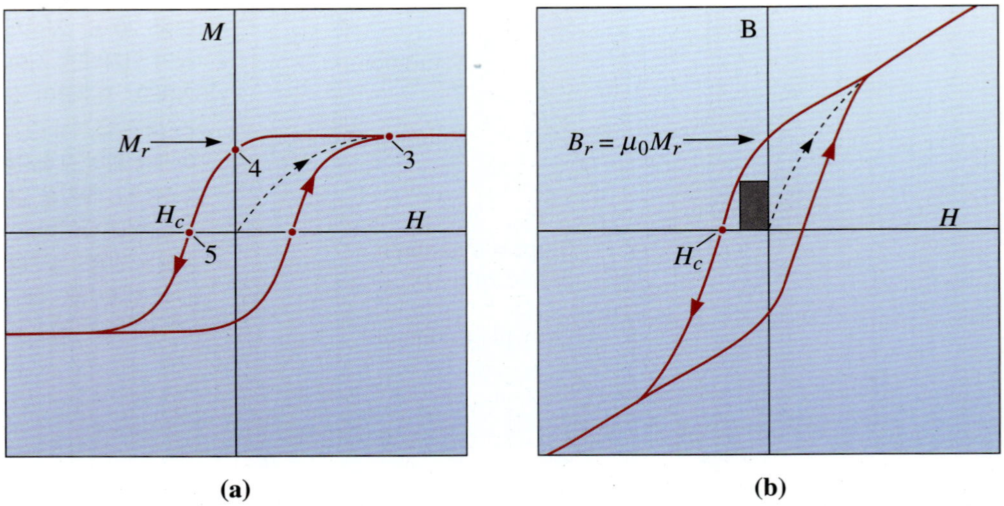

그림 20-7 (a) 자화(magnetization) 또는 자기유도(inductance)에 미치는 자기장의 효과를 나타내는 강자성 M-H 이력곡선. 쌍극자 정렬에 의해 포화자화(saturation magnetization, 점 3), 잔류자화(remanence, 점 4), 보자력(coercivity, 점 5). (b) (a)에 해당되는 B-H 이력곡선. $B = \mu_0 H + \mu_0 M$이므로, B는 포화현상을 보이지 않음에 주목하라. (출처: Permanent Magnetism, *by R. Skomski and J. M. D. Coey, edited by J. M. D. Coey and D. R. Tilley, Institute of Physics Publishing, 1999.*)

때문에, 자기기록재료들의 보자력은 영구자석의 보자력보다 작을 필요가 있다. 한편 정보가 저장(보존)되어 있어야 하므로 보자력 값들은 연자성 재료보다는 높아야 한다. 그러한 재료들은 자기적으로 반경성(semi-hard)이라 표현한다.

자기장 역전의 효과 만일 자기장을 반대방향으로 가하면, 자구들은 반대방향으로 정렬하며 성장한다. 보자력(coercive field, coercivity)은 자구들을 무작위적으로 정렬시키고, 서로의 효과를 상쇄시키기 위해 필요하다. 자기장의 강도를 더욱 증가시키면 마침내 자구들을 정렬시켜 반대방향으로 포화자화에 이르게 한다.

자기장이 연속적으로 바뀜에 따라 자화-대-자기장 관계는 이력곡선(hysteresis loop)을 그리게 된다. 이력곡선은 B-H 곡선과 M-H 곡선에서 모두 나타난다. 이력곡선 내의 면적은 교류의 자기장 한 사이클(cycle) 동안 소모된 에너지와 관련된다. 그림 20-7(b)에 나타낸 어둡게 표시된 사각형 면적은 가장 큰 B-H곱(product)이고, 자성재료의 파워(power)로 알려져 있다.

20-6 퀴리온도

강자성 및 준강자성 재료들의 온도가 증가하면, 가해진 열에너지가 자구의 이동성을 증가시켜 자구들의 정렬은 쉬워지지만, 동시에 자기장이 제거됐을 때 정렬된 상태로 유지되는 것을 방해한다. 결과적으로 고온에서는 포화자화(saturation magnetization), 잔

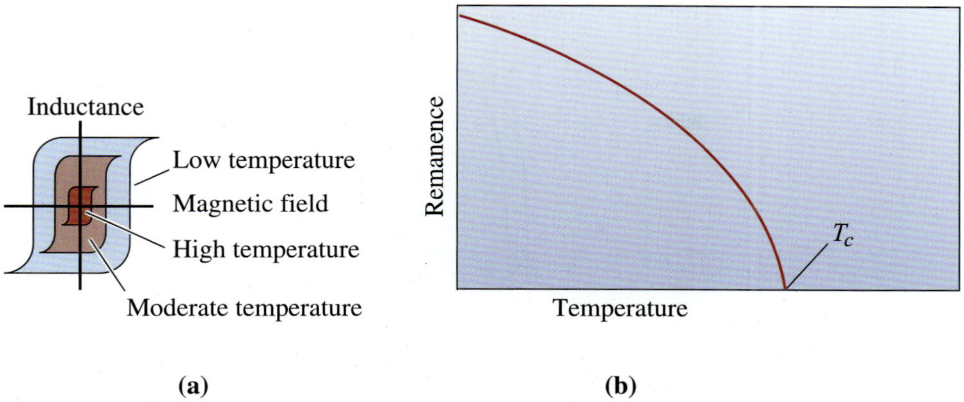

그림 20-8 (a) 이력곡선(hysteresis loop), (b) 잔류자화(remanence)에 대한 온도의 영향. 퀴리온도 이상에서는 강자성 거동이 사라진다.

표 20-3 선별된 재료들의 퀴리온도

재료	퀴리온도(℃)	재료	퀴리온도(℃)
가돌리늄(Gd)	16	철(Fe)	771
$Nd_2Fe_{12}B$	312	Alnico 1	780
니켈(Ni)	358	Cunico	855
$BaO \cdot 6Fe_2O_3$	469	Alnico 5	900
Co_5Sm	747	코발트(Co)	1,117

류자화(remanence), 보자력(coercive field)이 모두 감소한다(그림 20-8). 만일 온도가 퀴리온도(T_c)를 넘어서면, 강자성 또는 준강자성 거동이 더 이상 관찰되지 않는다. 대신 재료는 상자성 재료처럼 거동한다. 재료에 따라 다른 퀴리온도(표 20-3)는 합금원소들에 의해 변화될 수 있다. 프랑스의 과학자인 마리 퀴리(Marie Curie)와 피에르 퀴리(Pierre Curie)는 자석에 대한 연구를 수행하였으며(노벨상을 수상한 유일한 부부로, 마리 퀴리는 노벨상을 두 번 수상함), 퀴리온도는 그들의 이름을 따서 명명되었다. 자기쌍극자들은 퀴리온도 이상에서도 여전히 자기장을 따라 정렬할 수 있지만, 자기장이 제거되면 무질서하게 정렬된다.

20-7 자성재료의 응용

강자성 및 준강자성 재료들은 이력곡선의 모양에 따라 자기적으로 연성 또는 경성으로 분류된다[그림 20-9(a)]. 일반적으로 만일 보자력 값이 약 10^4 A · m^{-1} 이상이면, 그 재료는 자기적으로 경성이라고 한다. 만일 보자력 값이 10^3 A · m^{-1} 이하이면, 그 재료는 자기적으로 연성이라고 한다. 그림 20-9(b)는 여러 가지 상업적으로 중요한 자성재료들

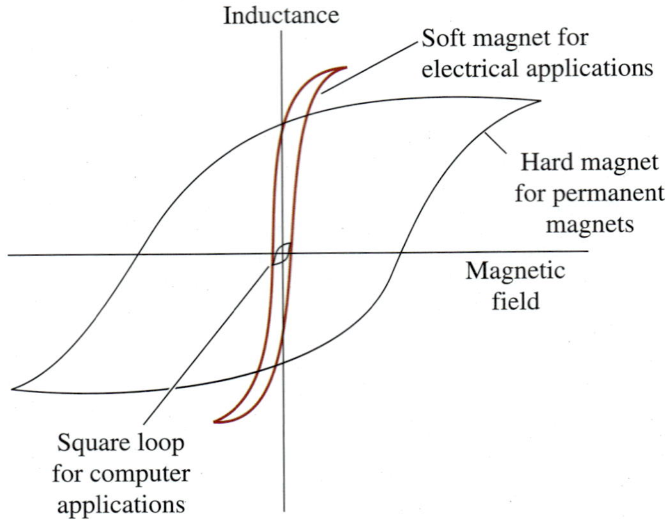

(a)

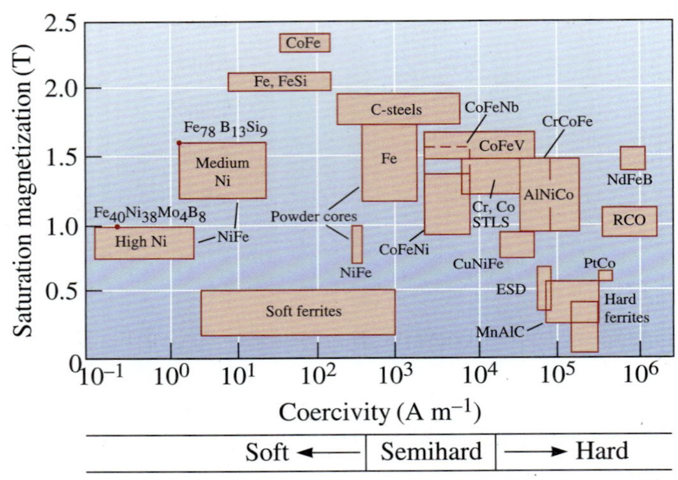

(b)

그림 20-9 (a) 강자성 및 준강자성 재료들의 세 가지 응용분야에 대한 이력곡선의 비교. (출처: Magnetic Materials: An Overview, Basic Concepts, Magnetic Measurements, Magnetostrictive Materials, *by G. Y. Chin et al. in R. Bloor, M. Flemings, and S. Mahajan (eds.),* Encyclopedia of Advanced Materials, *Vol. 1, Pergamon Press, 1994.*) (b) 여러 가지 자성재료들에 대한 포화자화 값과 보자력 값.

의 분류를 보여준다. 보자력은 미세구조에 매우 민감한 특성이지만, 주어진 조성의 재료에서 포화자화는 일정하다(즉, 미세구조와 무관함). 이것은 금속재료의 항복강도가 미세구조에 강하게 의존하지만, 탄성계수(Young's modulus)는 그렇지 않은 것과 유사하다. 결정립계의 구조와 기공의 존재 또는 입자들의 표면층과 같은 많은 요인들은 보자력 값에 영향을 준다. 단결정의 보자력 값은 결정학적 방향에 강하게 의존한다. 자구들이 정렬하기 쉬운 어떤 특정 방향들이 존재한다. 보자력 값이 훨씬 높은 다른 방향들이 존재한다. 또한 자성재료 입자들의 보자력은 입자의 형상에 의존한다. 이것이 자기 기록매체에서 구형이 아닌 침상형 입자들을 사용하는 이유이다. 이러한 효과는 또한 전기 변압기의 가동 중 에너지손실을 최소화하도록 결정립이 배향되거나 집합조직이 발달한 규소강(Fe Si합금)에서도 활용된다. 자성재료의 몇몇 용도들을 살펴보자.

연자성 재료 강자성 재료들은 종종 전류가 재료를 통하여 흐를 때, 생성되는 자속밀도(B)를 높이기 위해 사용된다. 그러면 자기장이 일을 하게 될 것이다. 용도로는 전자석, 전기모터, 변압기, 발전기, 기타 전기기구에 사용되는 코어가 있다. 이들 장치들은 교류를 사용하기 때문에, 코어재료는 연속적으로 이력곡선과 같은 순환과정을 겪는다. 표 20-4는 선별된 연자성 재료의 특성을 보여준다. 이들 재료들에 대한 상대투자율(relative magnetic permeability) 값은 인가된 자기장의 세기에 강하게 의존한다(그림 20-6).

이들 재료들은 종종 다음과 같은 특성을 갖고 있다.

1. 높은 포화자화
2. 높은 투자율
3. 작은 보자력
4. 작은 잔류자화
5. 작은 이력곡선
6. 고주파 자기장에 대한 빠른 반응
7. 높은 전기비저항

높은 투자율은 작은 자기장이 인가되어도 포화자화가 얻어지게 하는 반면에, 높은 포화자화는 재료가 일을 할 수 있게 한다. 낮은 보자력은 또한 자구들이 낮은 자기장에서도 재배열할 수 있음을 의미한다. 외부 자기장이 제거되었을 때 자화가 거의 남아 있지 않도록 낮은 잔류자화가 바람직하다. 이러한 특성들은 또한 작은 이력곡선으로 연결되며, 따라서 작동하는 동안 에너지 손실을 최소로 한다.

만일 인가된 자기장의 주파수가 너무 높으면 자구들이 각각의 사이클마다 재정열할 수 없고, 기기에는 쌍극자 마찰(dipole friction)로 인해 열이 발생할 것이다. 또한, 높은 주파수라면 재료가 더 자주 이력곡선을 거치게 되고, 당연히 더 많은 열을 발생시키며, 각 사이클 동안 에너지를 잃게 된다. 높은 주파수의 응용분야를 위해서는 쌍극자들이 예외적으로 빠르게 정렬될 수 있는 재료가 필요하다.

만일 와전류(eddy current)가 발생되면 이 또한 열에 의해 에너지가 손실될 수 있다. 가동 중에 자성재료 내에서 전류가 유도될 수 있다. 이러한 전류들은 전력손실과 주울(Joule)열 또는 I^2R 열을 발생시킨다. 와전류 손실은 재료가 고주파에서 작동할 때 특히 심하다. 만일 전기비저항이 높으면, 와전류 손실은 최소로 할 수 있다. 준강자

표 20-4 선별된 연자성 재료의 특성

이름	조성	투자율(μ_r) 초기	투자율(μ_r) 최대	보자력 H_c(A · m^{-1})	보자성 B_r(T)	B_{max} (T)	비저항 ($\mu\Omega \cdot$ m)
철 주괴	99.8% Fe	150	5,000	80	0.77	2.14	0.10
저탄소강	99.5% Fe	200	4,000	100		2.14	1.12
규소강(무배향)	Fe-3% Si	270	8,000	60		2.01	0.47
규소강(결정립배향)	Fe-3% Si	1,400	50,000	7	1.20	2.01	0.50
4750합금	Fe-48% Ni	11,000	80,000	2		1.55	0.48
4-79 Permalloy	Fe-4% Mo-79% Ni	40,000	200,000	1		0.80	0.58
초합금	Fe-5% Mo-80% Ni	80,000	450,000	0.4		0.78	0.65
2V-Permendur	Fe-2% V-49% Co	800	450,000	0.4		0.78	0.65
Supermendur	Fe-2% V-49% Co		100,000	16	2.00	2.30	0.40
Metglas[a] 2650SC	$Fe_{81}B_{13.5}Si_{3.5}C_2$		300,000	3	1.46	1.61	1.35
Metglas[a] 2650S-2	$Be_{78}B_{13}S_9$		600,000	2	1.35	1.56	1.37
MnZn 페라이트	H5C2[b]	10,000		7	0.09	0.40	1.5×10^5
MnZn 페라이트	H5E[b]	18,000		3	0.12	0.44	5×10^4
NiZn 페라이트	K5[b]	290		80	0.25	0.33	2×10^{12}

[a] Allied Corporation 등록상표
[b] TDK 페라이트 규격
(출처: Magnetic Materials: An Overview, Basic Concepts, Magnetic Measurements, Magnetostrictive Materials, *by G. Y. Chin et al. in R. Bloor, M. Flemings, and S. Mahajan (eds.),* Encyclopedia of Advanced Materials, *Vol. 1, Pergamon Press, 1994.*)

성 세라믹 자석으로 만들어진 연자석들은 높은 비저항을 가지므로 금속 강자성 재료들보다 열이 덜 발생한다. 최근에 연자성 카보닐철 입자들(soft magnetic carbonyl iron particles)을 바탕으로 한 자성유변(magnetorheological, MR) 유체로 알려진 일종의 스마트재료들이 Delphi의 MagneRide™ 시스템과 같은 진동제어에 관련된 여러 가지 응용분야에 도입되었다. 이들 재료들은 자기페인트(magnetic paint)와 비슷하며, 자기장을 켬으로써 충격과 진동으로부터 에너지를 흡수할 수 있도록 만들어졌다. MR 유체의 강성은 제어할 수 있고, 가역적이다. 캐딜락(Cadillac)과 콜벳(Corvette)의 일부 모델들은(미국산 자동차) 이러한 스마트 재료들을 사용한 서스펜션을 소비자들에게 판매하기 위하여 내놓고 있다.

데이터저장 재료 자성재료들은 데이터저장에 사용된다. 기억(메모리)은 재료를 어떤 특정한 방향으로 자화시켜서 저장된다. 예를 들어, 만일 (자기모멘트의) '북극'이 위로 향하면, 저장된 정보의 비트(bit)는 1이다. 만일 '북극'이 아래쪽 방향이면, 그때는 0이 저장된다.

이러한 용도에는 사각형 형태의 이력곡선, 즉 낮은 잔류자화, 낮은 포화자화, 낮은 보자력을 갖는 재료들이 바람직하다. Ba, CrO_2, 침상 철 입자, γ-Fe_2O_3를 바탕으로 한 경성 페라이트들이 이러한 요건을 만족한다. 신용카드나 은행단말기 카드의 자기 띠(stripe)는 γ-Fe_2O_3 또는 Fe_3O_4 입자들을 사용하여 만들어진다. 사각형 이력곡선은 자기장에 의해 재료에 쓰인 정보의 비트(bit)가 저장되어 남아 있음을 보장한다. 즉, 강자성체에 저장된 정보를 제거하기 위해 가파르고 급격한 자화의 변화가 필요하다. 더구나 작은 외부 자기장에 의해 생성된 자화는 보자력(H_c), 포화자화, 잔류자화(B_r)들을 낮게 유지시킨다.

일부 대표적인 자기기록재료들의 잔류자화(B_r) 값과 보자력(H_c) 값들이 표 20-5에 나타나 있다.

Co-Pt-Ta-Cr을 바탕으로 한 많은 새로운 합금들이 하드디스크를 위해 개발되었다. 컴퓨터 하드디스크는 이러한 재료들이 스퍼터링된 박막을 사용하여 만들어진다. 앞의 장들에서 살펴본 것처럼, 나노구조 Fe-Pt 및 Fe-Pd를 바탕으로 한 재료들과 같은 다양한 합금들이 데이터저장 용도에 사용하기 위해 개발 중이다. 더욱 최근에는 스핀트로닉스(spintronics, 전자스핀에 바탕을 둔 전자공학)로 알려진 기술이 발전되었다. 스핀트로닉스의 대전제는 전계트랜지스터(FET)와 같은 소자들을 제조하기 위해 스핀-분극된 전류(spin-polarized current)로 알려진 전류의 흐름에 영향을 주는 데 전자의 스핀을 사용한다는 것이다. 또한, 전자의 스핀(위쪽 또는 아래쪽)은 또한 정보를 저장하는 방법으로 고려되고 있다. 실제 스핀트로닉스기반 장비의 매우 성공적인 예는 컴퓨터 하드디스크로부터 정보를 읽는 데 사용되는 거대자기저항(giant magnetoresistance, GMR) 센서이다.

영구자석 마지막으로, 자성재료들은 강한 영구자석(표 20-6)을 만들기 위해 사용된다. 종종 경자석이라 불리는 강한 영구자석들은 다음 사항을 필요로 한다.

표 20-5 전형적인 자기기록재료들의 분말형태에서의 특성

이름	입자길이 (μm)	형상비	자화 B_r (Wb/m^2)	자화 B_r (emu/cm^3)	보자력 H_c (kA/m)	보자력 H_c (Oe)	표면적 (m^2/g)	퀴리온도 T_c(°C)
γ-Fe_2O_3	0.20	5 : 1	0.44	350	22~34	420	15~30	600
Co-γ-Fe_2O_3	0.20	6 : 1	0.48	380	30~75	940	20~35	700
CrO_2	0.20	10 : 1	0.50	400	30~75	950	18~55	125
Fe	0.15	10 : 1	1.40[a]	1,100[a]	56~176	2,200	20~60	770
Ba 페라이트	0.05	두께 0.02 μm	0.40	320	56~240	3,000	20~25	350

[a] 피막처리된 안정화 입자에 대해서는 자성재료 입자의 감소된 부피를 감안하여 이 값의 50~80%만을 사용하라. (출처: The Complete Handbook of Magnetic Recording, *Fourth Edition, by F. Jorgensen, McGraw-Hill, 1996.*)

1. 높은 잔류자화(안정한 자구들)
2. 높은 투자율
3. 높은 보자력
4. 큰 이력곡선
5. 높은 파워[또는 BH곱(product)]

$Nd_2Fe_{12}B$ 자석이 약 445 kJ · m^{-3}[약 56 Mega-gauss-oersted(MGOe)]의 에너지 곱(energy product)으로서 그에 관한 최고기록을 얻었다. 이 자석들은 용융된 합금의 급속 냉각에 의해 분말형태로 만들어진다. 분말들은 고분자기지에 결합되거나 열간 가압소결(hot pressing)에 의해 벌크재료로 만들어진다. 소결된 자석이 배향되거나(oriented) 극 만들기를 거치면(poled) 에너지 곱은 증가한다. 낮은 부식저항, 취성, 비교적 낮은 퀴리온도(약 312 ℃)는 이 특별한 재료의 일부 제한요인들이다.

자석의 파워는 이력곡선의 크기 또는 B와 H의 최대 곱, $(BH)_{max}$와 관련이 있다. B-H 곡선의 제2사분면 또는 제4사분면에서 그려질 수 있는 최대 직사각형의 면적은 자석을 탈자화하는 데 필요한 에너지와 관련이 있다[그림 20-10(a) 및 그림 20-10(b)]. 그 곱이 커지려면 잔류자화와 보자력 모두 커야만 한다.

많은 용도에서 영구자석의 부양력(lifting power)을 계산해야 할 필요가 있다. 영구자석을 사용하여 얻을 수 있는 자력(magnetic force)은 다음과 같다.

$$F = \frac{\mu_0 M^2 A}{2} \tag{20-11}$$

이 분야에서 재료과학자/공학자들이 가장 성공적으로 기여한 사례는 강한 희토류 자석들의 개발이다. 강한 영구자석들의 개발에서 이루어진 발전과정이 그림 20-10(b)에 도시되어 있다. 영구자석들은 확성기, 모터, 발전기, 부착자석, 광물분리, 베어링을 포함한 많은 응용분야에 사용된다. 일반적으로 영구자석들은 불균일한 자기장을 만들지만, 비교적 균일한 자기장을 만들기 위하여 Halbach 어레이로 알려진 기하학적 배열을 사

표 20-6 선별된 경자석 또는 영구자석 재료들의 특성

재료	통상적인 이름	$\mu_0 M_r$(T)	$\mu_0 M_c$(T)	$(BH)_{max}$ (kJ · m^{-3})	T_c(℃)
Fe-Co	Co-강	1.07	0.02	6	887
Fe-Co-Al-Ni	Alnico 5	1.05	0.06	44	880
$BaFe_{12}O_{19}$	페라이트	0.42	0.31	34	469
$SmCo_5$	Sm-Co	0.87	0.80	144	723
$Nd_2Fe_{12}B$	Nd-Fe-B	1.23	1.21	290∼445	312

(출처: Permanent Magnetism, by *R. Skomski and J. M. D. Coey, p.23, Table 1.2. Edited by J. M. D.Coey and D. R. Tilley, Institute of Physics Publishing, 1999.*)

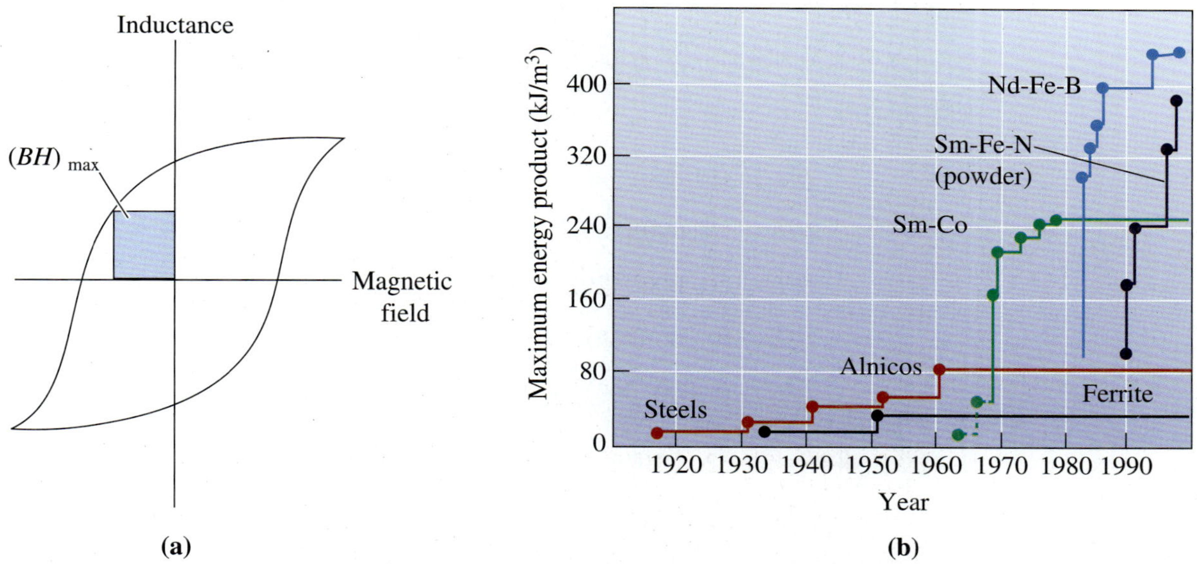

그림 20-10 (a) B-H 곡선의 제2사분면 또는 제4사분면에 그려진 가장 큰 직사각형 면적은 최대 BH곱에 해당된다. $(BH)_{max}$는 영구자석을 탈자화하는 데 필요한 파워 또는 에너지와 관련이 있다. (b) 영구자석 재료들의 개발 현황. 최대 에너지 곱이 수직축에 나타나 있다. (출처: Permanent Magnetism, *by R. Skomski and J. M. D. Coey, edited by J. M. D. Coey and D. R. Tilley, Institute of Physics Publishing, 1999.*)

용할 수 있다. 다음 예제들은 영구자석 재료들과 관련된 이러한 개념의 일부가 실제 적용된 것들을 보여준다.

예제 20-3 영구자석에 대한 에너지 곱

그림 20-11에 나타낸 특성을 갖는 자성재료에 대한 파워 또는 $(BH)_{max}$를 정하라.

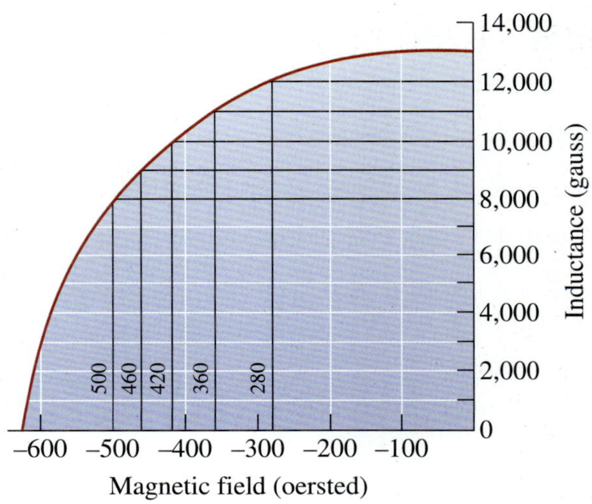

그림 20-11 어떤 영구자석 재료에 대한 B-H 곡선의 제2사분면.

풀이

여러 개의 직사각형들이 B-H 곡선의 제2사분면에 그려져 있다. 각각에서 BH곱은 다음과 같다.

$$BH_1 = (12{,}000)(280) = 3.4 \times 10^6 \text{ gauss} \cdot \text{oersted}$$
$$BH_2 = (11{,}000)(360) = 4.0 \times 10^6 \text{ gauss} \cdot \text{oersted}$$
$$BH_3 = (10{,}000)(420) = 4.2 \times 10^6 \text{ gauss} \cdot \text{oersted} = \text{최대}$$
$$BH_4 = (9{,}000)(460) = 4.1 \times 10^6 \text{ gauss} \cdot \text{oersted}$$
$$BH_5 = (8{,}000)(500) = 4.0 \times 10^6 \text{ gauss} \cdot \text{oersted}$$

그러므로 파워는 약 4.2×10^6 gauss · oersted이다.

예제 20-4 자성재료의 설계/선택

고효율 전기모터, 찬장문을 고정시키는 자석장치, 전류계 또는 전압계에 사용되는 자석, 자기공명영상(MRI) 장치에 적절한 자성재료를 각각 선택하라.

풀이

고효율 전기모터: 이력(hysteresis) 손실을 최소화하려면 이방성 거동과 작은 이력곡선을 나타내는 배향된 규소철(oriented silicon iron)의 특성을 활용할 수 있다. 철-규소 합금은 전기적으로 도체이므로 비전도성 유전체 사이에 샌드위치 형태로 삽입된 규소철의 박판을 갖는 적층구조를 만들 것이다. 약 0.5 mm 이하의 박판들이 추천된다.

찬장문을 위한 자석: 찬장문을 잠그기 위하여 사용되는 자석 걸쇠들은 영구자석이어야 하지만, 큰 힘보다는 낮은 가격이 더욱 중요한 설계 특징이다. 저렴한 페라이트 강 또는 낮은 가격의 페라이트(세라믹)가 추천된다.

전류계 또는 전압계를 위한 자석: 이들 용도에는 alnico합금(Al, Ni, Co를 함유한 철합금)들이 특별히 효과적이다. 이들 합금은 온도의 변화에 가장 덜 민감하므로 넓은 온도에 걸쳐 정확한 전류 또는 전압의 측정을 가능하게 해준다.

자기공명영상 장치: MRI의 응용분야들 중 하나가 의료진단이다. 이 경우에는 매우 고성능의 자석이 필요하다. 극도로 높은 BH곱을 갖는 $Nd_2Fe_{12}B$ 자성재료가 이 용도에 추천된다. 초전도체로 만들어진 매우 강한 전자석을 이용할 수도 있다.

다음 예제는 영구자석의 부양력을 어떻게 계산할 수 있는지를 보여준다.

예제 20-5 자석의 부양력

1.61 테슬라의 포화자화 값을 갖는 영구자석의 힘을 kN/m²으로 계산하라.

풀이

앞에서도 언급한 바와 같이, 영구자석에 의한 인력은 다음 식으로 주어진다.

$$F = \frac{\mu_0 M^2 A}{2}$$

문제에서 $\mu_0 M = 1.61$ tesla의 값이 주어져 있다. 영구자석에 의한 힘을 나타내기 위해 식을 다음과 같이 다시 쓸 수 있다.

$$F = \frac{\mu_0 M^2 A}{2} = \frac{(\mu_0 M)^2 A}{2\mu_0}$$

$$\frac{F}{A} = \frac{(1.61\ \mathrm{T})^2}{2\left(4\pi \times 10^{-7}\dfrac{\mathrm{H}}{\mathrm{m}}\right)} = 1.03\ \mathrm{MN/m^2}$$

면적(A)이 1 m²로 정해져 있으므로 이 경우에 힘은 1.03 MN일 것이다.

20-8 금속 및 세라믹 자성재료

자성재료 응용분야에 사용되고 있는 전형적인 합금들과 세라믹 재료들을 살펴보고, 그들의 특성과 거동이 어떻게 향상될 수 있는지를 살펴보자. 일부 고분자재료들도 자기적 특성을 나타내지만, 이들 재료는 퀴리온도가 금속 및 세라믹 자성재료들의 퀴리온도에 비해 매우 낮아서 공업적인 용도에 사용될 수 없다.

자성합금 강자성인 철(Fe), 니켈(Ni), 코발트(Co)는 높은 전기전도도와 비교적 큰 이력곡선을 갖고 있어서 과도한 파워 손실을 초래하기 때문에, 보통 전기적인 응용분야에 순수한 형태로는 사용되지 않는다. 그것들은 비교적 불량한 영구자석이다. 즉, 자구들이 쉽게 재정렬되고, 보다 복잡한 합금들에 비해 잔류자화와 BH곱이 모두 작다. 미세구조에 결함들을 도입함으로써 자기적인 특성에 약간의 변화를 얻는다. 전위, 결정립계, 여러 상들 사이의 경계, 점결함이 자구 경계를 고정시키는 데 도움이 되며, 이로 인해 원래의 자기장이 제거되었을 때 자구들이 정렬상태로 남아 있도록 한다.

철-니켈 합금 퍼말로이(Permalloy)와 같은 일부 철-니켈 합금들은 높은 투자율을 갖고 있어서 연자석으로 사용할 수 있다. 이들 자석의 용도 중 하나는 컴퓨터 디스크에 정보를 저장하거나 읽을 수 있는 '헤드'이다(그림 20-12). 디스크가 헤드 아래에서 회전하면,

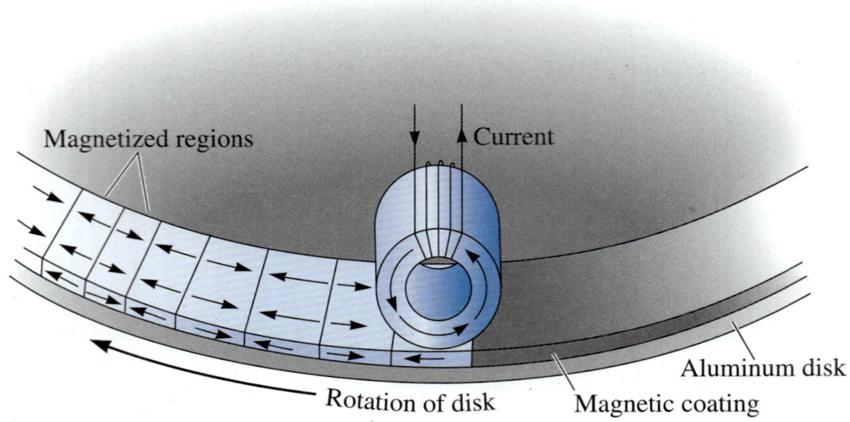

그림 20-12 정보는 전자기 헤드를 사용하여 자기디스크에 저장되고 디스크로부터 검색될 수 있다. 저장과정에서 헤드의 전류는 디스크의 자구들을 자화시키며, 검색과정에서 디스크의 자구들은 헤드에 유도전류를 형성한다.

전류가 헤드에 자기장을 형성한다. 이어서 헤드에 형성된 자기장이 디스크의 한 부분을 자화시킨다. 헤드에 형성된 자기장의 방향은 디스크에 함침된(embedded) 자성재료 입자들의 방향을 결정하고, 결과적으로 정보를 저장한다. 헤드 아래에 있는 디스크를 다시 회전시킴으로써 정보를 읽을 수 있다. 디스크에서 자화된 영역은 헤드에 전류를 야기하고, 전류의 방향은 디스크에 존재하는 자기장의 방향에 따라 결정된다.

규소철 규소철(silicon iron)은 결정립배향강(grain-oriented steels)으로 제조된다. 철에 3~5% Si을 첨가하여 만들어진 합금은 적절한 제조공정을 거쳐서 모터와 발전기 같은 전기적 응용분야에 쓸모가 있다. 최적의 성능을 얻기 위해 규소철의 자기이방성 거

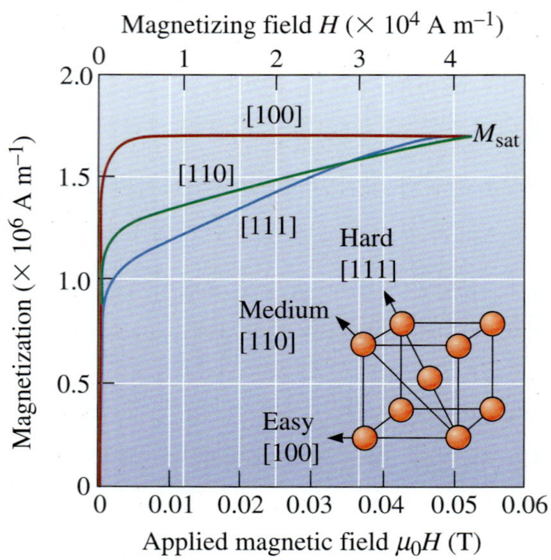

그림 20-13 철에 대한 초기 자화곡선은 큰 이방성을 보인다. 즉, ⟨100⟩ 방향이 자기장과 정렬되어 있을 때 자화가 가장 쉽고, [111] 방향이 자기장과 정렬되면 가장 어렵다. (출처: Principles of Electrical Engineering Materials and Devices, *by S. O. Kasap, Irwin, McGraw-Hill, 1997.*)

동을 이용한다. 압연과 후속 어닐링(annealing)의 결과로서 각 결정립에 〈100〉 방향으로 정렬된 박판 집합조직(sheet texture)이 형성된다. 규소철은 〈100〉 방향으로 가장 쉽게 자화되기 때문에 포화자화를 얻는 데 필요한 자기장은 매우 작고, 작은 이력곡선과 작은 잔류자화가 모두 얻어진다(그림 20-13). 이러한 형태의 이방성은 자기결정(magneto-crystalline) 이방성으로 알려져 있다.

복합자석 복합자석(composite magnets)은 와전류(eddy current) 손실을 줄이기 위하여 사용된다. 규소철의 얇은 박판들이 유전재료(dielectric material)의 판들과 함께 적층된다. 이 적층된 층들은 원하는 전체 두께로 쌓아올려진다. 적층판은 복합자석의 비저항을 증가시켜 낮은 주파수와 중간 주파수에서 그들이 성공적으로 사용될 수 있게 한다.

매우 높은 주파수에서 (와전류) 손실은 자구들이 재정렬할 시간을 갖지 못하기 때문에 더욱 현저할 것이다. 이 경우에는 고분자기지에 자구 크기의 자성 입자들을 함침한 복합재료를 사용할 수 있다. 입자들 또는 자구들은 쉽게 회전하는 반면에, 고분자의 높은 비저항 때문에 와전류 손실은 최소화된다.

데이터저장 재료 정보저장을 위한 자성재료들은 정보의 매우 빠른 전송을 위해 사각형 이력곡선과 낮은 보자력이 필수적이다. 컴퓨터 데이터 저장을 위한 하드디스크가 유사한 방법으로 만들어진다. 하드디스크에서 자성재료 입자들은 편평한 알루미늄 기판(substrate) 위에 있는 고분자 필름에 함침되어(embedded) 있다. 고분자기지와 작은 입자들 때문에 자구들은 자기장에 반응하여 쉽게 회전할 수 있다. 이들 재료들을 표 20-5에 요약하였다.

영구자석용 복잡한 금속합금 결정립크기를 매우 작게 하여 각 결정립에 오직 하나의 자구만 존재하게 함으로써 성능이 개선된 영구자석이 제조된다. 이제 자구들 사이에 있는 경계는 Bloch 벽이라기보다는 결정립계가 된다. 자구들은 회전에 의해서만 그들의 방향을 바꿀 수 있고, 회전은 자구 성장보다 더 큰 에너지를 필요로 한다. 이러한 자성재료를 만들기 위해 상변태(phase transformation)와 분말야금(powder metallurgy)이라는 두 가지 기술들이 사용된다. 자석용 복잡한 금속합금들의 가장 흔한 종류 중 하나인 알니코(Alnico)는 고온에서 단상 BCC 구조를 가지지만, 800 ℃ 이하로 서서히 온도가 떨어지면, 철과 코발트 함량이 높은 2차 BCC상이 석출한다. 이 2차상은 아주 미세하여 각각의 석출물 입자가 하나의 자구이고, 매우 높은 잔류자화, 보자력, 파워를 갖는다. 종종 합금들은 자기장 하에서 냉각되고 상변태하며 자구들이 형성되면서 동시에 정렬되도록 한다.

두 번째 기술(분말야금)은 사마륨(Sm)-코발트(Co)를 포함하는 희토류 금속합금 그룹에서 사용된다. 금속간화합물인 Co_6Sm 조성은 사마륨(Sm)의 $4f$ 전자들에서 쌍을 이루고 있지 않은 자기스핀으로 인해 높은 BH곱(그림 20-14)을 갖는다. 취성의 금속간화

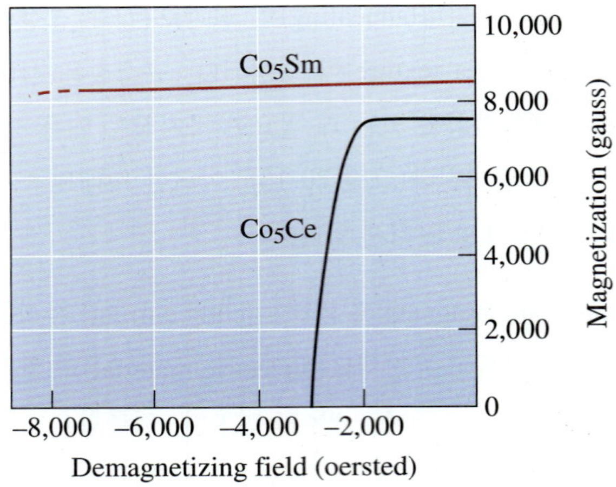

그림 20-14 이력곡선의 한 부분을 나타내고 있는 Co_5Sm과 Co_5Ce에 대한 탈자화 곡선.

합물이 분쇄되어, 개개의 입자가 하나의 자구인 미세한 분말이 제조된다. 이후 분말은 인가된 자기장 하에서 분말 자구들이 정렬할 때까지 압축된다. 입자들의 성장을 억제하도록 주의 깊은 소결을 통해 고체-분말야금 자석이 만들어진다. $Nd_2Fe_{12}B$에서는 미세한 결정립으로 된 금속간화합물이 자구들을 형성하고, 미세한 HfB_2 석출물이 자구벽의 이동을 방해한다.

준강자성 세라믹 재료 일반적인 자성 세라믹들은 스피넬 결정구조(그림 20-15)를 갖고 있는 페라이트(ferrite)들이다. 이들 페라이트는 Fe-C 상태도를 공부할 때(제12장 및 제13장) 접하게 되는 페라이트(α-ferrite) 상과는 전혀 무관하다. 페라이트들은 인덕터(inductor)와 같은 용도로서 무선통신과 미세전자공학기술에 사용된다. 페라이트 분말들은 세라믹 공정기술을 이용하여 만들어진다.

마그네타이트(Fe_3O_4)를 통해 이들 세라믹자석들의 거동을 이해할 수 있다. 마그네타이트는 두 가지 다른 이온(Fe^{2+} 및 Fe^{3+})을 포함하고 있어서, 마그네타이트에 대한 화학식을 $Fe^{2+}Fe_2^{3+}O_4^{2-}$로 다시 쓸 수 있다. 마그네타이트 또는 스피넬 결정구조는 산소이온들의 FCC 배열을 기반으로 하고, 일부 침입형자리를 철이온이 선택적으로 점유하는 형태이다. 비록 스피넬의 단위정은 실제로 여덟 개의 FCC 배열을 포함하지만, 여기서는 오직 하나의 FCC 세부정(subcell)만을 조사하면 된다.

1. 4개의 산소이온들이 세부정의 FCC 위치에 있다.
2. 6개의 산소이온들로 둘러싸인 팔면체자리들은 세부정의 각 변과 중심에 존재한다. 한 개의 Fe^{2+}이온과 한 개의 Fe^{3+}이온이 팔면체자리를 차지한다.
3. 사면체자리들은 세부정의 $\left(\frac{1}{4}, \frac{1}{4}, \frac{1}{4}\right)$과 같은 위치들이다. 하나의 Fe^{3+}이온이 사면체자리들 중 하나를 차지한다.
4. Fe^{2+}가 형성되면, 철의 두 개의 4s 전자들이 제거되지만, 모든 3d 전자들은 남아

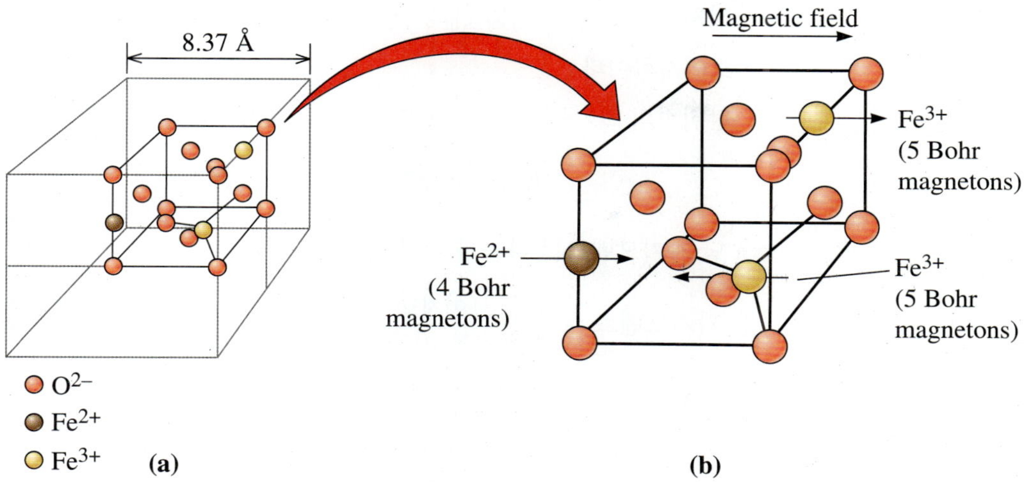

그림 20-15 (a) 마그네타이트(Fe_3O_4)의 구조, (b) 마그네타이트의 세부정(subcell) 구조. 팔면체자리에 있는 철 이온들의 자기모멘트는 자기장에 정렬되어 있지만, 사면체자리에 있는 철 이온들의 자기모멘트는 자기장과 반대방향이다. 순(net) 자기모멘트는 이러한 이온정렬에 의해 발생된다.

있다. 철의 3*d* 에너지준위에 4개의 쌍을 이루지 못한 전자들이 있기 때문에 Fe^{2+} 쌍극자의 자기 세기(magnetic strength)는 4 보어자화(Bohr magneton)이다. Fe^{3+}가 형성되면, 4*s* 전자들과 3*d* 전자들 중 하나가 제거된다. Fe^{3+}이온은 3*d* 에너지준위에 5개의 쌍을 이루지 못한 전자들을 가지고 있기 때문에 5 보어자화의 세기를 갖는다.

5. 마그네타이트의 사면체자리에 있는 이온은 그들의 자기모멘트가 인가된 자기장에 반대방향이 되도록 정렬하지만, 팔면체자리에 있는 이온들은 자기장을 강화시킨다[그림 20-15(b)]. 결과적으로 사면체자리에 있는 Fe^{3+}이온은 팔면체자리에 있는 Fe^{3+}이온을 중화(자성을 상쇄)시킨다[Fe^{3+}이온 커플링(coupling)은 반강자성]. 팔면체자리에 있는 Fe^{2+}이온은 어떠한 다른 이온에 의해서도 반대로(상쇄)되지 않으므로 자기장을 강화한다. 다음 예제는 페라이트의 하나인 Fe_3O_4의 자화(magnetization) 값을 어떻게 계산하는지를 보여준다.

예제 20-6 마그네타이트의 자화

마그네타이트(Fe_3O_4)에서 cm^3당 총 자기모멘트를 계산하라. 이 재료에 대한 포화자속밀도(B_{sat}) 값을 계산하라. 격자상수는 8.37×10^{-8} cm이다.

풀이

그림 20-15(b)의 세부정에서, 사면체자리와 팔면체자리에 각각 위치한 두 개의 Fe^{3+} 이온들에 의한 자기모멘트는 서로 상쇄되기 때문에, 총 자기모멘트는 Fe^{2+}로부터 얻은 4 보어자화이다.

전체 단위정에는 여덟 개의 세부정들이 있고, 따라서 총 자기모멘트는 단위정당 32 보어자화이다.

단위정의 크기는, 8.37×10^{-8} cm의 격자상수를 가지므로, 다음과 같다.

$$V_{cell} = (8.37 \times 10^{-8})^3 = 5.864 \times 10^{-22}\ cm^3$$

cm^3당 자기모멘트는 다음과 같다.

$$\text{총 자기모멘트} = \frac{32\ \text{보어자화/단위정}}{5.864 \times 10^{-22}\ cm^3/cell} = 5.457 \times 10^{22}\ \text{보어자화}/cm^3$$
$$= (5.457 \times 10^{22})(9.274 \times 10^{-24}\ A \cdot m^2/\text{보어자화})$$
$$= 0.506\ A \cdot m^2/cm^3 = 5.06 \times 10^5\ A \cdot m^2/m^3 = 5.06 \times 10^5\ A/m$$

이 식은 포화(M_{sat})에서 자화 M을 나타낸다. $B_{sat} \simeq \mu_0 M_{sat}$의 값은 $[4\pi \times 10^{-7}\ Wb/(A \cdot m)](5.06\ A \cdot m) = 0.64$ tesla이다.

스피넬 구조에서 이온들이 Fe^{2+}이온들을 대체하면, 자기적인 거동이 변화될 수 있다. 순금속에서 강자성을 생성하지 않는 이온들은 표 20-7에 나타낸 자기모멘트에 의해 스피넬에서 준강자성에 기여할 수 있다. Fe^{2+}이온이 망간(Mn), 아연(Zn), 니켈(Ni), 구리(Cu)의 여러 가지 혼합물에 의해 대체되면 연자석이 얻어진다. 니켈과 망간 이온들은 2개의 철 이온들의 효과를 부분적으로 상쇄시키는 자기모멘트를 갖지만, 작은 이력곡선을 갖는 순(net) 준강자성 거동이 얻어진다. 이러한 세라믹 화합물들의 높은 전기비저항은 와전류를 최소화하는 데 도움이 되고, 재료가 고주파에서 작동할 수 있게 한다. 컴퓨터 용도에 사용되는 페라이트들은 사각형 이력곡선 거동을 얻기 위해 망간(Mn), 마그네슘(Mg), 코발트(Co)를 첨가원소로 함유할 것이다.

또 다른 그룹의 연성 세라믹자석은 가넷을 기반으로 하며, 여기에는 이트리아-철 가닛(YIG) $Y_3Fe_5O_{12}$가 있다. 철(Fe) 대신 크롬(Cr) 또는 알루미늄(Al)으로 치환하거나 또는 이트륨을 란타늄(La) 또는 프라세오디뮴(praseodymium, Pr)으로 대체함으로써 개선된 복잡한 산화물들은 마치 페라이트처럼 거동한다. 가돌리늄(Gd)과 갈륨(Ga)을 기반으로 한 다른 가닛은 박막 형태로 만들어질 수 있다. 아주 작은 자구들이 가닛 필름에

표 20-7 스피넬구조 내의 이온들의 자기모멘트

이온	보어자화	이온	보어자화
Fe^{3+}	5	Co^{2+}	3
Mn^{2+}	5	Ni^{2+}	2
Fe^{2+}	4	Cu^{2+}	1
		Zn^{2+}	0

형성될 수 있으며, 이 자구들 또는 자기방울(magnetic bubbles)들은 데이터를 저장하는 수단으로 사용될 수 있다. 일단 자화되면, 자구들은 갑작스런 전원 차단의 경우에도 그들의 기록을 잃지 않는다.

영구자석들로 사용되는 경성 세라믹자석들에는 다른 복잡한 산화물 그룹인 육방정 페라이트들이 있다. 육방정 페라이트로는 $SrFe_{12}O_{19}$와 $BaFe_{12}O_{19}$가 있다.

다음의 예제는 세라믹자석에 대한 재료선택을 강조하여 보여준다.

예제 20-7 세라믹자석에 대한 설계/재료선택

단위체적(m^3)당 5.50×10^5 A/m의 총 자기모멘트를 갖는 입방정 페라이트 자석을 설계하라.

풀이

예제 20-6에서 Fe_3O_4에 대한 단위체적(m^3)당 자기모멘트는 5.50×10^5 A/m임을 알았다. 더 높은 포화자화를 얻기 위해서는 Fe^{2+}이온을 원자당 보어자화 값이 더 큰 이온들로 대체해야 한다. 그런 가능성 중 하나는 5 보어자화를 갖고 있는 Mn^{2+}이다(표 20-7).

Mn 이온을 첨가하더라도 단위정의 크기에는 별로 영향을 미치지 않는다고 가정하면, 예제 20-6으로부터 다음과 같다.

$$V_{\text{cell}} = 5.864 \times 10^{-22}\ \text{cm}^3 = 5.864 \times 10^{-28}\ \text{m}^3$$

Fe^{2+}이온들을 대체한 Mn^{2+}이온들의 분율을 x라 하자. 이제 Fe^{2+}이온의 분율은 $1-x$로 감소하게 된다. 그러면, 총 자기모멘트는 다음과 같다.

$$\text{총 자기모멘트} = \frac{(8\ \text{세부정})[(x)(5\ \text{보어자화}) + (1-x)(4\ \text{보어자화})](9.274 \times 10^{-24}\ \text{A} \cdot \text{m}^2)}{5.864 \times 10^{-28}\ \text{m}^3}$$

$$= \frac{(8)(5x + 4 - 4x)(9.274 \times 10^{-24})}{5.864 \times 10^{-28}} = 5.50 \times 10^5$$

$$x = 0.347$$

즉, 원하는 자화를 얻기 위해서는 Fe^{2+}이온의 34.7 at%를 Mn^{2+}이온들로 교체할 필요가 있다.

자왜 어떤 재료들은 그들의 자기적 상태가 변화될 때 변형도를 발생시킨다. 이 효과는 구동기(actuator)에 사용된다. 자왜(magnetostriction)효과는 자기장을 변화시키거나 온도를 변화시킴으로써 찾아볼 수 있다. 철(Fe), 니켈(Ni), Fe_3O_4, $TbFe_2$, DyFe,

$SmFe_2$는 이 효과를 나타내는 재료들의 예이다. 구성성분인 테르븀(Tb), 철(Fe), 디스프로슘(Dy)과 개발자(Naval Ordnance Laboratory, NOL, 미국 해군병기연구소)의 이름을 따서 명명된 Terfenol-D는 가장 잘 알려진 자왜재료 중 하나이다. Terfenol-D의 조성은 대략 $Tb_xDy_{1-x}Fe_y(0.27 < x < 0.30,\ 1.9 < y < 2)$이다. 자왜현상은 전왜(electrostriction)와 유사하다. 최근에, 자왜를 나타내는 일부 강자성 합금들이 개발되었다.

요약

- 모든 재료들은 자기장과 상호작용을 한다. 재료의 자기적인 특성들은 자기쌍극자과 자기장의 상호작용에 연관된다. 자기쌍극자들은 원자의 전자구조에 기인하고, 여러 가지 형태의 거동을 유발한다.
- 자성재료들은 MRI를 위한 고강도초전도 자석들로부터, 자기 데이터저장에 사용되는 반경성(semi-hard) 재료들, 확성기, 모터, 발전기에 사용되는 영구자석들, 강유체(ferrofluids)를 만들기 위해 그리고 DNA 분자들과 세포의 자성분리에 사용되는 초상자성 재료들에 이르기까지 수많은 기술들을 가능하게 했다.
- 반자성 재료들에서 자기쌍극자들은 인가된 자기장과 반대로 정렬한다.
- 상자성 재료에서 자기쌍극자들은 인가된 자기장을 약간 강화시키며, 순 자화 또는 자기유도를 증가시킨다.
- 강자성 및 준강자성 재료들은 자기적으로 비선형이다. 그것들의 투자율은 인가된 자기장에 강하게 의존한다. 철(Fe), 니켈(Ni), 코발트(Co) 같은 강자성 재료에서 자기쌍극자들은 인가된 자기장을 크게 증가시켜 커다란 순 자화 또는 자기유도를 생성한다. 준강자성 재료에서 일부 자기모멘트는 자기장을 강화시키는 반면에 다른 자기모멘트는 자기장과 반대로 되어도 자화 또는 자기유도의 순 증가가 발생한다. 자화는 자기장이 제거된 후에도 남아 있을 수 있다. 퀴리온도 이상으로 온도를 증가시키면 강자성 또는 준강자성 거동이 사라진다.
- 강자성 및 준강자성 재료의 구조는 자구들을 포함하고 있으며, 자구들에 존재하는 모든 자기쌍극자는 정렬되어 있다. 자기장이 인가되면 자기쌍극자들은 자기장에 맞추어 정렬되며, 자화를 최대값 또는 포화값으로 증가시킨다. 자기장이 제거되었을 때, 정렬된 자구들의 일부는 남아 있을 수 있고 잔류자화를 일으킨다.
- 연자성 재료에서는 잔류자화가 거의 존재하지 않고, 자구들의 정렬을 없애기 위해 단지 작은 보자력만이 필요하며, 교류 자기장이 가해질 때 자구들을 재배열하는 데 에너지가 거의 소모되지 않는다.
- 경자성 재료 또는 영구자석 재료에서 자기장이 제거되었을 때, 자구들은 거의 완전하게 정렬된 채 남아 있으며, 자구들을 무질서하게 만들기 위해서는 큰 보자력이 필요하고, 큰 이력곡선이 관찰된다. 이러한 조건이 자석에 강한 파워를 주게 된다.
- 자왜는 인가된 자기장 또는 자기변태를 유발하는 온도변화에 반응하여 변형도가 발생하는

것이다. Terfenol 형태의 자왜재료가 구동기(actuator) 용도를 위해 개발되었다.

용어해설

강자성 ferromagnetism 원자들의 자기모멘트가 같은 방향으로 정렬, 이로 인해 자기장이 제거된 후에도 순 자화가 남아 있다.

경자석 hard magnet 10^4 A · m^{-1} 이상의 보자력을 갖는 강자성 또는 준강자성 재료. 이는 영구자석과 같다.

반강자성 antiferromagnetism 원자들 또는 이온들의 자기모멘트가 상쇄되어 영(0)의 순 자화를 일으키는 자기모멘트들의 배열.

반자성 diamagnetism 궤도운동을 하는 전자들에 기인하는 자기모멘트에 의해 생긴 효과. 이것은 인가된 자기장에 대하여 약간 반대로 정렬되게 한다. 모든 재료는 이 비교적 약한 효과를 나타낸다.

보어자화 Bohr magneton 전자스핀에 의한 전자의 자기모멘트(μ_B)의 강도.

보자력 coercivity 자구를 자화의 방향과 반대방향으로 만드는 데 필요한 자기장. 이는 미세구조에 민감한 특성이다.

상자성 paramagnetism 자기장이 가해질 때 전자스핀의 배열.

연자석 soft magnet 10^3 A · m^{-1} 이하의 보자력을 갖는 강자성 또는 준강자성 재료.

영구자석 permanent magnet 경자성 재료.

이력곡선 hysteresis loop 강자성 또는 준강자성 재료에서 자기장이 주기적으로 반복될 때 자화에 의하여 그려지는 곡선.

자구 domains 단결정 또는 다결정 재료 내에서 모든 자화의 방향들이 정렬되어 있는 작은 영역들.

자기결정이방성 magnetocrystalline anisotropy 단결정에서 보자력이 결정학적 방향에 의존하여 자화가 쉬운 축과 어려운 축을 갖는 것.

자기모멘트 magnetic moment 자기쌍극자에 따른 자기장의 세기.

자기자화율 magnetic susceptibility 자화와 인가된 자기장 사이의 비율.

자기투자율 magnetic permeability 자기유도 또는 자화와 자기장 사이의 비율.

자화 magnetization 단위부피당 총 자기모멘트.

잔류자화 remanance 자기장이 제거된 후 재료에 남아 있는 자화 또는 분극. 잔류자화는 자기쌍극자들의 영구적인 정렬에 기인한다.

준강자성 ferrimagnetism 재료 내의 이온들이 그들의 자기모멘트가 반대로 평행하게 정렬되어 완전히 상쇄되지 않고 순 자화가 남아 있는 경우의 자기적 거동.

초상자성 superparamagnetism 나노크기 영역에서, 본질적으로 강자성 또는 준강자성이지만 나노크기의 결정립들 또는 입자들로 인해 상자성 거동을 하는 재료.

퀴리온도 Curie temperature 강자성 또는 준강자성 재료들이 그 이상에서 상자성으로 변하는 온도.

파워 power 자기유도와 자기장의 최대 곱(product)으로 표시되는 영구자석의 세기.

포화자화 saturation magnetization 모든 자기쌍극자들이 자기장에 의해 정렬되었을 때, 최대자화를 일으킨다.

형상이방성 shape anisotropy 자성재료 입자들의 형상에 따른 보자력의 차이.

Bloch 벽 Bloch walls 자구들(magnetic domains) 사이의 경계.

연습문제

20-1절 자성재료의 분류

20-2절 자기쌍극자와 자기모멘트

20-1 서로 다른 자성재료들의 실제 응용분야 네 가지를 말하라.

20-2 다음 진술을 설명하라. "엄밀하게 말하면, 비자성재료와 같은 것은 없다."

20-3 일반적으로 핵의 자기모멘트는 무시한다. 어떤 응용분야에서 핵 자기모멘트가 중요해지는가?

20-4 재료의 자기적 특성을 결정할 때 전자의 어떤 두 가지 운동들이 중요한가?

20-5 왜 소수의 고체들만이 강자성 또는 준강자성 거동을 나타내는지 그 이유를 설명하라.

20-6 철(Fe), 니켈(Ni), 코발트(Co), 가돌리늄(Gd)에서 기대되는 최대자화 값을 계산하고 비교하라. 가돌리늄(Gd)의 4*f* 에너지준위에 일곱 개의 전자들이 있다. 계산된 값을 실험적으로 관찰된 값과 비교하라.

20-7 보어자화(Bohr magneton)의 질량과 플랑크상수를 이용하여 전자의 질량을 계산하라.

20-3절 자화, 투자율, 자기장

20-4절 반자성, 상자성, 강자성, 준강자성, 초상자성 재료

20-5절 자구구조와 이력곡선

20-8 자기유도, 자기장, 자화율, 투자율을 정의하라.

20-9 강자성 재료, 준강자성 재료, 반자성 재료, 상자성 재료, 초상자성 재료, 반강자성 재료를 정의하라.

20-10 강자성 재료란 무엇인가? 준강자성 재료는 무엇인가? 각 형태의 재료의 예를 제시하고 설명하라.

20-11 온도가 퀴리온도 이상일 때, 강자성 및 준강자성 재료들의 투자율은 온도에 따라 어떻게 변하는가?

20-12 식 20-4~20-7을 사용하여 식 $\mu_r = 1 + \chi_m$을 유도하라.

20-13 4-79 퍼말로이(permalloy) 솔레노이드 코일은 최소 1.5 Wb/m^2의 자기유도를 생성할 필요가 있다. 만일 최대허용 전류가 5 mA라면, 얼마나 많은 회전수(감는 수)가 길이 1 m의 와이어에 필요한가?

20-14 2×10^6 A/m의 자화를 얻기 위해 니켈과 코발트의 합금이 제조될 예정이다. 합금의 결정구조는 0.3544 nm의 격자상수를 갖는 FCC이다. 니켈과 코발트 사이에 상호작용이 없다고 가정하고, 필요한 코발트 at.%를 정하라.

20-15 상호작용이 없다고 가정하고, 니켈과 70 at% 구리(Cu)를 함유하는 합금에서 얻어질 수 있는 자화를 예측하라.

20-16 Fe-80%Ni 합금은 3,500 gauss의 자기유도가 얻어질 때 300,000의 최대 투자율을 갖는다. 길이가 2 cm인 20회 감은 코일에 합금이 놓였다면, 이러한 자기장을 얻기 위해 유도코일을 통하여 전류가 얼마나 흘러야 하는가?

20-17 Fe-49%Ni 합금은 0.125 oersted의 자기장이 인가될 때 64,000의 최대 투자율을 갖는다. 200회 감은 길이가 3 cm 코일에서 얼마의 자기유도가 얻어지며, 이러한 자기유도를 얻는데 필요한 전류는 얼마인가?

20-18 전형적인 강자성 재료에 대한 B-H 곡선 및 M-H 곡선의 개략도를 그려보라. 이들 두 가지 사이의 차이점은 무엇인가?

20-19 강자성 또는 준강자성 재료들의 투자율은 상수인가? 설명하라.

20-20 현상학적인 관점에서, 탄성중합체(elastomers), 강자성 재료, 준강자성 재료, 강유전체 사이의 유사성들은 무엇인가?

20-21 강자성과 준강자성 재료들 사이에 주요 차이점들은 무엇인가?

20-22 강자성 금속과 준강자성 세라믹의 전기비저항을 비교하라.

20-23 강자성 재료에서는 와전류손실(eddy current

loss)이 중요한 설계인자이지만, 준강자성 재료에서는 덜 중요한 이유는 무엇인가?

20-24 어느 원소가 가장 높은 포화자화를 갖는가? 모든 재료들 중에서 어떤 합금이 가장 높은 포화자화 값을 갖는가?

20-25 어떤 재료가 모든 자성재료들 중에서 가장 높은 에너지곱을 갖는가?

20-26 재료의 보자력은 미세구조에 민감한 특성인가? 잔류자화는 미세구조에 민감한 특성인가? 설명하라.

20-27 재료의 포화자화는 미세구조에 민감한 특성인가? 설명하라.

20-28 같은 재료가 다른 이력곡선을 가질 수 있는가? 설명하라.

20-29 다음 데이터는 규소강(silicon steel)에서 자기유도에 미치는 자기장의 효과를 묘사하고 있다. 재료에 대한 초기 투자율과 최대 투자율을 계산하라.

H(A/m)	*B*(tesla)
0.00	0
20	0.08
40	0.30
60	0.65
80	0.85
100	0.95
150	1.10
250	1.25

20-30 167 A/m의 보자력, 0.616 tesla의 포화자화, 0.3 tesla의 잔류자화를 가지는 자성재료가 있다. 그 재료에 대한 이력곡선을 그려보라.

20-31 10.74 A/m의 보자력, 2.158 tesla의 포화자화, 1.183 tesla의 잔류자화를 가지는 자성재료가 있다. 그 재료에 대한 이력곡선을 그려보라.

20-32 그림 20-16을 사용하여 그 자성재료의 특성인 잔류자화, 포화자화, 보자력, 초기 투자율, 최대 투자율, 파워(최대 *BH*곱)를 정하라.

20-33 그림 20-17을 사용하여 그 자성재료의 특성인 잔류자화, 포화자화, 보자력, 초기 투자율, 최대 투자율, 파워(최대 *BH*곱)를 정하라.

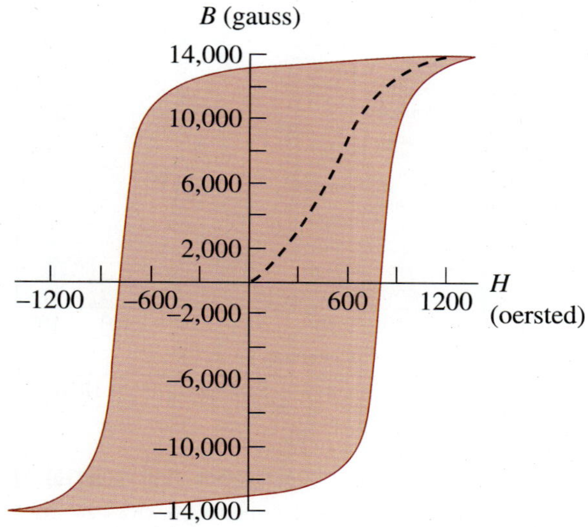

그림 20-16 어떤 경자성 재료에 대한 이력곡선. (문제 20-32에 사용)

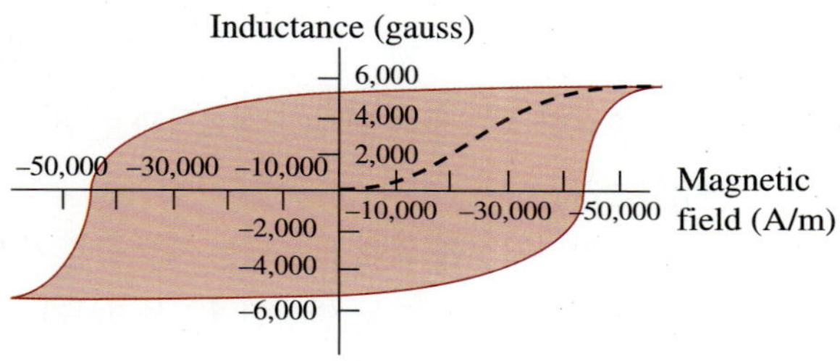

그림 20-17 어떤 경자성 재료에 대한 이력곡선. (문제 20-33에 사용)

20-6절 퀴리온도

20-7절 자성재료의 응용

20-8절 금속 및 세라믹 자성재료

20-34 표 20-3에 있는 순수한 원소들의 전자구조를 나타내라.

20-35 그림 20-9(b)에서 어떤 재료들이 가장 높은 포화자화, 가장 낮은 포화자화, 가장 높은 보자력, 가장 낮은 보자력을 갖는가?

20-36 300 K, 500 K, 1,000 K에서 철(Fe)에 대한 *M*-*H* 곡선을 그려보라.

20-37 연자성 및 경자성 재료라는 용어를 정의하라. 각 재료에 대한 전형적인 *M*-*H* 곡선을 그려보라.

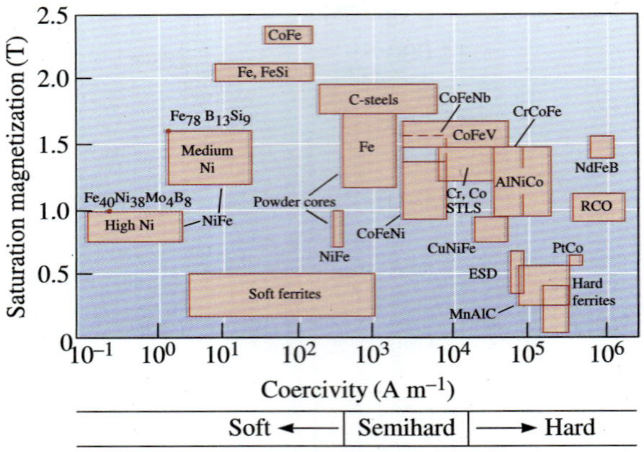

(b)

그림 20-9(b) 여러 가지 자성재료들에 대한 포화자화 값과 보자력 값. (출처: Magnetic Materials: An Overview, Basic Concepts, Magnetic Measurements, Magnetostrictive Materials, *by G. Y. Chin et al. in R. Bloor, M. Flemings, and S. Mahajan (eds.),* Encyclopedia of Advanced Materials, *Vol. 1, Pergamon Press, 1994.*) (문제 20-35를 위해 반복됨)

20-38 어떤 중요한 특성들이 연자성 재료들과 관련되어 있는가?

20-39 자기 데이터저장을 위해 사용되는 재료들은 자기적으로 경성인가 또는 연성인가? 설명하라.

20-40 자기기록에 사용되는 재료들의 예를 말해보라.

20-41 Fe-Nd-B 자석들의 장점은 무엇인가? 그들의 단점들은 무엇인가?

20-42 최대 투자율을 보자력과 관련시키기 위해 표 20-4의 자료를 사용하라. 어떤 잠재적인 경향이 있는가?

20-43 Co-γ-Fe_2O_3의 최대 자기 파워는 얼마인가?

20-44 그림 20-14에 나타낸 Co_5Ce 재료의 파워를 추산하라.

20-45 $(BH)_{max}$와 퀴리온도 사이에 어떤 가능한 관계가 있는지를 알아보기 위해 표 20-6의 데이터를 사용하라.

20-46 예제 20-3으로부터 최대 파워를 취하고 그것을 SI 단위계로 변환하라.

20-47 그림 20-13을 참고하라. M_{sat}의 좌표들은 무엇인가? 양쪽 값들에 단위 A/m을 사용하라.

20-48 전기 모터에 사용하기 위한 퍼말로이와 비교하여 Fe-3%Si 재료는 어떤 장점을 갖는가?

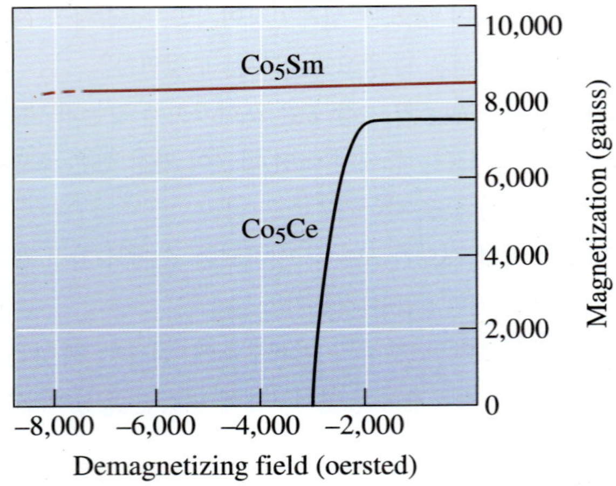

그림 20-14 이력곡선의 한 부분을 나타내고 있는 Co_5Sm과 Co_5Ce에 대한 탈자화 곡선. (문제 20-44를 위해 반복됨)

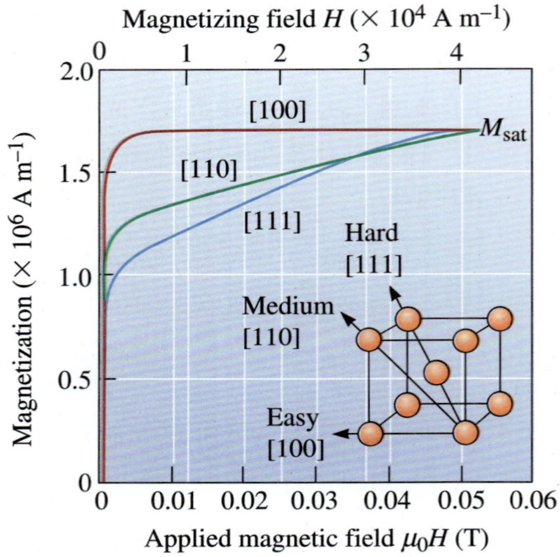

그림 20-13 철에 대한 초기 자화곡선은 큰 이방성을 보인다. 즉, ⟨100⟩ 방향이 자기장과 정렬되어 있을 때 자화가 가장 쉽고, [111] 방향이 자기장과 정렬되면 가장 어렵다. (출처: Principles of Electrical Engineering Materials and Devices, *by S. O. Kasap, Irwin, McGraw-Hill, 1997.*) (문제 20-47을 위해 반복됨)

20-49 순철(Fe)의 보자력은 관계식 $H_c = 1.83 + 4.14/\sqrt{A}$에 의해 철(Fe)의 결정립크기와 연관된다. 여기서, A는 2차원에서 결정립의 면적(mm^2)이고 H_c는 A/m의 단위를 갖는다. 만일 결정립크기만이 99.95% 철(보자력 0.9 oersted)에 영향을 준다면, 재료에서 결정립크기를 예측하라. 철이 열처리(annealing)되

어 결정립크기가 증가하였을 때 보자력 값에는 어떤 일이 일어날 것인가?

20-50 1.0 tesla의 포화자화 값을 갖는 영구자석으로부터 단위면적(m^2)당 인력을 계산하라.

20-51 마그네타이트에 있는 Fe^{2+}이온들의 10%를 Cu^{2+}이온으로 교체한다고 가정하자. 단위체적(cm^3)당 총 자기모멘트를 결정하라.

20-52 Fe^{2+}이온들의 일부를 Ni^{2+}이온으로 대체한 스피넬에서 단위체적(cm^3)당 총 자기모멘트가 4.6×10^5 A/m라고 가정하자. 교체된 Fe^{2+}이온들의 분율과 스피넬에 존재하는 니켈의 wt%를 계산하라.

20-53 자왜란 무엇인가? 이것은 전왜와 어떻게 유사한가? 압전효과와는 어떻게 다른가?

20-54 자왜효과를 나타내는 재료들의 예들을 들어보라.

20-55 스핀트로닉스(spintronics)란 무엇인가? 탁상용 컴퓨터와 휴대용 컴퓨터에 사용된 스핀트로닉스기반 소자의 예를 들어보라.

설계문제

20-56 3,000 gauss의 자기유도를 생성할 수 있는 1 cm 미만의 길이를 갖는 솔레노이드를 설계하라.

20-57 만일 400 ℃의 온도에 노출되거나 1,000 oersted의 자기장에 노출되어도 탈자화되지 않고 좋은 자기 파워를 갖는, 최소한 5,000 gauss의 잔류자화를 갖는 영구자석을 설계하라.

20-58 세제곱미터(m^3)당 5.6×10^5 A/m의 총 자기모멘트를 생성할 수 있는 스피넬구조의 페라이트를 설계하라.

20-59 세제곱미터(m^3)당 4.1×10^5 A/m의 총 자기모멘트를 생성할 수 있는 스피넬구조의 페라이트를 설계하라.

20-60 최고 750 ℃의 가동온도 하에서 최대 1,000 kg의 하중을 들어올리기 위한 영구자석을 설계하라. 표 20-6에 나열된 어떤 재료들이 위의 조건을 만족시킬 것인가?

컴퓨터문제

20-61 **자기 단위들의 환산** 자기단위(magnetic units)를 cgs 또는 Gaussian 시스템으로부터 SI 단위계로 바꿀 수 있는 컴퓨터 프로그램을 작성하라. 예를 들어, 만일 사용자가 자속밀도의 값을 gauss로 제공하면, 프로그램은 값을 Wb/m^2 또는 tesla로 줄 수 있어야 한다.

광재료는 현대 정보통신기술의 기반구조에서 매우 중요한 역할을 한다. 현재 전 세계적으로 수백만 마일에 걸쳐 그림에 보이는 것과 같은 광섬유 케이블이 매설되어 있다. 통신용 및 의료용 광섬유, 의료용 및 제조공정용 레이저, 미세가공된 거울 어레이, 발광다이오드(LED), 태양전지는 광범위한 새로운 기술들을 구현할 수 있도록 하였다. (출처: *PhotoDisc Blue/Getty Images*)

CHAPTER 21

광재료

다음과 같이 궁금해 해본 적이 있는가?

- 왜 하늘은 파랗게 보이는가?
- 광섬유는 어떻게 작동하는가?
- 서로 다른 재료에서 빛의 투과 또는 흡수를 제어하는 요인은 무엇인가?
- 레이저(LASER)라는 용어는 무엇의 머리글자인가?
- 루비 레이저는 무엇으로 만들어지는가?
- 형광등의 작동은 인광현상과 관련이 있는가?
- 블루 레이저의 발명이 어떻게 고선명도 DVD를 가능하게 하였는가?

제21장의 주요 학습목표

- 광자(photon)라는 용어를 정의하고, 그 에너지를 계산하는 것.
- 재료에 의해 굴절, 반사, 흡수, 투과된 빛의 세기를 계산하는 것.
- 고체의 밴드구조가 어떻게 금속, 반도체, 부도체의 광학적 특성을 유발하는지를 설명하는 것.
- 태양전지와 발광다이오드 같은 광전자 장치의 작동에 대한 물리적 근거를 이해하는 것.

광자재료 또는 광재료는 통신 기반시설과 정보기술의 발전에 중대한 영향을 끼쳤다. 광자재료는 또한 의료, 제조공정, 천문학 등과 관련된 무수히 많은 분야에서 핵심적인 역할을 해왔다. 오늘날 전 세계적으로 수백만 마일에 걸쳐서 광섬유가 매설되어 있다. '광전자학(optoelectronics)'이라는 용어는 광재료와 전자재료를 결합한 과학기술을 일컫는 말인데, 이 분야에 해당하는 기술로는 발광다이오드, 태양전지, 반도체레이저 등이 있다. 간단한 거울, 프리즘, 렌즈에서 최첨단의 광자 밴드갭 재료까지 광재료 및 소자 분야는 매우 빠르게 발전하고 있다. 이 장의 목표는 광재료의 응용을 이끌어내는 근본적인 원리의 줄거리를 소개하는 것이다.

재료의 광학적 성질은 광자(photon)라고 불리는 에너지의 파동 또는 입자의 형태로 나타나는 전자기 방사(radiation)와 재료 간의 상호작용과 관련이 있다. 이 방사는 가시광선의 스펙트럼 범위에 있을 수도 있고, 사람의 눈에 보이지 않을 수도 있다. 이 장에서는 재료의 광학적 성질을 이용할 수 있는 두 가지 큰 줄기인 재료로부터 광자의 방출, 그리고 광자와 재료와의 상호작용에 대해 살펴보자.

21-1 전자기파 스펙트럼

빛은 파동 또는 입자(광자라고 부름)의 형태를 갖는 에너지 또는 방사이며, 재료로부터 방출될 수 있다. 광자의 중요한 특징들인 에너지 E, 파장 λ, 주파수 ν는 다음과 같은 식으로 관련지을 수 있다.

$$E = \mathrm{h}\nu = \frac{\mathrm{h}c}{\lambda} \tag{21-1}$$

여기서, c는 빛의 속도(진공에서 $c_0 = 3 \times 10^8$ m/s)이며 h는 Planck 상수(6.62×10^{-34} J · s)이다. 1전자볼트(eV)는 1.6×10^{-19} J이므로 h의 값은 4.14×10^{-15} eV · s가 된다. 이 식에 의해 광자를 에너지 E를 가진 입자로 또는 특정한 파장과 주파수를 가진 파동으로 생각할 수 있다.

전자기파의 스펙트럼을 그림 21-1에 나타내었다. 감마선과 엑스선은 짧은 파장 또는 높은 주파수를 가지므로 높은 에너지를 보유하는 반면 마이크로웨이브와 라디오파는 낮은 에너지를 갖고 있으며, 가시광선은 전자기파 스펙트럼에서 매우 좁은 대역을 차지하고 있음을 알 수 있다. 그림 21-1의 하단은 여러 다른 색에 대한 인간의 눈의 반응을 보여준다. 또한, 반도체의 밴드갭(bandgap, E_g)을 eV로 나타내고, 그에 해당하는 파장도 함께 보여주고 있다. 제19장에서 살펴본 바와 같이 이러한 관계들은 다른 색깔을 갖는 LED를 제조하는 데 사용된다.

21-2 굴절, 반사, 흡수, 투과

모든 재료는 어떤 방식으로든 빛과 상호작용을 한다. 광자가 재료의 전자구조 또는 결정구조와 상호작용을 하면 여러 가지 광학적 현상이 발생할 수 있다(그림 21-2). 만약 입사하는 광자들이 재료의 가전자(valence electron)와 상호작용을 하면 몇 가지 일들이 발생할 수 있다. 광자가 에너지를 재료에 전달하고 끝나는 경우는 흡수(absorption)에 해당한다. 광자가 에너지를 전달하였으나 재료에 의해서 동일한 에너지가 바로 방출될 경우는 반사(reflection)이다. 마지막으로, 광자가 재료의 전자구조와 반응하지 않으면 투과(transmission)가 일어난다. 투과인 경우에도 광자의 속도가 변할 수 있으며, 이때 굴절(refraction)이 일어난다. 입사광의 아주 작은 일부는 약간의 주파수 변화를 일으

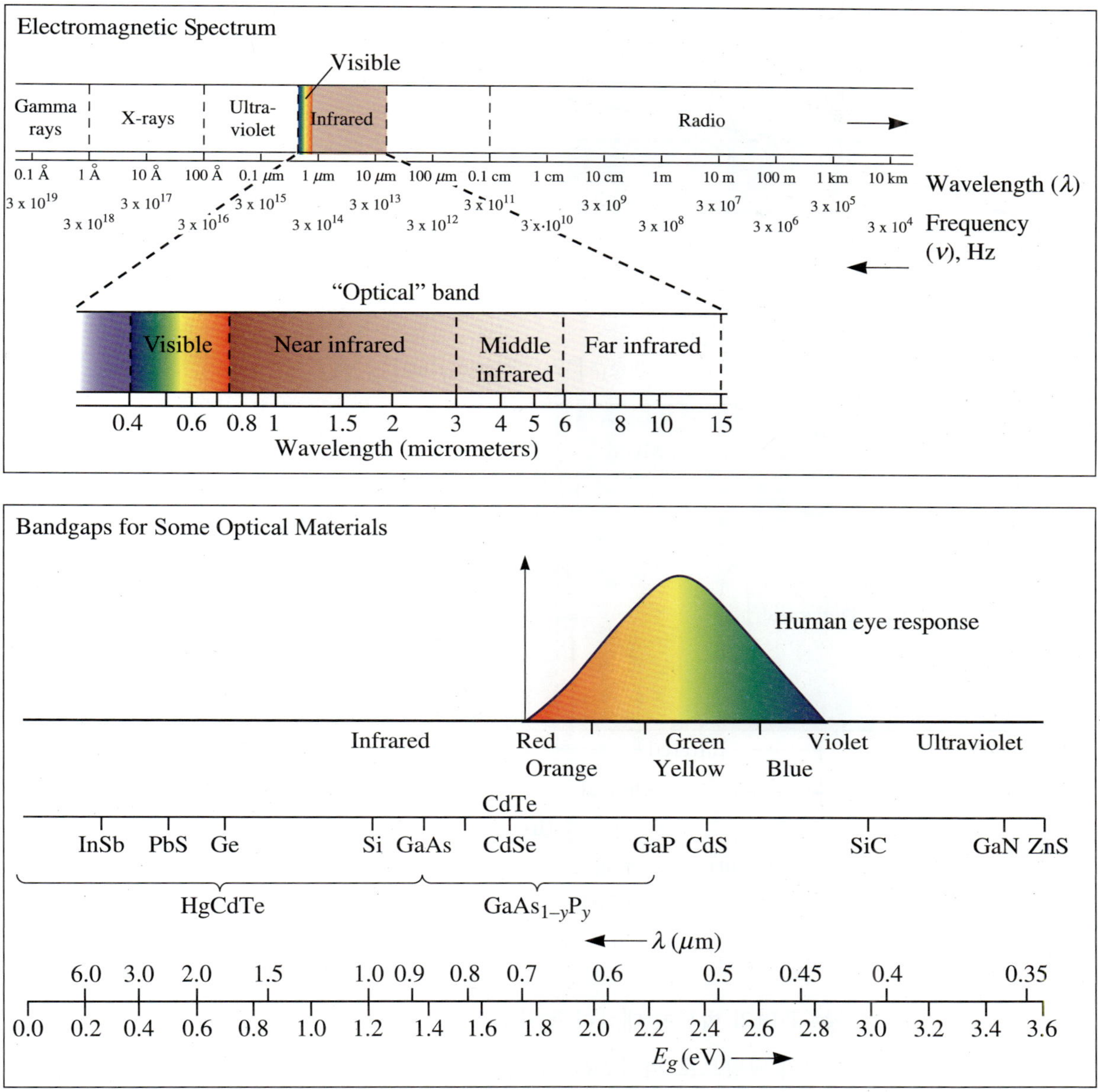

그림 21-1 전자기파의 스펙트럼. 몇몇 광재료에 대한 밴드갭과 임계 주파수를 함께 나타내었다. (출처: Optoelectronics: An Introduction to Materials and Devices, *by J. Singh, McGraw-Hill, 1996.*)

키며 산란될 수 있다(Raman 산란).

그림 21-2에서 보듯이 입사광의 세기 I_0는 일부는 반사되고, 일부는 흡수되고, 일부는 투과된다. 따라서, 입사광의 세기는 다음과 같은 식으로 나타낼 수 있다.

$$I_0 = I_r + I_a + I_t \tag{21-2}$$

여기서, I_r는 광의 반사가 일어나는 부분의 세기이며, I_a는 흡수되는 부분의 세기, I_t는 최종적으로 재료를 통해 투과되는 부분의 세기이다. 반사는 재료의 전면 또는 후면에서 모두 일어날 수 있지만, 그림 21-2(a)는 전면에서 일어나는 반사만을 보여주고 있다. 또

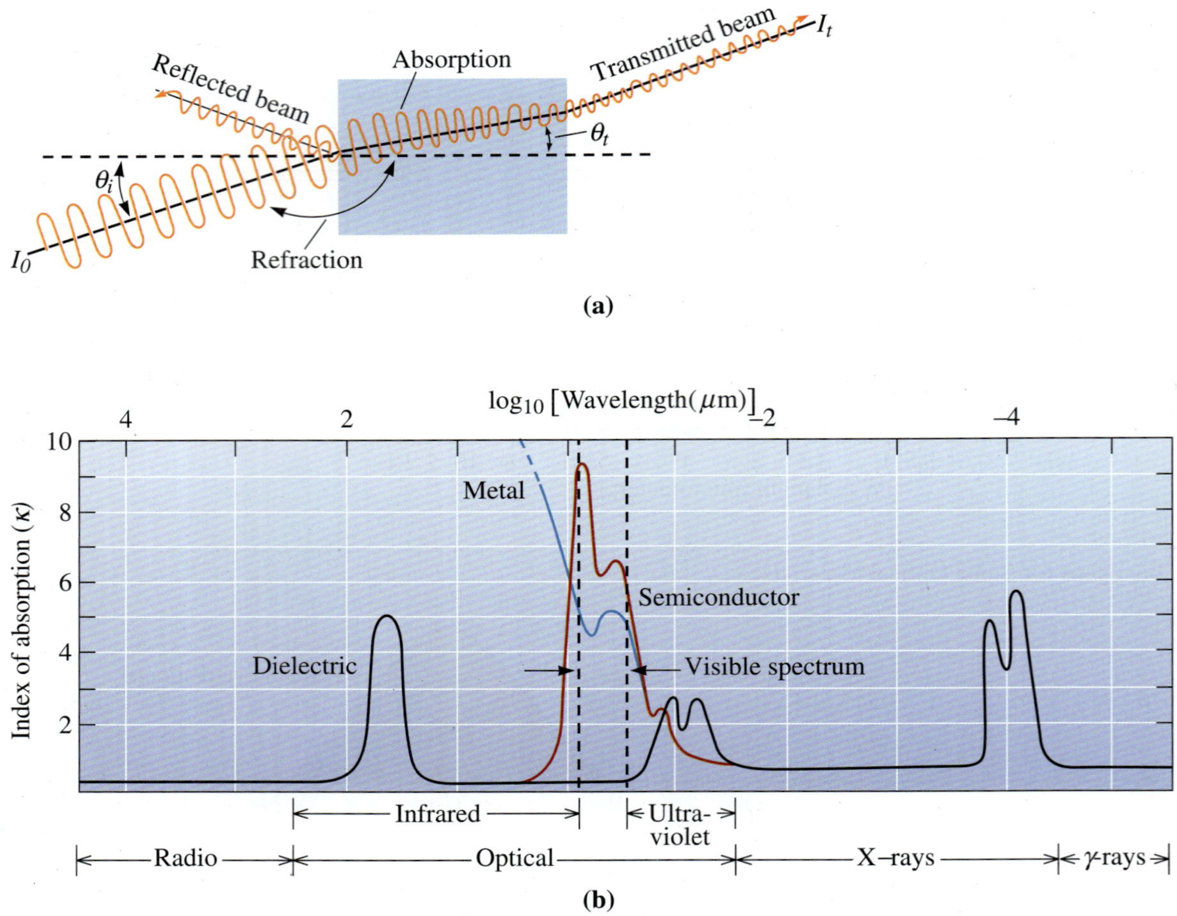

그림 21-2 (a) 광자와 재료의 상호작용. 반사, 흡수, 투과에 더하여 빔의 각도가 변하는 굴절이 일어나는데, 방향의 변화는 굴절률 n에 의해 결정된다. (b) 파장의 함수로 나타낸 흡수계수(κ).

한 반사는 표면의 법선에 대하여 동일한 각도로 일어날 수도 있고(specular reflection, 정반사) 여러 방향으로 퍼지면서 일어날 수도 있다[diffuse reflection, 산란반사, 그림 21-2(a)에는 없음]. 광자의 거동을 결정하는 데 중요한 몇 가지 요인들이 있으며, 특히 중요한 것으로 전자가 더 높은 에너지로 여기되는 데 필요한 에너지가 있다.

그러면 네 가지 현상의 각각에 대해서 살펴보기로 하자. 먼저 굴절은 반사와 투과에 모두 관련되므로 굴절부터 시작하기로 한다.

굴절 광자가 투과하는 경우에도 광자는 재료의 전자들에 분극을 일으키며 분극된 재료와 상호작용함으로써 에너지의 일부를 잃는다. 빛의 속도(c)는 전기적이나(permittivity ε, 유전율) 자기적으로(permeability μ, 투자율) 분극이 일어나는 정도에 관련된다.

$$c = \frac{1}{\sqrt{\mu\varepsilon}} \tag{21-3}$$

표 21-1 파장 5,890 Å의 광자에 대한 선별된 재료의 굴절률

재료	굴절률(n)	재료	굴절률(n)
공기	1.00	폴리스타이렌	1.60
얼음	1.309	이산화티타늄	1.74
물	1.333	사파이어(Al_2O_3)	1.8
테플론(Teflon™)	1.35	납유리(결정)	2.50
실리카(유리)	1.46	금홍석(Ti_2O_3)	2.6
폴리메타크릴산메틸	1.49	다이아몬드	2.417
전형적인 규산염유리	약 1.50	실리콘(Si)	3.49
폴리에틸렌	1.52	갈륨비소(GaAs)	3.35
염화나트륨	1.54	인듐인(InP)	3.21
실리카(석영)	1.55	게르마늄(Ge)	4.0
에폭시	1.58		

일반적으로 광재료는 자성을 띠지 않으므로 투자율은 무시할 수 있다. 빛이 재료 안으로 들어갈 때 광자의 속도가 느려지기 때문에 광자빔의 방향은 바뀌게 된다[그림 21-2(a)]. 진공에서 진행하는 광자가 재료 안으로 들어갔을 때, θ_i와 θ_t를 각각 재료 표면의 법선과 빔이 이루는 각도라고 하면 다음과 같은 식이 성립한다.

$$n = \frac{c_0}{c} = \frac{\lambda_{\text{vacuum}}}{\lambda} = \frac{\sin\theta_i}{\sin\theta_t} \tag{21-4}$$

여기서, n은 굴절률(index of refraction), c_0는 진공에서의 빛의 속도(3×10^8 m/s), c는 재료 내에서의 빛의 속도이다. 굴절되더라도 빛의 주파수는 변하지 않는다. 여러 가지 재료에 대한 전형적인 굴절률 값을 표 21-1에 나열하였다.

우리는 또한 다음과 같이 복소굴절률 n^*을 정의할 수 있다. 이는 흡수계수로 알려진 변수 κ를 포함한다.

$$n^* = n(1 - i\kappa) \tag{21-5}$$

식 21-5에서 $i = \sqrt{-1}$은 허수이며, 흡수계수 κ는 다음과 같이 정의된다.

$$\kappa = \frac{\alpha\lambda}{4\pi n} \tag{21-6}$$

식 21-6에서 α는 선형 흡수계수이며(식 21-12 참조), λ는 빛의 파장, n은 굴절률이다. 그림 21-2(b)는 전자기파의 파장에 따른 흡수계수의 변화를 보여준다. 굳이 비유하자면, 굴절률은 재료의 유전상수와 비슷하며 흡수계수는 유전 손실인자와 비슷하다.

만약 광자가 진공이 아닌 재료 1을 진행하여 재료 2로 들어가게 된다면 입사빔과

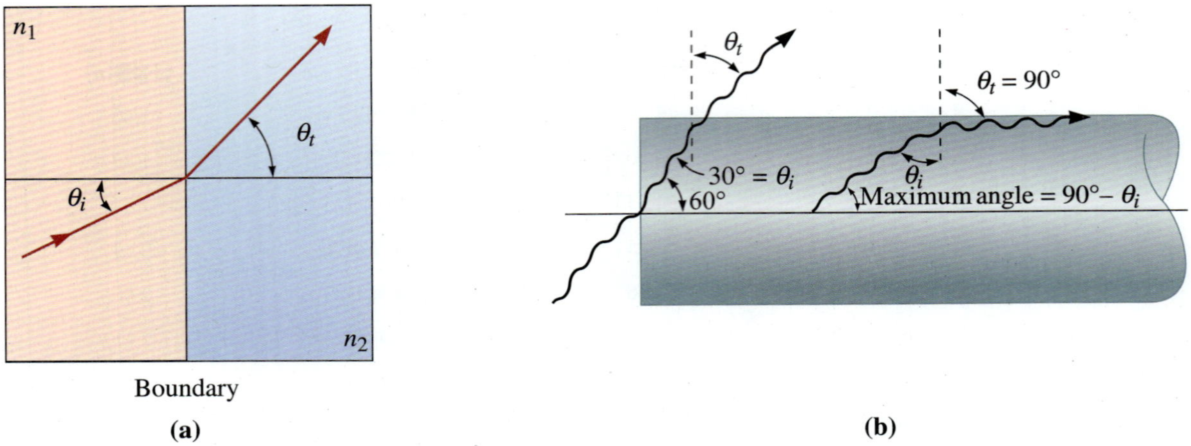

그림 21-3 (a) 빛이 재료 1로부터 재료 2로 들어갈 때, 만약 재료 1의 굴절률(n_1)이 재료 2의 굴절률(n_2)보다 크다면 빛은 법선에서 멀어지는 방향, 즉 경계면 쪽으로 꺾이게 된다. (b) 유리섬유에서의 빛의 진행. (예제 21-1 참조)

굴절빔의 속도 비는 서로 간의 굴절률 비에 따라 바뀌며, 진행 방향 또한 바뀌게 된다.

$$\frac{c_1}{c_2} = \frac{n_2}{n_1} = \frac{\sin \theta_i}{\sin \theta_t} \tag{21-7}$$

식 21-7은 Snell의 법칙(Snell's law)으로 알려져 있다.

굴절률 n_1의 재료로부터 굴절률 n_2의 재료로 빛이 입사할 경우 $n_1 > n_2$라면 빛은 법선에서 멀어지는 방향, 즉 경계면 쪽으로 꺾이게 된다[그림 21-3(a)]. 만약 θ_t가 90°가 되면 재료 1로부터 진행한 빔은 투과되기보다는 주로 반사가 일어난다.

재료가 쉽게 분극된다면 광자와 재료의 전자구조 사이에 상호작용이 더 크게 발생한다. 제19장에서 살펴보았듯이 여러 가지의 유전분극 메커니즘이 존재하는데, 이들 중에서 전자분극(원자와 이온 주위의 전자구름의 재배치)이 재료의 굴절률을 제어하는 것이다. 결과적으로 재료의 굴절률과 고주파 유전상수(κ_∞)와의 상관관계를 찾을 수 있다. 식 21-3과 21-4로부터 비자성(nonferromagnetic or nonferrimagnetic) 재료에 대해 다음과 같이 쓸 수 있다.

$$n = \frac{c_0}{c} = \sqrt{\frac{\mu\varepsilon}{\mu_0\varepsilon_0}} \cong \sqrt{\frac{\varepsilon}{\varepsilon_0}} = \sqrt{\kappa_\infty} \tag{21-8}$$

식 21-8에서, c_0와 c는 각각 진공에서와 재료에서의 빛의 속도, μ와 μ_0는 각각 재료와 진공에서의 투자율, ε와 ε_0는 각각 재료와 진공에서의 유전율이다. 제19장에서 살펴보았듯이, '납 크리스털'로 알려진 재료는 실제로는 최대 30%까지 납산화물을 포함하는 비결정질 규산염유리이며, Pb^{2+}이온이 매우 높은 전자분극 경향을 갖기 때문에 높은 굴절률($n \simeq 2.4$)을 갖는다. 우리는 광섬유 중심부(core)의 굴절률을 원주부(cladding)의 굴절률보다 높이기 위해 중금속으로 실리카 섬유를 도핑하는 비슷한 전략을 사용한다. 이 기술은 빛이 광섬유 안에서 진행할 때 중심부에 빛(광섬유에서는 정보)이 보존되도록 하는 데 효과적이다. 굴절률과 연관된 고주파 유전상수와 저주파 유전상수의 차이는 유전상수에 기여하는 다른 분극 메커니즘의 척도가 된다.

굴절률 n은 어떤 특별한 재료에서 상수가 아니며, 광자의 주파수 또는 파장이 굴절률에 영향을 미친다. 재료의 분산(dispersion)은 파장에 대한 굴절률의 변화로 정의된다.

$$(\text{분산})_{\lambda} = \frac{dn}{d\lambda} \tag{21-9}$$

이러한 파장에 대한 굴절률의 의존성은 비선형적이다. 재료 내에서의 분산이란 다른 파장을 가진 광펄스(light pulses)들이 광섬유의 한쪽 끝에서 동시에 출발하였더라도 다른 끝에 도착할 때에는 다른 시점에 도착하는 것을 의미한다. 따라서 재료의 분산은 섬유광학(fiber optics)에서 중요하게 고려되며, 광통신에서 단파장으로 이루어진 광원의 사용을 선호하는 주요한 이유이다. 또한 분산은 광학렌즈에서 색수차(chromatic aberration)를 일으키기도 한다.

유전분극(P)은 단위부피당 쌍극자모멘트와 같으며, 고주파 유전상수는 굴절률과 연관되므로 동일한 재료에서는 더 치밀한 형태가 더 높은 굴절률을 가질 것으로 예상할 수 있다(얼음과 물, 유리와 석영의 굴절률을 비교해보라).

다음 예제는 광섬유가 빛을 입사시킬 때 광손실을 최소화하도록 어떻게 설계되는지에 이어서 굴절률의 계산을 보여준다.

예제 21-1 섬유광학 시스템의 설계

광섬유는 일반적으로 높은 순도의 규산염유리로 만들어지며, 코팅된 원주부의 굴절률보다 높은 굴절률을 가진 중심부로 이루어져 있다[코팅을 클래딩(cladding)이라 함]. 그러나 단순한 유리섬유도 섬유를 둘러싼 공기의 굴절률(1.0)보다 유리의 굴절률이 크기 때문에 광섬유로 사용될 수 있다.

레이저로부터 광자 빔이 굴절률 1.5의 유리섬유로 들어가는 광통신시스템을 설계할 때, 섬유에서의 빔 손실을 최소화할 수 있는 입사각을 결정하라. 또한 섬유가 물에 잠겨 있다면 입사각은 어떻게 변해야 할지 생각해보라.

풀이

빔의 손실을 막기 위해서는 광섬유 내부에서 전반사가 필요한데 이는 반사각이 최소한 90°이어야 함을 뜻한다. 만약 광자가 광섬유 축에 대하여 60°의 각도로 입사하면 그림 21-3(b)에서 보듯이 입사각은 30°가 된다. 유리섬유가 공기($n = 1.0$) 중에 있고 재료 1을 유리로 하면 다음의 식이 성립한다.

$$\frac{n_2}{n_1} = \frac{\sin\theta_i}{\sin\theta_t} \quad \text{or} \quad \frac{1}{1.5} = \frac{\sin 30}{\sin\theta_t}$$

$$\sin\theta_t = 1.5\sin 30^\circ = 1.5(0.50) = 0.75 \quad \text{or} \quad \theta_t = 48.6^\circ$$

θ_t가 90°보다 작으므로, 광자는 투과가 일어나 섬유로부터 벗어나게 된다. 이러한 전달을 막기 위해서는 광자를 더욱 비스듬히 입사해서 θ_t를 90°로 만들어야 한다.

$$\frac{1}{1.5} = \frac{\sin\theta_i}{\sin\theta_t} = \frac{\sin\theta_i}{\sin 90^\circ} = \sin\theta_i$$

$$\sin\theta_i = 0.6667 \quad \text{or} \quad \theta_i = 41.8^\circ$$

빔과 광섬유 축의 각도가 $90 - 41.8 = 48.2^\circ$보다 작으면 빔은 전반사가 일어난다.

만약 광섬유가 물($n = 1.333$)에 담겨 있다면 다음과 같다.

$$\frac{1.333}{1.5} = \frac{\sin\theta_i}{\sin\theta_t} = \frac{\sin\theta_i}{\sin 90^\circ} = \sin\theta_i$$

$$\sin\theta_i = 0.8887 \quad \text{or} \quad \theta_i = 62.7^\circ$$

물속에서는 광자가 $90 - 62.7 = 27.3^\circ$보다 작은 각도로 입사되어야만 투과, 즉 빛의 손실을 막을 수 있다.

예제 21-2 폴리에틸렌의 빛 투과

진공에서 광자 빔이 폴리에틸렌 박판에 대해 법선과 10°의 각도로 입사하였다고 하자. 폴리에틸렌은 고주파 유전상수 $k_\infty = 2.3$을 갖는다. 폴리에틸렌의 굴절률을 계산하고, 입사빔이 폴리에틸렌을 통하여 투과할 때 굴절된 빔과 법선과의 각도를 계산하라.

풀이

굴절률은 고주파 유전상수와 관련된다. 이 재료의 고주파 유전상수 k_∞는 2.3이므로 굴절률은 다음과 같다.

$$n = \sqrt{k_\infty} = \sqrt{2.3} = 1.52$$

굴절각 θ_t는 다음과 같다.

$$n = \frac{\sin\theta_i}{\sin\theta_t}$$

$$\sin\theta_t = \frac{\sin\theta_i}{n} = \frac{\sin 10^\circ}{1.52} = \frac{0.174}{1.52} = 0.1145$$

$$\theta_t = 6.57^\circ$$

반사 광자 빔이 재료에 입사되었을 때 광자는 가전자와 상호작용을 하여 에너지를 전달한다. 금속에서는 가전자대가 비어 있어서 거의 모든 빛의 파장대역에서 전자를 더 높은 에너지준위로 여기(excitation)할 수 있다. 만약 광자가 전적으로 흡수되기만 하고 어떤 빛도 반사되지 않는다면 금속은 검은색으로 보일 것이다. 그러나 알루미늄 또는 은에서는 여기된 전자들이 더 낮은 에너지준위로 떨어지는 것과 동시에 거의 동일한 파장의 광자가 재방출(reemission)을 일으키는데 이것이 반사이다. 사실상 전체 가시광선 스펙트럼에 해당하는 빛들이 반사되기 때문에 이러한 금속들은 하얀색 또는 은색을 띤다.

반사도(reflectivity) R은 입사된 빔에서 반사되는 분율로, 굴절률과 관련된다. 재료가 진공 또는 공기 중에 있을 때는 다음과 같이 표시된다.

$$R = \left(\frac{n-1}{n+1}\right)^2 \tag{21-10}$$

또한 재료가 굴절률 n_i의 매질 안에 있다면 다음과 같이 쓸 수 있다.

$$R = \left(\frac{n-n_i}{n+n_i}\right)^2 \tag{21-11}$$

이러한 식들은 단일 표면으로부터의 반사에 해당하며, 표면에 대하여 수직 입사를 가정한 것인데, 실제로 R 값은 입사각에 의존한다. 높은 굴절률을 가진 재료들은 낮은 굴절률을 갖는 재료보다 더 높은 반사도를 가지며, 굴절률은 광자의 파장에 따라 변하므로 반사도 함께 바뀐다.

금속은 일반적으로 0.9~0.95 범위의 높은 값을 갖는 반면, 일반 유리의 반사도는 0.05에 가깝다. 금속이 높은 반사도를 갖는 이유 중 하나는 불투명(opaque)하기 때문이다.

매우 좋은 반사도를 가져야 하는 많은 용도 중에는 거울 그리고 유리 위에 하는 특별한 코팅이 있다. 실제로 이들 코팅은 열을 발생시키는 적외선을 포함한 전자기파 스펙트럼의 상당 부분이 반사되도록 설계되어야 하는데, 유리에 대해서 이러한 코팅들이 많이 개발되었다. 반대로 반사도가 극도로 제한되어야 하는 응용분야도 있는데, 이러한 목적을 위해 개발된 코팅을 무반사(antireflective, AR) 코팅이라고 한다. 이러한 코팅은 자동차 후면거울, 창문유리, 액자유리에 사용되어 반사된 자신의 모습을 보지 않고 유리를 통해 내다볼 수 있게 한다.

흡수 재료에 의해서 반사되지 않은 입사빔의 일부는 흡수되거나 재료를 통해서 투과된다. 흡수되는 빔의 분율은 재료의 두께와 관련되며, 재료의 구조와 광자가 상호작용하는 방식에도 관련이 있다. 재료를 통해서 지나간 후에 빔의 세기는 다음과 같이 구할 수 있다.

$$I = I_0 \exp(-\alpha x) \tag{21-12}$$

여기서, x는 광자가 지나간 경로(보통 재료의 두께), α는 광자에 대한 재료의 선형 흡수계수, I_0는 재료의 전면에서 반사가 일어난 직후의 빔의 세기, I는 후면에 빔이 도착하

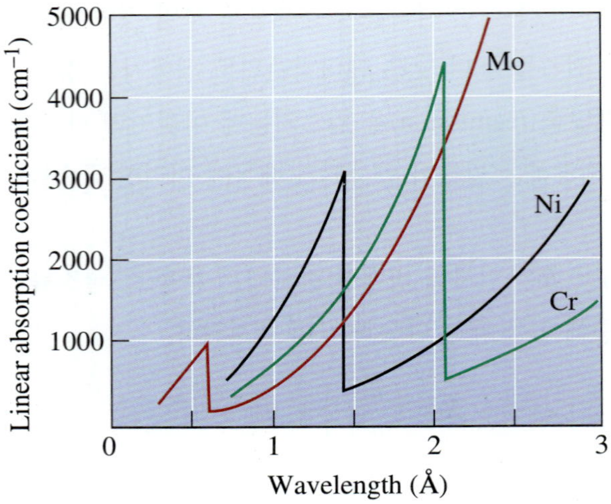

그림 21-4 몇 가지 금속에서 파장에 대한 선형 흡수계수. 흡수경계보다 더 큰 파장에서 흡수계수의 급격한 감소가 일어난다.

였을 때의 세기가 된다. 식 21-12는 Bouguer의 법칙 또는 Beer-Lambert 법칙으로 알려져 있다. 그림 21-4는 몇 가지 금속에 대한 선형 흡수계수를 파장의 함수로서 보여준다.

재료에서의 흡수는 여러 가지 메커니즘에 의해 일어난다. Rayleigh 산란에서는 광자가 궤도전자와 상호작용을 하여 광자 에너지의 변화 없이 편향된다. 즉, 이것은 완전탄성(elastic) 산란의 예이다. Rayleigh 산란은 높은 광자 에너지들에 대해서 더욱 중요한데, 하늘의 파란색을 결정하는 원리이기도 하다. 가시광선 스펙트럼의 끝에 있는 파란색(높은 에너지)은 산란이 잘 일어난다. 그렇기 때문에 대기 중 분자나 입자에 의한 산란으로 우리 눈에 들어오는 빛은 대부분 파랗게 보이게 된다. 산란의 세기는 광자의 역파장의 네제곱에 비례하므로 이 효과는 매우 강하다. 또한 Rayleigh 산란은 입자 크기에 영향을 받으며 빛의 파장보다 훨씬 작은 크기의 입자에 대해 가장 효율적이다. 빛의 파장보다 훨씬 더 큰 입자에서 일어나는 다른 형태의 산란이 있는데 Tyndall 효과라고 하며, 이는 상대적으로 큰 입자인 수증기로 이루어진 구름이 하얗게 보이는 원인이다. Compton 산란도 역시 광자와 궤도전자의 상호작용에 의해 일어나지만, 입사되는 광자가 전자에게 에너지의 일부를 잃고 빛의 파장이 증가한다. 이것은 비탄성(inelastic) 산란의 예이다.

광전효과(photoelectric effect)는 광자의 에너지가 완전히 흡수되었을 때, 원자로부터 전자의 방출을 일으키는 현상이며, 따라서 원자는 이온화된다. 빛의 세기와 관계없이 전자의 결합에너지보다 들어오는 광자의 에너지가 작을 때에는 전자는 방출되지 않는다. 반대로 결합에너지보다 광자 에너지가 클 경우에는 광자의 에너지에서 결합에너지를 뺀 만큼의 운동에너지를 갖는 전자가 방출된다. 광자의 에너지가 증가하면서(파장이 감소할수록, 그림 21-4 참조) 광자가 결합에너지에 해당하는 에너지를 가질 때까지 더 적은 흡수가 일어난다. 이 에너지에서 전자가 이제 막 방출될 수 있으므로 광자가 흡수될 효율적인 수단이 제공됨으로써 흡수계수는 급격히 증가한다. 이러한 현상이 일어

표 21-2 선별된 원소에 대한 특성 방출선과 흡수경계 값

금속	K_α(Å)	K_β(Å)	L_α(Å)	흡수경계(Å)
Al	8.337	7.981	—	7.951
Si	7.125	6.768	—	6.745
S	5.372	5.032	—	5.018
Cr	2.291	2.084	—	2.070
Mn	2.104	1.910	—	1.896
Fe	1.937	1.757	—	1.743
Co	1.790	1.621	—	1.608
Ni	1.660	1.500	—	1.488
Cu	1.542	1.392	13.357	1.380
Mo	0.711	0.632	5.724	0.620
W	0.211	0.184	1.476	0.178

나는 에너지 또는 파장에서 그림 21-4에 보이는 것 같은 피크의 형상이 나타나므로 흡수경계(absorption edge)라고 부른다. 흡수계수의 이러한 급격한 변화는 원자로부터 전자 하나를 제거하기 위해 필요한 에너지와 일치한다. 이러한 흡수경계는 어떤 X선 분석기술에서 중요하다. 앨버트 아인슈타인은 광전효과에 대한 설명으로 1921년 노벨물리학상을 받았다.

어떤 경우에는 산란의 효과를 다음과 같이 쓸 수 있다.

$$I = I_0 \exp[(-\alpha_i + \alpha_s)x] \tag{21-13}$$

여기서, α_i는 우리가 앞에서 정의하였던 진성 흡수계수(intrinsic absorption coefficient) α이고 α_s는 산란계수(scattering coefficient)이다.

표 21-2는 여러 원소에 대한 특성 방출선의 예를 보여주고 있는데 K_α, K_β, L_α 선들은 주 껍질 사이의 전자천이에 의해 방출되는 빛의 파장에 해당하며, 이 장의 후반부에서 살펴볼 내용이다.

투과 반사나 흡수가 일어나지 않은 빔은 재료를 통해서 투과된다. 다음과 같은 과정을 거쳐서 투과된 빔의 분율은 결정된다(그림 21-5 참조).

1. 입사빔의 세기가 I_0라고 하면 재료의 전면에서 일어나는 반사에 의한 손실은 RI_0가 된다. 실제 재료로 들어가는 입사빔의 분율은 $I_0 - RI_0 = (1 - R)I_0$이다.

$$I_{\text{reflected at front surface}} = RI_0$$

$$I_{\text{after reflection}} = (1 - R)I_0$$

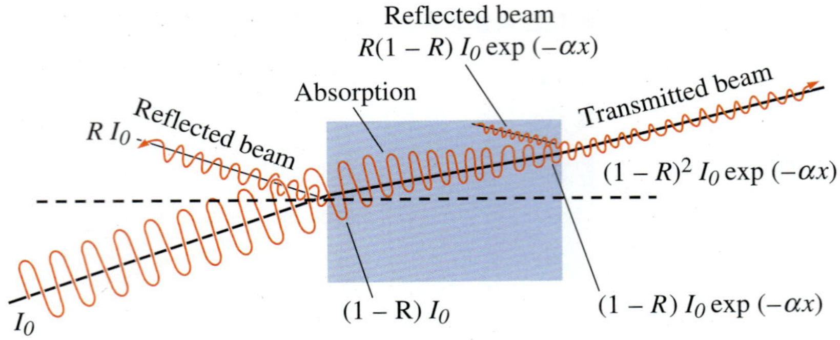

그림 21-5 반사, 흡수, 투과된 입사빔의 분율. 굴절이 일어나더라도 빛의 주파수는 변하지 않는다.

2. 재료로 들어간 빔의 일부는 흡수에 의해 손실된다. 두께 x를 갖는 재료를 통과해 지나간 후에 빔의 세기는 다음과 같다.

$$I_{\text{after absorption}} = (1-R)I_0\exp(-\alpha x)$$

3. 부분적으로 흡수된 빔이 재료를 빠져나가기 전에 후면에서 반사가 일어난다. 후면에 도달해서 반사된 빔의 분율은 다음과 같다.

$$I_{\text{reflected at back surface}} = R(1-R)I_0\exp(-\alpha x)$$

4. 최종적으로 재료를 통해 완전히 투과된 빔의 분율은 다음과 같다.

$$\begin{aligned} I_{\text{transmitted}} &= I_{\text{after absorption}} - I_{\text{reflected at back}} \\ &= (1-R)I_0\exp(-\alpha x) - R(1-R)I_0\exp(-\alpha x) \\ &= (1-R)(1-R)I_0\exp(-\alpha x) \\ I_t &= I_0(1-R)^2 I_0\exp(-\alpha x) \end{aligned} \tag{21-14}$$

투과된 빔의 세기는 빔 속에 포함된 광자들의 파장에 따라 달라질 수 있다. 금속의 경우, 밴드갭이 없기 때문에, 사실상 모든 광자는 전자의 여기를 일으키기에 충분한 에너지를 가졌으며, 따라서 여기된 광자의 에너지를 흡수한다[그림 21-6(a)]. 결과적으로 매우 얇은 금속의 박막일지라도 불투명하다. 그 반면에 유전체는 가전자대(valence band)와 전도대(conduction band) 사이에 큰 에너지 갭을 갖는다. 입사되는 광자의 에너지가 에너지 갭보다 작다면, 전자는 가전자대를 벗어날 충분한 에너지를 갖지 못하여 흡수는 일어나지 않는다[그림 21-6(b)]. 진성반도체의 에너지 갭은 절연체의 경우보다 작다. 그러므로 광자가 에너지 갭 E_g를 넘는 에너지를 가지면 흡수가 일어나는 반면, 낮은 에너지의 광자에 대해서는 투과가 일어난다. [그림 21-6(b)는 또한 반도체에도 적용할 수 있다.] 다시 말해서, 특정 파장보다 짧은 파장의 빛만 흡수된다. 외인성반도체에는 밴드갭 안에 흡수가 일어날 수 있도록 추가적인 에너지 레벨을 제공하는 도너(donor) 또는 억셉터(acceptor) 레벨이 있다. 그러므로 반도체는 단파장의 전자파에 대해서는 불

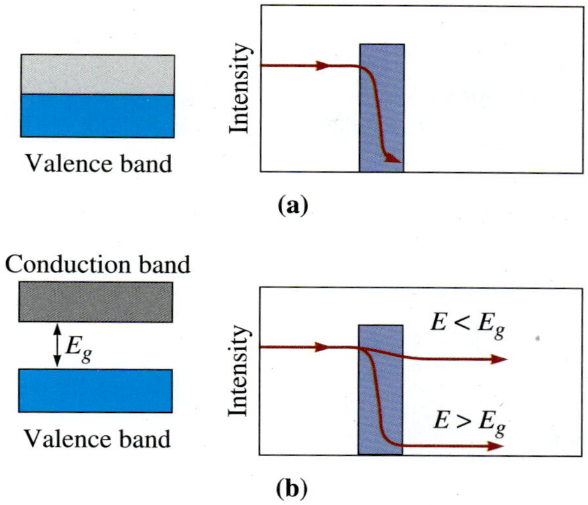

그림 21-6 흡수와 에너지 갭의 상관관계. (a) 금속, (b) 유전체 및 진성반도체. 왼쪽 그림은 재료의 밴드구조를 나타낸다. 오른쪽 그림은 빛이 공기에서 재료로 들어와 다시 공기로 되돌아 나갈 때, 빛의 세기를 나타낸다.

투명하고 장파장의 광자에 대해서는 투명하다. 예를 들어, 실리콘과 게르마늄은 가시광선에 대해서는 불투명하지만 더 긴 파장의 적외선에 대해서는 투명하다. 좁은 밴드갭을 가진 여러 반도체들이(예: HgCdTe) 적외선 감지에 사용된다. 이러한 센서재료는 상온에서 전자의 열에너지가 전도대를 포화시킬 정도로 충분하므로 액체질소 등을 사용하여 반드시 낮은 온도로 냉각시켜야 한다.

투과빔의 세기는 미세조직적인 특징에도 의존한다. 세라믹의 기공은 광자를 산란시키므로, 심지어 부피분율 1% 미만의 낮은 기공율일지라도 세라믹을 불투명하게 한다. 예를 들면, 기공율 때문에 상대적으로 낮은 밀도를 가진 알루미나는 불투명하지만, 높은 밀도를 가진 알루미나는 광학적으로 투명하다. 고밀도 알루미나는 종종 백열전구를 만드는 데 사용된다. 기지 재료와 많이 다른 굴절률을 갖는 결정질 석출물도 산란을 일으킬 수 있다. 이러한 결정질 불투명자(opacifiers)는 보통은 투명한 유리를 반투명 또는 불투명이 되도록 한다. 일반적으로 더 작은 기공 또는 석출물일수록 빛의 투과도를 더욱 감소시킨다.

광전도(photoconduction)는 반도체가 전기회로의 일부일 경우 반도체 재료에서 일어난다. 입사되는 광자의 에너지가 충분히 크면 전자는 가전자대로부터 전도대로 여기되고 가전자대에 정공(hole)을 만들어내고, 전자와 정공이 회로를 통해 전하를 운반한다[그림 21-7(a)]. 광전도를 일으키는 데 필요한 입사 광자의 최대 파장은 다음 식과 같이 반도체 재료의 에너지 갭에 관련된다.

$$\lambda_{\max} = \frac{hc}{E_g} \tag{21-15}$$

이 광전도의 원리 또는 '전기적 눈(electrical eyes)'을 반도체재료에 집중된 광선이 단락될 때 문 또는 스위치를 개폐하는 데 사용할 수 있다.

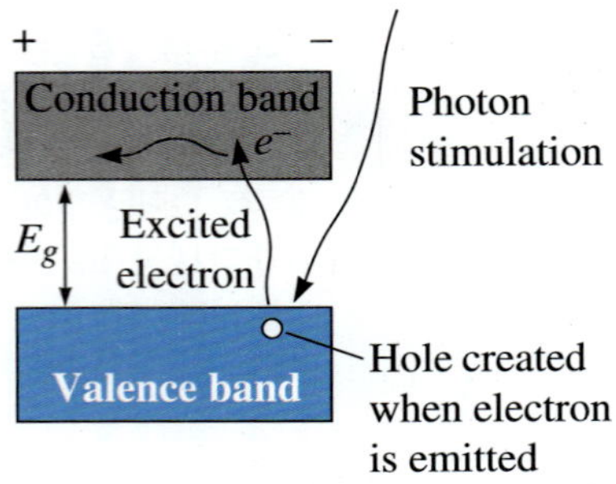

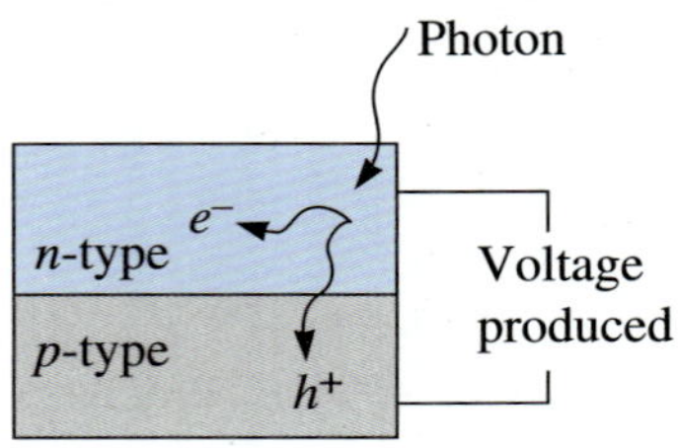

그림 21-7 (a) 광전도는 반도체의 전자가 가전자대에서 전도대로 여기되면서 광자의 에너지를 흡수하여 발생하는데, 여기된 전자는 전도대에서 가전자대로 다시 떨어지면서 광자를 방출하지 않고 외부 전기회로로 운반되어 전류를 형성한다. (b) 태양전지는 이 효과를 활용한 것이다.

또한 태양전지(solar cell)도 빛을 흡수하여 전압을 발생시키는 데 사용한다[그림 21-7(b)]. 광학적 흡수에 의해서 발생한 전자-정공 쌍은 재결합하지 않고 분리되며, 이것이 전압을 발생시키는데, 이를 외부회로에 연결하면 전류가 발생된다. 태양전지는 광자가 전자를 전도대로 여기시키도록 설계한 p-n접합으로서, 전자는 접합에서 n형 구역으로 움직이는 반면 정공은 접합에서 p형 구역으로 이동한다. 이러한 움직임은 전하 불균형 때문에 접촉전위를 발생시키며, 이 p-n접합 소자를 외부회로에 연결하면 회로에 전원을 공급하는 전지로 작동한다. 태양전지는 태양광 스펙트럼의 에너지를 최대한 포획하기 위하여 표면에 무반사 코팅을 하여 사용한다.

LED 제19장에서 살펴본 바와 같이 직접밴드갭 반도체에 의해서 흡수된 빛은 전자를 전도대로 여기시킨다. 이들 전자들이 가전자대로 다시 떨어져 정공과 재결합하면 빛을 방출할 수 있다. 많은 반도체 고용체(solid solution)들이 어떤 특정한 밴드갭을 갖도록 맞추어져 각기 다른 색을 방출하는 LED를 만들어낸다. 이러한 현상은 반도체레이저에도 사용된다(그림 21-8). LED의 설계에 대해서는 이 장의 후반부에서 다시 살펴보기로 하자.

다음의 예제는 빛의 흡수 및 투과에 관련된 이러한 개념의 적용과 관련된 것이다.

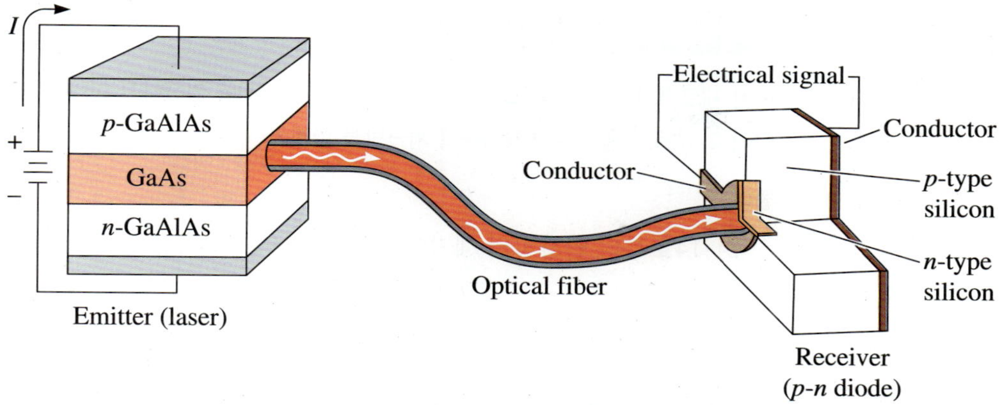

그림 21-8 정보를 전송하는 광자 시스템은 전기신호에 의해서 광자를 발생하는 레이저 또는 LED 전송부, 광자빔을 효율적으로 전송하는 광섬유, 광자빔을 다시 전기신호로 변환하는 LED 수신부로 이루어져 있다.

예제 21-3 임계 에너지 갭 결정하기

가시광선 스펙트럼에서 광자의 완전한 투과 그리고 완전한 흡수를 제공할 수 있는 반도체의 임계 에너지 갭을 결정하라.

풀이

완전 투과가 일어나기 위해서는 가시광선 스펙트럼에서 모든 광자의 에너지보다 반도체의 밴드갭이 커야 한다. 가시광선의 스펙트럼은 4×10^{-5} cm에서 7×10^{-5} cm의 파장 분포를 갖는다. 더 짧은 파장을 가지는 광자가 더 높은 에너지를 갖는다. 따라서, 가시광선 스펙트럼에서 어떤 광자도 흡수되지 않고 모두 투과되기 위한 최소 E_g는 다음과 같이 계산될 수 있다.

$$E_g = \frac{hc}{\lambda} = \frac{(6.626 \times 10^{-34}\ \text{J} \cdot \text{s})(3 \times 10^{10}\ \text{cm/s})}{(4 \times 10^{-5}\ \text{cm})(1.6 \times 10^{-19}\ \text{J/eV})} = 3.1\ \text{eV}$$

반도체의 밴드갭이 3.1 eV 이상이면, 가시광선 스펙트럼 내에서의 모든 광자는 투과될 것이다.

광자가 흡수되려면 반도체의 에너지 갭은 광자의 에너지보다 작아야 한다. 더 긴 파장의 광자는 더 낮은 에너지를 갖는다. 가시광선 스펙트럼의 모든 광자가 흡수되기 위한 최대 E_g는 다음과 같이 계산될 수 있다.

$$E_g = \frac{hc}{\lambda} = \frac{(6.626 \times 10^{-34}\ \text{J} \cdot \text{s})(3 \times 10^{10}\ \text{cm/s})}{(7 \times 10^{-5}\ \text{cm})(1.6 \times 10^{-19}\ \text{J/eV})} = 1.8\ \text{eV}$$

밴드갭이 1.8 eV 이하이면, 가시광선 스펙트럼 내에서의 모든 광자는 흡수될 것이다. 위 E_g값들 사이(1.8 eV와 3.1 eV 사이)의 에너지 갭을 가질 경우 가시광선 스펙트럼의 광자 일부는 흡수되고 일부는 투과될 것이다.

예제 21-4 방사광 차단막의 설계

어떤 재료가 0.15의 반사도와 100 cm^{-1}의 흡수계수(α)를 가졌다고 한다. 입사하는 방사광의 1% 만이 이 재료를 통하여 투과하도록 차단막을 설계하라.

풀이

식 21-14로부터 입사빔의 세기에서 투과된 분율은 다음과 같이 계산된다.

$$\frac{I_t}{I_0} = (1-R)^2 \exp(-\alpha x)$$

그리고 차단막의 두께는 다음과 같이 계산될 수 있다.

$$0.01 = (1-0.15)^2 \exp(-100x)$$

$$\frac{0.01}{(0.85)^2} = 0.01384 = \exp(-100x)$$

$$\ln(0.01384) = -4.28 = -100x$$

$$x = 0.0428 \text{ cm}$$

이 재료를 사용하여 입사된 방사광의 1%만을 투과시키기 위해서는 적어도 0.0428 cm의 두께를 가져야 한다.

각 단계별로 소모되는 방사광의 양을 알고자 한다면 다음과 같이 계산할 수 있다.

전면에서의 반사: $I_r = RI_0 = 0.15I_0$

반사 직후의 세기: $I = I_0 - 0.15I_0 = 0.85I_0$

흡수 후의 세기: $I_a = (0.85)I_0 \exp[(-100)(0.0428)] = 0.0118I_0$

흡수된 에너지: $0.85I_0 - 0.0118I_0 = 0.838I_0$

후면에서의 반사: $I_r = R(1-R)I_0 \exp(-\alpha x)$

$= (0.15)(1-0.15)I_0 \exp[-(100)(0.0428)] = 0.0018I_0$

21-3 선택적 흡수, 투과, 반사

광자가 선택적으로 흡수되거나, 투과되거나, 반사될 때 특이한 광학적 거동이 나타난다. 반도체는 긴 파장의 광자는 투과시키지만 짧은 파장의 빛은 흡수한다는 것을 이미 언급하였다. 이와 비슷한 선택성이 독특한 광학적 성질을 만들어내는 다양한 경우가 많이 있다.

어떤 재료에서는 천이원소 또는 희토류 원소로 이온을 치환하면 결정 전계(crystal field)가 형성되는데, 이는 구조 내에 새로운 에너지준위들을 만든다. 이러한 현상은 알

표 21-3 유리의 색에 미치는 이온들의 영향

이온	색	이온	색
Cr^{2+}	파랑	Mn^{2+}	주황
Cr^{3+}	초록	Fe^{2+}	청록
Cu^{2+}	청록	U^{6+}	노랑

루미나에서 Al^{3+}이온을 Cr^{3+}이온으로 치환할 때 일어난다. 새롭게 만들어진 에너지준위는 스펙트럼의 보라색과 초록-노랑 부분을 흡수하고, 빨간색 파장을 투과시키므로 루비가 빨간색을 띠게 한다. 더구나 크롬이온의 치환은 전자들이 어떤 자극에 의해 여기될 때 발광(이에 대해서는 나중에 다루기로 함)을 일으킬 수 있는 에너지준위를 생성한다. 이 때문에 크롬이 도핑된 알루미나(루비)로부터 만들어진 레이저는 특징적인 적색 빔을 발생한다.

유리도 선택적 흡수 및 투과를 일으키는 이온으로 도핑할 수 있다(표 21-3). 이와 유사하게 불소중심(*F*-center) 준위라고 불리는 전자 또는 정공 포획현상은 이온결정에서 나타날 수 있다. 형석(CaF_2)이 칼슘 초과로 만들어지면 불소이온공공(fluoride ion vacancy)도 생성된다. 전기적 중성을 유지하기 위해 이 공공에 전자가 포획되면서 보라색을 제외한 모든 가시광선의 광자를 흡수하는 에너지준위가 생성된다.

고분자 중에서 특히 주사슬(backbone)에 방향족 고리(aromatic ring)를 포함하는 고분자는 선택적 흡수를 일으킬 수 있는 에너지준위 구조를 생성하는 복잡한 공유결합을 가질 수 있다. 이런 이유 때문에 식물의 엽록소는 녹색으로 보이고, 피의 헤모글로빈은 빨간색으로 보인다.

21-4 방출현상의 예와 사용

이 절에서는 우리에게 친숙하고 중요한 기능을 제공하는 방출현상의 몇몇 특별한 예들을 살펴보기로 하자.

감마선: 원자핵 상호작용 매우 높은 에너지를 가진 광자인 감마선(gamma rays)은 어떤 원자의 불안정한 핵의 방사능 붕괴과정에서 발생한다. 그러므로 감마선의 에너지는 원자핵의 구조에 의존하며 재료에 따라 다르다. 재료로부터 만들어지는 감마선은 정해진 파장을 가진다. 예를 들어, 코발트 60이 소멸할 때 발생하는 감마선은 1.17×10^6 및 1.33×10^6 eV의 에너지(즉, 1.06×10^{-10} 및 0.93×10^{-10} cm의 파장)를 갖는다. 감마선은 재료 내에 존재하는 결함을 검출하는 비파괴검사의 방사선원으로 사용된다.

X선: 내부 전자궤도 상호작용 감마선보다 다소 낮은 에너지를 가진 X선은 원자의 내부 주궤도에 위치한 전자가 높은 에너지의 전자 또는 다른 X선 등에 의해 자극을 받았을 때 발생할 수 있다. 자극을 받으면 넓은 분포의 에너지를 가진 X선이 방출되며, 연속 X선과 특성 X선 스펙트럼이 모두 만들어진다.

높은 에너지의 전자가 재료에 입사되면 그 전자는 감속되면서 내놓은 에너지가 광자로 방출된다. 전자가 원자와 충돌하는 경우 대부분의 에너지를 내놓게 된다. 그러나 그 상호작용은 클 수도 작을 수도 있으므로 방출되는 에너지는 분포를 가지게 되고(그림 21-9), 다양한 파장을 가진 광자들의 연속스펙트럼(continuous spectrum)이 생성된다(그림 21-10의 완만한 곡선 부분). 만약 입사된 전자가 단 한 번의 충돌로 모든 에너지를 잃는다면 방출된 광자의 최소 파장은 그 전자가 가지고 있던 원래의 에너지에 해당할 것

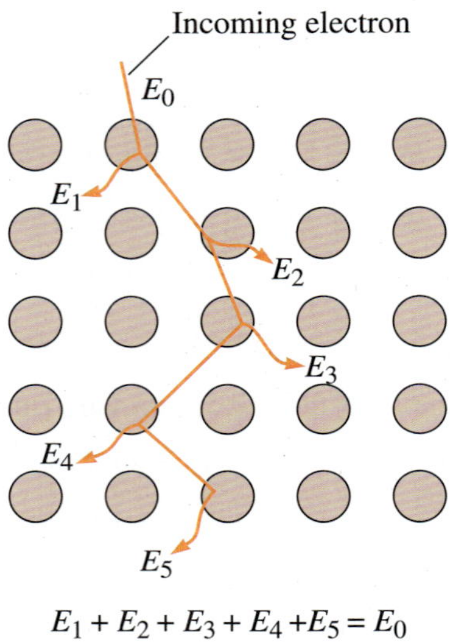

그림 21-9 가속된 전자가 재료에 입사되어 재료와 상호작용하면, 전자의 에너지는 단계적으로 감소하게 된다. 이 과정에서 E_1에서 E_5까지의 다양한 에너지에 해당하는 각자 고유한 파장의 광자가 발생한다.

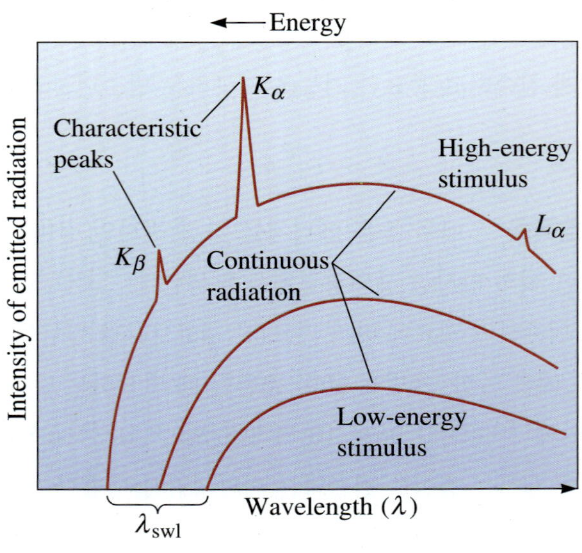

그림 21-10 재료에서 방출되는 방사광의 연속스펙트럼과 특성스펙트럼. 낮은 에너지 광원은 낮은 에너지와 긴 파장을 갖는 광자의 연속스펙트럼을 만들며, 더 높은 에너지 광원은 더 높은 세기의 연속스펙트럼을 만들다가 마침내 특성스펙트럼을 나타낸다.

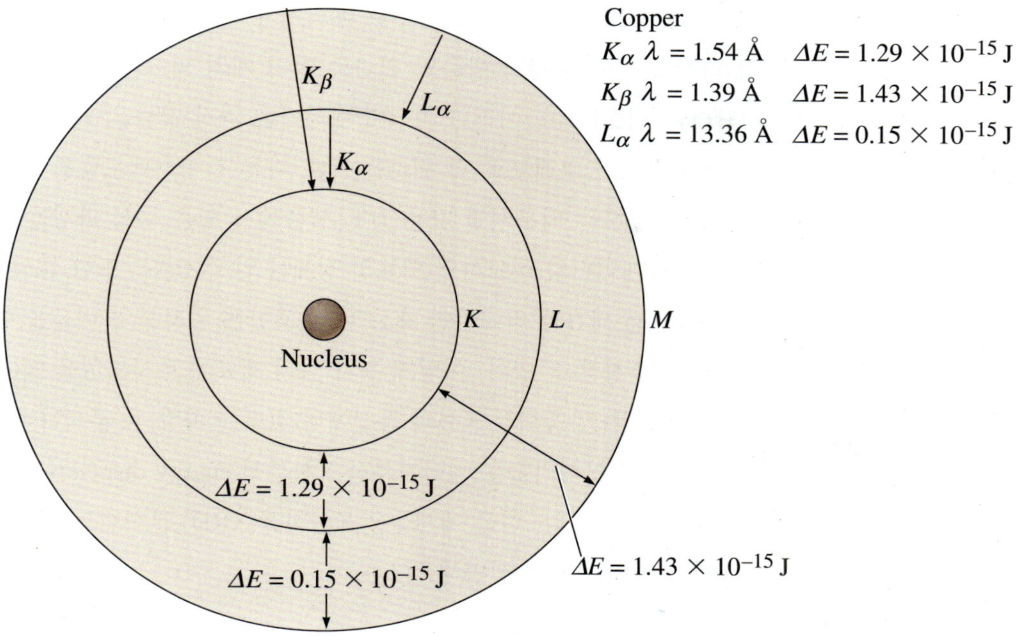

그림 21-11 전자들이 한 에너지준위에서 더 낮은 에너지준위로 천이될 때 특성 X선이 발생한다(구리의 X선 생성 원리 그림). 이 X선의 파장과 에너지는 재료 내부의 에너지준위들이 갖는 에너지 차이에 따라 결정된다.

이다. 이때 발생한 X선의 최소 파장을 임계 단파장(short wavelength limit, λ_{swl})이라 부른다. 자극을 일으키는 전자의 에너지가 증가하면 임계 단파장이 감소하면서 방출되는 광자의 숫자와 에너지는 증가한다.

입사되는 자극원이 전자를 원자 내부 준위로부터 외곽 에너지준위로 여기시키기에 충분한 에너지를 가졌을 수도 있다. 이렇게 여기된 전자는 안정된 상태가 아니고, 높은 에너지준위의 전자들이 이 내부 준위의 빈자리를 채워서 평형을 이루려고 한다. 이러한 과정에서 원자의 종류에 따라 다른 X선의 특성스펙트럼(characteristic spectrum)이 방출된다.

어떤 두 에너지준위 사이에는 불연속적인 에너지 차이가 있기 때문에 특성스펙트럼이 만들어진다. 한 준위에서 다른 준위로 전자가 떨어질 때, 정해진 에너지와 파장을 가지는 광자가 방출되는데, 이 효과를 그림 21-11에 나타내었다. 제2장에서 언급했듯이 원자 내부 주궤도의 에너지준위는 K, L, M 등으로 명명되어 있다. 만약 전자가 K 껍질로부터 여기된다면 외곽 껍질로부터 전자가 그 빈자리를 채우게 될 것이다. 일반적으로 가장 가까운 껍질의 전자가 그 빈자리를 채우므로 $\Delta E = E_K - E_L$(K_α X선) 또는 $\Delta E = E_K - E_M$(K_β X선)의 에너지를 가진 광자가 방출될 것이다. M 껍질의 전자가 L 껍질을 채운다면 $\Delta E = E_L - E_M$(L_α X선)의 에너지를 가진 광자가 방출될 것이며, 그것은 긴 파장 또는 낮은 에너지를 갖는다. K_α X선이 더 짧은 파장, 즉 더 큰 에너지를 가지므로 L_α X선을 만들기 위한 자극보다 더 큰 에너지가 필요하다.

특정 파장을 가지는 광자 방출의 결과로 여러 개의 피크들이 연속스펙트럼에 겹쳐서 나타난다(그림 21-10). 이러한 피크가 나타나는 파장 값들은 원자의 종류에 따라 정해져 있다(표 21-2). 그러므로 각 원소는 서로 다른 특성스펙트럼을 만들며 이것이 원소의 종류를 판별하는 지문처럼 작용한다. 샘플에서 얻은 특성 파장들을 여러 가지 원소에 대한 기존 데이터와 비교하면 재료의 정체를 알 수 있다. 또한 특성 피크들의 세기를 측정하여 표준 세기와 비교하면 재료 내에 포함된 원자들의 비율을 예측할 수 있어 재료의 조성을 추정할 수 있다. 이렇게 전자 빔이 재료에 조사되었을 때(주사 또는 투과 전자현미경의 방식) 방출되는 X선의 특성에너지(또는 파장)를 분석하여 샘플의 화학적 정보를 얻는다. 이 분석기술은 에너지분산 X선분석(energy dispersive X-ray analysis, EDXA)으로 알려져 있다. 다음 예제들은 X선회절(XRD) 분석법과 EDXA 분석법에 사용되는 X선 방출의 응용을 설명해준다.

예제 21-5 X선필터의 설계/재료선택

니켈 스펙트럼으로부터 K_β X선을 선택적으로 흡수하여 K_α X선만 거의 흡수되지 않고 지나가게 하는 필터를 설계하라. 이러한 종류의 필터는 재료의 X선회절 분석법에 사용된다.

풀이

여러 가지 X선회절 기술을 사용하여 결정구조를 알아내거나 미지의 재료를 식별할 때에는 단일 파장의 X선을 사용하는 것이 선호된다. 이는 만약 K_α와 K_β 특성 피크가 모두 사용되고 재료와 상호작용을 일으키면 훨씬 더 분석이 어려워지기 때문이다.

이러한 어려움을 피하기 위해 선택적 흡수를 이용하여 K_α 피크만을 남길 수 있으며, 표 21-2에 필요한 정보가 나와 있다. 흡수경계가 K_α와 K_β 파장 사이에 존재하는 필터재료를 선택하면 K_β는 거의 완전히 흡수하면서 K_α는 거의 완전히 투과시킬 수 있다. 니켈은 $K_\alpha = 1.660$ Å이고 $K_\beta = 1.500$ Å인데, 이 사이에 흡수경계를 갖는 재료를 찾아보면 코발트(1.608 Å)가 있다. 따라서 코발트를 필터로 사용하면 그림 21-12에 나타낸 바와 같은 필터효과를 얻을 수 있을 것이다.

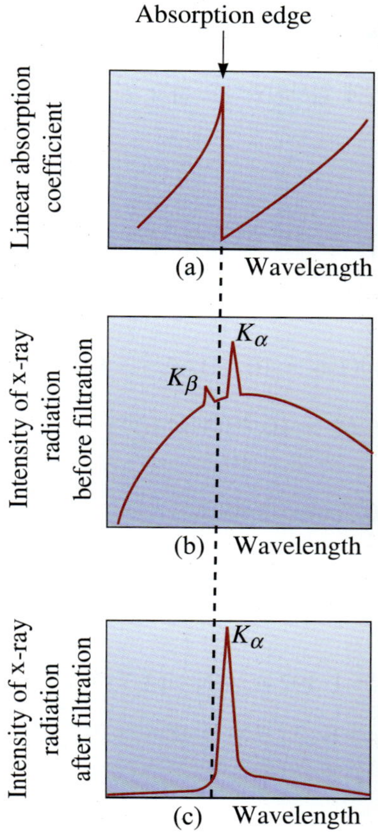

그림 21-12 원소들은 특정한 파장에서 흡수계수가 거의 영(0)에 가까운 값을 갖는다. 만약 흡수경계가 X선 스펙트럼에서 K_α와 K_β 피크 사이의 값을 갖는 필터를 선택하면, K_α 피크를 제외한 모든 X선들이 흡수될 것이다. (a) 파장의 함수로서 필터재료의 선형 흡수계수, (b) 필터를 지나기 전의 X선 방사광의 세기, (c) 필터를 지난 이후의 X선 방사광의 세기.

예제 21-6 X선필터의 설계

아연 K_α X선으로 이루어진 빔의 에너지를 적어도 95% 이상 투과하는 필터를 알루미늄을 사용하여 설계하라(Al의 선형 흡수계수는 108 cm^{-1}). 어떠한 반사도 없다고 가정하라.

풀이

알루미늄에서 X선 반사에 의한 손실은 없다고 가정하면, 입사된 세기의 95%를 투과시키기 위해 필요한 알루미늄 두께를 계산하면 된다. 식 21-12에서 최종 세기가 $0.95I_0$일 때 두께를 계산하면 다음과 같다.

$$\ln\left(\frac{0.95I_0}{I_0}\right) = -(108)(x)$$

$$\ln(0.95) = -0.051 = -108x$$

$$x = \frac{-0.051}{-108} = 0.00047\ \text{cm}$$

0.00047 cm 또는 그보다 얇은 알루미늄 박판으로 덮으면 된다. 만약 선택된 재료가 아연 K_α X선에 대하여 더 낮은 선형 흡수계수를 가진다면 필터의 두께는 두꺼워져야 한다.

예제 21-7 X선회절용 X선의 발생

5,000 eV로 가속된 전자가 구리 타깃에 입사되었다고 하자. K_α, K_β, L_α X선들이 구리 타깃으로부터 방출될 것인가?

풀이

전자가 X선을 방출하기 위해서는 주궤도 사이의 에너지 차이보다 더 큰 에너지 값, 즉 더 짧은 파장을 갖고 있어야 한다.

$$E = (5{,}000 \text{ eV})(1.6 \times 10^{-19} \text{ J/eV}) = 8 \times 10^{-16} \text{ J}$$

$$\lambda = \frac{hc}{E} = \frac{(6.62 \times 10^{-34})(3 \times 10^{10})}{8 \times 10^{-16}}$$

$$= 2.48 \times 10^{-8}\text{cm} = 2.48 \text{ Å}$$

1 eV(전자볼트)는 1 V의 전위차를 통과하는 전자 1개를 움직이는 데 필요한 운동에너지임을 기억하라.

구리에서 K_α는 1.542 Å, K_β는 1.392 Å, L_α는 13.357 Å이다(표 21-2). 그러므로 L_α 피크는 발생할 수 있지만, K_α와 K_β 피크는 발생하지 않는다.

예제 21-8 에너지분산 X선분석(EDXA)

그림 21-13의 현미경사진은 주사전자현미경(SEM)을 사용하여 1,000배의 배율로 얻어졌다. SEM 내에서 전자 빔은 서로 다른 세 개의 상에 조사되었으며, 각각 특성 X선 스펙트럼을 얻었다. 각 구역이 서로 다른 상을 나타낸다고 가정하고, 에너지 스펙트럼으로부터 각 상에 예상되는 조성을 계산하라.

풀이

세 가지 상은 모두 약 1.5 keV = 1,500 eV의 에너지 피크를 가지는데 이것은 다음 파장에 해당한다.

$$\lambda = \frac{hc}{E} = \frac{(6.626 \times 10^{-34} \text{ J} \cdot \text{s})(3 \times 10^{10} \text{ cm/s})}{(1500 \text{ eV})(1.6 \times 10^{-19} \text{ J/eV})(10^{-8} \text{ cm/A})} = 8.283 \text{ Å}$$

비슷한 방식으로 다른 피크들에 해당하는 에너지와 파장을 구할 수 있다. 이렇게 구해진 파장은 표 21-2에 주어진 값들과 비교할 수 있으며, 각 상에 어떤 원소가 들어 있는지 알 수 있다. 이를 요약하면 아래 표와 같다.

따라서, *A*상은 알루미늄 기지인 것으로 보이며, *B*상은 아마도 알루미늄을 약간 포함하는 침상 규소로 판단된다. 그리고 *C*상은 Al-Si-Mn-Fe 화합물인 것으로 보인다. 실제로 이 샘플은 알루미늄-규소 합금이다. 안정상은 알루미늄과 규소이며, 불순물로 존재하는 망간과 철 때문에 개재물이 형성되었다.

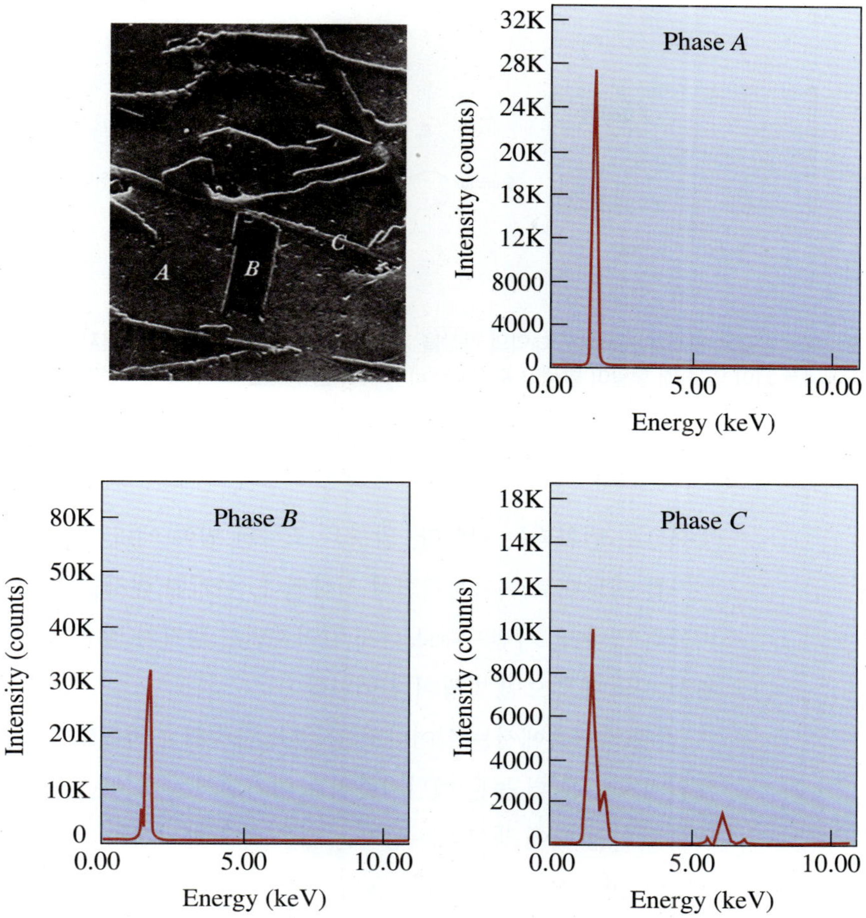

그림 21-13 다상재료의 주사전자현미경 사진. A, B, C로 표시된 세 가지 상들로부터 방출된 광자의 에너지분포도 함께 나타내었는데, 이로부터 각 상의 정체를 예제 21-8과 같이 결정할 수 있다. (출처: *Don Askeland*)

상	피크 에너지	λ	λ(표 21-2)	특성 X선
A	1.5 keV	8.283 Å	8.337 Å	K_α Al
B	1.5 keV	8.283 Å	8.337 Å	K_α Al
	1.7 keV	7.308 Å	7.125 Å	K_α Si
C	1.5 keV	8.283 Å	8.337 Å	K_α Al
	1.7 keV	7.308 Å	7.125 Å	K_α Si
	5.8 keV	2.142 Å	2.104 Å	K_α Mn
	6.4 keV	1.941 Å	1.937 Å	K_α Fe
	7.1 keV	1.750 Å	1.757 Å	K_α Fe

발광: 외곽 전자궤도 상호작용 X선은 원자의 내부 에너지준위의 전자천이에 의해 발생하는 반면, 발광(luminescence)은 조사된 방사광이나 다른 형태의 에너지가 가시

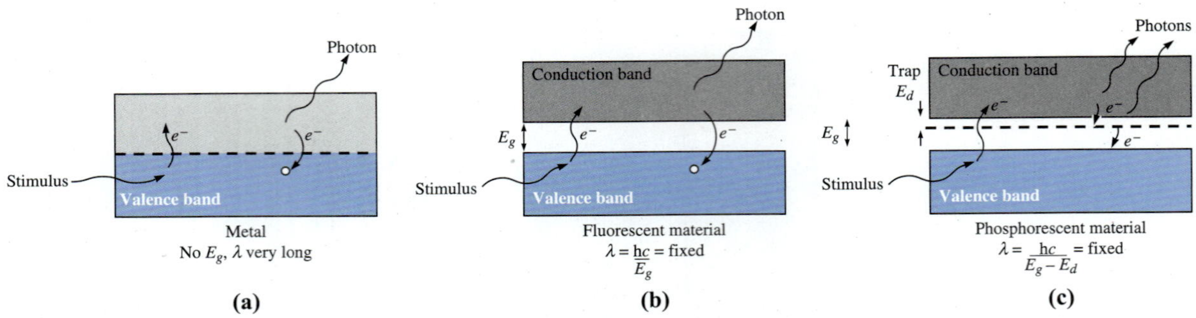

그림 21-14 발광은 광자가 가시광선 대역의 파장을 가질 때 발생한다. (a) 금속은 에너지 갭이 없으므로 발광이 일어나지 않는다. (b) 에너지 갭이 있을 때 형광이 발생할 수 있다. (c) 에너지 갭에 있는 도너 포획 때문에 일정한 시간에 걸쳐 광자가 방출되므로 인광이 발생한다.

광선으로 변환되는 것이다. 발광은 조사된 빔이 에너지 갭을 통하여 가전자대에 있던 전자를 전도대로 여기시키면서 시작된다. 여기된 전자들은 더 높은 에너지준위에 잠깐 머물러 있다가, 가전자대로 다시 떨어지면서 광자가 발생하는데 이 광자의 파장이 가시광선 대역에 있으면 발광이 일어난다.

발광은 금속에서는 일어나지 않는다. 금속의 전자들도 광자에 의해 가전자대 내에서 채워지지 않은 더 높은 에너지준위로 여기되기는 하지만, 여기된 전자가 낮은 에너지준위로 돌아올 때에 생성되는 광자는 매우 작은 에너지를 가져 가시광선보다 훨씬 긴 파장을 갖기 때문이다[그림 21-14(a)].

일부 세라믹과 반도체에서는 가전자대와 전도대의 에너지 갭이 충분히 커서 이 갭을 통해 떨어지는 전자가 가시광선 대역의 광자를 생성한다. 이러한 발광재료에서는 두 가지의 다른 효과인 형광(fluorescence)과 인광(phosphorescence)이 관찰된다. 형광에서는 여기된 모든 전자가 가전자대로 떨어지면서 자극이 제거된 후 매우 짧은 시간(약 10^{-8}초) 내에 광자가 방출된다[그림 21-14(b)]. 대부분이 에너지 갭 E_g에 해당하는 하나의 파장으로 방출된다. 형광염료와 형광현미경은 생화학과 의생명공학의 여러 첨단 기술에 사용되며, X선 형광분석법(X-ray fluorescence, XRF)은 재료의 화학분석에 널리 사용된다.

인광재료는 에너지 갭 안에 도너 준위를 만들어내는 불순물을 갖는다[그림 21-14(c)]. 여기된 전자들은 일단 도너 준위로 떨어진 다음에 포획된다. 그 전자들이 가전자대로 돌아가기 위해서는 포획된 상태에서 벗어나야 하므로, 광자가 방출되기 전에 시간지연이 생긴다. 자극 원을 제거하더라도 포획된 전자들이 점진적으로 도너 준위에서 벗어나면서 가전자대로 떨어지기 때문에 일정한 시간 동안 추가적으로 빛을 방출한다. 발광의 세기는 다음 식과 같이 주어진다.

$$\ln\left(\frac{I}{I_0}\right) = -\frac{t}{\tau} \tag{21-16}$$

여기서, τ는 재료상수인 이완시간(relaxation time)이다. 자극 원의 제거 후에 시간 t가 지나면 발광의 세기는 I_0에서 I로 감소하게 된다. 인광재료는 특정 비디오모니터의 작동에서 매우 중요하다. 이런 용도에서는 완화시간이 너무 길어서는 안 되며, 그렇지 않으면 영상이 서로 겹쳐 보이게 된다. 컬러 영상에서는 세 가지 종류의 인광재료가 사용되는데, 각 재료는 빨강, 초록, 파랑 빛을 내도록 에너지 갭을 조절하여 만들어진다. 오실로스코프와 레이더 화면은 같은 원리에 의존한다. 형광램프는 수은 증기를 포함하고 있으며, 전기방전이 존재하면 이 수은 증기는 형광을 일으켜 자외선을 생성한다. 이 램프 유리의 안쪽은 인광재료로 코팅되어 있다. 이 재료의 역할은 짧은 파장의 자외선을 가시광선으로 변환하는 것이다. 이완시간은 5×10^{-9}초에서 약 2초 사이의 범위를 갖는다. 다음 예제는 비디오스크린에 사용하는 인광재료의 선택과 관련된 것이다.

예제 21-9 텔레비전 스크린의 설계/재료선택

텔레비전 스크린에 파랑색 영상을 구현할 수 있는 인광재료를 선택하라.

풀이

파랑색에 해당하는 에너지를 갖는 광자는 약 4.5×10^{-5} cm의 파장을 갖는다(그림 21-1). 따라서 방출되는 광자의 에너지는 다음과 같다.

$$E = \frac{hc}{\lambda} = \frac{(6.626 \times 10^{-34}\ \mathrm{J \cdot s})(3 \times 10^{10}\ \mathrm{cm/s})}{(4.5 \times 10^{-5}\ \mathrm{cm})(1.6 \times 10^{-19}\ \mathrm{J/eV})}$$
$$= 2.76\ \mathrm{eV}$$

그림 21-1은 다양한 재료의 에너지 갭을 보여주고 있는데, 나와 있는 어떤 재료도 2.76 eV의 값을 가지지 않지만, ZnS가 3.54 eV의 에너지 갭을 가진다. 적절한 원소가 첨가되어 전도대 아래에 $3.54 - 2.76 = 0.78$ eV의 포획 에너지준위를 제공한다면 파랑색에 해당하는 에너지의 광자가 인광을 발생할 것이다.

인광이 이미지를 왜곡시키지 않기 위해서는 발광이 너무 오래 지속되지 않아야 하므로 이완시간에 관련된 정보를 알아야 한다. 텔레비전 스크린에 자주 사용되는 인광물질로는 $CaWO_4$가 있으며, 이는 파장 4.3×10^{-5} cm의 광자를 방출한다. 이 재료는 4×10^{-6}초의 이완시간을 가진다. 과량의 아연으로 도핑된 ZnO는 파장 5.1×10^{-5} cm의 초록빛 광자를 방출하는 반면 망간이 첨가된 $Zn_3(PO_4)_2$는 파장 6.45×10^{-5} cm의 빨간빛 광자를 제공한다.

발광다이오드: 전계발광 발광다이오드(LED)는 시계, 계산기 등 여러 가지 전자기기의 디스플레이를 구현하는 데 사용된다. 이러한 기기들에서 자극원은 외부에서 인가

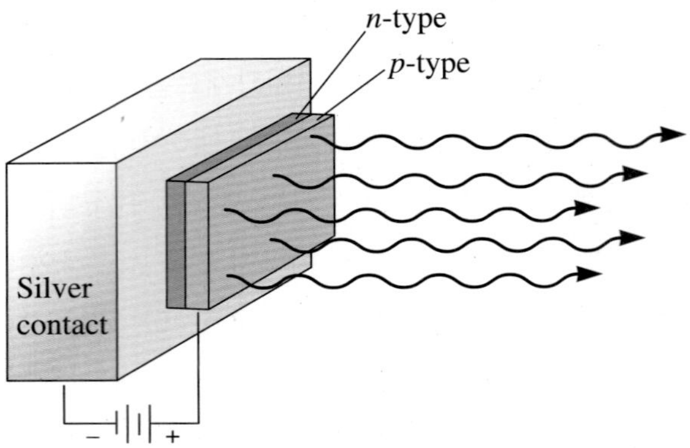

그림 21-15 발광다이오드(LED)의 원리. p-n접합에서 순방향 바이어스 전압이 광자를 생성한다.

되는 전압이며, 전압을 가하면 전자의 천이를 통한 전계발광(electroluminescence)이 일어난다. LED는 E_g가 가시광선 대역에 있도록 조절된 p-n접합인데, 순방향으로 다이오드에 인가된 전압은 정공과 전자가 접합부분에서 재결합하게 하여 광자를 방출시킨다(그림 21-15). GaAs, GaP, GaAlAs, GaAsP 등이 LED에 사용되는 전형적인 재료들이다.

레이저: 발광의 증폭 레이저(Light Amplification by Stimulated Emission of Radiation, LASER)는 발광의 특별한 응용사례이다. 어떤 재료에서는 자극에 의해 여기된 전자가 광자를 만들고 이것은 다시 똑같은 파장에 해당하는 추가적인 광자를 여기시켜 결과적으로 재료 내에서 방출되는 광자들의 큰 증폭이 일어난다. 자극 원과 재료를 적절히 선택하면 광자의 파장은 가시광선 대역에 있을 수 있다. 레이저의 출력은 평행하고, 동일한 파장의, 일관된 광자들의 빔이다. 일관된(coherent) 빔 내부에서 광자들의 파동적인 특성은 동일한 위상을 가지므로 소멸간섭이 일어나지 않는다. 레이저는 금속의 열처리 및 용융, 용접, 수술, 표식, 정보의 전달 및 처리에서 효과적으로 사용되고 있으며, 콤팩트디스크와 DVD를 포함하여 다양한 용도에도 사용된다. Blue-ray™ 기술은 고분해능 DVD의 상업화를 가능하게 해주었다. 레이저에서 나오는 짧은 파장의 파랑-보라 빛은 긴 파장의 빛보다 디지털 정보를 부호화한 핏(pit)의 크기가 더 작더라도 잘 읽을 수 있다. 이는 기존의 DVD와 비교하여 약 6배나 데이터 저장용량을 증가시키고, 하나의 디스크에 2시간짜리 고선명도 영화를 저장할 수 있게 해준다.

다양한 재료들이 레이저를 만드는 데 사용된다. 소량의 Cr_2O_3로 도핑된 단결정 Al_2O_3인 루비는 6,943 Å의 레이저를 방출하고, 네오디뮴이 도핑된 이트륨-알루미늄-가닛($Y_3Al_5O_{12}$, YAG)은 1.06 μm의 레이저를 방출하는데, 이 두 가지가 가장 일반적인 고체상태 레이저 재료이다. 다른 레이저들은 CO_2 기체를 기반으로 한다.

가시광선 대역의 파장에 해당하는 에너지 갭을 가진 GaAs 고용체를 기반으로 하는 반도체레이저도 또한 사용되고 있다(그림 21-16).

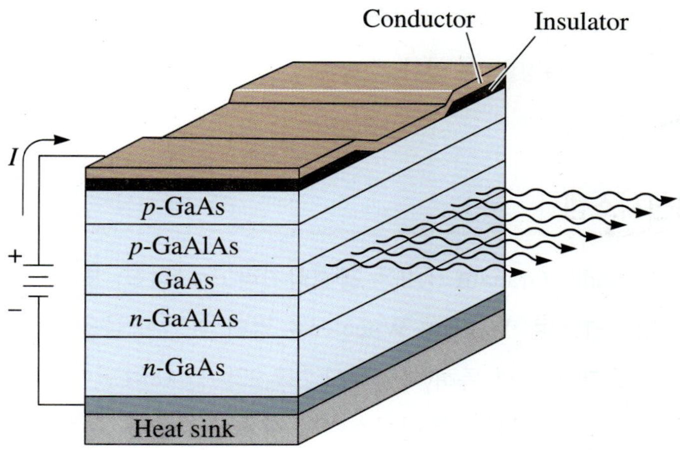

그림 21-16 GaAs 레이저의 개략적인 단면도. GaAs를 둘러싸고 있는 *p*-형 및 *n*-형 GaAlAs층은 GaAs보다 더 높은 에너지 갭과 더 낮은 굴절률을 가지므로 광자들은 활성 GaAs층에 포획된다.

열방출 재료가 가열되면 전자들은 열적으로 가속되어 더 높은 에너지준위인 외곽 준위로 여기되는데, 여기서는 전자들이 핵에 덜 구속되어 있다. 여기된 전자들은 원래 상태로 돌아가면서 광자를 방출하는데 이러한 현상을 열방출(thermal emission)이라 한다.

온도가 증가함에 따라 열적 요동은 증가하고 방출되는 광자의 최대에너지는 증가한다. 연속스펙트럼의 방사광이 온도에 의존하는 최소 파장과 세기 분포를 가지고 방출된다. 광자들은 가시광선 대역의 파장을 포함할 수 있는데 결과적으로 재료의 색깔은 온도에 따라 변한다. 낮은 온도에서 방사되는 빛의 파장은 너무 길어서 눈에 보이지 않는다. 온도가 증가함에 따라 방출되는 광자는 더 짧은 파장을 가져 700 ℃에서 불그스름한 색조로 보이기 시작한다. 1,500 ℃에서는 오렌지 및 빨간 빛 파장이 방출된다(그림 21-17). 더 높은 온도는 가시광선 대역의 모든 파장을 만들어 방출된 스펙트럼은 백색

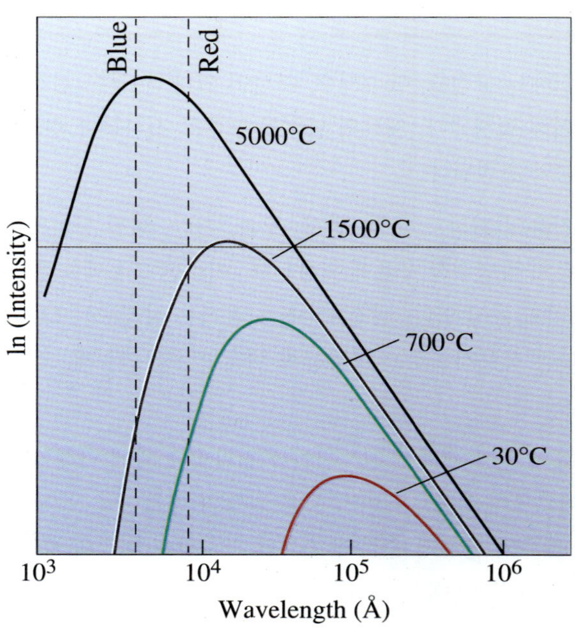

그림 21-17 재료로부터 열적으로 방출되는 광자의 파장에 따른 방출 세기. 온도가 증가함에 따라 가시광선 대역에 더 많은 광자가 방출된다.

광이 된다. 방출된 파장의 좁은 대역에서 빛의 세기를 광고온계(pyrometer)로 측정함으로써 재료의 온도를 추정할 수 있다.

21-5 광섬유 통신시스템

1880년에 Alexander Graham Bell은 광전화기라고 알려진, 빛을 기반으로 하는 통신시스템을 발명하였으며, William Wheeler는 멀리 있는 방들을 밝히기 위해서 파이프를 사용하는 시스템에 대한 특허(미국특허 247,229)를 1881년에 받았다. 이 두 가지 발명은 오늘날 현존하는 광섬유 통신시스템의 시초가 되었다. 광통신기술을 상업화하는 데 크게 기여한 또 다른 핵심기술은 1960년에 발명된 레이저인데, 레이저는 단일파장의 광원을 제공하므로 광섬유를 통해 빛이 효율적으로 전달될 수 있다. 다른 하나의 진보는 고순도 실리카 유리섬유가 사용되면서부터 이룩되었다. 이 섬유는 최소한의 광학적 손실만을 일으키므로 신호의 재증폭 없이 정보를 먼 거리까지 정확하게 전송하는 데 필수적이다. 광섬유는 신호로서 전파(radio wave)가 아닌 빛을 사용하므로 전자파간섭(electromagnetic interference, EMI)이 없다는 장점이 있다.

섬유광학(fiber-optic) 시스템은 전기신호와 같이 다른 발생원으로부터 얻은 신호를 광신호로 변환시켜 전송하며 광섬유를 사용하여 수신기에 빛을 전달하고 받은 데이터를 처리하여 이용가능한 형태로 데이터를 변환하는 각 과정에 여러 가지 광자재료가 필요하다. 이러한 광자시스템에 현재 사용되고 있는 재료와 원리에 대해서는 이전의 절에서 이미 소개하였다.

요약

- 재료의 광학적 성질에는 굴절률, 흡수계수, 분산이 있다. 이들은 전자파 또는 광자와 재료와의 상호작용에 의해 결정된다. 재료의 굴절률은 주로 전자분극 정도에 의존하므로 재료의 고주파 유전상수와 관련된다.
- 빛과 재료의 상호작용의 결과로 굴절, 반사, 투과, 산란, 회절 등이 일어날 수 있다. 이러한 현상은 광자재료의 광범위한 응용에 활용된다. 이러한 응용에는 통신용 섬유광학, 수술 및 용접을 위한 레이저 등이 있다. 광전효과를 사용하는 장치로는 LED, 태양전지, 광다이오드 등이 있다. 다른 응용사례로는 형광등과 텔레비전용 인광체, 그리고 여러 가지 분석기술이 있다.
- 광자의 방출은 재료의 원자 내에서 전자천이나 원자의 붕괴에 의해 일어난다. 형광, 인광, 전계발광(발광다이오드에 사용), 레이저 등은 발광의 예들이다. 광자는 열적인 가속에 의해서도 방출되며, 재료의 온도가 충분히 높으면 가시광선 대역의 광자가 방출될 수 있다. 재료로부터의 X선 방출은 EDXA와 XRF 분석에 사용된다.

용어해설

광자 photons 원자, 전자, 핵으로부터 만들어지는 에너지 또는 방사광이며, 입자 또는 파장으로 취급될 수 있다.

광전도 photoconduction 빛의 조사에 의해 전자들이 전도대로 여기되면서 발생하는 전위차의 발생.

굴절률 index of refraction, (refractive index) 빛이 투명한 매체를 지나갈 때 빛의 속도와 방향이 바뀌는 정도와 관련된 지수.

레이저 laser 광자의 조절된 방출에 의해서 생성되는 단일파장의 응집된 방사광. 자극된 전자파 방출에 의한 빛의 증폭(light amplification by stimulated emission of radiation)의 머리글자를 딴 약어.

반사도 reflectivity 반사되는 빔의 입사빔에 대한 분율.

발광 luminescence 방사광을 가시광선 빛으로 변환하는 것.

발광다이오드 light-emitting diodes, LED 전기적인 신호를 가시광선으로 전환하는 p-n접합 다이오드.

분산 dispersion 굴절률의 주파수 의존성.

선형 흡수계수 linear absorption coefficient 재료가 빛을 흡수하는 능력을 나타낸다.

연속스펙트럼 continuous spectrum 임계 단파장 경계보다 길면서 모든 파장을 가지고 재료로부터 방출되는 방사광.

열방출 thermal emission 열에 의한 가속 때문에 발생하는 재료로부터의 광자 방출.

이완시간 relaxation time 발광현상 중에 여기된 전자의 $1/e$ 분율 만큼이 전도대로부터 가전자대로 떨어지기 위한 시간.

인광 phosphorescence 자극이 제거된 후에도 계속되는 재료로부터의 빛의 방출.

임계 단파장 short wavelength limit 어떤 특정한 조건에서 재료로부터 방출되는 빛의 가장 짧은 파장, 즉 가장 큰 에너지.

전계발광 electroluminescence 재료로부터 광자의 방출을 자극하기 위해 인가된 전기신호의 인가를 사용.

태양전지 solar cell 광자의 여기에 의해 전압을 생성하는 p-n 접합소자.

특성스펙트럼 characteristic spectrum 재료로부터 방출되는 방사광 스펙트럼. 이것은 재료의 원자구조 내에서 특정한 전자의 천이에 해당하는 파장의 피크를 나타낸다. 원소마다 고유의 특성스펙트럼을 갖는다.

형광 fluorescence 약 10^{-8}초 이내에 이루어지는 빛의 방출.

흡수경계 absorption edge 재료의 흡수특성이 불연속적으로 변하는 파장.

X선 X-rays 약 1∼100 Å의 파장 범위를 갖는 전자기파 방사.

연습문제

21-1절 전자기파 스펙트럼

21-2절 굴절, 반사, 흡수, 투과

21-1 굴절률과 흡수계수를 정의하고, 이들을 유전상수, 손실계수, 탄성계수, 그리고 점성변형의 정의와 비교해보라.

21-2 Snell의 법칙이 무엇인지 그림을 사용하여 설명하라.

21-3 재료의 굴절률은 주로 무엇에 의존하는가?

21-4 납 결정이란 무엇인가? 무엇이 이 재료의 굴절률을 보통 규산염유리보다 훨씬 높게 만드는가?

21-5 어떤 분극 메커니즘이 굴절률에 영향을 미치는가?

21-6 왜 얼음이 물보다 굴절률이 작은가?

21-7 분산이란 무엇이며, 섬유광학 시스템에서 분산의 중요성은 무엇인가?

21-8 유전재료를 통한 빛의 투과를 제한하는 인자는 무엇인가?

21-9 LED와 태양전지가 작동하는 원리는 무엇인가?

21-10 주파수의 함수로 나타낸 파장의 공식을 쓰고, 560 nm 광자의 주파수를 계산하라.

21-11 어떤 재료들이 각각 0.5 μm와 0.8 μm의 파장을 갖는가? $PbSO_4$의 밴드갭 에너지는 얼마인가?

21-12 석영에서의 빛의 속도를 계산하라. 빛이 진공상태에서 5,890 Å의 파장을 갖는다면, 석영에서는 얼마의 파장을 갖겠는가?

21-13 광자 빔이 재료표면의 법선에 25°의 각도로 재료에 입사되었다. 표 21-1에 나와 있는 재료들 중에서 어느 것이 이 광자 빔의 진행방향을 표면 법선에 대하여 18°~20° 사이로 굴절시킬 수 있는가?

21-14 공기로부터 진행한 레이저 빔이 5 cm 두께의 폴리스타이렌 블록에 표면 법선에 대하여 20°의 각도로 입사되었다. 빔이 블록의 반대편에 도달하였을 때 이 빔은 원래 진행방향에서 거리로 얼마만큼 떨어져 있겠는가?

21-15 뉴욕과 런던을 연결하는 6,000 km의 길이의 광섬유 케이블이 있다. 만약 케이블 중심부의 굴절률이 1.48이고 원주부(cladding)의 굴절률이 1.45라면, 0°로 입사된 광자 빔이 뉴욕에서 런던까지 도달하는 시간은 얼마인가? 이 계산에서 분산효과는 무시할 수 있다고 가정하라. 중심부로부터 빛의 누설이 없다고 할 때 최대 입사각은 얼마인가?

21-16 굴절률 $n = 1.5$인 10 cm 두께의 유리블록이 입사된 빛의 90%를 투과시킬 수 있다. 재료의 선형 흡수계수(α)를 구하라. 만약 유리블록이 물속에 있다면, 입사된 빛의 얼마만큼의 분율이 유리블록을 투과하겠는가?

21-17 어떤 광자빔이 공기로부터 수족관 물을 담고 있는 소다석회유리로 입사되었다. 광자빔 중 얼마만큼의 분율이 유리 전면에서 반사되는가? 계속해서 진행하는 광자빔 중 얼마만큼의 분율이 유리 후면에서 반사되는가?

21-18 어떤 광자빔이 전면 공기로부터 시작하여 유전상수 2.3인 1 cm 두께의 재료를 지나 후면 공기로 다시 나왔을 때 투과된 빔의 세기는 원래 세기의 20%로 측정되었다. 다음 값들을 결정하고, 재료의 선형 흡수계수를 구하라.

(a) 전면 표면에서 반사되는 분율

(b) 재료에서 흡수되는 분율

(c) 후면 표면에서 반사되는 분율

21-19 두께 1 cm의 폴리에틸렌(위)과 두께 2 cm의 소다석회유리(아래)가 겹쳐져 있는 이층재료에 공기로부터 광자 빔이 법선과 10°의 각도로 위에서 입사되었다. 다음 빔의 법선에 대한 각도를 결정하라.

(a) 폴리에틸렌을 통과하는 빔

(b) 소다석회유리를 통과하는 빔

(c) 이층재료의 아래 표면에서 공기로 진행하는 빔

이층재료를 통과하여 나오는 경로는 원래 진행경로에서 거리로 얼마만큼 떨어져 있겠는가?

21-20 유리섬유($n = 1.5$)가 테플론으로 코팅되어 있다. 빛이 섬유의 중심부로부터 빠져 나오지 않고 진행할 수 있도록 하려면 섬유의 축에 대한 입사빔의 최대 경사각도는 얼마인지 계산하라.

21-21 물속에서 빛이 연마된 게르마늄 구에 의해 반사된다. 반사도는 얼마인가?

21-22 두께 10 cm의 프리즘이 빛의 세기를 25% 감소시킬 때, 그것의 선형 흡수계수는 얼마인가?

21-23 어떤 재료가 특정 파장의 광자에 대하여 591 cm^{-1}의 선형 흡수계수를 가진다. 이 광자의 99.9%를 흡수하는 데 필요한 재료의 두께를 결정하라.

21-24 K_α를 흡수경계의 함수로 도시하고 거기에 어떤 경향성이 있는지 확인하라(표 21-2 참조). 확인되는 모든 경향성을 설명하라.

21-3절 선택적 흡수, 투과, 반사

21-25 광변색유리는 무엇인가?

21-26 색유리는 어떻게 만들어지는가?

21-27 루비 결정은 무엇으로 이루어지는가?

21-4절 방출현상의 예와 사용

21-28 에너지분산 X선분석(EDXA)의 원리는 무엇인가?

21-29 형광은 무엇인가? 인광은 무엇인가?

21-30 XRF는 무엇인가?

21-31 형광등은 어떻게 작동하는가?

21-32 전계발광은 무엇인가?

21-33 어떤 주사전자현미경은 (a) 5 keV, (b) 10 keV, (c) 20 keV의 3단계로 가속전압을 줄 수 있다. 표 21-2에 나와 있는 재료에 대하여 K_α 피크가 나타날 수 있는 최소전압을 결정하라.

21-34 인광재료가 75초의 이완시간을 가진다. 에너지원을 제거한 뒤 정확히 75초 후에 어떤 세기를 가질 것인가?

21-35 비디오 디스플레이에 사용된 인광재료의 이완시간은 5×10^{-2}초이다. 만약 회복주기가 60 Hz라면, 회복에 의해 100% 재현되기 전에 발광의 세기는 얼마나 감소하는가?

21-36 텅스텐산칼슘($CaWO_4$)은 4×10^{-6}초의 이완시간을 갖는 인광재료이다. 자극이 제거된 후 원래 세기의 1%까지 인광의 세기가 감소하는 시간을 결정하라.

21-37 어떤 형광재료로부터 발산하는 광자의 세기가 1.95×10^{-7}초 후에 초기 세기의 90%로 감소하였다. 초기 세기의 1%까지 감소하는 데 필요한 시간을 결정하라.

21-38 적절하게 도핑하여 3.5 eV의 밴드갭을 가지는 인광재료를 파랑(475 nm)과 녹색(510 nm)을 생성하는 데 쓸 것이다. 각각의 경우에 전도대를 고려하여 도너 포획의 에너지준위를 구하라.

21-39 레이저(LASER)란 무엇인가?

21-40 억셉터로 인듐을 도핑한 실리콘에서 전자들이 전도대역으로 여기된 후 발생하는 광자들의 파장을 다음 각각의 경우에 대해 구하라.

(a) 전도대로부터 억셉터 준위로 떨어지는 경우

(b) 억셉터 준위로부터 가전자대로 떨어지는 경우(제19장 참조)

21-41 제19장과 제21장에서 언급한 화합물반도체 중에서 어떤 재료가 적외선 레이저빔을 만들 수 있겠는가?

21-42 순 게르마늄에서 전자와 정공이 재결합될 때 어떤 종류의 전자파(자외선, 적외선, 가시광선)가 생산되는가? 그리고 그 파장은 얼마인가?

21-43 제19장에서 언급한 유전체 중 어떤 재료가 공기 중의 광속 3×10^{10} m/s을 0.5×10^{10} m/s 이하로 감소시키는가?

21-44 철, 망간, 니켈에서 나오는 X선의 K_α 피크만을 추출해 내기 위해서는 어떤 필터재료가 사용되어야 하는가? 이유를 설명하라.

21-45 최소 파장이 0.09 nm인 X선 연속스펙트럼을 만들기 위해서는 텅스텐 필라멘트에 얼마만큼의 전압을 걸어야 하는가?

21-46 어떤 텅스텐 필라멘트가 12,400 V 전원공급기로 가열된다. 발생시킬 수 있는 가장 높은 에너지를 갖는 X선의 (a) 파장과 (b) 주파수는 무엇인가?

21-47 니켈 K_α X선을 발생시키기 위해 필요한 최소 전압은 무엇인가?

21-48 방출되는 특성 X선을 근거로 하여 텅스텐에서 다음 주궤도 사이에 전자들의 에너지 차이를 결정하라.

(a) K와 L 주궤도 사이

(b) K와 M 주궤도 사이

(c) L과 M 주궤도 사이

21-49 그림 21-18은 어떤 시료에 대한 XRF분석 결과를 보여준다. 여기서는 재료로부터 방출되는 X선의 세기를 X선의 파장의 함수로 표시하였다. 다음을 결정하라.

(a) X선을 발생시키기 위해 사용된 가속전압
(b) 시료에 포함된 원소의 종류

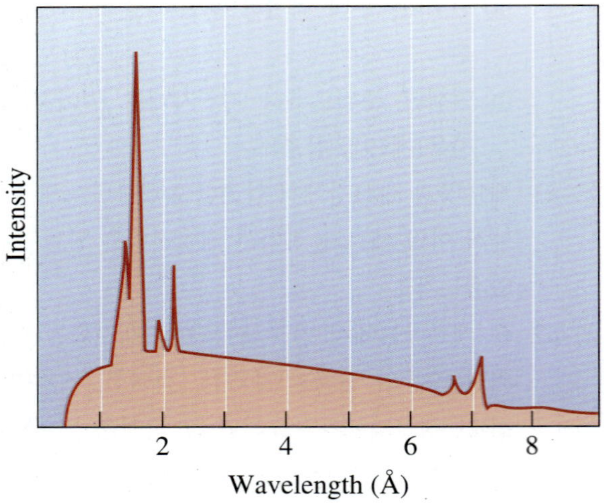

그림 21-18 어떤 금속 시료의 X선 형광분석 결과. (문제 21-49에 사용)

21-50 그림 21-19는 주사전자현미경 내에 있는 시료에서 방출된 에너지분산 X선분석으로부터 얻어진 결과로 방출되는 X선의 세기를 X선 에너지의 함수로 나타낸 것이다. 시료에 존재하는 원소의 종류를 결정하라.

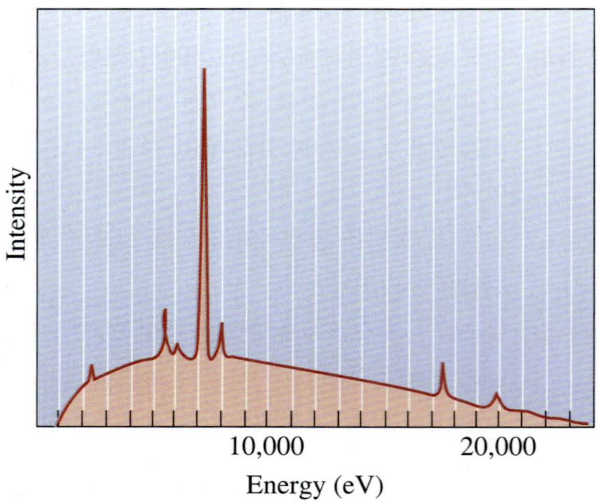

그림 21-19 X선 방출 스펙트럼. (문제 21-50에 사용)

21-51 그림 21-17을 참조하라. 재료가 5,000 ℃에서 0 K까지 서서히 냉각된다고 가정했을 때, 물체가 완전히 발광을 멈추기 전에 마지막으로 발생하는 광자의 파장은 얼마인가?

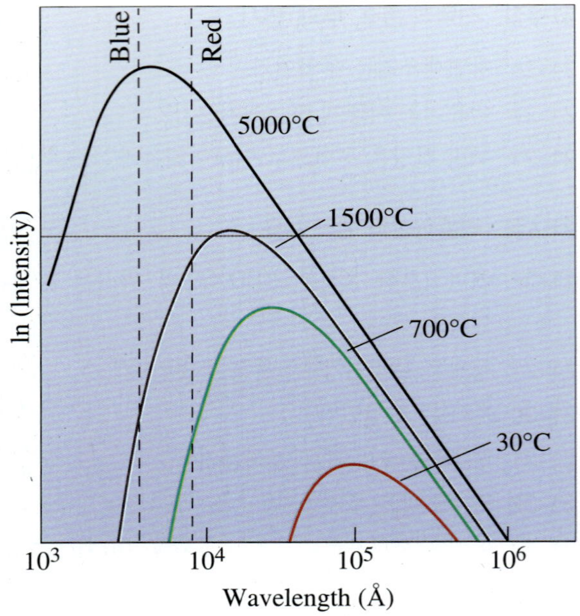

그림 21-17 재료로부터 열적으로 방출되는 광자의 파장에 따른 방출 세기. 온도가 증가함에 따라 가시광선 대역에 더 많은 광자가 방출된다. (문제 21-51을 위해 반복됨)

21-5절 광섬유 통신시스템

21-52 광섬유를 통해 정보를 전송할 수 있는 원리는 무엇인가?

21-53 대부분의 광섬유를 만들기 위해 어떤 재료가 사용되는가? 광섬유의 원주부(cladding)는 무슨 재료로 만드는가? 광섬유의 중심부(core)에는 굴절률을 향상시키기 위해 어떤 재료가 사용되는가?

설계문제

21-54 용기 내에서 발생한 니켈 X선이 작은 홈을 통해서만 용기 밖으로 방출되게 하고자 한다. 용기 벽을 통해서는 니켈 K_α X선이 0.01% 이하로만 투과하며, 작은 홈을 덮고 있는 얇은 창을 통해 95% 이상이 투과되도록 용기를 설계하라. 다음의 데이터는 니켈 K_α X선에 대한 몇몇 금속의 질량 흡수계수를 나타낸다. 질량 흡수계수 $\alpha_m = \alpha/\rho$인데, 여기서 α는 선형 흡수계수이며 ρ는 재료의 밀도이다.

재료	$\alpha_m(cm^2/g)$
Be	1.8
Al	58.4
Ti	247.0
Fe	354.0
Co	54.4
Cu	65.0
Sn	322.0
Ta	200.0
Pb	294.0

21-55 재료의 열방출로부터 재료의 온도를 측정하는 데 광전도성 재료를 사용할 수 있는 방법을 설계하라.

21-56 재료의 굴절률 특성에 근거하여, 재료의 표면 법선에 2°의 각도로 입사된 광자 빔이 재료로부터 50 cm 떨어진 곳에서 원래의 진행경로에서 2 cm 떨어져 있게 하는 방법을 설계하라.

컴퓨터문제

21-57 **파워를 데시벨(decibel)로 나타내기** 광통신 시스템 또는 전기 전력송전 시스템에서 파워 또는 신호는 종종 여러 가지 구성요소들 사이에 전달된다. 데시벨(dB)은 상대적인 파워 수준을 측정하는 데 편리한 단위이다. 만약 신호에 대한 입력 파워가 P_1이고 출력 파워가 P_2라면, P_2/P_1은 전달된 파워의 비율이며 효율을 나타낸다. 데시벨에 의한 비율은 다음 식과 같이 표현할 수 있다.

$$\mathrm{dB} = 10 \log = \frac{P_2}{P_1}$$

여기서, 파워는 동일한 단위로 표시되어야 한다.

섬유광학 시스템의 두 가지 구성요소 사이의 파워 전달(예: 광원에서 광섬유로)을 dB값으로 계산할 수 있는 컴퓨터 프로그램을 작성하라. 이를 세 가지 구성요소(광원에서 광섬유로, 광섬유에서 감지기로) 사이에 대한 계산으로 확장하라.

Knovel® 활용 문제

K21-1 광선의 빔이 벤젠을 통해 유리(silicon dioxide)로 지나간다. 빔의 입사각이 30°라면, 굴절된 빛의 각도는 얼마인가?

K21-2 굴절률 n으로부터 공기 중에서 수은의 반사도를 계산하라.

재료의 열적 성질은 수많은 기술에서 중요한 역할을 한다. 어떤 용도에는 열전달을 최소화해야 하는 재료가 필요한 반면, 다른 용도에는 효율적인 열전달이 필요한 응용분야도 있다. 터빈블레이드 표면에 적용되는 열차단 코팅은 (크리프가 발생할 수 있는) 터빈블레이드가 항공기 엔진의 높은 온도에 노출되는 것을 최소화한다. 내화재는 주조되는 용융금속을 담아내는 데 쓰이는 세라믹 재료이다. 컴퓨터의 성능과 출력밀도 향상을 위해 마이크로칩 위의 트랜지스터 등의 전자 소자들이 작아지고 또 숫자는 많아지는데, 그럴수록 발열은 증가한다. 따라서 이러한 폐열에 대한 관리도 점점 더 중요해지고 있다. 상단의 이미지는 전자장비가 더 효율적으로 작동하기 위해 전자소자 패키지에서 열을 제거하는 냉각핀의 두 가지 타입을 보여준다.

여러 상황에서 재료의 열팽창도 중요한 역할을 한다. 이런 팽창은 재료가 파괴에 이르게 하는 응력을 유발할 수 있다. 재료과학자/공학자들은 음(negative) 또는 영(near-zero)의 열팽창계수를 가지는 참신한 재료를 많이 만들어왔다. 이러한 발전은 망원경 거울에 사용되는 것과 같은 광학재료에 아주 중요한 특성인 바, 거울의 초첨이 열팽창과 수축에 따라 달라지기 때문이다. (출처: *Lisa J. Goodman/Photographer's Choice/Getty Images*)

CHAPTER 22

재료의 열적 성질

다음과 같이 궁금해 해본 적이 있는가?

- 가장 높은 열전도도를 가진 재료는 무엇인가?
- 영(0) 또는 음의 열팽창계수를 가진 재료가 있는가?
- 유리접시를 오븐에서 꺼낸 후 너무 급히 냉각하면 깨지는 이유는 무엇인가?

제22장의 주요 학습목표

- 열용량과 비열을 정의하는 것.
- 열이 재료를 통해 전달되는 과정을 이해하는 것.
- 열팽창계수에 따라 가열 또는 냉각에 의한 재료의 치수변화를 계산하는 것.
- 온도구배에 따른 재료에서의 열유속을 계산하는 것.
- 재료의 열전도도에 미치는 미세조직의 영향을 이해하는 것.
- 재료의 열충격저항을 정량적으로 정의하는 것.

이전의 장들에서는 재료의 성질이 온도에 따라 어떻게 변할 수 있는지에 대해 설명하였다. 많은 경우에 재료의 기계적 성질과 물리적 성질은 재료가 사용되는 온도 또는 재료가 가공되는 온도에 따라 달라진다. 재료의 열적 성질을 이해하는 것은 온도 변화에 따른 기계적 파손을 이해하는 데, 재료가 반드시 가열되어야 하는 공정을 설계하는 데, 빠른 열전달 특성을 가진 재료를 선택하는 데 도움이 된다.

전자패키징 재료에서 열관리는 매우 중요한 문제이다. 현재의 컴퓨터 칩들은 10억 개 이상의 트랜지스터를 가지고 있다. 여기서 발생되는 열은 장치가 제대로 작동하기 위해 효율적으로 제거되어야 한다.

금속재료에서는 전자가 열을 전달한다. 세라믹재료에서는 탄성파가 관계하여 열전도가 이루어진다. 열차단 코팅과 같은 다른 어떤 용도에서는 재료를 통한 열전달을 최소화하고자 한다. 열전달은 다른 경우에도 매우 중요하다. 예를 들자면,

뜨거운 음료수를 담기 위한 폴리스타이렌 발포재 컵들로부터 건물의 열효율을 높이기 위해 정교하게 코팅한 유리에 이르기까지 다양하다. 이 장에서는 재료의 열용량, 열팽창 특성, 열전도도에 대해 살펴보기로 하자.

22-1 열용량과 비열

제21장에서는 광학적 거동이 광자가 어떻게 생성되고 재료와 상호작용하는지에 따라 달라진다는 것을 알았다. 광자는 특정한 에너지를 가진 입자로, 또는 특정한 파장이나 주파수를 가진 전자기파로 취급될 수 있다. 재료의 열적 성질 중 일부도 역시 광학적 성질처럼 이원적인 방법으로 설명될 수 있지만, 이들 성질들은 광자보다는 음자(phonon)의 거동에 의해 결정된다.

절대영도(0 K)에서 재료 내의 원자들은 최소의 에너지를 갖는다. 그러나 열이 공급되면, 원자는 열에너지를 얻어 일정한 진폭과 진동수를 가지고 진동하게 된다. 각 원자의 진동은 주변원자들로 전파되고 음자라고 불리는 탄성파를 발생시킨다. 음자의 에너지 E는 식 22-1과 같이 나타낼 수 있다. 여기서, λ는 파장, h는 Planck 상수, c는 빛의 속도, ν는 진동수이다.

$$E = \frac{hc}{\lambda} = h\nu \tag{22-1}$$

재료의 온도를 1도 변화시키는 데 필요한 에너지가 열용량 또는 비열이다.

열용량(heat capacity)은 재료 1몰의 온도를 1도(1 K 또는 1 ℃) 만큼 올리는 데 필요한 에너지이다. 비열(specific heat)은 재료 1 g의 온도를 1 ℃만큼 올리는 데 필요한 에너지이다. 열용량은 일정압력에서의 열용량인 C_p 또는 일정부피에서의 열용량인 C_v로 나타낼 수 있다. 고온에서는 일정한 부피를 가진 재료의 열용량은 다음 값에 접근한다.

$$C_p = 3R \simeq 6\frac{\text{cal}}{\text{mol}\cdot\text{K}} \tag{22-2}$$

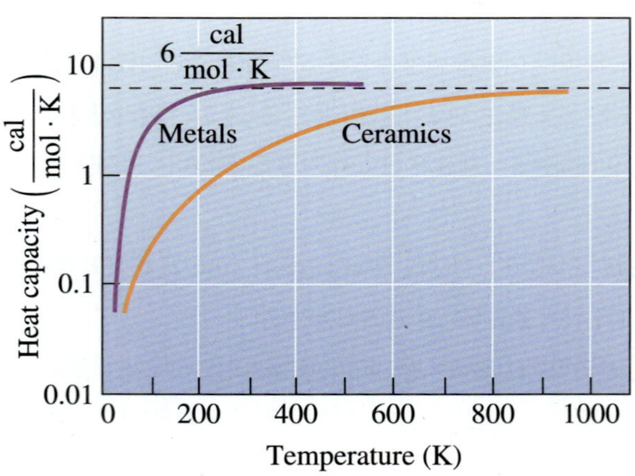

그림 22-1 온도의 함수로 나타낸 금속과 세라믹의 열용량.

표 22-1 선별된 재료들의 300 K에서의 비열

재료	비열$\left(\frac{\text{cal}}{\text{g}\cdot\text{K}}\right)$	재료	비열$\left(\frac{\text{cal}}{\text{g}\cdot\text{K}}\right)$
금속		**세라믹**	
Al	0.215	Al_2O_3	0.200
Cu	0.092	다이아몬드	0.124
B	0.245	SiC	0.250
Fe	0.106	Si_3N_4	0.170
Pb	0.038	SiO_2(실리카)	0.265
Mg	0.243	**고분자**	
Ni	0.106	고밀도 폴리에틸렌	0.440
Si	0.168	저밀도 폴리에틸렌	0.550
Ti	0.125	나일론-6,6	0.400
W	0.032	폴리스타이렌	0.280
Zn	0.093	**기타**	
		물	1.000
		질소	0.249

참고: $1\frac{\text{cal}}{\text{g}\cdot\text{K}} = 4{,}184\frac{\text{J}}{\text{kg}\cdot\text{K}}$

여기서, R은 기체상수(1.987 cal/mol)이다. 그러나 그림 22-1에서 보듯이, 열용량은 상수가 아니다. 상온 부근에서 금속의 열용량은 6 cal/(mol · K)에 가깝지만 세라믹의 경우에는 약 1,000 K가 되어야 이 값에 도달한다.

비열과 열용량 사이의 관계는 다음과 같다.

$$\text{비열} = C_p = \frac{\text{열용량}}{\text{원자량}} \tag{22-3}$$

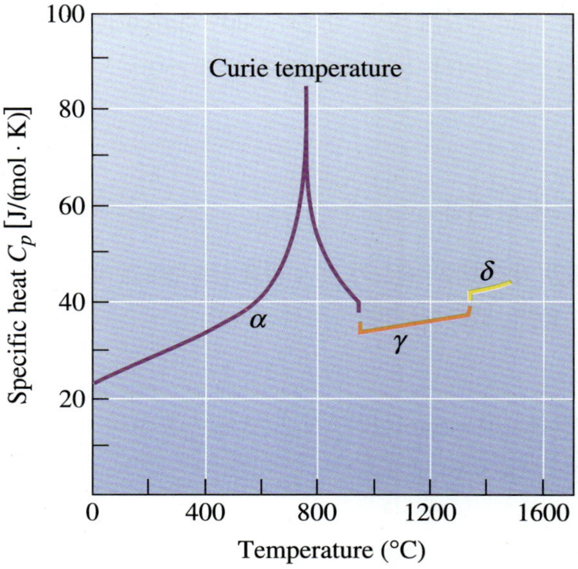

그림 22-2 철의 비열에 미치는 온도의 영향. 결정구조의 변화 및 강자성에서 상자성으로의 변화가 함께 나타나 있다.

대부분의 공학계산에서는, 편의상 열용량보다 비열을 많이 사용한다. 대표적인 재료들의 비열을 표 22-1에 나타내었다. 열용량과 비열 모두 재료의 미세조직에는 크게 좌우되지 않는다. 따라서 전위밀도나 결정립크기 또는 공공의 변화는 거의 영향을 미치지 않는다.

비열에 영향을 주는 가장 중요한 인자는 격자진동, 즉 음자이다. 그러나 다른 인자들도 열용량에 영향을 미칠 수 있는데, 그중 두드러진 하나의 예는 철과 같은 강자성(ferromagnetic) 재료에서 나타난다(그림 22-2). 철에서는 Curie 온도 부근에서 비정상적으로 높은 열용량이 관찰되는데, 이 온도에서 정상적으로 정렬되었던 철 원자의 자기모멘트가 흐트러지면서 철이 상자성(paramagnetic)으로 변하기 때문이다. 또한 그림 22-2에서 보는 바와 같이, 철의 열용량은 결정구조에 따라서도 달라진다.

다음 예제들은 비열의 사용에 대해 설명하고 있다.

예제 22-1 텅스텐의 비열

텅스텐 250 g의 온도를 25 °C에서 650 °C로 올리려면 열을 얼마나 공급해야 하는가?

풀이

텅스텐의 비열은 0.032 cal/(g · K)이다. 따라서 필요한 열량은 다음과 같다.

$$\begin{aligned}\text{필요한 열량} &= (\text{비열})(\text{질량})(\Delta T)\\ &= [0.032\ \text{cal}/(\text{g}\cdot\text{K})](250\ \text{g})(650-25)\\ &= 5{,}000\ \text{cal}\end{aligned}$$

손실이 없다면 5,000 cal(또는 20,920 J)를 텅스텐에 공급해야 한다. 이 금속을 가열하는 데에는 여러 가지 방법이 있을 수 있다. 즉, 가스토치(gas torch)를 사용할 수도 있고, 텅스텐을 유도코일에 넣어 와전류(eddy current)를 유도할 수도 있으며, 텅스텐에 전류를 흐르게 하거나, SiC 저항체에 의해 가열되는 오븐에 넣을 수도 있다.

예제 22-2 니오븀의 비열

니오븀 50 g을 한동안 가열했더니 온도가 75 °C만큼 상승했다고 하자. 니오븀의 비열을 구하고, 온도 상승에 필요한 열량(cal)도 계산하라.

풀이

니오븀의 원자량은 92.91 g/mol이다. 식 22-3을 사용하여 니오븀 1 g을 1 °C 올리는 데 필요한 열량을 구할 수 있다.

$$C_p \approx \frac{6}{92.91} = 0.0646\ \mathrm{cal/(g \cdot {^\circ}C)}$$

그러므로 필요한 총열량은 다음과 같다.

$$총열량 = \left(0.0646 \frac{\mathrm{cal}}{\mathrm{g \cdot {^\circ}C}}\right)(50\ \mathrm{g})(75\ {^\circ}\mathrm{C}) = 242\ \mathrm{cal}$$

온도가 1 ℃ 변하는 것은 1 K 변하는 것과 같음에 유의하라.

22-2 열팽창

열에너지를 얻어 진동하기 시작한 원자는 더 큰 원자반경을 가진 것처럼 거동한다. 따라서 원자 간의 평균거리가 증가하고 따라서 재료의 전체적인 치수가 증가한다. 이와 같은 재료의 치수변화, 즉 단위길이당 길이변화 Δl은 다음과 같이 선형 열팽창계수(linear coefficient of thermal expansion) α로 나타낸다.

$$\alpha = \frac{l_f - l_0}{l_0(T_f - T_0)} = \frac{\Delta l}{l_0 \Delta T} \tag{22-4}$$

여기서, T_0와 T_f는 각각 초기온도와 최종온도를, l_0와 l_f는 재료의 초기길이와 최종길이를 나타낸다. 또한 온도변화에 따른 재료의 부피변화를 나타내기 위하여 부피열팽창계수(α_v)도 정의할 수 있다. 만약 재료가 등방성(isotropic)이라면, $\alpha_v = 3\alpha$이다. 딜라토

표 22-2 선별된 재료들의 상온에서의 선형 열팽창계수

재료	선형 열팽창계수 $(\alpha)(\times 10^{-6}/^\circ C)$	재료	선형 열팽창계수 $(\alpha)(\times 10^{-6}/^\circ C)$
Al	25.0	나일론-6,6	80.0
Cu	16.6	나일론-6,6-33%유리섬유	20.0
Fe	12.0	폴리에틸렌	100.0
Ni	13.0	폴리에틸렌-30%유리섬유	48.0
Pb	29.0	폴리스타이렌	70.0
Si	3.0	Al_2O_3	6.7
W	4.5	용융실리카(fused silica)	0.55
1020강	12.0	부분안정화 지르코니아 (partially stabilized ZrO_2)	10.6
알루미늄합금 3003	23.2		
회주철	12.0	SiC	4.3
인바(Fe-36%Ni)	1.54	Si_3N_4	3.3
스테인리스강	17.3	소다석회유리	9.0
황동(yellow brass)	18.9		
에폭시	55.0		

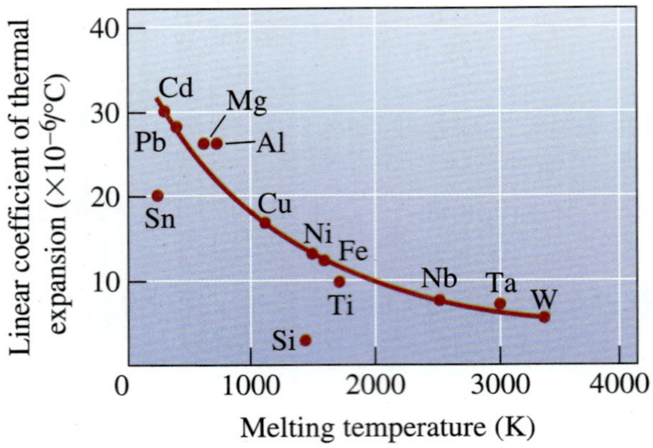

그림 22-3 금속의 선형 열팽창계수(25 °C)와 녹는점의 관계. 고용융점 금속은 팽창이 덜 되는 경향을 보인다.

미터(dilatometer)로 알려진 기기는 열팽창계수를 측정하는 데 사용된다. 또한 X선회절(XRD)을 사용하여 열팽창을 추적할 수도 있다. 여러 가지 재료들의 열팽창계수가 표 22-2에 나와 있다.

열팽창계수는 원자결합과 관계가 있다. 원자가 자신의 평형위치로부터 진동하기 위해서는 재료에 에너지가 공급되어야 한다. 만약 퍼텐셜 우물(potential well)이 비대칭적이라면, 대칭적인 우물인 경우와 비교하여 원자는 증가된 에너지에 의해 더 멀리 떨어지게 되며, 높은 열팽창계수를 갖는다(제2장). 열팽창계수는 또한 퍼텐셜 우물의 깊이에 반비례하는 경향을 갖는다. 예를 들어, 어떤 재료가 높은 용융점을 가진다면 열팽창계수는 낮다(그림 22-3).

따라서 납(Pb)은 텅스텐(W) 같은 고용융점 금속보다 훨씬 큰 열팽창계수를 가진다. 강한 이온결합 또는 공유결합을 하고 있는 대부분의 세라믹은 금속에 비해 낮은 열팽창계수를 가진다. 용융실리카와 같은 일부 유리는 낮은 충진율을 가지기 때문에 별다른 치수 변화 없이 열에너지를 수용할 수 있다. 고분자의 경우, 사슬 내에서는 공유결합을 하고 있지만, 사슬과 사슬을 묶어주는 2차결합이 약하기 때문에 높은 열팽창계수를 가진다. 일반적으로 강한 가교결합(cross-linking)을 갖는 고분자는 폴리에틸렌과 같은 선형 고분자보다 낮은 열팽창계수를 가진다.

재료의 치수변화를 계산할 때에는 다음과 같은 몇 가지 사항에 주의해야 한다.

1. 일부 재료, 특히 단결정이나 우선방위(preferred orientation)를 가지고 있는 재료들의 팽창특성은 이방성이다.
2. 동소체 재료(allotropic materials)에서는 상변태가 일어날 때 불연속적인 치수변화가 생긴다(그림 22-4). 이러한 급격한 변화는 내화재료에서 가열 또는 냉각 시 발생하는 균열과 강철의 담금질 균열(quench crack)의 원인이 된다.
3. 선형 열팽창계수는 온도에 따라 연속적으로 변한다. 일반적으로 α는 복잡한 온도 의존함수로서 핸드북에 수록되거나, 특정된 좁은 온도구역에서 일정한 값으로 제

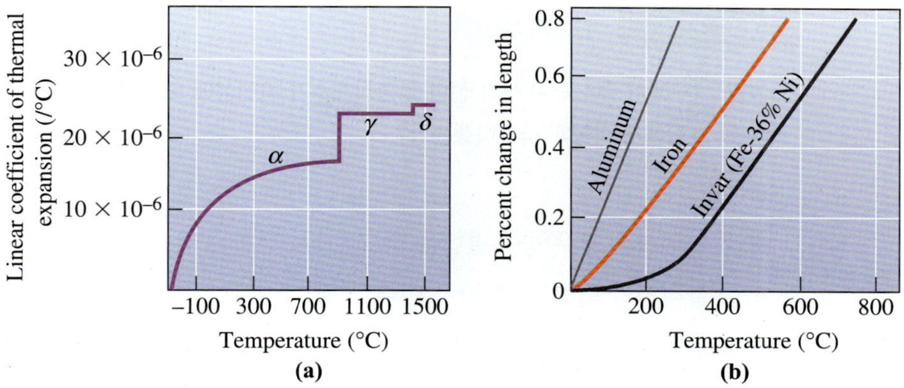

그림 22-4 (a) 철의 선형 열팽창계수는 동소변태(allotropic transformation)가 일어나는 온도에서 급격하게 변한다. (b) 저온에서 그 재료의 자기적 특성 때문에 인바는 아주 적게 팽창한다.

시된다.

4. 자구(magnetic domain)에 의해 생성된 전기장 또는 자기장과 재료의 상호작용은 온도가 퀴리온도 이상이 될 때까지 재료의 정상적인 팽창을 방해할 수 있다. Fe-36%Ni 합금인 인바(Invar)가 이 경우에 해당되는데, 인바는 퀴리온도(약 200 ℃) 이하에서는 실질적으로 치수변화가 없다. 이러한 점 때문에 인바는 바이메탈 재료로 주목받게 되었다(그림 22-4).

공학재료의 열팽창은 다상재료를 사용함으로써 조절될 수 있다. 열을 가할 때 하나의 상은 열팽창을 보이는 반면 다른 상은 열수축을 보일 수 있다. 그리하여 전체적으로는 재료가 영(0) 또는 음의 열팽창계수를 나타낼 수 있다. Zerodur™는 Schott Glass Technologies에 의해 개발된 유리-세라믹 재료이며, 영(0) 또는 약간 음의 열팽창계수를 갖도록 조절할 수 있는 재료이다. 이 재료는 70~80wt%가 결정질 상(crystalline phase)으로, 나머지는 유리질 상(glassy phase)으로 구성되어 있다. 유리질 상의 음의 열팽창계수와 결정질 상의 양의 열팽창계수가 서로 상쇄되어 영(0)의 열팽창계수를 가진 재료가 될 수 있다. Zerodur™는 수많은 망원경의 거울 기판으로 사용되어 왔다. 이러한 용도에는 치밀하고, 광학적으로 투명하며, 영(0)의 열팽창계수를 가진 재료가 필요하다. 이는 우주에서의 온도변화에 기인한 어떠한 변화라도 망원경의 초점을 정확하게 맞추기 어렵게 만들기 때문이다. Zerodur™는 천문학자들이 저 멀리 은하계에 대해 연구하는 데 공학재료가 어떻게 도움을 주는가를 보여주는 하나의 예이다. 나트륨-지르코늄-인산염(NZP)을 기반으로 하는 많은 세라믹 재료들 또한 거의 영(0)의 열팽창계수를 가지는 재료로서 재료과학자들에 의해 개발되어 왔다.

다음의 예제들은 선형 열팽창계수의 사용에 대한 예를 보여준다.

예제 22-3 결합과 열팽창

그림 22-3에서 규소와 주석의 선형 열팽창계수가 곡선상에 오지 않는 이유를 설명하라. 게르마늄은 이 그림에서 어떻게 나타나겠는가?

풀이

규소와 주석은 모두 공유결합을 하고 있다. 강한 공유결합은 금속결합에 비해 결합길이를 늘리기가 어렵고, 따라서 이러한 원소들은 낮은 열팽창계수를 가진다. 게르마늄 역시 공유결합을 하고 있으므로, 그것의 열팽창계수도 그림 22-3의 곡선으로 예견된 것보다 낮게 나타날 것이다.

예제 22-4 주조공정을 위한 패턴 설계

25 °C에서 25 cm × 25 cm × 3 cm의 크기를 갖는 사각형 알루미늄 주물을 제조하는 데 사용할 모형의 치수를 설계하라.

풀이

특정한 최종 치수를 갖는 주물을 제조하려면, 용융된 알루미늄을 부어 넣을 주형공극부(mold cavity)는 원하는 치수보다 크게 만들어야 한다. 응고가 시작되면(순수 알루미늄이라면 660 °C에서 응고가 시작됨), 상온까지 냉각되는 동안 고체 주물의 수축이 일어난다. 그러므로 예상되는 수축량을 계산하면, 그만큼 크게 만든 주형공극부의 형성에 사용할 모형을 만들 수 있다.

알루미늄의 선형 열팽창계수는 25×10^{-6}/°C이며, 응고 온도로부터 25 °C까지의 온도변화는 660 − 25 = 635 °C이다. 따라서 치수변화는 다음과 같이 주어진다.

$$\Delta l = - l_0 - l_f = \alpha l_0 \Delta T$$

치수가 25 cm인 경우, l_f = 25 cm이고, l_0는 다음과 같이 계산할 수 있다.

$$l_0 - 25 = (25 \times 10^{-6})(l_0)(635)$$

$$l_0 - 25 = 0.015875 l_0$$

$$0.984 l_0 = 25$$

$$l_0 = 25.40 \text{ cm}$$

치수가 3 cm인 경우, l_f = 3 cm이고, l_0는 다음과 같이 계산할 수 있다.

$$l_0 - 3 = (25 \times 10^{-6})(l_0)(635)$$

$$l_0 - 3 = 0.015875 l_0$$

$$0.984 l_0 = 3$$

$$l_0 = 3.05 \text{ cm}$$

따라서, 모형의 크기를 25.40 cm × 25.40 cm × 3.05 cm로 하면, 원하는 치수의 주물을 얻을 수 있을 것이다.

등방성재료가 서서히 고르게 가열되면, 재료는 어떠한 잔류응력도 발생하지 않으면서 균일하게 팽창한다. 그러나 재료가 팽창하지 못하도록 구속하면, 치수변화가 일어날 수 없는 대신 응력이 발생한다. 이러한 열응력(thermal stress)은 재료의 열팽창계수, 탄성계수 E, 그리고 온도변화 ΔT와 다음과 같은 관계를 갖는다.

$$\sigma_{\text{thermal}} = \alpha E \Delta T \tag{22-5}$$

열응력이 발생하는 원인은 다양하다. 다리와 같이 크고 견고한 구조물에서는 잘못된 설계 때문에 구속조건이 발생할 수 있다. 그러나 어떤 다리들은 조립식으로 설계되어, 계절의 기온변화가 있는 중에도 조립부들이 서로 움직일 수 있다.

재료를 접합하면, 예를 들어, 주철제 욕조를 세라믹 에나멜로 코팅하거나 초합금 터빈블레이드를 이트리아안정화 지르코니아(YSZ) 열차단재로 코팅한 경우, 온도의 변화는 이들 재료 간에 서로 다른 크기의 수축이나 팽창을 야기한다. 이러한 불균형은 열응력을 초래하고 심하면 코팅층이 떨어져나갈 수도 있다. 코팅층에 균열이 생기거나(코팅층의 열팽창계수가 하부 기판보다 낮은 경우) 코팅층이 떨어져나가는 것(코팅층의 열팽창계수가 더 높아서 코팅층이 벗겨지는 경우)을 방지하기 위해서는 코팅층의 열적 특성과 기판 재료의 열적 특성을 조심스럽게 맞추어야 한다.

복합재료에서도 유사한 상황이 발생할 수 있다. 복합재료의 온도가 증가하면, 기지보다 낮은 열팽창계수를 가진 취성의 섬유는 파괴될 때까지 당겨질 수 있다.

온도가 균일하지 않은 경우, 연성의 등방성 재료에서도 열응력은 발생할 수 있다. 강화유리(tempered glass)를 제조할 때(제15장), 표면이 중앙보다 빨리 냉각되면서 표면에서 먼저 수축이 일어난다. 그 후에 중앙부가 냉각될 때에는 이미 견고해진 표면에 의해 수축이 억제되면서 표면에 압축 잔류응력이 형성된다.

예제 22-5 보호 코팅의 설계

1020강 판에 세라믹 에나멜을 입히려고 한다. 이 경우 세라믹은 28 MPa의 파괴강도, 103 × 10^3 MPa의 탄성계수, 10 × 10^{-6}/°C의 열팽창계수를 갖는다. 세라믹에 균열이 발생하지 않을 최대 온도변화를 구하라.

풀이

에나멜이 1020강 판과 접착되어 있기 때문에, 이것은 실질적으로 억제되어 있다. 온도가 증가함에 따라 강판 또한 팽창한다. 강판의 열팽창계수(표 22-2)는 12 × 10^{-6}/°C이고, 탄성계수는 207 × 10³ MPa이다. 강판이 에나멜보다 더 팽창하기 때문에, 에나멜로 응력이 가해진다. 유효 열팽창계수는 다음과 같다.

$$\Delta\alpha = 12 \times 10^{-6} - 10 \times 10^{-6} = 2 \times 10^{-6}/°C$$

$$\sigma = (2 \times 10^{-6})(103 \times 10^{3})\Delta T = 28$$

$$\Delta T = 136\,°C$$

더욱 큰 온도변화를 감당하려면, 더 큰 열팽창계수를 갖는 에나멜이나 더 낮은 탄성계수를 갖는 에나멜(그러면 응력이 파괴강도에 도달하기 전에 더 큰 변형도가 발생할 수 있음), 또는 강도가 더 높은 에나멜을 선택하면 될 것이다.

22-3 열전도도

열전도도(thermal conductivity) k는 재료를 통해 열이 전달되는 속도를 나타내는 척도이다. 열전도도는 확산의 경우와 유사하게 다룰 수 있다(제5장 참조). '확산계수'와 비슷한 '열전도도'는 미세조직에 민감한 특성이다. 열전도도는 온도구배 $\Delta T/\Delta x$가 존재할 때(그림 22-5), 일정한 면적 A를 통하여 1초 동안 전달된 열 Q와 다음과 같은 관계를 갖는다.

$$\frac{Q}{A} = -k\frac{\Delta T}{\Delta x} \tag{22-6}$$

식 22-6의 음수 부호는 열유속이 더 높은 온도영역에서 더 낮은 온도영역으로 향함을 보여준다. 따라서 만약 $\Delta T/\Delta x$ 부호가 음수라면 Q는 양수이다. 여기서 확산계수 D가 물질전달에서 하는 것과 동일한 역할을 열전도도 k가 열전달에서 한다는 점에 주목하라. 모든 금속들 중에서, 은(Ag)이 상온에서 가장 큰 열전도도[430 W/(m · K)]를 가진다. 구리는 그 다음으로 큰 열전도도[400 W/(m · K)]를 가진다. 일반적으로 금속은 세라믹보다 큰 열전도도를 가지지만, 다이아몬드 같은 재료는 매우 큰 열전도도[2,000 W/(m · K)]를 가진다. 대표적인 재료들의 열전도도를 표 22-3에 나타내었다.

열에너지는 두 가지 중요한 메커니즘, 즉 자유전자의 이동과 격자진동, 즉 음

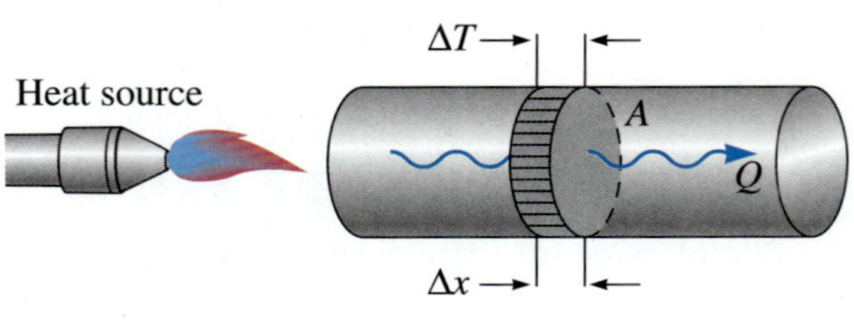

그림 22-5 봉의 한쪽 끝이 가열되면, 봉에 발생하는 온도구배에 의한 비율로 열유속 Q/A가 차가운 쪽으로 흐른다.

표 22-3 여러 가지 재료들의 열전도도

재료	열전도도 (k) ($W \cdot m^{-1} \cdot K^{-1}$)	재료	열전도도 (k) ($W \cdot m^{-1} \cdot K^{-1}$)
순 물질		**세라믹**	
Ag	430	Al_2O_3	16~40
Al	238	탄소(다이아몬드)	2,000
Cu	400	탄소(흑연)	335
Fe	79	내화점토	0.26
Mg	100	탄화규소	~270
Ni	90	AlN	~270
Pb	35	Si_3N_4	~150
Si	150	소다석회유리	0.96~1.7
Ti	22	실리카유리	1.4
W	171	Vycor™ 유리	12.5
Zn	117	ZrO_2	2~3
Zr	23	**고분자**	
합금		나일론-6,6	0.25
1020강	100	폴리에틸렌	0.33
알루미늄합금 3003	280	폴리이미드	0.21
스테인리스강 304	30	폴리스타이렌	0.13
시멘타이트	50	폴리스타이렌 발포재	0.029
Cu-30%Ni	50	테플론	0.25
페라이트	75		
회주철	79.5		
황동(yellow brass)	221		

참고: $1 \dfrac{\text{cal}}{\text{s} \cdot \text{cm} \cdot \text{K}} = 418.4 \dfrac{\text{W}}{\text{m} \cdot \text{K}}$

자(phonon)에 의해 전달된다. 에너지를 얻은 가전자는 재료의 차가운 영역으로 이동하여 그 에너지를 다른 원자에 전달한다. 이때 전달되는 에너지의 양은 여기된 전자수와 전자들의 이동도에 따라 달라진다. 즉, 재료의 종류 및 격자결함, 그리고 온도의 영향을 받는다. 그뿐만 아니라, 열에 의해 유발된 원자의 진동은 재료를 통해 에너지를 전파시킨다.

금속 금속은 가전자대가 완전히 채워져 있지 않기 때문에, 전자들이 조금만 열적으로 여기되어도 움직이면서 열전달에 기여한다. 이와 같이 금속의 열전도도는 주로 전자의 기여에 의한 것이기 때문에, 열전도도와 전기전도도 사이에 다음과 같은 관계를 기대할 수 있다.

$$\frac{k}{\sigma T} = L = 5.8 \times 10^{-9} \frac{\text{cal} \cdot \text{ohm}}{\text{s} \cdot \text{K}^2} = 2.45 \times 10^{-8} \frac{\text{W} \cdot \text{ohm}}{\text{K}^2} \tag{22-7}$$

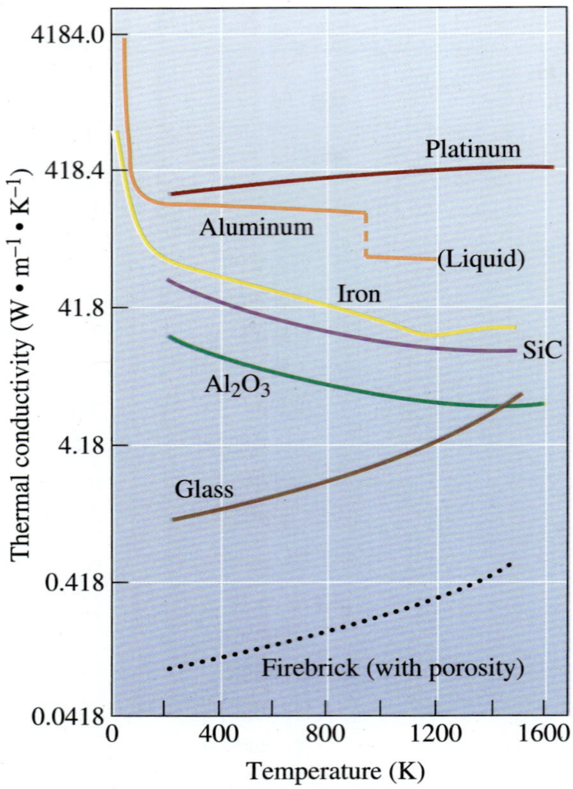

그림 22-6 선별된 재료들의 열전도도에 미치는 온도의 영향. 세로축은 로그스케일로 나타내고 있음에 주목하라.

여기서, L은 Lorenz 수(Lorenz number)이고, σ는 전기전도도이다. 이 관계는 많은 금속에서 제한적으로만 성립한다.

재료의 온도가 상승하면, 두 가지 상쇄인자가 열전도도에 영향을 미친다. 고온에서는 전자의 에너지가 증가하여 더 많은 '운반자(carriers)'가 생성되고 격자진동도 증가한다. 이러한 효과는 열전도도를 증가시킨다. 그러나 동시에, 격자진동이 커지면 전자를 산란시켜 전자들의 이동도가 감소하며, 열전도도를 떨어뜨린다. 이러한 인자들의 복합적인 효과로 인하여 금속들은 서로 매우 다른 열전도 양상을 보인다. 철의 경우, 초기에는 온도가 증가함에 따라(전자의 낮은 이동도 때문에) 열전도도가 감소하지만, 이후에는(더욱 증가된 격자진동에 의해) 조금씩 증가한다. 한편, 알루미늄은 가열되면 열전도도가 계속 감소되지만, 백금은 가열하면 연속적으로 증가한다(그림 22-6).

금속의 열전도도는 또한 결정구조결함, 미세구조, 가공공정에도 의존한다. 따라서 냉간가공된 금속, 고용체강화된(solid-solution-strengthened) 금속, 2상합금(two-phase alloy) 등은 결함이 없는 금속에 비해 더 낮은 열전도도를 보일 것이다.

세라믹 세라믹은 에너지 갭이 너무 커서, 아주 높은 온도에서가 아니면 많은 전자들이 전도대로 여기되기 어렵다. 그러므로 세라믹에서의 열전달은 주로 격자진동(또는 음자)에 의해 일어난다. 전자의 기여도가 없기 때문에, 대부분 세라믹의 열전도도는 금속의 열전도도에 비해 훨씬 낮다. 하지만 실험적으로 측정된 세라믹의 열전도도가 낮은 주된 이유는 기공율(porosity)이 높기 때문이다. 기공은 산란을 증가시킨다. 예를 들어, 가장 우수한 단열벽돌은 높은 비율의 기공을 포함하고 있다. 효과적인 소결은 기공율을 감소시키며, 그에 따라 열전도도를 증가시킨다.

유리는 낮은 열전도도를 가진다. 덜 촘촘하게 충진된 비결정질 구조는 규산염 사슬이 서로 접촉하는 지점을 최소화하여 음자가 전달되기 어렵게 만든다. 그러나 온도가 올라감에 따라 열전도도는 증가한다. 고온에서는 에너지를 많이 가진 음자가 더 많이 생성되어 열을 빠르게 전달한다. 창문유리와 같은 경우에, 두 개의 유리판을 사용하며, 좀 더 좋은 단열효과를 얻기 위해 두 개의 유리판 사이에 가스(예: Ar)를 채워 넣는다. 빌딩이나 자동차에는 좀 더 좋은 에너지 효율을 위해 유리에 다른 코팅을 하여 사용한다.

다량의 결정질 석출물을 함유한 유리-세라믹처럼, 결정질 세라믹의 규칙도가 증가하면 음자의 산란이 감소한다. 그러므로 이 재료들은 유리에 비해 높은 열전도도를 가지고 있다. 그러나 온도가 증가함에 따라 산란이 더욱 두드러지면서 열전도도는 감소한다(그림 22-6의 알루미나와 탄화규소). 더 높은 온도에서는 복사열에 의한 열전달이 뚜렷하게 나타나면서 전도도가 증가할 수 있다. 일반적으로 다결정질 세라믹은 단결정보다 더 낮은 열전도도를 갖는다.

다이아몬드와 같은 어떤 세라믹들은 매우 높은 열전도도를 가진다. 조밀충진구조(close-packed structure)와 높은 탄성계수의 재료들은 높은 열전도도를 촉진시켜주는 고에너지 음자를 만들게 된다. 다이아몬드와 유사한 결정구조를 가진 세라믹(예를 들어, AlN, SiC, BeO, BP, GaN, Si, AlP)은 높은 열전도도를 가진다. 예를 들어, SiC와 AlN은 270 W/(m · K)의 열전도도를 가지는 것으로 보고되었다. SiC와 AlN은 좋은 열전도체이면서도 또한 전기절연체이다. 그래서 이들은 열방출이 필요한 전자패키징 기판으로 사용하기에 좋은 재료들이다.

반도체 반도체에서는 음자와 전자 모두에 의해 열이 전도된다. 낮은 온도에서는 음자가 주요 열에너지 전달자이지만, 높은 온도에서는 작은 에너지 갭을 통해 전자가 전도대로 여기되면서 열전도도가 현저히 증가한다.

고분자 고분자의 열전도도는 매우 낮으며, 심지어 규산염유리보다도 낮다. 고분자에서는 에너지의 전달이 고분자 분자사슬의 진동과 이동에 의해 이루어진다. 그러므로 중합도의 증가, 결정화도의 증가, 가지치기의 최소화, 가교결합(cross-linking)의 확대 모두는 더 강직한 구조를 만들어내며, 그에 따라 열전도도가 높아진다.

많은 공학재료의 열전도도는 서로 다른 상들의 부피분율과 연결성(connectivity)에 따라 달라진다. 은으로 충전된 에폭시는 미세전자소자와 관련된 여러 가지 용도로 사용된다. 주로 폴리스타이렌이나 폴리우레탄으로 만들어진 고분자 발포재를 사용하면 뛰어난 단열성을 얻을 수 있다. Styrofoam™ 커피컵이 대표적인 제품이다.

예제 22-6 창문유리의 설계

외부온도 40 ℃로부터 실내온도를 25 ℃로 유지해주고, 매일 5×10^6 cal 이상의 열이 실내로 들어오지 못하게 하는 120 cm × 120 cm 크기의 창문유리를 설계하라. 유리의 열전도도는 0.96 W/(m · K) 또는 0.0023 cal/(cm · s · K)으로 가정하라.

풀이

식 22-6으로부터, 다음과 같다.

$$\frac{Q}{A} = -k\frac{\Delta T}{\Delta x}$$

여기서 Q/A는 창문을 통해 1초에 전달되는 열이다.

$$1\text{day} = (24\text{ h/day})(3{,}600\text{ s/h}) = 8.64 \times 10^4\text{s}$$

$$A = (120\text{ cm})^2 = 1.44 \times 10^4\text{ cm}^2$$

$$Q = \frac{5 \times 10^6\text{ cal/day}}{8.64 \times 104\text{ s/day}} = 57.87\text{ cal/s}$$

$$\frac{Q}{A} = \frac{57.87\text{ cal/s}}{1.486 \times 10^4\text{ cm}^2} = 0.00389\frac{\text{cal}}{\text{cm}^2/\text{s}}$$

$$\frac{Q}{A} = 0.00389\frac{\text{cal}}{\text{cm}^2/\text{s}} = -\left(0.0023\frac{\text{cal}}{\text{cm}^2 \cdot \text{s} \cdot \text{K}}\right)(25\text{ ℃} - 40\text{ ℃})/\Delta x$$

$$\Delta x = 8.9\text{ cm} = \text{thickness}$$

최대 열유속(heat flux)을 바람직하게 방지하기 위해서는 유별나게 두꺼운 유리를 사용해야 한다. 이 열유속을 줄이기 위해 몇 가지 조치를 취할 수 있다. 비록 규산염유리는 모두 비슷한 열전도도를 가지고 있지만, 폴리메틸메타크릴레이트(PMMA)와 같은 투명한 고분자재료를 대신 사용할 수 있을 것이다. 이 고분자는 규산염유리보다 한 차수(order) 정도 낮은 열전도도를 가지고 있다. 또한 이중유리를 사용할 수도 있다. 이때 유리판 사이에는 기체를 넣거나(공기 또는 Ar은 열전도도가 매우 낮음), 투명한 고분자 시트를 넣는다.

22-4 열충격

취성재료의 파괴를 일으키는 응력은 기계적으로뿐만 아니라 열적으로도 유발될 수 있다. 어떤 기계부품이 급격히 냉각되면 온도구배가 생긴다. 이 구배에 의해 부위별 수축량이 서로 달라진다. 그리하여 잔류인장응력이 충분히 커지면, 결함이 전파되면서 파괴를 일으킬 수 있다. 이는 왜 오븐에서 꺼낸 뜨거운 유리접시를 곧바로 차가운 물을 뿌려 식히는 것이 위험한지를 알려준다. 너무 빠르게 냉각되면, 그것은 깨진다. 재료가 급히 가열될 경우에도 이와 비슷한 현상이 일어날 수 있다. 이렇게 갑작스러운 온도변화에 의해 유발되는 응력으로 야기되는 재료의 파괴를 열충격(thermal shock)이라고 한다. 열충격은 다음과 같은 몇 가지 인자의 영향을 받는다.

1. 열팽창계수: 낮은 열팽창계수는 치수변화를 최소화하고 열충격에 견디는 능력을 감소시킨다.
2. 열전도도: 온도구배의 크기는 부분적으로 재료의 열전도도에 의해 결정된다. 열전도도가 높으면 열전달이 빠르게 일어나 재료 내의 온도차를 빨리 감소시킨다.
3. 탄성계수: 낮은 탄성계수는 응력이 파괴를 일으키는 데 필요한 임계수준에 도달하기 전에 변형이 크게 일어날 수 있게 해준다.
4. 파괴응력: 파괴응력이 높으면 파괴가 일어나기 전에 변형이 크게 일어난다.
5. 상변태: 상변태에 의해서도 추가적인 치수변화가 야기될 수 있다. 예를 들어, 실리카가 석영에서 크리스토발라이트로 상변태를 일으키면 잔류응력이 생겨 열충격의 문제점이 증가한다. 이와 유사하게, 입방정에서 정방정으로 변화되는 과정에서 유도된 응력이 세라믹의 파괴를 야기시키기 때문에 크고 급격한 온도변화 환경에서는 순수한 $PbTiO_3$ 세라믹을 사용할 수 없다.

열충격에 대한 저항을 측정하는 한 가지 방법은 기계적 특성에 영향을 미치지 않으면서 급냉하는 동안 재료가 견딜 수 있는 최대온도차를 알아내는 것이다. 고순도(용융) 실리카유리는 약 3,000 ℃의 열충격저항을 가지고 있다. 그림 22-7은 급냉 후에 급냉온도차가 사이알론(sialon, $Si_3Al_3O_3N_5$)의 파단계수에 미치는 영향을 보여준다. 이 그림에서, 급냉온도차가 950 ℃에 이를 때까지는 균열이 생기지 않으며, 따라서 이 세라믹의 특성도 변하지 않음을 알 수 있다. 다른 세라믹들은 낮은 열충격저항을 가지고 있다. 부분안정화 지르코니아(PSZ)와 Si_3N_4의 열충격저항은 약 500 ℃, SiC는 350 ℃, Al_2O_3와 보통 유리는 약 200 ℃이다.

열충격에 대한 재료의 저항을 측정하는 또 하나의 방법은 다음과 같은 열충격지수(R 또는 R')를 이용하는 것이다.

$$R' = \text{열충격지수} = \frac{\sigma_f k(1-\nu)}{E \cdot \alpha} \tag{22-8a}$$

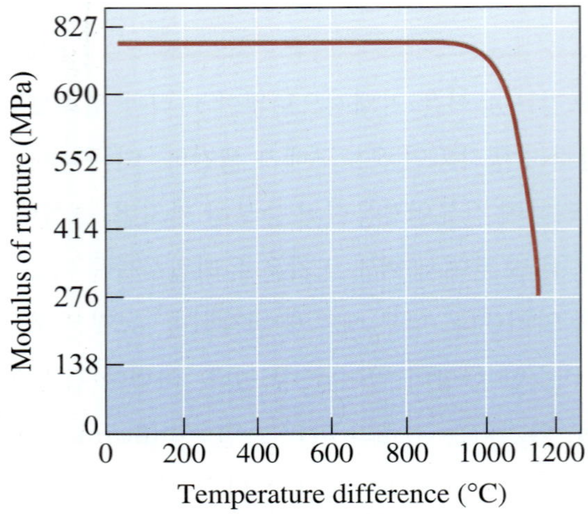

그림 22-7 사이알론의 파단계수에 미치는 급냉온도차의 영향. 이 세라믹의 열충격저항은 약 950 ℃이다.

또는

$$R = \frac{\sigma_f(1-\nu)}{E \cdot \alpha} \tag{22-8b}$$

여기서, σ_f는 재료의 파괴강도, ν는 푸아송 비, k는 열전도도, E는 탄성계수, α는 선형 열팽창계수를 나타낸다. 식 22-8b는 열전달 속도가 무한히 큰 경우에 사용된다. 열충격지수의 값이 높으면 열충격에 대한 저항이 좋은 것을 의미한다. 열충격지수는 재료에 파괴 없이 일어날 수 있는 최대 온도변화를 나타낸다.

대부분의 금속에서는 열충격은 문제가 되지 않는데, 이것은 대개 금속이 충분한 연성을 가지고 있어서 파괴가 일어나기보다 변형이 먼저 일어나기 때문이다. 이전에 다루었던 것처럼, 많은 세라믹 조성들이 영(0)의 열팽창계수를 가진 세라믹(나트륨-지르코늄-인산염 기반)으로 발전되었고 많은 유리-세라믹들은 우수한 열충격저항을 가지고 있다.

요약

- 재료의 열적 성질은 최소한 부분적으로는 전자의 움직임과 음자의 전파에 의해 설명될 수 있다.
- 열용량과 비열은 일정한 양의 재료의 온도를 1 ℃ 올리는 데 필요한 에너지의 양을 나타내며, 이것은 온도, 결정구조, 원자결합의 영향을 받는다.
- 열팽창계수는 재료의 온도가 변화될 때 일어나는 치수변화를 나타낸다. 결합이 강하면 열팽창계수가 낮다. 즉, 고용융점 금속과 세라믹은 낮은 열팽창계수를 갖는 반면, 저용융점 금속과 고분자는 높은 열팽창계수를 가진다.
- 많은 공학재료들의 열팽창 계수는 양(positive)과 음(negative)의 열팽창 계수를 갖는 서로

다른 상(phase)의 적절한 조합에 의해 거의 영(0)에 가깝게 만들 수 있다. 이런 재료의 예로서 Zerodur™ 유리-세라믹과 NZP 세라믹들이 있다.

- 열팽창 때문에 온도가 변하면 재료에 응력이 발생한다. 열응력에 의한 파손을 방지하기 위해서는 설계, 공정, 재료선택에 있어서 주의가 필요하다.
- 재료 내에서 열전달은 음자와 전자에 의해 일어난다. 열전도도는 미세조직 및 온도의 영향과 함께, 이들 각 메커니즘의 상대적인 기여도에 따라 달라진다.
- 세라믹, 반도체, 고분자의 열적 성질에는 음자의 역할이 매우 중요하다. 세라믹유리나 비결정질 고분자와 같이 무질서한 구조는 음자를 산란시키므로 열전도도가 낮다.
- 열전도도는 미세조직에 민감하다. 대부분의 일반적인 세라믹은 기공과 결함 때문에 낮은 열전도도를 가진다.
- 결정질 세라믹 및 고분자는 같은 재료의 유리질 또는 비결정질에 비해 높은 열전도도를 가진다.
- 금속에서는 전자의 기여도가 가장 중요하다. 따라서, 전자를 산란시키는 격자결함은 열전도도를 감소시킨다. 온도가 증가하면 음자에너지가 증가하지만, 동시에 음자와 전자의 산란도 증가한다.

용어해설

비열 specific heat 재료 1 g의 온도를 1 ℃ 올리는 데 필요한 에너지.

선형 열팽창계수 linear coefficient of thermal expansion 재료의 온도가 1 ℃ 변화할 때 재료의 각 단위길이의 변화량을 나타낸다.

열용량 heat capacity 재료 1몰의 온도를 1 ℃ 올리는 데 필요한 에너지.

열응력 thermal stresses 온도변화로 생긴 팽창이나 수축의 차이 때문에 재료에 형성되는 응력.

열전도도 thermal conductivity 재료를 통해 열이 전달되는 속도를 나타내는 척도로서, 미세조직에 민감한 특성을 가진다.

열충격 thermal shock 온도의 급격한 변화로 유발된 응력에 의해 일어나는 재료의 파손.

음자 phonon 에너지, 파장, 주파수에 의해 특성화되는 탄성파의 패킷이며, 재료를 통해 에너지를 전파한다.

Lorenz 수 Lorenz number 전기전도도와 열전도도의 관계를 규정한 상수.

연습문제

22-1절 열용량과 비열

22-1 높은 열전도도가 바람직한 응용분야 두 가지를 설명하라.

22-2 낮은 열전도도가 바람직한 응용분야 두 가지를 설명하라.

22-3 기체상수가 정확히 1.987 cal/(mol · K)일 때, $3R$을 6 cal/(mol · K)로 가정하면 백분율 오차는 얼마인가?

22-4 영국의 옛 참고문헌을 보면, 비열을 BTU/(lbm · °R)로 표시하며, 여기서 BTU는 영국열량 단위(British Thermal Unit), lbm는 파운드, °R는 랭킨(Rankine) 온도이다. 이 단위들

의 변환인자를 조사하여, 물의 비열을 이 단위들로 나타내라.

22-5 표 22-1의 금속들 중, 어느 것의 비열이 가장 높고, 가장 낮은가? 그들 각각의 원자량을 쓰라.

22-6 다음의 금속들에 대해 25 ℃에서 1 kg의 시료에 20,000 J의 열을 공급했을 때 온도의 증가를 계산하라.

(a) Al (b) Cu

(c) Fe (d) Ni

22-7 다음의 재료들에 대해 1 kg을 50 ℃만큼 올리는 데 필요한 열량을 cal 또는 J 단위로 계산하라.

(a) 납 (b) 니켈

(c) Si_3N_4 (d) 나일론-6,6

22-8 다음의 재료들에 대해 25 ℃에서 100 g의 시료가 3,000칼로리의 열을 받았을 때 온도를 계산하라.

(a) 텅스텐

(b) 티타늄

(c) Al_2O_3

(d) 저밀도 폴리에틸렌

22-9 전기 장치에 사용되는 알루미나 절연체(alumina insulator)는 열방출 재료의 역할도 겸한다. 1 cm × 1 cm × 0.02 cm 크기의 알루미나 절연체를 사용하는 중에 온도가 10도 증가한 것이 관찰되었다. 고밀도 폴리에틸렌 절연체로 동일한 열방출 성능을 얻을 수 있게 하려면 요구되는 두께를 계산하라. 알루미나의 밀도는 3.96 g/cm^{3}이다.

22-10 알루미늄 시료 200 g을 400 ℃로 가열한 다음, 20 ℃의 물 2,000 cm^3 속으로 냉각시켰다. 알루미늄과 물이 평형상태에 도달하였을 때 온도를 계산하라. 시스템에서 열손실은 없다고 가정한다.

22-2절 열팽창

22-11 낡은 집의 지하실 납 파이프가 온수 배출구 이음부에서 위 싱크대까지 450 cm 이어진다. 지하실은 20 ℃로 차갑고 눅눅하며, 배관을 통해 갑자기 흐르는 물은 53 ℃에 달한다. 배관의 길이 팽창은 얼마이겠는가?

22-12 길이 2 m의 소다석회유리 판이 1,400 ℃에서 제작되었다. 이것이 25 ℃로 냉각되었을 때의 길이를 구하라.

22-13 어떤 구리 주물이 최종치수 2.5 cm × 50 cm × 10 cm로 제작되어야 한다. 제조공정 중에 액체 구리를 채울 수 있도록 주형을 제작하기 위해 필요한 패턴의 크기를 결정하라.

22-14 어떤 구리 주물이 최종치수 2.5 cm × 30 cm × 60 cm로 제작되어야 한다. 제조공정 중에 액체 구리를 채울 수 있도록 주형을 제작하기 위해 필요한 패턴의 크기를 결정하라.

22-15 어떤 알루미늄 주물이 금형주조 공정으로 제작되었다. 이 공정 중에 액체 알루미늄이 350 ℃로 가열된 회주철(gray cast iron) 주형 안으로 채워졌다. 이 알루미늄 주물이 25 ℃에서 38 cm 길이로 만들어지기를 원한다. 회주철 주형 안의 빈 공간의 길이를 계산하라.

22-16 티타늄합금 판과 스테인리스 강판이 760 ℃에서 롤접합되었다. 만약 이 열간압접 과정에서 바이메탈 판의 길이가 1 m였다면, 25 ℃에서 각각의 금속의 길이는 얼마인가? 또한 티타늄합금 측과 스테인리스강 측에서 계면 바로 아래의 응력은 압축응력인가 또는 인장응력인가?

22-17 길이 100 cm, 지름 2 mm의 구리선을 두께 0.5 cm의 에폭시로 절연 코팅하였다. 온도가 25 ℃에서 250 ℃로 상승하였을 때 구리와 코팅의 길이를 계산하라. 이 가열에 의해 에폭시 코팅에서 일어나는 변화는 무엇인가?

22-18 황동 판과 인바(Invar) 판을 접합하여 길이 25 cm의 바이메탈 복합재료를 만들었다. 온도가 20 ℃에서 150 ℃로 상승하였을 때 각각의 재료가 팽창된 길이를 계산하라. 바이메탈의 형상에서 어떤 변화가 일어날지 그림으로 나타내라.

22-19 음(negative) 또는 영(0)의 열팽창계수를 갖는 재료의 예를 들고 설명하라.

22-20 Zerodur™은 무엇인가? 이 재료의 특성과 용도에는 어떤 것들이 있는가?

22-21 니켈 엔진부품은 고온에서의 부식을 막기 위해 탄화규소(SiC)로 코팅된다. 20 ℃에서 이 부품에 잔류응력이 없다고 가정하고, 부품이 사용 중에 1,000 ℃로 가열된다면 열응력을 계산하라. 탄화규소의 탄성계수는 413,700 MPa이다.

22-22 길이 2 cm의 알루미나 섬유가 알루미늄 기지에 도입되었다. 세라믹 섬유와 알루미늄은 양호한 결합을 한다고 가정한다. 온도가 250 ℃로 상승할 경우 섬유에 가해지는 열응력을 계산하라. 섬유에 가해지는 응력은 인장응력인가 혹은 압축응력인가? 알루미나의 탄성계수는 386,120 MPa이다.

22-23 항복강도 207 MPa인 길이 60 cm의 구리막대가 120 ℃로 가열되었고, 즉시 강직한 작업대에 단단히 고정되었다. 25 ℃로 냉각시킬 경우 구리는 소성변형을 일으키는가? 냉각 후 작업대에서 막대를 분리하면 구리막대는 얼마나 변형되는가?

22-24 문제 22-23에서 구리 막대 대신 탄화규소 막대를 사용한다면 결과는 어떻게 달라질지 반복해 보라. SiC의 탄성계수는 413,700 MPa이다.

22-3절 열전도도

22-4절 열충격

22-25 열전도도와 열충격을 정의하라.

22-26 대부분의 세라믹은 열전도도가 낮다. 사실인지 아닌지 설명하라.

22-27 재료들의 열전도도는 미세조직에 민감한 특성인가? 설명하라.

22-28 두께 5 mm의 소다석회유리가 한쪽에는 끓는 물에, 다른 한쪽에는 얼음물에 노출될 때, 최소 열유속(단위면적당 열흐름)을 결정하라.

22-29 길이 1 m의 은 막대 한쪽 끝을 300 ℃로 가열했을 때, 다른 한쪽 끝의 온도가 100 ℃였다. 단위면적당 전달된 열을 계산하라.

22-30 온도 700 ℃로 유지되는 액체 알루미늄과 물로 냉각되어 20 ℃로 유지되는 강철용기 벽 사이를 두께 3 cm의 탄화규소 판이 막아주고 있다. 탄화규소의 단위면적(cm^2)당 매초(second) 강철로 전달되는 열량 Q를 계산하라.

22-31 창문을 제작하기 위해 두께 0.025 cm의 폴리에틸렌 판이 두 장의 90 cm × 90 cm × 0.3 cm의 소다석회유리 사이에 샌드위치 되었다. (a) 바깥 대기온도는 0 ℃이고 실내온도는 25 ℃일 경우, 매일 창문을 통한 열손실을 계산하라. (b) 바깥 대기온도가 40 ℃이고, 실내온도는 25 ℃일 경우 매일 창문을 통해 들어오는 열량을 계산하라.

22-32 판에 평행한 방향으로는 빠르게 열이 전달되지만 판에 수직한 방향으로는 매우 천천히 열이 전달되는 열복사판을 만들고자 한다. 결론적으로, 우리는 각 0.1 cm의 지름을 가진 구리선 1 kg을 5 kg의 폴리이미드 고분자 기지에 일방향으로 매몰하였다. 구리선에 평행한 방향과 수직한 방향으로 열전도도를 계산하라.

22-33 배터리 전극에서의 발열반응은 제곱미터당 80 MW의 에너지를 방출한다. 전극은 20 μm 두께의 구리 박편 위에 5 μm 두께의 흑연층으로 구성된다. 이 반응은 흑연 표면에서 일어나고 열은 흑연층을 통해서 구리박편으로 전달되어야 한다. 구리박편 외부의 온도는 30 ℃로 유지된다. 전극의 안쪽 표면의 온도는 어떻게 되는가?

22-34 지름 1 cm, 길이 10 cm의 알루미늄 봉의 한쪽 끝을 20 ℃의 물에 넣었다고 가정하라. 막대의 다른 쪽 끝은 400 ℃의 열원에 접촉해 있다. 막대로부터 복사에 의해 75%의 열이 손실된다고 가정할 경우, 물을 25 ℃로 가열하는 데 필요한 시간은 얼마인지 계산하라.

22-35 이 책에 주어진 은에 대한 데이터를 사용하여 Lorenz 수를 결정하라. 주어진 값과 계산치 사이의 차이는 백분율로 얼마이며, 그 차이는 어떻게 설명할 수 있는가?

22-36 열충격저항(TSR)을 정의하는 수식을 써보라. 이것에 근거하여, 열팽창계수가 거의 0인 재료에 관해 어떻게 설명할 수 있는가?

22-37 회주철은 구상흑연주철(ductile cast iron) 또는 가단주철(malleable cast iron)보다 더 높은 열전도도를 가졌다. 제13장을 복습하여 왜 이런 열전도도의 차이가 발생하는지 설명하라.

설계문제

22-38 어떤 화학반응용기는 온도 680 ℃의 액체를 담고 있다. 용기는 벽의 외부가 35 ℃ 이하로 유지되도록 제작되어야 한다. 만약 최대 열전달이 6,000 cal/s라면 용기 벽과 적절한 재료를 설계하라.

22-39 유리 에나멜로 코팅된 금속 패널이 20 ℃에서 150 ℃까지의 열피로를 견딜 수 있도록 설계하라. 보통 사용가능한 유리는 인장강도 34 MPa, 압축강도 345 MPa을 가졌다고 본다.

22-40 고온에서도 작동가능한 제트엔진 터빈블레이드에 사용할 재료를 선택하는 데에는 어떤 설계 제한조건이 존재하는가?

22-41 전자패키징 기판에 사용하기 위해서는 낮은 유전상수, 낮은 유전손실, 우수한 기계적 강도, 높은 열전도도를 고려하라. 어떤 재료를 생각할 수 있는가?

컴퓨터문제

22-42 **열충격저항의 변수** 파괴응력, 열전도도, 영의 계수, 푸아송 비, 열팽창계수가 주어졌을 경우, 열충격저항(TSR)의 값을 계산하는 컴퓨터 프로그램을 작성하거나 스프레드시트 소프트웨어를 사용하라.

Knovel® 활용 문제

K22-1 열용량은 1몰의 재료의 온도를 1 ℃ 올리는 데 필요한 에너지이다. 25 ℃에 보관된 50몰의 에탄올이 끓기 위해서는 얼마나 많은 열이 필요한가? (에탄올은 에틸알코올이다.)

K22-2 열팽창계수는 온도가 1 ℃ 변할 때 재료의 단위길이당 변하는 길이이다. 최초 길이가 1 m인 금 막대가 298 K에서 473 K로 가열되었을 때의 최종 길이는 얼마인가?

K22-3 세 개의 열방출체 금, 은, 구리가 재료의 종류만 다를 뿐 나머지는 동일하다. 어느 열방출체에서 가장 빨리 열이 추출되는가?

부식의 과정은 수많은 중요한 기술분야에 영향을 미치고 있다. 대표적인 것으로 교량, 건설 및 제작, 비행기, 선박, 미세전자공학 제품의 식료품 산업, 우주탐사, 광통신 네트워크, 원자력 및 기타 에너지 산업 등을 들 수 있다. 부식은 표면코팅과 애노드방식 또는 캐소드방식을 사용하여 방지하거나 또는 억제할 수 있다.

강철은 가장 중요한 구조용 재료이고, 조성에 따라서는 부식에 매우 취약할 수 있기 때문에, 강철의 부식은 중요한 공학적 문제의 하나이다. 위의 그림은 콘크리트를 강화하는 데 사용된 강철막대(rebar, 철근)가 사용환경에 노출되었을 때 녹슨 모습을 보여준다. 강철에서 흔히 관찰되는 녹은 갈바닉부식으로 알려진 전기화학부식의 결과로 발생하는 산화철이다. 이 과정에서 강철의 일부(표면)가 소비되어 취성의 산화물을 형성하고, 시간이 지나면 산화물은 떨어져 나갈 수 있으므로 결과적으로 철근을 약화시킨다. (출처: © *Glenn Volkman/Alamy*)

CHAPTER 23

부식 및 마모

다음과 같이 궁금해 해본 적이 있는가?

- 철은 왜 녹스는가?
- 반도체 칩의 제조에 있어서 어떤 공정이 기계적 침식과 화학적 부식을 활용하는가?
- 알루미늄과 티타늄 같은 금속에서도 부식이 일어나는가?
- 부식의 과정이 쓸모 있을 수도 있는가?
- 가정용 온수기 물탱크에는 왜 Mg 막대가 담겨 있는가?
- WD-40™이라는 상표는 무엇의 머리글자를 딴 것인가?
- 마모는 크랭크샤프트와 같은 다양한 부품의 유효수명에 어떤 영향을 미치는가?

제23장의 주요 학습목표

- 재료의 부식에 작용하는 메커니즘과 인자를 요약하는 것.
- 수용액 내에서 전기적으로 접촉하고 있는 한 쌍의 금속에 대하여, 어느 금속이 애노드로 작용하고 어느 금속이 캐소드로 작용할지를 예측하고, 둘 사이의 전위차를 계산하는 것.
- Faraday 식을 사용하여 애노드의 부식속도를 계산하는 것.
- Nernst 식을 사용하여 비표준용액에서 반쪽전지의 전극전위를 계산하는 것.
- 전기화학부식을 촉진하는 금속의 미세조직적 특징들을 찾아내는 것.
- 배터리의 작동과 전기도금 과정을 설명하는 것.
- 기계공학적 용도에서 부식과 마모를 방지할 수 있는 공정기술을 선정하고 디자인 특징을 포함시키는 것.
- 고분자가 어떻게 미생물과 환경에 의해 열화되기 쉬운지 설명하는 것.
- 금속 산화막의 형태를 예측하는 것.
- 마모와 침식의 과정에 대한 물리적 메커니즘을 설명하는 것.

부식환경에서 고체재료의 조성 및 물리적 완전성은 변한다. 화학부식에서는 부식성 액체가 재료를 녹인다. 금속과 어떤 세라믹들은 보통은 높은 온도에서만 기체 환경과 반응할 수 있으며, 산화물과 기타 화합물을 형성함으로써 재료가 파괴될 수도 있다. 고분자들은 고온에서 산소에 노출되면 열화된다. 재료들은 방사능이나 심지어 박테리아에 노출되었을 때 변화될 수 있다. 게다가 다양한 마모 및 마모-부식 메커니즘들이 재료의 형상을 바꾼다.

'녹'이라는 단어는 일반적으로 부식과 연관되며, 폐기된 녹슨 차를 쉽게 연상할 수 있다. 여러분은 이 장에서 예를 들어 자동차 패널 강판에 발생하는 녹이 산화철임을 알게 될 것이다. 녹이 슬거나 부식이 발생하는 과정은 전기회로가 형성된 결과로 고체물질로부터 금속원자가 제거되면서 일어난다. 원자의 손실은 금속을 열화시키며, 강철이 녹스는 것과 같은 몇몇 상황에서는 고체 부산물이 형성된다. 만약 자동차가 깨끗하고 건조한 차고에 보관되었다면, 부식이 발생할 가능성은 훨씬 적었을 것이다. 따라서 우리는 부식이 환경에도 관련됨을 직감할 수 있으며, 실제로 여기서 설명하는 전기화학부식은 보통 물, 흙, 또는 습한 공기와 같은 수용성 매질 내에서 발생한다. 부식은 일정한 시간에 걸쳐 발생하고, 고온에서도 또는 저온에서도 발생할 수 있다.

부식은 그 형태의 다양함에 불문하고 값비싼 현상이다. 부식은 미국의 국내총생산(GDP)의 약 3%에 해당하는 손실(연간 수천억 달러)이다. 부식이 영향을 미치는 몇 가지 시설의 예를 들자면 수송시스템(교량, 배관, 자동차, 비행기, 기차, 배), 사회공익시설(전기, 물, 통신, 원자력발전소), 생산 및 제조(식품산업, 미세전자산업, 정유산업), 재료저장 시스템 등이 있다. 엔지니어들은 부식을 방지하기 위해 추가적인 설계 특징을 포함하거나 혹은 더 비싼 재료를 선택해야 한다. 부식이 발생하면 반드시 수리해야 하고, 부품은 교체되어야 한다. 부식에 따른 파손이 발생하면, 그것은 흔히 큰 손실이며 때로는 치명적이다.

비록 우리는 부식을 해롭다고 흔히 생각하지만, 부식은 전기도금으로 알려진 공정을 통해 제품에 금속코팅을 입히는 데 사용될 수 있으며, 이는 다름 아닌 배터리 기술의 기초이다. 화학부식 및 침식의 과정은 미세전자회로 공정을 위한 실리콘웨이퍼의 극도로 편평한 표면을 만드는 데 사용된다.

이 장의 목표는 다양한 조건에서 부식과 마모가 발생하는 원리와 메커니즘을 소개하는 것이다. 여기에는 전기화학부식, 금속의 산화, 세라믹의 부식, 고분자의 열화 등이 포함된다. 여러분은 서로 다른 인자들이 어떻게 부식속도에 영향을 주는지 알게 될 것이며, 특정환경에서 여러 금속들의 부식 경향을 나타내는 표인 갈바닉서열(galvanic series)을 사용하여 특정 재료시스템에서 부식이 발생할지의 여부를 예측하게 될 것이다. 또한 재료의 미세조직이 어떻게 부식에 영향을 미치는지, 그리고 부식을 방지할 전략에 대해서도 알아보기로 하자.

23-1 화학부식

화학부식(또는 직접용해)에서, 재료는 부식성 액체 매질에 녹을 수 있다. 이때 재료가 모두 녹아 없어지거나 액체가 포화될 때까지 계속해서 녹는다. 하나의 예는 구리기반 합금의 표면에 형성되는 녹청이다. 이것은 탄화구리와 수산화구리가 생성되는 데 따른 것으로, 예를 들면, 자유의 여신상이 녹색으로 보이는 이유이다. 구리, 탄탈늄, 실리콘, 실리카, 기타 재료들의 화학부식은 극도로 잘 제어된 조건에서 일어날 수 있다. 예를 들어, 실리콘웨이퍼 공정에서, 화학-기계적 연마(chemical mechanical polishing, CMP)라고 알려진 공정은 기계적 침식을 일으키기 위해 실리카기반 부식성 슬러리를 사용한다. 이 공정은 실리콘웨이퍼 공정에 적합한 극도로 편평한 표면을 만들어낸다. 화학부식은 자연에서도 일어나는데, 탄산(H_2CO_3)에 의한 바위의 화학부식과 바람에 의한 기계적 침식이 그 예이다. 물은 협곡과 동굴을 만드는 데 중요한 역할을 한다.

액체금속 공격 액체금속 공격(liquid metal attack)은 고체의 결정립계와 같은 높은 에너지 영역에서 시작된다. 이러한 영역이 계속해서 선택적으로 공격받으면 결국에는 금이 가게 된다(그림 23-1). 이러한 형태의 부식은 종종 공격을 가속시키는 유속의 존재나 또는 전기화학부식에 의해 복잡해진다. 액체 리튬과 같은 공격성 금속도 또한 세라믹을 공격할 수 있다.

선택적 침출 합금의 특정한 구성원소가 용액에 의한 선택적인 용해로 고체로부터 침출되는 것을 선택적 침출(selective leaching)이라고 한다. 탈아연화(dezincification)는 아연을 15% 이상 포함한 황동에서 일어난다. 구리와 아연 모두 높은 온도에서는 수용액에서 녹는데, 아연이온은 용액에 남는 반면 구리이온은 황동에 다시 도금된다(그림

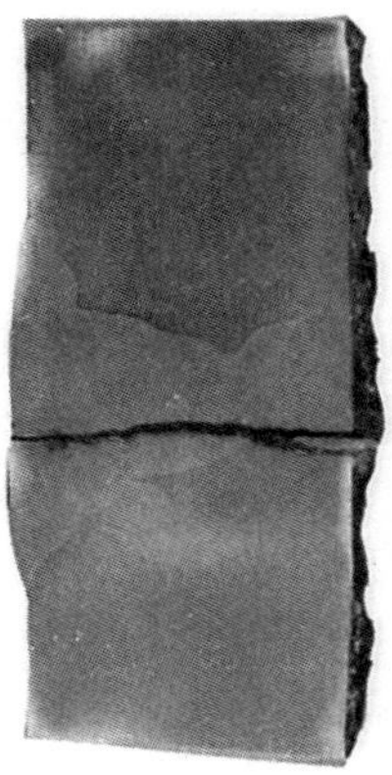

그림 23-1 용융 납은 정제과정에서 두꺼운 강철 용기에 담겨 있는데, 이럴 경우 용융 납이 강판의 용접부를 공격하여 균열을 발생시킨다. 균열은 강판 전체로 전파되어 나가며, 용융 납은 용기로부터 누출된다.

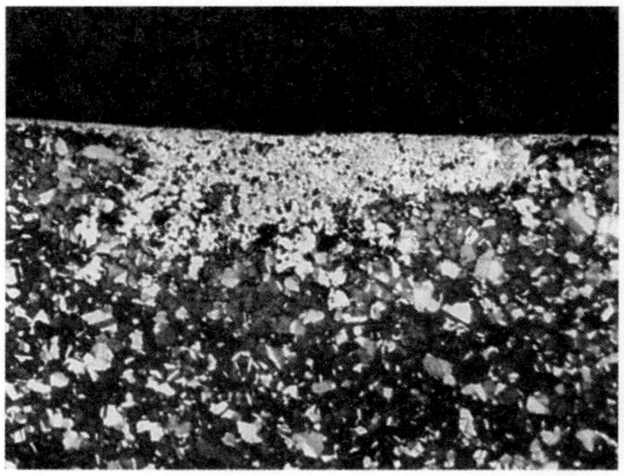

그림 23-2 탈아연화의 효과로 황동 위에 쌓인 구리층의 미세조직 사진.

23-2). 결국 황동은 다공성의 약한 재료가 된다.

회주철의 흑연부식(graphitic corrosion)은 철이 물 또는 흙에서 선택적으로 녹아 서로 연결된 편상흑연과 부식 부산물을 남기면서 일어난다. 국부적인 흑연부식은 땅에 묻힌 회주철 가스관의 누출 및 파괴를 일으키고, 때로는 폭발의 원인이 되기도 한다.

세라믹의 용해와 산화 금속의 용융 또는 정련 공정에서 액체금속을 담기 위한 세라믹 내화재는 금속 표면에서 만들어지는 슬래그(slag)에 의해 녹을 수 있다. 예를 들어, 산성(SiO_2 함량이 높음) 내화재는 알카리성(CaO 또는 MgO 함량이 높음) 슬래그에 의해서 빠르게 침식된다. SiO_2와 NaO로부터 만들어진 유리는 물에 의해 빠르게 침식된다. 이러한 침식을 최소화하기 위해서는 CaO가 반드시 유리에 추가되어야 한다. 질산은 몇몇 세라믹에서 철과 실리카를 침출시켜 강도와 밀도를 감소시킨다. 규산염유리의 강도는 물과의 부식성 상호작용에 의해 발생하는 흠집에 따라 달라진다.

고분자의 화학 침식 금속과 산화물 세라믹에 비하여 고분자는 부식저항성이 크다. 특히 테플론(Teflon™)과 바이톤(Viton™)은 가장 내식성이 큰 재료 중 하나이므로 화학공정 산업을 포함한 많은 용도에 사용된다. 이러한 몇몇 고분자재료들은 많은 산, 염기, 유기용액에서 견딜 수 있다. 그러나 공격성이 강한 용매는 종종 저분자량의 열가소성 고분자로 확산해 들어간다. 용매가 고분자에 침투함에 따라 더 작은 용매 분자들이 사슬과 사슬 사이를 벌려 놓아 팽윤을 일으키며, 사슬 사이의 결합강도를 감소시킨다. 이러한 과정을 거쳐 낮은 유리천이온도를 갖는 저강도의 연한 고분자로 바뀐다. 극단적인 경우에는, 팽윤으로 인해 응력균열이 발생한다.

열가소성 고분자도 용매에 녹을 수 있다. 지속적으로 노출되면 재료의 손실이 발생하며 고분자 부품의 약화를 초래한다. 이러한 과정은 온도가 높을 때, 고분자가 낮은 분자량을 가질 때, 가지치기가 많고 비결정질이며 가교결합이 없을 때, 가장 쉽게 일어난다. 단량체의 구조 또한 중요하다. 폴리프로필렌의 사슬에 있는 CH_3 그룹은 폴리비닐클로라이드(PVC) 또는 폴리테트라플루우오르에틸렌(Teflon™)에 있는 염소이온이나 불소이온보다 더 쉽게 제거된다. 테플론은 거의 모든 용매에 의한 화학적 공격에 대해 독보적으로 우수한 저항성을 갖는다.

23-2 전기화학부식

전기화학부식(electrochemical corrosion)은 금속침식의 가장 일반적인 형태로서 금속원자가 전자를 잃어 이온이 될 때 일어난다. 금속이 이 과정에 의해 점진적으로 소모되면서 동시에 부식과정의 부산물이 형성된다. 전기화학부식은 이온들이 존재하는 물속,

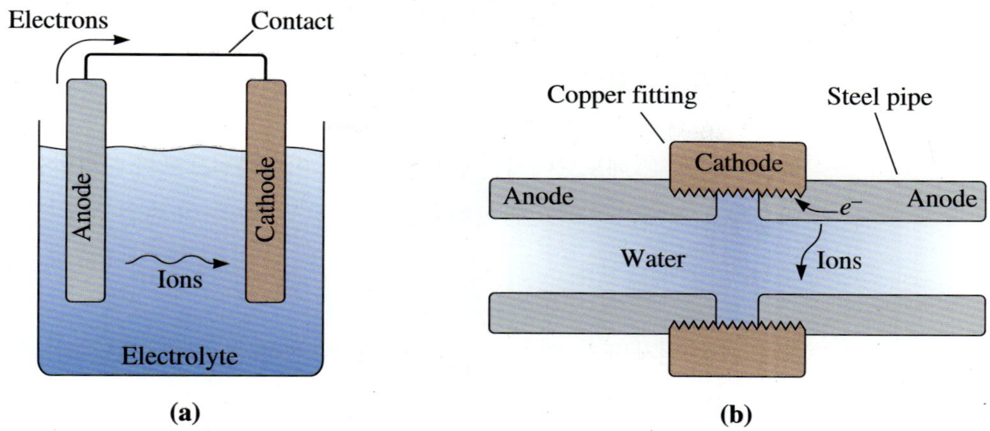

그림 23-3 전기화학전지의 구성요소들. (a) 단순한 전기화학전지와 (b) 강철 송수관과 구리 연결쇠 사이에 형성된 부식전지.

토양 속, 습한 공기 등의 수용액 매질에서 자주 일어난다. 이 과정에서 전기회로가 만들어지고, 그러한 시스템을 전기화학전지(electrochemical cell)라고 한다. 강관이나 자동차 강판 패널의 부식으로 강철에 구멍이 생기고 부산물로 녹이 스는 것들을 예로 들 수 있다.

전기화학전지는 부식을 일으키지만, 때로는 유용한 경우도 있다. 의도적으로 전기회로를 만들어 재료표면에 보호용 또는 장식용 피막을 도금할 수 있다. 어떤 경우에는 심지어 전기화학부식이 바람직하다. 예를 들어, 적절한 산으로 잘 연마된 금속표면을 에칭할 경우 미세조직의 다양한 특징들이 선택적으로 침식되어 관찰이 가능해진다. 사실 이 책에 수록된 금속과 합금의 미세조직 사진들은 이러한 방법으로 얻어졌으며, 따라서 강철의 펄라이트 또는 구리의 결정입계가 관찰될 수 있다.

전기화학전지의 요소들 전기화학전지의 주요 구성요소로는 다음의 네 가지가 있다(그림 23-3).

1. 애노드(anode)는 회로에 전자를 내놓고 부식된다.
2. 캐소드(cathode)는 화학반응(캐소드반응)에 의해 회로로부터 전자를 받는다. 전자와 결합한 이온들은 캐소드에서 부산물을 만든다.
3. 애노드와 캐소드는 반드시 전기적으로 연결되어야 하며, 일반적으로 물리적 접촉에 의해 애노드에서 캐소드로 전자가 흘러가서 반응이 계속되게 한다.
4. 액체 전해질(electrolyte)은 애노드와 캐소드 양쪽과 모두 접촉되어 있어야 한다. 전해질은 전도성이므로 전기회로가 형성된다. 전해질 용액이 존재함으로써 애노드 표면에서 금속 이온이 떠나서 전자를 받아들이기 위해 캐소드로 이동할 수 있다.

전기화학전지에 대한 이러한 설명은 전기화학부식을 정의한다. 만약 금속이온이 캐소드 표면에 쌓인다면 전기도금이 일어난다.

애노드반응 애노드에서는 금속원자들이 이온화됨으로써 산화반응이 일어난다. 금속이온들은 전해질 용액으로 들어가고 전자들은 전기적인 연결을 통해 애노드를 떠난다.

$$M \rightarrow M^{n+} + ne^- \tag{23-1}$$

M은 금속 원자 또는 이온, n은 금속이온의 전하, e^-는 전자를 나타낸다. 금속이온들이 애노드를 떠나기 때문에 애노드는 부식(또는 산화)된다.

전기도금의 캐소드반응 전기도금에서 애노드반응의 역반응인 환원반응은 캐소드에서 일어난다.

$$M^{n+} + ne^- \rightarrow M \tag{23-2}$$

전해질에 의도적으로 추가되었거나 애노드반응에 의해 생성된 금속이온들은 캐소드에서 전자들과 결합하며, 그 금속들이 전기도금되어 캐소드 표면을 덮는다. 그러나 전해도금은 특별한 경우이며 항상 발생하는 것은 아님에 유의하라.

부식의 캐소드반응 특별한 조건을 제외하고 금속의 도금은 전기화학부식에서 일어나지 않는다. 대신에 환원반응은 기체, 고체, 액체 부산물을 캐소드에 형성한다(그림 23-4).

1. 수소전극: 염산(HCl) 또는 고여 있는 물과 같이 산소가 없는 액체에서 수소기체는 캐소드에서 발생할 수 있다.

$$2H^+ + 2e^- \rightarrow H_2\uparrow \text{(gas)} \tag{23-3}$$

   만약 아연이 그런 환경에 놓인다면, 전체적인 반응은 다음과 같을 것이다.

$$\begin{aligned} Zn &\rightarrow Zn^{2+} + 2e^- \text{ (애노드반응)} \\ 2H^+ + 2e^- &\rightarrow H_2\uparrow \text{ (캐소드반응)} \\ Zn + 2H^+ &\rightarrow Zn^{2+} + H_2\uparrow \text{ (전체 반응)} \end{aligned} \tag{23-4}$$

   아연 애노드는 점진적으로 녹을 것이며 수소 방울은 캐소드에서 지속적으로 만들어진다.

2. 산소전극: 활성화된 물에서 산소는 캐소드에 공급되어 수산화이온, 즉 $(OH)^-$이온이 형성된다.

$$\frac{1}{2}O_2 + H_2O + 2e^- \rightarrow 2(OH)^- \tag{23-5}$$

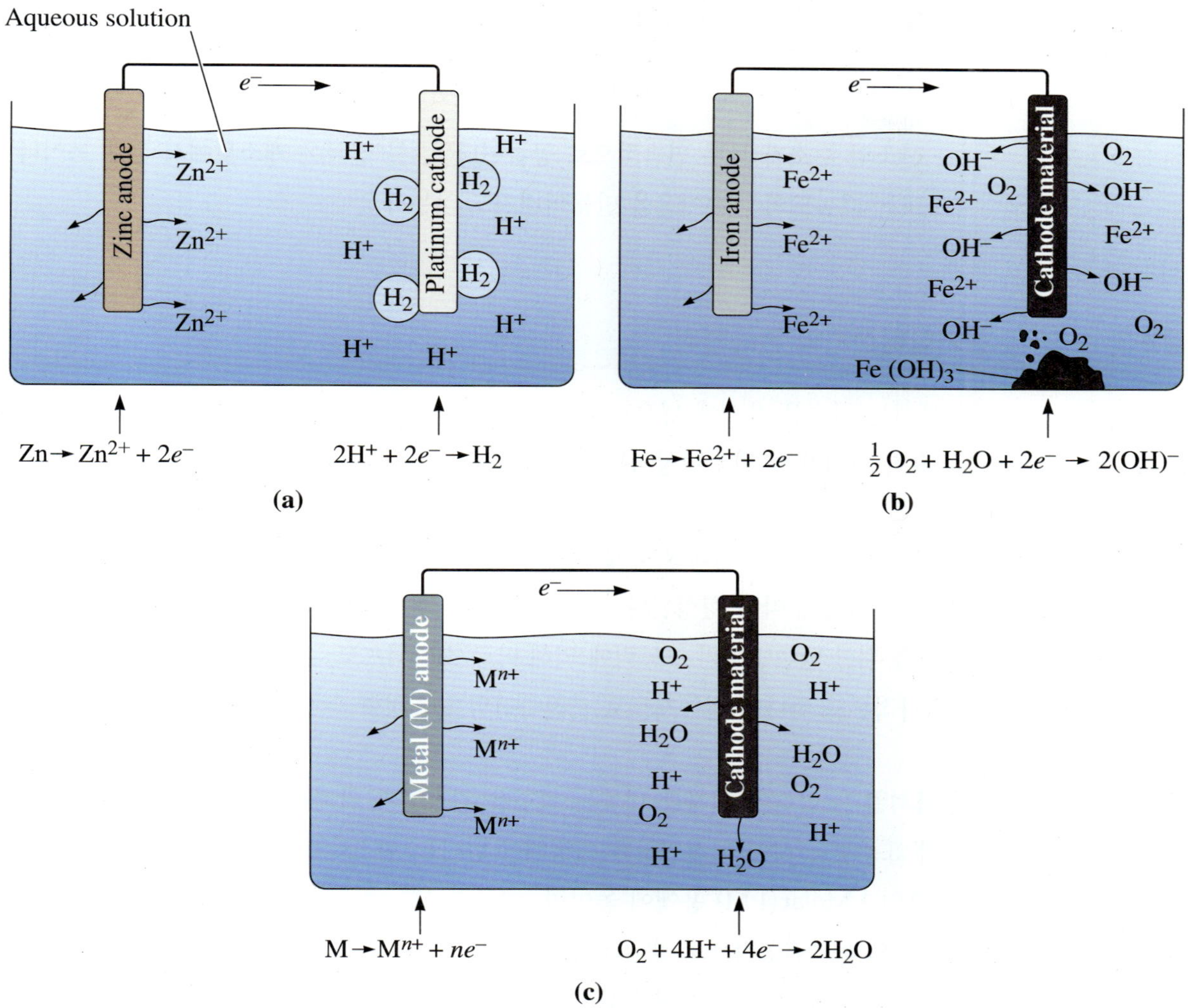

그림 23-4 전형적인 전해질 부식전지에서의 애노드반응 및 캐소드반응. (a) 수소전극, (b) 산소전극, (c) 물 전극.

산소전극은 전해질에 $(OH)^-$이온을 풍부하게 하고, 이 이온들은 양으로 하전된 금속이온과 반응하여 고체 부산물을 만든다. 철이 녹스는 반응은 다음과 같다.

$$Fe \rightarrow Fe^{2+} + 2e^- \text{(애노드반응)}$$

$$\left.\begin{aligned} \frac{1}{2}O_2 + H_2O + 2e^- &\rightarrow 2(OH)^- \\ Fe^{2+} + 2(OH)^- &\rightarrow Fe(OH)_2 \end{aligned}\right\}\text{(캐소드반응)} \tag{23-6}$$

$$Fe + \frac{1}{2}O_2 + H_2O \rightarrow Fe(OH)_2 \text{(전체 반응)}$$

반응은 $Fe(OH)_2$가 더 많은 산소와 물과 반응할 때 다음과 같이 계속된다.

$$2Fe(OH)_2 + \frac{1}{2}O_2 + H_2O \rightarrow 2Fe(OH)_3 \tag{23-7}$$

$Fe(OH)_3$가 일반적으로 관찰되는 녹이다.

3. 물 전극: 산화성 산에서 캐소드반응은 물을 부산물로 생성한다.

$$O_2 + 4H^+ + 4e^- \rightarrow 2H_2O \tag{23-8}$$

산소와 수소가 모두 연속적으로 공급된다면, 물 전극은 캐소드에서 고체 녹이나 또는 고농도의 금속이온을 만들어내지도 않는다.

23-3 전기화학전지의 전극전위

부식에서는 금속을 용액에 넣으면 전위가 자연적으로 형성된다. 부식반응을 일으키는데 필요한 전위가 어떻게 형성되는지 관찰해보자.

전극전위 순금속이 전해질 속에 놓이면 전극전위(electrode potential)는 재료가 전자를 내놓는 경향에 따라 형성된다. 그러나 이렇게 형성된 산화반응에 대한 구동력은 환원반응을 위한 반대방향의 구동력에 의해 바로 소멸되므로, 유효 부식은 일어나지 않는다. 결과적으로 하나의 전극재료로는 전극전위를 측정할 수 없다.

기전력서열 금속이 전자를 내놓는 경향을 결정하기 위해서는 반쪽전지를 사용하여 금속과 표준전극 사이의 전위차를 측정해야 한다(그림 23-5). 측정대상인 금속 전극은 그 이온의 1 Molar(1 M) 용액에 놓이며, 기준전극도 역시 그 이온의 1 M 용액에 놓인다. 기준전극은 전형적으로 백금과 같은 불활성 금속으로, 전자가 흐르지만 전해질과 반응하지 않는다. 보통 수소이온(H^+)의 1 M 용액과 기준전극을 사용한다. 이 수소전극에서 일어나는 반응은 $2H^+ + 2e^- \rightarrow H_2 \uparrow$ 이다. H_2 기체가 수소전극으로 공급된다. 이러한 전기화학전지를 25 ℃, 대기압에서, 전해질 농도가 1 M일 때 측정한다면 표준전지라고 한다. 두 전해질은 전기적으로는 접촉하고 있으나, 서로 섞이지 않도록 분리되어 있

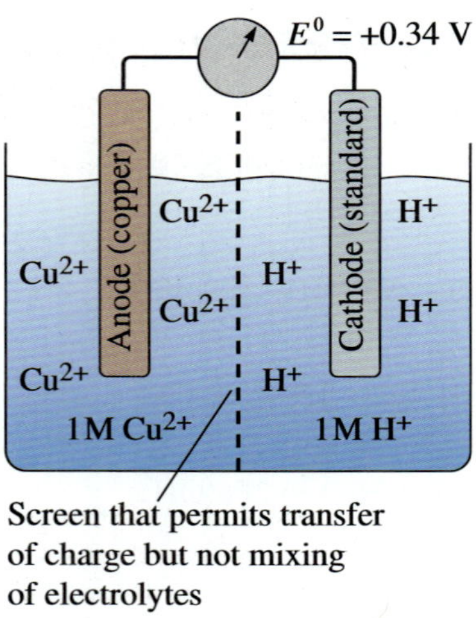

그림 23-5 표준조건 하에서 구리의 전극전위를 측정하기 위해 사용되는 반쪽전지. 구리의 전극전위는 개방회로에서 그것과 표준 수소전극 사이의 전위차이다. E^0가 0보다 크므로 구리는 수소전극에 비하여 캐소드 경향이 있다.

표 23-1 선별된 원소와 반응에 대한 표준환원전위

	금속	전극전위 E^0(볼트)
애노드 경향 ↑	$Li^+ + e^- \rightarrow Li$	−3.05
	$Mg^{2+} + 2e^- \rightarrow Mg$	−2.37
	$Al^{3+} + 3e^- \rightarrow Al$	−1.66
	$Ti^{2+} + 2e^- \rightarrow Ti$	−1.63
	$Mn^{2+} + 2e^- \rightarrow Mn$	−1.63
	$Zn^{2+} + 2e^- \rightarrow Zn$	−0.76
	$Cr^{3+} + 3e^- \rightarrow Cr$	−0.74
	$Fe^{2+} + 2e^- \rightarrow Fe$	−0.44
	$Ni^{2+} + 2e^- \rightarrow Ni$	−0.25
	$Sn^{2+} + 2e^- \rightarrow Sn$	−0.14
	$Pb^{2+} + 2e^- \rightarrow Pb$	−0.13
	$2H^+ + 2e^- \rightarrow H_2$	0.00(기준으로 설정)
	$Cu^{2+} + 2e^- \rightarrow Cu$	+0.34
	$O_2 + 2H_2O + 4e^- \rightarrow 4OH^-$	+0.40
	$Ag^+ + e^- \rightarrow Ag$	+0.80
	$Pt^{4+} + 4e^- \rightarrow Pt$	+1.20
	$O_2 + 4H^+ + 4e^- \rightarrow 2H_2O$	+1.23
캐소드 경향 ↓	$Au^{3+} + 3e^- \rightarrow Au$	+1.50

어서, 각 전극은 자신의 전극전위를 형성한다. 전기회로를 개방하여 두 전극 사이의 전압을 측정함으로써 전위차를 얻을 수 있다. 수소전극의 전위를 임의로 0볼트로 취하여 표준전극으로 정의한다. 금속이 수소보다 전자를 내놓는 경향이 더 크다면 그 금속의 전위는 음이며, 금속은 수소전극에 비해 애노드가 되려는 경향이 있다. 만약 금속의 전위가 양을 나타내면, 금속은 수소전극에 대해 캐소드 경향이 있는 것이다.

표 23-1의 여러 금속들의 기전력서열(electromotive force series, emf series)은 25 ℃의 온도 및 전해질의 이온농도가 1 M 용액인 표준조건에서 각 금속의 표준전극전위 E^0를 수소전극의 표준전극전위와 비교하여 배열한 것이다. 전위의 측정은 전기회로가 개방되었을 때 실시한다는 점에 유의하라. 회로가 닫히면 전압차이는 곧바로 줄어든다.

금속의 산화에 대한 전위값이 점점 음이 될수록 금속은 더욱 전기양성적이 된다. 이는 금속이 산화반응을 일으키려는 경향이 더 커지는 것을 의미한다. 예를 들어, Li, K, Ba, Sr, Mg과 같은 알칼리 또는 알칼리희토류 금속들은 반응성이 매우 커서 산소와의 접촉을 막을 수 있는 조건에 보관해야 한다. 반면 Ag, Au, Pt와 같이 주기율표의 바닥쪽에 있는 금속들은 산소와 반응하려는 경향이 거의 없으며, 이러한 이유로 우리는 그것들을 귀금속(noble metals)이라 부른다. Fe, Cu, Ni과 같은 금속들은 중간 정도의 반응성을 가진다. 그러나 이러한 전위값이 부식반응에 대한 유일한 고려사항은 아니다. 예를 들면, 알루미늄은 크게 음의 표준전극전위를 가져서 산소와 쉽게 반응하여 산화알루미늄을 만들며, 불소와도 쉽게 반응하여 불화알루미늄을 형성한다. 이러한 화합물들은 모두 강인하고 불침투성 층을 형성하기 때문에 계속된 부식을 막을 수 있다. 티타늄 또한 산소와 쉽게 반응하여 산화티타늄을 형성하며 이로 인해 종(species)들의 확산을 막아 더 이상의 산화를 방지한다. 이 때문에 알루미늄과 티타늄은 좋은 반응성을 가짐에도 불구하고 아주 우수한 내식성을 보인다. 기전력서열은 열역학적 반응 가능성과 구동력에 대해서는 알려주지만, 반응속도와 관련된 정보는 제공하지 못한다는 점에 유의하라.

전극전위에 미치는 농도의 영향 전극전위는 전해질의 농도에 따라 변하게 된다. Nernst 식은 25 ℃에서 비표준용액의 농도에 따른 전극전위 값을 나타낸다.

$$E = E^0 + \frac{0.0592}{n}\log(C_{\text{ion}}) \tag{23-9}$$

여기서, E는 몰 단위로 나타낸 금속이온농도 C_{ion}를 갖는 용액의 전극전위이며, n은 금속이온의 전하, E^0는 1 M 용액에서의 표준전극전위이다. 이 식에서 C_{ion}이 1 M일 때 E는 E^0와 같음을 알 수 있다. 다음 예제는 전극전위의 계산을 보여준다.

예제 23-1 구리의 반쪽전지 전위

1 g의 구리가 Cu^{2+}로서 1,000 g의 물에 녹아 전해질을 형성하였다고 가정하자. 이 전해질에서 구리 반쪽전지에 대한 전극전위를 계산하라. 온도는 25 ℃이다.

풀이

화학의 정의에서 표준 1 M Cu^{2+} 용액은 1몰의 Cu^{2+}에(구리의 원자량에 해당하는 양) 1 L(1,000 g)의 물을 부어 만든다. 구리의 원자량은 63.54 g/mol이다. 단지 1 g의 구리가 첨가되었을 때 용액의 농도는 다음과 같이 계산할 수 있다.

$$C_{\text{ion}} = \frac{1}{63.54} = 0.0157\ \text{M}$$

Nernst 식으로부터 전극전위를 구할 수 있는데, $n = 2$이고 $E^0 = +0.34$ V이므로 다음과 같이 계산할 수 있다.

$$\begin{aligned} E &= E^0 + \frac{0.0592}{n}\log(C_{\text{ion}}) = 0.34 + \frac{0.0592}{2}\log(0.0157) \\ &= 0.34 + (0.0296)(-1.80) = 0.29\ \text{V} \end{aligned}$$

부식 또는 도금의 속도 전기도금에서 캐소드에 입혀지는 금속의 양 또는 부식에 의해서 애노드로부터 제거되는 양은 Faraday 식에 의해 결정될 수 있다.

$$w = \frac{ItM}{n\mathrm{F}} \tag{23-10}$$

여기서, w는 도금되거나 부식되는 질량(g), I는 전류(A), M은 금속의 원자량, n은 금속이온의 전하, t는 시간(s)이며, F는 Faraday 상수(96,500 C/mol)이다. It는 애노드로부터 제거되어 캐소드로 흐르는 총 전하이다(단위는 C). $n\mathrm{F}/M$은 대상재료 1 g당 전하이다. 따라서 이 두 가지 항의 비율은 증착된(또는 부식된) 재료의 질량이다. 다시 말해, 기본적으로 이 법칙은 1 g에 해당하는 금속이 96,500 C의 전하에 의해 도금되거나 부식된다는 것을 의미한다. 종종 전류는 전류밀도($i = I/A$)로 표시되므로 식 23-10은 다음과 같이 쓸 수 있다.

$$w = \frac{iAtM}{n\mathrm{F}} \tag{23-11}$$

여기서, 면적 A는 애노드 또는 캐소드의 표면적이다.

다음 예제는 전류밀도를 계산하기 위해 Faraday 식을 사용하는 것을 보여준다.

예제 23-2 구리도금 공정의 설계

1 cm × 1 cm **크기의 캐소드 표면에 두께** 0.1 cm**의 구리층을 전기도금하는 공정을 설계하라.**

풀이

두께 0.1 cm의 층을 1 cm^2 표면적에 만들기 위해 필요한 구리의 질량은 다음과 같다.

$$\rho_{\mathrm{Cu}} = 8.93\ \mathrm{g/cm^3},\ A = 1\mathrm{cm^2}$$

$$\text{구리의 부피} = (1\ \mathrm{cm^2})(0.1\ \mathrm{cm}) = 0.1\ \mathrm{cm^3}$$

$$\text{구리의 질량} = (8.93\ \mathrm{g/cm^3})(0.1\ \mathrm{cm^3}) = 0.893\ \mathrm{g}$$

$M_{\mathrm{Cu}} = 63.55$ g/mol, $n = 2$이므로 Faraday 식으로부터 다음과 같이 계산할 수 있다.

$$It = \frac{wn\mathrm{F}}{M} = \frac{(0.893\ \mathrm{g})(2)(96{,}500\ \mathrm{C/mol})}{63.55\ \mathrm{g/mol}} = 2{,}712\ \mathrm{A \cdot s}$$

그러므로, 위의 구리도금을 형성하기 위해서는 다음의 표와 같이 전류와 시간에 대한 여러 가지 조합을 사용할 수 있다.

전류	시간	전류	시간
0.1 A	27,120 s = 7.5 h	10.0 A	271.2 s = 4.5 min
1.0 A	2,712 s = 45 min	100.0 A	27.12 s = 0.45 min

전류와 시간에 대한 적절한 조합은 생산속도와 도금된 구리 피막의 질을 고려하여 결정한다. 낮은 전류는 매우 긴 도금시간을 요구하므로 비경제적인 공정이 될 것이다. 그러나 높은 전류는 도금 효율을 감소시킬 수 있다. 도금의 효율성은 구리이온을 포함하는 전해질의 조성은 물론 불순물 또는 첨가물에도 의존한다. 10 A 또는 100 A의 전류는 너무 높아서 원하지 않는 측면의 반응을 야기할 수 있으며, 불균일하고 거친 표면을 형성할 수도 있다. 추가적인 배경지식과 실제적인 실험이 가장 경제적이고 효율적인 도금공정을 얻기 위해 필요하다. 실제로는 약 1 A의 전류에 약 45분의 도금시간이 도금공정에 가장 일반적이다.

예제 23-3 철의 부식

바닥면이 10 cm × 10 cm인 철제 용기가 부식성 액체로 20 cm 높이까지 차 있다. 전해질전지의 결과로 전류가 발생하여 4주 후에 용기의 질량이 70 g 줄어들었다. 철의 부식에 관련된 (a) 전류와 (b) 전류밀도를 계산하라.

풀이

(a) 전체 노출시간은 다음과 같다.

$$t = (4\ \text{wk})(7\ \text{d/wk})(24\ \text{h/d})(3{,}600\ \text{s/h}) = 2.42 \times 10^6\ \text{s}$$

Faraday 식으로부터 $n = 2$, $M = 55.847$ g/mol을 사용하여 전류를 다음과 같이 계산할 수 있다.

$$I = \frac{wnF}{tM} = \frac{(70\ \text{g})(2)(96{,}500\ \text{C/mol})}{(2.42 \times 10^6\ \text{s})(55.847\ \text{g/mol})} = 0.1\ \text{A}$$

(b) 부식액과 접촉해 있는 철의 전체 표면적과 전류밀도는 다음과 같이 계산할 수 있다.

$$A = (4\ \text{옆면})(10\ \text{cm} \times 20\ \text{cm}) + (1\ \text{밑면})(10\ \text{cm} \times 10\ \text{cm}) = 900\ \text{cm}^2$$

$$i = \frac{I}{A} = \frac{0.1\ \text{A}}{900\ \text{cm}^2} = 1.11 \times 10^{-4}\ \text{A/cm}^2$$

예제 23-4 구리-아연 부식전지

구리와 아연으로 이루어진 부식전지에서, 구리 캐소드에서의 전류밀도가 0.05 A/cm²라고 가정하자. 구리와 아연 전극의 면적이 모두 100 cm²라면 (a) 부식전류, (b) 아연 애노드에서의 전류밀도, (c) 시간당 애노드에서의 아연 손실량을 계산하라.

풀이

(a) 부식전류는 다음과 같다.

$$I = i_{\mathrm{Cu}}A_{\mathrm{Cu}} = (0.05\ \mathrm{A/cm^2})(100\ \mathrm{cm^2}) = 5\ \mathrm{A}$$

(b) 전지의 전류는 어디에서나 동일하므로, 전류밀도는 다음과 같다.

$$i_{\mathrm{Zn}} = \frac{1}{A_{\mathrm{Zn}}} = \frac{5\ \mathrm{A}}{100\ \mathrm{cm^2}} = 0.05\ \mathrm{A/cm^2}$$

(c) 아연의 원자량은 65.38 g/mol이며, 1시간은 3,600초이다. Faraday 식에서 다음과 같이 계산할 수 있다.

$$w_{\mathrm{Zn}} = \frac{ItM}{n\mathrm{F}} = \frac{(5\ \mathrm{A})(3,600\ \mathrm{s})(65.38\ \mathrm{g/mol})}{(2)(96,500\ \mathrm{C/mol})} = 6.1\ \mathrm{g}$$

23-4 부식전류와 분극

금속이 부식되는 것을 막기 위해 가급적 전류를 작게 하고자 한다. 하지만 불행히도 부식전류를 측정하고, 제어하고, 예측하는 것은 매우 어렵다. 이러한 어려움은 부분적으로는 부식전지의 작동 중에 일어나는 다양한 변화 때문이다. 애노드 또는 캐소드에서의 전위 변화는 전지의 전류에도 영향을 주며, 분극(polarization)이라고 한다. 분극에는 크게 세 가지 중요한 분극현상이 있는데 (1) 활성화분극, (2) 농도분극, (3) 저항분극이다.

활성화분극 활성화분극(activation polarization)은 애노드 또는 캐소드반응이 일어나기 위해 필요한 에너지와 관련된다. 만일 우리가 분극의 정도를 증가시킬 수 있다면, 반응은 좀 더 어렵게 일어날 것이며 부식속도는 감소한다. 애노드와 캐소드 재료의 조성과 구조를 조금만 달리하면 활성화분극을 크게 바꿀 수 있다. 전극에서의 편석(segregation) 효과는 활성화분극이 위치마다 달라지게 하므로, 이 효과는 부식전류를 예측하기 어렵게 한다.

농도분극 부식이 시작된 후에 애노드 또는 캐소드 표면에서의 이온농도는 변할 수 있다. 예를 들어, 이온들이 전해질로 빠르게 확산해 갈 수 없다면 애노드에서는 금속이온이 높은 농도를 가질 것이다. 수소전극에서는 캐소드에서 수소이온이 고갈될 수 있고, 산소전극에서는 캐소드에 높은 이온농도가 형성될 수 있다. 이러한 상황이 발생하면 더 적은 전자가 애노드에서 방출되거나 캐소드에 수용되므로 애노드반응 또는 캐소드반응이 억제된다.

이와 같이 어느 예에서나, 농도분극(concentration polarization) 때문에 전류밀도는 감소하고 따라서 부식속도도 감소한다. 일반적으로 전해질의 농도가 높을 때, 온도가 높을 때, 전해질이 잘 섞이는 경우에는 농도분극은 덜 일어난다. 이러한 각각의 요인은 전류밀도를 증가시키고 전기화학부식을 촉진한다.

저항분극 저항분극(resistance polarization)은 전해질의 전기저항에 의해 발생한다. 만약 전류의 흐름에 더 큰 저항이 생성되면 부식속도는 감소한다. 또한 이 형태의 분극의 정도는 부식의 진행 중에도 전해질의 조성이 바뀌면서 변화할 수 있다.

23-5 전기화학부식의 종류

이 절에서는 전기화학부식의 보다 일반적인 몇 가지 형태에 대해 알아볼 것이다. 먼저,

표 23-2 해수에서의 갈바닉서열

활성(애노드 측)	마그네슘 및 마그네슘합금
	아연
	갈바나이징강
	알루미늄합금 5052
	알루미늄합금 3003
	알루미늄합금 1100
	알클래드
	카드뮴
	알루미늄합금 2024
	저탄소강
	주철
	납땜 50%Pb-50%Sn
	스테인리스강 316(활성)
	납
	주석
	황동 Cu-40%Zn
	니켈기반 합금(활성)
	구리
	구리합금 Cu-30%Ni
	니켈기반 합금(비활성)
	스테인리스강(비활성)
	은
	티타늄
	흑연
	금
	백금
귀금속(캐소드 측)	

(출처: ASM Metals Handbook, *Vol. 10, Eighth Edition, ASM International, 1975.*)

균일침식이 있다. 금속이 전해질 속에 놓였을 때 일부 영역은 다른 영역에 대해 애노드 경향이 된다. 그러나 이러한 영역은 때때로 움직이고 심지어 역전되어 캐소드로 변하기도 한다. 애노드와 캐소드 영역이 계속해서 바뀌므로 금속은 균일하게 부식된다.

갈바닉침식(galvanic attack)은 어떤 영역이 항상 애노드로 작용하는 반면 다른 특정 영역은 언제나 캐소드로 작용할 때 일어난다. 이러한 전기화학전지들을 갈바닉전지라고 하며 조성전지, 응력전지, 농담전지의 세 가지로 나눌 수 있다.

조성전지 조성전지(composition cells), 즉 이종금속 부식은 구리와 철 같은 두 가지 금속 또는 합금이 전해질전지를 형성할 때 만들어진다. 합금원소와 전해질 농도의 분극에 대한 영향 때문에, 기전력서열(emf series)로는 어느 영역이 부식되고 어느 영역이 보호되는지 구분할 수 없다. 대신에, 특정한 환경 하에서 애노드 또는 캐소드 경향에 따라 순서 매긴 갈바닉서열(galvanic series)이 사용된다(표 23-2). 해수에 대하여, 담수에 대하여, 산업환경 대기에 대하여 각각 다른 갈바닉서열을 사용할 수 있다.

예제 23-5 납땜된 황동 연결쇠의 부식

해양 용도에 사용되는 황동 연결쇠는 납-주석 땜납을 사용한 납땜으로 결합된다. 황동과 납-주석 땜납 중 어느 것이 부식되겠는가?

풀이

갈바닉서열에서 모든 구리기반 합금이 50%Pb-50%Sn 땜납보다 캐소드 경향이 더 강하므로 땜납이 애노드로서 부식된다. 비슷한 방식으로 땜납의 부식은 담수 배관시스템을 오염시킬 수 있다.

조성전지는 2상합금(two-phase alloy)에서도 일어날 수 있는데, 여기서 하나의 상이 다른 상보다 애노드 경향이 더 크다. 강철에서 페라이트는 시멘타이트에 대해 애노드로 작용하므로 작은 미세 갈바닉전지가 형성되어 강이 부식된다(그림 23-6). 거의 모든 2상합금은 비슷한 조성의 단상합금보다 부식에 대한 저항성이 나쁘다.

결정립계 부식(intergranular corrosion)은 결정립계에 형성된 2차상(second phase)이나 편석이 갈바닉전지를 생성할 때 일어난다. 예를 들어, 아연합금에서 카드뮴, 주석, 납과 같은 불순물은 응고 중에 결정립계에 편석된다. 결정립계는 결정립의 다른 부분에 비하여 애노드 경향이 높아져 결정립계에서 금속부식이 일어난다(그림 23-7). 오스테나이트 스테인리스강에서 크롬탄화물은 결정립계에 석출될 수 있다[그림 23-6(b)]. 이 탄화물이 형성되면서 결정립계에 인접한 영역의 오스테나이트로부터 크롬을 고갈시킨다. 따라서 크롬함량이 12%보다 낮은 결정립계 영역은 결정립의 나머지 부분에 대

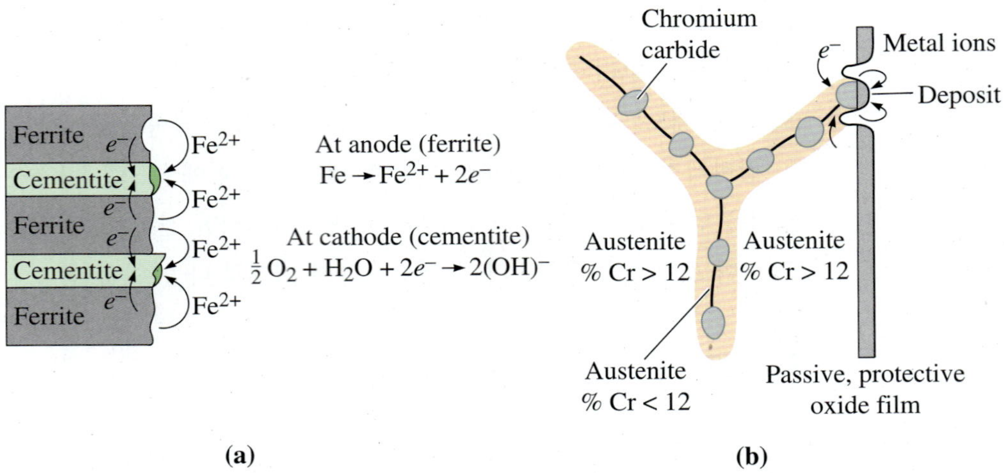

그림 23-6 2상합금에서 미세 갈바닉전지의 예. (a) 강철에서 페라이트는 시멘타이트에 대해 애노드로 작용한다. (b) 오스테나이트 스테인리스강에서 크롬탄화물의 석출은 결정립계의 저Cr 함량 오스테나이트를 애노드로 작용하게 한다.

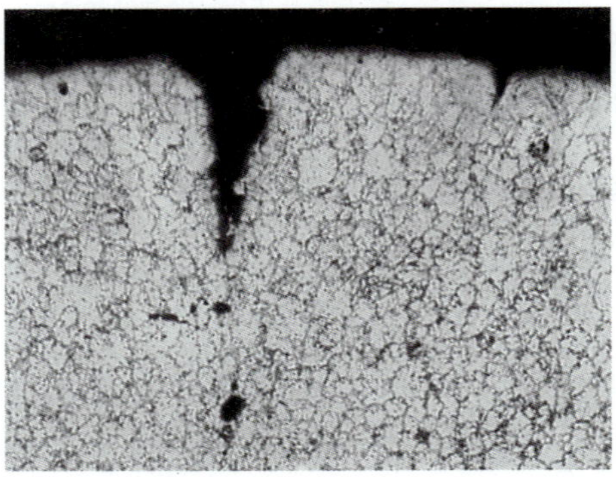

그림 23-7 아연 다이캐스팅에서 결정립계 부식의 미세조직 사진(× 50). 결정립계로의 불순물 편석이 미세 갈바닉 부식전지를 형성한다. (출처: *Don Askeland*)

해 애노드로 작용하여 부식이 일어난다. 어떤 냉간가공된 알루미늄합금에서는 해로운 석출물의 존재에 의해 결정립계가 매우 빠르게 부식된다. 이로 인하여 알루미늄 결정립은 책장 또는 나뭇잎처럼 떨어져 나가는데, 이러한 현상은 박리(exfoliation)라고 알려져 있다.

응력전지 응력전지는 금속이 국부적으로 다른 응력의 영역을 포함할 때 발생한다. 가장 높은 응력이 걸려 있는, 즉 높은 에너지의 영역은 낮은 응력의 캐소드 부분에 대해 애노드로 작용한다(그림 23-8). 더 미세한 결정립크기를 가진, 즉 결정립계 밀도가 더 높은 영역은 동일 재료의 조대한 결정립크기를 가진 부분에 대해 애노드로 작용한다. 심하게 냉간가공된 영역이 적게 냉간가공된 영역에 대해 애노드로 작용한다.

응력부식은 주로 갈바닉 거동에 의해서 일어나지만, 균열의 끝부분에서 불순물의 흡착과 같은 다른 메커니즘도 또한 일어날 수 있다. 파손은 부식과 가해진 응력의 결과로

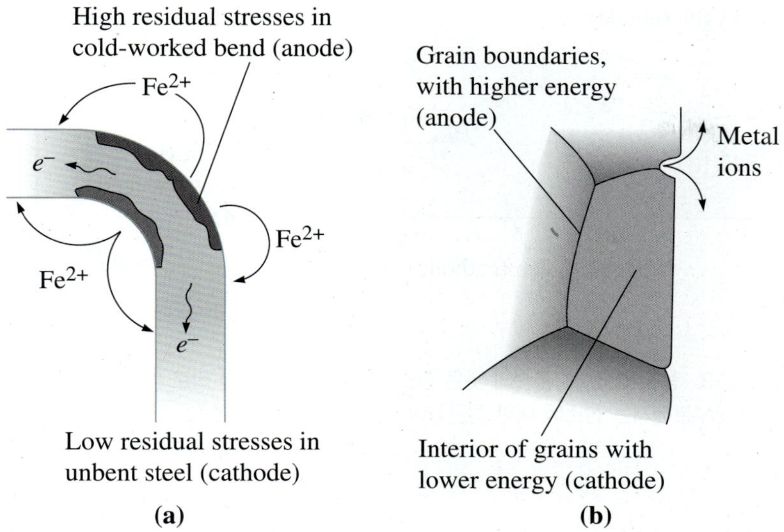

그림 23-8 응력전지의 예. (a) 강철 막대를 구부리는 데 필요한 냉간가공은 높은 잔류응력을 남겨 구부러진 부분이 애노드가 되고 부식된다. (b) 결정립계는 높은 에너지를 가지므로 애노드가 되어 부식된다.

서 일어날 수 있다. 더 높은 응력이 가해지면 파괴까지 걸리는 시간이 줄어든다.

피로파괴는 부식이 일어나면서 시작되거나 가속될 수 있다. 부식피로는 균열의 발생에 의해(아마 공식 또는 틈새부식의 발생) 피로특성을 저하시키고, 균열이 전파되는 속도를 증가시킨다.

예제 23-6 냉간인발된 강철의 부식

냉간인발된 철사는 추가적인 소성변형에 의해서 못으로 성형되는데, 한쪽 끝은 뾰족하게 되고 다른 끝은 못 머리가 된다. 못의 어느 부분에서 가장 심한 부식이 발생할 것인가?

풀이

못의 머리와 뾰족한 부분이 못의 기둥 부분보다 추가적인 냉간가공을 받았으므로, 애노드로 작용하여 가장 빠르게 부식이 일어날 것이다.

농담전지 전해질의 농도 차이 때문에 농담전지가 형성된다(그림 23-9). Nernst 식에 의하면 금속이온 농도의 차이는 전극전위의 차이를 유발한다. 가장 높은 농도를 가진 용액과 접촉한 금속이 캐소드이며, 가장 묽은 용액과 접촉한 금속이 애노드가 된다.

캐소드반응이 산소전극에서 $H_2O + \frac{1}{2}O_2 + 2e^- \rightarrow 2(OH)^-$일 때 산소 농담전지(종종 산소결핍으로 알려짐)가 형성될 수 있다. 전자는 애노드로 작용하는 산소가 낮은 영역으로부터 캐소드 역할을 하는 산소가 높은 영역으로 흐른다.

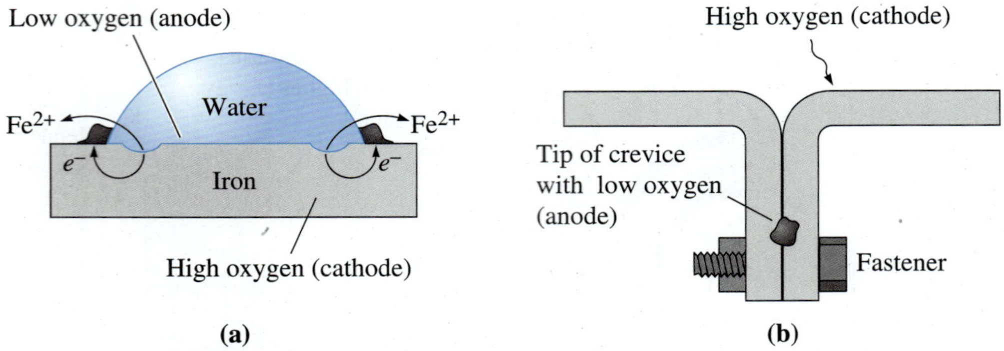

그림 23-9 농담전지. (a) 물속의 낮은 산소농도 때문에 물방울 바로 아래의 강판에서 부식이 발생한다. (b) 틈새의 끝부분에서는 산소에 대한 접근성이 낮아서 부식이 발생한다.

녹 또는 물방울과 같은 퇴적물은 바로 아래의 금속을 산소로부터 격리시킨다. 결과적으로 퇴적물 바로 아래의 금속은 애노드가 되어 부식되는데 이것이 공식(pitting corrosion)의 한 형태를 유발한다. 물방울(waterline) 부식도 비슷한 형태이다. 물방울 바깥쪽의 금속은 산소에 노출되지만, 물방울 아래에 놓인 금속은 산소가 결핍되므로, 물방울 아래에 있는 금속이 부식된다. 일반적으로 물방울 계면으로부터 거리가 먼 깊은 영역이 물방울 바로 아래의 영역보다 더 천천히 부식이 일어나는데, 이는 전자가 이동해야 하는 거리가 다르기 때문이다. 금속의 균열이나 갈라진 틈도 주변 금속영역에 비하여 더 낮은 산소농도를 가지므로, 특히 균열이나 틈새의 끝부분이 애노드가 되어 틈새부식(crevice corrosion)을 유발한다.

흙에 묻힌 파이프는 토양의 성분 차이에 의해 부식될 수 있다. 속도의 차이 또한 농도 차이를 만든다. 고여 있는 물은 낮은 산소농도를 가지는 반면 빠르게 흐르면서 기포가 있는 물은 높은 산소농도를 가진다. 이러한 경우 고인 물 근처의 금속이 애노드로 작용하여 부식된다. 다음 예제는 물에 의한 부식의 사례이다.

예제 23-7 주름진 강의 부식

두 장의 강판을 가장자리를 주름지게 하여 기계적으로 결합시켰다. 이 강판을 물에 노출시키는 것은 왜 좋은 생각이 아닌가? 만약 물에 염분이 포함되어 있다면 부식은 어떻게 될 것인가?

풀이

강의 가장자리를 주름지게 하면 자연스럽게 틈새가 생긴다. 갈라진 틈새의 영역은 공기와 수분에 덜 노출되어 농담전지에서 애노드로 작용하여 부식된다.

물속의 염분은 물의 전기전도도를 증가시켜 전하가 더 빠른 속도로 전달될 수 있게 한다. 이는 더 높은 전류밀도를 만들며, 따라서 더 적은 저항분극 때문에 결과적으로 빠른 부식을 일으킨다.

미생물 부식 곰팡이나 박테리아와 같은 여러 가지 미생물은 전기화학부식을 촉진하는 조건을 만든다. 특히 수용액 환경에서, 이러한 유기체들은 금속표면에서 자라는데 이러한 유기체는 일반적으로 띄엄띄엄 군집체를 형성한다. 군집체의 형성과 유기체의 성장에 따른 부산물은 환경의 변화를 초래하고, 따라서 부식속도를 변화시킨다.

어떤 박테리아들은 환경의 황산염을 감소시키면서 황산을 만들어 금속을 공격한다. 박테리아는 호기성(생명활동 중에 산소를 소모함)이기도 하고 혐기성(성장하는 데 산소가 필요 없음)이기도 하다. 그러한 박테리아들은 강철, 스테인리스강, 알루미늄, 구리와 같은 다양한 금속은 물론, 일부 세라믹과 콘크리트까지 공격한다. 일반적인 예는 비행기의 알루미늄 연료탱크에서 일어나는 현상인데, 등유와 같은 연료가 수분에 오염되면 박테리아가 자라서 산을 배설한다. 이 산성의 배설물이 알루미늄을 부식시켜 궁극적으로 연료탱크의 누설을 일으킬 수 있다.

금속표면에 유기 군집체의 성장은 산소 농담전지를 만든다(그림 23-10). 군집체 바로 아래의 영역은 애노드가 되며 영향을 받지 않은 표면은 캐소드가 된다. 게다가, 유기

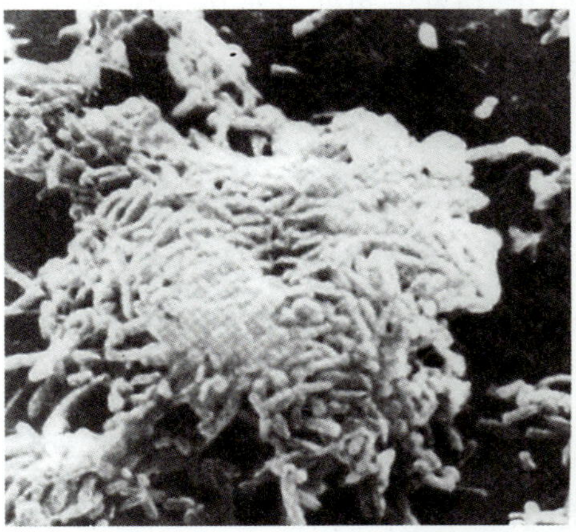

(a)

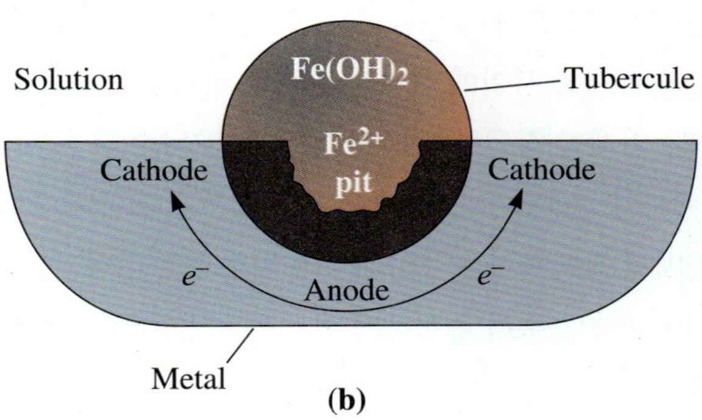

(b)

그림 23-10 (a) 군집체에서 자라는 박테리아 세포(× 2,700), (b) 생물학적 군집체 아래에서의 결절 및 공식의 형성.

군집체는 산소가 금속으로 확산되는 속도를 감소시키는데, 설령 산소가 유기 군집체 속으로 확산되더라도 산소를 소모하는 경향이 있다. 이렇게 생성된 농담전지는 유기체로 덮인 영역 바로 아래에 공식(pitting)을 만든다. 금속 부식의 부산물을 포함한 유기체의 성장은 배관을 폐쇄시키고 원자로, 잠수함, 화학반응로의 냉각수 시스템을 막을 수 있는 결절(tubercule)이라 불리는 축적물을 만들어낸다.

23-6 전기화학부식의 방지

적절한 설계와 재료선택, 코팅과 억제제 그리고 캐소드방식 및 부동태의 사용 등 수많은 기술들이 부식을 방지하기 위해 사용된다.

설계 적절한 금속 구조의 설계는 부식을 늦추거나 심지어 방지도 할 수 있다. 부식을 방지하기 위해서는 다음과 같은 여러 조치가 취해져야 한다.

1. 갈바닉전지의 형성을 막는다. 이는 비슷한 금속이나 합금을 사용함으로써 가능하다. 예를 들어, 강철 파이프는 자주 황동 배관고정체에 연결되는데 이럴 경우 갈바닉전지가 형성되어 강철이 부식된다. 강과 황동을 전기적으로 절연시키기 위한 플라스틱 중간 연결쇠를 사용함으로써 이러한 문제를 최소화시킬 수 있다.
2. 캐소드 면적보다 애노드 면적을 훨씬 크게 만든다. 예를 들어, 강철 박판을 고정시키기 위해 구리 리벳이 사용될 수 있다. 구리 리벳의 작은 면적 때문에 제한된 캐소드반응이 일어나므로 구리는 아주 적은 전자들을 받아들여서 강철의 애노드 반응은 매우 천천히 진행된다. 이와 반대로, 만약 강철 리벳이 구리 박판을 고정시키는 데 사용되었다면, 큰 면적의 구리에서 받아들일 수 있는 많은 전자를 작은 강철의 애노드 면적에서 내놓게 되므로, 강철 리벳의 부식은 매우 빠르게 진행된다. 이것은 다음에 나올 예제에서 설명될 것이다.
3. 유체시스템은 개방형보다는 폐쇄형이 되도록 하여 흐름이 멈춘 물이 집결되지 않도록 설계한다. 부분적으로 채워져 있는 탱크에서는 물방울부식과 비슷한 현상이 일어날 수 있다. 개방형 시스템은 지속적으로 기체를 용해시켜서 캐소드반응에 참여하는 이온을 제공함으로써 농담전지를 촉진한다.
4. 조립되거나 결합된 재료 사이에 갈라진 틈새를 피해야 한다(그림 23-11). 용접은 브레이징, 납땜, 기계적 잠금장치보다 좋은 결합기술이다. 갈바닉전지는 브레이징 또는 납땜에서 충전금속이 결합대상 재료와 다른 조성을 가지기 때문에 형성될 수 있다. 기계적 잠금장치는 농담전지의 형성으로 이어지는 갈라진 틈새를 만들 수 있다. 만약 충전금속이 결합대상 재료와 잘 일치한다면, 용접은 이러한 전지의 생성을 막을 수 있다.

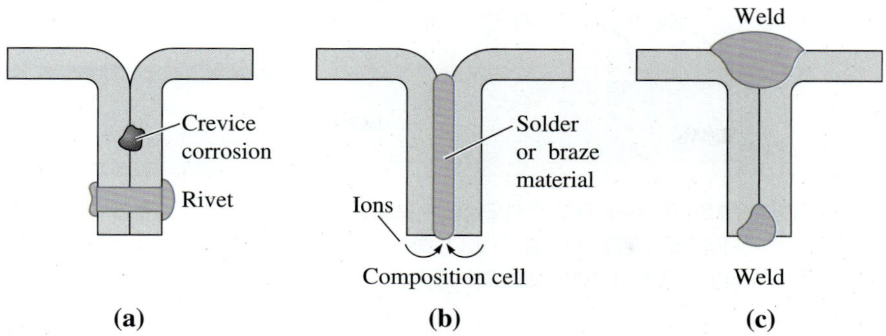

그림 23-11 두 조각의 강철을 결합시키는 여러 방법들. (a) 잠금장치는 농담전지를 형성할 수 있다. (b) 브레이징 또는 납땜은 조성전지를 형성할 수 있다. (c) 충전금속과 모재의 조성을 잘 일치시키면 용접은 갈바닉 전지의 형성을 피할 수 있다.

5. 어떤 경우에는 부식속도를 부품의 기대수명을 해치지 않는 수준으로 감소시킬 수 없는 경우도 있다. 그럴 경우에는, 부식된 부품이 쉽게 경제적으로 교체될 수 있도록 조립체를 설계해야 한다.

예제 23-8 구리-아연 쌍의 부식속도에 미치는 전극 면적의 영향

부식이 일어나는 구리-아연 부식쌍을 생각해보자. 구리 캐소드에서의 전류밀도가 0.05 A/cm^2**라면 다음의 경우에 시간당 아연의 무게손실을 계산하라.** (1) **구리 캐소드 면적은** 100 cm^2**이고, 아연 애노드 면적은** 1 cm^2, (2) **구리 캐소드 면적은** 1 cm^2**이고, 아연 애노드 면적은** 100 cm^2**이다.**

풀이

작은 아연 애노드에 대한 예제 23-4로부터, 한 시간에 손실된 아연의 양은 다음과 같다.

$$w_{Zn} = 6.1 \text{ g}$$

큰 아연 애노드 면적에 대한 아연 손실량은 다음과 같이 계산할 수 있다.

$$I = i_{Cu}A_{Cu} = (0.05 \text{ A/cm}^2)(1 \text{ cm}^2) = 0.05 \text{ A}$$

$$w_{Zn} = \frac{ItM}{n\text{F}} = \frac{(0.05 \text{ A})(3{,}600 \text{ s})(65.38 \text{ g/mol})}{(2)(96{,}500 \text{ C/mol})} = 0.061 \text{ g}$$

아연 애노드가 캐소드에 비해 훨씬 클 때, 아연의 부식속도는 현저히 줄어든다.

피막 피막(coating)은 애노드 영역과 캐소드 영역을 절연시키기 위해 사용된다. 피막은 또한 부식 또는 산화를 일으키는 산소나 수증기의 확산을 막아준다. 그리스나 기

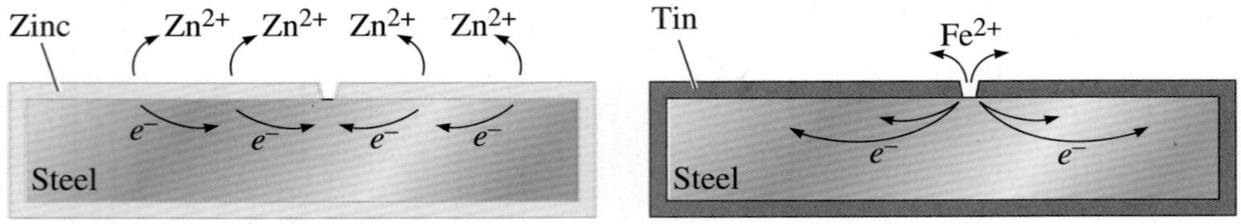

그림 23-12 아연도금강과 주석도금강은 보호 거동이 다르다. 아연은 철에 대해 애노드로 작용하므로 피막이 벗겨지더라도 강철을 보호할 수 있다. 하지만 주석의 경우에는 철이 주석에 대해 애노드로 작용하므로 피막이 손상되면 주석이 강철을 보호하지 못한다.

름과 같은 일시적인 피막은 어느 정도 보호가 가능하지만 쉽게 벗겨진다. 페인트와 같은 유기질 피막 또는 에나멜이나 유리 같은 세라믹 피막은 더 우수한 보호막을 형성한다. 그러나 만약 피막층이 벗겨지면, 작은 애노드 면적이 노출되어 빠르고 국부적인 부식이 발생한다.

금속 피막의 예로는 주석도금과 아연도금 강철이 있다(그림 23-12). 두 가지 금속 모두 연속적으로 도금하면 강철을 전해질로부터 격리시킨다. 그러나 피막에 흠집이 생기면, 그 아래에 있는 강철이 노출되면서 두 개의 피막은 매우 다르게 거동한다. 아연은 철에 대해 애노드가 되려는 경향이 크므로 도금이 벗겨지더라도 계속 효과적인 피막이 된다. 노출된 강철의 캐소드 면적이 작을 때 아연피막은 매우 느린 속도로 부식이 일어나서 강철은 계속 보호된다. 반대로 주석도금에서는, 강철이 주석에 대해 애노드가 되려는 경향이 크므로, 주석피막에 흠집이 생기면 작은 면적의 노출된 강철 애노드가 형성되고, 이는 빠른 속도로 강철의 부식을 일으킬 것이다.

안정적이고, 점착성이 좋으며, 다공성이 아닌, 절연 산화물층이 알루미늄, 크롬, 스테인리스강의 표면에 형성된다. 이러한 산화물은 전해질과의 접촉을 막아 갈바닉전지의 형성을 방지한다. 반응용기와 같은 부품은 내식성이 강한 테플론이나 다른 플라스틱으로 내면을 코팅하기도 한다.

억제제 어떤 화학약품은 전해질에 첨가되었을 때, 애노드 또는 캐소드 표면으로 우선적으로 이동하여 농도분극 또는 저항분극을 형성하므로 이들을 억제제(inhibitor)라 한다. 크롬산염은 자동차 방열기에서 이러한 기능을 수행한다. 크롬산염, 인산염, 몰리브덴산염, 질산염의 다양한 재료들이 파워플랜트 또는 열교환기에서 애노드와 캐소드에 보호막을 형성하여 전기화학전지의 형성을 억제한다. 정확한 성분과 작동 메커니즘이 명확하지 않지만, 인기 있는 윤활제인 WD-40™은 억제제의 역할을 한다. WD-40™은 40번째 실험 끝에 성공한 수분격리제(water displacement, WD)라는 의미에서 명명되었다.

캐소드방식 보호하려는 금속에 전자를 공급하여 그 금속을 캐소드가 되게 만들면 부

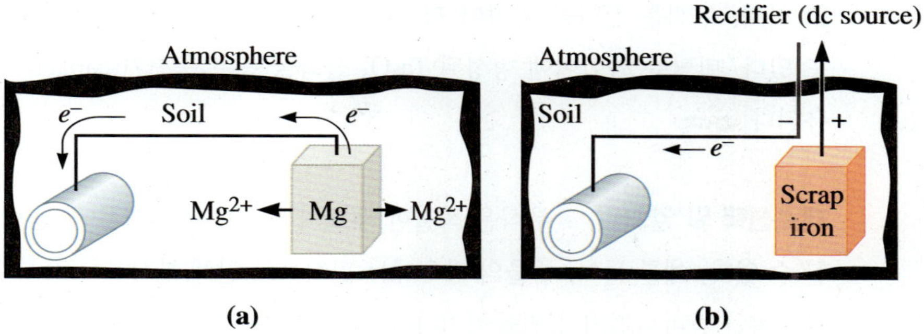

그림 23-13 매설 강관의 캐소드방식. (a) 마그네슘 희생애노드와 연결되어 형성된 갈바닉전지에서 강관이 캐소드가 되게 하여 보호한다. (b) 고철 보조애노드와 강관 사이에 인가전압을 걸어 강관에 전자를 공급함으로써 강관을 캐소드가 되게 한다.

식을 막을 수 있다(그림 23-13). 캐소드방식(cathodic protection)은 희생애노드 또는 인가전압을 사용할 수 있다.

희생애노드(sacrificial anode)는 보호해야 할 금속에 부착되어 전기화학회로를 형성한다. 희생애노드가 부식되면서 금속에 전자를 공급하여 그 금속에서의 애노드반응을 막는다. 희생애노드로 흔히 사용되는 아연 또는 마그네슘은 소모되므로 주기적으로 교체하여야 한다. 이러한 부식방지 기술은 매설 파이프라인, 선박, 해양 시추설비, 온수기 등에 주로 적용된다. 마그네슘 막대는 많은 온수기에 사용된다. 이 마그네슘은 애노드로 작용하여 용해되면서 강철이 부식되는 것을 막는다.

인가전압(impressed voltage)은 보조 애노드와 보호해야 할 금속 사이에 외부 직류 전원으로 공급된다. 작동원리는 배터리를 연결하여 전자가 금속 쪽으로 흐르게 하면 그 금속을 캐소드가 되게 한다. 고철 조각과 같은 보조 애노드가 부식된다.

부동태 또는 애노드방식 갈바닉서열에서 애노드 측의 금속들은 활성이 강해 대부분의 전해질전지에서 애노드로 작용한다. 그러나 만약 이러한 금속들이 부동태화되어 캐소드 경향으로 바뀌면 정상적인 경우보다 더 느린 속도로 부식이 일어난다. 부동태(passivation)는 강한 애노드분극에 의해 보통의 애노드반응을 막음으로써 부식을 방지하므로 애노드방식(anodic protection)이라 불린다.

금속을 매우 높은 농도의 산화성 용액에 노출함으로써 부동태를 일으킬 수 있다. 만약 철을 매우 진한 농도의 질산에 넣으면 철은 빠르고 균일하게 부식되어 얇고 보호성 있는 수산화철 피막을 형성한다. 이 피막은 철이 질산에 의해 계속해서 부식되는 것을 막아준다.

애노드의 전위를 임계값 이상으로 증가시킴으로써 부동태를 일으킬 수도 있다. 부동태 막이 금속표면에 형성되어 강한 애노드분극을 유발하므로 전류를 매우 낮은 수준으로 감소시킨다. 알루미늄의 부동태를 산화피막처리 또는 애노다이징(anodizing)이라고 하며, 두꺼운 산화물 피막이 형성된다. 이 산화물 층은 아름다운 색깔로 착색될 수도 있다. 탄탈륨 와이어에 형성된 Ta_2O_5 산화물 층은 축전기(capacitor)를 만드는 데 사용된다.

재료선택 및 열처리 부식은 적절한 재료의 선택과 열처리를 통해 방지하거나 최소화할 수 있다. 예를 들어, 주물의 경우에는 편석으로 인해 부식을 가속화시킬 수 있는 작고 국부적인 갈바닉전지가 만들어진다. 이를 균질화처리하면 내식성을 향상시킬 수 있다. 굽힘에 의해 최종 형태로 성형된 금속은 냉간가공의 정도 또는 잔류응력의 국부적인 차이로 인해 응력전지가 될 수 있다. 이 현상은 응력제거풀림(stress-relief anneal) 처리 또는 재결정화 완전풀림(full recrystallization anneal) 처리에 의해 최소화시킬 수 있다.

열처리는 오스테나이트계 스테인리스강에 특별히 중요하다(그림 23-14). 이 재료가 870 ℃에서 425 ℃로 천천히 냉각되면 결정립계에 크롬탄화물이 석출된다. 결과적으로 결정립계의 오스테나이트는 부동태 산화물 층을 형성하는 데 필요한 최소 기준인 12%보다 적은 수준의 크롬을 포함한다. 이를 강철이 민감화(sensitized)되었다고 한다. 이

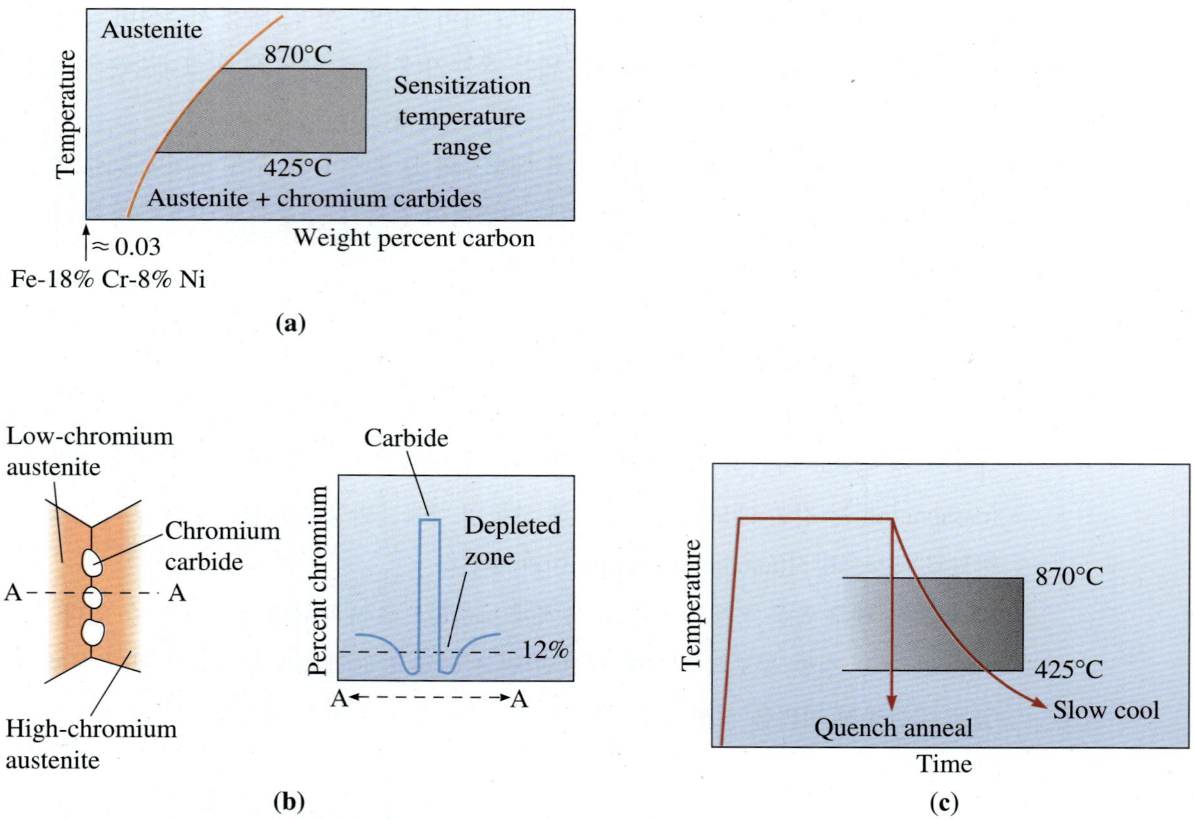

그림 23-14 (a) 오스테나이트 스테인리스강은 온도구역 870~425 ℃에서 천천히 냉각되면 민감화된다. (b) 느린 냉각속도에 의해 결정립계에서 크롬탄화물이 석출되므로 국부적으로 크롬함량이 고갈된다. (c) 크롬탄화물을 녹이기 위한 퀜치어닐링 열처리는 결정립계 부식을 막을 수 있다.

러한 결정립계 영역은 크기가 작으며 애노드 경향이 강하므로 결정립계의 오스테나이트는 빠르게 부식된다. 다음과 같은 다양한 기술을 사용하여 이 문제를 최소화할 수 있다.

1. 만약 강의 탄소함량이 0.03%보다 낮다면 크롬탄화물은 형성되지 않는다.
2. 크롬의 함량이 매우 높다면, 크롬탄화물이 형성된다 하더라도, 오스테나이트에서 12%Cr 이하로 크롬결핍이 발생하지 않을 것이다.
3. 티타늄 또는 니오븀을 첨가하면 탄화티타늄(TiC)이나 탄화니오븀(NbC)과 같은 탄소화합물을 형성하여 크롬탄화물의 형성을 방지할 수 있다. 이러한 강을 안정화(stabilized)되었다고 한다.
4. 제조공정이나 사용 중에는 민감화 온도구역(425~870 ℃)을 피하도록 한다.
5. 퀜치어닐링(quench anneal) 열처리에서는 스테인리스강을 870 ℃ 이상으로 가열하여 크롬탄화물이 녹게 만든 다음, 이제 100% 오스테나이트를 함유한 구조를 탄화물의 석출을 방지하기 위해 급속냉각한다.

예제 23-9 부식방지 시스템의 설계

소떼들에게 마실 물을 주기 위해 들판에 놓아둔 강철 여물통이 녹슬어 자주 교체해야 한다. 이 문제를 방지하거나 늦출 수 있는 시스템을 설계하라.

풀이

일반적인 여물통은 저탄소강, 즉 페라이트와 시멘타이트를 포함하는 합금되지 않은 강철이기 때문에 조성전지를 형성하기 쉽다. 여물통에는 부분적으로 물이 차 있으므로 농담전지를 형성할 수 있다. 또한 여물통은 환경에 노출되어 있고, 물은 불순물로 오염되어 있기 때문에 보호되지 않은 강철로 된 여물통은 쉽게 부식되리라 예상된다.

부식을 방지하거나 늦추기 위해 몇 가지 방법을 사용할 수 있다. 예를 들어, 여물통을 스테인리스강이나 알루미늄을 사용하여 만드는 것이다. 두 재료 모두 보통의 탄소강보다 더 좋은 내식성을 갖지만 가격이 훨씬 더 비싸다.

캐소드방식을 고려해 볼 수도 있다. 작은 마그네슘 애노드를 여물통 안에 부착시킬 수 있다. 이 애노드는 희생적으로 부식되어 강철의 부식을 방지할 수 있다. 이 방법은 농장 운영자가 주기적으로 애노드가 완전히 소모되지 않았는지 확인해야 하며 물속에 포함된 마그네슘 이온이 소의 건강에 해로운 영향을 주지는 않는지 확인이 필요하다.

다른 접근방법은 적절한 피막으로 강철 여물통을 보호하는 것이다. 페인트(보호성 고분자 피막)를 칠하거나 주석도금강을 사용하면 피막이 벗겨지지 않는 한 여물통을 보호할 수 있다.

가장 그럴듯한 방법은 갈바나이징강(galvanized steel)이라고 불리는 아연도금강판을 사용하는 것인데, 이는 보호성 피막과 아연의 희생 거동을 동시에 활용한다. 피막이 벗겨진다고 하더라도 부식은 큰 애노드 면적 때문에 매우 느리게 진행된다. 더구나 아연도금강판은 비교적 저렴하며 쉽게 구할 수 있고, 자주 점검할 필요도 없다.

예제 23-10 스테인리스강 용접부의 설계

부식성이 강한 액체를 운반할 때 사용하는 배관계통은 304 스테인리스강으로 만들어진다. 시스템을 조립하기 위해서는 강관을 용접한다. 그런데 용접부 근처에서 부식이 발생하여 강관으로부터 부식성 액체가 새어 나왔다. 문제점을 파악하고 향후 부식을 방지할 수 있는 시스템을 설계하라.

풀이

표 13-4를 참고하면 304 스테인리스강은 0.08%의 탄소를 함유하고 있음을 알 수 있고, 용접 중에 적절하지 못하게 가열 또는 냉각된다면 민감화될 수 있다. 그림 23-15는 용접 중에 용융부와 열영향부(heat-affected znoe, HAZ)에서 도달할 수 있는 최고온도를 보여준다. HAZ에 해당하는 강관의 일부분이 가열되어 민감화 온도구역에 도달하면 크롬탄화물이 석출된다. 만약 용접부의 냉각속도가 매우 느리다면 용융부와 열영향부의 다른 영역도 영향을 받을 수 있다. 그러므로 용접부의 민감화가 강관 부식의 원인일 수 있다.

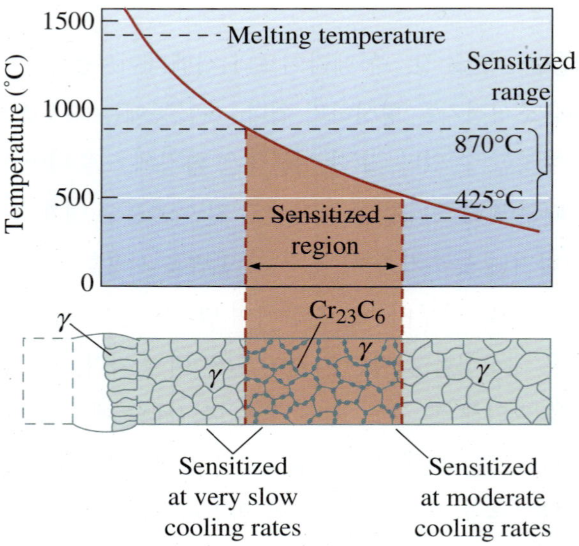

그림 23-15 스테인리스강 용접부 주위의 최고온도와 용접부가 천천히 냉각될 때 만들어진 민감화 구조.

이 문제에 대한 몇 가지 해결책을 생각해볼 수 있다. 먼저 매우 빠른 속도로 가열 및 냉각시킬 수 있는 에너지원을 사용하는 것이다. 강철이 매우 짧은 시간 동안만 민감화 온도구역에 노출된다면 크롬탄화물은 석출되지 않을 것이다. 레이저용접 또는 전자빔 용접을 사용하여 접합할 수 있으나 고속입열 공정이라 공정비용이 너무 비싸다. 또한 전자빔용접은 진공을 사용해야 하므로 진공용기에서 전체 배관시스템을 조립하는 것은 부적합할 수도 있다.

용접이 끝난 후 조립품에 열처리를 할 수도 있다. 석출된 탄화물을 퀜치어닐링 열처리함으로써, 모든 탄화물은 풀림 중에 다시 녹인 후 급냉 중에는 다시 석출되지 않도록 하는 것이다. 하지만 큰 조립품을 열처리하는 것은 불가능할 수도 있다.

원래의 용접공정 전체를 검토하여 용접에 의한 응력의 발생을 최소화하기 위해 강관이 예열처리되었는지 확인해보아야 한다. 만약 강관을 예열처리했다면 민감화가 더욱 잘 일어나므로 예열처리 과정은 중지되어야 한다.

가장 좋은 설계는 민감화가 일어나지 않는 스테인리스강을 사용하는 것이다. 예를 들어, 304 L 스테인리스강은 0.03% 이하의 탄소를 포함하므로 탄화물이 석출되지 않는다. 저탄소 스테인리스강은 보통 304 스테인리스강보다 비싸지만, 약간의 추가비용으로 일반적인 용접기술을 사용하면서도 부식을 방지할 수 있다.

23-7 미생물 열화와 생분해성 고분자

다양한 곤충과 미생물에 의한 공격은 고분자 부식의 한 형태이다. 비교적 단순한 고분자들(폴리에틸렌, 폴리프로필렌, 폴리스타이렌 등), 높은 분자량을 갖는 고분자, 결정성 고분자, 열경화성 고분자는 상대적으로 부식에 대한 저항성이 크다.

반면 폴리에스터, 폴리우레탄, 셀룰로이드, 플라스틱화된 폴리염화비닐(plasticized PVC, 중합도를 감소시키는 첨가제를 포함)과 같은 고분자들은 미생물에 의한 열화에 특히 취약하다. 이러한 고분자들은 미생물이 삼킬 수 있도록 충분히 작은 크기가 될 때까지 방사선 또는 화학적 공격에 의해 저분자량 분자로 분해된다.

고분자에 대한 미생물의 공격은 생분해성(biodegradable) 고분자를 제조하는 데 활용되어 쓰레기 처리에 도움을 준다. 생분해는 박테리아가 고분자재료를 섭취하여 이산화탄소, 물, 무기질 염, 기타 작은 부산물로 완전히 바뀌는 것을 의미한다. 셀룰로이드와 같은 고분자는 저분자량을 가진 분자로 쉽게 분해될 수 있으므로 생분해성 고분자이다. 또 다른 생분해성 고분자의 예로는 현재 생산되고 있는 폴리에틸렌과 녹말의 공중합체가 있다. 박테리아는 고분자의 녹말 부분을 공격하여 남아 있는 폴리에틸렌의 분자량을 감소시킨다. 폴리카프로락톤(PCL), 폴리락트산(PLA), 폴리락틱글리콜산(PLGA)과 같은 고분자는 외과용 봉합사나 골격과 같은 많은 의생명공학 용도에 활용되고 있다.

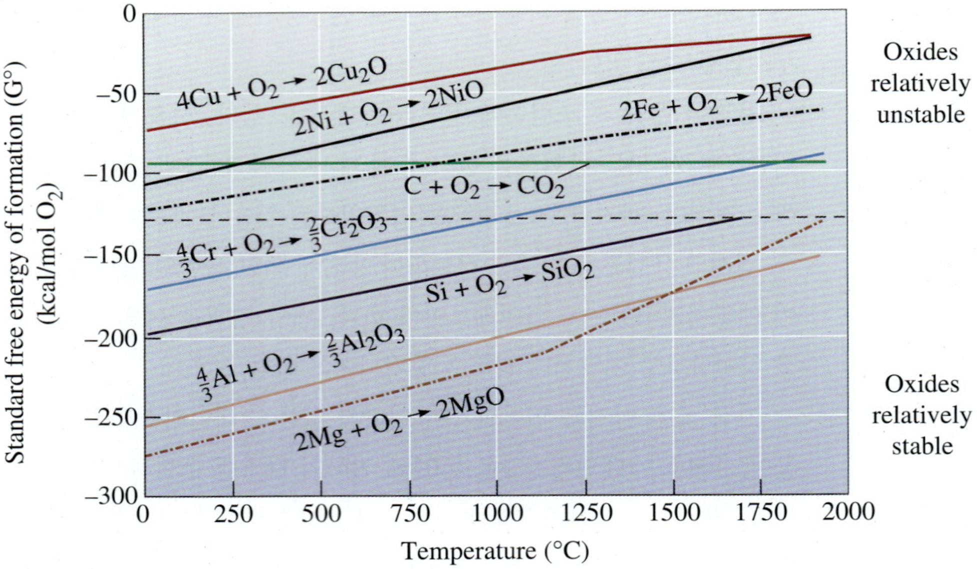

그림 23-16 선별된 산화물들의 표준 생성 자유에너지 곡선. 음수의 큰 자유에너지는 더욱 안정된 산화물임을 의미한다.

23-8 산화와 기타 기체반응

모든 종류의 재료는 산소와 같은 다른 기체들과 반응할 수 있다. 이러한 반응은 부식과 마찬가지로 재료의 조성, 성질, 건전성을 변화시킬 수 있다. 앞에서 언급했듯이 알루미늄이나 티타늄 같은 금속은 산소와 매우 쉽게 반응한다.

금속의 산화 금속은 산소와 반응하여 표면에 산화물을 형성한다. 우리는 이 반응의 세 가지 측면에 관심이 있다. 금속이 산화물을 형성하는 경향, 형성된 산화물 피막의 성질, 산화반응이 일어나는 속도를 살펴보자.

산화반응이 일어나는 경향은 산화물 생성에 대한 표준 자유에너지에 의해 나타낸다. 이 표준 자유에너지는 그림 23-16과 같은 Ellingham 다이어그램으로부터 결정될 수 있다. 그림 23-16에 의하면, 니켈 또는 구리의 산화반응에 비해 마그네슘과 알루미늄의 산화반응에는 더 큰 구동력이 존재한다. 이에 관해서는 다음의 예제에서 설명하기로 한다.

예제 23-11 크롬기반 강철 합금

선철(pig iron)이 1,700 ℃의 염기성 산소제강로(basic oxygen furnace)에서 강으로 변환되기 전에 크롬과 같은 합금원소를 선철에 첨가하면 안 되는 이유를 설명하라.

풀이

염기성 제강로에서 용융된 금속에 순수한 산소를 불어 넣음으로써 탄소함량을 약 4%에서 1% 훨씬 이하로 낮춘다. 만약 제강이 시작되기 전에 이미 크롬이 존재한다면, 산화크롬이 이산화탄소(CO_2)보다 더 낮은 생성 자유에너지를 가지므로(즉, 더 안정된 상태) 탄소에 앞서 크롬이 먼저 산화될 것이다(그림 23-16). 따라서 값비싼 크롬을 첨가하더라도 선철로부터 탄소가 제거되기 전에 크롬이 먼저 손실될 수 있다.

산화물 피막의 유형은 산화반응 속도에 영향을 준다(그림 23-17). 다음의 산화반응을 살펴보자.

$$nM + mO_2 \rightarrow M_nO_{2m} \tag{23-12}$$

Pilling-Bedworth(P-B) 비는 다음과 같이 정의할 수 있다.

$$\text{P-B ratio} = \frac{\text{oxide volume per metal atome}}{\text{metal volume per metal atome}} = \frac{(M_{\text{oxide}})(\rho_{\text{metal}})}{n(M_{\text{metal}})(\rho_{\text{oxide}})} \tag{23-13}$$

여기서, M은 원자량 또는 분자량이며, ρ는 밀도, n은 식 23-12로 정의되는 산화물 내의 금속원자 수이다.

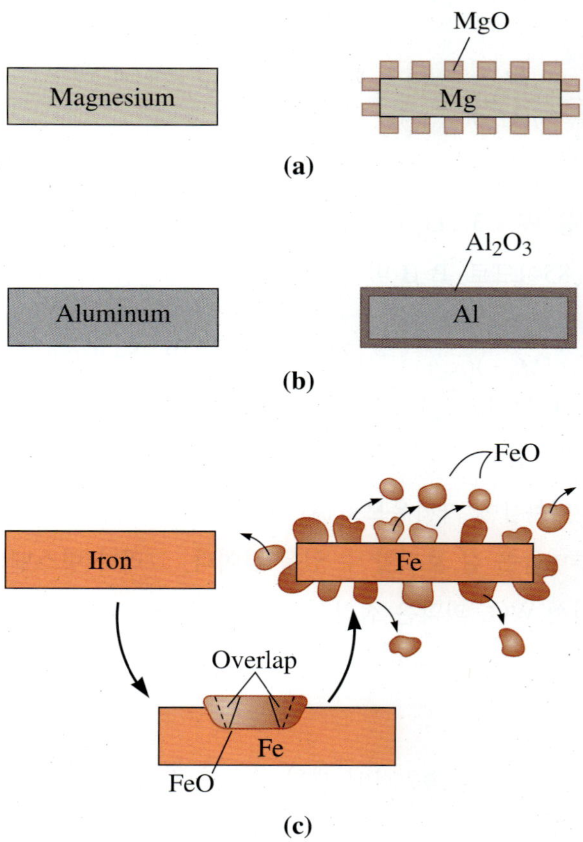

그림 23-17 금속과 산화물의 부피 비에 따라 세 가지 유형의 산화물이 생성될 수 있다. (a) 마그네슘은 다공성의 산화물 피막을 형성한다. (b) 알루미늄은 점착성을 가지며 비다공성인 산화물 보호피막을 형성한다. (c) 철은 표면으로부터 벗겨질 수 있는 산화물을 형성하여 보호성이 좋지 못하다.

만약 P-B 비가 1보다 작다면 산화물이 금속보다 더 작은 부피를 차지하게 되므로 피막은 다공성구조를 가지고 계속 빠르게 산화가 진행된다. 마그네슘이 전형적으로 이 경우에 해당한다. 만약 P-B 비가 1과 2 사이라면 산화물과 금속의 부피가 비슷하여 점착성을 지닌 비다공성의 보호피막이 형성되는데, 대표적으로 알루미늄과 티타늄이 이러한 산화막을 형성한다. 만약 P-B 비가 2를 초과하면 산화물이 더 큰 부피를 차지하고, 심지어 표면에서 떨어져 나올 수 있으므로 원래 표면을 노출시켜 계속하여 산화되게 한다. 대표적으로 철이 이 경우에 해당한다. P-B 식은 오랫동안 산화물의 거동을 평가하는 데 사용되었지만, 많은 예외가 알려져 있다. 다음 예제에서는 P-B 식의 적용에 대해 설명하기로 한다.

예제 23-12 Pilling-Bedworth 비

알루미늄의 밀도는 2.7 g/cm^{3}이고 Al_2O_3의 밀도는 약 4 g/cm^{3}이다. 산화알루미늄 피막의 특성을 설명하고 이것을 텅스텐에 형성되는 산화물 피막과 비교하라. 텅스텐의 밀도는 19.254 g/cm^{3}이고 WO_3의 밀도는 7.3 g/cm^{3}이다.

풀이

알루미늄 산화반응 $2Al + 3/2O_2 \rightarrow Al_2O_3$에 대하여, Al_2O_3의 분자량은 101.96이고 Al의 원자량은 26.981이므로, P-B 비는 다음과 같이 계산할 수 있다.

$$\text{P-B} = \frac{(M_{Al_2O_3})(\rho_{Al})}{n(M_{Al})(\rho_{Al_2O_3})} = \frac{\left(101.96\,\frac{\text{g}}{\text{mol}}\right)(2.7\ \text{g/cm}^3)}{(2)\left(26.981\,\frac{\text{g}}{\text{mol}}\right)(4\ \text{g/cm}^3)} = 1.28$$

텅스텐의 산화반응 $W + 3/2O_2 \rightarrow WO_3$에 대하여, WO_3의 분자량은 231.85이고 W의 원자량은 183.85이므로, P-B 비는 다음과 같이 계산할 수 있다.

$$\text{P-B} = \frac{(M_{WO_3})(\rho_{W})}{n(M_{W})(\rho_{WO_3})} = \frac{\left(231.85\,\frac{\text{g}}{\text{mol}}\right)(19.254\ \text{g/cm}^3)}{(1)\left(183.85\,\frac{\text{g}}{\text{mol}}\right)(7.3\ \text{g/cm}^3)} = 3.33$$

알루미늄의 P-B 비는 1에 가까우므로 Al_2O_3 피막은 비다공성이고 점착성이 강하여 아래에 있는 알루미늄을 잘 보호할 수 있을 것이다. 그러나 텅스텐의 경우에는 P-B가 2보다 훨씬 커서 WO_3 피막은 점착성이 나쁘고 아래에 있는 텅스텐을 잘 보호할 수 없을 것이다.

산화가 일어나는 속도는 금속원자에 대한 산소의 접근성에 달려 있다. 마그네슘과 같이 산화물이 다공성의 층을 형성하여 산소가 계속해서 금속표면에 도달하게 되면 선형적인 산화속도를 갖는다.

$$y = \mathrm{k}t \tag{23-14}$$

여기서, y는 산화물 두께, t는 시간이며, k는 금속과 온도에 의존하는 상수이다.

비다공성의 산화물 층을 통한 이온 또는 전자의 확산이 산화속도에 결정적인 인자가 될 경우 포물선의 관계가 적용되며, 다음과 같이 표현할 수 있다. 이 관계식은 철, 구리, 니켈에서 관찰된다.

$$y = \sqrt{\mathrm{k}t} \tag{23-15}$$

마지막으로 대수함수적(logarithmic) 관계식은 알루미늄이나 크롬과 같이 특별한 보호특성을 갖는 얇은 산화물 피막에 적용된다.

$$y = \mathrm{k}\ln(\mathrm{c}t + 1) \tag{23-16}$$

여기서, k와 c는 특정 온도, 환경, 조성에 대한 상수이다. 다음의 예제는 니켈 박판이 완전히 산화되는 데 필요한 시간에 대한 계산을 보여준다.

예제 23-13 니켈의 포물선 산화곡선

1,000 ℃에서 순 니켈은 산소 분위기 하에서 상수 $\mathrm{k} = 3.9 \times 10^{-12}\ \mathrm{cm^2/s}$를 갖는 포물선 산화곡선을 따른다. 이 관계는 산화물 피막의 두께에 영향을 받지 않는다고 가정할 때 두께 0.1 cm의 니켈 박판이 완전히 산화되는 시간을 계산하라.

풀이

박판의 양쪽에서 산화가 일어난다고 가정하면 다음과 같이 산화시간을 계산할 수 있다.

$$y = \mathrm{k}t = \sqrt{\left(3.9 \times 10^{-12}\ \frac{\mathrm{cm^2}}{\mathrm{s}}\right)(t)} = \frac{0.1\ \mathrm{cm}}{2\ \mathrm{sides}} = 0.05\ \mathrm{cm}$$

$$t = \frac{(0.05\ \mathrm{cm})^2}{3.9 \times 10^{-12}\ \mathrm{cm^2/s}} = 6.4 \times 10^8\ \mathrm{s} = 20.3\ \mathrm{years}$$

온도 또한 산화속도에 영향을 끼친다. 많은 금속의 산화속도는 산화물 층을 통한 산소 또는 금속이온의 확산속도에 의해 제어된다. 만약 산소이온의 확산이 더 빠르다면 산화는 산화물과 금속 사이에서 일어난다. 만약 금속이온의 확산이 더 빠르다면 산화는 산화물과 대기의 계면에서 일어난다. 결과적으로 산화속도는 온도가 증가함에 따라 지수함수적으로 증가하는 Arrhenius 관계식을 따른다.

고분자의 산화 및 고온 열화 고분자는 가열되거나 산소에 노출될 때 열화된다. 고분자 사슬이 끊어질 수 있으며, 두 개의 거대라디칼(macroradicals)이 만들어진다. 견고한 열경화성 고분자에서 거대라디칼은 즉시 재결합되어[이 과정을 새장효과(cage effect)라 함] 고분자에는 실효적인 변화는 발생하지 않는다. 그러나 더 유연한 열가소성 고분자에서는(특히 결정질보다는 비결정질 고분자) 재결합이 일어나지 않으며, 그 결과 고분자의 분자량, 점도, 기계적 특성의 저하가 일어난다. 고분자가 계속해서 고온에 노출되면 탈고분자화가 일어나면서 고분자 사슬이 풀릴 수 있다. 이 경우에는 개별 단량체가 사슬의 끝에서부터 하나씩 차례로 분리되어 남아 있는 사슬의 분자량은 점진적으로 감소한다. 중합도가 감소함에 따라 남아 있는 사슬은 더 심하게 분기(branched)되거나 아니면 환교(cyclization)가 일어날 수 있다. 환교는 한 사슬의 두 끝이 서로 결합하여 반지 모양의 사슬을 형성하는 것이다.

고분자는 사슬의 측면그룹의 손실에 의해서도 열화될 수 있다. 폴리염화비닐(PVC)에서 염소이온이나 폴리스타이렌에서 벤젠고리가 사슬로부터 분리되어 부산물을 형성한다. 예를 들어 폴리염화비닐이 분해되면 염산(HCl)이 생성된다. 수소원자는 사슬과 더 강하게 결합되어 있기 때문에 폴리에틸렌은 PVC나 PS처럼 쉽게 분해되지 않는다. 테플론의 불소이온은 수소이온보다 더 제거되기 어렵기 때문에 우수한 내열특성을 나타낸다. 앞에서 언급하였듯이 PCL, PLGA, PLA와 같은 고분자의 분해는 실제로 외과용 녹는 봉합사와 같은 의생명공학 용도에 활용되며, 또한 친환경적인 제품의 개발에도 활용된다.

23-9 마모 및 침식

마모 및 침식은 기계적으로 작용하는 고체 또는 액체의 공격에 의해 부품으로부터 재료를 떼어낸다. 부식과 기계적 파손 또한 이러한 공격에 기여한다.

응착마모 응착마모(adhesive wear)는 두 고체 표면이 압력을 받으면서 서로 접촉되어 미끄러질 때 발생한다. 표면 돌출물인 돌기(asperity)는 높은 국부압력에 의해 소성적으로 변형되고 마침내는 함께 눌러 붙는다(그림 23-18). 미끄러짐이 계속되면서 이 결합은 부서지고, 한쪽 표면에는 공동을 만들고 반대쪽 표면에는 돌출물을 형성하며, 흔히 아주 작은 연삭입자까지 만들어낸다. 이 모든 것들이 한층 더 마모를 일으키는 데 기여한다.

수많은 인자들이 재료의 내마모성을 향상시키기 위해 고려될 수 있다. 부품을 설계할 때 하중이 작게 걸리도록, 표면은 매끄럽게, 계면에 연속적인 윤활이 가능하도록 하면 재료의 손실을 일으키는 응착을 방지하는 데 도움이 될 것이다.

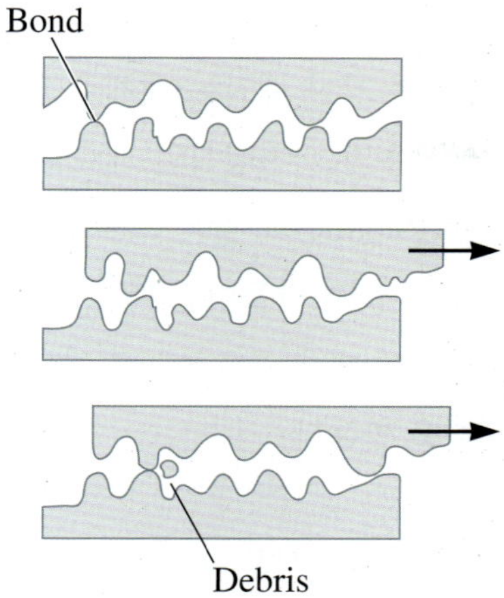

그림 23-18 두 거친 표면 위의 돌기들(asperities)은 초기에는 결합될 수 있지만, 충분한 힘이 가해지면 결합이 끊어지면서 표면이 서로 미끄러진다. 이 경우에 돌기들은 깨지면서 표면으로부터 떨어져나가 파편(debris)이 된다.

재료의 성질 및 미세조직 또한 중요한 요인이다. 대개 양쪽 표면 모두 높은 경도를 가진다면 마모속도는 느리다. 가해진 하중을 지탱하기 위한 높은 강도, 표면에서 재료가 찢겨나가는 것을 막아주는 인성 및 연성을 갖춘다면 좋을 것이다. 세라믹재료는 경도가 아주 높아서 우수한 응착마모 저항성을 기대할 수 있다.

고분자의 내마모성은 폴리테트라플루오르에틸렌(테플론)을 첨가하여 마찰계수를 감소시키거나 또는 유리, 탄소, 아라미드와 같은 강화섬유를 도입하여 강도를 높임으로써 개선될 수 있다.

연삭마모 연삭마모(abrasive wear)는 딱딱한 입자와의 접촉에 의해 재료 표면이 손상을 입어 재료가 떨어져 나가는 것이다. 입자들은 한쪽 재료의 표면에 달라붙어 있거나 두 표면 사이에 부스러기로 끼어 있을 수 있다(그림 23-19). 이런 형태의 마모는 쟁기, 스크레이퍼 날, 압착기, 그라인더와 같이 연삭재료를 다루는 기계류에서 일반적으로 발생하며, 또한 단단한 입자가 기계의 움직이는 부품 사이로 우연히 들어가서 발생한다. 연삭마모는 또한 의도적으로 재료를 제거하는 그라인딩(grinding) 공정에 활용되기도 한다. 댐퍼, 기어, 피스톤, 실린더와 같은 많은 자동차 부품에서 연삭마모 거동은

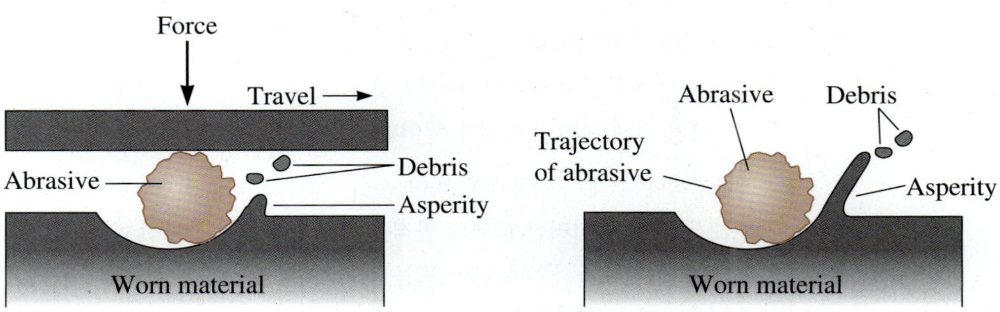

그림 23-19 표면에 끼어들었거나 돌아다니는 단단한 입자에 의해 발생하는 연삭마모는 홈통을 파거나 파편으로 떨어져나갈 수 있는 돌출물을 축적시킨다.

큰 고민거리이다.

높은 경도, 양호한 인성, 높은 고온강도를 가진 재료는 대체로 연삭마모에 대한 저항성이 크다. 연삭마모에 대비한 용도에 사용되는 전형적인 재료로는 퀜칭 후 템퍼링한 강, 침탄 또는 표면경화강, 스텔라이트(Stellite)와 같은 코발트합금, 텅스텐카바이드(WC)를 포함한 복합재료, 백주철, 용접에 의해 만들어진 딱딱한 표면 등이 있다. 대부분의 세라믹재료는 높은 경도 때문에 마모에 대해 효율적으로 저항하지만, 취성 때문에 때때로 연삭마모에 대비한 용도에 제한을 받는다.

액체침식 움직이는 액체의 높은 압력에 의한 침식은 재료의 건전성을 해칠 수 있다. 액체는 금속 표면의 변형경화를 일으켜 재료의 국부적인 변형, 균열, 손실을 가져온다. 액체침식(liquid erosion)에는 두 가지의 살펴볼 만한 형태가 있다.

캐비테이션(cavitation)은 용해된 기체를 포함하는 액체가 저압 영역에 들어갈 때 발생한다. 기포는 저압 환경의 액체에서 커지다가 나중에 압력이 높아질 때 터진다. 기포가 터질 때 발생하는 고압의 국부적인 충격파는 주변 재료에 수천 기압의 압력이 작용하게 할 수도 있다. 캐비테이션은 프로펠러, 댐, 방수로, 수력펌프에서 자주 발생한다.

액체충돌(liquid impingement)은 빠르게 움직이는 기체에 실려 온 액체 방울이 금속 표면을 때릴 때 발생한다. 초기의 충격과 충격지점으로부터 금속표면을 따라 횡방향으로 빠르게 이동하는 액체 방울들로 인해 매우 높은 압력이 국부적으로 형성된다. 증기에 실려 온 물방울은 증기발생기와 원자력발전소의 터빈블레이드를 침식시키기도 한다.

액체침식은 적절한 재료선택과 설계에 의해 최소화될 수 있다. 액체 속도의 최소화, 액체에서 기포의 제거, 물방울의 충격을 흡수하는 단단하고 인성이 큰 재료의 선택, 재료 표면에 충격에너지를 흡수할 수 있는 탄성중합체의 코팅과 같은 기술들을 이용하여 액체침식을 최소화할 수 있다.

요약

- 미국 국내총생산(GDP)의 약 3%가 부식을 방지하는 데 소모된다. 부식은 모든 종류의 재료에서 특성 저하를 일으킨다. 설계자와 엔지니어는 적절한 설계, 재료선택, 부식방지 대책을 수립하기 위해 부식이 어떻게 일어나는지 알아야 한다.
- 화학부식에서 재료는 용매에 녹아 손실이 발생한다. 금속, 세라믹, 고분자, 복합재료와 같은 모든 재료가 이러한 형태의 공격을 받을 수 있다. 주어진 용매에 대해 낮은 용해도를 가진 적절한 재료를 선택하거나 또는 재료 위에 불활성의 피막을 사용함으로써 화학부식을 피하거나 감소시킬 수 있다.
- 전기화학부식은 완전한 전기회로가 형성되어야 일어난다. 애노드는 부식되고, 녹과 같은

부산물은 캐소드에 형성된다. 전류가 요구되기 때문에 이러한 형태의 부식은 금속과 합금에서 가장 심각하다.

- 조성전지는 두 개의 다른 금속이 존재할 때, 하나의 합금 내에 두 가지 다른 상이 존재할 때, 또는 단상 내의 편석이 존재할 때 형성된다.
- 응력전지는 잔류응력 또는 인가응력이 재료 내에서 편차를 가질 때 형성된다. 가장 높은 응력에 노출된 영역은 애노드가 되어 결국 부식된다. 응력부식균열과 부식피로는 응력전지의 예들이다.
- 재료가 불균일한 전해질에 노출될 때 농담전지가 형성된다. 예를 들어, 가장 낮은 산소함량의 전해질에 노출된 부분이 부식된다. 공식, 물방울부식, 틈새부식은 이러한 전지의 예이다. 또, 박테리아와 같은 유기 군집체가 금속 표면에서 성장하여 발생하는 미생물부식 역시 농담전지의 예이다.
- 전기화학부식은 다음과 같은 방법을 사용하여 최소화할 수 있다. 전기회로를 끊기 위한 전기 절연체 사용, 틈새가 없는 조립부품의 설계 및 제조, 애노드 면적이 캐소드 면적에 비해 최대한 크도록 하는 조립부품의 설계, 보호성 피막과 더 나아가 희생피막의 코팅, 전해질의 작용 억제, 인가전압에 의해 금속으로 전자 공급, 잔류응력 및 편석을 줄이는 열처리 실시 등이 있다.
- 산화는 대부분 재료를 열화시킨다. 산화물 피막은 알루미늄과 같은 몇몇 금속에서는 보호층을 형성하지만 대부분의 재료에서는 산소에 의한 공격을 초래한다. 산화과정에서는 산소 또는 금속원자의 확산이 중요한 경우가 많아, 고온에서는 산화가 매우 빠르게 진행한다.
- 미생물에 의한 공격, 방사선에 의한 손상, 재료의 마모 및 침식과 같은 요인들도 재료의 특성을 저하시킬 수 있다.

용어해설

갈바닉서열 galvanic series 특정 환경에서 부식되는 경향에 따른 합금들의 순서.

결절 tubercule 재료 표면에 미생물 유기체와 부식 부산물이 축적되어 쌓인 것.

결정립계 부식 intergranular corrosion 결정립계의 편석 또는 석출이 국부적인 갈바닉전지를 형성하여 발생하는 결정립계에서의 부식.

기전력서열 electromotive force (emf) series 전극전위에 의한 원소들의 배열, 즉 부식되는 경향에 따른 순서.

농담전지 concentration cells 하나의 재료에서 전해질의 조성이 다른 두 영역 사이에서 발생하는 전기화학부식 전지.

민감화 sensitization 스테인리스강의 결정립계에 탄화물이 석출됨으로써 결정립계 부식에 대해 강이 취약해지는 현상.

부동태 passivation 전기회로를 방해할 목적으로 애노드 표면에 보호성 피막을 형성하는 것.

분극 polarization 부식속도를 줄이기 위해 애노드와 캐소드 사이의 전압을 바꾸는 것. 활성화분극(activation polarization)은 애노드반응 또는 캐소드반응을 일으키는 데 필요한 에너지와 관련된다. 농도분극(concentration polarization)은 전해질의 조성변화와 관련된다. 저항분극(resistance polarization)은 전해질의 전기저항과 관련된다.

산소결핍 oxygen starvation 농담전지에서 전해질의 산소가 낮은 영역은 그 아래에 있는 재료를 애노드로 작용하게 하여 부식이 일어나게 한다.

산화 oxidation 금속이 산소와 반응하여 금속 산화물을 형성하는 것. 일반적으로 고온에서 빠르게 진행한다.

산화반응 oxidation reaction 전기화학전지에서 전자를 내놓는 애노드반응.

안정화 stabilization 결정립계 부식을 방지하기 위하여 스테인리스강에 티타늄 또는 니오븀을 첨가하는 것.

애노다이징 anodizing 두꺼운 산화물 층을 의도적으로 금속표면에 생성시키는 애노드방식 기술.

애노드 anode 전기화학전지에서 이온과 전자가 방출되면서 부식이 일어나는 영역.

액체충돌 liquid impingement 기체 흐름에 실려 온 액체 방울이 가한 충격으로 발생하는 재료의 침식.

억제제 inhibitors 애노드 또는 캐소드로 우선적으로 흘러가서 분극을 일으켜 부식속도를 감소시키는 전해질 첨가물.

연삭마모 abrasive wear 입자의 절삭에 의해 표면에서 재료가 제거되는 것.

응력부식 stress corrosion 인가된 응력이 부식속도를 가속시키는 재료의 열화 현상.

응력전지 stress cells 재료 내의 다른 영역 사이에 인가응력 또는 잔류응력의 차이가 발생하여 형성되는 전기화학부식전지.

응착마모 adhesive wear 움직이는 표면 사이에서 재료가 제거되는 것으로, 순간적인 국부 결합에 이어서 표면에서 결합의 파괴 순으로 일어난다.

인가전압 impressed voltage 보호하려는 재료에 직류를 연결하여 전자를 공급함으로써 애노드반응을 억제하고 부식을 막는 캐소드방식 기술.

전극전위 electrode potential 대상 재료와 표준전극 사이에서 생성되는 전압. 이 전위는 재료가 부식되려는 경향과 관련된다.

전기화학부식 electrochemical corrosion 재료로부터 이온을 이탈시키는 전류가 발생하여 일어나는 재료의 분해, 즉 부식.

전기화학전지 electrochemical cells 두 개의 재료 사이에 전자와 이온이 분리된 경로를 통해 흐르면서 전류를 발생하여 만들어지는 전지이며, 이는 부식 또는 도금으로 연결된다.

전해질 electrolyte 전기화학전지에서 이온들이 움직여 전류가 흐를 수 있는 통로 역할을 하는 전도성의 매질.

조성전지 composition cells 다른 조성을 가지는 두 재료 사이에서 생성되는 전기화학부식 전지. 갈바닉전지로 알려져 있다.

캐비테이션 cavitation 움직이는 액체 내에서 기포가 터질 때 만들어지는 압력에 의해 발생하는 재료표면의 침식.

캐소드 cathode 전기화학부식이 진행되는 과정에서 전자를 받아들이고 부산물이 생성되는 영역.

퀜치어닐링 quench anneal 스테인리스강에서 탄화물을 녹이고 결정립계 부식을 막는 데 사용되는 열처리.

탈아연화 dezincification 황동에서 아연과 구리 원자가 함께 이탈하였다가 구리만 다시 금속에 도금되면서 발생하는 특별한 화학부식.

틈새부식 crevice corrosion 틈새 부분에서 상대적으로 낮은 산소농도 때문에 발생하는 조성전지에 의해 일어나는 부식.

화학부식 chemical corrosion 재료와 재료 주위를 둘러싸고 있는 액체 사이의 용해도 또는 화학반응에 의한 원자들의 이탈.

환원반응 reduction reaction 전기화학전지로부터 전자들을 받아들이는 캐소드반응.

회주철부식 graphitic corrosion 주철로부터 철이 용출됨으로써 약한 스폰지 형태를 갖는 흑연을 남기는 화학부식 과정.

희생애노드 sacrificial anode 애노드 경향이 더 강한 재료를 보호하려는 재료에 전기적으로 연결시키는 캐소드 방식 기술. 연결된 애노드는 대상 재료를 보호하면서 스스로 부식된다.

Faraday 식 Faraday's equation 전기화학전지에서 부식이나 도금이 일어나는 속도를 나타내는 관계식.

Nernst 식 Nernst equation 전기화학전지에서 전해질 농도가 전극전위에 미치는 영향을 나타내는 관계식.

Pilling-Bedworth 비 Pilling-Bedworth ratio 금속산화물 피막에서 금속원자 하나당 금속의 부피에 대한 금속원자 하나당 산화물 부피의 비. P-B 비로부터 산화 중에 금속표면에 형성되는 산화물 피막의 형상을 예측할 수 있다.

연습문제

23-1절 화학부식
23-2절 전기화학부식
23-3절 전기화학전지의 전극전위
23-4절 부식전류와 분극

23-1 레몬, 동전, 아연도금강철 못을 사용하여 어떻게 단순한 전기화학전지를 만들 수 있는지 설명하라.

23-2 은은 알루미늄 팬 위에서 베이킹소다, 소금, 물로 된 용액을 사용하여 연마할 수 있다. 연마의 과정이 어떻게 일어나는지 고찰하라.

23-3 회주철 배관이 도시가스 분배시스템에 사용된다. 눈으로 확인할 만한 부식이 발견되지 않았으나 배관이 새는 것으로 확인되었다. 배관이 왜 파손되었는지 가능한 이유를 제시하라.

23-4 Cu-30%Zn 합금으로 만들어진 황동 배관연결쇠가 대형 사무빌딩의 온수시스템에 사용되었다. 일정기간 사용한 후에 균열이 생기면서 누설이 발견되었는데, 육안검사에서는 어떤 금속도 부식된 것처럼 보이지 않았다. 배관연결쇠가 파손된 이유에 대해 설명하라.

23-5 표 23-1에 나타낸 원소들의 전기음성도를 전극전위의 함수로 그려보라(제2장에서 다룬 전기음성도 값 참조). 이 데이터로부터 관찰되는 경향은 무엇인가? 예를 하나 들어보고, 금속의 전자구조가 어떻게 애노드 경향 또는 캐소드 경향과 일치하는지 설명하라.

23-6 알루미늄, 게르마늄, 크롬에 대하여 각각 해당되는 애노드반응 또는 캐소드반응을 쓰라.

23-7 물 1,000 mL에 10 g의 Sn^{2+}이온이 녹아서 전해질이 만들어졌다고 하자. 주석 반쪽전지의 전극전위를 계산하라.

23-8 표준전극전위와 +0.016 V 차이가 날 때, 물속의 크롬 농도를 Nernst 식을 사용하여 계산하라.

23-9 물에 구리를 녹여 만든 반쪽전지의 전극전위가 +0.32 V였다. 이 전위를 만들기 위해 1,000 mL의 물에 첨가된 구리의 양을 계산하라.

23-10 백금 반쪽전지의 전극전위가 1.10 V이다. 전해질에 녹아 있는 Pt^{4+}이온의 농도를 계산하라.

23-11 Faraday 식을 사용하여 5 A의 전류로 50 g의 은 덩어리를 완전히 부식시키는 데 걸리는 시간을 계산하라.

23-12 면적 150 cm^2의 캐소드에 0.05 A/cm^2의 전류밀도가 인가되었다. 캐소드에 1 mm 두께의 은이 도금되는 데 필요한 시간은 얼마인가?

23-13 전기도금으로 면적 1,000 cm^2 캐소드에 시간당 100 g의 백금을 생성하고자 한다. 얼마만큼의 전류밀도가 필요한가? 필요한 전류도 결정하라.

23-14 면적 1 m^2의 강판 양면에 0.005 cm 두께의 아연피막이 입혀져 있다. 수용액에서 도금층에 0.02 A/cm^2의 전류밀도를 인가하였다. 아연이 균일하게 부식된다고 가정하면, 강철의 표면이 노출되는 데 필요한 시간을 계산하라.

23-15 배관시스템에 사용되는 내경이 5 cm이고 길이가 360 cm인 구리 파이프가 실수로 제조공장

에서 사용되는 파워시스템에 연결되어, 파이프를 통해 0.05 A의 전류가 흐르게 되었다. 만약 파이프의 벽 두께가 0.313 cm이고 부식이 균일한 속도로 이루어진다면, 파이프가 새기 시작하는 데 걸리는 시간을 계산하라.

23-16 강철 표면 10 cm × 100 cm에 두께 0.002 cm로 크롬이 입혀져 있다. 전해질전지에 1년 동안 노출된 후 크롬 피막이 완전히 제거되었다면, 이 제거가 일어나는 데 필요한 전류밀도를 계산하라.

23-17 어떤 부식전지가 300 cm^2 구리 박판, 20 cm^2 철 박판, 그리고 구리 박판에 인가된 0.6 A/cm^2의 전류밀도로 구성되어 있다. 어떤 재료가 애노드인가? 시간당 애노드로부터 손실되는 재료의 속도는 얼마인가?

23-18 부식전지가 20 cm^2 구리 박판, 400 cm^2 철 박판 그리고 구리 박판에 인가된 0.7 A/cm^2의 전류밀도로 구성되어 있다. 어느 재료가 애노드인가? 시간당 애노드로부터 금속이 손실되는 속도는 얼마인가?

23-19 표 23-2의 해수에서의 갈바닉서열 중 순수한 원소들만 캐소드 측부터 애노드 측까지 나열하라.

23-20 물속에 다른 금속 없이 강철만 존재하더라도 왜 부식이 발생하는지 두 가지 이유를 들고 설명하라.

23-21 오스테나이트계 스테인리스강에서 크롬탄화물의 석출에 의해 일어나는 애노드 및 캐소드 반쪽전지 반응을 쓰라.

23-5절 전기화학부식의 종류

23-6절 전기화학부식의 방지

23-7절 미생물 열화와 생분해성 고분자

23-22 티타늄은 표 23-1에 나타난 것처럼 가장 애노드 경향이 강한 재료 중 하나임에도 불구하고 생체의학 임플란트 재료로 종종 사용되는 이유를 설명하라.

23-23 알클래드(alclad)는 순 알루미늄(1100 합금)이 2024 알루미늄합금 코어에 샌드위치 구조로 적층된 복합재료이다. 이 복합재료의 내식성에 대해 설명하라. 양쪽 표면의 1100층 중 한 층의 일부분이 벗겨지면서 약간의 2024 합금이 노출되었다고 하자. 이것이 내식성에 어떤 영향을 주는지 설명하라. 코어를 2024 합금에서 3003 합금으로 바꾸면 거동의 차이가 있을지 설명하라.

23-24 자동차용 판스프링(leaf spring)은 고탄소강으로 만들어진다. 최상의 내식성을 위해서는 이 스프링을 열간가공해야 할지 또는 냉간가공해야 할지 설명하라. 가장 바람직한 성형공정을 사용한다고 하더라도 여전히 부식이 일어나는지 설명하라.

23-25 아연, 납, 주석, 카드뮴, 알루미늄, 니켈 등 몇 가지 금속피막이 강을 보호하는 데 사용된다. 어느 금속으로 이루어진 피막이 부분적으로 손상되더라도 여전히 강을 보호할 수 있는지 설명하라.

23-26 오스테나이트계 스테인리스강은 용접부의 용융대를 둘러싼 열영향부(heat-affected zone, HAZ)에서 항상 부식된다. 부식이 왜 일어나는지와 어떤 종류의 용접공정이나 절차가 진행되었을지 설명하라. 이 부위의 부식을 방지하기 위해 무엇을 할 수 있을까?

23-27 산업환경에서 어떤 강철 너트가 볼트에 강하게 조여져 있다. 외부에서 인가된 하중이 없었는데도 몇 달 후 너트에 수많은 균열이 발생하였다. 왜 균열이 발생했을지 설명하라.

23-28 선박 추진기에 사용되는 샤프트(shaft)는 인가응력이 재료의 피로한계보다 훨씬 낮게 작용되도록 조심스럽게 설계되었다. 그런데 몇 달 후 샤프트에 균열이 가면서 파손되었다. 왜 파손되었는지 설명하라.

23-29 탄소섬유강화 에폭시로 만든 비행기 날개가 동체의 티타늄 단조품과 연결되어 있다. 탄소섬유, 티타늄, 에폭시 중 어느 것이 부식전지에서 애노드가 되겠는가? 어느 것이 캐소드가 될 가능성이 가장 큰지 설명하라.

23-30 주철 배관의 내면은 보호피막의 역할을 하는

타르로 코팅된다. 화학실험실에서 아세톤을 이 파이프를 통해 일상적으로 배출하였는데 몇 주 후 배관이 부식되기 시작하였다. 이유를 설명하라.

23-31 냉간가공된 구리 튜브가 납-주석 땜납합금을 사용하여 강철 연결쇠에 납땜되었다. 이 연결을 통해서 어떤 종류의 전기화학전지가 만들어지겠는가? 어느 재료가 애노드로 작용하여 부식으로 인한 손상이 가장 심할지 설명하라.

23-32 순 주석은 많은 전기부품에서 구리를 연결하는 데 쓰이는 납땜으로 사용된다. 어느 금속이 애노드로 작용할 가능성이 가장 큰지 설명하라.

23-33 풀림처리된 니켈, 냉간가공된 니켈, 재결정된 니켈의 박판들이 전해질 내에 놓여 있다. 어느 것이 부식이 가장 많이 일어나며, 어느 것이 부식이 가장 적게 일어나는지 설명하라.

23-34 액체비료를 나르는 파이프라인이 작은 시냇물을 가로지른다. 큰 나무 하나가 냇물에 떠내려가다가 이 파이프에 끼었다. 얼마 후 나무와 파이프가 접촉한 부분에서 구멍이 생겼는데 파이프 외부에 생긴 지름이 내부의 지름보다 더 컸다. 그리하여 파이프에서 시냇물로 비료가 흘러 들어갔다. 파이프가 부식된 이유를 설명하라.

23-35 두 장의 1040 강철 박판이 알루미늄 리벳으로 결합되어 있다(그림 23-20). 이 결합공정의 결과로서 만들어질 수 있는 부식전지에 대해 설명하라. 이러한 전지들에 대하여 부식을 최소화할 수 있는 결합공정을 추천하라.

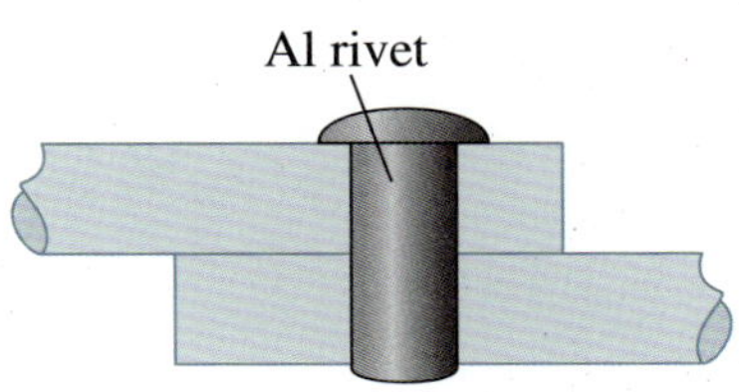

그림 23-20 알루미늄 리벳으로 고정된 두 강철 박판. (문제 23-35에 사용)

23-36 그림 23-21은 에폭시로 밀봉된 집적회로의 단면을 보여주는데, 구리 리드프레임과 에폭시 고분자 사이에 미세한 간격이 있는 것을 함께 보여준다. 제조공정 중에 염소이온들이 패키지에 침투하였다고 하자. 어떤 종류의 부식전지가 형성될 것인가? 집적회로의 어떤 부분이 부식될 가능성이 가장 큰가?

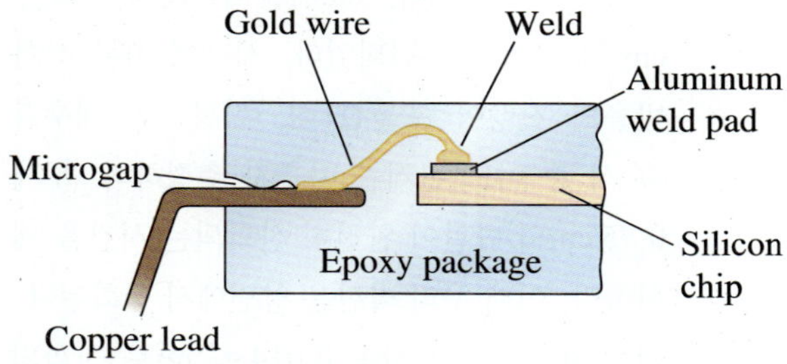

그림 23-21 칩과 외부 리드의 연결을 보여주는 집적회로 단면. (문제 23-36에 사용)

23-37 철-아연 부식전지의 철에 0.1 A/cm^{2}의 전류밀도가 인가되었다. 다음의 경우에 시간당 아연의 무게 손실을 계산하라.

(a) 아연이 10 cm^{2}의 표면적을 가지고 철은 100 cm^{2}의 표면적을 가질 경우

(b) 아연이 100 cm^{2}의 표면적을 가지고 철은 10 cm^{2}의 표면적을 가질 경우

23-8절 산화와 기타 기체반응

23-9절 마모 및 침식

23-38 다음의 금속들에 대한 Pilling-Bedworth 비를 결정하고, 표면에 형성되는 산화물의 거동을 예상하라. 그 산화물은 금속을 보호할 것인가, 금속표면으로부터 벗겨질 것인가, 투과성을 보일 것인가? (금속의 밀도는 부록 A 참조)

	산화물 밀도(g/cm^3)
마그네슘-산화마그네슘	3.60
나트륨-산화나트륨	2.27
티타늄-산화티타늄	5.10
철-산화철	5.30
세륨-산화세륨	6.86
니오븀-산화니오븀	4.47
텅스텐-산화텅스텐	7.30

23-39 세라믹의 산화는 보통 큰 문제로 여겨지지 않는데 그 이유를 설명하라.

23-40 구리 박판이 1,000 ℃에 노출되었다. 100시간 후에 면적 1 cm^2당 0.246 g의 구리가 손실되었고, 250시간 후에 면적 1 cm^2당 0.388 g의 구리가 손실되었으며, 500시간 후에는 0.550 g/cm^2의 구리가 손실되었다. 시간에 따른 산화 반응의 진행이 포물선 식, 직선 식, 대수함수 식 중 어느 관계를 따를지 추정하라. 두께 0.75 cm의 박판이 완전히 산화되는 시간을 계산하라. 이때 구리 박판은 양면에서 산화된다.

23-41 철은 800 ℃에서 시속 0.014 g/cm^2로 산화되고, 1,000 ℃에서는 시속 0.0656 g/cm^2로 산화된다. 산화속도 관계식이 포물선 형태라고 가정할 때 산화속도가 시간당 0.005 g/cm^2보다 느려지는 최고온도를 결정하라.

설계문제

23-42 직경 90 cm, 길이 240 cm인 실린더 형상의 강철로 된 탱크가 물로 가득 차 있다. 부식을 피하기 위해 철에 0.015 A/cm^2의 전류밀도가 필요함을 알게 되었다. 탱크를 보호할 수 있는 희생애노드 시스템을 설계하라.

23-43 해저에 박힌 아주 큰 강철로 된 기둥에 의해 석유시추 시설이 지지되고 있다. 강철 기둥 지지대의 부식이 일어나지 않도록 하는 방법을 설계하라.

23-44 강철 박판을 사용하여 옆 벽과 지붕을 만든 창고가 있다. 강철의 부식을 방지하기 위한 시스템을 설계하라.

23-45 굴착장비의 주걱 날에 사용할 재료를 설계하라.

컴퓨터문제

23-46 사용자가 데이터(금속의 밀도, 원자가, 도금하려는 부품의 면적 또는 전체적인 치수, 바람직한 도금시간, 전류)를 입력하면 도금되는 피막의 두께가 계산되는 컴퓨터 프로그램을 작성하라.

Knovel® 활용 문제

K23-1 표류전류 부식의 메커니즘을 설명하라.

K23-2 서로 다른 온도에서 용액의 속도가 증가할 때 구리의 부식속도가 어떻게 바뀌는지 설명하라. 이 변화의 메커니즘 또한 설명하라.

K23-3 지르코늄 5 g이 물 1,000 g에 녹아서 Zn^{4+}이온의 전해질을 형성한다. 이 전해질에서 구리 반쪽전지의 전극전위를 표준 온도와 압력에서 Nernst 식을 사용하여 계산하라.

부록 A 금속의 선별된 물리적 성질

금속	기호	원자번호	결정구조	격자상수 (Å)	원자질량 (g/mol)	밀도 (g/cm^3)	용융온도 (℃)
알루미늄	Al	13	FCC	4.04958	26.981	2.699	660.4
안티모니	Sb	51	육방정	$a = 4.307$ $c = 11.273$	121.75	6.697	630.7
비소	As	33	육방정	$a = 3.760$ $c = 10.548$	74.9216	5.778	816
바륨	Ba	56	BCC	5.025	137.3	3.5	729
베릴륨	Be	4	HCP	$a = 2.2858$ $c = 3.5842$	9.01	1.848	1,290
비스머스	Bi	83	단사정	$a = 6.674$ $b = 6.117$ $c = 3.304$ $\beta = 110.3°$	208.98	9.808	271.4
보론(붕소)	B	5	삼방정	$a = 10.12$ $\alpha = 65.5°$	10.81	2.36	2,076
카드뮴	Cd	48	HCP	$a = 2.9793$ $c = 5.6181$	112.4	8.642	321.1
칼슘	Ca	20	FCC	5.588	40.08	1.55	839
세륨	Ce	58	HCP	$a = 3.681$ $c = 5.99$	140.12	6.6893	798
세슘	Cs	55	BCC	6.13	132.91	1.892	28.6
크로뮴(크롬)	Cr	24	BCC	2.8844	51.996	7.19	1,907
코발트	Co	27	HCP	$a = 2.5071$ $c = 4.0686$	58.93	8.832	1,495
구리	Cu	29	FCC	3.6151	63.55	8.93	1,084.9
가돌리늄	Gd	64	HCP	$a = 3.6336$ $c = 5.7810$	157.25	7.901	1,313
갈륨	Ga	31	사방정	$a = 4.5258$ $b = 4.5186$ $c = 7.6570$	69.72	5.904	29.8
게르마늄	Ge	32	DC	5.6575	72.59	5.324	937.4
금	Au	79	FCC	4.0786	196.97	19.302	1,064.4
하프늄	Hf	72	HCP	$a = 3.1883$ $c = 5.0422$	178.49	13.31	2,227
인듐	In	49	정방정	$a = 3.2517$ $c = 4.9459$	114.82	7.286	156.6
이리듐	Ir	77	FCC	3.84	192.9	22.65	2,447

금속	기호	원자번호	결정구조	격자상수 (Å)	원자질량 (g/mol)	밀도 (g/cm^3)	용융온도 (℃)
철	Fe	26	BCC FCC BCC	2.866 3.589	55.847	7.87	(< 912 ℃) (< 1,394 ℃) 1,538
란타늄	La	57	HCP	$a = 3.774$ $c = 12.17$	138.91	6.146	918
납	Pb	82	FCC	4.9489	207.19	11.36	327.4
리튬	Li	3	BCC	3.5089	6.94	0.534	180.7
마그네슘	Mg	12	HCP	$a = 3.2087$ $c = 5.209$	24.312	1.738	650
망가니즈(망간)	Mn	25	입방정	8.931	54.938	7.47	1,244
수은	Hg	80	삼방정		200.59	13.546	−38.9
몰리브덴	Mo	42	BCC	3.1468	95.94	10.22	2,623
니켈	Ni	28	FCC	3.5167	58.71	8.902	1,453
니오븀	Nb	41	BCC	3.294	92.91	8.57	2,468
오스뮴	Os	76	HCP	$a = 2.7341$ $c = 4.3197$	190.2	22.57	3,033
팔라듐	Pd	46	FCC	3.8902	106.4	12.02	1,552
백금	Pt	78	FCC	3.9231	195.09	21.45	1,769
포타슘(칼륨)	K	19	BCC	5.344	39.09	0.855	63.2
레늄	Re	75	HCP	$a = 2.760$ $c = 4.458$	186.21	21.04	3,186
로듐	Rh	45	FCC	3.796	102.99	12.41	1,963
루비듐	Rb	37	BCC	5.7	85.467	1.532	38.9
루테늄	Ru	44	HCP	$a = 2.6987$ $c = 4.2728$	101.07	12.37	2,334
셀레늄	Se	34	단사정	$a = 9.054$ $b = 9.083$ $c = 11.60$ $\beta = 90.8°$	78.96	4.809	217
실리콘(규소)	Si	14	DC	5.4307	28.08	2.33	1,410
은	Ag	47	FCC	4.0862	107.868	10.49	961.9
소듐(나트륨)	Na	11	BCC	4.2906	22.99	0.967	97.8
스트론튬	Sr	38	FCC BCC	6.0849 4.84	87.62	2.6	(< 557 ℃) 777
탄탈륨	Ta	73	BCC	3.3026	180.95	16.6	2,996
테크네튬	Tc	43	HCP	$a = 2.735$ $c = 4.388$	98.9062	11.5	2,157
텔루륨	Te	52	육방정	$a = 4.4565$ $c = 5.9268$	127.6	6.24	449.5

금속	기호	원자번호	결정구조	격자상수 (Å)	원자질량 (g/mol)	밀도 (g/cm³)	용융온도 (℃)
토륨	Th	90	FCC	5.086	232	11.72	1,775
주석	Sn	50	정방정	$a = 5.832$ $c = 3.182$	118.69	5.765	231.9
			DC	6.4912			(< 13.2 ℃)
티타늄	Ti	22	HCP	$a = 2.9503$ $c = 4.6831$	47.9	4.507	(< 882 ℃)
			BCC	3.32			1,668
텅스텐	W	74	BCC	3.1652	183.85	19.254	3,422
우라늄	U	92	사방정	$a = 2.854$ $b = 5.869$ $c = 4.955$	238.03	19.05	1,133
바나듐	V	23	BCC	3.0278	50.941	6.1	1,910
이트륨	Y	39	HCP	$a = 3.648$ $c = 5.732$	88.91	4.469	1,522
아연	Zn	30	HCP	$a = 2.6648$ $c = 4.9470$	65.38	7.133	420
지르코늄	Zr	40	HCP	$a = 3.2312$ $c = 5.1477$	91.22	6.505	(< 862 ℃)
			BCC	3.6090			1,852

부록 B　선별된 원소들의 원자 및 이온 반지름

원소	원자반경(Å)	원자가	이온반경(Å)
알루미늄(Al)	1.432	+3	0.51
안티모니(Sb)	1.45	+5	0.62
비소(As)	1.15	+5	2.22
바륨(Ba)	2.176	+2	1.34
베릴륨(Be)	1.143	+2	0.35
비스머스(Bi)	1.60	+5	0.74
붕소(B)	0.46	+3	0.23
브롬(Br)	1.19	−1	1.96
카드뮴(Cd)	1.49	+2	0.97
칼슘(Ca)	1.976	+2	0.99
탄소(C)	0.77	+4	0.16
세륨(Ce)	1.84	+3	1.034
세슘(Cs)	2.65	+1	1.67
염소(Cl)	0.905	−1	1.81
크롬(Cr)	1.249	+3	0.63
코발트(Co)	1.253	+2	0.72
구리(Cu)	1.278	+1	0.96
불소(F)	0.6	−1	1.33
갈륨(Ga)	1.218	+3	0.62
게르마늄(Ge)	1.225	+4	0.53
금(Au)	1.442	+1	1.37
하프늄(Hf)	1.55	+4	0.78
수소(H)	0.46	+1	1.54
인듐(In)	1.570	+3	0.81
요오드(I)	1.35	−1	2.20
철(Fe)	1.241(BCC) 1.269(FCC)	+2 +3	0.74 0.64
란타늄(La)	1.887	+3	1.15
납(Pb)	1.75	+4	0.84
리튬(Li)	1.519	+1	0.68
마그네슘(Mg)	1.604	+2	0.66

원소	원자반경(Å)	원자가	이온반경(Å)
망간(Mn)	1.12	+2 +3	0.80 0.66
수은(Hg)	1.55	+2	1.10
몰리브덴(Mo)	1.363	+4	0.70
니켈(Ni)	1.243	+2	0.69
니오븀(Nb)	1.426	+4	0.74
질소(N)	0.71	+5	0.15
산소(O)	0.60	−2	1.32
팔라듐(Pd)	1.375	+4	0.65
인(P)	1.10	+5	0.35
백금(Pt)	1.387	+2	0.80
포타슘(K)	2.314	+1	1.33
루비듐(Rb)	2.468	+1	1.48
셀레늄(Se)	1.15	−2	1.91
실리콘(Si)	1.176	+4	0.42
은(Ag)	1.445	+1	1.26
소듐(Na)	1.858	+1	0.97
스트론튬(Sr)	2.151	+2	1.12
황(S)	1.06	−2	1.84
탄탈륨(Ta)	1.43	+5	0.68
텔루륨(Te)	1.40	−2	2.11
토륨(Th)	1.798	+4	1.02
주석(Sn)	1.405	+4	0.71
티타늄(Ti)	1.475	+4	0.68
텅스텐(W)	1.371	+4	0.70
우라늄(U)	1.38	+4	0.97
바나듐(V)	1.311	+3	0.74
이트륨(Y)	1.824	+3	0.89
아연(Zn)	1.332	+2	0.74
지르코늄(Zr)	1.616	+4	0.79

Note that $1\ \text{Å} = 10^{-8}$ cm $= 0.1$ *nanometer(nm)*

선별된 문제들의 해답

Chapter 2

2-6 (a) 6.7×10^{21} atoms.
(b) (i) 3.30×10^{22} atoms/cm^3.
(ii) 4.63×10^{22} atoms/cm^3.

2-7 (a) 9.78×10^{27} atoms/ton. (b) 4.6 cm^3.

2-8 (a) 5.99×10^{23} atoms. (b) 0.994 mol.

2-41 MgO, MgO has ionic bonds.

2-43 Si, Si has covalent bonds.

Chapter 3

3-14 (a) 1.426×10^{-8} cm. (b) 1.4447×10^{-8} cm.

3-17 (a) 5.3349 Å. (b) 2.3101 Å.

3-19 FCC.

3-21 BCT.

3-23 (a) 8 atoms/cell. (b) 0.387.

3-29 (a) 4 Th, 8 O. (b) Yes, 4 Th : 8 O = 1 Th : 2 O.
(c) 8. (d) 4. (e) 4. (f) tetrahedral.

3-33 (a) 4. (b) No, the sites are equivalent.
(c) 1.3×10^{-8} atoms.

3-39 3.53% contraction.

3-49 (c) [301].

3-51 A: $[00\bar{1}]$. B: $[1\bar{2}0]$. C: $[\bar{1}11]$. D: $[2\bar{1}\bar{1}]$.

3-58 A: $(1\bar{1}01)$. B: (0003). C: $(1\bar{1}00)$.

3-64 $[\bar{1}10]$, $[1\bar{1}0]$, [101], $[\bar{1}0\bar{1}]$, [011], $[01\bar{1}]$.

3-66 Tetragonal−4; orthorhombic−2; cubic−12.

3-68 (a) (111). (b) (210). (c) $(0\bar{1}2)$. (d) (218).

3-74 [100]: 0.35089 nm, 2.85 nm^{-1}. 0.866.
[110]: 0.496 nm, 2.015 nm^{-1}, 0.612.
[111]: 0.3039 nm^{-1}, 3.291 nm^{-1}, 1.
The [111] is close packed.

3-76 (100): 1.617×10^{15}/cm^2, packing fraction 0.7854.
(110): 1.144×10^{15}/cm^2, packing fraction 0.555.
(111): 1.867×10^{15}/cm^2, 0.907.
The (111) is close packed.

3-78 4,563,000.

3-81 (a) 0.2978 Å. (b) 0.6290 Å.

3-83 (a) 4. (b) (1/2, 0, 0), (0, 1/2, 0), (0, 0, 1/2),
(1/2, 1/2, 1/2). (c) 0.79.

3-85 (a) 6. (c) 8. (e) 4. (h) 6.

3-88 Fluorite.
(a) 5.2885 Å. (b) 12.13 g/cm^3. (c) 0.624.

3-90 Cesium chloride.
(a) 4.1916 Å. (b) 4.8 g/cm^3. (c) 0.693.

3-92 (111): 1.473×10^{15}/cm^2, 0.202 (Mg^{+2}).
(222): 1.473×10^{15}/cm^2, 0.806 (O^{-2}).

3-97 0.40497 nm.

3-99 (a) BCC. (c) 0.2327 nm.

Chapter 4

4-3 4.98×10^{19} vacancies/cm^3.

4-5 (a) 0.00204. (b) 1.39×10^{20} vacancies/cm^3.

4-7 (a) 1.157×10^{20} vacancies/cm^3.
(b) 0.532 g/cm^3.

4-11 0.344.

4-13 8.262 g/cm^3.

4-15 (a) 0.0449. (b) one H atom per 22.3 unit cells.

4-17 (a) 0.0522 defects/unit cell.
(b) 2.47×10^{20} defects/cm^3.

4-24 (a) $[0\bar{1}1]$, $[01\bar{1}]$, $[\bar{1}10]$, $[1\bar{1}0]$, $[\bar{1}01]$, $[10\bar{1}]$.
(b) $[1\bar{1}1]$, $[\bar{1}\bar{1}1]$, $[\bar{1}\bar{1}1]$, $[11\bar{1}]$.

4-26 $(1\bar{1}0)$, $(\bar{1}10)$, $(0\bar{1}1)$, $(01\bar{1})$, $(10\bar{1})$, $(\bar{1}01)$.

4-28 $(111)[1\bar{1}0]$: b = 2.863 Å, d = 2.338 Å.
$(110)[1\bar{1}1]$: b = 7.014 Å, d = 2.863 Å.
Ratio = 0.44.

4-50 (a) $K = 0.134$ MPa $\sqrt{\text{m}}$, $\sigma_0 = 415.72$ MPa.
(b) 712.94 MPa.

4-56 (a) 21 grains/cm^2. (b) 210000 grains/cm^2.

4-57 9.3.

4-58 3.6.

4-62 0.0328°.

4-63 284 Å.

Chapter 5

5-10 1.08×10^9 jumps/s.

5-18 $D_H = 1.07 \times 10^{-4}$ cm^2/s versus
$D_N = 3.9 \times 10^{-9}$ cm^2/s.
Smaller H atoms diffuse more rapidly.
5-20 3.88×10^{-12} cm^2/s.
5-23 (a) 59,390 cal/mol. (b) 0.057 cm^2/s.
5-29 2.75×10^{-6} cm^2/s; Al.
5-32 (a) −0.02495 at% Sb/cm.
(b) -1.246×10^{19} Sb/(cm^3 · cm).
5-34 (a) -1.969×10^{11} H atoms/(cm^3 · cm).
(b) 3.3×10^7 H atoms/(cm^2 · s).
5-37 1.25×10^{-3} g/h.
5-39 −198 °C.
5-49 23.3 years.
5-59 $D_O = 3.47 \times 10^{-16}$ cm^2/s versus
$D_{Al} = 2.48 \times 10^{-13}$ cm^2/s.
It is easier for the smaller Al ions to diffuse.
5-62 907 °C or 1,180 K.
5-63 7,758 hours.
5-64 0.53% C.
5-66 190 s.
5-68 1,184 s.
5-70 667 °C.
5-78 50,488 cal/mol; yes.

Chapter 6

6-14 1,100 lb or 4,891 N.
6-16 49.7 MPa; 0.003.
6-31 (a) 22.6 GPa. (b) 206 nm.
6-34 (a) $l_f = 30.00745$ cm, $d_f = 0.99993$ cm.
6-35 (b) 378.5 MPa. (d) 37.5%. (f) 309.6 MPa.
(g) 431.6 MPa.
6-39 (a) 80 MPa. (b) 91 MPa. (c) 4,158 MPa.
(d) 4.5%. (e) 3.5%. (f) 78 MPa.
(g) 0.53 MPa.
6-41 (a) 274 MPa. (b) 417 MPa. (c) 172 GPa.
(d) 18.55%. (e) 15.8%. (f) 397.9 MPa.
(g) 473 MPa. (h) 0.17 MPa.
6-47 (a) 530 MPa. (b) 152,380 MPa.
6-49 (a) 41 mm; will not fracture.
6-61 5.6 GPa.
6-71 Not notch-sensitive; poor toughness.

Chapter 7

7-3 134 MPa.
7-8 0.99 MPa$\sqrt{\text{m}}$.
7-9 No; test will not be sensitive enough.
7-28 280 MPa; −140 MPa.
7-29 6.96 kg.
7-32 $d = 4.085$ cm.
7-34 22 MPa; max = +22 MPa, min = −22 MPa,
mean = 0 MPa; a higher frequency will reduce
fatigue strength due to heating.
7-36 (a) 2.5 mm. (b) 0.0039 mm.
7-40 $C = 2.061 \times 10^{-3}$; $n = 3.01$.
7-52 101,329 h.
7-54 $n = 6.82$. $m = -5.7$.
7-56 29 days.
7-58 1.3 cm.
7-62 907 kg.

Chapter 8

8-6 (a) 1 − the slope is steeper.
(b) 1 − it is stronger.
(c) 2 − it is more ductile and less strong.
8-9 528 MPa.
8-10 $n = 0.12$; BCC.
8-12 $n = 0.15$.
8-13 0.56.
8-24 0.38 cm.
8-28 About 407 MPa.
8-29 172 MPa tensile, 145 MPa yield, 6% elongation.
8-31 First step: 36% CW giving 172 MPa tensile,
145 MPa yield, 6% elongation.
Second step: 64% CW giving 193 MPa tensile,
172 MPa yield, 4% elongation.
Third step: 84% CW giving 207 MPa tensile,
193 MPa yield, 3% elongation.
8-33 1.9 to 2.4 cm.
8-37 48% CW, 179 MPa tensile, 159 MPa yield, 4%
elongation.
8-53 (a) 641 kg. (b) Will not break.
8-55 ~3.2.
8-69 (a) 550 °C, 750 °C, 950 °C. (b) 700 °C.
(c) 900 °C. (d) 2,285 °C.

8-81 Slope = 0.4. Yes.

Chapter 9

9-11 35 mJ.

9-19 (a) 6.65 Å. (b) 109 atoms.

9-21 1.136×10^6 atoms.

9-38 (a) 0.0333. (b) 0.333. (c) All.

9-39 1,265 °C.

9-44 31.15 s.

9-46 $B = 300\ s/cm^2$, $n = 1.6$.

9-50 (a) $\sim 4.16 \times 10^{-3}$ cm. (b) 90 s.

9-51 $k = 0.003$ s, $m = 0.35$.

9-53 0.03 s.

9-62 (a) 900 °C. (b) 430 °C. (c) 470 °C.
(d) ~250 °C/min. (e) 9.7 min. (f) 8.1 min.
(g) 60 °C. (h) Zinc. (i) 14 min/cm².

9-72 V/A (riser) = 0.68, V/A (thick) = 1.13,
V/A (thin) = 0.89; not effective.

9-75 $D_{Cu} = 3.7$ cm. $D_{Fe} = 3.25$ cm.

9-77 (a) 46 cm³. (b) 4.1%.

9-83 23.04 cm.

9-84 −0.78%.

9-86 0.046 cm³/100 g Al.

Chapter 10

10-23 3.7 kg Zn.

10-29 (a) Yes. (c) No. (e) No. (g) No.

10-33 Cd should give the smallest decrease in conductivity; none should give unlimited solid solubility.

10-44 (a) 2,330 °C, 2,150 °C, 180 °C.
(c) 2,570 °C, 2,380 °C, 190 °C.

10-48 (a) 44 wt% Pd in L; 55 wt% Pd in α;
45% L; 55% α.

10-50 (a) 100% L containing 30% MgO.
(b) 70.8% L containing 38% MgO,
29.2% S containing 62% MgO.
(c) 8.3% L containing 38% MgO,
91.7% S containing 62% MgO.
(d) 100% S containing 85% MgO.

10-53 (a) L: 15 mol% MgO or 8.69 wt% MgO.
S: 38 mol% MgO or 24.85 wt% MgO.
(b) L: 78.26 mol% or 80.1 wt%;
S: 21.74 mol% or 19.9 wt% MgO.
(c) 78.1 vol% L, 21.9 vol% S.

10-55 750 g Ni, Ni/Cu = 1.62.

10-57 331 g MgO.

10-59 64.1 wt% FeO.

10-61 (a) 49 wt% W in L, 70 wt% W in α.
(b) Not possible.

10-63 96 kg W; 544 kg W.

10-65 Ni dissolves; when the liquid reaches 10 wt% Ni, the bath begins to freeze.

10-70 (a) 2,900 °C, 2,690 °C, 210 °C.
(b) 60% L containing 49% W,
40% α containing 70% W.

10-72 (a) 55% W. (b) 18% W.

10-76 (a) 2,900 °C. (b) 2,710 °C. (c) 190 °C.
(d) 2,990 °C. (e) 90 °C. (f) 300 s. (g) 340 s.
(h) 60% W.

10-79 (a) 2,000 °C. (b) 1,450 °C. (c) 550 °C.
(d) 40% FeO. (e) 92% FeO.
(f) 65.5% L containing 75% FeO,
34.5% S containing 46% FeO.
(g) 30.3% L containing 88% FeO,
69.7% S containing 55% FeO.

10-80 (a) 3,100 °C. (b) 2,720 °C. (c) 380 °C.
(d) 90% W. (e) 40% W.
(f) 44.4% L containing 70% W,
55.6% α containing 88% W.
(g) 9.1% L containing 50% W,
90.9% α containing 83% W.

Chapter 11

11-11 (a) θ, nonstoichiometric.
(b) α, β, γ, η. B is allotropic, existing in three different forms at different temperatures.
(c) 1,100 °C: peritectic. 900 °C: monotectic.
690 °C: eutectic. 600 °C: peritectoid.
300 °C: eutectoid.

11-15 (c) $SnCu_3$.

11-16 $SiCu_4$.

11-19 (a) 2.5% Mg. (b) 600 °C, 470 °C, 400 °C, 130 °C.

(c) 74% α containing 7% Mg, 26% L containing 26% Mg.
(d) 100% α containing 12% Mg.
(e) 67% α containing 1% Mg, 33% β containing 34% Mg.

11-21 (a) Hypereutectic. (b) 98% Sn.
(c) 22.8% β containing 97.5% Sn, 77.2% L containing 61.9% Sn.
(d) 35% α containing 19% Sn, 65% β containing 97.5% Sn.
(e) 22.8% primary β containing 97.5% Sn, 77.2% eutectic containing 61.9% Sn.
(f) 30% α containing 2% Sn, 70% β containing 100% Sn.

11-30 (a) Hypoeutectic. (b) 1% Si.
(c) 78.5% α containing 1.65% Si, 21.5% L containing 12.6% Si.
(d) 97.6% α containing 1.65% Si, 2.4% β containing 99.83% Si.
(e) 78.5% primary α containing 1.65% Si, 21.5% eutectic containing 12.6% Si.
(e) 21.5% eutectic containing 12.6% Si.
(f) 96% α containing 0% Si, 4% β containing 100% Si.

11-32 56% Sn, hypoeutectic.

11-34 52% Sn.

11-36 17.5% Li, hypereutectic.

11-38 60.5% α, 39.5% β; 27.7% primary α, 72.3% eutectic; 0.54.

11-40 (a) 1,150 ℃. (b) 150 ℃. (c) 1,000 ℃. (d) 577 ℃. (e) 423 ℃. (f) 10.5 min. (g) 11.5 min. (h) 45% Si.

Chapter 12

12-3 $c = 8.9 \times 10^{-6}$, $n = 2.81$.

12-16 1.73.

12-30 (a) For Al −4% Mg: solution treat between 210 and 451 ℃, quench, and age below 210 ℃. For Al −6% Mg: solution treat between 280 and 451 ℃, quench, and age below 280 ℃. For Al −12% Mg: solution treat between 390 and 451 ℃, quench, and age below 390 ℃.
(c) The precipitates are not coherent.

12-46 (a) Solution treat between 290 and 400 ℃, quench, and age below 290 ℃.
(c) Not a good candidate.
(e) Not a good candidate.

12-61 27.6%.

12-62 (a) 795 ℃. (b) Primary ferrite.
(c) 56.1% ferrite containing 0.0218% C and 43.9% austenite containing 0.77% C.
(d) 95.1% ferrite containing 0.0218% C and 4.9% cementite containing 6.67% C.
(e) 56.1% primary ferrite containing 0.0218% C and 43.9% pearlite containing 0.77% C.

12-64 0.53% C, hypoeutectoid.

12-66 0.156% C, hypoeutectoid.

12-68 0.281% C.

12-70 760 ℃, 0.212% C.

12-74 (a) 900 ℃; 12% CaO in tetragonal, 3% CaO in monoclinic, 16% CaO in cubic; 30.8% monoclinic, 69.2% cubic.
(c) 250 ℃; 47% Zn in β', 36% Zn in α, 59% Zn in γ; 52.2% α, 47.8% γ.

12-86 (a) 615 ℃. (b) 1.67×10^{-5} cm.

12-88 Bainite with HRC 47.

12-90 Martensite with HRC 66.

12-102 (a) 37.2% martensite with 0.77% C and HRC 65.
(c) 84.8% martensite with 0.35% C and HRC 58.

12-104 (a) 750 ℃. (b) 0.455% C.

12-106 ~3% expansion.

12-108 Austenitize at 750 ℃, quench, and temper above 330 ℃.

Chapter 13

13-4 (a) 97.8% ferrite, 2.2% cementite, 82.9% primary ferrite, 17.1% pearlite.
(c) 85.8% ferrite, 14.2% cementite, 3.1% primary cementite, 96.9% pearlite.

13-10 For 1035: $A_1 = 727$ ℃; $A_3 = 790$ ℃; anneal = 820 ℃; normalize = 845 ℃; process anneal = 557 −647 ℃;

not usually spheroidized.

13-14 (a) Ferrite and pearlite. (c) Martensite.
(e) Ferrite and bainite. (g) Tempered martensite.

13-16 (a) Austenitize at 820 ℃, hold at 600 ℃ for 10 s, cool.
(c) Austenitize at 780 ℃, hold at 600 ℃ for 10 s, cool.
(e) Austenitize at 900 ℃, hold at 320 ℃ for 5,000 s, cool.

13-20 (a) Austenitize at 820 ℃, quench, and temper between 420 and 480 ℃; 1,034 to 1,241 MPa tensile, 965 to 1,103 MPa yield.
(b) 1,207 to 1,241 MPa tensile, 896 to 931 MPa yield.
(c) 690 MPa tensile, 448 yield, 20% elongation.

13-22 0.48% C in martensite; austenitized at 770 ℃; should austenitize at 860 ℃.

13-24 1080: fine pearlite. 4340: martensite.

13-29 May become hypereutectoid with grain boundary cementite.

13-33 (a) Not applicable. (c) 8 to 10 ℃/s.
(e) 32 to 36 ℃/s.

13-35 (a) 16 ℃/s. (b) Pearlite with HRC 38.

13-37 (a) Pearlite with HRC 36.
(c) Pearlite and martensite with HRC 46.

13-39 (a) 3.25 cm. (c) 4.75 cm.
(e) Greater than 6.25 cm.

13-44 0.30 h.

13-48 0.05 mm: pearlite and martensite with HRC 53.
0.15 mm: medium pearlite with HRC 38.

13-53 δ-ferrite; nonequilibrium freezing; anneal.

13-58 2.4% Si.

Chapter 14

14-6 The β that is present in the eutectic microconstituent embrittles the alloy.

14-10 27% β versus 2.2% β.

14-14 (a) 0.283 cm, 6.85×10^{-3} kg, $0.023.
(b) 0.283 cm, 0.0106 kg, $0.014.

14-19 Al: 340%. Mg: 31%. Cu: 1,004%.

14-22 Lead may melt during hot working.

14-26 γ' because it is smaller and more numerous than the carbide.

14-29 Ti−15% V: 100% β transforms to 100% α', which then transforms to 24% β precipitate in an α matrix. This is a quench and temper process.
Ti-35% V: 100% β transforms to 100% β_{ss}, which then transforms to 27% α precipitate in a β matrix. This is an age hardening process.

14-31 Al: 18.8×10^5 cm. Cu: 13.3×10^5 cm.
Ni: 8.5×10^5 cm.

14-33 Spalls off; cracks.

Chapter 15

15-4 1,029%.

15-10 0.79.

15-17 $\beta = 2.4$; true porosity = 22.58%;
fraction = 0.557.

15-18 735 g.

15-20 1.324.

15-37 1.276 kg BaO; 0.249 kg Li_2O.

15-39 2.18; 10.32% Na_2O, 4.67% CaO, 85.01% SiO_2.

Chapter 16

16-10 327; 405.

16-12 (a) 2,500. (b) 2.4×10^{18}.

16-15 (a) 211. (b) 175.

16-21 Polybutadiene and silicone; the T_g must be lower than −78 ℃.

16-23 Polyethylene and polypropylene.

16-28 91 ℃.

16-32 9 MPa.

16-33 1.055×10^5 cal/mol.

16-35 At $\varepsilon = 1$, $E = 6$ MPa; at $\varepsilon = 4$, $E = 14$ MPa.

Chapter 17

17-9 7.8×10^{13} per cm^3.

17-11 2.48%.

17-16 9.41 g/cm^3.

17-19 (a) 0.507. (b) 0.507. (c) 7.77 g/cm^3.

17-21 11.2 to 22.2 kg.

17-29 (a) 2.56 g/cm^3. (b) 200,000 MPa.
(c) 104,800 MPa.

17-32 188 MPa.

17-34 For $d = 20\ \mu m$, $l_c = 0.30$ cm, $l_c/d = 150$.
For $d = 1\ \mu m$, $l_c = 0.15$ cm, $l_c/d = 1{,}500$.

17-45 Sizing improves strength.

17-47 Pyrolize at 2,500 ℃; 1,724 MPa.

17-53 $E_{parallel} = 69{,}226$ MPa; $E_{perpendicular} = 20{,}409$ MPa.

17-55 $E_{parallel} = 81{,}775$ MPa; $E_{perpendicular} = 68{,}950$ MPa.

17-57 0.417 g/cm^3; 20.0 kg versus 129.6 kg.

Chapter 18

18-3 (a) 0.99 liters. (b) 0.77 g/cm^3.

18-6 0.4995 cm.

18-8 Expands 209.8 cm perpendicular to the boards.

18-10 0.48.

18-13 (a) 640 sacks, 48,898.1 kg sand,
100,700 kg aggregate, 7,701 liters.
(b) 2,360 kg/m^3. (c) 1 : 1.79 : 3.58.

Chapter 19

19-2 13,433 ohm.

19-4 (a) 3,377 W. (b) 3.183×10^{14} W.

19-7 $d = 0.0864$ cm; 1,174 V.

19-10 7.8×10^{11} cm^{-3}.

19-12 0.0234 km/h; 0.0146 miles/h.

19-16 2.5×10^{-5} ohm · cm.

19-18 3.03×10^5 ohm^{-1} · cm^{-1} at −50 ℃;
0.34×10^5 ohm^{-1} · cm^{-1} at 500 ℃.

19-20 −81.8 ℃.

19-24 At 400 ℃, $\rho = 41.5 \times 10^{-6}$ ohm · cm;
$\rho_d = 8.5 \times 10^{-6}$ ohm · cm;
$b = 1.79 \times 10^{-4}$ ohm · cm.
At 200 ℃, $\rho = 3.8 \times 10^{-5}$ ohm · cm.

19-28 (a) n(Ge) $= 2.51 \times 10^{13}$ per cm^3.
(b) f(Ge) $= 1.42 \times 10^{-10}$.
(c) n_0(Ge) $= 1.14 \times 10^{19}$ per cm^3.

19-30 Sb: 10.8 ohm^{-1} · cm^{-1}. In: 3.8 ohm^{-1} · cm^{-1}.

19-37 2,600%.

19-43 Be: 2.92×10^4 ohm^{-1} · cm^{-1}

19-49 (a) 4.85×10^{-19} m. (c) 1.15×10^{-17} m.

19-51 9.4 V.

19-55 0.001239 μF.

Chapter 20

20-6 Fe: 39,604 Oe. Co: 31,573 Oe.

20-13 1,194.

20-15 6,068 Oe.

20-17 8,000 G; 1.49 mA.

20-32 (a) 13,000 G. (b) 14,000 G. (c) 800 Oe.
(d) 5.8 G/Oe. (e) 15.6 G/Oe.
(f) 6.3×10^6 G Oe.

20-44 15×10^6 G · Oe.

20-46 33 kJ/m^3.

20-48 High saturation inductance.

20-51 4.68×10^5 A/m.

Chapter 21

21-12 1.94×10^8 m/s.

21-13 Ice, water, Teflon.

21-17 4%; 0.35%.

21-19 (a) 6.56°. (b) 6.65°. (c) 10°. (d) 0.18 cm.

21-20 25.84°.

21-21 0.25.

21-23 0.0117 cm.

21-34 0.37 I_0.

21-36 1.84×10^{-5} s.

21-40 (a) 13.1×10^{-5} cm. (b) 77.6×10^{-5} cm.

21-42 1.85×10^{-4} cm; infrared.

21-45 13,800 V.

21-47 7,480 V.

21-49 (a) 24,825 V. (b) Cu, Mn, Si.

Chapter 22

22-4 3.73 BTU/(lbm · °R).

22-7 (a) 1,900 cal, 7,950 J. (c) 8,500 cal, 35,564 J.

22-9 0.0375 cm.

22-11 0.43 cm.

22-12 1.975 m.

22-15 15.182 m.

22-18 Brass: 25.0615 cm, Invar: 25.005 cm.

22-22 1,757 MPa; tensile.

22-24 No; 169 MPa; 0.0245 cm decrease in length.

22-28 19.2 kW/m^2.

22-31 (a) 78.5 × 10^6 cal/day. (b) 47.09 × 10^6 cal/day.

22-34 19.6 min.

22-38 Interconnected graphite flakes in gray iron.

Chapter 23

23-3 Graphitic corrosion.

23-7 −0.172 V.

23-8 6.5 M.

23-10 0.000034 g/1,000 mL.

23-11 2.5 hr.

23-13 0.055 A/cm^2; 55 A.

23-15 34 years.

23-17 187.5 g Fe lost/h.

23-23 1100 alloy is anode and continues to protect 2024; 1100 alloy is cathode and the 3003 will corrode.

23-25 Al, Zn, Cd.

23-27 Stress corrosion cracking.

23-29 Ti is the anode; carbon is the cathode.

23-33 Cold worked nickel will corrode most rapidly; annealed nickel will corrode most slowly.

23-37 (a) 12.2 g/h. (b) 1.22 g/h.

23-39 Most ceramics are already oxides.

23-41 698 °C.

찾아보기

기타

번역진 명단

권오양 · 강태준 · 김범근 · 김윤기 · 김주현 · 김태희
박덕용 · 박준식 · 손근용 · 송용원 · 오태환 · 윤석영
이종우 · 이재영 · 이재현 · 조계현 · 조민행 · 조선욱

재료과학과 공학 7판

2024년 3월 1일 인쇄
2024년 3월 5일 발행

저자 DONALD R. ASKELAND · WENDELIN J. WRIGHT
발행인 조승식
발행처 ㈜도서출판 북스힐
서울시 강북구 한천로153길 17
등록 제 22-457호
전화 02) 994-0071 (代)
팩스 02) 994-0073
홈페이지 www.bookshill.com
이메일 bookswin@unitel.co.kr

잘못된 책은 교환해 드립니다.
값 45,000원

ISBN 979-11-5971-032-2

Units and conversion factors

1 pound (lb) = 4.448 Newtons (N)
1 psi = pounds per square inch
1 MPa = MegaPascal = MegaNewtons per square meter (MN/m^2)
 = Newtons per square millimeter (N/mm^2) = 1,000,000 Pa
1 GPa = 1,000 MPa = GigaPacal
1 ksi = 1,000 psi = 6.895 MPa
1 psi = 0.006895 MPa
1 MPa = 0.145 ksi = 145 psi

Some useful relationships, constants, and units

Electron volt = 1 eV = 1.6×10^{-19} Joule = 1.6×10^{-12} erg
1 amp = 1 coulomb/second
1 volt = 1 amp · ohm
$k_B T$ at room temperature (300 K) = 0.0259 eV
c = speed of light 2.998×10^8 m/s
ε_0 = permittivity of free space = 8.85×10^{-12} F/m
q = charge on electron = 1.6×10^{-19} C
Avogadro constant $N_A = 6.022 \times 10^{23}$
k_B = Boltzmann constant = 8.63×10^{-5} eV/K = 1.38×10^{-23} J/K
h = Planck's constant 6.63×10^{-34} J-s = 4.14×10^{-15} eV-s

43 (98.91) [Kr] $4d^5 5s^2$ 7 Tc Technetium 2140 11.5 5030 * 1.9

Atomic number — Electron configuration — Symbol — Melting point [°C] — Boiling point [°C]

Atomic mass (mean relative) — Oxidation states — Name — Density [g/cm³], for gases [g/l] (0° C, 1013 mbar) — Electronegativity

* Radioactive

	1 1A	2 2A	3 3A	4 4A	5 5A	6 6A	7 7A	8 8	9 8	10 8	11 1B	12 2B	13 3B	14 4B	15 5B	16 6B	17 7B	18 0
1	1 1.01 1s 1, −1 H Hydrogen −259 0.09 −253 2.1																	2 4.00 $1s^2$ He Helium — 0.18 −269 —
2	3 6.94 [He] 2s 1 Li Lithium 181 0.53 1330 1.0	4 9.01 [He] $2s^2$ 2 Be Beryllium 1277 1.85 2970 1.5											5 10.81 [He] $2s^2 2p$ 3 B Boron (2030) 2.35 2550 2.0	6 12.01 [He] $2s^2 2p^2$ 4, 2, −4 C Carbon (3550) 2.2 4830 2.5	7 14.01 [He] $2s^2 2p^3$ 5, 4, 3, 2, −3 N Nitrogen −210 1.25 −196 3.0	8 16.00 [He] $2s^2 2p^4$ −2, −1 O Oxygen −219 1.43 −183 3.5	9 19.00 [He] $2s^2 2p^5$ −1 F Fluorine −220 1.7 −188 4.0	10 20.18 [He] $2s^2 2p^6$ Ne Neon −249 0.9 −246 —
3	11 22.99 [Ne] 3s 1 Na Sodium 98 0.97 892 0.9	12 24.31 [Ne] $3s^2$ 2 Mg Magnesium 650 1.74 1107 1.2											13 26.98 [Ne] $3s^2 3p$ 3 Al Aluminum 660 2.70 2450 1.5	14 28.09 [Ne] $3s^2 3p^2$ 4, −4 Si Silicon 1410 2.33 2680 1.8	15 30.97 [Ne] $3s^2 3p^3$ 5, 3, −3 P Phosphorus 44 1.82 280 2.1	16 32.06 [Ne] $3s^2 3p^4$ 6, 4, 2, −2 S Sulfur 119 2.07 445 2.5	17 35.45 [Ne] $3s^2 3p^5$ 7, 5, 3, 1, −1 Cl Chlorine −101 3.2 −35 3.0	18 39.95 [Ne] $3s^2 3p^6$ Ar Argon −189 1.78 −183 —
4	19 39.10 [Ar] 4s 1 K Potassium 64 0.86 760 0.8	20 40.08 [Ar] $4s^2$ 2 Ca Calcium 838 1.55 1440 1.0	21 44.96 [Ar] $3d 4s^2$ 3 Sc Scandium 1539 3.0 2730 1.3	22 47.88 [Ar] $3d^2 4s^2$ 4, 3 Ti Titanium 1668 4.54 3260 1.5	23 50.94 [Ar] $3d^3 4s^2$ 5, 4, 3, 2, 0 V Vanadium 1900 6.1 3450 1.5	24 52.00 [Ar] $3d^5 4s$ 6, 3, 2, 0 Cr Chromium 1875 7.19 2200 1.6	25 54.94 [Ar] $3d^5 4s^2$ 7, 6, 4, 3, 2, 0, −1 Mn Manganese 1245 7.43 2097 1.5	26 55.85 [Ar] $3d^6 4s^2$ 6, 3, 2, 0, −2 Fe Iron 1536 7.86 3000 1.8	27 58.93 [Ar] $3d^7 4s^2$ 3, 2, 0, −1 Co Cobalt 1495 8.9 2900 1.9	28 58.70 [Ar] $3d^8 4s^2$ 3, 2, 0 Ni Nickel 1453 8.9 2730 1.9	29 63.55 [Ar] $3d^{10} 4s$ 2, 1 Cu Copper 1453 8.9 2730 1.9	30 65.38 [Ar] $3d^{10} 4s^2$ 2 Zn Zinc 420 7.13 906 1.6	31 69.72 [Ar] $3d^{10} 4s^2 4p$ 3 Ga Gallium 30 5.91 2237 1.6	32 72.59 [Ar] $3d^{10} 4s^2 4p^2$ 4 Ge Germanium 937 5.32 2830 1.8	33 74.91 [Ar] $3d^{10} 4s^2 4p^3$ 5, 3, −3 As Arsenic Subl. 5.72 — 2.0	34 74.91 [Ar] $3d^{10} 4s^2 4p^4$ 6, 4, 2 Se Selenium 217 4.79 685 2.4	35 79.90 [Ar] $3d^{10} 4s^2 4p^5$ 7, 5, 3, 1, −1 Br Bromine −7 3.12 58 2.8	36 83.80 [Ar] $3d^{10} 4s^2 4p^6$ Kr Krypton −157 3.7 −152 —
5	37 85.47 [Kr] 5s 1 Rb Rubidium 39 1.53 688 0.8	38 87.62 [Kr] $5s^2$ 2 Sr Strontium 768 2.6 1380 1.0	39 88.91 [Kr] $4d 5s^2$ 3 Y Yttrium 1509 4.47 2927 1.2	40 91.22 [Kr] $4d^2 5s^2$ 4 Zr Zirconium 1852 6.49 3580 1.4	41 91.22 [Kr] $4d^4 5s$ 5, 3 Nb Niobium 2468 8.57 4927 1.6	42 95.94 [Kr] $4d^5 5s$ 6, 5, 4, 3, 2, 0 Mo Molybdenum 2610 10.2 5560 1.8	43 (98.91) [Kr] $4d^5 5s^2$ 7 Tc Technetium 2140 11.5 5030 * 1.9	44 101.07 [Kr] $4d^7 5s$ 8, 6, 4, 3, 2, 0, −2 Ru Ruthenium 2500 12.4 3900 2.2	45 102.91 [Kr] $4d^8 5s$ 5, 4, 3, 1, 2, 0 Rh Rhodium 1966 12.4 3730 2.2	46 106.42 [Kr] $4d^{10}$ 4, 2, 0 Pd Palladium 1552 12.0 3140 2.2	47 107.87 [Kr] $4d^{10} 5s$ 2, 1 Ag Silver 961 10.5 2210 1.9	48 112.41 [Kr] $4d^{10} 5s^2$ 2 Cd Cadmium 321 8.65 765 1.7	49 114.82 [Kr] $4d^{10} 5s^2 5p$ 3 In Indium 156 7.31 2080 1.7	50 118.69 [Kr] $4d^{10} 5s^2 5p^2$ 4, 2 Sn Tin 232 7.30 2270 1.8	51 121.75 [Kr] $4d^{10} 5s^2 5p^3$ 5, 3, −3 Sb Antimony 631 6.69 1380 1.9	52 127.60 [Kr] $3d^{10} 5s^2 5p^4$ 6, 4, −2 Te Tellurium 450 6.24 990 2.1	53 126.90 [Kr] $4d^{10} 5s^2 5p^5$ 7, 5, 1, −1 I Iodine 114 4.94 183 2.5	54 131.29 [Kr] $4d^{10} 5s^2 5p^6$ Xe Xenon −112 5.89 −108 —
6	55 132.91 [Xe] 6s 1 Cs Cesium 29 1.90 690 0.7	56 137.33 [Xe] $6s^2$ 2 Ba Barium 714 3.76 1640 0.9	71 174.97 [Xe] $4f^{14} 5d 6s^2$ 3 Lu Lutetium 1652 9.84 3327 1.2	72 178.49 [Xe] $4f^{14} 5d^2 6s^2$ 4 Hf Hafnium 2222 13.31 5400 1.3	73 180.95 [Xe] $4f^{14} 5d^3 6s^2$ 5 Ta Tantalum 2996 16.5 5425 1.5	74 183.85 [Xe] $4f^{14} 5d^4 6s^2$ 6, 5, 4, 3, 2, 0 W Tungsten 3410 19.3 5930 1.7	75 186.21 [Xe] $4f^{14} 5d^5 6s^2$ 7, 6, 4, 2, −1 Re Rhenium 3180 21.0 5900 1.9	76 190.20 [Xe] $4f^{14} 5d^6 6s^2$ 8, 6, 4, 3, 2, 0, −2 Os Osmium 3050 22.6 5500 2.2	77 192.22 [Xe] $4f^{14} 5d^7 6s^2$ 6, 4, 3, 2, 1, 0, −1 Ir Iridium 2454 22.7 4500 2.2	78 195.08 [Xe] $4f^{14} 5d^9 6s^2$ 4, 2, 0 Pt Platinum 1769 21.4 3830 2.2	79 196.97 [Xe] $4f^{14} 5d^{10} 6s$ 3, 1 Au Gold 1063 19.3 2970 2.4	80 200.59 [Xe] $4f^{14} 5d^{10} 6s^2$ 2, 1 Hg Mercury −38 13.6 357 1.9	81 204.38 [Xe] $4f^{14} 5d^{10} 6s^2 6p$ 3, 1 Tl Thallium 303 11.85 1457 1.8	82 207.20 [Xe] $4f^{14} 5d^{10} 6s^2 6p^2$ 4, 2 Pb Lead 327 11.4 1725 1.9	83 208.98 [Xe] $4f^{14} 5d^{10} 6s^2 6p^3$ 5, 3 Bi Bismuth 271 9.8 1560 1.9	84 (209) [Xe] $4f^{14} 5d^{10} 6s^2 6p^4$ 6, 4, 2 Po Polonium 254 9.3 962 2.0	85 (210) [Xe] $4f^{14} 5d^{10} 6s^2 6p^5$ 7, 5, 3, 1, −1 At Astatine (302) — 337 2.2	86 (222) [Xe] $4f^{14} 5d^{10} 6s^2 6p^6$ Rn Radon (−71) 9.73 −62 —
7	87 (223.0) [Rn] 7s 1 Fr Francium (27) — 677 * 0.7	88 226.03 [Rn] $7s^2$ 1 Ra Radium 700 5.0 1140 * 0.9	103 (262.1) [Rn] $5f^{14} 6d 7s^2$ 3 Lr Lawrencium — — — * —	104 (261.1) [Rn] $5f^{14} 6d^2 7s^2$ Rf Rutherfordium — — — * —	105 (262.1) [Rn] $5f^{14} 6d^3 7s^2$ Db Dubnium — — — * —	106 (263.1) [Rn] $5f^{14} 6d^4 7s^2$ Sg Seaborgium — — — * —	107 (264.1) [Rn] $5f^{14} 6d^5 7s^2$ Bh Bohrium — — — * —	108 (265.1) [Rn] $5f^{14} 6d^6 7s^2$ Hs Hassium — — — * —	109 (268) [Rn] $5f^{14} 6d^7 7s^2$ Mt Meitnerium — — — * —	110 (269) [Rn] $5f^{14} 6d^8 7s^2$ Uun — — — * —	111 (272) [Rn] $5f^{14} 6d^{10} 7s^2$ Uuu — — — * —	112 (277) Uub — — — * —		114 (289) Uuq — — — * —		116 (289) Uuh — — — * —		118 (293) Uuo — — — * —

6 Lanthanoids	57 138.91 [Xe] $5d 6s^2$ 3 La Lanthanum 920 6.17 3470 1.1	58 140.12 [Xe] $4f 5d 6s^2$ 4, 3 Ce Cerium 795 6.67 3468 1.1	59 140.91 [Xe] $4f^3 6s^2$ 4, 3 Pr Praseodymium 935 6.77 3127 1.1	60 144.24 [Xe] $4f^4 6s^2$ 3 Nd Neodymium 1024 7.00 3027 1.2	61 (145) [Xe] $4f^5 6s^2$ 3 Pm Promethium (1027) 7.22 2460 * —	62 150.36 [Xe] $4f^6 6s^2$ 3, 2 Sm Samarium 1072 7.54 1790 1.2	63 151.96 [Xe] $4f^7 6s^2$ 3, 2 Eu Europium 828 5.26 1439 —	64 157.25 [Xe] $4f^7 5d 6s^2$ 3 Gd Gadolinium 1312 7.89 3000 1.1	65 158.93 [Xe] $4f^9 6s^2$ 4, 3 Tb Terbium 1356 8.27 2800 1.2	66 162.50 [Xe] $4f^{10} 6s^2$ 3 Dy Dysprosium 1407 8.54 2600 —	67 164.93 [Xe] $4f^{11} 6s^2$ 3 Ho Holmium 1461 8.80 2600 1.2	68 167.26 [Xe] $4f^{12} 6s^2$ 3 Er Erbium 1497 9.05 2900 1.2	69 168.93 [Xe] $4f^{13} 6s^2$ 3, 2 Tm Thulium 1545 9.33 1727 1.2	70 173.04 [Xe] $4f^{14} 6s^2$ 3, 2 Yb Ytterbium 824 6.98 1196 1.1
7 Actinoids	89 (227) [Rn] $6d 7s^2$ 3 Ac Actinium 1050 10.1 — * 1.1	90 232.04 [Rn] $6d^2 7s^2$ 4 Th Thorium 1750 11.7 3850 * 1.3	91 231.04 [Rn] $5f^2 6d 7s^2$ 5, 4 Pa Protactinium (1230) 15.4 — * 1.4	92 238.03 [Rn] $5f^3 6d 7s^2$ 6, 5, 4, 3 U Uranium 1132 19.07 3818 * 1.4	93 (237.05) [Rn] $5f^4 6d 7s^2$ 6, 5, 4, 3 Np Neptunium 637 19.5 3900 * 1.3	94 (244) [Rn] $5f^6 7s^2$ 6, 5, 4, 3 Pu Plutonium 640 19.81 3235 * 1.3	95 (243) [Rn] $5f^7 7s^2$ 6, 5, 4, 3 Am Americium 994 13.7 — * 1.3	96 (247) [Rn] $5f^7 6d 7s^2$ 4, 3 Cm Curium (1340) 13.51 3100 * —	97 (247) [Rn] $5f^9 7s^2$ 4, 3 Bk Berkelium — — — * —	98 (251) [Rn] $5f^{10} 7s^2$ 4, 3 Cf Californium — — — * —	99 (254) [Rn] $5f^{11} 7s^2$ 3 Es Einsteinium — — — * —	100 (257) [Rn] $5f^{12} 7s^2$ 3 Fm Fermium — — — * —	101 (258) [Rn] $5f^{13} 7s^2$ 3 Md Mendelevium — — — * —	102 (259) [Rn] $5f^{14} 7s^2$ 3, 2 No Nobelium — — — * —

PRINCIPAL UNITS USED IN MECHANICS

Quantity	International System (SI)			U.S. Customary System (USCS)		
	Unit	Symbol	Formula	Unit	Symbol	Formula
Acceleration (angular)	radian per second squared		rad/s^2	radian per second squared		rad/s^2
Acceleration (linear)	meter per second squared		m/s^2	foot per second squared		ft/s^2
Area	square meter		m^2	square foot		ft^2
Density (mass) (Specific mass)	kilogram per cubic meter		kg/m^3	slug per cubic foot		$slug/ft^3$
Density (weight) (Specific weight)	newton per cubic meter		N/m^3	pound per cubic foot	pcf	lb/ft^3
Energy; work	joule	J	N·m	foot-pound		ft-lb
Force	newton	N	$kg{\cdot}m/s^2$	pound	lb	(base unit)
Force per unit length (Intensity of force)	newton per meter		N/m	pound per foot		lb/ft
Frequency	hertz	Hz	s^{-1}	hertz	Hz	s^{-1}
Length	meter	m	(base unit)	foot	ft	(base unit)
Mass	kilogram	kg	(base unit)	slug		$lb{\text -}s^2/ft$
Moment of a force; torque	newton meter		N·m	pound-foot		lb-ft
Moment of inertia (area)	meter to fourth power		m^4	inch to fourth power		$in.^4$
Moment of inertia (mass)	kilogram meter squared		$kg{\cdot}m^2$	slug foot squared		$slug{\text -}ft^2$
Power	watt	W	J/s (N·m/s)	foot-pound per second		ft-lb/s
Pressure	pascal	Pa	N/m^2	pound per square foot	psf	lb/ft^2
Section modulus	meter to third power		m^3	inch to third power		$in.^3$
Stress	pascal	Pa	N/m^2	pound per square inch	psi	$lb/in.^2$
Time	second	s	(base unit)	second	s	(base unit)
Velocity (angular)	radian per second		rad/s	radian per second		rad/s
Velocity (linear)	meter per second		m/s	foot per second	fps	ft/s
Volume (liquids)	liter	L	$10^{-3}\ m^3$	gallon	gal.	$231\ in.^3$
Volume (solids)	cubic meter		m^3	cubic foot	cf	ft^3